国家重大出版工程项目
"十二五"国家重点图书

国家出版基金项目
NATIONAL PUBLICATION FOUNDATION

中国药用植物志

主　编　艾铁民

副主编　张树仁　杨秀伟　杜力军　严铸云

国家重大出版工程项目

"十二五"国家重点图书

国家出版基金项目
NATIONAL PUBLICATION FOUNDATION

中国药用植物志

第六卷

被子植物门

双子叶植物纲

伯乐树科　无患子科　七叶树科　清风藤科　凤仙花科　冬青科
卫矛科　省沽油科　翅子藤科　黄杨科　茶茱萸科　鼠李科　葡萄科
火筒树科　杜英科　椴树科　锦葵科　木棉科　梧桐科　毒鼠子科
瑞香科　胡颓子科　大风子科　堇菜科　旌节花科　西番莲科
红木科　柽柳科　沟繁缕科　番木瓜科　秋海棠科　葫芦科

本 卷 主 编　王印政

本卷副主编　杨秀伟　李振国　钟国跃

本卷审定人　艾铁民　普建新　聂淑琴　冯学锋
　　　　　　　　陈代贤　张英涛

北京大学医学出版社

ZHONGGUO YAOYONG ZHIWUZHI (DILIUJUAN)

图书在版编目（CIP）数据

中国药用植物志. 第六卷 / 艾铁民主编；王印政分
卷主编. —北京：北京大学医学出版社, 2020.6
　　ISBN 978-7-5659-2183-4

　　Ⅰ. ①中…　Ⅱ. ①艾…　②王…　Ⅲ. ①药用植物－植
物志－中国　Ⅳ. ①Q949.95

　　中国版本图书馆CIP数据核字（2020）第055417号

中国药用植物志（第六卷）

主　　编：艾铁民

副 主 编：张树仁　杨秀伟　杜力军　严铸云

本卷主编：王印政

本卷副主编：杨秀伟　李振国　钟国跃

出版发行：北京大学医学出版社

地　　址：（100191）北京市海淀区学院路 38 号　北京大学医学部院内

电　　话：发行部 010-82802230；图书邮购 010-82802495

网　　址：http://www.pumpress.com.cn

E － mail：booksale@bjmu.edu.cn

印　　刷：北京金康利印刷有限公司

经　　销：新华书店

策划编辑：暴海燕　安　林

责任编辑：王　楠　　责任校对：靳新强　　责任印制：李　啸

开　　本：889 mm ×1194 mm　1/16　印张：81　字数：2509 千字

版　　次：2020 年 6 月第 1 版　　2020 年 6 月第 1 次印刷

书　　号：ISBN 978-7-5659-2183-4

定　　价：680.00 元

MEDICINAL FLORA OF CHINA

Editor-in-Chief

Ai Tiemin

Deputy Editors-in-Chief

Zhang Shuren　**Yang Xiuwei**

Du Lijun　**Yan Zhuyun**

MEDICINAL FLORA OF CHINA

Volume 6

ANGIOSPERMAE
DICOTYLEDONEAE

Bretschneideraceae Sapindaceae Hippocastanaceae Sabiaceae
Balsaminaceae Aquifoliaceae Celastraceae Staphyleaceae
Hippocrateaceae Buxaceae Icacinaceae Rhamnaceae
Vitaceae Leeaceae Eleocarpaceae Tiliaceae Malvaceae
Bombacaceae Sterculiaceae Dichapetalaceae Thymelaeaceae
Elaeagnaceae Flacourtiaceae Violaceae Stachyuraceae
Passifloraceae Bixaceae Tamaricaceae Elatinaceae
Caricaceae Begoniaceae Cucurbitaceae

Volume Editor

Wang Yinzheng

Volume Deputy Editors

Yang Xiuwei   Li Zhenguo   Zhong Guoyue

Volume Reviewers

Ai Tiemin   Pu Jianxin   Nie Shuqin

Feng Xuefeng   Chen Daixian   Zhang Yingtao

Peking University Medical Press

《中国药用植物志》第六卷编写人员

伯乐树科 无患子科 七叶树科 清风藤科	**分类**：齐耀东（中国医学科学院药用植物研究所） **化学**：杨秀伟 张友波 杨东辉 李淼鑫 张英涛（北京大学药学院） 　　　杨鑫宝（北京中医药大学） **药理**：娄玉霞（河南中医药大学） 　　　徐晓月 杨海燕 何燕 李振国（河南省食品药品检验所） **注评**：钟国跃（江西中医药大学）　刘翔（重庆市中药研究院）
凤仙花科	**分类**：陈艺林 靳淑英（中国科学院植物研究所） **化学**：杨秀伟 杨东辉 李淼鑫 张英涛（北京大学药学院） 　　　杨鑫宝（北京中医药大学） **药理**：娄玉霞（河南中医药大学） 　　　徐晓月 杨海燕 何燕 李振国（河南省食品药品检验所） **注评**：钟国跃（江西中医药大学）　刘翔（重庆市中药研究院）
冬青科	**分类**：陈书坤（中国科学院昆明植物研究所） **化学**：杨东辉 李淼鑫 杨秀伟（北京大学药学院） 　　　杨鑫宝（北京中医药大学） **药理**：娄玉霞（河南中医药大学） 　　　徐晓月 杨海燕 何燕 李振国（河南省食品药品检验所） **注评**：钟国跃（江西中医药大学）　刘翔（重庆市中药研究院）
卫矛科	**分类**：艾铁民（北京大学药学院） **化学**：杨东辉 赵欣 杨秀伟 张英涛（北京大学药学院） 　　　杨鑫宝（北京中医药大学） **药理**：娄玉霞（河南中医药大学） 　　　徐晓月 杨海燕 何燕 李振国（河南省食品药品检验所） **注评**：钟国跃（江西中医药大学）　刘翔（重庆市中药研究院）
省沽油科 翅子藤科 黄杨科 茶茱萸科	**分类**：金孝锋（杭州师范大学） **化学**：杨秀伟 杨东辉 张磊 赵欣 张英涛（北京大学药学院） 　　　杨鑫宝（北京中医药大学） **药理**：娄玉霞（河南中医药大学） 　　　徐晓月 杨海燕 何燕 李振国（河南省食品药品检验所） **注评**：钟国跃（江西中医药大学）　刘翔（重庆市中药研究院）
鼠李科	**分类**：陈艺林 靳淑英（中国科学院植物研究所） **化学**：杨秀伟 杨东辉 张磊 张英涛（北京大学药学院） 　　　杨鑫宝（北京中医药大学） **药理**：徐晓月 杨海燕 何燕 李振国（河南省食品药品检验所） **注评**：钟国跃（江西中医药大学）　刘翔（重庆市中药研究院）
葡萄科	**分类**：金孝锋（杭州师范大学）　金水虎（浙江农林大学） **化学**：杨秀伟 尚明英 袁鹏飞 张英涛（北京大学药学院） 　　　杨鑫宝（北京中医药大学） **药理**：徐晓月 杨海燕 何燕 李振国（河南省食品药品检验所）

葡萄科	注评：钟国跃（江西中医药大学）　刘翔（重庆市中药研究院）

火筒树科	分类：王泽欢（贵州中医药大学） 化学：杨秀伟　尚明英　袁鹏飞（北京大学药学院） 药理：徐晓月　杨海燕　何燕　李振国（河南省食品药品检验所） 注评：钟国跃（江西中医药大学）　刘翔（重庆市中药研究院）

杜英科 椴树科 锦葵科 木棉科 梧桐科	分类：董洪进（黄冈师范学院） 化学：杨秀伟　尚明英　郭帅　袁鹏飞（北京大学药学院） 　　　杨鑫宝（北京中医药大学） 药理：徐晓月　杨海燕　何燕　李振国（河南省食品药品检验所） 注评：钟国跃（江西中医药大学）　刘翔（重庆市中药研究院）

毒鼠子科	分类：许瑾（上海应用技术大学） 化学：杨秀伟　尚明英　袁鹏飞（北京大学药学院） 　　　杨鑫宝（北京中医药大学） 药理：徐晓月　杨海燕　何燕　李振国（河南省食品药品检验所） 注评：钟国跃（江西中医药大学）　刘翔（重庆市中药研究院）

瑞香科	分类：齐耀东（中国医学科学院药用植物研究所） 　　　王印政（中国科学院植物研究所） 化学：杨秀伟　徐嵬　尚明英　袁鹏飞（北京大学药学院） 　　　杨鑫宝（北京中医药大学） 药理：徐晓月　杨海燕　何燕　李振国（河南省食品药品检验所） 注评：钟国跃（江西中医药大学）　刘翔（重庆市中药研究院）

胡颓子科 大风子科 堇菜科	分类：陈又生（中国科学院华南植物园） 化学：杨秀伟　尚明英　郭帅　张鹏　张英涛（北京大学药学院） 　　　杨鑫宝（北京中医药大学） 药理：徐晓月　杨海燕　何燕　李振国（河南省食品药品检验所） 注评：钟国跃（江西中医药大学）　刘翔（重庆市中药研究院）

旌节花科 西番莲科 红木科 柽柳科 沟繁缕科 番木瓜科	分类：齐耀东（中国医学科学院药用植物研究所） 化学：杨秀伟　张英涛（北京大学药学院） 　　　王如峰　杨鑫宝（北京中医药大学） 药理：徐晓月　杨海燕　何燕　李振国（河南省食品药品检验所） 注评：钟国跃（江西中医药大学）　刘翔（重庆市中药研究院）

秋海棠科	分类：谷粹芝（中国科学院植物研究所） 化学：杨秀伟（北京大学药学院） 　　　王如峰（北京中医药大学） 药理：徐晓月　杨海燕　何燕　李振国（河南省食品药品检验所） 注评：钟国跃（江西中医药大学）　刘翔（重庆市中药研究院）

葫芦科	分类：路安民（中国科学院植物研究所） 化学：杨秀伟　李滢　张英涛（北京大学药学院） 　　　杨鑫宝（北京中医药大学） 药理：徐晓月　杨海燕　何燕　李振国（河南省食品药品检验所） 注评：钟国跃（江西中医药大学）　刘翔（重庆市中药研究院）

凡　例

一、《中国药用植物志》编写的定位是介绍中国药用植物资源和准确鉴定药用植物的种类（亚种、变种和变型）的工具书，同时反映各种药用植物的现代化学、药理和药材等方面的研究成果和资料，因此编写项目的设定和要求、给出的图像和图版、引证的文献均符合上述目的。

二、全书收载有文献记载的中国药用植物 12 000 余种（包括种下分类群），分 13 卷出版，其中前 12 卷为正篇，每卷收载 1000 种左右，每卷后附有该卷收录的药用植物中文名与拉丁名索引；第 13 卷附篇名为《中国药用植物志词汇》，汇编了本志收录的药用植物相关学科的专业词汇，兼作综合索引，内容包括全书收载的药用植物中文名称索引、拉丁名称索引、英文名称索引、中拉英名称互译、化学成分的中英文名称互译及其原植物来源等，使其既可作为阅读药用植物的科技文献工具书使用，又可方便查到正篇中词汇的出处。

三、收载的种类主要为高等植物，亦收集了重要的药用藻类、真菌与地衣。高等植物科的顺序排列：苔藓类采用陈邦杰（1972）的顺序，蕨类植物采用秦仁昌分类系统（1978），裸子植物采用郑万钧分类系统（1978），被子植物采用恩格勒分类系统（1964）（个别科有调整）。低等植物中药用种类较少，依照《中国中药资源志要》（1994）顺序排列，科特征和属、种检索表从略。

四、高等植物每个科下为总论，主要包括三部分内容。第一部分介绍科的简要特征，其中还包括本科植物世界分布的属和种的数目、在我国分布的属和种的数目以及在国内分布的药用属和种的数目；第二部分概括性叙述该科特征性化学成分和主要活性成分及其作用；第三部分为国内本科具有药用种类的属的分属检索表。

五、对每个属，简要记述属的形态特征，综述属的特征性化学成分和活性成分（或部位），重要的结构类型给出化学结构式，同时扼要地介绍本属植物相同或近似的药理作用。属的记述后给出该属药用植物分种检索表。

六、药用植物种的记述分重点记述、一般记述两种形式，常用的药用植物作重点记述。

七、每种药用植物的记载内容包括：中文名（除正名外还应包括别名、地方习用名或民族药名）、拉丁学名（除正名外还应引证基名和药学文献中常用的异名。正名后引用以该学名发表的原始文献，写法参照《中国植物志》，异名的原文献略去）、英文名、习性形态、分布与生境、药用部位、功效应用、化学成分、药理作用、毒性及不良反应、注评和参考文献等项，或其中几项。为了方便鉴定，给出该植物墨线图，并在能收集到的情况下给出原植物和原药材的照片。

八、中文正名一般采用《中国植物志》或《中华人民共和国药典》（2010 年版）的所载名为正名，用黑体字排印。别名用白体字排印，一般不超过 5 个，个别使用地区广泛的药用植物，别名有可能超过 5 个。

九、按照国际植物命名法规，选用合法的拉丁学名作为原植物的正名（用黑体字），异名用斜体字排印。异名注意选用基名和在药学文献中常见的名称，如大花红景天 **Rhodiola crenulata** (Hook. f. et Thomson) H. Ohba in J. Jap. Bot. 51:386.1976. —*Sedum crenulatam* Hook. f. et Thomson，*Rhondiola* *euryphylla* (Frod.) S.H. Fu.。

十、植物形态：依据药用植物重要性，对药用植物的形态特征分别作重点描述或一般描述，突出其药用部分的特征，记载了花期、果期，并给出该植物的分布与生境。

十一、药用部位：指该植物供药用的部分。主要的药用部位在前，其余按根、茎、叶、花、果实、种子的顺序排列，其他相关项目（如化学成分、药理作用）的记述也遵照此原则编写。

十二、功效应用：一般分为两部分，前一部分依据传统医学文献记载，如平肝阳、利小便、消浮肿、吞酸嘈杂、痞闷胀痛；后一部分采用现代医学临床应用，如对高血压、肾炎、胃溃疡的治疗，使两两对照，目的为中西医应用和研究药用植物（药材）起到一些桥梁和借鉴作用。资料不完备的可阙如某一部分。

十三、化学成分：按药用部位分别给出目前已知的化学成分类型及主要化学成分的中英文名称，尽可能全面地体现药用植物的化学组成。对于每一个化学成分均给出常用的英文名及恰当的中文译名，英文名的选择以俗名为主，尽可能避免采用系统名；中文译名的选择除按传统及重要工具书收载的名称外，还对现有的不恰当译名进行了调整，同时对部分成分按其英文名新拟了中文译名，并在该成分名称核心词根的右上角以"▲"角标的形式进行标注。上述中文译名的调整与拟定均遵从了以下主要原则：①尽量准确反映该成分被首次发现的原植物及其结构类型。②尽量采用词根直译，少用音译，避免一名多用。

十四、药理作用、毒性：扼要介绍相关的离体、细胞及动物药理学研究获得的主要结果及结论，并以动宾形式进行标题式概括，如抗炎作用、抗菌作用、抗病毒作用等；有相关毒理学研究的记述于毒性及不良反应项下。

十五、注评：主要论述与该种药用植物直接关联的药材品种问题，包括国家药典的收载情况和正品、代用品、地区习惯用药、伪品、误用品等问题，还包括国家保护种类的等级、新资源、新分布以及民族用药等必要说明的内容。

十六、植物分类学和注评的主要参考文献简列如下：《中国植物志》（第 1-80 卷，1959-2004），《中国高等植物图鉴》（第 1-5 册，补编 1-2 册，1972-1983），《中国种子植物科属词典》（1982），《Flora of China》（1994-2013），《A Dictionary of the Flowering Plants & Ferns》（1973），《中国珍稀濒危保护植物》（1989），《中华人民共和国药典》（1963，1977，1985，1990，1995，2000，2005，2010），《中国中药资源志要》（1994），《新华本草纲要》（第 1-3 册，1988-1990），《全国中草药汇编》（上、下册，1976，1978），《中药大辞典》（上、下册，1977），《中华本草》（1994），《药用植物辞典》（2005），《台湾药用植物志》（第 1-3 卷，1978），《中国民族药志要》（2005）。

十七、化学成分与药理作用及毒性的参考文献列于每种的后面，为节省篇幅略去了期刊文献的标题以及第一作者以后的作者名称，同时对英文期刊采用了标准缩写（斜体字部分）。

十八、编写分工：每卷前按分工列出所有参与本卷编写的人员并附作者单位，既表示作者对编写部分的负责，也便于读者与作者的交流。

目　录

伯乐树科（钟萼木科）BRETSCHNEIDERACEAE

1. 伯乐树属 Bretschneidera Hemsl.

无患子科 SAPINDACEAE

1. 倒地铃属 Cardiospermum L.

2. 异木患属 Allophylus L.

3. 无患子属 Sapindus L.

4. 鳞花木属 Lepisanthes Blume

5. 龙眼属 Dimocarpus Lour.

6. 荔枝属 Litchi Sonn.

7. 韶子属 Nephelium L.

凤仙花科 BALSAMINACEAE

1. 凤仙花属 Impatiens L.

冬青科 AQUIFOLIACEAE

1. 冬青属 Ilex L.

卫矛科 CELASTRACEAE

1. 卫矛属 Euonymus L.

2. 沟瓣属 Glyptopetalum Thwaites

3. 南蛇藤属 Celastrus L.

茶茱萸科 ICACINACEAE

1. 粗丝木属 Gomphandra Wall. ex Lindl.

2. 假柴龙树属 Nothapodytes Blume

3. 假海桐属 Pittosporopsis Craib

4. 定心藤属 Mappianthus Hand.-Mazz.

5. 微花藤属 Iodes Blume

6. 心翼果属 Peripterygium Hassk.

鼠李科 RHAMNACEAE

1. 雀梅藤属 Sageretia Brongn.

2. 鼠李属 Rhamnus L.

3. 枳椇属 Hovenia Thunb.

4. 蛇藤属 Colubrina Rich. ex Brongn.

5. 猫乳属 Rhamnella Miq.

6. 小勾儿茶属 Berchemiella T. Nakai

7. 勾儿茶属 Berchemia Neck. ex DC.

8. 马甲子属 Paliurus Mill.

9. 枣属 Ziziphus Mill.

10. 翼核果属 Ventilago Gaertn.

11. 咀签属 Gouania Jacq.

葡萄科 VITACEAE

1. 葡萄属 Vitis L.

杜英科 ELEOCARPACEAE

1. 杜英属 Elaeocarpus L.

2. 猴欢喜属 Sloanea L.

椴树科 TILIACEAE

1. 斜翼属 Plagiopteron Griff.

2. 椴树属 Tilia L.

3. 黄麻属 Corchorus L.

4. 田麻属 Corchoropsis Siebold et Zucc.

12. 桐棉属 Thespesia Sol. ex Corrêa

13. 棉属 Gossypium L.

14. 大萼葵属 Cenocentrum Gagnep.

木棉科 BOMBACACEAE

1. 木棉属 Bombax L.

2. 榴莲属 Durio Adans.

梧桐科 STERCULIACEAE

1. 苹婆属 Sterculia L.

毒鼠子科 DICHAPETALACEAE

瑞香科 THYMELAEACEAE

3. 瑞香属 Daphne L.

4. 毛花瑞香属 Eriosolena Blume

5. 结香属 Edgeworthia Meisn.

6. 粟麻属 Diarthron Turcz.

7. 狼毒属 Stellera L.

胡颓子科 ELAEAGNACEAE

1. 胡颓子属 Elaeagnus L.

大风子科 FLACOURTIACEAE

旌节花科 STACHYURACEAE

1. 旌节花属 Stachyurus Siebold et Zucc.

秋海棠科 BEGONIACEAE

1. 秋海棠属 Begonia L.

葫芦科 CUCURBITACEAE

1. 盒子草属 Actinostemma Griff.

2. 假贝母属 Bolbostemma Franquet

17. 毒瓜属 Diplocyclos (Endl.) T. Post et Kuntze

18. 波棱瓜属 Herpetospermum Wall. ex Hook. f.

19. 金瓜属 Gymnopetalum Arn.

20. 葫芦属 Lagenaria Ser.

21. 栝楼属 Trichosanthes L.

22. 油渣果属 Hodgsonia Hook. f. et Thomson

23. 南瓜属 Cucurbita L.

24. 红瓜属 Coccinia Wight et Arn.

25. 绞股蓝属 Gynostemma Blume

26. 佛手瓜属 Sechium P. Browne

伯乐树科（钟萼木科）BRETSCHNEIDERACEAE

乔木。叶互生，奇数羽状复叶；小叶对生或下部的互生，有小叶柄，全缘，羽状脉；无托叶。花大，两性，两侧对称，组成顶生、直立的总状花序；花萼阔钟状，5浅裂：花瓣5片，分离，覆瓦状排列，不相等，后面的2片较小，着生在花萼上部；雄蕊8枚，基部连合，着生在花萼下部，较花瓣略短，花丝丝状，花药背着；雌蕊1枚，子房无柄，上位，3-5室，中轴胎座，每室有悬垂的胚珠2颗，花柱较雄蕊稍长，柱头头状，小。果为蒴果，3-5瓣裂，果瓣厚，木质。种子大。

1属，1种，分布于中国和越南，可药用。

1. 伯乐树属 Bretschneidera Hemsl.

属的特征及分布与科同。

1. 伯乐树（中国树木分类学）　钟萼木（中国高等植物图鉴），冬桃（江西遂川）

Bretschneidera sinensis Hemsl. in Hooker's Icon. Pl. 28: t. 2708. 1901.——*B. yunshanensis* Chun et F. C. How（英 **Chinese Bretschneidera**）

乔木，高 10–20 m。羽状复叶通常长 25–45 cm，总轴有疏短柔毛或无毛；小叶 7–15，纸质或近革质，狭椭圆形至长圆状披针形，多少偏斜，长 6–26 cm，宽 3–9 cm，全缘，先端尖，基部钝圆。总状花序顶生，长 20–36 cm，轴密被锈色微柔毛；花直径约 4 cm；花梗长 2–3 cm；花萼钟形，长 1.2–1.7 cm，顶端具不明显的齿；花瓣 5，淡红色，长约 2 cm；雄蕊短于花瓣，5–9 枚，花药紫红色；子房 3 室，每室 2 胚珠。蒴果近球形，长 2–4 cm，木质。种子椭圆球形。花期 3–9 月，果期 5 月至翌年 4 月。

分布与生境　产于浙江、江西、湖北、湖南、四川、云南、贵州、福建、广东、广西等地。生于低海拔至中海拔的山地林中。也分布于越南北部。

药用部位　树皮。

功效应用　捣烂外敷。用于筋骨痛。

化学成分　树干含三萜类：3-表白桦脂酸(3-epibetulinic acid)[1]；黄酮类：北美短叶松素▲(pinobanksin)[1]；杂环类：伯乐树噻嗪▲(bretschneiderazine) A、B[2]；酚、苯甲醇苷类：伯乐树苷▲(bretschneideroside) A、B、C，苄基-6'-*O*-β-D-呋喃芹糖基-β-D-吡喃葡萄糖苷(benzyl-6'-*O*-β-D-apiofuranosyl-β-D-glucopyranoside)，3,4,5-三甲氧基苯基-β-D-呋喃芹糖基-(1→6)-β-D-吡喃葡萄糖苷[3,4,5-trimethoxyphenyl-β-D-apiofuranosyl-(1→6)-β-D-glucopyranoside]，鱼骨木苷 C (canthoside C)[2]；甾体类：β-谷甾醇，胡萝卜苷[1]。

茎叶含维生素 C，亚硝酸盐，硝酸盐[3]。

注评　本种的树皮称"山桃树皮"。本种为国家一级保护植物和二级保护野生药用植物。

伯乐树 **Bretschneidera sinensis** Hemsl.
引自《中国高等植物图鉴》

伯乐树 **Bretschneidera sinensis** Hemsl.
摄影：徐晔春

化学成分参考文献

[1] 马忠武，等. 植物学报，1992, 34(6): 483-484.

[2] Liu CM, et al. *J Nat Prod*, 2010, 73(9): 1582-1585.

[3] 郭治友，等. 食品与发酵工业，2009, 35(12): 141-143.

无患子科 SAPINDACEAE

乔木或灌木，有时为草质或本质藤本。羽状复叶或掌状复叶，稀单叶，互生，通常无托叶。聚伞圆锥花序；花单性，稀杂性或两性，辐射对称或两侧对称；雄花：萼片 4 或 5 (6)；花瓣 4 或 5 (6)，有时无花瓣或只有 1-4 个发育不全的花瓣，覆瓦状排列；花盘肉质，全缘或分裂，很少无花盘；雄蕊 5-10 枚，通常 8 枚，偶有多数，着生在花盘内或花盘上，花药背着，纵裂，退化雌蕊常密被毛；雌花花被和花盘与雄花相同，不育雄蕊的外貌与雄花中能育雄蕊常相似，但花丝较短，花药有厚壁，不开裂；雌蕊由 2-4 心皮组成，子房上位，通常 3 室，稀 1 或 4 室，花柱顶生或生于子房裂片间，柱头单一或 2-4 裂；胚珠每室 1-2 颗，偶有多颗，通常上升着生在中轴胎座上，稀为侧膜胎座。蒴果室背开裂，浆果状或核果状，全缘或分裂为分果爿。种子每室 1 颗，稀 2 或多颗，种皮膜质至革质，稀骨质，假种皮有或无。

约 150 属，约 2000 种，分布于全世界热带和亚热带地区，温带很少。我国有 25 属 53 种 2 亚种 3 变种，多数分布在西南部至东南部地区，北部很少，其中 11 属 20 种 3 变种可药用。

本科药用植物化学成分结构类型具有多样性。

分属检索表

1. 草质攀援藤本；花序的第一对分枝变态为卷须；蒴果膨胀，囊状；种子有白色（鲜时绿色）呈心形或半球形的种脐 ·· **1. 倒地铃属 Cardiospermum**
1. 乔木或直立灌木；花序无卷须。
  2. 果不开裂，核果状或浆果状。
    3. 果皮肉质；种子无假种皮；花瓣有鳞片。
      4. 掌状复叶，小叶 1-5 片；果小，长不超过 1 cm；萼片和花瓣均 4 片；花盘 4 全裂 ·· **2. 异木患属 Allophylus**
      4. 羽状复叶，果大，长 1 cm 以上；萼片 5；花盘完整或浅裂；种皮骨质，种脐线形，花瓣 4 或 5，少为 6，有 2 个耳状小鳞片或 1 个大型鳞片；落叶乔木 ················ **3. 无患子属 Sapindus**
    3. 果皮革质或脆壳质。
      5. 种子无假种皮；果不分裂为分果爿，外面密被绒毛 ················ **4. 鳞花木属 Lepisanthes**
      5. 种子有假种皮；果深裂为分果爿，但仅 1 或 2 个发育，外面通常覆有各式小瘤体或有刺，无毛或有疏毛。
        6. 假种皮与种皮粘连。无花瓣；萼 5 或 6 裂；果外面有软刺 ················ **7. 韶子属 Nephelium**
        6. 假种皮与种皮分离；果外面无刺，通常有小瘤体或近平滑。
          7. 萼片覆瓦状排列；小叶背面侧脉腋内有腺孔，如无腺孔则花序被星状毛 ·· **5. 龙眼属 Dimocarpus**
          7. 萼片镊合状排列；小叶背面脉腋内无腺孔；花序被绒毛，非星状毛 ········ **6. 荔枝属 Litchi**
  2. 蒴果，室背开裂。
    8. 单叶；萼片 4；无花瓣；枝、叶和花序有胶状黏液；果有翅 ················ **8. 车桑子属 Dodonaea**
    8. 复叶；萼片 5；枝、叶和花序均无胶状黏液。
      9. 掌状复叶，小叶 3；果皮革质或近木质；种子无假种皮；花瓣 5，有鳞片 ·· **11. 茶条木属 Delavaya**
      9. 羽状复叶。

10. 大型聚伞花序顶生，很少腋生，花两侧对称，萼片镊合状排列，花盘厚，偏于一边；蒴果膨胀，无翅 ·· 9. 栾树属 **Koelreuteria**

10. 总状花序，花辐射对称，花瓣较大，长 1.7 cm，基部红色或黄色，无鳞片，花盘裂片与花瓣互生，背面顶端有角状附属体；蒴果不膨胀；落叶灌木或小乔木 ········· 10. 文冠果属 **Xanthoceras**

1. 倒地铃属 Cardiospermum L.

草质或木质攀援藤本，稀灌木状。叶互生，常为二回三出复叶或二回三裂，托叶小，早落；小叶分裂或有齿缺，常有透明腺点。圆锥花序腋生，第一对分枝变态为卷须或刺状；苞片和小苞片钻形；花单性，雌雄同株或异株，两侧对称；花梗细长具关节；萼片 4 或 5，覆瓦状排列，外面 2 片较小；花瓣 4，两两成对，内面基部均有大型鳞片，远轴一对花瓣的鳞片两侧不对称，背面有宽翅状附属体，近轴一对花瓣的鳞片上端反折，被须毛，背面近顶部具鸡冠状附属体；花盘分裂为 2 个大的腺体状裂片，位于近轴一对花瓣的基部；雄蕊（雄花）8 枚；子房（雌花）椭圆形，有 3 棱角，3 室；胚珠每室 1 颗，着生在中轴的中部。蒴果囊状，3 室，果皮膜质或纸质，有脉纹。种子每室 1 颗，近球形，有心形或半球形种脐。

约 12 种，主要分布于热带美洲，少数种类广布于全世界热带和亚热带地区。我国有 1 种，可药用。

1. 倒地铃（中国植物志） 风船葛（广州植物志），三角泡（广西中药志），灯笼草（四川），炮掌果（云南中草药）

Cardiospermum halicacabum L., Sp. Pl. 1: 366. 1753.——*C. halicacabum* L. var. *microcarpum* (Kunth) Blume, *C. microcarpum* Kunth（英 **Balloonvine Heartseed, Heart-seed, Balloon-vine, Heart-pea**）

草质攀援藤本；茎长 1–5 m，有纵棱 5–6 条，棱上被皱曲柔毛或无毛。二回三出复叶，轮廓为三角形，长 5–12 cm；小叶膜质，顶生小叶较大，长 4–8 cm，宽 1.5–2.5 cm，顶端渐尖，侧生的稍小，卵形或长椭圆形，边缘有疏锯齿或羽状分裂。聚伞花序少花，腋生，花序柄细长，长 4–8 cm，具 4 棱，卷须螺旋状；花小，白色，杂性，长约 2.5 cm；两性花与雄花萼片 4，花瓣 4，雄蕊 8 枚。蒴果梨形、陀螺状倒三角形或有时近长球形，囊状，膜质，长和宽 3–4 cm，室裂为 3 果瓣。花期夏秋季，果期秋季至初冬季。

分布与生境 我国东部、南部和西南部地区很常见，北部较少。生于田野、灌丛、路边和林缘，也有栽培。广布于全世界热带和亚热带地区。

药用部位 全草或果实。

功效应用 全草：清热利湿，凉血解毒。用于黄疸，淋证，疮疖痈肿，湿疹，跌打损伤，毒蛇咬伤。外用捣烂敷患处或煎水洗用。果实：祛风，解痉，解毒。用于小儿脐风，湿疹，皮炎，疮痈。

化学成分 根含酚类：栎皮鞣酐(phlobaphene)，栎皮鞣质(phlobatannin)[1]；甾体类：β-谷甾醇[1]。

叶含黄酮类：芹菜苷元-7-*O*-葡萄糖醛酸苷(apigenin-7-*O*-glucuronide)，金圣草酚-7-*O*-葡萄糖醛酸苷(chrysoeriol-7-*O*-glucuronide)，木犀草素-7-*O*-葡萄糖醛酸

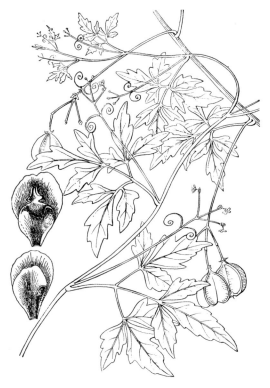

倒地铃 Cardiospermum halicacabum L.
余汉平 绘

倒地铃 **Cardiospermum halicacabum** L.
摄影：王祝年

苷(luteolin-7-*O*-glucuronide)[2]；其他类：(+)-松醇[(+)-pinitol][2]。

种子含黄酮类：木犀草素-7-*O*-葡萄糖醛酸苷(luteolin-7-*O*-glucuronide)[3]；甾体类：β-谷甾醇[3]；脂肪酸类：花生酸(arachidic acid)，亚油酸，硬脂酸[3-5]等；氰类：1-氰基-2-羟甲基丙-2-烯-1-醇(1-cyano-2-hydroxymethylprop-2-ene-1-ol)，1-氰基-2-羟甲基丙-1-烯-3-醇(1-cyano-2-hydroxymethylprop-1-ene-3-ol)[6]；其他类：4,4-二甲氧基-3-(甲氧甲基)-丁酸甲酯(4,4-dimethoxy-3-(methoxymethyl)-butyric acid methyl ester)[7]。

全草含黄酮类：大波斯菊苷(cosmosiin)，菜蓟苷▲(cinaroside)[8]，芹菜苷元(apigenin)[9-10]，槲皮素(quercetin)，大萼赝靛素(calycosin)，芦丁(rutin)[10]；芳香类：原儿茶酸(protocatechuic acid)，原儿茶醛(protocatechualdehyde)[10]，金圣草酚(chrysoeriol)[11]；三萜类：β-香树脂醇(β-amyrin)，β-香树脂醇棕榈酸酯(β-amyrin palmitate)，蒲公英赛醇(taraxerol)，3β-羟基欧洲桤木-5-烯(3β-hydroxyglutin-5-ene)[11]；甾体类：β-谷甾醇-β-D-吡喃半乳糖苷(β-sitosterol-β-D-galactopyranoside)[9]，豆甾醇(stigmasterol)，β-谷甾醇[11]，胡萝卜苷，豆甾醇-β-D-吡喃葡萄糖苷(stigmasterol-β-D-glucopyranoside)[11-12]；有机酸/醇类：花生酸(arachidic acid)[9]，十五酸，三十一醇[10]，二十七烷(heptacosane)，棕榈酸(palmitic acid)[11]；挥发油：2-乙基己醇(2-ethylhexanol)，β-红没药烯(β-bisabolene)，γ-芹子烯(γ-selinene)，辛-3-烯(oct-3-ene)[13]等。

注评 本种的全草或果实称"三角泡"，广西、福建、江西、四川等地药用。傈僳族也药用，主要用途见功效应用项。

化学成分参考文献

[1] Desai KB, et al. *J Maharaja Sayajirao Univ Baroda*, 1954, 3: 33-39.

[2] Rao C, et al. *Acta Cienc Indica, Chem*, 1987, 13(3): 169-170.

[3] Ahmed I, et al. *Sci Int*, 1993, 5(1): 67-69.

[4] Chisholm MJ, et al. *Can J Chem*, 1958, 36: 1537-1540.

[5] Covello M. *Annali di Chimica*, 1951, 41 : 780-784.

[6] Mikolajczak KL, et al. *Lipids*, 1970, 5(10): 812-817.

[7] Hopkins CY, et al. *Phytochemistry*, 1968, 7(4): 619-24.

[8] Shabana MM, et al. *Bull Faculty Pharm*, 1990, 28(2): 79-83.

[9] Khan MSY, et al. *Indian Drugs*, 1990, 27(4): 257-258.

[10] 陈君，等. 中药材, 2013, 36(2): 228-230.

[11] 韦建华，等. 中草药, 2011, 42(8): 1509-1511.

[12] Srinivas K, et al. *Indian J Nat Prod*, 1998, 14(1): 24-27.

[13] Bourrel C, et al. *J Nat*, 1995, 7(1): 19-24.

2. 异木患属 Allophylus L.

灌木，稀乔木。掌状复叶，无托叶；小叶 1-5，通常边缘有锯齿，少全缘。聚伞圆锥花序腋生，总状或复总状；花小，单性，雌雄同株或异株，两侧对称；萼片 4，外面 2 片稍小；花瓣 4，内面基部有鳞片；花盘 4 全裂，裂片腺体状；雄花具 8 枚雄蕊，有时较少，花丝分离或中部以下连生；雌花的子房 2 (3) 裂，2 (3) 室，花柱基生，柱头外弯；胚珠每室 1 颗，着生在中轴的近基部。果深裂为 2 或 3 分果爿，通常仅 1 个发育，浆果状，基部有残存花柱和不育果爿，外果皮肉质，多浆汁，内果皮脆壳质。种子与果爿近同形。

有 200 余种，分布于全世界热带和亚热带地区。我国有 11 种，分布于西南部、南部至东南部地区，其中 4 种 1 变种可药用。

分种检索表

1. 小叶 1 片，上部边缘有浅波状粗齿或波状浅裂 ·· 1. 单叶异木患 A. repandifolius
1. 小叶 3 片；花丝分离；花瓣内面只有 1 枚 2 裂鳞片。
  2. 花序总状，主轴不分枝。
    3. 小叶背面无毛或仅侧脉的脉腋内簇生柔毛。
      4. 小叶背面脉腋内簇生柔毛，边缘有小锯齿 ··· 2. 异木患 A. viridis
      4. 小叶背面脉腋内无毛，边缘有浅波状粗齿 ······························· 3. 波叶异木患 A. caudatus
    3. 小叶仅脉上被短柔毛，侧生小叶仅中部以上有小锯齿；花雌雄同株 ··
    ·· 4. 滇南异木患 A. cobbe var. velutinus
  2. 花序主轴最少有 1 个分枝。
    5. 小叶背面侧脉脉腋内无簇毛，边缘有浅波状粗齿 ···················· 3. 波叶异木患 A. caudatus
    5. 小叶背面侧脉脉腋内常簇生柔毛，边缘有小锯齿 ···················· 5. 长柄异木患 A. longipes

1. 单叶异木患（植物分类学报）

Allophylus repandifolius Merr. et Chun, in Sunyatsenia. 5: 113. 1940.（英 **Repandifoliate Allophylus**）

灌木，高约 1 m；小枝稍曲折，灰白色，散生圆形皮孔，仅嫩叶被稀疏短柔毛。单身复叶，叶柄长 2-3.1 cm；小叶具短柄，纸质，倒卵状楔形，长 20-30 cm，宽 7-10 cm，顶端尾状渐尖，基部狭楔形，上部 1/3 的边缘有浅波状粗齿或波状浅裂，上面深绿色，下面较浅，两面无毛，侧脉每边约 15 条，弯拱，上部数对伸达叶缘齿尖。花末见。果序不分枝或基部具 1 或 2 个短小分枝，直立，长 4-10 cm，被稀疏短柔毛。果倒卵形，长约 8 mm，无毛或被微柔毛。果期秋季。

分布与生境　我国特有，仅见于海南省万宁市兴隆镇附近。生于海拔约 400 m 的林谷中，很少见。

药用部位　根、茎、叶。

功效应用　用于风湿痹痛，跌打损伤，瘀血作痛。

2. 异木患（中华本草）　小叶枫（中国植物志）

Allophylus viridis Radlk., in Sitzungsber. Math.-Phys. Cl. Königl. Bayer. Akad. Wiss. München. 38: 229. 1909.（英 **Viridate Allophyllus**）

灌木，高 1-3 m；小枝被微柔毛。三出复叶，叶柄长 2-4.5 cm 或更长，被柔毛；小叶纸质，顶生的长椭圆形或披针状长椭圆形，稀卵形或阔卵形，长 5-15 cm，顶端渐尖，基部楔形，侧生的披针状卵形或卵形，基部钝，外侧宽楔形，边缘有小锯齿，仅背面侧脉的腋内有簇生柔毛；小叶柄长

异木患 **Allophylus viridis** Radlk.
引自《海南植物志》

异木患 **Allophylus viridis** Radlk.
摄影：朱鑫鑫

5-8 mm。花序总状，主轴不分枝，与叶柄近等长或稍长，被柔毛，总花梗长 1-1.5 cm；花小，直径 1-1.5 mm；苞片钻形；萼片无毛；花瓣阔楔形，长约 1.5 mm，鳞片深 2 裂，被须毛；花盘、花丝基部和子房均被柔毛。果近球形，直径 6-7 mm，红色。花期 8-9 月，果期 11 月。

分布与生境　产于海南各地和雷州半岛。生于低海拔至中海拔地区的林下或灌丛中。也分布于越南北部。

药用部位　根，茎。

功效应用　通利关节，活血散瘀。用于风湿痹痛，跌打损伤。

注评　本种的根、茎称"异木患"，海南等地药用。傣族用于治疗外热内冷，痢疾腹泻。

3. 波叶异木患（植物分类学报）　三叶茶（广西药用植物名录）

Allophylus caudatus Radlk., in Sitzungsber. Math.-Phys. Cl. Königl. Bayer. Akad. Wiss. München. 38: 231. 1909.（英 **Caudate Allophylus, Waveleaf Allophylus**）

小乔木或大灌木，高通常不超过 5 m；小枝有透镜状皮孔，被短柔毛。三出复叶；叶柄长 6-12.5 cm；小叶膜质或薄纸质，顶生的长圆状披针形，长 8-22 cm 或更长，顶端尾状长尖，基部楔形，侧生的较小，卵形，两侧极不对称，基部阔楔形至近圆形，边缘有浅波状粗齿，腹面沿中脉上被毛，背面近无毛；小叶柄长 5-15 mm。花序总状，主轴不分枝，稀基部有 1 细长分枝，花序轴细瘦，末端常俯垂，总花梗长 1.5-2.5 cm；花梗长 1 mm；花瓣狭楔形，鳞片深 2 裂；花盘近无毛；花丝下部被长柔毛。果近球形，直径 7-8 mm，红色。花期 8-9 月，果期 9-11 月。

分布与生境　产于广西南部和云南东南部（河口、马关）。生于林中或灌丛中。也分布于越南北部。

药用部位　根、茎、枝、叶、全株。

功效应用　根、茎：用于周身骨痛，阴挺，跌打损伤。枝、叶：用于痧症。外用于脚癣。全株：用于刀伤，风湿痹痛，肾炎，骨折。

化学成分　叶含多萜类：异戊烯醇(prenol) -11、-12、-13[1]，无花果异戊烯醇▲(ficaprenol) -11、-12、-13，异木患异戊烯醇▲(alloprenol) -11、-12、-13[2]。

7

波叶异木患 *Allophylus caudatus* Radlk.
摄影：王祝年

化学成分参考文献

[1] Marczewski A, et al. *Acta Biochim Pol*, 2007, 54(4): 727-732.

[2] Ciepichal E, et al. *Chem Phys Lipids*, 2007, 147(2): 103-112.

4. 滇南异木患（中国植物志）

Allophylus cobbe (L.) Raeusch. var. **velutinus** Corner in Gard. Bull. Straits Settlem. 10: 41. 1939.（英 **Diannan Allophylus**）

灌木，高 1.5-3 m；小枝具圆形小皮孔，嫩枝多少被毛。三出复叶；叶柄长 5-11 cm；被微柔毛；小叶薄纸质，顶生小叶椭圆形或椭圆状披针形，长 9-20 cm，宽 4-6.5 cm，侧生小叶斜卵形或斜卵状披针形，顶端渐尖或尾状渐尖，边缘具疏离小锯齿，两面脉上被短柔毛，背面脉腋有须毛；小叶柄长 3-12 mm。花序腋生，不分枝，通常与叶近等长，被短绒毛；花小，白色，萼片近圆形，花瓣匙形，鳞片 2 裂，被长柔毛；花盘被柔毛；花丝基部被毛。果近圆球形，直径 5-7mm，红色。花期 6-9 月，果期 12 月。

分布与生境 产于云南南部（勐腊）。生于海拔 300-1200 m 的密林中。也分布于印度、中南半岛和马来群岛。

药用部位 叶、根。

功效应用 叶：清热解毒。用于皮炎，湿疹，水火烫伤，毒蛇咬伤。根：用于肝硬化腹水。

5. 长柄异木患（植物分类学报）

Allophylus longipes Radlk. in Sitzungsber. Math.-Phys. Cl. Königl. Bayer. Akad. Wiss. München. 38: 233. 1909.（英 **Longstalk Allophylus, Long-stalked Allophylus**）

小乔木或大灌木，高可达 10 m；小枝近无毛。三出复叶，叶柄长 4-10 cm；小叶纸质，顶生的披针形或长椭圆状披针形，长 12-24 cm，宽 3-9 cm，顶端尾状渐尖，基部楔形，侧生的卵形或宽卵形，中部以上边缘有稀疏小锯齿，侧脉的脉腋内常簇生柔毛；小叶柄长 5-10 mm。花序复总状，通常有几个至多个分枝，被灰黄色短柔毛，总花梗长 3-4.5 cm；花梗长 2-3 mm，雌花梗斜立，雄花梗细而弯垂；花瓣短楔形，长约 1.3 mm，爪部被长柔毛，鳞片 2 裂；花丝下部略粗厚；子房 3 裂，稀 2 裂，裂片常大小不等。果椭圆形，长 9-10 mm，宽 6-7 mm，红色。花期夏秋季，果期秋冬季。

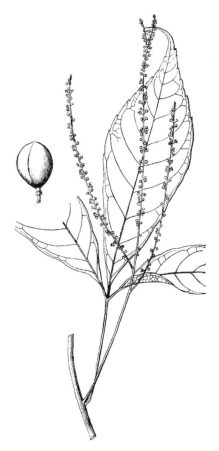

长柄异木患 *Allophylus longipes* Radlk.
引自《云南植物志》

长柄异木患 *Allophylus longipes* Radlk.
摄影：黄健

分布与生境 产于云南东南部至西南部、贵州南部。生于海拔 1100–1600 m 的密林中。也分布于越南北部。

药用部位 根或全株。

功效应用 根：用于肝炎，肝硬化腹水，痢疾腹泻，尿道炎，外热内冷，产后虚弱，恶露不净，跌打损伤。全株：祛风除湿，解毒，接骨。用于风湿痹痛，肾炎，水肿，肝炎，骨折。

化学成分 茎含三萜类：环木菠萝-24-烯-3β,26-二醇(cycloart-24-ene-3β,26-diol)，3-氧代绿玉树-7,24-二烯-21-酸(3-oxotirucalla-7,24-dien-21-oic acid)，枣烯醛酸▲(zizyberenalic acid)，白桦脂醇(betulin)，白桦脂醛(betulinic aldehyde)，白桦脂酸(betulinic acid)，熊果酸(ursolic acid)，3-氧代-19α-羟基熊果-12-烯-28-酸(3-oxo-19α-hydroxyurs-12-en-28-oic acid)[1]；二萜类：蛇藤酸(colubrinic acid)，对映-4(15)-桉叶烯-1β,6α-二醇[ent-4(15)-eudesmene-1β,6α-diol]，4(15)-桉叶烯-1β,8α-二醇[4(15)-eudesmene-1β,8α-diol]，4(15)-桉叶烯-1β,5α-二醇[4(15)-eudesmene-1β,5α-diol][1]；香豆素类：东莨菪内酯(scopoletin)，白蜡树定(fraxidin)[1]；苯丙素类：1-O-对香豆酰葡萄糖(1-O-p-coumaroylglucose)，松柏醛(coniferaldehyde)[1]；木脂素类：黄花草素▲A (cleomiscosin A)[1]；酚类：对氨烷基苯甲酸[p-aminoalkyl-benzoic acid]，2',6'-二羟基-4'-甲氧基苯乙酮(2',6'-dihydroxy-4'-methoxyacetophenone)，4-羟基-3-甲氧基苯甲酸(4-hydroxy-3-methoxybenzoic acid)，4-羟基-3-甲氧基苯甲醛(4-hydroxy-3-methoxybenzaldehyde)，土曲霉酸▲甲酯(methyl asterrate)[1]；甾体类：多孔甾-5-烯-3β,4β-二醇(poriferast-5-ene-3β,4β-diol)，3β-羟基-5α,8α-表二氧麦角甾-6,22-二烯(3β-hydroxy-5α,8α-epidioxyergosta-6,22-diene)，β-谷甾醇[1]。

化学成分参考文献

[1] 张向云，等 . 中国天然药物 , 2012, 10(1): 36-39.

3. 无患子属 Sapindus L.

乔木或灌木。偶数羽状复叶，稀单叶，互生，无托叶；小叶全缘。聚伞圆锥花序顶生或在小枝顶部丛生；苞片和小苞片钻形；花单性，雌雄同株或异株，辐射对称或两侧对称；萼片 (4) 5，覆瓦状排列，外面 2 片较小；花瓣 5，有爪，内面基部有 2 个耳状小鳞片或边缘增厚，或 4 片，无爪，内面基部有 1 个大型鳞片；花盘肉质，有时浅裂；雄蕊（雄花）8 枚，稀更多或较少，花丝中部以下或基部被毛；子房（雌花）常 3 浅裂，3 室，花柱顶生；胚珠每室 1 颗。果深裂为 3 分果爿，常仅 1 或 2 个发育，内侧附着有 1 或 2 个半月形的不育果爿，果皮肉质，内面在种子着生处有绢质长毛。种子黑色或淡褐色，种皮骨质，无假种皮，种脐线形。

约 13 种，分布于美洲、亚洲和大洋洲较温暖的地区。我国有 4 种和 1 变种，产于长江流域及其以南各地，其中 4 种 1 变种可药用。

分种检索表

1. 花辐射对称；花瓣 5，有长爪，内面基部有 2 个耳状小鳞片 ···1. 无患子 S. saponaria
1. 花两侧对称；花瓣 4，无爪，内面基部有 1 个大型鳞片。
  2. 萼片和花瓣外面密被绢质绒毛；花蕾阔卵形；小叶 7–12 对，长圆状披针形 ·········2. 毛瓣无患子 S. rarak
  2. 萼片和花瓣外面被疏柔毛；花蕾球形；小叶卵形或卵状长圆形。
    3. 小叶 4–7 对，背面被柔毛或近无毛 ·······································3. 川滇无患子 S. delavayi
    3. 小叶 3–4 对，背面被绒毛 ···4. 绒毛无患子 S. tomentosus

本属植物化学成分主要为三萜类化合物。无患子（S. mukorossi）中的三萜皂苷类成分木患子皂苷▲ (sapinmusaponin) Q(**1**)、R(**2**)，无患子苷 B (sapindoside B，**3**)，绣球藤苷▲ C (clemontanoside C，**4**)，4α-3β-[O-α-L- 吡喃鼠李糖基 -(1 → 2)-O-[β-D- 吡喃木糖基 -(1 → 3)]-α-L- 吡喃阿拉伯糖氧基)]-23- 羟基齐墩果 -12- 烯 -28- 酸 {(4α)-3β-[(O-α-L-rhamnopyranosyl-(1 → 2)-O-[β-D-xylopyranosyl-(1 → 3)]-α-L-arabinopyranosyloxy]-23-hydroxyolean-12-en-28-oic acid，**5**} 等均具有抑制血小板聚集的活性，**1** 和 **2** 的活性高于阿司匹林；从毛瓣无患子（S. rarak）中分离得到的毛瓣无患子皂苷▲ (rarasaponin) Ⅰ (**6**)、Ⅱ (**7**) 和毛瓣无患子苷▲ A (raraoside A，**8**) 均能不同程度地抑制胰脂酶的活性，其 IC_{50} 值分别为 131 μmol/L、172 μmol/L 和 151 μmol/L。

6: R¹=Ac R²=R³=H
7: R¹=R³=H R²=Ac

本属植物无患子对病毒性肝炎具有良好的治疗作用，无患子提取物对小鼠实验性肝损伤具有保护作用。无患子皂苷具有降血压作用。无患子皂苷类成分有杀精子活性，粗皂苷具有抗炎作用、抑制毛细血管通透性作用和镇痛作用。

1. 无患子（开宝本草） 木患子（本草纲目），皮哨子（滇南本草），苦患子（海南），油患子（四川），洗手果（中国中药资源志要），油罗树（中国中药资源志要）

Sapindus saponaria L., Sp. Pl. 1: 367. 1753.——*S. mukorossi* Gaertn.（英 **Chinses Soapberry, Soapnut Tree, Soap Nut Tree, China Soapberry**）

落叶大乔木，高可达 20 余米。羽状复叶，互生，叶连柄长 25–45 cm 或更长，叶轴稍扁；小叶 5–8 对，通常近对生，长椭圆状披针形或稍呈镰形，长 7–15 cm 或更长，顶端短尖或短渐尖，基部楔形，稍不对称，两面无毛或背面被微柔毛，小叶柄长约 5 mm。花序顶生，圆锥形；花小，辐射对称；萼片卵形或长圆状卵形，外面基部被疏柔毛；花瓣 5，披针形，有长爪，外面基部被长柔毛或近无毛，鳞片 2 个，小耳状；花盘碟状；雄蕊 8 枚，中部以下密被长柔毛；子房无毛。发育分果爿近球形，直径 2–2.5 cm，橘黄色。花期春季，果期夏秋季。

分布与生境 产于我国东部、南部至西南部地区。各地寺庙、庭园和村边常见栽培。日本、朝鲜半岛、中南半岛和印度等地也常栽培。

药用部位 种子、种仁、果实、果皮、果肉、根、叶、树皮。

功效应用 种子：清热，祛痰，消积，杀虫。用于咽喉肿痛，咳喘，食滞，白带，疳积，疥癣，肿毒。种仁：消积，辟秽，杀虫。用于疳积，腹中气胀，口臭，蛔虫病。果实：清热解郁，化痰止咳。用于扁桃体炎，喉炎，哮喘，风热外感。有小毒。果皮：清热化痰，止痛，消积。用于喉痹肿痛，心胃气痛，疝气疼痛，风湿痛，虫积，食滞，肿毒。有小毒。果肉：用于胃痛，疝痛，风湿痛，虫积，食滞，无名肿毒。根：宣肺止咳，解毒化湿。用于外感发热，咽喉肿痛，肺热咳嗽，呕血，白浊，白带，毒蛇咬伤。叶：解毒，镇咳。用于蛇伤，百日咳。树皮：解毒，利咽，祛风杀虫。用于白喉，疥癣，疳疮。

化学成分 根含三萜类：木患子苷▲(sapimukoside) A、B[1]、C、D[2]、E、F、G、H、I、J[3]。

叶含黄酮类：槲皮素(quercetin)[4]，山柰酚(kaempferol)[4-5]，芹菜苷元(apigenin)，芦丁(rutin)[5]；三萜类：无患子苷A (sapindoside A)[6]；氨基酸类：精氨酸，丝氨酸，苏氨酸，亮氨酸，谷氨酸[7]。

果实含三萜类：(3β,13α,14β,17α)-羊毛脂-7,24-二烯-3-醇十五酸酯[(3β,13α,14β,17α)-lanosta-7,24-dien-3-ol pentadecanoate]，(3β,13α,14β,17α)-羊毛脂-7,24-二烯-3-醇十六酸酯[(3β,13α,14β,17α)-lanosta-7,24-dien-3-ol-hexadecanoate]，(3β,13α,14β,17α)-羊毛脂-7,24-二烯-3-醇十七酸酯[(3β,13α,14β,17α)-lanosta-7,24-dien-3-ol-heptadecanoate]，(3β,13α,14β,17α)-羊毛脂-7,24-二烯-3-醇十八酸酯[(3β,13α,14β,17α)-lanosta-7,24-dien-3-ol octadecanoate]，(3β,13α,14β,17α)-羊毛脂-7,24-二烯-3-醇二十酸酯[(3β,13α,14β,17α)-lanosta-7,24-dien-3-ol-eicosanoate]，(3β,13α,14β,17α)-羊毛脂-7,24-二烯-3-醇二十二酸酯[(3β,13α,14β,17α)-lanosta-7,24-dien-3-ol docosanoate][8]，(4α)-3β-[(O-α-L-吡喃阿拉伯糖基-(1 → 2)-O-[α-L-吡喃鼠李糖基-(1 → 3)]-α-L-吡喃阿拉伯糖氧基]-23-羟基齐墩果酸{(4α)-3β-[(O-α-L-arabinopyranosyl-(1 → 2)-O-[α-L-rhamnopyranosyl-

无患子 **Sapindus saponaria** L.
何冬泉 绘

无患子 **Sapindus saponaria** L.
摄影：朱鑫鑫 梁同军

(1 → 3)]-α-L-arabinopyranosyloxy]-23-hydroxyoleanolic acid}，(4α)-3β-[α-L-吡喃鼠李糖基-(1 → 3)-O-[β-D-吡喃木糖基-(1 → 2)]-α-L-吡喃阿拉伯糖氧基]-23-羟基齐墩果酸{(4α)-3β-[(O-α-L-rhamnopyranosyl-(1 → 3)-O-[β-D-xylopyranosyl-(1 → 2)]-α-L-arabinopyranosyloxy]-23-hydroxyoleanolic acid}[9]，无患子苷(sapindoside) A、B[10-11]、C[11-13]、D[11,14]、E[11,15]，常春藤皂苷元-3-O-α-L-吡喃阿拉伯糖基-(2 → 1)-α-L-吡喃鼠李糖基-(3 → 1)-β-D-吡喃木糖基-(3 → 1)-β-D-吡喃木糖基-(1 → 3)-吡喃葡萄糖苷[hederagenin-3-O-α-L-arabinopyranosyl-(2→1)-α-L-rhamnopyranosyl-(3→1)-β-D-xylopyranosyl-(3→1)-β-D-xylopyranosyl-(1 → 3)-glucopyranoside]，无患子皂苷G (mukurozisaponin G)，毛瓣无患子皂苷▲Ⅲ (rarasaponin Ⅲ)[16]；

倍半萜类：无患子萜苷(mukurozioside) Ⅱ a[16]、Ⅱ b[8]，6,7-二羟基-2-甲基萘-9,10-二甲基乙烷-10-O-[3'-乙酰基-α-L-吡喃鼠李糖苷]{6,7-dihydroxy-2-methylnaphthalene-9,10-dimethylethane-10-O-[3'-acetyl-α-L-rhamnopyranoside]}[17]；黄酮类：芦丁[18]；氨基酸类：甘氨酸，丙氨酸，酪氨酸，色氨酸，门冬氨酸[7]；寡糖[16]；单糖类：蔗糖，葡萄糖[7]。

果实和果汁含三萜类：木患子皂苷▲(sapinmusaponin) A、B、K、L、M、N、O、P，无患子苷(sapindoside) A、B，绣球藤苷▲C (clemontanoside C)，无患子皂苷E₁ (mukurozisaponin E₁)，皮哨子皂苷Ee (hishoushi saponin Ee)，(4α)-3β-[(O-3,4-二-O-乙酰基-β-D-吡喃木糖基-(1 → 3)-O-α-L-吡喃鼠李糖基-(1 → 2)-α-L-吡喃阿拉伯糖氧基]-23-羟基齐墩果酸{(4α)-3β-[O-3,4-di-O-acetyl-β-D-xylopyranosyl-(1 → 3)-O-α-L-rhamnopyranosyl-(1 → 2)-α-L-arabinopyranosyloxy]-23-hydroxyoleanolic acid}，(4α)-3β-[O-2-O-乙酰基-β-D-吡喃木糖基-(1 → 3)-O-α-L-吡喃鼠李糖基-(1 → 2)-α-L-吡喃阿拉伯糖氧基]-23-羟基齐墩果酸{(3β,4α)-3-[(O-2-O-acetyl-β-D-xylopyranosyl-(1 → 3)-O-α-L-rhamnopyranosyl-(1 → 2)-α-L-arabinopyranosyloxy]-23-hydroxyoleanolic acid}[19]。

果汁含三萜类：木患子皂苷▲A、B、C、D[20]、F、G、H、I、J[21]、Q、R，无患子苷B，绣球藤苷C，(4α)-3β-[(O-α-L-吡喃甘露糖基-(1 → 2)-O-[β-D-吡喃木糖基-(1 → 3)]-α-L-吡喃阿拉伯糖氧基]-23-羟基齐墩果酸{(4α)-3β-[O-α-L-rhamnopyranosyl-(1 → 2)-O-[β-D-xylopyranosyl-(1 → 3)]-α-L-arabinopyranosyloxy]-23-hydroxyoleanolic acid}[22]；酚类：路边青苷▲(geoside)，4-烯丙基-2-甲氧基苯基-6-O-β-D-呋喃芹糖基-(1 → 6)-β-D-吡喃葡萄糖苷[4-allyl-2-methoxyphenyl-6-O-β-D-apiofuranosyl-(1 → 6)-β-D-glucopyranoside]，丁香酚芸香糖苷(eugenol rutinoside)[20]。

果皮含三萜类：常春藤皂苷元-3-O-(2,4-O-二-乙酰基-α-L-吡喃阿拉伯糖苷)-(1 → 3)-α-L-吡喃鼠李糖基-(1 → 2)-α-L-吡喃阿拉伯糖苷[hederagenin-3-O-(2,4-O-diacetyl-α-L-arabinopyranoside)-(1 → 3)-α-L-rhamnopyranosyl-(1 → 2)-α-L-arabinopyranoside]，常春藤皂苷元-3-O-(3,4-O-二-乙酰基-α-L-吡喃阿拉伯糖苷)-(1 → 3)-α-L-吡喃鼠李糖基-(1 → 2)-α-L-吡喃阿拉伯糖苷[hederagenin-3-O-(3,4-O-di-acetyl-α-L-arabinopyranoside)-(1 → 3)-α-L-rhamnopyranosyl-(1 → 2)-α-L-arabinopyranoside]，常春藤皂苷元-3-O-(3-O-乙酰基-β-D-吡喃木糖基)-(1 → 3)-α-L-吡喃鼠李糖基-(1 → 2)-α-L-吡喃阿拉伯糖苷[hederagenin-3-O-(3-O-acetyl-β-D-xylopyranosyl)-(1 → 3)-α-L-rhamnopyranosyl-(1 → 2)-α-L-arabinopyranoside]，常春藤皂苷元-3-O-(4-O-乙酰基-β-D-吡喃木糖基)-(1 → 3)-α-L-吡喃鼠李糖基-(1 → 2)-α-L-吡喃阿拉伯糖苷[hederagenin-3-O-(4-O-acetyl-β-D-xylopyranosyl)-(1 → 3)-α-L-rhamnopyranosyl-(1 → 2)-α-L-arabinopyranoside]，常春藤皂苷元-3-O-(3,4-O-二-乙酰基-β-D-吡喃木糖基)-(1 → 3)-α-L-吡喃鼠李糖基-(1 → 2)-α-L-吡喃阿拉伯糖苷[hederagenin-3-O-(3,4-O-di-acetyl-β-D-xylopyranosyl)-(1 → 3)-α-L-rhamnopyranosyl-(1 → 2)-α-L-arabinopyranoside]，常春藤皂苷元-3-O-β-D-吡喃木糖基-(1 → 3)-α-L-吡喃鼠李糖基-(1 → 2)-α-L-吡喃阿拉伯糖苷[hederagenin-3-O-β-D-xylopyranosyl-(1 → 3)-α-L-rhamnopyranosyl-(1 → 2)-α-L-arabinopyranoside][23]，常春藤皂苷元-3-O-α-L-吡喃阿拉伯糖苷[hederagenin-3-O-α-L-arabinopyranoside][23-24]，常春藤皂苷元(hederagenin)，刺楸皂苷B (kalopanax saponin B)，柴胡皂苷(saikosaponin) a、b₁、b₂、c、d，白头翁皂苷B (pulsatilla saponin B)，皂苷cp4 (saponin cp4)，绣球藤苷C，(4α)-3β-[(O-α-L-呋喃阿拉伯糖基-(1 → 3)-O-α-L-吡喃鼠李糖基-(1 → 2)-α-L-吡喃阿拉伯糖氧基]-23-羟基齐墩果酸{(4α)-3β-[O-α-L-arabinofuranosyl-(1 → 3)-O-α-L-rhamnopyranosyl-(1 → 2)-α-L-arabinopyranosyloxy]-23-hydroxyoleanolic acid}，虎掌草皂苷(huzhangoside) a、b，藜麦皂苷▲(quinoasaponin) -3、A、B，赤爬皂苷▲H₁ (thladioside H₁)，2-O-β-D-吡喃半乳糖基-(3β,4α)-23-羟基-28-[(O-β-D-吡喃木糖基-(1 → 3)-O-β-D-吡喃木糖基-(1 → 4)-O-α-L-吡喃鼠李糖基-(1 → 2)-β-D-吡喃木糖氧基]齐墩果-12-烯-3-O-β-D-吡喃葡萄糖醛酸{2-O-β-D-galactopyranosyl-(3β,4α)-23-hydroxy-28-[(O-β-D-xylopyranosyl-(1 → 3)-O-β-D-xylopyranosyl-(1 → 4)-O-α-L-rhamnopyranosyl-(1 → 2)-β-D-xylopyranosyloxy]olean-12-en-3-O-β-D-glucopyranosidonic acid}，28-降齐墩果烷(28-noroleanane)[24]，无患子苷A、B[24-25]，β-香树脂醇(β-amyrin)，28-降齐墩果-12-烯-3β,17β-二醇(28-norolean-12-ene-3β,17β-diol)，2,23-亚乙基常春藤皂苷元(2,23-ethylidenehederagenin)[26]，常春藤皂苷元-3-

O-α-L-吡喃鼠李糖基-(3 → 1)-[2,4-*O*-二乙酰基-α-L-吡喃阿拉伯糖基]-28-*O*-β-D-吡喃葡萄糖基-(2 → 1)[3-*O*-乙酰基-β-D-吡喃葡萄糖基]酯{hederagenin-3-*O*-α-L-rhamnopyranosyl-(3 → 1)-[2,4-*O*-diacetyl-α-L-arabinopyranosyl]-28-*O*-β-D-glucopyranosyl-(2 → 1)[3-*O*-acetyl-β-D-glucopyranosyl]ester}，常春藤皂苷元-3-*O*-(α-L-吡喃阿拉伯糖基-(1 → 3)-α-L-吡喃鼠李糖基-(1 → 2)-α-L-吡喃阿拉伯糖苷[hederagenin-3-*O*-(α-L-arabinopyranosyl-(1 → 3)-α-L-rhamnopyranosyl-(1 → 2)-α-L-arabinopyranoside][27]，常春藤皂苷元-3-*O*-β-D-吡喃木糖基-(2 → 1)-[3-*O*-乙酰基-α-L-吡喃阿拉伯糖基-28-*O*-α-L-吡喃鼠李糖基酯]{hederagenin-3-*O*-β-D-xylopyranosyl-(2 → 1)-[3-*O*-acetyl-α-L-arabinopyranosyl-28-*O*-α-L-rhamnopyranosylester]}[28]，无患子皂苷(mukurozisaponin) E1、G、X、Y_1、Y_2、Z_1、Z_2[29]；倍半萜类：无患子萜苷(mukurozioside) A[30]、Ⅰa、Ⅱa、Ⅰb、Ⅱb[31]；甾体类：豆甾醇，豆甾醇-β-D-吡喃葡萄糖苷[26]。

种子含脂肪酸类：棕榈酸，硬脂酸，油酸，亚油酸，花生酸[32-36]等。

种皮含三萜类：无患子苷 (sapindoside) A、C，无患子皂苷X、Y_2[37]；倍半萜类：皮哨子苷 (pyishiauoside) Ⅳa、Ⅰb、Ⅱb、Ⅳb，无患子萜苷 (mukurozioside) Ⅰa、Ⅱa、Ⅰb、Ⅱb[37]。

种仁含脂肪酸类：正二十二酸，正二十四酸[38]，棕榈酸，硬脂酸，油酸，亚油酸[39-40]等。

药理作用　抗炎镇痛作用：无患子粗皂苷和常春藤皂苷元对角叉菜胶致大鼠足跖肿胀、大鼠肉芽肿和大鼠佐剂性关节炎均有抑制作用；无患子粗皂苷还可降低小鼠毛细血管通透性和扭体反应次数[1]。

降血压作用：无患子皂苷能降低肾性高血压大鼠血压，同时还能降低左心室收缩压峰值 (LVSP)、左室内压最大变化速率 (+dp/d_{max})，改善心脏血流动力学[2]，降低血管紧张素Ⅱ (AngⅡ)、醛固酮 (ALD) 和内皮肽 (ET) 含量，增加 NO 含量，提示无患子皂苷降血压可能与肾素-血管紧张素系统 (RAS) 及血管内皮功能有关[3]。此外该药还具有降低原发性高血压大鼠血压的作用，使 AngⅡ、ALD 和 ET 浓度降低[4]、动脉压下降，对正常大鼠动脉压无显著影响[5]。

保肝作用：无患子提取物对 CCl_4、对乙酰氨基酚 (AAP) 和硫代乙酰胺 (TAA) 致小鼠急性肝损伤有拮抗作用，可降低血清天冬氨酸转氨酶 (AST)、丙氨酸转氨酶 (ALT) 活性[6]。

抗细菌和抗真菌作用：无患子果皮皂苷提取物对啤酒酵母菌和产朊假丝酵母菌有抗菌活性，倍半萜糖苷混合物对革兰氏阳性菌、酵母菌和微小毛霉菌有抑制作用[7]。

抗肿瘤作用：无患子果皮的甲醇提取物对小鼠黑色素瘤细胞 $B_{16}F_{10}$、HeLa 细胞、人胃癌细胞 MK-1 的增殖有抑制作用[8]。

杀精作用：从无患子中分离得到的皂苷成分有杀精子活性，人体精液在体外与无患子皂苷成分混合孵育后，精子形态学发生空泡、起泡、破裂、膜糜烂等改变，破坏细胞膜而杀死精子[9]。

注评　本种为部颁标准·藏药（1995 年版）、山东（1995、2002 年版）、广西（1990 年版）中药材标准收载"无患子"的基源植物，药用其干燥成熟种子；而广东中药材标准（2011 年版）收载"无患子"药用部位为其干燥根。本种的种仁称"无患子仁"，果皮称"无患子皮"，叶称"无患子叶"，均可药用。本种的藏药名"隆东"，又称"苏布恰""龙东米"（中华本草·藏药卷）或"龙东"（藏药志）。虽然本种树皮颜色、果实形状和种子的质地与《晶珠本草》等文献的记载存在一定差异，但本种及同属数种植物的种子确为目前藏医实际使用的"隆东"，用于治疗白喉症，精囊病，淋浊尿频。苗族、壮族、彝族、佤族也药用本种，主要用途见功效应用项。佤族尚药用其根治风湿性红肿，肺炎，肝炎。蒙古族药用其种仁补精，治"三舍病"。我国曾用本种制"土农药"，可能有杀菌作用，但有一定毒性。

化学成分参考文献

[1] Teng RW, et al. *Acta Bot Sin*, 2003, 45(3): 369-372.

[2] Ni W, et al. *J Asian Nat Prod Res*, 2004, 6(3): 205-209.

[3] Ni W, et al. *Chem Pharm Bull*, 2006, 54(10): 1443-1446.

[4] Zikova NY, et al. *Farmatsevtichnii Zhurnal*, 1973, 28(3): 87-88.

[5] Zikova NY, et al. *Farmatsevtichnii Zhurnal*, 1970, 25(5): 43-45.

[6] Zikova NY, et al. *Farmatsevtichnii Zhurnal*, 1966, 21(3): 51-53.

[7] Krivenchuk PE, et al. *Farmatsevtichnii Zhurnal*, 1969,

24(4): 60-62.

[8] Azhar I, et al. *Pakistan J Pharm Sci*, 1994, 7(1): 33-41.

[9] Azhar I, et al. *Pakistan J Pharm Sci*, 1993, 6(2): 71-77.

[10] Chirva VY, et al. *Khim Prir Soedin*, 1970, 6(2): 218-221.

[11] Chirva VY, et al. *Khim Prir Soedin*, 1969, 5(5): 450-451.

[12] Chirva VY, et al. *Khim Prir Soedin*, 1970, 6(3): 374-375.

[13] Row LR, et al. *Indian J Chem*, 1966, 4(1): 36-38.

[14] Chirva VY, et al. *Khim Prir Soedin*, 1970, 6(3): 316-319.

[15] Chirva VY, et al. *Khim Prir Soedin*, 1970, 6(4): 431-434.

[16] Zhang XM, et al. *Nat Prod Res*, 2014, 28(14): 1058-1064.

[17] Sati SC, et al. *Journal of Applicable Chemistry* (Lumami, India), 2013, 2(2): 254-256.

[18] Zikova NY. *Farmatsevtichnii Zhurnal*, 1963, 18(2): 52-55.

[19] Huang HC, et al. *Phytochemistry*, 2008, 69(7): 1609-1616.

[20] Kuo YH, et al. *J Agric Food Chem*, 2005, 53(12): 4722-4727.

[21] Huang HC, et al. *J Nat Prod*, 2006, 69(5): 763-767.

[22] Huang HC, et al. *Chem Pharm Bull*, 2007, 55(9): 1412-1415.

[23] Huang HC, et al. *J Agric Food Chem*, 2003, 51(17): 4916-4919.

[24] Tamura Y, et al. *Nat Med*, 2001, 55(1): 11-16.

[25] Zikova NY, et al. *Farmatsevtichnii Zhurnal*, 1965, 20(4): 27-30.

[26] Linde H, et al. *Archiv der Pharmazie*, 1979, 312(5): 416-425.

[27] Sharma A, et al. *E-J Chem*, 2013, ID: 613190, 5 pp..

[28] Sharma A, et al. *E-J Chem*, 2013, ID: 218510, 5 pp..

[29] Kimata H, et al. *Chem Pharm Bull*, 1983, 31(6): 1998-2005.

[30] Sun JR, et al. *Chin Chem Lett*, 2002, 13(6): 555-556.

[31] Kasai R, et al. *Phytochemistry*, 1986, 25(4): 871-876.

[32] Sengupta A, et al. *Fette, Seifen, Anstrichmittel*, 1982: 84(10): 411-415.

[33] Dev I, et al. *Indian J Forestry*, 1979, 2(3): 261-263.

[34] Kim MC, et al. *Han'guk Sikp'um Kwahakhoechi*, 1977, 9(1): 41-46.

[35] Sengupta A, et al. *Lipids*, 1975, 10(1): 33-40.

[36] Shirahama N, et al. *Kagaku Zasshi*, 1963, 84(3): 267-70.

[37] 李锐，等. 高等学校化学学报，2006, 27(1): 52-54.

[38] Dev I, et al. *Indian Forester*, 1979, 105(11): 805-809.

[39] Singh K, et al. *Indian Chem J*, 1974, 9(5): 17-22.

[40] Singh K, et al. *Indian Chem J*, 1974, 9(3): 21-26.

药理作用及毒性参考文献

[1] Takagi K, et al. *Chem Pharm Bull*, 1980, 28(4): 1183-1188.

[2] 王维胜，等. 现代中医药，2007, 27(3): 63-65.

[3] 王维胜，等. 中国中药杂志，2007, 32(16): 1703-1705.

[4] 卞海，等. 中成药，2009, 31(3): 367-369.

[5] 龙子江，等. 中国实验方剂学杂志，2009, 15(6): 53-55.

[6] 张道英，等. 时珍国医国药，2009, 20(8): 1966-1967.

[7] Tamura Y, et al. *Natural Medicines*, 2001, 55(1): 11-16.

[8] 长尾常敦，等. 国外医学·中医中药分册，2002, 24(4): 246-247.

[9] Dhar JD, et al. *Contraception*, 1989, 39(5): 563-567.

2. 毛瓣无患子（植物分类学报） 买马萨（西双版纳傣语）

Sapindus rarak DC., Prodr. 1: 608. 1824.（英 **Hairypetal Soapberry**）

2a. 毛瓣无患子（模式变种）

Sapindus rarak DC. var. **rarak**

落叶大乔木，高20余米。羽状复叶，互生，叶连柄长25-40 cm或更长，叶轴柱状；小叶7-12对，近对生，长圆形或卵状披针形，有时稍呈镰形，长7-13 cm，两面无毛；小叶柄长5-8 mm。花序顶生，尖塔形，主轴有深槽纹，被金黄色短绒毛；花稍大，两侧对称；萼片5，近革质，外面被金黄色绢质绒毛；花瓣4，倒披针形，被绒毛，鳞片大型，长约为花瓣的2/3，边缘密被长柔毛；花盘肥厚，半月形；花丝密被短硬毛。发育果爿球形，直径约2.5 cm，暗红色或橘红色。花期夏季，果期秋初。

分布与生境 产于云南（东南部和南部）和台湾。生于海拔500-1700 m的疏林中，亦有栽培。斯里兰卡、印度、中南半岛和印度尼西亚（爪哇）等地也常栽培。

药用部位 果皮、根、叶。

功效应用 收敛，止痛。用于痢疾，咽喉痛，过敏性湿疹，尿频，尿痛，血尿。

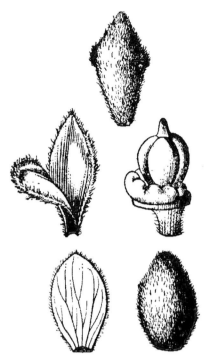

毛瓣无患子 **Sapindus rarak** DC. var. **rarak**
引自《云南植物志》

毛瓣无患子 **Sapindus rarak** DC. var. **rarak**
摄影：张金龙

化学成分 果皮含三萜类：毛瓣无患子皂苷▲(rarasaponin) Ⅰ、Ⅱ、Ⅲ[1]、Ⅳ、Ⅴ、Ⅵ[2]，毛瓣无患子苷▲A (raraoside A)，常春藤皂苷元-3-*O*-α-L-吡喃阿拉伯糖基-(1→3)-α-L-吡喃鼠李糖基-(1→2)-α-L-吡喃阿拉伯糖苷[hederagenin-3-*O*-α-L-arabinopyranosyl-(1→3)-α-L-rhamnopyranosyl-(1→2)-α-L-arabinopyranoside]，常春藤皂苷元-3-*O*-(2,4-二-*O*-乙酰基-α-L-吡喃阿拉伯糖基)-(1→3)-α-L-吡喃鼠李糖基-(1→2)-α-L-吡喃阿拉伯糖苷[hederagenin-3-*O*-(2,4-di-*O*-acetyl-α-L-arabinopyranosyl)-(1→3)-α-L-rhamnopyranosyl-(1→2)-α-L-arabinopyranoside]，常春藤皂苷元-3-*O*-(3,4-二-*O*-乙酰基-α-L-吡喃阿拉伯糖基)-(1→3)-α-L-吡喃鼠李糖基-(1→2)-α-L-吡喃阿拉伯糖苷[hederagenin-3-*O*-(3,4-di-*O*-acetyl-α-L-arabinopyranosyl)-(1→3)-α-L-rhamnopyranosyl-(1→2)-α-L-arabinopyranoside]，常春藤皂苷元-3-*O*-α-L-呋喃阿拉伯糖基-(1→3)-α-L-吡喃鼠李糖基-(1→2)-α-L-吡喃阿拉伯糖苷[hederagenin-3-*O*-α-L-arabinofuranosyl-(1→3)-α-L-rhamnopyranosyl-(1→2)-α-L-arabinopyranoside]，常春藤皂苷元-3-*O*-(3,5-二-*O*-乙酰基-α-L-呋喃阿拉伯糖基)-(1→3)-α-L-吡喃鼠李糖基-(1→2)-α-L-吡喃阿拉伯糖苷[hederagenin-3-*O*-(3,5-di-*O*-acetyl-α-L-arabinofuranosyl)-(1→3)-α-L-rhamnopyranosyl-(1→2)-α-L-arabinopyranoside]，常春藤皂苷元-3-*O*-(2-*O*-乙酰基-β-D-吡喃木糖基)-(1→3)-α-L-吡喃鼠李糖基-(1→2)-α-L-吡喃阿拉伯糖苷[hederagenin-3-*O*-(2-*O*-acetyl-β-D-xylopyranosyl)-(1→3)-α-L-rhamnopyranosyl-(1→2)-α-L-arabinopyranoside]，无患子苷B (sapindoside B)，皮哨子皂苷(hishoushi saponin) A、Ee，无患子皂苷(mukurozisaponin) E₁、Y₁、Y₂，常春藤皂苷元-3-*O*-(3,4-二-*O*-乙酰基-β-D-吡喃木糖基)-(1→3)-α-L-吡喃鼠李糖基-(1→2)-α-L-吡喃阿拉伯糖苷[hederagenin-3-*O*-(3,4-di-*O*-acetyl-β-D-xylopyranosyl)-(1→3)-α-L-rhamnopyranosyl-(1→2)-α-L-arabinopyranoside][1]，常春藤皂苷元-3-*O*-α-L-吡喃阿拉伯糖基-(1→3)-α-L-吡喃鼠李糖基-(1→2)-α-L-吡喃阿拉伯糖苷[hederagenin-3-*O*-α-L-arabinopyranosyl-(1→3)-α-L-rhamnopyranosyl-(1→2)-α-L-arabinopyranoside]，常春藤皂苷元-3-*O*-(3,4-二-*O*-乙酰基-α-L-吡喃阿拉伯糖基)-(1→3)-α-L-吡喃鼠李糖基-(1→2)-α-L-吡喃阿拉伯糖苷[hederagenin-3-*O*-(3,4-di-*O*-acetyl-α-L-arabinopyranosyl)-(1→3)-α-L-rhamnopyranosyl-(1→2)-α-L-arabinopyranoside]；倍半萜类：无患子萜苷(mukurozioside) Ⅰa、Ⅰb、Ⅱa[1]、Ⅱb[1-2]。

注评　本种的果皮、嫩叶，傣族、哈尼族、基诺族药用，主要用途见功效应用项。基诺族药用本种的根治跌打损伤；果皮治便秘，肠梗阻，果实烧炭治白喉。

化学成分参考文献

[1] Morikawa T, et al. *Phytochemistry*, 2009, 70(9): 1166-1172.　　　[2] Asao Y, et al. *Chem Pharm Bull*, 2009, 57(2): 198-203.

2b. 石屏无患子（变种）（中国植物志）

Sapindus rarak DC. var. **velutinus** C. Y. Wu in Fl. Yunnan. 1: 261. 1977.（英 **Velutinous Soapberry**）

　　与毛瓣无患子的区别是叶轴和小叶背面密被皱卷柔毛。

分布与生境　仅见于我国云南石屏县。生于海拔 1600-2100 m 的疏林中。

药用部位　根、叶、果实。

功效应用　收敛，止痛。用于痢疾，咽喉痛，尿频，尿痛。

3. 川滇无患子（中国植物志）　皮哨子、菩提子（云南）

Sapindus delavayi (Franch.) Radlk. in Sitzungsber. Math.-Phys. Cl. Königl. Bayer. Akad. Wiss. München. 20: 233. 1890.（英 **Delavay Soapberry, Chuandian Soapberry**）

　　落叶乔木，高 10 余米；小枝被短柔毛。羽状复叶，互生，叶连柄长 25-35 cm；小叶 4-6 对，很少 7 对，对生或有时近互生，卵形或卵状长圆形，两侧常不对称，长 6-14 cm，顶端短尖，基部钝，仅中脉和侧脉上有柔毛，背面被疏柔毛或近无毛，很少无毛；小叶柄通常短于 1 cm。花序顶生，直立，常三回分枝，被柔毛；花小，白色；萼片 5，小的宽卵形，大的长圆形，外面基部和边缘被柔毛；花瓣通常 4，狭披针形，长约 5.5 mm，鳞片大型，长约为花瓣的 2/3，边缘密被长柔毛；花盘半月状，肥厚；雄蕊 8 枚，稍伸出。发育果片近球形，直径约 2.2 cm，黄色。花期夏初，果期秋末。

分布与生境　产于云南、四川、贵州和湖北西部。生于海拔 1200-2600 m 的密林中，是我国西南各地较常见的栽培植物。

药用部位　果皮、种子。

功效应用　果皮或种子：行气消积，解毒杀虫。用于疝气疼痛，小儿疳积，乳蛾，痄腮，疥癞，黄水疮，蛔虫病。果皮：用于膀胱疝气疼痛。

化学成分　果皮含倍半萜类：皮哨子苷(pyishiauoside) Ⅰb、Ⅱb、Ⅲa、Ⅳa、Ⅳb[1-2]，三萜类：无患子苷(sapindoside)

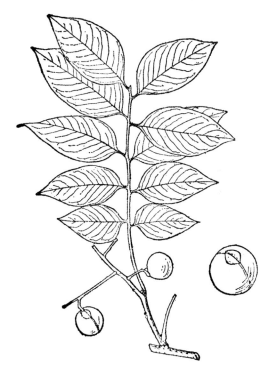

川滇无患子 Sapindus delavayi (Franch.) Radlk.
引自《中国高等植物图鉴》

A、B，绣球藤苷▲C (clemontanoside C)，$(3\beta,4\alpha)$-3-[$(O$-α-L-呋喃阿拉伯糖基-$(1 \rightarrow 3)$-6-去氧-α-L-吡喃甘露糖基-$(1 \rightarrow 2)$-α-L-吡喃阿拉伯糖基)氧]-23-羟基齐墩果酸 $\{(3\beta,4\alpha)$-3-[$(O$-α-L-arabinofuranosyl-$(1 \rightarrow 3)$-6-deoxy-α-L-mannopyranosyl-$(1 \rightarrow 2)$-α-L-arabinopyranosyl)oxy]-23-hydroxy-oleanolic acid$\}$，无患子皂苷(mukurozisaponin) E_1、G，原皂苷元CP_3 (prosapogenin CP_3)，皮哨子皂苷A (hishoushi saponin A)，常春藤皂苷元-3-O-(3-O-乙酰基-β-D-吡喃木糖基)-$(1 \rightarrow 3)$-α-L-吡喃鼠李糖基-$(1 \rightarrow 2)$-α-L-吡喃阿拉伯糖苷[hederagenin-3-O-(3-O-acetyl-β-D-xylopyranosyl)-$(1 \rightarrow 3)$-α-L-rhamnopyranosyl-$(1 \rightarrow 2)$-α-L-arabinopyranoside]，$(3\beta,4\alpha)$-3-[$(O$-3,4-二-O-乙酰基-β-D-吡喃木糖基-$(1 \rightarrow 3)$-

川滇无患子 **Sapindus delavayi** (Franch.) Radlk.
摄影：朱鑫鑫

O-6-去氧-*α*-L-吡喃甘露糖基-(1 → 2)-*α*-L-吡喃阿拉伯糖基)氧]-23-羟基-齐墩果酸{(3*β*,4*α*)-3-[(*O*-3,4-di-*O*-acetyl-*β*-D-xylopyranosyl-(1 → 3)-*O*-6-deoxy-*α*-L-mannopyranosyl-(1 → 2)-*α*-L-arabinopyranosyl)oxy]-23-hydroxy-oleanolic acid}，(3*β*,4*α*)-3-[*O*-3,5-二-*O*乙酰基-*α*-L-呋喃阿拉伯糖基-(1 → 3)-*O*-*α*-L-吡喃鼠李糖基-(1 → 2)-*α*-L-吡喃阿拉伯糖基氧]-23-羟基-齐墩果酸{(3*β*,4*α*)-3-[*O*-3,5-di-*O*-acetyl-*α*-*L*-arabinofuranosyl-(1 → 3)-*O*-*α*-L-rhamnopyranosyl-(1 → 2)-*α*-L-arabinopyranosyloxy]-23-hydroxy-oleanolic acid}[3]。

注评 本种的果实或种子称"皮哨子"，云南等地药用。傈僳族也药用其果实，主要用途见功效应用项。

化学成分参考文献

[1] Wong WH, et al. *Phytochemistry*, 1991, 30(8): 2699-2702.

[2] Wong WH, et al. *Phytochemistry*, 1991, 30(12): 4212.

[3] Nakayama K, et al. *Chem Pharm Bull*, 1986, 34(5): 2209-2213.

4. 绒毛无患子（植物分类学报）

Sapindus tomentosus Kurz in J. Asiat. Soc. Bengal, Pt. 2, Nat. Hist. 44 (2): 204. 1876.（英 **Tomentose Soapberry**）

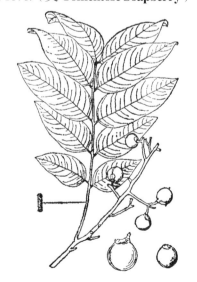

乔木，高约 8 m；枝圆柱状，被淡黄色短柔毛和灰色皮孔。羽状复叶，互生，叶连柄长 45 cm；叶柄圆柱形，生锈色柔毛；小叶 3–4 对，对生或互生，斜卵状长圆形，长 12–16 cm，腹面仅脉上有毛，背面密被短柔毛；小叶柄粗厚，长 8–10 mm，被绒毛。圆锥花序长 20 cm 或更长，被短绒毛；花两侧对称；萼片 5，长圆状披针形，短尖，外面被疏柔毛；花瓣 4，长楔形，基部被稍长柔毛，内面基部具 2 裂、密被长柔毛的鳞片；花盘半月形。发育果爿近球形，背部稍扁。宽约 2.5 cm，厚约 1.8 cm。

分布与生境 产于云南西部（腾冲）和南部（蒙自）。缅甸也有分布。

药用部位 果实。

功效应用 杀虫，清热燥湿。用于黄水疮，蛔虫病。

绒毛无患子 **Sapindus tomentosus** Kurz
引自《中国高等植物图鉴》

4. 鳞花木属 Lepisanthes Blume

乔木或灌木。偶数羽状复叶，互生，无托叶，通常有叶柄；小叶2至多对，对生或互生，通常全缘。聚伞圆锥花序腋生、腋上生，或在老枝上侧生，单生或几个丛生；花单性，雌雄同株，辐射对称或两侧对称；萼片5，革质，覆瓦状排列；花瓣5或4，比萼片长，常匙形，有爪；花盘碟状或半月形，全缘或分裂；雄蕊（雄花）8枚，很少更多或较少，花盘内着生，花丝扁平，通常被毛，花药长圆形或椭圆形；子房（雌花）2-3室，花柱短，全缘或2或3浅裂；胚珠每室1颗。果横椭圆形或近球形，2或3室，果皮革质或稍肉质，两面被毛或仅外面被毛，稀两面无毛。种子椭圆形，两侧稍扁，无假种皮，种皮薄革质或脆壳质，褐色，通常无毛。

约24种，分布于热带非洲、亚洲南部和东南部、澳大利亚西北部和马达加斯加。我国有8种，其中1种可药用。

1. 赤才（海南）

Lepisanthes rubiginosa (Roxb.) Leenh. in Blumea. 17: 82. 1969.——*Erioglossum rubiginosum* (Roxb.) Blume（英 **Rustcoloured Lepisanthes**）

常绿灌木或小乔木，高2-3 m，有时达7 m；嫩枝、花序和叶轴均密被锈色绒毛。叶连柄长15-50 cm；小叶2-8对，革质，第一对（近基）卵形，明显较小，向上渐大，椭圆状卵形至长椭圆形，长3-20 cm，顶端钝或圆，很少短尖，全缘，仅中脉和侧脉上有毛，背面被绒毛；侧脉约10对，末端不达叶缘；小叶柄粗短，长常不及5 mm。花序通常为复总状，只有一回分枝；苞片钻形；花直径约5 mm；萼片近圆形，长2-2.5 mm；花瓣倒卵形，长约5 mm；花丝被长柔毛。发育果爿长12-14 mm，宽5-7 mm，红色。花期春季，果期夏季。

分布与生境　产于广东雷州半岛、海南、广西合浦和南宁等地，云南西双版纳有栽培。生于灌丛中或疏林中，很常见。

药用部位　根、叶。

功效应用　解热。用于感冒发热，湿疹。根在民间用作强壮剂。

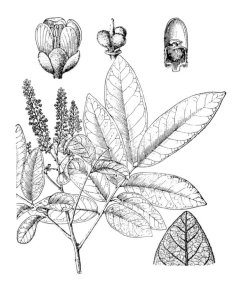

赤才 **Lepisanthes rubiginosa** (Roxb.) Leenh.
引自《海南植物志》

赤才 **Lepisanthes rubiginosa** (Roxb.) Leenh.
摄影：王祝年

5. 龙眼属 Dimocarpus Lour.

乔木。偶数羽状复叶，互生；小叶对生或近对生，全缘。聚伞圆锥花序顶生或近枝顶丛生，被星状毛或绒毛；苞片和小苞片均小而钻形；花单性，雌雄同株，辐射对称；萼杯状，深3裂，裂片覆瓦状排列，被星状毛或绒毛；花瓣5或1–4，通常匙形或披针形，无鳞片，有时无花瓣；花盘碟状；雄蕊（雄花）通常8枚，伸出，花丝被硬毛，花药长圆形；子房（雌花）倒心形，2或3裂，2或3室，密覆小瘤体，小瘤体上有成束的星状毛或绒毛，花柱生子房裂片间，柱头2或3裂；胚珠每室1颗。果深裂为2或3果爿，通常仅1或2个发育，发育果爿浆果状，近球形，基部附着有细小的不育分果爿，外果皮革质（干时脆壳质），内果皮纸质。种子近球形或椭圆形，种皮革质，平滑，种脐稍大，椭圆形，假种皮肉质，包裹种子的全部或一半。

约20种，分布于亚洲热带。我国有4种1变种，其中1种1变种可药用。

本属植物含有的龙眼多糖具有调节机体免疫功能和美白的功效。龙眼核提取物降低血糖和抑制α-葡萄糖苷酶，可用于糖尿病的预防和治疗。此外，龙眼肉具有抗衰老、抗焦虑、提高免疫力、抗癌等作用。

1. 龙眼（神农本草经）

Dimocarpus longan Lour., Fl. Cochinch. 1: 233. 1790.——*Euphoria longan* (Lour.) Steud.（英 **Longan, Dragon's Eye, Lungan**）

常绿乔木，高达10余米，间有高达40 m、胸径达1 m、具板根的大乔木；小枝被锈色柔毛。叶连柄长15–30 cm或更长；小叶4–5 (6) 对，薄革质，长圆状椭圆形至长圆状披针形，长6–15 cm，宽2.5–5 cm，腹面深绿色，有光泽，背面粉绿色，两面无毛；小叶柄长通常不超过5 mm。花序大型，多分枝，密被星状毛；花小，杂性；萼片近革质，三角状卵形，长约2.5 mm，两面均被褐黄色绒毛和成束的星状毛；花瓣乳白色，披针形，仅外面被微柔毛；花丝被短硬毛。果近球形，核果状，不开裂，直径1.2–2.5 cm，通常黄褐色，粗糙。种子全部被肉质的假种皮包裹。花期春夏间，果期夏季。

分布与生境 我国西南部至东南部栽培很广，以福建最盛，广东次之；云南及广东、广西南部亦见野生或半野生于疏林中。亚洲南部和东南部也常有栽培。

药用部位 假种皮、根、树皮、叶、花、种子、果皮。

功效应用 假种皮（龙眼肉）：补益心脾，养血安神。用于气血不足，心悸怔忡，健忘失眠，血虚萎黄。根：利湿通络。用于乳糜尿，白带，风湿性关节痛。树皮：杀虫消积，解毒敛疮。用于疳积，疳疮，肿毒。叶：清热解毒，解表利湿。用于感冒发热，疟疾，肠炎，疔疮，湿疹。外用于阴囊湿疹。花：通淋化浊。用于淋证，白浊，白带，消渴。种子：止血定痛，理气，化湿。用于创伤出血，疝气，瘰疬，疥癣，湿疹等。果皮：用于心虚头晕，散邪祛风，聪耳明目。

化学成分 花含挥发油：反式-丁香烯(*trans*-caryophyllene)，芳樟醇氧化物(linalool oxide)，α-葎草烯

龙眼 Dimocarpus longan Lour.
邓盈丰 绘

龙眼 **Dimocarpus longan** Lour.
摄影：王祝年 李泽贤

(*α*-humulene)，苯乙醇(phenylethanol)，环氧芳樟醇(epoxylinalool)，反式-罗勒烯(*trans*-ocimene)，芳樟醇(linalool)[1]。

果肉含挥发油：芳樟醇(linalool)，*β*-丁香烯(*β*-caryophyllene)，枯烯(cumene)，*γ*-松油烯(*γ*-terpinene)，*β*-月桂烯(*β*-myrcene)，*α*-龙脑香烯▲(*α*-gurjunene)，*α*-萜品油烯(*α*-terpinolene)，2-庚醇(2-heptanol)[2]，酞酸二丁酯(dibutyl phthalate)，苯并噻唑(benzothiazole)，2-甲基萘(2-methylnaphthalene)，双(2-乙基己基)酞酸酯[bis(2-ethylhexyl)phthalate][3]；核酸类：胞苷(cytidine)，尿苷(uridine)，胸腺嘧啶(thymine)，肌苷(inosine)，鸟苷(guanosine)，胸苷(thymidine)，腺嘌呤(adenine)[4]，尿嘧啶(uracil)，腺苷(adenosine)[4-5]；酰胺类：7,8-二甲基咯嗪(7,8-dimethyl alloxazine)，(2*S*,3*S*,4*R*,10*E*)-2-[(2'*R*)-2'-羟基二十四碳酰氨基]-10-十八烯-1,3,4-三醇{(2*S*,3*S*,4*R*,10*E*)-2-[(2'*R*)-2'-hydroxylignoceroylamino]-10-octadecene-1,3,4-triol}[5]；有机酸类：二十四酸，琥珀酸[5]；甾体类：*β*-谷甾醇，*β*-胡萝卜苷[5]；其他类：甘露醇[5]。

果皮含三萜类：龙眼三萜烷A (longan triterpane A; epifriedelinol)[6]。

果皮和种子含酚类：没食子酸(gallic acid)，鞣花酸(ellagic acid)[7]；黄酮类：芦丁，槲皮素-3-*O*-鼠李糖苷(quercetin 3-*O*-rhamnoside)，原矢车菊素B₂(procyanidin B₂)[7]。

种子含酚类：没食子酸(gallic acid)，鞣花酸(ellagic acid)[8-10]，单没食子酰葡萄糖(monogalloylglucose)，二没食子酰二葡萄糖(digalloyl-diglucose)，单没食子酰二葡萄糖(monogalloyldiglucose)，五没食子酰葡萄糖(pentagalloylglucose)，六没食子酰葡萄糖(hexagalloylglucose)，七没食子酰葡萄糖(heptagalloylglucose)，鞣花酸戊糖结合物(ellagic acid-pentose conjugate)，没食子酰六羟基联苯基吡喃葡萄糖(galloyl-hexahydroxydiphenoyl-glucopyranose)，五没食子酰六羟基联苯基吡喃葡萄糖(pentagalloyl-hexahydroxydiphenoyl-glucopyranose)[9]，4-*O*-*α*-L-吡喃鼠李糖基鞣花酸(4-*O*-*α*-L-rhamnopyranosylellagic acid)，马桑云实鞣精▲(corilagin)，短叶苏木酚羧酸甲酯(methyl brevifolin carboxylate)，1-*β*-*O*-没食子酰基-D-吡喃葡萄糖(1-*β*-*O*-galloyl-D-glucopyranose)，短叶苏木酚(brevifolin)[10]，没食子酸乙酯(ethyl gallate)[10-11]；黄酮类：原矢车菊素A-型二聚物(procyanidin A-type dimmer)，原矢车菊素B₂(procyanidin B₂)，槲皮素-3-*O*-鼠李糖苷(quercetin-3-*O*-rhamnoside)[9]；甾体类：豆甾醇[11]；烷烃类：二十五烷[11]；挥发油：1,2,3-丙三醇，3-吡啶羧酸，乙酸，1,2,3-苯乙烯[12]等。

假种皮含酰胺类：大豆脑苷(soyacerebroside)Ⅰ、Ⅱ，龙眼脑苷(longan cerebroside)Ⅰ、Ⅱ，苦瓜脑苷(momor-cerebroside)，商陆脑苷(phytolacca cerebroside)[13]；其他类：5-羟甲基-2-糠醛[5-(hydroxymethyl)-2-furfuraldehyde][14]。

药理作用 抗焦虑作用：龙眼肉提取物中的腺苷酸有抗焦虑活性[1]。

调节免疫作用：龙眼肉提取液有增强胸腺细胞免疫的作用，可使小鼠胸腺组织皮质区及髓质区 T

细胞检出率增加[2]。龙眼多糖对正常小鼠的免疫功能有一定调节作用，可增加小鼠抗体积数，提高自然杀伤细胞（NK 细胞）活性，增强巨噬细胞吞噬能力，升高胸腺指数[3]。

调节内分泌作用：龙眼肉乙醇提取物能影响大鼠垂体-性腺轴的内分泌功能，可降低雌性大鼠血清中催乳素含量，增加孕酮和促卵泡激素含量，大剂量可使雌二醇和睾丸酮减少[4]。

降血糖作用：龙眼核提取液能缓解四氧嘧啶致糖尿病小鼠的高血糖症状[5]。龙眼核 50% 甲醇和水提取物对 α-葡萄糖苷酶有抑制活性[6]。

抗肿瘤作用：龙眼粗提浸膏可改善癌症患者症状，抑制癌细胞增殖，延长寿命[1]。龙眼肉水浸液对宫颈癌 JTC_{26} 肿瘤细胞有抑制作用[7]。

抗氧化作用：龙眼果浆中的多酚氧化酶在 100℃ 水浴中处理 5 min 才能完全失活[8]。龙眼肉提取液能提高机体谷胱甘肽过氧化物酶 (GSH-Px) 的活性，加速自由基的清除，体外抑制小鼠肝匀浆脂质过氧化 (LPO)，从而具有抗衰老作用[2]；龙眼肉干品活性物质清除 DPPH 自由基的 IC_{50} 为 2.2 g/L[9]。龙眼核提取物可增强小鼠血清超氧化物歧化酶 (SOD)、GSH-Px 活性，降低丙二醛 (MDA) 含量[10]。龙眼核乙酸乙酯部位的不同馏分均具有

龙眼肉 Longan Arillus
摄影：钟国跃

一定的抑制脂质过氧化作用和清除自由基作用[11]。龙眼多糖对超氧阴离子自由基 O_2^- 有清除作用，对脂质过氧化物有抑制作用，其对肝微粒体脂质过氧化物抑制率呈双相性[12]。

其他作用：从龙眼果皮中提取得到的多糖能抑制酪氨酸酶活性，减少皮肤黑色素的产生[13]。

注评　本种为历版中国药典、新疆药品标准（1980 年版）、中华中药典范（1985 年版）收载"龙眼肉"的基源植物，药用其干燥假种皮。中国药典、中华中药典范和新疆药品标准曾使用本种的异名 *Euphoria longan* (Lour.) Steud.。本种的种子称"龙眼核"，果皮称"龙眼壳"，花称"龙眼花"，叶称"龙眼叶"，树皮称"龙眼树皮"，根称"龙眼根"，均可药用。蒙古族、景颇族、傈僳族、阿昌族、德昂族、瑶族和壮族也药用，主要用途见功效应用项。瑶族和壮族还药用其叶、树皮、种子治黄疸型肝炎，胆囊炎，刀伤等症。本种野生种群为国家二级保护植物。

化学成分参考文献

[1] 张景辉，等.药物食品分析，2008, 16(3): 46-52.

[2] Zhang YG, et al. *Eur Food Res Technol*, 2009, 229(3): 457-465.

[3] 杨晓红，等.食品科学，2002, 23(7): 123-125.

[4] 肖维强，等.华中农业大学学报，2007, 26(5): 722-726.

[5] 郑公铭，等.热带亚热带植物学报，2010, 18(1): 82-86.

[6] 施剑秋，等.有机化学，1992, 12(3): 301-304.

[7] He N, et al. *Sep Purif Technol*, 2009, 70(2): 219-224.

[8] Soong YY, et al. *Food Chem*, 2006, 97(3): 524-530.

[9] Soong YY, et al. *J Chromatogr A*, 2005, 1085(2): 270-277.

[10] Zheng GM, et al. *Food Chem*, 2009, 116(2): 433-436.

[11] 李雪华，等.华中科技大学学报-医学版，2009, 38(4): 524-526.

[12] 黄儒强，等.食品工业科技，2005, 26(3): 178-179.

[13] Ryu JY, et al. *Arch Pharm Res*, 2003, 26(2): 138-142.

[14] Kim DH, et al. *Agric Chem Biotechnol*, 2005, 48(1): 32-34.

药理作用及毒性参考文献

[1] Okuyama E, et al. *Planta Med*, 1999, 65(2): 115-119.

[2] 王惠琴，等. 中国老年学杂志，1994, 14(4): 227-229.

[3] 陈冠敏，预防医学情报杂志，2006, 22(1): 123-125.

[4] 许兰芝，等. 中医药信息，2002, 19(5): 57-59.

[5] 黄儒强，等. 天然产物研究与开发，2006, 18(6): 992-993.

[6] 黄儒强，等. 现代食品科技，2005, 21(2): 62-63.

[7] 蔡长河，等. 食品科学，2002, 23(8): 328-330.

[8] 刘畅，等. 食品工业科技，2008, 29(7): 102-104.

[9] 苏东晓，等. 广东农业科学，2009, (1): 68-70.

[10] 黄儒强，等. 华南师范大学学报（自然科学版），2008, 2(1): 108-111.

[11] 李雪华，等. 时珍国医国药，2008, 19(8): 1969-1971.

[12] 李雪华，等. 广西医科大学学报，2003, 21(3): 342-344.

[13] Bao Y. *Food Chem*, 2009, 112(2): 428-431.

6. 荔枝属 Litchi Sonn.

乔木。偶数羽状复叶，互生，无托叶。聚伞圆锥花序顶生，被金黄色短绒毛；苞片和小苞片均小；花单性，雌雄同株，辐射对称；萼杯状，4 或 5 浅裂，裂片镊合状排列；无花瓣；花盘碟状，全缘；雄蕊（雄花）6-8 枚，花丝线状，被柔毛；子房（雌花）有短柄，倒心状，2 (3) 裂，2 (3) 室，花柱着生在子房裂片间，柱头 2 或 3 裂；胚珠每室 1 颗。果深裂为 2 或 3 果片，通常仅 1 或 2 个发育，果皮革质（干时脆壳质），外面有龟甲状裂纹，散生圆锥状小凸体，有时近平滑。种皮褐色，革质，假种皮肉质，包裹种子的全部或近下半部。

2 种，中国和菲律宾各 1 种，其中 1 种可药用。

荔枝核皂苷和荔枝核种仁油均有调节血脂作用，荔枝核提取物和荔枝核皂苷可增加糖耐量、降低血糖，对动脉粥样硬化、糖尿病有预防和治疗作用。此外，荔枝核提取物还具有解热、镇痛、抗炎和抗肿瘤等作用。荔枝核提取物和黄酮类成分具有保肝作用，抑制乙肝病毒的复制和表达。

1. 荔枝（三辅黄图）

Litchi chinensis Sonn., Voy. Ind. 2:230. Pl.129. 1782.（英 **Lychee, Lichee, Litchi, Leechee**）

常绿乔木，高 8-20 m；小枝具微柔毛和白色皮孔。叶连柄长 10-25 cm 或更长，小叶 2-4 对，革质，披针形，长 6-15 cm，宽 2-4 cm，全缘，腹面深绿色，有光泽，背面粉绿色，两面无毛；小叶柄长 7-8 mm。圆锥花序顶生，多分枝；花小，绿白色或淡黄色，杂性；萼片 4，被金黄色短绒毛；雄蕊 6-7 (8) 枚；子房密覆小瘤体和硬毛。果卵圆形至近球形，长 2-3.5 cm，果皮暗红色至鲜红色。种子全部被肉质假种皮包裹。花期春季，果期夏季。

分布与生境 产于我国西南部、南部和东南部，尤以广东和福建南部栽培最盛。亚洲东南部也有栽培，非洲、美洲和大洋洲都有引种记录。

药用部位 种子、果实、叶、根、假种皮。

功效应用 种子：行气散结，祛寒止痛。用于寒疝腹痛，睾丸肿痛。果实：生津止渴，补脾养血，理气止痛。用于烦渴，便血，血崩，脾虚泄泻，病后体虚，胃痛，呃逆。外用于瘰疬溃烂，疔疮肿毒，外伤出血。叶：除湿消肿。外用于脚癣烂脚，耳后溃疡。根：理气止痛，解毒消肿。用于胃寒胀痛，疝气，遗精，喉痹。假种皮（果肉）：益气补血。用于病后体弱，脾虚

荔枝 Litchi chinensis Sonn.
余汉平 绘

荔枝 Litchi chinensis Sonn.
摄影：朱鑫鑫 徐晔春

久泻，血崩。

化学成分 叶含木脂素类：异落叶松树脂醇-9-O-β-D-吡喃木糖苷(isolariciresinol-9-O-β-D-xylopyranoside)，4,4',9'-三羟基-3,5,3'-三甲氧基-7-苯基四氢木脂素-9-O-β-D-吡喃木糖苷(4,4',9'-trihydroxyl-3,5,3'-trimethoxyl-7-phenyltetrahydrolignanoid-9-O-β-D-xylopyranoside)[1]，厚壳树醇▲C (ehletianol C)，西班牙冷杉倍半脂醇▲B (sesquipinsapol B)，摩洛哥冷杉倍半脂醇▲B (sesquimarocanol B)，五味子苷▲(schizandriside)[2]；黄酮类：山奈酚-3-O-α-L-吡喃鼠李糖苷-7-O-α-L-吡喃鼠李糖基-(1→2)-β-D-吡喃半乳糖苷[kaempferol-3-O-α-L-rhamnopyranoside-7-O-α-L-rhamnopyranosyl-(1→2)-β-D-galactopyranoside]，槲皮素-3-O-α-L-吡喃鼠李糖基-(1→2)-β-D-吡喃半乳糖苷-7-O-α-L-吡喃鼠李糖苷[quercetin-3-O-α-L-rhamnopyranosyl-(1→2)-β-D-galactopyranoside-7-O-α-L-rhamnopyranoside]，山奈酚-3-O-α-L-吡喃鼠李糖苷-7-O-α-L-吡喃鼠李糖基-(1→2)-β-D-吡喃葡萄糖苷[kaempferol-3-O-α-L-rhamnopyranoside-7-O-α-L-rhamnopyranosyl-(1→2)-β-D-glucopyranoside]，槲皮素-3-O-α-L-吡喃鼠李糖苷-7-O-α-L-吡喃鼠李糖基(1→2)-β-D-吡喃葡萄糖苷[quercetin-3-O-α-L-rhamnopyranoside-7-O-α-L-rhamnopyranosyl-(1→2)-β-D-glucopyranoside][1]，木犀草素(luteolin)，表儿茶素(epicatechin)，山奈酚-3-O-β-D-吡喃葡萄糖苷(kaempferol-3-O-β-D-glucopyranoside)，山奈酚-3-O-α-L-吡喃鼠李糖苷(kaempferol-3-O-α-L-rhamnopyranoside)，芦丁(rutin)，原矢车菊素A$_2$ (procyanidin A$_2$)[3]。

果实含黄酮类：(+)-儿茶素[(+)-catechin]，(-)-表儿茶素[(-)-epicatechin]，矢车菊素-3-吡喃葡萄糖苷(cyanidin-3-glucopyranoside)，锦葵素-3-吡喃葡萄糖苷(malvidin-3-glucopyranoside)，原矢车菊素(procyanidin) B$_1$、B$_2$、B$_4$，(+)-没食子儿茶素[(+)-gallocatechin]，(-)-表没食子儿茶素[(-)-epigallocatechin]，(-)-表儿茶素-3-没食子酸酯[(-)-epicatechin-3-gallate][4]；酚酸类：没食子酸(gallic acid)[4]；挥发油：顺式-玫瑰醚(cis-roseoxide)，香叶醇(geraniol)，β-突厥蔷薇烯酮▲(β-damascenone)，芳樟醇(linalool)，愈创木酚(guaiacol)，2-壬烯醛(2-nonenal)，γ-壬内酯(γ-nonalactone)，芳樟醇氧化物(linalool oxide)，呋喃酮(furaneol)，苯乙醇，异丁醇乙酸酯[5-8]。

果皮含黄酮类：原花青素(proanthocyanidin) A$_1$、A$_2$[9]、B$_2$、B$_4$[10]，双(8-表儿茶素基)甲烷[bis(8-epicatechinyl)methane]，8-(2-吡咯烷酮-5-基)-(-)-表儿茶素[8-(2-pyrrolidinone-5-yl)-(-)-epicatechin]，去氢二表儿茶素A (dehydrodiepicatechin A)，(-)-表儿茶素-8-C-β-D-吡喃葡萄糖苷[(-)-epicatechin-8-C-β-D-glucopyranoside]，柚皮苷元-7-O-(2,6-二-O-α-L-吡喃鼠李糖基)-β-D-吡喃葡萄糖苷[naringenin-7-O-(2,6-di-O-α-L-rhamnopyranosyl)-β-D-glucopyranoside]，芦丁[9]，(-)-表儿茶素[(-)-epicatechin][9-11]，芦丁，槲皮素-3-O-β-D-吡喃葡萄糖苷(quercetin-3-O-β-D-glucopyranoside)，矢车菊素-3-O-β-D-吡喃葡萄糖苷

(cyanidin-3-*O*-β-D-glucopyranoside)，矢车菊素-3-*O*-芸香糖苷(cyanidin-3-*O*-rutinoside)，原矢车菊素A₂(procyanidin A₂)[11]，山奈酚(kaempferol)[12]；木脂素类：异落叶松树脂醇(isolariciresinol)[12]；酚酸及其酯类：2-(2-羟基-5-(甲氧羰基)苯氧基)苯甲酸[2-(2-hydroxyl-5-(methoxycarbonyl)phenoxy)benzoic acid]，3,4-二羟基苯甲酸甲酯(methyl 3,4-dihydroxylbenzoate)，丁羟甲苯(butylated hydroxytoluene)[12]；有机酸类：莽草酸甲酯(methyl shikimate)，莽草酸乙酯(ethyl shikimate)[12]；甾体类：豆甾醇(stigmasterol)[12]。

果肉含多糖类：LCP50W[13]，LCP50S-2[14]。

种子含黄酮、花青素类：(-)-表儿茶素[(-)-epicatechin][15-17]，原矢车菊素B₂(procyanidin B₂)，(-)-没食子儿茶素[(-)-gallocatechin]，(-)-表儿茶素-3-没食子酸酯[(-)-epicatechin-3-gallate][16]，原花青素(proanthocyanidin) A₁、A₂、A₆，荔枝鞣质(litchitannin) A₁、A₂，七叶树鞣质A(aesculitannin A)，表儿茶素-(2β→O→7,4β→8)-表缅茄儿茶素▲-(4α→8)-表儿茶素[epicatechin-(2β→O→7,4β→8)-epiafzelechin-(4α→8)-epicatechin]，表儿茶素-(7,8-bc)-4β-(4-羟基苯基)-二氢-2(3H)吡喃酮[epicatechin-(7,8-bc)-4β-(4-hydroxyphenyl)-dihydro-2(3H)-pyranone][17]，2α,3α-环氧-5,7,3',4'-四羟基黄烷-(4β-8-儿茶素)[2α,3α-epoxy-5,7,3',4'-tetrahydroxyflavan-(4β-8-catechin)]，2α,3α-环氧-5,7,3',4'-四羟基黄烷-(4β-8)-表儿茶素[2α,3α-epoxy-5,7,3',4'-tetrahydroxyflavan-(4β-8)-epicatechin]，2β,3β-环氧-5,7,3',4'-四羟基黄烷-(4α-8-表儿茶素)[2β,3β-epoxy-5,7,3',4'-tetrahydroxyflavan-(4α-8-epicatechin)]，柚皮苷(naringin)，二氢查耳酮-4'-*O*-β-D-吡喃葡萄糖苷(dihydrochalcone-4'-*O*-β-D-glucopyranoside)[18]，(-)-瑞士五针松素▲-7-芸香糖苷[(-)-pinocembrin-7-rutinoside][18-19]，(-)-瑞士五针松素▲-7-新橙皮糖苷[(-)-pinocembrin-7-neohesperidoside][18-20]，花旗松素-4'-*O*-β-D-吡喃葡萄糖苷(taxifolin-4'-*O*-β-D-glucopyranoside)，山奈酚-7-*O*-新橙皮糖苷(kaempferol-7-*O*-neohesperidoside)，柽柳素-3-*O*-芸香糖苷(tamarixetin-3-*O*-rutinoside)，荔枝苷D(litchioside D)[19]，柚皮芸香苷(narirutin)[18,21]，根皮苷(phlorizin)[19,21]，槲皮素(quercetin)，金粉蕨素(onychin)[20-21]，瑞士五针松素▲-7-*O*-β-D-吡喃葡萄糖苷(pinocembrin-7-*O*-β-D-glucopyranoside)，(2*S*)-瑞士五针松素▲-7-*O*-(6''-*O*-α-L-吡喃阿拉伯糖基-β-D-吡喃葡萄糖苷)[(2*S*)-pinocembrin-7-*O*-(6''-*O*-α-L-arabinopyranosyl-β-D-glucopyranoside)]，山奈酚-7-*O*-β-D-吡喃葡萄糖苷(kaempferol-7-*O*-β-D-glucopyranoside)，水仙苷(narcissin)，瑞士五针松素▲-7-*O*-[(6''-*O*-β-D-吡喃葡萄糖基)-β-D-吡喃葡萄糖苷]{pinocembrin-7-*O*-[(6''-*O*-β-D-glucopyranosyl)-β-D-glucopyranoside]}，瑞士五针松素▲-7-*O*-[(2'',6''-二-*O*-α-L-吡喃鼠李糖基)-β-D-吡喃葡萄糖苷]{pinocembrin-7-*O*-[(2'',6''-di-*O*-α-L-rhamnopyranosyl)-β-D-glucopyranoside]}[21]，(-)-瑞士五针松素▲-4-*O*-β-D-吡喃葡萄糖苷[(-)-pinocembrin-4-*O*-β-D-glucopyranoside][22]，(2*R*)-柚皮苷元-7-*O*-(3-*O*-α-L-吡喃鼠李糖基-β-D-吡喃葡萄糖苷)[(2*R*)-naringenin-7-*O*-(3-*O*-α-L-rhamnopyranosyl-β-D-glucopyranoside)]，(2*S*)-瑞士五针松素▲-7-*O*-(6-*O*-α-L-吡喃鼠李糖基-β-D-吡喃葡萄糖苷)[(2*S*)-pinocembrin-7-*O*-(6-*O*-α-L-rhamnopyranosyl-β-D-glucopyranoside)][23]；香豆素类：异东莨菪内酯(isoscopoletin)[18]；苯丙素类：香豆酸(coumaric acid)[18]；苯乙醇类：苯乙基-β-D-吡喃葡萄糖苷(phenylethyl-β-D-glucopyranoside)[22]；单糖及其苷类：乙基-α-D-吡喃葡萄糖苷(ethyl α-D-glucopyranoside)，乙基-β-D-吡喃葡萄糖苷(ethyl β-D-glucopyranoside)[22]；核苷类：胞苷(cytidine)[22]；酚、酚酸、鞣质类：原儿茶酸(protocatechuic acid)[15,18,20]，原儿茶醛(protocatechuic aldehyde)[15,20]，没食子酸(gallic acid)[16]；倍半萜类：臭灵丹三醇D-6-*O*-β-D-吡喃葡萄糖苷(pterodontriol D-6-*O*-β-D-glucopyranoside)，荔枝醇A (litchiol A)[18]；内酯类：荔枝醇B(litchiol B)[18]；甾体类：β-谷甾醇，胡萝卜苷[20]；多元醇类：D-1-*O*-甲基-肌肉肌醇(D-1-*O*-methyl-*myo*-inositol)[20]；脂肪族酸及其酯、苷类：2,5-二羟基己酸(2,5-dihydroxyhexanoic acid)[18]，9-十八烯酸(9-octadecenoic acid)，9,12-十八碳二烯酸(9,12-octadecadienoic acid)，软脂酸，硬脂酸，2-辛基-环丙烷辛酸(2-octyl-cyclopropaneoctanoic acid)，棕榈酸甲酯，硬脂酸甲酯，油酸甲酯，亚油酸甲酯[24]，油酸，荔枝酸，亚油酸[25]，荔枝苷C (litchioside C)[26]；甘油酯类：(2*S*)-1-*O*-(9*Z*,12*Z*-十八碳二烯酰基)-3-*O*-β-D-吡喃半乳糖基甘油[(2*S*)-1-*O*-(9*Z*,12*Z*-octadecadienoyl)-3-*O*-β-D-galactopyranosylglycerol]，(2*S*)-1-*O*-十六碳酰基-3-*O*-[α-D-吡喃半乳糖基-(1→6)-β-D-吡喃半乳糖基]甘油{(2*S*)-1-*O*-hexadecanoyl-3-O-[α-D-galactopyranosyl-(1→6)-β-D-galactopyranosyl]glycerol}，姜糖脂C (gingerglycolipid C)[26]；挥

发油：2-乙氧基丁烷，雪松醇，(-)-蓝桉醇，δ-杜松烯(δ-cadinene)，菖蒲烯▲(calamenene)，愈创木奠(guaiazulene)[27-28]等。

地上部分含三萜类：白桦脂醇(betulin)，白桦脂酸(betulinic acid)，羽扇豆醇(lupeol)，羽扇豆-12,20(29)-二烯-3,27-二醇[lup-12,20(29)-diene-3,27-diol][29]；甾体类：β-谷甾醇，豆甾醇[29]。

药理作用 镇痛、解热、抗炎作用：荔枝树叶石油醚提取物具有镇痛、退热和抗炎作用，可能是通过抑制环加氧酶-花生四烯酸代谢途径发挥抗炎作用[1]。

抗血小板聚集作用：荔枝核提取物体外能降低人血小板聚集[2]。

调节血脂作用：荔枝种仁油能预防和治疗高脂血症大鼠总胆固醇(TC)和低密度脂蛋白胆固醇(LDL-C)含量的升高、高密度脂蛋白胆固醇(HDL-C)水平和 HDL-C/TC 比值的下降，作用机制与荔枝仁油富含单不饱和脂肪酸(MUFA)，而饱和脂肪酸(SFA)及多不饱和脂肪酸(PUFA)的含量较低有关[3-4]。荔枝核水和

荔枝核 **Litchi Semen**
摄影：钟国跃

醇提取物能降低高脂血症动物血清三酰甘油(TG)及TC，提高 HDL-C 含量和 HDL-C/TC 比值[5]。

保肝作用：荔枝核对小鼠实验性肝损伤有抑制作用，能降低 CCl_4 和硫代乙酰胺(TAA)引起中毒小鼠的血清 AST、ALT 的活性和 MDA 的含量，提高 SOD 活性，减少自由基的水平，从而减少细胞损伤[7]。荔枝核水提取物是乙型肝炎表面抗原(HBsAg)的高效抑制剂[8-10]，能抑制乙型肝炎病毒的复制[111]，醇提物对 HBsAg 也有抑制作用[10]。荔枝核总黄酮可抗鸭乙型肝炎病毒(DHBV)，对 HepG2.2.15 细胞系 HBsAg 和乙型肝炎 e 抗原(HBeAg)的表达均有抑制作用，可影响 HBV-DNA 的含量[12-14]。

降血糖作用：荔枝核干浸膏的水溶液可降低四氧嘧啶致糖尿病大鼠的血糖[15]。荔枝核提取液能使四氧嘧啶致糖尿病小鼠血糖下降[16]。荔枝核水提物能使四氧嘧啶(ALX)糖尿病模型大鼠血糖下降，药效可维持1周以上，但停药1周后，血糖回升，说明荔枝核有高效和长效的降糖作用，可能是有减少胰岛 B 细胞再损伤或促进其再生，或促进组织对胰岛素受体的表达和对胰岛素敏感性的增加等机制参与[5, 17]。荔枝核水和醇提取物能拮抗肾上腺素、葡萄糖和 ALX 所致的高血糖，降低糖尿病(DM)高血脂小鼠血糖，但不降低正常大鼠和高血脂小鼠的血糖，因此认为，荔枝核是以双胍类降糖药的作用机制产生降糖效应[18]。荔枝核皂苷能改善地塞米松致胰岛素抵抗模型大鼠的葡萄糖耐量降低，还可降低2型糖尿病伴胰岛素抵抗模型大鼠的2 h 血糖和空腹血糖[18-19]；能抑制小鼠糖异生作用，提高肝糖原含量，其对正常小鼠糖代谢的影响可能与控制糖异生途径有关[20]；亦能改善高脂血症-脂肪肝导致的胰岛素抵抗模型大鼠的葡萄糖耐量[6]。从荔枝核提取的 α-亚甲环丙基甘氨酸能降低正常饥饿小鼠血糖和肝糖原含量[21]。

抗肿瘤作用：荔枝核对 S180 实体瘤、肝癌实体瘤有抑制作用，能抑制 S180 肿瘤细胞和肝癌细胞的生长，抑瘤作用可能与升高动物体内的 Bcl-2 水平及促进癌细胞的凋亡有关[22]。荔枝核含药血清有抑制人肝癌 HepG2 细胞增殖的作用，作用机制可能与诱导 HepG2 细胞凋亡有关[23]。

毒性及不良反应 小鼠3次/天，连续3天灌胃荔枝核干浸膏20 g/kg，动物未见死亡[15]。

注评 本种为历版中国药典、中华中药典范（1985年版）、新疆药品标准（1980年版）收载"荔枝核"的基源植物，药用其干燥成熟种子。本种的假种皮或果实称"荔枝"，果皮称"荔枝壳"，叶称"荔枝叶"，根称"荔枝根"，均可药用。阿昌族、德昂族和景颇族也药用，主要用途见功效应用项。

化学成分参考文献

[1] 黄绍军，等 . 中草药，2007, 38(9): 1313-1315.

[2] Wen LR, et al. *Journal of Functional Foods*, 2014, 8: 26-34.

[3] Wen LR, et al. *Journal of Functional Foods*, 2014, 6: 555-563.

[4] Zhang D, et al. *Postharvest Biol Technol*, 2000, 19(2): 165-172.

[5] Selvaraj Y, et al. *Indian Perfumer*, 2002, 46(3): 241-244.

[6] Ong PKC, et al. *J Agric Food Chem*, 1998, 46(6): 2282-2286.

[7] 蔡长河，等 . 食品科学，2007, 28(9): 455-461.

[8] Froehlich O, et al. *Flav Fragr J*, 1986, 1(4-5): 149-153.

[9] Ma Q, et al. *J Agric Food Chem*, 2014, 62(5): 1073-1078.

[10] Zhao MM, et al. *Int Immunopharmacol*, 2007, 7(2): 162-166.

[11] Sarni-M, et al. *J Agric Food Chem*, 2000, 48(12): 5995-6002.

[12] Jiang GX, et al. *Food Chem*, 2013, 136(2): 563-568.

[13] Jing YS, et al. *J Agric Food Chem*, 2014, 62(4): 902-911.

[14] Hu XQ, et al. *J Agric Food Chem*, 2011, 59(21): 11548-11552.

[15] 颜仁梁，等 . 中药材，2009, 32(4): 522-523.

[16] Nagendra PK, et al. *Food Chem*, 2009, 116(1): 1-7.

[17] Xu XY, et al. *J Agric Food Chem*, 2010, 58(22): 11667-11672.

[18] Wang LJ, et al. *Food Chem*, 2011, 126(3): 1081-1087.

[19] Xu XY, et al. *J Agric Food Chem*, 2011, 59(4): 1205-1209.

[20] 徐多多，等 . 食品科技 , 2014, 39(1): 219-221.

[21] Ren S, et al. *Chemical Research in Chinese Universities*, 2013, 29(4): 682-685.

[22] 徐新亚，等 . 热带亚热带植物学报，2012, 20(2): 206-208.

[23] Ren S, et al. *Food Chem*, 2011, 127(4): 1760-1763.

[24] 张媛，等 . 食品科学，2007, 28(4): 267-270.

[25] 高建华，等 . 华南理工大学 - 自然科学版，1998, 26(6): 65-67.

[26] Xu XY, et al. *Fitoterapia*, 2011, 82(3): 485-488.

[27] 乐长高，等 . 中草药，2001, 32(8): 688-689.

[28] 沈洁，等 . 中药通报，1988, 13(8): 479-480.

[29] Malik I, et al. *Nat Prod Commun*, 2010, 5(4): 529-530.

药理作用及毒性参考文献

[1] Besra SE, et al. *J Ethnopharmacol*, 1996, 54(1): 1-6.

[2] 吉中强，等 . 中草药，2001, 32(5): 428-431.

[3] 宁正祥，等 . 营养学报，1996, 18(2): 159-162.

[4] Naito M, et al. *Drugs*, 1995, 50(3): 440.

[5] 潘竞锵，等 . 广东药学，1999, 9(1): 47-50.

[6] 郭洁文，等 . 中国临床药理学与治疗学，2004, 9(12): 1403-1407.

[7] 肖柳英，等 . 中华中医药杂志，2005, 20(1): 42-43.

[8] Zheng MS, et al. *J Traditional Chin Med*, 1992, 12(3): 193.

[9] 郑民实，等 . 中西医结合杂志，1990, 10(9): 560-562.

[10] 杨燕，等 . 化学时刊，2001, 15(7): 24-26.

[11] 李文 . 中医杂志，1997, 38(1): 46-47.

[12] 徐庆，等 . 中国医院药学杂志，2002, 24(7): 393-395.

[13] 徐庆，等 . 第四军医大学学报，2004, 25(20): 1862-1866.

[14] 徐庆，等 . 世界华人消化杂志，2005, 13(17): 2082-2085.

[15] Liu YG. *US Patent*, 4985248, 1991, (1): 15.

[16] 陈汉桂，等 . 中国临床康复，2006, 10(7): 79-81.

[17] 郭洁文，等 . 广东药学，2003, 13(5): 32-35.

[18] 邝丽霞，等 . 中国医院药学杂志，1997, 17(6): 256-257.

[19] 郭洁文，等 . 中国新药杂志，2003, 12(7): 526-528.

[20] 张永明，等 . 杭州师范学院学报（自然科学版），2005, 4(6): 435-436.

[21] 张禾，等 . 中医杂志，1985, 26(2): 120-121.

[22] 郝志奇，等 . 中国药科大学学报，1991, 22(4): 210-212.

[23] 肖柳英，等 . 中国药房，2007, 18(18): 1366-1368.

7. 韶子属 Nephelium L.

乔木。偶数羽状复叶，有柄，互生；小叶全缘。聚伞圆锥花序顶生或腋生；花小，单性，雌雄同株或异株，辐射对称；苞片和小苞片均小；萼杯状，5 或 6 裂，镊合状或覆瓦状排列；无花瓣或有 5–6 花瓣；花盘环状，完整或浅裂；雄蕊（雄花）6–8 枚，花丝被长柔毛；子房（雌花）倒心形，2 (3) 裂，2 (3) 室，密覆瘤状或其他形状的小凸体，花柱着生在子房裂片间，柱头 2 或 3 裂；胚珠每室 1 颗。果深裂为 2 或 3 果片，通常仅 1 个发育，椭圆形，果皮革质，有软刺。假种皮肉质，与种皮粘连，包裹种子的全部。

约 38 种，分布于亚洲东南部。我国有 3 种，产于云南、广西、广东和海南等地，均可药用。

分种检索表

1. 小叶椭圆形或倒卵形，两面无毛，侧脉 7–9 对 ························· **1. 红毛丹 N. lappaceum**
1. 小叶长圆形，背面被柔毛，侧脉 9–14 对或更多。
  2. 果大，连刺长 4–5 cm，宽 3–4 cm；刺长 1 cm 或更长 ··············· **2. 韶子 N. chryseum**
  2. 果小，连刺长不超过 3 cm，宽不超过 2 cm；刺长 3.5–5 mm ········· **3. 海南韶子 N. topengii**

1. 红毛丹（广东）

Nephelium lappaceum L., Mant. 1: 125. 1767.（英 **Rambutan**）

常绿乔木，高 10 余米；小枝圆柱形，仅嫩部被锈色微柔毛。叶连柄长 15–45 cm，叶轴稍粗壮；小叶 2 或 3 对，薄革质，椭圆形或倒卵形，长 6–18 cm，顶端钝或微圆，有时近短尖，基部楔形，全缘，两面无毛；小叶柄长约 5 mm。花序常多分枝，被锈色短绒毛；花梗短；萼革质，长约 2 mm，裂片卵形，被绒毛；无花瓣；雄蕊长约 3 mm。果宽椭圆形，红黄色，连刺长约 5 cm，宽约 4.5 cm，刺长约 1 cm。花期夏初，果期秋初。

分布与生境　我国广东南部（湛江）、海南和台湾有少量栽培。本种为热带果树，原产地位于亚洲热带。马来群岛一带种植较多。

药用部位　果皮、果实、树皮、根。

功效应用　果皮：收敛。用于痢疾。果实：用于暴痢，心腹冷痛。树皮：用于舌疾患。根：用于发热。

化学成分　果实含挥发油：2-甲基丁基-3-烯-醇(2-methylbut-3-en-ol)，β-丁香烯(β-caryophyllene)，反式-β-罗勒烯，β-突厥蔷薇烯酮▲(β-damascenone)，反式-4,5-环氧-反式-2-癸烯醛，香荚兰醛[11-2]等。

果壳含酚类：鞣花酸(ellagic acid)，马桑云实鞣精▲(corilagin)，老鹳草鞣质(geraniin)[3]，没食子酸乙酯(ethyl gallate)[4-5]，焦儿茶酚[pyrocatechol][5]；黄酮类：山奈酚(kaempferol)，山奈酚-3-*O*-β-D-(6-*O*-反式-对香豆酰基)-吡喃葡萄糖苷[kaempferol-3-*O*-β-D-(6-*O*-*trans*-*p*-coumaroyl)-glucopyranoside]，山奈酚-3-*O*-α-L-吡喃鼠李糖苷(kaempferol-3-*O*-α-L-rhamnopyranoside)，山奈酚-3-*O*-(6-*O*-咖啡酰基)-β-D-吡喃葡萄糖苷[kaempferol-3-*O*-(6-*O*-caffeoyl)-β-D-glucopyranoside][4-5]，二氢山奈酚(dihydrokaempferol)[5]；香豆素类：

红毛丹 Nephelium lappaceum L.
摄影：林秦文 陈又生

异东莨菪内酯(isoscopoletin)[4-5]；苯丙素类；3-(3,4-二甲氧基苯基)-2-丙烯醛[3-(3,4-dimethoxyphenyl)-2-propenal][5]；三萜类：常春藤皂苷元(hederagenin)[4-6]，常春藤皂苷元-3-O-(2,3-二-O-乙酰基-α-L-呋喃阿拉伯糖基)-(1 → 3)-[α-L-吡喃鼠李糖基-(1 → 2)]-β-L-吡喃阿拉伯糖苷{hederagenin-3-O-(2,3-di-O-acetyl-α-L-arabinofuranosyl)-(1 → 3)-[α-L-rhamnopyranosyl-(1 → 2)]-β-L-arabinopyranoside}，常春藤皂苷元-3-O-(3-O-乙酰基-α-L-呋喃阿拉伯糖基)-(1 → 3)-[α-L-吡喃鼠李糖基-(1 → 2)]-β-L-吡喃阿拉伯糖苷{hederagenin-3-O-(3-O-acetyl-α-L-arabinofuranosyl)-(1 → 3)-[α-L-rhamnopyranosyl-(1 → 2)]-β-L-arabinopyranoside}，常春藤皂苷元-3-O-α-L-呋喃阿拉伯糖基-(1 → 3)-[α-L-吡喃鼠李糖基-(1 → 2)]-β-L-吡喃阿拉伯糖苷{hederagenin-3-O-α-L-arabinofuranosyl-(1 → 3)-[α-L-rhamnopyranosyl-(1 → 2)]-β-L-arabinopyranoside}[4]，常春藤皂苷元-3-O-(3-O-乙酰基-β-D-吡喃木糖基)-(1 → 3)-α-L-吡喃阿拉伯糖苷[hederagenin-3-O-(3-O-acetyl-β-D-xylopyranosyl)-(1 → 3)-α-L-arabinopyranoside]，常春藤皂苷元-3-O-(4-O-乙酰基-α-L-吡喃阿拉伯糖基)-(1 → 3)-α-L-吡喃鼠李糖基-(1 → 2)-α-L-吡喃阿拉伯糖苷[hederagenin-3-O-(4-O-acetyl-α-L-arabinopyranosyl)-(1 → 3)-α-L-rhamnopyranosyl-(1 → 2)-α-L-arabinopyranoside]，常春藤皂苷元-3-O-α-L-吡喃阿拉伯糖基-(1 → 3)-α-L-吡喃鼠李糖基-(1 → 2)-α-L-吡喃阿拉伯糖苷[hederagenin-3-O-α-L-arabinopyranosyl-(1→3)-α-L-rhamnopyranosyl-(1→2)-α-L-arabinopyranoside]，常春藤皂苷元-3-O-β-D-吡喃葡萄糖基-(1 → 3)-α-L-吡喃鼠李糖基-(1 → 4)-β-D-吡喃木糖苷[hederagenin-3-O-β-D-glucopyranosyl-(1 → 3)-α-L-rhamnopyranosyl-(1 → 4)-β-D-xylopyranoside][6]；甾体类：滨藜叶分药花苷▲(atroside)，麦角甾醇(ergosterol)，β-谷甾醇[5]；其他类：4-甲氧基甲苯(4-methoxy-1-methylbenzene)[5]。

种子含脂肪酸类：棕榈酸，硬脂酸，亚油酸，油酸，棕榈油酸，顺式-异油酸，花生酸，顺式-11-二十烯酸，顺式-13-二十烯酸[7]，2-氰基亚甲基-1,3-丙二醇-(Z)-9-十八烯酸酯[2-cyanomethylene-1,3-propanediyl-(Z)-9-octadecenoic acid ester]，3-氰基-2-[(1-氧代-9-十八烯氧基)甲基]-2-丙烯醇-(Z,Z)-11-二十烯酸酯[3-cyano-2-[(1-oxo-9-octadecenyloxy)methyl]-2-propenyl-(Z,Z)-11-eicosenoic acid ester]，3-氰基-2-[(1-氧代-9-十八烯氧基)甲基]-2-丙烯基-(Z)-二十酸酯{3-cyano-2-[(1-oxo-9-octadecenyloxy)methyl]-2-propenyl-(Z)-eicosanoic acid ester}[8]；单萜类：红毛丹内酯▲(lappaceolide) A、B[9]；黄酮类：山奈酚-3-O-β-D-吡喃葡萄糖苷-7-O-α-L-吡喃鼠李糖苷(kaempferol-3-O-β-D-glucopyranoside-7-O-α-L-rhamnopyranoside)[9]；半萜类：管齿木素▲(siphonodin)[9]。

化学成分参考文献

[1] Wong KC, et al. *Flav Fragr J*, 1996, 11(4): 223-229.

[2] Ong PKC, et al. *J Agric Food Chem*, 1998, 46(2): 611-615.

[3] Thitilertdecha N, et al. *Molecules*, 2010, 15: 1453-1465.

[4] Zhao YX, et al. *Carbohydr Res*, 2011, 346(11): 1302-1306.

[5] 梁文娟, 等. 中草药, 2011, 42(7): 1271-1275.

[6] Liang WJ, et al. *Chem Nat Compd*, 2012, 47(6): 935-939.

[7] Avato P, et al. *Nat Prod Commun*, 2006, 1(9): 751-755.

[8] Nishizawa M, et al. *Phytochemistry*, 1983, 22(12): 2853-2855.

[9] Ragasa C, et al. *J Nat Prod*, 2005, 68(9): 1394-1396.

2. 韶子（本草拾遗）

Nephelium chryseum Blume, Rumphia 3: 105. 1847.（英 **Goldenyellow Rambutan, Gold-shining Rambutan, Golden Rambutan**）

常绿乔木，高 10–20 m；小枝有直纹，嫩部被锈色短柔毛。叶连柄长 20–40 cm；小叶常 4 对，薄革质，长圆形，长 6–18 cm，两端近短尖，全缘，背面粉绿色，被柔毛；小叶柄长 5–8 mm。花序多分枝，雄花序与叶近等长，雌花序较短；萼长 1.5 mm，密被柔毛；花盘被柔毛；雄蕊 7–8 枚，花丝长 3 mm，被长柔毛；子房 2 裂，2 室，被柔毛。果椭圆形，红色，连刺长 4–5 cm，宽 3–4 cm；刺长 1 cm 或过之，两侧扁，弯钩状。花期春季，果期夏季。

分布与生境 产于云南南部、广西南部和广东西部，约以北回归线为其北限。生于海拔 500–1500 m 的密林中。也分布于菲律宾和越南。

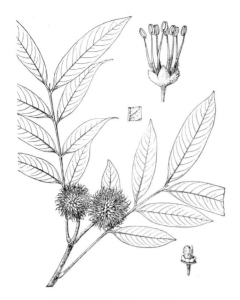

韶子 **Nephelium chryseum** Blume
冯钟元 绘

韶子 **Nephelium chryseum** Blume
摄影：徐晔

药用部位 果实、果皮。

功效应用 果实：散寒，止痢，解毒。用于暴痢，心腹冷痛，疮疡。果皮：清热解毒。用于痢疾，口腔炎等症。

药理作用 抗菌作用：从韶子种子中分离出的两个非对映异构体单萜内酯对白念珠菌有抑菌作用[1]。

注评 本种的果实称"韶子"。瑶族和藏族也药用其果皮，主要用途见功效应用项。

药理作用及毒性参考文献

[1] Ragasa CY, et al. *Chem Pharm Bull*, 2005, 68(9): 1394-1396.

3. 海南韶子（植物分类学报）

Nephelium topengii (Merr.) H. S. Lo in Fl. Hainan. 3: 84, 574, f. 583. 1974.——*N. lappaceum* L. var. *topengii* (Merr.) F. C. How et C. N. Ho（英 **Hainan Rambutan, Topeng Rambutan**）

常绿乔木，高 5–20 m；小枝常被微柔毛。小叶 2–4 对，薄革质，长圆形或长圆状披针形，长 6–18 cm，顶端短尖，基部稍钝至阔楔形，全缘，背面粉绿色，被柔毛；小叶柄长 5–8 mm。花序多分枝，雄花序与叶近等长，雌花序较短；萼长 1.5mm，密被柔毛；花盘被柔毛；雄蕊 7–8 枚，花丝长 3 mm，被长柔毛；子房 2 裂，2 室，被柔毛。果椭圆形，红黄色，连刺长约 3 cm，宽不超过 2 cm，刺长 3.5–5 mm。

分布与生境 我国特产，是海南低海拔至中海拔地区森林中的常见树种之一。

药用部位 果实。

功效应用 果实：消炎杀菌。用于口腔炎，痢疾，溃疡，心腹冷痛。

海南韶子 **Nephelium topengii** (Merr.) H. S. Lo
引自《海南植物志》

8. 车桑子属（坡柳属）Dodonaea Mill.

乔木或灌木，全株或仅嫩部和花序有胶状黏液；小枝通常有棱角。单叶或羽状复叶，互生，无托叶。花单性，雌雄异株，辐射对称，单生叶腋或组成顶生和腋生的总状花序、伞房花序或圆锥花序；萼片 (3) 4 (−7)，果时脱落；无花瓣；花盘不明显，雄花中常没有；雄蕊（雄花）5−8 枚，花丝极短，花药长圆形，有 4 钝角，药隔突出；子房（雌花），通常 2−3 (5−6) 棱角，2−3 (5−6) 室，花柱顶生，比子房长很多，通常旋扭，早落，柱头 2−6 裂；胚珠每室 2 颗，一上升，一下垂。蒴果翅果状 2−3 (−6) 角，2−3 (−6) 室，两侧扁，室背常延伸为半月形或极扩展的纵翅，有时无翅或仅顶部有角。种子每室 1 或 2 颗，种皮脆壳质或革质，无假种皮，种脐厚。

约 50 余种，多产于澳大利亚及其附近岛屿。我国 1 种，可药用。

本属药用植物化学成分主要为二萜、三萜和黄酮类化合物，此外，还含有一些挥发性成分、脂肪酸和单糖等。从车桑子 (D. viscose) 中得到的三萜类成分车桑子苷 (dodoneaside) A (**1**) 和 B (**2**) 皆具有抑制人卵巢癌细胞增殖的活性，其 IC_{50} 值分别为 0.79 μmol/L 和 0.70 μmol/L；二萜类化合物对映 -15,16- 环氧 -9αH- 半日花 -13(16),14- 二烯 -3β,8α- 二醇 (*ent*-15,16-epoxy-9αH-labda-13(16),14-diene-3β,8α-diol，**3**) 和黄酮类化合物 4',5- 二羟基 -7- 甲氧基黄烷酮 (4',5-dihydroxy-7-methoxyflavonone，**4**)、4',5,6- 三羟基 -3,7- 二甲氧基黄酮 (4',5,6-trihydroxy-3,7-dimethoxyflavone，**5**) 等均能不同程度地减缓小鼠子宫肌的收缩，其 IC_{50} 分别为 19.4 μg/ml、4.7 μg/ml 和 37.9 μg/ml。

1. 车桑子（中国植物志） 坡柳（海南）

Dodonaea viscosa Jacq., Enum. Pl. Carib. 19.1760.——*Ptelea viscosa* L.（英 **Clammy Hopseedbush, Hopbush**）
灌木或小乔木，高 1−3 m，有胶状黏液。小枝纤弱，稍呈蜿蜒状，有棱角。单叶互生，纸质，线形、线状匙形、线状披针形、倒披针形或长圆形，长 5−12 cm，宽 0.5−4 cm，全缘或不明显的浅波状，两面有黏液，无毛；侧脉多而密；圆锥花序顶生或在小枝上部腋生，比叶短，密花；花小，杂性或单性，雌雄异株，黄绿色；花梗纤细，长 2–5 mm，结果时伸长；萼片 4，无花瓣；雄蕊 7 或 8 枚；子房椭圆形，外面有胶状黏液。蒴果近球形，直径约 2.2 mm，2 或 3 翅。种子暗灰色，圆形。花期秋末，果期冬末春初。

分布与生境　产于我国西南部、南部至东南部。常生于干旱山坡、旷地或海边沙土上。也分布于全世界的热带和亚热带地区。

药用部位　叶、根、全株、花、果实。

功效应用　叶：清热利湿，解毒消肿。用于小便淋沥，癃闭，肩部漫肿，疔疮，咽喉炎，疮痈疔疖，烧伤，烫伤。根：消肿解毒。用于牙痛，风毒流注。全株：外用于疮毒，湿疹，瘾疹，皮疹。花、果实：用于顿咳。

化学成分　根含三萜类：车桑子苷▲(dodoneaside) A、B[1]。

根皮含黄酮类：异鼠李素(isorhamnetin)，槲皮素(quercetin)[2]。

茎含香豆素类：白蜡树亭(fraxetin)，黄花草素▲(cleomiscosin) A、C[3]；甾体类：β-谷甾醇，胡萝卜苷[3]；脂肪酸类：硬脂酸[3]；酚类：丁香酸(syringic acid)[3]；其

车桑子 **Dodonaea viscosa** Jacq.
黄少容　绘

车桑子 **Dodonaea viscosa** Jacq.
摄影：朱鑫鑫

他类：4-羟基-3,5-二异戊烯基苯甲醛(4-hydroxy-3,5-diprenylbenzaldehyde)[3]。

茎皮含黄酮类：白矢车菊素(leucocyanidin)[4]；有机酸类：莽草酸(shikimic acid)，绿原酸(chlorogenic acid)[4]；三萜类：R₁-玉蕊精醇▲(R₁-barrigenol)，野茉莉皂苷元(jegosapogenol)，R₁-玉蕊精醇▲-21,22-二当归酸酯(R₁-barrigenol-21,22-diangelate)，野茉莉皂苷元-21-(2,3-二羟基-2-甲基丁酰基)-22-当归酸酯[jegosapogenol-21-(2,3-dihydroxy-2-methylbutyroyl)-22-angelate][5]。

茎和叶含二萜类：新赪桐-3,13-二烯-15,16-内酯-18-酸(neoclerodane-3,13-diene-15,16-olide-18-oic acid)，劲直假莲酸(strictic acid)，车桑子酸(hautriwaic acid)，15,16-环氧-19-羟基-1,3,13(16),14-赪桐四烯-18-酸(15,16-epoxy-19-hydroxy-1,3,13(16),14-clerodatetraen-18-oic acid)[6]。

叶含二萜类：车桑子酸，2α-羟甲基哈威豆酸酯▲(2α-hydoxymethyl hardwickate)，对映-15,16-环氧-9αH-半日花-13(16),14-二烯-3β,8α-二醇[ent-15,16-epoxy-9αH-labda-13(16),14-diene-3β,8α-diol]，车桑子酸甲酯(methyl dodonate) A、B、C，车桑子内酯▲(dodonolide)[7]；黄酮类：3,4',5,7-四羟基-3'-甲氧基黄酮(3,4',5,7-tetrahydroxy-3'-methoxyflavone)[8]；甾体类：豆甾醇，β-谷甾醇[8]。

花含黄酮类：垂叶布氏菊素▲(penduletin)，槲皮素，异鼠李素(isorhamnetin)[9]；山奈酚-3,7-二甲醚(kaempferol-3,7-di-methyl ether)，山奈酚-3,4',7-三甲醚(kaempferol-3,4',7-trimethyl ether)[10]；三萜类：车桑子苷元▲(doviscogenin)[9]；挥发油：芳樟醇(linalool)，α-蒎烯(α-pinene)，α-松油烯(α-terpinene)，对孜然芹烃▲(p-cymene)，香茅醛(citronellal)[11-13]。

花和豆荚含黄酮类：异鼠李素-3-O-芸香糖苷(isorhamnetin-3-O-rutinoside)，槲皮素-3-O-半乳糖苷(quercetin-3-O-galactoside)，槲皮素-3-O-芸香糖苷(quercetin-3-O-rutinoside)[14]。

种子含三萜类：车桑子苷元▲[15]，车桑子诺苷▲(dodonoside) A、B[16]；脂肪酸类：棕榈酸，亚油酸，油酸，亚麻酸，硬脂酸[17]，花生酸[17-18]，二十二酸(docosanoic acid)[18]。

地上部分含二萜类：5,16-环氧-5,9-二表赪桐-3,13(16),14-三烯-20,19-内酯(5,16-epoxy-5,9-diepicleroda-3,13(16),14-trien-20,19-olide)[19]，车桑子尼酸▲(dodonic acid)[20-21]，车桑子内酯(hautriwaic lactone)，(+)-哈威豆酸▲[(+)-hardwickiic acid]，5α-羟基-1,2-去氢-5,10-二氢普林茨菊酸▲甲酯(5α-hydroxy-1,2-dehydro-5,10-dihydroprintzianic acid methyl ester)，劲直假莲酸(strictic acid)，车桑子维酸▲甲酯(methyl dodovisate) A、B[21]，车桑子酸[21-23]，对映-15,16-环氧-9αH-半日花-13(16),14-二烯-3β,8α-二醇(ent-15,16-exoxy-9αH-labda-13(16),14-diene-3β,8α-diol)[22-23]，对映-15ξ-乙氧基-半日花-3α,8β-二羟基-13(14)-烯-15,16-内酯[ent-15ξ-ethoxy-labdan-3α,8β-dihydroxy-13(14)-en-15,16-olide]，对映-16ξ-羟基-半日花-3α,8β-二羟基-13(14)-烯-15,16-内酯[ent-16ξ-hydroxy-labdan-3α,8β-dihydroxy-13(14)-en-15,16-olide]，8β-羟基-3-O-β-D-吡喃葡萄糖基-对映-半日花-13-烯-15,16-二醇(8β-hydroxy-3-O-β-D-glucopyranosyl-ent-labda-13-en-15,16-diol)[24]，2,18-二羟基半日花-7,13(E)-二烯-15-酸[2,18-dihydroxylabda-7,13(E)-dien-15-oic acid]，2,17-二羟基半日花-7,13(E)-二烯罗汉柏-15-酸[2,17-dihydroxylabda-7,13(E)-dien-15-oic acid]，2-羟基半日花-7,13(E)-二烯-15-酸[2-hydroxylabda-7,13(E)-dien-15-oic acid][25]，6β-羟基-15,16-环氧-5β,8β,9β,10α-赪桐-3,13(16),14-三烯-18-酸[6β-hydroxy-15,16-epoxy-5β,8β,9β,10α-cleroda-3,13(16),14-trien-18-oic acid][26]，车桑子维内酯▲(dodovislactone) A、B[27]；13,14-二羟基-15,16-二甲氧基-(-)-6α-羟基-5α,8α,9α,10α-赪桐-3-烯-18-酸[13,14-dihydroxy-15,16-dimethoxy-(-)-6α-hydroxy-5α,8α,9α,10α-cleroda-3-en-18-oic acid]，(-)-6α-羟基-5α,8α,9α,10α-赪桐-3,13-二烯-16,15-内酯-18-酸[(-)-6α-hydroxy-5α,8α,9α,10α-cleroda-3,13-dien-16,15-olide-18-oic acid][28]；黄酮类：刺槐素-7-甲醚(acacetin-7-methyl ether)，垂叶布氏菊素▲(penduletin)，5,7,4'-三羟基-3',5'-二(3-甲基丁-2-烯基)-3,6-二甲氧基黄酮[5,7,4'-trihydroxy-3',5'-di(3-methylbut-2-enyl)-3,6-dimethoxyflavone]，5,7,4'-三羟基-3'-(4-羟基-3-甲基丁基)-5'-(3-甲基丁基-2-烯基)-3,6-二甲氧基黄酮[5,7,4'-trihydroxy-3'-(4-hydroxy-3-methylbutyl)-5'-(3-methylbut-2-enyl)-3,6-dimethoxyflavone][21]，6-羟基山奈酚-3,7-二甲醚(6-hydroxykaempferyl-3,7-dimethyl ether)，樱花素(sakuranetin)[22-23]，5,7-二羟基-3,6,4'-三甲氧基-3'-(4-羟基-3-甲基-丁-2-烯基)-黄酮[5,7-dihydroxy-3,6,4'-trimethoxy-3'-(4-hydroxy-3-methyl-but-2-enyl)-flavone]，3,6-二甲氧基-5,7,4'-三羟基黄酮(3,6-dimethoxy-5,7,4'-trihydroxyflavone)[25]，亚甲基双圣丁素▲(methylenebissantin)，圣丁素▲(santin)，山奈酚-3-甲醚(kaempferol-3-methyl ether)，(2S,3S)-3,4',5,7-四羟基黄烷酮[(2S,3S)-3,4',5,7-tetrahydroxyflavanone][26]，车桑子酮▲(dodovisone) A、B、C、D[27]，瑞士五针松素▲(pinocembrin)[26,28]，异山奈素(isokaempferide)，6-甲氧基异山奈素(6-methoxyisokaempferide)[28]，车桑子灵▲(aliarin)[28-29]，4',5,7-三羟基-3,6-二甲氧基黄酮(4',5,7-trihydroxy-3,6-dimethoxyflavone)[19,30]，5-羟基-3,6,7,4'-四甲氧基黄酮(5-hydroxy-3,6,7,4'-tetramethoxyflavone)，5,7-二羟基-3,6,4'-三甲氧基-3'-(4-羟基-3-甲基丁基)-黄酮(5,7-dihydroxy-3,6,4'-

trimethoxy-3'-(4-hydroxy-3-methylbutyl)-flavone)[28,30]，5,7-二羟基黄烷酮(5,7-dihydroxyflavanone)，5,4'-二羟基-3,6,7-三甲氧基黄酮(5,4'-dihydroxy-3,6,7-trimethoxyflavone)，异鼠李素-3-O-鼠李半乳糖苷(isorhamnetin-3-O-rhamnogalactoside)[30]，5,7-二羟基-3'-(4''-乙酰氧基-3''-甲基丁基)-3,6,4'-三甲氧基黄酮[5,7-dihydroxy-3'-(4''-acetoxy-3''-methylbutyl)-3,6,4'-trimethoxyflavone]，5,7-二羟基-3'-(3-羟甲基丁基)-3,6,4'-三甲氧基黄酮[5,7-dihydroxy-3'-(3-hydroxymethylbutyl)-3,6,4'-trimethoxyflavone]，5,7-二羟基-3'-(2-羟基-3-甲基-3-丁烯基)-3,6,4'-三甲氧基黄酮[5,7-dihydroxy-3'-(2-hydroxy-3-methyl-3-butenyl)-3,6,4'-trimethoxyflavone]，5,7,4'-三羟基-3,6-二甲氧基-3'-异戊烯基-黄酮(5,7,4'-trihydroxy-3,6-dimethoxy-3'-isoprenyl-flavone)[31]，车桑子素(dodoviscin) A、B、C、D、E、F、G、H、I、J[32]，5,7,4'-三羟基-3',5'-二(3-甲基-2-丁烯-1-基)-3-甲氧基黄酮[5,7,4'-trihydroxy-3',5'-bis(3-methyl-2-buten-1-yl)-3-methoxyflavone]，5,7,4'-三羟基-3',5'-二(3-甲基-2-丁烯-1-基)-3,6-二甲氧基黄酮[5,7,4'-trihydroxy-3',5'-bis(3-methyl-2-buten-1-yl)-3,6-dimethoxyflavone]，5,7,4'-三羟基-3'-(4-羟基-3-甲基丁基)-5'-(3-甲基-2-丁烯-1-基)-3,6-二甲氧基黄酮[5,7,4'-trihydroxy-3'-(4-hydroxy-3-methylbutyl)-5'-(3-methyl-2-buten-1-yl)-3,6-dimethyoxyflavone]，艾纳香素(blumeatin)[32]；蒽醌类：茜素(alizarin)[21]；苯丙素类：二十二烷基咖啡酸酯(docosyl caffeate)[26]；酚类：内布罗迪麻黄苷▲A (nebrodenside A)，香荚兰酸(vanillic acid)[26]；甾体类：豆甾醇，β-谷甾醇[19]；多元醇类：l-L-l-O-甲基-2-乙酰基-3-对顺式-香豆酰肌肉肌醇(l-L-l-O-methyl-2-acetyl-3-p-cis-coumaryl-myo-inositol)[22,28]，l-L-l-O-甲基-2-乙酰基-3-对反式-香豆酰肌肉肌醇(l-L-l-O-methyl-2-acetyl-3-p-trans-coumaryl-myo-inositol)[28]。

注评 本种叶称"车桑子叶"，根称"车桑子根"，四川、福建等地药用。彝族、纳西族也药用，主要用途见功效应用项。彝族尚用其花、叶治外伤出血，关节扭伤，软组织损伤肿痛，解食物和菌类中毒；纳西族药用其全株治风湿。

化学成分参考文献

[1] Cao S, et al. *J Nat Prod*, 2009, 72(9): 1705-1707.
[2] Khan MSY, et al. *Indian J Nat Prod*, 1988, (2): 12-13.
[3] Hemlata, et al. *J Indian Chem Soc*, 1994, 71(4): 213-214.
[4] Sastry KNS, et al. *Leather Sci*, 1966, 13(6): 174.
[5] Dimbi MZ, et al. *Bull Soc Chim Belges*, 1985, 94(2): 141-148.
[6] Huang Z, et al. *Z Naturforsch, B: Chem Sci*, 2010, 65(1): 83-86.
[7] Ortega A, et al. *Tetrahedron*, 2001, 57(15): 2981-2989.
[8] Rao K, et al. *J Indian Chem Soc*, 1962, 39: 561-562.
[9] Khan MSY, et al. *Fitoterapia*, 1992, 63(1): 83-84.
[10] Dreyer DL, et al. *Revista Latinoamericana de Quimica*, 1978, 9(2): 97-98.
[11] El-Zwi MA, et al. *Chem Environ Res*, 1999, 8(3 & 4): 285-288.
[12] Akasha AA, et al. *Egyptian J Pharm Sci*, 1994, 34(4-6): 587-591.
[13] Mekkawi AG, et al. *Pharmazie*, 1981, 36(7): 517.
[14] Ramachandran NAG, et al. *Indian J Chem*, 1975, 13(6): 639-640.
[15] Azam A, et al. *Indian J Chem Sci*, 1993, 32B(4): 513-514.
[16] Wagner H, et al. *Phytochemistry*, 1987, 26(3): 697-701.
[17] Kapur KK, et al. *J Sci Ind Res*, 1959, 18B: 528-530.
[18] Kochar RK, et al. *Indian Soap J*, 1948, 14: 132-135.
[19] Abdel-Mogib M, et al. *Pharmazie*, 2001, 56(10): 830-831.
[20] Sachdev K, et al. *Planta Med*, 1984, 50(5): 448-449.
[21] Niu HM, et al. *J Asian Nat Prod Res*, 2010, 12(1): 7-14.
[22] Mata R, et al. *J Nat Prod*, 1991, 54(3): 913-917.
[23] Rojas A, et al. *Planta Med*, 1996, 62(2): 154-159.
[24] Quintana de Oliveira S, et al. *Phytochem Lett*, 2012, 5(3): 500-505.
[25] Wabo HK, et al. *Fitoterapia*, 2012, 83(5): 859-863.
[26] Muhammad A, et al. *Bioorg Med Chem Lett*, 2012, 22(1): 610-612.
[27] Gao Y, et al. *Nat Prod Bioprospect*, 2013, 3(5): 250-255.
[28] Mostafa AE, et al. *Phytochem Lett*, 2014, 8: 10-15.
[29] Sachdev K, et al. *Indian J Chem Sec*, 1982, 21B(8): 798-799.
[30] Sachdev K, et al. *Phytochemistry*, 1983, 22(5): 1253-1256.
[31] Muhammad A, et al. *Arch Pharm Res*, 2012, 35(3): 431-436.
[32] Zhang LB, et al. *J Nat Prod*, 2012, 75(4): 699-706.

9. 栾树属 Koelreuteria Laxm.

落叶乔木或灌木。叶互生，一回或二回奇数羽状复叶，无托叶；小叶常有锯齿或分裂，稀全缘。聚伞圆锥花序大型，顶生，稀腋生；花杂性同株或异株，两侧对称；萼片 (4) 5，镊合状排列，外面 2 片较小；花瓣 (4) 5，具爪，瓣片内面基部有深 2 裂的小鳞片；花盘厚，偏于一边，上端通常有圆齿；雄蕊通常 8 枚，有时较少，着生于花盘之内，花丝常被长柔毛；子房 3 室，每室 2 胚珠，着生于中轴的中部以上。蒴果膨胀，具 3 棱，室背开裂为 3 果瓣，果瓣膜质，有网状脉纹。种子每室 1 颗，无假种皮，种皮脆壳质，黑色。

共 4 种，3 种 1 变种产于我国，其中 2 种 1 变种可药用。

分种检索表

1. 一回或不完全的二回羽状复叶；叶边缘有稍粗大、不规则的钝锯齿，近基部的齿常疏离而呈深缺刻状；花瓣 4，开花时向外反折；蒴果圆锥形，顶端渐尖 ·····················1. 栾树 K. paniculata
1. 二回羽状复叶；小叶边缘有小锯齿，无缺刻；小叶基部略偏斜，先端短尖至短渐尖；花瓣 4 片，很少 5 片；蒴果椭圆形、阔卵形或近球形，顶端圆或钝 ···········2. 复羽叶栾树 K. bipinnata

本属植物栾树叶提取物中富含没食子酸、没食子酸乙酯等，对多种细菌和真菌有抑制作用。环木脂素类化合物体外对人肺癌、乳腺癌和大肠腺癌细胞具有细胞毒作用和微管聚合蛋白酶抑制作用，栾树叶的乙酸乙酯提取物具有抗癌、免疫抑制、抗氧化作用。

1. 栾树（正字通） 木栾（救荒本草），栾华（植物名实图考）

Koelreuteria paniculata Laxm. in Nov. Co mm. Akad. Sci. Petrop. 16: 561-564, t 18. 1772. （ 英 **Varnish Tree, Golden Rain Tree, Panicled Goldrain Tree** ）

落叶乔木，高达 10 m；小枝具疣点，与叶轴、叶柄均被皴曲的短柔毛或无毛。奇数羽状复叶，一回、不完全二回或偶有为二回羽状复叶，长可达 50 cm；小叶 (7-) 11–18 片，对生或互生，纸质，长 (3-) 5–10 cm，宽 3–6 cm，边缘有不规则的钝锯齿或羽状分裂。聚伞圆锥花序顶生，长 25–40 cm，密被微柔毛，分枝长而广展；花淡黄色，稍芬芳；萼裂片 5，边缘具腺状缘毛；花瓣 4，开花时向外反折，长 5–9 mm，被长柔毛；雄蕊 8 枚，在雄花中的长 7–9 mm，雌花中的长 4–5 mm。蒴果圆锥形，具 3 棱，长 4–6 cm，顶端渐尖，果瓣卵形，外面有网纹，内面平滑且略有光泽。种子近球形，黑色。花期 6–8 月，果期 9–10 月。

分布与生境 产于我国大部分地区，东北部自辽宁起经中部至西南部的云南。世界各地有栽培。

药用部位 花、根。

功效应用 花：清肝明目。用于目赤肿痛，多泪，目赤烂。根：疏风清热，止咳，杀虫。用于风热咳嗽，蛔虫病。

化学成分 茎皮含倍半萜类：栾树酸酐(paniculatic anhydride)[1]；三萜类：3β-羟基羽扇豆烷(3β-hydroxylupane)，3β,28-二羟基羽扇豆烷(3β,28-dihydroxylupane)，3β-羟基-28-羽扇豆酸(3β-hydroxy-28-lupanic acid)[2]。

茎和叶含脂肪酸类：棕榈酸，硬脂酸，亚油酸，油酸，月桂酸，亚麻酸，羊脂酸，癸酸，花生酸，肉豆蔻酸[3]；烷烃类：正三十二烷，正二十二烷，正二十六烷，正二十八烷，正三十烷，十二烷，二十烷[3]；甾体类：胆甾醇，β-谷甾醇，豆甾醇，菠菜烯，油菜甾烯酮-十六烷[3]。

芽和叶含酚类：没食子酸(gallic acid)，没食子酸甲酯(methyl gallate)，没食子酸乙酯(ethyl gallate)[4]。

叶含酚类：对三没食子酸乙酯(ethyl p-trigallate)，3"-O-没食子酰基-4'-O-没食子酰基-4-O-没食子

栾树 **Koelreuteria paniculata** Laxm.

冯钟元 绘

栾树 **Koelreuteria paniculata** Laxm.

摄影：张英涛

酰没食子酸(3''-*O*-galloyl-4'-*O*-galloyl-4-*O*-galloylgallic acid)，对七没食子酸乙酯(ethyl *p*-heptagallate)，对二没食子酸甲酯(methyl *p*-digallate)，间二没食子酸甲酯(methyl *m*-digallate)[5]，对二没食子酸(*p*-digalloyl acid)，间二没食子酸(*m*-digalloyl acid)[5-6]，没食子酸，没食子酸乙酯，鞣花酸(ellagic acid)，对二没食子酸乙酯(ethyl *p*-digallate)，间二没食子酸乙酯(ethyl *m*-digallate)[6]；黄酮类：没食子酰表儿茶素(galloylepicatechin)，3'-没食子酰槲皮素(3'-galloylquercitrin)，儿茶素(catechin)，异鼠李素(isorhamnetin)，山奈酚-3-*O*-吡喃阿拉伯糖苷(kaempferol-3-*O*-arabinopyranoside)，槲皮素-3'-*O*-*β*-D-吡喃阿拉伯糖苷(quercetin-3'-*O*-*β*-D-arabinopyranoside)[5]，槲皮素，金丝桃苷(hyperin)，山奈酚-3-*O*-*α*-L-吡喃鼠李糖苷(kaempferol-3-*O*-*α*-L-rhamnopyranoside)[5-6]，槲皮素-2''-没食子酸酯(quercitrin-2''-gallate)，金丝桃苷-2''-没食子酸酯(hyperin-2''-gallate)[6]，6,8-二羟基缅茄苷▲(6,8-dihydroxyafzelin)，缅茄苷▲-3''-*O*-没食子酸酯(afzelin-3''-*O*-gallate)[7]；甾体类：*β*-谷甾醇，*β*-胡萝卜苷[6]。

花含黄酮类：山奈酚(kaempferol)，山奈酚-3-*O*-(6''-乙酰基)-*β*-D-吡喃葡萄糖苷[kaempferol-3-*O*-(6''-acetyl)-*β*-D-glucopyranoside]，金丝桃苷，2''-*O*-乙酰金丝桃苷(2''-*O*-acetylhyperoside)，木犀草素(luteolin)，2''-*O*-没食子酰金丝桃苷(2''-*O*-galloylhyperoside)，山奈酚-3-*O*-*β*-D-吡喃葡萄糖苷(kaempferol-3-*O*-*β*-D-glucopyranoside)[8]；酚酸类：没食子酸[8]；香豆素类：乙酰伞形酮(acetylumbelliferone)，6-苯甲酰伞形酮(6-benzoyl-umbelliferone)[9]；甾体类：*β*-谷甾醇[9]，胡萝卜苷[8]。

种子含三萜类：栾树皂宁C (paniculata saponin C)[10]，栾树皂苷(koelreuteria saponin) A、B[11]，环山羊豆苷▲A (cyclogaleginoside A)[12]；黄酮类：山奈酚-7-*O*-*α*-L-吡喃鼠李糖基-3-*O*-*α*-L-[(2''→1''')-*O*-*β*-D-吡喃葡萄糖基-(3''→1'''')-*O*-*β*-D-(6''''→9''''')-对香豆酰吡喃葡萄糖基-(4''→1'''')-*β*-D-吡喃葡萄糖基]-吡喃鼠李糖苷{kaempferol-7-*O*-*α*-L-rhamnopyranosyl-3-*O*-*α*-L-[(2''→1''')-*O*-*β*-D-glucopyranosyl-(3''→1'''')-*O*-*β*-D-(6''''→9''''')-*p*-coumaroylglucopyranosyl-(4''→1'''')-*β*-D-glucopyranosyl]-rhamnopyranoside}[12]，栾树黄酮(paniculatonoid) A、B[13]；倍半萜类：栾树萜▲(paniculoid)[14]；脂肪族类：棕榈酸，硬脂酸，亚油酸，油酸，月桂酸，十七酸，肉豆蔻酸[15]，亚麻酸，二十烯酸[16]，3-*O*-十四碳酰基-1-氰基-2-甲基-1,2-丙烯(3-*O*-tetradecanoyl-1-cyano-2-methyl-1,2-propene)，3-*O*-14,15-二十烯酰基-1-氰基-2-甲基-1,2-丙烯(3-*O*-14,15-eicosylenoyl-1-cyano-2-methyl-1,2-propene)，3-*O*-14,15-二十烯酰基-4-*O*-硬脂酰基-1-氰基-2-氧甲

基-1,2-丙烯(3-*O*-14,15-eicosylenoyl-4-*O*-stearoyl-1-cyano-2-oxymethyl-1,2-propene)，3-*O*-(6'-亚油酰-*β*-D-吡喃葡萄糖苷)-*β*-谷甾醇[3-*O*-(6'-linoleicoyl-*β*-D-glucopyranoside)-*β*-sitosterol]，1-*O*-*β*-D-吡喃葡萄糖基-2-*O*-油酰基-3-*O*-十六酸甘油酯[1-*O*-*β*-D-glucopyrano-2-*O*-oleo-3-*O*-hexadecanolenin]，1-*O*-十六酸甘油酯(1-*O*-hexadecanolenin)，14,15-二十碳二烯酸(14,15-eicosenoic acid)，甘油三油酸酯(triolein)[17]；甾体类：胆甾醇，*β*-谷甾醇，胆甾醇[15]。

药理作用　抗血小板聚集作用：没食子酸乙酯是氧自由基清除剂，对血小板聚集有拮抗作用，可增强纤维蛋白的溶解，促进血栓溶解[1-2]。

抗细菌作用：从栾树叶中分离得到的没食子酸和没食子酸乙酯有抑菌作用，后者对大肠埃希氏菌和枯草芽孢杆菌的抑菌作用高于没食子酸的其他酯类[1-2]。

抗肿瘤作用：从栾树枝叶中分离得到的山柰酚-3-*O*-鼠李糖苷、山柰酚-3-*O*-阿拉伯糖苷以及槲皮素对蛋白酪氨酸激酶(PTK)有抑制作用。从栾树醇提取物的弱极性部位分离出来的环木脂素类化合物对人肺癌A549、人乳腺癌MCF7和大肠腺癌HT29等8种细胞株有细胞毒作用和微管聚合蛋白酶抑制作用，其中栾树木脂素-1表现出对人体卵巢癌和黑色素瘤细胞具有选择性的毒性[3]。

抗氧化作用：栾树叶不同溶剂提取物均对油脂的氧化有一定的抑制作用，其中以70% 乙醇提取物的效果最好；栾树叶中2"-*O*-没食子酰槲皮苷对黄嘌呤氧化酶(XO)自由基具有清除作用[4]。

其他作用：从栾树种子中分离得到的栾树皂苷混合物、栾树皂苷A和B具有杀钉螺活性[5]。

化学成分参考文献

[1] 雷海民，等．天然产物研究与开发，2007, 19(5): 796-797.

[2] 雷海民，等．中国药学杂志，2004, 39(4): 253-254.

[3] Mahmoud II, et al. *Al-Azhar J Pharm Sci*, 2001, 27: 41-55.

[4] 申雅维，等．中草药，1998, 29(3): 165-166.

[5] Lin WH, et al. *J Asian Nat Prod Res*, 2002, 4(4): 287-295.

[6] 杨小凤，等．药学学报，1999, 34(6): 457-462.

[7] Mahmoud I, et al. *Pharmazie*, 2001, 56(7): 580-582.

[8] 屈清慧，等．中药材，2011, 34(11): 1716-1719.

[9] 任璐，等．西北药学杂志，2012, 27(1): 13-15.

[10] 雷海民，等．药学学报，2007, 42(2): 171-173.

[11] Chirva VY, et al. *Khim Prir Soedin*, 1970, 6(3): 328-331.

[12] Sutiashvili MG, et al. *Chem Nat Compd*, 2013, 49(2): 395-397.

[13] 杨小凤，等．药学学报，2000, 35(3): 208-211.

[14] Lin WH, et al. *Chin Chem Lett*, 2002, 13(11): 1067-1068.

[15] Khatiashvili NS, et al. *Chem Nat Compd*, 2007, 43(4): 384-386.

[16] 张学杰，等．分析测试学报，2000, 19(4): 46-47.

[17] 杨小凤，等．药学学报，2000, 35(4): 279-283.

药理作用及毒性参考文献

[1] 马广恩，等．中草药，1998, 29(2): 84-85.

[2] 申雅维，等．中草药，1998, 29(3): 165-166.

[3] Song YN, et al. *J Nat Prod*, 1994, 57(12): 1670.

[4] 马希汉，等．西北林学院学报，2000, 15(1): 53-56.

[5] 马柏林，等．陕西林业科技，2003, (3): 68-72.

2. 复羽叶栾树（植物分类学报）

Koelreuteria bipinnata Franch. in Bull. Soc. Bot. France 33: 463, pl. 29, 30. 1886.——*K. bipinnata* Franch. var. *puberula* Chun（英 **Bougainvillea Goldraintree, Bipinnate Gold-rain Tree, Chinese Flame Tree**）

2a. 复羽叶栾树（模式变种）

Koelreuteria bipinnata Franch. var. **bipinnata**

乔木，高可达20余米；小枝灰色，有短柔毛并有皮孔密生。叶为二回羽状复叶，长45–70 cm；叶轴和叶柄向轴面常有一纵行被曲的短柔毛；小叶9–17片，斜卵形，长3.5–7 cm，宽2–3.5 cm，边缘有内弯的小锯齿，上面有光泽，下面淡绿色，主脉上有灰色绒毛；小叶柄长约3 mm或近无柄。圆锥花序大型，长35–70 cm；花黄色；花萼5裂达中部；花瓣4，被长柔毛；雄蕊8枚，花丝被白色、

复羽叶栾树 Koelreuteria bipinnata Franch. var. **bipinnata**
摄影：朱鑫鑫

开展的长柔毛；子房三棱状长圆形，被柔毛。蒴果近球形，具 3 棱，淡紫红色，老熟时褐色，长 4–7 cm，宽 3.5–5 cm。种子近球形，黑色。花期 7–9 月，果期 8–10 月。

分布与生境　产于云南、贵州、四川、湖北、湖南、广西、广东等地。生于海拔 400–2500 m 的山地疏林中。

药用部位　根、花。

功效应用　疏风清热，止咳，杀虫。用于风热咳嗽，蛔虫病。

化学成分　种子含脂肪酸类：棕榈酸，油酸，亚油酸，硬脂酸，鳕烯酸(gadoleic acid)，花生酸(arachidic acid)[1]等。

化学成分参考文献

[1] 程菊英，等 . 植物学报，1981, 23(5): 416-418.

2b. 全缘叶栾树（变种）（植物分类学报）

Koelreuteria bipinnata Franch. var. **integrifoliola** (Merr.) T. C. Chen in Acta Phytotax. Sinica 17:38. 1979——*K. integrifoliola* Merr.（英 **Entireleaf Goldraintree**）

本种与复羽叶栾树的区别是小叶通常全缘，有时一侧近顶部边缘有锯齿。

全缘叶栾树 Koelreuteria bipinnata Franch. var. **integrifoliola** (Merr.) T. C. Chen
摄影：刘冰 朱鑫鑫 梁同军

分布与生境 产于广东、广西、江西、湖南、湖北、江苏、浙江、安徽、贵州等地。生于海拔 100–300 m 的丘陵地、村旁或海拔 600-900 m 的山地疏林中。

药用部位 根、花。

功效应用 疏风，清热，止咳，驱蛔虫。用于风热咳嗽，风湿痹痛等症。

10. 文冠果属 **Xanthoceras** Bunge

单种属，属特征与种相同。可药用。

本属植物所含的三萜类化合物具有抗人类免疫缺陷病毒 1 型蛋白酶 (HIV-1PR) 活性，文冠果皂苷能够促进正常小鼠学习记忆功能，文冠木正丁醇提取物具有抗炎作用。文冠果心材、茎枝和果实等均可入药，其茎干或枝条的干燥木称为文冠木。能祛风湿，消肿止痛，敛干黄水，主要用于治疗风湿性关节炎、风湿内热、皮肤风热等症，文冠果种仁民间多用于治疗小儿遗尿症，疗效显著。

1. 文冠果（救荒本草）

Xanthoceras sorbifolium Bunge, Enum. Pl. China Bor. Coll. 11. 1831.（英 **Chinese Xanthoceras, Shiny-leaved Yellow-horn**）

落叶灌木或小乔木，高 2–5 m；小枝粗壮，褐红色，无毛。叶连柄长 15–30 cm；小叶 4–8 对，膜质或纸质，披针形或近卵形，两侧稍不对称，长 2.5–6 cm，宽 1.2–2 cm，边缘有锐利锯齿，顶生小叶通常 3 深裂，腹面无毛或中脉上有疏毛，背面嫩时被绒毛和成束的星状毛。花序先叶抽出或与叶同时抽出，两性花的花序顶生，雄花序腋生，长 12–20 cm，总花梗短，基部常有残存芽鳞；花梗长 1.2–2 cm；苞片长 0.5–1 cm；萼片长 6–7 mm，两面被灰色绒毛；花瓣白色，基部紫红色或黄色，长约 2 cm，宽 7–10 mm，爪之两侧有须毛；花盘的角状附属体橘黄色，长 4–5 mm；雄蕊长约 1.5 cm，花丝无毛；子房被灰色绒毛。蒴果长达 6 cm。种子长达 1.8 cm，黑色而有光泽。花期春季，果期秋初。

分布与生境 产于我国北部和东北部地区，西至宁夏、甘肃，北达辽宁、内蒙古，南至河南。野生于丘陵、山坡等处，各地也常栽培。

药用部位 木材及枝叶。

功效应用 消肿止痛，燥血，干黄水。用于风湿性关节炎，风湿内热，麻风病。

文冠果 Xanthoceras sorbifolium Bunge
引自《中国高等植物图鉴》

化学成分 茎的心材含黄酮类：(2R,3R)-二氢杨梅素 [(2R,3R)-dihydromyricetin]，杨梅素(myricetin)，槲皮素(quercetin)，(2R,3S)-儿茶素[(2R,3S)-catechin]，没食子儿茶素(gallocatechin)，(2R,3R)-3,3',5,5',7-五羟基黄烷酮[(2R,3R)-3,3',5,5',7-pentahydroxyflavanone]，(2S)-3',4',5,5',7-五羟基黄烷酮[(2S)-3',4',5,5',7-pentahydroxyflavanone]，(-)-表没食子儿茶素[(-)-epigallocatechin]，原花青素A_2(proanthocyanidin A_2)[1]。

叶含黄酮类：杨梅苷(myricetrin)，芦丁(rutin)，槲皮素-3-O-α-L-吡喃鼠李糖苷(quercetin-3-O-α-L-rhamnopyranoside)[2-3]；香豆素类：7-羟基香豆素(7-hydroxycoumarin)，白蜡树醇▲(fraxetol)[2-3]；三萜类：3-O-β-D-吡喃葡萄糖基-(1→6)-(2'-当归酰基)-β-D-吡喃葡萄糖基-28-O-β-D-吡喃葡萄糖基-(1→6)[α-L-吡

文冠果 *Xanthoceras sorbifolium* Bunge
摄影：张英涛

喃鼠李糖基-(1→2)-β-D-吡喃葡萄糖基]-16-去氧玉蕊皂醇▲C {3-*O*-β-D-glucopyranosyl-(1→6)-(2'-angeloyl)-β-D-glucopyranosyl-28-*O*-β-D-glucopyranosyl-(1→6)[α-L-rhamnopyranosyl-(1→2)-β-D-glucopyranosyl]-16-deoxybarringtogenol C}，3-*O*-β-D-吡喃葡萄糖基-(1→6)[α-L-呋喃阿拉伯糖基-(1→2)]-β-D-吡喃葡萄糖基-21,22-二-*O*-当归酰基-R$_1$-玉蕊精醇▲{3-*O*-β-D-glucopyranosyl-(1→6)[α-L-arabinofuranosy-(1→2)]-β-D-glucopyranosyl-21,22-di-*O*-angeloyl-R$_1$-barringenol}，3-*O*-(2-*O*-β-D-吡喃葡萄糖基)-(6-*O*-甲基)-β-D-吡喃葡萄糖醛酸基-21,22-二-*O*-当归酰基-R$_1$-玉蕊精醇▲[3-*O*-(2-*O*-β-D-glucopyranosyl)-(6-*O*-methyl)-β-D-glucuronopyranosyl-21,22-di-*O*-angeloy-R$_1$-barrigenol]，3-*O*-(2-*O*-β-D-吡喃葡萄糖基)-(6-*O*-甲基)-β-D-吡喃葡萄糖醛酸基-21-*O*-(3',4'-二-*O*-当归酰基)-β-D-吡喃岩藻糖基-22-*O*-乙酰基-R$_1$-玉蕊精醇▲[3-*O*-(2-*O*-β-D-glucopyranosyl)-(6-*O*-methyl)-β-D-glucuronopyranosyl-21-*O*-(3',4'-di-*O*-angeloyl)-β-D-fucopyranosyl-22-*O*-acetyl-R$_1$-barrigenol]，3-*O*-β-D-吡喃葡萄糖基-(1→6)-β-D-吡喃葡萄糖基-28-*O*-[α-L-吡喃鼠李糖基-(1→2)-β-D-吡喃葡萄糖基-16-去氧玉蕊皂醇▲C [3-*O*-β-D-glucopyranosyl-(1→6)-β-D-glucopyranosyl-28-*O*-[α-L-rhamnopyranosyl-(1→2)-β-D-glucopyranosyl-16-deoxybarringtogenol C]，3-*O*-[β-D-吡喃葡萄糖基-(1→6)-(3'-*O*-当归酰基)-β-D-吡喃葡萄糖基]-28-*O*-β-D-吡喃葡萄糖基-(1→6)[α-L-吡喃鼠李糖基-(1→2)-β-D-吡喃葡萄糖基]-16-去氧玉蕊皂醇▲C {3-*O*-[β-D-glucopyranosyl-(1→6)-(3'-*O*-angeloyl)-β-D-glucopyranosyl]-28-*O*-β-D-glucopyranosyl-(1→6)[α-L-rhamnopyranosyl-(1→2)-β-D-glucopyranosyl]-16-deoxybarringtogenol C}，3-*O*-β-D-吡喃葡萄糖基-(1→6)-β-D-吡喃葡萄糖基-28-*O*-β-D-吡喃葡萄糖基-(1→6)[α-L-吡喃鼠李糖基-(1→2)]-β-D-吡喃葡萄糖基-16-去氧玉蕊皂醇▲C{3-*O*-β-D-glucopyranosyl-(1→6)-β-D-glucopyranosyl-28-*O*-β-D-glucopyranosyl-(1→6)[α-L-rhamnopyranosyl-(1→2)]-β-D-glucopyranosyl-16-deoxybarringtogenol C}[4]。

花含单萜类：文冠果酮A (xanthocerone A)[5]；黄酮类：山柰酚-3-*O*-α-L-吡喃鼠李糖苷(kaempferol-3-*O*-α-L-rhamnopyranoside)，异槲皮苷(isoquercitrin)，3-*O*-甲基槲皮素(3-*O*-methylquercetin)，山柰酚-3-*O*-β-D-吡喃葡萄糖苷(kaempferol-3-*O*-β-D-glucopyranoside)，杨梅素-3-*O*-芸香糖苷(myricetin-3-*O*-rutinoside)[5]，金圣草酚(chrysoeriol)，柚皮苷元(naringenin)，杨梅素-3-*O*-β-D-吡喃葡萄糖苷(myricetin-3-*O*-β-D-glucopyranoside)，芦丁(rutin)，鼠李柠檬素(rhamnocitrin)，槲皮素(quercetin)，槲皮苷(quercitrin)，山柰酚(kaempferol)，山柰酚-3-*O*-α-D-(2-*O*-β-L-吡喃鼠李糖基)-吡喃葡萄糖苷[kaempferol-3-O-α-D-(2-*O*-β-L-rhamnopyranosyl)-glucopyranoside][6]；香豆素类：异东莨菪内酯(isoscopoletin)[5]，东莨菪内酯(scopoletin)[6]；苯乙醇类：酪醇(tyrosol)[5]；酚类：4-羟基苯甲酸甲酯(methyl 4-hydroxybenzoate)[6]；三萜类：白桦脂醇(betulin)[6]；多元醇类：1-*O*-甲基-肌肉肌醇(1-*O*-methyl-*myo*-inositol)[6]。

果瓣柄含三萜类：3-*O*-β-D-吡喃葡萄糖基-16-去氧玉蕊皂醇▲C (3-*O*-β-D-glucopyranosyl-16-deoxybarringtogenol C)，28-*O*-β-D-吡喃葡萄糖基-21-*O*-当归酰基-R₁-玉蕊精醇▲(28-*O*-β-D-glucopyranosyl-21-*O*-angeloyl-R1-barrigenol)[7]。

果柄、果皮、叶或花含三萜类：3β-[(6-*O*-β-D-吡喃葡萄糖基-β-D-吡喃葡萄糖基)氧基]-21β,22α-二羟基齐墩果-12-烯-28-*O*-α-L-吡喃鼠李糖基-(1→2)-*O*-[β-D-吡喃葡萄糖基-(1→6)]-β-D-吡喃葡萄糖苷[3β-[(6-*O*-β-D-glucopyranosyl-β-D-glucopyranosyl)oxy]-21β,22α-dihydroxyolean-12-en-28-*O*-α-L-rhamnopyranosyl-(1→2)-*O*-[β-D-glucopyranosyl-(1→6)]-β-D-glucopyranoside][8]。

果实含三萜类：文冠果皂苷▲(bunkankasaponin) A、B、C、D[9]。

果壳含三萜类：文冠果苷▲(sorbifoliaside)，文冠果萜▲O₅₄(xanifolia O₅₄)[10]，3-*O*-β-D-吡喃葡萄糖基-(1→6)-[当归酰基-(1→2)]-β-D-吡喃葡萄糖基-28-*O*-α-L-吡喃鼠李糖基-(1→2)-[β-D-吡喃葡萄糖基-(1→6)]-β-D-吡喃葡萄糖基-21β,22α-二羟基齐墩果-12-烯{3-*O*-β-D-glucopyranosyl-(1→6)-[angeloyl-(1→2)]-β-D-glucopyranosyl-28-*O*-α-L-rhamnopyranosyl-(1→2)-[β-D-glucopyranosyl-(1→6)]-β-D-glucopyranosyl-21β,22α-dihydroxyl-olean-12-ene}，3-*O*-β-D-吡喃葡萄糖基-28-*O*-[β-D-吡喃葡萄糖基-(1→2)]-β-D-吡喃葡萄糖基-21β,22α-二羟基齐墩果-12-烯{3-*O*-β-D-glucopyranosyl-28-*O*-[β-D-glucopyranosyl-(1→2)]-β-D-glucopyranosyl-21β,22α-dihydroxyl-olean-12-ene}，3-*O*-β-D-吡喃葡萄糖基-28-*O*-[α-L-吡喃鼠李糖基-(1→2)]-β-D-吡喃葡萄糖基-21β,22α-二羟基齐墩果-12-烯{3-*O*-β-D-glucopyranosyl-28-*O*-[α-L-rhamnopyranosyl-(1→2)]-β-D-glucopyranosyl-21β,22α-dihydroxyl-olean-12-ene}[11]，文冠果壳苷(xanthohuskiside) A、B[12]，3-*O*-β-D-吡喃葡萄糖基-(1→6)-β-D-吡喃葡萄糖基-28-*O*-α-D-吡喃鼠李糖基-(1→2)-[β-D-吡喃葡萄糖基-(1→6)]-β-D-吡喃葡萄糖基-21β,22α-二羟基齐墩果-12,15-二烯{3-*O*-β-D-glucopyranosyl-(1→6)-β-D-glucopyranosyl-28-*O*-α-D-rhamnopyranosyl-(1→2)-[β-D-glucopyranosyl-(1→6)]-β-D-glucopyranosyl-21β,22α-dihydroxyl-olean-12,15-diene}，3-*O*-β-D-吡喃葡萄糖基-(1→2)-β-D-吡喃葡萄糖基-28-*O*-α-D-吡喃鼠李糖基-(1→2)[β-D-吡喃葡萄糖基-(1→6)]-β-D-吡喃葡萄糖基-21β,22α-二羟基齐墩果-12-烯{3-*O*-β-D-glucopyranosyl-(1→2)-β-D-glucopyranosyl-28-*O*-α-D-rhamnopyranosyl-(1→2)[β-D-glucopyranosyl-(1→6)]-β-D-glucopyranosy-21β,22α-dihydroxyl-olean-12-ene}[13]，文冠果萜▲(xanifolia) Y₀[14]、Y₁[15]、Y₂、Y₃、Y₇、Y₈[14]、Y₉[15]、Y₁₀[14]。

种皮含香豆素类：黄花草素▲B (cleomiscosin B)[16]，白蜡树亭(fraxetin)，白蜡树苷(fraxin)[16-17]，异白蜡树定(isofraxidin)[17]；酚酸类：原儿茶酸(protocatechuic acid)，香荚兰酸(vanillic acid)，4-甲氧基苯甲酸(4-methoxybenzoic acid)[17]；黄酮类：表没食子儿茶素-(4β→8,2β→*O*-7)-表儿茶素[epigallocatechin-(4β→8,2β→*O*-7)-epicatechin][18]；甾体类：β-谷甾醇，胡萝卜苷[17]。

种子含香豆素类：8-甲基-异白蜡树亭-6-*O*-β-D-葡萄糖醛酸(8-methyl-isofraxetin-6-*O*-β-D-glucouronic acid)[19]；黄酮类：3'-甲氧基-表没食子儿茶素-(4β→8,2β→*O*-7)-表儿茶素[3'-methoxy-epigallocatechin-(4β→8,2β→*O*-7)-epicatechin][19]；三萜类：3-*O*-β-D-吡喃葡萄糖醛酸苷-22-*O*-乙酰基-21-*O*-(3',4'-*O*-二当归酰基)-β-D-吡喃岩藻糖基茶皂醇B [3-*O*-β-D-glucouronopyranoside-22-*O*-acetyl-21-*O*-(3',4'-*O*-diangeloyl)-β-D-fucopyranosoyltheasapogenol B][19]。

种子油残渣含三萜类：文冠果苷▲(sorbifoliaside) A、B、C、D、E、F[20]、G、H、I、J、K[21]，文冠果皂苷▲(bunkankasaponin) A、B、C、D、F，文冠果萜▲O₅₄ (xanifolia O₅₄)[20]。

药理作用　益智作用：文冠果壳乙醇提取物能减少侧脑室注射β-淀粉样蛋白致记忆障碍小鼠水迷宫实验的逃避潜伏期和避暗实验的错误次数，延长避暗潜伏期，提高 D-半乳糖合用β-淀粉样蛋白致记忆障碍大鼠 Y 迷宫测试中正确反应率，缩短 Morris 水迷宫测试中的潜伏期及游泳路程，抑制海马神经元的变性及脱落[11]；改善大鼠的学习记忆能力、提高 SOD 活性、降低 MDA 水平，抑制 AChE 活性，抑制海马神经元的变性及脱落，对双侧颈总动脉结扎大鼠的学习障碍有改善作用[2]。文冠果果壳乙醇提取物、总皂苷均能改善东莨菪碱所致的记忆获得障碍和亚硝酸钠所致的记忆巩固障碍，文冠果果壳乙醇提取物改善 (+)-MK-801 所致的工作记忆和参照记忆障碍，总皂苷是文冠果果壳改善记忆障碍的有效部位[3]。文冠果皂苷能促进正常小鼠学习记忆功能，拮抗氢溴酸东莨菪碱、亚硝酸钠、40% 乙醇和戊巴比妥钠所致的记忆和空间分辨障碍，可使海马内 AChE 活性降低，提示脑内 Ach 含量增加，文冠果皂苷虽未能改变颌下腺内神经生长因子 (NGF) 活性，但却使颌下腺和 GCT 细胞增生和肥大，促进了它们的分泌，从而改善小鼠的学习记忆功能 [4]。

抗炎作用：文冠果茎正丁醇提取物能抑制炎症早期的渗出和水肿，拮抗炎症中期白细胞趋化和游走，抑制炎症晚期肉芽肿的形成，对二甲苯致小鼠耳肿胀、蛋清致大鼠足跖肿胀、角叉菜胶致小鼠足肿胀、醋酸致小鼠腹腔毛细血管通透性增加、小鼠羧甲基纤维素囊中白细胞游走、小鼠棉球肉芽肿生长均有抑制作用；同时对角叉菜胶致去双侧肾上腺小鼠足肿胀亦有抑制作用，但对小鼠肾上腺重量及肾上腺中维生素 C 的含量无明显影响，提示其抗炎作用与下丘脑 - 垂体 - 肾上腺轴无关 [5]。对弗氏完全佐剂诱导的大鼠原发性和继发性关节炎肿胀均有抑制作用，且能改善大鼠的全身症状；能抑制小鼠单核 - 巨噬细胞的吞噬功能，抑制绵羊红细胞诱导的小鼠抗体生成，抑制二硝基氯苯 (DNCB) 诱导的小鼠迟发型超敏反应 [6]。

抗病毒作用：文冠果茎甲醇提取物及从其中分离得到的三萜类化合物有抗人类免疫缺陷病毒 HIV-1 蛋白酶活性 [7]。从文冠果种皮中分离得到的化合物黄花草素 B (cleomiscosin B) 具有体外抗 HIV-1 活性，对 $HIV-1_{IIIB}$ 感染的 MT_4 细胞有一定的保护作用 [8]。

注评 本种为中国药典（1977 年版）、内蒙古蒙药材标准（1986 年版）收载"文冠木"、部颁标准·藏药（1995 年版）收载"文冠木（赞旦生等）"、藏药标准（1979 年版）收载"文冠木（生等）"的基源植物，药用其茎干或枝条的干燥木部。青海、甘肃地区藏医使用的"生等"为本种，而西藏、云南地区藏医使用的"生等"为鼠李科植物西藏猫乳 Rhamnella gilgitica Mansf. et Melch.，四川德格藏医使用的"松木生等"为三尖杉科植物粗榧 Cephalotaxus sinensis (Rehder et E. H. Wilson) H. L. Li 的木材。蒙古族也药用本种，主要用途见功效应用项。甘肃平凉地区误将本种的果实作"木瓜"药用，应注意鉴别。

化学成分参考文献

[1] 倪慧艳，等 . 中药材 , 2009, 32(5): 702-704.

[2] 马养民，等 . 中成药 , 2010, 32(10): 1750-1753.

[3] Kang YX, et al. *Chem Nat Compd*, 2012, 48(5): 875-876.

[4] Xiao W, et al. *Eur J Med Chem*, 2013, 60: 263-270.

[5] 赵丹丹，等 . 中草药 , 2013, 44(1): 11-15.

[6] 赵丹丹，等 . 沈阳药科大学学报 , 2012, 29(7): 514-518.

[7] Li W, et al. *Chem Nat Compd*, 2014, 50(1): 100-102.

[8] 李巍，等 . 发明专利申请 , 2013, CN 103242412 A 20130814.

[9] Chen YJ, et al. *Chem Pharm Bull*, 1985, 33(4): 1387-1394.

[10] Fu HW, et al. *J Nat Med*, 2010, 64(1): 80-84.

[11] Cui H, et al. *J Asian Nat Prod Res*, 2012, 14(3): 216-223.

[12] Li ZL, et al. *Nat Prod Res*, 2013, 27(3): 232-237.

[13] Li YY, et al. *Nat Prod Res*, 2013, 27(3): 208-214.

[14] Chan PK, et al. *J Nat Prod*, 2008, 71(7): 1247-1250.

[15] Chan PK, et al. *PCT Int. Appl.*, 2006, WO 2006029221 A2 20060316.

[16] 李在留，等 . 北京林业大学学报 , 2007, 29(5): 73-83.

[17] 王颖，等 . 中国药物化学杂志 , 2013, 23(5): 397-399.

[18] Rashmi, et al. *Journal of Medicinal Plants Research*, 2011, 5(6): 1034-1036.

[19] Rashmi, et al. *Journal of Medicinal and Aromatic Plant Sciences*, 2010, 32(4): 377-380.

[20] Yu LL, et al. *Bioorg Med Chem Lett*, 2012, 22(16): 5232-5238.

[21] Yu LL, et al. *Fitoterapia*, 2012, 83(8): 1636-1642.

药理作用及毒性参考文献

[1] 纪雪飞，等 . 沈阳药科大学学报 , 2007, 24(4): 232-237.

[2] 刘新霞，等 . 中草药 , 2008, 38(12): 1859-1863.

[3] 刘新霞，等 . 中药新药与临床药理 , 2007, 18(1): 23-25.

[4] 李占林，等 . 沈阳药科大学学报 , 2004, 21(6): 472-475.

[5] 匡荣，等 . 沈阳药科大学学报 , 2001, 18(1): 53-56.

[6] 匡荣，等 . 中药新药与临床药理 , 2002, 13(4): 229-231.

[7] Ma CM, et al. *J Nat Prod*, 2002, 63(2): 238-242.

[8] 李在留，等 . 北京林业大学学报 , 2007, 29(5): 73-83.

11. 茶条木属 Delavaya Franch.

单种属，属特征与种相同。可药用。

1. 茶条木（云南）

Delavaya toxocarpa Franch. in Bull. Soc. Bot. France 33: 462. 1886.——*D. yunnanensis* Franch.（英 **Yunnan Delavaya**）

灌木或小乔木，高 3-8 m，树皮褐红色；小枝略有沟纹。叶柄长 3-4.5 cm；小叶薄革质，中间一片椭圆形或卵状椭圆形，有时披针状卵形，长 8-15 cm，宽 1.5-4.5 cm，具长约 1 cm 的柄；侧生的较小，卵形或披针状卵形，近无柄；全部小叶边缘均有稍粗的锯齿，很少全缘，两面无毛。花序狭窄，柔弱而疏花；花梗长 5-10 mm；萼片近圆形，凹陷，大的长 4-5 mm，无毛；花瓣白色或粉红色，长椭圆形或倒卵形，长约 8 mm，鳞片阔倒卵形、楔形或正方形，上部边缘流苏状；花丝无毛；子房无毛或被稀疏腺毛。蒴果深紫色，裂片长 1.5-2.5 cm 或稍过之。种子直径 10-15 mm。花期 4 月，果期 8 月。

分布与生境　产于云南大部分地区（金沙江、红河、南盘江河谷地区常见）和广西西部和西南部。生于海拔 500-2000 m 的密林中，有时亦见于灌丛。越南北部也有分布。

药用部位　种子油。

功效应用　有毒。用于疥癣。

化学成分　叶含黄酮类：槲皮素(quercetin)[1]。

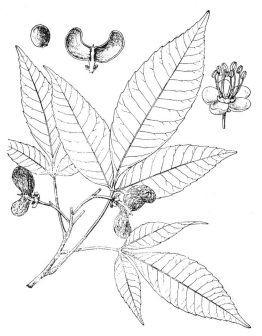

茶条木 Delavaya toxocarpa Franch.
冯钟元　绘

花含挥发油：冷杉酸甲酯(methyl abietate)，缬草烯醛(valerenal)，胡椒酚(chavicol)，α-菖蒲二烯(α-acoradiene)，维氏柏烯▲(widdrene)[2]等。

茶条木 Delavaya toxocarpa Franch.
摄影：朱鑫鑫

花蕾含黄酮类：山柰酚(kaempferol)[3]；苯丙素类：对香豆酸(p-coumaric acid)[3]；挥发油：冷杉酸甲酯(methyl abietate)，缬草烯醛(valerenal)，胡椒酚(chavicol)，α-菖蒲二烯(α-acoradiene)，羽毛柏烯(widdrene)[2]等。

种子含脂肪酸类：棕榈酸，油酸，亚油酸，硬脂酸，鳕烯酸(gadoleic acid)，花生酸(arachidic acid)[4-5]等。

地上部分含黄酮类：(-)-表儿茶素[(-)-epicatechin]，槲皮素-3-O-β-D-吡喃葡萄糖苷(quercetin-3-O-β-D-glucopyranoside)[6]；甾体类：β-谷甾醇[6]；挥发油：棕榈酸，二苯胺(diphenylamine)，棕榈酸甲酯(methyl palmitate)[7]等；其他类：正二十九烷，正三十一烷，正三十醇，正三十二醇，正三十四醇，β-谷甾醇，2-O-甲基肌醇(2-O-methylinositol)[6]。

化学成分参考文献

[1] Can TNGA, et al. *Tap Chi Duoc Hoc*, 2003, (11): 9-10.

[2] Can TNGA, et al. *Tap Chi Duoc Hoc*, 2004, 44(9): 9-10.

[3] Can TNGA, et al. *Tap Chi Duoc Hoc*, 2004, 44(11): 5-6.

[4] Can TNGA, et al. *Tap Chi Duoc Hoc*, 2003, (2): 17-18.

[5] 程菊英，等. 植物学报，1981, 23(5): 416-418.

[6] 秦波，等. 天然产物研究与开发，2001, 13(2): 16-18.

[7] 秦波，等. 分析测试学报，2000, 19(1): 1-4.

七叶树科 HIPPOCASTANACEAE

乔木稀灌木，落叶稀常绿。冬芽大形，顶生或腋生，有树脂或否。叶对生，掌状复叶由 3-9 枚小叶组成，无托叶，叶柄通常长于小叶，无小叶柄或有长达 3 cm 的小叶柄。聚伞圆锥花序，侧生小花序系蝎尾状聚伞花序或二歧式聚伞花序。花杂性，雄花常与两性花同株；不整齐或近于整齐；萼片 4-5，基部联合呈钟形或管状，或完全离生，整齐或否，排列成镊合状或覆瓦状；花瓣 4-5，与萼片互生，大小不等，基部爪状；雄蕊 5-9 枚，着生于花盘内部；花盘全部发育成环状或仅一部分发育；子房上位，卵形或长圆形，3 室，每室有 2 胚珠，花柱 1，柱头小而常扁平。蒴果 1-3 室，平滑或有刺。种子球形，常仅 1 枚稀 2 枚发育，种脐常较宽大，淡白色。

2 属，30 余种，广泛分布于北半球的亚洲、欧洲、美洲。我国有 1 属，10 余种，其中 5 种 1 变种可药用。

本科药用植物种子主要含五环三萜皂苷类化合物，且具有分类学意义。

1. 七叶树属 Aesculus L.

落叶乔木稀灌木。叶对生，掌状复叶由 (3) 5-7 (9) 枚小叶组成，有长叶柄，无托叶；小叶长圆形，倒卵形抑或披针形，边缘有锯齿，具短柄。聚伞圆锥花序顶生，侧生小花序系蝎尾状聚伞花序。花杂性，雄花与两性花同株，不整齐；花萼钟形或管状，上部 4-5 裂，大小不等，排列成镊合状；花瓣 4-5，大小不等；花盘全部发育成环状或仅一部分发育，微裂或不分裂；雄蕊 5-8 枚，通常 7 枚，着生于花盘的内部；子房上位，无柄，3 室，花柱细长，不分枝，柱头扁圆形，胚珠每室 2 枚，重叠。蒴果 1-3 室，平滑稀有刺。种子仅 1-2 枚发育良好，种脐常较宽大。

有 30 余种，广布于亚洲、欧洲、美洲。我国有 10 余种，以西南部亚热带地区为分布中心，北达黄河流域，东达江苏和浙江，南达广东北部，常生于海拔 100-1500 m 的湿润阔叶林中。

分种检索表

1. 小叶有显著的小叶柄；花序窄小近于圆柱形。
  2. 聚伞圆锥花序比较窄小，小花序排列紧密，基部的直径通常 4-5 cm，稀 3 cm 或 6 cm；小花序较短，生于花序基部的仅长 2-3 cm。小叶近于披针形或倒披针形，长 8-16 cm，宽 3-5 cm·· 1. **七叶树 A. chinensis**
  2. 聚伞圆锥花序比较粗大，基部直径 8-10 cm，稀达 12 cm；小花序较长，生于花序基部的长 4-5 cm，稀达 6 或 7 cm。
    3. 掌状复叶较小，直径常为 30 cm 左右，稀更大，每一复叶中的各小叶大小近相等或中间的小叶略大于两侧的小叶。小叶柄较长，常 1.5-2 cm，基部近圆形或心形，下面有短柔毛，老时近无毛；种脐约占种子的 1/3 以下 ·······2. **天师栗 A. wilsonii**
    3. 掌状复叶较大，直径 40-60 cm，每一复叶中的各小叶明显大小不等，中间的小叶常为两侧小叶的 2 倍。小叶近革质，有侧脉 23-25 对；聚伞花序基部直径 9-10 cm，基部小花序长 4-4.5 cm ·················
    ···················3. **长柄七叶树 A. assamica**
1. 小叶无小叶柄或近于无小叶柄；花序粗大，尖塔形；蒴果有刺或疣状凸起。
  4. 小叶下面绿色，边缘有钝形的重锯齿；蒴果近于球形，有刺 ·········4. **欧洲七叶树 A. Hippocastanum**
  4. 小叶下面略有白粉，边缘有圆齿；蒴果阔倒卵圆形，有疣状凸起 ·········5. **日本七叶树 A. turbinata**

自 19 世纪起，人们已开始对七叶树属、生长在欧洲的欧洲七叶树的化学成分进行了研究，迄今为止分离得到三萜皂苷、黄酮和香豆素等。自明确了欧洲七叶树种子中含有丰富的有生物活性的七叶树皂苷 (escin) 后，籍此为线索，从生长在我国的七叶树、天师栗、浙江七叶树和长柄七叶树等种子中分离到大量的七叶树皂苷；生长在日本的日本七叶树、生长在美国得克萨斯洲的红色七叶树 (A. pavia L.)、生长在印度和尼泊尔的印度七叶树 (A. indica L.) 等虽然生长地域不同、生态环境不同，但皆以七叶树皂苷为主要成分。本属植物的特征性化学成分为七叶树皂苷，如：去酰基七叶树皂苷 I (desacylescin I，**1**)、七叶树皂苷 (escin) Ⅲ a (**2**)、I vg (**3**)、I vh (**4**)、V ib (**5**)、I a (**6**)、I b (**7**)、I vc (**8**)、I vd (**9**)、I ve (**10**)、I vf (**11**)、异七叶树皂苷 (isoescin) I a (**12**)、I b (**13**)、Ⅱ a (**14**)、Ⅱ b (**15**)、Ⅲ a (**16**)、Ⅲ b (**17**) 等。在在体实验中，给大鼠灌胃 **6** 和 **7** 有抑制乙醇吸收的作用；对负荷葡萄糖大鼠有降血糖作用；在小鼠急性炎症模型中有抗炎作用。在离体实验中，对 HIV-1 蛋白质水解酶活性具有抑制作用。

	R_1	R_2	R_3	R_4	R_5	R_6
1:	glc	H	H	H	H	CH_2OH
2:	gal	Tig	Ac	H	H	CH_3
3:	glc	H	Tig	H	H	CH_2OH
4:	glc	H	Ang	H	H	CH_2OH
5:	glc	Ac	H	H	Ang	CH_2OH
6:	glc	Tig	Ac	H	H	CH_2OH
7:	glc	Ang	Ac	H	H	CH_2OH
8:	glc	H	Tig	Ac	H	CH_2OH
9:	glc	H	Ang	Ac	H	CH_2OH
10:	glc	H	H	Tig	H	CH_2OH
11:	glc	H	H	Ang	H	CH_2OH
12:	glc	Tig	H	Ac	H	CH_2OH
13:	glc	Ang	H	Ac	H	CH_2OH
14:	xyl	Tig	H	Ac	H	CH_2OH
15:	xyl	Ang	H	Ac	H	CH_2OH
16:	gal	Tig	H	Ac	H	CH_3
17:	gal	Ang	H	Ac	H	CH_3

本属植物的药理活性主要体现在减轻水肿、抗炎，可广泛用于指（趾）水肿、血肿、脑水肿及术后水肿的预防和治疗。此外，七叶树皂苷对脑出血、急性颅脑损伤和外周血管疾病也具有治疗作用，还具有保肝、抗肿瘤和降血糖作用。

1. 七叶树（河北习见树木图说）

Aesculus chinensis Bunge, Mem. Div. Sav. Acad. Sc. St. Petersb. 2:84 (Enum. Pl. Chin. Bor. 10:1833) 1835.（英 **Chinese Buckeye, Chinese Horse-chestnut**）

1a. 七叶树（模式变种）

Aesculus chinensis Bunge var. **chinensis**

落叶乔木，高达 25 m。冬芽大形，有树脂。掌状复叶，由 5-7 小叶组成，叶柄长 10-12 cm，有灰色微柔毛；小叶纸质，长圆披针形至长圆倒披针形，稀长椭圆形，先端短锐尖，基部楔形或阔楔形，边缘有钝尖形的细锯齿，长 8-16 cm，宽 3-5 cm，上面无毛，下面除中肋及侧脉的基部嫩时有疏柔毛外，其余部分无毛；中央小叶的小叶柄长 1-1.8 cm，两侧的小叶柄长 5-10 mm，有灰色微柔毛。花序

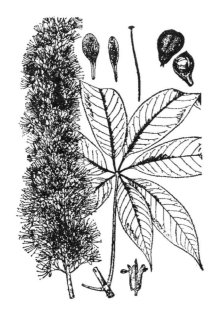

七叶树 *Aesculus chinensis* Bunge var. **chinensis**
引自《中国高等植物图鉴》

七叶树 *Aesculus chinensis* Bunge var. **chinensis**
摄影：张英涛

圆筒形，长 21–25 cm，花序总轴有微柔毛，小花序常由 5–10 朵花组成，有微柔毛。花杂性，雄花与两性花同株，花萼管状钟形，长 3–5 mm，外面有微柔毛，5 不等裂，裂片钝形，边缘有短纤毛；花瓣 4，白色，长 8–12 mm，宽 5–1.5 mm，边缘有纤毛，基部爪状；雄蕊 6 枚，长 1.8–3 cm，花丝线状；子房在雄花中不发育，在两性花中发育良好。果实球形或倒卵圆形，直径 3–4 cm，黄褐色，无刺，具斑点。种子常 1–2 粒发育，近于球形，直径 2–3.5 cm，栗褐色；种脐白色，约占种子体积的 1/2。花期 4–5 月，果期 10 月。

分布与生境　河北南部、山西南部、河南北部、陕西南部均有栽培，秦岭有野生。

药用部位　种子。

功效应用　疏肝理气，和胃止痛。用于肝胃气滞，胸腹胀闷，胃脘疼痛等。

化学成分　种子含三萜皂苷类：去酰七叶树皂苷 I (desacylescin I)[1]，七叶树皂苷(escin)Ⅲa、Ⅳg、Ⅳh、Ⅵb[1]、I a、I b、Ⅳc、Ⅳd、Ⅳe、Ⅳf[2]，异七叶树皂苷(isoescin)I a、I b[2]、Ⅱa、Ⅱb、Ⅲa、Ⅲb[3]，七叶树奥苷▲(aesculioside) A、B、C、D、E、F、G、H[4]；黄酮类：七叶树黄酮苷 (aescuflavoside)，七叶树黄酮苷A (aescuflavoside A)，槲皮素-3-*O*-*β*-D-吡喃木糖基-(1→2)-*β*-*O*-D-吡喃葡萄糖苷[quercetin-3-*O*-*β*-D-xylopyranosyl-(1→2)-*O*-*β*-D-glucopyranoside]，槲皮素-3-*O*-*β*-D-吡喃葡萄糖苷(quercetin-3-*O*-*β*-D-glucopyranoside)，山奈酚-3-*O*-*β*-D-吡喃木糖基-(1→2)-*O*-*β*-D-吡喃葡萄糖苷[kaempferol-3-*O*-*β*-D-xylopyranosyl-(1→2)-*O*-*β*-D-glucopyranoside]，山奈酚-3-*O*-*β*-D-吡喃木糖基-(1→2)-*O*-*β*-D-吡喃葡萄糖基-(1→6)-*O*-*β*-D-吡喃葡萄糖苷[kaempferol-3-*O*-*β*-D-xylopyranosyl-(1→2)-*O*-*β*-D-glucopyranosyl-(1→6)-*O*-*β*-D-glucopyranoside]，山奈酚-3-*O*-*β*-D-吡喃葡萄糖苷(kaempferol-3-*O*-*β*-D-glucopyranoside)，山奈酚-3-*O*-*β*-D-吡喃葡萄糖基-(1→4)-*O*-*α*-L-吡喃鼠李糖苷[kaempferol-3-*O*-*β*-D-glucopyranosyl-(1→4)-*O*-*α*-L-rhamnopyranoside]，山奈酚-3-*O*-*β*-D-吡喃半乳糖苷(kaempferol-3-*O*-*β*-D-galactopyranoside)，槲皮素-3-*O*-*β*-D-吡喃木糖基(1→2)-*O*-*β*-D-吡喃葡萄糖苷-3'-*O*-*β*-D-吡喃葡萄糖苷[quercetin-3-*O*-*β*-D-xylopyranosyl-(1→2)-*O*-*β*-D-glucopyranoside-3'-*O*-*β*-D-glucopyranoside][5]。

药理作用　抗炎、抗渗出作用：七叶树皂苷可消退由卵白蛋白、甲醛和葡聚糖引起的大鼠足跖肿胀[1]；对大鼠蛋清性关节炎也有抑制作用[2]；对大鼠巴豆油性肉芽肿有抗急性渗出作用，又可抑制组胺所引起的小鼠毛细血管通透性增加，醋酸所致小鼠腹腔毛细血管通透性增加[2]；对大鼠脑出血后脑水肿有治疗作用[3-5]。其抗炎、抗渗出和抗水肿作用与其促进肾上腺皮质激素释放有关[6]。

收缩外周血管作用：狗静脉注射七叶树皂苷或其提取物均可引起静脉收缩，该现象在正常或病理改变的静脉上都存在，另可收缩离体的人隐静脉条[7]。

保护缺血损伤作用：七叶树皂苷可减轻大鼠脑缺血损伤、大鼠肝缺血再灌注损伤、家兔肢体缺血再灌注损伤等，该作用可能与减轻神经元损伤，抑制神经元凋亡，抑制局部炎性渗出，上调 Bcl-2 表达、下调 caspase-3 表达有关[8-12]。

保肝作用：七叶树皂苷能降低 CCl_4 肝损伤模型小鼠的 ALT 升高[13]。

抗肿瘤作用：七叶树皂苷对小鼠肝癌 H22 和肉瘤 S180 的生长均有抑制作用；对 KB 细胞的增殖有抑制作用，使 G_1 期细胞数量增多，由于 G_1 期细胞的阻滞，使 G_1 期不能运行到 S 期，从而影响了细胞分裂增殖[14]。

其他作用：七叶树皂苷有增加淋巴流量、血管营养及毛细血管保护的作用[15]。

娑罗子 Aesculi Semen
摄影：陈代贤

注评　本种为历版中国药典收载"娑罗子"的原植物之一，药用其干燥成熟种子；又名"娑罗果"（本草纲目）。同属植物天师栗 Aesculus wilsonii Rehder 和浙江七叶树 Aesculus chinensis Bunge var. chekiangensis (H. H. Hu et W. P. Fang) W. P. Fang 亦为其基源植物，与本种同等药用。蒙古族、苗族也药用，主要用途见功效应用项。彝族药用其树皮治疗急慢性胃炎，胃寒疼痛。

化学成分参考文献

[1] Zhao J, et al. *Chem Pharm Bull,* 2001, 49(5): 626-628.

[2] Yang XW, et al. *J Nat Prod*, 1999, 62(11): 1510-1513.

[3] Zhao J, et al. *J Asian Nat Prod Res*, 2003, 5 (3): 197-203.

[4] Zhang ZZ, et al. *Chem Pharm Bull,* 1999, 47(11): 1515-1520.

[5] Wei F, et al. *J Nat Prod*, 2004, 67(4): 650- 653.

药理作用及毒性参考文献

[1] 王绪英，等 . 唐山师范学院学报，2001, 23(5): 7-11.

[2] 张丽新，等 . 中国医院药学杂志，1987, 7(8): 337-339.

[3] 陈旭，等 . 中国临床神经科学，2001, (9): 27-29.

[4] 陈旭，等 . 第二军医大学学报，2001, 22(12): 1142-1144.

[5] 陈旭，等 . 中华老年心脑血管病杂志，1999, 1(1): 50-52.

[6] Hiai S, et al. *Chem Pharm Bill*, 1981, (29): 490-494.

[7] 骆晓梅，等 . 国外医学·药学分册，2002, 29(3): 168-171.

[8] 崔丽，等 . 药学服务与研究，2002, 2(1): 34-36.

[9] 崔丽，等 . 第二军医大学学报，2003, 24(3): 330-332.

[10] 张奕，等 . 急诊医学，1998, 7(1): 23-26.

[11] 范学军，等 . 中南大学学报（医学版），2005, 30(3): 261-265.

[12] 刘金彪，等 . 中华实验外科杂志，1997, 14(3): 187-188.

[13] 魏振满，等 . 中国新医药，2003, 2(10): 8-9.

[14] 郭维，等 . 中国药理学通报，2003, 19(3): 351-352.

[15] Guillaume M, et al. *Arzneim-Forsch*, 1994, 44(1): 25-35.

1b. 浙江七叶树（变种）（中国植物志）　浙江天师栗（全国中草药汇编）

Aesculus chinensis Bunge var. **chekiangensis** (H. H. Hu et W. P. Fang) W. P. Fang——*A. chekiangensis* Hu et W. P. Fang（英 **Zhejiang Buckeye**）

本变种与模式变种的区别在于小叶较薄，背面绿色，微有白粉，侧脉 18–22 对，小叶柄常无毛，较长，中间小叶的小叶柄长 1.5–2 cm，旁边的长 0.5–1 cm，圆锥花序较长而狭窄，常长 30–36 cm，基部直径 2.4–3 cm，花萼无白色短柔毛，蒴果的果壳较薄，干后仅厚 1–2 mm，种脐较小，仅占种子面积的 1/3 以下。花期 6 月，果期 10 月。

分布与生境　产于浙江北部和江苏南部（常为栽培）。生于低海拔的丛林中。

药用部位　种子。

功效应用　疏肝理气，和胃止痛。用于肝胃气滞，胸腹胀闷，胃脘疼痛等。

化学成分　种子含三萜皂苷类：七叶树皂苷(escin) Ⅰa、Ⅰb、Ⅳc、Ⅳd[1]、Ⅳe、Ⅳh[2]，异七叶树皂苷 (isoescin) Ⅰa、Ⅰb，七叶树洛苷▲A (aesculuside A)[2]。

注评　本种为中国药典（1985、1990、1995、2000、2005、2010 年版）收载"娑罗子"的基源植物之一，药用其干燥成熟种子。同属植物七叶树 Aesculus chinensis Bunge 和天师栗 Aesculus wilsonii Rehder 的种子，与本种同等药用。

化学成分参考文献

[1] Guo J, et al. *J Chin Pharm Sci*, 2004, 13 (2): 87-91.　　　[2] 杨秀伟，等．中国新药杂志，2007, 16 (17): 1373-1376.

2. 天师栗（中国植物志）　猴板栗（中国中药资源志要），梭罗树（中国树木分类学）

Aesculus wilsonii Rehder in Sargent, Pl. Wils. 1: 498. 1913.——*Actinotinus sinensis* Oliv.（英 **Wilson Horsechestnut, Wilson Buckeye**）

落叶乔木，高 15–20 m，稀达 25 m。小枝紫褐色，嫩时密被长柔毛，老时脱落。掌状复叶对生，有长 10–15 cm 的叶柄，嫩时微有短柔毛，老时无毛；小叶 5–7 枚，稀 9 枚，长圆倒卵形、长圆形或长圆倒披针形，边缘有很密的小锯齿，长 10–25 cm，宽 4–8 cm，上面除主脉基部微有长柔毛外其余部分无毛，下面有灰色绒毛或长柔毛，小叶柄微有短柔毛。花序顶生，圆筒形，长 20–30 cm，总花梗长 8–10 cm；花梗长 5–8 mm；花杂性，雄花与两性花同株，雄花多生于花序上段，两性花生于其下段，不整齐；花萼管状，外面微有短柔毛，上段浅五裂，裂片大小不等；花瓣 4，长 1.2–1.4 cm，外面有绒毛，内面无毛，白色；雄蕊 7 枚，伸出花外，长短不等，最长者长 3 cm；两性花的子房上位，有黄色绒毛，3 室，每室有 2 胚珠，花柱除顶端外其余部分有长柔毛，在雄花中不发育或微发育。蒴果黄褐色，卵圆形或近于梨形，长 3–4 cm，顶端有短尖头，无刺，有斑点，成熟时常 3 裂。种子常仅 1 枚稀 2 枚发育良好，近于球形，直径 3–3.5 cm，栗褐色，种脐淡白色，近于圆形，比较狭小，约占种子的 1/3 以下。花期 4–5 月，果期 9–10 月。

天师栗 Aesculus wilsonii Rehder
引自《中国高等植物图鉴》

分布与生境　产于河南西南部、湖北西部、湖南、江西西部、广东北部、四川、贵州和云南东北部。生于海拔 1000–1800 m 的阔叶林中。

药用部位　种子。

功效应用　疏肝理气，和胃止痛。用于肝胃气滞，胸腹胀闷，胃脘疼痛等。

化学成分　种子含三萜皂苷类：七叶树皂苷(escin) Ⅰa、Ⅰb、Ⅲa，异七叶树皂苷(isoescin) Ⅰa、Ⅰb、Ⅱa、Ⅱa、Ⅲa[1]；其他类：天师栗酸(wilsonic acid)，富马酸，乙酰谷氨酸，β-谷甾醇，胡萝卜苷[2]，正丁基-β-D-吡喃果糖苷，葡萄糖，二十烷[3]。

药理作用　抗炎作用：从天师栗的干燥果实中提取的七叶树皂苷类成分具有抗蛋白肿胀、抗急性渗出、减少毛细血管通透性的作用，可消退由卵白蛋白、甲醛和葡聚糖引起的大鼠足肿胀[1]；对大鼠蛋清性关节炎也有抑制作用[2]；对大鼠巴豆油性肉芽肿有抗急性渗出作用，又可抑制组胺所引起的小鼠毛细

天师栗 *Aesculus wilsonii* Rehder
摄影：朱鑫鑫

血管通透性增加，醋酸所致小鼠腹腔毛细血管通透性增加[2]；其抗炎作用与其促进肾上腺皮质激素释放有关[3]。

注评　本种为历版中国药典收载"娑罗子"的原植物之一，药用其干燥成熟种子。同属植物七叶树 *Aesculus chinensis* Bunge、浙江七叶树 *Aesculus chinensis* Bunge var. chekiangensis (H. H. Hu et W. P. Fang) W. P. Fang 的种子，与本种同等药用。

娑罗子 *Aesculi Semen*
摄影：陈代贤

化学成分参考文献

[1] 杨秀伟，等. 中草药，2002，33(5)：389-391.

[2] 陈雪松，等. 药学学报，2000，35(3)：198-200.

[3] 秦文娟，等. 中国药学杂志，1992，27(10)：626-629.

药理作用及毒性参考文献

[1] 王绪英，等. 唐山师范学院学报，2001，23(5)：7-11.

[2] 张丽新，等. 中国医院药学杂志，1987，7(8)：337-339.

[3] Hiai S, et al. *Chem Pharm Bull*, 1981, (29): 490-494.

3. 长柄七叶树（中国植物志）　滇缅七叶树（四川大学学报自然科学版）

Aesculus assamica Griff. in Notul. Pl. Asiat. 4: 540. 1854, "assamicus". （英 **Assam Buckeye, Assam Horse-chestnut**）

　　落叶乔木，常高达 10 余米，树皮灰褐色。小枝圆柱形，淡褐色，无毛，有稀疏的淡黄色近于圆形的皮孔。掌状复叶，有长 18–30 cm 的叶柄；小叶 6–9 枚，近于革质，长圆披针形，边缘有紧贴的钝尖形细锯齿，各小叶的大小不等，中间的小叶长 20–25 (–42) cm，宽 6–12 cm，两侧的小叶较小，长 12–20 cm，常为中间小叶长度的 1/2，无毛；小叶柄紫色或淡紫色，长 5–15 mm。花序顶生，细长圆

长柄七叶树 **Aesculus assamica** Griff.
摄影：林建勇

筒形，基部直径 10 cm，长 40–45 cm，总花梗有淡黄色微柔毛，基部的小花序长 4–4.5 cm，有 5–6 朵花，平斜向伸展；花梗长 5–7 mm，有淡黄色柔毛。花杂性；花萼管状，长 7–8 mm，外面有淡黄灰色微柔毛，裂片 5，大小不等；花瓣 4，白色有紫褐色斑块，长 1.4 cm，宽 6 mm；雄蕊 5–7 枚，长短不等，长 2–2.5 cm，花丝细瘦，花药长圆形，长 3 mm；子房长倒卵圆形或长卵圆形，紫色，有短柔毛；花柱细长，柱头粗大。蒴果倒卵圆形或近于椭圆形。花期 2–5 月，果期 6–10 月。

分布与生境 产于云南西南部和广西南部。生于海拔 100–1500 m 的阔叶林中。越南北部、泰国、缅甸北部、不丹、孟加拉国和印度东北部也有分布。

药用部位 种子。

功效应用 理气止痛，调经活血。用于胃痛，月经不调。

化学成分 种子含三萜皂苷类：原七叶树皂苷元(protoescigenin)，21β-当归酰原七叶树皂苷元(21β-angeloylprotoescigenin)，21β-当归酰原七叶树皂苷元-3β-O-β-D-吡喃葡萄糖基-(1→2)-O-β-D-吡喃葡萄糖基-(1→4)-O-β-D-吡喃葡萄糖醛酸[21β-angeloylprotoescigenin-3β-O-β-D-glucopyranosyl-(1→2)-O-β-D-glucopyranosyl-(1→4)-O-β-D-glucopyranosiduronic acid][1]，21β-当归酰原七叶树皂苷元-3β-O-α-L-吡喃鼠李糖基-(1→3)-O-β-D-吡喃葡萄糖醛酸[21β-angeloylprotoescigenin-3β-O-α-L-rhamnopyranosyl-(1→3)-O-β-D-glucopyranosiduronic acid][2]，长柄七叶树素▲(assamicin)Ⅲ、Ⅳ[3]、Ⅴ[4]、Ⅵ、Ⅶ、Ⅷ[5]，七叶树洛苷▲A(aesculuside A)[4]，异七叶树皂苷Ⅰb(isoescinⅠb)[5]；香豆素类：异白蜡树索苷▲(isofraxoside)[1]。

　　根含三萜皂苷类：长柄七叶树素▲(assamicin)Ⅰ、Ⅱ[6]。

药理作用 降血糖作用：长柄七叶树根的乙醇提取物对大鼠和 3T3-L1 脂肪细胞具有胰岛素样活性，从该提取物中分离得到的 2 个三萜皂苷长柄七叶树素Ⅰ和Ⅱ能抑制游离脂肪酸的释放，并可像胰岛素一样提高 3T3-L1 脂肪细胞对葡萄糖的摄取[1]。

化学成分参考文献

[1] 刘宏伟，等 . 中国天然药物，2005, 3(6): 350-353.

[2] Liu HW, et al. *Chin Chem Lett*, 2006, 17(2): 1704-1711.

[3] Liu HW, et al. *Chem Pharm Bull*, 2005, 53(10): 1310-1313.

[4] Liu HW, et al. *Chin Chem Lett*, 2006, 17(2), 211-214

[5] Liu HW, et al. *Helv Chim Acta*, 2008, 91: 807-810.

[6] Takashi S, et al. *Bioorg Med Chem Lett,* 2002, 12: 807-810.

药理作用及毒性参考文献

[1] Sakurai T. *Bioorg Med Chemt*, 2002, 12(5): 807-810.

4. 欧洲七叶树（中国树木分类学）

Aesculus hippocastanum L., Sp. Pl. 344. 1953.（英 **Horse Chestnut, European Buckeye, Common Horse-chestnut**）

　　落叶乔木，通常高达 25–30 m，胸高直径 2 m。小枝淡绿色或淡紫绿色，嫩时被棕色长柔毛，其后无毛。掌状复叶对生，有 5–7 小叶；小叶无小叶柄，倒卵形，长 10–25 cm，宽 5–12 cm，先端短急锐尖，基部楔形，边缘有钝尖的重锯齿，上面无毛，下面近基部有铁锈色绒毛；叶柄长 10–20 cm，无毛。圆锥花序顶生，长 20–30 cm，基部直径约 10 cm，无毛或有棕色绒毛。花较大，直径约 2 cm；花萼钟形，长 5–6 mm，5 裂，边缘纤毛状，外侧有绒毛；花瓣 4 或 5，长 11 mm，白色，有红色斑纹，爪初系黄色，后变棕色，外侧有稀疏的短柔毛，边缘有长柔毛，中间的花瓣和其余 4 花瓣等长或不发育；雄蕊 5–8 枚，生于雄花者较长，长 11–20 mm，花丝有长柔毛，花药被短柔毛；雌蕊有长柔毛；子房具有柄的腺体。果实系近于球形的蒴果，直径 6 cm，褐色，有刺长达 1 cm。种子栗褐色，通常 1–3 粒，稀 4–6 粒，种脐淡褐色，占种子面积的 1/3–1/2。花期 5–6 月，果期 9 月。

欧洲七叶树 Aesculus hippocastanum L.
摄影：黄健

分布与生境　原产于阿尔巴尼亚和希腊。我国引种，在上海和青岛等城市都有栽培。

药用部位　花、果实、叶、树皮和种子。

功效应用　花、果实、叶、树皮：用于血液循环障碍，胃病，风湿痛。种子：用于痔疮，子宫出血，骨折等。

化学成分　根含香豆素类：七叶树苷(esculin)[1]。

　　树皮含香豆素类：七叶树苷[1]，七叶树内酯(esculetin)[2]。

　　花含香豆素类：七叶树苷[1]；黄酮类：山奈酚(kaempferol)，槲皮素(quercetin)，山奈酚-3-O-α-L-呋喃阿拉伯糖苷(kaempferol-3-O-α-L-arabinofuranoside)，山奈酚-3-O-β-D-吡喃葡萄糖苷(kaempferol-3-O-β-D-glucopyranoside)，山奈酚-3-O-α-L-吡喃鼠李糖苷(kaempferol-3-O-α-L-rhamnopyranoside)，山奈酚-3-O-α-L-吡喃鼠李糖基-(1 → 6)-O-β-D-吡喃葡萄糖苷[kaempferol-3-O-α-L-rhamnopyranosyl-(1 → 6)-O-β-D-glucopyranoside]，槲皮素-3-O-α-L-呋喃阿拉伯糖苷(quercetin-3-O-α-L-arabinofuranoside)，槲皮素-3-O-β-D-吡喃葡萄糖苷(quercetin-3-O-β-D-glucopyranoside)，槲皮素-3-O-α-L-吡喃鼠李糖基-(1 → 6)-O-β-D-吡喃葡萄糖苷[quercetin-3-O-α-L-rhamnopyranosyl-(1 → 6)-O-β-D-glucopyranoside][3]。

　　种子含三萜及其皂苷类：七叶树皂苷(escin) I a、I b、II a、II b、IIIa[4]、IIIb、IV、V、VI[5]，

异七叶树皂苷(isoescin) I a、 I b、 V[5]，欧洲七叶树苷▲(hippocaesculin)[6]，12,13-二氢-20,20-二氢羽扇豆醇(12,13-dihydro-20,20-dihydrolupeol)[7]，蒲公英赛醇(taraxerol)，α-香树脂醇(α-amyrin)，β-香树脂醇(β-amyrin)，牛油果烯醇▲(parkeol)，牛油果醇(butyrospermol)，5α-绿玉树-8,23-二烯-3β-醇(5α-tirucalla-8,23-dien-3β-ol)，24-亚甲基环木菠萝烯醇(24-methylenecycloartenol)[8]；黄酮类：山奈酚-3-O-β-D-吡喃葡萄糖基-(1 → 4)-O-α-L-吡喃鼠李糖苷[kaempferol-3-O-β-D-glucopyranosyl-(1 → 4)-O-α-L-rhamnopyranoside]，槲皮素-3-O-β-D-吡喃葡萄糖基-(1 → 4)-O-α-L-吡喃鼠李糖苷[quercetin-3-O-β-D-glucopyranosyl-(1 → 4)-O-α-L-rhamnopyranoside]，山奈酚-3-O-β-D-吡喃木糖基-(1 → 4)-O-β-D-吡喃葡萄糖苷[kaempferol-3-O-β-D-xylopyranosyl-(1 → 4)-O-β-D-glucopyranoside]，槲皮素-3-O-β-吡喃木糖基-(1 → 2)-O-β-D-吡喃葡萄糖苷[quercetin-3-O-β-xylopyranosyl-(1 → 2)-O-β-D-glucopyranoside]，山奈酚-3-O-[β-D-吡喃木糖基-(1 → 2)-O-β-D-吡喃葡萄糖基-(1 → 3)]-O-β-D-吡喃葡萄糖苷{kaempferol-3-O-[β-D-xylopyranosyl-(1→2)-O-β-D-glucopyranosyl-(1→3)]-O-β-D-glucopyranoside}，槲皮素-3-O-[β-吡喃木糖基-(1 → 2)-O-β-D-吡喃葡萄糖基-(1 → 3)]-O-β-D-吡喃葡萄糖苷{quercetin-3-O-[β-xylopyranosyl-(1→2)-O-β-D-glucopyranosyl-(1→3)]-O-β-D-glucopyranoside}，槲皮素-3-O-β-吡喃木糖基-(1→2)-O-β-D-吡喃葡萄糖苷-3'-O-β-D-吡喃葡萄糖苷[quercetin-3-O-β-xylopyranosyl-(1→2)-O-β-D-glucopyranoside-3'-O-β-D-glucopyranoside]，槲皮素-3-O-β-D-吡喃木糖基-(1 → 2)-O-β-D-吡喃葡萄糖苷-3'-O-(6-O-烟酰基)-O-β-D-吡喃葡萄糖苷[quercetin-3-O-β-D-xylopyranosyl-(1 → 2)-O-β-D-glucopyranoside-3'-O-(6-O-nicotinoyl)-O-β-D-glucopyranoside]，槲皮素-3-O-β-D-吡喃木糖基-(1 → 2)-O-β-D-吡喃葡萄糖苷-3'-O-(6-O-吲哚啉-2-酮-3-羟基-3-乙酰基)-β-吡喃葡萄糖苷[quercetin-3-O-β-D-xylopyranosyl-(1 → 2)-O-β-D-glucopyranoside-3'-O-(6-O-indolin-2-one-3-hydroxy-3-acetyl)-β-glucopyranoside][9]，山奈酚-3-O-β-D-吡喃葡萄糖苷(kaempferol-3-O-β-D-glucopyranoside)，芦丁(rutin)，山奈酚-7-O-β-D-吡喃葡萄糖苷(kaempferol-7-O-β-D-glucopyranoside)，槲皮素-4'-O-β-D-吡喃葡萄糖苷(quercetin-4'-O-β-D-glucopyranoside)，槲皮素-3,3'-二吡喃葡萄糖苷(quercetin-3,3'-diglucopyranoside)，山奈酚(kaempferol)，山奈酚-3-O-α-L-吡喃阿拉伯糖苷(kaempferol-3-O-α-L-arabinopyranoside)，山奈酚-3-O-α-L-吡喃鼠李糖苷(kaempferol-3-O-α-L-rhamnopyranoside)，紫云英苷(astragalin)，槲皮素，萹蓄苷(avicularin)，多穗蓼苷▲(polystachoside)，槲皮苷(quercitrin)，异槲皮苷(isoquercitrin)[10]；香豆素类：七叶树苷[11]，伞形酮(umbelliferone)，七叶树内酯(esculetin)，菊苣苷(cichoriin)，东莨菪内酯(scopoletin)，东莨菪苷(scopolin)，异东莨菪苷(isoscopolin)[10]；鞣质类：(-)-表儿茶素[(-)-epicatechin]，原花青素(proanthocyanidin) A-2、A-4、A-6、A-7、B-2、B-5、C-1，七叶树鞣质(aesculitannin) A、B、C、D、E、F、G，桂皮鞣质(cinnamtannin) B₁、B₂[11]，表儿茶素-(4β,8;2β,7)-表儿茶素-(4α,8)-对映-表儿茶素[epicatechin-(4β,8;2β,7)-epicatechin-(4α,8)-ent-epicatechin]，表儿茶素-(4β,8;2β,7)-儿茶素-(4β,8)-表儿茶素[epicatechin-(4β,8;2β,7)-catechin-(4β,8)-epicatechin]，表儿茶素-(4β,8)-表儿茶素-(4β,8;2β,8)-表儿茶素[epicatechin(4β,8)-epicatechin-(4β,8;2β,8)-epicatechin]，表儿茶素-(4α,8)-表儿茶素-(4β,8;2β,7)-表儿茶素[epicatechin-(4α,8)-epicatechin-(4β,8;2β,7)-epicatechin]，表儿茶素-(4β,6)-表儿茶素-(4β,6)-表儿茶素[epicatechin-(4β,6)-epicatechin-(4β,6)-epicatechin][12]；甾体类：Δ⁵-甾醇，Δ⁷-甾醇，4-甲基甾醇[13]。

化学成分参考文献

[1] Klein G, et al. *Planta*, 1932, 15: 767-816.

[2] Manzatu I, et al. *Rom.*, 2009, RO 122254 B1 20090330.

[3] Dudek-Makuchi M, et al. *Acta Poloniae Pharmaceutica*, 2011, 68(3): 403-408.

[4] Yoshikawa M, et al. *Chem Pharm Bull*, 1998, 44(8): 1454-1464.

[5] Yoshikawa M, et al. *Chem Pharm Bull*, 1998, 46(11): 1764-1769.

[6] Konoshima T, et al. *J Nat Prod*, 1986, 49(4): 650-656.

[7] Biradar S, et al. *Int Res J Pharm*, 2011, 2(5): 231-233.

[8] Stankovic SK, et al. *Phytochemistry*, 1985, 24(1): 119-121.

[9] Hubner G . et al. *Planta Med*, 1999, 65: 636-642.

[10] Derkach AG, et al. *Rastitel'nye Resursy*, 1999, 35(3): 81-85.

[11] Morimoto S, et al. *Chem Pharm Bull*, 1987, 35(12): 4717-4729.

[12] Santos-Buelga C, et al. *Phytochemistry*, 1995, 38(2): 499-504.　　[14] Allan GG, et al. *Arch Pharm*, 1962, 295(67): 865-868.

[13] Senatore F, et al. *Boll Soc Ital Biol Sper*, 1989, 65(2): 137-141.

5. 日本七叶树（中国树木分类学）

Aesculus turbinata Blume, Rumphia. 3:195.1847.（英 **Japan Horsechestnut, Japan Buckeye**）

　　落叶乔木，通常高达 30 m，胸高直径 2 m。小枝淡绿色，当年生者有短柔毛。掌状复叶对生，有小叶 5-7 枚；小叶无小叶柄，倒卵形、长圆倒卵形至倒卵状椭圆形，长 20-35 cm，宽 5-15 cm，中间的小叶较其余的小叶大 2 倍以上，先端短急锐尖，基部楔形，边缘有圆齿状锯齿，上面无毛，下面略有白粉，有短柔毛或否，脉腋有簇毛；叶柄长 7.5-25 cm，无毛或有短柔毛。圆锥花序顶生，直立，长 15-25 cm，稀达 45 cm，基部直径 8-9 cm，有绒毛或无毛，花梗长 3-4 mm。花较小，直径约 1.5 cm；花萼管状或管状钟形，长 3-5 mm，5 裂，边缘纤毛状，外面有绒毛；花瓣 4，稀 5，近于圆形，长 7-10 mm，白色或淡黄色，有红色斑点，有绒毛，爪短于花萼，开花时由黄色变红色；雄蕊 6-10 枚，长 10-18 mm，伸出花外，花丝有长柔毛，花药有短柔毛；雄蕊有长柔毛。果实倒卵圆形或卵圆形，直径 5 cm，深棕色，有疣状凸起，成熟后 3 裂。种子赤褐色，直径约 3 cm，种脐大形，约占种子的 1/2。花期 5-7 月，果期 9 月。

日本七叶树 Aesculus turbinata Blume
引自《中国高等植物图鉴》

日本七叶树 Aesculus turbinata Blume
摄影：张英涛 朱鑫鑫

分布与生境　　原产于日本，我国已引种，栽培于青岛和上海等城市。

药用部位　　新芽。

功效应用　　用于抗菌。

化学成分　　种子含三萜皂苷类：七叶树皂苷(escin)Ⅰa、Ⅰb[1]、Ⅳc[2]、Ⅱa[3-4]，异七叶树皂苷(isoescin)Ⅰa、Ⅰb[2]、Ⅵa、Ⅶa、Ⅷa[5]。

化学成分参考文献

[1] 赵静，等 . 中草药，1999, 30(5): 327-332.

[2] 杨秀伟，等 . 中草药 , 2000; 31(9): 648-651.

[3] Hu JN, et al. *Chem Pharm Bull*, 2008, 56(1): 12-16.

[4] Kimura H, et al. *J Pharm Biomed Anal*, 2006, 41: 1657-1665.

[5] Yang XW, et al. *J Asian Nat Prod Res*, 2008, 10(3): 243-247.

清风藤科 SABIACEAE

乔木、灌木或攀援木质藤本，落叶或常绿。叶互生，单叶或奇数羽状复叶；无托叶。花两性或杂性异株，辐射对称或两侧对称。通常排成腋生或顶生的聚伞花序或圆锥花序，有时单生；萼片5片，很少3或4片，分离或基部合生，覆瓦状排列，大小相等或不相等；花瓣5片，很少4片，覆瓦状排列，大小相等，或内面2片远比外面的3片小；雄蕊5枚，稀4枚，与花瓣对生，基部附着于花瓣上或分离，全部发育或外面3枚不发育，花药2室，具狭窄的药隔或具宽厚的杯状药隔；花盘小，杯状或环状；子房上位，无柄，通常2室，很少3室，每室有半倒生的胚珠2或1颗。核果由1或2个成熟心皮组成，1室，很少2室，不开裂。

3属，约100余种，分布于亚洲和美洲的热带地区，有些种广布于亚洲东部温带地区。我国有2属45种5亚种9变种，分布于西南部经中南部至台湾，其中2属22种3亚种2变种可药用。

本科药用植物化学成分主要有三萜、生物碱、异戊烯基酚等类型化合物。

分属检索表

1. 雄蕊全部发育；花辐射对称，排列成聚伞花序，有时再呈圆锥花序式，有时单生；单叶；攀援木质藤本 ⋯⋯⋯⋯⋯⋯⋯⋯⋯⋯⋯⋯⋯⋯⋯⋯⋯⋯⋯⋯⋯⋯⋯⋯⋯⋯⋯⋯⋯⋯⋯⋯⋯⋯⋯⋯⋯ 1. 清风藤属 **Sabia**
1. 雄蕊仅有2枚发育；花两侧对称，排列成圆锥花序；单叶或具近对生小叶的奇数羽状复叶；直立乔木或灌木 ⋯⋯⋯⋯⋯⋯⋯⋯⋯⋯⋯⋯⋯⋯⋯⋯⋯⋯⋯⋯⋯⋯⋯⋯⋯⋯⋯⋯⋯⋯⋯⋯⋯⋯⋯ 2. **泡花树属 Meliosma**

1. 清风藤属 Sabia Colebr.

落叶或常绿攀援木质藤本。叶为单叶，全缘，边缘干膜质。花小，两性，很少杂性，单生于叶腋，或组成腋生的聚伞花序，有时再呈圆锥花序式排列；萼片覆瓦状排列，绿色、白色、黄色或紫色；花瓣通常5片，很少4片，比萼片长且与萼片近对生；雄蕊4-5枚，全部发育，花丝稍粗扁呈狭条状或细长而呈线状，或上端膨大成棒状，附着于花瓣基部，花药卵圆形或长圆形，有时由于花丝顶端弯曲而向内俯垂；子房2室，基部为花盘所围绕，花柱2枚，合生，柱头小。胚珠每室2颗，半倒生。果由2个心皮发育成2个分果爿，通常仅有1个发育，近基部有宿存花柱，中果皮肉质，平滑，白色、红色或蓝色，核（内果皮）脆壳质，有中肋或无中肋，两侧面有蜂窝状凹穴、条状凹穴或平坦，腹部平或凸出。种子1颗，近肾形，两侧压扁，有斑点。

约30种，分布于亚洲南部及东南部。我国约有16种5亚种2变种，大多数分布于西南部和东南部，西北部仅有少数，其中10种3亚种可药用。

分种检索表

1. 花盘肿胀，肥厚，枕状或短圆柱状，边缘环状或波状，很少稍具圆齿，但绝无明显尖齿或深裂。
　2. 花单生于叶腋，很少2朵并生；并不排成2朵的聚伞花序。花瓣不宿存，长4-5 mm；花盘高大于宽 ⋯⋯⋯⋯⋯⋯⋯⋯⋯⋯⋯⋯⋯⋯⋯⋯⋯⋯ 1. **鄂西清风藤 S. campanulata** subsp. **ritchieae**
　2. 花排成聚伞花序，通常有花1-5朵。
　　3. 萼片较大，稍不相等，其中最大的一片先端通常有明显的微缺，其他萼片先端圆形，长2-3 mm，倒卵形或长圆形，具明显的脉纹；花瓣近圆形或倒卵形，长3-4 mm，宽约4 mm ⋯⋯⋯⋯⋯⋯⋯⋯⋯⋯⋯⋯⋯⋯⋯⋯⋯⋯⋯⋯⋯⋯⋯⋯⋯⋯⋯⋯⋯⋯⋯ 4. **凹萼清风藤 S. emarginata**

3. 萼片较小，近相等，长 0.4-1.2 mm，半圆形、卵形或阔卵形，不具明显的脉纹。

    4. 叶两面无毛；子房无毛 ·································· 2. 四川清风藤 **S. schumanniana**。

    4. 叶两面有毛，子房有毛，很少子房无毛 ·············· 3. 云南清风藤 **S. yunnanensis**

1. 花盘不肿胀，不肥厚，浅杯状，边缘有不规则的浅齿，深裂或深裂至基部，但绝不全缘。

  5. 花单生于叶腋。花基部有苞片 4 枚；叶柄基部木质化成单刺状，在老枝上宿存 ······ 5. 清风藤 **S. japonica**

  5. 花排成聚伞花序或由聚伞花序再组成伞房花序式或圆锥花序式。

    6. 花排成聚伞花序。

      7. 嫩枝、花序、嫩叶柄均被灰黄色绒毛或柔毛；叶背被短柔毛或仅在脉上有柔毛 ·······················

      ·································· 8. 尖叶清风藤 **S. swinhoei**

      7. 嫩枝、花序、嫩叶柄和叶两面均无毛。

        8. 叶面干后黑色，叶背苍白色，卵形、椭圆状卵形或椭圆形，先端尖或钝；聚伞花序呈伞形状；果核的中肋明显隆起，呈翅状 ·················· 6. 灰背清风藤 **S. discolor**

        8. 叶面干后橄榄绿色，叶背淡绿色，卵状披针形、长圆状卵形或椭圆状卵形，先端渐尖或常弯成镰刀状；聚伞花序不呈伞形状；果核无中肋 ·············· 7. 平伐清风藤 **S. dielsii**

    6. 花排成聚伞花序再排成伞房花序式或圆锥花序式。

      9. 聚伞花序再排成伞房花序式。总花梗很短；花瓣有红色斑点 ·············· 9. 簇花清风藤 **S. fasciculata**

      9. 聚伞花序再排成圆锥花序式。

        10. 圆锥花序长 7-25 cm，狭长，直径不及 2 cm，无毛；分果爿大，近圆形或近肾形，直径 1-1.7 cm；叶革质，椭圆形或长圆状椭圆形，长 7-20 cm，宽 4-9 cm。嫩枝、叶柄、花萼均无毛 ·················· 10. 柠檬清风藤 **S. limoniacea**

        10. 圆锥花序长 3-5 cm；分果爿小，近圆形，直径 5-7 mm；叶纸质或近薄革质，卵状披针形或狭长圆形，长 5-12 cm、宽 1-3 cm ·············· 11. 小花清风藤 **S. parviflora**

    本属药用植物主要含五环三萜类成分，如白桦脂酸 (betulinic acid，**1**)，白桦脂醇 (beutlin，**2**)，清风藤内酯 (sabialactone，**3**)，清风藤酮 (sabianone，**4**)；生物碱类成分如清风藤碱 A (sabiaine A，**5**)，扶沙木碱▲ (fuseine，**6**)；异戊烯基酚类成分如清风藤酚 (sabphenol) A (**7**)、B (**8**)。**5** 具有镇痛、消炎作用；**6** 具有免疫调节活性及抗病毒活性等。

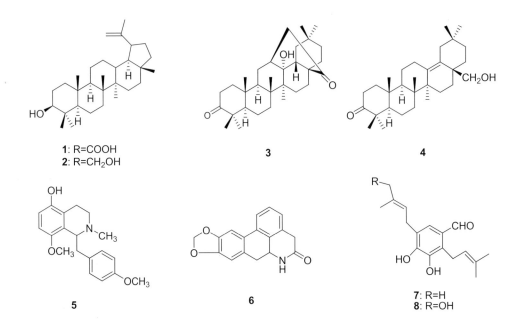

1: R=COOH
2: R=CH₂OH

3

4

5

6

7: R=H
8: R=OH

1. 鄂西清风藤（拉汉种子植物名称）

Sabia campanulata Wall. subsp. **ritchieae** (Rehder et E. H. Wilson) Y. F. Wu in Acta Phytotax. Sinica 20(14): 426. 1982.——*S. ritchieae* Rehder et E. H. Wilson, *S. gaultheriifolia* Stapf ex L. Chen, *S. shensiensis* L. Chen 英 **West Hubei Sabia**）

落叶攀援木质藤本；小枝淡绿色，有褐色斑点、斑纹及纵条纹，无毛。叶膜质，嫩时披针形或狭卵状披针形，成长叶，长圆形或长圆状卵形，长 3.5–8 cm，宽 3–4 cm，叶面有微柔毛，老叶脱落近无毛，叶背无毛或脉上有细毛；侧脉每边 4–5 条，在离叶缘 4–5 mm 处开叉网结；叶柄长 4–10 mm，被长柔毛。花深紫色，直径 1–1.5 cm，花梗长 1–1.5 cm，单生于叶腋，很少 2 朵并生；萼片 5，长约 0.5 mm，宽约 2 mm；花瓣 5 片，宽倒卵形或近圆形，长 5–6 mm，宽 4–7 mm，果时不增大，早落；雄蕊 5 枚，长 4–5 mm，花丝扁平，花药外向开裂；花盘肿胀，高长于宽，基部最宽，边缘环状；子房无毛。分果爿阔倒卵形，长约 7 mm，宽约 8 mm，幼嫩时为宿存花瓣所包围；果核有中肋，中肋两边有蜂窝状凹穴，两侧面具块状或长块状凹穴，腹部稍凸出。花期 5 月，果期 7 月。

鄂西清风藤 Sabia campanulata Wall. subsp. **ritchieae** (Rehder et E. H. Wilson) Y. F. Wu
邓盈丰　绘

分布与生境　产于江苏中南部、安徽、浙江、福建、江西、广东北部、湖南、湖北、陕西南部、甘肃南部、四川（东部、南部及西部）、贵州。生于海拔 500–1200 m 的山坡及湿润山谷林中。

药用部位　茎藤及叶。

功效应用　祛风通络，消肿止痛。用于风湿痹痛，跌打损伤，骨折，疮疡肿毒。

鄂西清风藤 Sabia campanulata Wall. subsp. **ritchieae** (Rehder et E. H. Wilson) Y. F. Wu
摄影：陈彬

2. 四川清风藤（中国树木分类学）　女儿藤、青木香（中国高等植物图鉴）

Sabia schumanniana Diels in Engler, Bot. Jahrb. 29:451.1901.——*S. schumanniana* Diels var. *longipes* Rehder et E. H. Wilson（英 **Sichuan Sabia, Szechwan Sabia**）

2a. 四川清风藤（模式亚种）

Sabia schumanniana Diels subsp. **schumanniana**

落叶攀援木质藤本，长 2–3 m；当年生枝黄绿色，有纵条纹，二年生枝褐色，无毛。叶纸质，长圆状卵形，长 3–13 cm，宽 1.5–3.5 cm，两面均无毛，叶面深绿色，叶背淡绿色；侧脉每边 3–5 条，向上弯拱在近叶缘处分叉网结；叶柄长 2–10 mm。聚伞花序有花 1–3 朵，长 4–5 cm；总花梗长 2–3 cm，小花梗长 8–15 mm；花淡绿色，萼片 5，三角状卵形，长约 0.5 mm；花瓣 5 片，长圆形或阔倒卵形，长 4–5 mm，有 7–9 条脉纹；雄蕊 5 枚，长 3–5 mm，花丝扁平，花药卵形，内向开裂；花盘肿胀，圆柱状，边缘波状；子房无毛，花柱长约 4 mm，分果爿倒卵形成近圆形，长约 6 mm，宽约 7 mm，无毛，核的中肋呈狭翅状，中肋两边各有 2 行蜂窝状凹穴，两侧面有块状凹穴，腹部平。花期 3–4 月，果期 6–8 月。

四川清风藤 Sabia schumanniana Diels subsp. schumanniana
邓盈丰 绘

四川清风藤 Sabia schumanniana Diels subsp. schumanniana
摄影：孙庆文 刘宗才

分布与生境　产于四川南部、贵州北部和西部。生于海拔 1200–2600 m 的山谷、山坡、溪旁和阔叶林中。

药用部位　根、茎。

功效应用　止咳祛痰，祛风活血。用于慢性气管炎，关节炎，跌打损伤等症。

化学成分　根皮部分含三萜类：3-氧代齐墩果-11,13(18)-二烯[3-oxo-olean-11,13(18)-diene]，3,11-二氧代齐墩果-12-烯(3,11-dioxo-olean-12-ene)，3β-羟基齐墩果-11,13(18)-二烯[3β-hydroxyolean-11,13(18)-diene]，3-氧代-11α-羟基齐墩果-12-烯(3-oxo-11α-hydroxy-olean-12-ene)，3β,11α-二羟基齐墩果-12-烯(3β,11α-dihydroxy-olean-12-ene)[1]。

茎含三萜类：3,11-二氧代齐墩果-12-烯，3β,11α-二羟基齐墩果-12-烯，11-氧代-3β-羟基齐墩果-12-烯(11-oxo-3β-hydroxy-olean-12-ene)，3β-羟基齐墩果-9(11),12-二烯[3β-hydroxy-olean-9(11),12-diene]，3-氧代齐墩果-9(11),12-二烯[3-oxo-olean-9(11),12-diene][2]；生物碱类：扶沙木碱▲(fuseine)[2]；甾体类：β-谷甾醇[2]。

注评　本种为中国药典（1977 年版）收载"石钻子"的基源植物，药用其干燥根。瑶族也药用其根，主要用途见功效应用项。

化学成分参考文献

[1] 袁晓，等．植物学报，1994, 36(2): 153-158.　　　　[2] 梁光义，等．中国药学杂志，2005, 40(12): 900-901.

2b. 多花清风藤（亚种）（植物分类学报）

Sabia schumanniana Diels subsp. **pluriflora** (Rehder et E. H. Wilson) Y. F. Wu Acta Phytotax. Sinica 20(4):427.1982.——*S. schumanniana* Diels var. *pluriflora* Rehder et E. H. Wilson, *S. schumanniana* Diels var. *bicolor* (L. Chen) Y. F. Wu, *S. bicolor* L. Chen（英 **Manyflower Sichuan Sabia**）

与四川清风藤的区别在于叶狭椭圆形或线状披针形，长 3-8 cm，宽 0.8-1.5 (2) cm；聚伞花序有花 6-20 朵；萼片、花瓣、花丝及花盘中部均有红色腺点。

分布与生境　产于湖北西部、四川东部。生于海拔 600-1300 m 的林中。

药用部位　根、茎。

功效应用　止咳化痰，祛风活血。用于咳嗽，风湿性关节痛。

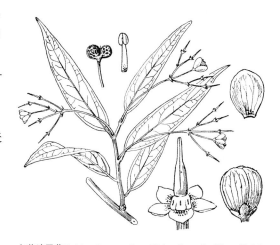

多花清风藤 Sabia schumanniana Diels subsp. **pluriflora** (Rehder et E. H. Wilson) Y. F. Wu

邓盈丰　绘

3. 云南清风藤（拉汉种子植物名称）

Sabia yunnanensis Franch. in Bull. Soc. Bot. France 33: 465. 1886.——*S. croizatiana* L. Chen, *S. pentadenia* L. Chen, *S. yunnanensis* Franch. var. *mairei* (H. Lév.) L. Chen（英 **Yunnan Sabia**）

3a. 云南清风藤（模式亚种）

Sabia yunnanensis Franch. subsp. **yunnanensis**

落叶攀援木质藤本，长 3-4 m；嫩枝淡绿色，被短柔毛或微柔毛，老枝褐色或黑褐色，无毛，有条纹。叶膜质或近纸质，卵状披针形，长圆状卵形或倒卵状长圆形，长 3-7 cm，宽 1-3.5 cm，先端急尖、渐尖至短尾状渐尖，基部圆钝至阔楔形，两面均有短柔毛，或叶背仅脉上有毛；侧脉每边 3-6 条，纤细，向上弯拱网结；叶柄长 3-10 mm，有柔毛。聚伞花序有花 2-4 朵，总花梗长 1.5-3 cm，花梗长 3-5 mm；花绿色或黄绿色；萼片 5，阔卵形或近圆形，长 0.8-1.2 mm，有紫红色斑点，无毛；花瓣 5 片，阔倒卵形或倒卵状长圆形，长 4-6 mm，

云南清风藤 Sabia yunnanensis Franch. subsp. **yunnanensis**
邓盈丰　绘

宽 3-4 mm，有 7-9 条脉纹，基部有紫红色斑点，边缘有时具缘毛；雄蕊 5 枚，花丝线形，长 3-4 mm，花药卵形，外向或内向；花盘肿胀，有 3-4 条肋状凸起，在其中部有很小的褐色凸起腺点；子房有柔毛或微柔毛。分果爿近肾形，横径 6-8 mm；核有中肋，中肋两边各有 1-2 行蜂窝状凹穴，两侧面有

云南清风藤 Sabia yunnanensis Franch. subsp. **yunnanensis**
摄影：朱鑫鑫

浅块状凹穴，腹部平。花期 4–5 月，果期 5 月。

分布与生境　产于云南西北部至中部。生于海拔 2000–3600 m 的山谷、溪旁、疏林中。

药用部位　茎叶、根。

功效应用　祛风湿，止痛，除疮毒。用于风湿瘫痪，风湿腰痛。有小毒。

化学成分　茎叶部分含三萜类：3-氧代齐墩果-11,13(18)-二烯[3-oxo-olean-11,13(18)-diene]，3-氧代齐墩果-9(11),12-二烯[3-oxo-olean-9(11),12-diene]，羽扇豆醇(lupeol)，3β-羟基齐墩果-11,13(18)-二烯[3β-hy-droxy-olean-11,13(18)-diene]，3β-羟基齐墩果-9(11),12-二烯[3β-hydroxy-olean-9(11),12-diene]，3β,20α-二羟基蒲公英烷(3β,20β-dihydroxytaraxastane)，3β,20α-二羟基蒲公英烷(3β,20α-dihydroxytaraxastane)[1]，齐墩果酸(oleanolic acid)，伪蒲公英萜醇▲(pseudotaraxasterol)[2]；苯丙素类：阿魏酸(ferulic acid)，芥子酸(sinapic acid)，对羟基桂皮酸(p-hydroxycinnamic acid)[3]；木脂素类：山小橘脂酸(glycosmisic acid)[3]；香豆素类：黄花草素▲D (cleomiscosin D)，异白蜡树定(isofraxidin)，伞形酮(umbelliferone)，东莨菪内酯(scopoletin)[2]，白蜡树亭(fraxetin)，瑞香素(daphnetin)，茵芋苷(skimmin)[3]；黄酮类：槲皮素(quercetin)[2]，清风藤黄素(sabian)[3]；蒽醌类：大黄素(emodin)[2]；酚、酚酸类：水杨酸(salicylic acid)，香荚兰酸(vanillic acid)[2]，丁香酸(syringic acid)，酪醇(tyrosol)，对羟基苯甲酸(p-hydroxybenzoic acid)，2,5-二羟基苯甲酸(2,5-dihydroxybenzoic acid)[3]；生物碱类：1-羟基-2,3-二甲氧基-6-甲酰基-6a,7-去氢阿朴啡(1-hydroxy-2,3-dimethoxy-6-formyl-6a,7-dehydroaporphine)[2]；甾体类：豆甾醇(stigmasterol)，β-谷甾醇[1]，胡萝卜苷[2]；脂肪醇、酸类：二十九烷-10-醇(nonacosan-10-ol)[1]，琥珀酸(succinic acid)，杜鹃花酸(azelaic acid)[2]；其他类：5-羟甲基糠醛(5-hydroxymethylfuraldehyde)，尿嘧啶(uracil)[2]。

注评　本种的茎叶或根称"老鼠吹箫"，云南地区药用。白族药用其根皮、叶，主要用途见功效应用项。

化学成分参考文献

[1] 邓赟，等．中草药，2006, 37(2): 183-185.

[2] Deng Y, et al. *Nat Prod Res*, 2007, 21(1): 28-32.

[3] Deng Y, et al. *J Asian Nat Prod Res*, 2005, 7(5): 741-745.

3b. 阔叶清风藤（亚种）（植物分类学报）　毛清风藤（中国树木分类学）

Sabia yunnanensis Franch. subsp. **latifolia** (Rehder et E. H. Wilson) Y. F. Wu in Acat Phytotax Sinica 20(4):428.1982.——*S. latifolia* Rehder et E. H. Wilson, *S. omeiensis* Stapf ex L. Chen, *S. obovatifolia* Y. W. Law et Y. F. Wu（英 **Broadleaf Sabia**）

叶片椭圆状长圆形、椭圆状倒卵形或倒卵状圆形，长 5–14 cm，宽 2–7 cm；花瓣通常有缘毛，基部无紫红色斑点；花盘中部无凸起的褐色腺点。

分布与生境 产于四川中南部及贵州。生于海拔 1600-2600 m 的密林中。

药用部位 根、枝。

功效应用 祛风除湿，止痛清热。用于风湿骨痛，跌打损伤，肝炎。

注评 本种的枝、叶布依族药用，用于黄疸型肝炎的预防和治疗，刀伤出血。

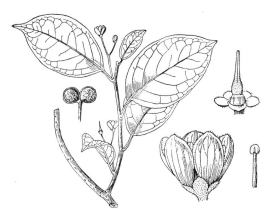

阔叶清风藤 **Sabia yunnanensis** Franch. subsp. **latifolia** (Rehder et E. H. Wilson) Y. F. Wu

邓盈丰 绘

阔叶清风藤 **Sabia yunnanensis** Franch. subsp. **latifolia** (Rehder et E. H. Wilson) Y. F. Wu

摄影：朱鑫鑫

4. 凹萼清风藤（中国植物志） 凹叶清风藤（中国植物志）

Sabia emarginata Lecomte in Bull. Soc. Bot. France 54: 673. 1907.——*S. heterosepala* L. Chen（英 **Emarginate Sabia**）

落叶木质攀援藤本。小枝黄绿色，老枝褐色，有纵条纹，无毛。叶纸质，长圆状狭卵形、长圆状狭椭圆形或卵形，长 5-11 cm，宽 1.5-4 cm，先端渐尖或急尖，基部楔形或圆形，叶两面均无毛；侧脉每边 4-5 条，纤细，向上弯拱至近叶缘处网结，网眼稀疏；叶柄长 0.5-1 cm。聚伞花序有花 2 朵，很少 3 朵，长 1.5-1.8 cm；总花梗长 1-1.2 cm，花梗长 5-6 mm；萼片 5，稍不相等，近倒卵形或长圆形，长 2-3 mm，宽 1-1.2 mm，最大的一片通常先端有明显的微缺，其他的先端圆形，有脉纹；花瓣 5 片，近圆形或倒卵形，长 3-4 mm；雄蕊 5 枚，花丝细，长约 2 mm，花药卵圆形，长约 0.8 mm，内向开裂；花盘肿胀，高长于宽，基部最宽，有 2-3 条不明显的肋状凸起，其上有不明显的极小的腺点；雌蕊长约 4 mm；子房卵形，无毛。分果爿近圆形，直径 7-9 mm，基部有宿存萼片；核中肋明显，两边各有 2 行蜂窝状凹穴，两侧面平坦，腹部平。花期 4 月，果期 6-7 月。

分布与生境 产于四川中部和东部、湖北西部和南部、湖南西部、广西东北部。生于海拔 400-1500 m 的灌木林中。

药用部位 全株。

功效应用 祛风除湿，止痛。用于风湿性关节痛。

凹萼清风藤 **Sabia emarginata** Lecomte
邓盈丰 绘

凹萼清风藤 **Sabia emarginata** Lecomte
摄影：徐永福

5. 清风藤（图经本草） 寻风藤（本草纲目）

Sabia japonica Maxim. in Bull. Acad. St. Petersb. 11:430. 1867.——*S. spinosa* Stapf ex Anon.（英 **Japan Sabia**）

落叶攀援木质藤本；嫩枝绿色，被细柔毛，老枝紫褐色，具白蜡层，常留有木质化成单刺状或双刺状的叶柄基部。叶近纸质，卵状椭圆形、卵形或阔卵形，长3.5-9 cm，宽2-4.5 cm，叶面深绿色，中脉有稀疏毛，叶背带白色，脉上被稀疏柔毛，侧脉每边3-5条；叶柄长2-5 mm，被柔毛。花先于叶开放，单生于叶腋，基部有苞片4枚，苞片倒卵形，长2-4 mm；花梗长2-4 mm，果时增长至2-2.5 cm；萼片5，近圆形或阔卵形，长约0.5 mm，具缘毛；花瓣5片，淡黄绿色，倒卵形或长圆状倒卵形，长3-4 mm，具脉纹；雄蕊5枚，花药狭椭圆形，外向开裂；花盘杯状，有5裂齿；子房卵形，被细毛。分果爿近圆形或肾形，直径约5 mm；核有明显的中

清风藤 **Sabia japonica** Maxim.
邓盈丰 绘

清风藤 **Sabia japonica** Maxim.
摄影：朱鑫鑫

肋，两侧面具蜂窝状凹穴，腹部平。花期 2–3 月，果期 4–7 月。

分布与生境　产于江苏、安徽、浙江、福建、江西、广东、广西。生于海拔 800 m 以下的山谷、林缘灌木林中。日本也有分布。

药用部位　藤茎。

功效应用　祛风通络，消肿止痛。用于风湿痹痛，皮肤瘙痒，跌打肿痛，骨折，疮毒。

化学成分　根状茎含酚类：清风藤酚▲(sabphenol) A、B，清风藤酚苷▲(sabphenoside) A、B、C、D[1]，酪醇(tyrosol)，羟基酪醇(hydroxytyrosol)，猫尾木苷F (markhamioside F)[1]；黄酮类：槲皮素-3-*O*-*β*-D-吡喃葡萄糖基-(1 → 2)-α-L-吡喃甘露糖苷[quercetin-3-*O*-*β*-D-glucopyranosyl-(1 → 2)-α-L-mannopyranoside]，豆腐果新苷B (helicianeoside B)[1]；生物碱类：(*S*)-*N*-反式-阿魏酰章鱼胺[(*S*)-*N*-*trans*-feruloyloctopamine]，扶沙木碱▲(fuseine)[1]；甾体类：*β*-谷甾醇[1]。

注评　本种的藤茎称"清风藤"，广西、安徽、湖南、福建、浙江等地药用；常混作"青风藤"使用。中国药典收载的"青风藤"为防己科植物青藤 Sinomenium acutum (Thunb.) Rehder et E. H. Wilson 及毛青藤 *S. acutum* (Thunb.) Rehder et E. H. Wilson var. *cinereum* (Diels) Rehder et E. H. Wilson 的藤茎。本种系中药"青风藤"的混淆品。瑶族、苗族也药用本种的根和藤茎，主要用途见功效应用项。

化学成分参考文献

[1] Yu J, et al. *Helv Chim Acta*, 2009, 92(9): 1880-1888.

6. 灰背清风藤（中国高等植物图鉴）　腰痛灵（中国中药资源志要），风藤（中国中药资源志要），叶上果（贵州）

Sabia discolor Dunn in J. Linn. Soc., Bot. 38:358. 1908.（英 **Diverse-colored Sabia**）

　　常绿攀援本质藤本；嫩枝具纵条纹，无毛，老枝深褐色，具白蜡层。叶纸质，卵形、椭圆状卵形或椭圆形，长 4–7 cm，宽 2–4 cm，先端尖或钝，基部圆或阔楔形，两面均无毛，叶面绿色，干后黑色，叶背苍白色；侧脉每边 3–5 条；叶柄长 7–1.5 cm。聚伞花序呈伞状，有花 4–5 朵，无毛，长 2–3 cm，总花梗长 1–1.5 cm，花梗长 4–7 mm；萼片 5，三角状卵形，长 0.5–1 mm，具缘毛；花瓣 5 片，卵形或椭圆状卵形，长 2–3 mm，有脉纹；雄蕊 5 枚，长 2–2.5 mm，花药外向开裂；花盘杯状；子房无毛。分果爿红色，倒卵状圆形或倒卵形，长约 5 mm；核中肋显著凸起，呈翅状，两侧面有不规则的块状凹穴，腹部凸出。花期 3–4 月，果期 5–8 月。

分布与生境　产于浙江、福建、江西、广东、广西等地。生于海拔 1000 m 以下的山地灌木林间。

药用部位　根、枝。

功效应用　祛风除湿，止痛。用于风湿痹痛，跌打损伤，肝炎。

注评　本种的根及茎称"广根藤"，瑶族药用，主要用途见功效应用项。

灰背清风藤 Sabia discolor Dunn
冯钟元　绘

灰背清风藤 **Sabia discolor** Dunn
摄影：陈世品 喻勋林

7. 平伐清风藤（中国植物志） 云雾青风藤（贵州）

Sabia dielsii H. Lév. in Fedde, Repert. Sp. Nov. 9: 456. 1991.——*S. brevipetiolata* L. Chen, *S. olacifolia* Stapf ex L. Chen, *S. wangii* L. Chen（英 **Diels Sabia**）

　　落叶攀援本质藤本，长 1-2 m；嫩枝黄绿色或淡褐色，老枝紫褐色或褐色，有纵条纹，无毛。叶纸质，卵状披针形，长圆状卵形或椭圆状卵形，长 6-12 (14) cm，宽 2-6 cm，先端渐尖或常弯成镰刀状，基部圆或阔楔形，叶面深绿色，干后榄绿色，叶背淡绿色，两面均无毛；侧脉每边 4-6 条；叶柄长 3-10 mm。聚伞花序有花 2-6 朵，总花梗长 1.5-3 cm，花梗长 5-10 mm；萼片 5，卵形，长 0.5-1 mm；花瓣 5 片，卵形或卵状椭圆形，长 2-3 mm，宽 1.5-2 mm，先端圆，有脉纹；雄蕊 5 枚，花药内向开裂；花盘杯状；子房卵球形。分果爿近肾形，长 4-8 mm；核无中肋，两侧面有明显的蜂窝状凹穴，腹部平。花期 4-6 月，果期 7-10 月。

平伐清风藤 **Sabia dielsii** H. Lév.
冯钟元 绘

分布与生境　产于云南中部以南、贵州东南部至西南部、广西北部。生于海拔 800-2000 m 的山坡、溪旁灌木丛中或森林的边缘。

药用部位　根皮。

功效应用　拔毒，消水肿。用于疮疡肿毒，皮肤瘙痒，水肿。

平伐清风藤 **Sabia dielsii** H. Lév.
摄影：朱鑫鑫

8. 尖叶清风藤（中国植物志）

Sabia swinhoei Hemsl. in Journ. Linn. Soc. Bot. 23:144.1886.——*S. gracilis* Hemsl., *S. swinhoei* Hemsl. var. *hainanensis* L. Chen（英 **Sharpleaf Sabia, Swinhoe Sabia, Taiwan Sabia**）

常绿攀援木质藤本；小枝纤细，被长而垂直的柔毛。叶纸质，椭圆形、卵状椭圆形、卵形或宽卵形，长 5–12 cm，宽 2–5 cm，先端渐尖或尾状尖，基部楔形或圆，叶面除嫩时中脉被毛外余无毛，叶背被短柔毛或仅在脉上有柔毛；侧脉每边 4–6 条；叶柄长 3–5 mm，被柔毛。聚伞花序有花 2–7 朵，被疏长柔毛，长 1.5–2.5 cm；总花梗长 0.7–1.5 cm，花梗长 2–4 mm；萼片 5，卵形，长 1–1.5 mm，外面有不明显的红色腺点，有缘毛；花瓣 5 片，浅绿色，卵状披针形或披针形，长 3.5–4.5 mm；雄蕊 5 枚，花丝稍扁，花药内向开裂；花盘浅杯状；子房无毛。分果爿深蓝色，近圆形或倒卵形，基部偏斜，长 8–9 mm，宽 6–7 mm；核的中肋不明显，两侧面有不规则的条块状凹穴，腹部凸出。花期 3–4 月，果期 7–9 月。

分布与生境 产于江苏、浙江、台湾、福建、江西、广东、广西、湖南、湖北、四川、贵州等地。生于海拔 400–2300 m 的山谷林间。

药用部位 根、茎、叶。

功效应用 祛风止痛。用于风湿痹痛，跌打损伤。

化学成分 地上部分含三萜类：清风藤内酯(sabialactone)，清风藤酮(sabianone)，齐墩果酸(oleanolic acid)[1]；倍半萜类：红没药烯(bisabolene)[1]；生物碱类：扶沙木碱▲(fuseine)[2]；甾体类：β-谷甾醇，胡

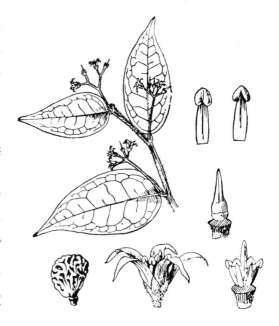

尖叶清风藤 **Sabia swinhoei** Hemsl.
冯钟元 绘

65

尖叶清风藤 **Sabia swinhoei** Hemsl.
摄影：朱鑫鑫

萝卜苷[1]；脂肪醇、酸类：1-三十醇(1-triacontanol)，二十八酸(octacosanoic acid)[1]。

注评　本种瑶族、苗族和仡佬族药用，根用于风湿、大便不通，藤茎或全株用于风湿骨痛、水肿、产后腹痛。

化学成分参考文献

　[1] 梁光义，等 . 药学学报，1995, 30(5): 367-371.　　　　　　20(1): 64-65.

　[2] 武孔云，等 . 贵州大学学报（自然科学版），2003,

9. 簇花清风藤（拉汉种子植物名称）

Sabia fasciculata Lecomte ex L. Chen in Sargentia 3: 42. fig. 4. 1943.（英 **Fascicled-flower Sabia**）

　　常绿攀援木质藤本，长达 7 m；嫩枝褐色或黑褐色，有白蜡层。叶革质，长圆形、椭圆形、倒卵状长圆形或狭椭圆形，长 5–12 cm，宽 1.5–3.5 cm，先端尖或长渐尖，基部楔形或圆，叶面深绿色、叶背淡绿色；侧脉每边5–8 条；叶柄长 0.8–1.5 cm。聚伞花序有花 3–4 朵，再排成伞房花序式；总花梗很短，长 1–2 mm，花梗长 3–6 mm，初发时紧密，似团伞花序，盛开时长 2–4 cm，有花 10–20朵；萼片 5，卵形或长圆状卵形，长 1–2 mm，先端尖或钝，具红色细微腺点，边缘白色，花瓣 5 片，淡绿色，长圆状卵形或卵形，长约 5 mm，具 7 条脉纹。中部有红色斑纹；雄蕊 5 枚，花药外向开裂；花盘杯状，具 5 钝齿。分果爿红色，倒卵形或阔倒卵形，长 0.8–1 cm；核中肋明显凸起，呈狭翅状，中肋两边各有 1–2 行蜂窝状凹穴，两侧面平凹，腹部凸出呈三角形。花期 2–5 月，果期 5–10 月。

簇花清风藤 **Sabia fasciculata** Lecomte ex L. Chen
冯钟元　绘

分布与生境　产于云南东南部、广西、广东北部、福建南部。生于海拔 600–1000 m 的山岩、山谷、山坡、林间。越南、缅甸北部也有分布。

药用部位　全株。

功效应用　祛风除湿，散瘀消肿。用于跌打损伤，风湿痹痛，产后恶露，肾炎水肿。

簇花清风藤 **Sabia fasciculata** Lecomte ex L. Chen
摄影：朱鑫鑫

化学成分　枝叶含三萜类：白桦脂醇(betulin)，3-氧代齐墩果-12-烯-28-酸甲酯(methyl-3-oxo-olean-12-ene-28-oate)，齐墩果酸(oleanolic acid)，3-氧代齐墩果-11,13(18)-二烯[3-oxo-olean-11,13(18)-diene]，无毛风车子酸▲(imberbic acid)，伪人参皂苷RP$_1$(pseudoginsenoside RP$_1$)，竹节参皂苷Ⅳa(chikusetsusaponin Ⅳa)[1]；黄酮类：槲皮素(quercetin)，芦丁(rutin)，木芙蓉洛苷▲(mutabiloside)[1]；扶沙木碱▲(fuseine)，N-对阿魏酰酪胺(N-p-feruloyltyramine)，N-反式-香豆酰酪胺(N-trans-coumaroyltyramine)[1]；生物碱类：β-谷甾醇，β-胡萝卜苷[1]。

注评　本种的全株称"小发散"，广西等地药用。瑶族药用其根、茎及叶，主要用途见功效应用项。

化学成分参考文献

[1] 黄艳, 等. 中草药, 2014, 45(6): 765-769.

10. 柠檬清风藤（拉汉种子植物名称）

Sabia limoniacea Wall., Fl. Ind. 1: 210. 1855.——*S. limoniacea* Wall. var. *ardisioides* (Hook. et Arn.) L. Chen（英 **Lemon Sabia**）

常绿攀援木质藤本；嫩枝绿色，老枝褐色，具白蜡层。叶革质，椭圆形、长圆状椭圆形卵状椭圆形，长 7–15 cm，宽 4–6 cm，两面均无毛；侧脉每边 6–7 条；叶柄长 1.5–2.5 cm。聚伞花序有花 2–4 朵（有时基部有一叶状苞片），再排成狭长的圆锥花序，长 7–15 cm，直径不到 2 cm；花淡绿色、黄绿色或淡红色；萼片 5，卵形或长圆状卵形，先端尖或钝，长 0.5–1 mm，背面无毛，有缘毛；花瓣 5 片，倒卵形或椭圆状卵形，顶端圆，长 1.5–2 mm，有 5–7 条脉纹；雄蕊 5 枚，花丝扁平，花药内向开裂；花盘杯状，有 5 浅裂；子房无毛。分果爿近圆形或近肾形，长 1–1.7 cm，红色；核中肋不明显，两边各有 4–5 行蜂窝状凹穴，两侧面平凹，腹部稍尖。花期 8–11 月，果期翌年 1–5 月。

分布与生境　产于云南西南部。生于海拔 800–1300 m 的密林中。印度北部、缅甸、泰国、马来西亚和印度尼西亚也

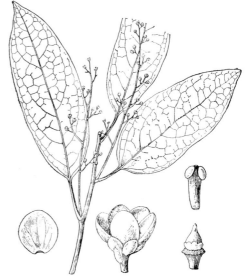

柠檬清风藤 **Sabia limoniacea** Wall.
冯钟元　绘

柠檬清风藤 Sabia limoniacea Wall.
摄影：朱鑫鑫

有分布。

药用部位　根、茎。

功效应用　用于产后瘀血不尽，风湿痹痛。

药理作用　兴奋子宫作用：柠檬清风藤对大鼠、家兔的在体与离体子宫无论未孕、已孕或产后均呈兴奋作用，作用发生快慢、作用强度和维持时间可随剂量增加而加强，主要表现为子宫紧张力提高，收缩力增加，大剂量可产生半痉挛性或强直性收缩[1]。

毒性及不良反应　柠檬清风藤煎剂小鼠尾静脉注射的 LD_{50} 为 16.73 g/kg，腹腔注射的 LD_{50} 为 29.39 g/kg[1]。

注评　本种的藤茎瑶族药用，用于跌打损伤、风湿性关节炎，根用于风湿痹痛、产后瘀血。

药理作用及毒性参考文献

[1] 韩延宗，等. 广西医学，1982, 4(2): 59-61.

11. 小花清风藤（拉汉种子植物名称）

Sabia parviflora Wall. in Roxb., Fl. Ind. ed.Carey 2: 310: 1824.——*S. parviflora* Wall. var. *harmandiana* (Pierre) Lecomte（英 **Small-flower Sabia**）

常绿木质攀援藤本；小枝细长，嫩时被短柔毛，老时无毛。叶纸质或近薄革质，卵状披针形、狭长圆形或长圆状椭圆形，长 5–12 cm，宽 1–3 cm，两面均无毛；侧脉每边 5–8 条，在离叶缘 3–10 mm 处开叉网结；叶柄长 0.5–2 cm，有稀疏柔毛或无毛。聚伞花序集成圆锥花序式，无毛或被稀疏柔毛，有花 10–20 (25) 朵，直径 2–5 cm，长 3–7 cm，总花梗长 2–6 cm，花梗长 3–6 mm；花绿色或黄绿色；萼片 5，卵形或长圆状卵形，长约 0.8 mm，先端尖，有缘毛；花瓣 5 片，长圆形或长圆状披针形，长 2–3 mm，先端急尖或钝，有红色脉纹；雄蕊 5 枚，花丝粗而扁平，长 1–1.5 mm，花药外向开裂；花盘杯状，边缘有 5 深裂；花柱狭圆锥形，长 1–1.5 mm。子房无毛。分果爿近圆形，直径 5–7 mm，无毛；核中肋不明显，两侧面有不明显的蜂窝状凹穴，腹

小花清风藤 Sabia parviflora Wall. in Roxb.
冯钟元　绘

小花清风藤 **Sabia parviflora** Wall. in Roxb.
摄影：孙庆文 林秦文

部圆。花期 3–5 月，果期 7–9 月。

分布与生境　产于云南东南部至西南部、贵州西部及西南部、广西西部及西南部。生于海拔 800–2800 m 的山沟、溪边林中或山坡灌木林中。印度、缅甸、泰国、越南、印度尼西亚也有分布。

药用部位　根。

功效应用　清热止痛，祛风除湿。用于肝炎，风湿，跌打损伤。

化学成分　地上部分含三萜类：齐墩果酸(oleanolic acid)，羽扇豆酸(lupinic acid)，3α-羟基齐墩果-12-烯-28-酸甲酯(methyl 3α-hydroxylolean-12-en-28-oate)，阿江榄仁酸(arjunolic acid)，3-氧代齐墩果-12-烯-28-酸甲酯(methyl-3-oxoolean-12-ene-28-oate)，2β,3β,19α-三羟基-熊果-12-烯-28-酸，古柯二醇(erythrodiol)，反式-山楂酸(trans-crataegolic acid)，木鳖子酸(momordic acid; virgatic acid; vergatic acid)[1]，1α,3β-二羟基齐墩果-12-烯-28-酸(1α,3β-dihydroxylolean-12-en-28-oic acid)，1α,2α,3β-三羟基齐墩果-12-烯-28-酸(1α,2α,3β-trihydroxyl-olean-12-en-28-oic acid)[2]；生物碱类：1,2,3,4-四氢-5-羟基-8-甲氧基-2-甲基-4'-甲氧基苄基异喹啉(1,2,3,4-tetrahydro-5-hydroxy-8-methoxy-2-methyl-4'-methoxybenzylisoquinoline)[3]，β-白毛茛碱(β-hydrastine)，原阿片碱(protopine)[4]，扶沙木碱▲(fuseine)[4-5]；其他类：二十五酸(pentacosane acid)，二十九醇(nonacosanol)，β-谷甾醇[5]。

药理作用　保肝作用：小花清风藤提取物可降低 CCl_4、对乙酰氨基酚 (AAP) 致肝损伤小鼠血清 AST、ALT 活性，能对抗 CCl_3^- 及 Cl^- 造成的膜结构和功能损伤，对肝细胞有一定的保护作用，并可对抗 AAP 引起的 GSH 耗竭与毒性代谢产物合成[1]。

注评　本种的茎叶称"小叶清风藤"，根称"小叶清风藤根"，主产于云南、贵州、广西，自产自销。布依族也药用，主要用途见功效应用项。

化学成分参考文献

[1] 陈谨，等 . 中草药，2004, 35(1): 16-17.

[2] Chen J, et al. *Chin Chem Lett*, 2002, 13(4): 345-348.

[3] Chen J, et al. *Chin Chem Lett*, 2002, 13(5): 426-427.

[4] 邓赟，等 . 天然产物研究与开发，2003, 15(4): 322-323.

[5] 林佳，等 . 中草药，1999, 30(5): 334-335.

药理作用及毒性参考文献

[1] 刘易蓉，等 . 中国药房，2008, 19(30): 2341-2342.

2. 泡花树属 Meliosma Blume

常绿或落叶乔木或灌木，通常被毛。叶为单叶或奇数羽状复叶，叶片全缘或多少有锯齿。花小，直径 1–3 mm，两性，两侧对称，组成顶生或腋生圆锥花序；萼片 4–5 片，覆瓦状排列，其下部常有紧接的苞片；花瓣 5 片，大小极不相等，外面 3 片较大，通常近圆形或肾形，覆瓦状排列，内面 2 片远比外面的小，2 裂或不分裂，有时 3 裂，而中裂片极小，多少附着于发育雄蕊的花丝的基部，花蕾时全为外面花瓣所包藏；雄蕊 5 枚，其中 2 枚发育雄蕊与内面花瓣对生，花丝短，扁平，药隔扩大成一杯状体，花蕾时由于花丝顶端弯曲而向内俯垂，花开时伸直转向外，药室 2，横裂；3 枚退化雄蕊与外面花瓣对生，附着于花瓣基部，宽阔，形态不规则，药室空虚；花盘杯状或浅杯状，通常有 5 小齿；子房无柄，通常 2 室，很少 3 室，顶部收缩具 1 不分枝或稀为 2 裂的花柱，柱头细小，胚珠每室 2 颗，半倒生。核果小，近球形或梨形，中果皮肉质，核（内果皮）骨质或壳质，1 室。

约 50 种，分布于亚洲东南部和美洲中部及南部。我国约有 29 种 7 变种，广布于西南部经中南部至东北部，但北部极少见，其中 12 种 2 变种可药用。

分种检索表

1. 叶为羽状复叶，叶轴顶端的一片小叶（少有 2 片）的小叶柄具节，小叶背面侧脉无髯毛；萼片通常 4 片；外轮 3 片花瓣的最大 1 片宽肾形，宽甚超过于长；果核腹部核壁中连接果柄与种子的维管束在核壁凹孔中或在果肉中，无管状通道················12. 暖木 M. veitchiorum
1. 叶为单叶或为羽状复叶；如为羽状复叶，叶轴顶端的三片小叶的小叶柄无节；萼片通常 5 片；外轮花瓣近圆形或阔椭圆形，宽不超过长；果核腹部核壁中连接果柄与种子的维管束有或长或短的管状通道。
  2. 叶为羽状复叶，叶轴顶端具小叶 3 片，小叶柄均无节················11. 红柴枝 M. oldhamii
  2. 叶为单叶。
    3. 叶侧脉劲直，有时曲折，但不弯拱。
      4. 叶基部圆或钝圆；叶长椭圆形或倒卵状长椭圆形，叶全部边缘具锯齿，叶背披疏长毛；侧脉每边 20–25 条；内面 2 片花瓣狭披针形，不分裂，长于发育雄蕊················4. 多花泡花树 M. myriantha
      4. 叶基部楔形或狭楔形，叶倒卵形，狭倒卵形或狭倒卵状椭圆形；内面 2 片花瓣 2 裂或有时在两裂间具中小裂，短于发育雄蕊。
        5. 圆锥花序向下弯垂，主轴及侧枝明显呈"之"字形曲折，侧枝向下弯垂；内面 2 片花瓣 2 裂或有时具中小裂，裂片仅顶端有缘毛················3. 垂枝泡花树 M. flexuosa
        5. 圆锥花序直立，主轴及侧枝劲直或稍呈"之"字形曲折，但侧枝不向下弯垂。
          6. 叶倒卵状楔形或狭倒卵状楔形，先端短渐尖，叶背被平伏直毛或稀疏短柔毛，边缘 3/4 以上具侧脉伸出的锐尖锯齿；侧脉腋髯毛明显，侧脉每边 16–20 (30) 条；果核三角状卵形；两侧面有不规则的纵条纹凸起，或平滑················1. 泡花树 M. cuneifolia
          6. 叶倒卵形，先端近平截，具短急尖，边缘具波状齿；侧脉每边 8–15 条；果核扁球形两侧面有明显的网纹················2. 细花泡花树 M. parviflora
    3. 叶侧脉明显弯拱上升。
      7. 叶大；背面被紧贴疏微柔毛或无毛，叶片倒披针状椭圆形或倒披针形，先端渐尖；叶长 15–40 cm，宽 4–16 cm；侧脉每边 15–28 条；内面 2 片花瓣不分裂；子房密被柔毛，核果残留有毛················5. 山楝叶泡花树 M. thorelii
      7. 叶较小，长通常不超过 15 cm；如达 15 cm 则叶宽不超过 5 cm；侧脉每边不多于 15 条。
        8. 叶全缘，很少叶上部具 1–2 齿。
          9. 叶背无毛或仅脉腋有髯毛。叶革质，叶背无毛；枝及花序密生白色点状皮孔；花直径约 2 mm；

内面 2 片花瓣不分裂，狭椭圆形；核果倒卵形，直径约 6 mm·············· 6. 贵州泡花树 M. henryi

  9. 叶背密被锈色绒毛或长柔毛。叶膜质，倒披针形或狭倒卵形，基部 2/3 以下渐狭成楔形；叶面
    披稀疏短柔毛；内面 2 片花瓣 2 浅裂 ··············· 7. 毛泡花树 M. velutina

8. 叶有锯齿。

  10. 叶背、叶柄及花序疏被长柔毛·············· 8. 笔罗子 M. rigida

  10. 叶背及花序被平伏疏散短柔毛或粗毛。

    11. 幼枝、叶柄、叶背及花序被疏散短柔毛；叶倒披针形或披针形；圆锥花序为宽广的圆锥
      形；内面 2 片花瓣 2 裂达中部，裂片线形；花梗长 1–2 毫米·············· 9. 香皮树 M. fordii

    11. 叶柄密被紧贴短绒毛；圆锥花序 2 (3) 次分枝：内面 2 片花瓣 2 浅裂，裂片卵形··············
    ·············· 10. 云南泡花树 M. yunnanensis

1. 泡花树（江西） 黑黑木（四川），山漆槁（四川峨眉），降龙木（陕西中草药），龙须木（中国中药资源志要）

Meliosma cuneifolia Franch. in Nouv. Arch. Mus. Hist. Nat. Paris ser.2, 8: 211. 1886（英 **Cuneateleaf Meliosma**）

1a. 泡花树（模式变种）

Meliosma cuneifolia Franch. var. **cuneifolia**

落叶灌木或乔木，高可达 9 m，树皮黑褐色；小枝无毛。单叶纸质，倒卵状楔形或狭倒卵状楔形，长 8–12 cm，宽 2.5–4 cm，先端短渐尖，中部以下渐狭，约 3/4 以上具侧脉伸出的锐尖齿，叶面被短粗毛，叶背被白色平伏毛；侧脉每边 16–20 条，劲直达齿尖，脉腋具明显髯毛；叶柄长 1–2 cm。圆锥花序顶生，长和宽 15–20 cm，被短柔毛，具 3 (4) 次分枝；花梗长 1–2 mm；萼片 5，宽卵形，具缘毛；花瓣具缘毛，外面 3 片近圆形，内面 2 片 2 裂达中部；花盘具 5 细尖齿。核果扁球形，直径 6–7 mm，核三角状卵形，顶基扁，腹部近三角形，具不规则的纵条凸起或近平滑，中助在腹孔一边显著隆起延至另一边，腹孔稍下陷。花期 6–7 月，果期 9–11 月。

分布与生境 产于甘肃东部、陕西南部、河南西部、湖北西部、四川、贵州、云南中部及北部、西藏南部。生于海拔 650–3300 m 的落叶阔叶树种或针叶树种的疏林或密林中。

药用部位 根皮。

功效应用 利水，解毒。用于水肿，腹水。外用治痈疮肿毒，毒蛇咬伤。

化学成分 花含挥发油：反式-β-金合欢烯(trans-β-farnesene)，孜然芹醇▲(cuminol)，反式-丁香烯(trans-caryophyllene)，α-香柠檬烯(α-bergamotene)，反式-β-突厥蔷薇烯酮▲(trans-β-damascenone)，β-红没药烯(β-bisabolene)，α-龙脑香烯▲(α-gurjunene)，α-芹子烯(α-selinene)，α-葎草烯(α-humulene)，δ-杜松烯(δ-cadinene)，β-扁柏螺烯▲(β-chamigrene)，β-芹子烯(β-selinene)，β-榄香烯(β-elemene)等[1]。

泡花树 Meliosma cuneifolia Franch. var. cuneifolia
冯钟元 绘

泡花树 Meliosma cuneifolia Franch. var. **cuneifolia**
摄影：高贤明 朱仁斌

化学成分参考文献

[1] 杨再波，等，理化检验（化学分册），2012, 48(4): 482-483.

1b. 光叶泡花树（变种）（植物分类学报）

Meliosma cuneifolia Franch. var. **glabriuscula** Cufod. Oesterr. Bot. Zeit. 88: 256. 1939.（英 **Glabrous-leaf Meliosma**）

叶长 10–24 cm，宽 4–10 cm，基部下延至叶柄成狭翅；叶面近于无毛；侧脉每边 20–30 条；叶柄长 2–15 mm，无毛或被稀疏细柔毛；圆锥花序较大，长 16–30 cm。

分布与生境　产于四川中南部、云南北部。生于海拔 600–2000 m 的林间。

药用部位　根皮。

功效应用　清热解毒，镇痛，利水。用于腹水，水肿。外用于痈疖肿毒，毒蛇咬伤。

光叶泡花树 Meliosma cuneifolia Franch. var. **glabriuscula** Cufod.
摄影：赖阳均

2. 细花泡花树（植物分类学报）

Meliosma parviflora Lecomte Bull. Soc. Bot. France 54: 676. 1907.——*M. dilatata* Diels（英 **Thinflower Meliosma**）

　　落叶灌木或小乔木，高可达 10 m，树皮灰色，平滑，成鳞片状或条状脱落；小枝被褐色疏柔毛。单叶，纸质，倒卵形，长 6-11 cm，宽 3-7 cm，先端圆或近平截，具短急尖，下延，上部边缘有浅波状小齿，叶背侧脉腋具髯毛；侧脉每边 8-15 条，远离叶缘开叉，近先端的常直达齿尖；叶柄长 5-15 mm。圆锥花序顶生，长 9-30 cm，宽 10-20 cm，具 4 次分枝，主轴稍曲折；萼片 5，阔卵形或圆形，具缘毛；花瓣外面 3 片近圆形，内面 2 片 2 裂至中部，广叉开，裂片有缘毛；子房被柔毛。核果球形，直径 5-6 mm，核扁球形，具明显凸起的细网纹，中肋锐隆起，从腹孔一边不延至另一边，腹孔凹陷。花期夏季，果期 9-10 月。

分布与生境　产于四川西部至东部、湖北西部、江苏南部、浙江北部。生于海拔 100-900 m 的溪边林中或丛林中。

药用部位　根皮。

细花泡花树 Meliosma parviflora Lecomte
冯钟元 绘

细花泡花树 Meliosma parviflora Lecomte
摄影：南程慧 刘宗才

功效应用　利水，解毒，消肿。用于腹水，水肿。外用痈疮肿毒，蛇虫咬伤。

3. 垂枝泡花树（中国树木分类学）　大毛青杠（贵州）

Meliosma flexuosa Pamp. in Nuov. Giorn. Bot. Ital. n. ser. 17: 423.1910.——*M. pendens* Rehder et E. H. Wilson（英 **Flexuous Meliosma**）

　　小乔木，高可达 5 m；芽、嫩枝、嫩叶中脉、花序轴均被淡褐色长柔毛，腋芽通常两枚并生。单叶，膜质，倒卵形，长 6-12 (-20) cm，宽 3-3.5 (-10) cm，先端渐尖或骤狭渐尖，下延；侧脉每边 12-18 条，伸出成凸尖的粗锯齿，脉腋髯毛不明显；叶柄长 0.5-2 cm，上面具宽沟，基部稍膨大包裹腋芽。圆锥花序顶生；向下弯垂，连柄长 12-18 cm，主轴及侧枝在果序时呈"之"字形曲折；萼片 5，卵形或广卵形，外 1 片特别小，具缘毛；花瓣外面 3 片近圆形，内面 2 片 2 裂，裂片广叉开，顶端有缘毛。果近卵形，长约 5 mm，核极扁斜，具明显凸起的细网纹，中肋锐凸起，从腹孔一边至另一边。

垂枝泡花树 **Meliosma flexuosa** Pamp.
引自《中国高等植物图鉴》

垂枝泡花树 **Meliosma flexuosa** Pamp.
摄影：孙庆文

花期 5–6 月，果期 7–9 月。

分布与生境　产于陕西南部、四川东部、湖北西部、安徽、江苏、浙江、江西、湖南、广东北部。生于海拔 600–2750 m 的山地林间。

药用部位　树皮、叶。

功效应用　止血，活血，止痛，利水，清热解毒。用于热毒肿痛，瘀血疼痛，出血。

4. 多花泡花树（植物分类学报）　山东泡花树（山东），青风树（湖南）

Meliosma myriantha Siebold et Zucc. in Abh. Bayer Akad. Wiss. Math. Phys. 4(2): 153. 1845.（英 **Manyflower Meliosma, Multiflowered Meliosma**）

落叶乔本，高可达 20 m；树皮灰褐色，小块状脱落。单叶，膜质或薄纸质，倒卵状椭圆形或长圆形，长 8–30 cm，宽 3.5–12 cm，先端锐渐尖，基部圆钝，基部至顶端有侧脉伸出的刺状锯齿，叶背被展开疏柔毛；侧脉每边 20–25 (30) 条，直达齿端，脉腋有髯毛，叶柄长 1–2 cm。圆锥花序顶生，直立，被展开柔毛，分枝细长，主轴具 3 棱，侧枝扁；萼片 5 或 4 片，卵形或宽卵形，有缘毛；外面 3 片花瓣近圆形，内面 2 片花瓣披针形，长于发育雄蕊。核果倒卵形或球形，直径 4–5 mm，核中肋稍钝隆起，从腹孔一边不延至另一边，两侧具细网纹，腹部不凹入也不伸出。花期夏季，果期 5–9 月。

分布与生境　产于山东、江苏北部。生于海拔 600 m 以下的湿润山地落叶阔叶林中。朝鲜、日本也有分布。

药用部位　根皮。

功效应用　利水，解毒。用于水肿，小便淋痛，热毒肿痛。

多花泡花树 **Meliosma myriantha** Siebold et Zucc.
引自《中国高等植物图鉴》

多花泡花树 **Meliosma myriantha** Siebold et Zucc.
摄影：陈世品

5. 山樣叶泡花树（植物分类学报） 罗壳木（海南）

Meliosma thorelii Lecomte in Bull. Soc. Bot. France 54: 677. 1907.——*M. buchananifolia* Merr., *M. affinis* Merr.（英 **Thorel Meliosma**）

乔木，高 6–14 m。单叶，革质、倒披针状椭圆形或倒披针形，长 15–25 cm，宽 4–8 cm，先端渐尖，约 3/4 以下渐狭至基部呈狭楔形，下延至柄，全缘或中上部有锐尖的小锯齿，无毛或叶背被稀疏、平伏的微柔毛，脉腋有髯毛；侧脉每边 15–22 条，稍劲直达近末端弯拱环结，干时两面均凸起；叶柄长 1.5–2 cm。圆锥花序顶生或生于上部叶腋，直立，长 15–18 cm，侧枝平展，被褐色短柔毛。萼片卵形，有缘毛；花瓣外面 3 片近圆形，内面 2 片狭披针形，不分裂，稍短；子房被柔毛。核果球形，顶基稍扁而稍偏斜，直径 6–9 mm，核近球形，壁厚、有稍凸起的网纹，中肋钝凸起，腹孔小，不张开。花期夏季，果期 10–11 月。

分布与生境 产于福建南部和东部、广东、广西、贵州南部、云南东南部至西南部。生于海拔 200–1000 m 的林间。越南和老挝北部也有分布。

药用部位 根、叶、枝。

功效应用 祛风除湿，消肿止痛。用于风湿骨痛，腰膝疼痛，跌打损伤，骨伤。

山樣叶泡花树 **Meliosma thorelii** Lecomte
冯钟元 绘

山楼叶泡花树 Meliosma thorelii Lecomte
摄影：林秦文

6. 贵州泡花树（中国树木分类学）

Meliosma henryi Diels in Engler, Bot. Jahrb. 29: 452. 1901.（英 **Guizhou Meliosma**）

小乔木高达 3 m，树皮黑褐色，厚长块状脱落；小枝纤细、无毛，具明显的白色皮孔。单叶，革质，披针形或狭椭圆形，长 7–12 cm，宽 1.5–3.5 cm，先端渐尖，基部狭楔形，几无毛；侧脉每边 5–9 条。纤细弯拱向上环结；叶柄长 1–2 cm，具细柔毛。圆锥花序通常顶生，长 10–20 cm，具 2 (3) 次分枝，分枝劲直，被细柔毛。花梗长 1–4 mm，萼片椭圆状卵形，长约 1 mm，顶端钝，具缘毛；花瓣外面 3 片扁圆形，内面 2 片卵状狭椭圆形，稍长于发育雄蕊；花盘浅，具 5 小齿，子房无毛。核果倒卵形，直径 7–8 mm；核近球形，顶基稍扁，无网纹，腹孔细小，腹部不突出。花期夏季，果期 9–10 月。

分布与生境　产于湖北西部、四川东部、贵州、云南中南部、广西北部及西南部。生于海拔 700–1400 m 的常绿阔叶林中。

药用部位　树皮。

功效应用　清热解毒，消肿止痛，祛风除湿。用于疮疡肿毒，风湿肿痛。

贵州泡花树 Meliosma henryi Diels
引自《中国高等植物图鉴》

7. 毛泡花树（中国树木分类学）

Meliosma velutina Rehder et E. H. Wilson in Sargent, Pl. Wils. 2: 202. 1914.——*M. costata* Cufod., *M. simplicifolia* (Roxb.) Walp. subsp. *fordii* (Hemsl.) Beusekom（英 **Velutinate Meliosma**）

乔木，高达 10 m；当年生枝、芽、叶柄至叶背中脉、花序被褐色绒毛。单叶纸质，倒披针形或倒卵形，长 9–17 (26) cm，宽 2.5–4.5 (9) cm，先端渐尖，2/3 以下渐狭成楔形，全缘或近顶端有数锯齿；

侧脉每边 15-25 条，向上弯拱至近叶缘处与上侧脉会合；叶柄粗壮，长 1-2.5 cm。圆锥花序顶生，长 20-26 cm，具 2 (3) 分枝。花近无梗；萼片 5，卵形，外面的较小，被柔毛及有缘毛；花瓣外面 3 片近圆形，内面 2 片 2 浅裂，裂片三角形，近顶端有缘毛；花盘浅杯状，具浅齿；子房卵形，无毛。果未见。花期 4-5 月。

分布与生境 产于云南南部、广西、广东北部。生于海拔 500-1500 m 的阔叶林中。也分布于越南。

药用部位 根、叶。

功效应用 止咳化痰。用于咳嗽。

毛泡花树 **Meliosma velutina** Rehder et E. H. Wilson
冯钟元　绘

8. 笔罗子（台湾） 野枇杷（中国植物志）

Meliosma rigida Siebold et Zucc. in Abh. Bayer. Akad. Wiss. Math. Phys. 4(2): 153. 1845.（英 **Stiffleaf Meliosma**）

乔木，高达 7 m；芽、幼枝、叶背中脉、花序均被绣色绒毛，二或三年生枝仍残留有毛。单叶，革质，倒披针形或狭倒卵形，长 8-25 cm，宽 2.5-4.5 cm，先端渐尖或尾状渐尖，基部渐狭楔形，全缘或上部有尖锯齿，中脉在腹面凹下；侧脉每边 9-18 条；叶柄长 1.5-4 cm。圆锥花序顶生，主轴具 3 棱，直立，具 3 次分枝，花密生于第三次分枝上；萼片 5 或 4，卵形或近圆形，有缘毛；花瓣外面 3

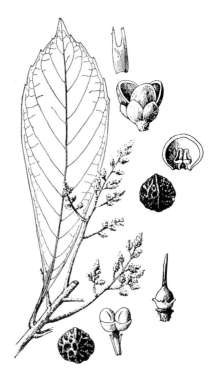

笔罗子 **Meliosma rigida** Siebold et Zucc.
冯钟元　绘

笔罗子 **Meliosma rigida** Siebold et Zucc.
摄影：林建勇

片近圆形，内面 2 片 2 裂达中部，裂片锥尖，从基部稍叉开，顶端具数缘毛；子房无毛。核果球形，直径 5–8 mm；核球形，稍偏斜，具凸起细网纹，中肋稍隆起，从腹孔的一边延至另一边。花期夏季，果期 9–10 月。

分布与生境　产于云南南部、广西、贵州、湖北西南部、湖南、广东、福建、江西、浙江、台湾。生于海拔 1500 m 以下的阔叶林中。也分布于日本。

药用部位　根皮、果实。

功效应用　根皮：解毒，利水，消肿。用于水肿，腹痛，无名肿毒，毒蛇咬伤。果实：用于咳嗽，感冒等症。

9. 香皮树（海南植物志）

Meliosma fordii Hemsl. in J. Linn. Soc., Bot. 23: 144. 1886.——*M. obtusa* Merr. et Chun, *M. hainanensis* F. C. How, *M. pseudopaupera* Cufod.（英 **Ford Meliosma, Spicebark Meliosma**）

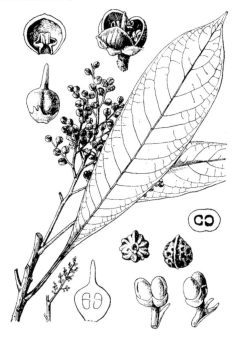

乔木，高可达 10 m，树皮灰色，小枝、叶柄、叶背及花序被褐色平伏柔毛。单叶，叶柄长 1.5–3.5 cm，叶近革质，倒披针形或披针形，长 9–18 (–25) cm，宽 2.5–5 (–8) cm，先端渐尖，基部狭楔形，下延，全缘或近顶部有数锯齿，中脉及侧脉在叶面微凸起或平，侧脉每边 11–20 条，无髯毛。圆锥花序宽广，顶生或近顶生。3 或 4 (5) 回分枝，总轴细而有圆棱；花梗长 1–1.5 mm，萼片 4 (5)，宽卵形，有缘毛；花瓣外面 3 片近圆形，内面 2 片 2 裂达中部，裂片线形，广叉开。果近球形或扁球形，直径 3–5 mm。核具明显网纹凸起，中肋隆起，从腹孔一边延至另一边，腹部稍平，腹孔小，不张开。花期 5–7 月，果期 8–10 月。

分布与生境　产于云南、贵州、广西、广东、湖南南部、江西南部、福建。生于海拔 1000 m 以下的热带亚热带常绿林中。越南、老挝、柬埔寨及泰国也有分布。

药用部位　树皮、叶。

功效应用　滑肠通便。用于便秘。

香皮树 **Meliosma fordii** Hemsl.
冯钟元　绘

香皮树 **Meliosma fordii** Hemsl.
摄影：骆适　徐永福

10. 云南泡花树（植物分类学报） 峨眉泡花树（四川）

Meliosma yunnanensis Franch. in Bull. Soc. Bot. France 33: 465. 1886.——*M. fischeriana* Rehder et E. H. Wilson, *M. simplicifolia* (Roxb.) Walp. subsp. *yunnanensis* (Franch.) Beusekom（英 **Yunnan Meliosma**）

乔木，高可达 30 m，树皮灰色；幼枝、叶背中脉疏被平伏柔毛。叶为单叶，革质，狭倒卵状椭圆形或倒披针形，长 4-15 cm，宽 2-6 cm，先端尾状渐尖，基部渐狭成长楔形，中部以上有稀疏刺状锯齿，叶背疏被平伏短柔毛，脉腋有髯毛；侧脉每边 6-10 条，稍弯拱至叶缘，叶柄长 6-10 mm，基部膨大，密被短绒毛。圆锥花序顶生或生于枝上部叶腋，长 4-10 cm，被黄色短绒毛；萼片 5，近圆形，外具 1-2 片小苞片，边缘有腺毛；花瓣外面 3 片近圆形，内面 2 片 2 浅裂，裂片卵形，顶端有缘毛。核果近球形，稍扁，直径 3.5-5 mm，核顶基扁，扁球形，具稀疏凸起的细网纹，中肋从腹孔一边钝隆起，不延至腹孔另一边。花期夏季，果期 8-10 月。

分布与生境 产于西藏（南部、东部、东北部）、云南、四川、贵州中部。生于海拔 1000-3000 m，常与壳斗科树种混交成常绿阔叶林。尼泊尔、不丹、缅甸北部、印度北部也有分布。

云南泡花树 *Meliosma yunnanensis* Franch.
冯钟元 绘

云南泡花树 *Meliosma yunnanensis* Franch.
摄影：林秦文 张金龙

药用部位 树皮。

功效应用 清热解毒。用于痈疮肿毒，蛇虫咬伤。

11. 红柴枝（中国高等植物图鉴） 羽叶泡花树（安徽）

Meliosma oldhamii Miq. ex Maxim. in Diagn. Pl. Nov. Jap. Mandsh. 4 et 5: 263. 26-VI-1867.——*M. sinensis* Nakai, *M. oldhamii* Miq. ex Maxim. var. *sinensis* (Nakai) Cufod.（英 **Oldham Meliosma**）

11a. 红柴枝（模式变种）

Meliosma oldhamii Miq. ex Maxim. var. **oldhamii**

乔木，高可达 15 m，树皮灰色或灰褐色。叶为羽状复叶，小叶纸质或近革质，11–25 片，下部叶披针形，中部的披针形或狭长圆形，顶端 1 片近倒披针形，长 7–17 cm，先端尾状渐尖，基部楔形或阔楔形，具稀疏向内弯的粗锯齿，或近全缘；侧脉每边 10–14 条，稍曲折，两面近于无毛，亦无髯毛。圆锥花序直立，被细柔毛，中轴细长而坚硬，具三棱，分枝宽广；萼片 5，宽卵形，无毛；花瓣外面 3 片近圆形，内面 2 片深裂至中部；子房无毛。核果球形或倒卵形，直径 4–5 mm；核近球形，具稀疏凸起细网纹，中肋从腹一边锐凸起延至另一边，腹部稍凹陷。花期 5–6 月，果期 9–10 月。

分布与生境 产于我国西藏南部。生于海拔 1000–1500 m 的常绿阔叶林中。印度东北部、不丹、孟加拉国及缅甸北部也有分布。

药用部位 根皮。

功效应用 解毒利水，消肿。用于水肿，腹水，无名肿毒。

红柴枝 Meliosma oldhamii Miq. ex Maxim. var. oldhamii
引自《中国高等植物图鉴》

红柴枝 Meliosma oldhamii Miq. ex Maxim. var. oldhamii
摄影：朱鑫鑫

11b. 有腺泡花树（变种）（植物分类学报） 腺毛泡花树（中国中药资源志要）

Meliosma oldhamii Miq. ex Maxim. var. **glandulifera** Cufod. Oesterr. Bot. Zeit. 253.1939.（英 **Glandular Meliosma**）

与模式变种不同之处在于小叶背面被稀疏短的棒状腺毛。

分布与生境 产于安徽、江西、湖南、广西等地。生于海拔 1200–1900 m 的山地林间。

药用部位 根皮。

功效应用 利水解毒。用于腹水，水肿。外用于无名肿毒。

12. 暖木（中国树木分类学）

Meliosma veitchiorum Hemsl. in Kew Bull. 1906: 155.——*M. longicalyx* Lecomte（英 **Veitch Meliosma**）

　　乔木，高可达 20 m，树皮灰色，不规则的薄片状脱落。羽状复叶，连柄长 60-90 cm，叶轴基部膨大；小叶纸质，7-11 片，卵形或卵状椭圆形，先端尖或渐尖，基部圆钝，偏斜，两面脉上常残留有柔毛，脉腋无髯毛，全缘或有粗锯齿；侧脉每边 6-12 条。圆锥花序顶生，直立，长 40-45 cm，主轴及分枝密生粗大皮孔；花梗被褐色细柔毛；萼片 4 (5)，椭圆形或卵形，外面 1 片较狭，先端钝；花瓣外面 3 片倒心形，内面 2 片 2 裂约达 1/3，裂片先端圆，具缘毛。核果近球形，直径约 1 cm；核近半球形，平滑或不明显稀疏纹，中肋显著隆起，常形成钝嘴，腹孔宽，具三角形的填塞物。花期 5 月，果期 8-9 月。

分布与生境　产于云南北部、贵州东北部、四川、陕西南部、河南、湖北、湖南、安徽南部、浙江北部。生于海拔 1000-3000 m 的湿润密林或疏林中。

药用部位　根或干皮、果实。

功效应用　根或干皮：用于带下病，湿热泻痢，久泻久痢，便血，崩漏。果实：用于风湿痹痛，便血，淋浊，带下病，遗精。浙江民间应用同臭椿。

暖木 **Meliosma veitchiorum** Hemsl.
引自《中国植物志》

暖木 **Meliosma veitchiorum** Hemsl.
摄影：刘宗才 徐永福

凤仙花科 BALSAMINACEAE

一年生或多年生草本，稀附生或亚灌木。茎通常肉质，直立或平卧。叶互生、对生或轮生，具柄或无柄，无托叶或有时叶柄基具1对托叶状腺体，羽状脉，边缘具锯齿。花两性，雄蕊先熟，两侧对称，常呈180°倒置，排成腋生或近顶生总状或假伞形花序，或无总花梗，束生或单生，萼片3，稀5枚，侧生萼片离生或合生，全缘或具齿，下面的1枚萼片（唇瓣）大，花瓣状，通常呈舟状，漏斗状或囊状，基部渐狭或急收缩成距；距短或细长，直、内弯或拳卷，顶端肿胀、急尖或稀2裂，稀无距；花瓣5枚，分离，上面的花瓣（即旗瓣）离生，扁平或兜状，背面常有鸡冠状突起，侧生花瓣成对合生（翼瓣）；雄蕊5枚，与花瓣互生，在雌蕊上部连合或贴生，环绕子房和柱头，花丝短，扁平，内侧具鳞片状附属物，在柱头成熟前脱落；花药2室，缝裂或孔裂；雌蕊由4或5心皮组成；子房上位，4或5室，每室具2至多数倒生胚珠；花柱1，极短或无花柱，柱头1-5。果实为假浆果或多少肉质，4-5裂爿弹裂的蒴果。种子从开裂的裂爿中弹出，无胚乳。

本科仅有水角属 *Hydrocera* Blume 和凤仙花属 *Impatiens* L. 两个属，全世界约有900余种，主要分布于亚洲热带、亚热带及非洲，少数种在欧洲、亚洲温带地区及北美洲也有分布。我国2属均产，已知约有240种，其中药用1属，34种。

本科药用植物化学成分主要有黄酮、萘醌、香豆素、三萜等类型化合物。

1. 凤仙花属 Impatiens L.

本属的形态特征与科描述基本相同，但下面4枚侧生的花瓣成对合生成翼瓣；果实为多少肉质弹裂的蒴果，果实成熟时种子从裂爿中弹出。

凤仙花属是本科中最大的属，约有900余种，分布于旧大陆热带、亚热带山区和非洲，少数种类也产于亚洲和欧洲温带及北美洲。在我国已知的约240余种，主要集中分布于西南山区，尤以云南、四川、贵州和西藏的种类最多，其中除了在我国民间广泛栽培供观赏和药用的凤仙花（指甲花、急性子）*I. balsamina* L. 以及近年来常栽培的苏丹凤仙花（亦称玻璃翠）*I. wallerana* Hook. f. 和引种栽培的赞比亚凤仙花 *I. usambarensis* Grey-Wils. 外均为野生，其中34种可药用。

分种检索表

1. 蒴果短，椭圆形，中部肿大，两端收缩成喙状；种子球形。
  2. 叶对生，无柄或近无柄，线形或线状披针形，基部圆形或近心形，边缘具疏锯齿；蒴果无毛⋯⋯⋯⋯⋯⋯⋯⋯⋯⋯⋯⋯⋯⋯⋯⋯⋯⋯⋯⋯⋯⋯⋯⋯⋯⋯⋯⋯⋯⋯⋯⋯⋯⋯⋯⋯**1. 华凤仙 I. chinensis**
  2. 叶互生，具柄，披针形或狭椭圆形，基部楔形，具数对黑色腺体，边缘具锐锯齿，无毛或被柔毛；蒴果及花均被密柔毛（栽培）⋯⋯⋯⋯⋯⋯⋯⋯⋯⋯⋯⋯⋯⋯⋯⋯⋯⋯**2. 凤仙花 I. balsamina**
1. 蒴果伸长，纺锤形、棒状或线状圆柱形；种子长圆形或倒卵形。
  3. 侧生花瓣上部裂片合生或粘连成宽片状或具三角形反折小耳；蒴果纺锤形⋯⋯⋯⋯⋯**3. 丰满凤仙花 I. obesa**
  3. 侧生花瓣上部裂片离生；蒴果棒状或线状圆柱形。
    4. 侧生花瓣顶端钝，不伸长成细丝状毛。
      5. 全部花梗基部具苞片，否则无苞片。
        6. 总花梗常具多数花；花总状排列；侧生萼片2或4。
          7. 花大，长4-5 cm，下面萼片囊状或囊状漏斗形；侧生萼片4。

8. 花黄色、淡黄色；下面的萼片囊状、内弯，长 2.5–3.5 cm，具淡棕红色条纹⋯⋯⋯⋯⋯⋯⋯⋯
⋯⋯⋯⋯⋯⋯⋯⋯⋯⋯⋯⋯⋯⋯⋯⋯⋯⋯⋯⋯⋯ 4. **湖北凤仙花 I. pritzelii**

8. 花黄色或白色，下面萼片囊状或囊状漏斗状。

  9. 花大，长达 5 cm，下面萼片囊状，具长 2–3 cm 内卷或螺旋状细距；叶长圆状卵形或
    倒披针形，长达 22 cm ⋯⋯⋯⋯⋯⋯⋯⋯⋯⋯ 5. **大叶凤仙花 I. apalophylla**

  9. 花较小，下面萼片囊状漏斗状，具短于檐部的粗距或短距。

    10. 下面萼片个短于檐部 1/2，具长约 1 cm 的距；茎粗壮，通常具翅⋯⋯⋯⋯⋯⋯
    ⋯⋯⋯⋯⋯⋯⋯⋯⋯⋯⋯⋯⋯⋯⋯⋯⋯⋯⋯ 6. **棒凤仙花 I. clavigera**

    10. 下面萼片长不超过 1 cm，具卷曲或内卷的短距。

      11. 花黄色，旗瓣三角状圆形，钝；下面萼片长漏斗状，具卷曲的粗距；叶柄长
      4–6 cm，无腺体⋯⋯⋯⋯⋯⋯⋯⋯⋯⋯⋯ 7. **峨眉凤仙花 I. omeiana**

      11. 花白色，上面花瓣椭圆形，具小尖；下面萼片囊状，具极短的弯距；叶具极短
      的柄，或近无柄，基部具疏腺体⋯⋯⋯⋯⋯⋯ 8. **白花凤仙花 I. wilsonii**

7. 花中等大或小，长不超过 4 cm，下面萼片漏斗状、杯状或狭漏斗状；侧生萼片 2 或 4。

  12. 花较大，长不超过 4 cm；下面萼片漏斗状或杯状。

    13. 总花梗具 5–13 花；花黄色，排成总状，侧生萼片及苞片顶端具有腺的长芒⋯⋯⋯
    ⋯⋯⋯⋯⋯⋯⋯⋯⋯⋯⋯⋯⋯⋯⋯⋯⋯ 9. **路南凤仙花 I. loulanensis**

    13. 总花梗具 3–8 花；花黄色或蓝紫色，近伞房状排列；侧生萼片革质，斜卵形，顶端无腺
    体⋯⋯⋯⋯⋯⋯⋯⋯⋯⋯⋯⋯⋯⋯⋯⋯⋯ 10. **蓝花凤仙花 I. cyanantha**

  12. 花小，黄色或稀紫色，长 2–3 cm；下面萼片狭漏斗状或角状，苞片卵状披针形至线形，脱
  落或宿存。

    14. 侧生花瓣上部裂片带形或狭披针形，稀向基部稍扩大。

      15. 侧生萼片 2 枚。

        16. 花金黄色，长 3 cm，侧生萼片舟形，长 5 mm，膜质，具 3–5 脉，下面萼片狭漏斗
        形，先端具短喙尖⋯⋯⋯⋯⋯⋯⋯⋯⋯⋯ 11. **黄金凤 I. siculifer**

        16. 花粉紫色，长 2–2.5 cm；侧生萼片长圆状卵形，长 3–4 mm，绿色顶端具粗厚小
        尖；下面萼片漏斗形，中部肿大，具喙⋯⋯⋯ 12. **小距凤仙花 I. microcentra**

      15. 侧生萼片 4，外面 2 枚宽卵形，内面 2 枚极小，线形，下面萼片具与檐部等宽的圆柱
      状直距⋯⋯⋯⋯⋯⋯⋯⋯⋯⋯⋯⋯⋯⋯⋯ 13. **同距凤仙花 I. holocentra**

    14. 侧生花瓣上部裂片斧形或半月形，稀斜卵形。

      17. 茎粗壮，不分枝或稀分枝。

        18. 茎上部及总花梗被褐色或紫褐色腺毛，叶菱形或卵状菱形，边缘具锐锯齿；花淡
        紫色或红紫色，长 3–4 cm⋯⋯⋯⋯⋯⋯⋯ 14. **野凤仙花 I. textorii**

        18. 茎上部及总花梗无毛；叶披针形或狭披针形，具圆齿状锯齿或细锯齿；叶柄基部
        具 1 对球状腺体；花红色，长 2.5–3 cm⋯⋯ 15. **滇水金凤 I. uliginosa**

      17. 茎纤细或稀粗壮。

        19. 总花梗长或较长，具多数花，花排成总状花序。

          20. 花淡黄色，喉部具淡红色斑点，侧生花瓣 3 浅裂，下面萼片舟状，具 5–7 mm 锥
          状直距⋯⋯⋯⋯⋯⋯⋯⋯⋯⋯⋯⋯⋯⋯ 16. **小花凤仙花 I. parviflora**

          20. 花白色，无斑点，侧生花瓣 2 浅裂；下面萼片具长不超过 1 mm 楔状三角形短距
          ⋯⋯⋯⋯⋯⋯⋯⋯⋯⋯⋯⋯⋯⋯⋯⋯⋯ 17. **短距凤仙花 I. brachycentra**

        19. 总花梗短或极短，具 2 花，稀 1 花；花粉红色或紫红色；花梗基部具 2 钻形苞片⋯
        ⋯⋯⋯⋯⋯⋯⋯⋯⋯⋯⋯⋯⋯⋯⋯⋯⋯ 18. **锐齿凤仙花 I. arguta**

6. 总花梗具 1–2 花，稀具多数花；侧生萼片 2。

 21. 总花梗具 2 花，腋生；叶具圆齿状锯齿，基部具 1 对腺体，花粉紫色，侧生萼片中肋一侧加厚，具不明显细齿 ⋯⋯⋯⋯⋯⋯⋯⋯⋯⋯⋯⋯⋯⋯⋯⋯⋯⋯⋯⋯⋯⋯ 19. 弯距凤仙花 **I. recurvicornis**

 21. 总花梗具 2 花，稀 3–5 花，稀具单花。

  22. 花药尖。

   23. 茎平卧，横走或匍匐，节上常生纤维状须根，上部被疏短刚毛。

    24. 叶硬纸质，卵形或卵状披针形，稀菱形，上面沿脉和边缘被短糙毛，侧脉 5–7 对 ⋯⋯
    ⋯⋯⋯⋯⋯⋯⋯⋯⋯⋯⋯⋯⋯⋯⋯⋯⋯⋯⋯⋯ 20. 鸭跖草状凤仙花 **I. commelinoides**

    24. 叶膜质，卵形或卵状披针形，下面沿脉被短柔毛，侧生萼片近革质，中脉被短毛，顶端具反折的长尖 ⋯⋯⋯⋯⋯⋯⋯⋯⋯⋯⋯⋯⋯⋯⋯⋯⋯ 21. 天全凤仙花 **I. tienchuanensis**

   23. 茎直立，不分枝或分枝，无毛。

    25. 下面萼片檐部狭漏斗状；总花梗仅具 1 花，侧生萼片长卵形，有时一侧具细齿，中肋背面具狭翅；叶基部具 2 球形腺体 ⋯⋯⋯⋯⋯⋯⋯ 22. 翼萼凤仙花 **I. pterosepala**

    25. 下面萼片檐部漏斗状或舟状。

     26. 下面萼片檐部漏斗状，有与檐部等长的细距；总花梗仅具 1 花，花红色；茎基部或下部节膨大成块茎状 ⋯⋯⋯⋯⋯⋯⋯⋯⋯⋯⋯⋯ 23. 块节凤仙花 **I. pinfanensis**

     26. 下面萼片檐部舟状，具长 15–20 mm 卷曲的细距；总花梗具 3–5 花，花淡黄色，茎基部及下部节不膨大成块茎状 ⋯⋯⋯⋯⋯⋯⋯⋯⋯⋯ 24. 心萼凤仙花 **I. henryi**

  22. 花药钝，花大，长 3.5 cm，浅黄色，侧生萼片膜质，绿色，卵圆形，具 3–5 脉，上面花瓣中肋背面具窄鸡冠状突起 ⋯⋯⋯⋯⋯⋯⋯⋯⋯⋯⋯⋯ 25. 山地凤仙花 **I. monticola**

5. 花序最下面的花梗无苞片。

 27. 侧生萼片 4 枚，外面 2 萼片线形，内面 2 萼片线状披针形；茎、枝和总花梗具紫色或红褐色斑点 ⋯⋯⋯⋯⋯⋯⋯⋯⋯⋯⋯⋯⋯⋯⋯⋯⋯⋯⋯⋯⋯ 26. 窄萼凤仙花 **I. stenosepala**

 27. 侧生萼片 2 枚；茎、枝及总花梗无斑点。

  28. 花药尖，花黄色或淡黄色。

   29. 叶卵形或卵状椭圆形，基部楔形或尖；苞片披针形；侧生萼片卵形，下面萼片具橙红色斑点；上面花瓣背面中肋具绿色鸡冠状突起 ⋯⋯⋯⋯⋯ 27. 水金凤 **I. noli-tangere**

   29. 叶椭圆形或卵状长圆形，基部圆形或心形；苞片卵形，萼片近心形，具绿色脉和小尖头，上面花瓣背面具狭龙骨状突起 ⋯⋯⋯⋯⋯⋯⋯ 28. 长翼凤仙花 **I. longialata**

  28. 花药钝；花淡紫色或污黄色。

   30. 叶边缘具粗圆齿或波状齿，基部心形，稍抱茎，下面萼片囊状具内弯的短距 ⋯⋯⋯⋯⋯⋯
   ⋯⋯⋯⋯⋯⋯⋯⋯⋯⋯⋯⋯⋯⋯⋯⋯⋯⋯⋯⋯⋯⋯⋯⋯ 29. 耳叶凤仙花 **I. delavayi**

   30. 叶边缘具锯齿，稀具圆齿状锯齿。

    31. 植株通常被毛。

     32. 全株被黄褐色开展绒毛；花黄色或白色；侧生萼片半卵形，长 5–8 mm，全缘，下面萼片漏斗状，具内弯的距 ⋯⋯⋯⋯⋯⋯⋯⋯⋯⋯ 30. 毛凤仙花 **I. lasiophyton**

     32. 茎上部或节上被黄褐色疏柔毛，花粉紫色；侧生萼片半卵形，不等侧，一侧边缘具小锯齿 ⋯⋯⋯⋯⋯⋯⋯⋯⋯⋯⋯⋯⋯⋯⋯⋯⋯⋯⋯ 31. 细柄凤仙花 **I. leptocaulon**

    31. 植株全部无毛；花大或较大，紫色或紫红色，长 3.5–4.5 cm，侧生萼片卵形或圆形，边缘具睫毛或疏细齿，下面萼片具长达 3.5 cm 的细距 ⋯ 32. 睫毛萼凤仙花 **I. blepharosepala**

4. 侧生花瓣基部裂片和上部裂片渐尖，顶端均伸长成细丝状长毛；下面萼片囊状。

 33. 侧生萼片宽卵状圆形，边缘常具粗齿，背面中肋有狭龙骨状突起，侧生花瓣无柄，裂片披针形，先端均有细丝状长毛，下面萼片囊状具顶端 2 裂内弯短距 ⋯⋯⋯⋯⋯⋯⋯⋯ 33. 齿萼凤仙花 **I. dicentra**

33. 侧生萼片宽卵形，全缘，具 9 条细脉；侧生花瓣具柄，仅基部裂片顶端具丝状毛，下面萼片囊状，具黄色条纹，基部具长约 8 mm，2 浅裂钩状距·····················**34. 牯岭凤仙花 I. davidii**

　　本属植物主要药理活性为抗过敏、抗炎、抗真菌等。实验表明凤仙花提取物中具有同时拮抗组胺 H_1 受体和血小板活化因子 (PAF) 受体成分，有较好的抗急、慢性过敏作用，提取物中还含有一定量抗炎和抗菌作用的有效成分。

1. 华凤仙（植物分类学报）　水边指甲花（中国植物志），水指甲花、象鼻花（广西），水凤仙花（华东），入冬雪、水凤仙、水指甲（全国中草药汇编）

Impatiens chinensis L., Sp. Pl. 2: 937. 1753.（英 **Chinese Snapweed**）

　　一年生草本，高 30-60 cm。茎纤细，下部横卧，节略膨大，有不定根。叶对生，无柄或几无柄；叶片硬纸质，线形或线状披针形，稀倒卵形，长 2-10 cm，宽 0.5-1 cm，先端尖或稍钝，基部近心形或截形，边缘疏生刺状锯齿，上面被微糙毛，下面无毛，侧脉 5-7 对。花较大，单生或 2-3 朵簇生于叶腋，无总花梗，紫红色或白色；花梗细；长 2-4 cm；基部有线形苞片；侧生萼片 2，线形，长约 10 mm，宽约 1 mm，下面萼片漏斗状，长约 15 mm，渐狭成内弯或旋卷的细距；上面花瓣圆形，直径约 10 mm，先端微凹，背面中肋具狭翅，顶端具小尖，侧生花瓣无柄，长 14-15 mm，2 裂，下部裂片小，近圆形，上部裂片宽倒卵形至斧形，具小耳；花药顶端钝；子房纺锤形。蒴果椭圆形，中部膨大，无毛。种子圆球形，黑色，有光泽。

分布与生境　产于安徽、浙江、江西、福建、湖南南部、广东、香港、海南、广西和云南等地。常生于海拔 100-1200 m 的池塘、水沟旁、田边或沼泽地。也分布于印度、缅甸、越南、泰国、马来西亚。

药用部位　全草。

功效应用　清热解毒，活血散瘀，消肿拔脓。用于肺结核，颜面及喉头肿痛，热痢。外用于蛇头指疔，痈疮肿毒。

化学成分　根、茎、叶和花全株含挥发油：α-松油烯 (α-terpinene)，4,7-二甲基十一烷(4,7-dimethylundecane)，(+)-α-松油醇[(+)-α-terpineol]，α-丁香烯 (α-caryophyllene)，β-环柠檬醛(β-cyclocitral)，菲(phenanthrene)，苯乙酮(acetophenone)，十五烷(pentadecane)，正十七烷(n-heptadecane)，正十八烷(n-octadecane)，酞酸二异丁酯(diisobutyl phthalate)，正二十二烷(n-docosane)，正二十五烷(n-pentacosane)，正二十六烷(n-hexacosane)，十五醛(pentadecanal)，三十四烷(tetratriacontane)，二十六酸甲酯(methyl hexacosanoate)，二十酸(eicosanoic acid)，二十二酸 (docosanoic acid)等[1]。

注评　本种的全草称"水凤仙"，广西、湖南等地药用。苗族也药用，主要用途见功效应用项。

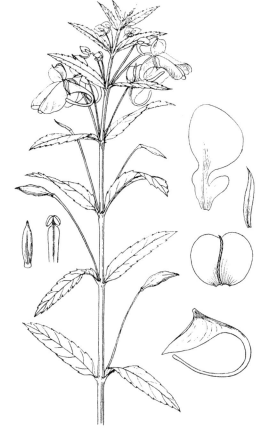

华凤仙 Impatiens chinensis L.
张泰利、张荣厚　绘

化学成分参考文献

[1] 宋伟峰，等 . 中国医药导报，2012, 9(17): 142-143.

华凤仙 Impatiens chinensis L.
摄影：朱鑫鑫

2. 凤仙花（本草纲目） 指甲花（草木便方），急性子、小桃红、染指甲草（救荒本草），金凤花（世医得效方），灯盏花（滇南本草），透骨草（本草纲目拾遗），凤仙透骨草，黑乃（维语）

Impatiens balsamina L., Sp. Pl. 2: 938. 1753.（英 **Garden Balsam**）

一年生草本，高 60-100 cm。茎粗壮，直立，不分枝或有分枝，无毛或幼时被疏柔毛，下部节常膨大。叶互生，稀最下部叶有时对生；叶片披针形、狭椭圆形或倒披针形，长 4-12 cm、宽 1.5-3 cm，先端尖或渐尖，基部楔形，边缘有锐锯齿，基部常有数对无柄的黑色腺体，两面无毛或被疏柔毛，侧脉 4-7 对；叶柄长 1-3 cm，两侧具数对具柄的腺体。花单生或 2-3 朵簇生于叶腋，无总花梗，白色、粉红色或紫色，单瓣或重瓣；花梗长 2-2.5 cm，密被柔毛；基部有线形苞片；侧生萼片 2，卵形或卵状披针形，唇瓣深舟状，长 13-19 mm，被柔毛，急狭成长 1-2.5 cm 内弯的距；上部花瓣圆形，兜状，先端微凹，背面中肋具狭龙骨状突起，侧生花瓣具短柄，长 23-35 mm，2 裂，基部裂片小，倒卵状长圆形，上部裂片近圆形，先端 2 浅裂，具小耳；花药顶端钝，子房纺锤形，密被柔毛，蒴果宽纺锤形，长 10-20 mm，两端尖，密被柔毛，种子多数，黑褐色。花果期 7-10 月。

分布与生境 全国各地庭园广泛栽培，为习见观赏花卉，也供药用。

药用部位 种子（急性子）、根、花、全草（凤仙透骨草）。

功效应用 本品有小毒。种子：破血，软坚，消积。用于症瘕痞块，经闭，噎膈。花：活血通经，祛风止痛。用于闭经，跌打损伤，瘀血肿痛，风湿性关节炎，痈疖

凤仙花 Impatiens balsamina L.
张泰利、张荣厚 绘

凤仙花 Impatiens balsamina L.
摄影：张英涛 梁同军

疗疮，蛇咬伤，手癣。根：活血消肿。用于风湿筋骨痛，跌打肿痛，骨哽咽喉。花瓣的汁：日本民间涂于皮肤，抗过敏，止痒，治疗各种皮炎。全草：祛风活血，消肿止痛。用于风湿性关节痛，疮疡肿毒，跌打损伤，瘰疬。

化学成分 根含萘醌类：散沫花醌(lawsone)，散沫花醌甲醚(lawsone methyl ether)，双萘醌酚(diphthiocol)；香豆素类：东莨菪内酯(scopoletin)，异白蜡树定(isofraxidin)[1]，4,4'-双异白蜡树定(4,4'-biisofraxidin)[2]；甾醇类：菠菜甾醇(spinasterol)[1]。

茎含萘类：2-甲氧基-1,4-萘醌(2-methoxy-1,4-naphthoquinone)，1,2,4-三羟基萘-1,4-二-β-D-吡喃葡萄糖苷[3]，1α,2α-二醇-4α-乙氧基-1,2,3,4-四氢萘(1α,2α-diol-4α-ethoxy-1,2,3,4-tetrahydronaphthalene)，1α,2α,4β-三醇-1,2,3,4-四氢萘(1α,2α,4β-triol-1,2,3,4-tetrahydronaphthalene)[4]；香豆素类：七叶树内酯[3]；黄酮类：芦丁[3]；其他类：香荚兰酸(vanillic acid)，原儿茶酸(protocatechuic acid)，大豆脑苷I[3]。

叶含萘类：散沫花醌，散沫花醌甲醚，亚甲基-3,3'-双散沫花醌(methylene-3,3'-bilawsone)[5]。

花含黄酮类：山奈酚-3-吡喃葡萄糖苷(kaempferol-3-glucopyranoside)，山奈酚-3-葡萄糖基鼠李糖苷(kaempferol-3-glucosylrhamnoside)，山奈酚(kaempferol)，山奈酚-3-对香豆酰吡喃葡萄糖苷[kaempferol-3-(p-coumaroyl)glucopyranoside][6]，山奈酚-3-芸香糖苷(kaempferol-3-rutinoside)，槲皮素-3-吡喃葡萄糖苷(quercetin-3-glucopyranoside)，山奈酚-3-鼠李糖基二葡萄糖苷(kaempferol-3-rhamnosyldiglucoside)，槲皮素(quercetin)，槲皮素-3-芸香糖苷(quercetin-3-rutinoside)[7]，矢车菊素(cyanidin)，飞燕草素(delphinidin)，天竺葵素(pelargonidin)，芍药素(paeonidin)，锦葵素吡喃葡萄糖苷(malvidin glucopyranoside)，芦丁(rutin)，烟花苷(nicotiflorin)[8-9]；萘醌类：散沫花醌(lawsone)，散沫花醌甲醚(lawsone methyl ether)[10]，凤仙花醌▲(balsaquinone)，凤仙花醌酚▲(impatienol)，凤仙花醌酚盐▲(impatienolate)，凤仙花醌醇盐▲(balsaminolate)[11]。

果皮含萘类：散沫花醌甲醚，凤仙花酮(balsaminone) A、B[12]。

种子含三萜类：凤仙花醇▲A (hosenkol A)[13]，凤仙花苷▲(hosenkoside) A、B、C、D、E[14]、F、G、H、I、J、K[15]、L、M、N、O[16]，β-香树脂醇(β-amyrin)[17]，α-香树脂醇咖啡酸酯(α-amyrin caffeate)[18]；萘类：凤仙花酮(balsaminone) A、B、C[19]；黄酮类：槲皮素-3-O-[α-L-吡喃鼠李糖基-(1 → 2)-β-D-吡喃葡萄糖基]-5-O-β-D-吡喃葡萄糖苷{quercetin-3-O-[α-L-rhamnopyranosyl-(1 → 2)-β-D-glucopyranosyl]-5-O-β-D-glucopyranoside}，槲皮素-3-O-[(6'''-O-咖啡酰基)-α-L-吡喃鼠李糖基-(1 → 2)-β-D-吡喃葡萄糖基]-5-O-β-D-吡喃葡萄糖苷{quercetin-3-*O*-[(6‴-*O*-caffeoyl)-α-L-rhamnopyranosyl-(1 → 2)-β-D-glucopyranosyl]-5-*O*-β-D-glucopyranoside}[20]；有机酸及其酯类：棕榈酸，硬脂酸，油酸，(-)-*R*,*Z*-甘油醇-1-9-十八烯酸酯[(-)-*R*,*Z*-glycerol-1-9-octadecenoate]，棕榈酸乙酯，硬脂酸乙酯，油酸乙酯[21]，帕里纳里木酸▲(parinaric acid)[22]。

地上部分含萘醌类：凤仙花醌酚▲(impatienol)[23]。

全草含黄酮类：山奈酚，山奈酚 -3- 葡萄糖基鼠李糖苷，山奈酚 -3- 葡萄糖苷 [24]。

药理作用　镇痛作用：凤仙花对小鼠腹痛、足痛模型有镇痛作用[1]。

抗过敏作用：凤仙花可抑制小鼠抓搔行为，山奈酚 -3- 芸香糖苷和散沫花醌是 2 个主要抗过敏的活性化合物，其中山奈酚 -3- 芸香糖苷是 PAF 拮抗剂，散沫花醌是组胺和 PAF 拮抗剂 [2-3]。凤仙花花瓣的醇提物能抑制鸡蛋白溶菌酶特异性过敏症小鼠的血压下降 [4] 和 NO 依赖性血压降低，作用机制除通过抑制 NO 而抗组胺过敏 [5]，还有组胺 H_1 受体阻滞剂作用 [6]。从凤仙花的果皮中得到的止痒成分凤仙花酮 A 和 B 能抑制可引起细胞脱颗粒和组胺释放的化合物 48/80 所致的小鼠瘙痒 [7]。

抗细菌和抗真菌作用：凤仙草乙酸冷浸液对导致手、足甲癣病的 3 种主要致病真菌有抑制作用 [8]。从凤仙花地上部分分离得到的 2- 甲氧基 -1,4- 萘醌对 5 种革兰氏阳性菌、2 种革兰氏阴性菌和 8 种真菌均有抑制效果 [9]。

急性子 **Impatientis Semen**
摄影：钟国跃

其他作用：凤仙花地上部分乙醇提取物的乙酸乙酯萃取部位以及从中分离得到的凤仙花醌酚 (impatienol) 有抑制 5α- 还原酶活性 [10]。凤仙花种子的乙醇提取液对对乙酰氨基酚有促透皮作用 [11]。凤仙花中的新萘醌类化合物凤仙花醌酚盐 (impatienolate) 和凤仙花醌醇盐 (balsaminolate) 具有选择性抑制环加氧酶 -2 (COX-2) 作用 [12]。

注评　本种为历版中国药典、新疆药品标准（1980 年版）收载"急性子"的基源植物，药用其干燥成熟种子；其新鲜茎为中国药典（2005、2010 年版）附录Ⅲ中收载的"鲜凤仙透骨草"，其干燥茎或茎枝为中国药典（1977 年版），北京（1998 年版）、湖南（1993 年版）、河南（1993 年版）中药材标准，新疆药品标准（1980 年版）收载的"凤仙透骨草"以及上海中药材标准（1994 年版）收载的"透骨草"，商品药材习称"凤仙透骨草"；其花为部颁标准·蒙药（1998 年版），内蒙古蒙药材标准（1986 年版），新疆药品标准（1980 年版），山东（1995 年版）、上海（1994 年版）中药材标准收载的"凤仙花"。本种的根称"凤仙根"，也可药用。透骨草商品药材的品种比较复杂，除本种外，大戟科植物地构叶 Speranskia tuberculata (Bunge) Baill. 的地上部分，在山东、山西、河南、内蒙古及我国西北地区作透骨草使用，习称"珍珠透骨草"。毛茛科植物黄花铁线莲 Clematis intricata Bunge 的全草，在北京、天津、河北、山西、宁夏作透骨草使用，习称"铁线透骨草"。豆科植物山野豌豆 Vicia amoena Fisch. ex Ser.、广布野豌豆 Vicia cracca L. 和大叶野豌豆 Vicia pseudorobus Fisch. et C. A. Mey. 的干燥地上部分，在东北、内蒙古地区作"透骨草"药用，商品药材习称"东北透骨草"。杜鹃花科植物滇白珠 Gaultheria leucocarpa Blume var. crenulata (Kurz) T. Z. Hsu 的茎叶或根，在云南、贵州、四川地区作"透骨草"药用，习称"小透骨草"。这些品种在产地均习称"透骨草"，但功效应用不尽相同，应视为不同的药材。水族、苗族、仫佬族、壮族、侗族、阿昌族、德昂族、蒙古族、维吾尔族、土家族、畲族等也药用本种，除主要用途同功效应用项外，尚用于乳痈，食管癌，感冒，高热烦渴，肺结核，肾炎，尿路感染，泌尿系统结石，高血压等症。

化学成分参考文献

[1] Pharkphoom P, et al. *Phytochemistry*, 1995, 40(4): 1141-1143.

[2] Pharkphoom P, et al. *Planta Med*, 1998, 64(8): 774-775.

[3] 陈秀梅，等. 药学与临床研究，2009, 17(1): 31-33.

[4] Chen XM, et al. *Chin Chem Lett*, 2010, 21(4): 440-442.

[5] Sakunphueak A, et al. *Phytochem Anal*, 2010, 21(5): 444-450.

[6] Lin H, et al. *J Chromatogr A*, 2001, 909: 297-303.

[7] Oku H, et al. *Phytother Res*, 1999, 13: 521-525.

[8] Charles W, et al. *Amer J Bot*, 1966, 53(1): 46-54.

[9] Charles W, et al. *Amer J Bot*, 1966, 53(1): 54-56.

[10] Fukumoto H, et al. *Phytother Res*, 1996, 10(3): 202-206.

[11] Oku H, et al. *Biol Pharm Bull*, 2002, 25(5): 658-660.

[12] Ishiguro K, et al. *J Nat Prod*, 1998, 61(9): 1126-1129.

[13] Shoji N, et al. *J Chem Soc, Chem Commun* 1983, 5(16): 871-873.

[14] Shoji N, et al. *Tetrahedron*, 1994, 50(17): 4973-4986.

[15] Shoji N, et al. *Chem Pharm Bull*, 1994, 42(7): 1422-1426.

[16] Shoji N, et al. *Phytochemistry*, 1994, 37(5): 1437-1441.

[17] Matsumoto T, et al. *Nippon Kagaku Kaishi (1921-47) (1954), Pure Chem Sect*, 75: 346-347.

[18] 雷静，等. 中国药科大学学报，2010, 41(2): 118-119.

[19] 裴慧，等. 中药材，2012, 35(3): 407-410.

[20] Lei J, et al. *J Asian Nat Prod Res*, 2010, 12(11-12): 1033-1037.

[21] Patra A, et al. *J Ind Chem Soc*, 1988, 65(5): 367-368.

[22] Tutiya T, et al. *Nippon Kagaku Kaishi (1921-47)*, 1940, 61: 717-718.

[23] Ishiguro K, et al. *Phytother Res*, 2000, (14): 54-56.

[24] 胡喜兰，等. 中成药，2003, 25(10): 833-834.

药理作用及毒性参考文献

[1] 王璇，等. 北京医科大学学报，1998, 30(2): 145-147.

[2] Oku H, et al. *Phytother Res*, 2001, (15): 506-510.

[3] Oku H, et al. *Phytother Res*, 1999, (13): 521-525.

[4] ISHIGURO K, et al. *Biol Pharm Bull*, 2002, 25(4): 505-508.

[5] 危建安，等. 时珍国医国药，2001, 12(2): 164-165.

[6] Fu Kumoto H, et al. *Phytother Res*, 1996, 10(3): 202-206.

[7] Ishiguro K, et al. *J Nat Prod*, 1998, 61(9): 1126-1129.

[8] 危建安，等. 中国中医药科技，2001, 8(5): 321.

[9] Yang XL, et al. *Phytother Res*, 2001, (15): 676-680.

[10] Ishiguro K, et al. *Phytother Res*, 2000, (14): 54-56.

[11] 郝勇，等. 现代中西医结合杂志，2005, 14(7): 856-857.

[12] Oku H, et al. *Biol Pharm Bull*, 2002, 25(5): 658-660.

3. 丰满凤仙花（植物分类学报） 山泽兰（新华本草纲要）

Impatiens obesa Hook. f. in Nouv. Arch. Mus. Paris, Ser. 4, 10: 242. 1908.（英 **Yellowflower Snapweed**）

肉质草本，高 30–40 cm，全株无毛。茎直立，肥厚，不分枝或稀中部短分枝。叶互生，具柄，常密集于茎上部，卵形或倒披针形，长 4–15 cm，宽 2.5–3.5 cm，顶端尖或渐尖，叶柄长 1–4 cm，边缘具细锯齿，基部具 2 无柄的腺体，侧脉 8–15 对，两面无毛。总花梗生于上部叶腋，极短，单花或 2 花，花梗细，长 1–2.5 cm，无毛，基部具小苞片，苞片卵形，膜质，长约 2 mm，宿存。花粉紫色，长 2–3 cm，侧生萼片 4，外面 2 枚圆形或椭圆状圆形，内面的极小，卵形，下面萼片浅，短囊状或杯状，长 1.5 cm，急狭成内弯的短矩。上面花瓣宽倒卵形或楔形，长 10–15 mm，顶端 2 钝或截形，背面中肋具鸡冠状突起。侧生花瓣无柄，长 18–25 mm，2 裂，基部裂片梨形，上部裂片斧形，常联合或粘贴成 2 裂的宽片状，具三角形反折小耳。花药顶端钝。子房纺锤形。蒴果纺锤形，种子圆形，扁压，栗褐色。花期 6–7 月。

分布与生境 产于江西、湖南、广东北部。生于海拔 400–750 m 的山坡林缘或山谷水旁。

药用部位 全草。

功效应用 清热解毒，活血散瘀。用于月经不调，痈疮肿毒。

丰满凤仙花 **Impatiens obesa** Hook. f.
张泰利 绘

丰满凤仙花 **Impatiens obesa** Hook. f.
摄影：童毅华

4. 湖北凤仙花（湖北植物大全） 冷水七、红苋、霸王七、止痛丹（湖北）

Impatiens pritzelii Hook. f. in Nouv. Arch. Mus. Paris, Ser. 4, 10: 243. 1908.——*I. pritzelii* Hook. f. var. *hupehensis* Hook. f.（英 **Hubei Snapweed**）

多年生草本，高 20-70 cm，无毛，具串珠状横走的地下茎。茎肉质，不分枝，中、下部节膨大。叶互生，常密集于茎端，无柄或具短柄，长圆状披针形或宽卵状椭圆形，长 5-18 cm，宽 2-5 cm，顶端渐尖或急尖，基部楔状下延于叶柄，边缘具圆齿状齿，侧脉 7-9 对。总花梗生于上部叶腋，长 3-8 (13) 花，花总状排列，花梗细，长 2-3 cm，基部有苞片，苞片卵形或舟形，革质，顶端渐尖，早落。花黄色或黄白色，宽 1.6-2.2 cm。侧生萼片 4，外面 2 枚宽卵形，长 8-10 mm，渐尖，不等侧，内面 2 枚线状披针形，长 10-14 mm，透明，具 1 条侧脉。下面萼片囊状内弯，长 2.5-3.5 cm，具淡棕红色斑纹，渐狭成长 14-17 mm 内弯或卷曲的距。上面花瓣宽椭圆形或倒卵形，膜质，中肋背面中上部稍增厚，具突尖；侧生花瓣具宽柄，长 2 cm，2 裂，基部裂片倒卵形，上部裂片较长，长圆形或近斧形，顶端圆形或微凹，有三角形反折小耳；花药钝。子房纺锤形，具长喙尖。蒴果未成熟。花期 10 月。

分布与生境 产于湖北西部、重庆。生于海拔 400–1800 m 的山谷林下、沟边及湿润草丛中。

药用部位 根状茎、全草、花。

功效应用 根状茎：祛风除湿，散瘀消肿，止痛，止血，清热解毒。用于风湿痛，四肢麻木，关节肿大，腹痛，食积腹胀，泄泻，月经不调，痛经，痢疾。全草、花：用于跌打损伤，风湿性关节痛。

化学成分 根状茎含酰胺类：大豆脑苷(soyacerebroside) Ⅰ、Ⅱ[1]。

注评 本种的根状茎土家族药用，主要用途见功效应用项外，尚用其鲜叶捣敷治跌打损伤、外伤出血，疔肿疮疖，蛇咬伤。

湖北凤仙花 **Impatiens pritzelii** Hook. f.
张泰利 绘

湖北凤仙花 **Impatiens pritzelii** Hook. f.
摄影：何海

化学成分参考文献

[1] Zhou XF, et al. *Lipids*, 2009, 44(8): 759-763.

5. 大叶凤仙花（中国高等植物图鉴） 山泽兰（广西苍梧）

Impatiens apalophylla Hook. f. in Nouv. Arch. Mus. Paris, Ser. 4, 10: 243. 1908.（英 **Largeleaf Touch-me-not**）

草本，高 30–60 cm。茎粗壮，直立，不分枝。叶互生，密集于茎上部，长圆状卵形或长圆状倒披针形，长 10–22 cm，宽 4–8 cm，先端渐尖，基部楔形，边缘具波状圆齿，侧脉 9–10 对。总花梗腋生，长达 7–15 cm，花 4–10 朵排成总状花序；花梗长约 2 cm；花大，达 5 cm，黄色；侧生萼片 4，外面 2 个斜卵形，内面 2 个条状披针形；上面花瓣椭圆形，先端圆，有小突尖；下面萼片囊状，基部突然延长成长距，距微弯或有时螺旋状；侧生花瓣短，无柄，2 裂，基部裂片长圆形，先端渐尖，上部裂片狭长圆形，先端圆钝，背面的耳宽；花药钝。蒴果棒状。花果期 7-8 月。

分布与生境 产于广西、广东、贵州、云南。生于海拔 900-1500 m 的山谷沟底、山坡草丛或林下阴湿处。

药用部位 全草、种子、花。

功效应用 全草：散瘀，通经。用于跌打损伤，月经不调。种子：破血，软坚，消积。用于癥瘕痞块，经闭，噎膈。花：活血通经，祛风止痛。用于闭经，跌打损伤，瘀血肿痛，风湿性关节炎，痈疖疔疮，蛇咬伤，手癣。外用可解毒。本品有小毒。

大叶凤仙花 Impatiens apalophylla Hook. f.
引自《中国高等植物图鉴》

大叶凤仙花 Impatiens apalophylla Hook. f.
摄影：朱鑫鑫 何顺志

6. 棒凤仙花（广西植物名录）

Impatiens clavigera Hook. f. in Hook., Icon. Pl. t. 2863. 1908.（英 **Smallbract Snalpweed**）

一年生草本，高 50-60 cm，无毛。茎粗壮，下部常扭曲，不分枝或上部分枝。叶常密集在上部，互生，具柄，叶片膜质，倒卵形或倒披针形，长 8-15 (18) cm，宽 3.5-5 cm，顶端渐尖，叶柄长 1-2 cm，边缘具圆齿状锯齿，侧脉 5-6 对。总花梗生于上部叶腋，短于叶，长 8-10 cm，花多数，排成总状；花梗长 1-2 cm，基部有苞片；苞片卵形，长 3-4 mm，渐尖，脱落。花大，淡黄色，长 4-5 cm，侧生萼片 4，外面 2，斜卵形，长 8-12 mm，内面 2 较长，线状披针形，镰刀状弯，顶端渐尖，长 17 mm。下面萼片近囊状，长 3 cm，急狭成长 5-6 mm 内弯的距。上面花瓣倒卵形，长 2 cm，顶端圆形，凹，背面中肋增厚，中上部具龙骨状突起；侧生花瓣无柄，长 2.5-2.6 cm，2 裂，基部裂片大，圆形，上部裂片较长，内弯，长圆形，顶端圆钝，小耳圆形；花药卵圆形，钝子房卵圆形，顶端

喙尖。蒴果棒状，长 1.5 cm，顶端膨大具喙尖。花期 10
月至翌年 1 月，果期 1-2 月。

分布与生境　产于云南东南部、广西。生于海拔 1000-
1800 m 的山谷疏林或密林下潮湿处。也分布于越南北部。

药用部位　全草。

功效应用　消肿。用于痈疮肿毒。

棒凤仙花 Impatiens clavigera Hook. f.
引自《云南植物志》

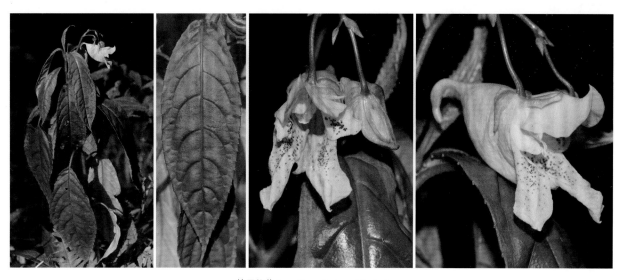

棒凤仙花 Impatiens clavigera Hook. f.
摄影：朱鑫鑫

7. 峨眉凤仙花（中国高等植物图鉴）

Impatiens omeiana Hook. f. in Nouv. Arch. Mus. Paris, Ser. 4, 10: 244. 1908.（英 **Omei Mountain Snapweed**）

　　直立草本，高 30-50 cm，根状茎粗壮。茎不分枝，节膨大。叶互生，常密生于茎上部，披针形或
卵状长圆形，长 8-16 cm，宽 4-5 cm，先端渐尖，基部楔形，边缘有粗圆齿，侧脉 5-7 对；叶柄长达
4-5 cm。总花梗顶生，长 4-10 cm，花 5-8 朵排成总状花序；花梗细，长约 2 cm，基部苞片卵状长圆

形；花大，黄色；侧生萼片4，外面2枚斜卵形，内面2
枚镰刀形；下面萼片漏斗状，基部延成卷曲的短距；上
面花瓣三角状圆形，先端圆，有突尖，侧生花瓣无柄，2
裂，基部裂片近方形，上部裂片较长，斧形，先端圆，
背面具宽耳；花药钝；子房纺锤形。花期8-9月。

分布与生境　产于四川。生于海拔 900-1000 m 的灌木林
下或林缘。

药用部位　根。

功效应用　祛风除湿，止痛，解毒，消肿。用于风湿性
关节痛，跌打损伤，痈疮肿毒。

峨眉凤仙花 Impatiens omeiana Hook. f.
引自《中国高等植物图鉴》

峨眉凤仙花 Impatiens omeiana Hook. f.
摄影：李策宏

8. 白花凤仙花（中国高等植物图鉴）

Impatiens wilsonii Hook. f. in Nouv. Arch. Mus. Paris, Ser. 4, 10: 245. 1908.（英 **Whiteflower Snapweed**）

直立草本，高 30-50 cm。茎粗壮，节膨大。叶互生，常密生于茎上部，长圆状倒卵形或倒披针
形，长 8-15 cm，宽 2.5-6 cm，先端急尖或渐尖，基部长楔形，边缘有疏圆齿，侧脉 6-8 对，背面沿
叶脉疏被短柔毛；叶柄短或几无柄，有疏腺体。总花梗生于顶叶腋，长 4-6 cm，花 4-10 朵，排成总
状花序；花大，白色；侧生萼片4，外面2个卵形，内面2个马刀形；下面萼片，囊状，基部圆形，
有内弯的短距；上面花瓣椭圆形，先端微凹，有小突尖，背面中肋有狭龙骨突；侧生花瓣无柄，2裂，
基部裂片长圆形，上部裂片大，斧形，背部有短耳；花药钝；子房纺锤形。蒴果未见。花期8-9月。

分布与生境　特产于四川峨眉山。生于海拔 800-1000 m 的沟边或林下阴湿处。

药用部位　种子、花、茎或全草。

功效应用　种子：活血通经，软坚消积。用于闭经，难产，骨鲠咽喉，肿块积聚。花：活血通经，祛风止痛。外用解毒。用于闭经，跌打损伤，瘀血肿痛，风湿性关节炎，痈疽疔疮，手癣，毒蛇咬伤。茎或全草：祛风湿，活血止痛。用于风湿性关节痛，屈伸不利。

白花凤仙花 **Impatiens wilsonii** Hook. f.
张泰利、张荣厚　绘

白花凤仙花 **Impatiens wilsonii** Hook. f.
摄影：陈彬

9. 路南凤仙花（中国高等植物图鉴）

Impatiens loulanensis Hook. f. in Hooker's Icon. Pl. t: 2953. 1911.（英 **Glandular-apiculate Snapweed**）

　　一年生草本，高 50-80 cm。茎粗壮，直立，有分枝，上部有疏腺毛或无毛。叶互生，卵状长圆形或卵状披针形，长 7-18 cm，宽 2.5-5 cm，先端渐尖，基部楔形，边缘有粗圆齿或小圆齿，侧脉 6-8 对；叶柄长 2-5 cm。总花梗腋生，长 6-10 cm，花 5-13 朵排成总状花序；花梗细，基部苞片，卵形，先端有一个具腺体的芒；花黄色，侧生萼片 2，宽卵形，先端有一个具腺体的芒；下面萼片漏斗状，上面花瓣圆形，背面中肋有龙骨突；侧生花瓣近无柄，2 裂，基部裂片近圆形，上部裂片狭披针形；基部延成内弯的长距；花药钝。蒴果线形。花期 7-8 月。

路南凤仙花 Impatiens loulanensis Hook. f.
引自《中国高等植物图鉴》

路南凤仙花 Impatiens loulanensis Hook. f.
摄影：何顺志

分布与生境　产于云南、贵州。生于海拔 700–2500 m 的山谷湿地、林下草丛，水沟边。

药用部位　全草。

功效应用　清热解毒，舒筋活络。用于跌打损伤，肿痛，毒蛇咬伤。

10. 蓝花凤仙花（植物分类学报）

Impatiens cyanantha Hook. f. in Hook., Icon. Pl. t. 2866. 1908.（英 **Blueflower Snapweed**）

一年生草本，高 20–70 cm，茎直立，粗壮，有分枝。单叶互生，椭圆形或披针形，长 5–10 cm，宽 2–4 cm，先端渐尖或尾尖，基部长楔形，边缘具粗圆锯齿，侧脉每边 5–6 条，叶基部具 2 腺体；叶柄，长 1–3 cm。总花梗细弱，长约 1 cm，苞片小，脱落；花大，长 2–5 cm，蓝色或紫蓝色；侧生萼片 2，革质，斜圆形，不等侧，基部具 1 囊状凹陷；下面萼片囊状，基部下延为细长内弯的长距，长 10–16 mm；上面花瓣小，圆形，中肋纤细；侧生花瓣 2 裂，上裂片斧形，先端钝圆，下裂片小，圆形；花药钝。蒴果狭纺锤形，长约 2 cm；种子长圆形，长 3–5 mm。花期 7–9 月，果期 8–10 月。

分布与生境　产于贵州和云南东南部。生于海拔 1000–2500 m 的林下、沟边、路旁等阴湿环境。

药用部位　全草。

功效应用　清热解毒，舒筋活络。用于跌打损伤，肿痛，毒蛇咬伤。

蓝花凤仙花 Impatiens cyanantha Hook. f.
引自《贵州植物志》

蓝花凤仙花 **Impatiens cyanantha** Hook. f.
摄影：何顺志

11. 黄金凤（中国高等植物图鉴） 水指甲（广西），野牛膝（湖北），纽子七（四川），岩胡椒（贵州）

Impatiens siculifer Hook. f. in Nouv. Arch. Mus. Hist. Nat. Paris, Ser. 4, 10: 246. 1908.（英 **Incurvedspur Snapweed**）

一年生草本，高 30–60 cm。茎细弱，不分枝或有少数分枝。叶互生，通常密集于茎或分枝的上部，卵状披针形或椭圆状披针形，长 5–13 cm，宽 2.5–5 cm，先端急尖或渐尖，基部楔形，边缘有粗圆齿，侧脉 5–11 对；叶柄长 1.5–3 cm，上部苞叶近无柄。总花梗生于上部叶腋，花 5–8 朵排成总状花序；花梗纤细，基部苞片披针形宿存；花黄色；侧生萼片 2，窄长圆形，先端突尖；下面萼片狭漏斗状，先端有喙状短尖，基部延长成内弯或下弯的长距；上面花瓣近圆形，背面中肋增厚成狭翅；侧生花瓣无柄，2 裂，基部裂片近三角形，上部裂片条形；花药钝。蒴果棒状。花果期 7–9 月。

分布与生境 产于江西、福建、湖北、湖南、贵州、广西、四川、重庆、云南。常生于海拔 800–2500 m 的山坡草地、草丛、水沟边、山谷潮湿地或密林中。

药用部位 根、全草、种子。

功效应用 祛瘀消肿，清热解毒，祛风，活血止痛。用于跌打损伤，风湿麻木，劳伤，风湿骨痛，痈肿，烧烫伤。

黄金凤 **Impatiens siculifer** Hook. f.
张泰利、张荣厚 绘

化学成分 全草含三萜类：凤仙花诺苷▲(impatienoside) A、B、C、D、E、F、G，大豆皂苷(soyasaponin) Ⅰ、Ⅱ、Ⅳ、A₁、Bg，大豆皂苷Ⅰ甲酯(soyasaponin Ⅰ methyl ester)，去氢大豆皂苷Ⅰ(dehydrosoyasaponin Ⅰ)，菜豆皂苷a (sandosaponin a)[1]；香豆素类：香豆素(coumarin)[2]；其他类：N-苯基-2-萘胺(N-phenyl-2-naphthylamine)[1]，α-菠菜甾醇(α-spinasterol)[2]。

药理作用 镇痛解热抗炎作用：黄金凤对化学物质引起的疼痛扭体反应有抑制作用，并对急性炎性水

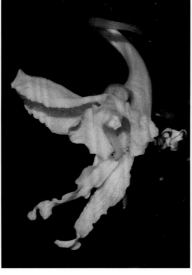

黄金凤 **Impatiens siculifer** Hook. f.
摄影：朱鑫鑫 徐克学

肿有抑制作用，能对抗各种致炎物质和化学刺激所致的毛细血管通透性增高 [1]。从黄金凤全草的乙醇提取物中分离得到的 α- 菠菜甾醇有解热和抗炎消肿作用，香豆素有抗炎作用 [2]。

注评 本种的全草称"黄金凤"，苗族药用，主要用途见功效应用项。

化学成分参考文献

[1] Li W, et al. *Phytochemistry*, 2009, 70(6): 816-821.

[2] 杜江，等 . 中国中药杂志，1995, 20(4): 232-233, 253.

药理作用及毒性参考文献

[1] 杜江，等 . 中国中药杂志，1995, 20(4): 232-234.

[2] 周重楚，等 . 药学学报，1985, 20(4): 257-261.

12. 小距凤仙花（云南种子植物名录） 水指甲（贵州），肉爬草（中药大辞典）

Impatiens microcentra Hand.-Mazz., Symb. Sin. 7: 653. 1933.（英 **Small Spur Snapweed**）

　　多年生草本，根状茎匍匐，有分枝。茎多数细，高 20–30 cm，紫色，不分枝或分枝。叶互生，近无柄，下部的叶小，枯萎，上部的叶密集，近轮生，叶片膜质，椭圆形或卵状椭圆形，长 5–9 cm，宽 2–3.5 cm，顶端短渐尖或钝，基部楔状狭，边缘具粗圆齿，基部边缘近无齿，侧脉 5–6 对，上面微糙，下面干时变黄褐色，具有柄的腺体。总花梗生于上部叶腋，长 2–3 cm，具 1–2，稀 3 花；花梗短，基部或基部以上有苞片；苞片膜质，卵形，长 2–3 mm。花粉紫色，长 2–2.5 cm；侧生萼片 2，长圆状卵形，长 3–4 mm，绿色，顶端具厚小尖，基部常偏斜；下面萼片瓣漏斗形，中部肿大，长 15–17 mm，上面花瓣宽卵形，长 8–9 mm，中肋背面增厚，具极窄的龙骨状突起；侧生花瓣无柄，长 20 mm，2 裂，基部裂片大，卵圆形，上部裂片较狭，带形，顶端钝，具小耳。花药钝。蒴果未见。花期 8–9 月。

分布与生境 产于云南西北部。生于海拔 2300–3350 m 的林下。

药用部位 全草。

功效应用 解毒，止痛。用于筋骨疼痛，喉痛。

小距凤仙花 **Impatiens microcentra**
Hand.-Mazz.
张泰利 绘

小距凤仙花 Impatiens microcentra Hand.-Mazz.
摄影：陈又生

13. 同距凤仙花（中国高等植物图鉴）

Impatiens holocentra Hand.-Mazz., Symb. Sin. 7(3): 647, t. 9, f. 21-22. 1933.（英 **Undivided Spur Snapweed**）

一年生草本，高 30–50 cm。叶互生，常密生于茎或分枝顶端，长圆状卵形或长圆状披针形，长 5–17 cm，宽 2.5–4 cm，先端尾状渐尖，基部楔形，边缘有粗圆齿，侧脉 7–11 对；叶柄长 1–2.5 cm。总花梗腋生，长 6–8 cm；花 4–6 朵，排成总状花序；花梗长 2–2.5 cm，中部有 1 线形苞片或脱落；花较小，黄色；侧生萼片 4，外面 2 个宽卵形，先端急尖，内面 2 个极小，线形；下面萼片狭漏斗状，基部伸长成直而细长的距；上面花瓣倒卵形，先端有小突尖；侧生花瓣近无柄，2 裂，基部裂片三角形，先端渐尖，上部裂片稍长，披针形，背面有短耳；花药钝。蒴果条形。花果期 7–10 月。

分布与生境 产于云南西北部。生于海拔 2700–2800 m 的亚高山山谷溪流或阴湿处。

药用部位 根。

功效应用 祛风止痛，利湿解毒。用于毒蛇咬伤。

同距凤仙花 Impatiens holocentra Hand.-Mazz.
引自《中国高等植物图鉴》

同距凤仙花 **Impatiens holocentra** Hand.-Mazz.
摄影：陈彬 刘冰

14. 野凤仙花（东北植物检索表） 假凤仙花，假指甲花（陆川本草）

Impatiens textorii Miq. in Ann. Mus. Bot. Lugduno-Batavi 2: 76. 1865.（英 **Wild Snapweed**）

一年生草本，高 40–90 cm。茎直立，多分枝，小枝和总花梗被红紫色腺毛。叶互生或在茎顶部近轮生，叶片菱状卵形或卵状披针形，稀宽披针形，长 3–13 cm，宽 3–7 cm，顶端渐尖，基部楔形，边缘具锐锯齿，侧脉 7–8 对，下面沿脉被多细胞毛；叶柄长 4–4.5 cm。总花梗生于上部叶腋，长 4–10 cm，具 4–10 花；花梗，长 14 cm，基部具苞片；苞片卵状披针形至三角状卵形。花大，淡紫色或紫红色，具紫色斑点，长 3–4 cm；侧生萼片 2，宽卵形，暗紫红色，长 7–10 mm，下面萼片钟状漏斗形，基部渐狭成长 1.5 cm 向内卷曲的距，具暗紫色斑点。上面花瓣卵状方形，背面中肋具龙骨状突起，侧生花瓣具柄，长约 2 cm，2 裂，基部裂片卵状长圆形，上部裂片长圆状斧形，具明显的小耳；花药钝。蒴果纺锤状，长 1–1.8 cm。喙尖。种子椭圆形，褐色，具小瘤状突起。花期 8–9 月。

分布与生境 产于吉林、辽宁、山东。生于海拔 1050 m 的山沟溪流旁。也分布于俄罗斯远东地区、朝鲜、日本。

药用部位 全草、根状茎。

功效应用 全草：清凉，解毒，祛腐。用于恶疮溃疡。根状茎：祛瘀消肿，解毒。用于跌打损伤，痈疮，毒蛇咬伤。

野凤仙花 **Impatiens textorii** Miq.
引自《东北草本植物志》

化学成分 花含黄酮类：芹菜苷元-7-*O*-β-D-葡萄糖苷 (apigenin-7-*O*-β-D-glucoside)，槲皮素-3-*O*-β-D-葡萄糖苷 (quercetin-3-*O*-β-D-glucoside)，山奈酚-3-*O*-β-D-葡萄糖苷 (kaempferol-3-*O*-β-D-glucoside)，山奈酚-3-*O*-鼠李糖基二葡萄糖苷 (kaempferol-3-*O*-rhamnosyldiglucoside)[1]，锦葵素-3-*O*-[6-*O*-(3-羟基-3-甲基戊二基)-β-D-吡喃葡萄糖苷]{malvidin-3-*O*-[6-*O*-(3-hydroxy-3-methylglutaryl)-β-D-glucopyranoside]}[2]。

野凤仙花 Impatiens textorii Miq.
摄影：朱鑫鑫

注评 本种的全草称"野凤仙花"，根状茎称"霸王七"，四川等地药用。布依族、水族也药用其根状茎，主要用途见功效应用项。

化学成分参考文献

[1] Ueda Y, et al. *Biol Pharm Bull*, 2003, 26(10): 1505-1507.   [2] Tatsuzawa F, et al. *Phytochemistry*, 2009, 70(5): 672-674.

15. 滇水金凤（植物分类学报） 水金凤（滇南本草），昆明水金凤（云南），湿凤仙（新华本草纲要），金凤花、水凤仙花（中国植物志）

Impatiens uliginosa Franch. in Bull. Soc. Bot. France 33: 448. 1886.（英 **Ulignose Snapweed**）

一年生草本，高 60–80 cm。茎粗壮，直立。上部分枝，叶互生，近无柄或具短柄，叶片膜质，披针形或狭披针形，长 8–19 cm，顶端渐尖，边缘具圆齿状锯齿或细锯齿，侧脉 6–8 对，上面深绿色，下面干时变紫色，基部具少数腺体；叶柄基部有 1 对球状的腺体。总花梗生于上部叶腋。长 8–9 cm，具 3–5 花；花梗细，基部有卵形苞片。花红色，长 2.5–3 cm；侧生萼片 2，斜卵圆形，长 5 mm，顶端渐尖。下面萼片漏斗形，长 14–15 mm，基部狭成与檐部近等长内弯的距。上面花瓣圆形，背面中肋增厚，具龙骨状突起；侧生花瓣短，基部裂片圆形，上部裂约长于基裂片的 2 倍，半月形，具小耳；花药钝，蒴果近圆柱形，长 1.5–2 cm，渐尖。长圆形，黑色。花期 7–8 月，果期 9 月。

分布与生境 产于云南。生于海拔 1500–2600 m 的林下、水沟边潮湿处或溪边。

药用部位 全草。

功效应用 祛瘀消肿，止痛渗湿。用于风湿筋骨痛，跌打瘀肿，毒蛇咬伤，阴囊湿疹，疥癞疮癣。有小毒。

滇水金凤 Impatiens uliginosa Franch.
张泰利 绘

滇水金凤 Impatiens uliginosa Franch.
摄影：朱鑫鑫

16. 小花凤仙花（植物分类学报）

Impatiens parviflora DC., Prodr. 1: 687. 1824.（英 **Small-flower Snapweed**）

一年生草本，高 30–60 cm，无毛或上部被疏腺毛。茎直立，有分枝。叶互生，椭圆形或卵形，膜质，长 6–11 cm，宽 3.5–4.5 cm，顶端渐尖或短尖，基部楔形，边缘具锐锯齿或基部近全缘，具 3–4 对腺体。侧脉 5–7 对，叶柄长 1.5–2 cm。总花梗生于上部叶腋，具 4–12 花，花梗细，基部披针形，苞片卵状，宿存。花淡黄色，长达 1 cm，常有淡红色斑点。侧生萼片 2，卵形，长约 3 mm，全缘；上面花瓣圆形，长、宽为 5 mm；侧生花瓣近无柄，长 10–12 mm，3 裂，基部裂片卵形，顶端钝，上部裂片近斧形，具 2 浅裂；下面萼片檐部舟状，基部急狭成长 5–7 mm 的直距；花药钝。蒴果线状长圆形或圆柱形，顶端喙尖。种子长圆状卵形。花期 6–8 月。

分布与生境 产于新疆。生于海拔 1200–1680 m 的河岸边、沼泽地或山坡沟边潮湿处。也分布于欧洲、俄罗斯西伯利亚地区、亚洲中部及蒙古。

药用部位 花。

小花凤仙花 Impatiens parviflora DC.
摄影：黄健

功效应用 破血，软坚，消积。用于癥瘕痞块，经闭，噎膈。

化学成分 叶含黄酮类：山奈酚(kaempferol)，槲皮素(quercetin)[1]；苯丙素类：咖啡酸(caffeic acid)，阿魏酸(ferulic acid)[1]；萘类：1,2,4-三羟基萘-1-O-吡喃葡萄糖苷(1,2,4-trihydroxynaphthalene-1-O-glucopyranoside)[1]；非纤维素性多糖[1]。

开花地上部分含萘醌类：2-羟基-1,4-萘醌(2-hydroxy-1,4-naphthoquinone)[2]。

化学成分参考文献

[1] Hromadkova Z, et al. *Carbohydr Res*, 2014, 389: 147-153. [2] Lobstein A, et al. *Phytochem Anal*, 2001, 12(3): 202-205.

17. 短距凤仙花（中国高等植物图鉴）

Impatiens brachycentra Kar. et Kir. in Bull. Soc. Imp. Naturalistes Moscou 15: 179. 1842.（英 **Shortspur Snapweed**）

一年生草本，高 30–60 cm。茎直立，分枝或不分枝。叶互生，椭圆形或卵状椭圆形，长 6–15 cm，宽 2–5 cm，先端渐尖，基部楔形，边缘有具小尖的圆锯齿，侧脉 5–7 对，叶柄长 1–2.5 cm。总花梗腋生，长 5–10 cm，花 4–12 朵排成总状花序；花梗纤细，基部有 1 披针形苞片，苞片小，宿存；花极小，淡白色；侧生萼片 2，卵形，稍钝；上面花瓣宽倒卵形；侧生花瓣近无柄，2 裂，基部裂片长圆形；上部裂片大，宽长圆形；下面萼片舟状，有长不超过 1 mm 短距；花药钝。蒴果条状长圆形。花期 8–9 月。

分布与生境 产于新疆。生于海拔 850–1000 m 的山坡林下、林缘或山谷水旁及沼泽地。也分布于亚洲中部地区。

药用部位 种子、花。

功效应用 种子：破血，软坚，消积。用于癥瘕痞块，经闭，噎膈。花：活血通经，祛风止痛。用于闭经，跌打损伤，淤血肿痛，风湿性关节炎，痈疖疔疮，蛇咬伤，手癣。外用可解毒。

短距凤仙花 Impatiens brachycentra Kar. et Kir.
引自《中国高等植物图鉴》

短距凤仙花 Impatiens brachycentra Kar. et Kir.
摄影：高贤明

18. 锐齿凤仙花（中国高等植物图鉴） 凤仙花（西藏），山金花、接骨木（云南）

Impatiens arguta Hook. f. et Thomson in J. Linn. Soc., Bot. 4: 137. 1860.——*I. arguta* Hook. f. et Thomson var. *bulleyana* Hook. f.（英 **Sharp foothed Snapweed**）

多年生草本，高达 70 cm。茎直立，有分枝。叶互生，卵形或卵状披针形，长 4-15 cm，宽 2-4.5 cm，顶端急尖或渐尖，基部楔形，边缘有锐锯齿，侧脉 7-8 对，两面无毛；叶柄长 1-4 cm，基部有 2 个具柄腺体。总花梗极短，腋生，具 1-2 花；花梗细长，基部具 2 刚毛状苞片；花大或较大，粉红色或紫红色；萼片 4，外面 2 个，半卵形，顶端长突尖，内面 2 个，狭披针形；下面萼片囊状，基部延长成内弯的短距；上面花瓣圆形，背面中肋有窄龙骨状突起；侧生花瓣无柄，2 裂，基部裂片宽长圆形，上部裂片大，斧形，先端 2 浅裂，有显明的小耳；花药钝。蒴果纺锤形，喙尖。种子圆球形，稍有光泽。花期 7-9 月。

分布与生境 产于四川、云南西北部及中部、西藏。生于海拔 1850-3200 m 的河谷灌丛草地、林下潮湿处或水沟边。也分布于印度东北部、尼泊尔、不丹及缅甸。

药用部位 花。

功效应用 通经活血，利尿。用于经闭腹痛，产后瘀血不尽，下死胎，小便不利，疔毒痈疽。

注评 本种的花称"西藏凤仙花"，藏族药用，在藏医药古籍《度母本草》中即有记载，主要用途见功效应用项。

锐齿凤仙花 Impatiens arguta Hook. f. et Thomson
张泰利、张荣厚 绘

锐齿凤仙花 Impatiens arguta Hook. f. et Thomson
摄影：张英涛

19. 弯距凤仙花（湖北植物大全） 尖芝麻（湖北）

Impatiens recurvicornis Maxim. in Acta Horti. Petrop. 9: 88. 1890.（英 **Recurvate Spur Snapweed**）

一年生纤细草本，高 40-50 cm，无毛，疏分枝，分枝细弱或近不分枝。叶互生，叶片膜质，卵状披针形或披针形，长 5-8 cm，宽 2-2.5 cm，顶端渐尖，基部具 2 枚腺体，叶柄细，长 1-2 cm，边缘具圆锯齿，侧脉 6-8 对。总花梗生于上部叶腋，长 5-7 cm，具单花；花梗中上部具 1 卵形苞片；长 3-4 mm，顶端长芒状渐尖，脱落，全缘或具齿。花粉紫色，长 3-4 cm，侧生萼片 2，半卵形，长 7 mm，渐尖，具不明显的细齿，中肋一侧加厚；上面花瓣圆形，直径 13 mm，中肋背面增厚，顶端具长 5 mm 平展的粗喙尖；侧生花瓣近无柄，长 18-20 mm，2 裂，基部裂片小，扁长圆形，上部裂片大，长圆形，顶端圆形，具狭反折小耳，下面萼片檐部舟状，长 13-15 mm，基部狭成长 18 mm 顶端内卷的细距。花药渐尖。蒴果狭线形，长 2.5 cm。种子长圆形，栗褐色。花期 8 月。

分布与生境　产于湖北西部、四川。生于海拔 500–1200 m 的山谷、湿地、沟边草丛中。

药用部位　全草。

功效应用　全草：用于肾虚。

---

20. 鸭跖草状凤仙花（中国高等植物图鉴）　类鸭跖草凤仙花（中国中药资源志要）

Impatiens commelinoides Hand.-Mazz., Symb. Sin. 7(3): 657, t. 9, f. 6-9. 1933.（英 **Dayflower-like Snapweed**）

一年生草本，高 20–40 cm。茎平卧，有分枝，上部被疏短糙毛，下部节略膨大，有多数纤维状根。叶互生；卵形或卵状菱形，长 2.5–6 cm，宽 1–3 cm，先端急尖或短渐尖，基部楔形，边缘具疏锯齿，有糙缘毛，上面沿脉有短糙毛，侧脉 5–7 对；叶柄长可达 2 cm，被短糙毛。总花梗长 2–4 cm，被短糙毛，仅具 1 花，中上部有 1 枚苞片；苞片草质，披针形或线状披针形，宿存；花蓝紫色；侧生萼片 2；宽卵形，长约 5 mm，先端突尖；上面花瓣圆形，直径约 10 mm，先端微凹，背面中肋有绿色狭龙骨状突起，侧生花瓣具柄，长 12–15 mm，2 裂，裂片近圆形，上部裂片较大，无明显的小耳；下面萼片宽漏斗状，基部渐狭成长约 15 mm 内弯或螺旋状卷曲的距。花药顶端尖；子房纺锤形，顶端具 5 齿裂。蒴果线状圆柱形，长约 1.8 cm。种子长圆状球形，褐色，平滑。花期 8–10 月，果期 11 月。

分布与生境　产于浙江、福建、江西、湖南、广东。生于海拔 300–900 m 的田边或山谷沟边、沟旁。

药用部位　全草、种子。

功效应用　全草：破血，软坚，消积。用于癥瘕痞块，

鸭跖草状凤仙花 Impatiens commelinoides Hand.-Mazz.
引自《中国高等植物图鉴》

鸭跖草状凤仙花 Impatiens commelinoides Hand.-Mazz.
摄影：陈彬 徐克学

经闭，噎膈。全草、种子：祛风，活血，消肿，止痛。用于跌打损伤，关节疼痛，经闭。

21. 天全凤仙花（植物分类学报）

Impatiens tienchuanensis Y. L. Chen in Acta Phytotax. Sin. 16(2): 49. pl. 5: 9; f. 1: 7. 1978.（英 **Tienchuan Snapweed**）

一年生柔软草本。茎平卧或匍匐，长达 90 cm，多分枝。叶互生，膜质，具柄，卵形或卵状披针形，稀卵状圆形，长 (1-)1.5-3 cm，宽 0.8-1.8 cm，稍尖或钝，基部渐狭成长 5-10 mm 的细柄，边缘具圆齿状小锯齿，侧脉 5-6 对，上面有光泽，下面沿脉被疏短柔毛，基部边缘常有 1-2 对丝状腺体。总花梗生于下部叶腋，长 2.5-3 (-3.5) cm，具 1 花，仅向上部具苞片，苞片线状披针形，宿存，沿中肋疏生短柔毛。花较大，紫色，长 3-4 cm，侧生萼片 2，近革质，宽卵形或卵状圆形，长 4-5 mm，具反折的长小尖头，基部圆形或微心形，中脉疏生短柔毛，具 3 脉；上面花瓣近圆形，长 11 mm，宽 14 mm，顶端深凹，背面中肋顶端以下具鸡冠状突起；侧生花瓣几无柄，长 14-15 mm，基部裂片圆形，上部裂片宽斧形，顶端圆形或钝，有反折的小耳；下面萼片狭漏斗状或漏斗状，长约 15 mm，有紫色条纹，基部狭成顶端 2 浅裂的弯细距。花药尖。蒴果线形，长 2.3 cm，种子近球形，褐色。花期 9-11 月。

分布与生境　产于四川西部。生于海拔 1100-1200 m 的山坡阴湿处或路边。

药用部位　茎、种子。

功效应用　祛风除湿，止痛。用于关节红肿，疼痛。

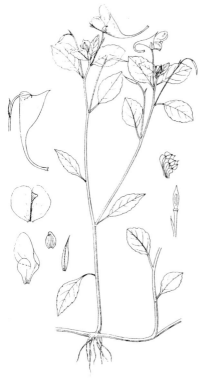

天全凤仙花 Impatiens tienchuanensis Y. L. Chen
张泰利　绘

天全凤仙花 Impatiens tienchuanensis Y. L. Chen
摄影：李策宏 朱鑫鑫

22. 翼萼凤仙花（中国高等植物图鉴）

Impatiens pterosepala Hook. f. in Bull. Misc. Inform. Kew 7: 274. 1910.（英 **Slenderspur Snapweed, Wingsepal Snapweed**）

一年生草本，高 30–60 cm。茎直立，有分枝。叶互生，卵形或长圆状卵形，长 3–10 cm，宽 2.5–4 cm，先端渐尖，基部楔形，具 2 个球形腺体，边缘有圆齿，侧脉 5–7 对；叶柄长 1.5–2 cm。总花梗腋生，中上部有 1 披针形苞片，仅 1 朵花；花淡紫色或紫红色；侧生萼片 2，长卵形，先端渐尖，稀一侧有细齿，背面中肋有狭翅；上面花瓣圆形，先端微凹，基部心形，背面中肋有全缘或波状狭翅，侧生花瓣近无柄，2 裂，基部裂片长圆形，上部裂片较大，宽斧形，背面有小耳；下面萼片狭漏斗状，基部延成细长内弯的距；花药尖。蒴果线形。花果期 6–10 月。

分布与生境 产于河南、安徽、陕西、湖北、湖南、重庆、广西北部。生于海拔 1500–1700 m 的山坡灌丛中或林下阴湿处、沟边。

药用部位 全草。

功效应用 用于跌打损伤。

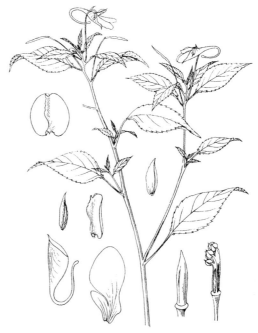

翼萼凤仙花 Impatiens pterosepala Hook. f.
张荣厚、张泰利 绘

翼萼凤仙花 Impatiens pterosepala Hook. f.
摄影：朱鑫鑫 陈彬

23. 块节凤仙花（植物分类学报） 万年把、串铃、小洋芋（贵州），松林凤仙花（云南种子植物名录）

Impatiens pinfanensis Hook. f. in Hook., Icon. Pl. t. 869. 1908.（英 **Tubernod Snapweed**）

一年生草本，高 20–40 cm；茎直立，疏被白色微绒毛，基部匍匐，节膨大，形成球状块茎。叶互生，卵形、长卵形或披针形，长 3–6 cm，宽 1.5–2.5 cm，先端渐尖。基部楔形，边缘具粗锯齿，侧脉 4–5 对，上面沿叶脉疏被极小肉刺，上部叶柄，长 0.3–2 cm。总花梗腋生，长 4–5 cm，仅 1 花，中上部具 1 狭长披针形小苞片；花红色，中等大，长约 3 cm；侧生萼片 2，椭圆形，长约 0.5 cm，先端具喙；上面花瓣圆形或倒卵形，背面中肋有龙骨突；侧生花瓣 2 裂，上裂片斧形，下裂片圆形；下面萼片漏斗状，基部下延为弯曲的细距；花药尖。蒴果线形。种子近球形，褐色，光滑。花期 6-8 月，果期 7-10 月。

分布与生境　产于湖北、湖南、贵州、重庆、广西。生于海拔 900-2000 m 的林下、沟边等潮湿环境。

药用部位　块茎。

功效应用　祛瘀止痛，祛风除湿。用于风寒感冒，风湿骨痛，经闭，乳蛾，骨折。

块节凤仙花 Impatiens pinfanensis Hook. f.
引自《云南植物志》

块节凤仙花 Impatiens pinfanensis Hook. f.
摄影：徐永福

24. 心萼凤仙花（湖北植物大全）　神农架凤仙花（中国中药资源志要）

Impatiens henryi E. Pritz. in Diels, Bot. Jahrb. Syst. 29: 455. 1900.（英 **Henry's Snapweed**）

一年生草本，高 30-80 cm，茎直立，上部分枝。叶互生，具柄，最上部叶近无柄，叶片膜质，卵形或卵状长圆形，长 4-12 cm，宽 2.5-5 cm，顶端尾状尖，基部宽楔形，叶柄长 2-3.5 cm，边缘具圆齿，基部边缘具 2-4 对腺体，侧脉 6-7 对。总花梗生于上部叶腋，长 2-3 cm，具 3-5 花；花梗长 5-7 mm，基部具苞片；苞片膜质，卵形，长 2-3 mm，宿存。花淡黄色，长 1.5-2 cm，侧生萼片 2，宽卵形或近心形，长 4 mm；上面花瓣宽心形，长 5-6 mm，中肋背面具三角形鸡冠状突起；侧生花瓣无柄，长 15-16 mm，2 裂，基部裂片近圆形，上部裂片长约为基裂片的 2 倍，斧形，顶端钝，具反折的小耳。下面萼片檐部舟状，长 5 mm，基部渐狭成长 15-40 mm 内弯或卷曲的细距。花药顶端尖。蒴果线形，长 1.5 cm。种子长圆形。花期 8 月。

分布与生境 产于湖北西部。生于海拔 1200–2000 m 的林下水沟边，或山坡水沟边阴湿草丛中。

药用部位 全草。

功效应用 用于风湿痛。

心萼凤仙花 Impatiens henryi E. Pritz.
张泰利 绘

心萼凤仙花 Impatiens henryi E. Pritz.
摄影：张金龙

25. 山地凤仙花（中国植物志） 山凤仙（新华本草纲要）

Impatiens monticola Hook. f. in Nouv. Arch. Mus. Nat. Hist. Paris, Ser. 4. 10: 257. 1908.（英 **Mountain Snapweed**）

一年生草本，高 30–60 cm。茎不分枝，或有分枝。叶互生，叶片膜质，卵状椭圆形或倒卵形，顶端渐尖，长 5–13 cm，宽 3–4.5 cm，基部楔状狭成长 3–4 cm 的叶柄，边缘具圆齿或圆锯齿，侧脉 5–7 对，上面被短硬毛，下面无毛。总花梗生于上部叶腋，长 2–3 (4) cm，具 2 花。花梗长 1–2 cm，基部或较上部具苞片；苞片绿色，草质，披针形或卵状披针形，长 3–5 mm，宿存。花浅黄色，长 3.5 cm，侧生萼片 2，卵圆形或圆形，膜质，长 6–10 mm，宽 6–8 mm，背面中肋不增厚，具 3–5 脉。上面花瓣圆形，长 13–15 mm，背面中肋增厚，具狭鸡冠状突起。侧生花瓣无柄，长 2–2.5 cm，2 裂，基部裂片小，近圆形，上部裂片较大，斧形，顶端钝圆形，具反折的小耳。下面萼片舟状，长 15–18 mm，基部狭成内弯或卷曲的细距。具橙红色条纹。花药钝。蒴果长纺锤形，长 2–2.5 cm，长喙尖。种子长圆形，黄褐色，平滑。花期 7–9 月，果

山地凤仙花 Impatiens monticola Hook. f.
张泰利 绘

山地凤仙花 Impatiens monticola Hook. f.
摄影：朱鑫鑫 何海

期 10 月。

分布与生境　产于四川、重庆。生于海拔 900–1800 m 的林缘阴湿处或路边石缝中。

药用部位　茎、叶。

功效应用　清热解毒，散瘀消肿。用于跌打损伤，痈疮肿毒。

26. 窄萼凤仙花（中国高等植物图鉴）

Impatiens stenosepala E. Pritz. in Diels, Bot. Jahrb. Syst. 29: 453. 1900.（英 **Narrowsepal Snapweed**）

一年生草本，高 20–70 cm，茎和枝上有紫色或红褐色斑点。叶互生，常密集于茎上部，长圆形或长圆状披针形，长 6–15 cm，宽 2.5–5.5 cm，先端尾状渐尖，基部楔形，边缘有圆锯齿，基部有缘毛状腺体；侧脉 7–9 对；叶柄长 2.5–4.5 cm。总花梗腋生，有花 1–2 朵；花梗纤细，基部有 1 条形苞片；花大，紫红色；侧生萼片 4，外面 2 个条状披针形，内面的 1 个条形；上面花瓣宽肾形，先端微凹，背面中肋有龙骨突；侧生花瓣无柄，2 裂，基部裂片椭圆形，上部裂片长圆状斧形，背面有近圆形的耳；下面萼片囊状，基部圆形，有内弯的短矩；花药钝。蒴果线形。花果期 6–10 月。

分布与生境　产于山西、陕西、甘肃、河南、湖北、湖南、贵州、重庆。生于海拔 800–1800 m 的山坡林下、山沟水旁或草丛中。

药用部位　花、根、块茎、全草。

功效应用　花、根：用于毒蛇咬伤，疮毒，支气管炎。块茎：祛瘀消肿，解毒。用于跌打损伤，痈疮。全草：清凉解毒，祛腐。用于恶疮溃疡。

窄萼凤仙花 Impatiens stenosepala E. Pritz.
引自《中国高等植物图鉴》

化学成分　带根全草含黄酮类：槲皮素(quercetin)，山柰酚(kaempferol)，4'-羟基高黄芩苷(4'-hydroxyscutellarin)，芹菜苷元(apigenin)[1]；萘醌类：2,5,7,8-四羟基萘醌(2,5,7,8-tetrahydroxynaphthoquinone)，5,8-二羟基萘醌(5,8-dihydroxynaphthoquinone)[1]；香豆素类：东

窄萼凤仙花 Impatiens stenosepala E. Pritz.
摄影：喻勋林 朱仁斌

莨菪内酯(scopoletin)[1]；酚酸类：阿魏酸(ferulic acid)，对羟基苯甲酸(*p*-hydroxybenzoic acid)[1]。

化学成分参考文献

[1] 何明三，等. 天然产物研究与开发，2012, 24(2): 185-187.

27.水金凤（植物名实图考） 辉菜花（中国高等植物图鉴），野凤仙（内蒙古中草药）

Impatiens noli-tangere L., Sp. Pl. 2: 983. 1753.（英 **Lightyellow Snapweed**）

　　一年生草本，高 40–70 cm。茎较粗壮，直立，多分枝，下部节常膨大。叶互生；叶片卵形或卵状椭圆形，长 3–8 cm，宽 1.5–4 cm，先端钝，稀急尖，基部圆钝或宽楔形，边缘有粗圆齿，两面无毛，叶柄长 2–5 cm。最上部的叶近无柄。总花梗长 1–1.5 cm，具 2–4 花，排列成总状花序；花梗长 1.5–2 mm，中上部有 1 枚苞片；苞片草质，披针形，长 3–5 mm，宿存；花黄色；侧生 2 萼片卵形或宽卵形，长 5–6 mm；上面花瓣圆形或近圆形，自径约 10 mm，先端微凹，背面中肋具绿色鸡冠状突起；侧生花瓣无柄，长 20–25 mm，2 裂，下部裂片小，长圆形，上部裂片宽斧形，近基部有橙红色斑点，具钝角状的小耳；下面萼片宽漏斗状，喉部有橙红色斑点，基部渐狭成长 10–15 mm 内弯的距。花药顶端尖；蒴果线状圆柱形，长 1.5–2.5 cm。种子长圆球形，褐色，光滑。花期 7–9 月。

分布与生境　产于黑龙江、吉林、辽宁、内蒙古、河北、山西、陕西、甘肃、山东、河南、安徽、浙江、湖北、湖南。生于海拔 900–2400 m 的山坡林下、林缘草地或沟边。也分布于朝鲜、日本、蒙古、俄罗斯远东地区、亚洲中部和西部以及美洲西北部。

药用部位　根、全草。

水金凤 Impatiens noli-tangere L.
张泰利、张荣厚　绘

水金凤 *Impatiens noli-tangere* L.
摄影：张英涛 朱鑫鑫

功效应用 活血调经，舒筋活络。用于月经不调，痛经，跌打损伤，风湿痛，阴囊湿疹，肾病，膀胱结石。

化学成分 开花地上部分含萘醌类：2-羟基-1,4-萘醌(2-hydroxy-1,4-naphthoquinone)，2-甲氧基-1,4-萘醌(2-methoxy-1,4-naphthoquinone)[1]。

全草含黄酮类：山奈酚(kaempferol)，槲皮素(quercetin)，7,3',4'-三甲基槲皮素-3-*O*-芸香糖苷(quercetin-7,3',4'-trimethyl-3-*O*-rutinoside)[2]；香豆素类：东莨菪内酯(scopoletin)[2]；甾体类：*α*-菠菜甾醇-3-*O*-*β*-D-吡喃葡萄糖苷(*α*-spinasterol-3-*O*-*β*-D-glucopyranoside)[2]。

注评 本种的根或全草称"水金凤"，浙江、山东、内蒙古、江西等地药用。蒙古族、鄂伦春族、苗族也药用，主要用途见功效应用项。苗族尚用于治疗水肿。

化学成分参考文献

[1] Lobstein A, et al. *Phytochem Anal*, 2001, 12(3): 202-205.　　[2] Choi BJ, et al. *Saengyak Hakhoechi*, 2002, 33(4): 263-266.

28. 长翼凤仙花（植物分类学报）

Impatiens longialata E. Pritz. in Diels, Bot. Jahrb. Syst. 29: 454. 1900.（英 **Longwinged Snapweed**）

一年生草本，高 30~70 cm。茎直立，有分枝，叶互生，叶片薄膜质，椭圆形或卵状长圆形，长 5.5~10 cm，宽 3.5~5 cm，顶端钝或稍尖，基部圆形或心形，边缘具粗大圆齿，齿端凹入，侧脉 6~7 对。下部叶柄长 6~7 cm，上部叶柄长 3~5 mm。总花梗生于上部叶腋，长 2.5~3 cm，具 2~3 花，稀 4 花；花梗细，长 10~15 mm，中上部具苞片；苞片卵形，长 2~3 mm，渐尖，宿存。花较大，淡黄色，长 1.5~2 cm，宽卵形，或近心形，长 5~6 mm，宽 4~5 mm；上面花瓣宽近肾形，长 8~10 mm，背面具狭龙骨状突起，顶端具极短弯曲的喙；侧生花瓣具长柄，长约 2 cm，2 裂，基部裂片圆形，顶端钝或凹，上部裂片较大，长椭圆形，顶端钝；下面萼片漏斗形，长 1.5~2 cm，内面具紫色斑点，基部渐狭成长 10~15 mm 内弯的细距。花药急尖。蒴果线形，长 2~2.5 cm，顶端喙尖。种子长圆形，平滑，褐色。花期 7~8 月，果期 9~10 月。

分布与生境 产于湖北、重庆。生于海拔 500~2000 m 山谷沟边、路旁潮湿草丛中。

药用部位 全草。

功效应用 活血调经，舒筋活络。用于跌打损伤，胃痛，胸腹冷痛。

长翼凤仙花 **Impatiens longialata** E. Pritz.
摄影：何海

29. 耳叶凤仙花（植物分类学报）

Impatiens delavayi Franch. in Bull. Soc. Bot. France 33: 445. 1886.（英 **Delavay's Snapweed**）

一年生草本，高 30-40 cm。茎直立，分枝或不分枝。叶互生，下部和中部叶具柄，宽卵形或卵状圆形，长 3-5 cm，宽 1-2 cm，薄膜质，顶端钝；基部急狭成长 2-3 cm 的细柄，上部叶无柄或近无柄，长圆形，基部心形，稍抱茎，边缘有粗圆齿，侧脉 4-6 对，无毛。总花梗纤细，长 2-3 cm，生于茎枝上部叶腋，具 1-5 花；花梗细短，花下部仅有 1 卵形的苞片；苞片宿存。花较大，长 2-3 cm，淡紫红色或污黄色；侧生萼片 2，斜卵形或卵圆形，不等侧；上面花瓣圆形，兜状，背面中肋圆钝；侧生花瓣基部楔形，基部裂片小近方形，上部裂片大，斧形，急尖，具大小耳；下面萼片囊状，基部急狭成内弯的 2 浅裂短距；花药钝。蒴果线形，长 3-4 cm。种子椭圆状长圆形，褐色，具瘤状突起。花期 7-9 月。

分布与生境　产于四川西南部、云南、西藏东南部。生于海拔 3400-4200 m 的山麓、溪边、山沟水边或冷杉林或高山栎林下。

药用部位　茎、种子。

功效应用　祛风除湿，止痛。用于风湿性关节痛，跌打损伤。

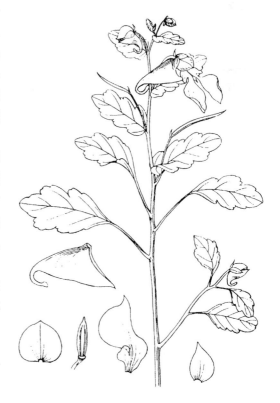

耳叶凤仙花 **Impatiens delavayi** Franch.
张泰利、张荣厚　绘

耳叶凤仙花 Impatiens delavayi Franch.
摄影：朱鑫鑫

30. 毛凤仙花（中国高等植物图鉴）

Impatiens lasiophyton Hook. f. in Hook., Icon. Pl. t. 2871. 1908.（英 **Brownpubescent Snapweed**）

一年生草本，高 30-60 cm，有开展的绒毛。茎粗壮，直立，分枝。叶互生，椭圆形、卵形或卵状披针形，长 3-8 cm，宽 1.5-4 cm，先端急尖或渐尖，基部尖，边缘有粗圆齿或圆锯齿，侧脉 7-8 对，两面有粗毛；叶柄长 1-3 cm。总花梗长 2-3 cm，腋生，花 2 朵，花梗纤细，在花下部有 1 披针形苞片；花黄色或白色；侧生萼片 2，少有 4，半卵形，长 5-8 mm，先端突尖，外面有硬柔毛；上面花瓣圆形，基部 2 裂，背面中肋有厚翅，先端有宽喙；侧生花瓣无柄，2 裂，基部裂片小或退化，上部裂片宽斧形或半月形，有明显的小耳；下面萼片宽漏斗状，基部延长成内弯的距；花药钝。蒴果条状纺锤形。花果期 6-7 月。

分布与生境 产于广西、贵州、云南。生于海拔 1700-2700 m 的山谷阴湿处、水沟边、密林中。

药用部位 全草。

功效应用 清热解毒，舒筋活络。用于跌打损伤，肿痛，毒蛇咬伤。

毛凤仙花 Impatiens lasiophyton Hook. f.
张泰利、张荣厚 绘

毛凤仙花 Impatiens lasiophyton Hook. f.
摄影：何顺志

31. 细柄凤仙花（中国高等植物图鉴） 瘩伤药（贵州），冷水七（湖北），冷水丹、红冷草（湖南）

Impatiens leptocaulon Hook. f. in Hooker's. Icon. Pl. t. 2872. 1909.（英 **Slenderpeduncle Snapweed**）

　　一年生草本，高 30–50 cm。茎直立，不分枝或分枝，节和上部被褐色柔毛。叶互生，卵形或卵状披针形，长 5–10 cm，宽 2–3 cm，先端尖或渐尖，基部狭楔形，有几个腺体，边缘有小圆齿或小锯齿，叶脉 5–8 对；叶柄长 0.5–1.5 cm。总花梗细，有 1 或 2 朵花；花梗短，中上部有披针形苞片；花红紫色；侧生萼片 2 片，半卵形，长突尖，不等侧，一边透明，有细齿；上面花瓣圆形，中肋龙骨状，先端有小喙；侧生花瓣无柄，基部裂片小，圆形，上部裂片倒卵状长圆形，有钝小耳；下面萼片舟形，下延长成内弯的长矩；花药钝。蒴果条形。花果期 5–10 月。

分布与生境　产于湖北、湖南、贵州、四川、重庆、云南。生于海拔 1200–2000 m 的山坡草丛中、阴湿处或林下沟边。

药用部位　全草。

功效应用　理气活血，舒筋活络。用于劳伤，跌打损伤。

细柄凤仙花 Impatiens leptocaulon Hook. f.
引自《中国高等植物图鉴》

细柄凤仙花 Impatiens leptocaulon Hook. f.
摄影：何顺志

32. 睫毛萼凤仙花（中国高等植物图鉴） 透明麻（湖北）

Impatiens blepharosepala E. Pritz. in Diels, Bot. Jahrb. Syst. 29: 455. 1900.（英 **Biglandular Snapweed**）

　　一年生草本，高 30–60 cm。茎直立，不分枝或基部有分枝。叶互生，常密生于茎或分枝上部，短圆形或短圆状披针形，长 7–12 cm，宽 3–4 cm，先端渐尖或尾状渐尖，基部楔形，有 2 枚球状腺体，边缘有圆齿，齿端具小尖，侧脉 7–9 对。总花梗腋生，花 1–2 朵；花梗中上部有 1 条形苞片；花紫色；侧生萼片 2，卵形，先端突尖，边缘有睫毛，有时有疏小齿，脱落；上面花瓣近肾形，先端凹，背面中肋有狭翅；侧生花瓣无柄，2 裂，基部裂片短圆形，上部裂片大，斧形；下面萼片宽漏斗状，基部突然延长成内弯的长可达 3.5 cm 的距；花药钝。蒴果线形。花期 5–11 月。

分布与生境　产于安徽、福建、江西、湖北、湖南、广东、广西、贵州。生于海拔 500–1600 m 的山谷水旁、沟边林缘或山坡阴湿处。

药用部位 根。

功效应用 用于贫血，外伤出血。

注评 本种苗族称"竹节菜"，药用其全草治疗膝关节风湿疼痛，骨折，闭经；用其根治阴疸。

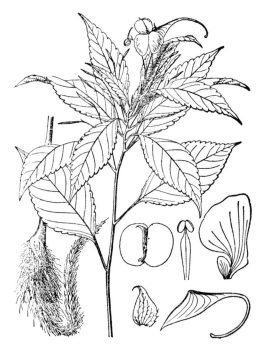

睫毛萼凤仙花 Impatiens blepharosepala E. Pritz.
引自《中国高等植物图鉴》

33. 齿萼凤仙花（中国高等植物图鉴）

Impatiens dicentra Franch. ex Hook. f. in Nouv. Arch. Mus. Paris Ser. 4, 10: 268, pl. 5. 1908.（英 **Toothed Snapweed**）

一年生草本，高 60-90 cm。茎直立，有分枝。叶互生，卵形或卵状披针形，长 8-15 cm，宽 3-7 cm，先端尾状渐尖，基部楔形，边缘有圆锯齿，基部边缘有数个具柄腺体，侧脉 6-8 对，叶柄长 2-5 cm。花梗较短，腋生，中上部有卵形苞片，仅 1 朵花；花大，长达 4 cm，黄色；侧生萼片 2，宽卵状圆形，渐尖，边缘有粗齿，少有全缘，背面中肋有狭龙骨突；上面花瓣圆形，背面中肋龙骨突呈喙状；侧生花瓣无柄，2 裂，裂片披针形，先端有细丝，背面有小耳；下面萼片囊状，基部延长成内弯的短距，距 2 裂；花药钝。蒴果线形，先端有长喙。花期 6-9 月。

分布与生境 产于河南、陕西、湖北、湖南、重庆、贵州、云南。生于海拔 1000-2700 m 的山沟溪边、林下草丛中。

药用部位 种子。

功效应用 活血散瘀，利尿解毒。用于经闭，跌打损伤，肿块积聚。

齿萼凤仙花 Impatiens dicentra Franch. ex Hook. f.
引自《中国高等植物图鉴》

齿萼凤仙花 Impatiens dicentra Franch. ex Hook. f.
摄影：刘宗才

34. 牯岭凤仙花（中国高等植物图鉴） 野凤仙（中国植物志），黄凤仙花（中药大辞典）

Impatiens davidii Franch., Pl. David. 1: 65. 1886.（英 **David' s Snapweed**）

一年生草本，高可达 90 cm。茎粗壮，直立，有分枝，下部节膨大。叶互生；叶片膜质，卵状长圆形或卵状披针形，稀椭圆形，长 5–10 cm，宽 3–4 cm，先端尾状渐尖，基部楔形或尖，边缘有粗圆齿，两面无毛，侧脉 5–7 对；叶柄长 4–8 cm。总花梗长约 1 cm，仅具 1 花，中上部有 2 枚苞片；苞片草质，卵状披针形，长约 3 mm，宿存；花淡黄色；侧生 2 萼片膜质，宽卵形，长约 10 mm，先端具小尖，全缘，有 9 条细脉；上面花瓣近圆形，直径约 10 mm，先端微凹，背面中肋具绿色鸡冠状突起；侧生花瓣具柄，长 15–20 mm，2 裂，下部裂片小，长圆形，先端渐尖成长尾状，上部裂片大，斧形，先端钝，近基部具钝角状的小耳；下面萼片囊状，具黄色条纹，基部急狭成长约 8 mm 钩状 2 浅裂的距。花药顶端钝。蒴果线状圆柱形，长 3–3.5 cm。种子近圆球形，褐色，光滑。花期 7–9 月。

分布与生境 产于安徽、浙江、福建、江西、湖北、湖南、广东。生于海拔 300–700 m 的山谷林下或草丛中潮湿处。

药用部位 根、全草。

功效应用 消积，止痛。用于腹痛，小儿疳积，无名肿毒。

牯岭凤仙花 Impatiens davidii Franch.
张泰利、张荣厚 绘

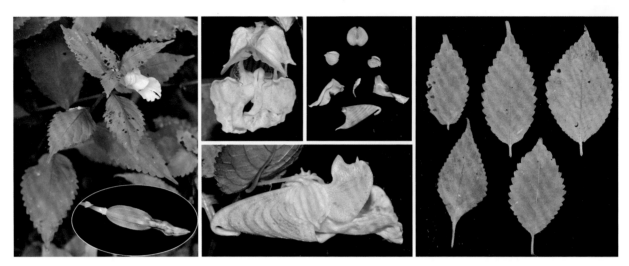

牯岭凤仙花 **Impatiens davidii** Franch.
摄影：朱鑫鑫

冬青科 AQUIFOLIACEAE

乔木或灌木，常绿或落叶。叶互生，稀对生，叶片革质、纸质或膜质，边缘全缘、具锯齿或刺；托叶小，宿存或脱落。花序通常由 1，3 或 7 (–31) 花组成 1、2 或 3 (–5) 级的腋生聚伞花序，单生于一年生枝或簇生于二年生枝上，稀单花腋生；花雌雄异株，小，整齐，下位，单性，4-6 (–23) 基数；花萼宿存，花冠白色或米色，稀绿色、粉红色或红色；花瓣覆瓦状，基部合生。雄花：花萼 4-8 裂；花瓣 4-8；雄蕊等基数；与花瓣互生，花冠上着生；花药长圆状卵球形，内向，纵裂；败育子房近球形或叶枕状，具喙。雌花：花萼 4-8 裂；花瓣 4-8；退化雄蕊箭头状或心形，与花瓣同基数并与其互生，花冠上着生；子房上位，卵球形，4-8 (–10) 室，稀被柔毛，花柱稀发育；柱头头状、盘状或浅裂。果为核果，红色、褐色或黑色，稀绿色，通常球形；外果皮膜质或纸质，中果皮肉质；分核 (1-) 4-6 (–23)；内果皮平滑，革质、木质或石质，具条纹、条纹及沟槽或多皱及洼点。

仅 1 属，500–600 种。分布于南北半球的热带、亚热带至温带地区，主产于美洲中部、南部及亚洲热带地区。我国有 1 属 204 种，分布于长江流域和秦岭以南地区，主产于华南和西南地区，其中 49 种 4 变种可药用。

本科药用植物主要含三萜、黄酮、甾醇、木脂素、酚酸等类成分。

1. 冬青属 Ilex L.

属的形态特征和地理分布同科。

分种检索表

1. 落叶乔木或灌木，具长枝和短枝；叶片纸质、膜质和薄革质。
  2. 果成熟后红色；分核 4–13 粒，背部具纵条纹，内果皮革质或木质。
    3. 缩短枝发达；果扁球形，宿存花柱明显，宿存柱头头状或鸡冠状；分核 6–13，内果皮木质·················
       ··**41. 薄叶冬青 I. fragilis**
    3. 缩短枝不发达；果球形，无宿存花柱，宿存柱头盘状；分核 4–8，背部平滑，内果皮革质。
      4. 雌花序为 2–3 花的聚伞花序或单花腋生，或稀为假簇生·············**44. 落霜红 I. serrata**
      4. 雌花序为三歧聚伞花序或假伞形花序，每花序具 10 花或更多。
        5. 叶片具侧脉 6–8 对，三歧聚伞花序之二级与三级轴均发达，长于花梗；果直径约 3 mm·············
          ···**42. 小果冬青 I. micrococca**
        5. 叶片具侧脉 10–20 对；假伞形花序之二级轴通常不发育；果直径约 4 mm·············
          ···**43. 多脉冬青 I. polyneura**
  2. 果成熟后黑色，稀红色；分核 4–9，背部多皱，内果皮石质，稀木质。
    6. 果直径 12–14 mm，花柱明显，宿存柱头圆柱形；分核 7–9；叶片卵形或卵状椭圆形·················
       ···**45. 大果冬青 I. macrocarpa**
    6. 果直径不及 10 mm，无花柱，宿存柱头盘状。
      7. 雌花花梗及果梗纤细，长 12–25 mm；叶片卵状椭圆形，先端长渐尖·············**46. 秤星树 I. asprella**
      7. 雌花花梗及果梗长不及 10 mm；叶片倒卵形、倒卵状椭圆形或椭圆形。
        8. 叶片倒卵形；分核 4 粒·············**47. 满树星 I. aculeolata**
        8. 叶片卵形、卵状椭圆形或阔椭圆形；分核 5 或 6 粒。

9. 果直径约 5 mm，熟时红色，分核 5；果梗长 6-7 mm ···············48. 大柄冬青 **I. macropoda**

9. 果直径 6-8 mm，熟时紫黑色，分核 6；果梗长 2-3 mm ···············49. 紫果冬青 **I. tsoi**

1. 常绿乔木或灌木；枝均为长枝，无缩短枝；叶片革质、厚革质，稀纸质。

10. 雌花序单生于叶腋内；分核具单沟或 3 条纹及 2 沟，或平滑无沟，或具不明显的雕纹。

11. 雄花序单生叶腋或雌花单生，不为腋生簇生花序。

12. 叶片边缘具锯齿、圆齿，稀全缘；花序聚伞状；分核背部具单沟。

13. 小枝、叶柄及花序均无毛；果长球形。

14. 叶片卵形或椭圆形，长 5-6.5 cm，宽 2-2.5 cm；分核 4，长圆形，内果皮石质 ···················· ··1. 香冬青 **I. suaveolens**

14. 叶片椭圆形或披针形，稀卵形，长 5-11 cm，宽 2-4 cm；分核 4-5，狭披针形，内果皮厚革质 ···2. 冬青 **I. chinensis**

13. 小枝、叶柄及花序均被毛；果球形。

15. 植物体各部均密被瘤基硬毛，毛脱落后留下圆糙点；叶片上部具疏齿或全缘················· ···3. 黄毛冬青 **I. dasyphylla**

15. 植物体被非瘤基硬毛。

16. 果椭圆形，宿存柱头凸起；叶片卵状椭圆形、长圆形或披针形，基部钝或圆形；分核 4，背部具 1 宽而深的 U 形槽 ··6. 广东冬青 **I. kwangtungensis**

16. 果球形，宿存柱头薄盘状；叶片椭圆形或长圆形。

17. 分核 4-5，背部平滑，浅凹形；叶片椭圆形或长圆形，基部楔形 ··························· ··4. 有毛冬青 **I. pubigera**

17. 分核 4，背部具 1 宽沟，横切面呈 "V" 形；叶片椭圆形，基部近圆形 ··············· ··5. 龙陵冬青 **I. cheniana**

12. 叶片全缘；花序通常伞形，稀聚伞状；分核背部具 3 棱 2 沟或光滑。

18. 花粉红色，5 基数；雄花序常为具 3 花的聚伞花序；果椭圆形，宿存柱头头状；分核 5 或 6··· ···7. 棱枝冬青 **I. angulata**

18. 花血红色，4 基数或 4-6 基数；雄花序为具 4-23 花的伞状聚伞花序；果球形或近球形，宿存柱头盘状。

19. 花白色，4 基数；雄花序的总花梗及花梗无毛或被微柔毛，具 4-13 花；果近球形，直径 4-6 mm ···8. 铁冬青 **I. rotunda**

19. 花白色带黄，4-6 基数；雄花序密被微柔毛，具 8-23 花；果球形，直径 4 mm ············· ··9. 伞花冬青 **I. godajam**

11. 雄花簇生于二年生枝叶腋内，稀单生于当年生枝叶腋内。

20. 叶片背面具腺点；分核 4，背部宽约 4 mm，具条纹。

21. 小枝呈 "之" 字形；雄聚伞花序具 1-3 花，稀更多，花梗与总花梗等长或稍长；分核平滑，具 3 条纹，无沟 ···10. 三花冬青 **I. triflora**

21. 小枝不呈 "之" 字形；雄聚伞花序具 1-7 花，花梗短于总花梗。

22. 花 4-7 基数；雄聚伞花序具 1-7 花，单生于当年生枝上，稀簇生；叶片卵状椭圆形、卵状长圆形，长 3-8 cm，宽 2-4 cm ···11. 四川冬青 **I. szechwanensis**

22. 花 4 基数；雄花簇生于当年生枝上或单生；叶片倒卵形、倒卵状椭圆形。

23. 叶片较小，长 1-3.5 cm，宽 0.5-1.5 cm，背面密生褐色腺点；果球形，直径 6-8 mm，宿存柱头厚盘状；果梗长 4-6 mm ··12. 齿叶冬青 **I. crenata**

23. 叶片较大，长 2.5-7 cm，宽 1.5-3 cm，背面腺点不明显；果球形或扁球形，直径 9-11 mm，宿存柱头乳头状，果梗长 1-1.7 cm ·································13. 绿冬青 **I. viridis**

20. 叶片背面无腺点；分核 4-6，背部宽 2.5-3 mm，平滑。

  24. 花梗及果梗较长，雄花序总梗长达 2.5 cm，果梗长 2-6 cm；叶片卵形、长圆状椭圆形，长 4-9 cm，宽 2-3 cm ·· 14. **具柄冬青 I. pedunculosa**

  24. 花梗及果梗较短，雄花序总梗长达 8-14 mm，果梗长 5-11 mm；叶片卵形、卵状披针形，长 2-4 cm，宽 1-2.5 cm ·· 15. **云南冬青 I. yunnanensis**

10. 雌花序及雄花序均簇生于二年生、甚至老枝的叶腋内；分核具皱纹及洼点，或具凸起的棱；内果皮革质、木质或石质。

  25. 雌花序的单个分枝具 1 花；分核 4，稀较少；内果皮石质或木质。

    26. 成熟叶片具刺齿或全缘而先端具 1 刺。

      27. 每果具 4 分核，分核石质，具不规则的皱纹和洼穴。

        28. 叶片厚革质，四角状长圆形，每边具 1-3 枚坚挺的刺齿，或全缘无刺；果梗长 8-14 mm ·· 16. **枸骨 I. cornuta**

        28. 叶片薄革质或革质，椭圆形或椭圆状披针形，边缘具牙齿；果柄长 2-8 mm。

          29. 果大，直径 10-12 mm，宿存柱头厚盘状或乳头状 ·················· 17. **细刺枸骨 I. hylonoma**

          29. 果小，直径 6-7 mm，宿存柱头薄盘状；叶片椭圆状披针形，每边具 3-10 刺齿 ·· 18. **华中枸骨 I. centrochinensis**

      27. 每果具 1-2 分核，稀 3-4，分核木质，具掌状条纹。

        30. 平卧灌木，高 20-30 cm；叶片六角状近菱形，叶面多皱 ·········· 19. **皱叶冬青 I. perryana**

        30. 直立灌木或乔木；叶片非六角状菱形，叶面平滑。

          31. 分核 1-4 枚。

            32. 叶片卵形、卵状披针形，长 1.5-3 cm，宽 0.5-1.4 cm，边缘具 1-3 对刺齿；分核 4 ·· 20. **猫儿刺 I. pernyi**

            32. 叶片椭圆形、椭圆状长圆形或卵状椭圆形，长 4-10 cm，宽 2-4 cm，边缘具 3-14 枚刺齿；分核 1-4，通常 2 枚 ·················· 21. **双核枸骨 I. dipyrena**

          31. 分核 1-2 枚。

            33. 叶片披针形、卵状披针形，长 1.8-4.5 cm，近全缘或具 2-3 刺齿；果倒卵状椭圆形；分核 1-2 枚 ·················· 22. **长叶枸骨 I. georgei**

            33. 叶片卵形至菱形，长 2.5-5 cm，边缘具 2 或 4 对硬刺；果椭圆形，分核 2 枚 ·· 23. **刺叶冬青 I. bioritsensis**

    26. 成熟叶片绝无刺齿，全缘或具锯齿、圆齿状锯齿。

      34. 果直径 8-12 mm；分核具不规则的皱纹及洼穴。

        35. 雄聚伞花序簇生，每分枝具 3 花；分核木质，背部具皱棱及洼穴；叶片倒卵形或倒卵状椭圆形，全缘 ·· 26. **全缘冬青 I. integra**

        35. 雄花序组成假圆锥花序，每分枝具 3-9 花。分核石质或骨质。

          36. 叶片长圆形或长圆状椭圆形，具重锯齿或粗齿，长 10-18 cm，宽 4.5-7.5 cm；分核石质，背部具网条纹及沟 ·· 24. **扣树 I. kaushue**

          36. 叶片长圆形或卵状椭圆形，具疏齿，长 8-19 (-28) cm，宽 4.5-7.5 cm；分核骨质，背部具皱纹及洼穴 ·· 25. **大叶冬青 I. latifolia**

      34. 果较小，直径 4-6 mm；分核具掌状条纹及沟。

        37. 叶片近革质，长圆状披针形或倒披针形，长 6-12.5 cm；具 3 花的雄聚伞花序和雌花单花均簇生于二年生枝叶腋内；果梗长 4-6 mm ·················· 27. **康定冬青 I. franchetiana**

        37. 叶片革质、厚革质或薄革质，卵形、椭圆形、卵状椭圆形或卵状披针形；果梗长 2-3 mm。

          38. 小枝密被短柔毛；叶片卵形、长圆形或卵状披针形，长 4-8 cm；果具小瘤点，果梗长仅

1 mm·····································28. **短梗冬青 I. buergeri**

38. 小枝无毛；叶片卵状椭圆形、长圆状椭圆形；果无小瘤点，果梗长 2–3 mm。

39. 果序假总状；宿存柱头头状；分核卵状长圆形；叶片椭圆形或长圆状披针形，长 6–10 cm
·····································29. **台湾冬青 I. formosana**

39. 雌花单花或单果簇生；宿存柱头薄盘状或脐状；分核卵状长圆形、卵形或近圆形。

40. 叶片长圆状椭圆形或卵状椭圆形，长 4.5–10 cm，先端骤然尾状长渐尖；宿存柱头薄盘状或脐状；分核卵形或近圆形·····················31. **榕叶冬青 I. ficoidea**

40. 叶片卵形、卵状椭圆形或卵状披针形，长 4–10 (–13) cm；宿存柱头薄盘状；分核椭圆状三棱形·····················30. **珊瑚冬青 I. corallina**

25. 雌花序的单个分枝伞状或具单花；分核 6–8，稀 4；内果皮革质或近木质。

41. 分核背部具 3 纵条纹（棱）及 2 沟，条纹（棱）与果皮贴合；内果皮近木质，稀革质；小枝纤细，具纵棱脊，横切面呈四角形。

42. 雌花序为具 1–5 花的聚伞花序，簇生或组成假圆锥花序；叶片披针形、椭圆状披针形或狭长圆形·····················32. **黔桂冬青 I. stewardii**

42. 雌花簇的个体分枝具单花，稀为 1–3 花的聚伞花序，不为假圆锥花序。

43. 小枝、叶柄及花序仅疏被微柔毛，叶片薄革质或纸质，椭圆形、倒卵状或卵状长圆形，长 5–9 cm·····················34. **海南冬青 I. hainanensis**

43. 小枝、叶柄、叶片及花序均密被长硬毛；叶片薄纸质或膜质，椭圆形或长卵形，长 2–6 cm·····················33. **毛冬青 I. pubescens**

41. 分核平滑，或具条纹而无沟，条纹易与果皮分离；内果皮革质；小枝圆柱形。

44. 果通常双生；果梗长约 1 mm，果直径约 3.5 mm；叶片长圆形或椭圆形，长 1–2.5 cm，宽 0.5–1.2 cm；小枝、叶柄和花序均密被短柔毛·····················40. **矮冬青 I. lohfauensis**

44. 果簇生或假总状，果梗长 7–20 mm，大于果直径。

45. 果直径 5–8 mm，宿存柱头头状或乳头状，花柱明显。

46. 乔木；叶片长圆形或倒卵状长圆形，长 15–25 cm，宽 5–7 cm；果直径 8 mm，密布黄色斑点，果梗长 2.5–3 cm·····················37. **长柄冬青 I. dolichopoda**

46. 灌木或小乔木；叶片短于 9 cm，果不具斑点，果梗短于 1 cm。

47. 叶片厚革质，椭圆形或长圆状椭圆形，长 5–9 cm，宽 2–2.5 cm，全缘；花 5–8 基数；分核 6 或 7，背部平滑·····················35. **厚叶冬青 I. elmerrilliana**

47. 叶片近革质，披针形或倒披针形，长 3–6 cm，宽 0.5–1.4 cm，近全缘，近先端常具 1–2 细齿；花 5 或 6 基数；分核 5–8，背部及侧面均具条纹和沟·····················36. **河滩冬青 I. metabaptista**

45. 果直径 3–4 mm，宿存柱头薄盘状，花柱不明显。

48. 小枝、叶柄及花序均被微柔毛；叶片长圆状椭圆形或长圆状披针形，长 2.5–7.5 cm，宽 1–2 cm·····················38. **疏齿冬青 I. oligodonta**

48. 小枝、叶柄及花序均无毛；叶片卵形或倒卵状长圆形，长 4–7 cm，宽 1.5–3.5 cm·····················39. **尾叶冬青 I. wilsonii**

　　本属药用植物主要含三萜类成分，如大叶冬青苷 (latifoloside) A (**1**)、B (**2**)、C (**3**)、D (**4**)、E (**5**)、F (**6**)、G (**7**)、H (**8**)、I (**9**)、J (**10**)、K (**11**)、L (**12**)，苦丁苷 (kudinoside) A (**13**)、B (**14**)、C (**15**)、D (**16**)、E (**17**)、F (**18**)，冬青苷 (ilexoside) A (**19**)、B (**20**)、C (**21**)、D (**22**)、E (**23**)、F (**24**)；黄酮类成分如 (2S)-3',5,5',7- 四羟基黄烷酮 [(2S)-3',5,5',7-tetrahydroxyflavanone，**25**]；木脂素成分如华中冬青素 (huazhongilexin，**26**)。其中的某些三萜具有生物学活性，如 **19** 有抗凝血、抗心律失常、抗炎、降血压

的活性。

本属植物多用于清热解毒、镇咳、祛痰及治疗心血管疾病。近代药理研究表明，枸骨叶具有抗生育、扩张冠状动脉、抗菌等作用，此外亦有抑制免疫细胞过度活化、增殖的作用。毛冬青具有良好的抗心力衰竭血流动力学效应和保护心肌等作用，其所含成分毛冬青酸经琥珀酸酐化制得的毛冬青甲素 (Ilexonin A) 可降低血液黏度，改善微循环，增加脑血流量，促进血肿吸收，加速脑组织修复，临床用于治疗缺血性脑血管病、冠状动脉性心脏病、中心性视网膜炎和周围血管病。大叶冬青具有降血压、调节血脂的作用，对于心脑血管系统具有保护作用；此外还具有抗肿瘤、抗菌和调节免疫作用。

1: R₁=ara-rha, R₂=glc, R₃=a-CH₃, R₄=Me
4: R₁=ara-rha, R₂=glc, R₃=b-CH₃, R₄=Me
5: R₁=ara-rha, R₂=glc, R₃=a-CH₃, R₄=Me
   -glc
6: R₁=ara-rha, R₂=glc, R₃=b-CH₃, R₄=Me
   -glc
7: R₁=ara-rha, R₂=glc-rha, R₃=b-CH₃, R₄=Me
   -glc
9: R₁=ara-rha, R₂=glc-rha, R₃=a-CH₃, R₄=Me
   -glc
10: R₁=ara-glc, R₂=glc, R₃=b-CH₃, R₄=Me
11: R₁=ara-rha, R₂=glc-rha, R₃=b-CH₃, R₄=b-CH₂OH
12: R₁=ara-glc-glc, R₂=glc, R₃=b-CH₃, R₄=Me
    -rha

2: R₁=ara-rha, R₂=glc, R₃=OH
3: R₁=ara-rha, R₂=glc, R₃=OH
   -glc
8: R₁=ara-rha, R₂=glc-rha, R₃=OH
   -glc

16: R=ara-glc
    -rha
17: R=ara-glc-glc
    -rha

19: R₁=ara, R₂=H
20: R₁=ara-glc, R₂=H
21: R₁=H, R₂=glc-xyl
22: R₁=ara, R₂=glc-ara
23: R₁=ara, R₂=glc-xyl
    -rha
24: R₁=ara-glc, R₂=glc-xyl
    -rha

13: R₁=ara-rha, R₂=H, R₃=OH
    -glc
14: R₁=ara-glc-glc, R₂=H, R₃=OH
15: R₁=ara-glc-glc, R₂=H, R₃=OH
    -rha
18: R₁=ara-glc, R₂=OH, R₃=H
    -rha

25

26

1. 香冬青

Ilex suaveolens (H. Lév.) Loes. in Ber. Deutsch. Bot. Ges. 32: 541. 1914.——*Celastrus suaveolens* H. Lév., *Ilex debaoensis* C. J. Tseng（英 **Fragrant Hooly**）

常绿乔木，高 15 m。小枝灰褐色，无毛，有棱角及隆起的皮孔。叶片革质，椭圆形、披针形或卵形，长 5–6.5 cm，宽 2–2.5 cm，先端渐尖，基部宽楔形，下延，边缘疏生小圆齿，两面无毛，侧脉

8-10 对；叶柄长 1.5-2 cm。花序近伞形，单生于叶腋，有 3-7 花，总花梗纤细，长 1.5-3.5 cm，无毛。雄花红白色，4-5 基数；花萼近钟状，直径 3 mm；雄蕊短于花瓣。雌花花萼与花瓣同雄花。果球形，直径 6 mm，成熟时红色，宿存柱头乳头状；分核 4，长圆形，长 8 mm，直径 3 mm，内果皮石质。花期 4-6 月，果期 9-12 月。

分布与生境　产于浙江、福建、江西、安徽、湖北、湖南、广东、广西、四川、贵州和云南等地。生于海拔 600-1600 m 的常绿阔叶林中。

药用部位　根、叶。

功效应用　清热解毒。用于劳伤身痛，水火烫伤。

香冬青 *Ilex suaveolens* (H. Lév.) Loes.
引自《中国高等植物图鉴》

香冬青 *Ilex suaveolens* (H. Lév.) Loes.
摄影：陈彬

2. 冬青（图经本草）　冻青（本草纲目），冻生（本草拾遗），四季青（中国药典 1977）

Ilex chinensis Sims in Bot. Mag. 46: pl. 2043. 1819.——*I. purpurea* Hassk., *I. oldhamii* Miq., *I. jinggangshanensis* C. J. Tseng（英 **Chinese Holly**）

常绿乔木，高 13 m。树皮暗灰色，小枝浅绿色。叶片薄革质，椭圆形或披针形，稀卵形，长 5-11 cm，宽 2-4 cm，先端渐尖，基部楔形或钝，边缘具圆齿，叶面绿色，有光泽，无毛，或雄株的幼枝顶芽、幼叶叶柄及主脉被长柔毛，侧脉 6-9 对，网脉下面明显；叶柄长 8-15 mm。花紫红色或淡紫色，4-5 基数。雄花 7-24 朵排成 3-4 回二歧聚伞花序，腋生，总花梗长 7-14 mm，二级轴长 2-5 mm，花梗长 2 mm，无毛；花萼浅杯状；花瓣卵形，长 2.5 mm，基部稍合生；雄蕊短于花瓣。雌花 3-7 朵排成 1-2 回二歧聚伞花序，花梗长 6-10 mm；花萼与花瓣同雄花；退化雄蕊长为花瓣的 1/2；子房卵形，柱头厚盘状。果椭圆形，长 10-12 mm，深红色；分核 4-5，背部具 1 浅而宽的纵沟，内果皮骨质。花期 4-5 月，果期 7-12 月。

分布与生境　产于长江流域及其以南各地。生于海拔 500-1000 m 的山坡常绿阔叶林中或林缘。

药用部位　叶、果实（冬青子）、根皮及树皮（冬青皮）。

功效应用　叶：清热解毒，消肿祛瘀。用于肺热咳嗽，咽喉肿痛，痢疾，肋痛，热淋。外用于烧伤，烫伤，皮肤溃疡。果实：祛风，补虚。用于风湿痹痛，痔疮。根皮及树皮：止血，补益肌肤。用于烧伤，烫伤。

化学成分　叶含三萜类：铁冬青酸(rotundic acid)，具柄冬青苷(pedunculoside)[1]，冬青苷(ilexoside) A、

冬青 **Ilex chinensis** Sims
肖溶 绘

冬青 **Ilex chinensis** Sims
摄影：徐克学

B[2]；酚酸类：原儿茶酸(protocatechuic acid)，咖啡酸(caffeic acid)，丁香苷(syringin)[1]。

药理作用　抗炎作用：冬青的叶（四季青）的乙醇提取液和水提液对二甲苯致小鼠耳肿胀、角叉菜胶致小鼠足跖肿胀和醋酸致小鼠腹腔毛细血管通透性增高有抑制作用，醇提液的作用强于水提液[1]。

抗血小板聚集作用：四季青叶中的单体成分原儿茶醛体外及体内给药，对 ADP 诱导的大鼠、家兔血小板聚集性能均有抑制作用，表现在血小板聚集程度减弱，聚集速度减慢，并可促进聚集的血小板解聚，其机制与血小板内 cAMP 代谢无关[2]，而是通过增加血小板膜的有序排列程度并降低膜流动性[3-4]来实现的。

抗氧化作用：冬青叶的乙醇提取液具有一定的抗氧化活性，从提取液中总黄酮的含量和抑制率得出：总黄酮含量越高，其抗氧化活性抑制率越大，黄酮的抗氧化活性随浓度的增大而增强[5]。

注评　本种为中国药典（1977、2010 年版）收载"四季青"的基源植物，药用其干燥叶；其干燥果实为内蒙古中药材标准（1988 年版）收载的"冬青子"。本种的树皮及根皮称"冬青皮"，也可药用。苗族也药用其果实治疗风湿痹痛、痔疮。

化学成分参考文献

[1] 赵浩如，等 . 中国中药杂志，1993, 18(4): 226-228.

[2] Inada A, et al Chem Pharm Bull, 1987, 35(4): 841-845.

药理作用及毒性参考文献

[1] 覃仁安，等 . 贵州医药，1999, 23(6): 416-417.

[2] 石琳，等 . 苏州医学院学报，1982, (2): 1-6.

[3] 石琳，等 . 药学学报，1984, 19(7): 535-537.

[4] 石琳，等 . 苏州医学院学报，1983, (3): 1-4.

[5] 胡喜兰，等 . 食品科学，2006, 27(12): 423-426.

3. 黄毛冬青　苦莲奴（福建）

Ilex dasyphylla Merr. in Lingnan Sci. J. 7: 311. 1931.——*I. flaveomollissima* F. P. Metcalf（英 **Denseleaf Holly**）

常绿灌木或乔木，高 2.5–9 m。小枝、叶柄、叶片、花序及花萼均密被锈黄色瘤基短硬毛。叶片薄革质，卵形、卵状椭圆形、卵状披针形或椭圆形，长 3–9 cm，宽 1.5–3 cm，先端渐尖或急尖，基部圆形、钝或楔形，全缘或中上部疏具小齿；叶柄长 3–5 mm。花红色，4–5 基数。雄花序具 3–5 花，假伞形，腋生，总花梗长 4–5 mm，花梗长 2 mm；花萼裂片圆形或三角形；花瓣卵状长圆形，长 3 mm；

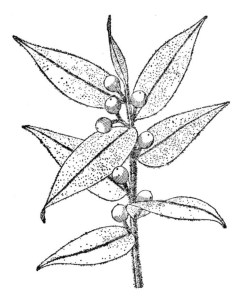

黄毛冬青 *Ilex dasyphylla* Merr.
引自《中国高等植物图鉴》

黄毛冬青 *Ilex dasyphylla* Merr.
摄影：喻勋林

雄蕊与花瓣等长；退化子房金字塔形。雌花花被同雄花；子房卵状圆锥形，柱头乳头状。果球形，直径 5-7 mm，红色；分核 4 或 5，长圆状椭圆形，长 4-6 mm，背部中央具宽而深的单沟，内果皮革质。花期 5 月，果期 8-12 月。

分布与生境 产于江西、福建、广东和广西。生于海拔 270-650 m 的山地疏林中或灌丛中。

药用部位 根。

功效应用 清热解毒。用于无名肿毒。

---

4. 有毛冬青

Ilex pubigera (C. Y. Wu ex Y. R. Li) S. K. Chen et Y. X. Feng in Fl. Reipubl. Popularis Sin. 45(2): 34. 1999.——*I. purpurea* Hassk. var. *pubigera* C. Y. Wu ex Y. R. Li（英 **Pubigerous Holly**）

常绿乔木，高 15 m。小枝具皮孔；芽、叶柄、幼叶全体及成熟叶主脉上面均被微柔毛。叶片革质，椭圆形或长圆形，长 8-11 cm，宽 4-5.5 cm，先端渐尖，基部楔形，边缘具圆齿，主脉两面凸起，侧脉 6-10 对，在上面不明显；叶柄长 8-12 mm。花未见。果序聚伞状，总梗及果梗均被柔毛，具 1-3 果；果球形，直径 6-8 mm，红色，宿存柱头薄盘状，4 裂；分核 4-5，椭圆形，长 8-9 mm，宽约 2.5 mm，背面平滑，浅凹形，内果皮厚革质。果期 9 月。

分布与生境 产于云南文山州。生于海拔 2100 m 的林中。

药用部位 茎皮、叶和根。

功效应用 清热解毒，消肿止痛。用于吐泻，胃痛，中暑腹痛，痢疾，胆囊炎，胰腺炎，水肿，感冒发热，风湿性关节痛，滴虫病，烧伤，烫伤，毒蛇咬伤，疮肿，无名肿毒，跌打损伤，关节扭伤。

---

5. 龙陵冬青　密花冬青（云南植物志）

Ilex cheniana T. R. Dudley in Holly Soc. J. 6(4): 15. 1988.——*I. congesta* H. W. Li（英 **Longling Holly**）

常绿小乔木，高 5 m。小枝灰褐色，具条纹，皮孔及叶痕凸起，顶芽密被黄色柔毛。叶片薄革质，椭圆形，长 9-11 cm，宽 4-5 cm，先端渐尖，基部近圆形，边缘疏生锯齿，主脉及侧脉（9-10 对）在叶面微凹，背面明显；叶柄长 6-10 mm，被黄色短柔毛。聚伞果序具 3 果，单生于叶腋，果序梗长 5-6 mm，果梗长约 5 mm，均被短柔毛；果球形，直径 1 cm，红色，基部具微 6 裂或波状宿存花萼，宿存柱头薄盘状，4浅裂；分核4，背部具1宽沟，横切面呈"V"形。果期11月。

分布与生境　产于云南龙陵。生于海拔1500 m左右的山地林中。

药用部位　树皮。

功效应用　清热，散肿，接骨。用于跌打损伤，骨折。

6. 广东冬青

Ilex kwangtungensis Merr. in J. Arnold Arbor. 8: 8. 1927.——*I. kwangtungensis* Merr. var. *pilosior* Hand.-Mazz., *I. shweliensis* H. F. Comber, *I. phanerophlebia* Merr.（英 **Kwangtung Holly**）

常绿灌木或小乔木，高达9 m。小枝被短柔毛。叶片近革质，卵状椭圆形、长圆形或披针形，长7–16 cm，宽3–7 cm，先端渐尖，基部钝至圆形，边缘具细齿或近全缘，两面被短柔毛，背面沿脉更密，侧脉9–11对；叶柄长7–17 cm，被短柔毛。花红色或紫红色，4–5基数。雄花序为2–4回二歧聚伞花序，具12–20花，被微柔毛，总花梗长9–12 mm，花梗长2–3 mm；花萼径2.5 mm，被毛；花瓣长圆形；雄蕊短于花瓣。雌花序为1–2回二歧聚伞花序，具3–7花，花梗长4–7 mm；子房卵球形，柱头乳头状。果椭圆形，直径7–9 mm，红色，宿存柱头凸起；分核4，椭圆体形，长6 mm，背面中央具1宽而深的U形槽，两侧面平滑，内果皮革质。花期6月，果期9–11月。

分布与生境　产于浙江、福建、江西、湖南、广东、广西、海南、贵州和云南。生于海拔300–1000 m的山坡常绿阔叶林或灌木丛中。

药用部位　根、叶。

功效应用　清热解毒，消肿止痛。用于水火烫伤。

化学成分　叶含三萜类：齐墩果酸(oleanolic acid)，熊果酸(ursolic acid)，常春藤皂苷元(hederagenin)，齐墩果酸-3-*O*-*β*-D-吡喃葡萄糖基-(1 → 3)-*α*-L-吡喃阿拉伯糖苷[3-*O*-*β*-D-glucopyranosyl-(1 → 3)-*α*-L-arabinopyranosyl-oleanolic acid]，3-*O*-*β*-D-吡喃葡萄糖基-(1 → 2)-*α*-L-吡喃阿拉伯糖基齐墩果酸[3-*O*-*β*-D-glucopyranosyl-(1 → 2)-*α*-L-arabinopyranosyl-oleanolic acid]，3-*O*-*β*-D-吡喃葡萄糖基-(1 → 3)-*β*-D-吡喃葡萄糖基齐墩果酸[3-*O*-*β*-D-glucopyranosyl-(1 → 3)-*β*-D-glucopyranosyl-oleanolic acid]，3-*O*-*β*-D-吡喃葡萄糖基-(1 → 3)-*β*-D-吡喃半乳糖基齐墩果酸[3-*O*-*β*-D-glucopyranosyl-(1 → 3)-*β*-D-galactopyranosyl-oleanolic acid][1]。

广东冬青 Ilex kwangtungensis Merr.
引自《中国高等植物图鉴》

广东冬青 Ilex kwangtungensis Merr.
摄影：林秦文

化学成分参考文献

[1] 魏孝义，等. 热带亚热带植物学报，2000, 8(3): 257-263.

7. 棱枝冬青　山绿茶（广西）

Ilex angulata Merr. et Chun in Sunyatsenia 2: 266. 1935.（英 **Angularbranch Holly**）

　　常绿小乔木，高 4–10 m。小枝具纵棱，被微柔毛。叶片纸质或膜质，椭圆形或阔椭圆形，长 3.5–5.5 cm，宽 1.5–2.5 cm，先端渐尖，基部楔形或急尖，全缘，有时近顶端具疏齿，侧脉 5–7 对；叶柄长 4–6 mm。聚伞花序单生于当年生枝叶腋内，总梗长 3–5 mm，花梗长 3–5 mm，单花花梗长 10 mm；花粉红色，5 基数。雄花序常具 3 花；花萼膜质，裂片卵形，长 1–1.5 mm；花瓣卵形，长 3 mm；雄蕊长为花瓣的 3/4；退化子房球形。雌花花被同雄花；退化雄蕊长为花瓣的 1/3；子房球形，柱头乳头状。果椭圆形长 6–8 mm，直径 5–6 mm，红色，宿存柱头头状；分核 5 或 6，长 5 mm，背部具 3 条纹和沟，内果皮木质。花期 4 月，果期 7–10 月。

分布与生境　产于广西、海南。生于海拔 400–500 m 的丛林中或疏林中。

药用部位　叶。

功效应用　清热解毒，化浊，消肿，通经活络，活血。用于高血压，高血脂，口腔炎，口疮，疖肿，咽喉痛，慢性喉炎，妇科附件炎。

注评　本种叶的加工炮制品在广西民间作"山绿茶"药用，有清热解暑、生津止咳、去积消食功能。对暑热口渴、咽喉痛、食滞具有良好的治疗作用。同属植物海南冬青 Ilex hainanensis Merr.、黔桂冬青 Ilex stewardii S. Y. Hu、茶果冬青 *Ilex theicarpa* Hand.-Mazz. 等在产地也加工成"山绿茶"。

8. 铁冬青　救必应（中国药典 1977），熊胆木（广东、广西），白银香（广东），白银木、过山风、红熊胆（广西），羊不食、消癀药（贵州）

Ilex rotunda Thunb. in Murray, Syst. Veg., ed. 14, 168. 1784.——*I. laevigata* Blume ex Miq., *I. microcarpa* Lindl. ex Paxton, *I. rotunda* Thunb. var. *microcarpa* (Lindl. ex Paxton) S. Y. Hu, *I. unicanaliculata* C. J. Tseng（英 **Ovateleaf Holly**）

　　常绿乔木，高 20 m。小枝具棱角，无毛。叶片薄革质或纸质，卵形、倒卵形或椭圆形，长 4–9 cm，宽 1.8–4 cm，先端短渐尖，基部楔形或钝，全缘，两面无毛，侧脉 6–9 对，两面明显；叶柄长 8–18 mm。聚伞花序或呈伞状，单生于叶腋，常具 4–6 (–13) 花；花白色。雄花 4 基数；花梗长 3–5 mm；花瓣长圆形，长 2.5 mm；雄蕊长于花瓣。雌花 5–7 基数；花梗长 4–8 mm；花瓣倒卵状长圆形，长 2 mm；子房卵形，柱头头状。果球形，直径 4–6 mm，红色，宿存柱头厚盘状，凸起；分核 5–7，椭圆形，长 5 mm，背部具 3 纵棱及 2 沟，侧面平滑，内果皮近木质。花期 4 月，果期 8–12 月。

铁冬青 Ilex rotunda Thunb.
引自《浙江植物志》

分布与生境　产于长江流域及其以南地区和台湾。生于海拔 400–1000 m 的山地常绿阔叶林中和林缘。也分布于朝鲜、日本和越南北部。

药用部位　树皮、根（救必应）、叶。

功效应用　树皮：清热解毒，利湿止痛。用于暑湿发热，咽喉肿痛，湿热泻痢，脘腹胀痛，风湿痹痛，湿疹，疮疖，跌打损伤。根：用于胃病，感冒发热，肠炎，便血，

铁冬青 *Ilex rotunda* Thunb.
摄影：徐克学 张英涛

湿疹，皮肤过敏。叶：止血。用于湿疹。

化学成分　根皮含三萜类：铁冬青酸(rotundic acid)，果渣酸▲(pomolic acid)，具柄冬青苷(pedunculoside)，苦丁苷H (kudinoside H)，3β-(α-L-吡喃阿拉伯糖氧基)-19α-羟基齐墩果-12-烯-28-酸-28-*O*-β-D-吡喃葡萄糖基酯{3β-[(α-L-arabinopyranosyl)oxy]-19α-hydroxyolean-12-en-28-oic acid-28-*O*-β-D-glucopyranosyl ester}[1]；木脂素类：丁香树脂酚-4'-*O*-β-D-吡喃葡萄糖苷(syringaresinol-4'-*O*-β-D-glucopyranoside)[1]；苯丙素类：咖啡酸-4-*O*-β-D-吡喃葡萄糖苷(caffeic acid-4-*O*-β-D-glucopyranoside)，丁香苷(syringin)，芥子醛吡喃葡萄糖苷(sinapaldehyde glucopyranoside)[1]；酚酸苷类：香荚兰酸-4-*O*-β-D-吡喃葡萄糖苷(vanillic acid-4-*O*-β-D-glucopyranoside)[1]；甾体类：β-谷甾醇，胡萝卜苷[1]。

　　树皮含三萜类：3-*O*-乙酰齐墩果酸(3-*O*-acetyloleanolic acid)，铁冬青诺酸▲(rotundanonic acid)[2]，铁冬青酸，具柄冬青苷[2-3]，苦丁苷H (kudinoside H)，3-乙酰熊果酸(3-acetylursolic acid)，苦丁茶冬青苷D (ilekudinoside D)，3-*O*-α-L-吡喃阿拉伯糖基果渣酸▲(3-*O*-α-L-arabinopyranosylpomolic acid)，齐墩果酸-28-*O*-β-D-吡喃葡萄糖基酯(oleanolic acid-28-*O*-β-D-glucopyranosyl ester)，齐墩果酸(oleanolic acid)[3]，无羁萜(friedelin)，3-羟基齐墩果烷(3β-hydroxy-oleanane)[4]，铁冬青苷▲(rotundinoside) A、B、C、D，冬青苷(ilexoside) K、O，毛冬青素E (ilexpublesnin E)，竹节参皂苷Ⅴ甲酯(chikusetsusaponin Ⅴ methyl ester)，长圆果冬青苷Ⅰ (oblonganoside Ⅰ)，3β-*O*-β-D-吡喃葡萄糖基-(1→2)-α-L-吡喃阿拉伯糖基-19-羟基-20α-熊果-12-烯-28-酸-28-*O*-β-D-吡喃葡萄糖基酯[3β-*O*-β-D-glucopyranosyl-(1→2)-α-L-arabinopyranosyl-19-hydroxyl-20α-urs-12-en-28-oic acid-28-*O*-β-D-glucopyranosyl ester]，19α,23-二羟基熊果-12-烯-28-酸-3β-*O*-(β-D-吡喃葡萄糖醛酸苷-6-*O*-甲酯)-28-*O*-β-D-吡喃葡萄糖基酯[19α,23-dihydroxyurs-12-en-28-oic acid-3β-*O*-(β-D-glucuronopyranoside-6-*O*-methyl ester)-28-*O*-β-D-glucopyranosyl ester][5]；苯丙素类：芥子醛(sinapaldehyde)，丁香醛(syringaldehyde)，铁冬青素▲(ilexrotunin)[2]，芥子醛葡萄糖苷[2,4]，二丁香醚(disyringin ether)，丁香苷(syringin)[4]；木脂素类：丁香树脂酚-4'-*O*-β-D-吡喃葡萄糖苷(syringaresinol-4'-*O*-β-D-glucopyranoside)，丁香树脂酚-4',4"-二-*O*-β-D-吡喃葡萄糖苷(syringaresinol-4',4"-di-*O*-β-D-glucopyranoside)[6]；脂肪酸类：硬脂酸[2,4]，十九酸(nonadecanoic acid)[4]。

　　叶含三萜及其皂苷类：具柄冬青苷，地榆苷Ⅰ (ziyuglycoside Ⅰ)，甜茶苷F₁(suavissimoside F₁; suavissimoside R₁)，竹节参皂苷Ⅳa(chikusetsusaponin Ⅳa)[7]，冬青苷(ilexoside) ⅩⅩⅨ、ⅩⅩⅩ、ⅩⅩⅩⅠ、ⅩⅩⅩⅡ[7]、ⅩⅩⅩⅢ、ⅩⅩⅩⅣ、ⅩⅩⅩⅤ、ⅩⅩⅩⅥ、ⅩⅩⅩⅦ、ⅩⅩⅩⅧ、ⅩⅩⅩⅨ[8]、ⅩLⅠ、ⅩLⅡ、ⅩLⅢ、ⅩLⅣ、ⅩLⅤ[9]、ⅩLⅥ、ⅩLⅦ、L、LⅠ、ⅩLⅧ、ⅩLⅨ[10]，冬青醇酸(ilexolic acid) A、B[8]；半萜类：铁冬青萜苷▲(rotundarpenoside) A、B[11]；苯丙素类：咖啡酸(caffeic acid)，3,4-二咖啡酰奎宁酸(3,4-dicaffeoylquinic acid)，3,5-二咖啡酰奎宁酸(3,5-dicaffeoylquinic acid)，3,4,5-三咖啡酰奎宁酸(3,4,5-tricaffeoylquinic acid)，3,5-二咖啡酰莽草酸(3,5-dicaffeoylshikimic acid)[11-12]；黄酮类：槲皮素-3-O-芸香糖苷(quercetin-3-O-rutinoside)[12]。

果实含三萜类：熊果酸(ursolic acid)，铁冬青酸，具柄冬青苷，铁冬青吉酸▲(rotungenic acid)，铁冬青二酸▲(rotundioic acid)[13]，铁冬青吉苷▲(rotungenoside)[14]；苯丙素类：绿原酸(chlorogenic acid)，新绿原酸(neochlorogenic acid)，1-咖啡酰奎宁酸(1-caffeoylquinic acid)[15]。

药理作用 调节心脑血管系统作用：铁冬青叶的水提液能增加离体豚鼠冠状动脉流量，提高小鼠耐缺氧能力，延长缺氧小鼠的存活时间，对垂体后叶素引起的大鼠急性心肌缺血有保护作用，改善心肌血氧的供求平衡，静脉注射后能增加麻醉兔的脑血流量，降低脑血管的阻力和血压[1]。

救必应 Ilicis Rotundae Cortex
摄影：陈代贤

毒性及不良反应 铁冬青叶水提液腹腔注射的小鼠 LD_{50} 为 (10.3 ± 1.6) g/kg[1]。

注评 本种为中国药典（1977、2010 年版）收载"救必应"的基源植物，药用其干燥树皮。仫佬族、瑶族、壮族、傣族、佤族、基诺族也药用其树皮、根、叶，主要用途见功效应用项。苗族药用其叶治脓疱疮。

化学成分参考文献

[1] 孙辉，等 . 林产化学与工业，2009, 29(1): 111-114.

[2] Wen DX, et al. *Phytochemistry*, 1996, 41(2): 657-659.

[3] 罗华锋，等 . 中草药，2011, 42(10): 1945-1947.

[4] 许睿，等 . 中草药，2011, 42(12): 2389-2393.

[5] Fan Z, et al. *Fitoterapia*, 2015, 101: 19-26.

[6] Wang C, et al. *Journal of Liquid Chromatography & Related Technologies*, 2014, 37(16): 2363-2376.

[7] Amimoto K, et al. *Chem Pharm Bull*, 1992, 40(12): 3138-3141.

[8] Amimoto K, et al. *Phytochemistry*, 1993, 33(6): 1475-1480.

[9] Amimoto K, et al. *Chem Pharm Bull*, 1993, 41(1): 39-42.

[10] Amimoto K, et al. *Chem Pharm Bull*, 1993, 41(1): 77-80.

[11] Kim MH, et al. *Arch Pharm Res*, 2012, 35(10): 1779-1784.

[12] Lee MW, et al. *Repub. Korean Kongkae Taeho Kongbo*, 2012, KR 2012092763 A 20120822.

[13] Nakatani M, et al. *Phytochemistry*, 1989, 28(5): 1479-1482.

[14] Nakatani M, et al. *Bull Chem Soc Japan*, 1989, 62(2): 469-73.

[15] Nakatani M, et al. *Kagoshima Daigaku Rigakubu Kiyo, Sugaku, Butsurigaku, Kagaku*, 1988, (21): 127-131.

药理作用及毒性参考文献

[1] 朱莉芬，等 . 中药材，1993, 16(12): 29-31.

9. 伞花冬青　米碎木（海南植物志）

Ilex godajam (Colebr. ex Wall.) Wall. ex Hook. f., Fl. Brit. India 1: 604. 1875.——*Prinos godajam* Colebr. ex Wall., *Ilex capitellata* Pierre, *I. rotunda* Thunb. var. *piligera* Loes.（英 **Holly**）

常绿灌木或小乔木，高 5–13 m。树皮灰白色，小枝和顶芽密被微柔毛。叶片纸质或薄革质，卵形或长圆形，长 4.5–8 cm，宽 2.5–4 cm，先端钝圆或急尖，基部圆形，全缘，主脉上面被微柔毛，背面疏被长毛或无毛，侧脉 7–9 对；叶柄长 10–15 mm，被微柔毛。花黄白色，4–6 基数；花序及萼片均被微柔毛。雄花序伞状，具 8–23 花，总花梗长 14–18 mm，花梗长 2–4 mm；花萼裂片卵形；花瓣长圆形；雄蕊与花瓣等长。雌花序具 3–13 花，总花梗长 10–14 mm，花梗长 2–5 mm；花瓣长椭圆形，长 2 mm。果球形，直径 4 mm，红色，宿存柱头盘状凸起；分核 5 或 6，椭圆形，长 2.5 mm，背面具 3 纵裂及 2 沟，内果皮木质。花期 1–4 月，果期 5–8 月。

分布与生境　产于海南、广西、湖南和云南。生于海拔 300–1000 m 的疏林或杂木林中。也分布于越南北部和印度。

药用部位　树皮。

功效应用　用于腹痛，蛔虫病。

化学成分　新鲜地上部分含三萜类：伞花冬青苷(godoside)

伞花冬青 Ilex godajam (Colebr. ex Wall.) Wall. ex Hook. f.
引自《中国高等植物图鉴》

伞花冬青 Ilex godajam (Colebr. ex Wall.) Wall. ex Hook. f.
摄影：王祝年 张英涛

A、B、C、D，竹节参皂苷Ⅳa (chikusetsusaponin Ⅳa)，甜茶苷R_1 (suavissimoside R_1)，冬青苷(ilexoside) XXX、XXXIX，梯翅蓬苷▲B(copteroside B)，食用土当归皂苷▲B(udosaponin B; glycoside St-I4b)，韭菜苷A(tuberoside A)，2-*O*-β-D-吡喃葡萄糖基-3β-*O*-D-吡喃葡萄糖醛酸基-(4α)-23-羟基齐墩果酸-28-*O*-β-D-吡喃葡萄糖基酯[2-*O*-β-D-glucopyranosyl-3β-*O*-D-glucopyranosiduronyl-(4α)-23-hydroxy-oleanolic acid-28-*O*-β-D-glucopyranosyl ester][1]。

注评　本种为广西中药材标准（1996 年版）收载"猪肚木皮"的基源植物，药用其干燥树皮。

化学成分参考文献

[1] Ouyang MA, et al. *J Asian Nat Prod Res*, 2002, 4(1): 25-31.

10. 三花冬青　茶果冬青

Ilex triflora Blume, Bijdr. Fl. Ned. Ind. 1150. 1826.——*I. theicarpa* Hand.-Mazz., *I. leptophylla* W. P. Fang et Z. M. Tan, *I. szechwanensis* Loes. f. *villosa* W. P. Fang et Z. M. Tan（英 **Triflower Holly**）

常绿灌木或乔木，高 2–10 m。小枝、叶柄、主脉两面、花序梗均被短柔毛。叶片近革质，椭圆形、长圆形或卵状椭圆形，长 2.5–10 cm，宽 1.5–4 cm，先端急尖或渐尖，基部圆形或钝，边缘具波状浅齿，背面疏被短柔毛及腺点，侧脉 7–10 对；叶柄长 3–5 mm。花 4 基数；白色或淡红色。雄聚伞花序簇生于叶腋，每分枝具 1–3 花，总花梗长 2 mm，花梗长 2–3 mm；花萼直径 3 mm；花瓣阔卵形；雄蕊短于花瓣。雌花 1–5 朵簇生叶腋，总花梗几无，花梗长 4–8 (–14) mm；花瓣宽卵形至近圆形；子房卵球形，柱头厚盘状。果球形，直径 6–7 mm，黑色，果梗长 13–18 mm；宿存柱头厚盘状；分核 4，卵状椭圆形，长 6 mm，背面平滑，具 3 条纹，无沟，内果皮革质。花期 5–7 月，果期 8–11 月。

分布与生境　产于我国华东、华中、华南地区及四川、贵州和云南。生于海拔 (130–) 250–1800 (–2200) m 的山坡阔叶林中或灌木林中。也分布于印度、孟加拉国、越南北方经马来半岛至印度尼西亚。

药用部位　根。

功效应用　用于疮疡肿毒。

三花冬青 **Ilex triflora** Blume
引自《中国高等植物图鉴》

11. 四川冬青

Ilex szechwanensis Loes. in Nova Acta Acad. Caes. Leop.-Carol. German. Nat. Cur. 78: 347. 1901.——*I. szechwanensis* Loes. var. *heterophylla* C. Y. Wu ex Y. R. Li, *I. szechwanensis* Loes. var. *scoriarum* (W. W. Sm.) C. Y. Wu（英 **Szechwan Holly**）

常绿灌木或小乔木，高 1–10 m。小枝及叶柄均被短柔毛。叶片革质，卵状椭圆形或卵状长圆形，稀近披针形，长 3–8 cm，宽 2–4 cm，先端渐尖，基部楔形至钝，边缘具锯齿，背面具腺点，主脉上面密被短柔毛，侧脉 6–7 对；叶柄长 4–6 mm。花白色，4–7 基数。雄聚伞花序具 1–7 花，单生于叶腋，稀簇生，总花梗长 2–3 mm，花梗长 3–5 mm；花萼直径 2–2.5 mm；花瓣卵形，长 2.5 mm；雄蕊短于花瓣。雌花单生于叶腋，花梗长 8–10 mm；子房近球形，柱头厚盘状，凸起。果球形或扁球形，直径 7–8 mm，黑色，宿存柱头厚盘状，4 裂；分核 4，长圆形或近球形，长 4.5–5 mm，背部平滑，无沟槽，内果皮革质。花期 5–6 月，果期 8–10 月。

分布与生境　产于我国西南部地区及江西、湖北、湖南、广东、广西。生于海拔 (250–) 450–2500 m 的丘陵、山地常绿阔叶林内、灌丛中及溪边、路旁。

药用部位　果实、叶和根皮。

功效应用　果实：祛风，补虚。用于风湿痹痛，痔疮。叶：清热解毒，活血止血。用于烫伤，溃疡久不愈合，闭塞性脉管炎，支气管炎，肺炎，尿路感染，外伤出血。根皮：祛瘀，补益肌肤。用于烫伤。

四川冬青 Ilex szechwanensis Loes.
引自《中国高等植物图鉴》

四川冬青 Ilex szechwanensis Loes.
摄影：何海

12. 齿叶冬青　波缘冬青（海南植物志），钝齿冬青、圆齿冬青（安徽植物志），假黄杨（台湾植物志）
Ilex crenata Thunb. in Murray, Syst. Veg.; ed 14. 168.1784.（英 **Japanese Holly**）

常绿灌木或小乔木，高 5–10 m。小枝密被短柔毛。叶片革质、倒卵形、椭圆形或长圆状椭圆形，长 1–3.5 cm，宽 5–15 mm，先端圆钝或锐尖，基部钝或楔形，边缘具圆齿状锯齿，叶面亮绿色，背面密生腺点，侧脉 3–5 对；叶柄长 2–3 mm，被短柔毛。花白色，4 基数；雄花序聚伞状，具 1–7 花，单生于当年生枝叶腋内，稀近簇生，总花梗长 4–6 mm，花梗长 2–3 mm；花萼直径 2 mm；花瓣阔椭圆形，长 2 mm；雄蕊短于花瓣；退化子房圆锥形。雌花单花或为 2–3 花的聚伞花序，生于当年生枝叶腋内，花梗长 3.5–6 mm；花瓣卵形，长 3 mm；子房卵球形，长 2 mm，柱头盘状。果球形，直径

齿叶冬青 Ilex crenata Thunb.
引自《中国高等植物图鉴》

齿叶冬青 Ilex crenata Thunb.
摄影：刘冰

6-8 mm，黑色，宿存柱头厚盘状；分核 4，长圆状椭圆形，长 5 mm，背部平滑，有条纹无沟，内果皮革质。花期 5-6 月，果期 8-10 月。

分布与生境　产于我国华东、华中和华南地区。生于海拔 700-2100 m 的山地杂木林或灌丛中。也分布于朝鲜和日本。

药用部位　树皮。

功效应用　水中腐朽，可得胶状黏液。此胶台湾用作皮肤病治疗剂，绊创膏，捕蝇胶。

化学成分　树皮含三萜类：冬青苷(ilexoside) XV、XVI、XVII、XVIII、XIX[1]、XX、XXI、XXII、XXIII、XXIV[2]。

　　果实含三萜类：冬青苷 III、IV、V、VI、VII、VIII[3]、IX、X、XI、XII、XIII、XIV[4]、A、B、C、D[5]、E、F、G、H、I[6]。

化学成分参考文献

[1] Hata C, et al. *Chem Pharm Bull*, 1992, 40(8): 1990-1992.

[2] Miyase S, et al. *Chem Pharm Bull*, 1992, 40(9): 2304-2307.

[3] Kakuno T, et al. *Phytochemistry*, 1992, 31(8): 2809-2812.

[4] Kakuno T, et al. *Phytochemistry*, 1992, 31(10): 3553-3557.

[5] Kakuno T, et al. *Telrahedron Lell*, 1991, 32(29): 3535-3538.

[6] Kakuno T, et al. *Telrahedron Lell*, 1991, 47(35): 7219-7226.

13. 绿冬青　亮叶冬青（中国高等植物图鉴），细叶三花冬青（海南植物志），青皮子槠、鸡子槠、大叶帽子（福建）

Ilex viridis Champ. ex Benth. in Hooker's J. Bot. Kew Gard. Misc. 4: 329. 1852.——*I. triflora* Blume var. *viridis* (Champ. ex Benth.) Loes.（英 **Green Holly**）

　　常绿灌木或小乔木，高 1-6 m。小枝绿色，无毛。叶片革质，倒卵形、倒卵状椭圆形或椭圆形，长 2.5-7 cm，宽 1.5-3 cm，先端钝或渐尖，基部钝或楔形，边缘具细圆齿，叶面亮绿色，背面具腺点，侧脉 5-8 对；叶柄长 4-6 mm。花白色，4 基数；雄花 1-5 朵排成腋生聚伞花序，总花梗长 3-5 mm，花梗长 2 mm；花萼直径 2-3 mm，裂片啮蚀状；雄蕊长为花瓣的 2/3。雌花单花腋生，花梗长 12-15 mm；花萼直径 4-5 mm；花瓣卵形；子房卵球形，直径 2 mm，柱头盘状突起。果球形，直径 9 mm，黑色；果柄长 1-1.7 cm，宿存柱头乳头状；分核 4，椭圆形，长 4-6 mm，背面凸起，具皱纹，侧面平滑，内

绿冬青 **Ilex viridis** Champ. ex Benth.
引自《中国高等植物图鉴》

绿冬青 **Ilex viridis** Champ. ex Benth.
摄影：喻勋林

果皮革质。花期 5 月，果期 10-11 月。

分布与生境 产于我国华南地区及浙江、福建、安徽、贵州。生于海拔 300-1700 (-2050) m 的常绿阔叶林中、疏林或灌木林中。

药用部位 根和叶。

功效应用 凉血解毒，祛瘀活络。用于关节炎。

14. 具柄冬青 长梗冬青（拉汉种子植物名录），刻脉冬青（台湾植物志），落霜红（广西）

Ilex pedunculosa Miq. in Verslagen Meded. Afd. Natuurk. Kon. Akad. Wetensch., ser. 2 2: 83. 1866.（英 **Longpedicel Holly**）

常绿灌木，高达 5 m。小枝有棱角，无毛。叶片薄革质，卵形、长圆状椭圆形或椭圆形，长 4-9 cm，宽 2-3 cm，先端渐尖，基部钝或圆形，全缘或近顶端具细齿，两面无毛，侧脉 8-9 对；叶柄长 1.5-2.5 cm。花白色或黄白色，4-5 基数。雄花 3-9 朵排成腋生聚伞花序，总花梗长 2.5 cm，花梗长 2-4 mm；花萼直径 1.5 mm；花瓣卵形，长 1.5-1.8 mm；雄蕊短于花瓣；退化子房卵球形。雌花单生于叶腋，稀为 3 花聚伞花序，花梗长 1-1.5 cm；花萼径 3 mm；子房阔圆锥形，柱头乳头形。果梗长 2.5-4 cm；果球形，直径 7-8 mm，红色，宿存柱头厚盘状突起；分核 4-6，椭圆形，长 6 mm，背部平滑，沿中线具 1 单条纹，内果皮革质。花期 6 月，果期 7-11 月。

具柄冬青 Ilex pedunculosa Miq.
引自《中国高等植物图鉴》

具柄冬青 Ilex pedunculosa Miq.
摄影：陈彬

分布与生境 产于我国华东、华中地区及陕西南部、广西、四川和贵州。生于海拔 1200-1900 m 的山地阔叶林中、灌丛中和林缘。也分布于日本。

药用部位 枝叶。

功效应用 清热解毒，止血止痛。用于外伤出血，风湿性关节炎，腰痛，跌打损伤，皮肤皲裂，瘢痕，痔疮。

化学成分 叶含三萜类：具柄冬青苷(pedunculoside)[1]。

化学成分参考文献

[1] Hase T, et al. *Nippon Kagaku Kaishi*, 1973, (4): 778-785.

15. 云南冬青 万年青（中国树木分类学），滇冬青（西藏植物志），椒子树、青檀树（四川）

Ilex yunnanensis Franch., Pl. Delavay. 2: 128. 1889.——*I. yunnanensis* Franch. var. *brevipedunculata* S. Y. Hu, *I. yunnanensis* Franch. var. *eciliata* S. Y. Hu（英 **Yunnan Holly**）

云南冬青 Ilex yunnanensis Franch.
引自《中国高等植物图鉴》

常绿灌木或乔木，高达 12 m。小枝及顶芽被锈色长柔毛。叶片革质，卵形或卵状披针形，长 2–4 cm，宽 1–2.5 cm，先端急尖，基部圆形或钝，边缘具细圆齿，齿端具芒尖，中脉上面隆起，有毛；叶柄长 2–6 mm，密被短柔毛。花白色，或生于高海拔者花粉红色或红色，4 基数；雄花 1–3 花排成腋生聚伞花序，有毛或无毛，总花梗长 8–14 mm，花梗长 2–4 mm；花萼径 2 mm；花瓣卵形，长 2 mm；雄蕊短于花瓣；退化子房圆锥形。雌花单花腋生，稀 2 或 3 花排成聚伞花序，腋生，花梗长 3–14 mm；子房球形，花柱明显，柱头盘状。果球形，直径 5–6 mm，果梗长 5–15 mm；红色；分核 4，长椭圆形，长约 5 mm，背部平滑，无条纹和沟，内果皮革质。花期 5–6 月，果期 8–10 月。

分布与生境 产于我国西南部地区及陕西、甘肃、湖北、广西。生于海拔 1500–3500 m 的常绿阔叶林、杂木林、铁杉林中及林缘，杜鹃花林及灌木林中。

药用部位 根、叶。

功效应用 清热解毒。用于烧伤，烫伤。

云南冬青 Ilex yunnanensis Franch.
摄影：何海

16. 枸骨 猫儿刺（本草纲目），老虎刺、八角刺（中国高等植物图鉴），鸟不宿（云南植物志），狗骨刺（江西安福），老鼠刺（江苏植物志），功劳叶（江苏）

Ilex cornuta Lindl. et Paxton, Paxt. Fl. Garn. 1: 43, f. 27. 1850.——*I. fortunei* Lindl., *I. burfordii* S. R. Howell, *I. furcata* Lindl. ex Göppert.（英 **Chinese Holly**）

常绿灌木或小乔木，高 1–4 m。树皮灰白色，平滑。叶片硬革质，两型，四方状长圆形，顶端扩大，有硬而尖的刺齿 3 枚，基部平截，两侧各有硬刺 1–2，或长圆形、倒卵状长圆形而全缘，但先端具硬针刺，长 4–9 cm，宽 2–4 cm，叶面有光泽，两面无毛；叶柄长 4–8 mm，微被毛。花淡黄色，4 基数；花序单花组成，簇生于二年生枝叶腋内，无总花梗。雄花梗长 5–6 mm；花萼直径 2.5 mm，被柔毛和缘毛；花瓣长圆状卵形，长 3–5 mm；雄蕊与花瓣等长或稍长。雌花梗长 6–9 mm，果时长 13–14 mm；花被像雄花；子房长圆状卵形，直径 2 mm。果球形，直径 8–10 mm，红色，宿存柱头盘状，4 裂；分核 4，倒卵形或椭圆形，长 7–8 mm，表面具皱纹与凹穴，背面有 1 纵沟，内果皮骨质。花期 4–5 月，果期 10–12 月。

分布与生境　产于长江中下游各地及福建、广东、广西等地。生于海拔 150–1900 m 的山地、丘陵等的灌丛和疏林中。也分布于朝鲜，欧美一些国家有栽培。

药用部位　叶、根、树皮、果实。

功效应用　叶：清热养阴，益肾，平肝。用于肺结核咯血，骨蒸潮热，头晕目眩，腰膝酸软，风湿痹痛，白癜风。嫩叶：祛风清热，明目生津。用于风热头痛，齿痛，目赤，聤耳，口疮，热病烦渴，泄泻，痢疾。根：清热解毒，补肝肾，止痛。用于陈旧腰痛，筋骨痛，疝痛，头痛，牙痛，目赤，瘰疬，臁疮。树皮：补肝肾，强腰

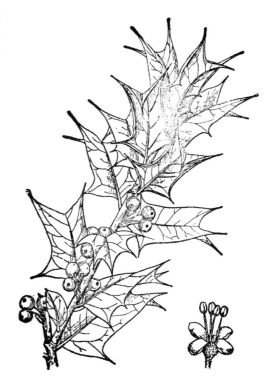

枸骨 **Ilex cornuta** Lindl. et Paxton
引自《中国高等植物图鉴》

枸骨 **Ilex cornuta** Lindl. et Paxton
摄影：何顺志

膝。用于肝肾不足，腰脚痿弱。果实：滋阴，益精，活络。用于阴虚体热，筋骨疼痛。

化学成分　根含三萜类：齐墩果酸(oleanolic acid)，暹罗树脂酸▲(siaresinolic acid)，28-*O*-β-D-吡喃葡萄糖基果渣酸▲(28-*O*-β-D-glucopyranosylpomolic acid)，3β-*O*-α-L-吡喃阿拉伯糖基铁冬青酸(3β-*O*-α-L-arabinopyranosylrotundic acid)，23-羟基羽扇豆醇(23-hydroxylupeol)，3β-*O*-α-L-吡喃阿拉伯糖基-19α-羟基齐墩果酸-28-*O*-β-D-吡喃葡萄糖苷[3β-*O*-α-L-arabinopyranosyl-19α-hydroxyoleanolic acid-28-*O*-β-D-glucopyranoside]，果渣酸▲(pomolic acid)，竹节参皂苷Ⅳa丁酯(chikusetsusaponin Ⅳ a butyl ester)，齐墩果酸-3β-O-β-D-(6'-O-甲基)-吡喃葡萄糖醛酸苷[oleanolic acid-3β-O-(6'-O-methyl)-β-D-glucuronopyranoside]，3β-O-α-L-吡喃阿拉伯糖基-(1 → 2)-β-D-吡喃葡萄糖醛酸基-齐墩果酸[3β-O-α-L-arabinopyranosyl-(1 → 2)-(6'-O-methyl)-β-D-glucuronopyranosyl-oleanolic acid][11]，3β,23-二 羟 基-20αH-熊 果-12-烯-28-酸(3β,23-dihydroxy-20αH-urs-12-en-28-oic acid)，3β,19α,23-三羟基-20αH-熊果-12-烯-28-酸-3-O-α-L-吡喃阿拉伯糖苷(3β,19α,23-trihydroxy-20αH-urs-12-en-28-oic acid-3β-O-α-L-arabinopyranoside)，3β,19α-二羟基-20α-熊果-12-烯-28-酸(3β,19α-dihydroxy-20α-urs-12-en-28-oic acid)，3β,19α-二羟基-20α-熊果-12-烯-28-酸-3β-O-α-L-吡 喃 阿 拉 伯 糖 苷(3β,19α-dihydroxy-20α-urs-12-en-28-oic acid-3β-O-α-L-arabinopyranoside)，短尖冬青皂苷▲-3 (brevicuspisaponin-3)[2]，齐墩果酸-3β-O-α-L-吡喃阿拉伯糖基-(1 → 2)-β-D-吡喃葡萄糖醛酸苷-6-O-丁酯[oleanolic acid-3β-O-α-L-arabinopyranosyl-(1 → 2)-β-D-glucuronopyranoside-6-O-butyl ester]，齐墩果酸-3β-O-[α-L-吡喃阿拉伯糖基-(1 → 2)-β-D-吡喃葡萄糖醛酸苷-6-O-丁酯]-28-O-β-D-吡喃葡萄糖基酯{oleanolic acid-3β-O-[α-L-arabinopyranosyl-(1 → 2)-β-D-glucuronopyranoside-6-O-butyl ester]-28-O-β-D-glucopyranoside}，19α-羟基齐墩果酸-3β-O-(β-D-吡喃葡萄糖醛酸苷-6-O-甲酯)[19α-hydroxyoleanolic acid-3β-O-(β-D-glucuronopyranoside-6-O-methyl ester))，19α-羟基熊果-12-烯-28-酸-3β-O-α-L-吡喃阿拉伯糖基-(1 → 2)-β-D-吡喃葡萄糖醛酸苷-6-O-甲酯[19α-hydroxyurs-12-en-28-oic acid-3β-O-α-L-arabinopyranosyl-(1 → 2)-β-D-glucuronopyranoside-6-O-methyl ester][3]，羽扇豆醇(lupeol)，白桦酮酸(betulonic acid)，常春藤皂苷元(hederagenin)，3β-乙酰基-28-羟基熊果醇(3β-acetyl-28-hydroxyuvaol)，熊果酸(ursolic acid)，19α-羟基熊果酸(19α-hydroxyursolic acid)，3β-乙酰氧基熊果酸(3β-acetoxyursolic acid)，23-羟基熊果酸甲酯(23-hydroxyl-methylursolate)[4]；甾体类：β-谷甾醇，β-胡萝卜苷[4]；脂肪酸类：庚酸(heptanoic acid)[4]。

树干和叶含三萜类：24-羟基羽扇豆烯酮(24-hydroxylupenone)，3-羟基羽扇豆-20(29)-烯-24-醛[3-hydroxylup-20(29)-en-24-al]，28-甲 酰 氧 基-3-羟 基-熊 果-12-烯(28-formyloxy-3-hydroxy-urs-12-ene)，28-甲酰氧基-3-乙酰氧基-熊果-12-烯(28-formyloxy-3-acetoxy-urs-12-ene)，3β,28-二 羟 基-熊 果-12-烯(3β,28-dihydroxy-urs-12-ene)，羽扇豆醇(lupeol)，3β-古柯二醇(3β-erythrodiol)，α-香树脂醇乙酸酯(α-amyrin acetate)，羽扇豆醇乙酸酯(lupeol acetate)，羽扇豆烯酮(lupenone)，11-氧代-α-香树脂醇(11-oxo-α-amyrin)，3-表羽扇豆醇(3-epilupeol)，β-香树脂醇棕榈酸酯(β-amyrin palmitate)，白桦脂酮(betulone)，古柯二醇-3-乙酸酯(erythrodiol-3-acetate)，3β-羟基-20-氧代-30-降羽扇豆烷(3β-hydroxy-20-oxo-30-norlupane)，α-香树脂醇棕榈酸酯(α-amyrin palmitate)，3β-乙酰氧基-28-羟基-熊果-12-烯(3β-acetoxy-28-hydroxy-urs-12-ene)，3-O-乙酰白桦脂醇(3-O-acetylbetulin)，13,28-环氧-齐墩果-11-烯-3β-乙酸酯(13,28-epoxy-olean-11-en-3β-acetate)，13,28-环 氧-熊 果-11-烯-3β-醇(13,28-epoxy-urs-11-en-3β-ol)，11-氧代-β-香树脂醇(11-oxo-β-amyrin)，11-氧代-β-香树脂醇棕榈酸酯(11-oxo-β-amyrin palmitate)，30-氧代羽扇豆醇(30-oxolupeol)，羽扇豆-20(29)-烯-3β-甲酸酯[lup-20(29)-en-3β-formate]，3β-[(1-氧代十六碳)氧基]-熊果-12-烯-11-酮{3β-[(1-oxohexadecyl)oxy]-urs-12-en-11-one}，3β-羟基-11α-甲氧基熊果-12-烯(3β-hydroxy-11α-methoxyurs-12-ene)，28-降熊果-12-烯-3β,17-二醇(28-norurs-12-ene-3β,17-diol)，28-降熊果-12-烯-3β,17-二醇-17-甲酸酯(28-norurs-12-ene-3β,17-diol-17-formate)，3β-羟基羽扇豆-20(29)-烯-23-醛(3β-hydroxylup-20(29)-en-23-al)[5]。

叶含黄酮类：异槲皮苷(isoquercitrin)，山奈酚-3-O-β-D-吡喃葡萄糖苷(kaempferol-3-O-β-D-glucopyranoside)[6]，异鼠李素(isorhamnetin)，异鼠李素-3-O-β-D-吡喃葡萄糖苷(isorhamnetin-3-O-β-D-glucopyranoside)[6-7]，山奈酚-3-O-β-D-吡喃葡萄糖基-(1 → 2)-α-L-吡喃阿拉伯糖苷[kaempferol-3-O-β-D-glucopyranosyl-(1 → 2)-α-L-arabinopyranoside]，槲皮素-3-O-β-D-吡喃葡萄糖基-(1 → 2)-α-L-吡喃阿拉伯糖苷[quercetin-3-O-β-D-glucopyranosyl-(1 → 2)-α-L-arabinopyranoside]，3'-甲氧基大豆苷(3'-methoxydaidzin)，芒柄花素(formononetin)，山奈酚(kaempferol)[7]，槲皮素(quercetin)，金丝桃苷(hyperoside)[7-8]；三萜类：地榆苷Ⅰ(ziyuglycoside Ⅰ)，12-熊果烯-3,28-二醇(12-ursene-3,28-diol)，冬

青苷Ⅱ(ilexside Ⅱ)[6]，熊果酸(ursolic acid)，羽扇豆醇(lupeol)[6,9]，3-O-α-L-吡喃阿拉伯糖基果渣酸▲-28-O-(6'-O-甲基)-β-D-吡喃葡萄糖苷[3-O-α-L-arabinopyranosylpomolic acid-28-O-(6'-O-methyl)-β-D-glucopyranoside]，23-羟基熊果酸-3-O-α-L-吡喃阿拉伯糖基-(1→2)-β-D-吡喃葡萄糖醛酸基-28-O-β-D-吡喃葡萄糖苷[23-hydroxy-ursolic acid-3-O-α-L-arabinopyranosyl-(1→2)-β-D-glucuronopyranosyl-28-O-β-D-glucopyranoside][8]，30-氧代羽扇豆醇(30-oxolupeol)，熊果醇(uvaol)，3β-羟基-熊果-11-烯-13β(28)-内酯(3β-hydroxy-urs-11-en-13β(28)-olide)，果渣酸▲-28-O-β-D-吡喃葡萄糖苷(pomolic acid-28-O-β-D-glucopyranoside)，具柄冬青苷(pedunculoside)[9]，11-氧代-α-香树脂醇棕榈酸酯(11-keto-α-amyrin palmitate)[9-10]，α-香树脂醇棕榈酸酯(α-amyrin palmitate)，3β-羟基羽扇豆-20(29)-烯-30-醛[3β-hydroxylup-20(29)-en-30-al]，3β-羟基-20-氧代-30-降羽扇豆烷(3β-hydroxy-20-oxo-30-norlupane)[10]，枸骨苷(gouguside) 1、2、3、4、5、6、7[11]，2α-羟基熊果酸(2α-hydroxyursolic acid)，阿江榄仁酸(arjunolic acid)，27-O-对-(Z)-香豆酰熊果酸[27-O-p-(Z)-coumaroylursolic acid]，27-O-对-(E)-香豆酰熊果酸[27-O-p-(E)-coumaroylursolic acid]，积雪草酸(asiatic acid)[12]，29-羟基齐墩果酸-3β-O-α-L-吡喃阿拉伯糖基-28-O-β-D-吡喃葡萄糖苷(29-hydroxyoleanolic acid-3β-O-α-L-arabinopyranosyl-28-O-β-D-glucopyranoside)，果渣酸▲-3β-O-α-L-2-乙酰氧基吡喃阿拉伯糖基-28-O-β-D-吡喃葡萄糖苷(pomolic acid-3β-O-α-L-2-acetoxyarabinopyranosyl-28-O-β-D-glucopyranoside)[13]，苦丁茶苷(cornutaside) A、B、C、D[14]，冬青苷I甲酯(ilexside I methyl ester)[15]；香豆素类：七叶树内酯(aesculetin)[6]；苯丙素类：3,4-二羟基桂皮酸(3,4-dihydroxycinnamic acid)[11]，3,4-二咖啡酰奎宁酸(3,4-dicaffeoylquinic acid)，3,5-二咖啡酰奎宁酸(3,5-dicaffeoylquinic acid)[16]；木脂素类：(2R,3S,4S)-4-(4-羟基-3-甲氧基苄基)-2-(5-羟基-3-甲氧基苯基)-3-羟甲基-四氢呋喃-3-醇[(2R,3S,4S)-4-(4-hydroxy-3-methoxybenzyl)-2-(5-hydroxy-3-methoxyphenyl)-3-hydroxymethyl-tetrahydrofuran-3-ol][9]；蒽醌类：大黄素甲醚(physcion)[9]；甾体类：β-谷甾醇，胡萝卜苷[9]；其他类：菊蒿萜▲(tanacetene)，二十二酸(docosanoic acid)，二十二烷(docosane)[10]，2,4-二羟基苯甲酸(2,4-dihydroxybenzoic acid)[11]，苦丁茶糖脂(cornuta glycolipid) A、B，腺苷(adenosine)[16]。

地上部分含三萜类：3β-O-α-L-吡喃阿拉伯糖基-19α,23-二羟基-20α-熊果-12-烯-28-酸-28-O-β-D-吡喃葡萄糖基酯(3β-O-α-L-arabinopyranosyl-19α,23-dihydroxy-20α-urs-12-en-28-oic acid-28-O-β-D-glucopyranosyl ester)，3β-O-β-D-吡喃葡萄糖基-(1→2)-α-L-吡喃阿拉伯糖基-19-羟基-20α-熊果-12-烯-28-酸-28-O-β-D-吡喃葡萄糖基酯[3β-O-β-D-glucopyranosyl-(1→2)-α-L-arabinopyranosyl-19-hydroxy-20α-urs-12-en-28-oic acid-28-O-β-D-glucopyranosyl ester]，19α,23-二羟基熊果-12-烯-28-酸-3β-O-(β-D-吡喃葡萄糖醛酸苷-6-O-甲酯)[19α,23-dihydroxyurs-12-en-28-oic acid-3β-O-(β-D-glucuronopyranoside-6-O-methyl ester)]，19α,23-二羟基熊果-12-烯-28-酸-3β-O-(β-D-吡喃葡萄糖醛酸苷-6-O-甲酯)-28-O-β-D-吡喃葡萄糖基酯[19α,23-dihydroxyurs-12-en-28-oic acid-3β-O-(β-D-glucuronopyranoside-6-O-methyl ester)-28-O-β-D-glucopyranosyl ester]，3β-O-[α-L-吡喃阿拉伯糖基-(1→2)-β-D-葡萄糖醛酸]-齐墩果酸-28-O-β-D-吡喃葡萄糖基酯{3β-O-[α-L-arabinopyranosyl-(1→2)-β-D-glucuronic acid]-oleanolic acid-28-O-β-D-glucopyranosyl ester}，19α-羟基熊果-12-烯-28-酸-3β-O-α-L-吡喃阿拉伯糖基-(1→2)-(β-D-吡喃葡萄糖醛酸苷-6-O-甲酯)[19α-hydroxyurs-12-en-28-oic acid-3β-O-α-L-arabinopyranosyl-(1→2)-(β-D-glucuronopyranoside-6-O-methyl ester)]，暹罗树脂酸▲，常春藤皂苷元-28-O-β-D-吡喃葡萄糖苷(hederagenin-28-O-β-D-glucopyranoside)，科尔基斯常春藤苷▲A (hederacolchiside A)，冬青醇酸A (ilexolic acid A)，3β,23-二羟基熊果-12-烯-28-酸-28-O-β-D-吡喃葡萄糖基酯(3β,23-dihydroxyurs-12-en-28-oic acid-28-O-β-D-glucopyranosyl ester)，菜蓟皂苷▲E (cynarasaponin E)，菜蓟皂苷▲E甲酯(cynarasaponin E methyl ester)，巴拉圭冬青苷▲(mateside)，苦丁茶冬青苷D (ilekudinoside D)[17]。

药理作用 调节免疫作用：枸骨叶醇提物、乙酸乙酯萃取物和正丁醇萃取物对 Con A 刺激引起的淋巴细胞增殖有抑制作用，前二者还能抑制 Con A 刺激 T 淋巴细胞 CD_{69} 分子的表达；枸骨叶脂溶性萃取物含有抑制 T 淋巴细胞活化、增殖的化学成分[1]。

抗心肌缺血作用：枸骨苷 4 对脑垂体后叶素诱发的大鼠心肌缺血有一定的保护作用，可降低豚鼠心肌收缩力[2]。

抗细菌作用：枸骨叶乙醇提取物、乙酸乙酯提取物和正丁醇萃取物对金黄色葡萄球菌等革兰氏阳性菌和大肠埃希氏菌等革兰氏阴性菌均有一定的抑菌活性[3]。枸骨叶粗提物、乙酸乙酯提取物和正丁醇提取物对白念珠菌和光滑念珠菌有抑制作用[4]。

其他作用：枸骨叶中亦含有槲皮素和金丝桃苷，具有镇痛、增强脑组织血流量和抗脑缺血性损伤等活性[5-6]。

注评　本种为中国药典（1977、1985、1990、1995、2000、2005、2010、2015 年版）收载"枸骨叶"以及新疆药品标准（1980 年版）、内蒙古中药材标准（1988 年版）收载

枸骨叶 Ilicis Cornumle Folium
摄影：陈代贤

"功劳叶"的基源植物，药用其干燥叶；果实为江苏（1989 年版）和上海（1994 年版）中药材标准收载的"功劳子"；根为上海中药材标准（1994 年版）收载的"枸骨根"；嫩叶为北京（1998 年版）、甘肃（1992 年版）和内蒙古（1988 年版）中药材标准收载的"苦丁茶"。本种的树皮称"枸骨树皮"，也药用。据本草考证"枸骨"之名见于唐代《本草拾遗》，清代《本经逢原》称"十大功劳""苦丁茶"者，亦应为本种，故现普遍将"枸骨叶"称"十大功劳"。随后，十大功劳出现同名异物现象，清代《植物名实图考》分列枸骨与十大功劳两条，其十大功劳为小檗科植物。现时广东、广西、江西，安徽等地使用的"枸骨叶"为小檗科植物阔叶十大功劳 Mahonia bealei (Fortune) Carrière、细叶十大功劳 M. fortunei (Lindl.) Fedde 的干燥叶。小檗科十大功劳属植物的功效和所含成分上都与"枸骨叶"不同，属"枸骨叶"的同名异物品，应视为不同的药材，区别使用。"苦丁茶"市售品种复杂，涉及 9 科 20 余种植物，除本种的嫩叶被加工成"苦丁茶"外，同属植物扣树 Ilex kaushue S. Y. Hu 和大叶冬青 Ilex latifolia Thunb. 也作为"苦丁茶"生产原料。苦丁茶的地区习用品有多种，四川、贵州等西南地区主要以木犀科女贞属植物的叶作苦丁茶，主要的种类有，粗壮女贞 Ligustrum robustum (Roxb.) Blume、丽叶女贞 Ligustrum henryi Hemsl.、日本女贞 L. japonicum Thunb.、女贞 Ligustrum lucidum W. T. Aiton、总梗女贞 Ligustrum pricei Hayata 等。苗族、畲族也药用根、茎、叶，主要用途见功效应用项。苗族尚用本种的叶治疗高血压。

化学成分参考文献

[1] 周曦曦，等 . 中药材，2013, 36(2): 233-236.

[2] Wang WL, et al. *J Asian Nat Prod Res*, 2014, 16(2): 175-180.

[3] Liao L, et al. *Phytochem Lett*, 2013, 6(3): 429-434.

[4] 范琳琳，等 . 中草药，2011, 42(2): 234-236.

[5] Lee SY, et al. *Canadian J Chem*, 2013, 91(6): 382-386.

[6] 张洁，等 . 天然产物研究与开发，2008, 20: 821-823, 851.

[7] 周思祥，等 . 中国天然药物，2012, 10(2): 84-87.

[8] 杨雁芳，等 . 中国中医药信息杂志，2002, 9(4): 33-34.

[9] 周思祥，等 . 中草药，2012, 43(3): 444-447.

[10] 吴弢，等 . 中国药学杂志，2005, 40(19): 1460-1462.

[11] 李维林，等 . 植物资源与环境学报，2003, 12(2): 1-5.

[12] 姚志容，等 . 中国中药杂志，2009, 34(8): 999-1001.

[13] Qin WJ, et al. *Phytochemistry*, 1986, 25(4): 913-916.

[14] 秦文娟，等 . 中草药，1988, 19(10): .434-439, 448.

[15] Tsutomu N, et al. *Phytochemistry*, 1982, 21(6): 1373-1377.

[16] 秦文娟，等 . 中草药，1988, 19(11): 486-488.

[17] Li SS, et al. *J Agric Food Chem*, 2014, 62(2): 488-496.

药理作用及毒性参考文献

[1] 林晨，等 . 暨南大学学报（医学版），2006, 27(2): 199-203.

[2] 李维林，等 . 植物资源与环境学报，2003, 12(3): 6-10.

[3] 邢莹莹，等 . 暨南大学学报（自然科学版），2004,

25(1): 119-121.

[4] 张晶，等 . 中国病理生理杂志，2003, 19(11): 1562.

[5] 陈志武，等 . 天然产物开发与研究，1997, 8(2): 22.

[6] 周仲达，等 . 中国药理通讯，1984, (1): 20.

17. 细刺枸骨　刺叶冬青（拉汉种子植物名录）

Ilex hylonoma Hu et T. Tang in Bull. Fan. Mem. Inst. Biol., Bot. 9: 250. 1940.——*I. intermedia* auct. non. Loes.: S. Y. Hu（英 **Slenoderprickle Holly**）

17a. 细刺枸骨（模式变种）

Ilex hylonoma Hu et T. Tang var. **hylonoma**

常绿乔木，高 4–10 m。小枝栗褐色，无毛。叶片薄革质，椭圆形或长圆状椭圆形，长 6–12.5 cm，宽 2.5–4.5 cm，先端短渐尖，基部急尖、钝或楔形，边缘具粗尖齿，有时齿尖为弱刺，主脉上面被柔毛，侧脉 9–10 对；叶柄长 8–14 mm，有毛。花淡黄色，4 基数；雄聚伞花序具 3 花，簇生于二年生枝叶腋内，总花梗长 1 mm，花梗长约 3 mm；花萼直径 1.8 mm，裂片具缘毛；花瓣倒卵状椭圆形，长 3–3.5 mm；雄蕊短于花瓣；退化子房球形。雌花未见。果近球形，常 2–5 个簇生于叶腋内，直径 10–12 mm，熟时红色，宿存柱头厚盘状或乳头状；分核 4，倒卵形，长 6–9 mm，背部具不规则的皱纹和孔，中央具 1 纵脊，内果皮石质。花期 3–5 月，果期 10–11 月。

分布与生境　产于四川与贵州。生于海拔 700–1780 m 的山坡林中。

药用部位　根。

功效应用　消肿止痛。用于跌打损伤，风湿痹痛。

化学成分　叶含三萜类：细刺枸骨苷▲(hylonoside) Ⅰ、Ⅱ[1]、Ⅲ、Ⅳ、Ⅴ，3-*O*-β-D-吡喃葡萄糖基-(1 → 4)-β-D-吡喃葡萄糖醛酸基齐墩果酸-28-*O*-β-D-吡喃葡萄糖苷[3-*O*-β-D-glucopyranosyl-(1 → 4)-β-D-glucuronopyranosyl-oleanolic acid-28-*O*-β-D-glucopyranoside]，3-*O*-β-D-吡喃葡萄糖基-(1 → 4)-β-D-吡喃葡萄糖醛酸基齐墩果酸[3-*O*-β-D-glucopyranosyl-(1 → 4)-β-D-glucuronopyranosyl-oleanolic acid]，3-*O*-β-D-吡喃葡萄糖醛酸基齐墩果酸-28-*O*-β-D-吡喃葡萄糖苷(3-*O*-β-D-glucuronopyranosyl-oleanolic acid-28-

细刺枸骨 Ilex hylonoma Hu et T. Tang var. **hylonoma**
摄影：徐永福

O-*β*-D-glucopyranoside)[2]；黄酮类：4'-*O*-甲基柚皮苷(4'-*O*-methylnaringin)[1]。

化学成分参考文献

[1] Ouyang MA, et al. *Nat Prod Res*, 2003, 17(3): 183-188.　　[2] Ouyang MA, et al. *J Asian Nat Prod Res*, 2003, 5(2): 89-94.

17b. 光叶细刺枸骨（变种）　光枝刺缘冬青（浙江植物志），无毛短梗冬青（中国中药资源志要）

Ilex hylonoma Hu et T. Tang var. **glabra** S. Y. Hu in J. Arnold Arbor. 30(3): 351. 1949.（英 **Slenderprickle Holly**）

本变种的叶片革质或厚革质，披针形、倒披针形、卵状披针形或椭圆形，主脉上面无毛。

分布与生境　产于浙江、福建、湖北、湖南、广东、广西及贵州等地。生于丘陵、山地的杂木林中。

药用部位　叶、根。

功效应用　叶：用于跌打损伤。根：消肿止痛。用于跌打损伤，风湿痹痛，关节痛。

光叶细刺枸骨 **Ilex hylonoma** Hu et T. Tang var. **glabra** S. Y. Hu
摄影：陈世品 徐克学

18. 华中枸骨　针齿冬青（拉汉种子植物名录），蜀鄂冬青（四川植物志），华中刺叶冬青（安徽植物志），刺缺枸骨（横断山区维管植物）

Ilex centrochinensis S. Y. Hu in J. Arnold Arbor. 30(3): 351. 1949.——*I. aquifolium* L. var. *chinensis* Loes. ex Diels, *I. leptocantha* Lindl. et Paxton, *I. huoshanensis* Y. H. He（英 **Central China Holly**）

常绿灌木，高达 3 m。小枝灰褐色，有柔毛或变无毛。叶革质，椭圆状披针形或卵状披针形，长 4–9 cm，宽 1.5–2.8 cm，先端渐尖，顶端具刺，基部钝，边缘具 3–10 对刺状牙齿，两面无毛，主脉上面凹陷，侧脉 6–8 对；叶柄长 5–8 mm。花黄色，4 基数；雌、雄花均单花簇生于叶腋内，花梗长 1–2 mm，被微柔毛；花萼直径 2.5 mm，被柔毛；花瓣长圆形，长 3 mm；雄蕊长于花瓣。雌花花瓣卵形；子房卵球形，柱头盘状。果球形，直径 6–7 mm，红色，宿存柱头盘状，4 裂；分核 4，长圆状三棱形，长约 6 mm，背部具 1 纵脊，侧面具皱纹和洼穴，内果皮石质。花期 3–4 月，果期 8–9 月。

分布与生境　产于湖北、重庆，安徽栽培。生于海拔 500–1000 m 的灌木丛中或林缘。

药用部位　根。

功效应用　用于风湿性关节炎。

化学成分　叶含黄酮类：3',5,5',7-四羟基黄烷酮(3',5,5',7-tetrahydroxyflavanone)，橙皮素(hesperetin)，

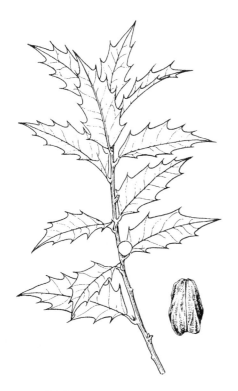

华中枸骨 Ilex centrochinensis S. Y. Hu
李锡畴 绘

华中枸骨 Ilex centrochinensis S. Y. Hu
摄影：周重建

异樱花素(isosakuranetin)，枸橘苷(poncirin)，橙皮苷(hesperidin)，芹菜苷元(apigenin)，紫云英苷(astragalin)，漆叶苷(rhoifolin)[1]，(2R)-7,3',4'-三甲氧基-5,8-醌黄烷[(2R)-7,3',4'-trimethoxy-5,8-quinoflavan]，(2S)-7-甲氧基-4'-羟基-5,8-醌黄烷[(2S)-7-methoxy-4'-hydroxy-5,8-quinoflavan][2]，(2S)-5,3',4'-三羟基-7-甲氧基黄烷[(2S)-5,3',4'-trihydroxy-7-methoxyflavan]，(2S)-5-羟基-7,3',4'-三甲氧基黄烷[(2S)-5-hydroxy-7,3',4'-trimethoxyflavan][3]，柚皮苷元(naringenin)[1,3-4]，(2S)-5,4'-二羟基-7-甲氧基黄烷[(2S)-5,4'-dihydroxy-7-methoxyflavan]，槲皮素(quercetin)，(2S)-5,4'-二羟基-7,3'-二甲氧基黄烷[(2S)-5,4'-dihydroxy-7,3'-dimethoxyflavan][3-4]，山柰酚(kaempferol)[4]；三萜类：熊果酸(ursolic acid)，熊果醇(uvaol)[4]，齐墩果酸(oleanolic acid)[4-5]，羽扇豆醇(lupeol)，竹节参皂苷Ⅳa(chikusetsusaponin Ⅳa)，竹节参皂苷Ⅳa甲酯(chikusetsusaponin Ⅳa methyl ester)[5]；木脂素类：华中冬青素(huazhongilexin)[6]；其他类：华中冬青醇(huazhongilexol)[6]，1,4-苯二酚(1,4-benzenediol)[4]；甾体类：β-谷甾醇[4]。

化学成分参考文献

[1] 林立东，等. 植物学报，1994, 36(5): 393-397.

[2] Li LJ, et al. *J Asian Nat Prod Res*, 2011, 13(4): 341-345.

[3] Li LJ, et al. *J Asian Nat Prod Res*, 2011, 13(4): 367-372.

[4] 李路军，等. 中国中药杂志，2013, 38(3): 354-357.

[5] 林立东，等. 中草药，1996, 27(2): 75.

[6] 林立东，等. 化学学报，1995, 53: 98-101.

19. 皱叶冬青

Ilex perryana S. Y. Hu in J. Arnold Arbor. 30(3): 367. 1949.——*I. georgei* H. F. Comber var. *rugosa* H. F. Comber（英 **Perry Holly**）

常绿匍匐小灌木，高 20–30 cm。小枝粗壮，被微柔毛。叶片厚革质，六角状菱形，稀椭圆形，长1–3 cm，宽 7–15 mm，先端三角形，具 1 刺尖，基部钝，全缘或具 2–3 对刺齿，两面无毛，主脉、侧脉及网状脉在叶面均凹陷；叶柄长 1–2 mm。花 4 基数；花序簇生于二年生枝叶腋内，雌、雄花序的单个分枝均具单花。雄花花萼直径 3 mm，裂片具缘毛；花瓣卵形，长 1.5 mm；雄蕊与花瓣等长或稍长。雌花之花被同雄花；不育雄蕊短于花瓣；子房卵球形，长 1.2-2 mm，柱头厚盘状。果椭圆状球形，直径 6-7 mm，红色，宿存柱头盘状；果梗长 3-4 mm；分核 1，近球形，直径 5 mm，背部具掌状条纹，腹面具沟槽，内果皮木质。花期 6-7 月，果期 9-11 月。

分布与生境　产于云南西北部和西藏东南部。生于海拔 2800-3800 m 的阔叶林、云杉、冷杉林下。也分布于缅甸及印度东北部。

药用部位　树皮。

功效应用　作黄连制剂的代用品。

20. 猫儿刺　老鼠刺（经济植物手册），刺楸子、三尖角刺（中国经济植物志），狗骨头（陕西平利），八角刺（江西安福）

Ilex pernyi Franch. in Nouv. Arch. Mus. Hist. Nat. sér. 2, 5: 221. 1883.（英 **Perny Holly**）

常绿灌木或小乔木，高 1-8 m。小枝具棱，被短柔毛。叶片革质，卵形或卵状披针形，长 1.5-3 cm，宽 5-14 mm，先端渐尖，常呈三角状长刺尖，基部平截或近圆形，边缘具 1-3 对大刺齿，通常 2 对，两面无毛，侧脉 2-3 对；叶柄长 2 mm，被短柔毛。花淡黄色，4 基数；花序簇生于二年生枝叶腋内，每分枝仅具 1 花。雄花梗长 1 mm；花萼直径 2 mm，裂片具缘毛；花瓣椭圆形，长 3 mm；雄蕊略长于花瓣。雌花花瓣卵形，长 2.5 mm；子房卵球形，柱头盘状。果球形，直径 7-8 mm，红色，宿存柱头厚盘状，4 裂；分核 4，倒卵形或长圆形，长 4.5-5.5 mm，背部宽 3.5 mm，基部微凹，具掌状条纹和沟，侧面具网状条纹和沟，内果皮木质。花期 4-5 月，果期 10-11 月。

分布与生境　产于秦岭以南及长江流域各地。生于海拔 1050-2500 m 的山谷林中或灌木丛中。

药用部位　根。

功效应用　清热解毒，润肺止咳。用于肺热咳嗽，喉头肿痛，眼翳。

猫儿刺 **Ilex pernyi** Franch.
引自《中国高等植物图鉴》

化学成分　叶含黄酮类：异槲皮苷(isoquercitrin)，槲皮素-3-O-接骨木二糖苷(quercetin-3-O-sambubioside)，山奈酚-3-O-接骨木二糖苷(kaempferol-3-O-sambubioside)[1]；三萜类：2α,3β,23-三羟基熊果-12-烯-28-酸-β-D-吡喃葡萄糖基酯(2α,3β,23-trihydroxyurs-12-en-28-oic acid-β-D-glucopyranosyl ester)，常春藤皂苷元-3-O-β-D-吡喃葡萄糖基-(1→2)-α-L-吡喃阿拉伯糖苷[hederagenin-3-O-β-D-glucopyranosyl-(1→2)-O-α-L-arabinopyranoside]，常春藤皂苷元-3-O-β-D-吡喃葡萄糖基-(1→2)-O-β-D-吡喃葡萄糖苷[hederagenin-3-O-β-D-glucopyranosyl-(1→2)-O-β-D-glucopyranoside]，常春藤皂苷元-3-O-α-L-吡喃鼠李糖基-(1→2)-O-β-D-吡喃葡萄糖苷[hederagenin-3-O-α-L-rhamnopyranosyl-(1→2)-O-β-D-glucopyranoside]，3-O-β-D-吡喃葡萄糖基-23-羟基熊果酸(3-O-β-D-glucopyranosyl-23-hydroxyursolic acid)，竹节参皂苷Ⅳa(chikusetsusaponin Ⅳa)，3β,23-二羟基熊果-12-烯-28 酸-3-O-β-D-吡喃葡萄糖醛酸苷-6'-O-甲酯(3β,23-dihydroxy-urs-12-en-28-oic acid-3-O-β-D-glucuronopyranoside-6'-O-methyl ester)，冬青苷 XXXⅦ(ilexoside XXXⅦ)，3-O-β-D-吡喃葡萄糖醛酸基-2α,3β,23-三羟基熊果-12-烯-28-酸-β-D-吡喃葡萄糖基酯(3-O-β-D-glucuronopyranosyl-2α,3β,23-trihydroxyurs-12-en-28-oic acid-β-D-glucopyranosyl ester)[2]；木脂素类：(+)-丁香树脂酚-O-β-D-吡喃葡萄糖苷[(+)-syringaresinol-

猫儿刺 **Ilex pernyi** Franch.
摄影：张英涛 梁同军 何顺志

O-β-D-glucopyranoside][1]；其他类：布卢竹柏醇A (blumenol A)，(6*RS*)-(*Z*)-2,6-二甲基-2,7-辛二烯-1,6-二醇[(6*RS*)-(*Z*)-2,6-dimethyl-2,7-octadiene-1,6-diol]，(6*RS*)-(*E*)-2,6-二甲基-2,7-辛二烯-1,6-二醇[(6*RS*)-(*E*)-2,6-dimethyl-2,7-octadiene-1,6-diol]，3,5-二-*O*-咖啡酰奎宁酸丁酯(3,5-di-*O*-caffeoylquinic acid butyl ester)，4,5-二咖啡酰奎宁酸丁酯(4,5-di-*O*-caffeoylquinic acid butyl ester)[3]。

化学成分参考文献

[1] 谢光波，等. 药学学报，2008, 43(1): 60-62.

[2] 谢光波，等. 中国天然药物，2009, 7(3): 206-209.

[3] 谢光波，等. 中草药，2008, 39(8): 1132-1135.

21. 双核枸骨　二核冬青（拉汉种子植物名录），刺叶冬青（中国树木分类学）

Ilex dipyrena Wall. in Roxb., Fl. Ind. ed. Carey, 1: 473. 1820.（英 **Himalayan Holly**）

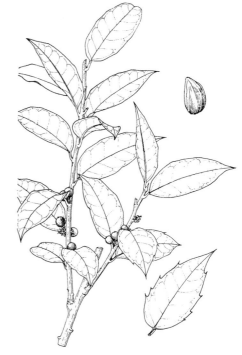

常绿乔木，高 7–15 (–25) m。小枝有棱，被柔毛或近无毛。叶片厚革质，椭圆形、椭圆状长圆形或卵状椭圆形，稀卵形，长 4–10 cm，宽 2–4 cm，先端渐尖，具 1 长刺尖头，基部阔楔形至近圆形，全缘或近全缘而具 3–14 枚刺齿，叶面亮绿，两面无毛，侧脉 6–9 对；叶柄长 3–6 mm，具微柔毛。花淡绿色，4 基数；花序簇生于二年生枝叶腋内，每分枝具单花。雄花花梗长 2–3 mm，疏被微柔毛或近无毛；花萼直径 3 mm；花瓣卵形，长 3 mm，有缘毛；雄蕊长于花瓣。雌花花被同雄花；子房卵球形，柱头盘状。果球形，直径 7–9 mm，红色，宿存柱头盘状，2–4 浅裂；分核 1–4，通常 2 枚，长圆状椭圆形或近圆形，长 5–7 mm，背、腹均具纵棱及沟，4 枚者为长圆形，内果皮木质。花期 4–7 月，果期 10–12 月。

分布与生境　产于湖北西北部、云南和西藏东南部。生于海拔 2000–3400 m 的常绿阔叶林、混交林或灌木丛中。也分布于印度东北部、尼泊尔和缅甸北部。

药用部位　根、叶、果实。

功效应用　根：补肝肾，清风热。用于风湿性关节痛，腰肌劳损，头痛，牙痛，黄疸。叶：补肝肾，养气血，祛风湿。

双核枸骨 **Ilex dipyrena** Wall.
李锡畴　绘

双核枸骨 Ilex dipyrena Wall.
摄影：朱鑫鑫

用于肺结核潮热，咳嗽咯血，头晕耳鸣，腰酸脚软，白癜风。果实：滋阴，益精，活络。用于阴虚身热，淋浊，崩漏，带下，筋骨痛，白带过多。

化学成分 叶含挥发油：甲基瑞士五针松三烯▲(methyl cembratriene)，没药酸甲酯B (methyl commate B)，3,7,11,15-四甲基-2-十六碳烯(3,7,11,15-tetramethyl-2-hexadecen)，杧果酮酸甲酯(mangiferonic acid methyl ester)，甲基瑞士五针松烯▲(methyl cembrenene)，甲基茄烯醇▲(methyl solanesol)，十七碳三酸甲酯(methyl heptadecatrinoate)，没药酸甲酯E (methyl commate E)等[1]。

化学成分参考文献

[1] Kothiyal SK, et al. *Asian J Tradit Med*, 2010, 5(4): 153-157.

22. 长叶枸骨　乔氏冬青（拉汉种子植物名录），单核冬青（四川植物志）

Ilex georgei H. F. Comber in Notes Roy. Bot. Gard. Edinburgh 18: 50. 1933.——*I. pernyi* Franch. var. *manipurensis* Loes.（英 **Georgi Holly**）

　　常绿灌木或小乔木，高 1–8 m。小枝密被短柔毛。叶片厚革质，披针形或卵状披针形，稀卵形，长 1.8–4.5 cm，宽 0.7–1.5 cm，先端渐尖，具 1 长 3 mm 的长刺，基部圆形或心形，近全缘或具 2–3 对刺齿，主脉在上面凹陷，被毛；叶柄长 1–2 mm，被短柔毛。花淡黄色，4 基数；雄聚伞花序具 1–3花，簇生于二年生枝叶腋内，单花花梗长 2–4 mm，3 花之花梗及总花梗均长 1 mm，均被微柔毛；花萼直径 2 mm，裂片有缘毛；花瓣长 2 mm；雄蕊长于花瓣；退化子房近球形或卵球形。雌花未见。果 2–3 枚簇生于二年生枝叶腋内，果梗长 2 mm，有毛；果倒卵状椭圆形，长 4–7 mm，直径 3–4 mm，熟时红色，宿存柱头盘状微凹；分核 1–2，倒卵状长圆形，长 4–5 mm，宽 2.5–3 mm，背部具掌状条纹和浅沟槽，内果皮木质。花期 4–5 月，果期 10 月。

分布与生境　产于四川、云南。生于海拔 1650–2900 m 的疏林或灌丛中。

药用部位　树皮。

功效应用　作黄连制剂的代用品。

23. 刺叶冬青 双子冬青（峨眉植物图志），壮刺冬青（四川植物志），苗栗冬青（台湾植物志），耗子刺（云南彝良）

Ilex bioritsensis Hayata in J. Coll. Sci. Imp. Univ. Tokyo 30(1): 51. 1911.——*I. bioritsensis* Hayata var. *ovatifolia* H. L. Li, *I. diplosperma* S. Y. Hu, *I. pernyi* Franch. var. *veitchii* Rehder（英 **Spinymargine Holly**）

　　常绿灌木或小乔木，高 1.5–10 m。小枝灰褐色，有微柔毛。叶片革质，卵形或近菱形，长 2.5–5 cm，宽 1.5–2.5 cm，先端渐尖，具刺尖，基部圆形或截形，边缘具 3 或 4 对硬刺，稀 1–2 对，主脉在叶面凹陷，有毛，侧脉 4–6 对；叶柄长 3 mm，被短柔毛。花淡黄绿色，2–4 基数；雌、雄花均单花簇生于二年生枝叶腋内，花梗长均约 2 mm。雄花花萼直径 2 mm，裂片三角形，有缘毛；花瓣宽椭圆形，长 3 mm；雄蕊长于花瓣；不育子房卵球形。雌花花萼像雄花；子房长圆状卵形，长 2–3 mm，柱头薄盘状。果椭圆形，长 8–10 mm，直径 7 mm，熟时红色，宿存柱头盘状；分核 2，卵形或近圆形，背腹扁，长 5–6 mm，宽 4–5 mm，背部稍凸起，具掌状棱及浅沟 7–8 条，腹面具条纹，内果皮木质。花期 4–5 月，果期 8–10 月。

分布与生境　产于台湾、湖北、四川、贵州和云南。生于海拔 1800–2300 m 的常绿阔叶林及杂木林中。
药用部位　根、枝和叶。
功效应用　滋阴，补肾，清热，止血，活血。

刺叶冬青 Ilex bioritsensis Hayata
引自《中国高等植物图鉴》

刺叶冬青 Ilex bioritsensis Hayata
摄影：徐晔春

24. 扣树 苦丁茶（广西、广东、福建、海南），苦丁茶冬青（中华本草）

Ilex kaushue S. Y. Hu in J. Arnold Arbor. 30: 372. 1949.——*I. latifolia* Thunb. f. *puberula* W. P. Fang et Z. M. Tan, *I. kudingcha* C. J. Tseng（英 **Kaushue Holly**）

　　常绿乔木，高 8 m。幼枝具纵棱、与顶芽密被白色短柔毛。叶片革质，长圆形或长圆状椭圆形，长 10–18 cm，宽 4.5–7.5 cm，先端尖或短渐尖，基部钝或楔形，边缘具重锯齿或粗齿，主脉上面凹陷，疏被柔毛，侧脉 14–15 对，网脉明显；叶柄长 2–2.2 cm，有柔毛。花 4 基数；雄花序聚伞状，总花梗长 1–2 mm，花梗长 1.5–3 mm，被微柔毛；花萼盘状；花瓣卵状长圆形，长约 3.5 mm；雄蕊短于花

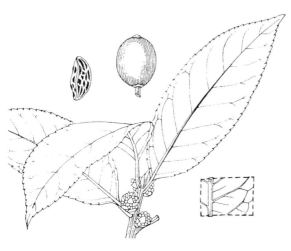

扣树 **Ilex kaushue** S. Y. Hu
肖溶 绘

扣树 **Ilex kaushue** S. Y. Hu
摄影：林建勇

瓣。雌花未见。果序假总状，轴粗壮，长 4–6 (–9) mm，果梗长 (4–) 8 mm，具短柔毛或变无毛；果球形，直径 9–12 mm，熟时红色，宿存柱头脐状；分核 4，长圆形，长 7.5 mm，背部具网状条纹及沟，侧面多皱及洼点，内果皮石质。花期 5–6 月，果期 9–10 月。

分布与生境　产于我国华南地区及湖北、湖南、四川、云南。生于海拔 1000–1200 m 的林中。

药用部位　叶。

功效应用　清热解毒，祛暑。用于外感风寒头痛，齿痛，目赤，热病烦渴，痢疾，呕恶泄泻。

化学成分　叶含三萜类：α-香树脂醇(α-amyrin)，熊果酸(ursolic acid)，苦丁茶苷元(kudinchagenin)[1]，苦丁茶苷元Ⅰ(kudinchagenin Ⅰ)[2]，3β-棕榈酰基-α-香树脂醇(3β-palmitoyl-α-amyrin)，3β-棕榈酰基-11-羰基-熊果-12-烯(3β-palmitoyl-11-carboyl-urs-12-ene)，3β-羟基羽扇豆-20(29)-烯-24-羧酸甲酯[3β-hydroxyllup-20(29)-en-24-carboxylic acid methyl ester]，3β-棕榈酰基-羽扇豆-20(29)-烯-24-羧酸甲酯[3β-palmitoyl-lup-20(29)-en-24-carboxylic acid methyl ester]，3,28-二羟基熊果-12-烯(3,28-dihydroxyl-urs-12-ene)，3-氧代-熊果-12-烯(3-oxo-urs-12-ene)，13,28-环氧-α-香树脂醇(13,28-epoxy-α-amyrin)，24-羟基齐墩果酸(24-hydroxyl-oleanolic acid)[3]，α-苦丁内酯(α-kudinlactone)[4]，苦丁苷(kudinoside) A[5-6]、B、C[5]、D、E[6-7]、F[7]、G[6-7]、H[6]、I、J[7]、K、L、M、N、O、P[8]，β-苦丁内酯(β-kudinlactone)[7]，苦丁醇酸▲(kudinolic acid)[8]，苦丁茶冬青苷(ilekudinoside) A、B、C、D、E、F、G、H、I、J[9]、K、L、M、N、O、P、Q[10]、R[6,10]、S[10]、T[6,11]、U、V[11]，冬青苷(ilexoside) XL、Ⅷ，大叶冬青苷(latifoloside) A[9]、C[6,9]、E[6]、G、H[6,9]、Q[6]，菜蓟皂苷▲C (cynarasaponin C)[9]，3-O-β-D-吡喃葡萄糖基(1 → 3)-[α-L-吡喃鼠李糖基(1 → 2)]-α-L-吡喃阿拉伯糖基-熊果-12,19(29)-二烯-28-酸-28-O-α-L-吡喃鼠李糖基(1 → 2)-β-D-吡喃葡萄糖基酯{3-O-β-D-glucopyranosyl(1 → 3)-[α-L-rhamnopyranosyl(1 → 2)]-α-L-arabinopyranosyl-urs-12,19(29)-dien-28-oic acid-28-O-α-L-rhamnopyranosyl(1 → 2)-β-D-glucopyranosyl ester}，3-O-β-D-吡喃葡萄糖基(1 → 3)-[α-L-吡喃鼠李糖基(1 → 2)]-α-L-吡喃阿拉伯糖基-19α,20α-二羟基熊果-12-烯-28-酸-28-O-α-L-吡喃鼠李糖基(1 → 2)-β-D-吡喃葡萄糖基酯{3-O-β-D-glucopyranosyl(1 → 3)-[α-L-rhamnopyranosyl(1 → 2)]-α-L-arabinopyranosyl-19α,20α-dihydroxyurs-12-en-28-oic acid-28-O-α-L-rhamnopyranosyl(1 → 2)-β-D-glucopyranosyl ester}[6]，苦丁苷LZ$_2$(kudinoside LZ$_2$)[12]，苦丁茶奥苷▲(ilekudinchoside) A、B、C、D[13]、E[14]、F、G[15]，苦丁茶内酯▲A (kudinchalactone A)[13]。

注评　本种为广西（1990 年版）、湖南（2009 年版）、广东（2004 年版）中药材标准收载"苦丁茶"的基源植物，药用其干燥嫩叶；又名"苦灯茶"（《本草求真》）。有的标准使用本种的植物异名苦丁茶 *Ilex kudingcha* C. J. Tseng。

化学成分参考文献

[1] 文永新，等．广西植物，1990, 10(4): 364-368.

[2] 文永新，等．植物学报，1999, 41(2): 206-208.

[3] 欧阳明安，等．天然产物研究与开发，1997, 9(3): 19-23.

[4] 欧阳明安，等．波谱学杂志，1996, 13(3): 231-237.

[5] Ouyang MA, et al. *Phytochemistry*, 1996, 43(2): 443-445.

[6] Yang B, et al. *Phytochem Lett*, 2015, 13:302-307.

[7] Ouyang MA, et al. *Phytochemistry*, 1996, 41(3): 871-877.

[8] Ouyang MA, et al. *J Asian Nat Prod Res*, 2001, 3(1): 31-42.

[9] Nishimura K, et al. *J Nat Prod*, 1999, 62(8): 1128-1133.

[10] Tang L, et al. *J Nat Prod*, 2005, 68(8): 1169-1174.

[11] Tang L, et al. *J Asian Nat Prod Res*, 2009, 11(6): 553-560.

[12] Zuo WJ, et al. *Chin Chem Lett*, 2009, 20(11):1331-1334.

[13] Zuo WJ, et al. *Planta Med*, 2011, 77(16):1835-1840.

[14] Zuo WJ, et al. *Magn Reson Chem*, 2012, 50(4):325-328.

[15] Zuo WJ, et al. *Asian Nat Prod Res*, 2012, 14(4):308-313.

25. 大叶冬青　宽叶冬青（云南植物志），大苦酊（安徽植物志），波罗树（河南植物志），苦丁茶、黄波萝、将军紫（浙江药用植物志），苦登茶、大叶茶（广东药用植物手册）

Ilex latifolia Thunb., Fl. Jap. 79. 1784.——*I. macrophylla* Blume（英 **Broadleaf Holly**）

常绿乔木，高 20 m，胸径 60 cm，全体无毛。小枝具纵裂纹。叶片厚革质，长圆形或卵状长圆形，长 8–19 cm，宽 4.5–7.5 cm，先端短渐尖，基部圆形或钝，边缘具疏锯齿，叶面有光泽；叶柄长 1.5–2.5 cm。花淡黄色，4 基数；假圆锥花序簇生于二年生枝叶腋内。雄花簇的单个分枝为具 3–9 花的聚伞花序，花梗长 6–8 mm；花萼壳斗状；花瓣卵状长圆形，长 3.5 mm；雄蕊与花瓣等长。雌花簇每分枝具 1–3 花，花梗长 5–8 mm；花萼盘状；花瓣卵形；子房卵球形，柱头盘状，4 裂。果球形，直径 7 mm，熟时红色，宿存柱头薄盘状；分核 4，长圆状椭圆形，长 5 mm，具不规则的皱纹和洼穴，背部具纵脊，内果皮骨质。花期 4–5 月，果期 9–10 月。

分布与生境　产于我国华东地区及河南、湖北、广西和云南。生于海拔 250–1500 m 的常绿阔叶林、竹林及灌木丛中。也分布于日本。

药用部位　叶、果。

功效应用　叶：清热解毒，止渴生津。用于风热头痛，目赤肿痛，鼻炎，口腔炎，斑痧腹痛，病后烦渴，疟疾。外治乳腺炎初起，烫伤，黄水疮，骨折肿痛。又作凉茶配料。亦可用于高血压。果实：解暑祛痧。用于腹痛，痧症。

大叶冬青 **Ilex latifolia** Thunb.
引自《中国高等植物图鉴》

化学成分　树皮含三萜类：大叶冬青苷(latifoloside) I、J[1]、L、K[2]，熊果酸(ursolic acid)，羽扇豆醇(lupeol)，α-香树脂醇(α-amyrin)，β-香树脂醇(β-amyrin)，白桦脂酸(betulinic acid)，白桦脂醇(betulin)，古柯二醇(erythrodiol)，熊果醇(uvaol)，齐墩果酸(oleanolic acid)，熊果酸-3-*O*-乙酸酯(ursolic acid-3-*O*-acetate)，熊果醇-3-*O*-乙酸酯(uvaol-3-*O*-acetate)[3]。

叶含三萜类：大叶冬青苷(latifoloside) A、B、C、D、E[4]、F、G、H[5]、I、J、K、L、M、N、O、P、Q[6]，大叶冬青利苷▲(latifoliaside) I、II、III[7]，齐墩果酸(oleanolic acid)，熊果酸(ursolic acid)，23-羟基齐墩果酸(23-hydroxyoleanolic acid)，熊果醇(uvaol)，27-羟基-α-香树脂醇(27-hydroxy-α-amyranol)，果渣酸▲(pomolic acid)，3β,23-二羟基熊果-12-烯-28-酸(3β,23-dihydroxy-urs-12-en-28-oic acid)，羽扇豆-20(29)-烯-3β,24-二醇[lup-20(29)-ene-3β,24-diol][8]，苦丁苷(kudinoside) A、C、D、E、F、N、O，苦

大叶冬青 Ilex latifolia Thunb.
摄影：张英涛 徐克学

丁茶冬青苷G (ilekudinoside G)[9]，大叶冬青酸(ilelic acid) A、B、C、D[10]；黄酮类：5-羟基-6,7,8,4'-四甲氧基黄酮(5-hydroxy-6,7,8,4'-tetramethoxyflavone)，福橘素(tangeretin)，川陈皮素(nobiletin)，5-羟基-6,7,8,3',4'-五甲氧基黄酮(5-hydroxy-6,7,8,3',4'-pentamethoxyflavone)，5,6,7,8,4'-五甲氧基黄酮醇(5,6,7,8,4'-pentamethoxyflavonol)，5,6,7,8,3',4'-六甲氧基黄酮醇(5,6,7,8,3',4'-hexamethoxyflavonol)，5-羟基-3',4',7-三甲氧基黄烷酮(5-hydroxy-3',4',7-trimethoxyflavanone)[11]；脑苷类：大豆脑苷(soyacerebroside) I、II[11]。

注评 本种为内蒙古（1988年版）、山东（1995、2002年版）和上海（1994年版）中药材标准收载的"苦丁茶"的基源植物，药用其干燥嫩叶；江西、安徽也用其嫩叶加工生产"苦丁茶"。畲族也药用其根、叶，主要用途见功效应用项。

化学成分参考文献

[1] Huang J, et al. *Chem Pharm Bull*, 2001, 49(2): 239-241.

[2] Huang J, et al. *Chem Pharm Bull*, 2001, 49(6): 765-767.

[3] Huang J, et al. *Nat Med*, 2000, 54(2): 107.

[4] Ouyang MA, et al. *Phytochemistry*, 1997, 45(70): 1501-1505.

[5] Ouyang MA, et al. *Phytochemistry*, 1998, 49(8): 2483-2486.

[6] Ouyang M-A, et al. *Chin J Chem*, 2001, 19(9): 885-892.

[7] 王淘淘，等. 波谱学杂志，2000, 17(4): 283-296.

[8] 伍彬，等. 中国药业，2009, 18(10): 17-18.

[9] 范春林，等. 中国药学杂志，2010, 45(16): 1228-1232.

[10] Wang CQ, et al. *Org Lett*, 2012, 14(16): 4102-4105.

[11] 王存琴，等. 中国中药杂志，2014, 39(2): 258-261.

26. 全缘冬青

Ilex integra Thunb. in Murray, Syst. Veg., ed. 14, 168. 1784.——*I. asiatica* Spreng., nom. illeg., *I. othera* Spreng., *Prinos integer* Hook. et Arn.（英 **Integral Holly**）

常绿乔木，高 5.5–9 m。小枝具纵棱沟，无毛。叶片厚革质，倒卵形或倒卵状椭圆形，稀倒披针形，长 3.5–6 cm，宽 1.5–2.8 cm，先端钝圆，基部楔形，全缘，两面无毛，侧脉6–8对；叶柄长 1–1.5 cm，无毛。花淡黄绿色，4基数；聚伞花序簇生于当年生枝叶腋内。雄聚伞花序具3花，总梗很短，花梗长 3–5 mm，无毛；花萼直径 3 mm，裂片卵形；花瓣长圆状椭圆形，长 3.5 mm；雄蕊与花瓣近等长。雌花未见。果1–3粒簇生于当年生枝叶腋内，果梗长 7–8 mm，无毛；果球形，直径 1–1.2 cm，熟时红色，宿存柱头盘状，微凹，4裂；分核4，阔椭圆形，长 7 mm，宽 4 mm，背部具不规则的皱棱及洼穴，内果皮木质。花期4月，果期7–10月。

分布与生境 产于浙江、福建。生于海滨、山地。也分布于朝鲜、日本。

药用部位 树皮、茎。

功效应用 树皮：用于蝮蛇、蝎及其他毒虫咬伤，疝气，脚气病。茎：用于肺炎咳嗽，淋病，肿毒。

化学成分 茎含有机酸类：(12*E*,14*E*,17*E*)-11-羟基-12,14,17-二十碳三烯酸[(12*E*,14*E*,17*E*)-11-hydroxy-12,14,17-eicosatrienoic acid][1]。

叶含三萜类：冬青苷(ilexoside)Ⅱ、ⅩⅨ、ⅩⅩⅤ、ⅩⅩⅥ、ⅩⅩⅦ、ⅩⅩⅧ[2]。

果实含三萜类：铁冬青酸(rotundic acid)，熊果酸(ursolic acid)，具柄冬青苷(pedunculoside)[3]。

化学成分参考文献

[1] Tori M, et al. *Molecules*, 2003, 8(12): 882-885.

[2] Yano I, et al. *Phytochemistry*, 1993, 32(2): 417-20.

[3] Haraguchi H, et al. *Phytother Res*, 1999, 13(2): 151-156.

全缘冬青 **Ilex integra** Thunb.
引自《浙江植物志》

---

27. 康定冬青 范氏冬青（峨眉植物图志），山枇杷（中国高等植物图鉴），黑皮紫条（云南镇雄）

Ilex franchetiana Loes. in Sarg., Pl. Wils. 1: 77. 1911.（英 **Franchet Holly**）

常绿灌木或乔木，高 2–12 m。全株无毛，小枝具纵棱槽。叶片近革质，倒披针形或长圆状披针形，稀椭圆形，长 6–12.5 cm，宽 2–4.2 cm，先端渐尖，基部楔形，边缘具细锯齿，侧脉 8–15 对，两

康定冬青 **Ilex franchetiana** Loes.
引自《中国高等植物图鉴》

康定冬青 **Ilex franchetiana** Loes.
摄影：陈又生

面明显；叶柄长 1-2 cm。花淡绿色，4 基数；聚伞花序或单花簇生于二年生枝叶腋内。雄聚伞花序具 3 花，总花梗长 1-1.5 mm，花梗长 2-5 mm；花萼直径 2 mm，裂片具缘毛；花瓣长圆形，长 2 mm；雄蕊略短于花瓣。雌花单花簇生，花梗长 3-4 mm；花萼同雄花；花瓣卵形；子房卵形，柱头盘状。果球形，直径 6-7 mm，熟时红色，宿存柱头薄盘状；分核 4，长圆体形，长 5-6 mm，背部稍隆起，具掌状纵棱及沟，侧面有条纹及皱纹，内果皮木质。花期 5-6 月，果期 9-11 月。

分布与生境　产于我国西南地区及湖北西南部。生于海拔 1850-2300 m 的阔叶林中或杂木林中。也分布于缅甸北部。

药用部位　果、叶、根。

功效应用　果：清肺解热，下乳，祛风。用于瘰疬疮疡，乳少，风湿麻木。叶：降气平喘，敛肺止咳，健胃。用于风热鼻塞，久咳气喘。根：收敛止血。用于崩漏。

注评　本种的果实称"山枇杷"，叶称"山枇杷叶"，根称"山枇杷根"，在四川民间药用。

28. 短梗冬青　毛枝冬青（福建植物志），华东冬青（湖南植物名录）

Ilex buergeri Miq. in Verslagen Meded. Afd. Natuurk. Kon. Akad. Wetensch., ser. 2, 2: 84. 1866.——*I. buergeri* Miq. f. *subpuberula* (Miq.) Loes., *I. subpuberula* Miq.（英 **Buerger Holly**）

常绿灌木或乔木，高 1-10 m。小枝密被短柔毛。叶片革质，卵状椭圆形、披针形或长圆形，长 4-8 cm，宽 1.7-2.5 cm，先端渐尖，基部楔形至圆形，边缘有锯齿，主脉在上面凹陷，被微柔毛，侧脉 7-8 对；叶柄长 4-8 mm，被短柔毛。花淡黄绿色，4 基数；花序簇生于二年生或当年生枝的叶腋内，簇的单个分枝具 1 花，花梗长 1-3 mm，被短柔毛。雄花花萼直径 2 mm，有毛或近无毛，具缘毛；花瓣长圆状倒卵形，长 3 mm，具缘毛；雄蕊较花瓣长。雌花之花被似雄花；子房卵球形，柱头盘状。果球形，直径 4.5-6 mm，熟时红色，外果皮具凸起小瘤点，宿存柱头薄盘状；分核 4，近圆形，长、宽均为 3 mm，背部具 4-5 条纵掌状细棱及浅槽，侧面具皱纹及槽，内果皮石质。花期 4-6 月，果期 10-11 月。

分布与生境　产于我国华东地区及江西、湖北、湖南和广西。生于海拔 100-700 m 的常绿阔叶林中及林缘。也分布于日本。

药用部位　根和叶。

短梗冬青 Ilex buergeri Miq.
引自《中国高等植物图鉴》

短梗冬青 Ilex buergeri Miq.
摄影：刘军

功效应用 清热解毒。用于风热感冒、头痛，乳腺炎，咽喉痛。

29. 台湾冬青 糊樗（台湾木本植物志）

Ilex formosana Maxim. in Mém. Acad. Imp. Sci. Saint Petersbourg, Sér. 7, 29(3): 46. 1881.（英 **Taiwan Holly**）

　　常绿乔木，高 8-15 m。树皮灰褐色，平滑。叶片革质，长椭圆形或长圆状披针形，稀倒披针形，长 6-10 cm，宽 2-2.5 cm，先端尾状渐尖，基部楔形，边缘有细圆齿，两面无毛，侧脉 6-8 对；叶柄长 5-9 cm，无毛。花淡黄绿色，4 基数；雄花由 3 花排成聚伞花序，簇生于二年生枝叶腋内，总花梗长 1 mm，花梗长 3-4 mm，均被微柔毛；花萼直径 2 mm；花瓣长 3 mm，与花萼均具缘毛；雄蕊与花瓣几等长。雌花单花簇生于二年生枝叶腋内，花梗长约 3 mm，密被微柔毛；花萼同雄花；花瓣卵形，长 2.5 mm；子房卵球形，柱头厚盘状或头状。果近球形，直径 5 mm，熟时红色，宿存柱头头状；分核 4，卵状长圆形，长 3 mm，背部具纵的掌状棱及槽，侧面具纵棱及深沟，内果皮石质。花期 3-5 月，果期 7-11 月。

分布与生境 产于浙江、福建、台湾、江西、湖北、湖南、广东、广西、四川、贵州和云南。生于海拔 1000-1500 m 的常绿阔叶林中、林缘和灌木丛中。也分布于菲律宾。

药用部位 树皮。

功效应用 树皮黏液：用于作补蝇胶，绊创膏，皮肤病治疗剂。

台湾冬青 **Ilex formosana** Maxim.
引自《中国高等植物图鉴》

台湾冬青 **Ilex formosana** Maxim.
摄影：陈贤兴

30. 珊瑚冬青　红果冬青（峨眉植物图志），红珊瑚冬青（秦岭植物志），野白腊叶（贵阳）

Ilex corallina Franch. in Bull. Soc. Bot. France 33: 452. 1886.（英 **Coral Holly**）

30a. 珊瑚冬青（模式变种）

Ilex corallina Franch. var. **corallina**

常绿灌木或乔木，高 3–10 m。小枝细，有纵棱槽，无毛。叶片革质，卵形、卵状椭圆形或卵状披针形，长 4–10（–13）cm，宽 1.5–3（–5）cm，先端短渐尖，基部楔形，或近圆形，边缘具钝锯齿，齿尖刺状，侧脉 7–10 对，两面凸起；叶柄长 4–10 mm。花黄绿色，4 基数；花序簇生于二年生枝叶腋内。雄花序的单个分枝为 1–3 花的聚伞花序，总花梗长约 1 mm，花梗长 2 mm；花萼直径 2 mm；花瓣长圆形，长 3 mm；雄蕊与花瓣等长。雌花序的单个分枝具单花，花梗长 1–2 mm；花瓣卵形；子房卵球形，柱头薄盘状。果近球形，直径 3–4 mm，熟时紫红色，宿存柱头薄盘状，4 裂；分核 4，椭圆状三棱形，长 2–2.5 mm，背部具不明显的掌状纵棱及沟，内果皮木质。花期 4–5 月，果期 9–10 月。

珊瑚冬青 Ilex corallina Franch. var. **corallina**
引自《中国高等植物图鉴》

珊瑚冬青 Ilex corallina Franch. var. **corallina**
摄影：何顺志

分布与生境　产于甘肃南部、湖北、湖南、四川、贵州和云南。生于海拔 750–3000 m 的山坡灌木丛中或杂木林中。

药用部位　根、叶。

功效应用　清热解毒，活血，止痛。用于劳伤疼痛，小儿头痛。外治烫火伤，黄癣。

30b. 毛枝珊瑚冬青（变种）　毛枝冬青（中国高等植物图鉴）

Ilex corallina Franch. var. **pubescens** S. Y. Hu in J. Arnold Arbor. 31(1): 66. 1950.（　英 **Pubescent Coral Holly**）

本变种与模式变种的主要区别在于小枝、顶芽和叶片主脉的两面均被短柔毛。

分布与生境　产于湖北、四川和云南西北部。生于海拔 500-1020 m 的山坡林中。

药用部位　根。

功效应用　清热解毒。用于腹痛，乙醇中毒。

31. 榕叶冬青 台湾糊樗（台湾植物志），仿腊树（广东），野香雪（浙江遂昌）

Ilex ficoidea Hemsl. in J. Linn. Soc., Bot. 23: 116. 1886.——*I. buergeri* Miq. f. *glabra* Loes., *I. glomeratiflora* Hayata（英 **Fig-like Holly**）

常绿乔木，高 8–12 m。小枝黄褐色，无毛。叶片革质，长圆状椭圆形、卵状或稀倒卵状椭圆形，长 4.5–10 cm，宽 1.5–3.5 cm，先端骤然尾状渐尖，基部钝或近圆形，边缘具浅圆齿，上面有光泽，两面无毛，侧脉 8–10 对；叶柄长 1–1.5 cm。花芳香，白色或黄绿色，4 基数；花序簇生于当年生枝叶腋内。雄花簇的单个分枝为 1–3 花的聚伞花序，总梗长 2 mm，花梗长 1–3 mm；花萼直径 2–2.5 mm；花瓣卵状长圆形，长 3 mm，与花萼裂片均具缘毛；雄蕊长于花瓣。雌花簇的单个分枝具 1 花，花梗长 2–3 mm；花瓣卵形，长 2 mm；子房卵球形，长 2 mm，柱头盘状。果球形或近球形，直径 5–7 mm，熟时红色，宿存柱头薄盘状或脐状；分核 4，卵形或近圆形，长 3–4 mm，背部具掌状条纹，中央具 1 稍凹的纵槽，侧面具皱条纹及洼点，内果皮石质。花期 3–4 月，果期 8–11 月。

分布与生境 产于我国华东、华中、华南地区及四川、贵州和云南。生于海拔 150–1880 m 的山地林中及林缘。

药用部位 根。

功效应用 清热解毒，祛风止痛。用于肝炎，跌打肿痛。

化学成分 叶含三萜类：羽扇豆醇(lupeol)，无羁萜

榕叶冬青 **Ilex ficoidea** Hemsl.
引自《浙江植物志》

(friedelin)，4-表无羁萜(4-epifriedelin)，齐墩果酸(oleanolic acid)，3-乙酰氧基齐墩果酸(3-acetoxyoleanolic acid)，3β-乙酰氧基-6α,13β-二羟基齐墩果-7-酮(3β-acetoxy-6α,13β-dihydroxyolean-7-one)[1]；黄酮类：金丝桃苷(hyperoside)，槲皮素-3-O-α-L-吡喃阿拉伯糖苷(quercetin-3-O-α-L-arabinopyranoside)[1]；蒽醌类：大黄素(emodin)，大黄酚(chrysophanol)，大黄素甲醚(physcion)[1]；酚苷类：2-(4-羟基苄基)-苹果酸[2-(4-hydroxybenzyl)-malic acid]，顺式-丁香苷(*cis*-syringin)[1]；甾体类：β-谷甾醇，α-菠菜甾醇(α-spinasterol)[1]；糖苷类：乙基-O-β-L-吡喃阿拉伯糖苷(ethyl-O-β-L-arabinopyranoside)[1]。

化学成分参考文献

[1] 李路军，等. 中草药，2013, 44(5): 519-523.

32. 黔桂冬青 施冬青（贵州植物志）

Ilex stewardii S. Y. Hu in J. Arnold Arbor. 31: 219. 1950.（英 **Steward Holly**）

常绿灌木或乔木，高 8 m。小枝具纵棱沟，有毛。叶片纸质，披针形或椭圆状披针形，长 5–8 cm，宽 1.5–3 cm，先端长渐尖至尾尖，基部楔形或钝，近全缘或近先端具疏齿，侧脉 9–11 对；叶柄长 5–8 mm，有毛。花 6–7 基数。雄花不详。雌花序由 1–5 花的聚伞花序簇生或排成假圆锥花序，腋生，有毛，花序轴长 3–12 mm，聚伞花序之总梗长 3–7 mm，花梗长 3–5 mm，单花花梗长 5 mm；花萼直径 2 mm；花瓣长圆形，长 1.5–2 mm；退化雄蕊长为花瓣的 1/2；子房卵球形，直径 1 mm，柱头厚盘状。果卵状近球形，长 4 mm，直径 3 mm，熟时红色，宿存柱头厚盘状；分核 6，椭圆体形，长 3 mm，背部宽 1 mm，粗糙，具 3 条纵纹，无沟，侧面平滑，内果皮革质。花期 6–7 月，果期 8–11 月。

分布与生境　产于广东、广西和贵州。生于海拔 1000 m 以下的林中。也分布于越南。

药用部位　叶。

功效应用　清热解毒，通经。用于风热感冒，头痛，咽喉痛，目赤肿痛，闭经。

化学成分　根和茎皮皆含三萜类：冬青苷元A (ilexgenin A)，冬青皂苷A₁(ilexsaponin A₁)，海南冬青苷▲D (ilexhainanoside D)[1]。

　　枝、叶和果实皆含三萜类：熊果酸 (ursolic acid)，冬青苷元 A，冬青皂苷 A₁，海南冬青苷▲D[1]。

注评　本种叶的加工炮制品在广西民间作"山绿茶"药用。同属植物海南冬青 Ilex hainanensis Merr.、棱枝冬青 Ilex angulata Merr. et Chun、茶果冬青 *Ilex theicarpa* Hand.-Mazz. 等在产地也加工成"山绿茶"。

化学成分参考文献

[1] Chen XQ, et al. *Food Chem*, 2011, 126(3): 1454-1459.

黔桂冬青 **Ilex stewardii** S. Y. Hu
引自《贵州植物志》

---

33. 毛冬青　茶叶冬青（中国高等植物图鉴），密毛假黄杨（台湾植物志），密毛冬青（台湾木本植物志）

Ilex pubescens Hook. et Arn., Bot. Beechey Voy. 167, pl. 35. 1841[1833].（英 **Pubescent Holly**）

33a. 毛冬青（模式变种）

Ilex pubescens Hook. et Arn. var. **pubescens**——*I. pubescens* Hook. et Arn. var. *glabra* H. T. Chang, *I. trichoclada* Hayata, non Loes.

　　常绿灌木，高 3–4 m。小枝纤细，近 4 棱形，与叶柄、花序均密被长硬毛。叶片纸质或膜质，椭圆形或卵形，长 2–6 cm，宽 1–2.5 (–3) cm，先端尖，基部钝，全缘或通常具芒齿，上面仅沿主脉有毛，背面被毛，沿主脉更密；叶柄长 2.5–5 mm。花粉红色，4 或 5 基数；花序簇生于 1–2 年生枝叶腋内。雄花簇的单个分枝为具 1 或 3 花的聚伞花序，总梗长 1–1.5 mm，花梗长 1.5–2 mm；花萼直径 2 mm，被长毛及缘毛；花瓣长 2 mm；雄蕊长为花瓣的 3/4；退化雌蕊垫状。雌花簇的单个分枝具 1 花，稀 3 花，花梗长 2–3 mm；子房卵球形，直径 1.3 mm，花柱明显，柱头头状或厚盘状。果球形，直径 4 mm，熟时红色，宿存柱头厚盘状或头状，花柱明显；分核 6，稀 5 或 7，椭圆体形，长 3 mm，背部具纵宽单沟及 3 条纹，侧面平滑，内果皮革质或近木质。花期 4–5 月，果期 8–11 月。

分布与生境　产于我国华南地区及浙江、福建、台湾、安徽、江西、湖南、贵州。生于海拔 100–1000 m 的山坡林中、林缘、灌木丛中及溪旁。

药用部位　根、叶。

功效应用　根：活血通络，清热解毒。用于风热感冒，肺热咳嗽，咽痛，乳蛾，牙龈肿痛，胸痹心痛，卒中偏瘫，血栓闭塞性脉管炎，丹毒，中心性视网膜炎。外用于烧烫伤，冻疮，疖肿。叶：清热凉血，解毒消肿。用于烫伤，外伤出血，痈肿疔疮，走马牙疳。

化学成分　根含三萜类：冬青苷元A (ilexgenin A)[1–5]，冬青醇酸(ilexolic acid)[3]，冬青皂苷(ilexsaponin)

A[6]、A$_1$[1,3-5]、B$_1$、B$_2$[3-5,7]、B$_3$[4,7]、B$_4$、C[8]、D[9,10-11]、E、F[10-11]、G、H[11]、O[4]，3-*O*-*β*-D-吡喃木糖基火焰木酸-28-*O*-*β*-D-吡喃葡萄糖基酯(3-*O*-*β*-D-xylopyranosyl spathodic acid-28-*O*-*β*-D-glucopyranosyl ester)[5]，3*β*,21*α*,23-三羟基-熊果-12-烯-28-酸-21-*O*-*β*-D-吡喃葡萄糖苷(3*β*,21*α*,23-trihydroxy-urs-12-en-28-oic acid-21-*O*-*β*-D-glucopyranoside)，3-*O*-*β*-D-吡喃葡萄糖基-3*β*,21*α*,23-三羟基-熊果-12-烯-28-酸-21-*O*-*β*-D-吡喃葡萄糖苷(3-*O*-*β*-D-glucopyranosyl-3*β*,21*α*,23-trihydroxy-urs-12-en-28-oic acid-21-*O*-*β*-D-glucopyranoside)[11]，竹节参皂苷Ⅳa(chikusetusaponin Ⅳa)，齐墩果酸-28-*O*-*β*-D-吡喃葡萄糖基酯(oleanolic acid-28-*O*-*β*-D-glucopyranosyl ester)[12]，毛冬青素(ilexpublesnin) A、B[13]、C、D、E、F、G、H、I、J、K、L、M[12]、N、O、P、Q、R[14]，玉叶金花苷Ⅴ(mussaendoside Ⅴ)，长圆果冬青苷K(oblonganoside K)，3*β*,19*α*-二羟基齐墩果-12-烯-24,28-二酸-*O*-*β*-D-吡喃葡萄糖基酯(3*β*,19*α*-dihydroxyolea-12-en-24,28-dioic acid-*O*-*β*-D-glucopyranosyl ester)[14]，冬青苷(ilexoside) A[5,15]、D[2,5,15]、E、J、K[15]、O[11,16]、P[16]、Ⅱ、XV[12]、XXX[11]，毛冬青酸(pubescenic acid)[15]，冬

毛冬青 Ilex pubescens Hook. et Arn. var. **pubescens**
引自《中国高等植物图鉴》

毛冬青 Ilex pubescens Hook. et Arn. var. **pubescens**
摄影：李泽贤 徐克学

青苷元B-3-*O*-*β*-D-吡喃木糖苷(ilexgenin B-3-*O*-*β*-D-xylopyranoside)[5,17]，具柄冬青苷(pedunculoside)[14,17]，金盏花苷E (calenduloside E)，暹罗树脂酸▲-28-*O*-*β*-D-吡喃葡萄糖基酯(siaresinolic acid-28-*O*-*β*-D-glucopyranosyl ester)，冬青苷元B-28-*O*-*β*-D-吡喃葡萄糖基酯(ilexgenin B-28-*O*-*β*-D-glucopyranoside)[17]，毛冬青诺苷▲(pubescenoside) C[12,18]、D[18]，杂白桦脂酸-3-*O*-*β*-D-吡喃葡萄糖基-(1 → 2)-*β*-D-吡喃木糖苷[heterobetulinic acid-3-*O*-*β*-D-glucopyranosyl-(1 → 2)-*β*-D-xylopyranoside][19]，(20*β*)-19-羟基-3*β*-*O*-*β*-D-吡喃木糖基-熊果-12-烯-28-酸[(20*β*)-19-hydroxy-3*β*-*O*-*β*-D-xylopyranosyl-urs-12-en-28-oic acid][20]；

半萜类：毛冬青诺苷▲(pubescenoside) A、B[21]；木脂素类：扭旋马先蒿苷▲A (tortoside A)，鹅掌楸苷(liriodendrin)[2,4-5,22]，(+)-水曲柳脂酚-1-*O*-β-D-吡喃葡萄糖苷[(+)-fraxiresinol-1-*O*-β-D-glucopyranoside][2,4-5]，木兰脂宁▲C (magnolenin C)[2,5]，丁香树脂酚单-β-D-吡喃葡萄糖苷(syringaresinol mono-β-D-glucopyranoside)[5]，(-)-橄榄脂素[(-)-olivil]，(+)-环橄榄脂素[(+)-cyclooliivl][22]，(7*S*,8*R*)-二氢去氢二松柏醇-4-*O*-β-D-吡喃葡萄糖苷[(7*S*,8*R*)-dihydrodehydrodiconiferyl alcohol-4-*O*-β-D-glucopyranoside]，(-)-橄榄脂素-4'-*O*-β-D-吡喃葡萄糖苷[(-)-olivil-4'-*O*-β-D-glucopyranoside]，(7*S*,8*R*)-去氢二松柏醇-4-*O*-β-D-吡喃葡萄糖苷[(7*S*,8*R*)-dehydrodiconiferyl alcohol-4-*O*-β-D-glucopyranoside]，(+)-环橄榄脂素-6-*O*-β-D-吡喃葡萄糖苷[(+)-cyclooliivl-6-*O*-β-D-glucopyranoside]，(+)-水曲柳树脂酚▲-二-*O*-β-D-吡喃葡萄糖苷[(+)-medioresinol-di-*O*-β-D-glucopyranoside]，(+)-松脂酚-4,4'-*O*-二吡喃葡萄糖苷[(+)-pinoresinol-4,4'-*O*-bisglucopyranoside][23]，冬青木脂素A(ilexlignan A)[24]，冬青素(ilexin) C[25]、L$_1$[26]；苯丙素类：芥子醛-4-*O*-β-D-吡喃葡萄糖苷(sinapic aldehyde-4-*O*-β-D-glucopyranoside)，丁香苷(syringin)，4,5-二-*O*-咖啡酰奎宁酸(4,5-di-*O*-caffeoylquinic acid)[2]，3,4-二-*O*-咖啡酰奎宁酸(3,4-di-*O*-caffeoylquinic acid)[31]，3'*S*,4'-二羟基-2'-亚甲基-丁-1'-烯醇咖啡酸酯(3'*S*,4'-dihydroxy-2'-methylene-but-1'-enyl caffeate)[19]，咖啡酸(caffeic acid)[25]；酚、酚酸类：原儿茶醛(protocatechuic aldehyde)[31]，氢醌(hydroquinone)，4-羟基苯乙醇(4-hydroxyphenylethanol)[4]，毛冬青苷(ilexpubside) A、B[22]，冬青素(ilexin) A、B，香荚兰素(vanillin)，香荚兰酸(vanillic acid)[25]；苯乙醇类：冬青素L$_3$(ilexin L$_3$)[26]；香豆素类：伞形酮(umbelliferone)[4]；环烯醚萜类：木犀洋丁香酚苷(oleoacteoside)，木犀榄苷▲-11-甲酯(oleoside 11-methyl ester)，油橄榄苦苷(oleuropein)，(*R*)-β-羟基油橄榄苦苷[(*R*)-β-hydroxyoleuropein]，(8*Z*)-女贞苷[(8*Z*)-ligustroside]，(8*E*)-女贞子苷[(8*E*)-nuezhenide]，2'-(3',4'-二羟基苯基)乙基-(6"-*O*-木犀榄苷▲-11-甲酯)-β-D-吡喃葡萄糖苷[2'-(3',4'-dihydroxyphenyl)ethyl-(6"-*O*-oleoside-11-methyl ester)-β-D-glucopyranoside][27]；色烷类：冬青异色烷(ilexisochromane)[28]；有机酸类：斜卧青霉酸▲(decumbic acid)，富马酸(fumaric acid)，琥珀酸(succinic acid)[3]，冬青酸(ilex acid) A、B[28]；多元醇类：肌肉肌醇(*myo*-inositol)[5]；甾体类：菠菜甾醇(spinasterol)[2]，β-谷甾醇，β-胡萝卜苷[2,4-5]，豆甾醇(stigmasterol)[4]，豆甾醇-3-*O*-β-D-吡喃葡萄糖苷(stigmasterol-3-*O*-β-D-glucopyranoside)[17]。

茎含三萜类：冬青苷元A，冬青皂苷A$_1$、B$_1$、B$_2$[29]，鹅掌藤苷▲C (scheffarboside C)，3-*O*-α-吡喃鼠李糖基-(1→2)-[β-吡喃葡萄糖基-(1→3)]-α-吡喃阿拉伯糖基-常春藤皂苷元{3-*O*-α-rhamnopyranosyl-(1→2)-[β-glucopyranosyl-(1→3)]-α-arabinopyranosyl-hederagenin}，五层龙酮(salacianone)，乙酰齐墩果酸(acetyloleanolic acid)，果渣酸▲(pomolic acid)[30]；木脂素类：牛蒡苷元(arctigenin)[30]；黄酮类：木犀草素(luteolin)，槲皮素(quercetin)，金丝桃苷(hyperoside)，芦丁(rutin)[31]；蒽醌类：1,5-二羟基-3-甲基蒽醌(1,5-dihydroxy-3-methyl-anthraquinone)[31]；有机酸及其苷类：3,5-二甲氧基-4-羟基苯甲酸-1-*O*-β-D-吡喃葡萄糖苷(3,5-dimethoxy-4-hydroxybenzoic acid-1-*O*-β-D-glucopyranoside)，棕榈酸(palmitic acid)，硬脂酸(stearic acid)[31]；甾体类：β-谷甾醇[29]；其他类：葡萄糖[30]，正三十四醇(*n*-tetratriacontanol)[31]。

叶含三萜类：冬青苷元(ilexgenin) A[32]、A$_2$[33]，冬青皂苷A$_1$[34]、B，冬青苷A，2α,3β,19α,23-四羟基齐墩果酸(2α,3β,19α,23-tetrahydroxyoleanolic acid)[32]，3β,19α-二羟基熊果-12-烯-24,28-二酸-24,28-二-*O*-β-D-吡喃葡萄糖苷(3β,19α-dihydroxyurs-12-en-24,28-dioic acid-24,28-di-*O*-β-D-glucopyranoside)[33]，3β,19α-二羟基齐墩果-12-烯-24,28-二酸-28-*O*-β-D-吡喃葡萄糖苷(3β,19α-dihydroxyolean-12-ene-24,28-dioic-28-*O*-β-D-glucopyranoside)[34]；黄酮类：大豆苷元(daidzein)，染料木苷(genistin)，山奈酚-3-*O*-β-龙胆二糖苷(kaempferol-3-*O*-β-gentiobioside)，山奈酚-3-*O*-β-刺槐二糖苷(kaempferol-3-*O*-β-robinobioside)，山奈酚-3-*O*-β-D-吡喃半乳糖苷(kaempferol-3-*O*-β-D-galactopyranoside)，槲皮素-3-*O*-β-龙胆二糖苷(quercetin-3-*O*-β-gentiobioside)[34]；苯丙素类：2-羟甲基-3-咖啡酰氧基-1-丁烯-4-*O*-β-D-吡喃葡萄糖苷(2-hydroxymethyl-3-caffeoyloxyl-1-butene-4-*O*-β-D-glucopyranoside)，2-咖啡酰氧基甲基-3-羟基-1-丁烯-4-*O*-β-D-吡喃葡萄糖苷(2-caffeoyloxymethyl-3-hydroxyl-1-butene-4-*O*-β-D-glucopyranoside)，3,4-*O*-二咖啡酰奎宁酸(3,4-*O*-diocaffeoylquinic acid)，3,5-*O*-二咖啡酰奎宁酸(3,5-*O*-diocaffeoylquinic acid)，

1,5-*O*-二咖啡酰奎宁酸(1,5-*O*-diocaffeoylquinic acid)，4,5-*O*-二咖啡酰奎宁酸(4,5-*O*-diocaffeoylquinic acid)[34]；苯乙醇类：2-苯乙基-*O*-α-L-吡喃阿拉伯糖基-(1→6)-*O*-β-D-吡喃葡萄糖苷[2-phenylethyl-*O*-α-L-arabinopyranosyl-(1→6)-*O*-β-D-glucopyranoside][34]。

注评　本种为中国药典（1977、2005 和 2010 年版附录）、上海（1994 年版）、北京（1998 年版）、内蒙古（1988 年版）、湖南（2009 年版）、广东（2011 年版）中药材标准、广西壮药质量标准（2011 年版）收载"毛冬青"的基源植物，药用其干燥根；属广东、广西、福建、浙江、江西、湖南等地民间药。本种的叶称"毛冬青叶"，也可药用。苗族、瑶族、畲族也药用其根、叶，主要用途见功效应用项。瑶族尚用于治肝炎，肺炎。

化学成分参考文献

[1] Hidaka K, et al. *Phytochemistry*, 1987, 26(7): 2023-2027.

[2] 吴婷，等．时珍国医国药，2009, 20(12): 2923-2925.

[3] 曾宪仪，等．时珍国医国药，2010, 21(8): 2002-2004.

[4] 尹文清，等．中草药，2007, 38(7): 995-997.

[5] 冯锋，等．中国药学杂志，2008, 43(10): 732-736.

[6] 秦国伟，等．化学学报，1987, 45(3): 249-255.

[7] Hidaka K, et al. *Chem Pharm Bull*, 1987, 35(2): 524-529.

[8] Feng F, et al. *J Asian Nat Prod Res*, 2008, 10(1): 71-75.

[9] 赵钟祥，等．中草药，2012, 43(7): 1267-1269.

[10] Li L, et al. *J Asian Nat Prod Res*, 2012, 14(12): 1169-1174.

[11] Li L, et al. *J Asian Nat Prod Res*, 2014: 16(8): 830-835.

[12] Zhou Y, et al. *Planta Med*, 2013, 79(1): 70-77.

[13] Zhang CX, et al. *Fitoterapia*, 2010, 81(7): 788-792.

[14] Zhou Y, et al. *Fitoterapia*, 2014, 97: 98-104.

[15] Han YN, et al. U.S., 1991, US 4987125 A 19910122.

[16] Zhou ZL, et al. *Nat Prod Res*, 2013, 27(15): 1343-1347.

[17] 赵钟祥，等．中国药师，2011, 14(5): 599-601.

[18] Wang JR, et al. *Chem Biodiversity*, 2008, 5(7): 1369-1376.

[19] Wu T, et al. *Nat Prod Res*, 2012, 26(15): 1408-1412.

[20] Lin LP, et al. *Chin Chem Lett*, 2011, 22(6): 697-700.

[21] Jiang ZH, et al. *J Nat Prod*, 2005, 68(3): 397-399.

[22] Yang X, et al. *J Asian Nat Prod Res*, 2006, 8(6): 505-510.

[23] 杨鑫，等．中国中药杂志，2007, 32(13): 1303-1305.

[24] Zhou YB, et al. *Chin Chem Lett*, 2008, 19(5): 550-552.

[25] Zhou YB, et al. *Helv Chim Acta*, 2008, 91(7): 1244-1250.

[26] Chen J, et al. *Chem Nat Compd*, 2013, 49(5): 848-851.

[27] 杨鑫，等．中国药物化学杂志，2007, 17(3): 173-177.

[28] Zhou YB, et al. *J Asian Nat Prod Res*, 2008, 10(9): 827-831.

[29] 应鸽，等．中国实验方剂学杂志，2012, 18(11): 118-120.

[30] 张倩，等．中国天然药物，2010, 8(4): 253-256.

[31] 邢贤冬，等．中药材，2012, 35(9): 1429-1431.

[32] Zhou ZL, et al. *Asian J Chem*, 2013, 25(17): 9457-9459.

[33] Zhou ZL, et al. *Chem Nat Compd*, 2013, 49(4): 682-684.

[34] 周渊，等．中草药，2012, 43(8): 1479-1483.

33b. 广西毛冬青（变种）

Ilex pubescens Hook. et Arn. var. **kwangsiensis** Hand.-Mazz. in Sinensia 3: 189. 1933.（英 **Kwangxi Pubescent Holly**）

本变种与模式变种的主要区别为：小枝密被长柔毛。叶片长圆形或倒卵形，长 4-10 cm，宽 2-7 cm，厚纸质，先端突然渐尖。花序假圆锥状；花白色。果直径约 3 mm；分核 6 或 7，长约 2.3 mm，背部无槽，内果皮革质。花期 6 月。

分布与生境　产于广西西部、贵州南部和云南东南部。生于海拔 550-1410 m 的常绿阔叶林中。

药用部位　根。

功效应用　清热解毒，活血通淋。用于风热感冒，肺热喘咳，喉痛水肿，扁桃体炎，痢疾，冠心病，脑血管意外，偏瘫，血栓闭塞性脉管炎，丹毒，烧伤，烫伤，中心性视网膜炎，皮肤急性化脓性炎症。

34. 海南冬青

Ilex hainanensis Merr. in Lingnan Sci. J. 13: 60. 1934.——*I. hunanensis* C. J. Qi et Q. Z. Lin, *I. rotunda* Thunb. var. *hainanensis* Loes.（英 **Hainan Holly**）

常绿灌木或乔木，高 2–10 m。小枝被柔毛或近无毛。叶片薄革质或纸质，椭圆形、倒卵状或卵状长圆形，长 3–7.5 cm，宽 2.5–5 cm，先端渐尖，基部钝，全缘，主脉在上面凹陷，有微柔毛，侧脉 9–10 对，两面稍凸起；叶柄长 5–10 mm，有毛。花淡紫色，5–6 基数；花序簇生或排成假圆锥花序，腋生于二年生或当年生枝上。雄花簇的单个分枝为具 1–5 花的聚伞花序，总花梗长 1–3 mm，花梗长 1–2 mm；花萼直径 2 mm；花瓣卵形，长 2 mm；雄蕊长不及花瓣；退化子房垫状。雌花簇的单个聚伞花序具 1–3 花，花梗长 3 mm；花被同雄花；子房卵球形，直径 1.5 mm，柱头厚盘状，分裂。果近球状椭圆形，直径 3–4 mm，宿存柱头厚盘状或头状；分核 5–6，椭圆体形，长 3 mm，背部宽 1 mm，具 1 纵沟，侧面平滑，内果皮木质。花期 4–5 月，果期 7–10 月。

分布与生境 产于我国华南地区及贵州、云南。生于海拔 500–1000 m 的山坡密林或疏林中。

药用部位 叶。

功效应用 用于高血压，口腔炎，疖肿，慢性喉炎，妇科附件炎。

化学成分 叶含黄酮类：槲皮素(quercetin)，异槲皮苷(isoquercitrin)，槲皮素苷-7-*O*-β-D-吡喃葡萄糖苷(quercitrin-7-*O*-β-D-glucopyranoside)，华中冬青酮-7-*O*-β-D-吡喃葡

海南冬青 Ilex hainanensis Merr.
引自《中国高等植物图鉴》

萄糖苷▲(huazhongilexone-7-*O*-β-D-glucopyranoside)[1]，芦丁(rutin)[1-2]，圣草酚-7-*O*-β-D-吡喃葡萄糖苷(eriodictyol-7-*O*-β-D-glucopyranoside)[2]；三萜类：3β,19α-二羟基齐墩果-12-烯-24,28-二酸-28-*O*-β-D-吡喃葡萄糖苷(3β,19α-dihydroxyolean-12-ene-24,28-dioic acid-28-*O*-β-D-glucopyranoside)[2]，冬青苷元 A (ilexgenin A)[2-3]，α-香树脂醇(α-amyrin)，羟基积雪草酸(hydroxyasiatic acid)，3β,19α,20β-三羟基熊果-12-烯-24,28-二酸(3β,19α, 20β-trihydroxyurs-12-ene-24,28-dioic acid)，铁冬青二酸▲(rotundioic acid)[3]，海南冬青苷▲(ilexhainanoside) A、B[4]、C、D、E[5]，海南冬青宁▲(ilexhainanin) A、B、C、D[6]，冬青皂苷A₁(ilexsaponin A₁)[2,7]，熊果酸(ursolic acid)[3,7]，海南冬青苷(hainanenside)[8]；苯丙素类：2-咖啡酰氧甲基-3-羟基-1-丁烯-4-*O*-β-D-吡喃葡萄糖苷[2-(caffeoyloxy)-methyl-3-hydroxy-1-butene-4-*O*-β-D-glucopyranoside]，(2*E*)-2-甲基-2-丁烯-1,4-二醇-4-*O*-β-D-(6″-*O*-咖啡酰基)-吡喃葡萄糖苷[(2*E*)-2-methyl-2-butene-1,4-diol-4-*O*-β-D-(6″-*O*-caffeoyl)-glucopyranoside]，1-*O*-咖啡酰基-(2*E*)-2-甲基-2-丁烯-1,4-二醇-4-*O*-β-D-吡喃葡萄糖苷[1-*O*-caffeoyl-(2*E*)-2-methyl-2-butene-1,4-diol-4-*O*-β-D-glucopyranoside][2]；木脂素类：丁香树脂酚-4-*O*-β-D-吡喃葡萄糖苷(syringaresinol-4-*O*-β-D-glucopyranoside)[2]；有机酸酯类：酞酸二丁酯(dibutylphthalate)[2]。

注评 本种为广西中药材标准（1990 年版）收载“山绿茶”的基源植物，药用其干燥叶；系广西民间民族药。在当地作“山绿茶”使用的还有同属植物棱枝冬青 Ilex angulata Merr. et Chun、黔桂冬青 Ilex stewardii S. Y. Hu、茶果冬青 *Ilex theicarpa* Hand.-Mazz. 等。

化学成分参考文献

[1] Chen XQ, et al. *Nat Prod Res, Part A: Structure and Synthesis*, 2009, 23(5): 442-447.

[2] 彭博，等. 中药材，2012, 35(8): 1251-1254.

[3] 程齐来，等. 光谱试验室，2010, 27(1): 131-134.

[4] Zhou SX, et al. *Magn Reson Chem*, 2007, 45(2): 179-181.

[5] Chen XQ, et al. *Magn Reson Chem*, 2009, 47(2): 169-173.

[6] Zhou SX, et al. *Helv Chim Acta*, 2007, 90(1): 121-127.

[7] 文东旭，等. 中国中药杂志，1999, 24(4): 223-225, 255.

[8] 闵知大，等. 药学学报，1984, 19(9): 691-696.

35. 厚叶冬青

Ilex elmerrilliana S. Y. Hu in J. Arnold Arbor. 31: 229. 1950.——*I. subrotundifolia* C. J. Qi et Q. Z. Lin（英 **Thickleaf Holly**）

常绿灌木或小乔木，高 2-7 m。小枝有棱角，无毛。叶片厚革质，椭圆形或长圆状椭圆形，长 5-9 cm，宽 2-3.5 cm，先端突然渐尖，基部楔形，全缘，两面无毛，侧脉及网脉两面不明显；叶柄长 4-8 mm。花白色，5-8 基数；花序簇生于叶腋内。雄花簇由具 1-3 花的聚伞花序组成，花梗长 5-10 mm，无毛；花萼盘状，直径 3.5 mm；花瓣长圆形，长 3.5 mm；雄蕊与花瓣近等长；退化子房圆锥形。雌花簇由单花组成，花梗长 4-6 mm，无毛或被柔毛；子房近球形，直径 1 mm，花柱明显，柱头头状。果球形，直径 5 mm，熟时红色，宿存花柱长 0.5 mm，柱头头状；分核 6 或 7，长圆体形，长 3.5 mm，平滑，背部具 1 纤细的脊，内果皮革质。花期 4-5 月，果期 7-11 月。

厚叶冬青 Ilex elmerrilliana S. Y. Hu
引自《中国高等植物图鉴》

厚叶冬青 Ilex elmerrilliana S. Y. Hu
摄影：南程慧

分布与生境 产于我国华东、华中和华南地区及四川、贵州。生于海拔 500-1500 m 的常绿阔叶林中及灌木丛中。

药用部位 根、叶。

功效应用 清热解毒。用于水火烫伤。

36. 河滩冬青 水青干（恩施地区药用植物名录），鄂黔矛叶冬青（拉汉种子植物名称），柳叶冬青（湖北植物大全）

Ilex metabaptista Loes. in Nova Acta Acad. Caes. Leop.-Carol. German. Nat. Cur. 78: 238. 1901.（英 **Riverside Holly**）

常绿灌木或小乔木，高 3-4 m。小枝被长柔毛。叶片近革质，披针形或倒披针形，长 3-8.5 cm，宽 0.7-1.5 cm，先端锐尖或钝，基部楔形，全缘或近先端有 1-2 对细齿，幼叶两面有柔毛，后变无毛，中脉凹陷，有毛；叶柄长 3-8 mm，被柔毛。花白色，5-6 基数；花序簇生于二年生枝的叶腋内，被长柔毛。雄花簇由具 3 花的聚伞花序组成，总花梗长 3-6 mm，花梗长 1.5-2.5 mm；花萼杯状，直径约 3 mm，有毛；花瓣卵状长圆形，长 2 mm；雄蕊短于花瓣。雌花簇由单花或稀具 2-3 花的聚伞花序组成，花梗长 4-5 mm；子房卵球形，花柱明显，柱头头状，有毛。果卵状椭圆形，直径 4-5 mm，熟时红色，宿存柱头头状；分核 5-8，椭圆体形，长 3.5-4 mm，两端尖，背部具纵棱及沟，侧面具条纹，内果皮革质。花期 5-6 月，果期 7-10 月。

分布与生境 产于湖北、广西、四川、贵州和云南。生于海拔 450-1040 m 的山地林中、溪旁和路边。

药用部位 根、叶。

功效应用 根：祛风除湿，消肿。用于风湿痛，跌扑肿痛。叶：止血。

河滩冬青 Ilex metabaptista Loes.
引自《贵州植物志》

37. 长柄冬青

Ilex dolichopoda Merr. et Chun in Sunyatsenia 5: 107. 1940.（英 **Long-stalk Holly**）

常绿乔木，高 7 m。小枝和顶芽被微柔毛。叶片厚革质，长圆形或倒卵状长圆形，长 15-25 cm，宽 5-7 cm，先端急尖，基部圆形或钝，全缘，两面无毛，侧脉 12-15 对；叶柄长 8-10 mm。花不详。果序簇生于二年生小枝叶腋内，具 9-16 果，果簇的单个分枝具 1 果，果梗长 2.5-3.2 cm，被短柔毛；果近球形，直径 8 mm，干时亮褐色，密被黄色斑点，宿存柱头乳头状；分核 5 或 6，椭圆形，长 5 mm，背部宽 1-2 mm，具 3 条纵纹，侧面具网状条纹，内果皮未成熟。果期 6-11 月。

分布与生境 产于海南保亭和琼中。生于海拔约 600 m 的沟谷林中。

药用部位 枝、叶。

功效应用 外用治痔瘘。

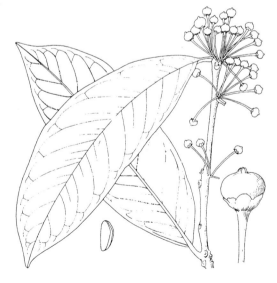

长柄冬青 Ilex dolichopoda Merr. et Chun
吴锡麟 绘

38. 疏齿冬青　少齿冬青（中国树木志），刘明根树（广东从化）

Ilex oligodonta Merr. et Chun in Sunyatsenia 1: 67. 1930.（英 **Oligodontous Holly**）

常绿灌木，高 1–3 (–5) m。小枝、叶柄和花序均被微柔毛。叶片革质，长圆状椭圆形或长圆状披针形，长 2.5–7.5 cm，宽 1–2 cm，先端长渐尖，基部楔形，全缘或在先端具 1–2 刚毛状牙齿，两面被微柔毛或变无毛，侧脉 5–7 对，两面不明显；叶柄长 3–6 mm。花白色，芳香，4 基数；花序簇生于叶腋或鳞片腋内。雄花簇由具 3–7 花的聚伞花序组成，总花梗长 3–6 mm，花梗长 1–3 mm；花萼盘状，具微柔毛及缘毛；花瓣卵状长圆形，长 2 mm；雄蕊与花瓣等长；退化子房垫状。雌花簇由单花组成；花被同雄花；子房球形，直径 1.5 mm，柱头盘状，凸起，4 裂。果球形，熟时红色，宿存柱头盘状凸起；分核 4，宽椭圆形，长 4 mm，背部具纵条纹，内果皮革质。花期 5 月，果期 7–10 月。

分布与生境　产于福建、湖南和广东。生于海拔 800–1200 m 的林中或灌木丛中。

药用部位　根。

功效应用　止痛。用于牙痛，关节痛。

疏齿冬青 **Ilex oligodonta** Merr. et Chun
吴锡麟　绘

39. 尾叶冬青　威氏冬青（峨眉植物图志），江南冬青（云南种子植物名录）

Ilex wilsonii Loes. in Nova Acta Acad. Caes. Leop.-Carol. German. Nat. Cur. 89: 287. 1908.（英 **Wilson Holly**）

常绿灌木或乔木，高 2–10 m。小枝具棱角，无毛。叶片厚革质，卵形或倒卵状长圆形，长 4–7 cm，宽 1.5–3.5 cm，先端突然尾状渐尖，尖头常偏向一侧，基部钝，全缘，叶面有光泽，两面无毛，侧脉 7–8 对；叶柄长 5–9 mm，无毛。花白色，4 基数；花序簇生于二年生枝叶腋内。雄花簇由具 3–5 花的聚伞花序或伞形花序分枝组成，无毛，总花梗长 3–8 mm，花梗长 2–4 mm；花萼直径 1.5 mm；花冠直径 4–5 mm；雄蕊略短于花瓣；败育子房近球形。雌花簇由单花组成，花梗长 4–7 mm；花被同雄花；子房卵球形，柱头厚盘状。果球形，直径 4 mm，熟时红色，宿存柱头厚盘状；分核 4，卵状三棱形，长 2.5 mm，背面具稍凸起的 3 条纵棱，无沟，内果皮革质。花期 5–6 月，果期 8–10 月。

分布与生境　产于我国华东、华中和华南地区及四川、贵州和云南。生于海拔 420–1900 m 的山地阔叶林及灌丛中。

药用部位　根、叶。

功效应用　清热解毒。用于烧伤，烫伤。

尾叶冬青 **Ilex wilsonii** Loes.
引自《中国高等植物图鉴》

尾叶冬青 **Ilex wilsonii** Loes.
摄影：徐克学

40. 矮冬青　罗浮冬青（福建植物志）

Ilex lohfauensis Merr. in Philipp. J. Sci. 13: 144. 1918.——*I. hanceana* Maxim. var. *anhweiensis* Loes., *I. hanceana* Maxim. var. *lohfauensis* (Merr.) Chun（英 **Lohfau Holly**）

矮冬青 **Ilex lohfauensis** Merr.
引自《中国高等植物图鉴》

常绿灌木或小乔木，高 2-6 m。小枝密被短柔毛。叶片薄革质或纸质，长圆形或椭圆形，稀倒卵形或菱形，长 1-2.5 cm，宽 0.5-1.2 cm，先端微凹，基部楔形，全缘，具缘毛，两面沿脉被短柔毛；叶柄长 1-2 mm，密被短柔毛。花粉红色，4-5 基数；花序簇生于二年生枝叶腋内，被短柔毛。雄花簇的单个分枝为具 1-3 花的聚伞花序，总梗及花梗均长 1 mm；花萼被短柔毛及缘毛；花瓣椭圆形；雄蕊长为花瓣的 1/2。雌花簇的单个分枝具 1 花，花梗长 1 mm；花被同雄花；子房卵球形，柱头盘状凸起，花柱明显。果球形，直径 3.5 mm，熟时红色，宿存柱头厚盘状或头状，4-5 裂；分核 4，阔椭圆形，长 3 mm，两端急尖，背部具 3 条纹，无沟，内果皮革质。花期 6-7 月，果期 8-12 月。

分布与生境　产于我国华东和华南地区及湖南、贵州。生于海拔 200-1250 m 的常绿阔叶林、疏林或灌木丛中。

药用部位　根、叶。

功效应用　根：清热解毒，凉血，通脉止痛，消肿。用于风热感冒，肺热喘咳，喉头肿，乳蛾，痢疾，胸痹，中心性视网膜炎，疮疡。叶：清热解毒，止痛。用于牙龈肿痛，疔痈，缠腰火丹，脓疱疮，烧伤，烫伤。

矮冬青 **Ilex lohfauensis** Merr.
摄影：丁炳扬

41. 薄叶冬青 　高山冬青（中国树木志），扁果冬青（四川植物志），绿皮子（云南禄劝）

Ilex fragilis Hook. f., Fl. Brit. India 1: 602. 1875.——*I. burmanica* Merr., *I. fragilis* Hook. f. f. *kingii* Loes., *I. fragilis* Hook. f. f. *subcoriacea* C. J. Tseng, *I. opienensis* S. Y. Hu（英 **Alpine Holly**）

　　落叶灌木或小乔木，高 3–5 m。有长枝和短枝，长枝具明显的皮孔。叶片膜质或纸质，卵形至椭圆形，长 4–8 cm，宽 3–5 cm，先端渐尖，基部圆形或钝，边缘具锯齿，两面无毛，侧脉 8–10 对；叶柄长 5–15 mm。花黄绿色。雄花簇生或单生于短枝鳞片腋内或长枝叶腋内，簇的单个分枝具 1 花，花梗长 4–6 mm，无毛；花 6–8 基数；萼片直径 4 mm，裂片大小形状不规则，具缘毛；花瓣长圆形；雄蕊长为花瓣的 1/2；不育子房垫状。雌花单生于鳞片腋内或长枝叶腋内，花梗长 2–3 mm；花 6–16 基数；子房扁球形，花柱长 1.5 mm，柱头头状或扩大呈鸡冠状。果梗长 5 mm；果扁球形，直径 4–6 mm，熟时红色；分核 6–13，椭圆形，长 2–2.5 mm，背部具纵棱，内果皮木质。花期 5–6 月，果

薄叶冬青 **Ilex fragilis** Hook. f.
摄影：朱大海

期 9-10 月。

分布与生境　产于我国西南部地区。生于海拔 1500-3000 m 的山地疏林、阔叶林或铁杉林中及灌木丛中。也分布于不丹、印度、缅甸北部和尼泊尔。

药用部位　根、叶。

功效应用　清热解毒。用于烧伤，烫伤。

42. 小果冬青　球果冬青（峨眉植物图志），细果冬青（海南植物志），毛果冬青（中国高等植物图鉴），毛梗细果冬青（云南植物志），小红果（云南）

Ilex micrococca Maxim. in Mém. Acad. Imp. Sci. Saint Pétersbourg, Sér. 7, 29(3): 39. 1881.——*I. micrococca* Maxim. var. *longifolia* Hayata, *I. micrococca* Maxim. f. *luteocarpa* H. Ohba et S. Akiyama, *I. micrococca* Maxim. f. *pilosa* S. Y. Hu, *I. micrococca* Maxim. f. *tsangii* T. R. Dudley, *I. pseudogodajam* Franch.（英 **Smallfruit Holly**）

　　落叶乔木，高 12-20 m。小枝无毛或被短柔毛，具明显的皮孔。叶片膜质或纸质，卵形、卵状椭圆形或卵状长圆形，长 7-13 cm，宽 3-5 cm，先端长渐尖，基部圆形或阔楔形，常偏斜，边缘近全缘或具芒状细齿，两面无毛或下面有短柔毛，侧脉 5-8 对；叶柄长 1.5-3.2 cm。花白色，排成 2-3 回三歧聚伞花序单生于当年生枝叶腋内，总花梗长 9-12 mm，花梗长短于第二级主轴。雄花 5-6 基数；花萼裂片具缘毛；花冠辐状；雄蕊与花瓣等长。雌花 6-8 基数；子房圆锥状卵形，柱头盘状。果球形，直径 3 mm，熟时红色，宿存柱头盘状；分核 6-8，椭圆形，长 2 mm，背部略粗糙，具纵向单沟，侧面平滑，内果皮革质。花期 5-6 月，果期 9-10 月。

分布与生境　产于我国华东、华中、华南地区及四川、贵州和云南。生于海拔 500-1300 m 的山地常绿阔叶林中。也分布于日本和越南。

药用部位　根、叶。

功效应用　清热解毒，消肿止痛。用于水火烫伤。

化学成分　果皮含花色素类：菊色素 (chrysanthemin)[1]。

小果冬青 *Ilex micrococca* Maxim.
引自《中国高等植物图鉴》

小果冬青 **Ilex micrococca** Maxim.
摄影：朱鑫鑫

化学成分参考文献

[1] Ishikura N, et al. *Phytochemistry*, 1975, 14(3): 743-745.

43. 多脉冬青　青皮树（云南昆明）

Ilex polyneura (Hand.-Mazz.) S. Y. Hu in J. Arnold Arbor. 30(3): 362. 1949.——*I. micrococca* Maxim. var. *polyneura* Hand.-Mazz., *I. polyneura* (Hand.-Mazz.) S. Y. Hu var. *glabra* S. Y. Hu（英 **Many-nerve Holly**）

落叶乔木，高 20 m。小枝无毛，具明显皮孔。叶片纸质或薄革质，长圆状椭圆形，稀卵状椭圆形，长 8-15 cm，宽 3.5-6.5 cm，先端长渐尖，基部圆形或钝，边缘具纤细而尖的锯齿，叶面无毛，背面被微柔毛，侧脉 11-12 对，细脉网状，两面明显；叶柄长 1.5-3 cm。花白色，6-7 基数；排成假伞形花序，单生于叶腋内，二级轴常不发育，若发育，较花梗短，总花梗长 6-9 mm，花梗长 2.5-4 mm，均被微柔毛。雄花花萼直径 2 mm；花瓣卵形，长 2 mm；雄蕊与花瓣等长或稍长。雌花花被同雄花；子房卵球形，直径约 2 mm，柱头盘状。果球形，直径 4 mm，宿存柱头盘状凸起；分核 6-7，椭圆形，长 2-2.5 mm，背部中线具 1 单狭沟，内果皮革质。花期 5-6 月，果期 10-11 月。

分布与生境　产于我国西南部地区。生于海拔 1000-2600 m 的山谷林中或灌木丛中。

药用部位　树皮。

功效应用　止痛。用于风火牙痛。

44. 落霜红　硬毛冬青（浙江植物志），猫秋子草、毛仔树（全国中草药汇编）

Ilex serrata Thunb. in Murray, Syst. Veg., ed. 14, 168. 1784.——*I. sieboldii* Miq., *I. subtilis* Miq.（英 **Serrate Holly**）

落叶灌木，高 1-3 m。顶芽、叶柄、叶两面沿脉及花序、萼片等均被长硬毛或近无毛。叶片膜质，椭圆形，稀卵状或倒卵状椭圆形，长 2-9 cm，宽 1-4 cm，先端渐尖，基部楔形，边缘密生尖锯齿，侧脉 6-8 对，及网脉两面明显；叶柄长 6-8 mm。雄花序为 2-3 回的二歧或三歧聚伞花序，单生于叶腋，总花梗长 3 mm，二级轴长 1.5 mm，花梗长 2-2.5 mm；雄花 4-5 基数；花萼盘状，直径 1.5-2 mm；花瓣长圆形；雄蕊短于花瓣。雌花序为 1-3 花的聚伞花序单生叶腋，稀簇生，总花梗近无或长 1.5 mm，花梗长 2-3 mm；雌花 4-6 基数；花萼同雄花；花瓣卵形；子房卵球形，直径 1.5 mm，柱头盘状。果球形，直径 5 mm，熟时红色，宿存柱头盘状，5 或 6 裂；分核 4 或 5，稀 6，阔椭圆形，长 2-2.5 mm，平滑，无条纹及沟，内果皮革质。花期 5 月，果期 10 月。

分布与生境　产于浙江、福建、江西、湖南及四川。生于海拔 500-1600 m 的山坡林缘、灌木丛中。也分布于日本。

药用部位　根皮、叶。

功效应用　清热解毒，凉血止血。用于烧伤，烫伤，创伤出血，疮疖溃疡，肺痈，走马牙疳。

化学成分　果实含花青素类：天竺葵素-3-*O*-木糖基葡萄糖苷(pelargonidin-3-*O*-xylosylglucoside)[1]。

落霜红 **Ilex serrata** Thunb.
肖溶　绘

化学成分参考文献

[1] Ishikura N. *Experientia*, 1971, 27(9): 1006.

45. 大果冬青　见水蓝、狗沾子（云南中药资源名录），绿豆青（中国种子植物分类学），臭樟树（云南晋宁），青皮械（四川）

Ilex macrocarpa Oliv. in Hooker's Icon. Pl. 18(4): t. 1787. 1888——*Celastrus salicifolius* H. Lév., *Diospyros bodinieri* H. Lév., *Ilex dubia* (G. Don) Britton et al. var. *hupehensis* Loes., *I. henryi* Loes., *I. macrocarpa* Oliv. var. *brevipedunculata* S. Y. Hu, *I. macrocarpa* Oliv. var. *trichophylla* Loes., *I. montana* Torr. et A. Gray var. *hupehensis* (Loes.) Fernald（英 **Largefruit Holly**）

45a. 大果冬青（模式变种）

Ilex macrocarpa Oliv. var. **macrocarpa**

落叶乔木，高 15 m。有长枝和短枝，长枝具明显皮孔，无毛。叶片纸质，卵形、卵状椭圆形，稀长圆状椭圆形，长 4-13 (-15) cm，宽 (3-) 4-6 cm，先端渐尖，基部圆形或钝，边缘具细锯齿，两面无毛或幼时疏被微柔毛，侧脉 8-10 对，及网脉两面明显；叶柄长 1-1.2 cm。雄花白色，5-6 基数；单花或由 2-5 花排成聚伞花序单生或簇生于长枝叶腋或短枝鳞片腋内，总花梗长 2-3 mm，花梗长 3-7 mm，均无毛；花萼裂片具缘毛；花瓣倒卵状长圆形；雄蕊与花瓣近等长。雌花单生于叶腋内、鳞片腋内，花梗长 6-18 mm，雌花 7-9 基数；子房圆锥状卵形，直径 3 mm，花柱明显，柱头圆柱形。果球形，直径 1-1.4 cm，熟时黑色，宿存柱头圆柱形；分核 7-9，长圆形，两侧扁，背部具 3 棱 2 沟，侧面具网状棱沟，内果皮石质。花期 4-5 月，果期 10-11 月。

大果冬青 Ilex macrocarpa Oliv. var. macrocarpa
引自《中国高等植物图鉴》

大果冬青 Ilex macrocarpa Oliv. var. macrocarpa
摄影：陈彬

分布与生境　产于我国西南、华南、华中、华东地区和陕西南部。生于海拔 400-2400 m 的山地林中。

药用部位　根。

功效应用　清热解毒，润肺止咳。用于肺热咳嗽，喉头肿痛，咯血，眼翳。

45b. 长梗冬青（变种）　长梗大果冬青（浙江植物志）

Ilex macrocarpa Oliv. var. **longipedunculata** S. Y. Hu, Icon. Pl. Omeiesium 2: t. 171. b. 1946.（英 **Longpeduncle Holly**）

　　本变种与模式变种的主要区别在于：小枝无毛，叶片卵形或卵状椭圆形，至少在近轴面沿中脉被

长梗冬青 **Ilex macrocarpa** Oliv. var. **longipedunculata** S. Y. Hu
摄影：南程慧

短柔毛，果梗长 1.4-3.3 cm，为叶柄长的 2 倍以上。

分布与生境　产于江苏、安徽、浙江、湖北、湖南、广西、四川、贵州和云南。生于海拔 600-2200 m 的山坡林中。

药用部位　根、果。

功效应用　用于遗精，月经过多，崩漏。

46. 秤星树　岗梅（中国药典 1977），梅叶冬青（广州植物志），假青梅（中国高等植物图鉴），灯花树（台湾植物志），秤星木（香港）

Ilex asprella (Hook. et Arn.) Champ. ex Benth. in Hooker's J. Bot. Kew Gard. Misc. 4: 329. 1852.——*Prinos asprellus* Hook. et Arn., *Ilex gracilipes* Merr., *I. merrillii* Briq., *I. axyphylla* Miq.（英 **Roughhaired Holly**）

落叶灌木，高 3 m。具长枝和短枝，长枝纤细，无毛，具皮孔。叶片膜质，卵形或卵状椭圆形，长 (3-) 4-6 cm，宽 (1.5-) 2-3.5 cm，先端尾状渐尖，基部钝至圆形，边缘具锯齿，上面及沿脉被微柔毛，侧脉 5-6 对，网脉两面明显；叶柄长 3-8 mm。花白色。雄花 4-5 基数；2-3 朵簇生或单生于叶腋或鳞片腋内；花萼直径 2.5-3 mm；花瓣近圆形，直径约 2 mm；雄蕊长约 2.5 mm；不育子房叶枕状，具喙。雌花 4-6 基数；单花生于叶腋或鳞片腋内，花梗长 2-2.5 cm，无毛；子房卵球形，直径约 1.5 mm，花柱明显，柱头厚盘状。果球形，直径 5-7 mm，熟时黑色，宿存柱头头状；分核 4-6，倒卵状椭圆形，长 5 mm，背部具 3 条纵脊和沟，侧面平滑，腹部龙骨突起锋利，内果皮骨质。花期 3 月，果期 4-10 月。

分布与生境　产于浙江、福建、台湾、江西、湖南、广东、广西和香港。生于海拔 400-1000 m 的山地疏林中或灌木丛中。也分布于菲律宾。

秤星树 **Ilex asprella** (Hook. et Arn.) Champ. ex Benth.
引自《中国高等植物图鉴》

秤星树 **Ilex asprella** (Hook. et Arn.) Champ. ex Benth.
摄影：徐克学 王祝年

药用部位　根、叶、全株。

功效应用　根：清热解毒，生津利咽，散瘀止痛。用于感冒发热口渴，咽喉肿痛，头痛，头晕，肺痈，内痔便血，外伤瘀血肿痛，刀伤，砒霜及野菌类中毒。又可防中暑。为凉茶重要原料。叶：发表清热，消肿解毒。用于感冒，跌打损伤，痈肿疔疮。全株：用于消化不良，口腔炎，肺热咳嗽，咽喉肿痛。

化学成分　根含三萜类：刺参苷F (monepaloside F)、28-*O*-β-D-吡喃葡萄糖基果渣酸▲(28-*O*-β-D-glucopyranosylpomolic acid)、3-*O*-β-D-吡喃木糖基-3β-羟基熊果-12,18(19)-二烯-28-酸-28-*O*-β-D-吡喃葡萄糖基酯[3-*O*-β-D-xylopyranosyl-3β-hydroxyurs-12,18(19)-dien-28-oic acid-28-*O*-β-D-glucopyranosyl ester][1]、19-去氢熊果酸(19-dehydroursolic acid)[1-2]、甜茶苷R₁(suavissimoside R₁)、熊果-12,18-二烯-28-酸-3-*O*-β-D-吡喃阿拉伯糖苷(ursa-12,18-dien-28-oic acid-3-*O*-β-D-arabinopyranoside)、3β-(α-L-吡喃阿拉伯糖氧基)-19α-羟基熊果-12-烯-28-酸-28-β-D-吡喃葡萄糖基苷[3β-(α-L-arabinopyranosyloxy)-19α-hydroxyurs-12-en-28-oic acid-28-β-D-glucopyranosyl ester]、齐墩果酸-3-*O*-β-D-吡喃葡萄糖醛酸苷(oleanolic acid-3-*O*-β-D-glucuronopyranoside)、3β-乙酰氧基-28-羟基熊果-12-烯(3β-acetoxy-28-hydroxyurs-12-ene)、2β,3α-二羟基熊果-12-烯-28-酯(2β,3α-dihydroxyurs-12-en-28-oate)[3]、19-羟基-28-氧代熊果-12-烯-3β-*O*-β-D-吡喃葡萄糖醛酸基丁酯(19-hydroxy-28-oxours-12-en-3β-*O*-β-D-glucopyranosiduronic acid butyl ester)[4]、梅叶冬青苷▲(ilexasoside) A、B、C、D、E、F、G、H[5]、梅叶冬青苷▲(asprellanoside) A、B[6]、C、D、E[7]、长圆果冬青苷(oblonganoside) B[1]、H、I[6]、冬青皂苷(ilexsaponin) A₁[6]、B[1]、B₂[6]、冬青苷元A (ilexgenin A)、地榆苷I(ziyuglycoside I)[6]、冬青苷(ilexoside) A[4]、B[1]、I[6]、XXIX[1]、梅叶冬青醇▲(asprellol) A、B、C、2,6β-二羟基-3-氧代-11α,12α-环氧-24-降熊果-1,4-二烯-28,13β-内酯(2,6β-dihydroxy-3-oxo-11α,12α-epoxy-24-norursa-1,4-dien-28,13β-olide)[8]、梅叶冬青诺苷▲(ilexasprellanoside) A、B、C、D、E、F[3]、H[9]、山黄皮酸▲B (randialic acid B)[1,9]、果渣酸▲(pomolic acid)[3,9]、28-降-19βH,20αH-熊果-12,17-二烯-3-醇(28-nor-19βH,20αH-ursa-12,17-dien-3-ol)、19-去氢熊果酸(19-dehydroursolic acid)[9]、熊果酸(ursolic acid)、3β-*O*-乙酰熊果醇(3β-*O*-acetyluvaol)[9-10]、3β-*O*-乙酰熊果酸(3β-*O*-acetylursolic acid)、齐墩果酸(oleanolic acid)、暹罗树脂酸▲(siaresinolic acid)、2,3,19-三羟基-熊果-12-烯-23,28-二酸(2,3,19-trihydroxy-urs-12-en-23,28-dioic acid)[10]、冬青醇酸(ilexolic acid)[1,11]、3-*O*-α-L-吡喃阿拉伯糖基果渣酸▲(3-*O*-α-L-arabinopyranosylpomolic acid)[11]；木脂素类：丁香树脂酚-*O*-β-D-吡喃葡萄糖苷(syringaresinol-*O*-β-D-glucopyranoside)、丁香树脂酚(syringaresinol)[2]、(+)-1-羟基松脂酚-1-*O*-β-D-吡喃葡萄糖苷[(+)-1-hydroxypinoresinol-1-*O*-β-D-glucopyranoside]、(+)-水曲柳脂酚-1-*O*-β-D-吡喃葡萄糖苷[(+)-fraxiresinol-1-*O*-β-D-glucopyranoside]、(7S,8R)-二氢去氢二松柏醇-9'-β-D-吡喃葡萄糖苷[(7S,8R)-

dihydrodehydrodiconiferyl alcohol-9'-β-D-glucopyranoside][6]；苯丙素类：咖啡酸(caffeic acid)[10]，松柏醛(coniferyl aldehyde)[11]；酚酸类：丁香酸(syringic acid)[3]，原儿茶酸(protocatechuic acid)[11]；甾体类：赪桐甾醇(clerosterol)，赪桐甾醇-3-O-β-D-葡萄糖苷(clerosterol-3-O-β-D-glucoside)[2,9]，3-O-(6'-O-棕榈酰基-β-D-葡萄糖基)-豆甾-5,25(27)-二烯[3-O-(6'-O-palmitoyl-β-D-glucosyl)-stigmasta-5,25(27)-diene]，3-O-[6'-O-硬脂酰基-β-D-葡萄糖基]-豆甾-5,25(27)-二烯[3-O-[6'-O-stearoyl-β-D-glucosyl]-stigmasta-5,25(27)-diene]，3-O-β-D-葡萄糖基豆甾-5,25(27)-二烯[3-O-β-D-glucosylstigmasta-5,25(27)-diene][3]，β-谷甾醇，β-胡萝卜苷[9–11]。

叶含黄酮类：山奈酚(kaempferol)[12]，山奈酚-3-O-β-D-吡喃葡萄糖苷(kaempferol-3-O-β-D-glucopyranoside)[12-13]，山奈酚-3,7-二-O-β-D-吡喃葡萄糖苷(kaempferol-3,7-di-O-β-D-glucopyranoside)，山奈酚-7-O-β-D-吡喃葡萄糖苷(kaempferol-7-O-β-D-glucopyranoside)，芦丁(rutin)[13]；三萜类：铁冬青二酸▲(rotundioic acid)，2α,3β,19α-三羟基熊果-12-烯-23,28-二羧酸(2α,3β,19α-3-trihydroxyurs-12-en-23,28-dicarboxylic acid)，2α,3β,19α-三羟基齐墩果-12-烯-23,28-二羧酸(2α,3β,19α-trihydroxy-olean-12-en-23,28-dicarboxylic acid)[12]，齐墩果酸[13]，梅叶冬青酸(asprellic acid) A、B、C[14]；其他类：2,3-二羟基苯甲酸(2,3-dihydroxybenzoic acid)，2(E)-2,6-二甲基-2,7-辛二烯-6-羟基-1-糖苷[2(E)-2,6-dimethyl-2,7-octadien-6-hydroxy-1-glycoside][12]，正三十酸，蔗糖[13]。

药理作用 抗炎作用：梅叶冬青干燥根及茎（岗梅）的水提取物对二甲苯致小鼠耳肿胀、角叉菜胶致大鼠足跖肿胀、大鼠棉球肉芽肿和醋酸致小鼠腹腔毛细血管通透性增高有抑制作用，其抗炎机制之一可能与减少炎症组织中 PGE_2 合成有关[11]。梅叶冬青根的甲醇提取物对二甲苯致小鼠耳肿胀、鸡蛋清致大鼠足跖肿胀、大鼠棉球肉芽肿和醋酸致小鼠毛细血管通透性增高有抑制作用[2]。梅叶冬青根的乙醇提取物对角叉菜胶致大鼠足跖肿胀和白细胞游走、大鼠棉球肉芽肿有抑制作用，对组胺引起的大鼠皮肤微血管通透性增加有对抗作用[3]。

抗心肌缺血和增加冠状动脉血流量作用：梅叶冬青水提取物对垂体后叶素致家兔急性心肌缺血 T 波改变有保护作用，对 ST 段偏移及节律紊乱亦有一定程度的减少作用，可增加豚鼠离体心脏冠状动脉血流量和心肌收缩力[4]。

抗细菌作用：体外实验表明，梅叶冬青对金黄色葡萄球菌、溶血性链球菌有抑制作用，对乙型溶血性链球菌有轻度抑制作用[4]。梅叶冬青根、茎对金黄色葡萄球菌、大肠埃希氏菌有杀灭作用，岗梅茎的杀菌能力略优于岗梅根[5]。

抗病毒作用：梅叶冬青水提取物在体外对流感病毒引起的细胞病变有抑制作用，对流感病毒所致的小鼠肺部炎症亦有抑制作用，并能降低流感病毒感染小鼠的死亡率和延长其存活时间[6]。

抗肿瘤作用：从梅叶冬青干燥叶的乙醇提取物中分离得到的 3 种三萜梅叶冬青酸 A、B、C，其中梅叶冬青酸 A 对 RPMI-7951 细胞系有较强的细胞毒性，梅叶冬青酸 B 对 RPMI-7951 细胞系的细胞毒性微弱，梅叶冬青酸 A 和 C 均显示对 KB 细胞系有细胞毒性[7]。

毒性及不良反应 梅叶冬青根的乙醇提取物肌内注射的小鼠 LD_{50} 为 20.3 g/kg[3]。梅叶冬青根的醇提物腹腔注射的小鼠 LD_{50} 为 37.79 mg/kg，属实际无毒级，临床日用量安全[8]。

注评 本种为中国药典（1977、2005 和 2010 年版附录）及广东（2004 年版）、湖南（2009 年版）收载"岗梅"的基源植物，药用其干燥根及茎。有的标准使用本种的中文异名岗梅、秤星树。本种的叶称"岗梅叶"，也可药用。本种的根在浙江和福建部分地区称"土白芍"，易与"白芍"相混，中国药典收载"白芍"的原植物为毛茛科植物芍药 Paeonia lactiflora Pall.，应注意鉴别。侗族、苗族、壮族、畲族也药用其根、根皮或全株，主要用途同功效应用项外，尚用于治肝炎、高血压。

化学成分参考文献

[1] 蔡艳，等．中草药，2010, 41(9): 1426-1429.

[2] 李敏华，等．中草药，1997, 28(8): 454-456.

[3] Lei Y, et al. *Chem Biodiversity*, 2014, 11(5): 767-775.

[4] 赵钟祥，等．中国天然药物，2013, 11(4): 415-418.

[5] Wang L, et al. *Carbohydr Res*, 2012, 349: 39-43.

[6] Zhou M, et al. *Planta Med*, 2012, 78(15): 1702-1705.

[7] Zhang ZX, et al. *J Asian Nat Prod Res*, 2013, 15(5): 453-458.

[8] Jiang K, et al. *Helv Chim Acta*, 2014, 97(1): 64-69.

[9] 黄锦茶，等. 中草药，2012, 43(8): 1475-1478.

[10] 何文江，等. 华西药学杂志，2012, 27(1): 51-53.

[11] 温金莲，等. 广东药学院学报，2011, 27(5): 468-470.

[12] 王海龙，等. 沈阳药科大学学报，2009, 26(4): 279-281.

[13] 白长财，等. 中国实验方剂学杂志，2011, 17(23): 89-91.

[14] Kashiwada Y, et al. *J Nat Prod*, 1993, 56(12): 2077-2082.

药理作用及毒性参考文献

[1] 朱伟群，等. 广东药学院学报，2007, 23(3): 304-306, 311.

[2] 罗雅劲，等. 贵州畜牧兽医，2010, 34(3): 1-2.

[3] 王宗锐. 湛江医学院报，1984, 2(1): 38-40.

[4] 广东省食品药品监督管理局. 广东省中药材标准（第

一册）. 2004: 111-113.

[5] 何少璋，等. 现代医院，2008, 8(5): 12-13.

[6] 朱伟群，等. 热带医学杂志，2007, 7(6): 555-557.

[7] Kashiwada Y, et al. *J Nat Prod*, 1993, 56(12): 2077-2082.

[8] 罗雅劲，等. 广东畜牧兽医科技，2010, 35(1): 37-39.

47. 满树星　百介树（广东、江西），白杆根、青心木（广西龙胜），山秤根（江西金南）

Ilex aculeolata Nakai in Bot. Mag. (Tokyo) 44: 13. 1930.——*I. rhamnifolia* Merr.（英 **Smallprickle Holly**）

　　落叶灌木，高 1–3 m。具长枝和短枝，长枝被长柔毛，具皮孔。叶片膜质或薄纸质，倒卵形，长 2–5 (–6) cm，宽 1–3 (–3.5) cm，先端急尖或短渐尖，稀钝，基部楔形，边缘具锯齿，两面被短柔毛，侧脉 4–5 对；叶柄长 5–11 mm，有毛。花白色，芳香，4–5 基数。雄花序为 1–3 花的聚伞花序单生于叶腋或短枝鳞片腋内，总花梗长 0.5–2 mm，花梗长 1.5–3 mm，无毛；花萼直径 2.5 mm；花瓣卵圆形，直径 3 mm，与花萼均具缘毛。雌花单生，花梗长 3–4 mm；花被同雄花；子房卵球形，柱头厚盘状，4 裂。果球形，直径 7 mm，熟时黑色，宿存柱头盘状，4 裂；分核 4，椭圆体形，长 6 mm，背部具深裂纹及网状条纹和沟，内果皮骨质。花期 4–5 月，果期 6–9 月。

分布与生境　产于浙江、福建、江西、湖北、湖南、广东、广西和贵州。生于海拔 100–1200 m 的疏林或灌丛中。

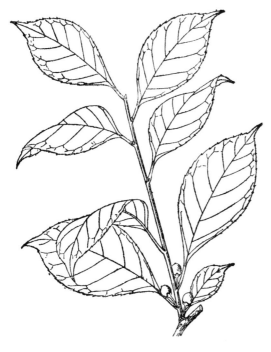

满树星 **Ilex aculeolata** Nakai
引自《中国高等植物图鉴》

满树星 **Ilex aculeolata** Nakai
摄影：梁同军

药用部位　根皮、叶。

功效应用　根皮：清热解毒，止咳化痰。用于感冒咳嗽，牙龈炎，水火烫伤，湿疹，毒疮。叶：用于牙龈炎，疮疡。

化学成分　叶含三萜皂苷类：满树星苷Ⅰ(aculeoside Ⅰ)[1-2]，地榆苷Ⅰ(ziyuglycoside Ⅰ)，$2\alpha,3\beta,19\alpha$-三羟基熊果-12-烯-24,28-二酸($2\alpha,3\beta,19\alpha$-trihydroxyurs-12-en-24,28-dioic acid)，甜茶苷R_1(suavissimoside R_1; suavissimoside F_1)，冬青苷XXX(ilexoside XXX)[2]。

注评　本种的根皮或叶称"满树星"，苗族药用，主要用途见功效应用项；瑶族用于痢疾，咽喉肿痛。

化学成分参考文献

[1] 欧阳明安. 波谱学杂志, 2003, 20(3): 245-250.

[2] Ouyang MA, et al. *Nat Prod Lett*, 2002, 16(2): 137-141.

48. 大柄冬青

Ilex macropoda Miq. in Ann. Mus. Bot. Lugduno-Batavi 3: 105. 1867.——*I. dubia* Brit. et al. var. *macropoda* (Miq.) Loes., *I. dubia* Brit. et al. var. *pseudomacropoda* Loes., *I. macropoda* Miq. f. *pseudomacropoda* (Loes.) H. Hara, *I. montana* Torr. et A. Gray var. *macropoda* (Miq.) Fernald, *I. monticola* A. Gray var. *macropoda* (Miq.) Rehder（英 **Largepetiole Holly**）

　　落叶乔木，高13 m。有长枝和短枝，长枝无毛，具显著皮孔。叶片纸质或膜质，卵形或阔椭圆形，长4–8 cm，宽2.5–4.5 cm，先端渐尖或急尖，基部楔形或钝，边缘具锐齿，两面无毛或沿脉有疏毛，侧脉6–8对；叶柄长1–2 cm。花5基数。雄花簇生于短枝上，每束2–5花，每分枝具单花，花梗长4–7 mm，被短柔毛；花萼盘状，直径2.5 mm，裂片啮蚀状，具缘毛；花瓣卵状长圆形，长2 mm；雄蕊短于花瓣。雌花单生于叶腋或簇生于短枝鳞片腋内，花梗长6–7 mm；花被同雄花；子房卵球形，柱头厚盘状。果球形，直径约5 mm，熟时红色，宿存柱头盘状；分核5，长圆形，长4–4.5 mm，背面具纵的网状棱和沟，内果皮骨质。花期5–6月，果期10–11月。

分布与生境　产于浙江、福建、江西、安徽、湖北和湖南。生于海拔760–1850 m的山地林中。也分布于日本。

药用部位　根、叶。

功效应用　清热解毒。用于水火烫伤。

化学成分　树枝含三萜类：白桦脂酸(betulinic acid)，白桦脂醇(betulin)，古柯二醇(erythrodiol)，羽扇豆醇(lupeol)，

大柄冬青 Ilex macropoda Miq.
引自《中国高等植物图鉴》

白桦脂酮(betulone)，11-氧代-古柯二醇(11-oxo-erythrodiol)[1]；其他类：4,5-二羟基异戊烯基咖啡酸酯(4,5-dihydroxyprenyl caffeate)，4-(6-O-咖啡酰基-β-D-吡喃葡萄糖氧基)-5-羟基异戊烯基咖啡酸酯[4-(6-O-caffeoyl-β-D-glucucopyranosyloxy)-5-hydroxyprenylcaffeate]，4-β-D-吡喃葡萄糖氧基-5-羟基异戊烯基咖啡酸酯(4-β-D-glucucopyranosyloxy-5-hydroxyprenylcaffeate)[2]。

　　树皮含三萜类：白桦脂醇(betulin)，乙酰熊果酸(acetyl ursolic acid)，冬青苷(ilexoside) ⅩⅦ、ⅩⅧ[3]；其他类：大柄冬青糖苷▲(aohada-glycoside) A、B、C，3,4,5-三甲氧基苯酚-β-D-5-O-咖啡酰呋喃芹糖基-(1→6)-β-D-吡喃葡萄糖苷[3,4,5-trimethoxyphenol-β-D-5-O-caffeoyl-apiofuranosyl-(1→6)-β-D-glucopyranoside][3]。

大柄冬青 **Ilex macropoda** Miq.
摄影：陈彬

叶含三萜类：铁冬青二酸▲(rotundioic acid)，熊果酸(ursolic acid)，冬青苷 II、XXX，地榆苷 I (ziyuglycoside I)[3]；黄酮类：芦丁(rutin)[3]。

木材含酚酸类：3,5- 二咖啡酰奎宁酸 (3,5-dicaffeoylquinic acid)，3,4- 二咖啡酰奎宁酸 (3,4-dicaffeoylquinic acid)[3]。

化学成分参考文献

[1] Kim DK, et al. *Arch Pharm Res*, 2002, 25(5): 617-620.

[2] Park HW, et al. *Nat Prod Sci*, 2005, 11(4): 193-195.

[3] Fuchino H, et al. *Chem Pharm Bull*, 1997, 45(9): 1533-1535.

49. 紫果冬青

Ilex tsoi Merr. et Chun in Sunyatsenia 1: 66. 1930 ["tsoii"].（英 **Purplefruit Holly**）

落叶灌木或小乔木，高达 8 m。有长枝和短枝，长枝具显著皮孔，无毛。叶片纸质，卵形或卵状椭圆形，长 5–10 cm，宽 3–5 cm，先端渐尖，基部圆形或钝，边缘具细齿，两面近无毛或沿脉有短柔毛，侧脉 8–10 对，网脉明显；叶柄长 6–10 mm。花 6 基数。雄花单花或 2–3 花簇生于当年生长枝叶腋内或短枝鳞片腋内，花梗长 3–4 mm，无毛；花萼直径 4 mm，裂片具缘毛；花瓣长圆形，长约 2 mm；雄蕊短于花瓣，退化子房垫状。雌花多单生于短枝鳞片腋内，稀叶腋内，花梗长 1–3 mm，无毛；花被同雄花；子房卵球形，直径 2 mm，柱头厚盘状凸起。果球形，紫黑色，直径 6–8 mm，宿存柱头厚盘状或头状；果梗长 1–3 mm；分核 6，长圆形，长 5 mm，背部具纵棱和沟，侧面具网状条纹和沟，内果皮骨质。花期 5–6 月，果期 6–8 月。

分布与生境 产于浙江、福建、江苏、江西、安徽、湖北、湖南、广东、广西、贵州和四川。生于海拔 300–2000 m 的

紫果冬青 Ilex tsoi Merr. et Chun
引自《中国高等植物图鉴》

紫果冬青 **Ilex tsoi** Merr. et Chun
摄影：陈世品

山地密林、疏林或灌木丛中以及溪旁、路边。

药用部位　根、叶。

功效应用　清热解毒。用于水火烫伤。

卫矛科 CELASTRACEAE

乔木或灌木，常绿或落叶，直立或藤本。单叶对生或互生，少为三叶轮生并类似互生。花两性或为功能性不育的单性花，杂性同株，少为异株；聚伞花序1至多次分枝；花4–5数，花部同数或心皮减数，花萼花冠分化显著并分离，极少相似或花冠退化，常具明显肥厚花盘，极少花盘不明显或近无，雄蕊着生于花盘之上或花盘之下，花药2室或1室，心皮2-5，合生，子房下部常陷入花盘与之合生，或仅基部与花盘相连，子房室与心皮同数，或退化成不完全室或1室，倒生胚珠，通常每室2-6，少数1，轴生、室顶垂生、少为基生。多为蒴果，亦有核果、翅果或浆果；种子多少被肉质具色假种皮包围，稀无假种皮，胚乳肉质丰富。

本科约60属，850种，主要分布在热带、亚热带和温暖地区，少数分布至寒温带。我国有12属201种，其中引进栽培有1属1种，其中9属81种2变种可药用。

本科药用植物主要含有生物碱、萜类化合物等。

分属检索表

1. 蒴果或具翅蒴果，胞背裂，少为胞间裂或半裂。
  2. 聚伞花序通常排成圆锥状或总状；花萼花冠明显异形二轮；花盘肥厚扁平或浅杯状；种子无柄或稀有短柄，种子被肉质假种皮，稀缺（假卫矛属）。
    3. 花部等数；花盘肥厚；心皮不减数；种子被具色肉质假种皮；叶对生。
      4. 花4–5数；花盘扁平，边缘不卷，不抱合子房；子房每室具2–12胚珠；蒴果开裂后果皮不卷曲，中央无明显宿存中轴；种子具不分枝种脊 ·· 1. 卫矛属 Euonymus
      4. 花4数；花盘常上卷抱合子房或近边缘上卷；子房每室1胚珠；蒴果开裂后，果皮常向内卷曲，中央有明显宿存中轴；种子具3–7分枝种脊 ·············· 2. 沟瓣属 Glyptopetalum
    3. 花部减数；花盘薄或近缺；心皮2-3；种子有假种皮，稀无；叶互生或对生。
      5. 叶互生，稀对生；花盘杯状；蒴果3裂或2裂，有或无宿存中轴；种子具假种皮。
        6. 叶互生；假种皮全包种子或仅包围基部，不向下延成翅状；花序1至多次二歧分枝成圆锥花序状。
          7. 子房3心皮，3室，稀1室，柱头3裂再2裂呈6裂状；蒴果开裂后留有宿存中轴；假种皮肉质红色，包围种子全部 ·· 3. 南蛇藤属 Celastrus
          7. 子房3心皮或2心皮，3室或2室，柱头2-3微裂；蒴果开裂后无宿存中轴；假种皮深黄色或白色，仅包围种子基部，极稀包围大部 ························· 4. 美登木属 Maytenus
        6. 叶对生；假种皮在种子下基部向下延伸成翅状；聚伞花序短小，3–4次二歧分枝，腋生 ·············
            ·· 5. 巧茶属 Catha
      5. 叶对生；花盘浅杯状和近缺；蒴果2裂，无宿存中轴；种子无假种皮 ········· 6. 假卫矛属 Microtropis
  2. 聚伞花序排成伞形；萼瓣近同形，紧密排列一轮状；花盘肥厚5深裂；裂片近直立；心皮3，不完全3室，种子1，无假种皮，种子下端有粗壮长柄 ······················· 7. 十齿花属 Dipentodon
1. 翅果或浆果，果实子房室数由于败育，一般较心皮数为少。花萼花冠异形或近同形；花盘明显或无；种子无假种皮或具极薄假种皮。
  8. 翅果；花萼花冠异形；花盘发达；种子无假种皮；全为藤本灌木 ········· 8. 雷公藤属 Tripterygium
  8. 浆果；花萼和花冠近同形；花盘较薄，扁平或杯状；种子具极薄假种皮；多为小乔木或灌木 ············
    ·· 9. 核子木属 Perrottetia

1. 卫矛属 Euonymus L.

常绿、半常绿或落叶灌木或小乔木，或倾斜、披散，稀藤状灌木。叶常对生，极少为互生或 3 叶轮生。聚伞圆锥花序；花较小，两性，花部 4-5，各轮等数；花盘发达，扁平肥厚，圆或方；雄蕊常着生于花盘上面；子房基部与花盘合生，但多与花盘界限明显，4-5 室，胚珠每室 2-12，轴生或室顶角垂生。蒴果近球形或倒锥形，胞间开裂，裂后果皮不卷曲。种子每室多为 1-2 个成熟，外被红色或黄色的肉质假种皮，包围种子的全部或一部分而呈杯状、盘状或盔状。

本属约有 220 种，分布于东西两半球的亚热带和温暖地区，仅少数种类北伸至寒温带。我国有 111 种 10 变种 4 变型，其中 46 种 2 变种可药用。

分种检索表

1. 蒴果无翅状延伸物；雄蕊花药 2 室，有花丝或无花丝；冬芽一般较圆阔而短，长多为 4-8 mm，少数达到 10 mm。
  2. 蒴果近球状，仅在心皮腹缝线处稍有凹入，果裂时果皮内层常突起成假轴；假种皮包围种子全部；小枝外皮常有细密瘤点。
    3. 果皮平滑无刺突；冬芽较粗大，长可达 10 mm，直径可达 6 mm。
      4. 叶柄长 1-2 mm 或近无柄，叶片窄椭圆形或长方窄椭圆形，稀披针形，长 5-17 cm，宽 2.5-5 cm，边缘具疏浅锯齿 ·············· 1. 滇西卫矛 E. paravagans
      4. 叶具 3-25 mm 长的叶柄。
        5. 茎枝具随生根（气生根）。
          6. 侧脉在叶片两面明显隆起；聚伞花序多花。
            7. 花紫棕色或外面棕色内面白色；雄蕊无花丝；叶片近基部侧脉呈三出脉状；叶柄长 8-14 mm ·············· 2. 英蒾卫矛 E. viburnoides
            7. 花白绿或黄绿色；雄蕊有花丝；叶片近基部侧脉不呈三出脉状。
              8. 叶柄长 6-12 mm；花白色或黄白色；花丝长 1 mm；小花梗长 8-10 mm ·············· 3. 游藤卫矛 E. vagans
              8. 叶柄长 3-8 mm；花黄绿色或白绿色；花丝长 1-3 mm；小花梗长 5-8 mm。
                9. 花白绿色，直径 6 mm；花序梗长达 3 cm，第一次分枝长达 5-10 mm；果皮光滑无细点；常绿藤本灌木 ·············· 4. 扶芳藤 E. fortunei
                9. 花黄绿色，直径 7-8 mm；花序梗长 1.5-2.5 cm，第一次分枝平叉开，长 1-1.5 cm；果皮有深色细点；半常绿灌木 ·············· 5. 胶州卫矛 E. kiautschovicus
           6. 侧脉在叶片两面不明显隆起；叶柄长 6-12 mm；聚伞花序具 1-3 花 ·············· 6. 常春卫矛 E. hederaceus
        5. 茎枝无随生根（气生根）。
          10. 叶边缘全缘或近全缘。
            11. 叶柄长 5-8 mm；花带紫色，无花柱；蒴果圆球形，直径 7-8 mm ·······7. 南川卫矛 E. bockii
            11. 叶柄长 3-5 mm；花淡黄色或黄色，花柱长 1 mm；蒴果球形，直径达 15 mm ·············· 8. 曲脉卫矛 E. venosus
          10. 叶边缘具粗圆锯齿或浅细钝齿及锯齿。
            12. 叶柄长 5-10 mm。
              13. 叶片倒卵状或椭圆形，较小，长 3-5 cm，宽 2-3 cm；聚伞花序 2-3 次分枝，花序梗扁粗，长 2-5 cm；花白绿色；花丝长 2-4 mm ·············· 9. 冬青卫矛 E. japonicus

13. 叶片窄长方形、窄长卵形、披针形和椭圆披针形，长 5–10 cm，宽 1.5–5 cm；聚伞花梗 3–4 次分枝，花序梗方形有棱，长达 6 cm；花淡黄色；花丝长 1–2 mm ························· ·· 10. 腾冲卫矛 **E. tengyuehensis**

12. 叶柄长 2–5 mm，叶片窄卵形、窄椭圆卵形，长 3–8 cm，宽 1.5–3 cm；花白色 ························· ·· 11. 金佛山卫矛 **E. jinfoshanensis**

3. 果皮外被刺突；冬芽较细小，长达 6 mm，直径 3–4 mm。

14. 叶片通常较大，长多在 10 cm 以上，宽多达 4–5 cm 以上。

15. 花序疏长，1–2 次分枝，少花，7–15 花；雄蕊无花丝，着生垫状突起的花盘上；果直径 1–2 cm（连刺在内），刺长 3–5 mm；小枝黄绿色，干时黄色 ·················· 12. 软刺卫矛 **E. aculeatus**

15. 花序宽大，常 3–5 次分枝，间有 2 次分枝；多花；雄蕊有或无花丝。

16. 叶柄长在 1 cm 以上。

17. 叶片较宽，长方椭圆形或窄卵形，革质，叶面平滑，网脉不显著；果刺长 1–5 mm；植株干后灰棕色 ···································· 13. 刺果卫矛 **E. acanthocarpus**

17. 叶片窄长、披针形、阔披针形、稀窄长卵形，厚革质或薄革质；叶面常有下凹脉网；果刺长 5–8 mm；植株干后灰绿色 ································ 14. 长刺卫矛 **E. wilsonii**

16. 叶柄较短，长在 1 cm 以下，叶片长方卵形或长方窄卵形，长 7–10 cm，宽 2–5 cm，叶缘上半部有锯齿，下半部全缘；雄蕊花丝短锥状；花序 4–5 次分枝；蒴果刺粗大，扁宽，长 6–9 mm，基部宽 2.5 mm ···································· 15. 紫刺卫矛 **E. angustatus**

14. 叶片通常较小，长在 10 cm 以下，宽在 4 cm 以下。

18. 蒴果被密刺。

19. 叶基本无柄，少有长达 2–5 mm 的叶柄 ·················· 16. 无柄卫矛 **E. subsessilis**

19. 叶有明显叶柄，柄长 2–8 mm，叶纸质，侧脉纤细，在叶背面不明显；花淡绿色；中央小花梗与两侧等长；直立灌木，无不定根 ·················· 17. 棘刺卫矛 **E. echinatus**

18. 蒴果被疏刺至无刺；花序较大，具 3–7 花；花淡紫色，花梗长 3–5 mm ·····18. 隐刺卫矛 **E. chui**

2. 蒴果呈现浅裂至深裂状；果裂时果皮内外层一般不分离，果内无假轴；假种皮包围种子全部或一部，小枝外面一般平滑无瘤突。

20. 蒴果上端呈浅裂至半裂状；假种皮包围种子全部，少为仅包围部分呈杯状或盔状。

21. 胚珠每室 4–12。

22. 雄蕊有明显花丝，长 1–3 mm。

23. 叶对生；花 4 数或 5 数；花瓣中部有褶或具色脉纹；花丝基部扩大；花盘平坦无垫状突起；蒴果近球形，有 4–5 棱，浅裂不明显。

24. 花 4 数；花瓣中央多少有皱褶。

25. 叶片窄长方形或窄倒卵形，先端圆形或急尖；叶柄长达 1 cm ··············· ·· 19. 大花卫矛 **E. grandiflorus**

25. 叶片长方椭圆形、阔椭圆形、窄长方形或长方倒卵形；叶柄长达 2.5 cm ··············· ·· 20. 肉花卫矛 **E. carnosus**

24. 花 5 数；花瓣无皱褶，有具色的脉纹 ················ 21. 染用卫矛 **E. tingens**

23. 叶常 3 叶轮生或近对生；花 5 数，花瓣无褶亦无色脉纹；花盘 5 角形，有膨大垫状突起；雄蕊花丝基部扩大与垫状突起相连；蒴果长倒圆锥状，裂顶明显。

26. 叶厚革质，窄长倒卵形、窄椭圆形、椭圆形或倒卵形，长 2.5–5 cm，宽 1–2 cm ·· 22. 云南卫矛 **E. yunnanensis**

26. 叶革质，长线形或椭圆状线形，长 4.5–8 cm，宽 0.3–0.6 cm ·····23. 线叶卫矛 **E. linearifolius**

22. 雄蕊无花丝或极短花丝。

27. 灌木或小乔木，通常常绿；叶较大，革质或薄革质，长达 10 cm；叶柄较长，长 5–12 mm；
　　花淡黄绿色；种子被全部假种皮包围。

　　28. 花序长而宽大；花直径 8–10 mm；小花梗长约 7 mm；蒴果大，长 1–1.5 cm ··················
　　·· **24. 大果卫矛 E. myrianthus**

　　28. 花序较小，花直径 5–7 mm；小花梗长 2–3 mm；蒴果小，长 1 cm 以下 ···················
　　·· **25. 矩叶卫矛 E. oblongifolius**

27. 小灌木；落叶或半常绿；叶较小，通常 2–4 cm，少更长；叶柄短或近无柄；假种皮只包围种
　　子下半部。

　　29. 叶互生或 3 叶轮生、稀对生，线形或线状披针形，花绿色带紫，枝条无栓翅 ·················
　　·· **26. 矮卫矛 E. nanus**

　　29. 叶对生，卵形、窄卵形、窄倒卵形或卵状披针形，花深紫色或紫棕色，枝条常有栓翅。

　　　　30. 叶片较长大，长达 6.5 cm，花紫色，蒴果倒心状，基部窄缩成短柄状，假种皮包围种子
　　　　大部，在近顶端一侧开裂 ·· **27. 中亚卫矛 E. semenovii**

　　　　30. 叶片较小，长达 4 cm，花深紫色，蒴果近球状或倒锥状，顶端 4 浅裂，假种皮包围种
　　　　子基部至中部 ··· **28. 八宝茶 E. przewalskii**

21. 胚珠每室 2。

　31. 雄蕊具明显花丝，长 1–3 mm，花 4 数，种子全部被假种皮包围。

　　32. 茎枝通常无栓翅。

　　　33. 落叶小乔木。

　　　　34. 叶片卵状椭圆形、卵圆形或窄椭圆形，长 4–8 cm，宽 2–5 cm；叶柄长 15–35 mm；蒴果
　　　　长不超过 1 cm ··· **29. 白杜 E. maackii**

　　　　34. 叶片长方椭圆形、卵状椭圆形或椭圆状披针形，长 7–12 cm，宽 7 cm；叶柄长达 50 mm；
　　　　蒴果长 1–1.5 cm ·· **30. 西南卫矛 E. hamiltonianus**

　　　33. 灌木，高 2–6 m；叶阔倒卵形、卵形或椭圆形，长 4–7 cm，宽 2.5–4 cm；叶柄长 8–20 mm
　　　·· **31. 小果卫矛 E. microcarpus**

　　32. 茎枝有 4 条纵向栓翅，宽可达 6 mm；叶片椭圆形或椭圆状倒披针形，长达 11 m，宽达
　　　4 cm；花序较疏散；花序梗长 10–15 mm ·································· **32. 栓翅卫矛 E. phellomanus**

31. 雄蕊无花丝或具极短花丝。

　35. 花 4 数；花紫红色；小枝密被瘤突。

　　36. 聚伞花序 1–3 花；小聚伞花序小花梗不等长；叶倒卵形或长方倒卵形；叶柄短，近无柄 ···
　　·· **33a. 少花瘤枝卫矛 E. verrucosus** var. **pauciflorus**

　　36. 聚伞花序多花可达 7 朵；小聚伞花序小花梗近等长；叶椭圆形或卵形；叶柄长多为 3–5 mm
　　·· **33b. 中华瘤枝卫矛 E. verrucosus** var. **chinensis**

　35. 花 5 数。

　　37. 叶柄长 10–25 mm；花白色；花瓣边缘具流苏状齿 ···················· **34. 木果卫矛 E. xylocarpus**

　　37. 叶柄长 3–5 mm；花紫色，花瓣边缘不具流苏状齿，萼片边缘具紫色睫毛 ···················
　　·· **35. 疏花卫矛 E. laxiflorus**

20. 蒴果全体呈深裂状，仅基部连合；假种皮包围种子全部或仅一部，呈盔状或舟状。

　38. 落叶或半常绿灌木。

　　39. 雄蕊有明显花丝，长约 1 mm；聚伞花序 1–3 花；花序梗长约 10 mm；叶卵状椭圆形、窄长椭
　　圆形，偶为倒卵形，长 2–8 cm；茎枝上有 4 条宽扁木栓翅 ··················· **36. 卫矛 E. alatus**

　　39. 雄蕊无花丝或有极短花丝，长 1 mm 以下；聚伞花序 3–7 花；花序梗长达 15 mm；叶披针形，
　　长 6–18 cm ··· **37. 鸦椿卫矛 E. euscaphis**

38. 常绿藤本。

   40. 叶柄较长，长 6 mm 以上。

      41. 花直径 6–7 mm；叶片窄长椭圆形或长倒卵形，近全缘，少有疏浅锯齿；花序梗长达 15 mm·
·· 38. **裂果卫矛 E. dielsianus**

      41. 花大，直径 14–20 mm；叶厚革质，倒卵形、窄倒卵形或近椭圆形。叶缘全部具齿；花序梗
长 10–20 mm ··· 39. **革叶卫矛 E. leclerei**

   40. 叶无柄或具 5 mm 以下的短柄；叶窄长椭圆形或近长倒卵形；叶缘具有密而深的尖锯齿，齿端
常具黑色腺点 ··· 40. **百齿卫矛 E. centidens**

1. 蒴果心皮背部向外延伸成翅状，极少无明显翅，仅呈肋状；花药 1 室，无花丝；冬芽一般细长尖锐，长多
为 1 cm 左右。

  42. 常绿灌木；冬芽稍窄小；叶片薄革质，线状披针形或披针形，先端长渐尖或尾状渐尖；花梗长 12–18 mm；
果翅长 5–10 mm ··· 41. **角翅卫矛 E. cornutus**

  42. 落叶灌木；冬芽显著长大。

    43. 蒴果无明显果翅；仅中肋突起；果序梗细长下垂；花 5 数，淡绿色 ········ 42. **垂丝卫矛 E. oxyphyllus**

    43. 蒴果有明显果翅；果序枝不下垂；花 4 数。

      44. 花深紫色或紫绿色。

        45. 叶片卵形、长卵形或阔椭圆形，长 3–7 cm，宽 1.5–3.5 cm；叶柄长 3–7 mm；花深紫色；果翅
长 5–10 mm ··· 43. **紫花卫矛 E. porphyreus**

        45. 叶片椭圆形、长方倒卵形，长 6–15 cm，宽 2–6 cm；叶柄长 6–10 mm；花紫绿色；果翅长
2–3 mm ··· 44. **冷地卫矛 E. frigidus**

      44. 花白绿色、黄绿色或黄色。

        46. 叶缘锯齿齿端成纤毛状；匍匐状灌木 ················ 45. **纤齿卫矛 E. giraldii**

        46. 叶缘锯齿不为纤毛状；直立灌木。

          47. 叶片披针形或窄长卵形，长 4–7 cm，宽 1.5–2 cm；果序梗细长，下垂，长达 10 cm；果翅长
8–12 mm ··· 46. **陕西卫矛 E. schensianus**

          47. 叶多为长方椭圆形或卵状椭圆形，基部平截或阔楔形，长 4–9 cm，宽 2.5–4.5 cm；果序梗不
下垂；果翅略呈三角形，长 4–6 mm ················ 47. **石枣子 E. sanguineus**

    本属药用植物主要含三萜类成分，如灯油藤二醇▲(paniculatadiol)，古柯二醇 (erythrodiol)，羽
扇豆 -20- 烯 -3β- 醇，羽扇豆 -20- 烯 -3- 酮；倍半萜类成分如 β- 二氢沉香呋喃 (dihydro-β-agarofuran，
1)；生物碱类成分，如卫矛羰碱 (evonine，**2**)，1- 脱乙酰 -1- 苯甲酰卫矛羰碱 (**3**)，乌木叶美登木碱▲
E-IV(ebenifoline E-IV，**4**)，美登木因▲(mayteine，**5**)；香豆素类成分如卫矛二醇▲(euonidiol，**6**)，卫矛
尼苷▲(euoniside，**7**)。**5** 是卫矛属的主要活性物质，具有抗肿瘤、杀虫作用等。

1

2: R=Ac
3: R=Bz

4: R=H
5: R=OH

6

7

本属植物卫矛所含黄酮类成分是治疗心绞痛和肺心病的有效成分。卫矛属植物中的倍半萜、苷类及生物碱具有抗病毒作用。随着近年来的研究深入，逐渐发现卫矛属植物的抗肿瘤活性主要集中在卫矛的正丁醇部位以及同属其他植物中的萜类、咖啡酸成分。抗炎活性有效成分主要集中在三萜类成分，研究发现其具有降血糖、调节血脂、延缓动脉粥样硬化、抑菌、抗炎及抗氧化作用等。

1. 滇西卫矛（植物研究）

Euonymus paravagans Z. M. Gu et C. Y. Cheng in Bull. Bot. Res., Harbin 11(3): 19-21. 1991.（英 **Dianxi Spindle-tree**）

藤本灌木。枝上常有随生根。幼枝平滑，无疣突。叶对生，纸质，窄椭圆形或长方窄椭圆形，稀披针形，长 5-17 cm，宽 2.5-5 cm，先端短渐尖或渐尖，基部楔形至阔楔形，边缘具疏浅锯齿，侧脉 4-6 对，在两面均突起，网脉纤细，较明显；叶柄极短，长在 2 mm 以下。聚伞花序较小，2-4 回分枝；总花梗长 1-2.2 cm；小花梗长 2-3 mm，中央花梗稍长，可达 5 mm；花 4 数，白色，直径 6-7.5 mm；萼片扁圆形，边缘常有细密纤齿；花瓣近圆形，有短爪，直径 3 mm；花盘近方形；雄蕊着生花盘边缘，花丝短，锥状，长 1 mm 以下；子房扁圆，下半部与肥厚花盘合生，花柱短，柱头小。蒴果扁球形，直径约 1.3 cm，干时紫褐色，疏被黄棕色细小斑块；种子具全包假种皮。

分布与生境 产于云南西部（腾冲）。生于海拔约 2000 m 的树林中。

药用部位 茎皮。

功效应用 在云南腾冲等地作杜仲代用品。用于风湿性关节痛，腰膝酸软。

2. 英蒾卫矛（中国高等植物图鉴）

Euonymus viburnoides Prain in J. Asiat. Soc. Bengal, Pt. 2, Nat. Hist. 73(2): 194. 1904.（英 **Viburnum-like Spindle-tree**）

灌木，通常藤本状，高达 3 m。枝上有多枝随生根，有时有栓皮棱或疣点。叶卵形或窄长卵形，长 4-10 cm，宽 2-4.5 cm，先端急尖或钝，少为短渐尖，基部多为圆形，边缘有明显锯齿或重锯齿，叶脉在基部常略呈三出状，侧脉在近边缘处结网；叶柄长 8-14 mm。聚伞花序长而多花疏生，聚生新枝基部，总花梗长 2-4 cm，顶端三出分枝，分枝稍短，中央花具短梗，两侧 1-2 回分枝，分枝远较中央花梗为长；花紫棕色或外棕内白，直径 4-8 mm，4 数；花盘 4 浅裂，裂片中央有肥厚的突起，雄蕊着生在突起上，约在距子房和边缘中间处，无花丝；子房深陷花盘中，无花柱，柱头盘状。蒴果黄色，近球形，直径 1-1.2 cm，有 4 条细棱；总果梗细长，长 2.5-4 cm；小果梗长 1-1.2 cm。种子紫褐色，橙色条状的假种皮包围背部。

分布与生境 产于广西、云南及四川西南部。生于海拔 1000-2900 m 的山地林中或溪边、沟内。分布于喜马拉雅山区。

药用部位 全株。

功效应用 祛风除湿。用于风湿疼痛。

英蒾卫矛 Euonymus viburnoides Prain
引自《中国高等植物图鉴》

3. 游藤卫矛（全国中草药汇编） 石宝茶藤（西藏植物志），金丝杜仲（云南），银丝杜仲（云南），棉杜仲（云南），白皮（贵州），牛千金（贵州）

Euonymus vagans Wall. in Fl. Ind., ed. 1820 2: 412. 1824.（英 **Vagrant Spindle-tree**）

藤本，高 1.5–3 m。小枝灰绿色，具棱。叶薄革质，长方椭圆形、椭圆披针形或偶为窄卵披针形，长 5–12 cm，宽 2.5–5 cm，偶有更大或更小，先端急尖或钝，偶有短渐尖，基部楔形或阔楔形，边缘有不明显疏浅锯齿，侧脉 6–7 对；叶柄长 6–12 mm。聚伞花序腋生，2–3 回分枝；总花梗长 1.2–2.5 cm，中央小花梗细长，长 8–10 mm，常与第一次分枝长短相近，小聚伞 3 花疏生，小花梗近等长；花白色或黄白色，直径约 5 mm；花萼 4 浅裂；花瓣倒卵圆形；雄蕊具花丝，长约 1 mm，基部稍宽，着生花盘边缘上；花盘近方形；子房与花盘合生，花柱短而明显。蒴果近圆球形，平滑，直径 7–8 mm。种子深褐色，种脊色浅，长达种子 2/3。

分布与生境 产于云南、西藏。生于山地沟谷丛林中。分布于尼泊尔、印度。

药用部位 茎皮。

功效应用 止血，生肌。用于刀伤。

游藤卫矛 Euonymus vagans Wall.
张培英 绘

游藤卫矛 Euonymus vagans Wall.
摄影：刘全儒

4. 扶芳藤（中国高等植物图鉴） 爬行卫矛（广西），白墙络、白对叶肾、土杜仲（浙江），小藤仲（云南），换骨藤（云南），惊风草（云南），软筋藤（贵州），滂藤（本草纲目拾遗）

Euonymus fortunei (Turcz.) Hand.-Mazz., Symb. Sin. 7(3): 660.1933.（英 **Fortune Spindle-tree**）

常绿灌木，匍匐或攀援，高 1 至数米。茎枝上常有随生根，并密集小瘤状突起。叶对生，薄革质，椭圆形、长方椭圆形或长倒卵形，长 2.5–9 cm，宽 1.5–4 cm，先端钝或急尖，基部宽楔形，边缘齿浅不明显；叶柄长 3–10 mm。聚伞花序 3–4 次分枝；总花序梗长 1.5–3 cm，第一次分枝花梗长

5–10 mm，第二次分枝梗长 5 mm 以下，最终小聚伞花序密集，有花 4–7 朵，分枝中央有单花；花 4 数，白绿色，直径约 6 mm；花盘方形，直径约 2.5 mm；花萼裂片半圆形；花瓣近圆形；雄蕊花丝细长；子房三角锥形，四棱，粗壮明显，花柱长约 1 mm。蒴果球状，直径 0.6–1.2 cm，粉红色，果皮光滑。种子长方椭圆形，棕褐色，假种皮鲜红色，全包种子。花期 6 月，果期 10 月。

分布与生境 产于江苏、浙江、安徽、福建、江西、河南、湖南、湖北、四川、云南、广东、广西、贵州、山西南部、陕西西部。生于海拔 300–2000 m 的山坡丛林、岩石缝中或林缘。

药用部位 茎、叶。

功效应用 补肾强筋，安胎，止血，消瘀。用于腰肌劳损，风湿痹痛，咯血，慢性腹泻，血崩，月经不调，跌打损伤，骨折，创伤出血。

化学成分 根皮含倍半萜类：疣点卫矛碱▲B (euoverrine B)[1]。

藤茎含生物碱类：3-吡啶甲酸(3-pyridine carboxylic acid)[2]；酚、酚酸类：丁香酸(syringic acid)，没食子酸(galic acid)，原儿茶酸(protocatechuic acid)[2]；木脂素类：

扶芳藤 **Euonymus fortunei** (Turcz.) Hand.-Mazz.
引自《中国高等植物图鉴》

扶芳藤 **Euonymus fortunei** (Turcz.) Hand.-Mazz.
摄影：朱鑫鑫 王祝年

丁香树脂酚(syringaresinol)[2]。

茎叶含木脂素类：刺苞木脂素A (flagelignanin A)，丁香树脂酚[3]；三萜类：3-O-咖啡酰羽扇豆醇(3-O-caffeoyllupeol)，3-O-咖啡酰白桦脂醇(3-O-caffeoylbetulin)[3]，3,4-裂环无羁萜-3-酸(3,4-seco-friedelan-3-oic acid)，无羁萜(friedelin)，3-表无羁萜醇(3-epifriedelinol)，异乔木山小橘醇▲(isoarborinol)[4]；酚类：1,4-二羟基-2-甲氧基苯(1,4-dihydroxy-2-methylphenyl ether)[3]；黄酮类：

3',4',5,7-四羟基黄烷酮，表儿茶素(epicatechin)，儿茶素(catechin)，没食子酰儿茶素(galloylcatechin)，7-O-α-L-吡喃鼠李糖基山奈酚(7-O-α-L-rhamnopyranosylkaempferol)[5]；甾体类：豆甾-3β,5α,6β-三醇(stigmastane-3β,5α,6β-triol)，β-谷甾醇[4]，胡萝卜苷[3-4]。

种子含倍半萜类：1α,2α,6β,9α,15-五乙酰基-8α-苯基-二氢沉香呋喃-6-酯(1α,2α,6β,9α,15-pentaacetyl-8α-benzyl-dihydroagarofuran-6-ester)[6]；胡萝卜素类：原番茄烯(prolycopene)，原-γ-胡萝卜素(pro-γ-carotene)[7]。生物碱类：扶芳藤碱(fortuneine) A、B、C，雷公藤宁碱E (wilfornine E)，尖叶美登木宁碱E-I (aquifoliunine E-I)，疣点卫矛碱▲B (euoverrine B)，冬青卫矛碱I (euojaponine I)[8]；三萜类：3-表无羁萜醇(3-epifriedelanol)[9]，无羁萜[9-10]；黄酮类：山奈酚-3-O-β-D-吡喃葡萄糖基-7-O-α-L-吡喃鼠李糖苷(kaempferol-3-O-β-D-glucopyranosyl-7-O-α-L-rhamnopyranoside)，山奈酚-7-O-α-L-吡喃鼠李糖苷(kaempferol-7-O-α-L-rhamnopyranoside)，3,7-二[(β-D-吡喃葡萄糖基-(1 → 4)-α-L-吡喃甘露糖基)氧基]-4',5-二羟基黄酮{3,7-bis[(β-D-glucopyranosyl-(1 → 4)-α-L-mannopyranosyl)oxy]-4',5-dihydroxyflavone}，川藿苷A (sutchuenoside A)[10]，山奈酚-3,7-O-α-L-二吡喃鼠李糖苷(kaempferol-3,7-O-α-L-dirhamnopyranoside)，芹菜苷元-7-O-β-D-吡喃葡萄糖苷(apigenin-7-O-β-D-glucopyranoside)[10-11]，山奈酚-3-O-β-D-吡喃葡萄糖基-(1 → 4)-α-L-吡喃鼠李糖基-7-O-β-D-吡喃葡萄糖基-(1 → 4)-α-L-吡喃鼠李糖苷[kaempferol-3-O-β-D-glucopyranosyl-(1 → 4)-α-L-rhamnopyranosyl-7-O-β-D-glucopyranosyl-(1 → 4)-α-L-rhamnopyranoside]，山奈酚-3-(4"-O-乙酰基)-O-α-L-吡喃鼠李糖苷-7-O-α-L-吡喃鼠李糖苷[kaempferol-3-(4"-O-acetyl)-O-α-L-rhamnopyranoside-7-O-α-L-rhamnopyranoside][11]，酰胺类：乙酰胺(acetamide)[10]；苯丙素类：丁香苷(syringin)[10]；甾体类：β-谷甾醇[9]；脂肪烃、醇类：正三十三烷(1-tritriacontane)，卫矛醇(dulcitol; galactitol)，三十二醇(dotriacontanol)[9]。

地上部分含倍半萜生物碱类：扶芳藤碱(fortuneine) A、B、C，雷公藤宁碱E，尖叶美登木宁碱E-I，疣点卫矛碱▲B，冬青卫矛碱I[12]。

全草含多糖[13]。

药理作用 镇痛作用：扶芳藤水提液、醇提液可提高小鼠热板致痛的痛阈[1]。

调节免疫作用：扶芳藤水提液、醇提液能使小鼠胸腺和脾重量增加[1]。

改善微循环和抗血栓作用：扶芳藤水煎醇沉液可改善去甲肾上腺素致肠系膜微循环障碍，并可扩张耳郭微血管，另可延长小鼠心肌缺氧的存活时间，抑制血栓形成[2]。

抗脑缺血作用：扶芳藤提取物对大鼠急性脑缺血再灌注损伤有拮抗作用，机制可能与下调缺血脑组织中 c-fos 表达有关[3]，也可能与其抑制脑组织与血清中 IL-6 的过度表达有关[4]。

止血作用：扶芳藤水煎液能抑制家兔血栓形成、延长凝血酶原时间、缩短小鼠凝血时间和出血时间[5]。扶芳藤水提液、醇提液亦能使小鼠凝血时间和出血时间缩短[1]。

毒性及不良反应 毒性甚微[1-2]。扶芳藤水提液给小鼠灌胃（相当于成人日用量的 200 倍，成人量为每日 30 g 生药 /kg），连续观察 7 天，未见小鼠死亡。扶芳藤浸膏给小鼠灌胃，最大给药剂量为 141.52 g 生药 /kg。对小鼠自主活动，猫的呼吸及血压、心电均无明显影响[6]。

注评 本种为广西（1996 年版）、浙江（2000 年版）中药材标准、中国药典（2005 和 2010 年版附录）收载的"扶芳藤"的基源植物之一，药用其干燥地上部分；系地方习用药。广西标准使用本种的中文异名爬行卫矛。同属植物冬青卫矛 Euonymus japonicus Thunb.、无柄卫矛 Euonymus subsessilis Sprague 亦为基源植物，与本种同等药用。其茎枝曾在江苏淮阴充"络石藤"药用，应注意区别。侗族、瑶族、哈尼族、佤族、畲族、壮族也药用，主要用途见功效应用项。傈僳族药用其全株治伤暑，发热头重，胸闷腹胀痛，湿邪内蕴，脘痞不饥，口干苔腻；壮族尚用于肝炎，抗衰老。

化学成分参考文献

[1] Zhu JB, et al. *Phytochemistry*, 2002, 61(6): 699-704.　　29(1): 51-53.

[2] 廖矛川，等 . 中南民族大学学报（自然科学版），2010,　　[3] 瞿发林，等 . 南京军医学院学报，2001, 23(4): 221-226.

[4] Katakawa J, et al. *Nat Med*, 2000, 54(1): 18-21.

[5] 瞿发林，等 . 西南国防医药，2002, 12(4): 349-351.

[6] 袁晓，等 . 天然产物研究与开发，1994, 8(2): 37-42.

[7] Zechmeister L, et al. *J Biol Chem*, 1942, 144: 321-323.

[8] Yang YD, et al. *Helv Chim Acta*, 2011, 94(6): 1139-1145.

[9] 唐人九，等 . 华西药学杂志，1989, 4(2): 76-78.

[10] Ouyang XL, et al. *Chem Nat Compd*, 2013, 49(3): 428-431.

[11] Ouyang XL, et al. *Acta Chromatogr*, 2012, 24(2): 301-316.

[12] Yang YD, et al. *Helv Chim Acta*, 2011, 94(6): 1139-1145.

[13] 赖红芳，等 . 中药材，2009, 32(2): 287-290.

药理作用及毒性参考文献

[1] 朱红梅，等 . 中国中医药科技，2000, 7(3): 170.

[2] 谢金鲜，等 . 广西中医药，1999, (5): 51-53.

[3] 肖健 . 广西医学，2007, 29(10): 1501-1502.

[4] 肖健，等 . 中外医疗，2008, (19): 25-26.

[5] 伍小燕，等 . 西北药学杂志，1997, 12(1): 19-20.

[6] 周智，等 . 中国药师，2011, 14(8): 1115-1117.

5. 胶州卫矛（中国植物志） 胶东卫矛（中国高等植物图鉴）

Euonymus kiautschovicus Loes. in Bot. Jahrb. Syst. 30(5): 453. 1902.（英 **Jiaodong Spindle-tree，Spreading Euonymus**）

直立或蔓性半长绿灌木，高 3–6 m；下部枝有须状随生根。叶对生，纸质，倒卵形或阔椭圆形，长 5–8 cm，宽 2–4 cm，先端短渐尖或钝圆，基部楔形，稍下延，边缘有极浅的锯齿，侧脉 5–7 对；叶柄长 5–10 mm。聚伞花序较疏散，2–3 次分枝，每花序多具 15 花；花序梗长 1.5–2.5 cm，四棱或稍扁，二次或三次分枝长约为其 1/2；小花梗长 5–8 mm；花 4 数，黄绿色；花萼较小，长约 1.5 mm；花瓣长圆形，长约 3 mm；花盘径 2 mm，方形，四角略外展，雄蕊即生于角上，花丝细弱，长 1–2 mm；子房四棱突出显著，与花盘几近等大，花柱短粗。果序梗长 3–4 cm，小果梗长 1 cm；蒴果近球形，直径 8–11 mm，果皮上有深色的细点，顶部有粗短宿存柱头。种子每室 1，稀 2，黑色，假种皮全包种子。花期 7 月，果期 10 月。

分布与生境 产于辽宁南部、山东、江苏、浙江、福建北部、安徽、湖北及陕西。生长在平地或较低海拔的山坡、路旁等处。庭园间也有栽培。

药用部位 茎叶。

功效应用 补肾强筋，安胎，止血，消瘀。用于腰肌劳损，风湿痹痛，咯血，慢性腹泻，血崩，月经不调，跌打，骨折，创伤出血。

胶州卫矛 *Euonymus kiautschovicus* Loes.
引自《中国高等植物图鉴》

化学成分 果实含倍半萜类：胶州卫矛素▲(kiautschovin)，1β,6α,15-三乙酰氧基-2β,9β-二苯甲酰氧基-8β-羟基-二氢-β-沉香呋喃(1β,6α,15-triacetoxy-2β,9β-dibenzoyloxy-8β-hydroxy-dihydro-β-agarofuran)，1β,2β,6α,15-四乙酰氧基-8β,9β-二苯甲酰氧基-二氢-β-沉香呋喃(1β,2β,6α,15-tetraacetoxy-8β,9β-dibenzoyloxy-dihydro-β-agarofuran)，1β,6α,15-三乙酰氧基-9β-苯甲酰氧基-二氢-β-沉香呋喃(1β,6α,15-triacetoxy-9β-benzoyloxy-dihydro-β-agarofuran)，1β,6α,8β,15-四乙酰氧基-9α-苯甲酰氧基-二氢-β-沉香呋喃(1β,6α,8β,15-tetraacetoxy-9α-benzoyloxy-dihydro-β-agarofuran)，1β,2β,6α,8β,15-五乙酰氧基-9α-苯甲酰氧基-二氢-β-沉香呋喃(1β,2β,6α,8β,15-pentaacetoxy-9α-benzoyloxy-dihydro-β-agarofuran)，1β,2β,6α,15-四乙酰氧基-9β-苯甲酰氧基-4α-羟基-二氢-β-沉香呋喃(1β,2β,6α,15-tetraacetoxy-9β-benzoyloxy-4α-hydroxy-dihydro-β-agarofuran)，1β,2β,6α,9β,15-五乙酰氧基-8β-苯甲酰氧基-二氢-β-沉香呋喃(1β,2β,6α,9β,15-

pentaacetoxy-8β-benzoyloxy-dihydro-β-agarofuran)、6α,9β,13-三乙酰氧基-1β,8β-二苯甲酰氧基-2β-己酰氧基-二氢-β-沉香呋喃(6α,9β,13-triacetoxy-1β,8β-dibenzoyloxy-2β-caproyl-dihydro-β-agarofuran)[1]。

化学成分参考文献

[1] Hohmann J, et al. *J Nat Prod*, 1994, 57(2): 320-323.

6. 常春卫矛（中国高等植物图鉴）

Euonymus hederaceus Champ. ex Benth. in Hooker's J. Bot. Kew Gard. Misc. 3: 333. 1851.（英 **Hedera Spindle-tree**）

常绿藤木灌木，高 1–2 m。小枝常有随生根。叶对生，革质或薄革质，卵形、阔卵形或椭圆形，长 3–7 cm，宽 2–4.5 cm，先端钝或短渐尖，基部近圆形或阔楔形，侧脉 4–5 对；叶柄细长，长 6–12 mm。聚伞花序通常少花而较短，1–2 次分枝，具 1–3 花，花序梗长 1–2 cm；小花梗长约 5 mm；花淡白带绿色，直径为 8–10 mm；花盘近方形，雄蕊着生于花盘边缘，花丝长约 2 mm；子房稍扁。蒴果球形，紫红色，直径为 8–10 mm。种子具红色假种皮，全包种子。花期 5–6 月。

分布与生境　产于浙江、福建、广东、广西、海南、江西、湖南、贵州、香港及沿海诸岛。生于海拔 500–2200 m 的山坡疏林、灌丛中及林缘。

药用部位　茎叶。

功效应用　补肾强筋，安胎，止血，消瘀。用于腰肌劳损，风湿痹痛，咯血，慢性腹泻，血崩，月经不调，跌打损伤，骨折，创伤出血。

化学成分　茎叶含三萜类：28-羟基无羁萜-3-酮-29-酸(28-hydroxyfriedelan-3-one-29-oic acid)[1]。

全草含三萜类：3β-甲氧基齐墩果-11-酮-18-烯

常春卫矛 **Euonymus hederaceus** Champ. ex Benth.
引自《中国高等植物图鉴》

常春卫矛 **Euonymus hederaceus** Champ. ex Benth.
摄影：陈彬 陈世品

(3-methoxyolean-11-oxo-18-ene)，齐墩果-12-烯-3,11-二酮(olean-12-ene-3,11-dione)，28-羟基齐墩果-12-烯-3,11-二酮(28-hydroxyolean-12-en-3,11-dione)[2]。

注评　本种的根、树皮或叶称"常春卫矛"，浙江、广西等地药用。江西民间称"红杜仲"，系"杜仲"的混淆品之一。瑶族药用其根、树皮治疗风湿。

化学成分参考文献

　[1] Sun CR, et al. *Molecules*, 2009, 14(7): 2650-2655.　　　　[2] 任宛莉，等. 浙江大学学报，2006，33(2): 196-199.

7. 南川卫矛（中国植物志）　石宝茶藤（南川）

Euonymus bockii Loes. in Bot. Jahrb. Syst. 29(3-4): 439-440. 1900.（英 **Nanchuan Spindle-tree**）

　　灌木高达 3 m，幼时直立，长度高时或为藤本状。叶对生，薄革质，椭圆形、窄椭圆形或长方卵形，长 5–12 cm，宽 2.5–6 cm；叶脉不曲折；叶柄长 5–8 mm，较粗壮。聚伞花序 1–2 次分枝，少为 |3 次分枝；花冠带紫色；花萼具半圆形片；花瓣近圆形；雄蕊具锥状花丝，基部扩大，生于花盘边缘的缺刻片处；花盘呈十字形，扁平肥厚；子房生于花盘中，无花柱。蒴果圆球形，直径 7–8 mm。假种皮包围种子全部。花期 5–6 月，果期 9 月后。

分布与生境　产于重庆、贵州西北部及云南东北部。生于海拔 1500 m 左右的沟谷较湿处。

药用部位　根、茎枝。

功效应用　行气止痛。用于高血压，风湿证，关节痛。

化学成分　茎含三萜类：无羁萜醇(friedelinol)，无羁萜(friedelin)，3-*O*-28-无羁萜酸(3-*O*-28-friedelanoic acid)，29-羟基-3-无羁萜酮(29-hydroxy-3-friedelanone)，大子五层龙酸(salaspermic acid)，直楔草酸(orthosphenic acid)，雷公藤内酯(wilforlide) A、B，3-羟基-2-*O*-3-无羁萜烯-29-酸(3-hydroxy-2-*O*-3-friedelen-29-oic acid)，3-羟基-2,24-二氧代-3-无羁萜烯-29-酸(3-hydroxy-2,24-dioxo-3-friedelen-29-oic acid)，20(29)-羽扇豆烯-1β,3β-二醇[20(29)-lupene-1β,3β-diol]，20(30)-羽扇豆烯-3β,29-二醇[20(30)-lupene-3β,29-diol][1]。

南川卫矛 **Euonymus bockii** Loes.
摄影：徐克学

化学成分参考文献

　[1] 胡新玲，等. 林产化学与工业，2011, 31(4): 83-86.

8. 曲脉卫矛（中国高等植物图鉴）

Euonymus venosus Hemsl. in Bull. Misc. Inform. Kew 1893(80): 210. 1893.（英 **Venose Spindle-tree**）

　　常绿灌木或小乔木，高达 6 m。小枝黄绿色，被细密瘤突。叶对生，革质，平滑光亮，椭圆披针形或窄椭圆形，长 5–11 cm，宽 3–5 cm，先端圆钝或急尖，基部圆钝，全缘或近全缘，侧脉 5–6 对，常折曲 1–3 次，小脉明显，结成菱形不规则的脉网，叶背常呈灰褐色；叶柄短，长 3–5 mm。聚伞花序多为 1–2 次分枝，具 3–7 花，稀达 9 花；花序梗长 1.5–2.5 cm，中央小花梗长约 5 mm，两侧小花梗长约 2 mm；花淡黄色，直径 6-8 mm，4 数；花萼裂片近圆形；花瓣圆形；花盘小；雄蕊花丝基部膨大，长约 1 mm。蒴果球形，具 4 浅沟，直径 1.5 cm，果皮极平滑，黄白带粉红色。种子每室 1 个，稍肾状，假种皮橘红色。花期 5-6 月，果期 8-9 月。

分布与生境　产于陕西、湖北、湖南、四川和云南。生于海拔 1400-2600 m 的山间林下或岩石山坡林丛中。

药用部位　茎皮。

功效应用　在四川省部分地区称藤杜仲入药。用于风湿疼痛，腰膝酸软，骨折，跌打损伤。

曲脉卫矛 *Euonymus venosus* Hemsl.
引自《中国高等植物图鉴》

曲脉卫矛 *Euonymus venosus* Hemsl.
摄影：李智选

9. 冬青卫矛（中国高等植物图鉴）　大叶黄杨、正木（中国树木分类学），冬青木（东北），八木（贵州）
Euonymus japonicus Thunb. in Nova Acta Regiae Soc. Sci. Upsal. 3: 208. 1780.（英 **Japanese Spindle-tree, Evergeen Euonymus**）

　　常绿灌木，高达 3 m。小枝具 4 棱。叶对生，革质，有光泽，倒卵形或椭圆形，长 3-6 cm，宽 2-3 cm，先端钝圆，基部楔形，边缘具细浅钝齿；叶柄长约 1 cm。聚伞花序 2-3 次分枝，具 5-12 花；花序梗长 2-5 cm；小花梗长 3-5 mm；花白绿色，直径 5-7 mm；花萼裂片半圆形；花瓣近卵圆形，长宽各约 2 mm；花盘肥大，直径约 3 mm；雄蕊花丝长 2-4 mm，常弯曲；子房每室 2 胚珠，着生于中轴顶部。蒴果近球形，淡红色，直径约 8 mm。种子每室 1，顶生，椭圆形，长约 6 mm，假种皮橘红色，全包种子。花期 6~7 月，果期 9~10 月。

分布与生境 原产于日本。我国南北各地均有栽培，观赏或做绿篱。

药用部位 根、茎皮、枝、叶。

功效应用 根：调经，化瘀，利湿解毒，利尿，强壮。用于月经不调，痛经，跌打损伤，骨折，小便不利。茎皮及枝：祛风湿，强筋骨，活血止血。用于风湿痹痛，腰膝酸软，跌打损伤，骨折，吐血。叶：解毒消肿。用于疮疡肿毒。

化学成分 根皮含倍半萜生物碱类：冬青卫矛碱(euojaponine) A[1-2]、B[2]、C[1]、D、F[3-4]、G[4]、I[1]、J、K[3-4]、L、M[1]、N[5]，苦皮藤素X(angulatin X)[2]，乌木叶美登木碱▲(ebenifoline) W-I[5]、E-IV[6]、卫矛羰碱(evonine)，1-脱乙酰基-1-苯甲酰卫矛羰碱(1-deacetylation-1-benzoylevonine)，美登木因▲(mayteine)[1,6]；倍半萜类：1β,6α,15-三乙酰氧基-9β-苯甲酰氧基-β-二氢沉香呋喃(1β,6α,15-triacetoxy-9β-benzoyloxy-β-dihydroagarofuran)，1β,6α,8β,15-四乙酰氧基-9α-苯甲酰氧基-β-二氢沉香

冬青卫矛 *Euonymus japonicus* Thunb.
引自《中国高等植物图鉴》

冬青卫矛 *Euonymus japonicus* Thunb.
摄影：张英涛 梁同军

呋喃(1β,6α,8β,15-tetraacetoxy-9α-benzoyloxy-β-dihydroagarofuran)，1β,2β,6α,8β,15-五乙酰氧基-9α-苯甲酰氧基-β-二氢沉香呋喃(1β,2β,6α,8β,15-pentaacetoxy-9α-benzoyloxy-β-dihydroagarofuran)，1β,2β,6α,9β,15-五乙酰氧基-8β-苯甲酰氧基-β-二氢沉香呋喃(1β,2β,6α,9β,15-pentaacetoxy-8β-benzoyloxy-β-dihydroagarofuran)，1β,2β,3α,6α,9β,15-六乙酰氧基-8β-苯甲酰氧基-β-二氢沉香呋喃(1β,2β,3α,6α,9β,15-hexacetoxy-8β-benzoyloxy-β-dihydroagarofuran)，1β,6α,15-三乙酰氧基-9α-烟酰氧基-β-二氢沉香呋喃(1β,6α,15-triacetoxy-9α-nicotinoyloxy-β-dihydroagarofuran)，1β,2α,15-三乙酰氧基-8β-羟基-9α-苯甲

酰氧基-β-二氢沉香呋喃(1β,2α,15-triacetoxy-8β-hydroxy-9α-benzoyloxy-β-dihydroagarofuran)，1β-羟基-2β,6α,9β,12-四乙酰氧基-8β-苯甲酰氧基-β-二氢沉香呋喃(1β-hydroxy-2β,6α,9β,12-tetraacetoxy-8β-benzoyloxy-β-dihydroagarofuran)，1β-苯甲酰氧基-6α-烟酰氧基-8β,9β,15-三乙酰氧基-β-二氢沉香呋喃(1β-benzoyloxy-6α-nicotinoyloxy-8β,9β,15-triacetoxy-β-dihydroagarofuran)，1β,6α,8β,15-四乙酰氧基-9α-烟酰氧基-β-二氢沉香呋喃(1β,6α,8β,15-tetraacetoxy-9α-nicotinoyloxy-β-dihydroagarofuran)，1α,2α,4β,6β,8β,9α,13-七羟基-β-二氢沉香呋喃(1α,2α,4β,6β,8β,9α,13-heptahydroxy-β-dihydroagarofuran)[7]；三萜类：(8α,14β,20β)-2-羟基-3-甲氧基-9β,13α-二甲基-19,26,30-三降齐墩果-1,3,5(10),6-四烯-21-酮[(8α,14β,20β)-2-hydroxy-3-methoxy-9β,13α-dimethyl-19,26,30-trinoroleana-1,3,5(10),6-tetraen-21-one][8]。

  茎皮含鞘糖脂类：冬青卫矛鞘脂苷▲(euojaposphingoside) A、B、C，1-O-[β-D-吡喃葡萄糖基]-(2S,3R,9E)-3-羟甲基-2-N-[(2R)-羟基二十九碳酰基]-十三碳鞘-9-烯{1-O-[β-D-glucopyranosyl]-(2S,3R,9E)-3-hydroxymethyl-2-N-[(2R)-hydroxynonacosanoyl]-tridecasphinga-9-ene}，1-O-[β-D-吡喃葡萄糖基]-(2S,3R,9E,12E)-2-N-[(2R)-羟基二十四碳酰基]-十八碳鞘-9,12-二烯{1-O-[β-D-glucopyranosyl]-(2S,3R,9E,12E)-2-N-[(2R)-hydroxytetracosanoyl]-octadecasphinga-9,12-diene}，1-O-[β-D-吡喃葡萄糖基]-(2S,3R,5R,9E)-2-N-[十三碳酰基]-二十九碳鞘-9-烯{1-O-[β-D-glucopyranosyl]-(2S,3R,5R,9E)-2-N-[tridecanoyl]-nonacosasphinga-9-ene}[9]；三萜类：羽扇豆醇(lupeol)[9]；甾体类：豆甾醇(stigmasterol)，α-谷甾醇，β-谷甾醇[9]；胡萝卜素类：β-胡萝卜素(β-carotene)[9]。

  叶含黄酮类：山奈酚-3-O-β-D-吡喃葡萄糖基-7,4'-O-二-L-α-吡喃鼠李糖苷(kaempferol-3-O-β-D-glucopyranosyl-7,4'-O-di-L-α-rhamnopyranoside)[10]，山奈酚-3-O-β-D-吡喃葡萄糖基-7-O-α-L-吡喃鼠李糖苷(kaempferol-3-O-β-D-glucopyranosyl-7-O-α-L-rhamnopyranoside)，槲皮素-3-O-β-D-吡喃葡萄糖基-7-O-α-L-吡喃鼠李糖苷(quercetin-3-O-β-D-glucopyranosyl-7-O-α-L-rhamnopyranoside)，山奈酚-3-O-β-D-吡喃葡萄糖基-7-O-α-L-吡喃鼠李糖苷(kaempferol-3-O-β-D-glucopyranosyl-7-O-α-L-rhamnopyranoside)[11]；三萜类：无羁萜(friedelin)，表无羁萜醇(epifriedelanol)，无羁萜内酯(friedelalactone)[10]；生物碱类：可可碱(theobromine)，咖啡因(caffeine)[12]；甾体类：β-谷甾醇，胡萝卜苷[10]。

  成熟果实含倍半萜类：冬青卫矛倍半萜▲(ejap) -2、-3、-4、-5、-6、-7、-10、-12、-13-、-14[13]，1β,2β,6α,8β,15-五乙酰氧基-9α-苯甲酰氧基-β-二氢沉香呋喃(1β,2β,6α,8β,15-pentaacetoxy-9α-benzoyloxy-β-dihydroagarofuran)，1β,6α,8β,15-四乙酰氧基-9α-苯甲酰氧基-β-二氢沉香呋喃(1β,6α,8β,15-tetraacetoxy-9α-benzoyloxy-β-dihydroagarofuran)，[3R-(3α,4α,5β,5aα,6α,9α,9aα,10R*)]-八氢-5a-羟甲基-2,2,9-三甲基-2H-3,9a-甲醇基-1-氧杂环庚三烯-4,5,6,10-四醇-10-乙酰基-5-苯甲酸酯{[3R-(3α,4α,5β,5aα,6α,9α,9aα,10R*)]-octahydro-5a-hydroxymethyl-2,2,9-trimethyl-2H-3,9a-methano-1-benzoxepin-4,5,6,10-tetrol-10-acetate-5-benzoate}，[3R-(3α,4α,5β,5aα,6α,9α,9aα,10R*)]-八氢-5a-羟甲基-2,2,9-三甲基-2H-3,9a-甲醇基-1-氧杂环庚三烯-4,5,6,10-四醇-10-乙酸酯{[3R-(3α,4α,5β,5aα,6α,9α,9aα,10R*)]-octahydro-5a-hydroxymethyl-2,2,9-trimethyl-2H-3,9a-methano-1-benzoxepin-4,5,6,10-tetrol-10-acetate}[14]。

  种子含生物碱类：可可碱[12]。

注评 本种为广西中药材标准（1996 年版）、中国药典（2005 和 2010 年版附录）和收载"扶芳藤"的基源植物之一，药用其干燥地上部分。同属植物扶芳藤 Euonymus fortunei (Turcz.) Hand.-Mazz.、无柄卫矛 Euonymus subsessilis Sprague 亦为其基源植物，与本种同等药用。本种的根称"大叶黄杨根"，叶称"大叶黄杨叶"，茎皮及枝称"大叶黄杨"，均可药用。土家族、彝族、苗族也药，主要用途见功效应用项。

化学成分参考文献

[1] Han YH, et al. *Phytochemistry*, 1990, 29(7): 2303-2307.

[2] Zhang QD, et al. *Nat Prod Res*, 2009, 23(15): 1402-1407.

[3] Han YH, et al. *J Nat Prod*, 1990, 53(4): 909-914.

[4] Han BH, et al. *Arch Pharm Res*, 1989, 12(4): 306-309.

[5] Ryu JH, et al. *Yakhak Hoechi*, 1997, 41(5): 554-558.

[6] 张启东，等 . 西北植物学报，2007, 27(5): 859-863.

[7] Rozsa Z, et al. *J Chem Soc, Perkin I*, 1989, (6): 1079-1087.

[8] Wang MG, et al. *Nat Prod Res*, 2009, 23(7): 617-621.

[9] Tantry MA, et al. *Fitoterapia*, 2013, 89: 58-67.

[10] Katai M, et al. *Osaka Kogyo Daigaku Kiyo, Rikohen*, 2006, 51(2): 1-7.

[11] Sergeeva NV, et al. *Khim Prir Soedin*, 1972, 8(1): 118.

[12] Bohinc P, et al. *Acta Pharmaceutica Jugoslavica*, 1976, 26(3): 247-52.

[13] Rozsa Z, et al. *J Chem Soc, Perkin Trans 1*, 1989, (6): 1079-1087.

[14] Ueda K, et al. *Bulletin of the College of Science*, 1992, 54: 41-46.

10. 腾冲卫矛（中国植物志）

Euonymus tengyuehensis W. W. Sm. in Notes Roy. Bot. Gard. Edinburgh 10(46): 36-37. 1917.（ 英 **Tengyueh Spindle-tree**）

常绿灌木，高 1–3 m。小枝方形，有 4–6 粗钝棱，棕绿色，具极密瘤点。叶对生，薄革质，长方椭圆形、窄长方形、窄长卵形或披针形，长 5–10 cm，宽 1.5–5 cm，边缘有粗齿，侧脉 5–7 对，疏距，常与三生脉结成明显脉网；叶柄长 5–10 mm。聚伞花序广展，多花，3–4 次分枝；花序梗长 1.5–6 cm，分枝长 1–2 cm，方形有棱；小花梗长约 5 mm；花淡黄色，直径 8–9 mm，4 数，花瓣基部窄；雄蕊着生于花盘部分的顶端，花丝长 1 mm；子房无花柱，柱头扁圆，果时延成柱状。蒴果淡白色，近球状，直径 8–10 mm。种子紫色，假种皮橘红色，全包种子。花期 5–11 月，果期 7–12 月。

分布与生境　产于云南西南部（腾冲）和广西西部。生于海拔 1500–2300 m 的疏林中。

药用部位　茎皮。

功效应用　止血，生肌。用于刀伤。

11. 金佛山卫矛（植物分类学报）

Euonymus jinfoshanensis Z. M. Gu in Acta Phytotax. Sin. 31(2): 176-178. 1993.（ 英 **Jinfoshaneusis Spindle-tree**）

攀援灌木。幼枝 4 棱形，散生疣状突起。叶纸质，较薄，窄卵形、窄椭圆状卵形或近披针形，长 3–8 cm，宽 1.5–3 cm，边缘具疏锯齿，侧脉 4–6 对，纤细；叶柄纤细，长 2–5 mm。二歧聚伞花序或仅具 3 花；花序梗纤细，长 1–2.5 cm；花 4 数，白色；萼片半圆形，边缘具稍密睫毛；花瓣较大，阔卵形或近圆形；花盘近圆形，肉质；雄蕊着生于花盘边缘，花丝长仅 1 mm；子房扁球形。蒴果扁球形，直径 7–11 mm，稍 4 裂。假种皮橙红色，全包种子。

分布与生境　产于重庆。攀援在海拔 1200 m 左右的岩石上或地面上。

药用部位　茎皮。

功效应用　在四川部分地区称土杜仲入药。用于风湿疼痛，腰膝酸软。

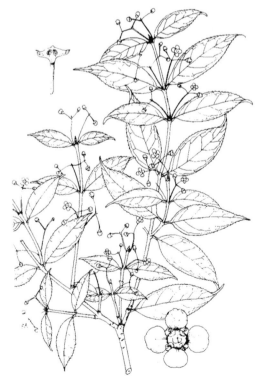

金佛山卫矛 Euonymus jinfoshanensis Z. M. Gu
冯先洁　绘

12. 软刺卫矛（中国植物志） **黄刺卫矛**（中国高等植物图鉴）

Euonymus aculeatus Hemsl. in Bull. Misc. Inform. Kew 1893(80): 209. 1893.（英 **Prickly Spindle-tree**）

常绿灌木，有时藤木状，高 1–3 m。小枝黄绿色，圆柱形，平滑。叶对生，革质，长圆形、椭圆形或长圆状倒卵形，长 6–13 cm，宽 2–6 cm，先端渐尖，基部宽楔形，边缘有细浅锯齿，外卷，侧脉 5–6 对；叶柄粗壮，长 1–2 cm。聚伞花序疏松，2–3 次分枝，7–15 花；花序梗和分枝较细长，花序梗长 1.5–4 cm；花淡黄色，4 数，直径 5–7 mm；花萼裂片半圆形；花瓣近圆形；雄蕊无花丝，着生在花盘的膨大垫状突起上。蒴果圆球形，密生软刺，直径 1–2 cm（连刺），刺长 3–5 mm，基部膨大，熟时粉红色，干时黄色。种子长圆形，长约 7 mm。亮红色，假种皮肉红色。花期 5 月，果期 7–8 月。

分布与生境 产于湖北、湖南、云南、贵州、四川、广东、广西等地。生于海拔 700–2000 m 的山地林中、水沟边或山谷岩石上。

药用部位 根。

功效应用 祛风除湿，舒筋活络。用于风湿疼痛，脚转筋。

注评 本种的根称"小千斤"，苗族和瑶族药用，主要用途见功效应用项。

软刺卫矛 Euonymus aculeatus Hemsl.
引自《中国高等植物图鉴》

13. 刺果卫矛（中国高等植物图鉴） **藤杜仲、刺果藤仲**（云南）

Euonymus acanthocarpus Franch., Pl. Delavay. 2: 129-130. 1889.（英 **Sping-fruited Spindle-tree**）

常绿灌木，直立或藤本，高 2–3 m。小枝密被黄色细疣突。叶对生，革质，长椭圆形或窄卵形，少为卵形披针形，长 7–12 cm，宽 3–5.5 cm，先端急尖或短渐尖，基部楔形或宽楔形，边缘疏浅齿不明显，侧脉 5–8 对，小脉网通常不显；叶柄长 1–2 cm。聚伞花序较疏大，多为 2–3 次分枝；花序梗扁

刺果卫矛 Euonymus acanthocarpus Franch.
引自《中国高等植物图鉴》

刺果卫矛 Euonymus acanthocarpus Franch.
摄影：何顺志

宽或具 4 棱，长 1.5–8 cm，第二次分枝稍短，小花梗长 4–6 mm；花黄绿色，直径 6–8 mm；萼片近圆形；花瓣近倒卵形，基部窄缩成短爪；花盘近圆形；雄蕊花丝明显，长 2–3 mm；子房具花柱，柱头不膨大。蒴果近球形，密被刺，熟时棕褐带红，直径 1–1.2 cm（带刺），刺长约 1.5 mm。种子宽椭圆形，外被橘黄色假种皮。

分布与生境 产于云南、贵州、四川、陕西、西藏南部、广东、广西、湖南、湖北、安徽、浙江、福建、江西。生于海拔 600–2500 m 的山谷、林内、溪旁阴湿处。

药用部位 茎皮。

功效应用 用于妇科血症，风湿痹痛，外伤出血，跌打损伤，骨折。

化学成分 茎和枝含苯丙素类：(2S,3R)-2,3-二羟基-3-(4-羟基-3,5-二甲氧基苯基)丙醇苯甲酸酯[(2S,3R)-2,3-dihydroxy-3-(4-hydroxy-3,5-dimethoxyphenyl)propyl benzoate]，3-羟基-4-甲氧基桂皮醛(3-hydroxy-4-methoxycinnamaladehyde)，反式-3,4,5-三甲氧基桂皮醇(trans-3,4,5-trimethoxyl-cinnamyl alcohol)，3-(4-羟基-3,5-二甲氧基)-苯基-2E-丙烯醇-1β-D-吡喃葡萄糖苷[3-(4-hydroxy-3,5-dimethoxy)-phenyl-2E-proprenyl-1β-D-glucopyranoside]，3-羟基-1-(4-羟基-3,5-二甲氧基苯基)-1-丙酮[3-hydroxy-1-(4-hydroxy-3,5-dimethoxyphenyl)-1-propanone]，3-(4-羟基-3,5-二甲氧基苯基)丙烷-1,2-二醇[3-(4-hydroxy-3,5-dimethoxyphenyl)propane-1,2-diol][1]；木脂素类：4,4'-((1R,2R)-3-羟基-1-甲氧基丙烷-1,2-二基)二(2-甲氧基苯酚)[4,4'-((1R,2R)-3-hydroxy-1-methoxypropane-1,2-diyl)bis(2-methoxyphenol)]，(7,8-顺式-8,8'-反式)-2',4'-二羟基-3,5-二甲氧基落叶松树脂醇[(7,8-cis-8,8'-trans)-2',4'-dihydroxy-3,5-dimethoxylariciresinol]，雷公藤脂醇▲(tripterygiol)，(+)-丁香树脂酚[(+)-syringaresinol]，(+)-异落叶松树脂醇[(+)-isolariciresinol]，山楝脂醇▲(polystachyol)，(-)-野花椒醇[(-)-simulanol]，7S,8R-丁香基甘油-8-O-4'-(芥子醇)醚[7S,8R-syringylglycerol-8-O-4'-(synapyl alcohol)ether]，两面针宁▲(nitidanin)，日本落叶松脂醇▲(leptolepisol) C、D，(+)-(7R,7'R,7"R,7'''S,8S,8'S,8"S,8'''S)-4",4'''-二羟基-3,3',3",3''',5,5'-六甲氧基-7,9';7',9-二环氧-4,8";4',8'''-二氧-8,8'-二新木脂素-7",7''',9",9'''-四醇[(+)-(7R,7'R,7"S,7'''S,8S,8'S,8"S,8'''S)-4",4'''-dihydroxy-3,3',3",3''',5,5'-hexamethoxy-7,9';7',9-diepoxy-4,8";4',8'''-bisoxy-8,8'-dineolignan-7",7''',9",9'''-tetraol]，(+)-(7R,7'R,7"R,7'''S,8S,8'S,8"S,8'''S)-4",4'''-二羟基-3,3',3",3''',5,5'-六甲氧基-7,9';7',9-二环氧-4,8";4',8'''-二氧-8,8'-二新木脂素-7",7''',9",9'''-四醇[(+)-(7R,7'R,7"R,7'''S,8S,8'S,8"S,8'''S)-4",4'''-dihydroxy-3,3',3",3''',5,5'-hexamethoxy-7,9';7',9-diepoxy-4,8";4',8'''-bisoxy-8,8'-dineolignan-7",7''',9",9'''-tetraol]，(+)-南烛树脂醇-2α-O-β-L-吡喃阿拉伯糖苷[(+)-lyoniresinol-2α-O-β-L-arabinopyranoside]，(+)-异落叶松树脂醇-9'-O-β-D-吡喃木糖苷[(+)-isolariciresinol-9'-O-β-D-xylopyranoside]，水飞蓟宾(silybin) A、B，异水飞蓟宾A (isosilybin A)，(+)-水飞蓟亭[(+)-silychristin][1]。

茎和叶含三萜类：杨叶普伦木酸▲(polpunonic acid)，3-O-甲基-6-氧代染用卫矛醇▲(3-O-methyl-6-oxotingenol)[2]；大柱香波龙烷类：3β-羟基-5α,6α-环氧-7-大柱香波龙烯-9-酮(3β-hydroxy-5α,6α-epoxy-7-megastigmen-9-one)[2]；单萜类：黑麦草内酯(loliolide)[2]；色酮类：降番樱桃素(noreugenin)[2]；黄酮类：欧拉提木儿茶素▲(ouratea-catechin)，4'-O-甲基没食子儿茶素(4'-O-methylgallocatechin)，柚皮苷元(naringenin)[2]；甾体类：β-谷甾醇，胡萝卜苷[2]。

注评 本种的藤茎、茎皮及根称"藤杜仲"，在云南等地药用。茎枝在江西作"红杜仲"药用，系"杜仲"的伪品之一。傈僳族也药用，主要用途见功效应用项。

化学成分参考文献

[1] Zhu JX, et al. *Arch Pharm Res*, 2012, 35(10): 1739-1747.　[2] Zhu JX, et al. *Chem Nat Compd*, 2013, 49(2): 383-387.

14. 长刺卫矛（中国高等植物图鉴） 刺果卫矛（中国树木分类学），扣子花、岩风（全国中草药汇编），小梅花树（广西）

Euonymus wilsonii Sprague in Bull. Misc. Inform. Kew 1908(4): 180. 1908.（英 **Wilson Spindle-tree, Wilson Euonymus**）

常绿藤本灌木，高 1–5 m。小枝灰绿色。叶对生，厚纸质或薄革质，披针形或长圆状披针形，长 6–15 cm，宽 2–4.5 cm.，先端渐尖，基部楔形，边缘有疏锯齿，侧脉 5–8 对，基部一对有时较长，呈三出状，脉网在叶面下凹，在叶背凸起；叶柄较细长，长 1–1.5 cm。聚伞花序较疏长，2–4 次分枝；花序梗长 2–4 cm，四棱形；分枝和小花梗均柔细，小花梗长 4–5 mm；花白绿色，直径 6–8 mm；花萼裂片半圆形，边缘有短纤毛；花瓣近圆形；花盘近圆形；雄蕊生于花盘的边缘，花丝三角锥状，长在 1 mm 以下；子房的花柱短。蒴果球形，黄色或淡黄白色，密生长刺，直径约 2 cm（带刺），刺细长，长 5–8 mm。种子长卵形，被橘黄色的假种皮。

分布与生境 产于四川、贵州、云南和广西西北部。生于海拔 900–1800 m 的山坡林中。

药用部位 根。

功效应用 用于风湿疼痛，劳伤，水肿。

长刺卫矛 Euonymus wilsonii Sprague
引自《中国高等植物图鉴》

长刺卫矛 Euonymus wilsonii Sprague
摄影：刘全儒 李策宏 朱鑫鑫

15. 紫刺卫矛（中国高等植物图鉴）

Euonymus angustatus Sprague in Bull. Misc. Inform. Kew 1908: 35. 1908.（英 **Narrow-leaved Spindle-tree**）

常绿高大藤状灌木。小枝 4 棱状，棱有时宽扁呈窄翅状。叶对生，近革质，长圆状卵形或长圆状窄卵形，长 7–10 cm，宽 2–5 cm，先端渐尖，基部近圆形或阔楔形，边缘上半部分有较明显锯齿，侧脉较明显，小脉不显；叶柄粗壮，长 6–8 mm。聚伞花序顶生及侧生，具多花，4–5 次平叉式分枝，直径 7–8 cm；花序梗及分枝粗壮宽扁，具明显窄翅；花 4 数，淡白绿色，直径 7–10 mm；萼裂片扁圆；花瓣近圆形，长 4-5 mm；花盘圆形，4 浅裂；雄蕊着生于其近缘处，花丝短锥状；子房三角卵状，花柱不明显。蒴果紫褐带红，近球状，直径 1.5-2.5 cm（带刺），刺粗大扁宽，长 6-9 mm，基部宽达 2.5 mm。种子长圆状椭圆形，长 7-8 mm，紫棕色；假种皮淡黄色。花期 4-5 月，果期 9-10 月。

分布与生境 产于广东、广西、湖南及贵州东南部。生于海拔 1000 m 以下的山谷中。

药用部位 根。

功效应用 祛风除湿，舒筋活络。用于风湿疼痛，脚转筋。

紫刺卫矛 **Euonymus angustatus** Sprague
引自《中国高等植物图鉴》

16. 无柄卫矛（中国高等植物图鉴） 接骨树（广西），安胃藤、红杜仲（四川），扣子花、岩风（贵州）
Euonymus subsessilis Sprague in Bull. Misc. Inform. Kew 1908: 34. 1908.（英 **Sessile Spindle-tree**）

灌木或藤状灌木，高 2-7.5 m。小枝四棱形，并有较明显纵棱。叶对生，近革质，椭圆形、窄椭圆形或长圆状窄卵形，大小变化大，长 4-7 (-10) cm，宽 2-4.5 cm，先端渐尖或急尖，基部楔形，宽楔形或近圆，叶脉有明显锯齿，侧脉 4-6 对，明显；叶无柄或具 2-5 mm 的短柄。聚伞花序 2-3 次分枝；花序梗 4 棱形，长 1-3 cm；小花梗圆柱状，常具细瘤点；花 4 数，黄绿色，直径约 5 mm；花萼裂片半圆形；花瓣近圆形；花盘方形；雄蕊具细长花丝，长 2-3 mm；子房具细长花柱。蒴果近球形，密被棕红色三角状短尖刺，直径 1-1.2 cm（带刺），刺长 1-1.8 mm。种子宽椭圆形，紫黑色；假种皮红色。花期 5-6 月，果期 8 月后。

分布与生境 产于浙江、江西、安徽、福建、湖南、湖北、云南、贵州、四川、甘肃、广东、广西。生于海拔 500-2000 m 山沟林地、路边、岩石坡地和河边。

药用部位 茎、叶。

功效应用 健脾开胃，止痛，祛风湿，强筋骨。用于胃痛，风湿痹痛，劳伤。外用于骨折。

注评 本种为广西中药材标准（1996 年版）、中国药典（2005 和 2010 附录）收载"扶芳藤"的原植物之一，药用其地上部分。同属植物扶芳藤 Euonymus fortunei (Turcz.) Hand.-Mazz.、冬青卫矛 Euonymus japonicus Thunb. 亦为其基源植物，与本种同等药用。

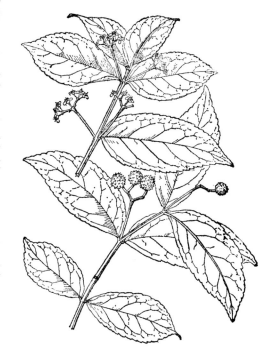

无柄卫矛 **Euonymus subsessilis** Sprague
引自《中国高等植物图鉴》

无柄卫矛 Euonymus subsessilis Sprague
摄影：张潮

17. 棘刺卫矛（中国植物志） 小叶刺果卫矛（西藏植物志）

Euonymus echinatus Wall. in Fl. Ind., ed. 1820 2: 410-412. 1824.（英 **Echinate-fruit Euonymus**）

小灌木，直立或攀援。小枝绿色，具棱。叶纸质，卵状披针形至长卵形，长 2.5-8 cm，宽 1-3.5 cm，先端渐尖或急尖，基部楔形至阔楔形，边缘有波状圆齿或细锯齿；侧脉 5-8 对；叶柄长 2-5 mm。聚伞花序 1-3 次分枝；花序梗线状，长 1-2.5 cm，分枝长 5-10 mm；小花梗长约 5 mm，中央花梗小梗与两侧等长或稍长；花淡黄绿色，直径 5-7 mm；花萼极浅 4 裂，裂片近圆形；花瓣倒卵圆形；花盘较薄，近圆形；雄蕊长约 1 mm，着生于花盘边缘；子房球状，基部与花盘合生，密生刺状突起，花柱圆柱状，柱头不明显。蒴果近球形，直径约 1 cm，密被棕色细刺。花期 6 月，果期 10 月。

分布与生境 产于云南、贵州及西藏南部（定结、樟木、聂拉木）。生于阴湿山谷、水边及岩石山林中。尼泊尔及印度北部也有分布。

药用部位 茎皮。

功效应用 用于腰酸背痛。

化学成分 茎皮含三萜类：白桦脂醇(betulin)，β-香树脂醇乙酸酯(β-amyrin acetate)[1]；甾体类：β-谷甾醇[1]；脂肪烃、醇类：正-三十烷(n-triacontane)，十六醇(cetyl alcohol)[1]。

棘刺卫矛 Euonymus echinatus Wall.
李锡畴 绘

棘刺卫矛 *Euonymus echinatus* Wall.
摄影：喻勋林 朱鑫鑫

化学成分参考文献

[1] Chauhan AK, et al. *Himalayan Chem Pharm Bull*, 1989, 6: 21.

18. 隐刺卫矛（中国植物志）　天全卫矛、宝兴卫矛（中国高等植物图鉴）

Euonymus chui Hand.-Mazz. in Oesterr. Bot. Z. 90: 121. 1941.——*E. mupinensis* Loes. et Rehder（英 **Spinule Spindle-tree**）

藤状灌木，高 1–4 m。叶对生，厚纸质或近革质，椭圆形、长圆状椭圆形或倒卵形，长 4–8 cm，宽 2–4 cm，先端急尖，稀钝圆，基部阔楔形或近圆，叶缘具疏浅齿，叶脉明显；叶无柄，或具 3–4 mm 的短柄。聚伞花序 3–7 花；花序梗较细弱，长 1.5–3.5 cm；小花梗长 3–5 mm；花淡红色，4 数，直径 6–8 mm；花萼极浅 4 裂；雄蕊生长在花盘裂凹间极近边缘处，花丝锥形，长约 1 mm 或稍长。蒴果橙红色，近球形，直径 0.8–1 cm，被短刺或刺疏生以至近无刺。种子橙红色，具淡白色假种皮。花期 5–6 月，果期 9–11 月。

分布与生境　产于四川西部，由天全、宝兴至峨嵋山南，南达云南东北部。生于海拔 1300–2100 m 的山地、路旁、沟边或林中。

药用部位　茎皮。

功效应用　祛风除湿，通经活络。用于腰酸背痛，风湿痛。

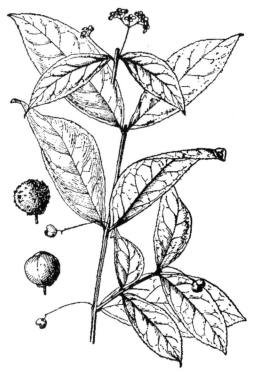

隐刺卫矛 *Euonymus chui* Hand.-Mazz.
引自《中国高等植物图鉴》

19. 大花卫矛（中国树木分类学） 滇桂（植物名实图考），野杜仲（陕西），金丝杜仲（浙江），木本青竹标（贵州），软皮树、摆衣耳柱（云南），黑杜仲（中国经济植物志）

Euonymus grandiflorus Wall. in Fl. Ind., ed. 1820. 2: 404-405. 1824.（英 **Large-flowered Spindle-tree, Himalayan Euonymus**）

灌木或乔木。半常绿，高达 10 m。幼枝淡绿色，微四棱形。叶对生，近革质，窄长椭圆形或窄倒卵形，长4–10 cm，宽 1–5 cm，先端圆或急尖，基部楔形，边缘具细密极浅锯齿，侧脉7–10 对，细密；叶柄长达 1 cm。聚伞花序疏松，具3–9 花；花序梗长 3–6 cm；小花梗长约1 cm；花4 数，黄白色，较大，直径达 1.5 cm；花萼裂片极短近合生；花瓣近圆形，中间具皱纹；雄蕊生于花盘四角的圆盘形突起上，花丝长 2 mm；子房四棱锥形，花柱长 1–3 mm，每室有胚珠6–12 个。蒴果近球形，直径达7 mm，红褐色，常具 4 条窄翅棱，宿存花萼圆盘状。种子长圆形，长约 5 mm，黑红色，有光泽，假种皮盔状，红色，包被种子上半部。花期6–7 月，果期9–10 月。

分布与生境 产于陕西、甘肃、湖北、湖南、广东、广西、四川、贵州、云南等地。向南分布至印度。生于海拔 500–2200 m 的山地灌木丛林、溪边、河谷等处。

药用部位 根、根皮、树皮、果实。

功效应用 根、根皮及树皮：祛风除湿，活血通经，软坚散结。用于高血压，腰痛，风湿疼痛，血瘀，闭经，痛经，

大花卫矛 Euonymus grandiflorus Wall.
引自《中国高等植物图鉴》

大花卫矛 Euonymus grandiflorus Wall.
摄影：朱鑫鑫

瘰疬，内伤及软组织损伤，骨折。果实：清肠解毒。用于痢疾初起，腹痛后重。

化学成分 枝叶含三萜类：熊果酸(ursolic acid)，角鲨烯(squalene)，白桦脂酸(betulinic acid)，β-香树脂醇(β-amyrin)，山楂酸(maslinic acid)，槐二醇(sophoradiol)，3β-羟基齐墩果-11,13(18)-二烯-28-酸[3β-hydroxy-oleana-11,13(18)-dien-28-oic acid]，路路通内酯(liquidambaric lactone)，雷公藤内酯(wilforlide) A、B[1]；二萜类：(4aR,4bR,7S,8aR)-7-乙烯基-4,4a,4b,5,6,7,8,8a,9,10-十氢-8a-羟基-1,4a,7-三甲基-2(3H)-菲酮[(4aR,4bR,7S,8aR)-7-ethenyl-4,4a,4b,5,6,7,8,8a,9,10-decahydro-8a-hydroxy-1,4a,7-trimethyl-2(3H)-phenanthrenone][1]；倍半萜类：[3R-(3α,5β,5aα,6α,7α,9α,9aα,10R*)]-5a-[(乙酰氧基)甲基]

八氢-2,2,9-三甲基-2*H*-3,9a-甲醇基-1-氧杂环庚三烯-5,6,7,10-四醇-6,7,10-三乙酸酯-5-苯甲酸酯{[3*R*-(3*α*,5*β*,5a*α*,6*α*,7*α*,9*α*,9a*α*,10*R**)]-5a-[(acetyloxy)methyl]octahydro-2,2,9-trimethyl-2*H*-3,9a-methano-1-benzoxepin-5,6,7,10-tetrol-6,7,10-triacetate-5-benzoate},[3*R*-(3*α*,5*β*,5a*α*,6*α*,9*β*,9a*α*)]-八氢-2,2,5a,9-四甲基-2*H*-3,9a-甲醇基-1-氧杂环庚三烯-5,6,9-三醇-5,6-二苯甲酸酯{[3*R*-(3*α*,5*β*,5a*α*,6*α*,9*β*,9a*α*)]-octahydro-2,2,5a,9-tetramethyl-2*H*-3,9a-methano-1-benzoxepin-5,6,9-triol-5,6-dibenzoate},[3*R*-[3*α*,5*β*(*E*),5a*α*,6*α*,7*α*,9*α*,9a*S**,10*R**]]-3-苯基-6,7-二(乙酰氧基)-10-(苯甲酰氧基)八氢-2,2,5a,9-四甲基-2*H*-3,9a-甲醇基-1-氧杂环庚三烯-5-基-2-丙烯酸酯{[3*R*-[3*α*,5*β*(*E*),5a*α*,6*α*,7*α*,9*α*,9a*S**,10*R**]]-3-phenyl-6,7-bis(acetyloxy)-10-(benzoyloxy)octahydro-2,2,5a,9-tetramethyl-2*H*-3,9a-methano-1-benzoxepin-5-yl-2-propenoic acid ester},(2*E*)-(3*R*,5*S*,5a*S*,6*S*,9*S*,9a*S*,10*R*)-3-苯基-10-(乙酰氧基)-6-(苯甲酰氧基)八氢-9-羟基-2,2,5a,9-四甲基-2*H*-3,9a-甲醇基-1-氧杂环庚三烯-5-基-2-丙烯酸酯{(2*E*)-(3*R*,5*S*,5a*S*,6*S*,9*S*,9a*S*,10*R*)-3-phenyl-10-(acetyloxy)-6-(benzoyloxy)octahydro-9-hydroxy-2,2,5a,9-tetramethyl-2*H*-3,9a-methano-1-benzoxepin-5-yl-2-propenoic acid ester}[1]。

全草含蒽醌类：大黄素(emodin)[2]；三萜类：无羁萜(friedelin)，表无羁萜醇(epifriedelinol)[2]；脂肪醇类：卫矛醇(dulcitol)[2]。

注评　本种的根、根皮及树皮称"野杜仲"，果实称"野杜仲果"，在湖北、江西、浙江等地药用。苗族和藏族也药用，主要用途见功效应用项。同属植物八宝茶 Euonymus przewalskii Maxim.、冷地卫矛 E. frigidus Wall. 也同等药用。

化学成分参考文献

[1] Li CX, et al. *Nat Prod Res*, 2013, 27(19): 1716-1721.　　[2] Banskota, et al. *J Nepal Chem Soc,* 1995, 14: 20-27.

20. 肉花卫矛（中国高等植物图鉴）　野杜仲、土杜仲（中国高等植物图鉴），痰药（湖北），四棱子（浙江），金丝杜仲（江西）

Euonymus carnosus Hemsl. in J. Linn. Soc., Bot. 23(153): 118-119. 1886.（英 **Carnose Spindle-tree**）

落叶灌木或小乔木，高达 5 m。树皮灰黑色，纵裂，小枝圆柱形。叶对生，近革质，长圆状椭圆形、阔椭圆形、窄长圆形或长圆状倒卵形，长 5–15 cm，宽 3–8 cm，先端突尖或短渐尖，基部圆润，边缘有粗圆锯齿，无毛，侧脉细密；叶柄长达 2.5 cm。聚伞花序疏生叶腋，1–2 次分枝；花序梗长 3–5.5 cm；花 4 数，黄白色，直径约 1.5 cm；花萼稍肥厚；花瓣宽倒卵形，中央具皱褶条纹；雄蕊花

肉花卫矛 **Euonymus carnosus** Hemsl.
引自《中国高等植物图鉴》

肉花卫矛 **Euonymus carnosus** Hemsl.
摄影：周喜乐

丝极短，长在 1.5 mm 以下。蒴果近球形，直径约 1 cm，红紫色，有四棱，有时成翅状。种子具盔状红色肉质假种皮。花期 6 月，果期 9–10 月。

分布与生境 产于江苏、浙江、台湾、福建、安徽、江西、湖北东部和湖南东北部。生于海拔 300–900 m 的山坡、林缘、沟边岩缝或栽培于庭园中。日本也有分布。

药用部位 根、树皮、根皮、果、叶。

功效应用 软坚散结，祛风除湿，通经活络。用于淋巴结核，跌打损伤，腰痛，风湿痛，闭经，痛经。

化学成分 茎含三萜类：β-香树脂醇棕榈酸酯(β-amyrin palmitate)，β-香树脂醇(β-amyrin)，齐墩果酸(oleanolic acid)，$3\beta,22\alpha$-二羟基-12-齐墩果烯-29-酸($3\beta,22\alpha$-dihydroxy-12-oleanen-29-oic acid)，昆明山海棠萜酸▲(hypoglauterpenic acid)[1]，30-羟基羽扇豆-20(29)-烯-3-酮[30-hydroxylup-20(29)-en-3-one]，羽扇豆-20(30)-烯-3α,29-二醇[lup-20(30)-ene-3α,29-diol]，28-羟基羽扇豆-20(29)-烯-3-酮[28-hydroxylup-20(29)-en-3-one]，3-表羽扇豆醇(3-epilupeol)，3α,28-二羟基羽扇豆-20(29)-烯[3α,28-dihydroxylup-20(29)-ene]，羽扇豆醇(lupeol)，羽扇豆-20(29)-烯-3β,30-二醇[lup-20(29)-ene-3β,30-diol]，白桦脂醇(betulin)，30-降羽扇豆-3β-醇-20-酮(30-norlupan-3β-ol-20-one)，乳香醇▲ I (olibanumol I)，(20S)-3α-羟基羽扇豆-29-酸[(20S)-3α-hydroxylupan-29-oic acid]，(20S)-3α-乙酰氧基羽扇豆-29-酸[(20S)-3α-acetoxylupan-29-oic acid]，(20S)-3-氧代羽扇豆-29-酸[(20S)-3-oxolupan-29-oic acid]，(20R)-3α-羟基羽扇豆-29-酸[(20R)-3α-hydroxylupan-29-oic acid]，(20R)-30-降羽扇豆-3α,20-二醇[(20R)-30-norlupane-3α,20-diol]，(20R)-7β,29-二羟基羽扇豆-3-酮[(20R)-7β,29-dihydroxylupan-3-one]，(20R)-15α,29-二羟基羽扇豆-3-酮[(20R)-15α,29-dihydroxylupan-3-one]，7β,30-二羟基羽扇豆-20(29)-烯-3-酮[7β,30-dihydroxylup-20(29)-en-3-one]，15α,30-二羟基羽扇豆-20(29)-烯-3-酮[15α,30-dihydroxylup-20(29)-en-3-one]，3α-羟基羽扇豆-20(29)-烯-30-醛[3α-hydroxylup-20(29)-en-30-al]，3α-乙酰氧基-28,30-二羟基羽扇豆-20(29)-烯[3α-acetoxy-28,30-dihyroxylup-20(29)-ene]，3α-乙酰氧基-28-羟基-30-降羽扇豆-20-酮[3α-acetoxy-28-hydroxy-30-norlupan-20-one]，3α,28-二羟基-30-降羽扇豆-20-酮[3α,28-dihydroxy-30-norlupan-20-one]，3α-羟基-28-乙酰氧基-30-降羽扇豆-20-酮[3α-hydroxy-28-acetoxy-30-norlupan-20-one]，3α-羟基-30-降羽扇豆-18(19)-烯-20,21-二酮[3α-hydroxy-30-norlupan-18(19)-ene-20,21-dione][2]。

化学成分参考文献

[1] 胡新玲，等. 中国药物化学杂志，2011, 21(5): 394-396.　　　[2] Zhou J, et al. *J Nat Prod*, 2014, 77(2): 276-284.

21. 染用卫矛（中国高等植物图鉴）　阿于好（中国高等植物图鉴），脉瓣卫矛、银丝杜仲（云南），有色卫矛（中国植物志）

Euonymus tingens Wall. in Fl. Ind., ed. 1832. 2: 406. 1832.（英 **Tinged Spindle-tree**）

常绿小乔木或灌木，高 5–8 m。小枝紫黑色，近圆柱状，光滑。叶对生，厚革质，长圆状窄椭圆形，偶为窄倒卵形，长 2–7 cm，宽 1–3 cm，先端急尖或渐尖，基部阔楔形，边缘有极浅疏齿，侧脉 7–9 对。脉网下凹，使叶面呈皱缩状；叶柄长 5–8 mm。聚伞花序 1–5 花；花序梗长 1–2 cm；花 5 数；萼裂片长圆形；花瓣近肉质，白绿色带紫色脉纹，圆形或宽椭圆形；花盘极肥厚；雄蕊具细长花丝；子房长锥状，花柱细长，每室具 6–12 胚珠。蒴果倒锥形或近球形，直径 1.5 cm，有 5 棱，上部宽圆平截；花萼、花丝、柱头均宿存。种子每室 1–4，棕色或深棕色。假种皮橘黄色，厚而多皱纹，冠状覆盖种子的 1/2。

分布与生境 产于四川、云南、贵州、广西及西藏。生于海拔 2600–3600 m 的山间林中或沟边。印度也有分布。

药用部位 茎皮。

功效应用 云南丽江及四川盐源民间作杜仲代用品。用于腰膝酸软，关节疼痛。

化学成分 茎皮含三萜类：染用卫矛酮▲(tingenone)，20-羟基染用卫矛酮▲(20-hydroxytingenone)[1-2]，皂皮

染用卫矛 Euonymus tingens Wall.
引自《中国高等植物图鉴》

染用卫矛 Euonymus tingens Wall.
摄影：朱鑫鑫

树酸▲(quaillic acid)[3]；黄酮类：6-羟基-5-甲基-3',4',5'-三甲氧基橙酮-4-O-α-L-吡喃鼠李糖苷(6-hydroxy-5-methyl-3',4',5'-trimethoxyaurone-4-O-α-L-rhamnopyranoside)[3]。

注评 本种在云南大理、丽江、贡山一带称"土杜仲"，充"杜仲"药用，系"杜仲"的伪品；纳西族以其茎皮代替"杜仲"药用。

化学成分参考文献

[1] Krishnamoorthy V, et al. *Tetrahedron Lett*, 1962: 1047-1050.

[2] Brown PM, et al. *J Chem Soc, Perkin Transactions 1: Org Bio-Org Chem* (1972-1999), 1973, (22): 2721-2725.

[3] Sati SC, et al. *Universities' Journal of Phytochemistry and Ayurvedic Heights*, 2012, (12): 44-46.

22. 云南卫矛（中国高等植物图鉴补编） 金丝杜仲（植物名实图考、新华本草纲要），棉杜仲、黄皮杜仲（云南）

Euonymus yunnanensis Franch. in Bull. Bot. Soc. France 33: 454. 1886.——*E. decorus* W. W. Sm.（英 **Yunnan Spindle-tree**）

常绿或半常绿乔木，高达 12 m。叶对生，间有互生或 3 叶轮生，厚革质，窄倒卵形、窄椭圆形、椭圆形或倒卵形，稀线形，长 2.5–5 cm，宽 1–2 cm，先端急尖，基部窄楔形，叶缘具短尖，反卷似全缘状；叶柄长 3–8 mm。聚伞花序 1–3 花，偶为 5 花，花序梗长 1.5–2.5 cm，具 4 棱；小花梗与之等长或稍长，中央小花梗较长，长 1.5–2 cm；花较大，直径达 2 cm 以上，5 数，罕为 4 数，黄绿色；花萼基部短筒明显，萼片阔三角形，有 3 条纵脉；花瓣近圆形，长宽均达 8 mm；花盘略呈五角圆形，厚垫状，直径约 6 mm；花丝长约 4 mm，基部扩大；花药长约 2.5 mm，两侧开裂，顶端药隔具小突起；子房 5 角形，短阔，5 室，每室 4–10 胚珠，花柱长约 2 mm，柱头不膨大，隐见 5 浅裂。蒴果长大，倒圆锥状，5 浅裂，长 2–2.5 cm，直径约 1.5 cm，花盘及花萼宿存，每室 1 至数种子。种子椭圆形，长 6–7 mm，直径为 4–4.5 mm，假种皮红棕色，包被种子的一半或仅基部。花期 4 月，果期 6–7 月。

分布与生境 特产于我国云南、西藏。

药用部位　根皮、茎皮。

功效应用　用于风湿病，跌打损伤，胎动不安。

注评　本种的根及茎称"金丝杜仲"，在云南地区药用。本种与"杜仲"为不同的药材，应区别使用。景颇族用于治疗消化道出血。

云南卫矛 *Euonymus yunnanensis* Franch.
引自《中国高等植物图鉴》

云南卫矛 *Euonymus yunnanensis* Franch.
摄影：高贤明

23. 线叶卫矛（植物研究）　小接骨丹（新华本草纲要），黄皮杜仲、线叶金丝杜仲、刀口药、红皮杜仲（云南）

Euonymus linearifolius Franch. in Bull. Soc. Bot. France 33: 455. 1886.（英 **Linear-leaved Spindle-tree**）

　　本种与云南卫矛 *Euonymus yunnaneusis* Franch. 相似，不同之处为叶互生较对生多，叶片革质，长线形或椭圆线形，长 4.5–8 cm，宽 3–6 mm，先端常具一短针状刺突，聚伞花序常只 1–2 花。

分布与生境　产于云南（鹤庆、宾川、昆明、禄丰、华宁）。

药用部位　全株、枝皮。

功效应用　全株：补肾壮阳，舒筋活络，调经活血，止血，接骨。用于水肿，慢性肾炎，月经不调，闭经，风湿痛，骨折。枝皮：用于外伤出血。

注评　本种的根皮彝族药用，用于治疗脾胃不和，食积不化，胃寒疼痛，腹胀痞满。

24. 大果卫矛（中国高等植物图鉴） 黄槿（中国植物志），丝棉木（中药通报），白鸡槿（浙江），青得乃（广西苗族），梅风（广西），黑杜仲（江西、湖南）

Euonymus myrianthus Hemsl. in Bull. Misc. Inform. Kew 1893(80): 210. 1893.（英 **Myriad-flowered Spindle-tree**）

常绿灌木，高 1–6 m。叶对生，革质，倒卵形、窄倒卵形或窄椭圆形、阔披针形，长 5–13 cm，宽 3–4.5 cm，先端渐尖，基部楔形，边缘常呈波状或具明显钝锯齿，侧脉 5–7 对；叶柄长 5–10 mm。聚伞花序多聚生小枝上部，2–4 次分枝；花序梗长 2–4 cm，分枝渐短，小花梗长约 7 mm，均具 4 棱；花 4 数，黄色，直径达 1 cm；萼裂片近圆形；花瓣近倒卵形；花盘四角有圆形裂片；雄蕊着生于裂片中央的小突起上；花丝极短或无；子房锥状，花柱短。蒴果黄色，多为倒卵状，长 1.5 cm，直径约 1 cm，4 室，4 瓣开裂，每室 1 种子，有时不发育。种子近圆形，假种皮橘黄色。

分布与生境 产于长江以南流域各地，分布广阔。生于海拔 600–2400 m 的山坡、溪边、沟谷较湿润处。

药用部位 根、茎。

功效应用 补肾，活血，健脾利湿。用于肾炎，肾虚腰痛，产后恶露不净，跌打骨折，风湿痹痛，白带，口干，潮热。

大果卫矛 *Euonymus myrianthus* Hemsl.
引自《中国高等植物图鉴》

大果卫矛 *Euonymus myrianthus* Hemsl.
摄影：梁同军 刘全儒

注评 本种的根及茎称"大果卫矛"，在广西、浙江等地药用。瑶族、苗族也药用，主要用途见功效应用项。

25. 矩叶卫矛（中国高等植物图鉴） 黄心卫矛（四川），鸡血蓝（贵州），白鸡肫（福建）

Euonymus oblongifolius Loes. et Rehder in Pl. Wilson. 1(3): 486. 1913.（英 **Oblong-leaved Spindle-tree**）

常绿灌木或小乔木，高 2–10 m。叶对生，薄革质，光亮，长圆状椭圆形、窄椭圆形或长圆状倒卵形，稀为长圆状披针形，长 5–16 cm，宽 2–4.5 cm，先端渐尖，边缘有细浅锯齿，脉网明显；叶柄长

矩叶卫矛 *Euonymus oblongifolius* Loes. et Rehder
引自《中国高等植物图鉴》

矩叶卫矛 *Euonymus oblongifolius* Loes. et Rehder
摄影：刘全儒

5–8 mm。聚伞花序多次分枝；花序梗较长，多为 2–5 cm，分枝稍平展，二分枝间的中央小梗较两侧花小梗为短；小聚伞 3 花的小花梗等长；花 4 数，淡绿色，直径约 5 mm；萼裂片半圆形，细小；花瓣近圆形；花盘方形；雄蕊近无花丝；子房每室 2–6 胚珠，花柱不明显。蒴果黄色，倒圆锥状，长约 1 cm，上部直径约 8 mm，有明显 4 棱或 4 浅裂，顶部平；每室种子 1–2，稀 3 个发育成熟。种子近球状，直径约 3 mm。花期 5–6 月，果期 8–10 月。

分布与生境　产于浙江、福建、江西、安徽、湖南、湖北、四川、云南、贵州、广西、广东。生于海拔 500–1400 m 的山谷及近水阴湿处。

药用部位　根、果实。

功效应用　止血，泻热。用于鼻出血。有小毒。

化学成分　茎含木脂素类：(+)-(7*R*,8*R*)-4-羟基-3,3',5'-三甲氧基-8',9'-二降-8,4'-氧代新木脂素-7,9-二醇-7'-醛[(+)-(7*R*,8*R*)-4-hydroxy-3,3',5'-trimethoxy-8',9'-dinor-8,4'- oxyneoligna-7,9-diol-7'-aldehyde]，(-)-(7*S*,8*R*)-4-羟基-3,3',5'-三甲氧基-8',9'-二降-8,4'-氧代新木脂素-7,9-二醇-7'-醛[(-)-(7S,8R)-4-hydroxy-3,3',5'-trimethoxy-8', 9'-dinor-8,4'-oxyneoligna-7,9-diol-7'-aldehyde][1]。

化学成分参考文献

[1] Li F, et al. *J Asian Nat Prod Res*, 2012, 14(8): 755-758.

26. 矮卫矛（中国高等植物图鉴）　姬卫矛（新编拉汉英植物名称）

Euonymus nanus M. Bieb. in Fl. Taur.——Caucas. 3: 160. 1819.（英 **Dwarf Spindle-tree**）

矮小灌木，直立或匍匐，高约 1 m。枝条绿色，具多数纵棱。叶互生或三叶轮生，稀兼有对生，线形或线状披针形，长 1.5–3.5 cm，宽 2.5–6 mm，先端钝，具有短刺尖，基部钝或渐窄，边缘具稀疏短刺齿，常反卷，主脉明显，侧脉不明显；近无柄。聚伞花序 1–3 花；花序梗细长丝状，长 2–3 cm，小花梗丝状，长 8–15 mm，紫棕色；花 4 数，紫绿色，直径 7–8 mm；雄蕊无花丝；子房每室 3–4 胚珠。蒴果粉红色，扁圆，直径约 9 mm，4 浅裂。种子稍扁球形，棕色；假种皮橘红色，包被种子的一半。花期5–7月，果期8–9月。

分布与生境 产于内蒙古、山西、陕西、宁夏、甘肃、青海、西藏。哈萨克斯坦及格鲁吉亚也有分布。

药用部位 根、树皮。

功效应用 祛风除湿。用于风寒湿痹，关节肿痛，肢体麻木。

化学成分 果实含倍半萜类：1β-异丁酰氧基-2β,6α,15-三乙酰氧基-9α-苯甲酰氧基-4α-羟基-二氢-β-沉香呋喃（1β-isobutyryloxy-2β,6α,15-triacetoxy-9α-benzoyloxy-4α-hydroxy-dihydro-β-agarofuran），1β-(2-甲基丁酰氧基)-2β,6α,15-三乙酰氧基-9α-苯甲酰氧基-4α-羟基-二氢-β-沉香呋喃[1β-(2-methylbutyryloxy)-2β,6α,15-triacetoxy-9α-benzoyloxy-4α-hydroxy-dihydro-β-agarofuran]，1β,2β,6α,15-四乙酰氧基-9α-苯甲酰氧基-4α-羟基-二氢-β-沉香呋喃（1β,2β,6α,15-tetraacetoxy-9α-benzoyloxy-4α-hydroxy-dihydro-β-agarofuran）[1]，卫矛酯胺▲（evonimine），卫矛羰碱（evonine），1β,2β-二异丁酰氧基-6α,15-二乙酰氧基-9α-苯甲酰氧基-4α-羟基-二氢-β-沉香呋喃(1β,2β-diisobutanoyloxy-6α,15-diacetoxy-9α-benzoyloxy-4α-

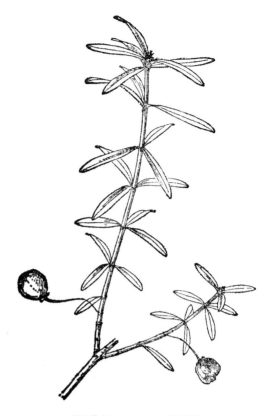

矮卫矛 Euonymus nanus M. Bieb.
引自《中国高等植物图鉴》

矮卫矛 Euonymus nanus M. Bieb.
摄影：黄健 朱仁斌

hydroxy-dihydro-β-agarofuran），1β,6α,15-三乙酰氧基-2β,9α-二苯甲酰氧基-二氢-β-沉香呋喃(1β,6α,15-triacetoxy-2β,9α-dibenzoyloxy-dihydro-β-agarofuran)，1β,2β,6α,15-四乙酰氧基-9α-烟酰氧基-二氢-β-沉香呋喃(1β,2β,6α,15-tetraacetoxy-9α-nicotinoyloxy-dihydro-β-agarofuran)，1β,2β,6α,15-四乙酰氧基-9α-苯甲酰氧基-二氢-β-沉香呋喃(1β,2β,6α,15-tetraacetoxy-9α-benzoyloxy-dihydro-β-agarofuran)[2]。

化学成分参考文献

[1] Hohmann J, et al. *Phytochemistry*, 1994, 35(5): 1267-1270.　　[2] Hohmann J, et al. *J Nat Prod*, 1995, 58(8): 1192-1199.

27. 中亚卫矛（新疆植物名录） 新疆卫矛、新疆鬼见羽（新疆），沣垲起利（维吾尔族）

Euonymus semenovii Regel et Herder in Bull. Soc. Imp. Naturalistes Moscou 39(1): 557. 1866.（英 **Semenov Spindle-tree**）

　　小灌木，高 0.3–1.5 m。枝条常具 4 条栓棱或窄翅。叶对生，卵状披针形、窄卵形或线形，长 1.5–6 cm，宽 4–25 mm，先端渐窄，基部圆形或楔形，边缘有细密浅锯齿，侧脉 7–10 对，密接，细弱；叶柄长 3–6 mm。聚伞花序多具 2 次分枝，7 花，少为 3 花；花序梗细长，长 2–4 cm，分枝长，中央小花梗明显较短；花 4 数，紫棕色，直径约 5 mm；雄蕊无花丝，着生在花盘四角的突起上；子房无花柱，柱头平坦，微 4 裂，在中央呈十字沟状。蒴果呈倒心状，4 浅裂，长 7–10 mm，直径 9–12 mm，顶端浅心形，基部骤窄缩成短柄状。种子黑棕色，假种皮橘黄色，包被种子大部，近顶端一侧开裂。

分布与生境　产于新疆西部（伊犁、霍城及巩留天山一带）。生于海拔 2000 m 以下的山地阴处林下或灌木林丛中。哈萨克斯坦和土耳其也有分布。

药用部位　带翅的嫩枝。

功效应用　用于产后瘀血腹痛，闭经，关节炎，痈疮红肿。

中亚卫矛 **Euonymus semenovii** Regel et Herder
宗维城　绘

中亚卫矛 **Euonymus semenovii** Regel et Herder
摄影：汪远

28. 八宝茶（中国高等植物图鉴） 甘青卫矛（青海）

Euonymus przewalskii Maxim. in Bull. Acad. Imp. Sci. Saint-Petersbourg 27: 451. 1881.（英 **Przewalsk Spindle-tree**）

　　落叶小灌木，高 1–5 m。茎枝常具 4 棱栓翅，小枝具 4 窄棱。叶对生，窄卵形、窄倒卵形或长圆状披针形，长 1–4 cm，宽 5–15 mm，先端急尖，基部楔形或近圆形，边缘有细密浅锯齿，侧脉 3–5 对；叶柄长 1–3 mm。聚伞花序多为一次分枝，3 花或达 7 花；花序梗细长丝状，长 1.5–2.5 cm；小花梗长 5–6 mm，中央小花梗与两侧小花梗等长；花 4 数，深紫色，偶带绿色，直径 5–8 mm；萼裂片近圆形；花瓣卵圆形；花盘微 4 裂；雄蕊无花丝，着生于花盘四角的突起上；子房无花柱，柱头稍圆，每室 2–6 胚珠。蒴果紫色，扁倒锥状或近球形，顶端 4 浅裂，长 5–7 mm，最宽部径为 5–7 mm。

种子黑紫色，橘色假种皮包被种子基部或至中部。花期6-7月，果期7-9月。

分布与生境　产于河北、陕西、甘肃、新疆、青海、四川、云南、西藏。生于海拔 2600-3500 m 的山坡灌丛、林缘或林中。

药用部位　枝。

功效应用　活血破瘀，通络止痛。用于产后瘀血腹痛，月经不调，经闭，关节痛，跌打肿痛，偏瘫，痈肿。

注评　本种带翅的枝称"八宝茶"，在青海等地药用。本种及同属植物冷地卫矛 Euonymus frigidus Wall.、大花卫矛 E. grandiflorus Wall. 为藏药，药用其茎枝皮及带翅小枝，主要用途见功效应用项。

八宝茶 **Euonymus przewalskii** Maxim.
引自《中国高等植物图鉴》

八宝茶 **Euonymus przewalskii** Maxim.
摄影：张英涛 刘全儒

29. 白杜（亨利氏中国植物名录）　丝棉木、桃叶卫矛（中国树木分类学），明开夜合（亨利氏中国植物名录），合欢花（华北、东北、山东），野杜仲（湖北、浙江），白桃树（上海、浙江），南仲根（浙江）

Euonymus maackii Rupr. in Bull. Cl. Phys.——Math. Acad. Imp. Sci. Saint-Pétersbourg 15: 358. 1857.——*E. bungeanus* Maxim.（英 **Maack Spindle-tree**）

落叶小乔木，高达 6 m。小枝圆柱形。叶对生，卵状椭圆形、卵圆形或窄椭圆形，长 4-8 cm，宽 2-5 cm，先端长渐尖，基部阔楔形或近圆形，边缘具细锯齿，有时深而锐利；叶柄常细长，长 1.5-3.5 cm，但有时较短；聚伞花序 1-2 次分枝，有 3-7 花，花序梗略扁，长 1-2 cm；花 4 数，淡白绿色或黄绿色，直径约 8 mm；小花梗长 2.5-4 mm；萼裂片半圆形；花瓣长圆状倒卵形；雄蕊生于 4 圆裂花盘上，花丝细长，长 1-2 mm，花药紫红色；子房四角形，4 室，每室 2 胚珠。蒴果粉红色，倒卵心状，4 浅裂，长 6-8 mm，直径为 9-10 mm。种子长椭圆状，长 5-6 mm；假种皮橘红色，全包种子。花期 5-6 月，果期 9 月。

分布与生境 产地广阔，黑龙江、吉林、辽宁、内蒙古、山西、陕西、河南、河北、山东、江苏、浙江、福建、江西、湖北、湖南、广东、贵州及四川等地均有，但长江以南地区常以栽培为主。生于路边、山坡林边等处。朝鲜、俄罗斯东西伯利亚及远东地区也有分布。

药用部位 根、茎皮、叶、果实。

功效应用 根、茎皮：清热解毒，祛风湿，活血通络。用于血栓闭塞性脉管炎，风湿性关节炎，腰痛，跌打伤肿，肺痈，衄血，痔疮，疔疮肿毒。叶：清热解毒。用于漆疮，痈肿。果实：用于失眠，神经衰弱。

化学成分 叶含黄酮类：蜡梅苷(meratin)，槲皮苷(quercetrin)，异槲皮苷(isoquercitrin)，槲皮黄苷(quercimeritrin)，槲皮素-3-*O*-α-L-吡喃鼠李糖基-7-*O*-β-D-吡喃葡萄糖苷(quercetin-3-*O*-α-L-rhamnopyranosyl-7-*O*-β-D-glucopyranoside)，槲皮素-3-*O*-α-D-吡喃木糖基-7-*O*-β-D-吡喃葡萄糖苷(quercetin-3-*O*-α-D-xylopyranosyl-7-*O*-β-D-glucopyranoside)，槲皮素-3,7-二-*O*-β-D-吡喃葡萄糖苷(quercetin-3,7-di-*O*-β-D-glucopyranoside)[1]。

种子含倍半萜类：1β-(α-甲基丁酰氧基)-2β,9α-二(β-呋喃酰氧基)-4α-羟基-6α,13-二乙酰氧基-β-二氢沉香呋喃[1β-(α-methylbutyroyloxyl)-2β,9α-di(β-furoyloxy)-4α-hydroxy-6α,13-diacetoxy-β-dihydroagarofuran]，1β,9α-二(β-呋喃酰

白杜 Euonymus maackii Rupr.
引自《浙江植物志》

白杜 Euonymus maackii Rupr.
摄影：张英涛 刘全儒 周繇

氧基)-2β,6α,13-三乙酰氧基-4α-羟基-β-二氢沉香呋喃[1β,9α-di(β-furoyloxy)-2β,6α,13-triacetoxy-4α-hydroxy-β-dihydroagarofuran]，1β,9α-二(β-呋喃氧基)-2β-(α-甲基丁酰氧基)-6α,13-二乙酰氧基-4α-羟基-β-二氢沉香呋喃[1β,9α-di(β-furoyloxy)-2β-(α-methylbutyroyloxyl)-6α,13-diacetoxy-4α-hydroxy-β-dihydroagarofuran]，1β,2β,9α-三(β-呋喃酰氧基)-4α-羟基-6α,13-二乙酰氧基-β-二氢沉香呋喃[1β,2β,9α-tri(β-furoyloxy)-4αhydroxy-6α,13-diacetoxy-β-dihydroagarofuran]，1β,8β-二苯甲酰氧基-2β-羟基-6α,9β,13-三乙酰氧基-β-二氢沉香呋喃(1β,8β-dibenzoyloxy-2β-hydroxy-6α,9β,13-triacetoxy-β-dihydroagarofuran)[2]。

注评　本种的根或树皮称"丝绵木"，叶称"丝绵木叶"，在贵州、安徽、浙江、上海、山东、内蒙古、黑龙江等地药用。本种的果实在河北、甘肃等地作"合欢花"用，系"合欢花"的伪品。本种的树皮曾在浙江、贵州、华北地区、湖北、湖南等地伪充"杜仲"用，系"杜仲"的伪品之一；其树皮折断面微有白色胶丝，但无弹性，拉之即断；横切面皮层薄壁细胞中含大量草酸钙簇晶，纤维束众多而无石细胞，易与"杜仲"相区别。苗族、蒙古族也药用本种，主要用途见功效应用项。

化学成分参考文献

[1] Olechnowicz S, et al. *Dissertationes Pharmaceuticae et Pharmacologicae*, 1970, 22(4): 223-229.

[2] 涂永强，等. 兰州大学学报（自然科学版），1992, 28(3): 173-176.

30. 西南卫矛（中国高等植物图鉴）　桃叶卫矛（本草纲目），明开夜合（盛京通志），白皮土杜仲（贵州），八树条（湖北）

Euonymus hamiltonianus Wall., Fl. Ind., ed. 1820 2: 403.1824.（英 **Hamilton Spindle-tree, Hamilton Euonymus**）

　　落叶小乔木，高 5-6 m。枝条无栓翅，但小枝上有极窄的木栓棱。叶对生，卵状椭圆形、长圆状椭圆形或椭圆状披针形，长 7-12 cm，宽 3-7 cm，先端急尖或钝，基部楔形或圆，边缘具浅波状钝圆锯齿，侧脉 7-9 对；叶柄粗长，长达 5 cm。聚伞花序有 5 至多花；花序梗长 1-2.5 cm；花 4 数，白绿色，直径 1-1.2 cm；花萼裂片半圆形；花瓣长圆形或倒卵状长圆形；雄蕊花丝细长，生于扁方形花盘边缘上；子房具花柱，4 室。蒴果粉红色带黄色，较大，倒三角形或倒卵圆形，直径 1-1.5 cm，每室1-2 种子。种子棕红色，有橘红色假种皮。花期 5-6 月，果期 9-10 月。

分布与生境　产于甘肃、陕西、四川、云南、贵州、西藏、湖南、湖北、安徽、江西、浙江、福建、广东、广西。生于海拔 2000-2600 m 的山地林中。向南分布至印度。

药用部位　根、根皮、茎皮、枝叶、果实。

功效应用　用于鼻出血，血栓闭塞性脉管炎，风湿痹痛，跌打损伤，漆疮。

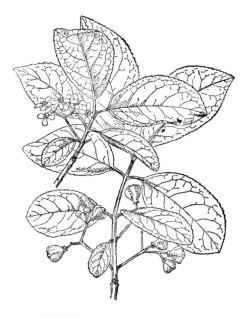

西南卫矛 Euonymus hamiltonianus Wall.
引自《中国高等植物图鉴》

西南卫矛 Euonymus hamiltonianus Wall.
摄影：何顺志

化学成分 茎皮含三萜类：19α-欧洲栲木-5-烯-19-醇(19α-glutin-5-ene-19-ol)，2β,15α,21β-欧洲栲木-11-烯-2,15,21-三醇(2β,15α,21β-glutin-11-en-2,15,21-triol)，2β,19α-欧洲栲木-7,21-二烯-2,19-二醇(2β,19α-glutin-7,21-dien-2,19-diol)[1]。

地上部分含黄酮类：木犀草素-7-甲醚(luteolin-7-methyl ether)[2]；香豆素类：卫矛二醇▲(euonidiol)，卫矛尼苷▲(euoniside)[2-3]；酚、酚酸类：β-香豆酸(β-coumaric acid)，2,5-二羟基苯甲酸(2,5-dihydroxybenzoic acid)，原儿茶酸(protocatechuic acid)[4]，没食子酸(galic acid)，水杨酸(salicylic acid)[5]；三萜类：蒲公英赛酮(taraxerone)，2β,3β-二羟基齐墩果-12-烯(2β,3β-dihydroxyolean-12-ene)[5]，无羁萜(friedelin)，无羁萜-3β-醇(friedelan-3β-ol)[6]；其他类：卫矛醇(dulcitol)，蜡酸(cerotic acid)[5]，杜仲胶(gutta percha)[6]。

化学成分参考文献

[1] Tantray MA, et al. *Chem Nat Compd*, 2009, 45(3): 377-380.

[2] Tantray MA, et al. *Chem Nat Compd*, 2008, 44(1): 10-12.

[3] Tantray MA, et al. *Fitoterapia*, 2008, 79(3): 234-235.

[4] Zbikowska B, et al. *Beitraege zur Zuechtungsforschung*,

1996, 2(1): 396-399.

[5] Pant RR, et al. *J Nepal Chem Soc*, 1993, 12: 1-5.

[6] B AH, et al. *J Nepal Chem Soc*, 1995, 14: 20-27.

31. 小果卫矛（中国高等植物图鉴）

Euonymus microcarpus (Oliv. ex Loes.) Sprague in Bull. Misc. Inform. Kew 35.1908.（英 **Small-fruited Spindle-tree**）

常绿灌木或小乔木，高 2–6m。幼枝微具 4 棱。叶对生，薄革质，椭圆形、卵形或宽倒卵形，长 4–7 cm，宽 2.5–4 cm，先端急尖或短渐尖，基部楔形或宽楔形，边缘有微齿或近全缘；叶柄长 8–20 mm。聚伞花序 1–4 次分枝，花序梗长 2–4 cm，分枝稍短；小花梗长 2–5 mm；花 4 数，黄绿色，直径 6–9 mm；萼裂片扁圆，常有短缘毛；花瓣近圆形；花盘方圆；雄蕊生长在花盘边缘处，花丝长约 1.5 mm；子房花柱极短，柱头小，有时退化不育。蒴果棕红色，长圆状，4 浅裂，裂片向外平展，长 5–10 mm。种子红棕色，长圆状，长约 5 mm，外被橘黄色假种皮。花期 4–5 月，果期 10 月。

小果卫矛 Euonymus microcarpus (Oliv. ex Loes.) Sprague
引自《中国高等植物图鉴》

小果卫矛 **Euonymus microcarpus** (Oliv. ex Loes.) Sprague
摄影：刘冰

分布与生境 产于湖北、陕西、四川、云南。生于海拔 350–1000 m 的山地中，多在山坡、河边的杂树林中。

药用部位 根。

功效应用 活血祛瘀，祛风除湿。用于跌打损伤，风湿腰痛。

32. 栓翅卫矛（中国高等植物图鉴） 鬼见羽、白檀子、八肋木（宁夏），翅卫矛（高原中草药）

Euonymus phellomanus Loes. in Bot. Jahrb. Syst. 29(3-4): 444. 1900.（英 **Cork-winged Spindle-tree**）

落叶灌木，高 3–4 m。枝条硬直，常有 4 纵列木栓厚翅，在老枝上宽达 5–6 mm。叶对生，长椭圆形或椭圆状倒披针形，长 6–11 cm，宽 2–4 cm，先端窄长渐尖，基部楔形，边缘具细密锯齿；叶柄长 8–15 mm。聚伞花序 2–3 次分枝，有花 7–15 朵；花序梗长 1–1.5 cm，第一次分枝长 2–3 mm，第二次分枝极短或近无；小花梗长达 5 mm；花 4 数，白绿色，直径约 8 mm；萼裂片近圆形；花瓣倒卵形或卵状长圆形；雄蕊花丝长 2–3 mm；花柱短，长 1–1.5 mm，柱头圆钝，不膨大，子房半球形。蒴果粉红色，具 4 棱，倒圆心状，长 7–9 mm，直径达 1 cm。种子椭圆状，长 5–6 mm，直径 3–4 mm，种皮棕色；假种皮橘红色，包被种子全部。花期 7 月，果期 9–10 月。

分布与生境 产于甘肃、陕西、河南、湖北、山西、宁夏和四川北部。生于海拔 1700–3300 m 的山谷林中。

药用部位 枝皮。

功效应用 破血落胎，调经。用于月经不调，产后血瘀腹痛，血崩，风湿疼痛。

化学成分 根皮含倍半萜类：疣点卫矛碱▲(euoverrine) A、B，栓翅卫矛碱▲(euophelline)，冬青卫矛碱C (euojaponine C)[1]。

种子含倍半萜类：$1\beta,2\beta,6\alpha$-三乙酰氧基-4α-羟基-9α-苯甲酰氧基-15-(α-甲基)丁酰氧基-β-二氢沉香呋喃

栓翅卫矛 *Euonymus phellomanus* Loes.
引自《中国高等植物图鉴》

栓翅卫矛 *Euonymus phellomanus* Loes.
摄影：刘全儒

[1β,2β,6α-triacetoxy-4α-hydroxy-9α-benzoyloxy-15-(α-methyl)butyroyloxy-β-dihydroagarofuran]，1β,2β,6α-三乙酰氧基-4α-羟基-9α-(β-呋喃甲酰基)-15-(α-甲基)丁酰氧基-β-二氢沉香呋喃[1β,2β,6α-triacetoxy-4α-hydroxy-9α-(β)-furancarboxy-15-(α-methyl)butyroyloxy-β-dihydroagarofuran]，1β,2β,9β-三苯甲酰氧基-4α-羟基-6α,15-二乙酰氧基-β-二氢沉香呋喃[1β,2β,9β-tribenzoyloxy-4α-hydroxy-6α,15-diacetoxy-β-dihydroagarofuran]，1β,8β-二苯甲酰氧基-2β,6α,9β,15-四乙酰氧基-β-二氢沉香呋喃(1β,8β-dibenzoyloxy-2β,6α,9β,15-tetraacetoxy-β-dihydroagarofuran)，1β,8β-二苯甲酰氧基-2β-羟基-6α,9β,15-三乙酰氧基-β-二氢沉香呋喃(1β,8β-dibenzoyloxy-2β-hydroxy-6α,9β,15-triacetoxy-β-dihydroagarofuran)，1β-羟基-2β,6α,9β,15-四乙酰氧基-8β-苯甲酰氧基-β-二氢沉香呋喃(1β-hydroxy-2β,6α,9β,15-tetraacetoxy-8β-benzoyloxy-β-dihydroagarofuran)，1β,2β-二苯甲酰氧基-4α-羟基-6α,9α,15-三乙酰氧基-β-二氢沉香呋喃(1β,2β-dibenzoyloxy-4α-hydroxy-6α,9α,15-triacetoxy-β-dihydroagarofuran)，1β-(β-)呋喃甲酰氧基-2β,6α-二乙酰氧基-4α-羟基-9α,15-二(α-甲基)丁氧基-β-二氢沉香呋喃[1β-(β-)furancarboxy-2β,6α-diacetoxy-4α-hydroxy-9α,15-di(α-methyl)butanoyl-β-dihydroagarofuran]，1β-苯甲酰氧基-2β,6α-二乙酰氧基-4α-羟基-9α,15-二(α-甲基)丁氧基-β-二氢沉香呋喃[1β-benzoyloxy-2β,6α-diacetoxy-4α-hydroxy-9α,15-di(α-methyl)butanoyl-β-dihydroagarofuran][2]。

全草含倍半萜类：1α,2α,6β-三乙酰氧基-4β-羟基-9β-苯甲酰氧基-15-(α-甲基丁酰氧基)-β-二氢沉香呋喃[1α,2α,6β-triacetoxy-4β-hydroxy-9β-benzoyloxy-15-(α-methylbutyroyloxyl)-β-dihydroagarofuran]，1α,2α,6β-三乙酰氧基-4β-羟基-9β-(β-呋喃甲酰氧基)-15-(α-甲基丁酰氧基)-β-二氢沉香呋喃[1α,2α,6β-triacetoxy-4β-hydroxy-9β-(β-furancarboxy)-15-(α-methylbutyroyloxyl)-β-dihydroagarofuran][3]。

注评　本种的枝皮称"翅卫矛"，在宁夏等地药用。其带翅嫩枝在四川也作"鬼箭羽"药用。羌族药用其树皮，主要用途见功效应用项。

化学成分参考文献

[1] Zhu J B, et al. *Phytochemistry*, 2002, 61(6): 699-704.

[2] Wang H, et al. *Pharmazie*, 2001, 56(11): 889-891.

[3] Wang H, et al. *Chin Chem Lett*, 2000, 11(4): 331-332.

33. 瘤枝卫矛（中国植物志）

Euonymus verrucosus Scop. in Fl. Carniol. (ed. 2) 1: 166. 1772.

模式变种产于欧洲，我国不产。

33a. 少花瘤枝卫矛（变种）（中国植物志）

Euonymus verrucosus Scop. var. **pauciflorus** (Maxim.) Regel in Mém. Acad. Imp. Sci. Saint-Pétersbourg (Sér. 7) 4(4): 41. 1861.（英 **Few-flowered verrocose Spindle-tree**）

落叶灌木，高 1–3 m。小枝常被黑褐色长圆形木栓质扁瘤突。叶对生，纸质，倒卵形或长圆倒卵形，长 3–6 cm，宽 1.5–3.5 cm，先端长渐尖，基阔楔形或近圆形，边缘有细密锯齿，侧脉 4–7 对，纤细，叶片两面被密柔毛；叶近无柄。聚伞花序 1–3 花，少有 4–5 花；花序梗细长，长 2–3 cm，小花梗长约 3 mm，中央花近无梗；花 4 数，紫红色或红棕色，直径 6–8 mm；萼片有缘毛；花瓣近圆形；花盘扁平圆形；雄蕊着生于花盘近边缘处，无花丝；子房大部生于花盘内，柱头小。蒴果黄色或极浅黄色，倒三角状，上部 4 裂，直径约 8 mm，每室 1–2 种子。果序梗细长，长 2.5–6 cm，小果梗长 3–5 mm。种子长圆状，长约 6 mm，棕红色；假种皮红色，包围种子全部。

分布与生境　产于黑龙江、吉林（延边）和辽宁。生于山地树林中。俄罗斯（远东地区）及朝鲜也有分布。

药用部位　茎皮。

功效应用　用于风湿证，跌打损伤。

化学成分 种子含脂肪酸类：亚麻酸(linolenic acid)，油酸(oleic acid)，亚油酸(linoleic acid)[1]，(S)-1,2-二酰基-3-甘油乙酸酯[(S)-1,2-diacyl-3-acetin][2]，棕榈酸，硬脂酸[3]。

注评 本种的嫩枝苗族用于治疗疟疾发作，崩漏，产后败血，狂犬咬伤。

化学成分参考文献

[1] Simonova NI, et al. *Zhurnal Prikladnoi Khimii*, 1959, 32: 1637-1640.

[2] Kleiman R, et al. *Lipids*, 1967, 2(6): 473-478.

[3] Sergeeva NV, et al. *Pyatigorskii Farmatsevticheskii Institut*, 1967, 6(1): 127-130.

少花瘤枝卫矛 Euonymus verrucosus Scop. var. **pauciflorus** (Maxim.) Regel
引自《中国高等植物图鉴》

33b. 中华瘤枝卫矛（变种）

Euonymus verrucosus Scop. var. **chinensis** Maxim. in Trudy Imp. S.——Peterburgsk. Bot. Sada 11(1): 96-97. 1889.（英 **Chinese Verrucose Spindle-tree**）

灌木，高 1–2 m，与少花瘤枝卫矛的区别为：花较多，可达 7；小聚伞 3 花具近等长的小花梗；叶椭圆形或卵形，叶柄稍长，多为 3–5 mm。

分布与生境 产于陕西（太白山、周至、佛坪、南五台）、甘肃（平凉崆峒山、天水麦积山）。生于海拔 1000–1700 m 的山地杂林中。

中华瘤枝卫矛 Euonymus verrucosus Scop. var. **chinensis** Maxim.
摄影：刘全儒

药用部位　茎皮。

功效应用　用于风湿证，跌打损伤。

化学成分　叶含黄酮类：山柰酚-3-*O*-*β*-D-吡喃葡萄糖苷(kaempferol-3-*O*-*β*-D-glucopyranoside)，山柰酚-3-*O*-*β*-D-吡喃葡萄糖苷-7-*O*-*α*-L-吡喃鼠李糖苷(kaempferol-3-*O*-*β*-D-glucopyranoside-7-*O*-*α*-L-rhamnopyranoside)[1]，山柰酚-3,7-二-*O*-*α*-L-吡喃鼠李糖苷(kaempferol-3,7-di-*O*-*α*-L-rhamnopyranoside)[2-3]。

化学成分参考文献

[1] Olechnowicz S, et al. *Dissertationes Pharmaceuticae et Pharmacologicae*, 1968, 20(1): 73-79.

[2] Sergeeva NV. *Farrnatsevt Inst*, 1961, 5: 59-65.

[3] Sergeeva NV. *Rastitel'nye Resursy*, 1966, 2(4): 536-539.

34. 木果卫矛（植物分类学报）

Euonymus xylocarpus C. Y. Cheng et Z. M. Gu in Acta Phytotax. Sin. 3(2): 178. 1993.（英 **Xylocarpous Spindle-tree**）

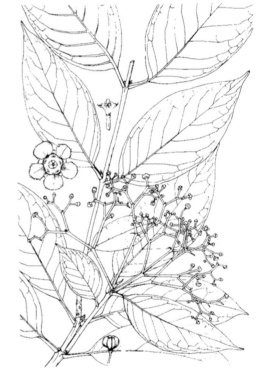

　　常绿乔木，高 7-15 m。叶对生，革质，长圆形、长圆状椭圆形或窄卵形，稀披针形，长 10-26 cm，宽 4-14 cm，先端尖或短渐尖，稀渐尖，基部楔形稀近圆，边缘稍反卷，中部以上全缘，中上部具疏锯齿，侧脉 7-9 对，两面隆起；叶柄粗，长 1-2.5 cm。聚伞花序 4-6 次分枝；花序梗长 2-7 cm；小花梗 2-3.5 mm；花 5 数，直径约 10 mm，白色；萼片不等长；花瓣阔倒卵形或阔长圆形，边缘短流苏状；花盘肉质，5 裂，雄蕊着生其边缘上。蒴果倒圆锥形，5 裂，直径约 1 cm，顶端截形，凹陷；每室具种子 1-2。种子基部具假种皮。

分布与生境　产于云南（盈江、旧城）。生于海拔 1200 m 的林中。

药用部位　茎皮。

功效应用　云南盈江地区以此代杜仲使用。用于腰膝酸痛，风湿疼痛。

木果卫矛 *Euonymus xylocarpus* C. Y. Cheng et Z. M. Gu
冯先洁　绘

35. 疏花卫矛（中国高等植物图鉴）　五稔子、佛手仔（中国高等植物图鉴），丝棉木（福建），土杜仲、山杜仲（广东），水牛七、四季青（广西），堵仲木（壮语），烧炮木（瑶语）

Euonymus laxiflorus Champ. ex Benth. in Hooker's J. Bot. Kew Gard. Misc. 3: 333. 1851.（英 **Loose-flowered Spindle-tree, Taiwan Euonymus**）

　　常绿灌木，高达 4 m。叶对生，纸质或近革质，卵状椭圆形、长圆状椭圆形或窄椭圆形，长 5-12 cm，宽 2-6 cm，先端钝渐尖，基部阔楔形或稍圆，全缘或具有不明显锯齿，侧脉少且不明显；叶柄长 3-5 mm。聚伞花序分枝疏松，5-9 花；花序梗长约 1 cm；花 5 数，紫色，直径约 8 mm；萼片边缘常具紫色短睫毛；花瓣长圆形，基部窄；花盘 5 浅裂，裂片钝；雄蕊无花丝；子房无花柱，柱头圆。蒴果紫红色，倒圆锥状，长 7-9 mm，直径约 9 mm，顶端稍平截。种子长圆形，长 5-9 mm，直径 3-5 mm，枣红色；假种皮橙红色，浅杯状，高仅 3 mm，包被种子基部。花期 3-6 月，果期 7-11 月。

分布与生境 产于台湾、福建、江西、湖南、香港、广东及沿海岛屿、广西、贵州、云南。生于山上、山腰及路旁密林中。也分布于越南。

药用部位 根、茎皮、叶。

功效应用 根、茎皮：益肾气，祛风湿，强筋骨，健腰膝。用于水肿，风湿骨痛，腰膝酸痛，跌打损伤，骨折。叶：用于骨折，跌打损伤，外伤出血。

化学成分 树皮含三萜类：羽扇豆醇(lupeol)，无羁萜(friedelin)，羽扇豆酮(lupeone)[1]；环烯醚萜类：京尼平苷酸(geniposidic acid)[1]；木脂素类：(+)-松脂酚[(+)-pinoresinol]，(8R,8'R,9R)-荜澄茄素[(8R,8'R,9R)-cubebin]，(8R,8'R,9S)-荜澄茄素[(8R,8'R,9S)-cubebin]，(-)-异亚泰香松素▲[(-)-isoyatein][1]；苯丙素类：松柏醛(coniferyl aldehyde)，3,5-二甲氧基-4-羟基桂皮醛(3,5-dimethoxy-4-hydroxycinnamic aldehyde)[1]；香豆素类：东莨菪内酯(scopoletin)[1]；酚类：3-羟基-4-甲氧基苯甲醛(3-hydroxy-4-methoxybenzaldehyde)[1]；其他类：胆

疏花卫矛 **Euonymus laxiflorus** Champ. ex Benth.
引自《中国高等植物图鉴》

疏花卫矛 **Euonymus laxiflorus** Champ. ex Benth.
摄影：刘全儒

甾醇(cholesterol)，二十六酸(hexacosanic acid)[1]。

茎叶含三萜类：疏花卫矛酮▲A (laxifolone A)，3-羟基齐墩果-12-烯-22,29-γ-内酯(3-hydroxyolean-12-en-22,29-γ-lactone)，3,11-二氧代-β-香树脂烯(3,11-dioxo-β-amyrene)，3β,22α-二羟基齐墩果-12-烯-29-酸(3β,22α-dihydroxyolean-12-en-29-oic acid)，28,29-二羟基无羁萜-3-酮(28,29-dihydroxyfriedelan-3-one)，29-羟基-3-氧代-D:A-飞齐墩果-28-酸(29-hydroxy-3-oxo-D:A-friedooleanan-28-oic acid)，7-氧代无羁萜(7-oxofriedelin)；倍半萜类：乌木叶美登木碱▲E-Ⅱ (ebenifoline E-Ⅱ)，美登木因▲(mayteine)，冬青卫矛碱C (euojaponine C)，台湾美登木碱▲E (emarginatine E)[2]。

注评 本种根及树皮称"土杜仲"，广西、福建、台湾等地药用。在广东民间称"土杜仲"，与杜仲混用，应区别使用。瑶族、壮族、哈尼族、苗族也药用，主要用途见功效应用项。哈尼族药用其果实治疗心脏病。

化学成分参考文献

[1] 王盈盈，等. 热带亚热带植物学报，2012, 20(6): 596-601.

[2] Kuo YH, et al. *J Nat Prod*, 2003, 66(4): 554-557.

36. 卫矛（本草经） 鬼见羽（日华子），鬼箭（神农本草经），鬼见愁（中国树木分类学），四棱茶（辽宁）、山鸡条子（东北）、山扁榆（河北），鬼箆子、见肿消（江苏），四棱树（安徽）

Euonymus alatus (Thunb.) Siebold in Verh. Batav. Genootsch. Kunsten 12: 49. 1830.——*Celastrus alatus* Thunb.（英 **Winged Spindle-tree, Winged Euonymus**）

落叶灌木，高 1–3 m。小枝常具 2–4 列宽阔木栓翅，宽达 1 cm。叶对生，纸质，卵状椭圆形、窄长椭圆形，偶为倒卵形，长 2–8 cm，宽 1–3 cm，边缘具细锯齿，先端尖，基部楔形或钝圆，两面光滑无毛；叶柄长 1–3 mm。聚伞花序 1–3 花；花序梗长约 1 cm；小花梗长约 5 mm；花 4 数，白绿色，直径约 8 mm；萼片半圆形；花瓣近圆形；花盘肥厚方形；雄蕊生于花盘的边缘处，花丝极短；子房埋藏于花盘内。蒴果 1–4 深裂，裂瓣椭圆形，长 7–8 mm，红棕或灰黑色，每裂瓣具 1–2 种子。种子红棕色，椭圆状或阔椭圆状，长 5–6 mm；假种皮橘红色，全包种子。花期 5–6 月，果期 7–10 月。

分布与生境 除黑龙江、吉林、新疆、西藏、内蒙古和海南以外，全国各地均产。生于海拔 600–1400 m 的丘陵、山坡、沟地边沿。也分布于日本、朝鲜。

药用部位 带翅的枝。

功效应用 破血，通经，杀虫。用于经闭，白带过多，症瘕，产后瘀滞腹痛，虫积腹痛，跌打损伤，风湿痹痛，漆疮。

卫矛 **Euonymus alatus** (Thunb.) Siebold
引自《中国高等植物图鉴》

化学成分 茎含倍半萜类：相对-[(1*R*,4*S*,4a*S*,7*S*)-1,2,3,4,4a,5,6,7-八 氢-4-羟 基-7-(1-羟 基-1-甲 基 乙 基)-4a-甲 基 萘-1-基]甲 基-3-甲 基 丁 酸 酯{rel-[(1*R*,4*S*,4a*S*,7*S*)-

卫矛 **Euonymus alatus** (Thunb.) Siebold
摄影：张英涛 徐克学

1,2,3,4,4a,5,6,7-octahydro-4-hydroxy-7-(1-hydroxy-1-methylethyl)-4a-methylnaphthalen-1-yl]methyl-3-methyl butanoate}，相对-(3R,5S,5aR,6R,7S,9S,9aS,10R)-10-乙酰氧基-5a-[(乙酰氧基)甲基]八氢-9-羟基-2,2,9-三甲基-6-(2-甲基-1-氧代丁氧基)-7-(1-氧代丙氧基)-2H-3,9a-甲醇基-1-恶庚因-5-基-呋喃-3-甲酯{rel-(3R,5S,5aR,6R,7S,9S,9aS,10R)-10-(acetyloxy)-5a-[(acetyloxy)methyl]octahydro-9-hydroxy-2,2,9-trimethyl-6-(2-methyl-1-oxobutoxy)-7-(1-oxopropoxy)-2H-3,9a-methano-1-benzoxepin-5-yl-furan-3-carboxylate}，1β,2β,5α,8β,11-五乙酰氧基-4α-羟基-3α-(2-甲基丁酰基)-15-烟酰基-7-氧代-二氢沉香呋喃[1β,2β,5α,8β,11-pentaacetoxy-4α-hydroxy-3α-(2-methylbutanoyl)-15-nicotinoyl-7-oxo-dihydroagarofuran]，6α,12-二乙酰氧基-2β,9α-二(β-呋喃甲酰氧基)-4α-羟基-1β-(2-甲基丁酰氧基)-β-二氢沉香呋喃[6α,12-diacetoxy-2β,9α-di(β-furancarbonyloxy)-4α-hydroxy-1β-(2-methylbutanoyloxy)-β-dihydroagarofuran]，1α,2α,6β-三乙酰氧基-4β-羟基-9β-(β-呋喃甲酰氧基)-15-[(α-甲基)丁酰氧基]-β-二氢沉香呋喃{1α,2α,6β-triacetoxy-4β-hydroxy-9β-(β-furancarboxy)-15-[(α-methyl)butyroyloxy]-β-dihydroagarofuran}[1]，马兜铃素B (madolin B)[2]；大柱香波龙烷类：蚱蜢酮(grasshopper ketone)，向日葵酮▲D (annuionone D)，3β-羟基-5α,6α-环氧-7-大柱香波龙烯-9-酮(3β-hydroxy-5α,6α-epoxy-7-megastimen-9-one)，(3S,5R,6R,7E,9S)-3,5,6,9-四羟基-7-烯-大柱香波龙烷[(3S,5R,6R,7E,9S)-3,5,6,9-tetrahydroxy-7-en-megastimane]，8,9-二氢-8,9-二羟基-大柱香波龙三烯酮(8,9-dihydro-8,9-dihydroxy-megastimatrienone)，9-表-布卢竹柏醇B (9-epi-blumenol B)，黄麻香堇醇▲C (corchoionol C)，(3S,5R,6R)-5,6-二氢-5-羟基-3,6-环氧-β-香堇醇[(3S,5R,6R)-5,6-dihydro-5-hydroxy-3,6-epoxy-β-ionol][2]；单萜类：黑麦草内酯(loliolide)[2]；二萜类：6β-羟基锈色罗汉松酚▲(6β-hydroxyferruginol)[2]；苯丙素类：阿魏酰苹果酸酯(feruloyl malate)，1'-甲酯丙二酸单酰阿魏酸酯(1'-methyl ester maloyl ferulate)，4'-甲酯丙二酸单酰阿魏酸酯(4'-methyl ester maloyl ferulate)，松柏醛(coniferaldehyde)，ω-羟基愈创木丙酮(ω-hydroxypropioguaiacone)，(1'R,2'R)-愈创木基甘油[(1'R,2'R)-guaiacylglycerol][2]；酚、酚酸类：C-藜芦酰乙二醇(C-veratroylglycol)，棟叶吴萸素B (evofolin B)[2]；呋喃类：5,5'-二异丁氧基-2,2'-双呋喃(5,5'-diisobutoxy-2,2'-bifuran)[2]；脂肪酸类：黄麻脂肪酸E (corchorifatty acid E)[2]；生物碱类：卫矛羰碱(evonine)，新卫矛羰碱(neoevonine)[1]。

茎皮含三萜类：羽扇豆烯酮(lupenone)，乔木山小橘酮▲(arborinone)，羽扇豆醇(lupeol)，表羽扇豆醇(epilupeol)，蒲公英赛醇(taraxerol)，白桦脂酸(betulinic acid)，毒莴苣醇▲(germanicol)[3]；甾体类：24R-甲基-鸡冠柱烯醇▲(24R-methyllophenol)，β-谷甾酮(β-sitosterone)，β-谷甾醇[3]；酚酸及其酯类：苯甲酸(benzoic acid)，十四基-反式-阿魏酸酯[tetradecyl-(E)-ferulate]，二(2-乙基己基)酞酸酯[di(2-ethylhexyl)phthalate][3]；脂肪烃、醇及其酯类：三十六烷(hexatriacontane)，二十九烷-1-醇(nonacosan-1-ol)，三亚油酸甘油酯(trilinolein)，棕榈酸单甘油酯(monopalmitin)[3]。

木材含强心苷类：毒长药花苷元▲A-3-O-α-L-吡喃鼠李糖苷(acovenosigenin A-3-O-α-L-ramnopyranoside)，卫矛苷▲A (euonymoside A)，卫矛索苷▲A (euonymusoside A)[4]。

枝条含黄酮类：芦丁(rutin)[5]，D-儿茶素(D-catechin)，去氢二聚儿茶素A (dehydrodicatechin A)[6-8]，槲皮素(quercetin)[5,8-9]，儿茶素内酯A (catechin lactone A)，山奈苷(kaempferitrin)，槲皮苷(quercitrin)，山矾苷▲(symplocoside)[7]，槲皮素-3,7-O-α-L-二吡喃鼠李糖苷(quercetin-3,7-O-α-L-dirhamnopyranoside)，金丝桃苷(hyperoside)[7-8]，香树素(aromadendrin)[6,8]，柚皮苷元(naringenin)，二氢槲皮素(dihydroquercetin)，橙皮苷(hesperidin)，山奈酚-7-O-α-L-吡喃鼠李糖苷(kaempferol-7-O-α-L-rhamnopyranoside)，山奈酚-7-O-β-D-吡喃葡萄糖苷(kaempferol-7-O-β-D-glucopyranoside)，槲皮素-7-O-α-L-吡喃鼠李糖苷(quercetin-7-O-α-L-rhamnopyranoside)，山奈酚-3,7-O-α-L-二吡喃鼠李糖苷(kaempferol-3,7-O-α-L-dirhamnopyranoside)[8]，山奈酚(kaempferol)[8-9]，(2R,3R)-3,5,7,4'-四羟基黄烷酮[(2R,3R)-3,5,7,4'-tetrahydroxyflavanone]，5,7,4'-三羟基黄烷酮(5,7,4'-trihydroxyflavanone)[9]；苯丙素类：卫矛酚(alatusol) A、B、C、D、E，(1'R,2'R-)-愈创木基甘油[(1'R,2'R-)-guaiacylglycerol]，3-羟基-1-(3-甲氧基-4-羟基苯基)丙烷-1-酮[3-hydroxy-1-(3-methoxy-4-hydroxyphenyl)propan-1-one]，(E)-阿魏酸[(E)-ferulic acid]，E-松柏醛[(E)-coniferyl aldehyde][10]；酚、酚酸类：2-羟基-4-甲氧基-3,6-二甲基苯甲酸

(2-hydroxy-4-methoxy-3,6-dimethylbenzolic acid)，苯甲酸(benzoic acid)，(+)-松萝酸[(+)-usnic acid][9]，丁香醛(syringaldehyde)[10]，香荚兰素(vanillin)[10-11]，2,4-二羟基-3,6-二甲基苯甲酸甲酯(methyl 2,4-dihydroxy-3,6-dimethylbenzoate)，2,4-二羟基-6-甲基苯甲酸甲酯(methyl 2,4-dihydroxy-6-methylbenzoate)，7-甲氧基-4-甲基苯酞(7-methoxy-4-methylphthalide)[11]；三萜类：羽扇豆醇(lupeol)，3β-羟基-30-降羽扇豆-20-酮(3β-hydroxy-30-norlupan-20-one)[9]，表无羁萜醇(epifriedelinol)[11]；甾体类：豆甾-4-烯-3-酮(stigmast-4-en-3-one)，6β-羟基豆甾-4-烯-3-酮(6β-hydroxystigmast-4-ene-3-one)[11-12]，豆甾-4-烯-3,6-二酮(stigmast-4-ene-3,6-dione)[12]，β-谷甾醇[11-12]，胡萝卜苷[9]；脂肪醇类：正二十八醇(n-octacosanol)[11]。

茎和枝含黄酮类：金丝桃苷(hyperin)，橙皮苷(hesperidin)[13]；酚类：1-(3-α-D-吡喃葡萄糖氧基-4,5-二羟基苯基)-乙酮{1-(3-α-D-glucopyranosyloxy-4,5-dihydroxyphenyl)-ethanone}，丁香酚-O-β-D-吡喃葡萄糖苷(eugenyl-O-β-D-glucopyranoside)[13]；苯乙醇类：苯乙醇-8-O-β-D-吡喃葡萄糖基-(1 → 2)-β-D-吡喃葡萄糖苷[phenethyl alcohol-8-O-β-D-glucopyranosyl-(1 → 2)-β-D-glucopyranoside][13]。

枝条和叶含黄酮类：香树素，柚皮苷元，槲皮素，山柰酚，花旗松素(taxifolin)，芹菜苷元-3-O-α-L-吡喃鼠李糖苷(apigenin-3-O-α-L-rhamnopyranoside)，槲皮素-3-O-β-D-吡喃半乳糖苷(quercetin-3-O-β-D-galactopyranoside)[14]；苯丙素类：咖啡酸(caffeic acid)，丁香苷(syringin)，2-[4-(3-羟基-丙烯基)-3,5-二甲氧基-苯基]-丙烷-1,3-二醇{2-[4-(3-hydroxy-propenyl)-3,5-dimethoxy-phenyl]-propane-1,3-diol}[14]；酚类：2-[1-羟甲基-4-羟基-3,5-二甲氧基-苯基]-丙烷-1,3-醇{2-[1-(hydroxymethyl)-4-hydroxy-3,5-dimethoxy-phenyl]-propan-1,3-diol}[14]；大柱香波龙烷类：蚱蜢酮，5R,6S-6,9,10-三羟基-大柱香波龙-7-烯-3-酮(5R,6S-6,9,10-trihydroxy-megastigma-7-en-3-one)[13]；木脂素类：(-)-苏式-4,9,4',9'-四羟基-3,7,3',5'-四甲氧基-8-O-8'-新木脂素[(-)-threo-4,9,4',9'-tetrahydroxy-3,7,3',5'-tetramethoxy-8-O-8'-neolignan]，(-)-苏式-4,9,4',9'-四羟基-3,5,7,3'-四甲氧基-8-O-8'-新木脂素[(-)-threo-4,9,4',9'-tetrahydroxy-3,5,7,3'-tetramethoxy-8-O-8'-neolignan]，(7R,8R,7'R)-(+)-南烛树脂醇[(7R,8R,7'R)-(+)-lyoniresinol]，(+)-野花椒醇[(+)-simulanol]，(-)-野花椒醇[(-)-simulanol]，(+)-去氢二松柏醇[(+)-dehydrodiconiferyl alcohol]，(-)-去氢二松柏醇[(-)-dehydrodiconiferyl alcohol]，(+)-二氢去氢二松柏醇[(+)-dihydrodehyrodiconiferyl alcohol]，7R,8S-愈创木基甘油-8-O-4'-(松柏醇)醚[7R,8S-guaiacylglycerol-8-O-4'-(coniferyl alcohol) ether]，7S,8R-愈创木基甘油-8-O-4'-(松柏醇)醚[7S,8R-guaiacylglycerol-8-O-4'-(coniferyl alcohol)ether]，7S,8R-丁香基甘油-8-O-4'-(芥子醇)醚[7S,8R-syringylglycerol-8-O-4'-(synapyl alcohol)ether]，7S,8S-愈创木基甘油-8-O-4'-(芥子醇)醚[7S,8S-guaiacylglycerol-8-O-4'-(synapyl alcohol)ether]，7S,8S-4,9,9'-三羟基-3,3'-二甲氧基-8-O-4'-新木脂素[7S,8S-4,9,9'-trihydroxy-3,3'-dimethoxy-8-O-4'-neolignan]，7R,8R-4,9,9'-三羟基-3,3'-二甲氧基-8-O-4'-新木脂素[7R,8R-4,9,9'-trihydroxy-3,3'-dimethoxy-8-O-4'-neolignan]，(+)-丁香树脂酚[(+)-syringaresinol]，去-4'-甲基扬甘比胡椒素▲(de-4'-methylyangabin)，耳草脂醇C (hedyotol C)，苏式-醉鱼草醇B (threo-buddlenol B)，耳草醇▲(hedyotisol) B、C[15]。

茎和叶含黄酮类：槲皮素(quercetin)[16]，山柰酚(kaempferol)[17]；三萜类：雷公藤内酯A (wilforlide A)，何帕-22(29)-烯-3β-醇[hop-(22)-29-en-3β-ol]，角鲨烯(squalene)[16]，3β-羟基-21αH-何帕-22(29)-烯-30-醇[3β-hydroxy-21αH-hop-22(29)-en-30-ol]，2α,3β-二羟基熊果-12-烯-28-酸(2α,3β-dihydroxyurs-12-en-28-oic acid)，羽扇豆醇(lupeol)[17]，无羁萜醇(friedelinol)，无羁萜(friedelin)，羽扇豆烯酮(lupenone)，白桦脂醇(betulin)，齐墩果酸(oleanolic acid)[18]；酚、酚酸类：苯甲酸(benzoic acid)[16]，2,4-二羟基-3,6-二甲基苯甲酸甲酯(2,4-dihydroxy-3,6-dimethyl-benzoic acid methyl ester)[17]，松萝酸(usnic acid)[18]；生物碱类：咖啡因(caffeine)[16]；脂肪烃、醇、酸类：正二十五烷(n-pentacosane)[16]，1,30-三十烷二醇(1,30-triacontanediol)，正辛烷(n-octane)，正壬烷(n-nonane)，正二十四酸(lignoceric acid)[17]，正二十六酸(n-hexacosanoic acid)，正二十八醇(n-octacosanol)[17]；甾体类：β-胡萝卜苷[17]，β-谷甾醇[18]；其他类：5-羟甲基糠醛(5-hydroxymethylfurfural)[16]。

叶含黄酮类：山柰酚-3-[O-α-L-吡喃鼠李糖基-(1 → 4)-β-D-吡喃木糖苷]{kaempferol-3-[O-α-L-rhamnopyranosyl-(1 → 4)-β-D-xylopyranoside]}[19]。

果实含倍半萜生物碱类：卫矛胺▲(alatusamine)，新卫矛明碱▲(neoalatamine)，卫矛西宁▲(alatusinine)[20]，卫矛羰碱(evonine)，雷公藤定碱(wilfordine)，卫矛碱(euonymine)，卫矛明碱▲(alatamine)[21]；倍半萜类：卫矛林素▲(euolalin)[22]。

种子含酯类：2,3-二羟基丙醇四十一酸酯(2,3-dihydroxypropanyl hentetracosanate)[23]；胡萝卜素类：新玉米黄质A (neozeaxanthin A)[23]。

药理作用 镇静作用：卫矛水溶性部分对小鼠有镇静作用，并能加强戊巴比妥钠及硫喷妥钠的中枢抑制作用[1]。

抗炎作用：卫矛具翅状物的枝条或翅状附属物（鬼箭羽）的醇提取物能抑制氯化苦诱发的小鼠迟发型变态反应，且对晚期效应强于早期效应[2]。

强心、抗心律失常和抗心肌缺血作用：卫矛水溶性部分能使蛙心收缩振幅增大，心输出量增大，心率稍加快，在心力衰竭时尤为明显，但加大剂量后作用相反，最终停止于舒张期，若停搏后立即换林格液振幅恢复正常甚至大于正常；能减慢家兔、大鼠和猫的心率；还能减轻豚鼠静脉注射氯化钾所引起的心律失常及 T 波改变，并使心律失常较快地恢复正常；离体蛙心实验亦表明其有抗钾离子的作用；对垂体后叶素所致急性心肌缺血的大鼠及豚鼠有保护作用[1]。卫矛水提酒沉剂及其粗提物能增加心肌对 ^{86} 铷、^{131} 铯的摄取，说明卫矛能增加心肌营养性血流量，改善氧和营养物质的供应[3-4]。

增强耐缺氧能力作用：卫矛水溶性部分能增加小鼠在缺氧条件下的存活率并延长其生存时间[1]。

调节血脂和抗动脉粥样硬化作用：卫矛水煎液具有调脂作用，对血清总胆固醇 (TC) 有降低趋势，对高密度脂蛋白 2- 胆固醇 (HDL2-C) 有升高趋势，可降低 HDL3-C 水平，同时使卵磷脂胆固醇酰基转换酶 (LCAT) 活性升高，有延缓动脉粥样硬化形成的作用[5]。卫矛水煎部位有降低化学性糖尿病小鼠TC 的作用[6]。

增加冠状动脉流量和扩张外周血管作用：卫矛股静脉注射能增加冠状动脉血流量，减少冠状动脉阻力，降低心肌耗氧量，改善心肌缺血状态；股动脉较小剂量注射能扩张末梢血管，降低末梢血管阻力，使血流量增加[7]。

降血糖作用：卫矛能降低四氧嘧啶致糖尿病小鼠的血糖，同时使高、低切变率下的全血黏度下降[8]。卫矛水煎液能延缓实验性 2 型糖尿病大鼠的体重增长，降低糖尿病大鼠空腹血糖、血清胰岛素、胰高血糖素和丙二醛，改善糖耐量、血液流变学和微循环，纠正脂质代谢的紊乱，提高超氧化物歧化酶的活性，提示卫矛不但能够刺激胰岛素分泌，而且还能增加外周组织对葡萄糖的利用，提高胰岛素与受体的亲和力[9]。卫矛乙酸乙酯提取物、50% 乙醇提取物、SephadesLH-20 柱色谱层析组分（3,4- 二羟基苯甲酸）、水提取物 4 个组分均可促进正常脂肪细胞、低浓度胰岛素刺激脂肪细胞的葡萄糖摄取，此作用可能是其降糖作用机制之一[10]。卫矛 5 个提取部位对四氧嘧啶性糖尿病小鼠均有降血糖、提高糖耐量作用，其降血糖强度依次为：水煎部分 > 乙醚、乙酸乙酯萃取后剩余部分 > 乙醇浸膏的热水不能分散部分 > 乙醚萃取部分 > 乙酸乙酯萃取部分[6]。

抗细菌作用：卫矛醇提取物对金黄色葡萄球菌和大肠埃希氏菌有抑制作用，且对后者的作用优于前者[2]。

抗病毒作用：卫矛所含苷类成分对 EB 病毒早期抗原 (EBV-EA) 有抑制作用[11]。卫矛碱、新卫矛碱、卫矛羰碱、雷公藤碱都具有抗人类免疫缺陷病毒 (HIV) 的活性[12]。

抗肿瘤作用：从卫矛木材中分离得到的 3 个强心苷毒长药花苷元▲A-3-O-α-L- 吡喃鼠李糖苷、卫矛苷 A、卫矛索苷 A 对赘生细胞有细胞毒活性[13]。

毒性及不良反应 卫矛叶水提酒沉剂小鼠灌胃的 LD_{50} 为 $(158.4 \pm 14.4)\,mg/kg$[1]。

注评 本种为中国药典（1963 年版、2010 年版附录）、新疆药品标准（1980 年版）、内蒙古（1988 年版）、贵州（1988 年版）、江苏（1989 年版）、甘肃（1992 年版）、湖南（1993、2009 年版）、河南（1993 年版）、上海（1994 年版）、山东（1995、2002 年版）、北京（1998 年版）、辽宁（2011 年版）收载"鬼箭羽"的基源植物，药用其干燥带翅枝或翅状物；商品药材又称"鬼羽箭""鬼箭"。本种的变种毛脉卫矛 Euonymus alatus (Thunb.) Siebold var. pubescens Maxim. 在山西、甘肃、宁夏、河南也作

"鬼箭羽"用；四川还使用同属植物栓翅卫矛 E. phellomanus Loes. 作"鬼箭羽"。羌族、畲族、土家族药用其根、根皮、树皮或全株，主要用途见功效应用项。侗族药用其茎、叶治发热。

化学成分参考文献

[1] Yan ZH, et al. *Helv Chim Acta*, 2013, 96(1): 85-92.

[2] Yan ZH, et al. *Chem Nat Compd*, 2013, 49(2): 340-342.

[3] Jeong SY, et al. *Nat Prod Sci*, 2013, 19(4): 366-371.

[4] Kitanaka S, et al. *Chem Pharm Bull*, 1996, 44(3): 615-617.

[5] Zhang F, et al. *Phytochem Anal*, 2009, 20(1): 33-37.

[6] 陈科，等．中草药，1986, 17(3): 97-100.

[7] Zhang YF, et al. *Nat Prod Res*, 2013, 27(17): 1513-1520.

[8] 巴寅颖，等．中草药，2012, 43(2): 242-246.

[9] 方振峰，等．中国中药杂志，2008, 33(12): 1422-1424.

[10] Kim KH, et al. *Planta Med*, 2013, 79(5): 361-364.

[11] 方振峰，等．中草药，2007, 38(6): 810-812.

[12] 陈科，等．中草药，1983, 14(9): 385-388.

[13] 王萍，等．中草药，2008, 39(7): 965-967.

[14] Jeong EJ, et al. *Food Chem Toxicol*, 2011, 49(6): 1394-1398.

[15] Jeong EJ, et al. *Bioorg Med Chem Lett*, 2011, 21(8): 2283-2286.

[16] 周欣，等．中国药学杂志，2009, 44(18): 1375-1377.

[17] 刘赟，等．中草药，2010, 41(11): 1780-1781.

[18] 刘赟，等．华西药学杂志，2009, 24(2): 107-109.

[19] Ishikura N, et al. *Phytochemistry*, 1976, 15(7): 1183.

[20] Ishiwata H, et al. *Phytochemistry*, 1983, 22(12): 2839-2841.

[21] Shizuri Y, et al. *Tetrahedron Lett*, 1973, (10): 741-744.

[22] Sugiura K, et al. *Chem Lett*, 1975, (5), 471-472.

[23] 何兰，等．浙江大学学报（自然科学版），2000, 1(2): 188-189.

药理作用及毒性参考文献

[1] 哈尔滨医科大学药理教研组．新医药学杂志，1977, (4): 28.

[2] 谷树珍．湖北民族学院学报（医学版），2006, 23(1): 17-19.

[3] 河北新医大学．新医药学杂志，1973, (10): 30.

[4] 张为式．药学通报，1981, 16(7): 3.

[5] 王巍，等．中国中药杂志，1991, 16(5): 299.

[6] 齐方，等．中国中医药信息杂志，1998, 5(7): 19.

[7] 张为式，等．哈尔滨医科大学学报，1980, 14(4): 25.

[8] 尚文武，等．南京中医药大学学报，2000, 16(3): 166-167.

[9] 夏卫军，等．陕西中医，2001, 22(8): 505-507.

[10] 杨海燕，等．中国天然药物，2004, 2(6): 365-368.

[11] Gonzalez AG, et al. *Bioorg Med Chem*, 2000, 8: 1773-1778.

[12] Duan H, et al. *J Nat Prod*, 2000, 63(3): 357-361.

[13] Kitanaka S, et al. *Chem Pharm Bull*, 1996, 44(3): 615-617.

37. 鸦椿卫矛（中国高等植物图鉴）

Euonymus euscaphis Hand.-Mazz. in Akad. Wiss. Wien, Math.——Naturwiss. Kl., Anz. 58: 148. 1921.（英 **Euscaphis Spindle-tree**）

直立或蔓生灌木，高达 3 m。小枝无木栓翅。叶对生，革质，披针形或窄长披针形，长 6-18 cm，宽 1-3 cm，先端渐尖或长渐尖，基部近圆形或阔楔形，边缘具浅细锯齿；叶柄长 2-8 mm。聚伞花序 3-7 花，生于侧生的新枝上；花序梗细弱，长 1-1.5 cm；花梗长约 1 cm；花 4 数，绿白色，直径 5-8 mm；雄蕊无花丝。蒴果 4 深裂，常仅 1-2 室发育成裂瓣，裂瓣卵圆形，长达 8 mm，每裂瓣内有 1 种子。种子具橘红色假种皮。

分布与生境 产于安徽、浙江、福建、江西、湖南和广东。生于山间林中及山坡路边。

药用部位 根、根皮。

功效应用 用于血栓闭塞性脉管炎，风湿性关节炎，腰痛，跌打损伤。

鸦椿卫矛 *Euonymus euscaphis* Hand.-Mazz.
引自《中国高等植物图鉴》

鸦椿卫矛 *Euonymus euscaphis* Hand.-Mazz.
摄影：陈世品

38. 裂果卫矛（中国高等植物图鉴）

Euonymus dielsianus Loes. in Bot. Jahrb. Syst. 29(3-4): 440-441. 1900.（英 **Diels Spindle-tree**）

　　常绿灌木和小乔木，高 1–7 m。当年生枝微具 4 棱。叶对生，革质，窄长椭圆形或长倒卵形，长 4–12 cm，宽 2–4.5 cm，先端渐尖，基部楔形，近全缘，少有疏浅小锯齿，齿端常具小黑腺点，侧脉 5–7 对；叶柄粗壮，长达 1 cm。聚伞花序 1–7 花；花序梗长 1–1.5 cm；小花梗长 3–5 mm；花 4 数，黄绿色，直径约 5 mm；萼裂片宽圆形，边缘有锯齿，锯端有黑色腺点；花瓣长圆形，边缘呈现齿状；花盘近方形；雄蕊花丝极短，着生花盘角上；子房 4 棱形，无花柱，柱头细小头状。蒴果 4 深裂，裂瓣卵形，长约 8 mm，有 1–3 裂瓣成熟，每裂瓣具 1 种子。种子长圆形，长约 5 mm，枣红色或黑褐色；假种皮橘红色，盔状，包围种子上半部。花期 6–7 月，果期 10 月前后。

分布与生境　产于湖北、湖南、四川、云南、贵州、广东、广西。生于海拔 360–1600 m 的山顶、山尖岩石上、山坡、溪边的疏林中及山谷中。

药用部位　根、茎皮、果实。

功效应用　活血化瘀，强筋壮骨。用于腰膝痛，跌打损伤，月经不调，气喘。外用于毒蛇咬伤。

裂果卫矛 *Euonymus dielsianus* Loes.
引自《中国高等植物图鉴》

裂果卫矛 **Euonymus dielsianus** Loes.
摄影：刘全儒 喻勋林

39. 革叶卫矛（中国高等植物图鉴）

Euonymus leclerei H. Lév. in Repert. Spec. Nov. Regni Veg. 13(363-367): 260. 1914.（英 **Lecler Spindletree**）

常绿灌木或小乔木，高 1–7 m。叶对生，厚革质，常有光泽，倒卵形、窄倒卵形或近椭圆形，长 4–20 cm，宽 3–6 cm，先端渐尖或短渐尖，基部楔形或宽楔形，边缘具明显的浅锯齿，齿端常尖锐，侧脉 5–9 对，两面脉网明显；叶柄粗壮，长 8–12 mm。聚伞花序常只 3 花；花序梗长 1–2 cm；小花梗等长，长 8–12 mm；花 4 数，黄白色，较大，直径 1–2 cm；萼片近圆形，常为深红色；花瓣近圆形；花盘肥厚方形；雄蕊无花丝；子房深埋花盘中，花柱不明显，柱头盘状。蒴果径达 1.5 cm，4 深裂，常只 1–3 瓣发育成熟，裂瓣长而横展，每瓣只有 1 种子。种子椭圆状，长约 8 mm，近黑色，假种皮盔状，棕色。花期 4–7 月，果期 7–11 月。

分布与生境 产于湖北、湖南、四川和贵州。生于海拔 600–1800 m 的山地林阴及沟边。

药用部位 枝、叶、果实。

功效应用 散寒，定喘。用于寒喘。

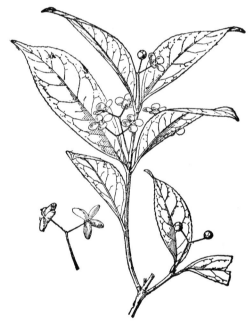

革叶卫矛 **Euonymus leclerei** H. Lév.
引自《中国高等植物图鉴》

革叶卫矛 *Euonymus leclerei* H. Lév.
摄影：刘全儒

40. 百齿卫矛（中国高等植物图鉴） 七星剑（广西），地青干（中国高等植物图鉴）

Euonymus centidens H. Lév. in Repert. Spec. Nov. Regni Veg. 13(363-367): 262. 1914.（英 **Hundred-dente Spindle-tree**）

常绿灌木，高达 6 m。小枝方棱状，常有窄翅棱。叶对生，厚纸质或近革质，窄长椭圆形或近长倒卵形，长 3–10 cm，宽 1.5–4 cm，先端长渐尖，基部钝楔形，叶缘具密而深的尖锯齿，齿端常具黑色腺点，有时齿较浅而钝；近无柄或有短柄。聚伞花序 1–3 花，稀较多；花序梗 4 棱状，长达 1 cm，小花梗常稍短；花 4 数，直径约 6 mm，淡黄色；萼裂片半圆形，齿端常具有黑色腺点；花瓣长圆形，长约 3 mm，宽约 2 mm；花盘近方形；雄蕊无花丝；子房四棱方锥状，无花柱，柱头细小头状。蒴果 4 深裂，成熟裂果 1–4，每裂常只有 1 种子。种子长圆形，长约 5 mm，直径约 4 mm；假种皮黄红色，覆盖于种子向轴面的一半，末端窄缩成脊状。花期 6 月，果期 9–10 月。

分布与生境 产于云南、贵州、四川、安徽、浙江、福建、江西、湖南、广东、广西。生于海拔 350–110 m 的丘陵、低山杂木林或竹林内湿润处。

药用部位 根、茎皮、果实。

功效应用 用于气喘。

百齿卫矛 *Euonymus centidens* H. Lév.
引自《中国高等植物图鉴》

百齿卫矛 Euonymus centidens H. Lév.
摄影：徐晔春

41. 角翅卫矛（中国高等植物图鉴） 双叉子树、抓珠树（湖北）

Euonymus cornutus Hemsl. in Bull. Misc. Inform. Kew 1893(80): 209. 1893.（英 **Horned Spindle-tree**）

常绿灌木，高 1–2.5 m。老枝紫红色。叶对生，厚纸质或薄革质，披针形、窄披针形，稀近线形，长 6–11 cm，宽 8–15 mm，先端窄长渐尖，基部楔形或宽楔形，边缘有细密浅锯齿，侧脉 7–11 对；叶柄长 3–6 mm。聚伞花序常一次分枝，3 花，少为 2 次分枝，5–7 花；花序梗细长，长 3–5 cm；小花梗长 1–1.2 cm；花 4 数及 5 数并存，直径约 1 cm；萼片圆肾形；花瓣倒卵形或近圆形，紫红色或暗紫带绿色；花盘近圆形；雄蕊生于花盘边缘，无花丝；子房无花柱，柱头小，盘状。蒴果近球形，紫红或带灰色，具 4 或 5 翅，直径为 2–2.5 cm（带翅），翅长 0.5–1 cm，先端渐窄，微呈钩状。种子宽椭圆状，长约 6 mm，包于橙色假种皮中。

分布与生境 产于湖北、湖南、陕西、甘肃、四川、贵州。生于海拔 1200–2800 m 的山坡林中或灌丛中。

药用部位 枝叶、根、根皮、果实。

功效应用 枝叶：消肿止痒。用于痒疮，漆疮，红肿疼痛。根、根皮、果实：散寒止咳。用于关节痛，腰痛，外感风寒，咳嗽。

角翅卫矛 Euonymus cornutus Hemsl.
引自《中国高等植物图鉴》

角翅卫矛 **Euonymus cornutus** Hemsl.
摄影：沐先运 徐永福

42. 垂丝卫矛（中国树木分类学） 青皮树（中国高等植物图鉴），豆瓣树、青皮（中国树木分类学），小米饭、暖木（中国经济植物志），球果卫矛、五棱子（浙江），锐叶卫矛（新编拉汉英植物名称）

Euonymus oxyphyllus Miq. in Ann. Mus. Bot. Lugduno-Batavum 2: 86. 1865.（英 **Sharp-leaved Spindle-tree, Hanging-flower Euonymus**）

　　落叶灌木，高达 1–8 m。叶对生，卵圆形或椭圆形，长 4–8 cm，宽 2.5–5 cm，先端渐尖至长渐尖，基部宽圆形或平截圆形，边缘有细密锯齿、浅齿或近全缘；叶柄长 4–8 mm。聚伞花序宽疏，通常 7–20 花；花序梗细长，长 4–5 cm，顶端 3–5 分枝，每分枝具一个三出小聚伞；小花梗长 3–7 mm；花 5 数，淡绿色，直径 7–9 mm；萼片圆形，花瓣近圆形；花盘圆，5 浅裂；雄蕊花丝极短；子房圆锥状，顶端渐窄成柱状花柱。蒴果暗红色，近球形，直径约 1 cm，无翅，仅果皮背缝处常有突起棱线；果梗细长，下垂，长 5–6 cm（连小果梗）。种子 4–5，长圆形，深褐色；有红色假种皮。花期 5–6 月，果期 9–10 月。

分布与生境　产于辽宁、山东、安徽、浙江、台湾、江西、湖北及湖南。多见于海拔 1200 m 以下低山

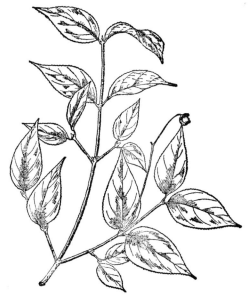

垂丝卫矛 **Euonymus oxyphyllus** Miq.
引自《中国高等植物图鉴》

垂丝卫矛 **Euonymus oxyphyllus** Miq.
摄影：刘冰

坡地杂木林中。庭院常有栽培。也分布于朝鲜、日本。

药用部位　根、根皮、茎皮、果实。

功效应用　根：用于关节酸痛。根皮、茎皮：用于跌打损伤，妇女感寒经闭腹痛。茎皮：用于阴囊湿疹。果实：用于痢疾初起。

43. 紫花卫矛（中国高等植物图鉴）　白术（湖北），大芽卫矛（四川植物志）

Euonymus porphyreus Loes. in Notes Roy. Bot. Gard. Edinburgh 8(36): 2-3.1913.（英 **Purple-flowered Spindle-tree**）

紫花卫矛 Euonymus porphyreus Loes.
引自《中国高等植物图鉴》

落叶灌木，高 1–5 m。老枝暗红色或紫黑色。叶对生，纸质，倒卵形或阔圆形，长 3–7 cm，宽 1.5–3.5 cm，先端渐尖至长渐尖，基部宽楔形或近圆形，边缘具细密小锯齿，齿尖稍内曲；叶柄长 3–7 mm。聚伞花序具细长花序梗，梗端有 3–5 分枝，每枝有 3 出小聚伞；花 4 数，深紫色，直径 6–8 mm；萼片圆形，具缘毛；花瓣椭圆形或窄卵形；花盘扁方，微 4 裂；雄蕊无花丝，生于花盘边缘；子房扁，花柱极短，柱头小。蒴果近球形，直径约 1 cm，有 4 窄长翅，翅长 5–10 mm，先端稍窄并向上内曲。种子宽椭圆形，具褐色假种皮。花期 5–6月，果期 9–10 月。

分布与生境　产于陕西、甘肃、宁夏、青海、湖北、湖南、云南、贵州和四川。生于海拔 2000–3600 m 的山地丛林及山溪旁侧的丛林中。

药用部位　枝。

功效应用　用于风湿证，跌打损伤。

紫花卫矛 Euonymus porphyreus Loes.
摄影：张英涛

44. 冷地卫矛（中国高等植物图鉴）　丝棉木、丝棉木卫矛（西藏）

Euonymus frigidus Wall. in Fl. Ind., ed. 1820 2: 409. 1824.（英 **Cold Spindle-tree**）

落叶灌木至小乔木，高 3–5 m。枝疏散。叶厚纸质至薄革质，披针形、倒卵披针形或椭圆状披针

冷地卫矛 Euonymus frigidus Wall.
摄影：刘冰

形，长 6-15 cm，宽 2-6 cm，先端急尖或钝，有时呈尖尾状，基部多为阔楔形或楔形，边缘具有较硬锯齿，侧脉 6-8 对，脉网明显；叶柄长 5-10 mm。聚伞花序松散；花序梗长而细弱，长 2-5 cm，顶端具 3-5 分枝，分枝长 1.5-2 cm；小花梗长约 1 cm；花 4 数，紫绿色，直径 1-1.2 cm；萼片近圆形；花瓣阔卵形或近圆形；花盘微 4 裂；雄蕊着生裂片上，无花丝；子房无花柱。蒴果具 4 翅，长 1-1.4 cm，翅长 2-3 mm，常微下垂。种子近圆盘状，稍扁，直径 6-8 mm，包于橙色假种皮内。

分布与生境 产于云南西部及西藏（墨脱）。生于海拔 1100-3000 m 的山间林中。缅甸、印度也有分布。

药用部位 枝。

功效应用 用于月经不调，癥瘕腹痛，产后血晕，关节炎。

注评 本种的枝称"冷地卫矛"，藏族药用，主要用途见功效应用项。同属植物八宝茶 Euonymus przewalskii Maxim.、大花卫矛 E. grandiflorus Wall. 亦同等药用。

45. 纤齿卫矛（中国高等植物图鉴）

Euonymus giraldii Loes. in Bot. Jahrb. Syst. 29(3-4): 442-443. 1900.（英 **Girald Spindle-tree**）

　　落叶匍匐灌木，枝或上升，高 1-3 m。幼枝暗紫色。叶对生，纸质，卵形、宽卵形或长卵形，偶为长圆倒卵形或椭圆形，长 3-7 cm，宽 2-3 cm，先端渐尖或稍钝，基部阔楔形至近圆形，边缘具细密浅锯齿或明显的纤毛状深锯齿，侧脉 4-6 对；叶柄长 3-5 mm。聚伞花序梗长 3-5 cm，顶端有 3-5 分枝，分枝长 1.5-3 cm；小花梗长 3-5 cm；花 4 数，淡绿色，有时稍带紫色，直径 6-10 mm；萼片、花瓣近圆形，常有明显脉纹，雄蕊花丝 1 mm 以下；花盘扁厚；花柱短，长约 1 mm。蒴果长扁圆状，直径 8-12 mm，红色，有 4 翅，翅长 5-10 mm，翅基部与果等高，近先端稍窄。种子椭圆卵状，长 5-8 mm，棕褐色，有光泽；假种皮橘红色。花期 5-9 月，果期 8-11 月。

分布与生境 分布于河北、河南、山西、陕西、甘肃、宁夏、青海、四川、湖北、湖南。生于海拔 1000-2300 m 的山坡林中或路旁。

药用部位 根、果实。

功效应用 用于衄血，跌打损伤。

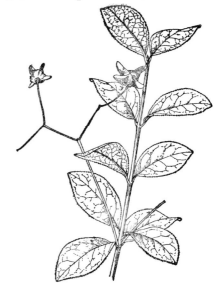

纤齿卫矛 Euonymus giraldii Loes.
引自《中国高等植物图鉴》

纤齿卫矛 **Euonymus giraldii** Loes.
摄影：刘全儒

46. 陕西卫矛（秦岭植物志）八树、石枣（湖北）

Euonymus schensianus Maxim. in Bull. Acad. Imp. Sci. Saint-Petersbourg 27: 444. 1881.（英 **Shanxi Spindle-tree**）

落叶藤本灌木，高达数米。枝条稍带灰红色。叶对生，膜质至纸质，披针形或窄长卵形，长 4–7 cm，宽 1.5–2 cm，先端渐尖或尾状渐尖，边缘具纤毛状细齿，基部楔形，边缘有纤毛状细齿；叶柄细，长 3–6 mm。花序长而细柔，多数集生于小枝顶部，呈多花状；花序梗细，长 4–6 cm，下垂，梗端有 5 数分枝；中央分枝有一花，分枝长 2 cm，内外一对分枝长 4 cm，顶端各有一个三分小聚伞；小花梗长 1.5–2 cm；花 4 数，黄绿色，直径约 7 mm；萼裂片半圆形，大小不一；花瓣卵形，直径约 7 mm，稍带红色；雄蕊生于花盘边缘，花丝极短；子房具 4 棱。蒴果大，褐色，方形或扁圆形，直径 1 cm，具 4 翅，翅长圆形，基部与先端近等高；每室仅 1 种子成熟。种子黑色或棕褐色，全部包被于橘黄色的假种皮之内。花期 4 月，果期 8 月。

分布与生境 产于陕西、甘肃、宁夏、四川、贵州和湖北。生于海拔 600–1000 m 的灌木林中或沟边丛林中。

药用部位 树皮。

功效应用 用于风湿证。

陕西卫矛 **Euonymus schensianus** Maxim.
引自《中国高等植物图鉴》

化学成分 茎叶含倍半萜类：陕西卫矛醇苷▲(schensianolside) A、B[1]；醇类：卫矛醇(dulcitol)[2]，(3S,7R,10S)-3,11-二羟基-7,10-环氧-3,7,11-三甲基十二碳-1,5-二烯-3-O-β-D-吡喃葡萄糖苷[(3S,7R,10S)-3,11-dihydroxy-7,10-cyclooxy-3,7,11-trimethyldodeca-1,5-diene-3-O-β-D-glucopyranoside][3]。

陕西卫矛 **Euonymus schensianus** Maxim.
摄影：刘全儒

化学成分参考文献

[1] Zheng XK, et al. *Chin Chem Lett*, 2009, 20(8): 952-954.

[2] 郑晓珂，等 . 发明专利申请公开说明书，2010, CN 101665476 A 20100310.

[3] 郑晓珂，等 . 发明专利申请公开说明书，2010, CN 101633679 A 20100127.

47. 石枣子（中国高等植物图鉴） 云木（青海），血色卫矛（西藏植物志），细梗卫矛（四川植物志）

Euonymus sanguineus Loes. in Bot. Jahrb. Syst. 29(3-4): 441-442. 1900.（英 **Blood-red Spindle-tree**）

　　落叶灌木或小乔木，高达 8 m。小枝紫或紫黑色。叶对生，厚纸质或近革质，卵形、卵状椭圆形或椭圆形，长 4–9 cm，宽 2.5–4.5 cm，先端短渐尖或渐尖，基部宽楔形或近圆形，边缘具细密锯齿；叶柄长 5–10 mm。聚伞花序顶端有 3–5 细长分枝；花序梗长 4–6 cm；除中央分枝单生花，其余常具一对 3 花小聚伞花序；小花梗长 8–10 mm；花 4 数，白绿色，直径 6–7 mm；萼片半圆形；花瓣卵圆形；雄蕊生于方形花盘上面边缘，无花丝；子房 4–5 室。蒴果扁球形，直径约 1 cm，熟时带紫红色，4 棱，每棱有微呈三角形的翅，翅长 4–6 mm；每室 2 种子。种子黑色，有红色假种皮。花期 5–6 月，果期 8–10 月。

分布与生境　产于陕西、甘肃、宁夏、青海、云南、贵州、四川、西藏、山西、河南、湖北、湖南。生于海拔 350–2100 m 的山地林缘或灌木丛中。

药用部位　茎皮、根皮。

功效应用　用于风湿证，跌打损伤。

石枣子 **Euonymus sanguineus** Loes.
引自《中国高等植物图鉴》

石枣子 *Euonymus sanguineus* Loes.
摄影：朱鑫鑫

2. 沟瓣属 Glyptopetalum Thwaites

常绿灌木或乔木。单叶对生，具柄，无托叶。聚伞花序对生，1-4 次分枝；花 4 数；萼片肾形或半圆肾形，内轮 2 片常大于外轮 2 片；花瓣 4，离生，绿黄、绿白、红或紫色；花盘杯状或盘状，常与子房融合；雄蕊 4 枚，着生于花盘上，药隔扩大，药室叉开；子房陷入花盘内，4 室，花柱短，每室胚珠 1，由室轴上角垂生。蒴果近球形，直径 1-2 cm，背缝开裂，果瓣常向内弯卷露出种子，种子和果瓣相继脱落后，中轴仍宿存果梗上。种子具 3-7 分枝种脊。

本属约有 41 种，分布于亚洲热带和亚热带地区。我国有 10 种 1 变种，其中 1 种可药用。

1. 罗甸沟瓣（中国高等植物图鉴补编）

Glyptopetalum feddei (H. Lév.) Ding Hou in Blumea 12: 59. 1963.（英 **Loudian Glyptic-petal Bush**）

常绿灌木，高 1-2 m。叶厚纸质至薄革质，长圆形、长圆卵形或近窄椭圆形，长 10-22 cm，宽 4-8 cm，先端常稍偏斜渐尖，基部阔楔形，边缘有疏波齿或锯齿，侧脉 7-9 对，在近叶缘处结网；叶柄短壮，长 5-8 mm。聚伞花序 1-3 次分枝，花序梗长 2-4 cm，分枝长 1.5-3 cm；小花梗长 4-10 mm。花 4 数，白绿色，直径为 8-10 mm；萼片肾圆形；花瓣近圆形，中部常见 2 凹线状蜜腺；花盘肥厚，边缘上卷成一宽环；雄蕊着生在环上，花丝锥状，长 1 mm 以下，花药熟时顶端近平裂；子房部分露出花盘，花柱圆柱状，柱头不扩大。蒴果近球形，直径 1.2-1.5 cm，灰白色，密被糠秕状细斑块，裂瓣内卷，果轴宿存。种子长椭圆状，长约 1.2 cm，棕色，种脊 3 出分枝，假种皮包围种子的一半。

分布与生境 产于贵州南部罗甸一带和广西西北部。生于山地、沟谷、河边等处的疏林中。

药用部位 根。

功效应用 用于肝硬化腹水。

罗甸沟瓣 **Glyptopetalum feddei** (H. Lév.) Ding Hou
引自《中国高等植物图鉴》

罗甸沟瓣 **Glyptopetalum feddei** (H. Lév.) Ding Hou
摄影：孟世勇

3. 南蛇藤属 Celastrus L.

　　落叶或常绿藤本灌木。小枝皮孔明显。单叶互生。聚伞花序或圆锥状或总状，有时单花，腋生或顶生；花小，单性，雌雄异株，稀两性或杂性，黄绿色或黄白色，直径 6–8 mm；花梗具关节；萼 5 裂，果期宿存；花瓣 5，广展，全缘或具腺状缘毛或啮蚀状；花盘膜质，浅杯状；雄蕊 5 枚，着生在花盘的边缘；子房上位，通常 3 室稀 1 室，每室 2 胚珠或 1 胚珠，基生；柱头 3 裂，每裂又常 2 裂。蒴果近球形，花柱常宿存，基部有宿存花萼，室背开裂，果轴宿存，具 1–6 种子。种子被橘红色肉质假种皮所包。

　　约 30 余种，分布于亚洲、大洋洲、南、北美洲及马达加斯加的热带及亚热带地区。我国有 24 种2 变种，其中 15 种可药用。

分种检索表

1. 果实 3 室，具 3–6 种子；落叶或常绿。
　2. 花序通常仅顶生，若在枝的最上部有腋生花序时，则花序分枝的腋部无营养芽。
　　3. 小枝无明显纵棱；叶长 5–10 cm，宽 2.5–5 cm；花萼覆瓦状排列，宽大于长；花盘杯状，雄蕊着生其边缘 ·· **1. 灯油藤 C. paniculatus**
　　3. 小枝常具 4–6 纵棱；叶长 7–17 cm，宽 5–13 cm，花萼镊合状排列，长大于宽；花盘盘状，雄蕊着生于其下 ·· **2. 苦皮藤 C. angulatus**
　2. 花序腋生，或腋生与顶生并存，花序分枝腋部具营养芽。
　　4. 花序顶生或腋生并存；种子通常椭圆形，稀平凸，微呈新月形。
　　　5. 叶背被白粉，呈粉灰色；叶片较小，椭圆形或长圆椭圆形，长 6–9.5 cm，宽 2.5–5.5 cm，基部宽楔形；叶柄长 1.2–2 cm；顶生花序长 7–10 cm；果瓣内有棕红色细点；种子平凸，微呈新月形·········
　　　··· **3. 粉背南蛇藤 C. hypoleucus**
　　　5. 叶背不被白粉，通常浅绿色。

231

6. 侧脉间小脉明显突起，形成长方状脉网；叶背脉上被毛；顶生花序长 3–6 cm ·· **4. 皱叶南蛇藤 C. rugosus**

6. 小脉不形成长方状脉网；叶背无毛或仅有时脉上具稀疏短毛。

    7. 冬芽大，长 5–12 mm；果实较大，直径 10–12 mm；雄蕊的花丝上有时具乳突状毛 ·· **5. 大芽南蛇藤 C. gemmatus**

    7. 冬芽小，长 1–3 mm；果实较小，直径 5.5–10 mm；雄蕊花丝上无乳突状毛。

        8. 叶柄长 2–8 mm；叶片长达 9 cm；叶背脉上微具细柔毛；花梗关节在中部或中部以下 ··········· **6. 短梗南蛇藤 C. rosthornianus**

        8. 叶柄长通常 10 mm 以上，最长达 20 mm；叶片长达 13 cm。

            9. 顶生花序较长，长 3–9 cm；花梗关节在中部或中上部；雄蕊花药顶端具小突尖；蒴果直径 6–7 mm ······················ **7. 滇边南蛇藤 C. hookeri**

            9. 顶生花序较短，长 1–3 cm；花梗关节在中部以下和近基部；蒴果直径 8–10 mm ·· **8. 南蛇藤 C. orbiculatus**

4. 花序通常明显腋生；种子为新月状或弓弯半环状（仅刺苞南蛇藤为近椭圆状）。

    10. 小枝基部最外一对芽鳞特化成钩状刺，刺长 1.5–2.5 mm，向下弯曲；嫩枝无毛；花 1 至数朵簇生，无花梗或仅具 1–2 mm 的短梗；种子椭圆形 ······················ **9. 刺苞南蛇藤 C. flagellaris**

    10. 小枝基部无钩刺；嫩枝被棕色毛；花序具梗；种子新月形或弓状半月形。

        11. 叶柄长 4–9 mm，叶倒披针形，稀宽倒披针形，长 6.5–12.5 cm；花序梗不明显到长 2 mm；果径 7.5–8.5 mm ······················ **10. 窄叶南蛇藤 C. oblanceifolius**

        11. 叶柄通常在 10 mm 以上或更长至 30 mm。

            12. 聚伞花序有花 3 朵；花序梗长 2–5 mm；花梗关节在上部；叶片多为椭圆形或长圆形 ··· **11. 过山枫 C. aculeatus**

            12. 聚伞花序有花 3–14 朵；花序梗长 5–20 mm；花梗关节在中部以下至基部。

                13. 幼枝、花序梗和花梗密被棕色短硬毛；叶椭圆形至近圆形，侧脉 3–4 对 ··········· **12. 圆叶南蛇藤 C. kusanoi**

                13. 幼枝、花序梗和花梗被黄白色短硬毛；叶长圆状椭圆形，稀长方状倒卵形，侧脉 5–7 对 ············· **13. 显柱南蛇藤 C. stylosus**

1. 果实 1 室，1 种子；常绿。

    14. 叶柄长 6–10 mm；花梗关节在中部稍上；果近球形，长 7–9 mm，直径 6.5–8.5 mm ····**14. 青江藤 C. hindsii**

    14. 叶柄长 15 mm；花梗关节在最基部；果宽椭圆形，长 10–18 mm，直径 9–14 mm ·· **15. 独子藤 C. monospermus**

本属药用植物主要含倍半萜类成分，如苦皮藤素 (celangulin) Ⅰ (**1**)、Ⅱ (**2**)、Ⅲ (**3**)、Ⅳ (**4**)；生物碱类如 3- 氧代 -4- 苄基 -3,4- 二氢 -1H- 吡咯并 [2,1-c] 噁嗪 -6- 甲缩醛 {3-oxo-4-benzyl-3,4-dihydro-1H-pyrrolo[2,1-c]oxazine-6-methylal，**5**}，苦皮藤生物碱 (chinese bittersweet alkaoid) Ⅰ (**6**)、Ⅱ (**7**)；其他萜类，如变叶美登木酮 A (maytenfolone A，**8**)，南蛇藤定▲ B (celasdin B，**9**)，南蛇藤醇▲ (celastrol，**10**)，扁蒴藤素 (pristimerin，**11**)，冠叶南蛇藤醇▲ (celaphanol) A (**12**)、B (**13**)；黄酮类成分如 (-)- 表缅茄儿茶素▲ [(-)-epiafzelechin] (**14**)，(-)- 表儿茶素 [(-)-epicatechin，**15**]，(+)- 儿茶素 [(+)-catechin，**16**]。**1** 对昆虫有明显的拒食活性，**2** 和 **3** 有不同程度的毒杀活性，**4** 则有很强的麻醉活性；**8** 具有抗肝炎活性和抗肿瘤活性，**9** 具有抗人类免疫缺陷病毒活性，**10** 有很强的抗过氧化物、抗炎活性，**11** 有明显的抗氧化及抗肿瘤作用，**14** 可作为一种环加氧酶抑制剂，用于治疗风湿性关节炎，**15**、**16** 都对羟自由基有明显的清除作用。

1: R₁=a-OAc R₂=a-OBz R₃=OAc
2: R₁=OAc R₂=OBz R₃=a-OiBu
3: R₁=OAc R₂=OBz R₃=b-OiBu
4: R₁=OFu R₂=OFu R₃=OiBu

5

8

6: R=H
7: R=CH₂CH(CH₃)(CH₂)₄CH₃

9

10: R=H
11: R=CH₃

12: R₁=CH₃ R₂=CH₃ R₃=CH₃
13: R₁=OH R₂=H R₃=H

14: R=H
15: R=OH

16

　　本属植物及其提取物具有抗炎、镇痛、抗细菌、抗病毒、抗肿瘤、镇静催眠、抗生育等作用以及昆虫拒食等生物活性。有驱风除湿、活血解毒和消肿功效，目前多用于治疗风湿性关节炎、类风湿关节炎、血液病及皮肤病，也用作农用杀虫剂。其中萜类是其抗肿瘤和抗病毒的主要成分。

1. 灯油藤（中国高等植物图鉴）　滇南蛇藤（中国树木分类学），圆锥南蛇藤（拉汉种子植物名称），打油果（云南）

Celastrus paniculatus Willd., Sp. Pl. 1: 1125. 1797.（英 **Paniculate Staff-tree, Panicled Bittersweet**）

　　常绿藤本灌木，高达 10 m。小枝常密生皮孔，被毛或光滑。叶互生，椭圆形、长圆椭圆形、长圆形、阔卵形、倒卵形至近圆形，长 5-10 cm，宽 2.5-5 cm，先端短尖至渐尖，基部楔形较圆，边缘锯齿状，叶两面光滑，稀在叶背脉腋处有微毛，侧脉 5-7 对；叶柄长 6-16 mm。聚伞圆锥花序顶生，长5-10 cm，上下部分枝近等长，稍平展；花序梗及小花梗偶被短绒毛，小花梗长 3-6 mm，关节位于基部；花淡绿色，5 数，雌雄异株；萼裂片半圆形，具缘毛；花瓣长圆形及倒卵长方形；花盘厚膜质杯状；雄花中雄蕊长约 3 mm，着生花盘边缘，子房退化成短棒状；雌花中雄蕊退化，仅长 1 mm；子房近球形。蒴果近球状，直径 8-10 mm，3 裂，每裂瓣 1-2 粒种子。种子椭圆形。花期 4-6 月，果期 6-9 月。

分布与生境　产于台湾、广东、海南、广西、贵州、云南和西藏东南部。生于海拔 200-2000 m 的丛林地带。向南分布达印度。

灯油藤 Celastrus paniculatus Willd.
引自《中国高等植物图鉴》

灯油藤 Celastrus paniculatus Willd.
摄影：黄健 沐先运

药用部位　种子、根、叶。

功效应用　种子：缓泻，催吐，祛风湿，止痹痛。用于风湿痹痛，便秘，食物中毒后作催吐药。根、叶：清热利湿，消炎止痛。用于痢疾，腹泻，腹痛，无名肿毒。

化学成分　根皮含三萜类：南蛇藤醇▲(celastrol)，扁蒴藤素(pristimerin)，锡兰柯库木萜酮▲(zeylasterone)，锡兰柯库木萜醛▲(zeylasteral)[1]。

　　茎含倍半萜类：灯油藤碱(paniculatine) A、B、C、D、E、F、G、H、I、J、K、L，卫矛碱(euonymine)，雷公藤宁碱F (wilfornine F)，冬青卫矛碱I (euojaponine I)，美登木因▲(mayteine)，昆明山海棠宁▲D (hyponine D)，2-去乙酰卫矛羰碱(2-desacetylevonin)，8-乙酰氧基-O-2-去乙酰基-8-去氧卫矛羰碱[8-acetyloxy-O-2-deacetyl-8-deoxo-evonine]，佩里塔萨木碱▲A (peritassine A)，8-异丁酰氧基-8-去乙酰基佩里塔萨木碱▲A (8-isobutyloxy-8-deacetyl-peritassine A)，卫矛宁碱▲(euonine)，冬青卫矛碱F (euojaponine F)[2]；二萜类：11-羟基-14-甲氧基-8,11,13-冷杉三烯-19-酸(11-hydroxy-14-methoxy-8,11,13-abietatrien-19-acid)，13,14-二羟基-8,11,13-罗汉松三烯-7-酮(13,14-dihydroxy-8,11,13-podocarpatrien-7-one)，8,12-冷杉二烯-11,14-二酮-19-羧酸(8,12-abietadien-11,14-dione-19-acid)[2]；三萜类：β-香树脂醇(β-amyrin)，3β-羟基齐墩果-12-烯-11-酮(3β-hydroxyolean-12-en-11-one)，β-香树脂醇棕榈酸酯(β-amyrin palmitate)，α-香树脂醇乙酸酯(α-amyrin acetate)，α-香树脂醇(α-amyrin)，11-氧-α-香树脂醇(3β-hydroxyurs-12-en-11-one)，α-香树脂醇棕榈酸酯(α-amyrin palmitate)，雷公藤甲酯(wilforlide A)，雷公藤三萜酸B (3β,22β-dihydroxy-olean-12-en-28-acid)，2α-羟基羽扇豆醇(2α-hydroxylupeol)[2]；黄酮类：山奈酚(kaempferol)，槲皮素(quercetin)，没食子儿茶素(gallocatechin)，表没食子儿茶素(epigallocatechin)，根皮苷(phlorizin)，(-)-3,5,7-三羟基黄烷[(-)-3,5,7-trihydroxyflavan]，(+)-3,5,7,4'-四羟基黄烷[(+)-3,5,7,4'-tetrahydroxyflavan]，(-)-表儿茶素[(-)-epicatechin][2]；甾醇类：β-谷甾醇(β-sitosterol)，胡萝卜苷(daucosterol)，7-氧代-β-谷甾醇(7-oxo-β-sitosterol)[2]；酚类：4-羟基苯甲酸(4-hydroxybenzoic acid)，水杨酸(salicylic acid)，香荚兰酸(vanillic acid)，对羟基苯甲醛(4-hydroxy-benzaldehyde)，1,4-苯二酚(1,4-benzene diol)，丁香酸(syringic acid)，间苯三甲醚(1,3,5-trimethoxy-benzene)，3,4-二羟基苯甲酸(3,4-dihydroxy-benzoic acid)，3-甲氧基4一羟基苯甲酸-4-β-D-葡萄糖(3-methoxy-4-hydroxy-benzoic acid-4-β-D-glucoside)，3,5-二甲氧基-4-羟基苯甲酸-4-β-D-葡萄糖(3,5-dimethoxy-4-hydroxy-benzoic acid-4-β-D-glucoside)[2]；其他类：葡萄糖(glucose)，正丁基-β-D-葡萄糖苷(n-butyl-β-D-glucopyranoside)，腺苷(adenosine)，棕榈酸(palmitic acid)[2]。

　　种子含倍半萜类：1β-乙酰氧基-4α-羟基-6α,9β-二苯甲酰氧基-8β-桂皮酰氧基-β-二氢沉香呋喃(1β-acetoxy-4α-hydroxyl-6α,9β-dibenzoyloxy-8β-cinnamoyloxy-β-dihydroagarofuran)，1β-乙酰氧基-4α-羟基-6β-呋喃酰氧基-9β-苯甲酰氧基-8β-桂皮酰氧基-二氢沉香呋喃(1β-acetoxy-4α-hydroxy-6β-furoyloxy-

9β-benzoyloxy-8β-cinnamoyloxy-dihydroagarofuran)[3]，1β,6α-二乙酰氧基-9β-苯甲酰氧基-8β-羟基-β-二氢沉香呋喃(1β,6α-diacetoxy-9β-benzoyloxy-8β-hydroxy-β-dihydroagarofuran)[3-4]，1β,8α-二乙酰氧基-6α,9α-二苯甲酰氧基-β-二氢沉香呋喃(1β,8α-diacetoxy-6α,9α-dibenzoyloxy-β-dihydroagarofuran)，1β-乙酰氧基-6α,9β-二苯甲酰氧基-8β-桂皮酰氧基-4α-羟基-β-二氢沉香呋喃(1β-acetoxy-6α,9β-dibenzoyloxy-8β-cinnamoyloxy-4α-hydroxy-β-dihydroagarofuran)，1β-乙酰氧基-9β-苯甲酰氧基-8β-桂皮酰氧基-6α-(β-呋喃甲酰氧基)-4α-羟基-β-二氢沉香呋喃[1β-acetoxy-9β-benzoyloxy-8β-cinnamoyloxy-6α-(β-furancarbonyloxy)-4α-hydroxy-β-dihydroagarofuran][4]，1β,8α,12-三乙酰氧基-9α-呋喃酰氧基-β-二氢沉香呋喃(1β,8α,12-triacetoxy-9α-furoyloxy-β-dihydroagarofuran)，1β,6α,8α,12-四乙酰氧基-9β-苯甲酰氧基-β-二氢沉香呋喃(1β,6α,8α,12-tetraacetoxy-9β-benzoyloxy-β-dihydroagarofuran)[5]，1β,6α,8β-三乙酰氧基-9α-(β-呋喃甲酰氧基)-β-二氢沉香呋喃[1β,6α,8β-triacetoxy-9α-(β-furancarbonyloxy)-β-dihydroagarofuran]，1β,6α-二乙酰氧基-9β-苯甲酰氧基-8β-桂皮酰氧基-β-二氢沉香呋喃(1β,6α-diacetoxy-9β-benzoyloxy-8β-cinnamoyloxy-β-dihydroagarofuran)[6]，1α,6β,8β-三乙酰氧基-9β-苯甲酰氧基二氢-β-沉香呋喃(1α,6β,8β-triacetoxy-9β-benzoyloxydihydro-β-agarofuran)，1α,6β,8α-三乙酰氧基-9α-苯甲酰氧基二氢-β-沉香呋喃(1α,6β,8α-triacetoxy-9α-benzoyloxydihydro-β-agarofuran)，1α,6β,8β,14-四乙酰氧基-9α-苯甲酰氧基二氢-β-沉香呋喃(1α,6β,8β,14-tetraacetoxy-9α-benzoyloxydihydro-β-agarofuran)，苦皮藤倍半萜▲C (angulatueoid C)[7]，灯油藤素▲(malkangunin)[8]；倍半萜生物碱类：灯油藤宁碱▲(celapanin)，灯油藤精碱▲(celapagin)，灯油藤宁精碱▲(celapanigin)[8]；多聚乙醇类：灯油藤醇▲(malkanguniol)，多聚乙醇(polyalcohol) A、B、C、D[9]；三萜类：灯油藤二醇▲(paniculatadiol)[10]。

全草含倍半萜类：1α,8β-二乙酰氧基-9β-苯甲酰氧基-2α-羟基-β-二氢沉香呋喃[1α,8β-bis(acetyloxy)-9β-benzoyloxy-2α-hydroxy-β-dihydroagarofuran]，1α,8β,14-三乙酰氧基-2α,9β-二苯甲酰氧基-β-二氢沉香呋喃[1α,8β,14-tris(acetyloxy)-2α,9β-bis(benzoyloxy)-β-dihydroagarofuran]，1α,8β-二乙酰氧基-2α,9β-二苯甲酰氧基-14-羟基-β-二氢沉香呋喃[1α,8β-bis(acetyloxy)-2α,9β-bis(benzoyloxy)-14-hydroxy-β-dihydroagarofuran][11]，东北雷公藤林素▲D$_1$(triptogelin D$_1$)，1α,8β,14-三乙酰氧基-9β-苯甲酰氧基-2α-羟基二氢-β-沉香呋喃[1α,8β,14-tris(acetyloxy)-9β-benzoyloxy-2α-hydroxydihydro-β-agarofuran]，1α,14-二乙酰氧基-9β-苯甲酰氧基-2α-羟基二氢-β-沉香呋喃[1α,14-bis(acetyloxy)-9β-benzoyloxy-2α-hydroxydihydro-β-agarofuran]，2α,14-二乙酰氧基-9β-苯甲酰氧基-1α-羟基-二氢-β-沉香呋喃[2α,14-bis(acetyloxy)-9β-benzoyloxy-1α-hydroxy-dihydro-β-agarofuran]，1α,2α,8β,14-四乙酰氧基-9β-苯甲酰氧基-二氢-β-沉香呋喃[1α,2α,8β,14-tetrakis(acetyloxy)-9β-benzoyloxy-dihydro-β-agarofuran]，1α,2β,8β-三乙酰氧基-9β-苯甲酰氧基-二氢-β-沉香呋喃[1α,2β,8β-tris(acetyloxy)-9β-benzoyloxy-dihydro-β-agarofuran]，2α,8β,14-三乙酰氧基-9β-苯甲酰氧基-1α-羟基-二氢-β-沉香呋喃[2α,8β,14-tris(acetyloxy)-9β-benzoyloxy-1α-hydroxydihydro-β-agarofuran][12]；三萜类：海棠果醇(canophyllol)[11]，羽扇豆醇(lupeol)[12]；甾体类：β-谷甾醇[12]。

药理作用　镇痛抗炎作用：灯油藤花的甲醇提取物可延长鼠尾浸于热水中的时间及减轻角叉菜胶致大鼠足跖肿胀[1]。

益智作用：灯油藤种子的提取物对东莨菪碱致学习记忆障碍模型小鼠有改善记忆作用[2]；亦可提高大鼠的学习和记忆能力，使大鼠脑部的去甲肾上腺素、多巴胺和5-羟色胺含量降低[3]，同时使大鼠脑细胞丙二醛(MDA)降低，还原型谷胱甘肽(GSH)和过氧化氢酶(CAT)升高，提示也有可能是通过抗氧化过程来实现此作用[4]。

调节平滑肌作用：灯油藤种子的甲醇提取物及CCl$_4$部位有松弛小鼠回肠平滑肌作用[5]。

抗真菌作用：灯油藤提取物有抗植物真菌活性[6-7]。

抗氧化作用：灯油藤种子的水提取物、盐酸提取物对DPPH自由基和过氧化物产生均有抑制作用，同时减弱H$_2$O$_2$对神经元的毒性、影响神经元中CAT和MDA的含量[8]。灯油藤种子油及甲醇、乙醇提取物亦具有超氧化物清除作用及对H$_2$O$_2$及谷氨酸盐诱导的神经细胞损伤有抑制作用[9]。

注评　本种的种子称"灯油藤子"，根称"圆锥花南蛇藤根"，云南等地药用。傣族药用根和嫩尖，主要用途见功效应用项。景颇族药用其根治风湿；佤族药用其果实治神经性皮炎，皮癣。

化学成分参考文献

[1] Chandra B, et al. *Phytochemistry*, 1990, 29(10): 3189-3192.

[2] 鲁亚苏. 灯油藤茎的化学成分研究 [D]. 2007, 中国协和医科大学.

[3] 涂永强, 高等学校化学学报, 1992, 13(12): 1548-1550.

[4] Tu YQ, et al. *J Nat Prod*, 1993, 56(1): 122-1386.

[5] Song H, et al. *Phytochemistry*, 1991, 30(5): 1547-1549.

[6] Tu YQ, et al. *J Nat Prod*, 1991, 54(5): 1383-1386.

[7] Borbone N, et al. *Planta Med*, 2007, 73(8): 792-794.

[8] Wagner H, et al. *Tetrahedron*, 1975, 31(16): 1949-1956.

[9] Hertog HJ, et al. *Tetrahedron Lett*, 1974, 15(26): 2219-2222.

[10] Nanavati DD. *Journal of the Oil Technologists' Association of India*, 1977, 9(1): 1-4.

[11] Weng JR, et al. *Phytochemistry*, 2013, 94: 211-219.

[12] Weng JR, et al. *Helv Chim Acta*, 2010, 93(9): 1716-1724.

药理作用及毒性参考文献

[1] Ahmad F, et al. *J Ethnopharmacol*, 1994, 42(3): 193-198.

[2] Gattu M, et al. *Pharmacol Biochem Behav*, 1997, 57(4): 793-799.

[3] Nalini K, et al. *J Ethnopharmacol*, 1995, 47(2): 101-108.

[4] Kumar MH, et al. *Phytomed*, 2002, 9(4): 302-311.

[5] Borrelli F, et al. *Planta Med*, 2004, 70(7): 652-656.

[6] Luo DQ, et al. *Pest Manag Sci*, 2005, 61(1): 85-90.

[7] Vonshak A, et al. *Phytother Res*, 2003, 17(9): 1123-1125.

[8] Godkar P, et al. *Fitoterapia*, 2003, 74(7-8): 658-669.

[9] Godkar PB, et al. *Phytomedicine*, 2006, 13(1): 29-36.

2. 苦皮藤（中国高等植物图鉴） 马断肠（甘肃、浙江），苦树皮、菜药（陕西），老虎麻藤（四川、贵州），吊麻杆（贵州），南蛇根（湖北），棱枝南蛇藤（华北经济植物志要）

Celastrus angulatus Maxim. in Bull. Acad. Imp. Sci. Saint-Petersbourg 27: 455. 1881.（英 **Angular Staff-tree, Angustem Staff-tree**）

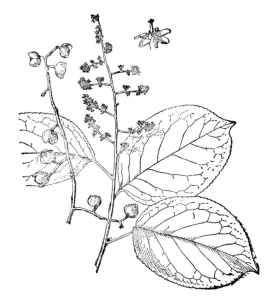

藤状灌木。小枝常具 4-6 纵棱，密生皮孔。叶互生，大形，近革质，长圆宽椭圆形、阔卵形或圆形，长 7-17 cm，宽 5-13 cm，先端圆阔，中央具尖头，基部圆，边缘具钝锯齿，两面光滑，稀叶背主侧脉上具短柔毛；叶柄长 1.5-3 cm。聚伞圆锥花序顶生，长 10-20 cm；花序轴和小花轴无毛或被绣色短毛；小花梗较短，关节在顶部；萼裂片镊合状排列，三角形或卵形；花瓣长圆形，边缘不整齐；花盘肉质盘状；雄蕊着生花盘之下，雄花中长约 3 mm，雌花中退化长约 1 mm；雌花的子房球形，柱头反曲，在雄花中雌蕊退化约长约 1.2 mm。蒴果近球状，直径 8-10 mm。种子椭圆形。花期 5-6 月，果期 8-10 月。

苦皮藤 Celastrus angulatus Maxim.
引自《中国高等植物图鉴》

分布与生境 产于河北、河南、山东、陕西、甘肃、江苏、安徽、浙江、湖南、湖北、云南、四川、贵州、广东和广西。生于海拔 1000-2500 m 的山地丛林和山坡灌丛中。

药用部位 根、根皮、茎皮。

功效应用 根：用于风湿，劳伤。有小毒。根皮、茎皮：清热解毒，杀虫。有小毒。用于秃疮，黄水疮，头虱，跌打损伤。

化学成分 根皮含三萜类：6β-羟基-3-氧代羽扇豆-20(29)-烯[6β-hydroxy-3-oxolup-20(29)-ene]，3β-羟基齐墩果-9(11),12-二烯[3β-hydroxyolean-9(11),12-diene][1]；倍半萜类：苦皮藤素(celangulin) I [2]、 Ⅱ、

苦皮藤 **Celastrus angulatus** Maxim.
摄影：何顺志 沐先运

III、IV[3]、V[4]、VI、VII[5]、VIII、IX、X、XI、XII、XIII、XIV、XV、XVI、XVII、XVIII、XIX[4]，苦皮藤素(angulatin) A[6]、B、C[7]、D[8]、E[9]、F[10]、G[7]、H[9]、I[10]、J[9]、K、L、M、N[11]、P[9]，青江藤素▲ (celahin) B、D[9]，南蛇藤素A(celastrine A)[9]，苦皮藤亭(celangulatin) C[7,9,12-13]、D[12-13]、E[10,12]、F[12]、G、H、I[14]、II[7]、III[11]、IV[7,12]，1β,2β-二乙酰氧基-4α,6α-二羟基-8α-异丁酰氧基-9β-苯甲酰氧基-15-(α-甲基)-丁酰氧基-β-二氢沉香呋喃[1β,2β-diacetoxy-4α,6α-dihydroxy-8α-isobutanoyloxy-9β-benzoyloxy-15-(α-methyl) butanoyloxy-β-dihydroagrofuran]，1β,2β,15-三乙酰氧基-4α,6α-二羟基-8α-异丁酰氧基-9β-苯甲酰氧基-β-二氢沉香呋喃[1β,2β,15-triacetoxy-4α,6α-dihydroxy-8α-isobutanoyloxy-9β-benzoyloxy-β-dihydroagrofuran][10]，1β-乙酰氧基-9β-苯甲酰基-4α,6α-二羟基-8α,15-二异丁酰氧基-2β-(α-甲基)-丁酰氧基-β-二氢沉香呋喃[1β-acetoxy-9β-benzoxy-4α,6α-dihydroxy-8α,15-diisobutanoyloxy-2β-(α-methyl)-butanoyloxy-β-dihydroagarofuran][11]，1α,2α-二乙酰氧基-8β-异丁酰氧基-9α-苯甲酰氧基-13-(α-甲基)丁酰氧基-4β,6β-二羟基-β-二氢沉香呋喃[1α,2α-diacetoxy-8β-isobutanoyloxy-9α-benzoyloxy-13-(α-methyl) butanoyloxy-4β,6β-dihydroxy-β-dihydroagarofuran]，1α,2α-二乙酰氧基-8β-(β-呋喃甲酰氧基)-9α-苯甲酰氧基-13-异丁酰氧基-4β,6β-二羟基-β-二氢沉香呋喃[1α,2α-diacetoxy-8β-(β-furancarbonyloxy)-9α-benzoyloxy-13-isobutanoyloxy-4β,6β-dihydroxy-β-dihydroagarofuran]，1α,6β,8α,13-四乙酰氧基-9α-苯甲酰氧基-2α-羟基-β-二氢沉香呋喃[1α,6β,8α,13-tetraacetoxy-9α-benzoyloxy-2α-hydroxy-β-dihydroagarofuran][15]，苦皮藤胺▲(angulatamine)[16]，1β,6α,8β-三乙酰氧基-9α-苯甲酰氧基-2β,12-二异丁酰氧基-4α-羟基-β-二氢沉香呋喃(1α,6α,8β-triacetoxy-9α-benzoyloxy-2β,12-diisobutyryloxy-4β-hydrol-β-dihydroagarofuran)，1α,2α,6β,13-四乙酰氧基-8α-异丁酰氧基-9β-呋喃酰氧基-4β-羟基-β-二氢沉香呋喃(1α,2α,6β,13-tetraacetoxy-8α-isobutyryloxy-9β-furoyloxy-4β-hydroxy-β-dihydroagarofuran)[17]，1α,2α,13-三乙酰氧基-8α,9β-二呋喃酰氧基-4β,6β-二羟基-β-二氢沉香呋喃(1α,2α,13-triacetoxy-8α,9β-difuroyloxy-4β,6β-dihydroxy-β-dihydroagarofuran)，1α,2α,6α,8α,13-五乙酰氧基-9α-苯甲酰氧基-4β,6β-二羟基-β-二氢沉香呋喃(1α,2α,6α,8α,13-pentaacetoxy-9α-benzoyloxy-4β,6β-dihydroxy-β-dihydroagarofuran)，1α,2α,8β-三乙酰氧基-9α-苯甲酰氧基-13-异丁酰氧基-4β,6β-二羟基-β-二氢沉香呋喃(1α,2α,8β-triacetoxy-9α-benzoyloxy-13-isobutyryloxy-4β,6β-dihydroxy-β-dihydroagarofuran)[18]，1β,11-二乙酰氧基-2β-异丁酰氧基-4α,6α-二羟基-8α-烟酰氧基-9β-苯甲酰氧基-β-二氢沉香呋喃(1β,11-diacetoxy-2β-isobutyryloxy-4α,6α-dihydroxy-8α-nicotinoyloxy-9β-benzoyloxy-β-dihydroagarofuran)，1β,6α-二乙酰氧基-2β-呋喃酰氧基-4α-羟基-8β,11-二异丁酰氧基-9β-烟酰氧基-β-二氢沉香呋喃(1β,6α-diacetoxy-2β-furoyloxy-4α-hydroxy-8β,11-diisobutyryloxy-9β-nicotinoyloxy-β-dihydroagarofuran)，1β,2β,6α-三乙酰基-4α-羟基-8β,11-二异丁酰氧基-9α-呋喃酰氧基-β-二氢沉香呋喃(1β,2β,6α-triacetoxy-4α-hydroxy-8β,11-diisobutyryloxy-9α-furoyloxy-β-dihydroagarofuran)，1β,2β,6α-三乙酰氧基-4α-羟基-8β,9α-二呋喃酰氧基-11-

237

(3-甲基)-异丁酰氧基-β-二氢沉香呋喃(1β,2β,6α-triacetoxy-4α-hydroxy-8β,9α-difuroyloxy-11-(3-methyl)-isobutyryloxy-β-dihydroagarofuran)，1β,2β,6α-三乙酰氧基-4α-羟基-8β,9α-二呋喃酰氧基-11-异丁酰氧基-β-二氢沉香呋喃(1β,2β,6α-triacetoxy-4α-hydroxy-8β,9α-difuroyloxy-11-isobutyryloxy-β-dihydroagarofuran)，1β,2β,11-三乙酰氧基-4α,6α-二羟基-8α-异丁酰氧基-9β-苯甲酰氧基-β-二氢沉香呋喃(1β,2β,11-triacetoxy-4α,6α-dihydroxy-8α-isobutyryloxy-9β-benzoyloxy-β-dihydroagarofuran)[19]，1α-烟酰氧基-2α,6β-二乙酰氧基-9β-呋喃酰氧基-11-(3-甲基)-异丁酰氧基-4β-羟基-β-二氢沉香呋喃(1α-nicotinoyloxy-2α,6β-diacetoxy-9β-furoyloxy-11-(3-methyl)-isobutyryloxy-4β-hydroxy-β-dihydroagarofuran)，1α-烟酰氧基-2α,6β-二乙酰氧基-9β-呋喃酰氧基-11-异丁酰氧基-4β-羟基-β-二氢沉香呋喃(1α-nicotinoyloxy-2α,6β-diacetoxy-9β-furoyloxy-11-isobutyryloxy-4β-hydroxy-β-dihydroagarofuran)，1α-烟酰氧基-2α,11α,6β-三乙酰氧基-9β-呋喃酰氧基-4β-羟基-β-二氢沉香呋喃(1α-nicotinoyloxy-2α,11α,6β-triacetoxy-9β-furoyloxy-4β-hydroxy-β-dihydroagarofuran)，1α-烟酰氧基-2α,11α,6β-三乙酰氧基-9β-苯甲酰氧基-4β-羟基-β-二氢沉香呋喃(1α-nicotinoyloxy-2α,11α,6β-triacetoxy-9β-benzoyloxy-4β-hydroxy-β-dihydroagarofuran)[20]，1α,2α,8α,12-四(乙酰氧基)-9α-呋喃酰氧基-4β-羟基二氢-β-沉香呋喃[1α,2α,8α,12-tetrakis(acetyloxy)-9α-(furoyloxy)-4β-hydroxydihydro-β-agarofuran]，1α,2α,6β,8α,12-五(乙酰氧基)-9α-(苯甲酰氧基)二氢-β-沉香呋喃[1α,2α,6β,8α,12-pentakis(acetyloxy)-9α-(benzoyloxy)dihydro-β-agarofuran]，1α,2α,6β-三(乙酰氧基)-9β-(苯甲酰氧基)-4β-羟基-8α,12-二(异丁酰氧基)二氢-β-沉香呋喃[1α,2α,6β-tris(acetyloxy)-9β-(benzoyloxy)-4β-hydroxy-8α,12-bis(isobutyryloxy)dihydro-β-agarofuran]，1α,2α,6β,8α-四(乙酰氧基)-9β-(呋喃酰氧基)-4β-羟基-(12-异丁酰氧基)二氢-β-沉香呋喃[1α,2α,6β,8α-tetrakis(acetyloxy)-9β-(furoyloxy)-4β-hydroxy-(12-isobutyryloxy)dihydro-β-agarofuran]，1α,2α,6β-三(乙酰氧基)-9β-(苯甲酰氧基)-4β-羟基-8α-(异丁酰氧基)-12-[(2-甲基丁酰基)氧基]二氢-β-沉香呋喃[1α,2α,6β-tris(acetyloxy)-9β-(benzoyloxy)-4β-hydroxy-8α-(isobutyryloxy)-12-[(2-methylbutanoyl)oxy]dihydro-β-agarofuran][21]，1β-异烟酰氧基-2β,6α-二乙酰氧基-8β,13-二异丁酰氧基-9α-苯甲酰氧基-4α-羟基-β-二氢沉香呋喃(1β-picolinoyloxy-2β,6α-diacetoxy-8β,13-diisobutanoyloxy-9α-benzoyloxy-4α-hydroxy-β-dihydroagarofuran)，1β-异烟酰氧基-2β,6α-二乙酰氧基-8β,13-二异丁酰氧基-9α-呋喃甲酰氧基-4α-羟基-β-二氢沉香呋喃(1β-picolinoyloxy-2β,6α-diacetoxy-8β,13-diisobutanoyloxy-9α-furanoyloxy-4α-hydroxy-β-dihydroagarofuran)，1β,6α-二乙酰氧基-2β-烟酰氧基-8β,13-二异丁酰氧基-9α-苯甲酰氧基-4α-羟基-β-二氢沉香呋喃(1β,6α-diacetoxy-2β-nicotinoyloxy-8β,13-diisobutanoyloxy-9α-benzoyloxy-4α-hydroxy-β-dihydroagarofuran)[22]，苦皮藤酯(kupiteng ester) A、B、C[23]；黄酮类：(+)-儿茶素[(+)-catechin][1,24]，(-)-表儿茶素[(-)-epicatechin]，3,7,4'-三羟基-3'-甲氧基黄烷酮-5-O-β-D-葡萄糖苷(3,7,4'-trihydroxy-3'-methoxyflavanone-5-O-β-D-glucoside)[24]；酚类：3,4,5-三甲氧基苯-1-O-β-D-吡喃葡萄糖苷(3,4,5-trimethoxybenzene-1-O-β-D-glucopyranoside)[24]；甾体类：β-谷甾醇，胡萝卜苷[1]。

叶含倍半萜类：1β,2β,9α-三乙酰氧基-8α-(2-羟基-异丁酰氧基)-15-苯甲酰氧基-4α-羟基-β-二氢沉香呋喃[1β,2β,9α-triacetoxy-8α-(2-hydroxy-isobutyryoxy)-15-benzoyloxy-4α-hydroxy-β-dihydroagarofuran][25-26]，1β-桂皮酰氧基-2β,6α,8α,9β,12-五乙酰氧基-β-二氢沉香呋喃(1β-cinnamoyloxy-2β,6α,8α,9β,12-pentaacetoxy-β-dihydroagarofuran)[27]，苦皮藤亭(celangulatin) A、B，苦皮藤素(celangulin) IV、V[28]，苦皮藤萜▲ VI(angulatinoid VI)，雷公藤西宁▲(wilforsinine A)[29]；黄酮类：金丝桃苷(hyperoside)，槲皮素-7-O-β-D-吡喃葡萄糖苷(quercetin-7-O-β-D-glucopyranoside)，槲皮素-3-O-α-L-吡喃鼠李糖基-β-D-吡喃半乳糖苷(quercetin-3-O-α-L-rhamnopyranosyl-β-D-galactopyranoside)[30]，槲皮素(quercetin)，异槲皮苷(isoquercitrin)，槲皮素-3-O-α-L-吡喃阿拉伯糖苷(quercetin-3-O-α-L-arabinopyranoside；guaijaverin)[31]；生物碱类：中华苦皮藤生物碱Ⅲ(chinese bittersweet alkaloid Ⅲ)[32]。

假种皮含倍半萜类：1α,2α,4β,6β,8α,9β,13-七羟基-β-二氢沉香呋喃(1α,2α,4β,6β,8α,9β,13-heptahydroxy-β-dihydroagarofuran)[33]；酚类：间苯二酚(resoreinol)，百里香酚(thymol)[33]。

种子含倍半萜类：1β-乙酰氧基-8α-苯甲酰氧基-9β,13-二(β-吡啶甲酰氧基)-β-二氢沉香呋喃

[1*β*-acetoxy-8*α*-benzoyloxy-9*β*,13-di(*β*-pyridylformyloxy)-*β*-dihydroagarofuran]，1*β*,2*β*-二 羟 基-6*α*-乙酰氧基-8*β*,9*β*-二苯甲酰氧基-*β*-二氢沉香呋喃(1*β*,2*β*-dihydroxy-6*α*-acetoxy-8*β*,9*β*-dibenzoyloxy-*β*-dihydroagarofuran)，1*β*,2*β*,8*β*,9*β*-四苯甲酰氧基-6*α*-乙酰氧基-*β*-二氢沉香呋喃(1*β*,2*β*,8*β*,9*β*-tetrabenzoyloxy-6*α*-acetoxy-*β*-dihydroagarofuran)[34]， 苦 皮 藤 倍 半 萜 ▲(angulatueoid) A、B、C、D[35]、E、F[36]、G、H[37]，苦皮藤酯(kupitengester) 1、2、3、4[38]，6*α*-乙酰氧基-1*β*,8*β*,9*β*-三苯甲酰氧基-*β*-二氢沉香呋喃(6*α*-acetoxy-1*β*,8*β*,9*β*-tribenzoyloxy-*β*-dihydroagarofuran)，1*β*,8*β*,13-三乙酰氧基-9*β*-苯甲酰氧基-*β*-二氢沉香呋喃(1*β*,8*β*,13-triacetoxy-9*β*-benzoyloxy-*β*-dihydroagarofuran)，1*β*,8*α*,13-三乙酰氧基-9*β*-苯甲酰氧基-*β*-二氢沉香呋喃(1*β*,8*α*,13-triacetoxy-9*β*-benzoyloxy-*β*-dihydroagarofuran)[39]，1*β*-乙酰氧基-9*β*-苯甲酰氧基-8*α*-羟基-13-烟酰氧基-*β*-二氢沉香呋喃(1*β*-acetoxy-9*β*-benzoyloxy-8*α*-hydroxy-13-nicotinoyloxy-*β*-dihydroagarofuran)，1*β*-乙酰氧基-9*β*-苯甲酰氧基-8*α*-(*α*-甲基-丁酰氧基)-13-烟酰氧基-*β*-二氢沉香呋喃(1*β*-acetoxy-9*β*-benzoyloxy-8*α*-(*α*-methyl-butyloxy)-13-nicotinoyloxy-*β*-dihydroagarofuran)，1*β*-乙酰氧基-9*β*-苯甲酰氧基-8*α*-异丁酰氧基-13-烟酰氧基-*β*-二氢沉香呋喃(1*β*-acetoxy-9*β*-benzoyloxy-8*α*-isobutyryloxy-13-nicotinoyloxy-*β*-dihydroagarofuran)，1*β*-乙酰氧基-8*β*,9*β*-二苯甲酰氧基-13-烟酰氧基-*β*-二氢沉香呋喃(1*β*-acetoxy-8*β*,9*β*-dibenzoyloxy-13-nicotinoyloxy-*β*-dihydroagarofuran)[40]，1*β*,2*β*,8*α*,13-四乙酰氧基-9*β*-苯甲酰氧基-*β*-二氢沉香呋喃(1*β*,2*β*,8*α*,13-tetraacetoxy-9*β*-benzoyloxy-*β*-dihydroagarofuran)，1*β*,2*β*,8*α*-三乙酰氧基-9*β*,13-二烟酰氧基-*β*-二氢沉香呋喃(1*β*,2*β*,8*α*-triacetoxy-9*β*,13-dinicotinoyloxy-*β*-dihydroagarofuran)[41]，1*β*,2*β*,8*α*-三乙酰氧基-9*β*-苯甲酰氧基-13-烟酰氧基-*β*-二氢沉香呋喃(1*β*,2*β*,8*α*-triacetoxy-9*β*-benzoyloxy-13-nicotinoyloxy-*β*-dihydroagarofuran)[42]，1*β*,8*α*-二乙酰氧基-9-(*α*-烟酰氧基)-12-苯甲酰氧基-*β*-二氢沉香呋喃[1*β*,8*α*-diacetoxy-9-(*α*-nicotinoyloxy)-12-benzoyloxy-*β*-dihydroagarofuran][43]，1*β*,8*α*-二乙酰氧基-9*β*-苯甲酰氧基-12-(*β*-烟酰氧基)-*β*-二氢沉香呋喃[1*β*,8*α*-diacetoxy-9*β*-benzoyloxy-12-(*β*-nicotinoyloxy)-*β*-dihydroagarofuran][43,44]，1*β*,8*β*-二乙酰氧基-9*β*-(*β*-烟酰氧基)-12-苯甲酰氧基-*β*-二氢沉香呋喃[1*β*,8*β*-diacetoxy-9*β*-(*β*-nicotinoyloxy)-12-benzoyloxy-*β*-dihydroagarofuran][44]， 苦 皮 藤 辛 ▲A(angulatusine A)[45]；生物碱类：中华苦皮藤生物碱(Chinese bittersweet alkaloid) I 、 II[46]。

药理作用 对部分受体结合作用：苦皮藤的醇提物对 α_2 肾上腺素能受体、DA$_1$、GABA$_A$ 和 GABA$_B$ 受体均有较强的亲和力，表明苦皮藤中含有催眠、镇痛、抗惊厥、解痉的成分[1]。

抗肿瘤作用：从苦皮藤叶中提取的倍半萜烯酯类化合物 1*β*,2*β*,9*α*- 三乙酰氧基 -8*α*-(2- 羟基 - 异丁酰氧基)-15- 苯甲酰氧基 -4*α*- 羟基 -*β*- 二氢沉香呋喃对人白血病细胞株 PRMI-8226、神经胶质瘤细胞株 U-251、前列腺癌细胞株 PC-3、乳腺癌细胞株 MDA-MB-231 等有细胞毒性[2]，倍半萜生物碱亦具有抗癌细胞活性的作用[3]。

化学成分参考文献

[1] 陈佩东，等 . 海峡药学，2002, 14(4): 33-36.

[2] Wakabayashi N, et al. *J Nat Prod*, 1988, 51: 537.

[3] Wu WJ, et al. *J Nat Prod*, 1992, 55(9): 1294-1298.

[4] 吴文君，等 . 华中师范大学学报（自然科学版），2005, 39(1): 50-53.

[5] 吴文君，等 . 农药学学报，2001, 3(1): 46-50.

[6] Wang MT, et al. *Phytochemistry*, 1999, 30(12): 3931-3933.

[7] 赵天增，等 . 发明专利申请，2013, CN 102907425 A 20130206.

[8] Wu MJ, et al. *Chin Chem Lett*, 2004, 15(1): 41-42.

[9] 朱文丽，等 . 中国实验方剂学杂志，2011, 17(14): 117-122.

[10] Zhang HY, et al. *J Asian Nat Prod Res*, 2011, 13(4): 304-311.

[11] Zhang HY, et al. *Phytochem Lett*, 2014, 7: 101-106.

[12] Ji ZQ, et al. *Nat Prod Res*, 2007, 21(4): 334-342.

[13] Wei SP, et al. *Chem Nat Compd*, 2012, 47(6): 906-910.

[14] Ji ZQ, et al. *Nat Prod Res*, 2009, 23(5): 470-478.

[15] Wu WJ, et al. *Phytochemistry*, 2001, 58(8): 1183-1187.

[16] Liu JK, et al. *Phytochemistry*, 1993, 32(2): 487-488.

[17] 朱靖博，等 . 大连工业大学学报，2009, 28(3): 169-173.

[18] 慕岩峰，等 . 安徽农业科学，2009, 37(23): 10843.

[19] Lin Jikai, et al. *Phytochemistry*, 1995, 40(3): 841-946.

[20] Liu JK, et al. *Phytochemistry*, 1990, 29(8): 2503-2506.

[21] Wei SP, et al. *Helv Chim Acta*, 2010, 93(9): 1844-1850.

[22] Liu JY, et al. *Heterocycles*, 2012, 85(3): 689-696.

[23] Wei SP, et al. *Nat Prod Commun*, 2010, 5(3): 355-359.

[24] 刘绣华，等. 天然产物研究与开发，1999, 11(5): 11-15.

[25] 赵天增，等. 中草药，1999, 30(4): 241-244.

[26] Yin WP, et al. *Chin Chem Lett*, 1999, 10(6): 487-490.

[27] Wang YH, et al. *Chin Chem Lett*, 1994, 5: 51-54.

[28] Wang MG, et al. *Nat Prod Res*, 2006, 20(7): 653-658.

[29] Wang YH, et al. *J Nat Prod*, 1997, 60(2): 178-179.

[30] Rzadkowska-Bodalska H. *Prace Naukowe Akademii Medycznej we Wroclawiu*, 1973, 7(1): 3-40.

[31] Rzadkowska-Bodalska H. *Dissertationes Pharmaceuticae et Pharmacologicae*, 1971, 23(3): 247-251.

[32] Yin WP, et al. *J Asian Nat Prod Res*, 2001, 3(3): 183-189.

[33] 杨征敏，等. 农药学学报，2001, 3(2): 93-96.

[34] 涂永强，等. 化学学报，1993, 51(4): 404-408.

[35] Cheng CQ, et al. *Phytochemistry*, 1992, 31(8): 2777-2780.

[36] Liu JKi, et al. *Phytochemistry*, 1993, 32(2): 379-381.

[37] Wu DG, et al. *Phytochemistry*, 1992, 31(12): 4219-4222.

[38] 王国亮，等. 植物学报，1992, 31(10): 777-780.

[39] Tu YQ, et al. *Phytochemistry*, 1992, 31(10): 3633-3634.

[40] Tu YQ, et al. *J Nat Prod*, 1992, 55(9): 1320-1322.

[41] Tu YQ, et al. *Phytochemistry*, 1993, 32(2): 458-459.

[42] Tu YQ, et al. *Chin Chem Lett*, 1993, 4(3): 219-220.

[43] Wang YH, et al. *J Nat Prod*, 1998, 61(7): 942-944.

[44] 杨立，等. 中山大学学报（自然科学版），1997, 36(4): 123-124.

[45] Wu DG, et al. *J Nat Prod*, 1992, 55(7): 982-985.

[46] Yin WP, et al. *Phytochemistry*, 1999, 52(8): 1731-1734.

药理作用及毒性参考文献

[1] Zhu M, et al. *J Ethnopharmacol*, 1996, 54(2-3): 153-164.

[2] Yin WP, et al. *Chi Chem Lett*, 1999, 10(6): 487-491.

[3] 尹卫平，等. 洛阳工学院学报，2000, 21(3): 67-70.

3. 粉背南蛇藤（中国高等植物图鉴） 绵藤（中国树林分类学），博根藤、落霜红（中国高等植物图鉴），麻妹条（贵州），来阿片（苗语）

Celastrus hypoleucus (Oliv.) Warb. ex Loes. in Bot. Jahrb. Syst. 29(3-4): 445. 1900.（英 **Pale Staff-tree, Pale Bittersweet**）

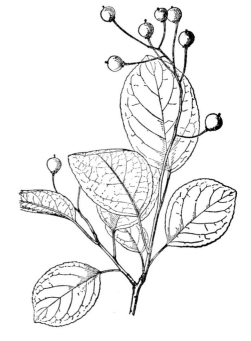

粉背南蛇藤 *Celastrus hypoleucus* (Oliv.) Warb. ex Loes.
引自《中国高等植物图鉴》

藤状灌木。小枝具稀疏皮孔。叶互生，椭圆形或长圆椭圆形，长 6–9.5 cm，宽 2.5–5.5 cm，先端短渐尖，基部钝楔形，边缘具锯齿，侧脉 5–7 对，叶面绿色，光滑，叶背粉灰色，主脉及侧脉被短毛或无毛；叶柄长 1.2–2 cm。顶生聚伞圆锥花序，长 7–10 cm，多花，腋生者短小，具 3–7 花，花序梗较短，小花梗长 3–8 mm，花后明显伸长，关节在中部以上；萼裂片近三角形，顶端钝；花瓣长圆形或椭圆形，长约 4 mm；花盘杯状，顶端平截；雄花中雄蕊长约 4 mm，退化雌蕊长约 2 mm；雌花中退化雄蕊长约 2 mm，雌蕊长约 3 mm；子房椭圆状，柱头扁平。果序顶生，长而下垂，腋生花多不结实。蒴果有长梗，疏生，球状，果皮内侧有棕红色细点。种子平凸至稍新月状，黑褐色。花期 6–8 月，果期 10 月。

分布与生境 产于河南、陕西、甘肃、湖北、湖南、安徽、四川、贵州及广东。生于海拔 400–2500 m 的丛林中。

药用部位 根、叶。

功效应用 化瘀消肿，止血生肌。外跌打红肿，刀伤。

化学成分 根含三萜类：扁蒴藤素(pristimerin)，南蛇藤醇▲(celastrol)[1-2]，2-羟基-3-甲基-21-氧代-12,24-二降-D:B-飞齐墩果-1,3,5(10),7-四烯-29-酸[2-hydroxy-3-methyl-21-oxo-12,24-dinor-D:B-friedooleana-1,3,5(10),7-tetraen-29-oic acid][2]，29-甲氧基无羁萜-3-酮(29-

粉背南蛇藤 Celastrus hypoleucus (Oliv.) Warb. ex Loes.
摄影：沐先运

methoxyfriedelan-3-one)，无羁萜(friedelin)，29-羟基无羁萜-3-酮(29-hydroxyfriedelan-3-one)，14-蒲公英赛烯-3β-醇(14-taraxerene-3β-ol)[3]；其他类：β-谷甾醇，咖啡酸正十八烷酯(n-octadecyl caffeic acid ester)[3]。

　　茎含三萜类：12-齐墩果烯-3β,6α-二醇(12-oleanene-3β,6α-diol)[4-5]，20(29)-羽扇豆烯-1β,3β-二醇[20(29)-lupene-1β,3β-diol]，20(30)-羽扇豆烯-3β,29-二醇[20(30)-lupene-3β,29-diol][4]，6α-羟基-12-齐墩果烯-3-酮(6α-hydroxy-12-oleanen-3-one)[6-7]，齐墩果-12-烯-3β,23-二醇(olean-12-en-3β,23-diol)，3β,22α-二羟基齐墩果-12-烯-29-酸(3β,22α-dihydroxyolean-12-en-29-oic acid)，β-香树脂醇(β-amyrin)，β-香树脂醇棕榈酸酯(β-amyrin palmitate)，雷公藤内酯(wilforlide) A、B[7]；二萜类：(+)-7-去氧印楝二酚▲[(+)-7-deoxynimbidiol][8]，粉背南蛇藤二醇▲(celahypodiol)，锈色罗汉松酚▲(ferruginol)，柳杉酚(sugiol)[4]；其他类：β-谷甾醇，棕榈酸[7]。

　　叶含黄酮类：山奈酚-3,7-α-L-二吡喃鼠李糖苷(kaempferol-3,7-α-L-dirhamnopyranoside)，山奈酚-7-O-α-L-吡喃鼠李糖苷-3-O-β-D-吡喃葡萄糖苷(kaempferol-7-O-α-L-rhamnopyranoside-3-O-β-D-glucopyranoside)，槲皮素-3-O-α-L-吡喃鼠李糖苷-7-O-β-D-吡喃葡萄糖苷(quercetin-3-O-α-L-rhamnopyranoside-7-O-β-D-glucopyranoside)[9]。

　　地上部分含三萜类：β-香树脂醇(β-amyrenol)，无羁萜(friedelin)，9(11),12-齐墩果二烯-3β-咖啡酸酯[9(11),12-oleanadien-3β-caffeate]，12-齐墩果烯-3β-咖啡酸酯(12-oleanene-3β-caffeate)，9(11),12-齐墩果二烯-3β-醇[9(11),12-oleanadien-3β-ol]，9(11),12-齐墩果二烯-3-酮[9(11),12-oleanedien-3-one]，无羁萜-3-酮-29-醇(friedelan-3-one-29-ol)，单钩爵床醇▲(monechmol)[10]；二萜类：8β,19-二羟基-3-氧代海松-15-烯(8β,19-dihydroxy-3-oxopimar-15-ene)[10]；倍半萜类：1β,2β,9α-三羟基-β-二氢沉香呋喃(1β,2β,9α-trihydroxy-β-dihydroagarofuran)[10]；苯丙素类：4-羟基桂皮酸正十八烷酯(n-octadecyl-4-hydroxy-cinnamate)，咖啡酸正十八烷酯(n-octadecyl-caffeic acid ester)[10]；其他类：β-谷甾醇，亚油酸(octadecadienoic acid)[10]。

药理作用　抗真菌作用：粉背南蛇藤提取物有抗植物真菌活性[1]。

　　抗肿瘤作用：从粉背南蛇藤茎的甲醇浸膏中分离得到的三萜12-齐墩果烯-3β,6α-二醇能抑制人结肠癌细胞系 RKO 细胞增殖和诱导凋亡[2]。

注评　本种的根称"绵藤"，叶称"麻妹条叶"，贵州等地药用。苗族也药用，主要用途见功效应用项。

侗族用其藤茎治疗妇女月经病，寒湿疼痛。同属的南蛇藤 Celastrus orbiculatus Thunb. 也同等药用。

化学成分参考文献

[1] Luo DQ, et al. *Planta Med*, 2005, 61(1): 85-90.

[2] Wang H, et al. *Helv Chim Acta*, 2010, 93(8): 1628-1633.

[3] 王鸿，等 . 林产化学与工业，2007, 27(6): 56-58.

[4] Wang KW, et al. *Bioorg Med Chem Lett*, 2006, 16(8): 2274-2277.

[5] 毛建山，等 . 中国中药杂志，2006, 31(17): 1450-1453.

[6] Wang KW, et al. *Acta Crystallographica, Section E:*

Structure Reports Online, 2005, 61(7): o2022-o2023.

[7] Wang KW, et al. *Helv Chim Acta*, 2005, 88(5): 990-995.

[8] Xiong Y, et al. *Bioorg Med Chem Lett*, 2006, 16(4): 786-789.

[9] Bodalski T, et al. *Dissertationes Pharmaceuticae et Pharmacologicae*, 1966, 18(3): 285-291.

[10] Wang H, et al. *J Chin Chem Soc*, 2002, 49(3): 433-436.

药理作用及毒性参考文献

[1] Luo DQ. *Pest Manage Sci*, 2005, 61(l): 85.

[2] 毛建山，等 . 中国中药杂志，2006, 31(17): 1450-1453.

4. 皱叶南蛇藤（中国植物志） 藤木（湖北植物志）

Celastrus rugosus Rehder et E. H. Wilson in Pl. Wilson. 2(2): 349-350 . 1915.（英 **Rugose Glaucous-leaved Staff-tree**）

落叶藤状灌木，高 3–6 m。小枝紫褐色，光滑，皮孔小而显著。叶互生，花期薄纸质，果期纸质，卵状椭圆形、椭圆形或长圆状椭圆形，稀为倒卵形，长 6–13 cm，宽 3–9 cm，先端圆阔具短渐尖，基部宽楔形或近圆形，边缘锯齿状，侧脉 5–6 对，叶面光滑，绿色，叶背白绿色，脉上被黄色短柔毛，网纹长方格状，显著；叶柄长 1–1.7 cm，无毛。花序顶生及腋生，顶生花序长 3–6 cm，腋生花序多只 3–5 花；花序梗长 2–5 mm，小花梗长 2–6 mm，关节通常在中部偏下；萼片卵形，有细毛；花瓣倒卵长圆形；花盘浅杯状稍肉质，裂片近半圆形或稍窄；雄花中雄蕊长约 4 mm，花丝丝状，退化雌蕊长 1–1.5 mm；雌花中雌蕊瓶状，花柱细长，柱头 3 浅裂，雄蕊短小不育。蒴果球形，直径为 8–10 mm。种子长圆形，棕褐色，长 4–5 mm。花期 5–6 月，果期 8–10 月。

分布与生境 产于湖北、贵州、四川、云南及西藏东部，陕西南部和广西北部少见。生于海拔 1400–3600 m 的山坡路旁和灌木林丛中。

药用部位 根。

皱叶南蛇藤 **Celastrus rugosus** Rehder et E. H. Wilson
摄影：徐永福

功效应用　用于风湿证，劳伤，小儿麻疹，瘾疹。

化学成分　茎含生物碱类：皱叶南蛇藤碱(rugosusine) A、B，卫矛碱(euonymine)，雷公藤宁碱G(wilfornine G)，普特美登木碱▲B(putterine B)，4-羟基-7-表-丘氏美登木宁碱E-V(4-hydroxy-7-epichuchuhuanine E-V)，灯油藤碱A(paniculatine A)，卫矛宁碱▲(euonine)，*N*-(*N*-苯甲酰基-L-苯丙氨基)-*O*-乙酰基-L-苯丙氨基醇[*N*-(*N*-benzoyl-L-phenylalanyl-)-*O*-actyl-L-phenylalanol]，*N*(*N*'-苯甲酰基-*S**-苯丙氨基)-*S**-苯丙氨基醇苯甲酸酯[*N*(*N*'-benzoyl-*S**-phenylalaninyl)-*S**-phenylalaninolbenzoate]，*N*-(2-氨基苯基)-脲[*N*-(2-aminophenyl)-urea][1]；三萜类：20-表山道棟酸▲(20-epikatonic acid)，3*β*,22*α*-二羟基齐墩果-12-烯-29-酸(3*β*,22*α*-dihydroxy-olean-12-en-29-oic acid)，2*α*,3*β*-二羟基羽扇豆-20(29)-烯[2*α*,3*β*-dihydroxylup-20(29)-ene][1]；倍半萜类：羊耳菊内酯(inulacappolide)[1]；黄酮类：3,4',5-三羟基-2',5',6,7-四甲氧基黄酮(3,4',5-trihydroxy-2',5',6,7-tetramethoxyflavone)，布氏菊素▲(brickellin)，5-羟基-3',4',6,7-四甲氧基黄酮醇(5-hydroxy-3',4',6,7-tetramethoxyflavonol)，表缅茄儿茶素▲(epiafzelechin)，(-)-表儿茶素[(-)-epicatechin]，(+)-儿茶素[(+)-catechin][1]；苯并吡喃酮类：(3*R*)-蜂蜜曲霉素[(3*R*)-mellein][1]；蒽酮类：羊蹄苷▲(rumejaposide)，决明芦荟素(cassialoin)[1]；苯甲酸衍生物：酞酸二丁酯(dibutyl phthalate)，双(2-乙基己基)酞酸酯[bis(2-ethylhexyl)phthalate][1]；酚类：3,5-二甲氧基-4-羟基苯甲醛(3,5-dimethoxy-4-hydroxybenzaldehyde)，香荚兰素(vanillin)，5-(甲氧基甲基)间苯二酚[5-(methoxymethyl)resorcinol]，4-羟基-3,5-二甲氧基苯甲醇(4-hydroxy-3,5-dimethoxybenzenemethanol)，2,4,6-三甲氧基-1-*O*-*β*-D-吡喃葡萄糖苷(2,4,6-trimethoxy-1-*O*-*β*-D-glucopyranoside)[1]；甾体类：*β*-谷甾醇，胡萝卜苷[1]；其他类：2,5-二(羟基乙基)-1,4-二甲氧基苯[2,5-bis(hydroxyethyl)-1,4-bismethoxybenzene][1]。

叶含黄酮类：山奈酚-7-*O*-*α*-L-吡喃鼠李糖苷(kaempferol-7-*O*-*α*-L-rhamnopyranoside)，山奈酚-3,7-*O*-*α*-L-二吡喃鼠李糖苷(kaempferol-3,7-*O*-*α*-L-dirhamnopyranoside)，槲皮素-3,7-*O*-*α*-L-二吡喃鼠李糖苷(quercetin-3,7-*O*-*α*-L-dirhamnopyranoside)，山奈酚-3-*O*-*β*-D-吡喃葡萄糖苷-7-*O*-*α*-L-吡喃鼠李糖苷(kaempferol-3-*O*-*β*-D-glucopyranoside-7-*O*-*α*-L-rhamnopyranoside)，槲皮素-3-*O*-*β*-D-吡喃葡萄糖苷-7-*O*-*α*-L-吡喃鼠李糖苷(quercetin-3-*O*-*β*-D-glucopyranoside-7-*O*-*α*-L-rhamnopyranoside)，槲皮素-3-*O*-*α*-L-吡喃鼠李糖苷-7-*O*-*β*-D-吡喃葡萄糖苷(quercetin-3-*O*-*α*-L-rhamnopyranoside-7-*O*-*β*-D-glucopyranoside)[2]；苯丙素类：咖啡酸(caffeic acid)[2]。

化学成分参考文献

[1] Chang RJ, et al. *Arch Pharm Res*, 2013, 36(11): 1291-1301.

[2] Rzadkowska BH. *Pol J Pharmacol Pharm*, 1973, 25(4): 407-416.

5. 大芽南蛇藤（华北经济植物志要）　哥兰叶（中国高等植物图鉴），米汤叶、绵条子、霜江藤（拉汉种子植物名称），穿山龙（福建），山货榔、白花藤（云南），胎小科（贵州苗语）

Celastrus gemmatus Loes. in Bot. Jahrb. Syst. 30(5): 468. 1902（英 **Gemmate Staff-tree**）

藤本灌木，高达 5 m。小枝具多数棕灰白色突起皮孔；冬芽长达 1.2 cm。叶互生，长圆形、卵状椭圆形或椭圆形，长 6–12 cm，宽 3.5–7 cm，先端渐尖，基部圆阔，边缘具浅锯齿，侧脉 5–7 对，叶脉密网状，两面均突起；叶柄长 1–2.3 cm。聚伞花序顶生及腋生，顶生花序长约 3 cm，侧生花序短而少花；花序梗长 5–10 mm；小花梗长 2.5–5 mm，关节在中部以下；花 5 数，黄绿色；萼裂片卵圆形，长约 1.5 mm，边缘啮蚀状；花瓣长圆倒卵形，长 3–4 mm；花盘浅杯状；雄花中雄蕊与花冠近等长，退化雌蕊长 1–2 mm；雌花中子房球状，花柱长 1.5 mm，退化雄蕊 1.5 mm。蒴果球形，直径 1–1.3 cm。种子阔椭圆形，红棕色，长 4–5.5 mm。花期 4–9 月，果期 8–10 月。

分布与生境　产于河南、陕西、甘肃、安徽、浙江、江西、湖北、湖南、贵州、四川、台湾、福建、广东、广西、云南，是我国分布最广泛的南蛇藤之一。生于海拔 100–2500 m 的密林或灌丛中。

药用部位　根、茎叶。

功效应用 祛风湿，行气，舒筋活血。用于风湿性关节炎，月经不调，子宫脱出，湿疹，外伤。

化学成分 根皮含倍半萜类：1α,9β-二呋喃酰氧基-6β-乙酰氧基-β-二氢沉香呋喃(1α,9β-difuroyloxy-6β-acetoxy-β-dihydroagarofuran)，1α,9β-二呋喃酰氧基-2α-乙酰氧基-β-二氢沉香呋喃(1α,9β-difuroyloxy-2α-acetoxy-β-dihydroagarofuran)，1α-呋喃酰氧基-6β-乙酰氧基-9β-苯甲酰氧基-β-二氢沉香呋喃(1α-furoyloxy-6β-acetoxy-9β-benzoyloxy-β-dihydroagarofuran)[1]，1β,6α,8β-三乙酰氧基-2β,12-二异丁酰氧基-9α-(β-呋喃酰氧基)-4α-羟基-β-二氢沉香呋喃[1β,6α,8β-triacetoxy-2β,12-diisobutyryloxy-9α-(β-furoyloxy)-4α-hydroxy-β-dihydroagarofuran]，1β,8β-二乙酰氧基-2β,12-二异丁酰氧基-9β-苯甲酰氧基-4α,6β-二羟基-β-二氢沉香呋喃(1β,8β-diacetoxy-2β,12-diisobutyryloxy-9β-benzoyloxy-4α,6β-dihydroxy-β-dihydroagarofuran)[2]；有机酸类：苯甲酸(benzoic acid)[1]。

种子含倍半萜类：1β,2β-二乙酰氧基-9α-(β-苯甲酰环氧丁酰氧基)-β-二氢沉香呋喃[1β,2β-diacetoxy-9α-(β-benzoylepoxybutyryloxy)-β-dihydroagarofuran]，1β-

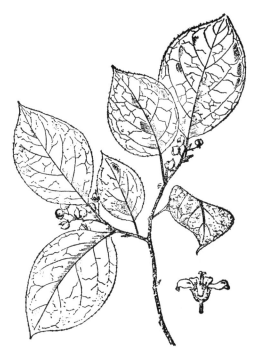

大芽南蛇藤 Celastrus gemmatus Loes.
引自《中国高等植物图鉴》

大芽南蛇藤 Celastrus gemmatus Loes.
摄影：朱鑫鑫 沐先运

乙酰氧基-2β-苯甲酰氧基-9α-(β-苯甲酰环氧丁酰氧基)-β-二氢沉香呋喃[1β-acetoxy-2β-benzoyloxy-9α-(β-benzoylepoxybutyryloxy)-β-dihydroagarofuran]，1β-乙酰氧基-2β-丁酰氧基-9α-(β-苯甲酰环氧丁酰氧基)-β-二氢沉香呋喃[1β-acetoxy-2β-butyryloxy-9α-(β-benzoylepoxybutyryloxy)-β-dihydroagarofuran]，1β-乙酰氧基-9α-(β-苯甲酰环氧丁酰氧基)-β-二氢沉香呋喃[1β-acetoxy-9α-(β-benzoylepoxybutyryloxy)-β-dihydroagarofuran][3]，1β,6α,8α-三乙酰氧基-9β-苯甲酰氧基-β-二氢沉香呋喃(1β,6α,8α-triacetoxy-9β-benzoyloxy-β-dihydroagarofuran)，8β-乙酰氧基-1β,9β-二苯甲酰氧基-6α-羟基-β-二氢沉香呋喃(8β-acetoxy-1β,9β-dibenzoyloxy-6α-hydroxy-β-dihydroagarofuran)，1β-乙酰氧基-9α-桂皮酰氧基-β-二氢沉香呋喃(1β-acetoxy-9α-cinnamoyloxy-β-dihydroagarofuran)[4]，1β,6α,8β-三乙酰氧基-9α-(β-呋喃酰氧基)-4α-羟基-2β,13-二异丁酰氧基-β-二氢沉香呋喃[1β,6α,8β-triacetoxy-9α-(β-furoyloxy)-4α-hydroxy-2β,13-

diisobutyryloxy-β-dihydroagarofuran]，6α,9β,13-三乙酰氧基-1β,8β-二苯甲酰氧基-2β-已酰氧基-β-二氢沉香呋喃(6α,9β,13-triacetoxy-1β,8β-dibenzoyloxy-2β-caproyloxy-β-dihydroagarofuran)，1β,8α-二乙酰氧基-9β-苯甲酰氧基-4α,6α-二羟基-2β,13-二异丁酰氧基-β-二氢沉香呋喃(1β,8α-diacetoxy-9β-benzoyloxy-4α,6α-dihydroxy-2β,13-diisobutyryloxy-β-dihydroagarofuran)[5]。

叶含苯丙素类：(-)-马尾松树脂醇-3α-O-β-D-吡喃葡萄糖苷[(-)-massoniresinol-3α-O-β-D-glucopyranoside]，豚叶头刺草定▲(ambrosidine)，异落叶松树脂醇-9-O-β-D-吡喃葡萄糖苷(isolariciresinol-9-O-β-D-glucopyranoside)；黄酮类：紫云英苷(astragalin)，山奈酚-3-O-α-L-吡喃鼠李糖基-(1 → 6)-β-D-吡喃葡萄糖苷[kaempferol-3-O-α-L-rhamnopyranosyl-(1 → 6)-β-D-glucopyranoside]，山奈酚-3-O-α-L-吡喃鼠李糖基-(1 → 2)-β-D-吡喃葡萄糖苷[kaempferol-3-O-α-L-rhamnopyranosyl-(1 → 2)-β-D-glucopyranoside]，芹菜苷元-7-O-β-D-葡萄糖醛酸苷(apigenin-7-O-β-D-glucuronide)，芹菜苷元-7-O-β-D-葡萄糖醛酸甲酯(apigenin-7-O-β-D-glucuronate methyl ester)[6]；多元醇类：D-山梨醇(D-sorbitol)[6]。

注评 本种的根、茎、叶称"霜红藤"，福建、云南、浙江等地药用。畲族也药用，主要用途见功效应用项外，尚用于治疗骨髓炎，带状疱疹。

化学成分参考文献

[1] 胡兆农，等.昆虫知识，2005, 42(6): 629-634.

[2] 涂永强，等.化学学报，1991, 49: 1014-1017.

[3] Tu YQ, et al. *Phytochemistry*, 1990, 29(9): 2923-2926.

[4] Tu YQ, et al. *Phytochemistry*, 1991, 30(1): 271-273.

[5] 徐美珍，等.中草药，1997, 28(8): 502-505.

[6] 冯卫生，等.药学学报，2007, 42(6): 2290-2295.

6. 短梗南蛇藤（中国高等植物图鉴） 黄绳儿、丛花南蛇藤（拉汉种子植物名称），白花藤、大藤菜、山货榔（云南）

Celastrus rosthornianus Loes. in Bot. Jahrb. Syst. 29(3-4): 445-446. 1900.（英 **Rosthorn Staff-tree**）

藤本灌木，高达 7 m。叶互生，长椭圆形或倒卵椭圆形，长 3.5–9 cm，宽 1.5–4.5 cm，先端急尖或短渐尖，基部楔形或宽楔形，边缘具疏浅锯齿，或基部近全缘，侧脉 4–6 对；叶柄长 5–8 mm。顶生及腋生总状聚伞花序；顶生花序长 2–4 cm，腋生者短小，具 1 至数花，花序梗短；小花梗长 2–6 mm，关节在中部或稍下；萼片长圆形，长约 1 mm，边缘啮蚀状；花瓣近长圆形，长 3–3.5 mm；花盘浅裂；雄花中雄蕊较花冠稍短，退化雌蕊细小；雌花中子房球形，柱头 3 裂，每裂再 2 深裂，近丝状，退化雄蕊长 1–1.5 mm。蒴果近球状，直径为 5.5–8 mm，平滑。种子阔椭圆形，长 3–4 mm。花期 4–5 月，果期 8–10 月。

分布与生境 产于甘肃、陕西西部、河南、安徽、浙江、江西、湖北、湖南、贵州、四川、福建、广东、广西、云南。生于海拔 500–1800 m 的山坡林缘和丛林下，有时在高达 3100m 处。

药用部位 根、茎叶、果实。

功效应用 根：祛风除湿，活血止痛，解毒消肿。用于筋骨痛，扭伤，胃痛，闭经，月经不调，牙痛，失眠，无名肿毒，带状疱疹，湿疹，毒蛇咬伤，肿毒。茎叶：祛风除湿，活血止血，解毒消肿。用于风湿痹痛，跌打损伤，脘腹痛，牙痛，疝气痛，月经不调，经闭，血崩，疮肿，带状疱疹，湿疹。果实：宁

短梗南蛇藤 Celastrus rosthornianus Loes.
引自《中国高等植物图鉴》

心安神。用于失眠，多梦。

化学成分 根皮含倍半萜类：1*β*-乙酰氧基-8*β*,9*α*-二苯甲酰氧基-6*α*-羟基-2*β*-(*α*-甲基丁酰氧基)-*β*-二氢沉香呋喃[1*β*-acetoxy-8*β*,9*α*-dibenzoyloxy-6*α*-hydroxy-2*β*-(*α*-methylbutanoyloxy)-*β*-dihydroagarofuran]，1*β*-乙酰氧基-9*α*-苯甲酰氧基-8*β*-(*β*-呋喃羰氧基)-6*α*-羟基-2*β*-(*α*-甲基丁酰氧基)-*β*-二氢沉香呋喃[1*β*-acetoxy-9*α*-benzoyloxy-8*β*-(*β*-furancarbonyloxy)-6*α*-hydroxy-2*β*-(*α*-methylbutanoyloxy)-*β*-dihydroagarofuran][1]，1*β*-乙酰氧基-8*β*,9*α*-二苯甲酰氧基-2*β*-(呋喃-*β*-羰氧基)-4*α*,6*α*-二羟基-*β*-二氢沉香呋喃[1*β*-acetoxy-8*β*,9*α*-dibenzoyloxy-2*β*-(furan-*β*-carbonyloxy)-4*α*,6*α*-dihydroxy-*β*-dihydroagarofuran]，1*β*-乙酰氧基-2*β*,8*β*,9*α*-三苯甲酰氧基-4*α*,6*α*-二羟基-*β*-二氢沉香呋喃(1*β*-acetoxy-2*β*,8*β*,9*α*-tribenzoyloxy-4*α*,6*α*-dihydroxy-*β*-dihydroagarofuran)[2-3]，1*β*-乙酰氧基-8*β*,9*α*-二苯甲酰氧基-6*α*-羟基-2*β*-(*α*-甲基丁酰氧基)-*β*-二氢沉香呋喃[1*β*-acetoxy-8*β*,9*α*-dibenzoyloxy-6*α*-hydroxy-2*β*-(*α*-methylbutanoyloxy)-*β*-dihydroagarofuran]，1*β*-乙酰氧基-9*α*-苯甲酰氧基-8*β*-(*β*-呋喃羰氧基)-6*α*-羟基-2*β*-(*α*-甲基丁酰氧基)-*β*-二氢沉香呋喃[1*β*-acetoxy-9*α*-benzoyloxy-8*β*-(*β*-furancarbonyloxy)-6*α*-hydroxy-2*β*-(*α*-methylbutanoyloxy)-*β*-dihydroagarofuran][4]，1*β*-乙酰氧基-8*β*,9*α*-二苯甲酰氧基-4*α*,6*α*-二羟基-2*β*-(*α*-甲基丁酰氧基)-*β*-二氢沉香呋喃[1*β*-acetoxy-8*β*,9*α*-dibenzoyloxy-4*α*,6*α*-dihydroxy-2*β*-(*α*-methylbutanoyloxy)-*β*-dihydroagarofuran][5]。

茎秆含三萜类：3*β*,20(*S*),24(*S*)-三羟基达玛-25-烯-3-咖啡酸酯[3*β*,20(*S*),24(*S*)-trihydroxydammar-25-ene-3-caffeate]，3*β*,20(*S*),24(*R*)-三羟基达玛-25-烯-3-咖啡酸酯[3*β*,20(*S*),24(*R*)-trihydroxydammar-25-ene-3-caffeate]，3*β*,20(*S*),25-三羟基达玛-23(*Z*)-烯-3-咖啡酸酯[3*β*,20(*S*),25-trihydroxydammar-23(*Z*)-ene-3-caffeate][6]，1*β*,3*β*-二羟基齐墩果-9(11),12-二烯-3-棕榈酸酯[1*β*,3*β*-dihydroxy-olean-9(11),12-dienyl-3-palmitate]，*β*-香树脂醇棕榈酸酯(*β*-amyrin palmitate)，3*β*-羟基-11-氧代齐墩果-12-烯-3-棕榈酸酯(3*β*-hydroxy-11-oxo-olean-12-enyl-3-palmitate)，羽扇豆醇棕榈酸酯(lupeol palmitate)[7]，1*β*,3*β*,11*β*-三羟基-12-齐墩果烯-3-*O*-棕榈酸酯(1*β*,3*β*,11*β*-trihydroxy-12-oleane-3-*O*-palmitate)[8]。

注评 本种的根称"短柄南蛇藤根"，茎叶称"短柄南蛇藤"，果实称"短柄南蛇藤果"，浙江、福建、云南等地药用。瑶族称、畲族也药用，主要用途见功效应用项。

化学成分参考文献

[1] Tu YQ, et al. *Phytochemistry*, 1991, 30(12): 4169-4171.

[2] Tu YQ, et al. *J Chem Soc, Perkin Transactions 1: Org Bio-Org Chem* (1972-1999), 1991, (2): 425-427.

[3] Tu YQ, et al. *Phytochemistry*, 1991, 30(4) : 1321-1322.

[4] Tu YQ, et al. *J Nat Prod*, 1992, 55(1): 126-128.

[5] Tu YQ. *Phytochemistry*, 1992, 31(6): 2155-2157.

[6] Wang KW, et al. *Planta Med*, 2006, 72(4): 370-372.

[7] Wang KW. *Nat Prod Res*, 2007, 21(7): 669-674.

[8] Wang KW. *Fitoterapia*, 2008, 79(4): 311-313.

7. 滇边南蛇藤（中国高等植物图鉴） 尖药南蛇藤（拉汉种子植物名称），毛枝南蛇藤，藤麻（新编拉汉英植物名称）

Celastrus hookeri Prain in J. Asiat. Soc. Bengal, Pt. 2, Nat. Hist. 73(2): 197. 1904.（英 **Hooker Staff-tree, Hooker Bittersweet**）

藤本灌木。小枝光滑，腋芽卵状，长 2–3 mm。叶互生，花期薄纸质，果期纸质或近革质，长椭圆形、倒卵长圆形或稀近圆形，长 6–12 cm，宽 4–7 cm，先端圆阔，具小急尖或短尖，基部宽楔形及圆形，边缘锯齿状，侧脉 4–7 对，干后叶面常具浅棕紫色斑；叶柄长 1–1.7 cm，光滑。花序腋生及顶生，腋生者花较少，3–5 花或更多，顶花序多花，长 3–9 cm，小花梗长 2–2.5 mm，关节在中部或中部以上；萼片钝三角形，长约 1.5 mm；花瓣长椭圆形，长 3–3.5 mm；花盘杯状，裂片极浅；雄花中雄蕊长约 2.5 mm，药隔顶部具小突尖，退化雌蕊长 1.5 mm；雌花中雌蕊长 4 mm，退化雄蕊长约 1.5 mm。果近球形，直径为 6–7 mm。种子椭圆状，有时稍弯，长约 4 mm。花期 5–6 月，果期 7–10 月。

分布与生境 产于云南西北部。缅甸和印度也有分布。生于海拔 2500–3500 m 的林中。

药用部位　茎、根或根皮、叶、果实。

功效应用　茎：祛风除湿，活血通脉。用于筋骨疼痛，四肢麻木，小儿惊风，痧症，痢疾。根或根皮：活血行气，疏风祛湿。用于跌打损伤，风湿，痧症，带状疱疹，肿毒。叶：用于湿疹，痈疖，蛇咬。果实：调理心脾，安神，散痧。用于神经衰弱，失眠，跌打肿痛。

滇边南蛇藤 Celastrus hookeri Prain
引自《中国高等植物图鉴》

8. 南蛇藤（植物名实图考）　黄藤、明开夜合、合欢（东北、河北、山东、山西），苦树皮、降龙草（江苏），七寸麻（湖北），蔓性落霜江（中国树木分类学），果山藤（湖南），过山龙、地南蛇（江西），老牛筋（辽宁、广西），南蛇风、过山枫（新编拉汉英植物名称）

Celastrus orbiculatus Thunb. in Syst. Veg. (ed. 14) 237. 1784.（英 **Round-leaved Staff-tree, Oriental Bittersweet**）

藤本灌木。小枝无毛。叶互生，阔倒卵形、近圆形或椭圆形，长 5–13 cm，宽 3–9 cm，先端圆阔，具小尖头或短渐尖，基部阔楔形至圆形，边缘具锯齿，两面光滑无毛或叶背脉上被疏短柔毛，侧脉 3–5 对；叶柄长1–2 cm。聚伞花序腋生，间有顶生，花序长 1–3 cm，小花 1–3 朵；关节在小花梗中部以下或近基部；花黄绿色，雌雄异株；雄花萼片卵状三角形，长约 1 mm；花瓣倒卵状椭圆形或长圆形，长 3.5–4 mm；雄蕊着生在杯状花盘的边缘，退化雌蕊柱状；雌花子房近球状，花柱长约 1.5 mm，柱头 3 深裂，裂端 2 浅裂，退化雄蕊短小。蒴果黄色，近球状，直径为 8–10 mm。种子椭圆形，赤褐色，长 4–5 mm。花期 5–6 月，果期 7–10 月。

分布与生境　产于黑龙江、吉林、辽宁、内蒙古、河北、山西、陕西、甘肃、山东、江苏、安徽、浙江、江西、河南、湖北、湖南、贵州、四川、广东及广西。为我国分布最广泛的种之一。生于海拔 450–2200 m 的山坡灌丛中。分布达朝鲜和日本。

药用部位　果实、藤茎、根、根皮、叶。

功效应用　果实：安神镇静。用于神经衰弱，心悸失眠，

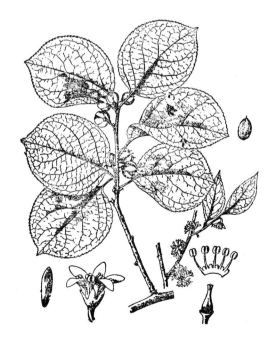

南蛇藤 Celastrus orbiculatus Thunb.
引自《中国高等植物图鉴》

南蛇藤 Celastrus orbiculatus Thunb.
摄影：张英涛 沐先运 刘全儒

健忘。藤茎和根：活血祛瘀，祛风除湿。用于跌打损伤，筋骨疼痛，四肢麻木，经闭，瘫痪。根或根皮：祛风除湿，活血通脉。用于跌打损伤，风湿痹痛，痧症，痢疾，带状疱疹，痈疽肿毒。叶：解毒，散瘀。用于多发性疖，跌打损伤，毒蛇咬伤。

化学成分 根含三萜类：无羁萜-3-酮(friedelane-3-one)，大子五层龙酸(salapermic acid)，28-羟基无羁萜-3-酮(28-hydroxyfriedelane-3-one)，扁蒴藤素(pristimerin)，南蛇藤醇▲(celastrol)[1]；二萜类：柳杉酚(sugiol)[1]；倍半萜类：南蛇藤林素▲(orbiculin) A、B、C、D、E、F、G[2]，1β,2β-二乙酰氧基-6α,9α-二苯甲酰氧基-β-二氢沉香呋喃(1β,2β-diacetoxy-6α,9α-dibenzoyloxy-β-dihydroagarofuran)，冠叶南蛇藤素▲A-1(celafolin A-1)，南蛇藤柯醇酯▲(celorbicol ester)[3]；甾体类：β-谷甾醇，β-胡萝卜苷[1]；有机酸类：苯甲酸(benzoic acid)[1]。

根和根状茎含单萜类：葛缕子酚-2-O-α-L-吡喃鼠李糖基-(1→6)-β-D-吡喃葡萄糖苷[carvacrol-2-O-α-L-rhamnopyranosyl-(1→6)-β-D-glucopyranoside]，5-甲氧基葛缕子酚-2-O-α-L-吡喃鼠李糖基-(1→6)-β-D-吡喃葡萄糖苷[5-methoxycarvacrol-2-O-α-L-rhamnopyranosyl-(1→6)-β-D-glucopyranoside]，(1S,2S,4R)-2-羟基-1,8-桉树脑-β-D-呋喃芹糖基-(1→6)-β-D-吡喃葡萄糖苷[(1S,2S,4R)-2-hydroxy-1,8-cineole-β-D-apiofuranosyl-(1→6)-β-D-glucopyranoside][4]，(1S,2S,4R)-2-羟基-1,8-桉树脑-α-L-吡喃鼠李糖基-(1→6)-β-D-吡喃葡萄糖苷[(1S,2S,4R)-2-hydroxy-1,8-cineole-α-L-rhamnopyranosyl-(1→6)-β-D-glucopyranoside][4-5]；倍半萜类：15-羟基香榧醇-10-O-β-D-呋喃芹糖基-(1→6)-β-D-吡喃葡萄糖苷[15-hydroxytorreyol-10-O-β-D-apiofuranosyl-(1→6)-β-D-glucopyranoside][4]，薜荔苷A(pumilaside A)[4-5]；酚类：2,4,6-三甲氧基苯酚-1-O-β-D-吡喃葡萄糖苷(2,4,6-trimethoxyphenol-1-O-β-D-glucopyranoside)[4]，3,4,5-三甲氧基苯酚-α-L-吡喃鼠李糖基-(1→6)-β-D-吡喃葡萄糖苷[3,4,5-trimethoxyphenol-α-L-rhamnopyranosyl-(1→6)-β-D-glucopyranoside]，3,4-二甲氧基苯基-6-O-(α-L-吡喃鼠李糖基)-β-D-吡喃葡萄糖苷[3,4-dimethoxyphenyl-6-O-(α-L-rhamnopyranosyl)-β-D-glucopyranoside]，葡萄糖丁香酸(glucosyringic acid)[4-5]，3,4,5-三甲氧基苯基-β-D-吡喃葡萄糖苷(3,4,5-trimethoxyphenyl-β-D-glucopyranoside)[5]；蒽醌类：大黄素-6-O-β-D-吡喃葡萄糖苷(emodin-6-O-β-D-glucopyranoside)[5]；其他类：3-羟甲基呋喃-β-D-吡喃葡萄糖苷(3-furanmethanol-β-D-glucopyranoside)[5]。

根皮含三萜类：南蛇藤醇▲[6-8]，大子五层龙酸，扁蒴藤素[7,9]，雷公藤醇▲(wilforol) A、B，昆明山海棠醇▲C(triptohypol C)，东北雷公藤醇▲C(regeol C)，25(9 → 8)转位-24-降-无羁萜-2,3-二氧代-1(10),4,6,9(11)-四烯-29-酸[25(9 → 8)abeo-24-nor-friedelan-2,3-dioxo-1(10),4,6,9(11)-tetraen-29-oic acid]，25(9 → 7)转位-24-降-无羁萜-2,3-二羟基-1,3,5(10),6,8,11-六烯-29-酸[25(9 → 7)abeo-24-nor-friedelan-2,3-dihydroxy-1,3,5(10),6,8,11-hexaen-29-oic acid]，25(9 → 8)转位-24-降-8,14-裂环-无羁萜-2,3-二羟基-1,3,5(10),6,8,14(27)-六烯-29-酸[25(9 → 8)abeo-24-nor-8,14-seco-friedelan-2,3-dihydroxy-1,3,5(10),6,8,14(27)-hexaen-29-oic acid]，25(9 → 8),26(13 → 14)转位-24-降-8,14-裂环-无羁萜-2,3-二羟基-1,3,5(10),6,8-五烯-29(13)-内酯[25(9 → 8),26(13 → 14)abeo-24-nor-8,14-seco-friedelan-2,3-dihydroxy-1,3,5(10),6,8-pentaen-29(13)-olide]，南蛇藤醇素▲(celastroline) Aα、Aβ、Bα、Bβ，异南蛇藤醇素▲Aα(isocelastroline Aα)[8]，雷公藤任▲(tripterine)，β-香树脂醇(β-amyrin)，β-香树脂醇棕榈酸酯(β-amyrin palmitate)[8]，无羁萜(friedelin)，29-咖啡酰氧基无羁萜(29-caffeoyloxyfriedelin)[10]；二萜类：柳杉酚[7]，印楝二酚▲(nimbidiol)，(+)-7-去氧印楝二酚▲[(+)-7-deoxynimbidiol]，Δ^5-印楝二酚▲(Δ^5-nimbidiol)[8]，冠叶南蛇藤醇▲A(celaphanol A)[8,11]，(M)-二聚冠叶南蛇藤醇▲A[(M)-bicelaphanol A]，(P)-二聚冠叶南蛇藤醇▲A[(P)-bicelaphanol A][11]；倍半萜类：甾体类：β-谷甾醇，β-胡萝卜苷[7]；有机酸类：苯甲酸(benzoic acid)[7]。

茎含三萜类：24-羟基-3-氧代-12-齐墩果烯-28-酸(24-hydroxy-3-oxo-12-oleanen-28-oic acid)[12]，3β-羟基-2-氧代齐墩果-12-烯-22,29-内酯(3β-hydroxy-2-oxoolean-12-ene-22,29-lactone)，3-氧代齐墩果-12-烯-28-酸(3-oxoolean-12-en-28-oic acid)，3-氧代-24-降齐墩果-12-烯-28-酸(3-oxo-24-norolean-12-en-28-oic acid)，23-羟基白桦酮酸(23-hydroxybetulonic acid)，23-羟基-3-氧代齐墩果-12-烯-28-酸(23-hydroxy-3-oxoolean-12-en-28-oic acid)，齐墩果酸(oleanolic acid)[13]，3β-乙酰齐墩果酸(3β-acetyloleanolic acid)，常春藤皂苷元(hederagenin)，雷公藤内酯(wilforlide) A、B[14]；二萜类：昆明山海棠二萜内酯▲A(hypodiolide A)，(5β,8α,9β,10α,16β)-16-羟基贝壳杉-18-酸[(5β,8α,9β,10α,16β)-16-hydroxykaurane-18-oic acid][15]；对映-贝壳杉-15-烯-19,20-内酯(ent-kaur-15-en-19,20-olide)，(-)-20-羟基贝壳杉-16-烯-19-酸内酯[(-)-20-hydroxykaur-16-en-19-oic acid lactone][16]；醌类：2,6-二甲氧基苯醌(2,6-dimethoxybenzoquinone)[13]；酚、酚酸类：丁香酸(syringic acid)[13]，香荚兰酸(vanillic acid)[13,15]，水杨酸(salicylic acid)，2,4,6-三甲氧基苯酚-1-O-β-D-吡喃葡萄糖苷[15]；黄酮类：异槲皮苷(isoquercitrin)，槲皮素-7-O-β-D-吡喃葡萄糖苷(quercetin-7-O-β-D-glucopyranoside)，(+)-儿茶素[(+)-catechin][15]；甾体类：β-谷甾醇，β-胡萝卜苷[15]。

根、茎、叶、皮皆含黄酮类：芦丁(rutin)，山柰酚(kaempferol)，槲皮素(quercetin)[17]。

叶含黄酮类：山柰酚-7-O-α-L-吡喃鼠李糖苷(kaempferol-7-O-α-L-rhamnopyranoside)，山柰酚-3,7-O-α-L-二吡喃鼠李糖苷(kaempferol-3,7-O-α-L-dirhamnopyranoside)，槲皮素-3,7-O-α-L-二吡喃鼠李糖苷(quercetin-3,7-O-α-L-dirhamnopyranoside)，山柰酚-3-O-β-D-吡喃葡萄糖苷-7-O-α-L-吡喃鼠李糖苷(kaempferol-3-O-β-D-glucopyranoside-7-O-α-L-rhamnopyranoside)，槲皮素-3-O-β-D-吡喃葡萄糖苷-7-O-α-L-吡喃鼠李糖苷(quercetin-3-O-β-D-glucopyranoside-7-O-α-L-rhamnopyranoside)[18]；倍半萜类：1β,9β-二苯甲酰氧基-2β,6α,12-三乙酰氧基-8β-(β-烟酰氧基)-β-二氢沉香呋喃[1β,9β-bis(benzoyloxy)-2β,6α,12-triacetoxy-8β-(β-nicotinoyloxy)-β-dihydroagarofuran]，1β-羟基-2β,6α,12-三乙酰氧基-8β-(β-烟酰氧基)-9β-苯甲酰氧基-β-二氢沉香呋喃[1β-hydroxy-2β,6α,12-triacetoxy-8β-(β-nicotinoyloxy)-9β-(benzoyloxy)-β-dihydroagarofuran][19]。

果实含生物碱类：3-氧代-4-苄基-3,4-二氢-1H-吡咯并[2,1-c]噁嗪-6-甲缩醛{3-oxo-4-benzyl-3,4-dihydro-1H-pyrrolo[2,1-c]oxazine-6-methylal}[20]；1β,13-二乙酰氧基-8β,9β-二苯甲酰氧基-β-二氢沉香呋喃(1β,13-diacetoxy-8β,9β-dibenzoyloxy-β-dihydroagarofuran)，1β,13-二乙酰氧基-8α-羟基-9β-苯甲酰氧基-β-二氢沉香呋喃(1β,13-diacetoxy-8α-hydroxy-9β-benzoyloxy-β-dihydroagarofuran)，1β,6α,13-三乙酰氧基-9α-苯甲酰氧基-β-二氢沉香呋喃(1β,6α,13-triacetoxy-9α-benzoyloxy-β-dihydroagarofuran)[21]，1β-乙酰氧基-8α,9β-二苯甲酰氧基-13-烟酰氧基-β-二氢沉香呋喃(1β-acetoxy-8α,9β-dibenzoyloxy-13-nicotinoyloxy-β-dihydroagarofuran)，1β,2β-二乙酰氧基-9α-苯甲酰氧基-13-烟酰氧基-β-二氢沉香呋喃(1β,2β-diacetoxy-

9α-benzoyloxy-13-nicotinoyloxy-β-dihydroagarofuran），6α,8α,9β,13-四乙酰氧基-1β-桂皮酰氧基-2β,4α-二羟基-β-二氢沉香呋喃(6α,8α,9β,13-tetraacetoxy-1β-cinnamoyloxy-2β,4α-dihydroxy-β-dihydroagarofuran)[22]。

果壳含三萜类：11α-羟基-β-香树脂醇(11α-hydroxy-β-amyrin)[23]。

种子油含倍半萜类：1β,2β-二乙酰氧基-9α-桂皮酰氧基-β-二氢沉香呋喃(1β,2β-diacetoxy-9α-cinnamoyloxy-β-dihydroagarofuran)，1β,2β-二乙酰氧基-6α-苯甲酰氧基-9α-桂皮酰氧基-β-二氢沉香呋喃(1β,2β-diacetoxy-6α-benzoyloxy-9α-cinnamoyloxy-β-dihydroagarofuran)，1β-乙酰氧基-9α-桂皮酰氧基-β-二氢沉香呋喃(1β-acetoxy-9α-cinnamoyloxy-β-dihydroagarofuran)[24]，1α,2α,8β-三乙酰氧基-9β-桂皮酰氧基-β-二氢沉香呋喃(1α,2α,8β-triacetoxy-9β-cinnamoyloxy-β-dihydroagarofuran)[25]，1α-乙酰氧基-6β,9β-二苯甲酰氧基-β-二氢沉香呋喃(1α-acetoxy-6β,9β-dibenzoyloxy-β-dihydroagarofuran)，1α,6β-二乙酰氧基-9β-苯甲酰氧基-β-二氢沉香呋喃(1α,6β-diacetoxy-9β-benzoyloxy-β-dihydroagarofuran)[25-26]，1α,6β-二乙酰氧基-9β-桂皮酰氧基-β-二氢沉香呋喃(1α,6β-diacetoxy-9β-cinnamoyloxy-β-dihydroagarofuran)，1α,2α-二乙酰氧基-9β-桂皮酰氧基-β-二氢沉香呋喃(1α,2α-diacetoxy-9β-cinnamoyloxy-β-dihydroagarofuran)，1α-羟基-2α-乙酰氧基-9β-桂皮酰氧基-β-二氢沉香呋喃(1α-hydroxy-2α-acetoxy-9β-cinnamoyloxy-β-dihydroagarofuran)，1α-乙酰氧基-2α-羟基-9β-桂皮酰氧基-β-二氢沉香呋喃(1α-acetoxy-2α-hydroxy-9β-cinnamoyloxy-β-dihydroagarofuran)[26]；有机酸类：棕榈酸[24]。

地上部分含黄酮类：(-)-表儿茶素-5-O-β-D-吡喃葡萄糖基-3-苯甲酸酯[(-)-epicatechin-5-O-β-D-glucopyranosyl-3-benzoate]，(-)-表儿茶素[(-)-epicatechin][27]，(-)-表缅茄儿茶素▲[(-)-epiafzelechin][27-28]。

药理作用 镇静催眠作用：南蛇藤果实水煎液和从南蛇藤果实中提取的粗油具有镇静催眠作用[1]。

抗炎镇痛作用：从南蛇藤的根中分离得到的南蛇藤林素(orbiculin) A、D、E、F、H、I、冠叶南蛇藤醇 A(celaphanol A) 和南蛇藤醇 (celastrol) 对 NF-κB 转染的鼠巨噬细胞 RAW264.7 和 NO 产物有抑制作用[2]。南蛇藤提取物对 Mtb 诱发的佐剂性关节炎大鼠关节炎症及病情进展有抑制作用，能降低临床积分，抑制炎症，减轻关节损伤破坏程度[3]。南蛇藤醇提物能降低人类风湿关节炎滑膜-软骨-NOD.scid 小鼠嵌合体模型的滑膜增生、软骨侵蚀和软骨降解的积分，并降低血清肿瘤坏死因子-α（TNF-α）含量，增加滑膜细胞的凋亡，下调滑膜组织中 TNF-α 的表达水平[4]。南蛇藤乙醇提取物能提高小鼠热板痛阈、减少扭体次数，抑制角叉菜胶致正常和切除双侧肾上腺大鼠足跖肿胀、醋酸致小鼠急性腹膜炎的毛细血管通透性，对鸡蛋清致小鼠背部气囊滑膜炎渗出液中白细胞的趋化有抑制作用[5]；还能抑制弗氏完全佐剂诱导的佐剂关节炎大鼠的原发和继发性炎症，阻止大鼠体重下降，减轻脾肿大并能减轻关节组织的病理损伤[6]。南蛇藤甲醇提取物对角叉菜致大鼠足跖肿胀、醋酸致小鼠腹腔毛细血管通透性增加和大鼠棉球肉芽有抑制作用[7]。南蛇藤醇对狼疮模型的肾小球硬化有保护作用，能通过增加小鼠肾局部 MMP-2、抑制 TGF-β₁ 及 TIMP-2 的表达来降低肾 Col I、Col IV 的沉积，同时抑制血清抗 dsDNA 抗体的产生[8-9]；能降低 A23187 刺激家兔滑膜细胞释放前列腺素 E_2，降低细胞内 cAMP 水平和细胞对 PGE_2 的反应性可能是其抗炎作用的机制[10-11]；能抑制 IL-1 和 IL-2 的产生[11]；还能可逆地抑制多种有丝分裂原及混合淋巴细胞反应引起的淋巴细胞增生，同时也能使淋巴细胞移动减慢，诱导人 T 淋巴细胞株 CEM-6T 细胞凋亡[12]。从南蛇藤藤茎中分离得到的 (-)-表缅茄儿茶素可抑制环加氧酶，并对角叉菜胶致大鼠足跖肿胀有抗炎活性[13]。

抗动脉粥样硬化作用：南蛇藤醇可使高脂饲养的雄性载脂蛋白 E 基因敲除小鼠主动脉粥样硬化斑块面积缩小，主动脉粥样斑块面积/血管壁面积比值降低，可能通过抑制载脂蛋白 E 基因敲除小鼠炎症反应和动脉壁中 C 反应蛋白的表达，减少粥样斑块中组织因子的产生，而发挥抗动脉粥样硬化的作用[14]；还能通过抑制细胞膜的 Ca^{2+} 通道而拮抗胎牛血清诱发的血管平滑肌细胞内游离 Ca^{2+} 浓度升高[15]。

抗生育作用：南蛇藤醇对豚鼠精子向前运动、获能、顶体反应、穿透去透明带的仓鼠卵均有抑制作用[16]。

抗细菌作用：南蛇藤的乙酸乙酯提取物具有抑制幽门螺杆菌生长的作用[17]。从南蛇藤根皮中提取出的一种红色结晶对枯草杆菌、金黄色葡萄球菌、普通变形杆菌、大肠埃希氏菌及吉田肉瘤有抑制作用[18]。

抗肿瘤作用：南蛇藤乙酸乙酯、正丁醇提取物具有抗小鼠 S180、肝癌 Heps 移植性肿瘤作用，并可提高小鼠血清 SOD 活性，降低 MDA 水平[19]。南蛇藤乙酸乙酯提取物还可抑制鼠黑色素瘤 B16BL6 细胞增殖，诱导其凋亡[20]，另对人胃癌 SGC-7901 细胞有诱导凋亡作用，对人胃癌 SGC-7901、人肝癌 SMMC-7721、人子宫颈癌细胞 HeLa、人红白血病细胞 K562 及其耐药株有细胞毒性，正丁醇提取物对上述细胞也有抑制作用[21]。南蛇藤总萜提取物可抑制肝癌 7721 细胞增殖，降低细胞的侵袭、黏附能力，其机制可能与下调 VEGF 和 MMP-2 的表达有关[22]。从南蛇藤中分离得到的倍半萜酯类可抑制 EB 病毒早期的抗原激活，对肿瘤增长有抑制作用[23]。

抗氧化作用：从南蛇藤茎的乙酸乙酯提取物中分离并鉴定出的新成分及其糖苷配基在 DPPH 实验中表现出抗氧化作用[24]。

杀昆虫作用：从南蛇藤种子和根皮中得到的活性成分对菜青虫、亚洲玉米螟、仓库害虫赤拟谷道、黏虫具有拒食和毒杀作用[25]。

注评　本种为山西中药材标准（1987 年版）收载"南蛇藤果"、内蒙古中药材标准（1988 年版）收载"合欢果"、吉林中药材标准（1977 年版）收载"北合欢"、辽宁中药材标准（1980、2009 年版）收载"藤合欢"的基源植物，药用其干燥成熟果实；其干燥藤茎和根为湖南中药材标准（2009 年版）收载"南蛇藤"。本种的根称"南蛇藤根"，叶称"南蛇藤叶"，均可药用。本种的果实在东北、河北、山东、山西、内蒙古、甘肃、广西等地充"合欢花"药用，其与"合欢花"的来源和功用不同，应视为不同的药材，区别使用。景颇族、阿昌族、德昂族、彝族、蒙古族、朝鲜族、苗族等也药用，主要用途见功效应用项。

化学成分参考文献

[1] 张立，等. 中药材, 2013, 36(4): 569-572.

[2] Kim SE, et al. *J Nat Prod*, 1999, 62(5): 697-700.

[3] Se EK, et al. *J Nat Prod*, 1998, 61(1): 108-111.

[4] Zhang Y, et al. *Helv Chim Acta*, 2010, 93(7): 1407-1412.

[5] 张扬，等. 中国医药工业杂志, 2010, 41(11): 823-826.

[6] Jin HZ, et al. *J Nat Prod*, 1999, 65(1): 89-91.

[7] 刘惠玲, 中成药, 2010, 32(7): 1169-1172.

[8] Wu J, et al. *Phytochemistry*, 2012, 75: 159-168.

[9] 李鹤，等. 中草药, 1996, 27(2): 73-74.

[10] 倪慧艳，等. 中国药学杂志, 2014, 29(21): 1889-1891.

[11] Wang LY, et al. *J Nat Prod*, 2013, 76(4): 745-749.

[12] 李彦涛，等. 中南民族大学学报（自然科学版）, 2002, 21(1): 28-31.

[13] 李建娟，等. 中国天然药物, 2012, 10(4): 279-283.

[14] Chen XQ, et al. *Biochem Syst Ecol*, 2012, 44: 338-340.

[15] 昝珂，等. 中草药, 2007, 38(10): 1455-1457.

[16] Li JJ, et al. *Chem Nat Compd*, 2014, 49(6): 1032-1034.

[17] 张颖，等. 食品工业科技, 2013, 34(6): 57-60.

[18] Rzadkowska-Bodalska H. *Roczniki Chemii*, 1970, 44(2): 283-288.

[19] Wang YH, et al. *J Nat Prod*, 1997, 60(2): 178-179.

[20] Guo YQ, et al. *Fitoterapia*, 2005, 76(2): 273-275.

[21] Xu J, et al. *Fitoterapia*, 2012, 83(8): 1302-1305.

[22] Xu J, et al. *Phytochem Lett*, 2012, 5(4): 713-716.

[23] Wang CJ, et al. *Nat Prod: An Indian Journal*, 2012, 8(2): 64-67.

[24] 王明安，等. 高等学校化学学报, 1995, 16(8): 1248-1250.

[25] 王明安，等. 高等学校化学学报, 1996, 17(8): 1250-1252.

[26] 王明安，等. 天然产物研究与开发, 2001, 13(2): 5-7.

[27] Hwang BY, et al. *J Nat Prod*, 2001, 64(1): 82-84.

[28] Min KR, et al. *Planta Med*, 1999, 65(5): 460-462.

药理作用及毒性参考文献

[1] 单国存，等. 中药材, 1989, 12(5): 36-37.

[2] Jin HZ, et al. *J Nat Prod*, 2002, 65(1): 89-91.

[3] 佟丽，等. 中医中药与免疫, 2008, 24(5): 421-423.

[4] 肖长虹，等. 南方医科大学学报, 2007, 27(7): 945-950.

[5] 杨蒙蒙，等. 中医药学刊, 2005, 23(1): 51-52.

[6] 杨蒙蒙，等. 时珍国医国药, 2008, 19(12): 2917-2918.

[7] 杨蒙蒙，等.中药新药与临床药理，2004, 15(4): 241-243.

[8] 许晨，等.中华风湿病学杂志，2002, 6(4): 235-238.

[9] 许晨，等.中国中西医结合肾病杂志，2002, 3(3): 132-135.

[10] 张罗修，等.中国药理学与毒理学杂志，1987, 1(5): 348.

[11] 徐维敏，等.药学学报，1991, 26(9): 641-645.

[12] 鲍一笑，等.上海免疫学杂志，2003, 23(3): 187-189.

[13] Ngassapa O, et al. *J Nat Prod*, 1994, (57): 1-8.

[14] 程军，等.中国动脉硬化杂志，2008, 16(5): 341-344.

[15] 陈星，等.中国中西医结合杂志，1999, 19(9): 538-540.

[16] 袁玉英，等.药学学报，1995, 30(5): 331-335.

[17] 张舰，等.河南中医，2008, 28(12): 23-25.

[18] 王明安，等.北京农业大学学报，1994, 20(4): 438.

[19] 张舰，等.中国中药杂志，2006, 31(18): 1514-1516.

[20] 杨庆伟，等.中药药理与临床，2008, 24(3): 61-63.

[21] 张舰，等.中药药理与临床，2006, 22(3): 99-101.

[22] 杨庆伟，等.中草药，2009, 40(3): 434-438.

[23] Takaishi Y, et al. *J Nat Prod*, 1993, 56(6): 815-824.

[24] Hwang BY, et al. *J Nat Prod*, 2001, 64(1): 82.

[25] 王明安，等.高等学校化学学报，1996, 17(8): 1250-1252.

9. 刺苞南蛇藤（中国高等植物图鉴） 刺叶南蛇藤（中国树木分类学），刺南蛇藤（东北木本植物图志），爬山虎（东北）

Celastrus flagellaris Rupr. in Bull. Cl. Phys.-Math. Acad. Imp. Sci. Saint-Pétersbourg 15: 357. 1857.（英 **Whip-like Staff-tree, Korean Bittersweet**）

藤本灌木，高达 8 m。小枝光滑，冬芽小，最外一对芽鳞宿存并特化成坚硬的钩刺，长 1.5–2.5 mm。叶互生，宽椭圆形或卵状宽椭圆形，长 3–6 cm，宽 2–4.5 cm，先端较阔，具短尖或短渐尖，基部渐窄，边缘具纤毛状细锯齿，齿端常成细硬的刺状，侧脉 4–5 对，沿主脉有时被毛；叶柄细长，长 1–3 cm。聚伞花序腋生，有 1–5 花或更多，花序近无梗或仅具 1–2 mm 短梗；小花梗长 2–5 mm，关节位于中下部；花 5 数，淡黄色；雄花萼片长圆形，长约 1.8 mm；花瓣长圆倒卵形，长 3–3.5 mm，花盘浅杯状，顶端近平截，雄蕊稍长于花冠，退化雌蕊细小；雌花中子房球形，退化雄蕊长约 1 mm。蒴果球形，黄色，直径 2–8 mm。种子近椭圆状，长约 3 mm，棕色。花期 4–5 月，果期 8–9 月。

分布与生境 产于黑龙江、吉林、辽宁、河北和山东；俄罗斯远东地区，朝鲜及日本也有分布。生于山谷、河岸低湿地林缘或灌丛中。

药用部位 根、茎、果实。

功效应用 祛风湿，强筋骨。用于风湿痛，关节炎，跌打损伤，无名肿毒。

刺苞南蛇藤 Celastrus flagellaris Rupr.
引自《中国高等植物图鉴》

刺苞南蛇藤 Celastrus flagellaris Rupr.
摄影：徐克学

化学成分 茎含木脂素类：(*R*-联苯)-12-当归酰氧基-6,7,8,9-四氢-1,2,3,13,14-五甲氧基-7,8-二甲基-7-联苯[a,c]环辛烯醇[(*R*-biar)-12-angeloyloxy-6,7,8,9-tetrahydro-1,2,3,13,14-pentamethoxy-7,8-dimethyl-7-dibenzo[a,c]cyclooctenol]，(*R*-联苯)-12-苯甲酰氧基-6,7,8,9-四氢-1,2,3,13,14-五甲氧基-7,8-二甲基-7-联苯[a,c]环辛烯醇[(*R*-biar)-12-benzoyloxy-6,7,8,9-tetrahydro-1,2,3,13,14-pentamethoxy-7,8-dimethyl-7-dibenzo[a,c]cyclooctenol][1]。

种子含倍半萜类：南蛇藤素(celastrin; celastrine) A[2]、B[3-4]，东北雷公藤林素▲F2(triptogelin F2)，1*β*-乙酰氧基-9*α*-桂皮酰氧基-*β*-二氢沉香呋喃(1*β*-acetoxy-9*α*-cinnamoyloxy-*β*-dihydroagarofuran)，1*α*,6*β*,13-三乙酰氧基-9*β*-苯甲酰氧基-*β*-二氢沉香呋喃(1*α*,6*β*,13-triacetoxy-9*β*-benzoyloxy-*β*-dihydroagarofuran)，1*α*,6*β*-二乙酰氧基-9*β*-苯甲酰氧基-*β*-二氢沉香呋喃(1*α*,6*β*-diacetoxy-9*β*-benzoyloxy-*β*-dihydroagarofuran)，1*α*,6*β*-二乙酰氧基-8*α*-桂皮酰氧基-9*α*-苯甲酰氧基-*β*-二氢沉香呋喃(1*α*,6*β*-diacetoxy-8*α*-cinnamoyloxy-9*α*-benzoyloxy-*β*-dihydroagarofuran)[3]，冠叶南蛇藤素▲B3(celafolin B3)，1*α*,2*α*-二乙酰氧基-9*β*-桂皮酰氧基-*β*-二氢沉香呋喃(1*α*,2*α*-diacetoxy-9*β*-cinnamoyloxy-*β*-dihydroagarofuran)[3,5]，1*β*,2*β*-二乙酰氧基-9*α*-桂皮酰氧基-*β*-二氢沉香呋喃(1*β*,2*β*-diacetoxy-9*α*-cinnamoyloxy-*β*-dihydroagarofuran)，1*β*,2*β*-二乙酰氧基-6*α*-苯甲酰氧基-9*α*-桂皮酰氧基-*β*-二氢沉香呋喃(1*β*,2*β*-diacetoxy-6*α*-benzoyloxy-9*α*-cinnamoyloxy-*β*-dihydroagarofuran)，1*β*-乙酰氧基-9*α*-桂皮酰氧基-*β*-二氢沉香呋喃(1*β*-acetoxy-9*α*-cinnamoyloxy-*β*-dihydroagarofuran)[7]。

化学成分参考文献

[1] Zhao XM, et al. *J Asian Nat Prod Res*, 2012, 14(2): 159-164.

[2] Wang MA, et al, *Chin Chem Lett*, 1995, 6(8): 679-680.

[3] 王明安，等. 药学学报，1997, 32(5): 368-372.

[4] Wang MA, et al, *Chin Chem Lett*, 1995, 6(12): 1047-1048.

[5] Wang MA, et al, *J Nat Prod*, 1997, 60(6): 602-603.

[6] 王明安，等. 波谱学杂志，1995, 12(6): 567-572.

[7] 王明安，等. 高等学校化学学报，1995, 16(8): 1248-1250.

10. 窄叶南蛇藤（中国高等植物图鉴补编）

Celastrus oblanceifolius Chen H. Wang et Tsoong in Chin. J. Bot. 1(1): 65. 1936.（英 **Oblanceolate-leaved Staff-tree**）

藤状灌木。小枝密被棕褐色短毛。叶互生，倒披针形，长 6.5–12.5 cm，宽 1.5–4 cm，先端尾尖或短渐尖，基部楔形，边缘具疏浅锯齿，侧脉 7–10 对，两面无毛或下面中脉下部被淡棕色柔毛；叶柄长 4–9 mm。聚伞花序腋生或侧生，1–3 花，雄株偶有多于 3 花；花序梗由不明显到 2 mm，小花梗长 1–2.5 mm，均被棕色短毛，关节在上部；雄花萼片椭圆卵形，长约 2 mm；花瓣长圆倒披针形，长约 4 mm，边缘具极短睫毛；花盘肉质平坦，不裂，雄蕊与花瓣近等长，花丝具乳突状毛，退化雌蕊长不及 2 mm。蒴果球状，直径 7.5–8.5 mm。种子新月状，长约 5 mm。花期 3–4 月，果期 6–10 月。

分布与生境 产于安徽、浙江、江西、湖南、福建、广东、广西。生于海拔 500–1000 m 的山坡湿地或溪边灌丛中。

药用部位 茎、根或根皮、叶、果实。

功效应用 茎：祛风除湿，活血通脉。用于筋骨疼痛，四肢麻木，小儿惊风，痧症，痢疾。根或根皮：用于跌打，风湿，痧症，带状疱疹，肿毒。叶：用于

窄叶南蛇藤 Celastrus oblanceifolius Chen H. Wang et Tsoong 引自《中国高等植物图鉴》

湿疹，痈疖，蛇咬。果实：调理心脾，安神，散瘀。用于神经衰弱，失眠，跌打肿痛。

11. 过山枫（拉汉种子植物名称） 落霜江、穿山龙（中国高等植物图鉴）

Celastrus aculeatus Merr. in Lingnan Sci. J. 13(1): 37. 1934.（英 **Aculeate Staff-tree**）

藤状灌木。幼枝被棕褐色短毛；冬芽圆锥状，长 2–3 mm，基部芽鳞宿存，有时坚硬成短刺状。叶互生，椭圆形或长圆形，长 5–10 cm，宽 3–6 cm，先端渐尖或窄急尖，基部阔楔形或近圆形，边缘上部具疏浅锯齿，下部多全缘，侧脉多为 5 对，两面光滑无毛或脉上被棕色短毛；叶柄长 1–1.8 cm。聚伞花序短，腋生或侧生，通常 3 花；花序梗长 2–5 mm，小花梗长 2–3 mm，均被棕色短毛，小花梗关节在上部；雄花萼片三角卵形，长约 2.5 cm；花瓣长圆状披针形，长约 4 mm；花盘稍肉质，全缘；雄蕊花丝细长，长 3–4 mm，具乳突；在雌花中退化雄蕊长仅 1.5 mm；子房球状。蒴果近球形，直径 7–8 mm；宿萼明显增大。种子新月状或弯成半环状，长约 5 mm，密布小疣点。

分布与生境 产于安徽、浙江、江西、福建、广东、广西及湖南，生于海拔 100–1000 m 的山地灌丛或路边疏林中。

药用部位 根。

功效应用 用于类风湿关节炎，痛风，肾炎，胆囊炎，高血压。

化学成分 根和茎含三萜类：扁蒴藤素(pristimerin)[1-2]，扁蒴藤醇(pristimerol)[1]；二萜类：印楝二酚▲(nimbidiol)[1-2]；酚酸类：对羟基苯甲酸(*p*-hydroxybenzoic acid)，香荚兰酸(vanillic acid)，3,5-二甲氧基-4-羟基苯甲酸(3,5-dimethoxy-4-hydroxybenzoic acid)[1]；其他类：卫矛醇(dulcitol)，*β*-谷甾醇，正三十三烷

过山枫 Celastrus aculeatus Merr.
引自《中国高等植物图鉴》

过山枫 Celastrus aculeatus Merr.
摄影：朱鑫鑫 沐先运

(*n*-tritriacontane)[1]。

药理作用　抗炎和抗风湿作用：过山枫乙醇提取物对Ⅱ型胶原诱发关节炎大鼠有抗炎作用[1]，可促进胶原诱导性关节炎大鼠的淋巴细胞增殖，抑制关节软骨内基质金属蛋白酶-3(MMP-3)、基质金属蛋白酶抑制剂-1(TIMP-1)和 MMP-3/TIMP-1 的表达，从而保护关节软骨，改善类风湿的关节变化，减少畸形发生[2]。

注评　本种的根称"过山枫"，畲族用药，主要用途见功效应用项。

化学成分参考文献

[1] Tang WH, et al. *Biochem Syst Ecol*, 2014, 54: 78-82.　　　　　　6(12): 2520-2525.

[2] Xie Y, et al. *Journal of Medicinal Plants Research*, 2012,

药理作用及毒性参考文献

[1] 王国宝，等. 中华中医药学刊，2009, 27(2): 406-409.　　　[2] 朱传武，等. 解放军药学学报，2006, 22(5): 353-356.

12. 圆叶南蛇藤（海南植物志）　草野南蛇藤、大叶南蛇藤（新编拉汉英植物名称）

Celastrus kusanoi Hayata in J. Coll. Sci. Imp. Univ. Tokyo 30(1): 60. 1911.（英 **Knsano Staff-tree**）

　　落叶藤本小灌木。幼枝常被棕色短硬毛，老枝近光滑，具稀疏小皮孔。叶互生，纸质，阔椭圆形到圆形，长 6–10 cm，宽 4–9 (–11) cm，先端圆阔，具短小尖，基部宽楔形或圆形，稀有心形，边缘上部具疏浅锯齿，下部近全缘，侧脉 3–4 对，弧状，叶面光滑无毛，下面叶脉基部被棕白色短毛；叶柄长 1.5–2.8 (–3.5) cm。花序腋生或侧生，雄花序偶有顶生，小聚伞有花 3–7 朵；花序梗长约 1 cm，被棕色短硬毛；小花梗长 2–3 (–5) mm，关节位于基部；花萼裂片长圆状三角形，长约 1 mm；花瓣长窄倒卵形，长约 4 mm，边缘微呈啮蚀状；花盘薄而平，无裂片；雄蕊长 3 mm，花丝下部具乳突状毛；子房近球状，柱头 3 裂外弯。蒴果近球状，直径 7–10 mm。果皮有横皱纹，其下宿萼常窄缩或近平截。种子圆球状或稍弯近新月状，长 3.5–5 mm，黑褐色。花期 2–4 月。

分布与生境　产于广东、海南、广西及台湾，生于海拔 300–2500 m 的山地林缘。

药用部位　根、藤茎。

功效应用　用于喉痛，初期肺结核，跌打损伤，骨折。

化学成分　茎含萜类：3β-羟基-11,14-氧代-冷杉-8,12-二烯(3β-hydroxy-11,14-oxo-abieta-8,12-diene)，3β-反式-3,4-二羟基桂皮酰氧基-11α-甲氧基-12-熊果烯[3β-*trans*-(3,4-dihydroxycinnamoyloxy)-11α-methoxy-12-ursene]，28-羟基-β-香树脂酮-2-古柯二醇(28-hydroxy-β-amyrone-2-erythrodiol)，28-羟基-β-香树脂酮-3-古柯二醇(28-hydroxy-β-amyrone-3-erythrodiol)[1]；其他类：松柏醛(coniferaldehyde)，β-谷甾醇-3β-吡喃葡萄糖苷-6'-*O*-棕榈酸酯(β-sitosteryl-3β-glucopyranoside-6'-*O*-palmitate)[1]。

化学成分参考文献

[1] Chen HL, et al. *J Agric Food Chem*, 2010, 58(6): 3808-3812.

13. 显柱南蛇藤（中国高等植物图鉴）　山货榔、茎花南蛇藤（新华本草纲要）

Celastrus stylosus Wall. in Fl. Ind., ed. 1820 2: 401-402. 1824.（英 **Stylose Staff-tree**）

　　藤状灌木。小枝通常无毛。叶互生，长圆状椭圆形，稀长圆倒卵形，长 6.5–12.5 cm，宽 3–6.5 cm，先端短渐尖或急尖，基部楔形、阔楔形或钝圆，边缘具钝齿，侧脉 5–7 对，两面光滑无毛或幼时下面被毛；叶柄长 1–1.8 cm。聚伞花序腋生及侧生，花 3–7 朵，花序梗长 7–20 mm，小花梗长 5–7 mm，被黄白色短硬毛，关节位于中下部；萼片近卵形或椭圆形，长约 1.5 mm；花瓣长圆状倒卵形，长 3.5–4 mm，边缘啮蚀状；花盘浅杯状，裂片浅，半圆形或钝三角形；雄蕊稍短于花冠，花丝下部光滑或具乳突；

在雌花中退化雄蕊长 1 mm；子房瓶状，长约 3 mm，柱头反曲。蒴果球形，直径 6.5–8 mm。种子一侧突起或微呈新月状，长 4.5–5.5 mm。花期 3–5 月，果期 8–10 月。

分布与生境　产于安徽、江西、湖南、湖北、贵州、四川、云南、广东、广西、西藏东南部及南部。生于海拔 1000–2500 m 的山坡林地。印度也有分布。

药用部位　茎。

功效应用　祛风消肿，清热解毒，舒筋活络。用于脉管炎，肾盂肾炎，跌打损伤。有小毒。

化学成分　根皮含三萜类：南蛇藤醇▲(celastrol)，(24Z)-绿玉树-7,24-二烯-3β,11β,26-三醇[(24Z)-tirucalla-7,24-diene-3β,11β,26-triol]，(3S,24R)-原绿玉树-7-烯-3,24,25-三醇[(3S,24R)-tirucall-7-ene-3,24,25-triol][1]。

显柱南蛇藤 Celastrus stylosus Wall.
引自《中国高等植物图鉴》

化学成分参考文献

[1] Shan WG, et al. *Helv Chim Acta*, 2014, 97(11): 1526-1530.

显柱南蛇藤 Celastrus stylosus Wall.
摄影：朱鑫鑫 郑希龙 沐先运

14. 青江藤（岭大校院植物名录）　野茶藤、黄果藤（中国高等植物图鉴），南华南蛇藤（中国高等植物）

Celastrus hindsii Benth. in Hooker's J. Bot. Kew Gard. Misc. 3: 334. 1851.（英 **Hinds Staff-free, Chinese Bittersweet**）

　　常绿木质藤本。小枝紫色，具稀疏皮孔。叶互生，纸质或薄革质，长圆状窄椭圆形或椭圆状倒披针形；长 7–14 cm，宽 3–6 cm，先端渐尖或急尖，基部楔形或圆形，边缘具疏锯齿，侧脉 5–7 对，小脉密平行成横格状；叶柄长 0.6–1 cm。顶生聚伞圆锥花序长 5–14 cm，腋生花序具 1–3 花，稀成短小聚伞圆锥状。花淡绿色，小花梗长 4–5 mm，关节在中部偏上；花萼裂片近半圆形，长约 1 mm；花瓣长圆形，长约 2.5 mm，边缘具细缘毛；花盘杯状，厚膜质，浅裂；雄花雄蕊着生在花盘边缘，退化雌蕊细小；雌花中子房近球形，花柱长约 1 mm，具退化雄蕊。果实近球状，长 7–9 mm，直径 6.5–8.5 mm。种子 1 粒，宽椭圆状到球状，长 5–8 mm；假种皮红色。花期 5–7 月，果期 7–10 月。

分布与生境　产于江西、湖北、湖南、贵州、四川、云南、西藏东部、台湾、福建、广东、海南、广西。生于海拔 300–2500 m 的灌丛或山地林中。越南、缅甸、印度东北部、马来西亚也有分布。

药用部位 根、根皮、叶。

功效应用 根：通经，利尿。用于月经不调，经闭，肾炎，淋病。根皮：用于毒蛇咬伤，肿毒。叶：清热解毒。用于疮疡肿毒，虫蛇咬伤。

化学成分 茎含倍半萜类：青江藤素▲(celahin) A[1]、B[2]、C[2-3]、D[4]，青江藤碱▲A(celahinine A)[1,3]，台湾美登木碱▲(emarginatine) A[1]、E[4]，1,1β-乙酰氧基-8β,9α-二苯甲酰氧基-4α,6α-二羟基-2β-(α-甲基丁酰氧基)-β-二氢沉香呋喃[1,1β-acetoxy-8β,9α-dibenzoyloxy-4α,6α-dihydroxy-2β-(α-methylbutanoyloxy)-β-dihydroagarofuran]，1β-乙酰氧基-8β,9α-二苯甲酰氧基-6α-羟基-2β-(α-甲基丁酰氧基)-β-二氢沉香呋喃[1β-acetoxy-8β,9α-dibenzoyloxy-6α-hydroxy-2β-(α-methylbutanoyloxy)-β-dihydroagarofuran][4]；三萜类：羽扇豆烯酮(lupenone)，无羁萜醇(friedelinol)，桑寄生醇▲(loranthol)[4]，变叶美登木酮▲A(maytenfolone A)，南蛇藤定▲(celasdin) A、B、C[5]，无羁萜(friedelin)，海棠果醇(canophyllol)[6]；黄酮类：(+)-儿茶素[(+)-catechin]，(-)-表儿茶素[(-)-epicatechin][6]，芦丁，山奈酚-3-芸香糖苷(kaempferol-3-rutinoside)[7]，

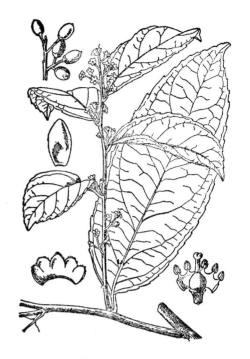

青江藤 Celastrus hindsii Benth.
引自《中国高等植物图鉴》

青江藤 Celastrus hindsii Benth.
摄影：沐先运 张潮

青江藤醌黄烷▲B(hindsiiquinoflavan B)[8]；酚/酚酸类：4-[2-[3-(3,4-二羟基苯基)-1-氧代-2-丙烯醇基]-2-羧基-1-乙基]-2-(3,4-二羟基苯基)-2,3-二氢-7-羟基苯并呋喃-3-酸-1-羰基-2-(3,4-二羟基苯基)乙酯{4-[2-[3-(3,4-dihydroxyphenyl)-1-oxo-2-propenoxyl]-2-carboxyl-1-ethyl]-2-(3,4-dihydroxyphenyl)-2,3-dihydro-7-hydroxybenzofuran-3-carboxylic acid-1-carboxy-2-(3,4-dihydroxyphenyl)ethyl ester}，4-[2-[3-(3,4-二羟基苯基)-1-氧代-2-丙烯氧基]-2-羧基-1-乙基]-2-(3,4-二羟基苯基)-2,3-二氢-7-羟基苯并呋喃-3-羧酸-1-羰基-2-[2-(3,4-二羟基苯基)]-2,3-二氢-7-羟基苯并呋喃-3-羧酸-1-羰基-2-(3,4-二羟基苯基)乙酯{4-[2-[3-(3,4-dihydroxyphenyl)-1-oxo-2-propenoxy]-2-carboxy-1-ethyl]-2-(3,4-dihydroxyhenyl)-2,3-dihydro-7-hydroxybenzofuran-3-carboxylic acid-1-carboxy-2-[2-(3,4-dihydroxyphenyl)-2,3-dihydro-7-hydroxybenzofuran-3-carboxylic acid-1-carboxy-2-(3,4-dihydroxyl-phenyl)ethyl ester}，4-[3-[1-羰基-2-[2-(3,4-二羟基苯基)-2,3-二氢-7-羟基苯并呋喃-3-羧酸-1-羧基-2-(3,4-二羟基苯基)乙酯]乙氧基]-3-氧代-1-丙烯基]-2-(3,4-二羟基苯基)-2,3-二氢-7-羟基

苯并呋喃-3-羧酸-1-羧基-2-(3,4-二羟基苯基)乙酯{4-[3-[l-carboxy-2-[2-(3,4-dihydroxyhenyl)-2,3-dihydro-7-hydroxybenzofuran-3-carboxylic acid-l-carboxy-2-(3,4-dihydroxyphenyl)ethylester]ethoxy]-3-oxo-1-propenyl]-2-(3,4-dihydroxyphenyl)-2,3-dihydro-7-hydroxybenzofuran-3-carboxylic acid-l-carboxy-2-(3,4-dihydroxyphenyl)ethyl ester}，迷迭香酸(rosmarinic acid)，紫草酸(lithospermic acid)，紫草酸B(lithospermic acid B)[7]，青江藤丙烷▲(hindsiipropane) A、B、C，西南风车子烷▲D(griffithane D)[9]；大环内酯类：青江藤内酯▲A(hindsiilactone A)，风车子抑素▲(combretastatin) D-2、D-3，异蜡烛果内酯▲A(isocorniculatolide A)[8]。

茎枝含黄酮类：(2S)-7,3'-二甲氧基-6,4'-二羟基黄烷[(2S)-7,3'-dimethoxy-6,4'-dihydroxyflavan]，6,7,3'-三甲氧基-4'-羟基黄烷(6,7,3'-trimethoxy-4'-hydroxyflavan)，6,7-二甲氧基-3',4'-二羟基黄烷(6,7-dimethoxy-3',4'-dihydroxyflavan)，(2S)-7,3'-二甲氧基-4'-羟基黄烷[(2S)-7,3'-dimethoxy-4'-hydroxyflavan][10]。

药理作用　抗肿瘤作用：青江藤醇提物对人肝癌 HEPA-2B 细胞、子宫颈癌 HeLa 细胞、人口腔上皮癌 KB 细胞、直肠癌 Colo-205 细胞等有细胞毒活性[1]，从青江藤中分离得到的倍半萜生物碱台湾美登木碱 A 对 KB 细胞[2]、台湾美登木碱 E 对 KB 细胞、人直肠癌 Colo-205 细胞有细胞毒活性[3]，三萜变叶美登木酮 A 对肝癌细胞株 HEPA-2A 和 KB 细胞有细胞毒活性[1]。

化学成分参考文献

[1] Kuo YH, et al. *J Nat Prod*, 1995, 58(11): 1735-1738.

[2] Kuo YH, et al. *Phytochemistry*, 1996, 41(2): 549-551.

[3] 徐美珍，等．中草药，1997, 28(8): 502-505.

[4] Huang HC, et al. *Chem Pharm Bull*, 2000, 48(7): 1079-1080.

[5] Kuo YH, et al. *Phytochemistry*, 1997, 44(7): 1275-1281.

[6] 刘绣华，等．天然产物研究与开发，1999, 11(5): 11-15.

[7] Ly TN, et al. *J Agric Food Chem*, 2006, 54(11): 3786-3793.

[8] Hu XQ, et al. *Phytochem Lett*, 2014, 7: 169-172.

[9] Hu XQ, et al. *Arch Pharm Res*, 2014, 37(11): 1411-1415.

[10] 胡贤卿，等．中草药，2014, 45(16): 2132-2135.

药理作用及毒性参考文献

[1] Kuo YH, et al. *Phytochemistry*, 1997, 44(7): 1275-1281.

[2] Kuo YH, et al. *J Nat Prod*, 1995, 58(11): 1735-1738.

[3] Huang HC, et al. *Chem Pharm Bull (Tokyo)*, 2000, 48(7): 1079-1080.

15. 独子藤（植物分类学报）　单籽南蛇藤（海南植物志），红藤、大样红藤（广东），岩风（中国中药资源志要）

Celastrus monospermus Roxb. in Fl. Ind., ed. 1820. 2: 394-395. 1824（英 **One-seed Stagg-tree**）

常绿木质藤本，高达 10 m。小枝有细纵棱，具稀疏皮孔。叶互生，近革质，长圆阔椭圆形至窄椭圆形，稀倒卵椭圆形，长 5–17 cm，宽 3–7 cm，先端短渐尖，基部楔形，边缘有细锯齿，侧脉 5–7 对；叶柄长约 1.5 cm。二歧聚伞花序排成聚伞圆锥状，腋生或顶生及腋生并存；花序梗长 1–2.5 cm，小花梗长 1–4 mm，关节在基部；花黄绿色或近白色；雄花花萼三角半圆形，长约 1 mm；花瓣长圆形或长圆状椭圆形，长约 2.5 mm，盛开时反卷向外；花盘肥厚垫状，5 浅裂，裂片顶端平截；雄蕊 5 枚，着生于花盘之下，长 2.5–3 mm，退化雌蕊长约 1 mm；雌花中子房近瓶状，柱头 3 裂，反曲，退化雄蕊长约 1 mm。蒴果阔椭圆形，长 1–1.8 cm，直径 9–14 mm。种子 1，椭圆形，长 1–1.5 cm，光滑具光泽；假种皮紫褐色。花期 3–6 月，果期 6–10 月。

分布与生境　产于湖南、广东、海南、广西、云南、贵州及西藏。生于海拔 300–1500 m 的山坡密林中或灌丛湿地。分布至印度、巴基斯坦、孟加拉国、缅甸、越南。

药用部位　种子。

功效应用　用于催吐。

化学成分　根皮含三萜类：无羁萜-3-酮-29-醇(friedelane-3-one-29-ol)，无羁萜-3-酮-30-醇(friedelane-3-one-30-ol)，12β-羟基-D:A-飞齐墩果-3-酮(12β-hydroxy-D:A-friedooleanan-3-one)，3-氧代--D:A-飞齐墩

果-30-酸(3-oxo-D:A-friedooleanan-30-oic acid)[1]；甾体类：β-谷甾醇[1]。

根含三萜类：独子藤醇(monospermol)，无羁萜(friedelin)，3,12-二氧代无羁萜烷(3,12-dioxofriedelane)[2]，28-羟基无羁萜-3-酮(28-hydroxyfriedelane-3-one)，12α-羟基无羁萜-3-酮(12α-hydroxy-friedelane-3-one)，扁蒴藤素(pristimerin)，南蛇藤醇▲(celastrol)[2-3]；甾体类：β-谷甾醇[2-3]，3β-羟基胆甾-5,22-二烯醇(3β-hydroxylcholest-5,22-dienol)，胡萝卜苷[3]。

茎含三萜类：独子藤醛▲(monospermonal)，独子藤诺醇▲(monospermonol)，独子藤二醇▲(monospermondiol)，3β-羟基齐墩果-12-烯(3β-hydroxyolean-12-ene)[4]，12α-羟基无羁萜，11β-羟基无羁萜，无羁萜-3-酮-28-醇，3,12-二氧代无羁萜烷，3-氧代无羁萜-28-醛(3-oxofriedelan-28-al)，3-氧代无羁萜烷(3-oxofriedelane)[4-5]，齐墩果烯(oleanolic alkene)。

独子藤 *Celastrus monospermus* Roxb.
引自《中国高等植物图鉴》

独子藤 *Celastrus monospermus* Roxb.
摄影：朱鑫鑫 张金龙 沐先运

化学成分参考文献

[1] 张焜，等. 中山大学学报（自然科学版），1998, 37(4): 85-88.

[2] Chen MX, et al. *J Chem Res*, 2010, 34(2): 114-117.

[3] 陈铭祥，等. 中成药，2011, 33(4): 651-655.

[4] Xie HP, et al. *J Chem Res*, 2013, 37(1): 14-18.

[5] 陈铭祥，等. 中国药房，2013, 24(3): 259-261.

4. 美登木属 Maytenus Molina

有刺或无刺灌木或小乔木，稀藤本状。叶互生或在短枝上簇生，无托叶。花小，两性，排成腋生的聚伞花序；花萼5 (–4) 裂；花瓣5 (–4)，花盘明显；雄蕊5枚，着生花盘边缘上或下面；子房下陷入花盘中，心皮2–3，子房室与心皮同数，稀1室，每室有胚珠2颗。蒴果室背开裂为2–3果瓣。种子具杯状假种皮，常包被种子基部，稀包被全部。

约 300 种，主要分布在热带和亚热带，以非洲、南美洲分布最集中。我国有 20 种和 1 变种，多分布在云南、西藏和长江以南地区，其中 10 种可药用。

分种检索表

1. 叶较小，长 1–7.5 cm，稀长达 14 cm；植株通常多刺，小枝刺状，着叶生花或小枝非刺状而多具针状刺，极少小枝无刺。

  2. 小枝先端刺状，着叶生花，并有细刺，使植株成多刺灌木。

    3. 小枝及叶柄均密被短毛，老时渐脱落。

      4. 子房 2 心皮；蒴果扁，稍呈倒心状，2 裂，长 5–8 mm；花序短小，花序梗长 0.5–1 cm；花白或淡黄色，直径 3–5 mm；叶柄长 3 mm 以下 ·················· **1. 变叶美登木 M. diversifolia**

      4. 子房 3 心皮；蒴果三角圆锥状，3 裂，长 1–1.2 cm，花序较长，花序梗长 1–2 cm；花白绿色，直径 5–8 mm；叶柄长 3–8 mm ·················· **2. 小檗美登木 M. berberoides**

    3. 小枝光滑无毛

      5. 叶倒卵圆形、阔倒卵形、倒心形或椭圆形，一般长 3–7 (–9) cm，宽达 7.5 cm；侧脉密与小脉结成明显脉网；花序梗扁，长 1–2 cm；花直径 3–4 mm ·················· **3. 圆叶美登木 M. orbiculata**

      5. 叶窄椭圆形或椭圆状披针形，长达 12 cm，宽 1–4 cm；叶网不成明显网状；花序梗粗壮，长 0.3–1.3 cm；花直径约 5 mm ·················· **4. 刺茶美登木 M. variabilis**

  2. 小枝先端非刺状，但常具散生针刺，刺上不着叶生花。

    6. 叶椭圆形或窄卵形，有时卵状披针形，长 2–8 cm，宽 0.5–2.5 cm；心皮多为 2；蒴果倒圆锥形，长 7 mm，常 2 裂 ·················· **5. 贵州美登木 M. esquirolii**

    6. 叶窄椭圆形或窄倒卵形，长 2.5–7.5 (–14) cm，宽 1.5–4 (–6) cm；叶柄带红色；心皮为 3；蒴果倒卵状或圆心状，长 7–12 mm ·················· **6. 隆林美登木 M. longlinensis**

1. 叶较大，长 7–25 cm；小枝通常仅有稀少针刺或无刺，老枝有刺，稀无刺。

  7. 聚伞花序单生叶腋；花序梗粗壮明显，长 1 cm 以上；叶近革质，基部通常下延成窄楔形 ·················· **7. 滇南美登木 M. austroyunnanensis**

  7. 聚伞花序多数集生于叶腋短枝上，无花序梗或有极短梗（长 2–5 mm）；叶基部通常不下延。

    8. 蒴果 2 裂，稍扁；花序分枝及小花梗均细线状，花序梗长 2–5 mm，小花梗长 3–5 mm；通常 4–6 花序丛生一处 ·················· **8. 美登木 M. hookeri**

    8. 蒴果 3 裂，倒卵形或三角状球形；花序分枝及小花梗较粗壮，花序多数密集一处，花序梗极短或无，灌木。

      9. 叶椭圆形或卵状椭圆形；集生的花序有短的花序梗；花序 2–4 次二歧分枝，花序有花 7–25 朵；茎刺直而不弯 ·················· **9. 广西美登木 M. guangxiensis**

      9. 叶阔椭圆形或倒卵形，集生的花序多无花序梗；花序 2–3 次分枝，集生成团，花多，可达 60 朵，生于一二年生小枝上；茎刺微弯 ·················· **10. 密花美登木 M. confertiflora**

本属药用植物主要含生物碱类成分，如美登木素 (maytansine，**1**)，布氏美登木丙基碱▲(maytanprine，**2**)，布氏美登木丁基碱▲(maytanbutine，**3**)；三萜类成分，如变叶美登木醇 (maytenfoliol，**4**)、变叶美登木素 (maytensifolin A，**5**)，变叶美登木酮 (maytenfolone，**6**)，变叶美登木酸 (maytenfolic acid) (**7**)；倍半萜类类成分如台湾美登木碱▲(emarginatine) A(**8**)、H(**9**)。生物碱类化合物具有免疫抑制、细胞毒、抗肿瘤、昆虫拒食和杀虫活性等，其中 1 还具有抗白血病作用；三萜类成分具有抗肿瘤活性，并具抗菌、抗炎、抑制醛糖脱氢酶、自由基清除、细胞因子诱导作用及 β- 葡萄糖苷（酸）酶抑制活性等；倍半萜类具有免疫抑制、细胞毒、抗肿瘤、杀虫活性和抗 HIV 等活性。

1: R=Me
2: R=Et
3: R=iso-Pr

4: R₁=CH₂OH R₂=CH₂OH
5: R₁=OOH R₂=Me

6

7

8: R=OAc
9: R=OH

1. 变叶美登木（中国植物志） 变叶裸实、刺仔木、咬眼刺（中国高等植物图鉴），细叶裸实（海南植物志），绣花针（福建）

Maytenus diversifolia (Maxim.) Ding Hou in Fl. Malesiana, Ser. 1, Spermatoph. 6(2): 242. 1962.（英 **Variable-leaved Mayten**）

灌木或小乔木，高达 3 m 或更高。1–2 年生小枝先端尖锐成刺，灰棕色，常被密点状锈褐色短刚毛。叶倒卵形、阔卵形或倒披针形，形状大小均多变异，长 1–4.5 cm，宽 1–1.8 cm，先端圆钝，稀微凹，基部楔形或下延，稀圆，边缘有极浅圆齿；叶柄长 1–3 mm。圆锥聚伞花序 1 至数枝丛生在刺枝上，1 次二歧分枝，花序梗长 5–10 mm。花白色或淡黄色，直径 3–5 mm；萼裂片三角卵形；花盘扁圆；雄蕊着生在花盘之外；子房大部在花盘之内，无花柱，柱头圆。蒴果扁倒心形，最宽处 5–7 mm，红色或紫色，通常 2 裂。种子椭圆状，黑褐色，基部有白色假种皮。

分布与生境 产于福建、台湾、广东、海南、香港、广西及沿海岛屿。生于山坡路边或海滨处疏林中。日本也有分布。

药用部位 全株。

功效应用 用于抗癌。

化学成分 茎含生物碱类：美登木素(maytansine)[1]，布氏美登木丙基碱▲(maytanprine)[2]；三萜类：变叶美登木醇(maytenfoliol)，变叶美登木酸(maytenfolic acid)[3-4]，变叶美

变叶美登木 **Maytenus diversifolia** (Maxim.) Ding Hou
引自《中国高等植物图鉴》

变叶美登木 **Maytenus diversifolia** (Maxim.) Ding Hou
摄影：朱鑫鑫 郑希龙

登木素(maytensifolin) A[5]、B[4]、C[6]，无羁萜(friedelin)，海棠果醛(canophyllal)，β-香树脂醇(β-amyrin)，海棠果醇(canophyllol)，粉蕊黄杨酮醇(pachysonol)，29-羟基无羁萜-3-酮(29-hydroxyfriedelan-3-one)，30-羟基无羁萜-3-酮(30-hydroxyfriedelan-3-one)[4]，3-氧代无羁萜-29-酸(3-oxofriedelan-29-oic acid)，3-氧代无羁萜-28-酸(3-oxofriedelan-28-oic acid)，28,29-二羟基无羁萜-3-酮(28,29-dihydroxyfriedelan-3-one)[7]；甾体类：胡萝卜苷[4]。

叶含三萜类：变叶美登木酮▲(maytenfolone)，无羁萜[8]；倍半萜生物碱类：台湾美登木碱▲H(emarginatine H)[8]。

化学成分参考文献

[1] Lee KH, et al. *J Nat Prod*, 1982, 45(4): 509-510.

[2] Nakao H, et al. *Biol Pharm Bull*, 2004, 27(8): 1236-1240.

[3] Nozaki H, et al. *J Chem Soc, Chem Commun*, 1982, (18): 1048-1051.

[4] Nozaki H, et al. *Phytochemistry*, 1986, 25(2): 479-485.

[5] Lee, KH, et al. *Tetrahedron Lett*, 1984, 25(7): 707-710.

[6] Nozaki H, et al. *Phytochemistry*, 1991, 30(11): 3819-21.

[7] Nozaki H, et al. *J Nat Prod*, 1990, 53(4): 1039-1041.

[8] Kuo YH, et al. *J Nat Prod*, 1995, 58(7): 1103-1108.

2. 小檗美登木（中国高等植物图鉴） 檗状美登木（云南植物研究）

Maytenus berberoides (W. W. Sm.) S. J. Pei et Y. H. Li in Acta Bot. Yunnan. 3(2):239.1981.——
Gymnosporia berberoides W. W. Sm.（英 **Berberry-like Mayten**）

多刺灌木，高 1–2 m。小枝粗壮刺状，或有时为假顶生的侧生刺代替，节上多有粗短枝，幼枝和叶柄密被短毛。叶阔倒卵形或椭圆形，长 1.2–5 cm，最宽处 1.5–3 cm，先端圆，有时浅内凹，基部楔形，边缘具浅锐齿或近全缘，侧脉 4–7 对；叶柄长 3–8 mm。聚伞花序 1 至数个生于刺状枝的短刺腋部，2–4 次分枝，单歧或第一次二歧分枝后则单歧分枝；花序梗长 1–2 cm，小花梗长 5–8 mm；花白绿色，直径 5–8 mm；萼裂片 5，三角卵形或长圆卵形；花瓣长圆形或窄长卵形；花盘扁，微 5 裂；雄蕊生于花盘外侧边缘，花丝长 1.5 mm；子房有短花柱，柱头 3 浅裂。蒴果倒圆锥状，长 1–1.2 cm，3裂。种子椭圆形，基部有白色托状或不整齐 2 裂的泡状假种皮。

分布与生境 产于云南西北部及四川西南部。生于海拔 3000 m 左右山腰处的石堆中或砂土地上。
药用部位 根、全株。
功效应用 祛风除湿，止痛。用于风湿痹痛，跌打损伤，劳伤。有抗癌作用。
化学成分 地上部分含生物碱类：美登木素(maytansine)，布氏美登木丙基碱▲(maytanprine)，布氏美登

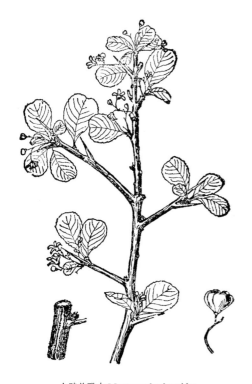

小檗美登木 Maytenus berberoides
(W. W. Sm.) S. J. Pei et Y. H. Li
引自《中国高等植物图鉴》

小檗美登木 Maytenus berberoides
(W. W. Sm.) S. J. Pei et Y. H. Li
摄影：刘全儒

木丁基碱▲(maytanbutine)[1-2]。

化学成分参考文献

[1] 李朝明，等 . 植物学报，1983, 25(4): 363-369.　　　　　[2] 李朝明，等 . 云南植物研究，1983, 5(1): 105-108.

3. 圆叶美登木（中国植物志） 大丁刺、牛角刺（云南），厚叶美登木（云南植物研究）

Maytenus orbiculata C. Y. Wu in Acta Bot. Yunnan. 3(2): 239-240. 1981.（英 **Orbiculate Mayten**）

多刺灌木，高 1.5–2.5 m。小枝粗壮，先端刺状，短枝集生于小枝近先端处。叶阔倒卵形、倒卵圆形、倒卵心形或阔椭圆形，长 3–7 cm，最宽处 2–4.5 cm，先端多圆阔浅心形，有时钝或有极小短尖，基部多呈长楔形，少为楔形，边缘有细密锐齿，侧脉 7–12 对；叶柄粗壮，长 5–8 mm。聚伞花序着花紧密，在长枝上单生，在短枝上常 2–3 集生刺枝顶端，3–4 次分枝，二歧或单歧；花序梗稍扁，长 1–2 cm，分枝及小花梗短，长 2–5 mm；花白色，直径 3–4 mm；萼片阔三角形或半圆形；花瓣近长卵形或长圆形；花盘扁，边缘微 5 裂；雄蕊着生于花盘外下方；子房具短壮花柱，柱头 3 裂。蒴果 3 裂，倒圆锥状，长 8–10 mm；果序梗长 1–2 cm，小果梗长约 1 cm。

分布与生境 产于云南（新平、石屏）。生于海拔 1100 m 的干燥石灰山上。

药用部位 叶、全株。

功效应用 活血化瘀。用于癌症初起。

化学成分 地上部分含生物碱类：美登木素(maytansine)，布氏美

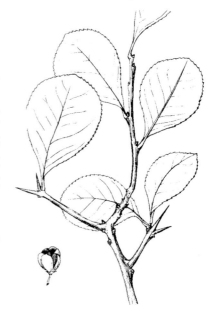

圆叶美登木 Maytenus orbiculata C. Y. Wu
王玢莹 绘

登木丙基碱▲(maytanprine)，布氏美登木丁基碱▲(maytanbutine)[1]；三萜类：羽扇豆-20,30-烯-3,29-二醇(lup-20(30)-en-3,29-diol)[2]。

化学成分参考文献

[1] 李朝明，等 . 植物学报，1983, 25(4): 363-369.　　　　[2] 许祥誊，等 . 云南植物研究，1982, 4(1): 71-72.

4. 刺茶美登木（中国植物志） 刺茶、刺茶裸实、牛王刺（中国高等植物图鉴）

Maytenus variabilis (Hemsl.) C. Y. Cheng in Fl. Reipubl. Popularis Sin. 45(3): 136. 1999.——*Gymnosporia variabilis* (Hemsl.) Loes.（英 **Variable Mayten**）

灌木，高达 5 m。小枝先端粗刺状，腋生刺较细。叶椭圆形、窄椭圆形或椭圆披针形，少为倒披针形，大小变化甚大，长 3–12 cm，宽 1–4 cm，先端急尖或钝，基部楔形，边缘有密浅锯齿，侧脉细弱，脉纹不明显；叶柄长 3–6 mm。聚伞花序着生在刺状小枝和非刺状长枝上，1–3 次二歧分枝；花序梗长 3–13 mm；花淡黄色，直径 5–6 mm；萼裂片卵形，边缘有微齿；花瓣长圆形；花盘圆而肥厚；雄蕊较花瓣稍短；子房基部约 1/3 与花盘合生；花柱短，柱头 3 裂，裂片扁。蒴果三角宽倒卵状，长 1.2–1.5 cm，红紫色，3 室，每室仅 1 种子成熟。种子倒卵柱状，长约 7 mm，深棕色，平滑有光泽，基部具浅杯状淡黄色假种皮。花期 6–10 月，果期 7–12 月。

分布与生境 产于湖北西部、四川东部和南部、贵州及云南南部。生于岩边、草地、多石斜坡。

药用部位 根、叶。

功效应用 活血化瘀。用于癌症。

化学成分 茎皮含环肽[1]。

地上部分含生物碱类：美登木素(maytansine)，布氏美登木丙基碱▲(maytanprine)，布氏美登木丁基碱▲(maytanbutine)[2-3]；木脂素类：扁核木醇▲(prinsepiol)，(+)-松脂酚[(+)-pinoresinol]，(-)-松脂酚[(-)-pinoresinol]，(-)-丁香树脂酚[(-)-syringaresinol]，(+)-环橄榄脂素[(+)-cycloolivil]，(-)-

刺茶美登木 **Maytenus variabilis** (Hemsl.) C. Y. Cheng
引自《中国高等植物图鉴》

刺茶美登木 **Maytenus variabilis** (Hemsl.) C. Y. Cheng
摄影：沐先运

橄榄脂素[(-)-olivil]，1-羟基松脂酚(1-hydroxypinoresinol)， 琉球络石醇▲(tanegool)，(-)-马尾松树脂醇[(-)-massoniresinol]，(-)-橄榄脂素乙酸酯[(-)-olivilmonoacetate]， 裂环异落叶松树脂醇(secoisolariciresinol)[4]；香豆素类：东莨菪内酯(scopoletin)[4]；三萜类：大叶冬青醇▲D(ilelatifol D)，α-香树脂醇乙酸酯(α-amyrin acetate)，β-香树脂醇乙酸酯(β-amyrin acetate)，覆盆子酸(fupenzic acid)，羽扇豆醇(lupeol)，白桦脂醇(betulin)，齐墩果酸(oleanolic acid)，熊果酸(ursolic acid)[4]；苯丙素类：咖啡酸(caffeic acid)，3,4-二甲氧基桂皮酸(3,4-dimethoxycinnamic acid)[4]；其他类：(+)-儿茶素[(+)-catechin]，棕榈酸-1-甘油单酯(palmitate-1-monoglyceride)，植醇(phytol)，β-谷甾醇，β-胡萝卜苷[4]。

药理作用 刺茶美登木具有血管紧张素转化酶 (ACE) 抑制活性，并从中分离得到 2 个活性化合物 (+)-儿茶素和咖啡酸[1]。

化学成分参考文献

[1] Zhang, HJ, et al. PCT Int. Appl., 2014, WO 2014059928 A1 20140424.

[2] 李炳钧，等 . 植物学报，1983, 25(2): 142-144.

[3] 李朝明，等 . 植物学报，1983, 25(4): 363-369.

[4] 张秀云，等 . 应用与环境生物学报，2006, 12(2): 163-169.

药理作用及毒性参考文献

[1] 张秀云 . 扁序重寄生、刺茶美登木和短序醉鱼草的活性成分研究 [D]. 成都：中国科学院成都生物研究所，2005.

5. 贵州美登木（中国植物志） 细叶裸实（云南种子植物名录）

Maytenus esquirolii (H. Lév.) C. Y. Cheng in Fl. Reipubl. Popularis Sin. 45(3): 136-138. 1999.（英 **Esquirol Mayten**）

小灌木，高 1–2 m。枝条细柔，短枝多细针刺，刺长 5–10 mm。叶椭圆形或窄卵形，有时卵状披针形，长 2–8 cm，宽 5–25 mm，先端短渐尖，基部楔形，边缘有细密浅锯齿或圆齿，侧脉 5–7 对；叶柄长 2–5 mm。聚伞花序单歧分枝，1–4 花；花序梗极纤细，丝状，长 5–17 mm，小花梗长 3–5 mm；花小，白色，直径约 4 mm；萼片长圆形；花盘窄卵形；花盘窄小；雄蕊着生于其外侧下方；子房近锥状，柱头圆，微 2 裂。蒴果倒圆锥状，熟时淡红色，长约 7 mm，常 2 裂。种子棕红色，基部有细小假种皮。

分布与生境 分布于贵州（望漠、罗甸）。生于海拔 800 m 左右的山地多岩石处。

药用部位 茎、根。

功效应用 用于抗癌。

化学成分 地上部分含生物碱类：美登木素(maytansine)，布氏美登木丙基碱▲(maytanprine)，布氏美登木丁基碱▲(maytanbutine)[1]。

化学成分参考文献

[1] 李朝明，等 . 植物学报，1983, 25(4): 363-369.

贵州美登木 **Maytenus esquirolii** (H. Lév.) C. Y. Cheng
马怀伟 绘

6. 隆林美登木（植物分类学报） 细梗美登木（云南植物研究）

Maytenus longlinensis C. Y. Cheng et W. L. Sha in Acta Phytotax. Sin. 19(2): 234. 1981.（英 **Louglin Mayten**）

灌木，高 1–2 m。幼枝带红色，多具细刺或无刺，二年以上枝常具较粗壮刺。叶窄椭圆形或窄倒卵形，在小枝上者，长 2.5–7.5 cm，宽 1.5–4 cm，在二年以上枝者，长 8–14 cm，宽 4–6 cm，先端急尖、短渐尖或圆钝，基部楔形或窄楔形；叶柄常带红色，长 2–7 (–12) mm。聚伞花序 1–3 次单歧分枝，1–5 花；花序梗纤细，长 5–15 mm；花白色，小，直径 4–5 mm；萼片阔卵形；花瓣长圆形；花盘边缘微波状；雄蕊着生于花盘外缘上，花丝长 1 mm；子房具花柱，柱头 3 裂。蒴果棕红色，倒卵状或圆心状，长 7–12 mm。种子椭圆卵状，长 5–7 mm；假种皮杯状，包被种子基部，干后白色。

分布与生境 产于广西西北部，云南东南部及南部。生于石灰岩山地杂木林中或江边干旱的石缝中。

药用部位 茎枝、叶。

功效应用 抗肿瘤，活血化瘀。用于癌症初起。

7. 滇南美登木（云南植物研究）

Maytenus austroyunnanensis S. J. Pei et Y. H. Li in Acta Bot. Yunnan. 3(2): 245-246. 1981.（英 **Southern Yunnan Mayten**）

灌木，高 1–3 m。小枝常无刺，二年生以上枝常有针状刺，刺直或微下弯。叶倒卵状椭圆形、椭圆形或长圆状椭圆形，长 7–12 cm，宽 4–5.5 cm，先端急尖或钝，或有小短尖，基部窄长楔形或楔形，边缘有锯齿，侧脉 7–9 对，小脉不明显；叶柄长 5–7 mm。聚伞花序单生于叶腋，2–3 次二歧分枝；花序梗粗壮，长 1 cm 以上，分枝稍短，小花梗细长，长 4–6 mm；花白色，直径 6–8 mm；萼片阔卵形；花瓣长圆状卵形；花盘微 5 裂；雄蕊着生在花盘外，长 1.2–1.5 mm。蒴果陀螺状，长 1.2 cm，成熟时果皮增厚变硬。种子棕红色；假种皮白色，干后淡黄色，浅杯状或 2–3 裂。

分布与生境 产于云南南部及西南部，生于海拔 500–900 m 的路旁、江边灌丛中。

药用部位 全株。

滇南美登木 Maytenus austroyunnanensis S. J. Pei et Y. H. Li
宗维城 绘

滇南美登木 Maytenus austroyunnanensis S. J. Pei et Y. H. Li
摄影：童毅华

功效应用 抗肿瘤。用于骨髓瘤，淋巴肉瘤，胃及十二指肠溃疡。

化学成分 地上部分含生物碱类：美登木素(maytansine)，布氏美登木丙基碱▲(maytanprine)，布氏美登木丁基碱▲(maytanbutine)[1-2]。

化学成分参考文献

[1] 李朝明，等. 植物学报，1983, 25(4): 363-369.　　　[2] 李朝明，等. 云南植物研究，1983, 5(1): 105-108.

8. 美登木（中国高等植物图鉴） 云南美登木（药学学报），梅丹（云南种子植物名录）

Maytenus hookeri Loes. in Nat. Pflanzenfam. (ed. 2) 20(b): 140. 1942.（英 **Hooker's Mayten**）

灌木，高 1–4 m。小枝通常少刺，老枝具疏刺。叶椭圆形或长圆状卵形，长 8–20 cm，宽 3.5–8 cm，先端渐尖或长渐尖，基部楔形或阔楔形，边缘有浅锯齿，侧脉 5–8 对；叶柄长 5–12 mm。聚伞花序 1–6 丛生于短枝上，花序多 2–4 次单歧分枝或第一次二歧分枝；花序梗细，长 2–5 mm，有时无梗或长至 10 mm；小花梗细，长 3–5 mm；花白绿色，直径 3–5 mm；花盘扁圆；雄蕊着生在花盘外侧下面，花丝长达 2 mm；子房 2 室，柱头 2 裂。蒴果扁，倒心形或倒卵形，长 6–12 mm，果皮薄，易碎，2 裂。种子长卵状，棕色；假种皮浅杯状，白色，干后黄色。

分布与生境 产于云南南部及西南部。生于山地或山谷的丛林中。分布达缅甸、印度。

药用部位 叶、全株。

功效应用 活血化瘀。用于癌症初起。

化学成分 茎含生物碱类：美登木素(maytansine)，布氏美登木丙基碱▲(maytanprine)[1]，布氏美登木丁基碱▲(maytanbutine)[2]。

美登木 Maytenus hookeri Loes.
引自《中国高等植物图鉴》

叶和茎愈伤组织细胞悬浮培养物含三萜类：2,3-二乙酰氧基美登木酮▲(2,3-diacetoxylmaytenusone)，角鲨烯(squalene)，大子五层龙酸(salaspermic acid)，美登木酮酸(maytenonic acid)，2α-羟基美登木酮酸(2α-hydroxymaytenonic acid)[1]；二萜类：6,11,12-三羟基-8,11,13-冷杉三烯-7-酮(6,11,12-trihydroxy-8,11,13-abietrien-7-one)，11,12-二羟基-8,11,13-冷杉三烯-7-酮(11,12-dihydroxy-8,11,13-abietatrien-7-one)[1]；甾体类：2',3',4'-三乙酰胡萝卜苷-6-棕榈酸酯(2',3',4'-triacetyl-sitoindoside)，β-谷甾醇[3]。

药理作用 抗真菌作用：从美登木中分离得到的美登素对真核生物有生长抑制作用，同时对一些植物病原真菌有体外抑制活性[1]。从美登木叶中分离筛选到的内生真菌 Ly50' 菌株具有抗菌活性[2]。

抗肿瘤作用：美登木对 ECa109 食管癌细胞株超微结构有影响，是一种有抗癌作用的微管抑制剂[3]。从美登木中分离得到的美登素和美登普林等对小鼠白血病 P388、L1210、路易士肺癌、小鼠肉瘤 180、小鼠黑色素瘤 B16 及大鼠沃克氏肉瘤和 KB 细胞均有抑制作用[4]。

毒性及不良反应 在Ⅰ-Ⅱ期临床试验中，美登木素的胃肠道毒性（恶心、呕吐和腹泻）与剂量有关。毒性经常发生在给药后第 4 天，持续 3 ~ 7 d，胃肠道毒性总发生率为 22%。肝的毒性占 11%，其幅度随剂量增加而增加，肝毒性表现为临床不明显的一过性肝酶上升直到黄疸的出现，这种肝功能不正常，通常在 2~4 周内恢复到正常。病人在治疗之前有肝转移和 / 或肝酶上升者，在治疗中肝功能即迅速恶化。有 13% 的病人出现神经毒性，中枢神经毒性的特征是嗜睡、焦虑、失眠、焦虑性抑郁、头晕

美登木 **Maytenus hookeri** Loes.
摄影：朱鑫鑫 王祝年

眼花；周围神经毒症状与长春花生物碱神经症状相似，为感觉异常、颌痛、深健反射消失、肌肉疼痛、虚弱，治疗前曾有长春碱或癌症神经病症状者，神经毒性则更严重。血液学的毒性不常见，通常表现为一过性的血小板减少症，发生在 14 ~ 21 天，并在 4 ~ 7 天内恢复。一般骨髓抑制是轻度的、可逆转的，而且与剂量无关，总发生率为 10%。局部的静脉炎在较高剂量时出现较为频繁，全部疗程中发生率为 12%。有 25% 的病例会发生便秘。美登木素的毒性报告中发生口炎及脱发者很少，没有见到肾毒性[5]。

化学成分参考文献

[1] 周韵丽，等.植物学报，1981, 39(5): 427-432.

[2] 周韵丽，等.植物学报，1981, 39(Z1): 931-936.

[3] Lu CH, et al. *Acta Botanica Sinica*, 2002, 44(5): 603-610.

药理作用及毒性参考文献

[1] 武济民，等.微生物学通报，1982, (6): 277-279.

[2] 倪志伟，等.天然产物研究与开发，2008, 20(1): 33-36.

[3] 宁爱兰，等.解剖学报，1980, 11(2): 199-204.

[4] 周韵丽，等.科学通报，1980, 25(9): 428.

[5] Dourbs J, et al 国外药学·植物药分册，1981, 2(5): 9-14.

9. 广西美登木（植物分类学报）

Maytenus guangxiensis C. Y. Cheng et W. L. Sha in Acta Phytotax. Sin. 19(2): 232-233. 1981.（英 **Guangxi Mayten**）

灌木，高达 3 m。小枝具粗壮刺。叶椭圆形或卵状椭圆形，长 6.5–21 cm，宽 3.5–10 cm，先端急尖或稍钝，基部阔楔形或近圆形，边缘常具波状浅齿；叶柄长 5–12 mm。聚伞花序 2-4 次分枝，有花 7-25 朵；花序梗短，分枝长约 1 cm，小花梗长 3-8 mm；萼片卵圆形，花瓣长圆形；花盘肥厚，圆形，有 5 波状浅内凹，雄蕊着生于内凹外缘，花丝细长，长达 2.5 mm；子房有明显花柱，柱头 3 裂。蒴果紫棕色，倒卵状，长 1.4-1.8 cm，直径 1-1.2 cm。种子棕红色，椭圆状或卵圆状，长 6-8 mm，直径约 5 mm，基部有白色杯状假种皮。

分布与生境　产于广西西部（扶绥、东兰、田阳及隆安）。生于石灰岩山地灌丛中。

药用部位　根、茎、叶。

功效应用　祛风，止痛，抗癌。用于风湿痹痛，头痛，癌症初起。

化学成分　茎含生物碱类：美登木素(maytansine)[1]。

广西美登木 **Maytenus guangxiensis** C. Y. Cheng et W. L. Sha
宗维城 绘

广西美登木 **Maytenus guangxiensis** C. Y. Cheng et W. L. Sha
摄影：林秦文 林建勇

化学成分参考文献

[1] Qian XL, et al. *Chem Nat Prod*, 1982, 25(4): 263-264.

10. 密花美登木（植物分类学报）

Maytenus confertiflora J. Y. Luo et X. X. Chen in Acta Phytotax. Sin. 19(2): 233-234. 1981. （英 **Crown-flowered Mayten**）

灌木，高达 4 m。小枝具刺，刺粗壮，多少下弯。叶阔椭圆形或倒卵形，长 11–24 cm，宽 3–9 cm。先端渐窄渐尖或有短尖头，基部窄楔形至阔楔形，边缘有浅波状圆齿；叶柄长 6–10 mm。聚伞花序多数集生于叶腋，有花多至 60 朵，呈圆团状，长 1–1.5 cm；花序梗极短或近无，分枝及小花梗均纤细，长 4–6 mm，常稍扁宽；花白色，直径均 8–10 mm；萼片淡红色，三角卵形，边缘多少纤毛状；花瓣线形或窄长圆形；花盘扁宽，近圆形；雄蕊着生于花盘近外缘处，花丝长约 2.5 mm；子房小，花柱粗短，柱头3 裂。蒴果淡绿带紫色，三角球状，长 1–1.5 cm，果皮平滑无皱。种子白色，干后棕红，卵状或卵圆状；假种皮浅杯状，干后淡黄色。

分布与生境　产于广西西南部（大新、崇左、凭祥、宁明）。生于石灰岩的丛林中。

药用部位　茎、叶、全株。

功效应用　活血化瘀，消肿止痛，抗癌。用于跌打损伤，腰痛，肿瘤，闭经腹痛，癌症初起。

化学成分　茎含三萜类：海棠果醇(canophyllol)，雷公藤

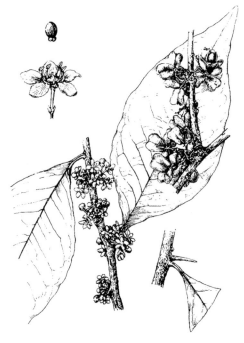

密花美登木 *Maytenus confertiflora* J. Y. Luo et X. X. Chen
宗维城　绘

密花美登木 *Maytenus confertiflora* J. Y. Luo et X. X. Chen
摄影：林建勇 朱仁斌

内酯A (wilforlide A)，密花美登木醇(confertiflorol)[1]；生物碱类：美登木素(maytansine)，布氏美登木丙基碱▲(maytanprine)[2-3]；其他类：卫矛醇(dulcitol)，琥珀酸，丁香酸(syringic acid)，3-羟基曲酸(3-hydroxykojic acid)，黑麦草内酯(loliolide)[4]。

化学成分参考文献

[1] 王雪芬，等. 植物学报，1985, 27(04): 393-396.

[2] 王雪芬，等. 药学学报，1981, 16(8): 628-630.

[3] 王雪芬，等. 药学通报，1980, 15(9): 44-45.

[4] 王雪芬，等. 药学学报，1981, 16(1): 59-61.

5. 巧茶属 Catha Forssk. ex Scop.

木本。叶对生。花小，两性，聚伞花序短小，腋生，3-4 次二歧分枝；花序梗、分枝及小花梗均短而粗壮；花 5 数；花盘肥厚，浅杯状；雄蕊着生于花盘外侧；心皮 3，子房 3 室，胚珠每室 2。蒴果，每室 1 或 2 种子，假种皮向下延伸，成短翅状，向上在种子顶端开口。

单种属。分布在非洲北部及阿拉伯半岛。常栽培。我国海南、广西引种，可药用。

本属植物药理研究证明具有抗风湿、抗肿瘤活性，可用于风湿性疾病和白血病的治疗。

1. 巧茶（中国植物志） 也门茶、阿拉伯茶、埃塞俄比亚茶（中国植物志）

Catha edulis Forssk. in Fl. Aegypt.——Arab. 67: 63. 1775.（英 **Khat, Cafta, Arabian-tea, Chat, Khate tree**）

灌木，高 1-5 m。小枝密生细小白色点状皮孔。叶对生，椭圆形或窄椭圆形，长 4-7 cm，宽 2-4 cm，先端钝短渐尖，基部窄楔形稍下延，边缘密生钝锯齿；叶柄长 3-8 mm。花两性；聚伞花序单生于叶腋，较短小，长宽均为 1.5-2 cm，3-4 次二歧分枝；花序梗粗壮，长 5-10 mm；分枝短壮，长 3 mm 以下；小聚伞 3 花，小花梗粗短，长 1-3 mm，果时可达 5 mm；花小，直径 3-5 mm，白色；花萼 5，三角卵形，长约 1 mm；花瓣 5，长圆状窄卵形或窄长圆形；花盘肥厚，浅杯状；雄蕊 5 枚，花丝明显，生于花盘外侧，较花冠稍短；子房与花盘游离，心皮 3，子房 3 室，每室具 2 胚珠，花柱短，柱头 3 裂。蒴果橘红色，圆柱状，长约 8 mm，直径 3-4 mm，每室常 1 种子成熟。种子黑褐色，有极细点纹，长 3-4 mm，顶端圆或偏斜，基部细窄呈尾状；假种皮橘红色，包围种子下半部，向下延伸成单翅状，长达 3 mm。

分布与生境 原产于热带非洲。海南、广西和云南引种栽培。

药用部位 叶。

功效应用 清热解毒，提神，兴奋，止渴。用于神昏，暑热烦渴。

化学成分 茎叶含三萜类：无羁萜(friedelin)，30-羟基无羁萜(30-hydroxyfriedelin)，29-羟基无羁萜(29-hydroxyfriedelin)，28-羟基无羁萜(28-hydroxyfriedelin)[1]；生物碱类：(-)-巧茶酮[(-)-cathinone][2-3]，(+)-巧茶碱[(+)-cathine]，(-)-降麻黄碱[(-)-norephedrine][3]，梅鲁巧茶碱▲(merucathine)，伪梅鲁巧茶碱▲

巧茶 Catha edulis Forssk.
摄影：林秦文

(pseudomerucathine)[4]。

　　嫩茎和花含生物碱类：1-苯基-1,2-丙二酮[1-phenyl-1,2-propanedione]，(-)-巧茶酮[(-)-cathinone]，(+)-巧茶碱[(+)-cathine]，(-)-降麻黄碱[(-)-norephedrine][5]。

药理作用　抗风湿作用：从海南巧茶茎叶中分离得到的木栓烷型三萜化合物对风湿、皮肤病有疗效[1]。

　　抗肿瘤作用：三萜成分有抗肿瘤活性[2]，对白血病有效[1]。

化学成分参考文献

[1] 张焜，等.中草药，1998, 29(8): 511-513.

[2] Szendrei K, *Bulletin on Narcotics*, 1980, 32(3): 5-35.

[3] Lee M, *J Forensic Sci*, 1995, 40: 116–121.

[4] Wolf JP, et al, *Helv Chim Acta*, 1986, 69(4): 918-926.

[5] Krizevski R, et al, *J Ethnopharmacol*, 2007, 114(3): 432-438.

药理作用及毒性参考文献

[1] Nozaki H, et al. *J Chem Soc Commun*, 1982, 1048-1051.

[2] Antonio GG, et al. *Phytochemistry*, 1975, 14: 1067-1070.

6. 假卫矛属 Microtropis Wall. ex Meisn.

　　灌木或小乔木，常绿或落叶。叶对生，全缘，无托叶。二歧聚伞花序，中央小花无梗，或密伞花序、团伞花序，腋生、侧生或兼顶生；花小，两性，偶有败育性单性；花部多为5数，较少4数，稀6数；萼片基部连合，边缘具不整齐细齿或缘毛；花瓣多白色或黄白色；花盘浅杯状、环状或近无；雄蕊常着生在花盘边缘，较短小；雌蕊通常2心皮，子房2室或不完全2室，稀3室，每室2胚珠。蒴果长椭圆状，革质，2瓣裂，有宿存萼片。种子通常1个，无假种皮，种皮常稍肉质呈假种皮状，具胚乳。

　　约60余种，分布于东亚、东南亚及美洲和非洲温暖地区。我国有24种1变种，其中3种可药用。

分种检索表

1. 二歧聚伞花序，1-2次分枝，花序梗长约1 cm，花序有3-7花；小枝四棱形；叶长圆状椭圆形或卵状窄椭圆形，长8-13 cm，宽2.5-5 cm，侧脉6-9对；叶柄长5-10 mm ·················· 1. **方枝假卫矛 M. tetragona**
1. 密伞或团伞花序。
　2. 花序梗较长，长1-2.5 cm；小枝、叶柄及花序梗疏被短毛；叶宽倒披针形、长圆形、长圆倒披针形或长椭圆形，长5-11 cm，侧脉7-11对 ························ 2. **密花假卫矛 M. gracilipes**
　2. 花序梗较短，长1.5-5 mm；植株无毛；叶中部以上最宽，窄倒卵形或宽倒披针形，稀近菱形卵状，长4-9 cm，侧脉4-6对 ···························· 3. **福建假卫矛 M. fokienensis**

1. 方枝假卫矛（中国植物志）　四棱假卫矛（拉汉英种子植物名称），方茎假卫矛（新编拉汉英植物名称）

Microtropis tetragona Merr. et F. L. Freeman in Proc. Amer. Acad. Arts 73: 290-291. 1940.（　英 **Four-angeled Microtropis**）

　　灌木或小乔木。小枝具明显的四棱，紫褐色。叶对生，长圆状椭圆形或卵状窄椭圆形，长8-13 cm，宽2.5-5 cm，先端渐尖，稀镰状渐尖，基部楔形，侧脉6-9对，细弱，弧形上升；叶柄长5-10 mm。聚伞花序疏散开展，花序梗细，长5-11 mm，分枝长3-5 mm，有花3-7朵，稀稍多，小花梗长1.5-3 mm；花5数；花萼裂片近半圆形；花瓣长圆状椭圆形或稍倒卵状阔椭圆形；花盘薄环状，5浅裂或不裂；雄蕊短小，无明显花丝；子房宽三角卵状，柱头常4裂。蒴果近长椭圆形，长约2 cm，直径8-9 mm，顶端有短喙，果皮具细棱线。

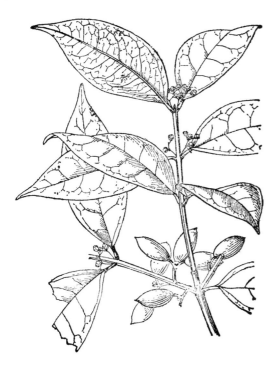

方枝假卫矛 **Microtropis tetragona** Merr. et F. L. Freeman
引自《中国高等植物图鉴》

方枝假卫矛 **Microtropis tetragona** Merr. et F. L. Freeman
摄影：林秦文

分布与生境 分布于广西、云南。生于海拔 1000–2000 m 的林中或近溪边。

药用部位 枝、叶。

功效应用 舒筋活络。用于跌打损伤。

2. 密花假卫矛（中国高等植物图鉴补编） 团花假卫矛（中国高等植物图鉴）

Microtropis gracilipes Merr. et F. P. Metcalf in Lingnan Sci. J. 16(1): 88. 1937.——*M. confertiflora* Merr. et F. L. Freeman（英 **Slender-Stalk Microtropis**）

灌木，高 2–5 m。小枝略具棱角。叶阔倒披针形，长圆形、长圆倒披针形或长椭圆形，长 5–11 cm，宽 1.5–3.5 cm，先端渐尖或窄渐尖，基部楔形，干后边缘棕白色，稍反卷，主脉，两面凸起，侧脉 7–11 对，直伸；叶柄长 3–9 mm。密伞花序或团伞花序腋生或侧生；花序梗长 1–2.5 cm，顶端无分枝或有短分枝，分枝长 1–3 mm；花无梗，密集近头状。花 5 数；萼片近卵圆形；花瓣略肉质，阔椭圆形，长约 4 mm；花盘环状；雄蕊长约 1.5 mm，花丝显著；子房近球状或阔卵状，花柱长而粗壮，柱头四浅裂或微凹。蒴果阔椭圆状，长 10–18 mm，宿存花萼稍增大，微被白粉。种子椭圆状，种皮暗红色。

分布与生境 产于湖南、贵州、福建、广东、广西。生于海拔 700–1500 m 的山谷林中湿地、溪旁或河畔。

药用部位 根。

功效应用 用于利尿。

密花假卫矛 **Microtropis gracilipes** Merr. et F. P. Metcalf
引自《中国高等植物图鉴》

密花假卫矛 **Microtropis gracilipes** Merr. et F. P. Metcalf
摄影：林秦文

3. 福建假卫矛（中国高等植物图鉴补编）

Microtropis fokienensis Dunn in J. Linn. Soc., Bot. 38(267): 357. 1908.（英 **Fujian Microptropis**）

小乔木或灌木，高 1.5–4 m。小枝略四棱状。叶窄倒卵形、阔倒披针形、倒卵椭圆形或菱状椭圆形，长 4–9 cm，宽 1.5–3.5 cm，先端窄急尖或近渐尖，稀短渐尖，基部渐窄或窄楔形，侧脉 4–6 对；叶柄长 2–8 mm。密伞花序短小，腋生或侧生，稀顶生，花 3–9 朵；花序梗短，长 1.5–5 mm，通常无明显分枝；小花梗极短或无；花 4–5 数，花萼裂片半圆形，覆瓦状排列；花瓣阔椭圆形或椭圆形，长约 2 mm；花盘环状，裂片扁阔半圆形；雄蕊短于花冠；子房卵球状，花柱较明显，柱头四浅裂。蒴果椭圆状或倒卵椭圆状，长 1–1.4 cm，直径 5–7 mm。

分布与生境 产于安徽、浙江、台湾、福建、江西、湖南及广西。生长海拔 800–2000 m 的山坡或沟谷林中。

药用部位 枝、叶。

功效应用 消肿散瘀，接骨。用于跌打损伤，红肿疼痛，骨折。

化学成分 根含倍半萜类：1α,2α-二乙酰氧基-6β,9β,15-三苯甲酰氧基-β-二氢沉香呋喃(1α,2α-diacetoxy-6β,9β,15-tribenzoyloxy-β-dihydroagarofuran)，1α-乙酰氧基-6β,9β,15-

福建假卫矛 **Microtropis fokienensis** Dunn
引自《中国高等植物图鉴》

三苯甲酰氧基-β-二氢沉香呋喃(1α-acetoxy-6β,9β,15-tribenzoyloxy-β-dihydroagarofuran)，1α-乙酰氧基-2α-羟基-6β,9β,15-三苯甲酰氧基-β-二氢沉香呋喃(1α-acetoxy-2α-hydroxy-6β,9β,15-tribenzoyloxy-β-dihydroagarofuran)，2α-乙酰氧基-1α-羟基-6β,9β,15-三苯甲酰氧基-β-二氢沉香呋喃(2α-acetoxy-1α-hydroxy-6β,9β,15-tribenzoyloxy-β-dihydroagarofuran)，布氏假橄榄素▲(mutangin)，南蛇藤林素▲

福建假卫矛 Microtropis fokienensis Dunn
摄影：刘军 沐先运

G(orbiculin G)，东北雷公藤林素▲G2(triptogelin G2)[1]；酚、酚酸类：福建假卫矛素▲(forkienin)，丁香酸(syringic acid)，香荚兰酸(vanillic acid)，对羟基苯甲酸(p-hydroxybenzoic acid)，对羟基苯甲醛(p-hydroxybenzaldehyde)[1]；甾体类：豆甾-4-烯-3-酮(stigmast-4-en-3-one)，β-谷甾醇[1]。

茎含倍半萜类：福建假卫矛沉香呋喃(fokienagarofuran) A、B、C、D[2]，8-乙酰氧基布氏假橄榄素▲(8-acetoxymutangin)，布氏假橄榄素▲(mutangin)[3]；三萜类：3β,16β-二羟基熊果-12-烯-11-酮(3β,16β-dihydroxyurs-12-en-11-one)，6β,12,23-三羟基-11α-甲氧基熊果-12-烯-3-酮(6β,12,23-trihydroxy-11α-methoxyurs-12-en-3-one)，11α,12,16β-三羟基熊果-12-烯-3-酮(11α,12,16β-trihydroxyurs-12-en-3-one)，1α,3β-二羟基齐墩果-12-烯-11-酮(1α,3β-dihydroxyolean-12-en-11-one)，30-羟基齐墩果-12-烯-3,11-二酮(30-hydroxyolean-12-en-3,11-dione)，3β,28-二羟基齐墩果-18-烯-1-酮(3β,28-dihydroxyolean-18-en-1-one)，11α,30-二羟基-2,3-裂环-齐墩果-12-烯-2,3-二酸酐(11α,30-dihydroxy-2,3-seco-olean-12-en-2,3-dioic anhydride)，2α,3β-二羟基熊果-12-烯-28-酸(2α,3β-dihydroxyurs-12-en-28-oic acid)，3β-乙酰氧基熊果-12-烯-28-酸(3β-acetoxyurs-12-en-28-oic acid)，齐墩果-11,13(18)-二烯-3β,30-二醇(olean-11,13(18)-dien-3β,30-diol)，13β,28-环氧-3β,16β-二羟基熊果-11-烯(13β,28-epoxy-3β,16β-dihydroxyurs-11-ene)，2α,3β-二羟基齐墩果-12-烯-28-酸(2α,3β-dihydroxyolean-12-en-28-oic acid)，齐墩果-12-烯-3β,30-二醇(olean-12-en-3β,30-diol)[4]，7β-羟基白桦脂酸甲酯(7β-hydroxy-methyl betulinate)，7β-千里光酰基-3-表白桦脂酸(7β-senecioyl-3-epibetulinic acid)，30-羟基-2,3-裂环-羽扇豆-20(29)-烯-2,3-二酸(30-hydroxy-2,3-seco-lup-20(29)-en-2,3-dioic acid)，3-表-瑟伯群戟柱苷元▲(3-epi-thurberogenin)，13β,28-环氧-3β-羟基熊果-11-烯(13β,28-epoxy-3β-hydroxyurs-11-ene)，13β,28-环氧-3β-羟基齐墩果-11-烯(13β,28-epoxy-3β-hydroxyolean-11-ene)，30-羟基羽扇豆-20(29)-烯-3-酮[30-hydroxylup-20(29)-en-3-one]，白桦脂酸(betulinic acid)，28-羟基-3-氧代羽扇豆-20(29)-烯-30-醛[28-hydroxy-3-oxolup-20(29)-en-30-al]，30-羟基羽扇豆醇(30-hydroxylupeol)，28,30-二羟基羽扇豆-20(29)-烯-3-酮[28,30-dihydroxylup-20(29)-en-3-one]，30-羟基白桦脂醇(30-hydroxybetulin)[5]；酚、酚酸类：香荚兰素(vanillin)，4-羟基苯甲醛(4-hydroxybenzaldehyde)，丁香酸(syringic acid)[3]；醌类：2,6-二甲氧基-1,4-苯醌(2,6-dimethoxy-1,4-benzoquinone)[3]；甾体类：β-谷甾醇[3]；脂肪醇类：正二十四醇(tetracosan-1-ol)，正二十六醇(hexacosan-1-ol)[3]。

叶含三萜类：福建假卫矛环氧萜▲(microfokienoxane) A、B、C、D，3β,28-二羟基-11α-甲氧基熊果-12-烯(3β,28-dihydroxy-11α-methoxyurs-12-ene)，3β,28-二羟基熊果-12-烯(3β,28-dihydroxyurs-12-ene)，13β,28-环氧-3β-羟基齐墩果-11-烯(13β,28-epoxy-3β-hydroxyolean-11-ene)，13β,28-环氧-3β-羟基熊果-11-烯(13β,28-epoxy-3β-hydroxyurs-11-ene)，3β-羟基-11α-甲氧基熊果-12-烯(3β-hydroxy-11α-methoxyurs-

12-ene)，30-羟基羽扇豆醇(30-hydroxylupeol)，30-羟基白桦脂醇(30-hydroxybetulin)[6]；其他类：1-甲氧基-4[(*E*)-2-甲氧基乙烯基]苯(1-methoxy-4[(*E*)-2-methoxyvinyl]benzene)，(-)-表儿茶素[(-)-epicatechin]，山奈酚(kaempferol)[6]。

化学成分参考文献

[1] Chen JJ, et al. *J Nat Prod*, 2007, 70(2): 202-205.

[2] Chen JJ, et al. *J Nat Prod*, 2006, 69(4): 685-688.

[3] Chou TH, et al. *Chem Biodiversity*, 2007, 4(7): 1594-1600.

[4] Chen IH, et al. *Molecules*, 2014, 19(4): 4608-4623.

[5] Chen IH, et al. *J Nat Prod*, 2008, 71(8): 1352-1357.

[6] Chen IH, et al. *J Nat Prod*, 2006, 69(11): 1543-1546.

7. 十齿花属 **Dipentodon** Dunn

灌木或小乔木，落叶或半常绿。叶互生，具柄；托叶细小，早落。聚伞花序排列成多花圆头状伞形花序；花小、两性，黄绿色，5 数，偶为 6–7 数；花萼与花冠形状相似，排列紧密如一轮，管壶状，均 5 裂；花盘较薄，基部呈杯状，上部深裂成 5 (6) 个直立肉质裂片，状如腺体；雄蕊 5 枚，着生花盘裂片下的杯状边缘上，与裂片互生；雌蕊 3 心皮，子房上部 1 室，基部 3 室，每室 2 胚珠，仅 1 室 1 胚珠发育成种子。蒴果近椭圆形，顶冠以宿存花柱，基部围以宿存十个花被片。种子 1；无假种皮；基部有粗短种子柄。

本属共 2 种，我国均产，其中 1 种可药用。

1. 十齿花（中国高等植物图鉴）

Dipentodon sinicus Dunn in Bull. Misc. Inform. Kew 1911(7): 311-313. 1911（英 **Chinese Dipentodon**）

落叶和半常绿灌木或小乔木，高 3–10 m。小枝具纵棱。叶披针形或窄椭圆形，长 7–12 cm，宽 2–4 cm，先端长渐尖，基部楔形或阔楔形，边缘有细密浅锯齿，侧脉 5–7 对；叶柄长 7–10 mm。聚伞花序近圆球状；花序梗长 2.5–3.5 cm；小花梗长 3–4 mm，中部有关节；花白色，直径 2–3 mm；花萼花冠密接，均为 5(–7)，形状相似；花盘肉质，浅杯状，上部 5(–7) 裂，裂片淡黄色，长圆形，直立；雄蕊 5(–7)，具长花丝，伸出花冠之外；子房具短花柱，柱头小。蒴果窄椭圆卵状，外被浓密灰棕色长柔毛，先端宿存花柱较短壮，长 3–5 mm，基部宿存花被呈十齿状，小果梗常向下弯曲。种子黑褐色，卵状，基部种子柄长约 2 mm。

分布与生境 产于贵州、广西及云南南部。生于海拔 900–3200 m 的山坡沟边、溪边和路旁。

药用部位 全株。

功效应用 止痛，消肿。用于跌打损伤，关节红肿，疼痛。

化学成分 茎皮含鞣质类：3,3',4'-三-*O*-甲基鞣花酸(3,3',4'-tri-*O*-methylellagic acid)，3,3'-二-*O*-甲基鞣花酸(3,3'-di-*O*-methylellagic acid)，4,4'-二-*O*-甲基鞣花酸(4,4'-di-*O*-methylellagic acid)，3,3'-二-*O*-甲基鞣花酸-4'-*O*-α-L-吡喃鼠李糖苷(3,3'-di-*O*-methylellagic acid-4'-*O*-α-L-rhamnopyranoside)，3,3',4'-三-*O*-甲基鞣花酸-4'-*O*-β-D-吡喃葡萄糖苷(3,3',4'-tri-*O*-methylellagic acid-4'-*O*-β-D-glucopyranoside)，3,3'-二-*O*-甲基鞣花酸-4'-*O*-

十齿花 Dipentodon sinicus Dunn
引自《中国高等植物图鉴》

十齿花 **Dipentodon sinicus** Dunn
摄影：朱鑫鑫

β-D-吡喃葡萄糖苷(3,3'-di-*O*-methylellagic acid-4'-*O*-*β*-D-glucopyranoside)，鞣花酸(ellagic acid)[1]；三萜类：3*β*-羟基-21(22)-何帕烯-30-酸[3*β*-hydroxy-21(22)-hopen-30-oic acid][2]。

地上部分含黄酮类：槲皮素-3-*O*-*β*-D-吡喃葡萄糖苷(quercetin-3-*O*-*β*-D-glucopyranoside)，槲皮素-3-*O*-*β*-L-吡喃鼠李糖苷(quercetin-3-*O*-*β*-L-rhamnopyranoside)，儿茶素(catechin)[3]；木脂素类：异落叶松树脂醇-9-*O*-*α*-L-吡喃阿拉伯糖苷(isolariciresinol-9-*O*-*α*-L-arabinopyranoside)[3]；酚、酚酸类：3,3'-二-*O*-甲基鞣花酸-4'-*O*-*α*-L-吡喃鼠李糖苷(3,3'-di-*O*-methylellagic acid-4'-*O*-*α*-L-rhamnopyranoside)，3,3'-二-*O*-甲基鞣花酸-4'-*O*-*β*-D-吡喃葡萄糖苷(3,3'-di-*O*-methylellagic acid-4'-*O*-*β*-D-glucopyranoside)，对羟基苯甲酸(*p*-hydroxybenzoic acid)，对羟基苯甲醛(*p*-hydroxybenzaldehyde)，*α*-羟基-(4-羟基苯基)乙腈[*α*-hydroxy-(4-hydroxyphenyl)acetonitrile]，6-*O*-甲基蜀黍苷(6-*O*-methyldhurrin)[3]，对二羟基苯(*p*-dihydroxylbenzene)[3-4]，焦儿茶酚(pyrocatechol)，松柏醛(coniferyl aldehyde)，香荚兰酸(vanillic acid)[4]；甾体类：麦角甾醇过氧化物(ergosterol peroxide)，*β*-谷甾醇-3-*O*-*β*-D-吡喃葡萄糖基-3'-*O*-三十三酸酯(*β*-sitosterol-3-*O*-*β*-D-glucoside-3'-*O*-tritriacontanate)，*β*-谷甾醇，胡萝卜苷[4]；脂肪醇类：正三十醇(*n*-triacontanol)[4]。

注评 本种资源稀少，为中国 II 级保护药用植物。

化学成分参考文献

[1] Ye Guan, et al. *Chem Nat Compd*, 2007, 43(2): 125-127.

[2] Ye Guan, et al. *Biochem Syst Ecol*, 2007, 35(12): 905-908.

[3] 秦向东，等. 天然产物研究与开发，2014, 26(5): 671-674.

[4] 叶冠，等. 中草药，2008, 39(6): 808-810.

8. 雷公藤属 Tripterygium Hook. f.

落叶藤本灌木。小枝常有 4–6 棱。叶大，互生；托叶细小，早落。花小，直径 3–5 mm，杂性，排成顶生或腋生圆锥聚伞花序；小聚伞有 2–3 朵花；萼片 5；花瓣 5；雄蕊 5 枚，着生于扁平花盘的外缘；子房下部与花盘愈合，上部三角锥状，不完全 3 室，每室有胚珠 2，仅 1 室 1 胚珠发育成种子。果为具 3 翅的翅果。种子 1，细柱状，无假种皮。

全属有 3 种，分布东亚，我国均产，可药用。

分种检索表

1. 叶较小，长不及 8 cm；花序多较短小，长 5–7 cm；翅果较小，长 1.5 cm 以下，中央果体较宽大，中脉 5 条，果翅较果体窄···1. 雷公藤 **T. wilfordii**

1. 叶较大，长多在 10–16 cm；花序长大，长 8 cm 以上；翅果较大，长 1.2–2 cm，中央果体较短窄，中脉 3 条，果翅较果体宽阔。

    2. 叶背通常被白粉，无毛，叶片薄革质；果翅边缘平坦·····················2. 昆明山海棠 **T. hypoglaucum**

    2. 叶背无白粉，脉上有毛，老时部分脱落，叶片纸质；果翅边缘常波状·····················3. 东北雷公藤 **T. regelii**

本属药用植物主要含生物碱类，如雷公藤宁碱 (wilfornine) A (**1**)、B (**2**)、C (**3**)，雷公藤康碱 (wilfordconine，**4**)，乌木叶美登木碱▲E-11(ebenifoline E-11, **5**)，冬青叶美登木瑞宁▲E-I(cangorinine E-I) (**6**)，雷公藤托宁▲(triptonine) A (**7**)、B (**8**)，昆明山海棠碱▲B (hypoglaunine B) (**9**)；二萜类成分如雷公藤内酯 (triptolide, **10**)，雷公二醇内酯 (triptodiolide, **11**)，雷公藤氯内酯 (triptochlorolide) (**12**)，雷公藤立弗定▲(tripterifordin) (**13**)，13- 表 - 泪柏醚 -18- 酸 (13-epi-manoyl oxide-18-oic acid) (**14**)；三萜类成分如雷公藤酸 B (tripterygic acid B) (**15**)，雷公藤亭 F (triptotin F) (**16**)，野甘草萜酸▲(dulcioic acid) (**17**)，大子五层龙酸 (salaspermic acid，**18**)；酚类成分如香荚兰酸 (**19**)，原儿茶醛 (**20**) 等。**1**、**2**、**3**、**4** 具有免疫抑制作用，**7**、**8**、**9** 具有抗 HIV 活性，**18** 具抗人类免疫缺陷病毒活性。

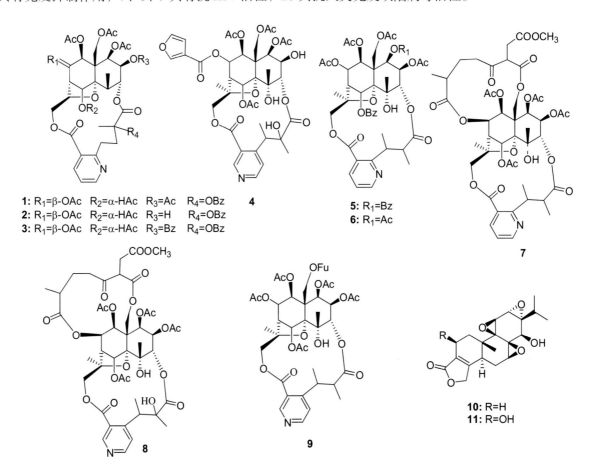

1: R₁=β-OAc R₂=α-HAc R₃=Ac R₄=OBz
2: R₁=β-OAc R₂=α-HAc R₃=H R₄=OBz
3: R₁=β-OAc R₂=α-HAc R₃=Bz R₄=OBz

4

5: R₁=Bz
6: R₁=Ac

7

8

9

10: R=H
11: R=OH

雷公藤属植物多有毒，毒性成分主要为二萜类，其次为生物碱类、三萜类及苷类。在临床上，雷公藤可以引起血液系统、泌尿系统和神经系统的多系统不良反应。药理及临床研究证实，雷公藤具有抗炎、抗肿瘤、调节免疫及抗生育等作用，涉及内分泌系统、呼吸系统、皮肤科、眼科、妇科及其他领域。

1. 雷公藤（本草纲目拾遗）　莽草、水莽、水莽子、水莽蔸、黄藤、大茶叶（植物名实图考），菜虫药、红柴根、蝗虫药、断肠草、黄藤根、红药（中国药用植物志），黄藤木（广西），山砒霜（福建）

Tripterygium wilfordii Hook. f., Gen. Pl. 1: 368. 1862（英 **Wilford Threewingnut**）

藤本灌木，高 1–3 m。小枝棕红色，具 4–6 细棱，密被棕色短毛和皮孔。叶椭圆形、倒卵椭圆形和卵形，长 4–7.5 cm，宽 3–4 cm，先端急尖或渐短尖，基部宽楔形或圆形，边缘有细锯齿，侧脉 4–7 对；叶柄长 5–8 mm，密被锈色毛。圆锥聚伞花序较窄小，长 5–7 cm，宽 3–4 cm，通常有 3–5 分枝，花序、分枝及小花梗均被锈色毛，花序梗长 1–2 cm，小花梗细长达约 4 mm；花白绿色，直径 4–5 mm；萼片先端急尖；花瓣长圆形，5 数；花盘 5 浅裂；雄蕊生于花盘浅裂的内凹处，花丝长达 3 mm；子房具 3 棱，完全 3 室，常仅 1 室 1 胚珠发育。翅果长圆状，长 1–1.5 cm，直径 1–1.2 cm，中央果体较宽，中央脉及 2 侧脉共 5 条。种子细柱状，长达 1 cm，黑色。

分布与生境　产于台湾、福建、江苏、浙江、安徽、江西、湖北、湖南、广东及广西。生于山地林内阴湿处。朝鲜、日本也有分布。

药用部位　根及根状茎。

功效应用　祛风解毒，杀虫。用于风湿性关节炎，腰腿痛，肺结核，肾病综合征，腰带疮，麻风，银屑病，烧伤，皮肤发痒，疥癣。有大毒。

化学成分　根或根皮含生物碱类：雷公藤胺(tripterygiumine) A、B、C、D、E、F、G、H、I、J、K、L、M、N、O、P、Q、R[1]、S、T、U、V、W[2]，雷公藤宁碱(wilfornine) A[2-3]、B、C[3]、D[2-3]、E[3]、F[1,3]、G[3]、H[4]，乌木叶美登木碱▲E-Ⅱ(ebenifoline E-Ⅱ)[3-4]，美登木因▲(mayteine)，冬青叶美登木瑞宁▲E-Ⅰ(cangorinine E-Ⅰ)[3]，昆明山海棠宁▲(hyponine) C[1,3]、D[1]，2-O-苯甲酰基-2-去乙酰美登木因▲(2-O-benzoyl-2-deacetylmayteine)，六去乙酰卫矛碱(hexadesacetyleuonynine)，冬青卫矛碱A(euojaponine A)，7-乙酰氧基-O11-苯甲酰基-O2,11-去乙酰基-7-去氧卫矛鎓碱(7-acetyloxy-O11-benzoyl-O2,11-deacetyl-7-deoxoevonine)，1-去乙酰雷公藤晋碱(1-desacetylwilforgine)，卫矛明碱▲(alatamine)，1β,5α,11-三乙酰氧基-7β-苯甲酰

基-4α-羟基-8β-烟酰二氢沉香呋喃(1β,5α,11-triacetoxy-7β-benzoyl-4α-hydroxy-8β-nicotinoyldihydroagarofuran)，雷公藤西定(wilforcidine)，5α-苯甲酰基-4α-羟基-1β,8α-二烟酰二氢沉香呋喃(5α-benzoyl-4α-hydroxy-1β,8α-dinicotinoyldihydroagarofuran)[1]，4-羟基-7-表-丘氏美登木宁碱E-V(4-hydroxy-7-epi-chuchuhuanine E-V)，新卫矛碱(neoeuonymine)，雷公藤精碱(wilforjine)[1-2]，雷公藤弗定A(tripfordine A)，9'-O-乙酰基-7-去乙酰氧基-7-氧代雷公藤春碱(9'-O-acetyl-7-deacetoxy-7-oxowilfortrine)，1α,2α,6β,8α,12-五(乙酰氧基)-9α-(苯甲酰氧基)二氢-β-沉香呋喃[1α,2α,6β,8α,12-pentakis(acetyloxy)-9α-(benzoyloxy)dihydro-β-agarofuran]，雷公藤定碱(wilfordine)[2]，雷公藤宁碱(wilfornine)，雷公藤明碱▲(wilformine)[5]，雷公藤托宁▲(triptonine) A[6-7]、

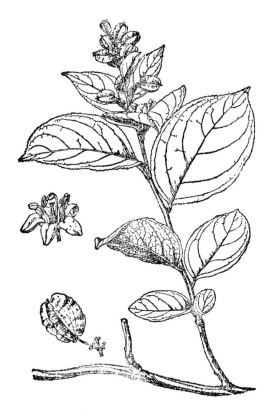

雷公藤 Tripterygium wilfordii Hook. f.
引自《中国高等植物图鉴》

B[1,6-7]，雷公藤晋碱(wilforgine)[2,7]，南蛇藤别桂皮酰胺碱(celallocinnine)[6]，卫矛碱(euonymine)[2-3,8]，雷公藤辛碱▲(wilfordsine)[8]，2-去苯甲酰基-2-烟酰雷公藤灵碱(2-debenzoyl-2-nicotinoylwilforine)[2,9]，1-去乙酰雷公藤定碱(1-desacetylwilfordine)，1-去乙酰雷公藤春碱(1-desacetylwilfortrine)[9]，雷公藤定宁(wilfordinine) A、B、C[10]、D、E、F、G、H[11]、I、J[3]，佩里塔萨木碱▲A (peritassine A)[10]，卫矛西宁▲(alatusinine)[1,11]，雷公藤灵碱(wilforine)[2,5,11]，异雷公藤定碱(isowilfordine)[11]，卫矛宁碱▲(euonine)[11-12]，异雷公藤春碱(isowilfortrine)[12]，雷公藤康碱(wilfordconine)[13]，雷公藤嗪碱(wilforzine)[1,14]，雷公藤春碱(wilfortrine)[2,7,11,15]，新雷公藤灵碱(neowilforine)[15]，昆明山海棠碱▲C(hypoglaunine C)[10]，雷公藤西宁▲(wilforsinine) A、B、C、D、E、G、H，2β,6α,12-三乙酰氧基-1β,9β-二苯甲酰氧基-8β-

雷公藤 Tripterygium wilfordii Hook. f.
摄影：朱鑫鑫

(β-烟酰氧基)-β-二氢沉香呋喃[2β,6α,12-triacetoxy-1β,9β-bis(benzoyloxy)-8β-(β-nicotinoyloxy)-β-dihydroagarofuran]，2β,5α,7β-三乙酰氧基-11-异丁酰氧基-8α-(3-呋喃甲酰氧基)-4α-羟基-1β-烟酰氧基-二氢沉香呋喃[2β,5α,7β-triacetoxy-11-isobutyryloxy-8α-(3-furancarbonyloxy)-4α-hydroxy-1β-nicotinoyloxy-dihydroagarofuran][16]，雷公藤亭J (triptotin J)[17]，东北雷公藤定碱▲(regelidine)[6,18]；大柱香波龙烷类：布卢竹柏醇C(blumenol C)[16]；倍半萜类：3-去氧美登木醇(3-deoxymaytol)[4]，雷公藤素(wilforonide)[19]；南蛇藤素A(celastrine A)，雷公藤西宁▲F(wilforsinine F)，1α,2α,6β,8α,15-五乙酰氧基-9α-苯甲酰氧基-β-沉香呋喃(1α,2α,6β,8α,15-pentacetoxy-9α-benzoyloxy-β-agarofuran)，1α,6β,8α,13-四乙酰氧基-9α-苯甲酰氧基-2α-羟基-β-二氢沉香呋喃(1α,6β,8α,13-tetraacetoxy-9α-benzoyloxy-2α-hydroxy-β-dihydroagarofuran)，苦皮藤亭F(celangulatin F)，冬青卫矛倍半萜▲(ejap) -3、-4[16]；二萜类：雷公藤苯(triptobenzene) A[16,20]、B[21]、P[21]、H[16,20-22]、I[22]、L、M、N[20]、Q[4]、R、S[23]、Y[16]，16-羟基雷公藤苯H(16-hydroxytriptobenzene H)[17]，雷公藤立弗定▲(tripterifordin)[4,20]，2-菲醇(2-phenanthrenol)，柳杉酚(sugiol)，雷公藤宁▲(triptinin) A[4]、B[16,20]，雷公藤亭B(triptotin B)，16R,19-二羟基-对映-贝壳杉烷(16R,19-dihydroxy-ent-kaurane)，(-)-16R-羟基贝壳杉-19-酸[(-)-16R-hydroxykauran-19-oic acid]，(-)-17-羟基-16R-贝壳杉-19-酸[(-)-17-hydroxy-16R-kauran-19-oic acid]，13-表-泪柏醚-18-酸(13-epi-manoyl oxide-18-oic acid)，扁柏醇(hinokiol)[20]，雷公藤二醇(triptonodiol)[23]，雷公藤醌(triptoquinone) A[20,24]、B、C[24-25]、H[4]，雷公藤三醇内酯(triptriolide)[24-25]，新雷公藤酚内酯(neotriptophenolide)[24,26]，雷公藤酚内酯甲醚(triptophenolide methyl ether)[26]，雷公藤四醇内酯(triptotetraolide)[27]，异雷公藤四醇内酯(isotriptetraolide)[28]，12-表雷公藤三醇内酯(12-epitriptriolide)[29]，雷公藤醇▲E(wilforol E)[30]，新异雷公藤酚内酯(isoneotriptophenolide)，昆明山海棠内酯▲甲醚(hypolide methyl ether)[31]，2-表雷公二醇内酯(2-epitripdiolide)，雷公二醇内酯(tripdiolide)[32]，雷公藤酚内酯(triptophenolide)[4,23,26,33]，雷公藤内酯(triptolide)[33-34]，雷公藤酮内酯(triptonide)[4,33]，14-羟基-冷杉-8,11,13-三烯-3-酮(14-hydroxy-abietyl-8,11,13-triene-3-one)，11-羟基-14-甲氧基-冷杉-8,11,13-三烯-3-酮(11-hydroxy-14-methoxy-abietyl-8,11,13-triene-3-one)[33]，雷公藤酚酮内酯(triptonolide)[31,33,35]，雷公藤酚二萜酸(triptonoditerpenic acid)[36]，16-羟基雷公藤内酯(16-hydroxytriptolide)[32,37]，新雷公藤四醇内酯(neotriptetraolide)[38]，雷公藤烯内酯(triptolidenol)[32,39]，雷公藤酚萜(triptonoterpene)[4,39]，雷公藤酚萜甲醚(triptonoterpene methyl ether)[4,23,30,39]；三萜类：雷公藤酸(wilforic acid) A、B、C[22]，雷公藤亭(triptotin) F、G[40]，6α-羟基雷公藤愈伤素▲(6α-hydroxytriptocalline)[17]，雷公藤酮▲(wilforone)，美登木酸(maytenoic acid)，雷公藤毛状根酸▲(triptohairic acid)，3-氧代齐墩果-12-烯-29-酸(3-oxo-olean-12-en-29-oic acid)，齐墩果-12-烯-3β,29-二醇(olean-12-ene-3β,29-diol)[21]，雷公藤内酯(wilforlide) A[24,41-43]、B[41-43]，大子五层龙酸(salaspermic acid)，3,24-二氧代无羁萜-29-酸(3,24-dioxofridelan-29-oic acid)，南蛇藤醇▲(celastrol)[42]，无羁萜(friedelin)，海棠果醛(canophyllal)，海棠果酸(canophyllalic acid)，3-氧代-29-羟基无羁萜(3-oxo-29-hydroxyfriedelane)，雷公藤无羁萜酮(tripterfrielanone) A、B[43]，雷公藤二羟酸甲酯(triptodihydroxy acid methyl ester)[44]，东北雷公藤素▲(regelin)，东北雷公藤素醇▲(regelinol)，东北雷公藤内酯(regelide)[45]，3-表山道棟酸(3-epikatonic acid)[21,42,46]，3β,29-二羟基-D:B-表无羁萜-5-烯(3β,29-dihydroxy-D:B-friedoolean-5-ene)[21,45]，大子五层龙酸-3-乙醚(salaspermic acid-3-ethyl ether)[46]，3-羟基-2-氧代-3-无羁萜烯-20α-羧酸(3-hydroxy-2-oxo-3-fridelen-20α-carboxylic acid)，冬青叶美登木宁▲(cangoronine)，大子五层龙酸(salaspermic acid)[46,47]，杨叶普伦木酸▲(polpunonic acid)[44,47]，3β,22α-二羟基齐墩果-12-烯-29-酸(3β,22α-dihydroxyolean-12-en-29-oic acid)[42,47]，3β,22β-二羟基齐墩果-12-烯-29-酸(3β,22β-dihydroxyolean-12-en-29-oic acid)，雷公藤任▲(tripterine)，2-羟基杨叶普伦木酸▲(2-hydroxypolpunonic acid)，直楔草酸(orthosphenic acid)，2,3-二羟基-无羁萜-6,9(11)-烯-29-酸[2,3-dihydroxy-friedel-6,9(11)-en-29-oic acid]，去甲基锡兰柯库木萜醛▲(demethylzeylasteral)[47]，1-羟基-2,5,8-三甲基-9-芴酮(1-hydroxy-2,5,8-trimethyl-9-fluorenone)[47-48]，3-羟基-2-氧代-D:A-飞齐墩果-3-烯-29-酸(3-hydroxy-2-oxo-D:A-friedoolean-3-en-29-oic acid)，齐墩果-11,13(18)-二烯-3-酮[oleana-11,13(18)-dien-3-one][48]，雷公藤醇▲(wilforol) A、B[49]、C、D[21,50]、E[21]，熊果酸(ursolic acid)[51]；木脂素类：水曲柳树

脂酚▲(medioresinol)，丁香树脂酚(syringaresinol)[19]；蒽醌类：1,8-二羟基-4-羟甲基蒽醌(1,8-dihydroxy-4-hydrxymethylanthraquinone)[52]；香豆素类：白蜡树亭(fraxetin)[53]；甾体类：β-谷甾醇[51]，5α-豆甾-3,6-二酮(5α-stigmastane-3,6-dione)，6β-羟基豆甾-4-烯-3-酮(6β-hydroxystigmast-4-en-3-one)，胡萝卜苷[53]；其他类：3-糠酸(3-furoic acid)[48]，正三十二酸[51]，酞酸二丁酯(phthalic acid dibutyl ester)[53]，卫矛醇(dulcitol)，葡萄糖，果糖[54]。

根的心材含二萜类：雷公藤亭(triptotin) A、B[55]，雷公藤氯内酯(tripchlorolide)[56]，雷公藤醇▲F(wilforol F)，[3,4,4a,9,10,10a-六氢-8-羟基-l-羟甲基-1,4a-二甲基-7-(1-甲基乙基)-2(1H)-菲{[3,4,4a,9,10,10a-hexahydro-8-hydroxy-l-(hydroxymethyl)-l,4a-dimethyl-7-(1-methylethyl)-2(1H)-phenanthrene}，雷公藤酚萜醇(triptonoterpenol)，雷公藤内酯(triptolide)，雷公藤醌(triptoquinone) B、C，昆明山海棠内酯▲(hypolide; triptophenolide)，新雷公藤酚内酯(neotriptophenolide)，醌 21(quinone 21)[30]，雷公二醇内酯(tripdiolide)，雷公藤三醇内酯(triptriolide)[57]；三萜类：雷公藤三萜内酯A(triptotriterpenoidal lactone A)[58]，雷公藤三萜酸(triptotriterpenic acid) A[59,60]、B[60]、C[60-62]，直楔草酸(orthosphenic acid)[60,62]，雷公藤亭(triptotin) C[63]、D、E、G、H，22β-羟基-3-氧代-Δ^{12}-齐墩果烯-29-酸(22β-hydroxy-3-oxo-Δ^{12}-oleanen-29-oic acid)，雷公藤酸A(wilforic acid A)，雷公藤醇▲A(wilforol A)[62]，雷公藤内酯(wilforlide) A、B，冬青叶美登木宁▲(cangoronine)，东北雷公藤素▲(regelin)，3-表山道楝酸▲(3-epikatonic acid)，3-羟基-2-氧代-3-无羁萜烯-20α-羧酸(3-hydroxy-2-oxo-3-fridelen-20α-carboxylic acid)，雷公藤亭C(triptotin C)[63]；木脂素类：雷公藤脂醇▲(tripterygiol)，丁香树脂酚(syringaresinol)[57]；酚、酚酸类：3,4,5-三甲氧基苯酚(3,4,5-trimethoxyphenol)[57]，香荚兰酸(vanillic acid)，3-乙氧基-4-羟基苯甲酸(3-ethoxy-4-hydroxybenzoic acid)，3,5-二甲氧基-4-羟基苯甲酸(3,5-dimethoxy-4-hydroxybenzoic acid)，原儿茶醛(protocatechualdehyde)，3,5-二甲氧基苯基-2-丙烯-1-醇(3,5-dimethoxyphenyl-2-propen-1-ol)[64]，表没食子儿茶素(epigallocatechin)，2,5-二甲氧基苯醌(2,5-dimethoxybenzoquinone)[65]；甾体类：5α-豆甾-3β,6α-二醇(5α-stigmastane-3β,6α-diol)[65]；生物碱、酰胺类：卫矛宁碱▲(euonine)，雷公藤灵碱(wilforine)，冬青叶美登木瑞宁▲E-I(cangorinine E-I)[57]，吡啶-3-羧酸(pyridine-3-carboxylic acid)[64]，卫矛碱(euonymine)[65]，(2S,3S,4R)-2-[(2'R)-2'-羟基二十四酰胺]-1,3,4-十八烷三醇[(2S,3S,4R)-2-[(2'R)-2'-hydroxytetracosanoylamino]-1,3,4-octadecanetriol]，(2S,3S,4R,8E)-2-[(2'R)-2'-羟基二十五碳酰氨基]-8-十八碳烯-1,3,4-三醇[(2S,3S,4R,8E)-2-[(2'R)-2'-hydroxypentracosanoylamino]-8-octadecene-1,3,4-triol][66]；其他类：琥珀酸(succinic acid)[65]。

茎叶含二萜类：雷公藤氯内酯(tripchlorolide)，雷公藤烯内酯(triptolidenol)，雷公藤二醇酮内酯(tripdioltonide)[67]；三萜类：雷公藤内酯A(wilforlide A)，3β,22α-二羟基齐墩果-12-烯-29-酸(3β,22α-dihydroxyolean-12-en-29-oic acid)，3-表山道楝酸▲(3-epikatonic acid)[68]；甾体类：β-谷甾醇[68]。

叶含生物碱类：雷公藤定宁(wilfordinine) A、E，昆明山海棠碱▲(hypoglaunine) A、E，卫矛宁碱▲(euonine)，卫矛碱(euonymine)，雷公藤春碱(wilfortrine)，佩里塔萨木碱▲A(peritassine A)[69]；倍半萜类：雷公藤辛宁▲(triptersinine) A、B、C、D、E、F、G、H、I、J、K、L[69]；二萜类：雷公藤三醇内酯(triptriolide)，16-羟基雷公藤内酯(16-hydroxytriptolide)[70]，新雷公藤四醇内酯(neotriptetraolide)[38]，雷公藤二醇酮内酯(tripdioltonide)，13,14-环氧-9,11,12-三羟基雷公藤内酯(13,14-epoxide,9,11,12-trihydroxyptolide)，雷公藤酮内酯(triptonide)，雷公藤内酯(triptolide)，雷公二醇内酯(tripdiolide)，雷公藤烯内酯(triptolidenol)，雷公藤氯内酯(tripchlorolide)[70]。

药理作用 调节免疫作用：雷公藤能通过激活抑制性 T 淋巴细胞、抑制 B 淋巴细胞和单核细胞分泌促炎症性细胞因子 IL-6 和 TNF-α 而发挥免疫抑制作用[1]；还可通过下调 T 细胞受体信号通路，阻止活化的 T 细胞增殖并诱导其凋亡来抑制 T 细胞免疫[2]。雷公藤多苷能同时抑制 Ca^{2+} 依赖性和非 Ca^{2+} 依赖性通道，并通过抑制 IL-2 转录来影响 T 细胞活化，还对多种促炎症细胞因子和介质以及内皮细胞分泌的黏附分子的表达有抑制作用[3]。

抗炎作用：雷公藤可抑制炎症时的血管通透性增加、炎症细胞趋化、前列腺素和其他炎症介质的产生和释出、抑制血小板聚集及炎症后期的纤维增生等[4]；可通过兴奋下丘脑 - 垂体 - 肾上腺轴发挥抗炎作用，与泼尼松药理作用存在互补性[5]。雷公藤多苷能改善大鼠佐剂性关节炎病情[6]，延迟 II 型胶原诱导的关节炎的发生，降低发生率[7]。

抗生育作用：雄性大鼠灌服雷公藤多苷 10 mg/kg，8 周后全部动物失去生育能力，但性行为和血液睾酮水平及各脏器组织光镜检查无明显改变[8]。雷公藤多苷具有抗生精作用，但不影响生精细胞合成乳酸脱氢酶同工酶 C_4(LDH-C_4)[9]，机制可能是使睾丸变态期精子细胞组蛋白 - 精核蛋白取代反应受阻，进而导致附睾精子核蛋白异常[10]。

抗细菌和抗真菌作用：雷公藤对金黄色葡萄球菌、枯草杆菌和 607 分枝杆菌有抑制作用，对阴性细菌亦有抑制效果，对真菌尤其是皮肤白念珠菌感染效果较好[11]。

抗肿瘤作用：雷公藤红素能抑制荷 SHG44 胶质瘤裸鼠的移植瘤生长[12]，对胶质瘤细胞有抑制作用，其作用与促进 Bax 表达、抑制 Bcl-2 表达、导致细胞凋亡有关[13]。雷公藤甲素对人 T 细胞淋巴瘤 Jurkat、肝细胞癌 SMMC-7721 以及人前骨髓白血病 HL-60[14]、胶质瘤细胞有抑制作用。可诱导肿瘤细胞凋亡并使肿瘤细胞对 TNF-α 诱导的细胞凋亡敏感，同时有效地抑制 TNF-α 介导的 NF-κB 激活、细胞凋亡抑制因子 (IAP) 家族成员 c-IAP$_1$ 和 c-IAP$_2$ 的诱导[15]。雷公藤内酯醇能抑制肺腺癌 A549 细胞[16]、人淋巴瘤细胞系 Raji 细胞[17]的生长，并诱导凋亡发生。

保护肾脏作用：雷公藤不仅可抑制肾小球系膜细胞的增殖，还能抑制其分泌细胞外基质和转化生长因子 β_1(TGF-β_1)[18]。雷公藤多苷能降低大鼠异体相的肾组织学改变，这种保护机制可能是由于雷公藤能够清除氧自由基，或者抑制脂质过氧化反应[19]，其治疗肾病的机制可能为改善肾小球滤过膜通透性及抑制系膜增生[20]。

体内过程 经小鼠、大鼠口服和静注高、中、低 3 种剂量的动力学研究结果表明，灌胃后的药 - 时曲线为开放二室模型，静脉注射为开放三室模型。小鼠的胃肠吸收较大鼠快，T_{max} 分别为 0.687 h、1.037 h，体内消除较缓慢。在高剂量下可见 AUC 增大、Cl 减少及 $T_{1/2}$ 延长[21]。雷公藤甲素口服和静注后，药物在大鼠体内的分布和消除速率大体相似，均以肝中浓度为最高，依次为脾、肺、肾、肠、心和脑，体内消除较缓慢；血浆蛋白结合率为 64.7%；24 d 内口服后尿粪总排泄量为给药量的 67.5%，其中粪占 52.4%。静注后为 61.9%，粪占 25%。24 h 内胆汁排泄为 6.73%；提取尿、粪和胆汁经 TLC、放射性测定及放射自显影分析，表明以原药排泄为主，以及有部分代谢物[22]。

毒性及不良反应 雷公藤根、叶、茎、花均有毒，毒性成分主要为二萜类，其次为生物碱类、三萜类及苷类，肾损害多为急性肾损害，肝损伤以肝实质细胞损伤为主，对神经系统也有损害。雷公藤多苷对血液系统有损害，主要表现为白细胞、红细胞、血小板及全血细胞减少，以粒细胞减少最常见，少数偶见弥漫性血管内凝血、再生障碍性贫血。雷公藤制剂对生殖系统的损害最为严重，长期使用雷公藤制剂会导致男性不育和女性闭经。对大鼠的研究发现雷公藤多苷抗生育作用部位主要在睾丸内，可导致圆形精子细胞向长形精子转变过程受阻，附睾中出现大量头尾分离的精子[23]。此外，雷公藤有致畸作用，对胚胎发育有一定毒性，使死胎率增加[24]。

注评 本种为湖南（1993、2009 年版）、上海（1994 年版）、山东（2002 年版）、福建（2006 年版）中药材标准收载的"雷公藤"的基源植物，药用其干燥根及根状茎；又称"蒸龙草""震龙根"（本草纲目拾遗），为地方习用品，不同地区使用的部位有差异，多使用根，也有使用根的木部、根皮、根状茎 或茎的木部。江苏、广西（南宁）还以同属植物昆明山海棠 Tripterygium hypoglaucum (H. Lév.) Hutch. 作"雷公藤"药用，两者药材性状、化学成分相似，但都有明显的毒副作用，是否可混用，应当慎重。畲族、土家族也药用本种的根，主要用途见功效应用项。

化学成分参考文献

[1] Luo YG, et al. *J Nat Prod*, 2014, 77(7): 1650-1657.

[2] Gao C, et al. *Fitoterapia*, 2015, 105: 49-54.

[3] Duan HQ, et al. *J Nat Prod*, 2001, 64(5): 582-587.

[4] Li B, et al. *Chin Chem Lett*, 2010, 21(7): 827-829.

[5] 何直升，等．化学学报，1985, 43(7): 593-596.

[6] 邓福孝，等．植物学报，1987, 29(5): 523-526.

[7] Morota T, et al. *Phytochemistry*, 1995, 39(5): 1219-1222.

[8] 林绥，等．药学学报，1995, 30(7): 513-516.

[9] Li Y, et al. *Can. J Chem*, 1990, 68: 371-376.

[10] Duan HQ, et al. *J Nat Prod*, 2000, 63(3): 357-361.

[11] Duan HQ, et al. *Chem Pharm Bull*, 1999, 47(11): 1664-1667.

[12] 林绥，等．药学学报，1994, 29(8): 599-602.

[13] 林绥，等．药学学报，2001, 36(2): 116-119.

[14] Beroza M. *J Amer Chem Soc*, 1953, 75: 2136-2138.

[15] 何直升，等．化学学报，1989, 47(2): 178-181.

[16] Xu JZ, et al. *Phytochemistry*, 2011, 72(11-12): 1482-1487.

[17] Yang GZ, et al. *Nat Prod Lett*, 2001, 15(2): 103-110.

[18] Horii, et al. *Chem Pharm Bull*, 1987, 35(11): 4683-4686.

[19] 林绥，等．中国药学杂志，2000, 35(4): 231-232.

[20] Duan HQ, et al. *J Nat Prod*, 1999, 62(11): 1522-1525.

[21] Shen Q, et al. *Chin Chem Lett*, 2008, 19(4): 453-456.

[22] Li KH, et al. *Phytochemistry*, 1997, 45(4): 791-796.

[23] Li JY, et al. *Helv Chim Acta*, 2013, 96(2): 313-319.

[24] 阚慧卿，等．中草药，2005, 36(11): 1624-1625.

[25] 马鹏程，等．植物学报，1991, 33(5): 370-377.

[26] 邓福孝，等．药学学报，1982, 17(2): 146-150.

[27] 邓福孝，等．植物学报，1992, 34(8): 618-621.

[28] 林绥，等．植物学报，1993, 34(8): 385-389.

[29] 马鹏程，等．植物学报，1993, 35(8): 637-643.

[30] Morota T, et al. *Phytochemistry*, 1995, 40(3): 865-870.

[31] 陈昆昌，等．中草药，1986, 17(6): 242-244.

[32] 林绥，等．药学学报，2005, 40(7): 632-635.

[33] 张伟江，等．上海医科大学学报，1986, 13(4): 267-272.

[34] 邓福孝，等．药学学报，1987, 22(5): 377-379.

[35] 邓福孝，等．药学学报，1981, 16(2): 155-157.

[36] Zeng F, et al. *Planta Med*, 2013, 79(9): 797-805.

[37] 马鹏程，等．药学学报，1991, 36(10): 759-963.

[38] 马鹏程，等．植物学报，1995, 37(10): 822-828.

[39] 邓福孝，等．植物学报，1985, 27(5): 516-519.

[40] Yang GZ, et al. *J Asian Nat Prod Res*, 2001, 3(2): 83-88.

[41] 秦国伟，等．化学学报，1982, 40(7): 637-647.

[42] 张伟江，等．药学学报，1986, 21(8): 592-598.

[43] Yang JH, et al. *J Asian Nat Prod Res*, 2006, 8(5): 425-429.

[44] 邓福孝，等．植物学报，1987, 29(1): 73-76.

[45] Horii, et al. *Chem Pharm Bull*, 1987, 35(5): 2125-2128.

[46] 彭晓云，等．中国天然药物，2004, 7(4): 208-210.

[47] 苗抗立，等．天然产物研究与开发，2000, 12(4): 1-7.

[48] Wu XiaoY, et al. *Phytochemistry*, 1994, 36(2): 477-479.

[49] Morota T, et al. *Phytochemistry*, 1995, 39(5): 1159-1163.

[50] Morota T, et al. *Phytochemistry*, 1995, 39(5): 1153-1157.

[51] 余继华，等．云南师范大学学报（自然科学版），2003, 23(4): 52-53.

[52] 孙新，等．中国新药杂志，2001, 10(7): 539-540.

[53] Yan, Zhen;，等．中国现代中药，2010, 12(1): 23-24,32.

[54] Chou TQ, et al. *Zhongguo Shenglixue Zazhi*, 1936, 10: 529-534.

[55] Guo FJ, et al. *Tetrahedron Lett*, 1999, 40(5): 947-950.

[56] 吕燮余，等．中国医学科学院学报，1990, 12(3): 157-161.

[57] Ma J, et al. *Phytochemistry*, 2007, 68(8): 1172-1178.

[58] 马鹏程，等．南京药学院学报，1984, 15(1): 1-7.

[59] 张崇璞，等．中国医学科学院学报，1986, 8(3): 204-206.

[60] 张崇璞，等．中国医学科学院学报，1989, 11(5): 322-325.

[61] 张崇璞，等．药学学报，1989, 24(3): 225-228.

[62] 杨光忠，等．林产化学与工业，2006, 26(4): 19-22.

[63] 郭夫江，等．药学学报，1999, 34(3): 210-213.

[64] 陈玉，等．中南民族大学学报（自然科学版），2005, 24(1): 8-9,33.

[65] 陈玉，等．天然产物研究与开发，2005, 17(3): 301-302.

[66] 陈玉，等．华中师范大学学报（自然科学版），2005, 39(2): 225-227.

[67] 夏志林，等．中药通报，1988, 13(10): 36.

[68] 夏志林，等．中草药，1995, 26(12): 627-628.

[69] Wang C, et al. *J Nat Prod*, 2013, 76(1): 85-90.

[70] 张崇璞，等．药学学报，1993, 28(2): 110-115.

药理作用及毒性参考文献

[1] 吴俊，等．中国病理生理杂志，1996, 12(1): 30-32.

[2] Ho LJ, et al. *J Rheumatol*, 1999, 26(1): 14-24.

[3] Chen BJ. *Leuk Lymphoma*, 2001, 42(3): 253-265.

[4] 金忱，等．中华普通外科杂志，2000, 11(5): 283-285.

[5] 胡大伟，等．中国中西医结合杂志，1997, 17(2): 94-96.

[6] 范祖森，等．中国药理学通报，1996, 12(6): 527-529.

[7] Cu WZ, et al. *Int J Immunopharmacol*, 1998, 20(8): 389.

[8] 马鼎志，等．男性学杂志，1991, 5(2): 80-82.

[9] 田健，等.上海医科大学学报，1992, 19(1): 37-39.

[10] 费仁仁，等.生殖与避孕，1996, 16(1): 46-48.

[11] 王崔娣，等.中国中西医结合杂志，1993, 13(8): 507-509.

[12] 周幽心，等.中国神经肿瘤杂志，2005, 3(4): 262-266.

[13] 周幽心，等.癌症，2002, 21(10): 1106-1108.

[14] Chan EW, et al. *Toxicol Lett*, 2001, (122): 81-87.

[15] Lee KY, et al. *J Biol Chem*, 1999, 274(19): 1345.

[16] 吕秀红，等.中国药理学通报，2007, 23(2): 207-210.

[17] 张纯，等.中国临床康复，2006, 10(47): 107-110.

[18] 陈志强，等.中草药，2003, 34(6): 548-549.

[19] 胡明昌.江苏医学，1990, 9(1): 9.

[20] 吴志英，等.上海第二医科大学学报，1990, 10(1): 6-11.

[21] 凌树森，等.中药药理与临床，1991, 7(3): 21-25.

[22] 凌树森，等.中药药理学通报，1991, 7(5): 366-370.

[23] 叶惟三，等.基础医学与临床，1998, 18(1): 69.

[24] 黄芒莉，等.癌变·畸变·突变，2001, 13(3): 169-171.

2. 昆明山海棠（植物名实图考） 火把花（本草纲目），黄藤根（广西），胖关藤、掉毛草（云南），火莽子、大叶黄藤（中国经济植物志）

Tripterygium hypoglaucum (H. Lév.) Hutch. in Bull. Misc. Inform. Kew 1917: 101. 1917.（英 **Pale Threewingnut**）

藤本灌木，高 1–4 m。小枝常具 4–5 棱，密被棕红色毡毛状毛，老枝无毛。叶薄革质，长圆状卵形、阔椭圆形或窄卵形，长 6–11 cm，宽 3–7 cm，大小变化较大，先端长渐尖、短渐尖，偶为急尖而钝，基部圆形、平截或微心形，边缘具极浅疏锯齿，侧脉 5–7 对，疏离，叶面绿色偶被厚粉，叶背常被白粉呈灰白色，无毛；叶柄长 1–1.5 cm，密生棕红色柔毛。圆锥状聚伞花序生于小枝上部，呈蝎尾状多次分枝，顶生者最大，有花 50 朵以上，侧生者较小；花序梗、分枝及小花梗均密被锈色毛。花绿色，直径 4–5 mm；萼片近卵圆形；花瓣长圆形或窄卵形；花盘微 4 裂；雄蕊着生于花盘边缘，花丝细长，长 2–3 mm；子房具 3 棱，花柱圆柱状，柱头膨大。翅果长圆形或近圆形，果翅宽大，长 1.2–1.8 cm，宽 1–1.5 cm，果体窄椭圆线状，长为总长的 1/2，宽为翅的 1/6 至 1/4，中脉明显，侧脉稍短，与中脉密接，翅缘平。

分布与生境 产于安徽、浙江、福建、江西、湖北、湖南、广东、广西、贵州、云南及四川。生于山地林中。

药用部位 根或全株、根皮。

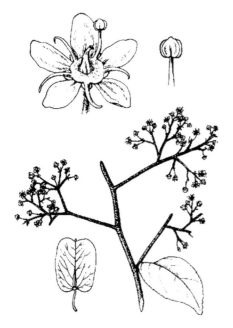

昆明山海棠 Tripterygium hypoglaucum (H. Lév.) Hutch.
马怀伟 绘

昆明山海棠 Tripterygium hypoglaucum (H. Lév.) Hutch.
摄影：何顺志

功效应用 根或全株：祛除风湿，舒筋活血，清热解毒。用于类风湿关节炎，风湿疼痛，跌打损伤，骨结核，淋巴结核。有大毒。根皮：用于痈疮红肿，跌打损伤。有大毒。

化学成分 根含生物碱类：雷公藤春碱(wilfortrine)，雷公藤定碱(wilfordine)，卫矛碱(euonymine)，雷公藤托宁▲(triptonine) A、B，雷公藤定宁(wilfordinine) A、B、C[1]，雷公藤晋碱(wilforgine)[1-2]，雷公藤灵碱(wilforine)[2-3]；二萜类：雷公藤内酯(triptolide)，雷公藤酮内酯(triptonide)，昆明山海棠内酯▲(hypolide)，雷公藤醇内酯▲(tripterolide)，昆明山海棠酸▲(hypoglic acid)[3]，雷公藤酚萜甲醚(triptonoterpene methyl ether)，雷公藤酚萜醇(triptonoterpenol)，雷公藤二萜酸B(triptoditerpenic acid B)，雷公藤酚二萜酸(triptonoditerpenic acid)[4]，昆明山海棠二萜内酯▲A (hypodiolide A)[5]，雷公藤二萜醌Ⅵ，雷公藤三醇内酯(triptriolide)[6]，新雷公藤酚内酯(neotriptophenolide)[7]；三萜类：昆明山海棠劳内酯▲(hypoglaulide)，雷公藤三萜酸C (triptotriterpenic acid C)，东北雷公藤素▲(regelin)[6]，3-氧代-齐墩果酸(3-oxo-oleanolic acid)，无羁萜(friedelin)[7]，3-表山道棱酸▲甲酯(3-epikatonic acid methyl ester)[8]，$3\beta,22\alpha$-二羟基-Δ^{12}-齐墩果烯-29-酸甲酯($3\beta,22\alpha$-dihydroxy-Δ^{12}-oleanen-29-oic acid methyl ester)，雷公藤任▲(tripterine)，$3\beta,22\alpha$-二羟基-Δ^{12}-熊果烯-30-酸甲酯($3\beta,22\alpha$-dihy-droxy-Δ^{12}-ursen-30-oic acid methyl ester)，变叶美登木酸(maytenfolic acid)[9]，雷公藤内酯A (wilforlide A)，雷公藤内酯B(wilforlide B)[7,10]，昆明山海棠萜酸▲(hypoglauterpenic acid)，雷公藤三萜酸A(triptotriterpenic acid A)，3-氧代-无羁萜-29-酸甲酯(3-oxofriedelan-29-oic acid methyl ester)[11-12]，齐墩果酸乙酸酯(oleanolic acid acetate)，齐墩果酸(oleanolic acid)[7,11-12]；花青素类：原矢车菊素B₂(procyanidin B₂)[7]；蒽醌类：大黄酸乙酯(rhein ethyl ester)，大黄酚(chrysophanol)，大黄素甲醚(physcion)，大黄素(emodin)[13]；其他类：L-表儿茶素(L-epicatechin)，卫矛醇(dulcitol)[11-12]；甾体类：β-谷甾醇，胡萝卜苷[7]。

根皮含生物碱类：雷公藤灵碱(wilforine)，雷公藤宁碱(wilfornine)[14-15]，雷公藤定碱(wilfordine)，雷公藤春碱(wilfortrine)[14-16]，雷公藤晋碱(wilforgine)，佩里塔萨木碱▲A(peritassine A)，雷公藤弗定C(tripfordine C)，2-O-去乙酰卫矛宁碱▲(2-O-deacetyleuonine)[16]，昆明山海棠碱▲(hypoglaunine) C[16]、E、F[17]，昆明山海棠宁▲(hyponine) A、B、C[18]、D、E、F[19]，冬青叶美登木瑞宁▲E-I(cangorinine E-I)，卫矛羰碱(evonine)，东北雷公藤定碱▲(regelidine)[18]，新卫矛碱(neoeuonymine)，大理雷公藤碱(forrestine)[19]；二萜类：11-O-β-D-吡喃葡萄糖基新雷公藤酚内酯(11-O-β-D-glucopyranosylneotriptophenolide)[17]，雷公藤醇内酯▲(tripterolide)[20]，3,11,14-氧代-冷杉-8,12-二烯(3,11,14-oxo-abieta-8,12-diene)，3β-羟基-12,14-二甲氧基冷杉-8,11,13-三烯(3β-hydroxy-l2,l4-dimethoxyabieta-8,11,13-triene)[21]，雷公藤酚内酯(triptophenolide)，雷公藤酚萜甲醚(triptonoterpene methyl ether)[22]，昆明山海棠内酯▲(hypolide)[20,23]，雷公藤苯(triptobenzene) A、J、K，雷公藤内酯(triptolide)，新雷公藤酚内酯(neotriptophenolide)，雷公藤酚酮内酯(triptonolide)[23]；三萜类：昆明山海棠苷▲A(hypoglaside A)，23-降-氧代扁蒴藤醇(23-nor-oxopristimerol)，2,3-二羟基-6-氧代-D:A-飞-24-降-1,3,5(10),7-齐墩果四烯-29-酸[2,3-dihydroxy-6-oxo-D:A-friedo-24-nor-1,3,5(10),7-oleanatetraen-29-oic acid][17]，3β-羟基-11α-乙氧基熊果-12-烯(3β-hydroxy-11α-ethoxyurs-l2-ene)，3β-羟基-11α-甲氧基熊果-12-烯(3β-hydroxy-11α-methoxyurs-l2-ene)，3β-羟基-11α-甲氧基齐墩果-12-烯-28-酸(3β-hydroxy-11α-methoxyolean-l2-ene-28-oic acid)[21]，无羁萜(friedelin)，海棠果醛(canophyllal)，3-氧代齐墩果-9(11),12-二烯[3-oxo-olean-9(11),12-diene]，3-乙酰氧基齐墩果酸(3-acetoxyoleanolic acid)，欧洲桤木-5-烯-3β,28-二醇(glut-5-en-3β,28-diol)[22]，昆明山海棠醇▲(triptohypol) A、B、C，昆明山海棠二醇▲(hypodiol)，南蛇藤内酯▲(celastolide)，雷公藤萜醇(wilforol) A、B，23-降-6-氧代去甲基扁蒴藤醇(23-nor-6-oxo-demethylpristimerol)，去甲基锡兰柯库木萜醛▲(demethylzeylasteral)，雷公藤酸(wilforic acid) A、C，南蛇藤醇(celastrol)，杨叶普伦木酸▲(polpunonic acid)，冬青叶美登木宁▲(cangoronine)，大子五层龙酸(salaspermic acid)，日中花仙人棒精酸▲(mesembryanthemoidigenic acid)，3-羟基-D:A-飞齐墩果-3-烯-2-酮-29-酸(3-hydroxy-D:A-friedoolean-3-en-2-on-29-oic acid)，3β-羟基-2-氧代无羁萜-29α-羧酸(3β-hydroxy-2-oxofriedelan-29α-carboxylic acid)[23]；倍半萜类：1β-苯甲酰基-8α-桂皮酰基-4α,5α-二羟基二氢沉香呋喃(1β-benzoyl-8α-cinnamoyl-4α,5α-

dihdroxydihydroagarofuran)[21]，1α-乙酰氧基-6β,9β-二苯甲酰氧基-4β-羟基-二氢沉香呋喃(1α-acetoxy-6β,9β-dibenzoyloxy-4β-hydroxy-dihydroagarofuran)[24]；酚类：3,4-二甲氧基苯基-β-D-吡喃葡萄糖苷(3,4-dimethoxyphenyl-β-D-glucopyranoside)，3,4,5-三甲氧基苯基-β-D-吡喃葡萄糖苷(3,4,5-trimethoxyphenyl-β-D-glucopyranoside)[16]；黄酮类：4'-O-(-)甲基-表没食子儿茶素[4'-O-(-)methylepigallocatechin]，(2R,3R)-3,5,7,3',5'-五羟基黄烷[(2R,3R)-3,5,7,3',5'-pentahydroxyflavan][16]；甾体类：β-谷甾醇，胡萝卜苷[22]；脂肪酸类：二十三酸(tricosanoic acid)，硬脂酸(stearic acid)，棕榈酸(palmitic acid)[22]。

茎含二萜类：雷公藤酚萜醇(triptonoterpenol)[25]，昆明山海棠二萜内酯▲A(hypodiolide A)，雷公藤酚二萜酸(triptonoditerpenic acid)[26]；三萜类：3-表山道棱酸▲[3-epikatonic acid]，雷公藤内酯(wilforlide) A，B[26]，3β,22α-二羟基-Δ12-齐墩果烯-29-酸(3β,22α-dihydroxy-Δ12-oleanen-29-oic acid)，3-乙酰氧基齐墩果酸(3-acetoxyoleanolic acid)[27]；生物碱类：雷公藤定碱(wilfordine)[26]；酚、酚酸类：(-)-表儿茶素[(-)-epicatechin][25,28]，(+)-儿茶素[(+)-catechin]，原矢车菊素(procyanidin) B-3、B-4，儿茶素(4α→8)表儿茶素[28]，4-羟基苯甲醛(4-hydroxybenzaldehyde)，3,4-二羟基苯甲醛(3,4-dihydroxybenzaldehyde)，3-甲氧基-4-羟基苯甲酸[29]；甾体类：β-谷甾醇，胡萝卜苷[27]，麦角甾-4,6,8(14),22-四烯-3-酮[ergosta-4,6,8(14),22-tetraen-3-one]，豆甾-4-烯-3-酮(stigmast-4-en-3-one)[29]；有机酸类：富马酸(fumaric acid)[27]。

药理作用 镇痛解热作用：昆明山海棠醇提取物及总碱对小鼠热板法和醋酸法有镇痛作用，对大鼠有降低体温作用，对伤寒、副伤寒菌苗致发热家兔有解热作用，对正常体温也有影响[1]。

调节免疫作用：昆明山海棠对Th2分泌的IL-4有抑制作用，通过抑制IL-4而减少IgE的产生[2]；还具有抗移植免疫排斥反应的作用，对实验性糖尿病鼠胰岛移植有较好的延长移植存活时间的作用[3]。昆明山海棠水提取物有免疫抑制作用，能抑制网状内皮系统的吞噬功能，抑制小鼠特异性抗体IgM的生成，对佐剂关节炎的原发和继发性损害均有抑制作用[4]；活性主要部位为THT-1，昆明山海棠总生物碱也具有一定免疫抑制活性[5]。提取物雷公藤内酯对以溶血素反应为指标的体液免疫有抑制作用[6]。

抗炎作用：昆明山海棠能改善佐剂型关节炎大鼠关节肿胀度，抑制血清中IL-1β、TNF-α及提高TGF-β水平[7]。采用小鼠因蛋清、二甲苯、组胺或醋酸致皮肤或腹腔毛细血管通透性亢进，大鼠的巴豆油性肉芽肿，蛋清、甲醛性足肿以及棉球肉芽肿等实验，证明昆明山海棠的水煎液具有良好的抗炎作用，能抑制炎症时的毛细血管通透性增高，减少渗出，抑制增生，切除双侧肾上腺，抗炎作用仍然存在[8]。昆明山海棠醇提取物及总碱对卵蛋白引起的急性渗出性炎症有对抗作用，总碱对巴豆油致小鼠耳肿胀和大鼠肉芽组织增生也有抑制作用[1]。

抗动脉粥样硬化作用：从昆明山海棠根木中提取的THW-4能抑制体外培养的VSMC增殖及诱导其凋亡[9]。单纯昆明山海棠灌胃及联合THW-4局部灌注对兔颈总动脉球囊损伤后血管平滑肌细胞的增殖、血管新生内膜形成均有抑制作用[10]。

抗生育作用：昆明山海棠的提取物对雌性小鼠有抗着床、抗早孕作用[11-12]。昆明山海棠水提取物在雄性小鼠生殖细胞发育过程中对8号染色体具有染色体不分离诱发效应[13]。昆明山海棠乙醇提取物[14]及TH4和TH5[15]可致雄性大鼠不育，但是可逆的，且不留明显毒副作用[16]。从昆明山海棠去皮根的水溶性部分中分离得到的1-表儿茶酸亦有雄性抗生育作用[17]。抗生育作用可能与昆明山海棠所致的人精子染色体损伤有关[18]，通过影响精子细胞DNA转录及结构蛋白、酶蛋白的合成，使遗传信息传递和蛋白质合成有误，最后导致附睾精子减少和畸形，此外还可抑制乳酸脱氢酶(LDH)、琥珀酸脱氢酶(SDH)而影响精子的能量代谢[19]。

抗肿瘤作用：昆明山海棠水提取液对人淋巴细胞瘤Jurkat、中国仓鼠胚胎细胞CHE和小鼠成纤维细胞NIH3T3细胞均有致凋亡作用[20]。昆明山海棠总生物碱能抑制A549细胞增殖，并可诱导其凋亡[21]，还能诱导白血病HL-60细胞凋亡[22]，作用机制与下调Bcl-2基因表达有关[23]；对人T细胞白血病细胞系MOLT-4、人T淋巴母细胞白血病细胞系Jurkat、小鼠黑色素瘤细胞系B16-F10、人结肠腺癌细胞系SW-480也有抑制活性[24]。昆明山海棠碱能诱导caspase-3激活和PARP酶剪切，提示在昆明山海棠碱诱导JurkatT淋巴瘤细胞凋亡过程中caspase-3和PARP酶参与调控，它们可能抑制了受损伤

DNA 的修复，从而导致 DNA 片段化 [25]。从昆明山海棠中提取的雷公藤甲素、雷公藤内酯对小鼠白血病 L615 有治疗效果，不仅可使部分小鼠长期存活，而且可使长期存活的小鼠虽遭数次攻击却不引起白血病 [6]。

改善肾功能作用：昆明山海棠对慢性肾炎自由基损伤有改善作用，能使慢性肾炎大鼠血清及肾组织 SOD 升高、MDA、NO 及 NOS 降低 [26]。能降低肾毒血清性慢性肾小球肾炎大鼠尿蛋白、血清尿素氮、三酰甘油、总胆固醇含量，升高血清白蛋白、总蛋白含量，改善肾功能及肾小球的病理变化 [27]。可通过抑制 TGF-β_1 的表达，改善肾小球系膜的增殖，达到减少系膜增生性肾小球肾炎大鼠的蛋白尿，延缓肾功能衰竭的进展，其作用机制可能是通过影响 TGF-β 1/Smads 通路而实现的 [28]。

毒性及不良反应　急性毒性：昆明山海棠全根、全茎、茎皮和去皮茎蕊水煎剂小鼠口服的 LD_{50} 分别为 47 g/kg、104 g/kg、72 g/kg、115 g/kg[29]。昆明山海棠水提液雄性小鼠口服的 LD_{50} 为 79 g/kg，雌性小鼠 LD_{50} 为 100 g/kg，肉眼未见脏器明显病理改变 [30]。两批昆明山海棠根心乙醇提取物小鼠 LD_{50} 分别为 (3895 ± 665) mg/kg、(3496 ± 513) mg/kg[10]。昆明山海棠总生物碱小鼠口服的 LD_{50} 为 431 mg/kg，小鼠静脉注射的 LD_{50} 为 0.82 mg/kg、腹腔注射的 LD_{50} 为 0.86 mg/kg[31]。

亚急性毒性：用犬进行的雷公藤内酯醇的亚急性毒性实验，结果显示 40、80 µg/kg 剂量组心脏、造血、胃肠道有可逆性毒性反应，致死剂量为 160 µg/kg，表现为骨髓抑制、粒细胞系和红细胞系受抑制，骨髓中非造血细胞成分比例增高，死因为骨髓受抑，心和肝损害 [32]。

蓄积毒性：昆明山海棠提取物以 1/10 LD_{50} 即 61.7 mg/kg 给大鼠灌胃 1-4 天后，每 4 天按 1.5 倍递增，至 20 天累积总计量 32 547 mg/kg，蓄积系数 K>5，未见死亡；再递增至 51288 mg/kg，仍未见死亡，K=8.3，说明无蓄积性 [33]。

特殊毒性：小鼠微核试验证实，昆明山海棠提取物对小鼠体细胞 - 嗜多染幼红细胞染色体无明显的损伤作用，突变试验无明显引起小鼠生殖细胞染色体损伤的作用。致畸试验对母鼠体重、胎盘无影响，对鼠仔外观、内脏及骨骼均无致畸作用，后代两仔代均正常 [33]。通过研究昆明山海棠在 Ames 试验、人外周血淋巴细胞姐妹染色单体互换 (SES) 及小鼠骨髓细胞染色体结构畸变分析中的遗传毒性效应，发现昆明山海棠根部水提物及乙醇抽提物对 TA97 和 TA100 均不同程度地诱发突变。昆明山海棠根部水提物在人体外周血淋巴细胞中诱发 SES，在小鼠骨髓细胞染色体结构分析中，未表现出明显染色体断裂效应 [34]。

注评　本种为广西（1996 年版）、上海（1994 年版）、湖南（1993、2009 年版）、广东（2004 年版）中药材标准收载的"昆明山海棠"、云南（1974、1996、2007 年版）、四川（2010 版）中药材标准收载的"火把花根"的基源植物，药用其干燥根及根状茎，而四川使用去皮的干燥根。云南标准曾使用本种的中文异名火把花。本种的根在江苏、广西南宁也混作"雷公藤"药用，两者药材性状、化学成分相似，但都有明显的毒副作用，是否可混用，应当慎重；其根皮在云南民间又作"紫荆皮"使用，系同名异物品，由于本种毒副作用较大，不得混用。拉祜族、哈尼族、彝族、苗族、傈僳族、阿昌族、德昂族、傣族也药用本种，主要用途见功效应用项。

化学成分参考文献

[1] Duan HQ, et al. *J Nat Prod*, 2000, 63(3): 375-361.

[2] 张明哲，等 . 北京大学学报（自然科学版），1988, 24(4): 392-396.

[3] 张宪民，等 . 云南植物研究，1992, 14(3): 319-322.

[4] 张亮，等 . 药学学报，1991, 26(7): 515-518.

[5] 张亮，等 . 药学学报，1992, 26(1): 32-34.

[6] 张宪民，等 . 云南植物研究，1992, 14(2): 211-214.

[7] 王芳，等 . 中草药，2011, 42(1): 46-49.

[8] 张宪民，等 . 云南植物研究，1993, 15(1): 92-96.

[9] 张亮，等 . 中草药，1992, 23(7): 339-340.

[10] 丁黎，等 . 中国药科大学学报，1991, 22(1): 25-26.

[11] 易进海，等 . 中草药，1993, 24(8): 398-400.

[12] 易进海，等 . 中国中药杂志，1994, 19(8): 489-490.

[13] Li W, et al. *Chin Herb Med*, 2011, 3(3): 232-234.

[14] 胡兆农，等 . 昆虫知识，2005, 42(6): 6295-634.

[15] 师宝君，等 . 昆虫学报，2007, 50(8): 795-800.

[16] 谢富贵，等．中药材，2012, 35(7): 1083-1087.

[17] Li CJ, et al. *J Asian Nat Prod Res*, 2012, 14(10): 973-980.

[18] Duan HQ, et al. *Phytochemistry*, 1997, 45(3): 617-621.

[19] Duan HQ, et al. *Phytochemistry*, 1999, 52(8): 1735-1738.

[20] 吴大刚，等．云南植物研究，1979, 1(2): 29-35.

[21] Fujita R, et al. *Phytochemistry*, 2000, 53(6): 715-722.

[22] 刘珍珍，等．中国中药杂志，2011, 36(18): 2503-2506.

[23] Duan HQ, et al. *Phytochemistry*, 1997, 46(3): 535-543.

[24] Liu ZZ, et al. *J Asian Nat Prod Res*, 2014, 16(3): 327-331.

[25] 丁黎，等．中国药科大学学报，1991, 22(1): 25-26.

[26] 丁黎，等．植物资源与环境，1992, 1(4): 50-53.

[27] 丁黎，等．中国药科大学学报，1991, 22(3): 175-176.

[28] 张亮，等．中国中药杂志，1998, 23(9): 549-550.

[29] 张亮，等．中草药，1998, 29(7): 441-442.

药理作用及毒性参考文献

[1] 张宝恒，等．中草药，1985, 16(8): 24.

[2] 徐艳，等．中药材，2008, 31(4): 557-561.

[3] 张英才，等．大理医学院学报，1995, 4(1): 1-4.

[4] 邓文龙，等．中草药，1981, 12(10): 458.

[5] 吴瑕，等．中药药理与临床，2007, 23(3): 55-56.

[6] 张覃沐．中国药理学报，1981, 2(2): 128.

[7] 吴湘慧，等．中药材，2009, 32(5): 758-761.

[8] 邓文龙，等．中草药，1981, 12(8): 358.

[9] 喻卓，等．中国中西医结合杂志，2004, 24(9): 827-830.

[10] 祖凌云，等．中国介入心脏病学杂志，2008, 16(1): 35-39.

[11] 陈梓樟，等．生殖与避孕，1990, 10(4): 47-53.

[12] 陈梓樟，等．中草药，1990, 21(9): 24-26.

[13] 王晓燕，等．遗传学报，2002, 29(3): 217-220.

[14] 王士民．江苏医药，1987, 13(12): 659-660.

[15] 周激文，等．云南医药，1991, 12(4): 232-235.

[16] 王士民，等．江苏医药，1992, 18(1): 26-28.

[17] 方娜娜．华西药学杂志，1987, 2(3): 145-147.

[18] 马明福，等．癌变．畸变．突变，2000, 12(2): 90-92.

[19] 于宁妮，等．解剖学杂志，1991, 14(1): 58-60.

[20] 曹佳，科学通报，1999, 44(11): 1169-1173.

[21] 刘乐斌，等．第三军医大学学报，2005, 27(19): 1915-1917.

[22] 敖琳，等．第三军医大学学报，2001, 23(11): 1273-1275.

[23] 敖琳，等．中草药，2001, 32(10): 913-916.

[24] 黄晓春，等．中国医院药学杂志，2006, 26(4): 442-445.

[25] 杨录军，等．第三军医大学学报，2003, 25(17): 1508-1510.

[26] 伍小波，等．中药药理与临床，2006, 22(3,4): 105-106.

[27] 伍小波，等．西南农业大学学报，2006, 28(4): 636-639.

[28] 曾红兵，等．中国现代医学杂志，2008, 18(8): 1036-1039.

[29] 伍小燕，等．时珍国药研究，1996, 7(3): 152-153.

[30] 杨录军，等．第三军医大学学报，2003, 25(17): 1524-1526.

[31] 舒尚义，等．云南中医杂志，1983, 4(6): 43-44.

[32] 梅之南，等．中国医院药学杂志，2003, 23(9): 557-558.

[33] 陈梓璋，等．生殖与避孕，1990, 10(4): 56-57.

[34] 汪旭，等．遗传，1993, 15(6): 13-16.

3. 东北雷公藤（东北木本植物图志） 黑蔓（中国树木分类学），马嘎毛克（朝鲜语）

Tripterygium regelii Sprague et Takeda in Bull. Misc. Inform. Kew 1912: 223. 1912.（英 **Regel Threewingnut**）

与昆明山海棠相似，区别点在于本种叶纸质，下面无白粉，脉上有毛，翅果边缘呈波状。花期 6–7 月，果期 7–8 月。

分布与生境　产于吉林（长白山），辽宁（丹东、岫岩、凤城）。生于海拔 1100–2100 m 的山地及林缘。朝鲜半岛及日本也有分布。

药用部位　根。

功效应用　用于麻风反应，类风湿关节炎，肺结核。外用治风湿关节炎，腰带疮，烧伤，皮肤瘙痒。全株有毒。

化学成分　根含三萜类：雷公藤内酯(wilforlide) A、B，3β-羟基-11,13(18)-齐墩果二烯[3β-hydroxy-olean-11,13(18)-diene]，直楔草酸(orthosphenic acid)，大子五层龙酸(salaspermic acid)，3-表山道楝酸▲(3-epikatonic acid)，变叶美登木酸(maytenfolic acid)，3β-乙酰齐墩果酸(3β-acetyloleanolic acid)[1]，东北雷公藤内酯(regelide)[1-2]，东北雷公藤素▲(regelin)，东北雷公藤素醇▲(regelinol)[2]，泽渥萜(zeorin)[3]，

东北雷公藤 **Tripterygium regelii** Sprague et Takeda
引自《中国高等植物图鉴》

东北雷公藤 **Tripterygium regelii** Sprague et Takeda
摄影：于俊林

东北雷公藤素▲(regelin) C、D，东北雷公藤素二醇▲(regelindiol) A、B[4]，扁蒴藤素(pristimerin)[5-6]，南蛇藤醇▲(celastrol)[1,6]，染用卫矛酮(tingenone)，福木巧茶素▲(iguesterin)[6]；二萜类：雷公藤醌酸(triptoquinonoic acid) A、B，雷公藤醌醛(triptoquinonal)，雷公藤醌醇(triptoquinonol)，雷公藤醌二醇(triptoquinondiol)，雷公藤醌B(triptoquinone B)[7]，雷公藤醇内酯▲(tripterolide)[8]；生物碱类：东北雷公藤定碱▲(regelidine)[9]。

茎含二萜类：雷公藤醌(triptoquinone) A、B、C、D、E、F、G[10]；三萜类：东北雷公藤内酯▲(triregelolide) A、B，东北雷公藤酸▲(triregeloic acid)，南蛇藤醇▲(celastrol)，22β-羟基染用卫矛酮▲(22β-hydroxytingenone)，雷公藤愈伤素▲A(triptocallin A)，杨叶普伦木酸▲(polpunonic acid)，去甲基锡兰柯库木萜醛▲(demethylzeylasteral)，雷公藤萜醇A(wilforol A)，东北雷公藤素醇▲(regelinol)，东北雷公藤素▲(regelin)，东北雷公藤素▲(regelin) C、D，雷公藤三萜酸B(triptotriterpenic acid B)，雷公藤内酯(wilforlide) A、B，雷公藤愈伤酸▲A(triptocallic acid A)，变叶美登木酸(maytenfolic acid)，直楔草酸(orthosphenic acid)，雷公藤酸A(tripterygic acid A)，去甲基东北雷公藤素▲(demethylregelin)，野甘草萜酸▲(dulcioic acid)[11]。

茎木质部含三萜类：雷公藤内酯A、B[12]；其他类：卫矛醇(dulcitol)，β-谷甾醇[12]。

茎皮含倍半萜生物碱类：东北雷公藤碱▲(tripterregeline) A、B、C[13]；二萜类：雷公藤苯(triptobenzene) A、B、C、D、E、F、G[14]。

叶含倍半萜类：雷公藤特弗定▲(triptofordin) A、B、Cl、C2[15]、D1、D2、E[16]、Fl、F2、F3、F4[17]。

瘦果含倍半萜类：东北雷公藤林素▲(triptogelin) A1、A2、A3、A4[18]、A5、A6、A7、A8、A9[19]、A10、A11[20]、B1[18]、B2、C1、C2、C3[20]、C4、D1、E1、E2、E3、E4[21]、E5、E6、E7、E8、F1、F2[22]、G1[21]、G2[22]。

外植体诱导的愈伤组织含二萜类：雷公藤愈伤醇▲(triptocallol)[23]；三萜类：雷公藤愈伤酸▲(triptocallic acid) A、B[23]、C、D，雷公藤愈伤素▲A(triptocallin A; triptocalline A)，大子五层龙酸(salaspermic acid)，杨叶普伦木酸▲(polpunonic acid)，雷公藤萜醇D(wilforol D)，野甘草萜酸▲(dulcioic acid)[24]。

药理作用 调节免疫作用：东北雷公藤能抑制小鼠对胸腺依赖性抗原诱导的定量溶血分光光度计测定反应和溶血空斑形成细胞反应，抑制小鼠脾细胞产生 IL-2 功能，其对体液免疫的抑制作用，可能是通过抑制 T 细胞功能而实现的[1-2]。对Ⅱ型胶原诱导的关节炎大鼠和经诱导但未发病的大鼠均具有抑制其抗 II 型胶原特异性抗体的产生，可抑制发病大鼠血液单个核细胞对 II 型胶原的特异性增殖反应和迟发型超敏反应 [3]。

抗炎作用：东北雷公藤乙醇提取物对蛋清、甲醛、角叉菜胶以及抗鼠血清兔血清引起的大鼠足跖肿胀有抑制作用，且此作用不依赖于肾上腺的完整存在；对大鼠由组胺和 5- 羟色胺引起的血管通透性增加、羧甲基纤维素引起的白血球移行有抑制作用 [4]。

改善肾功能作用：东北雷公藤对阿霉素肾炎大鼠有治疗作用，能降低尿蛋白及肾组织中纤溶酶原激活物抑制剂 (PAI-1)、提高血清中基质金属蛋白酶 2 (MMP-2) 水平，并可减少转化生长因子 (TGF-β) 在血液中的表达，从而减少细胞外基质的聚集，延缓肾小球硬化 [5-6]。东北雷公藤苷治疗阿霉素肾炎大鼠后系膜细胞增生减轻，系膜基质、肾小管上皮细胞颗粒样变性及蛋白管型减少 [7]。

化学成分参考文献

[1] 沈建华，等 . 植物学报，1992, 34(6): 475-479.

[2] Hori H, et al. *Chem Pharm Bull*, 1987, 35(5): 2125-2128.

[3] Inayama S, et al. *Chem Pharm Bull*, 1989, 37(10): 2836-2837.

[4] 庞国茂，等 . 药学学报，1989, 24(1): 75-79.

[5] Harada R, et al. *Tetrahedron Lett*, 1962, 603-607.

[6] Ryu YB, et al. *Bioorg Med Chem Lett*, 2010, 20(6): 1873-1876.

[7] Shen JH, et al. *Chin Chem Lett*, 1992, 3(2): 113-116.

[8] 吴大刚，等 . 云南植物研究，1979, 1(2): 29-36.

[9] Hori H, et al. *Chem Pharm Bull*, 1987, 35(11): 4683-4686.

[10] Shishido K, et al. *Phytochemistry*, 1994, 35(3): 731-737.

[11] Fan DS, et al. *Fitoterapia*, 2016, 113: 69-73.

[12] 高其品，等 . 中药通报，1987, 12(1): 43-44.

[13] Han BH, et al. *Arch Pharm Res*, 1989, 12(4): 310-312.

[14] Takaishi Y, et al. *Phytochemistry*, 1997, 45(5): 979-984.

[15] Takaishi Y, et al. *Phytochemistry*, 1987, 26(8): 2325-2329.

[16] Takaishi Y, et al. *Phytochemistry*, 1987, 26(9): 2581-2584.

[17] Takaishi Y, et al. *Chem Pharm Bull*, 1988, 36(11): 4275-4283.

[18] Takaishi Y, et al. *Phytochemistry*, 1990, 29(12): 3869-3873.

[19] Takaishi Y, et al. *Phytochemistry*, 1991, 30(5): 1561-1566.

[20] Takaishi Y, et al. *Phytochemistry*, 1991, 30(5): 1567-1572.

[21] Takaishi Y, et al. *Phytochemistry*, 1991, 30(9): 3027-3031.

[22] Takaishi Y, et al. *Phytochemistry*, 1992, 31(11): 3943-3947.

[23] Kakano K, et al. *Phytochemistry*, 1997, 45(2): 293-296.

[24] Nakano K, et al. Phytochemistry, 1997, 46(7): 1179-1182.

药理作用及毒性参考文献

[1] 左冬梅，等 . 白求恩医科大学学报，1986, 12(5): 397-399.

[2] 左冬梅，等 . 白求恩医科大学学报，1986, 12(5): 394-396.

[3] 张绍伦，等 . 白求恩医科大学学报，1990, 16(2): 116-118.

[4] 田建明，等 . 中成药，1999, 21(11): 584-586.

[5] 罗萍，等 . 吉林大学学报（医学版），2003, 29(5): 606-608.

[6] 罗萍，等 . 吉林大学学报（医学版），2005, 31(1): 58-60.

[7] 刘树军，等 . 中国实验诊断学，2006, 10(2): 130-131.

9. 核子木属 Perrottetia Kunth

小乔木或灌木。叶互生，具柄，卵形；托叶小，早落。花小，5 数或 4 数，两性或有时单性或杂性，同株或异株，排成腋生的聚伞圆锥花序；萼管阔圆柱状，裂片 5–4；花瓣与花萼裂片相似；雄蕊 5–4，与花萼裂片相似，着生于花盘边缘；花盘在雄花中平坦，在雌花中环状；子房着生花盘上，下部与之贴合或完全游离，2 室，每室有 2 基生直立胚珠。果为球形小浆果，有种子 2–4 粒。

本属约有 16 种，主产于中美洲、东南亚至澳洲亦有少数种类。我国有 3 种，其中 1 种可药用。

1. 核子木（经济植物手册）

Perrottetia racemosa (Oliv.) Loes. in Nat. Pflanzenfam. 1: 224. 1897.——*Ilex racemosa* Oliv.（英 **Racemose Perrottetia**）

灌木，高 1–4 m。小枝圆，具微棱。叶互生，长椭圆形或窄卵形，长 5–15 cm，宽 2.5–5.5 cm，先端长渐尖，基部阔楔形或近圆形，边缘有细锯齿或近全缘，叶柄细长，长 6–20 mm。花极小，白色，多花组成窄总状聚伞花序；花 5 数，单性为主，雌雄异株；雄花直径约 3 mm；花萼花瓣紧密排列，均具缘毛；花瓣稍大，花盘平薄，雄蕊着生于花盘边缘，花丝细长，子房细小不育；雌花直径仅 1 mm；花萼花瓣直立，花盘浅杯状，雄蕊退化，子房 2 室，每室 2 胚珠，花柱顶端 2 裂。果序长穗状，长 4–7 cm。浆果红色，近球状，直径约 3 mm，每室种子 1–2 粒，细小。

分布与生境　产于湖北、湖南、四川、云南和贵州。生于较阴湿的山中沟谷和溪边。

药用部位　根皮。

功效应用　祛风除湿。用于风湿性关节痛。

核子木 Perrottetia racemosa (Oliv.) Loes.
引自《中国高等植物图鉴》

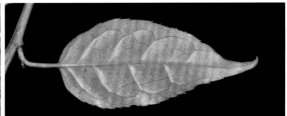

核子木 Perrottetia racemosa (Oliv.) Loes.
摄影：张金龙 朱鑫鑫

省沽油科 STAPHYLEACEAE

落叶乔木或灌木。叶对生或互生，奇数羽状复叶，或稀为单叶，有托叶或稀无托叶；叶片有锯齿。花整齐，两性或杂性，稀为雌雄异株，花少数排列成圆锥花序，或有时具多数花；萼片5，分离或连合，覆瓦状排列；花瓣5，覆瓦状排列；雄蕊5枚，互生，花丝有时扁平，花药背着，内向；花盘常明显，多少有裂片，有时缺；子房上位，3室，稀2或4室，联合或分离，每室有1至几枚倒生胚珠，花柱各式分离至完全连合。果实蒴果状，常为多少分离的蓇葖果，或为不裂的核果或浆果；种子数枚，肉质或角质。

5属，约60种，分布于热带亚洲和美洲及北温带。我国有4属22种，主产于南方地区，其中4属6种可药用，南北各地均有分布，多产于南方地区。

从本科药用植物中分离出的化学成分主要有黄酮、大柱香波龙烷、三萜、酯及脂肪酸等类型化合物。

分属检索表

1. 叶互生，为奇数羽状复叶；花萼联合成管状；花盘不明显或缺；浆果 ·······················1. **瘿椒树属 Tapiscia**
1. 叶对生，常为三小叶，稀为单叶；花萼多少分离而不成管状；花盘明显；蒴果、蓇葖果、核果或浆果。
  2. 果为肿胀的蒴果，膜质 ·······················2. **省沽油属 Staphylea**
  2. 果常为核果、浆果或蓇葖果，革质或肉质。
    3. 蓇葖果革质；心皮几乎完全合生；雄蕊着生于花盘裂齿外面 ·······················3. **山香圆属 Turpinia**
    3. 浆果肉质或革质；心皮仅基部稍联合；雄蕊着生于花盘边缘 ·······················4. **野鸦椿属 Euscaphis**

1. 瘿椒树属 Tapiscia Oliv.

乔木；叶互生，奇数羽状复叶，无托叶；小叶3-10对，具短柄，有锯齿；有小托叶。花小，黄色，两性或雌雄异株，辐射对称，排列成腋生的圆锥花序，雄花序由长而纤细的总状花序组成，花密集，单生于苞腋内；萼管状，5裂，花瓣5，雄蕊5枚，突出，花盘小或缺，子房1室，具1枚胚珠，雄花较小，有退化子房。果实不开裂，为核果状浆果或浆果。

我国特有属，3种，产于我国江南各地，其中1种可药用。

1. 瘿椒树   银鹊树（中国高等植物图鉴），丹树（广东），皮巴风（湖南），瘿漆树（湖北）

Tapiscia sinensis Oliv. in Hook, Ic. Pl. 20: t.1928. 1890.（英 **Chinese Falsepistache**）

落叶乔木，高达28 m，胸径可达1 m；树皮灰黑色或灰白色，浅纵裂；小枝暗褐色，有皮孔，无毛；芽卵形。叶互生，奇数羽状复叶，长达30 cm；小叶5-9，狭卵形或卵形，长6-14 cm，宽4-7 cm，先端渐尖，基部圆形或心形，边缘具锯齿，上面绿色，下面灰白色，密被乳头状白粉点，两面无毛或仅脉腋被毛；侧生小叶柄短，顶生小叶具长柄。圆锥花序腋生，雄花与两性花异株，雄花序长达25 cm，两性花的花序长约10 cm；花小，长约2 mm，黄色，芳香；两性花：花萼钟形，长约1 mm，5浅裂；花瓣5，狭倒卵形，较花萼稍长；雄蕊5枚，伸出花外；子房1室，有1胚珠；雄花具退化雌蕊。果序长达10 cm，浆果状核果椭圆形或近球形，长6-7 cm，熟时紫黑色。花期6-7月，果期翌年9-10月。

分布与生境　产于浙江、安徽、福建、江西、湖北、湖南、广西、四川、贵州、云南，生山地林中。

药用部位　根、果实、叶。

功效应用　根、果实：解表，清热，祛湿。用于风热感冒，咳嗽，头身困重。叶：用于漆疮。

瘿椒树 **Tapiscia sinensis** Oliv.
引自《中国高等植物图鉴》

瘿椒树 **Tapiscia sinensis** Oliv.
摄影：朱鑫鑫 梁同军

2. 省沽油属 Staphylea L.

　　落叶灌木或小乔木。叶对生；有托叶；小叶 3-5 或羽状分裂，具小托叶。圆锥花序或为顶生的总状花序；花白色，两性；萼片 5，脱落，覆瓦状排列；花瓣 5，与萼片近等大，覆瓦状排列；花盘平截；雄蕊 5 枚，直立；子房上位，心皮 2-3，明显合生，花柱 2-3，分离或多少连合。果为蒴果，泡状膨大如膀胱状，2-3 裂，果皮薄膜质。种子近圆形，无假种皮，胚乳肉质，子叶扁平。

本属约 11 种，分布于欧洲、印度、尼泊尔至我国、日本及北美洲。我国有 4 种，分布于西南、华南、华东、西北和东北各地，其中 2 种可药用。

分种检索表

1. 顶生小叶基部下延，小叶柄长仅 1 cm；圆锥花序常无花序梗；蒴果扁平，2 裂·········· 1. **省沽油 S. bumalda**

1. 顶生小叶基部不下延，小叶柄长 2-4 cm；广展伞房花序具花序梗；蒴果 3 裂，梨形膨大·····················
·· 2. **膀胱果 S. holocarpa**

从本属药用植物省沽油的叶分离获得了色酮类化合物如省沽油洛苷 (staphyloside) A (**1**)、B (**2**) 等；此外，本属植物还富含黄酮类、脂肪苷、大柱香波龙烷类成分等。

1　　　　　　**2**

1. 省沽油　水条（辽宁），双蝴蝶（浙江），珍珠花（救荒本草）

Staphylea bumalda DC., Prodr. 2: 2. 1825.——*Bumalda trifolia* Thunb.（英 **Bumalda Bladdernut**）

落叶灌木，高约 2 m，稀达 5 m。树皮紫红色或灰褐色，有纵棱，无毛；枝条开展，绿白色。复叶对生，有长柄，柄长 2.5-3 cm，具三小叶；小叶片椭圆形、卵圆形或卵状披针形，长 3.5-8 cm，宽 2-5 cm，先端锐尖至渐尖，顶生小叶基部楔形下延，侧生小叶基部宽楔形或圆形，边缘有细锯齿，齿尖具尖头，上面无毛，背面绿白色，主脉及侧脉有短毛；顶生小叶柄长 5-10 mm，两侧小叶柄长 1-2 mm。圆锥花序顶生，直立，花白色；常无花序梗；萼片长椭圆形浅黄白色；花瓣 5，白色，倒卵状长圆形，较萼片稍大，长 5-7 mm；雄蕊 5 枚，与花瓣近等长；子房密被柔毛，花柱上部合生。蒴果膀胱状，扁平，2 室，先端 2 裂。种子黄色，有光泽。花期 4-5 月，果期 6-9 月。

分布与生境　产于黑龙江、吉林、辽宁、河北、山西、陕西、河南、浙江、安徽、江苏、湖北、四川，生于海拔 500-1200 m 的路旁、山地或丛林中。

药用部位　根、果实。

功效应用　根：用于妇女产后瘀血不净。果实：用于干咳。

化学成分　叶含色酮类：省沽油洛苷[▲](staphyloside) A、B，(-)-华丽舒曼木苷[▲]A[(-)-schumanniofioside A]，5-

省沽油 *Staphylea bumalda* DC.
引自《中国高等植物图鉴》

省沽油 *Staphylea bumalda* DC.
摄影：徐克学 梁同军 周繇

羟基-2-甲基色酮-7-*O*-*β*-D-呋喃芹糖基-(1 → 6)-D-*β*-D-吡喃葡萄糖苷[5-hydroxy-2-methylchromone-7-*O*-*β*-D-apiofuranosyl-(1 → 6)-D-*β*-D-glucopyranoside][1]，省沽油素(staphylin)[1-2]，2-甲基-5,7-二羟基色酮-7-*O*-*β*-D-吡喃葡萄糖苷(2-methyl-5,7-dihydroxychromone-7-*O*-*β*-D-glucopyranoside)[3]；黄酮类：紫云英苷(astragalin)，异槲皮苷(isoquercitrin)，烟花苷(nicotiflorin)，山柰酚-3-*O*-新橙皮糖苷(kaempferol-3-*O*-neohesperidoside)，山柰酚-3-*O*-[*α*-L-吡喃鼠李糖基-(1 → 4)-*α*-L-吡喃鼠李糖基-(1 → 6)-*β*-D-吡喃葡萄糖苷]{kaempferol-3-O-[*α*-L-rhamnopyranosyl-(1 → 4)-*α*-L-rhamnopyranosyl-(1 → 6)-*β*-D-glucopyranoside]}[3]；酚类：省沽油苷C(bumaldoside C)，姜酮-*β*-D-吡喃葡萄糖苷(zingerone-*β*-D-glucopyranoside)[4]；胺类：2-乙基-3-甲基马来酰亚胺-*N*-吡喃葡萄糖苷(2-ethyl-3-methylmaleimide-N-glucopyranoside)[4]；脂肪族苷：省沽油苷(bumaldoside) A、B[4]，正己基-*O*-*β*-D-吡喃葡萄糖基-(1"→ 6')-*β*-D-吡喃葡萄糖苷[n-hexyl-O-*β*-D-glucopyranosyl-(1"→ 6')-*β*-D-glucopyranoside]，(*E*)-2-己烯基-*β*-D-吡喃葡萄糖苷[(*E*)-2-hexenyl-*β*-D-glucopyranoside]，(*E*)-己-2-烯-1-醇-*O*-*β*-D-吡喃葡萄糖基-(1"→ 6')-*β*-D-吡喃葡萄糖苷[(*E*)-hex-2-en-1-ol-O-*β*-D-glucopyranosyl-(1"→ 6')-*β*-D-glucopyranoside]，(*Z*)-3-己烯-*β*-D-吡喃葡萄糖苷[(*Z*)-3-hexenyl-*β*-D-glucopyranoside]，(*Z*)-3-己烯-*O*-*β*-D-吡喃葡萄糖基-(1"→ 6')-*β*-D-吡喃葡萄糖苷[(*Z*)-3-hexenyl-O-*β*-D-glucopyranosyl-(1"→ 6')-*β*-D-glucopyranoside]，(*Z*)-己-3-烯-1-醇-*O*-*β*-呋喃芹糖基-(1"→ 6')-*β*-D-吡喃葡萄糖苷[(*Z*)-hex-3-en-1-ol-O-*β*-apiofuranosyl-(1"→ 6')-*β*-D-glucopyranoside]，(*Z*)-8-羟基辛-5-烯酸-*O*-*β*-D-吡喃葡萄糖苷[(*Z*)-8-hydroxyoct-5-enoic acid-O-*β*-D-glucopyranoside][5]；大柱香波龙烷类：省沽油香堇苷▲(staphylionoside) A、B、C、D、E、F、G、H、I、J、K，淫羊藿次苷B₂(icariside B₂)，(3*S*,5*R*,6*R*,9*S*,7*E*)-大柱香波龙-7-烯-3,5,6,9-四醇-9-*O*-*β*-D-吡喃葡萄糖苷[(3*S*,5*R*,6*R*,9*S*,7*E*)-megastigman-7-ene-3,5,6,9-tetrol-9-*O*-*β*-D-glucopyranoside][6]；其他类：苄基-*O*-*β*-D-吡喃葡萄糖苷(benzyl-*O*-*β*-D-glucopyranoside)，苯乙醇-2-*O*-*β*-D-吡喃葡萄糖基-(1 → 6)-*β*-D-吡喃葡萄糖苷[phenylethyl-2-*O*-*β*-D-glucopyranosyl-(1 → 6)-*β*-D-glucopyranoside][4]。

种子含脂肪油类：亚麻酸(linolenic acid)，亚油酸(linoleic acid)[7]；脂肪烃类：*E,E*-2,4-癸二烯醛(*E,E*-2,4-decadienal)，*E,E*-2,4-壬二烯醛(*E,E*-2,4-nonadienal)[7]；酚类：维生素E(vitamin E)[7]；三萜类：角鲨烯(squalene)[7]。

嫩芽及花蕾含三萜类：熊果酸(ursolic acid)[8]；脂肪烃类：二十八醇十六酸酯(octacosanol hexadecanoic acid ester)，二十四醇(tetracosanol)，棕榈酸，二十六醇[8]。

化学成分参考文献

[1] Sueyoshi E, et al. *Heterocycles*, 2008, 76(1): 845-849.

[2] Morita N, et al. *Yakugaku Zasshi*, 1968, 88(10): 1311-1312.

[3] Soon JS, et al. *Nat Prod Sci*, 2004, 10(4): 173-176.

[4] Otsuka H, et al. *Heterocycles*, 2010, 80(1): 339-348.

[5] Sueyoshi E, et al. *J Nat Med*, 2009, 63(1): 61-64.

[6] Yu Q, et al. *Chem Pharm Bull*, 2005, 53(7): 800-807.

[7] 贾春晓，等. 粮油加工，2008, 12: 50-55.

[8] 方成武，等. 中国中药杂志，2009, 34(14): 1867-1868.

2. 膀胱果　白凉子、泡泡树（陕西），凉子树（河南），大果省沽油（峨眉植物图志）

Staphylea holocarpa Hemsl. in Kew Bull. Misc. Inform. 1895: 15. 1895.——*Tecoma cavaleriei* H. Lév., *Xanthoceras enkianthiflorum* H. Lév.（英 **Chinese Bladdernut**）

落叶灌木或小乔木，高 3–5 m。幼枝平滑，无毛。复叶具 3 小叶；小叶片近革质，无毛，长圆状披针形至狭卵圆形，长 5–10 cm，宽 2.5–5 cm，先端急尖或渐尖，基部宽楔形或圆形，边缘有细锯齿，上面淡绿色，无毛，下面绿白色，幼时延脉有灰白色柔毛，后近中脉疏被毛；侧生小叶近无柄，顶生小叶具长柄，柄长 2–4 cm。广展的伞房花序，长 5 cm 或更长；具花序梗；花白色或粉红色，在叶后开放；萼片长约 1 cm；花瓣比萼片稍长；雄蕊与花瓣近等长；子房被毛。果为 3 裂、梨形膨大的蒴果，长 4–5 cm，宽 2.5–3 cm，基部狭，顶平截。种子近椭圆形，灰褐色，有光泽。花期 4–5 月，果期 6–8 月。

分布与生境　产于陕西、甘肃、山西、河南、安徽、浙江、湖北、湖南、广东、广西、四川、贵州、西藏。生于石灰岩山坡落叶林中。

药用部位　根、果实。

功效应用　润肺止咳，祛痰，祛风除湿，活血化瘀。用于干咳，妇女产后瘀血不净。

化学成分　嫩芽含三萜类：白桦脂酸(betulinic acid)，熊果酸(ursolic acid)；脂肪烃类：正二十九烷[1]。

膀胱果 Staphylea holocarpa Hemsl.
引自《秦岭植物志》

膀胱果 Staphylea holocarpa Hemsl.
摄影：徐永福 林秦文 何顺志

化学成分参考文献

[1] Novotny, et al. *Herba Pol*, 2002, 48(2): 94-97.

3. 山香圆属 **Turpinia** Vent.

乔木或灌木，枝圆柱形。叶对生，奇数羽状复叶、三出复叶或单叶；具托叶。圆锥花序顶生或腋生；花小，白色，两性，稀为单性；萼片5，宿存，覆瓦状排列；花瓣5，覆瓦状排列；花盘伸出；雄蕊5枚，着生于发达的花盘裂齿外面；子房3室，每室有2至多数排成两列的胚珠，花柱3，分离或连合。果实近圆球形，浆果状，肉质，不裂。种子扁平，有肉质胚乳。

30-40种，分布于亚洲热带、亚热带及美洲中部和南部热带地区。我国有13种，分布于西南及长江流域以南各地，东至台湾，其中1种可药用。

本属植物中山香圆叶具有较好的抗菌消炎作用，临床上主要用于治疗扁桃体炎、咽喉炎、扁桃体脓肿等。山香圆总黄酮是从山香圆中提取的有效部位，对免疫功能低下和关节炎有改善作用。

1. 锐尖山香圆　　五寸铁树、尖树、黄柿（广西），两指剑（全国中草药汇编），山香圆（中国高等植物图鉴）

Turpinia arguta (Lindl.) Seem. in Bot. Voy. Herald 371. 1857.——*Ochranthe arguta* Lindl., *Eyrea vernalis* Champ. ex Benth., *Maurocenia arguta* (Lindl.) Kuntze, *Staphylea simplicifolia* Gardner et Champ.（英 **Acute Turpinia**）

常绿灌木，高1-3 m。老枝灰褐色，光滑，幼枝具灰褐色斑点。单叶对生；叶片近革质，椭圆形、长椭圆形至披针状椭圆形，长7-20 cm，宽2-5 cm，先端渐尖至长渐尖，基部楔形，边缘具锐锯齿，齿尖具硬腺体，上面绿色，无毛，下面灰绿色，被极短硬毛，侧脉10-13对，连同中脉在两面隆起；叶柄长0.5-2.5 cm，顶端或近顶端常具腺体；托叶早落。圆锥花序顶生，长5-16 cm；花白色，直径4-5 mm；花梗中部具2枚苞片；萼片5，三角形，绿色，边缘具睫毛，外面2枚较小，内面的与花瓣近等长；花瓣5，白色或粉红色，无毛；雄蕊花丝长约6 mm，疏被短柔毛；子房及花柱均被柔毛。果实近球形，直径4-6 mm，黄色至橙红色，先端具小尖头，表面粗糙。种子2-3粒。花期3-4月，果

锐尖山香圆 **Turpinia arguta** (Lindl.) Seem.
引自《中国高等植物图鉴》

锐尖山香圆 **Turpinia arguta** (Lindl.) Seem.
摄影：朱鑫鑫

期 9–10 月。

分布与生境　产于浙江、江西、福建、湖北、湖南、广东、广西、四川、贵州。生于海拔 400–700 m 山地路边、溪旁的疏林或灌丛中。

药用部位　根、叶。

功效应用　活血止痛，解毒消肿。用于跌扑损伤，脾大，咽喉肿痛。

化学成分　叶含黄酮类：金丝桃苷(hyperin)，槲皮素-3-O-刺槐糖苷(quercetin-3-O-robinoside)[1]，芹菜苷元(apigenin)，芹菜苷元-7-O-β-新橙皮糖苷(apigenin-7-O-β-neohesperidoside)，木犀草素(luteolin)，芹菜苷元-7-O-β-葡萄糖苷(apiogenin-7-O-β-glucoside)，木犀草素-7-O-β-葡萄糖苷(luteolin-7-O-β-glucoside)，芹菜苷元-7-O-β-D-(2",6"-二-α-L-吡喃鼠李糖基)-吡喃葡萄糖苷[apigenin-7-O-β-D-(2",6"-di-α-L-rhamnopyranosyl)-glucopyranoside][2]，女贞诺苷▲(nuezhenoside)，漆叶苷(rhoifolin)[1,3]，刺槐素-7-O-[β-D-吡喃葡萄糖基-(1→6)-α-L-吡喃鼠李糖基-(1→2)]-β-D-吡喃葡萄糖苷{acacetin-7-O-[2"-O-α-L-rhamnopyranosyl-6"-O-β-D-glucopyranosyl]-β-D-glucopyranoside}，新密蒙花苷(neobudofficide)，木犀草素-7-O-α-L-吡喃鼠李糖基-(1→2)-β-D-吡喃葡萄糖苷[luteolin-7-O-α-L-rhamnopyranosyl-(1→2)-β-D-glucopyranoside]，金圣草酚-7-O-α-L-吡喃鼠李糖基-(1→2)-β-D-吡喃葡萄糖苷[chrysoeriol-7-O-α-L-rhamnopyranosyl-(1→2)-β-D-glucopyranoside]，柳穿鱼苷(linarin)，芹菜苷元-6,8-二-C-β-D-吡喃葡萄糖苷(apigenin-6,8-di-C-β-D-glucopyranoside)[3]；酚酸类：香荚兰酸(vanillic acid)，焦没食子酸(pyrogallic acid)，没食子酸(gallic acid)[2]；苯丙素类：反式-对羟基桂皮酸(trans-p-hydroxycinnamic acid)[2]；三萜类：2α,3β-二羟基熊果-12-烯-28-酸(2α,3β-dihydroxyurs-12-en-28-oic acid)[4]，2α,19α-二羟基熊果酸(2α,19α-dihydroxyursolic acid)[5]，α-香树脂醇(α-amyrin)，19α-羟基熊果酸(19α-hydroxyursolic acid)，熊果酸(ursolic acid)[6-7]，钩藤苷元C(uncargenin C)，野蔷薇苷(rosamultin)，3β,6β,23-三羟基熊果-12-烯-28-酸(3β,6β,23-trihydroxyurs-12-en-28-oic acid)，3β,6β,19α,23-四羟基熊果-12-烯-28-酸(3β,6β,19α,23-tetrahydroxyurs-12-en-28-oic acid)，1α,3β,23-三羟基-12-齐墩果烯-28-酸(1α,3β,23-trihydroxy-12-oleanen-28-oic acid)，阿江榄仁葡萄糖苷II(arjunglucoside II)，3β-O-β-D-吡喃葡萄糖基金鸡纳酸(3β-O-β-D-glucopyranosylcincholic acid)，鸡纳酸-3-O-β-D-吡喃葡萄糖苷(quinovic acid-3-O-β-D-glucopyranoside)，玉叶金花苷S(mussaendoside S)，3β-O-β-D-吡喃葡萄糖基鸡纳酸-28-O-β-D-吡喃葡萄糖基酯(3β-O-β-D-glucopyranosylquinovic acid-28-O-β-D-glucopyranosyl ester)[7]，2α-过氧羟基-3β-羟基熊果-12-烯-28-酸(2α-hydroperoxy-3β-hydroxy-urs-12-en-28-oic acid)[8]；有机酸及其酯类：肉豆蔻酸(myristic acid)[8]，丁二酸酐(butanedioic anhydride)，α-呋喃甲酸(α-furoic acid)，2-对羟基苄基苹果酸[2-(4'-hydroxybenzyl)-malic acid][2]；甾体类：胡萝卜苷[8]。

药理作用　调节免疫作用：山香圆总黄酮对弗氏完全佐剂诱导的佐剂性关节炎大鼠的异常免疫功能具有调节作用，可纠正 Con A、LPS 诱导的大鼠低下的脾淋巴细胞增殖反应和脾细胞 IL-2 的产生，降低大鼠腹腔巨噬细胞产生过高的 IL-1 和 PGE_2[3]。山香圆总黄酮能改善环磷酰胺致免疫功能低下小鼠的免疫功能，可提高小鼠的吞噬指数 a 值和校正指数 K 值、增加脾细胞和血清中溶血素水平、增强迟发型变态反应，其调节免疫作用与提高 CD^{4+}、CD^{8+} 细胞数和调节 T 细胞亚群的比例有关[4]。

抗炎镇痛作用：山香圆含片（山香圆叶的浸膏片）能减少醋酸致小鼠扭体次数，提

山香圆叶 **Turpiniae Folium**
摄影：陈代贤

高热板致小鼠痛阈，对二甲苯致小鼠耳肿胀、鸡蛋清致大鼠足跖肿胀、醋酸致小鼠腹腔毛细血管通透性提高均有抑制作用[1]。山香圆总黄酮对二甲苯诱导的小鼠耳肿胀、角叉菜胶诱导的大鼠足跖肿胀、棉球诱导的大鼠肉芽肿和弗氏完全佐剂诱导的大鼠佐剂性关节炎具有抑制作用，与山香圆总提取物作用一致[2]。

抗细菌作用：山香圆含片对小鼠腹腔感染金黄色葡萄球菌有保护作用[5]。体外抑菌试验表明，山香圆对金黄色葡萄球菌的抑菌作用较强，对乙型溶血型链球菌有一定的抑菌作用[6]。

注评 本种为中国药典（2010、2015年版）收载"山香圆叶"的基源植物，药用其干燥叶。药典使用本种的中文异名山香圆。苗族也药用其全株治疗跌打损伤。

化学成分参考文献

[1] 章光文，等. 中国中药杂志，2009, 34(12): 1603-1604.
[2] 李云秋，等. 中国药学杂志，2012, 47(4): 261-264.
[3] 马双刚，等. 中国中药杂志，2013, 38(11): 1747-1750.
[4] 方乍浦，等. 中草药，1983, 14(1): 8-10.
[5] 方乍浦，等. 中草药，1985, 16(2): 53.
[6] 方乍浦，等. 中草药，1985, 16(12): 533-535.
[7] 吴敏，等. 热带亚热带植物学报，2012, 20(1): 78-83.
[8] 方乍浦，等. 中草药，1987, 18(7): 294-296.

药理作用及毒性参考文献

[1] 詹怡飞，等. 时珍国医国药，2005, 16(5): 389-390.
[2] 张磊，等. 安徽医科大学学报，2003, 38(3): 185-188.
[3] 张磊，等. 中国药理学通报，2007, 23(1): 106-110.
[4] 张磊，等. 安徽医科大学学报，2006, 41(5): 539-543.
[5] 詹怡飞，等. 江西中医学院学报，2005, 17(2): 55.
[6] 杨义方，等. 中药通报，1986, 11(8): 30-32.

4. 野鸦椿属 Euscaphis Siebold et Zucc.

落叶灌木或小乔木。叶对生，奇数羽状复叶；具托叶；小叶片革质，具细锯齿，有小叶柄和小托叶。圆锥花序顶生；花两性；萼片5，覆瓦状排列，宿存；花瓣5；花盘环状，具圆齿；雄蕊5枚，着生于花盘基部外缘，花丝基部扩大；子房上位，心皮2-3，仅基部稍合生，花柱2-3，基部稍连合，柱头头状，每室2列胚珠。蓇葖果1-3，果皮软革质，沿内面缝线开裂。种子具假种皮。

3种，分布于日本至中南半岛。我国有2种，分布于除东北和西北以外各地，均可药用。

分种检索表

1. 圆锥花序；蓇葖果外面肋脉显著 ·· 1. **野鸦椿 E. japonica**
1. 聚伞花序；蓇葖果外面肋脉不显著 ·· 2. **福建野鸦椿 E. fukienensis**

本属药用植物主要含三萜、黄酮、酚酸、大柱香波龙烷类及脂肪类成分等，如从野鸦椿枝叶分离的脂肪类化合物3,7-二羟基-5-辛内酯 (3,7-dihydroxy-5-octanolide，**1**)，5,7-二羟基-2(Z)-辛酸甲酯 [methyl 5,7-dihydroxy-2(Z)-octanoate，**2**]，野鸦椿内酯 (euscapholide，**3**)，3,4,5-三羟基苯甲酸甲酯 (3,4,5-trihydroxybenzoic acid methyl ester，**4**)；大柱香波龙烷类成分如催吐罗芙木醇 (vomifoliol，**5**)。**1** 和 **3** 具有较强的抗炎活性，能显著地抑制由 κ-角叉菜胶诱导的炎症。野鸦椿酯类化合物的抗炎活性与结构中的 α、β 不饱和羰基密切相关，而且有可能是通过抑制体内的环氧酶的活性来实现抗炎症作用。

1   2   3   4   5

本属植物野鸦椿的枝叶有抗炎作用，酯类化合物对肿瘤细胞增殖有抑制活性。

1. 野鸦椿 酒药花、鸡肾果（广西），鸡眼睛（四川），山海椒、小山辣子（云南），红棕（湖北、四川），芽子木（湖南）

Euscaphis japonica (Thunb.) Kanitz, Term. Füz. 3: 157. 1878.——*Sambucus japonica* Thunb. ex Roem. et Schult., *Euscaphis chinensis* Gagnep., *E. konishii* Hayata, *E. japonica* (Thunb.) Kanitz var. *ternata* Rehder, *Evodia chaffanjoni* H. Lév.（英 **Common Euscaphis**）

落叶小乔木或灌木，高 2–8 m。树皮灰褐色，具纵条纹，小枝及芽红紫色，枝叶揉碎后发出恶臭气味。叶对生，奇数羽状复叶，长 6–22 cm，叶轴淡绿色，小叶 5–9，稀 3 或 11；小叶片厚纸质，长卵形或椭圆形，长 4–9 cm，宽 2–4 cm，先端渐尖，基部圆形或宽楔形，边缘具疏短锯齿，齿尖有腺体，两面除背面沿脉有白色短柔毛外其余无毛，主脉在背面隆出，侧脉 8–11 对，在两面可见；小叶柄长 1–2 mm，小托叶线形。圆锥花序顶生，花序长达 21 cm；花多，较密集，黄白色，直径 4–5 mm；萼片 5，宿存；花瓣 5，椭圆形；花盘盘状；心皮 3，分离。蓇葖果长 1–2 cm，每一花发育为 1–3 个蓇葖，果皮软革质，紫红色，有纵脉纹。种子近圆形，直径约 5 mm，假种皮肉质，黑色，有光泽。花期 5–6 月，果期 8–9 月。

分布与生境 全国除东北和西北外，其他各地均产，主要分布于江南各地。日本、朝鲜也有分布。

药用部位 果实、根、树皮、叶、花。

功效应用 果实：行气止痛，收敛固脱。用于月经不调，疝痛，胃痛，脱肛，子宫下垂，漆疮。根：解表，清热，利湿，祛风散寒。用于感冒头痛，风湿腰痛，胃痛，痢疾，肠炎，跌打损伤。树皮：行气，利湿，祛风，退翳。用于小儿疝气，风湿骨痛，水痘，天花，目生云翳。叶：祛风止痒。用于妇女阴痒。花：祛风止痛。

野鸦椿 Euscaphis japonica (Thunb.) Kanitz
李锡畴 绘

野鸦椿 Euscaphis japonica (Thunb.) Kanitz
摄影：张英涛 梁同军

用于头痛，眩晕。

化学成分 枝含三萜类：野鸦椿酸(euscaphic acid) A、B、C、D、E、F[1]、G、H、I、J、K、L[2]，野鸦椿酸(euscaphic acid)，2α-羟基熊果酸(2α-hydroxyursolic acid)，果渣酸▲(pomolic acid)，2α-羟基果渣酸▲(2α-hydroxypomolic acid)，23-醛基果渣酸▲(23-aldehydepomolic acid)，委陵菜酸(tormentic acid)，铁冬青酸(rotundic acid)，铁冬青吉酸▲(rotungenic acid)[1]，帚枝鼠尾草酸▲(virgatic acid)，山楂酸(maslinic acid)，常春藤皂苷元(hederagenin)，阿江榄仁尼酸▲(arjunic acid)，冬青皂苷元A(ilexosapogenin A)，3β,23-二羟基-1-氧代齐墩果-12-烯-28-酸(3β,23-dihydroxy-1-oxo-olean-12-en-28-oic aicd)，2α,3α,23-三羟基齐墩果-12-烯-28-酸(2α,3α,23-trihydroxyolean-12-en-28-oic acid)，2α,3β,19α-三羟基熊果-12-烯-23,28-二酸-23-甲酯(2α,3β,19α-trihydroxyurs-12-ene-23,28-dioic acid-23-methyl ester)[2]，齐墩果酸(oleanolic acid)[3]；木脂素类：轻木卡罗木脂素▲(carolignan) A、B[2]；苯丙素类：芥子醛(sinapic aldehyde)[3]；酚、酚酸类：香荚兰素(vanillin)，香荚兰酸(vanillic acid)，没食子酸(gallic acid)，原儿茶酸(protocatechuic acid)[3]，刺柏三醇苷▲A (junipetrioloside A)，鞣花酸(ellagic acid)，3,3'-二-O-甲基鞣花酸-4'-O-β-D-吡喃葡萄糖苷(3,3'-di-O-methylellagic acid-4'-O-β-D-glucopyranoside)，3,3'-二-O-甲基鞣花酸-4'-O-α-D-呋喃阿拉伯糖苷(3,3'-di-O-methylellagic acid-4'-O-α-D-arabinfuranoside)，3,3'-二-O-甲基鞣花酸-4'-O-β-D-吡喃木糖苷(3,3'-di-O-methylellagic acid-4'-O-β-D-xylopyranoside)，3,3'-二-O-甲基鞣花酸(3,3'-di-O-methylellagic acid)[4]；大柱香波龙烷类：黄麻香堇苷▲C (corchoionoside C)[4]；呋喃类：5-羟甲基糠醛(5-hydroxymethylfurfural)[3]。

枝叶含大柱香波龙烷类：催吐萝芙木醇(vomifoliol)[5]；酚类：5,7-二羟基-2-甲基-苯并吡喃-4-酮(5,7-dihydroxy-2-methyl-benzopyran-4-one)，3,4,5-三羟基苯甲酸甲酯(3,4,5-trihydroxybenzoic acid methyl ester)[5]；脂肪族类：3,7-二羟基-5-辛内酯(3,7-dihydroxy-5-octanolide)，5,7-二羟基-2(Z)-辛酸甲酯[methyl 5,7-dihydroxy-2(Z)-octanoate]，野鸦椿内酯(euscapholide)[5-6]。

叶含黄酮类：山奈酚-3-O-β-D-吡喃葡萄糖苷(kaempferol-3-O-β-D-glucopyranoside)，槲皮素-3-O-β-D-吡喃葡萄糖苷(quercetin-3-O-β-D-glucopyranoside)[7]；内酯类：野鸦椿内酯(euscapholide)，野鸦椿内酯-O-β-D-吡喃葡萄糖苷(euscapholide-O-β-D-glucopyranoside)[8]，(1S,5R,7S)-7-甲基-2,6-二氧杂双环[3.3.1]壬-3-酮{(1S,5R,7S)-7-methyl-2,6-dioxabicyclo[3.3.1]nonan-3-one}[9]；大柱香波龙烷类：3S,5R,6R,9S-四羟基大柱香波龙-7-烯(3S,5R,6R,9S-tetrahydroxymegastigman-7-ene)[9]；鞣质类：野鸦椿鞣宁▲(euscaphinin)，1β-O-没食子酰夏栎鞣精▲(1β-O-galloylpedunculagin)[10]。

菁荑果含黄酮类：异槲皮苷(isoquercitrin)，矢车菊素-3-O-木糖基葡萄糖苷(cyanidin-3-O-xylosylglucoside)，紫云英苷(astragalin)[11]；三萜类：野鸦椿酸(euscaphic acid)，委陵菜酸(tormentic acid)[12]，齐墩果酸(oleanolic acid)，果渣酸▲(pomolic acid)[12-13]，熊果酸(ursolic acid)[13]；胺类：野鸦椿胺▲(euscamine) A、B[13]。

地上部分含三萜类：无羁萜(friedelin)，欧洲桤木-5-烯-醇(glut-5-en-ol)，果渣酸▲(pomolic acid)，铁冬青酸甲酯(methyl rotundate)[14]；黄酮类：山奈酚(kaempferol)，槲皮素(quercetin)，山奈酚-3-O-β-D-吡喃葡萄糖苷，槲皮素-3-O-β-D-吡喃葡萄糖苷[15]；异香豆素类：狭叶栎鞣素▲H₁(stenophyllin H₁)[15]；苯丙素类：对香豆酰-D-苹果酸-1-甲酯(p-coumaroyl-D-malic acid-1-merthyl ester)[15]；酚类：没食子酸(gallic acid)，α-生育酚(α-tocopherol)[15]；大柱香波龙烷类：布卢竹柏醇A (blumenol A)，3S,5R,6R,9S-四羟基大柱香波龙-7-烯[15]；其他类：(-)-植醇[(-)-phytol]，3,7-二羟基-5-辛内酯(3,7-dihydroxy-5-octanolide)，5,7-二羟基辛酸甲酯(methyl 5,7-dihydroxyoctanoate)[15]。

药理作用 抗炎镇痛作用：野鸦椿水提取物对二甲苯致小鼠耳肿胀、角叉菜胶和鸡蛋清致大鼠足跖肿胀、急性炎症致小鼠皮肤和腹腔毛细血管通透性增加、冰醋酸和热板致小鼠疼痛均有不同程度的抑制作用[1]。从野鸦椿枝叶的甲醇提取物中分离得到的酯类化合野鸦椿内酯和5,7-二羟基-2(Z)-辛酸甲酯可抑制角叉菜胶诱导的大鼠足跖肿胀，其抗炎活性与结构中的α、β不饱和羰基密切相关，且可能通过抑制体内的环氧酶的活性来实现抗炎作用[2]。

抗肿瘤作用：野鸦椿内酯和5,7-二羟基-2(Z)-辛酸甲酯体外能抑制HeLa细胞的增殖，其作用机制可能与调节 HeLa 细胞 p53 蛋白表达及诱导 HeLa 细胞的凋亡有关 [3]。

抗突变作用：野鸦椿具有较强活性，可使在 Ames 试验体系中用苯并 (a) 芘导致的突变降低 95% 以上，其乙酸乙酯部分可使突变下降 90% 以上 [4]。

注评 本种为四川（1980 年版）中药材标准收载"鸡眼睛"的基源植物，药用其干燥果实。本种的根称"野鸦椿根"，叶称"野鸦椿叶"，花称"野鸦椿花"，茎皮称"野鸦椿皮"，均可药用。苗族、土家族、侗族、畲族也药用本种，主要用途见功效应用项。土家族尚用本种的果实、根、花治黄疸型肝炎，肝硬化腹水；侗族、畲族用其根、果实治疗酒后伤风，解酒。

化学成分参考文献

[1] Cheng JJ, et al. *J Nat Prod*, 2010, 73(10): 1655-1658.

[2] Zhang LJ, et al. *Planta Med*, 2012, 78(14): 1584-1590.

[3] 周雯，等. 中国实验方剂学杂志，2013, 19(6): 121-123.

[4] 周雯，等. 中国实验方剂学杂志，2013, 19(17): 93-96.

[5] 董玫，等. 天然产物研究与开发，2002, 14(4): 34-37.

[6] 董玫，等. 天然产物研究与开发，2004, 16(4): 290-293.

[7] Ishikura N, et al. *Phytochemistry*, 1971, 10(12): 3332.

[8] Takeda Y, et al. *Phytochemistry*, 1998, 49(8): 2565-2568.

[9] Takeda Y, et al. *Chem Pharm Bull*, 2000, 48(5): 752-754.

[10] Maeda H, et al. *Chem Pharm Bull*, 2009, 57(4): 421-423.

[11] Ishikura N, et al. *Shokubutsugaku Zasshi*, 1971, 84(991): 1-7.

[12] Takahashi K. *Chem Pharm Bull*, 1974, 22(3), 650-653.

[13] Konishi T, et al. *Chem Pharm Bull*, 1996, 44(4): 863-864.

[14] Lee, M K, et al. *J Enzyme Inhib Med Chem*, 2009, 24 (6): 1276-1279.

[15] Lee, M K, et al. *Planta Med*, 2007, 73(8): 782-786.

药理作用及毒性参考文献

[1] 李先辉，等. 时珍国医国药，2009, 20(8): 2041-2042.

[2] 董玫，等. 天然产物研究与开发，2004, 16(4): 290-293.

[3] 左敏，等. 癌变·畸变·突变，2008, 20(5): 350-353.

[4] Meng ZM, et al. *Shoyakugaku Zasshi*, 1990, 44(3): 225-229.

2. 福建野鸦椿 腋毛野鸦椿、圆齿野鸦椿（福建植物志）

Euscaphis fukienensis P. S. Hsu in Acta Phytotax. Sin. 11: 196. 1966.（英 **Fukien Euscaphis**）

灌木，高约 1.5 m。小枝纤细，无毛，一年生小枝绿褐色，幼芽被芽鳞 3（外 2 内 1），卵圆形，具缘毛。奇数羽状复叶，对生，叶轴圆柱形，长 3-5 cm，上面有小槽；小叶 5-11，膜质，椭圆形、卵状椭圆形或长圆状披针形，长 6-8 cm，宽 2-3 cm，先端急尖，基部宽楔形或近圆形，顶生小叶片长，边缘具细圆齿，上面绿色，叶脉隆起，下面苍白，侧脉 5-7，顶生小叶柄长 1-2 cm，基部具 2 小托叶，早落，侧生小叶柄长 4-7 mm。伞房式的聚伞花序顶生；萼片 5，浅裂，裂片长圆形，长约 2 mm。果序长约 10 cm，果密集；蒴果长 5-10 mm，绿色，干后稍红色，革质，先端具短尖，果柄长约 3 mm。种子 1-3，近圆形，压扁，直径约 5 mm，黑色。

分布与生境 产于福建（南靖、平和、永泰、南平）。

药用部位 花。

功效应用 镇痛。用于头痛眩晕。

化学成分 种子含黄酮类：异鼠李素-3-*O*-*β*-D-吡喃葡萄糖苷(isorhamnetin-3-*O*-*β*-D-glucopyranoside)，槲皮素-3-*O*-*β*-D-吡喃葡萄糖苷(quercetin-3-*O*-*β*-D-glucopyranoside)[1]；色酮类：2-甲基-5,7-二羟基色酮(2-methyl-5,7-dihydroxychromone)[1]；酚酸类：没食子酸(gallic acid)，4-羟基苯甲酸(4-hydroxybenzoic acid)[1]；有机酸类：1,2-苯二羧酸(1,2-benzenedicarboxylic acid)，丁二酸(butanedioic acid)，粘康酸(muconic acid)[1]；甾体类：*β*-谷甾醇，胡萝卜苷[1]。

化学成分参考文献

[1] 黄云，等. 中草药，2014, 45(18): 2611-2613.

翅子藤科 HIPPOCRATEACEAE

　　藤本、灌木或小乔木。单叶，对生或偶有互生，具柄；托叶小或缺如。花两性，辐射对称，簇生或排列呈二歧聚伞花序；萼片 5，覆瓦状排列；花瓣 5，覆瓦状或镊合状排列；花盘杯状或垫状，有时不明显；雄蕊 3 枚，稀 2、4 或 5，着生于花盘边缘，与花瓣互生，花丝舌状，扁平，花药基着；子房上位，多少与花盘愈合，3 室，每室有胚珠 2-12 枚，两列排列，中轴胎座，花柱短，通常 3 裂或截行。果为蒴果或浆果。种子有时压扁状，具翅或无翅而有棱，无胚乳，子叶大而厚，合生。

　　约 13 属，250 余种，主要分布于全世界热带和亚热带地区。我国有 3 属约 19 种，主产于南部和西南部，其中 1 属 2 种可药用，分布于华南和西南地区。

1. 五层龙属 Salacia L.

　　攀缘状或蔓生灌木或小乔木。小枝近圆形，节间通常膨大或略扁平。叶对生或近对生，全缘或有钝齿，具柄，无托叶。花少数或多数，簇生于叶腋或腋上生有瘤的突起上，少有排列成聚伞花序；具苞片；萼片 5，常不等大；花瓣 5，覆瓦状排列；雄蕊 3 枚，稀 2 或 4，着生于花盘边缘，花丝舌状，外弯，花药基着，2 室，纵裂或横裂；花盘肉质，杯状或垫状；子房大多藏于花盘内，3 室，每室有胚珠 2-12 枚，两列排列，花柱短。浆果，肉质或近木质。种子大，有棱，埋在多汁的果肉内，无翅；外果皮干时革质或近木质。

　　约 200 余种，主产于全世界热带地区。我国近 10 种，主要分布于广东、广西、云南、贵州等地。本属药用植物 2 种。

分种检索表

1. 花梗极短，长不过 1 mm；浆果直径 2-2.5 cm；叶片长圆状披针形，长 10-15 cm，宽 3.5-5 cm ··················
·· 1. 无柄五层龙 S. sessiliflora
1. 花梗长 6-10 mm；浆果直径仅 1 cm；叶片椭圆形或卵状椭圆形，长 5-11 cm，宽 2-5 cm ··················
·· 2. 五层龙 S. prinoides

1. 无柄五层龙　　梭子藤、鸡卵黄、狗卵子（广西），野黄果、野柑子（云南）

Salacia sessiliflora Hand.-Mazz. in Anz. Akad. Wiss. Wien Math.——Nat. 59: 56. 1922.（英 **Sessileflower Salacia**）

　　灌木，高达 4 m。小枝暗灰色，具瘤状小皮孔。叶对生；叶片薄革质，长圆状卵圆形或长圆状披针形，长 10-15 cm，宽 3.5-5 cm，顶端渐尖或钝，基部圆形或宽楔形，边缘具疏而细的锯齿，叶面光亮，侧脉 8-9 对，背面显著突起，网脉横出；叶柄长 5-10 cm。花少数，淡绿色，着生于叶腋内的瘤状突起上，花梗极短，长不过 1 mm；萼片卵形，端钝尖，长约 1 mm，边缘具短纤毛；花瓣长圆形，长约 2 mm，顶端钝尖；花盘杯状，高约 0.6 mm；雄蕊 3 枚，花丝短，扁平，着生于花盘边缘，花药肾形；子房藏于花盘内，3 室，花柱粗壮，圆锥形，长 0.4 mm。浆果橘黄色至橘红色，直径 2-2.5 cm，外果皮干时薄革质；果梗长 5-6 mm。种子 3-4 颗。花期 6 月，果期 10 月。

分布与生境　　产于广东、广西、贵州、云南东南部。生于海拔 200-1600 m 的山坡灌丛中。

药用部位　　果实。

功效应用　　用于胃痛。

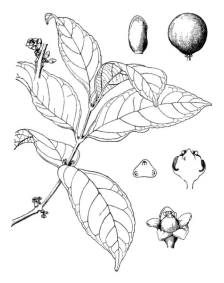

无柄五层龙 **Salacia sessiliflora** Hand.-Mazz.
肖溶 绘

无柄五层龙 **Salacia sessiliflora** Hand.-Mazz.
摄影：喻勋林

2. 五层龙

Salacia prinoides (Willd.) DC. in Prodr. 1: 571. 1824.——*Tontelea prinoides* Willd., *Salacia chinensis* L.（英 **Prinos-like Salacia**）

攀援灌木，长可达 4 m。根皮金黄色，断面常有五圈环纹。树皮灰黑色；分枝多，小枝有棱。叶对生；叶片革质，椭圆形、长椭圆形至卵状椭圆形，长 5–11 cm，宽 2–5 cm，先端钝或短渐尖，基部楔形，边缘有浅钝齿，两面有光泽。花小，淡黄色，3–6 朵聚生于叶腋内的瘤状突起上；萼片 5，极小，正三角形；花瓣 5，阔卵形，广展或外弯；雄蕊 3 枚，花丝短，扁平，药室分歧；花盘杯状，包围着子房；花柱短，圆锥形。果球形，直径约 1 cm，成熟时红色，具短柄和宿存的花萼，有种子 1 颗。花期 12 月，果期翌年 1 月。

分布与生境 产于广东、广西。生于山坡、丘陵的灌木丛中。

药用部位 根、皮。

五层龙 **Salacia prinoides** (Willd.) DC.
引自《中国高等植物图鉴》

五层龙 **Salacia prinoides** (Willd.) DC.
摄影：郑希龙

功效应用　祛风除湿，通经活络。用于风湿性关节炎，腰肌劳损，体虚无力。

化学成分　根含呫酮类：杧果苷(mangiferin)[1]；花青素类[2]。

根皮含三萜类：$3\beta,30$-二羟基羽扇豆-20(29)-烯-2-酮[$3\beta,30$-dihydroxylup-20(29)-en-2-one][3]，1,3-二氧代-D:A-飞齐墩果-26-醛(1,3-dioxo-D:A-friedooleanan-26-al)，1,3-氧代-D:A-飞齐墩果-26-酸(1,3-dioxo-D:A-friedooleanan-26-oic acid)，26-羟基无羁萜-1,3-二酮(26-hydroxyfriedelane-1,3-dione)[4]，25,26-环氧无羁萜-1,3-二酮(25,26-oxidofriedel-1,3-dione)[5]，羽扇豆醇(lupeol)，羽扇豆-20(29)-烯-$3\beta,30$-二醇[lup-20(29)-en-$3\beta,30$-diol]，熊果酸(ursolic acid)，30-羟基羽扇豆-20(29)-烯-3-酮[30-hydroxylup-20(29)-en-3-one]，3,22-二氧代-29-降莫烷(3,22-dioxo-29-normoretane)[6]；黄酮类：槲皮素(quercetin)，槲皮素-3',4'-二甲醚(quercetin-3',4'-dimethyl ether)，异鼠李素(isorhamnetin)，山奈酚-4'-甲醚[6]；酚酸类：没食子酸(gallic acid)，没食子酸乙酯(ethyl gallate)，鞣花酸(ellagic acid)[6]；呫山酮类：杧果苷[7]；甾体类：β-谷甾醇，β-胡萝卜苷[6]；其他类：三十一烷-12-醇(hentriacontan-12-ol)，三十一醇(hentriacontanol)[6]，五层龙辛醇▲(salacinol)[8]，2-乙酰基-5,5-二甲基环己-1,3-二酮(2-acetyldimedone)[9]。

茎含三萜类：五层龙素酮▲(salasone) A、B、C[10]、D、E[11]，五层龙奎酮▲(salaquinone) A[10]、B[11]，柯库木醇▲(kokoonol)，染用卫矛素B(tingenin B)，无羁萜-3-酮-29-醇(friedelan-3-one-29-ol)，β-香树烯酮(β-amyrenone)，β-香树脂醇(β-amyrin)，15α-羟基无羁萜-3-酮(15α-hydroxyfriedelan-3-one)，染用卫矛酮▲(tingenone)，雷公藤愈伤素▲A(triptocallin A)，雷公藤酸C(wilforic acid C)，$3\beta,22\beta$-二羟基齐墩果-12-烯-29-酸($3\beta,22\beta$-dihydroxyolean-12-en-29-oic acid)，22α-羟基-3-氧代齐墩果-12-烯-29-酸(22α-hydroxy-3-oxoolean-12-en-29-oic acid)，美登木酸(maytenoic acid)，变叶美登木酸(maytenfolic acid)，雷公藤酸A(tripterygic acid A)，去甲基东北雷公藤素▲(demethylregelin)，大子五层龙酸(salaspermic acid)，直楔草酸(orthosphenic acid)[10]，白桦脂醇(betulin)，29-降-21-αH-何帕-3,22-二酮(29-nor-21αH-hopane-3,22-dione)，21αH-何帕-22(29)-烯-$3\beta,30$-二醇[21-αH-hop-22(29)-ene-$3\beta,30$-diol][12]，$7\alpha,21\alpha$-二羟基无羁萜-3-酮($7\alpha,21\alpha$-dihydroxyfriedelane-3-one)，$7\alpha,29$-二羟基无羁萜-3-酮($7\alpha,29$-dihydroxyfriedelane-3-one)，$21\alpha,30$-二羟基无羁萜-3-酮($21\alpha,30$-dihydroxyfriedelane-3-one)[13]，28-羟基-3-氧代-30-羽扇豆酸(28-hydroxy-3-oxo-30-lupanoic acid)，3-氧代羽扇豆-30-醛(3-oxo-lupane-30-al)[14]；倍半萜类：五层龙索醇▲(salasol) A[10]、B[11]，青江藤素▲C(celahin C)[10]；酚类：(-)-表没食子儿茶素[(-)-epigallocatechin][10]；黄酮类：(-)-表儿茶素[(-)-epicatechin]，(+)-儿茶素[(+)-catechin]，牡荆素(vitexin)，异牡荆素(isovitexin)[10]；呫酮类：杧果苷[10]；木脂素类：(+)-南烛树脂醇[(+)-lyoniresinol]，(+)-异落叶松树脂醇[(+)-isolariciresinol]，(+)-8-甲氧基异落叶松树脂醇[(+)-8-methoxyisolariciresinol][10]。

叶含三萜类：五层龙叶素(foliasalacin) A$_1$、A$_2$、A$_3$、A$_4$、B$_1$、B$_2$、B$_3$、C[15]、D$_1$、D$_2$、D$_3$[16]，白桦脂醇，白桦脂酸(betulinic acid)，无羁萜(friedelin)，3β-羟基-20-氧代-30-降羽扇豆烷(3β-hydroxy-20-oxo-30-norlupane)，29-降羽扇豆-3,20-二酮(29-norlupan-3,20-dione)，4-表无羁萜(4-epifriedelin)，羽扇豆-20(29)-烯-$3\beta,15\alpha$-二醇[lup-20(29)-en-$3\beta,15\alpha$-diol]，古柯二醇(erythrodiol)，羽扇豆-20(29)-烯-3-酮-28-醇[lup-20(29)-en-3-on-28-ol]，齐墩果酸(oleanolic acid)，羽扇豆-20(29)-烯-$3\beta,30$-二醇[lup-20(29)-ene-$3\beta,30$-diol]，熊果酸(ursolic acid)，30-羟基羽扇豆-20(29)-烯-3-酮[30-hydroxylup-20(29)-en-3-one]，熊果醇(uvaol)，$3\beta,20$-二羟基羽扇豆烷($3\beta,20$-dihydroxylupane)，无羁萜-3-酮-29-醇(friedelan-3-one-29-ol)，30-羟基无羁萜(30-hydroxyfriedelin)，异熊果烯醇(isoursenol)，12β-羟基-D:A-飞齐墩果-3-酮(12β-hydroxy-D:A-friedooleanan-3-one)，19a(H)-蒲公英赛-$3\beta,20\alpha$-二醇[19a(H)-taraxastane-$3\beta,20\alpha$-diol][16]；大柱香波龙烷类：五层龙叶苷▲(foliasalacioside) A$_1$、A$_2$、B$_1$、B$_2$、C、D[17]、E$_1$、E$_2$、E$_3$、F、G、H、I[18]、J、K、L[19]，铁仔香堇苷▲D(myrsinionoside D)，(+)-脱落酸-β-D-吡喃葡萄糖苷[(+)-abscisyl-β-D-glucopyranoside]，[$1R$-[1a,5a,8S^*(2Z,4E)]]-1-[5-(8-羟基-1,5-二甲基-3-氧代-6-氧杂双环[3.2.1]辛-8-基)-3-甲基-2,4-戊二烯酸酯]-β-D-吡喃葡萄糖苷{[$1R$-[1a,5a,8S^*(2Z,4E)]]-1-[5-(8-hydroxy-1,5-dimethyl-3-oxo-6-oxabicyclo[3.2.1]oct-8-yl)-3-methyl-2,4-pentadienoate]-β-D-glucopyranoside}[18]；倍半萜类：中国五层龙叶苷▲(foliachinenoside) E、F[19]；单萜类：黑麦草内酯-β-D-吡喃葡萄糖苷(loliolide-β-D-glucopyranoside)[18]；酚类：中国五层龙叶苷▲(foliachinenoside) A_1、A_2、A_3、B_1、B_2、C、D[20]，2,4,6-三甲氧基苯酚-1-O-β-D-吡喃葡萄糖苷(2,4,6-trimethoxyphenol-1-O-β-D-glucopyranoside)，角堇苷▲(violutoside)，吸木酮▲(myzodendrone)，2,6-二甲氧基-4-(2-羟乙基)苯酚-1-O-β-D-吡喃葡萄糖苷(2,6-dimethoxy-4-(2-hydroxyethyl)phenol-1-O-β-D-glucopyranoside)[19]；苯甲醇类：苄醇-β-D-吡喃葡萄糖苷(benzyl alcohol-β-D-glucopyranoside)，苄醇-6-O-α-L-吡喃阿拉伯糖基-β-D-吡喃葡萄糖苷(benzyl alcohol-6-O-α-L-arabinopyranosyl-β-D-glucopyranoside)，苄基-β-樱草糖苷(benzyl-β-primeveroside)[19]；苯乙醇类：2-苯乙醇-6-O-α-L-吡喃阿拉伯糖基-β-D-吡喃葡萄糖苷(2-phenethyl alcohol-6-O-α-L-arabinopyranosyl-β-glucopyranoside)[19]；苯丙素类；丁香酚巢菜糖苷(eugenyl vicianoside)，2,6-二甲氧基-4-(2-丙烯基)苯酚-6-O-β-D-吡喃葡萄糖基-β-D-吡喃葡萄糖苷[2,6-dimethoxy-4-(2-propenyl)phenol-6-O-β-D-glucopyranosyl-β-D-glucopyranoside]，松柏苷(coniferin)，丁香苷(syringin)，顺式-丁香苷(cis-syringin)，二氢丁香苷(dihydrosyringin)，反式-芥子酰基-β-D-吡喃葡萄糖苷($trans$-psinapoyl-β-D-glucopyranoside)，E-香豆酰基-1-O-β-D-吡喃葡萄糖苷[(E)-coumaroyl-1-O-β-D-glucopyranoside]，1-[(2Z)-3-对羟基苯基-2-丙烯酰基]-β-D-吡喃葡萄糖苷[1-[(2Z)-3-(4-hydroxyphenyl)-2-propenoate]-β-D-glucopyranoside]，毛果枳椇苷A(hovetrichoside A)[19]；木脂素类：7S,8R-赤式-4,7,9-三羟基-3,3'-二甲氧基-8-O-4'-新木脂素-9'-O-β-D-吡喃葡萄糖苷(7S,8R-$erythro$-4,7,9-trihydroxy-3,3'-dimethoxy-8-O-4'-neolignan-9'-O-β-D-glucopyranoside)，丁香树脂酚-单-β-D-吡喃葡萄糖苷(syringaresinol-mono-β-D-glucopyranoside)，刺五加苷E_2[eleutheroside E_2]，7R,8S-二氢去氢二松柏醇-4-O-β-D-吡喃葡萄糖苷(7R,8S-dihydrodehydrodiconiferyl alcohol-4-O-β-D-glucopyranoside)[19]；甘油酯类：(2S)-2,3-O-二-(9,12,15-十八碳三烯酰基)-甘油基-β-D-吡喃阿拉伯糖苷[(2S)-2,3-O-di-(9,12,15-octadecatrienoyl)-glyceryl-β-D-galactopyranoside]，1,2-二-9,12,15-十八碳三烯酰-sn-甘油(1,2-di-9,12,15-octadecatrienoyl-sn-glycerol)[19]；其他类：中国五层龙叶苷▲(foliachinenoside) G、H、I[19]，3-甲基-2-丁-2-烯-1-醇-6-O-α-L-吡喃阿拉伯糖基-β-D-吡喃葡萄糖苷(3-methyl-2-but-2-en-1-ol-6-O-α-L-arabinopyranosyl-β-D-glucopyranoside)，(3Z)-3-己烯-1-醇-6-O-α-L-吡喃阿拉伯糖基-β-D-吡喃葡萄糖苷[(3Z)-3-hexen-1-ol-6-O-α-L-arabinopyranosyl-β-D-glucopyranoside][19]。

化学成分参考文献

[1] Periyar Selvam S, et al. *International Multidisciplinary Research Journal*, 2011, 1(1): 1-5.

[2] Krishnan V, et al. *Tetrahedron Lett*, 1967, (26): 2441-2446.

[3] Inman WD, et al. *US Pat* 5691386, 1997, 8.

[4] Rogers D, et al. *J Chem Soc, Chem Commun*, 1980, (22): 1048-1049.

[5] Rogers D, et al. *Tetrahedron Lett*, 1974,15(1): 63-66.

[6] 高晓慧，等 . 中药材 , 2008, 31(9): 1348-1351.

[7] Iseda S. *Symposium on Phytochemistry*, 1964, 169-170.

[8] Yamahara J, et al. *Jpn Kokai Tokkyo Koho*, 1999, 12.

[9] Heymann H, et al. *J Am Chem Soc*, 1954, 76(14): 3689-3693.

[10] Morikawa T, et al. *J Nat Prod*, 2003, 66(9): 1191-1196.

[11] Kishi A, et al. *Chem Pharm Bull*, 2003, 51(9): 1051-1055.

[12] Tran TM, et al. *Tap Chi Hoa Hoc*, 2008, 46(1): 47-51.

[13] Tran TM, et al. *Zeitschrift fuer Naturforschung, B: A Journal of Chemical Sciences*, 2010, 65(10): 1284-1288.

[14] Tran TM, et al. *Zeitschrift fuer Naturforschung, B: A Journal of Chemical Sciences*, 2008, 63(12): 1411-1414.

[15] Yoshikawa M, et al. *Chem Pharm Bull*, 2008, 56(7): 915-920.

[16] Zhang Y, et al. *Tetrahedron*, 2008, 64(30-31): 7347-7352.

[17] Nakamura S, et al. *Heterocycles*, 2008, 75(1): 131-143.

[18] Zhang Y, et al. *Chem Pharm Bull*, 2008, 56(4): 547-553.

[19] Nakamura S, et al. *Chem Pharm Bull*, 2011, 59(8): 1020-1028.

[20] Nakamura S, et al. *Heterocycles*, 2008, 75(6): 1435-1446.

黄杨科 BUXACEAE

常绿灌木、小乔木，或为草本。单叶，互生或对生，全缘或有锯齿，羽状脉或离基三出脉，无托叶。花序总状、穗状或密集成头状，有苞片；花小，整齐，无花瓣，单性，雌雄同株或异株；雄花萼片 4，雌花萼片 6，均为二轮，覆瓦状排列；雄蕊 4 枚，与萼片对生，分离，花药大，2 室，花丝多少扁阔；雌花心皮常 3，稀 2，子房上位，3 室，稀 2 室，花柱 3，稀 2，常分离，宿存，具多少向下延伸的柱头，子房每室有 2 枚并生、下垂的倒生胚珠，脊向背缝线。果实为室背开裂的蒴果，或为肉质的核果状。种子黑色，有光泽，胚乳肉质，胚直，有扁薄或肥厚的子叶。

共 4 属，约 100 种，分布于热带和温带。我国有 3 属近 30 种，分布于西北、西南、华中、华东、华南地区至台湾，其中 3 属 18 种 2 亚种 6 变种可药用，大多分布于长江流域以南地区。

本科药用植物化学成分类型多样，主要为生物碱。除此之外还有黄酮、多酚、脂肪油等类型化学成分。黄杨科的生物碱主要可分为两大类：黄杨生物碱和粉蕊黄杨生物碱。

分属检索表

1. 叶对生，羽状脉；雌花生于花序的顶端；果实为室背开裂的蒴果·····························1. **黄杨属 Buxus**
1. 叶互生，大多为离基三出脉；雌花生于花序的下方；果实为肉质的核果状果。
　2. 叶片全缘；果实宿存的花柱极短，明显短于果本体·····························2. **野扇花属 Sarcococca**
　2. 叶片大多在上部有锯齿；果实宿存的花柱较长，与果本体近等长·····················3. **板凳果属 Pachysandra**

1. 黄杨属 Buxus L.

常绿灌木或小乔木；小枝四棱形。叶对生；叶片革质或薄革质，全缘，羽状脉，常有光泽；叶柄短。花序腋生或顶生，总状、穗状或密集成头状；苞片多枚；花单性，雌雄同株，雌花 1 朵生于花序顶端，雄花数朵生于花序下方或四周；雄花：萼片 4，分内外两列，雄蕊 4 枚，和萼片对生，不育雌蕊 1 枚；雌花：萼片 6，子房 3 室，花柱 3，柱头常下延。果实为蒴果，球形或卵形，通常无毛，稀被毛，成熟时沿室背裂为 3 片，宿存花柱角状，每片两角上各有半爿花柱，外果皮和内果皮脱离。种子长圆形，有 3 侧面，种皮黑色，有光泽，胚乳肉质，子叶长圆形。

本属约 70 种，分布于亚洲、欧洲、热带非洲及古巴、牙买加等。我国有 17 种和若干种下等级，自西藏至台湾，自海南到西北甘肃等地，主要分布于西部和西南部，其中 10 种 2 亚种 3 变种可药用。

分种检索表

1. 雌花开放时其花柱长为子房的 2-3 倍。
　2. 花序较大，长 1-1.5 cm；苞片排列紧密·····························1. **大花黄杨 B. henryi**
　2. 花序长度不及 1 cm；苞片排列疏散。
　　3. 叶片多为卵形至长圆状卵形；花丝上半部和花药被毛·····················2. **阔柱黄杨 B. latistyla**
　　3. 叶片长圆状披针形至狭披针形；花丝和花药无毛·····················3. **杨梅黄杨 B. myrica**
1. 雌花开放时其花柱近等长于、短于或稍长于子房。
　4. 雄花中不育雌蕊的高度不超过萼片的 1/2。
　　5. 叶片通常大型，侧脉在两面甚为明显；小枝无毛或近无毛·····················4. **大叶黄杨 B. megistophylla**

5. 叶片较小，侧脉在叶背不明显，在上面有时明显；小枝通常被毛。

　　6. 叶片通常匙形或披针状匙形；叶片上面侧脉较明显。

　　　　7. 雄花无花梗；幼果微被短硬毛；侧脉与中脉约成 45° 角 ·················· 5. **头花黄杨 B. cephalantha**

　　　　7. 雄花具明显的花梗；幼果无毛；侧脉与中脉成 30°–35° 角················· 6. **匙叶黄杨 B. harlandii**

　　6. 叶片椭圆形、长圆形至长卵形；叶片上面侧脉不明显。

　　　　8. 野生种；叶较狭，中部最宽，干后常具皱纹 ·················· 7. **皱叶黄杨 B. rugulosa**

　　　　8. 栽培种；叶较阔，中部或中下部最宽，叶背中脉常为白色 ·········· 8. **锦熟黄杨 B. sempervirens**

4. 雄花中不育雌蕊近等长于萼片，有时高度为萼片的 2/3。

　　9. 叶片通常匙形至倒卵形，两面侧脉均明显凸起 ·················· 9. **雀舌黄杨 B. bodinieri**

　　9. 叶片通常宽椭圆形至长圆形，叶背侧脉不明显 ·················· 10. **黄杨 B. sinica**

　　本属药用植物含有生物碱、黄酮、三萜等类型化学成分。最典型的化学成分为黄杨生物碱类，如环小叶黄杨林碱 A(cyclomicrophylline A，**1**)、黄杨普辛▲ (buxpsiine，**2**) 等。黄酮类化合物如 3,5- 二羟基 -4',6,7- 三甲氧基黄酮 -3'-*O*-β-D- 吡喃葡萄糖苷 (3,5-dihydroxy-4',6,7-trimethoxyflavone-3'-*O*-β-D-glucopyranoside，**3**)，5,3',4'- 三羟基 -3,6,7- 三甲氧基黄酮 (5,3',4'-trihydroxy-3,6,7-trimethoxyflavone，**4**)，4',5- 二羟基 -3,6,7- 三甲氧基黄酮 (4',5-dihydroxy-3,6,7-trimethoxyflavone，**5**)；香豆素类化合物如黄花草素▲A(cleomiscosin A，**6**)，黄花草素▲A-4'-*O*-β-D- 吡喃葡萄糖苷 (cleomiscosin A-4'-*O*-β-D-glucopyranoside，**7**)。

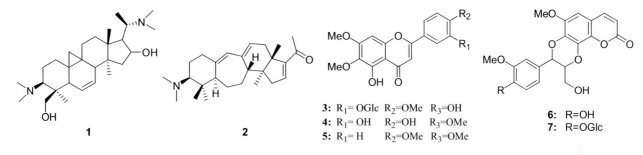

3: R₁ = OGlc　R₂ = OMe　R₃ = OH
4: R₁ = OH　R₂ = OH　R₃ = OMe
5: R₁ = H　R₂ = OMe　R₃ = OMe

6: R = OH
7: R = OGlc

1. 大花黄杨　桃叶黄杨（四川）

Buxus henryi Mayr, Fremd. Waidb. u. Parkb. 451. 1906.（英 **Bigflower Box**）

　　灌木，高约 3 m。枝圆柱形；小枝四棱形（外方相对两侧面边缘多少延伸成纵棱），无毛，稀末梢的 1–2 节小枝内方两侧面稍被微细毛，节间长 1.5–3 cm。叶片薄革质，披针形、长圆状披针形或卵状长圆形，长 4–7 cm，宽 1.5–3.5 cm，先端钝或微急尖，基部楔形或急尖，边缘下曲，中脉两面均凸出，侧脉不明显，或叶面侧脉明显；叶柄长 1–2 mm。花序腋生，长 1–1.5 cm，宽 7–10 mm；花密集；基部苞片卵形，长 3–4 mm，灰棕色，上部苞片倒卵状长圆形，长约 6 mm；雄花：约 8 朵，花梗长 2–4 mm，无毛，萼片长圆形至倒卵状长圆形，长 4.5–5 mm，干膜质，无毛，雄蕊连同花药长 11 mm，不育雌蕊具细瘦柱状柄，末端稍膨大，高 1–1.5 mm；雌花：外萼片长圆形，长约 6 mm，内萼片卵形，长约 3 mm，均干膜质，无毛，子房长 2–2.5 mm，花柱狭长，扁平，长 6–8 mm，先端向外弯曲，柱头线状倒心形，下延达花柱近基部，几覆盖花柱内侧的全面。蒴果近球形，长 6 mm，宿存花柱基部直立，上部向下

大花黄杨 Buxus henryi Mayr
引自《中国高等植物图鉴》

向外成弧形；果柄长 3 mm，残留苞片多片。花期 4 月，果期 7 月。

分布与生境　产于湖北、四川、贵州。生于海拔 350–2000 m 的山坡灌丛中。

药用部位　根、根皮、叶。

功效应用　根：祛风湿。用于无名肿毒。根皮：活血祛瘀，消肿解毒。用于风火牙痛。叶：消肿毒。

2. 阔柱黄杨　假黄杨（广西）

Buxus latistyla Gagnep. in Bull. Soc. Bot. France 68: 482. 1921.（英 **Broadstyle Box**）

灌木，高达 4 m。枝圆柱形，有纵条纹；小枝纤细，四棱形，具细纵槽，被疏柔毛。叶变化大；叶片革质或坚纸质，暗绿色，卵形或长圆状卵形，少有披针形，先端渐尖或急尖，基部圆形，长 3–8 cm，宽 1.5–3 cm，叶面中脉突起，侧脉明显或不甚明显；叶柄长 0.8–2 mm。总状花序腋生，或近顶生，卵形，长 8–10 mm，宽 5–6 mm；苞片长约 4 mm，卵形，背部被柔毛；雄花：具短柄，长约 1 mm，萼片 4 枚，2 轮排列，外轮卵形，长约 3 mm，内凹，背脊被柔毛，内轮卵状椭圆形，先端具尖头，无毛，长宽近相等，雄蕊 4 枚，花丝长约 5 mm，上部被毛；花药椭圆形，顶端具 1 尖头，长约 1 mm，被毛，不育雌蕊宽过于高，四角形；雌花：雌蕊长 5 mm，具有 3 枚长花柱，与子房近等宽，柱头线形，小沟延至柱基，顶端外弯。蒴果球形，直径约 8 mm，宿存角状花柱长 3.5–4 mm，扁平，不具肋纹。种子三角状椭圆形，长约 6.5 mm，黑色，有光泽。果期 5 月。

分布与生境　产于广西（西部和西北部）、云南（东南部）。生于海拔 700 m 的山坡、溪边、林下。越南、老挝也有分布。

药用部位　树皮、叶。

功效应用　树皮：镇惊熄风。用于小儿惊风。叶：接骨生肌。用于骨折，刀伤。

阔柱黄杨 Buxus latistyla Gagnep.
何冬泉　绘

阔柱黄杨 Buxus latistyla Gagnep.
摄影：刘冰

3. 杨梅黄杨　结青树（广东）

Buxus myrica H. Lév. in Fedde, Rep. Sp. Nov. 11: 549. 1913.（英 **Myrica Box**）

灌木，高 1–3 m。老枝近圆形，棕灰色；小枝纤细，黄绿色，近四棱形，被疏短柔毛。叶片薄革质或革质，长圆状披针形或狭披针形，长 3–5 cm，宽 1–1.5 cm，先端急尖或渐尖，具小尖头，基部楔形；叶面深绿色，幼时基部被疏柔毛，后变无毛，叶背淡绿色，两面中脉隆起，侧脉明显；叶柄长 1–3 mm，被疏短柔毛。总状花序腋生，疏花，花序轴长 6–7 mm，密被微柔毛；苞片 6–8 对，卵圆形，

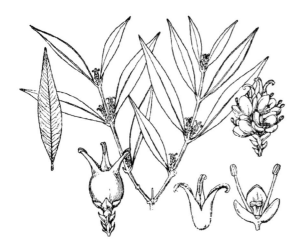

杨梅黄杨 Buxus myrica H. Lév.
何冬泉 绘

杨梅黄杨 Buxus myrica H. Lév.
摄影：童毅华

长 2-3 mm，先端急尖，内凹，背部被微柔毛，边缘具疏纤毛；雄花：具短柄，柄长 1-1.5 mm，密被短柔毛，萼片 4 枚，2 轮排列，卵形，长 2.5-3 mm，内凹，近无毛，内轮萼片较长，雄蕊长于萼片，长约 4 mm，不育雌蕊小，长不及萼片 1/3；雌花：萼片 6 枚，长圆状卵形，长 3-4 mm，外轮 3 枚背部密被微柔毛，内轮 3 枚疏被微柔毛，柱头狭倒披针形，下延至花柱的中部或 2/3。蒴果球形，宿存角状花柱直立，顶端外弯。花期 1-2 月，果期 5-6 月。

分布与生境 产于江西、湖南、广西西部和北部、海南、四川、贵州中南部、云南东北部。生于海拔 250-2000 m 的溪边、山坡或林下。

药用部位 根。

功效应用 清热利湿，止咳平喘。用于湿热黄疸，咳嗽，感冒头身困重。

4. 大叶黄杨 长叶黄杨（中国中药资源志要）

Buxus megistophylla H. Lév., Fl. Kouy-Tchéou 160. 1914.（英 **Bigleaf Box**）

灌木或小乔木，高 0.6-2 m，胸径 5 cm。小枝四棱形（或在末梢的小枝近圆柱形，具钝棱和纵沟），光滑，无毛。叶片革质或薄革质，卵形、椭圆状或长圆状披针形以至披针形，长 4-8 cm，宽 1.5-3 cm（稀披针形，长达 9 cm，或菱状卵形，宽达 4 cm），先端渐尖，基部楔形或急尖，边缘下

大叶黄杨 Buxus megistophylla H. Lév.
摄影：骆适

311

曲，叶面光滑，中脉在两面均凸出，侧脉多条，与中脉成 40°–50° 角，通常两面均明显，仅叶面中脉基部及叶柄被微细毛，其余均无毛；叶柄长 2–3 mm。花序腋生，花序轴长 5–7 mm，有短柔毛或近无毛；苞片阔卵形，先端急尖，背面基部被毛，干膜质；雄花：8–10 朵，花梗长约 0.8 mm，外萼片阔卵形，长约 2 mm，内萼片圆形，长 2–2.5 mm，背面均无毛，雄蕊连同花药长约 6 mm，不育雌蕊高约 1 mm；雌花：萼片卵状椭圆形，长约 3 mm，无毛，子房 2–2.5 mm，花柱直立，长约 2.5 mm，宿存花柱长约 5 mm，斜向伸出。花期 3–4 月，果期 6–7 月。

分布与生境 产于江西南部、湖南南部、广东西北部、广西东北部、贵州西南部。生于海拔 500–1400 m 的山地、山谷或山坡林下。

药用部位 根、茎、叶、果实。

功效应用 根：祛风除湿，行气活血。用于筋骨痛，目赤肿痛，吐血。茎：祛风除湿，理气止痛。用于风湿痛，胸腹气胀，牙痛，跌打损伤。叶：用于难产，暑疖。果实：用于中暑，面上生疮。

---

5. 头花黄杨 细叶黄杨、万年青、千年矮（贵州）

Buxus cephalantha H. Lév. et Vaniot in Fedde, Rep. Sp. Nov. 3: 20. 1906.——*B. harlandii* Hance var. *cephalantha* (H. Lév. et Vaniot) Rehder, *B. harlandii* Hance var. *linearis* Hand.-Mazz.（英 **Capitate Box**）

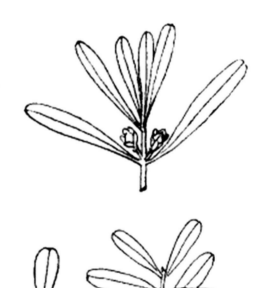

小灌木，高 30–60 cm。分枝极密；小枝四棱形，直径 0.5–1 mm，被轻微短柔毛，节间长 3–5 mm。叶片薄革质，倒卵状匙形或匙形，长 8–12 mm，宽 3–4 mm，或匙状线形，长 1.5–2 cm，宽 2.5–4 mm，先端均钝，或有小尖凸头或浅凹口，基部狭楔形，两面中脉凸出，叶面侧脉致密、明显，与中脉约成 45° 角，中脉上略被微细毛；叶柄长约 1 mm。花序顶生兼腋生，头状，花序轴长 3–5 mm，密生软毛；苞片 6–8 对，卵状三角形，先端急尖，长约 1.5 mm，背面近基部有毛；雄花：无花梗，萼片卵形，长约 1.3 mm，无毛，不育雌蕊高约 0.8 mm；雌花：萼片卵状椭圆形，长约 1.5 mm，授粉期间子房较花柱为长。果卵形，长达 6 mm，初被微硬绒毛，后变近无毛，宿存花柱长达 1.5 mm，柱头倒卵形，下延达花柱中部。花期 3 月，果期 7 月。

分布与生境 产于广西北部、贵州中南部。生于山坡灌丛中。

药用部位 根、茎、叶。

功效应用 清热利湿，解毒镇静。用于胸痹，黄疸劳咳，牙痛，风热，瘙痒，无名肿毒。

头花黄杨 Buxus cephalantha H. Lév. et Vaniot
蒋柔英 绘

---

6. 匙叶黄杨

Buxus harlandii Hance in J. Linn. Soc. Bot. 13: 123. 1873.（英 **Harland Box**）

小灌木，高 0.5–1 m。枝近圆柱形；小枝近四棱形，纤细，直径约为 1 mm，被轻微的短柔毛，节间长 1–2 cm。叶片薄革质，匙形，稀为狭长圆形，长 2–4 cm，宽 5–9 mm，先端圆钝，或有浅凹口，基部楔形，叶面光亮，中脉两面凸出，侧脉和细脉在叶面细密、显著，侧脉与中脉成 30°–35° 角，在叶背不甚明显，叶面中脉下半段常被微细毛；无明显的叶柄。花序腋生兼顶生，头状，花密集，花序轴长 3–4 mm；苞片卵形，具尖头；雄花：8–10 朵，花梗长约 1 mm，萼片阔卵形或阔椭圆形，长约 2 mm，连同花药长约 4 mm，不育雌蕊具极短柄，末端甚膨大，高约 1 mm，为萼片长度的 1/2；雌

匙叶黄杨 **Buxus harlandii** Hance
引自《中国高等植物图鉴》

匙叶黄杨 **Buxus harlandii** Hance
摄影：徐永福

花：萼片阔卵形，长约 2 mm，边缘干膜质，授粉期间花柱长度稍超过子房，子房无毛，花柱直立，下部扁阔，柱头倒心形，下延达花柱 1/4 处。蒴果近球形，长约 7 mm，无光，平滑，宿存花柱长 3 mm，末端稍外曲。花期 5 月，果期 10 月。

分布与生境 产于广东（沿海岛屿及海南岛）。生于溪旁或疏林中。

药用部位 根、嫩枝叶。

功效应用 清热解毒，化痰止咳，祛风，止血。根：民间用于吐血。嫩枝叶：用于目赤肿痛，痈疮肿毒，风湿骨痛，咯血，声哑，狂犬咬伤，妇女难产。

化学成分 根、茎、叶含矿物质元素：Ca、Mg、Fe、Cu、Zn、Mn、Co[1]。

叶含生物碱类：黄杨胺(buxamine) B、E，环原黄杨辛碱(cycloprotobuxine) C、D，环黄杨辛碱D(cyclobuxine D)，黄杨陶因碱▲M (buxtauine M)，黄杨品碱▲K (buxpiine K)[2]。

注评 本种的鲜叶苗族用于治狂犬咬伤。

化学成分参考文献

[1] 黎国兰，等 . 理化检验（化学分册），2008, 44(10): 930-931, 934.

[2] Vassova A, et al. *Chemicke Zvesti*, 1980, 34(5): 706-711.

7. 皱叶黄杨 高山黄杨（云南植物志）

Buxus rugulosa Hatus. in J. Dept. Agric. Kyushu Imp. Univ. 6: 303. f. 15, a-b. 1942.——*B. microphylla* Siebold et Zucc. var. *platyphylla* (C. K. Schneid.) Hand.-Mazz.（英 **Wrinkledleaf Box**）

7a. 皱叶黄杨（模式亚种）

Buxus rugulosa Hatus. subsp. **rugulosa**

灌木，高 1–2 m。枝近圆柱形；小枝四棱形，直径 1–2 mm，四面均被短柔毛，或外方相对两侧面无毛。叶片革质，菱状长圆形、长圆形或狭长圆形，长 1.5–3.5 cm，宽 6–12 mm，先端圆钝或具浅凹口，基部急尖或楔形，边缘下曲，叶面光亮，中脉凸出，干时无侧脉，仅见皱纹，稀有明显侧脉，背面平坦，无光泽，或稍有皱纹，叶面中脉被微细毛；叶柄长 2–3 mm，密被短柔毛。花序腋生兼顶生，头状，花序轴长 3–4 mm；苞片卵形，长 2.5–3 mm，两者均被毛；雄花：8–10 朵，花梗长 0.5–1 mm，外萼片卵形，内萼片近圆形，长 2–3 mm，无毛，干时有红棕色或淡黄色纹，不育雌蕊末端膨大，高约 1 mm；雌花：萼片阔卵形，长 2.5–3 mm，背被短柔毛；子房长约 3 mm，花柱粗壮，长约 1.5 mm，柱头倒心形，下延达花柱中部。蒴果卵圆形，长 8–10 mm，无毛，宿存花柱斜伸，长 2–3 mm。花期 3–5 月，果期 6–9 月。

分布与生境　产于云南西北部、四川。生于海拔 1900–3500 m 的溪旁或山坡灌丛中。

药用部位　根、茎、叶、果实。

功效应用　根：祛风除湿，行气活血。用于筋骨痛，目赤肿痛，吐血。茎：祛风除湿，理气止痛。用于风湿痛，胸腹气胀，牙痛，跌打损伤。叶：用于难产，暑疖。果实：用于中暑，面上生疖。

化学成分　茎叶含生物碱类：皱叶黄杨林碱(buxruguline) A、B、C、D，N_{20}-乙酰氧基环锦熟黄杨辛碱▲D(N_{20}-acetoxycyclovirobuxine D)，(+)-16α-乙酰氧基黄杨苯甲酰胺二烯宁碱▲[(+)-16α-acetoxybuxabenzamidienine]，多孔突黄杨胺(moenjodaramine)，丝胶树碱▲(irehine)[1]。

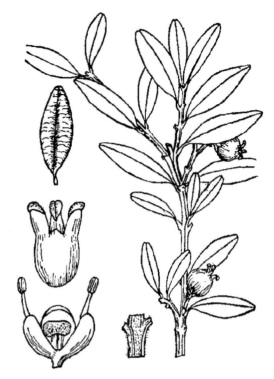

皱叶黄杨 Buxus rugulosa Hatus. subsp. rugulosa
何冬泉　绘

枝叶含生物碱类：皱叶黄杨胺(buxrugulosamine)，环亚灌木黄杨碱▲K(cyclobuxosuffrine K)，N_{20}-乙酰黄杨胺(N_{20}-acetylbuxamine) E、G，环小叶黄杨碱▲O(cyclobuxophylline O)[2]。

注评　本种白族药用其根、叶，主要用途见功效应用项。

化学成分参考文献

[1] Yan YX, et al. *Nat Prod Bioprospect*, 2011, 1(2): 71-74.　　[2] Guo H, et al. *Chem Nat Compd*, 2008, 44(2): 206-207.

7b. 平卧皱叶黄杨（亚种）　铺地黄杨（中国中药资源志要）

Buxus rugulosa Hatus. subsp. **prostrata** (W. W. Sm.) Hatus. in J. Dept. Agric. Kyushu Imp. Univ. 6: 306. f.16. 1942.——*B. microphylla* Siebold et Zucc. var. *prostrata* W. W. Sm., *B. rugulosa* Hatus. var. *intermedia* Hatus.（英 **Prostrate Wrinkledleaf Box**）

灌木，高 30–120 cm。分枝极多；小枝被微细密毡毛。叶片椭圆形、倒卵状椭圆形或长圆形，长 8–14 mm，宽 5–8 mm，先端圆或有浅凹口，基部急尖或稍带圆，少数叶面有侧脉，叶面中脉上被微细毛；叶柄上面及边缘被毛。雄花：花梗长约 1 mm，萼片长约 2 mm，不育雌蕊高约 1 mm。蒴果长 7 mm，无毛，宿存花柱长 2–3 mm。花期 3–4 月，果期 6–7 月。

分布与生境　产于四川、云南西北部、西藏东南部。生于海拔 2400–4000 m 的石灰岩沟边、杂木林内。

药用部位　根、茎、叶、果实。

功效应用　根：祛风除湿，行气活血。用于筋骨痛，目赤肿痛，吐血。茎：祛风除湿，理气止痛。用于风湿痛，胸腹气胀，牙痛，跌打损伤。叶：用于难产，暑疖。果实：用于中暑，面上生疖。

平卧皱叶黄杨 **Buxus rugulosa** Hatus. subsp.
prostrata (W. W. Sm.) Hatus.
何冬泉　绘

平卧皱叶黄杨 **Buxus rugulosa** Hatus. subsp.
prostrata (W. W. Sm.) Hatus.
摄影：高贤明

7c. 岩生黄杨（亚种）　石生黄杨（中国中药资源志要）

Buxus rugulosa Hatus. subsp. **rupicola** (W. W. Sm.) Hatus. in J. Dept. Agric. Kyushu Imp. Univ. 6: 309. f. 17. 1942.——*B. microphylla* Siebold et Zucc. var. *rupicola* W. W. Sm.（英 **Rupicolous Wrinkledleaf Box**）

灌木，高 1–2 m。小枝密被疏软毛。叶片长圆形、椭圆形、倒卵形或狭倒卵形，长 1–1.5 cm，宽 6–8 mm，先端圆或有浅凹口，基部渐狭或急尖，两面初时被长软毛，后渐变无毛，但至少叶背和叶缘仍被长软毛，干后两面无光，叶面通常无侧脉，有明显的羽状皱纹，稀全无皱纹；叶柄密被长软毛。雄花：花梗长 0.8–1 mm，萼片长约 2 mm，不育雌蕊高 0.6–1 mm；雌花：子房被稀疏或稍密的短小毛。蒴果长约 8 mm，有少量短微毛，宿存花柱长约 2 mm。花期 4–5 月，果期 8–9 月。

分布与生境　产于四川（木里）、云南西北部（中甸至洱源）、西藏（昌都县吉塘及朗村）。生于海拔 3100–3400 m 的林内。

药用部位　根、茎、叶、果实。

功效应用　根：祛风除湿，行气活血。用于筋骨痛，目赤肿痛，吐血。茎：祛风除湿，理气止痛。用于风湿痛，胸腹气胀，牙痛，跌打损伤。叶：用于难产，暑疠。果实：用于中暑，面上生疮。

8. 锦熟黄杨

Buxus sempervirens L., Sp. Pl. 2: 983. 1753.（英 **Common Box, European Box, Boxwood**）

常绿灌木或小乔木，高可达 9 m。小枝密集，四方形，被短柔毛。叶片薄革质，具特殊香气，椭圆形或长卵形，长 1–3 cm，中部或中下部最宽，先端钝或微凹，表面暗绿色，有光泽，中脉显著突起，侧脉不明显，背面黄绿色，常沿中脉具一条白线。花序腋生及顶生，由位于中央的 1 朵雌花与周边的数朵雄花组成，花直径 5–6 mm；雄花中的退化雌蕊长为花萼之半。喜半荫，有一定耐寒能力；生长极慢，耐修剪。在园林中应用甚普遍，有金叶 (Aurea)、金边 (Aureo-marginata)、银边 (Albo-marginata)、金斑 (Aureo-variegata)、银斑 (Argenteo-variegata)、金尖 (Notata)、长叶 (Longifolia)、狭叶 (Angustifolia)、垂枝 (Pendula)、塔形 (Pyramidata)、平卧 (Prostrata) 等许多栽培变种。

锦熟黄杨 **Buxus sempervirens** L.
摄影：陈彬 张金龙

分布与生境 原产于欧洲南部、非洲北部、美国东部及西亚一带；我国有栽培，常作绿篱及花坛边缘种植材料，也可盆栽观赏。

药用部位 叶。

功效应用 发汗，泻下，解毒。叶提取物在欧洲用于治疗关节炎和艾滋病。

化学成分 根含生物碱类：(-)-16α-羟基黄杨胺酮[(-)-16α-hydroxybuxaminone][1]，(+)-16α-羟基-Na-苯甲酰黄杨定碱▲[(+)-16α-hydroxy-Na-benzoylbuxadine]，(+)-锦熟黄杨胺酮▲[(+)-semperviraminone]，(+)-Na-去甲基锦熟黄杨胺酮▲[(+)-Na-demethylsemperviraminone]，(+)-黄杨胺醇C[(+)-buxaminol C]，(-)-E-环小叶黄杨胺▲[(-)-E-cyclobuxaphylamine]，(-)-(Z)-环小叶黄杨胺▲[(-)-(Z)-cyclobuxaphylamine]，(+)-环小叶黄杨因碱▲[(+)-cyclomicrobuxeine]，(+)-多乳突黄杨胺[(+)-papilamine][2]，(+)-锦熟黄杨胺醇▲[(+)-semperviraminol]，(+)-黄杨胺F [(+)-buxamine F]，(+)-17-氧代环原黄杨辛碱[(+)-17-oxocycloprotobuxine]，(+)-黄杨环氧苯甲酰胺[(+)-buxoxybenzamine]，(+)-乳突黄杨宁碱▲[(+)-buxapapillinine][3]，(+)-30-羟基环小叶黄杨烯碱▲[(+)-30-hydroxycyclomicrobuxene]，(-)-锦熟黄杨噁唑定碱▲[(-)-semperviroxazolidine][4]；其他类：丁香酸甲酯(methyl syringate)，苯甲酸(benzoic acid)[5]，8,10-三十一烷二酮(8,10-hentriacontanedione)[6]。

茎叶含生物碱类：16-去乙酰氧基-里海黄杨胺(16-deacetoxy-hyrcamine)，环原黄杨辛碱(cycloprotobuxine) A、C，环黄杨嗪▲(cyclobuxoxazine)，环黄杨嗪▲A (cyclobuxoxazine A)，环锦熟黄杨辛碱▲C (cyclovirobuxine C)，黄杨泰烯宁▲M (buxithienine M)[7]。

叶含生物碱类：N-苯甲酰环黄杨辛碱F (N-benzoylcycloxobuxine F)，N-苯甲酰环黄杨定碱F (N-benzoylcycloxobuxidine F)，N-苯甲酰二氢环小叶黄杨林碱▲F (N-benzoyldihydrocyclomicrophylline F)，N-苯甲酰环黄杨林碱F (N-benzoylcycloxobuxoline F)，N-苯甲酰基-O-乙酰环黄杨林碱F (N-benzoyl-O-acetylcycloxobuxoline F)，N-3-苯甲酰黄杨二烯宁碱F (N-3-benzoybuxidienine F)，N-苯甲酰环原黄杨林碱(N-benzoylcycloprotobuxoline) C、D，巴豆酰环锦熟黄杨辛碱▲B (tigloycyclovirobuxine B)，N-乙酰环原黄杨辛碱D(N-acetylcyclopropotobuxine D)[8]，黄杨尔亭(buxaltine)，黄杨拉胺▲(buxiramine)[9]，(-)-(Z)-黄杨烯酮[(-)-(Z)-buxenone]，(-)-(E)-黄杨烯酮[(-)-(E)-buxenone][10]，黄杨噁嗪▲C (buxozine C)[11]，环小叶黄杨林碱A (cyclomicrophylline A)[5]，黄杨普辛▲(buxpsiine)[12]，N-20-甲酰黄杨胺醇E (N-20-formylbuxaminol E)，O-16-丁香黄杨胺醇E (O-16-syringylbuxaminol E)，N-20-乙酰黄杨胺G (N-20-acetylbuxamine G)，N-20-乙酰黄杨胺E (N-20-acetylbuxamine E)[13]，(+)-锦熟黄杨胺定碱▲[(+)-semperviramidine]，(+)-16α-乙酰氧基-黄杨苯甲酰二烯宁碱[(+)-16α-acetoxy-buxabenzamidienine][14]，(-)-黄杨二烯宁碱[(-)-buxadienine]，(+)-黄杨马灵碱▲[(+)-buxaquamarine]，(-)-31-乙酰氧基-Na-苯甲酰黄杨二烯宁

碱[(-)-31-acetoxy-N_a-benzoylbuxidienine][15]，(-)-O-乙酰基-N-苯甲酰黄杨二烯宁碱[(-)-O-acetyl-N-benzoylbuxidienine]，(+)-降-16a-乙酰氧基黄杨苯二烯宁碱[(+)-nor-16a-acetoxybuxabenidienine][16]，(+)-锦熟黄杨碱[(+)-sempervirine]，(-)-31-乙酰环小叶黄杨林碱A [(-)-31-acetyl-cyclomicrophylline A]，(-)-苯甲酰黄杨二烯宁碱[(-)-benzoylbuxidienine][17]，N-苯甲酰黄杨二烯宁碱E(N-benzoylbuxodienine E)，N-苯甲酰基-O-乙酰黄杨二烯宁碱E (N-benzoyl-O-acetylbuxodienine E)[18]，(+)-16α,31-二乙酰黄杨定碱▲[(+)-16α,31-diacetylbuxadine]，(-)-N_b-去甲基环御藏黄杨宁碱▲[(-)-N_b-demethylcyclomikuranine]，(-)-环御藏黄杨宁碱▲[(-)-cyclomikuranine]，(-)-环小叶黄杨碱K [(-)-cyclobuxophylline K][19]，环黄杨辛碱D (cyclobuxine D)，L-环原黄杨辛碱D(L-cycloprotobuxine D)，西贝母碱(imperialine)[20]，(+)-黄杨苯甲酰胺二烯宁碱▲[(+)-buxabenzamidienine]，(+)-黄杨酰胺定▲[(+)-buxamidine][21]，O-巴豆酰环锦熟黄杨烯碱▲B (O-tigloylcyclovirobuxeine B)[22]；黄酮类：半乳糖黄杨素▲(galactobuxin)[5]，4',5-二羟基-3,3',6,7-四甲氧基黄酮(4',5-dihydroxy-3,3',6,7-tetramethoxyflavone)[10]，蒿黄素(artemetin)[10]；三萜类：白桦脂醇(betulin)，羽扇豆醇(lupeol)，环木菠萝烯醇(cycloartenol)，桑二醇(moradiol)，β-香树脂醇(β-amyrin)，毒莴苣醇▲(germanicol)[23]；甾体类：24-亚甲基鸡冠柱烯醇▲(24-methylenelophenol)，24-亚乙基鸡冠柱烯醇▲(24-ethylidenelophenol)，豆甾醇(stigmasterol)[23]。

地上部分含生物碱类：环锦熟黄杨辛碱▲(cyclovirobuxine)，二甲基环锦熟黄杨辛碱▲(dimethylcyclovirobuxine)，二甲基环黄杨辛碱(dimethylcyclobuxine)，二氢环黄杨辛碱(dihydrocyclobuxine)，环原黄杨辛碱(cycloprotobuxine)，甲基环原黄杨辛碱(methylcycloprotobuxine)[24]，环锦熟黄杨烯碱▲(cyclovirobuxeine) A[25]、B[26]，黄杨环胺▲A (buxocyclamine A)[25]。

化学成分参考文献

[1] Atta-ur-Rahman, et al. *Phytochemistry*, 1992, 31(8): 2933-2935.

[2] Atta-ur-Rahman, et al. *Nat Prod*, 1997, 60(8): 770-774.

[3] Atta-ur-Rahman, et al. *Nat Prod*, 1999, 62(5): 665-669.

[4] Atta-ur-Rahman, et al. *Nat Prod Lett*, 1998, 12(4): 299-306.

[5] 史玉俊，等. 国外医药. 植物药分册, 1991, 6(05): 7-8.

[6] Paul JD, et al. *Phytochemistry*, 1973, 12(6): 1498-1499.

[7] Yan YX, et al. *Zeitschrift fuer Naturforschung, B: A Journal of Chemical Sciences*, 2011, 66(10): 1076-1078.

[8] Kupchan SM, et al. *Tetrahedron*, 1967, 23(12): 4563-4586.

[9] Dopke W, et al. *Die Pharmazie*,1969, 24(10): 649-650.

[10] Atta-ur-Rahman,et al. *Planta Medica*,1988, 54(2): 173-174.

[11] Voticky, Zdeno, et al. *Phytochemistry*, 1977, 16(11): 1860-1861.

[12] Atta-ur-Rahman, et al. *Nat Prod*, 1991, 54(1): 79-82.

[13] Loru F, et al. *Phytochemistry*, 2000, 54(8): 951-957.

[14] Atta-ur-Rahman, et al. *Phytochemistry*, 1988, 27(7): 2367-2368.

[15] Atta-ur-Rahman, et al. *Phytochemistry*, 1989, 28(4): 1293-1294.

[16] Atta-ur-Rahman, et al. *Planta Med*,1989, 52(6): 1319-1322.

[17] Atta-ur-Rahman, et al. *Phytochemistry*, 1991, 30(4): 1295-1298.

[18] Doepke W, et al. *Zeitschrift fuer Chemie*, 1973, 13(4): 135-136.

[19] Athar Ata, et al. *Z Naturforsch C*, 2002,57(1-2): 21-28.

[20] Eshonov MA, et al. *Chem Nat Compd*, 2014, 49(6): 1179-1182.

[21] Orhan IE, et al. *Current Computer-Aided Drug Design*, 2011, 7(4): 276-286.

[22] Althaus JB, et al. *Molecules*, 2014, 19(5): 6184-201.

[23] Abramson D, et al. *Phytochemistry*, 1973, 12(9): 2211-2216.

[24] Dolejs L, et al. *Collection of Czechoslovak Chemical Communications*, 1965, 30(8): 2869-2874.

[25] Doepke W, et al. *Pharmazie*, 1968, 23(1): 37-38.

[26] Kupchan S, et al. *J Org Chem*, 1966, 31(2), 608-610.

9. 雀舌黄杨 匙叶黄杨、石黄杨、黄杨木（浙江），细叶黄杨（广东），小叶黄杨（福建）

Buxus bodinieri H. Lév. in Fedde, Rep. Sp. Nov. 11: 549. 1913.（英 **Bodiner Box**）

　　灌木，高 3-4 m。枝圆柱形；小枝四棱形，被短柔毛，后变无毛。叶片薄革质，通常匙形，亦有狭卵形或倒卵形，大多数中部以上最宽，长 2-4 cm，宽 8-18 mm，先端圆钝，常有浅凹口或小尖凸头，基部狭长楔形，有时急尖，叶面绿色，光亮，叶背灰白色，中脉两面凸出，侧脉极多，在两面或仅叶面显著，与中脉成 50°-60° 角，叶面中脉下半段大多数被微细毛；叶柄长 1-2 mm。花序腋生，头状，长 5-6 mm，花密集，花序轴长约 2.5 mm；苞片卵形，背面无毛，或有短柔毛；雄花：约 10 朵，花梗长仅 0.4 mm，萼片卵圆形，长约 2.5 mm；雄蕊连同花药长约 6 mm，不育雌蕊有柱状柄，末端膨大，高约 2.5 mm，与萼片近等长，或稍超出；雌花：外萼片长约 2 mm，内萼片长约 2.5 mm，授粉期间，子房长 2 mm，无毛，花柱长 1.5 mm，略扁，柱头倒心形，下延达花柱 1/3-1/2 处。蒴果卵形，长约 5 mm，宿存花柱直立，长 3-4 mm。花期 2 月，果期 5-8 月。

分布与生境　产于河南、甘肃、陕西（南部）、江西、浙江、广西、广东、湖北、四川、贵州、云南。生于海拔 400-2700 m 的山坡林下。

药用部位　根、叶、嫩枝叶。

功效应用　根、叶：清热解毒，化痰止咳，祛风，止血。根：民间用于吐血。嫩枝叶：用于目赤肿痛，痈疮肿毒，风湿骨痛，咯血，声哑，狂犬咬伤等。

化学成分　茎和叶含生物碱类：雀舌黄杨碱(buxbodine) A、B、C、D、E[1]。

注评　本种的根、叶、花称"匙叶黄杨"，在浙江、广西等地药用。瑶族、畲族也药用，主要用途见功效应用项。

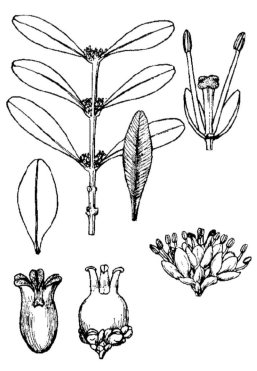

雀舌黄杨 Buxus bodinieri H. Lév.
何冬泉　绘

雀舌黄杨 Buxus bodinieri H. Lév.
摄影：徐克学

化学成分参考文献

[1] 邱明华，等 . 云南植物研究 , 2001, 23(03): 357-362.

10. 黄杨　小叶黄杨（浙江、江西），瓜子黄杨（上海），野黄杨、百日红（四川），万年青（福建），黄杨木（植物名实图考）

Buxus sinica (Rehder et E. H. Wilson) M. Cheng in Fl. Reipubl. Popularis Sin. 45(1): 37. 1980.

10a. 黄杨（模式变种）

Buxus sinica (Rehder et E. H. Wilson) M. Cheng var. **sinica**——*B. microphylla* Siebold et Zucc. var. *sinica* Rehder et E. H. Wilson（英 **Chinese Box**）

灌木或小乔木，高 1–6 m。枝圆柱形，有纵棱，灰白色；小枝四棱形，全面被短柔毛或外方相对两侧面无毛，节间长 0.5–2 cm。叶片革质，阔椭圆形、阔倒卵形、卵状椭圆形或长圆形，长 1.5–3.5 cm，宽 0.8–2 cm，先端圆钝，常有小凹口，不尖锐，基部圆、急尖或楔形，叶面光亮，中脉凸出，下半段常有微细毛，侧脉明显，叶背中脉平坦或稍凸出，中脉上常密被白色短线状钟乳体，无侧脉；叶柄长 1–2 mm，被毛。花序腋生，头状，花密集，花序轴长 3–4 mm，被毛；苞片阔卵形，长 2–2.5 mm，背部多少有毛；雄花：约 10 朵，无花梗，外萼片卵状椭圆形，内萼片近圆形，长 2.5–3 mm，无毛，雄蕊连同花药长约 4 mm，不育雌蕊有棒状柄，末端膨大，高约 2 mm；雌花：萼片长约 3 mm；子房较花柱稍长，无毛，花柱粗扁，柱头倒心形，下延达花柱中部。蒴果近球形，长 6–8 mm，宿存花柱长 2–3 mm。花期 3 月，果期 5–6 月。

分布与生境　产于陕西、甘肃、江苏、江西、浙江、安徽、山东、广西、广东、湖北、四川、贵州等地。多生于海拔 1200–2600 m 的山谷、溪边、林下。

药用部位　根、茎、叶。

功效应用　根、茎、叶：祛风除湿，理气止痛，清热解毒。用于风湿疼痛，胸腹气胀，牙痛，疝痛，难产，跌打损伤，热疖等。根：用于筋骨疼痛，目赤肿痛，吐血。

化学成分　地上部分含黄酮类：3,5-二羟基-4',6,7-三甲氧基黄酮-3'-*O*-β-D-吡喃葡萄糖苷(3,5-dihydroxy-4',6,7-trimethoxyflavone-3'-*O*-β-D-glucopyranoside)，5,3',4'-三羟基-3,6,7-三甲氧基黄酮(5,3',4'-trihydroxy-3,6,7-trimethoxyflavone)，4',5-二羟基-3,6,7-三甲氧基黄酮(4',5-dihydroxy-3,6,7-trimethoxyflavone)[1]；香

黄杨 **Buxus sinica** (Rehder et E. H. Wilson) M.
Cheng var. **sinica**
引自《中国高等植物图鉴》

黄杨 **Buxus sinica** (Rehder et E. H. Wilson) M.
Cheng var. **sinica**
摄影：张英涛

豆素类：黄花草素▲A (cleomiscosin A)，黄花草素▲A-4'-*O*-β-D-吡喃葡萄糖苷(cleomiscosin-A-4'-*O*-β-D-glucopyranoside)[1]；木脂素类：(+)-松脂酚-*O*-β-D-吡喃葡萄糖苷[(+)-pinoresinol-*O*-β-D-glucopyranoside][1]；三萜类：羽扇豆醇(lupeol)；其他类：3,5-二甲氧基苯甲酸-4-*O*-β-D-葡萄糖苷(3,5-dimethoxybenzoic acid-4-*O*-β-D-glucoside)[1]。

药理作用　抗血小板聚集作用：从黄杨地上部分分离得到的化合物 3,5- 二羟基 -4',6,7- 三甲氧基黄酮 -3'-*O*-β-D- 吡喃葡萄糖苷对血小板活化因子 (PAF)、花生四烯酸 (AA)、二磷酸腺苷 (ADP) 诱导的兔血小板聚集有一定的抑制作用[1]。

抗氧化作用：黄杨干叶的乙醇提取物有 SOD 样活性作用[2]。

抑制酶作用：黄杨干叶的乙醇提取物对酪氨酸酶有抑制作用[3]。

注评　本种为湖南中药材标准（1993、2009 年版）收载的"黄杨木"的基源植物，药用其干燥茎及枝；也为中国药典（2000、2005、2010 年版）收载的"环维黄杨星 D"的生产原料之一。早期标准使用本种的异名小叶黄杨 Buxus microphylla Sieb. et Zucc. var. *sinica* Rehd. et Wils.。本种的叶称"黄杨叶"，根称"黄杨根"，果实称"山黄杨子"，均可药用。羌族、仫佬族、瑶族、彝族、土家族也药用，主要用途见功效应用项。羌族、瑶族尚药用其枝和叶治黄疸型肝炎。

化学成分参考文献

[1] 林云良，等 . 云南植物研究，2006, 28(4): 429-432.

药理作用及毒性参考文献

[1] 林云良 . 黄杨属两种药用植物的化学成份研究 [D]. 福建：福建师范大学，2004.

[2] 傅国强，等 . 中国麻风皮肤病杂志，2006, 22(2): 134-136.

[3] 傅国强，等 . 中华皮肤科杂志，2003, 36(2): 103-106.

10b. 小叶黄杨（变种）

Buxus sinica (Rehder et E. H. Wilson) M. Cheng var. **parvifolia** M. Cheng in Acta Phytotax. Sin. 17(3): 98, 1979.（英 **Little-leaf Box**）

本变种叶薄革质，阔椭圆形或阔卵形，长 7–10 mm，宽 5–7 mm，侧脉明显凸出；蒴果长 6–7 mm，光滑无毛。

分布与生境　产于安徽（黄山）、浙江（龙塘山）、江西（庐山）、湖北（神农架及兴山）。生于岩上，海拔 1000 m。

药用部位　根、茎、叶、果实。

功效应用　根：祛风除湿，行气活血。用于筋骨痛，目赤肿痛，吐血。茎：祛风除湿，理气止痛。用于风湿痛，胸腹气胀，牙痛，跌打损伤。叶：用于难产，暑疖。果实：用于中暑，面上生疮。

化学成分　地上部分含生物碱类：小叶黄杨碱▲(buxmicrophylline) A、B、C、D、E，环原黄杨胺▲(cycloprotobuxinamine)[1]；黄酮类：5,4'-二 羟 基-3,3',7-三 甲 氧 基 黄 酮(5,4'-dihydroxy-3,3',7-trimethoxyflavone)，5,4'-二羟基-3,3',6,7-四甲氧基黄酮(5,4'-dihydroxy-3,3',6,7-tetramethoxyflavone)，3,5-二羟基-4',6,7-三甲氧基黄酮-3'-*O*-β-D-吡喃葡萄糖苷(3,5-dihydroxy-4',6,7-trimethoxyflavone-3'-*O*-β-D-glucopyranoside)[2]；香豆素类：黄花草素▲A (cleomiscosin A)[2]；三萜类：羽扇豆醇(lupeol)，3β,30-二羟基羽扇豆-20(29)-烯[3β,30-dihydroxylup-20(29)ene]，羽扇豆醇甲酸酯(formyl lupine ester)，白桦脂醇(betulin)[3]；甾体类：豆甾醇，胡萝卜苷，β-谷甾醇[3]；酚酸类：水杨酸(salicylic acid)，香荚兰酸(vanillic acid)[2]，酞酸二丁酯(dibutyl phthalate)[3]。

化学成分参考文献

[1] 邱明华，等．应用与环境生物学报，2002, 8(04): 387-391.

[2] 梁荣感，等．广西植物，2009, 29(5): 703-706.

[3] 戴支凯，等．中药材，2009, 32(07): 1062-1064.

10c. 中间黄杨（变种）

Buxus sinica (Rehder et E. H. Wilson) M. Cheng var. **intermedia** (Kaneh.) M. Cheng in Fl. Reipubl. Popularis Sin. 45(1): 40. 1980.——*B. intermedia* Kaneh., *B. microphylla* Siebold et Zucc. var. *intermedia* (Kaneh.) H. L. Li（英 **Intermediate Box**）

异于黄杨之处，为本变种的不育雌蕊高度和萼片长度比约为 3:2。

分布与生境　产于台湾。

药用部位　根、茎、叶。

功效应用　祛风除湿，舒筋活络。用于风湿性关节痛，肢体麻木，跌打损伤，偏头痛，神经性头痛。

10d. 尖叶黄杨（变种）　长叶黄杨（中国高等植物图鉴）

Buxus sinica (Rehder et E. H. Wilson) M. Cheng var. **aemulans** (Rehder et E. H. Wilson) P. Brückner et T. L. Ming in Fl. China 11: 327. 2008.——*B. sinica* (Rehder et E. H. Wilson) M. Cheng subsp. *aemulans* (Rehder et E. H. Wilson) M. Cheng, *B. microphylla* Siebold et Zucc. var. *aemulans* Rehder et E. H. Wilson, *B. microphylla* Siebold et Zucc. var. *kiangsiensis* H. H. Hu et F. H. Chen（英 **Acuteleaf Box**）

本变种常见叶片为椭圆状披针形或披针形，长 2–3.5 cm，宽 1–1.3 cm，先端尖锐或稍钝，中脉两面均凸出，叶面侧脉多而明显，叶背平滑或干后稍有皱纹。蒴果长约 7 mm，宿存花柱长 3 mm。

分布与生境　产于安徽、浙江、福建、江西、湖南、湖北、广东、广西、四川等地。生于海拔 600–2000 m 的溪边岩上或灌丛中。

药用部位　树皮。

功效应用　用于风火牙痛。

尖叶黄杨 Buxus sinica (Rehder et E. H. Wilson) M. Cheng var. aemulans (Rehder et E. H. Wilson) P. Brückner et T. L. Ming
摄影：徐克学

2. 野扇花属 Sarcococca Lindl.

常绿灌木；枝通常直立。叶互生；叶片革质，全缘，羽状脉或基出三出脉或离基三出脉，具短叶柄。花序腋生或顶生，头状或总状，有苞片；雌雄同株；雌花少数，生花序下方，余为雄花，有时雌、雄花各自成花序；花小，白色或蔷薇色；雄花：大多数有小苞片 2，萼片通常 4，分内外两列，雄蕊 4 枚，和萼片对生，花丝伸出，稍扁阔，不育雌蕊 1 枚，长圆形，4 棱，顶端凹陷；雌花：具柄，柄有小苞片多枚，覆瓦状排列，萼片 4-6，交互对生或 3 片轮生，子房 2-3 室，花柱 2-3，短而明显，初直立或合着，授粉后展开、弯曲，柱头下延。果实为核果，卵形或球形，外果皮肉质或近于干燥，内果皮质脆，宿存花柱短，长 2 mm 左右。种子 1-2 枚，近球形，种皮膜质，胚乳肉质。

约 20 余种，分布于亚洲东部和南部。我国有 8 种和若干变种，大多产于南部和西南部地区，其中 6 种 1 变种可药用。

分种检索表

1. 小枝无毛。
  2. 叶片披针形至长圆状披针形，长为宽的 4 倍以上 ·······1. 长柄野扇花 S. longipetiolata
  2. 叶片常椭圆状披针形至卵状披针形，长为宽的 2.5-3 倍。
    3. 花柱 3，或 2；最下一对侧脉从距叶片基部 2-5 mm 处发出并上升·······2. 云南野扇花 S. wallichii
    3. 花柱 2；最下一对侧脉从距叶片基部 5-7 mm 处发出并上升·······3. 海南野扇花 S. vagans
1. 小枝被明显的短柔毛。
  4. 植株根纤维状；果实成熟时猩红色或黑褐色 ·······4. 野扇花 S. ruscifolia
  4. 植株具根状茎；果实成熟时黑色或蓝黑色。
    5. 叶片具基生三出脉 ·······5. 东方野扇花 S. orientalis
    5. 叶片具羽状脉 ·······6. 羽脉野扇花 S. hookeriana

本属药用植物含粉蕊黄杨碱型生物碱，另含孕甾烷类衍生物型的甾体生物碱，如大叶清香桂碱 (vaganine) A (**1**)、B (**2**)、C (**3**)，清香桂碱 (sarcorucinine) A (**4**)、A_1(**5**)。

1: R_1=H R_2=Sen R_3=Ac
Sen=sencioyl

2: R_1=Sen R_2=OH
3: R_1=Sen R_2=OAc

4: 3α R=CHO Δ16(17)
5: 3α R=CHO Δ16(17) Δ14(15)

本属植物药理活性主要是胆碱脂酶抑制活性、抗癌、抗溃疡活性，以及抗菌、止痉挛、止痢疾、钙拮抗、血管扩张、气管松弛等作用，其中大多数生物碱都有胆碱脂酶抑制活性。

---

1. 长柄野扇花   千年青、柑子风（广东），长叶柄野扇花（中国植物志）

Sarcococca longipetiolata M. Cheng in Acta Phytotax. Sin. 17: 99. pl. 8, 1-2. 1979.（英 **Longpetiole Sarcococca**）

灌木，高 2 m，全株无毛。小枝具纵棱，节间长 1.5-2 cm。叶片坚纸质，长圆状披针形，长 12-

长柄野扇花 Sarcococca longipetiolata M. Cheng
何冬泉　绘

长柄野扇花 Sarcococca longipetiolata M. Cheng
摄影：喻勋林

16 cm，宽 2.5-3.7 cm，先端长渐尖，基部渐窄或急尖，叶面沿中脉两侧的表皮稍隆起，中脉细瘦，下陷，叶脉羽状，两面多少明显，叶面两侧近边缘处，各有一条基出纤弱的纵脉（但非离基三出脉）；叶柄粗壮，长 15-18 mm。花序复总状，长约 2 cm；苞片卵形，长 1 mm；雄花生花序轴和分枝上，雌花生花序轴近基部，分枝上的雄花，常各 3 朵，此中位于两侧的，均有长 1 mm 的花梗，但无小苞片；雄花：内萼片阔椭圆形，长约 3 mm，外萼片略短，阔卵形，常多少呈小舟状，花丝长约 6 mm，花药长约 1 mm；雌花：连同花梗长 4-5 mm，花柱 2。果实未见。花期 9 月。

分布与生境　产于湖南、广东、广西。生于海拔 350-800 m 的山谷阴处密林下。

药用部位　全株。

功效应用　散瘀止血，拔毒生肌。用于跌打损伤，刀伤出血，无名肿毒。

注评　本种的全株称"长叶柄野扇花"，在湖南等地药用。苗族也药用，主要用途见功效应用项。瑶族用其根治急性黄疸型肝炎。

2. 云南野扇花　厚叶清香桂（云南植物志）

Sarcococca wallichii Stapf in Kew Bull. Misc. Inf. 1916: 34. 1916.（英 **Wallich Sarcococca**）

灌木，高 0.6-3 m。小枝直生或左右屈曲，长而细瘦，具蔓生习性，有纵棱，无毛。叶片薄革质，椭圆形、长圆状披针形或披针形，长 6-12 cm，宽 2-5 cm，先端渐尖，甚至短尾状，基部圆或阔楔形，叶面亮绿，叶背淡绿，两面无毛，中脉两面凸出，最下一对侧脉从离叶基 2-5 mm 处发出上升，成明显的离基三出脉，其余侧脉斜出、弓曲，末端和此一对大脉相联结；叶柄长 0.8-2 cm。花序近头状或短穗状，在顶部往往较长，长 1-2 cm，花序轴无毛；苞片卵形或披针形，长 1-2 mm；花白色，芳香；雄花 3-10 朵，占花序轴的大部，雌花 2-3 朵，生于花序轴近基部；雄花：无花梗，无小苞片，或花序中上方雄花有短梗，无小苞片，下方雄花有花梗及 2 小苞片，萼片通常 4，或上方无小苞的雄花可有萼片 5，萼片卵形、长圆形、阔卵形或阔椭圆形，先端急尖，或圆而有小尖凸头，长 3-4 mm，花丝长 6-8 mm，花药长约 1.5 mm；雌花：连同花梗长 7-8 mm，梗上具小苞 4-5 对，小苞阔卵形至卵状披针形，长 9-10 mm，花柱 3，或 2，长约 2 mm，向外卷曲，果柄长 6-10 mm。花果期 10-12 月。

分布与生境　产于云南。生于海拔 1300-2700 m 的林下湿润山坡或沟谷中。尼泊尔、缅甸也有分布。

药用部位　根、果实。

功效应用　用于跌打损伤，泄泻，胃痛。

化学成分　全株含生物碱类：云南野扇花胺▲(wallichimine) A、B，野扇花灵碱▲(sarcorine)，野扇花定宁▲(sarcorine)，网脉藤碱▲(dictyophlebine)，N-甲基粉蕊黄杨胺A (N-methypachysamine A)，野扇花生物碱C (alkaloid C)[1]。

药理作用　抗炎作用：从云南野扇花分离获得的7个生物碱类成分均为中性粒细胞 ROS 生成的潜在抑制剂，云南野扇花胺 B 和 N-甲基粉蕊黄杨胺 A 可抑制 NO 生成，云南野扇花胺 B 亦可抑制 TNF-α 的生成，也是上述成分中最具潜力的免疫抑制剂[1]。

化学成分参考文献

[1] Adhikaria A, et al. *Nat Prod Comm*, 2015, 10(9): 1533-1536.

药理作用及毒性参考文献

[1] Adhikaria A, et al. *Nat Prod Comm*, 2015, 10(9): 1533-1536.

云南野扇花 **Sarcococca wallichii** Stapf
蒋柔英　绘

云南野扇花 **Sarcococca wallichii** Stapf
摄影：朱鑫鑫 朱仁斌

3. 海南野扇花　大叶清香桂（云南植物志）

Sarcococca vagans Stapf in Kew Bull. Misc. Inf. 1914: 230. 1914.——*S. balansae* Gagnep., *S. euphlebia* Merr.（英 **Hainan Sarcococca**）

　　灌木，高 1-4 m。小枝长而细瘦，常左右屈曲，有纵棱，无毛。叶片坚纸质，椭圆状披针形、卵状披针形或椭圆状长圆形，长 8-16 cm，宽 4-6 cm，先端渐尖，基部短急尖，两面无毛，中脉下方一对粗大侧脉从离叶基 5-7 mm 处发出上升，成明显的离基三出脉，其余侧脉 2-5 斜出、弓曲，末端和此一对大脉相联结，中脉及侧脉在叶面下陷，叶背凸出；叶柄长 1-2 cm。花序短总状或近头状，长 1–1.3 cm，花序轴无毛；苞片卵形，先端渐尖，长约 1.3 mm；雄花 7–10 朵，占花序轴的大部，各花相隔 1–2 mm，雌花 1–2 朵，或更多，在花序轴基部；雄花：位于花序轴下部的，有长约 1.2 mm 的花梗，具 2 小苞片，小苞片卵形，钝头，长 0.8–1 mm，萼片 4，外方的阔卵形或椭圆形，内方的阔椭圆形，长均 2 mm，先端圆，有小尖凸头，不育雌蕊长方形，高约 0.5 mm，宽约 1 mm，但生花序轴上部的花梗很短，无小苞叶片，萼片 4–5；雌花：连同花梗长 3–4 mm，小苞片卵形或卵状三角形，萼片和末梢小苞片形状相似。果实单生或同生一短轴上，球形，直径 8–10 mm，宿存萼片阔卵形，急尖，长 1.5–2 mm，花柱 2，先端向外反卷，果柄长 4–10 mm。花、果期 9 月至翌年 3 月。

分布与生境 产于海南、云南（西双版纳）。生于海拔 500–800 m 的山谷中或林下。缅甸、越南也有分布。

药用部位 根。

功效应用 止咳，接骨。用于肺结核咳嗽。外用于骨折。

化学成分 根含生物碱类：粉蕊黄杨胺 A (pachysamine A)[1-2]，板凳果碱▲F (axillarine F)，海南野扇花碱

海南野扇花 *Sarcococca vagans* Stapf
何冬泉 绘

海南野扇花 *Sarcococca vagans* Stapf
摄影：徐晔春 黄健

(sarcovagine) A、B、C、D[2-4]。

全草含生物碱类：大叶清香桂碱(vaganine) A、B、C，板凳果碱▲A、F，粉蕊黄杨碱A[5]，板凳果胺▲A (pachyaximine A)[5]。

化学成分参考文献

[1] Kikuchi T, et al. *Chem Pharm Bull*, 1967, 15(5): 577-581.

[2] 庾石山，等 . 药学学报，1997, 32(11): 852-856.

[3] Zou ZM, et al. *Phytochemistry*, 1997, 46(6): 1091-1093.

[4] 庾石山，等 . 中国化学快报，1997, 16(**6**): 511-514.

[5] 邱明华，等 . 植物学报，1993, 35(11): 885-890.

4. 野扇花 千年崖（陕西），花子藤、棉草木（四川），观音柴（贵州），清香桂（云南）

Sarcococca ruscifolia Stapf in Kew Bull. Misc. Inf. 1910: 304. 1910.——*S. ruscifolia* Stapf var. *chinensis* (Franch.) Rehder et E. H. Wilson, *S. pauciflora* C. Y. Wu ex S. Y. Bao（英 **Fragrant Sarcococca**）

灌木，高 1-4 m，分枝较密，有一主轴和发达的纤维状根系。小枝被密或疏的短柔毛。叶片阔椭圆状卵形、卵形、椭圆状披针形、披针形或狭披针形，变化很大，长 2-7 cm，宽 7-30 mm，但常见的为卵形或椭圆状披针形，长 3.5-5.5 cm，宽 1-2.5 cm，先端急尖或渐尖，基部急尖或渐狭或圆，叶面亮绿，叶背淡绿，叶面中脉凸出，无毛，稀被微细毛，大多数中脉近基部有一对互生或对生的侧脉，多少成离基三出脉，叶背中脉稍平或凸出，无毛，全面平滑，侧脉不明显；叶柄长 3-6 cm。花序短总状，长 1-2 cm，花序轴被微细毛；苞片披针形或卵状披针形；花白色，芳香；雄花 2-7 朵，占花序轴上方的大部，雌花 2-5 朵，生花序轴下部，通常下方雄花具长约 2 mm 的花梗，具 2 小苞片，小苞片卵形，长为萼片的 1/3-2/3，上方雄花近无梗，有的无小苞片；雄花：萼片通常 4，亦有 3 或 5，内方的阔椭圆形或阔卵形，先端圆，有小尖凸头，外方的卵形，渐尖头，长约 3 mm；雄蕊连同花药长约 7 mm；雌花：连同花梗长 6-8 mm，梗上小苞多片，狭卵形，覆瓦状排列，萼片长 1.5-2 mm。果实球形，直径 7-8 mm，熟时猩红色或暗红色，宿存花柱 3 或 2，长约 2 mm。花、果期 10 月

野扇花 Sarcococca ruscifolia Stapf
引自《中国高等植物图鉴》

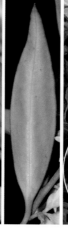

野扇花 Sarcococca ruscifolia Stapf
摄影：朱鑫鑫 孙庆文

至翌年 2 月。

分布与生境 产于陕西、甘肃、湖南、湖北、广西、四川、贵州、云南。生于海拔 200-2600 m 的山坡、林下或沟谷中。

药用部位 根、果实。

功效应用 理气止痛，舒筋活血。用于胃炎，胃痛，风湿疼痛，跌打损伤。

化学成分 根含生物碱类：清香桂碱(sarcorucinine) A、A₁、B[1]、D[2]，板凳果胺▲(pachyaximine) A、B[2]，粉

蕊黄杨胺(pachysamine) A、G、H，海南野扇花碱D(sarcovagine D)，顶花板凳果碱▲(terminaline)，20α-二甲基氨基-2α-羟基-3β-巴豆酰氨基-5α-孕甾烷(20α-dimethylamino-2α-hydroxyl-3β-tigloylamino-5α-pregnane)，Δ^{16}-20α-二甲基氨基-3β,4α-二醇-5α-孕甾烷(Δ^{16}-20α-dimethylamino-3β,4α-diol-5α-pregnane)[3]。

药理作用　镇静作用：野扇花总碱能延长小鼠戊巴比妥钠的睡眠时间[1]。

增强耐缺氧能力作用：野扇花总碱对小鼠减压缺氧有保护作用[1]。

兴奋胃肠平滑肌作用：野扇花正丁醇提取物和总碱能促进正常小鼠的小肠推进功能，对离体豚鼠回肠平滑肌和大鼠胃底平滑肌均有收缩作用；野扇花总碱能增加大鼠十二指肠平滑肌的自发收缩幅度，所含甾体生物碱可能是主要活性成分[2]。

抑制平滑肌、解痉作用：野扇花总碱对大鼠、豚鼠离体回肠均呈松弛作用，并能对抗乙酰胆碱或毛果芸香碱所致的痉挛性收缩，对大鼠胃条片也呈抑制作用[1]。

抗溃疡作用：野扇花总碱有抗大鼠胃溃疡和小鼠应激性溃疡作用[1]。野扇花干粉的乙醇提取物体外也有抗溃疡作用[3]。

抗肿瘤作用：野扇花干粉的乙醇提取物对 P388 白血病细胞株和 BDF1 鼠 P388 移植性肿瘤有拮抗作用[3]。

毒性及不良反应　小鼠腹腔注射或口服野扇花总碱半数致死量(LD_{50})分别为 (236±22.3) mg/kg、(473±51.1) mg/kg；大鼠灌服野扇花总碱剂量分别为 12.5 mg/kg、50 mg/kg、100 mg/kg，每天 1 次，连续给药 10 d，对动物生长、血象、肝肾功能及各脏器组织的病理学检查，均无明显影响，但在中、高剂量组有部分动物的心电图见有异常，其中各有 1 只大鼠的心电图 QR 波倒置。停药 1 周后复查，发现上述有异常心电图者，均可转为正常，表明其对心电图的改变是可逆的[1]。

注评　本种根称"胃友"，果实称"胃友果"，云南等地药用。彝族、佤族也药用，主要用途见功效应用项。本种的根皮在湖南新邵称"土丹皮"，系"丹皮"混淆品。

化学成分参考文献

[1] 邱明华，等．云南植物研究，1991,13 (4): 455-451.

[2] 邱明华，等．植物学报，1989, 31(7): 535-539.

[3] He K, et al. *J Asian Nat Prod Res*, 2010, 12(3): 233-238.

药理作用及毒性参考文献

[1] 陈泉生，等．四川生理科学杂志，1982, (2): 72-73.

[2] 马加，等．昆明医学院学报，2005, 26(4): 31-35.

[3] 邱明华，等．云南植物研究，1994, 16(3): 296-300.

5. 东方野扇花　三两根、大风消、土丹皮（江西）

Sarcococca orientalis C. Y. Wu in Acta Phytotax. Sin. 17: 99. pl. 8, 4. 1979.（英 **Orietal Sarcococca**）

灌木，高 0.6–3 m，有根状茎　。小枝具纵棱，明显被短柔毛。叶片薄革质，大多长圆状披针形或长圆状倒披针形，稀椭圆形或椭圆状长圆形，通常长 6–9 cm，宽 2–3 cm，先端渐尖，基部楔形或阔楔形，叶面中肋平坦或稍凸出，常稍被微细毛，叶背中脉凸出，无毛，最下一对侧脉从叶基或叶柄出发上升甚长，和中脉成基生三出脉，两面均明显，其余侧脉仅在上面稍分明，边缘下曲；叶柄长 5–8 mm。花序近头状，长约 1 cm，花序轴被微细毛；苞片卵形，长 1–2.5 mm；雄花 3–5 朵，或更多，簇生花序轴上部，雌花 1–3 朵，或更多，生花序轴下部；雄花：无花梗，有 2 小苞片，小苞片阔卵形，长为萼片的 1/2，萼片阔卵形或近圆形，最长可达 3 mm，花丝长约 5 mm，花药长约 1.5 mm；雌花：连同花梗长 3–5 mm，小苞片卵形，覆瓦状排列，萼片和末梢小苞片形状相似。果实卵形或球形，直径约 7 mm，熟时黑色，宿存花柱 2，长约 1.5 mm，直立，先端稍外曲，果梗长 3–5 mm。花期 3 月或 9 月，果期 5–6 月或 11–12 月。

分布与生境　产于江西、福建西部、浙江南部、广东北部。生于海拔 250–1000 m 的林下或溪边。

药用部位 根。

功效应用 活血舒筋，祛风消肿。用于跌打损伤，老伤发痛，水肿。

东方野扇花 *Sarcococca orientalis* C. Y. Wu

何冬泉 绘

6. 羽脉野扇花 西藏野扇花（中国树木志）

Sarcococca hookeriana Baill., Monogr. Bux. 53. 1859.——*S. pruniformis* Lindl. var. *hookeriana* Hook. f.（英 **Hooker Sarcococca**）

6a. 羽脉野扇花（模式变种）

Sarcococca hookeriana Baill. var. **hookeriana**

灌木或小乔木，高可达 3 m，有根状茎。小枝具纵棱，被短柔毛。叶披针形，或近倒披针形，长 5-8 cm，宽 13-18 mm，先端渐尖，基部狭而急尖（但非楔形），叶面深绿，中脉凹陷，稍被微细毛，叶背淡绿，光滑，中脉凸出，叶脉羽状，两面均不甚明显，叶面两侧近边缘处各有一条基出纤弱的纵脉（但非离基三出脉）；叶柄细瘦，长 6-8 mm。花序总状，长约 1 cm，苞片卵形或卵状披针形，钻状尖头，花序轴、苞片、萼片外面均被极细毛；花白色；雄花 5-8 朵，生于花序轴上部，不密集，雌花 1-2 朵，生于花序轴基部；雄花：有短梗，无小苞片，萼片 4，内方的近圆形或阔椭圆形，长 3-3.5 mm，外方的稍短，卵状长圆形；雌花：连同花梗长 6-7 mm，小苞片多片，卵形，覆瓦状排列，萼片和末梢小苞形状相似。果实球形，宿存花柱 3，直立，先端外曲。花期 10 月至翌年 2 月。

分布与生境 产于西藏。生于灌丛中。不丹、尼泊尔、阿富汗也有分布。

药用部位 根、全株。

功效应用 散瘀止血，行气止痛，拔毒生肌。用于胃痛，支气管炎，肝炎，蛔虫病。外用治跌打损伤，刀伤出血，无名

羽脉野扇花 *Sarcococca hookeriana* Baill. var. **hookeriana**

曾孝濂 绘

羽脉野扇花 Sarcococca hookeriana Baill. var. **hookeriana**
摄影：高贤明 朱鑫鑫

肿毒，黄水疮。

化学成分 全草含生物碱类：(-)-羽脉野扇花酰胺[(-)-hookerianamide] A、C[1]，羽脉野扇花酰胺(hookerianamide) D、E、F、G[2]、H、I[3-4]、J、K[4]、L、M、N、O[5]，(+)-羽脉野扇花酰胺B [(+)-hookerianamide B]，(-)-羽脉野扇花胺A [(-)-hookerianamine A]，(+)-普尔乔基野扇花酰胺▲A [(+)-phulchowkiamide A][1]，顶花板凳果碱▲(terminaline)，柳叶野扇花酰胺A(saligenamide A)[2]，海南野扇花碱(sarcovagine) C[3-4]、D[2,6]，Na-甲基表粉蕊黄杨胺D (Na-methylepipachysamine D)[2-3]，网脉藤碱▲(dictyophlebine)[3]，鹿角藤碱(chonemorphine)，N-甲基粉蕊黄杨胺A (N-methypachysamine A)，表粉蕊黄杨胺-E-5-烯-4-酮(epipachysamine-E-5-en-4-one)，2,3-去氢柳叶野扇花酮▲(2,3-dehydrosarsalignone)[4]，N-甲酰鹿角藤碱(N-formylchonemorphine)[5]，粉蕊黄杨胺(pachysamine) G、H[6]，海南野扇花宁碱C (sarcovagenine C)[2,7]，板凳果定碱▲A(axillaridine A)，螺粉蕊黄杨碱(spiropachysine)，螺粉蕊黄杨碱葡萄糖苷(spiropachysine glucopyranoside)[8]；三萜类：齐墩果酸(oleanolic acid)[8]；甾体类：豆甾-5,22E-二烯-3β-O-β-D-吡喃葡萄糖苷(stigmasta-5,22E -dien-3β-O-β-D-glucopyranoside)[8]。

注评 本种的全株称"铁角兰"，在四川凉山会东县称"山豆根"，系中药"山豆根"的同名异物，中国药典收载的"山豆根"基源为豆科植物越南槐 Sophora tonkinensis Gagnep. 的根及根状茎，两者不可混用。

化学成分参考文献

[1] Choudhary MI, et al. *Helv Chim Acta*, 2004, 87(5): 1099-1108.

[2] Choudhary MI, et al. *Steroids*, 2005, 70(4): 295-303.

[3] Devkota KP, et al. *Chem Pharm Bull*, 2007, 55(9): 1397-1401.

[4] Devkota KP, et al. *J Nat Prod*, 2008, 71(8): 1481-1484.

[5] Devkota KP, et al. *Planta Med*, 2010, 76(10): 1022-1025.

[6] 何康，等 . 中国实验方剂学杂志，2013, 19(11): 137-139.

[7] Devkota KP, et al. *Nat Prod Res*, 2007, 21(4): 292-297.

[8] Rai NP, et al. *J Nepal Chem Soc*, 2006, 21(1): 8-15.

6b. 双蕊野扇花（变种） 小叶野扇花（广西），八爪金龙（四川），树八爪龙（云南）

Sarcococca hookeriana Baill. var. **digyna** Franch., Pl. Delav. 135. 1889.——*S. humilis* Stapf, *S. hookeriana* Baill. var. *humilis* Rehder et E. H. Wilson, *Myrsine cavaleriei* H. Lév., *Pachysandra mairei* H. Lév.（英 **Twopistil Sarcococca**）

叶互生，或在枝梢的对生或近对生，长圆状披针形、椭圆状披针形、披针形、狭披针形或倒披针形，稀椭圆形或椭圆状长圆形，长 3–11 cm，宽 0.7–3 cm，变化甚大，先端渐尖或急尖，基部渐狭，叶面中脉常平坦或凹陷，中脉被微细毛。雄花：无花梗或有短梗，无小苞片，或下部雄花具类似萼片的 2 小苞片，并有花梗，萼片通常 4，长 3–4 mm，或外萼片较短；雌花：连同花梗长 6–10 mm，小苞片疏生，萼片长约 2 mm。宿存花柱 2，长约 2 mm。

分布与生境 产于陕西南部、湖北西部、四川、云南。生于海拔 1000–3500 m 的林下阴处。

药用部位 根。

功效应用 祛风消肿，止痛。用于跌打损伤。

化学成分 全草含生物碱类：(20*S*)-20-(*N,N*-二甲基氨基)-16α,17α-环氧-3β-甲氧基-孕甾-5-烯[(20*S*)-20-(*N,N*-dimethylamino)-16α,17α-epoxy-3β-methoxy-pregn-5-ene]，(20*S*)-20-(*N,N*-二甲基氨基)-3β-巴豆酰氨基-5α-孕甾-11β-醇[(20*S*)-20-(*N,N*-dimethylamino)-3β-tigloylamino-5α-pregn-11β-ol]，(20*S*)-2α,4β-二乙酰氧基-20-(*N,N*-二甲基氨基)-3β-巴豆酰氨基-5α-孕甾烷[(20*S*)-2α,4β-bis(acetoxy)-20-(*N,N*-dimethylamino)-3β-tigloylamino-5α-pregnane]，(20*S*)-20-(*N,N*-

双蕊野扇花 **Sarcococca hookeriana** Baill. var. **digyna** Franch.
何冬泉 绘

二甲基氨基)-3β-甲氧基-孕甾-5-烯[(20*S*)-20-(*N,N*-dimethylamino)-3β-methoxy-pregn-5-ene]，(2α,3β,4β,20*S*)-2,4-二乙酰氧基-20-(*N,N*-二甲基氨基)-3-[(3-甲基丁-2-烯酰基)氨基]-5α-孕甾烷{(2α,3β,4β,20*S*)-2,4-bis(acetoxy)-20-(*N,N*-dimethylamino)-3-[(3-methylbut-2-enoyl)amino]-5α-pregnane}，11-羟基表粉蕊黄杨胺E (11-hydroxyepipachysamine E)，(+)-丝胶树碱▲[(+)-irehine]，板凳果定碱▲A (axillaridine A)，表粉蕊黄杨胺B(epipachysamine B)，粉蕊黄杨胺M (pachysamine M)，羽脉野扇花酰胺B (hookerianamide B)，柳叶野扇花宁碱▲B (salonine B)，非洲丝胶树碱▲C (funtumafrine C)，大叶清香桂碱B (vaganine B)[1]。

化学成分参考文献

[1] Zhang PZ, et al. *Fitoterapia*, 2013, 89: 143-148.

3. 板凳果属 Pachysandra Michx.

草本或常绿半灌木。茎下部匍匐，上部斜升，生不定根。叶互生或近簇生于枝顶；叶片薄革质或坚纸质，中部以上边缘有粗齿牙，稀全缘，侧脉 2–3 对，最下一对和中脉成基生或离基三出脉；有叶柄。穗状花序顶生或腋生；具苞片，着生于花序上部，雌花着生于花序基部；花小，白色或蔷薇色；雄花萼片 4，排成 2 轮，雄蕊 4 枚，和萼片对生，花丝伸出，稍扁宽，不育雌蕊 1 枚，四棱，顶端截形；雌花萼片 4–6，子房 2–3 室，每室有胚珠 2 颗，花柱 2–3，伸长，初直立，授粉后弯曲，柱头下延达花柱上部或中部以下。果为一开裂、具 2–3 尖头的核果状蒴果；宿存花柱长角状。

共 3 种，2 种分布于东亚，1 种产于美国东部。我国有 2 种 2 变种，主要分布于长江流域以南地区，均可药用。

分种检索表

本属药用植物主要含生物碱，迄今为止所发现生物碱全部为孕甾烷类甾体生物碱，典型的化合物如螺粉蕊黄杨碱 (spiropachysine) A (**1**)、B(**2**)，板凳果碱▲(axillarine) C (**3**)、D (**4**)、E (**5**)、F (**6**)。从这些生物碱的化学结构特性上看，板凳果属中的化合物基本上具有 20α- 二甲胺的结构片段。

1: R=H
2: R=OH

Bz=benzoyl

3: R$_1$=OH   R$_2$=Bz   R$_3$=H
4: R$_1$=OH   R$_2$=Bz   R$_3$=Ac
5: R$_1$=OAc   R$_2$=Bz   R$_3$=Ac
6: R$_1$=OH   R$_2$=Bz   R$_3$=Ac

1. 板凳果　山板凳（贵州），白金三角咪、小清喉（云南）

Pachysandra axillaris Franch., Pl. Delav. 135. t. 26. 1889.——*P. axillaris* Franch. var. *tricarpa* Hayata（英 **Chinese Pachysandra**）

1a. 板凳果（模式变种）

Pachysandra axillaris Franch. var. **axillaris**

亚灌木，下部匍匐，生须状不定根，上部直立，上半部生叶，下半部裸出，仅有稀疏、脱落性小鳞叶，高 30–50 cm。枝上被极匀细的短柔毛。叶片坚纸质，形状不一，或为卵形、椭圆状卵形，较阔，基部浅心形、截形，或为长圆形、卵状长圆形，较狭，基部圆形，长 5–8 cm，宽 3–5 cm，先端急尖，边缘中部以上或大部分具粗牙齿，中脉在叶面平坦，叶背凸出，叶背有极细的乳头，密被匀细的短柔毛，决无伏卧长毛；叶柄长 2–4 cm，被细毛。花序腋生，长 1–2 cm，直立，开放前往往下垂，花轴及苞片均密被短柔毛；花白色或蔷薇色；雄花 5–10 朵，无花梗，几占花序轴的全部，雌花 1–3 朵，生花序轴基部；雄花：苞片卵形，萼片椭圆形或长圆形，长 2–3 mm，花药长椭圆形，不育雌蕊短柱状，顶端膨大，高约 0.5 mm；雌花：连同花梗长约 4 mm，萼片覆瓦状排列，卵状披针形或长圆状披针形，长 2–3 mm，无毛，花柱受粉后伸出花外甚长，上端旋卷。果熟时黄色或红色，球形，宿存花柱长 1 cm。花期 2–5 月，果期 9–10 月。

分布与生境　产于广西、台湾、四川、云南。生于海拔 1800–2500 m 的林下或灌丛中湿润土上。

板凳果 Pachysandra axillaris Franch. var. **axillaris**
何冬泉　绘

板凳果 Pachysandra axillaris Franch. var. axillaris
摄影：朱鑫鑫 郑希龙

药用部位　全株。

功效应用　祛风除湿，舒筋活络。用于风湿性关节痛，肢体麻木，跌打损伤，偏头痛，神经性头痛。

化学成分　全草含生物碱类：清香桂碱(sarcorucinine) A、A₁、B[1]、D[2]，板凳果胺▲(pachyaximine) A、B，板凳果苷▲(pachyaxioside) A、B[3]，异螺粉蕊黄杨碱(isospiropachysine)[4]，螺粉蕊黄杨碱(spiropachysine) A、B[5]，板凳果碱▲(axillarine) A、B[5]、C、D、E、F[6]，粉蕊黄杨胺(pachysamine) A、B、G、H、I[7]、J、K、L、M、N、O、P、Q、R[8]，表粉蕊黄杨胺(epipachysamine) A、B，板凳果定碱▲A (axillaridine A)[7]，大叶清香桂碱A (vaganine A)，海南野扇花碱D (sarcovagine D)[8]，板凳果宁(pachysanonin)[8-9]，板凳果灵碱(paxillarine) A、B[10]；甾体类：板凳果甾酮(pachysanone)[9]。

注评　本种的全株称"金丝矮坨坨"，云南等地药用。景颇族、阿昌族、德昂族药用其全株，主要用途见功效应用项。

化学成分参考文献

[1] 邱明华，等．云南植物研究，1991, 13(4): 455-451.

[2] 邱明华，等．植物学报，1989, 31(7): 535-539.

[3] 邱明华，等．云南植物研究，1990, 12(3): 330-334.

[4] Chiu MH, et al. *Phytochemistry,* 1990, 29(12): 3927-3930.

[5] 邱明华，等．云南植物研究，1992, 14(2): 215-223.

[6] Chiu MH, et al. *J Nat Prod,* 1992, 55(1): 25-28.

[7] Chiu MH, et al. *Phytochemistry,* 1992, 31(7): 2571-2572.

[8] Sun Y, et al. *Steroids,* 2010, 75(12): 818-824.

[9] Qiu MH, et al. *Chem Biodiversity,* 2005, 2(7): 866-871.

[10] Qui MH, et al. *Chem Pharm Bull,* 1996, 44(11): 2015-2019.

1b. 多毛板凳果（变种）**毛叶板凳果**（中国中药资源志要），**宿柱三角咪**（中国高等植物图鉴）

Pachysandra axillaris Franch. var. **stylosa** (Dunn) M. Cheng in Fl. Reipubl. Popularis Sin. 45(1): 59. pl. 21, 7-9. 1980.——*P. stylosa* Dunn, *P. axillaris* Franch. var. *kouytchensis* H. Lév.（英 **Style Pachysandra**）

　　叶片坚纸质，卵形、阔卵形或卵状长圆形，长 6–16 cm，宽 4–10 cm，先端渐尖或急尖，基部圆或急尖，稀楔形，全缘，或中部以上有稀疏圆齿、波状齿或浅锯齿，齿端由小尖凸头，中脉在叶面平坦，在叶背凸出，叶背有匀细的短柔毛，中脉、侧脉上尚布满疏或密长毛或全面散生伏卧的长毛；叶柄长 5–7 cm，粗壮。花序腋生，长 2.5–5 cm，下垂，或初期斜上，花大多数红色；雄花 10–20 朵，雌花 3–6 朵，雄花、雌花萼片均长 3–4 mm。果熟时紫红色，球形，长约 1 cm，宿存花柱长 1–1.5 cm。

分布与生境　产于陕西南部、福建中部和西北部、江西南部、广东北部、云南东南部。生于海拔 600–2100 m 的山地林下阴湿地带。

多毛板凳果 **Pachysandra axillaris** Franch. var.
stylosa (Dunn) M. Cheng
引自《中国高等植物图鉴》

多毛板凳果 **Pachysandra axillaris** Franch. var.
stylosa (Dunn) M. Cheng
摄影：孙庆文

药用部位　全株。

功效应用　祛风湿，活血止痛。用于风湿痹痛，劳伤腰痛，跌打损伤，腹痛。

化学成分　全株含生物碱类：板凳果碱▲E (axillarine E)，海南野扇花碱D (sarcovagine D)，表粉蕊黄杨胺(epipachysamine)，螺粉蕊黄杨碱A (spiropachysine A)，野扇花灵碱▲(sarcorine)[1]；三萜类：3,21-无羁萜二醇，24-氧代齐墩果-12-烯-28-酸甲酯，3-氧代-飞齐墩果-28-酸甲酯，3-氧代-4-氢-飞齐墩果-27-酸甲酯，无羁萜，3-羟基-飞齐墩果-28-酸甲酯，熊果酸[1]；蒽醌类：大黄素[1]；脂肪族类：正二十四酸，二十九醇，三十烷[1]；甾体类：胡萝卜苷，β-谷甾醇[1]。

药理作用　抗肿瘤作用：从多毛板凳果中分离得到的表粉蕊黄杨胺、螺粉蕊黄杨碱A、野扇花灵碱(sarcorine) 等生物碱对人白血病细胞株 K562 和人非小细胞肺癌细胞株 A549 有一定的抑制作用[1]。

注评　本种的根状茎或全株称"三角咪"，贵州等地药用。苗族也药用，主要用途见功效应用项。

化学成分参考文献

[1] 龚小见. 柳叶白前和多毛板凳果的化学成分研究 [D]. 贵州：贵州大学，2006.

药理作用及毒性参考文献

[1] 龚小见. 柳叶白前和多毛板凳果的化学成分研究 [D]. 贵州：贵州大学，2006.

1c. 光叶板凳果（变种）

Pachysandra axillaris Franch. var. **glaberrima** (Hand.-Mazz.) C. Y. Wu in Fl. Yunnan 1: 154. 1977.——*P. stylosa* Dunn var. *glaberrima* Hand.-Mazz.（英 **Glabrescent Pachysandra**）

本变种叶片背面光滑无毛，与模式变种和其他变种相区别。

分布与生境　产于四川、贵州、云南。生于林下阴湿地带。

药用部位　全株。

功效应用　祛风除湿，舒筋活络。用于风湿性关节痛，肢体麻木，跌打损伤，偏头痛，神经性头痛。

光叶板凳果 **Pachysandra axillaris** Franch. var. **glaberrima** (Hand.-Mazz.) C. Y. Wu
摄影：朱鑫鑫

---

2. 顶花板凳果 长青草（甘肃），雪山林、捆仙绳、孩儿茶（陕西），转筋草（湖北），粉蕊黄杨（中国树木分类学）

Pachysandra terminalis Siebold et Zucc. in Abh. Akad. Wiss. Munchen 4: 182. 1845.（英 **Terminalflower Pachysandra**）

亚灌木；茎稍粗壮，被极细毛，下部根状茎状，长约 30 cm，横卧，屈曲或斜上，布满长须状不定根，上部直立，高约 30 cm，生叶。叶片薄革质，似簇生状，叶片菱状倒卵形，长 2.5–5 cm，宽 1.5–3 cm，上部边缘有牙齿，基部楔形，渐狭成长 1–3 cm 的叶柄，叶面脉上有微毛。花序顶生，长 2–4 cm，直立，花序轴及苞片均无毛；花白色；雄花 15 朵以上，几占花序轴的全部，无花梗，雌花 1–2 朵，生于花序轴基部，有时最上 1–2 叶的叶腋又各生 1 雌花；雄花：苞片及萼片均阔卵形，苞片较小，萼片长 2.5–3.5 mm，花丝长约 7 mm，不育雌蕊高约 0.6 mm；雌花：连同花梗长约 4 mm，苞片及萼片均卵形，覆瓦状排列，花柱受粉后伸出花外甚长，上端旋曲。果卵形，长 5–6 mm，花柱宿存，粗而反曲，长 5–10 mm。花期 4–5 月。

分布与生境 产于甘肃、陕西、浙江、湖北、四川等地。生于海拔 1000–2600 m 的山坡林下阴湿地带。日本也有分布。

药用部位 全株。

功效应用 除风湿，清凉解毒，镇静止痛，通筋活络。用于风湿性筋骨痛，腰腿痛，白带，月经过多，烦躁不安等。

化学成分 全株含生物碱类：粉蕊黄杨胺(pachysamine) A、B，粉蕊黄杨碱(pachysandrine) A、B、C、D[1]，表粉蕊黄杨胺(epipachysamine) A、B[2]、D、E[3]，O-去乙酰粉蕊黄杨碱B (O-deacetylpachysandrine B)，N-甲基粉蕊黄杨胺A(N-methyl-pachysamine A)，O,N-二乙酰基-N-甲基粉蕊黄杨胺A (O,N-dideacyl-

顶花板凳果 **Pachysandra terminalis** Siebold et Zucc.
引自《中国高等植物图鉴》

334

顶花板凳果 **Pachysandra terminalis** Siebold et Zucc.
摄影：朱鑫鑫 梁同军 王庆

N-methyl-pachysandrine A)[2]，粉蕊黄杨特明A(pachysantermine A)，顶花板凳果碱▲(terminaline)，去乙酰表粉蕊黄杨胺A (desacylepipachysamine A)，表粉蕊黄杨碱A (epipachysandrine A)，*N*,*N*-二乙酰表粉蕊黄杨胺C (*N*,*N*-diacetylepipachysamine C)[3]，表粉蕊黄杨胺E (epipachysamine E)[3–5]，粉蕊黄杨明碱(pachystermine) A、B[5–6]、E[3–5]，顶花板凳果胺(terminamine) A、B、C、D、E、F、G[6]、H、I、J[7]，*E*-柳叶野扇花胺酮▲(*E*-salignone)，*Z*-柳叶野扇花胺酮▲(*Z*-salignone)，螺粉蕊黄杨碱-20-酮(spiropachysine-20-one)[6]，柳叶野扇花灵碱D (salignarine D)[7]；三萜类：粉蕊黄杨二醇(pachysandiol) A[8]、B[9]，粉蕊黄杨酮醇(pachysonol)[9]，无羁萜(friedelin)，表无羁萜醇(epifriedelanol)，环木菠萝烯醇(cycloartenol)，24-亚甲基环木菠萝烷醇(24-methylenecycloartanol)，23-去氢-3β,25-二羟基环木菠萝烷(23-dehydro-3β,25-dihydroxycycloartane)，25-去氢-3β,24ζ-二羟基环木菠萝烷(25-dehydro-3β,24ζ-dihydroxycycloartane)[10]，蒲公英赛醇(taraxerol)[11]，粉蕊黄杨二烯醇(pachysandienol) A、B[12]，板凳果-16,21-二烯-3β,28-二醇(pachysana-16,21-diene-3β,28-diol)，粉蕊黄杨三醇(pachysantriol)，板凳果-16-烯-3β,28-二醇(pachysan-16-ene-3β,28-diol)[13]；甾体类：豆甾醇，β-谷甾醇[10]；脂肪醇类：2-甲基-3-亚甲基戊-1,2,5-三醇(2-methyl-3-methylenepentane-1,2,5-triol)，4-甲基-3-亚甲基-1,2,5-戊三醇(4-methyl-3-methylenepentane-1,2,5-triol)，4-甲基-3-亚甲基戊-1,2,5-三醇-5-*O*-β-D-吡喃葡萄糖苷(4-methyl-3-methylenepentane-1,2,5-triol-5-*O*-β-D-glucopyranoside)，4-甲基-3-亚甲基戊-1,2,5-三醇-1-*O*-β-D-吡喃葡萄糖苷(4-methyl-3-methylenepentane-1,2,5-triol-1-*O*-β-D-glucopyranoside)[14]；木脂素类：(7*S*,8*R*,8'*R*)-(+)-落叶松树脂醇-9-*O*-β-D-吡喃葡萄糖苷[(7*S*,8*R*,8'*R*)-(+)-lariciresinol-9-*O*-β-D-glucopyranoside][14]，松脂酚(pinoresinol)，(+)-松脂酚-4'-*O*-β-D-吡喃葡萄糖苷[(+)-pinoresinol-4'-*O*-β-D-glucopyranoside][15]；苯丙素类：顺式-丁香苷(*cis*-syringin)[15]，阿魏酸(ferulic acid)[16]；大柱香波龙烷类：4-羟基-4-(3-氧代-1-丁烯基)-3,5,5-三甲基-环己-2-烯-1-酮(4-hydroxy-4-(3-oxo-1-butenyl)-3,5,5-trimethylcyclohex-2-en-1-one)，3α-羟基-5,6-环氧-7-大柱香波龙烯-9-酮(3α-hydroxy-5,6-epoxy-7-megastigmen-9-one)[15]；苯乙醇类：2-苯乙基-β-D-吡喃葡萄糖苷(2-phenylethyl-β-D-glucopyranoside)[15]；酚、酚酸类：香荚兰素(vanillin)，对羟基苯甲醛(*p*-hydroxybenzaldehyde)，丁香醛(syringaldehyde)，1-(3-甲氧基-4-羟基苯基)-乙酮[1-(4-hydroxy-3-methoxyphenyl)-ethanone]，水杨酸(salicylic acid)，对羟基苯甲酸(*p*-hydroxybenzoic acid)，2,3,4-三羟基苯甲酸(2,3,4-trihydroxybenzoic acid)，3,4-二羟基苯甲酸(3,4-dihydroxybenzoic acid)[16]。

注评　本种的全株称"雪山林"，陕西、湖北等地药用。土家族也药用，主要用途见功效应用项。

化学成分参考文献

[1] Tomita M, et al. *Tetrahedron Lett*, 1964, 25-26(5): 1641-1644.

[2] Kikuchi T, et al. *Tetrahedron Lett*, 1964, 27-28 (5): 1817-1902.

[3] Tomita, M; et al. *Yakugaku Zasshi*, 1967, 87(3): 215-227.

[4] Funayama S, et al. *Biol Phar Bull*, 2000, 23(2): 262-264.

[5] Kikuchi T, et al. *Tetrahedron Lett*. 1965, 39(5): 3473-3485.

[6] Zhai HY, et al. *J Nat Prod*, 2012, 75(7): 1305-1311.

[7] Zhao C, et al. *J Asian Nat Prod Res*, 2014, 16(5): 440-446.

[8] Kikuchi T, et al. *Chem Pharm Bull*, 1971, 19(4): 753-758.

[9] Kikuchi T, et al. *Tetrahedron Lett*, 1971, 19(12): 1535-1538.

[10] 菊池徹，他 . 藥學雜誌，1969, 89(10): 1358-1366.

[11] 菊池徹，他 . 藥學雜誌，1970, 90(8): 1051-1053.

[12] Kikuchi T, et al. *Chem Pharm Bull*, 1981, 29(9): 2531-2539.

[13] Yokoi, et al. *Chem Pharm Bull*, 1985, 33(10): 4223-4227.

[14] 肖会君，等 . 中国中药杂志，2013, 38(3): 350-353.

[15] 李晨阳，等 . 中药材，2010, 33(5): 729-732.

[16] 翟慧媛，等 . 中国中药杂志，2010, 35(14): 1820-1823.

茶茱萸科 ICACINACEAE

乔木、灌木或藤本，有的具卷须或白色乳汁。单叶互生，稀对生，通常全缘，稀分裂或有细齿，大多为羽状脉，稀为掌状脉；无托叶。花两性，或有时退化成单性而雌雄异株，极少杂性或杂性异株，辐射对称，通常具短柄，或无柄，排列成穗状、总状、圆锥或聚伞花序，腋生、顶生或稀与叶对生；苞片小或无；花萼小，通常 4–5 裂，裂片覆瓦状排列，稀镊合状排列，有时成杯状，常宿存但不增大；花瓣 (3–) 4–5，极少无花瓣，分离或合生，镊合状排列，稀覆瓦状排列，先端多半内折；雄蕊与花瓣同数对生，花药 2 室，通常内向，花丝在花药下部常有毛，分离；花盘通常不发育，更稀在一侧成鳞片状；子房上位，3 心皮合生，稀 2 心皮，1 室，很少 3–5 室，花柱通常不发育，或 2–3 合成 1 个花柱，柱头 2–3 裂，或合生成头状至盾状；胚珠 2，稀 1，或每室 2 枚，倒生，悬垂，种脊背生，珠孔向上。果实核果状，有时为翅果，1 室，1 种子，极少 2 种子，种子悬垂，种皮薄，绝无假种皮，珠柄常在珠孔上面增厚，种脐背着，常有胚乳，稀无，胚通常小，多少直立。

约 57 属 400 种，分布于热带和亚热带地区，以南半球较多。我国有 12 属 24 种，分布于西南部和南部各地，其中 6 属 9 种可药用。

本科药用植物含有萜类化合物。

分属检索表

1. 乔木或直立灌木，无卷须；花丝长为花药 2 倍以上。
　　2. 花单性或杂性异株；核果顶部具宿存柱头 ······················· **1. 粗丝木属 Gomphandra**
　　2. 花两性；核果顶部不具宿存柱头。
　　　　3. 花序顶生，或稀兼有腋生；花瓣两面被柔毛；药隔不突出；花盘与子房不合生，5 裂；果小而中果皮肉质，核薄；叶片全缘 ······················· **2. 假柴龙树属 Nothapodytes**
　　　　3. 花序腋生；花瓣外面被微柔毛，内面无毛；药隔突出；花盘与子房合生；果大而中果皮薄，核骨质；叶片边缘微波状 ······················· **3. 假海桐属 Pittosporopsis**
1. 木质藤本，具卷须，或为草质藤本；花丝通常极短。
　　4. 草质藤本，有乳汁；果具膜质的翅 ······················· **6. 心翼果属 Peripterygium**
　　4. 木质藤本，具卷须，无乳汁；核果。
　　　　5. 花瓣肉质，两面被毛，1/3–2/3 以上合生成钟状漏斗形；花丝纤细，花药背着；叶片革质；聚伞花序两侧交替腋生 ······················· **4. 定心藤属 Mappianthus**
　　　　5. 花瓣仅外面密被毛，仅基部合生；花丝极短，花药基着；叶片纸质；聚伞圆锥花序腋生 ······················· **5. 微花藤属 Iodes**

1. 粗丝木属 Gomphandra Wall. ex Lindl.

乔木或灌木。单叶互生，具柄，全缘，无托叶。雌雄异株，花小，排列成腋生、顶生或与对叶生的 2–3 歧聚伞花序，雄花序多花，雌花序少花；苞片小；花萼合成杯状，4–5 裂；花瓣 4–5，合生成短管，镊合状排列；雄花：雄蕊 4–5 枚，下位着生，花丝肉质而阔，长为花药的 2–3 倍，具棒状髯毛，很少无毛，与花冠管分离，顶部内侧稍凹陷，花药内向开裂；花盘垫状，与子房或退化子房融合；雌花中雄蕊不发育或无花粉，子房圆柱状至倒卵球形，常无花盘，1 室，2 胚珠，柱头头状至盘状，有时 2-3 裂。核果顶部常有宿存的柱头；种子 1，下垂，胚乳肉质。

约 33 种，分布于热带亚洲至自澳大利亚东北部。我国有 3 种，分布于南部、西南部，其中 1 种可药用。

1. 粗丝木　海南粗丝木（海南），毛蕊木（中国树木分类学）

Gomphandra tetrandra (Wall.) Sleumer in Notizbl. Bot. Gart. Berlin-Dahlem 15: 238. 1940.——*Lasiantherag tetrandra* Wall. ex Roxb., *Gomphandra hainanensis* Merr.（英 **Fourstamen Gomphandra**）

灌木或小乔木，高 3-9 m；树皮灰色，嫩枝绿色，密被或疏被淡黄色短柔毛。叶片纸质，狭披针形、长椭圆形或阔椭圆形，长 7-15 cm，宽 2.5-5.5 cm，先端渐尖或成尾状，基部楔形，两面无毛或幼时背面被淡黄色短柔毛，表面深绿色，背面稍淡，均具光泽，中脉在背面显著隆起，侧脉 5-8 对，腹面明显，背面稍隆起；叶柄长 0.5-1.5 cm，略被短柔毛。聚伞花序与叶对生，有时腋生，长 2-4 cm，密被黄白色短柔毛，具花序梗；花梗长 0.2-0.5 cm。雄花黄白色或白绿色，5 数，长约 5 mm；花萼长不及 0.5 mm，浅 5 裂；花冠钟形，长 3-4 mm；花瓣裂片近三角形，先端急渐尖，内向弯曲；雄蕊稍长于花冠，3.5-4.5 mm，花丝肉质而宽扁，宽约 1 mm，上部具白色微透明的棒状髯毛，花药卵形，长约 0.5 mm，黄白色，子房不发育，小。雌花黄白色，长约 5 mm；花萼微 5 裂，长不及 0.5 mm；花冠钟形；长约 0.5 mm；花瓣裂片长三角形，边缘内卷，先端内弯；雄蕊不发育，较花冠略短，花丝扁，宽约 1 mm，两端较窄，上部具白色微透明的短棒状髯毛，子房圆柱状，无

粗丝木 Gomphandra tetrandra (Wall.) Sleumer
引自《中国高等植物图鉴》

粗丝木 Gomphandra tetrandra (Wall.) Sleumer
摄影：徐晔春　陈又生

毛或有时被毛，柱头小，5 裂稍下延于子房上。核果椭圆形，长 2-2.5 cm，直径 0.7-1.2 cm，成熟时白色，浆果状，干后有明显的纵棱，果梗略被短柔毛。花果期全年。

分布与生境　产于云南（东南部和南部）、贵州、广西、广东、海南。生于海拔 500-2200 m 的林下、

路旁灌丛、林缘、沟边。越南、缅甸、泰国、柬埔寨、印度、斯里兰卡也有分布。

药用部位　根。

功效应用　清热利湿，解毒。用于骨髓炎，急性胃肠炎，吐泻。

化学成分　叶含环烯醚萜类：琼榄苷▲A (gonocaryoside A)[1]；黄酮类：大波斯菊苷(cosmosiin)，芹菜苷元-7-*O-β*-D-呋喃芹糖基-(1→6)-*β*-D-吡喃葡萄糖苷(apigenin-7-*O-β*-D-apiofuranosyl-(1→6)-*β*-D-glucopyranoside)[1]。

化学成分参考文献

[1] Kamperdick C, et al. *Tap Chi Hoa Hoc*, 2002, 40(3): 108-110.

2. 假柴龙树属 Nothapodytes Blume

　　乔木或灌木；小枝通常具棱。叶互生，稀上部近对生，全缘，羽状脉；叶柄具沟槽。聚伞花序或伞房花序顶生，稀同时腋生；花常有特别难闻的臭气，两性或杂性，花梗在萼下具关节，无苞片。花萼小，杯状或钟状，浅5齿裂，宿存；花瓣5，厚，条形，镊合状排列，外面被糙伏毛，里面被长柔毛，先端反折，通常无毛；雄蕊5枚，通常分离，花丝丝状，肉质，通常扁平，稀基部加厚，花药卵形，纵裂，内向，背着，背面基部的垫状附属物多少与花丝贴生，药隔长约为花药之半；花盘叶状，环形，内面被毛，具5-10齿缺；子房被硬毛，稀无毛，1室，有2枚倒生胚珠，花柱丝状至短圆锥形，柱头头状，截形，稀2裂或凹入。核果小，椭圆球形或卵圆球形、长圆状倒卵球形，浆果状，中果皮肉质，内果皮薄，核薄。种子1，胚乳丰富，子叶薄而叶状，几与种子等长，胚根直出。

　　7种，分布于热带亚洲，少数延伸到我国温带地区。我国有6种，分布于华中、华南、西南地区及台湾（兰屿），其中1种可药用。

1. 马比木　公黄珠子（全国中草药汇编）

Nothapodytes pittosporoides (Oliv.) Sleumer in Notizbl. Bot. Gart. Berlin-Dahlem 15: 247. 1940.——*Mappia pittosporoides* Oliv.（英 **Pittosporumlike Nothapodytes**）

　　低矮灌木，稀为乔木，高1.5-5 m；茎褐色，枝条灰绿色，圆柱形，稀具棱，嫩枝被糙伏毛，后变无毛。叶片长圆形或倒披针形，长10-15 cm，宽2-4.5 cm，先端长渐尖，基部楔形，薄革质，表面暗绿色，具光泽，背面淡绿发亮，干时通常反曲，黑色，幼时被金黄色糙伏毛，背面较密，老时无毛，侧脉6-8对，弧曲上升，在远离边缘处网结，和中脉通常亮黄色，在背面明显突起，常被长硬毛；叶柄长1-3 cm，上面具宽深槽，在槽里被糙伏毛。聚伞花序顶生，花序轴通常平扁，被长硬毛。花萼绿色，钟形，长约2 mm，膜质，5裂齿，裂齿三角形，外面疏被糙伏毛，边缘具缘毛，果时略增大；花瓣黄色，条形，长6.5-7 mm，宽1-2 mm，先端反折，肉质，长约1 mm，外面被糙伏毛，里面被长柔毛；花丝长4-5 mm，基部稍粗，花药卵形，长约1 mm；子房近球形，密被长硬毛，直径1-1.5 mm，花柱绿色，长1.5-2 mm，柱头头状；花盘肉质，具不整齐的裂片或深圆齿，里面疏被长硬毛，果时宿存。核果椭圆球形至长圆状卵球形，稍扁，幼果绿色，熟时为红色，长1-2 cm，直径0.6-0.8 cm，先端明显具鳞脐，通常在成熟时被细柔毛，内果皮薄，具皱纹，胚乳具臭味。花期4-6月，果期6-8月。

分布与生境　产于甘肃、湖北、湖南、广东、广西、四川、贵州、云南。生于海拔350-1800 m的林中。

药用部位　根皮。

功效应用　祛风除湿，理气散寒。用于水肿，小儿疝气，关节疼痛。

化学成分　根含生物碱类：喜树碱(camptothecine)[1-3]，9-甲氧基喜树碱(9-methoxycamptothecine)，10-羟喜树碱(10-hydroxycamptothecine)，(3*S*)-1,2,3,4-四氢-*β*-咔啉-3-羧酸[(3*S*)-1,2,3,4-tetrahydro-*β*-carboline-3-carboxylic acid]，马比木碱-20-*O-β*-D-吡喃葡萄糖苷(mappicine-20-*O-β*-D-glucopyranoside)，(3*S*)-短小蛇根草苷▲[(3*S*)-pumiloside]，9-甲氧基马比木碱-20-*O-β*-D-吡喃葡萄糖苷(9-methoxymappicine-20-*O-β*-

马比木 **Nothapodytes pittosporoides** (Oliv.) Sleumer
引自《中国高等植物图鉴》

马比木 **Nothapodytes pittosporoides** (Oliv.) Sleumer
摄影：何顺志

D-glucopyranoside)[3]；三萜类：羽扇豆醇(lupeol)，3-乙酰氧基-12-齐墩果烯-28-醇(3-acetoxy-12-oleanen-28-ol)[3]；甾体类：β-谷甾醇，β-胡萝卜苷，7-氧代-β-谷甾醇(7-oxo-β-sitosterol)，β-谷甾醇-3-O-β-D-吡喃葡萄糖苷-2'-O-棕榈酸酯(β-sitosteryl-3-O-β-D-glucopyranoside-2'-O-palmitate)，$5\alpha,6\beta$-二羟基胡萝卜苷($5\alpha,6\beta$-dihydroxydaucosterol)[3]。

注评　本种的根皮称"马比木"，贵州等地药用。苗族也药用其根皮，主要用途见功效应用项。

化学成分参考文献

[1] 蒲尚饶，等 . 安徽农业科学，2010, 38(6): 2934-2935.

[2] Zeng XH, et al. *Phytochem Anal*, 2013, 24(6): 623-630.

[3] 白永花，等 . 天然产物研究与开发，2014, 26(2): 197-201.

3. 假海桐属 **Pittosporopsis** Craib

灌木至小乔木。叶互生；叶片纸质，长椭圆状倒披针形或长椭圆形，边缘微波状，软骨质，两面几无毛。花较大，两性，排列成少花的腋生聚伞花序；花梗短，具节；小苞片 3–4。花萼 5 裂，宿存，果时增大；花瓣 5，匙形，顶部内向镊合状排列，下部分开，外面被微柔毛；雄蕊 5 枚，与花瓣互生，并微黏合于花瓣基部，花丝扁平，向上突然收缩，花药长椭圆形，基部 2 圆裂，背着，药隔突出，成锐尖头；花盘与子房合生；子房椭圆形，1 室，有 2 枚悬垂胚珠；花柱初时劲直，后膝曲，宿存。核果较大，近球形，稍偏斜，中果皮薄，核近骨质，胚乳肉质，嚼烂状，子叶宽大，扁平。

本属仅 1 种，分布于中国（云南）、缅甸、泰国、老挝、越南北部，可药用。

1. 假海桐

Pittosporopsis kerrii Craib in Bull. Misc. Inform. Kew 1911: 28. 1911.——*Stemonurus yunnanensis* Hu（英 **Kerr Pittosporopsis**）

灌木或小乔木，高 4–7 m，或更高；树皮红褐色，小枝近圆柱形，褐绿色，无毛，具稀疏的皮孔，嫩枝绿色，略被微柔毛。叶片长椭圆状倒披针形至长椭圆形，长 12–22 cm，宽 4–8.5 cm，先端渐尖或钝，基部渐狭，表面深绿色，背面浅绿，具光泽，两面无毛或背面沿中脉稍被毛，侧脉 5–7 对，弧曲上升，在远离边缘处汇合，中脉和侧脉在腹面微凹，背面隆起，网脉稀疏且明显；叶柄长 1.5–2.5 cm，上面具一槽，几无毛。花序长 3–4.5 cm，被微柔毛；花序梗长 1.5–2.5 cm，分枝长 0.4–0.8 cm；花梗被黄褐色微柔毛，具 3–4 鳞片状小苞片。花芽绿色，长圆形。花萼长约 2 mm，5 深裂，裂片三角形，长和宽约 1 mm，外面疏被金黄色微柔毛。花瓣匙形，长 5–7 mm，宽 1.5–2 mm，黄绿转白绿，最后为白色，花芽时外面除二侧边缘外密被金黄色微柔毛，后逐渐脱落至无毛，具香味；雄蕊与花瓣几等长，花丝扁，宽约 1 mm，花药丁字着生，长 1–1.5 mm，白色，药隔伸出；花盘不超过 1 mm；子房圆锥形，长 1.5–2 mm，花柱棒状，长 3–4 mm。核果近圆球形至长圆球形，稍偏，长 2.5–3.5 cm，直径 2–2.5 cm，鲜时白绿色，干时褐色，2 棱，1 棱偏向突出，基部有宿存增大的萼片，外果皮极薄，中果皮薄，网脉多而突出，内果皮稍厚，近骨质。种子具淡红褐色、极薄的种皮。花期 10 月至翌年 5 月，

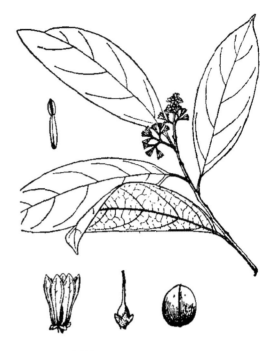

假海桐 **Pittosporopsis kerrii** Craib
引自《中国高等植物图鉴》

假海桐 **Pittosporopsis kerrii** Craib
摄影：朱鑫鑫 黄健

果期 2–10 月。

分布与生境　产于云南（沧源、西双版纳、红河、金平）。生于海拔 350–1600 m 的山溪密林中。缅甸、泰国、老挝至越南北部也有分布。

药用部位　树皮。

功效应用　清热解毒，祛风解表。用于感冒，流感，发热，疟疾，百日咳，风湿疼痛。

注评　本种的根及树皮彝族药用，主要用途见功效应用项。

4. 定心藤属 Mappianthus Hand.-Mazz.

木质藤本，被硬粗伏毛。卷须粗壮，与叶轮生。叶对生或近对生，革质，全缘，羽状脉，具柄。雌雄异株，花小，被硬毛，形成短而少花、两侧交替腋生的聚伞花序。雄花花萼小，杯状，浅5裂；花冠较大，钟状漏斗形，肉质，5裂至1/3，稀超过2/3，裂片镊合状排列，被毛；花盘无；雄蕊5枚，分离，比花冠稍短，无毛，花丝扁平，基部稍细，向上逐渐扩大，无毛，花药长卵形，内向，背着；退化子房被毛，具厚钝柱头。雌花花萼与花瓣均5裂，退化雄蕊5。核果长卵圆球形，压扁，外果皮薄肉质，被硬伏毛，黄红色，内果皮薄壳质，具下陷网纹和一些纵槽，内面平滑，胚小，胚乳裂至中部。

本属有极相近的2种，1种分布于我国南岭以南至越南北部，可药用，另1种分布于印度、孟加拉国和印度尼西亚。

1. 定心藤　甜果藤（广东），麦撇花藤、铜钻、藤蛇总管、黄九牛（广西）

Mappianthus iodoides Hand.-Mazz. in Anz. Akad. Wiss. Wien, Math.——Naturwiss. Kl. 58: 150. 1921.（英 **Common Mappianthus**）

木质藤本，被黄褐色糙伏毛。幼枝深褐色，具棱，小枝灰色，圆柱形，具灰白色、圆形或长圆形皮孔；卷须粗壮。叶片长椭圆形至长圆形，稀披针形，长 8-17 cm，宽 3-7 cm，先端渐尖至尾状，基部圆形或楔形，干时腹面橄绿色，背面褐黄色至紫红色，略被毛，中脉在腹面为一狭槽，背面隆起，延伸至尾端成小尖头；叶柄长 6-14 mm。雄花序交替腋生，长 1-2.5 cm；花序梗长约 1 cm；小苞片极小。雄花：芳香；花梗长 1-2 mm；花萼杯状，长 1.5-2 mm，微5裂；花冠黄色，长 4-6 mm，5裂，裂片卵形，先端内弯；雄蕊5枚，花丝干时橘黄色，长约 3-4 mm，基部细，向上逐渐加宽，花药黄色，卵形，长约 1.5 mm；雌蕊不发育，子房圆锥形，长约 2 mm，花柱长 2-3 mm，先端平截。雌花序交替腋生，长 1-1.5 cm，粗壮，小苞片小，钻形，长不及 1 mm；花序梗长 0.5-0.8 cm。雌花：花梗长 2-10 mm；花萼浅杯状，长 1-1.5 mm，5裂，裂片钝三角形；花瓣5，长圆形，长 3-4 mm，先端内

定心藤 **Mappianthus iodoides** Hand.-Mazz.
引自《中国高等植物图鉴》

定心藤 **Mappianthus iodoides** Hand.-Mazz.
摄影：何顺志

弯；退化雄蕊 5 枚，长约 2 mm，花丝扁线形，长约 1.5 mm，花药卵状三角形，长约 0.5 mm；子房近球形，长约 2 mm，花柱极短或无，柱头盘状，5 圆裂。核果椭圆球形，长 2–3.7 cm，宽 1–1.7 cm，成熟时橘红色，果肉薄，干时具下陷网纹及纵槽，基部具宿存、略增大的萼片。种子 1 枚。花期 4–8 月，果期 6–12 月。

分布与生境 产于福建、湖南、广东、广西、贵州、云南。生于海拔 800–1800 m 的疏林、灌丛及沟谷林内。越南北部也有分布。

药用部位 根、茎。

功效应用 祛风除湿，调经活血，止痛。用于风湿性关节炎，类风湿关节炎，黄疸，跌打损伤，月经不调，痛经、经闭。外用于外伤出血，毒蛇咬伤。

化学成分 根含倍半萜类：(-)-雪松醇[(-)-cedrol][1]。

藤茎含生物碱类：定心藤碱▲A (mappine A)，定心藤苷酸▲(mapposidic acid)，1-甲基-β-咔啉(1-methyl-β-carboline)，直立瑞兹木定碱▲(strictosidine)，莱氏微花木苷酸▲(lyalosidic acid)[2]，直立瑞兹木定酸▲(strictosidinic acid)，5-羧基直立瑞兹木定碱▲(5-carboxystrictosidine)[2-3]，定心藤定碱▲(mappiodine) A、B、C，定心藤苷▲(mappiodoside) A、B、C、D、E、F、G，1-甲基-1,2,3,4-四氢-β-咔啉-3-羧酸(1-methyl-1,2,3,4-tetrahydro-β-carboline-3-carboxylic acid)，3α,5α-四氢去氧心叶水团花碱内酰胺▲(3α,5α-tetrahydrodeoxycordifoline lactam)，去氧心叶水团花碱▲(desoxycordifoline)，莱氏微花木苷▲(lyaloside)[3]，青藤碱(sinomenine)[4]；木脂素类：松脂酚(pinoresinol)，松脂酚二甲醚(pinoresinol dimethyl ether)，(+)-(1R,2S,5R,6S)-2,6-二(4-羟基苯基)-3,7-二氧杂双环[3.3.0]辛烷{(+)-(1R,2S,5R,6S)-2,6-bis(4-hydroxyphenyl)-3,7-dioxabicyclo[3.3.0]octane}[2]；环烯醚萜类：二氢山茱萸素▲(dihydrocornin)，裂环马钱苷(secologanin)[2]；酚、酚苷类：3,4,5-三甲氧基苯酚-1-O-[β-D-呋喃芹糖基-(1→6)]-β-D-吡喃葡萄糖苷{3,4,5-trimethoxyphenol-1-O-[β-D-apiofuranosyl-(1→6)]-β-D-glucopyranoside}[2]，香荚兰素(vanillin)，香荚兰酸(vanillic acid)，没食子酸(gallic acid)[4]；黄酮类：白杨素(chrysin)，槲皮素(quercetin)[4]。

注评 本种的根及藤茎称"甜果藤"，云南等地药用。傣族、瑶族、拉祜族、仫佬族也药用，主要用途见功效应用项。

化学成分参考文献

[1] 陈承声，等 . 中山大学学报（自然科学版），2000，39(6): 120-122.

[2] Xiao XB, et al. *Helv Chim Acta*, 2011, 94(9): 1594-1599.

[3] Cong HJ, et al. *Phytochemistry*, 2014, 100: 76-85.

[4] 曾立，等 . 中华中医药杂志，2011, 26(4): 838-840.

5. 微花藤属 **Iodes** Blume

木质藤本，多密被锈色毛，叶间具卷须。单叶对生，稀近对生，全缘，纸质，具柄，羽状脉。聚伞状圆锥花序腋生或腋上生，花小，花柄具关节，雌雄异株。雄花花萼杯状，5 齿裂；花冠常 4–5 深裂，基部连合，外面密被毛；雄蕊 3–5 枚，与花冠裂片同数互生，花丝宽短，稀无，花药背着至基着，内向，纵裂；退化子房无或极小。雌花花萼与雄花相似，宿存；花冠 4–5 裂，下部管状常扩大；退化雄蕊无；子房无柄或具极短柄，柱头厚盾状，顶端凹陷，有时略偏斜，1 室，有 2 枚悬垂胚珠。核果斜倒卵球形，具不增大的宿存萼及花冠，中果皮薄，外果皮薄壳质，内果皮外面具网状多角形陷穴，稀平滑。种子 1，具肉质胚乳，子叶扁平，叶状。

约 19 种，分布于热带亚洲及非洲。我国产 4 种，分布于西南部至南部，均可药用。

分种检索表

1. 小枝具多数瘤状皮孔，老时显著突起 ·· 4. 瘤枝微花藤 **I. seguinii**
1. 小枝不具瘤状皮孔。
  2. 果长 3-3.5 cm；叶片背面脉上被淡黄色卷曲柔毛；雄花序稀疏，具长花序梗··· 1. 大果微花藤 **I. balansae**
  2. 果长不及 3 cm；叶片背面被伸展的柔毛或伏毛；雄花序密集。
    3. 雄花花瓣先端具 1 mm 的尾，近基部连合；叶片厚纸质，背面被伸展的柔毛 ········ 2. 微花藤 **I. cirrhosa**
    3. 雄花花瓣先端具小尖，下部 1/2 连合；叶片薄纸质，背面被粗硬伏毛 ··········· 3. 小果微花藤 **I. vitiginea**

1. 大果微花藤

Iodes balansae Gagnep. in Lemocte, Notul. Syst. 1: 200 1910.（英 **Largefriut Iodes**）

    木质藤本；小枝圆柱状，被黄色绒毛，具不甚明显的纵棱，无皮孔；卷须侧生且与花序对生。叶片纸质，卵形，长 5-12 cm，宽 2-7 cm，先端渐尖至长渐尖，基部微心形，偏斜，腹面仅沿中脉及侧脉被黄色卷曲柔毛，背面各级脉均被淡黄色卷曲柔毛，中脉上较密，侧脉 4-6 对，在近边缘处汇合，网脉细而明显，各级脉在背面均隆起；叶柄长 1-1.5 cm，密被黄色柔毛。伞房花序圆锥状，腋生或侧生，长 4-10 cm，密被黄色柔毛；雄花序较稀疏，具 4-9 cm 长的花序梗。雄花：花萼杯状，长 0.5-1 mm，4-5 裂，裂片先端钝或近圆形，外面密被黄白色硬伏毛；花瓣 4-5，长圆状卵形，长 2-3 mm，基部连合，外面被黄白色硬伏毛；雄蕊 4-5 枚，与花瓣互生，花丝丝状，长约 1.5 mm，花药卵形，长约 0.5 mm；子房不发育，扁球形。雌花不详。果长圆球形，压扁，长约 3.5 cm，宽 1.5-2 cm，密被黄色短绒毛，干时表面每侧各有 3 条纵肋及较大的多角形的陷穴，穴内具明显的细而突出的网纹，基部具宿存、略增大的花萼与花瓣；种子 1，长圆球形，长 2-2.5 cm，宽 1-1.5 cm，内种皮有模糊的多角形陷穴。花期 4-7 月，果期 5-8 月。

分布与生境　产于广西（西南部）、云南（东南部）。生于海拔 120-1300 m 的山谷、疏林中。越南北部也有分布。

药用部位　根。

功效应用　利水。用于肾炎水肿，风湿痹痛。

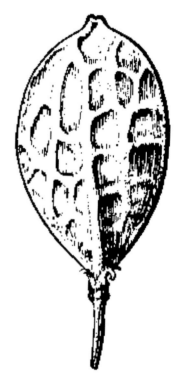

大果微花藤 Iodes balansae Gagnep.
李锡畴　绘

2. 微花藤　麻雀筋藤、花心藤（广西）

Iodes cirrhosa Turcz. in Bull. Soc. Imp. Naturalistes Moscou 27(2): 281. 1854.（英 **Tendriled Iodes**）

    木质藤本；小枝圆柱形，密被锈色软柔毛，老枝具纵纹，偶有极稀疏的皮孔；卷须腋生或腋外生，有时与叶对生。叶片卵形或宽椭圆形，厚纸质，长 5-15 cm，宽 2-10 cm，先端锐尖或短渐尖，基部近圆形至极浅心形，偏斜，腹面仅沿中脉及侧脉被锈色柔毛，背面密被黄色、伸展的柔毛，侧脉 3-5 对，各级脉在腹面明显，背面隆起；叶柄长 1-2 cm，密被锈色柔毛。花序具短柄，密被黄褐色绒毛，雌花序花少，雄花序为密伞房花序，有时复合成腋生或顶生的大型圆锥花序。雄花小，芽时近球形，花萼极短，长约 0.5 mm，5 深裂，裂片三角形，外面密被锈色柔毛；花瓣黄色，5 裂片，近基部连合，裂片长圆形，长 2.5–3.5 mm，外面密被锈色柔毛，先端具一长约 1 mm 的尾，密被白色短纤毛，向内反曲；雄蕊 5 枚，浅黄色，长 1–1.5 mm，花丝极短，花药长卵状倒卵形；不发育雌蕊被刺伏长柔毛。雌花：花萼较大；子房近有柄，卵形，两侧压扁，密被长柔毛，花柱短，柱头上面微凹。核果卵球形，熟时红色，果肉较厚，两侧压扁，被柔毛，长 2–2.5 cm，宽 1.5–2 cm，干时表面具多角形陷穴。花期 1–4 月，果期 5–10 月。

分布与生境 产于广西、云南。生于海拔 400–1200 m 的沟谷疏林中。越南（中部至南部）、缅甸（南部）、泰国、老挝、印度（东北部）、马来半岛、印度尼西亚、菲律宾也有分布。

药用部位 根。

功效应用 祛风湿，止痛。用于风湿痛。

化学成分 根含木脂素类：(-)-(7*S*,8*R*,7'*E*)-4,7,9,3',9'-五羟基-3-甲氧基-8—4'-氧代新木脂素-7'-烯-3'-*O*-β-D-吡喃葡萄糖苷[(-)-(7*S*,8*R*,7'*E*)-4,7,9,3',9'-pentahydroxy-3-methoxy-8—4'-oxyneolign-7'-ene-3'-*O*-β-D-glucopyranoside]，(-)-(7*R*,8*S*)-4,7,9,3',9'-五羟基-3-甲氧基-8—4'-氧代新木脂素-3'-*O*-β-D-吡喃葡萄糖苷[(-)-(7*R*,8*S*)-4,7,9,3',9'-pentahydroxy-3-methoxy-8—4'-oxyneolignan-3'-*O*-β-D-glucopyranoside]，(-)-(7*S*,8*R*,7'*E*)-

微花藤 **Iodes cirrhosa** Turcz.
李锡畴 绘

微花藤 **Iodes cirrhosa** Turcz.
摄影：何顺志

4,7,9,3',9'-五羟基-3,5'-二甲氧基-8—4'-氧代新木脂素-7'-烯-3'-*O*-β-D-吡喃葡萄糖苷[(-)-(7*S*,8*R*,7'*E*)-4,7,9,3',9'-pentahydroxy-3,5'-dimethoxy-8—4'-oxyneolign-7'-ene-3'-*O*-β-D-glucopyranoside]，(-)-(7*R*,8*S*)-4,7,9,3',9'-五羟基-3-甲氧基-8—4'-氧代新木脂素-9'-*O*-β-D-吡喃葡萄糖苷[(-)-(7*R*,8*S*)-4,7,9,3',9'-pentahydroxy-3-methoxy-8—4'-oxyneolignan-9'-*O*-β-D-glucopyranoside]，(+)-(7*S*,8*S*)-4,7,9,9'-四羟基-3,3'-二甲氧基-8—4'-氧代新木

脂素-9'-*O*-*β*-D-吡喃葡萄糖苷[(+)-(7*S*,8*S*)-4,7,9,9'-tetrahydroxy-3,3'-dimethoxy-8–4'-oxyneolignan-9'-*O*-*β*-D-glucopyranoside]，(-)-(2*R*)-1-*O*-*β*-D-吡喃葡萄糖基-2-(2-甲氧基-4-*E*-甲酰乙烯基苯氧基)丙烷-3-醇[(-)-(2*R*)-1-*O*-*β*-D-glucopyranosyl-2-{2-methoxy-4-[(*E*)-formylvinyl]phenoxyl}propane-3-ol]，日本落叶松脂醇▲C-4-*O*-*β*-D-吡喃葡萄糖苷(leptolepisol C-4-*O*-*β*-D-glucopyranoside)[1]，日向当归苷▲(hyuganoside) Ⅲa、Ⅲb，(-)-鹅掌楸苷[(-)-liriodendrin][1-2]，(-)-阿拉善马先蒿苷▲A [(-)-alaschanisoside A]，(-)-(7*S*,8*S*)-四羟基-3,3'-二甲氧基-8–4'-氧代新木脂素-7-*O*-*β*-D-吡喃葡萄糖苷[(-)-(7*S*,8*S*)-4,7,9,9'-tetrahydroxy-3,3'-dimethoxy-8–4'-oxyneolignan-7-*O*-*β*-D-glucopyranoside][2]；芳基甘油苷类：(-)-(7*R*,8*S*)-丁香基甘油-8-*O*-*β*-D-吡喃葡萄糖苷[(-)-(7*R*,8*S*)-syringylglycerol-8-*O*-*β*-D-glucopyranoside]，(-)-(7*R*,8*S*)-愈创木基甘油-8-*O*-*β*-D-吡喃葡萄糖苷[(-)-(7*R*,8*S*)-guaiacylglycerol-8-*O*-*β*-D-glucopyranoside]，(-)-(7*R*,8*R*)-丁香基甘油-9-*O*-*β*-D-吡喃葡萄糖苷[(-)-(7*R*,8*R*)-syringyl-glycerol-9-*O*-*β*-D-glucopyranoside][1]，(+)-(7*S*,8*S*)-丁香基甘油-8-*O*-*β*-D-吡喃葡萄糖苷[(+)-(7*S*,8*S*)-syringylglycerol-8-*O*-*β*-D-glucopyranoside]，(+)-(7*S*,8*S*)-愈创木基甘油-8-*O*-*β*-D-吡喃葡萄糖苷[(+)-(7*S*,8*S*)-guaiacylglycerol-8-*O*-*β*-D-glucopyranoside]，(-)-(7*R*,8*R*)-愈创木基甘油-7-*O*-*β*-D-吡喃葡萄糖苷[(-)-(7*R*,8*R*)-guaiacylglycerol-7-*O*-*β*-D-glucopyranoside]，(-)-(7*S*,8*R*)-愈创木基甘油-9-*O*-*β*-D-吡喃葡萄糖苷[(-)-(7*S*,8*R*)-guaiacylglycerol-9-*O*-*β*-D-glucopyranoside]，(-)-(7*R*,8*R*)-愈创木基甘油-9-*O*-*β*-D-吡喃葡萄糖苷[(-)-(7*R*,8*R*)-guaiacylglycerol-9-*O*-*β*-D-glucopyranoside][1-2]；酚苷类：(-)-4-丙酰基-2,6-二甲氧基苯基-*β*-D-吡喃葡萄糖苷[(-)-4-propionyl-2,6-dimethoxyphenyl-*β*-D-glucopyranoside][1]，灯盏花苷C(erigeside C)，(-)-异直蒴苔苷▲[(-)-tachioside]，(-)-3,5-二甲氧基-4-羟基苯基-*β*-D-吡喃葡萄糖苷[(-)-3,5-dimethoxy-4-hydroxyphenyl-*β*-D-glucopyranoside]，(-)-(1'*R*)-1'-(3-羟基-4-甲氧基苯基)-乙烷-1',2'-二醇-3-*O*-*β*-D-吡喃葡萄糖苷[(-)-(1'*R*)-1'-(3-hydroxy-4-methoxyphenyl)-ethane-1',2'-diol-3-*O*-*β*-D-glucopyranoside]，(-)-3-羟基-1-(4-羟基-3-甲氧基苯基)-1-丙酮-3-*O*-*β*-D-吡喃葡萄糖苷[(-)-3-hydroxy-1-(4-hydroxy-3-methoxyphenyl)-1-propanone-3-*O*-*β*-D-glucopyranoside]，(-)-2-羟基-5-(2-羟乙基)-苯基-*β*-D-吡喃葡萄糖苷[(-)-2-hydroxy-5-(2-hydroxyethyl)-phenyl-*β*-D-glucopyranoside]，(-)-2-甲氧基-4-(1-丙酰基)-苯基-*β*-D-吡喃葡萄糖苷[(-)-2-methoxy4-(1-propionyl)-phenyl-*β*-D-glucopyranoside]，(-)-4-丙酰基-3,5-二甲氧基苯基-*β*-D-吡喃葡萄糖苷[(-)-4-propionyl-3,5-dimethoxyphenyl-*β*-D-glucopyranoside][1-2]，香荚兰素(vanillin)，原儿茶醛(protocatechualdehyde)，原儿茶酸(protocatechuic acid)，香荚兰酸(vanillic acid)[3]；苯丙素类：(2*R*,3*R*)-2,3-二羟基-3-(4-羟基-3,5-二甲氧基苯基)丙基-*β*-D-吡喃葡萄糖苷[(2*R*,3*R*)-2,3-dihydroxy-3-(4-hydroxy-3,5-dimethoxyphenyl)propyl-*β*-D-glucopyranoside]，(-)-(2*R*)-1-*O*-*β*-D-吡喃葡萄糖基-2-[2-甲氧基-4-[1-(*E*)-丙烯-3-醇]苯氧基]丙烷-3-醇{(-)-(2*R*)-1-*O*-*β*-D-glucopyranosyl-2-[2-methoxy-4-[1-(*E*)-propen-3-ol]phenoxyl]propan-3-ol}，(-)-(2*R*)-1-*O*-*β*-D-吡喃葡萄糖基-2-[2,6-二甲氧基-4-[1-(*E*)-丙烯-3-醇]苯氧基]丙烷-3-醇{(-)-(2*R*)-1-*O*-*β*-D-glucopyranosyl-2-[2,6-dimethoxy-4-[1-(*E*)-propen-3-ol]phenoxyl]propan-3-ol}[2]，*N*-咖啡酰多巴(*N*-caffeoyl dopa)，3,5-二-*O*-咖啡酰奎宁酸甲酯(methyl 3,5-di-*O*-caffeoylquinate)，3,5-二咖啡酰奎宁酸(3,5-dicaffeoylquinic acid)，咖啡酸(caffeic acid)[3]；三萜类：1*β*,3*β*-二羟基熊果-9(11),12-二烯[1*β*,3*β*-dihydroxyurs-9(11),12-diene]，白桦脂酸(betulinic acid)，鲍尔山油柑烯醇▲乙酸酯(bauerenyl acetate)，3*β*-羟基-11-氧代齐墩果-12-烯-棕榈酸酯(3*β*-hydroxy-11-oxo-olean-12-enyl palmitate)，3*β*-乙酰氧基-熊果-12-烯-11-酮(3*β*-acetoxy-urs-12-ene-11-one)[3]；环烯醚萜类：(-)-獐牙菜苷[(-)-sweroside][1-2]；倍半萜类：(-)-11,13-二氢去酰菜蓟苦素-3-*O*-*β*-D-吡喃葡萄糖苷[(-)-11,13-dihydrodeacylcynaropicrin-3-*O*-*β*-D-glucopyranoside][1-2]；香豆素类：东莨菪内酯-*β*-D-吡喃木糖基-(1→6)-*β*-D-吡喃葡萄糖苷[scopoletin-*β*-D-xylopyranosyl-(1→6)-*β*-D-glucopyranoside][1-2]，东莨菪内酯(scopoletin)，东莨菪苷(scopolin)[3]；甾体类：豆甾-5,22-二烯-3*β*-醇(stigmasta-5,22-diene-3*β*-ol)，7*β*-羟基豆甾醇(7*β*-hydroxystigmasterol)，豆甾-5,22-二烯-3*β*-醇-3-*O*-*β*-D-吡喃葡萄糖苷(stigmasta-5,22-diene-3*β*-ol-3-*O*-*β*-D-glucopyranoside)[3]；醌类：2,6-二甲氧基-1,4-苯醌(2,6-dimethoxy-1,4-benzoquinone)[3]；有机酸类：杜鹃花酸(azelaic acid)，琥珀酸(succinic acid)[3]。

化学成分参考文献

[1] Gan ML, et al. *J Nat Prod*, 2008, 71(4): 647-654.

[2] 甘茂罗，等. 中国中药杂志，2010, 35(4): 456-467.

[3] 甘茂罗，等. 中国中药杂志，2011, 36(9): 1183-1189.

3. 小果微花藤　白吹风（广西），牛奶藤（贵州），犁耙树（云南）

Iodes vitiginea (Hance) Hemsl. in J. Bot. 12: 184. 1874.——*Erythrostaphyle vitiginea* Hance, *Iodes ovalis* Blume var. *vitiginea* (Hance) Gagnep.（英 **Vitigin Iodes**）

木质藤本；小枝压扁，被淡黄色硬伏毛；卷须腋生或生于叶柄的一侧。叶片薄纸质，长卵形至卵形，长 6-15 cm，宽 3-9 cm，先端通常长渐尖或有时急尖，基部圆形或微心形，腹面暗绿色，幼时疏被长短硬伏毛，老时仅沿脉被硬伏毛，密具细颗粒状突起，背面灰绿色，密被白色或淡黄色粗硬伏毛及少数直柔毛，侧脉 4-6 对，网脉细，通常不凸出；叶柄长 1-1.5 cm，被淡黄色硬伏毛。伞房圆锥花序腋生，密被黄褐色至锈色绒毛。雄花序长 8-20 cm，多花密集；雄花黄绿色，芽时球形；萼片 5，披针形，长 0.5-1 mm，近基部连合，外面被锈色柔毛；花瓣 5 裂，稀 6 裂，中部以下连合，裂片长三角形至长卵形，长为花瓣的 1/2，先端有一小突尖，外面被黄褐色柔毛；雄蕊 5 枚，浅黄色，长约 1 mm，花丝极短，花药长圆形；子房不发育，被淡黄色刺伏长柔毛。雌花序较短；雌花绿色，萼片 5，狭披针形，近基部连合，外面密被锈色柔毛；花瓣 5，披针形至阔卵形，长 1-2 mm，近基部连合，外面被黄褐色柔毛；无退化雄蕊；子房卵状圆球形或近圆柱形，长 1-1.5 mm，密被黄色刺状柔毛，柱头近圆盘形，浅 3 裂。核果卵球形或阔卵球形，长 1.5-2 cm，宽 1-1.5c m，幼时绿色，熟时红色，干时略压扁，有多角形陷穴，密被黄色绒毛，具宿存增大的花瓣、花萼。花期 12 月至翌年 6 月，果期 5-8 月。

分布与生境　产于海南、广西、贵州、云南（东南部）。生于海拔 120-1300 m 的沟谷季雨林至次生灌丛中。越南（北部）、老挝（北部）、泰国（北部）也有分布。

药用部位　根皮、茎、全株。

功效应用　根皮、茎：祛风湿，下乳，活血化瘀。用于风湿痹痛，劳伤，急性结膜炎，乳汁不通。外用于目赤，跌打损伤，刀伤。全株：用于痔疮。

化学成分　果仁含油 39-50%，油中主要成分为脂肪酸类的棕榈酸、亚油酸、油酸、顺-Δ'-十六烯酸以及 13 个甘油酯[1]。

小果微花藤 **Iodes vitiginea** (Hance) Hemsl.
引自《中国高等植物图鉴》

小果微花藤 **Iodes vitiginea** (Hance) Hemsl.
摄影：王祝年

化学成分参考文献

[1] 廖学焜，等 . 植物学报 , 1990, 32(6): 473-476.

4. 瘤枝微花藤　辣子果（云南），丁公藤（广西）

Iodes seguinii (H. Lév.) Rehder in J. Arnold Arbor. 15: 3. 1934.——*Vitis seguinii* H. Lév., *Iodes vitiginea* (Hance) Hemsl. var. *levitestis* Hand.-Mazz.（英 **Seguin Iodes**）

木质藤本；小枝圆柱形，灰棕色，具多数瘤状皮孔，老时显著突起，嫩枝密被锈色卷曲柔毛；卷须侧生于节上，黄绿色。叶片卵形或近圆形，长 4–14 cm，宽 3–10.5 cm，先端钝至锐尖，基部心形，腹面亮绿色，仅沿下陷中脉略被毛，背面较淡，密被硬伏毛及较少的微柔毛，沿脉仅被稀疏微柔毛，中脉在背面十分隆起，侧脉 4–6 对，在近边缘处汇合，老时两面各级脉及细网脉均显著，背面更突起；叶柄长 0.5–2 cm，密被锈色卷曲柔毛。伞房花序呈圆锥状，腋生或侧生，长 2–3 cm，密被锈色卷曲柔毛。雄花：花萼 4–5 裂至中部，长卵形，长约 1 mm，外面密被锈色卷曲柔毛；花瓣 4–5 裂，基部 1/3 连合，卵形至椭圆形，长 3–4 mm，外面密被锈色卷曲柔毛及微柔毛，内面无毛，先端内弯；雄蕊 5 枚，与花瓣互生，花丝长约 3 mm，上部细，内弯，向基部逐渐加粗，近基部里面具锈色柔毛，花药卵形或长圆形，长约 0.5 mm；子房不发育。雌花不详。果倒卵状长圆球形，长 1.8–2 cm，宽约 1.2 cm，幼时黄绿色，熟时红色，密被伏柔毛，内果皮较平滑，微具沟槽及网纹。花期 1–5 月，果期 4–6 月。

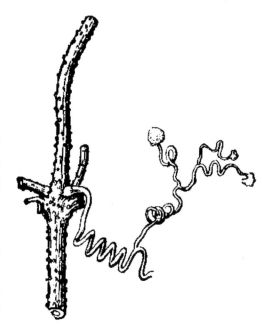

瘤枝微花藤 Iodes seguinii (H. Lév.) Rehder
李锡畴　绘

分布与生境　产于广西、贵州、云南。生于海拔 200–1200 m 的石灰山林内。

瘤枝微花藤 Iodes seguinii (H. Lév.) Rehder
摄影：朱鑫鑫

药用部位　根、茎、枝叶。

功效应用　根：润肺，止咳。用于劳伤。茎：用于风湿痹痛。枝叶：用于毒蛇咬伤。果肉可食，先甜后辣。

6. 心翼果属 Peripterygium Hassk.

草质藤本，具白色乳汁。单叶互生，全缘或分裂，具长柄，心形或心状戟形，3-7 掌状脉，薄膜质，无托叶。稀疏的二歧聚伞花序腋生，先端蝎尾状；苞片卵形，渐尖，小，早落；花两性或杂性，细小，无梗；花萼 5 深裂，裂片覆瓦状排列，宿存；花瓣 5，基部连合，覆瓦状排列，脱落；雄蕊 5 枚，与花瓣互生，着生于花冠管喉部，花丝极短，花药内向，2 室，纵裂；无花盘；子房短，卵圆状长圆形，略成四棱，1 室，在雄花中退化，胚珠 2，稀 1，下垂，倒生；花柱粗短，柱头 2 裂，1 为头状，早落，另 1 在果时延长，顶端 2 裂，迟落。果具阔而多横纹的膜质翅，圆形或倒心形，压扁，1 室。种子 1 枚，线形，有纵槽纹，胚极小，在极密颗粒状肉质胚乳顶部。

3 种，分布于亚洲热带至澳大利亚东北部。我国有 2 种，分布于华南和西南，其中 1 种可药用。

1. 大心翼果　青梅藤（广西）

Peripterygium platycarpum (Gagnep.) Sleumer in Notizbl. Bot. Gart. Berlin-Dahlem 15: 248. 1940.——
Cardiopteris platycarpa Gagnep.（英 **Largefriut Peripterygium**）

草质藤本，具白色乳汁。叶片心形，长卵状三角形或心状戟形，长 7-15 cm，宽 4-10 cm，先端长渐尖，基部平截或浅心形，基裂片有时戟形，在叶柄上端向上反褶，全缘，稀 3-5 浅裂，稀深裂，腹面绿色，背面淡绿色，基出脉 5，中间的脉有 2-3 对侧脉，基出脉和侧脉在两面均稍隆起，网脉稀疏且不明显；叶柄长 3-8 cm。聚伞花序腋生；花序梗长 14-16 cm。花小，白色，杂性或雌雄异株或同株；芽近球形，长约 2.5 mm。雄花：萼片卵形或披针形，长 1.5-2 mm，边缘有时具缘毛，下部约 1/3 连合；花瓣长卵形；花丝丝状，长约 0.5 mm，花药长圆形，较花丝长；子房不发育，卵状圆锥形，长约 1 mm。雌花：萼片长卵圆形，长约 2 mm，边缘具稀疏缘毛或无毛；子房狭圆锥形，长 0.2-0.3 cm，上部具一蘑菇状附属器，花柱圆柱形，伸出花冠之外。翅果近圆形，长 2.5-3.5 cm，宽 2-3 cm，金黄色，具光泽，有宿存萼，萼上面为子房柄在果时延长的果轴，长 4-8 mm，萼下面为果柄，极短。花

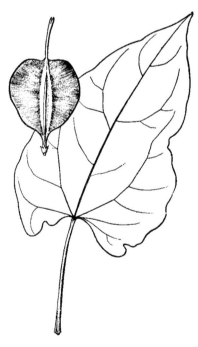

大心翼果 **Peripterygium platycarpum**
(Gagnep.) Sleumer
李锡畴　绘

大心翼果 **Peripterygium platycarpum**
(Gagnep.) Sleumer
摄影：黄健

期 6-11 月，果期 10 月至翌年 1 月。

分布与生境　产于广西（西南部）、云南（南部和东南部）。生于海拔 130-1300 m 的疏林、沟谷密林及灌木丛中。越南北部也有分布。

药用部位　根、地上部分。

功效应用　根：用于经闭。地上部分：祛风湿，利尿。用于风湿痹痛，水肿脚气。

注评　本种为广西中药材标准（1990 年版）收载"青藤"的基源植物，药用其干燥地上部分。

鼠李科 RHAMNACEAE

灌木、藤状灌木或乔木，稀草本。通常具刺，或无刺。单叶互生或近对生，全缘或具齿，羽状脉，或三至五基出脉；托叶小，早落或宿存，或有时变为刺。花小，两性或单性，稀杂性，雌雄异株，常排成聚伞花序、穗状圆锥花序、聚伞总状花序、聚伞圆锥花序，或有时单生或数个簇生，4 基数；稀 5 基数；萼钟状或筒状，淡黄绿色，萼片镊合状排列，常坚硬，内面中肋中部有时具喙状突起，与花瓣互生；花瓣较萼片小，极凹，匙形或兜状，基部常具爪，或有时无花瓣；雄蕊与花瓣对生，为花瓣抱持，花药 2 室，纵裂，花盘明显发育，贴生于萼筒上，或填塞于萼筒内面，杯状、壳斗状或盘状，全缘、具圆齿或浅裂；子房上位至下位，通常 3 或 2 室，稀 4 室，每室有 1 或 2 胚珠，花柱不分裂或上部 3 裂。核果、浆果状核果、蒴果状核果或蒴果，沿腹缝线开裂或不开裂，或有时果实顶端具纵向的翅或具平展的翅状边缘，基部常为宿存的萼筒所包围，1 至 4 室，具 2-4 个开裂或不开裂的分核，每分核具 1 种子。种子背部无沟或具沟，或基部具孔状开口。

约 50 属，900 种以上，广泛分布于温带至热带地区。我国产 13 属，137 种，32 变种，其中 11 属 66 种 12 变种可药用。

本科药用植物主要含黄酮、环肽生物碱、萜等类型化学成分。

分属检索表

1. 子房上位或半下位，果实无翅或具不开裂的翅；直立灌木、藤状灌木或乔木，无卷须。
  2. 果实顶端无纵向的翅，或周围有木栓质或木质化的圆翅。
    3. 浆果状核果或蒴果状核果，具软的或革质的外果皮，无翅，内果皮薄革质或纸质，具 2-4 分核。
      4. 子房明显上位；浆果状核果，倒卵形或近球形，不开裂，基部与宿存的萼筒分离。
        5. 花序轴在结果时不膨大成肉质；叶具羽状脉。
          6. 花无梗（稀具短梗），排成穗状花序或穗状圆锥花序，顶生或兼腋生；核果具 2-3 不开裂的分核······**1. 雀梅藤属 Sageretia**
          6. 花具明显的梗，排成腋生聚伞花序；核果有沿内棱裂缝开裂或稀不开裂的分核；种子背面常有沟，稀无沟······**2. 鼠李属 Rhamnus**
        5. 花序轴在结果时膨大成肉质；叶具基生三出脉 ······**3. 枳椇属 Hovenia**
      4. 子房半下位；蒴果状核果，圆球形，成熟时室背开裂，基部或中部以上与萼筒合生······**4. 蛇藤属 Colubrina**
    3. 核果，无翅，或有翅；内果皮坚硬，厚骨质或木质，1-3 室，无分核；种皮膜质或纸质。
      7. 叶具羽状脉，无托叶刺；核果圆柱形。
        8. 叶边缘具锯齿或近全缘；腋生聚伞花序；萼片内面中肋中部具喙状突起；花盘薄或稍厚，浅杯状，结果时不增大······**5. 猫乳属 Rhamnella**
        8. 叶全缘；花通常排成顶生聚伞总状或聚伞圆锥花序；萼片内面中肋有或无喙状突起；花盘肥厚，壳斗状，包围子房之半，结果时增大或不增大。
          9. 直立灌木或乔木；小枝粗糙，具纵裂纹；叶基部不对称；萼片内面中肋中部具喙状突起；花盘五边形，结果时不增大；核果 1 室，具 1 种子······**6. 小勾儿茶属 Berchemiella**
          9. 藤状灌木，稀直立矮灌木；小枝平滑；叶基部对称；萼片内面中肋仅顶端增厚，中部无喙状突起，花盘 10 裂，齿轮状，结果时明显增大成盘状或皿状，包围果实的基部；核果 2 室，每室具 1 种子···7. **勾儿茶属 Berchemia**

  7. 叶具基生三出脉，稀五出脉，通常具托叶刺；核果非圆柱形。

    10. 果实周围具平展的杯状或草帽状的翅 ···················8. **马甲子属 Paliurus**

    10. 果实无翅，为肉质核果 ·······························9. **枣属 Ziziphus**

 2. 果实球形，顶端具纵向伸长为长圆形的翅，不开裂 ···········10. **翼核果属 Ventilago**

1. 子房下位，3 室，果实常具纵向连接假壁的 3 翅，分核不开裂；花盘五裂，在子房上部与萼筒合生，攀援灌木，有卷须 ··11. **咀签属 Gouania**

1. 雀梅藤属 Sageretia Brongn.

藤状或直立灌木，稀小乔木；无刺或具枝刺，小枝互生或近对生。叶纸质至革质，互生或近对生，边缘具锯齿，稀近全缘，叶脉羽状；具柄；托叶小，脱落。花两性，五基数；通常无梗或近无梗，稀有梗，排成穗状或穗状圆锥花序，稀总状花序；萼片三角形，内面顶端常增厚，中肋凸起而成小喙；花瓣匙形；雄蕊背着药；花盘厚，肉质，壳斗状，全缘或 5 裂；子房上位，基部与花盘合生，2-3 室，每室具 1 胚珠，花柱短，柱头头状，不分裂或 2-3 裂。浆果状核果，倒卵状球形或圆球形，基部为宿存的萼筒包围。种子扁平，两端凹陷。

本属约 35 种，主要分布于亚洲南部和东部，少数种在美洲和非洲也有分布。我国有 19 种及 3 变种，其中 9 种 1 变种可药用。

分种检索表

1. 花具明显的梗，排成总状或圆锥花序；叶柄无毛；果实翌年成熟·····················1. **梗花雀梅藤 S. henryi**

1. 花无梗或近无梗，排成穗状或穗状圆锥花序；果实当年成熟。

 2. 花序轴无毛，稀被疏柔毛。

  3. 叶小，革质，长 5-20 mm，宽 3-11 mm，顶端圆钝，侧脉 4-5 对，边缘具细锯齿或近全缘···2. **对节刺 S. pycnophylla**

  3. 叶较大，纸质或近革质，长超过 2.5 cm，宽 1.4 cm，侧脉 2-8 对。

   4. 叶上面无光泽，侧脉每边 2-3 (4) 条·················3. **少脉雀梅藤 S. paucicostata**

   4. 叶上面有光泽，侧脉每边 5-8 条。

    5. 叶下面脉腋具髯毛，基部不对称·················4. **亮叶雀梅藤 S. lucida**

    5. 叶下面无毛，基部对称·················5. **纤细雀梅藤 S. gracilis**

 2. 花序轴被绒毛或密短柔毛。

  6. 叶下面被绒毛，宿存或后多少脱落；叶长圆形，卵状长圆形或卵形，上面明显皱褶 ···6. **皱叶雀梅藤 S. rugosa**

  6. 叶下面无毛，或仅沿脉被柔毛或脉腋具髯毛。

   7. 叶较小，长不超过 4.5 cm，宽 2.5 cm，下面无毛，稀沿脉被疏柔毛，侧脉 3-4 (5) 对，上面不下陷···7. **雀梅藤 S. thea**

   7. 叶大，长 4-15 cm，宽 3.5 cm，侧脉 5-10 对，上面明显下陷。

    8. 小枝常具钩状下弯的长刺；叶长圆形，稀卵状椭圆形，下面脉腋具髯毛；叶柄无毛；果实当年成熟···8. **钩刺雀梅藤 S. hamosa**

    8. 小枝具直刺或无刺；叶卵状椭圆形，下面无毛；叶柄被短毛；果实翌年成熟···9. **刺藤子 S. melliana**

本属药用植物含黄酮类成分，如类杜茎鼠李素▲(maesopsin，**1**)，5,7,4'- 三羟基黄酮醇 (5,7,4'-

trihydroxyflavonol，**2**)，5,7,4'- 三羟基二氢黄酮醇 -3-*O*-α-L- 吡喃鼠李糖苷 (5,7,4'-tri-hydroxydihydroflavonol-3-*O*-α-L-rhamnopyranoside，**3**)；酚酸类成分如丁香酸 (syringic acid，**4**)，香荚兰酸 (vanillic acid，**5**)。

（化学结构式）

1. 梗花雀梅藤（中国高等植物图鉴） 红雀梅藤（广西植物名录），红藤（广西），皱锦藤（四川）

Sageretia henryi J. R. Drumm. et Sprague in Kew Bull. Misc. Inform. 14. 1908.（英 **Henry Sageretia**）

藤状灌木，稀小乔木，高达 2.5 m，无刺或具刺；小枝红褐色，无毛。叶互生或近对生，纸质，长圆形、长椭圆形或卵状椭圆形，长 5–12 cm，宽 2.5–5 cm，顶端尾状渐尖，稀锐尖或钝圆，基部圆形或宽楔形，边缘具细锯齿，两面无毛，上面干时栗色，侧脉每边 5–6 (7) 条，叶柄长 5–13 mm，无毛或被微柔毛。花具 1–3 mm 长的梗，无毛，单生或数个簇生排成疏散的总状或稀圆锥花序，腋生或顶生，花序轴无毛，长 3–17 cm，萼片卵状三角形；花瓣，匙形，顶端微凹。核果椭圆形或倒卵状球形，长 5–6 mm，直径 4–5 mm，成熟时紫红色。种子 2，扁平，两端凹入。花期 7–11 月，果期翌年 3–6 月。

分布与生境 产于陕西、甘肃、浙江南部、湖南、广西、湖北、四川、贵州、云南。常生于海拔 400–2500 m 的山地灌丛或密林中。

药用部位 果实。

功效应用 清热，降火。用于胃热口苦，牙龈肿痛，口舌生疮。

化学成分 须根、主根、茎、小枝、叶含生物碱类：大麦芽碱(hordenine)[1]。

注评 本种的果实称"梗花雀梅藤"。本种在广西上思称"红藤"，系"红藤"的同名异物品。据本草考证，"红藤"之名见于《本草纲目》，系《本草拾遗》记载"省藤"的异名，其原植物为棕榈

梗花雀梅藤 Sageretia henryi J. R. Drumm. et Sprague
引自《中国高等植物图鉴》

梗花雀梅藤 Sageretia henryi J. R. Drumm. et Sprague
摄影：何顺志

科植物省藤。现时所用"红藤"主要有"大血藤"和"草红藤"两种。前者为大血藤科植物大血藤 Sargentodoxa cuneata (Oliv.) Rehder et E. H. Wilson；后者为豆科植物毛宿苞豆 Shuteria involucrata (Wall.) Wight et Arn. var. villosa (Pamp.) H. Ohashi 的带叶茎藤。葡萄科植物地锦 Parthenocissus tricuspidata (Siebold et Zucc.) Planch. 及狭叶崖爬藤 Tetrastigma serrulatum (Roxb.) Planch. 等的藤茎部分地区也称"红藤"，各地以"红藤"为名的植物有多种。

化学成分参考文献

[1] 仲山民，等 . 浙江林学院学报 , 1994, 11(2): 133-137.

2. 对节刺（四川、中国植物志） 铁勒鞭棵棵（巫山），沙糖果（贵州）

Sageretia pycnophylla C. K. Schneid. in Sarg., Pl. Wils. 2: 226. 1914.（英 **Woollytwig Sageretia**）

常绿直立灌木，高达 2 m，具枝刺；小枝对生或近对生，红褐色或黑褐色，被短柔毛。叶小，革质，互生或近对生，长圆形或卵状椭圆形，长 5–20 mm，宽 3–11 mm，顶端圆钝，稀锐尖，基部近圆形，边缘具细锯齿或近全缘，上面绿色，下面干时黄绿色，侧脉每边 4–5 条，两面无毛，叶柄长 1–2 mm，被短柔毛。花无梗，排成顶生穗状或穗状圆锥花序，花序轴被疏或密短柔毛，长达 9 cm；萼片三角状卵形，顶端尖，内面中肋顶端增厚而成小喙；花瓣匙形或倒卵状披针形，短于萼片。核果近球形，直径 4–5 mm，成熟时黑紫色。种子淡黄色，顶端微凹。花期 7–10 月，果期翌年 5–6 月。

分布与生境 产于四川、甘肃、陕西。生于海拔 700–2800 m 的山地灌丛、疏林或开旷山坡。

药用部位 根、果实。

功效应用 清热解毒，理气止痛。用于风寒咳嗽，胃痛，无名肿毒。

对节刺 Sageretia pycnophylla C. K. Schneid.
冯晋庸 绘

对节刺 Sageretia pycnophylla C. K. Schneid.
摄影：朱仁斌

3. 少脉雀梅藤（中国高等植物图鉴） 对节木（中国树木分类学），对结刺、对结子（河南）

Sageretia paucicostata Maxim. in Act. Hort. Petrop. 11: 101. 1890.（英 **Fewvein Sageretia**）

直立灌木，或稀小乔木，高可达 6 m，幼枝被黄色绒毛，小枝刺状，对生或近对生。叶纸质，互生或近对生，椭圆形或倒卵状椭圆形，稀近圆形或卵状椭圆形，长 2.5-4.5 cm，宽 1.4-2.5 cm，顶端钝或圆形，稀锐尖或微凹，基部楔形或近圆形，边缘具钩状细锯齿，上面无光泽，侧脉每边 2-3 (-4) 条；叶柄长 4-6 mm，被短细柔毛。花无梗或近无梗，单生或 2-3 个簇生，排成疏散穗状或穗状圆锥花序，生于侧枝顶端或小枝上部叶腋，花序轴无毛，萼片，三角形，花瓣匙形，短于萼片，顶端微凹。核果倒卵状球形或圆球形，长 5-8 mm，直径 4-6 mm，成熟时黑色或黑紫色。种子扁平，两端微凹。花期 5-9 月，果期 7-10 月。

分布与生境 产于河北、河南、山西、陕西、甘肃、四川、云南、西藏东部。生于山坡、山谷灌丛或疏林中。

药用部位 果皮、果仁。

功效应用 祛风除湿。用于风湿，关节疼痛。

少脉雀梅藤 *Sageretia paucicostata* Maxim.
引自《中国高等植物图鉴》

少脉雀梅藤 *Sageretia paucicostata* Maxim.
摄影：林秦文 刘宗才

4. 亮叶雀梅藤（中国植物志） 钩状雀梅藤（海南植物志），倒钩茶（湖北）

Sageretia lucida Merr. in Lingn. Sci. J. 7: 314. 1931.（英 **Lucidleaf Sageretia**）

藤状灌木，无刺或具刺；小枝无毛。叶薄革质，互生或近对生，卵状长圆形或卵状椭圆形，长 6-12 cm，宽 2.5-4 cm，顶端钝，渐尖或短渐尖，稀锐尖，基部圆形，常不对称，边缘具圆齿状浅锯齿，上面有光泽，下面仅脉腋具髯毛，侧脉每边 5-6 (7) 条，上面平，叶柄长 8-12 mm，无毛。花无梗或近无梗，无毛，通常排成腋生短穗状花序，或稀下部分枝成穗状圆锥花序，花序轴无毛，长 2-3 cm；

萼片三角状卵形，长 1.3–1.5 mm，顶端尖，内面中肋凸
起，花瓣兜状，短于萼片。核果，椭圆状卵形，长 10–
12 mm，成熟时红色。花期 4–7 月，果期 9–12 月。

分布与生境 产于浙江、福建、广东、广西、海南、云
南。生于海拔 300–800 m 的山谷疏林中。也分布于印度、
尼泊尔、斯里兰卡、越南、印度尼西亚。

药用部位 叶、果实。

功效应用 叶：用于泄泻。果实：用于健胃。

亮叶雀梅藤 Sageretia lucida Merr.
冯晋庸 绘

亮叶雀梅藤 Sageretia lucida Merr.
摄影：陈彬

5. 纤细雀梅藤（广西植物名录） 铁藤、筛子簸箕果（云南）

Sageretia gracilis J. R. Drumm. et Sprague in Kew Bull. Misc. Inform. 15. 1908.（英 **Thin Sageretia**）

　　直立或藤状灌木，具刺。叶纸质或近革质，互生或近对生，卵形、卵状椭圆形或披针形，长 4–11 cm，
宽 1.5–4 cm，顶端渐尖或锐尖，稀钝，边缘具细锯齿，上面稍有光泽，干时暗绿色或浅褐色，下面浅
绿色，两面无毛，侧脉每边 5–7 条；叶柄长 5–14 mm，无毛或被疏短柔毛。花无梗，通常 1–5 个簇
生，疏散排列或上部密集成长达 20 cm 以上，顶生或兼腋生的穗状圆锥花序，花序轴无毛或被疏短柔
毛，萼片三角形或三角状卵形，长 1.3–1.5 mm，内面中肋凸起，顶端具喙，花瓣匙形，长约 0.8 mm，
短于雄蕊，核果倒卵状球形，长 6–7 mm，成熟时红色。种子斜倒心形，长 5–6 mm。花期 7–10 月，
果期翌年 2–5 月。

分布与生境 产于广西西部、云南西北部、中部至南部、西藏东部至东南部。生于海拔 1200–3400 m
的山地、山谷灌丛或林中。

药用部位 果。

功效应用 用于治疗疮疖。

化学成分 根含生物碱类：大麦芽碱(hordenine)[1]；酚酸类：丁香酸(syringic acid)，香荚兰酸(vanillic acid)[1]；其他类：棕榈酸，β-谷甾醇[1]。

根状茎含黄酮类：类杜茎鼠李素▲(maesopsin)，类杜茎鼠李素▲-6-O-β-D-吡喃葡萄糖糖苷(maesopsin-6-O-β-D-glucopyranoside)，5,7,4'-三羟基二氢黄酮醇(5,7,4'-trihydroxydihydroflavonol)，5,7,4'-三羟基二氢黄酮醇-3-O-α-L-呋喃阿拉伯糖苷(5,7,4'-trihydroxydihydroflavonol-3-O-α-L-arabinofuranoside)，5,7,4'-三羟基二氢黄酮醇-3-O-α-L-吡喃鼠李糖苷(5,7,4'-trihydroxydihydroflavonol-3-O-α-L-rhamnopyranoside)，5,7,4'-三羟基黄酮醇(5,7,4'-trihydroxyflavonol)[2]；其他类：十八酸，三十酸甲酯，胡萝卜苷[2]。

药理作用 抗细菌和抗真菌作用：纤细雀梅藤的正丁醇萃取部位在 PEPT 模型上有一定的抗细菌活性，水提取物在 YNG 模型上有一定的抗真菌活性[1]。

纤细雀梅藤 **Sageretia gracilis** J. R. Drumm. et Sprague
王红兵 绘

纤细雀梅藤 **Sageretia gracilis** J. R. Drumm. et Sprague
摄影：朱鑫鑫

化学成分参考文献

[1] 张美义，等．云南植物研究，1980, 2(1): 62-65.

[2] 杨亚滨，等．天然产物研究与开发，2003, 15(3): 203-215.

药理作用及毒性参考文献

[1] 杨亚滨，等．天然产物研究与开发，2003, 15(3): 203-205, 211.

6. 皱叶雀梅藤（中国植物志） 锈毛雀梅藤（中国高等植物图鉴），九把伞（湖南）

Sageretia rugosa Hance in J. Bot. 16: 9. 1878.（英 **Wrinkledleaf Sageretia**）

藤状或直立灌木，高达 4 m，幼枝和小枝被锈色绒毛或密短柔毛，侧枝有时缩短成钩状。叶纸质或厚纸质，互生或近对生，卵状长圆形或卵形，稀倒卵状长圆形，长 3-8 (11) cm，宽 2-5 cm，顶端锐尖或短渐尖，基部近圆形，稀近心形，边缘具细锯齿，上面常被白色绒毛，下面被锈色或灰白色不脱落的绒毛，侧脉每边 6-8 条，上面明显下陷，干时常皱褶；叶柄长 3-8 mm，被密短柔毛。花无梗，通常排成顶生或腋生穗状或穗状圆锥花序，花序轴被密短柔毛或绒毛；花萼外面被柔毛，萼片三角形；花瓣匙形，顶端 2 浅裂，短于萼片。核果圆球形，成熟时红色或紫红色。种子 2 个，扁平，两端凹入。花期 7-12 月，果期翌年 3-4 月。

分布与生境 产于湖北、湖南、广东、广西、四川、贵州、云南。生于海拔 1600 m 以下的山地灌丛或林中，或在山坡、平地散生。

药用部位 根。

功效应用 舒筋活络。用于风湿痹痛。

皱叶雀梅藤 Sageretia rugosa Hance
引自《中国高等植物图鉴》

皱叶雀梅藤 Sageretia rugosa Hance
摄影：朱鑫鑫

7. 雀梅藤（中国树木分类学）对角刺、碎米子（中国树木分类学），扎梅（浙江），酸铜子、酸色子（中国植物志）

Sageretia thea (Osbeck) M. C. Johnst. in J. Arnold Arbor. 49: 377. 1968.——*Rhamnus thea* Osbeck., *Sageretia theezans* (L.) Brongn.（英 **Hedge Sageretia**）

7a. 雀梅藤（模式变种）

Sageretia thea (Osbeck) M. C. Johnst. var. **thea**

藤状或直立灌木：小枝具刺，互生或近对生，褐色，被短柔毛。叶纸质，近对生或互生，通常椭圆形，长圆形或卵状椭圆形，稀卵形或近圆形，长 1–4.5 cm，宽 0.7–2.5 cm，顶端锐尖，钝或圆形，基部圆形或近心形，边缘具细锯齿，上面绿色，无毛或沿脉被柔毛，侧脉每边 3–4 (5) 条；叶柄长 2–7 mm，被短柔毛。花无梗，通常 2 至数个簇生排成顶生或腋生疏散穗状或圆锥状穗状花序，花序轴长 2–5 cm，被绒毛或密短柔毛；花萼外面被疏柔毛：萼片三角形或三角状卵形；花瓣匙形，顶端 2 浅裂，短于萼片。核果近圆球形，成熟时黑色或紫黑色。种子扁平，二端微凹。花期 7–11 月，果期翌年 3–5 月。

分布与生境　产于安徽、江苏、浙江、江西、福建、台湾、湖北、湖南、广东、广西、四川、云南。常生于海拔 2100 m 以下的丘陵、山地林下或灌丛中。也分布于印度、越南、朝鲜、日本。

药用部位　根、枝叶。

功效应用　根：降气，止痰，止痛。用于感冒，咳嗽，气喘，胃痛，鹤膝风。嫩枝叶：拔毒，生肌，止痒。用

雀梅藤 Sageretia thea (Osbeck) M. C. Johnst. var. thea
引自《中国高等植物图鉴》

雀梅藤 Sageretia thea (Osbeck) M. C. Johnst. var. thea
摄影：陈彬 朱鑫鑫

于疮疡肿毒，水火烫伤，疥疮，漆疮。

化学成分　根状茎含三萜类：蒲公英赛醇(taraxerol)，无羁萜(friedelin)[1]；酚酸类：葡萄糖丁香酸(glucosyringic acid)，丁香酸(syringic acid)[1]；甾体类：β-谷甾醇，胡萝卜苷[1]。

茎含三萜类：无羁萜，表无羁萜(epifriedelin)，福桂树醇▲乙酸酯(ocotillol acetate)[2]；蒽醌类：大黄素甲醚(physcion)，大黄素(emodin)[2]；甾体类：β-谷甾醇，胡萝卜苷[2]。

叶含黄酮类：杨梅苷(myricitrin)，7-O-甲基杨梅素-3-O-α-L-呋喃阿拉伯糖苷(7-O-methylmyricetin-3-O-α-L-arabinofuranoside)，3,3',4',5,5'-五羟基-7-甲氧基黄酮(3,3',4',5,5'-pentahydroxy-7-methoxy-flavone)，

鼠李素-3-O-吡喃鼠李糖苷(rhamnetin-3-O-rhamnopyranoside)，槲皮素-3-O-β-D-吡喃葡萄糖苷(quercetin-3-O-β-D-glucopyranoside)，槲皮素-3-O-β-D-吡喃半乳糖苷(quercetin-3-O-β-D-galactopyranoside)，槲皮苷(quercitrin)，槲皮素-3-O-α-L-吡喃阿拉伯糖苷(quercetin-3-O-α-L-arabinopyranoside)，杨梅素-3-O-β-D-吡喃葡萄糖苷(myricetin-3-O-β-D-glucopyranoside)，番石榴素▲(guajavarin)，扇叶桦定▲(betmidin)[3]；蒽醌类：葡萄糖欧鼠李苷A (glucofrangulin A)[3]。

注评　本种根称"雀梅藤"，叶称"雀梅藤叶"，广西、浙江、福建等地药用。壮族、瑶族、畲族也药用，主要用途见功效应用项。瑶族尚用于治肾炎水肿等症。

化学成分参考文献

[1] 徐丽珍，等 . 中国中药杂志，1994, 19(11): 675-685.

[2] 巢琪，等 . 复旦学报 (医学版)，1987, 18(5): 393-395.

[3] Shen CJ, et al. *J Chin Chem Soc* (Taiwan), 2009, 56(5): 1002-1009.

7b. 毛叶雀梅藤（变种）（东北林学院植物研究室汇刊）

Sageretia thea (Osbeck) M. C. Johnst. var. **tomentosa** (C. K. Schneid.) Y. L. Chen et P. K. Chou in Bull. Bot. Lab. North-East. Forest. Inst. 5: 75. 1979.——*S. theezans* (L.) Brongn. var. *tomentosa* C. K. Schneid.（英 **Hairyleaf Sageretia**）

叶通常卵形、短圆形或卵状椭圆形，下面被绒毛，后逐渐脱落，与模式变种相区别。

分布与生境　产于甘肃、安徽、江苏、浙江、江西、福建、台湾、广东、广西、云南、四川。也分布于朝鲜（济州岛）。

药用部位　根、叶。

功效应用　降气化痰，拔毒生肌。用于感冒，咳喘，肝炎，疮疡，跌打损伤。

8. 钩刺雀梅藤（中国植物志）　钩雀梅藤（广西植物名录），猴栗（浙江）

Sageretia hamosa (Wall.) Brongn. in Ann. Sci. Nat. ser. 1, 10: 360. 1826.——*Ziziphus hamosa* Wall.（英 **Hooked Sageretia**）

常绿藤状灌木，小枝常具钩状下弯的粗刺，无毛或仅基部被短柔毛。叶革质，互生或近对生，长圆形或长椭圆形，稀卵状椭圆形，长 9–15 (20) cm，宽 4–6 (7) cm，顶端尾状渐尖，渐尖或短渐尖，基部圆形或近圆形，边缘具细锯齿，上面有光泽，无毛，下面仅脉腋具髯毛，侧脉每边 7–10 条，上面下陷；叶柄长 8–15 (17) mm，无毛。花无梗，通常 2–3 个簇生疏散排列成顶生或腋生穗状或穗状圆锥花序；花序轴长可达 15 cm，被棕色或灰白色绒毛或密短柔毛。核果近球形，近无梗，长 7–10 mm，成熟时深红色或紫黑色。种子扁平，两端凹入。花期 7–8 月，果期 8–10 月。

分布与生境　产于浙江、江西、福建、湖北、湖南、广东、广西、贵州、云南、四川及西藏东南部。生于海拔 1600 m 以下的山坡灌丛或林中。也分布于斯里兰卡、印度、尼泊尔、越南、菲律宾。

药用部位　根、果实。

功效应用　根：用于风湿痹痛，跌打损伤。果实：用于疮疾。

化学成分　须根、主根、茎、小枝、叶含生物碱类：大麦芽碱(hordenine)[1]。

钩刺雀梅藤 Sageretia hamosa (Wall.) Brongn.
冯晋庸　绘

钩刺雀梅藤 Sageretia hamosa (Wall.) Brongn.
摄影：南程慧 喻勋林

化学成分参考文献

[1] 仲山民，等 . 浙江林学院学报 , 1994, 11(2): 133-137.

9. 刺藤子（安徽、中国植物志）

Sageretia melliana Hand.-Mazz. in Pl. Melliana Sin. 2: 168. 1934.（英 **Mell's Sageretia**）

常绿藤状灌木；具枝刺；小枝褐色，被黄色短柔毛。叶革质，近对生，卵状椭圆形或长圆形，稀卵形，长 5–10 cm，宽 2–3.5 cm，顶端渐尖，基部近圆形，稍不对称，边缘具细锯齿，上面有光泽，干时变栗褐色，两面无毛，侧脉每边 5–7 (8) 条，上面明显下陷；叶柄长 4–8 mm，被短柔毛或无毛。花无梗，无毛，单生或数个簇生而排成顶生或稀腋生穗状或圆锥状穗状花序：花序轴被黄色或黄白色贴生密短柔毛或绒毛，萼片三角形，花瓣狭倒卵形，短于萼片之半。核果浅红色。花期 9–11 月，果期翌年 4–5 月。

分布与生境　产于安徽、浙江、江西、福建、湖北、湖南、广东、广西、贵州、云南。生于海拔 1500 m 以下的山地林缘或林下。

药用部位　根。

功效应用　用于跌打损伤，风湿痹痛。

化学成分　须根、主根、茎、小枝、叶含生物碱类：大麦芽碱(hordenine)[1]。

刺藤子 Sageretia melliana Hand.-Mazz.
吴彰桦　绘

刺藤子 **Sageretia melliana** Hand.-Mazz.
摄影：黄健 徐永福

化学成分参考文献

[1] 仲山民，等．浙江林学院学报，1994, 11(2): 133-137.

2. 鼠李属 Rhamnus L.

灌木或乔木，无刺或小枝顶端常变成针刺；芽裸露或有鳞片。叶互生或近对生，稀对生，羽状脉，边缘有锯齿或稀全缘；托叶小，早落，稀宿存。花小，两性，或单性、雌雄异株，稀杂性，单生或数个簇生，或排成腋生聚伞花序、聚伞总状或聚伞圆锥花序，黄绿色；花萼钟状或漏斗状钟状，4–5 裂，萼片卵状三角形，内面有凸起的中肋；花瓣4–5，短于萼片，兜状，基部具短爪，顶端常 2 浅裂，稀无花瓣；雄蕊4–5 枚，为花瓣抱持，与花瓣等长或短于花瓣；花盘薄，杯状；子房上位，球形，着生于花盘上，2–4 室，每室有 1 胚珠，花柱 2–4 裂。浆果状核果倒卵状球形或圆球形，基部为宿存萼筒所包围，具 2–4 分核，开裂或不开裂，各有 1 种子。种子倒卵形或长圆状倒卵形，背面或背侧具纵沟，或稀无沟。

本属约 150 种分布于温带至热带，主要集中于亚洲东部和北美洲的西南部，少数也分布于欧洲和非洲。我国有 57 种和 14 变种，分布于全国各地，以西南和华南地区种类最多，其中 27 种 2 变种可药用。

分种检索表

1.冬芽裸露，无鳞片，被锈色或棕褐色绒毛；花通常两性，5 基数；种子背面无沟。

  2. 叶全缘，宽椭圆形或短圆形；花通常 2 至数个簇生于叶腋，稀单生，无总花梗，无毛，花柱不分裂；核果具 2 分核 ·· 1. **欧鼠李 R. frangula**

  2. 叶具齿或近全缘；花数个至 10 余个排成聚伞或近伞形花序，具总花梗，常被毛，花柱分裂，稀不分裂；核果具 2–3 个分核。

    3. 叶倒卵状椭圆形或倒卵形，下面被柔毛或绒毛，或至少沿脉被密柔毛，叶柄被密柔毛；总花梗长 4–10 mm；花柱不分裂 ·· 2. **长叶冻绿 R. crenata**

    3. 叶椭圆形或短圆形，无毛或仅下面沿脉被疏硬毛，叶柄无毛，或微被短毛；总花梗长 1.5–4 cm；花柱 2–3 半裂 ·· 3. **长柄鼠李 R. longipes**

1.冬芽具数个鳞片；花单性和雌雄异株，稀杂性，4 基数稀 5 基数；种子背面或侧面有沟。

4. 茎仅具长枝而无短枝，无刺；叶互生；花 5 基数或 4 基数有花瓣或无花瓣。

  5. 花少数，单生或 2–6 个簇生于叶腋。

    6. 叶较小，纸质，叶片长达 4 cm，侧脉每边 2–4 条，上面不明显；花有花瓣，花梗长 1–2 mm ·········
    ·· 4. 异叶鼠李 **R. heterophylla**

    6. 叶较大，革质，叶片通常长超过 4 cm，侧脉每边 5–6 条，上面明显下陷；花无花瓣，花梗长 3–6 cm
    ··· 5. 陷脉鼠李 **R. bodinieri**

  5. 花多数，排成聚伞总状或聚伞圆锥花序。

    7. 花杂性；花序常有较多数宿存的叶状苞片；种子背面具长为种子 1/2 的短沟 ·························
    ·· 6. 海南鼠李 **R. hainanensis**

    7. 花单性，雌雄异株；花序无叶状苞片，或仅有少数早落的叶状小苞片；种子背面具长为种子 3/5 的
    纵沟。

      8. 叶纸质，狭椭圆形或倒披针状椭圆形，下面或沿脉和叶柄均被短柔毛；花排成短聚伞总状花序，
      萼和花梗被短柔毛 ····································· 7. 贵州鼠李 **R. esquirolii**

      8. 叶厚纸或近革质，宽椭圆形或宽长圆形，下面和叶柄无毛，或仅脉腋被簇毛；幼枝及花序轴被
      短柔毛；花序长达 12 cm ····························· 8. 尼泊尔鼠李 **R. napalensis**

4. 植株有长枝和短枝，短枝顶端常具木质针刺；叶在长枝上对生或互生，而在短枝上簇生；花单性，雌雄
异株，4 基数；具花瓣。

  9. 叶和枝对生或近对生，或稀兼互生。

    10. 叶狭小，长不超过 3 cm，宽通常在 1 cm 以下，侧脉 2–3 对，稀 4 对。

      11. 叶长圆形或椭圆形，叶柄长 1–3 mm，边缘常背卷，具不明的细齿或近全缘，下面干时变黑色，
      脉腋具簇毛或近无毛 ································· 9. 川滇鼠李 **R. gilgiana**

      11. 叶菱状倒卵形或菱状椭圆形，稀倒卵状圆形或近圆形，叶柄长 4–15 mm，边缘具圆齿状细锯齿，
      干时灰白色，腋脉窝孔被疏短柔毛 ······················ 10. 小叶鼠李 **R. parvifolia**

    10. 叶大或较大，长于 3 cm，宽 1.5 cm，侧脉 (3) 4–7 对。

      12. 叶柄短，通常短于 1 cm；种子背面或侧面具长为种子 1/2 以上的纵沟（除 *R. dumetorum* 外）。

        13. 幼枝、当年生枝及叶两面或沿脉和叶柄均被短柔毛，花和花梗被疏短柔毛；叶倒卵圆形、卵圆
        形或近圆形 ······································ 11. 圆叶鼠李 **R. globosa**

        13. 幼枝、当年生枝和叶柄无毛或近无毛，花和花梗无毛；叶非倒卵圆形或近圆形。

          14. 叶上面无毛，下面仅脉腋被簇毛，侧脉 3–5 对，叶柄长 8–20 mm ·························
          ·································· 12. 薄叶鼠李 **R. leptophylla**

          14. 叶上面或沿脉被疏柔毛，下面沿脉或脉腋离孔被簇毛或稀无毛。

            15. 小枝浅灰色或灰褐色，树皮粗糙，无光泽；种子黑色，背面仅基部具短沟 ·············
            ··························· 13. 刺鼠李 **R. dumetorum**

            15. 小枝红褐色，紫红色或黑褐色，树皮平滑，有光泽；种子红褐色或褐色，背侧具长为种子
            2/3 以上的纵沟。

              16. 叶菱状倒卵形或菱状椭圆形，两面无毛或仅下面脉腋窝孔内被疏短柔毛，侧脉每边 2–4 条·
              ·························· 10. 小叶鼠李 **R. parvifolia**

              16. 叶椭圆形、倒卵状椭圆形或倒卵状披针形，上面被疏伏毛，下面无毛或脉腋窝孔被疏柔
              毛，侧脉每边 4–5 条。

                17. 幼枝无毛；叶纸质至厚纸质，通常椭圆形或倒卵状椭圆形，下面干时变浅黄色或灰
                色，网脉不明显，脉腋有小窝孔 ·············· 14. 甘青鼠李 **R. tangutica**

                17. 幼枝被微毛；叶薄纸质或纸质，通常倒卵状披针形，下面干时常变淡红色，网脉明
                显，脉腋无窝孔，稀有窝孔 ·············· 15. 帚枝鼠李 **R. virgata**

12. 叶柄长，通常长于 1–1.5 cm；种子背面基部仅有长为种子 1/3 以下的短沟。

18. 小枝有毛或无毛；叶下面干时常变黄色或金黄色，沿脉或脉腋被金黄色柔毛；叶柄长 5–15 mm ·· 16. 冻绿 **R. utilis**

18. 小枝无毛；叶下面干时浅绿色，无毛，或仅上面被疏短柔毛；叶柄长 1.5–3 cm。

19. 叶无毛，边缘具密圆锯齿，椭圆形或宽椭圆形，侧脉每边 3–4 条 ·········· 17. 药鼠李 **R. cathartica**

19. 叶和叶柄近无毛，边缘具疏钝锯齿或圆齿状齿，狭或宽椭圆形或长圆形，侧脉每边 4–6 条。

20. 枝顶端常具刺；叶狭椭圆形或狭长圆形 ······················· 18. 乌苏里鼠李 **R. ussuriensis**

20. 枝顶端常具大芽，稀在分叉处具刺；叶宽椭圆形或长圆形 ·············· 19. 鼠李 **R. davurica**

9. 叶和枝均互生，稀兼近对生。

21. 叶狭长而小，宽通常在 1.2 cm 以下；种子背面或背侧面具长为种子 2/3 以上的纵沟。

22. 叶线形或线状披针形，两面无毛；种子背面有长为种子 4/5 窄纵沟 ···················· ·· 20. 柳叶鼠李 **R. erythroxylum**

22. 叶椭圆形、倒卵状椭圆形或匙形，稀长圆形，两面被短柔毛或下面沿脉被微毛。

23. 叶两面或至少沿脉被金黄色疣状短柔毛；花和花梗有疏短柔毛 ············· 21. 铁马鞭 **R. aurea**

23. 叶上面无毛或沿中脉被短柔毛，下面仅脉腋具簇毛，稀沿脉被疏柔毛 ·············· ·· 22. 小冻绿树 **R. rosthornii**

21. 叶宽大，长通常超过 3 cm，宽超过 2 cm；种子背面或背侧具长或短纵沟。

24. 幼枝、叶、叶柄、花及花梗均无毛；叶椭圆形或长圆状卵形，边缘有钩状内弯的锯齿·············· ·· 23. 湖北鼠李 **R. hupehensis**

24. 幼枝、叶两面或至少下面沿脉及叶柄被毛；花和花梗均被短柔毛。

25. 花萼和花梗被疏短柔毛；当年生枝、叶两面或沿脉被柔毛。

26. 叶厚纸质，倒卵状椭圆形或倒卵形，叶脉在上面明显下陷，干时明显皱褶；种子背面具与种子近等长的纵沟 ······················· 24. 皱叶鼠李 **R. rugulosa**

26. 叶纸质或薄纸质，宽椭圆形或倒卵状椭圆形，叶脉两面凸起，上面干时不皱褶；种子背面具长为种子 1/4–2/5 的短沟 ······················· 25. 朝鲜鼠李 **R. koraiensis**

25. 花萼和花梗均无毛；叶近无毛或多少被毛。

27. 小枝红褐色，枝端具针刺，被黑褐色或褐色短柔毛；叶长圆形卵状长圆形或倒卵形，上面被微毛，下面干时变淡红色或黄绿色，无毛；种子背面有长达种子 1/2 的纵沟 ·············· ·· 26. 山绿柴 **R. brachypoda**

27. 小枝灰褐色，无光泽，枝端有钝刺；叶椭圆形或卵状椭圆形，上面无毛，下面干时变黄色，边缘干后稍背卷；种子背面基部有长为种子 1/4–1/3 的短沟···27. 黄鼠李 **R. fulvotincta**

本属药用植物含黄酮类成分，如多花蔷薇苷 (multiflorin A，**1**)，山奈酚 -3-O-β- 鼠李糖苷 (kaempferol-3-O-β-rhamnoside，**2**)；蒽醌类成分如大黄酚 (chrysophanol，**3**)，大黄素 (emodin，**4**)，大黄素甲醚 (physcion，**5**)。**1** 具有缓泻作用。

1 **2** **3**: R$_1$=H R$_2$=H
4: R$_1$=H R$_2$=OH
5: R$_1$=H R$_2$=OMe

1. 欧鼠李（中国植物志） 药炭鼠李（中国树木分类学），药绿柴（新疆）

Rhamnus frangula L., Sp. Pl. 1: 193. 1753.——*Frangula alnus* Mill.（英 **Glossy Buckthorn, Alder Buckthorn**）

灌木或小乔木，高达 7 m；小枝紫褐色，被疏短柔毛。叶纸质，宽椭圆形或长圆形，稀倒卵形，长 4–11 cm，宽 2.5–6 cm，顶端急狭成短渐尖或圆形，稀锐尖，基部宽楔形或近圆形，全缘，上面无毛，下面沿中脉被疏短柔毛，侧脉 6–10 对；叶柄长 1–1.9 cm，被短柔毛。花单生，或 2 至数个簇生于叶腋，萼片内面顶端具喙状突起，花瓣圆形，微凹；花盘薄，杯状；子房球形，2 室，每室具 1 胚珠，花柱不分裂，柱头顶端微凹。核果球形，直径 6–8 mm，成熟时红色，具 2 个分核，果梗长 7–10 mm。种子无沟。花期 4–7 月，果期 6–9 月。

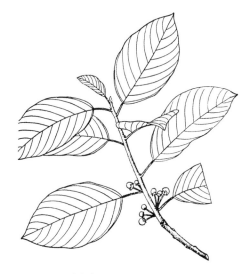

欧鼠李 Rhamnus frangula L.
马建生 绘

欧鼠李 Rhamnus frangula L.
摄影：黄健

分布与生境 产于新疆北部。生于林缘、河岸或湖边。也分布于欧洲、俄罗斯、亚洲西部和非洲北部。

药用部位 树皮。

功效应用 催吐，通便，缓泻。用于腹痛，便秘。

化学成分 根皮含蒽醌类：1,8-二羟基-2-乙酰萘(1,8-dihydroxy-2-acetylnaphthalene)，1,8-二羟基-2-乙酰萘葡萄糖苷或鼠李糖苷(1,8-dihydroxy-2-acetylnaphthalene glucose or rhamnose)[1]。

树皮含蒽醌类：大黄素-8-*O*-β-D-葡萄糖苷(emodin-8-*O*-β-D-glucoside)[2]，大黄素-1-*O*-β-D-龙胆双糖苷(emodin-1-*O*-β-D-gentiobioside)[3]，欧鼠李苷(frangulin) A、B[4-5]；萘类：葡萄糖欧鼠李苷(glucofrangulin) A、B[6-7]；生物碱类：(*R*)-(-)-亚美尼亚罂粟碱▲[(*R*)-(-)-armepavine][8]。

叶含蒽醌类：大黄素(emodin)[9]；以及黄酮类、胡萝卜素类、香豆素类、杂多糖类[9]。

果实含黄酮苷类：苷元为山柰酚(kaempferol)，糖基包括半乳糖和鼠李糖[10]。

种子含蒽醌类：芦荟大黄素 (aloe-emodin)[11]。

化学成分参考文献

[1] Rosca M, et al. *Farmacia* (Bucharest, Romania), 1972, 20(11): 695-699.

[2] Savonius K. *Farmaseuttinen Aikakauslehti*, 1973, 82(9-10): 136-139.

[3] Demuth G, et al. *Planta Med*, 1978, 33(1): 53-56.

[4] Wagner H, et al. Zeitschrift fuer Naturforschung, Teil C: Biochemie, Biophysik, Biologie, Virologie, 1974, 29(5-6): 204-208.

[5] Wagner H, et al. *Tetrahedron Lett*, 1972, (49): 5013-5014.

[6] Francis GW, et al. *Magn Reson Chem*, 1998, 36(10): 769-772.

[7] Rosca M, et al. *Planta Med*, 1975, 28(2): 178-181.

[8] Pailer M, et al. *Monatsh Chem*, 1972, 103(5): 1399-1405.

[9] Palade M, et al. *Farmacia* (Bucharest, Romania), 2002, 50(5): 90-96.

[10] Dauguet JC, et al. *Plantes Medicinales et Phytotherapie*, 1974, 8(1): 32-43.

[11] Kupchan SM, et al. *Lloydia*, 1976, 39(4): 223-224.

2. 长叶冻绿（中国树木分类学） 黄药（开宝本草），长叶绿柴、冻绿、绿柴、山绿篱、绿篱柴、山黑子、过路黄（湖北），山黄（广州），水冻绿（江苏），苦李根（广西），钝齿鼠李（台湾植物志）

Rhamnus crenata Siebold et Zucc. in Abh. Akad. Munch. 4(2): 146. 1843.——*Frangula crenata* (Siebold et Zucc.) Miq.（英 **Oriental Buckthorn**）

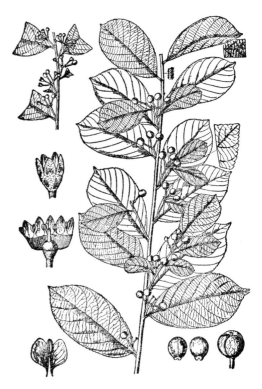

落叶灌木或小乔木，高达 7 m；幼枝带红色，小枝被疏柔毛。叶纸质，倒卵状椭圆形、椭圆形或倒卵形，稀倒披针状椭圆形或长圆形，长 4-14 cm，宽 2-5 cm，顶端渐尖、尾状长渐尖或骤缩成短尖，基部楔形或钝，边缘具圆齿状齿或细锯齿，上面无毛，下面被柔毛或沿脉多少被柔毛，侧脉 7-12 对；叶柄长 4-10 (12) mm，被密柔毛。花数个或 10 余个密集成腋生聚伞花序，总花梗长 4-10 (-15) mm，被柔毛，花梗长 2-4 mm，被短柔毛，萼片三角形，外面有疏微毛，花瓣近圆形，顶端 2 裂，子房球形，花柱不分裂。核果球形或倒卵状球形，绿色或红色，长 5-6 mm，具 3 分核。种子无沟。花期 5-8 月，果期 8-10 月。

分布与生境 产于陕西、河南、安徽、江苏、浙江、江西、福建、台湾、湖北、湖南、广东、广西、四川、贵州、云南。常生于海拔 2000 m 以下的山地林下或灌丛中。也分布于朝鲜、日本、越南、老挝、柬埔寨、泰国。

药用部位 根。

功效应用 清热解毒，利湿，杀虫止痒。用于疥疮、顽癣，湿疹足癣，湿热性黄疸，脓泡疮，小儿蛔虫，水肿，麻风，内伤，肺结核。有毒。

长叶冻绿 **Rhamnus crenata** Siebold et Zucc.
引自《中国高等植物图鉴》

长叶冻绿 **Rhamnus crenata** Siebold et Zucc.
摄影：朱鑫鑫 张金龙

化学成分　茎皮含蒽醌类：大黄素(emodin)，大黄酚(chrysophanol)，大黄素甲醚(physcion)，欧鼠李苷(frangulin)[1]，大黄蒽酮▲(chrysothrone)，大黄素-9-蒽酮(emodin-9-anthrone)[2]。

枝叶含萘酚及蒽醌类：决明酮(torachrysone)，长叶冻绿苷▲(crenatoside)，大黄素(emodin)，大黄素-1-*O*-*β*-D-吡喃葡萄糖苷(emodin-1-*O*-*β*-D-glucopyranoside)[3-4]，决明酮B(torachrysone B)，2-甲氧基粗雄花酮▲(2-methoxystypandrone)，大黄素甲醚二聚蒽酮▲(physciondianthrone)，大黄酚，2-乙酰基-1,8-萘酚[4]；黄酮类：香树素(aromadendrin)[4]；甾体类：*β*-谷甾醇[3]。脂肪醇/酸类：正三十醇，正三十二酸[4]。

药理作用　升高白细胞作用：对环磷酰胺致小鼠白细胞降低病理模型，采用造模前造模后给药的方式，有一定程度的升白作用，且酯溶性部分作用优于水溶性部分[1]。

抗肿瘤作用：长叶冻绿粗提物具有抗肿瘤活性，对人结肠癌细胞株 (HCT-8)、人宫颈癌细胞株 (HeLa)、人肝癌细胞株 (BET-7402)、人胃癌细胞株 (BGC-823)、人肺腺癌细胞株 (A549) 有抑制作用；分离得到的化合物2-甲氧基粗雄花酮 (2-methoxystypandrone) 对 HCT-8 和 HeLa 有一定的细胞毒作用[2]。

注评　本种的根或根皮称"黎辣根"，湖南、广西、福建、浙江、湖北等地药用。本种的根在江西、湖南、广西个别地区称"黄药"，不能与"黄药子"混淆。本种的根在广西贵县称"土黄连"，平南称"假黄连""胡连"药用，但其根有毒，只可外用水煎洗患处。苗族、侗族、畲族也药用其根及根皮，主要用途见功效应用项。

化学成分参考文献

[1] Minami K, et al. *Mokuzai Gakkaishi*, 1963, 9(5): 171-174.

[2] Tsukida K, et al. *Yakugaku Zasshi*, 1954, 74: 401-404.

[3] 吴小明，等 . 药学学报 , 2005, 40(12): 1127-1130.

[4] 吴小明 . 黄药和北五味子抗癌活性的化学成分研究 [D]. 辽宁：沈阳药科大学，2005.

药理作用及毒性参考文献

[1] 归筱铭，等 . 福建医药杂志，1981, (4): 34-35.

[2] 吴小明 . 黄药和北五味子抗癌活性的化学成分研究 [D]. 辽宁：沈阳药科大学，2005.

3. 长柄鼠李（海南植物志）

Rhamnus longipes Merr. et Chun in Sunyats. 2: 272. f. 31. 1935.（英 **Longstalk Buckthorn**）

直立灌木或小乔木，高达 8 m，无刺；幼枝和小枝紫褐色，无毛或被疏毛。叶近革质，椭圆形或长圆状披针形，长 6–11 cm，宽 2–4 cm，顶端渐尖，基部楔形或近圆形，边缘稍背卷，具疏细钝齿，两面无毛，侧脉 7–10 对，叶柄长 1.2–2.2 cm，被毛。花两性，2 至数个聚生于长 1.5–4 cm 的总花梗上，排成腋生聚伞花序，无毛或被疏柔毛；花梗长 3–4 mm，被微柔毛，萼片三角形，花瓣倒心形，子房球形，花柱长 1.2 mm，2–3 半裂。核果球形或倒卵状球形，长 6–8 mm，成熟时红紫色或黑色，果梗长 6–8 mm，被疏柔毛。种子 2，稀 3 个，背面无沟。花期 6–8 月。

分布与生境　产于广东、广西和云南东南部。生于海拔 500–1700 m 的山地密林中。也分布于越南。

药用部位　根皮、全株。

功效应用　清热泻下，消瘰疬。用于治疗热结便秘，痢疾，痔疮，瘰疬。

化学成分　根含蒽醌类：大黄素(emodin)，大黄酚(chrysophanol)，大黄素-8-*O*-*β*-D-吡喃葡萄糖苷(emodin-8-*O*-*β*-D-glucopyranoside)，

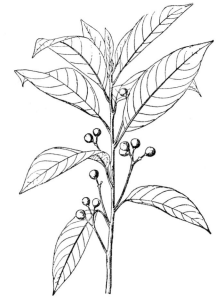

长柄鼠李 **Rhamnus longipes** Merr. et Chun
引自《中国高等植物图鉴》

大黄酚葡萄糖苷(chrysophanol glucoside)，大黄素甲醚(physcion)，大黄素甲醚葡萄糖苷(physcion glucoside)[1]。

化学成分参考文献

[1] 苏竞驰, 等. 植物学报, 1988, 30(1): 107-108.

4. 异叶鼠李（中国高等植物图鉴） 崖枣树（中国树木分类学），光果紫（贵州），女儿茶、紫果叶（四川、贵州）

Rhamnus heterophylla Oliv. in Hook. Icon. Pl. 18: t. 1759. 1888.（英 **Diversifolious Buckthorn**）

小灌木，高 2 m，枝无刺，幼枝和小枝细长，被密短柔毛。叶纸质，大小异形，在同侧交替互生，小叶近圆形或卵圆形，长 0.5–1.5 cm，顶端圆形或钝；大叶长圆形、卵状椭圆形或卵状长圆形，长 1.5–4.5 cm，宽 1–2.2 cm，顶端锐尖或短渐尖，基部楔形或圆形，边缘具细锯齿或细圆齿，上面浅绿色，两面无毛或仅下面脉腋被簇毛，侧脉 2–4 对；叶柄长 2–7 mm，有短柔毛。花单性，雌雄异株，单生或 2–3 个簇生于侧枝上的叶腋，花梗长 1–2 mm，被疏微柔毛，萼片外面被疏柔毛，雄花的花瓣匙形。核果球形，基部有宿存的萼筒，成熟时黑色，具 3 分核；果梗长 1–2 mm。种子背面具长为种子 4/5 上窄下宽的纵沟。花期 5–8 月，果期 9–12 月。

分布与生境 产于陕西南部、甘肃东南部、湖北西部、四川、贵州及云南。生于海拔 300–1450 m 的山坡灌丛或林缘。

药用部位 根、枝叶。

功效应用 根：清热解毒，凉血止血。用于痢疾，痔疮出血，咯血，血崩，白带，暑天烦渴。嫩枝：清热，解暑除烦。外敷可用于治疮痈肿毒，烫伤，蛇咬等。

异叶鼠李 Rhamnus heterophylla Oliv.
引自《中国高等植物图鉴》

异叶鼠李 **Rhamnus heterophylla** Oliv.
摄影：朱鑫鑫 何海

5. 陷脉鼠李（中国植物志） 地马桑、鼠李（贵州）

Rhamnus bodinieri H. Lév. in Fedde, Rep. Sp. Nov. 10: 473. 1912.（英 **Bodinier's Buckthorn**）

常绿灌木，高达 3 m，枝无刺；当年生枝被短柔毛。叶革质，大小异型，在同侧交替互生，小叶近圆形或椭圆形，长 0.8–2 cm；大叶椭圆形或短圆形，长 2.5–10 cm，宽 1.2–3.5 cm，顶端锐尖，稀钝或圆形，中脉常伸长成小尖头，基部楔形或近圆形，边缘干时稍背卷，具钩状疏锐齿，上面沿中脉被疏柔毛，下面无毛，或脉腋被簇毛，侧脉 5–6 对，上面明显下陷，叶柄长 3–9 (12) mm，被疏短柔毛。花单性，雌雄异株，单生或 2–3 个簇生于叶腋，外面被疏柔毛，萼片三角形，长 2–2.5 mm；无花瓣；花梗长 3–6 mm，被疏短柔毛，雄花有退化雌蕊，子房不发育，花柱短，3 浅裂至半裂；雌花具短小的退化雄蕊，子房球形，花柱粗，3 深裂，花盘薄，盘状。核果球形或倒卵球形，直径约 4 mm，紫红色，具 3 个分核。种子背面有长为种子 4/5、上下宽、中部窄的纵沟。花期 5–7 月，果期 7–10 月。

分布与生境 产于贵州西部、广西西北部、云南南部至东南部。生于海拔 1000–2000 m 山地密林或灌丛中。

药用部位 全株。

功效应用 祛风杀虫，解毒止痢。用于痢疾，痔疮，疥疮，蛔虫。

陷脉鼠李 Rhamnus bodinieri H. Lév.
张泰利 绘

6. 海南鼠李（海南植物志）

Rhamnus hainanensis Merr. et Chun in Sunyats. 2: 273. f. 32. 1935.（英 **Hainan Buckthorn**）

藤状灌木，稀直立，枝无刺；具多数瘤状皮孔，幼时被疏短柔毛。叶纸质，异形，交替互生，小叶卵形，长不超过 3 cm；大叶椭圆形或长圆状卵形，长 5–11 cm，宽 2.5–4.5 cm，顶端渐尖或急尖，基部圆形，边缘具细锯齿或钝锯齿，干时呈绿黄色，侧脉 5–7 对，上面无毛，下面沿脉被金黄色短柔毛，稀近无毛；叶柄长 7–15 mm，被短柔毛。花杂性，单生或 2–4 个排成腋生聚伞总状花序，花梗长 2–3 mm；萼片长圆状披针形，早落，花瓣宽椭圆形，稍短于萼片；子房球形，3 室，花柱 3，稀 2 浅裂。核果倒卵状球形或近球形，直径约 5 mm，基部有宿存的萼筒，成熟时深红色或紫红色。种子背面有长为种子 1/2 的短沟。花期 8–11 月，果期 11 月至翌年 3 月。

分布与生境 产于海南。生于山谷密林中。

药用部位 根、果实。

功效应用 消气，顺气，活血，祛痰。用于脘腹胀，食积，热结肠道，痰咳。

海南鼠李 Rhamnus hainanensis Merr. et Chun
引自《中国高等植物图鉴》

7. 贵州鼠李（广西植物名录） 无刺鼠李（中国高等植物图鉴），铁滚子、紫棍柴（贵州）

Rhamnus esquirolii H. Lév. in Fedde, Rep. Sp. Nov. 10: 473. 1912.（英 **Esquirol's Buckthorn**）

7a. 贵州鼠李（模式变种）

Rhamnus esquirolii H. Lév. var. **esquirolii**

灌木，稀小乔木，高 3–5 m；小枝无刺，具不明显瘤状皮孔，被短柔毛。叶纸质，异形，在同侧交替互生，小叶长圆形或披针状椭圆形，长 1.5–4 cm，宽 0.5–2.5 cm；大叶长椭圆形、倒披针状椭圆形或狭长圆形，长 5–19 cm，宽 1.7–6 cm，顶端渐尖至长渐尖，基部圆形或楔形，边缘平或多少背卷，具细锯齿，上面无毛，下面被灰色短软柔毛，或至少沿脉被短柔毛，侧脉 6–8 对，上面下陷，下面干时呈灰绿色，叶柄长 3–11 mm，被密或疏短柔毛。花单性，雌雄异株，通常数个排成长 1–3 cm 的腋生聚伞总状花序；花序轴、花梗和花均被短柔毛；萼片三角形；花瓣小，早落，花梗长 1–2 mm；雄花有退化雌蕊；雌花有极小的退化雄蕊，子房球形，花柱 3 浅裂或半裂。核果倒卵状球形，直径 4–5 mm，基部有宿存的萼筒，紫红色，成熟时变黑色。种子 2–3 个，倒卵状长圆形，背面有约与种子等长的上窄下宽的纵沟。花期 5–7 月，果期 8–11 月。

贵州鼠李 Rhamnus esquirolii H. Lév. var. esquirolii
引自《中国高等植物图鉴》

贵州鼠李 Rhamnus esquirolii H. Lév. var. esquirolii
摄影：朱仁斌

分布与生境 产于湖北西部、四川、贵州、广西、云南东南部。生于海拔 400–1800 m 的山谷密林、林缘或灌丛中。

药用部位 根、叶、果实。

功效应用 清热利湿，活血消积，理气止痛。用于腰痛，月经不调。

7b. 木子花（变种）（峨眉山）

Rhamnus esquirolii H. Lév. var. **glabrata** Y. L. Chen et P. K. Chou, in Bull. Bot. Lab. North-East. Forest. Inst. 5: 78. 1979.（英 **Glabrousleaf Esquirol's Buckthorn**）

小枝、叶柄、花序轴、花萼和花梗均与模式变种相一致，不同在于叶下面无毛或仅腋脉被簇毛。

分布与生境 产于四川（峨眉山）、贵州。生于海拔 500–1800 m 的山地林缘、林下或灌丛中。

药用部位 叶、果实。

功效应用 外用于刀伤。

8. 尼泊尔鼠李（中国植物志） 纤序鼠李（广西植物名录），梁布叶（浙江、福建）

Rhamnus napalensis (Wall.) M. A. Lawson in Hook. f. Fl. Brit. Ind. 1: 640. 1875.——*Ceanothus napalensis* Wall.（英 **Nepal Buckthorn**）

直立或藤状灌木，稀乔木，枝无刺，幼枝被短柔毛，具明显的皮孔。叶厚纸质或近革质，异形，交替互生，小叶近圆形或卵圆形，长 2–5 cm，宽 1.5–2.5 cm；大叶宽椭圆形或椭圆状长圆形，长 6–17 (20) cm，宽 3–8.5 (10) cm，顶端圆形，短渐尖或渐尖，基部圆形，边缘具圆齿或钝锯齿，上面深绿色，无毛，下面仅脉腋被簇毛，侧脉 5–9 对，中脉下陷；叶柄长 1.3–2 cm，无毛。腋生聚伞总状花序或下部有短分枝的聚伞圆锥花序，花序轴被短柔毛；花单性，雌雄异株；萼片长三角形，外面被微毛，花瓣匙形，顶端钝或微凹，基部具爪，与雄蕊等长或稍短；雌花的花瓣早落，有 5 个退化雄蕊，子房球形，花柱 3 浅裂至半裂。核果倒卵状球形，直径 5–6 mm。种子 3 个，背面具与种子等长的上窄下宽的纵沟。花期 5–9 月，果期 8–11 月。

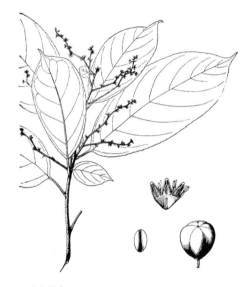

尼泊尔鼠李 *Rhamnus napalensis* (Wall.) M. A. Lawson
吴彰桦 绘

尼泊尔鼠李 *Rhamnus napalensis* (Wall.) M. A. Lawson
摄影：朱鑫鑫

分布与生境 产于浙江、江西、福建、广东、广西、湖南、湖北、贵州、云南及西藏。生于海拔 1800 m 以下的疏林或密林中或灌丛中。也分布于印度、尼泊尔、孟加拉国、缅甸。

药用部位 根、叶、果实。

功效应用 祛风除湿，利水消肿。用于疮疖，风湿痹痛，风湿性关节炎，慢性肝炎，早期肝硬化腹水。

化学成分 果实含蒽醌类：3'-*O*-乙酰基欧鼠李苷A (3'-*O*-acetylfrangulin A)，大黄酚(chrysophanol)，栎叶鼠李素▲(prinoidin)，2',3'-二-*O*-乙酰基欧鼠李苷A (2',3'-di-*O*-acetylfrangulin A)，2'-*O*-乙酰基欧鼠李苷A (2'-*O*-acetylfrangulin A)，欧鼠李苷A过乙酸酯(frangulin A peracetate)，大黄素蒽酮(emodin-anthrone)，10,10'-反式-大黄酚二蒽酮(10,10'-*trans*-chrysophanol bianthrone)，10,10'-顺式-大黄酚二蒽酮(10,10'-*cis*-chrysophanol bianthrone)，10,10'-反式-大黄酚-大黄素二蒽酮(10,10'-*trans*-chrysophanol-emodin bianthrone)，10,10'-顺式-大黄酚-大黄素二蒽酮(10,10'-*cis*-chrysophanol-emodin bianthrone)，10,10'-反式-大黄素二蒽酮(10,10'-*trans*-emodin bianthrone)，10,10'-顺式-大黄素二蒽酮(10,10'-*cis*-emodin bianthrone)，栎叶鼠李素▲-大黄素二蒽酮(prinoidin-emodin bianthrone) A、B、C、D，栎叶鼠李素▲二蒽酮(prinoidin bianthrone) A、B，尼泊尔鼠李素▲(rhamnepalin) A、B、C[1]，大黄素甲醚(physcion)，大黄素(emodin)[1-2]；黄酮类：鼠李柠檬素(rhamnocitrin)，鼠李素(rhamnetin)，鼠李柠檬素-3-*O*-α-L-吡喃鼠李糖基-(1→3)-*O*-α-L-吡喃鼠李糖基-(1→6)-β-D-吡喃半乳糖苷[rhamnocitrin-3-*O*-α-L-rhamnopyranosyl-(1→3)-*O*-α-L-rhamnopyranosyl-(1→6)-β-D-galactopyranoside]，鼠李素-3-*O*-α-L-吡喃鼠李糖基-(1→2)-

O-*α*-L-吡喃鼠李糖基-(1→6)-*β*-D-吡喃半乳糖苷[rhamnetin-3-*O*-*α*-L-rhamnopyranosyl-(1→2)-*O*-*α*-L-rhamnopyranosyl-(1→6)-*β*-D-galactopyranoside][2]；三萜类：羽扇豆醇(lupeol)[2]；甾体类：*β*-谷甾醇，胡萝卜苷[2]。

全草含蒽醌类：大黄素甲醚(physcion)，大黄素(emodin)[3]；黄酮类：槲皮素(quercetin)，山奈酚-4'-甲醚(kaempferol-4'-methylether)[3-4]，查耳酮-2',4-二羟基-4'-*O*-*β*-D-吡喃葡萄糖苷[chalcone-2',4-dihydroxy-4'-*O*-*β*-D-glucopyranoside]，二-*O*-甲基大豆苷元(di-*O*-methyldaidzein)[3]，4,7-二甲氧基异黄酮(4,7-dimethoxyisoflavone)[4]；三萜类：羽扇豆醇(lupeol)[3]；*β*-谷甾醇，胡萝卜苷[3]。

化学成分参考文献

[1] Mai LP, et al. *J Nat Prod*, 2001, 64(9): 1162-1168.

[2] Tripathi VD, et al. *Indian J Chem*, 1979, 17B(1): 89-90.

[3] Pandey MB, et al. *Nat Prod Res*, 2008, 22(18): 1657-1659.

[4] Pandey MB, et al. *J Indian Chem Soc*, 2006, 83(4): 389-390.

9. 川滇鼠李（中国植物志） 刺绿皮（植物名实图考），金沙鼠李（云南种子植物名录）

Rhamnus gilgiana Heppeler in Notizbl. Bot. Gart. Mus. Berl. 10: 343. 1928.（英 **Gilg's Buckthorn**）

多刺灌木，高 1–2 m；小枝开展，对生，近对生或互生，黑褐色，被细短柔毛，顶端具细刺；老枝灰褐色或褐色，无毛。叶纸质至厚纸质，对生或近对生，稀兼互生，或在短枝上簇生，椭圆形或卵状椭圆形，稀披针形或披针状长圆形，长 1.5–3 cm，宽 0.5–1 cm，顶端钝或圆形，基部楔形，边缘常背卷，具不明显的细圆齿或近全缘，侧脉 3–4 对，下面脉腋有簇毛或近无毛；叶柄长 1–3 mm。花单性，黄绿色，干时变黑色，通常 3–5 个簇生于短枝叶腋，4 基数；雄花钟状，长 3.5–4 mm，被疏微毛；萼片卵状三角形；花瓣小，长圆状披针形；退化子房极小，花柱 2 浅裂，花梗细，长 1–3 mm，有微毛。核果近球形，直径 4–5 mm，具 2–3 个分核，褐色。种子斜椭圆形，背面有为种子全长或 4/5 的上窄下宽的纵沟。花期 4–5 月，果期 6–8 月。

分布与生境 产于四川西南部、云南西北部。生于海拔 2200–2700 m 的杂木林下或灌木丛中。

药用部位 叶、果实。

功效应用 清热解毒，通便顺气。用于热结便秘，疮疡肿毒。

川滇鼠李 **Rhamnus gilgiana** Heppeler
王金凤 绘

川滇鼠李 **Rhamnus gilgiana** Heppeler
摄影：朱鑫鑫 陈彬

10. 小叶鼠李（东北木本植物图志） 琉璃枝（河南），麻绿、叫驴子、刺（亨利氏中国植物名录），大绿（中国植物学杂志），黑格铃（内蒙古、河北）

Rhamnus parvifolia Bunge, Enum. Pl. China Bor. 14. 1831.——*R. polymorpha* Turcz.（英 **Liltleleaf Buckthorn**）

灌木，高 1.5-2 m，小枝对生或近对生，紫褐色，初时被短柔毛，后变无毛，枝端及分叉处有针刺。叶纸质，对生或近对生，稀兼互生，或在短枝上簇生，菱状倒卵形或菱状椭圆形，稀倒卵状圆形或近圆形，长 1.2-4 cm，宽 0.8-2 (3) cm，顶端钝尖或近圆形，稀突尖，基部楔形或近圆形，边缘具圆齿状细锯齿，上面无毛或被疏短柔毛，下面干时灰白色，无毛或脉腋窝孔内有疏微毛，侧脉 2-4 对，叶柄长 4-15 mm。花单性，雌雄异株，黄绿色，4 基数；有花瓣，通常数个簇生于短枝上，花梗长 4-6 mm；雌花花柱 2 半裂。核果倒卵状球形，直径 4-5 mm，基部有宿存的萼筒。种子长圆状倒卵圆形，背侧有长为种子 4/5 的纵沟。花期 4-5 月，果期 6-9 月。

分布与生境 产于黑龙江、吉林、辽宁、内蒙古、河北、山西、山东、河南、陕西、台湾。常生于海拔 400-2300 m 的向阳山坡、草丛或灌丛中。也分布于蒙古、朝鲜、俄罗斯西伯利亚地区。

药用部位 木材、果实。

功效应用 木材：凉血，消肿。用于类风湿关节炎，黄水病，高山多血病。果实：清热，泻下，消瘰疬。用于腹胀，便秘，诸疮，疥癣，瘰疬。有小毒。

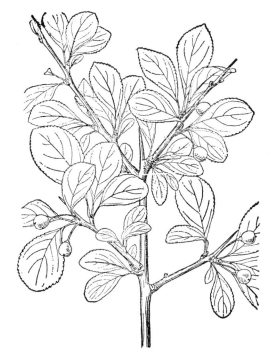

小叶鼠李 **Rhamnus parvifolia** Bunge
引自《中国高等植物图鉴》

注评 本种为部颁标准·藏药（1995 年版）收载"松生等"的基源植物之一，药用其干燥木材。同科植物西藏猫乳 Rhamnella gilgitica Mansf. et Melch. 亦为"松生等"的基源植物。本种的果实称"琉璃枝"，也可药用。藏族、蒙古族药用本种，主要用途见功效应用项。藏族还药用其枝干治疗骨节病，麻风病；蒙古族尚用其果实和树皮治疗支气管炎，肺气肿等症。

小叶鼠李 Rhamnus parvifolia Bunge
摄影：陈又生 徐克学 张金龙

11. 圆叶鼠李（江苏南部种子植物手册） 山绿柴、冻绿（浙江），冻绿树、黑旦子（安徽），偶栗子（山东），冻绿刺（湖南）

Rhamnus globosa Bunge in Mém. Sav. Etr. Acad. Sci. St. Pétersb. 2: 88. 1833.（英 **Lokao Buckthorn**）

灌木，稀小乔木，高 2-4 m；小枝对生或近对生，灰褐色，顶端具针刺，幼枝和当年生枝被短柔毛。叶纸质或薄纸质，对生或近对生，稀兼互生，或在短枝上簇生，近圆形、倒卵状圆形或卵圆形，稀圆状椭圆形，长2-6 cm，宽 1.2-4 cm，顶端突尖或短渐尖，稀圆钝，基部宽楔形或近圆形，边缘具圆齿状锯齿，上面初时被密柔毛，后渐脱落或仅沿脉及边缘被疏柔毛，下面全部或沿脉被柔毛，侧脉 3-4 对；叶柄长 6-10 mm，被密柔毛。花单性，雌雄异株，通常数个至 20 个簇生于短枝端或长枝下部叶腋，4 基数；有花瓣，花萼和花梗均有疏微毛，花柱 2-3 浅裂或半裂，花梗长 4-8 mm。核果球形或倒卵状球形，直径 4-5 mm，具 2、稀 3 分核；果梗长 5-8 mm，有疏柔毛。种子黑褐色，背面或背侧有长为种子 3/5 的纵沟。花期 4-5 月，果期 6-10 月。

分布与生境 产于辽宁、河北、山西、河南南部和西部、陕西南部、山东、安徽、江苏、浙江、江西、湖南及甘肃。生于海拔 1600 m 以下的山坡、林下或灌丛中。

药用部位 茎叶、根皮、果实。

功效应用 茎叶：杀虫，散结。用于绦虫，瘰疬。根皮：下气，祛痰。用于哮喘。果实：用于肿毒。

注评 本种的茎、叶及根皮称"冻绿刺"，湖南等地药用。蒙古族药用，主要用途见功效应用项。

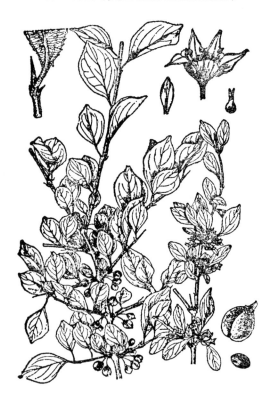

圆叶鼠李 Rhamnus globosa Bunge
引自《中国高等植物图鉴》

圆叶鼠李 **Rhamnus globosa** Bunge
摄影：张英涛 朱鑫鑫 林秦文

12. 薄叶鼠李（中国高等植物图鉴） 郊李子（四川），白色木、白赤木（河南），蜡子树（湖北兴山），细叶鼠李（广西植物名录），降梨木（重庆草药），女儿茶（四川），亮膏柴（贵州），牛筋刺（云南）

Rhamnus leptophylla C. K. Schneid. in Notizbl. Bot. Gart. Mus. Berl. 5: 77. 1908.（英 **Thinleaf Buckthorn**）

灌木或稀小乔木，高达 5 m；小枝对生或近对生，褐色或黄褐色，有光泽。叶纸质，对生或近对生，或在短枝上簇生，倒卵形至倒卵状椭圆形，稀椭圆形或短圆形，长 3-8 cm，宽 2-5 cm，顶端短突尖或锐尖，稀近圆形，基部楔形，边缘具圆齿或钝锯齿，上面无毛或沿中脉被疏毛，下面仅脉腋有簇毛，侧脉 3-5 对；叶柄长 0.8-2 cm，无毛或被疏短毛。花单性，雌雄异株，4 基数；有花瓣，花梗长 4-5 mm；雄花 10-20 个簇生于短枝端，雌花数个至 10 余个簇生于短枝端或长枝下部叶腋，退化雄蕊极小，花柱 2 半裂。核果球形，直径 4-6 mm，有 2-3 个分核。种子宽倒卵圆形，背面具长为种子 2/3-3/4 的纵沟。花期 3-5 月，果期 5-10 月。

分布与生境 产于陕西、河南、山东、安徽、浙江、江西、福建、湖北、湖南、广东、广西、四川、云南、贵州等地。生于海拔 1700-2600 m 的山坡、山谷、路旁灌丛中或林缘。

药用部位 果实、根、茎内皮、叶。

功效应用 果实：消食，行水，通便。用于食积气胀，消化不食，水肿，臌胀，黄肿，腹水，便秘，急性结膜炎，磷化锌中毒。有小毒。根：止咳，清热，止痛，行水，通便，活血调经，止血。用于肺热咳嗽，痢疾，肝炎，胃气疼痛，水臌胀肿，胸腔积水，便秘，呕血，痔疮出血，崩漏，带下，月经不调，痛经，劳伤，疮毒。茎内皮：用于牙痛。叶：用于食积腹胀，疳积，疮毒。

薄叶鼠李 **Rhamnus leptophylla** C. K. Schneid.
引自《中国高等植物图鉴》

化学成分 果实含黄酮类：意大利鼠李素▲(alaternin)，多花蔷薇苷A (multiflorin A)，山奈酚-3-*O*-β-鼠李糖苷(kaempferol-3-*O*-β-rhamnoside)[1]。

薄叶鼠李 **Rhamnus leptophylla** C. K. Schneid.

摄影：朱鑫鑫 何顺志

药理作用 从薄叶鼠李的果实（绛梨木子）中分离得到的山柰酚活性较强[1]。

注评 本种的果实称"绛梨木子"，根称"绛梨木根"，叶称"绛梨木叶"，贵州、四川、重庆、云南、湖南等地药用。本种的根与茎的内皮在云南玉溪称"土黄柏"，系"黄柏"混淆品。彝族也药用本种，主要用途见功效应用项。

化学成分参考文献

[1] Wang J, et al. *Phytochemistry*, 1988, 27(12): 3995-3996.

药理作用及毒性参考文献

[1] 山村聪，等. 国外医学·中医中药分册, 1996, 18(4): 54.

13. 刺鼠李（拉汉种子植物名称） 叫李子（四川）

Rhamnus dumetorum C. K. Schneid., in Sarg., Pl. Wils. 2: 237. 1914.（英 **Hedge Buckthorn**）

灌木，高 3–5 m；小枝浅灰色或灰褐色，树皮粗糙，对生或近对生，枝端和分叉处有细针刺，当年生枝有细柔毛或近无毛。叶纸质，对生或近对生，或在短枝上簇生，椭圆形，稀倒卵状、倒披针状椭圆形或长圆形，长 2.5–9 cm，宽 1–3.5 cm，顶端锐尖或渐尖，稀近圆形，基部楔形，边缘具不明显的波状齿或细圆齿，上面绿色，被疏短柔毛，下面沿脉有疏短毛，或腋脉有簇毛，侧脉 4–5 对，下面脉腋有浅窝孔，叶柄长 2–7 mm。花单性，雌雄异株，4 基数；有花瓣；花梗长 2–4 mm，雄花数个，雌花数个至 10 余个簇生于短枝顶端，被微毛，花柱 2 浅裂或半裂。核果球形，直径约 5 mm，具 2 或 1 分核。种子黑色，背面基部有短沟，上部有沟缝。花期 4–5 月，果期 6–10 月。

分布与生境 产于四川、云南西北部、贵州、西藏、甘肃东南部、陕西南部、湖北西部、江西、浙江和安徽。生于海拔 900–3300 m 的山坡灌丛或林下。

药用部位 果实。

功效应用 泻下。用于热结便秘，腹胀。

注评 本种的果实称"刺鼠李"，四川康定地区民间作为泻药。本种在青海、甘肃、川西藏区作藏药材

"赞登森等"用，以茎的心材或枝条及边材煎膏入药，用于血热症、黄水病、风寒湿痹、麻风病等。

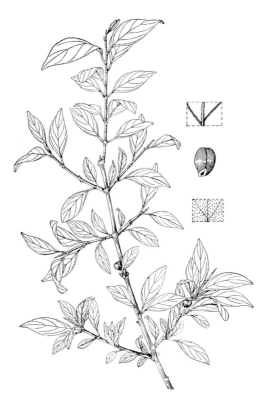

刺鼠李 **Rhamnus dumetorum** C. K. Schneid.
王金凤 绘

14. 甘青鼠李（中国植物志）粗叶鼠李（秦岭植物志），冻绿（四川）

Rhamnus tangutica J. J. Vassil. in Not. Systs Inst. Bot. Acad. Sci. URSS 8: 127. f. 15a-c. 1940.（英 **Tangut Buckthorn**）

灌木，稀乔木，高 2-6 m；小枝红褐色或黑褐色，平滑有光泽，对生或近对生，枝端和分叉处有针刺；幼枝绿色，无毛或近无毛。叶纸质或厚纸质，对生或近对生，或在短枝上簇生，椭圆形、倒卵状椭圆形或倒卵形，长 2.5-6 cm，宽 1-3.5 cm，顶端短渐尖或锐尖，稀近圆形，基部楔形，边缘具钝或细圆齿，上面有白色疏短毛或近无毛，下面干时变黄色，无毛或仅脉腋窝孔内有疏短毛，侧脉 4-5 对，下面脉腋有小窝孔；叶柄长 5-10 mm，有疏短柔毛。花单性，雌雄异株，4 基数；有花瓣；雄花数个至 10 余个；雌花 3-9 个簇生于短枝端，花柱 2 浅裂。核果倒卵状球形，直径 4-5 mm。种子红褐色，背侧具长为种子 3/4-4/5 的纵沟。花期 5-6 月，果期 6-9 月。

分布与生境 产于陕西中部、甘肃东南部、青海东部至东南部、河南西部、四川西部和西藏东部。生于海拔 1200-3700 m 的山谷灌丛或林下。

药用部位 全株。

功效应用 清热解毒，活血。用于水肿，腹痛，疮疡。

注评 本种在青海、甘肃、川西的藏区作藏药材"赞登森等"用，以茎的心材或枝条及边材煎膏入药，

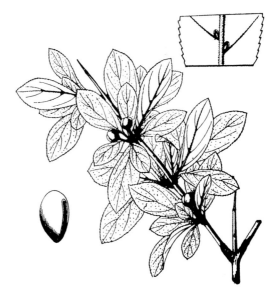

甘青鼠李 **Rhamnus tangutica** J. J. Vassil.
吴彰桦 绘

甘青鼠李 Rhamnus tangutica J. J. Vassil.
摄影：黄健 朱仁斌

用于血热症、黄水病、风寒湿痹、麻风病等。

15. 帚枝鼠李（中国植物志） 小叶冻绿（贵州）

Rhamnus virgata Roxb. Fl. Ind. 2: 35. 1824.（英 **Twiggy Buckthorn**）

灌木或乔木，高达 6 m；小枝对生或近对生，帚状，红褐色或紫红色，有光泽，枝端和分叉处具针刺。叶纸质或薄纸质，对生或近对生，或在短枝上簇生，倒卵状披针形、倒卵状椭圆形或椭圆形，长 2.5–8 cm，宽 1.5–3 cm，顶端渐尖或短渐尖，稀锐尖，基部楔形，边缘具钝细锯齿，上面或沿脉被疏短柔毛，下面沿脉被疏短毛或仅脉腋有疏毛，侧脉 4–5 对，干后常带红色，叶柄长 4–10 mm，被短微毛。花单性，雌雄异株，4 基数；有花瓣；花梗长 3–4 mm；雌花数个簇生于短枝端，具退化雄蕊，花柱 2 半裂。核果近球形，黑色，直径约 4 mm，具 2 分核。种子红褐色，背面有长为种子 2/3–3/4 的纵沟。花期 4–5 月，果期 6–10 月。

分布与生境 产于四川西南部、贵州、云南和西藏东部至东南部。生于海拔 1200–3800 m 的山坡灌丛或林中。也分布于印度、尼泊尔。

药用部位 根、果实、叶、全草。

功效应用 根：消食，行水，祛瘀。用于食积饱胀，水肿，经闭。果实：消食，行水，通便。用于食积饱胀，水肿，便秘。叶：消食。用于食积饱胀。全草：清热解毒，活血。

帚枝鼠李 Rhamnus virgata Roxb.
王金凤 绘

化学成分 茎含蒽醌类：大黄素甲醚-8-O-β-龙胆二糖苷(physcion-8-O-β-gentiobioside)[1]；酚类：类杜茎鼠李素▲(maesopsin)，5-甲氧基-7-羟基苯酞(5-methoxy-7-hydroxyphthalide)，6-O-甲基意大利鼠李素▲(6-O-methylalaternin)[2]。

帚枝鼠李 Rhamnus virgata Roxb.
摄影：朱鑫鑫

枝叶含蒽醌类：大黄素甲醚(physcion)，大黄酚(chrysophanol)[3]，黄酮类：山奈酚-7-O-甲醚(kaempferol-7-O-methyl ether)，对映-表缅茄儿茶素▲-(4α→8,2α→O→7)-山奈酚[ent-epiafzelechin-(4α→8,2α→O→7)-kaempferol][3]，7-O-甲基山奈酚-3-O-β-吡喃鼠李糖苷(7-O-methylkaempferol-3-O-β-rhamnoside)，山奈酚-3-O-β-鼠李糖苷(kaempferol-3-O-β-rhamnoside)[3-4]。

化学成分参考文献

[1] Kalidhar SB, et al. *Phytochemistry*, 1984, 23(5): 1196-1197.

[2] Kalidhar SB. *J Indian Chem Soci*, 1985, 62(5): 411-412.

[3] Prasad D, et al. *Biochem Syst Ecol*, 2000, 28(10): 1027-1030.

[4] Prasad D, et al. *Biochem Syst Ecol*, 2001, 29(5): 549-549.

16. 冻绿（浙江、中国植物志） 红冻（湖北），油葫芦子、狗李、黑狗丹、绿皮刺、冻木树、冻绿树、冻绿柴（浙江），大脑头（河南），鼠李（江苏），黑疙瘩（陕西），鹿蹄根（福建），冻木刺（湖北）

Rhamnus utilis Decne. in Compt. Rend. Acad. Sci. Paris 44: 1141. 1857.（英 **Chinese Buckthorn**）

16a. 冻绿（模式变种）

Rhamnus utilis Decne. var. **utilis**

灌木或小乔木，高达 4 m；小枝褐色或紫红色，对生或近对生，枝端常具针刺。叶纸质，对生或近对生，或在短枝上簇生，椭圆形、短圆形或倒卵状椭圆形，长 4-15 cm，宽 2-6.5 cm，顶端突尖或锐尖，基部楔形或稀圆形，边缘具细锯齿或圆齿状锯齿，上面无毛或仅中脉具疏柔毛，下面干后常变黄色，沿脉或脉腋有金黄色柔毛，侧脉 5-6 对；叶柄长 0.5-1.5 cm，有疏微毛或无毛。花单性，雌雄异株，4 基数；具花瓣；花梗长 5-7 mm；雄花数个簇生于叶腋，或 10-30 余个聚生于小枝下部，有退化的雌蕊，雌花 2-6 个簇生于叶腋或小枝下部；退化雄蕊小，花柱较长，2 浅裂或半裂。核果圆球形或近球形，具 2 分核。种子背侧基部有短沟。花期 4-6 月，果期 5-8 月。

分布与生境 产于河北、山西、陕西、甘肃、河南、安徽、江苏、浙江、江西、福建、湖北、湖南、广东、广西、四川、贵州。常生于海拔 1500 m 以下的山地、丘陵、山坡草丛、灌丛或疏林下。也分布于朝鲜、日本。

药用部位 果实、根、根皮、树皮、叶。

功效应用 果实：清热利湿，消积通便。用于水肿腹胀，疝瘕，瘰疬，疮疡，便秘。根、根皮、树皮：清热解毒，凉血止血，杀虫。用于风热瘙痒，疥疮，湿疹，瘰疬，发痧腹痛，跌打损伤。叶：止痛，消食。用于跌打内伤，消化不良。

化学成分　根、茎、叶含蒽醌类：大黄酚 (chrysophanol)，柯桠素 (chrysarobin)[1]。

注评　本种果实称"鼠李"，树皮或根皮称"鼠李皮"，叶称"冻绿叶"，浙江、安徽、江西、福建、广西等地药用。苗族也药用，主要用途见功效应用项。

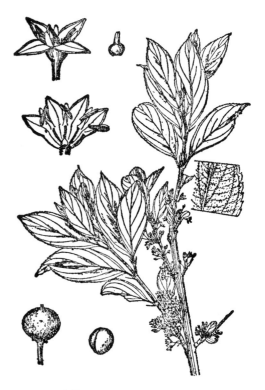

冻绿 **Rhamnus utilis** Decne. var. **utilis**
引自《中国高等植物图鉴》

冻绿 **Rhamnus utilis** Decne. var. **utilis**
摄影：徐晔春

化学成分参考文献

[1] 楠邵，等 . 发明专利申请公开说明书，2008, CN 101125963 A 20080220.

16b. 毛冻绿（变种）　黑刺（秦岭植物志）

Rhamnus utilis Decne. var. **hypochrysa** (C. K. Schneid.) Rehder in Journ. Arn Arb. 14: 349. 1933.——
R. hypochrysa C. K. Schneid., *R. crenatus* auct. non Siebold et Zucc.: Pritz.

与模式变种的区别在于：当年生枝、叶柄和花梗均被白色短柔毛，叶较小，两面特别下面有金黄

毛冻绿 **Rhamnus utilis** Decne. var. **hypochrysa** (C. K. Schneid.) Rehder
摄影：朱鑫鑫

色柔毛。

分布与生境　产于山西（吕梁）、河北、河南、陕西、甘肃、湖北（均县、房县）、四川、贵州和广西。生于山坡灌丛或林下。

药用部位　果实。

功效应用　解热，止泻。用于瘰疬。

17. 药鼠李（中国树木分类学）

Rhamnus cathartica L., Sp. Pl. 1: 193. 1753.（英 **Common Buckthorn**）

灌木或小乔木，高 5–8 m；小枝紫红色或银灰色，对生或近对生，枝端具针刺。叶纸质，近对生或兼互生，或在短枝上簇生，椭圆形、卵状椭圆形或卵形，长 3–6.5 cm，宽 1.5–3 cm，顶端短渐尖，锐尖或圆钝，基部圆形或宽楔形，边缘具密圆齿状锯齿，两面无毛，侧脉 3–4 对；叶柄长 1–2.7 cm，疏短毛或近无毛。花单性，雌雄异株，通常 10 余个簇生于短枝上或长枝下部叶腋，4 基数；花梗长 2–4 mm，雄花具花瓣，退化雄蕊小；雌花的子房 3 室，每室有 1 胚珠，花柱长，3 浅裂。核果球形，具 3 个分核。种子背面基部有短沟。花期 5–6 月，果期 7–9 月。

分布与生境　产于新疆北部。生于生于海拔 1200–1400 m 的山地河谷或山坡灌丛中。也分布于欧洲、西伯利亚和高加索地区、亚洲西南部、非洲西北部。

药用部位　果实。

功效应用　缓泻。用于慢性便秘。

化学成分　树皮含蒽醌类：大黄素(emodin)[1]，大黄素-8-*O*-*β*-龙胆二糖苷(emodin-8-*O*-*β*-gentiobioside)，大黄素-8-*O*-*β*-葡萄糖苷(emodin-8-*O*-*β*-glucoside)，大黄素-8-*O*-*β*-樱草糖苷(emodin-8-*O*-*β*-primveroside)[2]；萘类：日本鼠李苷▲(sorinin)，6-甲氧基日本鼠李苷▲(6-methoxysorinin)[3]，6-甲氧基日本鼠李苷元▲-8-*O*-*β*-D-吡喃葡萄糖苷(6-methoxysorigenin-8-*O*-*β*-D-glucopyranoside)[4]；其他类：樱草糖(primeverose)[1]。

　　叶含黄酮类：槲皮素(quercetin)，山柰酚(kaempferol)[5]；蒽

药鼠李 **Rhamnus cathartica** L.
张泰利　绘

381

药鼠李 *Rhamnus cathartica* L.
摄影：黄健 何海

醌类：1,8-二羟基-2-[(1Z)-4-甲基-1,3-戊二烯-1-yl]-9,10-蒽醌{1,8-dihydroxy-2-[(1Z)-4-methyl-1,3-pentadien-1-yl]-9,10-anthracenedione}，2-乙酰基-3,8-二羟基-6-甲基蒽醌(2-acetyl-3,8-dihydroxy-6-methoxy-anthraquinone)，大黄素(emodin)，葡萄糖欧鼠李苷A (glucofrangulin A)[5]；蒽酮类：羊蹄苷▲I(rumejaposide I)[5]；菲类：束花石斛烯▲(dendrochrysanene)[5]；萘类：圣栎鼠李素▲(geshoidin)，日本鼠李苷元▲(6-methoxysorigenin)[5]；呫酮类：李叶黄牛木酮▲H (geshoidin H)[5]。

果实含黄酮类：鼠李柠檬素(rhamnocitrin)[6]，槲皮素(quercetin)，鼠李素(rhamnetin)，黄鼠李苷(xanthorhamnin; xanthorhamnoside)[7]，药鼠李苷(catharticoside)[8]；多糖类：O-α-L-吡喃鼠李糖基-(1→3)-O-α-L-吡喃鼠李糖基-(1→6)-D-吡喃半乳糖[O-α-L-rhamnopyranosyl-(1→3)-O-α-L-rhamnopyranosyl-(1→6)-D-galactopyranose][9]。

毒性 药鼠李以5%、25%的比例混入饲料喂养大鼠34天可以干扰其肝糖原代谢，导致肝细胞肿胀[1]。

化学成分参考文献

[1] Bridel, et al. *Ann Chim*, 1925, 4: 79-120.

[2] Rauwald HW. *Zeitschrift fuer Naturforschung C: Journal of Biosciences*, 1983, 38C(3-4): 170-178.

[3] Rauwald HW, et al. *Archiv der Pharmazie* (Weinheim, Germany), 1983, 316(5): 399-408.

[4] Rauwald HW, et al. *Archiv der Pharmazie* (Weinheim, Germany), 1983, 316(5): 409-412.

[5] Hamed MM, et al. *Oriental Journal of Chemistry*, 2015, 31(2):1133-1140.

[6] Tschirch A, et al. *Archiv der Pharmazie* (Weinheim, Germany), 1900, 238: 459-477.

[7] Krassowski N. *Zhurnal Russkago Fiziko-Khimicheskago Obshchestva*, 1910, 40: 1510-1569.

[8] Paris R, et al. *Compt Rend*, 1960, 250: 2448-2449.

[9] Pratviel-Sosa F, et al. *Carbohydr Res*, 1973, 28(1): 109-113.

药理作用及毒性参考文献

[1] Lichtensteiger CA, et al. *Toxicol Pathol*, 1997, 25(5):449-452.

18. 乌苏里鼠李（东北木本植物图志） 老鸹眼（辽宁）

Rhamnus ussuriensis J. J. Vassil. in Not. Syst. Inst. Bot. Acad. Sci. URSS 8: 115. 1940.（英 **Ussuri Buckthorn**）

灌木，高达5 m，全株无毛或近无毛；小枝灰褐色，枝端常有刺，对生或近对生。叶纸质，对

乌苏里鼠李 Rhamnus ussuriensis J. J. Vassil.
引自《中国高等植物图鉴》

乌苏里鼠李 Rhamnus ussuriensis J. J. Vassil.
摄影：于俊林

生或近对生，或在短枝端簇生，狭椭圆形或狭长圆形，稀披针状椭圆形或椭圆形，长 3–10.5 cm，宽 1.5–3.5 cm，顶端锐尖或短渐尖，基部楔形或圆形，稍偏斜，边缘具钝或圆齿状锯齿，两面无毛或仅下面脉腋被疏柔毛，侧脉 4–5，稀 6 对；叶柄长 1–2.5 cm。花单性，雌雄异株，4 基数；有花瓣；花梗长 6–10 mm；雌花数个至 20 余个簇生于长枝下部叶腋或短枝顶端，萼片卵状披针形，长于萼筒的 3–4 倍，有退化雄蕊，花柱 2 浅裂或近半裂。核果球形或倒卵状球形，直径 5–6 mm，具 2 分核。种子卵圆形，黑褐色，背侧基部有短沟。花期 4–6 月，果期 6–10 月。

分布与生境　产于黑龙江、吉林、辽宁、河北北部、内蒙古和山东。常生于海拔 1600 m 以下的河边、山地林中或山坡灌丛。也分布于蒙古、俄罗斯西伯利亚和远东地区、朝鲜和日本。

药用部位　树皮、果实。

功效应用　树皮：清热，通便。用于便秘。果实：止咳祛痰。用于支气管炎，肺气肿。有小毒。

注评　本种的树皮称"乌苏里鼠李树皮"，蒙古族药用其果实和树皮，主要用途见功效应用项。

19. 鼠李（神农本草经）臭李子（吉林），大绿（河北），老鹳眼（辽宁），女儿茶、牛李子（救荒本草）

Rhamnus davurica Pall. Reise Russ. Reich. 3, append. 721. 1776.（英 **Davurian Buckthorn**）

灌木或小乔木，高达 10 m；小枝对生或近对生，褐色或红褐色，枝顶端常有大的芽而不形成刺，或有时仅分叉处具短针刺，顶芽及腋芽较大，卵圆形，长 5–8 mm。叶纸质，对生或近对生，或在短枝上簇生，宽椭圆形或卵圆形，稀倒披针状椭圆形，长 4–13 cm，宽 2–6 cm，顶端突尖或短渐尖至渐尖，稀钝或圆形，基部楔形或近圆形，稀偏斜，边缘具圆齿状细锯齿，上面无毛或沿脉有疏柔毛，下面沿脉被白色疏柔毛，侧脉 4–5 (6) 对，叶柄长 1.5–4 cm。花单性，雌雄异株，4 基数；有花瓣；雌花 1–3 个生于叶腋或数个至 20 余个簇生于短枝端，有退化雄蕊，花柱 2–3 浅裂或半裂。核果球形，黑色，直径 5–6 mm。种子卵圆形，背侧有与种子等长的狭纵沟。花期 5–6 月，果期 7–10。

分布与生境　产于黑龙江、吉林、辽宁、河北、山西。生于海拔 1800 m 以下的山坡林下、灌丛或林缘和沟边阴湿处。也分布于俄罗斯、西伯利亚及远东地区、蒙古和朝鲜。

药用部位　树皮、果实。

功效应用　树皮：清热，通便。用于风湿热痹，热毒疮痈，大便秘结。有小毒。果实：清热利湿，止

鼠李 **Rhamnus davurica** Pall.
引自《中国高等植物图鉴》

鼠李 **Rhamnus davurica** Pall.
摄影：朱鑫鑫

咳祛痰，解毒杀虫。用于支气管炎，肺气肿，龋齿，口疮，痈疖疥癣，瘰疬，腹胀便秘，水肿胀满。有小毒。

化学成分　茎皮含黄酮类：荭草素(orientin)，异荭草素(isoorientin)，牡荆素(vitexin)，异槲皮苷(isoquercitrin)，香叶木素-7-*O*-葡萄糖苷(diosmetin-7-*O*-glucoside)，黄芪苷(astragaloside)，木犀草素-5-*O*-葡萄糖苷(luteolin-5-*O*-glucoside)，花旗松素(taxifolin)，槲皮素-7-*O*-葡萄糖苷(quercetin-7-*O*-glucoside)，香树素(aromadendrin)，山奈酚-7-*O*-葡萄糖苷(kaempferol-7-*O*-glucoside)，木犀草素(luteolin)，槲皮素(quercetin)，芹菜苷元(apigenin)，山奈酚(kaempferol)，柚皮苷元(naringenin)，鼠李柠檬素(rhamnocitrin)，樱花素(sakuranetin)[1]；蒽醌类：大黄素甲醚-8-*O*-葡萄糖苷(physcion-8-*O*-glucoside)，大黄素甲醚(physcion)，常现青霉素▲(questin)[1]。

注评　本种的果实称"臭李子"，树皮称"臭李皮"，宁夏、陕西、河北、吉林、台湾等地药用。鄂伦春族也药用本种，主要用途见功效应用项。

化学成分参考文献

[1] Chen GL, et al. *Molecules,* 2016, 21(10): 1275-1288.

20. 柳叶鼠李（中国高等植物图鉴）　黑格铃（内蒙古），黑疙瘩（秦岭植物志），红木鼠李（山西）

Rhamnus erythroxylum Pall. Reise Russ. Reich. 3, Append. 722. 1776.（英 **Willowleaf Buckthorn**）

　　灌木，稀乔木，高达 2 m，幼枝红褐色或红紫色，小枝互生，顶端具针刺。叶纸质，互生或在短枝上簇生，线形或线状披针形，长 3–8 cm，宽 3–10 mm，顶端锐尖或钝，基部楔形，边缘有疏细锯齿，两面无毛，侧脉 4–6 对，叶柄长 3–15 mm，无毛或有微毛。花单性，雌雄异株，4 基数；有花瓣；雄花数个至 20 余个簇生于短枝端，宽钟状，萼片三角形；雌花萼片狭披针形，有退化雄蕊，花柱长，2 浅裂或近半裂，稀 3 浅裂。核果球形，直径 5–6 mm。种子倒卵圆形，淡褐色，背面有长为种子 4/5 上宽下窄的纵沟。花期 5 月，果期 6–7 月。

分布与生境　产于内蒙古、河北、山西、陕西北部、甘肃和青海。生于海拔 1000–2100 m 的干旱沙丘、荒坡或乱石中或山坡灌丛中。也分布于俄罗斯西伯利亚地区和蒙古。

柳叶鼠李 **Rhamnus erythroxylum** Pall.
引自《中国高等植物图鉴》

柳叶鼠李 **Rhamnus erythroxylum** Pall.
摄影：刘冰

药用部位 叶。

功效应用 消食健胃，清热去火。用于消化不良，腹泻。

化学成分 地上部分含蒽醌类：L-婆罗胶树醇▲(L-bornesitol)[1]。

注评 本种的叶称"窄叶鼠李"，蒙古族药用，主要用途见功效应用项。

化学成分参考文献

[1] Plouvier V. Compt Rend, 1958, 247: 2190-2192.

21. 铁马鞭（云南、中国植物志）

Rhamnus aurea Heppeler in Notizbl. Bot. Gart. Mus. Berl. 10: 343. 1930.（英 **Hoorewhip Buckthorn**）

多刺矮小灌木，高 1 m；幼枝和当年生枝被细短柔毛，小枝粗糙，灰褐色或黑褐色，互生或兼近对生，枝端具针刺。叶纸质或近革质，互生或在短枝上簇生，椭圆形、倒卵状椭圆形或倒卵形，稀长

铁马鞭 **Rhamnus aurea** Heppeler
摄影：朱鑫鑫

圆形，长 1–2 cm，宽 0.5–1 cm，顶端钝或圆形，稀微凹，基部楔形，边缘常反卷，具细锯齿，上面被短柔毛，下面沿脉被基部疣状的密短柔毛，干时变金黄色，侧脉 3–4 对，叶柄长 1.5–3 mm，被密短柔毛。花单性，雌雄异株，通常 3–6 个簇生于短枝端，花瓣披针形，雌花花柱 2 浅裂或半裂；花梗长 2–3 mm，有短柔毛。核果近球形，直径 3–4 mm。种子棕褐色，背面有长为种子 3/4–4/5 的纵沟。花期 4 月，果期 5–8 月。

分布与生境　产于云南。生于海拔 1800–2400 m 的山坡林中。

药用部位　全株。

功效应用　活血化瘀。用于风湿疼痛。

注评　本种的根彝族药用治疗急性肠胃炎。

---

22. 小冻绿树（中国树木分类学）

Rhamnus rosthornii E. Pritz. in Bot. Jahrb. Syst. 29: 459. 1900.（英 **Rosthorn's Buckthorn**）

灌木或小乔木，高达 3 m；小枝互生和近对生，顶端具钝刺，幼枝被短柔毛，老枝灰褐色或黑褐色，无毛。叶革质或薄革质，互生，或在短枝上簇生，匙形、菱状椭圆形或倒卵状椭圆形，稀倒卵圆形，长 1–2.5 cm，宽 0.5–1.2 cm，顶端截形或圆形，稀锐尖，基部楔形，稀近圆形，边缘具圆齿或钝锯齿，干时常背卷，上面无毛或沿中脉被短柔毛，下面仅脉腋有簇毛，稀沿脉被疏柔毛，侧脉 2–4 对；叶柄长 2–4 mm，被短柔毛。花单性，雌雄异株，4 基数；有花瓣，雌花数个簇生于短枝端或当年生枝下部叶腋，退化的雄蕊极小，花柱 2 浅裂或半裂。核果球形，直径 3–4 mm，具 2 分核。种子倒卵圆形，背面有长为种子 4/5 或近全长下部宽中部狭的纵沟。花期 4–5 月，果期 6–9 月。

分布与生境　产于湖北西部、四川、贵州、云南、广西、甘肃及陕西。生于海拔 600–2600 m 的山坡阳处、灌丛或沟边林中。

药用部位　根、叶、果实。

功效应用　活血消积，理气止痛，收敛。用于腹痛，食积，消化不良，月经不调，烧烫伤。

小冻绿树 **Rhamnus rosthornii** E. Pritz.
引自《中国高等植物图鉴》

小冻绿树 **Rhamnus rosthornii** E. Pritz.
摄影：黄健

23. 湖北鼠李（中国植物志）

Rhamnus hupehensis C. K. Schneid. in Sarg., Pl. Wils. 2: 236. 1914.（英 **Hubei Buckthorn**）

灌木，高 1.5–2 m；小枝互生，无毛，老枝灰褐色；顶芽较大，卵圆形，长 3–6 mm。叶纸质或薄纸质，互生，脱落，椭圆形或短圆形状卵形，稀披针状椭圆形，长 5–11 cm，宽 2.5–5 cm，顶端短渐尖或渐尖，基部楔形，边缘有钩状内弯的锯齿，两面无毛，侧脉 5–7 (8) 对，上面下陷；叶柄长 1–1.5 cm。花未见。核果通常 1–2 个生于短枝上部叶腋，倒卵状球形，直径 5–7 mm；果梗长 7–8 mm，无毛。种子短圆状倒卵圆形，背面有长为种子 5/7 的纵沟。果期 6–10 月。

分布与生境　产于湖北西部。生于海拔 1700–2300 m 的山坡灌丛或林下。

药用部位　果实。

功效应用　利水，消食。用于腹痛，食积，水肿。

24. 皱叶鼠李（中国高等植物图鉴）

Rhamnus rugulosa Hemsl. in J. Linn. Soc., Bot. 23: 129. 1886.（英 **Wrinkledleaf Buckthorn**）

灌木，高 1 m 以上，当年生枝灰绿色，被细短柔毛，老枝深红色或紫黑色，无毛，互生，枝端有针刺，腋芽小，卵形。叶厚纸质，通常互生，或 2–5 个在短枝端簇生，倒卵状椭圆形、倒卵形或卵状椭圆形，稀卵形或宽椭圆形，长 3–10 cm，宽 2–6 cm，顶端锐尖或短渐尖，稀近圆形，基部圆形或楔形，边缘有钝细锯齿或细浅齿，上面被密或疏短柔毛，干时常皱褶，下面有白色密短柔毛，侧脉 5–7 (8) 对；叶柄长 6–16 mm，被白色短柔毛。花单性，雌雄异株，被疏短柔毛，4 基数；有花瓣；雄花数个至 20 个，雌花 1–10 个簇生于当年生枝下部或短枝顶端，雌花有退化雄蕊，子房球形，花柱长而扁，3 浅裂或近半裂。核果倒卵状球形或圆球形，直径 4–7 mm，具 2 或 3 分核；被疏毛。种子长圆状倒卵圆形，背面有与种子近等长的纵沟。花期 4–5 月，果期 6–9 月。

分布与生境　产于甘肃南部、陕西南部、山西南部、河南、安徽、江西、湖南、湖北、四川东部及广东。常生于海拔 500–2300 m 的山坡、路旁或沟边灌丛中。

药用部位　果实。

功效应用　清热解毒。用于肿毒，疮疡。

皱叶鼠李 Rhamnus rugulosa Hemsl.
引自《中国高等植物图鉴》

皱叶鼠李 Rhamnus rugulosa Hemsl.
摄影：高贤明 何海

25. 朝鲜鼠李（东北木本植物图志）

Rhamnus koraiensis C. K. Schneid. in Notizbl. Bot. Gart. Mus. Berl. 5: 77. 1908.（英 **Korean Buckthorn**）

灌木，高达 2 m，枝互生，灰褐色或紫黑色，平滑，枝端具针刺，当年生枝被微毛或无毛。叶纸质或薄纸质，互生或在短枝上簇生，宽椭圆形、倒卵状椭圆形或卵形，长 4-8 cm，宽 2.5-4.5 cm，顶端短渐尖或近圆形，基部宽楔形或近圆形，边缘有圆齿状锯齿，两面或沿脉被短柔毛，侧脉 4-6 对，叶柄长 7-25 mm，被密短柔毛。花单性，雌雄异株，4 基数；有花瓣；花梗长 5-6 mm，被短毛；雄花数个至 10 余个簇生于短枝端，或 1-3 个生于长枝下部叶腋；雌花数个至 10 余个簇生于短枝顶端或当年生枝下部，花柱 2 浅裂或半裂。核果倒卵状球形，直径 5-6 mm；果梗长 7-14 mm，有疏短柔毛。种子背面仅基部有长为种子 1/4-2/5 的短沟。花期 4-5 月，果期 6-9 月。

分布与生境 产于吉林、辽宁、山东。生于低海拔的杂木林或灌丛中。也分布于朝鲜。

药用部位 树皮、根、果实。

功效应用 树皮：清热通便。用于风痹，热毒肿痛，便秘。根：用于龋齿口疮，发背肿毒。果实：清热利湿，止咳祛痰，解毒杀虫。用于水肿胀满，咳喘龋齿，瘰疬，痈疖，疥癣。

朝鲜鼠李 Rhamnus koraiensis C. K. Schneid.
王金凤 绘

朝鲜鼠李 Rhamnus koraiensis C. K. Schneid.
摄影：刘冰

26. 山绿柴（浙江、广东、中国植物志）

Rhamnus brachypoda C. Y. Wu ex Y. L. Chen et P. K. Chou in Bull. Bot. Lab. North-East. Forest. Inst. 5: 85. 1979.（英 **Shorlstalk Buckthorn**）

多刺灌木，高 1.5-3 m；小枝互生，红褐色或灰褐色，被黑褐色或褐色短柔毛，枝端具针刺，老枝红褐色，无毛。叶纸质或厚纸质，互生或在短枝上簇生，长圆形、卵状长圆形或倒卵形，稀椭圆形或近圆形，长 3–10 cm，宽 1.5–4.5 cm，顶端渐尖或短突尖，稀钝或近圆形，基部宽楔形或近圆形，边缘有钩状内弯的锯齿，上面被疏微毛或沿脉被疏微毛，下面干时常变淡红色或黄绿色，无毛，侧脉 3–5 对；叶柄长 4–9 mm，被疏短毛。花单性，雌雄异株，黄绿色，4 基数；1–3 个生于小枝下部叶腋或短枝顶端，雌花萼筒钟状，萼片披针形，背面被微毛，子房近球形，花柱 3 半裂；花梗长 2–3 mm，被疏微毛。核果倒卵状圆球形，直径 6–7 mm。种子长圆状倒卵圆形，褐色，背面有长达种子 1/2 的纵沟。花期 5–6 月，果期 7–11 月。

分布与生境　产于江西、浙江、福建、广东、湖南、广西、贵州。生于海拔 500–1700 m 的山坡、路旁灌丛或山谷疏林中。

药用部位　根皮。

功效应用　用于牙痛。

山绿柴 Rhamnus brachypoda C. Y. Wu ex Y. L. Chen et P. K. Chou
路桂兰　绘

山绿柴 Rhamnus brachypoda C. Y. Wu ex Y. L. Chen et P. K. Chou
摄影：朱鑫鑫

27. 黄鼠李（广西植物名录）　紫背药（广西）

Rhamnus fulvotincta F. P. Metcalf in Lingn. Sci. J. 18: 615. 1938.（英 **Yellow Buckthorn**）

　　灌木，高 1–2 m；当年生枝被微毛或近无毛，小枝通常互生，稀对生或近对生，灰褐色，枝端具钝刺。叶纸质或厚纸质，互生，稀近对生，椭圆形或卵状椭圆形，稀披针状椭圆形，长 3–6.5 cm，宽 1.5–2.5 cm，顶端渐尖，基部楔形，边缘干后多少背卷，有细锯齿，上面无毛，下面干时稍变黄色，沿脉或脉腋被疏短柔毛，侧脉 3–5 对；叶柄长 3–6 mm，有微毛或近无毛。核果单生或 2–4 个簇生于小枝基部叶腋，倒卵状球形，直径约 5 mm，黑色，具 2 分核。种子长圆状倒卵圆形，背面基部有长为种子 1/4–1/3 的短沟。果期 6–10 月。

分布与生境 产于广东、广西、贵州。生于海拔 400 m 的石灰岩山坡灌丛或林缘。

药用部位 全株、根。

功效应用 解毒，祛风湿，清肝明目。用于乳蛾，风湿痹痛，腹痛，扁桃体炎。

黄鼠李 Rhamnus fulvotincta F. P. Metcalf
王金凤　绘

3. 枳椇属 Hovenia Thunb.

落叶乔木，稀灌木，高可达 25 m；幼枝常被短柔毛或绒毛。叶互生，具长柄，边缘有锯齿，基生 3 出脉，中脉每边有侧脉每边 4-8 条。花白色或黄绿色，两性，5 基数；密集成顶生或兼腋生聚伞圆锥花序；萼片三角形，中肋内面凸起；花瓣椭圆形至卵形，基部具爪，雄蕊为花瓣抱持；花盘厚，肉质，盘状，近圆形，有毛，边缘与萼筒离生；子房半下位，3 室，每室具 1 胚珠，花柱 3 浅裂至深裂。浆果状核果近球形，顶端有残存的花柱，基部具宿存的萼筒，外果皮革质，常与纸质或膜质的内果皮分离；总花梗和花梗在结果时膨大，扭曲，肉质。种子 3 粒，扁圆球形，褐色或紫黑色，有光泽，常具灰白色的乳头状突起。

本属有 3 种，2 变种，分布于中国、朝鲜、日本和印度、不丹、缅甸、尼泊尔。我国均产，可药用。

分种检索表

1. 萼片和果实被锈色密绒毛 ·· **3. 毛果枳椇 H. trichocarpa**
1. 萼片和果实无毛，稀果实被疏柔毛。
　2. 花排成不对称的聚伞圆锥花序，生于枝和侧枝顶端，或少有兼腋生；花柱浅裂；果实成熟时黑色，直径 6.5-7.5 mm；叶具不整齐的锯齿或粗锯齿 ·· **1. 北枳椇 H. dulcis**
　2. 花排成对称的二歧式聚伞圆锥花序，顶生和腋生；花柱半裂或深裂；果实成熟时黄色，直径 5-6.5 mm；叶具浅而钝的细锯齿 ·· **2. 枳椇 H. acerba**

　　本属药用植物主要含黄酮类成分，如蛇葡萄素 (ampelopsin，**1**)，枳椇亭[▲] I (hovenitin I，**2**)；三萜类成分较为丰富，如北拐枣苷 (hoduloside) III (**3**)、IV (**4**)、V (**5**)，枳椇皂苷 C_2 (hovenia saponin C_2，**6**)，枣苷[▲] B (jujuboside B，**7**)，北枳椇苷 (hovenidulcioside) A_1(**8**)、A_2(**9**)、B_1(**10**)、B_2(**11**)；肽类生物碱类成分如欧鼠李宁碱[▲](frangulanine，**12**)，枳椇碱 A (hovenine A，**13**)。三萜类和黄酮类是本属植物的活性成分，如 **1** 第 **2** 可抑制乙醇诱导的肌肉松弛和半乳糖导致的肝损伤，**10** 和 **11** 有显著的抑制组胺释放的作用。

1: R₁=OH　R₂= OH　R₃=OH
2: R₁=OCH₃　R₂=OH　R₃=OH

3: R₁=α-ara-β-qui→β-glc　R₂=H
4: R₁=α-ara-β-glc →β-glc　R₂=H
5: R₁=β-glc-α-rha→β-glc　R₂=H
6: R₁=α-ara-α-rha→β-glc　R₂=H
7: R₁=α-ara-β-glc-β-xyl→α-rha　R₂=H

8: R₁=β-glc-α-rha
9: R₁=β-glc

10: R₁=β-glc-α-rha
11: R₁=β-glc

12

13

　　本属植物具有中枢神经抑制、降血压、抗脂质过氧化、抑制组胺释放、保肝、抗致突变和抗肿瘤等作用，对应激性反应有抑制作用。

1. 北枳椇（中国植物志）　枳椇（中国树木分类学），鸡爪梨、枳椇子（北京），拐枣（华北），甜半夜（河南）

Hovenia dulcis Thunb., Fl. Jap. 101. 1784.（英 **Japanese Raisin Tree**）

　　高大乔木，稀灌木，高达 10 余米，小枝褐色或黑紫色，无毛，有不明显的皮孔。叶纸质或厚膜质，卵圆形、宽长圆形或椭圆状卵形，长 7–1.7 cm，宽 4–11 cm，顶端短渐尖或渐尖，基部截形，稀心形或近圆形，边缘有不整齐的锯齿或粗锯齿，稀具浅锯齿，无毛或仅下面沿脉被疏短柔毛；叶柄长 2–4.5 cm。花黄绿色，排成不对称的顶生，稀兼腋生的聚伞圆锥花序，花序轴和花梗均无毛；萼片卵状三角形，无毛，长 2.2–2.5 mm；花瓣倒卵状匙形，长 2.4–2.6 mm，宽 1.8–2.1 mm，向下渐狭成爪；花盘边缘被柔毛或上面被疏短柔毛。浆果状核果近球形，无毛；花序轴结果时稍膨大。种子深栗色或黑紫色。花期 5–7 月，果期 8–10 月。

分布与生境　产于河北、山东、山西、河南、陕西、甘肃、四川北部、湖北西部、安徽、江苏、江西。生于海拔 200–1400 m 的次生林中或庭园栽培。也分布于日本、朝鲜、泰国。

药用部位　种子、树皮、根或根皮、叶、树干汁液。

功效应用　种子：止渴除烦，清湿热，解酒毒。用于乙醇中毒，烦渴呕逆。树皮：活血，舒筋，解痉。用于腓肠肌痉挛，风湿，食积，中毒。根或根皮：解酒，活络，止血。用于酒醉，虚劳呕血，筋骨痛，四肢乏力。叶：用于酒醉，风热感冒，外感腹痛，死胎不下。

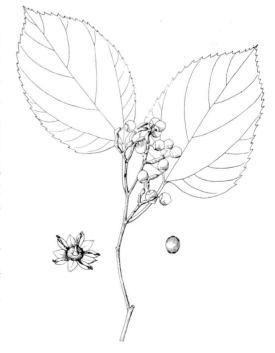

北枳椇 Hovenia dulcis Thunb.
王金凤　绘

北枳椇 **Hovenia dulcis** Thunb.
摄影：林秦文 徐克学 朱鑫鑫

树干中流出的液汁：辟秽除臭。用于狐臭。

化学成分　根皮含生物碱类：欧鼠李宁碱▲(frangulanine)，枳椇碱 (hovenine) A、B[1]；三萜类：枳椇苷(hovenoside) D、G、I[2]。

心材含三萜类：枳椇酸(hovenic acid)[3]。

茎皮含黄酮类：(+)-香树素[(+)-aromadendrin]，(-)-儿茶素[(-)-catechin]，(+)-缅茄儿茶素▲[(+)-afzelechin][4]；芪类：3,5-二羟基芪(3,5-dihydroxystilbene)[4]；苯丙素类：阿魏酸[ferulic acid][4]；酚、酚酸类：香荚兰酸(vanillic acid)，香荚兰酸甲酯(methyl vanillate)，2,3,4-三羟基苯甲酸(2,3,4-trihydroxybenzoic acid)[4]。

茎叶含生物碱类：咖啡因(caffeine)[5]；黄酮类：槲皮素-3-O-α-L-吡喃鼠李糖苷(quercetin-3-O-α-L-rhamnopyranoside)，山奈酚-3-O-α-L-吡喃鼠李糖苷(kaempferol-3-O-α-L-rhamnopyranoside)，山奈酚-3,7-O-α-L-二吡喃鼠李糖苷(kaempferol-3,7-O-α-L-dirhamnopyranoside)，山奈酚-3-O-α-L-吡喃鼠李糖基-(1→6)-O-β-D-吡喃葡萄糖基-(1→2)-O-β-D-吡喃葡萄糖苷[kaempferol-3-O-α-L-rhamnopyranosyl-(1→6)-O-β-D-glucopyranosyl-(1→2)-O-β-D-glucopyranoside]，山奈酚-3-O-α-L-吡喃鼠李糖苷-7-O-[β-D-吡喃葡萄糖基-(1→3)-α-L-吡喃鼠李糖苷]{kaempferol-3-O-α-L-rhamnopyranoside-7-O-[β-D-glucopyranosyl-(1→3)-α-L-rhamnopyranoside]}[5]。

叶含三萜类：北拐枣苷(hoduloside) Ⅰ、Ⅱ、Ⅲ、Ⅴ，枳椇苷Ⅰ(hovenoside Ⅰ)，枣苷▲B (jujuboside B)[6]，枳椇皂苷(hovenia saponin) C$_2$[6-7]、D[7-8]、E[6,9]、G[7]、H[6]；脂肪酸类：3(Z)-十二碳烯双酸[3(Z)-dodecenedioic acid][10]。

果实和种子含三萜皂苷类：北枳椇苷(hovenidulcioside) A$_1$、A$_2$[11-12]、B$_1$、B$_2$[12]，北拐枣苷Ⅲ(hoduloside Ⅲ)[12]，白桦脂醇(betulin)，3β-羟基-18(19)-烯-齐墩果-28-酸[3β-hydroxyl-18(19)-en-olean-28-oic acid]，2α,3β-二羟基白桦脂酸(2α,3β-dihydroxybetulinic acid)[13]；黄酮类：(+)-没食子儿茶素[(+)-gallocatechin][12,14]，枳椇亭▲(hovenitin) Ⅰ、Ⅱ、Ⅲ、Ⅴ[14]，杨梅素(myricetin)，杨梅素-3'-甲醚(myricetin-3'-methyl ether)[14]，蛇葡萄素(ampelopsin)[14-15]；甾体类：β-谷甾醇[13]。

种子含生物碱类：欧鼠李宁碱▲[16]，多年黑麦草碱(perlolyrine)[16-17]；黄酮类：二氢山奈酚(dihydrokaempferol)，槲皮素(quercetin)，(+)-3,3',5',5,7-五羟基黄烷酮[(+)-3,3',5',5,7-pentahydroxyflavanone][18]，二氢杨梅素(dihydromyricetin)[18-19]，山奈酚(kaempferol)，杨梅素(myricetin)，5,7-二羟基-3',4',5'-三甲氧基黄酮(5,7-dihydroxy-3',4',5'-methoxyflavone)，(-)-表儿茶素[(-)-epicatechin][19]；蒽醌类：大黄酚(chrysophanol)[19]；苯丙素类：咖啡酸乙酯(ethyl caffeate)[19]；酚类：香荚兰素(vanillin)，

3-羟基-4-甲氧基苯甲酸(3-hydroxy-4-methoxybenzoic acid)[19]；甾体类：β-谷甾醇[19]。

全草含黄酮类：北枳椇黄素 I、II、III，槲皮素，山柰酚，杨梅素，(+)-二氢杨梅素，槲皮素-3-O-α-L-吡喃鼠李糖苷，山柰酚-3,7-O-α-L-二吡喃鼠李糖苷，山柰酚-3-O-α-L-吡喃鼠李糖苷，芦丁(rutin)，异槲皮苷(isoquercitrin)，4',5',7-三羟基-3',5'-二甲氧基黄酮(4',5',7-trihydroxy-3',5'-dimethoxyflavone)，花旗松素(taxifolin)，芹菜苷元(apigenin)，(+)-儿茶酚[(+)-catechol]，北枳椇醇(hovenodulinol)，槲皮素-3-O-α-L-吡喃鼠李糖基-(1→6)-β-D-吡喃半乳糖苷[quercetin-3-O-α-L-rhamnopyranosyl-(1→6)-β-D-galactopyranoside],3,4',5,5',7-五羟基-3'-甲氧基黄酮(3,4',5,5',7-pentahydroxy-3'-methoxyflavone)，山柰酚-3-O-α-L-吡喃鼠李糖基-(1→6)-O-β-D-吡喃半乳糖苷(kaempferol-3-O-α-L-rhamnopyranosyl-(1→6)-O-β-D-galactopyranoside)[20]。

药理作用 抗组胺作用：从枳椇果实和种子中分离得到的枳椇皂苷 A_1、A_2 和 B_1、B_2 能抑制组胺释放[1]。

增强耐缺氧能力作用：枳椇子水提取物具有耐寒、耐热、耐缺氧作用，能延长小鼠在常压缺氧、亚硝酸钠中毒缺氧、急性脑缺血缺氧、−20℃寒冷以及 56℃高温条件下的存活时间，并延长小鼠游泳、爬杆时间[2-4]；乙酸乙酯提取物亦能延长小鼠缺氧状态的存活时间，对减压缺氧引起的血尿素氮升高有对抗作用，并增加糖原含量[5]；乙醇提取物具有抗疲劳作用，能延长小鼠负重游泳时间，增加小鼠肝糖原含量以及减少运动后尿素氮水平[6]。

保肝作用：枳椇子对 CCl_4 引起的肝损伤具有防护作用，能升高正常小鼠体内 SOD 活性，降低 MDA 含量，这种抗脂质过氧化作用，可能是其抗 CCl_4 性肝损伤的代谢机制[7]。枳椇子提取物对 CCl_4 诱导的实验性肝纤维化有保护作用，能减轻纤维化、肝细胞的变性坏死及炎性细胞浸润，使线粒体膜及嵴恢复，减少内质网扩张，促进细胞再生，阻滞纤维化的发生发展[8-9]，促进肝纤维化时 I、III 型胶原的降解[10]，改善肝功能，降低大鼠血清中 III 型前胶原 (PC2 III)、层黏蛋白 (LN)、透明质酸 (HA) 水平[11]，降低血清 HA、PCI、PC III 及转化生长因子 (TGF-β_1) 含量，减轻肝胶原纤维增生程度[12]，其机制可能与减轻有毒物质对肝细胞的损伤，拮抗细胞脂质过氧化，稳定细胞膜[8-9]，减少肝纤维化大鼠肝中 TIMP-1mRNA 的表达，逐渐恢复肝胶原降解系统有关[13]。枳椇子水提取液对 CCl_4 致小鼠肝损伤具有保护作用，能降低 ALT、AST、LDH 等生化指标的异常升高[14]，对原代培养大鼠肝细胞有促生长活性，提高存活和增殖率[15]，对 D-GalN 造成的原代培养大鼠肝细胞损伤有保护作用，并能拮抗脂多糖 (LPS) 诱导的巨噬细胞一氧化氮生成量增加，服用枳椇子水提取液的小鼠血清对 LPS 致腹腔巨噬细胞一氧化氮亦有抑制作用[16-17]。枳椇子乙酸乙酯提取物对 CCl_4 诱导的大鼠肝纤维化有改善作用，能改善肝小叶结构，使肝细胞坏死以及炎性细胞浸润减少，血清中 HA 和 LN 的含量下降，肝组织中 TGF-β_1 的表达量下降[18]，可抑制苯胺羟化酶 (ANH) 活性，增加氨基比林 N- 脱甲基酶 (ADM) 活性，在 mRNA 水平上，CYP1A1、CYP2C11 和 CYP2A1 基因表达水平增加，说明其对大鼠肝 P450 同工酶的影响表现出特异性[19]。枳椇子甲醇提取物对 CCl_4 和 D- 氨基半乳糖 / 脂多糖诱导的实验性肝损伤有保护作用，可降低 ALT、AST 和动物死亡率[20]，对小鼠乙醇致急性肝损伤有保护作用，其机制可能与增强 GSH 结合反应和增强 SOD 活性有关[21]。

降血糖作用：枳椇水提取液可降低四氧嘧啶致糖尿病小鼠的血糖含量、升高肝糖原含量[22]。

抗氧化作用：枳椇子有抗脂质过氧化作用，能降低小鼠血清和肝、脑中 MDA 含量，升高肝、肾、脑中 SOD 活性[4]；清除羟自由基的有效部位集中在乙酸乙酯部位[23]。

延缓衰老作用：枳椇子提取物对 D- 半乳糖诱导的亚急性衰老小鼠氧化损伤有保护作用，水迷宫实验中小鼠到达平台的潜伏期缩短，进入盲端的错误次数减少，肝、脑组织中 SOD、GSH-Px 活性增加，MDA 含量减少，其改善学习记忆能力、延缓衰老的作用可能部分是通过增加体内抗氧化酶的活性，减少过氧化脂质的生成，提高机体抗氧化能力而导致[24]。

解酒作用：枳椇子可逆转乙醇引起的小鼠肝抗利尿激素 (ADH)、SOD、谷胱甘肽硫转移酶 (GST) 活性降低，抑制 MDA 升高和 GSH 含量下降[25]。枳椇子提取物对急性乙醇中毒有防治作用，可降低酒后小鼠血中乙醇浓度，增强肝中 ADH 活性，其机制可能通过抑制消化道对乙醇的吸收，从而起到降醇解酒作用[26]。生物碱组分为有效部位，黄酮组分可能为辅助部位[27]。枳椇子水提液可缩短急性乙醇中毒小鼠的醒酒时间，降低血中乙醇浓度[28]，降低 MDA 含量，提高谷胱甘肽过氧化物酶活力[29]，能阻止乙醇所致的小鼠肝 MDA 升高和 GSH 下降，并能拮抗胆固醇、三酰甘油增高，提示其对乙醇致小鼠肝脂质过氧化有保护作用，并且有可能延缓和防止乙醇所致的脂肪肝形成[30]，对 LPS 诱发长期饲喂乙醇大鼠的肝损害有保护作用，可抑制 ALT、AST、MDA、TG 及 TC 的升高，加快乙醇代谢[31]。枳椇子乙酸乙酯提取部位可延长小鼠醉酒潜伏期，降低醉酒率及死亡率和血液乙醇浓度[32]。枳椇子多糖能降低小鼠血中乙醇浓度，激活 ADH 和 ALT 的活性[33]。枳椇子中分离得到的枳椇亭 (hovenitin) Ⅰ、Ⅱ、Ⅲ对乙醇诱导的肌肉松弛有抑制作用[34]。

其他作用：枳椇乙醇提取物对大鼠食欲有抑制作用[35]。

毒性及不良反应　灌胃给予小鼠枳椇子水提液 480 g/L、48 g/L、4.8 g/L，按 20 ml/kg 体重，每日 2 次，连续 5 天，小鼠无死亡，外观、组织器官未见异常，说明枳椇子水提取液在上述剂量下无毒性[16]；枳椇子水提取液灌胃给予小鼠最大耐受量 > 9.6 g(生药)/kg[29]。

注评　本种为中国药典（1963 年版）、部颁标准·中药材（1992 年版）、内蒙古中药材标准（1988 年版）和重庆中药饮片标准（2006 年版）收载"枳椇子"的基源植物，药用其干燥成熟果实及带肉质果柄或成熟种子。本种的叶称"枳椇叶"，树皮称"枳椇木皮"，根称"枳椇根"，树干中流出的液汁称"枳椇木汁"，均可药用。我国华中、华南地区还以同属植物枳椇 Hovenia acerba Lindl. 和毛果枳椇 H. trichocarpa Chun et Tsiang 的果实或种子作"枳椇子"使用。土家族、畲族也药用，主要用途见功效应用项。

化学成分参考文献

[1] Takai M, et al. *Phytochemistry*, 1973, 12(12): 2985-2986.

[2] Inoue O, et al. *J Chem Soc, Perkin Trans 1: Org Bio-Org Chem* (1972-1999), 1978, (11): 1289-1293.

[3] Takahashi K, et al. *Yakugaku Zasshi*, 1959, 79: 500-502.

[4] Li G, et al. *Arch Pharm Res*, 2005, 28(7): 804-809.

[5] Park KH, et al. *Repub. Korean Kongkae Taeho Kongbo*, 2005, KR 2005105910 A 20051108.

[6] Yoshikawa K, et al. *Chem Pharm Bull*, 1992, 40(9): 2287-2291.

[7] Kawai K, et al. *J Chem Soc, Perkin Trans*, 1981, (7): 1923-1927.

[8] Ogihara Y, et al. *Chem Pharm Bull*, 1987, 35(6): 2574-2575.

[9] Kobayashi Y, et al. *J Chem Soc, Perkin Trans 1: Org Bio-Org Chem* (1972-1999), 1982, (12), 2795-2799.

[10] Cho JY, et al. *Food Sci Biotechnol*, 2004, 13(1): 46-50.

[11] Yoshikawa M, *Chem Pharm Bull*, 1995, 43(3): 532-534.

[12] Yoshikawa M, et al. *Chem Pharm Bull*, 1996, 44(9): 1736-1743.

[13] 张晶，等. 中国天然药物, 2007, 5(4): 315-316.

[14] Yoshikawa M, et al. *Yakugaku Zasshi*, 1997, 117(2): 108-118.

[15] Hase K, et al. *Biol Pharm Bull*, 1997, 20(4): 381-385.

[16] 金宝渊，等. 中草药, 1994, 25(3): 161-161.

[17] Park MK, et al. *Soul Taehakkyo Yakhak Nonmunjip*, 1989, 14: 41-45.

[18] 丁林生，等. 药学学报, 1997, 32(08): 600-602.

[19] 吴龙火，等. 时珍国医国药, 2013, 24(5): 1028-1029.

[20] 张存莉，等. 发明专利申请, 2009, CN 101336987 A 20090107.

药理作用及毒性参考文献

[1] Yoshikawa M, et al. *Chem Pharm Bull*, 1996, 44(9): 1736-1743.

[2] 伊佳，等. 解放军药学学报, 2008, 24(5): 414-416.

[3] 嵇扬，等. 中医药学报, 2003, 31(3): 22-23.

[4] 王艳林，等. 中草药, 1994, 25(6): 306-307, 316, 335.

[5] 伊佳，等. 解放军药学学报, 2009, 25(2): 130-132.

[6] 汪海涛，等. 解放军药学学报, 2008, 24(2): 121-123.

[7] 韩钰，等. 现代应用药学, 1997, 14(2): 6-8, 67.

[8] 文为，等. 云南中医学院学报, 2004, 27(4): 23-25, 28, 56.

[9] 叶丽萍，等. 武汉大学学报（医学版）, 2005, 26(3): 293-296.

[10] 张洪，等 . 广东药学院学报，2005, 21(1): 44-46.

[11] 耿文学，等 . 中药材，2008, 31(1): 1550-1552.

[12] 施震，等 . 中国医院药学杂志，2002, 22(9): 534-536.

[13] 刘秀玲，等 . 中国中药杂志，2006, 31(13): 1097-1100.

[14] 嵇扬，等 . 时珍国医国药，2002, 13(6): 327-328.

[15] 嵇扬，等 . 中国中医药科技，2001, 8(3): 162-163.

[16] 嵇扬 . 中国中医药信息杂志，2001, 8(增刊): 38-39.

[17] 嵇扬，等 . 中国中医药科技，2002, 9(1): 28-29.

[18] 王飞，等 . 中药材，2006, 29(6): 577-580.

[19] 张洪，等 . 中国中药杂志，2007, 32(18): 1917-1921.

[20] Hase K, et al. *Biol Pharm Bull*, 1997, 20(4): 381-385.

[21] 张洪，等 . 广东药学院学报，2001, 17(3): 180-181.

[22] 嵇扬，等 . 中药材，2002, 25(3): 190-191.

[23] 王飞，等 . 华西药学杂志，2006, 21(1): 48-50.

[24] 江海涛，等 . 中国药学杂志，2008, 43(8): 591-593, 605.

[25] 任发政，等 . 食品科学，2002, 23(12): 58-60.

[26] 陈绍红，等 . 中国中药杂志，2006, 31(13): 1094-1096.

[27] 张洪，等 . 广东药学院学报，2003, 19(2): 111, 115.

[28] 嵇扬，等 . 中药材，2001, 24(2): 126-128.

[29] 嵇扬，等 . 时珍国医国药，2001, 12(6): 481-483.

[30] 嵇扬，等 . 中药药理与临床，2000, 16(3): 19-20.

[31] Hase K, et al. 和汉医药学杂志，1997, 14(1): 28-33.

[32] 谢立，等 . 中国药房，2007, 18(33): 2570-2572.

[33] 于刚，等 . 广西轻工业，2007, (10): 3-4.

[34] Yoshikawa M, et al. *Yakugaku Zasshi*, 1997, 117(2): 108-118.

[35] 嵇扬，等 . 解放军药学学报，2003, 19(2): 114-116.

2. 枳椇（唐本草） 拐枣（救荒本草），鸡爪子（本草纲目），枸（诗经），万字果（福建、广东），鸡爪树（安徽、江苏），金果梨（浙江），南枳椇（黄山植物的研究）

Hovenia acerba Lindl. in Bot. Reg. 6: t. 501. 1820.（英 **Raisin Tree**）

2a. 枳椇（模式变种）

Hovenia acerba Lindl. var. **acerba**

高大乔木，高 10–25 m，小枝褐色或黑紫色，被棕褐色短柔毛或无毛。叶厚纸质至纸质，宽卵形、椭圆状卵形或心形，长 8–17 cm，宽 6–12 cm，顶端长渐尖或短渐尖，基部截形或心形，稀近圆形或宽楔形，边缘常具整齐浅而钝的细锯齿，稀近全缘，上面无毛，下面沿脉或脉腋常被短柔毛或无毛，叶柄长 2–5 cm。二歧式聚伞圆锥花序，顶生和腋生，被棕色短柔毛；萼片具网状脉或纵条纹，无毛，长 1.9–2.2 mm；花瓣椭圆状匙形，长 2–2.2 mm，具短爪，花盘被柔毛。浆果状核果近球形，直径 5–6.5 mm，无毛，成熟时黄褐色或棕褐色；果序轴明显膨大。种子暗褐色或黑紫色。花期 5–7 月，果期 8–10 月。

分布与生境 产于甘肃、陕西、河南、安徽、江苏、浙江、江西、福建、广东、广西、湖南、湖北、四川、云南、贵州。生于海拔 2100 m 以下的开旷地、山坡林缘或疏林中，庭院住宅旁常有栽培。也分布于印度、尼泊尔、不丹和缅甸北部。

药用部位 果序、种子、树皮、根或根皮、叶、树汁。

功效应用 整个果序轴或种子：解酒除烦，舒筋活络，滋润五脏，利大小便。用于醉酒，烦热，口渴，呕吐，二便不利，四肢麻木，贫血，酒皶鼻，产后及老人体弱，久热。树皮：活血，舒筋，解痉。用于腓肠肌痉挛，风湿，食积，中毒。根或根皮：解酒，活络，止

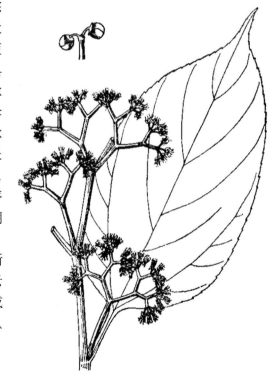

枳椇 Hovenia acerba Lindl. var. acerba
王金凤 绘

枳椇 **Hovenia acerba** Lindl. var. **acerba**
摄影：喻勋林 朱鑫鑫

血。用于酒醉，虚劳呕血，筋骨痛，四肢乏力。叶：用于酒醉，风热感冒，外感腹痛，死胎不下。树干中流出的液汁：辟秽除臭。用于狐臭。

化学成分 叶含三萜皂苷类：枳椇波苷▲(hovacerboside) A_1、C_2[1-2]；黄酮类：山奈酚(kaempferol)，槲皮素(quercetin)，异槲皮素(isoquercetin)，山奈酚-3-O-α-L-吡喃鼠李糖基-(1→6)-β-D-吡喃半乳糖苷[kaempferol-3-O-α-L-rhamnopyranosyl-(1→6)-β-D-galactopyranoside]，山奈酚-3-O-芸香糖苷(kaempferol-3-O-rutinoside)，槲皮素-3-O-α-L-吡喃鼠李糖基-(1→6)-β-D-吡喃半乳糖苷[quercetin-3-O-α-L-rhamnopyranosyl-(1→6)-β-D-galactopyranoside]，芦丁(rutin)[3]；氨基酸衍生物：4-羟基-N-甲基脯氨酸(4-hydroxy-N-methylproline)[4]；有机酸类：3-O-香豆酰奎宁酸(3-O-courmaroylquinic acid)[4]。

果实含三萜类：白桦脂醇(betulin)，3β-羟基-18(19)-烯-齐墩果-28-甲酸(3β-hydroxy-18(19)-en-oleanane-28-formic acid)，2α,3β-二羟基白桦脂酸(2α,3β-dihydroxybetulic acid)[5]，3β-羟基-3-去氧摩拉豆酮酸▲(3β-hydroxy-3-deoxymoronic acid)[6]；甾体类：β-谷甾醇，胡萝卜苷[5-6]。

果梗含多糖[7]。

种子含三萜皂苷类：枳椇子苷▲(acerboside) A、B[8]；黄酮类：槲皮素，4',5,7-三羟基-3',5'-二甲氧基黄酮(4',5,7-trihydroxy-3',5'-methoxyflavanone)，芹菜苷元(apigenin)，杨梅素(myricetin)，山奈酚，二氢杨梅素(dihydromyricetin)[9]，3',5'-二-C-β-D-吡喃葡萄糖基根皮素(3',5'-di-C-β-D-glucopyranosylphloretin)，异牡荆素-2"-O-β-D-吡喃葡萄糖苷(isovitexin-2"-O-β-D-glucopyranoside)，牡荆素-2"-O-β-D-吡喃葡萄糖苷(vitexin-2"-O-β-D-glucopyranoside)，异酸枣素▲(isospinosin)，杨梅素-3-O-β-D-吡喃葡萄糖苷(myricetin-3-O-β-D-glucopyranoside)[10]；黄酮木脂素类：枳椇素(hovenin) A、B、C、D[11]；蒽醌类：大黄素(emodin)[9]；酚酸类：香荚兰酸(vanillic acid)[9]，没食子酸(gallic acid)[10]；氨基酸类：L-色氨酸(L-tryptophan)[10]；甾体类：β-谷甾醇，豆甾-5,22-二烯-3β-醇(stigmasta-5,22-dien-3β-ol)[12]；脂肪醇、酸类：二十八醇(n-octacosanol)，二十酸(eicosanoic acid)[12]，α-亚麻酸(α-linolenic acid)，油酸(oleic acid)，亚油酸(linoleic acid)，棕榈酸(palmitic acid)，硬脂酸(stearic acid)[13]。

注评 本种为中国药典（1963年版）、部颁药品标准·中药材（1992年版）、四川（1984、1987、2010年版）、贵州（1988、2003年版）和江苏（1989年版）中药材标准收载"枳椇子"或"枳椇"的基源植物，药用其干燥成熟种子；新疆药品标准（1980年版）收载"枳椇"为其带肉质果柄的果实及种子；我国华中、华南地区也习用。本种的叶称"枳椇叶"，树皮称"枳椇木皮"，根称"枳椇根"，树干中流出的液汁称"枳椇木汁"，均可药用。目前全国多数地区使用的"枳椇子"为同属植物北枳椇Hovenia dulcis Thunb. 的种子。水族、苗族、土家族、傈僳族也药用，主要用途见功效应用项。

化学成分参考文献

[1] 梁侨丽，等.中国药科大学学报，1995, 26(10): 262.

[2] 梁侨丽，等.中国药科大学学报，1996, 27(7): 401-404.

[3] 梁侨丽，等.中草药，1996, 27(10): 581-583.

[4] 梁侨丽，等.中草药，1997, 28(8): 457-459.

[5] 张晶，等.中国天然药物，2007, 5(4): 315-316.

[6] 张晶，等.中药材，2006, 29(1): 21-23.

[7] 朱炯波，等.林产化工通讯，2005, 39(1): 27-30.

[8] Xu FF, et al. *J Asian Nat Prod Res*, 2012, 14(2): 135-140.

[9] 沙美，等.中国药科大学学报，2001, 32(6): 418-420.

[10] 徐方方，等.暨南大学学报（自然科学与医学版），2011, 32(3): 304-306.

[11] Zhang XQ, et al. *Phytochem Lett*, 2012, 5(2): 292-296.

[12] 申向荣，等.广东药学院学报，2006, 22(6): 594-595.

[13] 卢成英，等.食品科学，2006, 27(12): 322-325.

2b. 俅江枳椇（变种）（东北林学院植物研究室汇刊） 拐枣（西藏察隅）

Hovenia acerba Lindl. var. **kiukiangensis** (Hu et W. C. Cheng) C. Y. Wu ex Y. L. Chen et P. K. Chou in Bull. Bot. Lab. North-East. Forest. Inst. 5: 87. 1979.——*H. kiukiangensis* Hu et W. C. Cheng（英 **Kiukiang Raisin Tree**）

此变种的叶形、锯齿及花序等性状与模式变种相同，仅以果实被疏柔毛，花柱下部被疏柔毛相区别。花期 6–7 月，果期 9–10 月。

分布与生境 产于云南西北部至南部、西藏东南部。生于海拔 650–1800 m 的山谷常绿阔叶林或混交林中。

药用部位 种子、根皮。

功效应用 种子：清热解毒，利尿，除烦止渴，活血舒筋，解酒毒。果梗：健胃活血。用于酒醉，烦热，口渴，呕吐，大小便不利。根皮：用于虚劳呕血，风湿筋骨痛。

俅江枳椇 Hovenia acerba Lindl. var. kiukiangensis (Hu et W. C. Cheng) C. Y. Wu ex Y. L. Chen et P. K. Chou
摄影：朱鑫鑫

3. 毛果枳椇（中国植物志） 枳椇（安徽、浙江），毛枳椇（中国树木分类学），黄毛枳椇（东北林学院植物研究汇刊）

Hovenia trichocarpa Chun et Tsiang in Sunyats. 4; 16. t. 6. 1939.——*H. fulvotomentosa* Hu et F. H. Chen（英 **Hairyfruit Raisin Tree**）

3a. 毛果枳椇（模式变种）

Hovenia trichocarpa Chun et Tsiang var. **trichocarpa**

高大落叶乔木，高达 18 m；小枝褐色或黑紫色，无毛。叶纸质，短圆状卵形、宽椭圆状卵形或短

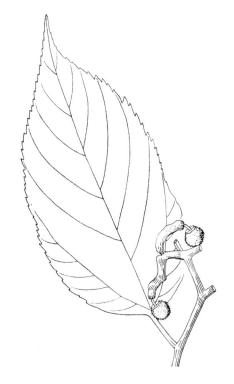

毛果枳椇 *Hovenia trichocarpa* Chun et Tsiang
var. **trichocarpa**
吴彰桦 绘

毛果枳椇 *Hovenia trichocarpa* Chun et Tsiang
var. **trichocarpa**
摄影：朱鑫鑫

圆形，稀近圆形，长 12–18 cm，宽 7–15 cm，顶端渐尖或长渐尖，基部截形、近圆形或心形，边缘具圆齿状锯齿或钝锯齿，两面无毛，或仅下面沿脉被疏柔毛；叶柄长 2–4 cm。二歧式聚伞花序，顶生或兼腋生，被锈色或黄褐色密短绒毛，花黄绿色；花萼被锈色密短柔毛，长 2.8–3 mm；花瓣卵圆状匙形，长 2.8–3 mm，花盘被锈色密长柔毛。浆果状核果球形或倒卵状球形，被锈色或棕色密绒毛和长柔毛；果序轴膨大，被锈色或棕色绒毛。种子黑色，黑紫色或棕色，近圆形。花期 5–6 月，果期 8–10 月。

分布与生境 产于江西、湖北、湖南、广东北部、贵州。生于海拔 600–1300 m 的山地林中。

药用部位 果实、种子。

功效应用 清热利尿，止咳除烦，解酒毒，利二便。用于热病烦渴，呃逆，呕吐，二便不利，乙醇中毒。

化学成分 树皮含苯丙素类：毛果枳椇苷(hovetrichoside) A、B[1]、C、D、E、F、G[2]；酚类：3,4,5-三甲氧基苯酚-1-*O*-*β*-D-吡喃木糖基-(1→6)-*β*-D-吡喃葡萄糖苷[3,4,5-trimethoxyphenol-1-*O*-*β*-D-xylopyranosyl-(1→6)-*β*-D-glucopyranoside]，类杜茎鼠李素▲(maesopsin)，团花树苷▲A (kelampayoside A)，沙参苷Ⅰ (shashenoside Ⅰ)[2]；木脂素类：五加苷B (acanthoside B)[2]，柑橘素B (citrusin B)，(+)-南烛树脂醇-3*α*-*O*-*β*-D-吡喃葡萄糖苷[(+)-lyoniresinol-3*α*-*O*-*β*-D-glucopyranoside]，(-)-南烛树脂醇-3*α*-*O*-*β*-D-吡喃葡萄糖苷[(-)-lyoniresinol-3*α*-*O*-*β*-D-glucopyranoside][3]；三萜类：枳椇酸(hovenic acid)，毛果枳椇苷H (hovetrichoside H)，美洲茶三酸▲(ceanothetric acid)[3]。

种子含三萜皂苷类：北拐枣苷(hoduloside)Ⅺ、Ⅻ[4]。

注评 本种的果实及种子在安徽、浙江、广西等地作中药"枳椇子"使用，系地方习用品。

化学成分参考文献

[1] Yoshikawa K, et al. *J Nat Prod*, 1998, 61(9): 1137-1139.

[2] Yoshikawa K, et al. *J Nat Prod*, 1998, 61(6): 786-790.

[3] Yoshikawa K, et al. *Phytochemistry*, 1998, 49(7): 2057-2060.

[4] Zhou Y, et al. *Fitoterapia*, 2013, 87: 65-68.

3b. 光叶毛果枳椇（变种）（中国植物志）

Hovenia trichocarpa Chun et Tsiang var. **robusta** (Nakai et Y. Kimura) Y. L. Chen et P. K. Chou in Fl. Reipubl. Popularis Sin. 48(1): 93. 1982.——*H. robusta* Nakai et Y. Kimura（英 **Smoothleaf Raisin Tree**）

叶两面无毛或下面沿脉被疏柔毛，与模式变种相区别。

分布与生境　产于安徽、浙江、江西、福建、广东、广西、湖南、贵州。生于海拔 600-1100 m 的山坡密林中。也分布于日本。

药用部位　种子。

功效应用　浙江作枳椇子入药。用于醉酒，烦热，口渴，呕吐，二便不利。

4. 蛇藤属 Colubrina Rich. ex Brongn.

乔木、灌木或攀援灌木，无刺。叶互生至稀对生，纸质至近革质，托叶小，早落，全缘或具圆齿，羽状脉或 3 脉基出。花两性，五基数；少数，排成腋聚伞花序或小聚伞圆锥花序，无梗或具短总花梗，萼筒半球形，萼片 5，三角形，外面被柔毛，内面明显具爪，早落，花瓣 5，直立至开展，基部具爪，雄蕊 5 枚，背着药；花盘厚，肉质，贴附萼筒；子房半下位，3 或 4 室，每室 1 胚珠，花柱 3 浅裂至半裂，蒴果近球形，与果愈合的萼筒包围果实基部至中部，成熟时沿室开裂。

约 23 种，分布于亚洲南部、澳大利亚、太平岛屿、非洲和南美洲。我国有 2 种，均可药用。

分种检索表

1. 幼枝无毛，叶柄和花序和叶均无毛或近无毛；叶卵形、宽卵形或心形；果梗长 4-6 mm… 1. **蛇藤 C. asiatica**
1. 幼枝、叶柄和花序、叶下面沿脉被柔毛或密柔毛；叶卵状椭圆形；果梗长 8-12 mm… 2. **毛蛇藤 C. javanica**

1. 蛇藤（中国种子植物科属辞典）亚洲滨枣（中国植物志）

Colubrina asiatica (L.) Brongn. in Ann. Sci. Nat. ser. 1, 10: 369. 1826.（英 **Asian Colubrina**）

藤状灌木；幼枝无毛。叶互生，近膜质或薄纸质，卵形或宽卵形，长 4-8 cm，宽 2-5 cm，顶端渐尖，微凹，基部圆形或近心形，边缘具粗圆齿，两面无毛或近无毛，侧脉 2-3 对，网脉不明显，叶柄长 1-1.6 cm，被疏柔毛。花黄色，腋生聚伞花序，无毛或被疏柔毛，总花梗长约 3 mm，花梗长 2-3 mm，萼片卵状三角形，内面中肋中部以上凸起；花瓣倒卵圆形，具爪，与雄蕊等长，子房藏于花盘内，3 室，每室具 1 胚珠，花柱 3 浅裂；花盘厚，近圆形。蒴果状核果，圆球形，直径 7-9 mm，基部为愈合的萼筒所包围，成熟时室背开裂。花期 6-9 月，果期 9-12 月。

分布与生境　产于广东南部、广西、海南、台湾。生于沿海沙地上的林中或灌丛中。也分布于印度、斯里兰卡、缅甸、马来西亚、印度尼西亚、菲律宾、澳大利亚、非洲和太平洋群岛。

药用部位　根、叶。

功效应用　清热，消肿。用于疮痒，疥癣，无名肿毒。

化学成分　茎皮含生物碱类：*O*-甲基蝙蝠葛碱（*O*-methyldauricine）[1]。

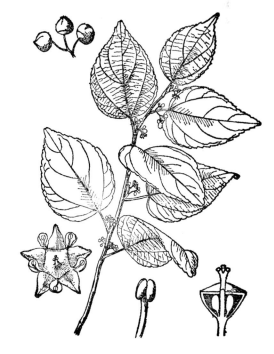

蛇藤 Colubrina asiatica (L.) Brongn.
引自《中国高等植物图鉴》

蛇藤 Colubrina asiatica (L.) Brongn.
摄影：郑希龙 王祝年

叶含三萜类：3"-O-乙酰蛇藤素▲(3"-O-acetylcolubrin)，3",2'''-O-二乙酰蛇藤皂苷(3",2'''-O-diacetylcolubrin)，3"-O-乙酰基-6"-O-反式-巴豆酰蛇藤素▲(3"-O-acetyl-6"-O-trans-crotonylcolubrin)[2]，蛇藤素▲(colubrin)[2-3]，蛇藤苷(colubrinoside)[3]；黄酮类：芦丁(rutin)，山奈酚-3-O-芸香糖苷(kaempferol-3-O-rutinoside)[2]。

化学成分参考文献

[1] Tschesche R,et al. *Phytochemistry*, 1970, 9(7): 1683-1685.

[2] Lee SS, et al. *J Nat Prod*, 2000, 63(11): 1580-1583.

[3] Wagner H, et al. *Planta Med*, 1983, 48(7): 136-141.

2. 毛蛇藤（中国植物志）

Colubrina javanica Miq. Fl. Ned. Ind. 1(1): 648. 1856.——*C. pubescens* Kurz（英 **Pubescent Colubrina**）

灌木；幼枝、当年生枝和花序被柔毛。叶互生，薄纸质或近膜质，卵状椭圆形，长 4–8 cm，宽 1.5–3 cm，顶端渐尖，基部圆形或宽楔形，边缘具不明显的疏细锯齿，下面沿脉被柔毛，侧脉 3–5 对，叶柄长 0.8–1.5 cm，被密柔毛。腋生聚伞花序，花两性，五基数；总花梗长 1–3 mm，花梗长 2–3 mm；萼片三角形，内面中肋中部以上凸起，花瓣倒卵圆形，与雄蕊等长；花盘肥厚，圆形，子房藏于花盘内，3 室，每室 1 胚珠，花柱 3 半裂。蒴果状核果圆球形，成熟时室背开裂，萼筒与核果愈合，包围果实近中部；果梗长 8–12 mm。花期 7–8 月，果期 8–10 月。

分布与生境　产于云南南部。生于河岸。也分布于印度尼西亚、马来西亚、缅甸、泰国。

药用部位　根、叶。

功效应用　清热消肿。用于热毒疮疡。

毛蛇藤 Colubrina javanica Miq.
张泰利　绘

5. 猫乳属 Rhamnella Miq.

落叶灌木或小乔木。叶互生，具短柄，纸质或近膜质，边缘具细锯齿，羽状脉；托叶三角形或披针状条形，常宿存与茎离生。腋生聚伞花序，具短总花梗，或数花簇生于叶腋；花小，黄绿色，两性，5基数；萼片三角形，中肋内面凸起，中下部有喙状突起；花瓣倒卵状匙形，两侧内卷；雄蕊背着药；子房上位，1室或不完全2室，有2胚珠，花柱顶端2浅裂。花盘薄，杯状，五边形。核果圆柱状椭圆形，橘红色或红色，成熟后变黑色或紫黑色，顶端有残留的花柱，基部为宿存的萼筒所包围，1-2室，具1或2种子。

本属共8种，分布于中国、朝鲜和日本。我国均产，其中4种可药用。

分种检索表

1. 常绿灌木或小乔木，稀攀援藤本 ·· 1. 苞叶木 R. rubrinervis
1. 落叶灌木或小乔木，非攀援藤本。
  2. 幼枝、叶柄和叶下面被柔毛，叶片倒卵状长圆形或倒卵状椭圆形，稀倒卵形，侧脉5-11 (-13) 对 ·········
    ·· 2. 猫乳 R. franguloides
  2. 幼枝，叶柄和叶下面无毛或近无毛。
    3. 叶椭圆形或披针状椭圆形，两面无毛，侧脉每边4-5条，边缘具不明显的细锯齿或下部全缘 ·········
    ·· 3. 西藏猫乳 R. gilgitica
    3. 叶长椭圆形，下面沿脉被疏柔毛，侧脉每边有6-8条，边缘具细锯齿 ·········· 4. 多脉猫乳 R. martinii

本属植物化学成分的研究报道较少，目前所知化学成分主要为黄酮类成分，如类杜茎鼠李素▲ (maesopsin，**1**)、(Z)-4,6,4'-二羟基噢哢 [(Z)-4,6,4'-trihydroxyaurone，**2**]、山奈酚 (kaempferol，**3**)、山奈酚 -7-O-β-D- 葡萄糖苷 (kaempferol-7-O-β-D-glucopyranoside，**4**)、柚皮苷元 (naringenin，**5**)、花旗松素 (taxifolin，**6**) 等。

1   2   3 R=H   4 R=Glc   5 R₁=H R₂=H   6 R₁=OH R₂=OH

1. 苞叶木（中国高等植物图鉴） 红脉麦果（海疆植物志），十两叶（全国中草药汇编）

Rhamnella rubrinervis (H. Lév.) Rehder in J. Arnold Arbor. 15: 12. 1934.——*Embelia rubrinervis* H. Lév., *Chaydaia crenulata* Hand.-Mazz.（英 **Rednerved Rhamnella**）

常绿灌木或小乔木，少有藤状灌木；幼枝被短柔毛，小枝红褐色或灰褐色，无毛。叶互生，革质或薄革质，长圆形或卵状长圆形，长6-13 (17) cm，宽2-5 cm，顶端渐尖至长渐尖，基部圆形，边缘有极不明显的疏锯齿或近全缘，上面深绿色，有光泽，无毛，下面无毛或沿脉具疏微柔毛，侧脉每边5-7条，上面稍下陷，下面凸起，具明显网脉，有时干后变粉红色；叶柄长4-10 mm，被短柔毛或近无毛；托叶披针形，宿存。花数个至10余个排成腋生聚伞花序或生于具苞叶的花枝上，近无梗或具短总花梗，花两性，萼片三角形，内面中肋凸起，中下部有小喙，花为倒卵圆形，具短爪核果卵状圆柱形，长8-10 mm，果梗4-5 mm，被疏微毛或近无毛。花期7-9月，果期8-11月。

分布与生境　产于广东、广西、贵州、云南。生于海拔1500 m 以下的山地林中或灌木丛中。也分布于越南。

药用部位　全株。

功效应用　清热消肿，利胆退黄，祛风除湿，续筋接骨。用于黄疸型肝炎，肝硬化腹水，风湿痹痛，跌打损伤，骨折。

注评　本种在西藏、云南的藏区作藏药材"赞登森等"使用，以茎的心材或枝条及边材煎膏入药，用于血热症，黄水病，风寒湿痹，麻风病等。

苞叶木 Rhamnella rubrinervis (H. Lév.) Rehder
引自《中国高等植物图鉴》

2. 猫乳（中国高等植物图鉴）　长叶绿柴（中国树木分类学），山黄（安徽），鼠矢枣（浙江），糯米牙（湖北）

Rhamnella franguloides (Maxim.) Weberb. in Engl., Pflanzenf. 3, 5: 406. 1895.（英 **Frangula-like Rhamnella**）

落叶灌木或小乔木，高 2–9 m；幼枝绿色，被短柔毛或密柔毛。叶倒卵状长圆形、倒卵状椭圆形、长圆形、长椭圆形，稀倒卵形，长 4–12 cm，宽 2–5 cm，顶端尾状渐尖、渐尖或骤然收缩成短渐尖，基部圆形，稀楔形，稍偏斜，边缘具细锯齿，上面无毛，下面被柔毛或仅沿脉被柔毛，侧脉 5–11 (13) 条，叶柄长 2–6 mm，被密柔毛，托叶披针形，宿存。花黄绿色，两性，6–18 个排成腋生聚伞花序；总花梗长 1–4 mm，被疏柔毛或无毛；萼片三角状卵形，边缘被疏短毛，花瓣宽倒卵形，花梗长1.5–4 mm，被疏毛或无毛，核果圆柱形，长 7–9 mm，成熟时红色或橘红色。花期 5–7 月，果期 7–10 月。

分布与生境　产于陕西、山西、河北、河南、山东、江苏、安徽、浙江、江西、湖南、湖北。生于海拔 1100 m以下的山坡、路旁或林中。也分布于日本、朝鲜。

药用部位　根。

功效应用　用于劳伤乏力。外治疥疮。

猫乳 Rhamnella franguloides (Maxim.) Weberb.
引自《中国高等植物图鉴》

化学成分　根含蒽醌类：大黄酚 (chrysophanol)，1- 甲基 -2- 羧甲基 -3- 甲氧基 -4,8- 二羟基蒽醌 (1-methyl-2-carboxymethyl-3-methoxy-4,8-dihydroxy-anthraquinone)[1]；甾体类：β 谷甾醇[1]。

猫乳 **Rhamnella franguloides** (Maxim.) Weberb.
摄影：朱鑫鑫 梁同军

化学成分参考文献

[1] Yoo SJ, et al. *Sanegyak Hakhoechi*, 1989, 20(3): 147-148.

3. 西藏猫乳（中国植物志） 森等、生等（藏语）

Rhamnella gilgitica Mansf. et Melch. in Notizbl. Bot. Gart. Mus. Berl. 15: 112. 1940.（英 **Gilgit Rhamnella**）

灌木，高 2 m；幼枝绿色，无毛或被短柔毛，老枝深褐色。叶纸质，椭圆形或披针状椭圆形，长 2-5 cm，宽 1-2 cm，顶端锐尖，基部近圆形或宽楔形，中部最宽，边缘具不明显的细锯齿，或仅中部以上具细锯齿，下部全缘，两面无毛，侧脉每边 4-5 (6) 条，叶柄长 2-4 mm，无毛，托叶狭披针形，早落。花黄绿色，单生或 2-5 个簇生于叶腋，或排成具短总花梗的聚伞花序，无毛。核果近圆柱形，长 6-8 mm，直径 3-4 mm，顶端有残留的花柱，成熟时橘红色。花期 5-7 月，果期 9 月。

分布与生境 产于四川西部、云南西北部和西藏东部至东南部。生于海拔 2600-2900 m 的高山灌丛或

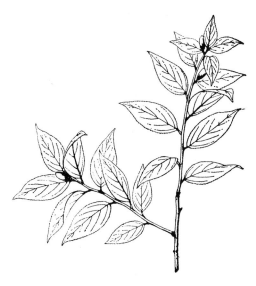

西藏猫乳 **Rhamnella gilgitica** Mansf. et Melch.
吴彰桦 绘

西藏猫乳 **Rhamnella gilgitica** Mansf. et Melch.
摄影：朱鑫鑫

林中。也分布于克什米尔地区。

药用部位 心材。

功效应用 消肿，燥血，燥湿，敛疮。用于高山多血病，类风湿关节炎，黄水病，麻风病。

化学成分 心材含黄酮类：香树素(aromadendrin)，柚皮苷元(naringenin)，槲皮素(quercetin)，花旗松素(taxifolin)，(Z)-4,6,4'-二羟基橙酮[(Z)-4,6,4'-trihydroxyaurone]，山柰酚-7-O-β-D-吡喃葡萄糖苷(kaempferol-7-O-β-D-glucopyranoside)，4,6,4'-三羟基异橙酮(4,6,4'-trihydroxyisoaurone)[1]，类杜茎鼠李素▲(maesopsin)，山柰酚(kaempferol)[1-2]；多元醇类：松醇(pinitol)[2]；蒽醌类：大黄酚(chrysophanol)[3]；酚酸类：没食子酸(gallic acid)[3]；甾体类：β谷甾醇，胡萝卜苷[3]；脂肪酸及其酯类：二十四酸(tetracosanoic acid)，十六醇(hexadecanol)，十六酸甲酯(hexadecanoic acid methyl ester)，十八酸甲酯(octadecanoic acid methyl ester)，二十二酸(dicosanoic acid)，二十三酸(tricosanoic acid)，二十四酸(tetracosanoic acid)，二十五酸(pentacosanoic acid)，二十六酸(hexacosanoic acid)[3]。

药理作用 从西藏猫乳中分离得到的化合物类杜茎鼠李素 (maesopsin) 有抗癌促进因子作用和细胞毒作用[1]。

注评 本种为中国药典（1977 年版）收载"升等"、部颁标准·藏药（1995 年版）收载"松生等"和藏药标准（1979 年版）收载"生等"的基源植物之一，药用其干燥木材。标准使用本种的中文异名升等、生等。同科植物小叶鼠李 Rhamnus parvifolia Bunge 亦为"松生等"的基源植物。《晶珠本草》记载："生等性凉，燥湿，活血，干黄水，能治麻风。生等因颜色不同分为三种：色红者为"赞旦生等"（檀红生等），色黄者为"杰巴生等"（檗黄生等），色白者为"松木生等"；三种依次质优、坚硬、质轻"，但不同藏区习用的原植物不同，本种为西藏、云南地区习用品，属"檗黄生等"。同属植物川滇猫乳 Rhamnella forrestii W. W. Sm.、多脉猫乳 Rhamnella martinii (H. Lév.) C. K. Schneid. 和苞叶猫乳 Rhamnella rubrinervis (Level.) Rehd. 也同等使用；而青海、甘肃、内蒙古等地藏医习用无患子科植物文冠果 Xanthoceras sorbifolium Bunge 的木材，属"檀红生等"，在部颁标准·藏药（1995 年版）中以"赞旦生等"之名收载；四川德格藏医习用三尖杉科植物粗榧 Cephalotaxus sinensis (Rehder et E. H. Wilson) H. L. Li 的木材，属"松木生等"。藏族药用，主要用途见功效应用项。

化学成分参考文献

[1] 潘勤，等．中草药，1998, 29(02): 76-79.

[3] 潘勤，等．华西药学杂志，1997, 12(03): 153-155.

[2] 彭军鹏，等．中国药物化学杂志，1996, 6(2): 114-116, 135.

药理作用及毒性参考文献

[1] 彭军鹏，等．中国药物化学杂志，1996, 6(2): 114-116, 135.

4. 多脉猫乳（中国高等植物图鉴） 香叶树（四川），称秆木（贵州）

Rhamnella martinii (H. Lév.) C. K. Schneid. in Sarg., Pl. Wils. 2: 225. 1914.（英 **Martin Rhamella**）

灌木或小乔木，高可达 8 m，幼枝纤细，黄绿色，无毛，老枝黑褐色。叶纸质，长椭圆形、披针状椭圆形或长圆状椭圆形，长 4–11 cm，宽 1.5–4.2 cm，顶端锐尖或渐尖，基部圆形或近圆形，稍偏斜，边缘具细锯齿，两面无毛，稀下面沿脉被疏柔毛，侧脉每边 6–8 条；叶柄长 2–4 mm；托叶钻形，基部宿存。腋生聚伞花序，无毛，总花梗极短或长不超过 2 mm；花小，黄绿色，萼片卵状三角形，花瓣倒卵形，顶端微凹；花梗长 2–3 mm。核果近圆柱形，长 8 mm，直径 3–3.5 mm，成熟时或干后变黑紫色。花期 4–6 月，果期 7–9 月。

分布与生境 产于湖北西部、四川、云南、西藏东南部、贵州、广东北部。生于海拔 800–2800 m 的山地灌丛或杂木林中。

药用部位 根、叶、茎皮。

多脉猫乳 **Rhamnella martinii** (H. Lév.) C. K. Schneid.
引自《中国高等植物图鉴》

多脉猫乳 **Rhamnella martinii** (H. Lév.) C. K. Schneid.
摄影：高贤明 朱鑫鑫

功效应用 用于劳伤。

注评 本种在西藏、云南等地作藏药材"赞登森等"使用，以茎的心材或枝条及边材煎膏入药，用于血热症，黄水病，风寒湿痹，麻风病等。

6. 小勾儿茶属 Berchemiella T. Nakai

乔木或灌木，全株近无毛。叶互生，全缘，基部不对称，侧脉羽状平行。聚伞花序疏散排列成顶生的聚伞总状花序，花两性，5基数；具梗，萼片三角形，镊合状排列，内面中肋中部具喙状突起，萼筒盘状，花瓣倒卵形，顶端圆形或微凹，基部具短爪，雄蕊背着药，子房上位，中部以下藏于花盘内，2室，每室近基部有1侧生胚珠，花柱粗短，柱头微凹或2浅裂；花盘厚，五边形，结果时不增大。核果，1室1种子，基部有宿存的萼筒。

3种，分布于中国和日本。我国有2种，产于湖北和云南，其中1种可药用。

1. 小勾儿茶（中国植物志）

Berchemiella wilsonii (C. K. Schneid.) Nakai in Bot. Mag. Tokyo 37: 31. 1923.——*Chaydaia wilsonii* C. K. Schneid.（英 **Wilson's Berchemiella**）

落叶灌木，高3–6 m，小枝无毛，褐色，具密皮孔。叶纸质，互生，椭圆形，长7–10 cm，宽3–5 cm，顶端钝，有短突尖，基部圆形，不对称，上面绿色。无光泽，无毛，下面灰白色，仅脉腋微被髯毛，侧脉每边8–10条，叶柄长4–5 mm。顶生聚伞总状花序，长3.5 cm，无毛，花芽圆球形，直径1.5 mm，花淡绿色，萼片三角状卵形，内面中肋中部具喙状突起，花瓣宽倒卵形，顶端微凹，基部具短爪，与萼片近等长，子房基部为花盘所包围，花柱短，2浅裂。果未见。花期7月。

分布与生境 产于湖北（兴山）。生于海拔1300 m的林中。

药用部位 叶、根皮。

功效应用 祛风，活血。用于风湿疼痛，跌打损伤。

小勾儿茶 **Berchemiella wilsonii** (C. K. Schneid.) Nakai
摄影：陈彬

7. 勾儿茶属 Berchemia Neck. ex DC.

藤状或直立灌木，稀小乔木；幼枝无毛。叶互生，纸质或近革质，全缘，具羽状平行脉，侧脉每边 4–18 条；托叶基部合生，宿存，稀脱落。花序顶生或兼腋生，通常由 1 至数花簇生排成无总梗或具短总花梗，稀具长总花梗的聚伞总状或聚伞圆锥花序，稀 1–3 花腋生，花两性，5 基数；萼筒短，半球形或盘状，萼片三角形，稀条形或狭披针形，内面中肋顶端增厚，无喙状突起；花瓣匙形或兜状，基部具短爪；花盘厚，齿轮状，具 10 不等裂，边缘离生；子房上位，仅基部与花盘合生，2 室，每室有 1 胚珠，花柱短粗，柱头头状，不分裂，微凹或 2 浅裂。核果近圆柱形，稀倒卵形，紫红色或紫黑色，基部有宿存的萼筒，花盘常增大，2 室，每室具 1 种子。

本属约 32 种，主要分布于亚洲东部至东南部温带和热带地区。我国有 19 种，6 变种，主要集中于西南、华南、中南及华东地区，其中 10 种 2 变种可药用。

分种检索表

1. 花单生或 2–3 簇生于叶腋；叶极小，长 4–10 mm，宽 3–6 mm，侧脉每边 4–5 条，矮小灌木 ······················
   ·· 1. 腋花勾儿茶 **B. edgeworthii**
1. 花多数，排成腋生或顶生聚伞总状或聚伞圆锥花序；叶大或较大，侧脉每边 8–18 条，藤状灌木。
   2. 花序为不分枝的聚伞总状花序。
      3. 花序轴、小枝和叶柄均被短柔毛。
         4. 叶小，长 1.5–2 cm，宽 0.4–1.2 cm，侧脉每边 4–5 (6) 条，叶柄长达 2 mm；花通常数个或 10 排成顶生聚伞总状花序；萼片线形或狭披针状线形 ······················ 2. 铁包金 **B. lineata**
         4. 叶较大，长达 5.5 cm，宽达 3 cm，侧脉每边 7–9 条，叶柄长 3–6 mm；花较多数排成顶生或腋生聚伞总状花序；萼片卵状三角形 ························· 3. 多叶勾儿茶 **B. polyphylla**
      3. 花序轴和小枝均无毛；叶柄无毛或稀被短柔毛。
         5. 顶生疏散聚伞总状花序；叶顶端圆钝，稀锐尖，干时下面灰白色；核果基部有杯状花盘 ················
            ·· 4. 牯岭勾儿茶 **B. kulingensis**
         5. 顶生密集聚伞总状花序，稀下部具短分枝的窄聚伞圆锥花序；叶顶端锐尖，干时下面变金黄色或黄色；核果基部有皿状花盘 ······················ 5. 云南勾儿茶 **B. yunnanensis**

2. 花序为具分枝的聚伞圆锥花序。

  6. 花序轴被短柔毛；叶薄纸质至纸质，侧脉每边 10–14 条，下面被黄色密短柔毛 ·············
·· 6. **大叶勾儿茶 B. huana**

  6. 花序轴无毛；叶厚纸质至革质，侧脉每边 7–13 条。

    7. 叶下面被短柔毛，干时下面灰白色或浅灰色。

      8. 花排成总状宽聚伞圆锥花序；叶近革质，顶端短渐尖；核果长 10–13 mm ·············
·· 7. **峨眉勾儿茶 B. omeiensis**

      8. 花排成总状窄聚伞圆锥花序；叶厚纸质，顶端圆形或钝；核果长 5–9 mm ······· 8. **勾儿茶 B. sinica**

    7. 叶下面无毛或仅沿脉基部被疏短柔毛，干时不为灰白色；侧脉每边 12–18 条。

      9. 全株无毛；侧脉每边 12–18 条，叶干时常变成金黄色；花排成具短分枝的窄聚伞圆锥花序·········
·· 9. **黄背勾儿茶 B. flavescens**

      9. 全株无毛或叶下面沿脉基部被疏短柔毛，侧脉每边 9–11 条，干时栗色；花排成具长分枝的宽聚
伞圆锥花序 ··· 10. **多花勾儿茶 B. floribunda**

    本属药用植物主要含三萜、黄酮、蒽醌、苯丙素、木脂素等类成分，其中二聚蒽醌类成分较具代
表性，如多花勾儿茶醌 (floribundiquinone) A、B、C、D、E。

    本属植物所含化学成分具有保肝、抑菌、止咳平喘、抗组胺、抑酶等多种作用。

1. 腋花勾儿茶（中国植物志）　小叶勾儿茶（四川）

Berchemia edgeworthii M. A. Lawson in Hook. f. Fl. Brit. Ind. 1: 638. 1875.（英 **Axillaryflower Supplesack**）

    多分枝矮小灌木，高可达 2 m；小枝无毛。叶极小，纸质，卵形、长圆形或近圆形，长 4–10 mm，宽 3–6 mm，顶端圆钝，基部圆形，两面无毛，侧脉每边 4–5 条，叶柄短，长 1–2 mm，无毛，托叶狭披针形，宿存。花小，白色，单生或 2–4 个簇生于叶腋，花梗长 2–4 mm，花芽卵圆形，顶端钝或锐尖，萼片卵状三角形，花瓣长圆状匙形，顶端圆钝，与雄蕊等长。核果圆柱形，长 7–9 mm，成熟时橘红色或紫红色，基部有不显露的花盘和萼筒，果梗长 2–4 mm。花期 7–10 月，果期翌年 4–7 月。

分布与生境　产于四川西部至西南部、云南西北部、西藏南部至东南部。常见于海拔 2100–4500 m 的亚高山灌丛或峭壁上。也分布于尼泊尔及不丹。

药用部位　根。

功效应用　止咳，祛痰，散瘀。用于肺燥咳嗽，痰多喘咳，跌打损伤。

腋花勾儿茶 Berchemia edgeworthii M. A. Lawson
刘春荣　绘

腋花勾儿茶 **Berchemia edgeworthii** M. A. Lawson
摄影：朱鑫鑫 陈又生

2. 铁包金（中国高等植物图鉴） 老鼠耳（亨利氏植物汉名汇），米拉藤，小叶黄鳝藤（台湾植物志），老鼠乳（福建、广东），老鼠乌、乌金藤（福建），牛黄须子藤（广西）

Berchemia lineata (L.) DC., Prodr. 2: 23. 1825.——*Rhamnus lineata* L.（英 **Lineate Supplejack**）

藤状或矮灌木，高达 2 m；小枝被密短柔毛。叶纸质，长圆形或椭圆形，长 5–20 mm，宽 4–12 mm，顶端圆形或钝，基部圆形，两面无毛，侧脉每边 4–5 (6) 条；叶柄短，长不超过 2 mm，被短柔毛。花白色，长 4–5 mm，无毛，通常数个至 10 余个密集成顶生聚伞总状花序，稀 1–5 个簇生于花序下部叶腋，近无总花梗；花芽卵圆形，萼片条形或狭披针状条形，萼筒短，盘状；花瓣匙形，顶端钝。核果圆柱形，长 5–6 mm，成熟时黑色或紫黑色，基部有宿存的花盘和萼筒，果梗长 4.5–5 mm，被短柔毛。花期 7–10 月，果期 11 月。

分布与生境 产于福建、台湾、广东、广西、海南。生于低海拔的山野、路旁或开旷地上。也分布于印度、越南和日本。

药用部位 根、嫩茎叶、果实。

功效应用 根：镇咳，止血，止痛，化瘀，祛风，消肿散结。用于肺结核，肺燥咳嗽，咯血，内伤出血，鼻出血，颈淋巴结肿大，头痛，胃痛，腹痛，疝痛，胸肋痛，风湿，小儿腹泻，跌打损伤，蛇伤，痔疮，乳痈，恶疮，荨麻疹，丝虫病，淋巴管炎。嫩茎叶：用于睾丸脓肿，痔疮，疔疮，烫伤。果实：用于蛲虫病，偏头痛，荨麻疹，蛇伤，疔疮，乳腺包块。

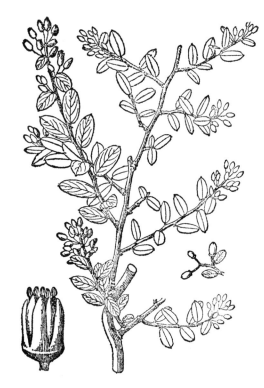

铁包金 **Berchemia lineata** (L.) DC.
引自《中国高等植物图鉴》

化学成分 根含黄酮类：柚皮苷元(naringenin)，圣草酚(eriodictyol)，槲皮素(quercetin)，(+)-香树素[(+)-aromadendrin]，(+)-花旗松素[(+)-taxifolin]，(+)-儿茶素[(+)-catechin]，(+)-表没食子儿茶素

铁包金 *Berchemia lineata* (L.) DC.
摄影：陈炳华

[(+)-epigallocatechin][1]；色酮类：5-羟基-7-(2'-羟基丙基)-2-甲基色酮[5-hydroxy-7-(2'-hydroxypropyl)-2-methyl-chromone]，(-)-(1'*R*,2'*S*)-赤式-5-羟基-7-(1,2-二羟基丙基)-2-甲基色酮[(-)-(1'R,2'S)-*erythro*-5-hydroxy-7-(1, 2-dihydroxypropyl)-2-methyl-chromone][1]；木脂素类：(-)-丁香树脂酚[(-)-syringaresinol]，(+)-穗罗汉松树脂酚[(+)-matairesinol]，(+)-南烛树脂醇[(+)-lyoniresinol]，(+)-南烛树脂醇-3α-*O*-β-D-吡喃葡萄糖苷[(+)-lyoniresinol-3α-*O*-β-D-glucopyranoside][2]，蒽醌类：多花勾儿茶醌(floribundiquinone) A、C[2]、D[3]，大黄酚(chrysophanol)[2-3]，大黄素甲醚(physcion)，2-乙酰大黄素甲醚(2-acetylphyscion)[3]；三萜类：羊齿烯醇(fernenol)[2-3]；甾体类：β-谷甾醇，豆甾醇(stigmasterol)[3]；脂肪酸类：棕榈酸(palmitic acid)，十八酸(octadecanoic acid)[3]。

药理作用　抗炎镇痛作用：铁包金三氯甲烷提取物、石油醚提取物和乙酸乙酯提取物能抑制巴豆油致小鼠耳肿胀；三氯甲烷、石油醚、乙酸乙酯和正丁醇提取物能减少醋酸致小鼠扭体次数[1]。

保肝作用：铁包金三氯甲烷提取物、石油醚提取物、乙酸乙酯提取物和正丁醇提取物能降低 CCl_4 致急性肝损伤小鼠血清中的 ALT、AST 活性，并能升高 TP 和 ALB 含量；三氯甲烷、石油醚和正丁醇提取物能降低异硫氰酸-α-萘酯致黄疸型肝损伤小鼠血清中的总胆红素 (T-Bil) 含量[2]。

注评　本种为广西（1990 年版）、上海（1994 年版）、广东（2006 年版）中药材标准，广西壮药质量标准（2011 年版）收载"铁包金"的基源植物，药用其干燥根或茎和根。有的标准使用本种的中文异名老鼠耳。苗族、壮族也药用，主要用途见功效应用项。壮族尚药用其根或全株治疗黄疸型肝炎等症；仫佬族药用其根治小儿出生两年后仍不能行走。

化学成分参考文献

[1] 沈玉霞，等. 药学学报，2010, 45(9): 1139-1143.

[2] 沈玉霞，等. 中草药，2010, 41(12): 1955-1957.

[3] 曾晓君，等. 中药材，2012, 35(2): 223-225.

药理作用及毒性参考文献

[1] 吴玉强，等.时珍国医国药，2008, 19(4): 825-826.　　　　[2] 吴玉强，等.时珍国医国药，2008, 20(4): 854-855.

3. 多叶勾儿茶（中国高等植物图鉴）　小通花（广西植物名录），金刚藤（中国植物志），鸭大头（贵州），水车藤（云南种子植物名录）

Berchemia polyphylla Wall. ex M. A. Lawson in Hook. f., Fl. Brit. Ind. 1: 638. 1875.（英 **Manyleaf Supplejack**）

3a. 多叶勾儿茶（模式变种）

Berchemia polyphylla Wall. ex M. A. Lawson var. **polyphylla**

藤状灌木，高 3–4 m，小枝被短柔毛。叶纸质，卵状椭圆形、卵状长圆形或椭圆形，长 1.5–4.5 cm，宽 0.8–2 cm，顶端圆形或钝，稀锐尖，基部圆形，稀宽楔形，两面无毛，下面干时常变黄色，侧脉每边 7–9 条；叶柄长 3–6 mm，被短柔毛。花浅绿色或白色，无毛，通常 2–10 个簇生排成具短总梗的聚伞总状，或稀下部具短分枝的窄聚伞圆锥花序，花序轴被疏或密短柔毛，花梗长 2–5 mm；花芽锥状，顶端锐尖；萼片卵状三角形或三角形；花瓣近圆形。核果圆柱形，长 7–9 mm，成熟时红色，后变黑色，基部有宿存的花盘和萼筒。花期 5–9 月，果期 7–11 月。

分布与生境　产于陕西、甘肃、四川、贵州、云南、广西。常生于海拔 300–1900 m 的山地灌丛或林中。也分布于印度、缅甸。

药用部位　叶、果实、全株。

功效应用　用于淋巴结结核。

注评　本种的全株称"鸭公藤"；果实在四川甘孜州、阿坝州藏区作藏药"蒲桃"使用，但其形态与

多叶勾儿茶 Berchemia polyphylla Wall. ex M. A. Lawson var. **polyphylla**
引自《中国高等植物图鉴》

多叶勾儿茶 Berchemia polyphylla Wall. ex M. A. Lawson var. **polyphylla**
摄影：何顺志

《晶珠本草》的"状如瓶"的记载不完全相符，系地方习用品。青海等地藏医所用"蒲桃"为桃金娘科植物乌墨 Syzygium cumini (L.) Skeels 及同属多种植物的果实。

3b. 光枝勾儿茶（变种）（植物分类学报）铁包金（湖南），光枝水车藤（云南种子子植物名录）

Berchemia polyphylla Wall. ex M. A. Lawson var. **leioclada** (Hand.-Mazz.) Hand.-Mazz., Symb. Sin. 7: 672. 1933. （英 **Smoothbranched Supplejack**）

与模式变种的区别在于小枝及花序轴、果梗均无毛，叶柄仅上面有疏短柔毛。

分布与生境　产于陕西、福建、湖北、湖南、广东、广西、四川、贵州、云南。常见于海拔 100–2100 m 的山坡、沟边灌丛或林缘。也分布于越南。

药用部位　根、叶。

功效应用　清热利湿，祛风活络，活血止痛。用于黄疸，水肿，痢疾，带下病，风湿骨痛，痛经等。外用于骨折，跌打损伤，痈疮肿毒。

光枝勾儿茶 Berchemia polyphylla Wall. ex M. A. Lawson var. **leioclada** (Hand.-Mazz.) Hand.-Mazz.
摄影：何海 王祝年

化学成分　全株含三萜类：羊齿烯醇(fernenol)，蒲公英赛醇(taraxerol)[1]，齐墩果酸(oleanolic acid)[2]；苯丙素类：阿魏酸(ferulic acid)[2]；黄酮类：木犀草素-4'-O-β-D-吡喃葡萄糖苷(luteolin-4'-O-β-D-glucopyranoside)[2]，槲皮素(quercetin)，芦丁(rutin)[3]；色酮类：5,7-二羟基-2-甲基色酮(5,7-dihydroxy-2-methyl-chromone)，5,7-二羟基-2-甲基色酮-7-O-β-D-吡喃葡萄糖苷(5,7-dihydroxy-2-methyl-chromone-7-O-β-D-glucopyranoside)[3]，红镰霉素-6-O-β-D-吡喃葡萄糖苷(rubrofusarin-6-O-β-D-glucopyranoside)，红镰霉素-6-O-β-D-(6'-O-乙酰基)-吡喃葡萄糖苷[rubrofusarin-6-O-β-D-(6'-O-acetyl)-glucopyranoside]，红镰霉素-6-O-α-L-吡喃鼠李糖基-(1→6)-O-β-D-吡喃葡萄糖苷[rubrofusarin-6-O-α-L-rhamnopyranosyl-(1→6)-O-β-D-glucopyranoside][4]；醌类：多花勾儿茶醌(floribundiquinone) A、B、C、D[2]，大黄素甲醚(physcion)，大黄酚(chrysophanol)[1]，钝叶决明素(obtusifolin)，大黄素甲醚-8-O-β-D-吡喃葡萄糖苷(physcion-8-O-β-D-glucopyranoside)，大黄素-8-O-β-D-吡喃葡萄糖苷(emodin-8-O-β-D-glucopyranoside)[2]，大黄素(emodin)，大黄素-3-O-α-L-吡喃鼠李糖苷(emodin-3-O-α-L-rhamnopyranoside)[3]；木脂素类：欧女贞苷元▲(phillygenin)[3]；其他类：β-谷甾醇[1]，单棕榈酸甘油酯(2-monopalmitin)[2]。

注评　本种为中国药典（1977 年版）和湖南中药材标准（1993、2009 年版）收载"光枝勾儿茶"的基源植物，药用其干燥地上部分。壮族、傣族、苗族、土家族也药用本种，主要用途见功效应用项。

中国药用植物志（第六卷）

化学成分参考文献

[1] 杨娟，等.中草药，2006, 37(6): 836-837.

[2] 景永帅，等.中国药学杂志，2011, 46(9): 661-664.

[3] 杨娟，等.中国药学杂志，2006, 41(4): 255-257.

[4] 景永帅，等.中国中药杂志，2011, 36(15): 2084-2087.

3c. 毛叶勾儿茶（变种）（中国植物志）

Berchemia polyphylla Wall. ex M. A. Lawson var. **trichophylla** Hand.-Mazz. Symb. Sin. 7: 672. 1933.（英 **Hairy Supplejack**）

小枝、叶柄和花序轴被金黄色密短柔毛，叶下面或沿脉被疏或密短柔毛，与上面的两变种相区别。

分布与生境 产于贵州、云南。生于海拔 1500–1600 m 的山谷灌丛或林中。

药用部位 根、叶。

功效应用 清热解毒，除湿，生新，补虚。用于湿热黄疸，水肿，白带。

4. 牯岭勾儿茶（中国植物志） 青藤（浙江），勾儿茶（福建），画眉桃红（江西），熊柳、小叶勾儿茶（中国植物志）

Berchemia kulingensis C. K. Schneid. in Sarg., Pl. Wils. 2: 216. 1914.（英 **Kuling Supplejack**）

藤状或攀援灌木，高达 3 m；小枝平展，变黄色，无毛。叶纸质，卵状椭圆形或卵状长圆形，长 2–6.5 cm，宽 1.5–3.5 cm，顶端钝圆或锐尖，基部圆形或近心形，两面无毛，侧脉每边 7–9 (10) 条；叶柄长 6–10 mm，无毛。花绿色，通常 2–3 个簇生排成近无梗或具短总梗的疏散聚伞总状花序，或稀窄聚伞圆锥花序；花梗长 2–3 mm，无毛；花芽圆球形，顶端渐尖；萼片三角形，顶端渐尖，边缘被疏缘毛；花瓣倒卵形。核果长圆柱形，长 7–9 mm，红色，成熟时黑紫色，基部宿存的花盘盘状，果梗长 2–4 mm，无毛。花期 6–7 月，果期翌年 4–6 月。

分布与生境 产于安徽、江苏、浙江、江西、福建、湖北、湖南、四川、贵州、广西。生于海拔 300–2150 m 的山谷灌丛、林缘或林中。

药用部位 根。

功效应用 祛风利湿，通经舒筋，健脾益气。用于关节酸痛，经闭，产后腹痛，小儿疳积，虚性水肿，骨髓炎，慢性湿疹。

注评 本种的根或藤茎称"紫青藤"，浙江、安徽等地药用。在浙江天台、江西部分地区作"青藤"使用，系"清风藤"的混淆品。中国药典收载的"清风藤"为防己科植物青藤 Sinomenium acutum (Thunb.) Rehder et E. H. Wilson 及毛青藤 *S. acutum* (Thunb.) Rehder et E. H. Wilson var. *cinereum* (Diels) Rehder et E. H. Wilson 的藤茎，处方名也用"青藤"。

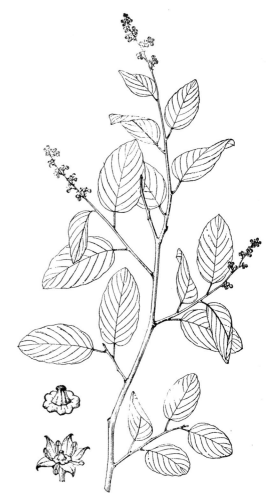

牯岭勾儿茶 Berchemia kulingensis C. K. Schneid.
张泰利 绘

牯岭勾儿茶 **Berchemia kulingensis** C. K. Schneid.
摄影：朱鑫鑫

5. 云南勾儿茶（中国高等植物图鉴）　鸦公藤（四川），黑果子（甘肃），女儿茶（天宝本草），碎米藤（四川中药志），消黄散（贵州），黄鳝藤（云南）

Berchemia yunnanensis Franch. in Bull. Soc. Bot. France ser. 2, 8: 456. 1886.（英 **Yunnan Supplejack**）

　　藤状灌木，高 2.5–5 m，小枝平展，淡黄绿色，老枝黄褐色，无毛。叶纸质，卵状椭圆形、长圆状椭圆形或卵形，长 2.5–6 cm，宽 1.5–3 cm，顶端锐尖，稀钝，基部圆形，稀宽楔形，两面无毛，下面干时常变金黄色，侧脉每边 8–12 条，叶柄长 7–13 mm，无毛；托叶膜质，披针形。花黄色，无毛，通常数个簇生，近无总梗或有短总梗，排成聚伞总状或窄聚伞圆锥花序，花序常生于具叶的侧枝顶端，花梗长 3–4 mm，无毛，花芽卵球形，顶端钝；萼片三角形，花瓣倒卵形，顶端钝。核果圆柱形，长 6–9 mm，成熟时红色，后黑色，基部宿存的花盘皿状，果梗长 4–5 mm。花期 6–8 月，果期翌年 4–5 月。

分布与生境　产于陕西、甘肃东南部、四川、贵州、云南及西藏东部。常生于海拔 1500–3900 m 的山坡、溪流边灌丛或林中。

药用部位　根、叶。

功效应用　根：清热，通淋。用于肺结核，干血痨，骨结核，黄疸，热淋，肾炎水肿，损伤，痈疮。根、叶：清热利湿，祛风活络，活血止痛。用于黄疸，水肿，痢疾，带下病，风湿骨痛，痛经等。外用于骨折，跌打损伤，痈疮肿毒。

云南勾儿茶 **Berchemia yunnanensis** Franch.
引自《中国高等植物图鉴》

注评　本种的根称"女儿红根"，叶称"女儿红叶"，贵州、四川等地药用。白族、苗族也药用本种，主要用途见功效应用项。白族尚用其全株治骨结核，肺结核等症。

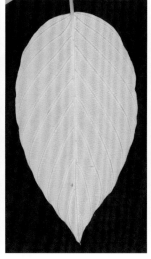

云南勾儿茶 **Berchemia yunnanensis** Franch.
摄影：朱鑫鑫

6. 大叶勾儿茶（浙江，中国植物志） 胡氏勾儿茶（黄山植物的研究）

Berchemia huana Rehder in J. Arnold Arbor. 8: 166. 1927.（英 **Bigleaf Supplejack**）

藤状灌木，高达 10 m；小枝无毛，绿褐色。叶纸质或薄纸质，卵形或卵状长圆形，长 6–10 cm，宽 3–6 cm，上部叶渐小，顶端圆形或稍钝，稀锐尖，基部圆形或近心形，上面无毛，下面被黄色密短柔毛，干时栗色，侧脉每边 10–14 条；叶柄长 1.4–2.5 cm，无毛。花黄绿色，通常在枝端排成宽聚伞圆锥花序，稀排成腋生窄聚伞总状或聚伞圆锥花序，花序轴长可达 20 cm，被短柔毛，花梗短，长 1–2 mm，无毛；花芽卵球形。核果圆柱状椭圆形，长 7–9 mm，熟时紫红色或紫黑色，基部宿存的花盘盘状，果梗长 2 mm。花期 7–9 月，果期翌年 5–6 月。

分布与生境 产于安徽、江苏、浙江、福建、江西、湖南、湖北。常生于海拔 1000 m 以下的山坡灌丛或林中。

药用部位 根、茎、叶。

功效应用 祛风利湿，活血止痛，解毒。用于风湿性关节痛，黄疸，胃脘痛，脾胃虚弱，食欲不振，小儿疳积，痛经。外用于跌打损伤，目赤，多发性疖肿。

大叶勾儿茶 **Berchemia huana** Rehder
引自《浙江植物志》

大叶勾儿茶 **Berchemia huana** Rehder
摄影：陈彬 徐永福

7. 峨眉勾儿茶（东北林学院植物研究室汇刊）

Berchemia omeiensis W. P. Fang ex S. Y. Jin et Y. L. Chen in Bull. Bot. Lab. North-East. Forest. Inst. 5: 16. 1979.（英 **Omei Mountain Supplejack**）

藤状或攀援灌木；小枝黄褐色，平滑。叶革质或近革质，卵状椭圆形或卵状长圆形，通常 2-5 个簇生于缩短的侧枝上，长 6-12 cm，宽 3-6 cm，顶端短渐尖或锐尖，基部心形或圆形，稍偏斜，上面无毛，下面干后浅灰色或带浅红色，仅脉腋具髯毛，侧脉每边 7-13 条，在两面凸起；叶柄长 2-4 cm。花黄色或淡绿色，无毛，通常 2-5 个簇生排成具短总花梗的顶生宽聚伞圆锥花序，花序长达 16 cm，无毛，花梗长 3 mm；花芽卵球形，顶端钝，长宽近相等；萼片三角形；花瓣匙形。核果圆柱状椭圆形，长 1-1.3 cm，基部有皿状的宿存花盘，成熟时红色；果梗长 3-4 mm。花期 7-8 月，果期翌年 5-6 月。

分布与生境 产于湖北西部、重庆、四川和贵州北部。生于海拔 450-1700 m 的山地林中。

峨眉勾儿茶 **Berchemia omeiensis** W. P. Fang ex S. Y. Jin
et Y. L. Chen
吴彰桦 绘

峨眉勾儿茶 **Berchemia omeiensis** W. P. Fang ex S. Y. Jin
et Y. L. Chen
摄影：李策宏

药用部位 茎、叶。

功效应用 祛风除湿，活血止痛。用于黄疸，风湿疼痛，跌打损伤。

8. 勾儿茶（中国高等植物图鉴） 牛鼻足秧（河南），铁光棍（湖北）

Berchemia sinica C. K. Schneid. in Sarg. Pl. Wils. 2; 215. 1914.（英 **Chinese Supplejack**）

藤状或攀援灌木，高达 5 m；幼枝无毛，老枝黄褐色。叶纸质至厚纸质，互生或在短枝顶端簇生，卵状椭圆形或卵状长圆形，长 3–6 cm，宽 1.6–3.5 cm，顶端圆形或钝，基部圆形或近心形，上面无毛，下面灰白色，仅脉腋被疏微毛，侧脉每边 8–10 条；叶柄长 1.2–2.6 cm。花芽卵球形，顶端短锐尖或钝；花黄色或淡绿色，单生或数个簇生，无或有短总花梗，在侧枝顶端排成具短分枝的窄聚伞状圆锥花序，花序轴无毛，花梗长 2 mm。核果圆柱形，长 5–9 mm，成熟时紫红色或黑色；基部有皿状的宿存花盘。花期 6–8 月，果期翌年 5–6 月。

分布与生境 产于山西、河南、陕西、甘肃、湖北、四川、云南、贵州。常生于海拔 1000–2500 m 的山坡、沟谷灌丛或杂木林中。

药用部位 根。

功效应用 用于哮喘。

勾儿茶 Berchemia sinica C. K. Schneid.
引自《中国高等植物图鉴》

勾儿茶 Berchemia sinica C. K. Schneid.
摄影：陈又生 朱仁斌 朱鑫鑫

9. 黄背勾儿茶（中国植物志） 牛儿藤、甜茶（四川），大叶甜果子（甘肃）

Berchemia flavescens (Wall.) Brongn. in Ann. Sci. Nat. ser. 1. 10: 357, t. 13I. 1826.（英 **Flavescent Supplejack**）

　　藤状灌木，高 7-8 m，全株无毛；腋芽大，卵形，淡黄色或黄褐色，长达 5 mm；小枝黄色或变褐色。叶纸质，卵圆形、卵状椭圆形或长圆形，长 7-15 cm，宽 3-7 cm，顶端钝或圆形，稀锐尖，基部圆形或近心形，上面无毛，下面干时常变黄色，侧脉每边 12-18 条；叶柄长 1.3-2.5 cm；托叶早落。花芽卵球形，顶端钝，花黄绿色，常 1 至数个簇生，在侧枝顶端排成窄聚伞圆锥花序，稀聚伞总状花序，花梗长 2-3 mm，萼片卵状三角形；花瓣倒卵形。核果近圆柱形，长 7-11 mm，成熟时紫红色或紫黑色，基部有盘状的宿存花盘。花期 6-8 月，果期翌年 5-7 月。

分布与生境　产于陕西南部、甘肃东部、湖北西部、四川、云南西北部、西藏南部至东南部。常生于海拔 1200-4000 m 的山坡灌丛或林下。也分布于印度、尼泊尔、不丹。

药用部位　根、茎。

功效应用　根：解表，清热。用于胸腹胀痛，红白痢疾，跌打损伤，筋骨痛。茎：用于红崩，白带，月经不调。

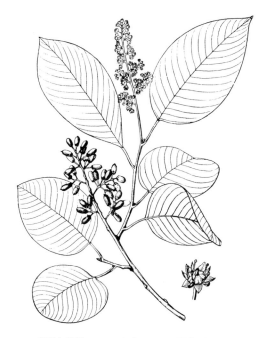

黄背勾儿茶 Berchemia flavescens (Wall.) Brongn.
张泰利　绘

黄背勾儿茶 Berchemia flavescens (Wall.) Brongn.
摄影：朱大海 张英涛

10. 多花勾儿茶（江苏南部种子植物手册） 勾儿茶（广东），牛鼻圈（陕西），牛儿藤（四川、贵州），金刚藤（四川），扁担藤（河南），扁担果（湖北），牛鼻拳、牛鼻角秧（广州）

Berchemia floribunda (Wall.) Brongn. in Ann. Sci. Nat. ser. 1, 10: 357. 1826.（英 **Manyflower Supplejack**）

　　藤状或直立灌木；幼枝光滑无毛。叶纸质，上部叶较小，卵形或卵状椭圆形至卵状披针形，长 4-9 cm，宽 2-6 cm，顶端锐尖，下部叶较大，椭圆形至长圆形，长达 11 cm，宽达 6.5 cm，顶端钝或圆形，稀短渐尖，基部圆形，稀心形，上面无毛，下面干时栗色，无毛，或仅沿脉基部被疏短柔毛，侧脉每边 9-12 条；叶柄长 1-2 cm，无毛。花多数，通常数个簇生排成顶生宽聚伞圆锥花序，或下部兼腋生聚伞总状花序，花序长可达 15 cm，花序轴无毛或被疏微毛，花芽卵球形，顶端急狭成锐尖或渐尖；花梗长 1-2 mm；萼三角形，花瓣倒卵形。核果圆柱状椭圆形，长 7-10 mm，基部有盘状的宿存花盘。花期 7-10 月，果期翌年 4-7 月。

分布与生境　产于山西、陕西、甘肃、河南、安徽、江苏、浙江、江西、福建、湖北、湖南、广东、广西、四川、贵州、云南、西藏。生于海拔 2600 m 以下的山坡、沟谷、林缘、林下或灌丛中。也分布于印度、尼泊尔、不丹、越南、日本。

药用部位 茎、根、根皮、叶。

功效应用 茎：祛风除湿，活血止痛。用于风湿痹痛，胃痛，痛经，产后腹痛，跌打损伤，骨结核，骨髓炎，小儿疳积，肝炎，肝硬化。根：祛风利湿，止痛，止血，消积，通经。用于风湿性关节炎，痛经，闭经，产后腹痛，疳积，脾胃虚弱，黄疸，跌打损伤，呕吐。根皮：用于骨折肿痛。叶：用于蛇咬伤。

化学成分 根含蒽醌类：多花勾儿茶醌(floribundiquinone) A、B、C、D[1]、E[2]，10-(大黄酚-7'-基)-10-羟基大黄酚-9-蒽 烷[10-(chrysophanol-7'-yl)-10-hydroxychrysophanol-9-anthrane]，大黄素甲醚(physcion)，大黄酚(chrysophanol)，1,5,8-三 羟 基-3-甲 基 蒽 醌(1,5,8-trihydroxy-3-methyl-anthraquinone)，芦荟大黄素(aloe-emodin)，石黄衣素▲(xanthorin)[1]，2-乙酰大黄素甲醚(2-acetylphyscion)[2]。

树皮含黄酮类：槲皮素(quercetin)，槲皮素-3-O-(2-乙酰基-O-α-L-呋喃阿拉伯糖苷)[quercetin-3-O-(2-acetyl-O-α-L-arabinofuranoside)]，圣草酚(eriodictyol)，芦丁(rutin)，香树素(aromadendrin)，反式-二氢槲皮素(trans-dihydroquercetin)，顺式-二氢槲皮素(cis-dihydroquercetin)，

多花勾儿茶 *Berchemia floribunda* (Wall.) Brongn.
引自《中国高等植物图鉴》

多花勾儿茶 *Berchemia floribunda* (Wall.) Brongn.
摄影：何顺志 朱鑫鑫

山奈酚(kaempferol)，山奈酚-3-O-α-L-呋喃阿拉伯糖苷(kaempferol-3-O-α-L-arabinofuranoside)，槲皮素-3-O-α-L-呋喃阿拉伯糖苷(quercetin-3-O-α-L-arabinofuranoside)，槲皮素-3'-甲醚-3-O-α-L-呋喃阿拉伯糖苷(quercetin-3'-methyl ether-3-O-α-L-arabinofuranoside)，类杜茎鼠李素▲(maesopsin)[3]；倍半萜类：多花勾儿茶醌(floribundiquinone) A、B[3]。

注评　本种为湖南中药材标准（2009 年版）收载"勾儿茶"的基源植物，药用其干燥茎。本种的根称"黄鳝藤根"，也可药用。

化学成分参考文献

[1] Wei X, et al. *Chem Pharm Bull*, 2008, 56(9): 1248-1252.

[2] Wei X, et al. *Chin Chem Lett*, 2007, 18(4): 412-414.

[3] Wang YF, et al. *Chem Biodiversity*, 2006, 3(6): 646-653.

8. 马甲子属 Paliurus Mill.

落叶乔木或灌木。叶互生，有锯齿或近全缘，具基生三出脉，托叶常变成刺。花两性，5 基数；排成腋生或顶生聚伞花序或聚伞圆锥花序，花梗短，结果时常增长，花萼 5 裂，萼片有明显的网状脉，中肋在内面凸起；花瓣匙形或扇形；雄蕊基部与瓣离生，花盘厚、肉质，与萼筒贴生，五边形或圆形，无毛，边缘 5 或 10 齿裂或浅裂，子房上位，大部分藏于花盘内，基部与花盘愈合，3 室（稀 2 室），每室具 1 胚珠，花柱柱状或扁平，通常 3 深裂。核果杯状或草帽状，周围具木栓质或革质的翅，基部有宿存的萼筒。

5 种，分布于欧洲南部、亚洲东部及南部。我国有 5 种和 1 种栽培，分布于西南、中南及华东等地，其中 3 种可药用。

分种检索表

1. 花序无毛或仅总花梗被短柔毛；核果大，草帽状，周围具革质的薄翅，直径 15–38 mm，果梗长 10–17 mm，无毛 ·· 3. 铜钱树 **P. hemsleyanus**
1. 花序被毛；核果小，杯状，周围有木栓质 3 浅裂的厚翅，直径 10–17 mm，果梗长 6–10 mm，被毛。
　　2. 叶下面无毛或沿脉被柔毛，顶端钝或圆形；花序和果被绒毛 ·········· 1. 马甲子 **P. ramosissimus**
　　2. 叶下面沿脉被长硬毛，顶端突尖、短尖或渐尖；果无毛 ·········· 2. 硬毛马甲子 **P. hirsutus**

1. 马甲子（植物名实图考）　白棘（本草经），铁篱笆、铜钱树、马鞍树（四川），雄虎刺（福建），筋子、棘盘子（广东），铁星风（贵州），马甲刺（四川），石棘木（中药大辞典）

Paliurus ramosissimus (Lour.) Poir. in Lam. Encycl. Méth. Suppl. 4: 262. 1816.（英 **Branchy Paliurus**）

灌木，高达 6 m，小枝褐色或深褐色，被短柔毛，稀近无毛。叶纸质，宽卵形、卵状椭圆形或近圆形，长 3–5.5 (7) cm，宽 2.2–5 cm，顶端钝或圆形，基部宽楔形，楔形或近圆形，稍偏斜，边缘具钝细锯齿或细锯齿，上面沿脉被棕褐色短柔毛，幼叶下面密生棕褐色细柔毛，基生三出脉，叶柄长 5–9 mm，被毛，基部有 2 个斜向直立的针刺。腋生聚伞花序，被黄色绒毛，萼片宽卵形，长 2 mm；花瓣匙形，长 1.5–1.6 mm；雄蕊与花瓣等长或略长于花瓣；花盘圆形，边缘 5 或 10 齿裂。核果杯状，被黄褐色或棕褐色绒毛，周围具木栓质 3 浅裂的窄翅，直径 1–1.7 cm。种子紫红色或红褐色，扁圆形。花期 5–8 月，果期 9–10 月。

分布与生境　产于江苏、浙江、安徽、江西、福建、台湾、湖南、湖北、广东、广西、云南、贵州、四川。生于海拔 2000 m 以下的山地和平原，野生或栽培。也分布于朝鲜、日本和越南。

药用部位　根、叶、果实。

功效应用　根：祛风湿，散瘀血，解毒。用于喉痛、感冒、胃痛、肠风下血、风湿痛、跌打损伤、劳伤、狂犬咬伤。叶：用于眼赤痛，疮痈肿毒。果实：祛瘀生新。用于呕血、痔疮。

化学成分　根含三萜类：白桦脂酸(betulic acid)，美洲茶酸(ceanothic acid)，24-羟基美洲茶酸(24-hydroxyceanothic acid)，27-羟基美洲茶酸(27-hydroxyceanothic acid)[1]；环肽类：马甲子碱▲(ramosine) A、B、C，忘忧枣碱▲(lotusine) A、D，短刺枣碱▲J (mucronine J)[2]。

茎皮含三萜类：美洲茶酸-28β-葡萄糖基酯(ceanothic acid-28β-glucosyl ester)，异美洲茶酸-28β-葡萄糖基酯(isoceanothic acid-28β-glucosyl ester)，美洲茶酸[3]。

果实含三萜类：22S,23R-环氧-绿玉树-7-烯-3α,24,25-三醇(22S,23R-epoxy-tirucalla-7-ene-3α,24,25-triol)，21S,23R-环氧-21,24S,25-三羟基-原绿玉树-7-烯-3-酮(21S,23R-epoxy-21,24S,25-trihydroxy-apotirucalla-7-ene-3-one)，21R,23R-环氧-21-乙氧基-24S,25-二羟基-原绿玉树-7-烯-3-酮(21R,23R-epoxy-21-ethoxy-24S,25-dihydroxy-apotirucalla-7-ene-3-one)[4]；香豆素类：伞形酮(umbelliferone)，滨蒿内酯(scoparone)，橙皮油内酯(aurapten)，香柠檬烯(bergapten)，异茴芹素(isopimpinellin)，白当归素(byakangelicin)，花椒毒酚(xanthotoxol)[5]；黄酮类：异樱花苷(isosakuranin)，枸橘苷(poncirin)[5]。

药理作用 祛痰镇咳作用：马甲子水提物和醇提物有祛痰作用，并对氨水致小鼠咳嗽有镇咳作用，醇提物作用强于水提物[1-2]；马甲子黄酮类成分亦具有祛痰作用[2]。

毒性及不良反应 小鼠灌胃给药，马甲子醇提物 LD_{50} 为 38.14 g/kg，水提物 LD_{50} 为 42.25 g/kg，无小鼠死亡和其

马甲子 **Paliurus ramosissimus** (Lour.) Poir.
引自《中国高等植物图鉴》

马甲子 **Paliurus ramosissimus** (Lour.) Poir.
摄影：徐克学 朱鑫鑫

他异常现象[1]。小鼠腹腔注射马甲子黄酮提取物 1 g/kg、3 g/kg、5 g/kg，观察 3 天无死亡，也未见其他异常现象[2]。

注评 本种的根称"马甲子"，刺、花及叶称"铁篱笆"，果实称"铁篱笆果"，广西、安徽、江西、湖南、贵州、福建、四川等地药用。苗族、瑶族也药用，主要用途见功效应用项。

化学成分参考文献

[1] Lee SS, et al. *J Nat Prod*, 1992, 55(5): 602-606.

[2] Lin HY, et al. *Helv Chim Acta*, 2003, 86(1): 127-138.

[3] Lee SS, et al. *J Nat Prod*, 1991, 54(2): 615-618.

[4] 于磊，等 . 药学学报 , 2009, 44(6): 625-627.

[5] 于磊，等 . 中国中药杂志 , 2006, 31(24): 2049-2052.

药理作用及毒性参考文献

[1] 韦国锋，等 . 数理医药学杂志，1999, 12(2): 165-166.　　　　[2] 韦国锋，等 . 右江民族医学院学报，1998, (2): 176-177.

2. 硬毛马甲子（中国植物志）

Paliurus hirsutus Hemsl. in Kew Bull. Misc. Inform. 388. 1894.（英 **Hirsute Paliurus**）

小乔木或灌木，高达 5 m，小枝紫褐色或紫黑色，被柔毛。叶纸质或厚纸质，宽卵形，卵状椭圆形或近圆形，长 4.5–10.5 cm，宽 4–7 cm，顶端突尖、短渐尖或渐尖，基部近圆形，偏斜，边缘具细锯齿或近全缘，上面沿脉被密柔毛，下面沿脉被长硬毛，基生三出脉，中脉两侧各有 3–5 条明显的侧脉；叶柄长 0.5–1.2 cm，被毛，基部有 1 个长 3–4 mm 下弯的钩状刺。腋生聚伞花序或聚伞圆锥花序，被密短柔毛，萼片宽卵形或三角形，长 1.5–1.6 cm，被疏短柔毛；花瓣匙形或扇形，长 1.5 mm。核果杯状，红色或紫红色，周围具木栓质窄翅，直径 1–1.3 cm，无毛。花期 6–8 月，果期 8–10 月。

分布与生境　产于安徽、江苏、福建、湖北、湖南、广东、广西。散生于海拔 1000 m 以下的山坡和平地。

药用部位　全株。

功效应用　解毒消肿。用于感冒，咽喉肿痛，跌打损伤。

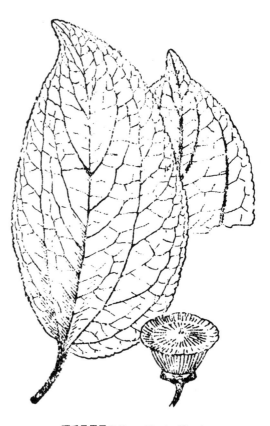

硬毛马甲子 **Paliurus hirsutus** Hemsl.
冯晋庸　绘

硬毛马甲子 **Paliurus hirsutus** Hemsl.
摄影：徐永福

3. 铜钱树（中国树木分类学） 鸟不宿（浙江），钱串树（四川），金钱树（安徽），摇钱树、刺凉子（陕西）

Paliurus hemsleyanus Rehder in J. Arnold Arbor. 12: 74. 1931.（英 **Chinese Paliurus**）

乔木，稀灌木，高达 13 m，小枝黑褐色或紫褐色，无毛。叶纸质或厚纸质，宽椭圆形、卵状椭圆形或近圆形，长 4–12 cm，宽 3–9 cm，顶端长渐尖或渐尖，基部偏斜，宽楔形或近圆形，边缘具圆锯齿或钝细锯齿，两面无毛，基生三出脉，叶柄长 0.6–2 cm，近无毛或仅上面被疏短柔毛，无托叶刺，但幼树叶柄基部有 2 个斜向直立的针刺。聚伞花序或聚伞圆锥花序，顶生或兼有腋生，无毛，萼片三角形或宽卵形，长 2 mm；花瓣匙形，长 1.8 mm。核果草帽状，周围具革质宽翅，红褐色或紫红色，无毛，直径 2–3.8 cm。花期 4–6 月，果期 7–9 月。

分布与生境 产于陕西、甘肃、河南、安徽、江苏、浙江、江西、湖北、湖南、广东、广西、四川、贵州、云南。生于海拔 1600 m 以下的山地林中，庭园中常有栽培。

药用部位 根。

功效应用 用于劳伤乏力。

化学成分 根含三萜类：蛇藤酸(colubrinic acid)，野鸦椿酸甲酯(methyl euscaphic acid ester)，枣烯醛酸▲(zizyberenalic

铜钱树 Paliurus hemsleyanus Rehder
引自《中国高等植物图鉴》

铜钱树 Paliurus hemsleyanus Rehder
摄影：朱鑫鑫 陈彬

acid)，美洲茶醇酸▲(ceanothanolic acid)，2-*O*-对香豆酰美洲茶醇酸▲[2-*O*-(*p*-coumaroyl)-ceanothanolic acid][1]；生物碱（环肽）类：铜钱树辛▲(hemsine) A、B、C、D[2]。

化学成分参考文献

[1] Lee SS, et al. *Phytochemistry*, 1997, 46(3): 549-554.

[2] Lin HY, et al. *Helv Chim Acta*, 2003, 86(1): 127-138.

9. 枣属 *Ziziphus* Mill.

落叶或常绿乔木，或藤状灌木，枝常具皮刺。叶互生，具柄，边缘具齿，或稀全缘，具基生三出、稀羽状脉；托叶通常变成 1 或 2 直立或弯刺。花小，黄绿色，两性，常排成腋生具总花梗的聚伞花序，或腋生或顶生聚伞总状或聚伞圆锥花序，萼片卵状三角形或三角形，内面有凸起的中肋；花瓣具爪，倒卵圆形或匙形，稀无花瓣；花盘厚，肉质，5 至 10 裂；子房球形，下半部或大部藏于花盘内，且部分合生，2 室，稀 3-4 室，花柱 2，稀 3-4 浅裂或半裂，稀深裂。核果圆球形或长圆形，不开裂，顶端有小尖头，基部有宿存的萼筒，中果皮肉质或软木栓质，内果皮硬骨质或木质，1-2 室，稀 3 室，每室具 1 种子。

本属约 100 种，主要分布于亚洲和美洲的热带和亚热带地区，少数种在非洲和温带也有分布。我国有 12 种 3 变种，其中 3 种 2 变种可药用。

分种检索表

1. 总花梗极短，长不超过 2 mm，或近无总花梗。
  2. 当年生枝通常 2–7 簇生于长圆状短枝上；花梗和花萼无毛；核果长圆形或狭卵形，中果皮厚，肉质，直径 1.5–2 cm ·· **1. 枣 Z. jujuba**
  2. 植株无短枝；花梗和花萼被毛；核果球形或长圆形，中果皮薄，木栓质，直径 1 cm ·········
··· **2. 滇刺枣 Z. mauritiana**
1. 总花梗明显，长 5–16 mm；核果小，直径约 10 mm，果梗 4–11 mm ·········· **3. 印度枣 Z. incurva**

本属药用植物富含生物碱，主要有环肽类生物碱和异喹啉生物碱两大类，如环肽类的枣宁碱 D (jubanine D，**1**)，铜钱枣碱▲(nummularine) A、B，酸枣宁碱▲(sanjoinine) A (**2**)、B (**3**)、D (**4**)。

三萜皂苷类以达玛烷型为主，如枣皂苷 (jujubasaponin) Ⅰ (**5**)、Ⅱ (**6**)、Ⅲ (**7**)、Ⅳ (**8**)、Ⅴ (**9**)，枣素▲(ziziphin，**10**)，枣苷▲C (jujuboside C，**11**)，其次为羽扇烷型三萜类化合物，如白桦酯酸 (betulinic acid)，白桦脂醇 (betulin)。

从枣属药用植物亦发现黄酮类化合物，如异酸枣素▲(isospinosin，**12**)，十二乙酰原飞燕草素 B$_3$(dodecaacetylprodelphinidin B$_3$，**13**) 等。

2: R=Me, X-Y= C=C
3: R=H, X-Y= C=C
4: R=Me, X-Y= CH(OMe)CH$_2$

1

5: R$_1$=-α-L-rha-(1→2)-α-L-ara R$_2$=α-L-rha
6: R$_1$=-α-L-rha-(1→2)-α-L-ara R$_2$=-(2-O-acetyl)-α-L-rha
7: R$_1$=-α-L-rha-(1→2)-α-L-ara R$_2$=-(3-O-acetyl)-α-L-rha
10: R$_1$=-α-L-rha-(1→2)-α-L-ara R$_2$=-(2,3-di-O-acetyl)-α-L-rha

8: R=-α-L-rha-(1→2)-O-β-D-glc-(1→2)-O-β-D-gal
9: R=-α-L-rha-(1→2)-O-β-D-glc-(1→2)-O-β-D-glc
11: R=-β-D-glc-(1→6)-O-β-D-glc-(1→3)-O-[α-L-rha-(1→2)-O-α-L-ara

12

13

本属植物枣和酸枣具有镇静催眠、养心安神、降血压、防治动脉粥样硬化及调节血脂、增强免疫、抗诱变、防治癌症、抗炎、抗衰老等作用。

1. 枣（诗经） 枣树、枣子（俗称），大枣（湖北），红枣树、刺枣（四川），枣子树、贯枣、老鼠屎（中国植物志），干枣（名医别录）

Ziziphus jujuba Mill. Gard. Dict. ed. 8, no. 1. 1768.——*Z. sativa* Gaertn., *Z. vulgaris* Lam., *Z. jujuba* Mill. var. *inermis* auct. non (Bunge) Rehder（英 **Common Jujube, Chinese Date**）

1a. 枣（模式变种）

Ziziphus jujuba Mill. var. **jujuba**

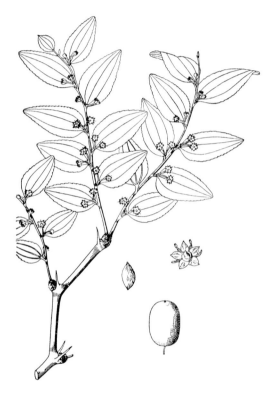

枣 Ziziphus jujuba Mill. var. **jujuba**
马建生 绘

落叶小乔木，稀灌木，高达 10 余米；树皮褐色或灰褐色，有长枝、短枝和无芽小枝（即新枝），长枝光滑，紫红色或灰褐色，呈"之"字形曲折，具 2 个托叶刺，长刺可达 3 cm，粗直，短刺下弯，长 4-6 mm；短枝短粗，矩状，自老枝发出，当年生小枝绿色，下垂，单生或 2-7 个簇生于短枝上。叶纸质，卵形、卵状椭圆形或卵状长圆形，长 3-7 cm，宽 1.5-4 cm，顶端钝或圆形，基部稍不对称，近圆形，边缘具圆齿状锯齿，上面无毛，下面无毛或仅沿脉多少被疏微毛，基生三出脉；叶柄长 1-6 mm；托叶刺纤细，常脱落。花黄绿色，两性，单生或 2-8 个密集成腋生聚伞花序；萼片卵状三角形；花瓣倒卵圆形，基部有爪；花盘厚，肉质，圆形，5 裂；核果短圆形或长卵圆形，长 2-3.5 cm，直径 1.5-2 cm，红色，后变红紫色，中果皮厚，肉质，核顶端锐尖，基部锐尖或钝。种子扁椭圆形。花期 5-7 月，果期 8-9 月。

分布与生境 产于吉林、辽宁、河北、山东、山西、陕西、甘肃、新疆、河南、安徽、江苏、浙江、江西、福建、湖北、湖南、广东、广西、四川、贵州、云南。生于海拔 1700 m 以下的山区、丘陵或平原，广为栽培。本种原产于中国，现在亚洲、欧洲和美洲常有栽培。

药用部位 果实、根、叶、果核、树皮。

功效应用 果实：补中益气，养血安神。用于脾虚食少，乏力便溏，妇人脏躁。根：用于关节酸痛，胃痛，呕血，血崩，月经不调，风疹，丹毒。叶：用于小儿时气发热，疮疖。果核：用于胫疮，走马牙疳。树皮：用于痢疾，肠炎，慢性气管炎，目昏不明，烧伤，烫伤，外伤出血。

化学成分 根含三萜类：枣熊果酸(zizyphursolic acid)，异枣熊果酸(isozizyphursolic acid)[1]；生物碱类：枣宁碱D (jubanine D)[2]。

茎皮含生物碱类：枣宁碱(jubanine) A、B，铜钱枣碱▲(nummularine) A[3]、B[3-4]、P[5]，短刺枣碱▲D (mucronine D)[3-4]，滇刺枣碱A (mauritine A)，两棲枣碱▲H (amphibine H)[3]，枣树宁碱▲(sativanine) A、B、C、D、E、F、G[4]、H[6]、K[7]、M[5]、N、O[8]。

叶含三萜类：枣皂苷(jujubasaponin) I、II、III[9]、IV、V，大枣皂苷(zizyphus saponin) I、II、III，枣苷▲B (jujuboside B)[10]，枣素▲(ziziphin)[11]，枣醛酸▲(zizyberanalic acid; colubrinic acid)[12]；生物碱类：无刺枣因(daechuine) S_3、S_6、S_7、S_8[13]，枣宁碱(jubanine) C[14]、D[13]，对刺藤宁碱▲C (scutianine C)，枣碱A (zizyphine A)[14]，异波尔定碱(isoboldine)，降异波尔定碱(norisoboldine)，三裂泡泡碱▲

枣 **Ziziphus jujuba** Mill. var. **jujuba**
摄影：张英涛 朱鑫鑫

(asimilobine)，大枣碱(yuziphine)，枣灵碱(yuzirine)，衡州乌药碱(coclaurine)[15]。

果实含三萜类：蛇藤酸[16]，麦珠子酸 (alphitolic acid)，3-O- 顺式 - 对香豆酰麦珠子酸 (3-O-cis-p-coumaroylalphitolic acid)，3-O- 反式 - 对香豆酰麦珠子酸 (3-O-trans-p-coumaroylalphitolic acid)，白桦脂酸 (betulinic acid)，白桦酮酸 (betulonic acid)，齐墩果酸 (oleanolic acid)[17]，熊果酸 (ursolic acid)[18]；倍半萜类：枣酮▲ (zizyberanone)[19]；黄酮类：槲皮素 (quercetin)，山奈酚 (kaempferol)，槲皮素 -3-O- 芸香糖苷 (quercetin-3-O-rutinoside)，槲皮素 -3-O-β-D- 吡喃葡萄糖苷 (quercetin-3-O-β-D-glucopyranoside)，槲皮素 -3-O-β-D- 吡喃半乳糖苷 (quercetin-3-O-β-D-galactopyranoside)，山奈酚 -3-O- 刺槐二糖苷 (kaempferol-3-O-robinobioside)，山奈酚 -3-O- 芸香糖苷 (kaempferol-3-O-rutinoside)，槲皮素 -3-O- 刺槐二糖苷 (quercetin-3-O-robinobioside)，4H-1- 苯并吡喃 -4- 酮 (4H-1-benzopyran-4-one)，槲皮素 -3-O-β- 吡喃木糖基 -(1 → 2)-O-β- 吡喃鼠李糖苷 [quercetin-3-O-β-xylopyranosyl-(1 → 2)-O-β-rhamnopyranoside]，3',5'- 二 -β-D- 吡喃葡萄糖基根皮素 (3',5'-di-β-D-glucopyranosylphloretin)[19]。

种子含黄酮类：异猩牙菜素 (isoswertisin)，槲皮素[20]；三萜类：齐墩果酸[20]；甾体类：豆甾 -4- 烯 -3- 酮 (stigmast-4-en-3-one)[20]；其他类：苯丙氨酸 (phenylalanine)，二十六酸[20]。

大枣 Jujubae Fructus
摄影：钟国跃

药理作用 调节免疫作用：大枣多糖对机体非特异性免疫、细胞免疫和体液免疫均有兴奋作用，可拮抗气血双虚型大鼠胸腺和脾的萎缩[1]，促进免疫抑制小鼠脾细胞产生和分泌 IL-2，降低血清 SIL-2R 水

平 [2]，促进免疫低下小鼠腹腔巨噬细胞 IL-1α 的产生和体外脾细胞增殖 [3]，有抗补体活性 [4]，能增强小鼠红细胞免疫功能，并对环磷酰胺致红细胞免疫功能抑制有拮抗作用 [5]。大枣中性多糖能诱导巨噬细胞分泌肿瘤坏死因子 (TNF)，促进 TNF-α mRNA 的表达 [6]，增强小鼠腹腔巨噬细胞的细胞毒作用，诱导 TNF-α、IL-1β、NO 的产生 [7]，可引起小鼠腹腔巨噬细胞内 Ca^{2+} 浓度和 pH 值升高 [8-9]、细胞膜去极化 [10]，具有抗小鼠腹腔巨噬细胞内活性氧作用 [11]，对未活化的小鼠脾细胞有促进增殖作用 [12-13]。

抗贫血作用：大枣多糖可通过升高气血双虚型小鼠血清粒 - 巨噬细胞集落刺激因子水平，改善全血细胞检测结果 [14]，通过升高血红细胞计数、白细胞计数、血小板计数及血红蛋白含量，增强红细胞 Na^+-K^+-ATP 酶、Mg^{2+}-ATP 酶、Ca^{2+}-Mg^{2+}-ATP 酶活力，改善气血双虚型大鼠的造血功能和红细胞能量代谢 [15]，并可减轻气血双虚型大鼠胸腺、脾组织淋巴细胞超微结构的病理改变，改善细胞能量代谢，从而起到补气生血作用 [16]。

保肝作用：大枣多糖能改善 CCl_4 致急性肝损伤模型小鼠血清超氧化物歧化酶 (SOD)、过氧化氢酶 (CAT)、谷胱甘肽过氧化物酶 (GSH-Px)、丙二醛 (MDA) 指标，对肝损伤有一定的抑制作用 [17]。

抗肿瘤作用：枣提取物可抑制 S180 荷瘤小鼠瘤体的生长 [18]。

抗氧化作用：枣提取物可升高小鼠血浆中 SOD 活性，降低 MDA 含量及红细胞溶血度 [18]。大枣多糖能提高 SOD、CAT 活性，降低 MDA、过氧化脂质 (LPO) 水平 [19-21]。

延缓衰老作用：大枣多糖可减轻衰老模型小鼠免疫器官的萎缩及脑的老化，增加胸腺厚度、胸腺皮质细胞数及脾淋巴细胞数，使脾小结增大 [22]。

其他作用：大枣多糖对血清钙和血糖有一定的影响，可升高血清钙和血糖含量 [23]。

注评　本种为历代中国药典、新疆药品标准（1980 年版）收载"大枣"，北京中药材标准（1998 年版）收载"胶枣"的基源植物，药用其干燥成熟果实；为常用药食两用品种。中国药典（1963 年版）使用本种的植物异名 *Ziziphus sativa* Gaertn.。本种的果核称"枣核"，叶称"枣叶"，树皮称"枣树皮"，根称"枣树根"，均可药用。苗族、蒙古族、藏族也药用本种的果实或根，主要用途见功效应用项。

化学成分参考文献

[1] Mukhtar HM, et al. *Pharm Biol*, 2005, 43(5): 392-395.

[2] Khokhar I, et al. *Journal of Natural Sciences and Mathematics*, 1994, 34(1): 159-163.

[3] Tschesche R, et al. *Phytochemistry*, 1976, 15(4): 541-542.

[4] Shah AH, et al. *Nat Prod Chem, Proc Int Symp Pak-US Binatl Workshop, 1st,* 1986, 404-429.

[5] Pandey MB, et al. *Nat Prod Res*, 2008, 22(3): 219-221.

[6] Shah AH, et al. *Planta Med*, 1986, (6): 500-501.

[7] Shah AH, et al. *Phytochemistry*, 1987, 26(4): 1230-1232.

[8] Singh S, et al. *J Asian Nat Prod Res*, 2006, 8(8): 733-737.

[9] Yoshikawa K, et al. *Tetrahedron Lett*, 1991, 32(48): 7059-7062.

[10] Yoshikawa K, et al. *Chem Pharm Bull*, 1992, 40(9): 2275-2278.

[11] Kurihara Y, et al. *Tetrahedron*, 1988, 44(1): 61-66.

[12] Kundu AB, et al. *Phytochemistry*, 1989, 28(11): 3155-3158.

[13] Lewis JR, et al. *Nat Rep*, 1992, 9(1): 81-101.

[14] Tripathi M, et al. *Fitoterapia*, 2001, 72(5): 507-510.

[15] Ziyaev R, et al. *Khim Prir Soedin*, 1977, (2): 239-243.

[16] Lee SM, et al. *Planta Med*, 2003, 69(11): 1051-1054.

[17] Lee SM, et al. *Biol Pharm Bull*, 2004, 27(11): 1883-1886.

[18] Guo S, et al. *Chin Chem Lett*, 2009, 20(2): 197-200.

[19] Pawlowska AM, et al. *Food Chem*, 2009, 112(4): 858-862.

[20] 曹琴，等 . 药学实践杂志，2009, 27(3): 209-213.

药理作用及毒性参考文献

[1] 苗明三 . 中国临床康复，2004, 8(27): 5894-5895.

[2] 苗明三 . 中国临床康复，2004, 8(30): 6692-6693.

[3] 苗明三 . 中国药理与临床，2004, 20(4): 21-22.

[4] 张庆，等 . 中国药理与临床，1998, 14(5): 19-21.

[5] 刘德义，等 . 中国中医药科技，2009, 16(3): 202-203.

[6] 张庆，等 . 第一军医大学学报，2001, 21(8): 592-594.

[7] 张庆，等 . 中国药理与临床，1999, 15(3): 21-23.

[8] 张庆，等 . 中国药理与临床，2001, 17(3): 14-16.

[9] 张庆，等 . 中国药理与临床，2002, 18(1): 8-9.

[10] 张庆，等 . 中国药理与临床，2001, 17(6): 22-24.

[11] 张庆，等.中国药理与临床，2000, 16(6): 14-16.

[12] 张庆，等.第一军医大学学报，2001, 21(6): 426-428.

[13] 张庆，等.第一军医大学学报，1999, 19(5): 398.

[14] 郭乃丽，等.中国临床康复，2006, 10(15): 146-147, 150.

[15] 苗明三，等.中国临床康复，2006, 10(11): 97-99.

[16] 苗明三，等.中国临床康复，2006, 10(27): 96-99.

[17] 顾有方，等.中国中医药科技，2006, 13(2): 105-107.

[18] 马莉，等.青岛大学学报（工程技术版），2008, 23(3): 30-34.

[19] 李小平，等.食品科学，2005, 26(10): 214-216.

[20] 周运峰，等.中国中西医结合杂志，1997, 17(S1): 197-198.

[21] 顾有方，等.中国中医药科技，2007, 14(5): 347-348.

[22] 苗明三，等.中国药理与临床，2001, 17(5): 18.

[23] 商常发，等.中国中医药科技，2007, 14(2): 102-103.

1b. 酸枣（变种）（神农本草经） 棘、酸枣树、角针（山东），硬枣、山枣树（河南），白棘、梗针（神农本草经），红花枣（内蒙古）

Ziziphus jujuba Mill. var. **spinosa** (Bunge) Hu ex H. F. Chow, Fam. Trees Hopei 307, f. 118. 1934.——*Z. vulgaris* Lam. var. *spinosa* Bunge（英 **Spine Date**）

本变种常为灌木，叶较小，核果小，近球形或短长圆形，直径 0.7–1.2 cm，具薄的中果皮，味酸，核两端钝，与模式变种显然不同。花期 6–7 月，果期 8–9 月。

分布与生境 产于辽宁、内蒙古、河北、山东、山西、河南、陕西、甘肃、宁夏、新疆、江苏、安徽等。常生于向阳干燥山坡、丘陵、岗地或平原。也分布于朝鲜及俄罗斯。

药用部位 种子、根皮、叶、花、棘刺、根、果肉。

功效应用 种子：养心补肝，宁心安神，敛汗，生津。用于虚烦不眠，惊悸多梦，体虚多汗，津伤口渴。根皮：涩精止血。用于便血，烧伤，烫伤，高血压，头痛头晕，遗精，带下病。叶：用于臁疮。花：用于金疮，视物昏花。棘刺：消肿，溃脓，止痛。用于痈肿有脓，心腹痛，尿血，喉痹。根：安神。用于失眠，神经衰弱。果肉：止血，止泻。用于出血，腹泻。

化学成分 根和根皮含黄酮类：(+)-二氢山奈酚[(+)-dihydrokaempferol]，槲皮素(quercetin)，芦丁(rutin)，(+)-二氢槲皮素[(+)-dihydroquercetin]，槲皮素-3-O-吡喃葡萄糖苷(quercetin-3-O-glucopyranoside)，2-羟基柚皮苷元(2-hydroxynaringenin)，(-)-没食子儿茶素[(-)-gallocatechin]，槲皮素-3-O-β-D-吡喃木糖基芸香糖苷(quercetin-3-O-β-D-xylopyranosylrutinoside)[1]，(-)-儿

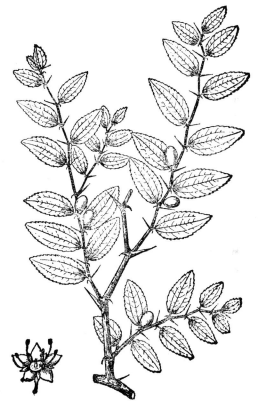

酸枣 Ziziphus jujuba Mill. var. spinosa (Bunge) Hu ex H. F. Chow
引自《中国高等植物图鉴》

茶素[(-)-catechin]，(-)-表没食子儿茶素[(-)-epigallocatechin][1-2]，(-)-表儿茶素[(-)-epicatechin]，(R)-2-羟基柚皮苷元[(R)-2-hydroxynaringenin]，(-)-表缅茄儿茶素▲[(-)-epiafzelechin]，(+)-没食子儿茶素[(+)-gallocatechin]，(+)-儿茶素[(+)-catechin]，(+)-缅茄儿茶素▲[(+)-afzelechin][2]；木脂素类：(-)-南烛树脂醇[(-)-lyoniresinol]，(6S,7R,8R)-7α-(β-D-吡喃葡萄糖氧基)-南烛树脂醇[(6S,7R,8R)-7α-(β-D-glucopyranosyloxy)-lyoniresinol]，(+)-南烛树脂醇-3α-O-β-D-吡喃葡萄糖苷[(+)-lyoniresinol-3α-O-β-D-glucopyranoside]，(-)-5'-甲氧基异落叶松树脂醇[(-)-5'-methoxyisolariciresinol]，(+)-5'-甲氧基异落叶松树脂醇-3α-O-β-D-吡喃葡萄糖苷[(+)-5'-methoxyisolariciresinol-3α-O-β-D-glucopyranoside]，(-)-5'-甲氧基异落叶松树脂醇-3α-O-β-D-吡喃葡萄糖苷[(-)-5'-methoxyisolariciresinol-3α-O-β-D-glucopyranoside][2]；酚酸

酸枣 **Ziziphus jujuba** Mill. var. **spinosa** (Bunge) Hu ex H. F. Chow
摄影：张英涛 徐克学

类：对羟基苯甲酸(*p*-hydroxybenzoic acid)，原儿茶酸(protocatechuic acid)[11]，4-羟基-2-甲氧基苯基-6-*O*-丁香酰基-*β*-D-吡喃葡萄糖苷(4-hydroxy-2-methoxyphenyl-6-*O*-syringoyl-*β*-D-glucopyranoside)，2-甲氧基氢醌-4-*O*-[6-*O*-(4-*O*-*α*-L-吡喃鼠李糖基)-丁香酰基]-*β*-D-吡喃葡萄糖苷{2-methoxyhydroquinone-4-*O*-[6-*O*-(4-*O*-*α*-L-rhamnopyranosyl)-syringoyl]-*β*-D-glucopyranoside}[2]；生物碱类：无刺枣因S10(daechuine S10)[2]，蛇婆子碱X(adouetine X)[3]；三萜类：羽扇豆醇(lupeol)，异美洲茶酸(isoceanothic acid)[3]，美洲茶酸(ceanothic acid)，白桦脂酸(betulinic acid)[3-4]，白桦脂醇(betulin)，2*α*-羟基熊果酸(2*α*-hydroxyursolic acid)，熊果酸(ursolic acid)[4]，3-*O*-原儿茶酰麦珠子酸(2-*O*-protocatechuoylalphitolic acid)，2*α*-羟基圆齿火棘酸(2*α*-hydroxypyracrenic acid)，3-*O*-原儿茶酰美洲茶酸(3-*O*-protocatechuoylceanothic acid)[5]；苯丙素类：24-*O*-阿魏酰木蜡酸(24-*O*-feruloyllignoceric acid)[4]；甾体类：豆甾醇(stigmasterol)[3]，3-*O*-*β*-D-吡喃葡萄糖基豆甾醇[3-*O*-*β*-D-glucopyranosylstigmasterol][3]，胡萝卜苷[4]。

枝叶含黄酮类：芦丁，槲皮素，儿茶素，2*R*,3*R*-3,5,7,3',5'-五羟基黄烷(2*R*,3*R*-3,5,7,3',5'-pentahydroxyflavane)，槲皮素-3-*O*-*β*-D-吡喃葡萄糖苷(quercetin-3-*O*-*β*-D-glucopyranoside)[6]；三萜类：白桦脂酸[6]；乳酸衍生物：(*R*)-3-苯基乳酸甲酯[(*R*)-3-phenyllactic acid methyl ester]，(*S*)-3-(3-吲哚基)乳酸甲酯[(*S*)-3-(3-indolyl)lactic acid methyl ester][6]。

叶含生物碱类：滇刺枣碱(mauritine) A、D，蛇婆子碱X (adouetine X)，欧鼠李宁碱▲(frangulanine)，两栖枣碱▲H (amphibine H)，短刺枣碱▲D (mucronine D)，铜钱枣碱▲(nummularine) A、B，枣宁碱(jubanine) A、B[7]；黄酮类：芦丁[8-9]，槲皮素-3-*O*-*α*-L-吡喃鼠李糖基-(1→6)-*β*-D-吡喃半乳糖苷[quercetin-3-*O*-*α*-L-rhamnopyranosyl-(1→6)-*β*-D-galactopyranoside][9]；三萜类：羽扇豆醇，枣醛酸▲(zizyberanalic acid)，表美洲茶酸(epiceanothic acid)[9]；挥发油：2,6-二叔丁基对甲酚，3-叔丁基-4-羟基茴芹醚▲[10]。

果肉含三萜类：大枣皂苷(zizyphus saponin) I、II[11]；黄酮类：芦丁[11]；酚酸类：水杨酸(salicylic acid)[11]；甾体类：胡萝卜苷，豆甾醇-3-*O*-*β*-D-吡喃葡萄糖苷(stigmasterol-3-*O*-*β*-D-glucopyranoside)[11]；脂肪酸及其酯类：苹果酸(malic acid)，苹果酸乙酯(malic acid ethyl ester)，二十二酸(docosanoic acid)，硬脂酸(stearic acid)，棕榈酸(palmitic acid)，油酸(oleic acid)，棕榈油酸(palmitoleic acid)[11]；糖类：D-葡萄糖[11]。

种子含三萜类：枣苷▲G (jujuboside G)[12]，白桦脂酸[13]，羽扇豆醇，白桦脂酸甲酯(methylbetulinate)，白桦脂醇，2*α*,3*β*-二羟基羽扇豆-20(29)-烯-28-酸甲酯[2*α*,3*β*-dihydroxylup-20(29)-en-28-oci acid methyl ester][14]，美洲茶酸(ceanothic acid)，枣苷▲(jujuboside) A[15]、A₁[16]、B、B₁[15]、C[16]、E[13]、H[17]，乙酰枣苷▲B (acetyljujuboside B)[16]，原枣苷▲A (protojujuboside A)[17]；黄酮类：金钱

松苷B (pseudolaroside B)，异獐牙菜素(isoswertisin)[14]，酸枣黄素(zivulgarin)[15,18]，6-香豆酰酸枣素▲(6-comaroylspinosin)，6-阿魏酰酸枣素▲(6-feruloylspinosin)，6-芥子酰酸枣素▲(6-sinapoylspinosin)[19]，2-O-葡萄糖基异獐牙菜素(2-O-glucopyranosylisoswertisin)，獐牙菜素(swertisin)，葛根素(puerarin)，芹菜苷元-6-C-β-D-吡喃葡萄糖苷(apigenin-6-C-β-D-glucopyranoside)，异牡荆素-2''-O-β-D-吡喃葡萄糖苷(isovitexin-2''-O-β-D-glucopyranoside)，6'''-阿魏酰异酸枣素▲(6'''-feruloylisospinosin)[20]，新西兰牡荆苷-2 (vicenin-2)[21]，异酸枣素▲(isospinosin)[20,22]，酸枣素▲(spinosin)[15,18,22]，6'',6'''-二阿魏酰异酸枣素▲(6'',6'''-diferuloylisospinosin)，6'''-阿魏酰酸枣素▲(6'''-feruloylspinosin)，山奈酚-3-O-β-D-吡喃木糖基-(1→2)-[α-L-吡喃鼠李糖基-(1→6)]-β-D-吡喃葡萄糖苷{kaempferol-3-O-β-D-xylopyranosyl-(1→2)-[α-L-rhamnopyranosyl-(1→6)]-β-D-glucopyranoside}[22]；生物碱类：酸枣灵碱▲(juzirine; yuzirine)，水芭蕉明碱▲(lysicamine)[23-24]，酸枣宁碱▲(sanjoinine) A、B、D、E、F、G₁、G₂、K、Ia、Ib，(+)-衡州乌药碱[(+)-coclaurine]，N-甲基三裂泡泡碱▲(N-methylasimilobine)，山矾碱(caaverine)，枣辛碱▲(zizyphusine)[25-26]；甾体类：豆甾-4-烯-3-酮(stigmast-4-en-3-one)，5α,8α-表二氧-(22E,4R)-麦角甾-6,22-二烯-3β-醇[5α,8α-epidioxy-(22E,4R)-ergosta-6,22dien-3β-ol]，菜油甾醇(campesterol)[14]；其他类：阿魏酸(ferulic acid)[15]，芥菜素-6-C-[(6-O-对羟基苯甲酰基)-β-酮糖基-(1→2)]-β-D-吡喃葡萄糖苷，油酸，亚油酸，棕榈酸[21]。

药理作用　镇静催眠作用：酸枣仁[1-2]及其所含的总生物碱[3]、总皂苷[4-6]、总黄酮[7]、油[8-11]均对中枢神经系统功能有类似的抑制作用，能抑制小鼠自主活动次数和强度及苯丙胺中枢兴奋作用，增加阈下剂量戊巴比妥钠睡眠动物数和睡眠时间，延长阈上剂量戊巴比妥钠致小鼠睡眠时间。酸枣仁皂苷 A 对海马神经细胞的生长有促进和保护作用，对培养新生大鼠海马神经细胞上部分 GABA 受体（GABA$_A$α₁、α₅、β₂和 GABA$_B$R₁ 受体）基因表达量有影响，可能介导镇静催眠和肌肉松弛作用，减少成瘾性和耐受性的发生[12]；对青霉素钠诱发的功能亢进大鼠脑电图 (EEG) 兴奋和海马 CA1 区过度兴奋及谷氨酸升高有抑制作用[13-14]。

酸枣仁 Ziziphi Spinosae Semen
摄影：钟国跃

抗精神病作用：酸枣仁总生物碱能缩短小鼠悬尾的不动时间，拮抗利血平引起的小鼠体温下降[15]。

抗惊厥作用：酸枣仁皂苷可降低戊四氮引起的惊厥率[5]。

益智作用：酸枣仁有增强学习记忆能力的作用，可减少正常小鼠水迷宫中错误次数，缩短小鼠游完全程所需时间，对氢溴酸东莨菪碱致记忆获得障碍及乙醇致记忆再现障碍小鼠均可延长首次错误时间，减少错误次数[16]。酸枣仁油对正常和地西泮致记忆损伤小鼠的学习记忆功能均有改善和提高作用[17]。

调节免疫作用：酸枣仁醇提取物能提高小鼠淋巴细胞转化值，促进溶血素生成，增强小鼠单核 -巨噬细胞的吞噬功能，增加小鼠的迟发型超敏反应并能拮抗环磷酰胺引起的小鼠迟发型超敏反应的抑制作用[18]。酸枣仁、酸枣果肉多糖有增强小鼠免疫功能的作用，对放射线引起的白细胞降低有保护作用，同时能增加单核巨噬细胞系统的吞噬功能，并能延长受辐射小鼠的存活时间[19]。

降血压作用：酸枣仁提取物体外能抑制血管紧张素转化酶 (ACE) 活性[20]。酸枣仁总皂苷对原发性高血压大鼠 (SHR) 有降血压作用[21]。

增强耐缺氧能力：酸枣仁总皂苷对小鼠常压缺氧和异丙肾上腺素加重的缺氧及亚硝酸钠所致的携氧障碍，均能延长存活时间，其对缺氧的保护作用与抗血小板聚集和减少血栓素 B₂(TXB₂) 生成有关[22]。

调节血脂作用：酸枣仁油或酸枣浸膏可降低日本种雄性鹌鹑高脂模型的总胆固醇 (TC)、低密度脂蛋白 (LDL) 和三酰甘油 (TG) 水平，升高高密度脂蛋白与低密度脂蛋白比值 (HDL-C/LDL-C)，肝脂肪变性亦减轻[23]。酸枣仁总皂苷能降低正常大鼠的 TC 和 LDL-C，升高 HDL-C 和 HDL2-C，能降低高脂饲养大鼠 TG，升高 HDL2-C[24]。

抗动脉粥样硬化作用：酸枣果肉能降低动脉粥样硬化家兔的 TC、LDL 和 TG，升高 HDL 和 HDL/LDL[25]。

保护心肌作用：酸枣仁总皂苷可改善缺氧 - 复氧心肌细胞超微结构，可能与其清除脂质过氧化物及抗 Ca^{2+} 超载有关[26]；能提高缺氧 - 复氧心肌细胞细胞膜脂质流动性，可能与其降低心肌细胞 MDA 含量，提高 SOD 活性有关[27]。

影响血液流变学作用：酸枣仁总皂苷可改善高黏大鼠的血液流变性，具有良好的活血化瘀作用[28]。

抗血小板聚集作用：酸枣仁油可抑制 ADP 诱导的大鼠血小板聚集[23]。

抗肿瘤作用：酸枣仁油能延长艾氏腹水癌小鼠的生存天数，抑制荷瘤小鼠生命后期的体重增长[29]。

其他作用：酸枣仁对内毒素致发热小鼠全血及肝组织 SOD 降低具有保护作用[30]。

体内过程　酸枣仁醇提取物灌胃给予大鼠后，血浆中酸枣素 (spinosin) 的 T_{max} 和 $T_{1/2}$ 分别为 (5.5 ± 0.6)h 和 (5.8 ± 0.9)h[31]。酸枣仁总黄酮灌胃给予大鼠后，在尿液和粪便中主要以原型药酸枣素和 6‴- 阿魏酰酸枣素 (6‴-feruloylspinosim) 的形式排出，少量以代谢产物的形式如獐牙菜素 (swertisin) 排泄[32]。

毒性及不良反应　静脉注射酸枣仁醇提取物后，部分小鼠出现中毒反应并死亡，LD_{50} 为 27.5 g/kg，死亡动物尸检，其主要脏器未见病理改变；小鼠灌胃给药 340 g/kg，连续观察 14 天，小鼠全部存活，无明显毒性反应[33]。酸枣仁油对大、小鼠均未测出 LD_{50}，家兔皮肤刺激实验未见急性毒性反应，大鼠长期毒性试验未发现明显异常，豚鼠皮肤、兔眼睛及阴道局部应用，未见明显刺激反应，豚鼠皮肤未见过敏反应[34]。

注评　本种为历版中国药典、新疆药品标准（1980 年版）、中华中药典范（1985 年版）收载"酸枣仁"的基源植物，药用其干燥成熟种子；全国大部分地区习用，主产地在北方。中国药典曾使用本种植物拉丁异名 *Ziziphus sativa* Gaertn. var. *spinosa* (Bunge) C. K. Schneid.、*Z. spinosus* Hu。本种的果肉称"酸枣肉"，花称"棘刺花"，叶称"棘叶"，棘刺称"棘刺"，树皮称"酸枣树皮"，根称"酸枣根"，根皮称"酸枣根皮"，均可药用。同属植物滇刺枣 *Ziziphus mauritiana* Lam. 的种子，又称"滇枣仁"，常被混用为"酸枣仁"，但其呈扁圆形，一面平坦，无纵线纹，平滑有光泽，表面棕黄色等不同；功效应用与"酸枣仁"不尽相同，应视为不同的药材。蒙古族、满族也药用本种，主要用途见功效应用项。藏族也作"酸枣"药用，治不孕症。

化学成分参考文献

[1] Lee SS, et al. *J Chin Chem Soci*, 1995, 42(1): 77-82.

[2] Meng YJ, et al. *Biochem Syst Ecol*, 2013, 50: 182-186.

[3] 车勇，等. 林产化学与工业，2012, 32(4): 83-86.

[4] Lee SS, et al. *Chin Pharm J (Taipei)*, 1995, 47(6): 511-519.

[5] Lee SS, et al. *Phytochemistry*, 1996, 43(4): 847-851.

[6] 张倩倩，等. 沈阳药科大学学报，2013, 30(12): 917-920, 932.

[7] 曾路，等. 中草药，1986, 17(12): 25-26.

[8] 李兰芳，等. 中国中药杂志，1992, 17(2): 81-82.

[9] 车勇，等. 中成药，2012, 34(4): 686-688.

[10] 侯冬岩，等. 分析试验室，2003, 22(3): 3381-3382.

[11] 郭盛，等. 中草药，2012, 43(10): 1905-1909.

[12] 王健忠，等. 有机化学，2008, 28(1): 69-72.

[13] 白焱晶，等. 药学学报，2003, 38(12): 934-937.

[14] 王贱荣，等. 中国天然药物，2008, 6(4): 268-270.

[15] 曾路，等. 药学学报，1987, 22(2): 114-120.

[16] Yoshikawa M, et al. *Chem Pharm Bull*, 1997, 45(7): 1186-1192.

[17] 王建忠，等. 中草药，2009, 10(10): 1534-1536.

[18] 郭胜民，等. 中药材，1997, 20(10): 516-517.

[19] Tanaka Y, et al. *Yakugaku Zasshi*, 1991, 45(2): 148-149.

[20] Cheng G, et al. *Tetrahedron*, 2000, 56(45): 8915-8920.

[21] 李兰芳，等 . 中药材，1993, 16(3): 29-30.

[22] 李敏，等 . 中草药，2014, 45(18): 2588-2592.

[23] 尹升镇，等 . 中国中药杂志，1997, 22(5): 296-297.

[24] Li LM, et al. *J Integr Plant Biol*, 2005, 47(4): 494-498.

[25] Han BH, et al. *Pure Appl Chem*, 1989, 61(3): 443-443.

[26] Han BH, et al. *Phytochemistry*, 1990, 29(10): 3315.

药理作用及毒性参考文献

[1] 李玉娟，等 . 沈阳药科大学学报，2003, 20(1): 35-37.

[2] 吴树勋，等 . 中国中药杂志，1993, 18(11): 685-687, 703-704.

[3] 符敬伟，等 . 天津医科大学学报，2005, 11(1): 52-54.

[4] 郭胜民，等 . 西北药学杂志，1996, 11(4): 166-168.

[5] 黄胜英，等 . 大连大学学报，2002, 23(4): 90-92.

[6] 陈百泉，等 . 中药材，2002, 25(6): 429-430.

[7] 郭胜民，等 . 中药材，1998, 11(11): 578-579.

[8] 李宝莉，等 . 西安交通大学学报（医学版），2008, 29(2): 227-229.

[9] 吴尚霖，等 . 西北药学杂志，2001, 16(3): 114-115.

[10] 赵秋贤，等 . 西安医科大学学报，1995, 16(4): 432-434.

[11] 赵启铎 . 天津中医药，2005, 22(4): 331-333.

[12] 夏晴 . 酸枣仁皂苷 A 对海马神经细胞及 GABA 受体基因表达的影响 [D]. 四川：电子科技大学，2007.

[13] 卢英俊，等 . 浙江大学学报，2005, 6B(4): 265-271.

[14] Shou CH, et al. *Acta Pharmacol Sin*, 2001, 22(11): 986-990.

[15] 朱铁梁，等 . 武警医学院学报，2009, 18(5): 420-422, 425.

[16] 侯建平，等 . 广西中医学院学报，2002, 5(3): 11-13.

[17] 吴尚霖，等 . 中草药，2001, 32(3): 246-247.

[18] 郎杏彩，等 . 中药通报，1988, 13(11): 43-45, 64.

[19] 郎杏彩，等 . 中国中药杂志，1991, 16(6): 366-368, 384.

[20] 曹晓钢，等 . 食品与药品，2009, 11(1): 20-23.

[21] 张典，等 . 西安交通大学学报（医学版），2003, 24(1): 59-60.

[22] 张永胜，等 . 高原医学杂志，1991, 1(2): 6-8.

[23] 吴树勋，等 . 中国中药杂志，1991, 16(7): 435-437.

[24] 袁秉祥，等 . 中国药理学通报，1990, 6(1);34-36.

[25] 吴树勋，等 . 中国中药杂志，1989, 14(7): 50-51, 64.

[26] 万华印，等 . 中国病理生理杂志，1997, 13(5): 522-526.

[27] 万华印，等 . 生物化学与生物物理进展，1995, 22(6): 540-542.

[28] 张玮，等 . 陕西中医，2005, 26(7): 723-725.

[29] 王清莲，等 . 西安医科大学学报，1995, 16(3): 295-297.

[30] 彭智聪，等 . 中国中药杂志，1995, 20(6): 369-370, 384.

[31] 李玉娟，等 . 药学学报，2003, 38(6): 448-450.

[32] 张雷，等 . 中国中药杂志，2009, 34(3): 340-343.

[33] 王丽娟，等 . 时珍国医国药，2009, 20(7): 1610-1611.

[34] 朱爱民，等 . 药学实践杂志，2003, 21(5): 283-286.

1c. 无刺枣（变种）（中国树木分类学） 枣树、枣子、红枣、大枣、大甜枣（中国植物志）

Ziziphus jujuba Mill. var. **inermis** (Bunge) Rehder in J. Arnold Arbor. 3: 22. 1922.——*Z. vulgaris* Lam. var. *inermis* Bunge（英 **Spineless Common Jujube**）

本种与模式变种的主要区别是：长枝无皮刺，幼枝无托叶刺。花期5–7月，果期8–10月。

分布与生境 产地与模式变种略同。在海拔 1600 m 以下地区有广泛栽培。

药用部位 果实、叶、果核、树皮、根。

功效应用 果实：解药毒。用于胃虚食少，脾弱便溏，气血津液不足，营卫不和，心悸怔忡，妇人脏燥。叶：用于小儿时气发热，疮疖。果核：用于胫疮，走马牙疳。树皮：用于痢疾，肠炎，慢性气管炎，目昏不明，烧伤，烫伤，外伤出血。根：用于关节酸痛，胃痛，呕血，血崩，月经不调，风疹，丹毒。

化学成分 根皮含生物碱类：欧鼠李宁碱▲(frangulanine; ceanothamine A; daechuine S₂)，蛇婆子碱X (adouetine X; ceanothamine B)，衡州乌药碱(coclaurine; machiline)[1]；木脂素类：南烛树脂醇(lyoniresinol)，(+)-南烛树脂醇-3α-O-β-D-吡喃葡萄糖苷[(+)-lyoniresinol-3α-O-β-D-glucopyranoside]，(-)-南烛树脂醇-3α-O-β-D-吡喃葡萄糖苷[(-)-lyoniresinol-3α-O-β-D-glucopyranoside]，(-)-5'-甲氧基异落叶松树脂醇-3α-O-β-D-吡喃葡萄糖苷[(-)-5'-methoxy-isolariciresinol-3α-O-β-D-glucopyranoside][2]；酚类：(-)-表儿茶素[(-)-epicatechin]，(±)-表没食子儿茶素[(±)-epigallocatechin]，(±)-缅茄儿茶素▲[(±)-afzelechin][2]。

果实含生物碱类：无刺枣环肽-1(daechucyclopeptide-1)，无刺枣因S₃(daechuine S₃)，降荷叶碱(nornuciferine)，水芭蕉明碱▲(lysicamine)，衡州乌药碱(coclaurine)，荷叶碱(nuciferine)，枣辛碱▲(ziziphusine)，无刺枣碱A (daechualkaloid A)[3]；

酚苷类：枣苄苷(zizybeoside)Ⅰ、Ⅱ[4]；大柱香波龙烷及其苷类：催吐萝芙木醇(vomifoliol)，长春花苷(roseoside)，枣催吐醇苷(zizyvoside)Ⅰ、Ⅱ[4]；脂肪酸及其酯质、糖类：棕榈油酸(palmitoseic acid)，牛脂烯酸▲(vaccenic acid)，油酸，枣阿聚糖(ziziphus-arabinan)，糖脂(glycolipid)，磷脂(phospholipid)；核苷类：环磷酸腺苷；黄酮类：6,8-二-C-吡喃葡萄糖基-2(S)-柚皮苷元[6,8-di-C-glucopyranosyl-2-(S)-naringenin]，6,8-二-C-吡喃葡萄糖基-2(R)-柚皮苷元[6,8-di-C-glucopyranosyl-2(R)-naringenin][4]。

注评 本种为中华中药典范（1985年版）收载"大枣"的基源植物，药用其干燥成熟果实。典范使用本种的中文异名大枣。藏族、蒙古族、阿昌族、苗族、朝鲜族也药用本种的果实或根，主要用途见功效应用项。

化学成分参考文献

[1] Otsuka H, et al. *Phytochemistry*, 1974, 13(9): 2016.

[2] Yoshikawa K, et al. *Nat Med*, 1997, 51(3): 282.

[3] Han BH, et al. *Tetrahedron Lett*, 1987, 28(34): 3957-3958.

[4] Okamura N, et al. *Chem Pharm Bull*, 1981, 29(12): 3507-3514.

2. 滇刺枣（中国树木分类学） 酸枣（云南、广东），缅枣（广西）

Ziziphus mauritiana Lam., Encycl. Méth. 3: 319. 1789.（英 **Yunnan Spiny Jujube**）

常绿乔木或灌木，高达15 m，幼枝被黄灰色密绒毛，小枝被短柔毛，老枝紫红色，有2个托叶刺，1个斜上，另1个钩状下弯。叶纸质至厚纸质，卵形、长圆状椭圆形，稀近圆形，长2.5-6 cm，宽1.5-4.5 cm，顶端圆形，基部近圆形，稍偏斜，不等侧，边缘具细锯齿，上面深绿色，无毛，有光泽，下面被黄色或灰白色绒毛，基生3出脉，叶柄长5-13 mm，被灰黄色密绒毛。花绿黄色，数个或10余个密集成近无总花梗或具短总花梗的腋生二歧聚伞花序，花梗长2-4 mm，被灰黄色绒毛，萼片卵状三角形，外面被毛，花瓣长圆状匙形，基部具爪。核果长圆形或球形，长1-1.2 cm，直径约1 cm；中果皮薄，木栓质，内果皮厚，硬革质。种子宽而扁，长6-7 mm，红褐色，有光泽。花期8-11月，果期9-12月。

分布与生境 产于云南、四川、广东、广西，在福建和台湾有栽培。生于海拔1800 m以下的山坡、丘陵、河边湿润林中或灌丛中。也分布于斯里兰卡、印度、阿富汗、越南、缅甸、马来西亚、印度尼西亚、澳大利亚及非洲。

药用部位 种子、树皮。

功效应用 种子：宁心，敛汗。用于虚烦不眠，惊悸，烦躁，虚汗。树皮：清热解毒，止痛，凉血，收敛。用于烧伤，烫伤，肠炎，痢疾。

化学成分 根含三萜类：滇刺枣酸(zizimauritic acid) A、B、C，白桦脂酸(betulinic acid)，美洲茶酸(ceanothic acid)，美洲茶烯酸(ceanothenic acid)[1]。

根皮含三萜类：生物碱类：滇刺枣碱(mauritine) A、

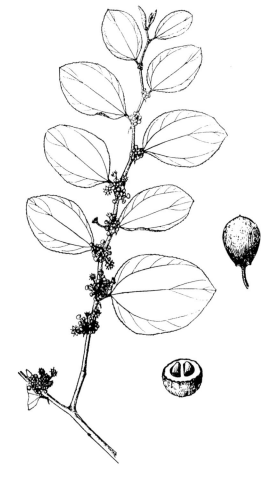

滇刺枣 **Ziziphus mauritiana** Lam.
张春方 绘

滇刺枣 **Ziziphus mauritiana** Lam.
摄影：朱鑫鑫

B[2-3]、C、D、E、F[3]、G[4]、H[5]、J[4]、K[6]、L、M[7]，两棲枣碱▲(amphibine) B、D[3]、E[4]、F[3]，欧鼠李叶碱(frangufoline)[3]，枣树宁碱▲K (sativanine K)[6]，铜钱枣碱▲(nummularine) B、H[7]，铜钱树辛▲A (hemsine A)[7]。

茎含三萜类：白桦酮酸(betulonic acid)，羽扇豆醇(lupeol)，白桦脂醇(betulin)[8]；甾体类：β-谷甾醇，β-谷甾醇乙酸酯(β-sitosterol acetate)[8]。

叶含脂肪族类：8-羟基-十七酸癸酯(decyl-8-hydroxy-heptadecanoate)，12-羟基-三十四烷-9-酮(12-hydroxy-tetratriacontan-9-one)[9]，十六酸十一烷基酯(undecyl-hexadecanoate)，12-羟基三十一烷(12-hydroxy-hentriacontane)[10-11]。

果实含苯丙素类：咖啡酸(caffeic acid)，对香豆酸(*p*-coumaric acid)[12-13]，绿原酸(chlorogenic acid)，阿魏酸(ferulic acid)[13]；酚酸类：原儿茶酸(protocatechuic acid)，对羟基苯甲酸(*p*-hydroxybenzoic acid)，香荚兰酸(vanillic acid)，香荚兰素(vanillin)[13]；黄酮类：杨梅素-3-*O*-半乳糖苷(myricetin-3-*O*-galactoside)，槲皮素-3-*O*-戊糖基己糖苷(quercetin-3-*O*-pentosylhexoside)，槲皮素-3-*O*-刺槐二糖苷(quercetin-3-*O*-robinobioside)，槲皮素-3-*O*-葡萄糖苷(quercetin-3-*O*-glucoside)，槲皮素-3-*O*-鼠李糖苷(quercetin-3-*O*-rhamnoside)，槲皮素-3-*O*-6″-丙二酰葡萄糖苷(quercetin-3-*O*-6″-malonylglucoside)，槲皮素-3-*O*-丙二酰葡萄糖苷(quercetin-3-*O*-malonylglucoside)，木犀草素-7-*O*-6″-丙二酰葡萄糖苷(luteolin-7-*O*-6″-malonylglucoside)，木犀草素-7-*O*-丙二酰葡萄糖苷(luteolin-7-*O*-malonylglucoside)，柚皮苷元三糖苷(naringenin-triglycoside)，槲皮素-3-*O*-芸香糖苷(quercetin-3-*O*-rutinoside)，槲皮素-3-*O*-半乳糖苷(quercetin-3-*O*-galactoside)[13]；糖类：半乳糖，果糖，葡萄糖[12]。

种子含黄酮类：酸枣素▲(spinosin)，异酸枣素▲(isospinosin)，6‴-(-)-红花菜豆酰酸枣素▲[6‴-(-)-phaseoylspinosin]，6‴-(3″″,4″″,5″″-三甲氧基)-反式-桂皮酰酸枣素▲[6‴-(3″″,4″″,5″″-trimethoxyl)-(*E*)-cinnamoylspinosin]，6‴-(4″″-*O*-β-D-吡喃葡萄糖基)-苯甲酰酸枣素▲[6‴-(4″″-*O*-β-D-glucopyranosyl)-benzoylspinosin]，6‴-二氢红花菜豆酰酸枣素▲(6‴-dihydrophaseoylspinosin)，6‴-(4″″-*O*-β-D-吡喃葡萄糖基)-香荚兰酰酸枣素▲[6‴-(4″″-*O*-β-D-glucopyranosyl)-vanilloylspinosin]，6‴-对香豆酰酸枣素▲(6‴-*p*-coumaroylspinosin)，6‴-阿魏酰酸枣素▲(6‴-feruloylspinosin)，6‴-芥子酰酸枣素▲(6‴-sinapoylspinosin)，新西兰牡荆苷-2(vicenin-2)，6‴-香荚兰酰酸枣素▲(6‴-vanilloylspinosin)，芹菜苷元-6-*C*-α-L-吡喃鼠李糖基-(1→2)-β-D-吡喃葡萄糖苷[apigenin-6-C-α-L-rhamnopyranosyl-(1→2)-β-D-glucopyranoside][14]；木脂素类：松脂酚-4,4'-二-β-*O*-D-吡喃葡萄糖苷(pinoresinol-4,4'-di-β-*O*-D-glucopyranoside)，赤式-二羟基去氢二松柏醇(*erythro*-dihydroxydehydrodiconiferyl alcohol)，苏式-二羟基去氢二松柏醇(*threo*-dihydroxydehydrodiconiferyl alcohol)，野菰苷▲(aegineoside)，(+)-去氢二松柏醇-4-*O*-β-D-吡喃葡萄糖

苷[(+)-dehydrodiconiferyl alcohol-4-*O*-β-D-glucopyranoside]，落叶松树脂醇-4'-*O*-β-D-吡喃葡萄糖苷 (lariciresinol-4'-*O*-β-D-glucopyranoside)[14]；三萜类：枣苷▲A (jujuboside A)[14]；生物碱类：枣辛碱▲ (zizyphusine)[14]；氨基酸类：色氨酸(tryptophan)[14]。

注评 本种为云南药品标准（1974年版）和云南省中药饮片标准（2005年版）收载"理枣仁"的基源植物，药用其干燥成熟种子，商品药材也称"滇枣仁"，在云南地区作"酸枣仁"的代用品。其果皮在云南称"滇枣皮"，在该省作"山茱萸"的代用品，并曾销往江苏、湖南、四川、广东等地；中国药典收载的"山茱萸"为山茱萸科植物山茱萸 Cornus officinalis Siebold et Zucc. 的成熟果肉，两者不可混用。傣族、哈尼族、德昂族、傈僳族药用树皮，主要用途见功效应用项。德昂族尚药用其根皮、种子治疗高热惊厥；傣族、哈尼族、阿昌族药用其树皮治疗香港脚，脚癣。

化学成分参考文献

[1] Ji CJ, et al. *Bioorg Med Chem Lett*, 2012, 22(20): 6377-6380.

[2] Tschesche R, et al. *Tetrahedron Lett*, 1972, (26): 2609-2612.

[3] Tschesche R, et al. *Justus Liebigs Ann Chem*, 1974, (10): 1694-1701.

[4] Jossang A, et al. *Phytochemistry*, 1996, 42(2): 565-567.

[5] Tschesche R, et al. *Phytochemistry*, 1977, 16(7): 1025-1028.

[6] Singh AK, et al. *J Indian Chem Soc*, 2007, 84(8): 781-784.

[7] Panseeta P, et al. *Phytochemistry*, 2011, 72(9): 909-915.

[8] Chauhan JS, et al. *Physical Sciences*, 1978, 48(1): 6.

[9] Agarwal S, et al. *Indian J Chem*, 2000, 39B(11): 872-874.

[10] Agarwal S, et al. *Journal of Medicinal and Aromatic Plant Sciences*, 2001, 22/4A-23/1A: 6-8.

[11] Agarwal S, et al. *Indian J Chem*, 2002, 41B(4): 878-880.

[12] Muchuweti M, et al. *Eur Food Res Technol*, 2005, 221(3-4): 570-574.

[13] Memon AA, et al. *Food Chem*, 2013, 139(1-4): 496-502.

[14] Wang B, et al. *Nat Prod Bioprospect*, 2013, 3(3): 93-98.

3. 印度枣（中国植物志） 滇枣（中国树木分类学），责抱（广西），褐果枣、弯叶枣（云南种子植物名录）

Ziziphus incurva Roxb., Fl. Ind. Ed. Carey, 2: 364. 1824.（英 **Indian Jugube**）

乔木，高达15 m；幼枝被棕色短柔毛，小枝黑褐色或紫黑色，具皮刺。叶纸质，卵状长圆形或卵形，稀长圆形，长5-14 cm，宽3-6 cm，顶端渐尖或短渐尖，具钝尖头，稀近圆形，基部近圆形或微心形，稍不对称，边缘具圆齿状锯齿，上面无毛或仅中脉有疏柔毛，下面初时沿脉被柔毛或疏毛，后脱落，或沿脉基部有疏柔毛，基生三或稀五出脉；叶柄长5-11 mm，被棕色短柔毛；托叶刺1-2个，直立，长4-6 mm，早落。花绿色，数个至10余个密集成腋生二歧式聚伞花序，总花梗长7-16 mm，被棕色细柔毛，萼片卵状三角形，外面被短柔毛；花瓣匙形，兜状。核果近球形或球状椭圆形，长1-1.2 cm，直径0.8-1.1 cm，无毛；果梗长4-11 mm，有短柔毛；中果皮薄，内果皮厚骨质，厚约3 mm。种子黑褐色，平滑，有光泽。花期4-5月，果期6-10月。

分布与生境 产于广西、贵州南部、云南、西藏东南部和南部。生于海拔1000-2500 m的混交林中。也分布于印度、尼泊尔、不丹、缅甸、泰国。

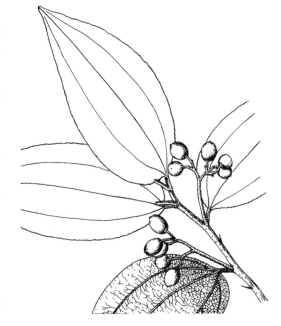

印度枣 Ziziphus incurva Roxb.
王红兵 绘

印度枣 **Ziziphus incurva** Roxb.
摄影：赖阳均

药用部位　叶、果实。

功效应用　用于跌打损伤。

化学成分　果实含矿物质元素：Na、K、Mg、Ca[1]。

地上部分含黄酮：弯叶枣素▲(bayarin)，芦丁(rutin)，槲皮素-3-O-β-D-吡喃半乳糖苷(quercetin-3-O-β-D-galactopyranoside)，槲皮素-3-O-α-L-吡喃鼠李糖苷(quercetin-3-O-α-L-rhamnopyranoside)，槲皮素-3-O-β-D-吡喃木糖基-(1→2)-α-L-吡喃鼠李糖苷-4'-O-α-L-吡喃鼠李糖苷[quercetin-3-O-β-D-xylopyranosyl-(1→2)-α-L-rhamnopyranoside-4'-O-α-L-rhamnopyranoside]，槲皮素-3-O-β-D-吡喃木糖基-(1→2)-α-L-吡喃鼠李糖苷[quercetin-3-O-β-D-xylopyranosyl-(1→2)-α-L-rhamnopyranoside]，根皮素-3',5'-二-C-吡喃葡萄糖苷(phloretin-3',5'-di-C-glucopyranoside)[2]；三萜类：枣皂苷Ⅰ(zizyphus saponin Ⅰ)，椭圆蛇藤苷▲D (mabioside D)[2]。

化学成分参考文献

[1] Bajracharya D, et al. *Fruits*, 1982, 37(1): 59-62.　　　　[2] Devkota HP, et al. *Nat Prod Res*, 2013, 27(8): 697-701.

10. 翼核果属 Ventilago Gaertn.

藤状攀援灌木，稀小乔木。叶互生，革质或近革质，稀纸质，网状脉，全缘或具齿，基部常不对称。花小，两性，5基数；数个簇生或排成具短总花梗的聚伞花序，或排成顶生或腋生的聚伞总状或聚伞圆锥花序；花萼5裂，萼片三角形，内面中肋中部以上凸起，花瓣倒卵圆形，顶端凹缺，稀不存在，花盘厚，肉质，五边形；子房球形，全藏于花盘内，2室，每室1胚珠，花柱2裂。核果球形，不开裂，基部有宿存的萼筒包围核果1/3–1/2，上端由外果皮和中果皮纵向延伸成长圆形的翅，内果皮薄，木质，1室1种子。

约40种，分布于世界温带。中国6种，其中2种1变种可药用。

分种检索表

1. 叶薄革质，卵状长圆形或卵状椭圆形，顶端渐尖或短渐尖，基部圆形或近圆形，侧脉4–6 (7) 对；花数个簇生于叶腋或排成腋生具短总花梗的聚伞花序 ·························· **1. 翼核果 V. leiocarpa**

1. 叶革质，长圆形或椭圆形，顶端钝或圆形，不对称，侧脉 8-14 (-16) 对；花排成顶生或腋生的聚伞圆锥花序或聚伞总状花序·····························2. **海南翼核果 V. inaequilateralis**

　　本属药用植物含蒽醌类成分，如大黄素 (emodin，**1**)，大黄素甲醚 (physcion，**2**)，翼核果素 (ventilagolin，**3**)；黄酮类成分如翼核果𠮶酮苷 (ventilagoxanthonoside，**4**)。

1

2

3

4

1. 翼核果（植物学名名词审查本）　扁果藤、血风根、青筋藤（海南植物志），穿破石（广西），光果翼核木（台湾植物志），血宽筋、红蛇根、牛参、老人根（广东），血风根（岭南采药录）

Ventilago leiocarpa Benth. in J. Linn. Soc., Bot. 5: 77. 1860.（英 **Smoothfruit Ventilago**）

1a. 翼核果（模式变种）

Ventilago leiocarpa Benth. var. **leiocarpa**

　　藤状灌木；幼枝被短柔毛，小枝褐色，有条纹，无毛。叶薄革质，卵状长圆形或卵状椭圆形，稀卵形，长 4-8 cm，宽 1.5-3.2 cm，顶端渐尖或短渐尖，稀锐尖，基部圆形或近圆形，边缘近全缘，仅

翼核果 Ventilago leiocarpa Benth. var. leiocarpa
引自《中国高等植物图鉴》

翼核果 Ventilago leiocarpa Benth. var. leiocarpa
摄影：喻勋林

有不明显的疏细锯齿，两面无毛，或初时上面中脉内，下面沿脉有疏短柔毛，侧脉每边 4–6 (7) 条，上面下陷，下面凸起，具明显的网脉；叶柄长 3–5 mm，上面被疏短柔毛。花小，单生或 2 至数个簇生于叶腋，少有排成顶生聚伞总状或聚伞圆锥花序，无毛或有疏短柔毛，花梗长 1–2 mm。核果长 3–5 (6) cm，核直径 4–5 mm，无毛，翅宽 7–9 mm，顶端钝圆，有小尖头，基部 1/4–1/3 为宿存的萼筒包围。花期 3–5 月，果期 4–7 月。

分布与生境 产于福建、台湾、湖南、广东、广西、云南。生于海拔 1500 m 以下的疏林下或灌丛中。也分布于印度、缅甸、越南。

药用部位 根、茎。

功效应用 补益气血，强壮筋骨，祛风活络。用于气血亏损，贫血，神经衰弱，月经不调，血虚闭经，遗精，阳痿，风湿疼痛，风瘫，四肢麻木，腰肌劳损，跌打损伤。

化学成分 根含蒽醌类：大黄素(emodin)[1-3]，1-羟基-6,7,8-三甲氧基-3-甲基蒽醌(1-hydroxy-6,7,8-trimethoxy-3-methylanthraquinone)，翼核果醌(leiocarpaquinone)，大黄素-6,8-二甲醚(emodin-6,8-dimethyl ether)[2]，大黄素甲醚(physcion)，1,3,4,5-四羟基-2-甲基蒽醌(1,3,4,5-tetrahydroxy-2-methyl-anthraquinone)，翼核果醌 I (ventiloquinone I)，翼核果素(ventilagolin)[3]；三萜类：羽扇豆醇(lupeol)[2]。

根状茎含蒽醌类：大黄素，大黄素-6,8-二甲醚，大黄素-8-O-β-D-吡喃葡萄糖苷(emodin-8-O-β-D-glucopyranoside)，1-羟基蒽醌(1-hydroxyanthraquinone)[4]，黄酮类：毛果翼核果呫酮▲(calyxanthone)，鸢尾苷元(tectorigenin)[4]，翼核果呫酮苷(ventilagoxanthonoside)[5]。

茎皮含黄酮类：8-羟基-3-甲基-6-甲氧基呫酮-1-O-β-D-吡喃葡萄糖基-(1 → 6)-β-D-吡喃葡萄糖苷[8-hydroxy-3-methyl-6-methoxyxanthone-1-O-β-D-glucopyranosyl-(1 → 6)-β-D-glucopyranoside]，8-羟基-3-甲基-6-甲氧基呫酮-1-O-α-L-吡喃鼠李糖基-(1 → 6)-β-D-吡喃葡萄糖苷[8-hydroxy-3-methyl-6-methoxyxanthone-1-O-α-L-rhamnopyranosyl-(1 → 6)-β-D-glucopyranoside][6]；蒽醌类：1,8-二羟基-3-甲基蒽醌(1,8-dihydroxy-3-methylanthraquinone)，1,3,8-三羟基-6-甲基蒽醌(1,3,8-trihydroxy-6-methylanthraquinone)[6]。

茎含黄酮类：翼核果呫酮苷，翼核果呫酮二糖苷(ventilagoxanthobinoside)[7]，(+)-香树素[(+)-aromadendrin][8]，1,6-二羟基-3-甲基-呫酮-8-酸-1-O-β-D-吡喃葡萄糖苷(1,6-dihydroxy-3-methyl-xanthone-8-acid-1-O-β-D-glucopyranoside)，1,6-二羟基-3-甲基-呫酮-8-酸-1-O-β-D-吡喃葡萄糖基-(1 → 6)-β-D-吡喃葡萄糖苷[1,6-dihydroxy-3-methyl-xanthone-8-acid-1-O-β-D-glucopyranosyl-(1 → 6)-β-D-glucopyranoside][9]；醌类：冰岛青霉素-4-甲醚(islandicin-4-methyl ether)，2-羟基大黄素-1-甲醚(2-hydroxyemodin-1-methyl ether)，1,2,6-三羟基-7,8-二甲氧基-3-甲基蒽醌(1,2,6-trihydroxy-7,8-dimethoxy-3-methylanthraquinone)，大黄素，大黄酚(chrysophanol)，冰岛青霉素(islandicin)，蜈蚣苔素(parietin)，链蠕孢素(catenarin)，冰岛青霉灵▲(skyrin)，翼核果醌(ventiloquinone) I、K[8]；三萜类：羽扇豆醇，蒲公英赛醇(taraxerol)[8]；甾体类：豆甾醇(stigmasterol)[8]。

药理作用 抗肿瘤作用：从翼核果的茎中分离得到的化合物翼核果呫酮苷和翼核果呫酮二糖苷对人慢性髓样白血病细胞 K562 增殖有不同程度的抑制作用[1]。

抗突变作用：翼核果根状茎的乙酸乙酯提取物有对抗苯并芘致突变作用[2]。

注评 本种为广西中药材标准（1990 年版）收载"红穿破石"、湖南中药材标准（1993、2009 年版）收载"乌多年"的基源植物，药用其干燥根和老茎或干燥茎。本种的藤茎在广西部分地区、广东韶关称"血风藤"，系"大血藤"同名异物品；在广东博白和遂溪又作"青藤"使用，系"青风藤"的混淆品。参见"梗花雀梅藤"和"青风藤"条。瑶族和仫佬族也药用，主要用途见功效应用项外，尚用其藤茎治肾炎水肿，慢性肝炎等症。

化学成分参考文献

[1] 李乃明，等. 广州医学院学报，1985, 13(3): 24-27. [2] 应百平，等. 药学学报，1988, 23(2): 126-129.

[3] 王雪芬，等 . 药学学报，1993, 28(2): 122-125.

[4] 王晓炜，等 . 沈阳药科大学学报，1996, 13(3): 189-191.

[5] 王晓炜，等 . 沈阳药科大学学报，1997, 14 (4): 296-297.

[6] Wang LL, et al. *Nat Prod Commun*, 2008, 3(5): 795-798.

[7] 徐绥绪，等 . 沈阳药科大学学报，1998, 15(4): 250-253.

[8] Lin LC, et al. *J Nat Prod*, 2001, 64(5): 674-676.

[9] Zhou YJ, et al. *Journal of Herbal Pharmacotherapy*, 2001, 1(2): 35-41.

药理作用及毒性参考文献

[1] 徐绥绪，等 . 沈阳药科大学学报，1998, 15(4): 250-253.

[2] 孟正木，等 . 中国药科大学学报，1990, 21(2): 117-119.

1b. 毛叶翼核果（变种）（东北林学院植物研究室汇刊）

Ventilago leiocarpa Benth. var. **pubescens** Y. L. Chen et P. K. Chou in Bull. Bot. Lab. North-East. Forest. Inst. 5: 89. 1979.（英 **Hairyleaf Ventilago**）

本变种小枝、叶下面或沿脉被密柔毛，果梗和宿存的萼筒被柔毛，与模式变种明显不同。

分布与生境　产于广西西部、贵州南部、云南东南部。生于海拔 600–1000 m 的山谷疏林中。

药用部位　根。

功效应用　祛风湿，消肿止痛。用于风湿痹痛，跌打损伤。

2. 海南翼核果（海南植物志）　斜叶翼核果（云南）

Ventilago inaequilateralis Merr. et Chun in Sunyats. 2: 38. 1934.（英 **Hainan Ventilago**）

藤状灌木，幼枝无毛或被短细柔毛，小枝灰褐色。叶革质，长圆形或椭圆形，长 6–17 cm，宽 2–5 cm，顶端钝或近圆形，稀钝锐尖，基部楔形或近圆形，不对称或稍不对称，边缘全缘或具不明显的细锯齿，两面无毛或幼时下面沿脉被疏柔毛，侧脉每边 8–14 (16) 条，两面稍凸起，网脉明显；叶柄短，长 1–5 mm，无毛或近无毛。花单生，数个簇生和具短总花梗的聚伞花序排成顶生或兼腋生的聚伞圆锥花序或聚伞总状花序，花梗长 1–2 mm，被短柔毛；花萼被疏短柔毛。核果长 3.6–4.5 cm，翅宽 7–9 mm，顶端钝或近圆形，核直径 4–5 mm，基部 1/3–1/2 为萼筒所包围。花期 2–5 月，果期 3–6 月。

海南翼核果 Ventilago inaequilateralis Merr. et Chun
吴彰桦　绘

海南翼核果 Ventilago inaequilateralis Merr. et Chun
摄影：黄健

分布与生境 产于广东海南岛、广西西部、贵州西南部和云南南部。生于低海拔的山谷林中。

药用部位 全株。

功效应用 用于毒蛇咬伤。

11. 咀签属 Gouania Jacq.

攀援灌木,通常有卷须,无刺。叶互生,托叶早落,具柄,全缘或具锯齿,具羽状脉或基生三出脉。花杂性,排成顶生或腋生聚伞总状或聚伞圆锥花序,在花序轴下部或基部常有卷须,花萼5裂,萼筒短,与子房合生;花瓣5,匙形,着生于花盘边缘之下;雄蕊5枚,为花瓣所抱持,花药纵缝开裂;花盘厚,五边形或5裂,包围着子房,无毛或被毛,子房下位,3室,每室具1胚珠,花柱3半裂或3深裂。蒴果近球形,两端凹陷,顶端有宿存的花萼,有3个具圆形翅的分核,成熟时自中轴分离,分核不开裂或沿内棱具狭裂缝。种子3粒,倒卵形,红褐色,有光泽。

20种,分布于热带和亚热带地区。中国有2种2变种,均可药用。

分种检索表

1. 毛咀签(海南植物志) 节节藤(全国中草药汇编),毛下果藤(海南植物志),爪哇下果藤(云南种子植物名录)

Gouania javanica Miq., Fl. Ind. Bot. 1: 649. 1855.(英 **Java Gouania**)

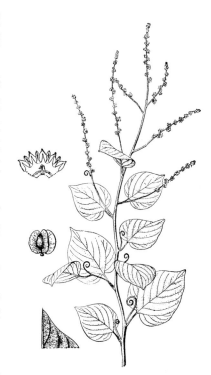

攀援灌木;小枝、叶柄、花序轴、花梗和花萼外面被棕色密短柔毛。叶互生,纸质,卵形或宽卵形,长4–11 cm,宽2–6 cm,顶端短渐尖或渐尖,稀锐尖,基部心形或圆形,全缘或具钝细锯齿,上面或沿脉被丝状柔毛,下面被锈色绒毛或灰色丝状柔毛,侧脉每边6稀7条,基部侧脉有3–6条次生侧脉,叶柄长0.8–1.7 cm,被密或疏柔毛。花单生,数个簇生和具短总花梗的聚伞花序排成腋生或顶生聚伞总状或聚伞圆锥花序,花序下部常有卷须,萼片卵状三角形,内面中肋无喙状突起;花瓣倒卵圆形,基部具短爪,花盘五角形,包围着子房。蒴果,长8–9 mm,直径9–10 mm,具3翅,两端凹陷,顶端有宿存的花萼,成熟时黄色,3个具圆形翅的分核沿中轴开裂。种子倒卵形,红褐色,有光泽,长约3 mm。花期7–9月,果期11月至翌年3月。

分布与生境 产于福建、海南、广西西部、贵州西南部、云南西南和东南及南部。生于低、中海拔疏林中或溪边,常攀援于树上。也分布于越南、老挝、柬埔寨、泰国、印度尼西亚、马来西亚和菲律宾。

药用部位 茎叶。

功效应用 清热解毒,收敛。用于烧伤,烫伤,外伤出血,疮疖红肿,痈疔溃烂,湿疹。

注评 本种的茎叶称"烧伤藤",广西等地药用。壮族也药用本种,主要用途见功效应用项。

毛咀签 Gouania javanica Miq.
张泰利 绘

毛咀签 Gouania javanica Miq.
摄影：刘冰 徐晔春

2. 咀签（中国高等植物图鉴） 下果藤（云南）

Gouania leptostachya DC., Prodr. 2: 40. 1825.（英 **Slender-spike Gouania**）

2a. 咀签（模式变种）

Gouania leptostachya DC. var. **leptostachya**

攀援灌木，当年生枝无毛或被疏短柔毛。叶纸质，卵形或卵状长圆形，长 5~9 cm，宽 2.5~5 cm，顶端渐尖或短渐尖，基部心形，边缘具圆齿状锯齿，上面深绿色，下面浅绿，无毛或沿脉有疏毛，侧

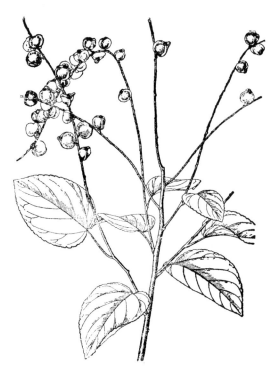

咀签 Gouania leptostachya DC. var. leptostachya
引自《中国高等植物图鉴》

咀签 Gouania leptostachya DC. var. leptostachya
摄影：黄健 张金龙

脉每边 5-6 条，基生侧脉外侧有 3-5 条次生侧脉，叶柄长 1-2.5 cm，被疏或密短柔毛；托叶披针形，脱落。单生、数个簇生和具短总花梗的聚伞花序排成腋生的聚伞总状和顶生的聚伞圆锥花序，被疏或密短柔毛，花梗短，长约 1 mm，无毛或具疏毛，萼片卵状三角形，顶端渐尖；花瓣白色，倒卵圆形，基部具狭爪；花盘五角形，每角延伸成 1 个舌状附属物；子房下位，藏于花盘内。蒴果，长 9-10 mm，具 3 翅，成熟时开裂成 3 个具近圆形翅的分核，果梗长 1-3 mm，无毛或有疏毛。种子倒卵形，淡褐色，有光泽。花期 8-9 月，果期 10-12 月。

分布与生境 产于广西、云南西南部和南部。生于低、中海拔疏林中，常攀援于树上。也分布于印度、不丹、尼泊尔、越南、老挝、缅甸、马来西亚、印度尼西亚、菲律宾、新加坡、泰国。

药用部位 茎、叶。

功效应用 清热，解痛，止痛，舒筋。用于烧伤，烫伤，胃痛，风湿，麻木，疮疡。

注评 本种的茎、叶称"下果藤"，云南等地药用。佤族、傣族、基诺族、壮族、拉祜族也药用，主要用途见功效应用项。

2b. 越南咀签（变种）（中国植物志）

Gouania leptostachya DC. var. **tonkinensis** Pit. in Lecomte, Fl. Gén. Ind.——Chin. 1: 934. 1912.（英 **Vietnam Gouania**）

本变种的托叶常呈圆形，较大，边缘具锐齿，基部抱茎，宿存，与模式变种相区别。

分布与生境 产于云南南部。生于低、中海拔林中或灌丛中。也分布于老挝和越南。

药用部位 茎、叶。

功效应用 清热解毒，舒筋活络。用于肢体麻木。外用于外伤出血，烧伤，烫伤，疮疡。

化学成分 茎含酚类：1-[(相对-2S,3R)-3,5,7-三羟基-3,4-二氢-2H-色原烯-2-基]乙酮{1-[(rel-2S,3R)-3,5,7-trihydroxy-3,4-dihydro-2H-chromen-2-yl]ethanone}，1-[(相对-2S,3S)-3,5,7-三羟基-3,4-二氢-2H-色原烯-2-基]乙酮{1-[(rel-2S,3S)-3,5,7-trihydroxy-3,4-dihydro-2H-chromen-2-yl]ethanone}[1]；生物碱类：O-甲基蝙蝠葛碱(O-methyldauricine)[1]；黄酮类：原飞燕草素(prodelphinidin) B$_3$、C，(-)-表没食子儿茶素[(-)-epigallocatechin]，(+)-没食子儿茶素[(+)-gallocatechin][1]。

越南咀签 Gouania leptostachya DC. var. tonkinensis Pit.
摄影：黄健 朱仁斌

化学成分参考文献

[1] Yao C, et al. *Chin Chem Lett*, 2011, 22(2): 175-177.

2c. 大果咀签（变种）（中国植物志）

Gouania leptostachya DC. var. **macrocarpa** Pit. in Lecomte, Fl. Gen. Ind.——Chin. 1; 934. 1912.（英 **Bigfruit Guania**）

蒴果大，长 12–13 mm，直径 13–18 mm，具厚的翅与上述两变种不同。

分布与生境　产于云南东南部和南部。生于海拔 2000 m 以下的林中。也分布于泰国、越南。

药用部位　茎、叶。

功效应用　清热解毒，凉血，舒筋活络。用于四肢麻木。外用于烧伤，烫伤，疮疡。

葡萄科 VITACEAE

攀援藤本，木质或草质，具卷须，或直立灌木，无卷须。叶互生，单叶、羽状或掌状复叶；托叶通常小而脱落，稀大而宿存。花小，两性或杂性同株，或异株，排列成伞房状多歧聚伞花序、复二歧聚伞花序或圆锥状多歧聚伞花序，4-5 基数；花萼呈碟形或浅杯状，萼片小；花瓣与萼片同数，分离或凋落时呈帽状黏合；雄蕊与花瓣对生，在两性花中雄蕊发育良好，在雌花（单性花）中常较小或极不发达，败育；花盘呈环状或分裂，稀不明显；子房上位，通常 2 室，每室有 2 枚胚珠，或多室而每室有 1 枚胚珠；果实为浆果，有种子 1 至数粒。胚小，胚乳形状各异。

14 属，约 900 余种，主要分布于热带和亚热带，少数种类分布于温带。我国有 8 属 146 种，南北各地均产，集中分布于华中、华南及西南部地区，其中 8 属 66 种 1 亚种 18 变种可药用。

本科药用植物主要成分包括香豆素、芪、酚酸、生物碱等类型化合物。

分属检索表

1. 花瓣黏合，凋落时呈帽状脱落；花序为典型的聚伞圆锥花序 ·······························1. 葡萄属 Vitis
1. 花瓣分离，凋落时不黏合；花序为复二歧聚伞花序或多歧聚伞花序。
  2. 花序为多歧聚伞花序，基部具卷须 ·······································2. 酸蔹藤属 Ampelocissus
  2. 花序为复二歧聚伞花序、多歧伞房状聚伞花序，基部无卷须。
    3. 花通常 5 基数。
      4. 卷须 4-7 总状分枝，顶端常扩大成吸盘；花序顶生或假顶生；花盘不发育；果梗顶端增粗·············
      ·······································3. 地锦属 Parthenocissus
      4. 卷须 2-3 叉状分枝，顶端不扩大成吸盘；花序与叶对生；花盘发达或不发达；果梗不增粗。
        5. 复二歧聚伞花序；花盘发育不明显 ·······························4. 俞藤属 Yua
        5. 多歧伞房状花序；花盘发达，5 浅裂 ·······················5. 蛇葡萄属 Ampelopsis
    3. 花通常 4 基数。
      6. 花序与叶对生；种子腹侧极短 ·······························6. 白粉藤属 Cissus
      6. 花序腋生或假腋生；种子腹侧明显，与种子近等长。
        7. 花柱明显，柱头不分裂 ·······························7. 乌蔹莓属 Cayratia
        7. 花柱不甚明显，柱头通常 4 裂，稀不规则分裂 ·······················8. 崖爬藤属 Tetrastigma

1. 葡萄属 Vitis L.

木质藤本，具卷须。叶为单叶、掌状或羽状复叶；托叶通常早落。花 5 基数；通常杂性异株，稀两性，排成聚伞圆锥花序；花萼呈碟状，萼片细小；花瓣黏合，凋谢时呈帽状脱落；花盘明显，5 裂；雄蕊与花瓣对生，在雌花中不发达，败育；子房 2 室，每室有 2 枚胚珠；花柱纤细，柱头微扩大。果实为一肉质浆果，有种子 2-4 粒。种子基部有短喙，种脐在种子背部呈圆形或近圆形，腹面两侧洼穴狭窄呈沟状或较阔呈倒卵长圆形，从种子基部向上通常达种子 1/3 处；胚乳呈 M 形。

约 60 余种，主要分布于温带。我国有 37 种，除新疆、青海、内蒙古和宁夏外，其他各地均有分布，其中 17 种 1 亚种 2 变种可药用。

分种检索表

1. 单叶。
  2. 小枝具皮刺，老茎上的皮刺变为瘤状突起 ··· 1. **刺葡萄 V. davidii**
  2. 小枝无皮刺，老茎上也无瘤状突起。
    3. 小枝和叶柄被有腺刚毛；托叶大，长 7–11 mm ······································· 2. **秋葡萄 V. romanetii**
    3. 小枝和叶柄被柔毛或蛛丝状绒毛；托叶小，早落。
      4. 叶片背面为密集的蛛丝状绒毛所覆盖。
        5. 叶片明显 3–5 浅裂至深裂。
          6. 叶片 3–5 浅裂；卷须不分枝或混生有二叉分枝 ······················· 3. **小叶葡萄 V. sinocinerea**
          6. 叶片常 3–5 中裂至深裂，深裂者有时重复羽裂；卷须二叉分枝 ············ 4. **蘡薁 V. bryoniifolia**
        5. 叶片不分裂。
          7. 成熟叶片腹面几无毛，基部浅心形或心形，基缺顶端常凹成钝角 ·······5. **毛葡萄 V. heyneana**
          7. 成熟叶片腹面密生短柔毛，基部心形，基缺顶端凹成锐角，有时两侧靠合 ············
          ··· 6. **绵毛葡萄 V. retordii**
      4. 叶片背面无毛，或被柔毛，或被稀疏的蛛丝状绒毛，但不为毛被所覆盖。
        8. 成熟叶片背面无毛，或仅在脉腋有簇毛；叶片不分裂或不明显 3–5 浅裂。
          9. 叶片基部显著心形或深心形。
            10. 叶片基缺凹成钝角，两侧绝不重叠，背面无白粉 ······················ 7. **小果葡萄 V. balansana**
            10. 叶片基缺两侧部分重叠，背面具白粉 ····························· 8. **东南葡萄 V. chunganensis**
          9. 叶片基部微心形或截形。
            11. 叶片卵形或卵圆形，无白粉。
              12. 叶片网脉明显，边缘每边具 16–20 个锯齿 ······················ 9. **网脉葡萄 V. wilsoniae**
              12. 叶片网脉不明显，边缘每边具 5–12 个锯齿 ······················ 10. **葛藟葡萄 V. flexuosa**
            11. 叶片椭圆形或椭圆状卵形，被白粉 ······························ 11. **闽赣葡萄 V. chungii**
        8. 成熟叶片背面或多或少被柔毛，或在脉上被柔毛或蛛丝状毛；叶片常显著分裂。
          13. 叶片基部深心形，基缺两侧靠近或部分重叠，边缘具粗齿 ···············12. **葡萄 V. vinifera**
          13. 叶片基部心形，基缺凹成钝角或圆形，边缘具浅齿。
            14. 小枝、叶柄被褐色长柔毛；卷须常不分叉 ····················· 13. **菱叶葡萄 V. hancockii**
            14. 小枝、叶柄常脱尽近无毛；卷须常 2 分叉。
              15. 叶片常 3–5 浅裂，裂片宽阔。
                16. 叶片卵圆形或卵状椭圆形，基缺凹成钝角 ······················ 14. **桦叶葡萄 V. betulifolia**
                16. 叶片阔卵圆形，基缺常圆形 ····································· 15. **山葡萄 V. amurensis**
              15. 叶片 3–5 中裂至深裂，裂片狭窄，有时裂片再次羽裂 ············ 16. **湖北葡萄 V. silvestrii**
1. 叶为复叶，3–5 出 ··· 17. **变叶葡萄 V. piasezkii**

    本属药用植物主要含有机酸 / 酚酸、黄酮、芪类、花青素、苯丙素等类型化学成分。有机酸 / 酚酸类成分如没食子酸 (gallic acid)，没食子酸 -3-β- 吡喃葡萄糖苷 (gallic acid-3-β-glucopyranoside)，没食子酸 4-β- 吡喃葡萄糖苷 (gallic acid-4-β-glucopyranoside)，反式 - 香豆酰酒石酸 (*trans*-coutaric acid，**1**)，顺式 - 香豆酰酒石酸 (*cis*-coutaric acid，**2**)；芪类成分如白黎芦醇 (resveratrol)，云杉鞣酚▲ (piceatannol)，反式 - 云杉新苷 (*trans*-piceid)，反式 - 山葡萄素 B (*trans*-amurensin B，**3**)，γ-2- 葡萄素 (γ-2-viniferin，**4**)，反式 -ε- 葡萄素 (*trans*-ε-viniferin，**5**)，买麻藤素▲H (gnetin H，**6**)。

本属植物所含的原花青素和白藜芦醇等主要化合物具有抗氧化、清除自由基、抗动脉粥样硬化、抗血栓、抗胃溃疡、抗菌、抗炎、抗癌等多种生物活性。

1. 刺葡萄

Vitis davidii (Rom. Caill.) Föex, Cours Compl. Vitic. 44. 1886.——*Spinovitis davidii* Rom. Caill., *Vitis armata* Diels et Gilg, *V. prunisapida* H. Lév. et Vaniot（英 **David Grape**）

1a. 刺葡萄（模式变种）

Vitis davidii (Rom. Caill.) Föex var. **davidii**

木质藤本。小枝圆柱形，无毛，纵棱纹幼时不明显，被皮刺；卷须 2 叉分枝，每隔 2 节间断与叶对生。叶片卵圆形或卵状椭圆形，长 6–11.5 cm，宽 5–15.5 cm，顶端急尖或短尾尖，基部心形，基缺凹成钝角，边缘每侧有锯齿 12–33 个，齿端尖锐，不分裂或微三浅裂，上面绿色，无毛，下面浅绿色，无毛；基生脉 5 出，中脉有侧脉 4–5 对，网脉两面明显，常疏生小皮刺；托叶近草质，绿褐色，卵披针形，长 2–3 mm，宽 1–2 mm，无毛，早落。花杂性异株；圆锥花序基部分枝发达，长 7–20 cm，与叶对生，花序梗长 1–2.5 cm，无毛；花梗长 1–2 mm，无毛；花蕾倒卵圆球形，顶端圆形；花萼碟形，边缘萼片不明显；花瓣 5，呈帽状黏合脱落；雄蕊 5 枚，花丝丝状，长 1–1.4 mm，花药黄色，椭圆形，长 0.6–0.7 mm；花盘发达，5 裂；雌蕊 1 枚，子房圆锥形，花柱短，柱头扩大。果实球形，成熟时紫红色，直径 1.2–2.5 cm。种子倒卵状椭圆形，顶端圆钝，基部有短喙。花期 4–6 月，果期 7–10 月。

分布与生境　产于陕西、甘肃、江苏、安徽、浙江、江西、湖北、湖南、广东、广西、四川、贵州、云南。生于海拔 600–1800 m 的山坡、沟谷林中或灌丛中。

药用部位　根。

功效应用　祛风除湿，散瘀消积。用于呕血，腹痛症积，慢性关节炎，跌打损伤。用于痔疮，遗精。

化学成分　茎含芪类：刺葡萄酚▲(davidol)，白藜芦醇(resveratrol)，(+)-ε-葡萄素[(+)-ε-viniferin]，蛇葡萄素(ampelopsin) C、E，葡萄辛▲A (vitisin A)，坡垒酚▲(hopeaphenol)[1]。

果皮含花青素类：从果皮花色苷水解物中得到锦葵素 (malvidin) 和芍药素 (paeonidin) 等苷元[2]。飞燕草素 -3,5-O- 二葡萄糖苷 (delphinidin-3,5-O-diglucoside)，碧冬茄素 -3,5-O- 二葡萄糖苷 (petunidin-3,5-

O-diglucoside)，芍药素 -3,5-*O*- 二葡萄糖苷 (paeonidin-3,5-*O*-diglucoside)，锦葵素 -3,5-*O*- 二葡萄糖苷 (malvidin-3,5-*O*-diglucoside)，矢车菊素 -3-*O*- 单葡萄糖苷 (cyanidin-3-*O*-monoglucoside)，芍药素 -3-*O*- 单葡萄糖苷 - 丙酮酸 (paeonidin-3-*O*-monoglucoside-pyruvic 苍白粉藤酚 acid)，芍药素 -3-*O*- 咖啡酰葡萄糖苷 (paeonidin-3-*O*-caffeoylglucoside)，锦葵素 -3-*O*- 单葡萄糖苷 (malvidin-3-*O*-monoglucoside)，锦葵素 -3-*O*- 乙酰葡萄糖苷 -5-*O*- 葡萄糖苷 (malvidin-3-*O*-acetylglucoside-5-*O*-glucoside)，飞燕草素 -3-*O*- 反式 - 香豆酰葡萄糖苷 -5-*O*- 葡萄糖苷 (delphinidin-3-O-*trans*-coumaroylglucoside-5-*O*-glucoside)，锦葵素 -3-*O*- 单葡萄糖苷 - 乙醛 (malvidin-3-*O*-monoglucoside-acetaldehyde)，锦葵素 -3-*O*- 咖啡酰葡萄糖苷 -5-*O*- 葡萄糖苷 (malvidin-3-*O*-caffeoylglucoside-5-*O*-glucoside)，碧冬茄素 -3-*O*- 香豆酰葡萄糖苷 -5-*O*- 葡萄糖苷 (petunidin-3-*O*-coumaroylglucoside-5-*O*-glucoside)，锦葵素 -3-*O*- 顺式 - 香豆酰葡萄糖苷 -5-*O*- 葡萄糖苷 (malvidin-3-*O*-*cis*-coumaroylglucoside-5-*O*-glucoside)，锦葵素 -3-*O*- 反式 - 香豆酰葡萄糖苷 -5-*O*- 葡萄糖苷 (malvidin-3-*O*-*trans*-coumaroylglucoside-5-*O*-glucoside)，锦葵素 -3-*O*- 咖啡酰

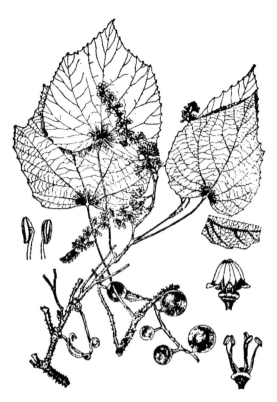

刺葡萄 Vitis davidii (Rom. Caill.) Föex var. **davidii**
引自《中国高等植物图鉴》

刺葡萄 Vitis davidii (Rom. Caill.) Föex var. **davidii**
摄影：何顺志

葡萄糖苷 (malvidin-3-*O*-caffeoylglucoside)，锦葵素 -3-*O*- 香豆酰葡萄糖苷 (malvidin-3-*O*-coumaroylglucoside)[3]；黄酮类：二氢山奈酚 -3-*O*- 葡萄糖苷 (dihydrokaempferol-3-*O*-glucoside)，二氢山奈酚 -3-*O*- 鼠李糖苷 (dihydrokaempferol-3-*O*-rhamnoside)，山奈酚 -3-*O*- 半乳糖苷 (kaempferol-3-*O*-galactoside)，山奈酚 -3-*O*- 葡萄糖苷 (kaempferol-3-*O*-glucoside)，山奈酚 -3-*O*- 芸香糖苷 (kaempferol-3-*O*-rutinoside)，山奈酚 -3-*O*- 鼠李糖苷 (kaempferol-3-*O*-rhamnoside)，二氢槲皮素 -*O*- 己糖苷 (dihydroquercetin-*O*-hexoside)，槲皮素 -3-*O*- 半乳糖苷 (quercetin-3-*O*-galactoside)，槲皮素 -3-*O*- 葡萄糖醛酸苷 (quercetin-3-*O*-glucuronide)，槲皮素 -3-*O*- 葡萄糖苷 (quercetin-3-*O*-glucoside)，槲皮素 -3-*O*- 芸香糖苷 (quercetin-3-*O*-rutinoside)，槲

皮素 -O- 木糖苷 (quercetin-O-xyloside)，二氢槲皮素 -O- 木糖苷 (dihydroquercetin-O-xyloside)，槲皮素 -3-O- 鼠李糖苷 (quercetin-3-O-rhamnoside)，异鼠李素 -3-O- 鼠李糖苷 (isorhamnetin-3-O-rhamnoside)，落叶松素▲-3-O- 葡萄糖苷 (laricitrin-3-O-glucoside)，丁香亭 -3-O- 葡萄糖苷 (syringetin-3-O-glucoside)，杨梅素 -3-O- 葡萄糖苷 (myricetin-3-O-glucoside)，杨梅素 -3-O- 半乳糖苷 (myricetin-3-O-galactoside)；儿茶素 (catechin)，表儿茶素 (epicatechin)，表没食子儿茶素 (epigallocatechin)，表儿茶素 -3-O- 没食子酸酯 (epicatechin-3-O-gallate)[3]；苯丙素类：对羟基桂皮酸 (p-hydroxycinnamic acid)，咖啡酰酒石酸 (caftaric acid)，阿魏酸 (ferulic acid)，香豆酸 (coumaric acid)，咖啡酸 (caffeic acid)，香豆酸葡萄糖基酯 (coumaric acid glucoside ester)，阿魏酸己糖酯 (ferulic acid hexose ester)，桂皮酸 (cinnamic acid)，咖啡酸乙酯 (ethyl caffeate)[3]；酚、酚酸类：对羟基苯甲酸 (p-hydroxybenzoic acid)，原儿茶酸己糖酯 (protocatechuic acid hexose ester)，香荚兰酸己糖酯 (vanillic acid hexose ester)[3]。

地上部分含芪类：白藜芦醇，葡萄辛▲A，(+)-ε- 葡萄素，毛葡萄酚▲A (heyneanol A)，蛇葡萄素 E (ampelopsin E)，山葡萄素 (amurensin) B、G[4]。

药理作用 调节血脂作用：刺葡萄籽油能降低高脂血症大鼠血清 TC、TG、LDL-C，升高 HDL-C[1]。

注评 本种的根称"刺葡萄根"，重庆、浙江、江西等地药用。傈僳族也药用本种的根，主要用途见功效应用项。羌族、土家族药用其藤茎治疗干咳，身痛，遗尿，痈疽，痔疮，遗精等症。

化学成分参考文献

[1] Li WW, et al. *Chin Chem Lett,* 1998, 9(8): 735-736.

[2] 邓洁红，等 . 中国食品学报，2010, 10(1): 200-206.

[3] Liang NN, et al. *J Agric Food Chem*, 2013, 61(25): 6016-6027.

[4] 杨敬芝，等 . 中国中药杂志，2001, 26(8): 553-555.

药理作用及毒性参考文献

[1] 王仁才，等 . 现代生物医学进展，2008, 8(7): 1321-1324.

1b. 蓝果刺葡萄（变种） 瘤葡萄（中国树木分类学）

Vitis davidii (Rom. Caill.) Föex var. **cyanocarpa** (Gagnep.) Sarg. in Pl. Wilson. 1(1): 104. 1911.——*V. armata* Diels et Gilg var. *cyanocarpa* Gagnep.（英 **Brier Grape**）

本变种与模式变种区别在于老枝皮刺呈瘤状突起，嫩枝无皮刺或有极稀疏皮刺，果实成熟时变蓝黑色。

分布与生境 产于安徽、湖北、云南。生于海拔 600-2300 m 的灌丛或疏林中。

药用部位 根。

功效应用 用于骨髓炎。

2. 秋葡萄 紫葡萄（江苏），腺葡萄（河南）

Vitis romanetii Rom. Caill. in DC., Monogr. Phan. 5: 365. 1887.——*Ampelovitis romanetii* (Rom. Caill.) Carrière（英 **Romanet Grape**）

木质藤本。小枝圆柱形，有显著粗棱纹，密被短柔毛和有柄腺毛，腺毛长 1–1.5 mm；卷须常 2 或 3 分枝，每隔 2 节间断与叶对生。叶片卵圆形或阔卵圆形，长 6.5–15.5 cm，宽 5.5–13 cm，微 5 裂或不分裂，基部深心形，基缺凹成锐角，稀成钝角，有时两侧靠近，边缘有粗锯齿，齿端尖锐，上面绿色，初时疏被蛛丝状绒毛，后脱落近无毛，下面淡绿色，初时被柔毛和蛛丝状绒毛，后脱落变稀疏；基生脉 5 出，脉基部常疏生有柄腺体，中脉有侧脉 4–5 对，网脉上面微突出，下面突出，被短柔毛；叶柄长 2–6 cm，被短柔毛和有柄腺毛；托叶膜质褐色，卵状披针形，长 7–14 mm，宽 3–5 mm，顶端渐尖，边缘全缘，无毛。花杂性异株；圆锥花序疏散，长 5–13 cm，与叶对生，基部分枝发达，花序梗长 1.5–

3.5 cm，密被短柔毛和有柄腺毛；花梗长 1.6–2 mm，无毛；花蕾倒卵状椭圆球形，顶端圆形；花萼碟形，高约 2 mm，几全缘，无毛；花瓣 5，呈帽状黏合脱落；雄蕊 5 枚，花丝丝状，长 1.4–1.8 mm，花药黄色，椭圆状卵形，长约 0.5 mm；花盘发达，5 裂；雌蕊 1 枚，子房圆锥形，花柱短，柱头扩大。果实球形，直径 0.7–0.8 cm。种子倒卵形，顶端圆形，微凹，基部有短喙。花期 4–6 月，果期 7–9 月。

分布与生境 产于陕西、甘肃、江苏、安徽、河南、湖北、四川。生于海拔 150–1500 m 的山坡林中或灌丛中。

药用部位 茎。

功效应用 祛瘀止血，生肌。用于呕血，目翳，跌打损伤。

化学成分 叶、浆果、果皮及种子均含芪类：反式-白藜芦醇(*trans*-resveratrol)，顺式-云杉新苷(*cis*-piceid)，反式-云杉新苷(*trans*-piceid)[1]。

化学成分参考文献

[1] Zhou Q, et al. *New Zealand Journal of Crop and Horticultural Science*, 2015, 43(3): 204-213.

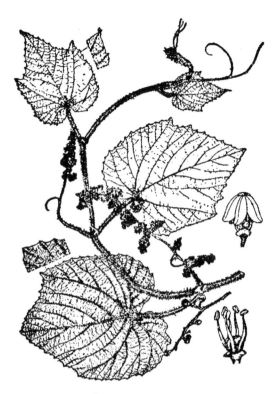

秋葡萄 Vitis romanetii Rom. Caill.
引自《中国高等植物图鉴》

秋葡萄 Vitis romanetii Rom. Caill.
摄影：陈彬

3. 小叶葡萄

Vitis sinocinerea W. T. Wang in Acta Phytotax. Sin. 17(**3**): 75, f. 1: 2. 1979.——*V. thunbergii* Siebold et Zucc. var. *cinerea* Gagnep., *V. thunbergii* Siebold et Zucc. var. *taiwaniana* F. Y. Lu（英 **Small-leaf Grape**）

　　木质藤本。小枝圆柱形，有纵棱纹，疏被短柔毛和蛛丝状绒毛；卷须不分枝或 2 叉分枝，每隔 2 节间断与叶对生。叶片卵圆形，长 3.5–7.5 cm，宽 3.5–6 cm，三浅裂或不明显分裂，顶端急尖，基部浅心形或近截形，边缘每侧有 5-9 个锯齿，上面绿色，密被短柔毛或脱落几无毛，下面密被淡褐色蛛丝状绒毛；基生脉 5 出，中脉有侧脉 3-4 对，脉上密被短柔毛和疏生蛛丝状的绒毛；叶柄长 1-3 cm，密被短柔毛；托叶膜质，褐色，卵披针形，长约 2 mm，宽约 1 mm，顶端钝或渐尖，几无毛。圆锥花序小，狭窄，长 3-6 cm，与叶对生，基部分枝不发达；花序梗长 1.5-2 cm，被短柔毛；花梗长 1.5-2 mm，几无毛；花蕾倒卵状椭圆球形，顶端圆形；花萼碟形，边缘几全缘，无毛；花瓣 5，呈帽状黏合脱落；雄蕊 5 枚，花丝丝状，长约 1 mm，花药黄色，椭圆形，长约 0.5 mm；花盘发达，5 裂。果实成熟时紫褐色，直径 0.6-1 cm。种子倒卵圆形，顶端微凹，基部有短喙。花期 4-6 月，果期 7-10 月。

分布与生境　产于江苏、浙江、福建、江西、湖北、湖南、台湾、云南。生于海拔 220-2800 m 的山坡林中或灌丛。

药用部位　根、全株。

功效应用　祛风除湿，解毒。用于风湿性关节痛，跌打损伤。

化学成分　茎含芪类：白藜芦醇(resveratrol)，(+)-ε-葡萄素[(+)-ε-viniferin]，蛇葡萄素C (ampelopsin C)，(+)-葡萄辛▲A [(+)-vitisin A][1]。

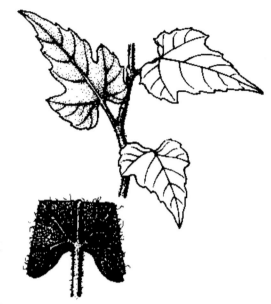

小叶葡萄 **Vitis sinocinerea** W. T. Wang
顾健　绘

化学成分参考文献

[1] Lin YS, et al. *J Agric Food Chem*, 2012, 60(30): 7435-7441.

4. 蘡薁　华北葡萄，野葡萄（全国中草药汇编），山葡萄（蜀本图经），烟黑（救荒本草），扁头藤、猫耳藤、山苦瓜（福建）

Vitis bryoniifolia Bunge, Enum. Pl. Chin. Bor. 11. 1833.——*V. adstricta* Hance, *V. bryoniifolia* Bunge var. *multilobata* S. Y. Wang et Y. H. Hu（英 **North China Grape**）

木质藤本。小枝圆柱形，有棱纹，嫩枝密被蛛丝状绒毛或柔毛，后脱落变稀疏；卷须 2 叉分枝，每隔 2 节间断与叶对生。叶片长圆状卵形，长 3-7.5 cm，宽 2.5-5 cm，叶片 3-5 (-7) 深裂或浅裂，稀混生有不裂叶者，中裂片顶端急尖至渐尖，边缘每侧有 9-16 缺刻粗齿或成羽状分裂，基部心形或深心形，基缺凹成圆形，下面密被蛛丝状绒毛和柔毛，后脱落变稀疏；基生脉 5 出，中脉有侧脉 4-6 对，上面网脉不明显或微突出，下面有时绒毛脱落后柔毛明显可见；叶柄长 1-4.5 cm，初时密被蛛丝状绒毛或绒毛和柔毛，以后脱落变稀疏；托叶卵状长圆形或长圆状披针形，膜质，褐色，长 3.5-8 mm，宽 2.5-4 mm，顶端钝，全缘，无毛或近无毛。花杂性异株；圆锥花序与叶对生，基部分枝发达或有时退化成一卷须，稀狭窄而基部分枝不发达；花序梗长 0.5-2.5 cm，初时被蛛状丝绒毛，后变稀疏；花梗长 1.5-3 mm，无毛；花蕾倒卵状椭圆球形或近球形，顶端圆形；花萼碟形，高约 0.2 mm，近全缘，无毛；花瓣 5，呈帽状黏合脱落；雄蕊 5 枚，花丝丝状，长 1.5-1.8 mm，花药黄色，椭圆形，长 0.4-0.5 mm；花盘发达，5 裂；雌蕊 1 枚，子房椭圆卵形，花柱细短，柱头扩大。果实球形，成熟时紫红色，直径 0.5-0.8 cm。种子倒卵形，顶端微凹，基部有短喙。花期 4-8 月，果期 6-10 月。

分布与生境　产于河北、陕西、山西、山东、江苏、安徽、浙江、湖北、湖南、江西、福建、广东、广西、四川、云南。生于海拔 150-2500 m 的山谷林中、灌丛、沟边或田埂边。

药用部位　根、茎、叶、果实。

功效应用 根：祛风湿，消肿毒。用于湿热黄疸，热淋，赤痢，瘰疬，跌打损伤，痈疮肿毒。茎、叶：祛湿利湿，消肿解毒。用于淋病，痢疾，崩漏，呃逆，风湿痹痛，瘰疬，湿疹，痈疮肿毒，跌打损伤。果实：生津止渴。用于伤津口干。

化学成分 全株含纤维、蛋白质、碳水化合物、维生素（维生素C、B_1、B_2、PP）、β-胡萝卜素；氨基酸：甘氨酸(glycine)，丙氨酸(alanine)，丝氨酸(serine)，天冬氨酸(aspartic acid)，谷氨酸(glutamic acid)，L-赖氨酸(L-lysine)，胱氨酸(cystine)，酪氨酸(tyrosine)，亮氨酸(leucine)，L-蛋氨酸(L-methionine)，苯丙氨酸(phenylalanine)，L-组氨酸(L-histidine)，苏氨酸(threonine)，缬氨酸(valine)，L-异亮氨酸(L-isoleucine)，L-精氨酸(L-arginine)，脯氨酸(proline)；矿物质元素：Fe、Mg、Mn、K、Na、Co、Cu、Zn、Ca、P[1]。

注评 本种为广东中药材标准（2011年版）收载"山葡萄"的基源植物，药用其干燥的茎和叶。标准使用本种的拉丁异名 *Vitis adstricta* Hance。本种的果实称"蘡薁"，根称"蘡薁根"，安徽、福建、江西、贵州等地药用。云

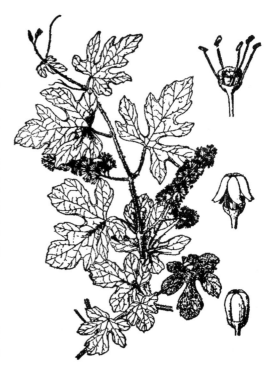

蘡薁 **Vitis bryoniifolia** Bunge
引自《中国高等植物图鉴》

蘡薁 **Vitis bryoniifolia** Bunge
摄影：朱鑫鑫 徐克学

南大理又称其藤茎为"小红藤""五爪金龙"，系民间药。根在云南大理、剑川混称"白蔹"，中国药典收载的"白蔹"为同科植物白蔹 *Ampelopsis japonica* (Thunb.) Makino，两者不可混用。傣族、彝族、景颇族、傈僳族、德昂族也药用本种藤茎和根，主要用途见功效应用项。

化学成分参考文献

[1] 李玉鹏, 等. 云南化工, 2008, 35(1): 50-51.

5. 毛葡萄 绒毛葡萄（植物分类学报），五角叶葡萄（中国果树分类学），野葡萄（云南师宗）

Vitis heyneana Roem. et Schult., Syst. Veg. 5: 318. 1819.——*V. quinquangularis* Rehder, *V. ficifolia* Bunge var. *pentagona* Pamp., *V. pentagona* Diels et Gilg, *V. pentagona* Diels et Gilg var. *honanensis* Rehder（ 英 **Hairy Grape**）

5a. 毛葡萄（模式亚种）

Vitis heyneana Roem. et Schult. subsp. **heyneana**

木质藤本。小枝圆柱形，有纵棱纹，被灰色或褐色蛛丝状绒毛；卷须2叉分枝，密被绒毛，每隔2节间断与叶对生。叶片卵圆形、长卵状椭圆形或卵状五角形，长4.5–11 cm，宽3.5–7 cm，顶端急尖或渐尖，基部心形或微心形，基缺顶端凹成钝角，稀成锐角，边缘每侧有9–19个尖锐锯齿，上面绿色，初时疏被蛛丝状绒毛，后脱落无毛，下面密被灰色或褐色绒毛，后脱落变稀疏；基生脉3–5出，中脉有侧脉4–6对，上面脉上无毛或有时疏被短柔毛，下面脉上密被绒毛，有时稀被绒毛状柔毛；叶柄长3–6 cm，密被蛛丝状绒毛；托叶膜质，褐色，卵状披针形，长3–5 mm，宽2–3 mm，顶端渐尖，稀钝，全缘，无毛。花杂性异株；圆锥花序疏散，与叶对生，分枝发达，长4–14 cm；花序梗长1–2 cm，被灰色或褐色蛛丝状绒毛；花梗长1–3 mm，无毛；花蕾倒卵圆球形或椭圆球形，顶端圆形；花萼碟形，边缘近全缘，高约1 mm；花瓣5，呈帽状黏合脱落；雄蕊5枚，花丝丝状，长1–1.2 mm，花药黄色，椭圆形或阔椭圆形，长约0.5 mm；花盘发达，5裂；雌蕊1枚，子房卵圆形，花柱短，柱头微扩大。果实圆球形，成熟时紫黑色，直

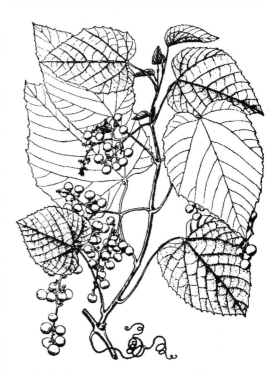

毛葡萄 Vitis heyneana Roem. et Schult. subsp. **heyneana**
引自《中国高等植物图鉴》

毛葡萄 Vitis heyneana Roem. et Schult. subsp. **heyneana**
摄影：何顺志 徐克学

径 1–1.3 cm。种子倒卵形，顶端圆形，基部有短喙。花期 4–6 月，果期 6–10 月。

分布与生境　产于山西、陕西、甘肃、山东、河南、安徽、江西、浙江、福建、广东、广西、湖北、湖南、四川、贵州、云南、西藏。生于海拔 100–3200 m 的山坡、沟谷灌丛、林缘或林中。尼泊尔、不丹和印度也有分布。

药用部位　根皮、根、叶、全株。

功效应用　根皮：调经活血，补虚止带。用于月经不调，白带，跌打损伤，筋骨痛。根：用于风湿，跌打。叶：止血。用于外伤出血。全株：止血，祛风湿，解热。用于麻疹。

化学成分　根含芪类：葡萄芪酚▲(vitisinol)，云杉新苷(piceid)，坡垒酚▲(hopeaphenol)[1]；苯丙素类：迷迭香酸甲酯(methyl rosmarinate)[1]；木脂素类：萹蓄脂素▲(aviculin)[1]；三萜类：白桦脂酸(betulinic acid)[1]；苯甲醇类：苄基-O-β-D-呋喃芹糖基-$(1 \rightarrow 2)$-β-D-吡喃葡萄糖苷[benzyl-O-β-D-apiofuranosyl-$(1 \rightarrow 2)$-β-D-glucopyranoside][1]；甾体类：β-谷甾醇[1]。

　　茎含芪类：毛葡萄酚▲A(heyneanol A)，(+)-ε-葡萄素[(+)-ε-viniferin]，蛇葡萄素(ampelopsin) A、C[2]。

　　叶含大柱香波龙烷类：(3S,5R,6R,9R)-大柱香波龙-3,5,6,9-四醇-9-O-β-D-吡喃葡萄糖苷[(3S,5R,6R,9R)-megastigman-3,5,6,9-tetrol-9-O-β-D-glucopyranoside]，(6S,9R)-长春花苷[(6S,9R)-roseoside]，猕猴桃香堇苷▲(actinidioionoside)，淫羊藿次苷(icariside) B$_1$、B$_5$[3]；三萜类：环木菠萝-23-烯-3β,25-二醇(cycloart-23-ene-3β,25-diol)，25,26,27-三降-3β,24-二羟基环木菠萝烷(25,26,27-trinor-3β,24-dihydroxycycloartane)[3]。

注评　本种的根皮称"毛葡萄根皮"，叶称"毛葡萄叶"，陕西、江西等地药用。本种的藤茎在广西全州作"大风藤"使用，与中药"海风藤"功效与应用不尽相同，两者不得混用。本种为藏药"更珠木"的基源植物之一，药用其果实治疗肺炎，肺热，肺结核，气喘，热咳，失音等症。羌族药用其藤治呕血，腹痛症积，痔疮，遗精等症。彝族、傈僳族也药用本种，主要用途见功效应用项。

化学成分参考文献

[1] Li Y, et al. *Biochem Syst Ecol*, 2013, 50: 266-268.

[2] Li WW, et al. *Phytochemistry*, 1996, 42(4): 1163-1165.

[3] Cong HJ, et al. *Biochem Syst Ecol*, 2012, 45: 111-114.

5b. 桑叶葡萄（亚种）　毛葡萄（北京植物志），野葡萄（河北），河南毛葡萄（河南）

Vitis heyneana Roem. et Schult. subsp. **ficifolia** (Bunge) C. L. Li in Chinese J. Appl. Environ. Biol. 2(3): 250. 1996.——*V. ficifolia* Bunge, *V. labrusca* L. var. *ficifolia* (Bunge) Regel, *V. thunbergii* Siebold et Zucc.（英 **Fac European Grape**）

　　本亚种与模式亚种区别在于叶片常有 3 浅裂至中裂并混生有不分裂叶者。花期 5–7 月，果期 7–9 月。

分布与生境　产于河北、山西、陕西、山东、河南、江苏。生于海拔 100–1300 m 的山坡、沟谷灌丛或疏林中。

药用部位　根、茎。

功效应用　止渴，利尿。用于伤津口干，烦渴，小便不利。

桑叶葡萄 Vitis heyneana Roem. et Schult.
subsp. ficifolia (Bunge) C. L. Li
引自《中国高等植物图鉴》

桑叶葡萄 Vitis heyneana Roem. et Schult.
subsp. ficifolia (Bunge) C. L. Li
摄影：南程慧

6. 绵毛葡萄

Vitis retordii Rom. Caill. ex Planch. in DC., Monogr. Phan. 5: 613. 1887.（英 **Tomentose Grape**）

木质藤本。小枝圆柱形，有纵棱纹，密被褐色长绒毛，后脱落变稀疏；卷须 2 叉分枝，每隔 2 节间断与叶对生。叶片卵圆形或卵状椭圆形，长 7–14.5 cm，宽 4.5–10 cm，基部心形，基缺凹成锐角，稀有时两侧靠合，边缘每侧有 19–43 个尖锐锯齿，上面绿色，密生短柔毛，下面为褐色绵毛状长绒毛所覆盖；基生脉 5 出，中脉有侧脉 4–5 对，上面突出，被短柔毛，下面为绒毛所覆盖，网脉在上面突出，下面常被绒毛，脱落时可见突起；叶柄长 2–9 cm，密被蛛状丝褐色绒毛；托叶膜质，褐色，卵披针形，长 3–5 mm，宽 2–3 mm，近无毛，顶端渐尖，早落。花杂性异株；圆锥花序疏散，长 6–10 cm，与叶对生，基部分枝发达；花序梗长 1.2–2.5 cm，常被褐色绒毛；花梗长 1–1.5 mm，无毛；花蕾倒卵状椭圆球形，顶端圆形；花萼碟形，高约 1.5 mm，几全缘，无毛；花瓣 5，呈帽状黏合脱落；雄蕊 5 枚，花丝丝状，长 1–1.2 mm，花药黄色，长椭圆形，长约 0.5 mm；花盘发达，5 裂；雌蕊 1 枚，子房卵圆形，花柱短，柱头不明显扩大。果实球形，直径约 0.8 cm。种子倒卵状椭圆形，顶端圆形，基部具短喙。花期 5 月，果期 6–7 月。

分布与生境　产于广东、广西、海南、贵州。生于海拔 200–1000 m 的山坡、沟谷疏林或灌丛中。

药用部位　根。

功效应用　用于风湿痹痛，跌打损伤。

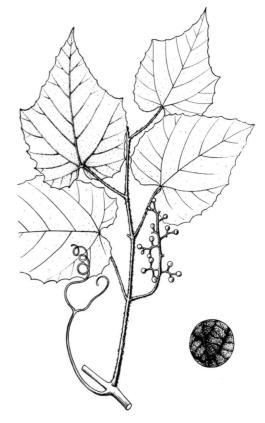

绵毛葡萄 Vitis retordii Rom. Caill. ex Planch.
张培英　绘

绵毛葡萄 **Vitis retordii** Rom. Caill. ex Planch.
摄影：王祝年

7. 小果葡萄　葡萄血藤（全国中草药汇编），小果野葡萄（广州植物志），小葡萄（海南植物志）

Vitis balansana Planch. in DC., Monogr. Phan. 5: 612. 1887.——*V. flexuosa* Thunb. var. *gaudichaudii* Planch.（英 **Littlefruit Grape**）

木质藤本。小枝圆柱形，有纵棱纹，嫩时疏被浅褐色蛛丝状绒毛，后脱落无毛；卷须 2 叉分枝，每隔 2 节间断与叶对生。叶片心状卵圆形或阔卵形，长 4.5–13 cm，宽 4–9.5 cm，顶端急尖或短尾尖，基部心形，基缺顶端呈钝角，边缘每侧有细牙齿 16–22 个，微呈波状，上面绿色，初时疏被蛛丝状绒毛，后脱落无毛；基生脉 5 出，中脉有侧脉 4–6 对，网脉明显，两面突出；叶柄长 2–4.5 cm，初时被蛛状丝绒毛，后脱落无毛；托叶褐色，卵圆形至长圆形，长 2–4 mm，宽 1.5–3 mm，无毛或被蛛状丝绒毛。圆锥花序与叶对生，长 4–13 cm，疏被蛛丝状绒毛，或脱落无毛；花梗长 1–1.5 mm，无毛；花蕾倒卵圆球形，顶端圆形；花萼碟形，全缘，无毛；花瓣 5，呈帽状黏合脱落；雄蕊 5 枚，在雄花内花丝细丝状，长 0.6–1 mm，花药黄色，椭圆形，长约 0.4 mm；花盘发达，5 裂；雌蕊 1 枚，子房圆锥形，花柱短，柱头微扩大。果实球形，成熟时紫黑色，直径 0.5–0.8 cm。种子倒卵状长圆形，顶端圆形，基部显著有喙。花期 2–8 月，果期 6–11 月。

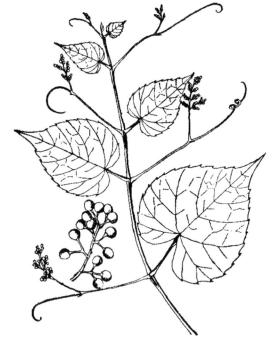

小果葡萄 **Vitis balansana** Planch.
引自《中国高等植物图鉴》

分布与生境　产于广东、广西、海南。生于海拔 250–800 m 的沟谷阳处。越南也有分布。

药用部位　根皮、茎叶。

功效应用　根皮：舒筋活血，清热解毒，生肌利湿。用于骨折，风湿瘫痪，劳伤，无名肿毒，赤痢。

小果葡萄 **Vitis balansana** Planch.
摄影：王祝年

茎叶：解毒，止痛，消肿。用于无名肿毒，疮疡。

注评 本种的根皮和茎叶称"小果野葡萄藤"，在贵阳民间药用于接骨。别称"大血藤"，应注意不得与中药"大血藤"相混。

8. 东南葡萄

Vitis chunganensis Hu in J. Arnold Arbor. 6: 143. 1925.（英 **Southeastern China Grape**）

木质藤本。小枝圆柱形，幼嫩时棱纹不明显，老后有显著纵棱纹，无毛；卷须2叉分枝，每隔2节间断与叶对生。叶片卵形、或卵状长椭圆形，长7–22 cm，宽4.5–13 cm，顶端急尖、渐尖或尾状渐尖，基部心形，基缺两侧近乎靠近或靠叠，边缘有12–22个细牙齿，上面绿色，无毛，下面被白色粉霜，稀粉霜不明显而呈绿色，无毛；基生脉5–7出，中脉有侧脉5–7对，网脉不明显；叶柄长2.5–6.5 cm，无毛；托叶卵状长椭圆形或披针形，长1.5–3 mm，宽1–1.5 mm，顶端钝，无毛，早落。花杂性异株；圆锥花序疏散，长5–9 cm，与叶对生，下部分枝达，基部分枝偶尔退化成卷须；花序梗长1–2 cm，被短柔毛或脱落而无毛；花梗长1.2–2 mm，无毛；花蕾近球形或椭圆球形，无毛；花萼碟形，无毛；花瓣5，呈帽状黏合脱落；雄蕊5枚，花丝丝状，长0.5–0.7 mm，花药黄色，椭圆形，长约0.4 mm；花盘发达，5裂；雌蕊1枚，子房卵圆形，花柱细短，柱头扩大。果实球形，成熟时紫黑色，直径0.8–1.2 cm。种子倒卵形，顶端微凹，基部有短喙。花期4–6月，果期6–8月。

分布与生境 产于安徽、江西、浙江、福建、湖南、广东、广西。生于海拔500–1400 m的山坡灌丛、沟谷林中。

东南葡萄 **Vitis chunganensis** Hu
引自《中国高等植物图鉴》

东南葡萄 *Vitis chunganensis* Hu
摄影：陈彬 徐永福

药用部位 根、茎。

功效应用 活血祛瘀，祛风除湿。用于风湿痛，跌打损伤。

化学成分 全草含芪类：东南葡萄酚▲(chunganenol)，(+)-山葡萄素[(+)-amurensin] B、G，(+)-ε-葡萄素[(+)-ε-viniferin]，(+)-葡萄辛▲A [(+)-vitisin A]，(+)-坡垒酚▲[(+)-hopeaphenol]，白藜芦醇(resveratrol)，(+)-买麻藤素▲H [(+)-gnetin H][1]。

化学成分参考文献

[1] He S, et al. *J Org Chem*, 2009, 74(20): 7966-7969.

9. 网脉葡萄 威氏葡萄（经济植物手册），川鄂葡萄（拉汉种子植物名称）

Vitis wilsoniae H. J. Veitch in Gard. Chron. 46(3): 236, f. 101. 1909.——*V. reticulata* Pamp.（英 **Wilson Grape**）

　　木质藤本。小枝圆柱形，有纵棱纹，被稀疏褐色蛛丝状绒毛；卷须2叉分枝，每隔2节间断与叶对生。叶片心形或卵状椭圆形，长 7.5–15 cm，宽 6–11.5 cm，顶端急尖或渐尖，基部心形，基缺顶端凹成钝角，每侧边缘有 16–20 个齿，或基部呈锯齿状，上面绿色，无毛或近无毛，下面沿脉被褐色蛛丝状绒毛；基生脉5出，中脉有侧脉 4–5 对，网脉在成熟叶片上突出；叶柄长 4–7 cm，几无毛；托叶早落。圆锥花序疏散，与叶对生，基部分枝发达，长 4–16 cm；花序梗长 1.5–3.5 cm，被稀疏蛛丝状绒毛；花梗长 2–3 mm，无毛；花蕾倒卵状椭圆球形，顶近截形；花萼浅碟形，边缘波状浅裂；花瓣5，呈帽状黏合脱落；雄蕊5枚，花丝丝状，长 1.2–1.6 mm，花药黄色，卵状椭圆形，长 1–1.2 mm；花盘发达，5裂；雌蕊1枚，子房卵圆形，花柱短，柱头扩大。果实圆球形，直径 0.7–1.5 cm。种子倒卵状椭圆形，顶端近圆形，基部有短喙。花期 5–7 月，果期6月至翌年1月。

分布与生境 产于陕西、甘肃、河南、安徽、江苏、浙江、福建、湖北、湖南、四川、贵州、云南。生于海拔 400–2000 m 的山坡灌丛、林下或溪边林中。

药用部位 根。

功效应用 用于慢性骨髓炎。

化学成分 全草含芪类：网脉葡萄酚(wilsonol) A、B、C，二聚葡萄素B (diviniferin B)，白藜芦醇(resveratrol)，苍白粉藤酚(pallidol)，ε-葡萄素(ε-viniferin)，蛇葡萄素(ampelopsin) B、D、G，宫部苔草酚C (miyabenol C)，白刺花酚▲A (davidiol A)，坡垒酚▲(hopeaphenol)，买麻藤素▲H (gnetin H)，毛葡萄酚▲A (heyneanol A)，山葡萄素G (amurensin G)[1]。

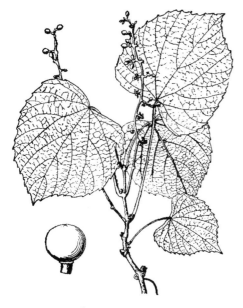

网脉葡萄 Vitis wilsoniae H. J. Veitch
引自《中国高等植物图鉴》

网脉葡萄 Vitis wilsoniae H. J. Veitch
摄影：陈彬

注评 本种的根称"网脉葡萄根"，畲族药用，主要用途见功效应用项。

化学成分参考文献

[1] Jiang LY, et al. *Phytochemistry*, 2012, 77: 294-303.

10. 葛藟葡萄　葛藟（诗经），千岁藟（植物名实图考）

Vitis flexuosa Thunb. in Trans. Linn. Soc. London 2: 332. 1793.——*V. cavaleriei* H. Lév. et Vaniot, *V. flexuosa* Thunb. var. *chinensis* H. J. Veitch, *V. flexuosa* Thunb. f. *parvifolia* (Roxb.) Planch., *V. flexuosa* Thunb. var. *parvifolia* (Roxb.) Gagnep., *V. flexuosa* Thunb. f. *typica* Planch., *V. parvifolia* Roxb.（英 **Oriental Grape**）

木质藤本。小枝圆柱形，有纵棱纹，嫩枝疏被蛛丝状绒毛，后脱落无毛。卷须 2 叉分枝，每隔 2 节间断与叶对生。叶片卵形、三角状卵形、卵圆形或卵状椭圆形，长 3–11.5 cm，宽 3–9.5 cm，顶端急尖或渐尖，基部浅心形或近截形，心形者基缺顶端凹成钝角，边缘每侧有微不整齐 5–12 个锯齿，上面绿色，无毛，下面初时疏被蛛丝状绒毛，后脱落；基生脉 5 出，中脉有侧脉 4–5 对，网脉不明显；叶柄长 1.5–6 cm，被稀疏蛛丝状绒毛或几无毛；托叶早落。圆锥花序疏散，与叶对生，基部分枝发达或细长而短，长 4–12 cm；花序梗长 2–5 cm，被蛛丝状绒毛或几无毛；花梗长 1–2.5 mm，无毛；花蕾倒卵圆球形，高 2–3 mm，顶端圆形或近截形；花萼浅碟形，边缘呈波状浅裂，无毛；花瓣 5，呈帽状黏合脱落；雄蕊 5 枚，花丝丝状，花药黄色，卵圆形，长 0.4–0.6 mm；花盘发达，5 裂；雌蕊 1 枚，在雄花中退化，子房卵圆形，花柱短，柱头微扩大。果实球形，直径 0.8–1 cm。种子倒卵状椭圆形，顶端近圆形，基部有短喙。花期 3–5 月，果期 7–11 月。

分布与生境　产于陕西、甘肃、山东、河南、安徽、江苏、浙

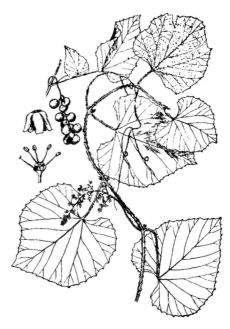

葛藟葡萄 Vitis flexuosa Thunb.
引自《中国高等植物图鉴》

葛藟葡萄 Vitis flexuosa Thunb.
摄影：朱鑫鑫

江、江西、福建、湖北、湖南、广东、广西、四川、贵州、云南。生于海拔 100~2300 m 的山坡或沟谷田边、草地、灌丛或林中。

药用部位　茎藤汁、果实、叶、根。

功效应用　茎藤汁：补五脏，续筋骨，益气，止渴。用于五脏虚弱，筋骨痛，气虚，干渴。果实：润肺止咳，清热凉血，消食。用于咳嗽，呕血，食积。叶：消积，解毒，敛疮。用于食积，痢疾，湿疹，烫火伤。根：利湿退黄，活血通络，解毒消肿。用于黄疸型肝炎，风湿痹痛，跌打损伤，痈肿。

化学成分　茎含芪类：葛藟葡萄酚▲A (flexuosol A)，(+)-买麻藤素▲A [(+)-gnetin A]，(+)-ε-葡萄素 [(+)-ε-viniferin]，葡萄辛▲A (vitisin A)，坡垒酚▲(hopeaphenol)[1]。

　　果实含花青素类：锦葵素-3,5-二吡喃葡萄糖苷(malvidin-3,5-diglucopyranoside)，锦葵素-3-单吡喃葡萄糖苷(malvidin-3-monoglucopyranoside)，碧冬茄素-3-单吡喃葡萄糖苷(petunidin-3-monoglucopyranoside)，锦葵素-3-槐糖苷-5-单吡喃葡萄糖苷(malvidin-3-sophorosido-5-monoglucopyranoside)，飞燕草素-3-单吡喃葡萄糖苷(delphinidin-3-monoglucopyranoside)，锦葵素芳酰吡喃葡萄糖苷(malvidin aroylglucopyranoside)[2]。

注评　本种的藤汁称"葛藟汁"，果实称"葛藟果实"，叶称"葛藟叶"，根称"葛藟根"，贵州、湖南、浙江、江西等地药用。本种果实为藏药"更珠木"的基源植物之一，用于肺炎，肺热，肺结核，气喘，热咳，失音。傣族也药用其根及藤茎，主要用途见功效应用项。

化学成分参考文献

[1] Li WW, et al. *J Nat Prod*, 1998, 61(5): 646-647.　　　　1976, 13(1): 7-12.

[2] Ishikura N, et al. *Kumamoto Journal of Science, Biology*,

11. 闽赣葡萄　背带藤（全国中草药汇编）

Vitis chungii F. P. Metcalf in Lingn. Sci. J. 11: 102. 1932.（英 **Chung Grape**）

　　木质藤本。小枝圆柱形，有纵棱纹，无毛；卷须 2 叉分枝，每隔 2 节间断与叶对生。叶片长椭圆状卵形或卵状披针形，长 4.5~14.5 cm，宽 2~7 cm，顶端渐尖或尾尖，稀急尖，基部截形、圆形或近圆形，稀微心形，每侧边缘有 7~9 个锯齿，齿尖锐，疏离，上面绿色，无毛，下面无毛，常被白色粉霜；基生脉 3 出，中脉有侧脉 4-5 对，网脉两面突出，无毛；叶柄长 1.5-3.5 cm，无毛；托叶膜质，褐色，条形，长 2.5-3 mm，宽 1-1.2 mm，无毛，早落。花杂性异株；圆锥花序基部分枝不发达，圆柱形，长 3.5-10 cm，与叶对生；花序梗长 1.5-2.5 cm，初时被短柔毛，后脱落无毛；花梗长 1-2.5 mm，无毛；花蕾倒卵圆球形，顶端圆形；花萼碟形，全缘；花瓣 5，呈帽状黏合脱落；雄蕊 5 枚，花丝丝状，长 0.8-1.2 mm，花药黄色，椭圆形，长 0.4-0.5 mm；花盘发达，5 裂；雌蕊 1 枚，子房卵圆形，花柱短，柱头扩大。果实球形，成熟时紫红色，直径 0.8-1 cm。种子倒卵状椭圆形，顶端圆钝，基部显著具喙。花期 4-6 月，果期 6-8 月。

分布与生境 产于江西、福建、浙江、广东、广西。生于海拔 200-1000 m 的山坡、沟谷林中或灌丛中。

闽赣葡萄 Vitis chungii F. P. Metcalf
顾健 绘

闽赣葡萄 Vitis chungii F. P. Metcalf
摄影：徐克学 宋纬文

药用部位 全株。

功效应用 消肿拔毒。用于疮痈疔肿。

12. 葡萄 蒲陶（汉书），草龙珠（本草纲目），赐紫樱桃（群芳谱），山葫芦（山东），索索葡萄（新疆），欧洲葡萄（中国沙漠植物志）

Vitis vinifera L., Sp. Pl. 1: 202. 1753.（英 **Cultivated European Grape**）

木质藤本。小枝圆柱形，有纵棱纹，无毛或被稀疏柔毛；卷须 2 叉分枝，每隔 2 节间断与叶对生。叶片卵圆形，显著 3-5 浅裂或中裂，长 8-17 cm，宽 6.5-15 cm，中裂片顶端急尖，裂片常靠合，基部常缢缩，裂缺常狭窄，基部深心形，基缺凹成圆形，两侧常靠合，边缘有 22-27 个锯齿，齿深而粗大，不整齐，齿端急尖，上面绿色，下面浅绿色，无毛或被疏柔毛；基生脉 5 出，中脉有侧脉 4-5 对，网脉不明显突出；叶柄长 4.5-9 cm，几无毛；托叶早落。圆锥花序密集或疏散，多花，与叶对生，基部分枝发达，长 10-20 cm；花序梗长 2-4 cm，几无毛或疏生蛛丝状绒毛；花梗长 1.5-2.5 mm，无毛；花蕾倒卵圆球形，顶端近圆形；花萼浅碟形，边缘呈波状，外面无毛；花瓣 5，呈帽状黏合脱落；雄蕊 5 枚，花丝丝状，长 0.6–1 mm，花药黄色，卵圆形，长 0.4–0.8 mm；花盘发达，5 浅裂；雌蕊 1 枚，子房卵圆形，花柱短，柱头扩大。果实球形或椭圆球形，直径 1.5–2 cm。种子倒卵状椭圆形，顶短近圆形，基部有短喙。花期 4–5 月，果期 8–9 月。

分布与生境 原产于亚洲西部，现世界各地栽培，为著名水果。我国各地广为栽培。

药用部位 果实、根、藤叶。

功效应用 果实：补气血，强筋骨，利小便。用于气血虚弱，肺虚咳嗽，心悸盗汗，淋证，水肿，麻疹不透，小便不利，胎动不安。根：祛风除湿，利尿。用于风湿骨痛，肢体麻木，水肿，小便不利，痈肿疮毒。外用于跌打损伤，骨折。藤叶：祛风除湿，利水消肿，解毒。用于风湿痹痛，水肿，腹泻，目赤，痈肿。

化学成分 根含芪类：蛇葡萄素 A (ampelopsin A)，坡垒酚▲(hopeaphenol)[1]；三萜类：羽扇豆醇 (lupeol)，白桦脂酸 (betulinic acid)，30- 降羽扇豆 -3β- 醇 -20- 酮 (30-norlupan-3β-ol-20-one)[2]；甾体类：豆甾醇 (stigmasterol)[2]；其他类：十三酸三十烷酯，三十醇，二十七醇 [2]。

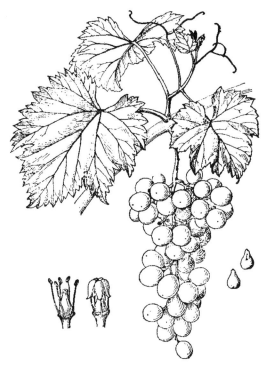

葡萄 *Vitis vinifera* L.
引自《中国高等植物图鉴》

葡萄 *Vitis vinifera* L.
摄影：张英涛 徐克学

茎含芪类：(+)-葡萄酚▲A [(+)-viniferol A]，(+)-ε-葡萄素[(+)-ε-viniferin]，(+)-蛇葡萄素[(+)-ampelopsin] A、F，(+)-坡垒酚▲[(+)-hopeaphenol]，(-)-异坡垒酚▲[(-)-isohopeaphenol]，(-)-马里巴特坡垒酚▲A [(-)-malibatol A]，(+)-白藜芦醇-10-*C*-吡喃葡萄糖苷[(+)-resveratrol-10-*C*-glucopyranoside]，(-)-白藜芦醇-11-*C*-吡喃葡萄糖苷[(-)-resveratrol-11-*C*-glucopyranoside][3]，(+)-葡萄辛▲A [(+)-vitisin A][3-4]，葡萄辛▲C (vitisin C)，葡萄醛(viniferal)，(-)-葡萄辛▲B [(-)-vitisin B]，(-)-顺式-葡萄辛▲B[(-)-*cis*-vitisin B]，(+)-葡萄辛▲C [(+)-vitisin C]，(-)-葡萄醛[(-)-viniferal][5]，异坡垒酚▲(isohopeaphenol)[6]，葡萄酚呋喃(viniferifuran)，(+)-葡萄呋喃A [(+)-vitisifuran A]，(-)-葡萄呋喃B [(-)-vitisifuran B][7]，反式-ε-葡萄素(*trans*-ε-viniferin)，反式-白藜芦醇(*trans*-resveratrol)[8]；三萜类：齐墩果酸(oleanolic acid)，白桦脂酸[8]；黄酮类：儿茶素，没食子儿茶素(gallocatechin)[8]；甾体类：胡萝卜苷，6'-*O*-乙酰胡萝卜苷(6'-

O-acyldaucosterol)[8]；其他类：1,2-二-*O*-乙酰基-3-*O*-β-D-吡喃半乳糖基甘油(1,2-di-*O*-acyl-3-*O*-β-D-galactopyranosylglycerol)，没食子酸(gallic acid)[8]。

叶含芪类：蛇葡萄素H (ampelopsin H)，方茎青紫葛素▲A (quadrangularin A)[9]；挥发油：顺式-2-己烯醛(*cis*-2-hexenal)，反式-2-己烯-1-醇(*trans*-2-hexen-1-ol)，顺式-3-己烯-1-醇(*cis*-3-hexen-1-ol)，己醇(hexanol)，反式-2-己烯-1-醇(*trans*-2-hexen-1-ol)，顺式-六碳-2,4-二烯醛(*cis*-hexa-2,4-dienal)，反式-六碳-2,4-二烯醛(*trans*-hexa-2,4-dienal)，月桂烯(myrcene)，芳樟醇(linalool)，α-松油醇(α-terpineol)，异唇萼薄荷酮▲(isopulegone)，柠檬醛(citral)，α-香堇酮(α-ionone)，β-香堇酮(β-ionone)[10]。

果实含黄酮类：异槲皮苷(isoquercitrin)，槲皮素-3-*O*-β-D-吡喃葡萄糖醛酸钠盐(quercetin-3-*O*-β-D-glucuronopyranate sodium)，槲皮素-3-*O*-β-D-吡喃葡萄糖醛酸苷乙酯(quercetin-3-*O*-β-D-glucuronopyranoside ethyl ester)[11]；酚酸及其酯类：没食子酸(gallic acid)，咖啡酰酒石酸(caftaric acid)[11]；三萜类：齐墩果酸(oleanolic acid)[11]；大柱香波龙烷类：3-氧代-α-香堇醇(3-oxo-α-ionol)，催吐萝芙木醇(vomifoliol)，长春花苷(roseoside)，去氢催吐萝芙木醇(dehydrovomifoliol)[12]，6,9-二羟基大柱香波龙-7-烯-3-酮(6,9-dihydroxymegastigm-7-en-3-one)，6,9-二羟基大柱香波龙-7-烯-3-酮-β-D-吡喃葡萄糖苷(6,9-dihydroxymegastigm-7-en-3-one-β-D-glucopyranoside)[13]。

果皮含三萜类：齐墩果酸(oleanolic acid)，齐墩果酸-3-*O*-乙酸酯(oleanolic acid-3-*O*-acetate)，29α-羟基齐墩果酸(29α-hydroxyoleanolic acid)，3-羟基齐墩果-12-烯-28-醛(3-hydroxyolean-12-en-28-aldehyde)[14]；甾体类：β-谷甾醇，豆甾醇(stigmasterol)，菜油甾醇(campesterol)[14]。

种子含花青素类：原矢车菊素B₂-3,3"-二-*O*-没食子酸酯 (procyanidin B₂-3,3"-di-*O*-gallate)[15]。

压榨后的葡萄渣含有酚酸类：没食子酸(gallic acid)，没食子酸-4-β-吡喃葡萄糖苷(gallic acid-4-β-glucopyranoside)，没食子酸-3-β-吡喃葡萄糖苷(gallic acid-3-β-glucopyranoside)，2-羟基-5-(2-羟乙基)苯-β-吡喃葡萄糖苷[2-hydroxy-5-(2-hydroxyethyl)phenyl-β-glucopyranoside][16]；苯丙素类：反式-咖啡酸(*trans*-caffeic acid)，顺式-香豆酰酒石酸(*cis*-coutaric acid)，反式-香豆酰酒石酸(*trans*-coutaric acid)[16]；黄酮类：儿茶素(catechin)，表儿茶素(epicatechin)，黄杞苷(engeletin)，落新妇苷(astilbin)，槲皮素-3-*O*-β-D-吡喃葡萄糖苷(quercetin-3-*O*-β-D-glucopyranoside)，槲皮素-3-*O*-β-D-葡萄糖醛酸苷(quercetin-3-*O*-β-D-glucuronide)，山奈酚-3-*O*-β-D-吡喃葡萄糖苷(kaempferol-3-*O*-β-D-glucopyranoside)，山奈酚-3-*O*-β-D-吡喃半乳糖苷(kaempferol-3-*O*-β-D-galactopyranoside)[16]；花青素类：原矢车菊素B₁(procyanidin B₁)[16]；色酮类：蜜藏花素▲(eucryphin)[16]。

地上藤茎含芪类：*E*-白藜芦醇(*E*-resveratrol)，*E*-葡萄辛▲B (*E*-vitisin B)，(+)-*E*-ε-葡萄素[(+)-*E*-ε-viniferin]，*E*-云杉鞣酚▲(*E*-piceatannol)，*E*-马鞍树素▲(*E*-maackin)，*E*-藨草素A (*E*-scirpusin A)，*E*-宫部苔草酚C (*E*-miyabenol C)，(+)-蛇葡萄素A [(+)-ampelopsin A]，苍白粉藤酚(pallidol)，蛇葡萄素(ampelopsin) C、H，白刺花酚▲A (davidiol A)，葡萄苯酚A (viniphenol A)，(+)-*E*-ε-葡萄素-吡喃葡萄糖苷[(+)-*E*-ε-viniferin-glucopyranoside]，(+)-*E*-ε-葡萄素[(+)-*E*-ε-viniferin]，(+)-*E*-云杉新苷[(+)-*E*-piceid]，利奇槐酚(leachianol) F、G，方茎青紫葛素▲A (quadrangularin A)，坡垒酚▲(hopeaphenol)，异坡垒酚▲(isohopeaphenol)[9]。

幼苗含芪类：(*Z*)-顺式-宫部苔草酚C [(*Z*)-*cis*-miyabenol C]，(*E*)-顺式-宫部苔草酚C [(*E*)-*cis*-miyabenol C]，葡萄芪酚▲C (vitisinol C)，白藜芦醇，云杉鞣酚▲(piceatannol)，*E*-ε-葡萄素(*E*-ε-viniferin)，ω-葡萄素(ω-viniferin)，(*E*)-宫部苔草酚C [(*E*)-miyabenol C][17]。

药理作用　**抗氧化作用**：葡萄中的黄酮类化合物有抗氧化活性[1]。葡萄多糖体外具有还原能力及清除二苯代苦味酰基自由基的能力[2]。原花青素及大鼠含药血清能抑制致癌物巴豆油[3]、PMA[4]刺激大鼠多形核白细胞生成 H_2O_2，原花青素对小鼠肝线粒体脂质过氧化有抑制作用，能提高肝线粒体SOD活力，减少MDA生成。

抗突变作用：葡萄籽原花青素对多种化学诱变剂有抗诱变作用，能抑制敌克松 (Dexon) 诱发的鼠伤寒沙门菌 TA₉₇、TA₉₈、叠氮钠诱发的 TA₁₀₀、丝裂霉素 C 诱发的 TA₁₀₂、2-氨基芴诱发的 TA₉₇、TA₉₈

及 TA$_{100}$、1,8- 二羟基蒽醌诱发的 TA$_{102}$ 回复突变 [5]。

其他作用：葡萄籽原青花素对环磷酰胺诱发的小鼠骨髓多染红细胞微核细胞率有抑制作用，并能提高肝谷胱甘肽硫转移酶（GST）活性，升高 GSH 含量 [6]；能对抗巴豆油对皮肤乳头状瘤形成的促进作用，使小鼠生瘤率降低，平均每鼠生瘤个数减少，降低促癌阶段小鼠皮肤中 NO 的含量，抑制巴豆油致小鼠耳肿胀 [7]；能抑制人活化中性粒细胞产生超氧化物，抑制弹性蛋白酶、髓过氧化物酶、β-葡糖醛酸酶的释放，对已释放的髓过氧化物酶有抑制作用 [8]。葡萄籽原花青素可诱导乳腺癌 MCF-7 细胞 [9]、胃癌细胞 [10] 脱落凋亡。

注评 本种为部颁标准·维药（1999 年版）和新疆药品标准（1980 年版）收载"琐琐葡萄"，部颁标准·维药（1999 年版）收载"马奶子葡萄干"，部颁标准·蒙药（1998 年版）、内蒙古蒙药材标准（1986 年版）收载"白葡萄"，甘肃中药材标准（1992、2008 年版）收载"葡萄干"，中国药典（2005、2010 年版）一部附录Ⅲ中收载"白葡萄干"，部颁标准·藏药（1995 年版）附录Ⅰ中收载"葡萄（更珍）"的基源植物，药用其干燥成熟果实。本种的藤叶称"葡萄藤叶"，根称"葡萄根"，均可药用。本种在不同的藏医药文献中又记载为"更珠木""根哲""滚珠木"。在藏区，同属植物桦叶葡萄 Vitis betulifolia Diels et Gilg、蘡薁 V. bryoniifolia Bunge、山葡萄 V. amurensis Rupr.、葛藟葡萄 V. flexuosa Thunb. 及毛葡萄 V. heyneana Roem. et Schult. 也与本种同等药用。维吾尔族、布依族、蒙古族、傣族、藏族也药用本种，主要用途见功效应用项。藏族尚药用其果实治肺炎，肺热，肺结核，气喘，热咳，失音等症。

化学成分参考文献

[1] Reniero F, et al. *Vitis*, 1996, 35(3): 125-127.

[2] Sarathy R, et al. *Chemistry*, 1984, 10(1): 39-41.

[3] Yan KX, et al. *Tetrahedron*, 2001, 57(14): 2711-2715.

[4] Ito J, et al. *Tetrahedron*, 1998, 54(24): 6651-6660.

[5] Ito J, et al. *Tetrahedron*, 1996, 52(30): 9991-9998.

[6] Ito J, et al. *Heterocycles*, 1997, 45(9): 1809-1813.

[7] Ito J, et al. *Tetrahedron*, 1999, 55(9): 2529-2544.

[8] Amico V, et al. *Nat Prod Commun*, 2009, 4(1): 27-34.

[9] Papastamoulis Y, et al. *J Nat Prod*, 2014, 77(2): 213-217.

[10] Wildenradt HL, et al. *American Journal of Enology and Viticulture*, 1975, 26(3): 148-53.

[11] 刘涛，等. 天然产物研究与开发，2010, 22(6): 1009-1011.

[12] Strauss CR, et al. *Phytochemistry*, 1987, 26(7): 1995-1997.

[13] Sefton MA, et al. *Phytochemistry*, 1992, 31(5): 1813-1815.

[14] Brieskorn C, et al. *Developments in Plant Biology* (1979), Volume Date 1978, 3(Adv. Biochem. Physiol. Plant Lipids), 287-292.

[15] Tyagi A, et al. *Nutrition and Cancer*, 2014, 66(4): 736-746.

[16] Lu Y, et al. *Food Chem*, 1999, 65(1): 1-8.

[17] Chaher N, et al. *J Sci Food Agric*, 2014, 94(5): 951-954.

药理作用及毒性参考文献

[1] Fauconneau B, et al. *Life Sci*, 1997, 61(21): 2103-2110.

[2] 刘涛，等. 新疆医科大学学报，2007, 30(11): 1230-1232.

[3] 陆茵，等. 中国药理学通报，2001, 17(5): 562-565.

[4] Yin LU, et al. *Acta Pharmacol Sin*, 2004, 25(8): 1083-1089.

[5] 孙志广，等. 癌变. 畸变. 突变，2002, 14(3): 191-194.

[6] 孙志文，等. 时珍国医国药，2000, 11(5): 386-387.

[7] 赵万洲，等. 中草药，2000, 31(12): 917-920.

[8] Carini M, et al. *Planta Med*, 2001, 67(8): 714-717.

[9] 韩炯，等. 中草药，2003, 34(8): 722-725.

[10] 李莹，等. 中国药理学通报，2004, 20(7): 761-764.

13. 菱叶葡萄

Vitis hancockii Hance in J. Bot. 20: 4. 1882.——*V. fagifolia* Hu（英 **Hancock Grape**）

木质藤本。小枝圆柱形，有纵棱纹，密被褐色长柔毛；卷须 2 叉分枝或不分枝，疏被褐色柔毛，每隔 2 节间断与叶对生。叶片菱状卵形或菱状长椭圆形，不分裂，稀 3 裂，长 4.5–12 cm，宽 2.5–

6.5 cm，顶端急尖，基部常不对称，楔形或阔楔形，稀下部叶基部近圆形，边缘每侧有 6-12 个粗锯齿，齿尖锐，稀钝，上面暗绿色，仅中脉上伏生疏短柔毛，下面绿色，疏生淡褐色柔毛；基生脉 3 出，中脉有侧脉 3-5 对，网脉在上面不明显，下面微突出；叶柄长 1-3 cm，下部叶常有较长的叶柄，被淡褐色长柔毛；托叶膜质，褐色，三角状披针形，长 2-4 mm，宽 1-1.5 mm，顶端渐尖，边缘全缘，无毛或基部疏生缘毛。花杂性异株；圆锥花序疏散，与叶对生，下部分枝不发达，长 2.5-5.5 cm；花序梗长 1-2 cm，密被淡褐色长柔毛；花梗长 1.5-2 mm，无毛；花蕾倒卵圆球形，顶端圆形；花萼碟形，全缘，无毛；花瓣 5，呈帽状黏合脱落；雄蕊 5 枚，花丝丝状，长 0.5-1 mm，花药黄色，卵圆形或卵状椭圆形，长 0.5-0.6 mm；花盘发达，5 裂；雌蕊 1 枚，子房卵圆形，花柱短，柱头扩大。果实圆球形，直径 0.6-0.8 cm。种子倒卵形，顶端微凹，基部有短喙。花期 4-5 月，果期 5-6 月。

分布与生境 产于安徽、江西、浙江、福建。生于海拔

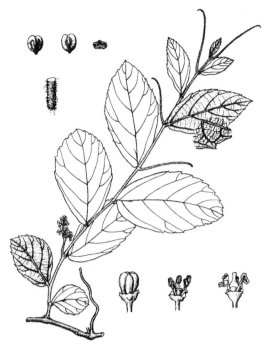

菱叶葡萄 **Vitis hancockii** Hance
顾健 绘

菱叶葡萄 **Vitis hancockii** Hance
摄影：徐克学 陈贤兴

100-600 m 的山坡林下或灌丛中。

药用部位 根。

功效应用 活血祛瘀。用于跌打损伤，骨折，风湿性关节痛。

14. 桦叶葡萄　大血藤（贵州），野葡萄（云南）

Vitis betulifolia Diels et Gilg in Bot. Jahrb. Syst. 29: 461. 1900.（英 **Birchleaf Grape**）

　　木质藤本。小枝圆柱形，有显著纵棱纹，嫩时小枝疏被蛛丝状绒毛，后脱落无毛；卷须 2 叉分枝，每隔 2 节间断与叶对生。叶片卵圆形或卵状椭圆形，长 5-11.5 cm，宽 4-9 cm，不分裂或 3 浅裂，

顶端急尖或渐尖，基部心形或近截形，稀上部叶基部近圆形，每侧边缘锯齿15-25个，齿急尖，上面绿色，初时疏被蛛丝状绒毛和短柔毛，后脱落无毛，下面灰绿色或绿色，初时密被绒毛，后脱落仅脉上被短柔毛或几无毛；基出脉5，中脉有侧脉4-6对，网脉下面微突出；叶柄长2.5-6 cm，嫩时被蛛丝状绒毛，后脱落无毛；托叶膜质，褐色，条状披针形，长2.5-6 mm，宽1.5-3 mm，顶端急尖或钝，全缘，无毛。圆锥花序疏散，与叶对生，下部分枝发达，长4-15 cm，初时被蛛丝状绒毛，后脱落几无毛；花梗长1.5-3 mm，无毛；花蕾倒卵圆球形，顶端圆形；花萼碟形，边缘膜质，全缘，高约0.2 mm；花瓣5，呈帽状黏合脱落；雄蕊5枚，花丝丝状，长1-1.5 mm，花药黄色，椭圆形，长约4 mm；花盘发达，5裂；子房在雌花中卵圆形，花柱短，柱头微扩大。果实圆球形，成熟时紫黑色，直径0.8-1 cm。种子倒卵形，顶端圆形，基部有短喙。花期3-6月，果期6-11月。

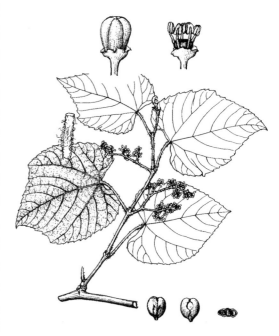

桦叶葡萄 Vitis betulifolia Diels et Gilg
顾健 绘

桦叶葡萄 Vitis betulifolia Diels et Gilg
摄影：易思容

分布与生境 产于陕西南部、甘肃东南部、河南、湖北、湖南、四川、云南。生于海拔650-3600 m的山坡、沟谷灌丛或林中。

药用部位 根皮。

功效应用 舒筋活血，清热解毒，生肌，利湿。用于接骨，风湿瘫痪，劳伤，无名肿毒，赤痢等。

化学成分 茎含芪类：白藜芦醇(resveratrol)，(+)-ε-葡萄素[(+)-ε-viniferin]，毛葡萄酚▲A (heyneanol A)，坡垒酚▲(hopeaphenol)，葡萄辛▲A (vitisin A)，桦叶葡萄醇(betulifol) A、B[1]，蛇葡萄素(ampelopsin) A、C[1]、E[2]，E-云杉新苷(E-piceid)，E-云杉鞣酚▲(E-piceatannol)，E-ω-葡萄素(E-ω-viniferin)，E-山葡萄素B (E-amurensin B)[2]。

注评 本种的根皮称"桦叶葡萄根皮"，贵州等地药用。本种为西藏藏医习用藏药"更珠木"的基源植物之一，鲜用或干用其果实治疗二便不利，肺热。青海藏医习用栽培的无籽葡萄。

化学成分参考文献

[1] Li W. et al. *Phytochemistry*, 1998, 49(5): 1393-1394.　　　[2] Pawlus AD, et al. *J Agric Food Chem*, 2013, 61(3): 501-511.

15. 山葡萄　黑水葡萄（全国中草药汇编），阿穆尔葡萄（江苏南部种子植物手册），山藤藤（长白山植物药志）

Vitis amurensis Rupr. in Bull. Acad. Sci. St. Pétersb. 15: 266. 1857.——*V. amurensis* Rupr. var. *genuina* Skvorts.（英 **Amur Grape**）

木质藤本。小枝圆柱形，无毛，嫩枝疏被蛛丝状绒毛；卷须 2–3 分枝，每隔 2 节间断与叶对生。叶片阔卵圆形，长 7–23 cm，宽 5.5–20 cm，3 裂，稀 5 浅裂或中裂，或不分裂，中裂片顶端急尖或渐尖，裂片基部常缢缩或间有宽阔，裂缺凹成圆形，稀呈锐角或钝角，叶片基部心形，基缺凹成圆形或钝角，边缘每侧有 28–36 个粗锯齿，齿端急尖，微不整齐，上面绿色，初时疏被蛛丝状绒毛，后脱落；基生脉 5 出，中脉有侧脉 5–6 对，上面明显或微下陷，下面突出，网脉在下面明显，除最后一级小脉外，或多或少突出，常被短柔毛或脱落几无毛；叶柄长 5–13.5 cm，初时被蛛丝状绒毛，后脱落无毛；托叶膜质，褐色，长 4–8 mm，宽 3–5 mm，顶端钝，全缘。圆锥花序疏散，与叶对生，基部分枝发达，长 5–13 cm，初时常被蛛丝状绒毛，后脱落几无毛；花梗长 2–6 mm，无毛；花蕾倒卵圆球形，顶端圆形；花萼碟形，高 0.2–0.3 mm，几全缘，无毛；花瓣 5，呈帽状黏合脱落；雄蕊 5 枚，花丝丝状，长 0.9–2 mm，花药黄色，卵状椭圆形，长 0.4–0.6 mm；花盘发达，5 裂；雌蕊 1 枚，子房锥形，花柱明显，基部略粗，柱头微扩大。果实直径 1–1.5 cm。种子倒卵圆形，顶端微凹，基部有短喙。花期 5–6 月，果期 7–9 月。

分布与生境　产于黑龙江、吉林、辽宁、河北、山西、山东、安徽（金寨）、浙江（天目山）。生于海拔 200–2100 m 的山坡、沟谷林中或灌丛中。

药用部位　根、藤、果实。

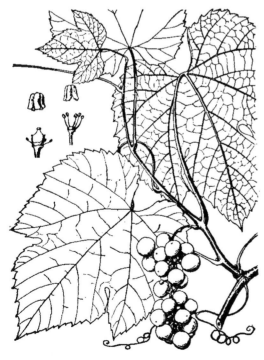

山葡萄 Vitis amurensis Rupr.
引自《中国高等植物图鉴》

山葡萄 Vitis amurensis Rupr.
摄影：徐克学 周繇

功效应用　根、藤：祛风止痛。用于外伤痛，风湿骨痛，胃痛，腹痛，神经性头痛，术后疼痛。果实：清热利尿。用于烦热口渴，尿路感染，小便不利。

化学成分　根含芪类：山葡萄素(amurensin) A、B[1]、C、D、E、F[2]、G[3]、H[4]、I、J、K、L、M[5]、N、O[6]，蛇葡萄素(ampelopsis) A[1,7-9]、D、E[1]，白藜芦醇(resveratrol)[1,8-9]，(+)-ε-葡萄素[(+)-ε-viniferin][1,7]，(+)-坡垒酚▲[(+)-hopeaphenol]，异坡垒酚▲(isohopeaphenol)，(+)-葡萄呋喃A [(+)-vitisifuran A]，毛葡萄酚▲A (heyneanol A)[5]，娑罗双酚▲B (melapinol B)[6]，葡萄辛▲(vitisin) A[5,7]、B[7]，网脉葡萄酚C (wilsonol C)[7]，(-)-顺式-葡萄辛▲B [(-)-cis-vitisin B]，反式-葡萄辛▲B (trans-vitisin B)[8]；黄酮类：槲皮素(quercetin)[8]；蒽醌类：大黄素(emodin)[8]；酚酸类：水杨酸(salicylic acid)，没食子酸乙酯(ethyl gallate)[8]；三萜类：羽扇豆醇(lupeol)[8]，白桦脂酸(betulinic acid)[8-9]；甾体类：β-谷甾醇，胡萝卜苷[8]；多元醇类：肌醇(inositol)[8]。

茎含芪类：白藜芦醇，(+)-ε-葡萄素，云杉鞣酚▲(piceatannol)，苍白粉藤酚(pallidol)，(+)-蛇葡萄素A [(+)-ampelopsin A]，异蛇葡萄素F (isoampelopsin F)[10]，葡萄辛▲A (vitisin A)，毛葡萄酚▲A (heyneanol A)[11]。

枝条含芪类：E-白藜芦醇苷(E-resveratroloside)，E-ω-葡萄素(E-ω-viniferin)，蛇葡萄素E (ampelopsin E)，顺式-葡萄辛▲B (cis-vitisin B)，反式-葡萄辛▲B (trans-vitisin B)，E-山葡萄素B (E-amurensin B)，反式-宫部苔草酚C (trans-miyabenol C)，顺式-宫部苔草酚C (cis-miyabenol C)，3,5,4'-三羟基芪-2-C-葡萄糖苷(3,5,4'-trihydroxystilbene-2-C-glucoside)，藨草素A (scirpusin A)[12]。

茎皮含芪类：云杉新苷(piceid)，反式-ε-葡萄素(trans-ε-viniferin)，(+)-蛇葡萄素A [(+)-ampelopsin A]，E-葡萄辛▲B (E-vitisin B)，山葡萄素(amurensin) G、K，(+)-葡萄酚▲C [(+)-viniferol C]，尼泊尔嵩草酚▲B (napalensinol B)[13]。

茎叶含芪类：反式-云杉新苷(trans-piceid)，γ-2-葡萄素(γ-2-viniferin)，反式-ε-葡萄素(trans-ε-viniferin)，山葡萄素G (amurensin G)，反式-白藜芦醇，(+)-蛇葡萄素[(+)-ampelopsin] A、F，云杉鞣酚▲(piceatannol)[14-16]，云杉鞣酚▲-3'-O-β-D-吡喃葡萄糖苷(piceatannol-3'-O-β-D-glucopyranoside)[15]，反式-山葡萄素B (trans-amurensin B)，买麻藤素▲H (gnetin H)[14,16]，顺式-山葡萄素B (cis-amurensin B)[16]；黄酮类：杨梅素，木犀草素[17]；酚酸类：没食子酸[17]；三萜类：齐墩果酸(oleanolic acid)[17]；甾体类：β-谷甾醇[17]。

浆果含芪类：顺式-白藜芦醇(cis-resveratrol)，顺式-云杉新苷(cis-piceid)[18]；黄酮类：原矢车菊素(procyanidin) B₁、B₂、C₁，(-)-儿茶素[(-)-catechin]，杨梅素(myricetin)，杨梅素-3-O-β-D-吡喃葡萄糖苷(myricetin-3-O-β-D-glucopyranoside)，槲皮素-3-O-β-D-吡喃半乳糖苷(quercetin-3-O-β-D-galactopyranoside)，槲皮素-3-O-β-D-吡喃葡萄糖醛酸苷(quercetin-3-O-β-D-glucuronopyranoside)，槲皮素-3-O-β-D-吡喃葡萄糖苷(quercetin-3-O-β-D-glucopyranoside)，二氢槲皮素(dihydroquercetin)，柚皮苷元(naringenin)，木犀草素(luteolin)，槲皮素(quercetin)，表儿茶素(epicatechin)，黄烷-3-醇(flavan-3-ol)[18]，落叶松素▲(laricitrin)，落叶松素▲-3-O-葡萄糖苷(laricitrin-3-O-glucoside)，异鼠李素(isorhamnetin)，异鼠李素-3-O-β-D-吡喃葡萄糖苷(isorhamnetin-3-O-β-D-glucopyranoside)，丁香亭(syringetin)，丁香亭-3-O-β-D-吡喃葡萄糖苷(syringetin-3-O-β-D-glucopyranoside)，杨梅素-3-O-β-D-吡喃葡萄糖醛酸苷(myricetin-3-O-β-D-glucuronopyranoside)，槲皮素-3-O-戊糖苷(quercetin-3-O-pentoside)[19]；苯丙素类：反式-桂皮酸(trans-cinnamic acid)，咖啡酸乙酯(ethyl caffeate)，咖啡酸(caffeic acid)，阿魏酸(ferulic acid)，反式-对香豆酰酒石酸(trans-p-coumaroyltartaric acid)，反式-咖啡酰酒石酸(trans-caftaric acid)，反式-阿魏酰酒石酸(trans-fertaric acid)[18]；酚、酚酸类：丁香酸(syringic acid)，原儿茶酸(protocatechuic acid)，鞣花酸(ellagic acid)没食子酸(gallic acid)，苯甲酸(benzoic acid)，没食子酸乙酯(ethyl gallate)[18]；花青素类：天竺葵素-3,5-二-O-β-D-吡喃葡萄糖苷(pelargonidin-3,5-di-O-β-D-glucopyranoside)，锦葵素-3-O-吡喃葡萄糖苷-4-乙烯基苯酚(malvidin-3-O-glucopyranoside-4-vinylphenol)，碧冬茄素-3,5-二-O-β-D-吡喃葡萄糖苷(petunidin-3,5-di-O-β-D-glucopyranoside)，锦葵素-3-O-β-D-吡喃葡萄糖苷-4-丙酮酸(malvidin-3-O-β-D-glucopyranoside-4-pyruvic acid)，锦葵素-3-O-β-D-吡喃葡萄糖苷-4-乙醛(malvidin-3-O-β-D-glucopyranoside-4-acetaldehyde)，锦葵素-3-*O*-(6-*O*-乙酰基)-吡喃葡萄糖苷-4-乙烯基苯酚[malvidin-3-*O*-(6-*O*-acetyl)-glucopyranoside-4-vinylphenol][20]，矢车菊素-3-*O*-*β*-D-吡喃葡萄糖苷(cyanidin-3-*O*-*β*-D-glucopyranoside)，矢车菊素-3,5-二-*O*-*β*-D-吡喃葡萄糖苷(cyanidin-3,5-di-*O*-*β*-D-glucopyranoside)，飞燕草素-3-*O*-*β*-D-吡喃葡萄糖苷(delphinidin-3-*O*-*β*-D-glucopyranoside)，飞燕草素-3,3'-二-*O*-*β*-D-吡喃葡萄糖苷(delphinidin-3,3'-di-*O*-*β*-D-glucopyranoside)，碧冬茄素-3-*O*-*β*-D-吡喃葡萄糖苷(petunidin-3-*O*-*β*-D-glucopyranoside)，芍药素-3-*O*-*β*-D-吡喃葡萄糖苷(paeonidin-3-*O*-*β*-D-glucopyranoside)，芍药素-3-*O*-*β*-D-吡喃葡萄糖苷-4-丙酮酸(paeonidin-3-*O*-*β*-D-glucopyranoside-4-pyruvic acid)，芍药素-3-*O*-*β*-D-吡喃葡萄糖苷-4-乙醛(paeonidin-3-*O*-*β*-D-glucopyranoside-4-acetaldehyde)，芍药素-3,5-二-*O*-*β*-D-吡喃葡萄糖苷(peonidin-3,5-di-O-*β*-D-glucopyranoside)，锦葵素-3-*O*-*β*-D-吡喃葡萄糖苷(malvidin-3-*O*-*β*-D-glucopyranoside)，锦葵素-3,5-二-*O*-*β*-D-吡喃葡萄糖苷(malvidin-3,5-di-*O*-*β*-D-glucopyranoside)[20-21]，矢车菊素-3-*O*-(6-*O*-对香豆酰基)-葡萄糖苷[cyanidin-3-*O*-(6-*O*-*p*-coumaryl)-glucoside]，矢车菊素-3-*O*-(6-*O*-乙酰基)-5-*O*-二葡萄糖苷[cyanidin-3-*O*-(6-*O*-acetyl)-5-*O*-diglucoside]，矢车菊素-3-*O*-(6-*O*-对香豆酰基)-5-*O*-二葡萄糖苷[cyanidin-3-*O*-(6-*O*-*p*-coumaryl)-5-*O*-diglucoside]，飞燕草素-3-*O*-(6-*O*-乙酰基)-葡萄糖苷[delphinidin-3-*O*-(6-*O*-acetyl)-glucoside]，飞燕草素-3-*O*-(6-*O*-对香豆酰基)-葡萄糖苷[delphinidin-3-*O*-(6-*O*-*p*-coumaryl)-glucoside]，反式-飞燕草素-3-*O*-(6-*O*-对香豆酰基)-5-*O*-二葡萄糖苷[*trans*-delphinidin-3-*O*-(6-*O*-*p*-coumaryl)-5-*O*-diglucoside]，顺式-飞燕草素-3-*O*-(6-*O*-对香豆酰基)-5-*O*-二葡萄糖苷[*cis*-delphinidin-3-*O*-(6-*O*-*p*-coumaryl)-5-*O*-diglucoside]，碧冬茄素-3-*O*-(6-*O*-乙酰基)-葡萄糖苷[petunidin-3-*O*-(6-*O*-acetyl)-glucoside]，碧冬茄素-3-*O*-(6-*O*-对香豆酰基)-葡萄糖苷[petunidin-3-*O*-(6-*O*-*p*-coumaryl)-glucoside]，碧冬茄素-3,5-*O*-二葡萄糖苷(petunidin-3,5-*O*-diglucoside)，碧冬茄素-3-*O*-(6-*O*-乙酰基)-5-*O*-二葡萄糖苷[petunidin-3-*O*-(6-*O*-acetyl)-5-*O*-diglucoside]，反式-碧冬茄素-3-*O*-(6-*O*-对香豆酰基)-5-*O*-二葡萄糖苷[*trans*-petunidin-3-*O*-(6-*O*-*p*-coumaryl)-5-*O*-diglucoside]，顺式-碧冬茄素-3-*O*-(6-*O*-对香豆酰基)-5-*O*-二葡萄糖苷[*cis*-petunidin-3-*O*-(6-*O*-*p*-coumaryl)-5-*O*-diglucoside]，顺式-芍药素-3-*O*-(6-*O*-对香豆酰基)-葡萄糖苷[*cis*-peonidin-3-*O*-(6-*O*-*p*-coumaryl)-glucoside]，反式-锦葵素-3-*O*-(6-*O*-对香豆酰基)-葡萄糖苷[*trans*-malvidin-3-*O*-(6-*O*-*p*-coumaryl)-glucoside]，反式-锦葵素-3-*O*-(6-*O*-对香豆酰基)-5-*O*-二葡萄糖苷[*trans*-malvidin-3-*O*-(6-*O*-*p*-coumaryl)-5-*O*-diglucoside]，顺式-锦葵素-3-*O*-(6-*O*-对香豆酰基)-5-*O*-二葡萄糖苷[*cis*-malvidin-3-*O*-(6-*O*-*p*-coumaryl)-5-*O*-diglucoside][21]。

果皮含黄酮类：D-(+)-儿茶素[D-(+)-catechin]，(-)-表儿茶素[(-)-epicatechin]，(-)-表儿茶素没食子酸酯[(-)-epicatechin gallate]，槲皮素-3-甲醚(quercetin-3-methylether)，槲皮素-6-*O*-α-L-鼠李糖基-*β*-D-葡萄糖苷(quercetin-6-*O*-α-L-rhamnosyl-*β*-D-glucoside)，反式-紫杉叶素-3-*O*-戊糖苷(*trans*-taxifolin-3-*O*-pentoside)，山奈酚-3-*O*-*β*-D-芸香糖苷(kaempferol-3-*O*-*β*-D-rutinoside)，山奈酚-3-*O*-*β*-D-葡萄糖苷(kaempferol-3-*O*-*β*-D-glucoside)，山奈酚-3-(6"-*O*-顺式对香豆酰基)-*β*-D-葡萄糖苷[kaempferol-3-(6"-*O*-*cis*-*p*-coumaroyl)-*β*-D-glucoside]，山奈酚-3-*β*-葡萄糖醛酸苷(kaempferol-3-*β*-glucuronide)[22]；花青素类：矢车菊素-3-(6"-*O*-反式-对香豆酰基)-*β*-D-葡萄糖苷[cyanidin-3-(6"-*O*-*trans*-*p*-coumaroyl)-*β*-D-glucoside]，矢车菊素-3-*O*-*β*-D-(6"-乙酰基)葡萄糖苷-5-*β*-D-葡萄糖苷[cyanidin-3-*O*-*β*-D-(6"-acetyl)glucoside-5-*β*-D-glucoside]，飞燕草素-3-*O*-*β*-D-(6"-乙酰基)葡萄糖苷-5-*β*-D-葡萄糖苷[delphinidin-3-*O*-*β*-D-(6"-acetyl)glucoside 5-*β*-D-glucoside]，碧冬茄素-3-(6"-*O*-反式-对香豆酰基)-*β*-D-葡萄糖苷[petunidin-3-(6"-*O*-trans-p-coumaroyl)-*β*-D-glucoside]，芍药素-3-(6"-*O*-反式-对香豆酰基)-*β*-D-葡萄糖苷[peonidin-3-(6"-*O*-trans-p-coumaroyl)-*β*-D-glucoside]，芍药素-3-*O*-*β*-D-(6"-乙酰基-葡萄糖苷)5-*β*-D-葡萄糖苷[peonidin-3-*O*-*β*-D-(6"-acetyl-glucoside)-5-*β*-D-glucoside]，锦葵素-3-(6"-*O*-顺式-对香豆酰基)-*β*-D-葡萄糖苷[malvidin-3-(6"-*O*-*cis*-p-coumaroyl)-*β*-D-glucoside][22]；苯丙素类：反式-香豆酰酒石酸(*trans*-coutaric acid)，对香豆酰奎宁酸(*p*-coumaroylquinic acid)，阿魏酸(ferulic acid)，芥子酸(sinapic acid)，反式-阿魏酰酒石酸(*trans*-fertaric acid)，绿原酸(chlorogenic acid)，反式-咖啡酰酒石酸(*trans*-caftaric acid)，3-*O*-阿魏酰奎宁酸(3-*O*-feruloylquinic acid)[22]；酚、酚酸类：对羟基苯甲酸(*p*-hydroxybenzoic acid)，没食子酸(gallic acid)[22]。

种子含芪类：反式-虎杖苷(trans-polydatin)[23]；苯丙素类：对香豆酸(p-coumaric acid)[23]；花青素类：葡萄芪酚▲(vitisinol)[24]，山葡萄辛▲(amurensisin)[24-25]，原矢车菊素B_5-3'-O-没食子酸酯(procyanidin B_5-3'-O-gallate)，原矢车菊素(procyanidin) B_3、B_4、B_5[25]；黄酮类：(+)-儿茶素[(+)-catechin][25]。

药理作用　调节免疫作用：山葡萄多酚可改善 ^{60}Co γ 射线辐射小鼠红细胞免疫功能及脂质过氧化，提高红细胞 C_{3b} 受体花环率，红细胞免疫复合物花环率，改善红细胞表面唾液酸含量，提高血清 SOD 活性，降低 MDA 含量[1]。

抗炎作用：从山葡萄根提取的二苯乙烯低聚体 Vam4 可抑制角叉菜胶致小鼠足跖肿胀和巴豆油致小鼠耳肿胀，抑制 2,4- 二硝基氟苯诱导的小鼠迟发型变态反应，体外可减少炎性因子 NO、TNF-α 与 PGE_2 生成和 5-LO 活性[2]，减少炎性三肽诱导的白细胞趋化活性，降低佛波脂诱发的多核性白细胞超氧阴离子生成，抑制 TNF-α 诱导的粒细胞与滑膜细胞黏附和化合物 48/80 (compound 48/80) 诱发的肥大细胞脱颗粒功能[3]。具有相似结构的 (+)- 坡垒酚 [(+)-hopeaphenol]、异坡垒酚▲ (isohopeaphenol)、葡萄辛▲A (vitisin A)、(+)- 葡萄呋喃 A 和毛葡萄酚▲A (heyneanol A) 对白细胞三烯 B4 (LTB4) 的生物合成有潜在的抑制作用，山葡萄素 I 和 L 能拮抗组胺受体[4]。

抗心肌缺血作用：山葡萄多酚对异丙肾上腺素诱发的小鼠急性心肌缺血有保护作用，可改善异常心电图 (ECG) Ⅱ导联 ST 段抬高，抑制心肌含水量 (MWC)、心肌指数 (MI) 的升高并降低血清 CK、LDH 水平[5]。野生山葡萄多酚可保护冠状动脉结扎造成心肌缺血大鼠心肌细胞的结构及功能，能抑制心肌细胞酶 LDH、CKP 的释放，MDA 减少，SOD、GSH-Px 活性增高，心肌梗死面积减小，心电图 ST 段抬高减缓[6]。

调节血脂作用：山葡萄籽油可降低高脂血症大鼠的 TC、TG[7]，升高 HDL-C[8]。野生山葡萄多酚亦有此作用[9]。

保护血管内皮细胞作用：山葡萄多酚可拮抗过氧化氢引起的血管内皮细胞增殖抑制、LDH 渗漏、PGI_2 释放减少和 ET-1 释放增加[10]。

抗氧化作用：山葡萄多酚对乙醇慢性中毒大鼠肝氧化损伤[11]、氧自由基引起的大鼠心肌线粒体损伤[12-13]、大鼠缺血再灌注损伤的心肌线粒体功能损伤有保护作用[14]。野生山葡萄多酚对小鼠组织有抗氧化作用，可降低心、肝、肾、脑组织 MDA 和脂褐质含量，提高 SOD 活性[15]。从山葡萄籽中分离得到的 5 种多酚类化合物 (+)- 儿茶素、原矢车菊素 B_2、原矢车菊素 B_5、原矢车菊素 B_5-3'-O- 没食子酸酯和山葡萄素对小鼠肝匀浆脂质过氧化有抗氧化活性[16]。

延缓衰老作用：山葡萄多酚对老龄大鼠的红细胞膜结构和功能的稳定性有保护作用，降低膜、血浆及肝 MDA 含量，提高膜唾液酸、疏基含量，增加 Na^+-K^+-ATP 酶活性和膜流动性，升高全血 GSH-Px 活性[17]。野生山葡萄皮渣总多酚能降低老龄大鼠血清 MDA 和脑组织脂褐素含量，提高血清 SOD 活性[18]。

毒性及不良反应　山葡萄籽油小鼠口服最大耐受量为 26.6 g/kg[7]。

注评　本种的根或藤茎称"山藤藤秧"，果实称"山藤藤果"，产于我国东北、华北地区及山东、江苏、浙江等地，自产自销。本种的果实为藏药"更珠木"，用于肺炎，肺热，肺结核，气喘，热咳，失音等症。朝鲜族也药用其果实，主要用途见功效应用项外，尚用其藤茎及根状茎止呕哕，治产后腹痛，产后水肿，肾性水肿，糖尿病等症。

化学成分参考文献

[1] Huang KS, et al. *J Asian Nat Prod Res*, 1999, 2(1): 21-28.

[2] Huang KS, et al. *Tetrahedron*, 2000, 56(10): 1321-1329.

[3] Huang KS, et al. *Chin Chem Lett*, 1999, 10(9): 775-776.

[4] Huang KS, et al. *Chin Chem Lett*, 1999, 10(10): 817-820.

[5] Huang KS, et al. *Phytochemistry*, 2001, 58(2): 357-362.

[6] Yao CS, et al. *J Asian Nat Prod Res*, 2013, 15(6): 693-695.

[7] Ko JY, et al. *J Sep Sci*, 2013, 36(24): 3860-3865.

[8] 赵艳，等 . 中草药，2004, 35(12): 1343-1345.

[9] 娄红祥，等 . 中国药物化学杂志，2004, 14(4): 202-208.

[10] Kulesh NI, et al. *Chem Nat Compd*, 2006, 42(2): 235-237.

[11] Jang MH, et al. *Biol Pharm Bull*, 2007, 30(6): 1130-1134.

[12] Pawlus AD, et al. *J Agric Food Chem*, 2013, 61(3): 501-511.

[13] Nguyen TNA, et al. *Food Chem*, 2011, 124(2): 437-443.

[14] Ha DT. et al. *Arch Pharm Res*, 2009, 32(2): 177-183.13

[15] Yim NH. et al. *Bioorg Med Chem Lett*, 2010, 20(3): 1165-1168.14

[16] Ha DT, et al. *J Ethnopharmacol*, 2009, 125(2): 304-309.

[17] 汤芳萍，等. 湖南中医学院学报，2003, 23(4): 21-23.15

[18] Zhao Q, et al. *African J Biotechnol*, 2011, 10(66): 14767-14777.12

[19] Hilbert G, et al. *Food Chem*, 2015, 169: 49-58.

[20] Zhao Q, et al. *Int J Mol Sci*, 2010, 11: 2212-2228.16

[21] De la Cruz AA, et al. *Analytica Chimica Acta*, 2012, 732: 145-152.

[22] Ji M, et al. *J Chromatogr A*, 2015, 1414: 138-146.

[23] Weidner S, et al. *Acta Physiologiae Plantarum*, 2007, 29(3): 283-290.

[24] Wang JN, et al. *Phytochemistry*, 2000, 53(8): 1097-1102.17

[25] Wang JN, et al. *Acta Pharmacol Sin*, 2000, 21(7): 633-636.18

药理作用及毒性参考文献

[1] 王尔孚，等. 北华大学学报（自然科学版），2008, 9(1): 32-33.

[2] 侯琦，等. 海峡药学，2008, 20(1): 26-28.

[3] 侯琦，等. 海峡药学，2008, 20(2): 21-23.

[4] Huang KS, et al. *Phytochemistry*, 2001, 58(2): 357-362.

[5] 焦淑萍，等. 中国地方病防治杂志，2006, 21(3): 146-147.

[6] 高维明，等. 中国公共卫生，2005, 21(7): 849-850.

[7] 周则卫，等. 医学研究通讯，2001, 30(12): 35-37.

[8] 佟慧，等. 吉林中医药，1992, (1): 36-37.

[9] 焦淑萍，等. 北华大学学报（自然科学版），2005, 6(1): 30-32.

[10] 高维明，等. 中国公共卫生，2006, 22(6): 715-716.

[11] 戴维群，等. 吉林大学学报（医学版），2009, 35(4): 639-641.

[12] 焦淑萍，等. 吉林大学学报（医学版），2008, 34(1): 117-119.

[13] 焦淑萍，等. 中国地方病防治杂志，2008, 23(1): 18-20.

[14] 焦淑萍，等. 北华大学学报（自然科学版），2009, 10(2): 131-132.

[15] 焦淑萍，等. 中国公共卫生，2003, 19(5): 569-570.

[16] 王建农，等. 中国药理学报，2000, 21(7): 633-636.

[17] 焦淑萍，等. 吉林大学学报（医学版），2006, 32(5): 829-831.

[18] 焦淑萍，等. 北华大学学报（自然科学版），2003, 4(2): 127-129.

16. 湖北葡萄　野葡萄（江西）

Vitis silvestrii Pamp. in Nouvo Giorn. Bot. Ital. 17: 430. 1910.（英 **Hupeh Grape**）

木质藤本。小枝细瘦，圆柱形，有纵棱纹，密被短柔毛，后脱落无毛；卷须 2 叉分枝，每隔 2 节间断与叶对生。叶片卵圆形，长 3–5 cm，宽 2–3 cm，规则或不规则 3–5 浅裂或深裂，裂缺凹成钝角，稀锐角，或凹成圆形，顶端急尖或渐尖，基部浅心形或近截形，每侧边缘有 5–9 个粗锯齿，上面绿色，初时疏被短柔毛，后脱落，下面浅绿色，被短柔毛；基生脉 5 出，中脉有侧脉 3–4 对；叶柄长 1–3 cm，被短柔毛；托叶膜质，褐色，披针形，长 1.5–2 mm，宽 0.5–1 mm，被疏柔毛或脱落无毛。花杂性异株；圆锥花序狭窄，长 2–4.5 cm，与叶对生，下部分枝不发达；花序梗长 1–1.5 cm，被短柔毛或脱落近无毛；花梗长 2–3 mm，无毛；花蕾卵椭圆球形，顶端圆形；花萼碟形，几全缘；花瓣 5，呈帽状黏合脱落；雄蕊 5 枚，花丝丝状，长 1.3–1.5 mm，花药黄色，椭圆形，

湖北葡萄 Vitis silvestrii Pamp.
顾健　绘

长约 4 mm；花盘发达，5 裂；雌蕊在雄花中退化。花期 5 月。

分布与生境 产于陕西南部、江西、湖北西部。生于海拔 300–1200 m 的山坡林中或林缘。

药用部位 根、藤。

功效应用 清热解毒，祛风活络，止痛止血。用于风湿性关节痛，呕吐，泄泻，溃疡，跌打损伤，肿痛，外伤出血，烧伤，烫伤，疮疡肿毒。

17. 变叶葡萄 复叶葡萄（植物分类学报），麻羊藤（陕西草药），黑葡萄（全国中草药汇编）

Vitis piasezkii Maxim. in Bull. Acad. Sci. St. Pétersb. 27: 461. 1881.——*Parthenocissus sinensis* Diels et Gilg, *Vitis piasezkii* Maxim. var. *baroniana* Diels et Gilg（英 **Piasezky Grape**）

17a. 变叶葡萄（模式变种）

Vitis piasezkii Maxim. var. **piasezkii**

木质藤本。小枝圆柱形，有纵棱纹，嫩枝被褐色柔毛；卷须 2 叉分枝，每隔 2 节间断与叶对生。复叶具 3–5 小叶或混生有单叶者，复叶者中央小叶菱状椭圆形或披针形，长 5–11 cm，宽 2.5–4.5 cm，顶端急尖或渐尖，基部楔形，外侧小叶卵椭圆形或卵披针形，长 4–9 cm，宽 3–5 cm，顶端急尖或渐尖，基部不对称，近圆形或阔楔形，每侧边缘有 5–20 个尖锯齿，单叶者叶片卵圆形或卵椭圆形，长 5–12 cm，宽 4–8 cm，顶端急尖，基部心形，基缺张开成钝角，每侧边缘有 21–31 个微不整齐锯齿，上面绿色，几无毛，下面被疏柔毛和蛛丝状绒毛，网脉上面不明显，下面微突出；基出脉 5，中脉有侧脉 4–6 对；叶柄长 2.5–5.5 cm，被褐色短柔毛；托叶早落。圆锥花序疏散，与叶对生，基部分枝发达，长 5–12 cm；花序梗长 1–2.5 cm，被稀疏柔毛；花梗长 1.5–2.5 mm，无毛；花蕾倒卵椭圆球形，顶端圆形；花萼浅碟形，边缘呈波状，外面无毛；花瓣 5，呈帽状黏合脱落；雄蕊 5 枚，花丝丝状，长 0.7–1 mm；花盘发达，5裂；雌蕊 1 枚，子房卵圆形，花柱短，柱头扩大。果实球形，直径 0.8–1.3 cm。种子倒卵圆形，顶端微凹，基部有短喙。花期 6 月，果期 7–9 月。

变叶葡萄 Vitis piasezkii Maxim. var. piasezkii
引自《中国高等植物图鉴》

分布与生境 产于山西、陕西、甘肃、河南、浙江、四川。生于海拔 1000–2000 m 的山坡、河边灌丛或林中。

药用部位 幼茎的液汁。

功效应用 消食清热凉血。用于胃肠实热，头痛发热，骨蒸劳热，急性结膜炎，鼻出血等症。

化学成分 叶含黄酮类：三裂海棠素▲(trilobatin)[1]。

变叶葡萄 Vitis piasezkii Maxim. var. **piasezkii**
摄影：汪远 徐晔春

化学成分参考文献

[1] Tanaka T, et al. *Agric Biol Chem*, 1983, 47(10): 2403-2404.

17b. 少毛变叶葡萄（变种） 少毛复叶葡萄（植物分类学报），无毛变叶葡萄（拉汉种子植物名称），少毛葡萄（中国高等植物图鉴）

Vitis piasezkii Maxim. var. **pagnuccii** (Rom. Caill.) Rehder in J. Arnold Arbor. 3: 223. 1922.（英 **Pangucc Grape**）

本变种与模式变种区别在于小枝和叶片无毛或几无毛。

分布与生境 产于河北、山西、陕西、甘肃、河南。生于海拔 900-2100 m 的山坡灌丛中。

药用部位 幼茎的液汁。

功效应用 消食清热凉血。用于胃肠实热，头痛发热，骨蒸痨热，红眼，鼻出血。

2. 酸蔹藤属 Ampelocissus Planch.

木质或草质藤本，卷须不分枝或 2 叉分枝。叶互生，单叶或复叶。花两性或杂性异株，组成圆锥花序或复二歧聚伞花序；花瓣 4-5，开展，各自分离脱落；雄蕊 4-5 枚；花盘发达；花柱通常短，呈锥形，约有 10 棱，柱头不明显扩大；子房 2 室，每室具 2 枚胚珠。浆果球形或椭圆球形，有种子 1-4 粒。种子倒卵圆球形、近圆球形或椭圆球形，种脐在种子背面中部呈圆形或椭圆形，两侧洼穴呈沟状，从基部斜向上达种子顶端；胚乳横切面呈 T 形。

约 90 余种，分布于热带亚洲、非洲、大洋洲和中美洲。我国有 5 种，大多分布于云南、四川和西藏，其中 1 种可入药。

1. 酸蔹藤 大九节铃（云南中甸），铜皮铁箍（云南丽江）

Ampelocissus artemisiifolia Planch. in Bull. Soc. Bot. France 33: 458. 1886.（英 **Artemisia-Leaf Ampelocissus**）

木质藤本。小枝圆柱形，有纵棱纹，密被白色绒毛；卷须 2 叉分枝，相隔 2 节间断与叶对生。复叶，具 3 小叶，中央小叶卵圆形或菱形，长 3-5.5 cm，宽 2-3 cm，顶端急尖或渐尖，基部楔形，边缘每侧有 5-14 个圆钝锯齿，有时中裂或深裂，裂缺圆钝，侧生小叶卵圆形，长 2-5.5 cm，顶端急尖或圆钝，基部常极不对称，边缘外侧有 5-11 个圆钝锯齿，上面绿色，被稀疏蛛丝状绒毛，下面密被白色蛛

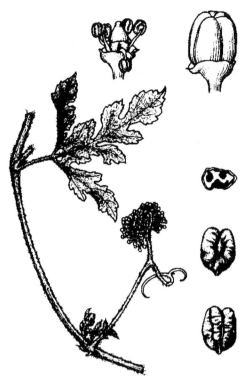

酸蔹藤 *Ampelocissus artemisiifolia* Planch.
顾健 绘

酸蔹藤 *Ampelocissus artemisiifolia* Planch.
摄影：赖阳均

丝状绒毛，侧脉 4–5 对，网脉不明显；叶柄长 2.5–4 cm，中央小叶柄长达 0.5 cm，侧生小叶无柄或有极短的柄。花序与叶对生，复二歧聚伞花序，基部分枝为一卷须；花序梗长 6–7 cm，密被白色蛛丝状绒毛；花梗长 1–2 mm，无毛；花蕾近球形，顶端圆形；花萼碟形，边缘呈波状浅裂，外面无毛；花瓣 5，长卵圆形，高 1.4–1.8 mm，外面无毛；雄蕊 5 枚，花药卵圆形，长宽近相等；花盘明显，波状浅裂；子房下部与花盘合生，花柱呈锥形，约有 10 条纵棱，柱头不明显扩大。果实近球形，直径 0.7–0.8 cm，种子 2–3 粒。种子长椭圆形，顶端近圆形，基部有短喙。花期 6 月，果期 8 月。

分布与生境　产于四川、云南。生于海拔 1600–1800 m 的山坡疏林中或灌丛中。

药用部位　根。

功效应用　接筋骨，清热止血，止痛。用于骨折，刀枪伤，烧伤，痈肿。

化学成分　根含芪类：反式-白藜芦醇(*trans*-resveratrol)，地锦素▲A (parthenocissin A)，虎杖苷(polydatin)[1]；吡喃酮类：(*E*)-2-(2-羟丙基)-6-(4-羟基苯乙烯基)-4*H*-吡喃-4-酮[(*E*)-2-(2-hydroxypropyl)-6-(4-hydroxystyryl)-4*H*-pyran-4-one][1]；黄酮类：芹菜苷元(apigenin)，反式-云杉新苷(*trans*-piceid)[1]；生物碱类：吲哚-3-羧酸(indole-3-carboxylic acid)[1]；甾体类：麦角甾醇(ergosterol)，豆甾醇(stigmasterol)，*β*-谷甾醇[1]。

注评　本种的块根称"大九节铃"，云南地区药用。在云南也称"牛角天麻"，与中国药典收载的"天麻"为兰科植物天麻 *Gastrodia elata* Blume 的干燥块茎不同，系"天麻"的伪品。

化学成分参考文献

[1] Xu ZL, et al. *Chem Nat Compd,* 2014, 50(6): 982-984.

3. 地锦属（爬山虎属） **Parthenocissus** Planch.

木质藤本。卷须总状多分枝，嫩时顶端膨大或细尖微卷曲而不膨大，后遇附着物扩大成吸盘。叶为单叶、3 小叶或掌状 5 小叶，互生。花 5 基数；两性，组成圆锥状或伞房状疏散多歧聚伞花序；花瓣开展，各自分离脱落；雄蕊 5 枚；花盘不明显或偶有 5 个蜜腺状的花盘；花柱明显；子房 2 室，每室有 2 枚胚珠。浆果球形，有种子 1–4 粒。种子倒卵圆形，种脐在背面中部呈圆形，腹部中棱脊突出，两侧洼穴呈沟状从基部向上斜展达种子顶端；胚乳横切面呈 W 形。

本属约 13 个种，分布于亚洲和北美洲。我国有 9 种，除 1 种由北美洲引入栽培外，其他种分布于华北、华中、华东、华南、西南等地，以华中和西南部地区种类丰富，其中 6 种 1 变种可药用。

分种检索表

1. 叶为单叶，有时仅在植株基部的 2–4 个短枝上着生有少量 3 出复叶。
 2. 老枝无木栓翅；小枝无毛或被极稀疏的柔毛；叶柄无毛 ································· 1. 地锦 **P. tricuspidata**
 2. 老枝具木栓翅；小枝密被锈色柔毛；叶柄密被锈色柔毛 ························· 2. 栓翅地锦 **P. suberosa**
1. 叶为 3 出复叶或掌状 5 小叶，或有时在长枝上为单叶，但叶型明显小。
 3. 叶为 3 出复叶，或长枝上着生小型单叶；花序主轴不明显 ················· 3. 三叶地锦 **P. semicordata**
 3. 叶为掌状 5 小叶；花序主轴明显。
  4. 卷须幼嫩时细尖而微卷曲 ························· 4. 五叶地锦 **P. quinquefolia**
  4. 卷须幼嫩时顶端膨大成块状。
   5. 茎扁圆或具 6–7 条棱；叶柄被短柔毛；叶片表面呈泡状隆起 ················· 5. 绿叶地锦 **P. laetevirens**
   5. 茎有 4 棱；叶柄无毛；叶片表面无泡状隆起 ················· 6. 花叶地锦 **P. henryana**

本属药用植物主要含芪类、苯丙素、黄酮、三萜等类型化学成分。芪类化合物较具代表性的如白藜芦醇 (resveratrol)，云杉新苷 (piceid)，地锦素▲(parthenocissin) A、B 等。

1. 地锦　爬山虎（经济植物手册），土鼓藤、飞天蜈蚣（云南），常春藤（植物名实图考），趴墙虎（江苏南京）

Parthenocissus tricuspidata (Siebold et Zucc.) Planch. in DC., Monogr. Phan. 5: 452. 1887.——*Ampelopsis tricuspidata* Siebold et Zucc., *Parthenocissus thunbergii* (Siebold et Zucc.) Nakai, *Psedera thunbergii* (Siebold et Zucc.) Nakai, *Psedera tricuspidata* (Siebold et Zucc.) Rehder, *Quinaria tricuspidata* (Siebold et Zucc.) Koehne（英 **Japanese Creeper**）

木质藤本。小枝圆柱形，几无毛或微被疏柔毛；卷须 5–9 分枝，相隔 2 节间断与叶对生，顶端嫩时膨大呈圆珠形，后遇附着物扩大成吸盘。单叶，通常着生在短枝上的为 3 浅裂，有时着生在长枝上者小型不裂，叶片通常倒卵圆形，长 5.5–16 cm，宽 4–15.5 cm，顶端裂片急尖，基部心形，边缘有粗锯齿，上面绿色，无毛，下面浅绿色，无毛或中脉上疏生短柔毛；基出脉 5，中央脉有侧脉 3–5 对，网脉上面不明显，下面微突出；叶柄长 4.5–11.5 cm，无毛或疏生短柔毛。花序着生在短枝上，基部分枝，形成多歧聚伞花序，长 2.5–12.5 cm，主轴不明显；花序梗长 1–3.5 cm，几无毛；花梗长 2–3 mm，无毛；花蕾倒卵状椭圆球形，顶端圆形；花萼碟形，边缘全缘或呈波状，无毛；花瓣 5，长椭圆形，无毛；雄蕊 5 枚，花丝长 1.5–2.4 mm，花药长椭圆状卵形，长 0.7–1.4 mm；花盘不明显；子房椭球形，花柱明显，基部粗，柱头不扩大。果实球形，直径 1–1.5 cm，种子 1–3 粒。种子倒卵圆形，顶端圆形，基部急尖成短喙。花期 5–8 月，果期 9–10 月。

分布与生境　产于吉林、辽宁、河北、河南、山东、安徽、江苏、浙江、福建、台湾。生于海拔 150–

地锦 **Parthenocissus tricuspidata** (Siebold et Zucc.) Planch.
引自《中国高等植物图鉴》

地锦 **Parthenocissus tricuspidata** (Siebold et Zucc.) Planch.
摄影：张英涛

1200 m 的山坡崖石壁或灌丛。日本、朝鲜也有分布。

药用部位　根、茎。

功效应用　活血，祛风，止痛。用于产后血瘀，腹中有块，赤白带下，风湿筋骨疼痛，偏头痛，跌打损伤，痈肿疮毒，溃疡不敛。

化学成分　干材含芪类：地锦酚▲A (tricuspidatol A)[1]，白藜芦醇(resveratrol)，ε-葡萄素(ε-viniferin)，苍白粉藤酚(pallidol)，异蛇葡萄素F (isoampelopsin F)[2]。

　　茎含芪类：反式-白藜芦醇(*trans*-resveratrol)[3-6]，顺式-白藜芦醇(*cis*-resveratrol)，反式-白藜芦醇-3-*O*-β-D-吡喃葡萄糖苷(*trans*-resveratrol-3-*O*-β-D-glucopyranoside)，二氢白藜芦醇(dihydroresveratrol)，顺式-宫部苔草酚C (*cis*-miyabenol C)[5]，桦叶葡萄醇A (betulifol A)，葡萄瓮素▲B (cyphostemmin B)，方茎青紫葛素▲A (quadrangularin A)，地锦芪素▲(parthenostilbenin) A、B[4]，地锦醇A，苍白粉藤酚(pallidol)，云杉鞣酚▲(piceatannol)，α-葡萄素(α-viniferin)[4-5]，反式-云杉新苷(*trans*-piceid)[4,6]，云杉新苷-(1→6)-β-D-吡喃葡萄糖苷[piceid-(1→6)-β-D-glucopyranoside][7]；黄酮类：没食子儿茶素(gallocatechin)，落新妇苷(astilbin)，异黄杞苷(isoengeletin)[5]，黄杞苷(engeletin)[5-6]，香树素-3-*O*-β-D-吡喃葡萄糖苷(aromadendrin-3-*O*-β-D-glucopyranoside)[6]，(+)-儿茶素[(+)-catechin][2,5-6,8]，(-)-儿茶素[(-)-catechin]，2*R*,3*R*-3,5,6,7,4'-五羟基黄烷酮醇(2*R*,3*R*-3,5,6,7,4'-pentahydroxy-flavanonol)[8]；苯丙素类：咖啡酸(caffeic acid)，3,4-二羟基桂皮酸甲酯(methyl 3,4-dihydroxycinnamate)，咖啡酰乙醇酸甲酯(caffeoylglycolic acid methyl ester)，咖啡酰乙醇酸(caffeoylglycolic acid)[8]；酚、酚酸类：杨梅苯酮▲A (myrciaphenone A)[4-5]，2,3,4,6-四羟基苯乙酮(2,3,4,6-tetrahydroxyacetophenone)，丁香酸(syringic acid)，香荚兰酸(vanillic acid)，散沫花酚苷▲(lalioside)[5]，苯甲酸(benzoic acid)，原儿茶酸(protocatechuic acid)，3,4',5-三羟基二苯甲酮(3,4',5-trihydroxybenzophenone)，5-(4-羟基苄基)-苯-1,3-二醇[5-(4-hydroxybenzyl)-benzene-1,3-diol][8]。

叶含芪类：白藜芦醇，云杉新苷(piceid)，云杉新苷-(1→6)-β-D-吡喃葡萄糖苷，长柱矛果豆素▲(longistylin) A、C[9]；黄酮类：槲皮素(quercetin)，槲皮素-3-O-β-D-葡萄糖醛酸苷甲酯(quercetin-3-O-β-D-glucuronide methyl ester)，山奈酚(kaempferol)，3,5,7,4'-$KAEMPFEROL$-四甲基山奈酚(3,5,7,4'-O-tetramethylkaempferol)[10]，槲皮素-3-O-β-D-吡喃葡萄糖醛酸苷(quercetin-3-O-β-D-glucuronopyranoside)，槲皮素-3-O-β-D-吡喃葡萄糖苷(quercetin-3-O-β-D-glucopyranoside)，地锦辛▲(parthenosin)[11]；苯丙素类：咖啡酰乙醇酸甲酯(methyl caffeoylglycolic acid ester)，咖啡酰酒石酸二甲酯(dimethyl caffeoyltartaric acid ester)，咖啡酰羟基丙二酸二甲酯(dimethyl caffeoyltartronic acid ester)，咖啡酰羟基丙二酸甲酯(monomethyl caffeoyltartronic acid ester)，咖啡酸甲酯(methyl caffeic acid ester)[10]；木脂素类：4,7,7'-三羟基-3,3',4'-三甲氧基木脂素-9,9'-内酯(4,7,7'-trihydroxy-3,3',4'-trimethoxylignan-9,9'-olide)[12]；三萜类：2α-羟基熊果酸(2α-hydroxyursolic acid)，2,24-二羟基熊果酸(2,24-dihydroxyursolic acid)[10]；甾体类：胡萝卜苷[10]。

果实含生物碱类：1,2-二氢-2-氧代喹啉-4-羧酸乙酯(ethyl 1,2-dihydro-2-oxoquinoline-4-carboxylic acid ester)，1,2-二氢-2-氧代喹啉-4-羧酸甲酯(methyl 1,2-dihydro-2-oxoquinoline-4-carboxylic acid ester)[3]；甾体类：β-谷甾醇[3]；多糖[13]。

种子油含甾体类：豆甾醇(stigmasterol)，菜油甾醇(campesterol)，β-谷甾醇[14]；脂肪族类：亚油酸(linoleic acid)，二十七烷(heptacosane)，二十九烷(nonacosane)，二十三醇(tricosanol)，二十四醇(tetracosanol)[14]。

附注：愈伤组织培养物含黄酮类：槲皮素-3-O-β-D-吡喃葡萄糖苷(quercetin-3-O-β-D-glucopyranoside)，槲皮素-3-二-O-β-D-吡喃葡萄糖苷(quercetin-3-di-O-β-D-glucopyranoside)，矢车菊素-3,5-二-O-β-D-吡喃葡萄糖苷(cyanidin-3,5-di-O-β-D-glucopyranoside)[15]。

注评　本种为江西中药材标准（1996年版）收载"大风藤"的基源植物，药用其干燥茎及根。标准使用本种的中文异名爬山虎。在江西部分地区民间又混作"清风藤"使用。江苏徐州、连云港一带将本种的藤茎伪充"络石藤"，中国药典收载的"络石藤"为夹竹桃科植物络石 Trachelospermum jasminoides (Lindl.) Lem.，不宜混用。苗族、畲族也药用其根或藤茎，主要用途见功效应用项。

化学成分参考文献

[1] Lins AP, et al. *Phytochemistry*, 1991, 30(9): 3144-3146.

[2] Tanaka T, et al. *Phytochemistry*, 1998, 48(7): 1241-1243.

[3] 王燕芳，等. 药学学报, 1982, 17(6): 466-468.

[4] Kim HJ, et al. *Planta Med*, 2005, 71(10): 973-976.

[5] Lee SH, et al. *Nat Prod Commun*, 2013, 8(10): 1439-1441.

[6] Jeon JS, et al. *Separation and Purification Technology*, 2013, 105: 1-7.

[7] Park WH, et al. *Antimicrobial Agents and Chemotherapy*, 2008, 52(9): 3451-3453.

[8] Nguyen PH, et al. *Bull Korean Chem Soc*, 2014, 35(6): 1763-1768.

[9] Son H, et al. *Parasitology Research*, 2007, 101(1): 237-241.

[10] Saleem M, et al. *Arch Pharm Res*, 2004, 27(3): 300-304.

[11] Hwang HK, et al. *Yakhak Hoechi*, 1995, 39(3): 289-296.

[12] Kim YH, et al. *Repub. Korean Kongkae Taeho Kongbo*, 2009, KR 2009117174 A 20091112.

[13] 董爱文，等. 天然产物研究与开发, 2005, 17(6): 746-749.

[14] Ohira Y, et al. *Yukagaku*, 1976, 25(11): 800-802.

[15] Bleichert E, et al. *Experientia*, 1974, 30(1): 104-105.

2. 栓翅地锦　栓翅爬山虎（植物分类学报）

Parthenocissus suberosa Hand.-Mazz., Symb. Sin. **7**: 681. 1933.（英 **Winged-stem Creeper**）

木质藤本。小枝圆柱形，被锈色柔毛，在老枝上常有木栓翅；卷须5–9分枝，相隔2节间断与叶对生，顶端嫩时膨大呈圆珠形，后遇附着物扩大成吸盘。单叶，3浅裂，通常着生在短枝上，或有着生在长枝上者叶小型不裂，叶片通常倒卵圆形，长7.5–19 cm，宽5–15.5 cm，裂片三角形，顶端急尖，基部心形，边缘锯齿粗大，上面深绿色，被短柔毛，下面浅绿色，密被锈色柔毛；基出脉5–7，中脉有侧脉 4-6 对，网脉不明显或微突出；叶柄长 2-8 cm，密被锈色柔毛。花序着生在极短的侧枝上，长 1.5-5 cm，花序侧枝简化；总花梗长 0.7-2.5 cm，被锈色短柔毛；花梗长 0.5-1.5 mm，几无毛；花蕾倒卵椭圆球形，顶端圆形；花萼碟形，边缘呈波状，无毛；花瓣 5，长椭圆形，无毛；雄蕊 5 枚，花丝长 0.8-1.5 mm，花药长 1-1.8 mm；花盘不明显；子房椭圆球形，花柱明显，基部略粗，柱头不显著扩大。果实球形，直径 0.8-1.1 cm，种子 1-2 粒。种子倒卵圆形，顶端近圆形，基部急尖成短喙。花期 7-8 月，果期 9-11 月。

分布与生境　产于江西、湖南、广西、贵州。生于海拔 500-1000 m 的山坡崖石壁处。

药用部位　根、茎。

功效应用　破瘀血，消肿毒。用于跌打损伤，骨折，瘀肿。

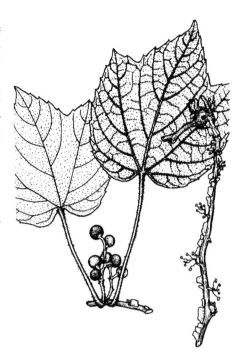

栓翅地锦 Parthenocissus suberosa Hand.-Mazz.
顾健　绘

3. 三叶地锦　三叶爬山虎（经济植物手册），小红藤、岩三加、三爪金龙、三角风（云南）

Parthenocissus semicordata (Wall.) Planch. in DC., Monogr. Phan. 5: 451. 1887.——*Vitis semicordata* Wall., *Ampelopsis himalayana* Royle, *Parthenocissus himalayana* (Royle) Planch., *P. himalayana* (Royle) Planch. var. *vestita* (Royle) Hand.-Mazz., *Psedera himalayana* (Royle) C. K. Schneid., *V. himalayana* (Royle) Brandis, *V. himalayana* (Royle) Brandis var. *semicordata* (Wall.) M. A. Lawson（英 **Himalayan Creeper**）

3a. 三叶地锦（模式变种）

Parthenocissus semicordata (Wall.) Planch. var. **semicordata**

木质藤本。小枝圆柱形，嫩时被疏柔毛，后脱落几无毛；卷须总状 4-6 分枝，相隔 2 节间断与叶对生，顶端嫩时尖细卷曲，后遇附着物扩大成吸盘。复叶，3 小叶，着生在短枝上，中央小叶片倒卵状椭圆形或倒卵圆形，长 7-12.5 cm，宽 3.5-6 cm，顶端骤尾尖，基部楔形，最宽处在上部，边缘中部以上每侧有 6-11 个锯齿，侧生小叶片卵状椭圆形或长椭圆形，长 5-10 cm，宽 3-5 cm，顶端短尾尖，基部不对称，近圆形，外侧边缘有 7-15 个锯齿，内侧边缘上半部有 4-6 个锯齿，上面绿色，下面浅绿色，下面中脉和侧脉上被短柔毛；侧脉 4-7 对，网脉两面不明显或微突出；叶柄长 3.5-15 cm，疏生短柔毛，小叶几无柄。多歧聚伞花序着生在短枝上，花序基部分枝，主轴不明显；花序梗长 1.5-3.5 cm，无毛或被疏柔毛；花梗长 2-3 mm，无毛；花蕾椭圆球形，顶端圆形；花萼碟形，全缘，无毛；花瓣 5，卵椭圆形，无毛；雄蕊 5 枚，花丝长 0.6-0.9 mm，花药卵状椭圆形，长 0.4-0.6 mm；花盘不明显；子房扁球形，花柱短，柱头不扩大。果实近球形，直径 0.6-0.8 cm，种子 1-2 粒。种子倒卵形，顶端圆形，基部急尖成短喙。花期 5-7 月，果期 9-10 月。

分布与生境　产于甘肃、陕西、湖北、四川、贵州、云南、西藏。生于海拔 500-3800 m 的山坡林中或灌丛。缅甸、泰国和印度也有分布。

药用部位　根、茎、叶。

功效应用　根、茎：接骨祛瘀，活络，祛风除湿。用于风湿性关节炎，筋骨痛，骨折，跌打损伤，扭伤。叶：清热解毒。用于毒蛇咬伤。

注评　本种的全株称"三爪金龙"，贵州等地药用。本种的藤茎在云南曲靖称"大血藤"，为同名异物

三叶地锦 **Parthenocissus semicordata** (Wall.)
Planch. var. **semicordata**
引自《中国高等植物图鉴》

三叶地锦 **Parthenocissus semicordata** (Wall.)
Planch. var. **semicordata**
摄影：张英涛

品，中国药典收载的"大血藤"为木通科植物大血藤 Sargentodoxa cuneata (Oliv.) Rehder et E. H. Wilson 藤茎。苗族也药用本种的全株，主要用途见功效应用项。

3b. 红三叶地锦（变种）

Parthenocissus semicordata (Wall.) Planch. var. **rubrifolia** (H. Lév. et Vaniot) C. L. Li in Chinese J. Appl. Environ. Biol. 2(1): 45. 1996.——*P. rubifolia* H. Lév. et Vaniot, *P. himalayana* (Royle) Planch. var. *rubrifolia* (H. Lév. et Vaniot) Gagnep.（英 **Red Himalayan Creeper**）

本变种与模式变种的区别在于芽和幼叶粉红色。花期 6-7 月，果期 8-9 月。

分布与生境 产于陕西、湖北、四川、贵州。生于海拔 800–2200 m 的山坡石壁或灌丛中。

药用部位 全株。

功效应用 接骨祛瘀，祛风，除湿。用于风湿性筋骨痛。外用于骨折，跌打损伤。

红三叶地锦 **Parthenocissus semicordata** (Wall.) Planch.
var. **rubrifolia** (H. Lév. et Vaniot) C. L. Li
摄影：何海

4. 五叶地锦　五叶爬山虎（经济植物手册）

Parthenocissus quinquefolia (L.) Planch. in DC., Monogr. Phan. 5: 448. 1887.——*Hedera quinquefolia* L.（英 **Virginia Creeper**）

木质藤本。小枝圆柱形，无毛；卷须总状 5-9 分枝，相隔 2 节间断与叶对生，卷须顶端嫩时尖细卷曲，后遇附着物扩大成吸盘。复叶，掌状 5 小叶，小叶片倒卵圆形、倒卵状椭圆形，或外侧小叶片椭圆形，长 5-14 cm，宽 3-8.5 cm，顶端短尾尖，基部楔形或阔楔形，边缘有粗锯齿，上面绿色，下面浅绿色，两面均无毛或下面脉上微被疏柔毛；侧脉 5-7 对，网脉两面均不明显突出；叶柄长 6-14 cm，无毛，小叶有短柄或几无柄。花序假顶生形成主轴明显的圆锥状多歧聚伞花序，长 8-20 cm；花序梗长 3-5 cm，无毛；花梗长 1.5-2.5 mm，无毛；花蕾椭圆球形，顶端圆形；花萼碟形，全缘，无毛；花瓣 5，长椭圆形，无毛；雄蕊 5 枚，花丝长 0.6-0.8 mm，花药长椭圆形，长 1.2-1.8 mm；花盘不明显；子房卵锥形，渐狭至花柱，或后期花柱基部略微缩小，柱头不扩大。果实球形，直径 1-1.2 cm，种子 1-4 粒。种子倒卵形，顶端圆形，基部急尖成短喙。花期 6-7 月，果期 8-10 月。

分布与生境　原产于北美洲，我国东北、华北各地广泛栽培。

药用部位　茎皮、幼枝、根、茎。

五叶地锦 **Parthenocissus quinquefolia** (L.) Planch.
引自《北京植物志》

五叶地锦 **Parthenocissus quinquefolia** (L.) Planch.
摄影：张英涛 周喜乐

功效应用　茎皮、幼枝、根：强壮，利尿，祛痰。茎：祛风除湿。用于风湿痛。

化学成分　茎含芪类：地锦素▲(parthenocissin) A、B[1]、M、N[2]，白藜芦醇-3-O-β-吡喃葡萄糖苷(resveratrol-3-O-β-glucopyranoside)[1]，白藜芦醇(resveratrol)，云杉鞣酚▲(piceatannol)[1,3]，宫部苔草酚C (miyabenol

C)，ε-葡萄素(ε-viniferin)[2]，白藜芦醇-反式-去氢二聚物(resveratrol-*trans*-dehydrodimer)，葡萄瓮素▲ (cyphostemmin) A、B，苍白粉藤酚(pallidol)[3]；黄酮类：槲皮素-3-*O*-α-L-吡喃鼠李糖苷(quercetin-3-*O*-α-L-rhamnopyranoside)，杨梅素-3-*O*-α-L-吡喃鼠李糖苷(myricetin-3-*O*-α-L-rhamnopyranoside)[3]；酚类：3,4,5-三羟基苯甲酸(3,4,5-trihydroxybenzoic acid)[3]；三萜类：*β*-香树脂醇十六酸酯(*β*-amyryl hexadecanoate)[4]。

化学成分参考文献

[1] Tanaka T, et al. *Phytochemistry*, 1998, 48(6): 1045-1049.

[2] Yang JB, et al. *J Asian Nat Prod Res*, 2014, 16(3): 275-280.

[3] 杨建波, 等. 中国中药杂志, 2010, 35(12): 1573-1576.

[4] Chistokhodova NA, et al. *Pharm Chem J* (Translation of Khimiko-Farmatsevticheskii Zhurnal), 2002, 36(5): 245-247.

5. 绿叶地锦　绿叶爬山虎（植物分类学报），青叶爬山虎（拉汉种子植物名称），大绿藤、青龙腾（云南）

Parthenocissus laetevirens Rehder in Mitt. Deutsch. Dendr. Ges. 21: 190. 1912.（英 **Shiny green Creeper**）

木质藤本。小枝圆柱形或有显著纵棱，嫩时被短柔毛，后脱落无毛；卷须总状 5–10 分枝，相隔 2 节间断与叶对生，卷须顶端嫩时膨大呈块状，后遇附着物扩大成吸盘。复叶，掌状 5 小叶，小叶片倒卵状长椭圆形或倒卵状披针形，长 3–11 cm，宽 1–5 cm，最宽处在近中部或中部以上，顶端急尖或渐尖，基部楔形，边缘上半部有 5–12 个锯齿，上面深绿色，无毛，显著呈泡状隆起，下面浅绿色，在脉上被短柔毛；侧脉 4–9 对，网脉上面不明显，下面微突起；叶柄长 2.5–6 cm，被短柔毛，小叶有短柄或几无柄。多歧聚伞花序圆锥状，假顶生，长 6–15 cm，中轴明显，花序中常有退化小叶；花序梗长 0.5–4 cm，被短柔毛；花梗长 2–3 mm，无毛；花蕾椭圆球形或微呈倒卵状椭圆球形，顶端圆形；花萼碟形，全缘，无毛；花瓣 5，椭圆形，无毛；雄蕊 5 枚，花丝长 1.4–2.4 mm，下部略宽，花药长椭

绿叶地锦 Parthenocissus laetevirens Rehder
引自《浙江植物志》

绿叶地锦 Parthenocissus laetevirens Rehder
摄影：徐克学

圆形，长 1.6-2.6 mm；花盘不明显；子房近球形，花柱明显，基部略粗，柱头不明显扩大。果实球形，直径 0.6-0.8 cm，有种子 1-4 粒。种子倒卵形，顶端圆形，基部急尖成短喙。花期 7-8 月，果期 9-11 月。

分布与生境 产于河南、安徽、江西、江苏、浙江、湖北、湖南、福建、广东、广西。生于海拔 140-1100 m 的山谷林中或山坡灌丛，攀援树上或崖石壁上。

药用部位 藤茎。

功效应用 舒筋活络，消肿散瘀，接骨。用于跌打损伤，骨折，风湿性关节炎，腰肌劳损，四肢痹痛。

化学成分 根含芪类：方茎青紫葛素▲A (quadrangularin A)，地锦素▲A(parthenocissin A)[1]。

根和茎含芪类：方茎青紫葛素▲A，白藜芦醇(resveratrol)[2]，绿叶地锦酚▲(laetevirenol) A、B、C、D、E[2]、F、G[3]，山葡萄素 A(amurensin A)，苍白粉藤酚(pallidol)，地锦芪素▲A (parthenostilbenin A)，宫部苔草酚C (miyabenol C)，顺式-宫部苔草酚C (cis-miyabenol C)，地锦素▲(parthenocissin) A[2]、B[4]。

注评 本种的根、茎或叶称"五叶壁藤"，湖南、浙江、云南等地药用。苗族和布朗族也药用本种的茎藤，主要用途见功效应用项。

化学成分参考文献

[1] He S, et al. *J Chromatogr A*, 2007, 1151(1-2): 175-179.

[2] He S, et al. *J Org Chem*, 2008, 73(14): 5233-5241.

[3] He S, et al. *Helv Chim Acta*, 2009, 92(7): 1260-1267.

[4] Chen JJ, et al. *Rapid Communications in Mass Spectrometry*, 2009, 23(6): 737-744.

6. 花叶地锦 红叶爬山虎（经济植物手册），花叶爬山虎（拉汉种子植物名称）

Parthenocissus henryana (Hemsl.) Graebn. ex Diels et Gilg in Bot. Jahrb. Syst. 29: 464. 1900.——*Vitis henryana* Hemsl., *Ampelopsis henryana* (Hemsl.) Grignani, *Psedera henryana* (Hemsl.) C. K. Schneid.（英 **Silvervein Creeper**）

木质藤本。小枝显著四棱形，无毛；卷须总状 4-7 分枝，相隔 2 节间断与叶对生，卷须顶端嫩时膨大呈块状，后遇附着物扩大成吸盘状。复叶，掌状 5 小叶，小叶片倒卵形、倒卵状长圆形或宽倒卵状披针形，长 4-9.5 cm，宽 1.5-4.5 cm，最宽处在上部，顶端急尖、渐尖或圆钝，基部楔形，边缘上半部有 2-5 个锯齿，上面绿色，下面浅绿色，两面均无毛或嫩时微被稀疏短柔毛；侧脉 3-6 对，网脉上面不明显，下面微突出；叶柄长 3-7 cm，小叶柄长 0.3-1.5 cm，无毛。圆锥状多歧聚伞花序假顶生，主轴明显，花序内常有退化较小的单叶；花序梗长 1.5-9 cm，无毛；花梗长 0.5-1.5 mm，无毛；花蕾椭圆球形或近球形，顶端圆形；花萼碟形，全缘，无毛；花瓣 5，长椭圆形，无毛；雄蕊 5 枚，花丝长 0.7-0.9 mm，花药长椭圆形，长 0.9-1.1 mm；花盘不明显；子房卵状椭圆形，花柱基部略比子房顶端小或界限极不明显，柱头不显著或微扩大。果实近球形，直径 0.8-1 cm，种子 1-3 粒。种子倒卵形，顶端圆形，基部有短喙。花期 5-7 月，果期 8-10 月。

分布与生境 产于陕西、甘肃、河南、湖北、四川、广西、贵州、云南。生于海拔 160-1500 m 的沟谷岩石上或山坡林中。

药用部位 藤、叶。

功效应用 消肿散痛。用于疮疖肿毒。

花叶地锦 **Parthenocissus henryana**
(Hemsl.) Graebn. ex Diels et Gilg
张培英 绘

花叶地锦 **Parthenocissus henryana**
(Hemsl.) Graebn. ex Diels et Gilg
摄影：刘宗才

4. 俞藤属 Yua C. L. Li

木质藤本，有皮孔，髓白色。卷须 2 叉分枝，顶端遇着附着物决不膨大呈吸盘。叶互生，掌状 5 小叶。复二歧聚伞花序与叶对生，最后一级分枝顶端近乎集生成伞形，花两性；花萼杯形，边缘全缘；花瓣通常 5，花蕾时黏合，以后展开脱落；雄蕊通常 5 枚，花盘发育不明显；雌蕊 1 枚，花柱明显，柱头扩大不明显；子房 2 室，每室胚珠 2 颗，胚乳横切面呈 M 形。浆果圆球形，多肉质，味甜酸。种子呈梨形，背腹侧扁，顶端微凹，基部有短喙；腹面洼穴从基部向上达种子 2/3 处，背面种脐在种子中部。

本属有 2 种和 1 个变种，分布于中国亚热带地区、印度和尼泊尔，我国 2 种均产，主要分布于华东、华中、华南和西南地区，均可药用。

分种检索表

1. 叶片顶端渐尖或短尾尖，边缘锯齿细锐；网脉明显，但不突出；果实直径 1–1.3 cm ⋯⋯ 1. 俞藤 **Y. thomsonii**
1. 叶片先端急尖或圆钝，边缘锯齿圆钝；网脉两面明显突起；果实直径 1.5–2.5 cm ⋯⋯⋯⋯⋯⋯⋯⋯⋯⋯⋯⋯⋯⋯⋯⋯⋯⋯⋯⋯⋯⋯ 2. 大果俞藤 **Y. austro-orientalis**

1. 俞藤 粉叶爬山虎（经济植物手册），粉叶地锦（天目山药用植物志）

Yua thomsonii (M. A. Lawson) C. L. Li in Acta Bot. Yunnan. 12(1): 5. 1990.——*Vitis thomsonii* M. A. Lawson, *Cayratia thomsonii* (M. A. Lawson) Suess., *Cissus thomsonii* (M. A. Lawson) Planch., *Parthenocissus thomsonii* (M. A. Lawson) Planch., *Psedera thomsonii* (M. A. Lawson) Stuntz（英 **Thomosn Creeper**）

木质藤本。小枝圆柱形，褐色，嫩枝略有棱纹，无毛；卷须 2 叉分枝，相隔 2 节间断与叶对生。

复叶，掌状 5 小叶，草质，小叶片披针形或卵状披针形，长 3-7 cm，宽 1.5-3 cm，顶端渐尖或短尾状渐尖，基部楔形，边缘上半部每侧有 4-7 个细锐锯齿，上面绿色，无毛，下面淡绿色，常被白色粉霜，无毛或脉上被稀疏短柔毛，网脉不明显突出；侧脉 4-6 对；叶柄长 2.5-5.5 cm，无毛，小叶柄长 2-10 cm，有时侧生小叶近无柄，无毛。花序为复二歧聚伞花序，与叶对生，无毛；花萼碟形，全缘，无毛；花瓣 5，稀 4，无毛，花蕾时黏合，后展开脱落；雄蕊 5 枚，稀 4，长约 2.5 mm，花药长椭圆形，长约 1.5 mm；雌蕊长约 3 mm，花柱细，柱头不明显扩大。果实近球形，直径 1-1.3 cm，紫黑色，味淡甜；种子梨形，长 5-6 mm，宽约 4 mm，顶端微凹。花期 5-6 月，果期 7-9 月。

分布与生境　产于安徽、江苏、浙江、江西、湖北、广西、贵州（东南部）、湖南、福建（西南部）和四川（东南部）。生于海拔 250-1300 m 的山坡林中，攀援树上。印度和尼泊尔也有。

药用部位　根、藤茎。

功效应用　清热解毒，祛风除湿。用于风湿痹痛，关节肿痛，妇女白带，劳伤，疮疡，无名肿毒。

注评　本种的藤茎或根称"粉叶地锦"，贵州、浙江等地药用。苗族也药用其根或藤治疗关节疼痛，白带。

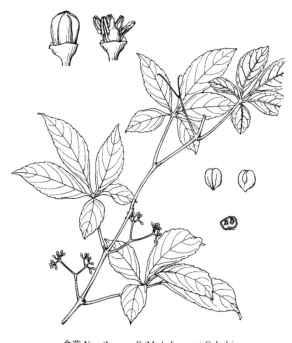

俞藤 Yua thomsonii (M. A. Lawson) C. L. Li
顾健 绘

俞藤 Yua thomsonii (M. A. Lawson) C. L. Li
摄影：梁同军

2. 大果俞藤　东南爬山虎（植物分类学报）

Yua austro-orientalis (F. P. Metcalf) C. L. Li in Acta Bot. Yunnan. 12(1): 7. 1990.——*Parthenocissus austro-orientalis* F. P. Metcalf（英 **Southeastern China Creeper**）

　　木质藤本。小枝圆柱形，褐色或灰褐色，多皮孔，无毛；卷须 2 叉分枝，与叶对生。复叶，掌状 5 小叶，叶片较厚，亚革质，倒卵状披针形或倒卵状椭圆形，长 5.5-8 cm，宽 2-4 cm，顶端急尖或圆钝，基部楔形，边缘上部每侧有 2-5 个锯齿，稀齿不明显，上面绿色，无毛，下面淡绿色，无毛，常有白粉，两面干时网脉突起；侧脉 6-9 对；叶柄长 3.5-6 cm，小叶柄长 0.2-1.2 cm，侧小叶柄常较短，中间小叶柄较长，无毛。花序为复二歧聚伞花序，被白粉，无毛，与叶对生；花序梗长 1.5-2 cm；花梗长 3-6 mm；花蕾长椭圆球形；花萼杯状，全缘；花瓣 5，花蕾时黏合，后展开脱落；雄蕊 5 枚，长 3-3.8 mm，花药黄色，长椭圆形，长约 2 mm；雌蕊长 2-2.5 mm，花柱渐狭，柱头不明显扩大。果实圆球形，直径 1.5–2.5 cm，紫红色，味酸甜。种子梨形，背腹侧扁，长 6–8 mm，宽约 5 mm，顶端微凹，基部有短喙。花期 5–7 月，果期 10–12 月。

分布与生境 产于江西、福建、广东、广西。生于海拔 100–900 m 的山坡沟谷林中或林缘灌木丛中。

药用部位 全株、叶。

功效应用 全株：祛风通络，散瘀消肿，活血止痛。用于风湿性关节炎。叶：清热解毒，收敛生肌。用于烧伤，烫伤，疮疡，无名肿毒。

大果俞藤 Yua austro-orientalis (F. P. Metcalf) C. L. Li
引自《中国高等植物图鉴》

大果俞藤 Yua austro-orientalis (F. P. Metcalf) C. L. Li
摄影：喻勋林

5. 蛇葡萄属 Ampelopsis Michx.

木质藤本。卷须 2–3 分枝。叶为单叶、羽状复叶或掌状复叶，互生。花 5 基数；两性或杂性同株，组成伞房状多歧聚伞花序或复二歧聚伞花序；花瓣 5，展开，各自分离脱落；雄蕊 5 枚，花盘发达，边缘波状浅裂；花柱明显，柱头不明显扩大；子房 2 室，每室有 2 枚胚珠。浆果球形，有种子 1–4 粒。种子倒卵圆形，种脐在种子背面中部呈椭圆形或带形，两侧洼穴呈倒卵形或狭窄，从基部向上达种子近中部；胚乳横切面呈 "W" 形。

约 30 余种，分布亚洲、北美洲和中美洲，我国有 17 种，南北均产，其中 11 种 7 变种可药用。

分种检索表

1. 叶为单叶，叶片不裂或出现不同程度 3–5 裂，但绝不裂至基部成全裂片。
  2. 叶片不裂或微 3–5 浅裂。
    3. 小枝、叶柄完全无毛；叶片无毛或背面脉腋有簇毛。
      4. 叶片背面苍白色，叶片边缘具急尖锯齿 ························ 1a. 蓝果蛇葡萄 **A. bodinieri** var. **bodinieri**
      4. 叶片背面浅绿色，叶片边缘具带小尖头的浅圆齿。
        5. 叶片或心状卵形，叶通常不裂，或三浅裂而侧裂片不外展 ····························
        ····························· 2d. 光叶蛇葡萄 **A. glandulosa** var. **hancei**
        5. 叶片明显呈五角形，上部二侧裂片明显外展。········ 2e. 牯岭蛇葡萄 **A. glandulosa** var. **kulingensis**
    3. 小枝、叶柄、叶背多少被柔毛。
      6. 小枝、叶柄、叶下面和花轴被锈色长柔毛 ·········· 2a. 蛇葡萄 **A. glandulosa** var. **glandulosa**
      6. 小枝、叶柄、叶片背面疏被柔毛 ············ 2c. 东北蛇葡萄 **A. glandulosa** var. **brevipedunculata**
  2. 叶片 3–5 中裂，稀有浅裂或不裂者。
    7. 叶片背面密被灰色短柔毛 ························· 1b. 灰毛蛇葡萄 **A. bodinieri** var. **cinerea**
    7. 叶片背面仅沿脉疏被短柔毛。
      8. 花梗长不及 2 mm；叶片 3–5 中裂，稀有不裂者 ·······2b. 异叶蛇葡萄 **A. glandulosa** var. **heterophylla**
      8. 花梗长 2–3 mm；叶片 3 中裂 ································· 3. 葎叶蛇葡萄 **A. humulifolia**
1. 叶为掌状复叶或羽状复叶。
  9. 叶为掌状复叶，3–5 小叶。
    10. 小枝、叶柄、叶片背面疏被柔毛，具 3 小叶，或 5 小叶。
      11. 3 小叶，小叶不分裂或侧生小叶基部分裂 ·············4a. 三裂蛇葡萄 **A. delavayana**
      11. 5 小叶，小叶羽状分裂或边缘粗锯齿状 ············· 5. 乌头叶蛇葡萄 **A. aconitifolia**
    10. 小枝、叶柄、叶片背面无毛，具 3–5 小叶。
      12. 小叶片羽状深裂，中部以下成狭翅 ···················· 6. 白蔹 **A. japonica**
      12. 小叶片边缘浅裂或成锯齿状 ·············· 4b. 掌裂蛇葡萄 **A. delavayana** var. **glabra**
  9. 羽状复叶。
    13. 小枝、叶柄、花序轴被短柔毛或长柔毛。
      14. 小枝圆柱形；小枝、叶柄、花序轴被灰色短柔毛················ 7. 广东蛇葡萄 **A. cantoniensis**
      14. 小枝具 4–6 棱；小枝、叶柄、花序轴被锈色长柔毛············· 8. 毛枝蛇葡萄 **A. rubifolia**
    13. 小枝、叶柄、花序轴均无毛。
      15. 小叶片边缘具粗锯齿；叶片干后两面同色。
        16. 卷须 3 分枝；叶片长 4–12 cm ····················· 9. 大叶蛇葡萄 **A. megalophylla**
        16. 卷须 2 叉分枝；叶片长不及 5 cm ··············10. 显齿蛇葡萄 **A. grossedentata**
      15. 小叶片边缘具细锯齿；叶片干后两面不同色，腹面深，背面浅······· 11. 羽叶蛇葡萄 **A. chaffanjonii**

    本属药用植物主要含有黄酮类成分，如蛇葡萄素 (ampelopsin，**1**)，杨梅素 (myricetin)，(+)- 儿茶素 [(+)-catechin]，(-)- 表儿茶素 [(-)-epicatechin]；三萜类成分如柠檬林素▲(nomilin，**2**)，吴茱萸苦素 (rutaevin，**3**)；木脂素类成分如五味子苷▲(schizandriside，**4**)；芪类成分如白藜芦醇 (resveratrol)；蒽醌类成分如大黄酚 (chrysophanol)，大黄素 (emodin)，大黄素甲醚 (physcion)，大黄素 -8-O-$β$-D- 吡喃葡萄糖苷 (emodin-8-O-$β$-D-glucopyranoside)。

本属植物三裂蛇葡萄具有抗炎镇痛、保肝护肝的作用。白蔹具有抑功、抗肿瘤作用。大叶蛇葡萄具有降血压、降血糖作用。显齿蛇葡萄具有调节免疫、抗炎镇痛、调血脂、降血糖等作用，还有健胃醒酒作用，临床上适用慢性骨髓炎、急性乳腺炎、肝炎等多种疾病的治疗。

1. 蓝果蛇葡萄　闪光蛇葡萄（经济植物手册），蛇葡萄（秦岭植物志），大接骨丹（陕西），扁担藤（贵州）

Ampelopsis bodinieri (H. Lév. et Vaniot) Rehder in J. Arnold Arbor. 15: 23. 1934.——*Vitis bodinieri* H. Lév. et Vaniot（英 **Bodinier Ampelopsis**）

1a. 蓝果蛇葡萄（模式变种）

Ampelopsis bodinieri (H. Lév. et Vaniot) Rehder var. **bodinieri**

木质藤本。小枝圆柱形，有纵棱纹，无毛；卷须2叉分枝，相隔2节间断与叶对生。叶片卵状圆形或卵状椭圆形，不分裂或上部微3浅裂，长8–12 cm，宽6–11.5 cm，顶端急尖或渐尖，基部心形或微心形，边缘每侧有9–19个急尖锯齿，上面绿色，下面浅绿色，两面无毛；基出脉5，中脉有侧脉4–6对，网脉两面均不明显突出；叶柄长2.5–6 cm，无毛。复二歧聚伞花序，疏散；花序梗长2.5–6 cm，无毛；花梗长2.5–3 mm，无毛；花蕾椭圆球形；花萼浅碟形，萼齿不明显，边缘呈波状，外面无毛；花瓣5，长椭圆形；雄蕊5枚，花丝丝状，花药黄色，椭圆形；花盘明显，5浅裂；子房圆锥形，花柱明显，基部略粗，柱头不明显扩大。果实近圆球形，直径0.6–0.8 cm，种子3–4粒。种子倒卵状椭圆形，顶端圆钝，基部有短喙。花期4–6月，果期7–8月。

分布与生境　产于陕西、河南、湖北、湖南、福建、广东、广西、海南、四川、贵州、云南。生于海拔200–3000 m的山谷林中或山坡灌丛荫处。

药用部位　根皮。

功效应用　消肿解毒，止痛，止血，排脓生肌，祛风湿。用于跌打损伤，骨折，风湿腿痛，便血崩漏，白带。

蓝果蛇葡萄 Ampelopsis bodinieri (H. Lév. et Vaniot)
Rehder var. **bodinieri**
引自《中国高等植物图鉴》

蓝果蛇葡萄 Ampelopsis bodinieri (H. Lév. et Vaniot) Rehder var. **bodinieri**
摄影：朱鑫鑫

1b. 灰毛蛇葡萄（变种）毛叶蛇葡萄（秦岭植物志）

Ampelopsis bodinieri (H. Lév. et Vaniot) Rehder var. **cinerea** (Gagnep.) Rehder in J. Arnold Arbor. 15: 23. 1934.——*A. heterophylla* (Thunb.) Siebold et Zucc. var. *cinerea* Gagnep., *A. micans* Rehder var. *cinerea* (Gagnep.) Rehder（英 **Glaucous-back Ampelopsis**）

本变种与模式变种不同在于叶片下面被灰色短柔毛。

分布与生境 产于陕西、湖北、湖南、四川。生于海拔 1300 m 的山坡灌丛或林中。

药用部位 根。

功效应用 消肿解毒，止痛止血，排脓生肌，祛风除湿，去翳生肌。用于跌打损伤，骨折，刀伤出血，疮毒，风湿腿痛，便血，崩漏，带下病，眼翳。

2. 蛇葡萄（救荒本草）

Ampelopsis glandulosa (Wall.) Momiy. in Bull. Univ. Mus. Univ. Tokyo 2: 78. 1971.

2a. 蛇葡萄（模式变种） 锈毛蛇葡萄（植物分类学报）

Ampelopsis glandulosa (Wall.) Momiy. var. **glandulosa**——*A. brevipedunculata* (Maxim.) Trautv. var. *ciliata* (Nakai) F. Y. Lu, *A. brevipedunculata* (Maxim.) Trautv. var. *vestita* (Rehder) Rehder, *A. glandulosa* (Wall.) Momiy. var. *ciliata* (Nakai) Momiy., *A. glandulosa* (Wall.) Momiy. var. *vestita* (Rehder) Momiy., *A. heterophylla* (Thunb.) Siebold et Zucc. subvar. *wallichii* Planch., *A. heterophylla* (Thunb.) Siebold et Zucc. var. *ciliata* Nakai, *A. heterophylla* (Thunb.) Siebold et Zucc. var. *sinica* (Miq.) Merr., *A. heterophylla* (Thunb.) Siebold et Zucc. var. *vestita* Rehder, *A. sinica* (Miq.) W. T. Wang, *Vitis glandulosa* Wall., *V. sinica* Miq.（英 **Glandulose Ampelopsis**）

木质藤本。枝条粗壮；卷须与叶对生，二叉状分枝。单叶互生；叶柄长 1–4.5 cm；叶片心形或心状卵形，长 5–12 cm，宽 5–8 cm，顶端不裂或具不明显 3 浅裂，侧裂片小，先端钝，基部心形，上面绿色，下面淡绿色，边缘有带小尖头的浅圆齿；基出脉 5 条，侧脉 4 对，网脉在背面稍明显。花两性，二歧聚伞花序与叶对生，长 2–6 cm；花序梗长 1–3 cm；花白绿色，有长约 2 mm 的花梗，基部有小苞片；花萼盘状，5 浅裂；花瓣 5，分离，外被锈色短柔毛；雄蕊 5 枚，与花瓣对生；子房扁球形，被杯状花盘包围。浆果球形，幼时绿色，熟时蓝紫色，直径约 8 mm。

　　本变种与其他变种的区别在于小枝、叶柄、叶下面和花轴被锈色长柔毛，花梗、花萼和花瓣被锈色短柔毛。花期 6-8 月，果期 9 月至翌年 1 月。

分布与生境　产于安徽、浙江、江西、河北、河南、福建、广东、广西、四川、贵州、云南。生于海拔 50-2200 m 的山谷林中或山坡灌丛荫处。尼泊尔、印度东北部卡西山区和缅甸也有分布。

药用部位　根、根皮、茎、叶。

功效应用　根、根皮：清热解毒，祛风除湿，活血散结。用于肺痈吐脓，肺结核咯血，风湿痹痛，跌打损伤，痈肿疮毒，瘰疬，癌肿。茎、叶：清热利湿，散瘀止血，解毒。用于肾炎水肿，小便不利，风湿痹痛，跌打瘀肿，内伤出血，疮毒。

注评　本种为上海中药材标准（1994 年版）收载"野葡萄藤"的基源植物，药用其干燥地上部分；其干燥叶为广西中药材标准收载"假葡萄叶"药用。标准使用本种的拉丁异名 *Ampelopsis sinica* (Miq.) W. T. Wang。

2b. 异叶蛇葡萄（变种）

Ampelopsis glandulosa (Wall.) Momiy. var. **heterophylla** (Thunb.) Momiy. in J. Jap. Bot. 52(1): 30. 1977.——*Vitis heterophylla* Thunb., *Ampelopsis brevipedunculata* (Maxim.) Trautv. var. *heterophylla* (Thunb.) H. Hara, *A. heterophylla* (Thunb.) Siebold et Zucc., *A. humulifolia* Bunge var. *heterophylla* (Thunb.) K. Koch（英 **Diversifolious Ampelopsis**）

　　木质藤本。小枝圆柱形，有纵棱纹，被疏柔毛；卷须 2-3 叉分枝，相隔 2 节间断与叶对生。单叶，叶片心形或卵形，3-5 中裂，常混生有不分裂者，长 4.5-13 cm，宽 3-10 cm，顶端急尖，基部心形，基缺近呈钝角，稀圆形，边缘有急尖锯齿，上面绿色，无毛，下面浅绿色，脉上有疏柔毛；基出脉 5，中央脉有侧脉 4-5 对，网脉不明显突出；叶柄长 2-6.5 cm，被疏柔毛；花序梗长 1-2.5 cm，被疏柔毛；花梗长 1-3 mm，疏生短柔毛；花蕾卵圆球形，顶端圆形；花萼碟形，边缘波状浅齿，外面

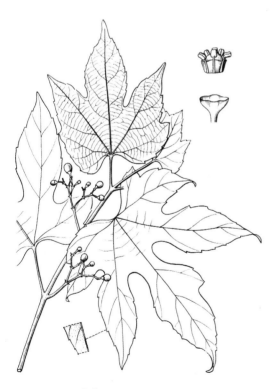

异叶蛇葡萄 Ampelopsis glandulosa (Wall.)
Momiy. var. **heterophylla** (Thunb.) Momiy.
张培英　绘

异叶蛇葡萄 Ampelopsis glandulosa (Wall.)
Momiy. var. **heterophylla** (Thunb.) Momiy.
摄影：徐克学

疏生短柔毛；花瓣 5，卵椭圆形，外面几无毛；雄蕊 5 枚，花药长椭圆形；花盘明显，边缘浅裂；子房下部与花盘合生，花柱明显，基部略粗，柱头不扩大。果实近球形，直径 0.5–0.8 cm，种子 2–4 粒。种子长椭圆形，顶端近圆形，基部有短喙。花期 4–6 月，果期 7–10 月。

分布与生境　产于江苏、安徽、浙江、江西、福建、湖北、湖南、广东、广西、四川。生于海拔 200–1800 m 的山坡林下或灌丛中。日本也有分布。

药用部位　根、茎、叶。

功效应用　根：清热解毒，祛风活络。用于风湿性关节痛，呕吐，泄泻，溃疡病。外用于疮疡肿毒，外伤出血，烧伤，烫伤。茎、叶：利尿，清热，止血。

化学成分　根含酚、酚酸及其酯类：(+)-儿茶素[(+)-catechin]，没食子酸，没食子酸乙酯(ethyl gallate)[1]；三萜类：羽扇豆醇(lupeol)[1]；甾体类：β-谷甾醇，β-胡萝卜苷[1]。

枝含挥发油：β-香堇酮(β-ionone)，(E)-β-突厥蔷薇烯酮▲[(E)-β-damascenone]，(E,Z)-2,6-壬二烯醛[(E,Z)-2,6-nonadienal]，(E)-2-壬烯醛[(E)-2-nonenal]等[2]。

叶含挥发油：(E)-β-突厥蔷薇烯酮▲，(E,Z)-2,6-壬二烯醛，β-香堇酮，(E)-2-壬烯醛，壬醛(nonanal)，苯乙醛(phenylacetaldehyde)，对乙烯基愈创木酚(p-vinylguaiacol)等[2]。

全草含黄酮类：金丝桃苷(hyperoside)，异槲皮苷(isoquercitrin)，芦丁(rutin)，山奈酚-3-O-芸香糖苷(kaempferol-3-O-rutinoside)，槲皮素(quercetin)[3]。

注评　本种的根皮称"紫葛"。苗族、彝族、傣族、畲族、土家族、拉祜族药用，主要用途见功效应用项。苗族尚药用其茎叶治慢性肾炎，肝炎，大便涩痛，小便不利；畲族以其根、皮治疗子宫脱垂。土家族用其根或茎治尿路感染，流痰，便毒；用其皮治肺痈咳吐脓血，过敏性皮炎等症。拉祜族药用其根皮、藤治疗眼睛红肿，用鲜藤茎、根皮治痢疾等症。

化学成分参考文献

[1] 张琼光，等 . 中药材，2003, 26(9): 636-637.

[2] Nakamura A, et al. *Journal of Oleo Science*, 2013, 62(9): 645-655.

[3] Chen P, et al. *J Sep Sci*, 2013, 36(23): 3660-3666.

2c. 东北蛇葡萄（变种）

Ampelopsis glandulosa (Wall.) Momiy. var. **brevipedunculata** (Maxim.) Momiy. in J. Jap. Bot. 52(1): 30. 1977.——*Cissus brevipedunculata* Maxim., *Ampelopsis brevipedunculata* (Maxim.) Trautv., *Ampelopsis heterophylla* (Thunb.) Siebold et Zucc. var. *amurensis* Planch., *A. heterophylla* (Thunb.) Siebold et Zucc. var. *brevipedunculata* (Maxim.) C. L. Li, *Cissus humulifolia* (Bunge) Regel var. *brevipedunculata* (Maxim.) Regel, *Vitis brevipedunculata* (Maxim.) Dippel（英 **Amur Ampelopsis**）

本变种与模式变种的区别在于叶片上面无毛，下面脉上被稀疏柔毛，边缘有粗钝或急尖锯齿。花期 7–8 月，果期 9–10 月。

分布与生境　产于黑龙江、吉林、辽宁。生于海拔 150–600 m 的山谷疏林或山坡灌丛中。

药用部位　根皮。

功效应用　清热解毒，祛风活络，止血止痛。用于风湿性关节痛，呕吐，泄泻，溃疡，跌打损伤，疮疡肿毒，外伤出血，烧伤，烫伤。

化学成分　根含黄酮类：山奈酚(kaempferol)，香树醇(aromadendrol)[1]；三萜类：β-香树脂醇(β-amyrin)，白桦脂醇(betulin)[1]；酚、酚酸及其酯类：白藜芦醇(resveratrol)，香荚兰酸(vanillic acid)，没食子酸乙酯(ethyl gallate)，3,5-二甲氧基-4-羟基苯甲酸(3,5-dimethoxy-4-hydroxybenzoic acid)[1]。

茎含木脂素类：南烛脂苷▲(lyoniside)[2]；苯丙素类：蛇葡萄鼠李糖苷(ampelopsisrhamnoside)[2]；酚类：异直蒴苔苷▲(tachioside)，直蒴苔苷▲(isotachioside)[2]；苯乙醇类：2-苯乙基-O-D-芸香糖苷(2-phenylethyl-O-D-rutinoside)[2]；大柱香波龙烷类：蛇葡萄香堇苷(ampelopsisionoside)[2]。

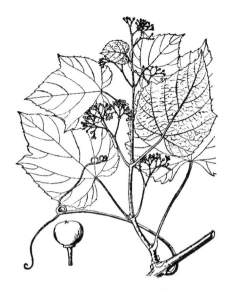

东北蛇葡萄 *Ampelopsis glandulosa* (Wall.)
Momiy. var. **brevipedunculata** (Maxim.) Momiy.
引自《中国高等植物图鉴》

东北蛇葡萄 *Ampelopsis glandulosa* (Wall.)
Momiy. var. **brevipedunculata** (Maxim.) Momiy.
摄影：周繇

叶含黄酮类：胡桃宁(juglanin)，缅茄苷▲(afzelin)，紫云英苷(astragalin)，山奈酚-3-*O*-新橙皮糖苷(kaempferol-3-*O*-neohesperidoside)，萹蓄苷(avicularin)，槲皮苷(quercitrin)，金丝桃苷(hyperin)，烟花苷(nicotiflorin)，山奈酚-3-*O*-α-L-吡喃阿拉伯糖苷(kaempferol-3-*O*-α-L-arabinopyranoside)，山奈酚-3-*O*-α-L-吡喃鼠李糖基-(1 → 2)-吡喃半乳糖苷[kaempferol-3-*O*-α-L-rhamnopyranosyl-(1 → 2)-galactopyranoside][3]，槲皮素-3-*O*-(2-*O*-α-L-吡喃鼠李糖基)-β-D-吡喃半乳糖苷[quercetin-3-*O*-(2-*O*-α-L-rhanmopyranosyl)-β-D-galactopyranoside]，山奈酚-3-*O*-二-β-D-吡喃葡萄糖苷(kaempferol-3-*O*-di-β-D-glucopyranoside)[4]；苯丙素类：隐绿原酸(cryptochlorogenic acid)，3-*O*-咖啡酰奎宁酸(3-*O*-caffeoylquinic acid)，反式-5-*O*-咖啡酰奎宁酸(*trans*-5-*O*-caffeoylquinic acid)，5-对香豆酰奎宁酸(5-p-coumaroylquinic acid)，β-D-吡喃葡萄糖基-1-(对羟基桂皮酸酯)[β-D-glucopyranosyl-1-(*p*-hydroxycinnamate)]，β-D-吡喃葡萄糖基-1-(3,4-二羟基桂皮酸酯)[β-D-glucopyranosyl-1-(3,4-dihydroxycinnamate)][4]；酚、酚酸类：原儿茶酸(protocatechuic acid)[4]。

注评 本种为江西中药材标准（1996 年版）收载"蛇葡萄"的基源植物，药用其干燥的根及根状茎。标准使用本种的异名蛇葡萄 *Ampelopsis brevipedunculata* (Maxim.) Trautv.。本种的根皮称"蛇白蔹"，吉林等地药用。本种在辽宁部分地区混充"赤芍"，系"赤芍"的伪品。

化学成分参考文献

[1] 徐志红，等 . 中国中药杂志，1995, 20(8): 484-485.

[2] Inada A, et al. *Chem Pharm Bull*, 1991, 39(9): 2437-2439.

[3] Kato T, et al. *Shoyakugaku Zasshi*, 1989, 43(3): 266-269.

[4] Kato T, et al. *Shoyakugaku Zasshi*, 1990, 44(2): 138-142.

2d. 光叶蛇葡萄（变种）

Ampelopsis glandulosa (Wall.) Momiy. var. **hancei** (Planch.) Momiy. in J. Jap. Bot. 52(1): 30. 1977.——*A. heterophylla* (Thunb.) Siebold et Zucc. var. *hancei* Planch., *A. brevipedunculata* (Maxim.) Trautv. var. *hancei* (Planch.) Rehder, *A. sinica* (Miq.) W. T. Wang var. *hancei* (Planch.) W. T. Wang（ 英 **Hance Ampelopsis**）

本变种与模式变种的区别在于小枝、叶柄和叶片通常光滑无毛，花枝上的叶不裂。花期 4–6 月，果期 8–10 月。

光叶蛇葡萄 **Ampelopsis glandulosa** (Wall.) Momiy. var. **hancei** (Planch.) Momiy.
摄影：何顺志

分布与生境　产于山东、河南、江苏、江西、福建、湖南、广东、广西、四川、贵州、云南。生于海拔 50-600 m 的疏林或灌丛中。日本也有分布。

药用部位　根状茎。

功效应用　利尿，消肿，止血，清热解毒。用于眼疾，耳疾，刀伤，无名肿毒，慢性肾炎。

化学成分　根含芪类：蛇葡萄素(ampelopsin) A、B、C[1]、D、E[2]、F、G[3]、H[2]，顺式-蛇葡萄素E (*cis*-ampelopsin E)，苍白粉藤酚(pallidol)，宫部苔草酚C (miyabenol C)，云杉新苷(piceid)，顺式-云杉新苷(*cis*-piceid)，白藜芦醇苷(resveratroloside)[2]；黄酮类：(-)-表儿茶素[(-)-epicatechin][2]。

化学成分参考文献

[1] Oshima Y, et al. *Tetrahedron*, 1990, 46(15): 5121-5126.　　[3] Oshima Y, et al. *Tetrahedron*, 1993, 49(26): 5801-5804.

[2] Oshima Y, et al. *Phytochemistry*, 1993, 33(1): 179-182.

2e. 牯岭蛇葡萄（变种）

Ampelopsis glandulosa (Wall.) Momiy. var. **kulingensis** (Rehder) Momiy. in J. Jap. Bot. 52(1): 31. 1977.——*A. brevipedunculata* (Maxim.) Trautv. var. *kulingensis* Rehder, *A. heterophylla* (Thunb.) Siebold et Zucc. var. *kulingensis* (Rehder) C. L. Li（英 **Kulin Ampelopsis**）

　　本变种与模式区别在于叶片显著呈五角形，上部二侧裂片明显外倾，植株被短柔毛或几无毛。花期 5-7 月，果期 8-9 月。

分布与生境　产于安徽、江苏、浙江、江西、福建、湖南、广东、广西、四川、贵州。生于海拔 300-1600 m 的沟谷林下或山坡灌丛。

药用部位　根皮。

功效应用　清热解毒，祛风活络，利尿，消肿，止血。用于无名肿毒，慢性肾炎。

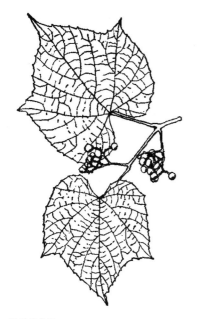

牯岭蛇葡萄 *Ampelopsis glandulosa* (Wall.)
Momiy. var. **kulingensis** (Rehder) Momiy.
引自《中国高等植物图鉴》

牯岭蛇葡萄 *Ampelopsis glandulosa* (Wall.)
Momiy. var. **kulingensis** (Rehder) Momiy.
摄影：朱鑫鑫

3. 葎叶蛇葡萄　葎叶白蔹（北京），小接骨丹（陕西）

Ampelopsis humulifolia Bunge, Enum. Pl. Chin. Bor. 12. 1833.——*A. heterophylla* (Thunb.) Siebold et Zucc. var. *humulifolia* (Bunge) Merr., *Cissus humulifolia* (Bunge) Regel（英 **Hopleaf Ampelopsis**）

木质藤本。小枝圆柱形，有纵棱纹，无毛；卷须 2 叉分枝，相隔 2 节间断与叶对生。单叶，叶片 3–5 浅裂或中裂，稀混生不裂者，长 7–11.5 cm，宽 5.5–9 cm，心状五角形或肾状五角形，顶端渐尖，基部心形，基缺顶端凹成圆形，边缘有粗锯齿，通常齿尖，上面绿色，无毛，下面粉绿色，无毛或沿脉被疏柔毛；叶柄长 3–5 cm，无毛或有时被疏柔毛；托叶早落。多歧聚伞花序与叶对生；花序梗长 3–6 cm，无毛或被稀疏无毛；花梗长 2–3 mm，伏生短柔毛；花蕾卵圆球形，顶端圆形；花萼碟形，边缘呈波状，外面无毛；花瓣 5，卵状椭圆形，外面无毛；雄蕊 5 枚，花药卵圆形，长宽近相等；花盘明显，波状浅裂；子房下部与花盘合生，花柱明显，柱头不扩大。果实近球形，长 0.6–10 cm，种子 2–4 粒。种子倒卵圆形，顶端近圆形，基部有短喙。花期 5–7 月，果期 5–9 月。

分布与生境　产于内蒙古、吉林、辽宁、青海、河北、山西、陕西、河南、山东、云南，生于海拔 400–1100 m 的山沟地边或灌丛林缘或林中。

药用部位　根皮。

功效应用　活血散瘀，清热解毒，生肌长骨，除风祛湿。用于跌打损伤，骨折，疮疖肿痛，风湿性关节炎。

注评　本种的根皮称"七角白蔹"，陕西等地药用。蒙古族也药用，主要用途见功效应用项。

葎叶蛇葡萄 *Ampelopsis humulifolia* Bunge
引自《中国高等植物图鉴》

葎叶蛇葡萄 Ampelopsis humulifolia Bunge
摄影：刘冰 张英涛

4. 三裂蛇葡萄　德氏蛇葡萄（经济植物手册），三裂叶蛇葡萄（江苏植物志），赤木通（植物名实图考），玉葡萄、金刚散（云南）

Ampelopsis delavayana Planch. in DC., Monogr. Phan. 5: 458. 1887.——*A. heterophylla* (Thunb.) Siebold et Zucc. var. *delavayana* (Planch.) Gagnep.（英 **Delavay Ampelopsis**）

4a. 三裂蛇葡萄（模式变种）

Ampelopsis delavayana Planch. var. **delavayana**

　　木质藤本。小枝圆柱形，有纵棱纹，疏生短柔毛，后脱落；卷须 2-3 叉分枝，相隔 2 节间断与叶对生。复叶具 3 小叶，中央小叶片披针形或椭圆状披针形，长 6-12.5 cm，宽 2-4 cm，顶端渐尖，基部近圆形，侧生小叶片卵状椭圆形或卵状披针形，长 4.5-11.5 cm，宽 2-4 cm，基部不对称，近截形，边缘有粗锯齿，齿端通常尖细，上面绿色，嫩时被稀疏柔毛，后脱落几无毛，下面浅绿色，侧脉 5-7 对；网脉两面均不明显；叶柄长 3-9 cm，中央小叶有柄或无柄，侧生小叶无柄，被稀疏柔毛。多歧聚伞花序与叶对生；花序梗长 2-4 cm，被短柔毛；花梗长 1-2.5 mm，伏生短柔毛；花蕾卵球形，顶端圆形；花萼碟形，边缘呈波状浅裂，无毛；花瓣 5，卵状椭圆形，外面无毛；雄蕊 5 枚，花药卵圆形，长宽近相等；花盘明显，5 浅裂；子房下部与花盘合生，花柱明显，柱头不明显扩大。果实近球形，直径约 0.8 cm，种子 2-3 粒。种子倒卵圆形，顶端近圆形，基部有短喙。花期 6-8 月，果期 9-11 月。

分布与生境　产于陕西、甘肃、福建、浙江、江西、湖北、湖南、广东、广西、海南、四川、贵州、云南。生于海拔 50-2200 m 的山谷林中或山坡灌丛或林中。

药用部位　根。

功效应用　清热解毒，镇痛，接骨止血，生肌散血。用于外伤出血，骨折，跌打损伤，风湿骨痛，烧伤，烫伤，淋证，白浊，疝气，疮痈。

化学成分　根含芪类：白藜芦醇苷(resveratroloside)[1]；黄酮类：儿茶素(catechin)，表儿茶素-3-*O*-没食子酸酯(epicatechin-3-*O*-gallate)[1]；花青素类：原矢车菊素B₁(procyanidin B₁)，3-*O*-没食子酰原矢车菊素B₁(3-*O*-galloylprocyanidin B₁)[1]；酚、酚苷类：3,3'-二-*O*-甲基鞣花酸-4-*O*-葡萄糖苷(3,3'-di-*O*-methylellagic acid-4-*O*-glucoside)，原没食子酯A (progallin A)，2-甲基苯基-*O*-β-D-吡喃木糖基-(1 → 6)-*O*-β-D-吡喃葡萄糖苷[2-methylphenyl-*O*-β-D-xylopyranosyl-(1 → 6)-*O*-β-D-glucopyranoside]，2-甲基苯基-*O*-α-D-呋喃阿拉伯糖基-(1 → 6)-*O*-β-D-吡喃葡萄糖苷[2-methylphenyl-*O*-α-D-arabinofuranosyl-(1 → 6)-*O*-β-

三裂蛇葡萄 Ampelopsis delavayana Planch. var. delavayana
引自《中国高等植物图鉴》

三裂蛇葡萄 Ampelopsis delavayana Planch. var. delavayana
摄影：张英涛

D-glucopyranoside][1]；三萜皂苷类：夏枯草皂苷A (vulgarsaponin A)[1]。

药理作用　保肝作用：根：对 D- 氨基半乳糖 (D-GalN) 诱导的大鼠急性肝损伤有一定程度的抑制作用，能降低 AST 酶活性，减轻肝细胞的变性坏死程度[1]。

注评　本种为中国药典（1977 年版）、云南药品标准（1974、1996、2007 年版）收载"玉葡萄根"的基源植物，药用其干燥根。标准曾使用本种的中文异名玉葡萄。安徽、江苏、河南、云南等地作"白蔹"使用，二者功效、应用不同，属混淆品；云南曲靖地区称"赤木通"，易与"木通"类药材名称相混。苗族、彝族、拉祜族、傣族、瑶族、土家族也药用，主要用途见功效应用项。苗族、彝族、瑶族、土家族尚药用其根、根状茎、叶，用于治疗咽喉痛，角膜云翳，乳痈，乳汁不通，慢性骨髓炎等症。

化学成分参考文献

[1] Mei SX, et al. *Nat Prod Res,* 2017, 32(1): 190-195.

药理作用及毒性参考文献

[1] 陈科力，等 . 中药材，1999, 22(7): 353-354.

4b. 毛三裂蛇葡萄（变种）

Ampelopsis delavayana Planch. var. **setulosa** (Diels et Gilg) C. L. Li in Chinese J. Appl. Envirn. Biol. 2(1): 48. 1996.——*A. aconitifolia* Bunge var. *setulosa* Diels et Gilg（英 **Hairy Delavay Ampelopsis**）

　　本变种与模式变种的不同在于小枝、叶柄和花序密被锈色短柔毛。花期 6–7 月，果期 9–11 月。

分布与生境　产于陕西、甘肃、河南、河北、四川、贵州、云南。生于海拔 500–2200 m 的山坡地边或林中。

药用部位　根皮、鲜茎。

毛三裂蛇葡萄 Ampelopsis delavayana Planch. var. setulosa (Diels et Gilg) C. L. Li
摄影：高贤明

功效应用 根皮：散瘀，消肿，清热止痛，止血。鲜茎：火烤流汁用于角膜云翳。

4c. 掌裂蛇葡萄（变种）

Ampelopsis delavayana Planch. var. **glabra** (Diels et Gilg) C. L. Li in Chinese J. Appl. Envirn. Biol. 2(1): 48. 1996.——*A. aconitifolia* Bunge var. *glabra* Diels et Gilg（英 **Aconiteleaf Ampelopsis**）

本变种与模式变种区别在具 3–5 小叶，植株光滑无毛。花期 5–6 月，果期 7–9 月。

分布与生境 产于吉林、辽宁、内蒙古、河北、河南、山东、江苏、湖北。生于海拔 300–800 m 的山坡、沟边和荒地。

药用部位 块根。

功效应用 清热解毒，豁痰。用于结核性脑膜炎，痰多胸闷，疮疡痈肿。

注评 本种的块根称"独脚蟾蜍"，广西等地药用。本种的块根在河南南阳地区混称"白蔹"，系"白

掌裂蛇葡萄 Ampelopsis delavayana Planch. var. **glabra** (Diels et Gilg) C. L. Li
摄影：徐永福

莜"的混淆品。云南曲靖又称其藤茎为"赤木通"，混充"木通"。据考证，云南从明代即有以葡萄科植物混充木通的历史。

5. 乌头叶蛇葡萄　马葡萄（河南），草白莜（新华本草纲要）、附子蛇葡萄（经济植物手册）

Ampelopsis aconitifolia Bunge, Enum. Pl. Chin. Bor. 12. 1833.——*A. aconitifolia* Bunge var. *cuneata* Diels et Gilg, *A. aconitifolia* Bunge var. *dissecta* (Carrière) Koehne, *Vitis aconitifolia* (Bunge) Hance（英 **Aconiteleaf Ampelopsis**）

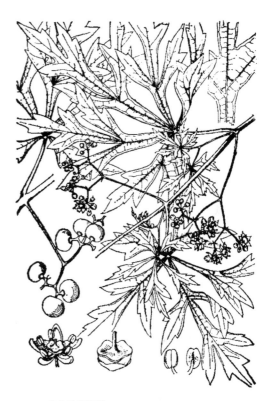

木质藤本。小枝圆柱形，有纵棱纹，被疏柔毛；卷须2-3叉分枝，相隔2节间断与叶对生。掌状复叶具5小叶，小叶片3-5羽裂，披针形或菱状披针形，长4-8.5 cm，宽1.5-5.5 cm，顶端渐尖，基部楔形，中央小叶片深裂，或有时外侧小叶片浅裂或不裂，上面绿色无毛或疏生短柔毛，下面浅绿色，无毛或脉上被疏柔毛；小叶有侧脉3-6对，网脉不明显；叶柄长1.5-2.5 cm，无毛或被疏柔毛，小叶几无柄；托叶膜质，褐色，卵状披针形，顶端钝，无毛或被疏柔毛。疏散的伞房状复二歧聚伞花序，通常与叶对生或假顶生；花序梗长1.5-4 cm，无毛或被疏柔毛；花梗长1.5-2.5 mm，几无毛；花蕾卵圆球形，顶端圆形；花萼碟形，波状浅裂或几全缘，无毛；花瓣5，卵圆形，无毛；雄蕊5枚，花药卵圆形，长宽近相等；花盘发达，边缘呈波状；子房下部与花盘合生，花柱钻形，柱头扩大不明显。果实近球形，直径0.6-0.8 cm，种子2-3粒。种子倒卵圆形，顶端圆形，基部有短喙。花期5-6月，果期8-9月。

分布与生境　产于内蒙古、河北、甘肃、陕西、山西、河南、山东。生于海拔600-1800 m的沟边或山坡灌丛或草地。

药用部位　根皮。

乌头叶蛇葡萄 Ampelopsis aconitifolia Bunge
引自《中国高等植物图鉴》

乌头叶蛇葡萄 Ampelopsis aconitifolia Bunge
摄影：张英涛

功效应用　散瘀消肿，祛腐生肌，接骨止痛。用于骨折，跌打损伤，痈肿，风湿性关节痛。

注评　本种的根皮称"过山龙"，陕西等地药用。本种的块根在河南、陕西及我国西北地区混称"白蔹"，系"白蔹"混淆品。蒙古族、白族、瑶族、侗族也药用，主要用途见功效应用项。瑶族和侗族尚用其块根治疗胃痛，淋巴结核，腮腺炎。

6. 白蔹　鹅抱蛋（植物名实图考），猫儿卵（本草纲目），见肿消（江苏南京），穿山老鼠（浙江）

Ampelopsis japonica (Thunb.) Makino in Bot. Mag. (Tokyo) 17: 113. 1903.——*Paullinia japonica* Thunb.（英 **Japanese Ampelopsis**）

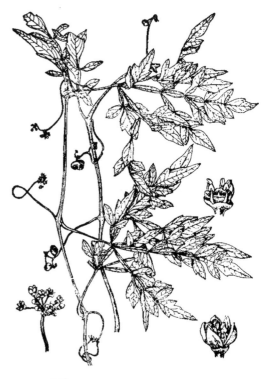

白蔹 Ampelopsis japonica (Thunb.) Makino
引自《中国高等植物图鉴》

　　木质藤本。小枝圆柱形，有纵棱纹，无毛，卷须不分枝或卷须顶端有短的分叉，相隔 3 节以上间断与叶对生。掌状复叶具 3-5 小叶，小叶片羽状深裂或小叶边缘有深锯齿而不分裂，羽状分裂者裂片宽 0.5-3.5 cm，顶端渐尖或急尖，掌状 5 小叶者中央小叶深裂至基部并有 1-3 个关节，关节间有翅，翅宽 2-6 mm，侧小叶无关节或有 1 个关节，3 小叶者中央小叶有 1 个或无关节，基部狭窄呈翅状，翅宽 2-3 mm，上面绿色，无毛，下面浅绿色，无毛或有时在脉上被稀疏短柔毛；叶柄长 1-3.5 cm，无毛；托叶早落。聚伞花序通常集生于花序梗顶端，直径 1-2 cm，通常与叶对生；花序梗长 1.5-5 cm，常呈卷须状卷曲，无毛；花梗极短或几无梗，无毛；花蕾卵球形，顶端圆形；花萼碟形，边缘呈波状浅裂，无毛；花瓣 5，卵圆形，无毛；雄蕊 5 枚，花药卵圆形，长宽近相等；花盘发达，边缘波状浅裂；子房下部与花盘合生，花柱短棒状，柱头不明显扩大。果实球形，直径 0.8-1 cm，种子 1-3 粒。种子倒卵形，顶端圆形，基部喙短钝。花期 5-6 月，果期 7-9 月。

分布与生境　产于辽宁、吉林、河北、山西、陕西、江苏、浙江、江西、河南、湖北、湖南、广东、广西、四

白蔹 Ampelopsis japonica (Thunb.) Makino
摄影：于俊林 周繇

川。生于海拔 100–900 m 的山坡地边、灌丛或草地。日本也有分布。

药用部位 块根、果实。

功效应用 块根：清热解毒，消痈散结，敛疮生肌。用于痈疽发背，疔疮，瘰疬，烧伤，烫伤。果实：清热，消痈。用于温疟，热毒痈肿。

化学成分 块根含芪类：白藜芦醇 (resveratrol)[1-2]；黄酮类：槲皮素 (quercetin)[3]，(+)- 儿茶素 [(+)-catechin]，(-)- 表儿茶素 [(-)-epicatechin]，(+)- 没食子儿茶素 [(+)-gallocatechin]，(-)- 表儿茶素没食子酸酯 [(-)-epicatechin gallate][2]；蒽醌类：大黄素 (emodin)[11]，大黄酚 (chrysophanol)，大黄素 -8-*O*-*β*-D- 吡喃葡萄糖苷 (emodin-8-*O*-*β*-D-glucopyranoside)[4]，大黄素甲醚 (physcion)[4-5]；三萜类：齐墩果酸 (oleanolic acid)[4]，羽扇豆醇 (lupeol)[5]，3*α*- 反式 - 阿魏酰氧基 -2*α*-*O*- 乙酰熊果 -12- 烯 -28- 酸 (3*α*-*trans*-feruloyloxy-2*α*-*O*-acetylurs-12-en-28-oic acid)，3*α*- 反式 - 阿魏酰氧基 -2*α*- 羟基熊果 -12- 烯 -28- 酸甲酯 (methyl 3*α*-trans-feruloyloxy-2*α*-hydroxyurs-12-en-28-oate)[6]，苦瓜定▲ I (momordin I)[7]；倍半萜类：毛色二孢素 (lasiodiplodin)[5]；单萜类：4-*p*- 樟烷 -1,8- 二醇 (4-*p*-menthane-1,8-diol)[5]；酚酸类：没食子酸 (gallic acid)，原儿茶酸 (protocatechuic acid)，龙胆酸 (gentisic acid)[11]，香荚兰素 (vanillin)，*α*- 生育酚 (*α*-tocopherol)，*α*- 生育醌 (*α*-tocopherylquinone)，丹皮酚 (paeonol)[5]；木脂素类：五味子苷▲ (schizandriside)[2,4]，4- 酮基松脂酚 (4-ketopinoresinol)[5]；单宁类：1,2,6- 三 -*O*- 没食子酰基 -*β*-D- 吡喃葡萄糖苷 (1,2,6-tri-*O*-galloyl-*β*-D-glucopyranoside)，1,2,3,6- 四 -*O*- 没食子酰基 -*β*-D- 吡喃葡萄糖苷 (1,2,3,6-tetra-*O*-galloyl-*β*-D-glucopyranoside)，1,2,4,6- 四 -*O*- 没食子酰基 -*β*-D- 吡喃葡萄糖苷 (1,2,4,6-tetra-*O*-galloyl-*β*-D-glucopyranoside)，1,2,3,4,6- 五 -*O*- 没食子酰基 -*β*-D- 吡喃葡萄糖苷 (1,2,3,4,6-penta-*O*-galloyl-*β*-D-glucopyranoside)[8]；生物碱类：*α*- 甲基吡咯酮 (*α*-methylpyrrole ketone)[5]；苯乙醇类：臭牡丹素 A (bungein A)[5]；甾体类：胡萝卜苷 [11]，*β*- 谷甾醇 [1,5]，豆甾醇 (stigmasterol)[1,3]，豆甾醇 -*β*-D- 吡喃葡萄糖苷 (stigmasterol-*β*-D-glucopyranoside)[3]，多孔甾 -5- 烯 -3*β*,7*α*- 二醇 (poriferast-5-en-3*β*,7*α*-diol)[4]，*β*- 谷甾醇亚油酸酯 (*β*-sitosterol-linoleate)，5*α*,8*α*- 表二氧麦角甾 -6,22- 二烯 -3*β*- 醇 (5*α*,8*α*-epidioxyergosta-6,22-dien-3*β*-ol)[5]，菠菜甾醇 (spinasterol)[9]；其他类：三十酸 (triacontanoic acid)，二十八酸 (octacosanoic acid)，正二十五烷 (*n*-pentacosane)[3]，棕榈酸 [4]，灰葡萄孢素▲ D (botcinin D)[5]。

药理作用 调节免疫作用：白蔹醇提物对小鼠免疫功能有增强作用，可增加小鼠外周血淋巴细胞 ANAE（*α* - 醋酸萘酯酶）阳性率、促进脾淋巴细胞的增殖能力和巨噬细胞的吞噬功能 [1]。

抑制心肌作用：对离体蛙心收缩强度有抑制作用 [2]。

抗细菌作用：白蔹经炒制后其体外抗菌作用比生白蔹增强，以炒焦的作用最好 [3]。

抗肿瘤作用：从白蔹中提取纯化得到的苦瓜定 I (momordin I) 对白血病 HL-60 细胞有细胞毒作用，作用机制是通过降低 Bcl-2/Bax 及激活 caspase-3，诱导白血病 HL-60 细胞的凋亡 [4]。

白蔹 Ampelopsis Radix
摄影：陈代贤

抑制酶作用：白蔹水提物对酪氨酸酶有抑制作用 [5]。

毒性及不良反应 灌胃给予小鼠白蔹煎剂，动物均未出现死亡，30g/kg 组有 3 只动物出现竖毛，50g/kg 组大部分动物呼吸加快 [2]。

注评 本种为历版中国药典、中华中药典范（1985 年版）、新疆药品标准（1980 年版）收载"白蔹"的基源植物，药用其干燥块根；全国多数地区使用。本种的果实称"白蔹子"，也可药用。同属其他植物常为不同地区民间草药，其块根有混作白蔹使用情况，常见的有：三裂蛇葡萄 Ampelopsis delavayana Planch. 的块根在安徽、江苏、河南、云南使用；乌头叶蛇葡萄 Ampelopsis aconitifolia Bunge 的块根在河南、陕西、西北地区使用；掌裂叶葡萄 Ampelopsis delavayana Planch. var. glabra (Diels et

Gilg) C. L. Li 的块根在河南南阳地区使用；广东蛇葡萄 Ampelopsis cantoniensis (Hook. et Arn.) Planch. 的块根在广西地区使用。广东民间草药"土白蔹"，原植物为葫芦科植物马㼾儿 Zehneria indica (Lour.) Keraudren 和茅瓜 Solena amplexicaulis (Lam.) Gandhi，应为另一种草药，在产地也有混入白蔹使用情况。云南大理和剑川将葡萄科植物叉须崖爬藤 Tetrastigma hypoglaucum Planch. ex Franch. 混称或混作"白蔹"；萝摩科植物青羊参 Cynanchum otophyllum C. K. Schneid. 在云南保山称"小白蔹"，云南昆明地区称"白蔹"；四川将萝摩科植物牛皮消 Cynanchum auriculatum Royle ex Wight 的根称"土白蔹"，长期混作"白蔹"使用；这些均系混淆品。蒙古族、侗族、畲族、瑶族、土家族也药用，主要用途见功效应用项。蒙古族尚用本种的块根治支气管炎，赤白带下，痔漏；侗族用根治疗伤寒感冒；畲族、瑶族、土家族用块根治疗赤白带下、痔疮肛瘘、跌打损伤。

化学成分参考文献

[1] 赫军，等 . 沈阳药科大学学报，2008, 25(8): 636-638.

[2] Kim IH, et al. *J Nat Med*, 2007, 61(2): 224-225.

[3] 郭丽冰，等 . 广东药学院学报，1996, 12(3): 145-147.

[4] 赫军，等 . 沈阳药科大学学报，2009, 26(3): 188-190.

[5] 米君令，等 . 中国实验方剂学杂志，2013, 19(18): 86-

89.

[6] Mi JL, et al. *Nat Prod Res*, 2014, 28(1): 52-56.

[7] Kim JH, et al. *Anticancer Res*, 2002, 22(3): 1885-1889.

[8] 俞文胜，等 . 天然产物研究与开发，1995, 7(1): 15-18.

[9] 郭丽冰，等 . 广东药学，1996, 12(1): 20.

药理作用及毒性参考文献

[1] 俞琦，等 . 贵阳中医学院学报，2005, 27(2): 20-21.

[2] 赵翠兰，等 . 云南中医中药杂志，1996, 17(3): 55-58.

[3] 闵凡印，等 . 中国中药杂志，1995, 20(12): 728-729.

[4] Kim JH, et al. *Anticancer Res*, 2002, 22(3): 1885-1889.

[5] 唐海谊，等 . 中国药学杂志，2005, 40(5): 342-343.

7. 广东蛇葡萄　　田浦茶（广东），粤蛇葡萄（广州植物志）

Ampelopsis cantoniensis (Hook. et Arn.) Planch. in DC., Monogr. Phan. 5: 460. 1887.——*Cissus cantoniensis* Hook. et Arn., *C. diversifolia* Walp., *Ampelopsis leeoides* (Maxim.) Planch.（英 **Canton Ampelopsis**）

木质藤本。小枝圆柱形，有纵棱纹，嫩枝或多或少被短柔毛；卷须 2 叉分枝，相隔 2 节间断与叶对生。叶为二回羽状复叶或小枝上部着生有一回羽状复叶，二回羽状复叶者基部一对小叶常为 3 小叶，侧生小叶和顶生小叶大多形状各异，侧生小叶大小和叶型变化较大，通常卵形、卵状椭圆形或长椭圆形，长 4–10 cm，宽 2–6 cm，顶端急尖、渐尖或骤尾尖，基部多为阔楔形，上面深绿色，在放大镜下常可见有浅色小圆点，下面浅黄褐绿色，常在脉基部疏生短柔毛，后脱落几无毛；侧脉 4–7对，下面最后一级网脉明显但不突出；叶柄长 2–7.5 cm，顶生小叶柄长 1–3 cm，侧生小叶柄长 0–2.5 cm，嫩时被稀疏短柔毛，后脱落几无毛。伞房状多歧聚伞花序，顶生或与叶对生；花序梗长 2–4 cm，嫩时或多或少被稀疏短柔毛，花轴被短柔毛；花梗长 1–3 mm，几无毛；花蕾卵圆球形，顶端圆形；花萼碟形，边缘呈波状，无毛；花瓣 5，卵状椭圆形，无毛；雄蕊 5 枚，花药卵状椭圆形；花盘发达，边缘浅裂；子房下部与花盘合生，花柱明显，柱头扩大不明显。果实近球形，直径 0.6–0.8 cm，种子

广东蛇葡萄 **Ampelopsis cantoniensis** (Hook. et Arn.) Planch.
引自《中国高等植物图鉴》

广东蛇葡萄 *Ampelopsis cantoniensis* (Hook. et Arn.) Planch.
摄影：王祝年 徐克学

2–4 粒。种子倒卵圆形，顶端圆形，基部喙尖锐。花期 4–7 月，果期 8–11 月。

分布与生境 产于安徽、浙江、江西、福建、台湾、湖北、湖南、广东、广西、海南、贵州、云南、西藏。生于海拔 100–850 m 的山谷林中或山坡灌丛中。

药用部位 全株。

功效应用 清热解毒，解暑。用于暑热感冒，风湿痹痛，骨髓炎，急性淋巴结核，急性乳腺炎，脓疱疮，湿疹，丹毒，疖肿。

化学成分 茎含黄酮类：山柰酚(kaempferol)，二氢木犀草素(dihydroluteolin)，槲皮素(quercetin)，二氢槲皮素(dihydroquercetin)，杨梅素(myricetin)，二氢杨梅素(dihydromyricetin)，槲皮素-3-*O*-α-L-吡喃鼠李糖苷(quercetin-3-*O*-α-L-rhamnopyranoside)，杨梅素-3-*O*-α-L-吡喃鼠李糖苷(myricetin-3-*O*-α-L-rhamnopyranoside)，山柰酚-3-*O*-α-L-吡喃鼠李糖苷(kaempferol-3-*O*-α-L-rhamnopyranoside)，表儿茶素-3-*O*-没食子酸酯(epicatechin-3-*O*-gallate)[1]；香豆素类：5,7-二羟基香豆素(5,7-dihydroxycoumarin)[1]；芪类：白藜芦醇(resveratrol)[1]；酚酸类：没食子酸(gallic acid)[1]。

叶含黄酮类：2,3-二氢杨梅素(2,3-dihydromyricetin)，杨梅素(myricetin)[2]。

地上部分含黄酮类：花旗松素(taxifolin)，5,7,3',4',5'-五羟基黄烷酮(5,7,3',4',5'-pentahydroxyflavanone)，杨梅苷(myricitrin)[3]；色酮类：3,5,7-三羟基色酮(3,5,7-trihydroxychromone)[3]；芪类：白藜芦醇(resveratrol)[3]；酚酸类：香荚兰酸(vanillic acid)[3]；木脂素类：杨梅苷(myricitrin) A、B[3]；倍半萜类：广东蛇葡萄醇▲(cantonienol)，努特卡扁柏酮▲(nootkatone)，香树-4β,10β-二醇(aromadendrane-4β,10β-diol)，脱落酸(abscisic acid)[3]；二萜类：12-氧代-哈威豆酸▲(12-oxo-hardwickiic acid)[3]；三萜类：白桦脂酸(betulinic acid)，悬铃木酸▲(platanic acid)[3]。

全草含黄酮类：杨梅素[4]。

注评 本种的根或全株称"山甜藤"，湖南、浙江、福建等地药用。本种的块根在广西地区混称"白蔹"，系"白蔹"的混淆品。苗族、瑶族、侗族也药用，主要用途见功效应用项。苗族尚用其全株治疗黄疸型肝炎，风热感冒，咽喉肿痛，急性结膜炎。拉祜族用其藤尖和叶治疗热盛引起的咽喉痛，口腔溃疡，口苦咽干，肝炎，肾炎，尿赤等症。

化学成分参考文献

[1] 吴新星，等 . 天然产物研究与开发 2014, 26(11): 1771-1774.

[2] Chu DK, et al. *Tap Chi Duoc Hoc*, 1995, (4): 17-18.

[3] 魏建国，等 . 中草药 , 2014, 45(7): 900-905.

[4] Do TH, et al. *Tap Chi Hoa Hoc*, 2007, 45(6): 768-771.

8. 毛枝蛇葡萄

Ampelopsis rubifolia (Wall.) Planch. in DC., Monogr. Phan. 5: 463. 1887.——*Vitis rubifolia* Wall., *Ampelopsis megalophylla* Diels et Gilg var. *puberula* W. T. Wang（英 **Hairybranch Ampelopsis**）

木质藤本。小枝明显 5-7 棱，密被锈色卷曲柔毛；卷须 2 叉分枝，相隔 2 节间断与叶对生。叶为一或二回羽状复叶，二回羽状复叶者基部一对为 3 小叶，小叶片卵状椭圆形或卵圆形，长 4-13.5 cm，宽 2-6 cm，顶端急尖、渐尖或短尾尖，基部微心形或圆形，边缘每侧有 5-15 个锯齿，上面深绿色，嫩时被短柔毛，后脱落，下面绿褐色，密被锈色柔毛，后脱落变稀疏；侧脉 5-7 对，网脉上面不明显，下面突出；叶柄长 1-8 cm，密被锈色卷曲柔毛，小叶柄长 1-1.5 cm。伞房状多歧聚伞花序，假顶生或与叶对生；花序梗长 2-6 cm，密被锈色卷曲柔毛；花梗长 1-1.5 mm，被锈色短柔毛；花蕾卵圆球形，顶端圆形；花萼碟形，边缘呈波状浅裂，几无毛；花瓣 5，卵状长椭圆形，外面被短柔毛；雄蕊 5 枚，花药卵圆形；花盘发达，波状浅裂；子房下部与花盘合生，花柱钻形，柱头不明显扩大。果实近球形，直径 0.8-1.5 cm，种子 1-4 粒。种子倒卵圆形，顶端圆形，基部有短喙。花期 6-7 月，果期 9-10 月。

分布与生境　产于江西、湖南、广西、四川、贵州、云南。生于海拔 900-1200 m 的山谷林中、林缘或山坡灌丛中。印度也有分布。

药用部位　根皮、根、叶。

功效应用　根皮：活血散瘀，解毒生肌长骨，祛风除湿。用于跌打损伤，骨折，疮疖肿痛，风湿性关节痛。根、叶：清热利湿，活血化瘀。用于肠炎，痢疾，小便不利，跌打损伤。

毛枝蛇葡萄 Ampelopsis rubifolia (Wall.) Planch.
摄影：刘坤

9. 大叶蛇葡萄　大叶牛果藤（云南），藤茶（贵州）

Ampelopsis megalophylla Diels et Gilg in Bot. Jahrb. Syst. 29: 466. 1900.（英 **Largeleaf Ampelopsis**）

木质藤本。小枝圆柱形，无毛；卷须 3 分枝，相隔 2 节间断与叶对生。叶为二回羽状复叶，基部一对小叶常为 3 小叶或稀为羽状复叶，小叶片长椭圆形或卵状椭圆形，长 5-11.5 cm，宽 2.5-6 cm，顶端渐尖，基部微心形、圆形或近截形，边缘每侧有 3-15 个粗锯齿，上面绿色，下面粉绿色，两面无毛；侧脉 4-7 对，网脉微突出；叶柄长 3-7 cm，无毛，顶生小叶柄长 1-3 cm，侧生小叶柄长 0.5-1 cm，无毛。伞房状多歧聚伞花序或复二歧聚伞花序，顶生或与叶对生；花序梗长 3.5-6 cm，无毛；花梗长 2-3 mm，顶端较粗，无毛；花蕾近球形，顶端圆形；花萼碟形，边缘呈波状浅裂或裂片呈三

大叶蛇葡萄 Ampelopsis megalophylla Diels et Gilg
引自《中国高等植物图鉴》

大叶蛇葡萄 Ampelopsis megalophylla Diels et Gilg
摄影：高贤明

角形，无毛；花瓣 5，椭圆形，无毛；雄蕊 5 枚，花药椭圆形；花盘发达，波状浅裂；子房下部与花盘合生，花柱钻形，柱头不明显扩大。果实近倒卵圆形，直径 0.6–1 cm，种子 1–4 粒。种子倒卵形，顶端圆形，基部喙尖锐。花期 6–8 月，果期 7–10 月。

分布与生境 产于甘肃、陕西、湖北、四川、贵州、云南。生于海拔 1000–2000 m 的山谷或山坡林中。

药用部位 根、叶。

功效应用 根、叶：清热利湿，活血化瘀。用于痢疾，肠炎，泄泻，小便淋痛，跌打损伤。叶（泡茶饮）：清热凉血。用于高血压，头晕目胀。

化学成分 茎叶含黄酮类：蛇葡萄素(ampelopsin)，杨梅素(myricetin)，花旗松素(taxifolin)，槲皮素(quercetin)，杨梅苷(myricetrin)，槲皮素-3-O-α-L-吡喃鼠李糖苷(querceetin-3-O-α-L-rhamnopyranoside)[1-2]；蒽醌类：大黄素(emodin)[1]；甾体类：β-谷甾醇[1-2]；挥发油：龙脑(borneol)，α-蒎烯(α-pinene)，β-榄香烯(β-elemene)等[3]。

全草含黄酮类：蛇葡萄素 (ampelopsin)[4]。

药理作用 降血压作用：大叶蛇葡萄总提取液对急性肾动脉型高血压大鼠有降血压作用，有效部位是乙酸乙酯部位[1]；从大叶蛇葡萄中分离得到的蛇葡萄素、杨梅素、杨梅苷对肾性高血压大鼠有降血压作用[2]。

降血糖作用：大叶蛇葡萄总黄酮可降低糖尿病家兔血糖，减轻其肾组织损害，抑制 iNOS 的活性，稳定血清 NO 的含量[3]。

化学成分参考文献

[1] 张秀桥，等.中草药，2008, 39(8): 1135-1137.

[2] 沈伟，等.时珍国医国药，2010, 21(4): 866-867.

[3] Xie XF, et al. *Nat Prod Res*, 2014, 28(12): 853-860.

[4] 张汉萍，等.同济医科大学学报，1998, 27(4): 267-269.

药理作用及毒性参考文献

[1] 孙晓杰，等.齐鲁药事，2008, 27(12): 747-749.

[2] 张秀桥，等.中国医院药学杂志，2008, 28(24): 2095-

2096.

[3] 黄先菊，等.实用中医药杂志，2006, 22(10): 603-605.

10. 显齿蛇葡萄

Ampelopsis grossedentata (Hand.-Mazz.) W. T. Wang in Acta Phytotax. Sin. 17(3): 79. 1979.——*A. cantoniensis* (Hook. et Arn.) K. Koch var. *grossedentata* Hand.-Mazz.（英 **Bigdentate Ampelopsis**）

木质藤本。小枝圆柱形，有显著纵棱纹，无毛；卷须 2 叉分枝，相隔 2 节间断与叶对生。叶为 1–2 回羽状复叶，2 回羽状复叶者基部一对为 3 小叶，小叶片卵圆形、卵状椭圆形或长椭圆形，长 2–5 cm，宽 1–2.5 cm，顶端急尖或渐尖，基部阔楔形或近圆形，边缘每侧有 2–5 个锯齿，上面绿色，下面浅绿色，两面无毛；侧脉 3–5 对，网脉微突出，最后一级网脉不明显；叶柄长 1–2 cm，无毛；托叶早落。伞房状多歧聚伞花序，与叶对生；花序梗长 1.5–3.5 cm，无毛；花梗长 1.5–2 mm，无毛；花蕾卵圆球形，顶端圆形，无毛；花萼碟形，边缘波状浅裂，无毛；花瓣 5，卵状椭圆形，无毛；雄蕊 5 枚，花药卵圆形；花盘发达，波状浅裂；子房下部与花盘合生，花柱钻形，柱头不明显扩大。果近球形，直径 0.6–1 cm，种子 2–4 粒。种子倒卵圆形，顶端圆形，基部有短喙。花期 5–8 月，果期 8–12 月。

分布与生境 产于江西、福建、湖北、湖南、广东、广西、贵州、云南。生于海拔 200–1500 m 的沟谷林中或山坡灌丛中。

药用部位 全株。

功效应用 清热解毒。用于黄疸，风热感冒，咽喉肿痛，痈疖，目赤肿痛。

化学成分 茎叶含黄酮类：杨梅素(myricetin)[1-3]，杨梅苷(myricitrin)[2-3]，杨梅素-3-*O*-*β*-D-吡喃半乳糖苷(myricetin-3-*O*-*β*-D-galactopyranoside)[3]，6,7-二羟基-3'-甲氧基-4',5'-亚甲二氧基异黄酮(6,7-dihydroxy-3'-methoxy-4',5'-methylenedioxyisoflavone)，6,7-二羟基-3'-甲氧基-4',5'-亚甲二氧基异黄酮-6-*O*-*β*-D-吡喃葡萄糖苷(6,7-dihydroxy-3'-methoxy-4',5'-methylenedioxyisoflavone-6-*O*-*β*-D-glucopyranoside)，6,7-二羟基-3'-甲氧基-4',5'-亚甲二氧基异黄酮-6-*O*-*α*-L-吡喃鼠李糖苷(6,7-dihydroxy-3'-methoxy-4',5'-methylenedioxyisoflavone-6-*O*-*α*-L-rhamnopyranoside)，6,7-二羟基-3'-甲氧基-4',5'-亚甲二氧基异黄酮-6-*O*-*β*-D-吡喃木糖基-(1-6)-*β*-D-吡喃葡萄糖苷[6,7-dihydroxy-3'-methoxy-4',5'-methylenedioxyisoflavone-6-*O*-*β*-D-xylopyranosyl-(1-6)-*β*-D-glucopyranoside][4]，二氢杨梅素(dihydromyricetin)[1,3,5]，蛇葡萄素(ampelopsin)[2,6]，槲皮素

显齿蛇葡萄 Ampelopsis grossedentata (Hand.-Mazz.) W. T. Wang
顾健 绘

显齿蛇葡萄 Ampelopsis grossedentata (Hand.-Mazz.) W. T. Wang
摄影：叶喜阳

(quercetin)，槲皮素-3-*O*-*β*-D-吡喃葡萄糖苷(quercetin-3-*O*-*β*-D-glucopyranoside)，花旗松素(taxifolin)，芹菜苷元(apigenin)[6]，5,7,3',4',5'-五羟基黄烷酮(5,7,3',4',5'-pentahydroxyflavanone)，[(2*R*,3*S*)-5,7,3',4',5'-五羟基黄烷酮[(2*R*,3*S*)-5,7,3',4',5'-pentahydroxyflavanone][7]；三萜类：龙涎香素(ambrein)[2]，吴茱萸苦素乙酸酯(rutaevin acetate)，吴茱萸苦素-7-*O*-没食子酸酯(rutaevin-7-*O*-gallate)，吴茱萸苦素-7-*O*-咖啡酸酯(rutaevin-7-*O*-caffeate)，柠檬林素▲(nomilin)，吴茱萸苦素(rutaevin)，去乙酰柠檬林酸甲酯(methyl deacetylnomilinate)[8]；蒽醌类：大黄素(emodin)[6]；有机酸及其酯、苷类：棕榈酸，没食子酸甲酯(methyl gallate)[6]，没食子酸(gallic acid)，没食子酰基-*β*-D-吡喃葡萄糖苷(galloyl-*β*-D-glucopyranoside)，没食子酸乙酯(ethyl gallate)[7]；甾体类：*β*-谷甾醇[2,6]，豆甾醇(stigmasterol)[9]。

药理作用　解热作用：显齿蛇葡萄的嫩茎叶（藤茶）的水煎剂有发汗作用，乙醇提取液能降低致热后家兔体温，促进汗液和唾液的分泌[1]。

调节免疫作用：藤茶总黄酮能提高环磷酰胺致免疫功能低下小鼠溶血素含量[2]；增加小鼠胸腺和脾重量，对氢化可的松致胸腺和脾萎缩具有一定的保护作用[3]。

增强单核巨噬细胞功能作用：藤茶水煎剂能增强巨噬细胞的吞噬功能和溶血素抗体的形成[1]。藤茶总黄酮能提高小鼠单核巨噬细胞吞噬指数 K 值[2]。从显齿蛇葡萄中分离得到的双氢杨梅树皮素能提高小鼠单核巨噬细胞吞噬功能和溶血素含量[4-5]。

抗炎镇痛作用：藤茶对小鼠巴豆油性耳肿胀、腹腔毛细血管通透性增加，大鼠角叉菜胶性及甲醛性足跖肿胀、切除肾上腺大鼠角叉菜胶性足跖肿胀、棉球肉芽肿增生均具有抑制作用，对小鼠醋酸性扭体反应和热板反应有抑制作用[6]。藤茶总黄酮可抑制小鼠耳肿胀，减少醋酸致小鼠扭体次数[3]；对巴豆油和角叉菜胶引起的急性炎症和纸片埋藏引起的慢性肉芽肿均有抗炎作用[7]。

钙拮抗作用：从显齿蛇葡萄茎叶中提取分离的双氢杨梅树皮素能抑制去甲肾上腺素 (NE)、KCl 和 $CaCl_2$ 致兔胸主动脉条的收缩，对 NE 引起的依赖内 Ca^{2+} 释放的收缩有抑制作用，而对 NE 依赖细胞外 Ca^{2+} 性收缩仅在较高浓度时才显示抑制作用，提示双氢杨梅树皮素可能对电压依赖性钙通道 (PDC) 有选择性阻滞作用[8-9]。

调节血脂作用：显齿蛇葡萄总黄酮可降低高脂血症小鼠、鹌鹑血清总胆固醇 (TC)、三酰甘油 (TG) 及动脉硬化指数 (AI)[10]。藤茶总黄酮能降低高脂血症小鼠血脂和血糖水平[11]。双氢杨梅树皮素亦能降低高脂血症小鼠血清 TC、TG 值，升高 HDL-C 水平[12]。

抗动脉粥样硬化作用：显齿蛇葡萄总黄酮可减少主动脉 TC 含量，抑制动脉粥样硬化[10]。

抗血栓和抗血小板聚集作用：藤茶总黄酮能抑制大鼠体外血小板聚集和体内血栓形成[11]。

祛痰镇咳作用：双氢杨梅树皮素能增加小鼠呼吸道酚红排出量，减少氢氧化胺实验性咳嗽次数和延长咳嗽潜伏期[12]。

兴奋胃肠平滑肌作用：藤茶水煎剂对兔离体和在体肠平滑肌的自发活动均有兴奋作用，并能拮抗 NE 致兔肠平滑肌的抑制作用，显示其对肠平滑肌 α 受体具有阻断作用[13]。

抗溃疡作用：显齿蛇葡萄总黄酮有减轻兔口腔黏膜溃疡炎症、促进溃疡愈合的作用[14]。

保肝作用：藤茶乙醇提取物及蛇葡萄素可抑制 D- 半乳糖胺致肝损伤大鼠 LDH、ALT、AST、*α*-生育酚的升高和 GSG/GSSH[15]。显齿蛇葡萄总黄酮可减少肝 TC 含量，抑制肝脂肪化病变[10]。藤茶总黄酮[2]和双氢杨梅树皮素[4-5,12,16-17]能抑制 CCl_4[12]、D- 半乳糖胺、异硫氰酸萘酯致急性肝损伤小鼠血清 ALT 和 AST 活性升高，降低 T-Bil 含量，减轻肝组织的变性和坏死。小鼠灌胃双氢杨梅素 30 天后能阻止乙醇导致的肝 GSH 耗竭和 MDA 升高，降低 TG 含量，减轻肝细胞脂肪变性[18]。

降血糖作用：藤茶总黄酮能降低阴虚小鼠血糖，改善氢化可的松诱发的胰岛素抗性，降低饥饿小鼠血糖和肝糖原含量[3]。藤茶总黄酮[19]和杨梅树皮素[20-21]对四氧嘧啶致糖尿病小鼠，对肾上腺素、葡萄糖引起的高血糖小鼠有降血糖作用，对正常小鼠血糖无明显影响；两者还能能减轻链脲佐菌素 (STZ) 致糖尿病大鼠高血糖反应，增加血清中 Cu,Zn-SOD 活性，降低 MDA 含量，对 TG 有降低趋势，可提高血清中胰岛素水平，组织学研究可见大鼠胰腺组织中的胰岛数目增多，淋巴细胞浸润减少，炎症反应减轻[22-23]。

抗菌作用：显齿蛇葡萄的根、茎、幼叶提取物对大肠埃希氏菌、金黄色葡萄球菌、鸡沙门菌、粪肠球菌、阴沟肠杆菌等 5 种细菌均有抑菌作用[24]。显齿蛇葡萄的幼嫩茎叶提取物对金黄色葡萄球菌、枯草杆菌有抑制作用，对黑曲霉、黄曲霉、青霉有不同程度的抑制效果[25]。显齿蛇葡萄不同极性溶剂提取物对枯草芽孢杆菌等[26]，对金黄色葡萄球菌等常见呼吸道致病菌均有抗菌效果，双氢杨梅素是主要抗菌成分[27]。显齿蛇葡萄总黄酮有一定的体内抑菌作用，口腔黏膜局部给药对金黄色葡萄球菌和甲型溶血性链球菌感染小鼠有保护作用，提高动物存活率；直接作用于金黄色葡萄球菌、表皮葡萄球菌、乙型溶血性链球菌、大肠埃希氏菌时有抑菌作用，对临床分离金黄色葡萄球菌作用更强，对甲型溶血性链球菌标准株和临床分离菌以及普通变形杆菌均有一定抑制作用[28]；对肺炎球菌等亦有抑菌作用[29]。双氢杨梅树皮素对肺炎球菌[29]、大肠埃希氏菌[30]、牛奶酸败菌和青霉菌[31]有抑制作用。

抗病毒作用：藤茶总黄酮[32]和双氢杨梅树皮素[33]在 HepG 2215 细胞培养中对 HBsAg、HBeAg 分泌和 HBV-DNA 合成有抑制作用。

抗肿瘤作用：显齿蛇葡萄叶水提物及总黄酮在大鼠肝化学致癌初期对血清和肝中 SOD、GSH-Px、GST、CAT 的活性有回升作用，降低 MDA 含量，并能抑制癌前病变标志物 r-GT 活性表达[34]。藤茶总黄酮体外对 SGC-7901 细胞的生长有抑制作用[35]。藤茶多糖能提高 S180 荷瘤小鼠迟发性超敏反应、腹腔巨噬细胞吞噬率与吞噬指数、小鼠血清溶血素含量与脾细胞抗体形成，抑制血清 LDH 活性和提高红细胞 CAT 活性[36]。双氢杨梅树皮素对荷瘤 H22 小鼠的肿瘤生长有抑制作用[37]，体外对 H_{22} 细胞[37]、人肝癌细胞 (BEL-7404)[38]、人胃癌细胞 (SGC-7901)[39]、人卵巢癌细胞 (SK-OV-3)、人恶性黑色素瘤细胞 (A375) 的生长有抑制作用[40]。

抗氧化作用：藤茶总黄酮可提高 D-半乳糖致衰老小鼠血清和肝中 SOD 活性，减少 MDA 含量[11]。能清除黄嘌呤-黄嘌呤氧化酶系统产生的超氧阴离子自由基，抑制大鼠肝匀浆自氧化及和 $Vc\text{-}Fe^{2+}$ 系统诱导引起的脂质过氧化，对肝线粒体也有保护作用[41]。显齿蛇葡萄叶总黄酮能提高小鼠血清和肝中 SOD、GSH-PX、CAT 活性，降低 r-GT 活性及 MDA 含量[42]。藤茶多糖可提高体外小鼠血清抗活性氧能力，并能抑制小鼠红细胞溶血，肝组织匀浆及肝线粒体 MDA 的生成和肝线粒体肿胀[43]。双氢杨梅树皮素具有抗油脂氧化能力[44-45]；能抑制大鼠脑、心、肝匀浆及线粒体中 MDA 的生成[46]；可清除稳定自由基二苯三硝基苯肼 (DPPH)，抑制亚油酸过氧化[47]。

细胞毒作用：双氢杨梅树皮素有肝细胞毒性[48]。

解酒作用：藤茶水煎剂能缓解酒醉反应和缩短醒酒时间[13]。

毒性及不良反应　藤茶水煎剂口服最大耐受量为 18 g/kg，腹腔注射 LD_{50} 为 (9.65 ± 1.38) g/kg[1]。藤茶总黄酮小鼠灌胃最大耐受量为 22.5 g/kg[2]、最大灌胃量为 26.0 g/kg[19]；以 1.5 g/kg、0.3g/kg 给大鼠连续灌服 12 周，停药 2 周，结果动物的外观行为、体重、脏器系数、血液学和生化学指标，与空白对照组比较，均无明显差异，病理检查未见与药物毒性相关的明显病变，停药后也未见药物延迟性毒性反应[49]。双氢杨梅树皮素小鼠灌胃最大耐受量为 5 g/kg、腹腔注射 LD_{50} 为 (1.41 ± 0.13) g/kg[8]；大鼠灌胃最大耐受量为 5.0 g/kg[18]。

注评　本种为福建（2006 年版）、湖南（2009 年版）中药材标准收载"显齿蛇葡萄"的基源植物，药用其干燥嫩枝叶。瑶族、苗族、侗族也药用其茎叶或全株，主要用途见功效应用项。

化学成分参考文献

[1] 覃洁萍，等 . 天然产物研究与开发，1997, 9(4): 41-43.

[2] 袁阿兴，等 . 中国中药杂志，1998, 23(6): 359-360, 383.

[3] Zhang YS, et al. *J Chin Pharm Sci*, 2006, 15(4): 211-214.

[4] Wang DY, et al. *J Asian Nat Prod Res*, 2002, 4(4): 303-308.

[5] Du QZ, et al. *J Chromatogr*, 2002, 973(1-2): 217-220.

[6] 王定勇，等 . 亚热带植物通讯，1998, 27(2): 39-44.

[7] 白秀秀，等 . 中药材，2013, 36(1): 65-67.

[8] Wang DY, et al. *Indian J Chem*, 1999, 38B(2): 240-242.

[9] 王岩，中药材，2002, 25(4): 254-256.

药理作用及毒性参考文献

[1] 周雪仙，等 . 中国民族医药杂志，1996, 2(4): 37-39.

[2] 钟正贤，等 . 广西科学，2002, 9(1): 57-59, 63.

[3] 钟正贤，等 . 中国中医药科技，2004, 11(4): 224-225.

[4] 钟正贤，等 . 中国中医药科技，2002, 9(3): 155-157.

[5] 钟正贤，等 . 中药药理与临床，2001, 17(5): 11-13.

[6] 林建峰，等 . 福建医药杂志，1995, 17(4): 39-40.

[7] 魏捷，等 . 海峡药学，1995, 7(2): 10-12.

[8] 周天达，等 . 中药及天然药物，1996, 31(8): 458-461.

[9] 周雪仙，等 . 现代应用药学，1997, 14(2): 8-11, 68.

[10] 陈晓军，等 . 广西中医药，2001, 24(5): 52-54.

[11] 钟正贤，等 . 广西科学，1999, 6(3): 216-218.

[12] 钟正贤，等 . 中国民族医药杂志，1998, 4(3): 42-44.

[13] 刘建新，等 . 中国民族医药杂志，1998, 4(2): 43-44.

[14] 陈立峰，等 . 中国药理学与毒理学杂志，2007, 21(1): 49-54.

[15] Murakami T, et al. *Biofactors*, 2004, 21(1-4): 175-178.

[16] 郑作文，等 . 广西中医学院学报，2002, 5(3): 10-11.

[17] 郑作文，等 . 中国药物应用与监测，2008, 5(3): 12-13, 16.

[18] 徐静娟，等 . 食品科学，2008, 29(11): 622-625.

[19] 钟正贤，等 . 中国中药杂志，2002, 27(9);687-689.

[20] 覃洁萍，等 . 中国现代应用药学杂志，2001, 18(5): 351-353.

[21] 钟正贤，等 . 中国现代应用药学杂志，2003, 20(6): 466-468.

[22] 钟正贤，等 . 中药药理与临床，2003, 19(5): 19-20.

[23] 钟正贤，等 . 广西科学，2000, 7(3): 203-205.

[24] 刘胜贵，等 . 氨基酸和生物资源，2006, 28(2): 12-14.

[25] 熊大胜，等 . 食品科学，2000, 21(2): 48-50.

[26] 熊皓平，等 . 中国食品学报，2004, 4(1): 55-59.

[27] 熊皓平，等 . 广西农业生物科学，2007, 26(2): 150-153.

[28] 陈立峰，等 . 中南药学，2003, 1(2): 83-86.

[29] 魏捷，等 . 海峡药学，1995, 7(2): 10-12.

[30] 刘吉华，等 . 中国药科大学学报，2002, 33(5): 439-441.

[31] 杨书珍，等 . 天然产物研究与开发，2003, 15(1): 40-42.

[32] 郑作文 . 山东中医杂志，2003, 22(9): 561-563.

[33] 郑作文，等 . 中国药业，2008, 17(17): 7-8.

[34] 钟正贤，等 . 中医药导报，2009, 15(8): 1-3.

[35] 郑作文，等 . 时珍国医国药，2009, 20(5): 1158-1159.

[36] 罗祖友，等 . 食品科学，2007, 28(8): 457-461.

[37] 郑作文，等 . 中医药学刊，2006, 24(9): 1627-1629.

[38] 郑作文，等 . 中国药物应用与监测，2008, 5(1): 4-6.

[39] 郑作文，等 . 中国药物应用与监测，2007, (1): 29-31.

[40] 郑作文，等 . 广西中医药，2009, 32(1): 46-48.

[41] 何桂霞，等 . 中药材，2003, 26(5): 338-340.

[42] 钟正贤，等 . 云南中医中药杂志，2009, 30(7): 51-53.

[43] 罗祖友，等 . 食品科学，2004, 25(11): 291-295.

[44] 杨书珍，等 . 中国油脂，2003, 28(1): 44-46.

[45] 杨书珍，等 . 中国粮油学报，2004, 19(2): 82-84.

[46] 何桂霞，等 . 中国中药杂志，2003, 28(12): 1188-1190.

[47] 张友胜，等 . 药学学报，2003, 38(4): 241-244.

[48] Oshima Y, et al. *Experientia*, 1995, 51(1): 63-66.

[49] 钟正贤，等 . 时珍国医国药，2003, 14(4): 193-195.

11. 羽叶蛇葡萄　鱼藤（湖北），羽叶牛果藤（云南）

Ampelopsis chaffanjonii (H. Lév. et Vaniot) Rehder in J. Arnold Arbor. 15: 25. 1934.——*Vitis chaffanjonii* H. Lév. et Vaniot, *Ampelopsis watsoniana* E. H. Wilson（英 **Chaffanijon Ampelopsis**）

木质藤本。小枝圆柱形，有纵棱纹，无毛；卷须 2 叉分枝，相隔 2 节间断与叶对生。叶为一回羽状复叶，通常有小叶 2–3 对，小叶片长椭圆形或卵状椭圆形，长 7.5–14 cm，宽 3–6.5 cm，顶端急尖或渐尖，基部圆形或阔楔形，边缘有 5–11 个尖锐细锯齿，上面绿色或深绿色，下面浅绿色或带粉绿色，两面无毛；侧脉 5–7 对，网脉两面微突出；叶柄长 2–4 cm，顶生小叶柄长 2.5–4.5 cm，侧生小叶柄长 1–1.8 cm，无毛。伞房状多歧聚伞花序，顶生或与叶对生；花序梗长 35 cm，无毛；花梗长 1.52 mm，无毛；花蕾卵圆球形，顶端圆形；花萼碟形，萼片阔三角形，无毛；花瓣 5，卵状椭圆形，无毛；雄蕊 5 枚，花药卵状椭圆形；花盘发达，波状浅裂；子房下部与花盘合生，花柱钻形，柱头不明显扩大。果实近球形，直径 0.8–1 cm，种子 2–3 粒。种子倒卵形，顶端圆形，基部喙短尖。花期 5–7 月，果期 7–9 月。

分布与生境　产于安徽、浙江、江西、湖北、湖南、广西、四川、贵州、云南。生于海拔 500-2000 m 的山坡疏林或沟谷灌丛中。

羽叶蛇葡萄 *Ampelopsis chaffanjonii*
(H. Lév. et Vaniot) Rehder
顾健 绘

羽叶蛇葡萄 *Ampelopsis chaffanjonii*
(H. Lév. et Vaniot) Rehder
摄影：林秦文

药用部位 茎藤。

功效应用 祛风除湿。用于劳伤，风湿疼痛。

化学成分 茎含酚苷类：蛇葡萄辛▲(ampelopsisin)[1]；三萜类：蛇葡萄苷(ampelopsisoside)[1]。

化学成分参考文献

[1] 李文武, 等. 天然产物研究与开发, 1998, 10(2): 19-20.

6. 白粉藤属 Cissus L.

　　木质或半木质藤本。卷须不分枝或 2 叉分枝，稀总状多分枝。单叶或掌状复叶，互生。花 4 基数；两性或杂性同株，花序为复二歧聚伞花序或二级分枝集生成伞形，与叶对生；花瓣各自分离脱落；雄蕊 4 枚；花盘发达，边缘呈波状或微 4 裂；花柱明显，柱头不分裂或 2 裂；子房 2 室，每室有 2 枚胚珠。果实为一肉质浆果，有种子 1-2 粒。种子倒卵状椭圆形或椭圆形，种脐在种子背面基部或近基部，外形与种脊比较没有特别的分化，种子腹侧极短，仅处于种子基部或下部，胚乳横切面呈"W"形。

　　本属约有 350 种，主要分布于热带亚洲、非洲、大洋洲、中南美洲与墨西哥，我国有 15 种，主要分布于南部各地，其中 6 种可药用。

分种检索表

1. 小枝有 4-6 翅状棱纹或狭翅。
　2. 小枝具 6 条翅状棱纹；卷须不分枝；叶片基部楔形或近楔形 ················· 1. **翅茎白粉藤 C. hexangularis**
　2. 小枝 4 棱形或具 4 狭翅；卷须 2 叉分枝；叶片基部心形 ················· 2. **翼茎白粉藤 C. pteroclada**
1. 小枝圆柱形或微四棱形，但无翅。
　3. 叶片边缘每侧有 9-12 个细锯齿 ················· 3. **白粉藤 C. repens**
　3. 叶片边缘每侧有 15-44 个锯齿。
　　4. 卷须不分枝；复二歧聚伞花序；叶片不裂或有 3-5 浅裂者 ················· 4. **鸡心藤 C. kerrii**

4. 卷须 2-3 分枝；花序二级分枝集生成伞形；叶片不分裂。

   5. 叶片戟形或卵状戟形，长为宽的 2 倍以上，两面无毛·····························5. **青紫藤 C. javana**

   5. 叶片卵圆形或阔心形，长不超过宽的 2 倍，背面中脉两侧疏被丁字形长柔毛··6. **苦郎藤 C. assamica**

本属药用植物主要含木脂素、三萜、芪类等化合物。从白粉藤中分离鉴定的木脂素类化合物如 (+)- 异落叶松树脂醇 -9'-(2- 对香豆酰基)-O-β-D- 吡喃木糖苷 [(+)-isolariciresinol-9'-(2-*p*-coumaric)-O-β-D-xylopyranoside，**1**]，(+)- 异落叶松树脂醇 -9-O-β-D- 吡喃木糖苷 [(+)-isolariciresinol-9'-O-β-D-xylopyranoside，**2**]，(+)- 南烛脂苷▲ [(+)-lyoniside，**3**]，(-)- 裂环异落叶松树脂醇 -9-O-β-D- 吡喃木糖苷 [(-)-secoisolariciresinol-9-O-β-D-xylopyranoside，**4**]；三萜类化合物如无羁萜 (friedelin)，表无羁萜醇 (epifriedelanol)，蒲公英赛醇乙酸酯 (taraxerol-3β-acetate)，熊果酸 (ursolic acid)，2α- 羟基熊果酸 (2α-hydroxyursolic acid)，积雪草酸 (asiatic acid)，苦莓苷 F_1(niga-ichigoside F_1，**5**)，羽扇豆醇 (lupeol) 等。

1: R_1=*p*-coumaryl , R_2=R_3=H
2: R_1=R_2=R_3=H
3: R_1=H, R_2=R_3=OMe

4

5

---

1. 翅茎白粉藤　五俭藤、山坡瓜藤、拦河藤、散血龙（海南），宽筋藤（全国中草药汇编），六方藤（新华本草纲要）

Cissus hexangularis Thorel ex Planch. in DC., Monogr. Phan. 5: 511. 1887.（英 **Winged-stem Treebine**）

木质藤本。小枝近圆柱形，具 6 翅棱，翅棱间有纵棱纹，常皱褶，节部干时收缩，易脆断，无毛；卷须不分枝，相隔 2 节间断与叶对生。叶片卵状三角形，长 6-9.5 cm，宽 4.5-8 cm，顶端骤尾尖，基部截形或近截形，边缘有 5-8 个细齿，有时齿不明显，上面绿色，下面浅绿色，两面无毛；基出脉通常 3，中脉有侧脉 3-4 对，网脉两面不明显；叶柄长 2-5 cm，无毛；托叶早落。花序为复二歧聚伞花序，顶生或与叶对生；花序梗长 2-4.5 cm，无毛；花梗长 0.3-1 mm，被乳头状腺毛；花蕾锥形，顶端圆钝；花萼碟形，全缘，无毛；花瓣 4，三角状长圆形，高 2.5-6 mm，无毛；雄蕊 4 枚；花盘显著，4 浅裂；子房下部与花盘合生，花柱钻形，柱头略微扩大。果实近球形，直径 0.8-1 cm，有种子 1 粒，稀 2 粒。种子近倒卵圆形，顶端圆形，基部有短喙。花期 9-11 月，果期 12 月至翌年 2 月。

分布与生境　产于福建、广东、广西、海南。生于海拔 50-400 m 的溪边林中。越南北部也有分布。

药用部位　茎。

功效应用　祛风活络，散瘀活血。用于风湿性关节痛，腰肌劳损，跌打损伤。

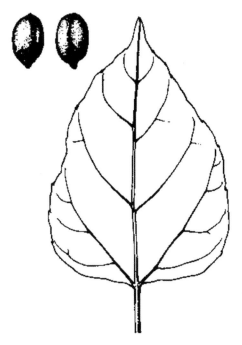

翅茎白粉藤 Cissus hexangularis Thorel ex Planch.
顾健　绘

翅茎白粉藤 Cissus hexangularis Thorel ex Planch.
摄影：徐克学 王祝年

化学成分　藤茎含芪类：白藜芦醇(resveratrol)[1]。

注评　本种的藤茎称"六方藤"，广西等地药用。在广西平南作"风藤"使用，系"海风藤"混淆品，中国药典收载"海风藤"的原植物为胡椒科植物风藤 Piper kadsura (Choisy) Ohwi，两者不得混用。德昂族、阿昌族、景颇族、壮族称、瑶族也药用其全株，主要用途见功效应用项。德昂族又称"钩藤"，易与中药"钩藤"相混。

化学成分参考文献

[1] 刘元，等 . 中国现代应用药学，2012, 29(8): 734-736.

2. 翼茎白粉藤　山老鸹藤（云南），四方藤（广西中药志），蚂蝗藤、冯风藤（广西药用植物名录）

Cissus pteroclada Hayata, Icon. Pl. Formosan. 2: 107. 1912.——*Vitis pteroclada* (Hayata) Hayata（英 **Winged-Branch Treebine**）

　　草质藤本。小枝4棱，棱有翅，棱间有纵棱纹，无毛；卷须2叉分枝，相隔2节间断与叶对生。叶片卵状圆形或长卵圆形，长6–11.5 cm，宽4.5–8.5 cm，顶端短尾尖或急尖，基部心形，基缺张开呈钝角，小枝上部叶有时基部近截形，边缘每侧有6–9个细齿，上面暗绿色，下面浅绿色，两面无毛；基出脉5，中脉有侧脉3–4对，网脉在下面常明显突出；叶柄长2–6 cm，无毛；托叶草质，褐色，卵圆形，顶端钝，无毛。花序顶生或与叶对生，集生成伞形花序；花序梗长1–2 cm，被短柔毛；花梗长2–4 mm，无毛；花蕾卵圆球形，顶端钝或圆形；花萼杯形，全缘，无毛；花瓣4，花药卵圆形，长宽近相等；花盘明显，4裂；子房下部与花盘合生，花柱短，钻形，柱头微扩大。果实倒卵状椭圆球形，长1–1.5 cm，宽0.8–1.4 cm，有种子1–2粒。种子倒卵状长椭圆形，顶端圆形，基部喙显著。花期6–8月，果期8–12月。

分布与生境　产于福建、台湾、广东、广西、海南、云南。生于海拔300–2100 m的山谷疏林或灌丛中。中南半岛、马来半岛和印度尼西亚也有分布。

药用部位　根、藤茎、全株。

功效应用　根：清热消肿，止痛。用于痈疮肿毒，毒蛇咬伤。藤茎、全株：祛风通络，除湿止痛。用于风湿痹痛，腰肌劳损，跌打损伤，筋脉拘急，外治疮疖。

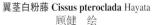

翼茎白粉藤 Cissus pteroclada Hayata
顾健 绘

翼茎白粉藤 Cissus pteroclada Hayata
摄影：张金龙

化学成分 藤茎含香豆素类：岩白菜素(bergenin)，11-*O*-没食子酰岩白菜素(11-*O*-galloylbergenin)，11-*O*-对羟基苯甲酰岩白菜素[11-*O*-(4-hydroxybenzoyl)-bergenin][1]，酚酸类：没食子酸(gallic acid)[1]；三萜类：蒲公英赛酮(taraxerone)，齐墩果酸(oleanolic acid)[2]；甾体类：豆甾醇(stigmasterol)，豆甾醇乙酸酯(stigmasterol acetate)，豆甾-5,22-二烯-3-*O*-*β*-D-吡喃葡萄糖苷(stigmasta-5,22-dien-3-*O*-*β*-D-glucopyranoside)[2]，*β*-谷甾醇，胡萝卜苷[1-2]。

地上部分含香豆素类：岩白菜素 (bergenin)[3]。

注评 本种为中国药典（1977年版）收载"四方藤"的基源植物，药用其干燥藤茎。药典使用本种的中文异名四方藤。壮族、侗族、仫佬族、瑶族也药用其茎，主要用途见功效应用项外，尚用于治疗产妇分娩无力，痢疾，胃及十二指溃疡等症。

化学成分参考文献

[1] 池翠云，等 . 中药材，2010, 33(10): 1566-1568.

[2] 潘光玉，等 . 中药材，2013, 36(8): 1274-1277.

[3] 潘保强，等 . 中药材，1981,12(6): 45.

3. 白粉藤 伸筋藤（广西），夜牵牛、步步青、白粉丹、山葫芦（广东），白薯藤（云南），接骨藤（新华本草纲要）

Cissus repens Lam. Encycl. 1: 31. 1783.——*C. cordata* Roxb., *Vitis repens* (Lam.) Wight et Arn.（英 **Creeping Treebine**）

草质藤本。小枝圆柱形，有纵棱纹，常被白粉，无毛；卷须2叉分枝，相隔2节间断与叶对生。叶片心状卵圆形，长 5.5–13 cm，宽 4–8 cm，顶端急尖或渐尖，基部心形，边缘每侧有 9–12 个细锐锯齿，上面绿色，下面浅绿色，两面无毛；基出脉 3–5，中脉有侧脉 3–4 对，网脉不明显；叶柄长 3–7 cm，无毛；托叶褐色，膜质，肾形，无毛。花序顶生或与叶对生，二级分枝 4–5 集生成伞形；花序

509

梗长 1–3 cm，无毛；花梗长 2–4 mm，几无毛；花蕾卵圆球形，顶端圆钝；花萼杯形，边缘全缘或呈波状，无毛；花瓣 4，卵状三角形，无毛；雄蕊 4 枚，花药卵椭圆形；花盘明显，微 4 裂；子房下部与花盘合生，花柱近钻形，柱头不明显扩大。果实倒卵状圆球形，长 0.8–1.2 cm，宽 0.4–0.8 cm，种子 1 粒。种子倒卵圆形，顶端圆形，基部有短喙。花期 7–10 月，果期 11 月至翌年 5 月。

分布与生境　产于广东、广西、贵州、云南。生于海拔 100–1800 m 的山谷疏林或山坡灌丛中。越南、菲律宾、马来西亚和澳大利亚也有分布。

药用部位　块根、茎藤。

功效应用　块根：清热消肿，止痛。用于跌打损伤，风湿痹痛，瘰疬痰核，痈疮肿毒，毒蛇咬伤。茎藤：清热利湿，解毒消肿。用于湿热痢疾，痈肿疔疮，湿疹瘙痒，毒蛇咬伤。

化学成分　地上部分含木脂素类：(+)-异落叶松树脂

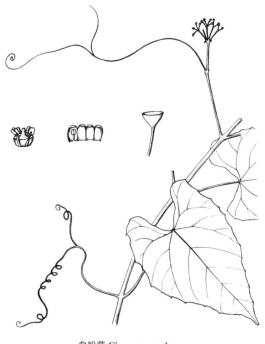

白粉藤 Cissus repens Lam.
张培英 绘

白粉藤 Cissus repens Lam.
摄影：王祝年 徐克学

醇-9'-(2-对香豆酰基)-O-β-D-吡喃木糖苷[(+)-isolariciresinol-9'-(2-p-coumaryl)-O-β-D-xylopyranoside]，(+)-异落叶松树脂醇-9'-O-β-D-吡喃木糖苷[(+)-isolariciresinol-9'-O-β-D-xylopyranoside)]，(+)-南烛脂苷▲[(+)-lyoniside]，(-)-裂环异落叶松树脂醇-9-O-β-D-吡喃木糖苷[(-)-secoisolariciresinol-9-O-β-D-xylopyranoside]，(7'R,8'S)-4'-羟基-3',5-二甲氧基-7',8'-二氢苯并呋喃-1-丙醇新木脂素-9'-O-β-D-吡喃木糖苷[(7'R,8'S)-4'-hydroxy-3',5-dimethoxy-7',8'-dihydro-benzofuran-1-propanolneolignan-9'-O-β-D-xylopyranoside][1]；三萜类：无羁萜(friedelin)，表无羁萜醇(epifriedelanol)，蒲公英赛醇乙酸酯(taraxerol-3β-acetate)，熊果酸(ursolic acid)，2α-羟基熊果酸(2α-hydroxyursolic acid)，积雪草酸(asiatic acid)，苦莓苷F₁(niga-ichigoside F₁），羽扇豆醇(lupeol)[1]；芪类：反式-3-*O*-甲基-白藜芦醇-2-*C*-*β*-吡喃葡萄糖苷(*trans*-3-*O*-methyl-resveratrol-2-*C*-*β*-glucopyranoside)，顺式-3-*O*-甲基-白藜芦醇-2-*C*-*β*-吡喃葡萄糖苷(*cis*-3-*O*-methyl-resveratrol-2-*C*-*β*-glucopyranoside)，白粉藤苷(cissuside) A、B，反式-白藜芦醇(*trans*-resveratrol)，反式-白藜芦醇-2-*C*-*β*-吡喃葡萄糖苷(*trans*-resveratrol-2-*C*-*β*-glucopyranoside)，顺式-白藜芦醇-2-*C*-*β*-吡喃葡萄糖苷(*cis*-resveratrol-2-*C*-*β*-glucopyranoside)[2]；11-*O*-乙酰岩白菜素(11-*O*-acetylbergenin)[3]；甾体类：豆甾-4-烯-3-酮(stigmast-4-en-3-one)[3]。

注评　本种的块根称"独脚乌桕"，藤茎称"白鸡屎藤"，广西、福建、台湾、云南等地药用。傣族、壮族、基诺族也药用，主要用途见功效应用项。

化学成分参考文献

[1] 王跃虎，等 . 云南植物研究，2006, 28(4): 433-437.

[2] Wang YH, et al. *J Asian Nat Prod Res*, 2007, 9(7): 631-636.

[3] Nyunt KS, et al. *Nat Prod Commun*, 2012, 7(5): 609-610.

4. 鸡心藤　山鸡蛋、飞龙接骨（云南），白粉藤（中国高等植物图鉴）

Cissus kerrii Craib in Bull. Misc. Inform. Kew 1911: 31. 1911.——*C. modeccoides* Planch. var. *kerrii* Craib, *C. modeccoides* Planch. var. *subintegra* Gagnep.（英 **Kerr Treebine**）

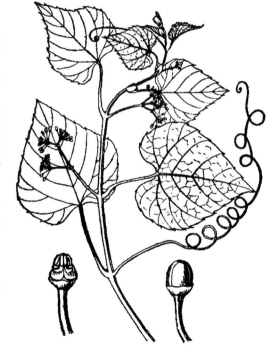

鸡心藤 Cissus kerrii Craib
引自《中国高等植物图鉴》

草质藤本。小枝具钝 4 棱，有纵棱纹，被白粉，无毛；卷须不分枝，相隔 2 节间断与叶对生。叶片心形，长 5-10.5 cm，宽 4.5-8 cm，顶端渐尖，基部心形，边缘每侧有 18-32 个细锯齿，上面绿色，下面浅绿色，两面无毛；基出脉 5，有时侧出脉基部合生，中脉有侧脉 3-4 对，网脉不明显；叶柄长 2-7 cm，无毛；托叶膜质，淡褐色，卵圆形，无毛。花序顶生或与叶对生，二级分枝通常 3，集生成伞形；花序梗长 0.7-2 cm，无毛；花梗长 2-4 mm，无毛；花蕾卵圆球形，顶端圆形；花萼碟形，全缘，无毛；花瓣 4，椭圆形，无毛；雄蕊 4 枚，花药卵圆形，长宽近相等；花盘明显，波状 4 浅裂；子房下部与花盘合生，花柱钻形，柱头微扩大。果实近球形，直径约 1 cm，种子 1 粒。种子椭圆形，顶端圆形，基部有短喙。花期 6-8 月，果期 9-10 月。

分布与生境　产于福建、台湾、广东、广西、海南、云南。生于海拔 100-200 m 的田边、草坡、灌丛和林中。印度、越南、泰国、印度尼西亚和澳大利亚也有分布。

药用部位　根、茎藤、叶。

功效应用　根、茎藤：清热解毒，散结行血，杀菌生肌。用于胃炎，水肿，淋巴结核，痈疽疮痈，久不收口，瘰疬，暗伤积血，跌打损伤，毒蛇咬伤。叶：拔毒消肿。用于痈疮肿毒，瘰疬，疔疮，小儿湿疹。

注评　本种的茎藤在广东、广西部分地区作"青藤"使用，而中国药典收载的"青风藤"原植物为防己科植物青藤 *Sinomenium acutum* (Thunb.) Rehder et E. H. Wilson 及其变种毛青藤 *S. acutum* (Thunb.) Rehder et E. H. Wilson var. *cinereum* (Diels) Rehder et E. H. Wilson，两者不得混用。傣族、德昂族、阿昌族、景颇族也药用本种藤茎，主要用途见功效应用项。

鸡心藤 **Cissus kerrii** Craib
摄影：徐克学

5. 青紫藤 抽筋散，花脸叶、下面红、哈蚂藤（云南），青紫葛（拉汉英种子植物名称），花斑叶（云南中草药选）

Cissus javana DC., Prodr. 1: 628. 1824.——*C. discolor* Blume, *Vitis discolor* (Blume) Dalzell（英 **Java Treebine**）

草质藤本。小枝近四棱形，有纵棱纹，无毛或微被疏柔毛；卷须 2 叉分枝，相隔 2 节间断与叶对生。叶片戟形或卵状戟形，长 7–14.5 cm，宽 4–9 cm，顶端渐尖，基部心形，边缘每侧有 15–34 个尖锐锯齿，上面深绿色，下面浅绿色，两面均无毛，干时两面显著不同色；基出脉 5，中脉有侧脉 4–6 对，网脉下面明显；叶柄长 2.5–4.5 cm，无毛或被疏柔毛；托叶草质，卵圆形或卵状椭圆形，无毛或被疏柔毛。花序顶生或与叶对生，二级分枝 4–5 集生成伞形；花序梗长 0.6–4 cm，疏被短柔毛；花梗长 2–15 mm，几无毛；花蕾椭圆球形，顶端圆形；花萼碟形，边缘全缘或波状浅裂，无毛；花瓣 4，椭圆形，无毛；雄蕊 4 枚，花药卵状椭圆形，长略甚于宽；花盘明显，4裂；子房下部与花盘合生，花柱钻形，柱头略微扩大。果实倒卵状椭圆球形，长约 0.6 cm，宽约 0.5 cm，种子 1 粒。种子倒卵状长椭圆形，顶端圆形，基部有短喙。花期 6–10 月，果期11–12 月。

分布与生境 产于四川、云南。生于海拔 600–2000 m 的山坡林中、草丛或灌丛中。尼泊尔、印度、缅甸、越南、泰国和马来西亚也有分布。

药用部位 全株。

功效应用 疏风解毒，消肿散瘀，接骨续筋。用于荨麻疹，湿疹，过敏性皮炎，跌打扭伤，骨折筋伤。

注评 本种的全株称"花斑藤"，拉祜族、基诺族药用，主要用途见功效应用项。佤族药用全株治疗高热谵语。

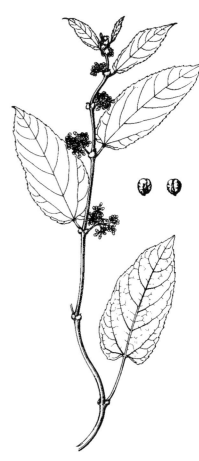

青紫藤 **Cissus javana** DC.
顾健 绘

青紫藤 Cissus javana DC.
摄影：徐晔春 黄健

6. 苦郎藤　毛叶白粉藤（中国高等植物图鉴），左边藤、左爬藤（云南），粗壳藤（广东）

Cissus assamica (M. A. Lawson) Craib in Bull. Misc. Inform. Kew 1911: 31. 1911.——*Vitis assamica* M. A. Lawson（英 **Assam Treebine**）

木质藤本。小枝圆柱形，有纵棱纹，伏生稀疏丁字着毛或近无毛；卷须 2 叉分枝，相隔 2 节间断与叶对生。叶片阔心形或心状卵圆形，长 5-7 cm，宽 4-13.5 cm，顶端短尾尖或急尖，基部心形，基缺呈圆形或张开呈钝角，边缘每侧有 20-44 个尖锐锯齿，上面绿色，无毛，下面浅绿色，脉上常伏生丁字柔毛，干时上面颜色较深；基出脉 5，中脉有侧脉 4-6 对，网脉下面较明显；叶柄长 3-9 cm，伏生稀疏丁字柔毛或近无毛；托叶草质，卵圆形，顶端圆钝，几无毛。花序与叶对生，二级分枝集生成伞形；花序梗长 2-2.5 cm，被稀疏丁字柔毛或近无毛；花梗长约 2.5 mm，伏生稀疏丁字柔毛；花蕾卵圆球形，顶端钝；花萼碟形，边缘全缘或呈波状，近无毛；花瓣 4，三角状卵形，无毛；雄蕊 4 枚，花药卵圆形，长宽近相等；花盘明显，4 裂；子房下部与花盘合生，花柱钻形，柱头微扩大。果实倒卵圆球形，成熟时紫黑色，长 0.7-1 cm，宽 0.6-0.7 cm，种子 1 粒。种子椭圆形，顶端圆形，基部尖锐。花期 5-6 月，果期 7-10 月。

分布与生境　产于江西、福建、湖南、广东、广西、四川、贵州、云南、西藏。生于海拔 200-1600 m 的山谷溪边林中、林缘或山坡灌丛中。越南、柬埔寨、泰国和印度东北部也有分布。

药用部位　茎藤。

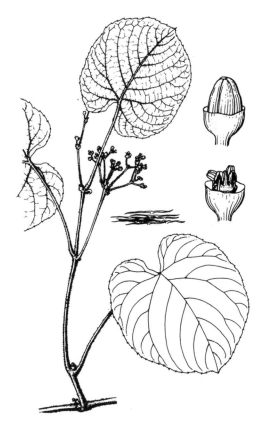

苦郎藤 Cissus assamica (M. A. Lawson) Craib
顾健　绘

苦郎藤 Cissus assamica (M. A. Lawson) Craib
摄影：徐永福

功效应用　拔毒消肿，散瘀止痛。用于跌打损伤，扭伤，风湿性关节痛，骨折，痈疮肿毒。

化学成分　藤茎含木脂素类：异落叶松树脂醇-9-O-β-D-吡喃葡萄糖苷(isolariciresinol-9-O-β-D-glucopyranoside)[1]；三萜类：熊果酸(ursolic acid)，羽扇豆醇(lupeol)[1]；酚酸类：3,3'-二甲基鞣花酸(3,3'-dimethyl ellagic acid)，3,3',4'-三甲氧基鞣花酸(3,3',4'-tri-O-methyl ellagic acid)，没食子酸(gallic acid)[2]；香豆类素：岩白菜素(bergenin)[2]；有机酸类：正二十六酸[1]；甾体类：胡萝卜苷[1]，β-谷甾醇[2]。

注评　本种为湖南（1993、2009年版）和江西（1996年版）中药材标准收载"安痛藤"的基源植物，药用其干燥藤茎。标准曾使用本种的植物异名毛叶白粉藤 Cissus assamica (M.A. Lawson) Craib var. pilosissima Gagnep.。瑶族药用其全株治疗支气管炎，哮喘，毒蛇咬伤；苗族也药用其全株，主要用途见功效应用项。

化学成分参考文献

[1] 谢一辉，等 . 中药材，2009, 32 (2): 210-213.　　　[2] 谢一辉，等 . 时珍国医国药，2007, 18 (12): 2905-2906.

7. 乌蔹莓属 Cayratia Juss.

木质藤本。卷须通常2-3叉分枝，稀总状多分枝。复叶，3小叶或鸟足状5小叶，互生。花4基数；两性或杂性同株，伞房状多歧聚伞花序或复二歧聚伞花序；花瓣展开，各自分离脱落；雄蕊4枚；花盘发达，边缘4浅裂或波状浅裂；花柱短，柱头微扩大或不明显扩大；子房2室，每室有2枚胚珠。浆果球形或近球形，有种子1-4粒。种子呈半球形，背面凸起，腹部平，有一近圆形孔被膜封闭，或种子倒卵圆形，腹部中棱脊突出，两侧洼穴呈倒卵形、半月形或沟状，种脐与种脊一体成带形或在种子中部呈椭圆形；胚乳横切面呈半月形或T形。

本属约60种，分布于亚洲、大洋洲和非洲。我国有17种，南北均有分布，其中7种2变种可药用。

分种检索表

1. 花序梗中部以下有关节，节上具苞片；种子半球形，腹部平⋯⋯⋯⋯⋯⋯⋯⋯⋯⋯⋯⋯ 1. **膝曲乌蔹莓 C. geniculata**
1. 花序梗中部以下无关节，亦无苞片；种子倒卵状椭圆形或倒卵状三角形，腹部中棱脊突出。
　2. 叶为3小叶；卷须3-5分枝⋯⋯⋯⋯⋯⋯⋯⋯⋯⋯⋯⋯⋯⋯⋯⋯⋯⋯⋯⋯ 2. **三叶乌蔹莓 C. trifolia**

2. 叶为鸟足状 5 小叶，稀有 3 小叶混生；卷须 2–3 分枝，或不分枝。

 3. 小枝、花序梗、叶柄和叶片下面被褐色节状长柔毛·················· **3. 华中乌蔹莓 C. oligocarpa**

 3. 小枝、花序梗、叶柄和叶片下面无毛，如被毛时则为短柔毛。

  4. 花瓣顶端有明显的小角状突起 ···························· **4. 角花乌蔹莓 C. corniculata**

  4. 花瓣顶端无角状突起。

   5. 叶鸟足状 3–5–7–9 小叶混生，叶柄长 0.3–1 cm；卷须不分枝·· **5. 短柄乌蔹莓 C. cardiospermoides**

   5. 叶鸟足状 5 小叶，有 3 小叶混生，叶柄长于 2 cm；卷须 2–3 分枝。

    6. 小叶片边缘每侧具 20–28 个锯齿，背面无毛或仅脉上疏被短柔毛·········

    ·· **6. 脱毛乌蔹莓 C. albifolia** var. **glabra**

    6. 小叶片边缘每侧具 4–15 个锯齿，背面无毛，或仅脉上疏被短柔毛，或密被褐色柔毛············

    ·· **7. 乌蔹莓 C. japonica**

  本属多种植物对多种细菌均有抑菌作用，对于病毒细菌侵入细胞质复制的抑制和对病毒的吸附侵入过程有影响，另外还具有抗凝血、增强细胞免疫、促进大鼠生长作用，对蟾蜍离体心脏的自律性、传导性、心缩率等有抑制作用。

1. 膝曲乌蔹莓 大麻藤果（云南）

Cayratia geniculata (Blume) Gagnep. in Lecomte, Notul. Syst. 1: 345. 1911.——*Cissus geniculata* Blume, *Columella geniculata* (Blume) Merr.（英 **Geniculate Cayratia**）

  本质藤本。小枝圆柱形，略扁压，被短柔毛；卷须 2 叉分枝，相隔 2 节间断与叶对生。复叶，3 小叶，中央小叶片菱状椭圆形，长 11–17.5 cm，宽 6–9 cm，顶端尾尖或渐尖，稀急尖，基部楔形，侧生小叶片阔卵形，长 9–17 cm，宽 4–9 cm，顶端尾尖或渐尖，基部不对称，斜圆形，边缘有疏离细锯

膝曲乌蔹莓 Cayratia geniculata (Blume) Gagnep.
引自《海南植物志》

膝曲乌蔹莓 Cayratia geniculata (Blume) Gagnep.
摄影：朱鑫鑫

齿，上面绿色，无毛，下面浅绿色，密被短柔毛或脱落几无毛；侧脉 7-9 对，网脉不明显；叶柄长 10-17.5 cm，被短柔毛，小叶几无柄或有短柄；托叶早落。复二歧聚伞花序，腋生；花序梗长 3-14 cm，被短柔毛，中下部具节；花梗长 1-3 mm，被短柔毛；花蕾卵圆球形或近球形，顶端圆形；花萼杯状，边缘波状浅裂，外面被乳突状毛；花瓣 4，卵圆形，外面被乳突状毛；雄蕊 4 枚，花药卵圆形；花盘发达，波状 4 浅裂；子房下部与花盘合生，花柱短，柱头略为扩大。果实近球形，直径 0.8-1 cm，种子 2-4 粒。种子半球形，顶端近圆形或微凹，基部有短喙。花期 1-5 月，果期 5-11 月。

分布与生境 产于广东、广西、海南、贵州、云南、西藏。生于海拔 300-1000 m 的山谷溪边林中或灌丛中。越南、菲律宾、马来西亚和印度尼西亚也有分布。

药用部位 茎。

功效应用 平喘。用于哮喘。

2. 三叶乌蔹莓　狗脚迹、三爪龙（云南），蜈蚣藤（全国中草药汇编）

Cayratia trifolia (L.) Domin in Bibl. Bot. 89: 371. 1927.——*Cissus carnosa* Lam., *Vitis trifolia* L., *V. carnosa* Wall. ex M. A. Lawson（英 **Three-leafed Cayratia**）

木质藤本。小枝圆柱形，有纵棱纹，疏生短柔毛；卷须 3-5 分枝，相隔 2 节间断与叶对生。复叶，3 小叶，小叶片卵圆形，长 3-6 cm，宽 1.5-3.5 cm，顶端急尖或钝，基部圆形，侧生小叶片基部不对称，近圆形，边缘每侧有 8-11 个圆钝锯齿，上面绿色，伏生短柔毛，下面浅绿色，被疏柔毛；侧脉 7-8 对，网脉上面不明显突出；叶柄长 3-6 cm，中央小叶柄长 0.5-2.5 cm，侧生小叶柄长 0.4-0.8 cm，被疏柔毛。复二歧聚伞花序，腋生；花序梗长 2-7.5 cm，被疏柔毛；花梗长 1-3 mm，被短柔毛；花蕾卵圆球形，顶端圆形；花萼浅碟形，边缘波状或全缘，外面疏生短柔毛；花瓣 4，椭圆形，外面被灰色乳突状毛；雄蕊 4 枚，花药卵圆形；花盘发达，4 浅裂；子房下部与花盘合生，花柱细，柱头微扩大。果实近球形，直径 0.7-0.8 cm，种子 2-3 粒。种子倒三角状，顶端圆形。花、果期 6-12 月。

分布与生境 产于湖北、四川、云南。生于海拔 500-1000 m 的山坡、溪边林缘或林中。越南、老挝、柬埔寨、泰国、孟加拉国、印度、马来西亚和印度尼西亚也有。

药用部位 根。

功效应用 清热止痛，散瘀活血，祛风湿。用于跌打损伤，骨折，风湿骨痛，腰肌劳损，湿疹，皮肤溃疡。

三叶乌蔹莓 Cayratia trifolia (L.) Domin
摄影：黄健

化学成分 根含挥发油：1,2,3-三羟基丙烷(1,2,3-trihydroxypropane)，3,5-二羟基-6-甲基-2,3-二氢-4*H*-吡喃-4-酮(3,5-dihydroxy-6-methyl-2,3-dihydro-4*H*-pyran-4-one)，十八酸(octadecanoic acid)等[1]。

茎含挥发油：二十六烷(hexacosane)，正四十四烷(n-tetratetracontane)，正二十一烷(*n*-heneicosane)等[1]。

叶含挥发油：1.4-苯二酚(1.4-benzenediol)，3-氧代-*β*-香堇酮(3-oxo-*β*-ionone)等[1]。

注评 本种的根称"三爪龙"，云南地区药用。侗族也用本种的茎叶外敷治疗背痈；拉祜族药用其全株治疗风湿骨痛，腰肌劳损，泌尿系统结石，大便秘结。

化学成分参考文献

[1] Gour K, et al. *Journal of Liquid Chromatography & Related Technologies*, 2012, 35(11): 1616-1626.

3. 华中乌蔹莓　大叶乌蔹莓（中国高等植物图鉴），野葡萄、绿叶扁担藤（四川）

Cayratia oligocarpa (H. Lév. et Vaniot) Gagnep. in Lecomte, Notul. Syst. 1: 348. 1911.——*Vitis oligocarpa* H. Lév. et Vaniot, *Cissus oligocarpa* (H. Lév. et Vaniot) L. H. Bailey, *Columella oligocarpa* (H. Lév. et Vaniot) Rehder（英 **Bigleaf Cayratia**）

草质藤本。小枝圆柱形，有纵棱纹，被褐色节状长柔毛，毛长 1–1.5 mm；卷须 2 叉分枝，相隔 2 节间断与叶对生。鸟足状复叶具 5 小叶，中央小叶片长椭圆状披针形或长椭圆形，长 4.5–9 cm，宽 3–5 cm，顶端尾状渐尖，基部楔形，边缘有 7–14 个锯齿，侧生小叶片卵状椭圆形或卵圆形，长 4–7 cm，宽 1.5–3.5 cm，顶端急尖或渐尖，基部楔形或近圆形，边缘每侧有 5–10 个锯齿，上面绿色，伏生疏柔毛或近无毛，下面浅绿褐色，密被节状毛，在中脉上毛平展；侧脉 4–9 对，网脉不明显；叶柄长 2.5–6.5 cm，中央小叶柄长 1.5–3 cm，侧生小叶有短柄，侧生小叶总柄长 0.5–1.5 cm，密被褐色节状长柔毛；托叶膜质，褐色，狭披针形，几无毛。复二歧聚伞花序，腋生；花序梗长 1–4.5 cm，密被褐色节状长柔毛；花梗长 1.5–2 mm，密被褐色节状长柔毛；花蕾卵圆球形，顶端截圆形；花萼浅碟形，萼齿不明显，外面被褐色节状毛；花瓣 4，卵圆形，外面被节状毛；雄蕊 4 枚，花药卵圆形，长宽近相等；花盘发达，4 浅裂；子房下部与花盘合生，花柱细小，柱头略为扩大。果近球形，直径 0.8–1 cm，种子 2–4 粒。种子倒卵状长椭圆形，顶端圆形或微凹，基部有短喙。花期 5–7 月，果期 8–9 月。

分布与生境　产于陕西、浙江、江西、湖南、湖北、四川、贵州、云南。生于海拔 400–2000 m 的山谷或山坡林中。

药用部位　根、叶。

功效应用　除风湿，通经络。用于牙痛，风湿性关节炎，无名肿毒。

华中乌蔹莓 Cayratia oligocarpa (H. Lév. et Vaniot) Gagnep.
引自《中国高等植物图鉴》

华中乌蔹莓 Cayratia oligocarpa (H. Lév. et Vaniot) Gagnep.
摄影：徐克学

4. 角花乌蔹莓 九龙根、九牛子（广西）

Cayratia corniculata (Benth.) Gagnep. in Lecomte, Notul. Syst. 1: 347. 1911.——*Vitis corniculata* Benth., *Columella corniculata* (Benth.) Merr.（英 **Corniculate Cayratia**）

草质藤本。小枝圆柱形，有纵棱纹，无毛；卷须 2 叉分枝，相隔 2 节间断与叶对生。鸟足状复叶具 5 小叶，中央小叶片长椭圆状披针形，长 3.5–8.5 cm，宽 1.5–3 cm，顶端渐尖，基部楔形，边缘每侧有 5–7 个锯齿或细牙齿，侧生小叶片卵状椭圆形，长 2.5–5 cm，宽 1.5–2.5 cm，顶端急尖或钝，基部楔形或圆形，边缘外侧有 5–6 个锯齿或细牙齿，上面绿色，下面浅绿色，两面无毛；侧脉 5–7 对，网脉不明显，无毛；叶柄长 2.5–4.5 cm，小叶有短柄或几无柄，侧生小叶总柄长 0.4–1.5 cm，无毛；托叶早落。复二歧聚伞花序，腋生；花序梗长 3–3.5 cm，无毛；花梗长 1.5–2.5 mm，无毛；花蕾卵圆球形或卵状椭圆球形；花萼碟形，全缘或有三角状浅裂，无毛；花瓣 4，三角状卵圆形，顶端有小角，外展，疏被乳突状毛；雄蕊 4 枚，花药卵圆形，长宽近相等；花盘发达，4 浅裂；子房下部与花盘合生，花柱短，基部略粗，柱头微扩大。果实近球形，直径 0.8–1 cm，种子 2–4 粒。种子倒卵状椭圆形，顶端微凹，基部有短喙。花期 4–5 月，果期 7–9 月。

分布与生境 产于浙江、福建、广东。生于海拔 200–

角花乌蔹莓 Cayratia corniculata (Benth.) Gagnep.
引自《中国高等植物图鉴》

角花乌蔹莓 Cayratia corniculata (Benth.) Gagnep.
摄影：徐晔春

600 m 的山谷、溪边、疏林或山坡灌丛中。

药用部位 块根。

功效应用 清热解毒，润肺，止咳，化痰。用于肺结核，咳嗽，血崩。

5. 短柄乌蔹莓

Cayratia cardiospermoides (Planch. ex Franch.) Gagnep. in Lecomte, Notul. Syst. 1: 348. 1911.——*Ampelopsis cardiospermoides* Planch. ex Franch., *Vitis cardiospermoides* Franch.（英 **Corniculate Cayratia**）

草质藤本。小枝圆柱形，有纵棱纹，嫩时疏生短柔毛，后脱落无毛；卷须不分枝，相隔 2 节间断与叶对生。鸟足状复叶具 3-5-7-9 小叶，小叶片不裂或 3 深裂，裂片或小叶条状披针形、倒卵状长椭圆形或椭圆形，中央小叶片长 3-7.5 cm，宽 0.5-3.5 cm，顶端渐尖、急尖或钝，基部楔形，侧生小叶片长 1.5-5 cm，宽 0.5-3 cm，顶端钝或圆形，基部阔楔形，边缘每侧有 4-9 个圆锯齿，上面绿色，无毛，下面浅绿色，脉上被短柔毛，后脱落几无毛；侧脉 4-7 对，网脉不明显，无毛；叶柄长 0.5-1.5 cm，中央小叶柄长 0.5-2 cm，侧生小叶总柄长 0.3-0.6 cm，侧生小叶几无柄，嫩时被疏柔毛，后脱落几无毛；托叶膜质，褐色，卵形，顶端急尖，无毛。复二歧聚伞花序，腋生；花序梗长 1-3 mm，疏生乳突状毛；花蕾近圆球形，顶端圆形；花萼浅碟形，边缘波状或小齿状浅裂，外面被乳突状毛；花瓣 4，卵圆形，外面被乳突状毛；雄蕊 4 枚，花药卵圆形，长宽近相等；花盘发达，4 浅裂；子房下部与花盘合生，花柱短，柱头不明显扩大。果实近球形，直径 0.8-1 cm，种子 2-3 粒；种子倒卵圆形，顶端圆形或微凹，基部有短喙。花期 7 月，果期 8-9 月。

分布与生境　产于四川、云南。生于海拔 1600-2100 m 的山坡灌丛或草地。

药用部位　块根。

功效应用　清热解毒，止血，拔脓生肌。用于风湿，骨折，外伤出血。

注评　本种的块根在云南丽江称"牛角天麻"，系"天麻"的伪品，中国药典收载的"天麻"为兰科植物天麻 Gastrodia elata Blume 的干燥块根。

6. 脱毛乌蔹莓　樱叶乌蔹莓（植物分类学报），光叶少果乌蔹莓（云南种子植物名录）

Cayratia albifolia C. L. Li var. **glabra** (Gagnep.) C. L. Li in Chinese J. Appl. Environ. Biol. 2(1): 52. 1996.——*C. oligocarpa* (H. Lév. et Vaniot) Gagnep. f. *glabra* Gagnep., *C. oligocarpa* (H. Lév. et Vaniot) Gagnep. var. *glabra* (Gagnep.) Rehder, *Vitis mairei* H. Lév.（英 **Glabrous Cayratia**）

草质藤本。小枝圆柱形，有纵棱纹，被灰色短柔毛；卷须 3 分枝，相隔 2 节间断与叶对生。鸟足状复叶具 5 小叶，小叶长片椭圆形或卵状椭圆形，长 6-15 cm，宽 2.5-7 cm，顶端急尖或渐尖，基部楔形或侧生小叶基部近圆形，边缘每侧有 20-28 个锯齿，齿钝或急尖，上面绿色，无毛或中脉上被稀

脱毛乌蔹莓 Cayratia albifolia C. L. Li var. glabra (Gagnep.) C. L. Li
摄影：陈贤兴

短柔毛，下面绿色，无毛或脉上疏被短柔毛；侧脉 6-10 对，网脉两面不明显；叶柄长 6-11 cm，中央小叶柄长 3-5 cm，侧小叶无柄或有短柄，侧生小叶总柄长 0.8-1.5 cm，被灰色疏柔毛；托叶膜质，褐色，披针形或卵状披针形，顶端渐尖，被稀疏短柔毛。花序腋生，伞房状多歧聚伞花序；花序梗长 2.5-5 cm，被灰色疏柔毛；花梗长 2-3 mm，被短柔毛；花蕾卵圆球形，顶端圆钝；花萼浅碟形，萼齿不明显，外面被乳突状柔毛；花瓣 4，卵圆形或卵状椭圆形，外面被乳突状毛；雄蕊 4 枚，花药卵圆形，长宽近相等；花盘明显，4 浅裂；子房下部与花盘合生，花柱短，柱头微扩大。果实球形，直径 1-1.2 cm，种子 2-4 粒。种子倒卵状椭圆形，顶端圆形或微凹，基部有短喙。花期 5-7 月，果期 8-9 月。

分布与生境　产于安徽、浙江、江西、福建、湖北、湖南、广东、广西、四川、贵州、云南。生于海拔 400-1200 m 的山坡灌丛或沟谷林中。

药用部位　根、叶。

功效应用　清热解毒，消肿。用于痈肿疮毒，跌打损伤，毒蛇咬伤。

7. 乌蔹莓　五爪龙（广东），过山龙（江苏），过江龙（江西），血五甲（贵州），虎葛（台湾植物志）

Cayratia japonica (Thunb.) Gagnep. in Lecomte, Notul. Syst. 1: 349. 1911.——*Vitis japonica* Thunb., *Causonia japonica* (Thunb.) Raf., *Cissus japonica* (Thunb.) Willd., *Columella japonica* (Thunb.) Merr. （英 **Japanese Cayratia**）

7a. 乌蔹莓（模式变种）

Cayratia japonica (Thunb.) Gagnep. var. **japonica**

草质藤本。小枝圆柱形，有纵棱纹，无毛或微被疏柔毛；卷须 2-3 叉分枝，相隔 2 节间断与叶对生。鸟足状复叶具 5 小叶，中央小叶片长椭圆形或椭圆状披针形，长 2.5-4 cm，宽 1.5-4 cm，顶端急尖或渐尖，基部楔形，侧生小叶片椭圆形或长椭圆形，长 1-6.5 cm，宽 1-3.5 cm，顶端急尖或圆形，基部楔形或近圆形，边缘每侧有 6-15 个锯齿，上面绿色，无毛，下面浅绿色，无毛或微被毛；侧脉 5-9 对，网脉不明显；叶柄长 2-8 cm，中央小叶柄长 0.5-2.5 cm，侧生小叶无柄或有短柄，侧生小叶总柄长 0.5-1.5 cm，无毛或微被毛；托叶早落。复二歧聚伞花序，腋生；花序梗长 1-13 cm，无毛或微被毛；花梗长 1-2 mm，几无毛；花蕾卵圆球形，顶端圆形；花萼碟形，边缘全缘或波状浅裂，外面被乳突状毛或几无毛；花瓣 4，三角状卵圆形，外面被乳突状毛；雄蕊 4 枚，花药卵圆形，长宽近相等；花盘发达，4 浅裂；子房下部与花盘合生，花柱短，柱头微扩大。果实近球形，直径约 1 cm，种子 2-4 粒。种子三角状倒卵形，顶端微凹，基部有短喙。花期 3-8 月，果期 8-11 月。

乌蔹莓 Cayratia japonica (Thunb.) Gagnep. var. japonica
引自《中国高等植物图鉴》

分布与生境　产于陕西、河南、山东、安徽、江苏、浙江、湖北、湖南、福建、台湾、广东、广西、海南、四川、贵州、云南。生于海拔 300-2500 m 的山谷林中或山坡灌丛中。日本、菲律宾、越南、缅甸、印度、印度尼西亚和澳大利亚也有分布。

药用部位　全株、根、叶。

乌蔹莓 Cayratia japonica (Thunb.) Gagnep. var. japonica
摄影：张英涛 徐克学

功效应用 清热解毒，利尿消肿。用于热毒痈肿，疔疮，疬腮，丹毒，风湿痛，黄疸，痢疾，尿血，白浊。

化学成分 茎含芪类：白藜芦醇(resveratrol)，苍白粉藤酚(pallidol)，方茎青紫葛素▲A (quadrangularin A)，乌蔹莓酚▲(cajyphenol) A、B[1]。黄酮类：

果实含黄酮类：乌蔹莓素(cayratinin)[2]，(+)-花旗松素[(+)-taxifolin]，香树素[aromadendrin]，槲皮素(quercetin)[3]。

地上部分含挥发油：芳樟醇(linalool)，反式-α-香堇烯(trans-α-ionene)，α-松油醇(α-terpineol)，二氢黄肉楠内酯(dihydroactinolide)，香叶醛(geranial)等[4]。

全草含黄酮类：芹菜苷元-7-O-β-D-吡喃葡萄糖醛酸苷(apigenin-7-O-β-D-glucuronopyranoside)[3]，芹菜苷元(apigenin)，木犀草素(luteolin)，木犀草素-7-O-β-D-吡喃葡萄糖苷(luteolin-7-O-β-D-glucopyranoside)[3,5]，圣草酚(eriodictyol)[5]；香豆素类：七叶树内酯(esculetin)[5]；酚酸及其酯类：双(2-乙基己基)酞酸酯[bis(2-ethylhexyl)phthalate]，反式-咖啡酸乙酯(ethyl trans-caffeate)，3,4-二羟基苯甲酸乙酯(ethyl 3,4-dihydroxybenzoate)[5]，(2E,2'E)-2,3-二[(4-羟基-3-甲氧基苯基)甲基]-1,4-丁烷二基-3-对羟苯基-2-丙烯酸酯{(2E,2'E)-2,3-bis[(4-hydroxy-3-methoxyphenyl)methyl]-1,4-butanediyl-3-(4-hydroxyphenyl)-2-propenoic acid ester}[6]；单萜类：金盏花素(calendin)[5]；其他类：柠檬酸三乙酯(tri-ethyl citrate)，3-甲酰吲哚(3-formylindole)，5-羟基-3,4-二甲基-5-戊基-2(5H)-呋喃酮[5-hydroxy-3,4-dimethyl-5-pentyl-2(5H)-furanone]，胡萝卜苷[5]。

药理作用 调节免疫作用：乌蔹莓对胸腺、脾重量有抑制作用，醇提液能促进 B 淋巴细胞、抑制 T 淋巴细胞[1]。

增强单核巨噬细胞功能作用：乌蔹莓能提高小鼠腹腔巨噬细胞吞噬率和吞噬指数[1]。

抗炎作用：乌蔹莓对二甲苯致小鼠耳肿胀、塑料环致大鼠肉芽肿、蛋清、角叉菜胶致正常和去肾上腺大鼠足肿胀均有抑制作用[2]。

抗血栓作用：乌蔹莓可抗大鼠体外血栓形成和血小板黏附[1]。

抗血小板聚集作用：乌蔹莓能抑制 ADP、胶原诱导的大鼠血小板聚集、白陶土部分凝血活酶时间(KPTT)和凝血酶时间(TT)[3]。

抗细菌作用：乌蔹莓对金黄色葡萄球菌、表皮葡萄球菌、腐生球菌、福氏志贺菌、宋氏志贺菌、变形杆菌、铜绿假单胞菌、伤寒沙门菌、大肠埃希氏菌等 9 种细菌均有抑菌作用[4-5]。

抗病毒作用：乌蔹莓挥发油对小鼠感染流感病毒 A₃ 型和细胞感染单纯疱疹病毒 1 型均具有抗病毒活性[6]。

毒性及不良反应　小鼠腹腔注射乌蔹莓水煎酒沉液的 LD_{50} 为 51.12 g/kg，醇提液 LD_{50} 为 102.8 g/kg[1]。

注评　本种为上海中药材标准（1994 年版）收载"乌蔹莓"的基源植物，药用其干燥带叶茎藤；安徽称"猪血藤"，易与"血藤"相混。苗族、畲族、土家族也药用，主要用途见功效应用项。

化学成分参考文献

[1] Bao L, et al. *Chem Biodiversity*, 2010, 7(12): 2931-2940.

[2] Ishikura N, et al. *Shokubutsugaku Zasshi*, 1970, 83(984): 179-183.

[3] Han XH, et al. *Arch Pharm Res*, 2007, 30(1): 13-17.

[4] Liu ZL, et al. *Journal of Essential Oil Research*, 2012,

24(3): 237-240.

[5] 崔传文，等 . 中国中药杂志，2012, 37(19): 2906-2909.

[6] Sonobe T, et al. *Jpn. Kokai Tokkyo Koho*, 1998, JP 10226668 A 19980825.

药理作用及毒性参考文献

[1] 顾月芳，等 . 中成药，1991, 13(4): 26-27.

[2] 顾月芳，等 . 中药通报，1988, 13(9): 46-47.

[3] 顾月芳，等 . 中药药理与临床，1989, 5(1): 46-47.

[4] 赵曼莉 . 中国冶医工业医学杂志，1995, 12(2): 75-77,

127.

[5] 林建荣，等 . 时珍国医国药，2006, 17(9): 1649-1650.

[6] 罗莉，等 . 第二军医大学学报，1992, 13(2): 169-172.

7b. 尖叶乌蔹莓（变种）

Cayratia japonica (Thunb.) Gagnep. var. **pseudotrifolia** (W. T. Wang) C. L. Li in Chinese J. Appl. Environ. Biol. 2(1): 51. 1996.——*C. pseudotrifolia* W. T. Wang（英 **Sharpleaf Cayratia**）

　　本变种与模式变种的区别在于叶多为 3 小叶。花期 5–8 月，果期 9–10 月。

分布与生境　产于陕西、甘肃、江西、浙江、湖北、湖南、广东、四川、贵州、云南。生于海拔 300–1500 m 的山地、沟谷林下。

药用部位　根、全草。

功效应用　清热解毒，消肿。用于痈肿疮毒，跌打损伤，毒蛇咬伤。

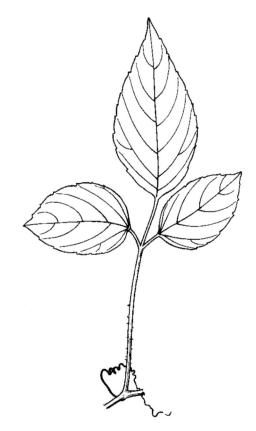

尖叶乌蔹莓 **Cayratia japonica** (Thunb.) Gagnep. var. **pseudotrifolia** (W. T. Wang) C. L. Li
顾健　绘

7c. 毛乌蔹莓（变种）

Cayratia japonica (Thunb.) Gagnep. var. **mollis** (Wall.) Momiy. in Hara, Fl. East. Himal. 1: 199. 1966.——*Vitis mollis* Wall., *Cayratia japonica* (Thunb.) Gagnep. var. *canescens* W. T. Wang, *C. japonica* (Thunb.) Gagnep. var. *ferruginea* W. T. Wang, *C. japonica* (Thunb.) Gagnep. var. *pubifolia* Merr. et Chun, *C. mollis* (Wall. ex M. A. Lawson) C. Y. Wu, *Cissus japonica* (Thunb.) Willd. var. *mollis* (Wall. ex M. A. Lawson) Planch.（英 **Hairyleaf Cayratia**）

本变种与模式变种的区别在于叶片下面密被或仅脉上密被疏柔毛。花期5-7月，果期7月至翌年1月。

分布与生境　产于广东、广西、海南、贵州、云南。生于海拔300-2200 m的山谷林中或山坡灌丛中。印度也有分布。

药用部位　根、全草。

功效应用　清热解毒，祛风利湿，消肿，活血化瘀，接筋续骨，退黄。用于咽喉肿痛，目翳，目黄，身黄，咯血，尿黄尿血，痢疾，偏头痛，痔疮，风湿热痹。

注评　本种仫佬族药用，根用于治疗风湿痛，全株用于烧伤，烫伤。

毛乌蔹莓 Cayratia japonica (Thunb.) Gagnep. var. **mollis** (Wall.) Momiy.
摄影：骆适

8. 崖爬藤属 Tetrastigma (Miq.) Planch.

木质，稀草质藤本。卷须不分枝或2叉分枝。叶通常掌状3-5小叶或鸟足状5-7小叶，稀单叶，互生。花4基数；通常杂性异株，组成多歧聚伞花序，或伞形或复伞形花序；花瓣开展，各自分离脱落；雄蕊在雌花中败育，形态上退化，短小或仅残存；花盘在雄花中发达，在雌花中较小或不明显；花柱明显或不明显，柱头通常4裂，稀不规则分裂，子房2室，每室有2枚胚珠。浆果球形、椭圆球形或倒卵球形，种子1-4粒。种子椭圆形、倒卵状椭圆形或倒三角形，表面光滑、有皱纹、瘤状突起或锐棱，种脐通常在种子背面下部与种脊一体呈带形或在中部呈椭圆形，腹面两侧洼穴自基部、中部或上部向上斜展达种子顶端，或平行与中棱脊几不分离；胚乳呈"T"形、"W"形或呈嚼烂状。

约100种，分布亚洲至大洋洲。我国有44种，主要分布于我国长江流域以南各地，大多集中在广东、广西和云南等地，其中17种5变种可药用。

分种检索表

1. 掌状复叶，小叶 3–5。
  2. 掌状 3 小叶，常混生鸟足状 5 小叶。
    3. 卷须伞状多分枝 ··· 1. 菱叶崖爬藤 **T. triphyllum**
    3. 卷须 2 叉分枝或不分枝。
      4. 花序梗与花梗均无毛 ··························· 2. 台湾崖爬藤 **T. formosanum**
      4. 花序梗多少被短柔毛；花梗被短柔毛。
        5. 叶片背面或两面网脉突起；花瓣顶端无小角状突起 ························
          ································ 3. 柔毛网脉崖爬藤 **T. retinervium** var. **pubescens**
        5. 叶片网脉不明显突起；花瓣顶端具小角状突起。
          6. 萼齿钻形，长为花瓣的 1/2 ··················· 4. 蒙自崖爬藤 **T. henryi**
          6. 萼齿极不明显。
            7. 木质藤本，植株粗壮；种子表面有皱纹。
              8. 小叶片最宽处在上部，边缘每侧有锯齿 3–4 个；花瓣密被乳突状毛 ···········
                ································· 5. 厚叶崖爬藤 **T. pachyphyllum**
              8. 小叶片最宽处在中部，边缘每侧有锯齿 5–8 个；花瓣无毛 ···· 6. 红枝崖爬藤 **T. erubescens**
            7. 草质藤本，植株纤细；种子表面光滑。
              9. 花瓣外面多少被乳突状毛 ··············· 7. 海南崖爬藤 **T. papillatum**
              9. 花瓣无毛 ························· 8. 三叶崖爬藤 **T. hemsleyanum**
  2. 掌状 5 小叶。
    10. 卷须 2 叉分枝或不分枝。
      11. 小枝、叶柄、叶片背面均无毛。
        12. 枝粗壮；复二歧聚伞花序或花序二级分枝呈伞形。
          13. 花序着生于当年生枝上；花瓣顶端无小角状突起 ········· 9. 扁担藤 **T. planicaule**
          13. 花序着生于老枝上；花瓣顶端具小角状突起 ········· 10. 茎花崖爬藤 **T. cauliflorum**
        12. 枝纤细；单伞形花序 ···················· 11. 叉须崖爬藤 **T. hypoglaucum**
      11. 小枝、叶柄、叶片背面被褐色长硬毛 ·············· 12. 毛枝崖爬藤 **T. obovatum**
    10. 卷须伞状多分枝。
      14. 复伞花序 ······························ 13. 云南崖爬藤 **T. yunnanense**
      14. 单伞花序 ·································· 14. 崖爬藤 **T. obtectum**
1. 鸟足状复叶，小叶 5–7。
  15. 花序梗与花梗均无毛。
    16. 花瓣顶端无明显的小角状突起；卷须 2 叉分枝 ········· 15. 显孔崖爬藤 **T. lenticellatum**
    16. 花瓣顶端具明显的小角状突起；卷须不分枝 ········· 16. 狭叶崖爬藤 **T. serrulatum**
  15. 花序梗和花梗被短柔毛。
    17. 鸟足状 5 小叶，叶片背面脉上疏被柔毛 ·············· 17. 毛脉崖爬藤 **T. pubinerve**
    17. 鸟足状 7 小叶，叶片两面无毛 ···················· 18. 七小叶崖爬藤 **T. delavayi**

1. 菱叶崖爬藤

Tetrastigma triphyllum (Gagnep.) W. T. Wang in Acta Phytotax. Sin. 17(3): 83. 1979.——*T. yunnanense* Gagnep. var. *triphyllum* Gagnep., *T. yunnanense* Gagnep. var. *triphyllum* Gagnep. f. *glabrum* Gagnep. （英 **Rhombicleaf Rockvine**）

草质或半木质藤本。小枝圆柱形，有纵棱纹，无毛；卷须4-7掌状分枝，相隔2节间断与叶对生。复叶，具3小叶，小叶片菱状卵圆形或椭圆形，长3.5-10.5 cm，宽2-7 cm，顶端渐尖或急尖，中央小叶片基部楔形，外侧小叶片基部不对称，近圆形，边缘每侧有6-7个牙齿，齿尖细，上面绿色，下面浅绿色，两面无毛；侧脉6-7对，网脉不明显；叶柄长2-9 cm，中央小叶柄长0.5-0.6 cm，侧生小叶柄长0.3-0.4 cm，无毛。复伞形花序，长2.5-5.5 cm，比叶柄长或与叶柄近等长，在侧枝上假顶生，下部有1-2片叶；花序梗长1-3 cm，无毛；花梗长2-3 mm，无毛；花蕾卵圆球形，顶端圆形；花萼浅碟形，边缘有4个小齿，外面无毛；花瓣4，椭圆形，顶端呈风帽状，外面无毛；雄蕊4枚，花丝丝状，花药黄色，长椭圆形，长为宽的2倍；花盘明显，4浅裂，在雌花内中较薄，呈环状；子房锥形，下部与花盘合生，花柱不明显，柱头扩大，4裂。果实球形，直径0.7-1 cm，种子1-2粒。种子椭圆形，顶端圆形，基部有短喙。花期2-4月，果期6-11月。

分布与生境 产于四川、云南。生于海拔700-2000 m的山坡或山谷林中。

药用部位 茎、叶。

功效应用 用于风湿性关节痛。

菱叶崖爬藤 **Tetrastigma triphyllum** (Gagnep.) W. T. Wang
引自《中国高等植物图鉴》

菱叶崖爬藤 **Tetrastigma triphyllum** (Gagnep.) W. T. Wang
摄影：童毅华 朱鑫鑫

2. 台湾崖爬藤　三叶崖爬藤（台湾植物志）

Tetrastigma formosanum (Hemsl.) Gagnep. in Lecomte, Notul. Syst. 1: 321. 1911.——*Vitis formosana* Hemsl.（英 **Formosa Rockvine**）

纤细木质藤本。小枝圆柱形，有纵棱纹，无毛；卷须不分枝，相隔2节间断与叶对生。复叶，具3小叶，中央小叶片长椭圆形，长4-6 cm，宽2-3 cm，最宽处在近中部，顶端钝，基部截形，边缘每侧有5-6个细锯齿，侧脉7-9对，侧生小叶片卵状椭圆形，长4-6 cm，宽2.5-2.8 cm，基部楔形或近圆形，边缘外侧有 3-4 个细锯齿，侧脉 5-7 对，上面绿色，下面浅绿色，两面无毛；网脉在上面不明显，下面明显突出；叶柄长 1-2 cm，小叶柄长 2-3 cm，无毛。花序腋生，长 1.5-2 cm，与叶柄近等长或略比叶柄长，下部有节，节上有苞片；苞片卵圆形；二级分枝呈 2 叉状，三级分枝呈伞状集生；花序梗长 4-5 cm，无毛；花梗长 1-1.5 mm，无毛；花蕾椭圆球形，顶端圆形；花萼碟形，萼齿阔三角形，顶端急尖，外面无毛；花瓣 4，三角状椭圆形，顶端有稀疏乳头状毛；雄蕊 4 枚，花丝丝状，花药椭圆形；花盘明显，4 裂；子房下部与花盘合生，花柱不明显，柱头 4 裂。果实倒卵状椭圆球形，长 0.6-0.8 cm，宽 0.5-0.6 cm，种子 1 粒。种子倒卵状椭圆形，顶端近圆形，基部有喙。花期 3-4 月。

分布与生境　产于台湾。生于灌丛中。

药用部位　茎、叶。

功效应用　活血化瘀，解毒。用于跌打损伤，风湿骨痛，疮疡。

3. 柔毛网脉崖爬藤　网脉崖爬藤（植物分类学报），草藤（广西）

Tetrastigma retinervium Planch. var. **pubescens** C. L. Li in Chinese J. Appl. Environ. Biol. 1(4): 316. 1995.（英 **Hairy-reticulate Rockvine**）

木质藤本。小枝圆柱形，有纵棱纹，无毛；卷须 2 叉分枝，相隔 2 节间断与叶对生。复叶，具 3 小叶，小叶片卵圆形、卵状椭圆形或长椭圆形，长 7.5-14.5 cm，宽 4-6.5 cm，顶端急尖或短尾尖，基部圆形或近圆形，有时中央小叶片阔楔形，侧小叶基部不对称，边缘每侧有 4-9 个粗或细牙齿，上面绿色，下面浅绿色，两面无毛；侧脉 5-8 对，网脉两面明显突出；叶柄长 4-8.5 cm，中央小叶柄长 1.5-3 cm，侧生小叶柄长 1-1.5 cm，无毛。复二歧聚伞状或二级分枝 4 个集生成伞形，腋生；花序梗长 3-5.5 cm，下部几无毛，上部疏被短柔毛；花梗长 1-2 mm，被短柔毛，稀几无毛；花蕾卵圆球形，顶端圆形；花萼浅碟形，边缘有波状小齿，外面疏被乳突状毛，稀几无毛；花瓣 4，卵状椭圆形，顶端呈帽状，外面被乳突状毛，稀几无毛；雄蕊 4 枚；花盘呈环状，在雌花中不明显；子房下部与花盘合生，花柱不明显，柱头 4 裂。果实椭球形，长 0.6-0.7 cm，宽 0.5-0.6 cm，种子 1 粒。种子椭球形。花期 4-5 月，果期 8-9 月。

分布与生境　产于广西、云南。生于海拔 400-1500 m 的山坡林下或灌丛中。

药用部位　根、果实。

功效应用　根：安胎。用于习惯性流产。果实：抗着床。主要用于计划生育。

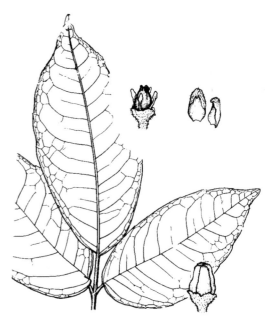

柔毛网脉崖爬藤 Tetrastigma retinervium
Planch. var. **pubescens** C. L. Li
顾健　绘

4. 蒙自崖爬藤　滇琼崖爬藤（拉汉英种子植物名称）

Tetrastigma henryi Gagnep. in Lecomte, Notul. Syst. 1: 264. 1910.——*T. lunglingense* C. Y. Wu et W. T. Wang, *T. tenue* Craib（英 **Henry Rockvine**）

4a. 蒙自崖爬藤（模式变种）

Tetrastigma henryi Gagnep. var. **henryi**

木质藤本。小枝圆柱形，有纵棱纹，无毛或微被疏柔毛；卷须不分枝，相隔 2 节间断与叶对生。

蒙自崖爬藤 Tetrastigma henryi Gagnep. var. henryi
摄影：朱鑫鑫 徐晔春

复叶，通常为 3 小叶，稀鸟足状 5 小叶，小叶片椭圆形或长椭圆状披针形，长 6-15 cm，宽 2.5-5 cm，顶端渐尖或尾状渐尖，中央小叶基部楔形，侧小叶基部不对称，阔楔形或近圆形，边缘每侧有 6-8 个粗或细锯齿，上面绿色，下面浅绿色，两面无毛；侧脉 6-8 对，网脉不明显；叶柄长 3-10 cm，中央小叶柄长 1-2 cm，侧生小叶柄长 0.5-1.5 cm，无毛或被疏柔毛。花序长 2-6 cm，通常比叶柄短，腋生，二级分枝 4，集生成伞状；花序梗长 1.5-3 cm，被短柔毛；花梗长 2-4 mm，被短柔毛；花蕾卵圆球形；花萼碟形，萼齿狭披针形，长约为花瓣的 1/2，外面被短柔毛；花瓣 4，顶端有丝线状小角；雄蕊 4 枚；花盘明显，4 浅裂；子房下部与花盘合生，花柱短，柱头 4 裂。果实圆球形，直径 0.6-0.8 cm，种子 1-2 粒。种子卵圆形，顶端圆形，基部尖，有短喙。花期 4 月，果期 9 月。

分布与生境 产于贵州、云南、西藏。生于海拔 600-1600 m 的山谷林中或路旁。

药用部位 全株。

功效应用 活血化瘀，解毒。用于跌打损伤，风湿痛，热毒。

4b. 柔毛崖爬藤（变种）

Tetrastigma henryi Gagnep. var. **mollifolium** W. T. Wang in Acta Phytotax. Sin. 17(3): 81. 1979.

本变种与模式变种的区别在于叶下面密被短柔毛。花期 4 月，果期 6 月。

分布与生境 产于云南。生于海拔 900-1500 m 的沟谷林中。

药用部位 全株。

功效应用 活血化瘀，解毒。用于跌打损伤，风湿痛，热毒肿痛。

5. 厚叶崖爬藤

Tetrastigma pachyphyllum (Hemsl.) Chun in Sunyatsenia 4: 235. 1940.——*Vitis pachyphylla* Hemsl., *Tetrastigma crassipes* Planch. var. *strumarum* Planch., *T. strumarum* (Planch.) Gagnep. （英 **Thickleaf Rockvine**）

木质藤本，茎扁平，多瘤状突起。小枝圆柱形，有纵棱纹，常疏生瘤状突起，无毛；卷须不分枝，相隔 2 节间断与叶对生。掌状复叶具 3 小叶，或兼有 5 小叶的鸟足状复叶，小叶片倒卵形或倒卵状长椭圆形，侧生小叶片有时长椭圆形或卵状长椭圆形，长 4.5-10 cm，宽 2-4 cm，顶端骤尖，基部楔形或阔楔形，侧生小叶基部不对称，边缘每侧有 4-5 个疏锯齿，齿粗或较细，上面绿色，下面浅绿色，两面无毛；侧脉 5-6 对，网脉上面不明显，下面微突出；叶柄长 5-9.5 cm，小叶柄长 1.5-4 cm，

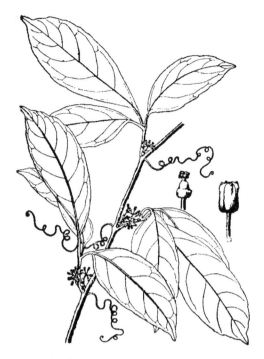

厚叶崖爬藤 Tetrastigma pachyphyllum (Hemsl.) Chun
引自《中国高等植物图鉴》

厚叶崖爬藤 Tetrastigma pachyphyllum (Hemsl.) Chun
摄影：王祝年

无毛。复二歧聚伞花序，腋生，长 9.5-10 cm，比叶柄长或与叶柄近等长，下部有节，节上有苞片；花序梗长 1-1.5 cm，密被短柔毛；花梗长 2-3 mm，被短柔毛，果时伸长，有瘤状突起；花蕾长椭圆球形，顶端圆钝；花萼碟形，萼齿不明显，外面被乳突状毛；花瓣 4，卵椭圆形，顶端有短而钝的小角，外面被乳突状毛；雄蕊 4 枚；花盘在雌花中不明显；子房长圆锥形，花柱不明显，柱头 4 裂。果球形，直径 1-1.8 cm，种子 1-2 粒。种子椭圆形，顶端微凹，基部有尖锐短喙。花期 4-7 月，果期 5-10 月。

分布与生境　产于广东、海南。生于低海拔林中或山坡灌丛中。越南和老挝也有分布。

药用部位　茎、叶。

功效应用　茎：消肿，驱风。用于风湿疼痛，无名肿毒。叶：外用于跌打损伤。

6. 红枝崖爬藤　红脉崖爬藤（海南植物志）

Tetrastigma erubescens Planch. in DC., Monogr. Phan. 5: 444. 1887.——*T. erubescens* Planch. var. *monospermum* Gagnep.（英 **Red-branch Rockvine**）

　　木质藤本。小枝圆柱形，有纵棱纹，无毛；卷须不分枝。复叶，具 3 小叶，中央小叶片长椭圆形或长椭圆状披针形，长 9-15.5 cm，宽 5-5.5 cm，顶端短尾尖，基部宽楔形，边缘每侧有 7-8 个疏齿，齿细小，侧生小叶片椭圆形或卵状长椭圆形，顶端短尾尖或急尖，基部圆形，微不对称，边缘外侧有 5-7 个细齿，上面深绿色，下面浅绿色，两面无毛；侧脉 4-7 对，网脉上面不明显，下面突出；叶柄长 0.5-1 cm，无毛，中央小叶柄长 1-3 cm，侧生小叶柄较短，无毛。花序腋生，下部有 2-3 节，节上有苞片，二级分枝 4，集生成伞形，花呈伞状着生在分枝末端；花序梗长 2-3.5 cm，被短柔毛；花梗长 2-3 mm，被淡红褐色短柔毛；花蕾卵圆球形，顶端近圆形；花萼浅碟形，边缘齿不明显，外面被短柔毛；花瓣 4，卵圆形，顶端有小角，外展，无毛或几无毛；雄蕊 4 枚；花盘在雌花中显著，4 浅裂；子房下部与花盘合生，花柱渐狭至柱头，柱头 4 裂。果实长椭圆球形，长 1.3-1.5 cm，宽 0.6-0.7 cm，种子 2 粒。种子椭圆形。花期 4-5 月，果期翌年 4-5 月。

分布与生境　产于广东、广西、海南、云南。生于海拔 100-1100 m 的山谷林中或山坡岩石缝中。越南和柬埔寨也有分布。

药用部位 全草。

功效应用 活血化瘀，解毒。用于跌打损伤，风湿痛，热毒肿痛。

化学成分 茎含香豆素类：岩白菜素(bergenin)[1-2]；黄酮类：川陈皮素(nobiletin)，福橘素(tangeretin)，6-去甲氧基福橘素(6-demethoxytangeretin)，6-去甲氧基川陈皮素(6-demethoxynobiletin)，儿茶素(catechin)，表儿茶素-3-*O*-没食子酸酯(epicatechin-3-*O*-gallate)，根皮苷(phlorizin)[2]；木脂素类：(+)-南烛树脂醇[(+)-lyoniresinol][2]，(-)-南烛树脂醇-3α-*O*-β-D-吡喃葡萄糖苷[(-)-lyoniresinol-3α-*O*-β-D-glucopyranoside][3]；芪类：反式-白藜芦醇(*trans*-resveratrol)，反式-白藜芦醇-3-*O*-β-D-吡喃葡萄糖苷(*trans*-resveratrol-3-*O*-β-D-glucopyranoside)[2]；大柱香波龙烷类：(+)-去氢催吐萝芙木醇[(+)-dehydrovomifoliol][2]；三萜类：崖爬藤醇▲A(tetrastigmol A)[2]；甾体类：豆甾-4-烯-3-酮(stigmast-4-en-3-one)[1]，3β-羟基豆甾-5-烯-7-酮(3β-hydroxystigmast-5-en-7-one)，豆甾-4-烯-3β,6β-二醇(stigmast-4-ene-3β,6β-diol)[2]，β-谷甾醇，胡萝卜苷[1,3]，豆甾醇(stigmasterol)[3]；其他类：香荚兰酸(vanillic acid)[2]，甲基-3,6-脱水-2-去氧-β-D-呋喃糖苷(methyl 3,6-anhydro-2-deoxy-β-D-furanoside)，2-(1,2-二羟基乙基)-呋喃[2-(1,2-dihydroxyethyl)-furan]，*N*-苯甲酰基-2-氨乙基-β-D-吡喃葡萄糖苷(*N*-benzoyl-2-aminoethyl-β-D-glucopyranoside)，苄醇吡喃葡萄糖苷(benzylalcohol glucopyranoside)[3]。

红枝崖爬藤 **Tetrastigma erubescens** Planch.
引自《中国高等植物图鉴》

化学成分参考文献

[1] Phan Thi Anh Dao, et al. *Journal of Engineering Technology and Education*，2012, 54-57.

[2] Dao PTA, et al. *Nat Prod Sci*, 2014, 20(1): 22-28.

[3] Pham HY, et al. *Tap Chi Hoa Hoc*, 2012, 50(2): 223-227.

7. 海南崖爬藤

Tetrastigma papillatum (Hance) C. Y. Wu in Chinese J. Appl. Environ. Biol. 1(4): 312. 1995.——*Vitis papillata* Hance, *Cayratia papillata* (Hance) Merr. et Chun, *Tetrastigma hainanense* Chun et F. C. How（英 **Papillate Rockvine**）

木质藤本。小枝纤细，圆柱形，有纵棱纹，无毛；卷须不分枝，相隔2节间断与叶对生。复叶，具3小叶，小叶片长椭圆形、卵状椭圆形或倒卵状椭圆形，长6.5–12 cm，宽3–5.5 cm，顶端短尾尖或渐尖，基部阔楔形，侧生小叶片基部不对称，有时近圆形，边缘每侧有5–11个细齿或锯齿，上面绿色，下面浅绿色，两面无毛；侧脉6–7对，网脉两面均不明显；叶柄长4–7 cm，中央小叶柄长1–2.5 cm，侧生小叶柄较短，长0.5–1.5 cm，无毛。花序长2.5–9.5 cm，比叶柄短、近等长或比叶柄略长，腋生，下部有节，节上有苞片，二级分枝4，集生呈伞状，三级以后分枝呈二歧状；花序梗长1–2.5 cm，被短柔毛；花梗长1.5–4 mm，被短柔毛；花蕾卵圆球形；花萼浅碟形，边缘呈波状，外面被乳突状毛；花瓣4，卵圆形，顶端有小角，被乳突状毛；雄蕊4枚，花丝短，花药黄色，卵圆形；花盘明显，4浅裂；子房下部与花盘合生，花柱明显，柱头4裂。果实球形，直径约0.8 cm，种子2粒。种子卵圆形，平凸，顶端圆形，基部圆钝。花期3月，果期8月。

分布与生境 产于海南、广西、贵州。生于海拔 400–700 m 的山谷林中。

药用部位 全株。

功效应用 用于骨折，疔疮。

海南崖爬藤 **Tetrastigma papillatum** (Hance) C. Y. Wu
摄影：郑希龙

8. 三叶崖爬藤 蛇附子（植物名实图考），三叶青（浙江），石老鼠、石猴子（全国中草药汇编），丝线吊金钟（广东）

Tetrastigma hemsleyanum Diels et Gilg in Bot. Jahrb. Syst. 29: 463. 1900.——*T. alatum* H. L. Li, *Vitis esquirolii* H. Lév. et Vaniot, *V. labordei* H. Lév. et Vaniot（英 **Hemsley Rockvine**）

草质藤本。小枝纤细，有纵棱纹，无毛或被疏柔毛；卷须不分枝，相隔 2 节间断与叶对生。复叶，具 3 小叶，小叶片披针形、长椭圆状披针形或卵状披针形，长 3.5–9.5 cm，宽 1.5–3 cm，顶端渐尖，稀急尖，基部楔形或圆形，侧生小叶片基部不对称，近圆形，边缘每侧有 4–6 个锯齿，锯齿细或有时较粗，上面绿色，下面浅绿色，两面无毛；侧脉 5–6 对，网脉两面不明显，无毛；叶柄长 2–7 cm，中央小叶柄长 0.5–1.8 cm，侧生小叶柄较短，长 0.3–0.5 cm，无毛或被疏柔毛。花序腋生，长 1–5 cm，比叶柄短、近等长或较叶柄长，下部有节，节上有苞片，或假顶生而基部无节和苞片，二级分枝通常 4，集生成伞形，花二歧状着生在分枝末端；花序梗长 1.2–2.5 cm，被短柔毛；花梗长 1–2.5 mm，通常被灰色短柔毛；花蕾卵圆球形，顶端圆形；花萼碟形，萼齿细小，卵状三角形；花瓣 4，卵圆形，顶端有小角，外展，无毛；雄蕊 4 枚，花药黄色；花盘明显，4 浅裂；子房陷在花盘中呈短圆锥状，花柱短，柱头 4 裂。果实近球形或倒卵球形，直径约 0.6 cm，种子 1 粒。种子倒卵状椭圆形，顶端微凹，基部圆钝。花期 4–6 月，果期 8–11 月。

分布与生境 产于江苏、浙江、江西、福建、台湾、广东、广西、湖北、湖南、四川、贵州、云南、西藏。生于海拔 300–1300 m 的山坡灌丛、山谷、溪边林下岩石缝中。

药用部位 块根、全株。

功效应用 清热解毒，活血散瘀，祛风化痰。用于高热惊厥，肺炎，咳喘，白喉，肝炎，肾炎，跌打损伤，风湿性关节炎，坐骨神经痛，瘰疬，痈疔疮疖，湿疹，蛇咬伤。

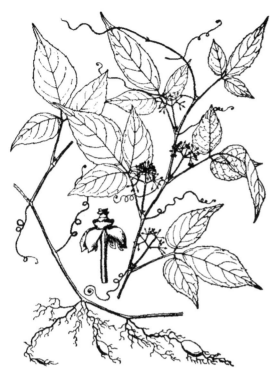

三叶崖爬藤 **Tetrastigma hemsleyanum** Diels et Gilg
引自《中国高等植物图鉴》

三叶崖爬藤 **Tetrastigma hemsleyanum** Diels et Gilg
摄影：王祝年

化学成分　块根含甾体类：β-谷甾醇，胡萝卜苷，6'-O-苯甲酰胡萝卜苷(6'-O-benzoyldaucosterol)[1]；矿物质元素：Mg、Fe、Mn、Zn、Ba[2]。

叶含黄酮类：牡荆素(vitexin)，异牡荆素(isovitexin)，牡荆素-2"-O-α-L-吡喃鼠李糖苷(vitexin-2"-O-α-L-rhamnopyranoside)，异牡荆素-2"-O-α-L-吡喃鼠李糖苷(isovitexin-2"-O-α-L-rhamnopyranoside)，荭草素(orientin)，异荭草素(isoorientin)，荭草素-2"-O-α-L-吡喃鼠李糖苷(orientin-2"-O-α-L-rhamnopyranoside)，异荭草素-2"-O-α-L-吡喃鼠李糖苷(isoorientin-2"-O-α-L-rhamnopyranoside)[3]；苯丙素类：3-O-咖啡酰奎宁酸(3-O-caffeoylquinic acid)，5-O-咖啡酰奎宁酸(5-O-caffeoylquinic acid)，1-O-咖啡酰奎宁酸(1-O-caffeoylquinic acid)，5-O-对香豆酰奎宁酸(5-O-p-coumaroylquinic acid)，1-O-对香豆酰奎宁酸(1-O-p-coumaroylquinic acid)[3]。

地上部分含黄酮类：三叶崖爬藤苷(hemsleyanoside)，异三叶崖爬藤苷(isohemsleyanoside)，芹菜苷元-6,8-二-C-β-D-吡喃葡萄糖苷(apigenin-6,8-di-C-β-D-glucopyranoside)[4]；三萜类：蒲公英赛酮(taraxerone)，蒲公英赛醇(taraxerol)[5]；甾体类：麦角甾醇(ergosterol)，β-谷甾醇[5]。

注评　本种为湖南（1993、2009 年版）、浙江（2000 年版）中药材标准收载"三叶青"的基源植物，湖南药用其干燥全草，浙江药用其干燥块根。湖南标准曾使用本种的中文异名三叶青。畲族、拉祜族、布朗族、阿昌族、土家族、瑶族也药用其块根、根或全草，主要用途见功效应用项。

化学成分参考文献

[1] 杨大坚, 等. 中国中药杂志, 1998, 23(7): 419-421,
　　447-448.

[2] 付金娥, 等. 光谱实验室, 2012, 29(6): 3395-3398.

[3] Sun Y, et al. *J Agric Food Chem*, 2013, 61(44): 10507-
10515.

[4] 刘东, 等. 植物学报, 2002, 44(2): 227-229.

[5] 刘东, 等. 中国中药杂志, 1999, 24(10): 611-612.

9. 扁担藤 羊带风、扁藤（广东），铁带藤、过江扁龙（全国中草药汇编）

Tetrastigma planicaule (Hook. f.) Gagnep. in Lecomte, Notul. Syst. 1: 319. 1911.——*Vitis planicaulis* Hook. f.（英 **Flatstem Rockvine**）

木质藤本，茎扁压，深褐色。小枝圆柱形或微扁，有纵棱纹，无毛；卷须不分枝，相隔2节间断与叶对生。掌状复叶具5小叶，小叶片长圆状披针形、披针形、卵状披针形，长9–16 cm，宽3–6 cm，顶端渐尖或急尖，基部楔形，边缘每侧有5–9个锯齿，锯齿不明显或细小，稀较粗，上面绿色，下面浅绿色，两面无毛；侧脉5–6对，网脉突出；叶柄长3.5–10 cm，无毛，小叶柄长0.5–3 cm，中央小叶柄比侧生小叶柄长2–4倍，无毛。花序腋生，长15–17 cm，比叶柄长1–1.5倍，下部有节，节上有褐色苞片，稀与叶对生而基部无节和苞片，二级和三级分枝4，集生成伞形；花序梗长3–4 cm，无毛；花梗长3–10 mm，无毛或疏被短柔毛；花蕾卵圆球形，顶端圆钝；花萼浅碟形，齿不明显，外面被乳突状毛；花瓣4，卵状三角形，顶端呈风帽状，外面顶部疏被乳突状毛；雄蕊4枚，花丝丝状，花药黄色，卵圆形，长宽近相等；花盘明显，4浅裂，在雌花内不明显且呈环状；子房阔圆锥形，基部被扁平乳突状毛，花柱不明显，柱头4裂，裂片外折。果实近球形，直径2–3 cm，多肉质，种子1–2粒。种子长椭圆形，顶端圆形，基部急尖。

扁担藤 **Tetrastigma planicaule** (Hook. f.) Gagnep.
引自《中国高等植物图鉴》

扁担藤 **Tetrastigma planicaule** (Hook. f.) Gagnep.
摄影：徐晔春

花期4–6月，果期8–12月。

分布与生境 产于福建、广东、广西、贵州、云南、西藏东南部。生于海拔100–2100 m的山谷林中或山坡岩石缝中。老挝、越南、印度和斯里兰卡也有分布。

药用部位 根、茎藤、叶。

功效应用 根、茎藤：祛风除湿，舒筋活络，壮筋骨。用于跌打损伤，风湿疼痛，腰肌劳损，卒中偏瘫。叶：生肌敛疮。用于下肢溃疡，外伤。

化学成分 茎含三萜类：古柯二醇(erythrodiol)[1]；酚酸类：水杨酸(salicylic acid)，香荚兰酸(vanillic acid)，丁香酸(syringic acid)，原儿茶酸(protocatechuic acid)，甘油-2-(3-甲氧基-4-羟基苯甲酸)醚[glycerol-2-(3-methoxy-4-hydroxybenzoic acid)ether][1]；甾体类：豆甾-4-烯-6β-醇-3-酮(stigmast-4-en-6β-ol-3-one)，7α-羟基谷甾醇(7α-hydroxysitosterol)[1]。

注评 本种的根或藤茎称"扁藤"，叶称"扁藤叶"，广东、广西、福建等地药用。藤茎在广西个别地区混充"鸡血藤"，中国药典收载"鸡血藤"为豆科植物密花豆 Spatholobus suberectus Dunn 的藤茎，两者不得混用。瑶族、畲族、傈僳族、基诺族也药用本种的藤茎及根，主要用途见功效应用项。

化学成分参考文献

[1] 邵加春，等.中国药学杂志，2010, 45(21): 1615-1617.

10. 茎花崖爬藤

Tetrastigma cauliflorum Merr. in Lingn. Sci. J. 11: 48. 1932.——*T. membranaceum* C. Y. Wu（英 **Cauliflory Rockvine**）

木质大藤本，茎扁压，灰褐色。小枝微扁，有纵棱纹，无毛；卷须不分枝，相隔 2 节间断与叶对生。掌状复叶具 5 小叶，小叶片长椭圆形、椭圆状披针形或倒卵状长椭圆形，长 9–17.5 cm，宽4–9 cm，顶端短尾尖，基部阔楔形或近圆形，边缘每侧有 5–9 个锯齿，通常齿粗大，伸展，上面绿色，下面浅绿色，两面无毛；侧脉 6–8 对，网脉上面不明显，下面突出，无毛；叶柄长 11–14.5 cm，小叶柄长 1–4 cm，中央小叶柄比侧生小叶柄长 2–3 倍，无毛。花序长 9–11 cm，着生在老茎上，基部有节，节上有苞片，二级分枝 4，集生呈伞形，三级分枝 4，集生呈伞形或二歧状多分枝，花数朵呈小伞形集生于末级分枝顶端；花序梗长 2.5–8 cm，无毛或被短柔毛；花梗长 2–8 mm，被短柔毛；花蕾长圆球形或卵圆球形，顶端钝或圆形；花萼碟形，齿不明显，被短柔毛；花瓣 4，卵圆形，顶端呈头盔状，外面被乳突状毛；雄蕊 4 枚，花丝丝状，花药黄色，卵圆形，长宽近相等；花盘在雄花内发达，浅 4 裂，在雌花内不明显；子房卵圆形，花柱不明显，柱头浅 4 裂。果实椭圆球形或卵球形，长 1.5–2 cm，宽 1.2–2 cm，干时皱缩，种子 1–4 粒。种子椭圆形。花期 4 月，果期 6–12 月。

分布与生境 产于广东、广西、海南、云南。生于海拔 100–1000 m 的山谷林中。越南和老挝也有分布。

茎花崖爬藤 Tetrastigma cauliflorum Merr.
摄影：徐晔春

药用部位　根、茎。

功效应用　活血化瘀，祛风湿。用于跌打损伤，骨折肿毒，风湿疼痛。

11. 叉须崖爬藤　五虎下山（云南），白背崖爬藤（云南种子植物名录），狭叶崖爬藤（新华本草纲要）

Tetrastigma hypoglaucum Planch. ex Franch. in Bull. Soc. Bot. France 33: 459. 1886.（英 **Narrowleaf Rockvine**）

　　木质藤本。小枝纤细，圆柱形，有纵棱纹，无毛；卷须 2 分枝，相隔 2 节间断与叶对生。掌状复叶具 5 小叶，中央小叶片披针形，外侧小叶椭圆形，长 1.5–4.5 cm，宽 0.5–1.5 cm，顶端渐尖或急尖，中央小叶片基部楔形，侧小叶片基部不对称，近圆形，边缘每侧有 3–6 个锯齿，齿尖锐，上面绿色，下面浅绿色，两面无毛；侧脉 4–5 对，网脉两面均不明显；叶柄长 1.5–3.5 cm，小叶柄极短或几无柄，无毛；托叶显著，褐色，卵圆形，宿存；花序腋生或在侧枝上与叶对生，单伞形；花序梗长 1.5–3 cm，无毛；花梗在果时长 3–5 mm，无毛；花蕾卵圆球形；花萼外面无毛，边缘呈波状；花瓣椭圆卵形，顶端呈头盔状，无毛；雄蕊 4 枚；子房圆锥形，花柱短，柱头 4 裂，裂片钝。果实圆球形，直径 0.6–0.8 cm，种子 1–3 粒。种子椭圆形，顶端近圆形，基部喙极短。花期 6 月，果期 8–9 月。

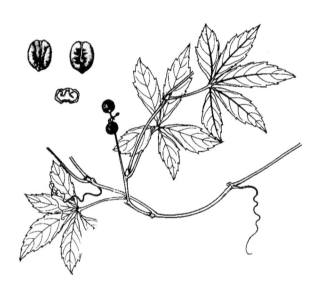

叉须崖爬藤 **Tetrastigma hypoglaucum** Planch. ex Franch.
顾健　绘

叉须崖爬藤 **Tetrastigma hypoglaucum** Planch. ex Franch.
摄影：徐永福

分布与生境　产于四川、云南。生于海拔 2300–2500 m 的山谷林中或灌丛中。

药用部位　根。

功效应用　接骨续筋，散瘀消肿，舒筋活络，活血止痛。用于骨折伤筋，跌打损伤，风湿肿痛。

化学成分　地上部分含黄酮类：儿茶素(catechin)，7-*O*-没食子酰儿茶素(7-*O*-galloylcatechin)[1]；芪类：白藜芦醇(resveratrol)[1]；酚酸及其酯类：没食子酸(gallic acid)，没食子酸乙酯(ethyl gallate)，3,3'-二甲氧基鞣花酸-4-*O*-β-D-吡喃葡萄糖苷(3,3'-dimethoxyellagic acid-4-*O*-β-D-glucopyranoside)[1]；甾体类：β-谷甾醇，胡萝卜苷[1]；脂肪族：棕榈酸(palmitic acid)，二十五烷(pentacosane)[1]。

注评　本种的根或全株称"五爪金龙"，云南等地药用，系民间药。本种的根在云南大理、剑川混称"白蔹"，中国药典收载的"白蔹"原植物为同科植物白蔹 Ampelopsis japonica (Thunb.) Makino，两者不可混用。傣族、彝族、景颇族、德昂族也药用其藤茎或根，主要用途见功效应用项外，尚用于治疗痈疮肿毒，肺结核，咽喉肿痛，闭经等症。

化学成分参考文献

[1] 刘东, 等. 中草药, 2003, 34(1): 4-6.

12. 毛枝崖爬藤

Tetrastigma obovatum (M. A. Lawson) Gagnep. in Lecomte, Notul. Syst. 1: 266. 1910.——*Vitis obovata* M. A. Lawson（英 **Hairybranch Rockvine**）

木质大藤本，茎略扁压。小枝圆柱形，有纵棱纹，密被黄褐色糙硬毛，毛长达 2–3 mm；卷须不分枝，相隔 2 节间断与叶对生。掌状复叶具 5 小叶，中央小叶片倒卵状椭圆形，外侧小叶片椭圆形，长 8–19 cm，宽 4–9.5 cm，顶端骤尾尖，基部阔楔形，外侧小叶片基部不对称，边缘每侧有 6–15 个牙齿，齿粗、细或有时不明显，上面绿色，脉上伏生疏柔毛或脱落几无毛，下面浅绿褐色，被黄色糙硬毛；侧脉 6–8 对，网脉明显；叶柄长 10.5–15 cm，小叶柄长 0.8–3 cm，密被黄褐色糙硬毛。花序腋生，长 4–6 cm，比叶柄短，二级分枝通常 4，集生呈伞形；花序梗长 4–5 cm，被黄色糙硬毛；花梗长 2–4 mm，密被黄褐色柔毛；花蕾卵圆球形，顶端钝；花萼碟形，有 4 个短三角状小齿，外面被柔毛状绒毛；花瓣 4，卵圆形，顶端头盔状，被绒毛状柔毛；雄蕊 4 枚，花丝基部扩大，花药黄色；花盘在雌花中不明显；子房圆锥形，顶端被糙毛，花柱明显，基部略粗，柱头 4 裂。果实球形，橘黄色，直径 2–3 cm，种子 2–3 粒。种子长椭圆形，顶端微凹，基部有短喙。花期 6 月，果期 8–12 月。

分布与生境 产于贵州、云南。生于海拔 250–1900 m 的山谷、山坡林中、林缘或灌丛中。越南、老挝、泰国和印度也有分布。

药用部位 根、茎藤。

功效应用 行气活血，强筋壮骨。用于风湿痹痛，劳伤，接骨，虚咳跌打损伤，骨折。

注评 本种的根或藤茎称"毛枝崖爬藤"，贵州等地药用。根在贵州兴义、绥阳、独山、岩山等地称"大血藤"，用作行气活血药；中国药典收载"大血藤"的原植物为木通科植物大血藤 Sargentodoxa cuneata (Oliv.) Rehder et E. H. Wilson，两者不宜混用。傣族、侗族也药用本种的藤茎，主要用途见功效应用项。

毛枝崖爬藤 **Tetrastigma obovatum** (M. A. Lawson) Gagnep.
摄影：黄健

13. 云南崖爬藤　石葡萄（滇南本草），爬树龙、软三角枫（云南）

Tetrastigma yunnanense Gagnep. in Lecomte, Notul. Syst. 1: 270. 1910.——*T. yunnanense* Gagnep. var. *pubipes* W. T. Wang（英 **Yunnan Rockvine**）

草质或半木质藤本。小枝圆柱形，有纵棱纹，疏被柔毛，后脱落几无毛；卷须 4–9 集生成伞形，相隔 2 节间断与叶对生。掌状复叶具 5 小叶，小叶片倒卵状椭圆形、菱状卵形、倒卵状披针形或披针形，长 2.5–9 cm，宽 1.5–5 cm，顶端渐尖、急尖稀圆钝，基部楔形，边缘每侧有 6–8 个锯齿或牙齿，齿顶端细长并着生在粗齿缘者边缘呈波状，齿顶端急尖者边缘呈锯齿状，上面绿色，无毛，下面浅绿色，无毛；侧脉 6–7 对，网脉不明显；叶柄长 3.5–9 cm，无毛或疏被柔毛；托叶显著，卵圆形，褐色，宿存。复伞形花序，假顶生或与叶相对着生于侧枝近顶端，稀腋生，长 2–8 cm，比叶柄长、近等长或较叶柄短；花梗长 1.5-4 mm，无毛或疏被短柔毛；花蕾卵圆球形或倒卵圆球形，顶端圆形；花萼浅碟形，边缘呈波状，外面无毛；花瓣 4，卵圆形或卵状椭圆形，顶端呈风帽状，无毛；雄蕊 4 枚，花药卵圆形，长宽近相等；花盘在雄花中发达，在雌花中较薄，与子房下部合生；子房锥形，花柱短，柱头扩大，4 浅裂。果实球形，直径 0.8-1 cm，种子 1-2 粒。种子椭圆形，顶端圆形，基部有短喙。花期 4 月，果期 10-11 月。

分布与生境　产于云南、西藏。生于海拔 1200-2500 m 的溪边林中。

药用部位　全株。

功效应用　凉血活血，消肿止痛，壮筋骨。用于接骨，跌打损伤，风湿性关节炎。

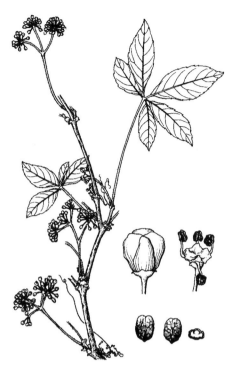

云南崖爬藤 **Tetrastigma yunnanense** Gagnep.
顾健　绘

云南崖爬藤 **Tetrastigma yunnanense** Gagnep.
摄影：朱鑫鑫

14. 崖爬藤

Tetrastigma obtectum (Wall. ex M. A. Lawson) Planch. ex Franch. in DC., Monogr. Phan. 5: 434. 1887.——
Vitis obtecta Wall. ex M. A. Lawson, *Tetrastigma burmanicum* (Collett et Hemsl.) Momiy.（　英 **Common Rockvine**）

14a. 崖爬藤（模式变种）

Tetrastigma obtectum (Wall. ex M. A. Lawson) Planch. ex Franch. var. **obtectum**

　　草质藤本。小枝圆柱形，无毛或被疏柔毛；卷须 4-7 呈伞状集生，相隔 2 节间断与叶对生。掌状复叶具 5 小叶，小叶片菱状椭圆形或椭圆状披针形，长 1-4 cm，宽 0.5-2 cm，顶端渐尖、急尖或钝，基部楔形，外侧小叶片基部不对称，边缘每侧有 3-8 个锯齿或细牙齿，上面绿色，下面浅绿色，两面无毛；侧脉 4-5 对，网脉不明显；叶柄长 1-3.5 cm，小叶柄极短或几无柄，无毛或被疏柔毛；托叶褐色，膜质，卵圆形，常宿存。花序长 1.5-4 cm，比叶柄短、近等长或较叶柄长，顶生或假顶生于具有 1-2 片叶的短枝上，多数花集生成单伞形；花序梗长 1-4 cm，无毛或被稀疏柔毛；花蕾椭圆球形或卵状椭圆球形，顶端近截形或近圆形；花萼浅碟形，边缘呈波状浅裂，外面无毛或稀疏柔毛；花瓣 4，长椭圆形，顶端有短角，外面无毛；雄蕊 4 枚，花丝丝状，花药黄色，卵圆形，长宽近相等；花盘明显，4 浅裂；子房锥形，花柱短，柱头扩大呈碟形，边缘不规则分裂。果实球形，直径 0.5-1 cm，种子 1 粒。种子椭圆形，顶端圆形，基部有短喙。花期 4-6 月，果期 8-11 月。

分布与生境　产于甘肃、江西、湖北、湖南、福建、台湾、广东、广西、四川、贵州、云南。生于海拔 250-2400 m 的山坡岩石或林下石壁上。

药用部位　根或全株。

功效应用　祛风活络，活血止痛。用于跌打损伤，风湿

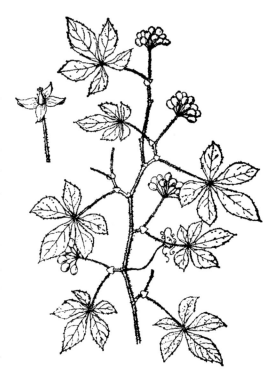

崖爬藤 **Tetrastigma obtectum** (Wall. ex M. A. Lawson) Planch. ex Franch. var. **obtectum**
引自《中国高等植物图鉴》

崖爬藤 **Tetrastigma obtectum** (Wall. ex M. A. Lawson) Planch. ex Franch. var. **obtectum**
摄影：朱鑫鑫 何顺志

麻木，关节筋骨疼痛，跌打损伤，流注痰核，痈疮肿毒，毒蛇咬伤。

化学成分　全草含黄酮类：崖爬藤黄酮▲(tetrastigma) A、B、C、D，6-反式-[2"-O-(α-吡喃鼠李糖基)]-乙烯基-5,7,4'-三羟基黄酮{6-*trans*-[2"-O-(α-rhamnopyranosyl)]-ethenyl-5,7,4'-trihydroxyflavone}，芹菜苷元-7-O-β-D-吡喃葡萄糖苷(apigenin-7-O-β-D-glucopyranoside)，木犀草素-7-O-β-D-吡喃葡萄糖苷(luteolin-7-O-β-D-glucopyranoside)，牡荆素-O-(2 → 1)-α-L-吡喃鼠李糖苷[vitexin-O-(2 → 1)-α-L-rhamnopyranoside]，芹菜苷元-6-C-α-L-吡喃阿拉伯糖苷(apigenin-6-C-α-L-arabinopyranoside)[1]。

注评　本种的根或全株称"走游草"，四川、重庆、广西、陕西、湖北等地药用。本种的藤茎在云南昆明称"小红藤"，系民间药，易与"红藤""血藤"相混。彝族、土家族也药用其藤茎或根，主要用途

见功效应用项。

化学成分参考文献

[1] Jin MN, et al. *Fitoterapia*, 2013, 90: 240-246.

14b. 毛叶崖爬藤（变种）

Tetrastigma obtectum (Wall. ex M. A. Lawson) Planch. ex Franch. var. **pilosum** Gagnep. in Lecomte, Notul. Syst. 1: 323. 1911.——*T. obtectum* (Wall. ex M. A. Lawson) Planch. ex Franch. var. *potentilla* (H. Lév. et Vaniot) Gagnep., *T. obtectum* (Wall. ex M. A. Lawson) Planch. ex Franch. var. *trichocarpum* Gagnep., *Vitis potentilla* H. Lév. et Vaniot（英 **Hairyleaf Rockvine**）

本变种与模式变种区别在于小枝、叶柄、叶片和花梗下面被疏柔毛。花期 5–6 月，果期 9–11 月。

分布与生境 产于河南、湖北、湖南、四川、云南。生于海拔 300–2550 m 的林下或山坡崖石上。

药用部位 全株。

功效应用 祛风除湿，通经活络，活血止痛。用于跌打损伤，风湿骨痛，红白痢疾，瘿瘤。

14c. 无毛崖爬藤（变种）

Tetrastigma obtectum (Wall. ex M. A. Lawson) Planch. ex Franch. var. **glabrum** (H. Lév.) Gagnep. in Lecomte, Notul. Syst. 1: 324. 1911.——*Vitis arisanensis* (Hayata) Hayata, *V. umbellata* Hemsl. var. *arisanensis* Hayata（英 **Hairless Rockvine**）

本变种与模式变种不同在于植株完全无毛。花期 3–5 月，果期 7–11 月。

分布与生境 产于江西、福建、台湾、广东、广西、四川、贵州、云南。生于海拔 150–2400 m 的山坡或沟谷林下或崖石上。

药用部位 根、全株。

功效应用 接骨生肌，清热止血。用于骨折，瘰疬，外伤出血，风湿痹痛，跌打损伤。

注评 本种的根或全株称"小九节铃"，云南、四川等地药用。本种的藤茎在云南昆明称"小红藤"，系民间药，不宜与"红藤""血藤"相混。纳西族、彝族、佤族、土家族也药用其藤茎或根，主要用途见功效应用项。

无毛崖爬藤 **Tetrastigma obtectum** (Wall. ex M. A. Lawson) Planch. ex Franch. var. **glabrum** (H. Lév.) Gagnep.
摄影：陈世品

15. 显孔崖爬藤　大五爪金龙（云南）

Tetrastigma lenticellatum C. Y. Wu in Acta Phytotax. Sin. 17(3): 82. 1979.（英 **Lenticellate Rockvine**）

木质藤本。小枝绿色，圆柱形，有纵棱纹和显著皮孔，无毛；卷须 2 叉分枝，相隔 2 节间断与叶对生。鸟足状复叶具 5 小叶，稀 7 小叶，中央小叶片倒卵状长椭圆形，长 11.5–18 cm，宽 5–9.5 cm，

显孔崖爬藤 Tetrastigma lenticellatum C. Y. Wu
顾健 绘

显孔崖爬藤 Tetrastigma lenticellatum C. Y. Wu
摄影：黄健

最宽处在中部以上，顶端短尾尖或渐尖，基部阔楔形，边缘每侧有细牙齿 14-16 个，或有时齿粗呈锯齿状，侧脉 8-10 对，侧生小叶片椭圆形，长 6-14 cm，宽 2.5-7.5 cm，外侧小叶片最宽处常在近中部，内侧小叶片最宽处常在中部以上，顶端渐尖或急尖，基部宽楔形，外侧小叶片基部常不对称，边缘外侧有 5-14 个锯齿，上面绿色，下面浅绿色，两面无毛；侧脉 5-8 对，网脉不明显突出；叶柄长 8-16 cm，中央小叶柄长 1.5-4 cm，侧生小叶总柄长 1-4 cm，侧小叶柄较短，长 0.2-1 cm，无毛。花序腋生，长 7-12 cm，与叶柄近等长或比叶柄短，二级分枝 3-4，集生成伞形；花序梗长 4-5 cm，无毛；花梗长 1-1.5 mm，无毛；花蕾椭圆球形，顶端圆形；花萼碟形，边缘呈波状，外面无毛；花瓣 4，椭圆形，顶端呈风帽状，无毛；雄蕊 4 枚，花丝丝状，花药黄色，椭圆形；花盘在雄花中发达，4 裂。果实球形，直径 0.8-1 cm，种子 2-3 粒。种子倒三角形，顶端微凹，基部急尖。花期 5-6 月，果期 10-12 月。

分布与生境 产于云南。生于海拔 500-1000 m 的山谷林中或灌丛中。

药用部位 根、茎。

功效应用 祛风，活血，消肿。用于风湿性关节痛，口腔炎，鼻炎，跌打瘀肿，骨折。

注评 本种的根或茎称"大五爪金龙"，阿昌族药用，主要用途见功效应用项。

16. 狭叶崖爬藤 小五爪金龙（云南）

Tetrastigma serrulatum (Roxb.) Planch. in DC., Monogr. Phan. 5: 432. 1887.——*Cissus serrulata* Roxb.（英 **Serrulate Rockvine**）

16a. 狭叶崖爬藤（模式变种）

Tetrastigma serrulatum (Roxb.) Planch. var. **serrulatum**

草质藤本。小枝纤细，圆柱形，有纵棱纹，无毛；卷须不分枝，相隔 2 节间断与叶对生。鸟足状

狭叶崖爬藤 **Tetrastigma serrulatum** (Roxb.)
Planch. var. **serrulatum**
引自《中国高等植物图鉴》

狭叶崖爬藤 **Tetrastigma serrulatum** (Roxb.)
Planch. var. **serrulatum**
摄影：朱仁斌

复叶具 5 小叶，小叶片卵状披针形或倒卵状披针形，长 2–9 cm，宽 0.5–3 cm，顶端尾尖、渐尖或急尖，基部圆形或阔楔形，侧小叶片基部不对称，边缘常呈波状，边缘每侧有 5–8 个细锯齿，齿长约 1 mm，常着生波形凹处，上面绿色，下面浅绿色，两面无毛；侧脉 4–8 对，网脉两面明显突出；叶柄长 1.5–5.5 cm，中央小叶柄长 0.5–1.3 cm，侧生小叶总柄长 0.2–1 cm，侧小叶柄短或近无柄，无毛。花序腋生，长 1–8 cm，比叶柄短、近等长或较叶柄长，下部有节和苞片，或在侧枝上与叶对生，下部无节和苞片，二级分枝 4–5，集生成伞形；花序梗长 1–5 cm，无毛；花梗长 2–4 mm，无毛或几无毛；花蕾卵椭圆球形；花萼细小，齿不明显，无毛；花瓣 4，卵状椭圆形，顶端有小角，外展，无毛；雄蕊 4 枚，花丝丝状，花药黄色，卵圆形，长宽近相等；花盘在雄花中明显，4 浅裂，在雌花中呈环状；子房下部与花盘合生，花柱短，柱头呈盘形扩大，边缘不规则分裂。果实圆球形，紫黑色，直径 0.8–1.2 cm，种子 2 粒。种子倒卵状椭圆形，顶端近圆形，基部渐狭成短喙。花期 3–6 月，果期 7–10 月。

分布与生境　产于湖南、广东、广西、四川、贵州、云南。生于海拔 500–2900 m 的山谷林中、山坡灌丛岩石缝中。

药用部位　茎藤。

功效应用　祛风除湿，接骨，清热，止血。用于风湿疼痛，骨折，跌打损伤，疮疡肿毒。

化学成分　地上部分含芪类：白藜芦醇(resveratrol)[1]；黄酮类：儿茶素(catechin)，7-*O*-没食子酰儿茶素(7-*O*-galloylcatechin)[1]；酚酸类：没食子酸(gallic acid)，没食子酸乙酯(ethyl gallate)，3,3'-二甲氧基鞣花酸-4-*O*-β-D-吡喃葡萄糖苷(3,3'-dimethoxyellagic acid-4-*O*-β-D-glucopyranoside)[1]；甾体类：β-谷甾醇，胡萝卜苷[1]；有机酸类：棕榈酸[1]；其他类：二十五烷[1]。

化学成分参考文献

[1] 刘东，等 . 中草药，2003, 34(1): 4-6.

16b. 毛狭叶崖爬藤（变种）

Tetrastigma serrulatum (Roxb.) Planch. var. **puberulum** W. T. Wang in Acta Phytotax. Sin. 17(3): 83. 1979.（英 **Hairyserrulate Rockvine**）

本变种与模式变种的区别在于小枝、花序梗、花梗、叶柄及叶下面脉上被短柔毛。花期 6 月，果期 8-11 月。

分布与生境 产于云南、西藏。生于海拔 2300-2600 m 山谷林中。

药用部位 全草、根。

功效应用 用于风湿性关节炎，跌打损伤。

17. 毛脉崖爬藤 勾瓣（广西壮语）

Tetrastigma pubinerve Merr. et Chun in Sunyatsenia 2: 275. f. 33. 1935.（英 **Hairynerve Rockvine**）

木质藤本。小枝圆柱形，有纵棱纹，干时有横皱纹，枝被短柔毛，后脱落；卷须不分枝，相隔 2 节间断与叶对生。鸟足状复叶具 5 小叶，中央小叶片椭圆形或长椭圆状披针形，长 12-25 cm，宽 4-7 cm，顶端急尖或渐尖，基部阔楔形，边缘每侧有 6-8 个锯齿，侧生小叶片卵披针形或卵状长椭圆形，长 6.5-19 cm，宽 3-7 cm，顶端渐尖、急尖或钝，基部楔形或近圆形，边缘每侧有 4-7 个锯齿，上面绿色，有光泽，无毛，下面浅绿色，仅脉上被短柔毛，后脱落；侧脉 7-9 对，网脉在下面突起；叶柄长 5-10.5 cm，中央小叶柄长 1-2.5 cm，侧生小叶总柄长 1-2.5 cm，侧生小叶柄长常 0.5-2 cm，干时有横皱纹，疏被短柔毛，后脱落无毛。花序腋生，下部有节，节上有苞片，二级分枝 4，集生呈伞形，三级分枝呈二歧状，花数朵在分枝末端集生呈伞形；花序梗长 1.3-2 cm，被短柔毛；花梗长 3-4 mm，被短柔毛；花蕾倒卵圆球形，顶端近截形；花萼浅碟形，萼齿不明显，外被乳突状毛；花瓣 4，椭圆形，顶端有小角，外展，外面被乳突状毛；雄蕊 4 枚，花药黄色，椭圆形；花盘呈环状，在雌花中不明显；子房锥形，下部与花盘合生，花柱不明显，柱头 4 裂。果实近球形，直径 1-1.2 cm，种子 2 粒。种子倒卵圆形，顶端微凹，基部急尖。花期 6 月，果期 8-10 月。

分布与生境 产于广东、广西、海南。生于海拔 300-600 m 的山谷林中或石山坡灌丛中。越南和柬埔寨也有。

药用部位 叶、全株。

功效应用 叶：用于刀伤。全株：用于跌打损伤。

毛脉崖爬藤 Tetrastigma pubinerve Merr. et Chun
摄影：徐克学

18. 七小叶崖爬藤 把篾、哩叽野（云南）

Tetrastigma delavayi Gagnep. in Lecomte, Notul. Syst. 1: 378. 1911.——*T. delavayi* Gagnep. f. *majus* W. T. Wang（英 **Delavay Rockvine**）

木质藤本，茎多瘤状突起。小枝圆柱形，皮孔明显，有纵棱纹，无毛；卷须二叉分枝，相隔 2 节间断与叶对生。鸟足状复叶具 7 小叶，中央小叶片倒卵状长椭圆形或披针形，长 8.5-14.5 cm，宽 2.5-7 cm，侧生小叶片长 2.5-15 cm，每侧边缘有 5-15 个锯齿，上面暗绿色，下面浅绿色，两面无

七小叶崖爬藤 **Tetrastigma delavayi** Gagnep.
摄影：梁永延

毛；侧脉 5-9 对，网脉不明显；叶柄长 3-9 cm，中央小叶柄长 0.8-2 cm，侧生小叶柄极短或近无柄，侧生小叶总柄与中央小叶柄近等长，稀有时或长或短，无毛。花序长 4-13 cm，比叶柄短、近等长或长于叶柄，腋生，在侧枝上通常与叶对生或假顶生，二级分枝 4，呈伞状集生，三级以后分枝呈二歧状；花序梗长 5-8 cm，被短柔毛；花梗长 1-3 mm，被稀疏短柔毛；花瓣 4，长椭圆形或卵圆形，顶端突出呈风帽状，无毛；雄蕊 4 枚，花丝丝状，花药黄色，卵圆形，长宽近相等；花盘在雌雄花中均发达，4 浅裂；子房下部与花盘合生，花柱不明显，柱头扩大，浅 4 裂。果实成熟时紫色，球形，直径 0.8-1.5 cm，种子 3-4 粒。种子倒卵状三角形，顶端凹，基部渐狭成喙。花期 6-7 月，果期 10 月至翌年 3 月。

分布与生境　产于广西、贵州、云南。生于海拔 1000-2500 m 的山谷林中或灌丛中。越南、缅甸也有分布。

药用部位　根、茎藤。

功效应用　清热利尿，散瘀活血，祛风湿。用于膀胱炎，尿道炎，风湿骨痛，跌打损伤，蛇咬伤，疮疖肿毒。

注评　本种的根或茎藤称"一把篾"，云南等地药用。四川西昌将本种的茎藤称"血木通"，系民间用药，不能与"木通"类药材相混。傣族也药用其茎藤或根，主要用途见功效应用项。

火筒树科 LEEACEAE

直立灌木，有些具肥厚茎无分枝，或草本；叶螺旋着生（或对生），二至四回羽状，罕单叶，小叶有锯齿；花两性，绿色、黄色或红色，排成伞房花序式的聚伞花序且与叶对生；花萼 (4) 5 裂；花瓣与萼片同数，基部合生与雄蕊柱黏合；雄蕊基部合生成一个 5 齿裂的柱，雄蕊与花瓣对生；花药着生于裂齿间；子房 3–6 室，每室有胚珠 1 颗，基生直立，倒生，双珠被。果为肉质或稍干燥的浆果。胚乳嚼烂状。

1 属约 34 种，分布于东半球热带地区。我国有 10 种，产于云南、贵州、广西、广东、海南和台湾，其中 5 种可药用。

本科药用植物主要成分包括黄酮和酚酸等类型化合物。

1. 火筒树属 Leea D. Royen ex L.

属的特征同科。

分种检索表

1. 叶为 1–4 回羽状复叶，叶片下面无毛。
  2. 花白色带绿色；叶为 2 (3) 回羽状复叶，小叶片较大，通常长 13–32 cm ····················· 1. 火筒树 L. indica
  2. 花红色到橘色；叶 (2) 3–4 回羽状复叶，小叶片较小，通常长 6–11 cm ············· 2. 台湾火筒树 L. guineensis
1. 叶为单叶或 1–2 回羽状复叶，叶片至少下面被短柔毛。
  3. 叶为单叶，大型，阔卵圆形，叶面无毛 ····················· 3. 大叶火筒树 L. macrophylla
  3. 叶为羽状复叶，叶面无毛，或脉上被稀疏刺毛
    4. 小叶片边缘锯齿急尖，下面被短柔毛 ····················· 4. 密花火筒树 L. compactiflora
    4. 小叶片边缘有粗圆钝锯齿，下面脉上显著被糙毛 ············· 5. 单羽火筒树 L. asiatica

本属药用植物含有黄酮类化合物，如槲皮苷 (quercitrin)，槲皮素 -3,3'- 二硫酸酯 (quercetin-3,3'-disulfate，**1**)，槲皮素 -3,3',4'- 三硫酸酯 (quercetin-3,3',4'-trisulfate，**2**)，山奈酚 (kaempferol)，槲皮素 (quercetin)；酚酸类化合物如没食子酸 (gallic acid)，没食子酸乙酯 (ethyl gallate)；此外还含有三萜类及挥发油等。

1: R=OH
2: R=OSO₃H

1. 火筒树（中国树木分类学） 红吹风（广西），牛眼睛果（云南），五指枫（海南）

Leea indica (Burm. f.) Merr. in Philipp. J. Sci. 14: 245. 1919.——*Staphylea indica* Burm. f., *Leea umbraculifera* C. B. Clarke（英 **Indian Leea**）

直立灌木。小枝圆柱形，纵棱纹钝，无毛。叶为 2–3 回羽状复叶，小叶片较大，长 13–32 cm，宽

火筒树 Leea indica (Burm. f.) Merr.
引自《中国高等植物图鉴》

火筒树 Leea indica (Burm. f.) Merr.
摄影：王祝年

2.5–8 cm，两面均无毛；托叶与叶柄合生。花序与叶对生，复二歧聚伞花序或二级分枝集生成伞形；萼筒坛状；花白色带绿色；花冠裂片高 1.8–2.5 mm；花冠雄蕊管长 0.5–1 mm，下部管长约 0.1 mm，上部管长 0.3–0.7 mm，裂片长 0.1–0.2 mm；雄蕊 5 枚，花药椭圆形；子房近球形。果实扁球形。花期 4–7 月，果期 8–12 月。

分布与生境　产于广东、广西、海南、贵州、云南。生于海拔 200–1200 m 的山坡、溪边林下或灌丛中。分布较广，从南亚到大洋洲北部均有分布。

药用部位　根、茎髓、果实或全株。

功效应用　清热解毒。外用于感冒发热，风湿痹痛，疮疡肿毒。

化学成分　根含三萜类：β-香树脂醇(β-amyrin)，羽扇豆醇(lupeol)[1]；黄酮类：槲皮苷(quercitrin)[1]；酚类：没食子酸(gallic acid)，α-生育酚(α-tocopherol)，酞酸二正辛酯(di-n-octyl phthalate)，酞酸二丁酯(dibutyl phthalate)[1]；甾体类：β-谷甾醇[1]。

叶含挥发油：酞酸(phthalic acid)，棕榈酸，1-二十醇(1-eicosanol)，茄烯醇▲(solanesol)，金合欢醇(farnesol)等[2]；酚类：没食子酸[2]；三萜类：羽扇豆醇，熊果酸(ursolic acid)[2]。

全草含三萜类：O-十六酰香树脂醇(O-hexadecanoyl-β-amyrin)，$2\alpha,3\alpha,23$-三羟基-12-齐墩果烯-28-酸($2\alpha,3\alpha,23$-trihydroxy-12-oleanen-28-oic acid)[3]；黄酮类：根皮苷(phloridzin)[3]。

注评　本种的根及叶称"红吹风"，傣族、傈僳族药用，傣族用其根治疗腹泻，痢疾；傈僳族用其根治风湿痹痛，用其叶治腮腺炎，疮疡肿毒。

化学成分参考文献

[1] Joshi AB, et al *International Journal of Research in Pharmaceutical and Biomedical Sciences*, 2013, 4(3): 919-925.

[2] Srinivasan GV, et al. *Acta Pharmaceutica* (Zagreb, Croatia), 2008, 58(2): 207-214.

[3] Saha K, et al. *J Bangladesh Chem Soc*, 2007, 20(2): 139-147.

2. 台湾火筒树　火筒树（台湾植物志），红果火筒树（中国中药资源志要）

Leea guineensis G. Don, Gen. Hist. 1: 712. 1831.——*L. manillensis* Walp.（英 **Manila Leea**）

灌木或小乔木。叶为2-4回羽状复叶，小叶较小，长5-15 cm，宽2.5-8 cm，两面无毛。大型伞房状复二歧聚伞花序，直径达50 cm；萼杯形，外面无毛；花红色到橙色；花瓣5，裂片长约5 mm；雄蕊5枚，花药黄色；子房卵圆形。果实暗红色，扁球形，直径约8 cm。

分布与生境　产于台湾。生于低海拔灌丛中。菲律宾、越南、老挝、柬埔寨、泰国、印度、马来西亚、印度尼西亚、巴布亚新几内亚、马达加斯加和非洲也有分布。

药用部位　全株。

功效应用　清热解毒。用于疮疡肿毒。

化学成分　叶含黄酮类：槲皮素-3'-硫酸酯-3-*O*-α-L-吡喃鼠李糖苷(quercetin-3'-sulfate-3-*O*-α-L-rhamnopyranoside)，槲皮素-3,3'-二硫酸酯(quercetin-3,3'-disulfate)，槲皮素-3,3',4'-三硫酸酯(quercetin-3,3',4'-trisulfate)，山奈酚(kaempferol)，槲皮素(quercetin)，槲皮苷(quercitrin)，黑荆苷▲(mearnsitrin)[1]；酚酸类：没食子酸(gallic acid)，没食子酸乙酯(ethyl gallate)[1]；挥发油：棕榈酸(palmitic acid)，芳樟醇(linalool)，(*E*)-β-香堇酮[(*E*)-β-ionone]，萘(naphthalene)，α-松油醇(α-terpineol)，γ-庚内酯(γ-heptalactone)，氧杂环十六烷-2-酮(oxacyclohexadecan-2-one)，6-甲基庚-5-烯-2-酮(6-methylhept-5-en-2-one)，辛酸甲酯(methyl caprylate)，庚酸(heptanoic acid)，庚醛(heptanal)，月桂酸甲酯(methyl laurate)，壬酸(nonanoic acid)，十一烷-2-酮(undecan-2-one)，癸醛(decanal)，十一酸(undecanoic acid)，棕榈酸甲酯(methyl palmitate)，十一醇(undecanol)，十四醇(tetradecanol)，水杨酸甲酯(methyl salicylate)，苄基苯甲酸酯(benzyl benzoate)，茴芹醛▲(anisaldehyde)，辛酸(octanoic acid)，正辛醛(n-octanal)，(*E*)-α-香堇酮[(*E*)-α-ionone]，二苯并呋喃(dibenzofuran)，己酸(hexanoic acid)，十二酸(dodecanoic acid)，(*E*)-植醇[(*E*)-phytol]，(*Z*)-十六碳-9-烯酸[(*Z*)-hexadec-9-enoic acid]，癸酸(decanoic acid)，β-环柠檬醛(β-cyclocitral)，1,8-桉树脑(1,8-cineole)，杜松萘▲(cadalene)，六氢金合欢基丙酮(hexahydrofarnesylacetone)，异植醇(isophytol)，十四酸(tetradecanoic acid)，十七烷(heptadecane)，十三酸(tridecanoic acid)，十五酸(pentadecanoic acid)，金合欢基丙酮(farnesylacetone)，6-甲基-3,5-庚二烯-2-酮(6-methyl-3,5-heptadien-2-one)，十五烷-2-酮(pentadecan-2-one)，(*E*)-2-辛烯醛[(*E*)-2-octenal]，十五醛(pentadecanal)，十七烷-2-酮(heptadecan-2-one)，(*E*,*E*)-伪香堇酮[(*E*,*E*)-pseudoionone]，香叶基丙酮(geranylacetone)，(*E*)-2-癸烯醛[(*E*)-2-decenal]，(*E*)-茴香脑[(*E*)-anethole]，(*E*,*E*)-2,4-壬二烯醛[(*E*,*E*)-2,4-nonadienal]，十二烷-2-酮(dodecan-2-one)，(*E*)-壬-2-烯酸[(*E*)-non-2-enoic acid]，二氢猕猴桃内酯(dihydroactinidiolide)，(*E*)-3-壬烯-2-酮[(*E*)-3-nonen-2-one]，(*E*)-2-壬烯醛[(*E*)-2-nonenal]，(*E*,*Z*)-2,4-十碳二烯醛[(*E*,*Z*)-2,4-decadienal]，(*E*)-2-十一烯醛[(*E*)-2-

台湾火筒树 Leea guineensis G. Don
摄影：叶喜阳 陈炳华

undecenal]，葡萄螺烷(vitispirane)，4-氧代-β-香堇酮(4-oxo-β-ionone)[2]。

化学成分参考文献

[1] Op de Beck P, et al. *Phytother Res,* 2003, 17(4): 345-347.　　　　2000, 15(3): 182-185.

[2] Op de Beck P, et al. *Flavour and Fragrance Journal,*

3. 大叶火筒树（云南种子植物名录）

Leea macrophylla Roxb. ex Hornem., Hort. Hafn. 1: 231. 1813.——*L. robusta* Roxb., *L. aspera* Wall. ex G. Don.（英 **Bigleaf Leea**）

　　直立灌木或小乔木。叶为单叶，阔卵圆形，长 40–65 cm，宽 35–60 cm，下面被短柔毛。伞房状复二歧聚伞花序与叶对生；萼碟形，有 5 个三角状小齿，外面被短柔毛；雄蕊 5 枚，花药椭圆形；花冠雄蕊管长 2–2.2 mm，下部长 0.3–0.5 mm，上部长 1.4–1.7 mm，裂片长 1.3–1.6 mm；子房近球形。果实扁球形。

大叶火筒树 **Leea macrophylla** Roxb. ex Hornem.
摄影：林秦文 黄健 朱仁斌

分布与生境　产于云南。老挝、柬埔寨、缅甸、泰国、印度、尼泊尔和不丹也有分布。

药用部位　根、叶。

功效应用　有毒。消肿定痛，愈溃生肌。用于跌打瘀肿，乳房肿痛，乳汁不通，颊颈炎肿，疮疡肿毒，溃疡久不收口。

化学成分　叶含三萜类：β-香树脂醇(β-amyrin)，羽扇豆醇(lupeol)，齐墩果酸(oleanolic acid)，熊果酸(ursolic acid)[1]；维生素类：抗坏血酸(ascorbic acid)[1]；甾体类：豆甾醇(stigmasterol)，β-谷甾醇[1]。

　　种子含酚类、皂苷类和蛋白质等[2]。

　　全草含维生素类：硫胺素(thiamine)，核黄素(riboflavin)，抗坏血酸(ascorbic acid)，维生素 B_{12}(vitamin B_{12})[3]。

注评　本种的的根或叶称"端哼"，傣族药用其根，主要用途见功效应用项。

化学成分参考文献

[1] Dewanjee S, et al. *Food Chem Toxicol*, 2013, 59: 514-520.　　　　5(2), 399-405.

[2] Islam MB, et al. *J Sci Res* (Rajshahi, Bangladesh), 2013,　　　　[3] Jadhao KD, et al. *Biotechnol Res Asia*, 2009, 6(2): 847-849.

4. 密花火筒树（云南种子植物名录）

Leea compactiflora Kurz in J. Asiat. Soc. Beng. 42(2): 65. 1873.——*L. trifoliata* M. A. Lawson, *L. bracteata* C. B. Clarke（英 **Compactflower Leea**）

直立灌木。叶为 1–2 回羽状复叶，小叶长 12–23 cm，宽 3–9.5 cm，边缘有不整齐锯齿，上面绿色，无毛，下面浅绿色，被锈色柔毛。花序与叶对生，密集，常于基部分叉，花序上部常 3–5 分枝集生呈假伞状；萼坛状；花冠裂片高 3.2–3.5 mm；花冠雄蕊管长 2–2.5 mm，管下部分长 1.5–2 mm，上部分长 0.7–1.2 mm，上部裂片长 0.2–0.3 mm；雄蕊 5 枚；子房近球形。果扁球形。花期 5–6 月，果期 8 月至翌年 1 月。

分布与生境 产于云南、西藏。生于海拔 600–2200 m 的山坡林中、林缘或河谷灌丛。越南、老挝、缅甸、孟加拉国、印度也有分布。

药用部位 块根。

功效应用 养阴润肺，活络止痛。用于百日咳，肺结核，咳嗽，喉痛，腮腺炎，跌打损伤。

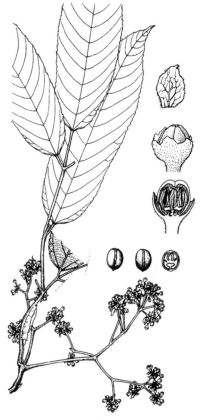

密花火筒树 Leea compactiflora Kurz
顾健 绘

密花火筒树 Leea compactiflora Kurz
摄影：张金龙

5. 单羽火筒树（云南种子植物名录） 九子不离母（普洱），山荸荠（梁河），猴背（临沧）

Leea asiatica (L.) Ridsdale in Manilal, Bot. Hist. Hort. Malab. 189. 1980.——*Phytolacca asiatica* L., *Leea crispa* L., *L. herbacea* Buch.-Ham., *L. edgeworthii* Santapau（英 **Singlepinnatisectleaf Leea**）

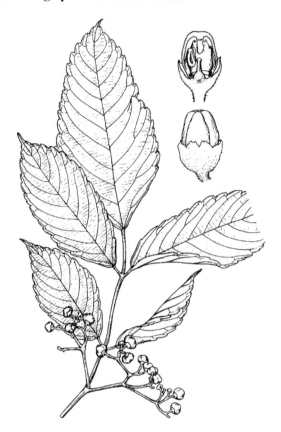

　　直立灌木或小乔木。叶为 1 回羽状复叶或 3 小叶，小叶长 8–22 cm，宽 4–13 cm，顶端渐尖或尾尖，基部圆形或微心形，边缘有圆钝粗齿，上面绿色，无毛或脉上被稀疏刺毛，下面浅绿色，脉上疏生糙毛；托叶早落。花序与叶对生，基部常分枝，复二歧聚伞花序；花蕾卵状椭圆形，顶端圆形；萼杯状，边缘波状浅裂；花冠裂片椭圆形，高 1.5–2.5 mm；花冠雄蕊管长 1.2–1.5 mm，下部分长 0.2–0–25 mm，上部分长 1–1.2 mm，裂片长 0.5–0.7 mm；雄蕊 5 枚，花药椭圆形；子房近球形，柱头扩大不明显。果扁球形。花期 4–7 月，果期 8–12 月。

分布与生境　产于云南。生于海拔 500–1800 m 的河谷林下或溪边林缘。越南、老挝、柬埔寨、泰国、孟加拉国、印度、不丹、尼泊尔也有分布。

药用部位　根。

功效应用　利湿，退黄。用于黄疸型肝炎。

注评　本种傣族药用，用其根、叶治结石，疮结，疔疮肿痛；用其叶止血。

单羽火筒树 **Leea asiatica** (L.) Ridsdale
顾健　绘

杜英科 ELEOCARPACEAE

常绿或半落叶木本。单叶具柄，互生或对生。花单生或排成总状或圆锥花序，两性或杂性。萼片4-5，通常镊合状排列；花瓣4-5，镊合状或覆瓦状排列，有时无，先端撕裂或全缘；雄蕊多数，分离，生于花盘上或花盘外，花药2室，顶端开裂，或从顶端向下直裂，顶端常有药隔伸出成喙状或芒刺状，有时有毛丛。花盘环形或分裂成腺体状；子房上位，2至多室，胚珠每室2至多颗。核果或蒴果，有时果皮外侧有针刺。种子椭圆形，胚乳丰富，胚扁平。

本科12属，约400种，分布于东西半球的热带和亚热带地区，未见于非洲。我国有2属，51种，分布于云南、广西、广东、四川、贵州、湖南、湖北、台湾、浙江、福建、江西和西藏，其中2属10种可药用。

本科药用植物主要成分包括香豆素、酚酸、生物碱等类型化合物。

分属检索表

1. 花排成总状花序；花瓣常撕裂；药隔突出呈芒状；果为核果······1. 杜英属 Elaeocarpus
1. 花单生或数朵腋生；花瓣先端全缘或齿状裂；药隔突出呈喙状；果为具刺蒴果······2. 猴欢喜属 Sloanea

1. 杜英属 Elaeocarpus L.

乔木，叶常互生，边缘有锯齿或全缘，下面或有黑色腺点；总状花序腋生或生于无叶的去年枝条上；萼片4-6，分离，镊合状排列；花瓣4-6片，白色，分离，顶端常撕裂，稀全缘或浅齿裂；雄蕊10-50枚，稀更少，花药2室，顶孔开裂，药隔有时突出呈芒刺状或顶端有毛丛；花盘分裂成5-10个腺体状，稀为环状。核果内果皮硬骨质，表面常有沟纹。

本属约200种，分布于亚洲东部和东南部、西南太平洋和大洋洲。我国产38种，6变种，主要分布于华南及西南地区，其中7种可药用。

分种检索表

1. 子房及核果5室，核果圆球形，小枝有毛，叶片侧脉10-13对······1. 圆果杜英 E. angustifolius
1. 子房2-3室，核果只有1室正常发育，长圆形、椭圆形或纺锤形，稀为圆球形。
  2. 花药顶端突出呈芒刺状，长1-1.5 mm······2. 美脉杜英 E. varunua
  2. 花药顶端无芒刺，有时有刚毛丛。
    3. 花瓣全缘或先端仅有2-5个浅齿裂；核果小，长1-2 cm，宽约1 cm；叶下面有黑腺点······
    ······3. 中华杜英 E. chinensis
    3. 花瓣先端撕裂呈流苏状；核果大或小。
      4. 花药顶端无毛丛。
        5. 核果小，长1-2 cm，内果皮薄，不超过1 mm，通常无网状沟纹······4. 山杜英 E. sylvestris
        5. 核果大，长2-4 cm，内果皮厚3-5 mm，内果皮表面有沟纹。
          6. 叶长圆形，长6-15 cm，先端急尖······5. 褐毛杜英 E. duclouxii
          6. 叶披针形或倒披针形，长7-12 cm，先端长渐尖······6. 杜英 E. decipiens

4.花药顶端有毛丛 ··· 7.锡兰橄榄 **E. serratus**

　　本属药用植物主要含香豆素类化合物，如伞形酮 (umbelliferone)，东莨菪内酯 (scopoletin)；酚酸类化合物如邻羟基苯甲醛 (2-hydroxybenzaldehyde)，1,2,3,4,6- 五 -*O*- 没食子酰基 -*β*-D- 葡萄糖 (1,2,3,4,6-penta-*O*-galloyl-*β*-D-glucose，**1**)；生物碱类成分如 (-)- 异杜英林碱 [(-)-isoelacocarpiline，**2**]，(+)- 杜英林碱 [(+)-elaeocarpiline，**3**]，(-)- 表杜英林碱 [(-)-epielaeocarpiline，**4**]。

1. 圆果杜英（海南植物志）　金刚菩提树（通称）

Elaeocarpus angustifolius Blume, Bijdr. Fl. Ned. Ind. 120. 1825——*E. sphaericus* (Gaertn.) K. Schum., *E. ganitrus* Roxb. ex G. Don, *E. subglobosus* Merr., *Ganitrus sphaericus* Gaertn.（英 **Bead tree；Rudraksha**）

　　乔木，高约 20 m；嫩枝被黄褐色柔毛，老枝暗褐色。叶纸质，倒卵状长圆形至披针形，长 9–14 cm，宽 3–4.5 cm，先端尖或略钝，基部阔楔形，下面常有细小黑腺点，侧脉 10–13 对，与网脉在上面不明显，在下面稍突起，边缘有小钝齿；叶柄长 1–1.5 cm。总状花序生于当年枝的叶腋内，长 2–4 cm，有花数朵，花序轴被毛；花柄长 5 mm；萼片披针形，长 5 mm，宽 1.5 mm，两面均有毛；花瓣约与萼片等长，撕裂至中部，下半部有毛；雄蕊 25 枚，先端有毛丛；子房 5 室，被绒毛，花柱长 5 mm。核果圆球形，直径 1.8 cm，5 室，每室有种子 1 颗，内果皮硬骨质，表面有沟。花期 8–9 月，果期 9–11 月。

分布与生境　产于海南、云南及广西。生于海拔 400–1300 m 的山谷森林里。亦分布于柬埔寨、印度、尼泊尔、缅甸、泰国、印度尼西亚、马来西亚、菲律宾、澳大利亚及斐济等地。

药用部位　种子、果实。

功效应用　印度草药，用于抑郁，焦虑，癫痫，心悸，神经痛，哮喘，高血压，关节炎，肝病等。

化学成分　叶含生物碱类：(-)-异杜英林碱[(-)-isoelacocarpiline]，(+)-杜英林碱[(+)-elaeocarpiline][1]，杜英定碱(elaeocarpidine)，(±)-杜英碱[(±)-elaeocarpine]，(±)-异杜英碱[(±)-isoelaeocarpine][1-2]，(-)-异杜英林碱[(-)-isoelaeocarpiline]，(±)-3-氧代异杜英碱[(±)-3-oxoisoelaeocarpine]，(±)-杜英碱-*N*-氧化物[(±)-elaeocarpine-*N*-oxide][2]，(-)-表杜英林碱[(-)-epielaeocarpiline]，(+)-表异杜英林碱[(+)-epiisoelaeocarpiline]，(+)-表别杜英林碱[(+)-epialloelaeocarpiline]，(-)-别杜英林碱[(-)-alloelaeocarpiline]，(+)-伪表异杜英林碱[(+)-pseudoepiisoelaeocarpiline][3]，金刚菩提碱▲(rudrakine)[3]。

药理作用　抗炎作用：圆果杜英果实的石油醚、苯、氯仿、丙酮及乙醇提取物在甲醛诱导的大鼠足跖肿胀模型中均表现出显著的抗炎作用[1]。圆果杜英叶的石油醚、氯仿、甲醇及水提取物在角叉菜胶诱导的大鼠足跖肿胀模型中均表现出显著的抗炎作用[2]。

镇痛、镇静、抗抑郁作用：圆果杜英果实的石油醚、苯、氯仿、丙酮及乙醇提取物在大鼠摇尾实验中均表现出显著的镇痛作用，并能显著延长戊巴比妥诱导的睡眠时间[1]；圆果杜英叶的甲醇及水提取物在小鼠摇尾实验中亦表现出显著的镇痛作用[2]；圆果杜英果实的苯、氯仿及丙酮提取物能够显著抑制小鼠游泳应激引发的活动性降低[1]。

抗哮喘作用：圆果杜英果实的石油醚、苯、氯仿、丙酮及乙醇提取物均能够显著抑制组胺与乙酰胆碱气雾剂诱导的豚鼠支气管痉挛[1]。

抗溃疡作用：圆果杜英果实的石油醚、苯、氯仿、丙酮及乙醇提取物均能显著抑制阿司匹林诱导的大鼠胃溃疡[1]。

降血压作用：圆果杜英种子的水提物在大鼠肾动脉闭塞性高血压模型中表现出明显的降血压作用[3]。

毒性 圆果杜英果实的石油醚、苯、氯仿、丙酮及乙醇提取物高剂量口服或腹腔注射均导致大鼠缓慢的扭体反应，其 LD50 分别为 620 mg/kg、560 mg/kg、670 mg/kg、575 mg/kg 和 780 mg/kg[1]。

药理作用及毒性参考文献

[1] Singh RK., et al. *Phytother Res*, 2000, 14: 36-39.

[2] Nain J, et al. *Int J Pharm Pharm Sci*, 2012, 4: 379-381.

[3] Sakat SS, et al. *Int J Pharm Tech Res*, 2009, 1: 779-782.

化学成分参考文献

[1] Johns SR, et al. *Aust J Chem*, 1971, 24(8): 1679-1694.

[2] Zhou CX, et al. *Helv Chim Acta*, 2011, 94(2): 347-354.

[3] Johns SR, et al. *J Chem Soc [Section] D: Chem Commun*, 1970, (13): 804-805.

[4] Ray AB, et al. *Phytochemistry*, 1979, 18(4): 700-701.

2. 美脉杜英（中国植物志）

Elaeocarpus varunua Buch.-Ham. in Hook. f., Fl. Brit. India 1: 407. 1874.——*E. decurvatus* Diels（英 **Yunnan Elaeocarpus**）

乔木。叶薄，椭圆形，侧脉 10–14 对，在上面下陷，在下面明显突起。总状花序生于当年枝的叶腋内；花瓣 5 片，上半部撕裂；花药顶端的芒刺长 1–1.5 mm。核果椭圆形，内果皮坚骨质，腹缝线 3 条，陷入，背缝线 3 条，突起。花期 3–4 月，果期 8–9 月。

分布与生境 产于广东、广西及云南等地。生于海拔 350–700 m 的常绿林中。中南半岛、喜马拉雅山东麓及马来西亚也有分布。

药用部位 根。

功效应用 祛风止痛。用于筋骨疼痛，跌打损伤。

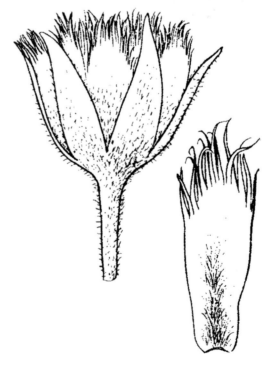

美脉杜英 **Elaeocarpus varunua** Buch.-Ham.
刘怡涛 绘

美脉杜英 **Elaeocarpus varunua** Buch.-Ham.
摄影：朱仁斌 朱鑫鑫

3. 中华杜英　华杜英、桃榁、羊屎乌（中国高等植物图鉴）

Elaeocarpus chinensis (Gardner et Champ.) Hook. f. ex Benth., Fl. Hongk. 43. 1861.——*Friesia chinensis* Gardner et Champ.（英 **Chinese Elaeocarpus**）

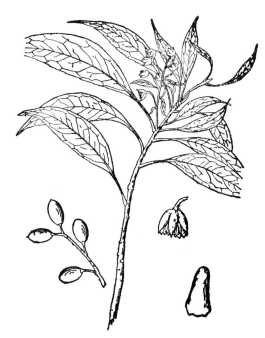

常绿小乔木。叶薄革质，卵状披针形，长 5–8 cm，宽 2–3 cm，先端渐尖，基部圆形，下面有细小黑腺点，侧脉 4–6 对，在下面稍突起，边缘有波状小钝齿；叶柄纤细，长 1.5–2 cm。总状花序生于无叶的去年枝条上，长 3–4 cm，花序轴有微毛；花柄长 3 mm；花两性或单性。两性花：萼片 5，披针形，长 3 mm；花瓣 5 片，长圆形，长 3 mm，不分裂；雄蕊 8–10 枚，长 2 mm，花丝极短，花药顶端无附属物；子房 2 室，胚珠 4 颗，生于子房上部。雄性花：雄蕊 8–10 枚，无退化子房。核果椭圆形，长不到 1 cm。花期 5–6 月。

分布与生境　产于广东、广西、浙江、福建、江西、贵州、云南。生于海拔 350–850 m 的常绿林中。老挝及越南北部也有分布。

药用部位　根。

功效应用　散瘀消肿。用于跌打瘀肿。

化学成分　茎含三萜类：杜英辛▲(elaeocarpucin) G、H，葫芦素D (cucurbitacin D)，3-表-异葫芦素D (3-epi-isocucurbitacin D)，25-*O*-乙酰葫芦素F (25-*O*-acetylcucurbitacin F)[1]。

中华杜英 **Elaeocarpus chinensis** (Gardner et Champ.) Hook. f. ex Benth.
引自《中国高等植物图鉴》

果实含三萜类：杜英辛▲(elaeocarpucin) A、B、C、D、E、F，葫芦素 (cucurbitacin) D、I，3- 表 - 异葫芦素 D，25-*O*- 乙酰葫芦素 F，16*α*,23*α*- 环氧 -3*β*,20*β*- 二羟基 -10*αH*,23*βH*- 葫芦 -5,24- 二烯 -11- 酮 (16*α*,23*α*-epoxy-3*β*,20*β*-dihydroxy-10*αH*,23*βH*-cucurbit-5,24-dien-11-one)[1]。

中华杜英 **Elaeocarpus chinensis** (Gardner et Champ.) Hook. f. ex Benth.
摄影：叶喜阳

化学成分参考文献

[1] Pan L, et al. *J Nat Prod*, 2012, 75(3): 444-452.

4. 山杜英（海南植物志）

Elaeocarpus sylvestris (Lour.) Poir. in Lam., Encycl., Suppl. 2: 704. 1811.——*E. henryi* Hance, *E. kwangtungensis* Hu, *E. omeiensis* Rehder et E. H. Wilson, *Adenodus sylvestris* Lour.（英 **Sylvestral Elaeocarpus**）

小乔木。叶纸质，倒卵形或倒披针形，长 4–8 cm，宽 2–4 cm，幼叶大，长 15 cm，宽 6 cm，基部下延，窄楔形。花药有微毛，顶端无毛丛，亦缺附属物。核果细小，椭圆形，长 1–1.2 cm，内果皮薄骨质，有腹缝线 3 条。花期 4–5 月。

分布与生境 产于广东、海南、广西、福建、浙江、江西、湖南、贵州、四川及云南。生于海拔 350–2000 m 的常绿林中。越南、老挝、泰国也有分布。

药用部位 根。

功效应用 散瘀消肿。用于跌打瘀肿。

化学成分 叶含香豆素类：伞形酮(umbelliferone)，东莨菪内酯(scopoletin)[1]；酚类：2-羟基苯甲醛(2-hydroxybenzaldehyde)，松柏醇(coniferyl alcohol)[1]；甾体类：β-谷甾醇，胡萝卜苷[1]。

化学成分参考文献

[1] 张洪超，等．中药材, 2008, 31(10): 1503-1505.

山杜英 **Elaeocarpus sylvestris** (Lour.) Poir.
引自《中国高等植物图鉴》

山杜英 **Elaeocarpus sylvestris** (Lour.) Poir.
摄影：徐晔春

5. 褐毛杜英（中国植物志）

Elaeocarpus duclouxii Gagnep. in Lecomte, Not. Syst, 1: 133. 1910.（英 **Ducloux Elaeocarpus**）

　　常绿乔木，嫩枝被褐色绒毛。叶聚生于枝顶，革质，长圆形，长 6–15 cm，宽 3–6 cm，先端急尖，基部楔形，下面被褐色绒毛。总状花序常生于无叶的去年枝条上，被褐色毛；小苞片 1 枚；花瓣 5 片，上半部撕裂。核果椭圆形，长 2.5–3 cm，宽 1.7–2 cm，内果皮坚骨质，表面多沟纹。花期 6–7 月。

分布与生境　产于云南、贵州、四川、湖南、广西、广东及江西。生于海拔 700–950 m 的常绿林中。

药用部位　果实。

功效应用　理肺止咳，清热通淋，养胃消食。用于咳嗽，热淋，小便不利，食积。

褐毛杜英 **Elaeocarpus duclouxii** Gagnep.
冯钟元　绘

褐毛杜英 **Elaeocarpus duclouxii** Gagnep.
摄影：何海

6. 杜英（中国高等植物图鉴）

Elaeocarpus decipiens Hemsl., J. Linn. Soc., Bot. 23: 94. 1886.（英 **Common Elaeocarpus**）

常绿乔木。叶革质，披针形或倒披针形，长 7–12 cm，宽 2–3.5 cm，先端渐尖，基部楔形，常下延。总状花序多生于叶腋及无叶的去年枝条上，花瓣倒卵形，上半部撕裂。核果椭圆形，长 2–2.5 cm，宽 1.3–2 cm。花期 6–7 月。

分布与生境 产于广东、广西、福建、台湾、浙江、江西、湖南、贵州和云南。生于海拔 400–700 m（在云南上升到海拔 2000 m）的林中。日本也有分布。

药用部位 根。

功效应用 用于风湿，跌打损伤。

注评 本种傈僳族称"四比兰"，根用于跌打瘀肿。

杜英 *Elaeocarpus decipiens* Hemsl.
引自《中国高等植物图鉴》

杜英 *Elaeocarpus decipiens* Hemsl.
摄影：张英涛 南程慧 朱鑫鑫

7. 锡兰橄榄（广西药用植物名录）

Elaeocarpus serratus L., Sp. Pl. 1: 515. 1753. (**Ceylon Elaeocarpus**）

多年生常绿性乔木。叶片为椭圆形，具疏锯齿缘，互生于枝条。茎顶与叶腋密生黄绿色小花，呈总状花序。萼片 5 枚，长卵形，花瓣 5 枚，上部条裂状。花药顶端有毛丛。核果淡绿色，长椭圆形。

分布与生境 原产于斯里兰卡、孟加拉国、马来西亚。热带、亚热带地区均有栽培。我国海南、广东、广西、云南、福建等地有种植。

药用部位　根。

功效应用　祛风止痛。用于筋骨疼痛，跌打损伤。

化学成分　叶含黄酮类：杨梅苷(myricitrin)，黑荆苷▲(mearnsitrin)，黑荆素▲-3-*O*-*β*-D-吡喃葡萄糖苷(mearnsetin-3-*O*-*β*-D-glucopyranoside)，柽柳素-3-*O*-*α*-L-吡喃鼠李糖苷(tamarixetin-3-*O*-*α*-L-rhamnopyranoside)[1]；挥发油：2,2,9,9-四甲基-5,6-二二茂铁基十碳-3,7-二烯(2,2,9,9-tetramethyl-5,6-diferrocenyldeca-3,7-diene)，8-氨基咖啡因(8-aminocaffeine)，1-环戊基乙酮(1-cyclopentyl-ethanone)，*N*-(*o*-双苯基)-5-羟基戊酰胺[*N*-(*o*-biphenylyl)-5-hydroxypentanamide]，2-甲氧基-4-甲基苯胺(2-methoxy-4-methylbenzamide)，1,4-丁二醛(1,4-butandial)，双-(3,5,5-三甲基己基)醚[bis-(3,5,5-trimethylhexyl) ether]，1-(戊-1-烯基)环丙醇[1-(pent-1-enyl)cyclopropanol]，对薄荷烷-1-硫醇(*p*-menthane-1-thiol)，1-苄硫基-4-甲基-1,3-戊二烯(1-benzylthio-4-methyl-1,3-pentadiene)，1-十八醇(1-octadecanol)，异丁酸香茅酯(citronellyl isobutyrate)，1,2,3-丙三基二十二酸酯(1,2,3-propanetriyl docosanoic acid ester)，2-辛基十二烷-1-醇(2-octyldodecan-1-ol)，蓖麻酸(ricinoleic acid)，三十二烷(dotriacontane)，棕榈酸甲酯(hexadecanoic acid methyl ester)，1-十六碳烯(1-hexadecene)，戊-4-烯醛(pent-4-enal)，9-硝基-1-壬烯(9-nitro-1-nonene)，1-(氯甲基)-3-亚甲基-1-环丁醇[1-(chloromethyl)-3-methylene-1-cyclobutanol]，乙基环己烷(ethyl-cyclohexane)，5,6-环氧-6-甲基-1,9-十碳二烯-4-酮(5,6-epoxy-6-methyl-1,9-decadien-4-one)，2-甲基磺酰基-3,3-二乙基环氧乙烷(2-methylsulfonyl-3,3-diethyloxirane)，8-乙烯基氧杂环辛烷-2-酮(8-ethenyloxocan-2-one)，1-三十二醇(1-dotriacontanol)，合金欢醇(farnesol)，*N*-苄基-*N*-(1-苯基亚乙基)胺[*N*-benzyl-*N*-(1-phenylethylidene)amine][2]。

化学成分参考文献

[1] Jayasinghe L, et al. *Nat Prod Res*, 2012, 26(8): 717-721.

[2] Geetha DH, et al. *Asian Pacific Journal of Tropical*

Biomedicine, 2013, 3(12): 985-987.

2. 猴欢喜属 Sloanea L.

乔木。叶互生。花单生或成总状花序生于枝顶叶腋，有长花柄；萼片4–5，卵形，镊合状或覆瓦状排列，基部略连生；花瓣4–5片，有时缺，倒卵形，覆瓦状排列，顶端全缘或齿裂；雄蕊多数，插生在宽而厚的花盘上，花药顶孔开裂或从顶部向下开裂，药隔常突出成喙，花丝短；子房3–7室，表面有沟，被毛，花柱分离或连合，胚珠每室数颗。蒴果圆球形或卵形，表面多刺；针刺线形，被短刚毛；室背裂开为3–7片；外果皮木质，较厚；内果皮薄，革质，干后常与外果皮分离。种子1至数颗。

本属约120种，分布于热带和亚热带地区。我国有13种，其中药用3种。

分种检索表

1. 蒴果的针刺长1–2 mm ⋯⋯⋯⋯⋯⋯⋯⋯⋯⋯⋯⋯⋯⋯⋯⋯⋯⋯⋯⋯⋯⋯⋯⋯⋯⋯⋯⋯⋯⋯ 1. 薄果猴欢喜 S. leptocarpa
1. 蒴果的针刺长6–20 mm。
　　2. 叶近全缘，侧脉5–7对；蒴果4–7片裂 ⋯⋯⋯⋯⋯⋯⋯⋯⋯⋯⋯⋯⋯⋯⋯⋯⋯⋯⋯⋯⋯⋯ 2. 猴欢喜 S. sinensis
　　2. 叶边缘有钝齿，侧脉7–9对；蒴果4–5片裂 ⋯⋯⋯⋯⋯⋯⋯⋯⋯⋯⋯⋯⋯⋯⋯⋯⋯⋯⋯⋯ 3. 仿栗 S. hemsleyana

1. 薄果猴欢喜（中国植物志）　北碚猴欢喜（中国高等植物图鉴）

Sloanea leptocarpa Diels in Notizbl. Bot. Gart. Mus. Berl. 11: 214. 1931.——*S. austrosinica* Hu ex Tang, *S. elegans* Chun, *S. emeiensis* W. P. Fang et P. C. Tuan, *S. tsiangiana* Hu, *S. tsinyunensis* S. S. Chien（英 **Thin-fruit Sloanea**）

叶革质，披针形或倒披针形，有时为狭窄长圆形，长7–14 cm，宽2–3.5 cm，先端渐尖，基部窄

薄果猴欢喜 **Sloanea leptocarpa** Diels
引自《中国高等植物图鉴》

薄果猴欢喜 **Sloanea leptocarpa** Diels
摄影：朱鑫鑫

而钝；叶柄长 1–3 cm。花丛生于当年枝顶的叶腋。蒴果 3–4 片裂开，果片薄；针刺短，长 1–2 mm。种子成熟时黑色，假种皮淡黄色。花期 4–5 月，果实 9 月成熟。

分布与生境 产于广东、广西、福建、湖南、四川、贵州及云南。生于海拔 700–1000 m 的常绿林中。

药用部位 根。

功效应用 消肿止痛，祛风除湿。用于骨折，跌打损伤，感冒，皮肤瘙痒。

2. 猴欢喜（中国高等植物图鉴）

Sloanea sinensis (Hance) Hemsl., Hooker's Icon. Pl. 27: sub t. 2628. 1900.（英 **Chinese Sloanea**）

乔木。叶薄革质，通常为长圆形或狭窄倒卵形，长 6–9 (–12) cm，宽 3–5 cm，先端短急尖，基部楔形或收窄而略圆，亦有为披针形的，宽不过 2–3 cm，通常全缘，有时上半部有数个疏锯齿，侧脉 5–7 对；叶柄长 1–4 cm，无毛。花多朵簇生于枝顶，花柄长 3–6 cm；萼片 4，阔卵形，长 6–9 mm；花瓣 4 片，长 7–9 mm，白色，先端撕裂，有齿刻；雄蕊与花瓣等长，花药长为花丝的 3 倍。蒴果宽 2–5 cm，3–7 片裂开；果片长 2–3.5 cm，厚 3–5 mm；针刺长 1–1.5 cm；内果皮紫红色。种子长 1–1.3 cm，黑色，有光泽。花期 9–11 月，果实翌年 6–7 月成熟。

分布与生境 产于广东、海南、广西、贵州、湖南、江西、福建、台湾和浙江。生于海拔 700–1000 m 的常绿林中。越南也有分布。

药用部位 根。

功效应用 健脾和胃，祛风，益肾，壮腰。用于食积不化，消化不良，风湿腰膝酸痛。

猴欢喜 **Sloanea sinensis** (Hance) Hemsl.
引自《中国高等植物图鉴》

猴欢喜 **Sloanea sinensis** (Hance) Hemsl.
摄影：朱鑫鑫 方腾

3. 仿栗（中国高等植物图鉴）

Sloanea hemsleyana (Ito) Rehder et E. H. Wilson in Sarg., Pl. Wilson. 2: 361. 1915.（英 **Hemsley Sloanea**）

叶薄革质，簇生于枝顶，长 10–15 (–20) cm，宽 3–5 (–7) cm，先端急尖，有时渐尖，基部收窄而钝，有时为微心形；叶柄长 1–3.5 cm。花生于枝顶，排成总状花序。蒴果 4–5（稀 3 或 6）片裂；针刺长 1–2 cm。种子黑褐色，下半部有黄褐色假种皮。花期 7 月。

分布与生境 产于湖南、湖北、四川、云南、贵州及广西。生于海拔 1110–1400 m 的常绿林中。越南也有分布。

药用部位 根。

功效应用 用于痢疾，腰痛。

化学成分 假种皮含挥发油：棕榈酸(palmitic acid)，硬脂酸(stearic acid)，壬烷(nonane)，油酸(oleic acid)，顺式-棕榈油酸(*cis*-palmitoleic acid)，十七酸(heptadecanoic acid)，花生酸(arachidic acid)，肉豆蔻酸(tetradecanoic acid)，壬二酸二甲酯(dimethyl azelate)，十八碳二烯酸(octadecadienoic acid)，二十烯酸(eicosenoic acid)[1]。

化学成分参考文献

[1] 薛瑞娟，等 . 植物分类与资源学报，2012, 34(5): 483-486.

仿栗 Sloanea hemsleyana (Ito) Rehder et E. H. Wilson
引自《中国高等植物图鉴》

仿栗 **Sloanea hemsleyana** (Ito) Rehder et E. H. Wilson
摄影：朱鑫鑫

椴树科 TILIACEAE

乔木、灌木或草本。单叶互生，稀对生，有基出脉，全缘或有锯齿，有时浅裂。花两性或单性异株，辐射对称；排成聚伞花序或再组成圆锥花序；苞片早落，有时大而宿存；萼片常 5 数，偶 4，镊合状排列；花瓣与萼片同数，内侧常有腺体，或有花瓣状退化雄蕊与花瓣对生；雄蕊多数，稀 5 数，离生或基部连生成束；花药 2 室，纵裂或顶端孔裂；子房上位，2-6 室，有时更多，每室有胚珠 1 至数颗；中轴胎座。果为核果、蒴果、裂果，有时浆果状或翅果状，2-10 室。

约 52 属 500 种，主要分布于热带及亚热带地区。我国有 13 属 85 种，其中 8 属 30 种 14 变种可药用。

本科药用植物主要成分包括三萜、黄酮、苯丙素和生物碱等类型化合物。

分属检索表

1. 叶对生；圆锥花序；花两性，通常 3-4 数，稀 5 数，子房 3 室，无子房柄；蒴果胞间裂开，有翅顶生 ……………………………………………………………………………… **1. 斜翼属 Plagiopteron**
1. 叶互生；聚伞花序；花通常 5 数，子房 5 室，常有子房柄或雌雄蕊柄；核果或为胞背开裂的蒴果，有直翅。
  2. 花瓣内侧基部无腺体，有或无雌雄蕊柄。
    3. 落叶乔木；花有花瓣状退化雄蕊，子房每室有胚珠 2 颗；核果 ……………………… **2. 椴树属 Tilia**
    3. 草本；无花瓣状退化雄蕊，胚珠多数；蒴果。
      4. 雄蕊全部能育，离生；蒴果有棱或突起 …………………………………………… **3. 黄麻属 Corchorus**
      4. 外轮雄蕊不育，能育雄蕊连成 5 束；蒴果无棱 …………………………………… **4. 田麻属 Corchoropsis**
  2. 花瓣基部有腺体，有雌雄蕊柄。
    5. 果为具翅蒴果 ………………………………………………………………………… **5. 一担柴属 Colona**
    5. 果为核果，如为蒴果则无翅。
      6. 果为核果，表面平滑无突起；木本。
        7. 核果无沟；柱头钻形，不增大；顶生圆锥花序 …………………………… **6. 破布叶属 Microcos**
        7. 核果有缢沟；柱头扩大成盾状；腋生聚伞花序 …………………………… **7. 扁担杆属 Grewia**
      6. 果为蒴果，表面有刺或钩刺；草本 ………………………………………… **8. 刺蒴麻属 Triumfetta**

1. 斜翼属 Plagiopteron Griff.

木质藤木。单叶对生，全缘。聚伞花序排成圆锥花序；萼片 3-5，细齿状；花瓣 3-5 片，反卷，镊合状排列；雄蕊多数，插生于短小花托上。蒴果三角形陀螺状，顶端有水平排列的翅 3 条。

本属 1 种，分布于缅甸、泰国及我国南部，可药用。

---

1. 斜翼（云南植物研究）

Plagiopteron suaveolens Griff. in Calcutta J. Nat. Hist. 4: 244. 1843.——*P. chinense* X. X. Chen, *P. fragrans* Griff.（英 **Obliquewing**）

蔓性灌木。植株各部多被褐色绒毛。叶膜质，卵形或卵状长圆形，长 8-15 cm，宽 4-9 cm，先端急锐尖，基部圆形或微心形，全缘。圆锥花序腋生枝顶，常比叶片短；花柄短，长 6 mm；小苞片针形；萼片 3，披针形；花瓣 3，长卵形；雄蕊花药球形，纵裂；子房被褐色长绒毛，胚珠侧生。

分布与生境　产于广西（龙州）。生于海拔 220 m 的丘陵灌木林中。

药用部位　全株。

功效应用　用于腰腿痛，骨折。

斜翼 **Plagiopteron suaveolens** Griff.
谢庆建　绘

斜翼 **Plagiopteron suaveolens** Griff.
摄影：徐晔春

2. 椴树属 Tilia L.

　　落叶乔木。单叶互生。花两性，白色或黄色，排成聚伞花序，花序柄下半部常与长舌状的苞片合生；花 5 数，花瓣覆瓦状排列，基部常有小鳞片；雄蕊多数，离生或连合成 5 束；退化雄蕊呈花瓣状，与花瓣对生；子房 5 室，每室有胚珠 2 颗；柱头 5 裂。果实核果状，稀为浆果状，有种子 1–2 颗。

　　本属约 80 种，主要分布于亚热带和北温带。我国有 32 种，主产于黄河流域以南、五岭以北广大亚热带地区，只有少数种类到达北回归线以南、华北及东北地区，其中 10 种 11 变种可药用。

分种检索表

1. 果实表面有 5 条突起的棱，或具不明显的棱，先端尖或钝。

　2. 老叶下面多毛；嫩枝有毛或无毛。

3. 嫩枝有毛；苞片有柄。

 4. 枝及叶被灰色星状绒毛；叶卵圆形，锯齿三角形 ························· 1. 辽椴 **T. mandshurica**

 4. 枝及叶被黄色星状绒毛；叶圆形，锯齿有长芒状齿突 ··············· 2. **毛糯米椴 T. henryana**

3. 嫩枝无毛；苞片有柄或无柄。

 5. 苞片无柄或近无柄；花序有花 1–3 朵；叶阔卵形，被灰白色毛或灰色毛 ··········· 3. **华椴 T. chinensis**

 5. 苞片有短柄；花序有花 3–15 朵；叶斜卵形，被黄褐色毛或灰白色毛 ··············· 4. **粉椴 T. oliveri**

2. 老叶下面无毛，或仅在脉腋间有毛丛；嫩枝秃净，稀在幼嫩时有毛。

 6. 叶偶呈 3 裂；雄蕊 30–40 枚，有假雄蕊；果实倒卵形 ·············· 5. **蒙椴 T. mongolica**

 6. 叶不呈 3 裂；雄蕊 20 枚，无假雄蕊；果实卵圆形 ·············· 6. **紫椴 T. amurensis**

1. 果实表面无棱，先端圆。

 7. 叶全缘或先端有少数齿突 ·· 7. **椴树 T. tuan**

 7. 叶边缘有明显锯齿。

  8. 叶下面无毛或仅在脉腋有毛丛。

   9. 叶圆形或短圆形，干后暗褐色，革质；果实卵圆形；萼片有稀疏星状柔毛 ······ 8. **华东椴 T. japonica**

   9. 叶卵形或三角卵形，干后绿色，薄革质；果实倒卵形；萼片外无星状柔毛 ···············

    ·· 9. **少脉椴 T. paucicostata**

  8. 叶下面有毛，嫩枝有毛。

   10. 叶卵圆形，基部偏斜，嫩叶下面有稀疏星状毛，老叶除脉腋有毛丛外均秃净；顶芽无毛或仅有微毛 ·· 7. **椴树 T. tuan**

   10. 叶卵圆形，基部心形或稍偏斜，下面被灰色或灰黄色星状绒毛，顶芽有黄褐色绒毛 ···············

    ·· 10. **南京椴 T. miqueliana**

1. 辽椴（中国植物图谱） 糠椴（东北木本植物图志）

Tilia mandshurica Rupr. et Maxim. in Bull. Acad. Sci. St. Ptersb. 16: 124. 1856.——*T. pekingensis* Rupr. ex Maxim.（英 **Manchurian Linden**）

1a. 辽椴（模式变种）

Tilia mandshurica Rupr. et Maxim. var. **mandshurica**

高大乔木。嫩枝被灰白色星状绒毛。叶卵圆形，长 8–10 cm，宽 7–9 cm，先端短尖，基部斜心形或截形，下面密被灰色星状绒毛，边缘有三角形锯齿。聚伞花序有花 6–12 朵；萼片下半部与花序柄合生，基部有柄长 4–5 mm；萼片被毛；退化雄蕊花瓣状；雄蕊与萼片等长。果实球形，有 5 条不明显的棱。花期 7 月，果期 9 月。

分布与生境　产于我国东北各地及河北、内蒙古、山东和江苏北部。朝鲜及俄罗斯西伯利亚南部也有分布。

药用部位　根。

功效应用　用于感冒，肾盂肾炎。口腔破溃，咽喉肿痛。

化学成分　茎皮含香豆素类：白蜡树苷(fraxin)[1]；其他类：1,10-癸二酸(1,10-decanedicarboxylic acid)[1]。

化学成分参考文献

[1] Kim CM, et al. *Saengyak Hakhoechi*, 1988, 19(3): 174-176.

辽椴 Tilia mandshurica Rupr. et Maxim. var. **mandshurica**
引自《中国高等植物图鉴》

辽椴 Tilia mandshurica Rupr. et Maxim. var. **mandshurica**
摄影：朱鑫鑫 徐克学

1b. 瘤果辽椴（变种）

Tilia mandshurica Rupr. et Maxim. var. **tuberculata** Liou et Li, Ill. Man. Woody Pl. N.-E. Prov. 565. 1955.

和模式变种比较：苞片较小，长仅 3.5–5.5 cm；果实有大形的瘤状突起。

分布与生境 产于辽宁千山一带。

药用部位 根。

功效应用 同模式变种。

1c. 卵果辽椴（变种）

Tilia mandshurica Rupr. et Maxim. var. **ovalis** (Nakai) Liou et Li, Ill. Man. Woody Pl. N.-E. Prov. 565. 1955.——*T. ovalis* Nakai

叶片较小，边缘锯齿不具芒刺；果实卵形，无棱，或偶有不明显的棱。

分布与生境 产于吉林。日本有分布。

药用部位 根。

功效应用 同模式变种。

1d. 棱果辽椴（变种）

Tilia mandshurica Rupr. et Maxim. var. **megaphylla** (Nakai) Liou et Li, Ill. Man. Woody Pl. N.-E. Prov. 418. 1955.——*T. megaphylla* Nakai

叶片较模式变种略大；果实倒卵形或倒卵状长圆形，有 5 条明显的棱，密被星状毛。

分布与生境 产于黑龙江。朝鲜有分布。

药用部位 根。

功效应用 同模式变种。

2. 毛糯米椴（中国植物志）

Tilia henryana Szyszyl. in Hooker's Icon. Pl. 20: t. 1927. 1891.（英 **Henry Linden**）

2a. 毛糯米椴（模式变种）

Tilia henryana Szyszył. var. **henryana**

乔木，嫩枝被黄色星状绒毛。叶圆形，长 6-10 cm，宽 6-10 cm，先端宽而圆，基部心形，偶截形，下面被黄色星状绒毛，边缘有锯齿，由侧脉末梢突出成齿刺。聚伞花序有花 30-100 朵以上；苞片下半部与花序柄合生，基部有柄长 7-20 mm；退化雄蕊花瓣状；雄蕊与萼片等长。果实倒卵形，有棱 5 条，被星状毛。花期 6 月。

分布与生境　产于河南、陕西、湖北、湖南、江西。长江流域常用作行道树。

药用部位　根。

功效应用　祛风活血，镇痛。用于风湿性关节炎，跌打损伤。

毛糯米椴 Tilia henryana Szyszył. var. henryana
引自《中国植物图谱》

毛糯米椴 Tilia henryana Szyszył. var. henryana
摄影：陈又生

2b. 糯米椴（变种）（中国高等植物图鉴）

Tilia henryana Szyszył. var. **subglabra** V. Engl., Monogr. Tilia. 125. 1905.

和模式变种的区别在于嫩枝及项芽均无毛或近秃净；叶下面脉腋有毛丛；苞片仅下面有稀疏星状柔毛。

分布与生境　产于江苏、浙江、江西、安徽。

药用部位　根。

功效应用　祛风活血，镇痛。用于风湿性关节炎，跌打损伤。

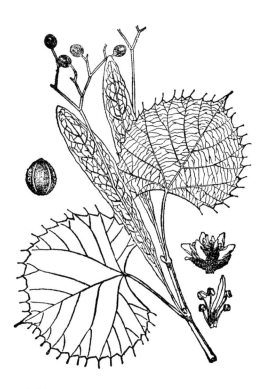

糯米椴 **Tilia henryana** Szyszył. var. **subglabra** V. Engl.
引自《中国高等植物图鉴》

糯米椴 **Tilia henryana** Szyszył. var. **subglabra** V. Engl.
摄影：陈彬 徐克学

3. 华椴（中国植物图鉴）

Tilia chinensis Maxim. in Acta Hort. Petrop. 11: 83. 1890.——*T. baroniana* Diels（英 **Chinese Linden**）

3a. 华椴（模式变种）

Tilia chinensis Maxim. var. **chinensis**

乔木。嫩枝无毛。叶阔卵形，长 5-10 cm，宽 4.5-9 cm，先端急短尖，基部斜心形或近截形，下面被灰色星状绒毛，边缘密具细锯齿，齿刻相隔 2 mm，齿尖长 1–1.5 mm。聚伞花序有花 3 朵，花序柄下半部与苞片合生；苞片无柄。果实具 5 条棱突，被黄褐色星状绒毛。花期夏初。

分布与生境　产于甘肃、陕西、河南、湖北、四川、云南。

药用部位　根、树皮。

功效应用　根：清热，消滞，健胃，利湿。用于感冒，食滞，食欲不振，黄疸型肝炎，跌打损伤。树皮：用于跌打损伤，骨折。

注评　本种的根彝族药用，用于跌打损伤，风湿疼痛，四肢麻木，妇女虚寒腹痛，带下；果及叶用于劳伤腰痛。

华椴 Tilia chinensis Maxim. var. chinensis
引自《中国高等植物图鉴》

华椴 Tilia chinensis Maxim. var. chinensis
摄影：刘军 何海

3b. 秃华椴（变种）

Tilia chinensis Maxim. var. **investita** (V. Engl.) Rehder in J. Arnold Arbor. 12: 75. 1931.——*T. baroniana* Diels var. *investita* V. Engl.

本变种和模式变种的区别在于叶背秃净，仅在背脉腋内有毛丛。

分布与生境　产于陕西、湖北（神农架）、云南（丽江）至邻近的西藏一带。生于海拔 3850 m 的混交林中。

药用部位　根、树皮。

功效应用　同模式变种。

4. 粉椴（中国高等植物图鉴补编）　鄂椴（中国高等植物图鉴）

Tilia oliveri Szyszył. in Hooker's Icon. Pl. 20: t. 1927. 1891.——*T. pendula* V. Engl. ex C. K. Schneid.（英 **Oliver Linden**）

4a. 粉椴（模式变种）

Tilia oliveri Szyszył. var. **oliveri**

乔木。嫩枝常无毛。叶卵形或阔卵形，长 9–12 cm，宽 6–10 cm，先端急锐尖，基部斜心形或截形，下面被白色星状绒毛，边缘密生细锯齿。聚伞花序有花 6–15 朵，苞片下部与花序柄合生，基部有短柄；退化雄蕊比花瓣短；雄蕊约与萼片等长。果实有棱或仅在下半部有棱突，多少突起。花期 7–8 月。

分布与生境　产于甘肃、陕西、四川、湖北、湖南、江西、浙江。

药用部位　树皮。

功效应用　用于跌打损伤，骨折。

粉椴 **Tilia oliveri** Szyszył. var. *oliveri*
引自《中国高等植物图鉴》

粉椴 **Tilia oliveri** Szyszył. var. *oliveri*
摄影：南程慧

4b. 灰背椴（变种）

Tilia oliveri Szyszył. var. **cinerascens** Rehder et E. H. Wilson in Sarg, Pl. Wils. 2: 367. 1916.

本变种和模式变种的区别在于叶下面被灰色的星状绒毛，而不是白色或灰白色的毛被。

分布与生境　产于湖北西部从房县到恩施一带。

药用部位　树皮。

功效应用　用于跌打损伤，骨折。

5. 蒙椴（东北木本植物图志）　小叶椴、白皮椴

Tilia mongolica Maxim. in Bull. Acad. Imp. Sci. Saint-Petersbourg 26: 433. 1880.（英 **Mongolian Linden**）

乔木。嫩枝无毛。叶阔卵形或圆形，长 4–6 cm，宽 3.5–5.5 cm，先端渐尖，常出现 3 裂，基部微心形或斜戴形，下面仅脉腋内有毛丛，边缘有粗锯齿，齿尖突出。聚伞花序有花 6–12 朵；苞片下半部与花序柄合生，基部有柄长约 1 cm；雄蕊 30–40 枚，退化雄蕊花瓣状。果实倒卵形，有棱或有不明显的棱。花期 7 月。

分布与生境 产于内蒙古、河北、河南、山西及辽宁西部。

药用部位 根。

功效应用 祛风活血。用于风湿疼痛，跌打损伤。

化学成分 树皮含甾体类：β-谷甾醇[1]；脂肪酸类：十九酸[1]。

叶含三萜类：蒲公英赛醇二十八酸酯(taraxeryl octacosanoic acetate)，无羁萜(friedelin)[1]，β-香树脂醇乙酸酯(β-amyrin acetate)，β-香树脂醇(β-amyrin)[1-3]，17-乙基-28-降齐墩果-12-烯-3β-O-乙酸酯(17-ethyl-28-norolean-12-en-3β-O-acetate)[4]；二萜类：贝壳杉-16-烯(kaur-16-ene)[2]，贝壳杉烯(kaurene)[3,5]；挥发油：二十烷，二十三烷[2]，细辛醚(asarone)，N-苯基甲酰胺(N-phenylformamide)，N-苯基乙酰胺(N-phenylacetamide)，己醇，己烯醇，苯甲酸等[3,5]；脂肪烃类：三十五醇，十九酸[1]；甾体类：β-谷甾醇，胡萝卜苷[1]。

蒙椴 **Tilia mongolica** Maxim.
引自《中国高等植物图鉴》

化学成分参考文献

[1] 马云翔，等. 中国药学杂志，2006, 41(20): 1533-1535.

[2] 王静媛，等. 药物分析杂志，2005, 25(9): 1019-1021.

[3] 方利，等. 天然产物研究与开发，2006, 41(20): 1533-1535.

[4] 王瑞亭，等. 内蒙古大学学报（自然科学版），2010, 41(5): 536-539.

[5] 王静媛，等. 分析科学学报，2006, 22(1): 96-98.

蒙椴 **Tilia mongolica** Maxim.
摄影：张英涛 徐晔春

6. 紫椴（东北木本植物图志）

Tilia amurensis Rupr., Fl. Cauc. 253. 1869.（英 **Amur Linden**）

6a. 紫椴（模式变种）

Tilia amurensis Rupr. var. **amurensis**

乔木。嫩枝初有毛，后变秃净。叶阔卵形或卵圆形，长 4.5–6 cm，宽 4–5.5 cm，先端急尖或渐尖，基部心形，偶斜截形，下面脉腋内有毛丛，边缘有锯齿，齿尖突出 1 mm。聚伞花序有花 3–20 朵；苞片下部与花序柄合生，基部有柄长 1–1.5 cm；雄蕊约 20 枚；退化雄蕊不存在。果实卵圆形，有棱或有不明显的棱。花期 7 月。

紫椴 **Tilia amurensis** Rupr. var. **amurensis**
引自《中国高等植物图鉴》

紫椴 **Tilia amurensis** Rupr. var. **amurensis**
摄影：于俊林

分布与生境　产于我国黑龙江、吉林及辽宁。朝鲜有分布。

药用部位　花。

功效应用　发汗解表，抑菌。用于感冒，水肿，口腔破溃，咽喉肿痛。

化学成分　茎皮含香豆素类：东莨菪内酯(scopoletin)，6-甲氧基-7,8-亚甲二氧基香豆素(6-methoxy-7,8-methylenedioxycoumarin)[1]；木脂素类：裸柄吊钟花脂苷▲(nudiposide)，南烛脂苷▲(lyoniside)[1-2]，紫椴苷(tiliamuroside) A、B，五味子苷▲(schizandriside)，(-)-丁香树脂酚[(-)-syringaresinol]，(-)-松脂酚-4-O-β-D-吡喃葡萄糖苷[(-)-pinoresinol-4-O-β-D-glucopyranoside]，(-)-芝麻素[(-)-sesamin]，川素馨木脂苷▲(urolignoside)，(-)-异落叶松树脂醇-4'-O-β-D-吡喃葡萄糖苷[(-)-isolariciresinol-4'-O-β-D-glucopyranoside][2]；黄酮类：(-)-表儿茶素[(-)-epicatechin][1]；酚类：α-生育酚(α-tocopherol)[3]；三萜类：无羁萜(friedelin)，白桦脂酸(betulinic acid)，角鲨烯(squalene)[3]；甾体类：β-谷甾醇，胡萝卜苷[3]；脂肪酸及其酯类：半夏酸(pinellic acid)[1]，三亚油酸甘油酯(trilinolein)，1-O-(9Z,12Z-十八碳二烯酰基)-3-十九碳酰甘油[1-O-(9Z,12Z-octadecadienoyl)-3-nonadecanoylglycerol][3]。

花含黄酮类：柳穿鱼苷(linarin)，异槲皮苷(isoquercitrin)，槲皮素(quercetin)，5,7,4'-三羟基-3'-甲氧基异黄酮(5,7,4'-trihydroxy-3'-methoxyisoflavone)，紫云英苷(astragalin)，银椴苷(tiliroside)，香豌豆酚(orobol)，槲皮素-3-O-α-L-吡喃阿拉伯糖苷(quercetin-3-O-α-L-arabinopyranoside)[4]；三萜类：无羁萜(friedelin)[4]；其他类：原儿茶酸(protocatechuic acid)，茶碱(theophylline)，咖啡因(caffeine)，棕榈醇，β-谷甾醇[4]，多糖[5]。

药理作用　镇痛抗炎作用：紫椴花乙醇提取物可抑制冰醋酸致小鼠扭体反应，二甲苯致小鼠耳肿胀，小鼠纸片肉芽肿，有效部位为正丁醇萃取物 [1]。

　　抗细菌作用：紫椴花乙醇提取物对表皮葡萄球菌、金黄色葡萄球菌、柠檬色葡萄球菌、大肠埃希氏菌、变形杆菌、白念珠菌有抑制作用，有效部位为乙酸乙酯萃取物 [1]。

注评　本种的花称"紫椴"，吉林等地药用。本种为国家二级保护植物。

化学成分参考文献

[1] Choi JY, et al. *Arch Pharm Res*, 2008, 31(11): 1413-1418.

[2] Kim KH, et al. *Food, Chem Toxicol*, 2012, 50(10): 3680-3686.

[3] Piao DG, et al. *Nat Prod Sci*, 2011, 17(3): 245-249.

[4] 马微微，等 . 中草药 , 2014, 45(17): 2453-2456.

[5] Mu LQ, et al. *Journal of Forestry Research*, 2010, 21(1): 77-80.

药理作用及毒性参考文献

[1] 马微微 . 紫椴花抗炎镇痛及抗菌的药效学研究 [D]. 黑龙江：东北林业大学，2009.

6b. 小叶紫椴（变种）（东北木本植物图志）

Tilia amurensis Rupr. var. **taquetii** (C. K. Schneid.) Liou et Li, Ill. Man. Woody Pl. N.——E. Prov. 420. 1955.——*T. koreana* Nakai

　　本变种与模式变种的区别在于嫩枝及花序被淡红色星状柔毛；叶片较小，基部不呈心形，往往为截形或微凹入。

分布与生境　产于我国东北部各地。朝鲜及俄罗斯西伯利亚与我国接壤地区也有分布。

药用部位　花。

功效应用　解毒，解表。用于感冒，肾盂肾炎，口腔破溃，咽喉肿痛。

小叶紫椴 Tilia amurensis Rupr. var. taquetii (C. K. Schneid.) Liou et Li
摄影：徐克学

6c. 裂叶紫椴（变种）（东北木本植物图志）

Tilia amurensis Rupr. var. **tricuspidata** Liou et Li, Ill. Man. Woody Pl. N.——E. Prov. 565. 1955.

叶片先端 3 裂，基部深心形，边缘有不整齐锯齿；苞片线形，下部有柄长 2-2.5 cm。

分布与生境 产于辽宁（金县）。

药用部位 花。

功效应用 同模式变种。

7. 椴树（中国植物图谱）

Tilia tuan Szyszył. in Hooker's Icon. Pl. 20: t. 1926. 1891.——*T. tuan* Szyszył. var. *cavaleriei* Engl. et H. Lév., *T. tuan* Szyszył. f. *divaricata* V. Engl., *T. tuan* Szyszył. var. *pruinosa* V. Engl., *T. omeiensis* Fang（**Tuan Linden**）

7a. 椴树（模式变种）

Tilia tuan Szyszył. var. **tuan**

高大乔木，树皮灰色，直裂。小枝近秃净。叶卵圆形，长 7-14 cm，宽 5.5-9 cm，先端短尖或渐尖，基部单侧心形或斜截形，上面无毛，下面初时有星状绒毛，以后仅在脉腋有毛丛；侧脉 6-7 对，边缘上半部有疏而小的齿突；叶柄长 3-5 cm，近秃净。聚伞花序长 8-13 cm，无毛；花柄长 7-9 mm；苞片狭窄，倒披针形，长 10-16 cm，宽 1.5-2.5 cm，无柄，先端钝，基部圆形或楔形，下面有星状柔毛，下半部 5-7 cm 与花序柄合生；萼片长圆状披针形，长 5 mm，被绒毛；花瓣长 7-8 mm；退化雄蕊长 6-7 mm；雄蕊长 5 mm；子房有毛，花柱长 4-5 mm。果实球形，宽 8-10 mm，无棱，有小突起，被星状绒毛。花期 7 月。

分布与生境 产于湖北、四川、云南、贵州、广西、湖南、江西。

药用部位 根。

椴树 **Tilia tuan** Szyszył. var. **tuan**
引自《中国高等植物图鉴》

椴树 **Tilia tuan** Szyszył. var. **tuan**
摄影：喻勋林 严岳鸿

功效应用 祛风除湿，活血止痛。用于风湿疼痛，四肢麻木，跌打损伤。

注评 本种的根称"椴树根"，贵州、福建等地药用。彝族用其根、果及叶，主要用途见功效应用项外，尚用其根治妇女虚寒腹痛，带下。

7b. 毛芽椴（变种）（中国高等植物图鉴）

Tilia tuan Szyszył. var. **chinensis** (Szyszył.) Rehder et E. H. Wilson in Sarg., Pl. Wils. 2: 369. 1916.—— *T. miqueliana* Maxim. var. *chinensis* Szyszył., *T. chinensis* C. K. Schneid.

嫩枝及顶芽有绒毛。叶阔卵形，长 10–12 cm，宽 7–10 cm，下面有灰色星状绒毛，边缘有明显锯齿。花序有 16–22 朵花；苞片长 8–12 cm，无柄。果实球形。

分布与生境 产于江苏、浙江、湖北、四川及贵州。

药用部位 根皮、树皮。

功效应用 用于劳伤失力初起，久咳。

8. 华东椴（中国植物图谱）

Tilia japonica (Miq.) Simonk. in Math. Termesz. Kozlem. Magyar Tudom. Akad. 22: 326. 1888. ——*T. eurosinica* Croizat（英 **Japanese Linden**）

乔木。嫩枝初有毛，后变秃净。叶革质，圆形或扁圆形，长 5–10 cm，宽 4–9 cm，先端急锐尖，基部心形，偶截形，下面仅脉腋有毛丛，侧脉 6–7 对，边缘有尖锐细锯齿。聚伞花序有花 6–16 朵或更多；苞片无毛，下半部与花序柄合生，基部有柄；萼片被稀疏星状柔毛；退化雄蕊花瓣状。果实卵圆形，无棱突。

分布与生境 产于我国山东、安徽、江苏、浙江。日本有分布。

药用部位 根。

功效应用 祛风活血，镇痛。用于跌打损伤，骨折。

华东椴 Tilia japonica (Miq.) Simonk.
引自《中国植物志》

华东椴 Tilia japonica (Miq.) Simonk.
摄影：黄健

化学成分　全草含挥发油：丁香酚(eugenol)，香叶酸(geranic acid)，4-异亚丙基-2-环己烯-1-酮(4-isopropylidene-2-cyclohexen-1-one)，对甲氧基烯丙基苯(p-methoxy-allylbenzene)，5-异丙基-2-甲基苯酚(5-isopropyl-2-methylphenol)，对甲基异丙烯基苯(p-methylisopropenylbenzene)，α,α,4-三甲基苯乙醇(α,α,4-trimethylbenzyl alcohol)，柠檬烯-1,2-二醇(limonene-1,2-diol)，顺式-玫瑰醚(cis-roseoxide)，反式-玫瑰醚(trans-roseoxide)，4-异丙烯基-1-环己烯-1-羧酸(4-isopropenyl-1-cyclohexene-1-carboxylic acid)，反式-对薄荷-8-烯-反式-1,2-二醇(trans-p-menth-8-ene-trans-1,2-diol)[1]。

化学成分参考文献

[1] Tsuneya T, et al. *Koryo*, 1974, 109: 29-34.

9. 少脉椴（中国植物图谱）　杏鬼椴（陕西）

Tilia paucicostata Maxim. in Acta Hort. Petrop. 11: 82. 1890.——*T. paucicostata* Maxim. var. *firma* V. Engl., *T. paucicostata* Maxim. var. *tenuis* V. Engl. ex C. K. Schneid.（英 **Fewnerve Linden**）

9a. 少脉椴（模式变种）

Tilia paucicostata Maxim. var. **paucicostata**

乔木。嫩枝无毛。叶薄革质，卵圆形，长 6–10 cm，宽 3.5–6 cm，有时稍大，先端急渐尖，基部斜心形或斜截形，脉腋有毛丛，边缘有细锯齿。聚伞花序有花 6–8 朵；苞片下半部与花序柄合生，基部有短柄长 7–12 mm；萼片外面无星状柔毛；退化雄蕊比花瓣短小。果实倒卵形，长 6–7 mm。

分布与生境　产于甘肃、陕西、河南、四川、云南。

药用部位　树皮。

功效应用　接骨疗损。用于跌打损伤。

少脉椴 Tilia paucicostata Maxim. var. paucicostata
引自《中国植物图谱》

少脉椴 Tilia paucicostata Maxim. var. paucicostata
摄影：刘宗才

9b. 红皮椴（变种）（中山大学学报）

Tilia paucicostata Maxim. var. **dictyoneura** (V. Engl. ex C. K. Schneid.) Hung T. Chang et E. W. Miao, Fl. Reipubl. Popularis Sin. 49(1): 72-73, pl. 12, f. 6-7. 1989.——*T. dictyoneura* V. Engl. ex C. K. Schneid.

叶三角状卵形，长 3.5-5 cm，宽 2.5-4 mm，无毛，边缘有少数疏齿。苞片有柄，比花序短。果实小，卵形，长 5-6 mm，无棱。

分布与生境　产于陕西、河北、甘肃、河南。

药用部位　树皮。

功效应用　同模式变种。

9c. 少脉毛椴（变种）（中国植物志）

Tilia paucicostata Maxim. var. **yunnanensis** Diels in Notes Roy. Bot. Gard. Edinburgh 5: 285. 1912.

本变种和模式变种的区别在于嫩枝及顶芽被绒毛；叶下面被灰色星状绒毛。

分布与生境　产于云南及四川。生于山地杂木林中。

药用部位　树皮。

功效应用　同模式变种。

10. 南京椴（中国高等植物图鉴）

Tilia miqueliana Maxim. in Bull. Acad. Imp. Sci. Saint-Petersbourg 26(3): 434. 1880.——*T. kinashii* H. Lév. et Vaniot, *T. kwangtungensis* Chun et H. D. Wong（英 **Nanjin Linden**）

高大乔木，树皮灰白色。嫩枝有黄褐色绒毛，顶芽被黄褐色绒毛。叶卵圆形，长 9-12 cm，宽 7-9.5 cm，先端急短尖，基部心形，下面被灰色或灰黄色星状绒毛，侧脉 6-8 对，边缘有整齐锯齿；叶柄长 3-4 cm，被绒毛。聚伞花序长 6-8 cm，有花 3-12 朵；花柄长 8-12 mm；苞片狭窄倒披针形，长 8-12 cm，宽 1.5-2.5 cm，两面有星状柔毛，初时较密，先端钝，基部狭窄，下部 4-6 cm 与花序柄合生，有短柄，柄长 2-3 mm，有时无柄；萼片长 5-6 m，被灰色毛；花瓣比萼片略长；退化雄蕊花瓣状，较短小；雄蕊比萼片稍短；子房有毛，花柱与花瓣平齐。果实球形，无棱，被星状柔毛，有小突起。花期 7 月。

分布与生境　产于江苏、浙江、安徽、江西、广东。日本有分布。

药用部位　根皮、树皮。

功效应用　镇静，发汗，镇痉。

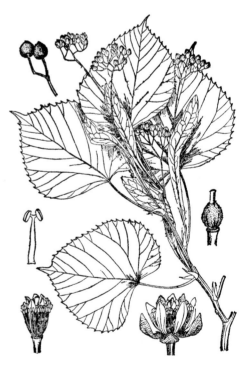

南京椴 Tilia miqueliana Maxim.
引自《中国高等植物图鉴》

南京椴 **Tilia miqueliana** Maxim.
摄影：陈彬

3. 黄麻属 Corchorus L.

草本或亚灌木。叶纸质，基出 3 脉，两侧常有伸长的线状小裂片，边缘有锯齿；托叶 2，线形。花黄色，单生或数朵排成聚伞花序；花基数 4–5，无腺体；雄蕊多数，着生于雌雄蕊柄上；子房 2–5室，每室有多个胚珠。蒴果长筒形或球形，有棱或短角，室背 2–5 片开裂。种子多数。

本属约 40 余种，主要分布于热带地区。我国有 4 种，产于长江流域以南各地，其中 3 种 1 变种可药用。

分种检索表

1. 蒴果球形，顶端截形或凹陷，无突起的角；子房无毛······························1. 黄麻 **C. capsularis**
1. 蒴果长筒形，顶端有突起的角；子房有毛。
  2. 蒴果顶端有 3–5 个突起的角，周围有 3–10 条棱或翅；叶两面有疏长毛·····················2. 甜麻 **C. aestuans**
  2. 蒴果顶端只有 1 个突起的角，无翅；叶两面无毛······························3. 长蒴黄麻 **C. olitorius**

本属药用植物主要含三萜类、甾体类、苯丙素和黄酮类化学成分。

1. 黄麻

Corchorus capsularis L., Sp. Pl. 1: 539. 1753.（英 **Roundpod Jute**）

直立木质草本。叶纸质，卵状披针形至狭窄披针形，长 5–12 cm，宽 2–5 cm，先端渐尖，基部圆形，三出脉的两侧脉上行不过半。花单生或数朵排成腋生聚伞花序；花瓣黄色，倒卵形。蒴果球形，直径 1 cm 或稍大，顶端无角，表面有直行钝棱及小瘤状突起，5 片裂开。花期夏季，果秋后成熟。

分布与生境 长江以南各地广泛栽培，亦有见于荒野呈野生状态。原产于亚洲热带，现在热带地区亦广为栽培。

药用部位 叶、种子。

功效应用 叶：理气止血，排脓生肌。用于腹痛，痢疾，痞结。种子：用于久咳伤肺（宜慎用）。有毒。

化学成分 根含三萜类：黄麻辛▲(corosin)[1-2]，熊果酸(ursolic acid)，黄麻酸▲(corosolic acid)，氧代黄麻辛▲(oxocorosin)[3]；糖类：棉子糖(raffinose)，阿拉伯糖(arabinose)，果糖(fructose)，葡萄糖(glucose)[4]。

叶含三萜类：黄麻素▲(capsin)[5]，黄麻素苷元▲-30-*O*-β-D-吡喃葡萄糖苷(capsugenin-30-*O*-β-D-glucopyranoside)[6]，黄麻素苷元▲-25,30-*O*-β-D-二吡喃葡萄糖苷(capsugenin-25,30-*O*-β-D-diglucopyranoside)[7]；其他类：叶绿醇(phytol)，单半乳糖基二酰甘油(monogalactosyldiacylglycerol)[8]。

　　种子含甾体类：黄麻因(corchorin)[9]，黄麻苷A (corchoroside A; korchoroside A)[10-11]，长蒴黄麻苷(olitoriside)[10]，黄白糖芥苷(helveticoside)[12]，糖芥苷(erysimoside)[13]，黄麻毒苷(corchoside) B、C[14]，葡萄糖基-(1→6)-长蒴黄麻苷[gluco-(1→6)-olitoriside][15]；糖类：棉子糖(raffinose)，蔗糖(sucrose)，阿拉伯糖(arabinose)，果糖(fructose)，葡萄糖(glucose)，半乳糖(galactose)[4]。

　　浸渍黄麻茎和茎皮含酚、酚酸类：对香豆酸(p-coumaric acid)，阿魏酸(ferulic acid)，咖啡酸(caffeic acid)，香荚兰酸(vanillic acid)，对羟基苯甲酸(p-hydroxybenzoic acid)[16-17]，原儿茶酸(protocatechuic acid)[17]；多糖类：主链为(1→4)-结合的β-半乳聚糖，末端具有呋喃阿拉伯糖基和单或低聚呋喃阿拉伯糖基侧链[18]。

黄麻 Corchorus capsularis L.
引自《中国高等植物图鉴》

黄麻 Corchorus capsularis L.
摄影：王祝年 徐克学

化学成分参考文献

[1] Manzoor-i-Khuda M, et al. *Pak J Sci Ind Res*, 1971, 14(1-2): 49-56.

[2] Manzoor-i-Khuda M, et al. *Zeitschrift fuer Naturforschung, Teil C: Biochemie, Biophysik, Biologie, Virologie,* 1974, 29(5-6): 209-221.

[3] Manzoor-i-Khuda M, et al. *Zeitschrift fuer Naturforschung, Teil B: Anorganische Chemie, Organische Chemie*, 1979, 34B(9): 1320-1325.

[4] Manzoor-i-Khuda M, et al. *Pak J Sci Ind Res*, 1970, 13(4): 363.

[5] Hasan CM, et al. *Phytochemistry*, 1984, 23(11): 2583-2587.

[6] Quader MA, et al. *J Nat Prod*, 1987, 50(3): 479-481.

[7] Abdul QM, et al. *J Nat Prod*, 1990, 53(2): 527-530.

[8] Furumoto T, et al. *Food Sci Technol Res*, 2002, 8(3): 239-243.

[9] Chaudhury DN, et al. *J Indian Chem Soc*, 1951, 28: 167.

[10] Genkina GL, et al. *Uzbekskii Khimicheskii Zhurnal*, 1965, 9(1): 18-22.

[11] Schmersahl P. *Archiv der Pharmazie und Berichte der Deutschen Pharmazeutischen Gesellschaft*, 1969, 302(3): 184-187.

[12] Schmersahl P. *Tetrahedron Lett*, 1969, (10): 789-790.

[13] Rao EV, et al. *Indian Journal of Pharmacy*, 1971, 33(3): 58-59.

[14] Hashem A, et al. *Bangladesh J Sci Ind Res*, 1978, 13(1-4): 127-132.

[15] Ricca GS, et al. *Gazzetta Chimica Italiana*, 1982, 112(9-10): 349-352.

[16] Mosihuzzaman M, et al. *J Sci Food Agric*, 1986, 37(10): 955-960.

[17] Mosihuzzaman M, et al. *J Sci Food Agric*, 1988, 42(2): 141-147.

[18] Nahar N, et al. *Carbohydr Res*, 1987, 163(1): 136-142.

2. 甜麻（海南植物志） 假黄麻、针筒草（广东）

Corchorus aestuans L., Syst. Nat. (ed. 10) 2: 1079. 1759.（英 **Acuteangular Jute**）

2a. 甜麻（模式变种）

Corchorus aestuans L. var. **aestuans**

一年生草本。叶卵形或阔卵形，长 4.5–6.5 cm，宽 3–4 cm，顶端短渐尖或急尖，基部圆形，两面疏被长粗毛，边缘有锯齿，近基部的一对锯齿往往延伸成尾状的小裂片。花单生或数朵组成聚伞花序；萼片 5，顶端具角，外面紫红色；花瓣 5 片，倒卵形，黄色；雄蕊多数，黄色。蒴果长筒形，具 6 条纵棱，其中 3–4 棱呈翅状突起，顶端有 3–4 条向外延伸的角，角二叉，成熟时 3–4 瓣裂，果瓣有浅横隔。花期夏季。

分布与生境 产于长江以南各地。生于荒地、旷野、村旁，为南方各地常见的杂草。热带亚洲、中美洲及非洲也有分布。

药用部位 全株。

功效应用 清热解毒。用于麻疹，热病不退，疥癞疮肿。

化学成分 果实含强心苷、三萜、皂苷、黄酮和鞣质[1]。

种子含脂肪醇类：二十六醇(ceryl alcohol)[2]；脂肪酸类：棕榈酸，硬脂酸，油酸，亚麻酸[2]；氨基酸类：缬氨酸(valine)，赖氨酸(lysine)，丝氨酸(serine)，天冬氨酸(aspartic acid)，苏氨酸(threonine)，苯丙氨酸(phenylalanine)[2]；甾体类：β-谷甾醇[2]。

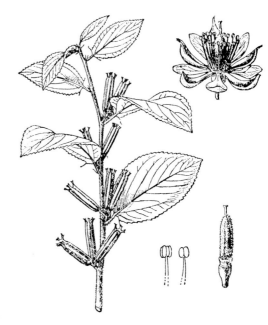

甜麻 Corchorus aestuans L. var. aestuans
黄锦添 绘

甜麻 *Corchorus aestuans* L. var. **aestuans**
摄影：王祝年 徐克学

化学成分参考文献

[1] Patel RP, et al. *Int Res J Pharm*, 2012, 3(7): 239-242.　　　[2] Dixit BS, et al. *Indian J Chem*, 1974, 12(7): 780.

2b. 短茎甜麻（变种）

Corchorus aestuans L. var. **brevicaulis** (Hosok.) T. S. Liu et H. C. Lo in Fl. Taiwan 3: 695. 1977.——*C. brevicaulis* Hosok.

茎几平卧，节间比叶短。叶膜质，基部裂片钻状线形。花黄色，萼片透明，狭窄长圆形；花瓣楔状倒卵形。蒴果常 5 室，有 10 翅，长 1.2 cm（顶端角除外）。花期 8 月。

分布与生境　特产于台湾。

药用部位　全株。

功效应用　同模式变种。

3. 长蒴黄麻（海南植物志）

Corchorus olitorius L., Sp. Pl. 1: 529. 1753.（英 **Jews-mallow**）

木质草本。叶纸质，长圆披针形，长 7–10 cm，宽 2–4.5 cm，先端渐尖，基部圆形。花单生或数朵排成腋生聚伞花序，有短的花序柄及花柄；萼片长圆形，顶端有长角。蒴果长 3–8 cm，具 10 棱，顶端有 1 突起的角，5–6 片裂开，有横隔。种子倒圆锥形，略有棱。花期夏秋季。

分布与生境　我国南部各地有栽培，原产于印度。

药用部位　全株。

功效应用　疏风，止咳，利湿。用于伤风咳嗽，痢疾。

化学成分　根含三萜类：黄麻辛▲(corosin)[1-2]，熊果酸(ursolic acid)，黄麻酸▲(corosolic acid)，氧代黄麻辛▲(oxocorosin)[3]；糖类：棉子糖(raffinose)，阿拉伯糖(arabinose)，果糖(fructose)，葡萄糖(glucose)[4]。

叶含苯丙素类：绿原酸(chlorogenic acid)，新绿原酸(neochlorogenic acid)[5]，绿原酸(chlorogenic acid)[6]；黄酮类：紫云英苷(astragalin)，异槲皮苷(isoquercitrin)[6]，黄麻如苷▲(corchoruside) A、B，黄麻素苷元▲-25,30-*O*-*β*-D-二吡喃葡萄糖苷(capsugenin-25,30-*O*-*β*-D-diglucopyranoside)[7]，槲皮素-3-*O*-*β*-D-吡喃半乳糖苷(quercetin-3-*O*-*β*-D-galactopyranoside)[5]，

槲皮素-3-*O*-*β*-D-吡喃葡萄糖苷(quercetin-3-*O*-*β*-D-glucopyranoside)[5]，槲皮素-3-*O*-*β*-D-(6-丙二酰吡喃葡萄糖苷)[quercetin-3-*O*-*β*-D-(6-malonylglucoside)][5]；单萜类：白桦萜苷▲A (betulalbuside A)[6]；大柱香波龙烷类：黄麻香堇苷▲(corchoionoside) A、B、C，(6*S*,9*R*)-长春花苷[(6*S*,9*R*)-roseoside][6]；香豆素类：菊苣苷(cichoriin)，东莨菪苷(scopolin)[6]；脂肪酸类：黄麻脂肪酸▲(corchorifatty acid) A、B、C、D、E、F[8]。

种子含甾体类：黄麻索苷▲(corchorusoside) A、B、C、D、E，糖芥苷(erysimoside)，黄麻洛苷▲(coroloside)，长蒴黄麻素▲(olitoriusin)，长蒴黄麻苷(olitoriside)，葡萄糖长蒴黄麻苷(gluco-olitoriside)，葡萄糖暗紫卫矛单糖苷(glucoevatromonoside)[9]，黄麻苷A (corchoroside A)[10]，黄白糖芥苷(helveticoside)[11]，长蒴黄麻灵▲(olitorin)[12]，卫矛诺苷▲(evonoside)[13]，

长蒴黄麻 *Corchorus olitorius* L.
引自《中国高等植物图鉴》

长蒴黄麻 *Corchorus olitorius* L.
摄影：李泽贤 陈炳华

化学成分参考文献

[1] Manzoor-i-Khuda M, et al. *Pakistan Journal of Scientific and Industrial Research*, 1971, 14(1-2): 49-56.

[2] Manzoor-i-Khuda M, et al. *Zeitschrift fuer Naturforschung, Teil C: Biochemie, Biophysik, Biologie, Virologie,* 1974, 29(5-6): 209-221.

[3] Manzoor-i-Khuda M, et al. *Zeitschrift fuer Naturforschung, Teil B: Anorganische Chemie, Organische Chemie,* 1979, 34(9): 1320-1325.

[4] Manzoor-i-Khuda M, et al. *Pakistan Journal of Scientific and Industrial Research*, 1970, 13(4): 363.

[5] Azuma K, et al. *J Agric Food Chem*, 1999, 47(10): 3963-3966.

[6] Yoshikawa M, et al. *Chem Pharm Bull*, 1997, 45(3): 464-469.

[7] Phuwapraisirisan P, et al. *Tetrahedron Lett*, 2009, 50(42): 5864-5867.

[8] Yoshikawa M, et al. *Chem Pharm Bull*, 1998, 46(6): 1008-1014.

[9] Yoshikawa M, et al. *Heterocycles*, 1998, 48(5):869-873.

[10] Schmersahl P. *Archiv der Pharmazie und Berichte der Deutschen Pharmazeutischen Gesellschaft*, 1969, 302(3): 184-187.

[11] Schmersahl P. *Tetrahedron Lett*, 1969, (10): 789-790.

[12] Chernobai VT, et al. *Doklady Akademii Nauk SSSR*, 1959, 127: 586-588.

[13] Maslennikova VA, et al. *Khim Prir Soedin*, 1971, 7(3): 378-379.

4. 田麻属 Corchoropsis Siebold et Zucc.

一年生草本。叶互生，边缘具齿，被星状柔毛，基出 3 脉。花黄色，单生于叶腋；萼片 5；雄蕊 20 枚，其中 5 枚无花药，与萼片对生，匙状条形，其余能育的 15 枚中每 3 枚连成一束；子房 3 室，每室有胚珠多数，花柱近棒状，柱头顶端截形，3 齿裂。蒴果角状圆筒形，3 片裂开。种子多数。

本属约 4 种，分布于亚洲东部。我国有 2 种，南北均产，可药用。

分种检索表

1. 子房被短绒毛；果长 1.7–3 cm，有星状柔毛 ························· 1. 田麻 **C. tomentosa**
1. 子房无毛；果长 1.8–2.6 cm，无毛 ························· 2. 光果田麻 **C. psilocarpa**

1. 田麻（中国高等植物图鉴）

Corchoropsis tomentosa (Thunb.) Makino in Bot. Mag. Tokyo 17: 11. 1903.——*Corchorus tomentosus* Thunb., *Corchoropsis crenata* Siebold et Zucc.（英 **Tomentose Corchoropsis**）

一年生草本。叶卵形或狭卵形，长 2.5–6 cm，宽 1–3 cm，边缘有钝牙齿，基出脉 3 条。花有细柄，单生于叶腋；萼片 5，狭窄披针形，长约 5 mm；花瓣 5，黄色，倒卵形；发育雄蕊 15 枚，每 3 枚成一束，退化雄蕊 5 枚，与萼片对生，匙状条形，长约 1 cm；子房被短绒毛。蒴果角状圆筒形，长 1.7–3 cm，有星状柔毛。果期秋季。

分布与生境　产于我国东北、华北、华东、华中、华南及西南等地。朝鲜、日本也有分布。

药用部位　全草。

功效应用　平肝，利湿，解毒止血。用于小儿疳积，白带过多，痈疖肿毒，外伤出血。

田麻 Corchoropsis tomentosa (Thunb.) Makino
引自《中国高等植物图鉴》

田麻 Corchoropsis tomentosa (Thunb.) Makino
摄影：梁同军

2. 光果田麻（中国高等植物图鉴）

Corchoropsis psilocarpa Harms et Loes. in Bot. Jahrb. Syst. 34(1. Beibl. 75): 51. 1904. （英 **Glabrousfruit Corchoropsis**）

一年生草本。叶卵形或狭卵形，长 1.5–4 cm，宽 0.6–2.2 cm。边缘有钝牙齿，两面均密生星状短柔毛，基出三脉。花单生于叶腋；萼片 5；花瓣 5，黄色；发育雄蕊和退化雄蕊近等长；雌蕊无毛。蒴果角状圆筒形，长 1.8–2.6 cm，裂成 3 瓣。种子卵形，长约 2 mm。果期秋冬季。

分布与生境 产于辽宁、河北、甘肃、山东、河南、江苏、安徽、湖北。生于草坡、田边或多石处。

药用部位 全草。

功效应用 平肝，利湿，解毒。用于风湿痛，跌打损伤，黄疸。

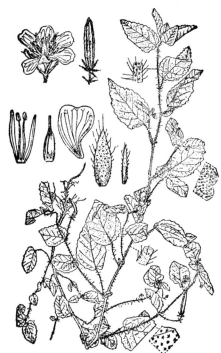

光果田麻 Corchoropsis psilocarpa Harms et Loes.
引自《中国高等植物图鉴》

光果田麻 Corchoropsis psilocarpa Harms et Loes.
摄影：朱鑫鑫

5. 一担柴属 Colona Cav.

乔木或灌木。单叶，卵形，先端尖锐，有时 3-5 浅裂，基出脉 5-7 条，具长叶柄。花两性，排成顶生聚伞花序组成的圆锥花序；花瓣 5，基部有腺体；雌雄蕊柄极短；雄蕊多数，离生，着生于隆起的花盘上；子房 3-5 室，柱头尖细，不分裂，胚珠每室 2-4 颗。蒴果近球形，有 3-5 翅，室间开裂。

本属约 20 种，分布于热带亚洲。我国有 2 种，产于云南，其中 1 种可药用。

1. 一担柴（中国高等植物图鉴补编）　**大袍火绳**（中国高等植物图鉴）

Colona floribunda (Wall. ex Kurz) Craib in Bull. Misc. Inform. Kew 1925: 21. 1925.——*Columbia floribunda* Wall. ex Kurz（英 **Manyflower Colona**）

小乔木。叶阔倒卵圆形或近圆形，长 14-21 cm，宽 11-16 cm，先端急尖或渐尖，基部微心形，近先端有 3-5 浅裂。顶生圆锥花序长达 27 cm；萼片披针形，长约 4 mm；花瓣黄色，匙形，基部有腺体。蒴果直径约 5 mm，有翅 3-5 条，翅长约 5 mm。花期 6 月，果期 11 月。

分布与生境　产于云南南部。生于海拔 1000-2000 m 的山地次生林中。越南、老挝、缅甸、泰国及印度有分布。

药用部位　根。

功效应用　清热，凉血，解毒。用于斑疹不透，麻疹不出，痈肿疮毒。

注评　本种的全株称"柯椰木"，云南地区药用。景颇族药用其根治疗痈疮疔肿，外伤感染。

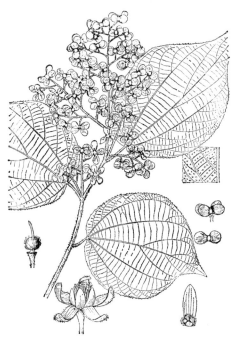

一担柴 Colona floribunda (Wall. ex Kurz) Craib
邓晶发　绘

一担柴 **Colona floribunda** (Wall. ex Kurz) Craib
摄影：朱鑫鑫

6. 破布叶属（布渣叶属） Microcos L.

灌木或小乔木。叶革质，互生，基出 3 脉，全缘或先端有浅裂。花两性，排成聚伞花序，再组成顶生圆锥花序；萼片 5；花瓣与萼片同数，有时或缺，内面近基部有腺体；雄蕊多数，着生于雌雄蕊柄上部；子房上位，常 3 室，花柱单生，柱头尖细或分裂，胚珠每室 4–6 颗。核果球形或梨形。

本属约 60 种，分布于非洲至印度、马来西亚及中南半岛等地。我国有 3 种，产于南部及西南部，其中 1 种可药用。

本属药用植物主要含有生物碱、黄酮和三萜等类型化学成分。从破布叶 (M. paniculata) 分离鉴定得到的生物碱类化合物如破布叶胺 (microcosamine) A（**1**）、B（**2**），水仙苷 (narcissin，**3**)；黄酮类化合物如三色堇黄苷 (violanthin，**4**)，异三色堇黄苷 (isoviolanthin，**5**)，山奈酚 -3-O-β-D-(3,6- 二 - 对羟基桂皮酰基)- 吡喃葡萄糖苷 {kaempferol-3-O-β-D-[3,6-di-(p-hydroxycinnamoyl)]-glucopyranoside，**6**}，山奈酚 -3-O-β-D- 吡喃葡萄糖苷 (kaempferol-3-O-β-D-glucopyranoside)，异鼠李素 -3-O-β-D- 吡喃葡萄糖苷 (isorhamnetin-3-O-β-D-glucopyranoside)，牡荆素 (vitexin)，异牡荆素 (isovitexin)；三萜类化合物有如无羁萜 (friedelin，**7**)，阿江榄仁葡萄糖苷 Ⅱ (arjunglucoside Ⅱ，**8**)。

1

2

3

4: R_1=Glc, R_2=Rha
5: R_1=Rha, R_2=Glc

6

7

8

本属植物破布叶具有调节血脂作用，另有报道以破布叶提取物作为活性成分的成纤维细胞助长剂，用作皮肤美容剂、食品、饮料等添加剂，可用于延缓皮肤的老化。

1. 破布叶（海南植物志）

Microcos paniculata L., Sp. Pl. 1: 514. 1753.——*M. nervosa* (Lour.) S. Y. Hu, *Fallopia nervosa* Lour., *Grewia microcos* L., *G. nervosa* (Lour.) Panigrahi（英 **Paniculate Microcos**）

灌木或小乔木。叶薄革质，卵状长圆形，长 8–18 cm，宽 4–8 cm，先端渐尖，基部圆形；三出脉的两侧脉从基部发出，向上行超过叶片中部，边缘有细钝齿。顶生圆锥花序长 4–10 cm；苞片披针形；萼片长圆形，长 5–8 mm；花瓣长圆形，长 3–4 mm；腺体长约 2 mm。核果近球形或倒卵形，长约 1 cm；果柄短。花期 6–7 月。

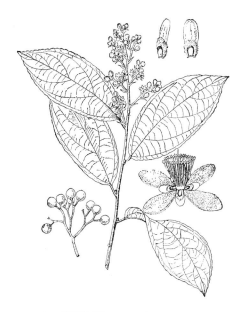

破布叶 Microcos paniculata L.
邓晶发　绘

破布叶 Microcos paniculata L.
摄影：王祝年

分布与生境　产于广东、广西、云南。中南半岛、印度及印度尼西亚有分布。

药用部位　叶。

功效应用　消食化滞，清热利湿。用于饮食积滞，感冒发热，湿热黄疸。

化学成分　茎含生物碱类：N-甲基-6β-(癸-1',3',5'-三烯基)-3β-甲氧基-2β-甲基哌啶[N-methyl-6β-(deca-1',3',5'-trienyl)-3β-methoxy-2β-methylpiperidine][1]；三萜类：山楂酸(maslinic acid)，3-反式-阿魏酰山楂酸(3-*trans*-feruloylmaslinic acid)，3β-O-对羟基反式-桂皮酰氧基-2α,23-二羟基齐墩果-12-烯-28-酸甲酯(methyl 3β-O-*p*-hydroxy-*E*-cinnamoyloxy-2α,23-dihydroxyolean-12-en-28-oate)[2]；黄酮类：表儿茶素(epicatechin)[2]；糖类：蔗糖[2]。

茎皮、枝叶含生物碱类：破布叶扁担木碱(microgrewiapine) A、B、C，破布叶胺A (microcosamine A)，鹅掌楸碱(liriodenine)[3]，7'-(3',4'-二羟基苯基)-N-[4-甲氧基苯基]乙基]丙烯胺{7'-(3',4'-dihydroxyphenyl)-N-[4-methoxyphenyl)ethyl]propenamide}[3]。

叶含生物碱类：破布叶胺(microcosamine) A、B[4]，水仙苷(narcissin)[5-6]，破布叶哌啶碱▲ (micropiperidine) A、B、C、D[7]；黄酮类：山奈酚-3-O-β-D-吡喃葡萄糖苷(kaempferol-3-O-β-D-glucopyranoside)，三色堇黄苷(violanthin)，山奈酚-3-O-β-D-(3,6-二-对羟基桂皮酰基)-吡喃葡萄糖苷{kaempferol-3-O-β-D-[3,6-di-(*p*-hydroxycinnamoyl)]-glucopyranoside}[5]，异三色堇黄苷(isoviolanthin)，

异鼠李素-3-*O*-*β*-D-吡喃葡萄糖苷(isorhamnetin-3-*O*-*β*-D-glucopyranoside)[5-6]，异牡荆素(isovitexin)，牡荆素(vitexin)，[5-6,8]，表儿茶素，山奈酚-3-*O*-*β*-D-(6-*O*-反式-对香豆酰基)-吡喃葡萄糖苷[kaempferol-3-*O*-*β*-D-(6-*O*-*trans*-*p*-coumaroyl)-glucopyranoside][6]，异鼠李素-3-*O*-*β*-D-芸香糖苷(isorhamnetin-3-*O*-*β*-D-rutinoside)[8-9]，异鼠李素(isorhamnetin)，山奈酚(kaempferol)[6,10]，槲皮素(quercetin)，过江藤亭▲-7-*O*-鼠李糖基葡萄糖苷(nodifloretin-7-*O*-rhamnosylgucoside)，5,6,8,4'-四羟基黄酮-7-*O*-*α*-L-吡喃鼠李糖苷(5,6,8,4'-tetrahydroxyflavone-7-*O*-*α*-L-rhamnopyranoside)[10]；三萜类：无羁萜(friedelin)，阿江榄仁葡萄糖苷Ⅱ(arjunglucoside Ⅱ)[5]；大柱香波龙烷类：脱落酸(abscisic acid)[6]；苯丙素类：对香豆酸(*p*-coumaric acid)，阿魏酸(ferulic acid)[6]；酚酸类：异香荚兰酸(isovanillic acid)[6]；挥发油：2-甲氧基-4-乙烯基苯酚(2-methoxy-4-vinylphenol)，二十八烷(octacosane)，正十六酸(*n*-hexadecanoic acid)，二十五烷(pentacosane)，二十七烷(heptacosane)，2,3-二氢苯并呋喃(2,3-dihydrobenzofuran)，四十四烷(tetratetracontane)，三十六烷(hexatriacontane)等[11]。

药理作用　调节血脂作用：布渣叶水提液能抑制高脂膳食大鼠血清 TC、TG 升高，降低高脂血症大鼠 TC、TG，提高 HDL 和 HDL/TC 比值[1]。

注评　本种为中国药典（1977、2010、2015 年版）收载"布渣叶"的基源植物，药用其干燥叶。傣族也药用其叶，主要用途见功效应用项。

布渣叶 Microctis Folium
摄影：陈代贤

化学成分参考文献

[1] Bandara, et al. *Phytochemistry*, 2000, 54(1): 29-32.

[2] Fan H, et al. *Molecules*, 2010, 15(8): 5547-5560.

[3] Still Patrick C, et al. *J Nat Prod*, 2013, 76(2): 243-249.

[4] Feng SX, et al. *J Asian Nat Prod Res*, 2008, 10(12): 1155-1158.

[5] 冯世秀，等 . 热带亚热带植物学报，2008, 16(1): 51-56.

[6] 杨茵，等 . 时珍国医国药，2010, 21(11): 2790-2792.

[7] 罗集鹏，等 . 药学学报，2009, 44(2): 150-153.

[8] Chen YG, et al. *Molecules*, 2013, 18(4): 4221-4232.

[9] 李坤平，等 . 广东药学院学报，2011, 27(1): 31-33.

[10] 罗集鹏，等 . 中草药，1993, 24(9): 455-456.

[11] 毕和平，等 . 林产化学与工业，2007, 27(3): 124-126.

药理作用及毒性参考文献

[1] 陈淑英，等 . 中药新药与临床药理，1991, 2(3-4): 53-56.

7. 扁担杆属 Grewia L.

　　乔木或灌木。嫩枝常被星状毛。叶互生，具基出脉。花常 3 朵成腋生的聚伞花序；花瓣 5，基部有鳞片状腺体；雄蕊多数，离生；子房 2–4 室，每室有胚珠 2–8 颗，花柱单生，柱头盾形。核果常有纵沟，收缩成 2–4 个分核，具假隔膜。

　　本属约 90 余种，分布于东半球热带地区。我国有 26 种，主产于长江流域以南各地，其中 8 种 2 变种可药用。

分种检索表

1. 花两性；子房及核果均球形，不分裂，具 1–2 颗分核。

　　2. 叶下面被灰色绒毛，基部斜圆形或斜截形 ······················ 1. **毛果扁担杆 G. eriocarpa**

　　2. 叶下面被黄褐色绒毛，或有时秃净，基部斜心形 ···················· 2. **椴叶扁担杆 G. tiliifolia**

1. 花两性或单性；子房及核果 2-4 裂，双球形或四球形，有 2-4 颗分核。

  3. 叶卵圆形、菱形、近圆形式倒卵状椭圆形，三出脉的两侧脉上行常过半。

    4. 叶下面常变秃或有稀疏柔毛，决不被绒毛·······3. 扁担杆 **G. biloba**

    4. 叶上面有短粗毛，下面被粗绒毛或软绒毛·······4. 苘麻叶扁担杆 **G. abutilifolia**

  3. 叶披针形或长圆形，长度为宽度的 2.5-5 倍，三出脉的两侧脉上行达中部或以下。

    5. 叶阔长圆形，基部阔楔形或单侧钝形；叶柄长 7-9 mm·······8. 黄麻叶扁担杆 **G. henryi**

    5. 叶披针形、长圆状披针形、三角状披针形，基部圆形或微心形，有时钝，叶柄长 1-8 mm。

      6. 叶带形，长 13-18 cm，宽 2-3 cm，革质·······7. 镰叶扁担杆 **G. falcata**

      6. 叶披针形或长圆状披针形，长 4-14 cm，宽 2-4 cm。

        7. 叶下面被灰褐色软绒毛，叶柄长 3-8 mm·······5. 寡蕊扁担杆 **G. oligandra**

        7. 叶下面被黄褐色粗绒毛，叶柄长 2-3 mm·······6. 粗毛扁担杆 **G. hirsuta**

本属药用植物主要含有三萜类和黄酮类等化学成分。

1. 毛果扁担杆（海南植物志）

Grewia eriocarpa Juss. in Ann. Mus. Natl. Hist. Nat. 4: 93. 1804.——*G. boehmeriifolia* Kaneh. et Sasaki, *G. lantsangensis* Hu（英 **Bristlefruit Grewia**）

灌木或小乔木。叶纸质，斜卵形至卵状长圆形，长 6-13 cm，宽 3-6 cm，先端渐尖或急尖，基部偏斜，斜圆形或斜截形，三出脉的两侧脉上升至叶长的 3/4，边缘有细锯齿；托叶线状披针形。聚伞花序 1-3 枝腋生；苞片披针形。核果近球形，直径 6-8 mm，被星状毛，有浅沟。

分布与生境　产于云南、贵州、广西、广东、台湾。中南半岛、印度、菲律宾、印度尼西亚也有分布。

药用部位　根皮。

功效应用　收敛止血，生肌，接骨。用于刀枪外伤出血，骨折，疮疖红肿。

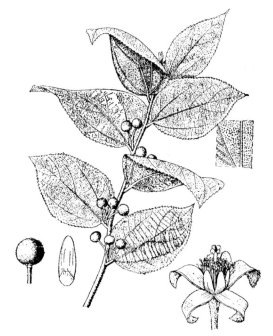

毛果扁担杆 Grewia eriocarpa Juss.
邓晶发　绘

毛果扁担杆 Grewia eriocarpa Juss.
摄影：徐克学 王祝年

2. 椴叶扁担杆（中国植物志）

Grewia tiliifolia Vahl, Symb. Bot. 1: 35. 1790.——*G. rotunda* C. Y. Wu ex Hung T. Chang（英 **Dhanman**）

小乔木。叶纸质，近圆形或阔卵圆形，长 8–13 cm，宽 6.5–9.5 cm，先端急短尖，基部偏斜心形，三出脉的两侧脉强直上行，长约为叶片的 2/3。聚伞花序 2–6 枝丛生叶腋，每枝花 3 朵；花瓣黄色；雄蕊多数，分 5 组；子房有毛，柱头扩大成头状。核果不分裂。花期 5–6 月。

分布与生境 产于云南西南部。生于海拔 1200–1600 m 的灌丛草地上。非洲、印度、缅甸、中南半岛也有分布。

药用部位 根。

功效应用 收敛止血，生肌接骨。用于痢疾，腹泻。外用于外伤出血，骨折，痈疖红肿，刀枪伤。

化学成分 茎皮含三萜类：白桦脂醇(betulin)[1]，羽扇豆醇(lupeol)[2]；甾体类：豆甾醇，β-谷甾醇[2]；其他类：D-赤式-2-己烯酸-γ-内酯(D-*erythro*-2-hexenoic acid γ-lactone)，古洛糖酸-γ-内酯(gulonic acid-γ-lactone)[3]。

化学成分参考文献

[1] Badami S, et al. *J Sep Sci*, 2004, 27(1-2): 129-131.

[2] Ahamed BMK, et al. *Res J Medicinal Plant*, 2007, 1(3): 72-82.

[3] Khadeer Ahamed MB, et al. *Eur J Pharmacol*, 2010, 631(1-3): 42-52.

3. 扁担杆（中国高等植物图鉴）

Grewia biloba G. Don, Gen. Syst. 1: 549. 1831.——*G. glabrescens* Benth., *G. parviflora* Bunge var. *glabrescens* (Benth.) Rehder et E. H. Wilson, *G. esquirolii* H. Lév., *G. tenuifolia* Kaneh. et Sasaki, *Celastrus euonymoidea* H. Lév.（英 **Bilobed Grewia**）

3a. 扁担杆（模式变种）

Grewia biloba G. Don var. **biloba**

灌木或小乔木，多分枝，嫩枝被粗毛。叶薄革质，椭圆形或倒卵状椭圆形，长 4–9 cm，宽 2.5–4 cm，先端锐尖，基部楔形或钝；基出脉 3 条，两侧脉上行过半，中脉有侧脉 3–5 对，边缘有细锯齿；叶柄长 4–8 mm。聚伞花序腋生，多花；花柄长 3–6 mm；苞片钻形，长 3–5 mm，萼片狭长圆形，长 4–7 mm，外面被毛，内面无毛；花瓣长 1–1.5 mm；雌雄蕊柄长 0.5 mm，有毛；雄蕊长 2 mm；子房有毛，花柱与萼片平齐，柱头扩大，盘状，有浅裂。核果红色，有 2–4 颗分核。花期 5–7 月。

分布与生境 产于江西、湖南、浙江、广东、台湾、安徽、四川等地。

药用部位 根、全株。

功效应用 用于脾虚食少，胸痞腹胀，妇女崩带，小儿疳积。

化学成分 根皮含三萜类：无羁萜(friedelin)，表无羁萜-3-醇(epi-friedelan-3-ol)[1]，$1\alpha,3\beta,23$-三羟基齐墩果-12-烯-28-酸($1\alpha,3\beta,23$-trihydroxyolean-12-en-28-oic acid)[2]；黄酮类：儿茶素(catechin)[1]，7-乙氧基槲皮素(7-ethoxyquercetin)，6-C-吡喃葡萄糖基槲皮素(6-C-glucopyranosyl-quercetin)，6-C-吡喃葡萄糖基-3,3',4',5,7-五羟基黄烷酮(6-C-glucopyranosyl-3,3',4',5,7-pentahydroxyflavanone)[2]；甾体类：β-谷甾醇[1]；其他类：棕榈酸丙酯(propyl palmitate)，二十一酸[1]。

药理作用 抗细菌作用：扁担杆乙醇提取物及其乙酸乙

扁担杆 Grewia biloba G. Don var. biloba
引自《中国高等植物图鉴》

扁担杆 Grewia biloba G. Don var. biloba
摄影：陈彬 徐克学

酯、正丁醇和水萃取物对金黄色葡萄球菌、大肠埃希氏菌、铜绿假单胞菌、β-溶血性链球菌、表皮葡萄球菌、柠檬色葡萄球菌有抑制作用[1]；从扁担杆中分得的无羁萜、表无羁萜醇、二十一酸、β-谷甾醇、棕榈酸丙酯、儿茶素对除金黄色葡萄球菌以外的上述 5 种细菌有抑制作用[2]。

抗肿瘤作用：扁担杆乙醇提取物有抗小鼠宫颈癌(U14)移植性肿瘤生长作用，活性部位为水部位[3]。

化学成分参考文献

[1] 刘建群，等．中药材，2008, 31(10): 1505-1507.　　[2] 刘建群，等．中国实验方剂学杂志，2011, 17(5): 87-89.

药理作用及毒性参考文献

[1] 刘建群，等. 时珍国医国药，2008, 19(6): 1351-1352.　　[3] 刘建群，等. 亚太传统医药，2008, 4(7): 21-22.

[2] 刘建群，等. 江西中医学院学报，2009, 21(2): 75-76.

3b. 小花扁担杆（变种）

Grewia biloba G. Don var. **parviflora** (Bunge) Hand.-Mazz., Symb. Sin. 7: 612. 1929.——*G. parviflora* Bunge, *G. chanetii* H. Lév.

叶下面密被黄褐色软绒毛；花朵较短小。

分布与生境　产于广西、广东、湖南、贵州、云南、四川、湖北、江西、浙江、江苏、安徽、山东、河北、山西、河南、陕西等地。

小花扁担杆 Grewia biloba G. Don var. **parviflora** (Bunge) Hand.-Mazz.
摄影：张英涛 刘冰

药用部位　全株。

功效应用　健脾益气，固精止带，祛风除湿。用于小儿疳积，脾虚久泻，遗精，血崩，白带，子宫脱垂，风湿性关节痛。

注评　本种的枝叶称"吉利子树"。苗族用其根治疗肺结核咯血。

3c. 小叶扁担杆（变种）

Grewia biloba G. Don var. **microphylla** (Maxim.) Hand.-Mazz., Symb. Sin.7: 612. 1939.——*G. parviflora* Bunge var. *microphylla* Maxim.

叶片细小，近圆形，长 1–1.5 cm，下面有稀疏柔毛。

分布与生境　产于四川及云南。

药用部位　根。

功效应用　祛风除湿，理气消痞。用于风湿性关节痛，脘腹胀满，胸痞，小儿疳积，崩漏，带下病，脱肛。

4. 苘麻叶扁担杆（海南植物志）

Grewia abutilifolia W. Vent ex Juss. in Ann. Mus. Natl. Hist. Nat. 4: 92. 1804.——*G. hirsutovelutina* Burret, *G. kainantensis* Masam., *Sterculia tiliacea* H. Lév.（英 **Abutilonleaf Grewia**）

灌木至小乔木。嫩枝被黄褐色星状粗毛。叶纸质，阔卵圆形或近圆形，长 7–11 cm，宽 5–9 cm，先端急尖，基部圆形或微心形，下面密被黄褐色的星状绒毛，基出脉 3 条。聚伞花序 3-7 枝簇生于叶腋；子房被长毛，花柱与萼片平齐，柱头 2 裂。核果被毛，有 2-4 颗分核。

分布与生境　产于云南、广西、广东及台湾。生于荒野灌丛草地上。印度尼西亚、中南半岛及印度也有分布。

药用部位　根、叶。

功效应用　根：用于肝炎。叶：止泻痢。用于痢疾。

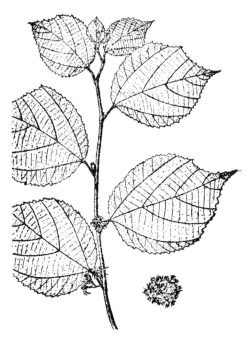

苘麻叶扁担杆 **Grewia abutilifolia** W. Vent ex Juss.
引自《中国高等植物图鉴》

苘麻叶扁担杆 **Grewia abutilifolia** W. Vent ex Juss.
摄影：林建勇 朱鑫鑫

5. 寡蕊扁担杆（中国植物志）

Grewia oligandra Pierre, Fl. For. Cochinch. 2: 163. 1888.（英 **Fewstamen Grewia**）

灌木。叶披针形或长圆状披针形，纸质，长 9-10 cm，宽 2-3.5 cm，先端锐尖，基部圆形，上面有稀疏星状短粗毛，下面密被灰褐色软绒毛；三出脉的两侧脉到达叶片中部，中脉有侧脉 4-5 对，边缘有大小相间的细锯齿；叶柄长 5-8 mm。聚伞花序有花 3-5 朵；腺体鳞片状，周围有毛；子房被毛，柱头多裂。核果双球形或四球形，直径 1 cm。花期 8 月。

分布与生境　产于广东、广西。中南半岛也有分布。

药用部位　根。

功效应用　祛湿解毒。用于小便涩痛，尿浊，尿血，膀胱湿热，脚气水肿，疮疖红肿。

注评　本种的根或根皮称"狗核树"，广西等地药用。壮族用其根治睾丸肿痛。

6. 粗毛扁担杆（中国植物志）

Grewia hirsuta Vahl, Symb. Bot. 1: 34. 1790.（英 **Shag-hair Grewia**）

灌木或小乔木。叶革质，披针形，长 6–14 cm，宽 2–3.5 cm，先端渐尖，基部狭而圆，下面被黄褐色星状绒毛，三出脉的两侧脉到达叶片中部，中脉有侧脉 4–5 对，边缘密生细锯齿；叶柄长 2–3 mm。聚伞花序 1–5 枝腋生，每枝有花 3–4 朵；花瓣 5；子房被长绒毛，4 室，柱头盘状，4 裂。核果球形或双球形，有稀疏粗毛，有 2–4 颗分核。花期 6–7 月。

分布与生境　产于广西南部。中南半岛也有分布。

药用部位　根。

功效应用　用于疟疾发热。

化学成分　叶含脂肪烃类：(4Z,12Z)-环十五碳-4,12-二烯酮[(4Z,12Z)-cyclopentadeca-4,12-dienone][1]。

化学成分参考文献

[1] Natarajan A, et al. *BMC Complementary and Alternative Medicine,* 2015, 15: 1-8.

7. 镰叶扁担杆（中国植物志）

Grewia falcata C. Y. Wu in J. W. China Border Res. Soc. 16: 161. 1946.（英 **Sickleleaf Grewia**）

灌木或小乔木。嫩枝被黄褐色软绒毛。叶革质，带形，略弯斜或伸直，长 13–18 cm，宽 2–3 cm，先端渐尖，基部钝，下面被黄褐色软绒毛；叶柄长 3–5 mm，被绒毛。花 1–3 朵腋生，花序柄长 3–5 mm；萼片披针形，长 8–9 mm，宽 2–2.5 mm；花瓣长圆形，长 3–4 mm；雄蕊长 5–6 mm；子房密被黄褐色长绒毛，花柱比雄蕊长。柱头 4 裂。核果四球形，有毛，发亮。

分布与生境　产于云南。

药用部位　全株。

功效应用　止血。用于外伤出血，刀枪损伤。

8. 黄麻叶扁担杆（中国植物志）

Grewia henryi Burret in Notizbl. Bot. Gart. Mus. Berlin 9: 674. 1926.（英 **Henry Grewia**）

灌木或小乔木。嫩枝被黄褐色星状粗毛。叶薄革质，阔长圆形，长 11–19 cm，宽 3–4.5 cm，先端渐尖，基部阔楔形，下面被黄绿色星状粗毛，三出脉的两侧脉到达中部或为叶片长度的 1/3，中脉有侧脉 4–6 对，边缘有细锯齿；叶柄长 7–9 mm。聚伞花序 1–2 枝腋生，每枝有花 3–4 朵；子房被毛，4

黄麻叶扁担杆 Grewia henryi Burret
吴锡麟　绘

黄麻叶扁担杆 Grewia henryi Burret
摄影：林建勇

室，柱头 4 裂。核果 4 裂，有分核 4 颗。

分布与生境　产于云南、贵州、广西、广东、江西、福建。

药用部位　根皮。

功效应用　止痢。用于痢疾。

8. 刺蒴麻属 Triumfetta L.

直立草本或亚灌木。叶不分裂或掌状 3–5 裂，边缘有锯齿。萼片 5，镊合状排列，顶端常有突起的角；花瓣内侧基部有增厚的腺体；雄蕊 5 枚至多数，着生于肉质有裂片的雌雄蕊柄上；子房 2–5 室，柱头 2–5 浅裂，胚珠每室 2 颗。蒴果近球形，表面具针刺；刺的先端尖细劲直或有倒钩。

本属约 60 种，广布于热带亚热带地区。我国有 6 种，产于南部及东部各地，其中 4 种可药用。

分种检索表

1. 干果不裂开，针刺长 2–4 mm；叶 3–5 裂或有粗齿 ···················· **4. 刺蒴麻 T. Rhomboidea**
1. 蒴果裂开，针刺长 5–10 mm；叶不分裂。
　2. 蒴果扁球形，针刺无毛或仅基部有毛；叶两面被稀疏长单毛 ·········· **3. 单毛刺蒴麻 T. annua**
　2. 蒴果圆球形，针刺有平展的柔毛；叶下面被绒毛。
　　3. 刺直，长 5–7 mm ······················· **1. 毛刺蒴麻 T. cana**
　　3. 刺有弯勾，长 8–10 mm ···················· **2. 长勾刺蒴麻 T. pilosa**

1. 毛刺蒴麻（海南植物志）

Triumfetta cana Blume, Bijdr. Fl. Ned. Ind. 1: 126. 1825.——*T. tomentosa* Bojer, *T. pseudocana* Sprague et Craib（英 **Hairy Triumfetta**）

木质草本。叶卵形或卵状披针形，长 4–8 cm，宽 2–4 cm，先端渐尖，基部圆形；基出脉 3–5 条，边缘有不整齐锯齿。聚伞花序腋生；萼片狭长圆形；花瓣比萼片略短，长圆形；雄蕊 8–10 枚或稍多；子房有刺毛，4 室，柱头 3–5 裂。蒴果球形，有刺，长 5–7 mm，刺弯曲，4 片裂开，每室有种子 2 颗。花期夏秋季间。

分布与生境　产于西藏、云南、贵州、广西、广东、福建。生于次生林及灌丛中。印度尼西亚、马来西亚、中南半岛、缅甸及印度也有分布。

药用部位　叶、根。

功效应用　叶：解毒，止血。用于痈疖红肿，刀伤出血。根：祛风，活血，镇痛。用于风湿痛，跌打损伤。

注评　本种的全株称"毛黐头婆"，白族药用，用于治疗风湿疼痛，肺气肿，乳痈；根用于疮痈。

毛刺蒴麻 **Triumfetta cana** Blume
谢庆建　绘

毛刺蒴麻 Triumfetta cana Blume
摄影：朱鑫鑫

2. 长勾刺蒴麻（中国高等植物图鉴）

Triumfetta pilosa Roth, Nov. Pl. Sp. 223. 1821.（英 **Pilose Triumfetta**）

木质草本或亚灌木。叶厚纸质，卵形或长卵形，长 3–7 cm，先端渐尖，基部圆形或微心形。聚伞花序 1 至数枝腋生；萼片狭披针形，长 7 mm，先端有角；花瓣黄色，与萼片等长；雄蕊 10 枚。果有刺，长 8–10 mm，刺被毛，先端有勾。花期夏季。

分布与生境　产于云南、四川、贵州、广西、广东。常生于干燥的低坡灌丛中。热带亚洲各地及非洲也有分布。

药用部位　根、叶。

功效应用　活血行气，散瘀消肿。用于月经不调，腹部包块作痛，跌打损伤。

化学成分　种子油含环丙烯类特殊脂肪酸：锦葵酸(malvalic acid)，苹婆酸(sterculic acid)[1]；一般脂肪酸：棕榈酸，硬脂酸，油酸，亚油酸[1]。

注评　本种的根和叶称"金纳香"，四川等地药用。白族也药用，主要用途见功效应用项外，尚用其全株外敷治疮痈，拔毒生肌。

长勾刺蒴麻 Triumfetta pilosa Roth
引自《中国高等植物图鉴》

593

长勾刺蒴麻 Triumfetta pilosa Roth
摄影：朱鑫鑫

化学成分参考文献

[1] Hosamani KM, et al. *Industrial Crops and Products*, 2003, 17(1): 53-56.

3. 单毛刺蒴麻　小刺蒴麻（海南植物志）

Triumfetta annua L., Mant. Pl. 1: 73. 1767.（英 **Puny Triumfetta**）

　　草本或亚灌木。叶纸质，卵形或卵状披针形，长5–11 cm，宽3–7 cm，先端尾尖，基部圆形或微心形。聚伞花序腋生；花瓣倒披针形；雄蕊10枚；子房被刺毛。蒴果扁球形；刺长5–7 mm，无毛，先端弯勾，基部有毛。花期秋季。

分布与生境　产于云南、四川、湖北、贵州、广西、广东、江西、浙江。生于荒野及路旁。马来西亚、印度及非洲有分布。

药用部位　叶、根。

功效应用　叶：解毒，止血。用于痈疖红肿，刀伤出血。根：祛风，活血，镇痛。用于风湿痛，跌打损伤。

注评　本种的叶哈尼族药用，主要用途见功效应用项。

单毛刺蒴麻 Triumfetta annua L.
引自《中国高等植物图鉴》

单毛刺蒴麻 Triumfetta annua L.
摄影：喻勋林 方腾

4. 刺蒴麻（海南植物志）

Triumfetta rhomboidea Jacq., Enum. Syst. Pl. 22. 1760.——*T. bartramia* L., *T. angulata* Lam., *Bartramia indica* L.（英 **Common triumfetta**）

亚灌木。嫩枝被灰褐色短绒毛。叶纸质，下部叶阔卵圆形，长 3-8 cm，宽 2-6 cm；先端常 3 裂，基部圆形，上部叶长圆形；上面有疏毛，下面有星状柔毛；基出脉 3-5 条，两侧脉直达裂片尖端，边缘有不规则的粗锯齿。聚伞花序腋生，花序柄及花柄均极短；萼片狭长圆形，长 5 mm，顶端有角，被长毛；花瓣比萼片略短，黄色，边缘有毛；雄蕊 10 枚；子房有刺毛。果球形，不开裂，被灰黄色柔毛，具勾针刺，长 2 mm，有种子 2-6 颗。花期夏秋季间。

分布与生境 产于云南、广西、广东、福建、台湾。热带亚洲及非洲也有分布。

药用部位 根。

功效应用 利尿化石。用于石淋，感冒风热表症。

化学成分 枝含黄酮类：反式-银椴苷(*trans*-tiliroside)[1]；三萜类：山楂酸(maslinic acid)，齐墩果酸(oleanolic acid)，羽扇豆醇(lupeol)[1]；酰胺类：刺蒴麻酰胺B (triumfettamide B)[1]；甾体类：豆甾醇(stigmasterol)，*β*-谷甾醇，胡萝卜苷[1]；

叶含黄酮类：高黄芩素-7-*O*-*α*-L-吡喃鼠李糖苷(scutellarein-7-*O*-*α*-L-rhamnopyranoside)[2]，刺蒴麻素▲ (triumboidin)[2-3]。

地上部分含挥发油：反式-*β*-丁香烯(trans-*β*-caryophyllene)，野缬草烷(kessane)，丁香烯氧化物(caryophyllene oxide)等[4]。

注评 本种的根或全株称"黄花地桃花"，广东、广西、香港、福建、台湾等地药用。白族也药用，主要用途见功效应用项。

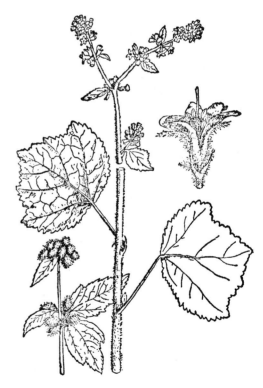

刺蒴麻 Triumfetta rhomboidea Jacq.
引自《中国高等植物图鉴》

刺蒴麻 Triumfetta rhomboidea Jacq.
摄影：王祝年 徐克学

化学成分参考文献

[1] Tchoukoua A, et al. *Chem Nat Compd*, 2013, 49(5): 811-814.

[2] Srinivasan KK, et al. *Fitoterapia*, 1981, 52(6): 285-287.

[3] Ramachandran AG, et al. *Phytochemistry*, 1986, 25(3): 768-769.

[4] Mevy JP, et al. *Flavour and Fragrance Journal*, 2006, 21(1): 80-83.

锦葵科 MALVACEAE

　　草本、灌木或乔木，常被星状毛。叶互生，通常为掌状脉有时分裂，托叶常早落。花两性，辐射对称，萼片 3-5 枚，常有副萼 3 至多数；花瓣 5 枚，常与雄蕊管的基部合生；雄蕊多数，连合成雄蕊柱，花药 1 室，花粉粒大而有刺；子房上位，1 至多室，但以 5 室为多，由 2-5 个或更多的心皮环绕中轴而或，每室有 1 枚或较多的倒生胚珠。果为蒴果，分裂成数个果爿，稀为浆果状。

　　本科约有 50 属，约 1000 种，分布于热带至温带地区。我国有 16 属 81 种 36 变种或变型，产于全国各地，以热带和亚热带地区种类较多，其中 14 属 54 种 15 变种可药用。

　　本科药用植物主要含三萜、黄酮、生物碱、挥发油和甾体等类化学成分。

分属检索表

1. 果分裂，与果轴分离；心皮离生。
　　2. 雄蕊柱上的花药着生至顶，花柱分枝与心皮同数。
　　　　3. 每室仅有 1 个胚珠，上举或悬垂。
　　　　　　4. 小苞片 4-9；胚珠上举。
　　　　　　　　5. 花柱分枝线形；成熟心皮无刺。
　　　　　　　　　　6. 小苞片 3，分离；花瓣倒心形或微缺；果轴圆筒状 ················· **1. 锦葵属 Malva**
　　　　　　　　　　6. 小苞片 6-9，基部合生；花瓣齿啮状；果轴盘状。
　　　　　　　　　　　　7. 小苞片 6-7；心皮 2 室；花冠宽 5-10 cm ················· **2. 蜀葵属 Alcea**
　　　　　　　　　　　　7. 小苞片 9；心皮 1 室；花冠宽 2.5 cm ················· **3. 药葵属 Althaea**
　　　　　　　　5. 花柱分枝在顶端加厚成头状，成熟心皮有 3 枚短刺 ················· **4. 赛葵属 Malvastrum**
　　　　　　4. 无小苞片；胚珠倒垂 ················· **5. 黄花稔属 Sida**
　　　　3. 每室有胚珠 2 个或更多，常上举。
　　　　　　8. 草本或灌木；心皮 8 或更多；花黄色或红色，无小苞片 ················· **6. 苘麻属 Abutilon**
　　　　　　8. 多为乔木；心皮 2-3；花粉红色或白色；小苞片 4-6 ················· **7. 翅果麻属 Kydia**
　　2. 雄蕊柱上的花药近外部着生，顶端 5 齿或平截；花柱分枝约为心皮的 2 倍。
　　　　9. 小苞片 5；花较小，粉红或粉白色；成熟心皮有锚状倒刺毛 ················· **8. 梵天花属 Urena**
　　　　9. 小苞片 7-12；花较大，深红色；成熟心皮合生成肉质浆果状，后变干开裂 ····**9. 悬铃花属 Malvaviscus**
1. 果为蒴果；心皮合生，子房通常 5 室，花柱分枝与之同数；雄蕊柱仅在外面着生花药。
　　10. 花柱分枝；小苞片 5-15，种子肾形，很少为圆球状。
　　　　11. 萼佛焰苞状，花后在一边开裂而早落；果长而尖；种子平滑无毛 ················· **10. 秋葵属 Abelmoschus**
　　　　11. 萼钟形、杯形，宿存；果通常长圆形；种子被毛或腺状乳突 ················· **11. 木槿属 Hibiscus**
　　10. 花柱不分枝；小苞片 3-5；种子倒卵形或有棱角，很少肾形。
　　　　12. 萼片平截；小苞片 3-5；子房 3-5 室，花柱棒状，柱头有 5 槽；种子倒卵形或有棱角，常具绒毛。
　　　　　　13. 小乔木；叶全缘或 3 裂；小苞片 3-5 ················· **12. 桐棉属 Thespesia**
　　　　　　13. 草本或灌木；叶 3-9 裂；小苞片 3；种子有长绵毛 ················· **13. 棉属 Gossypium**
　　　　12. 萼片 5 裂；小苞片 4；子房 10 室，花柱端具无柄的柱头 10 槽；种子肾形，无毛 ·················
　　　　　　················· **14. 大萼葵属 Cenocentrum**

1. 锦葵属 Malva L.

一年生或多年生草本，叶互生，有角或掌状分裂；花单生或簇生于叶腋间；有小苞片（副萼）3，线形，常离生；花瓣5，顶端常凹入。果由多心皮组成，成熟时各心皮彼此分离，且与中轴脱离而成分果。

本属约30种，分布于亚洲、欧洲和非洲北部。我国有4种，其中3种2变种可药用。

分种检索表

1. 花大型，紫红色，直径3–5 cm；小苞片长圆形，先端圆形；果爿背面网状，微被柔毛 ················· ·· 1. **锦葵 M. cathayensis**
1. 花小型、白色至淡粉红色，直径5–15 mm；小苞片线状披针形，先端锐尖；果爿背面无毛，边缘被条纹。
　2. 植株较小，匍生，高20 cm；基生叶直径2–5 cm；花梗长2–5 cm，花冠长为萼片的2倍，花瓣的爪具髯毛 ··· 2. **圆叶锦葵 M. pusilla**
　2. 植株高大，直立，或达1 m；基生叶直径6–10 cm；近无花梗，花冠与萼片近等长，花瓣的爪不具髯毛· ··· 3. **野葵 M. verticillata**

本属药用植物主要含黄酮类成分，如山奈酚-3-*O*-*β*-吡喃葡萄糖苷 (kaempferol-3-*O*-*β*-glucopyranoside，**1**)、山奈酚-3-*O*-(6″-*O*-反式-对香豆酰基)-*β*-D-吡喃葡萄糖苷 [kaempferol-3-*O*-(6″-*O*-*trans*-*p*-coumaroyl)-*β*-D-glucopyranoside，**2**]，山奈酚-7-*O*-*β*-D-吡喃葡萄糖苷 (kaempferol-7-*O*-*β*-D-glucopyranoside，**3**)，山奈酚-3-*O*-*β*-L-鼠李糖基-(1→6)-*β*-D-吡喃葡萄糖苷 (kaempferol-3-*O*-*β*-L-rhamnopyranosyl-(1→6)-*β*-D-glucopyranoside，**4**)，山奈酚-3,7-*O*-二葡萄糖苷 (kaempferol-3,7-*O*-diglucoside，**5**)，槲皮素-3-*O*-*β*-D-吡喃葡萄糖苷 (quercetin-3-*O*-*β*-D-glucopyranoside，**6**)，槲皮素-3-*O*-*β*-L-鼠李糖基-(1→6)-*β*-D-吡喃葡萄糖苷 (quercetin-3-*O*-*β*-L-rhamnopyranosyl-(1→6)-*β*-D-glucopyranoside，**7**)，芹菜苷元-7-*O*-*β*-D-吡喃葡萄糖苷 (apigenin-7-*O*-*β*-D-glucopyranoside，**8**)。

1: R$_1$=O-glc, R$_2$=OH, R$_3$=H
2: R$_1$=O-glc-6″-*E*-*p*-coumaroyl, R$_2$=OH, R$_3$=H
3: R$_1$=OH, R$_2$=O-glc, R$_3$=H
4: R$_1$=O-rha$^{1\text{-}6}$glc, R$_2$=OH, R$_3$=H
5: R$_1$=O-glc, R$_2$=O-glc, R$_3$=H
6: R$_1$=O-glc, R$_2$=OH, R$_3$=OH
7: R$_1$=O-rha$^{1\text{-}6}$glc, R$_2$=OH, R$_3$=OH
8: R$_1$=H, R$_2$=O-glc, R$_3$=H

1. 锦葵（尔雅注）　荆葵（陆玑诗疏），钱葵（草花谱），小钱花（江苏）

Malva cathayensis M. G. Gilbert, Y. Tang et Dorr, Flora of China 12: 266. 2007——*M. sinensis* Cav., *M. mauritiana* L. var. *sinensis* (Cav.) DC.（英 **Chinese Mallow**）

二年生或多年生直立草本，分枝多。叶圆心形或肾形，具5–7圆齿状钝裂片，长5–12 cm，基部近心形至圆形，边缘具圆锯齿；托叶偏斜，卵形。花3–11朵簇生；小苞片3，长圆形，长3–4 cm，宽1–2 mm，先端圆形；萼杯状，长6–7 mm，萼裂片5，宽三角形；花紫红色或白色，直径3.5–4 cm；花瓣5，匙形；雄蕊柱长8–10 mm，被刺毛；花柱分枝9–11。果扁圆形，直径5–7 mm，分果爿9–11，肾形。种子黑褐色，长2 mm。花期5–10月。

分布与生境　我国南北各城市常见栽培，偶有逸生，辽宁以南各地均有分布。印度也有分布。
药用部位　茎、叶、花。

功效应用 清热利湿，理气通便。用于大小便不畅，淋巴结结核，带下，腹痛。

注评 本种的花、叶和茎称"锦葵"，全国各地栽培。本种为蒙药"占巴"的原植物之一，花用于尿频、尿闭、尿血、水肿、膀胱结石、腰痛等；阿昌族药用叶治疮痈。本种也为藏药"锦巴"的原植物之一，罗达尚考证《晶珠本草》记载的"锦巴"分为"雌""雄""中"三种，本种即为"中"者，根、花、果实均入药，用于热性病、烦渴引饮、尿闭、尿涩、肾衰竭、遗精、脾胃虚弱等症。

锦葵 *Malva cathayensis* M. G. Gilbert, Y. Tang et Dorr
李锡畴 绘

锦葵 *Malva cathayensis* M. G. Gilbert, Y. Tang et Dorr
摄影：王庆 张英涛

2. 圆叶锦葵 野锦葵、金爬齿（山东），托盘果（江苏），烧饼花（甘肃）

Malva pusilla Sm. in Sm. et Sowerby, Engl. Bot. 4: t. 241. 1795.——*M. lignescens* Iljin, *M. rotundifolia* L.（英 **Running Mallow**）

多年生草本，分枝多而常匍生，被粗毛。叶肾形，长 1–3 cm，宽 1–4 cm，基部心形，边缘具细圆齿，偶为 5–7 浅裂；叶柄长 3–12 cm，被星状长柔毛；托叶小，卵状渐尖。花通常 3–4 朵簇生于叶腋，偶单生于茎基部；小苞片 3，披针形，长约 5 mm；萼钟形，长 5–6 mm，裂片 5；花白色至浅粉红色，长 10–12 mm；花瓣 5，倒心形；花柱分枝 13–15。果扁圆形，直径 5–6 mm，分果爿 13–15。种子肾形，直径约 1 mm。花期夏季。

分布与生境 全国广布。生于荒野、草坡。分布至欧洲和亚洲各地。

药用部位 根。

功效应用 补中益气，利尿通乳。用于虚劳，贫血，肺结核，子宫脱垂，肾炎，水肿，小便不利，疮毒。

化学成分 种子含维生素类：α-维生素E (α-vitamin E)，β-维生素E (β-vitamin E)，γ-维生素E (γ-vitamin E)，δ-维生素E (δ-vitamin E)[1]；其他类：油酸，硬脂酸，棕榈酸，蜡，KNO_3，KCl，$CaSO_4$，阿拉伯糖，树脂等[2]。

注评 本种的根称"圆叶锦葵根"，陕西、江苏、安徽、河南等地药用。本种的果实在山东济宁作"冬葵子"使用，系伪品。"冬葵子"药材商品情况，参见野葵 *Malva verticillata* L. 注评。本种为藏药"锦巴"的原植物之一，罗达尚考证《晶珠本草》记载的"锦巴"分为"雌""雄""中"三种，本种

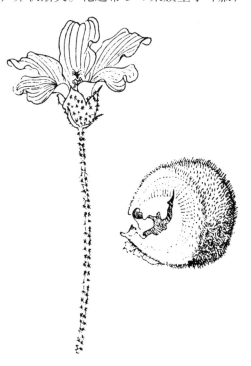

圆叶锦葵 **Malva pusilla** Sm.
李锡畴 绘

圆叶锦葵 **Malva pusilla** Sm.
摄影：朱鑫鑫

即为"中"者，根、花、果实均入药，用于热性病、烦渴引饮、尿闭、尿涩、肾衰竭、遗精、脾胃虚弱等症。

化学成分参考文献

[1] 王文芝，等 . 中草药 , 1996, 27(4): 211-213.

[2] Curts GD, et al. *Journal of the American Pharmaceutical*

Association (1912-1977), 1949, 38: 470-473.

3. 野葵　棋盘菜（湖北），荠葵（尔雅、图考），旅葵（古诗），土黄芪、菁葵叶（滇南本草）

Malva verticillata L., Sp. Pl. 2: 689. 1753.——*M. chinensis* Mill., *M. mohileviensis* Downar, *M. pulchella* Bernh., *M. verticillata* L. subsp. *chinensis* (Mill.) Tzvelev, *M. verticillata* L. var. *chinensis* (Mill.) S. Y. Hu（英 **Curled Mallow**）

3a. 野葵（模式变种）

Malva verticillata L. var. **verticillata**

二年生草本。叶肾形或圆形，直径 5–11 cm，常为掌状 5–7 裂，裂片三角形，具钝尖头，边缘具钝齿；叶柄长 2–8 cm；托叶线状披针形。花 3 至多朵簇生于叶腋，近无柄；小苞片 3，线状披针形，长 5–6 mm；萼杯状，直径 5–8 mm，萼裂 5，广三角形；花冠白色至淡红色，花瓣 5，长 6–8 mm，先端凹，爪无毛或具少数细毛。果扁球形，直径 5–7 mm，分果爿 10–11，两侧具网纹。种子肾形，直径约 1.5 mm，紫褐色。花期 3–11 月。

分布与生境　产于全国各地，平原和山区均有野生。朝鲜、印度、缅甸、埃及、埃塞俄比亚以及欧洲等地也有分布。

药用部位　果实、叶、白花、根、茎、全草。

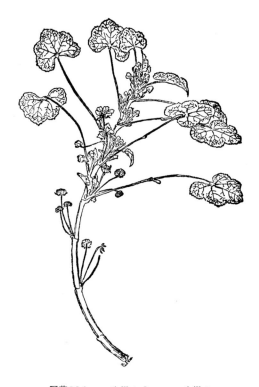

野葵 **Malva verticillata** L. var. **verticillata**
引自《中国高等植物图鉴》

野葵 **Malva verticillata** L. var. **verticillata**
摄影：徐克学

功效应用　果实：清热利尿，消肿。用于尿闭，水肿，口渴，尿路感染。叶：清热，利湿，滑肠，通乳。用于热毒下痢，肺热咳嗽，咽喉肿痛，黄疸，二便不通，乳汁不下，疮疖肿毒，丹毒，金疮。鲜叶外敷用于跌打扭伤，疮疡。白花：用于尿道感染，膀胱炎，乳腺炎。根：清热解毒，利水。用于水肿，热淋，带下，乳痈，二便不利，疖疮，虫蛰伤。茎：清热利湿，止血止痛。用于淋证，黄疸型肝炎，血崩，尿血，跌打劳伤。全草：清热，止咳，利尿，下乳，润肠，通便。用于肾炎，水肿，结石，大便燥结，乳汁不通，咳嗽，烫火伤。

冬葵果 **Malvae Fructus**
摄影：钟国跃

化学成分　果实含挥发性成分：(1*S*)-1,7,7-三甲基-双环-[2,2,1]庚烷-2-酮，(*E*)-2-辛烯醛，(*Z*)-2-辛烯-2-醇，(*Z*)-2-壬烯醛，3,5-辛二烯-2-醇，1,1-二氯-2-己基-环丙烷，3-(丙基-2 烯酰氧基)-十二烷，1-(乙烯氧基)-戊烷，1-甲基-6,7-二氧双环[3.2.1]辛烷，*trans*-1,2-环戊二醇，1-羟基-2-壬烯，(*E*)-2,6-二甲基-3,5,7-辛三烯-2-醇，4,4-二甲基二氢-2(3*H*)-呋喃酮，Z-1,9-十六二烯，(*E,E*)-2,4-癸二烯，酞酸二丁酯[1]。

种子含甾体类：野葵苷(verticilloside)，*β*-谷甾醇，胡萝卜苷[2]；其他类：蔗糖，棉子糖(raffinose)，肉豆蔻油酸(myristoleic acid)[2]。

注评　本种为中国药典（1977、1985、1991、1995、2000、2005、2010、2015 年版）、内蒙古蒙药材标准（1986 年版）收载"冬葵果"的基源植物，药用其干燥果实；也为部颁标准·藏药（1995 年版）收载的"江巴"、藏药标准（1979 年版）收载"冬葵果"的基源植物，药用其花和果实或为其带宿萼的果实；蒙古族、藏族习用药材。本种的叶称"冬葵叶"，根称"冬葵根"，均可药用。本种的果实在河南、吉林、江西、四川等地习作"冬葵子"使用，属地方习用品。据本草考证，历代本草记载的"冬葵子"应为同科植物冬葵 Malva verticillata L. var. crispa L. 的种子；但此种现仅在四川、湖南部分地区使用，并无商品药材经销。近代文献多将"冬葵子"的基源植物定为野葵 Malva verticillata L.，其果实为蒙古族习用药材。同属植物圆叶锦葵 Malva pusilla Sm. 的果实在山东济宁作"冬葵子"使用。目前"冬葵子"商品药材均系同科植物苘麻 Autilon theophrasti 的种子。"冬葵子"与"苘麻子"两者功效应用不同，不宜相混。中国药典已分立为"苘麻子""冬葵果"两个品种。本种为藏药"尖巴"（即"江巴"）的三种来源之一，称"藏尖巴"或"玛能尖木巴"（藏药志）、"玛能锦巴"（藏药志）和"玛宁江巴"（中华本草·藏药卷）等，花用于遗精，果用于尿闭、淋病、肾热、水肿、膀胱热；带宿萼果实用于遗精；花及果用于月经过多、小便不通、腰痛、腹泻。蒙古族、傈僳族、傣族、侗族、彝族、白族、德昂族、纳西族、维吾尔族、羌族、畲族、土家族也药用本种，主要用途见功效应用项。德昂族尚用其叶及根治疗皮肤过敏，皮肤干燥。

化学成分参考文献

[1] 李增春，等 . 中成药，2008, 30(6): 922-924.

[2] Kim JA, et al. *Nat Prod Sci*, 2011, 17(4): 350-353.

3b. 冬葵（变种）（植物名实图考） 葵菜、冬苋菜（湖南、贵州、四川），蕲菜（江西），锦葵（华北经济植物志要）

Malva verticillata L. var. **crispa** L., Sp. Pl. 2: 689. 1753.——*M. crispa* (L.) L.（英 **Curly Mallow**）

一年生草本，不分枝。叶圆形，常 5–7 裂或角裂，直径 5–8 cm，基部心形，裂片三角状圆形，边缘具细锯齿，并极皱缩扭曲。花小，白色，直径约 6 mm，单生或几个簇生于叶腋。果扁球形，直径约 8 mm，分果爿11，网状。种子肾形，暗黑色。花期 6–9 月。

分布与生境 产于云南、四川、贵州、江西、甘肃等地。

药用部位 果实、叶、白花、根、茎、全草。

功效应用 同模式变种。

化学成分 花含黄酮类：山柰酚-3-*O*-β-吡喃葡萄糖苷(kaempferol-3-*O*-β-glucopyranoside)，山柰酚-3-*O*-(6"-*O*-反式对香豆酰基)-β-D-吡喃葡萄糖苷[kaempferol-3-*O*-(6"-*O*-*trans*-*p*-coumaroyl)-β-D-glucopyranoside]，山柰酚-3-*O*-α-L-吡喃鼠李糖基-(1→6)-β-D-吡喃葡萄糖苷[kaempferol-3-*O*-α-L-rhamnopyranosyl-(1→6)-β-D-glucopyranoside]，山柰酚-7-*O*-β-D-吡喃葡萄糖苷(kaempferol-7-*O*-β-D-glucopyranoside)，山柰酚-3,7-*O*-二葡萄糖苷(kaempferol-3,7-*O*-diglucoside)，槲皮素-3-*O*-β-D-吡喃葡萄糖苷(quercetin-3-*O*-β-D-glucopyranoside)，槲皮素-3-*O*-α-L-吡喃鼠李糖基-(1→6)-β-D-吡喃葡萄糖苷[quercetin-3-*O*-α-L-rhamnopyranosyl-(1→6)-β-D-glucopyranoside]，芹菜苷元-7-*O*-β-D-吡喃葡萄糖苷(apigenin-7-*O*-β-D-glucopyranoside)[1]。

冬葵 Malva verticillata L. var. crispa L.
摄影：周繇

化学成分参考文献

[1] Matlawska I, et al. *Acta Poloniae Pharmaceutica*, 2004, 61(1): 65-68.

3c. 中华野葵（变种）

Malva verticillata L. var. **rafiqii** Abedin, Fl. W. Pakistan 130: 45. 1979.（英 **Chinese Cluster Mallow**）

叶浅裂，裂片圆形。花簇生于叶腋，花梗不等长，其中一花梗特长，长达 4 cm。

分布与生境 产于河北、山东、陕西、山西、甘肃、新疆、四川、贵州、江苏和浙江等地。分布至朝鲜。

药用部位 全草。

功效应用 清热，止渴，利尿，下乳，润肠，通便。用于肾炎，水肿，结石，大便燥结，乳汁不通，咳嗽，烫火伤。

注评 本种为藏药"锦巴"的基源植物之一，罗达尚考证《晶珠本草》记载的"锦巴"分为"雌""雄""中"三种，本种即为"中"者，根、花、果实均入药，用于热性病，烦渴引饮，尿闭，尿涩，肾衰竭、遗精，脾胃虚弱等。

2. 蜀葵属 Alcea L.

一年生至多年生草本，被长硬毛。叶宽卵形或近圆形，多少分裂。花单生或排列成总状花序生于枝端，腋生；小苞片 6–7 枚；萼钟形，5 齿裂，被绵毛和密刺；花冠漏斗形，宽达 5–10 cm；雄蕊柱顶端着生育花药；心皮 2 室。果盘状，分果爿有 30 枚至更多。

本属约 60 种，分布于亚洲中、西部各温带地区。我国有 2 种，产于新疆和西南部地区，其中 1 种可药用。

本属药用植物蜀葵的花主要含黄酮类化合物，如木犀草素 -4-O-β-D-6"- 乙酰吡喃葡萄糖苷 (luteolin-4-O-β-D-6"-acetylglucopyranoside，**1**)，山柰酚 -3-O- 葡萄糖苷 (kaempferol-3-O-glucoside，**2**)，槲皮素 -3-O- 葡萄糖苷 (quercetin-3-O-glucoside，**3**)，紫云英苷 (astragalin，**4**)，银椴苷 (tiliroside，**5**) 等。

2: R_1=O-glc, R_2=OH, R_3=H
3: R_1=O-glc, R_2=OH, R_3=OH
4: R_1=O-glc-glc, R_2=H, R_3=H

1

5

1. 蜀葵（尔雅） 淑气花，一丈红（陕西），麻杆花（河南），棋盘花（四川），斗蓬花（陕西）

Alcea rosea L., Sp. Pl. 2: 687. 1753.——*Althaea rosea* (L.) Cav., *A. rosea* (L.) Cav. var. *sinensis* (Cav.) S. Y. Hu, *A. sinensis* Cav.（英 **Hollyhock**）

二年生直立草本，茎枝密被刺毛。叶近圆心形，直径 6–16 cm，掌状 5–7 浅裂或波状棱角，裂片三角形或圆形，下面被星状长硬毛或绒毛；叶柄长 5–15 cm，被星状长硬毛；托叶卵形，长约 8 mm，先端具 3 尖。花腋生，单生或近簇生，或排列成总状花序；小苞片杯状，常 6–7 裂，裂片卵状披针形，长 8–10 mm，密被星状粗硬毛；萼钟状，直径 2–3 cm，5 齿裂，裂片卵状三角形，密被星状粗硬毛；花大，直径 6–10 cm，花瓣倒卵状三角形，长约 4 cm，先端凹缺，基部狭；花药黄色；花柱分枝多数。果盘状，直径约 2 cm，分果爿近圆形，背部厚达 1 mm，具纵槽。花期 2–8 月。

分布与生境 原产于我国西南地区，全国各地广泛栽培供观赏。

药用部位 花、种子、茎叶、根、全株。

功效应用 花（蜀葵花）：活血润燥，通利二便。用于痢疾，呕血，血崩，带下病，二便不利，疟疾，小儿风疹。外用于痈肿疮疡。种子（蜀葵子）：利水通淋，滑肠，催生。用于水肿，淋证，二便不通。孕妇忌服。茎叶（蜀葵苗）：用于热毒下痢，淋证，金疮，火疮。根、全株：解表散寒，利尿消肿，止咳。用于小便淋痛，尿血，呕血，血崩，带下病，肠痈。外用于疮肿，丹毒。

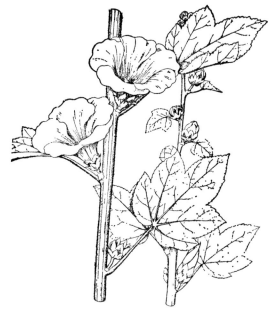

蜀葵 Alcea rosea L.
引自《中国高等植物图鉴》

蜀葵 **Alcea rosea** L.
摄影：张英涛 王祝年

化学成分 根含香豆素类：东莨菪内酯(scopoletin)，东莨菪苷(scopolin)[1]；酚苷类：对羟基苯乙醇反式-阿魏酸酯(*p*-hydroxyphenethyl *trans*-ferulate)，1-(*α*-L-吡喃鼠李糖基-(1→6)-*β*-D-吡喃葡萄糖氧基)-3,4,5-三甲氧基苯[1-(*α*-L-rhamnopyranosyl-(1→6)-*β*-D-glucopyranosyloxy)-3,4,5-trimethoxybenzene][1]；苯甲醇类：苄基-*α*-L-吡喃鼠李糖基-(1→6)-*β*-D-吡喃葡萄糖苷[benzyl-*α*-L-rhamnopyranosyl-(1→6)-*β*-D-glucopyranoside][1]；有机酸类：软木酸(suberic acid; octanedioic acid)，皮脂酸(sebacic acid; decanedioic acid)[1]。

花含黄酮类：木犀草素-4-*O*-*β*-D-6"-乙酰吡喃葡萄糖苷(luteolin-4-*O*-*β*-D-6"-acetylglucopyranoside)[2]，芦丁(rutin)，白杨素(chrysin)，山奈酚(kaempferol)，刺槐亭(robinetin)，刺槐素(acacetin)，根皮素(phloretin)[3]，银椴苷(tiliroside)，柚皮苷元(naringenin)[4]，紫云英苷(astragalin)，芹菜苷元(apigenin)，香树素(aromadendrin)，异甘草苷(isoliquiritin)，南酸枣苷(choerospondin)，虎耳草苷(saxifragin)，4',5,7,8-四羟基-3-甲氧基黄酮(4',5,7,8-tetrahydroxy-3-methoxyflavone)[5]，草棉辛▲(herbacin)[6]，香树素-3-*O*-*β*-D-吡喃葡萄糖苷(aromadendrin-3-*O*-*β*-D-glucopyranoside)[7]，槲皮素(quercetin)，山奈酚-3-*O*-*β*-D-吡喃葡萄糖苷(kaempferol-3-*O*-*β*-D-glucopyranoside)，槲皮素-3-*O*-*β*-D-吡喃葡萄糖苷(quercetin-3-*O*-*β*-D-glucopyranoside)，矢车菊素-3-*O*-*β*-D-吡喃葡萄糖苷(cyanidin-3-*O*-*β*-D-glucopyranoside)，矢车菊素-3-*O*-芸香糖苷(cyanidin-3-*O*-rutinoside)[8]；色酮类：3,5,7-三羟基色酮(3,5,7-trihydroxychromone)[9]；香豆素类：东莨菪内酯(scopoletin)[9]；苯丙素类：桂皮酸(cinnamic acid)，对香豆酸(*p*-coumaric acid)，阿魏酸(ferulic acid)[4]，4-羟基-3-甲氧基桂皮酰基-*β*-D-吡喃葡萄糖苷(4-hydroxy-3-methoxycinnamyl-*β*-D-glucopyranoside)，3,4-二甲氧基桂皮酰基-*β*-D-吡喃葡萄糖苷(3,4-dimethoxycinnamyl-*β*-D-glucopyranoside)，反式-咖啡酸(*trans*-caffeic acid)[9]；酚、酚酸类：原儿茶酸(protocatechuic acid)，对羟基苯甲醛(*p*-hydroxybenzaldehyde)，对羟基苯甲酸(*p*-hydroxybenzoic acid)，4-*O*-*β*-D-吡喃葡萄糖基苯甲酸(4-*O*-*β*-D-glucopyranosylbenzoic acid)，对羟基苯甲酰基-*β*-D-吡喃葡萄糖苷(*p*-hydroxybenzoyl-*β*-D-glucopyranoside)，3,5-二甲氧基-4-羟基苯甲酸(3,5-dimethoxy-4-hydroxybenzoic acid)[9]；苯甲醇类：4-甲氧基苄基-*β*-D-吡喃葡萄糖苷(4-methoxybenzyl-*β*-D-glucopyranoside)[9]；核苷类：腺苷(adenosine)[9]；生物碱类：1*H*-吲哚-3-羧酸(1*H*-indole-3-carboxylic acid)[9]；芳香酸类：茴芹酸▲(anisic acid)，水杨酸(salicylic acid)[4]；甾体类：*β*-谷甾醇，胡萝卜苷(daucosterol)[4]；脂肪烃类：二十九烷(nonacosane)[4]。

种子油含有机酸类：蓖麻酸(ricinoleic acid)，肉豆蔻酸(myristic acid)，棕榈酸(palmitic acid)，硬脂

酸(stearic acid)，油酸(oleic acid)[10]。

注评　本种为部颁标准·维药（1999 年版）、内蒙古蒙药材标准（1986 年版）、山东中药材标准（1995、2002 年版）收载"蜀葵花"的基源植物，药用其干燥花；也为部颁标准·藏药（1995 年版）收载的"江巴"的基源植物之一，药用其干燥花和果实。本种的茎叶称"蜀葵苗"，种子称"蜀葵子"，根称"蜀葵根"，均可药用。本种为《藏药志》记载的三种"尖巴"（即"江巴"）之一，称"雄尖巴"或"破尖木"；另外两种"江巴"的原植物分别为同科植物欧锦葵 Malva sylvestris L. 和野葵 M. verticillata L.，前者与本种功效相同，后者则不尽相同。藏族用于遗精，子宫炎，白带，月经过多，肾热，肾衰竭，肾炎，水肿，膀胱热，小便不通，腹泻，食欲不振，鼻出血不止。蒙古族、侗族、土家族、白族、佤族、纳西族也药用本种，主要用途见功效应用项。

化学成分参考文献

[1] Kim DH, et al. *Saengyak Hakhoechi*, 2007, 38(3): 222-226.

[2] 冯育林，等. 中国药学杂志，2008, 43(6): 415-416.

[3] Srivastava SK, et al. *Indian Drugs*, 1984, 21(10): 468-469.

[4] 冯育林，等. 中草药，2005, 36(11): 1610-1612.

[5] 冯育林，等. 中草药，2006, 37(11): 1622-1624.

[6] Parthasarathy MR, et al. *Bulletin of the National Institute of Sciences of India*, 1965, (31): 100-106.

[7] Obara H, et al. *Nippon Kagaku Zasshi*, 1964, 85(8): 514-515.

[8] Nair AGR, et al. *Current Science*, 1964, 33(14): 431-432.

[9] 张祎，等. 沈阳药科大学学报，2013, 30(5): 335-341.

[10] Daulatabad CD, et al. *Journal of the Oil Technologists' Association of India* (Mumbai, India), 2000, 32(1): 8-9.

3. 药葵属 Althaea L.

一年生至多年生草本，被长硬毛。叶近圆形，多少分裂。花单生或排列成总状花序生于枝端，腋生；萼钟形，5 齿裂，被绵毛和密刺；总苞的小苞片 9 枚；花冠漏斗形，宽 2.5 cm；花瓣倒卵状楔形，爪被冠毛；心皮 1 室。果盘状，成熟时与中轴分离。

本属约 12 种，分布于亚洲中、西部各温带地区。我国有 1 种，产于新疆和西南各地，可药用。

1. 药蜀葵

Althaea officinalis L., Sp. Pl. 2: 686. 1753.——*A. micrantha* Wiesb. ex Borbás, *A. sublobata* Stokes, *A. taurinensis* DC., *A. vulgaris* Bubani, *Malva althaea* E. H. L. Krause, *M. maritima* Salisb., *M. officinalis* (L.) Schimp. et Spenn.（英 **Marshmallow**）

多年生直立草本，茎密被星状长糙毛。叶卵圆形或心形，长 3–8 cm，宽 1.5–6 cm，先端短尖，基部近心形至圆形。总苞的小苞片 9 枚，披针形；花冠直径约 2.5 cm，淡红色，花瓣 5 枚，倒卵状长圆形。果圆肾形，直径约 8 mm，外包以宿存萼，分果爿多数。花期 7 月。

分布与生境　产于我国新疆塔城县，北京、南京、昆明、西安等地有引种。也分布于欧洲。

药用部位　根、全株。

功效应用　解表散寒，利尿消肿，祛痰止咳，解毒。用于外感风寒，咳嗽，小便淋痛，疔疮肿毒。

化学成分　根含黄酮类：次衣草亭▲-8-*O*-β-D-龙胆双糖苷(hypoletin-8-*O*-β-D-β-gentiobioside)，槲皮素(quercetin)，山奈酚(kaempferol)[1]；酚类：3,4-二羟基苄基十八烷(3,4-dihydroxybenzyloctadecane)，24β,28β-二羟基苄基四十八碳-36-烯-1-酸(24β,28β-dihydroxybenzyloctatetracont-36-en-1-oic-acid)[2]；三萜类：羊毛脂-7-烯-3β-醇-26-酸-3β-D-吡喃葡萄糖苷(lanost-7-en-3β-ol-26-oic acid-3β-D-glucopyranoside)[2]；其他类：5β,13β-二羟基二十九烷基鳕烯酸酯(5β,13β-dihydroxynonacosanyl gadoleate)，(24*S*,28*R*)-二羟基-36-四十八烯酸[(24*S*,28*R*)-dihydroxy-36-octatetracontenoic acid]，正三十酸(*n*-triacontanoic acid)，正二十四

药蜀葵 Althaea officinalis L.
引自《中国高等植物图鉴》

药蜀葵 Althaea officinalis L.
摄影：张英涛

烷(n-tetracosane)，正三十五烷(n-pentatriacontane)[2]。

叶含黄酮类：次衣草亭▲-8-O-β-D-吡喃葡萄糖苷(hypoletin-8-O-β-D-glucopyranoside)，次衣草亭▲-8-龙胆双糖苷[3]，银椴苷(tiliroside)，山柰酚-3-O-β-D-吡喃葡萄糖苷(kaempferol-3-O-β-D-glucopyranoside)，槲皮素-3-O-β-D-吡喃葡萄糖苷(quercetin-3-O-β-D-glucopyranoside)，8-羟基香叶木素-8-O-β-D-吡喃葡萄糖苷(8-hydroxydiosmetin-8-O-β-D-glucopyranoside)，柚皮苷元-4'-O-β-D-吡喃葡萄糖苷(naringenin-4'-O-β-D-glucopyranoside)[4]；有机酸类：咖啡酸，阿魏酸，香荚兰酸，对羟基苯甲酸，绿原酸[5]。

花含黄酮类：异槲皮苷(isoquercitrin)，紫云英苷(astragalin)[6]，银椴苷，柚皮苷元-4'-O-β-D-吡喃葡萄糖苷(naringenin-4'-O-β-D-glucopyranoside)，二羟基山柰酚-4'-O-β-D-吡喃葡萄糖苷(dihydroxykaempferol-4'-O-β-D-glucopyranoside)[7]；三萜类：熊果酸[8]；有机酸类：水杨酸，香荚兰酸，阿魏酸，咖啡酸，对羟基苯甲酸[6]。

种子含三萜类：羊毛脂醇(lanosterol)[9]；倍半萜类：蜀葵菖蒲烃▲(altheacalamene)[9]；香豆素类：蜀葵香豆素▲葡萄糖苷(altheacoumarin glucoside)[9]；内酯类：蜀葵二十六酸内酯▲(altheahexacosanyl lactone)[9]；其他类：β-谷甾醇，月桂酸(lauric acid)[9]。

注评 本种的根或全株称"药蜀葵根"，维吾尔族药用，主要用途见功效应用项。

化学成分参考文献

[1] Gudej J, et al. *Planta Med*, 1991, 57(3): 284-285.

[2] Zoobi J, et al. *International Journal of Research in Ayurveda & Pharmacy*, 2011, 2(3): 864-868.

[3] Gudej J, et al. *Acta Poloniae Pharm*, 1988, 45(4): 340-

345.3

[4] Gudej J, et al. *Acta Poloniae Pharm*, 1985, 42(2): 192-198.

[5] Koleva M, et al. *Farmatsiya (Sofia, Bulgaria)*, 1986,

36(3): 15-18.

[6] Didry N, et al. *Fitoterapia*, 1990, 61(3): 280.

[7] Gudej J, et al. *Acta Poloniae Pharm*, 1987, 44(3-4): 369-373.

[8] Kardosova A, et al. *Collect Czech Chem C*, 1983, 48(7): 2082-2087.

[9] Rani S, et al. *Nat Prod Res*, 2010, 24(14): 1358-1364.

4. 赛葵属 Malvastrum A. Gray

草本或亚灌木。叶卵形，掌状分裂或有齿缺。花腋生或顶生，单生或成总状花序；小苞片3，分离；萼杯状，5裂，在果时成叶状；花瓣黄色，5片，较萼片长；子房5至多室，花柱枝纤细，与心皮同数；成熟心皮由中轴上分离，不开裂，具种子1颗。

本属约80种，分布于热带和亚热带美洲，有2种在热带地区逸生。我国产于南方各地，其中1种可药用。

1. 赛葵 黄花草、黄花棉（广西）

Malvastrum coromandelianum (L.) Garcke, Bonplandia (Hanover) 5(18): 295, 297. 1857.（英 **Coromadel Coast Falsemallow**）

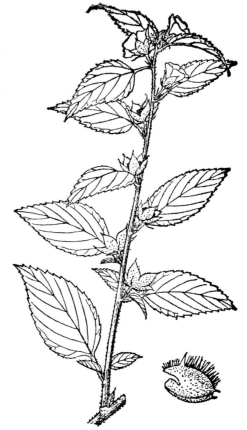

亚灌木。叶卵状披针形或卵形，长3–6 cm，宽1–3 cm，先端钝尖，基部宽楔形至圆形，边缘具粗锯齿。花单生叶腋，花梗长约5 mm，被长毛；小苞片线形，长约5 mm，宽约1 mm，疏被毛；萼浅杯状，5裂，裂片卵形，渐尖头，长约8 mm，基部合生，疏被单长毛和星状长毛；花黄色，直径约1.5 cm，花瓣5，倒卵形，长约8 mm；雄蕊柱长约6 mm，无毛。果直径约6 mm，分果爿8–12，肾形，疏被星状柔毛，直径约2.5 mm，背部宽约1 mm，具2芒刺。

分布与生境 产于台湾、福建、广东、广西和云南等地。散生于干热草坡。原产于美洲，系归化植物。

药用部位 全草、叶。

功效应用 全草：清热利湿，祛瘀消肿。用于黄疸，痢疾，疟疾，小儿食滞，肺热咳嗽，喉头炎。叶：捣烂外敷，用于疮疖肿痛，跌打损伤。

化学成分 叶含甾体类：25R,5α-螺甾烷-2α,3β-diol-3-O-β-D-吡喃葡萄糖基-(1 → 2)-β-D-吡喃葡萄糖基-(1 → 4)-β-D-吡喃半乳糖苷[25R,5α-spirostane-2α,3β-diol-3-O-β-D-glucopyranosyl-(1 → 2)-β-D-glucopyranosyl-(1 → 4)-β-D-galactopyranoside][1]。

种子含脂肪酸类：棕榈酸(palmitic acid)，棕榈油酸(palmitoleic acid)，硬脂酸(stearic acid)，油酸(oleic acid)，亚油酸(linoleic acid)，锦葵酸(malvalic acid)，苹婆酸(sterculic acid)[2]。

赛葵 Malvastrum coromandelianum (L.) Garcke
引自《中国高等植物图鉴》

地上部分含生物碱类：β-苯乙胺(β-phenylethylamine)，N-甲基-β-苯乙胺(N-methyl-β-phenylethylamine)[3]；甾体类：β-谷甾醇，豆甾醇(stigmasterol)，菜油甾醇(campesterol)[3]，蜕皮甾酮(ecdysterone)[4]；其他类：叶黄素(lutein)，三十二烷(dotriacontane)，三十二醇(dotriacontanol)[3]。

赛葵 Malvastrum coromandelianum (L.) Garcke
摄影：徐克学 王祝年

药理作用　镇痛解热抗炎作用：赛葵能延长小鼠热板痛反应时间，减少醋酸致扭体鼠数和扭体次数；降低伤寒副伤寒菌苗致发热家兔的体温；抑制二甲苯致小鼠耳肿胀和醋酸致腹腔毛细血管通透性[1]。

注评　本种的全草称"赛葵"，广西、福建、台湾等地药用。瑶族也药用，主要用途见功效应用项。

化学成分参考文献

[1] Panda S, et al. *Bioorg Med Chem Lett*, 2016, 26(19): 4804-4807.

[2] Hosamani KM, et al. *Journal of Medicinal and Aromatic Plant Sciences*, 2004, 26(2): 315-317.

[3] Prakash A, et al. *Indian J Pharm Sci*, 1983, 45(2): 102-103.

[4] Pandit SS, et al. *Indian J Chem*, 1976, 14B(11): 907-908.

药理作用及毒性参考文献

[1] 罗谋伦，等. 中草药, 1999, 30(6): 436-438.

5. 黄花稔属 Sida L.

　　草本或亚灌木。叶为单叶或稍分裂。花单生，顶生；萼钟状或杯状，5 裂；花瓣黄色，5 片。分果爿顶端具 2 芒或无芒，成熟时与中轴分离。

　　本属 90 余种，分布于全世界。我国有 13 种和 4 变种，产于西南至华东各地，其中 11 种 2 变种可药用。

分种检索表

1. 叶卵形、椭圆形、披针形至菱形，很少为心形；花萼密被星状短柔毛；分果爿 6–10，具直槽。
　　2. 花单生于叶腋。
　　　　3. 分果爿不具芒。
　　　　　　4. 叶倒卵形或近圆形，长 5–20 mm，叶柄长 2–4 mm ···················· **1. 中华黄花稔 S. chinensis**

4. 叶卵形至线状披针形，长 2–7 cm，叶柄长 8–20 mm ·························· **2. 东方黄花稔 S. orientalis**

3. 分果爿具 2 芒。

5. 叶线状披针形，基部圆形或钝；花萼无毛；分果爿 6，无毛 ·············· **3. 黄花稔 S. acuta**

5. 叶卵形、倒卵形、菱形或圆形，基部楔形；花萼被星状短柔毛；分果爿 8–10，先端多少被短柔毛。

6. 叶柄长 5–10 mm，下部的叶具 2 齿；花萼疏被星状柔毛，花常生于短枝端 ······················

·· **4. 拔毒散 S. szechuensis**

6. 叶柄长 3–5 mm，叶具锯齿至细圆锯齿；花萼密被星状绒毛，花单生于叶腋。

7. 花萼具短星状毛，雄蕊柱无毛；分果爿 7–10 ················· **5. 白背黄花稔 S. rhombifolia**

7. 花萼具星状毛，雄蕊柱被毛；分果爿 6–8 ·················· **6. 桤叶黄花稔 S. alnifolia**

2. 花序具多花，簇生或排成伞房状或圆锥花序。

8. 叶较大，长 5–10 cm；花冠直径 2–3.5 cm，雄蕊柱无毛，花序为伞房状或近圆锥状 ···························

·· **7. 榛叶黄花稔 S. subcordata**

8. 叶小，长 1–4 cm；花冠直径不超过 15 mm；雄蕊柱被长硬毛，花序簇生或生于短枝端。

9. 叶卵形，上面密被星状长硬毛；分果爿 10 ················· **8. 心叶黄花稔 S. cordifolia**

9. 叶卵形、倒卵形、宽椭圆形至圆形，疏被星状柔毛；分果爿 5–7 ········· **9. 云南黄花稔 S. yunnanensis**

1. 叶心形；花萼疏被长柔毛；分果爿 5，平滑。

10. 直立草本；花腋生或顶生，排成总状花序或圆锥花序，花梗长不到 1 cm ··· **10. 粘毛黄花稔 S. mysorensis**

10. 平卧草本；花单生于叶腋或数朵排成总状花序，花梗长 1–4 cm ············· **11. 长梗黄花稔 S. cordata**

1: R=O-glc
2: R=O-glc$^{1-4}$glc

3

4

5: R$_1$=R$_3$=R$_5$=OH, R$_2$=glc, R$_4$=H
6: R$_1$=R$_3$=R$_5$=OH, R$_2$=R$_4$=H
7: R$_1$=R$_2$=R$_3$=R$_4$=H, R$_5$=OH
8: R$_1$=R$_3$=R$_4$=OH, R$_2$=glc, R$_5$=H
9: R$_1$=R$_5$=OH, R$_2$=glc, R$_3$=R$_4$=H
10: R$_1$=R$_5$=OH, R$_2$=R$_3$=R$_4$=H
11: R$_1$=R$_3$=OH, R$_2$=glc, R$_4$=H, R$_5$=OAc

本属药用植物含酚苷类成分如丁香苷；黄酮类成分如 3'-(3",7"- 二甲基 -2",6"- 十八碳二烯)-8-*C*-β-D- 葡萄糖基 - 山奈酚 -3-*O*-β-D- 葡萄糖苷 [3'-(3",7"-dimethyl-2",6"-octadiene)-8-*C*-β-D-glucosyl-kaempferol-3-*O*-β-D-glucoside，**1**]，3'-(3",7"- 二甲基 -2",6"– 十八碳二烯)-8-*C*-β-D- 葡萄糖基 - 山奈酚 -3-*O*-β-D- 葡萄糖基 -[1 → 4]-β-D- 葡萄糖苷 [3'-(3",7"-dimethyl-2",6"-octadiene)-8-*C*-β-D-glucosyl-kaempferol-3-*O*-β-D-glucosyl-[1 → 4]-β-D-glucoside，**2**]；甾体类成分如蕨甾酮 (pterosterone，**3**)、水龙骨素 B(polypodine B，**4**)、20- 羟基蜕皮素 -3-*O*-β-D- 吡喃葡萄糖苷 (20-hydroxyecdysone-3-*O*-β-D-glucopyranoside，**5**)、20- 羟基蜕皮素 (20-hydroxyecdysone，**6**)、2- 去氧蜕皮素 -3-*O*-β-D- 吡喃葡萄糖苷 (2-deoxyecdysone-3-*O*-β-D-glucopyranoside，**7**)、蕨甾酮 -3-*O*-β-D- 吡喃葡萄糖苷 (pterosterone-3-*O*-β-D-glucopyranoside，**8**)、蜕皮素 -3-*O*-β-D- 吡喃葡萄糖苷 (ecdysone-3-*O*-β-D-glucopyranoside，**9**)、蜕皮素 (ecdysone，**10**)、20- 羟基 -(25- 乙酰基)- 蜕皮素 -3-*O*-β-D- 吡喃葡萄糖苷 [20-hydroxy-(25-acetyl)-ecdysone-3-*O*-β-D-glucopyranoside，**11**]。

1. 中华黄花稔（云南植物志）

Sida chinensis Retz., Observ. Bot. 4: 29. 1786.（英 **Chinese Sida**）

　　直立小灌木，多分枝。叶倒卵形、长圆形或近圆形，长5-20 mm，宽3-10 mm，先端圆，基部楔形至圆形；叶柄长2-4 mm。花单生于叶腋，花梗长约1 cm；萼钟形，直径约6 mm，绿色，5裂；花黄色，直径约1.2 cm，花瓣5。果圆球形，直径约4 mm，分果爿7-8，平滑而无芒。花期冬春季。

分布与生境　产于台湾、海南和云南等地。常生于向阳山坡丛草间或沟旁。

药用部位　全株。

功效应用　清热解毒，活血排脓。用于感冒，肠炎，跌打损伤，疮疡肿毒。

化学成分　根含生物碱、甾体和脂肪酸[1]。

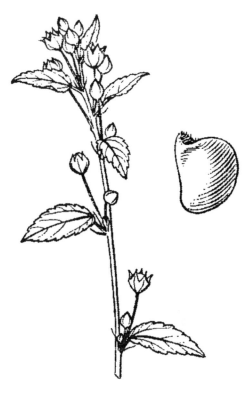

中华黄花稔 Sida chinensis Retz.
引自《云南植物志》

中华黄花稔 Sida chinensis Retz.
摄影：朱鑫鑫

化学成分参考文献

[1] Dutta T. *Bulletin of the Regional Research Laboratory, Jammu, India*, 1963, 1: 178-82.

2. 东方黄花稔（云南植物志）

Sida orientalis Cav., Diss. 1: 21. 1785.（英 **Oriental Sida**）

直立亚灌木。叶下部的卵形，长 4–7 cm，宽 3 cm，先端尖，基部近圆形，边缘具圆锯齿；叶柄长约 2 cm；上部的叶较小，线状披针形至披针形，长 2–4 mm，宽 5–10 mm，叶柄长 8–10 mm。花单生于叶腋或顶生；萼杯状，长约 8 mm；花瓣黄色，5 片，长约 14 mm；分果爿 8–9，长约 4 mm，顶端不具芒。花期秋冬季。

分布与生境 产于台湾和云南南部。生于海拔 1000–2300 m 的向阳干燥山坡上。

药用部位 全株。

功效应用 清热利湿，活血排脓。用于感冒，扁桃腺炎。

东方黄花稔 Sida orientalis Cav.
摄影：朱鑫鑫

3. 黄花稔 扫把麻（海南），亚罕闷（云南西双版纳傣语）

Sida acuta Burm. f., Fl. Indica, 147. 1768.——*S. acuta* Burm. f. subsp. *carpinifolia* (Medik.) Borss. Waalk., *S. acuta* Burm. f. var. *carpinifolia* (Medik.) K. Schum., *S. acuta* Burm. f. var. *intermedia* S. Y. Hu, *S. bodinieri* Gand., *Malvastrum carpinifolium* (L. f.) A. Gray（英 **Acute Sida**）

直立亚灌木状草本，分枝多。叶披针形，长 2–5 mm，宽 4–10 mm，先端短尖或渐尖，基部圆或钝，具锯齿；叶柄长 4–6 mm，疏被柔毛；托叶常宿存。花单朵或成对生于叶腋，花梗长 4–12 mm，中部具节；萼浅杯状，长约 6 mm，下半部合生，裂片 5，尾状渐尖；花黄色，直径 8–10 mm；花瓣倒卵形，先端圆，基部狭。蒴果近圆球形，分果爿 4–9，但通常为 5–6，长约 3.5 mm，顶端具 2 短芒，果皮具网状皱纹。花期冬春季。

分布与生境 产于台湾、福建、广东、广西和云南。常生于山坡灌丛间、路边或荒地。原产于印度、越南和老挝。

药用部位 根、叶。

功效应用 清热解毒，收敛生肌，消肿止痛。用于感冒，乳腺炎，肠炎，痢疾，跌打扭伤，外伤出血，疮疡肿毒。

化学成分 根含生物碱类：麻黄碱(ephedrine)，白叶藤碱(cryptolepine)[1-2]，鸭嘴花碱(vasicine)[2]；甾体类：蜕皮甾酮(ecdysterone)[1]；三萜类：α-香树脂醇(α-amyrin)[1]；多糖类：淀粉(starch)[1]。

黄花稔 **Sida acuta** Burm. f.
摄影：王祝年 徐晔春

种子含有机酸类：锦葵酸(malvalic acid)，苹婆酸(sterculic acid)[3]。

地上部分含甾体类：胆甾醇(cholesterol)，菜油甾醇(campesterol)，豆甾醇(stigmasterol)，豆甾-7-烯醇(stigmast-7-enol)，β-谷甾醇[4]；降植烷(pristane)，植烷(phytane)，三十一烷(hentriacontane)，二十九烷(nonacosane)[4]。

全草含生物碱类：白叶藤碱[5]，喹啉酮(quindolinone)，白叶藤碱酮(cryptolepinone)，11-甲氧基喹啉(11-methoxyquinoline)，N-反式-阿魏酰酪胺(N-trans-feruloyltyramine)[6]；黄酮类：山奈酚-3-O-β-D-吡喃葡萄糖苷(kaempferol-3-O-β-D-glucopyranoside)，山奈酚-3-O-β-芸香糖苷(kaempferol-3-O-β-rutinoside)[5]；苯丙素类：芥子酸(sinapic acid)，阿魏酸(ferulic acid)[6]，丁香苷(syringin)[7]；香豆素类：东莨菪内酯(scopoletin)[6]，独活醇(heraclenol)[7]；木脂素类：4-酮基松脂酚(4-ketopinoresinol)，(±)-丁香树脂酚[(±)-syringaresinol][6]；酚、酚酸类：楝叶吴萸素(evofolin) A、B，丁香酸(syringic acid)，香荚兰酸(vanillic acid)[6]，α-生育酚(α-tocopherol)，β-生育酚(β-tocopherol)，7a-甲氧基-α-生育酚(7a-methoxy-α-tocopherol)，α-生育螺醇B (α-tocospiro B)[8]；单萜类：黑麦草内酯(loliolide)[6]；大柱香波龙烷类：催吐萝芙木醇(vomifoliol)[6]；三萜类：蒲公英萜-1,20(30)-二烯-3-酮[taraxast-1,20(30)-dien-3-one]，蒲公英萜酮▲(taraxasterone)[8]；甾体类：β-谷甾醇，胡萝卜苷[7]；挥发油：植醇(phytol)，棕榈酸(palmitic acid)，二十烷(eicosane)，反油酸甲酯(elaidic acid methyl ester)等[9]。

注评 本种的叶或根称"黄花稔"，台湾、福建等地药用。傣族也药用，主要用途见功效应用项。畲族用其全株治头晕目眩，手足酸重，精神疲乏，黄疸，湿疹。

化学成分参考文献

[1] Rao RVK, et al. *Fitoterapia*, 1984, 55(4): 249-250.

[2] Gunatilaka AAL, et al. *Planta Med*, 1980, 39(1): 66-72.

[3] Ahmad MU, ert al. *Journal of the American Oil Chemists' Society*, 1976, 53(11): 698-699.

[4] Goyal MM, et al. *Indian Drugs*, 1988, 25(5): 184-185.

[5] Ahmed F, et al. *Phytother Res*, 2011, 25(1): 147-150.

[6] Jang DS, et al. *Arch Pharm Res*, 2003, 26(8): 585-590.

[7] 曹剑虹，等. 中国中药杂志，1993, 18(11): 681-682.

[8] Chen CR, et al. *J Chin Chem Soc* (Taiwan), 2007, 54(1): 41-45.

[9] 苏炜，等. 时珍国医国药，2011, 22(9): 2125-2126.

4. 拔毒散（昆明） 王不留行（滇南本草），尼马庄稞（云南），小枯药（昆明）

Sida szechuensis Matsuda, Bot. Mag. (Tokyo) 32: 165. 1918.（英 **Szechwan Sida**）

直立亚灌木。叶二型，下部生者呈宽菱形至扇形，长2.5-5 cm，宽2.5-5 cm，先端短尖至浑圆，基部楔形，边缘具2齿，上部生者呈长圆状椭圆形至长圆形，长2-3 cm；叶柄长5-10 mm；托叶钻形，较短于叶柄。花单生或簇生于小枝端，花梗长约1 cm；萼杯状，长约7 mm，裂片三角形，疏被星状柔毛；花黄色，直径1-1.5 cm，花瓣倒卵形，长约8 mm；雄蕊柱长约5 mm，被长硬毛。果近圆球形，直径约6 mm，分果爿8-9。种子黑褐色，平滑，长2 mm，种脐被白色柔毛。花期6-11月。

分布与生境　产于四川、贵州、云南和广西。常见于荒坡灌丛、松林边、路旁和沟谷边。

药用部位　全草。

功效应用　清热，催乳，拔毒，生肌。用于乳汁不通，乳痈，乳结红肿，急性扁桃体炎，肠炎，菌痢。外用于跌打损伤，痈疽，溃疡，无名肿毒，烫火伤。

化学成分　全草含甾体类：α-蜕皮素（α-ecdysone），β-蜕皮素（β-ecdysone），水龙骨素B（polypodine B），蕨甾酮（pterosterone），β-谷甾醇[1]；黄酮类：紫云英苷-6"-O-4-羟基桂皮酸酯（astragalin-6"-O-4-hydroxycinnamate）[1]；生物碱类：1,2,3,4-四氢-1-甲基-β-咔啉-3-羧酸（1,2,3,4-tetrahydro-1-methyl-β-carboline-3-carboxylic acid）[1]。

拔毒散 Sida szechuensis Matsuda
引自《中国高等植物图鉴》

药理作用　镇痛作用：拔毒散水煎剂可延长小鼠热板痛反应时间[1]。

止血和促凝血作用：拔毒散水煎剂可缩短小鼠断尾出血时间和凝血时间[1]。

拔毒散 Sida szechuensis Matsuda
摄影：何顺志

兴奋胃肠平滑肌作用：拔毒散乙醇提取物可增强离体豚鼠回肠的收缩[1]。

抗细菌作用：拔毒散乙醇提取物的乙酸乙酯萃取物对大肠埃希氏菌、金黄色葡萄球菌、枯草芽孢杆菌有抗菌活性，主要活性成分是甾醇类化合物[2]。

注评　本种为云南药品标准（1996 年版）收载"滇王不留行"的基源植物，药用其地上部分，为地方习惯用药。中国药典收载的"王不留行"为石竹科植物麦蓝菜 Vaccaria segetalis (Neck.) Garcke ex Asch. 的种子，应注意区别使用。云南昆明地区以本种及同属植物白背黄花稔 Sida rhombifolia L. 的全草作"王不留行"使用，系地方习惯用药。彝族、傈僳族、佤族、瑶族、德昂族、基诺族也药用本种，主要用途见功效应用项。

化学成分参考文献

[1] 李维峰, 等 . 中草药, 2006, 37(9): 1304-1306.

药理作用及毒性参考文献

[1] 杜德极, 等 . 中草药, 1995, 26(11): 594-595.

[2] 李维峰 . 拔毒散和广州蛇根草化学成分及抗菌活性研究 [D]. 云南：中国科学院研究生院, 2006.

5. 白背黄花稔　黄花母雾（广东），亚母头（广西壮语）

Sida rhombifolia L., Sp. Pl. 2: 684. 1753.——*S. alba* Cav., *S. insularis* Hatus., *S. rhombifolia* L. var. *rhomboidea* (Roxb.) Mast., *Malva rhombifolia* (L.) E. H. L. Krause（英 **Broomjute Sida**）

　　直立亚灌木。叶菱形或长圆状披针形，长 25–45 mm，宽 6–20 mm，先端浑圆至短尖，基部宽楔形，边缘具锯齿；叶柄长 3–5 mm，被星状柔毛；托叶纤细，刺毛状。花单生于叶腋；萼杯形，长 4–5 mm，被星状短绵毛，裂片 5，三角形；花黄色，直径约 1 cm，花瓣倒卵形，长约 8 mm；花柱分枝 8–10。果半球形，直径 6–7 mm，分果爿 8–10，顶端具 2 短芒。花期秋冬季。

分布与生境　产于台湾、福建、广东、广西、贵州、云南、四川和湖北等地。常生于山坡灌丛、旷野和沟谷两岸。也分布于越南、老挝、柬埔寨和印度。

药用部位　全草、根。

功效应用　全草：疏风解表，清热解毒，祛湿止痛，散瘀拔毒。用于感冒发热，小儿风湿，咽喉炎，扁桃体炎，细菌性痢疾，肠炎，泌尿系结石，黄疸，疟疾，赤白带下。外敷刀伤，无名肿毒。根：清热利湿，生肌排脓。用于湿热痢疾，泄泻，黄疸，疮痈难溃，溃后不收口。

化学成分　根含黄酮类：5,4'-二羟基-6,7-二甲氧基黄酮醇-3-*O*-β-D-吡喃葡萄糖苷(5,4'-dihydroxy-6,7-dimethoxyflavonol-3-*O*-β-D-glucopyranoside)[1]。

　　叶含氨基酸类：赖氨酸，组氨酸，精氨酸，天冬酰胺，谷氨酰胺，丙氨酸，缬氨酸，苯丙氨酸，亮氨酸，甘氨酸，丝氨酸，苏氨酸，酪氨酸[2]。

　　地上部分含生物碱类：白叶藤碱酮(cryptolepinone)，白叶藤碱(cryptolepine)[3]；黄酮类：5,7-二羟基-4'-甲氧基黄酮(5,7-dihydroxy-4'-methoxyflavone)[3]；甾体类：谷甾醇，

白背黄花稔 Sida rhombifolia L.
引自《中国高等植物图鉴》

白背黄花稔 Sida rhombifolia L.
摄影：徐克学 朱鑫鑫

胡萝卜苷，豆甾醇(stigmasterol)，豆甾醇-3-O-β-D-吡喃葡萄糖苷(stigmasterol-3-O-β-D-glucopyranoside)[3]；叶绿素类：脱镁叶绿素A (phaeophytin A)，173-乙氧基脱镁叶绿酸A (173-ethoxypheophorbide A)，132-羟基脱镁叶绿素B (132-hydroxyphaeophytin B)，173-乙氧基脱镁叶绿酸B (173-ethoxypheophorbide B)[3]。

全草含甾体类：20-羟基蜕皮素(20-hydroxyecdysone)，20-羟基蜕皮素-3-O-β-D-吡喃葡萄糖苷(20-hydroxyecdysone-3-O-β-D-glucopyranoside)，2-去氧蜕皮素-3-O-β-D-吡喃葡萄糖苷(2-deoxyecdysone-3-O-β-D-glucopyranoside)，蕨甾酮-3-O-β-D-吡喃葡萄糖苷(pterosterone-3-O-β-D-glucopyranoside)，蜕皮素-3-O-β-D-吡喃葡萄糖苷(ecdysone-3-O-β-D-glucopyranoside)，蜕皮素(ecdysone)，20-羟基-(25-乙酰基)-蜕皮素-3-O-β-D-吡喃葡萄糖苷[20-hydroxy-(25-acetyl)-ecdysone-3-O-β-D-glucopyranoside][4]。

注评　本种的全草称"黄花母"，根称"黄花母根"，广西、广东、海南、福建、贵州、四川等地药用。本草的地上部分在云南作"王不留行"使用，当系地方习用品。

化学成分参考文献

[1] Harikant, et al. *J Indian Chem Soc*, 2013, 90(12): 2263-2266.

[2] Bhatt DJ, et al. *J Indian Chem Soc*, 1983, 60(1): 98.

[3] Chaves OS, et al. *Molecules*, 2013, 18: 2769-2777.

[4] Jadhav AN, et al. *Chem Biodiversity*, 2007, 4(9): 2225-2230.

6. 桤叶黄花稔　小柴胡（海南），地马桩、地膏药、牛筋麻（广西）

Sida alnifolia L., Sp. Pl. 2: 684. 1753.——*S. retusa* L., *S. rhombifolia* L. subsp. *retusa* (L.) Borss. Waalk., *S. rhombifolia* L. var. *retusa* (L.) Mast.（**Alderleaf Sida**）

6a. 桤叶黄花稔（模式变种）

Sida alnifolia L. var. **alnifolia**

直立亚灌木或灌木，小枝细瘦。叶倒卵形、卵形、卵状披针形至近圆形，长 2–5 cm，宽 0.8–3 cm，基部圆至楔形，边缘具锯齿；叶柄长 2–8 mm；托叶钻形。花单生于叶腋；萼杯状，长 6–8 mm，裂片 5，三角形；花黄色，直径约 1 cm；雄蕊柱长 4–5 mm，被长硬毛。果近球形，分果爿 6–8，长约 3 mm，具

2芒。花期7-12月。

分布与生境　产于云南、广西、广东、江西、福建和台湾等地。也分布于印度和越南。

药用部位　全草。

功效应用　清热利湿，散瘀消肿，排脓生肌。用于感冒，胃痛，痢疾，扁桃体炎，肠炎，黄疸。外敷红肿疮毒，疔疮。

注评　本种叶或根称"脓见愁"，贵州、广西等地药用。壮族、瑶族也药用，主要用途见功效应用项。

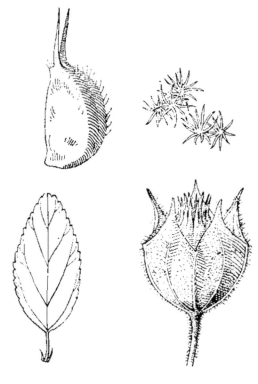

桤叶黄花稔 Sida alnifolia L. var. **alnifolia**
曾孝濂 绘

桤叶黄花稔 Sida alnifolia L. var. **alnifolia**
摄影：林建勇 徐晔春

6b. 小叶黄花稔（变种）　小叶小柴胡（海南植物志）

Sida alnifolia L. var. **microphylla** (Cav.) S. Y. Hu, Fl.China, Malvaceae [Fam. 153], 22. 1955.——*S. microphylla* Cav., *S. rhombifolia* L. var. *microphylla* (Cav.) Mast.（英 **Litter-leaf Sida**）

本变种的叶较小，长圆形至卵圆形，长5-20 mm，宽3-15 mm，具牙齿；雄蕊柱被长硬毛；分果爿顶端被长柔毛。

分布与生境　产于福建、广东、广西和云南等地。分布于印度。

药用部位　全草。

小叶黄花稔 Sida alnifolia L. var. **microphylla** (Cav.) S. Y. Hu
摄影：林建勇

功效应用　清热解毒，消肿止痛，收敛生肌。用于感冒，乳腺炎，痢疾，肠炎，跌打伤，骨折，痈疮疖肿，外伤出血。

6c. 倒卵叶黄花稔（变种）　圆齿小柴胡（海南植物志）

Sida alnifolia L. var. **obovata** (Wall. ex Mast.) S. Y. Hu, Fl. China Fam. 153, 22. 1955.——*S. rhombifolia* L. var. *obovata* Wall. ex Mast.（英 **Obovate-leaf Sida**）

本变种的叶较小，长圆形至倒卵形，长 5–20 mm，宽 4–12 mm，具细圆齿；花梗长 8–10 mm；雄蕊柱被长硬毛；果被短柔毛。

分布与生境　产于广东、广西和云南等地。分布于印度。

药用部位　叶、根。

功效应用　叶：散瘀拔毒，清热解毒。用于疮疖，蜂螫伤。根：用于久痢，疟疾。

倒卵叶黄花稔 Sida alnifolia L. var. **obovata** (Wall. ex Mast.) S. Y. Hu
摄影：朱鑫鑫

7. 榛叶黄花稔（海南植物志） 亚拉满（云南西双版纳傣语）

Sida subcordata Span., Linnaea 15: 172. 1841.——*S. corylifolia* Wall. ex Mast.（英 **Subcordate Sida**）

直立亚灌木。叶长圆形或卵形，长 5-10 cm，宽 3-7.5 cm，先端短渐尖，基部圆形，边缘具细圆锯齿。花序为顶生或腋生的伞房花序或近圆锥花序，总花梗长 2-7 cm，小花梗长 0.6-2 cm，中部具节；花萼长 8-11 mm，裂片 5，三角形；花黄色，直径 2-3.5 cm，花瓣倒卵形，长约 1.2 cm；雄蕊柱长约 1 cm，无毛，花丝纤细，多数，长约 3 mm；花柱分枝 8-9。蒴果近球形，直径约 1 cm，分果爿 8-9，具 2 长芒，突出于萼外，芒长 3-6 mm，被倒生刚毛。种子卵形。花期冬春季。

分布与生境 产于广东、广西和云南等地。生于山谷疏林边、草丛或路旁。也分布于越南、老挝、缅甸、印度和印度尼西亚等热带地区。

药用部位 全草。

功效应用 清热解毒，消肿止痛，收敛生肌。用于感冒，乳腺炎，痢疾，肠炎，跌打损伤，骨折，黄疸，疟疾，外伤出血。外用于痈疖疔疮。

注评 本种的根、叶、全草傣族药用，主要用途见功效应用项。

榛叶黄花稔 Sida subcordata Span.
引自《中国高等植物图鉴》

榛叶黄花稔 Sida subcordata Span.
摄影：林秦文 徐晔春

8. 心叶黄花稔（广州植物志）

Sida cordifolia L., Sp. Pl. 2: 684. 1753.——*S. herbacea* Cav., *S. holosericea* Willd. ex Spreng., *S. hongkongensis* Gand., *S. rotundifolia* Lam. ex Cav.（英 **Cordateleaf Sida**）

直立亚灌木。叶卵形，长 1.5-5 cm，宽 1-4 cm，基部微心形或圆形，边缘具钝齿；叶柄长 1-2.5 cm。花单生或簇生于叶腋或枝端，花梗长 5-15 mm；萼杯状，裂片 5，三角形，长 5-6 mm；花黄色，直径约 1.5 cm，花瓣长圆形，长 6-8 mm；雄蕊柱长约 5 mm，被长硬毛。蒴果直径 6-8 mm，分果爿 10，顶端具 2 长芒，芒长 3-4 mm，突出于萼外，被倒生刚毛。种子长卵形。花期全年。

分布与生境 产于台湾、福建、广东、广西、四川和云南等地。生于山坡灌丛间或路旁草丛中。也分布于亚洲和非洲的热带和亚热带地区。

药用部位 全草、叶。

功效应用 全草：清热解毒，活血行气。用于小儿风寒腹泻，发热咳嗽，肝炎，痢疾，淋病，腰肌劳损。叶：外敷用于脓疡，淤血，肿毒。

化学成分 地上部分含生物碱类：1,2,3,9-四氢吡咯[2,1-b]喹唑啉-3-胺(1,2,3,9-tetrahydropyrrolo[2,1-b]quinazolin-3-amine)，5'-羟甲基-1'-(1,2,3,9-四氢吡咯[2,1-b]喹唑啉-1-基)-庚-1-酮[5'-hydroxymethyl-1'-(1,2,3,9-tetrahydropyrrolo[2,1-b]quinazolin-1-yl)-heptan-1-one]，2-(1'-氨基-丁基)吲哚-3-酮[2-(1'-amino-butyl)-indol-3-one]，2'-(3H-吲哚-3-基甲基)丁烷-1'-醇[2'-(3H-indol-3-yl methyl)butan-1'-ol][1]，β-苯乙胺(β-phenethylamine)，麻黄碱(ephedrine)，ψ-麻黄碱(ψ-ephedrine)，S-(+)-N-甲基苏氨酸甲酯[S-(+)-N-methyltryptophan methyl ester]，海帕刺桐碱(hypaphorine)，鸭嘴花酮碱(vasicinone)，鸭嘴花碱(vasicine)，鸭嘴花酚碱(vasicinol)[2]；黄酮类：3'-(3'',7''-二甲基-2'',6''-十八碳二烯)-8-C-β-D-吡喃葡萄糖基山柰酚-3-O-β-D-吡喃葡萄糖苷[3'-(3'',7''-dimethyl-2'',6''-octadiene)-8-C-β-D-glucopyranosyl-kaempferol-3-O-β-D-glucopyranoside]，3'-(3'',7''-二甲基-2'',6''-十八碳二烯)-8-C-β-D-吡喃葡

心叶黄花稔 Sida cordifolia L.
引自《福建植物志》

心叶黄花稔 Sida cordifolia L.
摄影：王祝年 徐克学

萄糖基-山奈酚-3-*O*-*β*-D-吡喃葡萄糖基-[1 → 4]-*β*-D-吡喃葡萄糖苷[3'-(3",7"-dimethyl-2",6"-octadiene)-8-*C*-*β*-D-glucopyranosyl-kaempferol-3-*O*-*β*-D-glucopyranosyl-[1 → 4]-*β*-D-glucopyranoside]，6-(3"-甲基-2"-丁烯)-3'-甲氧基-8-*C*-*β*-D-吡喃葡萄糖基-山奈酚-3-*O*-*β*-D-吡喃葡萄糖基-[1 → 4]-*β*-D-吡喃葡萄糖苷[6-(3"-methyl-2"-butene)-3'-methoxyl-8-*C*-*β*-D-glucopyranosyl-kaempferol-3-*O*-*β*-D-glucopyranosyl-[1 → 4]-*β*-D-glucopyranoside][3]，5,7-二羟基-3-异戊烯基黄酮(5,7-dihydroxy-3-isoprenylflavone)，5-羟基-3-异戊烯基黄酮(5-hydroxy-3-isoprenylflavone)[4]；甾体类：*β*-谷甾醇，豆甾醇[4]。

药理作用　镇痛抗炎作用：心叶黄花稔根及地上部分的乙酸乙酯、甲醇提取物均能减少醋酸致小鼠扭体反应数，乙酸乙酯提取物能延长小鼠热刺激痛反应时间，抑制角叉菜胶致大鼠足跖肿胀[1]。

保肝作用：心叶黄花稔甲醇提取物对 CCl_4、水煎剂对对乙酰氨基酚、水提取物对利福平诱导的肝毒性有保肝效应[2]。

降血糖作用：心叶黄花稔甲醇提取物能降低大鼠血糖[1]。

毒性及不良反应　心叶黄花稔不同提取物灌胃大鼠，LD_{50} 均大于 10 g/kg[2]。

化学成分参考文献

[1] Sutradhar RK, et al. *J Chem*, 2007, 46B(11): 1896-1900.

[2] Ghosal S, et al. *Phytochemistry*, 1975, 14(3): 830-832.

[3] Sutradhar RK, et al. *J Iran Chem Soc*, 2007, 4(2): 175-181.

[4] Sutradhar RK, et al. *Phytochem Lett*, 2008, 1(4): 179-182.

药理作用及毒性参考文献

[1] Kanth RV, et al. *Phytother Res*, 1999, 13(1): 75-77.

[2] Rao KS, et al. *Fitoterapia*, 1998, 69(1): 20-23.

9. 云南黄花稔（云南植物志）

Sida yunnanensis S. Y. Hu, Fl. China Fam. 153, 16. 1955.——*S. yunnanensis* S. Y. Hu var. *longistyla* J. L. Liu, *S. yunnanensis* S. Y. Hu var. *viridicaulis* J. L. Liu, *S. yunnanensis* S. Y. Hu var. *xichangensis* J. L. Liu（英 **Yunnan Sida**）

直立亚灌木。叶长圆形或倒卵形，长 1–4 cm，宽 0.5–3 cm，边缘具钝锯齿，下面密被星状毡毛；叶柄长 3–7 mm；托叶线形，长 5 mm。花近于簇生，腋生或生于短枝端，花梗长 3–4 mm，果时延长达 1.5 cm，顶端有节；花萼长 4 mm，萼裂 5，三角形；花冠黄色，直径 1 cm，花瓣倒卵形，长 8 mm；雄蕊柱疏被长硬毛。分果爿 6–7，长 3–4 mm，密被星状柔毛，端具 2 芒。花期秋冬季。

分布与生境　分布于云南、贵州、四川、广西和广东等地。多见于海拔 760-1400 m 的山坡、路旁草丛间。

药用部位　根。

功效应用　清热，拔毒。用于疮疖。

化学成分　根、茎、叶含矿物质元素Mg、Fe、Zn、Pb、Mn、Ni、Cu[1]。

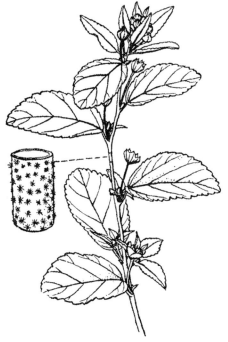

云南黄花稔 Sida yunnanensis S. Y. Hu
引自《云南植物志》

云南黄花稔 *Sida yunnanensis* S. Y. Hu
摄影：朱鑫鑫 赖阳均

化学成分参考文献

[1] 侯洪波，等．微量元素与健康研究，2013, 30(4): 19-20.

10. 粘毛黄花稔（广州植物志）

Sida mysorensis Wight et Arn., Prodr. Fl. Ind. Orient. 1: 59. 1834.——*S. glutinosa* Roxb., *S. urticifolia* Wight et Arn., *S. wightiana* D. Dietr.（英 **Slimyhair Sida**）

直立草本或亚灌木。叶卵状心形，长 3–6 cm，宽 2.5–4.5 cm，先端渐尖，基部心形，边缘具钝齿；叶柄长 1–3 cm；托叶线形。花腋生，单生或成对，或几朵簇生于腋生的短枝上而排列成具叶的圆锥花序，花梗纤弱，长 2–6 mm，近中部有节；萼绿色；花冠黄色，直径 1 cm；雄蕊柱被长硬毛。蒴果近球形，直径 3–4 mm，分果爿 5，卵状三角形，长 2.5 mm，具短尖头，包藏于宿萼内。种子卵形。花期冬春季。

分布与生境 分布于台湾、广东、广西和云南。生于海拔 1300 m 的山坡林缘、草坡或路旁草丛间。也分布至印度、越南、老挝、柬埔寨、印度尼西亚和菲律宾等热带地区。

药用部位 全株。

功效应用 清肺止咳，散瘀消肿。用于支气管炎，咳嗽，乳腺炎，痈疽肿毒。

化学成分 地上部分含甾体类：24(28)-去氢罗汉松甾酮A [24(28)-dehydromakisterone A][1]；黄酮类：白杨素(chrysin)[1]；单萜类：地黄诺苷▲(glutinoside)[1]。

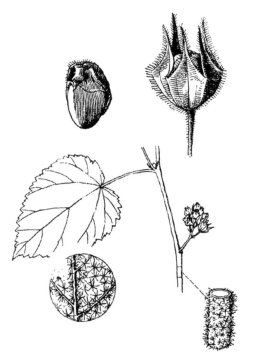

粘毛黄花稔 *Sida mysorensis* Wight et Arn.
引自《云南植物志》

化学成分参考文献

[1] Das N, et al. *Journal of Pharmacy Research*, 2012, 5(9): 4845-4848.

11. 长梗黄花稔（海南植物志）

Sida cordata (Burm. f.) Borss. Waalk., Blumea 14: 182. 1966.——*S. humilis* Cav., *S. multicaulis* Cav., *S. veronicifolia* Lam., *S. veronicifolia* Lam. var. *humulis* (Cav.) K. Schum., *S. veronicifolia* Lam. var. *multicaulis* (Cav.) Baker f., *Melochia cordata* Burm. f.（英 **Longstalk Sida**）

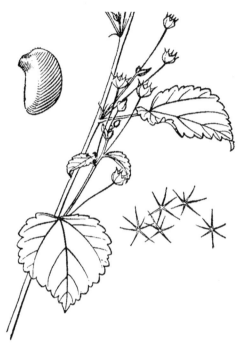

披散亚灌木状草本，小枝纤细。叶心形，长 1–5 cm。花腋生，通常单生或簇生成有叶的总状花序；花梗纤细，长 2–4 cm，中部以上有节，花后延长；花萼杯状，长约 4 mm，萼裂三角形；花冠黄色。蒴果近球形，直径 3 mm，分果片 5。花期 7 月至翌年 2 月。

分布与生境　分布于台湾、福建、广东、广西和云南。常见于海拔 450–1300 m 的山谷丛林、路旁草丛间。也分布于东南亚热带地区。

药用部位　全株。

功效应用　清热解毒，利尿。用于肾炎。

化学成分　全草含黄酮类[1]；矿物质元素：Ca、Mg、Na、K、Fe、Zn、Cr、Mn等[2]。

长梗黄花稔 **Sida cordata** (Burm. f.) Borss. Waalk.
引自《云南植物志》

长梗黄花稔 **Sida cordata** (Burm. f.) Borss. Waalk.
摄影：徐克学

化学成分参考文献

[1] Ali S, et al. *BMC Complementary and Alternative Medicine*, 2013, 13: 276/1-276/12.

[2] Kumar K, et al. *Indian Journal of Environment and Ecoplanning*, 2007, 14(3): 607-610.

6. 苘麻属 Abutilon Mill.

草本、亚灌木或灌木。叶互生，基部心形，叶脉掌状。花顶生或腋生，单生或排列或圆锥花序；小苞片缺如；花瓣 5，基部联合，与雄蕊柱合生。蒴果近球形，陀螺状、磨盘状或灯笼状，分果爿 8-20。种子肾形。

本属约 150 种，分布于热带和亚热带。我国产 9 种（含栽培种），南北广布，其中 8 种 1 变种可药用。

分种检索表

1. 花柱枝和分果爿 7-10。
  2. 花大型，花瓣长 4-6 cm；萼裂片披针形，长 1.5-2.5 cm。
    3. 叶卵形或圆心形，不分裂 ·························· 1. 华苘麻 A. sinense
    3. 叶掌状 3-5 裂；花钟形，下垂，橘黄色，具紫色条纹 ·········· 2. 金铃花 A. pictum
  2. 花小型，花瓣长 1.5-1.7 cm；萼片卵形，长 7-10 mm ·········· 3. 圆锥苘麻 A. paniculatum
1. 花柱枝和分果爿 14-25。
  4. 花橘黄色，花瓣基部紫色；分果爿 20-25 ·········· 4. 恶味苘麻 A. hirtum
  4. 花黄色，花瓣基部不为紫色，分果爿 14-20。
    5. 花梗较叶柄为短；分果爿先端有 2 长芒，芒长 3 mm ·········· 5. 苘麻 A. theophrasti
    5. 花梗长为叶柄的 1-2 倍；分果爿先端锐尖或具短芒。
      6. 花萼短于分果爿，后期开展 ·········· 6. 磨盘草 A. indicum
      6. 花萼与分果爿近等长，通常紧贴 ·········· 7. 几内亚磨盘草 A. guineense

本属药用植物主要含黄酮类成分，如木犀草素 (luteolin)，金圣草酚 (chrysoeriol)，木犀草素 -7-*O*-β- 吡喃葡萄糖苷 (luteolin-7-*O*-β-glucopyranoside)，金圣草酚 -7-*O*-β- 吡喃葡萄糖苷 (chrysoeriol-7-*O*-β-glucopyranoside)，芹菜苷元 -7-*O*-β- 吡喃葡萄糖苷 (apigenin-7-*O*-β-glucopyranoside)，槲皮素 -3-*O*-β- 吡喃葡萄糖苷 (quercetin-3-*O*-β-glucopyranoside)，槲皮素 -3-*O*-β- 吡喃鼠李糖基 -(1 → 6)-β- 吡喃葡萄糖苷 [quercetin-3-*O*-β-rhamnopyranosyl-(1 → 6)-β-glucopyranoside]；倍半萜类成分如土木香内酯 (alantolactone，**1**)，异土木香内酯 (isoalantolactone，**2**)。

1   **2**

1. 华苘麻（云南植物志）

Abutilon sinense Oliv. in Icon. Pl. 18: t. 1750.（英 **Chinese Abutilon**）

灌木。叶近卵圆形，长 7-13 cm，宽 4-13 cm，先端尾状渐尖，基部心形，边缘具粗牙齿；叶柄长 8-20 cm，被丝状长毛。花大，腋生，黄色，中央紫红色；花梗长 3-5 cm，密被细绒毛和长毛；萼片披针形，密被星状细绒毛，基部合生；花瓣倒卵形，长 3.5-5 cm；雄蕊柱顶端具多数花丝；花柱枝 8-10。蒴果长 2-3 cm，直径 1.5-2.2 cm，分果爿 8-10，顶端尖，被星状毛，内具种子 7-9 粒。种子肾形。花期 1-5 月。

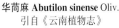

华苘麻 **Abutilon sinense** Oliv.
引自《云南植物志》

华苘麻 **Abutilon sinense** Oliv.
摄影：黄健

分布与生境　产于湖北、四川、贵州、云南和广西等地。生于海拔 300-2000 m 的山坡疏林或竹林中。
药用部位　根皮。
功效应用　清热解毒，续筋接骨。用于肝炎，淋巴结炎，乳腺炎，疮疖，脚癣，跌打损伤，骨折。

2. 金铃花（云南植物志）　灯笼花（福州）

Abutilon pictum (Gillies ex Hook. et Arn.) Walp. in Repert. Bot. Syst. 1: 324. 1842.——*A. striatum* Dicks. ex Lindl., *Sida picta* Gillies ex Hook. et Arn., *S. striata* (Dicks. ex Lindl.) D. Dietr.（英 **Striped Abutilon**）

常绿灌木。叶掌状 3-5 深裂，直径 5-8 cm，裂片卵形，先端长渐尖，边缘具锯齿或粗齿；叶柄长 3-6 cm。花单生于叶腋，花梗下垂，长 7-10 cm；花萼钟形，长约 2 cm，裂片 5，卵状披针形，深裂达萼长的 3/4，密被褐色星状短柔毛；花钟形，橘黄色，具紫色条纹，长 3-5 cm，直径约 3 cm；花瓣 5，倒卵形；花药褐黄色，多数，集生于柱端；子房钝头，被毛，花柱分枝 10，紫色，柱头头状，突出于雄蕊柱顶端。果未见。花期 5-10 月。

分布与生境　原产于南美洲的巴西、乌拉圭等地。我国福建、浙江、江苏、湖北、北京、辽宁等地各大城市栽培。
药用部位　全草。
功效应用　用于腹痛。
化学成分　叶含黏多糖(mucopolysaccharide)[1]。

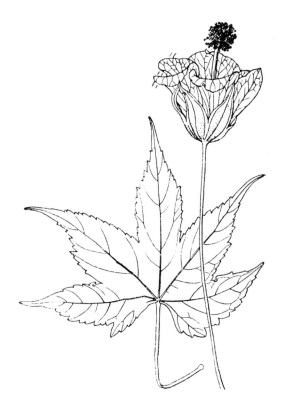

金铃花 **Abutilon pictum** (Gillies ex Hook. et Arn.) Walp.
曾孝濂 绘

金铃花 **Abutilon pictum** (Gillies ex Hook. et Arn.) Walp.
摄影：张英涛

化学成分参考文献

[1] Ryzhkov VL, et al. *Doklady Akademii Nauk SSSR*, 1957, 117: 341-344.

3. 圆锥苘麻（云南植物志）

Abutilon paniculatum Hand.-Mazz., Symb. Sin. 7: 606. 1933. (**Paniculate Abutilon**)

　　落叶灌木，全株被星状绒毛，小枝纤细，圆柱形。叶卵心形，长 4–9 cm，宽 4–7 cm，先端长尾状，基部心形，边缘具不规则细圆齿；叶柄长 3–5 cm，被绒毛；托叶线形，长 1–2 cm。塔状圆锥花序顶生，被星状绒毛；小花梗长 2–3 cm，近端具节；花萼碟状，裂片 5，卵形，长 7–10 mm；花黄色至黄红色，直径 1.5–2 cm，花瓣倒卵形，长 15–17 mm，无毛。果近圆球形，分果爿 10，卵形，顶端圆，长约 4 mm。花期 6–8 月。

分布与生境　产于我国四川木里县和云南西北部澜沧江岸。生于海拔 2300–3000 m 的山坡灌丛或路边。

药用部位　全草。

功效应用　清热解毒，补肾。用于感冒，发热，腮腺炎，耳鸣，甲状腺肿大，神经衰弱，体虚自汗，遗精，小便不利，外耳道炎。

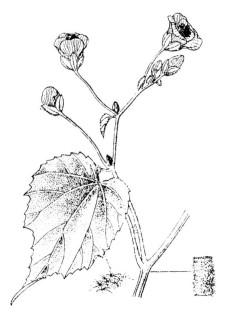

圆锥苘麻 **Abutilon paniculatum** Hand.-Mazz.
曾孝濂 绘

4. 恶味苘麻（云南植物志）

Abutilon hirtum (Lam.) Sweet, Hort. Brit. 1: 53. 1826.——*A. graveolens* (Roxb. ex Hornem.) Wight et Arn., *A. indicum* (L.) Sweet var. *hirtum* (Lam.) Griseb., *Sida hirta* Lam., *S. graveolens* Roxb. ex Hornem.（英 **Hirsute Abutilon**）

亚灌木状草本，小枝密被细绒毛和长硬毛。叶心形，长 3–8 cm，宽 3.5–7 cm，先端渐尖，基部心形，边缘具细齿；叶柄长 2–9 cm；托叶线形，长约 5 mm，反折。花单生于叶腋，花梗短于叶柄，被绒毛和长硬毛，顶端具节；花萼钟状，裂片 5，卵形，长 8–10 mm，密被绒毛；花大，橘黄色，内面基部紫色，花瓣倒心形，长约 1.5 cm。蒴果近圆球形，长约 1 cm，直径约 1.5 cm，顶端平截；分果爿 20–25，被星状长硬毛。种子 3–5，近肾形。花期 4–6 月。

分布与生境　产于云南金平县。生于海拔 300–350 m 的平坝草丛间，福建古田县偶见栽培。分布于越南、印度、印度尼西业和阿拉伯及非洲热带等地区。

药用部位　全草。

功效应用　健脾消食，利水消肿。用于饮食积滞，脾虚水肿。

化学成分　叶含挥发油：9-十六烯酸(9-hexadecenoic acid)，4-丙基苯甲醛(4-propylbenzaldehyde)，2,4,6-三甲基辛烷(2,4,6-trimethyl-octane)，2,6-二甲基十七碳烷(2,6-dimethylheptadecane)，酞酸二乙酯(diethyl phthalate)，2,5-十八碳二炔酸甲酯(2,5-octadecadiynoic acid methyl ester)，1-三十七醇(1-heptatriacotanol)，亚硫酸十二烷基-2-丙酯(sulfurous acid dodecyl-2-propyl ester)，3-环丙基羰氧基十三烷(3-cyclopropylcarbonyloxytridecane)，亚硫酸丁基十二烷基酯(sulfurous acid butyl dodecyl ester)，8-十八烯醛(8-octadecenal)，甲氧基乙酸-3-十三烷基酯(methoxyacetic acid-3-tridecyl ester)[1]。

地上部分含黄酮类：槲皮素(quercetin)，山柰酚(kaempferol)，芦丁(rutin)[2]；酚酸类：没食子酸(gallic acid)，咖啡酸(caffeic acid)，对羟基桂皮酸(*p*-hydroxycinnamic acid)[2]。

注评　本种哈尼族药用其根、种子治饮食积滞、脾虚水肿。

化学成分参考文献

[1] Vivekraj P, et al. *Int J Pharmacol Res*, 2015, 5(8): 167-171.

[2] Kassem HA, et la. *Bulletin of the Faculty of Pharmacy (Cairo University)*, 2007, 45(3): 173-183.

5. 苘麻（唐本草）　椿麻（湖北），塘麻（安徽），青麻（东北），白麻（本草纲目）

Abutilon theophrasti Medik., Malvenfam. 28. 1787.（**Chingma Abutilon**）

一年生草本。茎直立，具柔毛。叶互生，长 5–10 cm，先端长渐尖，基部心形，边缘具圆齿，两面密生柔毛。花单生于叶腋；花梗粗壮，长 0.8–2.5 cm；花萼绿色，下部呈管状，上部 5 裂，裂片圆卵形，先端尖；花瓣 5，黄色，具明显脉纹；心皮 15–20，长 1–1.5 cm，顶端平截，轮状排列，各心皮有扩展被毛的长芒 2 枚。蒴果成熟后裂开。种子肾形，褐色。花期 7–8 月。果期 9–10 月。

分布与生境　除青藏高原不产外，我国各地皆产，东北有栽培。常见于路旁、田野、荒地、堤岸上。分布于越南、印度、日本以及欧洲、北美洲等地区。

药用部位　种子、全草或叶、根。

功效应用　种子：清热解毒，利湿，退翳。用于赤白痢疾，淋证涩痛，痈肿疮毒，目生翳膜。全草或叶：清热利湿，解毒开窍。用于痢疾，中耳炎，耳鸣耳聋，睾丸炎，扁桃体炎，痈疽肿毒。

苘麻 **Abutilon theophrasti** Medik.
引自《中国高等植物图鉴》

苘麻 **Abutilon theophrasti** Medik.
摄影：张英涛

根：利湿解毒。用于小便淋沥，痢疾，中耳炎，睾丸炎。

化学成分　根含黄酮类：儿茶素(catechin)，芦丁(rutin)，槲皮素(quercetin)[1]；酚、酚酸类：没食子酸(gallic acid)，木槿辛▲A(syriacusin A)，原儿茶酸(protocatechuic acid)，香荚兰酸(vanillic acid)，阿魏酸(ferulic acid)[1]。

茎含黄酮类：儿茶素，芦丁，槲皮素[1]；酚、酚酸类：木槿辛▲A，原儿茶酸，香荚兰酸，阿魏酸[1]。

叶含黄酮类：儿茶素，芦丁，槲皮素[1]；酚、酚酸类：咖啡酸(caffeic acid)，木槿辛▲A，原儿茶酸，香荚兰酸，阿魏酸[1]；其他类：γ-胡萝卜素(γ-carotene)，维生素C (vitamin C)[2]。

花含黄酮类：山柰酚-3-*O*-β-D-(6"-对香豆酰基)-吡喃葡萄糖苷[kaempferol-3-*O*-β-D-(6"-*p*-coumaroyl)-glucopyranoside]，杨梅素-3-*O*-β-D-吡喃葡萄糖苷(myricetin-3-*O*-β-D-glucopyranoside)，槲皮素-3-*O*-β-D-吡喃葡萄糖苷(quercetin-3-*O*-β-D-glucopyranoside)，槲皮素-3-*O*-α-L-吡喃鼠李糖基-(1 → 6)-β-D-吡喃葡萄糖苷[quercetin-3-*O*-α-L-rhamnopyranosyl-(1 → 6)-β-D-glucopyranoside]，山柰酚-3-*O*-β-D-吡喃葡萄糖苷(kaempferol-3-*O*-β-D-glucopyranoside)，山柰酚-3-*O*-α-L-吡喃鼠李糖基-(1 → 6)-β-D-吡喃葡萄糖苷[kaempferol-3-*O*-α-L-rhamnopyranosyl-(1 → 6)-β-D-glucopyranoside]，槲皮素-7-*O*-β-D-吡喃葡萄糖苷(quercetin-7-*O*-β-D-glucopyranoside)，槲皮素-7-*O*-β-D-二吡喃葡萄糖苷(quercetin-7-*O*-β-D-diglucopyranoside)，山柰酚-7-*O*-β-D-二吡喃葡萄糖苷(kaempferol-7-*O*-β-D-diglucopyranoside)[3]。

果皮含黄酮类：儿茶素，芦丁，槲皮素[1]；酚、酚酸类：没食子酸，原儿茶酸，香荚兰酸，阿魏酸，木槿辛▲A[1]。

种子含黄酮类：儿茶素，芦丁，槲皮素[1]；酚、酚酸类：原儿茶酸，咖啡酸，木槿辛▲A[1]；甾体类：胆甾醇(cholesterol)[4]。

药理作用　抗细菌和抗真菌作用：苘麻中黄酮类成分体外对大肠埃希氏菌、金黄色葡萄球菌、枯草芽孢杆菌、苏云金芽孢杆菌、青霉、根霉、黑曲霉、啤酒酵母有不同程度的抑制能力[1]。

苘麻子 **Abutili Semen**
摄影：钟国跃

抗氧化作用：苘麻叶黄酮对羟基自由基有清除作用[1]。

注评　本种为中国药典（1977、1985、1990、1995、2000、2005、2010 年版）、新疆药品标准（1980 年版）、内蒙古蒙药材标准（1986 年版）收载"苘麻子"的基源植物，药用其干燥成熟种子；为上海中药材标准（1994 年版）收载"苘麻"的基源植物，药用其干燥全草。本种的根称"苘麻根"，也可药用。近代文献和临床使用中"苘麻子"常与"冬葵子"相混，中国药典（1985 年版）也曾在"苘麻子"后注以副名"冬葵子"。据药材商品调查，目前"冬葵子"商品药材均系苘麻 Abutilon theophrasti Medik. 的种子。中国药典从 1977 年版开始将"苘麻子"与"冬葵果"分立品种。中国药典收载"冬葵果"的基源植物为野葵 Malva verticillata L. 的果实，两者不宜相混。冬葵子药材品种情况，参见野葵 M. verticillata L. 注评。蒙古族、苗族也药用本种的种子，主要用途见功效应用项。本种的种子在内蒙古又作蒙药"索玛拉杂"使用，与部颁标准·藏药（1995 年版）中收载的"索玛拉杂"的原植物黄蜀葵 Abelmoschus manihot (L.) Medik. 不同。

化学成分参考文献

[1] Tian CL, et al. *J Chromatogr Sci*, 2014, 52(3): 258-263.

[2] Kiyamova SE, et al. *Chem Nat Compd*, 2012, 48(2): 297-298.

[3] Matlawska I, et al. *Acta Poloniae Pharmaceutica*, 2005, 62(2): 135-139.

[4] 孙燕燕，等. 中草药，1996, 27(6): 334.

药理作用及毒性参考文献

[1] 库尔班尼沙·买提卡思木. 苘麻黄酮类化合物的提取分离及其体外抗菌研究 [D]. 新疆：新疆大学，2009.

6. 磨盘草（广州植物志）　磨子树、磨谷子、磨龙子（海南），石磨子（广西、福建），磨挡草、耳响草（两广）

Abutilon indicum (L.) Sweet, Hort. Brit. 1: 54. 1826.——*A. asiaticum* (L.) Sweet, *A. cavaleriei* H. Lév., *A. cysticarpum* Hance ex Walp., *A. populifolium* (Lam.) G. Don, *Sida indica* L.（英 **Indian Abutilon**）

　　一年生或多年生亚灌木状草本，全部皆被灰色短柔毛。叶互生，具长柄；圆卵形至阔卵形，长 3–9 cm，宽 2.5–7 cm，先端短尖，基部心形，叶缘有不规则的圆齿，两面皆被灰色小柔毛。花单生于叶腋，黄色，直径 2–25 cm；花柄长，近顶端有节；萼盘状，5 深裂，绿色，密被灰色小柔毛，裂片阔卵形，短尖；花瓣 5，较萼长 2 倍以上；雄蕊多数，花丝基部连成短筒；子房上位，心皮 15–20，轮状排列。蒴果圆形似磨盘，高约 1.5 cm，宽 2 cm，分果爿 15–20，顶端具短芒。种子肾形。

分布与生境　分布于台湾、福建、广东、广西、贵州、云南等地。常生于海拔 800 m 以下的地区，如平原、海边、沙地、旷野、山坡、河谷及路旁。也分布于越南、老挝、柬埔寨、泰国、斯里兰卡、缅甸、印度和印度尼西亚等热带地区。

药用部位　全草、根、种子、花。

功效应用　全草：疏风清热，益气通窍，祛痰利尿。用于感冒高热，中耳炎，耳鸣，耳聋，咽炎，流行性腮腺

磨盘草 Abutilon indicum (L.) Sweet
引自《中国高等植物图鉴》

炎，甲状腺肿大，咳嗽，泄泻，遗精，小便不利。根：清热利湿，通窍活血。用于肺燥咳嗽，胃痛，腹痛，泄泻，疝气，淋证，痔疮，跌打损伤，耳鸣，耳聋。种子：通窍，利水，清热解毒。用于耳聋，

磨盘草 Abutilon indicum (L.) Sweet
摄影：徐克学 王祝年

乳汁不通，便秘，水肿，痢疾，痈疽肿毒。花：捣烂外敷疮毒。

化学成分 茎含三萜类：白桦脂醇(betulin)，3β-乙酰氧基-熊果-20(30)-烯[3β-acetoxy-urs-20(30)-ene][1]；甾体类：β-谷甾醇[1]，20,23-二甲基胆甾-6,22-二烯-3β-醇(20,23-dimethylcholesta-6,22-dien-3β-ol)[2]；脂肪烃、醇、酸类：三十五烷-7,24-二醇(pentatriacontan-7,24-diol)[1]，16-羟基四十一烷-17-酮(16-hydroxyhentetracontan-17-one)，三十六酸(hexatriacontanoic acid)[2]。

叶含黄酮类：次衣草亭▲-8-O-β-吡喃葡萄糖醛酸苷-3"-O-硫酸酯(hypolaetin-8-O-β-glucuronopyranoside-3"-O-sulfate)，异高黄芩素-8-O-β-吡喃葡萄糖醛酸苷-3"-O-硫酸酯(isoscutellarein-8-O-β-glucuronopyranoside-3"-O-sulfate)，槲皮素-3-O-α-吡喃鼠李糖基-(1"→6''')-β-吡喃葡萄糖醛酸苷[quercetin-3-O-α-rhamnopyranosyl-(1"→6''')-β-glucuronopyranoside][3]；有机酸类：阿魏酸(ferulic acid)，咖啡酸(caffeic acid)，桉酸(eudesmic acid)[4]；倍半萜类：土木香内酯(alantolactone)，异土木香内酯(isoalantolactone)[5]。

花含黄酮类：木犀草素(luteolin)，金圣草酚(chrysoeriol)，木犀草素-7-O-β-吡喃葡萄糖苷(luteolin-7-O-β-glucopyranoside)，金圣草酚-7-O-β-吡喃葡萄糖苷(chrysoeriol-7-O-β-glucopyranoside)，芹菜苷元-7-O-β-吡喃葡萄糖苷(apigenin-7-O-β-glucopyranoside)，槲皮素-3-O-β-吡喃葡萄糖苷(quercetin-3-O-β-glucopyranoside)，槲皮素-3-O-β-吡喃鼠李糖基-(1→6)-β-吡喃葡萄糖苷[quercetin-3-O-β-rhamnopyranosyl-(1→6)-β-glucopyranoside][6]，苘麻素▲A(abutilin A)[7]；挥发油：桉叶油醇(eudesmol)，香叶醇(geraniol)，丁香烯(caryophyllene)[8]；β-蒎烯(β-pinene)，丁香烯氧化物(caryophyllene oxide)，桉树脑(cineole)，香叶醇乙酸酯(geranyl acetate)，榄香烯(elemene)，金合欢醇(farnesol)，龙脑(borneol)[8]。

种子含脂肪酸类：香荚兰酸，苹婆酸，锦葵酸[10]。

全草含三萜类：齐墩果酸(oleanolic acid)[11-12]；苯丙素类：咖啡酸(caffeic acid)[13]；酚、酚酸类：香荚兰酸[11]，苯甲酸(benzoic acid)[12]，对羟基苯甲酸(p-hydroxybenzoic acid)，对-β-D-葡萄糖氧基苯甲酸(p-β-D-glucosyloxybenzoic acid)[13]；甾体类：24R,5α-豆甾-3,6-二酮(24R,5α-stigmastane-3,6-dione)[11]，豆甾醇-3-O-β-D-吡喃葡萄糖苷(stigmasterol-3-O-β-D-glucopyranoside)[12,14]，β-谷甾醇，胡萝卜苷[11-12]，豆甾醇(stigmasterol)[14]；醌类：2,6-二甲氧基-1,4-苯醌(2,6-dimethoxy-1,4-benzoquinone)[11]；其他类：正三十五醇(n-pentatriacontanol)，山嵛酸甘油酯(glyceryl behenate)[12]，三十二醇(dotriacontanol)，虫漆蜡酸(lacceroic acid)[14]。

注评 本种为广西中药材标准（1990 年版）、广西壮药质量标准（2011 年版）收载"磨盘草"的基源植物，药用其干燥地上部分。本种的种子称"磨盘草子"，根称"磨盘根"，均可药用。本种的全草在广东（汕头）用作"王不留行"，系混淆品。哈尼族、基诺族叶药用本种，主要用途见功效应用项。基诺族尚药用其全草避孕，堕胎。壮族药用其全草或根治疗肺结核，子宫脱垂，尿路感染。傣族药用全草治疗头晕，神经衰弱等症。

化学成分参考文献

[1] Singh RS, et al. *Journal of Medicinal and Aromatic Plant Sciences*, 2010, 32(2): 125-128.

[2] Singh RS, et al. *Int J Curr Chem*, 2011, 2(1): 59-64.

[3] Matlawska I, et al. *Nat Prod Commun*, 2007, 2(10): 1003-1008.

[4] Rajput AP, et al. *J Chem Pharm Res*, 2012, 4(8): 3959-3965.

[5] Sharma PV, et al. *Phytochemistry*, 1989, 28(12): 3525.

[6] Matlawska, I, et al. *Acta Poloniae Pharmaceutica*, 2002,59(3) : 227-229.

[7] Kuo PC, et al. *J Asian Nat Prod Res*, 2008, 10(7): 689-693.

[8] Geda A, et al. *Perfumer & Flavorist*, 1983, 8(3): 39.

[9] Jain PK, et al. *Acta Ciencia Indica, Chemistry*, 1982, 8(3): 136-139.

[10] Babu M, et al. *Anstrichmittel*, 1980, 82(2): 63-66.

[11] 刘娜，等. 沈阳药科大学学报, 2009, 26(3): 196-197,221.

[12] 陈勇，等. 时珍国医国药, 2012, 23(7): 1725-1726.

[13] Pandey DP, et al. *Int J Chem Tech Res*, 2011, 3(2): 642-645.

[14] 陈勇，等. 时珍国医国药, 2010, 21(9): 2245-2246.

7. 几内亚磨盘草　台湾磨盘草

Abutilon guineense (Schumach.) Baker f. et Exell, J. Bot. 74(Suppl.): 22. 1936.——*A. indicum* (L.) Sweet subsp. *guineense* (Schumach.) Borss. Waalk., *A. indicum* (L.) Sweet var. *guineense* (Schumach.) K. M. Feng, *A. taiwanense* S. Y. Hu, *Sida guineensis* Schumach.（英 **Guinea Abutilon**）

7a. 几内亚磨盘草（模式变种）

Abutilon guineense (Schumach.) Baker f. et Exell var. **guineense**

草本，高约 50 cm。叶心状卵形或近圆形，长 1.5–8 cm，宽 1–6 cm，先端钝或尖，基部心形；托叶线形，反折。花单生于叶腋，花梗长 4–7 cm，为叶柄长的 2–3 倍；花萼钟形，长约 12 mm，直径 17–20 mm，裂片 5，卵圆形；花瓣黄色，长约 18 mm。分果爿 14，先端尖。

分布与生境　产于我国台湾。也分布于几内亚、马来西亚、印度尼西亚以及非洲热带、大洋洲等地。

药用部位　全草。

功效应用　活络解毒，通窍。用于耳聋，耳鸣，重听。

7b. 小花磨盘草（变种）（云南植物志）

Abutilon guineense (Schumach.) Baker f. et Exell var. **forrestii** (S. Y. Hu) Y. Tang, Fl. China 12: 278–279. 2007.——*A. forrestii* S. Y. Hu, *A. bidentatum* Hochst. ex A. Rich. var. *forrestii* (S. Y. Hu) Abedin, *A. indicum* (L.) Sweet var. *forrestii* (S. Y. Hu) K. M. Feng（英 **Litter-flower Abutilon**）

直立草本，全株被灰色星状柔毛。叶圆心形，直径 5–10 cm，至近先端通常为 3 个齿牙状。花单生于叶腋，花梗长 4–5 cm，近顶端具节；花萼小，碟状，直径约 17 mm，密被星状绒毛，裂片 5；花黄色，花瓣 5，宽倒卵形。果近圆球形，直径约 1.5 cm，长约 7 mm，分果爿 14，顶端具短而锐尖的芒。

分布与生境　产于云南金沙江河谷的鹤庆、元谋、禄劝等县及四川会东、雷波等县。生于海拔 1000–1500 m 的干热山坡或河谷灌丛中。

药用部位　全草、根、种子。

功效应用　全草：散风，清热，开窍活血，滑肠通便，利尿下乳。根：用于泄泻，淋证，疝气，痈肿，瘰疬，痄腮。种子：用于便秘，水肿，乳汁少，耳聋。

7. 翅果麻属 **Kydia** Roxb.

乔木，被星状毛。叶具掌状脉，常分裂。花杂性，腋生；小苞片 4–6，叶状，基部合生，果时扩大成广展的翅。蒴果近球形，分裂为 3 果爿。种子肾形，具槽。

本属约 4 种，分布于印度、不丹、缅甸、柬埔寨、越南和中国。我国云南产 3 种 1 变种，其中 1 种可药用。

1. 翅果麻（云南植物志） 栒的木、栒的槿

Kydia calycina Roxb., Pl. Coromandel 3: 11, pl. 215. 1819.——*K. fraterna* Roxb., *K. roxburghiana* Wight（英 **Calyxshape Kydia**）

乔木，密被淡褐色星状柔毛。叶近圆形，常为掌状 3–5 浅裂，长 6–14 cm，宽 5–11 cm，基部圆形至近心形，边缘具疏细齿缺。花顶生或腋生，排列成圆锥花序；小苞片 4，很少为 6，长圆形，长约 4 mm；花萼浅杯状，中部以下合生，裂片 5，三角形，与小苞片近等长；花淡红色，花瓣倒心形。蒴果圆球形，直径约 5 mm，宿存小苞片倒卵状长圆形，长 1–1.5 cm，宽 5–9 mm。种子肾形，具腺脉纹。花期 9–11 月。

分布与生境 产于云南南部。生于海拔 500–1600 m 的山谷疏林中。分布于越南、缅甸和印度等地。

药用部位 树皮、叶。

功效应用 用于慢性胃炎，胃溃疡。外用于刀枪伤，外伤出血，烧伤，烫伤，骨折。

化学成分 茎和心材含倍半萜类：木槿酮C (hibiscone C; gmelofuran)，木槿醌B (hibiscoquinone B)，异半棉酚-1-甲醚(isohemigossypol-1-methyl ether)[1]。

翅果麻 **Kydia calycina** Roxb.
引自《中国高等植物图鉴》

翅果麻 **Kydia calycina** Roxb.
摄影：张金龙

种子含环丙烯类和脂肪酸类：月桂酸(lauric acid)，肉豆蔻酸(myristic acid)，棕榈酸(palmitic acid)，硬脂酸(stearic acid)，花生酸(arachidic acid)，山萮酸(behenic acid)，油酸(oleic acid)，亚油酸(linoleic acid)等[2]。

化学成分参考文献

[1] Joshi KC, et al. *Planta Med*, 1983, 49(2): 127.　　　　　1989, 91(6): 237-238.

[2] Daulatabad CD, et al. *Fett Wissenschaft Technologie*,

8. 梵天花属 Urena L.

多年生草本或灌木，被星状柔毛。叶互生，卵圆形，掌状分裂或深波状。小苞片钟形，5 裂；花萼穹窿状，5 深裂；花瓣 5。果近球形，分果爿有钩刺，不开裂，但与中轴分离。种子倒卵状三棱形或肾形。

本属约 6 种，分布于热带和亚热带地区。我国有 3 种 5 变种，产于长江以南地区，其中 3 种 3 变种可药用。

分种检索表

1. 花集生于小枝端，近总状花序；分果爿平滑或具条纹 ····················**3. 波叶梵天花 U. repanda**
1. 花单生或近簇生于叶腋；分果爿有倒刺毛和短柔毛。
　　2. 叶长 5–12 cm，通常掌状 3–5 浅裂，中央裂片三角形或宽三角形，生于枝上端的叶有时不分裂，卵形或披针形；花萼长 5–9 mm ····················**1. 地桃花 U. Lobata**
　　2. 叶长 1–7 cm，通常掌状 3–5 深裂，中央裂片倒卵形或近菱形，生于枝上端的叶仅中部浅裂呈葫芦状；花萼长 4–5 mm ····················**2. 梵天花 U. procumbens**

1. 地桃花（广东、广西、江西、贵州）　肖梵天花（广州植物志），半边月、千下槌（广西），红孩儿、石松毛、牛毛七、毛桐子（四川）

Urena lobata L., Sp. Pl. 2: 692. 1753.——*U. diversifolia* Schumach., *U. lobata* L. var. *tomentosa* (Blume) Walp., *U. monopetala* Lour., *U. tomentosa* Blume（英 **Rose Mallow**）

1a. 地桃花（模式变种）

Urena lobata L. var. **lobata**

直立亚灌木状草本。叶形变异较大，下部的叶近圆形，长 4–5 cm，宽 5–6 cm，先端 3 浅裂，基部圆形或近心形，边缘具锯齿；中部的叶卵形，长 5–7 cm，宽 3–6.5 cm；上部的叶长圆形至披针形，长 4–7 cm，宽 1.5–3 cm；叶柄长 1–4 cm；托叶线形，早落。花腋生，单生或稍丛生，淡红色，直径约 15 mm；小苞片 5，长约 6 mm，基部 1/3 处合生；萼杯状，裂片 5，两者均被星状柔毛；花瓣 5，倒卵形，长约 15 mm，外面被星状柔毛；雄蕊柱长约 15 mm，花柱 10，微被长硬毛。果扁球形，直径约 1 cm，分果爿被星状短柔毛和锚状刺。花期 7–10 月。

分布与生境　产于长江以南各地，是我国长江以南地区极常见的野生植物，喜生于干热的空旷地、草坡或疏林下。也分布于越南、柬埔寨、老挝、泰国、缅甸、印度和日本等地区。

药用部位　根，叶、鲜全草。

功效应用　根、叶：祛风活血，清热利湿，解毒消肿。用于风湿性关节炎，感冒，疟疾，肠炎，乳腺炎，偏头痛，痢疾，小儿消化不良，白带。鲜全草：捣烂外敷治跌打损伤，毒蛇咬伤。

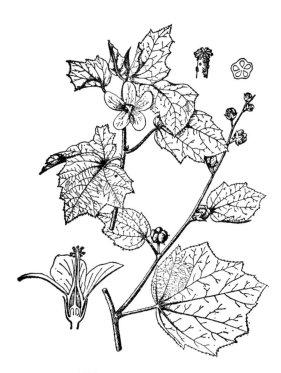

地桃花 **Urena lobata** L. var. **lobata**
引自《中国高等植物图鉴》

地桃花 Urena lobata L. var. lobata
摄影：徐晔春

化学成分 根含香豆素类：欧前胡素(imperatorin)[1]；甾体类：β-谷甾醇，胡萝卜苷，豆甾醇(stigmasterol)，豆甾醇-3-O-β-D-吡喃葡萄糖苷(stigmasterol-3-O-β-D-glucopyranoside)，菜油甾醇(campesterol)，菜油甾醇-3-O-β-D-吡喃葡萄糖苷(campesterol-3-O-β-D-glucopyranoside)[2]。

叶含挥发油：二环[3.2.2]壬-6-烯-3-酮(bicyclo[3.2.2]non-6-en-3-one)，戊酸癸酯(pentanoic acid decyl-ester)，3,5,5-三甲基-2-环己烯-1-酮(3,5,5-trimethyl-2-cyclohexen-1-one)，3,4,5-三甲基己烯(3,4,5-trimethyl-hexene)等[3]；矿物质元素：Ca、Cu、Fe、Mg、Mn、P、K、Na、Zn等[4]。

花含黄酮类：银椴苷(tiliroside)，二氢山奈酚-4'-O-β-D-吡喃葡萄糖苷(dihydrokaempferol-4'-O-β-D-glucopyranoside)，山奈酚-3-O-β-D-吡喃葡萄糖苷(kaempferol-3-O-β-D-glucopyranoside)，山奈酚-3-

O-β-D-芸香糖苷(kaempferol-3- *O-β*-D-rutinoside)，槲皮素-3-*O-β*-D-吡喃葡萄糖苷(quercetin-3-*O-β*-D-glucopyranoside)，槲皮素-3-*O-β*-D-芸香糖苷(quercetin-3-*O-β*-D-rutinoside)，木犀草素-4'-*O-β*-D-吡喃葡萄糖苷(luteolin-4'-*O-β*-D-glucopyranoside)[5]。

地上部分含黄酮类：杧果苷(mangiferin)，槲皮素(quercetin)[6]，山奈酚-3-*O-β*-D-呋喃芹糖基-(1→2)-*β*-D-吡喃葡萄糖基-7-*O-α*-L-吡喃鼠李糖苷[kaempferol-3-*O-β*-D-apiofuranosyl-(1→2)-*β*-D-glucopyranosyl-7-*O-α*-L-rhamnopyranoside]，山奈酚-4'-*O-β*-D-呋喃芹糖基-3-*O-β*-D-吡喃葡萄糖基-7-*O-α*-L-吡喃鼠李糖苷(kaempferol-4'-*O-β*-D-apiofuranosyl-3-*O-β*-D-glucopyranosyl-7-*O-α*-L-rhamnopyranoside)，5,6,7,4'-四羟基黄酮-6-*O-β*-D-吡喃阿拉伯糖基-7-*O-α*-L-吡喃鼠李糖苷(5,6,7,4'-tetrahydroxy-flavone-6-*O-β*-D-arabinopyranosyl-7-*O-α*-L-rhamnopyranoside)，5,6,7,4'-四羟基黄酮-6-*O-β*-D-吡喃木糖基-7-*O-α*-L-吡喃鼠李糖苷(5,6,7,4'-tetrahydroxy-flavone-6-*O-β*-D-xylopyranosyl-7-*O-α*-L-rhamnopyranoside)，山奈酚-7-*O-β*-D-吡喃葡萄糖基-(1→3)-*α*-L-吡喃鼠李糖苷[kaempferol-7-*O-β*-D-glucopyranosyl-(1→3)-*α*-L-rhamnopyranoside]，山奈酚-3-*O-β*-D-吡喃葡萄糖基-7-*O-α*-L-吡喃鼠李糖苷(kaempferol-3-*O-β*-D-glucopyranosyl-7-*O-α*-L-rhamnopyranoside)，山奈酚-3-*O-β*-D-吡喃葡萄糖苷(kaempferol-3-*O-β*-D-glucopyranoside)，6,8-二羟基山奈酚-3-*O-β*-D-吡喃葡萄糖苷(6,8-dihydroxykaempferol-3-*O-β*-D-glucopyranoside)，山奈酚-4'-*O-β*-D-吡喃葡萄糖苷(kaempferol-4'-O-*β*-D-glucopyranoside)，山奈酚-7-*O-α*-L-吡喃鼠李糖苷(kaempferol-7-*O-α*-L-rhamnopyranoside)，山奈酚-7-*O-α*-L-吡喃鼠李糖苷-4'-*O-β*-D-吡喃葡萄糖苷(kaempferol-7-*O-α*-L-rhamnopyranoside-4'-*O-β*-D-glucopyranoside)，山奈酚-3-*O*-吡喃葡萄糖基-(1→3)-*β*-D-吡喃葡萄糖苷[kaempferol-3-*O*-glucopyranosyl-(1→3)-*β*-D-glucopyranoside]，山奈酚-3-*O-β*-刺槐二糖苷(kaempferol-3-*O-β*-robinobioside)[7]；酚类：地桃花苷A (urenoside A)[8]；木脂素类：肥牛树木脂素▲-4-*O-β*-D-吡喃葡萄糖苷(ceplignan-4-*O-β*-D-glucopyranoside)[8]。

全草含黄酮类：银椴苷，槲皮素，山奈酚(kaempferol)，芦丁(rutin)，缅茄苷▲(afzelin)，紫云英苷(astragalin)，山奈酚-3-*O-β*-D-吡喃葡萄糖苷-7-*O-α*-L-吡喃鼠李糖苷(kaempferol-3-*O-β*-D-glucopyranoside-7-*O-α*-L-rhamnopyranoside)，山奈酚-7-*O-α*-L-吡喃鼠李糖苷(kaempferol-7-*O-α*-L-rhamnopyranoside)，山奈酚-7-*O-α*-L-吡喃鼠李糖苷-4'-*O-β*-D-吡喃葡萄糖苷(kaempferol-7-*O-α*-L-rhamnopyranoside-4'-*O*-*β*-D-glucopyranoside)，大花红景天苷(crenuloside)[9]，芹菜苷元-6-*C-β*-L-吡喃鼠李糖苷(apigenin-6-*C*-*β*-L-rhamnopyranoside)，6,8-二羟基山奈酚-3-*O-β*-D-吡喃葡萄糖苷(6,8-dihydroxykaempferol-3-O-*β*-D-glucopyranoside)，黄芩素-7-*O-α*-L-吡喃鼠李糖苷(baicalein-7-*O-α*-L-rhamnopyranoside)，槲皮素-4'-*O*-芸香糖苷(quercetin-4'-*O*-rutinoside)[10]；香豆素类：东莨菪内酯(scopoletin)，白蜡树亭(fraxetin)，七叶树苷(esculin)[10]；生物碱类：己内酰胺(caprolactam)[10]；酚、酚酸类：苯甲酸(benzoic acid)[10]，双(2-甲基丙基)酞酸酯[bis(2-methylproyl)phthalate]，葡萄糖丁香酸(glucosyringic acid)[10-11]，丁香酸(syringic acid)，水杨酸(salicylic acid)，原儿茶酸(protocatechuic acid)，原儿茶酸甲酯(protocatechuic acid methyl ester)[11]；苯丙素类：咖啡酸(caffeic acid)[11]；脂肪酸类：缩苹果酸(maleic acid)，三十六酸(hexatriacontanoic acid)，十五酸(pentadecanoic acid)，十六酸(hexadecanoic acid)，十七酸(heptadecanoic acid)[11]。

注评 本种为广西（1990 年版）、湖南（2009 年版）中药材标准收载"地桃花"、福建中药材标准（2006 年版）收载"肖梵天花"的基源植物，药用其干燥地上部分或全草。广西标准使用本种的中文异名肖梵天花。侗族、傣族、彝族、瑶族、佤族、仡佬族、布朗族也药用，主要用途见功效应用项。畲族用其根治疗糖尿病。

化学成分参考文献

[1] Mukhopadhyay R, et al. *Journal of the Institution of Chemists (India)*, 2003, 75(2): 41-42.

[2] Dinda B, et al. *J Indian Chem Soc*, 2012, 89(9): 1279-1281.

[3] 杨彪，等 . 广东化工, 2009, 36(11): 124-125.

[4] Fagbohun ED, et al. *Journal of Medicinal Plants Research*, 2012, 6(12): 2256-2260.

[5] Matlawska, et al. *Acta Poloniae Pharmaceutica*, 1999,

56(1): 69-71.

[6] Srinivasan, et al. *Coll Arogya (Manipal, India)*, 1981, 7(2): 140-141.

[7] Jia L, et al. *J Asian Nat Prod Res*, 2011, 13(10): 907-914.

[8] Jia L, et al. *J Asian Nat Prod Res*, 2010, 12(11-12): 962-

967.

[9] 贾陆，等. 中国医药工业杂志, 2009, 40(9): 662-665, 704.

[10] 贾陆，等. 中国药学杂志, 2010, 45(14): 1054-1056.

[11] 贾陆，等. 中国医药工业杂志, 2009, 40(10): 746-749.

1b. 粗叶地桃花（变种） 消风草（江西、湖南），田芙蓉、千锤草（贵州）

Urena lobata L. var. **glauca** (Blume) Borss. Waalk., Blumea 14: 144. 1966.——*U. lappago* Sm. var. *glauca* Blume, *U. lobata* L. var. *scabriuscula* (DC.) Walp., *U. scabriuscula* DC. （英 **Scabrous-leaf Cadillo**）

本变种的叶密被粗短绒毛和绵毛，下部的叶较宽而很少分裂，基部近心形，上部的叶卵形或近圆形，具锯齿；小苞片线形，密被绵毛，略长于萼片；花瓣长 10-13 mm，与模式变种不同。

分布与生境 产于福建、广东、四川、贵州和云南等地。生于海拔 500-1500 m 的草坡、山边灌丛和路边，极常见。分布于印度至马来西亚等地。

药用部位 根。

功效应用 解毒，活血，祛瘀。用于跌打损伤，乳痈未溃，各种疮毒。

注评 本种的全草称"地桃花"，广西、广东、福建、湖南、湖北、贵州、四川等地药用。其果实在四川及云南河口、屏边地区作"王不留行"药用，为地区习用品。

粗叶地桃花 Urena lobata L. var. **glauca** (Blume) Borss. Waalk.
摄影：徐克学

1c. 云南地桃花（云南植物志）（变种）

Urena lobata L. var. **yunnanensis** S. Y. Hu, Fl. China, Fam. 153, 77. 1955.（英 **Yunnan Cadillo**）

叶似槭叶状，茎下部的叶卵形，常掌状 3-5 裂，上部的叶卵形或椭圆形。花近簇生，很少单生；小苞片疏被星状柔毛，长约 4 mm，较萼片为短；花较大，花瓣长 15-25 mm，粉红色。蒴果大，直径 7-8 mm。

分布与生境 产于云南、四川、贵州和广西等地。生于海拔 1300-2200 m 的山坡灌丛或沟谷草丛。

药用部位 全株。

功效应用 行气活血，祛风解毒。用于跌打损伤，风湿痛，痢疾，刀伤出血，吐血。

云南地桃花 **Urena lobata** L. var. **yunnanensis** S. Y. Hu
摄影：刘冰 朱鑫鑫

1d. 中华地桃花（变种）（云南植物志） 糙脉梵天花（海南植物志）

Urena lobata L. var. **chinensis** (Osbeck) S. Y. Hu, Fl. China, Fam. 153, 77. 1955.——*U. chinensis* Osbeck（英 **Chinese Cadillo**）

亚灌木状草本。茎下部的叶卵形或近圆形，常 3-5 浅裂，上部的卵形，具锯齿，下面被灰黄色长柔毛和星状短柔毛。小苞片被星状长柔毛，与萼片约等长；花瓣长 12-15 mm。

分布与生境 产于安徽、福建、湖南、广东、江西、四川和云南等地。

药用部位 根。

功效应用 用于风湿性关节炎，感冒。外敷疗疮。

2. 梵天花（植物学大辞典） 虱麻头、孩头婆、小桃花（广东），小叶田芙蓉、叶瓣花、野棉花（福建），三角枫、三合枫（植物名实图考）

Urena procumbens L., Sp. Pl. 2: 692. 1753.（英 **Procumbent Indian Mallow**）

小灌木，枝平铺。叶下部生的轮廓为掌状 3-5 深裂，裂口深达中部以下，圆形而狭，长 1.5-5 cm，宽 1-4 cm，裂片菱形或倒卵形，呈葫芦状，先端钝，基部圆形至近心形，具锯齿；叶柄长 4-15 mm；托叶钻形，长约 1.5 mm，早落。花单生或近簇；小苞片长约 7 mm，基部 1/3 处合生；萼稍短于小苞片或近等长，卵形，尖头；花冠淡红色，花瓣长 10-15 mm；雄蕊柱无毛，与花瓣等长。果球形，直径约 6 mm，具刺和长波毛，刺端有倒钩。种子平滑无毛。花期 6-9 月。

分布与生境 产于广东、台湾、福建、广西、江西、湖南、浙江等地。常生于山坡小灌丛中。

药用部位 全株、根。

功效应用 全株：祛风利湿，清热解毒。用于感冒，肺热咳嗽，风湿性关节炎，肠炎，痢疾，腰肌劳损，毒蛇咬伤，疮疡肿毒。根：用于心源性水肿，白带，疟疾，甲状腺肿大，脱肛，子宫下垂。

注评 本种的全草称"梵天花"，根称"梵天花根"，广西、广东、福建、江西、浙江等地药用。畲族、傣族、侗族也药用其根及全草，主要用途见功效应用项。

梵天花 **Urena procumbens** L.
引自《中国高等植物图鉴》

梵天花 Urena procumbens L.
摄影：徐晔春 王祝年

3. 波叶梵天花（云南植物志）

Urena repanda Roxb. ex Sm. in Rees, Cycl.7: Urena no. 6. 1819.——*Abutilon esquirolii* H. Lév., *Malache repanda* (Roxb. ex Sm.) Kuntze, *Pavonia repanda* (Roxb. ex Sm.) Spreng., *Urena speciosa* Wall.（英 **Repand Indian Mallow**）

多年生草本。叶卵形，长 4-8 cm，宽 1-7 cm，下部生的叶在先端常 3 浅裂，基部圆形至近心形，具锯齿，先端钝；上部生的叶卵状长圆形至披针形；叶柄长 1-7 cm；托叶线形，长 4-5 mm。花集生于小枝端；小苞片钟形，长约 8 mm，5 裂，基部 1/2 处合生；萼片卵形，被星状长硬毛；花冠粉红色，花瓣长 2.5-3.5 cm。果近球形，直径约 8 mm，无毛，果片倒卵状三角形，长约 4 mm，具羽片状条纹。种子黑色，平滑。花期 8-11 月。

分布与生境 产于广西、贵州和云南等地。常生于海拔 300-1600 m 的山坡灌丛中。分布于越南、老挝、柬埔寨和印度北部。

药用部位 根、叶。

功效应用 祛风解毒。用于感冒，咳嗽，疮疡肿毒。

化学成分 种子含脂肪酸类：锦葵酸(malvalic acid)，苹婆酸(sterculic acid)，亚油酸(linoleic acid)，油酸(oleic acid)，棕榈酸(palmitic acid)[1]。

波叶梵天花 Urena repanda Roxb. ex Sm.
吴锡麟 绘

波叶梵天花 **Urena repanda** Roxb. ex Sm.
摄影：高贤明

化学成分参考文献

[1] Ahmad MSJ, et al. *J Am Oil Chem Soc*, 1983, 60(4): 850.

9. 悬铃花属 **Malvaviscus** Fabr.

灌木或粗壮草本。叶心形。花红色，腋生；小苞片7-12，狭窄；萼片5；花瓣直立而不张开；雄蕊柱突出于花冠外，顶端不育，具5齿，顶端以下生花药；子房5室，每室具胚珠1颗，花柱分枝10。肉质浆果干燥后分裂。

本属约6种，产于美洲热带。我国引入栽培的有2种，其中1种可药用。

1. 垂花悬铃花（中国高等植物图鉴）

Malvaviscus penduliflorus DC., Prodr. 1: 445. 1824.——*M. arboreus* Cav. subsp. *penduliflorus* (DC.) Hada, *M. arboreus* Cav. var. *penduliflorus* (DC.) Schery（英 **Tree Waxmallow**）

灌木，小枝被长柔毛。叶卵状披针形，长6–12 cm，宽2.5–6 cm，先端长尖，基部广楔形至近圆形，边缘具钝齿，两面近于无毛或仅脉上被星状疏柔毛，主脉3条；叶柄长1–2 cm，上面被长柔毛；托叶线形，长约4 mm，早落。花单生于叶腋，花梗长约1.5 cm，被长柔毛；小苞片匙形，长1–1.5 cm，边缘具长硬毛，基部合生；花萼钟状，直径约1 cm，裂片5，较小苞片略长，被长硬毛；花红色，下垂，筒状，上部略开展，长约5 cm；雄蕊柱长约7 cm；花柱分枝10。果未见。

分布与生境 广东广州及云南西双版纳和陇川等地引种栽培。原产于墨西哥和哥伦比亚。

药用部位 根、皮、叶。

功效应用 用于拔毒消肿。

化学成分 花含挥发油：胆甾醇(cholesterol)，*β*-谷甾醇(*β*-sitosterol)，*γ*-谷甾醇(*γ*-sitosterol)，豆甾醇(stigmasterol)，角鲨烯(squalene)，菜油甾醇(campesterol)，*Δ*-4-谷甾醇-3-酮(*Δ*-4-sitosterol-3-one)，24-氧代-胆甾醇(24-oxo-cholesterol)[1]。

垂花悬铃花 *Malvaviscus penduliflorus* DC.
引自《中国高等植物图鉴》

垂花悬铃花 *Malvaviscus penduliflorus* DC.
摄影：徐克学 王祝年

化学成分参考文献

[1] Delange DM, et al. *Anal Chem Lett*, 2012, 2(3): 171-176.

10. 秋葵属 Abelmoschus Medik.

一至多年生草本。叶全缘或掌状分裂。花单生于叶腋；小苞片 5–15，线形；花萼佛焰苞状，一侧开裂，先端具 5 齿，早落；花黄色或红色，漏斗形，花瓣 5；子房 5 室，花柱 5 裂。蒴果长尖，室背开裂，密被长硬毛；种子肾形或球形，多数，无毛。

本属约 15 种，分布于东半球热带和亚热带地区。我国有 6 种和 1 变种，产于东南至西南部地区，均可药用。

分种检索表

1. 小苞片 4–5，卵状披针形，宽达 4–5 mm；花黄色 ··· 1. 黄蜀葵 A. manihot
1. 小苞片 6–20，线形，宽 1–5 mm；红色或黄色。
  2. 小苞片 10–20；叶心形或掌状分裂。
    3. 小苞片 15–20，宽 1–2 mm；蒴果近圆球形，长 3–4 cm ······················· 2. 长毛黄葵 A. crinitus
    3. 小苞片 12，宽 2–3 mm；蒴果卵状椭圆形，长 4.5–5.5 cm ··················· 3. 木里秋葵 A. muliensis
  2. 小苞片 6–12；叶卵状戟形，箭形或掌状 3–7 裂。
    4. 花梗短，长 1–2 cm；蒴果筒状尖塔形，长 10–25 cm ························· 4. 咖啡黄葵 A. esculentus
    4. 花梗较，长 2–7 cm；蒴果极短，近球形或椭圆形，长 2–6 cm。
      5. 一至二年生草本；根直；小苞片在果时紧贴；花黄色，花瓣基部暗紫色；蒴果长 5–6 cm ···············
      ·· 5. 黄葵 A. moschatus
      5. 多年生草本；地下有块根；小苞片在果时开展或反曲；花黄色或红色；蒴果长约 3 cm ···············
      ·· 6. 箭叶秋葵 A. sagittifolius

本属药用植物主要含三萜类，如棉根皂苷元 (gypsogenin，**1**)；黄酮类，如棉花素 (gossypetin，**2**)，棉花素 -3'-*O*-β- 葡萄糖苷 (gossypetin-3'-*O*-β-glucoside，**3**)，槲皮素 (quercetin)，异槲皮苷 (isoquercitrin)，槲皮素 -3-*O*-β- 芸香糖苷 (quercetin-3-*O*-β-rutinoside)，金丝桃苷 (hyperoside)，槲皮素 -3'- 葡萄糖苷 (quercetin-3'-*O*-glucoside)，槲皮素 -3- 刺槐糖苷 (quercetin-3-*O*-robinoside)，杨梅素 (myricetin)，杨梅素 -3'-*O*-β- 葡萄糖苷 (myricetin-3'-*O*-β-glucoside)。

2: R$_1$=OH   R$_2$=OH
3: R$_1$=O-glc R$_2$=O-glc

本属植物所黄酮类成分具有保护脑缺血、心肌缺血，消除钠潴留、改善肾功能、抗乙型肝炎病毒以及修复口腔黏膜溃疡等作用。

1. 黄蜀葵（嘉佑本草） 秋葵，黄花莲、鸡爪莲（广西），豹子眼睛花、荞面花（云南）

Abelmoschus manihot (L.) Medik., Malvenfam. 46. 1787.——*Hibiscus manihot* L., *H. japonicus* Miq.（英 **Sunset Abelmoschus**）

1a. 黄蜀葵（模式变种）

Abelmoschus manihot (L.) Medik. var. **manihot**

一年生或多年生草本，疏被长硬毛，茎干直立粗壮，茎上有紫红色斑点。叶 5-9 掌状深裂，裂片长披针形，长可达到 30 cm，边缘有不规则粗锯齿，两面具长硬毛；花单生于枝端叶腋；小苞片 4-5，卵状披针形，长 15-25 mm，宽 4-5 mm；萼佛焰苞状，5 裂，近全缘；花大，淡黄色，花瓣基部褐红色，直径约 12 cm。蒴果卵状长圆形，密生白色硬毛，果长 4-5 cm，直径 2.5-3 cm。花期 8-10 月。

分布与生境 产于河北、山东、河南、陕西、湖北、湖南、四川、贵州、云南、广西、广东和福建等地。原产于我国南方。常生于山谷草丛、田边或沟旁灌丛中。也分布于印度。

药用部位 全草、根、茎、叶、花、种子。

功效应用 全草：清热解毒，润燥滑肠，消肿止痛。根：利水，散瘀，消肿，解毒。用于淋病，无头疔，乳汁不通，疖腮，痈肿，骨折。茎：清热解毒，通便利尿。用于高热不退，大便秘结，小便不利，疔疮肿毒，烫伤。叶：解毒托疮，排脓生肌。用于热毒疮痈，尿路感染，骨折，烫火伤，外伤出血。花：清利湿热，消肿解毒。用于淋浊水肿，呕血，衄血，崩漏，胎衣不下。外用于痈疽肿毒，水火烫伤。

黄蜀葵 Abelmoschus manihot (L.) Medik. var. manihot
引自《中国高等植物图鉴》

黄蜀葵 Abelmoschus manihot (L.) Medik. var. manihot
摄影：张英涛

种子：利水，通经，消肿。用于大便秘结，小便不利，尿路结石，乳汁不通，痈肿，跌打扭伤。

化学成分　木质茎含甾体类：豆甾醇，γ-谷甾醇(γ-sitosterol)[1]。

花含香豆素类：6-甲氧基-7-羟基香豆素[2]；黄酮类：异槲皮苷(isoquercitrin)[2]，槲皮素(quercetin)[2-4]，木槿黄素-3-O-β-D-吡喃葡萄糖苷(hibiscetin-3-O-β-D-glucopyranoside)，杨梅素-3-O-吡喃葡萄糖苷(myricetin-3-O-glucopyranoside)[3]，杨梅素(myricetin)[3-4]，金丝桃苷(hyperin)，槲皮素-3'-O-β-吡喃葡萄糖苷(quercetin-3'-O-β-glucopyranoside)[3-5]，槲皮素-3-O-刺槐糖苷(quercetin-3-O-robinoside)[4-5]，槲皮素-3-O-β-D-吡喃葡萄糖苷(quercetin-3-O-β-D-glucopyranoside)[5-6]，槲皮素-3-O-β-D-6"-乙酰吡喃葡萄糖苷(quercetin-3-O-β-D-6"-acetylglucopyranoside)，槲皮素-3-O-芸香糖苷(quercetin-3-O-rutinoside)，槲皮素-3-O-β-D-吡喃木糖基-(1→2)-β-D-吡喃半乳糖苷[quercetin-3-O-β-D-xylopyranosyl-(1→2)-β-D-galactopyranoside]，槲皮素-3'-O-β-D-吡喃葡萄糖苷(quercetin-3'-O-β-D-glucopyranoside)，槲皮素-7-O-β-D-吡喃葡萄糖苷(quercetin-7-O-β-D-glucopyranoside)[6]，棉花素-3'-O-β-吡喃葡萄糖苷(gossypetin-3'-O-β-glucopyranoside)[5,7]，棉花素-8-O-β-D-吡喃葡萄糖醛酸苷(gossypetin-8-O-β-D-glucuronopyranoside)，棉花素-3-O-β-吡喃葡萄糖苷-8-O-β-吡喃葡萄糖醛酸苷(gossypetin-3-O-β-glucopyranoside-8-O-β-glucuronopyranoside)，银椴苷(tiliroside)，山奈酚-3-O-[3"-O-乙酰基-6"-(E)-对香豆酰基]-β-D-吡喃葡萄糖苷{kaempferol-3-O-[3"-O-acetyl-6"-O-(E)-p-coumaroyl]-β-D-glucopyranoside}，槲皮素-3-O-[β-D-吡喃木糖基-(1→2)-α-L-吡喃鼠李糖基-(1→6)]-β-D-吡喃半乳糖苷{quercetin-3-O-[β-D-xylopyranosyl-(1→2)-α-L-rhamnopyranosyl-(1→6)]-β-D-galactopyranoside}[7]，杨梅素-3-O-β-D-吡喃半乳糖苷(myricetin-3-O-β-D-galactopyranoside)，杨梅素-3-O-刺槐糖苷(myricetin-3-O-robinoside)，杨梅素-3-O-β-D-吡喃木糖基-(1→2)-β-D-吡喃葡萄糖苷[myricetin-3-O-β-D-xylopyranosyl-(1→2)-β-D-glucopyranoside][8]，大麻槿素▲(cannabiscitrin)[8-9]；苯丙素类：咖啡酸[2]；酚、酚酸类：4-羟基苯甲酸-β-D-吡喃葡萄糖基酯(4-hydroxybenzoic acid-β-D-glucopyranosyl ester)，原儿茶酸(protocatechuic acid)，原儿茶酸-3-O-β-吡喃葡萄糖苷(protocatecheuic acid-3-O-β-glucopyranoside)[7]，2,4-二羟基苯甲酸(2,4-dihydroxybenzoic acid)[9]；碱基及其核苷类：鸟苷(guanosine)，腺苷(adenosine)[9]；脂肪酸及其酯类：顺丁烯二酸顺丁烯二酸(maleic acid)，正三十七酸(heptatriacontanoic acid)，甘油单棕榈酸酯(glycerolmonopalmitate)[9]；脂肪烃、脂肪醇类：正二十四烷(tetracosane)，1-三十醇(1-triacontanol)[9]；甾体类：α-菠菜甾醇(α-spinasterol)，豆甾醇[2]，β-谷甾醇，胡萝卜苷[2,9]。

药理作用　镇静作用：金丝桃苷可减少小鼠活动和家兔肺通气量[1]。

抗精神病作用：黄蜀葵总黄酮对脑卒中后行为绝望小鼠有抗抑郁作用，能缩短脑卒中后小鼠强迫游泳、悬尾的不动时间[2]；可增加脑卒中后抑郁大鼠水平与垂直运动得分，抑制全血黏度、血浆黏度升高，提高红细胞变形性和脑组织中 SOD、GSH-Px 活性，降低 MDA 含量[3-4]；增加糖水消耗量，降低血浆 ACTH（促肾上腺皮质激素）、CORT（皮质酮）水平，降低 CRF（促肾上腺皮质激素释放激素）阳性神经元的平均光密度值，抑制下丘脑 CRF mRNA 的过度表达[5-6]。

镇痛作用：黄蜀葵花总黄酮可抑制小鼠扭体反应和甲醛导致的疼痛，减轻 KCl 诱发的家兔疼痛[7]。金丝桃苷可延长小鼠甩尾反应潜伏期，抑制甲醛致小鼠疼痛[8]、热板法致疼痛[9]，镇痛作用可能与抑制 Ca^{2+} 内流和降低脑内 Ca^{2+} 含量有关。

解热作用：黄蜀葵花总黄酮能降低松节油或大肠埃希氏菌液诱发的家兔体温升高[10]。

抗炎作用：黄蜀葵花总黄酮能抑制二甲苯致小鼠耳肿胀、大鼠棉球肉芽肿[10]；能减轻佐剂性关节炎大鼠的

黄蜀葵花 Abelmoschi Corolla
摄影：陈代贤

原发性、继发性关节肿胀和多发性关节炎程度，改善关节组织的病理改变，作用途径可能与其调节机体的异常免疫有关，可促进佐剂性关节炎大鼠低下的脾淋巴细胞增殖反应，使升高的大鼠腹腔巨噬细胞产生的 IL-1、PGE$_2$、TNF-α 和血清 NO 含量降低[11]。黄蜀葵花提取物甲花素对小鼠醋酸致腹腔毛细血管通透性增加、组胺致皮肤毛细血管通透性增加、二甲苯致耳肿胀及大鼠组胺致足水肿均有抑制作用[12]。

抗心肌缺血作用：黄蜀葵花总黄酮可改善异丙肾上腺素诱发小鼠 ECG II 导联异常的 ST 段和 T 波，抑制心肌含水量及心肌指数的升高，延长气管挟闭后小鼠心电持续的时间[13]；可抑制冠状动脉结扎造成急性心肌梗死大鼠血清 CPK、LDH 升高，降低游离脂肪酸水平，减小心肌梗死面积，抑制小鼠心肌线粒体 MDA 生成，提高 SOD、GSH-Px 活性[14]；可减轻家兔心肌缺血再灌注的损伤，可降低心律失常的发生率、抑制心肌组织中 LD 的生成和 LDH 的漏出、上调 Bcl-2 mRNA 的表达强度，下调 p53 mRNA 的表达水平[15]；减轻家兔心肌病理损伤的严重程度，降低血浆中 MDA 的含量，增强 SOD 及 GSH-Px 的活性，下调缺血心肌组织中 ICAM-1 mRNA 的表达[16]；对大鼠心肌缺血再灌注损伤亦有保护作用，可降低损伤心肌组织的 MDA 含量，提高 SOD 的活性，抑制血清中 CPK 生成和 LDH 释放[17-18]。金丝桃苷可拮抗大鼠心肌缺血损伤，降低冠状动脉结扎造成的急性心肌梗死的面积，抑制血清中 CPK、LDH 的升高和降低血清游离脂肪酸水平，对注射垂体后叶素的大鼠心电图 T 波升高有抑制作用，在异丙肾上腺素所致的大鼠心肌缺血模型动物上，可以抑制心肌组织中 CPK 释放，减少心肌组织中 MDA 生成和提高心肌组织中 SOD 的含量[19]；对大鼠心肌缺血后再灌注导致的损伤[20-22]、缺氧再给氧导致的大鼠心肌细胞损伤也有拮抗作用[23-24]。

抗脑缺血作用：黄蜀葵总黄酮 (TFA) 对双侧颈总动脉结扎致大鼠急性不完全脑缺血损伤[25]、大脑中动脉结扎致大鼠脑缺血损伤[26]、脑缺血及再灌注损伤[27-28]、心脑缺氧性损伤有拮抗作用[29]，TFA 50 mg/kg、100 mg/kg 能改善脑细胞超微结构的变化，能剂量依赖性地减少凋亡细胞的数目[30]。金丝桃苷对双侧颈总动脉结扎致脑缺血小鼠有保护作用，能提高小鼠存活率，改善神经元和胶质细胞形态学，抑制缺血脑组织中 NO、MDA 含量的增高[31]；可减少氧自由基的增高，抑制 SOD 和 LDH 活性的下降，延长小鼠断头后张口喘气时间[32]；可改善右侧颈总动脉和右侧大脑中动脉结扎致脑梗死大鼠异常神经症状，减轻脑梗死重量，抑制脑皮质 NO 和 MDA 含量的增高，增加脑皮质血流量[33]；对脑缺血再灌损伤有拮抗作用，可改善小鼠学习记忆功能障碍，抑制脑组织中 LDH、SOD 及 GSH-Px 活性的降低，减少脑组织 MDA 和 NO 的含量的增高，促进脑电图 (EEG) 变化的恢复[34]。

解痉作用：金丝桃苷可对抗垂体后叶素收缩大鼠离体子宫、乙酰胆碱兴奋大鼠离体肠肌，对卵黄引起的小鼠胆囊排空及胃肠推动运动有抑制作用[35-36]。

抗胃损伤作用：金丝桃苷可抑制无水乙醇诱发的小鼠胃黏膜损伤，使血浆、胃组织中升高的 MDA 含量降低，降低的 NO 水平回升[37]。

保肝作用：金丝桃苷对鸭乙肝病毒感染所致肝损伤有抑制作用，可降低血清中总胆红素 (TBIL) 和 ALP 及肝匀浆 ALT，减轻肝病理改变[38]；升高肝匀浆 SOD、GSH-Px、MDA，降低血清 GSH-Px、MDA[39]。

抗细菌作用：黄蜀葵花总黄酮对感染性豚鼠口腔黏膜溃疡有治疗作用，能缩短溃疡愈合时间和 50% 缩小时间，体外对表皮葡萄球菌、金黄色葡萄球菌、白念珠菌有抑菌作用[40]；亦可抑制变形链球菌的生长和黏附，使其产酸减少[41-42]。

抗病毒作用：黄蜀葵花总黄酮体外有抗单纯疱疹病毒作用[43]。金丝桃苷在 HepG2.2.15 细胞模型和鸭感染乙肝病毒模型中对 HBeAg 和 HBsAg 有抑制作用[44]。

改善肾功能作用：黄蜀葵花可提高阿霉素肾病大鼠血浆蛋白水平，降低增高的血脂水平，改善尿钠排泄和内生肌酐清除率[45]；使尿透明质酸水平增加，尿 N- 乙酰 -B 氨基葡萄糖苷酶水平降低[46]；抑制肾内髓 ATP 酶活性，从而减少肾小管对钠的重吸收，改善红细胞膜失稳定状态恢复其离子转运酶活性至正常[47]；降低阿霉素肾病大鼠红细胞膜及肾内髓组织匀浆的 ATP 酶活性，使钠排泄增加[48]；能降低系膜增生性肾小球肾炎家兔免疫复合物水平，促进红细胞免疫黏附功能，调节细胞免疫、抑制体液免疫[49]。

其他作用：金丝桃苷对钙内流有一定阻滞作用，对兔乳头肌模型有抑制 $CaCl_2$ 诱发的正性肌力作用，对豚鼠心室肌动作电位模型，可缩短动作电位二相平台期，在小鼠心房组织标本上，可抑制高钾诱发的 ^{45}Ca 内流[50]；抑制 K^+、NE 诱导的游离蛙坐骨神经 Ca^{2+} 含量增加[51]。

毒性及不良反应：金丝桃苷小鼠腹腔注射 LD_{50} 为 334 mg/kg[36]。

注评 本种为中国药典（2010 年版）收载"黄蜀葵花"的基源植物，药用干燥花；中华药典（1930 年版）收载"黄蜀葵根"的基源植物，药用其干燥初生根。本种的种子称"黄蜀葵子"，叶称"黄蜀葵叶"，茎或茎皮称"黄蜀葵茎"，均可药用。四川民间草医称其根为"漏芦"，与中国药典收载的"漏芦"系同名异物品，正品"漏芦"为菊科植物祁州漏芦 *Rhaponticum uniflorum* (L.) DC. 的根。部颁标准·藏药（1995 年版）附录 I 中收载的"黄葵子"（"索玛拉杂"）为其种子。藏医学用于皮肤病，黄水病，麻风病，叶也用于滋补，强身。蒙古族医学中使用的"索玛拉杂"为同科植物苘麻 *Abutilon theophrasti* Medik. 的种子。傈僳族、畲族、瑶族、白族、傣族、景颇族、哈尼族、彝族、基诺族等也药用本种，主要用途见功效应用项。

化学成分参考文献

[1] Jain PS, et al. *Asian J Biol Sci*, 2009, 2(4): 112-117.

[2] 陈刚，等 . 中草药，2007, 38(6): 827-828.

[3] 张元媛，等 . 西北药学杂志，2008, 23(2): 80-82.

[4] 王先荣，等 . 植物学报，1981, 23(3): 222-227.

[5] 王先荣，等 . 中国天然药物，2004, 2(2): 91-93.

[6] 李春梅，等 . 沈阳药科大学学报，2010, 27(10): 803-807.

[7] 李春梅，等 . 沈阳药科大学学报，2011, 28(7): 520-525.

[8] An YT, et al. *Fitoterapia*, 2011, 82(4): 595-600.

[9] 赖先银，等 . 中国中药杂志，2006, 31(19): 1597-1600.

药理作用及毒性参考文献

[1] 宋必卫，等 . 安徽医科大学学报，1995, 30(4): 253-255.

[2] 江秋虹，等 . 中药药理与临床，2007, 23(1): 32-34.

[3] 郝吉莉，等 . 中国药房，2007, 18(12): 885-887.

[4] 江秋虹，等 . 山东医药，2006, 46(35): 9-11.

[5] 郝吉莉，等 . 安徽医科大学学报，2007, 42(1): 44-47.

[6] 郝吉莉，等 . 安徽医药，2009, 13(9): 1025-1027.

[7] 范丽，等 . 中药药理与临床，2003, 19(1): 12-14.

[8] 章家胜，等 . 安徽医学，1998, 19(5): 3-5.

[9] 马传庚，等 . 中国药理学通报，1991, 7(5): 345-349.

[10] 范丽，等 . 安徽医科大学学报，2003, 38(1): 25-27.

[11] 刘必全，等 . 中国临床康复，2006, 10(35): 34-37.

[12] 郑霞，等 . 徐州医学院学报，1994, 14(3): 226-228.

[13] 范丽，等 . 中国药房，2005, 16(3): 176-178.

[14] 李庆林，等 . 中国药理学通报，2001, 17(4): 466-468.

[15] 范丽，等 . 中国药学杂志，2005, 40(11): 836-839.

[16] 范丽，等 . 中国药理学通报，2006, 22(1): 106-109.

[17] 李庆林，等 . 中国实验方剂学杂志，2006, 12(2): 39-42.

[18] 范丽，等 . 中国药理学通报，2003, 19(2): 191-193.

[19] 李庆林，等 . 安徽医科大学学报，2001, 36(1): 15-18.

[20] 李庆林，等 . 中国药学杂志，2002, 37(11): 829-832.

[21] 李庆林，等 . 药学学报，2002, 37(11): 849-852.

[22] 汪为群，等 . 中国药理学报，1996, 17(4): 341-344.

[23] 李庆林，等 . 中草药，2006, 37(4): 575-577.

[24] 汪为群，等 . 中国药理学通报，1995, 11(2): 123-125.

[25] 高杉，等 . 中国临床药理学与治疗学，2003, 8(2): 167-169.

[26] 高杉，等 . 中国中医基础医学杂志，2002, 8(6): 19, 35.

[27] 郭岩，等 . 中国药理学通报，20032, 18(6): 692-695.

[28] 文继月，等 . 安徽医科大学学报，2006, 41(6): 667-669.

[29] 周兰兰，等 . 中国中医基础医学杂志，2000, 6(7): 22-24.

[30] 高杉，等 . 中国药理学通报，2003, 19(6): 704-707.

[31] 陈志武，等 . 天然产物研究与开发，1997, 9(2): 21-23.

[32] 章家胜，等 . 中国中药杂志，1999, 24(7): 431-433.

[33] 陈志武，等 . 中国中药杂志，1998, 23(10): 626-628.

[34] 陈志武，等 . 药学学报，1998, 33(1): 14-17.

[35] 蒋丽君，等 . 中国中医药信息杂志，2005, 12(8): 33-34.

[36] 周仲达，等 . 安徽医学，1990, 11(1): 38-39.

[37] 赵维中，等 . 安徽医科大学学报，1999, 34(3): 178-180.

[38] 鲁小杰，等 . 中药药理与临床，2007, 23(2): 10-12.

[39] 鲁小杰，等．中国组织工程研究与临床康复，2007，11(43)：8729-8732．

[40] 张红艳，等．安徽医药，2006，10(11)：810-811．

[41] 张红艳，等．安徽医科大学学报，2009，44(4)：479-481．

[42] 张红艳，等．中国微生态学杂志，2009，21(3)：251-253．

[43] 江勤，等．安徽医药，2006，10(2)：93-94．

[44] Wu LL, et al. *Acta Pharmacol Sin*, 2007, 28(3): 404-409.

[45] 尹莲芳．江苏医药杂志，2000，26(1)：41-42．

[46] 尹莲芳，等．新中医，2000，32(9)：32-33．

[47] 尹莲芳，等．中华肾脏病杂志，1999，15(5)：324-325．

[48] 尹莲芳．河北医科大学学报，2003，24(6)：328-330．

[49] 余江毅，等．南京中医学院学报，1993，9(1)：23-25，64．

[50] 陈志武，等．药学学报，1994，29(1)：15-19．

[51] 岑德意，等．基层中药杂志，1999，13(2)：16-17．

1b. 刚毛黄蜀葵（变种）

Abelmoschus manihot (L.) Medik. var. **pungens** (Roxb.) Hochr. in Candollea 2: 87. 1924.——*Hibiscus pungens* Roxb.（英 **Setose Abelmoschus**）

本变种与模式变种不同之处在于植株全体密被黄色长刚毛。

分布与生境 产于云南、贵州、四川、湖北、广东、广西和台湾。分布于印度、尼泊尔和菲律宾等地。

药用部位 根、花。

功效应用 根：利水，通经，解毒。用于淋证，水肿，便秘，跌打损伤，乳汁不通，痈肿，聍耳，腮腺炎。花：利尿通淋，活血，止血，消肿解毒，用于淋证，呕血，衄血，崩漏，胎衣不下。外用于痈肿疮毒，水火烫伤。

刚毛黄蜀葵 Abelmoschus manihot (L.) Medik. var. pungens (Roxb.) Hochr.
摄影：何海

2. 长毛黄葵（海南植物志） 山芙蓉（植物分类学报），野棉花（云南），黄花马宁（海南）

Abelmoschus crinitus Wall., Pl. Asiat. Rar. 1: 39. 1830.——*A. cancellatus* (Roxb. ex G. Don) Wall. ex Voigt, *A. hainanensis* S. Y. Hu, *Hibiscus bodinieri* H. Lév., *H. cancellatus* Roxb. ex G. Don, *H. cavaleriei* H. Lév., *H. crinitus* (Wall.) G. Don（英 **Crinite Abelmoschus**）

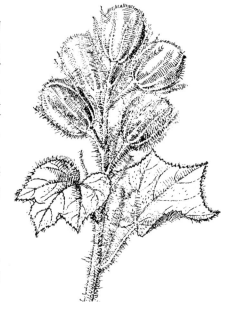

多年生草本，全株被黄色长硬毛。下部叶正圆形，直径约9 cm，5浅裂；中部叶心形，具粗齿；上部叶箭形，长6–14 cm；叶柄长4–12 cm。花3–9朵排列成总状花序，顶生于枝端，有时腋生，花梗长1–1.5 cm；小苞片15–20，线形，长20–35 mm，宽1–2 mm，多数；萼佛焰苞状，较小苞片略长；花冠黄色，直径约13 cm，花瓣长5–8 cm；花柱枝5，柱头扁平。蒴果近球形，直径约3 cm。种子多数，肾形，具乳突状脉纹。花期5–9月。

分布与生境 产于贵州、云南、广东、海南和广西等地。生于海拔300-1300 m的草坡。也分布于越南、老挝、缅甸、尼泊尔和印度等热带地区。

药用部位 根、花。

功效应用 根：清热解毒，退热，补脾，消食。用于胸腹胀满，消化不良，喉痛，痈疽。花：清热解毒，退热，补脾，消食。用于烫火伤，皮肤红热灼痛。

长毛黄葵 Abelmoschus crinitus Wall.
李锡畴 绘

长毛黄葵 **Abelmoschus crinitus** Wall.
摄影：朱鑫鑫

注评 本种的根称"山芙蓉"，花称"山茄花"，四川等地药用。哈尼族用其根、籽治黄疸型肝炎，血淋。

3. 木里秋葵（云南植物研究）

Abelmoschus muliensis K. M. Feng in Acta Bot. Yunnan. 4: 28. 1982.（英 **Muli Abelmoschus**）

　　草本，全株密被柔毛。茎粗约 5 mm，密被黄色长硬毛。下部叶圆心形，上部生者卵状箭形，两面均密被黄色硬毛。小苞片 12，丝形，长 1.5–2 mm，宽 2.3 mm。蒴果卵状椭圆形，顶端具短喙，内面具硬毛。种子肾形，长约 4 mm，具腺状条纹。

木里秋葵 **Abelmoschus muliensis** K. M. Feng
肖溶 绘

木里秋葵 **Abelmoschus muliensis** K. M. Feng
摄影：赖阳均

分布与生境 产于四川西南部木里县通天河和米易县莲花乡。生于海拔 1250-2100 m 的山坡草丛间。

药用部位 根。

功效应用 通经。用于月经不调，经闭，痛经。

---

4. 咖啡黄葵（海南植物志） 越南芝麻（湖南），羊角豆（广东），糊麻（上海）

Abelmoschus esculentus (L.) Moench, Methodus 1: 617. 1794.——*Hibiscus esculentus* L., *H. longifolius* Willd.（英 **Edible Abelmoschus**）

一年生草本，疏生刺。叶掌状 3-7 裂，直径 10-30 cm，两面均被硬毛。花单生于叶腋；小苞片 8-10，线形；花萼钟形，长于小苞片；花黄色，内面基部紫色，直径 5-7 cm，花瓣倒卵形，长 4-5 cm。蒴果筒状尖塔形，顶端具长喙。种子球形，多数，直径 4-5 mm，具毛脉纹。花期 5-9 月。

分布与生境 我国河北、山东、江苏、浙江、湖北、湖南、广东和云南等地引入栽培。原产于印度。

药用部位 根、叶、花、种子。

功效应用 利咽，通淋，下乳，调经。用于咽喉肿痛，小便淋涩，产后乳汁稀少，月经不调。

化学成分 叶含黄酮类：槲皮素-3-*O*-吡喃龙胆二糖苷(quercetin-3-*O*-gentiobiopyranoside)，槲皮素-3-*O*-[*β*-D-吡喃木糖基-(1→2)]-*α*-D-吡喃葡萄糖苷{quercetin-3-*O*-[*β*-D-xylopyranosyl-(1→2)]-*β*-D-glucopyranoside}，槲皮素-4"-*O*-甲基-3-*O*-*β*-D-吡喃葡萄糖苷(quercetin-4"-*O*-methy-3-*O*-*β*-D-glucopyranoside)[1]。

咖啡黄葵 Abelmoschus esculentus (L.) Moench
引自《中国高等植物图鉴》

咖啡黄葵 **Abelmoschus esculentus** (L.) Moench
摄影：张英涛

花含黄酮类：槲皮素-3-O-吡喃龙胆二糖苷，槲皮素-3-O-[β-D-吡喃木糖基-(1→2)]-α-D-吡喃葡萄糖苷，槲皮素-4"-O-甲基-3-O-β-D-吡喃葡萄糖苷[1]；免疫活性调节多糖OFPS11[2]。

果实含黄酮类：槲皮素-3-O-[β-D-吡喃木糖基-(1→2)]-α-D-吡喃葡萄糖苷[1]，槲皮素-4"-O-甲基-3-O-β-D-吡喃葡萄糖苷，槲皮素-3-O-吡喃龙胆二糖苷[1,3]，槲皮素(quercetin)[4]；香豆素类：东莨菪内酯(scopoletin)[4]；木脂素类：黄花草素▲(cleomiscosin) A、C[4]；三萜类：熊果酸(ursolic acid)[4]；酰胺类：蕨内酰胺(pterolactam)[4]；酚类：对羟基苯甲醛(p-hydroxybenzaldehyde)[4]；甾体类：β-谷甾醇，β-胡萝卜苷[4]；其他类：三十酸(triacontanoic acid)，植醇(phytol)，十八碳二烯酸单甘油酯(glycerol-1-linoleate)，亚油酸甘油三酯(trilinolein)[4]。

果实（去种子）含三萜类：19,21β-环氧羽扇豆-20(29)-烯-3β-O-乙酸酯[19,21β-epoxylup-20(29)-en-3β-O-acetate]，9,18-二羟基齐墩果-12-烯-3β-O-乙酸酯(9,18-dihydroxyolean-12-en-3β-O-acetate)[5]，9,19-23Z-环木菠萝-23-烯-3β,25-二醇(9,19-23Z-cycloart-23-en-3β,25-diol)[6]，环木菠萝-25-烯-3,24-二醇(cycloart-25-en-3,24-diol)，羽扇豆醇(lupeol)[7]，熊果酸，达玛-24-烯-3β-乙酰氧基-20-醇(dammar-24-ene-3β-acetoxy-20-ol)，达玛-3β,25-二醇-20,24-环氧-3-乙酸酯(dammarane-3β,25-diol-20,24-epoxy-3-acetate)，异鲍尔山油柑烯醇▲乙酸酯(isobauerenyl acetate)[8]；甾体类：麦角甾-7,22-二烯-3β,5α,3β-三醇(ergost-7,22-diene-3β,5α,3β-triol)，5α,6α-环氧麦角甾-8(14),22-二烯-3β,7α-二醇(5α,6α-epoxyergost-8(14),22-dien-3β,7α-diol)，5α,8α-表二氧麦角甾-22-烯-3β-醇(5α,8α-epidioxyergost-22-dien-3β-ol)，豆甾-4-烯-3β,6β-二醇(stigmast-4-ene-3β,6β-diol)，豆甾-4,22-二烯-3β,6β-二醇(stigmast-4,22-diene-3β,6β-diol)，豆甾-4-烯-3,6-二酮(stigmast-4-ene-3,6-dione)，豆甾-4-烯-3-酮(stigmast-4-ene-3-one)，β-谷甾醇，胡萝卜苷[6]，豆甾-5,22-二烯-3β,7α-二醇(stigmast-5,22-diene-3β,7α-diol)[6-7]，豆甾-5-烯-3β,7α-二醇(stigmast-5-ene-3β,7α-diol)[6-8]，6-羟基豆甾-4-烯-3-酮(6-hydroxy-stigmast-4-en-3-one)，6β-羟基豆甾-4,22-二烯-3-酮(6β-hydroxy-stigmast-4,22-dien-3-one)，豆甾-5-烯-3β-醇-7-酮(stigmast-5-en-3β-ol-7-one)，豆甾-5,22-二烯-3β-醇-7-酮(stigmast-5,22-dien-3β-ol-7-one)，豆甾-4,22-二烯-3,6-二酮(stigmast-4,22-dien-3,6-dione)，豆甾-4,22-二烯-3-酮(stigmast-4,22-dien-3-one)，麦角甾-7,22-二烯-3β-醇(ergosta-7,22-dien-3-ol)，豆甾醇(stigmasterol)[7]，胡萝卜苷[9]；酰胺类：橙黄胡椒酰胺乙酸酯(aurantiamide acetate)[7,9]；黄酮类：槲皮素(quercetin)[8]，槲皮素-3-O-吡喃木糖基-(1'''→2")-吡喃葡萄糖苷[quercetin-3-O-xylopyranosyl-(1'''→2")-glucopyranoside]，槲皮素-3-O-吡喃葡萄糖基-(1'''→6")-吡喃葡萄糖苷[quercetin-3-O-glucopyranosyl-(1'''→6")-glucopyranoside]，槲皮素-3-O-吡喃葡萄糖苷(quercetin-3-O-glucopyranoside)，槲皮素-3-O-(6"-O-丙二酸单酰基)-吡喃葡萄糖苷[quercetin-3-O-(6"-O-malonyl)-glucopyranoside][10]；香豆素类：东莨菪内酯[8]；木脂素类：丁香树脂酚(syringaresinol)，鹅掌楸苷(liriodendrin)[8]，黄花草素▲A、C[8]；酚类：3,4-二羟基苯甲酸甲酯(methyl 3,4-dihydroxybenzoate)[9]；碱基及其核苷类：去氧鸟苷(deoxyguanosine)，次黄嘌呤(hypoxanthine)，3'-去氧肌苷(3'-deoxyinosine)，胸苷(thymidine)，肌苷(inosine)，黄嘌呤(xanthine)[9]，尿嘧啶(uracil)，尿苷(uridine)，去氧尿苷(deoxyuridine)，腺嘌呤(adenine)，腺苷(adenosine)，3'-去氧腺苷(3'-deoxyadenosine)，鸟苷(guanosine)[11]；氨基酸类：色氨酸(tryptophan)[9]，苯丙氨酸(phenylalanine)，酪氨酸(tyrosine)，亮氨酸(leucine)，异亮氨酸(isoleucine)[11]；其他类：棕榈酸(palmitic acid)[7]，α-棕榈精(α-monpalmitin)[8]，乙基-β-D-木糖苷(ethyl-β-D-xyloside)，乙基-α-D-呋喃阿拉伯糖苷(ethyl-α-D-arabinofuranoside)[9]，多糖[12]。

种皮含黄酮类：槲皮素-3-O-吡喃龙胆二糖苷，槲皮素-3-O-[β-D-吡喃木糖基-(1→2)]-α-D-吡喃葡萄糖苷，槲皮素-4"-O-甲基-3-O-β-D-吡喃葡萄糖苷[1]。

种子含黄酮类：槲皮素-3-O-吡喃龙胆二糖苷，槲皮素-3-O-[β-D-吡喃木糖基-(1→2)]-α-D-吡喃葡萄糖苷，槲皮素-4"-O-甲基-3-O-β-D-吡喃葡萄糖苷[1]，异槲皮素(isoquercetin)，槲皮素-3-O-β-D-吡喃葡萄糖基-(1'''→6")-β-D-吡喃葡萄糖苷[quercetin-3-O-β-D-glucopyranosyl-(1'''→6")-β-D-glucopyranoside][13]；生物碱类：咖啡因(caffeine)[14]；脂肪酸类：肉豆蔻酸(myristic acid)，棕榈酸(palmitic acid)，硬脂酸(stearic acid)，棕榈油酸(palmitoleic acid)，亚油酸(linoleic acid)，油酸(oleic acid)，γ- 亚麻酸（γ-linolenic acid），α- 亚麻酸（α-linolenic acid），花生酸（arachidic acid），山嵛酸（behenic acid）[15]。

化学成分参考文献

[1] 廖海兵，等. 药物分析杂志，2012, 32(12): 2194-2197.

[2] Zheng W, et al. *Carbohydrate Polymers*, 2014, 106: 335-342.

[3] Liao HB, et al. *Pharmacognosy Magazine*, 2012, 8(29): 12-15.

[4] 徐寅鹏，等. 天然产物研究与开发，2013, 25(1): 56-59.

[5] Zhou YH, et al. *Helv Chim Acta*, 2013, 96(3): 533-537.

[6] 贾陆，等. 中药材，2010, 33(8): 1262-1264.

[7] 贾陆，等. 中国中药杂志，2011, 36(7): 891-895.

[8] 石金敏，等. 中国医药工业杂志，2012, 43(12): 987-990.

[9] 贾陆，等. 中草药，2011, 42(11): 2186-2188.

[10] Shui GH, et al. *J Chromatogr A*, 2004, 1048(1): 17-24.

[11] 贾陆，等. 中草药，2010, 41(11): 1771-1773.

[12] 任丹丹，等. 食品科学，(2010), 31(13): 110-113.

[13] Thanakosai W, et al. *Nat Prod Commun*, 2013, 8(8): 1085-1088.

[14] 傅狄华，等. 安徽农业科学，2012, 40(12): 7053-7054.

[15] Jarret R, et al. *J Agric Food Chem*, 2011, 59(8): 4019-4024.

5. 黄葵　山油麻（福建），芙蓉麻（广西），假三稔、山芙蓉（海南），麝香秋葵（云南）

Abelmoschus moschatus Medik., Malvenfam. 46. 1787.——*A. moschatus* Medik. var. *betulifolius* (Mast.) Hochr., *Hibiscus abelmoschus* L., *H. abelmoschus* L. var. *betulifolius* Mast., *H. chinensis* Mast.（英 **Muskmallow**）

一年生或二年生草本，被粗毛。叶通常掌状 5–7 深裂，直径 6–15 cm，裂片披针形至三角形，基部心形；叶柄长 7–15 cm，托叶线形，长 7–8 mm。花单生于叶腋，花梗长 2–3 cm，被倒硬毛；小苞片 8–10，线形；花萼佛焰苞状，长 2–3 cm，5 裂，常早落；花黄色，内面基部暗紫色，直径 7–12 cm。蒴果长圆形，长 5–6 cm，顶端尖，被黄色长硬毛。种子肾形，具腺状脉纹，具麝香味。花期 6–10 月。

分布与生境　我国台湾、广东、广西、江西、湖南和云南等地栽培或野生。常生于平原、山谷、溪涧或山坡灌丛中。也分布于越南、老挝、柬埔寨、泰国和印度。现广植于热带地区。

药用部位　全草、根、叶、花。

功效应用　全草：清热解毒，下乳通便。用于高热不退，肺热咳嗽、大便秘结，产后乳汁不通，骨折，痈疮脓肿，无名肿毒，水火烫伤。根：用于肺热咳嗽，产后乳汁不通，大便秘结，阿米巴痢疾，尿路结石。叶：外用于痈疮肿毒，骨折。花：外用于烧伤，烫伤。

化学成分　叶含甾体类：β-谷甾醇，胡萝卜苷[1]。

花含黄酮类：杨梅素（myricetin）[1]。

种子含生物碱类：1-(3-羟基-5,6-二甲基-2-吡啶基)-乙酮[1]，1-(6-乙基-3-羟基吡啶-2-基)-乙酮[1-(6-ethyl-3-hydroxypyridin-2-yl)-ethanone]，1-(3-羟基-6-甲基-2-吡啶基)-乙酮，1-(3-羟基-5-甲基-2-吡啶基)-乙酮[2]；挥发油：(*E*)-β-金合欢烯[(*E*)-β-farnesene]，(*E,E*)-α-金合欢烯[(*E,E*)-α-farnesene]，乙酸十二烷基酯，(*Z,E*)-金合欢醇乙酸酯[(*Z,E*)-farnesyl acetate]，(*E,E*)-金合欢醇乙酸酯[(*E,E*)-farnesyl acetate]，5-顺式-十四烯内酯，7-顺式-十六烯内酯，9-顺式-十八烯内酯[3]，氧杂环十七碳-8-烯-2-酮(oxacycloheptadec-

黄葵 Abelmoschus moschatus Medik.
引自《中国高等植物图鉴》

黄葵 **Abelmoschus moschatus** Medik.
摄影：郑希龙 王祝年

8-en-2-one)[4]。

注评　本种的全株称"黄葵"，广西、台湾等地药用。本种为部颁标准·藏药（1995 年版）附录 I 中收载的"黄葵子"（"索玛拉杂"）的原植物之一，药用其种子；其他藏医药文献中记载的"索玛惹扎"或"索玛拉杂"（两者藏文名相同）还有同属植物黄蜀葵 Abelmoschus manihot (L.) Medik. 的种子。用于皮肤病，黄水病，麻风病，叶也用于滋补，强身。蒙古族医学中使用的"索玛拉杂"为同科植物苘麻 Abutilon theophrasti Medik. 的种子。侗族、仫佬族、瑶族、壮族、傣族、景颇族、拉族、彝族也药用其根皮，主要用途见功效应用项。

化学成分参考文献

[1] Misra G, et al. *Acta Phytotherapeutica*, 1971, 18(7): 134-136.

[2] Du ZZ, et al. *J Agric Food Chem*, 2008, 56(16): 7388-7392.

[3] Rout PK, et al. *J Essent Oil Res*, 2004, 16(1): 35-37.

[4] 李培源，等．时珍国医国药，2012, 23(3): 603-604.

6. 箭叶秋葵（海南植物志）　铜皮、五指山参、小红芙蓉（云南），梓桐花（贵州）

Abelmoschus sagittifolius (Kurz) Merr., Lingnaam Agric. Rev. 2: 40. 1924.——*A. coccineus* S. Y. Hu, *A. coccineus* S. Y. Hu var. *acerifolius* S. Y. Hu, *A. esquirolii* (H. Lév.) S. Y. Hu, *Hibiscus sagittifolius* Kurz, *H. bellicosus* H. Lév., *H. esquirolii* H. Lév., *H. longifolius* Willd. var. *tuberosus* Span.（英 **Arrowleaf Abelmoschus**）

多年生草本，具萝卜状肉质根，小枝被糙硬长毛。下部的叶卵形，中部以上的叶卵状戟形、箭形至掌状 3–5 裂。小苞片 6–12，线形；花萼佛焰苞状。蒴果椭圆形，长约 3 cm，直径约 2 cm，被刺毛，具短喙。种子肾形。花期 5–9 月。

分布与生境　产于广东、海南、广西、贵州、云南等地。常见于低丘、草坡、旷地、稀疏松林下或干燥的瘠地。也分布于越南、老挝、柬埔寨、泰国、缅甸、印度、马来西亚及澳大利亚。

药用部位　全草、根、叶、果实、种子。

功效应用　全草、根、叶：清热解毒，滑肠润燥。用于风湿痛，肺结核，肺燥咳嗽，产后便秘，痈疮肿毒。根：滋阴润肺，和胃。用于肺燥咳嗽，肺结核，胃痛，疳积，神经衰弱。叶：解毒排脓。用于疮痈肿毒。果实：柔肝补肾，和胃止痛。用于肾虚耳聋，胃痛，疳积，少年白发。种子：用于便秘，水肿，乳汁缺少，耳聋。

箭叶秋葵 **Abelmoschus sagittifolius** (Kurz) Merr.
曾孝濂 绘

箭叶秋葵 **Abelmoschus sagittifolius** (Kurz) Merr.
摄影：张英涛 徐克学

化学成分 根状茎含倍半萜类：乙酰木槿酮B (acyl hibiscone B)，木槿酮B (hibiscone B)，(*R*)-毛色二孢素[(*R*)-lasiodiplodin]，(*R*)-去-*O*-甲基毛色二孢素[(*R*)-de-*O*-methyllasiodiplodin][1]；酚类：(*R*)-9-苯酚基壬烷-2-醇[(*R*)-9-phenylnonan-2-ol][1]；芳香酸酯类：酞酸二丁酯(dibutyl phthalate)[1]；蛋白质、氨基酸、脂肪酸、糖、纤维及钙、铁、锌、锰、铜、钾、镁[2]。

注评 本种的根称"五指山参"，果实称"火炮草果"，叶称"五指山参叶"，广东、广西、云南等地药用。白族药用其全草治头晕，神经衰弱。

化学成分参考文献

[1] Chen DL, et al. *Nat Prod Res*, 2016, 30(5): 565-569.　　　[2] 南志奇，等. 氨基酸和生物资源，2012, 34(2): 63-65.

11. 木槿属 Hibiscus L.

草本、灌木或乔木。叶互生，掌状分裂或不分裂，具托叶。花两性，5 数，花常单生于叶腋；小苞片 5 或多数，分离或于基部合生；花萼 5 齿裂，宿存；子房 5 室，花柱 5 裂。蒴果胞背开裂成 5 果爿。种子肾形。

本属约 200 余种，分布于热带和亚热带地区。我国有 24 种和 16 变种或变型，产于全国各地，其中 14 种 5 变种可药用。

分种检索表

1. 灌木或乔木。
　2. 叶全缘或近全缘；总苞杯状，具 8-12 齿 ············1. 黄槿 **H. tiliaceus**
　2. 叶具锯齿或齿牙。
　　3. 叶卵形，不具裂片；花下垂，花梗无毛；雄蕊柱长，伸出花外。
　　　4. 花瓣深裂成流苏状，反折；萼管状 ············2. 吊灯扶桑 **H. schizopetalus**
　　　4. 花瓣不分裂或微具缺刻；萼钟状 ············3. 朱槿 **H. rosa-sinensis**
　　3. 叶卵形或心形，常分裂；花直立，花梗被星状柔毛或长硬毛；雄蕊柱不伸出花外。
　　　5. 叶基部心形、截形或圆形，有 5-11 掌状脉；花柱枝有毛。
　　　　6. 小苞片卵形，宽 8-12 mm ············4. 美丽芙蓉 **H. indicus**
　　　　6. 小苞片线形或线状披针形，宽 1.5-5 mm
　　　　　7. 小苞片 8，线形，长 8-12 mm，宽 1.5-2 mm；花梗长 4-13 cm。
　　　　　　8. 花梗和小苞片被长硬毛，毛长约 3 mm；叶近圆形，3-5 裂，裂片宽三角形············
　　　　　　　 ············5. 台湾芙蓉 **H. taiwanensis**
　　　　　　8. 花梗和小苞片密被星状短绵毛；叶心形，5-7 裂，裂片三角形，先端渐尖············
　　　　　　　 ············6. 木芙蓉 **H. mutabilis**
　　　　　7. 小苞片 5-6，线状披针形，长 16-25 mm，宽 3-5 mm；花梗长 1-3 cm···· 7. 贵州芙蓉 **H. labordei**
　　　5. 叶基部楔形至宽楔形，有 3-5 脉；花柱枝平滑无毛。
　　　　9. 叶卵圆形或菱状卵圆形；小苞片线形，宽 0.5-2 mm ············8. 木槿 **H. syriacus**
　　　　9. 叶宽楔状卵圆形；小苞片披针状长圆形，宽约 5 mm ············9. 华木槿 **H. sinosyriacus**
1. 一年生至多年生草本。
　10. 茎具下弯皮刺；小苞片中部或上部具叶状附属物。
　　11. 一年生草本；托叶耳状；花梗长 1-5 cm，花黄色，花瓣长约 3.5 cm ············10. 刺芙蓉 **H. surattensis**
　　11. 多年生草本或亚灌木；托叶线形；花梗长 3-7 mm，花紫色，花瓣长约 7 cm············
　　　 ············11. 辐射刺芙蓉 **H. radiatus**
　10. 茎不具皮刺或近无刺；小苞片无附属物。
　　12. 一年生草本，茎软弱，矮而铺散，具长白毛；叶 3-5 深裂，裂片倒卵形，不整齐；花萼膨大；果皮坚纸质 ············12. 野西瓜苗 **H. trionum**
　　12. 多年生草本，茎粗壮直立；叶掌状深裂，裂片披针形；花萼不胀大；果皮软骨质。

13. 茎无刺；小苞片红色，披针形，厚而肉质，近顶端具刺状附属物，基部合生 ························
··· 13. **玫瑰茄 H. sabdariffa**

13. 茎干散生疏刺；小苞片不为红色，线形，具刺，基部离生·············· 14. **大麻槿 H. cannabinus**

本属药用植物主要含黄酮类化合物，如芦丁 (rutin，**1**)，山奈酚 -3-*O*-*β*- 芸香糖苷 (kaempferol-3-*O*-*β*-rutinoside，**2**)，山奈酚 -3-*O*-*β*- 刺槐二糖苷 (kaempferol-3-*O*-*β*-robinobioside，**3**)，山奈酚 -3-*O*-*β*-D-(6- 反式 - 对羟基桂皮酰基)- 吡喃葡萄糖醛酸苷 [kaempferol-3-*O*-*β*-D-(6-*E*-*p*-hydroxycinnamoyl)-glucopyranoside，**4**) 等。

1: R=glc6-E-p-hydroxycinnamoyl

2: R_1=OH R_2=H R_3=O-glc R_4=OH

3: R_1=H R_2=-glc R_3=OH R_4=H

4: R_1=H R_2=-glc R_3=O-glc R_4=H

1. 黄槿（李文饶文集） 右纳（中山传信录），桐花、海麻（海南），万年春（广东），面头果（台湾）

Hibiscus tiliaceus L., Sp. Pl. 2: 694. 1753.——*H. boninensis* Nakai, *H. tortuosus* Roxb., *Pariti boninense* (Nakai) Nakai, *P. tiliaceum* (L.) A. Juss., *P. tiliaceum* (L.) A. St.-Hil. var. *heterophyllum* (Nakai) Nakai, *Talipariti tiliaceum* (L.) Fryxell（英 **Linden Hibiscus**）

常绿灌木或乔木。叶革质，近圆形或广卵形，直径 8–15 cm，先端突尖，有时短渐尖，基部心形，全缘或具不明显细圆齿，叶脉 7 或 9 条；叶柄长 3–8 cm；托叶长圆形，长约 20 cm，宽约 12 mm，先端圆，早落。花序顶生或腋生，常数花排列成聚伞花序，花梗基部有一对托叶状苞片；小苞片 7–10，线状披针形，中部以下连合成杯状；花瓣黄色，内面基部暗紫色，倒卵形；花柱枝 5，被细腺毛。蒴果卵圆形，长约 2 cm，被绒毛，果爿 5，木质。种子光滑，肾形。花期 6–8 月。

分布与生境 产于台湾、广东、福建等地。分布于越南、柬埔寨、老挝、缅甸、印度、印度尼西亚、马来西亚及菲律宾等热带地区。

药用部位 叶、树皮、花。

功效应用 退热，止吐，止咳。用于发热，咳嗽，支气管炎。叶：外敷肿毒。

化学成分 茎含黄酮类：棉花素-3-*O*-*β*-D-吡喃葡萄糖苷 (gossypetin-3-*O*-*β*-D-glucopyranoside)[1]，槲皮素-3-*O*-*β*-D-吡喃葡萄糖苷(quercetin-3-*O*-*β*-D-glucopyranoside)，山奈酚-3-*O*-*β*-D-吡喃葡萄糖苷(kaempferol-3-*O*-*β*-D-glucopyranoside)，黄芪苷(astragaloside)[2]；香豆素类：东莨菪内酯

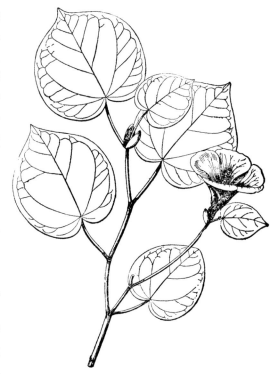

黄槿 Hibiscus tiliaceus L.
引自《中国高等植物图鉴》

(scopoletin)[3]；生物碱类：N-反式-阿魏酰酪胺(N-trans-feruloyltyramine)，N-顺式-阿魏酰酪胺(N-cis-feruloyltyramine)[3]；三萜类：毒芹苷醇▲(germanicol)，粉蕊黄杨二醇(pachysandiol)，β-欧洲桤木醇▲(β-glutinol)[3-4]，27-酸-3-氧代-28-无羁萜酸(27-oic-3-oxo-28-friedelanoic acid)[5]，羽扇豆醇(lupeol)，无

黄槿 *Hibiscus tiliaceus* L.
摄影：徐克学

羁萜(friedelin)[4-5]；甾体类：胆甾-5-烯-3β,7α-二醇(cholester-5-en-3β,7α-diol)，胆甾-5-烯-3β,7β-二醇(cholester-5-en-3β,7β-diol)，胆甾醇(cholesterol)，胡萝卜苷[3]，豆甾-4-烯-3-酮(stigmasta-4-en-3-one)，豆甾-4,22-二烯-3-酮(stigmasta-4,22-dien-3-one)，麦角甾-4,6,8(14),22-四烯-3-酮(ergoster-4,6,8(14),22-quattroen-3-tone)[3-4]，豆甾醇(stigmasterol)，β-谷甾醇[4]；有机酸类：香荚兰酸，对苯甲酸，3,4-二羟基苯甲酸甲酯，丁香酸(syringic acid)[3]；木脂素：松脂酚(pinoresinol)，丁香树脂酚(syringaresinol)[3]；其他：对羟基苯甲醛，松柏醛(coniferaldehyde)[3]。

枝叶含黄酮类：槲皮素(quercetin)，山柰酚(kaempferol)，芦丁(rutin)[6]；香豆素类：黄花草素▲C(cleomiscosin C)，东莨菪内酯(scopoletin)[6]；酚类：木槿内酯A(hibiscolactone A)，木槿辛▲A(syriacusin A)，香荚兰素(vanillin)[6]；三萜类：无羁萜[6]，黄槿醇▲(tiliacol) A、B，(3β,8α,9β,10α,13α,14β,17α,20S,23Z)-9-甲基-19-降羊毛脂-5,23-二烯-3,25-二醇[(3β,8α,9β,10α,13α,14β,17α,20S,23Z)-9-methyl-19-norlanosta-5,23-diene-3,25-diol][7]；有机酸类：富马酸(fumaric acid)，壬二酸(azelaic acid)，琥珀酸(succinic acid)[6]；甾体类：β-谷甾醇，胡萝卜苷[6]。

药理作用 抗肿瘤作用：从黄槿中分离得到的部分化合物体外对小鼠白血病细胞 P388、肝癌细胞株BEL-7402 有细胞毒活性[1]。

化学成分参考文献

[1] Nair AGR, et al. *J Sci Ind Res India*, 1961, 20B: 553-554.

[2] Subramanian S, et al. *J Sci Ind Res India*, 1961, 20B: 133-134.

[3] Chen JJ, et al. *Planta Med*, 2006, 72(10): 935-938.

[4] 王忠昭，等. 中国天然药物, 2011, 9(3): 191-193.

[5] Li L et al. *Magn Reson Chem*, 2006, 44(6): 624-628.

[6] 张小坡，等. 中草药，2012, 43(3): 440-443.

[7] Cheng CL, et al. *Chin Chem Lett*, 2013, 24(12): 1080-1082.

药理作用及毒性参考文献

[1] 王忠昭. 半红树植物黄槿的化学成分及生物活性研究 [D]. 山东：中国海洋大学，2009.

2. 吊灯扶桑（广州植物志） 灯笼花（海南），假西藏红花（广州）

Hibiscus schizopetalus (Dyer) Hook. f., Bot. Mag. 106: t. 6524. 1880.——*H. rosa-sinensis* L. var. *schizopetalus* Dyer（英 **Separating-patal Hibiscus**）

常绿直立灌木。叶椭圆形至长圆形，长 4–7 cm，宽 1.5–4 cm，先端短尖，基部钝或宽楔形，边缘具齿缺；叶柄长 1–2 cm；托叶钻形，早落。花单生于枝顶叶腋，花梗细瘦下垂，中部具节；小苞片 5，极小，披针形，长 1–2 mm；花萼管状，具 5 浅齿，常一边开裂；花瓣 5，红色，长约 5 cm，深细裂作流苏状。蒴果长圆柱状，长约 4 cm，直径约 1 cm。花期全年。

分布与生境 产于台湾、福建、广东、广西和云南南部，均为栽培。原产于非洲东部热带地区。

药用部位 根。

吊灯扶桑 Hibiscus schizopetalus (Dyer) Hook. f.
引自《中国高等植物图鉴》

吊灯扶桑 Hibiscus schizopetalus (Dyer) Hook. f.
摄影：徐克学

功效应用 消滞行气。用于食积，消化不良。

化学成分 叶含三萜类：22-羟基蒲公英赛醇乙酸酯(22-hydroxytaraxeryl acetate)，22-22-羟基蒲公英赛醇-顺式-对香豆酸酯(22-hydroxytaraxeryl-*cis-p*-coumarate)[1]。

化学成分参考文献

[1] Jose EA, et al. *Indian J Chem*, 2006, 45B(5): 1328-1331.

3. 朱槿（南方草木状） 扶桑（本草纲目），佛桑（南越笔记），大红花（汉英韵府），桑槿（酉阳杂俎），状元红（云南）

Hibiscus rosa-sinensis L., Sp. Pl. 2: 649. 1753.（英 **Chinese Hibiscus**）

3a. 朱槿（模式变种）

Hibiscus rosa-sinensis L. var. **rosa-sinensis**

常绿灌木。叶阔卵形或狭卵形，长 4–9 cm，宽 2–5 cm，先端渐尖，基部圆形或楔形，边缘具粗齿或缺刻；叶柄长 5–20 mm。花单生于上部叶腋间，常下垂，花梗长 3–7 cm，近端有节；小苞片 6–7，

线形，长 8–15 mm，基部合生；萼钟形，长约 2 cm，被
星状柔毛，裂片 5，卵形至披针形；花冠漏斗形，直径
6–10 cm，玫瑰红色或淡红、淡黄等色，花瓣倒卵形，先
端圆，外面疏被柔毛；雄蕊柱长 4–8 cm，平滑无毛；花
柱枝 5。蒴果卵形，长约 2.5 cm，平滑无毛，有喙。花
期全年。

分布与生境　广东、云南、台湾、福建、广西、四川等
地有栽培。

药用部位　花、叶、根。

功效应用　花：清肺化痰，凉血，解毒。用于肺热咳嗽，
咯血、衄血、痢血、赤白浊，月经不调，疔疮痈肿，乳
痈。叶：清热解毒。用于白带，淋证，腮腺炎，乳腺炎，
淋巴结炎。外用于痈疮肿毒，汗斑。根：清热解毒，止
咳，利尿，调经。用于疟腮，目赤，咳嗽，小便淋痛，
带下病，白浊，月经不调，经闭，血崩。

化学成分　根皮含脂肪酸类：反式-11-甲氧基-9-羰基-10-
十九酸甲酯，反式-10-甲氧基-8-羰基-9-十八酸甲酯[1]，锦
葵酸，2-羟基苹婆酸甲酯▲(methyl 2-hydroxysterculate)[2]。

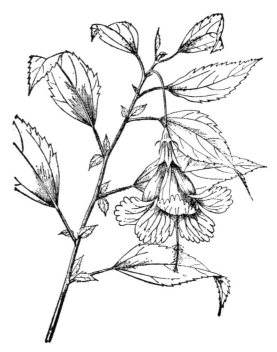

朱槿 Hibiscus rosa-sinensis L. var. **rosa-sinensis**
引自《中国高等植物图鉴》

朱槿 Hibiscus rosa-sinensis L. var. **rosa-sinensis**
摄影：张英涛 徐克学

　　干皮含脂肪类：10-羰基-11-十八酸甲酯，8-羰基-9-十八酸甲酯，9-亚甲基-8-羰基-十七酸甲酯，
10-亚甲基-9-羰基十八酸甲酯[3]。

　　茎和叶含黄酮类：呋喃黄酮(furanoflavone)[4]；三萜类：蒲公英赛醇乙酸酯(taraxeryl acetate)[5]；甾
体类：β-谷甾醇[5]。

药理作用　降血压作用：朱槿三氯甲烷提取物有降血压活性[1]。

　　影响心血管作用：朱槿花乙酸乙酯不溶物 HR-4 对离体蛙心的心肌收缩力有抑制作用，对收缩幅
度的影响较对心率的影响明显[2]。朱槿花乙酸乙酯溶物 HR-3 有抗心肌缺氧作用，可延长小鼠常压耐
缺氧时间、夹闭气管小鼠的心电消失时间和异丙肾上腺素诱导的小鼠心肌耐缺氧时间；能降低家兔的
收缩压与舒张压；对离体蛙心的心率及振幅呈梯度抑制作用[3]；能降低小鼠心率，对小鼠 S 波有一定

的影响[4]。

抗生育作用：朱槿花乙醇提取物对人早期胎盘绒毛滋养层细胞的生长有抑制作用，并减少滋养层细胞分泌人绒毛膜促性腺激素 (HCG) 和孕酮[5]；可抑制小鼠胚胎发育，对小鼠离体子宫平滑肌有收缩作用[6]。朱槿花石油醚提取物 HR-1 对体外培养的人早期胎盘绒毛组织 HCG 和孕酮的分泌、绒毛滋养层细胞的生长均有抑制作用[7]；还可抗早孕，使小鼠黄体细胞退化，细胞缩小，界限不清，核浆比和数密度升高[8]；增加大鼠子宫内死胚和损伤胚的百分率，缩小胚胎大小，降低血清卵泡刺激素 (FSH)、雌二醇、黄体生成素 (LH) 及孕酮水平[9]；降低血清雌二醇和孕酮，使黄体受损[10]；对小鼠离体子宫有兴奋作用，与兴奋子宫肌上 H_1 受体有关[11-12]。朱槿花乙酸乙酯不溶物 HR-4 对小鼠离体子宫有收缩作用[2]。朱槿花醚溶成分（扶桑甾醇氧化物）亦可抗早孕，能终止妊娠并使动物的血清生殖激素不同程度的降低，抑制体外培养的人早期胎盘绒毛组织的生长及 HCG 和孕酮的分泌，增加离体的非孕子宫的活动能力[13-14]。

注评　本种为广西中药材标准（1990 年版）收载的"扶桑花"的基源植物，药用其干燥花。本种的叶称"扶桑叶"，根称"扶桑根"，均可药用。傣族、德昂族、阿昌族、傈僳族、景颇族也药用本种，主要用途见功效应用项。

化学成分参考文献

[1] Nakatani M, et al.*Phytochemistry*, 1994, 35(5): 1245-1247.

[2] Nakatani M, et al. *Tennen Yuki Kagobutsu Toronkai Koen Yoshishu*, 1990, 32: 296-303.

[3] Nakatani M, et al. *Phytochemistry*, 1986, 25(2): 449-452.

[4] Hossain MA, et al. *Pak J Sci Ind Res*, 2003, 46(3): 164-166.

[5] Agarwal SK, et al. *Indian J Pharm*, 1971, 33(2): 41-42.

药理作用及毒性参考文献

[1] Siddiqui AA, et al. *Indian J Chem*, 2005, 44B(4): 806-811.

[2] 江燕，等 . 云南大学学报（自然科学版），1998, 20(3): 179-181.

[3] 江燕，等 . 云南大学学报（自然科学版），1998, 20(6): 469-472.

[4] 常征 . 陕西师范大学学报（自然科学版），2005, 33(专辑): 118-121.

[5] 赵翠兰，等 . 云南中医杂志，1994, 15(1): 50-52.

[6] 赵翠兰，等 . 云南中医杂志，1995, 16(6): 57-58.

[7] 赵翠兰，等 . 云南大学学报（自然科学版），1998, 20(3): 159-161.

[8] 江燕，等 . 中国体视学与图像分析，2000, 5(2): 83-85.

[9] 江燕，等 . 云南大学学报（自然科学版），1998, 20(3): 162-165.

[10] 涂源泉，等 . 云南大学学报（自然科学版），1998, 20(3): 166-169.

[11] 周铭东，等 . 云南中医中药杂志，1997, 18(2): 33-34.

[12] 江燕，等 . 云南中医中药杂志，1998, 19(1): 25-27.

[13] 江燕，等 . 中国民族民间医药杂志，2001, (51): 226-229, 248.

[14] 周铭东，等 . 云南大学学报（自然科学版），1998, 20(3): 170-171, 174.

3b. 重瓣朱槿（变种）　朱槿牡丹（北京），月月开（四川），酸醋花（海南）

Hibiscus rosa-sinensis L. var. **rubro-plenus** Sweet, Hort. Brit. 51, 1826; S. Y. Hu Fl. China Family 153: 48, pl. 21-5, 1955.——*H. rosa-sinensis* L. var. *carnea-plenus* Sweet, *H. rosa-sinensis* L. var. *floreplena* Seem.（英 **Double-flowered Hibiscus**）

常绿小灌木，多分枝，嫩枝光滑无毛，老枝粗糙。叶互生，卵形，先端锐尖，基部钝圆形，上半部粗锯齿缘。花大型重瓣，较朱槿为大，单生于叶腋，全年开花；花萼小，钟形，先端 5 裂，基部具有苞片多枚；花瓣多枚，排列成彩球状，红色、淡红色、橘黄色等，以鲜红色最多。

分布与生境　栽培于广东、广西、云南、四川、北京等地。

药用部位　花、叶、根。

重瓣朱槿 Hibiscus rosa-sinensis L. var. **rubro-plenus** Sweet
摄影：张英涛

功效应用 花：清肺化痰，凉血，解毒。用于痰火咳嗽，痢疾，痈肿，毒疮。叶：鲜用于外敷痈肿，毒疮。根：用于月经不调，白带，支气管炎，腮腺炎，尿路感染等。

4. 美丽芙蓉 野槿麻、野芙蓉、野棉花（云南），大楝山芙蓉、芙蓉木槿（海南）

Hibiscus indicus (Burm. f.) Hochr., Mem. Soc. Hist. Nat. Afrique N. 2: 163. 1949.（英 **Indian Hibiscus**）

落叶灌木，全株密被星状短柔毛。叶心形，长 8-12 cm，宽 10-15 cm，下部生的叶通常 7 裂，上部生的叶通常 3-5 裂，裂片宽三角形，具不整齐齿；叶柄圆柱形，长 6-11 cm；托叶早落。花单生于枝端叶腋间，花梗长 6-15 cm；小苞片 4 或 5，卵形，长约 20 mm，宽 8-12 mm，基部合生；萼杯状，长约 2.5 cm，近基部 1/3 处合生，裂片 5，卵状渐尖形；花粉红色至白色，直径约 10 cm。蒴果近圆球形，直径约 3 cm，果爿 5-6。种子肾形，长约 3 mm，密被锈色柔毛。花期 7-12 月。

分布与生境 产于云南、四川、广西、广东等地。生于海拔 700-2000 m 的山谷灌丛中。也分布于印度、越南、印度尼西亚（栽培）等地。

药用部位 根、叶。

美丽芙蓉 Hibiscus indicus (Burm. f.) Hochr.
摄影：朱鑫鑫 徐克学

功效应用 消痈解毒，消食散积，通淋止血。用于肠痈，腹胀，血尿，便秘。外用于痈疮肿毒。

注评 本种的根、花哈尼族药用，主要用途见功效应用项。

5. 台湾芙蓉

Hibiscus taiwanensis S. Y. Hu, Fl. China, Fam. 153, 48. 1955.（英 **Taiwan Hibiscus**）

落叶灌木。叶近圆形，3–5 裂，裂片三角形；叶柄长 14–17 cm。花单生于枝端叶腋间，花梗长 11–13 cm；小苞片 8，线形，长 8–12 mm，宽 1.5–2 mm；萼钟状，5 裂，裂片三角形，长约 1 mm，宽约 8 mm，急尖头，被星状短绒毛；花冠近钟形，直径 6–9 cm，花瓣近圆形，直径 4–5 cm，被长柔毛，基部合生，具髯毛。

分布与生境 产于台湾阿里山。

药用部位 根、茎。

台湾芙蓉 **Hibiscus taiwanensis** S. Y. Hu
摄影：高贤明

功效应用 清肺，凉血，散热，解毒。用于肺热咳嗽，感冒，疮疡。

化学成分 茎含木脂素类：台湾芙蓉素▲(hibiscuwanin) A、B，(7S,8S)-去甲基轻木卡罗木脂素▲E [(7S,8S)-demethylcarolignan E]，苏式-轻木卡罗木脂素▲E (threo-carolignan E)，赤式-轻木卡罗木脂素▲E (erythro-carolignan E)，9,9'-O-阿魏酰基-(-)-裂环异落叶松树脂醇(9,9'-O-feruloyl-(-)-secoisolariciresinol)，二氢去氢二松柏醇(dihydrodehydrodiconiferyl alcohol)，(-)-丁香树脂酚[(-)-syringaresinol]，苎麻脂素▲(boehmenan)[1-2]；香豆素类：黄花草素▲(cleomiscosin) A、C[1-2]，东莨菪内酯(scopoletin)，滨蒿内酯(scoparone)[2]；苯丙素类：苏式-1-C-丁香基甘油(threo-1-C-syringylglycerol)，阿魏酸(ferulic acid)，反式-阿魏酸甲酯(methyl trans-ferulate)，顺式-阿魏酸甲酯(methyl cis-ferulate)，二十四基阿魏酸酯(lignocerylferulate)，咖啡酸(caffeic acid)，咖啡酸甲酯(methyl caffeate)，二十六基咖啡酸酯(hexacosanyl caffeate)，对香豆酸(p-coumaric acid)，对香豆酸甲酯(methyl p-coumarate)，芥子醛(sinapaldehyde)[2]；酚类：木槿内酯▲C (hibicuslide C)，木槿酮C (hibiscone C)，异半棉酚-1-甲醚(isohemigossypol-1-methyl ether)，棉轮枝孢素▲(gossyvertin)，4-羟基苯甲酸(4-hydroxybenzoic acid)，香荚兰素(vanillin)，香荚兰酸(vanillic acid)，香荚兰酸甲酯(methyl vanillate)，苯甲酸(benzoic acid)，对甲酰苯甲酸(p-formylbenzoic acid)，对甲酰苯甲酸甲酯(methyl p-formylbenzoate)，丁香酸(syringic acid)，榕酚▲(ficusol)[2]，丁香醛(syringaldehyde)[2-3]；倍半萜类：木槿内酯▲(hibicuslide) A、B，曼森梧桐酮▲(mansonone) E、H[2]；三萜类：木槿素(hibicusin)，蜡果杨梅醇▲(myricerol)，蜡果杨梅酸(myriceric acid) A、B、C，钩藤尼酸▲(uncarinic acid) A、B，3-氧代齐墩果-12-烯-28-酸(3-oxo-olean-12-en-28-oic acid)[2]；生物碱类：N-反式-

阿魏酰酪胺(*N-trans*-feruloyltyramine)，*N*-顺式-阿魏酰酪胺(*N-cis*-feruloyltyramine)，2-(2-羟基二十三酰氨基)-1,3,4-十六烷三醇[2-(2-hydroxytricosanoylamino)-1,3,4-hexadecanetriol][2]；甾体类：豆甾醇(stigmasterol)，*β*-谷甾醇，胡萝卜苷[2]。

化学成分参考文献

[1] Wu PL, et al. *Bioorg Med Chem*, 2004, 12(9): 2193-2197. [3] Huang CH, et al. *J Nat Prod*, 2012, 75(8): 1465-1468.

[2] Wu PL, et al. *Chem Pharm Bull*, 2005, 53(1): 56-59.

6. 木芙蓉（本草纲目） 芙蓉花（江苏、湖南、四川、陕西），酒醉芙蓉（广东、福建）

Hibiscus mutabilis L., Sp. Pl. 2: 694. 1753.——*H. mutabilis* L. f. *plenus* S. Y. Hu, *H. sinensis* Mill., *Ketmia mutabilis* (L.) Moench, *Abelmoschus mutabilis* (L.) Wall. ex Hassk.（英 **Cottonrose Hibiscus**）

落叶灌木或小乔木。叶卵形或心形，直径 10–15 cm，常 5–7 裂，裂片三角形，先端渐尖，具钝圆锯齿，主脉 7–11 条；叶柄长 5–20 cm；托叶披针形，常早落。花单生于枝端叶腋，花梗长约 5–8 cm，近端具节；小苞片 8，线形，长 10–16 mm，宽约 2 mm，基部合生；萼钟形，长 2.5–3 cm，裂片 5，卵形，先端渐尖；花初时白色或淡红色，后变深红色，直径约 8 cm，花瓣近圆形，直径 4–5 cm，外面被毛，基部具髯毛。蒴果扁球形，直径约 2.5 cm，果片 5。种子肾形，背面被长柔毛。花期 8–10 月。

分布与生境 辽宁、河北、山东、陕西、安徽、江苏、浙江、江西、福建、台湾、广东、广西、湖南、湖北、四川、贵州和云南等地栽培，原产于湖南。日本和东南亚各地也有栽培。

药用部位 叶、花、根。

功效应用 叶：清肺凉血，散热解毒，消肿排脓。用于肺热咳嗽，瘰疬，肠痈。外治痈疖脓肿，脓耳，无名肿毒，烧伤，烫伤。花：清肺凉血，散热解毒，消肿排脓。用于肺热咳嗽，瘰疬，肠痈，白带。外治痈疖脓肿，脓耳，无名肿毒，烧伤，烫伤。根：用于火眼症，无名肿痛。鲜根治红白痢疾。

木芙蓉 Hibiscus mutabilis L.
引自《中国高等植物图鉴》

木芙蓉 Hibiscus mutabilis L.
摄影：王祝年 徐晔春

化学成分 茎含黄酮类：圣草酚-5,7-二甲醚-4'-O-β-D-吡喃阿拉伯糖苷(eriodictyol-5,7-dimethyl ether-4'-O-β-D-arabinopyranoside)[1]，柚皮苷元-5,7-二甲醚-4'-O-β-D-吡喃木糖基-β-D-吡喃阿拉伯糖苷(naringenin-5,7-dimethyl ether-4'-O-β-D-xylopyranosyl-β-D-arabinopyranoside)[2]；二萜类：木芙蓉萜素▲A (hibtherin A)[3]。

叶含黄酮类：山奈酚-3-O-β-芸香糖苷(kaempferol-3-O-β-rutinoside)，芦丁(rutin)，山奈酚-3-O-β-刺槐二糖苷(kaempferol-3-O-β-robinobioside)，山奈酚-3-O-β-D-(6-E-对羟基桂皮酰基)吡喃葡萄糖苷[kaempferol-3-O-β-D-(6-E-p-hydroxycinnamoyl)glucopyranoside][4]，芦丁(rutin)[5]；蒽醌类：大黄素(emodin)[4]；苯丙素类：阿魏酸(ferulic acid)[6-7]，咖啡酸(caffeic acid)[7]；甾体类：β-谷甾醇，胡萝卜苷[4]；有机酸类：二十四酸，水杨酸[4]；挥发油：六氢百里香酚(hexahydrothymol)，六氢金合欢基丙酮(hexahydrofarnesylacetone)，α-香堇酮(α-ionone)，β-香堇酮(β-ionone)，α-丁香烯(α-caryophyllene)，六氢金合欢醇(hexahydrofarnesol)，(5E,9E)-6,10,14-三甲基-5,9,13-十五碳三烯-2-酮[(5E,9E)-6,10,14-trimethyl-5,9,13-pentadecatrien-2-one]，(+)-反式-橙花叔醇[(+)-$trans$-nerolidol]，2-十三酮(2-tridecanone)，(-)-匙叶桉油烯醇[(-)-spathulenol]，雪松醇(cedrol)，棕榈酸(palmitic acid)，棕榈酸甲酯(methyl palmitate)，反式-油酸($trans$-oleic acid)，植醇(phytol)，α-杜松醇(α-cadinol)，α-桉叶油醇(α-eudesmol)，顺式,反式-金合欢醛(cis,$trans$-farnesal)，大根老鹳草酮(germacrone)，3,7,11,15-四甲基-3-羟基-1,6,10,14-十六碳四烯(3,7,11,15-tetramethyl-3-hydroxyl-1,6,10,14-hexadecatetraen)，3,5,11,15-四甲基-3-羟基-1-十六烯(3,5,11,15-Tetramethyl-3-hydroxyl-1-hexadecylene)，4-异丙基-1,6-二甲基-1,2,3,4,4α,7,8,8α-八氢-1-萘酚(4-isopropyl-1,6-dimethyl-1,2,3,4,4α,7,8,8α-octahydro-1-naphthol)，5-甲基-5-(4,8,12-三甲基十三烷基)-二氢-2(3H)-呋喃酮[5-methyl-5-(4,8,12-trimethyltridecyl)-dihydro-2(3H)-furanone]等[8]。

花含黄酮类：槲皮素(quercetin)，山奈酚(kaempferol)[9]，槲皮黄苷(quercimeritrin)，槲皮素-3-O-二葡萄糖苷(quercitin-3-O-diglucoside)[10]；三萜类：白桦脂酸[9]；甾体类：β-谷甾醇，豆甾-3,7-二酮(stigmaster-3,7-dione)，豆甾-4-烯-3-酮(stigmaster-4-en-3-one)[9]；花青素类：白矢车菊素(leucocyanidin)[11]，矢车菊素氯化物(cyanidin chloride)[12]；其他类：硬脂酸己酯(hexyl stearate)，二十九烷(nonacosane)[9]。

药理作用 抗炎镇痛作用：木芙蓉水煎剂对角叉菜胶致正常或切除双侧肾上腺大鼠足跖肿胀有抑制作用[1]。木芙蓉叶总黄酮对鹿角菜及蛋清致大鼠足跖肿胀[2]、醋酸致小鼠腹腔毛细血管通透性、二甲苯致小鼠耳肿胀有抑制作用[3-4]；并可减少醋酸致小鼠扭体反应次数[4]。

保肝作用：木芙蓉能降低 CCl_4 致急性肝损伤大鼠血清 ALT、AST，减轻肝细胞病理损伤[5]。

抗细菌作用：木芙蓉水煎剂体外对铜绿假单胞菌、大肠埃希氏菌、葡萄球菌有抑制作用[1]。木芙蓉叶提取物对大肠埃希氏菌、普通变形杆菌、铜绿假单胞菌、金黄色葡萄球菌及粪肠球菌有不同程度的抑制作用，其中 70% 乙醇提取物的抑菌效果最好[6]。

抗病毒作用：木芙蓉水提物在一定浓度范围内，对 HepG2.2.15 细胞分泌 HBsAg、HBeAg 有抑制作用[7]。

抗滴虫作用：木芙蓉水煎剂能杀灭滴虫[1]。

改善肾功能作用：木芙蓉叶总黄酮对大鼠肾缺血再灌注损伤有抑制作用，可降低血尿素氮 (BUN) 及血清肌酐 (Scr)，抑制 IL-1β 和 TNF-α 生成，减轻肾组织病理损伤[8-11]。

毒性及不良反应 小鼠 1 次皮下注射木芙蓉水煎剂的 LD_{50} 为 22 g/kg，2 次皮下注射100 g/kg，观察 7 天，动物全部存活。犬灌胃木芙蓉水煎剂 48 g/kg，连续 2 个月，大鼠灌胃木芙蓉水煎剂 10 g/kg、14 g/kg、20 g/kg，连续 2 个月，结果动物一般状态正常，心电图、血液流变学、肝肾功能等均正常，未发现心、肝、脾、肺、肾有明显的改变。木芙蓉水煎剂对家兔结膜无刺激性，对豚鼠无致敏性[1]。小鼠灌胃木芙蓉叶总黄酮，剂量相当于生药 312.4 g/kg，未见毒性反应[12]。

注评 本种为部颁标准·中药材（1992 年版）、福建中药材标准（2006 年版）、广东中药材标准（2011年版）收载"木芙蓉叶"，部颁标准·中药材（1992 年版）收载"木芙蓉花"的基源植物，分别药用其干燥叶和花。本种的根称"芙蓉根"，也可药用。

化学成分参考文献

[1] Vidyapati TJ, et al. *Indian J Chem*, 1979, 17B(5): 536.

[2] Chauhan JS, et al. *Phytochemistry*, 1979, 18(10): 1766-1767.

[3] Ma YH, et al. *Asian J Chem*, 2009, 21(8): 6601-6603.

[4] 姚莉韵，等 . 中草药，2003, 34(3): 201-203.

[5] 郑林，等 . 中草药，2011, 42(8): 1541-1542.

[6] Saini P, et al. *Parasitol Int*, 2012, 61(4): 520-531.

[7] Kumar D, et al. *Phytochem Anal*, 2012, 23(5): 421-425.

[8] 邓亚利，等 . 西北药学杂志，2009, 24(2): 109-110.

[9] 陈仁铜，等 . 中草药，1993, 24(5): 227-229.

[10] Subramanian SS, et al. *Current Science*, 1964, 33(4): 112-113.

[11] Yeh PY, et al. *Huaxue*, 1959, 179-180.

[12] Lowry JB. *Phytochemistry*, 1971, 10(3): 673-674.

药理作用及毒性参考文献

[1] 林浩然，等 . 医学研究通讯，1990, 19(10): 22-25.

[2] 符诗聪，等 . 上海第二医科大学学报，2001, 21(1): 14-16.

[3] 付文彧，等 . 中国骨伤，2003, 16(8): 474-476.

[4] 符诗聪，等 . 中国中西医结合杂志，2002, 22(基础理论研究特集): 222-224.

[5] 沈钦海，等 . 现代医药卫生，2006, 22(5): 636-637.

[6] 李昌灵，等 . 食品工业科技，2009, 30(11): 97-98, 101.

[7] 陈文吟，等 . 中药材，1999, 22(9): 463-465.

[8] 符诗聪，等 . 广西科学，2004, 11(2): 131-133.

[9] 罗仕华，等 . 湖北中医杂志，2004, 26(10): 3-4.

[10] 罗仕华，等 . 中国中西医结合杂志，2005, 25(基础理论研究特集): 78-81.

[11] 符诗聪，等 . 中国临床康复，2005, 9(6): 250-251.

[12] 符诗聪，等 . 广西科学，2002, 9(1): 53-56.

7. 贵州芙蓉　湖榕树（广西）

Hibiscus labordei H. Lév., Repert. Spec. Nov. Regni Veg. 12: 184. 1913.（英 **Labord Hibiscus**）

落叶灌木。叶掌状 3 裂，长 8–12 cm，宽 7–11 cm，裂片三角形，小裂片较长，侧裂片短，边缘具钝圆锯齿，基部圆形、截形至微心形；主脉 5 条；叶柄长 3–11 cm。花单生于枝端叶腋，花梗长 1–3 cm；小苞片 5–6，线状披针形，长 16–25 mm，宽 3–5 mm；花冠钟形，白色至淡粉红色，内面基部紫色。花期 6 月。

贵州芙蓉 *Hibiscus labordei* H. Lév.
摄影：朱鑫鑫

分布与生境　产于贵州南部和广西全州和罗城。生于海拔 1300 m 的山谷湿润地。

药用部位　叶。

功效应用　止痢。用于痢疾。

8. 木槿（日华本草） 朝开暮落花（本草纲目），木棉、荆条（江苏），喇叭花（福建）

Hibiscus syriacus L., Sp. Pl. 2: 695. 1753.——*Ketmia arborea* Moench, *K. syriaca* (L.) Scop., *K. syrorum* Medik.（英 **Shrubalthea**）

8a. 木槿（模式变种）

Hibiscus syriacus L. var. **syriacus**

落叶灌木。叶菱形至三角状卵形，长 3–10 cm，宽 2–4 cm，具深浅不同的 3 裂或不裂，先端钝，基部楔形，边缘具不整齐齿缺；叶柄长 5–25 mm；托叶线形，约 6 mm。花单生于枝端叶腋，花梗长 4–14 mm；小苞片 6–8，线形，长 6–15 mm，宽 1–2 mm；花萼钟形，长 14–20 mm，裂片 5，三角形；花钟形，淡紫色，直径 5–6 cm，花瓣倒卵形，长 3.5–4.5 cm。蒴果卵圆形，直径约 12 mm，密被黄色星状绒毛。种子肾形，背部被黄白色长柔毛。花期 7–10 月。

分布与生境 原产于我国中部，在全国各地广泛栽培。也栽培于世界温带和热带地区。

药用部位 树皮、花、种子、叶、根。

功效应用 树皮：清热，利湿，解毒，止痒。用于肠风泻血，痢疾，脱肛，白带，疥癣，痔疮。花：清湿热，凉血。用于痢疾，腹泻，痔疮出血，白带。外治疖肿。种子：清肺化痰，解毒止痛。用于痰喘咳嗽，神经性头痛。外用于黄水疮。叶：清热解毒。用于赤白痢疾，肠风，痈肿疮毒。根：清热解毒，消痈肿。用于肠风，痢疾肺痈，肠痈，痔疮肿痛，赤白带下，疥癣，肺结核。

木槿 **Hibiscus syriacus** L. var. **syriacus**
引自《中国高等植物图鉴》

木槿 **Hibiscus syriacus** L. var. **syriacus**
摄影：张英涛 王庆

化学成分 根皮含倍半萜类：羟基木槿酮A (hydroxyhibiscone A)，木槿酮D (hibiscone D)[1]；三萜类：3β,23,28-三羟基-12-齐墩果烯-23-咖啡酸酯(3β,23,28-trihydroxy-12-oleanene-23-caffeate)，3,23,28-三羟基-12-

齐墩果烯-3-咖啡酸酯(3,23,28-trihydroxy-12-oleanene-3-caffeate)[2]；环肽类：木槿环肽▲(hibispeptin) A[3]、B[4]；木脂素类：丁香树脂酚(syringaresinol)[5]；生物碱类：(E)-N-阿魏酰酪胺[(E)-N-feruloyltyramine]，(Z)-N-阿魏酰基酪胺[(Z)-N-feruloyltyramine][5]；萘类：木槿辛▲(syriacusin) A、B、C[6]；脂肪酸类：壬酸(nonanoic acid)[7]。

叶含黄酮类：肥皂草素(saponaretin)，肥皂草苷(saponarin)[8]。

花含黄酮类：草棉素-7-O-β-D-吡喃葡萄糖苷(herbacetin-7-O-β-D-glucopyranoside)，山奈酚-3-α-L-吡喃阿拉伯糖基-7-α-L-吡喃鼠李糖苷(kaempferol-3-α-L-arabinopyranoside-7-α-L-rhamnopyranoside)，花旗松素-3-O-β-D-吡喃葡萄糖苷(taxifolin-3-O-β-D-glucopyranoside)[8]，飞燕草素(delphinidin)，矢车菊素(cyanidin)，碧冬茄素(petunidin)，天竺葵素(pelargonidin)，芍药素(peonidin)，锦葵素(malvidin)[9]。

药理作用 抗肿瘤作用：红木槿花、果对小鼠移植性肿瘤 S37、S180 和 EAC 有不同程度的抑制作用[1-2]；从木槿根皮中分得的 2 个五环三萜成分 3β,23,28- 三羟基 -12- 齐墩果烯 -23- 咖啡酸酯和 3,23,28- 三羟基 -12- 齐墩果烯 -3- 咖啡酸酯对几种人肿瘤细胞群有细胞毒作用[3]。

抗氧化作用：从木槿根皮中分得的数个化合物对大鼠肝微粒体有抗脂质过氧化活性[3-4]。

其他作用：乙醇提取物能抑制黑色素生成，使多巴胺阳性黑色素细胞数减少[5]。

注评 本种为中国药典（1963、1977 年版），部颁标准·中药材（1992 年版），江苏（1989 年版）、贵州（1988 年版）、内蒙古（1988 年版）、河南（1991 年版）中药材标准收载的"木槿花"的基源植物，药用其干燥花。部颁标准·中药材（1992 年版）、江苏中药材标准（1989 年版）收载的"木槿皮"为本种的干燥树皮；四川（1987 年版）、内蒙古（1988 年版）中药材标准和重庆中药饮片标准（2006 年版）收载的"木槿皮"，新疆药品标准（1980 年版）收载的"川槿皮"为其干燥茎皮或根皮。江苏中药材标准（1989 年版）收载的"木槿子"、上海中药材标准（1994 年版）收载的"朝天子"为本种的干燥果实。本种的根称"木槿根"，叶称"木槿叶"，均可药用。同属植物白花重瓣木槿 Hibiscus syriacus L. var. albus-plenus Loudon 亦为部颁中药标准"木槿花"的基源植物；同属植物白花重瓣木槿 Hibiscus syriacus L. var. albus-plenus Loudon、长苞木槿 Hibiscus syriacus L. var. longibracteatus S. Y. Hu、白花单瓣木槿 Hibiscus syriacus L. var. totoalbus T. Moore、紫花重瓣木槿 Hibiscus syriacus L. var. violaceus L. F. Gagnep. 亦为四川中药标准"木槿皮"基源植物。畲族、水族、仫佬族、瑶族、壮族、傈僳族、哈尼族、苗族、侗族、土家族、藏族也药用本种，主要用途见功效应用项外，尚用于治高血压，肝炎，妊娠呕吐等症。

化学成分参考文献

[1] Ryoo IJ, et al. *J Microbiol Biotechnol*, 2010, 20(8): 1189-1191.

[2] Yun BS, et al. *J Nat Prod*, 1999, 62(5): 764-766.

[3] Yun BS, et al. *Tetrahedron Lett*, 1998, 39(9): 993-996.

[4] Yun BS, et al. *Tetrahedron*, 1998, 54(50): 15155-15160.

[5] Yoo ID, et al. *Saengyak Hakhoechi*, 1997, 28(3): 112-116.

[6] Yoo ID, et al. *Phytochemistry*, 1998, 47(5): 799-802.

[7] Jang YW, et al. *Mycobiology*, 2012, 40(2): 145-146.

[8] Bandyukova VA, et al. *Khim Prir Soedin*, 1990, 4: 552-553.

[9] Kim JH, et al. *Phytochemistry*, 1989, 28(5): 1503-1506.

药理作用及毒性参考文献

[1] 李海生，等 . 中草药, 1995, 26(2): 87.

[2] 李海生，等 . 河南肿瘤学杂志, 1994, 7(3): 175-176.

[3] Yun BS, et al. *J Nat Prod*, 1999, 62(5): 764-766.

[4] Lee SJ, et al. *Planta Med*, 1999, 65(7): 658-660.

[5] 猪木彩子，等 . 国外医学·中医中药分册, 2005, 27(4): 246.

8b. 长苞木槿（变种）

Hibiscus syriacus L. var. **longibracteatus** S. Y. Hu, Fl. China Family 153: 53. 1955.

本变种的小苞片与萼片近于等长，长 1.5-2 cm，宽 1-2 mm；花淡紫色，单瓣。

分布与生境　产台湾、四川、贵州和云南等省，均系栽培。

药用部位　花、茎皮、根皮、果实。

功效应用　花：清热凉血，消肿。用于痢疾，痔疮出血，白带。外治疮疖痈肿，烧伤，烫伤。茎皮、根皮：清热利湿，杀虫止痒。用于肠风下血，痢疾，脱肛，白带，疥癣。果实：用于偏头痛。外治黄水疮。

注评　本种为四川中药材标准（1987 年版）收载"木槿皮"的基源植物之一，药用其干燥茎皮或根皮。

8c. 紫花重瓣木槿（变种）

Hibiscus syriacus L. var. **violaceus** L. F. Gagnep. in Rev. Hort. Paris 1861: 132. 1861.

本变型的花青紫色，重瓣。

紫花重瓣木槿 **Hibiscus syriacus** L. var. **violaceus** L. F. Gagnep.
摄影：张英涛

分布与生境　产于四川、贵州、云南和西藏等地，均系栽培。

药用部位　花、茎皮、根皮、种子。

功效应用　花：清热解毒，凉血消肿。用于小便不利，痢疾，痔疮出血，白带，外敷疮疖痈肿，烧伤，烫伤，还用于明目。茎皮、根皮：清热利湿，杀虫止痒。用于痢疾，白带。外治妇女阴痒，体癣，脚癣。种子：清肺化痰，解毒止痛。用于痰喘咳嗽，神经性头痛。外用治黄水疮。

注评　本种为四川中药材标准（1987 年版）收载"木槿皮"的基源植物之一，药用其干燥茎皮或根皮。

8d. 白花单瓣木槿（变种）

Hibiscus syriacus L. var. **totoalbus** T. Moore in Gard. Chron. n. s. 10: 524, f. 91. 1878.

本变型的花纯白色，单瓣。

分布与生境　产于台湾、福建、广东、江西、安徽、四川、云南、贵州和陕西等地，均系栽培。

药用部位　花、茎皮、根皮、种子。

功效应用　花：清热解毒，凉血消肿。用于小便不利，痢疾，痔疮出血，白带，外敷疮疖痈肿，烧伤，烫伤，还用于明目。茎皮、根皮：清热利湿，杀虫止痒。用于痢疾，白带。外治妇女阴痒，体癣，脚

白花单瓣木槿 Hibiscus syriacus L. var. **totoalbus** T. Moore
摄影：刘冰

癣。种子：清肺化痰，解毒止痛。用于痰喘咳嗽，神经性头痛。外用治黄水疮。
注评 本种为四川中药材标准（1987 年版）收载"木槿皮"的基源植物之一，药用干燥其茎皮或根皮。畲族也药用其根，主要用途见功效应用项。

8e. 白花重瓣木槿（变种）

Hibiscus syriacus L. var. **albus-plenus** Loudon, Trees & Shrubs 62. 1875.

本变型的花白色，重瓣，直径 6-10 cm。

分布与生境 产于福建、广东、广西、四川、贵州、云南、湖南、湖北、江西、安徽、浙江、江苏等地，均系栽培。

药用部位 花、茎皮、根皮。

功效应用 花：清湿热，凉血。用于痢疾，腹泻，痔疮出血，白带。外治疖肿。茎皮、根皮：清热利湿，杀虫止痒。用于痢疾，白带。外治妇女阴痒，体癣，脚癣。

注评 本种为部颁标准·中药材（1992 年版）收载"木槿花"的基源植物之一，药用其干燥花。四川中药材标准（1987 年版）收载"木槿皮"的基源植物之一，药用其干燥茎皮或根皮。

白花重瓣木槿 Hibiscus syriacus L. var. **albus-plenus** Loudon
摄影：张英涛

9. 华木槿（经济植物手册）

Hibiscus sinosyriacus L. H. Bailey, Gentes Herb. 1: 109. 1922.（英 **Chinese Shrubalthea**）

落叶灌木。叶阔楔状卵圆形，长 7–12 cm，宽 7–12 cm，通常 3 裂，裂片三角形，中裂片较大，侧裂片较小，基部楔形、阔楔形至近圆形，边缘具尖锐粗齿；主脉 3–5 条；叶柄长 3–6 cm。花单生于小枝端叶腋，花梗长 1–2.5 cm；小苞片 6–7，披针形，长 1.7–2.5 mm，宽 3–5 mm，基部微合生；萼钟形，裂片 5，卵状三角形；花淡紫色，直径 7–9 cm，花瓣倒卵形，长 6–7 cm；雄蕊柱长 4–5 cm；花柱枝 5，平滑无毛。果未见。花期 6–7 月。

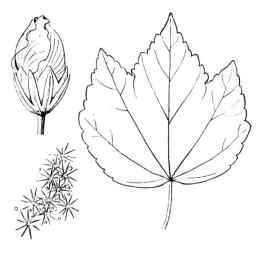

华木槿 Hibiscus sinosyriacus L. H. Bailey
肖溶 绘

华木槿 Hibiscus sinosyriacus L. H. Bailey
摄影：刘坤

分布与生境 产于江西、湖南、贵州及广西。生于海拔 1000 m 的山谷灌丛中。

药用部位 种子、根皮、叶。

功效应用 清热解毒，祛湿利尿。用于痢疾，带下病，咯血，干咳，疖肿，烧伤，烫伤。

10. 刺芙蓉（云南植物志） 刺木槿（海南植物志），五爪藤（海南）

Hibiscus surattensis L., Sp. Pl. 2: 696. 1753.——*Furcaria surattensis* (L.) Kostel.（英 **Surat Hibiscus**）

一年生亚灌木状草本，常平卧，疏被长毛和倒生皮刺。叶掌状 3–5 裂，长 5–10 cm，宽 5–11 cm，裂片卵状披针形，具不整齐锯齿，主脉 5 条。花单生于叶腋；小苞片 10，线形，长 1–1.5 cm，被长刺；花萼浅杯状，深 5 裂；花黄色，内面基部暗红色。蒴果卵球形，具短喙。花期 9 月至翌年 3 月。

分布与生境 产于海南和云南南部。生于海拔 1000–1180 m 的山谷、荒山坡、灌丛或林缘。也分布于越南、老挝、柬埔寨、缅甸、斯里兰卡、印度、菲律宾和大洋洲的热带地区。

药用部位 根、叶。

功效应用 用于皮肤病。

化学成分 叶含挥发油：β-丁香烯(β-caryophyllene)，薄荷醇(menthol)，水杨酸甲酯(methyl salicylate)，樟脑(camphor)，大根老鹳草烯 D (germacrene D)，棕榈酸(palmitic acid)，α-葎草烯(α-humulene)，1,8-桉树脑(1,8-cineole)，薄荷酮(menthone)等[1]。

花含黄酮类：棉花苷(gossypitrin)，棉花素(gossypetin)[2]；花青素类：矢车菊素吡喃葡萄糖苷(cyanidin glycopyranoside)，飞燕草

刺芙蓉 Hibiscus surattensis L.
肖溶 绘

刺芙蓉 **Hibiscus surattensis** L.
摄影：徐晔春 王祝年

素吡喃葡萄糖苷(delphinidin glucopyranoside)，天竺葵素吡喃葡萄糖苷(pelargonidin glucopyranoside)[2]。

　　种子含脂肪酸类：亚油酸(linoleic acid)，棕榈酸(palmitic acid)，油酸(oleic acid)，锦葵酸(malvalic acid)，苹婆酸(sterculic acid)，二氢苹婆酸(dihydrosterculic acid)，环氧酸(epoxy acid)[3]。

化学成分参考文献

[1] Ogundajo AL, et al. *Journal of Essential Oil Research*, 2014, 26(2): 114-117.

[2] Nair AGR, et al. *Current Science*, 1962, 31: 375-376.

[3] Rao KS, et al. *J Am Oil Chem Soc*, 1985, 62(4): 714-715.

11. 辐射刺芙蓉　金线吊芙蓉（厦门）

Hibiscus radiatus Cav., Diss.3: 150, t. 54, f. 2, 1787.（英 **Radial Hibiscus**）

　　多年生直立或俯垂草本或亚灌木状，茎具倒钩疏刺。叶下部生的阔卵形至长圆形，常掌状 3 裂，边缘有粗锯齿，上部生的掌状 3-5 深裂，长 5-12 cm，宽 4-15 cm，基部阔楔形至心形，先端尖至渐尖头，基部 3-5 出脉；叶柄长 3-11 cm，被疏离倒刺；托叶线形至披针形，长 5-10 mm，被刺。花单生于叶腋，花梗长 3-7 mm，有节，上端具刺；小苞片 8-10，线形，长 12-18 mm，宽 1.5-2 mm，上部有匙状附属物，花后增大；花萼钟状，长约 2 cm，5 裂；花冠紫红色，基部深暗紫色，直径约 8 cm，花瓣 5，倒卵形。蒴果球形至卵球形，具短喙，直径约 15 mm，密被平贴的长单刺。种子三角形，直径约 4 mm，褐色，粗糙。花期 10-12 月。

分布与生境　福建厦门市有栽培。可能原产于缅甸。

药用部位　花。

功效应用　用于咳嗽，肺结核。

辐射刺芙蓉 **Hibiscus radiatus** Cav.
肖溶　绘

12. 野西瓜苗（救荒本草） 香铃草、灯笼花、黑芝麻、火炮草（云南），小秋英（贵州）

Hibiscus trionum L., Sp. Pl. 2: 697. 1753.——*Trionum annuum* Medik.（英 **Flowerofanhour**）

一年生直立或平卧草本，茎柔软，被白色星状粗毛。叶二型，下部的叶圆形，不分裂，上部的叶掌状 3–5 深裂，直径 3–6 cm，中裂片较长，裂片通常羽状全裂；托叶线形，长约 7 mm，被星状粗硬毛。花单生于叶腋；小苞片 12，线形，长约 8 mm，基部合生；花萼钟形，淡绿色，长 1.5–2 cm，裂片 5，膜质，三角形，具纵向紫色条纹，中部以上合生；花淡黄色，内面基部紫色；雄蕊柱长约 5 mm，花丝纤细，长约 3 mm，花药黄色；花柱枝 5，无毛。蒴果长圆状球形，直径约 1 cm，被粗硬毛，果爿 5，果皮薄，黑色。种子肾形，黑色，具腺状突起。花期 7–10 月。

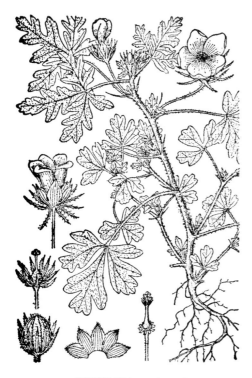

野西瓜苗 Hibiscus trionum L.
引自《中国高等植物图鉴》

野西瓜苗 Hibiscus trionum L.
摄影：于俊林 周繇

分布与生境 产于全国各地。平原、山野、丘陵或田埂等处均有分布，是常见的田间杂草。原产于非洲中部，分布于欧洲至亚洲各地。

药用部位 全株、根、种子。

功效应用 全株：清热解毒，祛风除湿，止咳，利尿。用于感冒，咳嗽，肠炎，痢疾，急性关节炎。外用于烧伤，烫伤，疮毒。根：用于牙痛。种子：润肺止咳，补肾。用于咳嗽，耳鸣，耳聋，肾虚，头痛，小儿疳积，少年白发。

化学成分 种子含脂肪酸类：棕榈油酸，棕榈酸，十六碳二烯酸，亚油酸，油酸，硬脂酸，花生四烯酸，花生酸，癸炔酸[1]。

全草含黄酮类：山奈酚-3-*O*-(6"-*O*-反式-对香豆酰基)-*β*-D-吡喃葡萄糖苷[kaempferol-3-*O*-(6"-*O*-*trans*-*p*-coumaroyl)-*β*-D-glucopyranoside)]，芦丁(rutin)，山奈酚(kaempferol)，槲皮素(quercetin)[2]；香豆素类：东莨菪内酯(scopoletin)，七叶树内酯(esculetin)[2]；酚酸及其酯：咖啡酸(caffeic acid)，3,4-二羟基苯甲酸(3,4-dihydroxybenzoic acid)，3-甲氧基-4-羟基苯甲酸(3-methoxyl-4-hydroxybenzoic acid)，没食子酸乙酯(ethyl gallate)，苯甲酸(benzoic acid)[3]；甾体类：*β*-谷甾醇，胡萝卜苷[2]；其他类：腺苷(adenosine)，琥珀酸(succinic acid)[3]。

药理作用 杀昆虫作用：野西瓜苗乙醇提取物对小菜蛾 3 龄幼虫有触杀、拒食和抑制生长的作用，不同溶剂萃取物活性由高到低依次为三氯甲烷＞石油醚＞乙酸乙酯＞正丁醇＞水 [1-2]。

注评 本种的全草或根称"野西瓜苗"，种子称"野西瓜苗子"，吉林、山西、山东、江苏、贵州等地药用。傈僳族、蒙古族也药用本种，主要用途见功效应用项。

化学成分参考文献

[1] 胡开峰，等. 分析检验食品科学，2006, 27(11): 455-456.

[2] 肖皖，等. 沈阳药科大学学报，2009, 26(10): 782-784.

[3] 肖皖，等. 沈阳药科大学学报，2009, 26(11): 893-895.

药理作用及毒性参考文献

[1] 左玲霞，等. 湖北农业科学，2008, 47(11): 1286-1287.

[2] 左玲霞，等. 湖北农业科学，2008, 47(12): 1451-1453.

13. 玫瑰茄（岭南农刊） 山茄子（广州）

Hibiscus sabdariffa L., Sp. Pl. 2: 695. 1753, nom. cons.——*Sabdariffa rubra* Kostel.（英 **Roselle**）

一年生直立草本，茎淡紫色。叶异型，下部的叶卵形，不分裂，上部的叶掌状 3 深裂，裂片披针形，具锯齿，先端钝或渐尖，基部圆形至宽楔形，主脉 3-5 条，背面中肋具腺；叶柄长 2-8 cm。花单生于叶腋，近无梗；小苞片 8-12，红色，肉质，披针形，长 5-10 mm，宽 2-3 mm，近顶端具刺状附属物，基部与萼合生；花萼杯状，淡紫色，直径约 1 cm，疏被刺和粗毛，基部 1/3 处合生，裂片 5，三角状渐尖形，长 1-2 cm；花黄色，内面基部深红色，直径 6-7 cm。蒴果卵球形，直径约 1.5 cm，密被粗毛，果爿 5。种子肾形，无毛。花期夏秋间。

分布与生境 台湾、福建、广东和云南南部引入栽培。原产于东半球热带地区，现全世界热带地区均有栽培。

药用部位 花萼。

功效应用 清热解渴，敛肺止咳。用于高血压，咳嗽，中暑，酒醉。

化学成分 叶含黄酮类：山奈酚-3-*O*-芸香糖苷(kaempferol-3-*O*-rutinoside)，山奈酚-3-*O*-吡喃葡萄糖苷(kaempferol-3-*O*-glucopyranoside)，槲皮素-3-*O*-芸香糖苷(quercetin-3-*O*-rutinoside)[1]；甾体类：*β*-谷甾醇-*β*-D-吡喃半乳糖苷(*β*-sitosteryl-*β*-D-galactopyranoside)[2]；其他类：柑橘素C (citrusin C)，2,3-二氢-2-(4'-羟基-3'-甲氧基苯基)-3-

玫瑰茄 *Hibiscus sabdariffa* L.
引自《中国高等植物图鉴》

β-D-吡喃葡萄糖基甲基-7-羟基-5-苯骈呋喃丙醇[2,3-dihydro-2-(4'-hydroxy-3'-methoxyphenyl)-3-*β*-D-glucopyranosylmethyl-7-hydroxy-5-benzofuranpropanol]，黄麻香堇苷▲C (corchoionoside C)，反式-香芹醇-6-*O*-*β*-吡喃葡萄糖醛酸苷(*trans*-carveol-6-*O*-*β*-glucuronopyranoside)[1]。

花含黄酮类：槲皮素(quercetin)，杨梅素(myricetin)，木槿黄素(hibiscetin)[3]，木槿苷(hibiscitrin)[3-4]，棉花苷(gossypitrin)[4]，飞燕草素-3-*O*-接骨木二糖苷(delphinidin-3-*O*-sambubioside)[3,5-6]，矢车菊素-3-*O*-接骨木二糖苷(cyanidin-3-*O*-sambubioside)[5-6]，飞燕草素-3-*O*-葡萄糖苷(delphinidin-3-*O*-glucoside)[3,5-6]，矢车菊素-3-*O*-葡萄糖苷(cyanidin-3-*O*-glucoside)[3,5]，矢车菊素-3-*O*-芸香糖苷(cyanidin-3-*O*-rutinoside)，矢车菊素-3,5-二葡萄糖苷(cyanidin-3,5-diglucoside)[6]；苯丙素类：对香豆酸(*p*-coumaric acid)，邻香豆酸(*o*-coumaric acid)，阿魏酸(ferulic acid)[3]；其他类：木槿酸二乙酯(hibiscus acid diethyl ester)，藤黄酸▲

玫瑰茄 **Hibiscus sabdariffa** L.
摄影：李泽贤 徐克学

二乙酯(garcinia acid diethyl ester)[7]；多糖、果胶及半纤维素[3]。

种子含脂肪酸类：豆蔻酸，棕榈酸，棕榈油酸，硬脂酸，油酸，亚油酸，亚麻酸[8]；甾体类：麦角甾醇 (ergosterol)[9]，胆固醇，菜油甾醇，豆甾醇，β- 谷甾醇，β- 菠菜甾醇，胡萝卜苷[10]；其他：棉酚 (gossypol)[11]。

药理作用 降血压作用：玫瑰茄花瓣水提取物可降低夹住左肾动脉造成肾血管性高血压大鼠的收缩压、舒张压、平均动脉压及心率，脉压有所升高，另能抑制心脏肥大[1]。

保护心肌作用：玫瑰茄提取物对缺糖、缺氧和使用氯丙嗪、丝裂霉素 C 中毒性损伤乳鼠心肌细胞有抑制作用，可使 LDH 漏出减少[2]。

致泻作用：玫瑰茄花萼水提取物有通便作用，并使大鼠湿便增加[3]。

保肝作用：玫瑰茄花水提取物连续给药 4 周可改善对乙酰氨基酚致肝毒性大鼠部分肝功能，如血清及肝中山梨糖醇脱氢酶水平，花青素苷可使对乙酰氨基酚引起的肝毒性的生化与组织学指数恢复到近正常水平[4]。

抗细菌作用：玫瑰茄挥发油对金黄色葡萄球菌、白色葡萄球菌、大肠埃希氏菌、痢疾志贺菌、伤寒沙门菌、甲型副伤寒沙门菌、乙型副伤寒沙门菌和枯草杆菌有一定的抑菌活性[5]。

抗氧化作用：玫瑰茄提取物可抑制 Cu^{2+} 诱导的 VLDL 氧化修饰，降低氧化型极低密度脂蛋白 (ox-VLDL) 中 MDA 含量，提高脂蛋白中 SOD 活性[6]。玫瑰茄的干花乙醇提取物具有抗氧化活性，其中三氯甲烷部位抑制黄嘌呤氧化酶的活性最强，乙酸乙酯部位清除自由基的作用最大，两者均能减少叔丁基氢过氧化物 (t-BHP) 引起的大鼠原代肝细胞 LDH 渗出和 MDA 生成[7]。玫瑰茄花萼水提取物体外对 $CuSO_4$ 诱导的 LDL 氧化有抑制作用，可抑制氧化产物共轭二烯和硫代巴比妥酸反应物的生成[8]。

体内过程 健康受试者口服玫瑰茄提取物后，血浆中的矢车菊素 -3-O- 接骨木二糖苷、飞燕草素 -3-O- 接骨木二糖苷和总花青素的 C_{max} 分别为 2.2 ng/ml、1.3 ng/ml、3.4 ng/ml，达到 C_{max} 时间的中位值在服药后 1.5 h[9]。

注评 本种为广西（1990 年版）、福建（2006 年版）中药材标准收载"玫瑰茄"的基源植物，药用其干燥花萼。傣族也药用其花萼及总苞，主要用途见功效应用项。

化学成分参考文献

[1] Sawabe A, et al. *J Oleo Sci*, 2005, 54(3): 185-191.

[2] Osman AM, et al. *Aust J Chem*, 1975, 28(1): 217-220.

[3] Abbas AM, et al. *Rastitel'nye Resursy*, 1993, 29(2): 31-40.

[4] Rao PS, et al. *Proc - Indian Acad Sci, Sect A*, 1942, 15A: 148-53.

[5] Du CT, et al. *J Food Sci*, 1974, 38(5): 810-812.

[6] Segura-Carretero A, et al. *Electrophoresis*, 2008, 29(13): 2852-2861.

[7] Ahmad MU,et al. *J Bangladesh Chem Soc*, 2000, 13(1 & 2): 157-161.

[8] Salama RB,et al. *Sudan J Food Sci Tech*, 1979, 11: 10-14.

[9] Salama RB,et al. *Planta Med*, 1979, 36(3): 221.

[10] Osman AM,et al. *Phytochemistry*, 1975, 14(3): 829-30.

[11] Al-Wandawi H, et al. *J Agri Food Chem*, 1984, 32(3): 510-512.

药理作用及毒性参考文献

[1] Odigie Ip, et al. *J Ethnopharmacol*, 2003, 86(2/3): 181-185.

[2] 张家新，等 . 第一军医大学学报，1992, 12(3): 243-245.

[3] Haruna AK, et al. *Phytother Res*, 1997, 11(4): 307-308.

[4] Ali BH, et al. *Phytother Res*, 2003, 17(4): 56-59.

[5] 董莎莎，等 . 大理学院学报，2009, 8(6): 1-4.

[6] 胡太平，等 . 社区医学杂志，2009, 7(1): 6-7.

[7] Tseng TH, et al. · *Food Chem Toxicol*, 1997, 35(12): 1159-1164.

[8] Hirunpanich V, et al. *Biol Pharm Bull*, 2005, 28(3): 481-484.

[9] Frank T, et al. *J Clin Pharmacol*, 2005, 45(2): 203-210.

14. 大麻槿（广州常见经济植物） 芙蓉麻（华北经济植物志要），洋麻（经济地物手册）

Hibiscus cannabinus L., Syst. Nat. (ed. 10) 2: 1149.1759.——*H. unidens* Lindl., *H. verrucosus* Guill. et Perr., *Ketmia glandulosa* Moench, *Abelmoschus verrucosus* (Guill. et Perr.) Walp., *Furcaria cavanillesii* Kostel.（英 **Kenaf Hibiscus**）

一年生或多年生草本，茎直立，疏被锐利小刺。叶异型，下部的叶心形，不分裂，上部的叶掌状 3–7 深裂，裂片披针形，长 2–11 mm，宽 6–20 mm，先端渐尖，基部心形至近圆形，具锯齿，主脉 5–7 条，在下面中肋近基部具腺。花单生于枝端叶腋；小苞片 7–10，线形，长 6–8 mm，分离，疏被小刺；花萼近钟状，长约 3 cm，被刺和白色绒毛，中部以下合生，裂片 5，长尾状披针形，长 1–2 cm，下面基部具 1 大脉；花大，黄色，内而基部红色，花瓣长圆状倒卵形，长约 6 cm；雄蕊柱长 1.5–2 cm；花柱枝 5。蒴果球形，直径约 1.5 cm，密被刺毛，顶端具短喙。种子肾形，近无毛。花期秋季。

分布与生境 黑龙江、辽宁、河北、江苏、浙江、广东和云南等地有栽培。原产于印度，热带地区均广泛栽培。

药用部位 种子。

功效应用 清热解毒，利湿，退翳。用于赤白痢疾，淋证涩痛，痈肿疮毒，目生翳膜。

化学成分 叶含黄酮类：山奈苷(kaempferitrin)[1]。

花含黄酮类：杨梅素-3-*O*-β-D-吡喃葡萄糖苷(myricetin-3-*O*-β-D-glucopyranoside)[2]。

大麻槿 **Hibiscus cannabinus** L.
引自《中国高等植物图鉴》

大麻槿 Hibiscus cannabinus L.
摄影：朱鑫鑫

化学成分参考文献

[1] Lee GH, et al. *Repub. Korean Kongkae Taeho Kongbo*, 2011, KR 2011136052 A 20111221.

[2] Kumar NS, et al. *Asian J Res Chem*, 2010, 3(1): 81-82.

12. 桐棉属 Thespesia Sol. ex Corrêa

乔木或灌木。单叶互生。花大，单生或少数簇生于叶腋；小苞片 3–5，花后脱落；花萼杯状，顶端截平或 5 齿裂；花冠钟形，花瓣 5，黄色；雄蕊柱具 5 齿；子房 5 室，每室具数颗胚珠，花柱棒状，具 5 槽，柱头粗而黏合。蒴果球形或梨形，木质，胞背开裂。种子卵形。

本属约 10 种，分布于亚洲热带和非洲。我国产 3 种，仅见于台湾、广东、海南及云南。其中 1 种可药用。

本属药用植物主要含倍半萜类，如桐棉烯 (populene) A (**1**)、B (**2**)、C (**3**)、D (**4**)、E (**5**)、F (**6**)、G (**7**)、H (**8**)、曼森梧桐酮▲ (mansonone) C (**9**)、D (**10**)、E (**11**)、G (**12**)、H (**13**)、S (**14**)；黄酮类成分如山奈酚 (kaempferol)，槲皮素 (quercetin)，山奈酚 -3- 葡萄糖苷 (kaempferol-3-glucoside)，槲皮素 -3- 葡萄糖苷 (quercetin-3-glucoside)，山奈酚 -5- 葡萄糖苷 (kaempferol-5-glucoside)，芦丁 (rutin)。

1: R=βOH
2: R=αOH

3

4

5

6

7: R=βOH
8: R=αOH

9

10

11

12

13

14

1.桐棉（经济植物手册）　**杨叶肖槿**（海南植物志）

Thespesia populnea (L.) Sol. ex Corrêa in Ann. Mus. Natl. Hist. Nat. 9: 290. 1807.——*Hibiscus populneus* L., *H. populneoides* Roxb., *Malvaviscus populneus* (L.) Gaertn., *Parita populnea* (L.) Scop., *Thespesia howii* S. Y. Hu, *Bupariti populnea* (L.) Rothm.（英 **Portiatree**）

　　常绿乔木；小枝具褐色盾形细鳞秕。叶卵状心形，长 7–18 cm，宽 4.5–11 cm，先端长尾状，基部心形，下面被稀疏鳞秕；叶柄长 4–10 cm，具鳞秕；托叶线状披针形，长约 7 mm。花单生于叶腋；花梗密被鳞秕；小苞片 3–4，线状披针形，被鳞秕，常早落；花萼杯状，截形，直径约 15 mm，具 5 尖齿，密被鳞秕；花冠钟形，黄色，内面基部具紫色块，长约 5 cm；花柱棒状。蒴果梨形，直径约 5 cm。种子三角状卵形，长约 9 mm，被褐色纤毛，间有脉纹。花期近全年。

桐棉 **Thespesia populnea** (L.) Sol. ex Corrêa
摄影：徐晔春 张金龙

分布与生境　产于台湾、广东、海南。常生于海岸向阳处。也分布于越南、柬埔寨、斯里兰卡、印度、泰国、菲律宾及非洲热带地区。

药用部位　根、叶。

功效应用　清热解毒，止痛。用于脑膜炎，疝痛，痢疾，痔疾。外敷癣疥。

化学成分　树皮含黄酮类：山奈酚(kaempferol)，芦丁(rutin)[1]；酚类：(+)-棉酚[(+)-gossypol][2]；其他类：β-谷甾醇，胡萝卜苷，软脂酸[1]。

　　木部和黑心木含倍半萜类：桐棉烯▲(populene) A、B、C、D、E、F、G、H，曼森梧桐酮▲(mansonone) C、D、E、G、H、S、M[3]，7-羟基杜松萘▲(7-hydroxycadalene)，桐棉烯酮▲(thespesenone)，去氢氧代墨西哥菊酮-6-甲醚(dehydrooxoperezinone-6-methyl ether)[4]；三萜类：3-羟基-13(18)-烯-28-齐墩果酸[3-hydroxy-13(18)-ene-28-oleanolic acid][5]；蒽醌类：1,8-二羟基-3-甲氧基-6-甲基-9,10-蒽醌(1,8-dihydroxy-3-methoxy-6-methyl-9,10-anthraquinone)，1,4,5-三羟基-3-甲氧基-6-甲基-9,10-蒽醌(1,4,5-trihydroxy-3-methoxy-6-methyl-9,10-anthraquinone)，1,8-二羟基-3-羧基-9,10-蒽醌(1,8-dihydroxy-3-carboxy-9,10-anthraquinone)[5]；脑苷类：环苞菇脑脂苷▲B(catacerebroside B)[5]；甾体类：β-谷甾醇，β-胡萝卜苷[5]；脂肪酸类：棕榈酸[5]。

　　心木含倍半萜类：桐棉酮▲(thespone)[6]。

　　叶含三萜类：羽扇豆烯酮(lupenone)，羽扇豆醇(lupeol)[7]；甾体类：β-谷甾醇[7]；酶类：桐棉素▲(populnein)[8]；挥发油：1,2,3,5,6,8a-六氢化-4,7-二甲基-1-(1-甲乙基)-(1S-cis)-萘[1,2,3,5,6,8a-hexahydro-4,7-dimethyl-1-(1-methylethyl)-(1S-cis)-naphthalene]，α-金合欢烯(α-farnesene)，1-甲基-4-(5-甲基-1-亚甲基-4-己烯)-(S)-环己烯[1-methyl-4-(5-methyl-1-methylene-4-hexenyl)-(S)-cyclohexene]，棕榈酸(palmitic acid)等[9]。

花含黄酮类：5,8-二羟基-7-甲氧基黄酮(5,8-dihydroxy-7-methoxyflavone)，7-羟基异黄酮(7-hydroxyisoflavone)，柽柳素-7-*O*-*β*-D-葡萄糖苷(tamarixetin-7-*O*-*β*-D-glucoside)，山奈酚-7-*O*-*β*-D-芸香糖苷(kaempferol-7-*O*-*β*-D-rutinoside)[10]，山奈酚，槲皮素(quercetin)，山奈酚-3-吡喃葡萄糖苷(kaempferol-3-glucopyranoside)，槲皮素-3-吡喃葡萄糖苷(quercetin-3-glucopyranoside)，山奈酚-5-吡喃葡萄糖苷(kaempferol-5-glucopyranoside)，芦丁(rutin)[11]，(+)-棉酚[(+)-gossypol][12]；三萜类：羽扇豆烯酮(lupenone)，羽扇豆醇(lupeol)[13]；甾体类：*β*–谷甾醇，胡萝卜苷[12]。

种子含环丙烯脂肪酸及其酯类：锦葵酸(malvalic acid)，二氢苹婆酸(dihydrosterculic acid)，2-辛基-1-环丙烯-1-庚酸-3-吡啶甲酯(2-octyl-1-cyclopropene-1-heptanoic acid-3-pyridinylmethyl ester)[14]。

地上部分含倍半萜类：曼森梧桐酮▲(mansonone) C、E、G、H，7-羟基-2,3,5,6-四氢-3,6,9-三甲基萘并[1,8-b,c]吡喃-4,8-二酮(7-hydroxy-2,3,5,6-tetrahydro-3,6,9-trimethylnaphtho[1,8-b,c]pyran-4,8-dione)[15]。

化学成分参考文献

[1] 张道敬，等．时珍国医国药，2007, 18(9): 2156-2157.

[2] Annamalai T, et al. *Pharmacia Lettre*, 2013, 5(1): 312-315.

[3] Boonsri S, et al. *J Nat Prod*. 2008, 71(7): 1173-1177.

[4] Puckhaber LS, et al. *J Nat Prod*, 2004, 67(9): 1571-1573.

[5] 徐辉旺，等．中药材，2012, 35(12): 1953-1956.

[6] Neelakantan S, et al. *Indian J Chem*, 1983, 22B(1): 95-96.

[7] Goyal MM, et al. *J Sci Ind Res India*, 1987, 22(1-4): 8-11.

[8] Ishwarya S, et al. *Preparative Biochemistry & Biotechnology*, 2013, 43(1): 95-107.

[9] 袁婷，等．中国实验方剂学杂志，2012, 18(3): 48-51.

[10] Shirwaikar A, et al. *Journal of Medicinal and Aromatic Plant Sciences*, 1996, 18(2): 266-269.

[11] Datta SC, et al. *J Sci Ind Res India*, 1973, 11(5): 506-507.

[12] Datta SC, et al. *J Sci Ind Res India*, 1972, 10(3): 263-266.

[13] Seshadri TR, et al. *Curr Sci India*, 1975, 44(4): 109-110.

[14] Knothe G, et al. *European Journal of Lipid Science and Technology*, 2011, 113(8): 980-984.

[15] Sengab AENB, et al. *Journal of Pharmacognosy and Phytochemistry*, 2013, 2(3): 136-139.

13. 棉属 Gossypium L.

一年或多年生草本，有时成乔木状。叶掌状分裂。花单生于叶腋，白色、黄色，有时花瓣基部紫色；小苞片 3–7，分裂或呈流苏状，具腺点；花萼杯状，近平截或 5 裂。蒴果圆球形或椭圆形，室背开裂。种子圆球形，密被白色长绵毛。

本属约 20 种，分布于热带和亚热带地区。我国栽培 4 种和 2 变种，其中 4 种 1 变种可药用。

分种检索表

1. 小苞片基部合生，全缘或具 3–7 齿，齿长为宽的 1–2 倍或宽超过长；花萼浅杯状、全缘或近截形；花丝近等长。

　2. 叶掌状 3–5 裂；小苞片长大于宽，全缘或近先端具 3–4 粗齿；蒴果圆锥形，向顶端渐狭························
　···1. 树棉 G. arboreum

　2. 叶掌状 5 裂（稀 3 或 7 裂）；小苞片宽大于长，先端具 6–8 齿；蒴果圆形，具喙·····2. 草棉 G. herbaceum

1. 小苞片基部离生，具渐尖长齿，齿长为宽的 3–4 倍；花萼具 5 齿；花丝不等长，上部 1 枚较长。

　3. 叶掌状分裂至浅裂，裂片宽三角形至卵圆形；小苞片先端具 7–9 齿；雄蕊柱长 1–2 cm，花丝排列疏松；种子有不易剥离的短绵毛··3. 陆地棉 G. hirsutum

　3. 叶掌状深裂，裂片卵形至长圆形；小苞片边缘具 10–15 长粗齿；雄蕊柱长 3.5–4 cm，花丝排列紧密；种子有极易剥离的短绵毛···4. 海岛棉 G. barbadense

本属药用植物树棉主要含黄酮类成分，如棉花素 -8-*O*- 葡萄糖苷 (gossypetin 8-*O*-glucoside，**1**)，棉花素 -8-*O*- 鼠李糖苷 (gossypetin-8-*O*-rhamnoside，**2**)，槲皮素 -3-*O*-*β*- 葡萄糖苷 (quercetin-3-*O*-*β*-glucoside，**3**)，槲皮素 -3'-*O*-*β*- 葡萄糖苷 (quercetin-3'-*O*-*β*-glucoside，**4**)，槲皮素 -7-*O*-*β*- 葡萄糖苷 (quercetin-7-*O*-*β*-glucoside，**5**) 等。

1: R$_1$=O-glc,R$_2$=OH,R$_3$=OH,R$_4$=OH
2: R$_1$=O-rha,R$_2$=OH,R$_3$=OH,R$_4$=OH
3: R$_1$=H,R$_2$=O-glc,R$_3$=OH,R$_4$=OH
4: R$_1$=H,R$_2$=OH,R$_3$=O-glc,R$_4$=OH
5: R$_1$=H,R$_2$=OH,R$_3$=OH,R$_4$=O-glc

1. 树棉　中棉、木本鸡脚棉

Gossypium arboreum L., Sp. Pl. 2: 693. 1753.（英 **Asiatic Tree Cotton**）

1a. 树棉（模式变种）

Gossypium arboreum L. var. **arboreum**

多年生亚灌木或灌木。叶掌状 5 深裂，直径 4–8 cm，裂片长圆状披针形，深裂至叶片中部。花单生；小苞片 3，三角形，近基部 1/3 处合生，顶端具 3–4 齿，齿长不超过宽的 3 倍；花萼浅杯状，近截形；花冠淡黄色，中央暗紫色。蒴果圆锥形，顶端渐窄，常下垂，长约 3 cm，具喙，通常 3 室，光滑而具多数油腺点。种子分离，卵圆形，混生白色长绵毛和不易剥离的短绵毛。花期 6–9 月。

分布与生境　原产于印度，现亚洲和非洲热带地区广泛栽培。

药用部位　种子、种毛、根。

功效应用　种子：补肝肾，强腰膝，暖胃止痛，止血，催乳，避孕。用于腰膝无力，遗尿，胃脘作痛，便血，崩漏，带下病，痔漏，脱肛，乳汁缺少，睾丸偏坠，手足皲裂。有毒。种毛：止血。用于呕血，便血，血崩，金疮出血。根：活血祛瘀，止咳平喘。用于慢性气管炎，体虚水肿，子宫脱垂，月经不调，闭经，产后瘀阻腹痛，小腹胀痛。

树棉 Gossypium arboreum L. var. arboreum
引自《中国高等植物图鉴》

化学成分　花含黄酮类：棉花素-8-*O*-*α*-L-吡喃鼠李糖苷 (gossypetin-8-*O*-*α*-L-rhamnopyranoside)，槲皮素-7-*O*-*β*-D-吡喃葡萄糖苷(quercetin-7-*O*-*β*-D-glucopyranoside)，槲皮素-3-*O*-*β*-D-吡喃葡萄糖苷(quercetin-3-*O*-*β*-D-glucopyranoside)，槲皮素-3'-*O*-*β*-D-吡喃葡萄糖苷 (quercetin-3'-*O*-*β*-D-glucopyranoside)[1]。

全草含黄酮类：棉花素-8-*O*-*β*-D-吡喃葡萄糖苷(gossypetin-8-*O*-*β*-D-glucopyranoside)，槲皮素-3'-*O*-*β*-D-吡喃葡萄糖苷，棉花素-8-*O*-*α*-L-吡喃鼠李糖苷，槲皮素-3-*O*-*β*-D-吡喃葡萄糖苷，槲皮素-7-*O*-*β*-D-吡喃葡萄糖苷[2]。

注评　本种为新疆药品标准（1980 年版）收载"棉花子"的基源植物之一，药用其干燥成熟种子。同属植物草棉 Gossypium herbaceum L.、陆地棉 Gossypium hirsutum L. 亦为"棉花子"的基源植物。本种的种子上的绵毛称"棉花"，根或根皮称"棉花根"，均可药用。哈尼族药用根、种子治饮食积滞，脾虚水肿。

化学成分参考文献

[1] Waage SK, et al. *Phytochemistry*, 1984, 23(11): 2509-2511.　　　[2] Hedin PA, et la. *J Chem Ecol*, 1992, 18(2): 105-114.

1b. 钝叶树棉（变种）（云南植物志）

Gossypium arboreum L. var. **obtusifolium** (Roxb.) Roberty, Candollea 13: 38. 1950.

本变种的叶为掌状分裂至浅裂，裂片卵形、倒卵形或长圆形；小苞片卵心形，长 2 cm；蒴果较小，长约 2.5 cm。

分布与生境　产于台湾、广东、广西、四川和云南等地，但栽培不十分普遍。原产于印度和斯里兰卡。

药用部位　根皮、籽油。

功效应用　根皮：通经，催产。用于月经不调，闭经，难产。籽油：用于催乳。

2. 草棉　阿拉伯棉、小棉

Gossypium herbaceum L., Sp. Pl. 2: 683. 1753.——*G. zaitzevii* Prokh.（英 **Levant Cotton**）

一年生草本或亚灌木。叶掌状 5 裂，直径 5–10 cm，通常宽大于长，裂片阔卵形，裂片深度不到中部，先端短尖，基部心形；叶柄长 2.5–8 cm，被长柔毛；托叶线形，早落。花单生于叶腋，花梗长 1–2 cm，被长柔毛；小苞片阔三角形，长 2–3 cm，宽大于长，先端具 6–8 齿；花萼杯状，5 浅裂；花黄色，中央紫色，直径 5–7 cm。蒴果卵圆形，长约 3 cm，具喙。种子大，长约 1 cm，分离，斜圆锥形，被白色绵毛和短绵毛。花期 7–9 月。

分布与生境　产于广东、云南、四川、甘肃与新疆等地，均系栽培。原产于阿拉伯和小亚细亚。

药用部位　花、种子、种毛、籽油、外果皮、根皮。

功效应用　花：益心补脑，安神养神，消肿祛炎。用于脑弱神疲，心悸心烦，机体炎性肿胀，皮肤瘙痒，烧伤热痛。种子：用于阳痿，睾丸偏坠，遗尿，痔血，脱肛，崩漏，带下。有毒。种毛：用于吐血下血，血崩，金疮出血。籽油：解毒杀虫。用于恶疮，疥癣。外果皮：温胃降逆，化痰止咳。用于噎嗝，胃寒呃逆，咳嗽气喘。根皮：镇静补气，止咳，平喘。用于神经衰弱，月经不调，慢性肝炎，支气管炎，体虚水肿，子宫脱垂。

草棉 Gossypium herbaceum L.
引自《中国高等植物图鉴》

化学成分　花含氨基酸类：组氨酸(histidine)[1]；黄酮类：草棉素(herbacetin)，草棉苷(herbacitrin)[2]，棉花素(gossypetin)[3]，棉花苷(gossypitrin)，槲皮黄苷(quercimeritrin)，异槲皮苷(isoquercitrin)[4]，槲皮素(quercetin)，山奈酚-3-*O*-β-D-吡喃葡萄糖苷(kaempferol-3-*O*-β-D-glucopyranoside)，槲皮素-3-*O*-β-D-吡喃葡萄糖苷(quercetin-3-*O*-β-D-glucopyranoside)，槲皮素-3-*O*-β-D-吡喃半乳糖苷(quercetin-3-*O*-β-D-galactopyranoside)，槲皮素-7-*O*-β-D-吡喃葡萄糖苷(quercetin-7-*O*-β-D-glucopyranoside)，山奈酚(kaempferol)，草棉辛▲(herbacin)，山奈酚-7-*O*-β-D-吡喃葡萄糖苷(kaempferol-7-*O*-β-D-glucopyranoside)，柔毛委陵菜苷▲A (potengriffioside A)，山奈酚-3-*O*-β-D-吡喃半乳糖苷(kaempferol-3-*O*-β-D-galactopyranoside)，3,4',5-三羟基-8-甲氧基-黄酮-7-O-α-L-吡喃鼠李糖苷(3,4',5-trihydroxy-8-methoxy-flavone-7-*O*-α-L-rhamnopyranoside)，3,5,7-三羟基-4'-甲氧基-黄酮-3'-*O*-α-β-D-吡喃半乳糖苷(3,5,7-trihydroxy-4'-methoxy-flavone-3'-*O*-α-β-D-galactopyranoside)[5]。

草棉 *Gossypium herbaceum* L.
摄影：郑希龙

种子含酚类：(+)-棉酚[(+)-gossypol]，(-)-棉酚[(-)-gossypol][6]。

药理作用 抗血栓、促凝血和抗血小板聚集作用：草棉花花瓣提取物能缩短小鼠凝血时间，增强大鼠血小板黏附功能，对 ADP、胶原诱导的大鼠血小板聚集有抑制作用，使大鼠血栓湿重减轻[1]。

抗肿瘤作用：存在于棉花的根、茎和种子中的棉酚能抑制 Jurkat T 细胞增殖和诱导其发生凋亡，并呈现出时间 - 剂量依赖关系，其诱导凋亡的作用可能依赖于线粒体途径[2]。

注评 本种为部颁标准·维药（1999 年版）收载"棉花花"的基源植物之一，药用其干燥花；也为新疆药品标准（1980 年版）收载"棉花子"的基源植物之一，药用其种子；中华药典（1930 年版）和中国药典（1953 年版）收载的"棉子油"为本种及同属其他种的成熟种子用冷压法压出的脂肪油。本种的种子上的绵毛称"棉花"，外果皮称"棉花壳"，根或根皮称"棉花根"，均可药用。同属植物陆地棉 *Gossypium hirsutum* L. 亦为基源植物，与本种同等药用；树棉 *Gossypium arboreum* L. 亦为新疆药品标准"棉花子"的基源植物。藏族语称"热哲"（"锐摘""热者"），本种为《晶珠本草》记载的两种"热哲"之一，种子用于鼻病（鼻炎、鼻疖、鼻息肉等），虫病，梅毒。蒙古族用其种子治疗鼻病；维吾尔族用其花治疗咳嗽气喘，慢性气管炎，胃腹冷痛，头晕目眩，高血压等。

化学成分参考文献

[1] Salima Kader，等 . 中国药房，2011, 22(27): 2563-2564.

[2] Neelakantam K, et al. *Current Science*, 1937, 5: 476-477.

[3] Perkin A G. *Journal of the Chemical Society, Transactions*, 1899, 75: 825-829.

[4] Perkin A G. *Proceedings of the Chemical Society,* London, 1910, 25: 291.

[5] 代冬梅，等 . 分析化学，2011, 39(6): 781-787.

[6] Stipanovic R D, et al. *J Agric Food Chem*, 2005, 53(16): 6266-6271.

药理作用及毒性参考文献

[1] 白杰 . 草棉花花瓣提取物对大鼠血小板聚集及动—静脉旁路血栓形成的影响 [D]. 新疆：新疆医科大学，2004.

[2] 许文彬，等 . 细胞生物学杂志，2008, 30(6): 742-746.

3. 陆地棉（种子植物名称） 高地棉（广州常见经济植物），大陆棉（中国树木分类学），美洲棉（经济植物手册），墨西哥棉（华北经济植物志要）

Gossypium hirsutum L., Sp. Pl., ed. 2, 2: 975. 1763.——*G. hirsutum* L. f. *mexicanum* (Tod.) Roberty, *G. mexicanum* Tod., *G. Religiosum* L.（英 **Upland Cotton**）

多枝亚灌木。叶阔卵形，直径 5–12 cm，长宽近相等，基部心形或心状截形，3 浅裂，稀 5 裂，中裂片常深达叶片之半，裂片阔三角状卵形，先端渐尖，基部阔；叶柄长 3–14 cm；托叶卵状镰形，早落。花单生，花梗通常较叶柄略短；小苞片 3，分离，基部心形，有腺体 1 个，边缘具 7–9 齿，连齿长约 4 cm，被长硬毛和纤毛；花萼杯状，裂片 5，三角形，具缘毛；花瓣白色或淡黄色，后变淡红或紫色，长 2.5–3 cm；雄蕊柱长 1–2 cm。蒴果卵圆形，具喙，3–4 室。种子分离，卵圆形，具白色长绵毛和灰白色不易剥离的短绵毛。花期夏秋季。

分布与生境 广泛栽培于全国各产棉区。

药用部位 花、种子、种毛、籽油、外果皮、根皮。

功效应用 花：益心补脑，安神养神，消肿抗炎。用于脑弱神疲，心悸心烦，机体炎性肿胀，皮肤瘙痒，烧伤热痛。种子：催乳，补肾强腰，暖胃止痛，止血。用于乳汁缺少，腰膝无力，胃寒作痛，大便出血。种毛：用于吐血下血，血崩，金疮出血。籽油：解毒杀虫。用于恶疮，疥癣。外果皮：温胃降逆，化痰止咳。用于噎嗝，胃寒呃逆，咳嗽气喘。根皮：通经，止咳。用于月经不调，咳嗽，支气管炎。

陆地棉 Gossypium hirsutum L.
引自《中国高等植物图鉴》

陆地棉 Gossypium hirsutum L.
摄影：梁同军 王祝年

化学成分 叶含黄酮类：异槲皮苷(isoquercitrin)[1]，槲皮素(quercetin)[2]，槲皮黄苷(quercimeritrin)[3]。

花含黄酮类：陆地棉苷(hirsutrin)[1]，异槲皮苷(isoquercitrin)[3]，槲皮黄苷(quercimeritrin)[2-4]，槲皮黄苷-3,5,3',4'-四甲醚(quercimeritrin-3,5,3',4'-tetramethyl ether)，槲皮素-3'-O-β-D-吡喃葡萄糖苷-3,5,7,4'-四甲醚(quercetin-3'-O-β-D-glucopyranoside-3,5,7,4'-tetramethyl ether)[4]，槲皮素，槲皮素-7-O-β-D-吡喃

葡萄糖苷(quercetin-7-*O*-*β*-D-glucopyranoside)，紫云英苷(astragalin)，金丝桃苷(hyperoside)，山奈酚-3-*O*-*β*-D-(6"-*O*-对香豆酰基)-吡喃葡萄糖苷[kaempferol-3-*O*-*β*-D-(6"-*O*-*p*-coumaryl)-glucopyranoside][4]，槲皮素-3-*O*-*β*-D-吡喃葡萄糖苷(quercetin-3-*O*-*β*-D-glucopyranoside)[4-5]，槲皮素-3'-*O*-*β*-D-吡喃葡萄糖苷(quercetin-3'-*O*-*β*-D-glucopyranoside)[4-6]，槲皮素-3-*O*-*β*-D-二吡喃葡萄糖苷(quercetin-3-*O*-*β*-D-diglucopyranoside)，槲皮素-7-*O*-鼠李糖基葡萄糖苷(quercetin-7-*O*-rhamnoglucoside)，棉花素-3-*O*-*β*-D-吡喃葡萄糖苷(gossypetin-3-*O*-*β*-D-glucopyranoside)，棉花素-8-*O*-*β*-D-吡喃葡萄糖苷(gossypetin-8-*O*-*β*-D-glucopyranoside)，棉花素-7-*O*-*β*-D-吡喃葡萄糖苷(gossypetin-7-*O*-*β*-D-glucopyranoside)，矢车菊素-3-*O*-*β*-D-吡喃葡萄糖苷(cyanidin-3-*O*-*β*-D-glucopyranoside)，槲皮素-3,7-二-*O*-*β*-D-吡喃葡萄糖苷(quercetin-3,7-di-*O*-*β*-D-glucopyranoside)，槲皮素-3-*O*-鼠李糖基葡萄糖苷(quercetin-3-*O*-rhamnoglucoside)，棉花素-3',7-二-*O*-*β*-D-吡喃葡萄糖苷(gossypetin-3',7-di-*O*-*β*-D-glucopyranoside)[6]；酚类：棉酚(gossypol)[6]；香豆素类：东莨菪内酯(scopoletin)，东莨菪苷(scopolin)[6]；缩合鞣质[6-7]。

药理作用 调节免疫作用：在体外活化模型中，从陆地棉的棉籽和根皮中分离出来的棉酚能够同时抑制多克隆激活剂植物血凝素和佛波醇酯对 T 细胞的活化作用，提示其作用部位可能位于蛋白激酶 C 或下游，并提示棉酚具有潜在的免疫调节作用。

注评 本种为部颁标准·维药（1999 年版）收载"棉花花"的基源植物之一，药用其干燥花；也为上海（1994 年版）、广西（1990 年版）中药材标准收载的"棉花根"，上海中药材标准（1994 年版）、新疆药品标准（1980 年版）收载的"棉花子"的基源植物之一，分别药用其干燥根和种子；中华药典（1930 年版）和中国药典（1953 年版）收载的"棉子油"为本种及同属其他种的成熟种子用冷压法压出的脂肪油。本种的种毛称"棉花"，根或根皮称"棉花根"，均可药用。同属植物草棉 Gossypium herbaceum L. 亦为基源植物，与本种同等药用；树棉 Gossypium arboreum L. 亦为新疆药品标准"棉花子"的基源植物。藏族语称"热哲"（"锐摘""热者"），本种为《晶珠本草》记载的两种"热哲"之一，种子用于鼻病（鼻炎、鼻疖、鼻息肉等），虫病，梅毒等。

化学成分参考文献

[1] Pakudina ZP, et al. *Khim Prir Soedin*, 1970, 6(5): 555-559.

[2] Denliev PK, et al. *Doklady Akademii Nauk UzSSR*, 1962, 19(8): 34-37.

[3] Viehoever A, *J Agric Res* (Washington, D. C.), 1918, 13: 345-352.

[4] Pakudina ZP, et al. *Khim Prir Soedin*, 1965, (1): 67-70.

[5] Wu T, et al. *Chem Nat Compd*, 2008, 44(3): 370-371.

[6] Hanny BW. *J Agric Food Chem*, 1980, 28(3): 504-506.

[7] Chan BG, et al. *Journal of Insect Physiology*, 1978, 24(2): 113-118.

药理作用及毒性参考文献

[1] 何贤辉，等 . 中国病理生理杂志，2001, 17(6): 510-514.

4. 海岛棉（广州常见经济植物） 光籽棉（华北经济植物志要）

Gossypium barbadense L., Sp. Pl. 2: 693. 1753.（英 **Barbados Cotton**）

多年生亚灌木状草本或灌木。叶掌状 3–5 深裂，裂片深达叶片中部以下，基部心形。花腋生或顶生。蒴果长圆状卵形，长 3–5 cm，基部最宽，先端急尖，外面被明显腺点。种子卵形，具喙，彼此离生，被易剥离的白色长绵毛，仅有少量不易剥离的短绵毛。花期夏秋季。

分布与生境 栽培于云南、海南、广西和广东。原产于南美洲热带和西印度群岛，现今全世界热带地区广泛栽培。

药用部位 种子、种毛、根。

功效应用 种子：补肝肾，强腰膝，暖胃止痛，止血，催乳，避孕。用于腰膝无力，遗尿，胃脘作痛，便血，崩漏，带下病，痔漏，脱肛，乳汁缺少，睾丸偏坠，手足皲裂。有毒。种毛：止血。用于呕血，

海岛棉 Gossypium barbadense L.
引自《中国高等植物图鉴》

海岛棉 Gossypium barbadense L.
摄影：徐克学

下血，血崩，金疮出血。根：活血祛瘀，止咳平喘。用于慢性气管炎，体虚水肿，子宫脱垂，月经不调，闭经，产后瘀阻腹痛，小腹胀痛。

化学成分　叶含挥发油：三环烃(tricyclene)，龙脑乙酸酯(bornyl acetate)，α-蒎烯(α-pinene)，α-松油烯(α-terpinene)，异喇叭烯(isoledene)，β-蒎烯(β-pinene)，α-红没药醇(α-bisabolol)，β-红没药醇(β-bisabolol)，红没药烯氧化物(bisabolene oxide)，丁香烯氧化物(caryophyllene oxide)，α-可巴烯(α-copaene)[1]。

花含黄酮类：槲皮黄苷(quercimeritrin)，陆地棉苷(hirsutrin)，槲皮素-3'-O-β-D-吡喃葡萄糖苷(quercetin-3'-O-β-D-glucopyranoside)，棉花素-7-O-β-D-吡喃葡萄糖苷(gossypetin-7-O-β-D-glucopyranoside)[2]。

种子含黄酮类：槲皮素-3-O-β-D-吡喃葡萄糖苷(quercetin-3-O-β-D-glucopyranoside)，槲皮素-3-O-β-D-吡喃半乳糖苷(quercetin-3-O-β-D-galactopyranoside)，槲皮素-3-O-芸香糖苷(quercetin-3-O-rutinoside)，槲皮素-3-O-β-D-吡喃葡萄糖基半乳糖苷(quercetin-3-O-β-D-glucopyranosylgalactoside)，槲皮素-3-O-β-D-吡喃葡萄糖基芸香糖苷(quercetin-3-O-β-D-glucopyranosylrutinoside)，山柰酚-3-O-β-D-吡喃葡萄糖苷(kaempferol-3-O-β-D-glucopyranoside)，山柰酚-3-O-β-D-吡喃葡萄糖基芸香糖苷(kaempferol-3-O-β-D-glucopyranosylrutinoside)[3]；酚类：(+)-6-甲氧基棉酚[(+)-6-methoxygossypol]，(-)-6-甲氧基棉酚[(-)-6-methoxygossypol][4]。

药理作用　降血压作用：海岛棉叶有降血压活性，可能与乙酰胆碱受体有关[1]。

杀精作用：从海岛棉籽中分离得到的6-甲氧基棉酚可抑制精子前向运动，降低精子存活率，3 min 内可使精子完全失活[2]。

注评　本种的种子称"棉花子"，种毛称"棉花"，根或根皮称"棉花根"，均可药用。本种藏族药用，种子治鼻病，虫病。

化学成分参考文献

[1] Essien EE, et al. *Journal of Medicinal Plants Research*, 2011, 5(5): 702-705.

[2] Pakudina ZP, et al. *Khim Prir Soedin*, 1971, 7(2): 142-146.

[3] El-Negoumy SI, et al. *Grasas y Aceites* (Sevilla, Spain),

1985, 36(1): 21-24.

[4] 周瑞华，等. 生殖医学杂志，1992, 1(1): 58.

药理作用及毒性参考文献

[1] Hasrat JA, et al. *J Pharm Pharmacol*, 2004, 56(3): 381-387.

[2] 周瑞华，等. 生殖医学杂志，1992, 1(1): 58.

14. 大萼葵属 Cenocentrum Gagnep.

灌木，全株被黄色糙伏刺毛。叶圆形，具掌状 5-9 裂片；托叶卵形。花单生叶腋，或排列或伞房花序；花黄色，小苞片 4，基部合生，宿存；花萼钟状，5 裂；花瓣 5，倒卵形；雄蕊柱的花药着生到顶，雄蕊多数，花药螺丝状；子房 10 室，柱头 10。

本属仅 1 种，分布于越南、老挝和我国云南，可药用。

1. 大萼葵（云南植物志）

Cenocentrum tonkinense Gagnep., Notul. Syst. (Paris) 1: 79. 1909.——*Hibiscus wangianus* S. Y. Hu（英 **Large-calyx Mallow**）

落叶灌木，全株密被星状长刺毛或单毛。叶掌状 5-9 浅裂，裂片宽三角形，先端锐尖，基部心形，主脉 5-9 条，掌状。花单生，黄色；花萼钟状膨大，直径达 5 cm。蒴果近球形，密被星状长刺毛，胞背 10 裂。种子肾形，灰褐色，具褐色瘤点。花期 9-11 月。

大萼葵 Cenocentrum tonkinense Gagnep.
引自《中国高等植物图鉴》

大萼葵 Cenocentrum tonkinense Gagnep.
摄影：张金龙

分布与生境 产于云南南部。生于海拔 750-1600 m 的沟谷、疏林或草丛中。也分布于越南和老挝。

药用部位 根。

功效应用 清热解毒，滑肠通便。用于热毒证，大便不利。

木棉科 BOMBACACEAE

乔木，主干基部常有板状根。叶互生，单叶或掌状复叶，常具鳞秕；托叶早落。花两性，辐射对称，大而美丽，腋生或近顶生，单生或簇生；花萼杯状，顶端截平或不规则 3–5 裂；花瓣 5 片，覆瓦状排列，有时基部与雄蕊管合生，有时无花瓣；雄蕊 5 至多数，退化雄蕊常存在，花丝分离或合生成雄蕊管；子房上位，2–5 室，每室有倒生胚珠 2 至多数，中轴胎座，花柱不裂或 2–5 浅裂。蒴果，室背开裂或不裂。种子常为内果皮的丝状绵毛所包围。

本科约 20 属 180 种，广布于热带地区，美洲尤其常见。我国原产 1 属 2 种，引种栽培 5 属 5 种，其中 2 属 2 种可药用。

本科药用植物主要含三萜、黄酮、有机酸及其酯等类型化学成分。

分属检索表

1. 叶为掌状复叶；果片从隔膜散开；雄蕊管上部花丝集为 5 束或散生；萼具齿，内面被毛；种子小，长不及 5 mm ·· 1. **木棉属 Bombax**
1. 叶为单叶，全缘，叶脉羽状；果 5 片裂，隔膜留在果片上 ························· 2. **榴莲属 Durio**

1. 木棉属 Bombax L.

落叶大乔木，幼树干常有粗刺。花单生或簇生于叶腋或近顶生；萼革质，连同花瓣和雄蕊一起脱落；子房 5 室，每室有胚珠多颗，柱头星状 5 裂。蒴果室背开裂为 5 片，果片革质，内有丝状绵毛。种子小，黑色，藏于绵毛内。

本属约 50 种，主要分布于美洲热带，少数产于亚洲热带、非洲及大洋洲。我国南部和西南部有 2 种，其中 1 种可药用。

本属药用植物主要含三萜类成分，如羽扇豆醇 (lupeol)，羽扇豆烯酮 (lupenone)，无羁萜 (friedelin)；黄酮类成分如木犀草素 (luteolin)，木犀草素 -7-*O*-β-D- 葡萄糖苷 (luteolin-7-*O*-β-D-glucoside)，金丝桃素 (hyperoside)；酚类成分如木棉马酮▲ (bombamalone) A(**1**)、B(**2**)，知母宁 (chinonin，**3**)。

684

1. 木棉（本草纲目） 红棉、英雄树（广东），攀枝花（云南），殳芝棉、斑芝树（台湾）

Bombax ceiba L., Sp. Pl. 1: 511. 1753.——*B. malabaricum* DC., *Gossampinus malabarica* (DC.) Merr., *Salmalia malabarica* (DC.) Schott et Endl.（英 **Red Silk-cotton Tree**）

落叶大乔木，分枝平展。掌状复叶，小叶 5-7 片，长圆形至长圆状披针形，长 10-16 cm，宽 3.5-5.5 cm，顶端渐尖，基部阔或渐狭；叶柄长 10-20 cm；小叶柄长 1.5-4 cm。花单生于枝顶叶腋，通常红色，直径约 10 cm；萼杯状，长 2-3 cm，内面密被淡黄色短绢毛；花瓣肉质，倒卵状长卵形，长 8-10 cm，宽 3-4 cm，两面被星状柔毛；雄蕊管短，花丝较粗，外轮雄蕊多数，集成 5 束；花柱长于雄蕊。蒴果长圆形，长 10-15 cm，粗 4.5-5 cm，密被灰白色长柔毛和星状柔毛。种子多数，倒卵形。花期 3-4 月，果夏季成熟。

分布与生境 产于云南、四川、贵州、广西、江西、广东、福建、台湾等地。生于海拔 1400-1700 m 以下的干热河谷及稀树草原，也可生长在沟谷季雨林内，也栽培作行道树。印度、斯里兰卡、中南半岛、马来西亚、印度尼西亚至菲律宾及澳大利亚北部也有分布。

药用部位 花、根、树皮、叶、树胶及幼根。

功效应用 花：清热，利湿，解毒，止血。用于泄泻，痢疾，血崩，疮毒，金疮出血。根：清热利湿，收敛止血。用于慢性胃炎，胃溃疡，产后水肿，赤痢，瘰疬，跌打扭伤。树皮：清热利湿，活血，消肿。用于慢性胃炎，胃溃疡，泄泻，痢疾，腰脚不遂，腿膝疼痛，疮肿，跌打损伤。叶：用于皮肤病。树胶及幼根：收敛止血。用于痢疾，菌痢和月经过多。

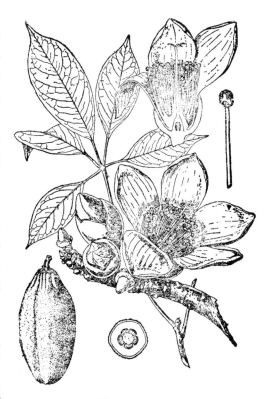

木棉 Bombax ceiba L.
引自《中国高等植物图鉴》

木棉 Bombax ceiba L.
摄影：张英涛 王祝年

化学成分 根皮含酚类：木棉马酮▲(bombamalone) A、B、C、D，木棉马苷▲(bombamaloside)，异半棉酚-1-甲醚(isohemigossypol-1-methyl ether)，2-*O*-甲基异半棉酸内酯(2-*O*-methylisohemigossylic acid lactone)，木棉醌▲B (bombaxquinone B)，裂叶榆萜C (lacinilene C)[1]。

根含三萜类：齐墩果酸(oleanolic acid)，齐墩果-20(29)-烯-3-酮(olean-20(29)-en-3-tone)[2]；倍半萜

类：木棉苷▲(bombaside)，7-O-β-吡喃葡萄糖基木棉酮▲(7-O-β-glucopyranosylbombaxone)，木棉酮▲(bombaxone)[3]；黄酮类：橙皮苷(hesperidin)，槲皮素(quercetin)，木犀草素(luteolin)，木犀草素-7-O-葡萄糖苷(luteolin-7-O-glucoside)，金丝桃苷(hyperoside)[4]；甾体类：α-菠菜甾醇，β-谷甾醇，豆甾醇，胡萝卜苷，(24R)-5α-豆甾-3,6-二酮，胆甾-4-烯-3,6-二酮(cholester-4-en-3,6-ditone)[5]。

木棉花 Gossampini Flos
摄影：陈代贤

　　茎皮含三萜类：无羁萜(friedelin)，羽扇豆醇乙酸酯(lupeol acetate)，羽扇豆醇(lupeol)，羽扇豆烯酮(lupenone)[6]；黄酮类：杧果苷(shamimicin, magniferin)[7]，表儿茶素(epicatechin)，BME3[8]；甾体类：β-谷甾醇，豆甾醇[6]；其他类：异丙酸[6]。

　　心材含倍半萜类：7-羟基杜松萘▲(7-hydroxycadalene)[9]；醌类：8-甲酰基-7-羟基-5-异丙基-2-甲氧基-3-甲基-1,4-蒽醌(8-formyl-7-hydroxy-5-isopropyl-2-methoxy-3-methyl-1,4-naphthaquinone)，7-羟基-5-异丙基-2-甲氧基-3-甲基-1,4-萘醌(7-hydroxy-5-isopropyl-2-methoxy-3-methyl-1,4-naphthoquinone)，8-甲酰基-7-羟基-5-异丙基-2-甲氧基-3-甲基-1,4-萘醌(8-formyl-7-hydroxy-5-isopropyl-2-methoxy-3-methyl-1,4-naphthoquinone)[9]，8-甲酰基-7-羟基-5-异丙基-2-甲氧基-3-甲基-1,4-萘醌(8-formyl-7-hydroxy-5-isopropyl-2-methoxy-3-methyl-1,4-naphthoquinone)，5-异丙基-3-甲基-2,4,7-三甲氧基-8,1-萘内酯(5-isopropyl-3-methyl-2,4,7-trimethoxy-8,1-naphthalene carbolactone)，异半棉酚-1-甲醚(isohemigossypol-1-methyl ether)[10]。

　　叶含黄酮类：知母宁(chinonin)，牡荆素(vitexin)[11]，槲皮素(quercetin)[11-12]，木犀草素-4'-吡喃葡萄糖苷(luteolin-4'-glucopyranoside)[12]；香豆素类：东莨菪内酯(scopoletin)，滨蒿内酯(scoparone)，七叶树内酯(aesculetin)，柠檬油素(limettin)，东莨菪苷(scopolin)，七叶树苷(esculin)[12]；𫯎酮类：杧果苷(mangiferin)[12]；酚酸类：原儿茶酸(protocatechuic acid)，龙胆酸(gentisic acid)，葡萄糖丁香酸(glucosyringic acid)[12]。

　　花含有机酸类：软脂酸乙酯[13]；木脂素类：木棉辛▲(bombasin)，木棉林素▲(bombalin)，木棉林素▲-4-O-β-D-吡喃葡萄糖苷(bombalin-4-O-β-D-glucopyranoside)[14]；苯丙素类：3-(反式-对香豆酰基)奎宁酸[3-(trans-p-coumaroyl)-quinic acid]，新绿原酸(neochlorogenic acid)[14]；三萜类：α-香树脂醇(α-amyrin)[15]；黄酮类：新西兰牡荆苷-2(vicenin-2)，肥皂草苷(saponarin)，芹菜苷元(apigenin)，柳穿鱼苷(linarin)，大波斯菊苷(cosmosiin; cosmetin)，异牡荆素(isovitexin)，黄姜味草酚▲(xanthomicrol)[15]；甾体类：胆甾醇(cholesterol)，豆甾醇(stigmasterol)，菜油甾醇(campesterol)[15]。

　　种子含酚类：1-没食子酰葡萄糖，没食子酸乙酯[16]；其他类：生育酚，类胡萝卜素，二十六醇，软脂酸[16]。

注评　本种为中国药典（1977、2010 年版）、部颁标准·藏药（1995 年版）、内蒙古蒙药材标准（1986 年版）收载"木棉花"，藏药标准（1979 年版）收载"木棉花蕾"的基源植物，药用其干燥花和花蕾；为广西中药材标准（1990 年版）收载"木棉皮"的基源植物，药用其干燥树皮。本种的根称"木棉根"，亦药用。在广东、广西、海南、湖南等地将本种的树皮作"海桐皮"或"钉桐皮"药用，系地方习用品。佤族、傈僳族、白族、傣族、拉祜族、壮族、布朗族、德昂族、阿昌族、瑶族、布依族、黎族、蒙古族、景颇族也药用，主要用途见功效应用项。本种藏族语称"纳嘎格萨"，用于心脏病、肝病、肺病的热症及消化不良；种子称"锐赛"，用于鼻病。

化学成分参考文献

[1] Zhang XH, et al. *J Nat Prod*, 2007, 70(9): 1526-1528.　　　[2] 齐一萍, 等. 中国中药杂志, 1996, 21: 234-235.

[3] Zhang XH, et al. *Heterocycles*, 2008, 75(3): 661-668.

[4] 齐一萍 等. 中草药，2006,37(12): 1786-1788.

[5] 齐一萍，等. 中草药，2005, 36(10): 1466-1467.

[6] Singh P, et al. *Nat Prod Commun*, 2008, 3(2): 223-225.

[7] Shahat AA, et al. *Planta Med*, 2003, 69(11): 1068-1070.

[8] Ho TTH, et al. *Tap Chi Duoc Hoc*, 2011, 51(6): 19-20, 44, 57.

[9] Sreeramulu K, et al. *J Asian Nat Prod Res*, 2001, 3(4): 261-265.

[10] Reddy MVB, et al. *Chem Pharml Bull*, 2003, 51(4): 458-459.

[11] 李明，等. 中国中药杂志，2006, 31(11): 934-935.

[12] 王国凯，等. 天然产物研究与开发，2012, 24(3): 336-338, 341.

[13] 王辉，等. 林产化学与工业，2004, 24(2): 89-91.

[14] Wu J, et al. *Helv Chim Acta*, 2008, 91(1): 136-143.

[15] El-Hagrassi AM, et al. *Nat Prod Res*, 2011, 25(2): 141-151.

[16] Dhar DN, et al. *Planta Med*, 1976, 29(2): 148-150.

2. 榴莲属 **Durio** Adans.

常绿乔木，无刺。单叶，全缘，革质，具羽状脉；托叶早落。花簇生成为聚伞花序；萼钟状，基部具刺，3-5 裂，革质，外面密被鳞片，花后环裂脱落；纵裂或孔裂，子房 3-6 室，每室胚珠 2 至多数，花柱短。蒴果大，木质，椭圆形或卵形，外面具圆锥状的粗刺，每室种子 1 至多数。假种皮厚，肉质。

本属约 27 种，分布于缅甸至马来西亚西部。我国 1 种，可药用。

1. 榴莲（经济植物手册）

Durio zibethinus Rumph. ex Murray, Syst. ed. 13: 581. 1774.（英 **Durian**）

常绿乔木，幼枝顶部有鳞片。叶片长圆形，有时倒卵状长圆形，渐尖，基部圆形或钝，背面有贴生鳞片，长 10–15 cm，宽 3–5 cm；叶柄长 1.5–2.8 cm，聚伞花序细长下垂，簇生于茎或大枝上；花蕾球形；花梗被鳞片，长 2–4 cm；苞片比花萼短，高 2.5–3 cm，具 5–6 个短宽的萼齿；花瓣黄白色，长 3.5–5 cm，为萼长的 2 倍，长圆状匙形，后期外翻；雄蕊 5 束，每束有花丝 4–18，花丝基部合生 1/4–1/2。蒴果椭圆状，淡黄色或黄绿色，长 15–30 cm，宽 13–15 cm，每室有种子 2–6 颗，假种皮白色或黄白色，有强烈的气味。花果期 6–12 月。

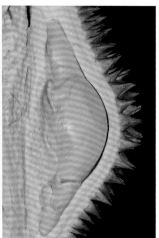

榴莲 **Durio zibethinus** Rumph. ex Murray
摄影：徐晔春 朱鑫鑫

分布与生境 广东、海南有栽培。原产于印度尼西亚。

药用部位 果实、果壳、根、叶、全株。

功效应用 果实：用于暴痢，心腹冷气。果壳：外用于皮肤病，疥癣，皮肤瘙痒。根、叶：解热。用于风热等症。全株：滋阴强壮，疏风清热，利胆退黄，杀虫止痒。用于精血亏虚，须发早白，衰老，风热，黄疸，疥癣，皮肤瘙痒。

化学成分　树皮含三萜类：27-O-反式-咖啡酰圆盘豆酸甲酯(methyl 27-O-$trans$-caffeoylcylicodiscate)，27-O-顺式-咖啡酰圆盘豆酸甲酯(methyl 27-O-cis-caffeoylcylicodiscate)[1]；酚类：1,2-二芳基丙烷-3-醇(1,2-diarylpropane-3-ol)[1]；香豆素类：白蜡树定(fraxidin)，(-)-(3R,4S)-4-羟基蜂蜜曲霉素[(-)-(3R,4S)-4-hydroxymellein][1]；其他类：蜜藏花素▲(eucryphin)，苎麻脂素▲(boehmenan)，苏式-轻木卡罗木脂素▲E($threo$-carolignan E)，甲基原儿茶酸钠，(+)-(R)-去-O-甲基毛色二孢素[(+)-(R)-des-O-methyllasiodiplodin][1]。

果实含挥发油：3-羟基-2-丁酮，丙酸乙酯，己酸乙酯，2-甲基-丁酸甲酯，丁酸乙酯，丙酸丙酯，3-甲基丁酸丙酯，1-乙氧基丙烷，1,1-二乙氧基乙烷[2]，十二酸，十四酸，十六酸，十八酸，(反式-,反式-)-9,12-十八碳二烯酸，16-十八烯酸，γ-亚麻酸[3]，丙酮醇素(acetoin)，2-甲基丁酸乙酯，二乙基二硫酸酯[4]，十七烷，十八烷，十九烷，二十碳烷，11-丁基二十二烷，二十九烷[5]，3,5-二甲基三十三烷[6]，1,1-二羟基乙烷，油酸，软脂酸，花生四烯酸，软脂酸，硬脂酸，亚油酸[7]。

种子含脂肪酸：油酸，软脂酸，花生四烯酸，软脂酸[8]。

药理作用　保肝作用：榴莲壳醇提物可降低拘束负荷致应激性肝损伤小鼠血浆丙氨酸转氨酶(ALT)活性、丙二醛(MDA)水平、肝组织一氧化氮(NO)含量，对肝组织谷胱甘肽(GSH)含量有一定改善作用[1]。

其他作用：榴莲壳提取液对亚硝酸钠有清除作用，对亚硝胺合成有阻断作用[2]。

化学成分参考文献

[1] Rudiyansyah, et al. *J Nat Prod*, 2006, 69(8): 1218-1221.

[2] 刘倩，等. 分析测试学报，1999, 18(2): 58-60.

[3] 刘倩，等. 分析化学研究学报，1999, 27(3): 320-322.

[4] Jiang J, et al. *Dev Food Sci*, 1998, 40: 345-352.

[5] 张继，等. 食品科学，2003, 24(6): 128-131.

[6] Weenen HG, et al. *J Agric Food Chem*, 1996, 44(10): 3291-3293.

[7] Moser R, et al. *Phytochemistry*, 1980, 19(1): 79-81.

[8] Eni SR, et al. *Majalah Farmasi Indonesia*, 2001, 12(2): 66-72.

药理作用及毒性参考文献

[1] 谢果，等. 中药新药与临床药理，2008, 19(1): 22-25.

[2] 陈纯馨，等. 食品科技，2005, (2): 89-91.

梧桐科 STERCULIACEAE

  乔木或灌木，稀为草本或藤本，幼嫩部分常有星状毛，树皮常有黏液和纤维。单叶互生，稀为掌状复叶，通常有托叶。花序多腋生，稀为单花；萼片5枚（稀3–4），镊合状排列；花瓣5片或无，旋转的覆瓦状排列；雄蕊的花丝合生成管状，有5枚舌状或线状的退化雄蕊与萼片对生，或无，花药2室，纵裂；雌蕊由2–5（稀10–12）个心皮或单心皮组成，子房上位。果通常为蓇葖果或蒴果，极少为浆果或核果。

  本科有68属约1100种，分布在热带和亚热带地区，只有个别种可分布至温带地区。中国共有19属82种3变种（含栽培），主要分布在华南和西南各地，而以云南最盛，其分布范围一般不超过长江，并多在北回归线以南，其中14属36种3变种可药用。

  本科药用植物主要化学成分包括三萜，黄酮，二萜和甾体类等化学成分。

分属检索表

1. 花无花瓣，单性或杂性。
 2. 果开裂，无翅也无龙骨状突起，每果内有种子1至多颗，叶背无鳞秕。
  3. 果肉质、革质或木质，成熟时始开裂。
   4. 花具显著的雌雄蕊柄 ·· 1. 苹婆属 Sterculia
   4. 花不具明显的雌雄蕊柄 ·· 14. 可拉属 Cola
  3. 果膜质，成熟前即开裂如叶状；萼深裂，外卷 ·················· 2. 梧桐属 Firmiana
 2. 果不裂，有翅或有龙骨状突起；叶背密被银白色或黄褐色鳞秕 ·········· 3. 银叶树属 Heritiera
1. 花有花瓣，两性。
 5. 子房着生于长的雌雄蕊柄的顶端，柄长为子房的2倍以上。
  6. 种子有明显的膜质长翅，连翅长2 cm以上 ·················· 4. 梭罗树属 Reevesia
  6. 种子无翅，很小，长不超过4 mm ·················· 5. 山芝麻属 Helicteres
 5. 子房无柄或有很短的雌雄蕊柄（翅子树属）。
  7. 花无退化雄蕊。
   8. 乔木或灌木，雄蕊40–50枚，蒴果木质或厚革质 ·········· 6. 火绳树属 Eriolaena
   8. 草本或半灌木，雄蕊5枚，蒴果膜质。
    9. 蒴果5室；花柱5个，分离或基部连合 ·················· 7. 马松子属 Melochia
    9. 蒴果1室；花柱1个，在顶端有流苏状的柱头 ·········· 8. 蛇婆子属 Waltheria
  7. 花有退化雄蕊。
   10. 花簇生在树干或粗枝上，核果不裂，种子无翅·········· 9. 可可属 Theobroma
   10. 花生在小枝上，蒴果开裂。
    11. 雄蕊15枚，稀10或20枚。
     12. 一年生草本；花红色，午间开放，隔日脱落 ·········· 10. 午时花属 Pentapetes
    12. 乔木或灌木，很少为木质攀援藤本；花保留的时间较长。
     13. 种子顶端有1个膜质长翅，退化雄蕊线形··········· 11. 翅子树属 Pterospermum

13. 种子无翅，退化雄蕊广匙形 ·· **12. 昂天莲属 Ambroma**

11. 雄蕊 5 枚，木质藤本 ·· **13. 刺果藤属 Byttneria**

1. 苹婆属 Sterculia L.

乔木或灌木。单叶，或稀为掌状复叶。花序通常腋生，排成总状或圆锥花序；花单性或杂性，花萼 5 裂，先端常联合；花瓣无；雄花的花药聚生于雌雄蕊柄的顶端，包围着退化雌蕊；雌花的雌雄蕊柄很短，顶端有轮生的不育的花药和发育的雌蕊，雌蕊通常由 5 个心皮黏合而成，每心皮有胚珠 2 个或多个，花柱基部合生，柱头与心皮同数而分离。蓇葖果革质或木质，但多为革质，成熟时始开裂。种子 1 或多个。

本属约 300 种，产于热带和亚热带地区，亚洲热带地区最多。我国有 23 种 1 变种，产于云南、贵州、四川、广西、广东、福建和台湾，云南南部种类最多，其中 9 种 1 变种可药用。

分种检索表

1. 掌状复叶，有小叶 7–9 片。
  2. 萼钟状，裂片与萼筒等长或略短，内弯；叶的侧脉密而明显 ····················· **1. 家麻树 S. pexa**
  2. 萼星状，深裂，开展，萼筒不显；叶的侧脉疏而不明显 ··················· **2. 香苹婆 S. foetida**
1. 单叶。
  3. 萼筒明显；萼的裂片与萼筒几等长 ································· **3. 苹婆 S. monosperma**
  3. 萼筒不明显，萼分裂几至基部或裂片长为萼筒的 2 倍以上。
    4. 叶的下面明显地密被短柔毛 ··································· **4. 粉苹婆 S. euosma**
    4. 叶的下面无毛或几无毛。
      5. 叶几无柄或有长 0.5–1.2 cm 的短柄。集生在小枝顶端，椭圆形或倒披针状椭圆形 ····················
      ··· **5. 短柄苹婆 S. brevissima**
      5. 叶柄长 2 cm 以上；叶散生。
        6. 花排成圆锥花序，花序多分枝，多花，叶较宽广。
          7. 蓇葖果长圆形，长 2.5–5 cm ···························· **6. 假苹婆 S. lanceolata**
          7. 蓇葖果呈船形，长可达 24 cm ························· **9. 胖大海 S. lychnophora**
        6. 花排成总状花序，稀为分枝短的圆锥花序，花少而稀疏；叶狭长。
          8. 叶有侧脉 9–10 对，在近叶缘处不明显连结 ·············· **7. 西蜀苹婆 S. lanceifolia**
          8. 叶有侧脉 13–18 对，在远离叶缘处有明显的弯拱连结 ······· **8. 海南苹婆 S. hainanensis**

本属药用植物主要含三萜、黄酮、生物碱、脂肪酸等类成分。

1. 家麻树（广西）　绵毛苹婆（中国高等植物图鉴），九层皮（云南经济植物）

Sterculia pexa Pierre, Fl. Forest. Cochinch. t. 182. 1888.——*S. pexa* Pierre var. *yunnanensis* (H. H. Hu) H. H. Hsue, *S. yunnanensis* Hu（英 **Woolly Sterculia**）

乔木，小枝粗壮。叶为掌状复叶，有小叶 7–9 片；小叶倒卵状披针形或长椭圆形，长 9–23 cm，宽 4–6 cm，顶端渐尖，基部楔形；托叶三角状披针形。花序集生于小枝顶端，为总状花序或圆锥花序，长达 20 cm；小苞片条状披针形，长约 1 cm；花萼白色，钟形，5 裂，长约 6 mm，裂片三角形，顶端渐尖并互相黏合，与钟状萼筒等长。蓇葖果红褐色，长圆状并略成镰刀形，顶端钝，每果有种子约 3 个。种子长圆形，长约 1.5 cm。花期 10 月。

分布与生境　产于云南和广西。常生于阳光充足的干旱坡地，也栽培于村边、路旁。泰国、越南、老挝也有分布。

药用部位　树皮。

功效应用　舒筋活络，散瘀消肿，接骨。用于骨折。

家麻树 *Sterculia pexa* Pierre
引自《中国高等植物图鉴》

家麻树 *Sterculia pexa* Pierre
摄影：徐晔春

2. 香苹婆（海南植物志）

Sterculia foetida L., Sp. Pl. 2: 1008. 1753.（英 **Hazel Sterculia**）

　　乔木，枝轮生。叶聚生于小枝顶端，为掌状复叶，有小叶 7-9 片，小叶椭圆状披针形，长 10-15 cm，宽 3-5 cm，顶端长渐尖或尾状渐尖，基部楔形；托叶剑状，早落。圆锥花序直立，着生在新枝的近顶部，有多花；小苞片细小，花梗比花短；萼红紫色，长约 12 mm，5 深裂几至基部，萼片椭圆状披针形，向外广展，远比萼筒长；雄花的花药 12-15，聚生成头状；雌花的心皮 5 枚，花柱弯曲，柱头 5 裂。蓇葖果木质，椭圆形，似船状，长 5-8 cm，顶端急尖，每果有种子 10-15 个。种子椭圆形，黑色而光滑。花期 4-5 月。

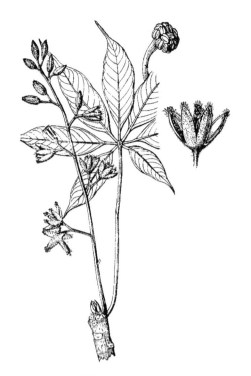

香苹婆 *Sterculia foetida* L.
黄少容 绘

香苹婆 *Sterculia foetida* L.
摄影：徐晔春

分布与生境 广西、广东广州和海南三亚有栽培。印度、斯里兰卡、越南、泰国、柬埔寨、缅甸、澳大利亚北部和非洲热带地区也有分布。

药用部位 根、果实、叶、籽油。

功效应用 根：清热利湿。用于湿热，黄疸病，淋病。果实：收敛止泻。用于腹泻。叶：消散滑肠。用于便秘。籽油：似橄榄油，有泻下作用。

化学成分 根含三萜类：羽扇豆醇(lupeol)[1]；黄酮类：木犀草素-7-*O*-β-D-吡喃半乳糖基-(1→4)-*O*-α-L-吡喃阿拉伯糖苷[luteolin-7-*O*-β-D-galactopyranosyl-(1→4)-*O*-α-L-arabinopyranoside][2]，白花色素-3-*O*-α-L-吡喃鼠李糖苷(leucoanthocyanidin-3-*O*-α-L-rhamnopyranoside)，槲皮素-3-*O*-α-L-吡喃鼠李糖苷(quercetin-3-*O*-α-L-rhamnopyranoside)[3]；甾体类：β-谷甾醇，胡萝卜苷[1]。

树皮含三萜类：羽扇豆烯酮(lupenone)，羽扇豆醇，白桦脂醇(betulin)[4]；黄酮类：槲皮素-3,3',4',7-*O*-四甲醚(quercetin-3,3',4',7-*O*-tetramethyl ether)，槲皮素-3',4',5,7-*O*-四甲醚(quercetin-3',4',5,7-*O*-tetramethyl ether)[4]；甾体类：苹婆苷(sterculoside)，β-谷甾醇，胡萝卜苷[4]。

心材含三萜类：羽扇豆烯酮，羽扇豆醇[4]；其他类：β-谷甾醇，二十六醇(hexacosanol)[4]。

叶含三萜类：蒲公英赛醇(taraxerol)[4]，蒲公英赛-14-烯-3-醇(taraxer-14-en-3-ol)[5]；黄酮类：5,7,8-三羟基-4'-甲氧基黄酮-8-*O*-β-D-吡喃葡萄糖苷(5,7,8-trihydroxy-4'-methoxyflavone-8-*O*-β-D-glucopyranoside)，5,7,8-三羟基-4'-甲氧基黄酮-7-*O*-β-D-吡喃葡萄糖苷(5,7,8-trihydroxy-4'-methoxyflavone-7-*O*-β-D-glucopyranoside)，槲皮素-3-*O*-β-D-吡喃葡萄糖苷(quercetin-3-*O*-β-D-glucopyranoside)，芹菜苷元-6,8-二-*C*-β-D-吡喃葡萄糖苷(apigenin-6,8-di-*C*-β-D-glucopyranoside)，葛根素(puerarin)，5,7,8,3'-四羟基-4'-甲氧基黄酮(5,7,8,3'-tetrahydroxy-4'-methoxyflavone)，5,7,8-三羟基-3',4'-二甲氧基黄酮(5,7,8-trihydroxy-3',4'-dimethoxyflavone)，5,7,8-三羟基-3'-甲氧基黄酮(5,7,8-trihydroxy-3'-methoxyflavone)[6]；苯丙素类：1,6-二阿魏酰葡萄糖(1,6-diferuloylglucose)[7]；其他类：β-谷甾醇，正二十八醇(n-octacosanol)[4]。

叶和花含黄酮类：异高黄芩苷(isoscutellarin)，原矢车菊素-*O*-β-D-葡萄糖醛酸苷(procyanidin-*O*-β-

D-glucuronide)，6-*O*-*β*-D-葡萄糖醛酸基木犀草素(6-*O*-*β*-D-glucuronylluteolin)，矢车菊素-3-*O*-*β*-D-吡喃葡萄糖苷(cyanidin-3-*O*-*β*-D-glucopyranoside)[8]。

种子油含环丙烯脂肪酸类：锦葵酸(malvalic acid)，苹婆酸(sterculic acid)[9]，锦葵酸甲酯(methyl malvalate)[10]。

化学成分参考文献

[1] Shrivastava A, et al. *Natl Acad Sci Lett* (India), 1983, 6(2): 51-52.

[2] Shrivastava A, et al. *Natl Acad Sci Lett* (India), 1986, 9(6): 169-170.

[3] Dubey H, et al. *J Indian Chem Soc*, 1991, 68(7): 426-427.

[4] Anjaneyulu ASR, et al. *Indian J Chem*, 1981, 20B(1): 87-88.

[5] Naik DG, et al. *Planta Med*, 2004, 70(1): 68-69.

[6] 夏鹏飞，等. 中国中药杂志，2009, 34(20): 2604-2606.

[7] Xia PF, et al. *J Asian Nat Prod Res* 2009, 11(7-8): 765-770.

[8] Nair AGR, et al. *Current Science*, 1977, 46(1): 14-15.

[9] Badami RC, et al. *Fette, Seifen, Anstrichmittel*, 1980, 82(8): 317-318.

[10] Fogerty AC, et al. *Journal of the American Oil Chemists' Society*, 1965, 42(10): 885-887.

3. 苹婆（南海志） 凤眼果、七姐果（广州）

Sterculia monosperma Vent., Jard. Malmaison 2: t. 91. 1805.——*S. nobilis* Sm.（英 **Sterculia**）

3a. 苹婆（模式变种）

Sterculia monosperma Vent. var. **monosperma**

落叶乔木；树皮褐色。叶纸质，长圆状椭圆形，长8–25 cm，宽5–15 cm。圆锥花序疏散，腋生，倒垂，多花；雄花花萼钟形，直径约10 mm，外面有灰白色绒毛，内面红色，裂片线形，内弯，与萼筒等长；雄蕊柱柔弱，弯曲，雌花少数，子房有毛，具柄，5裂，花柱弯曲。蓇葖果革质，卵形，长4–8 cm，宽2.5–3.5 cm，具喙，熟时暗红色，被短绒毛。种子1–5颗，种皮暗栗色，有黏质，内种皮革质，暗黑色。花期5月。

分布与生境 产于中国贵州、云南、海南、广东、福建、台湾等地。苏门答腊岛、日本亦有栽培

药用部位 种子、果荚、根、茎、叶、树皮。

功效应用 种子：温胃消食，解毒杀虫。用于虫积腹痛，反胃吐食，疝痛，小儿食泥土，小儿烂头疮，痞块积硬，咳嗽，目翳。果荚：活血行气。用于血痢，小肠疝气，痔疮，中耳炎。根：用于胃溃疡。茎：用于哮喘。叶：用于风湿，水肿。树皮：下气平喘。用于哮喘。

化学成分 种子油含环丙烯脂肪酸类：二氢苹婆酸(dihydrosterculic acid)，苹婆酸(sterculic acid)[1]。

注评 本种的种子称"凤眼果"，果荚称"凤眼果壳"，根称"凤眼果根"，树皮称"凤眼果皮"，广东、广西等地药用。壮族、傣族也药用其根、树皮，主要用途见功效应用项。傣族根及根状茎治疗腹泻，红痢，痧症，跌打损伤，骨折，外伤出血，风湿性腰腿痛，类风湿关节炎等症。

苹婆 Sterculia monosperma Vent. var. **monosperma**
引自《中国高等植物图鉴》

苹婆 **Sterculia monosperma** Vent. var. **monosperma**
摄影：徐克学 徐晔春

化学成分参考文献

[1] Berry SK. *J Am Oil Chem Soc*, 1982, 59(1): 57-58.

3b. 野生苹婆（变种）

Sterculia monosperma Vent. var. **subspontanea** (H. H. Hsue et S. J. Xu) Y. Tang, M. G. Gilbert et Dorr, Fl. China 12: 308. 2007.——*S. nobilis* Sm. var. *subspontanea* H. H. Hsue et S. J. Xu（英 **Wild Sterculia**）

树皮灰色，有皮孔。叶片基部楔形或钝。

分布与生境　产于广西密林中。

药用部位　叶、果壳。

功效应用　叶：祛风湿。用于风湿性关节痛。果壳：用于血痢。

4. 粉苹婆（中国树木分类学）

Sterculia euosma W. W. Sm., Notes Roy. Bot. Gard. Edinburgh 10: 72. 1917.（英 **Wellflavoured Sterculia**）

乔木；嫩枝密被淡黄褐色绒毛。叶革质，卵状椭圆形，长 12-24 cm，宽 7-12 cm，顶端短渐尖，基部圆形或略为斜心形，有基生脉 5 条，叶背密被淡黄褐色星状绒毛；叶柄长约 5 cm。总状花序聚生于小枝上部；花暗红色，萼长约 1 cm，5 裂几至基部，裂片条状披针形，外面被短柔毛，内面几无毛；雌雄蕊柄长约 2 mm；子房卵圆形，密被毛；花柱弯曲，有长柔毛。蓇葖果熟时红色，长圆形或长圆状卵形，长 6-10 cm，宽 3 cm，顶端渐尖或喙状，外面密被星状短绒毛。种子卵形，长约 2 cm，黑色。

分布与生境　产于云南（腾冲）和广西（靖西、罗城、柳州）。生于海拔 2000 m 的石山坡林中。

药用部位　叶、根。

功效应用　叶：用于外伤出血，伤口溃疡。根：用于跌打损伤。

粉苹婆 **Sterculia euosma** W. W. Sm.
摄影：黄健

5. 短柄苹婆（植物分类学报）

Sterculia brevissima H. H. Hsue ex Y. Tang, M. G. Gilbert et Dorr, Fl. China 12: 309. 2007.——*S. brevipetiolata* Tsai et Mao（英 **Breviped Sterculia**）

小乔木或灌木；小枝的幼嫩部分被黄褐色绒毛。叶集生于小枝顶端，纸质，倒披针形或稍宽，长 15–30 cm，宽 4–7 cm，顶端渐尖或钝状急尖，基部逐渐变狭而尖锐；叶柄短，被灰褐色短柔毛；托叶披针形，长 7 mm。花序柔弱，为总状花序或圆锥花序，腋生且下垂；小苞片条状披针形，与花梗等长；花粉红色，中部以下紫色；萼片椭圆状披针形，长于钟状萼筒 3 倍，被稀疏的星状柔毛；雄蕊柄细长，弯曲；子房圆球形，密被绒毛，花柱反曲。蓇葖果椭圆形，红褐色，两端渐狭，外面密被短柔毛；果柄长 3 cm。种子圆球形，褐色，直径约 1 cm。花期 4 月。

分布与生境 特产于云南西双版纳。生于海拔 540–1300 m 的山谷和山坡混交林或沟谷雨林中。

药用部位 根。

功效应用 用于肝炎，腹泻，腹痛，尿路结石。

注评 本种的根傣族药用，主要用途见功效应用项。

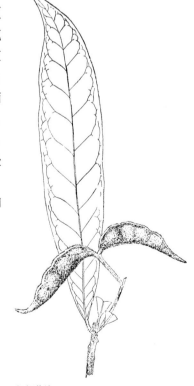

短柄苹婆 **Sterculia brevissima** H. H. Hsue ex
Y. Tang, M. G. Gilbert et Dorr
黄少容、徐颂芬 绘

短柄苹婆 **Sterculia brevissima** H. H. Hsue ex Y. Tang, M. G. Gilbert et Dorr
摄影：徐晔春 张金龙

6. 假苹婆（广东）　鸡冠木（茂名），赛苹婆（中国树木分类学）

Sterculia lanceolata Cav., Diss. 5: 287. 1788.——*S. balansae* Aug. DC., *Helicteres undulata* Lour.（英
Scarlet Sterculia）

　　小乔木。叶近革质，椭圆形，或近披针形，长 7–15 cm，宽 2.5–7 cm；叶柄长 1.5–3.5 cm。圆锥
花序分枝多，腋生，通常短于叶，多少被绒毛；萼 5 裂几至基部，裂片长圆状披针形，长约 6 mm；雄
花较短，淡粉红色，外被星状小柔毛；雄蕊柱常内弯，花药 10 枚，生于雄蕊柱的极短裂片的外面，形
成一顶生的圆头。蓇葖果稍被绒毛，长圆形，鲜红色，近于无柄，长 2.5–5 cm，有 1–5 颗黑褐色种子。
花期 4 月。

分布与生境　产于广东、广西、云南、贵州和四川。也分布于中南半岛各国。

药用部位　叶、树皮。

功效应用　叶：用于跌打损伤。树皮及叶：用于牛马劳伤。

假苹婆 **Sterculia lanceolata** Cav.
引自《中国高等植物图鉴》

假苹婆 Sterculia lanceolata Cav.
摄影：徐晔春 王祝年

7. 西蜀苹婆（中国树木分类学）

Sterculia lanceifolia Roxb., Fl. Ind., ed. 1832, 3: 150. 1832.——*S. roxburghii* Wall.（英 **Lanceleaf Sterculia**）

乔木或灌木，树皮灰色。叶披针形或长椭圆状披针形，长 10–23 cm，宽 2.5–5 cm，顶端钝状渐尖，基部圆形或钝；侧脉 9–10 对；叶柄长 2.5–3.5 cm，两端均膨大；托叶钻状，略被毛，早落。花排成总状花序，稀为有数个短分枝的圆锥花序，腋生，长 5–7 cm，远比叶短，具少数花，被稀疏的星状短柔毛；花梗柔弱，长 5–8 mm；花红色；萼钟形，5 深裂几至基部，长 7 mm，裂片长圆状披针形，长 5 mm，向外张开，远比萼筒长，外面被稀疏的短柔毛；雄花的雄蕊柄弯曲，无毛；两性花的子房圆球形，密被柔毛。蓇葖果长圆形或长圆状披针形，长约 7 cm，顶端有喙，外面密被红色的粗糙短毛，每果内有种子 4–8 个。种子卵圆形，黑色。

西蜀苹婆 Sterculia lanceifolia Roxb.
摄影：朱鑫鑫

分布与生境 产于贵州、四川南部、云南西双版纳。生于海拔 800–2000 m 的山坡密林中。印度东北部和孟加拉国也有分布。

药用部位 树皮。

功效应用 用于接骨。

8. 海南苹婆（植物分类学报） **小苹婆**（中国树木分类学）

Sterculia hainanensis Merr. et Chun, Sunyatsenia 2: 281. 1935.（英 **Hainan Sterculia**）

小乔木或灌木。叶互生；叶柄长 1.5–2.5 cm，被稀疏星状毛；叶片长椭圆形或条状披针形，长 15–23 cm，宽 2.5–6 cm，先端钝或近渐尖，基部急尖或钝，两面均无毛；侧脉 13–18 对，弯曲，在远离叶缘处连结。花红色，排成总状花序，腋生，长 5–8 cm；雄花长约 8 mm；花梗长 10–12 mm；萼 5 裂几至基部，裂片长圆状椭圆形，长 6 mm，宽 2.5–3 mm，疏被星状毛；雌雄蕊柄弯曲，长 4–5 mm；花药约 8 枚排成 1 轮；雌花略大，长约 10 mm；子房圆球形，花柱弯曲。蓇葖果长椭圆形，红色，长约 4 cm，先端具约 6 mm 的喙，外面密被短绒毛。种子椭圆形，直径约 1 cm，黑褐色。花期 1–4 月。

分布与生境 产于广东、广西（钦州）、海南（保亭、琼海、三亚）。常生于山谷密林中。

药用部位 根、叶。

功效应用 根：用于风湿。叶：用于跌打损伤。

海南苹婆 Sterculia hainanensis Merr. et Chun
黄少容 绘

海南苹婆 Sterculia hainanensis Merr. et Chun
摄影：徐晔春

9. 胖大海

Sterculia lychnophora Hance in J. Bot. 14: 243. 1876.（英 **Boat-fruited Sterculia**）

落叶乔木，高可达 40 m。单叶互生，叶片革质，卵形或椭圆状披针形，长 10–20 cm，宽 6–12 cm，通常 3 裂，全缘，光滑无毛。圆锥花序顶生或腋生，花杂性同株；花萼钟状，深裂；雄花具 10–15 个雄蕊；雌花具 1 枚雌蕊。蓇葖果 1–5 个，着生于果梗，呈船形，长可达 24 cm。种子菱形或倒卵形，深褐色。

分布与生境　产于亚洲热带地区。我国海南、广西有引种。

药用部位　种子。

胖大海 Sterculia lychnophora Hance
摄影：宋纬文

功效应用　清热润肺，利咽开音，润肠通便。用于肺热声哑，干咳无痰，咽喉干痛，热结便闭，头痛目赤。

化学成分　果实含生物碱类：苹婆宁碱▲(sterculinine) I、II[1]；碱基和核苷类：尿嘧啶(uracil)，腺苷(adenosine)[1]；黄酮类：山柰酚-3-O-β-D-吡喃葡萄糖苷(kaempferol-3-O-β-D-glucopyranoside)，异鼠李素-3-O-β-D-芸香糖苷(isorhamnetin-3-O-β-D-rutinoside)，山柰酚-3-O-β-D-芸香糖苷(kaempferol-3-O-β-D-rutinoside)[1]；脑苷类：大豆脑苷 II (soyacerebroside II)，1-O-β-D-吡喃葡萄糖基-(2S,3R,4E,8Z)-2-[(2-羟基-二十碳酰基)氨基]-4,8-十八碳二烯-1,3-二醇[1-O-β-D-glucopyranosyl-(2S,3R,4E,8Z)-2-[(2-hydroxy-icosanoyl)amido]-4,8-octadecadiene-1,3-diol][1]；糖类：蔗糖，正丁基-α-D-吡喃甘露糖(n-butyl-α-D-mannopyranside)[1]，D-半乳糖，L-鼠李糖，水溶性多糖PPIII[2]；有机酸类：琥珀酸[1]，2,4-二羟基苯甲酸(2,4-dihydroxybenzoic acid)[1-2]；甾体类：β-谷甾醇，胡萝卜苷[1]；脂肪酸类：9,12(Z,Z)-十八碳二烯酸[9,12(Z,Z)-octadecadienoic acid]，十六酸(hexadecanoic acid)，9(Z)-十八烯酸[9(Z)-octadecenoic acid]，十八酸(octadecanoic acid)[3]，亚油酸，棕榈酸，油酸，硬脂酸[4]。

种子含脑苷类：大豆脑苷I(soyacerebroside I)，1-O-β-D-吡喃葡萄糖基-(2S,3R,4E,8Z)-2-[(2-羟基十八碳酰基)氨基]-4,8-十八碳二烯-1,3-二醇[1-O-β-D-glucopyranosyl-(2S,3R,4E,8Z)-2-[(2-hydroxyoctadecanoyl)amido]-4,8-octadecadiene-1,3-diol][5]；多糖类：酸性多糖APS[6]。

药理作用 抗炎作用：胖大海提取物腹腔注射对巴豆油致小鼠耳肿胀有抑制作用，多糖为抗炎活性部分[1]。

兴奋胃肠平滑肌作用：可促进小鼠小肠蠕动[1]。

改善肾功能作用：能抑制大鼠肾内草酸钙结晶的生长和聚集，体外亦能抑制草酸钙结晶生长，可增加尿石症患者尿中类葡萄糖氨基聚糖物质排泄量[2]。

注评 本种为中国药典（1990、1995、2000、2005、2010、2015 年版）、部颁标准·进口药材（1977、1986年版）、新疆药品标准（1980 年版）收载"胖大海"的基源植物，药用其干燥成熟种子。本种原产于热带地区，我国广东、海南、广西、云南已有引种，但商品药材多为进口，产于马来半岛者称"新州子"，质佳；产于泰国者称"星逻子"，质较次；产于越南者称"安南子"，质次。中国药典（1963 年版）、中华中药典范（1985 年版）和我国近代部分文献曾将"胖大海"的原植物定为同属植物圆粒苹婆 Sterculia scaphigera Wall. ex G. Don，系误用，其种子在我国不供药用，但进口胖大海中也可见混有其果实，商品称"圆粒胖大海""假胖大海"，质量较胖大海差，应视为掺伪品。"圆粒胖大海"呈球形或近球形，表面皱纹细密，浸沸水中膨胀较慢，仅至原体积的 2 倍左右，无胚乳；而胖大海果实呈纺锤形或椭圆形，表面皱纹较粗，浸沸水中迅速膨胀至原体积的 4 倍左右，剖面可见两片肥厚的胚乳；两者易于鉴别。蒙古族也药用本种，主要用途见功效应用项。

胖大海 Sterculiae Lychnophorae Semen
摄影：钟国跃

化学成分参考文献

[1] Wang RF, et al. *Phytochemistry*, 2003, 63(4): 475-478.

[2] 陈建民，等 . 中国中药杂志 , 1996, 21(1): 39-41.

[3] 王如峰，等 . 中国中药杂志 , 2003, 28(6): 533-535.

[4] 陈建民，等 . 中药材 , 1995, 18(11): 567-570.

[5] Wang RF, et al. *Molecules*, 2013, 18: 1181-1187.

[6] Wu Y, et al. *Carbohydr Polym*, 2012, 88(3): 926-930.

药理作用及毒性参考文献

[1] 杜力军，等 . 中药材 , 1995, 18(8): 409-411.

[2] 张石生，等 . 中华泌尿外科杂志 , 1996, 17(1): 51-53.

2. 梧桐属 Firmiana Marsili

乔木或灌木。单叶，掌状 3–5 裂或全缘。花通常排成圆锥花序；萼 5 深裂几至基部，向外卷曲，稀 4 裂；无花瓣；雄花的花药聚生在雌雄蕊柄的顶端，有退化雌蕊；雌花的子房 5 室。果为蓇葖果，果皮在成熟前甚早就开裂成叶状。种子圆球形，着生在果皮的内缘。

本属约有 15 种，分布在亚洲和非洲东部。我国有 3 种，主要分布在广东、广西和云南，其中 2 种可药用。

分种检索表

1. 花淡黄绿色或黄白色，萼长 7–9 mm，嫩叶被淡黄白色的毛；叶心形，掌状 3–5 裂············1. **梧桐 F. simplex**

1. 花紫红色，长约 12 mm；嫩叶的毛被带褐色，叶掌状 3 裂，叶宽度常大于长度············2. **云南梧桐 F. major**

1. 梧桐（诗经）

Firmiana simplex (L.) W. Wight in U. S. D. A. Bur. Pl. Industr. Bull. 142: 67. 1909.——*F. platanifolia* (L. f.) Schott et Endl., *F. simplex* (L.) W. Wight var. *glabra* Hatus., *Hibiscus simplex* L., *Sterculia firmiana* J. F. Gmel., *S. platanifolia* L. f., *S. pyriformis* Bunge, *S. simplex* (L.) Druce（英 **Phoenix Tree**）

落叶乔木；树皮青绿色，平滑。叶心形，掌状 3-5 裂，直径 15-30 cm，裂片三角形，顶端渐尖，基部心形，基生脉 7 条，叶柄与叶片等长。圆锥花序顶生，长 20-50 cm，下部分枝长达 12 cm，花淡黄绿色；萼 5 深裂几至基部，向外卷曲，长 7-9 mm；雄花的雌雄蕊柄与萼等长，花药 15 个，不规则地聚集在雌雄蕊柄的顶端，退化子房梨形且甚小；雌花的子房圆球形，被毛。蓇葖果膜质，成熟前开裂成叶状，长 6-11 cm，宽 1.5-2.5 cm，每蓇葖果有种子 2-4 个。种子圆球形，表面有皱纹，直径约 7 mm。花期 6 月。

分布与生境 产于我国南北各地。也分布于日本。多为人工栽培。

药用部位 种子、根、茎皮、叶、花。

功效应用 种子：顺气，和胃，健脾消滞。用于伤食，胃痛，疝气。外用于小儿口疮。根：祛风湿，和血脉，通经络。用于风湿性关节痛，肠风下血，月经不调，血吸虫病，蛔虫病，跌打损伤。茎皮：祛风除湿，活血止痛。用于风湿痹痛，跌打损伤，月经不调，痔疮，脱肛，丹毒。叶：祛风除湿，解毒消肿，降血压。用于风湿痛，麻木，跌打损伤，痔疮，小儿疳积，痈疮肿毒，高血压等。花：利湿消肿，清热解毒。用于水肿，小便不利，无名肿毒，秃疮，烧伤，烫伤。

梧桐 Firmiana simplex (L.) W. Wight
引自《中国高等植物图鉴》

梧桐 Firmiana simplex (L.) W. Wight
摄影：徐克学 梁同军

化学成分　根含苯丙素类：角胡麻苷(martynoside)，异角胡麻苷(isomartynoside)，异洋丁香酚苷(isoacteoside)，洋丁香酚苷(acteoside)[1]；酚苷类：连翘酯苷E (forsythoside E)，柚木酚▲(tectol)，α-风铃木醌▲(α-lapachone)，9-羟基-α-风铃木醌▲(9-hydroxy-a-lapachone)，泡桐素(paulownin)[1]；萘醌类：梧桐醌▲(firmianone) A、B、C；木脂素类：芝麻素(sesamin)，(+)-丁香树脂酚-O-β-D-吡喃葡萄糖苷[(+)-syringaresinol-O-β-D-glucopyranoside]，扬甘比胡椒素▲(yangambin)[1]。

茎皮含黄酮类：槲皮苷(quercitrin)[2]；三萜类：羽扇豆烯酮(lupenone)[3]；其他类：二十八醇(octacosanol)，蔗糖[3]。

花瓣含黄酮类：芹菜苷元(apigenin)[4]；三萜类：齐墩果酸(oleanolic acid)[4]；甾体类：β-谷甾醇[4]。

种子油含含环丙烯类特殊脂肪酸：苹婆酸(sterculic acid)，锦葵酸(malvalic acid)[1]。

注评　本种为部颁标准·中药（1992 年版）、江苏（1989 年版）和贵州（1988 年版）中药材标准收载"梧桐子"的基源植物，药用其干燥成熟种子。本种的花称"梧桐花"，叶称"梧桐叶"，去掉栓皮的树皮称"梧桐白皮"，根称"梧桐根"，均可药用。蒙古族、畲族、侗族也药用本种，主要用途见功效应用项。畲族尚用其叶、子、根治黄疸；侗族药用其根、茎皮治疗心口痛，骨折。

化学成分参考文献

[1] Bai HY, et al, *J Nat Prod*, 2005, 68(8): 1159-1163.

[2] Ogihara Y, et al. *Nagoya-shiritsu Daigaku Yakugakubu Kenkyu Nenpo* (1964-1992), 1975, 23: 52-53.

[3] Tanabe Y, et al. *Yakugaku Zasshi*, 1964, 84(9): 887-889.

[4] 丁旭亮，等．南京医学院学报，1986, 6(4): 251.

[5] Shimadate T, et al. *Kenkyu Kiyo - Nihon Daigaku Bunrigakubu Shizen Kagaku Kenkyusho*, 1976, 11: 33-39.

2. 云南梧桐（中国树木分类学）

Firmiana major (W. W. Sm.) Hand.-Mazz. in Anz. Akad. Wiss. Wien, Math.——Naturwiss. Kl. 60: 96. 1924.——*Sterculia platanifolia* L. f. var. *major* W. W. Sm., *Hildegardia major* (W. W. Sm.) Kosterm.（英 **Yunnan Phoenix Tree**）

落叶乔木；树干直，树皮青带灰黑色，小枝粗壮。叶掌状 3 裂，长 17–30 cm，宽 19–40 cm，顶端急尖或渐尖，基部心形，基生脉 5–7 条，叶柄粗壮，长 15–45 cm。圆锥花序顶生或腋生，花紫红色；萼 5 深裂几至基部，长约 12 mm；雄花的雌雄蕊柄长管状，花药集生在雌雄蕊柄顶端成头状；雌花的子房具长柄，子房 5 室，胚珠多数，有不发育的雄蕊。蓇葖果膜质，长 7 cm，宽 4.5 cm。种子圆球形，直径约 8 mm，黄褐色，表面有皱纹，着生在心皮边缘的近基部。花期 6–7 月，果期 10 月。

云南梧桐 Firmiana major (W. W. Sm.) Hand.-Mazz.
摄影：叶建飞 赖阳均 朱鑫鑫

分布与生境 产于云南中部、南部和西部以及四川西昌等地。生于海拔 1600-3000 m 的山坡地、路边。

药用部位 种子、根皮。

功效应用 种子：用于小儿口疮。根皮：用于子宫脱垂。

注评 本种的根皮彝族药用治疗子宫脱垂。

3. 银叶树属 **Heritiera** Aiton

乔木，常有板状干基。叶互生，单叶或掌状复叶，下面通常有鳞秕。聚伞花序作圆锥状排列，腋生，被柔毛或鳞秕；花细小，单性；萼钟状或坛状，4-6 浅裂；无花瓣。果木质或革质，有龙骨状突起或翅，不开裂。

本属约有 35 种，分布于非洲、亚洲和大洋洲的热带地区。我国有 3 种，产于广东、台湾和云南，其中 1 种可药用。

本属药用植物主要含倍半萜、三萜、黄酮、木脂素等类成分。

1. 银叶树（中国树木分类学）

Heritiera littoralis Aiton in Hort. Kew. 3: 546. 1789.（英 **Coastal Heritiera**）

常绿乔木，高约 10 m；树皮灰黑色，小枝幼时被白色鳞秕。叶革质，长圆状披针形、椭圆形或卵形，长 10–20 cm，宽 5–10 cm，顶端锐尖或钝，基部钝，下面密被银白色鳞秕；托叶披针形，早落。圆锥花序腋生，长约 8 cm，密被星状毛和鳞秕；花红褐色；萼钟状，长 4–6 mm，5 浅裂；雄花的花盘较薄，有乳头状突起，花药 4–5 个在雌雄蕊柄顶端排成一环；雌花的心皮 4–5 枚，柱头与心皮同数且短而下弯。果木质，坚果状，近椭圆形，光滑，干时黄褐色，长 6 cm，宽 3.5 cm，背部有龙骨状突起。种子卵形，长 2 cm。花期夏季。

分布与生境 产于广东、海南、广西和台湾。印度、斯里兰卡、东南亚以及非洲东部、大洋洲也有分布。

药用部位 种子。

功效应用 用于腹泻，痢疾。

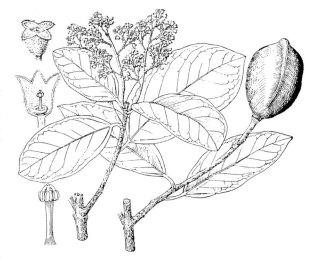

银叶树 **Heritiera littoralis** Aiton
黄少容 绘

化学成分 根含倍半萜类：瓦拉银叶树素▲(vallapin)，瓦拉银叶树宁▲(vallapianin)[1]，银叶树素▲(heritonin)[2]，银叶树醇▲(heritol)[3]，银叶树宁▲(heritianin)[4]；三萜类：无羁萜(friedelin)[4]。

树皮含三萜类：蒲公英赛醇(taraxerol)，齐墩果酸(oleanolic acid)，29-羟甲基无羁萜(29-hydroxymethyl-friedelin)，裂环-3,4-无羁萜(seco-3,4-friedelin)，3-羟基-30-降-20-氧代-28-羽扇豆酸(3-hydroxy-30-nor-20-oxo-28-lupanoic acid)[5]，白桦脂酸(betulinic acid)，无羁萜[5-6]，3α-羟基无羁萜-2-酮(3α-hydroxyfriedelan-2-one)，2α-羟基无羁萜-3-酮(2α-hydroxyfriedelan-3-one)，无羁萜-3-酮-29-醇(friedelan-3-one-29-ol)，3β-O-E-阿魏酰齐墩果酸(3β-O-E-feruloyloleanolic acid)[6]；倍半萜类：瓦拉银叶树素▲[6]；黄酮类：(-)-表儿茶素[(-)-epicatechin][6]；蒽醌类：大黄素甲醚(physcion)[6]；酚类：5-丙基间苯二酚(5-propylresorcinol)，β-苔色酸甲酯(methyl β-orsellinate)[6]；甾体类：麦角甾醇过氧化物(ergosterol peroxide)，6α-羟基豆甾-4-烯-3-酮(6α-hydroxystigmast-4-en-3-one)，豆甾醇(stigmasterol)，6β-羟基豆甾-4-烯-3-酮(6β-hydroxystigmast-4-en-3-one)，豆甾-4-烯-3-酮(stigmast-4-en-3-one)，β-谷甾醇，胡萝卜苷[6]。

银叶树 **Heritiera littoralis** Aiton
摄影：徐晔春 陈彬

叶含三萜类：3β-蒲公英赛醇(3β-taraxerol)，无羁萜[7]；黄酮类：3-桂皮酰刺蒺藜苷(3-cinnamoyltribuloside)，落新妇苷(astilbin)[7]、缅茄苷▲(afzelin)[7-8]、刺蒺藜苷(tribuloside)、紫云英苷(astragalin)[8]、槲皮苷(quercitrin)[8-9]、槲皮素(quercetin)、山柰酚(kaempferol)、山柰苷(kaempferitrin)、杨梅素(myricetin)、儿茶素(catechin)、圣草酚(eriodictyol)、山柰酚-3-O-(6"-O-反式-对香豆酰基)-β-D-吡喃葡萄糖苷[kaempferol-3-O-(6"-O-E-p-coumaroyl)-β-D-glucopyranoside][9]；木脂素类：异落叶松树脂醇-3α-O-β-D-吡喃葡萄糖苷(isolariciresinol-3α-O-β-D-glucopyranoside)[8]；酚苷类：[β-D-吡喃木糖基-(1 → 6)-β-D-吡喃葡萄糖基]-水杨酸甲酯{methyl [β-D-xylopyranosyl-(1 → 6)-β-D-glucopyranosyl]-salicylate}[8]；脂肪族苷类：(Z)-3-己烯-β-D-吡喃葡萄糖苷[(Z)-3-hexenyl-β-D-glucopyranoside][8]；甘油酯类：2-O-[4'-(3"-羟丙基)-2',5'-二甲氧基苯基]-1-O-β-D-吡喃葡萄糖基甘油{2-O-[4'-(3"-hydroxypropyl)-2',5'-dimethoxyphenyl]-1-O-β-D-glucopyranosylglycerol}[8]。

化学成分参考文献

[1] Miles DH, et al. *J Nat Prod*, 1991, 54(1): 286-289.

[2] Miles DH, et al. *J Nat Prod*, 1989, 52(4): 896-898.

[3] Miles DH, et al. *J Org Chem*, 1987, 52(13): 2930-2932.

[4] Miles DH, et al. *ACS Symposium Series*, 1987, 330(Allelochem.: Role Agric. For.): 491-501.

[5] 田艳，等. 中草药, 2006, 37(1): 35-36.

[6] Tewtrakul S, et al. *Phytomedicine*, 2010, 17(11): 851-855.

[7] Christopher R, et al. *Nat Prod Res*, 2014, 28(6): 351-358.

[8] Takeda Y, et al. *Nat Med*, 2000, 54(1): 22-25.

[9] Tian Y, et al. *J Chin Pharm Sci*, 2004, 13(3): 214-216.

4. 梭罗树属 **Reevesia** Lindl.

乔木或灌木。单叶全缘。花两性，多花且密集，排成聚伞状伞房花序或圆锥花序；萼钟状或漏斗状，不规则3–5裂；花瓣5片，具爪；雄蕊的花丝合生成管状，顶端扩大并包围雌蕊，花药约15个，子房5室，每室有倒生胚珠2个，柱头5裂。蒴果木质，成熟后分裂为5个果瓣。种子具膜质翅，翅向果柄。

本属约有18种，主要分布在我国南部、西南部及喜马拉雅山东部地区。我国有14种2变种，其中1种2变种可药用。

1. 梭罗树（四川） 毛叶梭罗（海南植物志）

Reevesia pubescens Mast. in Hook. f., Fl. Brit. India 1: 364. 1874.（英 **Common Reevesia**）

1a. 梭罗树（模式变种）

Reevesia pubescens Mast. var. **pubescens**

乔木，树皮灰褐色。叶薄革质，椭圆形，长 7–12 cm，宽 4–6 cm，顶端尖，基部钝形、圆形或浅心形。聚伞状伞房花序顶生，长约 7 cm；萼倒圆锥状，长 8 mm，5 裂，裂片卵形，顶端急尖；花瓣 5 片，白色或淡红色，条状匙形，外曲。蒴果近梨形，长 2.5–3.5 cm（有些可长达 5 cm），5 棱。种子连翅长约 2.5 cm。花期 5–6 月。

分布与生境 产于海南、广西、云南、贵州、四川（峨眉山）、重庆（金佛山）。生于海拔 550–2500 m 的山坡上或山谷疏林中。泰国、印度、缅甸、老挝、越南、不丹等地也有分布。

药用部位 根皮、树皮。

功效应用 祛风除湿，消肿止痛。用于风湿疼痛，跌打损伤。

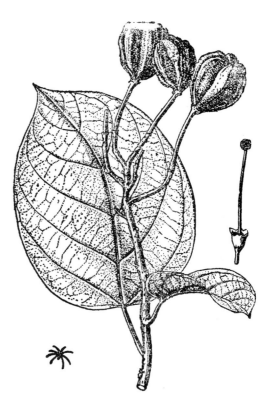

梭罗树 *Reevesia pubescens* Mast. var. **pubescens**
引自《中国高等植物图鉴》

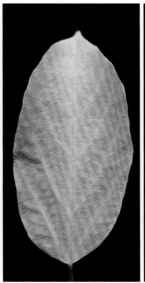

梭罗树 *Reevesia pubescens* Mast. var. **pubescens**
摄影：朱鑫鑫 黄健

1b. 泰梭罗（变种）

Reevesia pubescens Mast. var. **siamensis** (Craib) J. Anthony, Notes Roy. Bot. Gard. Edinburgh 15: 129. 1926.——*R. siamensis* Craib（英 **Thailand Reevesia**）

本变种与模式变种的区别在于：叶下面的毛被较疏且短，叶干时带绿色。雌雄蕊柄较细弱。

分布与生境　产于云南南部（凤庆、西双版纳）。生于海拔 1000-1600 m 的山谷密林中。泰国也有分布。

药用部位　根皮、树皮。

功效应用　同模式变种。

泰梭罗 Reevesia pubescens Mast. var. siamensis (Craib) J. Anthony
摄影：朱鑫鑫

1c. 广西梭罗（变种）　油麻树（广西龙胜）

Reevesia pubescens Mast. var. **kwangsiensis** H. H. Hsue in Acta Phytotax. Sin. 15(1): 82. 1977.（**Guangxi Reevesia**）

本变种与模式变种的区别在于：叶纸质，卵状披针形，基部偏斜，截形或圆形，并有基生脉 5 条，被毛较短且稀疏，叶柄长达 4.5 cm。

分布与生境　产于广西龙胜。

药用部位　根皮、树皮。

功效应用　同模式变种。

5. 山芝麻属 Helicteres L.

乔木或灌木。单叶。花两性，单生，排成聚伞花序，多腋生；萼筒状，5 裂，裂片常为二唇形；花瓣 5 片，彼此相等或成二唇形，具长爪且常具耳状附属体；雄蕊 10 枚，位于伸长的雌雄蕊柄顶端；子房 5 室，有 5 棱，花柱 5 枚，线形。成熟的蒴果劲直或螺旋状扭曲，通常密被毛。种子有多数瘤状突起。

本属约有 60 种，分布在亚洲热带及美洲。我国产 9 种，主要分布在长江以南各地，其中 8 种可药用。

分种检索表

1. 蒴果螺旋状扭曲，叶片顶端常有小裂片，叶缘有锯齿 ································· 1. 火索麻 **H. isora**
1. 蒴果劲直。
  2. 叶全缘或很少在顶端有数个不明显的疏锯齿。
    3. 小枝被灰绿色短柔毛；叶全缘；蒴果密被星状毛，混生长绒毛 ············· 2. 山芝麻 **H. angustifolia**
    3. 小枝被黄褐色绒毛；叶片顶端或有数个不明显的疏齿；蒴果密被长绒毛 ··· 3. 剑叶山芝麻 **H. lanceolata**
  2. 叶缘明显有齿。
    4. 萼长 4-6 mm. 蒴果长 1.5-2 cm。
      5. 聚伞花序顶生或腋生，几与叶等长；叶柄长 1 cm，花黄色 ············· 4. 长序山芝麻 **H. elongata**
      5. 聚伞花序腋生，不及叶长之半；叶柄长 3-4 mm；花红紫色或蓝紫色。
        6. 花瓣上有一行绒毛；托叶与叶柄等长；叶两面被稀疏的短柔毛 ······· 5. 细齿山芝麻 **H. glabriuscula**
        6. 花瓣上无绒毛；托叶为叶柄长的 2 倍；叶下面密被褐色绒毛 ············· 6. 矮山芝麻 **H. plebeja**
    4. 萼长 12-18 mm；蒴果长 2.5-4 cm；小枝粗壮。
      7. 叶有小裂片；花白色；萼的外面密被长绒毛 ························· 7. 粘毛山芝麻 **H. viscida**
      7. 叶无小裂片；花红色或紫红色；萼的外面密被短柔毛 ··················· 8. 雁婆麻 **H. Hirsuta**

本属药用植物主要含三萜类成分，如葫芦素 (cucurbitacin) E(**1**)、D(**2**)、J(**3**)，山芝麻酸甲酯 (methyl helicterate，**4**)，3β- 羟基 -27- 苯甲酰氧基羽扇豆 -20(29)- 烯 -28- 酸 (3β-hydroxy-27-benzoyloxylup-20(29)-en-28-oic acid，**5**)，3β- 羟基 -27- 苯甲酰氧基羽扇豆 -20(29)- 烯 -28- 酸甲酯 (3β-hydroxy-27-benzoyloxylup-20(29)-en-28-oic acid methyl ester，**6**)，3β- 乙酰氧基 -27- 对羟基苯甲酰氧基羽扇豆 -20(29)- 烯 -28- 酸 [3β-acetoxyl-27-(p-hydroxylbenzoyloxy)-lup-20(29)-en-28-oic acid，**7**]，3β- 乙酰氧基 -27-(对羟基苯甲酰氧基) 羽扇豆 -20(29)- 烯 -28- 酸甲酯 [3β-acetoxyl-27-(p-hydroxylbenzoyloxy)-lup-20(29)-en-28-oic acid methyl ester，**8**]，3β- 乙酰氧基 --20(29)- 烯 -28- 羽扇豆醇 [3β-acetoxylup-20(29)-en-28-ol，**9**]，齐墩果酸 (oleanolic acid)，白桦脂酸 (betulic acid) 等；甾体类成分如麦角甾醇 (ergosterol)；香豆素类成分如山芝麻内酯 (heliclactone，**10**)；黄酮类成分如小麦黄素 (tricin)，山奈酚 (kaempferol)，山奈酚 -3-O-β-D- 葡萄糖苷 (kaempferol-3-O-β-D-glucoside)。

1: R₁=OAc
3: R₁=OH

4

10

2

5: R₁=OH R₂=COOH R₃=
6: R₁=OH R₂=COOMe R₃=
7: R₁=OAc R₂=COOH R₃=
8: R₁=OAc R₂=COOMe R₃=
9: R₁=OAc R₂=CH₂OH R₃=H

1. 火索麻（海南） **鞭龙**（云南），**扭蒴山芝麻**（中国高等植物图鉴）

Helicteres isora L., Sp. Pl. 2: 963. 1753.——*H. chrysocalyx* Miq. ex Mast., *H. roxburghii* G. Don（英 **Tortedfruit Screwtree**）

灌木。叶卵形，长 10–12 cm，宽 7–9 cm，顶端短渐尖，常具小裂片，基部圆形或斜心形，边缘具锯齿，基生脉 5 条；托叶条形，早落。聚伞花序腋生，常 2–3 个簇生，长达 2 cm；小苞片钻形，长 7 mm；花红色或紫红色，通常 4–5 浅裂，裂片三角形且排成二唇状；花瓣 5 片不等大，前面 2 枚较大，长 12–15 mm，斜镰刀形；雄蕊 10 枚，退化雄蕊 5 枚，与花丝等长；子房略具乳头状突起，授粉后螺旋状扭曲。蒴果圆柱状，螺旋状扭曲，成熟时黑色，顶端锐尖，并有长喙。种子细小，直径不及 2 mm。花期 4–10 月。

分布与生境 产于海南东南部和云南南部。生于海拔 100–580 m 的草坡和村边的丘陵地上或灌丛中。印度、越南、斯里兰卡、泰国、马来西亚、印度尼西亚和澳大利亚北部也有分布。

药用部位 根。

功效应用 理气止痛。用于慢性胃炎，胃溃疡，肠梗阻，肠炎腹泻，糖尿病。

化学成分 根含三萜类：葫芦素B (cucurbitacin B)，异葫芦素B (isocucurbitacin B)[1]。

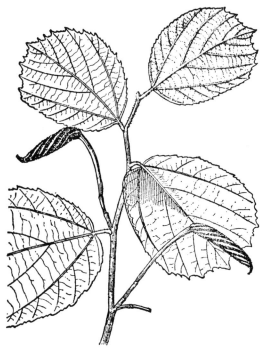

火索麻 Helicteres isora L.
引自《中国高等植物图鉴》

火索麻 Helicteres isora L.
摄影：王祝年

根和根状茎含三萜类：白桦脂酸(betulic acid)，齐墩果酸(oleanolic acid)，火索麻素(isorin)，3β,27-二乙酰氧基-羽扇豆-20(29)-烯-28-甲酯[3β,27-diacetoxylup-20(29)-en-28-oic acid methyl ester][2]；甾体类：β-谷甾醇，胡萝卜苷[2]。

茎皮含色素类：叶绿素(chlorophyll) a、b，胡萝卜素(carotene)，叶黄素(xanthophyll)[3]。

叶含黄酮类：5,8-二羟基-7,4'-二甲氧基黄酮(5,8-dihydroxy-7,4'-dimethoxyflavone)[4]；三十四烷基

三十四酸酯(tetratriacontanyl tetratriacontanoate)[5]。

果实含木脂素类：火索麻林素▲(helisterculin) A、B，火索麻灵素▲(helisorin)[6]，山芝麻素▲(helicterin) A、B、C、D、E、F[7]；苯丙素类：迷迭香酸(rosmarinic acid)，4'-O-β-D-吡喃葡萄糖基迷迭香酸(4'-O-β-D-glucopyranosylrosmarinic acid)，4'-O-β-D-吡喃葡萄糖基火索麻酸▲(4'-O-β-D-glucopyranosylisorinic acid)[8]；黄酮类：4'-甲基异高黄芩素-8-O-β-D-葡萄糖醛酸苷(4'-methylisoscutellarein-8-O-β-D-glucuronide)，4'-甲基异高黄芩素-8-O-β-D-葡萄糖醛酸苷-2"-磺酸酯，异高黄芩素-4'-甲醚-8-O-β-D-葡萄糖醛酸苷-6"-丁酯(isoscutellarein-4'-methyl ether-8-O-β-D-glucuronide-6"-butyl ester)，异高黄芩素-4'-甲醚-8-O-β-D-葡萄糖醛酸苷-2",4"-二磺酸酯(isoscutellarein-4'-methyl ether-8-O-β-D-glucuronide-2",4"-disulfate)，异高黄芩素-8-O-β-D-葡萄糖醛酸苷-2",4"-二磺酸酯(isoscutellarein-8-O-β-D-glucuronide-2",4"-disulfate)[9]；生物碱类：马拉蒂亚拟芸香胺▲乙酯(malatyamine ethyl ester)[10]；甾体类：薯蓣皂苷元(diosgenin)[11]；二萜类：4-(1-甲基亚乙基)-17,18,19-三降贝壳杉烷[4-(1-methylethylidene)-17,18,19-trinorkaurane][12]。

药理作用 解痉作用：果皮的二氯甲烷提取物及从中分离得到的生物碱部位可抑制由乙酰胆碱、组胺和氯化钡引起的豚鼠回肠平滑肌痉挛[1]。

注评 本种的根称"火索麻"，广东、云南等地药用。傣族也药用其根或果，主要用途见功效应用项。

化学成分参考文献

[1] Bean MF, et al. *J Nat Prod*, 1985, 48(3): 500.

[2] 曲文浩，等 . 中国药科大学学报 , 1991, 22(4): 203-206.

[3] Bai NS. *Bulletin of the Research Institute, University of Kerala, Trivandrum, Series A: Physical Sciences*, 1954, 3(Ser. A): 89-107.

[4] Ramesh P, et al. *J Nat Prod*, 1995, 58(8): 1242-1243.

[5] Singh SB, et al. *Indian J Pharm Sci*, 1984, 46(4): 148-149.

[6] Tezuka Y, et al. *Helv Chim Acta*, 1999, 82(3): 408-417.

[7] Tezuka Y, et al. *Helv Chim Acta*, 2000, 83(11): 2908-2919.

[8] Satake T, et al. *Chem Pharm Bull*, 1999, 47(1): 1444-1447.

[9] Kamiya K, et al. *Phytochemistry*, 2001, 57(2): 297-301.

[10] Ahmad ZA. *Indian Drugs*, 1987, 24(8): 404-405.

[11] Barik BR, et al. *Indian J Chem*, 1981, 20B(10): 938-939.

[12] Sandhya P, et al. *Pharmacognosy Magazine*, 2008, 4(14): 107-111.

药理作用及毒性参考文献

[1] Pohocha N, et al. *Phytother Res*, 2001, 15(1): 49-52.

2. 山芝麻（广东） 山油麻（粤西），坡油麻（广西博白）

Helicteres angustifolia L., Sp. Pl. 2: 963. 1753.（英 **Narrowleaf Screwtree**）

小灌木，高 1 m，小枝被灰绿色短柔毛。叶狭长圆形或条状披针形，长 3.5–5 cm，宽 1.5–2.5 cm，顶端钝或急尖，基部圆形，下面被灰白色或淡黄色星状绒毛；叶柄长 5–7 mm。聚伞花序有 2 至数朵花；花梗通常有锥尖状的小苞片 4 枚；萼长 6 mm，被星状短柔毛，5 裂，裂片三角形；花瓣 5 片不等大，淡红色或紫红色，比萼略长，基部有 2 个耳状附属体；雄蕊 10 枚，退化雄蕊 5 枚，线形，甚短；子房 5 室，被毛，较花柱略短，每室有胚珠约 10 个。蒴果卵状长圆形，长 12–20 mm，宽 7–8 mm，顶端急尖，密被星状毛及混生长绒毛。种子小，褐色，有椭圆形小斑点。花期几乎全年。

分布与生境 产于湖南、江西南部、福建南部、台湾、广东、广西中部和南部、云南南部。为我国南部山地和丘陵地常见的小灌木，常生于草坡上。印度、缅甸、马来西亚、泰国、越南、老挝、柬埔寨、印度尼西亚、菲律宾等地有分布。

药用部位 根或全株、茎、叶。

功效应用 根或全株：清热解毒。用于感冒发热，扁桃体炎，咽喉炎，腮腺炎，湿疹，痔疮。有小毒。茎、叶：清热解毒，凉血泻火，滑肠通便，消肿祛痰。用于风湿性关节炎，呕血，感冒发热，扁桃体炎；外敷疮毒。

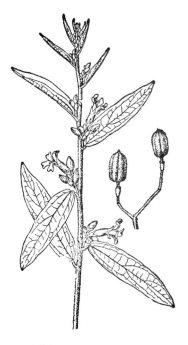

山芝麻 *Helicteres angustifolia* L.
摄影：王祝年 徐克学

山芝麻 *Helicteres angustifolia* L.
引自《中国高等植物图鉴》

化学成分 根含三萜类：山芝麻酸(helicteric acid)，3β-乙酰氧基羽扇豆-20(29)-烯-28-醇[3β-acetoxylup-20(29)-en-28-ol]，3β-羟基羽扇豆-20(29)-烯-28-酸 3-咖啡酸酯[3β-hydroxylup-20(29)-en-28-oic acid 3-caffeate]，3β-羟基-27-苯甲酰氧基羽扇豆-20(29)-烯-28-酸[3β-hydroxy-27-benzoyloxylup-20(29)-en-28-oic acid]，3β-羟基-27-苯甲酰氧基羽扇豆-20(29)-烯-28-酸甲酯[3β-hydroxy-27-benzoyloxylup-20(29)-en-28-oic acid methyl ester][1]，白桦脂酸(betulinic acid)，齐墩果酸(oleanolic acid)[1-2]，山芝麻宁酸甲酯(methyl helicterilate)，山芝麻宁酸(helicterilic acid)[2]，山芝麻酸甲酯(methyl helicterate)[1-3]，3β-乙酰氧基-27-(对羟基苯甲酰氧基)-羽扇豆-20(29)-烯-28-酸甲酯[3β-acetoxy-27-(p-hydroxybenzoyloxy)-lup-20(29)-en-28-oic acid methyl ester][1,3]，3β-乙酰氧基白桦脂醇(3β-acetoxybetulin)，圆齿火棘酸(pyracrenic acid)，异葫芦素D(isocucurbitacin D)，3β-乙酰氧基-27-苯甲酰氧基羽扇豆-20(29)-烯-28-酸[3β-acetoxy-27-benzoyloxylup-20(29)-en-28-oic acid]，3β-乙酰氧基-27-(4-羟基苯甲酰氧基)-齐墩果-12-烯-28-酸甲酯[3β-acetoxy-27-(4-hydroxybenzoyloxy)-olean-12-en-28-oic acid methyl ester][3]，3β-乙酰氧基白桦脂酸(3β-acetoxybetulinic acid)[3-4]，葫芦素(cucurbitacin) B、D[3-4]、E[4-5]、I[4]，六降葫芦素I(hexanorcucurbitacin I)，3β-乙酰氧基-27-(对羟基苯甲酰氧基)-羽扇豆-20(29)-烯-28-酸[3β-acetoxy-27-(p-hydroxybenzoyloxy)-lup-20(29)-en-28-oic acid][4]，熊果酸(ursolic acid)[5]，3β-羟基齐墩果-12-烯-27-苯甲酰氧基-28-羧羧甲酯(methyl 3β-hydroxyolean-12-en-27-benzoyloxy-28-oate)，3β-O-[对羟基-(E)-桂皮酰基]-12 齐墩果烯-28-酸{3β-O-[p-hydroxy-(E)-cinnamoyl]-12 oleanen-28-oic acid}[6]；倍半萜类：曼森梧桐酮▲(mansonone) E、F、H，曼森梧桐酮▲H甲酯(mansonone H methyl ester)[1]，3,6,9-三甲基吡喃并[2,3,4-de]色原烯-2-酮(3,6,9-trimethyl-pyrano[2,3,4-de]chromen-2-one)，6-[2-(5-乙酰基-2,7-二甲基-8-酮-双环[4.2.0]辛-1,3,5-三烯-7-基)-2-酮-乙基]-3,9-二甲基萘并[1,8-bc]吡喃-7,8-二酮{6-[2-(5-acetyl-2,7-dimethyl-8-oxo-bicyclo[4.2.0]octa-1,3,5-trien-7-yl)-2-oxo-ethyl]-3,9-dimethylnaphtho[1,8-bc]pyran-7,8-dione}，3-羟基-2,2,5,8-四甲基-2H-萘并[1,8-bc]呋喃-6,7-二酮(3-hydroxy-2,2,5,8-tetramethyl-2H-naphtho[1,8-bc]furan-6,7-dione)[7]，山芝麻醌(helicquinone)[8]；木脂素类：(7S,8R)-二氢去氢二松柏醇[(7S,8R)-dihydrodehydrodiconiferyl alcohol]，(7S,8R)-川素馨木脂苷▲[(7S,8R)-urolignoside][4]；黄酮类：柔毛委陵菜苷▲A(potengriffioside A)[4]，小麦黄素(tricin)[5]；酚、酚酸类：原儿茶醛(protocatechuic aldehyde)，丁香酸-4-O-α-L-吡喃鼠李糖苷(syringic acid-4-*O*-*α*-L-rhamnopyanoside)[4]；醌类：2,6-二甲氧基对苯醌(2,6-dimethoxy-*p*-benzoquinone)[5]；生物碱类：山芝麻酮碱A(helicterone A)[4]；香豆素类：山芝麻内酯(heliclactone)[9]；苯丙素类：迷迭香酸(rosmarinic acid)[4]，异绿原酸(isochlorogenic acid) A、B、C，新绿原酸(neochlorogenic acid)，隐绿原酸(cryptochlorogenic acid)，绿原酸(chlorogenic acid)[10]；甾体类：2*α*,7*β*,20*α*-三羟基-3*β*,21-二甲氧基-5-孕甾烯(2*α*,7*β*,20*α*-trihydroxy-3*β*,21-dimethoxy-5-pregnene)[3]，*β*-谷甾醇[1–3]，山芝麻苷元▲(heligenin) A、B[4]，麦角甾醇(ergosterol)[5]，胡萝卜苷[3,5]；有机酸类：棕榈酸[3]，奎宁酸(quinic acid)，柠檬酸(citric acid)[10]。

根皮含三萜类：葫芦素B-2-硫酸酯(cucurbitacin B-2-sulfate)，葫芦素G-2-*O*-*β*–吡喃葡萄糖苷(cucurbitacin-G-2-*O*-*β*-D-glucopyranoside)，海绿宁▲(arvenin) Ⅰ、Ⅲ[11]，3*β*-乙酰氧基-27-(反式-桂皮酰氧基)-羽扇豆-20(29)-烯-28-酸甲酯[3*β*-acetoxy-27-(*trans*-cinnamoyloxy)-lup-20(29)-en-28-oic acid methyl ester]，圆盘豆酸▲(cylicodiscic acid)，3*β*-乙酰氧基-27-(对羟基苯甲酰氧基)-羽扇豆-20(29)-烯-28-酸[3*β*-acetoxy-27-(*p*-hydroxybenzoyloxy)-lup-20(29)-en-28-oic acid]，3*β*-乙酰氧基-27-(4-羟基苯甲酰氧基)-齐墩果-12-烯-28-酸甲酯[3*β*-acetoxy-27-(4-hydroxybenzoyloxy)-olean-12-en-28-oic acid methyl ester]，3*β*-乙酰氧基-27-苯甲酰氧基齐墩果-12-烯-28-酸甲酯(3*β*-acetoxy-27-benzoyloxyolean-12-en-28-oic acid methyl ester)，圆齿火棘酸(pyracrenic acid)，3*β*-*O*-反式-香豆酰白桦脂酸[3*β*-*O*-(*trans*-coumaroyl)-betulinic acid]，3*β*-*O*-反式-阿魏酰白桦脂酸[3*β*-*O*-(*trans*-feruloyl)-betulinic acid]，3*β*-*O*-反式-香豆酰白桦脂醇[3*β*-*O*-(*trans*-coumaroyl)-betulin]，3*β*-*O*-顺式-香豆酰白桦脂醇[3*β*-*O*-(*cis*-coumaroyl)-betulin]，3*β*-*O*-反式-咖啡酰白桦脂醇[3*β*-*O*-(*trans*-caffeoyl)-betulin]，3*β*-*O*-反式-阿魏酰白桦脂醇[3*β*-*O*-(*trans*-feruloyl)-betulin][12]；倍半萜类：曼森梧桐酮▲(mansonone) E、F、H、M[13]；黄酮类：4'-甲基异高黄芩素-8-*O*-*β*-D-葡萄糖醛酸苷-6''-甲醚(4'-methylisoscutellarein-8-*O*-*β*-D-glucuronide-6''-methyl ester)，4'-甲基异高黄芩素-8-*O*-*β*-D-葡萄糖醛酸苷-2''-磺酸钠(4'-methylisoscutellarein-8-*O*-*β*-D-glucuronide-2''-sodium sulfate)，4'-甲基异高黄芩素-8-*O*-*β*-D-葡萄糖醛酸苷(4'-methylisoscutellarein-8-*O*-*β*-D-glucuronide)[14]。

地上部分含三萜类：葫芦素(cucurbitacin) D、J[11]；苯丙素类：3-(3,4-二甲氧基苯基)-2-丙烯醛[3-(3,4-dimethoxyphenyl)-2-propenal]，迷迭香酸(rosmarinic acid)，松柏醇(coniferyl alcohol)[11]；木脂素类：落叶松树脂醇(lariciresinol)，(+)-松脂酚[(+)-pinoresinol]，二氢去氢二松柏醇(dihydrodehydrodiconiferyl alcohol)，鹅掌楸树脂醇B (lirioresinol B)[11]；甾体类：2*α*,7*β*,20*α*-三羟基-3*β*,21-二甲氧基-5-孕甾烯(2*α*,7*β*,20*α*-trihydroxy-3*β*,21-dimethoxy-5-pregnene)[11]；黄酮类：8-*O*-*β*-D-葡萄糖醛酸基次衣草亭▲-4'-甲醚(8-*O*-*β*-D-glucuronylhypolaetin-4'-methyl ether)，5,8-二羟基-4',7-二甲氧基黄酮(5,8-dihydroxy-4',7-dimethoxyflavone)，山奈酚-3-*O*-*β*-D-吡喃葡萄糖苷(kaempferol-3-*O*-*β*-D-glucopyranoside)[11]；香豆素类：6,7,9*α*-三羟基-3,8,11*α*-三甲基环己-[d,e]-香豆素(6,7,9*α*-trihydroxy-3,8,11*α*-trimethylcyclohexo-[d,e]-coumarin)[11]。

药理作用 抗肿瘤作用：葫芦素 D 和 J 体外对肝癌细胞 BEL-7402 和恶性黑色素细胞瘤 SK-MEL-28 有抑制作用 [11]；白桦脂酸和火棘酸 (pyracrenic acid) 对人类结肠癌细胞 Colo205 和人类胃癌细胞 AGS 有细胞毒作用 [2]。

注评 本种为中国药典（1977 年版）、湖南（1993、2009 年版）、广西（1990 年版）、河南（1993 年版）广东（2004 年版）中药材标准收载"山芝麻"的基源植物，药用其干燥根或全株。本种的根在广东、广西称"土豆根"或"山豆根"，系"山豆根"的同名异物混淆品，中国药典收载的"山豆根"为豆科植物越南槐 Sophora tonkinensis Gagnep. 的根，两者不得混用。黎族、苗族、畲族、瑶族、佤族、壮族、傣族、基诺族也药用，主要用途见功效应用项。

化学成分参考文献

[1] Chen WL, et al. *Phytochemistry*, 2006, 67(10): 1041-1047.

[2] 刘卫国，等 . 药学学报 , 1985, 20(11): 842-851.

[3] 魏映柔，等 . 中国中药杂志 , 2011, 36(9): 1193-1197.

[4] Wang GC, et al. *Fitoterapia*, 2012, 83(8): 1643-1647.

[5] 郭新东，等 . 中山大学学报 (自然科学版), 2003, 42(2): 52-55.

[6] 郭新东，等 . 高等学校化学学报 , 2003, 24(11): 2022-2023.

[7] Guo XD, et al. *Chin Chem Lett*, 2005, 16(1): 49-52.

[8] Wang MS, et al. *Phytochemistry*, 1987, 26(2): 578-579.

[9] 王明时，等. 化学学报，1988, 46(8): 768-771.

[10] 宋伟峰，等. 中国医药导报，2012, 9(34): 108-109.

[11] Chen ZT, et al. *Chem Pharm Bull*, 2006, 54(11): 1605-

1607.

[12] Pan MH, et al. *Chem Biodiversity*, 2008, 5(4): 565-574.

[13] Chen CM, et al. *Phytochemistry*, 1990, 29(3): 980-982.

[14] Chen ZT, et al. *Heterocycles*, 1994, 38(6): 1399-406.

药理作用及毒性参考文献

[1] Chen W, et al. Phytochemistry, 2006, 67(10): 1041-1047.

[2] Pan MH, et al. *Chem Biodivers*, 2008, 5(4): 565-574.

3. 剑叶山芝麻（中国高等植物图鉴） 大叶山芝麻（海南植物志）

Helicteres lanceolata DC., Prodr. 1: 476. 1824.（英 **Sword-leaf Screwtree**）

灌木。叶披针形或长圆状披针形，长 3.5–7.5 cm，宽 2–3 cm，顶端急尖或渐尖，基部钝，全缘或在近顶端有数个小锯齿。花簇生或排成长 1–2 cm 的聚伞花序，腋生；花细小，长约 12 mm；萼筒状，5 浅裂；花瓣 5，紫红色，不等大；雄蕊 10 枚，花药外向，退化雄蕊 5 枚，条状披针形；子房 5 室，每室有胚珠约 12 个。蒴果圆筒状，长 2–2.5 cm，宽 8 mm，顶端有喙，密被长绒毛。花期 7–11 月。

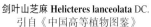

剑叶山芝麻 Helicteres lanceolata DC.
引自《中国高等植物图鉴》

剑叶山芝麻 Helicteres lanceolata DC.
摄影：王祝年 徐克学

分布与生境 产于海南、广东中南部、广西（上思、龙州）和云南（镇沅）。生于山坡草地上或灌丛中，为海南及广东湛江丘陵地常见的灌木。越南、缅甸、老挝、泰国、印度尼西亚也有分布。
药用部位 根。
功效应用 清热解毒。用于感冒，麻疹，疟疾。

4. 长序山芝麻（植物分类学报） 野芝麻（云南）

Helicteres elongata Wall. ex Mast. in Hook. f., Fl. Brit. India 1: 365. 1874.（英 **Elongated Screwtree**）

灌木，小枝甚柔弱，散生。叶长圆状披针形或卵形，长 5–11 cm，宽 2.5–3.5 cm，顶端渐尖，基部圆形而偏斜；托叶早落。聚伞花序伸长，顶生或腋生，有多数花；小苞片条形；萼管状钟形，长约 5 mm，5 裂，裂片三角状披针形，宿存；花瓣 5 片，黄色，下面的花瓣只有一个耳状附属体，在瓣片上有一行毛；雌雄蕊柄有毛，雄蕊 10 枚；子房 5 室，每室约有胚珠 10 个。蒴果长圆筒形，顶端尖锐，

长序山芝麻 **Helicteres elongata** Wall. ex Mast.
黄少容 绘

长序山芝麻 **Helicteres elongata** Wall. ex Mast.
摄影：高贤明

长 2–3.5 cm，密被灰黄色星状毛。花期 6–10 月。

分布与生境 产于云南和广西。常生于海拔 190-1600 m 的路边荒地或干旱草坡上。泰国、印度、缅甸也有分布。

药用部位 全株。

功效应用 清热解毒。用于恶性疟疾，感冒发热，扁桃体炎，腮腺炎，肠炎，蛇虫咬伤。

注评 本种的全株称"长叶山芝麻"，云南地区药用。傣族、拉祜族、苗族、佤族族、瑶族、壮族也药用本种，主要用途见功效应用项。

5. 细齿山芝麻（植物分类学报） 光叶山芝麻（广西植物名录）

Helicteres glabriuscula Wall. ex Mast. in Hook. f., Fl. Brit. India 1: 366. 1874.——*H. cavaleriei* (H. Lév.) H. Lév., *Corchorus cavaleriei* H. Lév.（英 **Slendertooth Screwtree**）

灌木，枝甚柔弱。叶偏斜，披针形，长 3.5–10 cm，宽 1.5 cm，顶端渐尖，基部斜心形，边缘有小锯齿。聚伞花序腋生，具花 2–3 朵，花序轴只有叶长的一半；萼管状，长 4–5 mm，5 裂，裂片锐尖，被短柔毛；花瓣 5 片，紫色或蓝紫色，为萼长的 2 倍，下面有绒毛；雄蕊 10 枚，着生在雌雄蕊柄的顶端；子房 5 室，被毛，柱头 5 裂。蒴果长圆柱形，长 1.5–2 cm，宽约 12 mm，密被长柔毛，顶端有短喙。种子多数，很小。花期几乎全年。

分布与生境 产于广西（龙州、明江）、贵州、云南南部（西双版纳、双江）。生于草坡上或灌丛中。也分布于缅甸。

药用部位 根。

功效应用 清热解毒，截疟，杀虫。用于疟疾，痢疾，感冒发热，麻疹，毒蛇咬伤。

注评 本种的根称"地磨薯"，傣族、佤族、哈尼族药用，主要用途见功效应用项。

细齿山芝麻 **Helicteres glabriuscula** Wall. ex Mast.
摄影：朱鑫鑫

6. 矮山芝麻（植物分类学报）

Helicteres plebeja Kurz, J. Asiat. Soc. Bengal, Pt. 2, Nat. Hist. 39: 67. 1870.（英 **Short Screwtree**）

灌木。叶条状披针形，长 8 cm，宽 2.5 cm，顶端尖，基部圆形或心形，叶的下面密被褐色毛，叶缘全部有齿，基生 3 脉，中间的主脉有侧脉 3–5 对；叶柄长 3–4 mm；托叶早落，锥尖状，为叶柄长的 2 倍。团伞花序腋生，长约 1 cm，具少数花；小苞片短锥尖状；花小，红紫色；萼管状，长 5–6 mm，萼齿短三角形；花瓣 5 片，其中 4 片有 1 或 2 个耳状附属体，瓣片顶端圆形，雄蕊 10 枚，花丝基部连合，退化雄蕊 5 枚，与花丝等长；子房卵圆形，5 室，每室有胚珠 8–10 个。蒴果圆筒形，长 15–17 mm，宽 6–7 mm，顶端尖锐。种子小，深褐色。

分布与生境 文献记载我国云南有分布。越南、泰国、老挝、缅甸、印度（锡金）、不丹也有分布。

药用部位 枝、叶。

功效应用 止咳。用于咳嗽。

矮山芝麻 **Helicteres plebeja** Kurz
摄影：徐晔春

7. 粘毛山芝麻（海南植物志）

Helicteres viscida Blume, Bijdr. Fl. Ned. Ind. 2: 79. 1825.（英 **Viscidhair Helicteree**）

灌木。叶卵形或近圆形，长 6–15 cm，宽 4.5–8.5 cm，顶端长渐尖，基部心形，基生脉 5–7 条；叶柄长 3–10 mm。花单生于叶腋或排成聚伞花序；花梗有关节；萼长 15–18 mm，密被白色星状长柔毛和混生短柔毛，5 裂，裂片急尖；花瓣 5 片，白色，不等大，匙形；雄蕊 10 枚，退化雄蕊 5 枚；子房有很多乳头状突起。蒴果圆筒形，长 25–35 mm，宽 10–12 mm，顶端急尖，密被星状长柔毛和长 4 mm 的卷曲长绒毛。种子多数，菱形，有纵沟。花期 5–6 月。

分布与生境 产于海南（陵水、琼中、保亭、定安）和云南（金平、元江）。生于海拔 330–850 m 的山坡上和丘陵地的灌丛中。越南、老挝、缅甸、

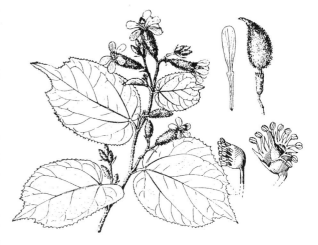

粘毛山芝麻 **Helicteres viscida** Blume
黄少容 绘

粘毛山芝麻 Helicteres viscida Blume
摄影：朱鑫鑫 徐晔春

马来西亚、印度尼西亚等地也有分布。

药用部位　茎、叶。

功效应用　行气止痛，清热利湿。用于腹痛，痢疾，便血，脱肛。

注评　本种的茎叶称"牙新渊"，傣族药用，主要用途见功效应用项。

8. 雁婆麻　肖婆麻（海南）

Helicteres hirsuta Lour., Fl. Cochinch. 2: 530. 1790.——*H. spicata* Colebr. ex G. Don, *H. spicata* Colebr. ex G. Don var. *hainanensis* Hance（英 **Hetero-Helicteree**）

灌木。叶卵形或卵圆形，长 5–15 cm，宽 2.5–5 cm，顶端渐尖或急尖，基部斜心形或截形，边缘有不规则锯齿，基生脉 5 条。聚伞花序腋生；花梗有关节；萼管状，4–5 裂；花瓣 5，红色或紫红色；雄蕊 10 枚，假雄蕊 5 枚；子房 5 室，具乳头状小突起。成熟蒴果圆柱状，具喙。种子多数，表面多皱纹。花期 4–9 月。

分布与生境　产于广东南部、海南、广西南部。生于旷野疏林中和灌丛中。印度、马来西亚、柬埔寨、老挝、越南、泰国、菲律宾等地也有分布。

药用部位　根。

功效应用　用于慢性胃炎，胃痛，胃溃疡，消化不良。

化学成分　茎含木脂素类：(±)-松脂酚[(±)-pinoresinol]，(±)-水曲柳树脂酚▲[(±)-medioresinol]，(±)-丁香树脂酚[(±)-syringaresinol]，(-)-苎麻脂素▲[(-)-boehmenan]，(-)-苎麻脂素▲H [(-)-boehmenan H]，(±)-反式-二氢二松柏醇[(±)-*trans*-dihydrodiconiferyl alcohol][1]。

雁婆麻 Helicteres hirsuta Lour.
引自《中国高等植物图鉴》

雁婆麻 **Helicteres hirsuta** Lour.
摄影：王祝年 徐克学

化学成分参考文献

[1]Chin YW, et al. *Phytother Res*, 2006, 20(1): 62-65.

6. 火绳树属 Eriolaena DC.

　　乔木或灌木。叶心形，多掌状浅裂，边缘具齿。小苞片 3-5 枚；萼片条形，5 深裂几至基部，镊合状排列，顶端尖锐；花瓣 5 片，下部收缩成扁平的有绒毛的爪；单体雄蕊，花丝在顶端分离；无退化雄蕊。蒴果木质，卵形或长卵形，室裂。种子具翅。

　　本属有 17 种，产于亚洲热带和亚热带地区。我国有 5 种，产于云南、广西、贵州和四川南部，其中 2 种可药用。

分种检索表

1. 小苞片近全缘 ·· 1. 火绳树 **E. spectabilis**
1. 小苞片的边缘有明显的齿或羽状深裂 ······································ 2. 桂火绳 **E. kwangsiensis**

1. 火绳树（云南）

Eriolaena spectabilis (DC.) Planch. ex Mast. in Hook. f., Fl. Brit. India 1: 371. 1874.——*E. malvacea* (H. Lév.) Hand.-Mazz., *E. sterculiacea* H. Lév., *Wallichia spectabilis* DC.（英 **Showy Eriolaena**）

　　落叶灌木或小乔木。叶卵形或广卵形，长 8–14 cm，宽 6–13 cm，基生脉 5–7；叶柄长 2–5 cm，有绒毛；托叶锥尖状线形。聚伞花序腋生，密被绒毛；花梗与花等长或略短；小苞片条状披针形，长约 4 mm；萼片 5 枚，条状披针形，密被短绒毛；花瓣 5，白色或淡黄色，倒卵状匙形，与萼片等长，瓣柄厚，被长柔毛；雄蕊多数；子房卵圆形，多室，花柱基部有长绒毛，柱头多数。蒴果木质，卵形或卵状椭圆形，长约 5 cm，宽约 2.5 cm，具瘤状突起和棱脊，果爿连合处常有深沟，顶端钝或具喙。种子具翅。花期 4–7 月。

分布与生境　产于云南南部（富宁、金平、河口、普洱、景洪）、贵州南部（都匀、开阳）和广西隆林，四川金阳、渡口一带也有栽培。生于海拔 500-1300 m 的山坡上疏林中或稀树灌丛中。印度也有分布。

　　药用部位　根内皮。

功效应用 收敛止血，续筋接骨。用于外伤出血，骨折，烧伤，烫伤，慢性胃炎，胃溃疡。

注评 本种根的韧皮部称"赤火绳"，云南地区药用。傈僳族、傣族也药用本种的根皮，主要用途见功效应用项。本属植物为部颁标准·藏药（1995 年版）收载"紫草茸"的寄主植物之一，其药材为胶蚧科动物紫胶虫 Laccifer lacca Kerr. 雌体寄生于豆科黄檀属和梧桐科火绳树属等为主的多种植物的树干上，所分泌的胶质物。藏族称此胶质物为"加杰"；用于血痨热，肿毒恶疮，淤血不化。

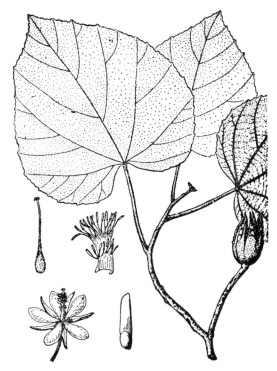

火绳树 **Eriolaena spectabilis** (DC.) Planch. ex Mast.
引自《中国高等植物图鉴》

火绳树 **Eriolaena spectabilis** (DC.) Planch. ex Mast.
摄影：朱鑫鑫

2. 桂火绳（植物分类学报）

Eriolaena kwangsiensis Hand.-Mazz., Sinensia 3(8): 193. 1933.——*E. ceratocarpa* Hu（英 **Kwangsi Eriolaena**）

乔木或灌木；树皮灰色。叶革质或亚革质，圆形或广心形，长 9-15 cm，宽 7-13 cm，顶端短尖，基部心形，边缘有钝锯齿。聚伞状总状花序腋生；小苞片匙状舌形，具明显的深锯齿，顶端渐尖。蒴果长椭圆状披针形，顶端具喙，无瘤状凸起。种子具翅。花期 6-8 月。

分布与生境 产于广西（南宁、东兰、龙州）和云南（澜沧、景东、西双版纳）。生于海拔 800-1200 m 的山谷密林和灌丛中。

药用部位 根、茎。

功效应用 续筋骨。用于肝炎。外用于骨折。

化学成分 小枝含三萜类：羽扇豆烯醇(lupenol)，白桦脂酸(betulinic acid)，齐墩果酸(oleanolic acid)[1]；木脂素类：丁香树脂酚(syringaresinol)，(+)-异落叶松树脂醇[(+)-isolariciresinol][1]；香豆素类：东莨菪内酯(scopoletin)[1]；苯丙素类：对羟基桂皮酸(*p*-hydroxycinnamic acid)[1]；黄酮类：儿茶素(catechin)，表儿茶素(epicatechin)，表儿茶素-3-*O*-*β*-D-吡喃木糖苷(epicatechin-3-*O*-*β*-D-xylopyranoside)，山奈酚-3-*O*-*β*-D-吡喃葡萄糖苷(kaempferol-3-*O*-*β*-D-glucopyranoside)，染料木素(genistein)，4'-*O*-甲基没食子儿茶素(4'-*O*-methylgallocatechin)，反式-花旗松素-3-*O*-*α*-吡喃阿拉伯糖苷(*trans*-taxifolin-3-*O*-*α*-arabinopyranoside)，顺式-花旗松素-3-*O*-*α*-吡喃阿拉伯糖苷(*cis*-taxifolin-3-*O*-*α*-arabinopyranoside)，反式-花旗松素-3-*O*-*β*-吡喃葡萄糖苷(*trans*-taxifolin-3-*O*-*β*-glucopyranoside)，4'-甲氧基-3,5,7,3',5'-五羟基异黄酮(4'-methoxy-3,5,7,3',5'-pentahydroxyisoflavone)，山奈酚-3-*O*-*β*-D-吡喃葡萄糖基-(6 → 1)-*α*-L-吡喃鼠李糖苷[kaempferol-3-*O*-*β*-D-glucopyranosyl-(6 → 1)-*α*-L-rhamnopyranoside]，槲皮素-3-*O*-*β*-D-吡喃葡萄糖基-(6 → 1)-*β*-D-吡喃葡萄糖苷[quercetin-3-*O*-*β*-D-glucopyranosyl-(6 → 1)-*β*-D-glucopyranoside][1]；甘油酯类：二十七酸-1-甘油酯(heptacosanoic acid-1-glyceryl ester)，2-十八烯酸单甘油酯(2-monoolein)[1]；甾体类：谷甾棕榈酯葡苷Ⅱ(sitoindosideⅡ)[1]。

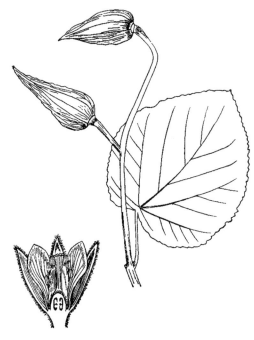

桂火绳 **Eriolaena kwangsiensis** Hand.-Mazz.
黄少容、徐颂娟 绘

化学成分参考文献

[1] 汪琼，等. 天然产物研究与开发，2012, 24(3): 285-290.

7. 马松子属 Melochia L.

草本或半灌木，稀为乔木。叶卵形或广心形，有锯齿。花小，两性，排成聚伞花序或团伞花序；花瓣5片，宿存；雄蕊5枚，与花瓣对生，基部连合成管状；无退化雄蕊。蒴果室背开裂为5个果瓣，每室有种子1个。

本属约有54种，主要分布在热带和亚热带地区。我国产1种，可药用。

1. 马松子（海南） 野路葵

Melochia corchorifolia L., Sp. Pl. 2: 675. 1753.——*Riedlea corchorifolia* (L.) DC., *Visenia corchorifolia* (L.) Spreng. （英 **Melochia**）

半灌木状草本；枝黄褐色。叶薄纸质，卵形、长圆状卵形或披针形，稀有不明显的3浅裂，长2.5~7 cm，宽1~1.3 cm，顶端急尖或钝，基生脉5条；托叶条形。花排成顶生或腋生的密聚伞花序或团伞花序；小苞片条形，混生在花序内；萼钟状，5浅裂，裂片三角形；花瓣5片白色，后变为淡红色，长圆形；雄蕊5枚，下部连合成筒，与花瓣对生。蒴果圆球形，有5棱，直径5~6 mm，每室有种子1~2个。种子卵圆形，略呈三角状，褐黑色，长2~3 mm。花期夏秋季。

分布与生境 广泛分布于长江以南各地、台湾和四川内江地区。生于田野间或低丘陵地原野间。亚洲热带地区多有分布。

药用部位 根、叶。

功效应用 止痒，退斑疹。用于皮肤瘙痒，湿疹，湿痒，皮癣。

化学成分 茎叶含肽生物碱类：欧鼠李叶碱(frangufoline)，欧鼠李碱(franganine)，蛇婆子碱Y'(adouetine Y')[1]。

叶含黄酮类：马松子素▲(melochorin)，车轴草苷▲(trifolin)，葡萄叶木槿素▲(hibifolin)[2]。

种子油含有机酸类：肉豆蔻酸(myristic acid)，棕榈酸(palmitic acid)，硬脂酸(stearic acid)，花生酸(arachidic acid)，油酸(oleic acid)，山芋酸(behenic acid)，亚油酸(linoleic acid)，锦葵酸(malvalic acid)，苹婆酸(sterculic acid)[3]。

地上部分含生物碱类：欧鼠李碱(franganine)，马松子碱(melochicorine)[4]，蛇婆子碱Y'(adouetine Y')，马松子林碱▲(melofoline)[5]，6-甲氧基-3-丙烯基-2-嘧啶酸(6-methoxy-3-propenyl-2-pyridine carboxylic acid)[6]；黄酮类：牡荆素(vitexin)，刺槐苷(robinin)[7]，5,7-二羟基黄酮(5,7-dihydroxyflavone)，芹菜苷元(apigenin)，山柰酚(kaempferol)，槲皮素(quercetin)[8]；三萜类：蒲公英赛醇(taraxerol)[7]；甾体类：β-谷甾醇，胡萝卜苷[7]；其他类：三十四醇，硬脂酸乙酯[7]。

叶的内生真菌*Phyllosticta melochiae* Yates含紫杉醇(taxol)[9]。

注评 本种茎叶称"木达地黄"，在各产地使用。畲族也药用其全草，主要用途见功效应用项。

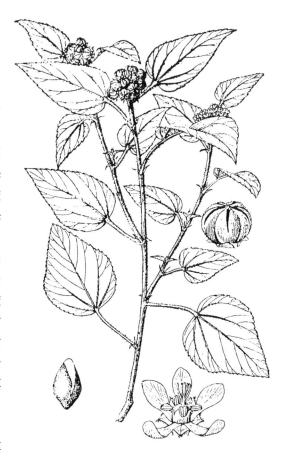

马松子 *Melochia corchorifolia* L.
黄少容 绘

马松子 *Melochia corchorifolia* L.
摄影：梁同军 童毅华

化学成分参考文献

[1] Tschesche R, et al, *Tetrahedron Lett*, 1968, (35): 3817-3818.

[2] Nair AGR, et al. *Indian J Chem*, 1977, 15B(11): 1045.

[3] Daualtabad CD, et al. *Journal of the Oil Technologists' Association of India (Mumbai, India)*, 1986, 18(3): 91-92.

[4] Bhakuni RS, et al. *Phytochemistry*, 1991, 30(9): 3159-3160.

[5] Bhakuni RS, et al. *Phytochemistry*, 1986, 26(1): 324-325.

[6] Bhakuni RS, et al. *Chem Ind-London*, 1986, (13): 464.

[7] Bhakuni RS, et al. *Indian J Chem*, 1987, 26B(12): 1161-1164.

[8] Tripathi RC, et al. *J Indian Chem Soc*, 2010, 87(4): 511-512.

[9] Kumaran RS, et al. *Food Sci Biotechnol*, 2008, 17(6): 1246-1253.

8. 蛇婆子属 Waltheria L.

草本或半灌木，稀为木本。单叶，边缘有锯齿；托叶披针形。花细小，两性，排成顶生或腋生的聚伞花序或团伞花序；花瓣5片，匙形，宿存；雄蕊5枚；花柱的上部呈棒状或流苏状。蒴果2瓣裂，有种子1个。

本属约50种，多数产于美洲热带。我国有1种，可药用。

1. 蛇婆子（海南植物志） 和他草（植物分类学报）

Waltheria indica L., Sp. Pl. 2: 673. 1753.——*W. americana* L., *W. americana* L. var. *indica* (L.) K. Schum., *W. indica* L. var. *americana* (L.) R. Br. ex Hosaka, *W. makinoi* Hayata（英 **Waltheria**）

略直立或匍匐状半灌木，多分枝，小枝密被短柔毛。叶片长椭圆状卵形，长2.5–4.5 cm，宽1.5–3 cm，顶端钝，基部圆形或浅心形，边缘有小齿，两面均密被短柔毛。聚伞花序腋生，头状，近无轴；小苞片狭披针形，长约4 mm；萼筒状，5裂，长3–4 mm，裂片三角形，远比萼筒长；花瓣5，淡黄色，匙形，顶端截形，比萼略长；雄蕊5枚，花丝合生成筒状，包围着雌蕊；花柱偏生，柱头流苏状。蒴果小，二瓣裂，倒卵形，长约3 mm，被毛，为宿存的萼所包围，内有种子1枚。种子倒卵形，很小。花期夏秋。

分布与生境 产于台湾、福建、广东、广西、云南等地的南部。喜生于山野向阳草坡上，一般分布在北回归线以南的海边和丘陵地。广泛分布在全世界热带地区。

药用部位 根、茎。

功效应用 祛湿，祛风，清热，解毒。用于乳腺炎，痈疖，白带。并可做兽药，用于牛、猪黄疸病。

化学成分 根含生物碱、黄酮、鞣质、皂苷、甾醇、三萜等[1]。

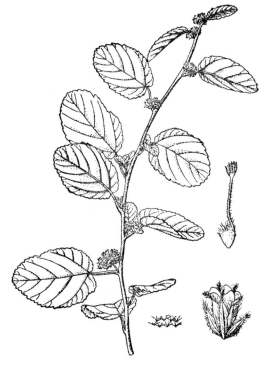

蛇婆子 Waltheria indica L.
引自《中国高等植物图鉴》

叶含黄酮类：5,2',5'-三羟基-3,7,4'-三甲氧基黄酮(5,2',5'-trihydroxy-3,7,4'-trimethoxyflavone),5,2'-二羟基-3,7,4',5'-四甲氧基黄酮(5,2'-dihydroxy-3,7,4',5'-tetramethoxyflavone)[2]。

花含花青素类：天竺葵素葡萄糖苷(pelargonidin glucoside)，矢车菊素葡萄糖苷(cyanidin glucoside)，飞燕草素(delphinidin)[3]。

地上部分含黄酮类：山奈酚(kaempferol)，山奈酚-3-O-β-D-吡喃半乳糖苷(kaempferol-3-O-β-D-galactopyranoside)，草棉素(herbacetin)，草棉素-8-O-β-D-葡萄糖醛酸苷(herbacetin-8-O-β-D-glucuronide)，棉花素(gossypetin)，棉花素-8-O-β-D-吡喃葡萄糖醛酸苷(gossypetin-8-O-β-D-glucuronopyranoside)，2"-O-β-D-葡萄糖基牡荆素(2"-O-β-D-glucosylvitexin)[4]；苯丙素类：咖啡酸(caffeic acid)[4]。

蛇婆子 *Waltheria indica* L.
摄影：王祝年 陈世品

全草含环肽生物碱类：蛇婆子碱(adouetine) X、Y、Y'、Z[5-6]；黄酮类：(-)-表儿茶素[(-)-epicatechin]，银椴苷(tiliroside)[7]，槲皮素(quercetin)[7-8]，山柰酚，槲皮素-3-*O*-β-D-吡喃葡萄糖苷(quercetin-3-*O*-β-D-glucopyranoside)，山柰酚-3-*O*-α-L-吡喃鼠李糖苷(kaempferol-3-*O*-α-L-rhamnopyranoside)，山柰酚-3-*O*-β-D-(6''-*E*-对香豆酰基)-吡喃葡萄糖苷[kaempferol-3-*O*-β-D-(6''-*E*-*p*-coumaryl)-glucopyranoside]，山柰酚-3-*O*-β-D-吡喃葡萄糖苷(kaempferol-3-*O*-β-D-glucopyranoside)[8]。

化学成分参考文献

[1] Tabidi RH, et al. *World J Pharm Res*, 2019, 8(2): 201-211.

[2] Ragasa CY, et al. *Philippine J Sci*, 1997, 126(3): 243-250.

[3] Ogbede ON, et al. *J Chem Soc Pakistan*, 1986, 8(4): 545-547.

[4] Petrus AJA, et al. *Fitoterapia*, 1990, 61(4): 371.

[5] Pais M, et al. *Bulletin de la Societe Chimique de France*, 1968, (3): 1145-1148.

[6] Zongo F, et al. *J Ethnopharmacol*, 2013, 148(1): 14-26.

[7] Rao YK, et al. *Biol Pharm Bull*, 2005, 28(5): 912-915.

[8] Maheswara M, et al, *Asian J Chem*, 2006, 18(4): 2761-2765.

9. 可可属 Theobroma L.

乔木。叶互生，大而全缘。花两性，小而整齐，单生或排成聚伞花序，常生于树干或粗枝上；萼5深裂而近于分离；花瓣5，上部匙形，下部凹陷呈盔状；雄蕊1–3枚聚成一组并与伸长的退化雄蕊互生，退化雄蕊5枚。果大，种子多数，埋藏在果肉中。

本属约30种，分布于美洲热带地区。我国在海南及云南南部栽培1种，可药用。

1. 可可（海南植物志）

Theobroma cacao L., Sp. Pl. 2: 782. 1753.（英 **Cacao**）

常绿乔木；树皮厚，暗灰褐色。叶具短柄，长椭圆形，长 20–30 cm，宽 7–10 cm，顶端长渐尖，基部圆形、近心形或钝；托叶条形，早落。花排成聚伞花序；萼粉红色，萼片5枚，长披针形，宿存，边缘有毛；花瓣5，淡黄色，略比萼长，下部盔状并急狭窄而反卷，顶端急尖；退化雄蕊线状。果椭圆形或长椭圆形，长 15–20 cm，直径约 7 cm，表面有 10 条纵沟，干燥后内侧 5 条纵沟不明显，初为淡绿色，后变为深黄色或近于红色，干燥后为褐色；果皮厚，肉质。种子卵形，稍呈压扁状。花期几乎全年。

分布与生境　海南和云南南部有栽培。本种原产于美洲中南部，现广泛栽培于全世界的热带地区。

药用部位　种子。

功效应用　强身，滋养。用于糖尿病，水肿。

化学成分　全草含氨基酸类：(-)-N-[3',4'-二羟基-(E)-桂皮酰基]-L-酪氨酸{(-)-N-[3',4'-dihydroxy-(E)-cinnamoyl]-L-tyrosine}，(+)-N-[4'-羟基-(E)-桂皮酰基]-L-天冬氨酸{(+)-N-[4'-hydroxy-(E)-cinnamoyl]-L-aspartic acid}，(-)-N-[3',4'-二羟基-(E)-桂皮酰基]-L-谷氨酸{(-)-N-[3',4'-dihydroxy-(E)-cinnamoyl]-L-glutamic acid}，(-)-N-[4'-羟基-(E)-桂皮酰基]-L-谷氨酸{(-)-N-[4'-hydroxy-(E)-cinnamoyl]-L-glutamic acid}，(-)-N-[4'-羟基-(E)-桂皮酰基]-3-羟基-L-天冬氨酸{(-)-N-[4'-hydroxy-(E)-cinnamoyl]-3-hydroxy-L-tyrosine}，(+)-N-[4'-羟基-3'-甲氧基-(E)-桂皮酰基]-L-天冬氨酸{(+)-N-[4'-hydroxy-3'-methoxy-(E)-cinnamoyl]-L-aspartic acid}，(+)-N-[(E)-桂皮酰基]-L-天冬氨酸{(+)-N-[(E)-cinnamoyl]-L-aspartic acid}，红车轴草酰胺(clovamide)，去氧红车轴草酰胺(deoxyclovamide)[1]，N-反式-咖啡酰基-L-酪氨酸{N-trans-caffeoyl-L-tyrosine}，N-反式-对香豆酰基-L-酪氨酸(N-trans-p-coumaroyl-L-tyrosine)[2]；黄酮类：原矢车菊素(procyanidin)[3]。

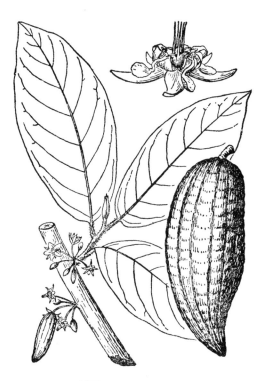

可可 **Theobroma cacao** L.
引自《中国高等植物图鉴》

可可 **Theobroma cacao** L.
摄影：朱鑫鑫 王祝年

胚芽含倍半萜类：二氢菜豆酸-4'-*O*-*β*-D-吡喃葡萄糖苷(dihydrophaseic acid-4'-*O*-*β*-D-glucopyranoside)，二氢菜豆酸-4'-*O*-6''-(*β*-呋喃核糖基)-*β*-吡喃葡萄糖苷[dihydrophaseic acid-4'-*O*-6''-(*β*-ribofuranosyl)-*β*-glucopyranoside][4]。

药理作用 抗肿瘤作用：从可可树种子中分离得到的五聚原花青素能选择性地抑制人主动脉内皮细胞中酪氨酸激酶 $ErbB_2$ 的表达[1]。

注评 本种为中国药典（1953 年版）和中华药典（1930 年版）收载的"柯柯豆油"、中国药典（1963 年版）收载"可可豆油"的基源植物，药用其成熟种子炒熟后所得的固体脂肪油。

化学成分参考文献

[1] Stark T, et al. *J Agric Food Chem*, 2005, 53(13):5419-5428.

[2] Alemanno L, et al. *Ann Bot London*, 2003, 92(4):613-623.

[3] Kelm MA, et al. *J Agric Food Chem*, 2006, 54(5):1571-1576.

[4] Sannohe Y, et al. *Biosc Biotechnol Biochem*, 2011, 75(8): 1606-1607.

药理作用及毒性参考文献

[1] Kenny TP, et al. *ExP Biol Med*, 2004, 229(3): 255-263.

10. 午时花属 Pentapetes L.

一年生草本。叶互生，条状披针形，有钝齿。花腋生，单生或 2 朵聚生；小苞片 3 枚，早落；雄蕊 15 枚，基部合生成筒状，每 3 枚集合成群并与退化雄蕊互生，退化雄蕊 5 枚，舌状。蒴果卵状圆球形，室裂为 5 果瓣，每室有种子 8-12 个，排成 2 列。种子椭圆形。

本属只有 1 种，广布于亚洲热带。我国也有栽培，可药用。

1. 午时花（广州）夜落金钱（秘传花镜）

Pentapetes phoenicea L., Sp. Pl. 2: 698. 1753.（英 **Pentapetes**）

一年生草本。叶条状披针形，长 5-10 cm，宽 1-2 cm，顶端渐尖，基部阔三角形、圆形或截形。花 1-2 朵生于叶腋，午间开放，清晨闭合；雄蕊 15 枚，每 3 枚集合成群，并与退化雄蕊互生；退化雄蕊 5 枚，舌状。蒴果近圆球形，直径约 1.2 cm。花期夏秋季。

分布与生境 原产于印度，我国广东、广西、云南南部等地多有栽培。亚洲热带地区和日本也有分布。

药用部位 全草。

功效应用 消结散肿。用于肿瘤，乳腺炎，腮腺炎。

化学成分 种子含脂肪酸类：锦葵酸(malvalic acid)，苹婆酸(sterculic acid)[1]。

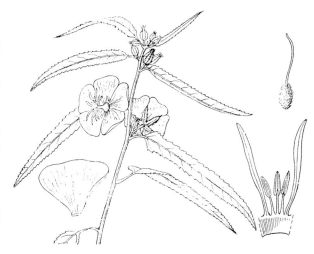

午时花 Pentapetes phoenicea L.
余汉平 绘

午时花 **Pentapetes phoenicea** L.
摄影：徐晔春 赖阳均

化学成分参考文献

[1] Qazi G, et al. *Journal of the Oil Technologists' Association of India (Mumbai, India)*, 1974, 6(1): 16-18.

11. 翅子树属 **Pterospermum** Schreb.

乔木或灌木。单叶革质；托叶早落。花两性，单生或数朵排成聚伞花序；小苞片通常 3 枚；萼 5 裂；雄蕊 15 枚，每 3 枚集合成群。蒴果木质或革质，圆筒形或卵形，室背开裂为 5 个果爿。种子有长翅，翅长圆形，膜质。

本属约 40 种，分布于亚洲热带和亚热带地区。我国有 9 种，主产于云南和台湾。其中 5 种可药用。

分种检索表

1. 萼片长 9 cm；蒴果大，长 10–15 cm；叶长 24–34 cm ·······································1. 翅子树 **P. acerifolium**
1. 萼片长不超过 6.5 cm；蒴果较小，长不超过 12 cm；叶长不超过 20 cm。
  2. 成年树枝上的叶为倒梯形或长圆状倒梯形，在顶端 3–5 浅裂。
    3. 花瓣倒卵形，宽 2.8 cm；托叶卵形，全缘 ··································2. 景东翅子树 **P. kingtungense**
    3. 花瓣条状镰刀形，宽 4–5 mm；托叶掌状深裂；果有凸起很高的 5 棱脊，形如杨桃 ·····························
    ···3. 截裂翅子树 **P. truncatolobatum**
  2. 成年树枝上的叶长圆形、椭圆形或披针形，但不为倒梯形。
    4. 小苞片全缘；果柄粗壮，长不超过 1.5 cm ·······························4. 异叶翅子树 **P. heterophyllum**
    4. 小苞片条裂；果柄柔弱，长 3–5 cm···5. 窄叶半枫荷 **P. lanceifolium**

本属药用植物主要含三萜、黄酮、木脂素等类成分。

1. 翅子树（中国树木分类学）

Pterospermum acerifolium Willd., Sp. Pl. 3: 729. 1800.（英 **Mapleleaf Wingseedtree**）

大乔木，树皮光滑。叶大，革质，长圆形，全缘，长 24–34 cm，宽 14–29 cm，顶端截形或近圆形，并有浅裂或突尖，基部心形；基生脉 7–12 条，叶脉在叶背凸出；叶柄粗壮，有条纹；托叶条裂，早落。小苞片条裂或掌状深裂；花单生，白色，芳香；萼片 5 枚，条状长圆形；花瓣 5 片，比萼稍短；退化雄蕊棒状；雄蕊 15 个，每 3 个集合成群，与退化雄蕊互生；子房长圆形，有 5 个棱角。蒴果木质，长圆筒形，有 5 个不明显的凹陷或浅沟，长 10–15 cm，宽 5–5.5 cm，顶端钝，基部渐狭。种子斜卵形，压扁状，具翅，翅大而薄，褐色，光滑。

翅子树 Pterospermum acerifolium Willd.
摄影：王祝年

分布与生境 产于云南南部、东南部等地。生于海拔 1200–1640 m 的山坡上。福建厦门和台湾台北植物园有栽培。越南、老挝、泰国、印度、缅甸也有分布。

药用部位 树皮、叶。

功效应用 用于创伤出血。

化学成分 茎皮含三萜类：齐墩果酸(oleanolic acid)[1]；脂肪烃类：十五碳-11-烯酸甲酯(pentadec-11-enoic acid methyl ester)[1]；氨基酸类：胱氨酸(cystine)，甘氨酸(glycine)，丙氨酸(alanine)，酪氨酸(tyrosine)，亮氨酸(leucine)[2]；甾体类：β-谷甾醇[1]；多糖类：酸性多糖[3]。

茎叶含三萜类：蒲公英赛醇(taraxerol)，无羁萜(friedelin)，1-无羁萜烯-3-酮(1-friedelen-3-one)[4]；黄酮类：表儿茶素(epicatechin)，圣草酚(eriodictyol)，5,7,4'-三羟基-5'-甲氧基异黄酮-3'-O-β-D-吡喃葡萄糖苷(5,7,4'-trihydroxy-5'-methoxyisofalvone-3'-O-β-D-glucopyranoside)，芹菜苷元-6-C-β-D-吡喃葡萄糖苷(apigenin-6-C-β-D-glucopyranoside)[5]；木脂素类：异落叶松树脂醇-3-O-β-D-吡喃木糖苷(isolariciresinol-3-O-β-D-xylopyranoside)[5]；甾体类：β-谷甾醇，胡萝卜苷[4]。

叶含脂肪烃类：二十四烷(tetracosane)，二十六烷(hexacosane)，十八烷(octadecane)，二十九烷(nonacosane)，十五碳烯(pentadecene)，十六碳烯(hexadecene)[6]。

花含黄酮类：山奈酚(kaempferol)，山奈素-7-O-β-D-吡喃葡萄糖苷(kaempferide-7-O-β-D-glucopyranoside)[7]，4'-(2-甲氧基-4-(1,2,3-三羟基丙基)苯氧基)-木犀草素[4'-(2-methoxy-4-(1,2,3-trihydroxypropyl)phenoxy)-luteolin]，反式-银椴苷(trans-tiliroside)，5,7,3'-三羟基-6-O-β-D-吡喃葡萄糖基黄酮(5,7,3'-trihydroxy-6-O-β-D-glucopyranosylflavone)，芳樟醇-3-芸香糖苷(linalool-3-rutinoside)，木犀草素(luteolin)，牡荆素(vitexin)，木犀草素-7-O-β-D-吡喃葡萄糖苷(luteolin-7-O-β-D-glucopyranoside)，木犀草素-7-β-O-新橙皮糖苷(luteolin-7-β-O-neohesperidoside)，芹菜苷元(apigenin)，3'-甲氧基-芹菜苷元(3'-methoxy-apigenin)，芹菜苷元-7-β-O-新橙皮糖苷(apigenin-7-β-O-neohesperidoside)[8]；苯丙素类：对羟基桂皮酸(p-hydroxycinnamic acid)[8]；酚酸类：香荚兰酸(vanillic acid)[8]；内酯类：3,5-二羟基呋喃-2(5H)-酮[3,5-dihydroxyfuran-2(5H)-one]，(3R,4R,5S)-3,4-二羟基-5-甲基二氢-呋喃-2-酮[(3R,4R,5S)-3,4-

dihydroxy-5-methyldihydro-furan-2-one][8]；大柱香波龙烷类：(6*R*,9*S*)-3-氧代-*α*-香堇醇-*β*-D-吡喃葡萄糖苷[(6*R*,9*S*)-3-oxo-*α*-ionol-*β*-D-glucopyranoside][8]；三萜类：羽扇豆醇(lupeol)[9]，无羁萜-3*α*-醇(friedelan-3*α*-ol)，*β*-香树脂醇(*β*-amyrin)[10]；甾体类：24*β*-乙基胆甾-5-烯-3*β*-O-*α*-纤维素二糖(24*β*-ethylcholest-5-en-3*β*-O-*α*-cellobioside)，*β*-谷甾醇[10]；脂肪烃类：1-十一碳烯(1-undecene)[8]，正二十六烷-1,26-二醇(*n*-hexacosane-1,26-diol)，正二十六-1,26-二醇二木蜡酸酯(*n*-hexacosane-1,26-diol dilignocerate)，3,7-二乙基-7-甲基-1:5-二十五碳内酯(3,7-diethyl-7-methyl-1:5-pentacosanolide)，正三十醇(*n*-triacontanol)，肉豆蔻酸(myristic acid)，棕榈酸(palmitic acid)，硬脂酸(stearic acid)，花生酸(arachidic acid)，山芋酸(behenic acid)，木焦油酸(lignoceric acid)，油酸(oleic acid)，亚油酸(linoleic acid)，亚麻酸(linolenic acid)，花生四烯酸(arachidonic acid)[10]。

果实含酚酸类：原儿茶酸甲酯(methyl protocatechuate)，香荚兰酸，原儿茶酸(protocatechuic acid)[11]。甾体类：胡萝卜苷[11]。黄酮类：

种皮含三萜类：无羁萜[12]；酰胺类：翅子树酰胺(pteroceramide) A、B[12]；甾体类：翅子树甾醇(pterosterol) A、B，*β*-谷甾醇，*β*-胡萝卜苷[12]；黄酮类：4',5,7-三羟基-3',6-二甲氧基异黄酮(4',5,7-trihydroxy-3',6-dimethoxyisoflavone)[12]。

种子油含三萜类：*β*-香树脂醇[13]；脂肪酸类：油酸，亚油酸，山芋酸，花生酸，硬脂酸，棕榈酸，肉豆蔻酸[13]；甾体类：*β*-谷甾醇，*γ*-谷甾醇[13]；氨基酸类：酪氨酸，胱氨酸，甘氨酸，丙氨酸[14]；糖类：乳糖，木糖，鼠李糖，葡萄糖[14]。

化学成分参考文献

[1] Abdul MM, et al. *J Pharm Res*, 2010, 3(11): 2643-2646.

[2] Tandon SP, et al. *Proceedings of the National Academy of Sciences, India, Section A: Physical Sciences*, 1970, 40(Pt. 2): 217-218.

[3] Bishnoi P, et al. *J Chem Soc, Perkin Trans 1: Org Bio-Org Chem* (1972-1999), 1979, (7): 1680-1683.

[4] Mamun MIR, et al. *J Bangladesh Chem Soc*, 2002, 15(1): 91-95.

[5] Mamun MIR, et al. *Dhaka University Journal of Science*, 2003, 51(2): 209-212.

[6] Bhalke RD, et al. *Int J Pharm Pharm Sci*, 2012, 4(2): 158-159.

[7] Varshney SC, et al. *Planta Med*, 1972, 21(4): 358-363.

[8] Dixit P, et al. *Bioorg Med Chem Lett*, 2011, 21(15): 4617-4621.

[9] Senapati AK, et al. *International Journal of Research in Phytochemistry & Pharmacology*, 2011, 1(2): 49-54.

[10] Rizvi SAI, et al. *Phytochemistry*, 1972, 11(2): 856-858.

[11] Selim MA, et al. *Bulletin of the Faculty of Pharmacy (Cairo University)*, 2006, 44(3): 119-126.

[12] Dixit P, et al. *Phytochemistry*, 2012, 81: 117-125.

[13] Tandon SP, et al. *Proceedings of the National Academy of Sciences, India, Section A: Physical Sciences*, 1969, 39(Pt. 1): 57-59.

[14] Tandon SP, et al. *Proceedings of the National Academy of Sciences, India, Section A: Physical Sciences*, 1970, 40(Pt. 2): 229-231.

2. 景东翅子树（植物分类学报）

Pterospermum kingtungense C. Y. Wu ex H. H. Hsue, Acta Phytotax. Sin. 15(1): 81. 1977.（英 **Jingdong Wingseedtree**）

乔木，树皮褐色。叶革质，倒梯形或长圆状倒梯形，长 8–13.5 cm，宽 4.5–6 cm，顶端常有 3–5 个不规则的浅裂，基部圆形、截形或浅心形；托叶卵形，全缘，鳞片状，长 4 mm。花单生于叶腋，几无柄，直径 7 cm；小苞片卵形，全缘；萼分裂几至基部，萼片 5 枚，条状狭披针形；花瓣 5 片，白色，斜倒卵形，顶端近圆形，基部渐狭；退化雄蕊条状棒形，上部密生瘤状突起；雄蕊的花药 2 室，药隔顶端突出；子房卵圆形，密被淡黄褐色绒毛，花柱有毛，柱头分离，扭合。

分布与生境 产于云南景东。生于海拔 1430 m 的草坡上。

药用部位　树皮、叶。

功效应用　清热，除湿。用于咳嗽，风湿，疮疡疖肿，骨折。

注评　本种的树皮称"大红毛叶"，云南地区药用。本种为国家二级保护植物。

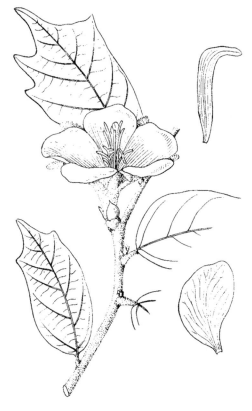

景东翅子树 **Pterospermum kingtungense** C. Y. Wu ex H. H. Hsue
余汉平　绘

3. 截裂翅子树（植物分类学报）

Pterospermum truncatolobatum Gagnep., Notul. Syst. (Paris) 1: 84. 1909.（　英 **Abrupt-split Wingseedtree**）

乔木，树皮黑色，纵裂。叶革质，倒梯形，长 8-16 cm，宽 3.5-11 cm，顶端截形并 3-5 裂，基部心形或斜心形，叶背密被灰白色和黄褐色星状绒毛。花单生于叶腋；小苞片条裂；花瓣 5 片，镰刀形，长 30-60 mm，宽 4-5 mm。蒴果木质，有明显的 5 棱和沟，外形似杨桃，外面密被褐色星状绒毛。种子有膜质翅。花期 7 月。

分布与生境　产于云南金平、河口和广西宁明、龙津等地。生于海拔 200-520 m 的石灰岩山上密林中。越南北部也有分布。

药用部位　根。

功效应用　用于坐骨神经痛，腰腿痛。

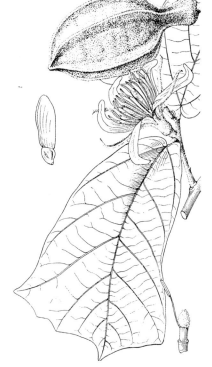

截裂翅子树 **Pterospermum truncatolobatum** Gagnep.
余汉平　绘

截裂翅子树 **Pterospermum truncatolobatum** Gagnep.
摄影：张金龙

4. 异叶翅子树（海南植物志） 翻白叶树（中国植物志），半枫荷（广东）

Pterospermum heterophyllum Hance in J. Bot. 6: 112. 1868.——*P. levinei* Merr.（英 **Abnormal-leave Wingseedtree**）

乔木，树皮灰色或灰褐色。叶革质，异型，幼树或萌发枝上的叶盾形，掌状 3–5 深裂，基部截形；成年树上的叶长圆形或卵状长圆形，顶端渐尖或急尖，基部钝形、截形或斜心形；托叶线状长圆形。花单生或 2–4 朵聚生于叶腋；小苞片 2–4 枚，全缘；萼片 5，狭披针形；花瓣 5，白色；雄蕊 15 枚，每 3 枚合成一束，与 5 个退化雄蕊互生。蒴果木质，椭圆形，密被锈色星状柔毛，顶端钝，基部渐狭。种子具膜质翅。花期秋季。

分布与生境 分布于台湾、福建、广东、广西、海南等地。

药用部位 根、叶。

功效应用 根：祛风除湿，活血消肿。用于风湿痹痛，手足麻木，腰肌劳损，跌打损伤。叶：活血止血。用于外伤出血。

化学成分 根含三萜类：蒲公英赛-14-烯-1*α*,3*β*-二醇 (taraxer-14-ene-1*α*,3*β*-diol)，3*β*-羟基蒲公英萜-14-烯-1-酮 (3*β*-hydroxytaraxer-14-ene-1-one)，苏门树脂酸(sumaresinolic acid)，蒲公英赛醇(taraxerol)，白桦脂醇(betulin)，白桦脂酸(betulinic acid)[1]，熊果酸(ursolic acid)，2*β*-羟基齐墩果酸 (2*β*-hydroxyoleanolic acid)[2]；萘类：5-羟基-2-甲氧基-1,4-

异叶翅子树 **Pterospermum heterophyllum** Hance
引自《中国高等植物图鉴》

萘醌(5-hydroxy-2-methoxy-1,4-naphthoquinone)[1]；大柱香波龙烷类：长春花苷(roseoside)，(+)-3-氧代-*α*-香堇醇-*O*-*β*-D-吡喃葡萄糖苷[(+)-3-oxo-*α*-ionyl-*O*-*β*-D-glucopyranoside][4]；酚类：2-甲氧基-4-羟基苯酚-1-*O*-*β*-D-呋喃芹菜糖基-(1 → 6)-*O*-*β*-D-吡喃葡萄糖苷[2-methoxy-4-hydroxyphenol-1-*O*-*β*-D-apiofuranosyl-

异叶翅子树 **Pterospermum heterophyllum** Hance
摄影：徐克学

(1→6)-*O*-*β*-D-glucopyranoside][2]，甲基熊果苷(methylarbutin)，2,6-二甲氧基-4-羟基苯酚-1-*O*-*β*-D-吡喃葡萄糖苷(2,6-dimethoxy-4-hydroxyphenol-1-*O*-*β*-D-glucopyranoside)，3-甲氧基-4-羟基苯酚-1-*O*-*β*-D-吡喃葡萄糖苷(3-methoxy-4-hydroxyphenol-1-*O*-*β*-D-glucopyranoside)，4-羟基-2-甲氧基苯酚-1-*O*-*β*-D-吡喃葡萄糖苷(4-hydroxy-2-methoxyphenol-1-*O*-*β*-D-glucopyranoside)[3]；木脂素类：5,5'-二甲氧基-9-*β*-D-吡喃木糖基-(-)-异落叶松树脂醇[5,5'-dimethoxy-9-*β*-D-xylopyranosyl-(-)-isolariciresinol][2]，(+)-南烛树脂醇-3*α*-*O*-*β*-D-吡喃葡萄糖苷[(+)-lyoniresinol-3*α*-*O*-*β*-D-glucopyranoside]，(-)-南烛树脂醇-3*α*-*O*-*β*-D-吡喃葡萄糖苷[(-)-lyoniresinol-3*α*-*O*-*β*-D-glucopyranoside]，(-)-南烛树脂醇-2*α*-*O*-*β*-D-吡喃葡萄糖苷[(-)-lyoniresinol-2*α*-*O*-*β*-D-glucopyranoside]，(-)-异落叶松树脂醇-6-*O*-*β*-D-吡喃葡萄糖苷[(-)-isolariciresinol-6-*O*-*β*-D-glucopyranoside]，(-)-8,8'-二甲氧基-裂环异落叶松树脂醇-1-O-*β*-D-吡喃葡萄糖苷[(-)-8,8'-dimethoxysecoisolariciresinol-1-O-*β*-D-glucopyranoside][3]；香豆素类：东莨菪苷(scopolin)[3]；黄酮类：圣草酚(eriodictyol)，花旗松素(taxifolin)，槲皮素(quercetin)，(-)-表儿茶素[(-)-epicatechin][2]；色酮类：5,7-二羟基-6,8-二甲基色酮(5,7-dihydroxy-6,8-dimethylchromone)[1]；酰胺类：灰绿曲霉酰胺(asperglaucide)[2]；甾体类：6*β*-羟基豆甾-4-烯-3-酮(6*β*-hydroxystigmast-4-en-3-one)，*β*-谷甾醇[1]，豆甾-4-烯-3-酮(stigmast-4-en-3-one)[2]；脂肪酸及其酯类：棕榈酸，*α*-棕榈酸单甘油酯(*α*-monopalmitin)[1]。

叶含黄酮类：柔毛委陵菜苷▲A (potengriffioside A)[4]。

注评　本种为上海（1994年版）、广东（2004年版）中药材标准收载"半枫荷"的基源植物，药用其干燥根。本种的叶称"半枫荷叶"，也可药用。广东、江西还以五加科植物树参 Dendropanax dentiger (Harms) Merr.、变叶树参 D. proteus (Champ. ex Benth.) Benth.、锈毛树参 D. ferrugineus H. L. Li 和金缕梅科植物细柄半枫荷 Semiliquidambar chingii (F. P. Metcalf) Hung T. Chang 的根作"半枫荷"药用，也称"白半枫荷"，应视为不同的药材。壮族、瑶族药用本种，主要用途见功效应用项。

化学成分参考文献

[1] Li S, et al. *J Asian Nat Prod Res*, 2009, 11(7): 652-657.

[2] 韦柳斌，等 . 中国中药杂志 , 2012, 37(13): 1981-1984.

[3] 王蒙蒙，等 . 中草药 , 2012, 43(9): 1699-1703.

[4] 刘东锋，等 . 发明专利申请 , 2011, CN 102276672 A 20111214.

5. 窄叶半枫荷（广东鼎湖山） 假木棉（广东信宜），翅子树（海南植物志）

Pterospermum lanceifolium Roxb., Fl. Ind., ed. 1832.（英 **narrow-leave Wingseedtree**）

乔木，树皮黄褐色或灰色，纵裂。叶披针形或长圆状披针形，长 5–9 cm，宽 2–3 cm，顶端渐尖或急尖，基部偏斜或钝形，全缘或在顶端有数个锯齿，叶背密被黄褐色或黄白色绒毛；托叶 2–3 条裂，比叶柄长。花白色，单生于叶腋；花梗长 3–5 cm，有关节；小苞片位于花柄的中部，4–5 条裂，或条形；萼片条形，长约 20 mm，宽约 3 mm；花瓣顶端钝，与萼片略等长；雄蕊 15 枚；退化雄蕊线形，基部被长绒毛。蒴果木质，长圆状卵形，长约 5 cm，宽约 2 cm，顶端钝，基部渐狭，被黄褐色绒毛；果柄柔弱。种子连翅长 2–2.5 cm。

窄叶半枫荷 Pterospermum lanceifolium Roxb.
引自《中国高等植物图鉴》

窄叶半枫荷 Pterospermum lanceifolium Roxb.
摄影：张金龙

分布与生境 产于云南（西双版纳）、广东（高要、信宜）、海南、广西（钦县、百色）。生于海拔 350–900 m 的山谷和山坡林中。印度、缅甸、越南也有分布。

药用部位 根、叶。

功效应用 根：祛风除湿，活血消肿。用于风湿痹痛，手足麻木，腰肌劳损，跌打损伤。叶：活血止血。用于外伤出血。

化学成分 叶含黄酮类：(-)-表儿茶素[(-)-epicatechin]，槲皮素-3-β-L-吡喃阿拉伯糖苷(quercetin-3-β-L-arabinopyranoside)[1]；三萜类：羽扇豆-20(29)-烯-3β-醇[lup-20(29)-en-3β-ol][1]，胖大海素A (sterculin A)，鲍尔山油柑烯醇▲乙酸酯(bauerenyl acetate)[2]；甾体类：β-谷甾醇[2]。

注评 本种的根称"半枫荷根"，叶称"半枫荷叶"，广东、海南、广西、云南等地药用。傣族药用其根治疗风湿骨痛。

化学成分参考文献

[1] 钟永利，等. 高等学校化学学报，1993, 14(2): 214-216.

12. 昂天莲属 Ambroma L. f.

乔木或灌木。叶心形或卵状椭圆形，有时为掌状浅裂。花序与叶对生或顶生；花两性，萼片5，在近基部合生；花瓣5片，红紫色；雄蕊的花丝合生成筒状，包围着雌蕊，退化雄蕊5枚，顶端钝，基部连合成筒状。蒴果膜质，有5棱和5翅，顶端截形。

本属有1或2种，分布于亚洲热带至大洋洲。我国产1种，可药用。

1. 昂天莲（乐昌）　水麻（海南）

Ambroma augustum (L.) L. f., Suppl. Pl. 341. 1782.——*Theobroma augustum* L.（英 **Ambroma**）

灌木，小枝幼时密被星状绒毛。叶心形或卵状心形，有时为3-5浅裂，长10-22 cm，宽9-18 cm，顶端急尖或渐尖，基部心形或斜心形，下面密被短绒毛；叶柄长1-10 cm。聚伞花序有花1-5朵；花红紫色，直径约5 cm；萼片5枚，近基部连合，披针形；花瓣5片，红紫色，匙形，长2.5 cm，基部凹陷且有毛，与退化雄蕊的基部连合；发育的雄蕊15枚，每3枚集合成一群，在退化雄蕊的基部连合并与之互生，退化雄蕊5枚，两面均被毛；子房长圆形，5室。蒴果膜质，倒圆锥形，直径3-6 cm，被星状毛，具5纵翅，边缘有长绒毛。种子多数，黑色，长约2 mm。花期春夏季。

分布与生境　产于海南、广东、广西、云南、贵州。生于山谷沟边或林缘。印度、越南、马来西亚、泰国、印度尼西亚、菲律宾等地也有分布。

药用部位　根。

功效应用　通经活络，消肿。用于疮疖红肿，跌打骨折，月经不调。

化学成分　根含三萜类：昂天莲酸▲(augustic acid)[1]；甾体类：豆甾醇-α-D-吡喃葡萄糖苷(stigmasterol-α-D-glucopyranoside)[1]。

昂天莲 Ambroma augustum (L.) L. f.
余汉平　绘

昂天莲 Ambroma augustum (L.) L. f.
摄影：王祝年 徐克学

化学成分参考文献

[1] Alam MS, et al, *Phytochemistry*, 1996,41(4): 1197-1200.

13. 刺果藤属 Byttneria Loefl.

多为藤本。叶多为圆形或卵形。聚伞花序顶生或腋生，花小；萼片 5，基部连合；花瓣 5 片，具爪，上部凹陷，顶端有长带状附属体；雄蕊的花丝合生成筒状，退化雄蕊 5 枚，与萼片对生；正常雄蕊 5 枚，与花瓣对生；子房无柄，5 室，每室有胚珠 2 个。蒴果圆球形，有刺，成熟时分裂为 5 个果片；种子每室有 1 个。

本属约有 70 种，多产于美洲热带地区，亚洲有数种，非洲有 1 种。我国有 3 种，产于广东、广西和云南，其中 2 种可药用。

分种检索表

1. 叶有锯齿，粗糙；蒴果密被有小分枝的锥尖状软刺⋯⋯⋯⋯⋯⋯⋯⋯⋯⋯ 1. 粗毛刺果藤 B. pilosa
1. 叶全缘，下面密被白色星状短绒毛；蒴果的刺短而粗，不分枝⋯⋯⋯⋯⋯⋯ 2. 刺果藤 B. grandifolia

1. 粗毛刺果藤（植物分类学报）

Byttneria pilosa Roxb., Fl. Ind. 2: 381. 1824.——*B. elegans* Ridl., *B. pilosa* Roxb. var. *pellita* Gagnep.（英 **Pilous Byttneria**）

木质缠绕藤本；小枝干时深褐色。叶圆形或心形，长 14–24 cm，宽 13–21 cm，顶端钝或短尖，基部心形，基生 7 脉，边缘有细锯齿，且常有 3–5 浅裂；托叶条形，早落。聚伞花序排成伞房状，腋生；花梗柔弱；萼片 5；花瓣 5，凹陷，4 裂；具药雄蕊 5 枚，与花瓣对生，退化雄蕊 5 枚，下面连合；子房圆球形，有乳头状突起。蒴果圆球形，黄色而略带红色，密被有分枝的锥尖状软刺，直径约 2 cm，刺长 4–6 mm。种子卵形，黄色，并具褐斑。
分布与生境 产于云南南部（勐海、耿马）。生于海拔 550–1000 m 的杂木林缘。老挝、泰国、越南、缅甸也有分布。
药用部位 茎、叶。
功效应用 用于风湿病。

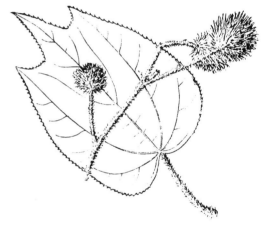

粗毛刺果藤 **Byttneria pilosa** Roxb.
余汉平 绘

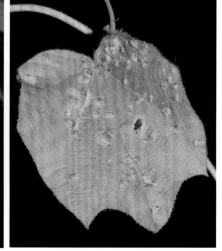

粗毛刺果藤 **Byttneria pilosa** Roxb.
摄影：朱鑫鑫

2. 刺果藤（广州植物志）

Byttneria grandifolia DC., Prodr. 1: 486. Jan. 1824.——*B. aspera* Colebr. ex Wall., *B. siamensis* Craib（英
Scabrous Byttneria）

木质大藤本。叶广卵形或近圆形，长 7–23 cm，宽
5.5–16 cm，顶端钝或急尖，基部心形，基生 5 脉；叶柄
长 2–8 cm。花小，淡黄色，内面略带紫红色；萼片卵
形，长 2 mm，顶端急尖；花瓣与萼片互生，顶端 2 裂，
并有长条形的附属体，约与萼片等长；具药雄蕊 5 枚，
与退化雄蕊互生；子房 5 室，每室有胚珠 2 个。蒴果圆
球形或卵状圆球形，直径 3–4 cm，具短而粗的刺。种子
长圆形，成熟时黑色。花期春夏季。

分布与生境 产于广东、广西、云南三省的中部和南部。
生于疏林中或山谷溪旁。印度、越南、柬埔寨、老挝、
泰国等地也有分布。

药用部位 根、茎。

功效应用 祛风湿，壮筋骨。用于产后筋骨痛，风湿骨
疼，腰肌劳损。

刺果藤 **Byttneria grandifolia** DC.
引自《中国高等植物图鉴》

刺果藤 **Byttneria grandifolia** DC.
摄影：朱鑫鑫 王祝年

14. 可拉属 **Cola** Schott et Endl.

乔木，雌雄异株或同株，偶尔具两性花。叶互生，全缘或分裂，叶柄先端常具膨大的叶枕。聚伞
花序、单花或数朵簇生于叶腋或小枝上，有时生于老干上；花单性，偶有两性；花萼 4–5（6）裂，花瓣
无；雄花：雄蕊通常 10 枚，花丝联合为柱状，花药 1–2 轮生于柱顶；雌花：心皮常为 4–5，合生，花
柱分离。果肉质或木质，成熟时纵向分裂，每心皮种子数枚。

100 余种，主要分布于非洲。我国引种栽培 2 种，其中 1 种可药用。

1.可拉 光亮可乐果、白可拉

Cola nitida (Vent.) Schott. et Endl., Melet. Bot. 33. 1832.（英 **Cola Nut, Kola Nut**）

常绿乔木，株高 12–20 m；树皮厚，纵向深裂。叶互生，椭圆至长圆形，坚韧革质，无毛，先端短渐尖或骤尖，边缘波状。聚伞花序，腋生，花 5 数，黄白色，基部具红色脉纹；雄花具深裂的杯状花萼，直径约 2 cm，雄蕊 2 轮；雌花直径可达 5 cm，心皮 5。蓇葖果肉质，成熟时开裂为五星状，每心皮种子数枚，灰白色至红棕色。海南省每年 11 月至翌年 1 月开花，8 月至 9 月果熟。

可拉 **Cola nitida** (Vent.) Schott. et Endl.
摄影：朱仁斌

分布与生境 原产于塞拉利昂、利比里亚、科特迪瓦、加纳、尼日利亚等地。海南和云南有引种栽培。

药用部位 果实。

功效应用 西非民间草药。强壮，兴奋，止泻。用于腹泻，亦作为饮料。

化学成分 新鲜种子含咖啡因儿茶素复合物[1]。

坚果含挥发性物质：咖啡因(caffeine)，可可碱(theobromine)，β-谷甾醇(β-sitosterol)，γ-谷甾醇(γ-sitosterol)，豆甾醇(stigmasterol)，dl-α-生育酚(dl-α-tocopherol)[2]。

药理作用 调节中枢神经作用：可拉具有一定的抗焦虑作用[1]。给小鼠喂饲含 25% 可拉粉饲料 28 天，可见小鼠体重和进食量下降，但对多种方法测试所显示的运动状态未见明显影响。而咖啡因对照组则表现出一定的运动状态受到抑制[2]。可拉可以明显提高大鼠 Y 迷宫的探究行为，但维持时间较短[3]。

调节血压及心功能作用：可拉提取物 (11.9 mg/kg) 给大鼠灌胃 6 周，可以升高大鼠平均动脉压，降低大鼠体重。同时大鼠动脉血管对去甲肾上腺素敏感性降低，这种降低与其作用于乙酰胆碱受体有关。咖啡因组大鼠与此相同。提示可拉提取物的这种作用与其所含的咖啡因有关[4-5]。可拉提取物可以明显提高大鼠心率[6]。

抗菌作用：体外试验表明，可拉树皮提取物体外对白念珠菌、轮枝孢霉、柠檬霉和盐渍幼虫有抑制作用[7]。

降血糖作用：可拉提取物体外对 α-淀粉酶和 α-葡萄糖苷酶有明显的抑制作用。有助于降低血糖[8]。

调节生殖作用：可拉提取物给雄性大鼠灌胃 (8 mg/kg) 6 周后进行测试，可拉可以明显降低大鼠体重及精子计数，其他性激素等无明显影响。去咖啡因可拉提取物组则大鼠促黄体生成素及其精子计数等指标明显高于对照组，提示可拉对于雄性大鼠的影响与其中所含咖啡因有关[9-10]。

抗氧化作用：可拉叶提取物体外对于铁离子诱导的大鼠多种组织匀浆液过氧化物升高具有一定的抑制作用[11]。可拉提取物体外对 DPPH 实验系统显示出抗氧化作用，这种抗氧化作用主要与其所含的多酚类成分相关[12-13]。

抑制胆汁分泌作用：给大鼠喂饲含 15%-30% 可拉粉饲料 28 天，结果显示大鼠胆汁分泌明显低于对照组。提示这可能是胃及十二指肠出现溃疡的主要原因[14]。

抗肿瘤作用：可拉 60-80 μg/ml 体外可以明显抑制人乳腺癌 MCF-7 细胞增殖[15]。可拉水提取物对于化学剂 DEN/AAF 诱导的大鼠肝癌变具有一定的抑制作用[16]。

抑制性周期作用：可拉可以抑制大鼠的发情周期，降低血黄体生成素和卵泡刺激素的水平[17]。并能抑制大鼠子宫雌激素和孕激素与其相应受体的结合[18]。

毒性及不良反应 可拉灌胃 30 天可以影响雄性大鼠的生殖系统，可以使大鼠睾酮含量降低，精子数及其活力降低，睾丸中生精管出现坏死[19]。但是对子代未表现出遗传毒性[20]。可拉乙醇提取物给雄性大鼠灌胃 14 天 (600 mg/kg)，可致胃黏膜溃疡[21]。这种损伤与其促进胃酸分泌有关[22]。

化学成分参考文献

[1] Maillard C, et al. *Planta Med,* 1985, (6): 515-517.

[2] Salahdeen HM, et al. *Journal of Medicinal Plants Research,* 2015, 9(3): 56-70.

药理作用及毒性参考文献

[1] Lakhan SE, et al. *Nutrition J*, 2010, 9 (1): 42.

[2] Umoren EB, et al. *Nigerian J Physiol Sci*, 2009, 24 (1): 73-78.

[3] Ettarh RR, et al. *Pharm Biol*, 2000, 38 (4): 281-283.

[4] Salahdeen HM, et al. *African J Med Medical Sci*, 2014, 43 (1): 17-27.

[5] Osim EE, et al. *Int J Pharmacog*, 1993, 31 (3): 193-197.

[6] Chukwu LO, et al. *African J Biotechnol*, 2006, 5 (5): 484-486.

[7] Dah-Nouvlessounon D, et al. *Biochem Res Int*, 2015, 2015: 493879.

[8] Oboh G, et al. *Asian Pacific J Trop Biomed*, 2014, 4: S405-S412.

[9] Ogundipe JO, et al. *J Krishna Ins Med Sci Univer*, 2016, 5 (4): 10-17.

[10] Adisa WA, et al. *Nigerian J Physiol Sci*, 2010, 25 (2): 121-123.

[11] Ogunmefun OT, et al. *Int J Biomed Sci*, 2015, 11 (1): 16-22.

[12] Momo CEN, et al. *J Health Sci*, 2009, 55 (5): 732-738.

[13] Prohp TP, et al. *Pakistan J Nutr*, 2009, 8 (7): 1030-1031.

[14] Co N, et al. *Res J Pharm Biol Chem Sci*, 2014, 5 (4): 1508-1514.

[15] Endrini S, et al. *J Med Plants Res*, 2011, 5 (11): 2393-2397.

[16] Kadivar M, et al. *Malaysian J Microsc*, 2009, 5 (1): 13-18.

[17] Benie T, et al. *Phytother Res*, 2003, 17 (7): 748-755.

[18] Benie T, et al. *Phytother Res*, 2003, 17 (7): 756-760.

[19] Oyedeji KO, et al. *Int J Pharm Sci Rev Res*, 2013, 20 (2): 291-295.

[20] Burdock GA, et al. *Food Chem Toxicol*, 2009, 47 (8): 1725-1732.

[21] Ojo GB, et al. *African J Trad Compl Alter Med*, 2010, 7 (1): 47-52.

[22] Osim EE, et al. *Int J Pharmacog*, 1991, 29(3): 215-220.

毒鼠子科 DICHAPETALACEAE

　　小乔木或灌木，有时为攀援灌木。叶为单叶，互生；托叶小，脱落。花组成伞房花序式的聚伞花序，有时花序稠密而似头状花序，腋生；总花梗有时和叶柄贴生；花小，两性，很少单性，辐射对称或稍两侧对称；萼片5，分离或部分结合，覆瓦状排列；花瓣5，分离而相等或合生而不相等，顶端2裂或近全缘；雄蕊5枚，与花瓣互生，分离或合生，花药2室，纵裂，药隔背部常加厚；花盘分裂为5个腺体，或为具浅波状边缘的环状花盘，腺体与花瓣对生，分离；子房上位或下位，2-3室，每室具由室顶倒垂的胚珠2粒，花柱多少结合或分离。果为核果，干燥或很少肉质，外果皮薄，有时爆裂。种子无胚乳，子叶肉质。

　　毒鼠子科有4属，约110种，分布于热带地区。我国有1属，2种，分布于广东、广西、云南等地，均可药用。

1. 毒鼠子属 Dichapetalum Thouars

　　小乔木、直立灌木或攀援灌木。单叶，互生，螺旋状排列，但通常假二列，叶片全缘；叶柄短，托叶2，早落。花小，两性或很少单性，组成腋生的聚伞花序；花梗顶端处具关节；萼片5，基部稍有联合；花瓣5，多少呈匙形；雄蕊5枚，等大；腺体5，或具浅波状边缘的花盘；子房上位，2-3室。核果常被柔毛，新鲜时橘黄色或黄色；外果皮带肉质，内果皮硬壳质；种子1粒。

　　100种以上，分布于热带和亚热带地区。我国有2种，分布于广东、广西和云南等地，均可药用。

分种检索表

1. 攀援灌木；叶面中脉和侧脉上被锈色粗伏毛，其余无毛，背面被锈色长柔毛；花两性，花瓣近匙形，先端明显2裂 ·· 1. **海南毒鼠子 D. longipetalum**
1. 小乔木或灌木；叶片两面无毛或仅背面沿中脉被短柔毛；花单性，雌雄异株，花瓣阔匙形，先端微裂或近全缘 ··· 2. **毒鼠子 D. gelonioides**

1. 海南毒鼠子

Dichapetalum longipetalum (Turcz.) Engl. in Engl. et Prantl, Nat. Pflanzenfam. 3(4): 348. 1896.——*Chailletia longipetala* Turcz., *C. hainanensis* Hance, *Dichapetalum hainanense* (Hance) Engl., *D. tonkinense* Engl.（英 **Hainan Dichapetalum**）

　　攀援灌木；老枝具散生灰色圆形皮孔。叶纸质，长圆形或近椭圆形，长8-17 cm，宽3-9 cm，顶端渐尖，基部阔楔形或略呈圆形，叶面沿中脉和侧脉被锈色粗伏毛，余无毛，背面被锈色长柔毛，侧脉6-9对；叶柄长4-5 mm，被粗毛。聚伞花序腋生；花两性，具短梗；萼片长圆形，长约4 mm，外面密被灰色短柔毛；花瓣白色，近匙形，长约5 mm，无毛，先端2裂；腺体小，近方形，2浅裂；子房被灰褐色柔毛，花柱长于雄蕊，顶端3裂。核果倘全部心皮发育则呈微偏斜的倒心形，直径约2 cm，仅1枚心皮发育时呈偏斜的椭圆形，密被锈色短柔毛。花期7月至翌年3月，果期1-6月。
分布与生境　产于广东、广西、海南等地。生于中海拔山地沟谷密林或疏林中。也分布于中南半岛、马来半岛。

药用部位 茎、叶。

功效应用 用于血吸虫病。

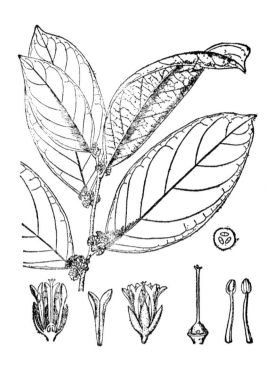

海南毒鼠子 Dichapetalum longipetalum (Turcz.) Engl.
引自《中国高等植物图鉴》

海南毒鼠子 Dichapetalum longipetalum (Turcz.) Engl.
摄影：王祝年 郑希龙

2. 毒鼠子（海南植物志） 滇毒鼠子（云南种子植物名录）

Dichapetalum gelonioides (Roxb.) Engl. in Engl. et Prantl, Nat. Pflanzenfam. 3 (4): 348. 1896.——*Moacurra gelonioides* Roxb., *Chailletia gelonioides* (Roxb.) Hook. f., *Dichapetalum howii* Merr. et Chun（英 **Common Dichapetalum**）

　　小乔木或灌木；幼枝被紧贴短柔毛，后变无毛，具散生圆形白色皮孔。叶片纸质或半革质，椭圆形或长圆状椭圆形，长 6-16 cm，宽 2-6 cm，先端渐尖或钝渐尖，基部楔形或阔楔形，稍偏斜，全缘，无毛或仅背面沿中脉和侧脉被短柔毛，侧脉 5-6 对，叶柄长 3-5 mm，无毛或疏被柔毛；托叶针状，长约 3 mm，被疏柔毛，早落。花雌雄异株，组成聚伞花序或单生叶腋，稍被柔毛；花瓣宽匙形，先端微裂或近全缘；雌花中子房 2 室，稀 3 室，密被黄褐色短柔毛，雄花中的退化子房密被白色绵毛，花柱 1，多少深裂。果为核果，若 2 室均发育者，则倒心形，长宽均约 1.8 cm；若仅 1 室发育，则呈偏斜的长椭圆形，长约 1.6 cm，幼时密被黄褐色短柔毛，成熟时被灰白色疏柔毛。果期 7–10 月。

毒鼠子 *Dichapetalum gelonioides* (Roxb.) Engl.
引自《中国高等植物图鉴》

毒鼠子 *Dichapetalum gelonioides* (Roxb.) Engl.
摄影：张金龙

分布与生境 产于广东、海南和云南。生于海拔 1500 m 左右的山地密林中。也分布于印度、斯里兰卡、菲律宾、缅甸、泰国、越南、马来西亚和印度尼西亚。

药用部位 果实。

功效应用 外用于杀虫止痒。还用于毒鼠。

化学成分 茎皮含三萜类：毒鼠子素▲(dichapetalin) A[1-2]、I、J[1]、K[1-2]、L[1]、T、U、V、W[2]，锡兰柯库木醇▲(zeylanol)，28-羟基锡兰柯库木醇▲(28-hydroxyzeylanol)，白桦脂酸(betulinic acid)[1]，22-去氧毒鼠子素▲P (22-deoxydichapetalin P)，25-去-*O*-乙酰毒鼠子素▲M (25-de-*O*-acetyldichapetalin M)，25-去-*O*-乙酰毒鼠子素▲P (25-de-*O*-acetyldichapetalin P)，6*α*-羟基毒鼠子素▲V (6*α*-hydroxydichapetalin V)，22-去氧-4"-甲氧基毒鼠子素▲V (22-deoxy-4"-methoxydichapetalin V)，4"-去甲氧基-7-二氢毒鼠子素▲W (4"-demethoxy-7-dihydrodichapetalin W)，7-去氢毒鼠子素▲E (7-dehydrodichapetalin E)，7-去氢毒鼠子素▲G (7-dehydrodichapetalin G)，21-去氢毒鼠子素▲Q (21-dehyrodichapetalin Q)，2'*α*-羟基-21-去氢毒鼠子素▲Q (2'*α*-hydroxy-21-dehydrodichapetalin Q)[2]；二萜类：对映-16-降-5*α*,13*α*-甲基-3-氧代斧松-1,4(18)-二烯-2-醇-15-酸[*ent*-16-nor-5*α*,13*α*-methyl-3-oxodolabra-1,4(18)-dien-2-ol-15-oic acid]，对映-16-降-5*α*,13*α*-甲基-2-氧代斧松-3-烯-3-醇-15-酸[*ent*-16-nor-5*α*,13*α*-methyl-2-oxodolabra-3-en-3-ol-15-oic acid][1]。

药理作用 细胞毒作用：从茎皮提取物的乙酸乙酯溶部位分得的毒鼠子素 A、I 和 J 对人卵巢癌 SW626 细胞系有选择性活性，毒鼠子素 K、L 和对映 -16- 降 -5*α*,13*α*- 甲基 -3- 氧代斧松 -1,4(18)- 二烯 -2- 醇 -15- 酸及其甲酯 6a 具有广谱细胞毒活性，如对人肺癌 Lu1、激素依赖性前列腺癌 LNCaP 和 SW626 细胞系，毒鼠子素 K 和 L 还对乳腺癌 MCF-7 和人脐静脉内皮细胞 HUVEC 有选择性活性[1]。

化学成分参考文献

[1] Fang L, et al. *J Nat Prod*, 2006, 69(3): 332-337.　　[2] Jing SX, et al. *J Nat Prod*, 2014, 77(4): 882-893.

药理作用及毒性参考文献

[1] Fang L, et al. *J Nat Prod*, 2006, 69(3): 332-337.

瑞香科 THYMELAEACEAE

落叶或常绿灌木或小乔木，稀草本。茎通常具韧皮纤维。单叶互生或对生，革质或纸质，稀草质，边缘全缘。花辐射对称，两性或单性，雌雄同株或异株，头状、穗状、总状、圆锥或伞形花序，有时单生或簇生；花萼通常花冠状，白色、黄色或淡绿色，稀红色或紫色，常连合成钟状、漏斗状、筒状的萼筒，裂片4-5；花瓣缺或鳞片状，与萼裂片同数；雄蕊通常为萼裂片的2倍或同数，稀退化为2，多与裂片对生，或另一轮与裂片互生；花盘环状、杯状或鳞片状，稀不存；子房上位，心皮2-5个合生，稀1个，1室，稀2室，每室有悬垂胚珠1颗，稀2-3颗，近室顶端倒生，花柱长或短，柱头通常头状。浆果、核果或坚果，稀为2瓣开裂的蒴果，果皮膜质、革质、木质或肉质。种子下垂或倒生。

约48属，650种以上，广布于南北两半球的热带和温带地区，多分布于非洲、大洋洲和地中海沿岸。我国有10属100种左右，各地均有分布，主产于长江流域及以南地区，其中7属35种3变种可药用。

本科药用植物主要成分包括：瑞香烷型二萜、三萜、香豆素、苯丙素和黄酮等类型化学成分。

分属检索表

1. 乔木；萼筒喉部有鳞片状退化花瓣，子房2室；蒴果室背开裂 ⋯⋯⋯⋯⋯⋯⋯ **1. 沉香属 Aquilaria**
1. 灌木或亚灌木，稀草本；萼筒喉部无鳞片状退化花瓣，子房1室；蒴果、核果或坚果，不开裂。
　2. 花萼宿存或脱落，在子房上面无关节，果时不横断。
　　3. 下位花盘鳞片状或狭舌状，花序总状、圆锥或穗状，稀头状；叶多为对生，少互生 ⋯⋯⋯⋯
　　　⋯⋯⋯⋯⋯⋯⋯⋯⋯⋯⋯⋯⋯⋯⋯⋯⋯⋯⋯⋯⋯⋯⋯⋯⋯⋯⋯⋯⋯ **2. 荛花属 wikstroemia**
　　3. 下位花盘环状偏斜或杯状，边缘全缘或浅裂至深裂，或一侧发达，花序为头状花序或数花簇生，稀穗状或总状花序；叶多为互生，稀对生。
　　　4. 花柱及花丝极短或近于无，柱头头状，较大。
　　　　5. 花萼裂片在开花时开展，头状花序或短穗状花序，无萼状总苞围绕，无或具短总花梗 ⋯⋯⋯⋯
　　　　　⋯⋯⋯⋯⋯⋯⋯⋯⋯⋯⋯⋯⋯⋯⋯⋯⋯⋯⋯⋯⋯⋯⋯⋯⋯⋯⋯ **3. 瑞香属 Daphne**
　　　　5. 花萼裂片在开花时直立，花序为头状花序或组成圆锥花序，早落的萼状苞片在花芽时完全围绕或包被着花芽，具长总花梗。头状花序通常具5-10花，花萼内面白色·**4. 毛花瑞香属 Eriosolena**
　　　4. 花柱长，柱头圆柱状线形，其上密被疣状突起⋯⋯⋯⋯⋯⋯⋯ **5. 结香属 Edgeworthia**
　2. 花萼筒在子房上面具关节或缢缩，果时横断（周裂）。
　　6. 穗状花序疏散，伸长，花细小而不显著，花盘细小，盘状；一年生草本，茎多分枝，根不肥大⋯⋯⋯
　　　⋯⋯⋯⋯⋯⋯⋯⋯⋯⋯⋯⋯⋯⋯⋯⋯⋯⋯⋯⋯⋯⋯⋯⋯⋯⋯⋯⋯ **6. 粟麻属 Diarthron**
　　6. 头状花序紧密或短穗状花序，花显著，下位花盘裂片状，偏向一侧；多年生草本、亚灌木至灌木，茎不分枝或极少分枝，具肥大的木质根状茎⋯⋯⋯⋯⋯⋯⋯⋯⋯⋯⋯ **7. 狼毒属 Stellera**

1. 沉香属 Aquilaria Lam.

乔木或小乔木。叶互生，具纤细的平行脉。花两性，通常组成伞形花序，无苞片；萼筒钟状，宿存，裂片5枚，花瓣退化成鳞片状，10枚，基部联合成环，着生于花萼喉部，密被绒毛；雄蕊2倍于萼裂片，与鳞片状花瓣间生，花丝极短，花药长圆形，背着，药隔宽；下位花盘不存；子房近无柄，被毛，完全或不完全的 2 室，柱头头状，花柱极短。蒴果具梗，两侧压扁，倒卵形，室背开裂；果皮革质或木质，基部为宿存萼筒所包被。种子卵形或椭圆形，基部具 1 长的尾状附属物，种皮坚脆，无胚乳，胚具厚而平凹的子叶。

约 15 种，分布于缅甸、泰国、越南、老挝、柬埔寨、印度东北部及不丹、马来半岛、苏门答腊岛、加里曼丹岛等地。我国有 2 种，均可药用。

分种检索表

1. 蒴果质地稍薄，果皮干时不皱缩；种子被白色绢毛或无毛，先端具长喙，基部附属体较长，约 1.5 cm，比种子长，叶较宽，先端急尖···1. 土沉香 A. sinensis
1. 蒴果质地稍厚，果皮干时皱缩；种子被黄色绢毛，先端钝，基部附属体较短，约长 1.5 cm，几与种子等长，叶较窄，先端尾状渐尖···2. 云南沉香 A. yunnanensis

1. 土沉香（中国经济植物志） 白木香（广东），沉香（名医别录）

Aquilaria sinensis (Lour.) Spreng., Syst. 2: 356. 1825.——*Ophispermum sinense* Lour.（ 英 **Chinses Eaglewood**）

乔木，高 5–15 m，纤维坚韧。小枝圆柱形，具皱纹，幼时被疏柔毛，后逐渐脱落，无毛或近无毛。叶革质，圆形、椭圆形至长圆形，有时近倒卵形，长 5–9 cm，宽 2.8–6 cm，两面均无毛，侧脉每边 15–20，在下面更明显，小脉纤细，近平行，边缘有时被稀疏的柔毛；叶柄长 5–7 mm，被毛。花芳香，黄绿色，多朵，组成伞形花序；花梗长 5–6 mm，密被黄灰色短柔毛；萼筒浅钟状，长 5–6 mm，两面均密被短柔毛，5 裂；花瓣 10，鳞片状，着生于花萼筒喉部，密被毛；雄蕊 10 枚，排成 1 轮，花丝长约 1 mm，花药长圆形，长约 4 mm；子房卵形，密被灰白色毛，2 室，每室 1 胚珠，花柱极短或无，柱头头状。蒴果卵球形，幼时绿色，长 2–3 cm，直径约 2 cm，密被黄色短柔毛，2 瓣裂，2 室，每室具有 1 种子。种子褐色，卵球形，基部具有附属体，附属体长约 1.5 cm。花期春夏季，果期夏秋季。

分布与生境 产于广东、海南、广西、福建。喜生于低海拔的山地、丘陵以及路边阳处疏林中。

药用部位 含树脂木材。

功效应用 行气止痛，温中止呕，纳气平喘。用于胸腹胀闷疼痛，胃寒呕吐呃逆，肾虚气逆喘急。

土沉香 Aquilaria sinensis (Lour.) Spreng.
引自《中国高等植物图鉴》

化学成分 含树脂的木材含色酮类：(5*S*,6*R*,7*S*)-5,6,7-三羟基-2-(3-羟基-4-甲氧基苯乙基)-5,6,7,8-四氢色酮[(5*S*,6*R*,7*S*)-5,6,7-trihydroxy-2-(3'-hydroxy-4'-methoxyphenethyl)-5,6,7,8-tetrahydrochromone]，(5*S*,6*R*,7*R*)-5,6,7-三羟基-2-(3-羟基-4-甲氧基苯乙基)-5,6,7,8-四氢色酮[(5*S*,6*R*,7*R*)-5,6,7-trihydroxy-2-(3'-hydroxy-4'-methoxyphenethyl)-5,6,7,8-tetrahydrochromone][1]，6-羟基-7-甲氧基-2-(3'-羟基-4'-甲氧基苯乙基)色酮[6-hydroxy-7-methoxy-2-(3'-hydroxy-4'-methoxyphenethyl)chromone]，6,7-二甲氧基-2-(3'-羟基-4'-甲氧基苯乙基)色酮[6,7-dimethoxy-2-(3'-hydroxy-4'-methoxyphenethyl)chromone]，7-羟基-6-甲氧基-2-(3'-羟基-4'-甲氧基苯乙基)色酮[7-hydroxy-6-methoxy-2-(3'-hydroxy-4'-methoxyphenethyl)chromone]，6,7-二甲氧基-2-(4'-

土沉香 **Aquilaria sinensis** (Lour.) Spreng.
摄影：徐克学 王祝年 李泽贤

羟基-3'-甲氧基苯乙基)色酮[6,7-dimethoxy-2-(4'-hydroxy-3'-methoxyphenethyl)chromone]，6,7-二羟基-2-(4'-甲氧基苯乙基)色酮[6,7-dihydroxy-2-(4'-methoxyphenethyl)chromone]，6-羟基-7-甲氧基-2-(4'-羟基苯乙基)色酮[6-hydroxy-7-methoxy-2-(4'-hydroxyphenethyl)chromone]，6,8-二羟基-2-(3'-羟基-4'-甲氧基苯乙基)色酮[6,8-dihydroxy-2-(3'-hydroxy-4'-methoxyphenethyl)chromone]，6-羟基-2-(4'-羟基-3'-甲氧基苯乙烯基)色酮[6-hydroxy-2-(4'-hydroxy-3'-methoxyphenylethenyl)chromone][2]，6,8-二羟基-2-[2-(3'-甲氧基-4'-羟基苯乙基)]色酮{6,8-dihydroxy-2-[2-(3'-methoxy-4'-hydroxylphenylethyl)]chromone}，6-甲氧基-2-[2-(3'-甲氧基-4'-羟基苯乙基)]色酮{6-methoxy-2-[2-(3'-methoxy-4'-hydroxylphenylethyl)]-chromone}[3]，6-羟基-2-[2-(3'-甲氧基-4'-羟基苯乙基)]色酮{6-hydroxy-2-[2-(3'-methoxy-4'-hydroxyphenylethyl)]chromone}[4]，8-氯-6-羟基-2-(2-苯乙基)-色酮[8-chloro-6-hydroxy-2-(2-phenylethyl)chromone]，8-氯-6-羟基-2-[2-(4-甲氧基苯乙基]色酮{8-chloro-6-hydroxy-2-[2-(4-methoxyphenyl)ethyl]chromone}[5]，奇楠沉香酮▲(qinanone) A、B、C、D、E[6]、G[7]，2-(2-苯乙基)色酮[2-(2-phenylethyl)chromone]，2-[2-(2-羟基苯基)乙基]色酮{2-[2-(2-hydroxyphenyl)ethyl]chromone}，2-[2-(4-甲氧基苯基)乙基]色酮{2-[2-(4-methoxyphenyl)ethyl]chromone}，6-羟基-2-(2-苯乙基)色酮[6-hydroxy-2-(2-phenylethyl)chromone]，6-羟基-2-[2-(4-甲氧基苯基)乙基]色酮{6-hydroxy-2-[2-(4-methoxyphenyl)ethyl]chromone}，6-羟基-2-[2-(2-羟基苯基)乙基]色酮{6-hydroxy-2-[2-(2-hydroxyphenyl)ethyl]chromone}，6-羟基-2-[2-(3-羟基-4-甲氧基苯基)乙基]色酮{6-hydroxy-2-[2-(3-hydroxy-4-methoxyphenyl)ethyl]chromone}[6]，2-[2-羟基-2-(4-羟基苯基)乙基]色酮{2-[2-hydroxy-2-(4-hydroxyphenyl)ethyl]chromone}，2-[2-羟基-2-(4-甲氧基苯基)乙基]色酮{2-[2-hydroxy-2-(4-methoxyphenyl)ethyl]chromone}，6,7-二甲氧基苯基-2-(2-苯乙基)色酮[6,7-dimethoxy-2-(2-phenylethyl)chromone]，8-羟基-2-(2-苯乙基)色酮[8-hydroxy-2-(2-phenylethyl)chromone][7]，白木香酮▲(aquilarone) A、B、C、D、E、F、G、H、I[8]；三萜类：常春藤皂苷元(hederagenin)[4]；二萜类：去氢冷杉酸(dehydroabietic acid)，去氢冷杉酸甲酯(methyl dehydroabietate)，7-氧代-去氢冷杉酸甲酯(methyl 7-oxo-dehydroabietate)，7α,15-二羟基去氢冷杉酸(7α,15-dihydroxydehydroabietic acid)，7α-羟基罗汉松-8(14)-烯-13-酮-18-酸[7α-hydroxypodocarpen-8(14)-en-13-on-18-oic acid]，海松酸(pimaric acid)，海松醇(pimarol)，18-降海松-8(14),15-二烯-4α-醇[18-norpimara-8(14),15-dien-4α-ol]，18-降异海松-8(14),15-二烯-4β-醇[18-norisopimara-8(14),15-dien-4β-ol][9]；挥发油：白木香酸(baimuxinic acid)，白木香醛(baimuxinal)[10]，去氢白木香醇(dehydrobaimuxinol)，白木香醇(baimuxinol)[11]，β-沉香呋喃(β-agarofuran)，异白木香醇(isobaimuxinol)[12]，白木香呋喃酸(baimuxifuranic acid)等[13]；其他类：苄基丙酮(benzylacetone)，对甲氧基苄基丙酮(p-methoxybenzyl acetone)，茴芹酸[12]。

木质部含色酮衍生物：6-羟基-2-[2-(4'-甲氧基苯基)乙基]色酮{6-hydroxy-2-[2-(4'-methoxylphenyl)ethyl]chromone}，2-(2-苯乙基)色酮[2-(2-phenylethyl)chromone]，6-甲氧基-2-(2-苯乙基)色酮[6-methoxy-2-(2-phenylethyl)chromone]，6,7-二甲氧基-2-(2-苯乙基)色酮[6.7-dimethoxy-2-(2-phenylethyl)chromone]，6-甲氧基-2-[2-(3'-甲氧基苯基)乙基]色酮{6-methoxy-2-[2-(3'-methoxyphenyl)ethyl]chromone}，6-羟基-2-(2-苯乙基)色酮[6-hydroxy-2-(2-phenylethyl)chromone][14]，5,8-二羟基-2-(2-对甲氧基苯乙基)色酮[5,8-dihydroxy-2-(2-p-methoxyphenylethyl)chromone]，6,7-二甲氧基-2-(2-对甲氧基苯乙基)色酮[6,7-dimethoxy-2-(2-p-methoxyphenylethyl)chromone]，5,8-二羟基-2-(2-苯乙基)色酮[5,8-dihydroxy-2-(2-phenylethyl)chromone][15]，6-甲氧基-2-(2-苯乙基)色酮[6-methoxy-2-(2-phenylethyl)chromone]，6-甲氧基-2-[2-(4'-甲氧基苯基)乙基]色酮{6-methoxy-2-[2-(4'-methoxybenzene)ethyl]chromone}，6,7-二甲氧基-2-[2-(4'-甲氧基苯基)乙基]色酮[6,7-dimethoxy-2-[2-(4'-methoxybenzene)ethyl]chromone]，8-氯-5,6,7-三羟基-2-(3-羟基-4-甲氧基苯乙基)-5,6,7,8-四氢色酮{8-chloro-5,6,7-trihydroxy-2-(3-hydroxy-4-methoxyphenethyl)-5,6,7,8-tetrahydrochromone}[16]；三萜类：3-氧代-22-羟基何帕烷(3-oxo-22-hydroxyhopane)[17]，葫芦素(cucurbitacin)[18]；木脂素类：苏式-醉鱼草醇C (threo-buddlenol C)，赤式-醉鱼草醇C (erythro-buddlenol C)，(±)-醉鱼草醇D [(±)-buddlenol D]，(-)-水曲柳树脂酚[(-)-medioresinol]，(-)-松脂酚[(-)-pinoresinol]，(+)-丁香树脂酚[(+)-syringaresinol]，5'-甲氧基落叶松树脂醇(5'-methoxylariciresinol)，刺五加酮(ciwujiatone)，赤式-愈创木基甘油-β-松柏醇醚(erythro-guaiacylglycerol-β-coniferyl ether)，苏式-愈创木基甘油-β-松柏醇醚(threo-guaiacylglycerol-β-coniferyl ether)，雪胆木脂素(curuilignan)，波棱瓜亭(herpetin)，苏式-榕树倍半木脂素A (thero-ficusesquilignan A)[18]；苯丙素类：松柏醇(coniferyl alcohol)[18]；酚类：3,4,5-三甲氧基苯酚(3,4,5-trimethoxyphenol)[18]；倍半萜类：沉香螺醇(agarospirol)，β-沉香呋喃，二氢卡拉酮(dihydrokaranone)，樟油醇(kusunol)[19]；其他类：苄基丙酮，对甲氧基苄基丙酮[19]。

枯木含色酮衍生物：8-氯-2-(2-苯乙基)-5,6,7-三羟基-5,6,7,8-四氢色酮[8-chloro-2-(2-phenylethyl)-5,6,7-trihydroxy-5,6,7,8-tetrahydrochromone]，5-羟基-6-甲氧基-2-(2-苯乙基)色酮[5-hydroxy-6-methoxy-2-(2-phenylethyl)chromone]，6-羟基-2-(2-羟基-2-苯乙基)色酮[6-hydroxy-2-(2-hydroxy-2-phenylethyl)chromone]，6,7-二羟基-2-(2-苯乙基)-5,6,7,8-四氢色酮[6,7-dihydroxy-2-(2-phenylethyl)-5,6,7,8-tetrahydrochromone][17]。

茎含黄酮类：芹菜苷元-7,4'-二甲醚(apigenin-7,4-dimethyl ether)，7,3',4'-三甲氧基木犀草素(7,3',4'-trimethoxyluteolin)，7,4'-二甲基木犀草素(7,4'-dimethylluteolin)，芫花素(genkwanin)，4',5-二羟基-3',7-二甲氧基黄酮(4',5-dihydroxy-3',7-dimethoxyflavone)[20]，沉香苷A₁ (aquilarinoside A₁)，莱斯顿木二糖苷A₁(lethedioside A₁)，莱斯顿木苷A (lethedoside A)，7,4'-二甲基芹菜苷元-5-O-吡喃木糖基吡喃葡萄糖苷(7,4'-dimethylapigenin-5-O-xylopyranosylglucopyranoside)，7-羟基-4'-甲氧基黄酮-5-O-吡喃葡萄糖苷(7-hydroxyl-4'-methoxyflavone-5-O-glucopyranoside)，7,3'-二甲氧基-4'-羟基黄酮-5-O-吡喃葡萄糖苷(7,3'-dimethoxy-4'-hydroxyflavone-5-O-glucopyranoside)，7,4'-二甲氧基黄酮-5-O-吡喃葡萄糖苷(7,4'-dimethoxyflavone-5-O-glucopyranoside)，羟基芫花素(hydroxylgenkwanin)，刺槐素(acacetin)，芒柄花素(formononetin)[21]；木脂素类：爵床定(justicidin) A、F，刺五加酮(ciwujiatone)，(+)-丁香树脂酚[(+)-syringaresinol]，丁香树脂酚-4,4'-二-O-β-D-吡喃葡萄糖苷(syringaresinol-4,4'-di-O-β-D-glucopyranoside)，丁香树脂酚-4'-O-β-D-吡喃葡萄糖苷(syringaresinol-4'-O-β-D-glucopyranoside)[22]；苯丙素类：雪胆木脂素D (curuilignan D)，丁香苷(syringin)[22]；酚苷类：裸柄吊钟花苷(koaburaside)，3,4,5-三甲氧基苯基-1-O-β-D-吡喃葡萄糖苷(3,4,5-trimethoxyphenyl-1-O-β-D-glucopyranoside)，3,4,5-三甲氧基苯基-1-O-β-D-呋喃芹糖基-(1"→6')-β-D-吡喃葡萄糖苷[3,4,5-trimethoxyphenyl-1-O-β-D-apiofuranosyl-(1"→6')-β-D-glucopyranoside][22]；甾体类：7-酮基谷甾醇(7-ketositosterol)，7-氧代-5,6-二氢豆甾醇(7-oxo-5,6-dihydrostigmasterol)[22]。

鲜茎含木脂素类：(+)-落叶松树脂醇[(+)-lariciresinol]，蛇菰宁(balanophonin)[23]；芳香类：沉香素A (aquilarin A)[23]；倍半萜类：沉香素B (aquilarin B)[24]。

叶含黄酮类：刺槐素，木犀草素(luteolin)，5-羟基-7,4'-二甲氧基黄酮(5-hydroxyl-7,4'-dimethoxyflavone)，芫花卡宁▲(yuankanin)，芫花素-5-*O*-β-D-吡喃葡萄糖苷(genkwanin-5-*O*-β-D-glucopyranoside)，次衣草亭▲-7-*O*-β-D-吡喃葡萄糖苷(hypolaetin-7-*O*-β-D-glucopyranoside)，8-*C*-β-D-吡喃半乳糖基异牡荆素(8-*C*-β-D-galactopyranosylisovitexin)[25]，沉香辛▲(aquilarisin)，次衣草亭▲-5-*O*-β-D-吡喃葡萄糖醛酸苷(hypolaetin-5-*O*-β-D-glucuronopyranoside)[26]，木犀草素-7,4'-二甲醚[27]，7-羟基-5,4'-二甲氧基黄酮(7-hyroxy-5,4'-dimethoxyflovone)，5,4'-二羟基-7,3'-二甲氧基黄酮(5,4'-dihyroxy-7,3'-dimethoxyflovone)[28]，羟基芫花素[27,29]，7-*O*-甲基芹菜苷元-5-*O*-吡喃木糖基吡喃葡萄糖苷(7-*O*-methylapigenin-5-*O*-xylopyranosylglucopyranoside)，7,4'-二-*O*-甲基芹菜苷元-5-*O*-吡喃木糖基吡喃葡萄糖苷(7,4'-di-*O*-methylapigenin-5-*O*-xylopyranosylglucopyranoside)，7,3'-二-*O*-甲基木犀草素-5-*O*-β-D-吡喃葡萄糖苷(7,3'-di-*O*-methylluteolin-5-*O*-β-D-glucopyranoside)，5-*O*-甲基芹菜苷元-7-*O*-β-D-吡喃葡萄糖苷(5-*O*-methylapigenin-7-*O*-β-D-glucopyranoside)[29]，沉香黄酮苷(aquisiflavoside)[30]，芫花素[25,31]，7,3',4'-三-*O*-甲基木犀草素(7,3',4'-tri-*O*-methylluteolin)，芹菜苷元-7,4'-二甲醚[27,31]，6-羟基-7,4'-二甲氧基黄酮(6-hydroxy-7,4'-dimethoxyflavone)，槲皮素(quercetin)，山奈酚(kaempferol)，5-羟基-7,2',4',5'-四甲氧基黄酮(5-hydroxy-7,2',4',5'-tetramethoxyflavone)，5,4'-二羟基-7,3'-二甲氧基黄酮(5,4'-dihydroxy-7,3'-dimethoxyflavone)[31]；呫酮类：沉香呫酮(aquilarixanthone)，杧果苷(mangiferin)[26]；二苯甲酮类：南欧鸢尾苯酮▲(iriflophenone)，沉香苷▲A (aquilarinoside A)，南欧鸢尾苯酮▲-2-*O*-α-L-吡喃鼠李糖苷(iriflophenone-2-*O*-α-L-rhamnopyranoside)，南欧鸢尾苯酮▲-3-*C*-β-D-葡萄糖苷(iriflophenone-3-*C*-β-D-glucoside)，南欧鸢尾苯酮▲-3,5-*C*-β-D-二吡喃葡萄糖苷(iriflophenone-3,5-*C*-β-D-diglucopyranoside)，沉香西宁▲(aquilarisinin)[29]；二萜醌类：隐丹参酮(cryptotanshinone)，二氢丹参酮Ⅰ(dihydrotanshinoneⅠ)，丹参酮Ⅰ(tanshinoneⅠ)，丹参酮ⅡA(tanshinoneⅡA)[32]；酚类：4-(1,2,3-三羟基丙基)-2,6-二甲氧基苯基-1-*O*-β-D-吡喃葡萄糖苷[4-(1,2,3-trihydroxypropyl)-2,6-dimethoxyphenyl-1-*O*-β-D-glucopyranoside][25]，对苯二甲酸二(4-辛基)酯[*p*-phthalic acid-di(4-octyl)ester][31]，对羟基苯甲酸(*p*-hydroxybenzoic acid)[31-32]，氢醌(hydroquinone)[32]；三萜类：表无羁萜醇(epifriedelanol)，无羁萜烷(friedelane)，无羁萜(friedelin)[28]，2α-羟基熊果烷(2α-hydroxyursane)，2α-羟基熊果酸(2α-hydroxyursolic acid)[32]；甾体类：α-豆甾醇[28]，β-谷甾醇，胡萝卜苷[32]，7α-羟基谷甾醇(7α-hydroxysitosterol)[33]；生物碱类：异紫堇定(isocorydine)[28]，4-氰基苯甲醛(4-cyanobenzaldehyde)[31]；碱基及其衍生物：尿嘧啶(uracil)，次黄嘌呤(hypoxanthine)，腺苷(adenosine)[25]；脂肪烃类：三十一烷，三十二醇[28]，6-E-十八烯酸(6-E-octadecenoic acid)，亚油酸乙酯(ethyl linoleate)[31]，二十六酸[32]；挥发油：叶绿醇，异叶绿醇，壬酸，十四酸，十五酸，十六酸，十八酸，反式-9-十八烯酸，6,10,14-三甲基-2-十五酮，4,8,12,16-四甲基十七酸内酯等[34]。

花含挥发油：硬脂酸，油酸，十八醛，十八烷，二十一烷，4',7-二甲氧基-芹菜苷元，二十七醇，三十烷，β-谷甾醇，17-三十五碳烯，十八烷，酞酸-2-乙基己酯等[35]。

果实含色酮类：6-羟基-2-对羟基苯乙基色酮 {6-hydroxy-2-[2-(4-hydroxyphenyl)ethyl]chromone}[36]；黄酮类：芫花素，4',5-二羟基-3',7-二甲氧基黄酮(4',5-dihydroxy-3',7-dimethoxyflavone)，芹菜苷元-7,4'-二甲醚(apigenin-7,4'-dimethyl ether)[36]；生物碱类：吲哚-3-羧酸(indolyl-3-carboxylic acid)[36]；三萜类：六降葫芦素I(hexanorcucurbitacin I)，葫芦素I(cucurbitacin I)，葫芦素D (cucurbitacin D)，异葫芦素D (isocucurbitacin D)，新葫芦素B (neocucurbitacin B)[37]；甾体类：β-谷甾醇，胡萝卜苷[36]；挥发油：十八醛，硬脂酸，油酸，4',7-二甲氧基-芹菜苷元，9-十六烯酸，三十烷，肉豆蔻酸，酞酸二异辛酯，二十八烷等[35]。

果皮含倍半萜类：木香内酯(costunolide)[38]；三萜类：表无羁萜醇(epifriedelanol)[38]，二氢葫芦素E (dihydrocucurbitacin E)，十一叶雪胆素B (endecaphyllacin B)，2-*O*-β-D-吡喃葡萄糖基葫芦素I(2-*O*-β-D-glucopyranosylcucurbitacin I)，葫芦素(cucurbitacin)E、I[39]；黄酮类：醉鱼草萜▲A (buddlenoid A)，异鼠李素-3-*O*-(6"-*O*-Z-对香豆酰基)-β-D-吡喃葡萄糖苷[isorhamnetin-3-*O*-(6"-*O*-Z-*p*-coumaroyl)-β-D-glucopyranoside]，7-甲氧基-4'-羟基异黄酮(7-methoxy-4'-hydroxyisoflavone)，木犀草素(luteolin)[38]；

苯丙素类：反式-对香豆酸乙酯(*trans-p*-coumaric acid ethyl ester)[38]；酚类：对羟基苯甲酸甲酯(methyl *p*-hydroxybenzoate)，焦儿茶酚(pyrocatechol)[38]；甾体类：豆甾醇(stigmasterol)[38]；挥发油[40]。

种子含挥发油和脂肪酸：棕榈酸，硬脂酸，壬二酸双-1-甲基丙酯，9-氧代-壬酸丁酯，9-氧代-壬酸乙酯，油酸，亚油酸乙酯等[41-42]。

沉香 Aquilariae Lignum Resinatum
摄影：钟国跃

注评　本种为历版中国药典、中华中药典范（1985年版）、内蒙古蒙药材标准（1986年版）、藏药标准（1979年版）和新疆药品标准（1980年版）收载"沉香"的基源植物，药用其含有树脂的木材；其干燥的茎为广西中药材标准（1996年版）收载的"白木香"。药典和标准使用本种的中文异名白木香。沉香商品药材分国产沉香和进口沉香两类，从印度尼西亚、越南、柬埔寨进口者为同属植物沉香 A. agallocha Roxb.，习称"伽南沉香""洋沉香"，为中国药典（1963年版）、部颁标准·进口药材（1977、1986年版）收载的"沉香"；从马来西亚进口者为同属植物马来沉香 A. malaccensis Lam.，从印度进口者为同属植物印度沉香 A. secundaria Rumph. ex DC.。本种藏族语称"阿嘎"或"阿嘎纳保"，除药用外，也大量用于制作香料。藏医学中上述4种"沉香"均使用，进口者藏族语称"阿尔那合"，国产者称"沉香""阿嘎纳保"或"外贡顺"，用于心热病、神志错乱、妇科诸病。《晶珠本草》中记载的"阿卡如"（藏药"沉香"类）分为白、黑、红三种，目前藏医使用"沉香"的来源涉及瑞香科植物沉香 A. agallocha Roxb.、土沉香 A. sinensis (Lour.) Spreng.、橙花瑞香 D. aurantiaca Diels、木犀科植物白花欧洋丁香 Syringa vulgaris L. f. alba (Weston) Voss、樟科植物云南樟 Cinnamomum glanduliferum (Wall.) Meisn. 等5种，《藏药志》认为土沉香 A. sinensis (Lour.) Spreng. 为《晶珠本草》中记载的三种"阿卡如"中的黑"阿卡如"（"阿尔纳合"）之一。蒙医学对"沉香"的临床应用与藏医学相似；内蒙古药材标准中还收载有一种"山沉香"，为木犀科植物贺兰山丁香 Syringa pinnatifolia Hemsl. var. alashanensis Ma et S. Q. Zhou 除去栓皮的根，在内蒙古部分地区代"沉香"使用。维吾尔族、彝族、德昂族、阿昌族、哈尼族也药用本种，主要用途见功效应用项。本种为我国特有的名贵药用植物，国家二级保护植物，已列入《药用动植物资源保护名录》三级保护物种，目前在广东（电白）和海南已建立有栽培基地。

化学成分参考文献

[1] Dai HF, et al. *J Asian Nat Prod Res*, 2010, 12(2): 134-137.

[2] Yang L, et al. *Phytochemistry*, 2012, 76(1): 92-97.

[3] 刘军民，等. 中草药, 2006, 37(3): 325-327.

[4] 刘军民，等. 中草药, 2007, 38(8): 1138-1140.

[5] Gao YH, et al. *Helv Chim Acta*, 2012, 95(6): 951-954.

[6] Yang DL, et al. *Planta Med*, 2013, 79(14): 1329-1334.

[7] Yang DL, et al. *J Asian Nat Prod Res*, 2014, 16(7): 770-776.

[8] Chen D, et al. *Eur J Org Chem*, 2012, 2012(27): 5389-5397.

[9] 杨林，等. 中国中药杂志, 2011, 36(15): 2088-2091.

[10] 杨峻山，等. 药学学报, 1983, 18(3): 191-198.

[11] 杨峻山，等. 药学学报, 1986, 21(7): 516-520.

[12] 杨峻山，等. 药学学报, 1989, 24(4): 264-268.

[13] Yang JS, et al. *Chin Chem Lett*, 1992, 3: 983-984.

[14] 杨峻山，等. 药学学报, 1989, 24(9): 678-683.

[15] 杨峻山，等. 药学学报, 1990, 25(3): 186-190.

[16] Liu J, et al. *Chin Chem Lett*, 2008, 19(8): 934-936.

[17] Yagura T, et al. *Chem Pharm Bull*, 2003, 51(5): 560-564.

[18] 李薇，等. 中国中药杂志, 2013, 38(17): 2826-2831.

[19] 林立东，等. 中草药, 2000, 31(2): 89-90.

[20] 彭可，等. 热带亚热带植物学报, 2010, 18(1): 97-100.

[21] 陈东，等. 中国天然药物, 2012, 10(4): 287-291.

[22] Chen D, et al. *J Chin Pharm Sci*, 2012, 21(1): 88-92.

[23] Wang QH, et al. *Molecules*, 2010, 15: 4011-4016.

[24] Peng K, et al. *J Asian Nat Prod Res*, 2011, 13(10): 951-955.

[25] 冯洁，等. 中国中药杂志, 2012, 37(2): 230-234.

[26] Feng J, et al. *Phytochemistry*, 2011, 72(2-3): 242-247.

[27] 路晶晶，等. 中国天然药物, 2008, 6(6): 456-460.

[28] 聂春晓，等. 中国中药杂志, 2009, 34(7): 858-860.

[29] Qi J, et al. *Chem Pharm Bull*, 2009, 57(2): 134-137.

[30] Yang XB, et al. *J Asian Nat Prod Res*, 2012, 14(9): 867-872.

[31] 杨懋勋，等. 中草药, 2014, 45(14): 1989-1992.

[32] 冯洁，等. 中国中药杂志, 2011, 36(15): 2092-2095.

[33] 王红刚，等. 林产化学与工业, 2008, 28(2): 1-5.

[34] 刘玉峰，等. 中国现代中药, 2007, 9(8): 7-9.

[35] 梅文莉，等. 热带亚热带植物学报, 2009, 17(3): 305-308.

[36] 林峰，等. 热带亚热带植物学报, 2012, 20(1): 89-91.

[37] 梅文莉，等. 中国天然药物, 2012, 10(3): 234-237.

[38] 张兴，等. 中草药, 2013, 44(10): 1248-1252.

[39] 张兴，等. 天然产物研究与开发, 2014, 26(3): 354-357.

[40] 徐维娜，等. 中药材, 2010, 33(11): 1736-1740.

[41] 刘俊，等. 中药材, 2008, 31(3): 340-342.

[42] 丽艳，等. 安徽农业科学, 2008, 36(6): 2207-2208.

2. 云南沉香（云南植物研究） 外弦顺（云南傣族语）

Aquilaria yunnanensis S. C. Huang in Acta Bot. Yunnan. 7(3): 277. f. 1. 1985.（英 **Yunnan Eaglewood**）

小乔木，高 3-8 m。小枝暗褐色，疏被短柔毛。叶革质，椭圆状长圆形或长圆状披针形，稀倒卵形，长 7-11 cm，宽 2-4 cm，先端尾尖渐尖，尖长 1-1.5 cm，基部楔形或窄楔形，无毛或近无毛或仅下面沿脉被疏柔毛，侧脉在下面明显、突出，小脉常分枝，下面明显细密。花序顶生或腋生，常呈 1-2 个伞形花序；花梗细瘦，长约 6 mm；花淡黄色；萼筒钟形，长 6-7 mm，外面被短柔毛，内面有 10 肋，在肋上疏被短柔毛，裂片 5；花瓣附属体先端圆，约长 1.5 mm，密被疏柔毛；雄蕊 10 枚，长 1.5-2 mm，花药线形，等于或短于花丝的长度；子房近圆形，长约 3 mm，密被发亮的柔毛，花柱近于无，柱头头状。果倒卵形，长约 2.5 cm，宽约 1.7 cm，先端圆具突尖头，基部渐窄为直立的宿萼所包，干时软木质，果皮皱缩，被黄色短绒毛，室背开裂。种子卵形，

云南沉香 *Aquilaria yunnanensis* S. C. Huang
曾孝濂　绘

云南沉香 *Aquilaria yunnanensis* S. C. Huang
摄影：谭运洪

1–2 粒，密被锈黄色绒毛，先端钝，基部附属体约长 1 cm 与种子等长或稍长。

分布与生境　产于云南（西双版纳、临沧）。生于海拔 1200 m 的杂木林下或沟谷疏林中。

药用部位　含树脂木材。

功效应用　降气温中，暖肾纳气。用于气逆喘息，呕吐呃逆，脘腹胀痛，腰膝虚冷，大肠虚秘，小便气淋。

2. 荛花属 Wikstroemia Endl.

乔木、灌木或亚灌木。叶对生或少有互生。花两性或单性，花序短总状、穗状或头状，无苞片；萼筒管状、圆筒状或漏斗状，顶端通常 4 裂，很少为 5 裂；无花瓣；雄蕊 8 枚，少为 10 枚，排为 2 轮，上轮多在萼筒喉部着生，下轮着生于萼筒的中上部，很少在中下部，花丝极短；花盘膜质，裂成鳞片状，1–5 枚，分离或合生；子房具柄或无柄，1 室，具 1 胚珠，花柱短，柱头头状。核果干燥棒状或浆果状，萼筒凋落或在基部残存包果。种子有少量胚乳或无胚乳。

有 50–70 种，分布于亚洲北部经喜马拉雅山地区、马来西亚、大洋洲、波利尼西亚到夏威夷群岛。我国约有 44 种及 5 变种，全国均有分布，主产于长江流域以南，以西南及华南地区分布最多，其中 13 种 1 变种可药用。

分种检索表

1. 花萼无毛（极少被稀疏分散的毛），多在花后凋落；花序头状、穗状、总状或为圆锥花序。
　　2. 花萼 4 裂：子房被毛或无毛。
　　　3. 圆锥花序较松散，长 4–12 cm，宽约 9 cm；叶对生，卵形或倒披针形。长 3–5.5 cm，宽 1.6–2.5 cm⋯⋯⋯⋯⋯⋯⋯⋯⋯⋯⋯⋯⋯⋯⋯⋯⋯⋯⋯⋯⋯⋯⋯⋯⋯⋯**4. 澜沧荛花 W. delavayi**
　　　3. 头状花序或短总状花序，有时为不明显的小圆锥花序；子房被毛或至少顶端被毛。
　　　　4. 小灌木，叶较小，对生，窄长圆状匙形，长 0.5–4 cm，宽 0.3–1.7 cm，坚纸质；花黄色⋯⋯⋯⋯⋯⋯⋯⋯⋯⋯⋯⋯⋯⋯⋯⋯⋯⋯⋯⋯⋯⋯⋯⋯⋯**1. 小黄构 W. micrantha**
　　　　4. 叶较大，长圆形、卵状披针形至披针形。
　　　　　5. 花序梗纤细，长度在 1 cm 以上；叶卵状披针形，长 2–6.5 cm，宽 0.8–2.5 cm，背面灰白色⋯⋯⋯⋯⋯⋯⋯⋯⋯⋯⋯⋯⋯⋯⋯⋯⋯⋯**2. 细轴荛花 W. nutans**
　　　　　5. 花序梗较粗壮，长不超过 5 mm。叶长圆形至披针形，长不超过 4 cm，宽不超过 2 cm，侧脉细密，极倾斜⋯⋯⋯⋯⋯⋯⋯⋯⋯⋯⋯⋯⋯⋯**3. 了哥王 W. indica**
　　2. 花萼 5 裂。
　　　6. 总状花序顶生或腋生，花序梗长 2–4 cm；叶片革质，倒披针形至长圆形，长 2–4 cm，宽 0.3–1.2 cm⋯⋯⋯⋯⋯⋯⋯⋯⋯⋯⋯⋯⋯⋯⋯⋯⋯⋯**5. 革叶荛花 W. scytophylla**
　　　6. 圆锥花序由疏松的总状花序组成，长 3–7 cm。
　　　　7. 叶卵形，长 1.5–3 cm，宽 0.8–1.5 cm；花白色⋯⋯⋯⋯⋯⋯**6. 白花荛花 W. trichotoma**
　　　　7. 叶线状披针形，长 2.5–6 cm，宽 3–5 mm，边缘向下反卷；花黄绿色⋯⋯**7. 细叶荛花 W. leptophylla**
1. 花萼筒及花序被毛；花组成头状花序、头状短穗状花序、松疏总状及穗状花序或圆锥花序。
　　8. 叶多数对生或少数对生与互生并存，极少为 3 叶轮生；花萼裂片 4 数。
　　　9. 总状花序组成顶生或腋生的圆锥花序，花序及花萼外面均密被绢毛，花黄色。叶对生，披针形至窄圆状披针形，先端尖或钝，长 2.5–5.5 cm，宽 0.2–1 cm⋯⋯⋯⋯**10. 河朔荛花 W. chamaedaphne**
　　　9. 顶生头状花序或头状短穗状花序，花序梗纤细；对生叶与互生叶并存。
　　　　10. 顶生头状花序，花萼黄色；叶椭圆形或长圆形，顶端较宽，长 1–2 cm 宽 4–9 mm，两面均无毛，脉极倾斜，侧脉与中肋成尖角展开⋯⋯⋯⋯⋯⋯⋯⋯⋯⋯⋯⋯⋯⋯**8. 头序荛花 W. capitata**

10. 顶生头状短穗状花序或伞形花序。花萼筒筒状；花盘鳞片啮蚀状；叶片卵状椭圆形至椭圆形或椭圆状披针形，长 1–3.5 cm，宽 0.5–1.5 cm，下面脉上被疏柔毛，侧脉每边 4–5 对··
··· 9. 北江荛花 **W. monnula**

8. 叶多数互生，少数互生叶与对生叶混合；花萼裂片 4–5。

11. 头状花序盛开时稍延长成短总状花序，花萼裂片 4 数，花萼长约 1.5 cm，外面被丝状长柔毛；子房有柄；叶披针形至椭圆状披针形，长 2–5 cm，宽 0.8–1.6 cm，侧脉每边 5–6 条，在下面突出，两面均被毛·· 13. 荛花 **W. canescens**

11. 花萼裂片 5 数。

12. 花萼密被绢状长柔毛；短穗状花序具花序梗，顶生或腋生，有时在顶端因叶变小成苞叶状因而很似圆锥花序；对生叶和互生叶混生，椭圆状卵形或椭圆形，脉 3–5 对，作弧形弯曲··························
··· 11. 多毛荛花 **W. pilosa**

12. 花萼被平贴绢状柔毛，圆锥花序纤细疏散；叶互生，长圆形或倒披针状长圆形，脉细密极倾斜····
··· 12. 一把香 **W. dolichantha**

1. 小黄构（中国高等植物图鉴）　黄狗皮（陕西旬阳），黄构、野棉皮（中国高等植物图鉴），娃娃皮（四川通江）

Wikstroemia micrantha Hemsl. in J. Linn. Soc., Bot. 26: 399. 1894.（英 **Littleflower Stringbush, Shortpaniculate Stringbush**）

1a. 小黄构（模式变种）

Wikstroemia micrantha Hemsl. var. **micrantha**

灌木，高 0.5–3 m。小枝纤弱，圆柱形，幼时绿色，后渐变为褐色。叶坚纸质，通常对生或近对生，长圆形，椭圆状长圆形或窄长圆形，少有倒披针状长圆形或匙形，长 0.5–4 cm，宽 0.3–1.7 cm，先端钝或具细尖头，侧脉 6–11 对，在下面明显且在边缘网结。总状花序单生，簇生或为顶生的小圆锥花序，长 0.5–4 cm，无毛或被疏散的短柔毛；花黄色，疏被柔毛；花萼近肉质，长 4–6 mm，顶端 4 裂，裂片广卵形；雄蕊 8 枚，2 列，花药线形，花盘鳞片小，近长方形，顶端不整齐或为分离的 2–3 线形鳞片；子房倒卵形，顶端被柔毛，花柱短，柱头头状。果卵圆形，黑紫色。花果期秋冬季。

分布与生境　产于陕西、甘肃、四川、湖北、湖南、云南、贵州。常见于海拔 250–1000 m 的山谷、路旁、河边及灌丛中。

药用部位　茎皮和根。

功效应用　清热止咳，化痰。用于风火牙痛，哮喘病，百日咳。

小黄构 Wikstroemia micrantha Hemsl. var. micrantha
引自《中国高等植物图鉴》

小黄构 Wikstroemia micrantha Hemsl. var. **micrantha**
摄影：何海

1b. 圆锥荛花（中国植物志） 耗子皮（湖南保靖），小雀儿麻（广西桂林）

Wikstroemia micrantha Hemsl. var. **paniculata** (H. L. Li) S. C. Huang Acta Bot. Yunnan. 7(3): 282. 1985.——*W. paniculata* H. L. Li（英 **Paniculate Stringbush**）

叶一般较模式变种稍大，脉较明显。小圆锥花序较大而多毛。

分布与生境 产于云南、贵州、广西、广东。常见于岩石山顶及灌木丛中。

药用部位 全株。

功效应用 外用治疝气。

2. 细轴荛花（中山大学学报） 野棉花（广东、广西），地棉麻（广西），石棉麻、山皮棉（广西博白）

Wikstroemia nutans Champ. ex Benth. in Hooker' s. J. Bot. Kew Gard. Misc. 5: 195. 1853.（英 **Drooping Stringbush**）

灌木，高 1–2 m，树皮暗褐色；小枝圆柱形，红褐色，无毛。叶对生，膜质至纸质，卵形、卵状椭圆形至卵状披针形，长 3–6 (–8.5) cm，宽 1.5–2.5 (–4) cm，两面均无毛，侧脉每边 6–12 条，极纤细；叶柄长约 2 mm，无毛。花黄绿色，4–8 朵组成顶生近头状的总状花序，花序梗纤细，俯垂，无毛，长约 1–2 cm，萼筒长 1.3–1.6 cm，无毛，4 裂，裂片椭圆形，长约 3 mm；雄蕊 8 枚，2 列，上列着生在萼筒的喉部，下列着生在花萼筒中部以上，花药线形，长约 1.5 mm，花丝短，长约 0.5 mm；子房具柄，倒卵形，长约 1.5 mm，顶端被毛，花柱极短，柱头头状，花盘鳞片 2 枚，每枚的中间有 1 隔膜，故很像有 4 枚。果椭圆形，长约 7 mm，成熟时深红色。花期春季至初夏季，果期夏秋季间。

分布与生境 产于广东、海南、广西、湖南、福建、台湾。常见于海拔 300–1650 m 的常绿阔叶林中。越南也有分布。

药用部位 根、茎皮及花。

细轴荛花 Wikstroemia nutans Champ. ex Benth.
引自《中国高等植物图鉴》

细轴荛花 *Wikstroemia nutans* Champ. ex Benth.
摄影：朱鑫鑫 徐克学

功效应用 消坚破瘀，止血，镇痛。用于瘰疬初起，跌打损伤。

3. 了哥王（中国高等植物图鉴） 南岭荛花（中山大学学报），地棉皮（广西植物名录），山棉皮（江西石城，黄皮子（江西），地棉根、山豆了（常用中草药手册），雀儿麻（容县、苍梧）

Wikstroemia indica (L.) C. A. Mey. in Bull. Cl. Phys.——Math. Acad. Imp. Sci. Saint-Pétersbourg 1: 357. 1843.（英 **Indian Wikstroemia, Indian Stringbush**）

了哥王 *Wikstroemia indica* (L.) C. A. Mey.
引自《中国高等植物图鉴》

灌木，高 0.5–2 m 或过之；小枝红褐色，无毛。叶对生，纸质至近革质，倒卵形、椭圆状长圆形或披针形，长 2–5 cm，宽 0.5–1.5 cm，干时棕红色，无毛，侧脉细密，极倾斜。花黄绿色，数朵组成顶生头状总状花序，花序梗长 5–10 mm，无毛，花梗长 1–2 mm；花萼长 7–12 mm，近无毛，裂片 4；宽卵形至长圆形，长约 3 mm，顶端尖或钝；雄蕊 8 枚，2 列，着生于花萼管中部以上，子房倒卵形或椭圆形，无毛或在顶端被疏柔毛，花柱极短或近于无，柱头头状，花盘鳞片通常 2 或 4 枚。果椭圆形，长 7–8 mm，成熟时红色至暗紫色。花果期夏秋季间。

分布与生境 产于广东、海南、广西、福建、台湾、湖南、贵州、云南、浙江等地。喜生于海拔 1500 m 以下地区的开旷林下或石山上。越南、印度、菲律宾也有分布。

药用部位 根或根皮、果实、茎叶。

功效应用 有毒。根或根皮：清热解毒，散结逐水。用于肺热咳嗽，疟腮，瘰疬，风湿痹痛，疮疖肿毒，水肿腹胀。果实：解毒散结。用于痈疽，瘰疬，疣瘊。茎叶：清热解毒，化痰散结，消肿止痛。用于痈肿疮毒，瘰疬，风湿痛，跌打损伤，蛇虫咬伤。

了哥王 *Wikstroemia indica* (L.) C. A. Mey.
摄影：王祝年 徐克学

化学成分 根含木脂素类：(+)-牛蒡苷元[(+)-arctigenin][1-2]，(+)-降络石苷元[(+)-nortrachelogenin][2-4]，柳叶柴胡酚▲(salicifoliol)，(+)-樟树宁[(+)-kusunokinin]，(-)-松脂酚[(-)-pinoresinol]，(+)-扁柏脂素[(+)-hinokinin]，(+)-穗罗汉松树脂酚[(+)-matairesinol]，(+)-络石苷元[(+)-trachelogenin][2]，降络石苷(nortracheloside)，鹅掌楸树脂醇B(lirioresinol B)，双-5,5-降络石苷元(bis-5,5-nortrachelogenin)，双-5,5'-降络石苷元(bis-5,5'-nortrachelogenin)[4]，双-5',5'-降络石苷元(bis-5',5'-nortrachelogenin)，5-(5'''-穗罗汉松树脂酚)-降络石苷元[5-(5'''-matairesinol)-nortrachelogenin]，5-(5''-穗罗汉松树脂酚)-降络石苷元[5-(5''-matairesinol)-nortrachelogenin]，5-O-(4''-降络石苷元)-降络石苷元[5-O-(4''-nortrachelogenin)-nortrachelogenin][5]；黄酮类：芫花醇A (genkwanol A)，荛花酚▲(wikstrol) A、B[3]，瑞香多灵▲(daphnodorin) B[3]、D₁、D₂、M[6]，新狼毒素A (neochamaejasmin A)[6]，4'-甲氧基瑞香多灵▲(4'-methoxydaphnodorin) D₁、D₂[6]、E[7]，四国荛花素▲(sikokianin) A、B[8-10]、C[9-10]、D[8]；香豆素类：黄瑞香亭▲(daphnogitin)，7-甲氧基香豆素(7-methoxycoumarin)，伞形酮(umbelliferone)[2]，西瑞香素(daphnoretin)[2-3]；倍半萜类：4,10,11-愈创木三烯-3-酮-14-酸(4,10,11-guaiatrien-3-one-14-oic acid)，木犀榄瑞香醛▲(oleodaphnal)，1α,7α,10αH-愈创木-4,11-二烯-3-酮(1α,7α,10αH-guaia-4,11-dien-3-one)[2]，了哥王酮(indicanone)[10]；多糖类：了哥王多糖-1(WIP-1)[11]。

根和根皮含木脂素类：(+)-水曲柳树脂酚▲[(+)-medioresinol][12]；黄酮类：黄花夹竹桃黄酮(thevetia flavone)[12]，芦丁(rutin)，槲皮素-7-O-α-L-吡喃鼠李糖苷(quercetin-7-O-α-L-rhamnopyranoside)[13]，山奈酚(kaempferol)[14]，芫花素(genkwanin)[15]；香豆素类：西瑞香素(daphnoretin)，伞形酮(umbelliferone)，结香沃灵▲(edgeworin)，黄瑞香亭▲(daphnogitin)[12]，东莨菪内酯(scopoletin)[13]，西瑞香素-7-O-β-D-吡喃葡萄糖苷(daphnoretin-7-O-β-D-glucopyranoside)[14]；蒽醌类：芦荟大黄素(aloe-emodin)[14]；酚及其酯类：酞酸二丁酯(dibutyl phthalate)，对羟基苯甲酸甲酯(methylparaben)，2,4,6-三羟基苯甲酸甲酯(methyl 2,4,6-trihydroxybenzoate)[15]；甾体类：豆甾醇(stigmasterol)，胡萝卜苷[12]，β-谷甾醇[14]；糖类：D-甘露醇(D-mannitol)[13]；其他类：29-廿九内酯(29-nonacosanolide)，正十八醇(1-octadecanol)[15]。

根皮含黄酮类：芫花素，柚皮苷(naringin)，3,5,7-二羟基-4'-甲氧基黄烷酮醇(3,5,7-trihydroxy-4'-methoxy-dihydroflavonol)，四国荛花素▲B (sikokianin B)[16]；香豆素类：黄瑞香亭▲，西瑞香素，伞形酮[16]；酚酸类：苯甲酸(benzoic acid)，4-羟基苯甲酸(4-hydroxybenzoic acid)[16]。

根状茎含黄酮类：山奈酚，芫花素，槲皮素(quercitin)，木犀草素(luteolin)，槲皮素(quercitin)，槲皮

素(quercitin)，槲皮素(quercitin)[17]；香豆素类：伞形酮，西瑞香素，西瑞香素-7-O-β-D-吡喃葡萄糖苷[17]；酚、酚酸及其酯类：阿魏酸(ferulic acid)，没食子酸(gallic acid)，酞酸二丁酯[17]；蒽醌类：大黄酚(chrysophanol)，大黄素单甲醚(emodin monomethyl ether)[17]；甾体类：β-谷甾醇，β-胡萝卜苷[17]；脂肪酸及其酯类：棕榈酸(palmitic acid)，硬脂酸甲酯(methyl stearate)[17]。

根和茎含木脂素类：牛蒡苷元(arctigenin)，穗罗汉松树脂酚(matairesinol)[18]；黄酮类：芫花素，山奈酚，狼毒宁A (chamaejasmenin A)，芹菜苷元(apigenin)[18]；香豆素类：伞形酮[18]，了哥王香豆素(wikstrocoumarin)[18-19]，西瑞香素[18,20]；蒽醌类：大黄酚，大黄素甲醚(physcion)[18]；甾体类：β-谷甾醇，β-胡萝卜苷[18,20]；脂肪酸类：花生酸(eicosanoic acid)[18]。

茎皮含木脂素类：(+)-落叶松树脂醇[(+)-lariciresinol]，(-)-裂环异落叶松树脂醇[(-)-secoisolariciresinol][21]；黄酮类：槲皮素，山奈酚-3-O-芸香糖苷(kaempferol-3-O-rutinoside)，D-樱草糖基芫花宁素▲(D-primeversylgenkwanine)[22]，小麦黄素(tricin)[21,23]，芫花素[23]；香豆素类：西瑞香素[21,23]，西瑞香素-7-O-β-D-吡喃葡萄糖苷[22]，伞形酮，6'-羟基-7-O-7'-双香豆素(6'-hydroxy-7-O-7'-dicoumarin)[23]；蒽醌类：大黄素甲醚[22]；酰胺类：伞形香青酰胺(anabellamide)[22]；甾体类：β-谷甾醇，胡萝卜苷[17]。

茎含木脂素类：(+)-降络石苷元[24-25]，穗罗汉松树脂酚(matairesinol)，丁香树脂酚(syringaresinol)，松脂酚(pinoresinol)，异落叶松树脂醇(isolariciresinol)，荛花醇(wikstromol)，刺五加酮(ciwujiatone)[26]；黄酮类：小麦黄素，山奈酚-3-O-β-D-吡喃葡萄糖苷(kaempferol-3-O-β-D-glucopyranoside)[25]，台湾荛花黄酮▲(wikstaiwanone) A、B，山奈酚(kaempferol)，芦丁(rutin)，异鼠李素-3-O-刺槐二糖苷(isorhamnetin-3-O-robinobioside)[26]；香豆素类：西瑞香素[24-25]，三聚伞形酮亭(triumbelletin)，西瑞香素(daphnoretin)[26]；蒽醌类：芦荟大黄素-8-O-β-D-吡喃葡萄糖苷(aloe-emodin-8-O-β-D-glucoside)[26]；酚、酚酸类：桤木二醇▲(alnusdiol)，绿原酸(chlorogenic acid)，4-羟基苯甲酸(4-hydroxybenzoic acid)[26]。

药理作用　抗炎作用：了哥王中的了哥王酮、双-5,5-降络石苷元和鹅掌楸树脂醇B体外有抗炎作用，可阻止炎症部位NO产生，了哥王酮还可抑制诱导型一氧化氮合酶(iNOS)的基因表达[1-2]。

抗细菌作用：了哥王水煎液体外对大肠埃希氏菌、金黄色葡萄球菌、藤黄八叠球菌和枯草芽孢杆菌均有抑菌效果[3]。了哥王乙酸乙酯和正丁醇提取物对金黄色葡萄球菌等11种菌均有抑制作用[4]。

抗病毒作用：从了哥王中提取的西瑞香素能抑制乙型肝炎病毒在人类肝细胞内的基因表达[5]，另有抗呼吸道合胞病毒(RSV)活性[6]。从了哥王根中分离得到的(+)-降络石苷元、芫花醇A (genkwanol A)，荛花酚B (wikstrol B)和瑞香多灵▲B (daphnodorin B)体外有一定的抗人类免疫缺陷病毒1型(HIV-1)活性[7]。

抗肿瘤作用：了哥王95%乙醇提物对HeLa细胞、SGC-7901细胞有抗肿瘤活性，其石油醚、三氯甲烷、乙酸乙酯萃取部位为活性部位[8]。西瑞香素体外对人肺腺癌细胞AGZY-83-a、人喉癌细胞Hep2和人肝癌细胞HepG2均有抑制作用[9]。

抗氧化作用：了哥王中的双-5,5-降络石苷元、双-5,5'-降络石苷元、降络石苷和鹅掌楸树脂醇B体外有抗氧化作用[2]。

细胞毒作用：了哥王石油醚、乙酸乙酯萃取部位的两个低极性组分WIE-1和WIE-2对Vero细胞和HeLa细胞有一定毒性[6]。

注评　本种为中国药典（1977年版）、贵州（1988年版）、上海（1994年版）、广东（2004年版）、湖南（2009年版）中药材标准收载"了哥王"的基源植物，药用其干燥根或根皮。上海标准使用本种的中文异名岭南荛花。本种的果实称"了哥王子"，茎、叶称"了哥王茎叶"，均可药用。我国华南地区民间药用。海南地区将本种的根混称为"土木香"，本品毒性极强，切忌混用。畲族、侗族、傣族、德昂族、景颇族、苗族、壮族、瑶族、仫佬族也药用，主要用途见功效应用项外，尚用其根、茎、花、叶治便秘，偏头痛，百日咳，肾炎水肿，肝硬化腹水等症。

化学成分参考文献

[1] Suzuki H, et al. *Phytochemistry*, 1982, 21(7): 1824-1825.

[2] Kato M, et al. *Nat Prod Commun*, 2014, 9(1): 1-2.

[3] Hu K, et al. *Planta Med*, 2000, 66(6): 564-567.

[4] Wang LY, et al. *Chem Pharm Bull*, 2005, 53(10): 1348-1351.

[5] Wang GC, et al. *Chem Pharm Bull*, 2012, 60(7): 920-923.

[6] Zhang XL, et al. *Nat Prod Commun*, 2011, 6(8): 1111-1114.

[7] Huang WH, et al. *J Asian Nat Prod Res*, 2012, 14(4): 401-406.

[8] Li J, et al. *Molecules*, 2012, 17: 7792-7797.

[9] Nunome S, et al. *Planta Med*, 2004, 70(1): 76-78.

[10] Wang LY, et al. *Chem Pharm Bull*, 2005, 53(1): 137-139.

[11] 耿俊贤，等 . 中草药，1988, 19(3): 102-104.

[12] 么焕开，等 . 中草药，2007, 38(5): 669-670.

[13] 赵洁，等 . 中药材，2009, 32(8): 1234-1235.

[14] 么焕开，等 . 中药材，2010, 33(7): 1093-1095.

[15] 黄伟欢，等 . 中药材，2008, 31(8): 1174-1176.

[16] 尹永芹，等 . 中国现代应用药学，2012, 29(8): 697-699.

[17] 易文燕，等 . 时珍国医国药，2012, 23(12): 3001-3003.

[18] Sun LX, et al. *Chem Nat Compd*, 2012, 48(3): 493-497.

[19] Chen, Y, et al. *Chin Chem Lett*, 2009, 20(5): 592-594.

[20] Chen CC, et al. *Taiwan Yaoxue Zazhi*, 1981, 33(1): 28-29.

[21] Tran, V T, et al. *Tap Chi Hoa Hoc*, 2007, 45(3): 310-314.

[22] 耿立冬，等 . 中国中药杂志，2006, 31(10): 817-819.

[23] 耿立冬，等 . 中国中药杂志，2006, 31(1): 43-45.

[24] Kato A, et al. *J Nat Prod*, 1979, 42(2): 159-162.

[25] Lee, K H, et al. *J Nat Prod*, 1981, 44(5): 530-535.

[26] 邵萌，等 . 天然产物研究与开发，2014, 26(6): 851-855.

药理作用及毒性参考文献

[1] Wang YL, et al. *Chem Pharm Bull*, 2005, 53(1): 137-139.

[2] Wang YL, et al. *Chem Pharm Bull*, 2005, 53(10): 1348-1351.

[3] 杨振宇，等 . 哈尔滨医科大学学报，2006, 40(5): 362-364.

[4] 熊友香，等 . 中国中医药信息杂志，2008, 15(10): 42-43.

[5] Chen HC, et al. *Biochem Pharmacol*, 1996, 52(7): 1025-1032.

[6] 薛珺一 . 了哥王细胞毒性和抗病毒活性成分研究 [D]. 广东：暨南大学，2007.

[7] Hu K, et al. *Planta Med*, 2000, 66(6): 564-567.

[8] 陈扬，等 . 中华中医药学刊，2008, 26(11): 2520-2522.

[9] 杨振宇，等 . 天然产物研究与开发，2008, 20: 522-526.

4. 澜沧荛花（中国植物志）

Wikstroemia delavayi Lecomte in Not. Syst. 3: 129. 1915.——*W. mekongensis* W. W. Sm.（英 **Delavay Wikstroemia**）

灌木，高 1–2 m；多分枝，小枝幼时近圆形，黄绿色，无毛。叶对生，茎下部的叶较大，近花序部分的叶较小，无毛，披针状倒卵形、倒卵形或倒披针形，长 3–5.5 cm，宽 1.6–2.5 cm，侧脉约 5 对，细而无光，极倾斜。圆锥花序顶生，长 3–4 cm，有时延伸到 10 cm；花序梗无毛，花梗长约 1 mm，具关节；花黄绿色，常在顶端呈紫色，长 8–10 mm，宽 1 mm，被散生的小疏柔毛，裂片 4，长圆形，约长 2 mm；雄蕊 8 枚，2 列，花药线状长圆形，长约 1 mm，花丝短；子房倒卵形，有柄，顶端具疏柔毛，长约 2.5 mm，花柱短，柱头头状；花盘鳞片 1–2 枚或 1 枚，在顶端 2 裂。干果圆柱形，长约 4 mm，径约 1.2 mm。秋季开花，随即结果。

分布与生境　产于云南及四川。生于海拔 2000–2700 m 的河边、林中、山坡灌丛或河谷石灰岩山地。

药用部位　叶。

澜沧荛花 **Wikstroemia delavayi** Lecomte
引自《中国高等植物图鉴》

澜沧荛花 Wikstroemia delavayi Lecomte
摄影：朱鑫鑫

功效应用 用于跌打损伤。

5. 革叶荛花（西藏植物志） 小构树（云南禄劝）

Wikstroemia scytophylla Diels in Not. Bot. Gard. Edinb. 5: 286. 1912.（英 **Leatherleaf Stringbush, Coriaceousleaf Stringbush**）

灌木，高 0.5–3 m；小枝无毛。当年生枝近四棱形，枝上部叶常对生，革质，无毛，倒披针形至长圆形，长 2–4 cm，宽 0.3–1.2 cm，侧脉在上面较明显，与中肋成尖角，在下面不明显。总状花序单生，顶生或腋生，花序梗长 2–4 cm，花序轴在花时延长，稍肉质增厚，因而较花序梗粗壮，无毛；花梗短，长约 1 mm，无毛，具关节，开花时花梗常向下弯；花黄色；花萼筒长约 l cm，裂片 5，长圆形，先端钝，边缘波状，长约 1 mm；雄蕊 10 枚，2 列，上列 5 枚着生在花萼筒的喉部，下列 5 枚着生在花萼筒的中部以上，花药长圆形，约长 1 mm，花丝短；子房纺锤形，疏被绢状柔毛，花柱短，柱头头状；花盘鳞片 1 枚，线形。果小，圆柱形，基部狭，外包以宿存花萼。花期夏秋季间，果期秋冬季。

分布与生境 产于云南、四川、西藏。常见于海拔 1900–2900 m 的干燥山坡及灌丛中。

药用部位 根。

功效应用 用于便秘。

化学成分 茎含木脂素类：异落叶松树脂醇(isolariciresinol)[1]；黄酮类：刺槐素(acacetin)，缅茄儿茶素▲(afzelechin)，(-)-丁香杜鹃酚▲[(-)-farrerol]，瑞香多灵▲B (daphnodorin B)，

革叶荛花 Wikstroemia scytophylla Diels
引自《中国高等植物图鉴》

荛花酚▲A (wikstrol A)[1]；香豆素类：异西瑞香素(isodaphnoretin)，阿牙潘泽兰素▲(ayapanin)[1]；苯丙素类：松柏醛(coniferaldehyde)，二十烷基-(E)-咖啡酸酯[eicosanyl-(E)-caffeate]，二十二烷基-3,4-二羟基-反式-桂皮酸酯(docosyl-3,4-dihydroxy-trans-cinnamate)，庚基-(E)-咖啡酸酯[heptyl-(E)-caffeate][1]；

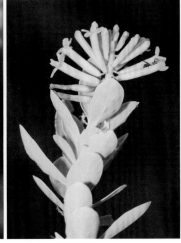

革叶荛花 **Wikstroemia scytophylla** Diels
摄影：朱鑫鑫

酚、酚酸类：4-羟基苯甲酸(4-hydroxybenzoic acid)，4-羟基-3-甲氧基-苯甲醛(4-hydroxy-3-methoxy-benzaldehyde)，4-羟基苯甲醛(4-hydroxy-benzaldehyde)[1]；倍半萜类：革叶荛花明▲A (wiksphyllamin A)[1]；二萜类：革叶荛花明▲B (wiksphyllamin B)，12-*O*-苯甲酰佛波醇-13-辛酸酯(12-O-benzoylphorbol-13-octanoate)[1]。

化学成分参考文献

[1] Jiang HZ, et al *Chin J Chem*, 2012, 30(6)：1335-1338.　　[2] Jiang HZ, et al. *Chem Nat Compd*, 2012, 48(4): 587-590.

6. 白花荛花（中国植物志）　荛花（湖南）

Wikstroemia trichotoma (Thunb.) Makino in Bot. Mag. Tokyo 11: 71. 1897.——（英 **Whiteflower Stringbush**）

常绿灌木，高 0.5–2.5 m；茎粗壮，多分枝，树皮褐色，具皱，小枝纤弱，当年生枝微黄，稍老则变为紫红色。叶对生，卵形至卵状披针形，长 1.2–3.5 cm，宽 1–2.2 cm，薄纸质，叶脉纤细，每边 6–8 条，在下面更明显。穗状花序具花约 10 余朵，组成复合而疏松、直立的圆锥花序；花序梗长 2.5 cm 或无，小花梗近于无或长 1–2 mm；花萼筒肉质，白色，裂片 5，宽椭圆形，端钝；边缘波状；雄蕊 10 枚，线形，长约 1 mm，白色，2 列，下列 5 枚在花萼筒 1/3 以上着生，其余 5 枚在近喉部着生，花盘鳞片 1 枚，线形，膜质，子房倒卵形，约长 3 mm 顶端被微柔毛，具子房柄，花柱短，长约 0.5 mm，柱头大，圆形，长 0.5 mm。果卵形，具极短的柄。花期夏季。

分布与生境　产于江西、湖南、安徽、浙江、广东。常见于海拔约 600 m 的树阴、疏林下或路旁。日本也有分布。

药用部位　根皮、茎皮。

功效应用　消坚破瘀，止血，镇痛。用于跌打损伤，腹水，风湿痛。

白花荛花 **Wikstroemia trichotoma** (Thunb.) Makino
曾孝濂　绘

白花荛花 **Wikstroemia trichotoma** (Thunb.) Makino
摄影：徐永福

7. 细叶荛花（中国植物志）

Wikstroemia leptophylla W. W. Sm. in Not. Bot. Gard. Edinb. 12: 229. 1920.（英 **Thinleaf Stringbush**）

灌木，全株无毛，高 0.5-1.5 m；幼枝四棱形，绿色、纤细，渐老则变为灰色。叶对生，线形或线状披针形，近无柄，长 2-6 cm，宽 3-6 mm，侧脉每边 5-6 条，不明显。花序顶生，通常由 3 个总状花序组成，总状花序长约 6 cm，通常具 10-20 花，花序梗长 2-3 cm，小花梗具关节仅长 1 mm；花黄绿色：花萼长 12-13 mm，径约 2 mm，狭圆柱形，无毛，顶端 5 裂，裂片卵状长圆形，约长 1.5 mm，端钝圆；雄蕊 10 枚，2 列，上列着生在花萼管喉部稍下，下列着生在花萼管中部，花药长约 1 mm，远长于花丝；子房长圆形，长 3-4.5 mm，基部稍狭，除先端被疏柔毛外，余部无毛，柱头圆球形，具乳突，花柱短，长约 0.5 mm；花盘鳞片 1 枚，线形，未成熟果绿色。花果期秋冬季。

分布与生境　产于我国西南部地区。常见于海拔 1770-2850 m 的石山林阴下及灌丛中或干燥松林内。

药用部位　根。

功效应用　用于小儿疳积。

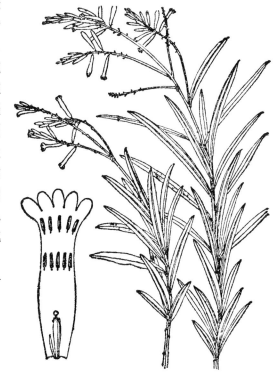

细叶荛花 **Wikstroemia leptophylla** W. W. Sm.
引自《中国高等植物图鉴》

8. 头序荛花 滑皮树、香叶子（四川云阳），木兰条（贵州快橙），赶山尖、黄狗皮（四川苍溪）

Wikstroemia capitata Rehder in Sargent, Pl. Wils. 2: 530. 1916.（英 **Capitate Stringbush**）

　　小灌木，高 0.5–1 m；枝纤细，当年生枝圆柱形，多为绿色，无毛，一年生枝紫褐色。叶膜质，对生或近对生，椭圆形或倒卵状椭圆形，很少为倒卵状长圆形，长 1–2 cm，宽 0.4–0.9 cm，两面均无毛，或初被稀少的糙伏毛后渐变为无毛，侧脉在每边 5–7 条。头状花序 3–7 花，着生于纤细的花序轴上，总花梗极细，丝状，长 1–1.8 cm；花黄色，无梗，长约 7 mm，径约 1 mm，外面被绢状糙伏毛，顶端 4 裂，裂片卵形或卵状长圆形，长约 1.5 mm；雄蕊 8 枚，2 列，上列 4 枚着生在花萼管喉部，下列 4 枚，在花萼管中部稍上着生；花盘鳞片 1 枚，线形，约等于子房长度的 1/3，具 2 或 3 齿；雌蕊长约 3 mm；子房被糙伏毛状柔毛，花柱长 0.5 mm，柱头头状，紫色。果卵圆形，两端渐尖，长约 4.5 mm，黄色，略被糙伏毛，外为宿存花萼所包被；种子卵珠形，暗黑色，长约 4 mm。花期夏秋季间。

分布与生境　产于湖北、贵州、四川、陕西。生于海拔 300-1000 m 的向阳山坡或林下。

药用部位　根。

功效应用　用于便秘。

9. 北江荛花（中山大学学报）　黄皮子、土坝天（江西大余），地棉根、山谷麻（江西寻乌、广西大瑶山）

Wikstroemia monnula Hance in J. Bot. 16: 13. 1878.（英 **Lovely Stringbush, Beijiang Stringbush**）

　　灌木，高 0.5–0.8 m；枝暗绿色，无毛，小枝被短柔毛。叶对生或近对生，纸质或坚纸质，卵状椭圆形至椭圆形或椭圆状披针形，长 1–3.5 cm，宽 0.5–1.5 cm，上面无毛，下面在脉上被疏柔毛，侧脉纤细，每边 4–5 条。总状花序顶生，有 (8–) 12 花；花细瘦，黄带紫色或淡红色，花萼外面被白色柔毛，长 0.9–1.1 cm，顶端 4 裂，裂片先端微钝；雄蕊 8 枚，2 列，上列 4 枚在花萼筒喉部着生，下列 4 枚在花萼筒中部着生；子房具柄，顶端密被柔毛；花柱短，柱头球形，顶基压扁，花盘鳞片 1–2 枚，线状长圆形或长方形，顶端啮蚀状。果干燥，卵圆形，基部为宿存花萼所包被。4–8 月开花，随即结果。

北江荛花 Wikstroemia monnula Hance
引自《中国高等植物图鉴》

北江荛花 Wikstroemia monnula Hance
摄影：张金龙

分布与生境　产于广东、广西、贵州、湖南、浙江。喜生于海拔 650-1100 m 的山坡、灌丛中或路旁。

药用部位　根、根皮、叶。

功效应用　根：散结破瘀，清热消肿，通经逐水。用于腹水，跌打损伤，骨折，疖痈。根皮、叶：用于跌打损伤。

注评　本种的根白皮畲族称"山麻皮""山棉皮"，主要用途见功效应用项。

10. 河朔荛花（中国树木分类学）　矮雁皮（秦岭），羊厌厌（陕北），拐拐花（陕西华县），岳彦花（陕西合阳），羊燕花（河南灵宝），老虎麻（中国经济植物志）

Wikstroemia chamaedaphne Meissn. in DC., Prodr. 14: 547. 1857.（英 **Low-daphne Stringbush**）

灌木，高约 1 m，分枝多而纤细，无毛；幼枝近四棱形，绿色，后变为褐色。叶对生，无毛，近革质，披针形，长 2.5–5.5 cm，宽 0.2–1 cm，侧脉每边 7–8 条，不明显；叶柄极短，近于无。花黄色，花序穗状或由穗状花序组成的圆锥花序，顶生或腋生，密被灰色短柔毛；花梗极短，具关节，花后残留；花萼长 8–10 mm，外面被灰色绢状短柔毛，裂片 4，2 大 2 小，卵形至长圆形，端圆，约等于花萼长的 1/3；雄蕊 8 枚，2 列，着生于花萼筒的中部以上；花药长圆形，长约 1 mm，花丝短，近于无；子房棒状，具柄，顶部被短柔毛，花柱短，柱头圆珠形，顶基稍压扁，具乳突；花盘鳞片 1 枚，线状披针形，端钝，约长 0.8 mm。果卵形，干燥。花期 6–8 月，果期 9 月。

分布与生境　产于河北、河南、山西、陕西、甘肃、四川、湖北、江苏等地。生于海拔 500–1900 m 的山坡及路旁。蒙古也有分布。

药用部位　花蕾。

河朔荛花 Wikstroemia chamaedaphne Meissn.
引自《中国高等植物图鉴》

河朔荛花 Wikstroemia chamaedaphne Meissn.
摄影：刘冰

功效应用 泻下逐水。用于水肿胀满，痰饮积聚，哮喘，病毒性肝炎。有小毒。

化学成分 叶含黄酮类：5,7,3',4'-四羟基黄酮-3'-*O*-*β*-D-吡喃葡萄糖苷(5,7,3',4'-tetrahydroxyflavone-3'-*O*-*β*-D-glucopyranoside)[1]，5,7-二羟基-3'-甲氧基黄酮-4'-*O*-D-吡喃葡萄糖苷(5,7-dihydroxy-3'-methoxyflavone-4'-*O*-D-glucopyranoside)，5,7,4'-三羟基黄酮-3-*O*-*β*-D-吡喃葡萄糖苷(5,7,4'-trihydroxyflavone-3-*O*-*β*-D-glucopyranoside)，5,7,3',4'-四羟基黄酮-3-*O*-*β*-D-吡喃葡萄糖苷(5,7,3',4'-tetrahydroxyflavone-3-*O*-*β*-D-glucopyranoside)[2-3]，5,7,3',4'-四羟基黄酮-6-*C*-*β*-D-吡喃葡萄糖苷(5,7,3',4'-tetrahydroxyflavone-6-*C*-*β*-D-glucopyranoside)[2]，5,7,3',4'-四羟基黄酮-8-*C*-*β*-D-吡喃葡萄糖苷(5,7,3',4'-tetrahydroxyflavone-8-*C*-*β*-D-glucopyranoside)[3]；脂肪烃类：正三十一烷(*n*-hentriacontane)，三十醇(triacontanol)，二十八醇(octacosanol)，29-羟基二十九-3-酮(29-hydroxynonacosan-3-one)[3]。

花含二萜类：荛花内酯Q (wikstroelide Q)，平卧稻花素▲Q (prostratin Q)，平卧稻花素▲(prostratin)，稻花因子(pimelea factor) P$_2$、P$_3$[4]；木脂素类：(+)-表松脂酚[(+)-epipinoresinol]，(+)-异落叶松树脂醇[(+)-isolariciresinol]，(-)-落叶松树脂醇[(-)-lariciresinol]，(+)-表-芝麻素酮[(+)-epi-sesaminone]，前五加前胡脂素B(prestegane B)[4]。

籽含二萜类：单茎稻花素▲(simplexin)[5-6]。

药理作用 杀昆虫作用：河朔荛花的乙醇取液对 3 龄黏虫有一定的拒食作用，可抑制黏虫的生长[1]。从河朔荛花中分离得到的 WCME-7 和 WCME-11 对山楂叶螨有杀灭作用[2]。

毒性及不良反应 河朔荛花籽乙醇提取液小鼠皮下注射的 LD$_{50}$ 为 2.16 g/kg[3]。在地鼠 V$_{79}$ 细胞和大鼠肝 WB 细胞中观察到，河朔荛花提取物能够抑制表皮细胞细胞间隙连接通讯，从而刺激细胞增生[4]。

注评 本种为中国药典（1977 年版）和山西中药材标准（1987 年版）收载"黄芫花"的基源植物，药用其干燥花蕾。本种的花和花蕾在我国东北、华北、西北地区常被作"芫花"用，因其花黄色、多产于北方，又被称为"黄芫花""北芫花"或"绛州芫花"。关于"黄芫花"，据本草考证，宋代《图经本草》最早记载"芫花"中有花黄色的品种，"黄芫花"应为宋代以来商品"芫花"的品种之一，可视为古代正品芫花的类似品。中国药典除 1977 年版分别收载了"黄芫花"和"芫花"外，以后各版仅收载"芫花"品种，基源植物为芫花 Daphne genkwa Siebold et Zucc.。近代研究表明，两者的功效不尽相同，应分别作不同药材使用为宜。此外，本种在《植物名实图考》记载为"草甘遂"，民间俗称为"芫花"，根皮有强烈的利水作用，与甘遂有类似功效，但因毒性大，还有待研究。

化学成分参考文献

[1] 秦永祺，等 . 药学通报，1980, 15(7): 2-4.

[2] 秦永祺，等 . 药学通报，1981, 16(12): 756-757.

[3] 秦永祺，等 . 植物学报，1982, 24(6): 558-563.

[4] Guo JR, et al. *Molecules*, 2012, 17: 6424-6433.

[5] 王成瑞，等 . 中草药，1981, 12(8): 337-339.

[6] 王成瑞，等 . 药学通报，1981, 16(6): 51-52.

药理作用及毒性参考文献

[1] 王乃江，等 . 陕西林业科技，2002, (3): 1-5.

[2] 曹挥，等 . 林业科学，2007, 43(8): 65-70.

[3] 鱼爱和，等 . 中成药，1999, 21(3): 119-121.

[4] 林仲翔，等 . 实验生物学报，1991, 24(4): 307-315.

11. 多毛荛花（中国植物志） 毛花荛花（中国中药资源志要），柔毛荛花（安徽）

Wikstroemia pilosa W. C. Cheng in Contr. Biol. Lab. Sci. Soc. China 8: 140. f. 4. 1932.——*Diplomorpha dolichantha* (Diels) Hamaya var. *pilosa* (W. C. Cheng) Hamaya（英 **Pilosa Wikstroemia**）

灌木，高达 1 m；当年生枝纤细，圆柱形，被长柔毛，越年生枝黄色，变为无毛。叶膜质，对生、近对生或互生，卵形、椭圆状卵形或椭圆形，长 1.5–3.8 cm，宽 0.7–1.8 cm，上面暗绿色，下面粉绿色，两面被长柔毛，侧脉每边 3–5，凸出，边缘微反卷。总状花序顶生或腋生，密被疏柔毛，长等于叶或稍露出叶外，具短花序梗；花黄色，具短梗；花萼筒纺锤形，具 10 脉，外面密被长柔毛，内面无毛，约长 10 mm，裂片 5，长圆形，端圆，长 1-1.2 mm；雄蕊 10 枚，2 列，上列近喉部着生，下列固着于花萼筒中部以上，花药长圆形，约长 1 mm；子房纺锤形，被长柔毛，长约 6 mm，柱头头状；花盘鳞片 1 枚，线形，长约 1 mm。果红色。花期秋季，果期冬季。

分布与生境 产于浙江、安徽、江西、湖南。凡山坡、路旁、灌丛中均有生长。

药用部位 根、茎皮。

功效应用 破结散瘀，清热解毒，消肿逐水。用于跌打损伤，骨折，疖痈。

多毛荛花 **Wikstroemia pilosa** W. C. Cheng
引自《中国高等植物图鉴》

多毛荛花 **Wikstroemia pilosa** W. C. Cheng
摄影：徐永福 徐克学

12. 一把香（中国高等植物图鉴） 矮陀陀（中国中药资源志要），香构（四川），土箭七（四川会东），铁扁担（云南）

Wikstroemia dolichantha Diels in Not. Bot. Gard. Edinb. 5: 286. 1912.——*W. dolichantha* Diels var. *pubescens* Domke（英 **Handful Stringbush, Spreading Stringbush**）

灌木，高 0.5–1 m，多分枝；老枝渐变为紫红色，幼枝被灰色绢状毛。叶互生，纸质，长圆形至倒披针状长圆形，长 1.5–3 cm，宽 0.4–1 cm，上面灰绿色，下面较苍白，略被疏柔毛，侧脉每边 3–4 对，具极短的柄。穗状花序具花序梗，被绢状疏柔毛，组成纤弱的圆锥花序；花近无梗，黄色，花萼窄圆柱形，外面被绢状柔毛，长 10–11 mm，顶端 5 裂，裂片长圆形，端钝，长 1.5–2 mm，外面被绢状柔毛；雄蕊 10 枚，2 列，上列 5 枚着生于花萼筒喉部，下列 5 枚着生于花萼筒中部以上，与上列较靠近；花盘鳞片 1 枚，线状披针形，边缘缺刻状，或在上部成 2–3 阶梯状缺刻；子房棒状，长 3–4 mm，上端被疏柔毛，花柱短，柱头球形。果长纺锤形，为残存花萼所包被。花期夏秋季，果期秋末。

分布与生境 产于云南及四川。生于海拔 1300–2300 m 的山坡草地及路旁干燥地。

药用部位 根。

一把香 Wikstroemia dolichantha Diels
引自《中国高等植物图鉴》

一把香 Wikstroemia dolichantha Diels
摄影：刘冰

功效应用 宽中理气，活血化瘀。用于脘腹胀痛，食少便溏，哮喘，骨折，外伤出血。

注评 本种的根称"土箭芪""山皮条"，四川、云南等地药用。彝族也药用本种的枝、叶，主要用途见功效应用项。

13. 荛花（中国高等植物图鉴） 灰白荛花（中国植物志），黄荛花（本草纲目）

Wikstroemia canescens Wall. ex Meisn. in Denkschr. Regensh. Bot. Ges. 3: 288. 1841.（英 **Hoary Stringbush**）

灌木，高 1.6–2 m；当年生枝灰褐色，被绒毛，越年生枝紫黑色。叶互生，披针形，长 2.5–5.5 cm，宽 0.8–2.5 cm，上面被平贴丝状柔毛，下面稍苍白色，被弯卷的长柔毛，侧脉明显，每边 4–7 条，网脉在下面明显；叶柄长 1.5–2.5 mm。头状花序具 4–10 花，顶生或在上部腋生，花序梗长 1–2 cm，有时具 2 枚叶状小苞片，花后逐渐延伸成短总状花序，花梗具关节，长约 2 mm，花后宿存；花黄色，长约 1.5 cm，外面被与叶下面相似的灰色长柔毛，顶端 4 裂，裂片长圆形，长约 2 mm，宽约 1 mm，内面具 8 条明显的脉纹；雄蕊 8 枚，2 列，在花萼管中部以上着生；子房棒状，长约 5 mm，径约 1 mm，具子房柄，全部被毛，花柱短，全部为柔毛所盖覆，柱头头状，具乳突，花盘鳞片 1–4 枚，如为 1 枚则较宽大，边缘有缺刻，如为 4 枚则大小长短均不相等。果干燥。花期秋季。

荛花 **Wikstroemia canescens** Wall. ex Meisn.
引自《中国高等植物图鉴》

荛花 **Wikstroemia canescens** Wall. ex Meisn.
摄影：陈又生

分布与生境　仅见于西藏吉隆海拔 2800 m 的山坡灌丛中。

药用部位　花蕾、根皮。

功效应用　花蕾：泻水饮，破积聚，祛痰。用于留饮，咳逆上气，水肿，痰饮咳嗽。根皮：用于跌打损伤。

化学成分　根含二萜类：荛花因子 (wikstroemia factor) C_1、C_2[1]。

化学成分参考文献

[1] Wu DG, et al. *Phytother Res*, 1993, 7(2): 194-196.

3. 瑞香属 Daphne L.

　　落叶或常绿灌木或亚灌木。叶互生，稀近对生，具短柄，无托叶。花通常两性，稀单性，整齐，通常组成顶生头状花序，稀为圆锥状、总状或穗状花序，有时花序腋生，通常具苞片；花白色、玫瑰色、黄色或淡绿色；花萼筒钟形、筒状或漏斗状管形，顶端 4 裂，稀 5 裂，裂片开展，覆瓦状排列，通常大小不等；无花瓣；雄蕊 8 或 10 枚，2 轮，不外露，有时花药部分伸出于喉部；花盘杯状或环状，或一侧发达呈鳞片状；子房 1 室，通常无柄，有 1 颗下垂胚珠，花柱短，柱头头状。浆果肉质或干燥而革质，常为近干燥的花萼筒所包围，有时花萼筒全部脱落而裸露，通常为红色或黄色。种子 1 颗，种皮薄。

约有 95 种，主要分布于欧洲，经地中海、中亚至中国、日本，南到印度至印度尼西亚。我国有 44 种，全国均有分布，主产于西南和西北地区，其中 15 种 4 变种可药用。

分种检索表

1. 花序通常为叶腋簇生或叶外簇生，2–7 花簇生或组成聚伞花序或头状花序。
 2. 落叶灌木；叶片两面几无毛或幼时被绢状柔毛；花盘环状，不发达；花柱极短或无┄┄1. 芫花 **D. genkwa**
 2. 常绿灌木；叶片两面被灰色丝状硬毛；花盘一侧发达，鳞片状；花柱长约 4 mm┄┄┄┄┄┄┄┄┄
 ┄┄┄┄┄┄┄┄┄┄┄┄┄┄┄┄┄┄┄┄┄┄┄┄┄┄┄┄┄┄┄┄┄┄┄┄┄┄┄2. 长柱瑞香 **D. championii**
1. 花序顶生或有时顶生与腋生共存。
 3. 花 5 数，花盘一侧发达，方形，有时顶端深波状，稀 2 裂；雄蕊着生于花萼筒中部以下。
  4. 当年生枝被粗伏毛；叶片线状长圆形或倒卵状披针形，长 10–18 mm，宽 2–4 mm，边缘反卷；花序
   下具叶状苞片；花萼筒外面无毛 ┄┄┄┄┄┄┄┄┄┄┄┄┄┄┄┄3. 华瑞香 **D. rosmarinifolia**
  4. 当年生枝被细柔毛；叶片倒卵形至倒卵状披针形或长圆状披针形，长 2.5–8 cm，宽 0.6–2.2 cm，边缘
   微反卷；花萼筒外面被丝状绒毛，花萼筒细瘦，向上弯斜，长 10–14 mm┄┄┄┄4. 川西瑞香 **D. gemmata**
 3. 花 4 数；花盘环状或杯状，顶端分裂或全缘，稀无花盘或一侧发达。
  5. 花序下面无叶状苞片，花黄色或白色。
   6. 叶片长圆状椭圆形或椭圆状披针形；花白色，花萼筒长 12 mm，外面被短柔毛，裂片长 6 mm；子
    房卵球形 ┄┄┄┄┄┄┄┄┄┄┄┄┄┄┄┄┄┄┄┄┄┄┄┄┄┄5. 阿尔泰瑞香 **D. altaica**
   6. 叶片披针形或倒披针形；花黄色或淡绿黄色，花萼筒长 6–8 mm，外面无毛，裂片长 3–4 mm。
    7. 花黄色，常 3–8 朵组成顶生的头状花序；叶柄极短或无柄；小枝较细长┄┄┄ 6. 黄瑞香 **D. giraldii**
    7. 花黄绿色或淡绿色，数花簇生于侧生小枝的顶部或当年生小枝的下部；叶柄翅状，长 3–10 mm，
     小枝粗壮；分枝短 ┄┄┄┄┄┄┄┄┄┄┄┄7. 朝鲜瑞香 **D. pseudomezereum** var. **koreana**
  5. 花序下面具叶状苞片。
   8. 花盘边缘浅裂至深裂；花萼筒外无毛。
    9. 叶片较大，倒卵状披针形或倒卵状椭圆形，长 6–11 cm；枝灰白色或淡灰褐色┄┄┄┄┄┄┄┄
    ┄┄┄┄┄┄┄┄┄┄┄┄┄┄┄┄┄┄┄┄┄┄┄┄ 8. 倒卵叶瑞香 **D. grueningiana**
    9. 叶片较小，卵形、倒卵形或椭圆形，长 0.8–1.8 cm；小枝棕褐色或褐色┄┄┄┄┄┄┄┄┄┄┄
    ┄┄┄┄┄┄┄┄┄┄┄┄┄┄┄┄┄┄┄┄┄┄┄┄┄┄┄ 9. 橙花瑞香 **D. aurantiaca**
   8. 花盘边缘波状、流苏状或全缘；花萼筒外无毛或有毛。
    10. 花萼筒外面无毛。
     11. 叶近于对生或互生；花萼筒钟状，长 6 mm，裂片卵状三角形；长约 2 mm┄┄┄┄┄┄┄┄┄
     ┄┄┄┄┄┄┄┄┄┄┄┄┄┄┄┄┄┄┄┄┄┄┄┄ 10. 台湾瑞香 **D. arisanensis**
     11. 叶互生；花萼筒圆筒状或管状，裂片长 3–8 mm。
      12. 小枝无毛；紫红色至紫褐色；花萼裂片与花萼筒等长或超过之，基部心形┄┄┄┄┄┄┄
      ┄┄┄┄┄┄┄┄┄┄┄┄┄┄┄┄┄┄┄┄┄┄┄┄┄┄┄┄11. 瑞香 **D. odora**
      12. 小枝有毛。
       13. 花白色，花萼裂片顶端渐尖，稀急尖；枝紫红色；叶片顶端渐尖或钝形，稀下陷┄┄┄┄
       ┄┄┄┄┄┄┄┄┄┄┄┄┄┄┄┄┄┄┄┄┄┄ 12. 尖瓣瑞香 **D. acutiloba**
       13. 花紫红色或紫色，花萼裂片顶端钝形，稀渐尖，花盘环状，子房无毛；枝淡灰色至黄褐
        色，稀带紫色；叶片顶端钝形或尖头凹下。
        14. 一年生枝被糙伏毛；叶较宽而短，先端凹下；花萼裂片与花萼筒等长或更长┄┄┄┄┄┄
        ┄┄┄┄┄┄┄┄┄┄┄┄┄┄┄┄┄┄┄┄┄┄ 13. 凹叶瑞香 **D. retusa**

14. 一年生枝几无毛或散生粗柔毛；叶片较长而窄，先端钝形，稀凹下；花萼裂片比花萼
筒短··14. 唐古特瑞香 **D. tangutica**
10. 花萼筒外面被毛，圆筒状或漏斗状，长 5–17 mm。
　15. 苞片外面散生黄色丝状毛；花萼裂片长 4–7 mm；花盘边缘波状········15. 白瑞香 **D. papyracea**
　15. 苞片外面无毛，仅在边缘和顶端被灰色丝状毛；花序顶生，花萼裂片长 3–5.5 mm。
　　16. 小枝灰黄色；花萼裂片卵形或卵状披针形························16. 滇瑞香 **D. feddei**
　　16. 小枝紫红色或褐色；叶片革质，顶端渐尖；花萼裂片卵状三角形或卵状长圆形；花丝长约
　　　 2 mm，花药长 2.1 mm ···················17. 毛瑞香 **D. kiusiana** var. **atrocaulis**

　　自 20 世纪 70 年代初从本属植物中分离出具有抗肿瘤活性的欧瑞香素 (mezerein) 和瑞香毒素 (daphnotoxin) 后，该属植物便成为一个研究热点，现已初步明确本属植物主要含有瑞香烷型二萜类 (daphnane-type diterpenes)、香豆素类和黄酮类等化学成分。

　　瑞香烷型二萜类化合物在本属植物中广泛分布，由于其具有独特的生物活性而受到重视。从本属植物中分离得到的一些二萜原酸酯类化合物对白血病有较好的治疗效果；同时，亦被认为是抗生育的有效成分，其作用机制与蜕膜退化和前列腺素释放有关。从芫花分离鉴定的芫花宁素▲(genkwanine) A (**1**)、B (**2**)、C (**3**)、D (**4**)、E (**5**)、F (**6**)、G (**7**)、H (**8**)、I (**9**)、J (**10**)、K (**11**)、L (**12**) 和芫花辛▲(yuanhuacine)、芫花定▲(yuanhuadine)、芫花芬▲(yuanhuafine) 和芫花品▲(yuanhuapine) 等对肿瘤细胞有细胞毒活性。

1: R₁=H; R₂=H
2: R₁=CO(CH=CH)₂(CH₂)₄CH₃; R₂=H
3: R₁=CO(CH=CH)₃(CH₂)₂CH₃; R₂=H
4: R₁=COPh; R₂=H
5: R₁=H; R₂=CO(CH=CH)₃(CH₂)₂CH₃
6: R₁=H; R₂=CO(CH=CH)₂(CH₂)₄CH₃
7: R₁=H; R₂=CO(CH=CH)(CH₂)₆CH₃
8: R₁=H; R₂=COPh

9: R=H
10: R=CO(CH=CH)₂(CH₂)₄CH₃
11: R=COPh

12

　　香豆素类化合物是本属植物的特征性成分之一，亦是有效成分，瑞香素 (daphnetin, **13**) 是其中最普遍的化学成分。同时，还鉴定出二聚体香豆素，如西瑞香素 (daphnoretin, **14**) 和异西瑞香素 (isodaphnoretin, **15**) 等化学成分。

13　　　14　　　15

　　双黄酮类成分是本属植物中又一类特征性成分，比较典型的如瑞香多灵▲(daphnodorin) A (**16**)、B (**17**)、C、D₁ (**18**)、D₂、E (**19**)、F、G、H、I、J、K、L 等。**16**、**17**、瑞香多灵▲C 对 HIV 感染细胞有较好的抑制效果。

16: R=H
17: R=OH

18

19

　　虽然本属植物含有的化学成分有较好的生物学活性，但某些生物活性物质亦可能具致癌作用。据报道，在淋巴细胞的促转化作用方面，黄瑞香和芫花与促癌剂 12-O- 十四碳酰大戟二萜醇 -13- 乙酯的作用相似，皆能诱导 Epstein-Barr（EB）病毒的早期抗原，并能促进该病毒对淋巴细胞的转化等。

　　本属植物所含成分药理活性多样，有的抗人类免疫缺陷病毒 (HIV)、白血病、血栓形成和动脉粥样硬化，有的可抑制铜绿假单胞菌、细菌和疟原虫感染，有的有抗生育、镇痛、抗炎、抗凝等活性，有的可用于临床引产，还有的具有杀虫和抑菌作用。

1. 芫花（神农本草经） 药鱼草、老鼠花（江苏），闹鱼花（河南），头痛花（本草纲目），闷头花（群芳谱），头痛皮、石棉皮、泡米花（江西）

Daphne genkwa Siebold et Zucc., Fl. Jap. 1: 137, t, 75. 1835.（英 Lilac Daphne）

　　落叶灌木，高 0.3–1 m；树皮褐色；幼枝黄绿色或紫褐色，密被淡黄色丝状柔毛，老枝紫褐色或紫红色，无毛。叶对生，稀互生，纸质，卵形或卵状披针形至椭圆状长圆形，长 3–4 cm，宽 1–2 cm，上面绿色，下面淡绿色，幼时密被绢状黄色柔毛，老时则仅叶脉基部散生绢状黄色柔毛，侧脉 5–7 对；叶柄短或几无，具灰色柔毛。花先叶开放，紫色或淡紫蓝色，无香味，常 3–6 朵簇生于叶腋或侧生，花梗短，具灰黄色柔毛；花萼筒细瘦，筒状，长 6–10 mm，外面具丝状柔毛，裂片 4，卵形或长圆形，长 5–6 mm，宽 4 mm，顶端圆形，外面疏生短柔毛；雄蕊 8 枚，2 轮，分别着生于花萼筒的上部和中部，花药黄色，伸出喉部；花盘环状，不发达；子房长倒卵形，密被淡黄色柔毛，柱头橘红色。果实肉质，白色，椭圆形，长约 4 mm，包藏于宿存花萼筒的下部，具 1 颗种子。花期 3–5 月，果期 6–7 月。

分布与生境 产于河北、山西、陕西、甘肃、山东、江苏、安徽、浙江、江西、福建、台湾、河南、湖北、湖南、四川、贵州等地。生于海拔 300–1000 m。日本有栽培。

药用部位 花蕾、枝条、根。

芫花 **Daphne genkwa** Siebold et Zucc.
引自《中国高等植物图鉴》

芫花 **Daphne genkwa** Siebold et Zucc.
摄影：徐克学 朱仁斌

功效应用 有毒。花蕾：泻水逐饮，解毒杀虫。用于水肿胀满，胸腹积水，痰饮积聚，气逆咳喘，二便不利。外治疥癣秃疮，痈肿，冻疮。枝条：逐水，祛痰，解毒杀虫，散风祛湿。用于水肿胀满，痰饮积聚，风湿病。外用于疥癣。根：祛风除湿，消肿，活血，止痛。用于水肿，瘰疬，乳痈，痔瘘，疥疮，风湿筋骨痛，胃痛，关节炎，跌打损伤。

化学成分 根含二萜类：芫花辛▲(yuanhuacin; yuanhuacine; odoracin; gnidilatidin)[1]，芫花定▲(yuanhuadin; yuanhuadin)[2]，芫花精▲(yuanhuajin; yuanhuajine)[3]，芫花珍▲(yuanhuagin; yuanhuagine)[3]；香豆素类：伞形酮(umbelliferone)，西瑞香素(daphnoretin)，瑞香苷(daphnin)[4]，异西瑞香素(isodaphnoretin)[5]；苯丙素类：丁香苷(syringin)[4]；黄酮类：芫花醇(genkwanol) A[4]、B[6]、C[7]，瑞香多灵▲(daphnodorin) B[4]、G[8]，瑞香多灵▲G-3"-甲醚(daphnodorin G-3"-methyl ether)，瑞香多灵▲H-3-甲醚(daphnodorin H-3-methyl ether)，瑞香多灵▲H-3'-甲醚(daphnodorin H-3"-methyl ether)[9]。

枝条含香豆素类：西瑞香素，刺五加苷B₁(eleutheroside B₁)，瑞香诺灵▲(daphnorin)[10]，伞形酮(umbelliferone)[11]；黄酮类：木犀草素(luteolin)，山奈酚(kaempferol)，木犀草素-7-O-β-D-吡喃葡萄糖苷(luteolin-7-O-β-D-glucopyranoside)[10]，芹菜苷元(apigenin)，芫花素(genkwanin)[11]；木脂素类：落叶松树脂醇(lariciresinol)，松脂酚二吡喃葡萄糖苷(pinoresinol diglucopyranoside)[10]，(-)-松脂酚[(-)-pinoresinol]，丁香树脂酚(syringaresinol)，松脂酚-4-O-β-D-吡喃葡萄糖苷(pinoresinol-4-O-β-D-glucopyranoside)，刺五加苷E (eleutheroside E)[11]；苯丙素类：刺五加苷B (eleutheroside B)，咖啡酸十八酯(octadecyl caffeate)[10]，二十烷基咖啡酸酯(eicosanyl caffeate)，二十二烷基咖啡酸酯(docosyl caffeate)，二氢刺五加苷B (dihydroeleutheroside B)[11]；酚酸酯类：酞酸二丁酯(dibutyl phthalate)[10]；甾体类：β-谷甾醇，β-胡萝卜苷[10]；脂肪酸及其酯类：棕榈酸，甘油单硬脂酸酯(glyceryl monostearate)[10]。

叶含黄酮类：木犀草素-7-甲醚(luteolin-7-methyl ether)，异槲皮苷(isoquercitrin)[12]，山羊豆木犀草素▲(galuteolin)，3'-羟基芫花素(3'-hydroxygenkwanin)，芫花宁▲(yuanhuanin)[13-14]，芫花卡宁▲(yuankanin)，木犀草素(luteolin)，异槲皮素(isoquercetin)，芫花素(genkwanin)[14]；木脂素类：芫花芬▲(genkdaphin)[15]。

花含二萜类：芫花宁素▲(genkwanine) A[16-17,19]、B[16]、C[16,19]、D[16,18]、E[16]、F[16-19]、G[16]、H[16-18]、I、J[16,19]、K、L[16]、M[18-19]、N、O[18]，瑞香树脂灵▲(daphneresiniferin) A、B[17]，芫花萜烷▲(genkwadane) A、B、C、D[19]，单莛稻花素▲(simplexin)，莞花内酯E (wikstroelide E)，稻花因子P₂(pimelea factor P₂)，异芫花定▲(isoyuanhuadine)[19]，芫花海因▲(yuanhuahine)[19,21-22]，芫花林素▲(yuanhualin; yuanhualine)[21-22]，芫花酯▲(yuanhuaoate) A[23-24]、B[19,23-24]、C[23-24]、D[24]、E[19,24]、F、G、H[24]，12-O-(2'E,4'E-十碳二烯酰基)-7-氧代-5-烯-佛波醇-13-乙酸酯{12-O-(2'E,4'E-decadienoyl)-7-oxo-5-ene-phorbol-13-acetate}，12-O-新十碳酰基-7-氧代-5-烯-佛波醇-13-乙酸酯(12-O-neodecanoyl-7-oxo-5-ene-phorbol-13-acetate)，12-O-十碳酰佛波醇-13-乙酸

酯(12-O-decanoylphorbol-13-acetate)[25]，12-O-(2'E,4'E-十碳二烯酰基)-4-羟基佛波醇-13-乙酸酯[12-O-(2'E,4'E-decadienoyl)-4-hydroxyphorbol-13-acetate][25-26]，异芫花定▲(isoyuanhuadine)[26]，3-去氧-1,2-二氢-3-羟基-(2β,3β)-瑞香毒素[3-deoxo-1,2-dihydro-3-hydroxy-(2β,3β)-daphnetoxin][19-20,27]，芫花宁(daphwanin)[27]，瑞香烷型二萜酯-7(daphnane-type diterpene ester-7)[28]，芫花辛▲(yuanhuacine)[17,19,21,29]，芫花定▲(yuanhuadine; yuanhuacin B)[17,19,21,26,29]，芫花芬▲(yuanhuafin; yuanhuafine)[18-19,30]，芫花亭▲(yuanhuatin; yuanhuatine)[17,19,31]，芫花品▲(yuanhuapine)[18-19,32]，芫花珍▲(yuanhuagine)，异芫花辛▲(isoyuanhuacin)[21-22,29]，芫花宁▲(genkwadaphnin)[17-19,33]；三萜类：无羁萜(friedelin)，δ-香树脂酮(δ-amyrone)[34]；黄酮类：芫花素(genkwanin)[27-28,34]，8-甲氧基山奈酚(8-methoxykaempferol)，柚皮苷元(naringenin)，毡毛美洲茶素(velutin)[28]，芫花素-5-O-β-D-樱草糖苷(genkwanin-5-O-β-D-primeveroside)，芫花素-5-O-β-D-吡喃葡萄糖苷(genkwanin-5-O-β-D-glucopyranoside)[28,34]，芹菜苷元(apigenin)[27,35]，木犀草素-7-甲醚(luteolin-7-methyl ether)[27,36]，刺槐素(acacetin)，3,7-二甲氧基-5,4'-二羟基黄酮(3,7-dimethoxy-5,4'-dihydroxyflavone)，木犀草素-7-甲醚-5-O-β-D-吡喃葡萄糖苷(luteolin-7-methyl ether-5-O-β-D-glucopyranoside)，芫花素-4'-O-β-D-芸香糖苷(genkwanin-4'-O-β-D-rutinoside)，木犀草素-5-O-β-D-吡喃葡萄糖苷(luteolin-5-O-β-D-glucopyranoside)[34]，5-羟基-7,4'-二甲氧基黄酮(5-hydroxy-7,4'-dimethoxyflavone)[34,38]，3'-羟基芫花素(3'-hydroxygenkwanin)[34,37-39]，山奈酚-3-O-β-D-(6"-O-顺式-对香豆酰基)-吡喃葡萄糖苷[kaempferol-3-O-β-D-(6"-O-cis-p-coumaroyl)-glucopyranoside][37]，银椴苷(tiliroside)[34,36-37,39-41]，木犀草素(luteolin)[36-38]，山奈酚-3-O-β-D-吡喃葡萄糖苷(kaempferol-3-O-β-D-glucopyranoside)[39,42]，芫花卡宁▲(yuankanin)，木犀草素-7-甲醚-3'-O-β-D-吡喃葡萄糖苷(luteolin-7-O-methyl ether-3'-O-β-D-glucopyranoside)[39]，刺槐素(acacetin)[40]，木犀草素-7-O-β-D-吡喃葡萄糖苷(luteolin-7-O-β-D-glucopyranoside)，槲皮素(quercetin)，芹菜苷元-4',7-二甲醚(apigenin-4',7-dimethyl ether)[41]，木犀草素-3',4',7-三甲醚(luteolin-3',4',7-trimethyl ether)，6,8-二羟基山奈酚(6,8-dihydroxykaempferol)，银椴苷-7-O-β-D-吡喃葡萄糖苷(tiliroside-7-O-β-D-glucopyranoside)[42]；苯丙素类：浙贝树脂醇▲(zhebeiresinol)[34]，反式-对羟基桂皮酸甲酯(trans-p-hydroxycinnamic methyl ester)，对羟基桂皮酸(p-hydroxycinnamic acid)[40]；木脂素类：(+)-松脂酚[(+)-pinoresinol]，(+)-落叶松树脂醇[(+)-lariciresinol][27,37]，(-)-松脂酚[(-)-pinoresinol][28,42]，(-)-落叶松树脂醇[(-)-lariciresinol]，(-)-二氢芝麻素[(-)-dihydrosesamin][32]，(-)-丁香树脂酚[(-)-syringaresinol][34,42]，(-)-异落叶松树脂醇[(-)-isolariciresinol][37]，(-)-水曲柳树脂酚▲[(-)-medioresinol][42]，芫花芬▲(genkdaphin)[43]；香豆素类：西瑞香素(daphnoretin)[34,38,41]，西瑞香素-7-O-β-D-吡喃葡萄糖苷(daphnoretin-7-O-β-D-glucopyranoside)[41]；酚酸类：3,4-二羟基苯甲酸(3,4-dihydroxybenzoic acid)[37]，4-羟基苯甲酸(4-hydroxybenzoic acid)[37,40]，4-羟基苯甲醛(4-hydroxybenzaldehyde)[40]；酰胺类：橙黄胡椒酰胺乙酸酯(aurantiamide acetate)[38,44]，(2S,3S,4R,8E)-2-[(2'R)-2'-羟基二十二碳酰氨基]-十八烷-1,3,4-三醇[(2S,3S,4R,8E)-2-[(2'R)-2'-hydroxyldocosanosylamino]-octadecane-1,3,4-triol][34]；二芳基戊烷类：瑞香醇酮(daphneolone)，瑞香烯酮(daphnenone)[34]；甾体类：5α,8α-表二氧麦角甾-6,22-二烯-3β-醇(5α,8α-epidioxyergosta-6,22-dien-3β-ol)，7α-羟基谷甾醇(7α-hydroxylsitosterol)[34]，β-谷甾醇[38]，胡萝卜苷[39]；叶绿素类：173-脱镁叶绿素乙酯(173-ethoxyphaeophorbide)[34]；脂肪族类：二十八碳烷(octacosane)，三十二碳烷(dotriacontane)[38]；其他类：苄基吡喃葡萄糖苷(benzyl glucopyranoside)，苯乙基吡喃葡萄糖苷(phenylethyl glucopyranoside)[40]。

附注：醋炙芫花含黄酮类：芫花素(genkwanin)，3'-羟基芫花素(3'-hydroxygenkwanin)，芹菜苷元(apigenin)，4',7-二甲基芹菜苷元(4',7-dimethylapigenin)，银椴苷(tiliroside)，3',7-二甲氧基-4',5-二羟基黄酮(3',7-dimethoxy-4',5-dihydroxyflavone)，4',5,7-三甲氧基黄酮(4',5,7-trimethoxyflavone)，山奈酚-3-O-β-D-吡喃葡萄糖苷(kaempferol-3-O-β-D-glucopyranoside)，3',4',5,7-四甲氧基黄酮(3',4',5,7-tetramethoxyflavone)[45]。

药理作用 镇痛作用：芫花根总黄酮[1-2]和芫花根乙醇提取物[3]可增加佐剂性关节炎大鼠的痛阈，镇痛机制可能是通过抑制 PGE_2 和 IL-1β 的形成、降低脑组织 iNOS 活性从而减少 NO 的生成，以及增强 SOD 和 CAT 的活性以抑制脂质过氧化反应来实现的；另可抑制大脑海马区和脊髓原癌基因 c-Fos 蛋白的表达。

调节免疫作用：芫花根总黄酮对环磷酰胺诱导的小鼠免疫功能增强和减弱有下调和提升作用，可促进腹腔巨噬细胞分泌 IL-1β 和 Con A 诱导的小鼠 T 淋巴细胞增殖、IL-2 的分泌，单独使用可减弱超适量二硝基氯苯(DNCB) 诱导的小鼠免疫耐受[4]；芫花根总黄酮小鼠含药血清能促进脾淋巴细胞增殖，增加 NK 细胞和 LAK 细胞杀伤活性，增强腹腔巨噬细胞的吞噬能力[5]。从芫花根中分离得到的酚类化合物西瑞香素、芫花素、芫根苷、毛瑞香素 B 和毛瑞香素 G 对小鼠巨噬细胞分泌 IL-1β、T 淋巴细胞增殖及分泌 IL-2 有提升作用[6]。

芫花 Genkwa Flos
摄影：陈代贤

抗炎作用：芫花根的石油醚、三氯甲烷、乙酸乙酯、丙酮、乙醇分级提取物能提升小鼠网状内皮系统对刚果红的吞噬活性和抑制小鼠毛细血管通透性的增加，酞酸酯衍生物可能是抗炎活性的物质基础[7]。芫花条乙醇提取物的石油醚萃取部位、三氯甲烷萃取部位及从芫花条中分离得到的咖啡酸正二十二烷酯对二甲苯致小鼠耳肿胀有抑制作用[8]。芫花根总黄酮[1] 和芫花根乙醇提取物[9] 可抑制组胺致血管通透性增加、角叉菜胶和福氏完全佐剂 (FCA) 致大鼠足肿胀、大鼠棉球肉芽肿，促进网状内皮系统的吞噬作用，减少炎症因子 MDA、PGE$_2$、NO、IL-1β 和 TNF-α 的产生，抑制 iNOS 活力，提升 SOD、CAT 活力。芫花根醇提物弱极性组分中的苯甲酸酯衍生物、甾族化合物和齐墩果烷衍生物，对角叉菜胶致大鼠足跖肿胀有抑制作用，能提升小鼠网状内皮系统对刚果红的吞噬作用[10]。

兴奋平滑肌作用：芫花水煎剂可增高豚鼠离体胆囊肌条的张力，加快收缩频率，减小收缩波平均振幅，酚妥拉明、苯海拉明、吲哚美辛可部分阻断此作用[11]；可增高豚鼠膀胱逼尿肌肌条的张力，增大膀胱逼尿肌肌条的收缩波平均振幅，维拉帕米可部分阻断此作用[12]。

抗肿瘤作用：芫花根总黄酮可抑制小鼠 S180 肿瘤的生长，提升荷瘤小鼠的淋巴细胞增殖、NK 细胞的杀伤活性[13]。芫花醋甲可抑制 C57BL/6 小鼠黑色素瘤的生长；能抑制 A$_{375}$ 细胞增殖、活力水平及 DNA 合成[14]。从芫花根中提取的瑞香多灵 (daphnodorin) 类成分可抑制 Lewis 肺癌生长和转移[15]。

杀昆虫作用：芫花乙醇粗提物使卫矛尺蠖[16] 和菜青虫[17] 食量减少，体重下降，β - 谷甾醇是活性组分之一[18]；使菜粉蝶幼虫[19] 和卫矛尺蠖幼虫[20] 消化酶系活力增强，谷胱甘肽酶活力指数上升[21]。

体内过程　小鼠单次灌胃芫花根总黄酮后，主要成分芫花苷、芫花醇 A、芫花素、毛瑞香素等，血药浓度在 20-30 min 达到高峰[5]。

注评　本种为历版中国药典、中华中药典范（1985 年版）、新疆药品标准（1980 年版）收载"芫花"的基源植物，药用其干燥花蕾；其干燥枝条为山东中药材标准（1995 年版）收载的"芫花条"。本种的根称"芫花根"，也可药用。本品全国大部分地区习用，产地多为河北以南地区，又称"南芫花"。瑞香科荛花属植物河朔荛花 Wikstroemia chamaedaphne Meissn. 的花黄色，又称"黄芫花"和"北芫花"，常被混用为"芫花"；其功效应用与"芫花"不尽相同，应视为不同的药材。江苏徐州等地以本种的根作"大戟"，属其伪品。苗族也药用本种的花或根，主要用途见功效应用项外，尚用于治疗疟疾，狂犬病，呕血。

化学成分参考文献

[1] 应百平，等 . 化学学报，1977, 35(1-2): 103-108.

[2] 王成瑞，等 . 化学学报，1981, 39(5): 421-426.

[3] Zhang S, et al. *Bioorg Med Chem*, 2006, 14(11): 3888-3895.

[4] Baba K, et al. *Yakugaku Zasshi*, 1987, 107(7): 525-529.

[5] Zheng WF, et al. 药学学报，2004, 39(12): 990-992.

[6] Baba K, et al. *Phytochemistry*, 1992, 32(1): 221-223.

[7] Baba K, et al. *Phytochemistry*, 1993, 33(4): 913-916.

[8] 石枫，等 . 徐州师范大学学报（自然科学版），2004, 22(4): 34-40.

[9] 郑维发，等 . 药学学报，2005, 40(5): 438-442.

[10] 徐贝贝，等 . 烟台大学学报（自然科学与工程版），2010, 23(2): 111-115.

[11] 李天景，等 . 中草药，2011, 42(9): 1702-1705.

[12] 冀春茹，等 . 药学通报，1983, 18(12): 61.

[13] 汪茂田，等 . 中草药，1985, 16(3): 98-100.

[14] 冀春茹，等 . 中草药，1986, 17(11): 487-489.

[15] 汪茂田，等 . 药学学报，1990, 25(11): 866-868.

[16] Zhan ZJ, et al. *Bioorg Med Chem*, 2005, 13(3): 645-655.

[17] Bang KK, et al. *Bioorg Med Chem Lett*, 2013, 23(11): 3334-3337.

[18] Li LZ, et al. *Helv Chim Acta*, 2010, 93(6): 1172-1179.

[19] Li FF, et al. *Bioorg Med Chem Lett*, 2013, 23(9): 2500-2504.

[20] Li LZ, et al. *Chem Nat Compd*, 2010, 46(3): 380-382.

[21] Hong JY, et al. *Chem Pharm Bull*, 2010, 58(2): 234-237.

[22] Jo SK, et al. *Biomolecules & Therapeutics*, 2012, 20(6): 513-519.

[23] Zeng YM, et al. *Helv Chim Acta*, 2009, 92(7): 1273-1281.

[24] 王金辉，等 . 发明专利申请，2010, CN 101704826 A 20100512.

[25] Wang R, et al. *J Asian Nat Prod Res*, 2013, 15(5): 502-506.

[26] 夏素霞，等 . 化学学报，2011, 69(20): 2518-2522.

[27] Li DY, et al. *Bull Korean Chem Soc*, 2014, 35(2): 669-671.

[28] 李玲芝，等 . 沈阳药科大学学报，2010, 27(9): 699-703.

[29] 邵泽艳，等 . 中草药，2013, 44(2): 128-132.

[30] 王成瑞，等 . 化学学报，1982, 40(9): 835-839.

[31] 胡邦豪，等 . 化学学报，1985, 43(5): 460-462.

[32] 胡邦豪，等 . 化学学报，1986, 44(8): 843-845.

[33] Kasal R, et al. *Phytochemistry*, 1981, 20(11): 2592-2594.

[34] 陈艳琰，等 . 中草药，2013, 44(4): 397-402.

[35] Noro T, et al. *Chem Pharm Bull*, 1983, 31(11): 3984-3987.

[36] Nikaido T, et al. *Chem Pharm Bull*, 1987, 35(2): 675-681.

[37] 邵泽艳，等 . 现代药物与临床，2013, 28(3): 278-281.

[38] 王彩芳，等 . 中药材，2009, 32(4): 508-511.

[39] 宋丽丽，等 . 中草药，2010, 41(4): 536-538.

[40] 张明伟，等 . 中国药学杂志，2011, 46(22): 1704-1706.

[41] 韩伟，等 . 中国实验方剂学杂志，2010, 16(15): 46-49.

[42] 孙倩，等 . 沈阳药科大学学报，2014, 31(2): 94-98.

[43] Lee MY, et al. *Int Immunopharmacol*, 2009, 9(7-8): 878-885.

[44] Li SM, et al. *Chemistry Central Journal*, 2013, 7: 159/1-159/9.

[45] 曾毅梅，沈阳药科大学学报，(2009), 26(5), 353-356.

药理作用及毒性参考文献

[1] 王莉 . 芫花根总黄酮的药理作用和芫花根的化学成分研究 [D]. 江苏：扬州大学，2004.

[2] 王莉，等 . 宁夏医学杂志，2005, 27(1): 21-23.

[3] 郑维发，等 . 中草药，2006, 37(3): 398-402.

[4] 郑维发，等 . 解放军药学学报，2004, 20(4): 241-245.

[5] 高晓雯，等 . 中草药，2006, 37(5): 721-725.

[6] 石枫，等 . 徐州师范大学学报（自然科学版），2004, 22(4): 34-40.

[7] 石枫，等 . 药物生物技术，2005, 12(1): 46-51.

[8] 和蕾，等 . 第二军医大学学报，2008, 29(10): 1221-1226.

[9] 郑维发，等 . 中草药，2004, 35(11): 1262-1269.

[10] 郑维发，等 . 解放军药学学报，2004, 20(1): 18-21.

[11] 周旭，等 . 山西中医，2002, 16(1): 50-52.

[12] 张英福，等 . 中药药理与临床，1999, 15(5): 36-38.

[13] 魏志文，等 . 解放军药学学报，2008, 24(2): 116-120.

[14] 张炜 . 芫花酯甲抗黑色素瘤的作用及其机理的初步研究 [D]. 北京：中国协和医科大学 / 中国医学科学院，2007.

[15] Zheng W, et al. *Int Immunopharmacol*, 2007, 7(2): 128-134.

[16] 莫建初，等 . 中国森林病虫，2001, (2): 7-9.

[17] 王问学，等 . 森林病虫通讯，1999, (3): 2-4.

[18] 莫建初，等 . 中南林学院学报，2001, 21(4): 5-10.

[19] 王问学，等 . 林业科学，2000, 36(5): 69-72.

[20] 王问学，等 . 农药，2000, 39(8): 23-24.

[21] 莫建初，等 . 中南林学院学报，2001, 21(1): 5-9.

2. 长柱瑞香（中国高等植物图鉴补编） 长轴瑞香（中国中药资源志要）

Daphne championii Benth., Fl. Hongk. 296. 1861.（英 **Champion Daphne**）

常绿直立灌木，高 0.5-1 m；枝幼时黄绿色或灰绿色，具黄色或灰色丝状粗毛，老时毛脱落，橄榄色，干燥后紫红色或紫黑色。叶互生，近纸质或近膜质，椭圆形或近卵状椭圆形，长 1.5-4.5 cm，宽 0.6-1.8 cm，先端钝形或钝尖，基部宽楔形，两面被白色丝状粗毛，下面较上面密，侧脉 5-6 对；叶柄密被白色丝状长粗毛。花白色，通常 3-7 朵组成头状花序，腋生或侧生；无苞片，稀具叶状苞片；无花序梗或极短，无花梗；花萼筒筒状，长 6-8 mm，外面贴生淡黄色或淡白色丝状绒毛，裂片 4，广卵形，长约 1 mm，宽约 0.5 mm，外面密被淡白色丝状绒毛；雄蕊 8 枚，2 轮，着生于花萼筒的中部以上；花盘一侧发达，鳞片状，长圆形，顶端渐尖，基部圆形，长约为子房的 1/4；子房椭圆形，无柄或几无柄，灰色，上部或几全部密被白色丝状粗毛，花柱细长，长约 4 mm。果实未见。花期 2-4 月，果期不详。

分布与生境 产于江苏、江西、福建、湖南、广东、广西、贵州等地。常生于海拔 200-650 m 的低山或山腰的密林中，山谷瘠土少见。

药用部位 根皮、茎皮、全株。

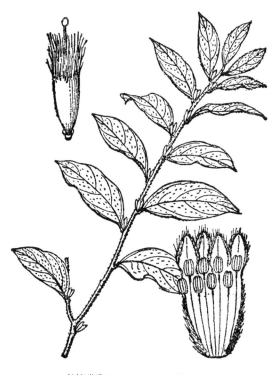

长柱瑞香 **Daphne championii** Benth.
引自《中国高等植物图鉴》

长柱瑞香 **Daphne championii** Benth.
摄影：郑希龙

功效应用 根皮、茎皮：祛风除湿，解毒消肿，消疳散积。用于腰痛，痈疮肿毒，跌打损伤，小儿疳积。全株：消疳散积，清热。用于小儿疳积，咽喉炎。

3. 华瑞香（中国高等植物图鉴补编）

Daphne rosmarinifolia Rehder in Sargent, Pl. Wils. 2: 549. 1916.（英 **Rosmariniifolia Daphne**）

常绿灌木，高 30-100 cm；当年生枝灰色，有棱角，密被灰色或淡黄色粗伏毛，一年以上生枝无毛或微被毛，叶迹明显，近圆形。叶小，互生，纸质，线状长圆形或倒卵状披针形，长 10-18 m，宽 2-4 mm，先端圆形或近截形，通常具细尖头，基部楔形，幼时具长纤毛，上面深绿色，下面淡绿色，侧脉不明显或下面稍明显；叶柄无毛。花黄色，数花簇生于小枝顶端；苞片早落，线状长圆形或匙状长圆形，长 4-6 mm，无总花梗和花梗；花萼筒圆筒状，长 8-10 mm，外面无毛，裂片 5，开展，卵形或卵状长圆形，长 3-4.5 mm，先端圆形或钝形；雄蕊 10 枚，2 轮，均着生于花萼筒的中部以下；花盘环状，一侧发达，稍不规则，长 0.5-0.8 mm；子房卵形，长 2-2.5 mm，无毛，基部渐狭，花柱长 0.5 mm。浆果幼时绿色，卵形，长 5 mm，直径 2.5 mm。花期 4-5 月，果期 7 月。

分布与生境 产于四川西北部和西部、甘肃西南部、青海东南部。生于海拔 2500-3800 m 的山地灌丛中。

药用部位 根皮、树皮。

功效应用 活血止血。用于跌打损伤，骨折。

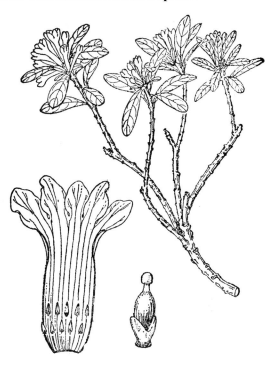

华瑞香 **Daphne rosmarinifolia** Rehder
引自《中国高等植物图鉴》

4. 川西瑞香（中国高等植物图鉴补编） 川西盏花（中国高等植物图鉴）

Daphne gemmata E. Pritz. ex Diels in Bot. Jahrb. 29: 481. 1900.——*Wikstroemia gemmata* (E. Pritz. et Diels) Domke（英 **Western Sichuan Daphne**）

落叶灌木，高 0.3-1 m；当年生枝圆柱形，具贴生黄色细柔毛，多年生枝灰色或灰褐色，无毛。叶互生，纸质或膜质，倒卵状披针形或倒卵形，长 3-8 cm，宽 0.6-2.2 cm，先端钝圆，稀钝尖或凹陷，基部宽楔形，上面亮绿色，下面淡褐色，幼时疏生淡黄色丝状毛，侧脉 7-12 对；叶柄有黄色丝状毛，上面有沟槽。花黄色，常 5-6 朵组成短穗状花序，有时多花，顶生；无苞片；花序梗短，长约 2 mm，与长 0.5 mm 的花梗密被淡黄色的丝状短柔毛；花萼筒长圆筒状，细瘦，长 10-14 mm，向上弯斜，外面被黄褐色短的丝状柔毛，裂片 5，卵形或椭圆形，长 4-5 mm，宽 2-3 mm；雄蕊 10 枚，2 轮，均着生于花萼筒的中部以下；花盘一侧发达，近方形，长约为子房的 1/3，顶端常 2 裂，裂片不等长，白色，透明；子房广卵形，长 2-2.5 mm，顶端疏生黄色细绒毛，花柱极短。果实椭圆形，常为花萼筒所包围，长约 4 mm，幼时淡绿色，成熟时红色。花期 4-9 月，果期 8-12 月。

分布与生境 产于四川西北部至西部，为四川特产。常见于海拔 400-1500 m 的低山和丘陵地区。

川西瑞香 **Daphne gemmata** E. Pritz. ex Diels
引自《中国高等植物图鉴》

川西瑞香 **Daphne gemmata** E. Pritz. ex Diels
摄影：徐晔春

药用部位　树皮。
功效应用　活血化瘀，祛风除湿。用于跌打损伤，骨折，风湿疼痛。

5. 阿尔泰瑞香（新疆植物名录）

Daphne altaica Pall., Fl. Ross. 1: 53, t. 35. 1784.（英 **Altai Daphne**）

　　落叶直立灌木，高 40-60 m；当年生枝紫褐色，散生极少数白色柔毛，一年生枝紫红色，无毛或顶端有时微具柔毛，多年生枝灰色，无毛，叶迹明显，微突起。叶互生，膜质，长圆状椭圆形或椭圆状披针形，长 3-5.5 cm，宽 0.8-1.2 cm，先端钝圆形或急尖，具短尖头，基部下延而渐狭，上面深绿色，下面稍淡，两面无毛，中脉和 5-7 对侧脉在两面稍明显隆起。花白色，3-6 朵组成顶生头状花序；无苞片；花梗极短或无花梗，微具白色柔毛；花萼筒圆筒状，纤细，长约 12 mm，外面被短柔毛，裂片 4，狭卵形或宽椭圆形，长约 6 mm，顶端钝形，具小尖头；雄蕊 8 枚，2 轮，上轮雄蕊着生于花萼筒喉部，花药 1/2 伸出于喉部；花盘小；子房卵球形，无毛，几无花柱。浆果卵球形，肉质，成熟时紫黑色，长 5-7 mm；果梗极短。花期 5-6 月，果期 7-9 月。

阿尔泰瑞香 **Daphne altaica** Pall.
摄影：刘冰

分布与生境　仅产于新疆准噶尔盆地以北（塔城、哈巴河一带）。生于海拔 1000 m 左右的河谷或山地的灌木丛中。俄罗斯（阿尔泰）和蒙古西北部也有分布。
药用部位　树皮、叶。
功效应用　发汗解表，止咳祛痰，止疼。用于风寒感冒，胃痛。

化学成分 枝叶含香豆素类：瑞香诺苷▲(daphnoside)[1]。

化学成分参考文献

[1] Pimenov MG, et al. U.S.S.R., 1973, SU 407562 A1 19731210.

6. 黄瑞香（中国树木分类学） 黄芫花（中国中药资源志要），祖师麻（甘肃、青海、陕西），金腰带（陕西）

Daphne giraldii Nitsche, Beitr. Kenntn. Daphne 7. 1907.（英 **Girald Daphne**）

　　落叶直立灌木，高 45~70 cm；枝无毛，幼时橘黄色，有时上段紫褐色，老时灰褐色。叶互生，常密生于小枝上部，膜质，倒披针形，长 3-6 cm，稀更长，宽 0.7-1.2 cm，先端钝形或微突尖，基部狭楔形，上面绿色，下面带白霜，干燥后灰绿色，两面无毛，侧脉 8-10 对；叶柄极短或无。花黄色，微芳香，常 3-8 朵组成顶生的头状花序；花序梗极短或无，花梗短，长不到 1 mm；花萼筒圆筒状，长 6-8 mm，直径 2 mm，无毛，裂片 4，卵状三角形，覆瓦状排列，相对的 2 片较大或另一对较小，长 3-4 mm，顶端开展，无毛；雄蕊 8 枚，2 轮，均着生于花萼筒中部以上；花盘不发达，浅盘状，边缘全缘；子房椭圆形，无毛，无花柱。果实卵形或近圆形，成熟时红色，长 5-6 mm，直径 3-4 mm。花期 6 月，果期 7-8 月。

分布与生境 产于黑龙江、辽宁、陕西、甘肃、青海、新疆、四川等地。生于海拔 1600-2600 m 的山地林缘或疏林中。

药用部位 茎皮、根皮。

功效应用 祛风通络，化瘀止疼。用于头痛，牙痛，风湿性关节痛，胃痛，腰腿痛，四肢麻木。有小毒。

黄瑞香 Daphne giraldii Nitsche
引自《中国高等植物图鉴》

黄瑞香 Daphne giraldii Nitsche
摄影：石硕

化学成分　根含倍半萜类：木犀榄瑞香醛▲(oleodaphnal)[1]；二萜类：瑞香毒素(daphnetoxin)[1]；三萜类：齐墩果酸(oleanolic acid)，白桦脂酸(betulinic acid)[1]；苯丙素类：丁香苷(syringin)，咖啡酸十八酯(octadecyl caffeate)，芥子醇-1,3'-二-O-β-D-吡喃葡萄糖苷(sinapyl alcohol-1,3'-di-O-β-D-glucopyranoside)[1]；甾体类：β-谷甾醇，胡萝卜苷[1]；甘油酯类：甘油单硬脂酸酯(monostearin)[1]。

根状茎含香豆素类：瑞香素(daphnetin)，西瑞香素(daphnoretin)，伞形酮(umbelliferone)[2]。

根状茎皮含香豆素类：黄瑞香苷A (giraldoid A)[3]，4-甲基-7-羟基香豆素(4-methyl-7-hydroxycoumarin)，结香苷C (edgeworoside C)[4]；苯丙素类：1-(4-羟基-3,5-二甲氧基苯基)-1,2-丙二酮[1-(4-hydroxy-3,5-dimethoxyphenyl)-1,2-propanedione][4]。

根皮和茎皮含二萜类：黄瑞香芬▲(daphnegiraldifin)，12-羟基瑞香毒素(12-hydroxydaphnetoxin)，瑞香毒素(daphnetoxin)[5]；香豆素类：西瑞香素(daphnoretin)[5]。

茎皮含香豆素类：7,8-二甲氧基香豆素(7,8-dimethoxycoumarin)，3,4,5-三甲氧基香豆素(3,4,5-trimethoxycoumarin)，7-甲氧基-8-羟基香豆素(7-methoxy-8-hydroxycoumarin)[6]，7,8-二羟基香豆素(7,8-dihydroxycoumarin)[7]，西瑞香素(daphnoretin)[7-8]，瑞香新苷▲(daphneside)[8]，瑞香素-8-O-β-D-吡喃葡萄糖基-(1→6)-O-β-D-吡喃葡萄糖苷[daphnetin-8-O-β-D-glucopyranosyl-(1→6)-O-β-D-glucopyranoside][9]，黄瑞香林素▲(daphgilin)，瑞香米林▲(daphjamilin)，阿勒颇芸香素▲(rutarensin)[10]，7,7'-二羟基-6,8'-双香豆素(7,7'-dihydroxy-6,8'-bicoumarin)，瑞香诺灵▲(daphnorin)，异瑞香诺苷▲(isodaphnoside)[11]，伞形酮[6-7,12]，4-甲基-7-羟基香豆素(4-methyl-7-hydroxycoumarin)[12]，绣球亭(hydrangetin)[6,12]，瑞香素(daphnetin)[12]，瑞香林苷▲(daphnolin)[12-13]，6-O-α-L-吡喃鼠李糖基黄瑞香素(6-O-α-L-rhamnopyranosyldaphnogirin)，6-O-β-D-呋喃芹糖基黄瑞香素(6-O-β-D-apiofuranosyldaphnogirin)[14]，狼毒双香豆素(bicoumastechamin)[15]，瑞香苷(daphnin)[16]；黄酮类：芫花素(genkwanin)[6,17]，木犀草素(luteolin)[7,15-16]，芫花卡宁▲(yuankanin)[8]，葡萄糖基芫花素(glucogenkwanin)[8,17]，瑞香多灵▲(daphnodorin) A[8,15-16,18]、B[8,18]、C、D1[8,18]，5,7,3'-三羟基-4'-甲氧基黄酮(5,7,3'-trihydroxy-4'-methoxyflavone)[16]，5-甲氧基-7-β-D-吡喃葡萄糖基-(-)-缅茄儿茶素▲[5-methoxy-7-β-D-glucopyranosyl-(-)-afzelechin]，7-O-β-D-吡喃葡萄糖基-(-)-表缅茄儿茶素▲[7-O-β-D-glucopyranosyl-(-)-epiafzelechin]，樱花苷(sakuranin)，4',5-二羟基-3',7-二甲氧基黄酮(4',5-dihydroxy-3',7-dimethoxyflavone)，木犀草素-3',7-二甲醚-5-O-β-D-吡喃葡萄糖苷(luteolin-3',7-dimethyl ether-5-O-β-D-glucopyranoside)，木犀草素-7-甲醚-5-O-β-D-吡喃葡萄糖苷(luteolin-7-methyl ether-5-O-β-D-glucopyranoside)[17]，5-对羟基苯甲酰氧基-7-羟基-8-乙氧羰基-(-)-缅茄儿茶素▲[5-p-hydroxybenzoxy-7-hydroxyl-8-ethoxycarbonyl-(-)-afzelechin]，5-对羟基苯甲酰氧基-7-(2,3,5-三羟基苯甲酰氧基)-8-乙氧羰基-(-)-缅茄儿茶素▲[5-p-hydroxybenzoxy-7-(2,3,5-trihydroxybenzoxy)-8-ethoxycarbonyl-(-)-afzelechin]，5-对羟基苯甲酰氧基-7-(2,3,5-三羟基苯甲酰氧基)-8-甲氧羰基-(-)-缅茄儿茶素▲[5-p-hydroxybenzoxy-7-(2,3,5-trihydroxybenzoxy)-8-methoxycarbonyl-(-)-afzelechin][19]；二芳基戊烷类：瑞香醇酮(daphneolone)[11]；木脂素类：瑞香辛(daphneticin)[7,20]，(+)-降络石苷元[(+)-nortrachelogenin][7]，(±)-丁香树脂酚[(±)-syringaresinol][8,20]，(±)-丁香树脂酚-4,4'-二-O-β-D-吡喃葡萄糖苷[(±)-syringaresinol-4,4'-bis-O-β-D-glucopyranoside][11,20]，(-)-落叶松树脂醇[(-)-lariciresinol]，(-)-落叶松树脂醇-4-O-β-D-吡喃葡萄糖苷[(-)-lariciresinol-4-O-β-D-glucopyranoside]，(-)-松脂酚-4-O-β-D-吡喃葡萄糖苷[(-)-pinoresinol-4-O-β-D-glucopyranoside]，(-)-松脂酚-二-O-β-D-吡喃葡萄糖苷[(-)-pinoresinol-di-O-β-D-glucopyranoside]，5'-去甲氧基瑞香辛(5'-demethoxydaphneticin)[20]，(-)-松脂酚[(-)-pinoresinol][20-21]，(+)-丁香树脂酚[(+)-syringaresinol]，(+)-鹅掌楸树脂醇B二甲醚[(+)-liriorosinol B dimethyl ether]，(+)-丁香树脂酚-二-O-β-D-吡喃葡萄糖苷[(+)-syringaresinol-di-O-β-D-glucopyranoside]，穗罗汉松树脂酚(matairesinol)，深裂日本黄连苷▲XI(wooremoside XI)[21]；苯丙素类：十八烷基反式-咖啡酸酯(E-octadecyl caffeate)[7,11]，1-(4-羟基-3,5-二甲氧基苯基)-1,2-丙二酮[1-(4-hydroxy-3,5-dimethoxyphenyl)-1,2-propanedione][12]，正丁基丁香苷(n-butylsyringin)[15]，丁香苷(syringin)[22]，Z-咖啡酸十八烷基酯(Z-octadecyl caffeate)[23]；酚、酚酸类：对羟基苯甲酸(p-hydroxybenzoic acid)[11]，4-羟基-3,5-二甲氧基苯甲醛(4-hydroxy-3,5-dimethoxybenzaldehyde)[12]；

三萜类：β-香树脂酮(β-amyrone)，β-香树脂醇乙酸酯(β-amyrin acetate)[15]；二萜类：南香春▲(gniditrin)，南香辛▲(gnidicin)，瑞香毒素(daphnetoxin)[23]，黄瑞香精(daphnegiraldigin)[24]；甾体类：β-谷甾醇[6]，胡萝卜苷[8]，β-谷甾醇棕榈酸酯(β-sitosterol palmitate)[15]；糖类：α-D-吡喃果糖(α-D-fructopyranose)[12]。

茎含黄酮类：黄瑞香素(daphnogirin) A、B[25]。

茎叶含香豆素类：瑞香素，西瑞香素，黄瑞香亭▲(daphnogitin)，黄瑞香素(daphnogirin)[26]；黄酮类：5-O-甲氧基缅茄儿茶素▲(5-O-methylafzelechin)[26]；木脂素类：瑞香辛，异瑞香辛(isodaphneticin)，去甲氧基异瑞香辛(demethoxyisodaphneticin)，(+)-松脂酚[(+)-pinoresinol]，尖叶木兰素▲(acuminatin)，(-)-二氢芝麻素[(-)-dihydrosesamin]，异柳叶柴胡素(isosalicifolin)[26]；二萜类：1,2-二氢瑞香毒素(1,2-dihydrodaphnetoxin)，瑞香毒素(daphnetoxin)[26]。

附注：愈伤组织含香豆素类：伞形酮，西瑞香素，瑞香素-8-O-β-D-吡喃葡萄糖苷[27]；苯丙素类：丁香苷[27]；二芳基戊烷类：瑞香醇酮(daphneolone)[27-28]，(+)-1-(4-羟基-3-甲氧基苯基)-3-羟基-5-苯基-1-戊酮[(+)-1-(4-hydroxy-3-methoxyphenyl)-3-hydroxy-5-phenyl-1-pentanone]，(+)-1-(4-甲氧基苯基)-3-羟基-5-苯基-1-戊酮[(+)-1-(4-methoxyphenyl)-3-hydroxy-5-phenyl-1-pentanone][28]，瑞香烯酮(daphnenone)，瑞香诺酮▲(daphnolon)，R-(-)-1-(4'-羟基苯基)-3-羟基-5-苯基-1,5-戊烷二酮[R-(-)-1-(4'-hydroxyphenyl)-3-hydroxy-5-phenyl-1,5-pentandione]；S-(+)-瑞香醇酮-4'-O-β-D-吡喃葡萄糖苷[S-(+)-daphneolone-4'-O-β-D-glucopyranoside][29]。

药理作用　抗炎镇痛作用：黄瑞香总提取物和石油醚、三氯甲烷、乙酸乙酯、正丁醇部位对二甲苯致小鼠耳肿胀及醋酸致小鼠疼痛有抑制作用[1-2]，单体化合物瑞香新素、伞形花内酯、双白瑞香素有镇痛活性，双白瑞香素、瑞香苷有抗炎活性[1]。

调节免疫作用：瑞香素可降低小鼠脾和胸腺重量、血清凝集素滴度和溶血素 HC_{50} 值，抑制小鼠足垫迟发型超敏反应，促进小鼠腹腔巨噬细胞吞噬功能[3]。

抗肿瘤作用：从黄瑞香中分离得到的 5- 对羟基苯甲酰氧基 -7- 羟基 -8- 乙氧羰基 -(-)- 缅茄儿茶素对人肺癌细胞 A549、人肠癌细胞 LOVO、人 T 细胞白血病细胞 6T-CEM、人肝癌细胞 QGY-7703 有细胞毒活性[1]。

注评　本种为中国药典（1977 年版）、山西（1987 年版）、甘肃（1996、2008 年版）、宁夏（1993 年版）中药材标准收载 "祖司麻" 的基源植物之一，药用其干燥茎皮和根皮。本种药材主产于陕西、甘肃、四川、青海、宁夏、河南、山西、江西等地，自产自销。同属植物唐古特瑞香 Daphne tangutica Maxim.、凹叶瑞香 Daphne retusa Hemsl. 亦为基源植物，与本种同等药用。本种藏族语称 "森星那玛" 或 "森生那玛"，藏医用其果、花、皮及根治疗梅毒性鼻炎及下疳、脓肿、骨痛、关节积黄水；《中华藏本草》在 "森生那玛" 项下记载了同属植物甘青瑞香 D. tangutica Maxim.，也同样使用。《藏药志》记载的 "森兴那玛" 为甘青瑞香 D. tangutica Maxim. 和木犀科植物素方花 Jasminum officinale L.，认为前者形态与《晶珠本草》记载相符，应为正品，而素方花的枝叶形态虽与《晶珠本草》记载不符，但却与《四部医典系列挂图全集》中所绘 "森兴那玛" 的图近似，是否应作 "森兴那玛" 还有待进一步考证；部颁标准·藏药（1995 年版）在 "森生那玛" 项下仅收载了甘青瑞香 D. tangutica Maxim.，药用其叶、茎皮、果、花。回族也药用本种的根及茎皮，主要用途见功效应用项。

化学成分参考文献

[1] 苏娟，等．中草药，2008, 39(12): 1781-1783.

[2] 张薇，等．中国医药工业杂志，2007, 38(3): 233-238.

[3] Li SH, et al. *J Asian Nat Prod Res*, 2005, 7(6): 839-842.

[4] He WN, et al. *Asian J Tradit Med*, 2008, 3(3): 117-119.

[5] 王成瑞，等．化学学报，1987, 45(10): 993-996.

[6] 王明时，等．中草药，1980, 11(2): 49-54,60.

[7] 周光雄，等．中草药，2007, 38(3): 327-329.

[8] Zhang Q, et al. *Biochem Syst Ecol*, 2008, 36(1): 63-67.

[9] Su J, et al. *Chin Chem Lett*, 2007, 18(7): 835-836.

[10] 张强，等．中国天然药物，2007, 5(4): 251-254.

[11] Sun WX, et al. *J Integr Plant Biol*, 2006, 48(12): 1498-1501.

[12] 李平，等 . 中国药物化学杂志, 2010, 20(1): 50-52.

[13] Sun W, et al. *Chin Chem Lett*, 2006, 17(8): 1054-1056.

[14] Su J, et al. *Chem Pharm Bull*, 2008, 56(4): 589-591.

[15] 廖时余，等 . 中草药, 2012, 43(7): 1263-1266.

[16] 齐万虎，等 . 中国实验方剂学杂志, 2014, 20(5): 141-144.

[17] Su J, et al. *Nat Prod Res*, 2008, 22(15): 1355-1358.

[18] 周光雄，等 . 中草药, 2002, 33(12): 1061-1063.

[19] Su J, et al. *J Asian Nat Prod Res*, 2008, 10(6): 547-550.

[20] Su J, et al. *Chem Nat Compd*, 2008, 44(5): 648-650.

[21] 刘文娟，等 . 中国药物化学杂志, 2010, 20(4): 304-

306, 309.

[22] 王明时 . 中草药, 1980, 11(9): 389-390.

[23] 周光雄，等 . 中国中药杂志, 2006, 31(7): 555-557.

[24] Su J, et al. *Chem Nat Compd*, 2014, 50(2): 285-287.

[25] Zhou GX, et al. *Chem Pharm Bull*, 2007, 55(9): 1287-1290.

[26] Liao SG, et al. *Helv Chim Acta*, 2005, 88(11): 2873-2878.

[27] 李银，等 . 北京中医药大学学报, 2008, 31(3): 199-201.

[28] Wu ZH, et al. *Chin Chem Lett*, 2009, 20(11): 1335-1338.

[29] Wang LB, et al. *J Asian Nat Prod Res*, 2012, 14(11): 1020-1026.

药理作用及毒性参考文献

[1] 苏娟 . 黄瑞香活性成分的研究 [D]. 上海：第二军医大学，2007.

[2] 张薇，等 . 中国医药工业杂志，2007, 38(3): 233-237.

[3] 贾正平，等 . 中国药理学与毒理学杂志，1992, 6(3): 235-236.

7. 朝鲜瑞香　长白瑞香（中国中药资源志要），辣根草（吉林）

Daphne pseudomezereum A. Gray var. **koreana** (Nakai) Hamaya in Bull. Tokyo Univ. Forests 55: 72. 1959.——*D. pseudomezereum* acut. non A. Gray: C. Y. Chang（英 **Korean Daphne**）

　　落叶灌木，高 15–40 cm；枝粗壮，分枝短，光滑无毛，具不规则的棱。叶互生，常簇生于当年生枝顶部，膜质，披针形至长圆状披针形或倒披针形，长 4–10 cm，宽 0.8–2 cm，先端钝形，基部下延成楔形，上面绿色，下面淡绿色，两面无毛，侧脉 8–12 对，近边缘 1/4 处分叉而互相网结，纤细，不规则分叉，在两面稍隆起，小脉网状，纤细，两面均明显可见；叶柄短，两侧翼状。长 3–10 mm。花黄绿色，侧生于小枝顶端或侧生于当年生小枝下部，通常数花簇生；无苞片；花萼筒圆筒状，长

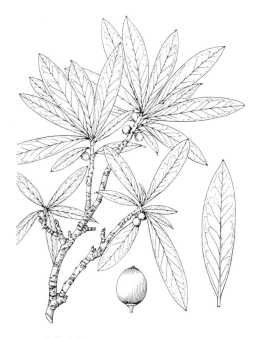

朝鲜瑞香 **Daphne pseudomezereum** A. Gray
var. **koreana** (Nakai) Hamaya
冯先洁　绘

朝鲜瑞香 **Daphne pseudomezereum** A. Gray
var. **koreana** (Nakai) Hamaya
摄影：周繇

6–8 mm，外面无毛，裂片长为花萼筒的 1/2 或与之等长，下轮雄蕊着生于花萼筒的中部，上轮雄蕊着生于花萼筒的喉部；花盘环状。果实肉质，卵形，长 5 mm，直径 4 mm，无毛，幼时绿色，成熟时红色。花期 2–4 月，果期 7–8 月。

分布与生境　产于吉林、辽宁。常见于海拔 800–1600 m 的针阔叶混交林下阴湿的藓褥上。日本、朝鲜也有分布。

药用部位　全株。

功效应用　温中散寒，舒筋活络，活血化瘀，止痛。用于冠心病，心绞痛，慢性冠状动脉供血不足，脱疽，风湿性关节痛，血栓闭塞性脉管炎，心腹痛，冻疮，冷伤。

化学成分　根含香豆素类：瑞香素(daphnetin)[1]，朝鲜瑞香素(daphkoreanin)[2]，七叶树内酯(esculetin)，西瑞香素(daphnoretin)，瑞香苷(daphnin)[3]。

　　茎和茎皮含香豆素类：瑞香诺灵▲(daphnorin)[4]；苯丙素类：丁香苷(syringin)[4]；木脂素类：瑞香辛(daphneticin)，异瑞香辛(isodaphneticin)，5'-去甲氧基瑞香辛(5'-demethoxydaphneticin)，(-)-松脂酚[(-)-pinoresinol]，(-)-松脂酚-4-O-β-D-葡萄糖苷[(-)-pinoresinol-4-O-β-D-glucoside][4]；黄酮类：芫花宁▲(yuanhuanin)，樱花苷(sakuranin)，芫花卡宁▲(yuankanin)[4]。

　　全草含香豆素类：7,8-二甲氧基香豆素(7,8-dimethoxycoumarin)[5]；黄酮类：柚皮苷元(naringenin)[5]；甾体类：β-谷甾醇[5]。

药理作用　抗凝血、抗血栓作用：瑞香素能延长小鼠凝血时间，抑制大鼠实验性血栓形成[1]；瑞香素及其衍生物能抑制 2 型糖尿病大鼠体外血栓形成[2]。

　　影响血液流变学作用：瑞香素及其衍生物能降低 2 型糖尿病大鼠的全血黏度，改善微循环障碍，加快血液流速，扩张微动、静脉血管管径[2]。

　　抗血小板聚集作用：瑞香素体内外可抑制 ADP 诱导的家兔血小板聚集，使血小板黏附性降低[1]；另可抑制 2 型糖尿病大鼠的血小板聚集[2]。

　　抑制酶作用：瑞香素体外能抑制蛋白激酶 AC 的活力[3]。

化学成分参考文献

[1] 吉林省中医中药研究所中药室植化组. 新医药学杂志, 1977, (4): 13-16.

[2] Liu YZ, et al. *Chin Chem Lett*, 1997, 8(3): 229-230.

[3] 冀春茹, 等. 植物学通报, 1994, 11(3): 48-49.

[4] Hu XJ, et al. *Chin J Nat Med*, 2008, 6(6): 411-414.

[5] 黄恩喜, 等. 中国中药杂志, 1990, 15(10): 609-610.

药理作用及毒性参考文献

[1] 曲淑岩, 等. 药学学报, 1986, 21(7): 498-501.

[2] 柳溪. 瑞香素及其衍生物对 2 型糖尿病大鼠微循环及血液流变学的影响 [D]. 吉林：吉林大学, 2009.

[3] 徐学萍, 等. 中草药, 1994, 25(1): 23-25, 54.

8. 倒卵叶瑞香（中国植物志）　天目瑞香（中国中药资源志要）

Daphne grueningiana H. Winkl. in Fedde, Repert. Sp. Nov. Beih. 12: 443. 1922.（英 **Grueningian Daphne**）

常绿小灌木，高 0.5–1 m；枝稍粗壮，幼时微被短绒毛，老时树皮灰白色或淡灰褐色。叶互生，常簇生于枝顶近对生状、亚革质，倒卵状披针形或倒卵状椭圆形，长 6–11 cm，上部最宽，宽 2.5–3.2 cm，顶端圆形或钝圆形，尖头微凹下，基部渐狭楔形，两面无毛或几无毛，侧脉 6–11 对，近边缘分叉而互相网结，两面微隆起；无叶柄。花白色，8–12 朵组成顶生的头状花序；苞片大，5–7 枚，无毛或边缘具短纤毛；花序梗短，被褐色短硬毛，花梗短或几无花梗，被短硬毛；花萼筒圆筒状，长 5–6 mm，无毛，裂片 4，卵形或长圆形，长 6–8 mm，宽 3–4 mm，顶端微 2 裂，无毛；雄蕊 8 枚，2 轮，下轮着生于花萼筒的中部，上轮着生于花萼筒的喉部稍下面；花盘环状，边缘具细圆锯齿；子房广椭圆形，无毛，无花柱，柱头稍扁。果实幼时卵形。花期 3–4 月，果期 6–7 月。

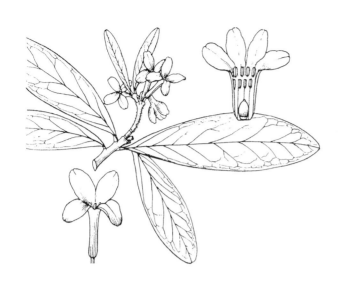

倒卵叶瑞香 Daphne grueningiana H. Winkl.
冯先洁　绘

倒卵叶瑞香 Daphne grueningiana H. Winkl.
摄影：南程慧

分布与生境　产于浙江、安徽。生于海拔 300–400 m 的沟边或竹林边。

药用部位　全株。

功效应用　活血消肿，利咽。用于跌打损伤，关节红肿，咽喉肿痛。

9. 橙花瑞香（云南种子植物名录）　云南瑞香（中国树木分类学），黄花瑞香（经济植物手册），万年青（云南），黑沉香（云南）

Daphne aurantiaca Diels in Not. Bot. Gard. Edinb. 5(25): 285. 1912.（英 **Yellowflower Daphne**）

矮小灌木，高 0.6–1.2 m；枝幼时红褐色或褐色，顶端常被淡白色粉，老时棕褐色或褐色。叶小，对生或近于对生，常密集簇生于枝顶，纸质或近革质，倒卵形或卵形或椭圆形，长 0.8–2.3 cm，宽 0.4–1.2 cm，先端钝或急尖，具尖头，基部楔形或钝，边缘反卷，上面深绿色，下面灰绿色或灰褐色，两面无毛，通常具白粉，侧脉不明显。花橘黄色，芳香，2–5 朵簇生于枝顶或部分腋生，无毛；叶状苞片长卵形或卵状披针形，长 2–5 mm，宽 1–1.5 mm，顶端渐尖，上面淡白色，有时微具白色柔毛；花梗短，长约 1 mm；花萼筒漏斗状圆筒形，长 8–11 mm，外面无毛，裂片 4，宽卵形或卵状椭圆形，长 2.5–4 mm，宽 2–3 mm；雄蕊 8枚，2 轮，下轮着生于花萼筒的中部，上轮着生于花萼筒的喉部稍下面，花药顶端与裂片基部接触；花盘通常一侧发达，近方形，长 1.2 mm，常深裂为 2 鳞片状；子房无毛，长卵状椭圆形，长 2–3 mm，花柱长0.7 mm。果实球形。花期 5–6 月，果期 8 月。

分布与生境　产于四川西南部（乡城、会东）、云南西北部。生于海拔 2600–3500 m 的石灰岩阴坡杂木林中或灌丛中。

药用部位　根部黑色心材。

功效应用　宁心，通脉降气。用于心热病，妇科诸病。

化学成分　茎皮含单萜类：黑麦草内酯(loliolide)[1]；倍半萜类：橙花瑞香-3,11-二烯-2α,15-二醇(dauca-3,11-dien-2α,15-diol)，3-氧代愈创木-4-烯-11,12-

橙花瑞香 Daphne aurantiaca Diels
引自《中国高等植物图鉴》

橙花瑞香 **Daphne aurantiaca** Diels
摄影：陈又生

二醇(3-oxoguai-4-ene-11,12-diol)，4α,5α,8α,11αH-3-氧代愈创木-1(10)-烯-12,8-内酯-7α-二醇[4α,5α,8α,11αH-3-oxoguai-1(10)-en-12,8-olide-7α-diol]，4α,5α,8α,11βH-3-氧代愈创木-1(10)-烯-12,8-内酯-7β-二醇[4α,5α,8α,11βH-3-oxoguai-1(10)-en-12,8-olide-7β-diol]，4α,5βH-愈创木-9,7(11)-二烯-12,8-内酯-1α,8α-二醇[4α,5βH-guai-9,7(11)-dien-12,8-olide-1α,8α-diol]，4α,5αH-愈创木-9,7(11)-二烯-12,8-内酯-1α,8α-二醇[4α,5αH-guai-9,7(11)-dien-12,8-olide-1α,8α-diol]，木犀榄瑞香醛▲(oleodaphnal)，1α,7α,10αH-愈创木-4,11-二烯-3-酮(1α,7α,10αH-guaian-4,11-dien-3-one)[1]，1β,2β-环氧-10(H)α-橙花瑞香-11(12)-烯-7α,14-二醇[1β,2β-epoxy-10(H)α-dauca-11(12)-ene-7α,14-diol]，1α,2α-环氧-10(H)α-橙花瑞香-11(12)-烯-7α,14-二醇[1α,2α-epoxy-10(H)α-dauca-11(12)-ene-7α,14-diol][2]；二萜类：12-O-苯甲酰佛波醇-13-壬酸酯(12-O-benzoylphorbol-13-nonanoate)，12-O-苯甲酰佛波醇-13-辛酸酯(12-O-benzoylphorbol-13-octanoate)，南香春▲(gniditrin)，芫花宁▲(genkwadaphnin)，芫花亭▲(yuanhuatin)[1]；三萜类：羽扇豆烯酮(lupenone)，羽扇豆醇(lupeol)，羽扇豆醇乙酸酯(lupeol acetate)[1]；黄酮类：瑞香亭▲(daphnotin) A、B，3"-表二氢瑞香多灵▲B (3"-epi-dihydrodaphnodorin B)，狼毒色酮(chamaechromone)，新狼毒素(neochamaejasmin) A、B，7-甲氧基新狼毒素A (7-methoxyneochamaejasmin A)，瑞香多灵▲(daphnodorin) A、B、C、I、J，二氢瑞香多灵▲B (dihydrodaphnodorin B)，缅茄儿茶素▲(afzelechin)，表缅茄儿茶素▲(epiafzelechin)，丁香杜鹃酚▲(farrerol)，柚皮苷元(naringenin)，樱花素(sakuranetin)，樱花苷(sakuranin)，芫花素(genkwanin)，芹菜苷元(apigenin)，山奈酚(kaempferol)，木犀草素(luteolin)，金圣草酚(chrysoeriol)，7,4'-二甲醚-木犀草素(7,4'-dimethyl ether-luteolin)，香叶木素(diosmetin)，木犀草素-5-O-β-吡喃葡萄糖苷(luteolin-5-O-β-glucopyranoside)，5,7,4'-三羟基-3'-甲氧基黄酮(5,7,4'-trihydroxy-3'-methoxyflavone)，5,3',4'-三羟基-7-甲氧基黄酮(5, 3',4'-trihydroxy-7-methoxyflavone)，芫花素-5-O-β-D-吡喃葡萄糖苷(genkwanin-5-O-β-D-glucopyranoside)，木犀草素-7-甲醚-5-O-β-D-吡喃葡萄糖苷(luteolin-7-methyl ether-5-O-β-D-glucopyranoside)，芫花卡宁▲(yuankanin)[3]，3,3"-双草原大戟苷元▲(3,3"-bisteppogenin)，3,3"-双草原大戟苷元▲-7-O-β-D-吡喃葡萄糖苷(3,3"-bisteppogenin-7-O-β-D-glucopyranoside)，2'''-去羟基-3,3"-双草原大戟苷元▲(2'''-dehydroxy-3,3"-bisteppogenin)，2'''-去羟基-3,3"-双草原大戟苷元▲-7-O-β-D-吡喃葡萄糖苷(2'''-dehydroxy-3,3"-bisteppogenin-7-O-β-D-glucopyranoside)，7-甲氧基新狼毒素B(7-methoxyneochamaejasmin B)[4]；酚类：异新吴茱萸叶五加苷▲(isoinnovanoside)，二聚新吴茱萸叶五加苷▲(diinnovanoside) A、B[5]。

茎含倍半萜类：橙花瑞香醇▲(daphnauranol) A、B、C[6]，橙花瑞香诺醇▲(auranticanol) A、B、C、D、E、F、G、H、I、J、K、L、M，狼毒酮D (chamaejasmone D)，弗吉尼亚雏菊内酯▲(virginolide)，

14α,15β,1(*H*)α,5(*H*)α,7(*H*)α-愈 创 木-11(13)-烯-8β,12-二 醇[14α,15β,1(*H*)α,5(*H*)α,7(*H*)α-guai-11(13)-ene-8β,12-diol]，4α,5α,8α,11(*H*)α-2-氧代-愈创木-1(10)-烯-12,8-内酯-7α-醇[4α,5α,8α,11(*H*)α-2-oxo-guai-1(10)-en-12,8-olide-7α-ol]，4α,5α,8α,15β,11(*H*)α-2-氧 代-愈 创 木-1(10)-烯-12,8-内 酯-7β-醇[4α,5α,8α,15β,11(*H*)α-2-oxo-guai-1(10)-en-12,8-olide-7β-ol]，4α,5β-愈 创 木-9(10),7(11)-二 烯-12,8-内 酯-1α,7α-二 醇[4α,5β-guai-9(10),7(11)-diene-12,8-olide-1α,7α-diol]，3-氧代-愈 创 木-4-烯-11β,12-二醇(3-oxo-guai-4-ene-11β,12-diol)，1α,4α,5α,8α,11(*H*)β-2-氧 代-愈 创 木-12,8-olide-7β-醇[1α,4α,5α,8α,11(*H*)β-2-oxo-guai-12,8-olide-7β-ol]，1α,10β-3-氧 代-愈 创 木-4,11-二 烯-7β-醇(1α,10β-3-oxo-guai-4,11-diene-7β-ol)，5α,7(*H*)α-6-氧 代-愈 创 木-1(10)-烯-4β-醇[5α,7(*H*)α-6-oxo-guai-1(10)-ene-4β-ol]，胡 萝 卜-3,11-二 烯-2β,15-二 醇(dauca-3,11-dien-2β,15-diol)，[1*R*-(1α,3αα,6α,8αα)]-林克阿魏醇{[1*R*-(1αα,3αα,6α,8αα)]-felikiol}，冥河蚁巢海绵酮▲B (styxone B)，窃衣醇酮(torilolone)[7]；二萜类：12-*O*-苯甲酰基佛波醇-13-辛酸酯(12-*O*-benzoylphorbol-13-octanoate)，佛波醇-13-单乙酸酯(phorbol-13-monoacetate)[7]。

注评　本种为藏医学用药，藏族语称"阿尔纳合"，药用含树脂的木材，临床使用同"沉香"。《藏药志》考证，《晶珠本草》记载的"阿卡如"（"沉香"类）有白、黑、红三类，本种即为现藏医使用的黑"阿卡如"（阿尔纳合）的原植物之一。参见土沉香 Aquilaria sinensis (Lour.) Spreng. 注评。

化学成分参考文献

[1] Liang S, et al. *J Nat Prod*, 2010, 73(4): 532-535.

[2] Zhao YX, et al. *Molecules*, 2012, 17: 10046-10051.

[3] Liang S, et al. *Chem Pharm Bull*, 2011, 59(5): 653-656.

[4] Liang S, et al. *Helv Chim Acta*, 2011, 94(7): 1239-1245.

[5] Liang S, et al. *Chem Commun* (Cambridge, United Kingdom), 2013, 49(62): 6968-6970.

[6] Huang SZ, et al. *Tetrahedron Lett*, 2014, 55(27): 3693-3696.

[7] Huang SZ, et al. *RSC Advances*, 2015, 5(98): 80254-80263.

10. 台湾瑞香（台湾植物志）

Daphne arisanensis Hayata, Icon. Pl. Formos. 2: 126. 1912.（英 **Taiwan Daphne, Alishan Daphne**）

亚灌木，高 2–3 m；枝纤细，灰色，顶部被绒毛。叶互生或近于对生，膜质或纸质，披针形或椭圆形，长 4.5–7 cm，宽 0.5–1.3 cm，先端渐尖，尖头稍凹下或钝形，基部渐狭成楔形，侧脉极纤细，在上面不甚明显，下面稍明显；叶柄长 3–10 mm，暗红色，微翅状，基部稍扩大。花白色或黄色，2–7 花组成头状花序，顶生，稀腋生；苞片披针形，边缘具长缘毛，易脱落；花梗长 2 mm，具关节，关节以下微被柔毛；花萼筒无毛，裂片 4，卵状三角形，覆瓦状排列，每 2 枚内外成对着生，顶端钝形，边缘反卷，基部收缩成耳状，长和宽各为 2 mm；雄蕊 8 枚，2 轮，下轮着生于花萼筒的中部，上轮着生于花萼筒喉部下面；子房长圆状卵形，长 3.5 mm，直径 2 mm，花柱短或几无，柱头顶部具紧贴的圆形斑点，直径 0.2 mm。果实卵形，长 7 mm，直径 4 mm，顶端具尖头，柱头宿存，黄色或红色。种子 1 颗，卵形，种皮脆壳质，具 1 白色条纹。

分布与生境　产于台湾。

药用部位　根。

功效应用　祛风除湿，活血止痛。用于跌打损伤，风湿疼痛，骨折。

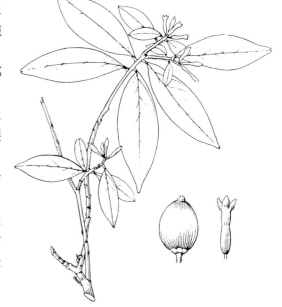

台湾瑞香 Daphne arisanensis Hayata
冯先洁　绘

台湾瑞香 *Daphne arisanensis* Hayata
摄影：朱鑫鑫

化学成分 根皮含香豆素类：瑞香新苷▲(daphneside)，瑞香素-8-*O*-*β*-D-吡喃葡萄糖苷(daphnetin-8-*O*-*β*-D-glucopyranoside)，瑞香苷(daphnin)；苯丙素类：丁香苷(syringin; syringoside)，丁香诺苷▲(syringinoside)[1]。

化学成分参考文献

[1] Niwa M, et al. *Chem Pharm Bull*, 1991, 39(9): 2422-2424.

11. 瑞香（郭橐驼种树书） 睡香、露甲、风流树（群芳谱），蓬莱花（花镜）

Daphne odora Thunb., Fl. Jap. 159. 1784.（英 **Whiter Daphne, Sweet Daphne, Frangrant Daphne**）

　　常绿直立灌木；小枝近圆柱形，紫红色或紫褐色，无毛。叶互生，纸质，长圆形或倒卵状椭圆形，长 7–13 cm，宽 2.5–5 cm，先端钝尖，基部楔形，边缘全缘，上面绿色，下面淡绿色，两面无毛，侧脉 7–13 对，与中脉在两面均明显隆起；叶柄粗壮，长 4–10 mm，散生极少的微柔毛或无毛。花外面淡紫红色，内面肉红色，数朵至 12 朵组成顶生头状花序；苞片披针形或卵状披针形，长 5–8 mm，宽 2–3 mm，无毛，脉纹显著隆起；花萼筒管状，长 6–10 mm，裂片 4，心状卵形或卵状披针形，基部心形，与花萼筒等长或超过；雄蕊 8 枚，2 轮，下轮雄蕊着生于花萼筒中部以上，上轮雄蕊的花药 1/2 伸出花萼筒的喉部；子房长圆形，花柱短。果实红色。花期 3–5 月，果期 7–8 月。

分布与生境 分布于中国和中南半岛，日本仅有栽培。

药用部位 花、叶、根。

功效应用 花：活血止痛，解毒散结。用于头痛，牙疼，咽喉肿痛，风湿性关节痛，腰腿痛，坐骨神经痛，跌打损伤乳痈，乳房肿块。叶：解毒，消肿止痛。用于疮疡，乳痈，痛风。根：解毒，活血止痛。用于咽喉肿痛，胃脘痛，跌打损伤，毒蛇咬伤。

瑞香 **Daphne odora** Thunb.
冯先洁 绘

瑞香 **Daphne odora** Thunb.
摄影：朱鑫鑫

化学成分 根和树皮含香豆素类：伞形酮(umbelliferone)，瑞香素(daphnetin)，西瑞香素(daphnoretin)[1]；木脂素类：瑞香辛(daphneticin)[1]；黄酮类：瑞香多灵▲(daphnodorin) A、B[2]、C[3]。

根含木脂素类：瑞香醇酮(daphneolone)[4]；黄酮类：瑞香多灵▲(daphnodorin) D[5]、E、F[6]、G、H、I[7]、J、K、L、二氢瑞香多灵▲B (dihydrodaphnodorin B)[8]；二萜类：(12β,22E,24E)-22,23,24,25-四氢-12-(1-氧代-3-苯基-2-丙烯氧基)-单苯稻花素▲{(12β,22E,24E)-22,23,24,25-tetradehydro-12-[(1-oxo-3-phenyl-2-propenyl)oxy]-simplexin}，(12βE,22E,24E,26E)-22,23,24,25,26,27-六 氢-12-(1-氧 代-3-苯 基-2-丙 烯 氧 基)-单 苯 稻 花 素▲{[12β(E),22E,24E,26E]-22,23,24,25,26,27-hexadehydro-12-[(1-oxo-3-phenyl-2-propenyl)oxy]-simplexin}，12-O-苯甲酰基-14-O-(2E,4E)-癸二烯基-5β,12β-二羟基树脂大戟醇-6α,7α-氧化物[12-O-benzoyl-14-O-(2E,4E)-decadienoyl-5β,12β-dihydroxyresiniferonol-6α,7α-oxide]，瑞香烷型二萜酯-7(daphnane-type diterpene ester-7)，芫花精▲(yuanhuajine)，芫花辛▲(yuanhuacine)，瑞香春(odoratrin)，南香春▲(gniditrin)[9]。

茎和叶含木脂素类：(-)-松脂酚[(-)-pinoresinol]，(-)-落叶松树脂醇[(-)-lariciresinol]，(+)-裂环异落叶松树脂醇[(+)-secoisolariciresinol]，(+)-穗罗汉松树脂酚[(+)-matairesinol][10]。

花含香豆素类：瑞香苷(daphnin)，瑞香素-8-O-β-D-吡喃葡萄糖苷(daphnetin-8-O-β-D-glucopyranoside)[11]；黄酮类：木犀草素(luteolin)，芹菜苷元(apigenin)[12]。

注评 本种的花称"瑞香花"，叶称"瑞香叶"，根称"瑞香根"，江西、贵州、福建、湖南等地药用。苗族、土家族也药用本种的根和茎皮，主要用途见功效应用项。

化学成分参考文献

[1] Baba K, et al. *Chem Pharm Bull*, 1986, 34(2): 595-602.

[2] Baba K, et al. *Chem Pharm Bull*, 1986, 34(4): 1540-1545.

[3] Baba K, et al. *Chem Pharm Bull*, 1987, 35(5): 1853-1859.

[4] Kogiso S, et al. *Phytochemistry*, 1974, 13(10): 2332-2334.

[5] Baba K, et al. *Yakugaku Zasshi*, 1987, 107(11): 863-868.

[6] Baba K, et al. *Phytochemistry*, 1995, 38(4): 1021-1026.

[7] Taniguchi M, et al. *Phytochemistry*, 1996, 42(5): 1447-1453.

[8] Taniguchi M, et al. *Phytochemistry*, 1997, 45(1): 183-188.

[9] Ohigashi H, et al. *Agric Biol Chem*, 1982, 46(10): 2605-2608.

[10] Okunishi T, et al. *J Wood Sci*, 2001, 47(5): 383-388.

[11] Sato M, et al. *Phytochemistry*, 1969, 8(7): 1211-1214.

[12] Kurihara T, et al. *Annu Rep Tohoku Coll Pharm*, 1973, (20): 35-44.

12. 尖瓣瑞香（中国高等植物图鉴） 野梦花（贵州）

Daphne acutiloba Rehder in Sargent, Pl. Wils. 2: 539. 1916.（英 **Sharplobed Daphne**）

常绿灌木，高 0.5-2 m，幼枝贴生淡黄色绒毛，老枝无毛，紫红色和棕红色。叶互生，革质，长圆状披针形至椭圆状倒披针形或披针形，长 4-10 cm，宽 1.2-3.6 cm，先端渐尖或钝形，稀下陷，基部常下延成楔形，侧脉 7-12 对；叶柄长 2-8 mm，无毛。花白色，芳香，5-7 朵组成顶生头状花序；苞片卵形或长圆状披针形，外面密被淡黄色细柔毛，早落；花梗短，长 0.5-2 mm，被淡黄色丝状毛；花萼筒圆筒状，长 9-12 mm，无毛，裂片 4，长卵形，长 5-6 mm，顶端渐尖，稀急尖；雄蕊 8 枚，2 轮，下轮着生于花萼筒的中部以上，上轮着生于花萼筒的喉部，部分花药伸出喉部之外；花盘环状，边缘整齐，长约 1 mm；子房绿色，椭圆形，无毛，长 3-4 mm，花柱白色。果实肉质，椭圆形，幼时绿色，成熟后红色。种子长 5 mm，种皮暗红色，微具光泽。花期 4-5 月，果期 7-9 月。

尖瓣瑞香 **Daphne acutiloba** Rehder
引自《中国高等植物图鉴》

尖瓣瑞香 **Daphne acutiloba** Rehder
摄影：朱大海

分布与生境 产于湖北、四川、云南。生于海拔 1400-3000 m 的丛林中。

药用部位 全株、根皮、茎皮、叶、花。

功效应用 全株：理气消积，祛风除湿，活络止痛。用于胃痛，风湿性关节痛，目赤肿痛，跌打损伤。根皮或茎皮：舒筋活络，活血止痛。用于风湿疼痛，劳伤腰痛，跌打损伤，扭伤，骨折。叶、花：杀虫，活血，祛瘀止痛。

化学成分 根和树皮含香豆素类：伞形酮(umbelliferone)，瑞香素-8-*O*-β-D-吡喃葡萄糖苷(daphnetin-8-*O*-β-D-glucopyranoside)，瑞香素(daphnetin)，瑞香苷(daphnin)，西瑞香素(daphnoretin)，瑞香诺灵▲(daphnorin)；苯丙素类：丁香苷(syringin)；木脂素类：荛花醇(wikstromol)，(+)-松脂酚[(+)-pinoresinol]，松脂酚-β-D-吡喃葡萄糖苷(pinoresinol-β-D-glucopyranoside)，瑞香辛(daphneticin)；黄酮类：瑞香多灵▲(daphnodorin) A、D$_1$、D$_2$、E、F、J、K、M、N[1]。

茎含黄酮类：瑞香多灵▲(daphnodorin) A[2]、B[2-3]、C[2]、C'、D$_1$、E、F、H、K、K'[2]，荛花酚▲A (wikstrol A)，异狼毒素(isochamaejasmin)，(+)-狼毒素[(+)-chamaejasmin]，3-甲氧基瑞香多灵▲H (3-methoxyldaphnodorin H)[2]；香豆素类：伞形酮，7,8-二羟基香豆素(7,8-dihydroxycoumarin)，异瑞香诺苷▲(isodaphnoside)，瑞香诺灵▲(daphnorin)，山芸香素(rutamontin)，瑞香辛，瑞香林苷▲(daphnolin)[4]；

甾体类：麦角甾醇过氧化物(ergosterol peroxide)，胆甾-5-烯-3β-醇(cholest-5-en-3β-ol)[4]；木脂素类：(+)-松脂酚-β-D-吡喃葡萄糖苷[(+)-pinoresinol-β-D-glucopyranoside][4]，瑞香宁▲(daphnenin)，瑞香酮▲(daphnetone)，(+)-7-乙氧基穗罗汉松树脂酚[(+)-7-ethoxymatairesinol]，4,4'-二羟基-3,3'-二甲氧基-9-乙氧基-9,9'-环氧木脂素(4,4'-dihydroxy-3,3'-dimethoxy-9-ethoxy-9,9'-epoxylignan)，(-)-表降络石苷元[(-)-epinortrachelogenin]，(2R,3S)-顺式-穗罗汉松树脂酚[(2R,3S)-cis-matairesinol]，番樱桃叶拟芸香素▲(haplomyrfolin; isopluviatolide)，二氢荜澄茄素(dihydrocubebin)[5]；苯丙素类：咖啡酸正十八烷酯(n-octadecylcaffeic acid ester)[5]；二芳基戊烷类：(+)-3-羟基-1,5-二苯基-1-戊酮[(+)-3-hydroxy-1,5-diphenyl-1-pentanone]，瑞香醇酮(daphneolone)，瑞香烯酮(daphnenone)，瑞香烯酮-2(daphnenone-2)[5]；倍半萜类：木犀榄瑞香醛▲(oleodaphnal)，木犀榄瑞香酮▲(oleodapnone)[4]；二萜类：囊管草瑞香素▲(vesiculosin)，荛花内酯M (wikstroelide M)，平卧稻花素▲(prostratin)[4]，瑞香二萜▲A (daphnediterp A)[6]，尖瓣瑞香素(acutilobin) A、B、C、D、E、F、G[7]，荛花因子M₁ (wikstroemia factor M₁)，芫花宁素▲(genkwanine)Ⅶ、Ⅷ，南香春▲(gniditrin)，南香定▲(gnididin)，南香辛▲(gnidicin)，瑞香毒素(daphnetoxin)，芫花精▲(yunhuajine)，柯基聚鳞木宁▲(kirkinine)，海漆因子O₁(excoecaria factor O₁)，海漆毒素(excoecariatoxin)，14'-乙基四氢响盒子毒素▲(14'-ethyltetrahydrohuratoxin)[7]。

茎叶含木脂素类：瑞香木脂素(daphnelignan) A[8]、B，爵床定B(justicidin B)，山荷叶素(diphyllin)[9]；倍半萜类：尖瓣瑞香萜▲A (daphnelnoid A)[10]。

注评 本种的全株称"滇瑞香"，云南、四川药用。羌族、土家族药用本种的茎皮，主要用途见功效应用项。

化学成分参考文献

[1] Taniguchi M, et al. *Phytochemistry*, 1998, 49(3): 863-867.

[2] 黄圣卓，等.中草药, 2013, 44(14): 1887-1892.

[3] 冀春茹，等.河南科学, 1997, 15(4): 402-404.

[4] 黄圣卓，等.中国中药杂志, 2013, 38(1): 64-69.

[5] Huang SZ, et al. *Planta Med*, 2012, 78: 182-185.

[6] Xu YR, et al. *Asian J Chem*, 2010, 22(8): 6371-6374.

[7] Huang SZ, et al. *Phytochemistry*, 2012, 75: 99-107.

[8] 胡秋芬，等.中国发明专利申请, CN201010118201, 2010.

[9] Cao JL, et al. *Asian J Chem*, 2010, 22(8): 6509-6512.

[10] He SQ, et al. *Asian J Chem*, 2011, 23(5): 2225-2226.

13. 凹叶瑞香（中国高等植物图鉴） 桂花矮陀陀（中国中药资源志要），黄眼构皮（云南）

Daphne retusa Hemsl. in J. Linn. Soc., Bot. 29: 318. 1893.（英 **Retuseleaf Daphne**）

常绿灌木，高 0.4–1.5 m；当年生枝灰褐色，密被黄褐色糙伏毛，一年生枝粗伏毛部分脱落，多年生枝无毛，灰黑色。叶互生，常簇生于小枝顶部，革质或纸质，长圆形至长圆状披针形或倒卵状椭圆形，长 1.4–4 (–7) cm，宽 0.6–1.4 cm，先端钝圆形，尖头凹下，基部楔形或钝形，边缘全缘，微反卷，上面深绿色，多皱纹，下面淡绿色；叶柄极短或无。花外面紫红色，内面粉红色，无毛，芳香，数花组成头状花序，顶生；花序梗短，长 2 mm，密被褐色糙伏毛，花梗极短或无，密被褐色糙伏毛；苞片长圆形至卵状长圆形或倒卵状长圆形，长 5–8 mm，宽 3–4 mm；花萼筒圆筒形，长 6–8 mm，直径 2–3 mm，裂片 4，宽卵形至近圆形或卵状椭圆形，几与花萼筒等长或更长；雄蕊 8 枚，2 轮，下轮着生于花萼筒的中部，上轮着生于花萼筒的上 3/4 或喉部下面；花盘环状，无毛；子房瓶状或柱状，长 2 mm，无毛，花柱极短。果实浆果状，卵形或近圆球形，直径 7 mm，无毛，幼时绿色，成熟后红色。花期 4–5月，果期 6–7 月。

分布与生境 产于陕西、甘肃、青海、湖北、四川、云南、西藏等

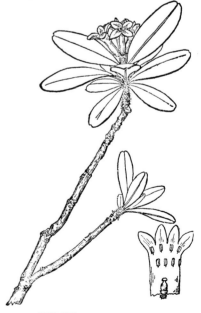

凹叶瑞香 **Daphne retusa** Hemsl.
引自《中国高等植物图鉴》

凹叶瑞香 **Daphne retusa** Hemsl.
摄影：朱鑫鑫

地。生于海拔 3000–3900 m 的高山草坡或灌木林下。

药用部位　根皮、茎皮。

功效应用　祛风除湿，活血止痛。用于风湿痹痛，头痛，牙痛，胃痛，肝区痛，关节炎，类风湿关节炎，慢惊风。

化学成分　根含香豆素类：菊苣苷(cichoriin)，瑞香素(daphnetin)，瑞香素-8-*O*-*β*-D-吡喃葡萄糖苷(daphnetin-8-*O*-*β*-D-glucopyranoside)，西瑞香素(daphnoretin)，异西瑞香素(isodaphnoretin)[1]。

茎和茎皮含香豆素类：7-羟基香豆素(7-hydroxycoumarin)，7-甲氧基-8-羟基香豆素(7-methoxy-8-hydroxycoumarin)，7-羟基-8-甲氧基香豆素(7-hydroxy-8-methoxycoumarin)，瑞香诺灵▲(daphnorin)，伞形酮-7-*O*-*β*-D-吡喃葡萄糖苷(umbeliferone-7-*O*-*β*-D-glucopyranoside)，结香苷(edgeworoside) A、C，7'-(*α*-D-吡喃葡萄糖氧基)-7-羟基-3-[(2-氧代-2*H*-1-苯并吡喃-7-基)氧代-8,8'-双-2H-1-苯并吡喃-2,2'-二酮[7'-(*α*-D-glucopyranosyloxy)-7-hydroxy-3-[(2-oxo-2H-1-benzopyran-7-yl)oxy-8,8'-bi-2*H*-1-benzopyran]-2,2'-dione][2]；黄酮类：瑞香多灵▲(daphnodorin) A、B、C、E、F，芫花素(genkwanin)，芫花卡宁▲(yuankanin)，瑞香辛(daphneticin)，4',5-二羟基-3',7-二甲氧基黄酮(4',5-dihydroxy-3',7-dimethoxyflavone)，5"-去甲氧基瑞香辛(5"-demethoxydaphneticin)[3]；木脂素类：(-)-松脂酚[(-)-pinoresinol][3]；二芳基戊烷类：瑞香醇酮(daphneolone)[3]；苯丙素类：丁香苷(syringin)[3]；酚类：丁香醛(syringaldehyde)[3]。

全草含香豆素类：凹叶瑞香素▲(daphneretusin) A、B，8-{7'-[(*α*-D-吡喃岩藻糖基)氧基]-2-酮-2*H*-1-苯并吡喃-8'-yl}-7-羟基-3-[(2-氧代-2*H*-1-苯并吡喃-7"-基)氧基]-2*H*-1-苯并吡喃-2-酮{8-{7'-[(*α*-D-fucopyranosyl)oxy]-2-oxo-2H-1-benzopyran-8'-yl}-7-hydroxy-3-[(2-oxo-2*H*-1-benzopyran-7"-yl)oxy]-2*H*-1-benzopyran-2-one}，瑞香米林▲(daphjamilin)，瑞香辛-4'-*O*-*β*-D-吡喃葡萄糖苷(daphneticin-4'-*O*-*β*-D-glucopyranoside)[4]；木脂素类：凹叶瑞香酸▲(daphnretusic acid)，(+)-松脂酚[(+)-pinoresinol]，(+)-芝麻素[(+)-sesamin][5]；黄酮类：5,7-二羟基黄酮(5,7-dihydroxyflavone)，7-羟基黄酮(7-hydroxyflavone)，6-甲氧基黄酮(6-methoxyflavone)[5]；甾体类：胡萝卜苷[5]。

注评　本种为中国药典（1977 年版）收载"祖司麻"的基源植物之一，药用其干燥茎皮和根皮。同属植物黄瑞香 Daphne giraldii Nitsche、唐古特瑞香 Daphne tangutica Maxim. 亦为基源植物，与本种同等药用。本种亦为藏医学用药，藏语称"深香那玛"，其果实用于治消化不良，虫病；叶、枝熬膏治虫病；根皮用于治疗湿痹，关节积黄水。藏药"深香那玛"（森兴那玛）的原植物在不同的藏医药文献中还记载有同属植物黄瑞香 D. giraldii Nitsche、甘青瑞香 D. tangutica Maxim. 及木犀科植物素方花

Jasminum officinale L.，其效性有待研究。有关"祖司麻"于藏药"森兴那玛"药材商品情况，参见黄瑞香 Daphne giraldii Nitsche 注评。

化学成分参考文献

[1] 刘延泽，等. 植物学通报，1994, 11(4): 41-42.

[2] 扈晓佳，等. 中国天然药物，2009, 7(1): 34-36.

[3] 扈晓佳，等. 天然产物研究与开发，2011, 23(1): 20-24.

[4] Mansoor F, et al. *Fitoterapia*, 2013, 88: 19-24.

[5] Mansoor F, et al. *J Asian Nat Prod Res*, 2014, 16(2): 210-215.

14. 唐古特瑞香（经济植物手册） 甘肃瑞香（中国高等植物图鉴），陕甘瑞香（中国树木分类学），甘青瑞香（青海、西藏）

Daphne tangutica Maxim. in Bull. Acad. Sci. St. Petersb. 27: 531. 1882.（英 **Tangut Daphne**）

常绿灌木，高 0.5–2.5 m；幼枝灰黄色，几无毛或散生黄褐色粗柔毛，老枝淡灰色或灰黄色。叶互生，革质或亚革质，披针形至长圆状披针形或倒披针形，长 2–8 cm，宽 0.5–1.7 cm，先端钝，尖头通常钝形，稀凹下，基部下延于叶柄，楔形，边缘全缘，反卷，上面深绿色，下面淡绿色，两面无毛或幼时下面微被淡白色细柔毛；叶柄短或几无叶柄，无毛。花外面紫色或紫红色，内面白色，头状花序生于小枝顶端；苞片早落，卵形或卵状披针形，长 5–6 mm，宽 3–4 mm；花序梗长 2–3 mm，有黄色细柔毛，花梗极短或几无花梗，具淡黄色柔毛；花萼筒圆筒形，长 9–13 mm，宽 2 mm，裂片 4，卵形或卵状椭圆形，长 5–8 mm，宽 4–5 mm；雄蕊 8 枚，2 轮，下轮着生于花萼筒的中部稍上面，上轮着生于花萼筒的喉部稍下面；花盘环状，长不到 1 mm，边缘为不规则浅裂；子房长圆状倒卵形，长 2–3 mm，花柱粗短。果实卵形或近球形，长 6–8 mm，直径 6–7 mm，幼时绿色，成熟时红色，干燥后紫黑色。种子卵形。花期 4–5 月，果期 5–7 月。

分布与生境 产于山西、陕西、甘肃、青海、四川、贵州、云南、西藏。生于海拔 1000–3800 m 的湿润林中。

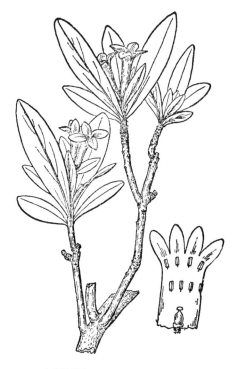

唐古特瑞香 Daphne tangutica Maxim.
引自《中国高等植物图鉴》

唐古特瑞香 Daphne tangutica Maxim.
摄影：张英涛

药用部位　茎皮、根皮、花（祖师麻）、叶。

功效应用　祛风除湿，散瘀止痛，防虫。用于梅毒性鼻炎，下疳，风湿痹痛，四肢麻木，头痛，胃痛，牙痛，肝区痛，跌打损伤，骨痛及关节腔积水。花：用于肺脓痈。

化学成分　根含香豆素类：瑞香辛 (daphneticin)[1-2]，瑞香素 (daphnetin)，西瑞香素 (daphnoretin)，中国绣球亭▲(hydrangetin)[2]；木脂素类：(-)- 松脂酚 [(-)-pinoresinol]，(±)- 丁香树脂酚 [(±)-syringaresinol]，(-)- 落叶松树脂醇 [(-)-lariciresinol][2]，(-)- 二氢芝麻素 [(-)-dihydrosesamin][2-3]；二芳基戊烷类：瑞香醇酮 (daphneolone)[2]；二萜类：南香春▲(gniditrin)[2]；黄酮类：瑞香黄烷 B (daphneflavan B)，瑞香黄烷 C (daphneflavan C)，瑞香多灵▲(daphnodorin) D_1、D_2[4]。

根皮含香豆素类：瑞香辛，瑞香素，西瑞香素，伞形酮(umbelliferone)，异瑞香辛(isodaphneticin)，瑞香诺灵▲(daphnorin)，瑞香苷(daphnin)，瑞香新苷▲(daphneside)，瑞香素-8-O-β-D-吡喃葡萄糖苷(daphnetin-8-O-β-D-glucopyranoside)[5]；木脂素类：(-)-松脂酚，(-)-丁香树脂酚[(-)-syringaresinol]，(-)-胡椒醇[(-)-piperitol]，丁香树脂酚-4'-O-β-D-吡喃葡萄糖苷(syringaresinol-4'-O-β-D-glucopyranoside)，(-)-松脂酚吡喃葡萄糖苷[(-)-pinoresinol-glucopyranoside]，丁香树脂酚-4',4''-二-O-β-D-吡喃葡萄糖苷(syringaresinol-4',4''-di-O-β-D-glucopyranoside)[5]；苯丙素类：咖啡酸十八醇酯(caffeic acid octadecyl ester)，反式-阿魏酸($trans$-ferulic acid)，异阿魏酸(isoferulic acid)，淫羊藿次苷H_1 (icariside H_1)，丁香苷(syringin)[5]；二萜类：南香辛▲(gnidicin)，囊管草瑞香素▲(vesiculosin)，1,2α-二氢-5β-羟基-6α,7α-环氧-树脂大戟醇-14-苯甲酸酯(1,2α-dihydro-5-hydroxy-6α,7α-epoxy-resiniferonol-14-benzoate)，异囊管草瑞香素▲(isovesiculosin)，1,2β-二氢-5β-羟基-6α,7α-环氧-树脂大戟醇-14-苯甲酸酯(1,2β-dihydro-5β-hydroxy-6α,7α-epoxy-resiniferonol-14-benzoate)[5]，南香春▲(gniditrin)，瑞香毒素(daphnetoxin)，海漆毒素(excoecariatoxin)[5-6]，唐古特瑞香辛▲(tanguticacine)[6]，1,2α-二氢-20-棕榈酰瑞香毒素(1,2α-dihydro-20-palmitoyldaphnetoxin)[7]，1,2-二氢黄瑞香芬▲(1,2-dihydrodaphnegiraldifin)，唐古特瑞香定▲(tanguticadine)，唐古特瑞香芬▲(tanguticafine)，唐古特瑞香精▲(tanguticagine)，唐古特瑞香宾▲(tanguticabine)，唐古特瑞香肯▲(tanguticakine)，唐古特瑞香灵▲(tanguticaline)，唐古特瑞香明▲(tanguticamine)[8]；酚酸及其酯类：对羟基苯甲酸甲酯(methyl p-hydroxybenzonate)[5]；甾体类：β-谷甾醇[5]；棕榈酸[6]。

根皮和茎皮含香豆素类：瑞香素，7-甲氧基-8-羟基香豆素(7-methoxy-8-hydroxycoumarin)[9]；黄酮类：芫花素(genkwanin)，3'-羟基芫花素(3'-hydroxygenkwanin)[9]；酚酸类：对羟基苯甲酸(p-hydroxybenzoic acid)[9]；甾体类：β-谷甾醇[9]；月桂酸(laurostearic acid)，棕榈酸[9]。

根状茎含香豆素类：伞形酮，西瑞香素，瑞香辛，异瑞香辛，瑞香素，西瑞香素-7-O-β-D-吡喃葡萄糖苷，瑞香苷，瑞香素-8-O-β-D-吡喃葡萄糖苷，瑞香素-7,8-O-β-D-二吡喃葡萄糖苷[10]；木脂素类：(-)-胡椒醇，(-)-松脂酚，(-)-丁香树脂酚，丁香树脂酚-4'-O-β-D-吡喃葡萄糖苷，(-)-松脂酚吡喃葡萄糖苷，丁香树脂酚-4',4''-二-O-β-D-吡喃葡萄糖苷[10]；苯丙素类：咖啡酸十八醇酯，反式-阿魏酸，异阿魏酸，淫羊藿次苷H_1，丁香苷[10]；二萜类：1,2α-二氢-20-棕榈酰瑞香毒素，1,2α-二氢-5β-羟基-6α,7α-环氧-树脂大戟醇-14-苯甲酸酯，1,2β-二氢-5β-羟基-6α,7α-环氧-树脂大戟醇-14-苯甲酸酯，南香春▲，南香辛▲，海漆毒素，瑞香毒素，囊管草瑞香素▲，异囊管草瑞香素▲[10]，18-羟基锈色罗汉松酚▲(18-hydroxyferruginol)[11]；黄酮类：芫花素，山奈酚(kaempferol)，芹菜苷元(apigenin)，芫花卡宁▲(yuankanin)，瑞香多灵▲(daphnodorin) D_1、D_2、E、F，木犀草素(luteolin)，芹菜苷元-8-C-吡喃葡萄糖基-(2→1)-吡喃鼠李糖苷[apigenin-8-C-glucopyranosyl-(2→1)-rhamnopyranoside][11]；蒽醌类：大黄素甲醚(physcion)[11]；酚酸及其酯类：对羟基苯甲酸甲酯[10]；甾体类：β-谷甾醇[10]。

茎皮含香豆素类：伞形酮，瑞香苷，瑞香素，西瑞香素，7-羟基-8-甲氧基香豆素，7-甲氧基-8-羟基香豆素[9]；三萜类：α-香树脂醇乙酸酯(α-amyrenyl acetate)[9]；其他类：甘油三硬脂酸酯(glyceryl tristearate)，β-谷甾醇[12]。

全草含香豆素类：瑞香素，西瑞香素，蛇床子素(osthol)[13]；木脂素类：(-)-落叶松树脂醇，(-)-丁香树脂酚，(+)-水曲柳树脂酚▲[(+)-medioresinol]，瑞香木脂因▲(daphneligin)[13]；苯丙素类：二十二烷基咖啡酸酯(docosyl caffeate)[13]；酚类：2,4-二羟基-3,6-二甲基苯甲酸甲酯(methyl 2,4-dihydroxy-3,6-dimethylbenzoate)[13]；甾体类：豆甾-5-烯-3β,7α-二醇(stigmast-5-ene-3β,7α-diol)，β-谷甾醇，胡萝卜苷[13]；其他类：植醇，棕榈酸[13]。

药理作用 抗炎镇痛作用：唐古特瑞香的醇提物和三氯甲烷、乙酸乙酯、正丁醇部位能抑制二甲苯致小鼠耳肿胀，前三者还可减少醋酸致小鼠扭体次数，单体化合物双白瑞香素、瑞香苷有抗炎活性，双白瑞香素、伞形花内酯、瑞香新素有镇痛活性[1]。

抗肿瘤作用：瑞香多灵▲D$_1$(daphnodorin D$_1$)、丁香苷对在S180荷瘤小鼠模型中表现出抗肿瘤活性[1]。

杀昆虫作用：唐古特瑞香对斜纹夜蛾幼虫有拒食活性[2]，对菜粉蝶幼虫有拒食和胃毒作用[3-4]。唐古特瑞香叶甲醇提取物对菜粉蝶幼虫有毒杀和防治作用[5]。

其他作用：唐古特瑞香95%乙醇提取物具有改善胰岛素抵抗的作用，石油醚部分具有较强的活性[6]。

注评 本种为中国药典（1977年版）收载"祖司麻"、甘肃中药材标准（1996、2008年版）收载"祖师麻"、青海药品标准（1992年版）收载"唐古特瑞香"的基源植物，药用其干燥茎皮和根皮；也为部颁标准·藏药（1995年版）收载"甘青瑞香"，藏族语称"森星那玛"，药用其干燥叶、茎皮、果、花。本种药材主产于陕西、甘肃、宁夏、青海等地，自产自销。药典及部分标准使用本种的中文异名陕甘瑞香、甘青瑞香。同属植物黄瑞香 Daphne giraldii Nitsche、凹叶瑞香 Daphne retusa Hemsl. 亦为基源植物，与本种同等药用。本种在《中国藏药》中以"深香那玛"之名记载，《中华藏本草》在"森生那玛"条下记载的原植物除本种外，还有同属植物黄瑞香 D. giraldii Nitsche；而《藏药志》在"森兴那玛"条下记载了本种和木犀科植物素方花 Jasminum officinale L.，认为前者形态与《晶珠本草》记载相符，应为正品，而素方花的枝叶形态虽与《晶珠本草》记载不符，但却与《四部医典系列挂图全集》中所绘"森兴那玛"的图近似，是否应作"森兴那玛"还有待进一步考证。不同藏区使用的"森星那玛"还有同属植物藏东瑞香 D. bholua Buch.-Ham. ex D. Don 和凹叶瑞香 D. retusa Hemsl.。藏医用果实治疗消化不良，胃寒，龋齿，虫病；叶枝熬膏治虫病；茎皮膏治湿痹，关节积黄水；果、叶、皮熬膏用于驱虫，梅毒性鼻炎及下疳；花治肺脓肿；根、茎叶熬膏治骨痛、鼻炎，皮炎。蒙古族临床应用与藏医相似。回族、土家族也药用其根及茎皮，主要用途见功效应用项。

化学成分参考文献

[1] Zhuang LG, et al. *Phytochemistry*, 1983, 22(2): 617-19.

[2] Zhuang Lin-Gen, et al. *Planta Med*, 1982, 45(3): 172-176.

[3] Zhuang LG, et al. *Phytochemistry*, 1983, 22(1): 265-267.

[4] Zhang W, et al. *Nat Prod Res, Part B: Bioact Nat Prod*, 2007, 21(11): 1021-1026.

[5] Pan L, et al. *Fitoterapia*, 2010, 81(1): 38-41.

[6] 王成瑞，等. 化学学报, 1987, 45(10): 982-986.

[7] Pan L, et al. *Chin Chem Lett*, 2006, 17(1): 38-40.

[8] 王成瑞，等. 生殖与避孕, 1989, 9(1): 9-11.

[9] 刘荣华，等. 中药材, 2009, 32(12): 1846-1847.

[10] 张晓峰，等. 唐古特瑞香和大果大戟的化学成分研究 [D]. 中国科学院研究生院（成都生物研究所），2006.

[11] 张薇，等. 中国医药工业杂志, 2007, 38(3): 233-238.

[12] 王明时，等. 南京药学院学报, 1984, 15(2): 1-5.

[13] 袁小红，等. 天然产物研究与开发, 2007, 19(1): 55-58.

药理作用及毒性参考文献

[1] 张薇. 三种瑞香属药用植物的活性成分研究 [D]. 上海：第二军医大学，2006.

[2] 陈立，等. 华南农业大学学报, 2000, 21(1): 44-46.

[3] 陈立，等. 天然产物研究与开发, 2000, 12(6): 22-26.

[4] 徐汉虹，等. 昆虫学报, 2000, 43(4): 364-372.

[5] 王海丽，等. 广东农业科学, 2001, (5): 41-43.

[6] 袁小红. 火焰花、唐古特瑞香和灰毛浆果楝化学成分及其生物学活性研究 [D]. 四川：中国科学院研究生院，2005.

15. 白瑞香（中国高等植物图鉴） 身保暖（广西），小构皮（四川），开花矮陀陀（云南）

Daphne papyracea Wall. ex G. Don, Hort. Brit. 156. 1830.（英 **Papery Daphne, White Daphne**）

15a. 白瑞香（模式变种）

Daphne papyracea Wall. ex G. Don var. **papyracea**

常绿灌木，高 1-1.5 m；树皮灰色，小枝灰褐色至灰黑色，稀淡褐色，当年生枝被黄褐色粗绒毛，后脱落。叶互生，密集于小枝顶端，膜质或纸质，长椭圆形至长圆形或长圆状披针形至倒披针形，长 6-16 cm，宽 1.5-4 cm，先端钝或长渐尖至尾状渐尖，尖头钝形或急尖，有时微凹下或微具白色短柔毛，基部楔形，侧脉 6-15 对；叶柄长 4-15 mm。花白色，多花簇生于小枝顶端成头状花序；苞片绿色，早落，卵状披针形或卵状长圆形，长 7-15 mm，宽 3-4 mm；花序梗短与花梗各长 2 mm，密被黄绿色丝状毛；花萼筒漏斗状，长 10-12 mm，喉部宽 2.6 mm，外面具淡黄色丝状柔毛，裂片 4，卵状披针形至卵状长圆形，长 5-7 mm，宽 2-4 mm；雄蕊 8 枚，2 轮，下轮着生于花萼筒中部，上轮着生于花萼筒的喉部，花药 1/3 伸出于喉部以外；花盘杯状，长 0.8 mm，边缘微波状；子房圆柱形，高 2-4 mm，具长 1 mm 的子房柄，花柱粗短，长 0.75 mm。浆果成熟时红色，卵形或倒梨形，长 0.8-1 cm，直径 0.6-0.8 mm。种子圆球形，直径 5-6 mm。花期 11 月至翌年 1 月，果期 4-5 月。

分布与生境 产于湖南、湖北、广东、广西、贵州、四川、云南等地。生于海拔 700-2000 m 的密林下或灌丛中，肥沃湿润的山地。克什米尔、印度、尼泊尔、不丹也有分布。

药用部位 根皮、茎皮、花、果实。

功效应用 祛风湿，活血，调经，止痛。用于跌打损伤，大便下血，各种内脏出血，痛经。

白瑞香 Daphne papyracea Wall. ex G. Don var. **papyracea**
引自《中国高等植物图鉴》

白瑞香 Daphne papyracea Wall. ex G. Don var. **papyracea**
摄影：朱鑫鑫

化学成分　根含香豆素类：瑞香苷(daphnin)[1]，瑞香素-8-*O*-*β*-D-吡喃葡萄糖苷(daphnetin-8-*O*-*β*-D-glucopyranoside)[2]；二萜类：南香辛▲(gnidicin)，瑞香毒素(daphnetoxin)[3]，南香春▲(gniditrin)，瑞香春(odoratrin)[4]。

树皮含香豆素类：西瑞香素(daphnoretin)[5]。

地上部分含香豆素类：瑞香素(daphnetin)[6]；黄酮类：芫花素(genkwanin)[6]；三萜类：蒲公英赛醇(taraxerol)，蒲公英赛醇乙酸酯(taraxerol acetate)，蒲公英赛酮(taraxerone)，蒲公英赛酸(taraxeric acid)[6]。

注评　本种的根皮、茎皮或全株称"软皮树"，福建、广西等地药用。瑶族也药用本种，主要用途见功效应用项。

化学成分参考文献

[1] Sharma RC, et al. *Ind J Chem*, 1964, 2(12): 509-510.

[2] Nasipuri R, et al. *J Pharm Sci*, 1973, 62(8): 1359-1360.

[3] 王成瑞，等. 生殖与避孕, 1989, 9(1): 9-11.

[4] Dagang W, et al. *Phytother Res*, 1993, 7(2): 197-199.

[5] Majumder PL, et al. *J Ind Chem Soc*, 1968, 45(11): 1058-1060.

[6] Katti SB, et al. *Ind J Chem, Section B*, 1979, 18B(2): 189-190.

15b. 山辣子皮（变种）（中国植物志）　**毛花雪花构**（中国中药资源志要），**麻树皮**（云南）

Daphne papyracea Wall. ex G. Don var. **crassiuscula** Rehder Sarg. Pl. Wils. 2: 546. 1915.（　英 **Crassiucula Dpahne**）

本变种小枝较粗短，无毛或几无毛，紫褐色或暗紫色；叶片椭圆形或披针形，薄革质至厚革质，中脉和侧脉在上面均凹下；头状花序顶生而密集，花萼筒长 5–6 mm，宽 2.3 mm，裂片卵形，长 4 mm，宽 3–4 mm。

山辣子皮 Daphne papyracea Wall. ex G. Don var. crassiuscula Rehder
摄影：朱鑫鑫

分布与生境　产于四川、贵州、云南。生于海拔 1000–3100 m 的山坡灌丛中或草坡。

药用部位　根皮、茎皮、花、果实。

功效应用　祛风除湿，活血调经，止痛。用于跌打损伤，大便下血，各种内脏出血，痛经。

化学成分　根状茎含香豆素类：瑞香素(daphnetin)，西瑞香素(daphnoretin)，绣球亭(hydrangetin)[1]；木脂素类：瑞香辛(daphneticin)[1]；二芳基戊烷类：1-4'-羟基苯基-5-苯基-2(*E*)-烯-1-戊酮[1-4'-hydroxyphenyl-

5-phenyl-2(*E*)-en-1-pentanone]，瑞香醇酮(daphneolone)[1]；三萜类：3*β*-*O*-乙酰齐墩果-12-烯(3*β*-*O*-acetyl-olean-12-en)[1]；酚类：(+)-松萝酸[(+)-usnic acid][1]。

化学成分参考文献

[1] 危英，等. 中国中药杂志，2012, 37(22): 3434-3437.

15c. 短柄白瑞香（变种）（中国植物志） 云南雪花构（中国中药资源志要）

Daphne papyracea Wall. ex G. Don var. **duclouxii** Lecomte Not. Syst. 3: 216. 1916.（英 **Ducloux Daphne**）

本变种小枝灰色或灰褐色，幼时微具黄绿色短绒毛；叶片近革质，披针形，中脉和侧脉在上面凹下，叶柄长 1–3 mm；花芳香，与叶均簇生于小枝顶端，稀花簇生于叶腋，花萼筒长 7–9 mm，宽 2 mm，裂片卵状长圆形，长 4–6 mm。

分布与生境 产于海拔 1200 m 的云南东南部（蒙自）地区。

药用部位 根皮。

功效应用 用于跌打损伤，接骨。

短柄白瑞香 Daphne papyracea Wall. ex G. Don var. **duclouxii** Lecomte
摄影：朱鑫鑫

16. 滇瑞香（云南种子植物名录） 黄山皮桃、桂花岩陀、野瑞香、小瑞香（云南）

Daphne feddei H. Lév. in Fedde, Repert. Sp. Nov. 9: 326. 1911.——*D. martini* H. Lév.（英 **Shortpetal Daphne**）

常绿直立灌木，高 0.6–2 m；幼枝灰黄色，散生暗灰色短绒毛，老枝棕色，无毛。叶互生，密生于新枝上，纸质，倒披针形或长圆状披针形至倒卵状披针形，长 5–12 cm，宽 1.4–3.5 cm，先端急尖或渐尖，稀钝形，基部楔形，侧脉 11–16 对，近边缘通常分叉而网结；叶柄短，具狭翅。花白色，芳香，8–12 朵组成顶生的头状花序；苞片早落，披针形或长圆形，在边缘和顶端具丝状绒毛；花序梗短，长约 3 mm，花梗长约 1 mm，均被淡黄色丝状柔毛；花萼筒筒状，长 8–12 mm，直径 1.5–2.5 mm，密被短柔毛，不久部分脱落，裂片 4，卵形或卵状披针形，长 4.5–5.5 mm，宽 2.5 mm，外面通常无毛或沿中脉具稀少的短柔毛；雄蕊 8 枚，2 轮，下轮着生于花萼筒的中部，上轮着生于花萼筒的喉部，花药 1/2 伸出于外；花盘杯状，边缘流苏状；子房卵形或锥形，顶端钝尖，花柱粗短。果实橘红色，圆球形，直径约 4.5 mm。花期 2–4 月，果期 5–6 月。

分布与生境 产于四川、贵州、云南等地。生于海拔 1800–2600 m 的疏林下或灌丛中。

药用部位 全株或根。

功效应用 祛风除湿，舒筋活络。用于跌打损伤，风湿性关节痛，胃疼。有小毒。

化学成分 根含二萜类：响盒子毒素▲(huratoxin)，原响盒子毒素▲(prohuratoxin)，芫花宁▲(genkwadaphnin)，1,2α-二氢瑞香毒素(1,2α-dihydrodaphnetoxin)[1]。

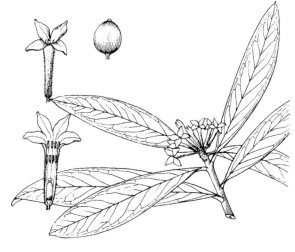

滇瑞香 **Daphne feddei** H. Lév.
冯先洁 绘

茎皮含苯丙素类：咖啡酸甲酯(methylcaffeate)，丁香苷(syringin)，芥子醛(sinapaldehyde)，松柏醛(coniferaldehyde)[2]；木脂素类：愈创木基甘油(guaiacylglycerol)，4,4'-二羟基-3,3'-二甲氧基-9-丁氧基-9,9'-环氧木脂素(4,4'-dihydroxy-3,3'-dimethoxy-9-butoxy-9,9'-epoxylignan)，4,4'-二羟基-3,3'-二甲氧基-9-乙氧基-9,9'-环氧木脂素(4,4'-dihydroxy-3,3'-dimethoxy-9-ethoxy-9,9'-epoxylignan)，(8R,8'R,9S)-4,4',9-三羟基-3,3'-二甲氧基-9,9'-环氧木脂素[(8R,8'R,9S)-4,4',9-trihydroxy-3,3'-dimethoxy-9,9'-epoxylignan]，(8R,8'R,9R)-4,4',9-三羟基-3,3'-二甲氧基-9,9'-环氧木脂素[(8R,8'R,9R)-4,4',9-trihydroxy-3,3'-dimethoxy-9,9'-epoxylignan]，瑞香树脂醇▲(daphneresinol)，刺齿马先蒿苷元▲(armaosigenin)，异荜澄茄素(isocubebin)，(-)-松脂酚[(-)-pinoresinol]，(-)-松脂酚-4-O-β-D-吡喃葡萄糖苷[(-)-pinoresinol 4-O-β-D-glucopyranoside]，(-)-松脂酚-4,4'-二-O-β-D-吡喃葡萄糖苷[(-)-pinoresinol-4,4'-di-O-β-D-glucopyranoside]，(+)-水曲柳树脂酚▲[(+)-medioresinol]，丁香树脂酚(syringaresinol)，穗罗汉松树脂酚(matairesinol)，牛蒡苷元(arctigenin)，牛蒡苷(arctiin)，(+)-落叶松树脂醇[(+)-lariciresinol]，(+)-落叶松树脂醇[(+)-lariciresinol]，(+)-落叶松树脂醇-4-O-β-D-吡喃葡萄糖苷[(+)-lariciresinol-4-O-β-D-glucopyranoside]，裂环异落叶松树脂醇(secoisolariciresinol)，异瑞香辛(isodaphneticin)，异瑞香辛-4"-O-α-D-吡喃葡萄糖苷(isodaphneticin-4"-O-α-D-glucopyranoside)，瑞香辛(daphneticin)，去甲氧基瑞香辛(demethoxydaphneticin)，瑞香辛-4"-O-β-D-吡喃葡萄糖苷(daphneticin-4"-O-β-D-glucopyranoside)，荛花醇(wikstromol)，(+)-新橄榄脂素[(+)-neoolivil]，桉脂素(eudesmin)，杜仲素A (eucommin A)，五加苷B (acanthoside B)，鹅掌楸苷(liriodendrin)，穗罗汉松树脂酚苷(matairesinoside)，(-)-降络石苷[(-)-nortracheloside]，楝叶吴萸素B (evofolin B)[2]；香豆素类：滇瑞香素▲(feddeiticin)，6-(β-吡喃葡萄糖氧基)-7-(2-氧代-2H-1-苯并吡喃-7-氧基)-香豆素{6-(β-glucopyranosyloxy)-7-[(2-oxo-2H-1-benzopyran-7-yl)oxy]-2H-1-benzopyran-2-one}，2"-O-乙酰黄瑞香苷A (2"-O-acetylgiraldoid A)[3]，双香豆酚-7'-O-β-D-吡喃葡萄糖苷(bicoumol-7'-O-β-D-glucopyranoside)，双香豆酚-7-O-β-D-吡喃葡萄糖苷(bicoumol-7-O-β-D-glucopyranoside)，黄瑞香林素▲-7'-O-β-D-吡喃葡萄糖苷(daphgilin-7'-O-β-D-glucopyranoside)，7-羟基香豆素(7-hydroxycoumarin)，瑞香林苷▲(daphnolin)，瑞香素(daphnetin)，瑞香素-8-O-β-D-吡喃葡萄糖苷(daphnetin-8-O-β-D-glucopyranoside)，瑞香苷(daphnin)，茵芋苷(skimmin)，黄瑞香苷A (giraldoid A)，7,7'-二羟基-6,8'-双香豆素(7,7'-dihydroxy-6,8'-bicoumarin)[4]；黄酮类：荛花酚▲(wikstrol) A、B，2"-甲氧基瑞香多灵▲C (2"-methoxy-daphnodorin C)，2"-甲氧基-2-表瑞香多灵▲C (2"-methoxy-2-epi-daphnodorin C)，瑞香多灵▲(daphnodorin) A、B、C、I、J，二氢瑞香多灵▲B (dihydrodaphnodorin B)，芫花醇(genkwanol) B、C，新狼毒素B (neochamaejasmin B)，异新狼毒素A (isoneochamaejasmin A)[5]，4',5-二羟基-3',7-二甲氧基黄酮(4',5-dihydroxy-3',7-dimethoxyflavone)，芫花素(genkwanin)，芹菜苷元(apigenin)，山奈酚(kaempferol)，金圣草酚(chrysoeriol)，木犀草素(luteolin)，芫花素-5-O-β-D-吡喃葡萄糖苷(genkwanin-5-O-β-D-glucopyranoside)，樱花苷(sakuranin)，樱花素(sakuranetin)，木犀草素-7-甲醚-5-O-β-D-吡喃葡萄糖苷(luteolin-7-methyl ether-5-O-β-D-glucopyranoside)，金圣草酚-7-O-β-D-吡

喃葡萄糖苷(chrysoeriol-7-*O*-*β*-D-glucopyranoside)，7-*O*-*β*-D-吡喃葡萄糖基-(-)-缅茄儿茶素▲[7-*O*-*β*-D-glucopyranosyl-(-)-afzelechin]，芫花素-5-*O*-*β*-D-吡喃木糖基-(1 → 6)-*β*-D-吡喃葡萄糖苷[genkwanin-5-*O*-*β*-D-xylopyranosyl-(1 → 6)-*β*-D-glucopyranoside][6]。

茎叶含苯丙素类：滇瑞香酮(feddeiketone) A、B、C，显脉旋覆花酯▲(nervolan) B、C，咖啡酸(caffeic acid)，阿魏酸(ferulic acid)，松柏苷(coniferoside)，对香豆酸(*p*-coumaric acid)，异松柏苷(isoconiferin)，3-*O*-咖啡酰奎宁酸甲酯(3-*O*-caffeoylquinic acid methyl ester)，(2*E*,2'*E*)-相对-(+)-1,2-*O*-二咖啡酰环戊-3-醇[(2E,2'E)-*rel*-(+)-1,2-*O*-dicaffeoylcyclopentan-3-ol][7]；木脂素类：滇瑞香酚▲(feddeiphenol) A、B、C，狭叶南五味子亭▲J(kadangustin J)，苏里南维罗蔻木素▲(surinamensin)，维罗蔻木素▲(virolin)，9'-去羟基-川木香醇F (9'-dehydroxy-vladinol F)，迷迭香酸(rosmarinic acid)，风轮菜酸A (clinopodic acid A)，川木香醇F (vladinol F)，异荜澄茄素(isocubebin)[8]；黄酮类：滇瑞香黄素A (feddeinoid A)[9]。

叶含木脂素类：瑞香木脂素C (daphnelignan C)，去氢二松柏醇(dehydrodiconiferyl alcohol)，扁核木醇▲(prinsepiol)，4,4-二(4-羟基-3-甲氧基苯基)-2,3-二甲基丁醇[4,4-di(4-hydroxy-3-methoxyphenyl)-2,3-dimethylbutanol][10]。

注评 本种的全株彝族药用，傈僳族药用其根，主要用途见功效应用项。

化学成分参考文献

[1] Wu D, et al. *Phytother Res*, 1991, 5(4): 163-168.

[2] Liang S, et al. *J Nat Prod*, 2008, 71(11): 1902-1905.

[3] Liang S, et al. *Helv Chim Acta*, 2009, 92(1): 133-138.

[4] Liang S, et al. *J Asian Nat Prod Res*, 2011, 13(12): 1074-1080.

[5] Liang S, et al. *Chem Pharm Bull*, 2008, 56(12): 1729-1731.

[6] Liang S, et al. *Chem Nat Compd*, 2011, 47(5): 816-817.

[7] Lu YL, et al. *J Brazilian Chem Soc*, 2012, 23(4): 656-660.

[8] Hu QF, et al. *Chem Pharm Bull*, 2011, 59(11): 1421-1424.

[9] Hu L, et al. *Asian J Chem*, 2012, 24(11): 5391-5392.

[10] Wang L, et al. *Asian J Chem*, 2010, 22(10): 8162-8166.

17. 毛瑞香（变种）（中国高等植物图鉴） 紫枝瑞香、野梦花（湖北、湖南），贼腰带（浙江），大黄构（四川）

Daphne kiusiana Miq. var. **atrocaulis** (Rehder) F. Maek. in J. Jap. Bot. 21: 45. 1945.——*D. odora* Thunb. var. *atrocaulis* Rehder（英 **Atrocaulis Daphne**）

常绿直立灌木，高 0.5–1.2 m；枝深紫色或紫红色，有时幼嫩时具粗绒毛。叶互生，有时簇生于枝顶，叶片革质，椭圆形或披针形，长 6–12 cm，宽 1.8–3 cm，两端渐尖，基部下延于叶柄，侧脉 6–7 对；叶柄两侧翅状，褐色。花白色，有时淡黄白色，9–12 朵簇生于枝顶，呈头状花序，花序下具苞片；苞片褐绿色易早落，长圆状披针形，外面大的苞片长达 15 mm，宽 4 mm，内面小的苞片长 8 mm；几无花序梗，花梗长 1–2 mm，密被淡黄绿色粗绒毛；花萼筒圆筒状，外面下部密被淡黄绿色丝状绒毛，上部较稀疏，长 10–14 mm，裂片 4，卵状三角形或卵状长圆形，长约 5 mm；雄蕊 8 枚，2 轮，分别着生于花萼筒上部及中部；花盘短杯状，边缘全缘或微波状，外面无毛；子房无毛，倒圆锥状圆柱形，长 2.2 mm，顶端渐尖，窄成短的花柱，直径 0.7 mm。果实红色，广椭圆形或卵状椭圆形，长 10 mm，直径 5–6 mm。花期 11 至翌年 2 月，果期 4–5 月。

分布与生境 产于江苏、浙江、安徽、江西、福建、台湾、湖北、湖南、广东、广西、四川等地。生于海拔 300–1400 m 的林

毛瑞香 Daphne kiusiana Miq.
var. **atrocaulis** (Rehder) F. Maek.
引自《中国高等植物图鉴》

毛瑞香 *Daphne kiusiana* Miq. var. *atrocaulis* (Rehder) F. Maek.
摄影：朱鑫鑫 陈世品

边或疏林中较阴湿处。

药用部位　茎皮、根皮、花、根、叶。

功效应用　茎皮、根皮、花：祛风除湿，消肿止痛，通经活血，利咽。花：用于牙痛，遗精。根：用于风湿骨痛，劳伤腿痛，咽喉痛，坐骨神经痛，跌打损伤。叶：外用于肿毒，梅毒，麻风病。

化学成分　根含香豆素类：瑞香素(daphnetin)[1]，瑞香诺灵▲(daphnorin)[2]；苯丙素类：丁香苷(syringin)[2]，反式-咖啡酸二十二烷基酯(*trans*-docosyl caffeate)[1]；二芳基戊烷类：瑞香醇酮(daphneolone)[2]；黄酮类：芫花素(genkwanin)，山柰酚(kaempferol)[1]，芫花卡宁▲(yuankanin)，瑞香多灵▲(daphnodorin) D_1、D_2[2]，5,7,4'-三羟基-8-乙氧羰基黄烷(5,7,4'-trihydroxy-8-ethoxycarbonylflavan)[3]；生物碱类：2,4-二羟基嘧啶(2,4-dihydroxypyrimidine)[1]。

全草含香豆素类：伞形酮(umbelliferone)，7-甲氧基-8-羟基香豆素(7-methoxy-8-hydroxycoumarin)，西瑞香素(daphnoretin)[4]；木脂素类：瑞香辛(daphneticin)[4]；黄酮类：芹菜苷元(apigenin)，木犀草素(luteolin)[4]；三萜类：鲍尔山油柑烯醇▲乙酸酯(bauerenyl acetate)[4]。

药理作用　抗炎镇痛作用：毛瑞香的醇提物和三氯甲烷、乙酸乙酯部位能抑制二甲苯致小鼠耳肿胀，后二者还可减少醋酸致小鼠扭体次数[1]。

抗肿瘤作用：从毛瑞香中分离得到的瑞香黄烷 D_1、E 对个别人肿瘤细胞株有一定抑制活性[2]。

注评　本种的茎皮及根称"铁牛皮"，四川、浙江、台湾等地药用。苗族、土家族也药用其根及茎皮，主要用途见功效应用项。苗族还用于脾胃虚寒，产后腹痛，月经不调，贫血。

化学成分参考文献

[1] 张薇，等. 中国中药杂志, 2005, 30(7): 513-515.

[2] 张薇，等. 天然产物研究与开发, 2005, 17(1): 26-28.

[3] Zhang W, et al. *Fitoterapia*, 2004, 75(7-8): 799-800.

[4] 贾靓，等. 中草药, 2005, 36(9): 1311-1312.

药理作用及毒性参考文献

[1] 张薇. 三种瑞香属药用植物的活性成分研究 [D]. 上海：第二军医大学，2006.

[2] 苏娟. 黄瑞香活性成分的研究 [D]. 上海：第二军医大学，2007.

4. 毛花瑞香属 Eriosolena Blume

乔木或灌木。叶互生，长圆状披针形。花两性，头状花序具长花序梗，着生于叶腋，总苞片 2-4 枚，包被着花芽，早落，花无梗，花萼漏斗形，外面密被长柔毛，顶端 4 裂，裂片覆瓦状排列，多少不相等；雄蕊 8 枚，排列成 2 轮，着生于花萼管上，花丝非常短，花药线形，上轮 4 枚半伸出；花盘鳞片膜质，不对称地围绕在子房基部，具齿或深裂，有时向一侧发展，子房椭圆形，1 室 1 胚珠，花柱较短，柱头头状，完全内藏。核果浆果状。外种皮硬，胚乳少量，子叶厚。

约 2 种，产于中国、印度、缅甸、中南半岛至马来半岛、苏门答腊岛、爪哇岛、加里曼丹岛。我国有 1 种，产于云南，可药用。

1. 毛管花（中国植物志） 毛花瑞香（中国中药资源志要），桂花跌打（云南）

Eriosolena composita (L. f.) Tiegh. in Bull. Soc. Bot. France 40: 58. 1893.

灌木，高达 1 m，小枝细直，干时具条纹，褐色至灰褐色。叶互生，椭圆形至椭圆状披针形，长 5-10.5 cm，宽 1.8-3.5 cm，先端渐尖，基部楔形，上面绿色，下面灰绿色，侧脉细密，每边 10-15 条；叶柄长 2-4 mm。头状花序腋生，具花 8-10 朵，外面被 2-4 枚总苞状的圆形苞片所围绕，在花开放时即脱落，花序梗细长，长 1.4-4 cm，上部被疏柔毛，花无梗，花萼白色，外面密被绢毛，花萼管长约 1.2 cm，4 裂，裂片卵形，长约 2 mm，宽约 1.5 mm；雄蕊 8 枚，2 列，下列着生于花萼管中部以上，上列近喉部；子房椭圆形，顶部被白色长硬毛，花柱短，几为白色长硬毛所包被，柱头头状，无毛；花盘鳞片膜质，杯状，两侧不等，一侧较长。浆果卵圆形，黑色，长约 7 mm。花期春季。

分布与生境 产于云南南部、东南部及西南部。喜生于海拔 1300-1750 m 的林中或山坡灌丛中。印度、马来西亚也有分布。

药用部位 全株。

功效应用 镇痛，散瘀，祛风除湿，舒筋活络。用于胃痛，骨折筋伤，跌打损伤，风湿骨痛及各种疼痛。有毒。

注评 本种的全株称"桂花跌打"，云南地区药用。彝族用其根皮、茎皮治脑膜炎、口腔炎，胃肠炎及妇科炎症。

毛管花 Eriosolena composita (L. f.) Tiegh.
引自《中国高等植物图鉴》

5. 结香属 Edgeworthia Meisn.

落叶灌木，多分枝；树皮强韧。叶互生，厚膜质，狭椭圆形至倒披针形，常簇生于枝顶，具短柄。花两性，组成紧密的头状花序，顶生或腋生；苞片数枚组成 1 总苞，小苞片早落，花梗基部具关节，花先叶开放或与叶同时开放；花萼圆柱形，常内弯，外面密被银色长柔毛，裂片 4，喉部内面裸露；雄蕊 8 枚，2 列，着生于花萼筒喉部，花药长圆形，花丝极短；子房 1 室，无柄，被长柔毛，花柱长，有时被疏柔毛，柱头棒状，具乳突，下位花盘杯状，浅裂。果干燥或稍肉质，基部为宿存萼所包被。

共 5 种，自印度、尼泊尔、不丹、缅甸、中国、日本分布至美洲东南部。我国有 4 种，其中 2 种可药用。

分种检索表

1. 叶常绿或二年生，花与叶同时开放；子房全部被毛或仅在顶端丛生丝状毛⋯⋯⋯⋯⋯⋯ 1. **滇结香 E. gardneri**

1. 叶凋落，花先叶开放；头状花序多花而呈绒球状；花萼外面密被稠密而伸张的白色长硬毛；子房仅在顶端
   丛生白色丝状毛⋯⋯⋯⋯⋯⋯⋯⋯⋯⋯⋯⋯⋯⋯⋯⋯⋯⋯⋯⋯⋯⋯⋯⋯⋯ 2. **结香 E. chrysantha**

　　本属药用植物含有香豆素类成分，如伞形酮 (umbelliferone)，7- 乙氧基 -3,4- 二甲基香豆素 (7-ethoxy-3,4-dimethylcoumarin，**1**)，5- 甲氧基 -4- 甲基香豆素 (5-methoxy-4-methylcoumarin，**2**)，5,7- 二甲氧基香豆素 (5,7-dimethoxycoumarin，**3**)，西瑞香素 (daphnoretin，**4**)，7-O- 乙酰西瑞香素 (7-O-acetyldaphnoretin，**5**)，结香素▲ (edgeworthin，**6**)，结香沃灵▲ (edgeworin，**7**)，7,7'- 二羟基双香豆素 -8,8'- 醚 -7-a-L- 鼠李糖结香苷 C (edgeworoside C，**8**)，结香苷 A (edgeworoside A，**9**)；黄酮类成分如银椴苷 (tiliroside，**10**)，山奈酚 -3-O-β-D- 葡萄糖苷 (kaempferol-3-O-β-D-glucoside，**11**)；生物碱类成分如异吲哚 -1,3- 二酮 [1H-isoindole-1,3(2H)-dione，**12**]。

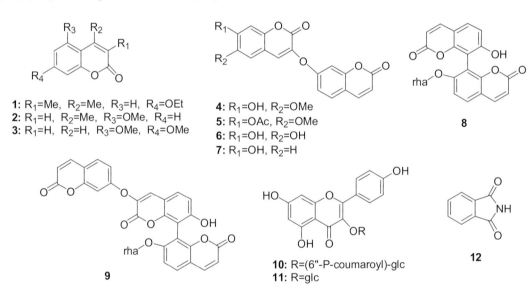

1: R_1=Me, R_2=Me, R_3=H, R_4=OEt
2: R_1=H, R_2=Me, R_3=OMe, R_4=H
3: R_1=H, R_2=H, R_3=OMe, R_4=OMe

4: R_1=OH, R_2=OMe
5: R_1=OAc, R_2=OMe
6: R_1=OH, R_2=OH
7: R_1=OH, R_2=H

8

9

10: R=(6"-P-coumaroyl)-glc
11: R=glc

12

1. 滇结香（中国高等植物图鉴） 构皮树、长梗结香（中国经济植物志）

Edgeworthia gardneri (Wall.) Meisn. in Denkschr. Regensb. Bot. Ges. 3: 208. t. 6. 1841.——*Daphne gardneri* Wall.（英 **Yunnan Paperbush**）

　　小乔木，高 3–4 m，茎褐红色，小枝无毛或于顶端疏被绢状毛。叶互生，窄椭圆形至椭圆状披针形，长 6–10 cm，宽 2.5–3.4 cm，先端尖，基部楔形，两面均被平贴柔毛，侧脉每边 8–9 条，在两面均明显；叶柄长 4–8 mm，被疏柔毛。头状花序球形，直径 3.5–4 cm，具 30–50 朵花；花序梗长 2(2.5)–5 cm，下垂，在开花时被白色绢毛，结果时毛脱落；花无梗，花萼管长约 1.5 cm，外面密被白色丝状毛，顶端 4 裂，裂片卵形，长约 3.5 mm，宽约 2.5 mm，内面黄色，外面密被白色丝状毛；雄蕊 8 枚，2 列；子房椭圆形，长约 5 mm，密被灰白色丝状长毛，花柱线形，长约 2 mm，被毛，柱头棒状，长约 3 mm，具乳突，花盘鳞片膜质，浅撕裂状。果卵形，外面全部为灰白色丝状长毛所包被。种子 1 粒，富含脂肪。花期冬末春初，果期夏季。

分布与生境 产于西藏东部及云南西北部至西部。生于海拔 1000–2500 m 的江边、林缘及疏林湿润处或常绿阔叶林中。尼泊尔、不丹、印度及缅甸北部也有分布。

药用部位 花蕾、根。

滇结香 *Edgeworthia gardneri* (Wall.) Meisn.
引自《中国高等植物图鉴》

滇结香 *Edgeworthia gardneri* (Wall.) Meisn.
摄影：李策宏

功效应用　花蕾：养阴，安神，明目，祛障翳。用于青盲，翳障，多泪畏光，梦遗，虚淋，失音。根：安心神，益肾气。用于梦遗，早泄，湿淋，带下病，血崩。

化学成分　茎皮含香豆素类：结香素▲(edgeworthin)[1-2]，结香沃灵▲(edgeworin)[2]，西瑞香素(daphnoretin)[2-3]，7-*O*-乙酰西瑞香素(7-*O*-acetyldaphnoretin)[3]，7-乙氧基-3,4-二甲基香豆素(7-ethoxy-3,4-dimethylcoumarin)，5-甲氧基-4-甲基香豆素(5-methoxy-4-methylcoumarin)[4]。

花含香豆素类：结香素▲，结香沃灵▲，西瑞香素，伞形酮(umbelliferone)，山芸香素(rutamontin)，结香苷A (edgeworoside A)[5]；黄酮类：7-羟基-4'-甲氧基黄酮(7-hydroxy-4'-methoxyflavone)，山奈酚-3-*O*-β-D-(6"-*E*-对香豆酰基)-吡喃葡萄糖苷[kaempferol-3-*O*-β-D-(6"-*E*-*p*-coumaroyl)-glucopyranoside][5]；甾体类：β-谷甾醇，β-胡萝卜苷[5]；其他类：腺苷(adenosine)，十五酸(pentadecanoic acid)[5]。

化学成分参考文献

[1] Majumder et al. *Phytochemistry*, 1974, 13(9): 1929-1931.

[2] Li SS, et al. *J Nat Prod*, 2004, 67(9): 1608-1610.

[3] Chakrabarti R, et al. *Phytochemistry*, 1986, 25(2): 557-558.

[4] Chatterjee A, et al. *Indian J Chem,* 1987, 26B(1): 81.

[5] Xu P, et al. *Biochem Syst Ecol*, 2012, 45: 148-150.

2. 结香（中国高等植物图鉴）　打结花、雪里开，梦花（四川、广西、云南西畴），雪花皮（广东乐昌），山棉皮（湖北巴东）

Edgeworthia chrysantha Lindl. in J. Hort. Soc. Lond. 1: 148. 1846.（英 **Paper Bush**）

灌木，高 0.7–1.5 m，小枝粗壮，褐色，幼枝常被短柔毛，韧皮极坚韧，叶痕大，直径约 5 mm。叶在花前凋落，长圆形，披针形至倒披针形，先端短尖，基部楔形或渐狭，长 8–20 cm，宽 2.5–5.5 cm，两面均被银灰色绢状毛，下面较多，侧脉每边 10–13 条。头状花序顶生或侧生，具花 30–50 朵，呈绒球状，外围以 10 枚左右被长毛而早落的总苞；花序梗长 1–2 cm，被灰白色长硬毛；花芳香，无梗，花萼长 1.3–2 cm，宽 4–5 mm，外面密被白色丝状毛，内面无毛，黄色，顶端 4 裂，裂片卵形，长约 3.5 mm，宽约 3 mm；雄蕊 8 枚，2 列，上列 4 枚与花萼裂片对生，下列 4 枚与花萼裂片互生，花丝短，花药近卵形，长约 2 mm；子房卵形，长约 4 mm，直径约 2 mm，顶端被丝状毛，花柱线形，长约 2 mm，无毛，柱头棒状，长约 3 mm，具乳突；花盘浅杯状，膜质，边缘不整齐。果椭圆形，绿色，长约 8 mm，直径约 3.5 mm，顶端被毛。花期冬末春初，果期春夏间。

分布与生境 产于河南、陕西及长江流域以南等地，野生或栽培。喜生于阴湿肥沃地。日本也有分布。

药用部位 花蕾、根。

功效应用 花蕾：养阴，安神，明目，祛障翳。用于青盲，翳障，多泪，畏光，梦遗，湿淋，失音。根：安心神，益肾气。用于梦遗，早泄，白浊湿淋，带下病，血崩。

结香 Edgeworthia chrysantha Lindl.
引自《中国高等植物图鉴》

结香 Edgeworthia chrysantha Lindl.
摄影：朱鑫鑫 梁同军

化学成分 根和茎含香豆素类：结香沃灵▲(edgeworin)，结香苷(edgeworoside) A[1]、B、C[2]，阿勒颇芸香素▲(rutarensin)[2]。

茎枝含黄酮类：结香灵▲(edgechrin) A、B、C、D，瑞香多灵▲(daphnodorin) A、B、C、I[3]。

茎和茎皮含香豆素类：7-羟基-去甲氧基阿勒颇芸香素▲(7-hydroxyl-odesmethoxyrutarensin)，8-[3-(2,4-苯二酚)-丙酸甲酯]-香豆素-7-β-D-吡喃葡萄糖苷{8-[3-(2,4-benzenediol)-propionic acid methyl ester]-coumarin-7-β-D-glucopyranoside}[4]，山芸香素(rutamontin)，三聚伞形酮苷(triumbellin)，朝鲜瑞香素(daphkoreanin)，7'-(α-D-吡喃葡萄糖氧基)-7-羟基-3-[(2-氧代-2H-1-苯并吡喃-7-基)氧基]-8,8'-二-2H-1-苯并吡喃]-2,2'-二酮{7'-α-D-glucopyranosyloxy-7-hydroxy-3-[(2-oxo-2H-1-benzopyran-7-yl)oxy]-[8,8'-bi-2H-1-benzopyran]-2,2'-dione}，茵芋苷(skimmin)[5]；黄酮类：芹菜苷元(apigenin)[5]；木脂素类：瑞香辛(daphneticin)[5]；醌类：2,6-二甲氧基醌(2,6-dimethoxyquinone)[5]；多元醇类：肌醇(inositol)[5]。

花含香豆素类：结香酸(edgeworic acid)[6]，伞形酮(umbelliferone)[6-8]，西瑞香素(daphnoretin)[7]，结香苷(edgeworoside) A[6]、C[6-8]，5,7-二甲氧基香豆素(5,7-dimethoxycoumarin)[6]，西瑞香素(daphnoretin)[6-10]；大柱香波龙烷类：蚱蜢酮(grasshopper ketone)[9]；黄酮类：银椴苷(tiliroside)，山奈酚-3-O-β-D-吡喃葡萄糖苷(kaempferol-3-O-β-D-glucopyranoside)[7]，芦丁(rutin)，烟花苷(nicotiflorin)[11]；生物碱及其他含氮化合物：1H-异吲哚-1,3(2H)-二酮[1H-isoindole-1,3(2H)-dione][8]，酪胺(tyramine)，2-去氧尿苷(2-deoxyuridine)，N-(对羟基苯乙基)-对香豆酰胺[N-(p-hydroxyphenlethyl)-p-coumaramide]，胸腺嘧啶(thymine)，尿嘧啶(uracil)，尿苷(uridine)[12]；酚、酚酸类：咖啡酸(caffeic acid)，原儿茶醛(protocatechualdehyde)，对羟基苯甲酸(p-hydroxybenzoic acid)[12]；有机酸及其酯类：二十二酸(docosanoic acid)，二十四酸(tetracosanoic acid)，1,3-双二十一碳酰甘油酯(heneicosanoic acid-2-hydroxy-1,3-propanediyl ester)，二十二碳酰单甘油酯(docosanoic acid 2,3-dihydroxypropyl ester)，二十四碳酰单甘油酯(tetracosanoic acid 2,3-dihydroxypropyl ester)[10]；甾体类：结香甾苷(chrysanthoside)[9]，β-谷甾醇，胡萝卜苷[10]；糖醇类：卫矛醇(dulcitol)[12]；挥发油：癸醚，7-溴甲基-7-十五烯，十六烷叔硫醇等[13]。

药理作用 抗炎镇痛作用：结香总提取物和三氯甲烷、乙酸乙酯部位对二甲苯致小鼠耳肿胀，前三者和石油醚、正丁醇部位还对醋酸致小鼠疼痛有抑制作用[1]。

注评 本种的花蕾称"梦花"，根称"梦花根"，重庆、四川、山东、福建、贵州等地药用。本种的花蕾在黑龙江、吉林、安徽、江苏、江西、湖北、湖南、广西等地作"密蒙花"使用。"密蒙花"商品常分为"老蒙花""新蒙花"，中国药典收载的"密蒙花"为马钱科植物密蒙花 Buddleja officinalis Maxim. 的花蕾，称"老蒙花"；本种的花蕾为"新蒙花"，又称"野蒙花""蒙花珠""家蒙花"（湖北恩施）等，系地区习用品，其花黄色易与正品"密蒙花"（紫色）相区别。据本草考证，"密蒙花"自古存在同名异物现象，《本草衍义》记载的"密蒙花"即为本种。本种功效应用与"密蒙花"不尽相同，应视为不同的药材；详见密蒙花 Buddleja officinalis Maxim. 注评。苗族、毛南族、壮族、侗族、畲族也药用本种，主要用途见功效应用项。瑶族用其根治疗跌打损伤，风湿痹痛；用叶治产后虚弱，水肿；茎叶用于血崩；花用于月经不调，贫血等症。

化学成分参考文献

[1] Baba K, et al. *Phytochemistry*, 1989, 28(1): 221-225.

[2] Baba K, et al. *Phytochemistry*, 1990, 29(1): 247-249.

[3] Zhou T, et al. *Phytochemistry Lett*, 2010, 3(4): 242-247.

[4] Hu XJ, et al. *Nat Prod Res*, 2009, 23(13): 1259-1264.

[5] Hu XJ, et al. *Chem Nat Compd*, 2009, 45(1): 126-128.

[6] Li XN, et al. *Molecules*, 2014, 19(2): 2042-2048.

[7] 张海军，等. 天然产物研究与开发，1997, 9(1): 24-27.

[8] 童胜强，等. 时珍国医国药，2006, 17(1): 44-45.

[9] Hashimoto T, et al. *Phytochemistry*, 1991, 30(9): 2927-2931.

[10] 盛柳青，等. 中国中药杂志，2009, 34(4): 495-496.

[11] Tong SQ, et al. *J Chromatogr Sci*, 2009, 47(5): 341-344.

[12] 张海军，等. 中草药，1998, 29(3): 156-158.

[13] 曹姣仙，等. 药物分析杂志，2005, 25(10): 1211-1214.

药理作用及毒性参考文献

[1] 张薇，等. 中国医药工业杂志，2007, 38(3): 233-237.

6. 粟麻属 Diarthron Turcz.

一年生草本，直立，多分枝；枝纤细，伸长。叶互生，散生于茎上，线形。花两性，小；总状花序顶生，疏松，无总苞片；花萼筒纤细，壶状，在子房上部收缩而成熟后环裂，上部脱落，下部包被果实，宿存，裂片4，直而稍开展；雄蕊4枚，着生于花萼筒的喉部，一轮，与裂片对生，或8枚，2轮，下轮与裂片互生，花药长圆形，近无柄；花盘小或无；子房几无柄，1室，胚珠1颗，倒垂，花柱侧生或近顶生，短，柱头近棒状，粗厚。坚果干燥，包藏于膜质花萼管的基部，花萼筒在果实时横断，果皮薄，种子1颗。

2种，产于亚洲中部，我国均产，分布于西北至东北部，其中1种可药用。

---

1. 粟麻（中国中药资源志要）　草瑞香（中国高等植物图鉴），山胡麻（中国沙漠植物志），好苏乐高诺（蒙语）

Diarthron linifolium Turcz. in Bull. Soc. Nat. Mosc. 5: 204. 1832.（英 **Flaxleaf Diarthron**）

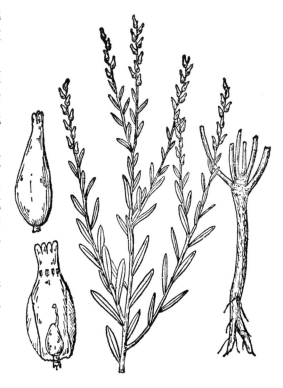

一年生草本，高 10–40 cm；小枝纤细，圆柱形，浅绿色，茎下部淡紫色。叶互生，稀近对生，散生于小枝上，草质，线形至线状披针形或狭披针形，长 7–15 mm，宽 1–3 mm，先端钝圆形，基部楔形或钝形；叶柄极短或无。花绿色，组成顶生总状花序；无苞片；花梗长约1 mm，顶端膨大；花萼筒细小，筒状，长 2.3–3 mm，无毛或微被丝状柔毛，裂片 4，卵状椭圆形，长约 0.8 mm，渐尖；雄蕊 4 (5) 枚，花丝长约 0.5 mm，花药极小，宽卵形；花盘不明显；子房具柄，椭圆形，长约 0.8 mm，花柱纤细，长 0.8–1 mm，柱头棒状略膨大。果实卵形或圆锥状，黑色，长约 2 mm，直径约 1.1 mm，为横断的宿存花萼筒所包围，果实上部的花萼筒长约 1 mm，宿存。花期 5–7 月，果期 6–8 月。

分布与生境　产于吉林、河北、山西、陕西、甘肃、新疆、江苏。生于海拔 500–1400 m 的砂质荒地。俄罗斯（西伯利亚）也有分布。

药用部位　根皮、茎皮。

功效应用　活血止痛。外用于风湿痛。

粟麻 Diarthron linifolium Turcz.
引自《中国高等植物图鉴》

粟麻 Diarthron linifolium Turcz.
摄影：林秦文

7. 狼毒属 Stellera L.

多年生草本或灌木，通常具木质根状茎。叶散生，稀对生，披针形，全缘。花白色、黄色或淡红色，头状或穗状花序顶生；花萼筒筒状或漏斗状，在子房上面有关节，果实成熟时横断，下部膨胀包围子房，果实成熟时宿存，裂片 4，稀 5–6，开展；无花瓣；雄蕊 8 枚，稀 10 或 12 枚，2 轮，包藏于花萼筒内；花盘生于一侧，针形或线状鳞片状，膜质，全缘或近 2 裂；子房几无柄，花柱短，柱头头状或卵形，具粗硬毛状突起。小坚果干燥，基部为宿存的花萼筒所包围。

有 10–12 种，分布于亚洲东部至西部的温带地区。我国有 2 种，其中 1 种可药用。

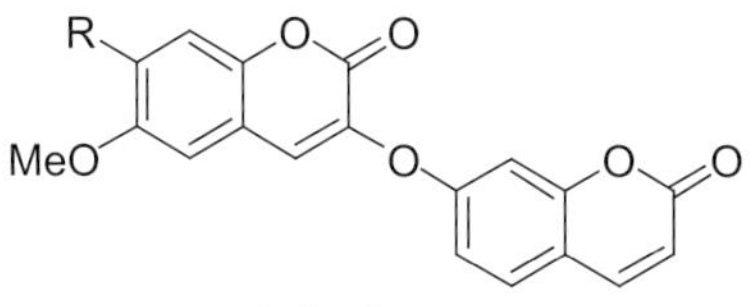

1: R=OH
2: R=OMe

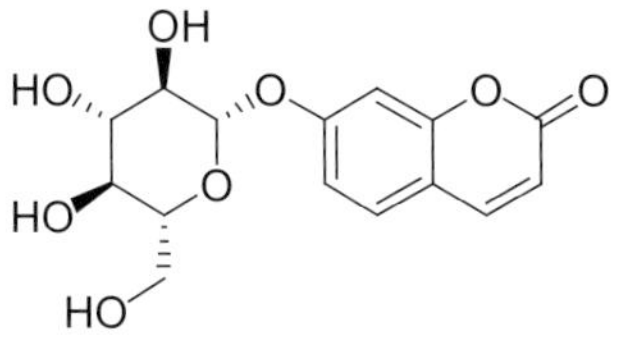

3

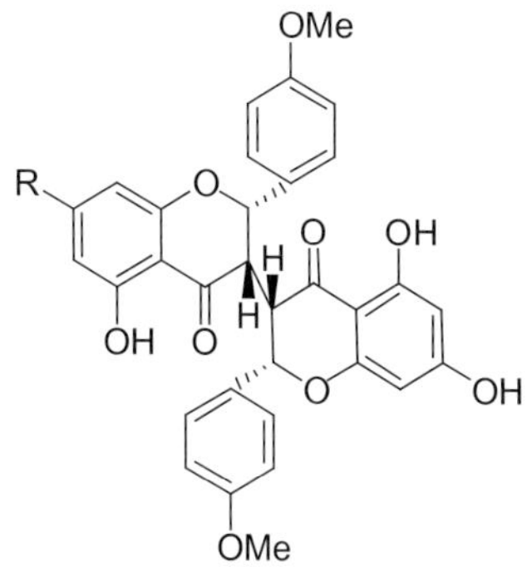

4: R=OH
5: R=OMe

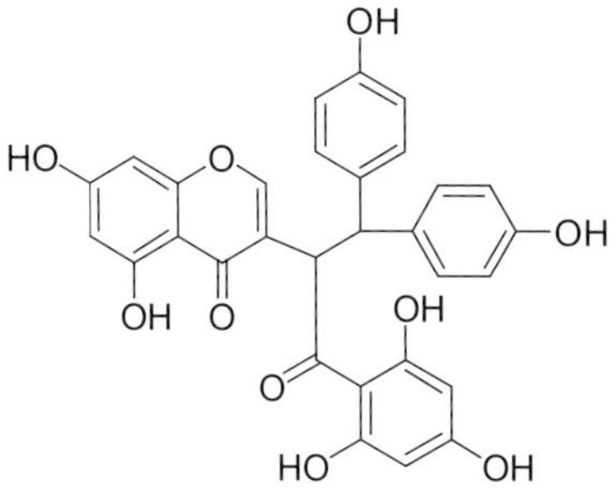

6

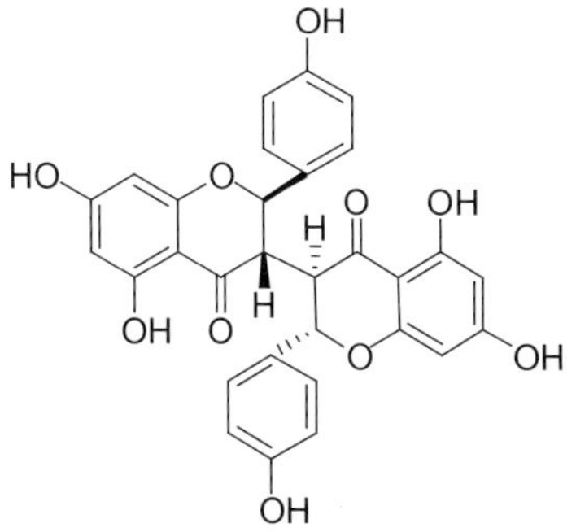

7

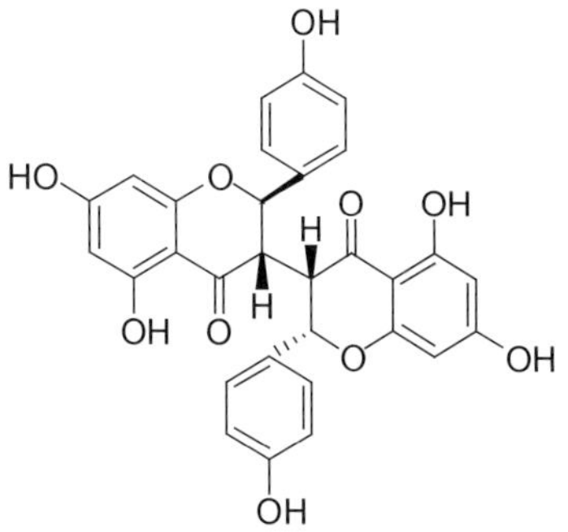

8

本属药用植物主要含香豆素类成分，如西瑞香素 (daphnoretin，**1**)，7-甲氧基西瑞香素 (7-methoxy-daphnoretin，**2**)，茵芋苷 (skimmin，**3**)；黄酮类成分如狼毒宁 B (chamaejasmenin B，**4**)，狼毒宁 C (chamaejasmenin C，**5**)，狼毒色酮 (chamaechromone，**6**)，异狼毒素 (isochamaejasmin，**7**)，新狼毒素 B (neochamaejasmin B，**8**)。

本属植物狼毒具有抗肿瘤、抗菌、抗结核、抗惊厥、增强免疫、杀虫等作用，其中二萜及双黄酮具有较强的抗肿瘤及抗人类免疫缺陷病毒 (HIV) 等病毒活性，南香大环素 (gnidimacrin) 即尼地吗啉是狼毒根状茎中的主要抗癌活性成分。毒副作用显示，狼毒可能具有潜在的致癌性，另外有很强的刺激性，可引起皮肤和黏膜炎症、充血、水肿、起泡等，过量服用可致中毒，主要有效成分尼地吗啉亦有较大毒性。

1. 狼毒（通称） 断肠草（内蒙古），拔萝卜、燕子花（河北），馒头花（青海）

Stellera chamaejasme L., Sp. Pl. 559. 2753（英 **Chinese Stellera, Narrowleaf Stellera, Dwarf Stringbush**）

多年生草本，高 20–50 cm；根状茎木质，粗壮，圆柱形，不分枝或分枝，表面棕色，内面淡黄色；茎直立，丛生，不分枝，基部木质化。叶散生，稀对生或近轮生，薄纸质，披针形或长圆状披针形，稀长圆形，长 12-28 mm，宽 3-10 mm，先端渐尖或急尖，稀钝形，基部圆形至钝形或楔形，侧脉 4-6 对；叶柄短，基部具关节，上面扁平或微具浅沟。花白色、黄色至带紫色，芳香，头状花序顶生，圆球形；具绿色叶状总苞片；花萼筒细瘦，长 9-11 mm，基部略膨大，裂片 5，卵状长圆形，长 2-4 mm，宽约 2 mm；雄蕊 10 枚，2 轮，花药微伸出；花盘一侧发达，线形，长约 1.8 mm，宽约 0.2 mm，顶端微 2 裂；子房椭圆形，几无柄，长约 2 mm，直径 1.2 mm，上部被淡黄色丝状柔毛，花柱短，柱头顶端微被黄色柔毛。果实圆锥形，长 5 mm，直径约 2 mm，上部或顶部有灰白色柔毛，为宿存的花萼筒所包围。花期 4-6 月，果期 7-9 月。

分布与生境　产于我国北方各地及西南地区。生于海拔 2600-4200 m 的干燥而向阳的高山草坡、草地或河滩台地。俄罗斯（西伯利亚）也有分布。

药用部位　根。

功效应用　逐水祛瘀，破积杀虫。用于水气肿胀，痰食虫积，心腹疼痛，症瘕积聚。外用于疥癣，外伤出血，跌打损伤，疮疡。有大毒。

狼毒 Stellera chamaejasme L.
引自《中国高等植物图鉴》

狼毒 Stellera chamaejasme L.
摄影：张英涛

化学成分 根含香豆素类：茴芹素(pimpinellin)，异香柠檬烯(isobergapten)，牛防风素(sphondin)[1]，狼毒双香豆素(bicoumastechamin)[2]，异西瑞香素(isodaphnoretin)，西瑞香素(daphnoretin)[3-4]，伞形酮-7-*O*-β-D-吡喃葡萄糖苷(umbelliferone-7-*O*-β-D-glucopyranoside)[5-6]，东莨菪内酯(scopoletin)[7-8]，异茴芹素(isopimpinellin)[1,8]，异东莨菪内酯(isoscopoletin)，瑞香素(daphnetin)[8]，5,7-二羟基香豆素(5,7-dihydroxycoumarin)[9]，伞形酮-7-*O*-β-D-吡喃木糖基-(1→6)-β-D-吡喃葡萄糖苷(umbelliferone-7-*O*-β-D-xylopyranosyl-(1→6)-β-D-glucopyranoside)[10-11]，伞形酮(umbelliferone)[2-3,11]，茵芋苷(skimmin)[11]；异西瑞香素B (isodaphnoretin B)[12]，3-羟基-6-甲氧基-7,7'-双香豆素醚(3-hydroxy-6-methoxy-7,7'-dicoumarinyl ether)[13]；黄酮类：(+)-缅茄儿茶素▲[(+)-afzelechin][2]，缅茄儿茶素▲-7-*O*-β-D-吡喃葡萄糖苷(afzelechin-7-*O*-β-D-glucopyranoside)[5]，山奈酚(kaempferol)，4'-甲氧基-7-羟基黄酮(4'-methoxy-7-hydroxyflavone)，5,4'-二羟基-7-甲氧基黄烷酮(5,4'-dihydroxy-7-methoxyflavanone)，4',5,7-三羟基黄烷酮(4',5,7-trihydroxyflavanone)，3,5,7-三羟基黄烷酮(3,5,7-trihydroxyflavanone)，山奈酚-7-*O*-β-D-吡喃葡萄糖苷(kaempferol-7-*O*-β-D-glucopyranoside)[8]，异四国荛花素▲A (isosikokianin A)，瑞香狼毒素A (ruixianglangdusu A)，芹菜苷元(apigenin)，槲皮素(quercetin)，芦丁(rutin)[9]，7-甲氧基新狼毒素A (7-methoxylneochamaejasmin A)[9,11]，狼毒酚(stelleranol)[6,14]，狼毒素(chamaejasmin; chamaejasmine)[8,11,15]，7-甲氧基狼毒素(7-methoxychamaejasmin)[16-17]，异狼毒素(isochamaejasmin)[11,18]，狼毒色酮(chamaechromone)[8-9,11,19]，狼毒宁(chamaejasmenin) A[20-21]、B[20-22]、C[20-21]、D[21]，新狼毒素(neochamaejasmin) A[23-26]、B[11,23,25-28]、C[27-28]，异狼毒宁(isochamaejasmenin) B[21,28]、C[28]，(+)-狼毒素[(+)-chamaejasmin][22]，表缅茄儿茶素▲(epiafzelechin)[24]，瑞香多灵▲(daphnodorin) B[8,11,26]、I[11]，荛花酚▲(wikstrol) A[25]、B[24-26]，二氢瑞香多灵▲B (dihydrodaphnodorin B)[26]，四国荛花素▲(sikokianin) A[9,21,28]、C[9]，异新狼毒素A (isoneochamaejasmin A)[9,22]，狼毒莫森酮▲(mohsenone)，(-)-表缅茄儿茶素▲-7-*O*-β-D-吡喃葡萄糖苷[(-)-epiafzelechin-7-*O*-β-D-glucopyranoside][29]，异狼毒莫森酮▲(isomohsenone)[30-31]，7-甲氧基新狼毒素A (7-methoxyneochamaejasmin A)[31]，狼毒黄酮A (chamaeflavone A)，(-)-狼毒宁B [(-)-chamaejasmenin B]，(+)-狼毒宁C [(+)-chamaejasmenin C][32]，瑞香狼毒素(ruixianglangdusu) A、B，4',4''',5,5'',7,7''-六羟基-3,3''-双黄酮(4',4''',5,5'',7,7''-hexahydroxy-3,3''-biflavone)[33]，3'-羟基黄酮-4'-*O*-β-D-吡喃葡萄糖苷(3'-hydroxyflavone-4'-*O*-β-D-glucopyranoside)[34]；木脂素类：(+)-松脂酚-4,4'-*O*-二-β-D-吡喃葡萄糖苷[(+)-pinoresinol-4,4'-*O*-bis-β-D-glucopyranoside][5,10-11]，(+)-丁香树脂酚-二-*O*-β-D-吡喃葡萄糖苷[(+)-syringaresinol-di-*O*-β-D-glucopyranoside]，(+)-落叶松树脂醇-4,4'-*O*-二-β-D-吡喃葡萄糖苷[(+)-lariciresinol-4,4'-*O*-bis-β-D-glucopyranoside][10]，(+)-松脂酚[(+)-pinoresinol]，(+)-鹅掌楸树脂醇B [(+)-lirioresinol B]，(+)-荛花醇[(+)-wikstromol]，(+)-落叶松树脂醇[(+)-lariciresinol][11]，裂榄脂素(bursehernin)[22]，(+)-樟树宁[(+)-kusunokinin]，木兰脂宁▲C (magnolenin C)，(-)-松脂酚单甲醚[(-)-pinoresinol monomethyl ether]，(-)-松脂酚[(-)-pinoresinol]，异扁柏脂素(isohinokinin)[33]，5'-去甲氧基瑞香辛(5'-demethoxydaphneticin)，瑞香辛(daphneticin)[34]，(-)-桉脂素[(-)-eudesmin][33,35]，(+)-穗罗汉松树脂酚[(+)-matairesinol][11,33,35]，牛蒡醇▲F (lappaol F)，直铁线莲宁B (clemastanin B)，牛蒡苷(arctiin)[36]，穗罗汉松树脂酚(matairesinol)[5,11,36-37]，狼毒脂素A (stellerachama A)[38]，狼毒木脂素(stelleralignan)，(-)-番樱桃叶拟芸素▲[(-)-haplomyrfolin][39]；苯丙素类：1-*O*-β-D-吡喃葡萄糖基-(1→2)-β-D-吡喃葡萄糖基-2,6-二甲氧基-4-苯丙烯醇[1-*O*-β-D-glucopyranosyl-(1→2)-β-D-glucopyranosyl-2,6-dimethoxy-4-benzenepropenol][5]，3-丁酰基-4-氨基桂皮酸乙酯(3-butyryl-4-amino ethylcinnamate)，阿魏酸(ferulic acid)[34]，丁香苷(syringin)[10-11,40]，芥子醇-1,3'-二-*O*-β-D-吡喃葡萄糖苷[sinapyl alcohol-1,3'-di-*O*-β-D-glucopyranoside][10,40]，丁香诺苷▲(syringinoside)[5,11,40]，松柏诺苷▲(coniferinoside)，[4-(3-β-D-吡喃葡萄糖氧基-1-*E*-丙烯基)-2,6-二甲氧基苯基]-6-*O*-β-D-吡喃葡萄糖基-β-D-吡喃葡萄糖苷{[4-(3-β-D-glucopyranosyloxy-1-*E*-propenyl)-2,6-dimethoxyphenyl]-6-*O*-β-D-glucopyranosyl-β-D-glucopyranoside}，[4-(3-羟基-1-Z-丙烯基)-2,6-2,6-二甲氧基苯基]-6-*O*-β-D-吡喃葡萄糖基-β-D-吡喃葡萄糖苷{[4-(3-hydroxy-1-Z-propenyl)-2,6-dimethoxyphenyl]-6-*O*-β-D-glucopyranosyl-β-D-glucopyranoside}[40]；酚酸类：香荚兰酸(vanillic acid)，3-甲氧基-4-*O*-β-D-吡喃葡萄糖基苯甲酸

(3-methoxy-4-O-β-D-glucopyranosylbenzoic acid)[34]；二苯基戊酮类：S-(+)-3-羟基-1,5-二苯基-1-戊酮[S-(+)-3-hydroxy-1,5-diphenyl-1-pentanone][2,31,41-42]，1,5-二苯基-2(E)-戊烯-1-酮[1,5-diphenyl-2(E)-penten-1-one][32,43-45]，1,5-二苯基-1-戊酮(1,5-diphenyl-1-pentanone)[4,43,45]；苯并吡喃类：7-羟基-6-甲氧基-3-[(2-氧代-2H-1-苯并吡喃-7-氧基]-2H-1-苯并吡喃-2-酮{7-hydroxy-6-methoxy-3-[(2-oxo-2H-1-benzopyran-7-yl)oxy]-2H-1-benzopyran-2-one}[46]；醌类：2,6-二甲氧基对苯醌(2,6-dimethoxy-p-benzoquinone)[35]；单萜类：葛缕子酚(carvacrol)[47]，百里香酚(thymol)[48]，α-松节油(α-turpentine)[49]；倍半萜类：狼毒酮D (chamaejasmone D)[39]；二萜类：狼毒新素▲(neostellerin)[7,50]，单茎稻花素▲(simplexin)[2,11,39,51-52]，稻花因子P₂(pimelea factor P₂)[2,51-52]，响盒子毒素▲(huratoxin)[39,51-52]，稻花亚毒素▲A (subtoxin A)[51]，南香大环素▲(gnidimacrin)[52]，狼毒内酯(stelleralide) A、B、C[52]，(2E,4E)-(1R,3R,4R,4aR,4bS,5aR,6S,6aS,9aS,9bR)-1,2,3,4,4a,4b,5a,6,6a,7,9a,9b-十二氢-4,6,6a,9b-四羟基-5a-(羟甲基)-1,8-二甲基-3-(1-甲基乙烯基)-7-氧杂苯并[7,8]薁并[5,6-b]环氧乙烷-3-基-2,4-十五碳二烯酸酯{(2E,4E)-(1R,3R,4R,4aR,4bS,5aR,6S,6aS,9aS,9bR)-1,2,3,4,4a,4b,5a,6,6a,7,9a,9b-dodecahydro-4,6,6a,9b-tetrahydroxy-5a-(hydroxymethyl)-1,8-dimethyl-3-(1-methylethenyl)-7-oxobenz[7,8]azuleno[5,6-b]oxiren-3-yl-2,4-pentadecadienoic acid ester}[111]，荛花内酯(wikstroelide) F[52]、J[39]、M[111]，狼毒灵▲(stellerarin)，12-O-苯甲酰佛波醇-13-辛酸酯(12-O-benzoylphorbol-13-octanoate)[32]，狼毒辛▲(stelleracin) A、B、C、D、E[32]，12β-乙酰氧基-异荛花内酯J (12β-acetoxy-isowikstroelide J)，12β-乙酰氧基-响盒子毒素▲(12β-acetoxy-huratoxin)[39]；三萜类：白桦脂酸(betulinic acid)[5]，α-香树脂醇(α-amyrin)[8]，角鲨烯(squalene)[52]；有机酸及其酯类：富马酸(fumaric acid)，4-乙氧基苯甲酸(4-ethoxybenzoic acid)，2,4,6-三甲氧基苯甲酸(2,4,6-trimethoxybenzoic acid)[2]，硬脂酸(stearic acid)[5]，1-(ω-阿魏酰二十二碳酰基)甘油[1-(ω-feruloyldocosanoyl)glycerol][32]，9Z,12Z-十八碳二烯酸-(2S)-2,3-二羟基丙醇酯[9Z,12Z-octadecadienoic acid-(2S)-2,3-dihydroxypropyl ester]，姜糖脂B (gingerglycolipid B)，[S-(all-Z)]-2,3-二[(1-氧代-9,12-十八碳二烯基)氧基]丙基-O-α-D-吡喃半乳糖基-(1→6)-O-β-D-吡喃半乳糖苷{[S-(all-Z)]-2,3-bis[(1-oxo-9,12-octadecadienyl)oxy]propyl-O-α-D-galactopyranosyl-(1→6)-O-β-D-galactopyranoside}，(2S)-2,3-二[[(9Z,12Z)-1-氧代-9,12-十八碳二烯-1-基]氧基]丙基-O-α-D-吡喃半乳糖基-(1→6)-O-β-D-吡喃半乳糖基-(1→6)-β-D-吡喃半乳糖苷{(2S)-2,3-bis[[(9Z,12Z)-1-oxo-9,12-octadecadien-1-yl]oxy]propyl-O-α-D-galactopyranosyl-(1→6)-O-β-D-galactopyranosyl-(1→6)-β-D-galactopyranoside}[54]；氨基酸类：N,N-二甲基门冬氨酸(N,N-dimethyl-L-aspartic acid)[2]；甾体类：β-谷甾醇，胡萝卜苷[2-3]，(24R)-豆甾-7,22(E)-二烯-3α-醇[(24R)-stigmast-7,22(E)-dien-3α-ol][8]；挥发油：1-苯基丙烷-1,2-二酮(1-phenylpropane-1,2-dione)，正辛烷(n-octane)，桂皮醇(cinnamyl alcohol)，2,6-二甲基-庚烷(2,6-dimethyl-heptane)，2,6-二甲基辛烷(2,6-dimethyloctane)，5-甲基癸烷(5-methyldecane)，正十二烷(n-dodecane)，正十三烷(n-tridecane)，2,5-二甲基十二烷(2,5-dimethyldodecane)，1-苯基-3-氧代-己烷(1-phenyl-3-keto-hexane)，7,10-十八碳二烯酸甲酯(methyl 7,10-octadecadienoate)，3,7,11-三甲基-1-十二醇-2,6,10-三烯(3,7,11-trimethyl-1-dodecanol-2,6,10-triene)[55]；其他类：蔗糖[1]，4-十八氧基-烯丙苯(4-octadecyloxy-allylbenzene)[49]，酞酸二丁酯(dibutyl phthalate)[56]。

根状茎含苯丙素类：对香豆酸正二十二烷基酯(p-coumaric acid n-eicosanyl ester)，咖啡酸正二十烷基酯(caffeic acid n-dueicosanyl ester)[57]。

茎、叶和花含香豆素类：7,8-二羟基香豆素(7,8-dihydroxylcoumarin)[58]。

花含挥发油：苯甲酸苄酯(benzyl benzoate)，十氢-1.1.4.7-四甲基-4aH-环丙烯并[e]薁-4a-醇(decahydro-1,1,4,7-tetramethyl-4aH-cycloprop[e]azulene-4a-ol)，丁香酚(eugenol)，紫丁香醇C (lilac alcohol C)，橙花叔醇(nerolidol)，α-红没药醇(α-bisabolol)，二十三烷(tricosane)，二十一烷(heneicosane)等[59]。

地上部分含香豆素类：伞形酮，西瑞香素，瑞香素，东莨菪内酯[60]。

细胞培养物含木脂素类：丁香树脂酚(syringaresinol)，水曲柳树脂酚▲(medioresinol)，松脂酚(pinoresinol)，(1R,2S,5R,6S)-2-(4-羟基苯基)-6-(3-甲氧基-4-羟基苯基)-3,7-二氧杂双环[3,3,0]辛烷

[(1*R*,2*S*,5*R*,6*S*)-2-(4-hydroxyphenyl)-6-(3-methoxy-4-hydroxyphenyl)-3,7-dioxabicyclo[3,3,0]octane]，表松脂酚(epipinoresinol)，青蒿木脂素▲D (caruilignan D)，(-)-落叶松树脂醇[(-)-lariciresinol]，四氢-2-(4-羟基-3-甲氧基苯基)-4-[(4-羟基苯基)甲基]-3-呋喃甲醇{tetrahydro-2-(4-hydroxy-3-methoxyphenyl)-4-[(4-hydroxyphenyl)methyl]-3-furanmethanol}，5'-甲氧基落叶松树脂醇(5'-methoxylariciresinol)，川木香醇D(vladinol D)，7'-氧代穗罗汉松树脂酚(7'-oxomatairesinol)，(+)-柳叶前胡酚▲[(+)-guayarol]，异落叶松树脂醇(isolariciresinol)，极尖叶下珠木脂素▲B(acutissimalignan B)[61]，(-)-(7*R*,8*S*,7'*E*)-4-羟基-3,5'-二甲氧基-7,4'-环氧-8,3'-新木脂素-7'-烯-9,9'-二醇-9'-乙醚[(-)-(7*R*,8*S*,7'*E*)-4-hydroxy-3,5'-dimethoxy-7,4'-epoxy-8,3'-neolign-7'-ene-9,9'-diol-9'-ethyl ether]，(-)-(7*R*,8*S*,7'*E*)-4-羟基-3,5,5'-三甲氧基-7,4'-环氧-8,3'-新木脂素-7'-烯-9,9'-二醇-9'-乙醚[(-)-(7*R*,8*S*,7'*E*)-4-hydroxy-3,5,5'-trimethoxy-7,4'-epoxy-8,3'-neolign-7'-ene-9,9'-diol-9'-ethyl ether][62]；倍半萜类：3-羰基愈创木-4-烯-11,12-二醇(3-oxo-guai-4-ene-11,12-diol)[61]，狼毒酮(chamaejasmone) A、B、C，(+)-(11*S*)-3-氧代-1,7α*H*-愈创木-4-烯-11,12-二醇[(+)-(11*S*)-3-oxo-1,7α*H*-guai-4-en-11,12-diol]，(+)-(11*S*)-3-氧代-1,7α*H*-愈创木-4-烯-10α,12-二醇[(+)-(11*S*)-3-oxo-1,7α*H*-guai-4-en-10α,12-diol]，(+)-3-氧代-1,7α*H*-愈创木-4(5),11(13)-二烯-10,12-二醇[(+)-3-oxo-1,7α*H*-guai-4(5),11(13)-dien-10,12-diol][62]；肽类：环(L-脯氨酸-L-缬氨酸)[cyclo(L-Pro-L-Val)][61]；甾体类：*β*-谷甾醇[61]。

药理作用　抗惊厥作用：狼毒丙酮提取物能提高电刺激大鼠皮层惊厥阈值，对小鼠听源性惊厥、最大电休克惊厥、戊四氮惊厥均有拮抗作用，亦能拮抗大鼠海人藻酸惊厥，减少湿狗样颤抖，延长惊厥潜伏期[1]，伞形花内酯是有效成分之一[2]，乙醚提取部位亦为抗癫痫活性部位[3]。

　　调节免疫作用：狼毒多糖能改善环磷酰胺抑制的小鼠免疫功能，使小鼠胸腺、脾重量增加，腹腔巨噬细胞吞噬功能增强，血清凝集素滴度、溶血素 CH_{50} 值增高，拮抗环磷酰胺对小鼠足垫迟发超敏反应的抑制作用，促进 Con A 诱导的脾淋巴细胞转化[4]。

　　抗炎作用：狼毒乙醇提取物可抑制巴豆油致小鼠耳肿胀、角叉菜胶致大、小鼠足跖肿胀[5]。

　　抗菌作用：狼毒对大肠埃希氏菌、金黄色葡萄球菌、深部真菌白念珠菌、浅部真菌红色毛癣菌、石膏样毛癣菌、石膏样小孢子菌、絮状表皮癣菌[6]，乙醇提取物对结核分枝杆菌[7]，乙酸乙酯萃取物及其分段物馏分 B、C、D 对番茄晚疫病菌[8]，乙醇提取物的乙酸乙酯萃取物对石膏样毛癣菌[9-10]，甲醇、乙酸乙酯和石油醚萃取物对稻瘟病菌[11]有抑制作用。从狼毒根丙酮提取物中分离得到的黄酮类部分对嗜水气单胞菌、肠型点状产气单胞菌、哈维弧菌、鳗弧菌、无乳链球菌、巴氏杆菌、金黄色葡萄球菌和大肠埃希氏菌有抑制活性，并从其中分离到两个有较强抑菌活性的化合物新狼毒素 B 和狼毒色酮；非黄酮类部分对前 4 种水产病原菌有抑制活性，并从其中分离到一个有较强抑菌活性的香豆素类化合物伞形花内酯[12]。

　　抗病毒作用：从狼毒根中分离得到的四国荛花素 A (sikokianin A)、狼毒色酮和槲皮素可抑制HepG2 2.2.15 细胞分泌 HBeAg[13]。

　　抗肿瘤作用：狼毒水提物对小鼠移植肿瘤 V14[14]、S180[14-17]、HePS[15]、Lewis[15]、小鼠白血病P388 细胞[18]，小鼠含药血清对人肝癌 BEL-7402 细胞[19]、人红白血病 K562 细胞[20]、人胃腺癌 SGC-7901 细胞[21]有抑制作用。直接抑制癌细胞增殖及 DNA 合成[22]、诱导肿瘤细胞凋亡[23]、降低 Bcl-2 蛋白表达[24]是抗癌机制。乙醇提取物对 S180、Lewis[15]、大鼠肺成纤维细胞[25]、人增生性疤痕成纤维细胞[26]有抑制作用。甲醇提取物可抑制肿瘤细胞生长，提高荷瘤鼠免疫功能，机制与其刺激脾细胞增殖，协同 Con A 刺激脾细胞转化和提高脾 NK 细胞活性及阻滞肿瘤细胞周期，抑制其分裂增殖，促进其凋亡有关[27-28]。乙酸乙酯提取液对小鼠 H22 肝癌细胞[29]有抑制作用。总黄酮提取物对 S180、H22、BEL-7402、SGC-7901 和人白血病细胞 HL-60 有抑制作用[30]。狼毒 <10 000 相对分子质量的醇提部位对 S180、H22、BEL-7402、SGC-7901 和 L-1210 细胞均有抑制作用[31]，小鼠含药血清对后 3 种细胞亦有抑制作用[32]。石油醚提取部位是狼毒中的体外抗肿瘤活性部位[33-34]，又以石油醚 - 乙酸乙酯的洗脱组分抗肿瘤活性较高[35]。狼毒总木脂素对 BEL-7402、SGC-7901 和 HL-60 有抑制作用[36-37]。南香大环

素▲(gnidimacrin)即尼地吗啉是从狼毒中分离出来的主要抗肿瘤成分[38-41]。

　　杀昆虫作用：狼毒对米象、谷蠹、玉米象有防治作用[42]。狼毒根和茎叶对温室白粉虱[43]、南美斑潜蝇[44]有生物活性。狼毒乙醇浸渍液对猪虱有杀灭作用[45]。狼毒提取物制成的相应浇泼剂可驱杀小白鼠体内外的螨虫、线虫等寄生虫[46]。狼毒三元混剂提取物（甲醇：丙酮：三氯甲烷）和石油醚提取物对柑橘全爪螨有杀螨活性[47]。狼毒的三氯甲烷、石油醚、甲醇提取物对山楂叶螨有内吸和触杀活性[48]。狼毒根的乙醇索氏提取粗膏及粗膏的正己烷索氏提取物和石油醚索氏提取物对柑橘全爪螨有杀螨活性[49]。狼毒根乙醇提取物对菜粉蝶幼虫有拒食、胃毒、生长抑制及毒杀作用[50-53]，对菜粉蝶产卵有忌避作用[54]，对亚洲玉米螟幼虫有生物活性[55]，对云纹粉蝶5龄幼虫有拒食作用，对榆白长翅卷蛾5龄幼虫有触杀作用[56]，对水稻大螟幼虫有拒食活性和毒杀活性[57]。狼毒根三氯甲烷萃取物对麦二叉蚜有触杀作用，对甘蓝蚜有拒食作用[58]。瑞香素对棉蚜、桔蚜和烟蚜有触杀和拒食作用[50, 59]；瑞香亭和狼毒色酮对菜粉蝶5龄幼虫有拒食和胃毒作用[60]。

毒性及不良反应　狼毒水提物及醇提物小鼠腹腔注射的LD_{50}分别为184.3 g生药/kg和132.7 g生药/kg[15]，水提物可引起小鼠肝、肾中MDA含量上升[61]。狼毒总黄酮小鼠腹腔注射的LD_{50}为1.9848 g/kg[30]，小鼠灌胃的LD_{50}为524.81 mg/kg；家兔耳静脉注射75 mg/kg后主要表现角弓反张、痉挛抽搐、呼吸困难，心电图显示心力衰竭印象；麻醉家兔耳静脉注射25 mg/kg后出现呼吸、脉搏减慢及短暂的脉压增大，随后脉压消失；家兔灌胃700 mg/kg后出现腹痛、腹泻和体温下降，血清ALT、AST、AKP活性24 h内无变化，而BUN含量升高，病理变化以各脏器瘀血、胃肠道出血、肺气肿及心肌纤维、肝细胞和肾小管上皮细胞颗粒变性为特性，对家兔离体肠道运动有抑制，皮肤原发刺激指数为2.89，属中等刺激物[62]。狼毒乙酸乙酯萃取物对小白鼠急性毒性为低毒，对白兔的急性皮肤刺激属无刺激性，对白兔的眼刺激属轻度刺激性，对鲫鱼的毒性属于中毒级[8]。从狼毒根中分离得到的香豆素类化合物有毒鱼活性[63]。

注评　本种为部颁标准·藏药（1995年版）、内蒙古蒙药材标准（1986年版）、四川（1984年版）、甘肃（1991、2008年版）、宁夏（1993年版）中药材标准和重庆中药饮片标准（2006年版）收载"瑞香狼毒"，四川（1987年版）、内蒙古（1988年版）中药材标准收载"狼毒"，云南药品标准（1974、1976年版）收载"绵大戟"、贵州中药材标准（1988年版）收载"棉大戟"的基源植物，药用其干燥根。部分标准使用本种的中文异名瑞香狼毒、绵大戟。本种的根在内蒙古、黑龙江、北京、山西、陕西、甘肃、四川、江西、云南等地作"狼毒"使用，药材称"红狼毒"；在陕西（安康）、河北、湖南、湖北、江西、云南等地又作"大戟"用，药材称"绵大戟"。据本草考证，《名医别录》与《本草经集注》记载的"狼毒"即为本种的根，商品又称"西北狼毒""川狼毒"。但近代全国多数地区使用的"狼毒"为大戟科植物狼毒大戟 *Euphorbia fischeriana* Steud. 和月腺大戟 *E. ebracteolata* Hayata 的根。本种藏族语称"热甲巴""日甲巴""热加巴"，《四部医典》中即有记载。藏族、蒙古族、羌族、鄂伦春族、傈僳族、普米族、蒙古族、藏族、壮族、纳西族、裕固族也药用本种的根，主要用途见功效应用项。

化学成分参考文献

[1] Tikhomirova LI, et al. *Khim Prir Soedin*, 1974, (3): 402.

[2] Xu ZH, et al. *J Asian Nat Prod Res*, 2001, 3(4): 335-340.

[3] Liu GF, et al. *J Chin Pharm Sci*, 1997, 6(3): 125-128.

[4] Peng JY, et al. *J Chromatogr*, 2006, 1135(2): 151-157.

[5] 刘欣，等. 中草药, 2004, 35(4): 379-381.

[6] 冯宝民，等. 中国中药杂志, 2008, 33(4): 403-405.

[7] 冯宝民，等. 中国药学杂志, 2001, 36(1): 21-22.

[8] 杨彩霞，等. 天然产物研究与开发, 2012, 24(10): 1374-1376, 1428.

[9] Yang GH, et al. *Chem Biodiversity*, 2008, 5(7): 1419-1424.

[10] 孙丽君，等. 天然产物研究与开发, 2012, 24(2): 188-190.

[11] Jiang ZH, et al. *Chem Pharm Bull*, 2002, 50(1): 137-139.

[12] 杨国红，等. 中国天然药物, 2006, 4(6): 425-427.

[13] Li J, et al. *Molecules*, 2014, 19(2): 1603-1607.

[14] Feng BM, et al. *Chin Chem Lett*, 2004, 15(1): 61-62.

[15] 黄文魁，等. 科学通报, 1979, 24(1): 24-26.

[16] 杨伟文，等 . 兰州大学学报（自然科学版），1983, 19(4): 109-111.

[17] 杨伟文，等 . 高等学校化学学报，1984, 5(5): 671-673.

[18] Niwa M, et al. *Chem Lett*, 1984, (9): 1587-1590.

[19] Niwa M, et al. *Tetrahedron Lett*, 1984, 25(34): 3735-3738.

[20] Liu GQ, et al. *Chem Pharm Bull*, 1984, 32(1): 362-365.

[21] Yang GH, et al. *Chem Pharm Bull*, 2005, 53(7): 776-779.

[22] 冯宝民，等 . 中草药，2004, 35(1): 12-14.

[23] Niwa M, et al. *Chem Lett*, 1984, (4): 539-542.

[24] 冯宝民，等 . 中草药，2001, 32(1): 14-15.

[25] Feng BM, et al. *Pharm Biol* (Lisse, Netherlands), 2003, 41(1): 59-61.

[26] 刘欣，等 . 中草药，2003, 34(5): 399-401.

[27] Li J, et al. *Molecules*, 2011, 16: 6465-6469.

[28] Li J, et al. *Fitoterapia*, 2014, 93: 163-167.

[29] Jin C, et al. *Phytochemistry*, 1999, 50(3): 505-508.

[30] Feng BM, et al. *Chin Chem Lett*, 2002, 13(8): 738-739.

[31] Feng BM, et al. *J Asian Nat Prod Res* 2002, 4(4): 259-263.

[32] Asada Y, et al. *J Nat Prod*, 2013, 76(5): 852-857.

[33] 徐志红，等 . 药学学报，2001, 36(9): 668-671.

[34] 杨彩霞，等 . 天然产物研究与开发，2014, 26(2): 155-158.

[35] 陈业高，等 . 中国中药杂志，2001, 26(7): 477-479.

[36] 刘 欣，等 . 中国药科大学学报，2003, 34(2): 116-118.

[37] Tatematsu H, *Chem Pharm Bull*, 1984, 32(4): 1612-1613.

[38] Liu LP, et al. *Chem Nat Compd*, 2012, 48(4): 559-561.

[39] Liu LP, et al. *Bioorg Med Chem*, 2014, 22(15): 4198-4203.

[40] Jin CD, et al. *Phytochemistry*, 1999, 50(4): 677-680.

[41] 冯宝民，等 . 沈阳药科大学学报，2000, 17(4): 258-259, 288.

[42] Liu Q, et al. *Nat Prod Res*, 2008, 22(4): 348-352.

[43] 侯太平，等 . 有机化学，2002, 22(1): 67-70.

[44] Chen L, et al. *Pest Manage Sci*, 2006, 63(9): 928-934.

[45] Gao P, et al. *Pest Manage Sci*, 2001, 57(3): 307-310.

[46] Zhang TZ, et al. *Acta Crystallogr Sect C, Cryst Struct Commun*, 2001, 36(9): 669-671.

[47] Tang XR, et al. *Nat Prod Res*, 2011, 25(3): 320-325.

[48] Tang XR, et al. *Nat Prod Res*, 2011, 25(4): 381-386.

[49] 朱宇惠，等 . 食品与药品，2013, 15(5): 323-325.

[50] Feng BM, et al. *J Chin Pharm Sci*, 2001, 10(2): 65-66.

[51] Niwa M, et al. *Chem Pharm Bull*, 1982, 30(12): 4518-4520.

[52] Asada Y, et al. *Org Lett*, 2011, 13(11): 2904-2907.

[53] 唐孝荣，等 . 西华大学学报（自然科学版），2012, 31(2): 77-80.

[54] Liu LP, et al. *Nat Prod Commun*, 2012, 7(11): 1499-1500.

[55] 杨伟文，等 . 中药通报，1985, 10(12): 559-560.

[56] Wu L, et al. *Asian J Chem*, 2014, 26(1): 36-38.

[57] 冯宝民，等 . 中国药物化学杂志，2001, 11(2): 112-114.

[58] 田尚衣，等 . 分析化学，2004, 32(12): 1627-1630.

[59] 皮立，等 . 时珍国医国药，2012, 23(10): 2404-2405.

[60] Modonova LD, et al. *Khim Prir Soedin*, 1985, (5): 709.

[61] 乔立瑞，等 . 中国中药杂志，2011, 36(24): 3457-3462.

[62] Qiao LR, et al. *Planta Med*, 2012, 78(7): 711-719.

药理作用及毒性参考文献

[1] 张美妮，等 . 中国药物与临床，2002, 2(1): 18-21.

[2] 靳隽，等 . 中国医院药学杂志，2007, 27(6): 779-781.

[3] 郑新元，等 . 中国药物与临床，2007, 7(7): 508-510.

[4] 樊俊杰，等 . 西北国防医学杂志，2000, 21(4): 263-265.

[5] 孙芳云，等 . 中成药，2007, 29(5): 759-760.

[6] 李文娟，等 . 西北植物学报，2005, 25(8): 1661-1664.

[7] 赵奎君，等 . 中国药科大学学报，1995, 26(2): 122-124.

[8] 孔洁，等 . 四川动物，2009, 28(2): 171-174.

[9] 欧阳秋，等 . 华西药学杂志，2008, 23(1): 10-12.

[10] 龚晓霞，等 . 四川大学学报（自然科学版），2006, 43(3): 697-701.

[11] 梁海英，等 . 四川大学学报（自然科学版），2008, 45(2): 446-450.

[12] 刘耀红，等 . 西北农业学报，2008, 17(6): 184-186.

[13] Yang GH, et al. *Chem-Biodiversity*, 2008, 5: 1419-1424.

[14] 杜娟，等 . 山东医科大学学报，2000, 38(4): 436-436.

[15] 樊俊杰，等 . 兰州医学院学报，1994, 20(4): 228-230.

[16] 樊俊杰，等 . 药学实践杂志，1996, 14(1): 9-11.

[17] 樊俊杰，等 . 内蒙古医学院学报，1996, 18(2): 67-70.

[18] 樊俊杰，等 . 中药材，1996, 19(11): 567-570.

[19] 樊俊杰，等 . 西北国防医学杂志，2000, 21(2): 90-91.

[20] 谢华，等 . 中国药房，2001, 12(7): 400-401.

[21] 焦效兰，等 . 中成药，2002, 24(3): 196-197.

[22] 贾正平，等 . 中草药，2001, 32(9): 807-809.

[23] 樊俊杰，等 . 西北国防医学杂志，2001, 22(3): 208-210.

[24] 贾正平，等 . 中草药，2001, 32(12): 1097-1100.

[25] 杨珺，等 . 中国临床康复，2005, 9(31): 139-141.

[26] 万鲲，等 . 中国药学杂志，2005, 40(13): 986-987.

[27] 王润田，等 . 中华微生物学和免疫学杂志，2003，23(9): 734-738.

[28] 张坤娟，等 . 中国免疫学杂志，2003，19(8): 544, 547.

[29] 梅爱敏，等 . 中国现代医学杂志，2006，16(24): 3709-3711.

[30] 王敏，等 . 中国中药杂志，2005，30(8): 603-606.

[31] 黄费祥，等 . 中药新药与临床药理，2003，14(2): 88-91.

[32] 黄费祥，等 . 西北国防医学杂志，2002，23(3): 177-179.

[33] 王彬，等 . 中药材，2004，27(5): 355-357.

[34] 罗慧英，等 . 中国临床药理学与治疗学，2005，10(10): 1140-1142.

[35] 王彬，等 . 西北国防医学杂志，2004，25(3): 167-169.

[36] 马金强，等 . 西北国防医学杂志，2004，25(5): 374-375.

[37] 王彬，等 . 兰州大学学报（自然科学版），2008，44(2): 63-65.

[38] 冯威健，等 . 癌症，1994，13(6): 503-505.

[39] 冯威健，等 . 中华肿瘤杂志，1995，17(1): 24-26.

[40] Yoshida M, et al. *Int J Cancer*, 1996, 66(2): 268-273.

[41] Yoshida M, et al. *Int J Cancer*, 1998, 77(2): 243-250.

[42] 唐川江，等 . 粮食储藏，2001，30(4): 11-13.

[43] 李宁，等 . 长江蔬菜，2004，(4): 50-51.

[44] 邱丹，等 . 青海大学学报（自然科学版），2005，23(3): 59-62.

[45] 杨英，等 . 动物科学与动物医学，2001，19(5): 34-35.

[46] 杨英，等 . 中国兽医科技，2000，30(9): 24-26.

[47] 韩建勇，等 . 广东农业科学，2003，(2): 43-46.

[48] 曹挥，林业科学，2003，39(1): 98-102.

[49] 潘为高，等 . 四川大学学报（自然科学版），2004，41(1): 208-211.

[50] 张国洲，等 . 西北农业学报，2002，11(3): 67-70, 100.

[51] 王亚维，等 . 安徽农业科学，2004，32(2): 264-265, 268.

[52] 张国洲，等 . 华中师范大学学报（自然科学版），2000，34(4): 460-462.

[53] 张国洲，等 . 安徽农业科学，2000，28(4): 464-465.

[54] 张国洲，等 . 安徽农业科学，2000，28(5): 623, 628.

[55] 张国洲，等 . 湖北农学院学报，1999，19(4): 335-336.

[56] 段晓明，等 . 江苏农业科学，2007，(3): 75-76.

[57] 田仁君，等 . 四川大学学报（自然科学版），2005，42(6): 1266-1270.

[58] 杨春江，等 . 中国农学通报，2007，23(8): 403-405.

[59] 高平，等 . 植物保护学报，2001，28(3): 265-268.

[60] 张国洲，等 . 青海大学学报（自然科学版），2001，19(6): 1-3.

[61] 杜娟，等 . 山东医药工业，1999，18(4): 49-50.

[62] 宋晓平，等 . 西北农业大学学报，1996，24(4): 35-38.

[63] 元超，等 . 西北农业学报，2004，13(2): 94-96.

胡颓子科 ELAEAGNACEAE

常绿或落叶直立灌木或攀援藤本，稀乔木，有刺或无刺，全体被银白色或褐色至锈色盾形鳞片或星状绒毛。单叶互生，稀对生或轮生，全缘，羽状叶脉，具柄，无托叶。花两性或单性，稀杂性，单生或数花组成叶腋生的伞形总状花序，通常整齐，白色或黄褐色，具香气，虫媒花；花萼常连合成筒，顶端4裂，稀2裂，在子房上面通常明显收缩，花蕾时镊合状排列；无花瓣；雄蕊着生于萼筒喉部或上部，与裂片互生，或着生于基部，与裂片同数或为其倍数，花丝分离，短或几无，花药内向，2室纵裂，背部着生，通常为丁字药；子房上位，包被于花萼内，1心皮，1室，1胚珠，花柱单一，直立或弯曲，柱头棒状或偏向一边膨大；花盘通常不明显，稀发达呈锥状。果实为瘦果或坚果，为增厚的萼管所包围，核果状，红色或黄色，味酸甜或无味。种皮骨质或膜质；无或几无胚乳，胚直立，较大，具2枚肉质子叶。

本科有3属约90种，主要分布于亚洲东南部，亚洲其他地区、欧洲及北美洲也有。我国有2属约74种，其中2属29种2亚种2变种可药用。

本科药用植物主要含生物碱、黄酮、酚及酚苷、三萜等类型化学成分。

分属检索表

1. 花两性或杂性；花萼4裂；果核具8肋；叶片互生··1. **胡颓子属 Elaeagnus**
1. 花单性；花萼2裂；果核在一面有纵沟；叶片互生、对生或轮生··········2. **沙棘属 Hippophae**

1. 胡颓子属 Elaeagnus L.

常绿或落叶灌木或小乔木，直立或攀援，通常具刺，稀无刺，全体被银白色或褐色鳞片或星状绒毛。单叶互生，膜质，纸质或革质，披针形至椭圆形或卵形，全缘、稀波状，上面幼时散生银白色或褐色鳞片或星状柔毛，成熟后通常脱落，下面灰白色或褐色，密被鳞片或星状绒毛，通常具叶柄。花两性，稀杂性，单生或1~7花簇生于叶腋或叶腋短小枝上，成伞形总状花序；通常具花梗；花萼筒圆筒状，上部4裂，下部紧包子房，在子房上面通常明显收缩；雄蕊4枚，着生于萼筒喉部，与裂片互生，花丝极短，花药长圆形或椭圆形，丁字药，内向，2室纵裂，花柱单一，细弱伸长，顶端常弯曲，无毛或具星状柔毛，稀具鳞片，柱头偏向一边膨大或棒状；花盘一般不甚发达。果实为坚果，为膨大肉质化的萼管所包围，呈核果状，长圆形或椭圆形、稀近球形、红色或黄红色；果核椭圆形，具8肋，内面通常具白色丝状毛。

本属约有90种，广布于亚洲东部及东南部的亚热带和温带，少数种类分布于亚洲其他地区及欧洲温带地区，北美洲也有。我国有约有67种，其中25种2变种可药用。

分种检索表

1. 落叶或半常绿乔木或灌木；叶片纸质或膜质；花期春季或夏季，果期夏季或秋季。
  2. 乔木或大灌木，果无汁。
    3. 果近球形或宽椭圆形，明显有翅；叶片卵圆形或卵圆状椭圆形，背面被密毛；花盘不明显··········
    ··1. **翅果油树 E. mollis**
    3. 果卵圆形，或椭球形，无翅；叶片狭披针形或椭圆形，无毛或有星状毛；花盘管状，明显。

4. 花盘通常无毛；果长 12–26 mm，椭圆形，紫红色；枝条有少刺或无刺········· 2. 沙枣 **E. angustifolia**

4. 花盘顶端有毛；果长 8–10 mm，卵圆形或近球形，乳黄色或橘黄色；枝条明显有刺··············
·· 3. 尖果沙枣 **E. oxycarpa**

2. 小灌木，果多汁。

　5. 叶片背面有柔毛或长柔毛，侧脉通常正面凹陷。

　　6. 花有盾形鳞片，无星状毛 ··· 4. 佘山羊奶子 **E. argyi**

　　6. 花有星状毛。

　　　7. 半常绿灌木，冬季有宿存的叶片；侧脉 4 或 5 对；果梗 1–5 mm ······· 5. 星毛羊奶子 **E. stellipila**

　　　7. 落叶灌木，冬季无宿存的叶片；侧脉 6–8 对；果梗 30–40 mm ······· 6. 毛木半夏 **E. courtoisii**

　5. 叶片背面仅有鳞片，侧脉通常正面不凹陷。

　　8. 果长 5–10 mm ·· 7. 牛奶子 **E. umbellata**

　　8. 果长 12–20 mm。

　　　9. 果梗弯曲或下弯，长 (10–) 15–45 mm ······························ 8. 木半夏 **E. multiflora**

　　　9. 果梗直立，长 3–15 mm。

　　　　10. 幼枝、花及果被银色鳞片 ································· 9. 银果牛奶子 **E. magna**

　　　　10. 幼枝、花及果被棕色或锈色的鳞片 ·················· 10. 巫山牛奶子 **E. wushanensis**

1. 常绿乔木或灌木；叶片革质或纸质，稀膜质；花期秋季或冬季，果期春季或夏季。

　11. 花萼筒宽 4.5–7 mm；花柱无毛。

　　12. 直立灌木；花丝长 2–3 mm ································· 11. 大花胡颓子 **E. macrantha**

　　12. 攀援灌木；花丝长约 1.5 mm ······························· 12. 鸡柏紫藤 **E. loureiroi**

　11. 花萼筒宽 2–4 mm；花柱有时有星状毛。

　　13. 花萼筒四角形或杯状，裂片通常与筒等长。

　　　14. 花无花梗，花序短于叶柄；花萼裂片长约为萼筒的 1/2········· 13. 密花胡颓子 **E. conferta**

　　　14. 花有花梗，花序长于叶柄；花萼裂片等于或长于萼筒。

　　　　15. 花萼筒杯状；叶片近革质，背面叶脉不明显 ············· 14. 福建胡颓子 **E. oldhamii**

　　　　15. 花萼筒显著四角形；叶片革质，背面叶脉显著 ········· 15. 角花胡颓子 **E. gonyanthes**

　　13. 花萼筒管状、钟状、漏斗状，裂片通常较萼筒短。

　　　16. 花柱无毛。

　　　　17. 攀援灌木或藤本。

　　　　　18. 花萼筒漏斗状，长 5–6 mm，裂片长 2–3 mm ··········· 16. 蔓胡颓子 **E. glabra**

　　　　　18. 花萼筒管状，长 8–9 mm，裂片长约 6 mm ············· 17. 攀缘胡颓子 **E. sarmentosa**

　　　　17. 直立灌木。

　　　　　19. 侧脉与中脉形成 50°–60° 角，背面叶脉显著 ············· 18. 胡颓子 **E. pungens**

　　　　　19. 侧脉与中脉形成 45°–50° 角，背面叶脉不明显。

　　　　　　20. 花淡白色，花萼筒狭漏斗状，长 6–8 mm，宽 2–3 mm；叶片革质，倒卵状椭圆形，背面银白色 ······································· 19. 宜昌胡颓子 **E. henryi**

　　　　　　20. 花棕色，花萼筒宽漏斗状钟形，长约 5 mm，宽约 4 mm；叶片纸质，椭圆形至椭圆状披针形，背面灰褐色··· 20. 巴东胡颓子 **E. difficilis**

　　　16. 花柱有星状毛。

　　　　21. 花萼筒钟状，长 4–5 mm ······························· 21. 大叶胡颓子 **E. macrophylla**

　　　　21. 花萼筒管状或管状漏斗形，长 5–11 mm。

　　　　　22. 叶片狭披针形或狭椭圆形；果长 8–12 mm，有密的银色鳞片·········· 22. 长叶胡颓子 **E. bockii**

　　　　　22. 叶片椭圆形或宽椭圆形，或披针形；果长 12–16 mm，被褐色或锈色（少数银白色）鳞片·

本属药用植物含生物碱类成分，如骆驼蓬满碱▲(harman，**1**)，骆驼蓬明碱▲(harmine，**2**)，骆驼蓬酚 (harmol，**3**)；黄酮类成分如芦丁 (rutin)，芹菜苷元 (apigenin)，槲皮素 (quercetin)，山柰酚 (kaempferol)；香豆素类成分如当归酮▲(angelicone)，补骨脂素 (psoralen)；酚及酚苷类成分如补骨脂酚 (bakuchiol)，欧女贞苷▲IV(phillyrin IV)；鞣质及其他类成分。

1: R=H　　**2**: R=OMe　　**3**: R=OH

本属植物的药理活性主要有降血糖、调节血脂、抗脂质氧化、抗炎、镇痛、平喘、调节免疫及抗癌作用等。

1. 翅果油树（山西野生油料植物）　毛折子（陕西），贼绿柴、仄棱蛋、柴禾（山西）

Elaeagnus mollis Diels in Bot. Jahrb. Syst. 36(Beibl. 82): 78. 1905.（英 **Wingfruit Elaeagnus**）

落叶直立乔木或灌木，高 2–10 m，幼枝密被灰绿色星状绒毛和鳞片，老枝绒毛和鳞片脱落，栗褐色或灰黑色。叶纸质，卵形或卵状椭圆形，长 6–9 (–15) cm，宽 3–6 (–11) cm，顶端钝尖，基部钝形或圆形，上面散生少数星状柔毛，下面密被淡灰白色星状绒毛；叶柄半圆形，长 6–10 (–15) mm。花灰绿色，下垂，芳香，密被灰白色星状绒毛；常 1–3 (–5) 花簇生于幼枝叶腋；萼筒钟状，长 5 mm，在子房上骤收缩，裂片近三角形或近披针形，长 3.5–4 mm，顶端渐尖或钝尖，内面疏生白色星状柔毛，包围子房的萼管短长圆形或近球形，被星状绒毛和鳞片，具明显的 8 肋；雄蕊 4 枚，花药椭圆形，长 1.6 mm。果实近圆形或阔椭圆形，长 13 mm，具明显的 8 棱脊，翅状，果肉棉质；果核纺锤形，栗褐色，内面具丝状绵毛。花期 4–5 月，果期 8–9 月。

本种与星毛羊奶子 E. stellipila Rehder 相近，区别在于本种的叶片较大，卵形或卵状椭圆形，长 6–15 cm，宽 3–11 cm；萼筒钟状；果实近球形，密被绒毛，具明显的 8 棱脊，翅状。

分布与生境　产于陕西南部、山西南部。生于海拔 700–1300 m 的阳坡和半阴坡的山沟谷地和潮湿地区。

药用部位　种仁。

功效应用　含油量高，油质好，可供医药用。

化学成分　叶含生物碱[1]、多糖[2-3]。

种子仁含甾体类：β-谷甾醇，豆甾醇(stigmasterol)，豆甾烷醇(stigmastanol)，麦角甾醇(ergosterol)，5-氯豆甾-3-乙酸酯(5-chlorostigmastan-3-yl acetate)，麦角甾-5-烯-3β-醇(ergost-5-en-3β-ol)，豆甾-5,24(28)-二烯-3β-醇[stigmasta-5,24(28)-dien-3β-ol]，豆甾-7,24(28)-二烯-3β-醇[stigmasta-7,24(28)-dien-3β-ol]，豆甾-3,5-二烯(stigmastan-3,5-diene)[4]。

药理作用　抗细菌和抗真菌作用：翅果油树叶片中生物碱对金黄色葡萄球菌、大肠埃希氏菌、枯草芽孢杆菌、青霉、曲霉、根霉和青枯菌有不同程度的抑制作用[1]。

抗氧化作用：翅果油树叶片总生物碱可延缓猪油的脂质过氧化反应，具有清除羟基自由基和超氧阴离子的能力[2]。

注评　本种为国家二级保护植物。

翅果油树 **Elaeagnus mollis** Diels
引自《中国植物志》

翅果油树 **Elaeagnus mollis** Diels
摄影：张英涛

化学成分参考文献

[1] 邵芬娟，等. 植物保护，2009, 35(1): 126-128.

[2] 穆楠，等. 时珍国医国药, 2010, 21(11): 2769-2771.

[3] 赵静虹，等. 西南大学学报（自然科学版），2012,

    34(4): 78-83.

[4] 安媛，等. 中国食品学报, 2006, 6(1): 235-237.

药理作用及毒性参考文献

[1] 邵芬娟，等. 植物保护，2009, 35(1): 126-128.

[2] 邵芬娟，等. 西北植物学报，2008, 28(7): 1339-1342.

2. 沙枣（甘肃）　七里香（享利中国植物名录），香柳、刺柳、桂香柳（河南），银柳（辽宁熊岳），银柳胡颓子（东北木本植物图志），牙格达、红豆、则给毛道（蒙语），给结格代（维语）

Elaeagnus angustifolia L., Sp. Pl. 1: 121. 1753.（英 **Oleaster**）

2a. 沙枣（模式变种）

Elaeagnus angustifolia L. var. **angustifolia**

落叶乔木或小乔木，高 5–10 m，无刺或具刺，刺长 30–40 mm；幼枝密被银白色鳞片，老枝鳞片脱落，红棕色，光亮。叶薄纸质，长圆状披针形至线状披针形，长 3–7 cm，宽 1–1.3 cm，顶端钝尖或钝形，基部楔形，全缘，上面幼时具银白色圆形鳞片，成熟后部分脱落，下面密被白色鳞片，有光泽，侧脉不甚明显；叶柄银白色，长 5–10 mm。花银白色，密被银白色鳞片，芳香，常 1–3 花簇生于叶腋；花梗长 2–3 mm；萼筒钟形，长 4–5 mm，在裂片下面不收缩或微收缩，在子房上骤收缩，裂片宽卵形或卵状长圆形，长 3–4 mm，内面被白色星状柔毛；雄蕊几无花丝，花药长 2.2 mm；花盘明显，圆锥形，包围花柱的基部，无毛。果实椭圆形，长 9–12 mm，粉红色，密被银白色鳞片；果肉乳白色，粉质；果梗长 3–6 mm。花期 5–6 月，果期 9 月。

　　本变种显著的特征是幼枝叶和花果均密被银白色鳞片；叶片披针形；花柱基部围绕着明显的无毛的圆锥形花盘；果实粉质。

分布与生境　产于辽宁、河北、山西、河南、陕西、甘肃、内蒙古、宁夏、新疆、青海，通常为栽培植物，亦有野生。分布于俄罗斯、中东、近东至欧洲。适应力强，山地、平原、沙滩、荒漠均能生长；对土壤、气温、湿度要求不甚严格。

药用部位　果实、叶、花、树皮、根、茎枝分泌的胶质。

功效应用　果实：养肝益肾，健脾调经。用于消化不良，胃痛腹泻，月经不调，小便淋痛。叶：清热解毒。用于痢疾，泄泻。花：止咳平喘。用于咳喘。树皮：收敛止痛，清热凉血。用于咳喘，泄泻，胃痛，黄疸型肝炎，带下病。外用于烧伤，烫伤，止血。根：煎汁洗恶疮。茎枝分泌的胶质：接骨续筋，活血止痛。用于闭合性骨折。

沙枣 Elaeagnus angustifolia L. var. angustifolia
引自《中国高等植物图鉴》

沙枣 Elaeagnus angustifolia L. var. angustifolia
摄影：张英涛　徐晔春

化学成分　根含生物碱类：骆驼蓬满碱▲(harmane)，N-甲基-1,2,3,4-四氢-β-咔啉(N-methyl-1,2,3,4-tetrahydro-β-carboline)，二氢骆驼蓬满碱▲(dihydroharmane)，四氢骆驼蓬满碱▲(tetrahydroharmane; eleagnine)，四氢骆驼蓬酚(tetrahydroharmol)，N-甲基-四氢骆驼蓬酚(N-methyltetrahydroharmol)[1]。

　　叶含黄酮类：异鼠李素-3-O-β-D-吡喃葡萄糖基-O-β-D-吡喃半乳糖苷(isorhamnetin-3-O-β-D-glucopyranosyl-O-β-D-galacopyranoside)，异鼠李素-3-O-吡喃鼠李糖基-吡喃葡萄糖基-吡喃鼠李糖苷(isorhamnetin-3-O-rhamnopyranosyl-glucopyranosyl-rhamnopyranoside)，3-O-β-D-吡喃葡萄糖基-O-β-D-吡

喃半乳糖基阿魏酰异鼠李素(3-*O*-β-D-glucopyranosyl- *O*-β-D-galactopyranosylferuloylisorhamnetin)，山奈酚-7-*O*-对香豆酰基-3-*O*-β-D-吡喃葡萄糖苷(kaempferol-7-*O*-*p*-coumaroyl-3-*O*-β-D-glucopyranoside)[2]。

花含黄酮类：胡颓子苷▲(elaeagnoside) A、B、C、D、E、F、G，异鼠李素-3-*O*-(6-*O*-*E*-阿魏酰基)-β-D-吡喃葡萄糖基-(1→2)-β-D-吡喃半乳糖苷[isorhamnetin-3-*O*-(6-*O*-*E*-feruloyl)-β-D-glucopyranosyl-(1→2)-β-D-galactopyranoside]，山奈酚-3-*O*-β-D-吡喃半乳糖苷(kaempferol-3-*O*-β-D-galactopyranoside)，山奈酚-3-*O*-(6-*O*-*E*-香豆酰基)-β-D-吡喃葡萄糖苷[kaempferol-3-*O*-(6-*O*-*E*-coumaroyl)-β-D-glucopyranoside]，山奈酚-3-*O*-(6-*O*-*Z*-香豆酰基)-β-D-吡喃葡萄糖苷[kaempferol-3-*O*-(6-*O*-*Z*-coumaroyl)-β-D-glucopyranoside]，异鼠李素-3-*O*-α-L-吡喃鼠李糖基-(1→6)-β-D-吡喃半乳糖苷[isorhamnetin-3-*O*-α-L-rhamnopyranosyl-(1→6)-β-D-galactopyranoside]，异鼠李素-3-*O*-β-D-吡喃葡萄糖基-(1→2)-β-D-吡喃半乳糖苷[isorhamnetin-3-*O*-β-D-glucopyranosyl-(1→2)-β-D-galactopyranoside]，异鼠李素-3-*O*-β-D-吡喃葡萄糖基-(1→2)[α-L-吡喃鼠李糖基-(1→6)]-β-D-吡喃半乳糖苷{isorhamnetin-3-*O*-β-D-glucopyranosyl-(1→2)[α-L-rhamnopyranosyl-(1→6)]-β-D-galactopyranoside}[3]；挥发油：角鲨烯(squalene)，2-苯基-苯甲酸乙酯，2-苯基-异戊酸乙酯，苯乙酮[4]，反式-桂皮酸乙酯(ethyl *trans*-cinnamate)，(*E*)-4-丙烯基-2-甲氧基苯酚[(*E*)-2-methoxy-4-(1-propenyl)phenol]，乙缩醛(acetal)，顺式-桂皮酸乙酯(ethyl *cis*-cinnamate)，苯乙酸乙酯(ethyl benzenacetate)，苯甲酸乙酯(ethyl benzoate)[4]，反式-橙花叔醇(*trans*-nerolidol)[4-5]。

果肉含黄酮类：槲皮素-3,4'-*O*-β-D-二吡喃葡萄糖苷(quercetin-3,4'-*O*-β-D-diglucopyranoside)，异鼠李素-3-*O*-β-D-吡喃半乳糖苷(isorhamnetin-3-*O*-β-D-galactopyranoside)，槲皮素-3-*O*-β-D-吡喃半乳糖苷-4'-*O*-β-D-吡喃葡萄糖苷(quercetin-3-*O*-β-D-galactopyranoside-4'-*O*-β-D-glucopyranoside)，异鼠李素-3-*O*-β-D-吡喃半乳糖苷-4'-*O*-β-D-吡喃葡萄糖苷(isorhamnetin-3-*O*-β-D-galactopyranoside-4'-*O*-β-D-glucopyranoside)[6]。

带皮果肉含多糖[7]。

药理作用 调节免疫和增强单核巨噬细胞功能作用：沙枣多糖能提高正常小鼠脾指数、胸腺指数及环磷酰胺致免疫抑制小鼠脾指数，增强正常小鼠和免疫抑制小鼠单核巨噬细胞系统吞噬功能，恢复免疫抑制小鼠迟发型超敏反应，促进溶血素的生成[1-2]。

调节血脂作用：沙枣多糖可降低大鼠血清中 TG、CHO、LDL-C 水平，提高 HDL-C 水平、总抗氧化能力 (T-AOC)、SOD 水平，降低 MDA 含量[3]。

抑制平滑肌作用：沙枣水提物能抑制豚鼠回肠的自发活动，使收缩力减弱，对乙酰胆碱、$BaCl_2$ 引起的回肠收缩加强有拮抗作用[4]。

止泻作用：水提物、醇提物、粉末均可减少番泻叶、蓖麻油致腹泻小鼠的腹泻指数和稀便率，抑制正常及小肠运动亢进小鼠的胃肠道推进运动[5]。

抗细菌和抗真菌作用：乙醇提取物对枯草芽孢杆菌、金黄色葡萄球菌、大肠埃希氏菌、产气杆菌、酵母菌、黑曲霉、青霉、根霉[6]，乙酸乙酯提取物对大肠埃希氏菌有抑制作用[7]。

抗病毒作用：沙枣多糖能直接接触抑制呼吸道合胞病毒，对进入细胞内的病毒也有一定的繁殖抑制作用；能降低呼吸道合胞病毒感染小鼠肺指数、肺组织病毒量，使病理改变减轻；并能提高 RSV 感染小鼠 T 淋巴细胞增殖能力、NK 细胞活性和 IL-2 活性[8]。

抗肿瘤作用：沙枣提取物对体外培养的人胃癌细胞株 MGC-803、人肝癌细胞株 QCY-7704、人胰腺癌细胞株 SWL-990 有抑制作用[9-10]。

抗氧化作用：沙枣多糖对羟自由基、超氧阴离子自由基和 DPPH 自由基[11]、沙枣花、叶中的黄酮类化合物[12-13]、沙枣原花青素[14]对羟基自由基有清除作用。

注评 本种为中国药典（1977 年版）、部颁标准·维药（1998 年版）收载"沙枣"的基源植物，药用其干燥成熟果实；叶为中国药典（1977 年版）和新疆药品标准（1980 年版）收载"沙枣叶"。本种的花称"沙枣花"，树皮和根皮称"沙枣树皮"，茎枝渗出的胶汁称"沙枣胶"，均可药用。本种藏药称"萨达尔"，药用其果实及果实熬膏，用于肺病，咽喉疾病，咳嗽痰多，胸闷不畅，消化不良，胃痛，经闭，遗精。苗族、维吾尔族、蒙古族也药用本种，主要用途见功效应用项。

化学成分参考文献

[1] Abizov EA, et al. *Pharm Chem J*, 2012, 45(10): 632-635.

[2] Dembinska-Migas W, et al. *Pol J Pharm Pharmacol*, 1973, 25(6): 599-606.

[3] Bendaikha S, et al. *Phytochemistry*, 2014, 103, 129-136.

[4] Bucur L, et al. *Viorica. Revista de Chimie (Bucharest,* *Romania)* ,2007, 58(11): 1027-1029.

[5] 乔海军，等 . 食品科学，2011, 32(16): 233-235.

[6] Wang Y, et al. *Advanced Materials Research* (Durnten-Zurich, Switzerland), 2013, 756-759: 16-20.

[7] 丁玉松，等 . 食品科学，2010, 31(11): 255-257.

药理作用及毒性参考文献

[1] 廉宜君，等 . 安徽农业科学，2009, 37(16): 7481-7482.

[2] 廉宜君，等 . 时珍国医国药，2009, 20(5): 1126-1127.

[3] 白云龙 . 沙枣多糖对大鼠降脂减肥及抗氧化作用的研究 [D]. 吉林：吉林大学，2006.

[4] 阿孜古力·吾司曼，等 . 新疆医科大学学报，2009, 32(5): 562-564.

[5] 麦合苏木·艾克木，新疆医学，2007, 37(3): 1-3.

[6] 祖丽皮亚·玉努斯 . 食品科学，2008, 29(7): 62-64.

[7] 陶大勇，等 . 中兽医医药杂志，2005, (3): 10-14.

[8] 田丽丽 . 沙枣多糖抗呼吸道合胞病毒作用及其机制研究 [D]. 吉林：吉林大学，2003.

[9] 孙建新，等 . 新疆医学，2009, 39(1): 21-24.

[10] 孙建新，等 . 新疆医科大学学报，2008, 31(7): 828-830.

[11] 郅洁，等 . 中成药，2009, 31(5): 796-798.

[12] 王永宁，等 . 青海医学院学报，2003, 24(4): 281-283.

[13] 阎娥，等 . 青海大学学报（自然科学版），2006, 24(3): 65-67.

[14] 孙智达，等 . 食品工业科技，2006, (9): 88-90, 93.

2b. 东方沙枣（变种）

Elaeagnus angustifolia L. var. **orientalis** (L.) Kuntze in Trudy Imp. S.——Peterburgsk. Bot. Sada 10: 235. 1887.——*Elaeagnus orientalis* L.（英 **Eastern Elaeagnus**）

本变种与模式变种的主要区别在于本变种花枝下部的叶片为阔椭圆形，宽 1.8–3.2 cm，两端钝形或顶端圆形，上部的叶片披针形或椭圆形；花盘无毛或有时微被小柔毛；果实大，阔椭圆形，长 15–25 mm，栗红色或黄色。

分布与生境 产于新疆、甘肃、宁夏、内蒙古。生于海拔 300–1500 m 的荒坡、沙漠潮湿地方和田边。俄罗斯、伊朗也有分布。

药用部位 根、茎皮、茎枝分泌的胶质、叶、花、果实。

功效应用 根：煎汁洗恶疮。茎皮：收敛止痛，清热凉血，平肝泻火。用于烧伤，白带，急、慢性肾炎，黄疸型肝炎。外用于止血。茎枝分泌的胶质：用于闭合性骨折。叶、花：止咳平喘。用于慢性支气管炎，哮喘及肺虚咳嗽。果实：强壮，镇静，健骨，止泻，调经。用于腹泻，身体虚弱，失眠，胃痛，腹泻及肺热咳嗽。

化学成分 茎皮含生物碱类：骆驼蓬满碱▲(harmane)，*N*-甲基-1,2,3,4-四氢-*β*-咔啉(*N*-methyl-1,2,3,4-tetrahydro-*β*-carboline)，二氢骆驼蓬满碱▲(dihydroharmane)，四氢骆驼蓬满碱▲(tetrahydroharmane)，四氢骆驼蓬酚(tetrahydroharmol)，*N*-甲基-四氢骆驼蓬酚(*N*-methyltetrahydroharmol)[1]。

化学成分参考文献

[1] Abizov EA, et al. *Pharm Chem J*, 2012, 45(10): 632-635.

3. 尖果沙枣

Elaeagnus oxycarpa Schltdl. in Linnaea 30: 344. 1860.（英 **Sharpfruit Elaeagnus**）

落叶乔木或小乔木，高 5–20 m，具细长的刺；幼枝密被银白色鳞片，老枝鳞片脱落，圆柱形，红褐色。叶纸质，窄长圆形至线状披针形，长 3–7 cm，宽 0.6–1.8 cm，顶端钝尖或短渐尖，基部楔形或近圆形，两面均密被银白色鳞片；叶柄纤细，长 6–10 (–15) mm，上面有浅沟，密被白色鳞片。花白色，常 1–3 花簇生于叶腋；萼筒漏斗状或钟形状，长 4 mm，喉部宽 3 mm，在子房上骤收缩，裂片长卵形，长 3.6 mm，宽 2 mm，顶端短渐尖，内面黄色，疏生白色星状柔毛；雄蕊 4 枚，花丝淡白色，长 0.4 mm，花药长椭圆形，长 2 mm；花柱圆柱形，顶端弯曲近环形，长 5.6–6.5 mm；花盘发达，长圆锥形，长 1–1.9 mm。果实球形或近椭圆形，长 9–10 mm，乳黄色至橘黄色，具白色鳞片；果肉粉质，味甜；果核骨质，椭圆形，具 8 条平肋纹；果梗密被银白色鳞片。花期 5–6 月，果期 9–10 月。

分布与生境　产于新疆、甘肃。生于海拔 400–660 m 的戈壁沙滩或沙丘的低洼潮湿地区和田边、路旁。中亚地区也有分布。

药用部位　茎皮、花、果实。

功效应用　茎皮：收敛止痛，清热凉血，平肝泻火。用于烧伤，白带，急、慢性肾炎，黄疸型肝炎。外用于止血。花：止咳平喘。用于慢性支气管炎，哮喘及肺虚咳嗽。果实：强壮，镇静，健骨，止泻，调经。用于腹泻，身体虚弱，失眠，胃痛，腹泻及肺热咳嗽。

化学成分　根含生物碱类：骆驼蓬满碱▲(harmane)，N- 甲基 -1,2,3,4- 四氢 -β- 咔啉 (N-methyl-1,2,3,4-tetrahydro-β-carboline)，二氢骆驼蓬满碱▲(dihydroharmane)，四氢骆驼蓬满碱▲(tetrahydroharmane)，四氢骆驼蓬酚 (tetrahydroharmol)，N- 甲基 - 四氢骆驼蓬酚 (N-methyltetrahydroharmol)[1]。

化学成分参考文献

[1] Abizov EA, et al. *Pharm Chem J*, 2012, 45(10): 632-635.

---

4. 佘山羊奶子　佘山胡颓子（江苏南部种子植物手册）

Elaeagnus argyi H. Lév. in Repert. Spec. Nov. Regni Veg. 12: 101. 1913.——*E. chekiangensis* Matsuda, *E. schnabeliana* Hand.-Mazz.（英 **Argy Elaeagnus**）

落叶或常绿直立灌木，高 2–3 m，通常具刺。叶发于春秋两季，薄纸质或膜质，发于春季的为小型叶，长 1–4 cm，宽 0.8–2 cm，发于秋季的为大型叶，长 6–10 cm，宽 3–5 cm；叶柄黄褐色，长 5–7 mm。花淡黄色或泥黄色，质厚，被银白色和淡黄色鳞片，下垂或开展，常 5–7 花簇生成伞形总状花序；花梗纤细，长 3 mm；萼筒漏斗状圆筒形，长 5.5–6 mm，在裂片下面扩大，在子房上收缩，裂片卵形或卵状三角形，长 2 mm，顶端钝形或急尖，内面疏生短细柔毛，包围子房的萼管椭圆形，长 2 mm；雄蕊的花丝极短，花药椭圆形，长 1.2 mm；花柱直立，无毛。果实倒卵状长圆形，长 13–15 mm，直径 6 mm，幼时被银白色鳞片，成熟时红色；果梗纤细，长 8–10 mm。花期 1–3 月，果期 4–5 月。

本种叶发于春秋两季，同一植株上大小形状不等；叶上下面有时在幼嫩时具星状柔毛；果实倒卵状长圆形，具白色鳞片，易于认识。

分布与生境　产于浙江、江苏、安徽、江西、湖北和湖南。生于海拔 100–300 m 的林下、路旁、屋旁。

药用部位　根。

功效应用　祛痰化湿，利尿。用于黄疸型肝炎，咳嗽，风湿痹痛，痈疖。

化学成分　果实含维生素C、赖氨酸、钾[1]。

佘山羊奶子 Elaeagnus argyi H. Lév.
引自《中国高等植物图鉴》

佘山羊奶子 Elaeagnus argyi H. Lév.
摄影：刘军 徐克学

化学成分参考文献

[1] 陈迪新，等．营养学报，2013, 35(1): 94-95.

5. 星毛羊奶子　星毛胡颓子（中国高等植物图鉴）

Elaeagnus stellipila Rehder in Sarg., Pl. Wilson. 2: 415. 1915.（英 **Stellate Elaeagnus**）

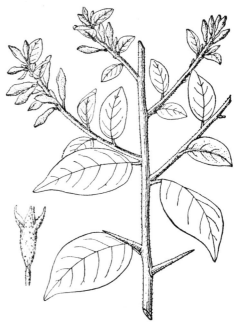

　　落叶或部分冬季残存的散生灌木，高达 2 m，无刺或者枝具刺；幼枝密被褐色或灰色星状短绒毛；芽深黄色，具星状绒毛。叶纸质，宽卵形或卵状椭圆形，长 2–5.5 cm，宽 1.5–3 cm，顶端钝形或短急尖，基部圆形或近心脏形，上面幼时被白色星状柔毛，成熟后无毛，下面密被淡白色星状绒毛，有时具鳞毛或鳞片；叶柄具星状柔毛，长 2–4 mm。花淡白色，被星状绒毛，常 1–3 花着生于叶腋；花梗极短；萼筒圆筒形，微具 4 肋，长 5–7 mm，在子房上收缩，裂片卵状三角形或披针形，顶端长渐尖，长 3–4.5 mm，包围子房的萼管长圆形，长约 2 mm；雄蕊 4 枚；花柱直立，无毛或微被星状柔毛，不超过或略超过雄蕊。果实长椭圆形或长圆形，长 10–16 mm，被褐色鳞片，成熟时红色；果梗极短，长 0.5–2 mm。花期 3–4 月，果期 7–8 月。

　　本种与多毛羊奶子 E. grijsii Hance 相近，区别在于本种的果梗极短，长 0.5–2 mm；萼筒圆筒状，外面有不具长柄的星状柔毛；叶片卵形或卵状椭圆形，叶柄长 2–4 mm。

分布与生境　产于江西、湖北、湖南、四川、云南、贵州。生于海拔 500–1200 m 的向阳丘陵地区、潮湿的溪边矮林中或路旁、田边。

药用部位　根、叶、果。

功效应用　用于跌打损伤，散瘀，清热，痢疾等症。

星毛羊奶子 Elaeagnus stellipila Rehder
引自《中国高等植物图鉴》

星毛羊奶子 **Elaeagnus stellipila** Rehder
摄影：徐永福

6. 毛木半夏

Elaeagnus courtoisii Belval in Bull. Soc. Bot. France 80: 97. 1933 ["courtoisi"].（英 **Courtois Elaeagnus**）

　　落叶直立灌木，高 1–3 m，无刺；幼枝密被淡黄色星状长绒毛。叶纸质，长 4–9 cm，宽 1–4 cm，顶端骤渐尖或钝形，基部斜圆形或楔形，全缘，上面幼时密生黄白色星状长柔毛，成熟近无毛，下面被灰黄色星状柔毛或银白色鳞片；叶柄长 2–5 mm，被黄色长柔毛。花黄白色，密被黄色长柔毛，单生于叶腋；花梗长 3–5 mm；萼筒圆筒形，长 5 mm，向基部渐窄狭，在子房上收缩，裂片卵状三角形，长 3–4 mm，顶端钝圆形，内面疏生白色星状柔毛，包围子房的萼管卵形，长 1.5 mm；雄蕊 4 枚，几无花丝，花药长圆形，长约 1 mm；花柱直立，黄色，无毛，不超过雄蕊。果实椭圆形或长圆形，长

毛木半夏 Elaeagnus courtoisii Belval
引自《安徽植物志》

毛木半夏 Elaeagnus courtoisii Belval
摄影：徐克学

10 mm，直径 2-3 mm，红色，密被锈色或银白色鳞片和散生白色星状柔毛；果梗在花后伸长，达 30-40 mm，顶端膨大而稍扁，基部细小，被白色鳞片和黄色星状绒毛。花期 2-3 月，果期 4-5 月。

本种幼枝、叶和花均具明显的黄色星状绒毛，易于与木半夏 E. multiflora Thunb. 相区别。

分布与生境　产于浙江、江西、安徽、湖北。生于海拔 300-1100 m 的向阳空旷地区。

药用部位　根。

功效应用　平喘，活血，止痢。用于哮喘，痢疾，跌打损伤。

7. 牛奶子（四川）　剪子果、甜枣（河南），麦粒子（山东）

Elaeagnus umbellata Thunb. in Murr., Syst. Veg., ed. 14, 164. 1784.——*E. obovata* H. L. Li, *E. parvifolia* Wall. ex Royle, *E. salicifolia* D. Don ex Loudon（英 **Autumn Elaeagnus**）

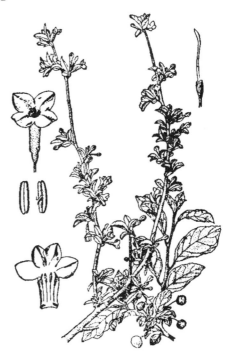

落叶直立灌木，高 1-4 m，具刺；幼枝密被银白色和少数黄褐色鳞片，有时全被深褐色或锈色鳞片，老枝鳞片脱落；叶纸质或膜质，椭圆形至卵状椭圆形或倒卵状披针形，长 3-8 cm，宽 1-3.2 cm，顶端钝形或渐尖，基部圆形至楔形，边缘全缘或皱卷至波状，上面幼时具白色星状短柔毛或鳞片，下面密被银白色和散生少数褐色鳞片；叶柄长 5-7 mm。花黄白色，密被银白色盾形鳞片，单生或成对生于幼叶腋；花梗白色，长 3-6 mm；萼筒圆筒状漏斗形，稀圆筒形，长 5-7 mm，在裂片下面扩展，向基部渐窄狭，在子房上略收缩，裂片卵状三角形，长 2-4 mm，顶端钝尖，内面几无毛或疏生白色星状短柔毛；雄蕊的花丝长约为花药的一半，花药长圆形，长约 1.6 mm；花柱长 6.5 mm，柱头侧生。果实球形或卵圆形，长 5-7 mm；果梗长 4-10 mm。花期 4-5 月，果期 7-8 月。

分布与生境　产于我国华北、华东、西南各地和陕西、甘肃、青海、宁夏、辽宁、湖北。本种为亚热带和温带地区常见的植物，生于海拔 20-3000 m 的向阳的林缘、灌丛中，荒坡上和沟边。日本、朝鲜、中南半岛、印度、尼泊尔、不丹、阿富汗、意大利等均有分布。

牛奶子 Elaeagnus umbellata Thunb.
引自《中国高等植物图鉴》

牛奶子 Elaeagnus umbellata Thunb.
摄影：何顺志 徐克学

药用部位　果实、根、叶。

功效应用　清热利湿，收敛止血，止泻。用于咳嗽，泄泻，痢疾，淋病，崩漏，麻疹及乳痈。叶：用于疗疮。

化学成分　茎皮含生物碱类：骆驼蓬满碱▲(harmane)，N-甲基-1,2,3,4-四氢-β-咔啉(N-methyl-1,2,3,4-tetrahydro-β-carboline)，二氢骆驼蓬满碱▲(dihydroharmane)，四氢骆驼蓬满碱▲(tetrahydroharmane)，四氢骆驼蓬酚(tetrahydroharmol)，N-甲基-四氢骆驼蓬酚(N-methyltetrahydroharmol)[1]。

叶含酚、鞣质类：胡颓子亭(elaeagnatin) A、B、C、D、E、F、G，沙棘宁(hippophaenin) A、B，水牛果素A (shephagenin A)，木麻黄鞣质(casuariin)，石榴葡萄糖鞣素▲(punigluconin)，紫薇鞣质C (lagerstannin C)，去没食子酰旌节花素(desgalloylstachyurin)，枫杨鞣宁A (pterocarinin A)，槲栎宁B (alienanin B)，粗枝木麻黄宁▲A (casuglaunin A)，橡碗酸二内酯(valoneic acid dilactone)，夏栎鞣精▲(pedunculagin)，短叶苏木酸(brevifolincarboxylic acid)，(S)-环-2,3-(4,4',5,5',6,6'-六羟基[1,1'-二苯基]-2,2'-二羧酸酯)-D-葡萄糖{(S)-cyclic 2,3-(4,4',5,5',6,6'-hexahydroxy[1,1'-biphenyl]-2,2'-dicarboxylate)-D-glucose}，小木麻黄素(strictinin)[2]。

花含挥发性成分：丁香酚，4-甲基苯酚，苯乙醛，反式-2-壬烯醛，4-甲基茴香醚，4-甲氧基茴香醚，反式-3-己酸乙酯，反式-2-己醛[3]。

地上部分含蒽醌类：1,6-二羟基-2-甲基蒽醌-8-O-β-D-吡喃葡萄糖基-(1→6)-β-L-吡喃木糖苷(1,6-dihydroxy-2-methylanthraquinone -8-O-β-D-glucopyranosyl-(1→6)-β-L-xylopyranoside)[4]；黄酮类：槲皮素(quercetin)[4]；三萜类：白桦脂醇(betulin)[4]。

全草含三萜类：羽扇豆醇(lupeol)[5]；香豆素类：伞形酮(umbelliferone)，7,8-二羟基香豆素(7,8-dihydroxycoumarin)，3-(2,2,3S,4R,5S-五羟基-己氧基)-香豆素[3-(2,2,3S,4R,5S-pentahydroxy-hexyloxy)-coumarin][5]；蒽醌类：1,4,5-三羟基-2-甲基-蒽醌(1,4,5-trihydroxy-2-methyl-9,10-anthracenedione)[5]；甾体类：胡萝卜苷[5]。

化学成分参考文献

[1] Abizov EA, et al. *Pharm Chem J*, 2012, 45(10): 632-635.

[2] Ito HY, et al. *Chem Pharm Bull*, 1999, 47(4): 536-542.

[3] Potter TL, et al. *J Essent Oil Res*, 1995, 7(4): 347-354.

[4] Rawat U, et al. *J Indian Chem Soc*, 2002, 79(4): 383-384.

[5] Minhas FA, et al. *Journal of Medicinal Plants Research*, 2013, 7(6): 277-283.

8. 木半夏（本草拾遗）　牛脱（福建），羊不来、莓粒团（安徽）

Elaeagnus multiflora Thunb. in Murr., Syst. Veg., ed. 14, 163. 1784.（英 **Cherry Elaeagnus, Gumi**）

8a. 木半夏（模式变种）

Elaeagnus multiflora Thunb. var. **multiflora**

落叶直立灌木，高 2–3 m，通常无刺。叶膜质或纸质，椭圆形或卵形至倒卵状阔椭圆形，长 3–7 cm，宽 1.2–4 cm，顶端钝尖或骤渐尖，基部钝形，全缘，上面幼时具白色鳞片或鳞毛，成熟后脱落，下面密被银白色和散生少数褐色鳞片；叶柄长 4–6 mm。花白色，被银白色和散生少数褐色鳞片，常单生叶腋；花梗纤细，长 4–8 mm；萼筒圆筒状，长 5–6.5 mm，在裂片下面扩展，在子房上收缩，裂片宽卵形，长 4–5 mm，顶端圆形或钝形，内面具极少数白色星状短柔毛，包围子房的萼管卵形，深褐色，长约 1 mm；雄蕊着生花萼筒喉部稍下面，花丝极短，花药细小，长圆形，长约 1 mm，花柱长不超过雄蕊。果实椭圆形，长 12–14 mm，密被锈色鳞片，成熟时红色；果梗长 15–49 mm。花期 5 月，果期 6–7 月。

本变种幼枝常具深褐锈色鳞片；叶纸质或膜质；萼筒圆筒状，长 5–6.5 mm，裂片宽卵形，长 4–5 mm，花柱无毛；果实长椭圆形，长 12–14 mm；果梗长 15–49 mm，易于辩识。

分布与生境　产于河北、山东、浙江、安徽、江西、福建、陕西、湖北、四川、贵州，野生或栽培。

日本也有分布。

药用部位　根、叶、果实。

功效应用　根：活血，行气，补虚损。用于跌打损伤，虚弱劳损，泻痢，肝炎，痔疮。并可作缓泻剂。叶：活血，平喘。用于跌打损伤，痢疾，哮喘。果实：活血行气，消肿毒，止泻，平喘。用于咳嗽气喘，痢疾，跌打损伤，风湿性关节痛，痔疮下血，肿毒。

木半夏 Elaeagnus multiflora Thunb. var. **multiflora**
引自《中国高等植物图鉴》

木半夏 Elaeagnus multiflora Thunb. var. **multiflora**
摄影：张英涛

化学成分　根含生物碱类：骆驼蓬满碱▲(harmane)，N-甲基-1,2,3,4-四氢-β-咔啉(N-methyl-1,2,3,4-tetrahydro-β-carboline)，二氢骆驼蓬满碱▲(dihydroharmane)，四氢骆驼蓬满碱▲(tetrahydroharmane; eleagnine)，四氢骆驼蓬酚(tetrahydroharmol)，N-甲基-四氢骆驼蓬酚(N-methyltetrahydroharmol)[1]。

　　叶含黄酮类：山奈酚-3-O-α-L-吡喃鼠李糖苷(kaempferol-3-O-α-L-rhamnopyranoside)，山奈酚-3-O-槐糖苷(kaempferol-3-O-sophoroside)，山奈酚-3,7-二-O-β-D-吡喃葡萄糖苷(kaempferol-3,7-di-O-β-D-glucopyranoside)，山奈酚-3-O-芸香糖苷-7-O-β-D-吡喃葡萄糖苷(kaempferol-3-O-rutinoside-7-O-β-D-glucopyranoside)，山奈酚-3-O-槐糖苷-7-O-β-D-吡喃葡萄糖苷(kaempferol-3-O-sophoroside-7-O-β-D-glucopyranoside)，异鼠李素-3-*O*-槐糖苷-7-*O*-β-D-吡喃葡萄糖苷(isorhamnetin-3-*O*-sophoroside-7-*O*-β-D-glucopyranoside)[2]。

注评 本种的果实称"木半夏果实"，根称"木半夏根"，叶称"木半夏叶"，安徽、江苏、浙江、四川等地药用。阿昌族、德昂族、景颇族也药用，主要用途见功效应用项。

化学成分参考文献

[1] Abizov EA, et al. *Pharm Chem J*, 2012, 45(10): 632-635.　　　35(2-3): 93-98.

[2] Dembinska-Migas W, et al. *Herba Polonica*, 1989,

8b. 细枝木半夏（变种）（四川植物志）

Elaeagnus multiflora Thunb. var. **tenuipes** C. Y. Chang in Fl. Sichuan. 1: 466. 1981.（英 **Slenderbranch Cherry Elaeagnus**）

与模式变种的区别在于本变种枝条细弱伸长，具银白色鳞片；叶片较大，羊皮纸质，椭圆形，长4-9 cm，宽2-3.7 cm，基部圆形，萼筒圆筒形，长6-6.5 mm，裂片卵状披针形，长6 mm。

分布与生境 产于四川（峨眉山）。生于海拔1800 m左右的阴湿岩壁灌木林中。

药用部位 根、叶。

功效应用 发汗祛寒，解毒。用于痔疮，阴部生疮及白浊等症。

9. 银果牛奶子　银果胡颓子（中国高等植物图鉴）

Elaeagnus magna (Servett.) Rehder in Sarg., Pl. Wilson. 2: 411. 1915.——*E. umbellata* Thunb. subsp. *magna* Servett.（英 **Silveryfruit Elaeagnus**）

落叶直立散生灌木，高1-3 m，通常具刺。叶纸质或膜质，倒卵状长圆形或倒卵状披针形，长4-10 cm，宽1.5-3.7 cm，顶端钝尖或钝形，基部阔楔形，稀圆形，全缘，下面密被银白色和散生少数淡黄色鳞片；叶柄密被淡白色鳞片，长4-8 mm。花银白色，密被鳞片，1-3朵着生于新枝基部，单生于叶腋；花梗极长1-2 mm；萼筒圆筒形，长8-10 mm，在裂片下面稍扩展，在子房上骤收缩，裂片卵形或卵状三角形，长3-4 mm，顶端渐尖，包围子房的萼管细长，窄椭圆形，长3-4 mm；雄蕊的花丝极短，花药长2 mm，黄色；花柱无毛或具白色星状柔毛，柱头长2-3 mm，超过雄蕊。果实长圆形或长椭圆形，长12-16 mm，密被银白色和散生少数褐色鳞片，成熟时粉红色；果梗长4-6 mm。花期4-5月，果期6月。

本种与牛奶子 *E. umbeliata* Thunb. 相近，区别在于本种的萼筒长8-10 mm；果实长圆形或长椭圆形，12-16 mm，果硬直立，粗壮，长4-6 mm而不相同。

分布与生境 产于江西、湖北、湖南、四川、贵州、广东、广西。生于海拔100-1200 m的山地、路旁、林缘、河边向阳的沙质土壤上。

药用部位 根、叶。

功效应用 清热解毒，解表透疹。根：用于麻疹不透。叶：用于无名肿毒。

注评 本种苗族药用其根治痢疾。

银果牛奶子 Elaeagnus magna (Servett.) Rehder
引自《中国高等植物图鉴》

银果牛奶子 **Elaeagnus magna** (Servett.) Rehder
摄影：徐永福

10. 巫山牛奶子（四川植物志）

Elaeagnus wushanensis C. Y. Chang in Fl. Sichuan. 1: 465. 1981.（英 **Wushan Elaeagnus**）

落叶直立灌木，高 3–5 m，无刺或疏生小刺。叶纸质或膜质，椭圆形或卵状椭圆形，长 3–8.5 cm，宽 1.3–3.3 cm，顶端钝尖或圆形，基部圆形或钝形，全缘，上面幼时具淡白色鳞片，下面密被银白色和散生少数锈色鳞片；叶柄长 3–5 mm，黄褐色。花淡白色，被白色和散生少数褐色鳞片，1–3 朵簇生于新枝基部，单生叶腋，花蕾时倒卵形，顶端钝尖，花梗长 3 mm；萼筒圆筒状，长 5–6 mm，在裂片下面微收缩，在子房上明显收缩，喉部有白色星状长柔毛，裂片三角形，长 3–4 mm，包围子房的萼管椭圆形，长 2 mm，褐色，雄蕊的花丝长不超过 1 mm，花药长 1.2 mm；花柱散生白色星状短柔毛，超过雄蕊，柱头棒状，长 3 mm。果实长椭圆形，长 12–14 mm，密被锈色鳞片，成熟时红色；果梗长 8–16 mm，锈色。花期 4–6 月，果期 8–9 月。

巫山牛奶子 **Elaeagnus wushanensis** C. Y. Chang
冯先洁　绘

本种与银果牛奶子 *E. magna* 相近，区别在于本种的幼枝褐色或锈色，叶片两端钝形或圆形；萼筒长 5–6 mm；果实密被锈色鳞片，果梗长 8–16 mm 而相区别。

分布与生境　产于湖北西部、四川东部、陕西南部。生于海拔 1400–2300 m 的向阳草坝的路旁或潮湿的林缘。

药用部位　叶、果实。

功效应用　用于痢疾。

巫山牛奶子 Elaeagnus wushanensis C. Y. Chang
摄影：朱鑫鑫 何海

11. 大花胡颓子

Elaeagnus macrantha Rehder in Sarg., Pl. Wilson. 2: 416. 1915.（英 **Bigflower Elaeagnus**）

常绿直立灌木，高 2-3 m。叶纸质，椭圆形或椭圆状长圆形，长 7-13 cm，宽 3.5-5 cm，顶端钝尖或渐尖，基部圆形或楔形，上面幼时被鳞片，下面被银白色和褐色鳞片，沿中脉和侧脉密生棕色鳞片；叶柄深褐色，长 7-10 mm。花白色，被银白色鳞片，1-5 朵簇生于叶腋极短小枝上成短总状花序；每花下面具易脱落的小苞片；花梗银白色，长 2-5 mm；萼筒宽钟状，干燥后具 4 肋，长 8-9 mm，在裂片下面不甚收缩，子房上明显收缩，裂片宽三角形或卵状三角形，长 5-7 mm，顶端渐尖，内面疏生白色星状短柔毛，包围子房的萼管长圆状椭圆形，长 1.5-2 mm；雄蕊 4 枚，花丝长 3 mm，花药长圆形，长 1.6 mm；花柱直立，无毛、超过雄蕊，达裂片的 2/3 或更长，柱头细小，顶端尖。果实未见。花期 12 月至翌年 1 月。

大花胡颓子 Elaeagnus macrantha Rehder
李楠 绘

本种花大，银白色，萼筒宽钟状，长 8-9 mm，在裂片下面不甚收缩，裂片长 5-7 mm，内面疏生白色星状柔毛，花丝直立，长达 3 mm，比花药长，容易认识。

分布与生境 产于云南南部（西双版纳）。生于海拔 1300-1500 m 的密林中。

药用部位 根、果实。

功效应用 根：消肿，清热解毒，利湿，安神，镇静。果实：收敛止泻，镇咳。

大花胡颓子 **Elaeagnus macrantha** Rehder
摄影：谭运洪 黄健

12. 鸡柏紫藤（中国高等植物图鉴） 灯吊子（广东）、吊中仔藤（广东惠阳），炮仗花

Elaeagnus loureiroi Champ. ex Benth. in Hooker's J. Bot. Kew Gard. Misc. 5: 196. 1853 ["loureiri"]. （英 **Loureiro Elaeagnus**）

常绿直立或攀援灌木，高 2–3 m，无刺。叶纸质或薄革质，椭圆形至长椭圆形或卵状椭圆形至披针形，长 5–10 cm，宽 2–4.5 cm，顶端渐尖或骤渐尖，基部圆形，稀阔楔形，边缘微波状，上面幼时具褐色鳞片，下面棕红色或褐黄色，密被鳞片；叶柄长 8–15 mm。花褐色或锈色，常数花簇生于叶腋极短小枝上；花梗长 7–10 mm，顶端稍膨大；萼筒钟形，长 10–11 mm，喉部压扁后宽 5–7 mm，在裂片下面微收缩，向基部稍窄狭，在子房上明显收缩，裂片有时大小不等，长三角形，长 5–7 mm，顶端渐尖，内面疏生白色柔毛和褐色鳞片，包围子房的萼管长圆形或长椭圆形，长 2 mm；雄蕊 4 枚，花丝长 1.6 mm，花药长圆形，长 2 mm；花柱无毛，柱头长 3 mm，不超过雄蕊。果实椭圆形，长 15–22 mm，被褐色鳞片；果梗长 7–11 mm。花期 10–12 月，果期翌年 4–5 月。

本种花大，钟形，萼筒长 10–11 mm，喉部压扁后宽 5–7 mm，裂片长 5–7 mm，可以与他种区别。

分布与生境 产于江西、广东、广西、云南。生于海拔 500–2100 m 的丘陵或山区。

药用部位 全株。

功效应用 止咳平喘，收敛止泻，祛风活血。用于哮喘，支气管炎，腹泻，咯血，慢性骨髓炎，急性睾丸炎，慢性肝炎，胃痛及风湿病。外用于疮癣，痔疮肿痛及跌打淤血肿痛。

鸡柏紫藤 **Elaeagnus loureiroi** Champ. ex Benth.
引自《中国高等植物图鉴》

鸡柏紫藤 *Elaeagnus loureiroi* Champ. ex Benth.
摄影：张金龙

13. 密花胡颓子（中国高等植物图鉴）

Elaeagnus conferta Roxb., Fl. Ind. 1: 460. 1820.（英 **Denseflower Elaeagnus**）

常绿攀援灌木，无刺。叶纸质，椭圆形或阔椭圆形，长 6-16 cm，宽 3-6 cm，顶端钝尖或骤渐尖，尖头三角形，基部圆形或楔形，全缘，上面幼时被银白色鳞片，下面密被银白色和散生淡褐色鳞片；叶柄长 8-10 mm。花银白色，外面密被鳞片或鳞毛，多花簇生叶腋短小枝上成伞形总状花序，花枝长 1-3 mm；每花基部具一小苞片，苞片线形，长 2-3 mm；花梗长约 1 mm；萼筒坛状钟形，长 3-4 mm，在裂片下面急收缩，子房上先膨大后明显骤收缩，裂片卵形，开展，长 2.5-3 mm，顶端钝尖，内面散生白色星状柔毛，包围子房的萼管细小，卵形，长约 1 mm；雄蕊的花丝与花药等长或稍长，花药细小，长圆形，长约 1 mm，花柱稍超过雄蕊。果实椭圆形或长圆形，长达 20-40 mm，直立，成熟时红色；果梗粗短。花期 10-11 月，果期翌年 2-3 月。

本种叶片大小不等，阔椭圆形或椭圆形，叶片和幼枝被银白色鳞片，花序多花簇生，比叶柄短，萼筒坛状钟形，几无花梗；果实大，长达 20-40 mm 或以上，易于认识。

密花胡颓子 *Elaeagnus conferta* Roxb.
引自《中国高等植物图鉴》

分布与生境 产于云南南部和西南部、广西西南部。生于海拔 2100 m 以下的热带密林中。孟加拉国、不丹、印度、尼泊尔、老挝、印度尼西亚、马来西亚、缅甸、越南有分布。

药用部位 根、果实。

功效应用 根：祛风通络，行气止痛。用于风湿疼痛，跌打损伤。果实：收敛止泻。用于痢疾。

化学成分 果实含胡萝卜素类，如γ-胡萝卜素(γ-carotene)[1]。

种子含脂肪酸类，油酸(oleic acid)，亚油酸(linoleic acid)，软脂酸(palmitic acid)，硬脂酸(stearic

密花胡颓子 **Elaeagnus conferta** Roxb.
摄影：林秦文 朱鑫鑫

acid)；矿物质元素：K、Fe、Zn、Na[2]。

注评 本种的根傣族、哈尼族、藏族药用，治疗腹泻，痢疾，咳嗽，咯血，气喘，外伤出血；基诺族用根治疗小儿支气管炎，果实用于肠炎痢疾，食欲不振。

化学成分参考文献

[1] 刘育梅，等. 亚热带植物科学，2011, 40(4): 63-65, 74.   [2] 刘育梅，等. 热带亚热带植物学报，2007, 15(3): 253-255.

14. 福建胡颓子

Elaeagnus oldhamii Maxim. in Mélanges Biol. Bull. Phys.-Math. Acad. Imp. Sci. Saint-Pétersbourg 7: 558. 1870 ["oldhami"].（英 **Fukien Elaeagnus**）

常绿直立灌木，高 1–2 m，具刺。叶近革质，倒卵形或倒卵状披针形，长 3–4.5 cm，宽 1.5–2.5 cm，顶端圆形，稀钝圆形，向基部渐窄狭，急尖或楔形，全缘，上面幼时密被银白色鳞片，下面密被银白色和散生少数深褐色鳞片；叶柄长 4–7 mm。花淡白色，被鳞片，数花簇生于叶腋极短小枝上成短总状花序；花梗长 3–4 mm；萼筒短，杯状，长约 2 mm，在裂片下面略收缩，子房上先膨大后收缩，裂片三角形，与萼筒等长或更长，达 3 mm，顶端钝形，内面无毛或疏生白色星状柔毛，包围子房的萼管卵形，长约 1 mm；雄蕊的花丝极短，花药长圆形，长 1.5 mm，达裂片的 1/2 以上；花柱直立，无毛。果实卵圆形，长 5–8 mm，萼筒常宿存。花期 11–12 月，果期翌年 2–3 月。

本种的叶片倒卵形或倒卵状披针形；花较小，裂片与萼筒等长或更长，容易认识。其果实与牛奶子 *E. umbellata* 相似，但本种为常绿灌木；叶片革质，顶端通常圆形；萼筒短，杯状，长 2 mm 而不同。

福建胡颓子 **Elaeagnus oldhamii** Maxim.
引自《中国高等植物图鉴》

福建胡颓子 **Elaeagnus oldhamii** Maxim.
摄影：陈炳华 朱仁斌

分布与生境　产于台湾、福建、广东。生于海拔 500 m 以下的空旷地区。

药用部位　叶、根。

功效应用　叶：敛肺定喘，益肾固涩。用于咳嗽气喘，慢性肝炎，劳倦乏力，腹泻，胃痛，消化不良，肾亏腰痛，盗汗，白带。根：祛风活血，健脾益肾。用于风湿痹痛，跌打瘀肿，慢性肝炎，劳倦乏力，腹泻，胃痛，消化不良，肾亏腰痛，遗精，盗汗，白带，乳腺炎。

化学成分　叶含木脂素类：异美洲商陆醇B (isoamericanol B)[1-2]；三萜类：3-O-顺式-对羟基桂皮酰齐墩果酸(3-O-cis-p-hydroxycinnamoyloleanolic acid)，3-O-反式-对羟基桂皮酰齐墩果酸(3-O-trans-p-hydroxycinnamoyloleanolic acid)，3-O-顺式-对羟基桂皮酰熊果酸(3-O-cis-p-hydroxycinnamoylursolic acid)，3-O-反式-对羟基桂皮酰熊果酸(3-O-trans-p-hydroxycinnamoylursolic acid)[1-2]，3-O-咖啡酰齐墩果酸(3-O-caffeoyloleanolic acid)，3-O-咖啡酰熊果酸(3-O-caffeoylursolic acid)，3β,13β-二羟基齐墩果-11-烯-28-酸(3β,13β-dihydroxyolean-11-en-28-oic acid)，熊果酸(ursolic acid)，齐墩果酸(oleanolic acid)，3β,13β-二羟基熊果-11-烯-28-酸(3β,13β-dihydroxyurs-11-en-28-oic acid)，熊果醇(uvaol)，白桦脂醇(betulin)，羽扇豆醇(lupeol)[2]，山楂酸甲酯(methyl maslinate)，阿江榄仁酸甲酯(methyl arjunolate)[3]；黄酮类：山奈酚(kaempferol)，顺式-银椴苷(cis-tiliroside)，反式-银椴苷(trans-tiliroside)，香树素(aromadendrin)[2]；苯丙素类：反式-对香豆酸(trans-p-coumaric acid)，反式-阿魏酸(trans-ferulic acid)[2]；酚酸类：原儿茶酸(protocatechuic acid)，水杨酸(salicylic acid)，表没食子儿茶素(epigallocatechin)，丁香酸(syringic acid)，3-O-甲基没食子酸(3-O-methylgallic acid)[2]。

注评　本种为福建中药材标准（2006 年版）收载"福建胡颓子叶"的基源植物，药用其干燥叶。本种的根称"宜梧"，也可药用。

化学成分参考文献

[1] Liao CR, et al. *Molecules*, 2013, 18(11): 13218-13227.

[2] Liao CR, et al. *Molecules*, 2014, 19(7): 9515-9534.

[3] Ruo TI, et al. *Phytochemistry*, 1976, 15(2): 335.

15. 角花胡颓子（广州植物志）

Elaeagnus gonyanthes Benth. in Hooker's J. Bot. Kew Gard. Misc. 5: 196. 1853.（英 **Angularflower Elaeagnus**）

常绿攀援灌木，长达 4 m，通常无刺。叶革质，椭圆形或长圆状椭圆形，长 5–9 cm，稀达 13 cm，宽 1.2–5 cm，顶端钝形或钝尖，基部圆形或近圆形，稀窄狭，边缘微反卷，上面幼时被锈色鳞片，下面具锈色或灰色鳞片；叶柄锈色或褐色，长 4–8 mm。花白色，被银白色和散生褐色鳞片，单生新枝基部叶腋，幼时有时数花簇生新枝基部，每花下有 1 苞片，花梗长 3–6 mm；萼筒四角形（角柱状）或短钟形，长 4–6 mm，在上面微收缩，基部膨大后在子房上明显骤收缩，裂片卵状三角形，长 3.5–4.5 mm，顶端钝尖，内面具白色星状鳞毛，包围子房的萼管长圆形或倒卵状长圆形，长 2–3 mm；雄蕊 4 枚，花丝比花药短，花药长 1.1 mm；花柱达裂片的一半以上，柱头粗短。果实阔椭圆形或倒卵状阔椭圆形，长 15–22 mm，顶端常有萼筒宿存；果梗长 12–25 mm。花期 10–11 月，果期翌年 2–3 月。

本种花单生，果梗花后伸长，达 12–25 mm，萼筒显著四角形（角柱状），长 4–6 mm，裂片长 3.5–4.5 mm；叶片干燥后上面多少带绿色，网状脉在上面极明显，易于认识。

分布与生境 产于湖南南部、广东、广西、云南。生于海拔 1000 m 以下的热带和亚热带地区。中南半岛也有分布。

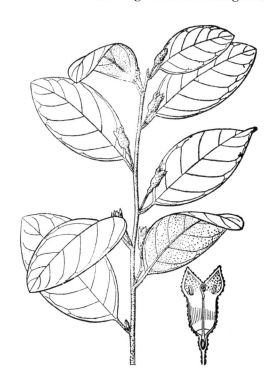

角花胡颓子 Elaeagnus gonyanthes Benth.
引自《中国高等植物图鉴》

角花胡颓子 Elaeagnus gonyanthes Benth.
摄影：朱鑫鑫

药用部位 根、叶、果实。

功效应用 根：祛风通络，行气止痛，消肿解毒。用于风湿性关节炎，腰腿痛，跌打肿痛，河豚中毒及狂犬病。叶：止咳平喘，消肿软坚。用于支气管哮喘，慢性支气管炎，骨鲠喉，肺病。果实：生津止渴，收敛止泻，补肾。用于肠炎腹泻，利小便，胸膜炎。

化学成分 茎叶含三萜类：羽扇豆醇(lupeol)，齐墩果酸(oleanolic acid)，熊果酸(ursolic acid)，α-香树脂醇(α-amyrin)[1]；甾体类：β-谷甾醇，胡萝卜苷[1]。

全草含挥发油：叶绿醇，十四酸，1-十九碳烯，十八酸，二十五烷，反式-9-十八酸，环癸烯，1-

二十醇，(Z,Z,Z)-9,12,15-十八碳三烯酸甲酯，1,3-环二烯癸，2-羟基-4-甲氧基-6-甲基苯甲醛，1-二十二醇[2]。

化学成分参考文献

[1] 魏娜，等 . 中国实验方剂学杂志，2011, 17(21): 118-120.

[2] 魏娜，等 . 江苏大学学报，2008, 18(5): 405-406.

16. 蔓胡颓子（种子植物名称） 抱君子，藤胡颓子

Elaeagnus glabra Thunb. in Murr., Syst. Veg., ed. 14, 164. 1784.（英 **Glabrous Elaeagnus**）

常绿蔓生或攀援灌木，高达 5 m，无刺，稀具刺。叶革质或薄革质，卵形或卵状椭圆形，稀长椭圆形，长 4–12 cm，宽 2.5–5 cm，顶端渐尖或长渐尖，基部圆形，稀阔楔形，边缘全缘，上面幼时具褐色鳞片，下面被褐色鳞片；叶柄长 5–8 mm。花淡白色，密被银白色和散生少数褐色鳞片，常 3–7 花密生成伞形总状花序；花梗长 2–4 mm；萼筒漏斗形，质较厚，长 4.5–5.5 mm，在裂片下面扩展，向基部渐窄狭，在子房上不明显收缩，裂片宽卵形，长 2.5–3 mm，顶端急尖，内面具白色星状柔毛，包围子房的萼管椭圆形，长 2 mm；雄蕊的花丝长不超过 1 mm，花药长 1.8 mm；花柱细长，无毛，顶端弯曲。果实长圆形，稍有汁，长 14–19 mm；果梗长 3–6 mm。花期 9–11 月，果期翌年 4–5 月。

本种叶片卵形或卵状椭圆形，稀长圆状椭圆形，顶端渐尖，基部圆形，下面铜绿色或灰绿色；萼筒漏斗形，长 4.5–5.5 mm，在子房上不明显收缩，易于认识。

分布与生境 产于江苏、浙江、福建、台湾、安徽、江西、湖北、湖南、四川、贵州、广东和广西。常生于海拔 1000 m 以下的向阳林中或林缘。日本、韩国也有分布。

药用部位 根、叶、果实。

蔓胡颓子 Elaeagnus glabra Thunb.
引自《中国高等植物图鉴》

蔓胡颓子 Elaeagnus glabra Thunb.
摄影：朱鑫鑫 陈炳华

功效应用 根：行气止痛，消肿止血，清热利湿。用于风湿骨痛，跌打损伤，肝炎，胃痛，疮疖，尿路结石，呕血，血崩及骨鲠喉。叶：平喘止咳。用于哮喘，慢性支气管炎，感冒咳嗽。果实：收敛止泻。用于肠炎，腹泻，痢疾。

化学成分 根含三萜类：熊果酸(ursolic acid)，齐墩果酸(oleanolic acid)，$2\alpha,3\beta$-二羟基齐墩果-12-烯-28-酸($2\alpha,3\beta$-dihydroxyolean-12-en-28-oic acid)，$2\alpha,3\beta,23$-三羟基齐墩果-12-烯-28-酸($2\alpha,3\beta,23$-trihydroxyolean-12-en-28-oic acid)[1]；甾体类：β-谷甾醇，胡萝卜苷，豆甾-4-烯-3-酮(stigmast-4-en-3-one)，3β-羟基豆甾-5-烯-7-酮(3β-hydroxystigmast-5-en-7-one)，豆甾-5-烯-3β,7α-二醇(stigmast-5-en-3β,7α-diol)[1]。

茎皮含黄酮类：(-)-表没食子儿茶素[(-)-epigallocatechin][2]。

茎含三萜类：熊果酸，齐墩果酸，阿江榄仁酸(arjunolic acid)[3]；甾体类：β-谷甾醇，胡萝卜苷[3]。

叶含三萜类：熊果酸[3]；甾体类：β-谷甾醇[3]。

注评 本种的果实称"蔓胡颓子"，叶称"蔓胡颓子叶"，根称"蔓胡颓子根"，广东、台湾、浙江、广西、贵州等地药用。瑶族、水族也药用本种，主要用途见功效应用项。

化学成分参考文献

[1] Huang KF, et al. *Chin Pharm J* (Taipei), 1995, 47(5): 493-500.

[2] Nishino C, et al. *Jpn Kokai Tokkyo Koho*, 1986, JP 61106510 A 19860524.

[3] Tagahara K, et al. *Shoyakugaku Zasshi*, 1984, 38(1): 131.

17. 攀缘胡颓子

Elaeagnus sarmentosa Rehder in Sarg., Pl. Wilson. 2: 417. 1915.（英 **Sarmentose Elaeagnus**）

常绿攀援灌木，高 2–10 m，无刺。叶纸质或近革质，椭圆形或长圆形，长 8–16 cm，宽 2.2–6 cm，顶端渐尖或钝尖，基部阔钝形或圆形，下面密被银白色和褐色细鳞片；叶柄长 10–16 mm。花褐色或褐绿色，外面被褐色鳞片，常 1–3 花簇生于短小枝上；花梗长 3–6 mm；萼筒圆筒形，长 8–9 mm，向基部略窄狭，在子房上明显骤收缩，裂片宽三角形，长 4.5–5 mm，顶端渐尖，内面疏生星状短柔毛，包围子房的萼管椭圆形，锈色，长 3 mm；雄蕊 4 枚，花丝较短，基部膨大，花药长圆形，长 1.5–2 mm；花柱直立，无毛，柱头弯曲，几与裂片平齐。果实大，长椭圆形，长 24–26 mm，直径 10 mm，被锈色鳞片；果核窄椭圆形，两端窄狭，具明显的 8 肋，内面具褐色丝状长绵毛。花期 10–11 月，果期翌年 3 月。

本种为大藤本；叶片纸质，网状脉在上面略明显；花较大，花柱无毛，几与裂片平齐；果实大，长 24–26 mm，直径 10 mm，易于认识。

分布与生境 产于云南、广西。生于海拔 1100–1500 m 的地区。

药用部位 根、叶、果实。

功效应用 根、叶、果实：止咳平喘，舒筋止血。用于跌打肿痛，风湿疼痛，呕血，咯血，咽喉肿痛，感冒，小儿惊风，疮癣。叶：用于哮喘，虚咳，慢性支气管炎。果实：用于肠炎，腹泻。

注评 本种的全株称"羊奶果"，云南等地药用。拉祜族也药用本种的全株，主要用途见功效应用项。

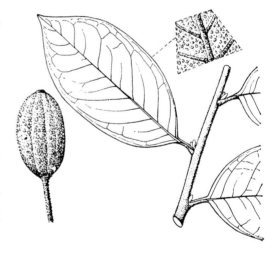

攀缘胡颓子 Elaeagnus sarmentosa Rehder
冯先洁 绘

攀缘胡颓子 **Elaeagnus sarmentosa** Rehder
摄影：朱鑫鑫

18. 胡颓子（本草拾遗） 蒲颓子、半含春、卢都子（本草纲目），雀儿酥（炮炙论），甜棒子（湖北），牛奶子根、石滚子、四枣、半春子（湖南），柿模、三月枣、羊奶子（湖北）

Elaeagnus pungens Thunb. in Murr., Syst. Veg., ed. 14, 164. 1784.（英 **Thorny Elaeagnus**）

常绿直立灌木，高 3–4 m，具刺，刺顶生或腋生，长 20–40 mm。叶革质，椭圆形或阔椭圆形，稀长圆形，长 5–10 cm，宽 1.8–5 cm，两端钝形或基部圆形，边缘微反卷或皱波状，上面幼时具银白色和少数褐色鳞片，下面密被银白色和少数褐色鳞片；叶柄长 5–8 mm。花白色或淡白色，下垂，密被鳞片，1–3 花生于叶腋锈色短小枝上；花梗长 3–5 mm；萼筒圆筒形或漏斗状圆筒形，长 5–7 mm，在子房上骤收缩，裂片三角形或长圆状三角形，长 3 mm，顶端渐尖，内面疏生白色星状短柔毛；雄蕊的花丝极短，花药长圆形，长 1.5 mm；花柱直立，无毛，上端微弯曲，超过雄蕊。果实椭圆形，长 12–14 mm，果核内面具白色丝状绵毛；果梗长 4–6 mm。花期 9–12 月，果期翌年 4–6 月。

本种为直立灌木，具刺；叶片革质，上面有光泽，网状脉在上面明显，侧脉 7–9 对，与中脉开展成 50°–60° 的角，下面银白色；萼筒圆筒形，长 5–7 mm，花柱无毛；果实具褐色鳞片，长 12–14 mm，可以识别。

分布与生境 产于江苏、浙江、福建、安徽、江西、湖北、湖南、贵州、广东、广西。生于海拔 1000 m 以下的向阳山坡或路旁。日本也有分布。

药用部位 根、叶、果实、种子。

功效应用 根：祛风利湿，活血，止血。用于黄疸，小儿疳积，风湿性关节痛，呕血，便血，跌打损伤。叶：止咳平喘。用于咳嗽，哮喘。果实：用于止痢，久泻久痢。种子：用于泻痢。

化学成分 根含三萜类：多花苎药醇▲(emodinol)[1]。

茎皮含酚、糖苷、酚酸类：胡颓子素(pungen) A、B、C，尖瓣海莲苷(rhyncoside) B、C，毛果枳椇苷B (hovetrichoside B)，4-(4-羧基-2-甲氧基苯酚)-3,5-二甲氧基-苯甲酸[4-(4-carboxy-2-methoxyphenoxy)-

胡颓子 **Elaeagnus pungens** Thunb.
引自《中国高等植物图鉴》

胡颓子 Elaeagnus pungens Thunb.
摄影：何顺志

3,5-dimethoxy-benzoic acid][2]。

叶含黄酮类：3,7-二甲基山奈酚(3,7-dimethylkaempferol)[3]，山奈酚-3-O-β-D-6"-对羟基香豆酰吡喃葡萄糖苷(kaempferol-3-O-β-D-6"-p-hydroxycoumaroylglucoside)[4]，山奈酚-3-O-β-D-吡喃葡萄糖苷(kaempferol-3-O-β-D-glucopyranoside)[4-5]，3,3'-二甲氧基槲皮素(3,3'-dimethoxyquercetin)，3-甲氧基山奈酚(3-methoxykaempferol)[5]，3,5-二羟基-4',7-二甲氧基黄酮(3,5-dihydroxyl-4',7dimethylflavone)[6]，山奈酚-3-O-β-D-吡喃葡萄糖基-(1→3)-α-L-吡喃鼠李糖基-(1→6)-[α-L-吡喃鼠李糖基-(1→2)]-β-D-吡喃半乳糖苷{kaempferol-3-O-β-D-glucopyranosyl-(1→3)-α-L-rhamnopyranosyl-(1→6)-[α-L-rhamnopyranosyl-(1→2)]-β-D-galactopyranoside}，异鼠李素-3-O-β-D-吡喃葡萄糖基-(1→3)-α-L-吡喃鼠李糖基-(1→6)-β-D-吡喃半乳糖苷{isorhamnetin-3-O-β-D-glucopyranosyl-(1→3)-α-L-rhamnopyranosyl-(1→6)-β-D-galactopyranoside}，山奈酚-3-O-α-L-吡喃鼠李糖基-(1→6)-[α-L-吡喃鼠李糖基-(1→2)]-β-D-吡喃半乳糖苷{kaempferol-3-O-α-L-rhamnopyranosyl-(1→6)-[α-L-rhamnopyranosyl-(1→2)]-β-D-galactopyranoside}，山奈酚-3-O-α-L-吡喃鼠李糖基-(1→6)-[α-L-吡喃鼠李糖基-(1→2)]-β-D-吡喃半乳糖苷-7-O-β-D-吡喃葡萄糖苷{kaempferol-3-O-α-L-rhamnopyranosyl-(1→6)-[α-L-rhamnopyranosyl-(1→2)]-β-D-galactopyranoside-7-O-β-D-glucopyranoside}，山奈酚-3-O-α-L-吡喃鼠李糖基-(1→6)-[α-L-吡喃鼠李糖基-(1→2)]-β-D-吡喃半乳糖苷-7-O-α-L-吡喃鼠李糖苷{kaempferol-3-O-α-L-rhamnopyranosyl-(1→6)-[α-L-rhamnopyranosyl-(1→2)]-β-D-galactopyranoside-7-O-α-L-rhamnopyranoside}，山奈酚-3-O-α-L-吡喃鼠李糖基-(1→2)-β-D-吡喃葡萄糖苷[kaempferol-3-O-α-L-rhamnopyranosyl-(1→2)-β-D-glucopyranoside]，山奈酚-3-O-α-L-吡喃鼠李糖基-(1→6)-β-D-吡喃半乳糖苷[kaempferol-3-O-α-L-rhamnopyranosyl-(1→6)-β-D-galactopyranoside][7]，山奈酚-3-O-β-D-吡喃葡萄糖基-(1→3)-α-L-吡喃鼠李糖基-(1→6)-β-D-吡喃半乳糖苷[kaempferol-3-O-β-D-glucopyranosyl-(1→3)-α-L-rhamnopyranosyl-(1→6)-β-D-galactopyranoside]，山奈酚-3-O-β-D-吡喃葡萄糖基-(1→3)-α-L-吡喃鼠李糖基-(1→6)-β-D-吡喃葡萄糖苷-7-O-β-D-吡喃葡萄糖苷[kaempferol-3-O-β-D-glucopyranosyl-(1→3)-α-L-rhamnopyranosyl-(1→6)-β-D-glucopyranoside-7-O-β-D-glucopyranoside][8]；木脂素类：欧女贞苷▲(phillyrin)[4]；苯丙素类：咖啡酸甲酯(caffeic acid methyl ester)[5]；酚、酚酸类：4-羟基苯甲酸(4-hydroxybenzoic acid)，3,4-二羟基苯甲酸甲酯(methyl 3,4-dihydroxybenzoate)，4-甲氧基苯甲酸(4-methoxybenzoic acid)，丁香酸(syringic acid)[5]；三萜类：羽扇豆醇(lupeol)，齐墩果酸[3,6]，熊果酸[3]；

甾体类：*β*-谷甾醇[3,6]，胡萝卜苷[5]；其他类：L-2-*O*-甲基-手性肌醇[4]，三十一烷(hentriacontane)[6]。

　　果实含矿物质元素：Fe、Mg、Zn、Cu、Mn等[9]；氨基酸类：富含18种氨基酸，其中包括Ile、Leu、Lys、Met、Phe、Thr、Trp、Val等8种人体必需的氨基酸[9]；尚含维生素、胡萝卜素以及糖和有机物等[9]。

注评　本种为中国药典（1977年版）、上海（1994年版）、湖南（2009年版）中药材标准收载"胡颓子叶"的基源植物，药用其干燥叶；其根为上海中药材标准（1994年版）收载的"胡颓子根"。本种的果实称"胡颓子"，也可药用。本种为藏药"达布"的品种之一"纳木达尔"（《晶珠本草》），药用其果实及果实熬膏，用于肺病，咽喉疾病，咳嗽痰多，胸闷不畅，消化不良，胃痛，经闭，遗精等。畲族、德昂族、苗族、蒙古族、侗族也药用本种，主要用途见功效应用项。

化学成分参考文献

[1] 杨敏，等.中医药学报，2012, 40(3): 91-93.

[2] Wu YB, et al. *J Asian Nat Prod Res*, 2010, 12(4): 278-285.

[3] Tagahara K, et al. *Shoyakugaku Zasshi*, 1981, 35(4): 340-342.

[4] 郭明娟，等.华西药学杂志，2008, 23(4): 381-383.

[5] 赵鑫，等.中国中药杂志，2006, 31(6): 472-474.

[6] 赵鑫，等.中成药，2006, 28(3): 403-405.

[7] Ge YB, et al. *J Asian Nat Prod Res*, 2013, 15(10): 1073-1079.

[8] 李孟顺，等.中国中药杂志，2012, 37(9): 1224-1226.

[9] 朱笃，等. 江西师范大学学报（自然科学版），2000, 24(1): 90-91.

19. 宜昌胡颓子（中国高等植物图鉴）

Elaeagnus henryi Warb. ex Diels in Bot. Jahrb. Syst. 29: 483. 1900.——*E. fargesii* Lecomte（英 **Henry Elaeagnus**）

　　常绿直立灌木，高3-5 m，具刺，长8-20 mm。叶革质至厚革质，阔椭圆形或倒卵状阔椭圆形，长6-15 cm，宽3-6 cm，顶端渐尖或急尖，尖头三角形，基部钝形或阔楔形，稀圆形，边缘有时稍反卷，上面幼时被褐色鳞片，下面银白色、密被白色和散生少数褐色鳞片，侧脉5-7对；叶柄粗壮，长8-15 mm，黄褐色。花淡白色；质厚，密被鳞片，1-5花生于叶腋短小枝上成短总状花序，花枝锈色，长3-6 mm；花梗长2-5 mm；萼筒圆筒状漏斗形，长6-8 mm，在裂片下面扩展，向下渐窄狭，在子房上略收缩，裂片三角形，长1.2-3 mm，顶端急尖，内面密被白色星状柔毛和少数褐色鳞片；雄蕊的花丝极短，花药长圆形，长约1.5 mm；花柱连柱头长7-8 mm。果实长圆形，多汁，长18 mm；果核内面具丝状绵毛；果梗长5-8 mm。花期10-11月，果期翌年4月。

　　本种叶片大，倒卵状阔椭圆形或阔椭圆形；萼筒质厚，圆筒状漏斗形，淡白色，长6-8 mm；裂片长1.2-3 mm；果实长圆形，长18 mm，容易识别。

分布与生境　产于陕西、浙江、安徽、江西、湖北、湖南、四川、云南、贵州、福建、广东、广西。生于海拔450-2300 m的疏林或灌丛中。

药用部位　根、茎、叶。

宜昌胡颓子 Elaeagnus henryi Warb. ex Diels
引自《中国高等植物图鉴》

宜昌胡颓子 **Elaeagnus henryi** Warb. ex Diels
摄影：何顺志

功效应用　根：止痛止咳。用于风湿腰痛，哮喘，跌打及呕血。外用洗恶疮。茎、叶：驳骨散结，消肿止痛。用于跌打骨折，风湿骨痛。叶：用于肺虚气短。

化学成分　根含挥发油类：羽扇豆醇(lupeol)，蒲公英萜醇▲(taraxasterol)，菜油甾醇(campesterol)，4,6,6-三甲基-2-(3-甲基-1,3-二丙烯)-3-氧三环[5.1.0.0(2,4)]辛烷{4,6,6-trimethyl-2-(3-methylbuta-1,3-dienyl)-3-oxatricyclo[5.1.0.0(2,4)]octane}，十七烷(heptadecane)，5-溴-4-氧代-4,5,6,7-四氢苯并呋喃(5-bromo-4-oxo-4,5,6,7-tetrahydrobenzofurazan)，苯并[b]萘并[2,3-d]呋喃(benzo[b]naphtho[2,3-d]furan)，2,6,10,14-四甲基十六烷(2,6,10,14-tetramethyl-hexadecane)，十八烷(octadecane)，Z-5-十九碳烯(Z-5-nonadecene)等[1]。

注评　本种的茎叶称"红鸡踢香"，根称"红鸡踢香根"，广西、贵州等地药用。瑶族药用本种的根治痢疾，肠炎。

化学成分参考文献

[1] 吴彩霞，等. 中国实验方剂学杂志，2010, 16(10): 53-55.

20. 巴东胡颓子　铜色叶胡颓子（中国高等植物图鉴），半圈子（四川酉阳）

Elaeagnus difficilis Servett. in Bull. Herb. Boissier, sér. 2, 8: 386. 1908.——*E. cuprea* Rehder（英 **Patung Elaeagnus**）

常绿直立或蔓状灌木，高 2–3 m，无刺或有时具短刺。叶纸质，椭圆形或椭圆状披针形，长 7–13.5 cm，宽 3–6 cm，顶端渐尖，基部圆形或楔形，边缘全缘，稀微波状，上面幼时散生锈色鳞片，成熟后脱落，绿色，干燥后褐绿色或褐色，下面灰褐色或淡绿褐色，密被锈色和淡黄色鳞片，侧脉 6–9 对，两面明显；叶柄粗壮，红褐色，长 8–12 mm。花深褐色，密被鳞片，数花生于叶腋短小枝上呈伞形总状花序，花枝锈色，长 2–4 mm，花梗长 2–3 mm；萼筒钟形或圆筒状钟形，长 5 mm，在子房上骤收缩，裂片宽三角形，长 2–3.5 mm，顶端急尖或钝形，内面略具星状柔毛；雄蕊的花丝极短，花药长椭圆形，长 1.2 mm，达裂片的 2/3；花柱无毛。果实长椭圆形，长 14–17 mm，直径 7–9 mm；果梗长 2–3 mm。花期 11 月至翌年 3 月，果期 4–5 月。

分布与生境　产于浙江、江西、湖北、湖南、广东、广西、四川和贵州。生于海拔 600–1800 m 的向

巴东胡颓子 *Elaeagnus difficilis* Servett.
引自《中国高等植物图鉴》

巴东胡颓子 *Elaeagnus difficilis* Servett.
摄影：易思容

阳山坡灌丛中或林中。

药用部位　果实、叶、根。

功效应用　温下焦，祛寒湿，收敛止泻。用于小便失禁，外感风寒。

21. 大叶胡颓子（中国种子植物名称）　圆叶胡颓子

Elaeagnus macrophylla Thunb. in Fl. Jap. 67. 1784.（英 **Longleaf Elaeagnus**）

常绿直立灌木，高 2–3 m，无刺。叶厚纸质或薄革质，卵形至宽卵形或阔椭圆形至近圆形，长 4–9 cm，宽 4–6 cm，顶端钝形或钝尖，基部圆形至近心形，全缘，上面幼时被银白色鳞片，下面密被鳞片，侧脉 6–8 对；叶柄扁圆形，银白色，上面有宽沟，长 15–25 mm。花白色，被鳞片，常 1–8 花生于叶腋短小枝上，花枝褐色，长 2–3 mm；花梗银白色或淡黄色，长 3–4 mm；萼筒钟形，长 4–5 mm，在裂片下面开展，在子房上骤收缩，裂片宽卵形，与萼筒等长，比萼筒宽，顶端钝尖，内面疏生白色星状柔毛，包围子房的萼管椭圆形，黄色，长 3 mm；雄蕊的花丝极短，花药椭圆形，花柱被白色星状柔毛，顶端略弯曲，超过雄蕊。果实长椭圆形，被银白色鳞片，长 14–18 mm，直径 5–6 mm；果核具 8 肋，内面具丝状绵毛；果梗长 6–7 mm。花期 9–10 月，果期翌年 3–4 月。

本种叶片大，卵形或近圆形，各部具银白色鳞片，叶柄长达 15–25 mm；萼筒较短，与裂片几等长，易于与他种区别。

分布与生境　产于山东、江苏、浙江的沿海岛屿和台湾。

大叶胡颓子 *Elaeagnus macrophylla* Thunb.
引自《山东植物志》

大叶胡颓子 Elaeagnus macrophylla Thunb.
摄影：陈贤兴

日本、朝鲜也有分布。

药用部位　根、叶、花、果实。

功效应用　根：祛风利湿，活血行气，散瘀解毒及止血。用于风湿性关节炎，跌打损伤，呕血，咯血，便血，痔疮，病毒性肝炎，小儿疳积。外洗治疮毒。叶：止咳平喘。用于肺虚咳嗽，气喘。花：用于皮肤瘙痒。果实：消食止痢。用于肠炎痢疾，食欲不振。

化学成分　叶含多元醇类：白雀木醇(quebrachitol)[1]。

化学成分参考文献

[1] Plouvier V. *Compt Rend*, 1951, 232: 1239-1241.

22. 长叶胡颓子（中国高等植物图鉴）　马鹊树、牛奶子（四川成都）

Elaeagnus bockii Diels in Bot. Jahrb. Syst. 29: 482. 1900.（英 **Bock Elaeagnus**）

　　常绿直立灌木，高 1-3 m；通常具粗壮的刺。叶纸质或近革质，窄椭圆形或窄长圆形，稀椭圆形，长 4-9 cm，宽 1-3.5 cm，两端渐尖或微钝形，上面幼时被褐色鳞片，下面密被银白色和散生少数褐色鳞片，侧脉 5-7 对；叶柄长 5-8 mm。花白色，密被鳞片，常 5-7 花簇生于叶腋短小枝上呈伞形总状花序，每花基部具一小苞片；花梗长 3-5 mm，淡褐白色；萼筒在花蕾时四棱形，开放后圆筒形或漏斗状圆筒形，长 5-7 mm，稀达 8-10 mm，裂片卵状三角形，长 2.5-3 mm，顶端钝渐尖，内面疏生白色星状短柔毛；雄蕊 4 枚，花丝极短，长 0.6 mm，花药长圆形，长 1.3 mm；花柱直立，顶端弯曲，达裂片的 2/3，密被淡白色星状柔毛。果实短长圆形，长 9-10 mm；果梗长 4-6 mm。花期 10-11 月，果期翌年 4 月。

分布与生境　产于陕西、甘肃、四川、贵州、湖北。生于海拔 600-2100 m 的向阳山坡、路旁灌丛中。

药用部位　根、枝、叶、果实。

功效应用　根：用于哮喘及牙痛。枝、叶：顺气，化痰，疗痔疮。果实：用于支气管炎。

化学成分　根状茎含香豆素类：当归酮▲(angelicone)，补骨脂素(psoralen)[1]；有机酸类：香荚兰酸(vanillic acid)[1]；酚类：补骨脂酚(bakuchiol)[1]；三萜类：齐墩果酸，熊果酸[1]；甾体类：β-谷甾醇[1]。

　　全草含黄酮类：山奈酚-3-O-β-D-吡喃葡萄糖苷(kaempferol-3-O-β-D-glucopyranoside)，山奈酚-3-O-β-D-(6''-O-E-4-桂皮酰基)-吡喃葡萄糖苷[kaempferol-3-O-β-D-(6'-O-E-4-coumaroyl)-glucopyranoside]，山

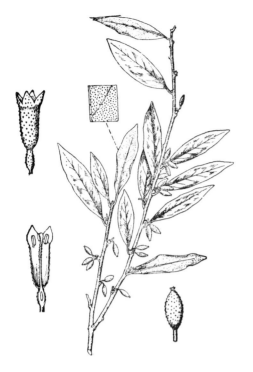

长叶胡颓子 **Elaeagnus bockii** Diels
引自《中国高等植物图鉴》

长叶胡颓子 **Elaeagnus bockii** Diels
摄影：刘冰

奈酚-3-O-β-D-(6"-O-β-L-吡喃鼠李糖基)-吡喃葡萄糖苷[kaempferol-3-O-β-D-(6"-O-β-L-rhamnopyranosyl)-glucopyranoside]，山奈酚-3-O-β-D-(2",6"-二-O-β-L-吡喃鼠李糖基)-吡喃葡萄糖苷[kaempferol-3-O-β-D-(2",6"-di-O-β-L-rhamnopyranosyl)-glucopyranoside]，槲皮素-3-O-β-D-(2",6"-二-O-β-L-吡喃鼠李糖基)-吡喃葡萄糖苷[quercetin-3-O-β-D-(2",6"-di-O-β-L-rhamnopyranosyl)-glucopyranoside]，山奈酚-3-O-β-D-(4"-O-E-4-桂皮酰基)-吡喃葡萄糖苷[kaempferol-3-O-β-D-(4"-O-E-4-coumaroyl)-glucopyranoside][2]。

果实含维生素C，氨基酸，K、Ca、Fe、Se等[3]。

药理作用 镇痛作用：胡颓子根皮水煎液可提高热板致小鼠痛阈，抑制醋酸致小鼠扭体次数[1]。

调节免疫作用：胡颓子叶水煎液能增加小鼠胸腺指数和脾指数，增强小鼠巨噬细胞吞噬功能、促进T淋巴细胞增殖[2]。生长在湖北恩施（恩施是我国的高硒区）富硒深山丛林中的长叶胡颓子果实水煎液能增强小鼠单核巨噬细胞的吞噬功能，对2,4-二硝基氯苯致小鼠迟发型超敏反应有抑制作用[3]。长叶胡颓子熊果酸能促进小鼠脾细胞增殖反应，对脾细胞IL-2、IFN-γ的产生有促进作用[4]。

抗炎作用：富硒长叶胡颓子根皮[1]和果实[3]水煎液及醇提液能抑制二甲苯致小鼠耳肿胀，醇提液能抑制角叉菜胶致大鼠足跖肿胀。

调节血脂作用：长叶胡颓子果实水煎液可降低高脂血症大鼠的TC、TG、LDL-C、MDA、ROS，升高HDL-C，增强SOD、CAT及GSH-Px活性，抑制心肌酶的释放，使血液黏度、红细胞和血小板聚集能力降低[5-6]，也可降低正常小鼠的TC、TG，升高肝肾组织GSH-Px含量[7]。

抗结肠炎作用：长叶胡颓子果实水提取物[8-10]和多糖[11]对2,4,6-三硝基苯磺酸与乙醇诱发的结肠炎大鼠有保护作用，可降低结肠黏膜损伤指数和结肠髓过氧化物酶活性，缓解病理变化，降低MDA含量，提高SOD、GSH-Px活性，使升高的TNF、IL-6和IL-8水平下降，降低的IL-10水平升高。

抗小肠辐射损伤作用：长叶胡颓子多糖对 ^{60}Co γ 射线照射致小肠辐射损伤有保护作用，可提高十二指肠、空肠和回肠段肠腺存活率，促进肠黏膜蛋白质、DNA合成，降低血液中TNF水平和MDA含量，提高IL-4、IL-6水平和SOD活性[12]。

降血糖作用：长叶胡颓子果实水煎液可降低正常小鼠[7]和四氧嘧啶致糖尿病小鼠[5]血糖。

化学成分参考文献

[1] 娄方明，等 . 中国中药杂志，2006, 31(12): 988-989.

[2] Cao SG, et al. *Nat Prod Lett*, 2001, 15(1): 1-8.

[3] 陈迪新，等 . 营养学报，2013, 35(5): 519-520.

药理作用及毒性参考文献

[1] 肖本见，等 . 时珍国医国药，2005, 16(4): 315-316.

[2] 伍杨，等 . 时珍国医国药，2006, 17(8): 1403-1404.

[3] 肖本见，等 . 中国中医药信息杂志，2005, 12(8): 23-24.

[4] 伍杨，等 . 四川中医，2006, 24(3): 35-36.

[5] 李玉山，等 . 安徽医药，2005, 9(7): 489-491.

[6] 李玉山 . 中国民族医药杂志，2007, (3): 56-58.

[7] 李玉山，等 . 中国公共卫生，2005, 21(12): 1493.

[8] 李玉山，等 . 中国公共卫生，2006, 22(8): 987-988.

[9] 张廉生，等 . 华中医学杂志，2006, 30(5): 383-384.

[10] 李玉山，等 . 时珍国医药，2006, 17(8): 1397-1398.

[11] 李玉山 . 四川中医，2006, 24(5): 24-25.

[12] 廖泽云，等 . 世界华人消化杂志，2007, 15(13): 1541-1544.

23. 长柄胡颓子

Elaeagnus delavayi Lecomte in Notul. Syst. (Paris) 3: 156. 1915.（英 **Delavay Elaeagnus**）

常绿直立灌木，无刺。叶近革质或纸质，椭圆形或长圆状披针形，长 5–8.5 cm，宽 1.6–3.3 cm，顶端近圆形或钝形，基部钝楔形，稀窄圆形，全缘，上面干燥后褐色，下面灰绿色，具银白色和散生少数褐色细小鳞片，侧脉 6–8 对，两面略明显；叶柄长 12–15 mm，密被红褐色鳞片。花淡白色，密被银白色鳞片，常 5–7 花簇生于叶腋短小枝上呈伞形总状花序；花梗长 5–8 mm；萼筒圆筒形，微具 4 肋，长 6–7 mm，在裂片下面不收缩或微收缩，在子房上明显骤收缩，裂片三角形，长 2.5–3 mm，顶端渐尖，内面上部被鳞片状鳞毛，下部密被白色星状柔毛，包围子房的萼管椭圆形，锈色，长 2.5–3 mm；雄蕊 4 枚，花丝短，长约 0.6 mm，花药长圆形，长约 1 mm；花柱稍弯曲，密被白色星状长柔毛，不超过雄蕊或微超过，柱头伸长，长约 1.3 mm。果实长 12 mm，直径 6 mm；花期 9–12 月。

长柄胡颓子 Elaeagnus delavayi Lecomte
冯先洁　绘

长柄胡颓子 Elaeagnus delavayi Lecomte
摄影：朱鑫鑫

本种与披针叶胡颓子 E. lanceolata Warb. 和长叶胡颓子 E. bockii Diels 相近，区别在于本种的叶片为椭圆形或长圆状披针形，叶柄长 12–15 mm；花梗长 5–8 mm，花柱密被白色星状长柔毛。

分布与生境 产于云南。生于海拔 1700–3100 m 的向阳山地疏林中或灌丛中。

药用部位 根。

功效应用 清心安神。用于心悸气短。

注评 本种的果实在云南迪庆及西藏东南部地区的藏医师中用作藏药"广枣"（藏语称"娘肖夏"），用于心热病，心脏病，气滞血瘀，心慌气紧，心神不安等；与多数藏区使用的"广枣"为漆树科植物南酸枣 Choerospondias axillaria (Roxb.) Burtt et Hill 的果实不同，二者功用是否相同，有待进一步研究。

24. 披针叶胡颓子（中国高等植物图鉴）

Elaeagnus lanceolata Warb. ex Diels in Bot. Jahrb. Syst. 29: 483. 1900.——*E. lanceolata* Warb. ex Diels subsp. *grandifolia* Servett., *E. lanceolata* Warb. ex Diels subsp. *rubescens* Lecomte, *E. lanceolata* Warb. ex Diels subsp. *stricta* Servett.（英 **Lanceolate Elaeagnus**）

常绿直立或蔓状灌木，高达 4 m。叶革质，披针形或椭圆状披针形至长椭圆形，长 5–14 cm，宽 1.5–3.6 cm，顶端渐尖，基部圆形，稀阔楔形，边缘全缘，反卷，上面幼时被褐色鳞片，下面密被银白色鳞片和鳞毛，散生少数褐色鳞片，侧脉 8–12 对；叶柄长 5–7 mm，黄褐色。花淡黄白色，下垂，密被银白色和散生少数褐色鳞片和鳞毛，常 3–5 花簇生于叶腋短小枝上呈伞形总状花序；花梗长 3–5 mm；萼筒圆筒形，长 5–6 mm；在子房上骤收缩，裂片宽三角形，长 2.5–3 mm，顶端渐尖，内面疏生白色星状柔毛，包围子房的萼管椭圆形，长 2 mm，被褐色鳞片；雄蕊的花丝极短或几无，花药椭圆形，长 1.5 mm，淡黄色；柱头长 2–3 mm，达裂片的2/3。果实椭圆形，长 12–15 mm，直径 5–6 mm；果梗长 3–6 mm。花期 8–10 月，果期翌年 4–5 月。

本种与胡颓子 E. pungens Thunb. 相近，区别在于本种的叶片椭圆状披针形，侧脉 8–12 对，与中脉开展成 45° 的角，网状脉在上面不明显，花柱多少被星状柔毛；幼枝淡黄白色

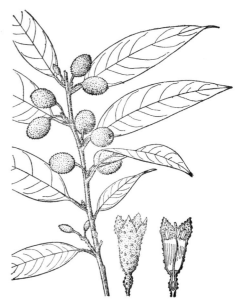

披针叶胡颓子 **Elaeagnus lanceolata** Warb. ex Diels
引自《中国高等植物图鉴》

披针叶胡颓子 **Elaeagnus lanceolata** Warb. ex Diels
摄影：徐永福

或淡褐色而不同。

分布与生境 产于陕西、甘肃、湖北、四川、贵州、云南、广西等地。生于海拔 600–2500 m 的山地林中或林缘。

药用部位 根。

功效应用 祛寒湿，温下焦。用于外感风寒，小便失禁。

化学成分 枝叶含木脂素类：异美洲商陆醇▲B (isoamericanol B)，丁香树脂酚(syringaresinol)，铁线莲酚▲A (clemaphenol A)[1]；黄酮类：三裂海棠素▲(trilobatin)，3-苯基-1-(2',6'-二羟基-苯基-4'-O-β-D-吡喃葡萄糖基)-1-丙酮[3-phenyl-1-(2',6'-dihydroxy-phenyl-4'-O-β-D-glucopyranosyl)-1-propanone]，柚皮苷元-7-O-β-D-吡喃葡萄糖苷(naringenin-7-O-β-D-glucopyranoside)，牡荆素(vitexin)，7-O-β-D-吡喃葡萄糖基白杨素(7-O-β-D-glucopyranosylchrysin)，异鼠李素-3-O-α-L-吡喃鼠李糖基-7-O-β-D-吡喃葡萄糖苷(isorhamnetin-3-O-α-L-rhamnopyranosyl-7-O-β-D-glucopyranoside)，山柰酚-3-O-β-D-吡喃葡萄糖苷(kaempferol-3-O-β-D-glucopyranoside)，山柰酚-3-O-β-D-(6"-O-反式-对香豆酰基)-吡喃葡萄糖苷[kaempferol-3-O-β-D-(6"-O-trans-p-coumaroyl)-glucopyranoside][1]；三萜类：2α-羟基熊果酸(2α-hydroxyursolic acid)，2α,23-二羟基熊果酸(2α,23-dihydroxyursolic acid)，山楂酸(maslinic acid)[1]；大柱香波龙烷类：催吐萝芙木醇(vomifoliol)，长春花苷(roseoside)[1]；生物碱类：6-羟基-3,4-二氢-1-氧代-β-咔啉(6-hydroxy-3,4-dihydro-1-oxo-β-carboline)[1]；脂肪酸类：地耳草酸▲(japonica acid)[1]；叶黄素类：叶黄素(lutein)[1]。

叶含黄酮类：5,7,4'-三羟基-3'-甲氧基黄酮醇-3-O-{6-O-[(2E)-3-(4-羟基-3,5-二甲氧基苯基)-1-氧代-2-丙烯基]-β-D-吡喃葡萄糖基]}-(1→2)-β-D-吡喃葡萄糖苷{5,7,4'-trihydroxy-3'-methoxyflavonol-3-O-{6-O-[(2E)-3-(4-hydroxy-3,5-dimethoxyphenyl)-1-oxo-2-propenyl]-β-D-glucopyranosyl]}-(1→2)-β-D-glucopyranoside}，3',4',5-三羟基黄酮醇-3-O-{6-O-[(2E)-3-(4-羟基-3,5-二甲氧基苯基)-1-氧代-2-丙烯基]-β-D-吡喃葡萄糖基]}-(1→2)-β-D-吡喃葡萄糖苷-7-O-α-L-吡喃鼠李糖苷{3',4',5-trihydroxyflavonol-3-O-{6-O-[(2E)-3-(4-hydroxy-3,5-dimethoxyphenyl)-1-oxo-2-propenyl]-β-D-glucopyranosyl]}-(1→2)-β-D-glucopyranoside-7-O-α-L-rhamnopyranoside}，山柰酚-3-O-β-D-吡喃葡萄糖苷(kaempferol-3-O-β-D-glucopyranoside)，反式-银椴苷(trans-tiliroside)[2]。

花含挥发油：4-甲氧基桂皮酸辛酯(octyl 4-methoxycinnamate)，壬酸(pelargonic acid)，亚油酸(linoleic acid)，棕榈酸(palmitic acid)，大根老鹳草烯D (germacrene D)等[3]。

化学成分参考文献

[1] 宋卫武，等 . 云南植物研究，2010, 32(5): 455-462.

[2] Cao SG, et al. *Nat Prod Lett*, 2001, 15(4): 211-216.

[3] 王长青，等 . 食品科学，2013, 34(2): 191-193.

25. 绿叶胡颓子 白绿叶

Elaeagnus viridis Servett. in Bull. Herb. Boissier, sér. 2, 8: 388. 1908. ——*E. viridis* Servett. var. *delavayi* Lecomte（英 **Greenleaf Elaeagnus**）

常绿直立小灌木，高约 2 m，具刺，刺纤细，长约 10 mm。叶薄革质或纸质，椭圆形至长圆状椭圆形，长 2.5–6.5 cm，宽 1.2–2.6 cm，两端钝尖，全缘，上面幼时被褐色鳞片，成熟后脱落，深绿色，下面除中脉褐色外银白色，密被银白色和散生少数褐色鳞片，侧脉 6–7 对，与中脉开展成45度的角，两面略明显；叶柄锈色，长 5–7 mm。花白色，俯垂，密被银白色和散生少数褐色鳞片，1–3 花簇生于叶腋短小枝上；花梗长 2–3 mm；苞片线形，早落；萼筒短圆筒形，长 4.5–5 mm，裂片宽卵形或卵状三角形，长 2.5 mm，顶端渐尖，内面疏生白色

绿叶胡颓子 Elaeagnus viridis Servett.
冯先洁 绘

星状短柔毛，包围子房的萼管长椭圆形，长 1.5-2.5 mm；雄蕊 4 枚，花丝极短，花药椭圆形；花柱直立，微被星状短柔毛，长 5.5 mm。果实椭圆形，长约 1.3 cm，直径约 7 mm。花期 10-11 月。

　　本种与长叶胡颓子 E. bockii Diels 相近，区别在于本种的萼筒长 4.5-5 mm，裂片宽卵形或卵状三角形，长 2.5 mm，花柱微被星状短柔毛；叶片较小，椭圆形。

绿叶胡颓子 **Elaeagnus viridis** Servett.
摄影：朱鑫鑫

分布与生境　产于陕西南部、湖北西部。生于海拔 500-1200 m 的向阳沙质土壤的灌丛中。
药用部位　根皮、茎皮、叶。
功效应用　利尿排石，止咳定喘，行气止痛。用于水肿，砂淋，胃痛，咳嗽痰喘。

2. 沙棘属 Hippophae L.

　　落叶直立灌木或小乔木，具刺；幼枝密被鳞片或星状绒毛，老枝灰黑色；冬芽小，褐色或锈色。单叶互生，对生或三叶轮生，线形或线状披针形，两端钝形，两面具鳞片或星状柔毛，成熟后上面通常无毛，无侧脉或不明显；叶柄极短，长 1-2 mm。单性花，雌雄异株；雌株花序轴发育成小枝或棘刺，雄株花序轴后脱落；雄花先开放，生于早落苞片腋内，无花梗，花萼 2 裂，雄蕊 4 枚，2 枚与花萼裂片互生，2 枚与花萼裂片对生，花丝短，花药长圆形，雌花单生叶腋，具短梗，花萼囊状，顶端 2 齿裂，子房上位，1 心皮，1 室，1 胚珠，花柱短，微伸出花外，急尖。果实为坚果，为肉质化的萼管包围，核果状，近圆形或长长圆形，长 5-12 mm。种子 1 枚，倒卵形或椭圆形，骨质。

　　本属有 7 种，分布于亚洲和欧洲温带地区。我国有 7 种，其中 4 种 2 亚种可药用。

分种检索表

1. 灌木，高 0.1-0.5 (-1) m；叶片通常 3 叶轮生，背面有近全缘的盾形鳞片 ……………1. **西藏沙棘 H. tibetana**
1. 灌木或乔木，高 (0.6) 2-10 m；叶片通常互生，有时对生，长约 0.3 cm 或更长，背面有星状毛和（或）深裂的鳞片。
　　2. 果球形或卵球形，光滑。
　　　　3. 叶背灰色，有显著的红棕色中脉……………………………………………2. **柳叶沙棘 H. salicifolia**
　　　　3. 叶背银白色，有时散布红棕色鳞片。
　　　　　　4. 叶背仅有鳞片；种皮有光泽，成熟时容易与内果皮分开。
　　　　　　　　5. 叶片通常互生，偶尔在徒长枝上近对生，通常有锈色鳞片 ………………………………………

　　本属药用植物主要含生物碱类成分，如骆驼蓬碱 (harmaline)，骆驼蓬满碱▲(harman)；黄酮类成分如槲皮素 -3-*O*-*β*-D- 葡萄糖苷 (quercetin-3-*O*-*β*-D-glucoside) 等。

　　本属植物具有抗肿瘤、抗化学及辐射损伤、抗炎、抗过敏、耐缺氧、耐疲劳等作用。

1. 西藏沙棘（植物分类学报）

Hippophae tibetana Schltdl. in Linnaea 32: 296. 1863.（英 **Tibet Seabuckthorn**）

　　矮小灌木，高 4–60 cm，稀达 1 m；叶腋通常无棘刺。单叶，三叶轮生或对生，稀互生，线形或长圆状线形，长 10–25 mm，宽 2–3.5 mm，两端钝形，边缘全缘不反卷，上面幼时疏生白色鳞片，成熟后脱落，暗绿色，下面灰白色，密被银白色和散生少数褐色细小鳞片。雌雄异株；雄花黄绿色，花萼 2 裂，雄蕊 4 枚，2 枚与花萼裂片对生，2 枚与花萼裂片互生；雌花淡绿色，花萼囊状，顶端 2 齿裂。果实成熟时黄褐色，多汁，阔椭圆形或近圆形，长 8–12 mm，直径 6–10 mm，顶端具 6 条放射状黑色条纹；果梗纤细，褐色，长 1–2 mm。花期 5–6 月，果期 9 月。

　　本种由于适宜于干燥寒冷、风大的高原气候特点，一般植株矮小，分布在海拔 5000 m 以上的高寒地区。高仅 7–8 cm。本种与沙棘 *H. rhamnoides* L. 相近，曾经被合并在沙棘种内作为异名或亚种，但是由于其形态特征、地理分布和生长的环境都比较特殊，近年来多数学者承认它是独立的种。

分布与生境　产于甘肃、青海、四川、西藏。生于海拔 3300–5200 m 的高原草地河漫滩及岸边。

药用部位　果实。

西藏沙棘 Hippophae tibetana Schltdl.
胡涛　绘

西藏沙棘 Hippophae tibetana Schltdl.
摄影：林秦文

功效应用 藏北民间用以治肝炎。

化学成分 浆果含黄酮类：槲皮素-3-*O*-槐糖苷-7-*O*-α-L-吡喃鼠李糖苷(quercetin-3-*O*-sophoroside-7-*O*-α-L-rhamnopyranoside)，山柰酚-3-*O*-槐糖苷-7-*O*-α-L-吡喃鼠李糖苷(kaempferol-3-*O*-sophoroside-7-*O*-α-L-rhamnopyranoside)，异鼠李素-3-*O*-槐糖苷-7-*O*-α-L-吡喃鼠李糖苷(isorhamnetin-3-*O*-sophoroside-7-*O*-α-L-rhamnopyranoside)，异鼠李素-3-*O*-β-D-吡喃葡萄糖苷-7-*O*-α-L-吡喃鼠李糖苷(isorhamnetin-3-*O*-β-D-glucopyranoside-7-*O*-α-L-rhamnopyranoside)，异鼠李素-3-*O*-芸香糖苷(isorhamnetin-3-*O*-rutinoside)，异鼠李素-3-*O*-β-D-吡喃葡萄糖苷(isorhamnetin-3-*O*-β-D-glucopyranoside)，槲皮素(quercetin)，山柰酚-7-*O*-α-L-吡喃鼠李糖苷(kaempferol-7-*O*-α-L-rhamnopyranoside)，山柰酚(kaempferol)，异鼠李素(isorhamnetin)[1]。

注评 本种为青海药品标准（1992 年版）收载的"沙棘"的基源植物之一，药用其干燥成熟果实。同属植物肋果沙棘 Hippophae neurocarpa S. W. Liu et T. N. He、中国沙棘 Hippophae rhamnoides L. subsp. sinensis Rousi 亦为基源植物，与本种同等药用。本种也为《晶珠本草》中记载的"小"类沙棘（藏语称"萨达尔"）的原植物之一，藏族语称"达布"或"达尔布"，药用其果实或熬膏，用于月经不调，肺病，咽喉疾病，咳嗽痰多，消化不良，胃溃疡，胃痛等。

化学成分参考文献

[1] Chen C, et al. *J Chromatogr A*, 2007, 1154(1-2): 250-259.

2. 柳叶沙棘

Hippophae salicifolia D. Don, Prodr. Fl. Nepal. 68. 1825.（英 **Willowleaf Hippophae**）

落叶直立灌木或小乔木，高 5 m，枝顶端具短刺；幼枝纤细，伸长，密被褐色鳞片和散生淡白色星状柔毛，老枝灰棕色。叶纸质，线状披针形或宽线状披针形，长 45–80 mm，宽 6–10 mm，顶端渐尖或钝形，基部钝形，边缘甚反卷或不反卷，上面深绿色，散生白色星状短柔毛，下面灰绿色，密被毡状灰绿色短柔毛，无鳞片，中脉在上面凹下，呈槽状，下面褐色，明显凸起，微被星状柔毛；叶柄褐色，长 2 mm。果实圆形或近圆形，多汁，成熟时橘黄色，长 8 mm，直径 6 mm；果核阔椭圆形，长 5.5 mm，直径 3.2 mm；果梗长约 1 mm。花期 6 月，果期 10 月。

分布与生境 产于我国西藏南部（吉隆、错那）。生于海拔 2800–3500 m 的高山狭谷山坡疏林中或林缘。本种为喜马拉雅山地区的特有植物，尼泊尔、印度（锡金）、不丹也有分布。

药用部位 果实。

功效应用 化痰止咳，消食化滞，活血散瘀。用于咳嗽痰多，消化不良，食积腹痛，跌打损伤，瘀肿，瘀血经闭。

化学成分 茎皮含甾体和生物碱[1]。

叶和浆果含黄酮[2]。

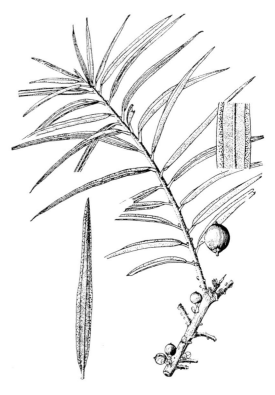

柳叶沙棘 **Hippophae salicifolia** D. Don
胡涛 绘

柳叶沙棘 **Hippophae salicifolia** D. Don
摄影：林秦文

化学成分参考文献

[1] Ambaye RY, et al. *Indian Journal of Pharmacy*, 1970, 32(5): 130-131.

[2] Lu RS, et al. *Academia Journal of Medicinal Plants*, 2013, 1(7): 122-136.

3. 沙棘（中国树木分类学）

Hippophae rhamnoides L., Sp. Pl. 2: 1023. 1753.（英 **Seabuckthorn**）

模式亚种产于欧洲北部，我国不产。

3a. 中国沙棘（亚种） 醋柳（山西），黄酸刺、酸刺柳（陕西），黑刺（青海），酸刺（内蒙古）

Hippophae rhamnoides L. subsp. **sinensis** Rousi in Ann. Bot. Fenn. 8: 212. 1971.（英 **Chinese Seabuckthorn**）

落叶灌木或乔木，高 1–5 (–18) m，棘刺较多，粗壮，顶生或侧生；嫩枝褐绿色，密被银白色而带褐色鳞片或有时具白色星状柔毛，老枝灰黑色，粗糙；芽大，金黄色或锈色。单叶通常近对生，与枝条着生相似，纸质，狭披针形或长圆状披针形，长 30–80 mm，宽 4–10 (–13) mm，两端钝形或基部近圆形，基部最宽，上面绿色，初被白色盾形毛或星状柔毛，下面银白色或淡白色，被鳞片，无星状毛；叶柄极短，几无或长 1–1.5 mm。果实圆球形，直径 4–6 mm，橘黄色或橘红色；果梗长 1–2.5 mm。种子小，阔椭圆形至卵形，有时稍扁，长 2.8–4 mm，黑色或紫黑色，具光泽。花期 4–5 月，果期 9–10 月。

分布与生境 产于内蒙古、河北、山西、陕西、甘肃、青海、四川西部。常生于海拔 800–3600 m 的温带地区的向阳山脊、谷地、干涸河床地或山坡，多砾石或沙质土壤或黄土上。我国黄土高原极为普遍。

药用部位 果实。

中国沙棘 **Hippophae rhamnoides** L. subsp. **sinensis** Rousi
引自《山东植物志》

中国沙棘 **Hippophae rhamnoides** L. subsp. **sinensis** Rousi
摄影：张英涛 陈又生

功效应用 化痰止咳，消食化滞，活血散瘀。用于咳嗽痰多，消化不良，食积腹痛，跌打损伤，瘀肿，瘀血经闭。

化学成分 叶含黄酮类：山柰酚-3-*O*-β-D-(6″-对羟基桂皮酰基)-吡喃葡萄糖苷[kaempferol-3-*O*-β-D-(6″-*p*-coumaroyl)-glucopyranoside]，异鼠李素-7-*O*-吡喃鼠李糖基-3-*O*-吡喃葡萄糖苷(isorhamnetin-7-*O*-rhamnopyranosyl-3-*O*-glucopyranoside)[1]；三萜类：2α-羟基熊果酸(2α-hydroxyursolic acid)[2]；甾体类：β-谷甾醇[2]；多元醇类：L-2-*O*-甲基肌醇(L-2-*O*-methylinositol)[2]；挥发油：二十四烷(tetracosane)，棕榈酸(palmitic acid)，十八碳三烯醇(octadecatrienol)，二十四(碳)烯(tetracosene)，二十醇(eicosanol)等[3]。

浆果含黄酮类：异鼠李素-3-*O*-[(6-*O*-*E*-芥子酰基)-β-D-吡喃葡萄糖基-(1→2)]-β-D-吡喃葡萄糖基-7-*O*-α-L-吡喃鼠李糖苷{isorhamnetin-3-*O*-[(6-*O*-*E*-sinapoyl)-β-D-glucopyranosyl-(1→2)]-β-D-glucopyranosyl-7-*O*-α-L-rhamnopyranoside}，槲皮素-3-*O*-[(6-*O*-*E*-芥子酰基)-β-D-吡喃葡萄糖基-(1→2)]-β-D-吡喃葡萄糖基-7-*O*-α-L-吡喃鼠李糖苷{quercetin-3-*O*-[(6-*O*-*E*-sinapoyl)-β-D-glucopyranosyl-(1→2)]-β-D-glucopyranosyl-7-*O*-α-L-rhamnopyranoside}，山柰酚-3-*O*-[(6-*O*-*E*-芥子酰基)-β-D-吡喃葡萄糖基-(1→2)]-β-D-吡喃葡萄糖基-7-*O*-α-L-吡喃鼠李糖苷{kaempferol-3-*O*-[(6-*O*-*E*-sinapoyl)-β-D-glucopyranosyl-(1→2)]-β-D-glucopyranosyl-7-*O*-α-L-rhamnopyranoside}[4]；多元醇类：L-白雀木醇(L-quebrachitol)，手性肌醇(*chiro*-inositol)，肌肉肌醇(*myo*-inositol)[5]。

种子含黄酮类：沙棘黄酮苷(seabuckthorn flavonoid glycoside) A、B，异鼠李素-3-*O*-β-D-芸香糖苷(isorhamnetin-3-*O*-β-D-rutinoside)[6]。

籽粕含黄酮类：3-*O*-β-D-吡喃葡萄糖基-山柰酚-7-*O*-{2-*O*-[2(*E*)-2,6-二甲基-6-羟基-2,7-辛二烯酰基]}-α-L-吡喃鼠李糖苷{3-*O*-β-D-glucopyranosyl-kaempferol-7-*O*-{2-*O*-[2(*E*)-2,6-dimethyl-6-hydroxy-2,7-octadienoyl]}-α-L-rhamnopyranoside}，3-*O*-β-D-槐糖基-山柰酚-7-*O*-{3-*O*-[2(*E*)-2,6-二甲基-6-羟基-2,7-辛二烯酰基]}-α-L-吡喃鼠李糖苷{3-*O*-β-D-sophorosyl-kaempferol-7-*O*-{3-*O*-[2(*E*)-2,6-dimethyl-6-hydroxy-2,7-octadienoyl]}-α-L-rhamnopyranoside}，3-*O*-β-D-槐糖基-山柰酚-7-*O*-{2-*O*-[2(*E*)-2,6-二甲基-6-羟基-2,7-辛二烯酰基]}-α-L-吡喃鼠李糖苷{3-*O*-β-D-sophorosyl-kaempferol-7-*O*-{2-*O*-[2(*E*)-2,6-dimethyl-6-hydroxy-2,7-octadienoyl]}-α-L-rhamnopyranoside}，3-*O*-α-L-吡喃阿拉伯糖基-山柰酚-7-*O*-α-L-吡喃鼠李糖苷(3-*O*-α-L-arabinopyranosyl-kaempferol-7-*O*-α-L-rhamnopyranoside)，3-*O*-β-D-吡喃葡萄糖基-山柰酚-7-*O*-α-L-吡喃鼠李糖苷(3-*O*-β-D-glucopyranosyl-kaempferol-7-*O*-α-L-rhamnopyranoside)，3-*O*-β-D-吡喃葡萄糖基-异鼠李素-7-*O*-α-L-吡喃鼠李糖苷(3-*O*-β-D-glucopyranosyl-isorhamnetin-7-*O*-α-L-rhamnopyranoside)，3-*O*-β-D-芸香糖基-山柰酚-7-*O*-α-L-吡喃鼠李糖苷(3-*O*-β-D-rutinosyl-kaempferol-7-*O*-α-L-rhamnopyranoside)[7]，

山奈酚-3-*O*-*β*-D-吡喃葡萄糖基-7-*O*-[(6*R*,2*E*)2,6-二甲基-6-羟基-2,7-辛二烯酰-(1→4)]-*α*-L-吡喃鼠李糖苷{kaempferol-3-*O*-*β*-D-glucopyranosyl-7-*O*-[(6*R*,2*E*)-2,6-dimethyl-6-hydroxy-2,7-octadienoyl-(1→4)]-*α*-L-rhamnopyranoside}[8]，山奈酚-(3-*O*-[(6-*O*-*E*-芥子酰基)-*β*-D-吡喃葡萄糖基-(1→2)]-*β*-D-吡喃葡萄糖基-7-*O*-*α*-L-吡喃鼠李糖苷){kaempferol-(3-*O*-[(6-*O*-*E*-sinapoyl)-*β*-D-glucopyranosyl-(1→2)]-*β*-D-glucopyranosyl-7-*O*-*α*-L-rhamnopyranoside)}[9]，沙棘素▲(hippophin) C、D、E、F[9]、K、L、M[10]；三萜类：沙棘苷▲(hippophoside) A、B、C、D[11]。

药理作用 抗细菌作用：中国沙棘叶乙醇提取物对大肠埃希氏菌、金黄色葡萄球菌、沙门菌、枯草芽孢杆菌、蜡状芽孢杆菌、普通变形杆菌有抑制作用[1]。

注评 本种为中国药典（1977、2005、2010、2015年版）、青海药品标准（1992年版）收载"沙棘"的基源植物，药用其干燥成熟果实。青海药品标准（1992年版）还收载了同属植物肋果沙棘 Hippophae neurocarpa S. W. Liu et T. N. He、西藏沙棘 Hippophae thibetana Schlechtend. 的果实与本种同等药用。藏族和蒙古族也作"沙棘"药用（参见"沙棘"项下）。本种为《晶珠本草》中记载的"大"类沙棘（藏族语称"纳木达尔"）的原植物之一。

化学成分参考文献

[1] 杨亮，等. 沙棘，2004, 17(4): 28-29.

[2] 姚凌云，等. 沙棘，2003, 16(2): 33-34.

[3] Tian CJ, et al. *Biochem Syst Ecol*, 2004, 32(4): 431-441.

[4] Chen C, et al. *Food Chem*, 2013, 141(3): 1573-1579.

[5] Kallio H, et al. *J Chromatogr* B, 2009, 877(14+15): 1426-1432.

[6] 高雯，等. 中草药，2013, 44(1): 6-10.

[7] Zhang J, et al. *J Asian Nat Prod Res*, 2012, 14(12): 1122-1129.

[8] 张静，等. 中国医药工业杂志，2011, 42(4): 265-267.

[9] Gao W, et al. *J Asian Nat Prod Res*, 2013, 15(5): 507-514.

[10] Chen C, et al. *Nat Prod Res*, 2014, 28(1): 24-29.

[11] Chen C, et al. *J Asian Nat Prod Res*, 2014, 16(3): 231-239.

药理作用及毒性参考文献

[1] 焦翔，等. 食品科学，2007, 28(8): 124-129.

3b. 云南沙棘（变种）

Hippophae rhamnoides L. subsp. **yunnanensis** Rousi in Ann. Bot. Fenn. 8: 213. 1971.（英 **Yunnan Seabuckthorn**）

本亚种与中国沙棘亚种 subsp. *sinensis* Rousi 极为相近，但叶互生，基部最宽，常为圆形或有时楔形，上面绿色，下面灰褐色，具较多而较大的锈色鳞片。果实圆球形，直径 5–7 mm；果梗长 1–2 mm。种子阔椭圆形至卵形，稍扁，通常长 3–4 mm。花期 4 月，果期 8–9 月。

分布与生境 产于四川西部、云南西北部、西藏东南部。常见于海拔 2200–3700 m 的干涸河谷沙地、石砾地或山坡密林中至高山草地。

药用部位 果实。

功效应用 化痰止咳，消食化滞，活血散瘀。用于咳嗽痰多，消化不良，食积腹痛，跌打损伤，瘀肿，瘀血经闭。

化学成分 叶含挥发油：二十四烷(tetracosane)，棕榈酸(palmitic acid)，十八碳三烯醇(octadecatrienol)，二十四(碳)烯(tetracosene)，二十醇(eicosanol)等[1]。

浆果含黄酮类：槲皮素-3-*O*-槐糖苷-7-*O*-*α*-L-吡喃鼠李糖苷(quercetin-3-*O*-sophoroside-7-*O*-*α*-L-rhamnopyranoside)，山奈酚-3-*O*-槐糖苷-7-*O*-*α*-L-吡喃鼠李糖苷(kaempferol-3-*O*-sophoroside-7-*O*-*α*-L-rhamnopyranoside)，异鼠李素-3-*O*-槐糖苷-7-*O*-*α*-L-吡喃鼠李糖苷(isorhamnetin-3-*O*-sophoroside-7-*O*-*α*-L-rhamnopyranoside)，异鼠李素-3-*O*-*β*-D-吡喃葡萄糖苷-7-*O*-*α*-L-吡喃鼠李糖苷(isorhamnetin-3-*O*-*β*-D-

云南沙棘 **Hippophae rhamnoides** L. subsp. **yunnanensis** Rousi
摄影：陈又生

glucopyranoside-7-*O*-*α*-L-rhamnopyranoside)，槲皮素-3-*O*-芸香糖苷(quercetin-3-*O*-rutinoside)，槲皮素-3-*O*-*β*-D-吡喃葡萄糖苷(quercetin-3-*O*-*β*-D-glucopyranoside)，异鼠李素-3-*O*-芸香糖苷(isorhamnetin-3-*O*-rutinoside)，异鼠李素-3-*O*-*β*-D-吡喃葡萄糖苷(isorhamnetin-3-*O*-*β*-D-glucopyranoside)，槲皮素(quercetin)，山柰酚-7-*O*-*α*-L-吡喃鼠李糖苷(kaempferol-7-*O*-*α*-L-rhamnopyranoside)，山柰酚(kaempferol)，异鼠李素(isorhamnetin)[2]。

注评　本种为《晶珠本草》中记载的"中"类沙棘（藏语称"巴尔达尔"）的原植物之一，藏药称"达布"（与"沙棘"同名），药用其果实，用于治疗肺病，咽喉病，肺及肠肿瘤，消化不良，闭经等。

化学成分参考文献

[1] Tian CJ, et al. *Biochem Syst Ecol*, 2004, 32(4): 431-441.　　[2] Chen C, et al. *J Chromatogr A*, 2007, 1154(1-2): 250-259.

4. 江孜沙棘

Hippophae gyantsensis (Rousi) Y. S. Lian in Acta Phytotax. Sin. 26: 235. 1988.——*H. rhamnoides* L. subsp. *gyantsensis* Rousi（英 **Gyangze Hippophae**）

　　落叶灌木或乔木，高 5–8 m，小枝纤细，灰色或褐色；节间较短。叶互生，纸质，狭披针形，长 30–55 mm，宽 3–5 mm，基部最宽，顶端钝形，边缘全缘，微反卷，上面绿色或稍带白色，具散生星状白色短柔毛或绒毛，尤以中脉为多，下面灰白色，密被银白色和散生少数褐色鳞片，有时散生白色绒毛，中脉在上面下陷，下面显著凸起；叶柄极短或几无。果实椭圆形，长 5–7 mm，直径 3–4 mm，黄色；果梗长约 1 mm。种子椭圆形，甚扁，具六纵棱，长 4.5–5 mm，直径约 3 mm，带黑色，无光泽，种皮微皱，羊皮纸质。

分布与生境　产于我国西藏。生于海拔 3500–3800 m 的河床石砾地或河漫滩。印度（锡金）也有分布。

药用部位　果实。

功效应用　补肺，活血。用于月经不调，子宫病，肺结核，胃病，胃酸过多，胃溃疡。

化学成分 叶和浆果含黄酮[1]。

注评 本种为藏药"达布"或"达尔布"的基源植物之一,药用其果实或果实熬膏,主要用途见功效应用项。《晶珠本草》中记载的沙棘分大(藏语称"纳木达尔")、中(称"巴尔达尔")、小(称"萨达尔")3类,本种为"大"或"中"类沙棘的原植物之一。

化学成分参考文献

[1] Lu RS, et al. *Academia Journal of Medicinal Plants*, 2013, 1(7): 122-136.

5. 肋果沙棘(植物分类学报) 黑刺(青海)

Hippophae neurocarpa S. W. Liu et T. N. He in Acta Phytotax. Sin. 16(2): 107. 1978.(英 **Ribbedfruit Seabuckthorn**)

　　落叶灌木或小乔木,高 0.6–5 m;冬芽卵圆形,被深褐色鳞片。叶互生,线形至线状披针形,长 2–6 (8) cm,宽 1.5–5 mm,顶端急尖,基部楔形或近圆形,上面幼时密被银白色鳞片或灰绿色星状柔毛,后星状毛多脱落,蓝绿色,下面密被银白色鳞片和星状毛,呈灰白色,或混生褐色鳞片,而呈黄褐色。花序生于幼枝基部,簇生成短总状,花小,黄绿色,雌雄异株,先叶开放;雄花黄绿色,花萼 2 深裂,雄蕊 4 枚,2 枚与花萼裂片对生,2 枚与花萼裂片互生,雌花花萼上部 2 浅裂,裂片近圆形,长约 1 mm,具银白色与褐色鳞片,花柱圆柱形,褐色,稍弯,伸出花萼裂片外。果实为宿存的萼管所包围,圆柱形,弯曲,具 5–7 纵肋,长 6–8 (–9) mm,直径 3–4 mm,成熟时褐色,肉质,密被银白色鳞片。种子圆柱形,长 4–6 mm。

　　本种与柳叶沙棘 *H. salicifolia* D. Don 很相似,但叶片下面无毡状绒毛;果实肉质,圆柱形,弯曲,褐色,具 5–7 纵肋,顶端凹陷;种子圆柱形,多少弯曲,具 5–7 肋而不同。

分布与生境 产于青海、四川和西藏。生于海拔 3400–4300 m 的河谷、阶地、河漫滩,常形成灌木林。

药用部位 果实。

功效应用 活血化瘀,化痰宽胸。用于咳嗽痰多,消化不良,腹痛,跌打损伤,闭经。

化学成分 叶和浆果含黄酮[1]。

注评 本种为青海药品标准(1992 年版)收载的"沙棘"的基源植物之一,药用其干燥成熟果实。同属植物中国沙棘 Hippophae rhamnoides L. subsp. sinensis Rousi、西藏沙棘 Hippophae thibetana Schlechtend. 亦为基源植物,与本种同等药用。藏药"达布"或"达尔布"为本种的果实或果实煎膏品,用于月经不调、肺病、咽喉疾病、咳嗽痰多、消化不良、胃溃疡、胃痛等。《晶珠本草》中记载的沙棘分大(藏语称"纳木达尔")、中(称"巴尔达尔")、小(称"萨达尔")3类,本种为"大"或"中"类沙棘的原植物之一。

化学成分参考文献

[1] Lu RS, et al. *Academia Journal of Medicinal Plants*, 2013, 1(7): 122-136.

大风子科 FLACOURTIACEAE

　　常绿或落叶乔木或灌木，多数无刺，稀有枝刺和皮刺。单叶，互生，有时排成二列或螺旋式，全缘或有锯齿，多数在齿尖有圆腺体，有的有透明或半透明的腺点和腺条，有时在叶基有腺体和腺点；叶柄常基部和顶部增粗。花通常小，稀较大，两性或单性，雌雄异株或杂性同株；单生或簇生，排成顶生或腋生的总状花序、圆锥花序、团伞花序（聚伞花序）；萼片2-7片或更多，覆瓦状排列，稀镊合状和螺旋状排列，分离或在基部联合成萼管；花瓣2-7片，稀更多或缺，稀为有翼瓣片，分离或基部联合，通常花瓣与萼片相似而同数，稀多于萼片，覆瓦状或镊合状排列，稀轮状排列，排列整齐，通常与萼片互生；花托通常有腺体，或腺体开展成花盘，有的花盘中央变深而成为花盘管；雄蕊通常多数，稀少数，有的与花瓣同数而和花瓣对生，花丝分离，稀联合成管状和束状与腺体互生，药隔有1短附属物；雌蕊由2-10个心皮组成；子房上位、半下位，稀完全下位，通常1室，有2-10个侧膜胎座和2至多数胚珠；侧膜胎座有时向内突出到子房室的中央而形成多室的中轴胎座；胚珠倒生或半倒生。果实为浆果和蒴果，有的有棱条，角状或多刺，有1至多粒种子。种子有时有假种皮，或种子边缘有翅，稀被绢状毛。

　　本科约有87属，约900余种，主要分布于热带和亚热带地区。我国有12属，约39种，主产于华南、西南地区，少数种类分布到秦岭和长江以南各地，其中11属20种2变种可药用。

　　本科药用植物主要含酚及酚苷、木脂素、香豆素、三萜、生物碱等类型化学成分。

分属检索表

1. 花有花瓣。
　　2. 具有花萼筒，倒圆锥形，贴生于子房下部的1/2-2/3（上位花），萼片裂片离生 ···· **1. 天料木属 Homalium**
　　2. 无花萼筒，萼片不贴生于子房（下位花），萼片裂片离生或基部合生。
　　　　3. 花两性；花瓣和萼片相似；花瓣长不超过4 mm；花盘有腺体，小；雄蕊长于花瓣；花柱1 ················
　　　　　　·· **2. 箣柊属 Scolopia**
　　　　3. 花单性或两性；花瓣和萼片显著不同；花瓣长于5 mm；花盘无腺体；雄蕊短于花瓣或等长；花柱3-6。
　　　　　　4. 花萼杯状，通常具3-5齿或浅裂片；花瓣亦连合，通常5裂；雄蕊多数；有老茎生花现象··············
　　　　　　　　·· **3. 马蛋果属 Gynocardia**
　　　　　　4. 花萼和花瓣均离生，偶基部稍连合，各4-5片，大小近相等；雄蕊5枚或多数；花通常腋生，无老茎生花现象·· **4. 大风子属 Hydnocarpus**
1. 花无花瓣。
　　5. 花两性，花盘杯状·· **5. 脚骨脆属 Casearia**
　　5. 花单性，花盘非杯状。
　　　　6. 萼片镊合状，花盘无腺体。
　　　　　　7. 叶片具羽状叶脉·· **6. 栀子皮属 Itoa**
　　　　　　7. 叶片具基出3-5脉·· **7. 山羊角树属 Carrierea**
　　　　6. 萼片覆瓦状，花盘有腺体。
　　　　　　8. 叶片宽卵形，基部心形，叶柄6-12 cm································ **8. 山桐子属 Idesia**

8. 叶片与上面不同，叶柄通常短于 4 cm。

9. 有枝刺；总状、圆锥状或聚伞状花序或丛生；果实无毛。

10. 核果具分核，干时长 10-30 mm ·· 9. 刺篱木属 Flacourtia

10. 果浆果状，干时直径约 7 mm ·· 10. 柞木属 Xylosma

9. 有腋刺；花单生或丛生；果实有毛 ·· 11. 山桂花属 Bennettiodendron

1. 天料木属 Homalium Jacq.

乔木或灌木。单叶互生，边缘具齿，稀全缘，齿尖常带腺体，腺体在下面下陷。花两性，细小，通常数朵簇生或单生且排成顶生或腋生的总状花序或圆锥花序；花梗近中部有关节；萼筒陀螺状与子房基部合生；萼片宿存，(4-) 5-8 (-12)，线形或倒卵状匙形，平展，通常有翼；花瓣常与萼片同数，相似，着生于花萼的喉部；雄蕊与花瓣同数或多数成束，与花瓣对生，且介于花盘的腺体间，稀着生于花盘的基部；花丝丝状，花药小，近球形，背着，2 室；花盘的腺体与萼片同数，彼此对生，稀更多或更少；子房半下位，1 室，有侧膜胎座 2-6 (-8) 个，每胎座近顶端有 (1-) 3-7 颗胚珠，花柱 2-5 (-7)，丝状，离生或基部稍合生，柱头小，单一，头状。蒴果革质，顶端 2-8 瓣裂，直径 2-5 mm；花瓣宿存。种子 1 粒或少数，三角形或长圆形，有棱条，种皮坚脆。

本属有 180-200 种，广布于两半球的热带地区，大部分生于低海拔的雨林中。中国约有 12 种，其中 3 种可药用。

分种检索表

1. 圆锥花序 ·· 1. 斯里兰卡天料木 H. ceylanicum
1. 总状花序。

2. 叶片宽椭圆状长圆形至倒卵状长圆形，长 6-15 cm，宽 3-8 cm，长约为宽的 2 倍 ··

·· 2. 天料木 H. cochinchinense

2. 叶片狭椭圆形、狭椭圆状长圆形，长 8-10 cm，宽 2-3 cm，长度为宽的 3-4 倍 ··

·· 3. 窄叶天料木 H. sabiifolium

1. 斯里兰卡天料木 红花天料木（植物学报），母生（琼东、澄迈），山红罗（海南），高根（湛江），红花母生（海南）

Homalium ceylanicum (Gardner) Benth. in J. Linn. Soc., Bot. 4: 35. 1859 ["zeylanicum"].——*Homalium hainanense* Gagnep.（英 **Ceylon Homalium, Hainan Homalium**）

乔木，通常高 8-15 m。叶革质，长圆形或椭圆状长圆形，稀倒卵状长圆形，长 6-18 (-20) cm，宽 2.5-8 (-9) cm，先端短渐尖，基部楔形或宽楔形，边缘全缘或有极疏不明显钝齿，两面无毛。花外面淡红色，内面白色，多数，3-4 朵簇生而排成总状，总状花序长 5-15 cm，花序梗密被短柔毛；子房被短柔毛，花柱 (4-) 5-6，长约 2 mm，略高出雄蕊；侧膜胎座 5-6，每个有胚珠 3-5 颗。蒴果倒圆锥形，长约 4 mm，直径约 1.5 mm。花期 6 月至翌年 2 月，果期 10-12 月。

分布与生境 产于湖南、江西、广东、广西、海南、西藏东南部和云南南部。生于海拔 400-1200 m 的山谷林中、林缘、热带雨林、常绿阔叶林中。越南、老挝、泰国、缅甸、孟加拉国、印度、尼泊尔和斯里兰卡有分布。

药用部位 叶。

功效应用 清热消肿。用于洗治疮毒。

化学成分 根含香豆素类：天料木辛▲(homalicine)，(-)-二氢天料木辛▲[(-)-dihydrohomalicine][1]。

斯里兰卡天料木 **Homalium ceylanicum** (Gardner) Benth.
引自《中国高等植物图鉴》

斯里兰卡天料木 **Homalium ceylanicum** (Gardner) Benth.
摄影：徐晔春

　　茎含酚苷类：匍匐柳苷(salireposide)[2]，匍匐柳素(salirepin)[2-3]，天料木苷(homaloside) B[2]、C[2-3]、E、F[3]；山拐枣苷▲(poliothrysoside)，山桐子素▲(idesin)，水杨苷(salicin)，异水杨苷(isosalicin)，杨苷▲B (populoside B)，熊果苷(arbutin)，直蒴苔苷▲(isotachioside)，异直蒴苔苷▲(tachioside)，3,4,5-三甲氧基苯基-O-β-D-吡喃葡萄糖苷(3,4,5-trimethoxyphenyl-O-β-D-glucopyranoside)，焦儿茶酚-1-O-β-D-吡喃

葡萄糖苷(pyrocatechol-1-*O*-β-D-glucopyranoside)，3,4,5-三甲氧基苯基-1-*O*-β-D-呋喃芹糖基-(1"→ 6')-β-D-吡喃葡萄糖苷[3,4,5-trimethoxyphenyl-1-O-β-D-apiofuranosyl-(1"→ 6")-β-D-glucopyranoside][3]；环烯醚萜类：6-*O*-(3",4"-二甲氧基桂皮酰基)梓醇[6-*O*-(3",4"-dimethoxycinnamoyl)catapol][2]；大柱香波龙烷类：3-羟基-β-香堇醇-β-D-吡喃葡萄糖苷(3-hydroxy-β-inoyl-β-D-glucopyranoside)[2]；苯甲酸衍生物：天料木苷(homaloside) A、D，越桔酯(vacciniin)[4]；其他类：1-羟基-6-氧代环己-2-烯酸甲酯(1-hydroxy-6-oxocyclohex-2-enoic acid methyl ester)[4]。

化学成分参考文献

[1] Govindachari TR, et al. *Indian J Chem*, 1975, 13(6): 537-540.

[2] Ekabo OA,et al. *Phytochemistry*, 1993, 32(3): 747-754.

[3] Liu L, et al. *Biochem Syst Ecol*, 2013, 46: 55-58.

[4] Ekabo OA,et al. *J Nat Prod*, 1993, 56(5): 699-707.

2. 天料木

Homalium cochinchinense (Lour.) Druce in Rep. Bot. Exch. Club. Brit. Isles 4: 628. 1917.——*Astranthus cochinchinensis* Lour.（英 **Cochinchina Homalium**）

小乔木或灌木，高 2–10 m。叶纸质，宽椭圆状长圆形至倒卵状长圆形，长 6–15 cm，宽 3–8 cm，先端急尖至短渐尖，基部楔形至宽楔形，边缘有疏钝齿，两面沿中脉和侧脉被短柔毛，偶在下面有疏短柔毛；叶柄长 2–3 mm。花簇生排成总状花序；子房有毛，花柱通常 3，丝状，长约 3 mm，近基部有毛；侧膜胎座 3，每胎座有胚珠 2–4 颗。蒴果倒圆锥状，长 5–6 mm，近无毛。花期全年，果期 9–12 月。

分布与生境　产于江西、湖南、广东、广西、福建、台湾、海南。生于海拔 400–1200 m 的山地阔叶林中。越南也有分布。

药用部位　根。

功效应用　收敛。用于淋病，肝炎。

化学成分　根皮含内酯类：天料木内酯▲(cochinolide)，天料木内酯▲-β-吡喃葡萄糖苷(cochinolide-β-glucopyranoside)[1-2]；酚酸类：苯甲酸(benzoic acid)[2]；酚苷类：天料木酚苷▲A(cochinchiside A)，欧洲山杨辛▲(tremulacin)，颤杨苷(tremuloidin)，欧洲山杨辛醇▲(tremulacinol)[2]。

叶含酚苷类：天料木酚苷▲B(cochinchiside B)[2]。

药理作用　抗病毒作用：从根皮中分离得到的内酯类成分[1]和水杨苷衍生物[2]有抑制单纯疱疹病毒 HSV-1 和 HSV-2 活性。

天料木 Homalium cochinchinense (Lour.) Druce
引自《中国高等植物图鉴》

天料木 **Homalium cochinchinense** (Lour.) Druce
摄影：陈世品 朱鑫鑫

化学成分参考文献

[1] Ishikawa T, et al. *J Nat Prod*, 1998, 61(4): 534-537.　　[2] Ishikawa T, et al. *J.Nat Prod*, 2004, 67(4): 659-663.

药理作用及毒性参考文献

[1] Ishikawa T, et al. *J Nat Prod*, 1998, 61(4): 534-537.　　[2] Ishikawa T, et al. *J Nat Prod*, 2004, 67(4): 659-663.

3. 窄叶天料木　柳叶天料木（植物学报）

Homalium sabiifolium F. C. How et W. C. Ko in Acta Bot. Sin. 8(1): 43. 1959.（英 **Narrowleaf Homalium**）

　　灌木，高 2-3 m。叶革质，披针形，稀披针状长圆形，长 8-10 cm，宽 2-3 cm，先端长渐尖至短尖，基部宽楔形，边缘有疏小钝齿；叶柄长 6-8 mm。花多数，以单个或 2 朵簇生排成总状，总状花序顶生或腋生，长 4-6 cm，花序梗密被黄色短柔毛；花梗长 2-3 mm，被黄色短柔毛，中部有节；基部具 1-2 小苞片，小苞片线形，早落；花直径 6-8 mm；子房向上渐狭成花柱，下部被开展疏柔毛，比雄蕊长；侧膜胎座 3，每个有倒生胚珠 3-4 颗。花期 10 月至翌年 2 月，果期 3-11 月。

分布与生境　产于广西。生于海拔 500 m 的山谷疏林中。

药用部位　全株。

功效应用　消肿，透风疹。用于疮疡肿毒，风疹。

2. 箣柊属 Scolopia Schreb.

　　灌木或小乔木，常有刺；叶互生，全缘或有齿；托叶生于叶腋，极小，早落；花小，两性，排成顶生或腋生的总状花序；萼片 4-6，芽时覆瓦状排列，基部稍连合；花瓣 4-6，覆瓦状排列；雄蕊多数，着生于肥厚的花托上，花药卵形，药隔顶有附属体；花盘 8-10 裂，很少缺；子房 1 室，有胚珠数颗生于 3-4 个侧膜胎座上。浆果基部常有宿存的萼片、花瓣和雄蕊，有种子 2-4 颗。

　　本属约 40 种，分布于东半球热带地区。我国有 4 种，产于南部至台湾，其中 1 种可药用。

1. 箣柊（中国树木分类学）

Scolopia chinensis (Lour.) Clos in Ann. Sci. Nat. Bot. ser. 4，8: 249. 1857.——*Phoberos chinensis* Lour.（英 **Chinense Scolopia**）

常绿小乔木或灌木，高 2–6 m；树皮浅灰色，枝和小枝稀有长 1–5 cm 的刺，无毛。叶革质，椭圆形至长圆状椭圆形，长 4–7 cm，宽 2–4 cm，先端圆或钝，基部近圆形至宽楔形，两侧各有腺体 1 个，全缘或有细锯齿，两面光滑无毛，三出脉，侧脉纤细与网脉两面均明显；叶柄短，长 3–5 mm。总状花序腋生或顶生，长 2–6 cm；花小，淡黄色，直径约 4 mm；萼片 4–5，卵状三角形，长约 2 mm，除边缘有睫毛外，全无毛；花瓣倒卵状长圆形，比萼片长，边缘有睫毛；雄蕊多数，花丝丝状，生于有毛的花托上，长约 5 mm，花药球形，药隔顶端有三角状的附属物，与药隔等长，顶端有毛；花盘肉质，10裂；子房卵形，无毛，1 室，有侧膜胎座 2–3 个，每个胎座上有悬垂的胚珠 2 颗，花柱丝状，和雄蕊等长，柱头稍呈三角形。浆果圆球形，直径 4 mm；种子 2–6 粒。花期6–9 月，果期 10 月至翌年 4 月。

分布与生境　产于福建、广东、广西等地。生于海拔 50–400 m 的丘陵区疏林中。印度、老挝、越南、马来西亚、泰国等也有分布。

药用部位　全株、根、叶。

功效应用　全株：活血祛瘀。用于跌打损伤。根：用于跌打损伤，痈肿。叶：用于跌打损伤，内伤痛，痈肿疮疡。

箣柊 Scolopia chinensis (Lour.) Clos
引自《中国高等植物图鉴》

箣柊 Scolopia chinensis (Lour.) Clos
摄影：宋纬文

化学成分　茎含三萜类：箣柊酯▲A (scolopianate A)，灵芝醇(ganoderiol) A、F，灵芝二醇(ganodermadiol)，灵芝酮三醇(ganodermanontriol)，赤芝醇B (lucidumol B)，26,27-二羟基-5α-羊毛脂-7,9,(11),24-三烯-3,22-二

酮[26,27-dihydroxy-5α-lanosta-7,9(11)24-triene-3,22-dione][1]；酚类：蓟柊酚苷▲(scolochinenoside) C、D、E，2'-苯甲酰山拐枣苷▲(2'-benzoylpoliothrysoside)，山拐枣苷▲(poliothrysoside)，蓟柊苷▲C (scoloposide C)，柞木素(xylosmin)，2-(4,6-二苯甲酰基-β-吡喃葡萄糖氧基)-5-羟基苄醇[2-(4,6-dibenzoyl-β-glucopyranosyloxy)-5-hydroxybenzyl alcohol][1]；黄酮类：儿茶素(catechin)，儿茶素-(4α-6)-儿茶素[catechin-(4α-6)-catechin]，儿茶素-(4α-8)-儿茶素-(4α-6)-儿茶素[catechin-(4α-8)-catechin-(4α-6)-catechin]，2R,3R-二氢山奈酚-3-O-β-D-葡萄糖苷(2R,3R-dihydrokaempferol-3-O-β-D-glucoside)[1]。

叶含三萜类：β-香树脂醇(β-amyrin)[2]；酚类：没食子酸(gallic acid)，蓟柊酚苷▲(scolochinenoside) A、B[2]，剑叶红铁木苷▲A (lanceoloside A)[2]；黄酮类：蓟柊洛苷▲A (scoloside A)，杨素▲(populin)，芹菜苷元-7-O-(3"-O-乙酰基-6"-O-对香豆酰基-β-D-吡喃葡萄糖苷){apigenin-7-O-[3"-O-acetyl-6"-O-(p-coumaroyl)-β-D-glucopyranside)]}，芹菜苷元-7-[6"-O-(对香豆酰基)-β-D-吡喃葡萄糖苷]{apigenin-7-[6"-O-(p-coumaroyl)-β-D-glucopyranside]}[2]；生物碱类：d-荷包牡丹碱(d-dicentrine)[2]；脂肪酸类：二十六酸(hexacosanoic acid)[2]。

全草含三萜类：无羁萜(friedelin)[3]；酚酸及其酯类：对羟基苯甲酸，香荚兰酸，阿魏酸二十八酯[3]；甾体类：β-谷甾醇，胡萝卜苷[3]；脂肪烃/醇类：二十八醇，三十一烷，三十一醇[3]。

化学成分参考文献

[1] Lu YN, et al. *Planta Med*, 2010, 76(4): 358-361.

[2] Lu YN, et al. *Helv Chim Acta*, 2008, 91(5): 825-830.

[3] 陆亚男，等. 中草药，2008, 39(11): 1624-1626.

3. 马蛋果属 Gynocardia R. Br.

乔木。叶革质，长椭圆形或线状长椭圆形，全缘。花单性异株，腋生或茎生、簇生；萼杯状，5齿裂或不规则的开裂；花瓣5，每一个有一个具睫毛、对生的鳞片；雄花：雄蕊多数，花药线形，基着，退化子房缺；雌花：退化雄蕊10-15枚，被柔毛；子房球形，1室，有胚珠多颗，生于5个侧膜胎座上；花柱5，柱头大，心形；浆果近球形，大，果皮厚而硬，粗糙。种子倒卵状，埋藏于果瓤内。

本属仅1种，分布于印度、不丹、尼泊尔、孟加拉国和缅甸。我国云南和西藏有分布，可药用。

1. 马蛋果　野沙梨（屏边），阿比坦（西藏墨脱）

Gynocardia odorata R. Br. in Roxb. Pl. Coromandel. 3: 95, t. 299. 1820.（英 **Fragrant Gynocardia**）

常绿乔木或大灌木，高4-15 m；全株无毛；树皮棕褐色，不裂；小枝圆柱形；冬芽卵圆形。叶革质，长圆椭圆形，长13-20 cm，宽5-10 cm，先端突尖，基部楔形，边全缘，上面深绿色，下面淡绿色，干后近同色，侧脉4-8对，在下面明显，网脉平行；叶柄长1-3 cm。花黄色，芳香，直径3-4 cm，顶生或簇生于枝干上；花萼杯状，5裂；花瓣5，基部有鳞片状毛；雄花：雄蕊多数，花丝被绵毛，花药基部着生，线形；雌花：比雄花大，有退化雄蕊10-15枚，有绒毛；子房1室，花柱5，柱头心形，侧膜胎座5个，每个胎座有多数胚珠。浆果淡黄褐色，球形，直径5-6 cm；果皮厚，木质化，表面粗糙。种子多数，倒卵形，长约2.4 cm。花期1-2月，果期6-8月。

分布与生境　产于云南东南部和西藏东南部（墨脱）。生于海拔800-1000 m的潮湿山谷疏林中。印度、不丹、尼泊尔、孟加拉国和缅甸也有分布。

药用部位　种子。

功效应用　祛风，除湿，解毒。用于麻风病，皮肤病。

化学成分　根含二萜类：马蛋果多内酯▲(odolide)，异马蛋果多内酯▲(isoodolide)，羟基马蛋果多内酯▲(hydroxyodolide)[1]；三萜类：马蛋果内酯▲(odolactone)，毛腺木酸▲A (trichadenic acid A)[1]；甾体类：β-谷甾醇[1]。

马蛋果 *Gynocardia odorata* R. Br.
摄影：张英涛 朱鑫鑫

茎含三萜类：马蛋果内酯▲(odolactone)，乙酰马蛋果内酯▲(acetylodolactone)[2]。

茎皮含三萜类：马蛋果内酯，乙酰马蛋果内酯▲，蒲公英赛酮(taraxerone)，毛腺木酮酸▲(tricadenic acid)，3-*O*-α-乙酰无羁萜-27 → 15α-内酯(3-*O*-α-actylfriedelan-27 → 15α-olide)，3-*O*-α-乙酰无羁萜-27 → 16α-内酯(3-*O*-α-actylfriedelan-27 → 16α-olide)[3]；甾体类：β-谷甾醇[3]。

化学成分参考文献

[1] Pradhan BP, et al. *Phytochemistry*, 1995, 39(6): 1399-1402.　　[3] Ghosh P, et al. *J Indian Chem Soc*, 2014, 91(2): 309-312.

[2] Pradhan BP, et al. *Tetrahedron Lett*, 1984, 25(8): 865-868.

4. 大风子属 **Hydnocarpus** Gaertn.

乔木。单叶，互生，革质，全缘或有齿，羽状叶脉；托叶小，早落。圆锥花序、聚伞花序或簇生状，稀为单花；花单性，雌雄异株；雄花的萼片 4–5，覆瓦状排列；花瓣 4–5 片，分离，基部内侧有厚及有毛的鳞片 1 片；雄蕊 5 枚至多数，花丝短，分离，花药肾形，纵裂，有退化子房或无；雌花的退化雄蕊 5 枚至多数，子房 1 室，有侧膜胎座 3–6 个，每个胎座上有胚珠数颗，花柱短或近无，柱头3–6 浅裂。浆果圆形或卵圆形，果皮坚脆。种子数粒，种皮有条纹。

大约 40 种，分布于热带亚洲。我国有 3 种，其中 3 种可药用。

分种检索表

1. 萼片 5；花瓣 5，狭卵圆状长圆形，长 12–15 mm；雄蕊 5 枚 ⋯⋯⋯⋯⋯⋯⋯⋯ 1. **泰国大风子 H. anthelminthicus**
1. 萼片 4；花瓣 4 或 (7–) 8，圆形或肾状卵圆形，短于 8 mm；雄蕊 15–30 枚。
　2. 花瓣 4 或 (7–) 8；花序有 2–3 朵花；叶片长 17–35 cm，宽 7–12 cm，背面有毛⋯⋯⋯⋯⋯⋯⋯⋯⋯
　⋯⋯⋯⋯⋯⋯⋯⋯⋯⋯⋯⋯⋯⋯⋯⋯⋯⋯⋯⋯⋯⋯⋯⋯⋯⋯⋯⋯⋯⋯⋯⋯⋯ 2. **大叶龙角 H. annamensis**
　2. 花瓣 4；花序有花 15–20 朵；叶片长 9–18 cm，宽 3–6 cm，背面无毛⋯⋯⋯⋯ 3. **海南大风子 H. hainanensis**

本属药用植物主要含酚及酚苷类成分，如松柏醛 (coniferaldehyde)，苏式 −1′,2′− 愈创木基甘油

(*threo*-1',2'-guaiacylglycerol，**1**)，丁香亭 –4–*O*–*β*–D– 葡萄糖苷 (syringaresinol–4–*O*–*β*–D–glucoside)，匍匐柳素 (salirepin，**2**)。

1　　　　　**2**

1.泰国大风子（西双版纳植物名录）　驱虫大风子（台湾高等植物彩色图志），大风子（云南植物志）

Hydnocarpus anthelminthicus Pierre ex Laness. in Lanessan, Pl. Util. Col. Franç. 303. 1886 ["anthelminticus"].（英 **Chaulmoogratree**）

常绿大乔木，高 7–20 (–30) m；树干通直，树皮灰褐色。叶薄革质，卵状披针形或卵状长圆形，长 10–30 cm，宽 3–8 cm，先端长渐尖，基部通常圆形，稀宽楔形，偏斜，边全缘，无毛；叶柄长 1.2–1.5 cm，无毛。萼片 5，基部合生，卵形，先端钝，两面被毛；花瓣 5，基部近离生，卵状长圆形，长 1.2–1.5 cm；鳞片离生，线形，几与花瓣等长，外面近无毛，边缘具睫毛；雄花：2–3 朵，呈假聚伞花序或总状花序，长 3–4 cm；雄蕊 5 枚；退化雄蕊 5 枚，无花药；子房卵形或倒卵形，被褐色刚毛，侧膜胎座 5，胚珠 10–15颗，花柱先端有毛，柱头 5，帽状。浆果球形，直径 8–12 cm，果梗初期密被黑色毛，逐渐脱落近无毛，外果皮木质，性脆。花期 9 月，果期 11 月至翌年 6 月。

分布与生境　产于广西和云南。生于海拔 300–1300 m 的常绿阔叶林或热带雨林中。越南、泰国、柬埔寨和印度也有分布。

药用部位　种子、种仁脂肪油。

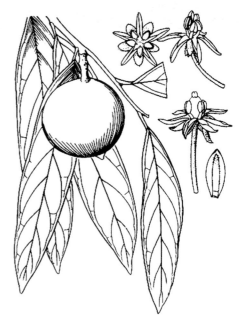

泰国大风子 Hydnocarpus anthelminthicus Pierre ex Laness.
刘怡涛　绘

泰国大风子 Hydnocarpus anthelminthicus Pierre ex Laness.
摄影：朱鑫鑫 王祝年

功效应用　种子：祛风燥湿，解毒杀虫。用于麻风，疥癣，梅毒。有毒。种仁脂肪油：祛风燥湿，攻毒，杀虫。用于麻风，疥癣。有毒。

化学成分　种子含黄酮木脂素类：泰国大风子酚A (anthelminthicol A)，异大风子素(isohydnocarpin)，大风子素D (hydnocarpin D)，大风子素(hydnocarpin)，西奈毛蕊花素▲(sinaiticin)[1]；环戊烷类：泰国大风子素(anthelminthicin) A、B、C，大风子油酸(chaulmoogric acid)，大风子油酸乙酯(ethyl chaulmoograte)[2]；苯丙素类：ω-羟基愈创木丙酮(ω-hydroxypropioguaiacone)，楝叶吴萸素B (evofolin B)，赤式-1,2-二-(4-羟基-3-甲氧基苯基)-丙烷-1,3-二醇[erythro-1,2-bis-(4-hydroxy-3-methoxyphenyl)-propane-1,3-diol]，苏式-1,2-二-(4-羟基-3-甲氧基苯基)-丙烷-1,3-二醇[threo-1,2-bis-(4-hydroxy-3-methoxyphenyl)-propane-1,3-diol]，赤式-1-(4-羟基-3-甲氧基苯基)-2-{4-[2-甲酰基-(E)-乙烯基]-2-甲氧基苯氧基}-丙烷-1,3-二醇{erythro-1-(4-hydroxy-3-methoxyphenyl)-2-{4-[2-formyl-(E)-vinyl]-2-methoxyphenoxy}-propane-1,3-diol}，苏式-1-(4-4-羟基-3-甲氧基苯基)-2-{4-[2-甲酰基-(E)-乙烯基]-2-甲氧基苯氧基}-丙烷-1,3-二醇{threo-1-(4-hydroxy-3-methoxyphenyl)-2-{4-[2-formyl-(E)-vinyl]-2-methoxyphenoxy}-propane-1,3-diol}[3]；酚类：对羟基苯甲醛(p-hydroxybenzaldehyde)，4-羟基-3-甲氧基苯甲醛(4-hydroxy-3-methoxybenzaldehyde)[3]；黄酮类：木犀草素(luteolin)，5,4'-二羟基-7-甲氧基黄酮(5,4'-dihydroxy-7-methoxyflavone)，金圣草酚(chrysoeriol)[3]；三萜类：齐墩果酸(oleanolic acid)[3]；生物碱类：5-羟基吲哚-3-醛(5-hydroxyindole-3-aldehyde)[3]；甾体类：胡萝卜苷[3]；糖及其苷类：D-蔗糖[3-4]，D-果糖，D-葡萄糖，乙基-β-D-呋喃果糖苷(ethyl β-D-fructofuranoside)[4]。

注评　本种为中国药典（1963年版）、部颁进口药材标准（1977年版）、中华中药典范（1985年版）、上海（1994年版）、山东（1995、2002年版）和内蒙古（1988年版）中药材标准收载的"大风子"，新疆药品标准（1980年版）收载"大枫子"的基源植物，药用其干燥成熟种子；其种仁为广西中药材标准（1996年版）收载的"大风子仁"。本种及同属植物种子的脂肪油为中华药典（1930年版）收载"大风子油"。药典及有些标准使用本种的中文异名大风子。本种原产于泰国、印度等地，现我国福建、台湾、海南、云南、广西等地已有引种栽培，但药材多为进口。同属植物海南大风子 Hydnocarpus hainanensis (Merr.) Sleumer、大叶龙角 Hydnocarpus annamensis (Gagnep.) Lescot et Sleumer 的种子也作"大风子"药用，但资源量均较少；同科植物马蛋果 Gynocardia odorata R. Br. 产于云南东南部，为近年新发现大风子资源，也称"云南大风子"。傣族也药用其种仁，主要用途见功效应用项。

化学成分参考文献

[1] Wang JF, et al. *J Asian Nat Prod Res*, 2011, 13(1): 80-83.

[2] Wang JF, et al. *Chem Biodiversity*, 2010, 7(8): 2046-2053.

[3] 王俊锋，等. 中草药，2011, 42(12): 2394-2397.

[4] Yokomiso H, et al. *Nihon Daigaku Yakugaku Kenkyu Hokoku*, 1974, 14: 27-33.

2. 大叶龙角（中国珍稀濒危植物）　马波萝（中国珍稀濒危植物），梅氏大风子（广西），马蛋果（云南）

Hydnocarpus annamensis (Gagnep.) Lescot et Sleumer in Fl. Cambodge Laos Vietnam 11: 10. 1970.——*Taraktogenos annamensis* Gagnep., *T. merrilliana* C. Y. Wu（英 **Largeleaf Chaulmoogratree**）

　　常绿乔木，高 8–25 m；树皮灰褐色。叶薄革质，椭圆状长圆形，长 10–29 cm，宽 4–10 cm，先端钝尖，基部宽楔形，全缘，上面深绿色，无毛；叶柄长 1–2 cm，被棕色绒毛。花单生或 2–3 朵组成聚伞状，腋生，长 1–2 cm；花梗长 3–5 mm，和总花梗密被棕色短绒毛；雄花：萼片 4–5，长约 5 mm；花瓣 4–5，边缘有睫毛；鳞片不明显；雄蕊多数，花丝长 4–5 mm，被毛；花药球形或近心形，顶端稍尖，无退化子房；雌花：淡绿色，直径约 1.4 cm，萼片 4，长圆形，长 6–7 mm，内面无毛，外面密被铁锈色绒毛，边缘有睫毛；花瓣 8，近圆形，内面较小，外面较大，边缘或多或少呈流苏状，无毛；鳞片肉质，圆形，直径 3–3.5 cm，顶端被毛，退化雄蕊 8 枚；子房卵圆形，微有 8 棱，密生短柔毛，几无花柱，柱头 4–5。浆果近球形，直径 4–6 cm。花期 4–6 月，果期全年。

分布与生境 产于广西南部、云南南部。生于海拔 200–600 m 的潮湿山坡或溪边灌丛中。越南也有分布。

药用部位 种子。

功效应用 攻毒，祛风，利湿，杀虫。用于麻风，麻疹，疥癣，过敏性皮炎，皮疹，疮疡肿毒，风湿病，关节炎。

大叶龙角 **Hydnocarpus annamensis** (Gagnep.) Lescot et Sleumer
刘怡涛 绘

大叶龙角 **Hydnocarpus annamensis** (Gagnep.) Lescot et Sleumer
摄影：朱鑫鑫 葛斌杰

化学成分 树皮含酚及酚苷类：2-(3-苯甲酰基-β-D-吡喃葡萄糖氧基)-5-羟基苄醇[2-(3-benzoyl-β-D-glucopyranosyloxy)-5-hydroxybenzyl alcohol]，山拐枣苷▲(poliothrysoside)，匍匐柳素(salirepin)，2-(4-苯甲酰基-β-D-吡喃葡萄糖氧基)-5-羟基苄醇[2-(4-benzoyl-β-D-glucopyranosyloxy)-5-hydroxybenzyl alcohol]，5-羟基-3-甲氧基苄醇(5-hydroxy-3-methoxybenzyl alcohol)，垂头菊苷▲(cremanthodioside)，刺柏三醇苷▲A (junipetrioloside A)，2,4,6-三甲氧基苯酚-1-O-β-D-呋喃芹糖基-(1 → 6)-β-D-吡喃葡萄糖苷[2,4,6-trimethoxyphenol-1-O-β-D-apiofuranosyl-(1 → 6)-β-D-glucopyranoside][1]；醌类：2,6-二甲氧基-β-苯醌(2,6-dimethoxy-β-benzoquinone)[1]；苯丙素类：松柏醛(coniferaldehyde)，4'-羟基苯丙酮(4'-hydroxypropiophenone)，(2S)-3-(4-羟基-3-甲氧基苯基)-丙烷-1,2-二醇[(2S)-3-(4-hydroxy-3-methoxyphenyl)-propane-1,2-diol]，3-羟基-1-(4-羟基苯基)-丙-1-酮[3-hydroxy-1-(4-hydroxyphenyl)-propan-1-one]，苏式-1',2'-愈创木基甘油(threo-1',2'-guaiacylglycerol)，苏式-丁香酰甘油-7-O-β-D-吡喃葡萄糖苷(threo-syringoylglycerol-7-O-β-D-glucopyranoside)，2-苯基丙烷-1,3-二醇(2-phenylpropane-1,3-diol)[1]，(+)-苏式-1-C-愈创木基甘油[(+)-threo-1-C-guaiacylglycerol]，(1'R,2'R)-愈创木基甘油[(1'R,2'R)-

guaiacylglycerol]，(1'S,2'R)-愈创木基甘油[(1'S,2'R)-guaiacylglycerol]，(1R,2S)-1-(4-羟基-3-甲氧基苯基)-1,2,3-丙三醇[(1R,2S)-1-(4-hydroxy-3-methoxyphenyl)-1,2,3-propanetriol][2]；木脂素类：丁香树脂酚-4-O-β-D-吡喃葡萄糖苷(syringaresinol-4-O-β-D-glucopyranoside)[1]，赤式-1-(4-羟基-3-甲氧基)-苯基-2-[4-(1,2,3-三羟基丙烷)-2-甲氧基]-苯氧基-1,3-丙二醇[erythro-1-(4-hydroxy-3-methoxy)-phenyl-2-[4-(1,2,3-trihydroxypropyl)-2-methoxy]-phenoxy-1,3-propandiol]，苏式-1-(4-羟基-3-甲氧基)-苯基-2-[4-(1,2,3-三羟基丙烷)-2-甲氧基]-苯氧基-1,3-丙二醇[threo-1-(4-hydroxy-3-methoxy)-phenyl-2-[4-(1,2,3-trihydroxypropyl)-2-methoxy]-phenoxy-1,3-propandiol][3]；有机酸类：苯甲酸(benzoic acid)[1]；甾体类：β-谷甾醇，胡萝卜苷[1]。

注评　本种又称"广西大风子""梅氏大风子"，其种子也作"大风子"药用。傣族称"毒疮果"，种仁、叶用于治疗麻风，皮癣，过敏性皮炎。

化学成分参考文献

[1] Shi HM, et al. *Planta Med*, 2006, 72(10): 948-950.

[2] Liu Y, et al. *J Chromatogr Sci*, 2007, 45(9): 605-609.

[3] 史海明，等 . 波谱学杂志，2007, 24(1): 77-83.

3. 海南大风子（海南植物志）　龙角、高根（海南尖锋岭），乌壳子（吊罗），海南麻风树（海南）

Hydnocarpus hainanensis (Merr.) Sleumer in Bot. Jahrb. Syst. 69: 15. 1938.——*Taraktogenos hainanensis* Merr.（英 **Hainan Chaulmoogratree**）

　　常绿乔木，高 6-9 m；树皮灰褐色。叶薄革质，长圆形，长 9-13 cm，宽 3-5 cm，先端短渐尖，有钝头，基部楔形，边缘有不规则浅波状锯齿，两面无毛；叶柄长约 1.5 cm，无毛。花 15-20 朵，呈总状花序，腋生或顶生；花梗长 8-15 mm，无毛；萼片 4，椭圆形，直径约 4 mm，无毛；花瓣 4，肾状卵形，长 2-2.5 mm，宽 3-3.5 mm，边缘有睫毛，内面基部有肥厚鳞片，鳞片不规则 4-6 齿裂，被长柔毛；雄花：雄蕊约 12 枚，花丝基部粗壮，有疏短毛，花药长圆形，长 1.5-2 mm；雌花：退化雄蕊约 15 枚；子房卵状椭圆形，密生黄棕色绒毛，1 室，侧膜胎座 5，胚珠多数，花柱缺，柱头 3 裂，裂片三角形，顶端 2 浅裂。浆果球形，直径 4-5 cm，密生棕褐色绒毛，果皮革质，果梗粗壮，长 6-7 mm。种子约 20 粒，长约 1.5 cm。花期春末至夏季，果期夏季至秋季。

分布与生境　产于贵州、广西、云南南部和海南。生于海拔 200-1800 m 的常绿阔叶林中。越南也有分布。

药用部位　种子。

功效应用　用于麻风，银屑病，风湿痛等。

海南大风子 **Hydnocarpus hainanensis** (Merr.) Sleumer
引自《中国高等植物图鉴》

化学成分　茎含苯丙素类：(1'R,2'R)-愈创木基甘油[(1'R,2'R)-guaiacylglycerol]，(1'S,2'R)-愈创木基甘油[(1'S,2'R)-guaiacylglycerol]，(7S,8S)-丁香基甘油[(7S,8S)-syringylglycerol][1]，松柏醛(coniferaldehyde)[2]；木脂素类：(-)-南烛树脂醇-9'-O-β-D-吡喃葡萄糖苷[(-)-lyoniresinol-9'-O-β-D-glucopyranoside]，(2R,3R,4S,5S)-四氢-2,5-二(4-羟基-3,5-二甲氧基苯基)-4-羟甲基-3-呋喃基-β-D-吡喃葡萄糖苷[(2R,3R,4S,5S)-tetrahydro-2,5-bis(4-hydroxy-3,5-dimethoxyphenyl)-4-(hydroxymethyl)-3-furanyl-β-D-glucopyranoside][1]；酚类：2,4,6-三甲氧基苯酚-1-O-β-D-吡喃葡萄糖苷(2,4,6-trimethoxyphenol-1-O-β-D-glucopyranoside)[1]，桑呋喃(mulberrofuran) G、K，桑皮苷C (mulberroside C)[2]；黄酮类：桑皮素(morusin)[2]；三萜类：白桦脂醇(betulin)，白桦脂酸(betulinic acid)，羽扇豆醇(lupeol)，沃里克裸实醇▲(wallichenol)[1]；甾体类：β-谷甾

海南大风子 **Hydnocarpus hainanensis** (Merr.) Sleumer
摄影：朱鑫鑫

醇[1]，胡萝卜苷[1-2]。

枝条含黄酮类：汉黄芩素(wogonin)，甘草苷元(liquiritigenin)[3]；木脂素类：(+)-扬甘比胡椒素▲[(+)-yangabin][3]；呋喃内酯类：松球壳孢呋喃酮▲B (sapinofuranone B)[3]；酚酸类：对羟基苯甲酸(p-hydroxybenzoic acid)[3]；甾体类：β-谷甾醇[3]。

叶含三萜类：欧洲桤木醇▲(glutinol)，羊齿烯醇(fernenol)，羽扇豆醇(lupeol)，α-香树脂醇(α-amyrin)[4]；酚类：3,5-二甲氧基-4-羟基苯甲醛(3,5-dimethoxy-4-hydroxybenzaldehyde)[4]；其他类：2,9-二甲基-2,8-葵二烯(2,9-dimethyldeca-2,8-diene)，植物烯醛(phytenal)，植醇(phytol)，3,7,11,15-四甲基-1,2-十六烷二醇(3,7,11,15-tetramethylhexadecane-1,2-diol)[4]。

种子含有多种营养成分，丰富的矿质元素和维生素及β-胡萝卜素，至少含有17种氨基酸[5]。

注评　本种为内蒙古中药材标准（1988年版）收载"大风子"的基源植物之一，药用其干燥成熟种子。同属植物泰国大风子 Hydnocarpus anthelminthicus Pierre ex Laness. 亦为基源植物，与本种同等药用。本种为国家二级保护植物。

化学成分参考文献

[1] Shi HM, et al. *Nat Prod Res*, 2008, 22(7): 633-637.

[2] 梅文莉，等. 热带亚热带植物学报，2011, 19(4): 351-354.

[3] 李辉，等. 中国药物化学杂志，2011, 21(2): 144-146.

[4] 李雪晶，等. 中药材，2012, 35(11): 1782-1784.

[5] 钟惠民，等. 氨基酸和生物资源，2010, 32(2): 74-75.

5. 脚骨脆属 Casearia Jacq.

小乔木或灌木。单叶，互生，全缘或具齿，平行脉，通常有透明的腺点和腺条；托叶小，早落，稀宿存。花小，两性稀单性，少数或多数，形成团伞花序，稀退化为单生；花梗短，在基部以上有关节，常为数枚鳞片状的苞片所包被；萼片4-5片，覆瓦状排列；花瓣缺；雄蕊 (6-) 8-10 (-12) 枚，花丝基部和退化雄蕊联合成一短管；退化雄蕊和雄蕊同数而互生；子房半下位，1室，侧膜胎座2-4个，每个胎座上有多数胚珠，花柱短或无，柱头头状稀2-4裂。蒴果，肉质、革质到坚硬，4瓣裂，稀2瓣裂。种子少数或多数，卵形或倒卵形，成熟后有槽纹，为一层膜质假种皮所包围，假种皮通常柔软，流苏状，有颜色，种皮光滑，坚脆，胚乳丰富，肉质。

本属约有180余种，分布于美洲、非洲、亚洲和澳大利亚的热带和亚热带地区及太平洋岛屿。我国有7种，其中1种可药用。

1. 球花脚骨脆（中国高等植物图鉴） 嘉赐树（植物学报）

Casearia glomerata Roxb. in Fl. Ind., ed. 1832, 2: 419. 1832.（英 **Clustered Casearia**）

乔木或灌木，高 4–10 m。叶薄革质，排成二列，长椭圆形至卵状椭圆形，长 5–10 cm，宽 2–4.5 cm，先端短渐尖，基部钝圆，稍偏斜，边缘浅波状或有钝齿；叶柄长 1–1.2 cm，近无毛；托叶小，鳞片状，早落。花两性，黄绿色，成团伞花序，腋生；花直径约 3 mm；萼片 5 片，倒卵形或椭圆形，长 2–3 mm，先端钝，下面有短疏毛，边缘有睫毛；花瓣缺；雄蕊 9–10 枚，花丝有毛，花药近圆形；退化雄蕊长椭圆形，顶端有束毛；子房卵状锥形，无毛，侧膜胎座 2 个，每个胎座上有胚珠 4–5 颗，柱头头状。蒴果卵形，长 1–1.2 cm，直径 7–8 mm，干后有小瘤状突起，通常不裂；果梗有毛。种子多数，卵形，长约 4 mm。花期 8–12 月，果期 10 月至翌年春季。

球花脚骨脆 *Casearia glomerata* Roxb.
引自《中国高等植物图鉴》

球花脚骨脆 *Casearia glomerata* Roxb.
摄影：林维

分布与生境 产于福建、广东、广西、台湾、海南、云南、西藏等地。生于低海拔的山地疏林中。越南、不丹、印度和尼泊尔有分布。

药用部位 根、树皮。

功效应用 根：用于风湿骨痛，跌打损伤。树皮：用于腹痛，泻痢。

6. 栀子皮属 Itoa Hemsl.

乔木。单叶，互生，薄革质，大型叶，长椭圆形，边缘有锯齿，羽状叶脉；叶有柄；托叶缺。花单性，雌雄异株；雄花为直立的顶生圆锥花序，花梗短；雌花单一，顶生或腋生，花梗在果期延长，中间有关节，萼片 3–4 片，革质，三角状卵形；花瓣缺；雄花的雄蕊为多数，花丝极短，花药小，底着药；有退化的子房；雌花的子房长圆形，1 室，侧膜胎座 6–8 个，稀 5 个，每个胎座上有多数胚珠，花柱 6–8，柱头短，6–8 裂。蒴果大，卵形或长圆形，木质，有毛，6–8 瓣裂，稀 5 裂，从顶端和基部裂开，中部不裂。种子多数，扁平，有膜质翅包围，内层的种子呈辐射状，外层的种子排列整齐；胚大，垂直；子叶圆形。

本属约有 2 种，间断分布于中国亚热带的西南至越南和马来西亚。我国有 1 种 1 变种，可药用。

本属药用植物栀子皮 (I. orientalis) 主要含有酚性化合物，如黄酮类的伊桐苷 N(itoside N，**1**)；木脂素类的 (+)- 落叶松树脂醇 [(+)-lariciresinol] 和 (+)- 异落叶松树脂醇 -3α-O-β-D- 葡萄糖醛酸苷 [(+)-isolariciresinol-3α-O-β-D-glucopyranoside]；酚及酚苷类的山拐枣素▲(poliothrysin)，天料木苷 D (homaloside D)，伊桐苷 (itoside) A (**2**)、B、C、D、E、F、G、H、I、J、K 等；结构比较特殊的环己烯类的伊桐苷 (itoside) L (**3**)、M (**4**)。从栀子皮亦分离得到异瑞诺烷 (isoryanodane) 型二萜类化合物伊桐醇▲(itol) A (**5**)、B、C、D、以及伊桐醇▲-A-14-O-β-D- 吡喃葡萄糖苷 (itol -A-14-O-β-D-glucopyranoside，**6**) 和伊桐醇▲-B-20-O-β-D- 吡喃葡萄糖苷 (itol B-20-O-β-D-glucopyranoside)，有杀甜菜夜蛾 (*Spodoptera exigua*) 的活性，亦有抑制 COX-2 活性的作用；伊桐醇▲D、**6** 和伊桐醇▲B-20-O-β-D-吡喃葡萄糖苷对 COX-2 活性亦有抑制作用。

1

2

3

4

5: R=H
6: R=b-D-glc

1. 栀子皮　伊桐（中国树木分类学），盐巴菜（西畴），长叶子老重、木桃果（屏边），米稔怀、牛眼果、白心树、墨当鸣、弄七（广西）

Itoa orientalis Hemsl. in Hook. Icon. Pl. 27: t. 2688. 1901.（英 **Oriental Itoa**）

1a. 栀子皮（模式变种）

Itoa orientalis Hemsl. var. **orientalis**

落叶乔木，高 8–20 m；树皮灰色或浅灰色，光滑；幼枝淡灰色，皮孔明显，当年生枝有疏毛，老枝无毛。叶大型，薄革质，椭圆形或卵状长圆形或长圆状倒卵形，长 13–40 cm，宽 6–14 cm，先端锐尖或渐尖，基部钝或近圆形，边缘有钝齿，上面深绿色，脉上有疏毛，下面淡绿色，密生短柔毛，中脉在上面稍凹，在下面突起，羽脉 10–26 对；叶柄长 3–6 cm，上面扁平，下面圆形，有柔毛。花单性，雌雄异株，稀杂性；花瓣缺；萼片 3–4 片，三角状卵形，长 0.6–1.5 cm，外面有毡状毛；雄花比雌花小，圆锥花序，顶生，长 4–8 cm，有柔毛；雄蕊多数，花丝短，无毛，花药黄色，椭圆形，2 室；雌花比雄花大，单生枝顶或叶腋，子房上位，圆球形，花柱短，6–8 裂，稀 4 裂，有短毛。蒴果大，椭圆形，长达 9 cm，密被橘黄色绒毛，后变无毛，外果皮革质，内果皮为木质，从顶端向下及从基部向上 6–8 裂，稀 4 裂，中部联合，各裂片沿胎座从基部

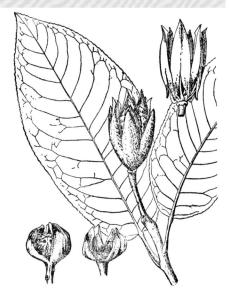

栀子皮 **Itoa orientalis** Hemsl. var. **orientalis**
引自《中国高等植物图鉴》

栀子皮 **Itoa orientalis** Hemsl. var. **orientalis**
摄影：朱鑫鑫

向上至中部又分裂为 2 瓣。种子多数，长 2–3 cm，宽约 1 cm，周围有膜质翅。花期 5–6 月，果期 9–10 月。

分布与生境 产于四川、云南、贵州、广西和海南等地。生于海拔 500–1400 m 的阔叶林中。越南也有分布。

药用部位 根。

功效应用 用于风湿痹症，跌打损伤。

化学成分 树皮和枝条含酚及酚苷类：伊桐苷(itoside) A、B、C、D、E、F、G、H、I[1]、J、K[2]，欧洲山杨辛▲(tremulacin)，山拐枣素▲(poliothrysin)，焦儿茶酚-β-D-吡喃葡萄糖苷(pyrocatechol-β-D-glucopyranoside)，天料木苷D (homaloside D)，山拐枣苷▲(poliothrysoside)，4-羟基欧洲山杨辛▲(4-hydroxytremulacin)[1]，匍匐柳素(salirepin)，水杨苷(salicin)，3'-苯甲酰水杨苷(3'-benzoylsalicin)，2'-苯甲酰山拐枣苷▲(2'-benzolypoliothrysoside)，香荚兰醇苷▲(vanilloloside)，裸柄吊钟花苷▲(koaburaside)，杨素▲(populin)，4-羟基-3,5-二甲氧基苄醇-4-O-β-D-吡喃葡萄糖苷(4-hydroxy-3,5-dimethoxybenzyl alcohol-4-O-β-D-glucopyranoside)，异直蒴苔苷▲(tachioside)，直蒴苔苷▲(isotachioside)[2]，南岭柞木苷G (xylocoside G)[3]，1,4-二羟基-2,6-二甲氧基苯基-4-O-吡喃葡萄糖苷(1,4-dihydroxy-2,6-dimethoxyphenyl-4-O-glucopyranoside)[4]；苯丙素类：丁香苷(syringin)，松柏苷(coniferin)，茶梅素▲(sasanquin)[2]；木脂素类：刺篱木考苷▲A (flacoside A)[3]，鹅掌楸苷(liriodendrin)，(+)-松脂酚[(+)-pinoresinol]，(+)-水曲柳树脂酚▲[(+)-medioresinol]，去氢二松柏醇-4-O-β-D-吡喃葡萄糖苷(dehydrodiconiferyl alcohol-4-O-β-D-glucopyranoside)，赤式-二羟基去氢二松柏醇(erythro-dihydroxydehydrodiconiferyl alcohol)，(+)-异落叶松树脂醇-3α-O-β-D-吡喃葡萄糖苷[(+)-isolariciresinol-3α-O-β-D-glucopyranoside]，日向当归苷▲(hyuganoside)Ⅲa、Ⅲb，(±)-丁香树脂酚[(±)-syringaresinol]，(+)-落叶松树脂醇[(+)-lariciresinol]，五加苷B (acanthoside B)[5]；黄酮类：蓝刺头黄素▲(echitin)，伊桐苷N (itoside N)，芹菜苷元(apigenin)，小麦黄素-7-O-β-D-吡喃葡萄糖苷(tricin-7-O-β-D-glucopyranoside)，金圣草酚-7-O-β-D-吡喃葡萄糖苷(chrysoeriol-7-O-β-D-glucopyranoside)，芹菜苷元-8-C-β-D-吡喃葡萄糖苷(apigenin-8-C-β-D-glucopyranoside)，木犀草素-8-C-β-D-吡喃葡萄糖苷(luteolin-8-C-β-D-glucopyranoside)，木犀草素-7-O-β-D-吡喃葡萄糖苷(luteolin-7-O-β-D-glucopyranoside)，芹菜苷元-7-O-β-D-吡喃葡萄糖苷(apigenin-7-O-β-D-glucopyranoside)[2]；单萜类：伊桐苷O (itoside O)[5]；大柱香波龙烷类：(3S,5R,6R,7E,9S)-大柱香波龙-7-烯-3,5,6,9-四醇-3-O-β-D-吡喃葡萄糖苷[(3S,5R,6R,7E,9S)-megastigman-7-ene-3,5,6,9-tetrol-3-O-β-D-glucopyranoside][3]；二萜类：伊桐醇▲(itol) A、B、C、D，伊桐醇▲A-14-O-β-D-吡喃葡萄糖苷(itol A-14-O-β-D-glucopyranoside)，伊桐醇▲B-20-O-β-D-吡喃葡萄糖苷(itol B-20-O-β-D-glucopyranoside)[6]；三萜类：伊桐酸▲(itoaic acid)[3]；环己烯类：伊桐苷(itoside) L、M[2]；苯甲醇类：绣球叶柯萨木素▲I (hydrangeifolin I)[2]；甾体类：β-谷甾醇，胡萝卜苷，β-谷甾醇亚油酸酯(β-sitosterol linoleate)[4]；脂肪酸及其酯类：亚油酸乙酯，三亚油酸甘油酯(triglycol linoleate)[4]；核苷类：腺嘌呤核苷(adenosine)[4]。

叶含大柱香波龙烷类：(3S,5R,6R,7E,9S)-大柱香波龙-7-烯-3,5,6,9-四醇-3-O-β-D-吡喃葡萄糖苷[(3S,5R,6R,7E,9S)-megastigman-7-ene-3,5,6,9-tetrol-3-O-β-D-glucopyranoside][7]；甘油酯类：2,3-双-顺式-亚麻酸甘油酯-1-O-β-D-吡喃半乳糖苷{2,3-bis[(1-oxo-9,12,15-octadecatrienyl)oxy]propyl-β-D-galactopyranoside}，2,3-双棕榈酸甘油酯-1-(β-D-吡喃半乳糖基-(6 → 1)-O-α-D-吡喃半乳糖苷{2,3-bis[(1-oxo-hexadecyl)oxy]propyl-6-O-α-D-galactopyranyl-(6 → 1)-β-D-galactopyranoside}，2-顺式-亚麻酸,3-顺式-亚油酸甘油酯-1-O-β-D-吡喃半乳糖基-(6 → 1)-α-D-吡喃半乳糖苷{(2S)-3-[[(9Z,12Z)-1-oxo-9,12-octadecadienyl]oxy]-2-[[(9Z,12Z,15Z)-1-oxo-9,12,15-octadecatrienyl]oxy] propyl-6-O-α-D-galactopyranosyl-(6 → 1)-β-D-galactopyranoside}，姜糖脂A (gingerglycolipid A)[7]。

种子含二萜类：13-去氧伊桐醇▲A (13-deoxyitol A)，伊桐醇▲A (itol A)[8]；香豆素类：伊桐内酯▲(itolide) A、B[9]；酚苷类：伊桐苷(itoside) E、H、P，山拐枣苷▲[9]；其他类：1D-3-去氧-3-羟甲基-肌肉肌醇(1D-3-deoxy-3-hydroxymethyl-myo-inositol)，(E)-4-氧代壬-2-烯酸[(E)-4-oxonon-2-enoic acid][9]。

化学成分参考文献

[1] Chai XY, et al. *Helv Chim Acta*, 2007, 90(11): 2176-2185.

[2] Chai XY, et al. *J Nat Prod*, 2008, 71(5): 814-819.

[3] Chai XY, et al. *Fitoterapia*, 2009, 80(7): 408-410.

[4] 柴兴云，等 . 中国中药杂志，2007, 32(13): 1361-1363.

[5] Chai XY, et al. *J Chin Pharm Sci*, 2008, 17(1): 79-81.

[6] Chai XY, et al. *Tetrahedron*, 2008, 64(24): 5743-5747.

[7] 柴兴云，等 . 中国天然药物，2008, 6(3): 179-182.

[8] Tang WW, et al. *Fitoterapia*, 2009, 80(5): 286-289.

[9] Tang WW, et al. *Fitoterapia*, 2012, 83(3): 513-517.

1b. 光叶栀子皮（变种）

Itoa orientalis Hemsl. var. **glabrescens** C. Y. Wu ex G. S. Fan in Journ. Wuhan Bot. Res. 8 (2): 133. 1990.（英 **Glabrous Oriental Itoa**）

本变种和模式变种的区别是：叶下面和叶柄近无毛至无毛，叶片通常比模式变种小。花期 3–6 月，果期 7–12 月。

分布与生境　产于云南、贵州、广西等地。生于海拔 500–1700 m 的山地林中。

药用部位　根。

功效应用　祛风除湿，活血通络。用于风湿性关节痛，跌打损伤，贫血。

光叶栀子皮 **Itoa orientalis** Hemsl. var. **glabrescens** C. Y. Wu ex G. S. Fan
摄影：刘冰

7. 山羊角树属 Carrierea Franch.

乔木。单叶，互生，有钝锯齿；基出脉 3 条；有长柄。圆锥花序顶生或腋生，有绒毛；花单性，雌雄异株；花梗基部有苞片；花萼 5 片，长而反卷；花瓣缺；雄花大，雄蕊多数，着生于花托上，花药小，卵形，基部联合，有退化雌蕊；雌花小，子房 1 室，侧膜胎座 3-4 个，胚珠多数，花柱 3-4，极短，柱头 3 裂，有退化雄蕊。蒴果大，羊角状披针形，有绒毛。种子扁平，有翅。

本属约有 2 种，产于中国西南部和广西、湖南、湖北等地以及越南北部，其中 1 种可药用。

1. 山羊角树（中国高等植物图鉴） 嘉利树（中国树木分类学），嘉丽树（峨眉植物图志），山丁木（峨眉），山羊果（城口）

Carrierea calycina Franch. in Rev. Hort. (Paris) 68: 498.1896.（英 **Calyx-shaped Carrierea**）

落叶乔木，高 12-16 m。叶薄革质，长圆形，长 9-14 cm，宽 4-6 cm，先端突尖，基部圆形、心状或宽楔形，边缘有稀疏锯齿，齿尖有腺体；叶柄长 3-7 cm，近轴面有浅槽，远轴面圆形，幼时有毛，老时则无毛。花杂性，白色，圆锥花序顶生，稀腋生，有密的绒毛；花梗长 1-2 cm；有叶状苞片 2 片，长圆形，对生；萼片 4-6 片，卵形，长 1.5-1.8 cm；雌花比雄花小，直径 0.6-1.2 cm，有退化雄蕊；子房上位，椭圆形，长约 2 cm，有棕色绒毛，侧膜胎座 3-4 个，胚珠多数，花柱 3-4；雄花比雌花大，苞片较小；雄蕊多数，花丝丝状，长约 1.8 cm，无毛，花药 2 室，有退化雌蕊。蒴果木质，羊角状，有喙，长 4-5 cm，直径 1-1.5 cm，有棕色绒毛；果梗粗壮，有关节，长 2-3 cm。种子多数，扁平，四周有膜质翅。花期 5-6 月，果期 7-10 月。

分布与生境 产于湖北、四川、湖南、广西、贵州和云南等地。生于海拔 1300-1600 m 的山坡林中和林缘。

药用部位 种子。

功效应用 除风补脑。用于头闷目眩。

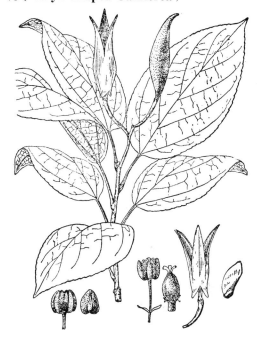

山羊角树 Carrierea calycina Franch.
引自《中国高等植物图鉴》

山羊角树 Carrierea calycina Franch.
摄影：朱鑫鑫 张金龙

8. 山桐子属 Idesia Maxim.

落叶乔木。单叶，互生，大型，边缘有锯齿；叶柄细长，有腺体；托叶小，早落。花雌雄异株或杂株；多数，呈顶生圆锥花序；苞片小，早落；花瓣通常无；雄花：花萼 3-6 片，绿色，有柔毛；雄蕊多数，着生在花盘上，花丝纤细，有软毛，花药椭圆形，2 室，纵裂，有退化子房；雌花：淡紫色，花萼 3-6 片，两面有密柔毛；有多数退化雄蕊；子房 1 室，有 (3-) 5 (-6) 个侧膜胎座，柱头膨大。浆果。种子多数，红棕色，外种皮膜质，胚乳丰富，胚珠直立，子叶叶状。

本属仅 1 种。分布于中国、日本和朝鲜，其中 1 种 1 变种可药用。

1. 山桐子 椅（诗经），水冬瓜（亨利氏植物名录），水冬桐（山桐子造林学），椅树（峨眉植物图志），椅桐、斗霜红（庐山）

Idesia polycarpa Maxim. in Bull. Acad. Sci. St. Petersb. Ser. 3, 10: 485. 1866.（英 **Manyfruit Idesia**）

1a. 山桐子（模式变种）

Idesia polycarpa Maxim. var. **polycarpa**

落叶乔木，高 8-21 m；树皮淡灰色，不裂；小枝圆柱形，细而脆，黄棕色，有明显的皮孔，冬日呈侧枝长于顶枝状态，枝条平展，近轮生，树冠长圆形，当年生枝条紫绿色，有淡黄色的长毛；冬芽有淡褐色毛，有4-6 片锥状鳞片。叶薄革质或厚纸质，卵形或心状卵形，或为宽心形，长 13-16 cm，稀达 20 cm，宽 12-15 cm，先端渐尖或尾状，基部通常心形，边缘有粗的齿，齿尖有腺体，上面深绿色，光滑无毛，下面有白粉，沿脉有疏柔毛，脉腋有丛毛，基部脉腋更多，通常 5 基出脉，第二对脉斜升到叶片的 3/5 处；叶柄长 6-12 cm，或更长，圆柱状，无毛，下部有 2-4 个紫色、扁平腺体，基部稍膨大。花单性，雌雄异株或杂性，黄绿色，有芳香，花瓣缺，排列成顶生下垂的圆锥花序，花序梗有疏柔毛，长 10-20 cm（稀 30-80 cm）；雄花比雌花稍大，直径约 1.2 cm；萼片 3-6 片，通常 6 片，覆瓦状排列，长卵形，长约 6 mm，宽约 3 mm，有密毛；花丝丝状，被软毛，花药椭圆形，基部着生，侧裂，有退化子房；雌花比雄花稍小，直径约 9 mm；萼片 3-6 片，通常 6 片，卵形，长约 4 mm，宽约 2.5 mm，外面有密毛，内面有疏毛；

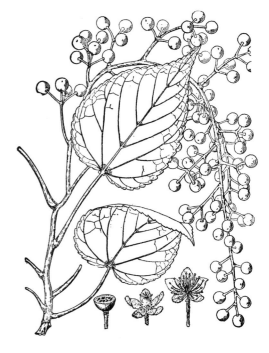

山桐子 Idesia polycarpa Maxim. var. polycarpa
引自《中国高等植物图鉴》

子房上位，圆球形，无毛，花柱 5 或 6，向外平展，柱头倒卵圆形，退化雄蕊多数，花丝短或缺。浆果成熟期紫红色，扁圆形，长 3-5 mm，直径 5-7 mm，果梗细小，长 0.6-2 cm。种子红棕色，圆形。花期 4-5 月，果熟期 10-11 月。

分布与生境 产于安徽、福建、广东、广西、贵州、湖北、湖南、江苏、江西、陕西、山东、四川、云南、台湾和浙江。生于海拔 400-2500 m 的低山区的山坡、山洼等落叶阔叶林和针阔叶混交林中。朝鲜、日本南部也有分布。

药用部位 叶、种子油。

功效应用 叶：清热凉血，散瘀消肿。用于骨折，水火烫伤，外伤出血，吐血。种子油：杀虫。用于疥癣。

山桐子 **Idesia polycarpa** Maxim. var. **polycarpa**
摄影：朱鑫鑫

化学成分　茎皮含苯丙素类：山桐子因▲(idesiin)[1]。

叶含酚苷类：山桐子素▲(idesin)[2]。

果实含酚苷类：山桐子素▲氢硫酸酯(idesin hydrogen sulfate)[3]，山桐子卡品▲(idescarpin)[3-6]，山桐子素▲，匍匐柳素(salirepin)[3,5]，山桐子素▲水杨酸酯(idesin salicylate)，2-羟基苯酚-1-O-β-D-吡喃葡萄糖基-(6→1)-α-L-吡喃鼠李糖苷[2-hydroxyphenol-1-O-β-D-glucopyranosyl-(6→1)-α-L-rhamnopyranoside][5]，山拐枣素▲(poliothrysin)，山桐子里定▲(idesolidine)，伊桐苷I (itoside I)，6-羟甲基-2-羟基苯基-O-β-D-吡喃葡萄糖基-(1→6)-β-D-吡喃葡萄糖苷[6-(hydroxymethyl)-2-hydroxyphenyl-O-β-D-glucopyranosyl-(1→6)-β-D-glucopyranoside][6]，焦儿茶酚(pyrocatechol)[7]；苯甲醇类：绣球叶柯萨木素▲I (hydrangeifolin I)[6]，苄醇(benzyl alcohol)[7]；苯丙素类：E-对香豆酸甲酯(E-p-methylcoumarate)[6]；生物碱类：山桐子亭▲(polycartine) A、B[8]；其他类：1-羟基-6-氧代环己-2-烯羧酸甲酯(1-hydroxy-6-oxocyclohex-2-enecarboxylic acid methyl ester)[5]，山桐子醇缩酮▲(idesolide)[6,9]，顺式-3-己烯-1-醇(cis-3-hexen-1-ol)，苯甲酸(benzoic acid)，苯乙醇(phenethyl alcohol)[7]；脂肪酸类：棕榈酸(palmitic acid)，硬脂酸(stearic acid)，亚油酸(linoleic acid)[7]。

药理作用　抗血小板聚集作用：山桐子果实的乙醇提取物体外能抑制血小板凝集[1]。

毒性及不良反应　小鼠灌胃 18 558 mg/kg、大鼠灌胃 18 558 mg/kg、豚鼠灌胃 9196 mg/kg、家兔灌胃 9108 mg/kg 山桐子油后均无毒性反应；小鼠腹腔注射山桐子油的 LD_{50} 为 $(31\,500 \pm 4038)$ mg/kg；大鼠灌胃 464.3-4630 mg/kg 山桐子油 65 天后，未见对大鼠的一般状况、体重、外周血常规、尿常规及肝肾功能有不良影响，病理组织学检查无显著的毒性改变；山桐子油对家兔的皮肤和黏膜无刺激及不良反应，对兔毛的生长有一定的促进作用[2-3]。

注评　本种的叶称"山桐子"。畲族药用其种子，主要用途见功效应用项。

化学成分参考文献

[1] Miyoshi H, et al. *Osaka-shiritsu Daigaku Igaku Zasshi*, 1960, 9: 5057-5059.

[2] Kubota T, et al. *Shokubutsugaku Zasshi*, 1966, 79: 770-774.

[3] Chou CJ, et al. *J Nat Prod*, 1997, 60(4): 375-377.

[4] Baek S, et al. *J Microbiol Biotechnol*, 2006, 16(5): 667-672.

[5] Kim SH, et al. *Planta Med*, 2007, 73(2): 167-169.

[6] Lee M, et al. *Bioorg Med Chem Lett*, 2013, 23(11): 3170-3174.

[7] Kurihara T, et al. *Annual Report of the Tohoku College of Pharmacy*, 1976, 23: 65-68.

[8] Moritake M, et al. *Tetrahedron Lett*, 1987, 28(13): 1425-1426.

[9] Kim SH, et al. *Org Lett*, 2005, 7(15): 3275-3277.

药理作用及毒性参考文献

[1] Chou CJ, et al. *J Nat Prod*, 1997, 60(4): 375-377.

[2] 吴全珍，等. 油脂科技，1982, (6): 60-68.

[3] 吴全珍，等. 四川林业科技，1982, (4): 51-53.

1b. 毛叶山桐子（变种）

Idesia polycarpa Maxim. var. **vestita** Diels in Bot. Jahrb. 39: 478. 1900.（英 **Pubescent Manyfruit Idesia**）

本变种和模式变种的区别是：叶下面有密的柔毛，无白粉而为棕灰色，脉腋无丛毛；叶柄有短毛；花序梗及花梗有密毛；成熟果实长圆球形至圆球状，血红色。花期4-5月，果期10-11月。

分布与生境　产于福建、广西、贵州、湖北、湖南、江苏、江西、陕西、山东、四川、云南和浙江。生于海拔900-3000 m的深山区和浅山区的落叶阔叶林中。日本也有分布。

药用部位　果实。

毛叶山桐子 Idesia polycarpa Maxim. var. vestita Diels
摄影：朱鑫鑫

功效应用　解毒，杀虫。用于疥癣。

9. 刺篱木属 Flacourtia Comm. ex L'Hér.

乔木或灌木，通常有刺。单叶，互生，有短柄，边缘有锯齿稀全缘；托叶通常缺。花小，单性，雌雄异株稀杂性，总状花序或团伞花序，顶生或腋生；萼片小，4-7片，覆瓦状排列；花瓣缺；花盘肉质，全缘或有分离的腺体；雄花的雄蕊多数，花药丁字着生，2室，纵裂；退化子房缺；雌花的子房基部有围绕的花盘，为不完全的2-8室，每个侧膜胎座上有叠生的胚珠2颗，花柱和胎座同数，分离或基部稍联合，柱头稍缺或为2裂。浆果状核果，球形。种子椭圆形，压扁，种皮软骨质，子叶圆形。

本属有 15–17 种，主产于热带亚洲和非洲，东达澳大利亚北部、美拉尼西亚至斐济。我国有 5 种，其中 4 种可药用。

分种检索表

1. 花柱合生呈柱状，柱头在先端稍开展 ···································· 1. 云南刺篱木 F. jangomas
1. 花柱离生，或仅基部合生。
  2. 花柱离生，环形排列；叶片卵圆状长圆形，椭圆状长圆形，或长圆状披针形，长 6–17 cm ··········
  ·· 2. 大叶刺篱木 F. rukam
  2. 花柱基部合生；叶片倒卵形、长圆状倒卵形、椭圆形，或椭圆状披针形，长 2–10 cm，宽 1.5–6 cm。
    3. 叶片长 2–4 cm，宽 1.5–3 cm, 倒卵形或长圆状倒卵形；果实直径 8–10 mm ········· 3. 刺篱木 F. indica
    3. 叶片长 4–10 cm，宽 2.5–6 cm，椭圆形或椭圆状披针形；果实直径 15–25 mm ················
    ·· 4. 大果刺篱木 F. ramontchi

本属药用植物主要含酚及酚苷类成分，如 (-)- 刺篱木素▲ [(-)-flacourtin，**1**]，刺篱木辛▲ (flacourticin，**2**)，刺篱木苷 (flacourside，**3**)，天料木苷 D (homaloside D，**4**)，山拐枣苷▲ (poliothrysoside，**5**)；黄酮类成分如 (+)- 儿茶素 [(+)-catechin]；香豆素类成分如欧前胡辛▲ (ostruthin)；三萜类成分如莫顿湾无花果酮▲ (moretenone，**6**)。**4** 和 **5** 对抵抗氯喹恶性虐原虫 (*Plasmodium falciparum*) W$_2$ 株有抑制作用，IC$_{50}$ 分别为 20 和 7 μmol/L，且 **5** 与氯喹相似，具有良好的选择性指数。

1. 云南刺篱木（西南林学院学报）

Flacourtia jangomas (Lour.) Raeusch. in Nomencl. Bot., ed. 3, 290. 1797.——*Stigmarota jangomas* Lour. （英 **Yunnan Ramontchi**）

落叶小乔木或大灌木，高 5–10 (–15) m。叶通常膜质；卵形至卵状椭圆形，稀卵状披针形，长 5–12 cm，宽 2–2.5 cm，先端钝或渐尖，基部楔形至圆形，边缘全缘或有粗锯齿；叶柄纤细，长 4–8 mm，有短柔毛。聚伞花序，腋生，长 1–2 cm，有毛；花白色至浅绿色，有甜味；萼片 4–5，卵状三角形，长约 2 mm，先端渐尖，基部钝形，边有睫毛，外面有毛；雄花：花盘圆形，不连合；雄蕊多数，花丝丝状，长 2–3 mm，无毛，花药卵形至近圆形；雌花：花盘稍全缘或多少分离；子房近圆形，长 2–3 mm，4–6 室，每室有 2 颗胚珠，花柱 4–6，连合，长约 1 mm，柱头极短，稍膨大，2 裂，反折。果实肉质，近球形，浅棕色或紫色，直径 1.5–2.5 cm，有棱，顶端有 1 个宿存短花柱。种子 4–6 粒，稀 10 粒。花期 4–5 月，果期 5–10 月。

分布与生境　产于云南南部、广西西部和海南南部。生于海拔 700–800 m 的山地雨林、常绿阔叶林中。越南、老挝、泰国、马来西亚也有分布。

药用部位　果实、叶、根。

功效应用　果实：用于肝胆疾病，恶心。叶：收敛，健胃。用于腹泻，虚弱。根：用于皮肤溃疡，喉痛。外用于创伤。

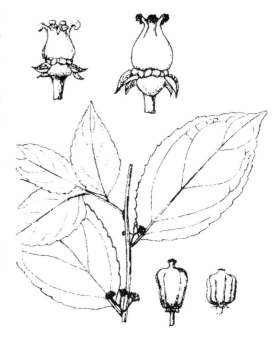

云南刺篱木 *Flacourtia jangomas* (Lour.) Raeusch.
戴征雄　绘

云南刺篱木 *Flacourtia jangomas* (Lour.) Raeusch.
摄影：徐晔春 朱鑫鑫

化学成分　茎和茎皮含三萜类：柠檬苦素(limonin)，云南刺篱木内酯▲(jangomolide)[1]，莫顿湾无花果酮▲(moretenone)[2]；香豆素类：欧前胡辛▲(ostruthin)[1]。

果实含还原糖，脂肪，蛋白质，酚性化合物，抗坏血酸等；脂肪酸部分包括棕榈酸(palmitic acid)，十六碳二烯酸(hexadecadienoic acid)，硬脂酸(stearic acid)，油酸(oleic acid)，亚油酸(linoleic acid)，α-亚麻酸(α-linolenic acid)等；氨基酸部分包括脯氨酸(proline)，羟脯氨酸(hydroxyproline)，蛋氨酸(methionine)，丙氨酸(alanine)，甘氨酸(glycine)，缬氨酸(valine)等；糖部分包括阿拉伯糖(arabinose)，葡萄糖(glucose)，果糖(fructose)，半乳糖(galactose)等[3]。

化学成分参考文献

[1] Ahmad J, et al. *Phytochemistry*, 1984, 23(6): 1269-1270.

[2] Mukherjee KS, et al. *J Indian Chem Soc*, 1997, 74(9): 738-739

[3] Dinda B, et al. *J Food Sci Technol*, 1989, 26(6): 334-336.

2. 大叶刺篱木（海南植物志） 山桩、牛牙果（广西），罗庚梅（台湾高等植物彩色图志），罗庚果（台湾树木志）

Flacourtia rukam Zoll. et Moritzi in Syst. Verz. 2: 33. 1846.（英 **Rokam**）

乔木，高 5-15 (-20) m。叶近革质，卵状长圆形或椭圆状长圆形，长 (6.5-) 10-15 (-18) cm，宽 (3-) 4-7 (-9) cm，先端渐尖至急尖，基部圆形至宽楔形，边缘有钝齿；叶柄长 6-8 mm。花小，黄绿色；总状花序腋生，长 0.5-1 cm，或为由总状花序组成的顶生圆锥花序，被短柔毛；花瓣缺；雄花：雄蕊多数，花丝丝状，长 3-4 mm，花药小，黄色；花盘肉质，橘红至淡黄色，8 裂；雌花：花盘圆盘状，边缘微波状；子房瓶状，侧膜胎座 4-6 个，每个胎座有胚珠 2 颗，花柱 4-6，柱头 2 裂；退化雄蕊缺，稀存在。果球形到扁球形或卵球形，直径 2-2.5 cm，干后有 4-6 条沟槽或棱角；果梗长 5-8 mm，亮绿色至桃红色或为紫绿色到深红色，果肉带白色，顶端有宿存花柱。种子约 12 粒。花期 4-5 月，果期 6-10 月。

分布与生境 产于广东、广西、云南、台湾、海南。生于海拔 2000 m 以下的常绿阔叶林中。越南、泰国、印度、印度尼西亚和马来西亚也有分布。

药用部位 根、果实、枝、叶、果汁。

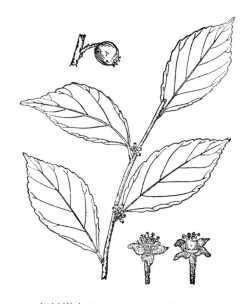

大叶刺篱木 Flacourtia rukam Zoll. et Moritzi
引自《中国高等植物图鉴》

大叶刺篱木 Flacourtia rukam Zoll. et Moritzi
摄影：王祝年

功效应用 根、果实：用于腹泻，痢疾。枝、叶：外用于皮肤瘙痒。叶：用于眼疾。根、果汁：为妇科要药，用于月经不调。

3. 刺篱木（海南植物志） 刺子（海南），细祥笠果（广州）

Flacourtia indica (Burm. f.) Merr. in Interpr. Herb. Amboin. 377. 1917.——*Gmelina indica* Burm. f., *Flacourtia parvifolia* Merr.（英 **Indian Ramontchi**）

落叶灌木或小乔木，高 2-4 (-15) m。叶近革质，倒卵形至长圆状倒卵形，稀倒心形，长 2-4 (-8) cm，宽 1.5-2.5 (-5) cm，先端圆形或截形，有时凹，基部楔形，边缘中部以上有细锯齿；叶柄短，长 (1.1-)

3–5 mm，被短柔毛。花小，总状花序短，顶生或腋生，被绒毛；萼片 (4–) 5–6 (–7)，卵形，长 1.5 mm，先端钝，外面无毛，内面有柔毛，边缘有睫毛；花瓣缺，雄花：雄蕊多数，花丝丝状，长 2–2.5 mm，着生在肉质的花盘上；花盘全缘或浅裂；雌花：花盘全缘或近全缘；子房球形，侧膜胎座 5–6 个，每个胎座上有叠生的胚珠 2 颗，花柱长约 1 mm，5–6 个，分离或基部合生，柱头细长 2 裂。果球形或椭圆形，直径 0.8–1.2 cm，有纵裂 5–6 条，有宿存花柱。种子 5–6 粒。花期春季，果期夏秋季。

分布与生境　产于福建、广东、广西、海南。生于海拔 300–1400 m 的近海沙地灌丛中。菲律宾、印度尼西亚、越南、老挝、柬埔寨、泰国、马来西亚、印度和非洲等地区也有分布。

药用部位　果实。

功效应用　用于消化不良，湿疹，风湿，便秘。

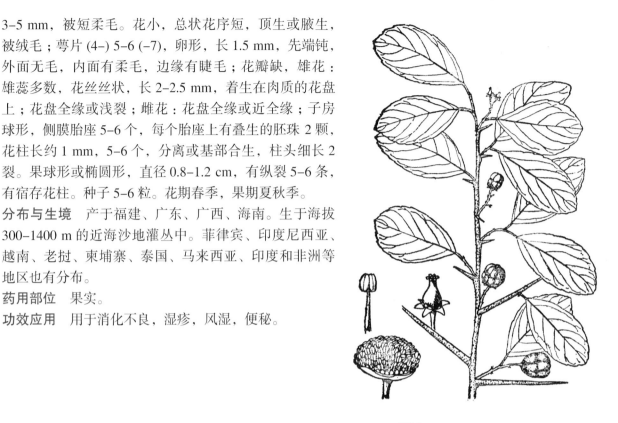

刺篱木 **Flacourtia indica** (Burm. f.) Merr.
引自《中国高等植物图鉴》

刺篱木 **Flacourtia indica** (Burm. f.) Merr.
摄影：郑希龙 王祝年

化学成分　茎皮含酚苷类：(-)-刺篱木素▲[(-)-flacourtin][1]。

　　茎及叶含酚及酚苷类：刺篱木辛▲(flacourticin)，4'-苯甲酰山拐枣苷▲(4'-benzoylpoliothrysoside)，(2E)-庚基-3-(3,4-二羟基苯基)-丙烯酸酯[(2E)-heptyl-3-(3,4-dihydroxyphenyl)-acrylate][2]；黄酮类：(+)-儿茶素[(+)-catechin][2]。

　　枝叶含酚及酚苷类：2-(2-苯甲酰基-β-D-吡喃葡萄糖氧基)-7-(1α,2α,6α-三羟基-3-氧代环己-4-烯酰基)-5-羟基苄醇[2-(2-benzoyl-β-D-glucopyranosyloxy)-7-(1α,2α,6α-trihydroxy-3-oxocyclohex-4-enoyl)-5-hydroxybenzyl alcohol]，山拐枣苷▲(poliothrysoside)，2-(6-苯甲酰基-β-D-吡喃葡萄糖氧基)-7-(1α,2α,6α-三羟基-3-氧代环己-4-烯酰基)-5-羟基苄醇[2-(6-benzoyl-β-D-glucopyranosyloxy)-7-(1α,2α,6α-trihydroxy-

3-oxocyclohex-4-enoyl)-5-hydroxybenzyl alcohol][3]；黄酮类：儿茶素-[5,6-e]-4β-(3,4-二羟基苯基)二氢-2(3H)-吡喃酮{catechin-[5,6-e]-4β-(3,4-dihydroxyphenyl)dihydro-2(3H)-pyranone}，金圣草酚-7-O-β-D-吡喃葡萄糖苷(chrysoeriol-7-O-β-D-glucopyranoside)，尖叶饱食桑脂素▲A (mururin A)[3]；甾体类：谷甾醇-(6'-O-硬脂酰基)-β-D-吡喃葡萄糖苷[sitosterol-(6'-O-stearoyl)-β-D-glucopyranoside]，谷甾醇-(6'-O-十七碳酰基)-β-D-吡喃葡萄糖苷[sitosterol-(6'-O-margaroyl)-β-D-glucopyranoside]，谷甾醇-(6'-O-棕榈酰基)-β-D-吡喃葡萄糖苷[sitosterol-(6'-O-palmitoyl)-β-D-glucopyranoside]，谷甾醇-(6'-O-亚油酰基)-β-D-吡喃葡萄糖苷[sitosterol-(6'-O-lineoloyl)-β-D-glucopyranoside]，谷甾醇-(6'-O-亚麻酰基)-β-D-吡喃葡萄糖苷[sitosterol-(6'-O-linolenoyl)-β-D-glucopyranoside][4]。

果汁含酚及酚苷类：6-O-(E)-β-香豆酰吡喃葡萄糖苷甲酯[6-O-(E)-β-coumaroylglucopyranoside methyl ester]，6-O-(E)-β-香豆酰葡萄糖[6-O-(E)-β-coumaroylglucose]，刺篱木苷▲(flacourside)[5]。

地上部分含酚及酚苷类：焦儿茶酚(pyrocatechol)，天料木苷D(homaloside D)，山拐枣苷▲[6]。

化学成分参考文献

[1] Bhaumik PK, et al. *Phytochemistry*, 1987, 26(11): 3090-3091.

[2] Madan S, et al. *Nat Prod Commun*, 2009, 4(3): 381-384.

[3] Sashidhara KV, et al. *Eur J Med Chem*, 2013, 60: 497-502.

[4] Dehmlow EV, et al. *Zeitschrift fuer Naturforschung, B: Chemical Sciences*, 2000, 55(3/4): 333-335.

[5] Amarasinghe NR, et al. *Food Chem*, 2007, 102(1): 95-97.

[6] Kaou AM, et al. *J Ethnopharmacol*, 2010, 130(2): 272-274.

4. 大果刺篱木（中国植物志） 挪挪果（植物分类学报），野李子、山李子（云南普洱），木关果（云南马关），棠梨（景洪）

Flacourtia ramontchi L'Hér. in Stirp. Nov. 3: 59. 1786.（英 **Ramontchi**）

落叶大灌木，高 2–4 m。叶纸质，宽椭圆形、椭圆形、椭圆状披针形或椭圆状倒卵形，长 2–5 cm，宽 2–3 cm，先端圆钝或锐尖，稀有凹缺，基部为楔形，边缘除基部 1/3 无齿外，有钝锯齿和圆齿；叶柄长 4–8 mm，有短柔毛。花数朵，总状花序顶生或腋生，长 1–2 cm，有短柔毛；萼片 5–6 片，卵形，长约 1.5 mm，顶端圆钝，外面无毛，内面有柔毛；边缘有睫毛；花瓣缺；雄花：雄蕊多数，花丝丝状，着生在肉质的花盘内，花盘全缘或有浅裂；雌花：花盘全缘，子房球形，顶端稍尖，侧膜胎座 5–6 个，每个胎座上有叠生胚珠 2 颗，花柱 5–6，分离或基部稍联合，柱头 2 裂。果红色，圆球形，直径 2–3 cm，无纵棱；花柱宿存。种子 4–6 粒。花期 4–5 月，果期 6–10 月。

分布与生境 产于贵州、广西、云南等地。生于海拔 200–1700 m 的山地灌丛或混交林中。菲律宾、越南、马来西亚、斯里兰卡、印度和非洲也有分布。

药用部位 树皮、种子、树液汁、果实。

功效应用 树皮、种子：祛风除湿，健脾止泻。用于风湿痹痛，消化不良，霍乱，间歇热，腹泻，痢疾。树液汁：用于泄泻，痢疾。果实：用于治疗消化不良，风湿病，吐泻，间歇热。

化学成分 树皮含酚及酚苷类：刺篱木托苷▲(flacourtoside) A、B、C、D、E、F，伊桐苷H (itoside H)，山拐枣苷▲(poliothrysoside)，柞木素(xylosmin)，菊柊酚苷▲D (scolochinenoside D)[1]；三萜类：白桦脂酸-3β-咖啡酸酯(betulinic acid 3β-caffeate)[1]。

大果刺篱木 Flacourtia ramontchi L'Hér.
刘怡涛 绘

树皮和枝条含三萜类：无羁萜(friedelin)，丁子香素(caryophyllin)[2]；酚及酚苷类：原儿茶酸(protocatechuic acid)，3,4,5-三甲氧基苯酚(3,4,5-trimethyloxyphenol)[2]，匍匐柳素(salirepin)，3,4-二甲氧基苯基-6-O-(α-L-吡喃鼠李糖基)-β-D-吡喃葡萄糖苷[3,4-dimethoxyphenyl-6-O-(α-L-rhamnopyranosyl)-β-D-glucopyranoside]，1-[α-L-吡喃鼠李糖基-(1 → 6)-β-D-吡喃葡萄糖氧基]-3,4,5-三甲氧基苯{1-[α-L-rhamnopyranosyl-(1 → 6)-β-D-glucopyranosyloxy]-3,4,5-trimethoxybenzene}，相对-2-(6-苯甲酰基-β-吡喃葡萄糖氧基)-7-(1α,2α,6α-三羟基-5-氧化环己-3-烯酰基)-5-羟基苯乙醇[rel-2-(6-benzoyl-β-glucopyranosyloxy)-7-(1α,2α,6α-trihydroxy-5-oxocyclohex-3-enoyl)-5-hydroxybenzyl alcohol][3]，山拐枣苷▲(poliothrysoside)[2-3]；木脂素类：刺篱木考苷▲(flacoside) A、B，苏式-二羟基去氢二松柏醇(threo-dihydroxydehydrodiconiferyl alcohol)[3]，(-)-3α-O-(β-D-吡喃葡萄糖基)-南烛树脂醇[(-)-3α-O-(β-D-glucopyranosyl)-lyoniresinol]，(-)-2α-O-(β-D-吡喃葡萄糖基)-南烛树脂醇[(-)-2α-O-(β-D-glucopyranosyl)-lyoniresinol][3]；大柱香波龙烷类：刺篱木考苷▲C (flacoside C)[3]；黄酮类：山柰酚-3-O-芸香糖苷(kaempferol-3-O-rutinoside)，槲皮素-3-O-芸香糖苷(quercetin-3-O-rutinoside)[3]；其他类：肌醇，蔗糖，葡萄糖[2]。

心材含木脂素类：大果刺篱木苷▲(ramontoside)[4]；甾体类：β-谷甾醇，胡萝卜苷[4]。

注评 本种种子和树皮称"挪挪果"，瑶族、傣族药用，主要用途见功效应用项。

化学成分参考文献

[1] Bourjot M, et al. J Nat Prod, 2012, 75(4): 752-758.

[2] 任宏燕，等 . 中国中药杂志，2007, 32(9): 862-863.

[3] Chai XY, et al. *Planta Med*, 2009, 7511: 1246-1252.

[4] Satyanarayana V, et al. *Phytochemistry*, 1991, 30(3): 1026-1029.

10. 柞木属 Xylosma G. Forst.

常绿乔木或灌木，常有刺；叶互生，有齿缺，无托叶；花单性，雌雄异株，稀两性，无花瓣；雄花的花盘通常 4–8 裂，很少全缘；雄蕊多数，花丝丝状，花药基着，无附属物，退化子房缺；雌花的花盘环状；子房 1 室，有侧膜胎座 2 (–6)，每胎座上有 2 至数颗胚珠，花柱短或缺，柱头头状或 2–3 (–4) 裂。果为浆果。种子少数，倒卵形，光滑。

本属约 100 种，分布于热带和亚热带地区。我国有 3 种，产于西南部至东部，均可药用。

分种检索表

1. 叶片宽卵形、卵形至椭圆状卵形，长 4–8 cm, 宽 2.5–4 cm，侧脉 3–4 (–5)，种子有深色条纹··· 1. **柞木 X. congesta**

1. 叶片长圆形、长圆状披针形、披针形或椭圆形，长 5–10 (–18) cm，宽 2–7 cm，侧脉多于 4 对，种子无深色条纹。

  2. 叶片椭圆形或长圆形，侧脉 5–7 对；花序疏松，长 1.5–3 (–5) cm，圆锥状或总状至圆锥状，通常有黄色柔毛；花萼里面被柔毛，边缘全缘，有缘毛；萼片在果期脱落······················2. **南岭柞木 X. controversa**

  2. 叶片椭圆形至长圆状披针形，侧脉 (6–) 7–11 对，花序通常密集，比较短，长 0.5–2 cm，总状花序或密集的圆锥花序，通常无毛或被柔毛；花萼里面无毛，边缘全缘或有齿，无毛；萼片在果期宿存·· 3. **长叶柞木 X. longifolia**

本属药用植物主要含酚类化合物，如黄酮类的 (±)- 儿茶素 [(±)-catechin]，儿茶素 -3-O-β-D- 吡喃葡萄糖醛酸苷 (catechin-3-O-D-glucopyranoside)；苯丙素类成分如南岭柞木苷 (xylocoside) A (**1**)、B (**2**)；酚苷类成分如南岭柞木苷 E (xylocoside E，**3**)。

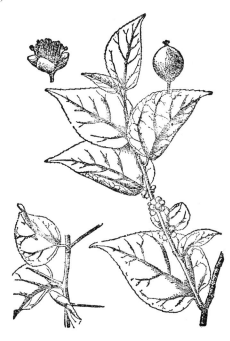

1 2 3

1. 柞木（嘉佑草本） 凿子树，蒙子树，葫芦刺，红心刺

Xylosma congesta (Lour.) Merr., Philipp. J. Sci. 15: 247. 1920. ——*X. racemosa* (Siebold et Zucc.) Miq., *X. japonica* A. Gray, *Croton congestus* Lour.（英 **Japanese Xylosma**）

常绿大灌木或小乔木，高 4-15 m；树皮棕灰色，不规则从下面向上反卷呈小片，裂片向上反卷；幼时有枝刺，结果株无刺；枝条近无毛或有疏短毛。叶薄革质，雌雄株稍有区别，通常雌株的叶有变化，菱状椭圆形至卵状椭圆形，长 4-8 cm，宽 2.5-3.5 cm，先端渐尖，基部楔形或圆形，边缘有锯齿，两面无毛或在近基部中脉有污毛；叶柄短，长约 2 mm，有短毛。花小，总状花序腋生，长 1-2 cm，花梗极短，长约 3 mm；花萼 4-6 片，卵形，长 2.5-3.5 mm，外面有短毛；花瓣缺；雄花有多数雄蕊，花丝细长，长约 4.5 mm，花药椭圆形，底着药；花盘由多数腺体组成，包围着雄蕊；雌花的萼片与雄花同；子房椭圆形，无毛，长约 4.5 mm，1 室，有 2 侧膜胎座，花柱短，柱头 2 裂；花盘圆形，边缘稍波状。浆果黑色，球形，顶端有宿存花柱，直径 4-5 mm。种子 2-3 粒，卵形，长 2-3 mm，鲜时绿色，干后褐色，有黑色条纹。花期 7-11 月，果期 8-12 月。

分布与生境 产于安徽、福建、广东、广西、贵州、湖北、湖南、江苏、江西、陕西、四川、台湾、西藏、云南和浙江。

柞木 Xylosma congesta (Lour.) Merr.
引自《中国高等植物图鉴》

柞木 Xylosma congesta (Lour.) Merr.
摄影：朱鑫鑫

生于海拔 500-1100 m 的林缘、山坡或平原灌丛。印度、日本和朝鲜半岛也有分布。

药用部位　树皮、叶。

功效应用　树皮：用于黄疸，难产。叶：用于肿毒痈疽。

2. 南岭柞木（中国树木分类学）　岭南柞木（武汉植物学研究）

Xylosma controversa Clos in Ann. Sci. Nat. Bot. ser. 4. 8: 231. 1857.（英 **South China Xylosma**）

　　常绿灌木或小乔木，高 4-10 m；树皮灰褐色，不裂；小枝圆柱形，被褐色长柔毛。叶薄革质，椭圆形至长圆形，长 5-15 cm，宽 3-6 cm，先端渐尖或急尖，基部楔形，边缘有锯齿，上面无毛或沿主脉疏被短柔毛，深绿色，干后褐色，有光泽，下面密或疏被柔毛，淡绿色，中脉在上面凹，下面突起，侧脉 5-9 对，弯拱上升，两面均明显；叶柄短，长 0.7-1 cm，被棕色毛。花多数，总状花序或圆锥花序，腋生，花序梗长 1.5-3 cm，被棕色柔毛；花梗长 2-3 mm；苞片披针形，外面有毛；花直径 4-5 mm；萼片 4，卵形，长约 2.5 mm，外面有毛，内面无毛；边缘有睫毛；花瓣无；雄花：有多数雄蕊，长约 2 mm，花盘 8 裂；雌花：子房卵球形，长约 2 mm，无毛，1 室，侧膜胎座 2 个，每个胎座上有胚珠 2-3 颗，花柱细长，长约 1.5 mm，柱头 2 裂。浆果圆形，直径 3-5 mm，花柱宿存。花期 4-5 月，果期 8-9 月。

分布与生境　产于福建、广东、广西、贵州、海南、湖南、江苏、江西、四川和云南。生于低海拔常绿阔叶林中和林缘。印度、尼泊尔、越南和马来西亚也有分布。

药用部位　根、叶。

南岭柞木 Xylosma controversa Clos
引自《中国高等植物图鉴》

南岭柞木 Xylosma controversa Clos
摄影：陈又生

功效应用　清热凉血，散瘀消肿，止痛，止血，接骨，催生，利窍。用于脱臼骨折，烧伤，烫伤，呕血，外伤出血。

化学成分　茎含苯丙素类：南岭柞木苷(xylocoside) A、B、C、D[1]，丁香苷(syringin)，刺柏三醇苷▲A (junipetrioloside A)，3-(4-羟基-3,5-二甲氧基苯基)丙烷-1,2-二醇[3-(4-hydroxy-3,5-dimethoxyphenyl)propane-1,2-diol]，苏式-丁香基甘油(*threo*-syringylglycerol)，苏式-愈创木基甘油(*threo*-guaiacylglycerol)，赤式-愈创木基甘油(*erythro*-guaiacylglycerol)[1]；酚及酚苷类：南岭柞木苷(xylocoside) E、F、G，异直蒴苷▲(tachioside)，直蒴苷▲(isotachioside)，儿茶酚(catechol)，3,4,5-三甲氧基苯酚(3,4,5-trimethoxyphenol)，葡萄柳素(salirepin)，尖瓣海莲苷C (rhyncoside C)，焦儿茶酚-1-*O*-*β*-D-呋喃芹糖

基-(1"→6')-β-D-吡喃葡萄糖苷[pyrocatechol-1-O-β-D-apiofuranosyl-(1"→6')-β-D-glucopyranoside]，焦儿茶酚-1-O-β-D-吡喃木糖基-(1"→6')-β-D-吡喃葡萄糖苷[pyrocatechol-1-O-β-D-xylopyranosyl-(1"→6')-β-D-glucopyranoside]，焦儿茶酚-1-O-β-D-吡喃葡萄糖苷(pyrocatechol-1-O-β-D-glucopyranoside)，3,4,5-三甲氧基苯酚-1-O-β-D-吡喃木糖基-(1"→6')-β-D-吡喃葡萄糖苷[3,4,5-trimethoxyphenol-1-O-β-D-xylopyranosyl-(1"→6')-β-D-glucopyranoside]，3,4,5-三甲氧基苯酚-1-O-β-D-呋喃芹糖基-(1"→6')-β-D-吡喃葡萄糖苷[3,4,5-trimethoxyphenol-1-O-β-D-apiofuranolyl-(1"→6')-β-D-glucopyranoside]，3,4,5-三甲氧基苯酚-1-O-β-D-吡喃葡萄糖苷[3,4,5-trimethoxyphenol-1-O-β-D-glucopyranoside][1]；黄酮类：(±)-儿茶素[(±)-catechin]，儿茶素-3-O-β-D-吡喃葡萄糖苷(catechin-3-O-β-D-glucopyranoside)，儿茶素-5-O-β-D-吡喃葡萄糖苷(catechin-5-O-β-D-glucopyranoside)[2]；木脂素类：(-)-丁香树脂酚[(-)-syringaresinol]，丁香树脂酚-4-O-β-D-吡喃葡萄糖苷(syringaresinol-4-O-β-D-glucopyranoside)，丁香树脂酚-4,4'-二-O-β-D-吡喃葡萄糖苷(syringaresinol-4,4'-bis-O-β-D-glucopyranoside)，1,3-二-(4-羟基-3,5-二甲氧基苯基)-1,3-丙二醇[1,3-bis-(4-hydroxy-3,5-dimethoxyphenyl)-1,3-propanediol][2]；碱基类：尿嘧啶[2]；三萜类：无羁萜(friedelin)[2]；有机酸类：(R)-(+)-大风子油酸[(R)-(+)-chaulmoogric acid]，苯甲酸(benzoic acid)，香荚兰酸(vanillic acid)，4-羟基苯甲酸(4-hydroxybenzoic acid)[2]。

药理作用　南岭柞木苷 G 可减轻 β 淀粉样蛋白 25-35 片断诱导的 PC12 细胞损伤作用，提高细胞存活率，降低凋亡率，抑制细胞内活性氧的产生[1]。

化学成分参考文献

[1] Xu ZR, et al. *Helv Chim Acta*, 2008, 91(7): 1346-1354.　　[2] Xu ZR, et al. *J Chin Pharm Sci*, 2007, 16(3): 218-222.

药理作用及毒性参考文献

[1] 葛嘉，等. *J Chin Pharm Sci*, 2009, (18): 73-78.

3. 长叶柞木（中国树木分类学）

Xylosma longifolia Clos in Ann. Sci. Nat. Bot. ser. 4, 8: 231. 1857.（英 **Longleaf Xylosma**）

常绿小乔木或大灌木，高 4-7 m；树皮灰褐色；小枝有枝刺，无毛。叶革质，长圆状披针形或披针形，长 5-12 cm，宽 1.5-4 cm，先端渐尖，基部宽楔形，边缘有锯齿，两面无毛，上面深绿色，有光泽，下面淡绿色，干后灰褐色，侧脉 6-7 对，两面突起；叶柄长 5-8 cm。花小，淡绿色，多数，总状花序，长 1-2 cm，花序梗和花梗无毛或近于无毛；苞片小，卵形；花直径 2.5-3.5 mm；萼片 4-5，卵形或披针形，长 2-4 mm，外面有毛，内面无毛；花瓣缺；雄花：雄蕊多数，生在花盘的内面，花丝丝状，长约 4.5 mm，花药圆形，花盘 8 裂；雌花：子房圆形，长 3.5-4 mm，1 室，侧膜胎座 2 个，每个胎座上有 2-3 颗胚珠，花柱短，柱头 2 裂。浆果球形，黑色，直径 4-6 mm，无毛。种子 2-5 粒。花期 4-5 月，果期 6-10 月。

分布与生境　产于福建、广东、广西、贵州、云南。生于海拔 1000-1600 m 的山地林中。印度、尼泊尔、老挝、泰国和越南也有分布。

药用部位　根皮、茎皮、叶。

长叶柞木 Xylosma longifolia Clos
引自《中国高等植物图鉴》

长叶柞木 *Xylosma longifolia* Clos
摄影：林秦文 李泽贤

功效应用 根皮、茎皮：清热利湿，散瘀止血，消肿止痛。用于黄疸，水肿，瘰疬，疮毒，溃疡，死胎不下等。叶：外用于跌打瘀肿，骨折，脱臼，肿痛，外伤出血。

化学成分 茎皮含酚类：长叶柞木苷(xylongoside) A、B，柞木辛▲(xylosmacin)，2-(6-苯甲酰基-β-D-吡喃葡萄糖氧基)-7-(1,2,6-三羟基-5-氧代环己-3-烯酰基)-5-羟基苄醇[2-(6-benzoyl-β-D-glucopyranosyloxy)-7-(1,2,6-trihydroxy-5-oxocyclohex-3-enoyl)-5-hydroxybenzyl alcohol]，苔色酸甲酯(methyl orsellinate)，黑茶渍酸▲(atraric acid)[1]；香豆素类：8-羟基-6-甲氧基-戊基异香豆素(8-hydroxy-6-methoxy-pentylisocoumarin)[1]；三萜类：无羁萜(friedelin)，表无羁萜醇(epifriedelanol)[1]。

叶含黄酮类：山奈酚-3-*O*-β-D-吡喃木糖苷-4'-*O*-α-L-吡喃鼠李糖苷(kaempferol-3-*O*-β-D-xylopyranoside-4'-*O*-α-L-rhamnopyranoside)，山奈酚(kaempferol)，槲皮素(quercetin)，山奈酚-3-*O*-α-L-吡喃鼠李糖苷(kaempferol-3-*O*-α-L-rhamnopyranoside)，槲皮素-3-*O*-α-L-吡喃鼠李糖苷(quercetin-3-*O*-α-L-rhamnopyranoside)，无羁萜(friedelin)[2]。

化学成分参考文献

[1] Truong BN, et al. *Phytochem Lett*, 2011, 4(3): 250-253.

[2] Parveen M, et al. *Journal of the Chilean Chemical Society*, 2012, 57(1): 989-991.

11. 山桂花属 **Bennettiodendron** Merr.

乔木或灌木。单叶互生或螺旋状排列；羽状脉或为五出脉；有叶柄；托叶缺。花小，单性，雌雄异株；圆锥花序或总状花序，稀伞房状；苞片小，早落；萼片小，通常 3 片，稀 4-5 片，覆瓦状排列，有缘毛，早落，稀宿存；花瓣缺；雄花有多数雄蕊，花丝短，丝状，有毛，稀无毛，间有多数腺体，花药小，椭圆形，呈"丁"字着生；退化子房小，有 3 个短的花柱；雌花有多数退化的雄蕊，花丝更小，长为雄花花丝的 1/2，基部有毛；腺体多数，盘状；子房生于花盘上，为不完全的 3 室，有 3 个侧膜胎座，每个胎座上有 2-3 颗胚珠，花柱 2-4，柱头短，2 裂。浆果小，干果状，球形，通常有 1 粒种子，稀 2-4 粒，果皮厚。种子鲜时淡黄色，干后带黑色，光亮，种皮稍呈网状。

本属 2-3 种，分布于亚洲。我国有 1 种，可药用。

1

本属药用植物主要含黄酮类成分，如 (+)- 儿茶素 [(+)-catechin]，山柰酚 -3-*O*-*β*-D- 葡萄糖醛酸苷 (kaempferol-3-*O*-*β*-D-glucuronopyranoside)；香豆素类成分如欧前胡辛▲ (ostruthin，**1**)；木脂素类成分如丁香树脂酚 -4-*O*-*β*-D- 吡喃葡萄糖苷 (syringaresinol-4-*O*-*β*-D-glucopyranoside)。

1. 山桂花

Bennettiodendron leprosipes (Clos) Merr. in J. Arnold Arbor. 8: 11. 1927.——*Bennettiodendron brevipes* Merr., *B. lanceolatum* H. L. Li, *Xylosma leprosipes* Clos（英 **Common Bennettiodendron**）

常绿灌木或小乔木，高 2–6 m。叶纸质，长圆状披针形至倒卵状披针形，长 5–12 cm，宽 2–5 cm，先端短渐尖，基部楔形，边缘有疏钝锯齿；叶柄较短，长 0.3–2 cm，近轴面有沟槽，密被棕色短毛，逐渐脱落减少。圆锥花序顶生，长 6–12 cm，宽通常为 4.5 cm，多分枝，密被棕色短柔毛，逐渐脱落，果期减少；雄花：萼片椭圆状卵形，长 3–3.5 mm，边缘有睫毛；雄蕊多数，花丝纤细，长约 4 mm，稍伸出花冠，有毛，基部有肥厚的肉质腺体，花药长圆形；雌花：萼片较雄花的稍小，退化雄蕊多数；子房卵形，长约 4 mm，不完全 3 室，每胎座上有胚珠 2–4 颗，花柱 3–4，柱头头状，稍 2 裂。浆果圆形，直径 3–4 mm，成熟时朱红色。种子 1–2 粒，球形。花期 3–4 月，果期 5–11 月。

分布与生境　产于江西、湖南、广东、广西、贵州、云南、海南。生于海拔 400–1800 m 的常绿阔叶林中。印度尼西亚、泰国、缅甸、孟加拉国和印度有分布。

药用部位　全株。

功效应用　消食。用于消化不良。

山桂花 **Bennettiodendron leprosipes** (Clos) Merr.
引自《中国高等植物图鉴》

山桂花 **Bennettiodendron leprosipes** (Clos) Merr.
摄影：朱鑫鑫 陈又生 徐晔春

化学成分 茎皮和嫩枝含酚及酚苷类：山桂花苷▲(benoside) A、B，山桐子素▲(idesin)，4-羟基-3,5-二甲氧基苄醇-4-O-β-D-吡喃葡萄糖苷(4-hydroxy-3,5-dimethoxybenzyl alcohol-4-O-β-D-glucopyranoside)，邻苯基苯酚(o-phenylphenol)[1]；苯丙素类：丁香苷(syringin)[1]；木脂素类：山桂花素▲(bennettin)，5,5'-二甲氧基-7-氧代落叶松树脂醇-4'-O-β-D-吡喃葡萄糖苷(5,5'-dimethoxy-7-oxolariciresinol-4'-O-β-D-glucopyranoside)，丁香树脂酚-4',4''-二-O-β-D-吡喃葡萄糖苷(syringaresinol-4',4''-bis-O-β-D-glucopyranoside)，苏式-二羟基去氢二松柏醇($threo$-dihydroxydehydrodiconiferyl alcohol)，丁香树脂酚-4-O-β-D-吡喃葡萄糖苷(syringaresinol-4-O-β-D-glucopyranoside)[1]；二萜类：19-异海松-7,15-二烯-3β-醇-α-D-吡喃阿卓糖苷(19-isopimara-7,15-dien-3β-ol-α-D-altropyranoside)[1]；其他类：(1,2,5)-环己-3-烯三醇[(1,2,5)-cyclohex-3-enetriol][1]；甾体类：β-谷甾醇，胡萝卜苷[1]。

化学成分参考文献

[1] Chai XY, et al. *Planta Med*, 2009, 75(11): 1246-1252.

堇菜科 VIOLACEAE

多年生草本、半灌木或小灌木，稀为一年生草本、攀援灌木或小乔木。叶为单叶，通常互生，少数对生，全缘、有锯齿或分裂，有叶柄；托叶小或叶状。花两性或单性，少有杂性，辐射对称或两侧对称，单生或组成腋生或顶生的穗状、总状或圆锥状花序，有2枚小苞片，有时有闭花受精花；萼片下位，5，同形或异形，覆瓦状，宿存；花瓣下位，5枚，覆瓦状或旋转状，异形，下面1枚通常较大，基部囊状或有距；雄蕊5枚，通常下位，花药直立，分离或围绕子房呈环状靠合，药隔延伸于药室顶端成膜质附属物，花丝很短或无，下方两枚雄蕊基部有距状蜜腺；子房上位，完全被雄蕊覆盖，1室，由3~5心皮联合构成，具3~5侧膜胎座，花柱单一稀分裂，柱头形状多变化，胚珠1至多数，倒生。果实为沿室背弹裂的蒴果或为浆果状。种子无柄或具极短的种柄，种皮坚硬，有光泽，常有油质体，有时具翅，胚乳丰富，肉质，胚直立。

约有22属，900多种，广布于世界各洲，温带、亚热带及热带均产。我国有3属，约110种，其中1属44种1变种可药用。

1. 堇菜属 Viola L.

多年生或二年生草本，很少亚灌木，有根状茎。地上茎有或无，有时具匍匐枝。单叶，互生或基生（稀轮生），边缘全缘、具齿或多裂；托叶小或者大，叶状，离生或多少贴生于叶柄。花两性，左右对称，单生，通常二形（闭花受精花比开花受精花开得晚）；花梗腋生，具2个小苞片；萼片近等长，通常耳形；花瓣通常不等长，前面的花瓣通常最大，基部成为距；花丝离生，非常短；花药离生或多数在子房周围靠合成为鞘，前面2枚基部具距状或瘤状和分泌蜜汁的附属物，附属物延伸进入前面的距中，药隔顶部生明显、膜质附属物；子房3心皮，具很多胚珠，侧膜胎座；花柱近直立或通常多少弯曲向下，多少加厚或有时逐渐向先端渐减，全缘或有各种附属物；花柱先端和柱头形状各异。蒴果室背开裂而有弹性3瓣裂，裂片具龙骨状隆起和背面加厚。种子球状卵圆形，具假种皮或否，通常平滑；胚乳丰富；胚直立；子叶厚，平凸。

本属约550余种，广布于温带、热带及亚热带地区，主要分布于北半球温带地区。我国约有105种，南北各地均有分布，其中药用植物44种1变种。

分种检索表

1. 植株有地上茎；托叶离生（*V. moupinensis* 除外）。
  2. 花黄色，柱头无喙。
    3. 侧花瓣里面无须毛，柱头先端2裂。
      4. 根状茎纤细、匍匐，白色。
        5. 叶肾形、圆形或卵状心形 ·············· 1. 双花堇菜 **V. biflora**
        5. 叶卵状披针形或卵形 ·············· 2. 紫叶堇菜 **V. hediniana**
      4. 根状茎粗壮、短，直立或斜升，有多数粗壮的纤维状褐色根。
        6. 叶卵形或三角状卵形，基部浅心形或平截 ·············· 2. 灰叶堇菜 **V. delavayi**
        6. 叶卵状心形、宽卵形，基部深心形或心形 ·············· 4. 四川堇菜 **V. szetschwanensis**
    3. 侧花瓣里面有须毛，柱头头状 ·············· 5. 东方堇菜 **V. orientalis**

2. 花通常非黄色，侧花瓣有或无须毛；柱头先端不裂。

 7. 柱头呈球状，基部两侧有柔毛，前端无喙；花色多变，有蓝色、紫堇色、黄色及杂色；托叶大，叶状，羽状或掌状分裂·····················6. 三色堇 **V. tricolor**

 7. 柱头非球状，前端具喙；花色通常单色，包括紫堇色、白色、粉红色等；托叶小，通常不分裂。

  8. 叶片、托叶、蒴果无棕色腺点；托叶边缘通常全缘或有疏齿。

   9. 茎生叶心形或肾形。

    10. 叶基部深心形；花堇紫色；果实长 10–14 mm ·····················7. 如意草 **V. arcuata**

    10. 叶基部浅心形；花白色或紫色；果实长 6–8 mm ·····················8. 奇异堇菜 **V. mirabilis**

   9. 茎生叶三角形，基部稍戟形，心形或近截形 ·····················9. 三角叶堇菜 **V. triangulifolia**

  8. 叶片、托叶、蒴果有棕色腺点；托叶边缘通常有流苏状齿。

   11. 茎生叶披针形 ·····················10. 鸡腿堇菜 **V. acuminata**

   11. 茎生叶心形、卵状心形、三角状卵形或卵形。

    12. 茎生叶三角状卵形，基部宽楔形或截形，向叶柄下延 ·····················11. 庐山堇菜 **V. stewardiana**

    12. 茎生叶圆心形、三角状心形、卵状心形、卵形或肾形，基部心形。

     13. 距长 6–8 mm ·····················12. 紫花堇菜 **V. grypoceras**

     13. 距长 2–3 mm ·····················13. 福建堇菜 **V. kosanensis**

1. 植物无地上茎；托叶合生或离生。

 14. 蒴果球形，下垂，通常被毛，很少无毛；果梗匍匐。

  15. 植株无匍匐枝。

   16. 叶片宽卵形或圆形，直径达 8 cm，花蓝紫色 ·····················14. 球果堇菜 **V. collina**

   16. 叶片长圆状卵形，直径达 6 cm；花蓝色或深紫色 ·····················15. 硬毛堇菜 **V. hirta**

  15. 植株有匍匐枝。

   17. 匍匐枝生地下，短而粗壮 ·····················16. 香堇菜 **V. odorata**

   17. 匍匐枝生地面，长而纤细 ·····················17. 匍匐堇菜 **V. pilosa**

 14. 蒴果卵球形或椭球形，无毛；果梗直立。

  18. 植株有地下匍匐枝；有鳞茎 ·····················18. 鳞茎堇菜 **V. bulbosa**

  18. 植株无地下匍匐枝；无鳞茎。

   19. 植株有地上匍匐枝。

    20. 匍匐枝上的叶莲座状；托叶大部分离生；下花瓣最短，先端锐尖 ·············19. 七星莲 **V. diffusa**

    20. 匍匐枝细长，叶片分散着生；托叶近离生；下花瓣最大，先端圆形。

     21. 距长 5–7 mm ·····················20. 台湾堇菜 **V. formosana**

     21. 距短于 2 mm。

      22. 托叶全缘；萼片宽卵形 ·····················21. 阔萼堇菜 **V. grandisepala**

     22. 托叶边缘有流苏状齿；萼片披针形。

      23. 叶片圆形或近圆形，先端圆形，边缘有粗圆齿。

       24. 根状茎长，节较长；侧花瓣有须毛 ·····················22. 深圆齿堇菜 **V. davidii**

       24. 根状茎密生节；侧花瓣无须毛 ·····················23. 紫点堇菜 **V. duclouxii**

      23. 叶片心形，先端渐尖或锐尖，边缘有锯齿。

       25. 根状茎短，节密生；叶柄通常长于叶片 ·····················24. 柔毛堇菜 **V. fargesii**

       25. 根状茎长而粗，节较长。

        26. 叶片、叶柄和花梗密被毛；叶柄通常较叶片短 ·············25. 云南堇菜 **V. yunnanensis**

        26. 叶片、叶柄和花梗无毛；叶柄通常长于叶片 ·············26. 光叶堇菜 **V. sumatrana**

   19. 植株无地上匍匐枝（*V. moupinensis* 除外）。

27. 托叶离生；根状茎粗，密生节。

  28. 植株具地下匍匐茎 ·· 27. 大叶菫菜 **V. diamantiaca**

  28. 植株无地下匍匐茎。

    29. 叶全部基生，被柔毛；托叶小，长 5–8 mm ···················· 28. 辽宁菫菜 **V. rossii**

    29. 植物有时有地上茎；叶通常无毛；托叶大，长 1–1.8 cm ············ 29. 萱 **V. moupinensis**

27. 托叶与叶柄合生。

  30. 叶片分裂或有缺刻。

    31. 萼片小，附属物短于 2 mm；托叶小 ························ 30. 裂叶菫菜 **V. dissecta**

    31. 萼片长 10–14 mm，附属物长 4–6 mm；托叶大 ········ 31. 南山菫菜 **V. chaerophylloides**

  30. 叶片不分裂，边缘有锯齿。

    32. 根褐色；叶片通常下延至叶柄。

      33. 叶片基部不下延 ·· 32. 白花菫菜 **V. lactiflora**

      33. 叶片基部下延到叶柄。

        34. 距长 5–10 mm，花菫紫色，很少白色 ············ 33. 东北菫菜 **V. mandshurica**

        34. 距短于 3 mm，花白色 ······························ 34. 白花地丁 **V. patrinii**

    32. 根黄色或白色；叶片基部不下延。

      35. 距长于 4 mm。

        36. 根状茎短而粗；夏天的叶片较春天的叶片显著较大。

          37. 叶片披针形，边缘有浅圆锯齿，基部向叶柄显著下延 ······ 35. 紫花地丁 **V. philippica**

          37. 叶片卵形，边缘有锯齿或深圆齿，基部不下沿。

            38. 侧花瓣无毛或有稀疏的须毛。

              39. 叶片基部截形或浅心形；侧花瓣通常无须毛 ········· 36. 早开菫菜 **V. prionantha**

              39. 叶片基部显著心形 ······························ 37. 犁头草 **V. japonica**

            38. 侧花瓣有显著的须毛。

              40. 花瓣菫紫色或红紫色 ······························ 38. 茜菫菜 **V. Phalacrocarpa**

              40. 花瓣白色 ··· 39. 蒙古菫菜 **V. mongolica**

        36. 根状茎短而细；夏天的叶片较春天的叶片近等大。

          41. 叶片先端圆形，有斑纹 ······························ 40. 斑叶菫菜 **V. variegata**

          41. 叶片先端锐尖，无斑纹 ······························ 41. 深山菫菜 **V. selkirkii**

      35. 距短于 3 mm。

        42. 叶片卵形或心形 ······································ 42. 心叶菫菜 **V. yunnanfuensis**

        42. 叶片椭圆形、长圆形或三角形。

          43. 叶片三角状披针形，基部截形，通常显著向叶柄下延，距短 ······················

                                     43. 戟叶菫菜 **V. betonicifolia**

          43. 叶片三角状卵形，基部心形或截形，不向叶柄下延或稍下延 ··················

                                      44. 长萼菫菜 **V. inconspicua**

      本属药用植物化学成分具有多样性的特点，含有黄酮、香豆素、环肽等，但以环肽最具特征性。所分离鉴定的环菫菜辛▲ (cycloviolacin) Y_1、Y_2、Y_3、Y_4、Y_5，近耳草肽▲ B_1 (kalata B_1) 和野菫菜环肽▲ (varv) A、E 等在离体试验中有抗 HIV 活性；环菫菜辛▲ (cycloviolacin) O_2、O_{13}、O_{14} (**1**)、O_{15}、O_{24}，野菫菜环肽 A，近耳草肽▲ B_1 等有溶血活性；三色菫环肽▲ A (vitri A) 和野菫菜环肽▲ A、E 等对人肿瘤细胞系淋巴癌 U-937 GTB 和骨髓瘤 RPMI-8226/s 细胞株等有细胞毒活性。

1

从紫花地丁 (V. yedoensis) 分离得到的二聚七叶树内酯 (dimeresculetin，**2**)、大戟亭▲ (euphorbetin，**3**) 和七叶树内酯 (aesculetin，**4**) 有抗凝血活性。从紫花地丁亦分离鉴定出一系列较少见类型的黄酮碳苷化合物，如芹菜苷元 -6-*C*-α-L- 吡喃阿拉伯糖基 -8-*C*-β-L- 吡喃阿拉伯糖苷 (apigenin-6-*C*-α-L-arabinopyranosyl-8-*C*-β-L-arabinopyranoside，**5**)。

本属植物药理活性研究主要集中在抗炎和抗菌作用上。该属植物提取物对多种致病菌有不同程度的抑菌、杀菌作用。研究较集中的紫花地丁还具有调节免疫、抗病毒、抗氧化作用。

1. 双花堇菜（东北师范大学科学研究通报） 短距堇菜（静生生物调查所汇报）

Viola biflora L., Sp. P1. 2: 936. 1753.（英 **Twinflower violet**）

1a. 双花堇菜（模式变种）

Viola biflora L. var. **biflora**

多年生草本。根状茎细或稍粗壮，垂直或斜生，具结节，有多数细根。地上茎较细弱，高 10-25 cm，2 或数条簇生，直立或斜升。基生叶 2 至数枚，具长 4-8 cm 的长柄，叶片肾形、宽卵形或近圆形，长 1-3 cm，宽 1-4.5 cm，先端钝圆，基部深心形或心形，边缘具钝齿；茎生叶具短柄，叶柄无毛至被短毛；托叶与叶柄离生，卵形或卵状披针形，长 3-6 mm，先端尖，全缘或疏生细齿。花黄色或淡黄色；花梗长 1-6 cm，上部有 2 枚披针形小苞片；萼片线状披针形或披针形，长 3-4 mm，先端急尖，基部附属物极短，具膜质缘，无毛或中下部具短缘毛；花瓣长圆状倒卵形，长 6-8 mm，具紫色脉纹，侧方花瓣里面无须毛，下方花瓣连距长约 1 cm；距短筒状，长 2-2.5 mm；子房无毛，花柱棍棒状，上半部 2 深裂。蒴果长圆状卵形，长 4-7 mm。花果期 5-9 月。

分布与生境 产于黑龙江、吉林、辽宁、内蒙古、河北、山西、陕西、甘肃、青海、新疆、山东、台

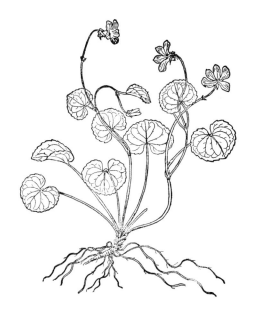

双花堇菜 Viola biflora L. var. biflora
引自《中国高等植物图鉴》

双花堇菜 Viola biflora L. var. biflora
摄影：张英涛

湾、河南、四川、云南、西藏。生于海拔 2500-4500 m 的高山及亚高山地带草甸、灌丛或林缘、岩石缝隙间。日本、朝鲜、俄罗斯、欧洲、克什米尔地区、喜马拉雅山区、印度东北部、马来西亚、北美洲西北部也有分布。

药用部位　根、茎、花、叶。

功效应用　根、茎：活血祛瘀，止血。用于跌打损伤，瘀血肿痛，呕血，血滞闭经，月经不调。花、叶：用于创伤，接骨。

化学成分　全草含苯丙素类：绿原酸(chlorogenic acid)，新绿原酸(neochlorogenic acid)，咖啡酸(coffeic acid)，菊苣酸(chicoric acid)[1]；黄酮类：山奈酚-7-葡萄糖苷(kaempferol-7-glucoside)，金丝桃苷(hyperoside)，黄芩苷(baicalin)[1]；香豆素类：香豆素(coumarin)，甲氧基香豆素(methoxycoumarin)[1]；酚酸类：没食子酸(gallic acid)[1]；环肽类[2-3]。

注评　本种的全草称"双花堇菜"，吉林、青海、西藏等地药用。本种藏族语称"大莫""大莫永登""达木"或"达米"，药用其全草或花、叶治创伤，接骨，愈合脉管。羌族鲜用其根状茎，主要用途见功效应用项。

化学成分参考文献

[1] Martynov AM, et al. *Voprosy Biologicheskoi, Meditsinskoi i Farmatsevticheskoi Khimii*, 2009, (4): 58-60.

[2] Burman R, et al. *Phytochemistry*, 2010, 71(1): 13-20.

[3] Herrmann A, et al. *Phytochemistry*, 2008, 69(4): 939-952.

1b. 圆叶小堇菜（变种）（静生生物调查所汇报）

Viola biflora L. var. **rockiana** (W. Becker) Y. S. Chen in Flora of China 13: 108. 2007——*V. rockiana* W. Becker（英 **Rock violet**）

本变种与模式变种的区别在于茎通常多数，无毛，叶片大部分簇生在下部；叶片圆形或卵状圆形，直径约 1 cm，基部浅心形或近平截，边缘有浅圆齿；距长 1–1.5 mm。花期 6–7 月，果期 7–8 月。

分布与生境　产于甘肃、青海、四川、云南、西藏。生于海拔 2500–4300 m 的高山、亚高山地带的草坡、林下、灌丛间。

药用部位　全草。

功效应用　退热。用于发热诸症。

注评　本种的全株彝族药用，治疗急、慢性胆囊炎，肝炎，妇女气滞血瘀，不孕。藏族用其全草治疗骨折，创伤，愈合脉管。

圆叶小堇菜 Viola biflora L. var. **rockiana** (W. Becker) Y. S. Chen
引自《中国高等植物图鉴》

2. 紫叶堇菜（静生生物调查所汇报）

Viola hediniana W. Becker in Beih. Bot. Centralbl. 34 (2): 262. 1916.（英 **Puepleleaf violet**）

多年生草本。根状茎短而稍粗，横卧或斜生，略带白色，有多数细根。地上茎通常不分枝，高 25-30 cm，细弱，直立，无毛，下部无叶。基生叶 1-2 枚或缺，具长柄；茎生叶下部者具短柄，上部者几无柄或无柄；叶片卵状披针形，长 3-7 cm，宽 1.5-2.5 cm，先端长渐尖，基部浅心形或圆形，边缘具钝圆齿，上面暗绿色，散生短毛或近无毛，下面无毛；托叶小，草质，离生，卵状披针形或披针形，长 3-5 mm，边缘具疏齿。花黄色，单生于上部叶腋；萼片线形，长约 5 mm，宽 0.5-1 mm，先端尖，基部附属物极不明显；上方花瓣及侧方花瓣长圆形，长 8-12 mm，宽 3-4 mm，侧方花瓣里面无须毛，下方花瓣三角状倒卵形，连距长约 1.3 cm；距圆筒状，长 5-6 mm；花柱上半部 2 裂。蒴果椭圆形，长约 6 mm，无毛。花期 4-6 月，果期 7-9 月。

分布与生境　产于四川、重庆和湖北西部。生于海拔 1500-4000 m 的山地林下、林缘、草坡或岩缝潮湿处。

药用部位　全草。

功效应用　清热解毒，凉血消肿，散瘀。用于咽喉痛，腮腺炎，黄疸，目赤，疔疮痈肿，水火烫伤，毒蛇咬伤。

紫叶堇菜 Viola hediniana W. Becker
引自《中国高等植物图鉴》

紫叶堇菜 *Viola hediniana* W. Becker
摄影：刘虹

3. 灰叶堇菜（静生生物调查所汇报）

Viola delavayi Franch. in Bull. Soc. Bot. Fr. 33: 413. 1886.（英 **Delavay violet**）

多年生草本。根状茎短粗，具多数暗褐色纤维状根。地上茎直立，高 15–25 cm。基生叶通常 1 枚或缺，叶片厚纸质，卵形，长 3–4 cm，宽约 3 cm，先端渐尖，基部心形，具波状锯齿缘，齿端具腺点，上面绿色，无毛，下面苍白色，基部疏生长柔毛，具长达 7 cm 的叶柄；茎生叶叶片较基生叶小，宽卵形或三角状卵形，基部浅心形或截形，上部叶卵状披针形；托叶草质，披针形、长圆形或卵形，长 0.5–1.3 cm，全缘或具疏粗齿。花黄色，由上部叶腋抽出，具长梗；花梗长 1.5–3 cm，近顶部有 2 枚线形小苞片；萼片线形，长约 5 mm，基部附属物很短，呈截形；上方花瓣倒卵形，长约 1.2 cm，侧方花瓣长 0.9–1 cm，下方花瓣宽倒卵形，长 8–9 mm，宽约 5 mm，基部有紫色条纹。蒴果小，长 3–4 mm。花期 6–8 月，果期 7–8 月。

分布与生境　产于四川、贵州、云南。生于海拔 1800–2800 m 的山地林缘、草坡、溪谷潮湿处。

药用部位　根、全草。

功效应用　根：温经通络，除湿止痛。用于慢性风湿性关节炎，小儿麻痹后遗症，小儿疳积，气虚头晕，跌打损伤。全草：用于肺炎。

化学成分　全草含L-谷氨酸(L-glutamic acid)，维生素B_1(vitamin B_1)，维生素B_2(vitamin B_2)，胡萝卜素(carotene)，Fe，Mg，Mn，K[1]。

灰叶堇菜 *Viola delavayi* Franch.
引自《中国高等植物图鉴》

注评　本种为云南药品标准（1974、1996 年版）收载"灰叶堇菜"的基源植物，药用其干燥全草。纳西族、佤族、彝族也药用其全草，主要用途见功效应用项，尚用于治疗小儿淋巴结核，感冒咳嗽，肺炎咯血，口腔炎，跌打劳伤等症。本种佤族称"土细辛"，但不得与细辛相混。

灰叶堇菜 **Viola delavayi** Franch.
摄影：陈又生

化学成分参考文献

[1] 钟惠民, 等. 植物资源与环境学报, 2005, 14(1): 62-63.

4. 四川堇菜（静生生物调查所汇报） 川黄堇菜（云南种子植物名录），米林堇菜（植物分类学报）

Viola szetschwanensis W. Becker et H. Boissieu in Bull. Herb. Boiss. 2 (8): 742. 1908.（英 **Sichuan violet**）

多年生草本，有地上茎。基生叶具长柄，叶片卵状心形、宽卵形，长 2-2.5 cm，先端短尖，基部深心形或心形；茎生叶叶片宽卵形、肾形或近圆形，宽 1.5-3 cm，先端短尖或渐尖，基部浅心形，边缘具浅圆齿；托叶狭卵形至长圆状卵形，长约 1.3 cm，先端渐尖，边缘疏生浅齿。花黄色，单生于上部叶的叶腋；萼片线形，长 4-6 mm，宽 0.8-1 mm，具 3 脉，先端钝，基部附属物极短，截形，无毛或被短柔毛；上方花瓣长圆形，具细的爪，长 1-1.2 cm，宽约 2.5 mm，侧方花瓣及下方花瓣稍短；距长 2-2.5 mm，末端钝；雄蕊的花药长约 1.5 mm，药隔顶部附属物长 1.5-2 mm，下方雄蕊之距短，长

四川堇菜 **Viola szetschwanensis** W. Becker et H. Boissieu
摄影：张英涛

890

约 1 mm；柱头 2 裂。蒴果长圆形，长 0.8–1 cm，粗约 4 mm。种子卵状。花期 6–8 月。

分布与生境　产于四川西部、云南北部和西藏。生于海拔 2400–4000 m 的山地林下、林缘、草坡或灌丛间。尼泊尔也有分布。

药用部位　全草。

功效应用　清热解毒，祛瘀消肿，利湿。用于肠痈，淋浊，疔疮肿毒，瘰疬，黄疸，痢疾，目赤，喉痹，刀伤出血，烧伤，烫伤，毒蛇咬伤。

5. 东方菫菜（东北植物检索表）　朝鲜菫菜、黄花菫菜（东北师范大学科学研究通报），小菫菜（中国植物图鉴）

Viola orientalis (Maxim.) W. Becker in Beih. Bot. Centralbl. 34 (2): 265. 1916.（英 **Orient violet**）

多年生草本。地上茎直立，高 6–10 cm。基生叶叶片卵形、宽卵形或椭圆形，长 2–4 cm，宽 1.5–3 cm，先端尖，基部心形，有时近截形，边缘具钝锯齿，上面几无毛，下面被短毛，叶柄长 3–10 cm；茎生叶 3 (4) 枚。托叶小，仅基部与叶柄合生，分离部分卵形，长 1–2 mm，全缘或疏生细锯齿。花黄色，直径约 2 mm，通常 1–3 朵；萼片披针形或长圆状披针形，长 5–7 mm，先端尖，基部附属物短，半圆形；花瓣倒卵形，上方花瓣与侧方花瓣向外翻转，上方花瓣里面有暗紫色纹，侧方花瓣里面有明显须毛，下方花瓣连距长 10–15 mm，距长 1–2 mm；下方雄蕊之距宽约 0.5 mm；子房无毛，花柱基部稍直，向上渐增粗，柱头头状，两侧有数列白色长须毛。蒴果椭圆形或长圆形，长 7–12 mm。种子卵球形，长约 2 mm。花期 4–5 月，果期 5–6 月。

东方菫菜 Viola orientalis (Maxim.) W. Becker
摄影：周繇

分布与生境　产于黑龙江、吉林省东部、辽宁和山东东部。生于海拔 100–1100 m 的山地疏林下、林缘、灌丛、山坡草地。俄罗斯远东地区、朝鲜半岛、日本也有分布。

药用部位　全草。

功效应用　清热解毒，散结，凉血，消肿。用于疔疮肿毒，瘰疬，痈疽发背，丹毒，毒蛇咬伤。

6. 三色堇（种子植物名称）

Viola tricolor L., Sp. Pl. 2: 935. 1753.（英 **Garden Pansy**）

一、二年生或多年生草本，高 10–40 cm。地上茎较粗，直立或稍倾斜，有棱，单一或多分枝。基生叶叶片长卵形或披针形，具长柄；茎生叶叶片卵形、长圆状圆形或长圆状披针形，先端圆或钝，基部圆，边缘具稀疏的圆齿或钝锯齿；托叶叶状，羽状深裂，长 1–4 cm。花大，直径 3.5–6 cm，每个茎上有 3–10 朵，通常每花有紫、白、黄三色；萼片绿色，长圆状披针形，长 1.2–2.2 cm，宽 3–5 mm，先端尖，边缘狭膜质，基部附属物发达，长 3–6 mm，边缘不整齐；上方花瓣深紫堇色，侧方及下方花瓣均为三色，有紫色条纹，侧方花瓣里面基部密被须毛，下方花瓣距较细，长 5–8 mm；子房无毛，柱头膨大，呈球状，前方具较大的柱头孔。蒴果椭圆形，长 8–12 mm。花期 4–7 月，果期 5–8 月。

分布与生境　我国各地公园栽培供观赏。原产于欧洲。

药用部位　全草。

三色堇 Viola tricolor L.
引自《中国高等植物图鉴》

三色堇 Viola tricolor L.
摄影：徐克学

功效应用　清热解毒，散瘀，利尿，止咳。用于小儿瘰疬，呼吸道炎症，痔疮，关节炎，胃病，膀胱炎，皮肤病。

化学成分　花含烃和类胡萝卜素：植醇(phytol)[1]，新黄质(neoxanthin)，叶黄素环氧化物(lutein epoxide)[2]，9Z,9'Z-堇黄质(9Z,9'Z-violaxanthin)，9Z,13Z-堇黄质(9Z,13Z-violaxanthin)，9Z,13'Z-堇黄质(9Z,13'Z-violaxanthin)，9Z,15Z-堇黄质(9Z,15Z-violaxanthin)[3]，反式-堇黄质(trans-violaxanthin)，反式-叶黄素(trans-lutein)，反式-花药黄质(trans-antheraxanthin)，β-胡萝卜素(β-carotene)，反式-黄体呋喃素(trans-luteoxanthin)，(9Z)-堇黄质[(9Z)-violaxanthin]，(9Z)-花药黄质[(9Z)-antheraxanthin]，(13Z)-堇黄质[(13Z)-violaxanthin][4]。

地上部分含黄酮类：芦丁(rutin)，荭草素(orientin)，异荭草素(isoorientin)，三色堇黄苷(violanthin)，新西兰牡荆苷-2 (vicenin-2)[5]，异槲皮苷(isoquercitrin)，金丝桃苷(hyperoside)，木犀草素-7-O-β-D-吡喃葡萄糖苷(luteolin-7-O-β-D-glucopyranoside)，槲皮素(quercetin)[6]，牡荆素(vitexin)，橙皮苷(hesperidin)，

芹菜苷元(apigenin)[7]，芹菜苷元吡喃葡萄糖苷(apigenin-glucopyranoside)，6-C-吡喃木糖基-8-C-吡喃葡萄糖基木犀草素(6-C-xylopyranosyl-8-C-glucopyranosylluteolin)[8]，芹菜苷元-6-C-吡喃葡萄糖苷(apigenin-6-C-glucopyranoside)[9]，孔雀草素(patuletin)，山柰酚(kaempferol)，槲皮苷(quercitrin)，杨梅黄醇(myricetol)[10]；三萜类：古柯二醇-28-乙酸酯(erythrodiol-28-acetate)，α-香树脂醇(α-amyrin)[8]，熊果酸(ursolic acid)[11]；甾体类：β-谷甾醇[8]；酚、酚酸类：水杨苷(salicin)，水杨酸甲酯(methyl salicylate)[8]，反式-咖啡酸(trans-caffeic acid)，原儿茶酸(protocatechuic acid)，龙胆酸(gentisic acid)，香荚兰酸(vanillic acid)，对羟基苯甲酸(p-hydroxybenzoic acid)，水杨酸(salicylic acid)，对羟基苯乙酸(p-hydroxyphenylacetic acid)，反式-香豆酸(trans-coumaric acid)，顺式-香豆酸(cis-coumaric acid)[12]；肽类：三色菫环肽▲A(vitri A)，野菫菜环肽▲(varv) A、E[13]；其他类：炔己蚁胺(valamin)，酒石酸镁(magnesium tartrate)[8]，抗坏血酸(ascorbic acid)[14]，多糖[15]。

全草含黄酮类：芦丁[16-18]，三色菫黄苷(violanthin)[17-18]；肽类：近耳草肽▲B$_1$(kalata B$_1$)[19]，环菫菜辛▲O$_2$(cycloviolacin O$_2$)[19-20]，野菫菜环肽▲(varv) A[19-20]、D、E、F、H、He、Hm[20]，三色菫环肽▲(vitri) A、B、C、D、E、F[20]。

药理作用 抗氧化作用：三色菫叶的提取物有清除自由基的能力[1]。

化学成分参考文献

[1] Hansmann P, et al. *Plant Cell Reports*, 1982, 1(3): 111-114.

[2] Hansmann P, et al. *Phytochemistry*, 1982, 21(1): 238-239.

[3] Molnar P, et al. *Phytochemistry*, 1986, 25(1): 195-199.

[4] Molnar P, et al. *Phytochemistry*, 1980, 19(4): 623-627.

[5] Vukics V, et al. *Anal Bioanal Chem*, 2008, 390(7): 1917-1925.

[6] Papp I, et al. *Chromatographia*, 2004, 60(Suppl. 1): S93-S100.

[7] Bubenchikov RA, et al. *Farmatsiya*, 2004, (2): 11-12.

[8] Papay V, et al. *Acta Pharmaceutica Hungarica*, 1987, 57(3-4): 153-158.

[9] Wagner H, et al. Zeitschrift fuer Naturforschung, Teil B: *Anorganische Chemie, Organische Chemie, Biochemie, Biophysik, Biologie*, 1972, 27(8): 954-958.

[10] Toiu A, et al. *Farmacia*, 2007, 55(5), 509-515.

[11] TamasM, et al. *Farmacia*, 1981, 29(2): 99-103.

[12] Komorowski T, et al. *Herba Polonica*, 1983, 29(1): 5-11.

[13] Svangrd E, et al. *J Nat Prod*, 2004, 67(2): 144-147.

[14] Rimkiene S. *Biologija*, 1996, (3-4): 61-62.

[15] Zabaznaya EI. *Khim Prir Soedin*, 1985, (1): 116.

[16] Vincze M, et al. *Gyogyszereszet*, 1972, 16(2): 58-60.

[17] Vukics V, et al. *Anal Bioanal Chem*, 2008, 390(7): 1917-1925.

[18] Vukics V, et al. *J Chromatogr Sci*, 2008, 46(2): 97-101.

[19] Xu WY, et al. *Chin Sci Bull*, 2008, 53(11): 1671-1674.

[20] Tang J, et al. *Peptides*, 2010, 31(8): 1434-1440.

药理作用及毒性参考文献

[1] DAVID M, et al. *J Ethnopharmacol*, 2000, 72(1-2): 47-51.

7. 如意草（植物名实图考） 菫菜（尔雅），菫菫菜（救荒本草），匍菫菜（台湾植物志）

Viola arcuata Blume in Bijdr. Fl. Ned. Ind. 1: 58. 1825.——*V. alata* Burgersd., *V. amurica* W. Becker, *V. hupeiana* W. Becker, *V. verecunda* A. Gray（英 **Common violet**）

多年生草本，高 5~20 cm。根状茎短粗，长 1.5~2 cm，粗约 5 mm，密生多条须根。地上茎通常数条丛生，稀单一，直立或斜升。基生叶叶片宽心形、卵状心形或肾形，长 1.5~3 cm，宽 1.5~3.5 cm，先端圆或微尖，基部宽心形，两侧垂片平展，边缘具向内弯的浅波状圆齿，两面近无毛；茎生叶少，与基生叶相似，但基部的弯缺较深；叶柄长 1.5~7 cm；茎生叶的托叶离生，长 6~12 mm，通常全缘，稀具细齿。花白色或淡紫色；萼片卵状披针形，长 4~5 mm，先端尖，基部附属物短；上花瓣长倒卵形，长约 9 mm，宽约 2 mm，侧花瓣长圆状倒卵形，长约 1 cm，宽约 2.5 mm，里面基部有短须毛，下花瓣连距长约 1 cm，先端微凹，下部有深紫色条纹；距长 1.5~2 mm。蒴果长圆形或椭圆形，长约

8 mm。种子卵球形，长约 1.5 mm。花果期 5-10 月。

分布与生境 产于黑龙江、吉林、辽宁、山东、安徽、河南、陕西、甘肃、江苏、浙江、江西、湖北、湖南、重庆、四川、贵州、福建、广东、广西、台湾、云南。生于海拔 3000 m 以下的湿草地、山坡草丛、灌丛、杂木林林缘、田野、宅旁等处。日本、朝鲜、俄罗斯、蒙古、越南、泰国、缅甸、不丹、尼泊尔、印度、马来西亚、印度尼西亚、巴布亚新几内亚有分布。

药用部位 全草。

功效应用 清热解毒，散瘀止血。用于疮疡肿毒，乳痈，跌打损伤，开放性骨折，外伤出血，蛇伤。

注评 本种的全草称"如意草"，云南、广西等地药用。瑶族、傈僳族、畲族也药用其全草，主要用途见功效应用项。傈僳族尚用于治肺热咳嗽，上呼吸道感染，结膜炎。

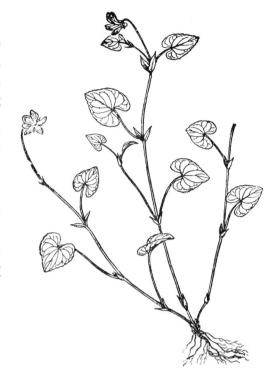

如意草 *Viola arcuata* Blume
引自《中国高等植物图鉴》

8. 奇异堇菜（拉汉种子植物名称） 伊吹堇菜（中国高等植物图鉴）

Viola mirabilis L., Sp. pl. 2: 936. 1753.（英 **Mir violet**）

　　多年生草本。茎直立，被柔毛或无毛，中部通常仅 1 枚叶片，上部密生叶片。叶片宽心形或肾形，长 3-5 cm，宽 4-6 cm，先端圆或具短尖，基部为开展的心形，边缘具浅圆齿，上面两侧被柔毛；托叶大，基部者鳞片状，卵形，长约 1 cm，宽约 0.5 cm，赤褐色，顶端钝或微渐尖，上部者宽披针形，长 0.8-1.7 cm，宽 0.3-0.5 cm，淡褐色，全缘，无毛，茎生叶披针形，边缘通常被缘毛。花较大，淡紫色或紫堇色；萼片长圆状披针形、卵状披针形或披针形，长 7-16 mm，宽 2-4mm，先端锐尖，基部附属物长约 2 mm，末端钝圆，边缘被缘毛或近无毛，具 3 脉，通常外面 3 片较里面 2 片显著长且宽；花瓣

奇异堇菜 *Viola mirabilis* L.
摄影：于俊林

倒卵形，侧瓣里面近基部密生长须毛，下瓣连距长达 2 cm；距较粗，长约 5 mm。蒴果椭圆形，无毛，长 1–1.4 cm。花果期 5–8 月。

分布与生境　产于黑龙江、吉林、辽宁、河北北部、内蒙古（大兴安岭）、山西、甘肃（南部）和宁夏。生于海拔 2000 m 以下的阔叶林或针阔叶混交林下、林缘、山地灌丛及草坡等处。朝鲜半岛、日本、蒙古、俄罗斯等也有分布。

药用部位　全草。

功效应用　清热解毒，凉血消肿，散瘀。用于咽喉痛，腮腺炎，目赤黄疸，疔疮痈肿，水火烫伤，毒蛇咬伤。

化学成分　全草含多糖[1]。

化学成分参考文献

[1] Bubenchikov RA, et al. Farmatsiya (Moscow, Russian Federation), 2005, (4): 16-17.

9. 三角叶堇菜（中国高等植物图鉴）

Viola triangulifolia W. Becker in Kew Bull. Misc. Inf. 6: 202. 1929.（英 **Triangular violet**）

多年生草本，具地上茎，高 13–35 cm。基生叶 2–5 枚，叶片宽卵形或卵形，长 1–2 cm，宽 1.5–2.8 cm，先端尖，基部心形；茎生叶叶片卵状三角形至狭三角形，长 2–5 cm，宽 2–3.5 cm，先端尖，基部心形或截形，边缘具浅锯齿，具长柄；托叶草质，离生，披针形或线状披针形，长 0.5–1 cm，全缘或疏生细齿。花白色有紫色条纹，单生于茎生叶的叶腋；花梗细弱，通常与叶近等长；萼片卵状披针形或披针形，长约 3 mm，基部附属物长约 0.5 mm；上方花瓣长倒卵形，长约 5–7.5 mm，侧方花瓣长圆形，长 5–8 mm，里面基部有须毛，下方花瓣连距长约 6 mm；距浅囊状，长 1–1.5 mm。蒴果较小，椭圆形，长 5–6 mm，无毛。花果期 4–6 月。

分布与生境　产于浙江、江西、湖南、福建、广东、广西。生于海拔 200–1800 m 的山谷溪旁、林缘或路旁。

药用部位　全草。

功效应用　清热解毒，利湿。用于目赤，结膜炎。

三角叶堇菜 Viola triangulifolia W. Becker
引自《中国高等植物图鉴》

三角叶堇菜 Viola triangulifolia W. Becker
摄影：刘冰 陈又生

10. 鸡腿堇菜（东北植物检索表）

Viola acuminata Ledeb. in Fl. Ross. 1: 252. 1842.——*V. micrantha* Turcz.（英 **Acuminate violet**）

多年生草本，通常无基生叶。茎直立，通常 2-4 条丛生，高 10-40 cm。叶片心形、卵状心形或卵形，长 1.5-5.5 cm，宽 1.5-4 cm，先端锐尖、短渐尖至长渐尖，基部通常心形，稀截形，边缘具钝锯齿及短缘毛，两面密生褐色腺点，沿叶脉被疏柔毛；叶柄下部者长达 6 cm，上部者长 1.5-2.5 cm；托叶草质，叶状，长 1-3.5 cm，宽 2-8 mm，通常羽状深裂呈流苏状，或浅裂呈齿牙状。花淡紫色或近白色，具长梗；萼片线状披针形，长 7-12 mm，基部附属物长 2-3 mm；花瓣有褐色腺点，上方花瓣

鸡腿堇菜 Viola acuminata Ledeb.
引自《中国高等植物图鉴》

鸡腿堇菜 Viola acuminata Ledeb.
摄影：张英涛 周繇

与侧方花瓣近等长，上瓣向上反曲，侧瓣里面近基部有长须毛，下瓣里面常有紫色脉纹，连距长 0.9-1.6 cm；距长 1.5-3.5 mm。蒴果椭圆形，长约 1 cm。花果期 5-9 月。

分布与生境　产于黑龙江、吉林、辽宁、内蒙古、河北、山西、陕西、甘肃、山东、安徽、江苏、浙江。生于海拔 400-2500 m 的杂木林林下、林缘、灌丛、山坡草地或溪谷湿地等处。日本、朝鲜、俄罗斯东西伯利亚及远东地区也有分布。

药用部位　叶。

功效应用　清热解毒，消肿止痛。用于肺热咳嗽，跌打肿痛，疮疖肿毒。

11. 庐山堇菜（中国高等植物图鉴） 拟蔓地草（拉汉种子植物名称）

Viola stewardiana W. Becker in Repert. Spec. Nov. Regni Veg. 21: 237. 1925.

多年生草本。根状茎粗壮，密生结节。茎地下部分横卧，强烈木质化，甚坚硬，常常发出新植株；地上茎斜升，高 10-25 cm，通常数条丛生。基生叶莲座状，叶片三角状卵形，长 1.5-3 cm，宽 1.5-2.5 cm，先端具短尖，基部宽楔形或截形，下延于叶柄，边缘具圆齿；茎生叶叶片长卵形、菱形或三角状卵形，长达 4.5 cm，宽 2-3 cm，先端具短尖或渐尖，基部楔形；托叶披针形或线状披针形，边缘有长流苏。花淡紫色；萼片狭卵形或长圆状披针形，长 3-3.5 mm；花瓣先端具明显微缺，上方花瓣匙形，长约 8 mm，侧瓣长圆形，里面基部无须毛，下方花瓣倒长卵形，连距长约 1.4 cm；距长约 6 mm。蒴果近球形，长约 6 mm。花期 4-7 月，果期 5-9 月。

庐山堇菜 *Viola stewardiana* W. Becker
引自《秦岭植物志》

庐山堇菜 *Viola stewardiana* W. Becker
摄影：陈彬

分布与生境　产于陕西南部、甘肃南部、江苏、安徽、浙江、江西、湖北、湖南、四川、贵州、福建、广东、广西。生于海拔 600-1500 m 的山坡草地、路边、杂木林下、山沟溪边或石缝中。

药用部位　全草。

功效应用　清热解毒，消肿止痛。用于肺热咳嗽，疮疡肿痛。

12. 紫花堇菜（静生生物调查所汇报） **紫花高茎堇菜**（拉汉英种子植物名称）

Viola grypoceras A. Gray in Narr. Perry's Jap. Exped. 2: 308.1856.（英 **Purpleflower violet**）

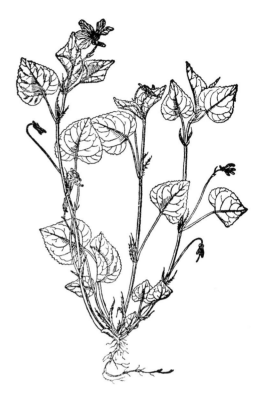

多年生草本，具发达主根。地上茎数条，花期高5–20 cm。基生叶叶片心形或宽心形，长1–4 cm，宽1–3.5 cm，先端钝或微尖，基部弯缺狭，边缘具钝锯齿，两面无毛或近无毛，密布褐色腺点；茎生叶三角状心形或狭卵状心形，长1–6 cm，基部弯缺浅或宽三角形；基生叶叶柄长达8 cm，茎生叶叶柄较短；托叶褐色，狭披针形，长1–1.5 cm，宽1–2 mm，先端渐尖，边缘具流苏状长齿，齿长2–5 mm，比托叶宽度长约2倍。花淡紫色，无芳香；萼片披针形，长约7 mm，基部附属物长约2 mm，末端截形，具浅齿；花瓣倒卵状长圆形，有褐色腺点，边缘呈波状，侧瓣里面无须毛，下瓣连距长1.5–2 cm；距长6–7 mm。蒴果椭圆形，长约1 cm，密生褐色腺点，先端短尖。花期4–5月，果期6–8月。

本种与鸡腿堇菜 *V. acuminata* Ledeb. 外形极近似，无花期更难辨认，但后者通常无基生叶，植株被白色柔毛；本种花大，距长（6 mm），侧瓣里面无须毛，花柱无乳头状凸起附属物，柱头之喙短而上向，柱头孔较宽大；而鸡腿堇菜花小，距短（3.5 mm），侧瓣里面有长须毛，花柱顶部有明显的乳头状凸起附属物，柱头之喙较长，柱头孔较狭窄可区别。此外从分布区看，本种主要分布于长江流域而鸡腿堇菜主要分布于黄河流域及我国东北部地区。

紫花堇菜 **Viola grypoceras** A. Gray
引自《中国高等植物图鉴》

紫花堇菜 **Viola grypoceras** A. Gray
摄影：陈又生

分布与生境 产于安徽、陕西、甘肃、河南、江苏、浙江、江西、湖北、湖南、福建、广东、广西、贵州、四川、台湾、云南。生于海拔2400 m以下的草坡或灌丛中。日本、朝鲜南部亦有分布。

药用部位 全草。

功效应用 清热解毒，凉血，止血，化瘀。用于脓性炎症，乳腺炎，败血症，疮痈，湿热，黄疸，疥痈，急性结膜炎，咽喉红肿，便血，刀伤出血，跌打损伤。

化学成分 全草含香豆素类：东莨菪内酯(scopoletin)，七叶树内酯(esculetin)，早开堇菜苷(prionanthoside)，大戟亭▲(euphorbetin)[1]；黄酮类：槲皮素-3-O-β-D-吡喃葡萄糖苷(quercetin-3-O-β-D-glucopyranoside)[1]。

化学成分参考文献

[1] Hong JL, et al. *Journal of Medicinal Plants Research*, 2011, 5(21): 5230-5239.

13. 福建堇菜（Flora of China） 江西堇菜（海南植物志）

Viola kosanensis Hayata in Icon. Pl. Formosan. 3: 28. 1913——*V. fukienensis* W. Becker, *V. kiangsiensis* W. Becker（英 **Fujian violet**）

多年生草本，有或无地上茎。根状茎横走或斜伸。地上茎通常较短，有时高达 25 cm。基生叶很多，簇生或莲座状着生。托叶离生，边缘有流苏状齿；叶柄长 1.5-4 cm，上部有狭翅；叶片卵状心形，长 2-4 cm，宽 1.5-4 cm，基部心形，先端锐尖或渐尖。花淡紫色或白色，小，直径 10-16 mm；花梗长 3-10 cm，细长，无毛或有柔毛，中部以上有两个小苞片，小苞片线状钻形，长 3-3.5 mm，基部有齿。萼片线状披针形，长 3-6 mm，宽 1-1.2 mm，无毛，顶端锐尖；基部附属物长 1.5-2 mm，先端圆形或有不明显的圆齿。花瓣倒卵形，先端圆形或钝形，侧花瓣有须毛，下花瓣比其他花瓣较短或近等长；距长 2-3 mm。蒴果卵形，长约 5 mm，无毛，有棕色腺点。种子卵形，长约 1.8 mm，直径约 1 mm。花期 3-4 月，果期 5-8 月。

分布与生境 分布于安徽、福建、广东、广西、湖南、江西、台湾。生于海拔 200-1200 m 的山地林缘或山谷林下。

药用部位 全草。

功效应用 消肿排脓。用于脓肿。

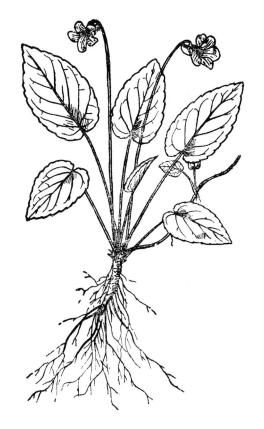

福建堇菜 Viola kosanensis Hayata
引自《中国高等植物图鉴》

14. 球果堇菜（中国植物图鉴） 毛果堇菜（江苏南部种子植物手册），圆叶毛堇菜（东北师范大学科学研究通报）

Viola collina Besser in Cat. Hort. Cremen. 151. 1816.（英 **Hairyfruit violet**）

多年生草本。根状茎粗而肥厚，具结节，常具分枝；根多条，淡褐色。叶均基生，呈莲座状；叶片宽卵形或近圆形，长 1-3.5 cm，宽 1-3 cm，先端钝、锐尖或稀渐尖，基部弯缺浅或深而狭窄，边缘具浅而钝的锯齿，两面密生白色短柔毛，果期叶片显著增大；托叶膜质，披针形，基部与叶柄合生，边缘具较稀疏的流苏状细齿。花淡紫色，长约 1.4 cm；萼片长 5-6 mm；花瓣基部微带白色，上方花瓣及侧方花瓣先端钝圆，侧方花瓣里面有须毛或近无毛；下方花瓣的距长约 3.5 mm，平伸而稍向上方弯曲，末端钝；子房被毛，花柱基部膝曲，向上渐增粗，常疏生乳头状凸起，顶部向下方弯曲呈钩状喙。蒴果球形，密被白色柔毛，成熟时果梗通常向下方弯曲，致使果实接近地面。花果期 5-8 月。

分布与生境　产于黑龙江、吉林、辽宁、内蒙古、河北、山西、陕西、宁夏、甘肃、山东、江苏、安徽、浙江、河南及四川北部。生于海拔 2800 m 以下的林下或林缘、灌丛、草坡、沟谷及路旁较阴湿处。朝鲜、日本、俄罗斯的亚洲部分及欧洲也有分布。

药用部位　全草。

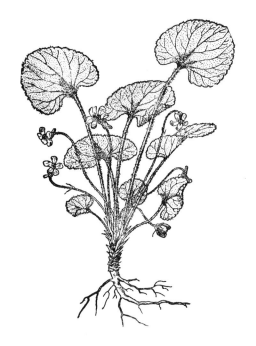

球果堇菜 *Viola collina* Besser
引自《中国高等植物图鉴》

球果堇菜 *Viola collina* Besser
摄影：于俊林

功效应用　清热解毒，消肿止痛。用于痈疽疮毒，肺痈，跌打损伤，刀伤出血。

化学成分　全草含香豆素类：东莨菪内酯(scopoletin)，七叶树内酯(esculetin)，菊苣苷(cichoriin)，大戟亭▲(euphorbetin)[1]；黄酮类：槲皮素-3-*O*-*β*-D-吡喃葡萄糖苷(quercetin-3-*O*-*β*-D-glucopyranoside)[1]。

药理作用　抗菌作用：球果堇菜对多种致病菌有不同程度的抑菌、杀菌作用[1]。

注评　本种的全草称"地核桃"，贵州、福建、甘肃、吉林等地药用。羌族鲜用其全草，主要用途见功效应用项。

化学成分参考文献

[1] Hong JL, et al. *Journal of Medicinal Plants Research*, 2011, 5(21): 5230-5239.

药理作用及毒性参考文献

[1] 张德山，等 . 中医药学报，1991, (2): 47-50.

15. 硬毛堇菜（中国植物志）

Viola hirta L., Sp. Pl. 2: 934. 1753.（英 **Sweet violet**）

　　多年生草本，无地上茎及匍匐枝，高 5-15 cm。根状茎密生结节，上部通常具分枝，有时生有短缩而近直立的鞭状枝。叶均基生；叶片在花期较小，卵形或卵状心形，长 1.5-2.5 cm，宽 1-2 cm，先端圆或略急尖，基部浅心形至深心形，边缘具钝锯齿，两面被短柔毛；叶柄长 3-7 cm，密被细毛；花后叶片增大，呈长圆状卵形，或近圆形，长可达 6 cm，基部深心形，叶柄长达 10 cm；托叶披针形，长 1-2 cm，先端长渐尖，边缘具短流苏及腺体。花较大，深紫色，无香味，具长花梗；萼片长圆形，先端钝，基部附属物短；花瓣长圆状倒卵形，侧方花瓣里面有须毛，下方花瓣先端具微缺，连距长 1.5-1.7 cm；距带红紫色，长约 5 mm，末端钝，通常向上方弯；下方 2 枚雄蕊的距较细，长约 4 mm。蒴果球形，被柔毛。花期 4-5 月。

分布与生境 产于新疆。生于海拔 1100-1700 m 的林缘或草地、灌丛中。欧洲、俄罗斯有分布。

药用部位 全草。

功效应用 清热解毒。用于感冒发热，淋巴结肿大，腮腺炎，疔疮肿毒。

硬毛董菜 Viola hirta L.
白建鲁 绘

16. 香董菜（中国植物志）

Viola odorata L., Sp. P1. 2: 934. 1753.（英 **Sweet violet**）

多年生草本，无地上茎，具匍匐枝，高 3-15 cm。根状茎较粗，密生结节，横向发出细长的匍匐枝，其节处生根、发叶而成新植株。叶基生；叶片圆形或肾形至宽卵状心形，开花期叶片较小，长与宽均为 1.5-2.5 cm，花后叶片渐增大，长宽可达 4.5 cm，先端圆或稍尖，基部深心形，边缘具圆钝齿，两面被稀疏短柔毛或近无毛。花深紫色，有香味；萼片长圆形或长圆状卵形，基部的附属物长 0.2-0.3 cm；上方花瓣倒卵形，侧方花瓣里面近基部有短须毛，下方花瓣宽倒卵形，连距长 1.5-2 cm；距长 2-4 mm；子房被细柔毛，花柱基部细而直，向上增粗而稍扁，顶部弯曲成钩状短喙，喙长度与花柱直径近相等，喙端具较细的柱头孔。蒴果球形，密被短柔毛。

分布与生境 我国各大城市多有栽培，北京、天津、西安、上海、广州等较常见。欧洲、非洲北部、亚洲西部有野生种。

药用部位 全草、根。

功效应用 全草：清热，镇静，镇痛，镇咳祛痰，止泻。用于恐怖症，癫痫，腹泻，皮肤病。根：用于催吐，祛痰。

化学成分 根含生物碱类：香董菜亭碱▲(odoratine)[1]，2-硝基丙酸(2-nitropropionic acid)[2]。

叶含三萜类：无羁萜(friedelin)[3]；甾体类：β-谷甾醇[3]。

花含黄酮类：芦丁，董菜宁▲(violanin)[4]；挥发油：3-氧代-α-香董酮(3-oxo-α-ionone)，α-香董醇

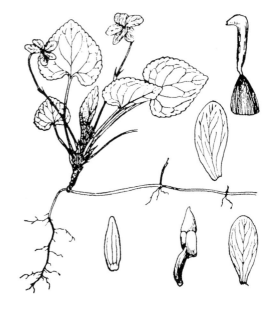

香董菜 Viola odorata L.
白建鲁 绘

香堇菜 Viola odorata L.
摄影：陈又生

（α-ionol），顺式-3-己烯醇(cis-3-hexenol)，反式-2-己烯醇(trans-2-hexenol)，顺式,顺式-3,6-壬二烯醇(cis,cis-3,6-nonadienol)，反式-2-己烯醛(trans-2-hexenal)，反式-2-壬烯醛(trans-2-nonenal)，顺式-3-己烯基乙酸酯(cis-3-hexenyl acetate)，茉莉酸甲酯(methyl epijasmonate)，顺式-茉莉酮(cis-jasmone)，1,4-二甲氧基苯(1,4-dimethoxybenzene)等[5]。

地上部分含环肽：香堇菜多肽▲(vodo) M、N[6-7]，环堇菜辛▲(cycloviolacin) O_1、O_2、O_3、O_4、O_5、O_6、O_7、O_8、O_9、O_{10}、O_{11}、O_{12}、O_{13}、O_{14}、O_{15}、O_{16}、O_{17}、O_{18}、O_{19}、O_{20}、O_{21}、O_{22}、O_{23}、O_{24}、O_{25}，近耳草肽▲B_1(kalata B_1)，野堇菜环肽▲A (varv A)，堇菜辛▲A (violacin A)[7-9]。

药理作用　抗炎作用：从香堇菜中提取的水溶性多糖在炎症的渗出、增殖扩散阶段有抑制作用[1]。

化学成分参考文献

[1] Frenclowa I. *Acta Poloniae Pharmaceutica*, 1961, 18: 187-195.

[2] Pailer M, et al. *Naturwissenschaften*, 1958, 45: 419.

[3] Ladwa PH, et al. *Ind J Appl Chem*, 1969, 32(6): 399-400.

[4] Calcarata L, et al. *Plantes Medicinales et Phytotherapie*, 1991, 25(2-3), 79-88.

[5] Tsuji H, et al. *Koryo*, 1997, 193: 91-99.

[6] Svangard E, et al. *Phytochemistry*, 2003, 64(1): 135-142.

[7] Ireland DC, et al. *Biochem J*, 2006, 400(1): 1-12.

[8] Craik DJ, et al. *J Mol Biol*, 1999, 294: 1327-1336.

[9] Ireland DC, et al. *J Mol Biol*, 2006, 357: 1522-1535.

药理作用及毒性参考文献

[1] Chen B, et al. *J Nat Prod*, 2006, 69(1): 23-28.

17. 匍匐堇菜（中国植物志）

Viola pilosa Blume in Cat. Gew. Buitenzorg 1: 57. 1823.——*V. pogonantha* W. W. Sm., *V. serpens* Wall. ex Ging.（英 **Pilous violet**）

多年生草本，无地上茎或具极短的地上茎。匍匐枝纤细，有均匀散生的叶。叶近基生，叶片卵形或狭卵形，长 2-6 cm，宽 1-3 cm，先端尾状渐尖或锐尖，基部弯缺狭而深边缘密生浅钝齿，两面散生白色硬毛，下面沿脉毛较密；叶柄密被倒生长硬毛；托叶大部分离生，褐色或绿色，披针形，先端长渐尖，边缘具或长或短的流苏状齿。花淡紫色或白色；萼片披针形，长 6-7.5 mm，基部附属物长 2–2.5 mm；花瓣长圆状倒卵形，侧方花瓣里面基部有须毛，下方花瓣较短，里面有深色脉纹，距长 2–2.5 mm；子房通常被短毛，花柱棍棒状，基部稍膝曲，向上渐增粗，柱头顶部或多或少平，无缘边，前方有一极不明显的短喙，喙端具细小的柱头孔。蒴果近球形，直径 5–10 mm，被柔毛或无毛。花期春季。

分布与生境　产于江西、四川、云南、西藏。生于海拔 800–2500 m 的山地林下、草地或路边。阿富汗、不丹、印度、克什米尔、尼泊尔、缅甸、泰国及印度尼西亚、马来西亚、斯里兰卡有分布，喜马拉雅山区也有分布。

药用部位　全草。

匍匐董菜 *Viola pilosa* Blume
引自《中国高等植物图鉴》

匍匐董菜 *Viola pilosa* Blume
摄影：陈又生

功效应用　清热解毒，消肿止痛。用于疮疡肿毒，蛇咬伤，刀伤。

化学成分　全草含挥发油：单萜，苯乙醇，苯甲醛，香豆素等[1]。

注评　本种的全草称"冷毒草"，云南地区药用。羌族用其全草治疗骨折，跌打损伤。

化学成分参考文献

[1] Nouye SH, et al. *Aroma Res*, 2007, 8(2): 149-157.

18. 鳞茎董菜（中国高等植物图鉴）

Viola bulbosa Maxim. in Mél. Biol. 9: 748. 1876——*V. bulbosa* Maxim. var. *franchetii* H. Boissieu, *V. multistolonifera* Ching J. Wang, *V. tuberifera* Franch.（英 **Bulbous violet**）

　　多年生低矮草本，具短的地上茎，高 2.5–4.5 cm。根状茎细长，垂直，具多数细根和地下匍匐茎，下部具小鳞茎；鳞茎直径 5–6 mm，由 4–6 枚白色、肉质、船形的鳞片所组成，下部生多数须状根。匍匐茎通常在节上生有小鳞茎。叶簇集茎端；叶片长圆状卵形或近圆形，长 1–2.5 cm，宽 5–14 mm，先端圆或有时急尖，基部楔形或浅心形，边缘具明显的波状圆齿，无毛或下面特别是幼叶有白色柔毛；叶柄具狭翅，通常较叶片短或近等长，被柔毛；托叶狭，大部分与叶柄合生。花白色；萼片长 3–4 mm；花瓣倒卵形，侧瓣长 8–10 mm，无须毛，下方花瓣长 7–8 mm；距长 1.2–1.7 mm。蒴果卵球形。花期 5–6 月。

分布与生境 产于甘肃、宁夏、青海、陕西、湖北、四川、西藏、云南。生于海拔 2000–4200 m 的山谷、山坡草地、耕地边缘土壤较疏松处。不丹、尼泊尔和印度北部也有分布。

药用部位 全草。

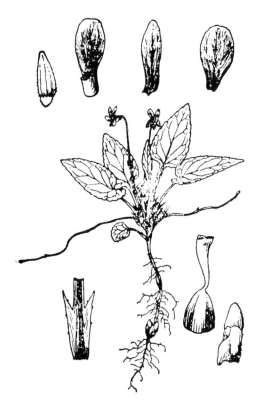

鳞茎堇菜 Viola bulbosa Maxim.
白建鲁 绘

鳞茎堇菜 Viola bulbosa Maxim.
摄影：陈又生

功效应用 清热解毒，祛瘀止痛，利湿。用于肠痈，疔疮肿毒，瘰疬，淋浊，黄疸，痢疾，目赤，喉痹，刀伤出血，烧伤，烫伤，毒蛇咬伤。

19. 七星莲（植物名实图考） 蔓茎堇菜（静生生物调查所汇报），茶匙黄（台湾植物志）

Viola diffusa Ging. in DC., Prodr. 1: 298. 1824.——*V. diffusoides* Ching J. Wang, *V. tenuis* Benth., *V. wilsonii* W. Becker（英 **Climbing violet**）

一年生草本，全体被糙毛或白色柔毛，或近无毛，花期生出地上匍匐枝。匍匐枝先端具莲座状叶丛，通常生不定根。基生叶多数，丛生呈莲座状，或于匍匐枝上互生；叶片卵形或卵状长圆形，长 1.5–3.5 cm，宽 1–2 cm，先端钝或稍尖，基部宽楔形或截形，稀浅心形，明显下延于叶柄，边缘具钝齿及缘毛，幼叶两面密被白色柔毛；叶柄长 2–4.5 cm，具明显的翅，通常有毛；托叶基部与叶柄合生，2/3 离生。花较小，淡紫色或浅黄色，具长梗，生于基生叶或匍匐枝叶丛的叶腋间；萼片披针形，长 4–5.5 mm；侧方花瓣倒卵形或长圆状倒卵形，长 6–8 mm，无须毛，下方花瓣连距长约 6 mm，较其他花瓣显著短；距长仅 1.5 mm。蒴果长圆形，直径约

七星莲 Viola diffusa Ging.
引自《中国高等植物图鉴》

3 mm，长约 1 cm，无毛，顶端常具宿存的花柱。花期 3-5 月，果期 5-8 月。

分布与生境　产于浙江、台湾、四川、云南、西藏。生于海拔 2000 m 以下的山地林下、林缘、草坡、溪谷旁、岩石缝隙中。印度、尼泊尔、菲律宾、马来西亚、日本也有分布。

药用部位　全草。

七星莲 **Viola diffusa** Ging.
摄影：徐克学

功效应用　清热解毒，消肿止痛，清肺止咳，祛风，利尿。用于风热咳嗽，痢疾，百日咳，肝炎，带状疱疹，结膜炎，跌打损伤，骨折，水火烫伤，疮毒疥痈，毒蛇咬伤。

化学成分　全草和根含黄酮[1]。

全草含三萜类：无羁萜(friedelin)，2β-羟基-3,4-裂环-无羁萜内酯-27-酸(2β-hydroxy-3,4-seco-friedelolactone-27-oic acid)，2β,28β-二羟基-3,4-裂环-无羁萜内酯-27-酸(2β,28β-dihydroxy-3,4-seco-friedelolactone-27-oic acid)，2β,30β-二羟基-3,4-裂环-无羁萜内酯-27-内酯(2β,30β-dihydroxy-3,4-seco-friedelolactone-27-lactone)，表无羁萜醇(epifriedelanol)[2]；甾体类：豆甾-25-烯-3β,5α,6β-三醇(stigmast-25-ene-3β,5α,6β-triol)，酒酵母甾醇(cerevisterol)，5α,6β-二羟基胆甾烷醇(5α,6β-dihydroxycholestanol)，赪桐甾醇(clerosterol)，赪桐甾醇半乳糖苷(clerosterol galactoside)，脱皮松藻醇▲(decortinol)，异脱皮松藻醇▲(isodecortinol)，脱皮松藻酮▲(decortinone)[2]；脂肪酸类：棕榈酸(palmitic acid)[2]。

注评　本种为中国药典（1977 年版）收载"葡伏董"的基源植物，药用干燥其全草。侗族、瑶族、壮族、畲族也药用其全草，主要用途见功效应用项。

化学成分参考文献

[1] 陈由强, 等. 福建师范大学学报（自然科学版），2000, 16(4): 67-69.

[2] Dai JJ, et al. *Phytomedicine*, 2015, 22(7-8): 724-729.

20. 台湾董菜（台湾植物志）

Viola formosana Hayata in J. Coll. Sci. Univ. Tokyo 22: 28. 1906.（英 **Taiwan violet**）

草本，无地上茎，具垂直或斜升的根状茎。匍匐枝伸长，末端具莲座状叶，有时具花。叶基生；叶片宽心形或近圆形，长 1-3 cm，宽 1-3 cm，先端急尖或钝圆，基部深心形，边缘具圆齿，两面无毛或疏生短毛，有时沿叶缘圆齿上有柔毛，下面通常带淡紫色；叶柄细，长 1-10 cm，无毛或略被短毛；

托叶仅基部与叶柄合生，离生部分线状披针形，边缘具流苏或撕裂。花冠直径 1.5–2 cm；萼片狭披针形，长 4–6 mm，宽 1–1.5 mm，先端渐尖，基部附属物较短，长 0.5–1 mm，无毛；上方花瓣与侧方花瓣近等大，卵形，长约 12 mm，先端微缺，基部楔形，里面无须毛，下方花瓣较大，长约 15 mm，先端具较深微缺或浅 2 裂；距长 5–7 mm，稍弯曲；花柱近直立，柱头两侧及后方具狭缘边，前方具短喙。蒴果球形或椭圆形。花期 3 月，果期 5–6 月。

分布与生境　产于台湾。生于海拔 1400–2500 m 的山地。

药用部位　全草。

功效应用　儿科妇科良药。用于赤白带，月经不调，小儿感冒，开胃，解胎毒。

化学成分　全草含黄酮类：木犀草素(luteolin)，木犀草素-7-*O*-*β*-D-葡萄糖苷(luteolin-7-*O*-*β*-D-glucoside)，小麦黄素(tricin)[1]；甾体类：堇菜甾醇▲A (violasterol A)[1]。

化学成分参考文献

[1] Lee SW, et al. *J Chin Chem Soc* (Taipei, Taiwan), 1993, 40(3): 305-307.

21. 阔萼堇菜（静生生物调查所汇报）

Viola grandisepala W. Becker in Kew Bull. Misc. Inf. 6: 250. 1928.——*V. binchuanensis* S. H. Huang, *V. brunneostipulosa* Hand.-Mazz.（英 **Broadsepal violet**）

多年生矮小草本，近无地上茎，高 7–10 cm。根状茎连缩短的地上茎长约 2 cm，粗约 2 mm，其上密生节和叶，有时生匍匐茎。叶近基生，宽卵形或近圆形，长 1–3 cm，宽 1.5–3 cm，先端钝或圆形，基部深心形，边缘密生细的圆形浅锯齿，两面无毛但密生棕色斑点，或上面近叶缘部分散生白色毛；叶柄长 2–5 cm；托叶仅基部与叶柄合生，长约 1.2 cm，先端渐尖，全缘。花白色；萼片宽卵形至卵形，长约 5 mm，宽约 3 mm，基部具极短的附属物，边缘密生纤毛，下面有棕色斑点；花瓣长圆状倒卵形，侧瓣无须毛，下方花瓣连距长约 1 cm，距短，稍超出于萼的附属物，长 1.5–2 mm。

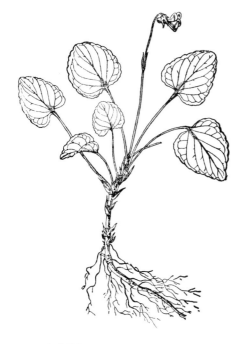

阔萼堇菜 Viola grandisepala W. Becker
引自《中国高等植物图鉴》

阔萼堇菜 Viola grandisepala W. Becker
摄影：陈彬

分布与生境 产于四川、云南。生于海拔 900–3000 m 的山坡、路旁阴湿处。

药用部位 全草。

功效应用 外敷用于治毒疮。

22. 深圆齿菫菜（静生生物调查所汇报）

Viola davidii Franch. in Nouv. Arch. Mus. Paris ser. 2. 8: 230. 1886.（英 **Crenulate violet**）

多年生细弱无毛草本，无地上茎或几无地上茎，高 4–9 cm，有时具匍匐枝。根状茎细，几垂直，节密生。叶基生；叶片回形或有时肾形，长、宽 1–3 cm，先端圆钝，基部浅心形或截形，边缘具较深圆齿，两面无毛，上面深绿色，下面灰绿色；叶柄长短不等，长 2–5 cm，无毛；托叶褐色，离生或仅基部与叶柄合生，披针形，长约 0.5 mm，先端渐尖，边缘疏生细齿。花白色或有时淡紫色；花梗细，长 4–9 cm，上部有 2 枚线形小苞片；萼片披针形，长 3–5 mm，宽 1.5–2 mm，先端稍尖，基部附属物短，末端截形，边缘膜质；花瓣倒卵状长圆形，上方花瓣长 1–1.2 cm，宽约 4 mm，侧方花瓣与上方花瓣近等大，里面无须毛，下方花瓣较短，连距长约 9 mm，有紫色脉纹；距长约 2 mm。蒴果椭圆形，长约 7 mm。花期 3–6 月，果期 5–8 月。

分布与生境 产于陕西南部、湖北、湖南、福建、广东、广西、四川、贵州、云南。生于海拔 1200–1800 m 的林下、林缘、山坡草地、溪谷或石上阴蔽处。

药用部位 全草。

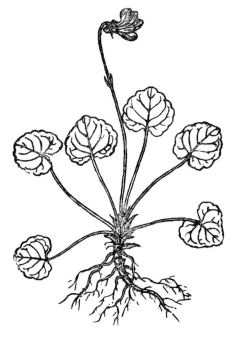

深圆齿菫菜 Viola davidii Franch.
引自《中国高等植物图鉴》

深圆齿菫菜 Viola davidii Franch.
摄影：陈世品

功效应用 清热解毒，散瘀消肿。用于火眼，骨折，恶疮。

注评 本种为四川中药材标准（1987、2010 年版）收载"紫花地丁"的基源植物之一，药用其干燥全草。本种的全草在四川万源作"紫花地丁"使用。

23. 紫点堇菜（Flora of China）

Viola duclouxii W. Becker in Bull. Misc. Inform. Kew 6: 249. 1928.（英 **Ducloux violet**）

多年生草本，无地上茎，具有匍匐茎。根状茎短，长 2-4 cm。匍匐茎长达 20 cm，节间长，节上有根。叶基生；托叶长 8-10 mm，边缘有长而稀疏的流苏状齿；叶柄长 1.5-12 cm；叶片宽卵形或近圆形，长 1.5-4 cm，宽 1.3-3.5 cm，有褐色腺点，背面无毛，上面有疏柔毛和糙毛，基部深心形，边缘密而浅的锯齿，顶端钝。花白色；萼片线状披针形，长约 3 mm，宽约 1.2 mm，有柔毛或近无毛，基部附属物长约 1 mm，顶端尖锐。上花瓣匙形，长约 7 mm，宽约 4 mm；侧花瓣匙形，长约 8 mm，宽约 3 mm，无须毛，下花瓣长圆形，长约 9 mm，宽约 3 mm；距长约 1 mm。蒴果卵球形，长 5-6 mm。种子球形，直径约 1.2 mm。花期 3-4 月，果期 8-9 月。

分布与生境 分布于云南。生于海拔 1600-2700 m 的林下或林缘。

药用部位 全草。

功效应用 用于无名肿毒，刀伤，喉头肿痛。

24. 柔毛堇菜（静生生物调查所汇报） 紫叶堇菜（云南种子植物名录）

Viola fargesii H. Boissieu in Bull. Herb. Boissier ser. 2, 2(1): 333. 1902.——*V. principis* H. Boissieu（英 **Pubescent violet**）

多年生草本，全体被开展的白色柔毛。匍匐枝较长，有柔毛，有时似茎状。叶近基生或互生于匍匐枝上；叶片卵形或宽卵形，长 2-6 cm，宽 2-4.5 cm，先端圆，稀具短尖，基部宽心形，有时较狭，边缘密生浅钝齿，下面尤其沿叶脉毛较密；叶柄长 5-13 cm，密被长柔毛，无翅；托叶大部分离生，褐色或带绿色，有暗色条纹，宽披针形，长 1.2-1.8 cm，宽 3-4 mm，先端渐尖，边缘具长流苏状齿。花白色；萼片长 7-9 mm，基部附属物长约 2 mm；花瓣长圆状倒卵形，长 1-1.5 cm，侧方 2 枚花瓣里面基部稍有须毛，下方 1 枚花瓣较短连距长约 7 mm；距长 2-2.5 mm。蒴果长圆形，长约 8 mm。花期 3-6 月，果期 6-9 月。

分布与生境 产于安徽、江苏、浙江、江西、湖北、湖南、福建、广东、广西、四川、贵州、云南、西藏。生于海拔 600-3800 m 的山地林下、林缘、草地、溪谷、沟边及路旁等处。

药用部位 全草。

功效应用 用于疔疮痈疖，蛇咬伤。

柔毛堇菜 Viola fargesii H. Boissieu
引自《中国高等植物图鉴》

柔毛堇菜 Viola fargesii H. Boissieu
摄影：陈又生

25. 云南董菜（静生生物调查所汇报）

Viola yunnanensis W. Becker et H. Boissieu in Bull. Herb. Bioss. ser. 2. 8: 740. 1908.（英 **Yunnan violet**）

多年生草本。地上茎缺或较短，长不足 2 cm。匍匐枝长可达 37 cm，通常密被白色柔毛，顶端有簇生的叶丛且常形成新植株。叶近基生或互生于匍匐枝上；叶片长圆形或长圆状卵形，长 3–8 cm，宽 2–4 cm，近中部最宽，先端尖或渐尖，基部呈浅而狭的心形，边缘具粗圆齿，两面密被灰白色柔毛，上面深绿或暗绿色，下面灰绿色，幼叶上毛较密；叶柄长短不等，长 3–8 cm，密被开展的白色柔毛；托叶大部分离生，边缘具长流苏状齿。花淡红色或白色，长 1.5–1.7 cm；萼片长 5–7 mm，基部附属物短，具 3 脉，沿脉疏生白色毛，边缘密生缘毛；上花瓣长圆形，长 1.3–1.5 cm，宽 5–6.5 mm，侧花瓣长约 1 cm，里面基部无须毛，下花瓣较短，连距长 8–9 mm；距长 1.5 mm。蒴果长圆形或近球形，长 5–7 mm。种子球形。花期 3–6 月，果期 8–12 月。

云南董菜 *Viola yunnanensis* W. Becker et H. Boissieu
引自《中国高等植物图鉴》

云南董菜 *Viola yunnanensis* W. Becker et H. Boissieu
摄影：陈又生

分布与生境　产于海南、云南南部。生于海拔 1300–2400 m 的山地森林、林缘草地、溪边和路旁的潮湿地方。越南、缅甸、马来西亚、印度尼西亚有分布。

药用部位　全草。

功效应用　清热解毒。内服治小儿疳积。捣烂外敷治痈疽疮疡。

26. 光叶董菜（静生生物调查所汇报）

Viola sumatrana Miq., Fl. Ned. Ind., Eerste Bijv. 389. 1861.——*V. hossei* W. Becker（英 **Glabrousleaf violet**）

多年生草本，无地上茎。匍匐枝纤细，长 15–20 cm，长者可达 40 cm，有不定根。叶基生或互生于匍匐枝上；叶片三角状卵形或长圆状卵形，长 2–5 cm，宽 1.5–3 cm，通常靠近叶基处最宽，先端长急尖，基部深心形，边缘密生浅锯齿或稀具浅圆齿，齿端具腺体，两面无毛或疏生白色短毛并有褐色腺点；托叶深褐色，离生，线状披针形，长 7–15 mm，边缘具长流苏状齿。花淡紫色或紫色；萼片线状披针形，长 5–6 mm，先端尖，基部附属物甚短，长仅 0.5 mm，末端平截，具 3 脉，有锈色腺点，边缘膜质；花瓣长圆状卵形，长 8–10 mm，宽约 3 mm，侧瓣里面无须毛，下方花瓣较短，连距长约 7 mm；距长约 1.5 mm。蒴果较小，近球形，长 5–7 mm，有褐色锈点。种子小，球形，直径约 0.5 mm。花期在春夏两季，果实于夏秋时成熟。

分布与生境　产于广西、海南、贵州、云南。生于海拔 2400 m 以下的阴蔽林下、林缘、溪畔、沟边岩

光叶堇菜 **Viola sumatrana** Miq.
引自《中国高等植物图鉴》

光叶堇菜 **Viola sumatrana** Miq.
摄影：刘冰

石缝隙中。缅甸、泰国、越南、马来西亚和印度尼西亚也有分布。

药用部位　全草。

功效应用　清热解毒。用于疔疮，结膜炎，咽炎，黄疸型肝炎，毒蛇咬伤。

化学成分　新鲜叶含环肽类：光叶堇菜环肽(visu) 1、2，近耳草肽▲(kalata) B$_1$、S[1]。

化学成分参考文献

[1] Niyomploy P, et al. *Biopolymers*, 2016, 106(6): 796-805.

27. 大叶堇菜（中国植物志）

Viola diamantiaca Nakai in Bot. Mag. (Tokyo) 33: 205. 1919.（英 **Bigleaf violet**）

　　多年生草本，无地上茎，具长而纤细的匍匐茎。根状茎斜升或横走，粗壮，密生节，具多数细长的棕色根。基生叶 1，稀 2 或 3，由根状茎的顶端发出；托叶离生，淡绿色，披针形或者狭卵状披针形，长约 1 cm，干时近膜质，边缘有稀疏的细锯齿，先端渐尖；叶柄长达 20 cm，纤细，具翅，通常上半部分有微柔毛，下半部分无毛；叶片心形或卵状心形，长 7-9 cm，宽 5-7 cm，正面无毛，背面沿脉被微柔毛，基部浅或深心形，边缘具钝齿，先端尾状渐尖。花大，堇紫色或白色，有长的花梗；花梗单一，细长，在中部以上具 2 小苞片；小苞片披针形，小；萼片卵状披针形，无毛，基部附属物短；侧花瓣长 1.5-1.7 cm，无毛，下花瓣长 1.8-2 cm（包括距）；距短，长约 4 mm，先端钝。蒴果具紫红色斑点，长约 1.3 cm。花期 4-5 月，果期 6-8 月。

分布与生境　分布于吉林东部、辽宁东部。生于海拔 600-1500 m 的山地林缘、潮湿的岩石上。朝鲜也有分布。

药用部位　全草。

功效应用　清热解毒，止血。用于疮疖肿毒，睑腺炎，毒蛇咬伤，外伤出血，肺结核。

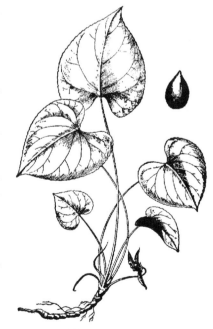

大叶堇菜 **Viola diamantiaca** Nakai
引自《秦岭植物志》

大叶菫菜 **Viola diamantiaca** Nakai
摄影：周繇 于俊林

化学成分 全草含黄酮类：山柰酚(kaempferol)，缅茄苷▲(afzelin)，烟花苷(nicotiflorin)，刺槐苷(robinin)，山柰苷(kaempferitrin)，山柰酚-7-*O*-α-L-吡喃鼠李糖苷(kaempferol-7-*O*-α-L-rhamnopyranoside)，山柰酚-7-*O*-β-D-吡喃葡萄糖苷(kaempferol-7-O-β-D-glucopyranoside)[1]；香豆素类：菊苣苷(cichoriin)，七叶树内酯(esculetin)[1]；苯丙素类：咖啡酸甲酯(methyl caffeiate)，阿魏酸(ferulic acid)[1]；甾体类：β-谷甾醇，胡萝卜苷[1]；有机酸类：琥珀酸(succinic acid)[1]。

化学成分参考文献

[1] 崔莹 . 中草药，2011, 42(8): 1498-1501.

28. 辽宁菫菜（中国高等植物图鉴）

Viola rossii Hemsl. ex Forbes et Hemsl. in J. Linn. Soc., Bot. 23:54. 1886.（英 **Ross violet**）

多年生草本，无地上茎。根状茎垂直或斜生，粗3-4 mm，长 2-4 cm，有时上部有分枝，节间短缩，节上密生多条长的褐色细根。叶基生，叶片宽卵形或近肾形，长 2-6 cm，宽 2-5 cm，先端渐尖，基部浅心形，稀深心形，边缘有多数细锯齿，上面绿色，基部及边缘疏生白色柔毛，下面密被白色柔毛；叶柄具极狭的翅；托叶离生，披针形或狭卵形，长 5-8 mm，先端渐尖，全缘或疏生细齿。花较大，淡紫色，具长梗；花梗与叶近等长，无毛，中部稍上处有 2 枚对生的披针形小苞片；萼片卵形或长圆状卵形，长约 7 mm，无毛，基部附属物短，末端钝或截形，具疏齿；花瓣倒卵形，侧方花瓣里面基部有少量须毛，下方花瓣匙形，连距长 1.8-2 cm；距长3-4 mm。蒴果椭圆形，长约 1.2 cm。种子卵状球形，长2.8 mm。花期 4-7 月，果期 6-8 月。

分布与生境 产于辽宁、山东、安徽、湖南、江西、浙江。生于海拔 100-1300 m 的山地腐殖质较厚的针阔叶混交林或阔叶林下或林缘、灌丛、山坡草地。朝鲜、日本

辽宁菫菜 **Viola rossii** Hemsl. ex Forbes et Hemsl.
引自《中国高等植物图鉴》

辽宁堇菜 *Viola rossii* Hemsl. ex Forbes et Hemsl.
摄影：刘军

也有分布。

药用部位　全草。

功效应用　清热解毒，止血。用于疮疖肿毒，针眼，睑腺炎，肺结核，毒蛇咬伤，外伤出血。

29. 萱（礼记）　白三百棒（云南种子植物名录），筋骨七、鸡心七（秦岭植物志）

Viola moupinensis Franch. in Bull. Soc. Bot. Franch. 33: 412. 1886.（英 **Moupin violet**）

　　多年生草本，无地上茎，有时具长达 30 cm 的上升的枝，枝端簇生数枚叶片。根状茎粗 6-10 mm，长可达 15 cm，垂直或有时斜生，节间短而密，通常残存褐色托叶，密生细根。叶基生，叶片心形或肾状心形，长 2.5-5 cm，宽 3-4.5 cm，花后增大呈肾形，长约 9 cm，宽约 10 cm，先端急尖或渐尖，基部弯缺狭或宽三角形，边缘有具腺体的钝锯齿；叶柄有翅，长 4-10 cm，花后长达 25 cm；托叶离生，边缘疏生细锯齿或全缘。花淡紫色或白色，具紫色条纹；萼片披针形或狭卵形，先端稍尖，基部附属物短，末端截形疏生浅齿，具狭膜质缘；花瓣长圆状倒卵形，侧方花瓣里面近基部有须毛，下方花瓣连距长约 1.5 cm；距囊状，较粗，明显长于萼片的附属物。蒴果椭圆形，长约 1.5 cm。种子倒卵状，长 2.5 mm，直径约 2 mm。花期 4-6 月，果期 7-9 月。

分布与生境　分布于陕西、甘肃、江苏、安徽、浙江、江西、福建、湖北、湖南、广东、广西、四川、贵州、云南、西藏。生于海拔 600-3000 m 的林缘旷地或灌丛中、溪旁及草坡等处。尼泊尔、不丹和印度（锡金）也有分布。

药用部位　全草。

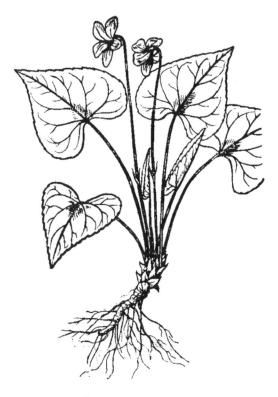

萱 **Viola moupinensis** Franch.
引自《中国高等植物图鉴》

功效应用 清热解毒，活血止血。用于刀伤，咯血，跌打损伤，骨折，乳痈，疮疖肿毒，疮疖溃烂久不收口。

注评 本种的全草或根状茎 称"乌蔹连"，贵州、云南、陕西等地药用。白族也药用其全草或根状茎，主要用途见功效应用项。

萱 Viola moupinensis Franch.
摄影：陈又生

30. 裂叶菫菜（东北师范大学科学研究通报） 深裂叶菫菜（拉汉英种子植物名称）

Viola dissecta Ledeb. in Fl. Alt. 1: 255. 1829.——*V. pinnata* L. subsp. *multifida* W. Becker（ 英 **Dissected violet** ）

多年生草本，无地上茎。基生叶叶片轮廓呈圆形、肾形或宽卵形，长 1.2–9 cm，宽 1.5–10 cm，通常 3，稀 5 全裂，两侧裂片具短柄，常 2 深裂，中裂片 3 深裂，裂片线形、长圆形或狭卵状披针形，宽 0.2–3 cm，边缘全缘或疏生不整齐缺刻状钝齿，亦或近羽状浅裂，最终裂片全缘，通常有细缘毛，幼叶两面被白色短柔毛，后变无毛或仅上面疏生短柔毛，下面叶脉明显隆起并被短柔毛或无毛；托叶约 2/3 以上与叶柄合生。花较大，淡紫色至紫菫色；萼片长 4–7 mm，基部附属物长 1–1.5 mm，末端截形，全缘或具 1–2 个细齿；上方花瓣长倒卵形，长 8–13 mm，侧方花瓣长圆状倒卵形，长 7–10 mm，里面基部有长须毛或疏生须毛，下方花瓣连距长 1.4–2.2 cm；距长 4–8 mm。蒴果长圆形或椭圆形，长 7–18 mm。花期 4–5 月，果期 5–10 月。

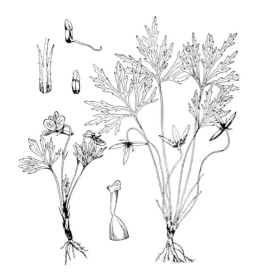

裂叶菫菜 Viola dissecta Ledeb.
白建鲁 绘

裂叶菫菜 Viola dissecta Ledeb.
摄影：陈又生

　　本种生长在低海拔地区林缘或林下较肥沃而湿润土壤上的植株较高大，叶的裂片较宽，花大；在海拔 1500–2200 m 的山地草原生长的植株通常较低矮，叶的裂片狭而细，花亦小。其高大类型与南山堇菜 *V. chaerophylloides* (Regel) W. Becker 相近似，但本种花较小，呈淡紫色或紫茎色，萼片的附属物极短，叶裂片在果期通常呈厚纸质，深绿色，背面的叶脉明显隆起可以区别。

分布与生境　产于吉林、辽宁、内蒙古、河北、山西、陕西、甘肃、山东、浙江、四川、西藏。生于海拔 3000 m 以下的山坡草地、杂木林缘、灌丛下及田边、路旁等地。朝鲜、蒙古、俄罗斯也有分布。

药用部位　全草。

功效应用　清热解毒，消痈肿。用于无名肿毒，疮疖，淋浊肾炎，白带。

31. 南山堇菜（东北师范大学科学研究通报） 胡堇草（图经本草），胡堇菜（中国高等植物图鉴），细芹叶堇（拉汉种子植物名称）

Viola chaerophylloides (Regel) W. Becker in Bull. Herb. Boiss. ser. 2(2): 856. 1902.——*V. pinnata* L. var. *chaerophylloides* Regel, *V. albida* Palib. var. *chaerophylloides* (Regel) F. Maek., *V. dissecta* Ledeb. var. *chaerophylloides* (Regel) Makino（英 **Chervil-like violet**）

　　多年生草本，无地上茎，基生叶 2–6 枚，具长柄；叶片 3 全裂，裂片具明显的短柄，侧裂片 2 深裂，中央裂片 2–3 深裂，最终裂片的形状和大小变异幅度较大，卵状披针形、披针形、长圆形、线状披针形，边缘具不整齐的缺刻状齿或浅裂，有时深裂，先端钝或尖，两面无毛或上面和下面沿叶脉有短柔毛；托叶 1/2 以上与叶柄合生，边缘具稀疏细齿和缘毛或全缘。花径 2–2.5 cm，白色、乳白色或淡紫色，有香味；萼片长 10–14 mm，基部附属物长 4.5–6 mm；花瓣宽倒卵形，上方花瓣长 13–15 mm，宽约 9 mm，侧方花瓣长约 15 mm，宽约 7 mm，里面基部有细须毛，下花瓣有紫色条纹，连距长 16–20 mm；距长 5–7 mm。蒴果长 1–1.6 cm。种子卵状，长约 2.2 mm。花果期 4–9 月。

　　本种的叶形变化虽大，但叶片通常 3 全裂，裂片有明显的短柄，侧裂片 2 深裂，中裂片 2–3 深裂；花较大，白色、乳白色或淡紫色，下方花瓣有紫色条纹，萼片基部的附属物发达，末端具不整齐的齿裂，果期宿存而明显，易与裂叶堇菜 *V. dissecta* Ledeb. 相区别。

南山堇菜 Viola chaerophylloides (Regel) W. Becker
引自《中国高等植物图鉴》

分布与生境　产于黑龙江、吉林、辽宁、内蒙古、河北、山西、陕西、甘肃、青海、山东、江苏、安徽、浙江、江西、河南、湖北、四川北部。生于海拔 1600 m 以下的山地阔叶林下或林缘、溪谷阴湿处、阳坡灌丛及草坡。朝鲜、日本、俄罗斯远东地区也有分布。

药用部位　全草。

功效应用　清热，止血，止咳，化痰。用于风热咳嗽，气喘无痰，跌打肿痛，外伤出血。

南山菫菜 **Viola chaerophylloides** (Regel) W. Becker
摄影：于俊林 周繇

32. 白花菫菜（静生生物调查所汇报） 宽叶白花菫菜（东北师范大学科学研究通报）

Viola lactiflora Nakai in Bot. Mag.Tokyo 28: 329.1914.（英 **Milky-flowered violet**）

多年生草本，无地上茎，高 10-18 cm。根状茎稍粗，垂直或斜生，上部具短而密的节，散生数条淡褐色长根。叶片长三角形或长圆形，下部者长 2-3 cm，宽 1.5-2.5 cm，上部者长 4-5 cm，宽 1.5-2.5 cm，先端钝，基部明显浅心形或截形，有时稍呈戟形，边缘具钝圆齿；叶柄长 1-6 cm，无翅；托叶中部以上与叶柄合生，合生部分宽约 4 mm，离生部分线状披针形，边缘疏生细齿或全缘。花白色，长 1.5-1.9 cm；花梗不超出或稍超出于叶，在中部或中部以上有 2 枚线形小苞片；萼片披针形或宽披针形，长 5-7 mm，先端渐尖，基部附属物短而明显；花瓣倒卵形，侧方花瓣里面有明显的须毛，下方花瓣较宽，先端无微缺，末端具明显的筒状距；距长 4-5 mm。蒴果椭圆形，长 6-9 mm。种子卵球形，长约 1.5 mm。

分布与生境 产于辽宁、江苏、江西、浙江。生于海拔 500 m 以下的草地或草坡。日本和朝鲜也有分布。

药用部位 全草。

功效应用 用于五劳七伤，全身疼痛。

化学成分 地上部分含黄酮类：刺槐苷(robinin)，山柰苷(kaempferitrin)[1]。

注评 本种为"紫花地丁"的地方混淆品之一，药用其全草；安徽部分地区作"紫花地丁"使用。

白花菫菜 **Viola lactiflora** Nakai
白建鲁 绘

白花堇菜 Viola lactiflora Nakai
摄影：徐克学

化学成分参考文献

[1] Moon CK, et al. *Saengyak Hakhoechi*, 1981, 12(3): 147-148.

---

33. 东北堇菜（东北植物检索表） 紫花地丁（东北师范大学科学研究通报、台湾植物志）

Viola mandshurica W. Becker in Bot. Jahrb. Syst. 54 (120): 179. 1917.（英 **Manchurian violet**）

多年生草本，无地上茎，高 6–18 cm。根状茎呈暗褐色。叶片长圆形、舌形、卵状披针形，下部者通常较小呈狭卵形，长 2–6 cm，宽 0.5–1.5 cm，花期后叶片渐增大，呈长三角形、椭圆状披针形，稍呈戟形，长可达 10 cm，宽达 5 cm，最宽处位于叶的最下部，先端钝或圆，基部截形或宽楔形，下延于叶柄，边缘具疏生波状浅圆齿，有时下部近全缘；叶柄较长，长 2.5–8 cm，上部具狭翅；托叶膜质，约 2/3 以上与叶柄合生，边缘疏生细齿或近全缘；花紫堇色或淡紫色，直径约 2 cm；萼片长 5–7 mm，基部的附属物长 1.5–2 mm；上方花瓣倒卵形，长 11–13 mm，宽 5–8 mm，侧方花瓣长圆状倒卵形，长 11–15 mm，宽 4–6 mm，里面基部有长须毛，下方花瓣连距长 15–23 mm，距圆筒形，粗而长，长 5–10 mm。蒴果长圆形，长 1–1.5 cm。种子卵球形，长 1.5 mm。花期 4–5 月，果期 8–9 月。

分布与生境 产于黑龙江、吉林、辽宁、内蒙古、山东、安徽、福建、台湾。生于海拔 1000 m 以下的草地、草坡、灌丛、林缘、疏林下、田野荒地及河岸沙地等处。朝鲜、日本、俄罗斯远东地区也有分布。

药用部位 全草、根。

功效应用 全草：清热解毒。用于痈疽疔疮，淋巴结核。根：用作催眠药。

化学成分 叶含黄酮类[1]。

全草含香豆素类：七叶树内酯(esculetin)，菊苣苷(cichoriin)，早开堇菜苷(prionanthoside)[2]。

东北堇菜 Viola mandshurica W. Becker
引自《中国高等植物图鉴》

东北堇菜 Viola mandshurica W. Becker
摄影：于俊林 周繇

药理作用 抗炎作用：东北堇菜鲜品外敷对松节油造成的实验性炎症动物有抗炎作用[1]。

注评 本种的全草称"东北堇菜"，产于我过东北地区及河北、山东、河南、陕西，自产自销。黑龙江、吉林、辽宁作"紫花地丁"使用，为"紫花地丁"的地方习用品。蒙古族也药用其全草，主要用途见功效应用项。

化学成分参考文献

[1] Choi BD, et al. *Han'guk Sikp'um Yongyang Kwahak Hoechi*, 2008, 37(9): 1101-1108.

[2] Qin B, et al. *J Chin Pharm Sci*, 1994, 3(2): 157-163.

药理作用及毒性参考文献

[1] 徐凤文. 吉林中医药，2005, 25(12): 61.

34. 白花地丁（中国高等植物图鉴） 白花堇菜（东北师范大学科学研究通报）

Viola patrinii DC. ex Ging. in DC., Prodr. 1: 293. 1824.（英 **Whiteflower violet**）

多年生草本，无地上茎，高 7–20 cm。根状茎深褐色或带黑色。根带黑色或深褐色。叶片长圆形、椭圆形、狭卵形或长圆状披针形，长 1.5–6 cm，宽 0.6–2 cm，先端圆钝，基部截形，微心形或宽楔形，下延于叶柄，边缘两侧近平行，疏生波状浅圆齿或有时近全缘，两面无毛，或沿叶脉上有细短毛；叶柄细长，通常比叶片长 2–3 倍，长 2–12 cm，通常无毛或疏生细短毛，上部具明显的或狭或稍宽的翅；托叶约 2/3 与叶柄合生。花白色，带淡紫色脉纹；萼片卵状披针形或披针形，基部附属物长约 1 mm；上方花瓣倒卵形，长约 12 mm，基部变狭，侧方花瓣长圆状倒卵形，长约 12 mm，里面有细须毛，下方花瓣连距长约 13 cm；距长约 3 mm。蒴果长约 1 cm，无毛。种子卵球形。花果期 5–9 月。

本种与东北堇菜 *V. mandshurica* W. Becker 相似，但花较小，白色，下方花瓣有紫色条纹，距较短而粗呈囊状，下方 2 枚雄蕊的距短而粗，柱头顶部平坦呈三角形；叶柄较叶片长 2–3 倍；而后者花较大，呈紫堇色或淡紫色，距较长而粗呈圆筒状，下方 2 枚雄蕊的距细长，柱头两侧略增厚成薄而直伸的缘边，可以区别。

白花地丁 *Viola patrinii* DC. ex Ging.
白建鲁　绘

白花地丁 *Viola patrinii* DC. ex Ging.
摄影：徐克学　陈又生

分布与生境　产于黑龙江、吉林、辽宁、内蒙古、河北。生于海拔 200–1700 m 的沼泽化草甸、草甸、河岸湿地、灌丛及林缘较阴湿地带。日本、朝鲜、俄罗斯远东地区也有分布。

药用部位　全草。

功效应用　清热解毒，散瘀消肿。用于肠痈，疮毒红肿，疔疮，黄疸，淋浊，火眼，咽肿痛。

化学成分　全草含黄酮类：鸢尾苷元-7-*O*-*β*-D-吡喃葡萄糖苷(tectorigenin-7-*O*-*β*-D-glucopyranoside)，木犀草素-7-*O*-*β*-D-吡喃葡萄糖醛酸苷(luteolin-7-*O*-*β*-D-glucuronopyranoside)[1]，槲皮素-3-*O*-*β*-D-吡喃葡萄糖苷(quercetin-3-*O*-*β*-D-glucopyranoside)[2]；香豆素类：东莨菪内酯(scopoletin)，七叶树内酯(esculetin)，早开堇菜苷(prionanthoside)，大戟亭▲(euphorbetin)[2]。

注评　本种的全草称"白花地丁"，陕西、上海、江苏、安徽等地作"地丁"或"紫花地丁"使用。羌族、蒙古族鲜用或干用本种的全草，主要用途见功效应用项。

化学成分参考文献

[1] Kim KS, et al. *Immunopharmacol Immunotoxicol*, 2010, 32(4): 614-616.

[2] Hong JL, et al. *Journal of Medicinal Plants Research*, 2011, 5(21): 5230-5239.

35. 紫花地丁（本草纲目）　光瓣堇菜（中国高等植物图鉴）

Viola philippica Cav. in Icons et Descr. Pl. Hisp. 6:19. 1801.——*V. yedoensis* Makino（英 **Tokyo violet**）

多年生草本，无地上茎。根状茎淡褐色，长 4–13 mm，节密生，有数条淡褐色的细根。叶莲座状着生；叶片三角状卵形或狭卵形，上部者较长，呈长圆形、狭卵状披针形或长圆状卵形，长 1.5–4 cm，宽 0.5–1 cm，先端圆钝，基部截形或楔形，稀微心形，边缘具较平的圆齿，果期叶片增大；叶柄上部具极狭的翅，果期较宽；托叶膜质，长 1.5–25 cm，2/3–4/5 与叶柄合生。花紫堇色或淡紫色，稀白色，喉部色较淡并带有紫色条纹；萼片长 5–7 mm，基部附属物长 1–1.5 mm；花瓣倒卵形或长圆状倒卵形，侧方花瓣 1–1.2 cm，里面无毛或有须毛，下方花瓣连距长 1.3–2 cm；距长 4–8 mm。蒴果长圆形，长 5–12 mm。种子卵球形，长 1.8 mm。花果期 4 月中下旬至 9 月。

　　本种与早开菫菜 V. prionantha Bunge 相似，但本种叶片较狭长，通常呈长圆形，基部截形；花较小，距较短而细，始花期通常较早开菫菜稍晚可以区别。根据野外观察，本种花色多变，通常为紫菫色，有的植株甚或在同一植株上也有淡紫色或白色花。

紫花地丁 Viola philippica Cav.
引自《中国高等植物图鉴》

紫花地丁 Viola philippica Cav.
摄影：张英涛

分布与生境　产于黑龙江、吉林、辽宁、内蒙古、河北、山西、陕西、甘肃、宁夏、山东、江苏、安徽、浙江、江西、福建、台湾、河南、湖北、湖南、广西、四川、贵州、云南。生于海拔 1700 m 以下的田间、荒地、山坡草丛、林缘或灌丛中。朝鲜、日本、蒙古、俄罗斯远东地区也有分布。

药用部位　全草。

功效应用　清热解毒，凉血消肿。用于疔疮肿毒，瘰疬，痈疽发背，丹毒，毒蛇咬伤。

化学成分　全草含黄酮类：芹菜苷元-6-C-α-L-吡喃阿拉伯糖基-8-C-β-L-吡喃阿拉伯糖苷(apigenin-6-C-α-L-arabinopyranosyl-8-C-β-L-arabinopyranoside)，芹菜苷元-6,8-二-C-α-L-吡喃阿拉伯糖苷(apigenin-6,8-di-C-α-L-arabinopyranoside)，异夏佛塔雪轮苷▲(isoschaftoside)，夏佛塔雪轮苷▲(schaftoside)，新夏佛塔雪轮苷▲(neoschaftoside)，芹菜苷元-6-C-α-L-吡喃阿拉伯糖基-8-C-β-D-吡喃木糖苷(apigenin-6-C-α-L-arabinopyranosyl-8-C-β-D-xylopyranoside)，芹菜苷元-6-C-β-D-吡喃木糖基-8-C-α-L-吡喃阿拉伯糖苷(apigenin-6-C-β-D-xylopyranosyl-8-C-α-L-arabinopyranoside)，异刺苞菊苷(isocarlinoside)[1]，异荭草素(isoorientin)，新西兰牡荆苷-2(vicenin-2)[1-2]，异牡荆素(isovitexin)，3-O-β-D-吡喃葡萄糖基-7-O-α-L-吡喃鼠李糖基山柰酚(3-O-β-D-glucopyranosyl-7-O-α-L-rhamnopyranosylkaempferol)，异金雀花素(isoscoparin)[2]，槲皮素-3-O-β-D-吡喃葡萄糖苷(quercetin-3-O-β-D-glucopyranoside)，山柰酚-3-O-β-D-吡喃葡萄糖苷(kaempferol-β-O-D-glucopyranoside)[3]，缅茄苷▲(afzelin)[4]，芦丁(rutin)[2,5]，芹菜苷元(apigenin)[3,5]，木犀草素(luteolin)，槲皮素(quercetin)，柚皮苷元(naringenin)，5,7-二羟基-3,6-二甲氧基黄酮(5,7-dihydroxy-3,6-dimethoxyflavone)[5]，刺槐素-7-O-β-D-吡喃葡萄糖苷(acacetin-7-O-β-D-glucopyranoside)，刺槐素-7-O-β-D-芹菜糖-(1 → 2)-β-D-吡喃葡萄糖苷[acacetin-7-O-β-D-apiopyranosyl-(1 → 2)-β-D-glucopyranoside]，金圣草酚(chrysoeriol)[6]；

香豆素类：菊苣苷(cichoriin)，早开堇菜苷(prionanthoside)[3-4]，7-羟基-8-甲氧基香豆素(7-hydroxy-8-methoxycoumarin)[5]，6,6',7,7'-四羟基-5,8'-双香豆素(6,6',7,7'-tetrahydroxy-5,8'-bicoumarin)[7]，6,7-二甲氧基香豆素(6,7-dimethoxycoumarin)，5-甲氧基-7-羟甲基香豆素(5-methoxy-7-hydroxymethylcoumarin)[8]，异东莨菪内酯(isoscopoletin)[7,9]，东莨菪内酯(scopoletin)[2-3,5,8-9]，二聚七叶树内酯(dimeresculetin)[10]，七叶树苷(esculin)[3-4,11]，大戟亭▲(euphorbetin)[3-4,7,10-11]，七叶树内酯(aesculetin; isoscopoletin)[2-3,5,7-11]；苯丙素类：顺式-对香豆酸(cis-p-coumaric acid)[2]，反式-对香豆酸(trans-p-coumaric acid)[2,4]，咖啡酸(caffeic acid)，2-羟基-1-(4-羟基-3-甲氧基苯基)-丙-1-酮[2-hydroxy-1-(4-hydroxy-3-methoxyphenyl)-propan-1-one][5]；酚/酚酸类：香荚兰酸(vanillic acid)[2]，对羟基苯甲酸(p-hydroxybenzoic acid)[4]，3,4-二羟基苯甲酸甲酯(methyl-3,4-dihydroxybenzoate)，3-羟基-4-甲氧基苯甲酸甲酯(methyl-3-hydroxy-4-methoxy-benzoate)[5]，原儿茶酸(protocatechuic acid)[9]；单萜类：异黑麦草内酯(isololiolide)[6]，黑麦草内酯(loliolide)[6-7]，去氢黑麦草内酯(dehydrololiolide)[7]；倍半萜类：4-欧洲赤松烯-3,10-二醇(4-muurolene-3,10-diol)[5]；三萜类：熊果酸(ursolic acid)[9]；核苷、生物碱类：腺苷(adenosine)[2]，地丁酰胺(二十四酰对羟基苯乙胺)[4]，橙黄胡椒酰胺(aurantiamide)[6]，橙黄胡椒酰胺乙酸酯(aurantiamide acetate)[6,9]，6-羟甲基-3-吡啶醇(6-hydroxymethyl-3-pyridinol)[7]；有机酸类：奎宁酸(quinic acid)[5]，虫漆蜡酸(lacceroic acid)[9]；环肽类：环堇菜辛▲(cycloviolacin) Y_1、Y_2、Y_3、Y_4[12]、Y_5[12-13]、VY_1[13]，近耳草肽▲B_1(kalata B_1)[12,14]，野堇菜环肽▲(varv) A、E[12,14]，紫花地丁环肽▲(viphi) A、B、C、D、E、F、G、H[14]，宝山堇菜环肽▲(viba) 11、15、17，蜜巢花环肽▲8 (Mram 8)，环堇菜辛▲(cycloviolacin) O_2、O_{12}[14]；甾体类：β-谷甾醇[3,5]，胡萝卜苷[3]；挥发油：酞酸二丁酯，软脂酸，丁二酸[4]，维生素C[16]，磺化多糖[17]，正三十醇，硬脂酸，软脂酸甲酯[18]。

带根全草含黄酮类：山奈酚-3-O-β-D-槐糖基-7-O-α-L-吡喃鼠李糖苷(kaempferol-3-O-β-D-sophorosyl-7-O-α-L-rhamnopyranoside)，山奈酚-3,7-二-O-α-L-吡喃鼠李糖苷(kaempferol-3,7-di-O-α-L-rhamnopyranoside)，芹菜苷元-6,8-二-C-β-D-吡喃葡萄糖苷(apigenin-6,8-di-C-β-D-glucopyranoside)，芹菜苷元-6-C-α-L-吡喃阿拉伯糖基-8-C-β-D-吡喃木糖苷(apigenin-6-C-α-L-arabinopyranosyl-8-C-β-D-xylopyranoside)，芹菜苷元-6-C-β-D-吡喃葡萄糖基-8-C-α-L-吡喃阿拉伯糖苷(apigenin-6-C-β-D-glucopyranosyl-8-C-α-L-arabinopyranoside)，芹菜苷元-6-C-β-D-吡喃葡萄糖基-8-C-β-D-吡喃木糖苷(apigenin-6-C-β-D-glucopyranosyl-8-C-β-D-xylopyranoside)，芹菜苷元-6,8-二-C-α-L-吡喃阿拉伯糖苷(apigenin-6,8-di-C-α-L-arabinopyranoside)，芹菜苷元-6-C-β-D-吡喃葡萄糖基-8-C-β-L-吡喃阿拉伯糖苷(apigenin-6-C-β-D-glucopyranosyl-8-C-β-L-arabinopyranoside)，山奈酚-3-O-β-D-吡喃葡萄糖基-7-O-α-L-吡喃鼠李糖苷(kaempferol-3-O-β-D-glucopyranosyl-7-O-α-L-rhamnopy-ranoside)[19]；香豆素类：七叶树内酯(esculetin)[19]；核苷类：腺苷(adenosine)[19]。

药理作用 调节免疫作用：紫花地丁水煎剂可调节小鼠的免疫功能，主要机制与下调小鼠腹腔巨噬细胞的吞噬功能及分泌 IL-2、TNF-α，减少巨噬细胞炎症介质的释放有关[11]；还可抑制由 LPS 诱导的小鼠 B 淋巴细胞的增殖，下调抗体的生成[2]。

抗炎作用：紫花地丁水煎剂对二甲苯致小鼠耳肿胀和皮肤血管通透性亢进、棉球肉芽肿、大鼠甲醛性足跖肿胀均有抑制作用[3-4]；紫花地丁乙醇提取物乙酸乙酯部位对二甲苯致小鼠耳肿胀亦有抑制作用[3]。

抗细菌作用：紫花地丁水煎剂和乙醇提取物乙酸乙

紫花地丁 Violae Herba
摄影：钟国跃

酯部位及水部位能抑制金黄色葡萄球菌、大肠埃希氏菌、沙门菌、表皮葡萄球菌的生长繁殖[5]。紫花地丁乙醇提取物对金黄色葡萄球菌、大肠埃希氏菌、沙门菌、表皮葡萄球菌、链球菌、猪巴氏杆菌、腐生菌、粪肠球菌、变形杆菌等有抑制作用，尤其是对金黄色葡萄球菌的杀菌和抑菌作用最明显[6]。

紫花地丁乙醇部分有抗金黄色葡萄球菌、大肠埃希氏菌、表皮葡萄球菌、蜡样芽胞杆菌、念珠菌、假单胞菌、粪肠球菌、肺炎杆菌的活性[7]。紫花地丁石油醚、乙酸乙酯提取部分对枯草杆菌和烟草野火杆菌有抑制作用[8]。紫花地丁黄酮类化合物对金黄色葡萄球菌、乳房链球菌、无乳链球菌、停乳链球菌、大肠埃希氏菌、沙门菌均有抗菌作用[9]。

抗病毒作用：紫花地丁全草提取物有抗呼吸道合胞病毒活性[10]。紫花地丁提取物[11]、紫花地丁的二甲亚砜提取物和甲醇提取物[12]体外有抗人免疫缺陷病毒的作用，活性化合物是相对分子质量为10 000-15 000 的多糖磺酸盐。

抗氧化作用：从紫花地丁中提取的芹菜苷元具有清除 O_2^- 和·OH 的活性[13]。

注评 本种为中国药典（1977、1985、1990、1995、2000、2005、2010、2015 年版）、中华中药典范（1985 年版）、内蒙古蒙药材标准（1986 年版）收载"紫花地丁"，新疆药品标准（1980 年版）收载"地丁"的基源植物，药用其干燥全草。药典与标准使用本种的拉丁异名 *Viola yedoensis* Makino。"紫花地丁"自古以来药材品种复杂，商品来源涉及多科、属植物，根据药材商品调查，"紫花地丁"的商品大致包括"紫花地丁""甜地丁""苦地丁""龙胆地丁"四大类。"紫花地丁"为堇菜科植物的全草，基源植物并非单一，商品药材几乎为多种的混合物；全国多数地区除使用本种外，主要还有同属植物犁头草 V. japonica Langsd. ex DC.、长萼堇菜 V. inconspicua Blume、白花地丁 V. patrinii DC. ex Ging.、东北堇菜 V. mandshurica W. Becker、早开堇菜 V. prionantha Bunge、戟叶堇菜 V. betonicifolia Sm.、心叶堇菜 V. yunnanfuensis W. Becker、斑叶堇菜 V. variegata Fisch. ex Link、浅圆齿堇菜 Viola schnideri W. Becker 等在产地作"紫花地丁"使用。"甜地丁"为豆科植物米口袋 *Gueldenstaedtia multiflora* Bunge 的根，主要在辽宁、河南、湖南、江西、湖北和山东部分地区使用。"苦地丁"为罂粟科植物地丁草 Corydalis bungeana Turcz. 的全草，在河北、山东有栽培；北京、天津、河北、内蒙古、青海、山东、山西和黑龙江部分地区使用。"龙胆地丁"主要来源为龙胆科植物华南龙胆 Gentiana loureiroi (G. Don) Griseb. 和灰绿龙胆 G. yokusai Burkill 的全草。前者曾在广东、广西地区使用，药材也称"广地丁"；后者在四川地区使用；目前商品药材已少见。蒙古族、畲族、佤族、傈僳族、普米族、侗族、苗族也药用本种，主要用途见功效应用项外，尚用于治疗急性黄疸型肝炎，腮腺炎，咽炎，结膜炎，乳腺炎，肠炎等症。

化学成分参考文献

[1] Xie C, et al. *Chem Pharm Bull*, 2003, 51(10): 1204-1207.
[2] Oshima N, et al. *J Nat Med*, 2013, 67(1): 240-245.
[3] 周海艳，等. 中国天然药物，2009, 7(4): 290-292.
[4] 肖永庆，等. 植物学报，1987, 29(5)532-536.
[5] 陈胡兰，等. 中草药，2010, 41(6): 874-877.
[6] 徐金钟，等. 中草药，2010, 41(9): 1423-1425.
[7] 黄霄秋，等. 中国中药杂志，2009, 34(9): 1114-1116.
[8] 孙艺方，等. 中国中药杂志，2011, 36(19): 2666-2671.
[9] Yao X, et al. *Chem Nat Compd*, 2010, 46(5): 809-810.
[10] Zhou HY, et al. *Fitoterapia*, 2009, 80(5): 283-285.
[11] Zhang L, et al. *Can Chem Trans 1*: 2013, 157-164.
[12] Wang Conan KL, et al. *J Nat Prod*, 2008, 71(1): 47-52.
[13] 刘忞之，等. 药学学报, 2014, 49(6): 905-912.
[14] He WJ, et al. *Peptides*, 2011, 32(8): 1719-1723.
[15] 陈玉花，等. 内蒙古民族大学学报（自然科学版），2008, 23(1): 22-23,58.
[16] 董爱文，等. 食品工业科技, 2004, 25(10): 49-54.
[17] Ngan F, et al. *Antiviral Res*, 1988 ,10 (1-3): 107-116.
[18] 杨鹏鹏，等. 新乡医学院学报, 2008, 25(2): 185-187.
[19] 曹捷，等. 中国实验方剂学杂志，2013, 19(21): 77-81.

药理作用及毒性参考文献

[1] 李海涛，等. 华北煤炭医学院学报，2004, 6(5): 553.
[2] 赵红. 四川中医，2003, 9(1): 18.
[3] 陈胡兰，等. 成都中医药大学学报，2008, 31(2): 52-53.
[4] 李培锋，等. 内蒙古农牧学院学报，1990, 11(1): 36-39.
[5] 陈胡兰，等. 成都中医药大学学报，2008, 31(12): 52-53.
[6] 刘湘新，等. 中兽医医药杂志，2004, (3): 16-18.
[7] Witkowska-Banaszczak E, et al. *Fitoterapia*, 2005, 76(5): 458-461.

[8] Chen X, et al. *Phytother Res*, 2004, 18(6): 497-500.

[9] 李定刚，等．西北农林科技大学学报（自然科学版），2006, 34(4): 87-90.

[10] MA SC, et al. *J Ethnopharmacol*, 2002, 79(2): 205-211.

[11] Chang RS, et al. *Antiviral Res*, 1988, 9(3): 163.

[12] Fung N, et al. *Antiviral Res*, 1988, 10(123): 107-115.

[13] 文赤夫，等．现代食品科技，2006, 22(1): 20-25.

36. 早开堇菜

Viola prionantha Bunge in Mém. Acad. Imp. Sci. St.-Pétersbourg Divers Savans 2: 82. 1835.

多年生草本，无地上茎。根灰白色，通常由根状茎的下端生出。叶莲座状基生；托叶约2/3贴生于叶柄，下部宽 7-9 mm，离生部分披针形，长 7-13 mm；叶片在花期长圆状卵形、卵状披针形或狭卵形，长 1-4.5 cm，宽 6-20 mm，基部稍心形、截形或宽楔形，稍下延，边缘密具细圆齿，先端钝或多少锐尖；在果期叶片显著扩大，长达 10 cm，宽达 4 cm，三角状心形，通常基部宽心形。花紫色或略带紫色，少数近白色，在喉部有紫色条纹，直径 1.2-2 cm。萼片长 6-8 mm，边缘狭白色膜质，先端锐尖，基部耳长 1-2 mm，先端有不规则的齿或近全缘，具有缘毛或无毛。上花瓣倒卵形，长 8-11 mm，向上弯曲，侧花瓣长圆状倒卵形，长 8-12 mm，距粗长 1.5-2.5 mm。蒴果长椭圆形，长 5-12 mm。种子卵球形，长约 2 mm。花期 3-4 月和 10 月，果期 5-9 月。

分布与生境 产于黑龙江、吉林、辽宁、内蒙古、河北、山东、山西、河南、陕西、甘肃、宁夏、青海、湖北、四川。生于海拔低于 2800 m 的山坡草地、溪边、房屋和路边。朝鲜和俄罗斯远东地区也有分布。

药用部位 全草。

功效应用 清热解毒，凉血消肿。用于痈疽，丹毒，乳腺炎，目赤肿痛，咽炎，黄疸型肝炎，肠炎，毒蛇咬伤。

早开堇菜 Viola prionantha Bunge
引自《中国高等植物图鉴》

早开堇菜 Viola prionantha Bunge
摄影：陈又生

化学成分　花含花青素类：碧冬茄素-3-*O*-芸香糖苷-5-*O*-β-D-吡喃葡萄糖苷(petunidin-3-*O*-rutinoside-5-*O*-β-D-glucopyranoside)，飞燕草素-3-*O*-芸香糖苷-5-*O*-β-D-吡喃葡萄糖苷(delphinidin-3-*O*-rutinoside-5-*O*-β-D-glucopyranoside)，矢车菊素-3-*O*-芸香糖苷-5-*O*-β-D-吡喃葡萄糖苷(cyanidin-3-*O*-rutinoside-5-*O*-β-D-glucopyranoside)，芍药素-3-*O*-(对香豆酰基)-芸香糖苷-5-*O*-β-D-吡喃葡萄糖苷[peonidin-3-O-(p-coumaroyl)-rutinoside-5-O-β-D-glucopyranoside][1]。

全草含香豆素类：七叶树内酯(esculetin)，菊苣苷(cichoriin)，早开菫菜苷(prionanthoside)[2-3]，东莨菪内酯(scopoletin)，大戟亭▲(euphorbetin)[4]；黄酮类：槲皮素-3-*O*-β-D-吡喃葡萄糖苷(quercetin-3-*O*-β-D-glucopyranoside)[4]。

药理作用　抗菌作用：早开菫菜对多种致病菌有不同程度的抑菌、杀菌作用[1]。石油醚提取部分和乙酸乙酯提取部分对枯草杆菌和烟草野火杆菌有抑制作用[2]。

注评　本种为甘肃中药材标准（1996、2008 年版）收载"地丁草"的基源植物，药用其干燥全草。我国东北、华北，湖北、华南地区及四川等地作"紫花地丁"用。蒙古族也药用其全草，主要用途见功效应用项。

化学成分参考文献

[1] Zhang J, et al. *Phytochem Anal*, 2012, 23(1): 16-22.

[2] Qin B, et al. *J Chin Pharm Sci*, 1994, 3(2): 91-96.

[3] Qin B, et al. *J Chin Pharm Sci*, 1994, 3(2): 157-163.

[4] Hong JL, et al. *Journal of Medicinal Plants Research*, 2011, 5(21): 5230-5239.

药理作用及毒性参考文献

[1] 张德山，等 . 中医药学报，1991, (2): 47-50.

[2] Chen X, et al. *Phytother Res*, 2004, 18(6): 497-500.

37. 犁头草（中国植物志）

Viola japonica Langsd. ex DC., Prodr. 1: 295. 1824.——*V. crassicalcarata* Ching J. Wang, *V. concordifolia* Ching J. Wang var. *hirtipedicellata* Ching J. Wang（英 **Japanese violet**）

多年生草本，无茎，形成莲座丛。托叶狭卵形，长 2-3 cm，约 2/3 贴生于叶柄，边缘有稀疏纤毛；叶柄通常在花期近等长于叶片，在果期显著超过叶片，上部具狭翅，通常无毛；叶片卵形、宽卵形或者三角状心形，长 3-8 cm，宽 3-5.5 cm，两面疏生微柔毛或很少后来变无毛，基部显著心形，边缘具密圆齿，先端锐尖或稍钝。花浅紫色的或白色带紫色；萼片宽披针形，长 5-7 mm，宽约 2 mm，先端渐尖，基部附属物长 2-3 mm，先端截形或具 2 个小齿；上花瓣长圆状倒卵形，长 1.3-1.5 cm，宽 5-6 mm，侧花瓣长圆状倒卵形，长 1.1-1.3 cm，宽 5-6 mm，具稀疏髯毛或无毛，下花瓣狭卵形，长 1.7-2 cm（包括距），先端微凹；距长 6-8 mm。蒴果椭圆形，长约 1 cm。花期 3-4 月和 10 月，果期 5-10 月。

本种在《中国植物志》中被误定为心叶菫菜 *V. concordifolia* Ching J. Wang。

分布与生境　产于安徽、江苏、浙江、江西、湖北、湖南、四川、贵州、福建。生于海拔低于 1100 m 的荒地草坡或房屋附近。日本和朝鲜也有分布。

药用部位　全草或根。

犁头草 Viola japonica Langsd. ex DC.
白建鲁　绘

犁头草 **Viola japonica** Langsd. ex DC.
摄影：何顺志

功效应用　清热，解毒。用于痈疽，疔疮，瘰疬，乳痈，外伤出血。

化学成分　叶含黄酮类：山柰酚-3-刺槐二糖基-7-吡喃鼠李糖苷(kaempferol-3-robinobio-7-rhamnopyranoside)[1]。

注评　本种的全草称"犁头草"，天津、山东（烟台）、浙江、江苏、上海、安徽、江西、广东等地作"地丁"使用，药材称"紫花地丁"。本种为江苏中药材标准（1989年版）收载"地丁草"的基源植物之一，标准误用名心叶堇菜 *V. concordifolia* Ching J. Wang。蒙古族也药用其全草，主要用途见功效应用项。

化学成分参考文献

[1] Moon CK, et al. *Saengyak Hakhoechi*, 1981, 12(3): 146.

38. 茜堇菜（东北师范大学科学研究通报）　白果堇菜（中国高等植物图鉴），秃果堇菜（拉汉种子植物名称）

Viola phalacrocarpa Maxim. in Mélanges Biol. Bull. Phys.-Math. Acad. Imp. Sci. Saint-Pétersbourg. 9: 726. 1876.

　　多年生草本，无地上茎。根黄褐色，长可达 18 cm。叶均基生，莲座状，叶片最下方者常呈圆形，其余叶片呈卵形或卵圆形，长 1.5–4.5 cm，宽 1.2–2.5 cm，果期长 6–7 cm，宽 5.5–6 cm，先端钝或稍尖，边缘具低而平的圆齿，基部稍呈心形但果期通常呈深心形，两面散生或密被白色短毛；叶柄上部具明显的翅；托叶 1/2 以上与叶柄合生，边缘疏生短流苏状细齿。花紫红色，有深紫色条纹；萼片披针形或卵状披针形，连附属物长 6–7 mm，基部附属物长 1–2 mm；上方花瓣倒卵形，长 11–13 mm，宽 6–7 mm，先端常具波状凹缺，侧方花瓣长圆状倒卵形，长 11–13 mm，宽 5–6 mm，里面基部有明显的长须毛，下方花瓣连距长 1.7–2.2 mm，先端具微凹；距长 6–9 mm。蒴果椭圆形，长 6–8 mm，幼果密被短粗毛，成熟时毛渐变稀疏。种子卵球形，红棕色，长约 1.5 mm，直径约 1 mm。花期 4–5 月。

茜堇菜 **Viola phalacrocarpa** Maxim.
引自《中国高等植物图鉴》

本种全体被短毛，叶片通常卵形，基部微心形或圆形，子房及幼果密被短毛，蒴果通常疏生短毛，较易辨认。

分布与生境　产于黑龙江、吉林、辽宁。生于向阳山坡草地、灌丛及林缘等处。日本、朝鲜及俄罗斯远东地区有分布。

药用部位　全草。

茜菫菜 Viola phalacrocarpa Maxim.
摄影：于俊林 周繇

功效应用　清热解毒，消肿。用于肠炎，痢疾，湿热黄疸，小儿鼻出血，前列腺炎，疔疮痈肿。

化学成分　叶含黄酮类：山柰酚-3-*O*-刺槐二糖苷-7-*O*-吡喃鼠李糖苷(kaempferol-3-*O*-robinbioside-7-*O*-rhamnopyranoside)[1]，芍药素(peonidin)，天竺葵素(pelargonidin)，飞燕草素(delphinidin)，矢车菊素(cyanidin)，锦葵素(malvidin)，碧冬茄素(petunidin)[2]。

药理作用　抗菌作用：对多种致病菌有不同程度的抑菌、杀菌作用[1]。

化学成分参考文献

[1] Moon CK, et al. *Soul Taehakkyo Yakhak Nonmunjip*, 1981, 6: 43-44.

[2] Kim KW, et al. *Han'guk Wonye Hakhoechi*, 1996, 37(4): 582-587.

药理作用及毒性参考文献

[1] 张德山，等 . 中医药学报，1991, (2): 47-50.

39. 蒙古菫菜（中国植物志）

Viola mongolica Franch. in Pl. David. 1: 42. 1884.——*V. hebeiensis* J. W. Wang et T. G. Ma（英 **Mongolian violet**）

　　多年生草本，无地上茎。根状茎较粗壮，具多数淡褐色粗根。叶片卵形或长卵形，长 2–5 cm，宽 3–4 cm，果期长达 8 cm，宽约 4.5 cm，先端急尖或钝，基部深心形，有时浅心形，边缘具浅锯齿，两面被短柔毛；叶柄长 3–4 cm，果期长可达 12 cm，被短柔毛，具狭翅；托叶 1/2 与叶柄合生，离生边缘疏生短流苏状齿。花白色，具长梗；萼片披针形，连附属物长 1.1–1.3 cm，宽 3–4 mm，先端尖，基部具明显附属物，附属物长 3–4 mm，末端具或深或浅的缺刻；上方花瓣倒卵形，长约 1.2 cm，宽约 8 mm，基部变狭成爪状，侧方花瓣长圆状倒卵形，长 1.3 cm，宽约 6 mm，里面近基部疏生须毛或几无毛，下方花瓣连距长 1.8-2 cm；距长 5-7 mm。花期 4-5 月。

《中国植物志》《内蒙古植物志》和《中国高等植物》等书籍中描述的阴地堇菜（*Viola yezoensis* Maxim.）实际上属于蒙古堇菜。

分布与生境 产于黑龙江、吉林、内蒙古、河北、山东、山西、陕西、甘肃、宁夏、青海。生于海拔 800-2800 m 的阔叶林下、山地灌丛间及山坡草地。

药用部位 全草。

功效应用 清热解毒。用于疔疮，结膜炎，咽炎，黄疸型肝炎，毒蛇咬伤。

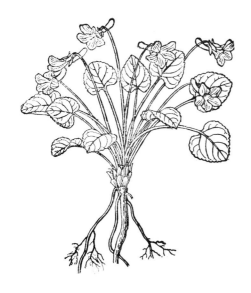

蒙古堇菜 **Viola mongolica** Franch.
引自《中国高等植物图鉴》

蒙古堇菜 **Viola mongolica** Franch.
摄影：刘冰

---

40. 斑叶堇菜（东北师范大学科学研究通报）

Viola variegata Fisch. ex Link in Enum. Hort. Berol. Alt. 1: 240. 1821.（英 **Variegatedleaf violet**）

多年生草本，高 3-12 cm。叶基生，莲座状；托叶近膜质，约 2/3 贴生于叶柄，离生部分披针形，边缘有稀疏流苏状的齿，先端渐尖；叶柄长 1-7 cm，上半部分具狭翅或无翼，具短而硬的毛或无毛；叶片背面通常紫红色，正面绿色，沿主脉有白色斑带，叶片近圆形，长 1.2-5 cm，宽 1-4.5 cm，两面通常被短硬毛，有时有稀疏毛或近无毛，基部明显心形，边缘具钝齿，先端圆形或钝。花红紫色或深紫色，通常下半部分浅色，直径 1.2-2.2 cm；萼片通常带紫色，长 5-6 mm，基部附属物长 1-1.5 mm；花瓣倒卵形，长 7-14 mm，侧花瓣具疏髯毛或无毛，下花瓣基部有白色和紫色斑，长 1.2-2.2 cm；距长 3-8 mm。蒴果椭圆形，长约 7 mm。种子直径约 1.5 mm。花期 4-5 月。

分布与生境 产于黑龙江、吉林、辽宁、内蒙古、河北、山西。生于海拔 300-1700 m 的山坡草地、森林、灌丛或荫处岩石裂缝。日本、朝鲜、蒙古和俄罗斯有分布。

药用部位 全草。

功效应用 解热，镇痛，活血，止血。用于疮伤出血。

斑叶堇菜 **Viola variegata** Fisch. ex Link
引自《中国高等植物图鉴》

斑叶堇菜 Viola variegata Fisch. ex Link
摄影：于俊林

化学成分　花含黄酮类：矢车菊素(cyanidin)，飞燕草素(delphinidin)[1]。

全草含香豆素类：东莨菪内酯(scopoletin)，七叶树内酯(esculetin)，菊苣苷(cichoriin)，早开堇菜苷(prionanthoside)，大戟亭▲(euphorbetin)[2]；黄酮类：槲皮素-3-O-β-D-吡喃葡萄糖苷(quercetin-3-O-β-D-glucopyranoside)[2]。

注评　本种的全草称"斑叶堇菜"，内蒙古等地药用。在陕西作"紫花地丁"药用，系地区习用品。紫花地丁药材商品及地区习用品情况，参见紫花地丁 Viola philippica Cav. 注评。

化学成分参考文献

[1] Kim KW, et al. *Han'guk Wonye Hakhoechi*, 1996, 37(4): 582-587.

[2] Hong JL, et al. *Journal of Medicinal Plants Research*, 2011, 5(21): 5230-5239.

41. 深山堇菜（东北师范大学科学研究通报）

Viola selkirkii Pursh ex Goldie in Edinburgh Philos. J. 6: 324. 1822.（英 **Selkirk's violet**）

多年生草本，无地上茎和匍匐枝。叶基生，莲座状；叶片薄纸质，心形或卵状心形，长 1.5–5 cm，宽 1.3–3.5 cm，果期长约 6 cm，宽约 4 cm，先端稍急尖或圆钝，基部狭深心形，两侧垂片发达，边缘具钝齿，两面疏生白色短毛；叶柄长 2–7 cm，果期长可达 13 cm，有狭翅；托叶 1/2 与叶柄合生。花淡紫色，具长梗；萼片卵状披针形，长 6–7 mm，先端急尖，具狭膜质缘，有 3 脉，基部附属物长圆形，长约 2 mm，末端具不整齐的缺刻状浅裂并疏生缘毛；花瓣倒卵形，侧方花瓣无须毛，下方花瓣连距长 1.5–2 cm；距较粗，长 5–7 mm。蒴果椭圆形，长 6–8 mm。种子卵球形，长约 2 mm。花期 5 月。

分布与生境　产于黑龙江、吉林、辽宁、内蒙古（东部）、河北、陕西北部。生于海拔 400–1700 m 的针阔叶混交林、落叶阔叶林及灌丛下腐殖层较厚的土壤上、溪谷、沟旁阴湿处。朝鲜、日本、蒙古、俄罗斯、欧洲、北美洲也有分布。

药用部位　全草。

功效应用　清热解毒，消肿。用于疔疮肿毒，黄疸，蛇虫咬伤。

化学成分　花含黄酮类：芍药素(peonidin)，天竺葵素(pelargonidin)，飞燕草素(delphinidin)，矢车菊素(cyanidin)，锦葵素(malvidin)，碧冬茄素(petunidin)[1]。

深山堇菜 **Viola selkirkii** Pursh ex Goldie
引自《中国高等植物图鉴》

深山堇菜 **Viola selkirkii** Pursh ex Goldie
摄影：刘宗才

化学成分参考文献

[1] Kim KW, et al. *Han'guk Wonye Hakhoechi*, 1996, 37(4): 582-587.

42. 心叶堇菜（中国植物志 滇中堇菜（中国高等植物图鉴补编），昆明堇菜（云南种子植物名录）

Viola yunnanfuensis W. Becker in Bull. Misc. Inform. Kew 6: 248. 1928——*V. cordifolia* W. Becker, *V. concordifolia* Ching J. Wang（英 **Cordateleaf violet**）

多年生草本，无地上茎和匍匐枝。叶基生，叶片卵形、宽卵形或三角状卵形，稀肾状，长 3–8 cm，宽 3–8 cm，先端尖或稍钝，基部深心形或宽心形，边缘具多数圆钝齿，两面无毛或疏生短毛；叶柄在花期通常与叶片近等长，在果期远较叶片为长，最上部具极狭的翅，通常无毛；托叶短，下部与叶柄合生，长约 1 cm，离生部分开展。花白色或淡紫色；花梗不高出于叶片，被短毛或无毛，近中部有 2 枚线状披针形小苞片；萼片宽披针形，长 5–7 mm，宽约 2 mm，先端渐尖，基部附属物长约 2 mm，末端钝或平截；上方花瓣与侧方花瓣倒卵形，长 1.2–1.4 cm，宽 5–6 mm，侧花瓣喉部有显著的髯毛，下花瓣倒卵形，顶端微缺，连距长约 1.5 cm，距长 4–5 mm。蒴果椭圆形，长约 1 cm。花期 2–4 月。

分布与生境 产于广西、贵州、云南、西藏南部。生于海拔 3500 m 以下的草地或灌丛。

药用部位 全草。

功效应用 清热解毒。用于痈疽疮疡。

心叶堇菜 **Viola yunnanfuensis** W. Becker
摄影：陈又生

43. 戟叶堇菜（海南植物志） 尼泊尔堇菜，箭叶堇菜（台湾植物志）

Viola betonicifolia Sm. in Rees Cycl. 37, n. 7. 1819.——*V. betonicifolia* Sm. subsp. *dielsiana* W. Becker, *V. caespitosa* D. Don, *V. inconspicua* Blume subsp. *dielsiana* W. Becker, *V. patrinii* DC. ex Ging. var. *nepaulensis* Ging.（英 **Halberdleaf violet**）

多年生草本，无地上茎。叶均基生，莲座状；叶片狭披针形、长三角状戟形或三角状卵形，长 2–7.5 cm，宽 0.5–3 cm，先端尖，有时稍钝圆，基部截形或略呈浅心形，有时宽楔形，花期后叶增大，基部垂片开展并具明显的牙齿，边缘具疏而浅的波状齿，近基部齿较深；叶柄较长，长 1.5–13 cm，上半部有狭而明显的翅；托叶褐色，约 3/4 与叶柄合生，边缘全缘或疏生细齿。花白色或淡紫色，有深色条纹，长 1.4–1.7 cm；萼片长 5–6 mm，基部附属物长 0.5–1 mm，上方花瓣倒卵形，长 1–1.2 cm，侧方花瓣长圆状倒卵形，长 1–1.2 cm，里面基部密生或有时生较少量的须毛，下方花瓣通常稍短，连距长 1.3–1.5 cm；距长 2–6 mm。蒴果椭圆形至长圆形，长 6–9 mm。花期 3–5 月。

本种与紫花地丁相近似，但下方花瓣之距较短，侧方花瓣密被须毛，叶形差异较明显，较易区别。

分布与生境 产于陕西、甘肃、河南、湖北、湖南、江苏、安徽、浙江、江西、福建、台湾、广东、海南、四川、云南、西藏。生于海拔 1600 m 以下的田野、路边、山坡草地、灌丛、林缘等处。日本、印度、喜马拉雅山区、印度尼西亚、斯里兰卡、澳大利亚也有分布。

药用部位 全草。

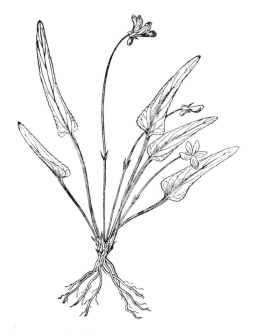

戟叶堇菜 Viola betonicifolia Sm.
引自《中国高等植物图鉴》

戟叶堇菜 Viola betonicifolia Sm.
摄影：林茂祥

功效应用 清热解毒，祛瘀消肿，利湿。用于肠痈，淋浊，喉痛，乳痈，黄疸，目赤肿痛，疔疮肿毒，刀伤出血，烧伤。

化学成分 全草含苯丙素类：2,4-二羟基-5-甲氧基-桂皮酸(2,4-dihydroxy-5-methoxy-cinnamic acid)[1]；香豆素类：东莨菪内酯(scopoletin)，七叶树内酯(esculetin)，早开堇菜苷(prionanthoside)，大戟亭▲ (euphorbetin)[2]；黄酮类：槲皮素-3-*O*-*β*-D-吡喃葡萄糖苷(quercetin-3-*O*-*β*-D-glucopyranoside)[2]。

注评 本种为四川（1987 年版）、浙江（2000 年版）中药材标准收载“紫花地丁”、江苏中药材标准（1989 年版）收载“地丁草”和四川中药材标准（2010 年版）收载“川地丁”的基源植物之一，药用其干燥全草。江苏标准使用本种的异名箭叶堇菜 *Viola betonicifolia* Sm. subsp. *nepalensis* (Ging.) W. Becker。同属植物长萼堇菜 *Viola inconspicua* Blume、短毛堇菜 *Viola confusa* Champ. ex Benth.、浅圆齿董菜 Viola schneideri W. Becker、犁头草 V. japonica Langsd. ex DC.亦为基源植物，与本种同等药用。本种全草在浙江、四川、江苏、云南作"紫花地丁"使用。傈僳族、纳西族也药用，主要用途见功效应用项。

化学成分参考文献

[1] Muhammad N, et al. *Journal of Enzyme Inhibition and Medicinal Chemistry*, 2013, 28(5): 997-1001.

[2] Hong JL, et al. *Journal of Medicinal Plants Research*, 2011, 5(21): 5230-5239.

44. 长萼堇菜（静生生物调查所汇报） 犁头草（通称）

Viola inconspicua Blume in Bijdr. Fl. Ned. Ind. 1: 58. 1825.——*V. chinensis* G. Don, *V. confusa* Champ. ex Benth., *V. hunanensis* Hand.-Mazz., *V. mandshurica* W. Becker subsp. *nagasakiensis* W. Becker, *V. oblongosagittata* Nakai, *V. patrinii* DC. ex Ging. var. *minor* Makino, *V. philippica* Sasaki subsp. *malesica* W. Becker, *V. pseudomonbeigii* Chang（英 **Longsepal violet**）

多年生草本，无地上茎。叶片三角形、三角状卵形或戟形，长 1.5-7 cm，宽 1-3.5 cm，最宽处在叶的基部，中部向上渐变狭，先端渐尖或尖，基部宽心形，弯缺呈宽半圆形，两侧垂片发达，通常平展，稍下延于叶柄成狭翅，边缘具圆锯齿；叶柄无毛，长 2-7 cm；托叶 3/4 与叶柄合生，分离部分披针形，长 3-5 mm，先端渐尖，边缘疏生流苏状短齿，稀全缘，通常有褐色锈点。花淡紫色，有暗色条纹；萼片卵状披针形或披针形，长 4-7 mm，顶端渐尖，基部附属物伸长，长 2-3 mm，末端具缺刻状浅齿，具狭膜质缘，无毛或具纤毛；花瓣长圆状倒卵形，长 7-9 mm，侧方花瓣里面基部有须毛，下方花瓣连距长 10-12 mm；距长 1.8-3 mm。蒴果长圆形，长 8-10 mm。种子卵球形，长 1-1.5 mm。花期 11-4 月。

本种与戟叶堇菜 *V. betonicifolia* Sm. 近似，但本种叶片三角形或戟形，先端渐尖，基部弯缺呈宽半圆形，两侧垂片发达，稍下延于叶柄；萼片伸长，基部附属物长 2-3 mm，末端具浅裂齿等极易辨认。

分布与生境 分布于河南、陕西、安徽、江苏、浙江、江西、湖北、湖南、四川、广东、广西、贵州、云南、福建、台湾、海南。生于海拔 1600 (-2400) m 以下的草地、田野边、道路边缘和林缘。日本、菲律宾、越南、缅甸、印度尼西亚、马来西亚、印度和新几内亚岛有分布。

药用部位 全草。

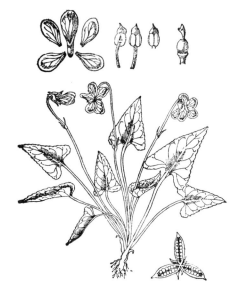

长萼堇菜 Viola inconspicua Blume
引自《中国高等植物图鉴》

长萼堇菜 Viola inconspicua Blume
摄影：李泽贤 徐克学

功效应用　清热解毒，散瘀消肿。用于肠痈，疔疮，瘰疬，红肿疮毒，黄疸，淋浊，目赤生翳。

化学成分　全草含香豆素类：东莨菪内酯(scopoletin)，七叶树内酯(esculetin)，早开堇菜苷(prionanthoside)，大戟亭▲(euphorbetin)[1]；黄酮类：槲皮素-3-*O*-*β*-D-吡喃葡萄糖苷(quercetin-3-*O*-*β*-D-glucopyranoside)[1]。

注评　本种为江苏中药材标准（1989 年版）收载"地丁草"、四川中药材标准（1987 年版）收载"紫花地丁"和四川中药材标准（2010 年版）收载"川地丁"的基源植物之一，药用其干燥全草。本种全草在广东、广西（北海）也作"地丁"用；在四川、浙江、江苏、云南和甘肃等也作"紫花地丁"使用。傈僳族、侗族、壮族、瑶族、苗族、毛南族、土家族也药用其全草，主要用途见功效应用项。

化学成分参考文献

[1] Hong JL, et al. *Journal of Medicinal Plants Research*, 2011, 5(21): 5230-5239.

旌节花科 STACHYURACEAE

灌木或小乔木，有时为攀援状灌木，落叶或常绿。小枝明显具髓。冬芽小，具2-6枚鳞片。单叶互生，边缘具锯齿；托叶线状披针形，早落。总状花序或穗状花序腋生，直立或下垂；花小，整齐，两性或雌雄异株；花梗基部具苞片1枚，花基部具小苞片2枚，基部连合；萼片4；花瓣4，分离或靠合；雄蕊8枚，2轮，花丝钻形，花药丁字着生，内向纵裂；子房上位，4室，胚珠多数，着生于中轴胎座上；花柱短而单一，柱头头状，4浅裂（能结实花的雄蕊比雌蕊短，花药色浅，不含花粉，胚珠发育较大；不能结实花的雄蕊几等长于雌蕊，花药黄色，有花粉，后渐脱落）。果实为浆果，外果皮革质。种子小，多数，具柔软的假种皮。

本科为东亚特有，含1属15种6变种。我国有1属10种5变种，其中9种2变种可药用。

本科药用植物化学成分结构类型多样，主要有鞣质、黄酮、木脂素、三萜、长链脂肪族等类型化合物。

1. 旌节花属 Stachyurus Siebold et Zucc.

属特征与科同。

分种检索表

1. 叶片革质，稀坚纸质，边缘具细而密的锐齿，稀具内弯的钝齿。
  2. 常绿灌木。
    3. 叶片线状披针形或长圆状披针形，长为宽的4-8倍，革质 ················1. 柳叶旌节花 **S. salicifolius**
    3. 叶片卵状披针形至倒卵状披针形或倒卵形，长不及宽的3倍，宽2-4 cm。
      4. 叶片卵状披针形至倒卵状披针形；花序长3 cm以上，花序梗长0.5-1 cm ································
      ························2. 云南旌节花 **S. yunnanensis**
      4. 叶片倒卵形；花序长不超过2 cm，花序梗长约3 mm ··········3. 倒卵叶旌节花 **S. obovatus**
  2. 落叶灌木。
    5. 叶片椭圆形，边缘具不规则的细尖齿 ··············4. 椭圆叶旌节花 **S. callosus**
    5. 叶片长圆形或长圆状披针形，边缘具规则尖齿 ··············5. 矩圆叶旌节花 **S. oblongifolius**
1. 叶片纸质或膜质，边缘具粗齿或细齿。
  6. 叶片长圆形或长圆状披针形，稀卵形，长为宽的2倍或2倍以上 ··············9. 西域旌节花 **S. himalaicus**
  6. 叶片圆形、卵形、长圆状卵形或倒卵形，稀为披针形，长、宽近相等，稀长为宽的2倍。
    7. 叶片圆形，先端凹或2浅裂，稀圆形具短尖头，下面密被白色短柔毛 ··········6. 凹叶旌节花 **S. retusus**
    7. 叶片卵形，长圆状卵形或到卵形，先端渐尖或钝，但绝无凹缺或2裂，下面无毛。
      8. 叶片倒卵形，先端钝圆不具短尖头，边缘具疏齿并反卷 ··············7. 四川旌节花 **S. szechuanensis**
      8. 叶片卵形，长圆状卵形或近圆形，稀披针形，边缘具齿或细齿，但不反卷 ··············8. 中国旌节花 **S. chinensis**
      ························8. 中国旌节花 **S. chinensis**

本属药用植物主要含鞣质类成分，另外还有黄酮、三萜、木脂素、甾体和长链脂肪族等类型化合物。

1. 柳叶旌节花（峨眉植物图志） 小通花（四川中药志），通花（中国高等植物图鉴），铁泡桐（四川）

Stachyurus salicifolius Franch. in J. Bot. 12: 253. 1898.（英 **Willowleaf Stachyurus**）

常绿灌木，高 2–3 m，直立；树皮褐色或紫褐色。叶互生，近革质，线状披针形，长 7–16 cm，宽 1–2 cm，先端渐尖，基部钝至圆形；边缘具不明显内弯的疏齿，中脉在两面均凸起，侧脉 6–8 对，无毛。穗状花序腋生，其下之叶通常脱落，长 5–10 cm，少有达 20 cm；苞片 1 枚，三角状卵形，急尖，小苞片 2 枚，卵形，宿存；花淡绿色，长约 7 mm，无梗；萼片 4，卵形，有极细短的缘毛；花瓣 4，倒卵形。雄蕊 8 枚，与花瓣等长；子房瓶状，被短柔毛，柱头头状，不露出花瓣。果实球形，直径 5–6 mm，具宿存花柱；果梗长约 2.5 mm。花期 4–5 月，果期 6–7 月。

分布与生境 产于四川西部及东南部、云南东北部、贵州和广东等地。生于海拔 1300–2000 m 的山坡阔叶混交林下或灌木丛中。

药用部位 茎髓。

功效应用 清热，利水，通乳。用于尿路感染，尿少或尿闭，热病口渴，小便赤黄，乳汁不通。

注评 本种的茎髓在云南、贵州、四川作"小通草"药用，系"小通草"的类似品。

柳叶旌节花 Stachyurus salicifolius Franch.
引自《中国高等植物图鉴》

柳叶旌节花 Stachyurus salicifolius Franch.
摄影：朱鑫鑫

2. 云南旌节花（峨眉植物图志） 滇旌节花（云南）

Stachyurus yunnanensis Franch. in J. Bot. 12: 253. 1898.——*S. esquirolii* H. Lév.（英 **yunnan Stachyurus**）

常绿灌木，高 3 m；树皮暗灰色，光滑。叶革质或薄革质，椭圆状长圆形至长圆状披针形，长 7-15 cm，宽 2-4 cm，先端渐尖或尾状渐尖，基部楔形或钝圆，边缘具细尖锯齿，两面均无毛，中脉在下面明显凸起，侧脉 5-7 对；叶柄粗壮，长 1-2.5 cm。总状花序腋生，长 3-8 cm，花序轴之字形，具短梗，有花 12-22 朵；花近于无梗；苞片 1 枚，三角形，急尖；小苞片三角状卵形；萼片 4 枚，卵圆形，长约 3.5 mm；花瓣 4 枚，黄色至白色，倒卵圆形，顶端钝圆；雄蕊 8 枚，无毛；子房无毛，柱头头状。果实球形，直径 6-7 mm，具宿存花柱，苞片及花丝的残存物。花期 3-4 月，果期 6-9 月。

分布与生境 产于湖南、湖北、四川、贵州、云南和广东北部。生于海拔 800-1800 m 的山坡常绿阔叶林下或林缘灌丛中。

药用部位 茎髓。

功效应用 清热，利水，通乳。用于尿路感染，尿少或尿闭，热病口渴，小便赤黄，乳汁不通。

注评 本种的茎髓在四川、云南、贵州等地作"小通草"药用，系"小通草"的类似品；贵州梵净山称"小通花"。本种的根称"小通草根"，也可药用。

云南旌节花 Stachyurus yunnanensis Franch.
引自《中国高等植物图鉴》

云南旌节花 Stachyurus yunnanensis Franch.
摄影：朱鑫鑫

3. 倒卵叶旌节花（中国高等植物图鉴） 卵叶旌节花（峨眉植物图志）

Stachyurus obovatus (Rehder) Hand.-Mazz. in Oesterr. Bot. Zeitschr. 90: 118. 1941.——*S. yunnanensis* Franch. var. *obovatus* Rehder, *S. obovatus* (Rehd.) H. L. Li, *S. obovatus* (Rehd.) Cheng（英 **Obovateleaf Stachyurus**）

常绿灌木或小乔木，高 1-4 m。树皮灰色或灰褐色，枝条有明显的线状皮孔。叶革质或亚革质，倒卵形，中部以下突然收窄变狭，长 5-8 cm，宽 2-3.5 cm，先端长尾状渐尖，基部渐狭成楔形，边缘中部以上具锯齿，无毛，中脉在下面明显凸起，侧脉 5-7 对；叶柄长 0.5-1 cm。总状花序腋生，长 1-2 cm。有花 5-8 朵；总花梗长约 0.5 cm，基部具叶；花淡黄绿色，近于无梗；苞片 1 枚，三角形，急尖，宿存；小苞片 2 枚，卵形；萼片 4 枚，卵形；花瓣 4 枚，倒卵形；雄蕊 8 枚；子房长卵形，被微柔毛，柱头卵形。浆果球形，疏被微柔毛；果梗中部具关节，顶端具宿存花柱。花期 4-5 月，果期 8 月。

分布与生境 产于四川西部和西南部、贵州北部、云南东北部。生于海拔 500-2000 m 的山坡常绿阔叶林下或林缘。

药用部位 茎髓。

功效应用 清热，利水，通乳。用于尿路感染，尿少或尿闭，热病口渴，小便赤黄，乳汁不通。

注评 本种的茎髓在四川作"小通草"药用，系"小通草"的类似品。

倒卵叶旌节花 Stachyurus obovatus (Rehder) Hand.-Mazz.
引自《中国高等植物图鉴》

倒卵叶旌节花 Stachyurus obovatus (Rehder) Hand.-Mazz.
摄影：李策宏

4. 椭圆叶旌节花（云南植物研究）

Stachyurus callosus C. Y. Wu in S. K. Chen in Acta Bot. Yunnan. 3(2): 128, f. 1. 1981.（英 **Elliptic-leaf Stachyurus**）

落叶灌木，高 2 m。小枝圆柱形，幼枝灰褐色。叶坚纸质，椭圆形或长圆状椭圆形，长 8–11 cm，宽 4–5 cm，先端渐尖，基部钝，边缘具密伸展且不规则的锐齿，中脉在上面微凹陷，在下面隆起，侧脉 5–7 对，弧曲，上面微凸起，下面隆起，于边缘处网结；叶柄长约 1.5 cm。总状花序腋生，长 5.5–7 cm，具短梗，长 0.5 mm；苞片 1 枚，三角形，顶端急尖；小苞片 2 枚，卵形，基部联合，边缘具缘毛；萼片 4 枚，宽卵形，内凹，长约 2.5 mm，顶端具短尖头，具缘毛；花瓣倒卵形，淡黄色；雄蕊 8 枚，两轮，外轮 4 枚较长；子房瓶状，花柱短，具纵棱，柱头头状。果未见。

分布与生境 产于云南东南部。生于海拔 900–1100 m 的山坡林中。

药用部位 茎髓。

功效应用 清热利尿，渗湿通乳。用于乳汁不下，小便淋痛，风湿关节痛。

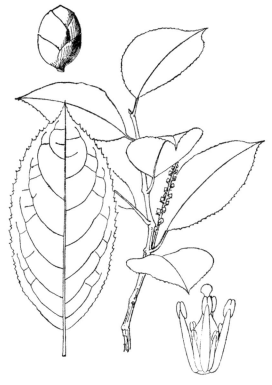

椭圆叶旌节花 Stachyurus callosus C. Y. Wu in S. K. Chen
引自《云南植物志》

5. 矩圆叶旌节花（植物分类学报） 长圆叶旌节花（中国树木志）

Stachyurus oblongifolius F. T. Wang et T. Tang in Acta Phytotax. Sin. 1(3): 325. 1951.（英 **Oblong-leaf Stachyurus**）

落叶灌木，高 2–3 m，直立，稀匍匐，棕褐色，光滑无毛。叶互生，革质，长圆状椭圆形，长 4–8 cm，宽 1.5– 4 cm，先端急尖，长渐尖或钝圆形，基部圆形，边缘具疏生尖锯齿，叶缘略反卷，两面无毛，中脉在上面明显，在下面突起，侧脉 5–6 对，和细脉连结成网状；叶柄长 5–15 mm。总状花序腋生，长 2.5– 4.5 cm；苞片无毛，卵状短披针形，长 2.5 mm；小苞片卵状三角形；萼片 4 枚，无毛，形状不一；花瓣 4 枚，无毛，倒卵形，末端圆形；雄蕊 8 枚，长短不等；子房卵状椭圆形，柱头头状，四浅裂。果实为圆形浆果状，直径 5 mm，顶端具短喙，果梗短。花期 3–4 月，果期 6–7 月。

分布与生境 产于湖南、湖北、四川、贵州及云南。生于 600–1000 m 的溪沟、路边或山坡灌丛中。

药用部位 茎髓。

功效应用 清热，利尿渗湿，通乳。用于尿路感染，热病，小便赤黄或尿闭，湿热癃淋，热病口渴，乳汁不下，风湿性关节痛。

矩圆叶旌节花 Stachyurus oblongifolius F. T. Wang et T. Tang
张作嵩 绘

注评 本种的茎髓在四川、贵州、湖南作"小通草"药用，系"小通草"的类似品。

矩圆叶旌节花 Stachyurus oblongifolius F. T. Wang et T. Tang
摄影：林茂祥

6. 凹叶旌节花（峨眉植物图志）

Stachyurus retusus Y. C. Yang in Contr. Biol. Lab. Sci. China 12: 105, pl. 6. 1939.（英 **Retuse Stachyurus**）

落叶灌木，高 2-3 m；树皮黑褐色。叶坚纸质，椭圆形至近圆形，长 6-10 cm，宽 4-9 cm，先端钝，稀近截形或稍凹缺，基部钝圆或微心形，边缘稍反卷，具疏锯齿，下面被白色柔毛；侧脉 5-6 对，于边缘网结；叶柄长 1-2 cm。总状花序腋生，长 2-5 cm，下垂，几乎无总梗，基部具叶（结果时无叶）；花无梗；苞片 1 枚，宽三角状卵形，小苞片 2 枚，卵形，顶端急尖；萼片 4 枚，淡绿色，卵形；花瓣淡黄色，倒卵形，顶端钝至近圆形，雄蕊 2 轮，外轮 4 枚较长；子房卵形，无毛；柱头头状，不露出花冠。果实球形，直径约 6 mm，近无梗。花期 5 月，果期 7 月。

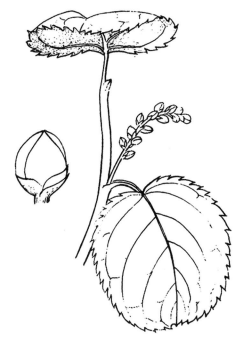

凹叶旌节花 Stachyurus retusus Y. C. Yang
张作嵩 绘

凹叶旌节花 Stachyurus retusus Y. C. Yang
摄影：李策宏

分布与生境　产于四川（峨眉山、雷波）、云南（镇雄、彝良），分布极为局限。生于海拔 1600–2000 m 的山坡杂木林中。

药用部位　茎髓。

功效应用　清热，利尿渗湿，通乳。用于尿路感染，热病，小便赤黄或尿闭，湿热癃淋，热病口渴，乳汁不下，风湿性关节痛。

注评　本种的茎髓在四川等地作"小通草"药用，系"小通草"的类似品。

7. 四川旌节花（峨眉植物图志）

Stachyurus szechuanensis W. P. Fang, Icon. Pl. Omei. 2(1): pl. 103. 1945.（英 **Sichuan Stachyurus**）

小乔木，高 5 m。树皮深褐色，光滑；小枝圆柱形，无毛，当年生枝绿色，老枝绿褐色。叶厚革质，长圆状椭圆形，椭圆形至圆状椭圆形，有时稍成倒卵状椭圆形，长 4–8 cm，宽 2.5–4.5 cm，先端圆钝或钝，基部钝至近圆形，边缘具疏微齿，稍反卷，侧脉 5–7 对，上面不明显，下面显著；叶柄长 1–2 cm，无毛，上面有沟槽，下面浑圆。总状花序腋生，下垂，长约 2 cm；花不详。浆果，卵圆形，直径约 6 mm，果梗长约 2 mm，具宿存柱头。

分布与生境　产于四川盆地西缘山地。生于山坡灌木丛中，海拔可达 2500 m。

药用部位　茎髓。

功效应用　清热，利尿渗湿，通乳。用于尿路感染，热病，小便赤黄或尿闭，湿热癃淋，热病口渴，乳汁不下，风湿性关节痛。

注评　本种的茎髓在四川作"小通草"药用，系"小通草"的类似品。

8. 中国旌节花（峨眉植物图志）　水凉子（中国树木分类学），萝卜药（河南），旌节花（广群芳谱）

Stachyurus chinensis Franch. in J. Bot. 12: 254. 1898.——*S. duclouxii* Pit., *S. praecox* auct. non Siebold et Zucc.: Diels（英 **Chinese Stachyurus**）

8a. 中国旌节花（模式变种）

Stachyurus chinensis Franch. var. **chinensis**

落叶灌木，高 2–4 m。树皮光滑紫褐色或深褐色。叶互生，纸质至膜质，卵形，长圆状卵形至长圆状椭圆形，长 5–12 cm，宽 3–7 cm，先端渐尖至短尾状渐尖，基部钝圆至近心形，边缘为圆齿状锯齿，侧脉 5–6 对，在两面均凸起，下面无毛或仅沿主脉和侧脉疏被短柔毛，后很快脱落；叶柄长 1–2 cm。穗状花序腋生，先叶开放，长 5–10 cm，无梗；花黄色，长约 7 mm；苞片 1 枚，三角状卵形，顶端急尖；小苞片 2 枚，卵形；萼片 4 枚，黄绿色，卵形；花瓣 4 枚，卵形；雄蕊 8 枚，与花瓣等长；子房瓶状，被微柔毛，柱头头状，不裂。果实圆球形，直径 6–7 cm，无毛，近无梗，基部具花被的残留物。花期 3–4 月，果期 5–7 月。

分布与生境　产于河南、陕西、西藏、浙江、安徽、江西、湖南、湖北、四川、贵州、福建、广东、广西和云南。生于海拔 400–3000 m 的山坡谷地林中或林缘。越南北部也有分布。

药用部位　茎髓。

功效应用　清热，利水，通乳。用于尿路感染，尿少或尿闭，热病口渴，小便赤黄，乳汁不通。

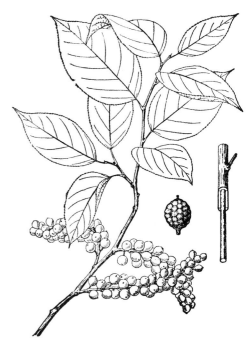

中国旌节花 **Stachyurus chinensis** Franch. var. **chinensis**
引自《中国高等植物图鉴》

中国旌节花 Stachyurus chinensis Franch. var. chinensis
摄影：徐晔春 徐克学

化学成分 茎含多糖[1]。

注评 本种为中国药典（1977、1985、1990、1995、2000、2005、2010、2015 年版）收载"小通草"的基源植物之一，药用其干燥茎髓。同属植物西域旌节花 Stachyurus himalaicus Hook. f. et Thomson ex Benth. 和山茱萸科植物青荚叶 Helwingia japonica (Thunb.) F. Dietr. 亦为"小通草"的基源植物。小通草又称"实心通草"。各地称小通草的品种较多，被地方中药材标准以"小通草"药名收载的有：虎耳草科植物西南绣球 Hydrangea davidii

小通草 Stachyuri Medulla Helwingiae Medulla
摄影：陈代贤

Franch. 的茎髓、蔷薇科植物棣棠花 Kerria japonica (L.) DC. 的茎髓、五加科植物穗序鹅掌柴 Schefflera delavayi (Franch.) Harms 的叶柄髓。旌节花属多种植物的茎髓在各地也作"小通草"药用，主要的有宽叶旌节花 Stachyurus chinensis Franch. var. latus H. L. Li、云南旌节花 S. yunnanensis Franch.、倒卵叶旌节花 S. obovatus (Rehder) Hand.-Mazz.、柳叶旌节花 S. salicifolius Franch.、矩圆叶旌节花 S. oblongifolius F. T. Wang et T. Tang 和凹叶旌节花 S. retusus Y. C. Yang。此外，山茱萸科植物白粉青荚叶 Helwingia japonica (Thunb.) F. Dietr. var. hypoleuca Hemsl. ex Rehder 和中华青荚叶 H. chinensis Batalin 的茎髓在四川、陕西、甘肃、湖北作"小通草"药用，应注意鉴别。

化学成分参考文献

[1] 江海霞，等. 中药材，2010, 33(3): 347-348.

8b. 宽叶旌节花（变种）（云南植物研究）

Stachyurus chinensis Franch. var. **latus** H. L. Li in Bull. Torrey Bot. Club 70(6): 627, f. 12. 1943.——*S. caudatilimbus* C. Y. Wu et S. K. Chen（英 **Broadleaf Stachyurus**）

叶近圆形或卵形，长 6–7.5 cm，宽 5–6.5 cm，顶端短尾尖，尖长 5–8 mm，基部呈心形或微心形，边缘具粗锯齿。

分布与生境　产于河南、陕西、甘肃、浙江、安徽、江西、湖南、湖北、四川、贵州、福建。生于海拔1200–2000 m的山坡林下。

药用部位　茎髓。

功效应用　清热，利尿，下乳。用于尿路感染，热病，小便赤黄或尿闭，湿热癃淋，热病口渴，乳汁不下，风湿性关节痛。

注评　本种的茎髓在安徽、湖北等地作"小通草"药用，系"小通草"的类似品。

宽叶旌节花 Stachyurus chinensis Franch. var. **latus** H. L. Li
摄影：徐克学

8c. 短穗旌节花（变种）（云南植物研究）

Stachyurus chinensis Franch. var. **brachystachyus** C. Y. Wu et S. K. Chen Acta Bot. Yunnan 3(2): 132. 1981.——*S. brachystachyus* (C. Y. Wu et S. K. Chen) Y. C. Tang et Y. L. Cao（英 **Short-stachys Stachyurus**）

叶缘具密而细的锯齿，果密集，无梗，组成密穗状，顶端喙不明显，基部具宿存的花瓣及花丝。

分布与生境　产于四川、贵州、云南西北部、西藏东南部，生于海拔1200–3000 m的山坡林中。

药用部位　茎髓。

功效应用　解渴，通乳，利尿渗湿。用于尿道感染。

9. 西域旌节花（峨眉植物图志）　喜马山旌节花（中国高等植物图鉴），通条树（经济植物手册），空藤杆（四川中药志）

Stachyurus himalaicus Hook. f. et Thomson ex Benth. in J. Linn. Soc., Bot. 5: 55. 1861（英 **Himalay Stachyurus**）

落叶灌木或小乔木，高3–5 m；树皮平滑，棕色或深棕色。叶片坚纸质至薄革质，披针形至长圆状披针形，长8–13 cm，宽3.5–5.5 cm，先端渐尖至长渐尖，基部钝圆，边缘具细而密的锐锯齿，侧脉5–7对，两面均凸起，细脉网状；叶柄紫红色，长0.5–1.5 cm。穗状花序腋生，长5–13 cm，无总梗，通常下垂，基部无叶；花黄色，长约6 mm，几无梗；苞片1枚，三角形；小苞片2，宽卵形，顶端急尖，基部连合；萼片4枚，宽卵形，顶端钝；花瓣4枚，倒卵形；雄蕊8枚，通常短于花瓣；子房卵状长圆形，柱头头状。果实近球形，直径7–8 cm，具宿存花柱。花期3–4月，果期5–8月。

分布与生境　陕西、浙江、湖南、湖北、四川、贵州、台湾、广东、广西、云南、西藏等地。生于海拔400–3000 m的山坡阔叶林下或灌丛中。印度北部、尼泊尔、不丹及缅甸北部也有分布。

药用部位 茎髓、叶、根。

功效应用 茎髓：清热，利尿，下乳。用于小便不利，淋证，乳汁不下。叶：解毒，接骨。用于毒蛇咬伤，骨折。根：祛风通络，利湿退黄，活血通乳。用于风湿痹痛，黄疸型肝炎，跌打损伤，乳少。

化学成分 茎含多糖[1]。

枝叶含三萜类：旌节花酸▲(stachlic acid) A、B[2]、C[3]，阿江榄仁酸(arjunolic acid)，常春藤皂苷元(hederagenin)，3β,23-O-异亚丙基-3β,23-二羟基齐墩果-12-烯-28-酸 (3β,23-O-isopropylidenyl-3β,23-dihydroxyolean-12-en-28-oic acid)[3]；甾体类：旌节花甾醇(stachsterol)，β-蜕皮素 (β-ecdysone)，β-蜕皮素-20,22-单丙酮化物(β-ecdysone-20,22-monoacetonide)，水龙骨素B-20,22-单丙酮化物 (polypodine B-20,22-monoacetonide)[4]；黄酮类：蛇葡萄素(ampelopsin)，山柰酚(kaempferol)，槲皮素-3-O-β-D-6"-乙酰吡喃葡萄糖苷(quercetin-3-O-β-D-6"-acetylglucopyranoside)，山柰酚-3-O-β-D-6"-乙酰吡喃葡萄糖苷(kaempferol-3-O-β-D-6"-acetylglucopyranoside)，表儿茶素(epicatechin)，山柰酚-3-O-β-D-吡喃葡萄糖苷(kaempferol-3-O-β-D-glucopyranoside)，槲皮素-3-O-β-D-吡喃葡萄糖苷(quercetin-3-O-β-D-glucopyranoside)[5]。

西域旌节花 **Stachyurus himalaicus** Hook. f. et Thomson ex Benth.
引自《中国高等植物图鉴》

西域旌节花 **Stachyurus himalaicus** Hook. f. et Thomson ex Benth.
摄影：朱鑫鑫

花含酚酸及其酯类：没食子酸(gallic acid)，没食子酸乙酯(ethyl gallate)[6]；三萜类：齐墩果酸(oleanolic acid)[6]；黄酮类：2'-甲氧基白杨素(2'-methyoxychrysin)，汉黄芩素(wogonin)，木蝴蝶素A (oroxylin A)，4',5,7-三甲氧基-6-异氧黄酮(4',5,7-trimethoxy-6-methoxyflavone)[7]；木脂素类：松脂酚(pinoresinol)，禾草酮▲A (graminone A)[6]；蒽醌类：大黄素甲醚(physcion)[7]；长链脂肪族类：丁二酸(butanedioic acid)[6]，三十酸(tricontanoic acid)，三十酸甲酯(methyl tricontanoate)，二十六烷(hexacosane)，二十九烷(nonacosane)，三十醇(triacontanol)[8]；甾体类：胡萝卜苷，β-谷甾醇[6]。

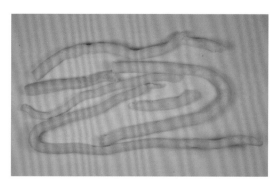

小通草 Stachyuri Medulla Helwingiae Medulla
摄影：钟国跃

注评　本种为中国药典（1977、1985、1990、1995、2000、2005、2010、2015年版）收载"小通草"的基源植物之一，药用其干燥茎髓。药典使用本种的中文异名喜马山旌节花。同属植物中国旌节花 Stachyurus chinensis Franch. 和山茱萸科植物青荚叶 Helwingia japonica (Thunb.) F. Dietr.，亦为"小通草"的基源植物。"小通草"药材商品及地方习用品情况，参见中国旌节花 Stachyurus chinensis Franch. 注评。本种的叶称"小通草叶"，根称"小通草根"，均可药用。苗族、仫佬族、瑶族、傈僳族也药用本种的茎髓、叶和根，主要用途见功效应用项。

化学成分参考文献

[1] 江海霞，等．中药材，2010, 33(3): 347-348.

[2] Yang JH, et al. *Helv Chim Acta*, 2006, 89(11): 2830-2835.

[3] Wang YS, et al. *Molecules*, 2010, 15: 2096-2102.

[4] Wang YS, et al. *Molecules*, 2007, 12(3): 536-542.

[5] Yang JH, et al. *Chem Nat Compd*, 2011, 47(1): 112-113.

[6] 彭芳芝，等．中草药，2004, 35(6): 618-619.

[7] 杨靖华，等．有机化学，2005, 25(增刊): 502.

[8] 彭芳芝，等．云南民族大学学报（自然科学版），2003, 12(4): 218-219.

西番莲科 PASSIFLORACEAE

草质或木质藤本，稀为灌木或小乔木。腋生卷须卷曲。单叶，稀复叶，互生或近对生，全缘或分裂，具柄，常有腺体，通常具托叶。聚伞花序腋生，有时退化为 1-2 花；通常有苞片 1-3 枚；花辐射对称，两性、单性、罕有杂性；萼片 5 枚，偶有 3-8 枚；花瓣 5 枚，稀 3-8 枚，罕有不存在；外副花冠与内副花冠型式多样，有时不存在；雄蕊 4-5 枚，偶有 4-8 枚或不定数；花药 2 室，纵裂；心皮 3-5 枚，子房上位，通常着生于雌雄蕊柄上，1 室，侧膜胎座，具少数或多数倒生胚珠，花柱与心皮同数，柱头头状或肾形。果为浆果或蒴果，不开裂或室背开裂。种子数颗，种皮具网状小窝点。

约有 16 属 500 余种，主产于世界热带和亚热带地区。我国有 2 属 24 种，其中 2 属 18 种 1 变种可药用。

本科药用植物所含化学成分主要为黄酮类，生物碱类，萜类和氰苷类等。

分属检索表

1. 花大形，副花冠高度发育；浆果 ··· 1. 西番莲属 Passiflora
1. 花小形，内副花冠不存在，外副花冠有时退化为 5 个附属物；蒴果 ······················· 2. 蒴莲属 Adenia

1. 西番莲属 Passiflora L.

草质或木质藤本，罕灌木或小乔木。单叶，全缘或分裂，叶下面和叶柄通常有腺体。聚伞花序腋生，有时退化为 1-2 花，成对生于卷须的两侧或单生于卷须和叶柄之间，偶有复伞房状；花序梗有关节，具 1-3 枚苞片，有时成总苞状；花两性；萼片 5 枚，常成花瓣状，有时在外面顶端具 1 角状附属器；花瓣 5 枚，有时不存在；外副花冠常由 1 至数轮丝状、鳞片状或杯状体组成；内副花冠膜质，扁平或褶状、全缘或流苏状，有时呈雄蕊状，其内或下部有时具有蜜腺环；在雌雄蕊柄基部或围绕子房基部有时具花盘；雄蕊 5 (8) 枚，生于雌雄蕊柄上，花丝分离或基部连合，花药线形至长圆形，2 室；花柱 3 (-4)，柱头头状或肾状；子房 1 室，胚珠多数，侧膜胎座。果为肉质浆果，卵球形、椭圆球形至球形，含种子数颗。种子扁平，长圆形至三角状椭圆形，种皮具网状小窝点。

约有 400 余种，90% 的种类产于美洲热带地区，其余种类多数产于亚洲热带地区。我国有 19 种 2 变种（包括引种栽培种），分布于南部和西南部，其中 15 种 1 变种可药用。

分种检索表

1. 叶全缘。
  2. 聚伞花序具有多花或在卷须两侧仅生 2 花；外副花冠裂片 1-2 轮。
    3. 叶下面具 2-8 枚腺体。
      4. 叶线状披针形、宽披针形至卵状椭圆形；聚伞花序有 2-15 朵花。
        5. 叶膜质，螺旋状排列，两面无毛 ························ 1. 长叶蛇王藤 P. tonkinensis
        5. 叶革质，叶螺旋状排列或近对生，上面被白色稀疏柔毛，下面被白色短绒毛 ·· 2. 蛇王藤 P. moluccana var. teysmanniana

　　4. 叶近圆形至扁圆形；聚伞花序有 2–6 朵 ·· 3. 圆叶西番莲 **P. henryi**

　　3. 叶披针形、下面无腺体；叶柄近中部具 2 枚细小盘状腺体；聚伞花序有 1–2 朵花 ························
　　··· 4. 广东西番莲 **P. kwangtungensis**

　2. 聚伞花序退化仅存 1 花；外副花冠裂片 5–6 轮。

　　6. 茎四棱形，无毛；叶宽卵形或近圆形；托叶大，叶状，长 2–4 cm；叶柄具有 4–6 枚腺体；浆果特大、卵形，长 20–25 cm ··· 5. 大果西番莲 **P. quadrangularis**

　　6. 茎圆柱形，叶卵状长圆形；托叶线状；叶柄具 2 枚腺体；浆果较小，球形，长 5–6 cm ···············
　　··· 6. 樟叶西番莲 **P. laurifolia**

1. 叶顶端 2–3 裂或掌状 5 裂。

　7. 外副花冠裂片 1–2 轮；聚伞花序 2–20 朵花。

　　8. 叶下面无腺体。

　　　9. 花无花瓣；外副花冠裂片 1 轮；无花盘；叶 3 浅裂，边缘无腺毛；叶柄具有 2 个头状腺体 ·············
　　　··· 7. 细柱西番莲 **P. gracilis**

　　　9. 花具花瓣；外副花冠裂片 1–2 轮；具花盘；叶顶端裂成横向菱形，裂片披针形 ·······················
　　　··· 8. 菱叶西番莲 **P. rhombiformis**

　　8. 叶下面有 2–25 枚腺体，顶端 2–3 裂。

　　　10. 叶 2 裂。

　　　　11. 叶裂片顶端钝，下面具有 6–25 枚腺体；花萼被毛，外面近顶端具有 1 角状附属器 ···················
　　　　··· 9. 杯叶西番莲 **P. cupiformis**

　　　　11. 叶裂片顶端急尖或钝尖，下面具有 2–8 枚腺体；花萼外面顶端无角状附属器。

　　　　　12. 聚伞花序有 5–20 朵花；叶基部截形，裂片长卵圆形，网脉平行横出；浆果球形，直径 1–1.2 cm，不具白色脉纹 ·· 10. 蝴蝶藤 **P. papilio**

　　　　　12. 聚伞花序有 2–6 朵花；叶基部圆形，裂片披针形，网脉不平行横出；浆果球形，具白色脉纹
　　　　　··· 11. 月叶西番莲 **P. altebilobata**

　　　10. 叶顶端截形，呈三尖头状。

　　　　13. 植株明显被毛；萼片外面淡红色，外副花冠裂片 2 轮，花丝基部合生；叶下面密被淡棕色柔毛，近顶部有 2–4 枚腺体，叶柄基部具 2 枚腺体 ······························ 12. 山峰西番莲 **P. jugorum**

　　　　13. 植株无毛或近无毛；花丝通常分离 ································· 13. 镰叶西番莲 **P. wilsonii**

　7. 外副花冠裂片 2–6 轮；聚伞花序退化仅存 1 花。

　　14. 叶 3 裂。

　　　15. 叶 3 浅裂；花直径 2–3 cm；苞片羽状细裂；裂片顶端具头状细毛；叶柄无腺体 ····················
　　　··· 14. 龙珠果 **P. foetida**

　　　15. 叶 3 深裂，叶裂片具细齿，叶柄近顶端具 2 枚腺体；外副花冠裂片 4–5 轮 ······ 15. 鸡蛋果 **P. edulis**

　　14. 叶掌状 5 裂，裂片全缘；叶柄具 2–4 (–6) 枚腺体；托叶大、肾形、抱茎 ············ 16. 西番莲 **P. caerulea**

　　　本属药用植物含有黄酮、生物碱、单萜、三萜及其皂苷、氰苷和挥发油等类型成分。黄酮类化合物中，尤其是芹菜苷元 (apigenin) 和木犀草素 (luteolin) 的碳苷衍生物。另外还有多种花青素苷，槲皮素 (quercetin)，山奈酚 (kaempferol) 等。

　　　三萜类化合物如环木菠萝烷 (cycloartane) 型的环西番莲酸 (cyclopassifloic acid) A (**1**)、B (**2**)、C (**3**)、D (**4**)、E (**5**)、F (**6**)、G (**7**) 及其皂苷环西番莲苷 (cyclopassifloside) Ⅰ、Ⅱ、Ⅲ、Ⅳ、Ⅴ、Ⅵ、Ⅶ (**8**)、Ⅷ (**9**)、Ⅸ (**10**)、Ⅹ (**11**)、Ⅺ (**12**)、Ⅻ、ⅩⅢ 等。

1: R$_1$=a-OH, R$_2$=H
2: R$_1$=H, R$_2$=H
3: R$_1$=H, R$_2$=a-OH

4

5: R$_1$=H, R$_2$=b-OH, R$_3$=OH, R$_4$=H
6: R$_1$=H, R$_2$=b-OH, R$_3$=H, R$_4$=H
7: R$_1$=H, R$_2$=a-OH, R$_3$=H, R$_4$=H
8: R$_1$=glc, R$_2$=b-OH, R$_3$=OH, R$_4$=H
9: R$_1$=glc, R$_2$=b-OH, R$_3$=H, R$_4$=H
10: R$_1$=glc, R$_2$=b-OH, R$_3$=H, R$_4$=glc
11: R$_1$=glc, R$_2$=a-OH, R$_3$=H, R$_4$=H
12: R$_1$=glc, R$_2$=a-OH, R$_3$=H, R$_4$=glc

　　本属植物在叶和果实的不同生长阶段有不同程度的毒性，生氰类化合物是其毒性成分。研究发现，果用西番莲中存在的主要的生氰类化合物有野樱苷 (prunasin，**13**)、苦杏仁苷 (amygdalin，**14**)、*R*- 扁桃腈芸香糖苷 (*R*-mandelonitrile-rutinoside，**15**)、*β-D-* 吡喃阿洛糖氧基 *-O-*2- 苯基乙腈 (*β-D-*allopyranosyloxy-2-phenylacetonitrile，**16**) 等。

13: R$_1$=CN, R$_2$=H, R$_3$=OH
14: R$_1$=H, R$_2$=a-CN, R$_3$=OH
15: R$_1$=H, R$_2$=a-CN, R$_3$=O-rha
16: R$_1$=H, R$_2$=b-CN, R$_3$=O-glc

　　西番莲果又名百香果，含有芳香成分。目前已知西番莲果实中含有超过 165 种香味物质，是世界上已知最芳香的水果之一，几乎涵盖了热带、亚热带大部分水果的香型。果用西番莲的香味化学成分有很多都含硫，这是热带水果的香味物质的一大特点。

　　本属植物的花和果穗中还含有儿茶酚 (catechol)、没食子酸 (gallic acid) 等成分。

　　本属植物提取物具有抗焦虑及镇定作用，但存在一定的副作用；枝叶提取物具有抗炎、止咳作用；多酚在体内和体外实验中都表现出抗氧化活性；同时该属植物还具有抗肿瘤作用。未成熟的西番莲果实有毒。该属植物对肝胆和胰腺可产生毒性。适当剂量的西番莲属植物提取物可以起到抗痉挛、麻醉的作用，过量可导致痉挛甚至瘫痪。该属植物在某些人群中可能会导致胎儿畸形。另外，理论上西番莲全草与具有香豆素成分或能影响血小板聚集的草药合用，在一些人群中可能增加出血危险。

1. 长叶蛇王藤（中国植物志）

Passiflora tonkinensis W. J. de Wilde in Blumea. 20: 241. 1973.——*Passiflora moluccana* Reinw. ex Blume var. *glaberrima* (Gagnep.) W. J. de Wilde（英 **Tonkin Granadilla**，**Tokin Passionflower**）

　　草质藤本，长达 6 m。茎圆柱形，无毛。叶螺旋状排列，基部以上 2–8 mm 处具 2 个圆盘状腺体；叶片披针形或椭圆形至长圆形，长 6–10 cm，宽 2.5–4 cm，膜质，片状蜜腺 4–6，基部近心形，顶部锐尖。花序腋生，1 或 2 花，苞片线形；花白色，直径 3–4.5 cm；花萼绿色，无毛；外副花冠 2 轮丝状；外轮 1–1.6 cm，基部黄色，顶端紫色；内轮顶端头状；内副花冠褶状高 1.5–2 mm，绿色膜质；花盘紫黄色，高约 0.5 mm；雌雄蕊柄长 5–10 mm；雄蕊 (5) 6–8 枚，花丝 6–10 mm，包围子房；子房近无柄，椭圆球形，无毛，花柱 (3) 4 或 5。果实成熟时蓝色，直径 1.5–2.5 cm。

分布与生境 产于云南东南部（河口）。生于海拔 100–200 m 的山谷灌丛。老挝、越南也有分布。

药用部位 全株。

功效应用 清热解毒。用于疥疮。

长叶蛇王藤 Passiflora tonkinensis W. J. de Wilde
引自《云南植物志》

2. 蛇王藤（中国中药资源志要） 两眼蛇，蛇眼藤，山水瓜，黄豆树（广东），海南西番莲（经济植物手册）

Passiflora moluccana Reinw. ex Blume var. **teysmanniana** (Miq.) W. J. de Wilde in Blumea 20(1): 239. 1972.——*Passiflora cochinchinensis* Spreng., *Passiflora hainanensis* Hance（ 英 **Teysmannia Granadilla，Teysmannia Passionflower** ）

草质藤本，长达 6 m。茎具条纹并被有散生疏柔毛。叶革质，披针形至长椭圆形，长 6–10 cm，宽 2.5–4 (–6) cm，先端钝尖或圆形，基部心形，下面密被短绒毛，具 4–6 枚腺体；叶片基部往下 2–8 mm 处具有 2 枚腺体。聚伞花序近无梗，单生于卷须与叶柄之间，有 2–12 朵花；苞片线形；花梗长 5–25 mm，被毛；花白色，直径 2.5–3.5 mm；萼片 5 枚，被柔毛，外面顶端无角状附属器；花瓣 5 枚，长 1.2–1.6 cm；外副花冠裂片 2 轮，丝状，内副花冠褶状，高 1.5–2 mm；花盘高 0.5 mm；雄蕊 5 枚，花丝长 6–10 mm，扁平、分离，花药长圆形；子房近无柄，椭圆球形，密被柔毛，花柱 3 枚，反折。浆果球形，直径 1–2 cm，近无毛。

分布与生境 产于广西、广东、海南。生于海拔 100–1000 m 的山谷灌木丛中。老挝、越南、马来西亚均有分布。

药用部位 全株。

功效应用 清热解毒，消肿止痛。用于毒蛇咬伤，胃及十二指肠溃疡。外用于瘰疬，疮痈。

蛇王藤 Passiflora moluccana Reinw. ex Blume var.
teysmanniana (Miq.) W. J. de Wilde
引自《中国高等植物图鉴》

蛇王藤 **Passiflora moluccana** Reinw. ex Blume var. **teysmanniana** (Miq.) W. J. de Wilde
摄影：徐晔春

化学成分 全株含黄酮类：柚皮苷(natingin)，芹菜苷元-7-*O*-吡喃葡萄糖苷(apigenin-7-*O*-glucopyranoside)[1]；机酸类：琥珀酸(succinic acid)，苹果酸(malic acid)，柠檬酸(citric acid)，酒石酸(tartaric acid)[1]。

化学成分参考文献

[1] 马郁琪，等 . 中草药，1982, 13(5): 123.

3. 圆叶西番莲（云南植物志） 螃蟹眼睛草（中国中药资源志要），老鼠铃（全国中草药汇编），燕子尾（云南），闹蛆叶（云南）

Passiflora henryi Hemsl. in Hooker's Icon. Pl. 27: t. 2623.（英 **Roundleaf Granadilla，Roundleaf Passionflower**）

草质藤本，长 2–3 m。茎幼时被毛，老时渐变无毛。叶坚纸质，近圆形至扁圆形，(3.5–5.5) × (3–6) cm，先端通常圆钝截形，有时略急尖，基部圆形或近心形，全缘，下面被白粉，具 2–4 (–6) 腺体；叶柄长 1.5–4 cm，近顶端具 1 对腺体。花序腋生，成对地生于卷须两侧，被毛，有 2–6 朵花；花苞绿色；萼片 5 枚，外面无角状附属器，被微毛；花瓣长 7–8 mm；外副花冠裂片 2 轮，丝状；内副花冠褶状，长 1–2 mm，花盘高约 0.3 mm；雄蕊 5 枚，花丝长 4–5 mm，分离；子房近球形，无柄，被白色柔毛；花柱 3 枚，伸展或向下弯曲。浆果球形，成熟后为紫黑色。种子近圆形，顶端具尖头。花期 6 月，果期 10 月。

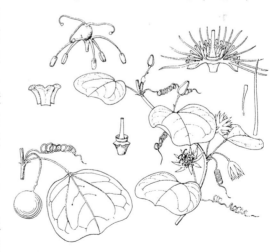

圆叶西番莲 **Passiflora henryi** Hemsl.
李锡畴 绘

分布与生境 产于云南（通海、石屏、建水、开远、元江、绿春、屏边）。生于海拔 450–1600 m 的山坡、沟谷灌丛中。

药用部位 全株、块根。

功效应用 全草：补肺益气，清热解毒，活血通经，消毒杀虫。用于痢疾，肺结核，支气管炎，月经不调，并用于杀蛆，孑孓。块根：用于疮疖，痢疾。

注评 本种的全株称"锅铲叶"，彝族、哈尼族药用治疗肺结核，精神病，肾炎，膀胱炎，脱肛，疝气等症。

4. 广东西番莲（广西植物名录）散痈草（广西）

Passiflora kwangtungensis Merr. in Lingn. Soc. J. 13: 38. 1934.（英 **Guangdong Granadilla，Guangdong Passionflower**）

草质藤本，长约 5-6 m。茎纤细，无毛，具细条纹。叶膜质，互生，披针形至长圆状披针形，(6-13) × [2-4 (-6)] cm，先端长渐尖，基部心形，全缘，下面下部被不明显的短柔毛，无腺体，基生三出脉，侧脉内弯，网脉疏散而不显著；叶柄上部或近中部具 2 个盘状小腺体。花序无梗，成对生于纤细卷须的两侧，有 1-2 朵花；花小形，白色，直径达 1.5-2 cm；萼片 5 枚，膜质，窄长圆形，外面顶端不具角状附属器；花瓣 5 枚，与萼片近似，等大；外副花冠裂片 1 轮，丝状，内副花冠褶状，有花盘；雄蕊 5 枚。浆果球形，直径 1-1.5 cm，无毛；种子多数，椭圆形，扁平，顶端具小尖头。花期 3-5 月，果期 6-7 月。

分布与生境　产于广东北部、广西东北部、江西东南部。生于海拔 650 m 的林边灌丛中。

药用部位　全草。

功效应用　清热解毒，消肿除湿。用于痈疮肿毒，湿疹。

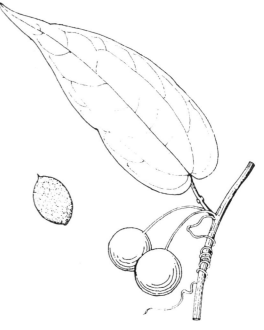

广东西番莲 Passiflora kwangtungensis Merr.
李锡畴　绘

广东西番莲 Passiflora kwangtungensis Merr.
摄影：喻勋林 徐晔春

5. 大果西番莲（经济植物手册）日本瓜（海南植物志），大转心莲、大西番莲（广西植物名录）

Passiflora quadrangularis L., Syst. Nat. ed. 10, 2: 1248. 1758.（英 **Giant Granadilla**）

粗状草质藤本，长 10-15 m，无毛；幼茎四棱形，常具窄翅。叶膜质，宽卵形至近圆形，(7-13) × (5-15) cm，基部圆形，全缘，无毛，侧脉 8-12 对，网脉疏散，明显可见；叶柄具 4-6 枚杯状腺体；托叶大形，长 2-4 cm，卵状披针形，边缘具细齿。花序退化仅存 1 花；花梗三棱形，中部具关节；苞片叶状，卵形，顶端急尖，基部心形；花大，直径 6-8 (10) cm，淡红色；萼片 5 枚，卵形至卵状长圆形，外面绿色，被疏毛，内面玫瑰红色；花瓣 5 枚，淡红色，长圆形或长圆状披针形；外副花冠裂片 5 轮，丝状；内副花冠膜质；具花盘，杯状；雄蕊 5 枚，分离。浆果卵球形，长 20-25 cm，肉质，熟时红黄色。种子多数，近圆形。花期 2–8 月。

分布与生境　栽培于广东、海南、广西。原产于美洲热带。现广植于热带地区。

药用部位　叶、果实、种子、全草。

大果西番莲 **Passiflora quadrangularis** L.
摄影：黄健 陈又生

功效应用　叶：驱虫。果实：可食，台湾用于清热解毒，镇痛安神。种子：强心，通经，发汗。全草：麻醉。泥敷剂作润滑药。

化学成分　藤含氰苷类：(7*S*)-苯基氰甲基-1'-*O*-α-L-吡喃鼠李糖基-(1 → 6)-β-D-吡喃葡萄糖苷[(7*S*)-phenylcyanomethyl-1'-*O*-α-L-rhamnopyranosyl-(1 → 6)-β-D-glucopyranoside]，(7*R*)-苯基氰甲基-1'-*O*-α-L-吡喃鼠李糖基-(1 → 6)-β-D-吡喃葡萄糖苷[(7*R*)-phenylcyanomethyl-1'-*O*-α-L-rhamnopyranosyl-(1 → 6)-β-D-glucopyranoside][1]。

果含单萜类：(2*E*)-2,6-二甲基-2,5-庚二烯酸[(2*E*)-2,6-dimethyl-2,5-heptadienoic acid]，(2*E*)-2,6-二甲基-2,5-庚二烯酸-β-D-吡喃葡萄糖酯[(2*E*)-2,6-dimethyl-2,5-heptadienoic acid-β-D-glucopyranosyl ester]，(5*E*)-2,6-二甲基-5,7-辛二烯-2,3-二醇[(5*E*)-2,6-dimethyl-5,7-octadiene-2,3-diol]，(3*E*)-3,7-二甲基-3-辛烯-1,2,6,7-四醇[(3*E*)-3,7-dimethyl-3-octene-1,2,6,7-tetrol]，2,5-二甲基-4-羟基-3(2*H*)-呋喃酮基-β-D-吡喃葡萄糖苷[2,5-dimethyl-4-hydroxy-3(2*H*)-furanone-β-D-glucopyranoside][2]；挥发油：(5*E*)-2,6-二甲基-5,7-辛二烯-2,3-二醇，(2*E*)-2,6-二甲基-2,5-庚二烯酸[(2*E*)-2,6-dimethyl-2,5-heptadienoic acid]，苯甲酸(benzoic acid)，呋喃酮醇(furaneol)，苄醇(benzyl alcohol)，2,6-二甲基-5-庚烯-1-醇(2,6-dimethyl-5-hepten-1-ol)，二甲基庚二烯酸(dimethylheptadienoic acid)，2,6-二甲基庚烯醇(2,6-dimethylheptenol)[3]。

化学成分参考文献

[1] Saeki D, et al. *Nat Prod Commun*, 2011, 6(8): 1091-1094.

[2] Osorio C, et al. *Phytochemistry*, 2000, 53(1): 97-101.

[3] Osorio, Coralia; *J Sep Sci*, 2002, 25(3): 147-154.

6. 樟叶西番莲（广州植物志）　水柠檬（经济植物手册）

Passiflora laurifolia L., Sp. Pl. 2: 956, 1753.（英 **Cinnamonleaf Passionflower**）

草质藤本，茎圆柱形，具纵条纹。叶革质，卵状长圆形，先端具小尖头，基部圆形或近心形，全缘，叶脉羽状，侧脉 8–10 对；叶柄圆柱形，被疏柔毛，靠近叶的基部有 2 个腺体；托叶线形。花序退化仅存 1 花；总苞片由 3 枚苞片组成，卵形，长 2–3 cm，先端钝尖，基部楔形，边缘有锯齿，齿尖有 1 腺体；花白色，带有红斑，直径 5–7 cm；萼片 5 枚，卵状长圆形，背部近顶端具 1 角状附属器并被小柔毛；花瓣 5 枚，近似萼片，外副花冠裂片 6 轮，紫色带有白色条纹；内副花冠膜质，顶端有齿；具花盘；雄蕊 5 枚；子房卵球形，被稀疏柔毛。浆果卵球形，柠檬色或橙色，具 3 条纵沟，果肉白色。种子多数，倒心形。花期 6 月。

分布与生境　栽培于广东（广州）。原产于美洲南部。热带地区常见栽培。

药用部位　叶、种子。

功效应用　叶：止痒，驱虫。种子：强心，催眠，通经，发汗。

化学成分　果实含酰胺类：D-泛酸(D-pantothenic acid)[1]。

化学成分参考文献

[1] Asenjo CF, et al. *Food Res*, 1955, 20: 47-54.

7. 细柱西番莲（云南植物志）

Passiflora gracilis J. Jacq. ex Link, Enum. Pl. 2: 182. 1822.（英 **Crincle Passionflower, Slender Passion-flower**）

一年生草质藤本，长 3–4 m；茎细弱，四棱形，有纵条纹及白色糙伏毛。叶 3 浅裂，先端圆钝，基部心形，边缘有少数小尖齿，叶下面灰绿色，微被稀疏长柔毛；裂片卵形；叶柄长达 7 cm，被白色糙伏毛，从叶基部往下 1 cm 有 2 个头状腺体。花无苞片，单生或成对生于叶腋内，直径达 2.5 cm，苍绿色或白色；萼片 5 枚，有紫红色斑纹，长 6–8 mm，长圆形或披针形、密被短硬毛，在外面顶端具 1 枚细小的角状附属器，无花瓣；外副花冠裂片 1 轮，丝状；内副花冠褶状；无花盘；雄蕊 5 枚，花丝扁平，分离；子房近球形，密被白色柔毛；花柱 3 枚，近丝状，柱头近头状。浆果近球形，直径 1–1.5 cm，成熟时紫黑色。花期 6–7 月。果期 10 月。

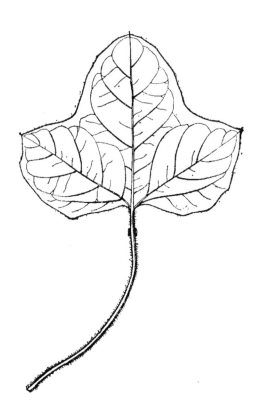

细柱西番莲 Passiflora gracilis J. Jacq. ex Link
引自《云南植物志》

细柱西番莲 Passiflora gracilis J. Jacq. ex Link
摄影：陈彬

分布与生境 原产于南美洲北部。栽培于云南西双版纳或逸生于附近地区。

药用部位 全草。

功效应用 祛风除湿，活血止痛，戒烟。云南用作戒烟药。

8. 菱叶西番莲（植物分类学报）

Passiflora rhombiformis S. Y. Bao in Acta Phytotax. Sin. 22 (L.): 60, t. l. 1984.（英 **Rhombiform Passionflower**）

多年生草质藤本，茎纤细，无毛，具条纹。叶膜质，先端 2 裂成横向菱形，基部圆形或近心形，全缘，侧脉 2-3 对，网脉纤细，无毛，无腺体；叶柄中部以上有 2 枚小腺体。聚伞花序有 2-3 朵花；花梗纤细，长 1.5-2 cm，无毛；花淡黄色，直径 2-2.5 cm；萼片 5 枚，长圆形，外面顶端无角状附属器，无毛；花瓣 5 枚，倒披针形，长 1-1.2 cm，外副花冠 1 轮，裂片圆柱形，纤细，顶端近头状，内副花冠直立，褶状；雄蕊 5 枚，花丝扁平，花药长圆形；子房椭圆球形，无毛，花柱 3 枚，反折。果未见。花期 4 月。

分布与生境 产于贵州。生于海拔 1340 m 的山坡密林中。

药用部位 全草。

功效应用 清热解毒，消肿止痛。用于疮疡肿毒，湿疹，无名肿毒。

9. 杯叶西番莲（云南植物志） 燕尾草、羊蹄暗消、蝴蝶暗消、马蹄暗消（云南）、飞蛾草、半边风（贵州），羊蹄草、半截叶、四方台（广西）、金剪刀（四川）

Passiflora cupiformis Mast. in Hook. Icon. Pl. 18: t. 1768. 1888.（英 **Cupleaf Passionflower, Cup-leaved Passionflower**）

藤本，长达 6 m。叶坚纸质，先端截形至 2 裂，基部圆形至心形，上面无毛，下面被稀疏粗伏毛并具有 6-25 枚腺体，裂片先端圆形或近钝尖；叶柄被疏毛，近基部具 2 个盘状腺体。花序近无梗，有 5 至多朵花，被棕色毛；花白色，直径 1.5-2 cm；萼片 5 枚，外面顶端通常具 1 枚腺体或长达 1 mm 的角状附属器，被毛；花瓣长 7-8.5 mm；外副花冠裂片 2 轮，丝状；内副花冠褶状；具花盘；雄蕊 5 枚，花丝分离，长 4.5-6 mm，花药长圆形，长 2.5 mm；子房近卵球形，无柄，无毛；花柱 3 枚，分离。浆果球形，直径 1-1.6 cm，熟时紫色，无毛。种子多数，三角状椭圆形。花期 4 月，果期 9 月。

分布与生境 分布于湖北（巴东）、广东、广西、四川、云南。生于海拔 1700-2000 m 的山坡、路边草丛和沟谷灌丛中。越南有分布。

药用部位 全草、藤或根。

功效应用 止血解毒，养心安神，祛风除湿，活络镇痛。用于跌打损伤，外伤出血，蛇咬伤，疮疖，鹤膝风，风湿痹痛，风湿性心脏病，血尿，白浊，偏瘫，痧气，腹胀痛。

注评 本种根及茎叶称"对叉疗药"，贵州、云南等地药用。拉祜族药用其根，主要用途见功效应用项。仫佬族药用其全草治疗小儿腹泻。

杯叶西番莲 Passiflora cupiformis Mast.
李锡畴 绘

杯叶西番莲 **Passiflora cupiformis** Mast.
摄影：何顺志 朱鑫鑫

10. 蝴蝶藤（广西植物名录） 羊角断、半边草（广西）

Passiflora papilio H. L. Li in J. Arn. Arb. 24: 447. 1943.（英 **Butterfly Passonflower**）

草质藤本，茎细弱，具条纹。叶革质，长 2.5–3.5 cm，宽 6–10 cm，上面橄榄绿色，光滑，下面微被白粉并密被细短柔毛，有 6–8 个腺体，基部截形或近圆形，顶端叉状 2 裂；裂片卵形；侧脉 2–3 对，网脉平行横出；叶柄被稀疏短柔毛，近基部具 2 个杯状腺体。花序近无柄，有 5–8 朵花，被棕色柔毛；花黄绿色，直径达 1.5–2 cm；萼片 5 枚，被柔毛；花瓣与萼片近似；外副花冠裂片 2 轮，线状；内副花冠褶状，具花盘；雄蕊 5 枚，花丝分离；子房卵球形，无毛；花柱 3 枚，长约 2.5 mm，分离。浆果球形，直径约 1–1.2 cm；果梗纤细，长约 1 cm，中部具关节。种子多数，暗棕色，顶端具尖头。花期 4–5 月，果期 6–7 月。

分布与生境 产于广西西南部。生于海拔 450 m 的山坡杂木林中。

药用部位 全草。

功效应用 散瘀，止痛，止血，调经。用于呕血，便血，产后流血不止，功能性子宫出血，胃痛，风湿性关节炎，毒蛇咬伤。

注评 本种的全草称"蝴蝶藤"，广东地区药用。壮族和仫佬族药用其全草治疗腹痛呕吐、小儿急惊风、小儿疳积。

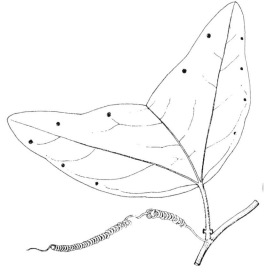

蝴蝶藤 **Passiflora papilio** H. L. Li
李锡畴 绘

蝴蝶藤 **Passiflora papilio** H. L. Li
摄影：黄健 朱仁斌

11. 月叶西番莲（云南植物志） 蝴蝶暗消、藤子暗消、苦胆七、燕子尾（全国中草药汇编）

Passiflora altebilobata Hemsl. in Kew Bull. 1908: 17. 1908.（英 **Altebilobate Passonflower**）

草质藤本，长约 2 m，茎具条纹，幼枝被稀疏白色平展柔毛。叶纸质，长 3.5–6 cm，宽 2.5–4.5 cm，先端深 2 裂，基部圆形，下面近顶端具有 4 个小腺体；叶柄长 1.5–25 cm，从基部往上 1/3–1/2 处具有 2 个腺体。花序近无梗，有 2–6 朵花；花梗长 1–5 mm，疏被白色柔毛；花白色，直径 7–10 mm；萼片 5 枚，长 5–7 mm，被毛；花瓣 5 枚，长 3–6 mm；外副花冠裂片 2 轮，丝状；内副花冠褶状，具花盘；雄蕊 5 枚；子房卵状椭圆球形，无柄，长 1.5 mm，无毛；花柱 3 枚，分离，长 2.5–3 mm。浆果球形，直径 1–1.5 cm，光滑，具白色脉纹。种子多数，近圆形，扁平，长约 3 mm，棕黄色。花期 4–5 月。

分布与生境 产于云南南部（普洱、西双版纳）。生于海拔 600–1500 m 的山谷，疏林中。

药用部位 根、茎、叶。

功效应用 健胃，理气，除湿。用于腹痛，腹胀，腹泻，跌打损伤，风湿性关节痛，肝炎，毒蛇咬伤。

月叶西番莲 **Passiflora altebilobata** Hemsl.
李锡畴 绘

注评 本种的根状茎 及叶称"羊蹄暗消"，云南地区药用。佤族、拉祜族药用其根，主要用途见功效应用项。

月叶西番莲 Passiflora altebilobata Hemsl.
摄影：莫训强

12. 山峰西番莲（中国植物志） 石山南星、燕子尾（云南）

Passiflora jugorum W. W. Sm. in Not. Bot. Gard. Edinb. 9: 115. 1916.（英 **Jugore Passonflower**）

  木质藤本，长达 8 m；茎圆柱形，被稀疏白色柔毛，有条纹。叶坚纸质，长 3–11 cm，宽 3–10 cm，先端截形，略成三尖头状或 2 浅裂，基部宽圆形至心形，下面及叶柄被淡棕色柔毛，近顶部具 2–4 枚小腺体，裂片三角形；叶柄从基部往上约 1/3 处具 2 枚腺体。聚伞状伞房花序，花 5–15 朵，被灰白色或棕色柔毛；花白色，直径 3–4 cm；花梗被疏柔毛；萼片 5 枚，外面淡紫色，无毛；外副花冠裂片 2 轮，丝状，内副花冠褶状，具花盘；雄蕊 5 枚，花丝基部合生；子房椭圆球形，无毛；花柱 3 枚，分离。浆果近球形至椭圆球形，长 3.5–4.5 cm，被蜡粉，无毛。种子多数，长圆形，扁平，淡黄色。花期 3–4 月，果期 5–7 月。

分布与生境 产于云南西南部和东南部。生于海拔 1000–1800 m 的湿润疏林或杂木灌丛中。缅甸（克钦邦、八莫）亦有分布。

药用部位 茎藤、根。

功效应用 茎藤：补肾壮阳，健脾祛湿，调经止痛。用于阳痿早泄，食欲不振，风湿腰痛，月经不调，妇科杂症。根：健胃，消食，止痛，清热。用于消化不良，胃脘痛。

注评 本种为云南中药材标准（1974、1996 年版）收载"锅铲藤"的基源植物之一，药用其干燥茎。同属植物镰叶西番莲 Passiflora wilsonii Hemsl. 亦为基源植物，与本种同等药用。德昂族、景颇族也药用本种藤茎或根，主要用途见功效应用项。

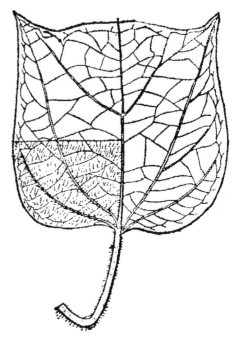

山峰西番莲 Passiflora jugorum W. W. Sm.
引自《云南植物志》

13. 镰叶西番莲（云南植物志） 锅铲叶，半截叶，半节观音，金边莲（云南）

Passiflora wilsonii Hemsl. in Kew Bull. 1908: 17. 1908.（英 **Sickleleaf Passionflower**）

草质藤本，长 6–10 m；茎被稀疏柔毛。叶纸质，长 4–11 cm，宽 (3.5–) 6–13 cm，先端截形，三尖头状或微呈 2–3 裂，基部宽圆形至近心形，无毛，下面靠上部有 4 个腺体，裂片锐尖；叶柄长 2–2.5 cm，从基部往上 1/5–1/3 处具有 2 个腺体。花序近无柄，在卷须两侧对生，有 2–15 朵花，无毛或微被疏柔毛；花白色，直径 2–2.5 cm；萼片 5 枚，无毛；外副花冠裂片 1 轮，丝状，内副花冠褶状，具花盘；雄蕊 5 枚，花丝分离；子房椭圆球形，无柄，无毛；花柱 3 枚，分离。浆果近球形，直径 2.5–3 cm，无毛，初被白粉，熟时紫黑色。种子多数，椭圆形，暗黄色，顶端具尖头。果期 7 月。

分布与生境 产于云南西南部（镇康）、南部（普洱）、东南部（金平、屏边、西畴、麻栗坡），西藏（墨脱）。生于海拔 1300–2500 m 的山坡灌丛中。缅甸（掸邦）、泰国、老挝和越南均有分布。

药用部位 全草。

功效应用 舒筋通络，散瘀活血，止咳化痰，驱虫。用于风湿骨痛，跌打损伤，疟疾，肝炎，蛔虫病。外用于骨折。

化学成分 根含甾体类：西番莲甾酮▲(passionsterone)，24*R*-乙基-5α-胆甾-3β,6α-二醇(24*R*-ethyl-5α-cholestane-3β,6α-diol)[1]。

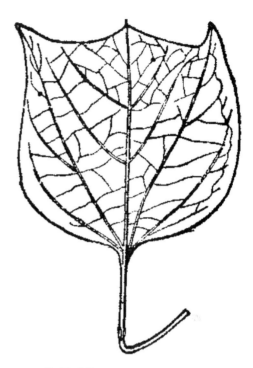

镰叶西番莲 Passiflora wilsonii Hemsl.
引自《云南植物志》

镰叶西番莲 Passiflora wilsonii Hemsl.
摄影：朱鑫鑫 林秦文

藤茎含三萜类：4-氧代-3,4-降无羁萜-2-酸[4-oxo-3,4-seco-A(1)-norfriedelan-2-oic acid]，2-羟基-3,4-裂环-无羁萜-3-酸乙酯(2-hydroxyl-3,4-seco-friedelan-3-oic acid ethyl ester)[2]，粉蕊黄杨二醇(pachysandiol)，无羁萜(friedelin)，欧洲桤木-5-烯-3β-醇(glut-5-en-3β-ol)，山楂酸(maslinic acid)[3]；甾体类：谷甾-4-烯-3-酮(sitost-4-en-3-one)[2]，麦角甾表二氧化物(ergosterol epidioxide)[3]；有机酸类：3-(2,4-二羟基苯基)-2-丙烯酸[3-(2,4-dihydroxyphenyl)-2-propenoic acid][2]；长链脂肪族类：碳十八酸甘油酯(glycerol-1-octadecanoate)，正二十八醇(1-octacosanol)[2]。

注评 本种为云南中药材标准（1974、1996 年版）收载"锅铲藤"的基源植物之一，药用其茎。同属植物山峰西番莲 Passiflora jugorum W. W. Sm. 亦为基源植物，与本种同等药用。哈尼族、拉祜族、景颇族、傣族也药用本种的根或藤茎，主要用途见功效应用项。

化学成分参考文献

[1] Li GP, et al. *Chin Chem Lett*, 2004, 15(6): 659-660.

[2] 李干鹏，等 . 林产化学与工业，2007, 27(4): 27-30.

[3] 余继华，等 . 天然产物研究与开发，2003, 15(1): 27-28.

14. 龙珠果（广州植物志） 香花果、天仙果、野仙桃、肉果（云南），龙珠草、龙须果、假苦果（广东），龙眼果（广西）

Passiflora foetida L., Sp. Pl. 2: 959. 1753.——*P. hispida* DC. ex Triana et Planch.（英 **Tagua Passionflower, Wild Water Passionflower**）

草质藤本，有臭味；茎具条纹并被平展柔毛。叶膜质，宽卵形至长圆状卵形，长 4.5–13 cm，宽 4–12 cm，先端 3 浅裂，基部心形，边缘呈不规则波状，具头状缘毛，上面被丝状伏毛和少许腺毛，下面被毛并有较多小腺体，叶脉羽状；叶柄密被平展柔毛和腺毛，不具腺体；托叶半抱茎，深裂。聚伞花序退化仅存 1 花，与卷须对生。花白色或淡紫色，具白斑，直径 2–3 cm；苞片 3 枚，一至三回羽状分裂，裂片丝状，顶端具腺毛；萼片 5 枚，背部顶端具 1 角状附属器；花瓣 5 枚；外副花冠裂片 3–5 轮，丝状，内副花冠非褶状，膜质；具杯状花盘；雄蕊 5 枚，花丝基部合生，扁平；花柱 3 (–4) 枚，柱头头状。浆果卵圆球形，直径 2–3 cm。种子多数，草黄色。花期 7–8 月，果期翌年 4–5 月。

分布与生境 栽培于广西、广东、云南、台湾。常见逸生于海拔 120–500 m 的草坡路边。原产于西印度群岛，现为泛热带杂草。

药用部位 全草、果实。

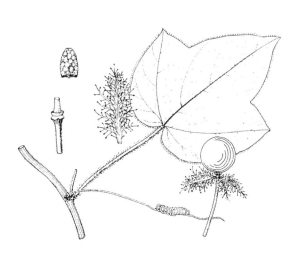

龙珠果 Passiflora foetida L.
李锡畴 绘

龙珠果 Passiflora foetida L.
摄影：徐克学

功效应用 全草：清热解毒，利尿消肿。用于肺热咳嗽，水肿，白浊，小便浑浊，痈疮肿毒。果实：润肺，止痛，用于疥疮及无名肿毒。

化学成分 叶及树脂含黄酮类：牡荆素(vitexin)，异牡荆素(isovitexin)，肥皂草苷(saponarin)，荭草素(orientin)，异荭草素(isoorientin)，芹菜苷元-8-*C*-二吡喃葡萄糖苷(apigenin-8-*C*-diglucopyranoside)，厚柄花酚▲(pachypodol)，4',7-二甲氧基柚皮苷元(4',7-dimethoxynaringenin)，3,5-二羟基-4,7-二甲氧基黄烷酮(3,5-dihydroxy-4,7-dimethoxyflavanone)[1]，3,4'-二甲氧基山奈酚(3,4'-dimethoxykaempferol)，5,3'-二羟基-7,4'-二甲氧基黄烷酮(5,3'-dihydroxy-7,4'-dimethoxyflavanone)，4'-甲氧基芹菜苷元(4'-

methoxyapigenin)，7,4'-二甲氧基芹菜苷元(7,4'-dimethoxyapigenin)，7,3,3'-三甲氧基槲皮素(7,3,3'-trimethoxyquercetin)，7,3,4'-三甲氧基槲皮素(7,3,4'-trimethoxyquercetin)，3,7,4'-三甲氧基山奈酚(3,7,4'-trimethoxykaempferol)[1]。

种子油富含亚麻酸(linolenic acid)，亚油酸(linoleic acid)[2]。

地上部分含氰类：亚麻苦苷(linamarin)，四雄西番莲素▲(tetraphyllin) A、B，四雄西番莲素▲B硫酸酯(tetraphyllin B sulfate)，铁线戴达莲素▲(deidaclin)，蒴莲氰苷▲(volkenin)[3]。

注评 本种的全株或果实称"龙珠果"，广西等地药用。壮族用其果实治疗小儿疳积。

化学成分参考文献

[1] 中华本草编委会. 中华本草，第五卷. 上海，上海科学技术出版社，1999: 478-479.

[2] Echeverri F, et al. *Phytochemistry*, 1991, 30(1): 1553-158.

[3] Andersen L, et al. *Phytochemistry*, 1998, 47(6): 1049-1050.

15. 鸡蛋果（海南植物志） 洋石榴（云南），紫果西番莲（经济植物手册）

Passiflora edulis Sims in Curtis's Bot. Mag. 45: pl. 1989.（英 **Purple Passionfruit**）

草质藤本，长约 6 m；茎具细条纹，无毛。叶纸质，长 6–13 cm，宽 8–13 cm，基部楔形或心形，掌状 3 深裂，中间裂片卵形，两侧裂片卵状长圆形，裂片边缘有内弯腺尖细锯齿，近裂片缺弯的基部有 1–2 个杯状小腺体，无毛。聚伞花序退化仅存 1 花，与卷须对生；花直径约 4 cm；苞片绿色，宽卵形或菱形，边缘有不规则细锯齿；萼片 5 枚，外面绿色，内面绿白色，外面顶端具 1 角状附属器；花瓣 5 枚；外副花冠裂片 4–5 轮；内副花冠非褶状，顶端全缘或不规则撕裂；花盘膜质；雄蕊 5 枚，花丝基部合生；子房倒卵球形，被短柔毛；花柱 3 枚，扁棒状，柱头肾形。浆果卵球形，直径 3–4 cm，熟时紫色。种子多数，卵形。花期 6 月，果期 11 月。

分布与生境 栽培于广东、海南、福建、云南、台湾，有时逸生于海拔 180–1900 m 的山谷丛林中。原产于大、小安的列斯群岛，现广植于热带和亚热带地区。

鸡蛋果 Passiflora edulis Sims
引自《中国高等植物图鉴》

鸡蛋果 Passiflora edulis Sims
摄影：朱鑫鑫

药用部位　果实、根、细枝。

功效应用　果实、根：清热解毒，镇静安神，止痛。用于痢疾，痛经，失眠，关节炎，骨膜炎。细枝：浸剂用做镇静剂。

化学成分　茎叶含三萜类：环西番莲酸(cyclopassifloic acid) A、B[1-2]、C、D[1]、E[2-3]、F、G[3]，环西番莲苷(cyclopassifloside) I [1]、II [1-2]、III、IV、V[1]、VI[1-2]、VII、VIII[3]、IX[2-3]、X [3]、XI[2-3]、XII、XIII[2]，西番连素▲(passiflorin)，西番莲酸(passifloric acid)[1]；糖苷类：苄基-β-D-吡喃阿洛糖苷(benzyl-β-D-allopyranoside) I、II [4]，2R-β-D-吡喃阿洛糖氧基-2-苯基乙腈(2R-β-D-allopyranosyloxy-2-phenylacetonitrile)，2S-β-D-吡喃阿洛糖氧基-2-苯基乙腈(2S-β-D-allopyranosyloxy-2-phenylacetonitrile)[5]；黄酮类：异荭草素(isoorientin)，新西兰牡荆苷-2 (vicenin-2)，酸枣素▲(spinosin)[6]，木犀草素(luteolin)，白杨素(chrysin)，木犀草素-8-C-β-吡喃洋地黄毒糖基-4'-O-β-D-吡喃葡萄糖苷(luteolin-8-C-β-digitoxopyranosyl-4'-O-β-D-glucopyranoside)，芹菜苷元-8-C-β-吡喃洋地黄毒糖苷(apigenin-8-C-β-digitoxopyranoside)，芹菜苷元-8-C-β-吡喃波伊文糖苷(apigenin-8-C-β-boivinopyranoside)，木犀草素-8-C-β-吡喃波伊文糖苷(luteolin-8-C-β-boivinopyranoside)，白杨素-7-O-β-D-吡喃葡萄糖苷(chrysin-7-O-β-D-glucopyranoside)，白杨素-7-O-β-D-吡喃葡萄糖基-(1→4)-α-L-吡喃鼠李糖苷[chrysin-7-O-β-D-glucopyranosyl-(1→4)-α-L-rhamnopyranoside]，木犀草素-8-C-β-吡喃洋地黄毒糖苷(luteolin-8-C-β-digitoxopyranoside)[7]。

叶含三萜类：(31R)-31-O-甲基西番连碱[(31R)-31-O-methylpassiflorine]，(31S)-31-O-甲基西番连碱[(31S)-31-O-methylpassiflorine]，(31R)-西番连碱[(31R)-passiflorine]，(31S)-西番连碱[(31S)-passiflorine]，环西番莲苷 I、III、VIII、IX[8]；大柱香波龙烷类：(6S,8R)-长春花苷[(6S,8R)-roseoside][8]；腈苷类：氰-β-芸香糖苷(cyanogenic-β-rutinoside)，(R)-苦杏仁苷[(R)-amygdalin]，(R)-野樱苷[(R)-prunasin][8]；苯甲醇类：苄醇吡喃葡萄糖苷(benzyl alcohol glucopyranoside)[8]；黄酮类：白杨素-6-C-β-芸香糖苷(chrysin-6-C-β-rutinoside)，异荭草素(isoorientin)，白杨素-7,8-二-C-β-D-吡喃葡萄糖苷(chrysin-7,8-di-C-β-D-glucopyranoside)，芹菜苷元-6,8-二-C-β-D-吡喃葡萄糖苷(apigenin-6,8-di-C-β-D-glucopyranoside)[8]。

果实含黄酮类：木犀草素-7-O-2-鼠李糖基葡萄糖苷(luteolin-7-O-2-rhamnosylglucoside)[9]，芦丁(rutin)[10]，木犀草素-6-C-奎诺糖(luteolin-6-C-chinovoside)，木犀草素-6-C-岩藻糖(luteolin-6-C-fucoside)[11]；生物碱类：骆驼蓬满碱▲(harman)[10]；萜类：β-胡萝卜素(β-carotene)[12]，(2R,4S,4aS,8aS)-4,4a-环氧-4,4a-二氢鸡蛋果素[(2R,4S,4aS,8aS)-4,4a-epoxy-4,4a-dihydroedulan]，(2R,3S,8aS)-3-羟基鸡蛋果素[(2R,3S,8aS)-3-hydroxyedulan][13]；腈苷类：(R)-野樱苷，R-扁桃腈芸香糖苷(R-mandelonitrile-rutinoside)[14]，苦杏仁苷，2R-β-D-吡喃阿洛糖氧基-2-苯基乙腈(2R-β-D-allopyranosyloxy-2-phenylacetonitrile)，2S-β-D-吡喃阿洛糖氧基-2-苯基乙腈(2S-β-D-allopyranosyloxy-2-phenylacetonitrile)[15]；苯并吡喃类：鸡蛋果素(edulan) I、II [16]，二氢鸡蛋果素(dihydroedulan) I、II [17]；挥发油：2-十三酮(2-tridecanone)，2-十三醇(2-tridecanol)，2-十五酮(2-pentadecanone)，十六酸(hexadecanoic acid)，十八酸(octadecanoic acid)，9Z-十八烯酸(9Z-octadecenoic acid)，丁香烯氧化物(caryophyllene oxide)，芳樟醇(linalool)[18]，(Z)-4,7-辛二烯酸乙酯[ethyl (Z)-4,7-octadienoate]，(Z)-3,5-己二烯醛丁酸酯[(Z)-3,5-hexadienyl butyrate][19]。

种子含芪类：白藜芦醇(resveratrol)，云杉鞣酚▲(piceatannol)，藨草素B (scirpusin B)[20]。

药理作用　抗炎作用：鸡蛋果叶的冻干水提物可抑制角叉菜胶、血管舒缓激酶、组胺或P物质引起的胸膜炎小鼠的白细胞、中性粒细胞、过氧化酶、一氧化氮、肿瘤坏死因子α (TNF-α)和白细胞介素-1β (IL-1β)的水平[1]。

抗真菌作用：从鸡蛋果种子中提取纯化出的聚乙烯-AFP1 (PE-AFP1)体外能抑制丝状真菌如木霉(Trichoderma harzianum)、镰刀菌(Fusarium oxysporum)及烟曲霉菌(Aspergillus fumigatus)的生长[2]。

抗氧化作用：鸡蛋果提取物可以削弱小鼠体内铁引起的细胞死亡[3]。

化学成分参考文献

[1] Yoshikawa K, et al. *J Nat Prod*, 2000, 63(9): 1229-1234.　　[2] Wang C, et al. *J Ethnopharmacol*, 2013, 148(3): 812-817.

[3] Yoshikawa K, et al. *J Nat Prod*, 2000, 63(10): 1377-1380.

[4] Jette C, et al. *Org Lett*, 2001, 3(14): 2193-2195.

[5] Seigler DS, et al. *Phytochemistry*, 2002, 60(8): 873-877.

[6] Zucolotto SM, et al. *Planta Med*, 2009, 75(11): 1221-1226.

[7] Xu FQ, et al. *Food Chem*, 2013, 136(1): 94-99.

[8] Zhang J, et al. *Chem Biodiversity*, 2013, 10(10): 1851-1865.

[9] Miguel C, et al. *Phytother Res*, 2006, 20(12): 1067-1073.

[10] Pereira CA, et al. *Bra Rev Bra Plant Med*, 2000, 3(1): 1-12.

[11] Mareck U, et al. *Phytochemistry*, 1991, 30(10): 3486-3490.

[12] Sapna S, et al. *Ind J Pharm Sci*, 2005, 67(5): 639-641.

[13] Max W, et al. *Helv Chim Acta*, 1979, 62(1): 131-134.

[14] Chassagne D, et al. *Phytochemistry*, 1998, 49(3): 757-760.

[15] Davis SS, et al. *Phytochemistry*, 2002, 60(4): 837-840.

[16] Whitfield FB, et al. *Tetrahedron Lett*, 1973, 14(2): 95-98.

[17] Prestwich GD, et al. *Tetrahedron*, 1976, 32(23): 2945-2948.

[18] Arriaga Angela MC, et al. *J Essent Oil Res*, 1997, 9(2): 235-236.

[19] Max W, et al. *Helv Chim Acta*, 1979, 62(1): 135-139.

[20] Sano S, et al. *J Agric Food Chem*, 2011, 59(11): 6209-6213.

药理作用及毒性参考文献

[1] Ana Beatriz Montanherx, et al. *J Ethnopharmacol*, 2007, 109(2): 281-228.

[2] Pelegrini PB, et al. *Proteins and Proteomics*, 2006, 1764(6): 1141-1146.

[3] Juceni P David, et al. *Fitoterapia*, 2007, 78(3): 215-218.

16. 西番莲（南越笔记） 转心莲、西洋鞠（南越笔记），转枝莲、洋酸茄花（云南），时计草（广西）

Passiflora caerulea L., Sp. Pl. 2: 959. 1753.——*P. chinensis* hort. ex Mast., *P. loureiroi* G. Don（英 **Bluecrown Passionflower, Bluc Crown Passion Flower, Blue Passionflower, Blue Passion-Vine, Passion Flower**）

　　草质藤本；茎圆柱形并微有棱角，无毛，略被白粉；叶纸质、长 5-7 cm，宽 6-8 cm，掌状 5 深裂；叶柄长 2-3 cm，中部有细小腺体；托叶较大、肾形，抱茎，边缘波状；聚伞花序退化仅存 1 花，与卷须对生；花大，淡绿色，直径 6-8 (-10) cm；苞片宽卵形，全缘；萼片 5 枚，外面淡绿色，内面绿白色、外面顶端具 1 角状附属器；花瓣 5 枚，淡绿色；外副花冠裂片 3 轮，丝状，内轮裂片顶端具 1 紫红色头状体；内副花冠流苏状，其下具 1 蜜腺环；具花盘；雄蕊 5 枚，花丝分离；花柱 3 枚，分离，紫红色，柱头肾形。浆果卵圆球形至近圆球形，长约 6 cm，熟时橘黄色或黄色。种子多数，倒心形，长约 5 mm。花期 5-7 月。

分布与生境　栽培于广西、江西、四川、云南等地，有时逸生。原产于南美洲。热带、亚热带地区常见栽培。

药用部位　根、藤、果实或全草。

功效应用　祛风除湿，活血止痛，止痰化咳。用于风湿骨痛，疝痛，痛经，神经痛，失眠及下痢。鲜草外用于骨折。

西番莲 Passiflora caerulea L.
引自《云南植物志》

化学成分　叶含黄酮类：白杨素(chrysin)[1]，牡荆素(vitexin)，异牡荆素(isovitexin)，肥皂草苷(saponarin)，荭草素(orientin)，异荭草素(isoorientin)，芹菜苷元-8-C-二葡萄糖苷(apigenin-8-C-diglucoside)[2]；氰苷类：四雄西番莲素▲B_4硫酸酯(tetraphyllin B_4 sulfate)，表四雄西番莲素▲B_4硫酸酯(epitetraphyllin B_4 sulfate)[3]；生物碱类：苯二氮䓬类化合物(benzodiazepine-like compound)[1]。

　　花和果穗中含鞣质类：焦儿茶酚(pyrocatechol)，没食子酸(gallic acid)[2]；脂肪酸类：棕榈酸，肉豆蔻酸(myristic acid)；其他类：$β$-谷甾醇，葡萄糖等[2]。

西番莲 **Passiflora caerulea** L.
摄影：朱鑫鑫

化学成分参考文献

[1] Medina JH, et al. *Biochem Pharmacol*, 1990, 40(10): 227-228.

[2] 中华本草编委会. 中华本草, 第五卷. 上海, 上海科学技术出版社, 1999: 475-476.

[3] Seigler DS, et al. *Phytochemistry*, 1982, 21(9): 2277-2280.

2. 葫莲属 Adenia Forssk.

草质或木质藤本，具卷须。单叶互生，全缘或分裂；具柄，其上有 2 个大而圆的扁平腺体，着生于近叶基部。腋生聚伞花序，具长的卷曲花梗；花两性、单性或杂性，有时为不完全的两性花；雄花：花萼管状，4-5 裂，花瓣 5 枚，分离，着生于萼片的喉部而伸出或着生于中部而内藏，副花冠由 1 轮裂片组成，裂片形状各异，由萼管生出或缺；雌花：花冠、花萼与雄花相似，副花冠膜质而皱褶或缺，退化雄蕊 5 枚，花丝基部合生成 1 膜质的杯状体围绕子房基部，子房无柄或位于雌雄蕊柄上，花柱圆柱形或缺，柱头 3 枚，头状。葫果室背开裂。种子多数，具小窝点，生于延长的种柄上，具肉质假种皮。

约 100 余种，广布于热带地区。我国有 4 种，分布于西南、华南地区和台湾，其中 3 种可药用。

分种检索表

1. 叶宽卵形或卵状圆形，基部心形或近截形；全缘或掌状 3 裂。

  2. 叶全缘，间有 3 裂，中间裂片长、宽近相等；葫果宽纺锤形，老熟后紫红色，外果皮木质 ………………………………………………………………………………… 1. 三开瓢 **A. cardiophylla**

  2. 叶掌状 3 裂，中间裂片宽披针形，两侧裂片微呈镰刀状；葫果倒卵形，外果皮革质 ………………………………………………………………………………… 2. 异叶葫莲 **A. heterophylla**

1. 叶宽卵形或卵状圆形，叶基部圆形，偶有楔形；葫果纺锤形，外果皮薄革质 …………… 3. 葫莲 **A. chevalieri**

1. 三开瓢（云南植物志） 三瓢果、假瓜蒌、肉杜仲、红牛白皮（云南）

Adenia cardiophylla (Mast.) Engl.（英 **Heartleaf Adenia, Heart-leaved Adenia**）

木质大藤本，长 8-12 m。叶纸质，宽卵形或卵圆形，长 10-23 cm，先端急尖，基部心形，嫩枝叶全缘，老枝叶 2–3 裂；叶柄顶端有 2 个大的杯状腺体。聚伞花序腋生，成对着生于长梗顶端。花两性者；花萼管坛状，裂片 5，反折、卵状三角形；花瓣 5，长圆匙形，有红色斑纹，着生萼管喉部；副花冠裂片匙形，顶端 2 浅裂；雄蕊 5 枚，花丝下部合生成管；子房椭圆球形，柱头 3 枚，无柄，反折。花为单性者，雄花：花瓣长圆形；子房极退化；雌花：花瓣着生萼管中部以下，柱头皆有短花柱。蒴果宽纺锤形，老熟后紫红色，外果皮木质；种子多数，黑褐色，有网纹及凹窝。花期 5 月，果期 8–10 月。

分布与生境 产于云南。生于海拔 500–1800 m 的山坡密林中。不丹、印度、缅甸、泰国、老挝、柬埔寨、越南、印度尼西亚、菲律宾均有分布。

药用部位 藤茎、根。

功效应用 清热解毒，活血散瘀。用于乳痈初起，胸内痰热，胸痹。

注评 本种的全株佤族药用治疗急性结膜炎、沙眼、白内障早期。本种的果实在云南代瓜蒌使用，为瓜蒌的混伪品。"瓜蒌"药材商品、地区习用品及混伪品情况，参见栝楼 Trichosanthes kirilowii Maxim. 注评。

三开瓢 Adenia cardiophylla (Mast.) Engl.
引自《云南植物志》

三开瓢 Adenia cardiophylla (Mast.) Engl.
摄影：黄健 林秦文

2. 异叶蒴莲（植物分类学报）

Adenia heterophylla (Blume) Koord., Exk. Fl. Java 2: 637. 1912.（英 Heterophylle Adenia）

草质藤本，长约 40 cm。叶长约 11 cm，宽约 10 cm，基部宽截形或宽心形，掌状 3 裂，中间裂片宽披针形，长约 10 cm，宽约 2.2 cm，全缘，无毛，两侧裂片镰刀形，略短于中间裂片；叶柄长约 2 cm，被微毛，顶端与叶背基部之间具 2 个圆而扁平的腺体。聚伞花序有 1–2 花；花梗长 3–6 cm，无

毛。蒴果下垂或弯曲，具长梗，倒卵球形，长约 6 cm，直径约
4.5 cm，猩红色，4-5 室，室背开裂，外果皮革质，内面带白
色；种子多数，扁平、近圆形，假种皮边缘膜质并具不规则
锯齿。

分布与生境　产于云南西部。生于海拔 240 m 的林边潮湿地。
原产于爪哇。

药用部位　根、种子。

功效应用　用于治疗肾和神经系统疾病。

异叶蒴莲 **Adenia heterophylla** (Blume) Koord.
李锡畴　绘

3. 蒴莲（海南植物志）　过山参，土党参，猪笼藤（海南），双眼灵（广东），软骨消藤（广西）
Adenia chevalieri Gagnep. in Bull. Mus. Hist. Nat. Paris 25: 126. 1919.（英 **Chevalier Adenia**）

　　草质藤本。叶纸质，宽卵形至卵状长圆形，长 7-15 cm，先端短渐尖，基部圆形或短楔形、全缘，
间有 3 裂，无毛；叶为 3 裂者，中间裂片卵形，侧裂片较窄；叶柄无毛，顶端与叶基之间具 2 个盘状
腺体。聚伞花序有 1-2 朵花；苞片鳞片状，细小。花单性者，雄花：花梗长 8-10 mm；花萼管状，顶
端 5 裂，裂片小，宽三角形；花瓣 5 枚，长 0.6 mm，具 3 条脉纹，生于萼管的基部，具 5 个附属物；

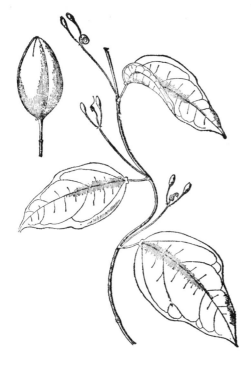

蒴莲 **Adenia chevalieri** Gagnep.
引自《中国高等植物图鉴》

蒴莲 **Adenia chevalieri** Gagnep.
摄影：朱鑫鑫

雄蕊 5 枚，花丝极短，花药顶端渐尖；子房退化，具短柄。雌花：较雄花为大，萼管长 8–9 mm，裂片三角形；花瓣披针形或椭圆形，长约 5 mm；退化雄蕊基部合生。蒴果纺锤形，老熟红色，外果皮革质；种子多数，近圆形，草黄色，种皮具网状小窝点。花期 1–7 月，果期 8–10 月。

分布与生境　产于广东、海南，为低海拔疏林中较常见的植物。越南亦有分布。

药用部位　根。

功效应用　滋补强壮，祛风湿，通经络，清热，解毒。用于风湿疼痛，胃脘痛，子宫脱垂。

注评　本种根称"蒴莲"。本种在广西平南称"防杞"，贵州称"木防己"，系"防己"的同名异物品，与中国药典收载的"防己"应为不同的药材，两者不得相混。

红木科 BIXACEAE

灌木或小乔木。单叶，互生，具掌状脉；托叶小，早落。花两性，辐射对称，排列为圆锥花序；萼片5枚，分离，覆瓦状排列，脱落；花瓣5枚，大而显著，覆瓦状排列；雄蕊多数，分离或基部稍连合，花药顶裂；子房上位，1室，胚珠多数，生于侧膜胎座上；花柱细弱，柱头2浅裂。果为蒴果，外被软刺，2瓣裂。种子多数，种皮稍肉质，红色；胚乳丰富，胚大，子叶宽阔，顶端内曲。

3属，约6种，广布于热带地区。我国有1属1种，可药用。

1. 红木属 Bixa L.

灌木或小乔木。叶心状卵形，互生。花集生为顶生的圆锥花序，白色或粉红色；萼片4-5，分离，覆瓦状排列；花瓣4-5；雄蕊多数；子房上位，1室或由于侧膜胎座突入中部而分隔成假数室，胚珠多数；蒴果被软刺，2瓣裂。

单种属，原产于美洲热带，现各热带地区均有栽培，可药用。

1. 红木（中国高等植物图鉴） 胭脂木（云南金平）

Bixa orellana L., Sp. Pl. 512. 1753.（英 **Anatto Tree, Anatto, Lipstick Plant**）

常绿灌木或小乔木，高 2-10 m；枝棕褐色，密被红棕色短腺毛。叶心状卵形或三角状卵形，长 10-20 cm，宽 5-13 (-16) cm，先端渐尖，基部圆形或几截形，全缘，基出脉 5 条，上面深绿色，无毛，下面淡绿色，被树脂状腺点；叶柄长 2.5-5 cm。圆锥花序顶生，长 5-10 cm；花直径 4-5 cm；萼片5，倒卵形，长 8-10 mm，宽约 7 mm，外面密被红褐色鳞片；花瓣5，倒卵形，长 1-2 cm，粉红色；雄蕊多数，花药长圆形，黄色，2室，顶孔开裂；子房上位，1室，胚珠多数，生于 2 侧膜胎座上，柱头 2 浅裂。蒴果近球形或卵形，长 2.5-4 cm，密生栗褐色长刺，2瓣裂。种子倒卵形，暗红色。

分布与生境 云南、广东、台湾等地有栽培。

药用部位 种子、花、根皮、果实、叶。

功效应用 种子：收敛，退热。用于肝炎，尿血，毒蛇咬伤，间歇热。花：用于心血管系统疾病，补血强心。根皮：用于疟疾。果实：用于麻疹，胃痛。叶：用于牙痛。

化学成分 叶含鞣质类：没食子酸(gallic acid)，焦倍酚(pyrogallol)[1]；黄酮类：异高黄芩素(isoscutellarein)[1]；倍半萜类：印度马兜铃烷▲(ishwarane)[2]；其他类：植醇(phytol)，聚异戊烯醇(polyprenol)，豆甾醇(stigmasterol)，谷甾醇[2]。

红木 Bixa orellana L.
引自《中国高等植物图鉴》

成熟种子、假种皮含类胡萝卜素类色素：红木素(bixin)，降红木素(norbixin)，β-胡萝卜素

红木 Bixa orellana L.
摄影：王祝年 张英涛

(β-carotene)，番红花苷(crocin)[3]，胭脂树橙(annatto)[4]；黄酮类：樱桃苷(prunin)[5]；低聚糖类：α-D-Gal-(1 → 3)-α-D-Gal-(1 → 6)-α-D-Glc-(1 → 2)-β-D-Fru[6]。

注评 本种的根皮、叶、果肉、种子称"胭脂木"，台湾、广东、广西、云南栽培。傣族也药用，主要用途见功效应用项。

化学成分参考文献

[1] Terashima S, et al. *Chem Pharm Bull*, 1991, 39(12): 3346-3348.

[2] Raga DD, et al. *J Nat Med*, 2011, 65(1): 206-211.

[3] 李国华，等 . 热带农业科技，2005, 28(2): 18-20.

[4] De-Oliveira AC, et al. *Braz J Med Biol Res*, 2003, 36(1): 113-118.

[5] Yousuf S, et al. *Carbohydr Res*, 2013, 365: 46-51.

[6] 任风芝，等 . 波谱学杂志，2011, 28(1): 160-167.

柽柳科 TAMARICACEAE

灌木、半灌木或乔木。叶小，多呈鳞片状，互生，无托叶，通常无叶柄，多具泌盐腺体。花通常集成总状花序或圆锥花序，稀单生，通常两性，整齐；花萼 4–5 深裂，宿存；花瓣 4–5，分离，花后脱落或有时宿存；下位花盘常肥厚，蜜腺状；雄蕊 4–5 枚或多数，常分离，着生在花盘上，稀基部结合成束，或连合到中部成筒，花药 2 室，纵裂；雌蕊 1 枚，由 2–5 心皮构成，子房上位，1 室，侧膜胎座，稀具隔，或基底胎座；胚珠多数，稀少数，花柱短，通常 3–5，分离，有时结合。蒴果，圆锥形，室背开裂。种子多数，全面被毛或在顶端具芒柱，芒柱从基部或中部开始被柔毛；有或无内胚乳，胚直生。

3 属，约 110 种。主要分布于旧大陆草原和荒漠地区。我国有 3 属 32 种，其中 3 属 26 种可药用。

本科药用植物化学成分类型多样，主要有黄酮、萜和鞣质等类型化合物。

分属检索表

1. 矮小灌木或半灌木；花单生在主枝上或缩短的侧枝顶端，花瓣内侧具 2 附属物；种子全面被毛，顶端无芒柱，有内胚乳 ··· **1. 红砂属 Reaumuria**
1. 较大型灌木或乔木；花集生成总状或成穗状花序，花瓣内侧无附属物；种子顶端具被毛的芒柱，无内胚乳。
 2. 雄蕊 4–5 枚，与花瓣同数，等长，花丝分离；雌蕊具短花柱（花柱 3–4）；种子顶端的芒柱较短，芒柱自基部被柔毛；叶鳞片状，甚小，长 1–7 mm ····························· **2. 柽柳属 Tamarix**
 2. 雄蕊 10 枚，长为花瓣的 2 倍，不等长，花丝基部或下半部结合成筒；雌蕊无花柱；种子顶端的芒柱仅上半部有柔毛；下部常秃裸，叶扁平，长圆形或线形，长达 15 mm ················· **3. 水柏枝属 Myricaria**

1. 红砂属 Reaumuria L.

半灌木或灌木，高达 80 cm，有多数曲拐小枝。叶细小，鳞片状，短圆柱形或线形，全缘，常为肉质或革质，几无柄，有泌盐腺体；花单生于侧枝上或生于缩短的小枝上，或集成稀疏总状花序状；花两性，5 数；苞片覆瓦状排列，较花冠略长或略短；花萼近钟形，宿存；花瓣脱落或宿存，下半部内侧具 2 枚鳞片状附属物，边缘穗状撕裂，锯齿状或全缘，雄蕊 5 枚至多数，分离或花丝基部合生成 5 束，与花瓣对生；雌蕊 1 枚，子房圆形或广椭圆形，花柱 3–5。蒴果软骨质，3–5 瓣裂。种子被褐色长毛。

共 12 种，主要分布在亚洲大陆、欧洲南部和非洲北部，生于荒漠、半荒漠和干旱草原区域内。我国有 4 种，其中 3 种可药用。

分种检索表

1. 叶短圆柱形，无柄，叶长 1–5 mm，宽 0.5 mm，鳞片状；花小，花瓣长 3–4.5 mm；雄蕊 7–10 枚，花柱 7–10；蒴果长椭圆 ··· **1. 红砂 R. songarica**
1. 叶近圆柱形，无柄，叶长 4–15 mm，宽 0.5–1 mm，近线形，圆柱形；花较大，花瓣长 5–8 mm；雄蕊多数，常基部结合成 5 束；蒴果圆球形、广椭圆形或长圆形。
 2. 苞片基部扩展，宽卵形，具短尖头；花黄色，花柱 3；蒴果长圆形，3 瓣裂 ·········· **2. 黄花红砂 R. trigyna**

2. 苞片与叶同形，狭线形，花粉红色，花柱 5；蒴果圆球形或长圆状卵圆形，5 瓣裂··3. 五柱红砂 **R. kaschgarica**

1. 红砂（中国植物志）　枇杷柴（新疆），琵琶柴（中国沙漠植物志）

Reaumuria songarica (Pall.) Maxim., Fl. Tangut.1: 97. 1889.（英 **Songory Reaumuria, Dzungar Redsandplant**）

小灌木，高 10–30 (–70) cm，多分枝，老枝灰褐色，树皮不规则波状剥裂，小枝灰白色，纵裂。叶肉质，短圆柱形，鳞片状，上部稍粗，长 1–5 mm，宽 0.5–1 mm，常微弯，先端钝，浅灰蓝绿色，具点状泌盐腺体，常 4–6 枚簇生于短枝。花单生于叶腋，无梗；苞片 3，披针形；花萼钟形，下部合生，裂片 5，三角形，具点状腺体；花瓣 5，白色略带淡红，长圆形，长约 4.5 mm，宽约 2.5 mm，先端钝，基部楔状变狭，张开，内侧具 2 倒披针形薄片状附属物；雄蕊 6–8 (–12) 枚，分离，花丝基部变宽，几与花瓣等长；子房椭圆形，花柱 3，柱头窄尖。蒴果长椭圆形或纺锤形，长 4–6 mm，宽约 2 mm，具 3 棱，3 瓣裂（稀 4），常具 3–4 枚种子。种子长圆形，全部被黑褐色毛。花期 7–8 月，果期 8–9 月。

红砂 Reaumuria songarica (Pall.) Maxim.
引自《中国高等植物图鉴》

分布与生境　产于新疆、青海、甘肃、宁夏和内蒙古，直到我国东北西部。本种是荒漠和草原区域的重要建群种，生于荒漠地区的山前冲积、洪积平原上和戈壁侵蚀面上，亦生于低地边缘，基质多为粗砾质戈壁，也生于壤土上。土壤都有不同程度的盐渍化，富含石膏。在盐土和碱土上可以延伸到草原区域。亚洲中部及蒙古也有分布。

药用部位　全株、枝叶。

功效应用　解表发汗。用于湿疹，皮炎。

注评　本种枝叶称"红沙"，蒙古族药用，主要用途见功效应用项。新疆个别地区曾以本种的枝叶混充"西河柳"药用，应注意鉴别。

2. 黄花红砂（中国植物志）　黄花枇杷柴（中国高等植物图鉴）

Reaumuria trigyna Maxim. in Bull. Acad. Imp. Sci. Petersb. 27: 425. 1882.（英 **Yellowflower Reaumuria**）

小半灌木，高 10–30 cm，多分枝，小枝略开展，老枝灰黄色或褐灰白色，树皮片状剥裂；当年生枝光滑，淡绿色。叶肉质，常 2–5 枚簇生，半圆柱状线形，向上部稍变粗，先端钝，基部渐变狭，长 5–10 (–15) mm，干后多少弓曲。花单生于叶腋，5 数，直径 5–7 mm；苞片约 10 片，宽卵形，短突尖，覆瓦状排列，与花萼密接；萼片 5，基部合生，与苞片同形；花瓣在花芽内旋转，黄色，长圆状倒卵形，略偏斜，长约 5 mm，内面下半部有两片鳞片状附属物；雄蕊 15 枚，花丝钻形；子房卵圆形至倒卵圆形，花柱 3，稀 4–5，长于子房，宿存。蒴果长圆形，长达 1 cm，3 瓣裂。花期 7–8 月，果期 8–9 月。

分布与生境　产于内蒙古（与贺兰山接邻的巴彦淖尔、鄂尔多斯西部和阿拉善盟东部）及其毗连的宁夏和甘肃北部。生于草原化荒漠的砂砾地、石质及土石质干旱山坡。

药用部位　全株、嫩枝叶。

功效应用 解表发汗，解热透疹，祛风湿，利尿。用于湿疹，皮炎。

注评 本种为蒙古族用药，主要用途见功效应用项。

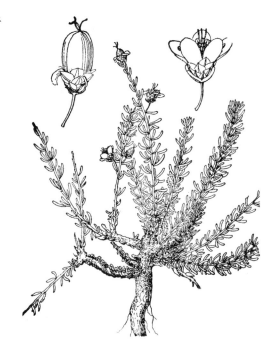

黄花红砂 **Reaumuria trigyna** Maxim.
引自《中国高等植物图鉴》

黄花红砂 **Reaumuria trigyna** Maxim.
摄影：林秦文

3. 五柱红砂（中国植物志） 五柱枇杷柴（中国高等植物图鉴）

Reaumuria kaschgarica Rupr. in Mém. Acad. Imp. Sci. Petersb. Ⅶ.14（4）：42. 1869.（英 **Kashchgar Reaumuria**）

矮小半灌木，高达 20 cm，具多数曲拐的细枝，成垫状；老枝灰色，当年生枝粉红色，长 4-9 (-15) cm。叶扁，狭条形，肉质，长 4-10 mm，宽 0.6-1 mm，顶端钝或稍尖，向基部微变狭，紧靠小枝。花单生枝顶，几无花梗；苞片少，形同叶，长 3-4 mm；萼 5 深裂，长 3-4 mm，裂片卵状披针形；花瓣 5，粉红色，椭圆形，里面有 2 片长圆形附属物，长约为花瓣的 1/3；雄蕊约 15 枚，花丝基部合生；子房卵圆形，长 3 mm，花柱 5。蒴果长圆状卵形，长 7 mm，宽 3-4 mm，5 瓣裂。种子细小，长圆状椭圆形，基部变细，顶端有突起，除凸起处外，被褐色毛。花期 7-8 月。

分布与生境 产于新疆、西藏（北部）、青海（柴达木）、甘肃，自天山至昆仑山、阿尔金山向东到祁

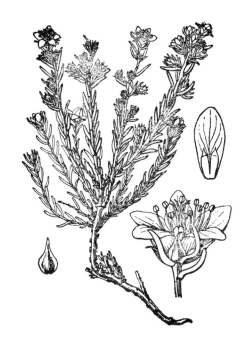

五柱红砂 **Reaumuria kaschgarica** Rupr.
引自《中国高等植物图鉴》

五柱红砂 **Reaumuria kaschgarica** Rupr.
摄影：林秦文

连山中段、青海（共和、贵德）。生于盐土荒漠、草原、石质和砾质山坡、阶地和杂色的砂岩上。亚洲中部也有分布。

药用部位 嫩枝叶。

功效应用 用于湿疹，皮炎。

2. 柽柳属 Tamarix L.

灌木或乔木。枝条两种，木质化的生长枝经冬不落，绿色营养小枝冬天脱落。叶小，鳞片状，互生，抱茎或鞘状，多具泌盐腺体。总状花序或圆锥花序，春季开花。花两性，4-5 (-6) 数，苞片1枚；花萼草质或肉质，深4-5裂，宿存，裂片全缘或微具细牙齿；花瓣与花萼裂片同数，花后脱落或宿存；花盘形状多种，多为4-5裂，裂片全缘或顶端凹缺以至深裂或主裂片各分裂为2，两侧的细裂片与相邻的花丝相贴生，花丝呈顶生于花盘裂片顶上（假顶生），至花丝与两侧的细裂片相融合（融生）；雄蕊4-5枚，单轮，与花萼裂片对生，与花萼裂片对生，花丝常分离，花药心形，丁字着药，2室，纵裂；雌蕊1枚，由3-4心皮构成，子房上位，多呈圆锥形，1室，胚珠多数，花柱3-4，柱头头状。蒴果圆锥形，室背三瓣裂。种子多数，细小，顶端的芒柱从基部起即具发白色的单细胞长柔毛。

约90种，主要分布于亚洲大陆和非洲北部，部分分布于欧洲的干旱和半干旱区域，沿盐碱化河岸滩地到森林地带，间断分布于南非西海岸。我国约产18种1变种，主要分布于西北地区、内蒙古及华北地区，其中16种可药用。

分种检索表

1. 叶不抱茎成鞘状。
  2. 总状花序春季侧生在去年生的生长枝上；花4或5数。
    3. 花4数。
      4. 总状花序粗大，长6-15 (-25) cm，通常长约12 cm ·············· 1. **长穗柽柳 T. elongata**

4. 总状花序短，一般不长于 4–6 (–7) cm。

  5. 苞片短于花梗长的 1/2 ··2. 短穗柽柳 **T. laxa**

  5. 苞片与花梗等长，略短或略长。

    6. 总状花序与短的绿色营养细枝同时从去年生的生长枝上发出；花小，直径不超过 3 mm，白色 ··3. 白花柽柳 **T. androssowii**

    6. 总状花序不与绿色营养枝同生；花大，直径达 5 mm，鲜粉红色 ··········4. 翠枝柽柳 **T. gracilis**

3. 花 5 数。

  7. 花 5 数，但同一总状花序上杂有 4 数花，仅春季开花 ··········5. 甘肃柽柳 **T. gansuensis**

  7. 花全为 5 数，春季开花后，夏、秋季又开花 2–3 次。

    8. 花瓣充分开展，花后脱落 ································6. 密花柽柳 **T. arceuthoides**

    8. 花瓣不充分开展，结果时宿存，包于蒴果基部。

      9. 总状花序常 2–3 个簇生，花瓣此靠合，先端内弯，致花冠呈鼓形或圆球形 ···7. 多花柽柳 **T. hohenackeri**

      9. 总状花序多单生，花瓣几直伸或略开展，先端外弯。

        10. 总状花序轴和花梗柔软下垂，花梗较萼长，长 3–4 mm，枝质柔细长开展而下垂 ···8. 柽柳 **T. chinensis**

        10. 总状花序轴质硬而直伸，花梗几无或极短，枝质硬直立或斜生 ·············· ···9. 甘蒙柽柳 **T. austromongolica**

2. 夏、秋季开花，总状花序生于当年生枝上，组成圆锥花序，花全为 5 数。

  11. 春季开花后夏、秋季又开花 2–3 次。

    12. 花瓣充分开展，花后脱落。

      13. 春季开花 4 数（偶杂有 5 数花），夏、秋季开花 5 数，花大而开展，直径达 5 mm，花丝着生在花盘裂片顶端，蒴果粗大，长 4–7 mm，宽约 1 mm ··········4. 翠枝柽柳 **T. gracilis**

      13. 花均为 5 数，花小，直径不超过 3 mm，花丝着生在花盘裂片间；蒴果小而狭细，长不超过 3 mm，宽约 1 mm ································6. 密花柽柳 **T. arceuthoides**

    12. 花瓣不充分开展，果时宿存，包于蒴果基部。

      14. 花瓣不开展，先端常内弯，彼此靠合，致花冠呈鼓形或圆球形·········7. 多花柽柳 **T. hohenackeri**

      14. 花瓣略张开，几直伸，先端常外弯，花冠不呈鼓形或圆球形。

        15. 枝质柔细长开展而下垂，幼枝叶深绿色，纤细而下垂，上部缘枝上的叶半贴生，钻形至卵状披针形，先端渐尖而内弯 ································8. 柽柳 **T. chinensis**

        15. 枝质硬，直立或斜生，幼嫩枝叶常为灰蓝绿色，叶长圆形或长圆状披针形，先端渐尖，多向外倾 ································9. 甘蒙柽柳 **T. austromongolica**

  11. 春季不开花，仅夏季或秋季开花。

    16. 幼枝叶被短直毛和柔毛 ····································10. 刚毛柽柳 **T. hispida**

    16. 幼枝叶无毛或微具乳头状毛。

      17. 花后花瓣宿存，花丝着生在花盘裂片间，花冠酒杯状 ·········11. 多枝柽柳 **T. ramosissima**

      17. 花后花瓣脱落或部分脱落。

        18. 花后花瓣全部脱落，总状花序紧靠，组成紧密的圆锥花序，枝亦紧靠 ············· ···12. 细穗柽柳 **T. leptostachya**

        18. 花后花瓣部分脱落，总状花序外倾，组成开展的圆锥花序，枝亦外倾。

          19. 幼嫩枝叶微具乳头状毛，总状花序长 4–7 (–10) cm，1 cm 内有花 22 朵 ·········· ···13. 盐地柽柳 **T. karelinii**

          19. 枝概不具乳头状毛，总状花序长 3–5 cm，1 cm 内有花 5 朵 ·····14. 塔里木柽柳 **T. tarimensis**

1. 叶退化，在一年生小枝上完全抱茎呈鞘状。
  20. 叶完全抱茎成鞘，致一年生小枝宛如有分节，花大型。直径 4–5.5 (–7) mm，花后花瓣脱落，总状花序
    长 7–15 cm ·· 15. **沙生柽柳 T. taklamakanensis**
  20. 叶抱茎成鞘，但鞘并未完全闭合；花小，直径不超过 4 mm，花后花瓣宿存，总状花序长 3–5 cm ········
    ·· 16. **莎车柽柳 T. sachensis**

　　本属药用植物的主要成分为多酚及其苷和鞣质类，另外还含有三萜、苯丙酸、有机酸、香豆素、木脂素、脂肪烷烃、甾体等类型化合物。多酚类化合物是近年来天然产物研究的热点，具有很强的抗氧化、抗衰老活性。黄酮类化合物是柽柳属药用植物的主要化学成分之一，黄酮苷元几乎均为槲皮素和山柰酚以及它们的各种甲氧基化衍生物，如柽柳素 (tamarixetin，**1**)。本属药用植物几乎都含有大量的酚酸和鞣质类，主要是没食子酸、没食子酸衍生物、二聚体和三聚体及多聚体和一些多酚葡萄糖苷类。此外还有个别化合物酚羟基硫酯化。

　　目前从柽柳属药用植物中分离得到的三萜类化合物均属五环三萜，如柽柳酮 (tamarixone，**2**)，柽柳醇 (tamarixol，**3**)，水柏枝素 A (myricarin A，**4**)，石栗萜酸▲ (aleuritolic acid，**5**) 等。本属还含有生物碱、脂肪酸、甾体等类型化学成分。

2: R=O
3: R=a-H, b-OH

　　本属植物主要具有解热、镇痛、抗炎、抗菌、抗氧化、保肝、止咳、抗肿瘤作用。

1. 长穗柽柳（中国高等植物图鉴）　红柳（青海）

Tamarix elongata Ledeb., Fl. Alt. 1: 421. 1829.（英 **Long-spiked Tamarisk**）

　　灌木，高 1–4 m；枝灰色，黄淡灰色，灰白色或灰棕色。叶卵状披针形或条形，长 4–9 mm，基部宽心形，先端急尖。总状花序早春出自去年生枝上，侧生，粗壮，圆柱形，长 6–15 (–24) cm，宽达 8 mm，总花梗长 1–2 cm，有披针形叶；苞片条状披针形；花 4 出，密生，有花梗，长等于萼；萼片卵形，长约 2 mm，渐尖；花瓣倒卵形或椭圆形，长 2–2.5 mm，先端圆形，白色，微红色，花后散落；雄蕊 4 枚，生在花盘裂片顶端；柱头 3 个，无花柱。蒴果卵状圆锥形，长 4–6 mm，宽 2 mm，果皮枯草质，淡红色或橘黄色。春季 4–5 月开花。据记载秋季偶二次开花，二次花为 5 数。

分布与生境　产于新疆、甘肃（河西）、青海（柴达木），宁夏（北部）和内蒙古（从西部到临河）。生于荒漠地区河谷阶地、干河床和沙丘上。土壤高度盐渍化或为盐土。可以在地下水深 5–10 m 的地方生长。习见，但不能成为建群种，多散生在其他柽柳群落中。亚洲中部至西伯利亚、蒙古也有分布。
药用部位　枝叶。
功效应用　解表透疹，祛风止咳，清热解毒。用于麻疹不透，咳嗽，风寒感冒，小便不利，风湿痛，风疹身痒。
化学成分　地上部分含三萜类：水柏枝素A(myricarin A)，3β-甲酰基-13α-甲基-27-降齐墩果-14-烯-28-甲酯(3β-formyl-13α-methyl-27-norolean-14-en-28-oic acid methyl ester)[1]；黄酮类：7,3',4'-三羟基-5-甲氧基黄酮(7,3',4'-trihydroxy-5-methoxyflavone)，3,7,4'-三羟基-5-甲氧基黄酮(3,7,4'-trihydroxy-5-methoxyflavone)，

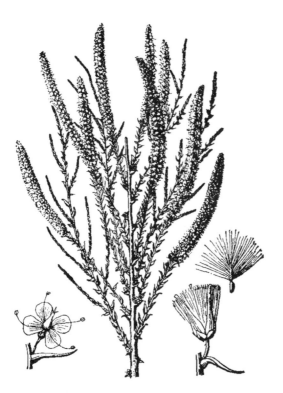

长穗柽柳 **Tamarix elongata** Ledeb.
引自《中国高等植物图鉴》

长穗柽柳 **Tamarix elongata** Ledeb.
摄影：陈又生

3,5,7-三羟基-3',4'-二甲氧基黄酮(3,5,7-trihydroxy-3',4'-dimethoxyflavone)，山柰素-3-*O*-*β*-D-吡喃葡萄糖苷(kaempferide-3-*O*-*β*-D-glucopyranoside)，槲皮素-3-*O*-*β*-D-吡喃葡萄糖苷(quercetin-3-*O*-*β*-D-glucopyranoside)，槲皮素-3-*O*-硫酸酯(quercetin-3-*O*-sulfate)，异鼠李素-3-*O*-*β*-D-吡喃葡萄糖苷(isorhamnetin-3-*O*-*β*-D-glucopyranoside)，异鼠李素-7-*O*-硫酸酯(isorhamnetin-7-*O*-sulfate)，柽柳素-3-*O*-*α*-L-吡喃鼠李糖苷(tamarixetin-3-*O*-*α*-L-rhamnopyranoside)[2]；甾体类：*β*-谷甾醇[1]。

注评　本种的花序和幼枝为维吾尔族用药，主要用途见功效应用项。

化学成分参考文献

[1] Umbetova AK, et al. *Chem Nat Compd*, 2006, 42(3): 332-335.

[2] Umbetova AK, et al. *Chem Nat Compd*, 2004, 40(3): 297-298.

2. 短穗柽柳（中国高等植物图鉴）

Tamarix laxa Willd. in Abh. Phys. Kl. Acad. Wiss. Berlin 1812-1813: 82. 1816.——*T. pallasii* Desv.（英 **Short-spiked Tamarisk**）

灌木，高 1.5 (–3) m；老枝灰色，幼枝灰至淡红灰色。叶卵状斜方形，长 1–2 mm。总状花序短而粗，长达 4 cm，粗 5–7 (–8) mm，稀疏，早春出自去年枝上，总花梗短；花梗长约 2 mm；苞片卵形或长圆形，钝，革质；花两型：春季花 4 出，生去年枝上，秋季花 5 出，生当年枝上；萼片卵形，钝渐尖，宽边透明，比花瓣短 2 倍；花瓣长圆状倒卵形，长 1–2 mm，张开，粉红，少白色；花丝略长于花瓣，花药心形，钝，深紫色；花柱 3，顶端有头状柱头。蒴果圆锥形，长 3–4 (5) mm，草质。花期 4 月至 5 月上旬。偶见秋季二次在当年枝开少量的花，秋季花为 5 数。

分布与生境　产于新疆、青海（柴达木）、甘肃（河西）、宁夏（北部）、陕西（榆林地区北部）、内蒙古（西部至巴彦淖尔和鄂尔多斯）。生于荒漠河流阶地、湖盆和沙丘边缘，土壤强盐渍化或为盐土。俄

短穗柽柳 **Tamarix laxa** Willd.
引自《中国高等植物图鉴》

短穗柽柳 **Tamarix laxa** Willd.
摄影：潘建斌

罗斯东南部至亚州中部和西伯利亚、蒙古、伊朗、阿富汗也有分布。

药用部位　嫩枝叶。

功效应用　疏风除湿，清热解毒，透疹止咳，利尿通淋。用于感冒咳嗽，小便不利，风疹，麻疹不透。

化学成分　地上部分含黄酮类：7,3',4'-三羟基-5-甲氧基黄酮(7,3',4'-trihydroxy-5-methoxyflavone)，3,7,4'-三羟基-5-甲氧基黄酮(3,7,4'-trihydroxy-5-methoxyflavone)，3,5,7-三羟基-3',4'-二甲氧基黄酮(3,5,7-trihydroxy-3',4'-dimethoxyflavone)，山奈素-3-O-β-D-吡喃葡萄糖苷(kaempferide-3-O-β-D-glucopyranoside)，槲皮素-3-O-β-D-吡喃葡萄糖苷(quercetin-3-O-β-D-glucopyranoside)，槲皮素-3-O-硫酸酯(quercetin-3-O-sulfate)，异鼠李素-3-O-β-D-吡喃葡萄糖苷(isorhamnetin-3-O-β-D-glucopyranoside)，异鼠李素-7-O-硫酸酯(isorhamnetin-7-O-sulfate)，柽柳素-3-O-α-L-吡喃鼠李糖苷(tamarixetin-3-O-α-L-rhamnopyranoside)[1]，柽柳素(tamarixetin)[2]；酚、酚酸类：没食子酸(gallic acid)，鞣花酸(ellagic acid)，去氢二没食子酸(dehydrodigallic acid)，异香荚兰酸甲酯(methyl isovanillate)，没食子醛(gallic aldehyde)，β-D-吡喃葡萄糖基-2-没食子酸酯(β-D-glucopyranosyl-2-gallate)，2,3-二-O-没食子酰基-D-葡萄糖(2,3-di-O-galloyl-D-glucose)，柽柳鞣花酸(tamarixellagic acid)，环4,6-(4,4',5,5',6,6'-六羟基[1,1'-双苯基]-2,2'-二羧酸酯)3-[3-(6-羧基-2,3,4-三羟基苯氧基)-4,5-二羟基苯甲酸酯]-β-D-吡喃葡萄糖{cyclic 4,6-(4,4',5,5',6,6'-hexahydroxy[1,1'-biphenyl]-2,2'-dicarboxylate)-3-[3-(6-carboxy-2,3,4-trihydroxyphenoxy)-4,5-dihydroxybenzoate]-β-D-glucopyranose)}[3]；三萜类：3β-甲酰基-13α-甲基-27-降齐墩果-14-烯-28-甲酯(3β-formyl-13α-methyl-27-norolean-14-en-28-oic acid methyl ester)，水柏枝素A(myricarin A)[4]；甾体类：β-谷甾醇[4]。

化学成分参考文献

[1] Umbetova AK, et al. *Chem Nat Comd*, 2004, 40(3): 297-298.

[2] Utkin LM. *Khim Prir Soedin*, 1966, 2(3): 162-166.

[3] Sultanova NA. *Izvestiya Natsional'noi Akademii Nauk Respubliki Kazakhstan, Seriya Khimicheskaya*, 2009, (2): 59-63.

[4] Umbetova AK, et al. *Chem Nat Compd*, 2006, 42(3): 332-335.

3. 白花柽柳（中国植物志） 紫茎柽柳（中国中药资源志要），紫杆柽柳（中国沙漠植物志）

Tamarix androssowii Litv. in Sched. Herb. Fl. Ross. 5: 41. 1905.（英 **Whiteflower Tamarisk**）

灌木或小乔木状，高达 5 m。茎和老枝暗棕红或紫红色；当年生木质化生长枝直伸，淡红绿色。叶卵形，长 1–2 mm，先端尖。总状花序侧生于去年生枝，单生或 2–3 个簇生，长 2–3 (–5) cm，绿色营养小枝和总状花序同时成簇生出，基部有总梗。苞片长圆状卵形，长 0.7–1 mm，；花梗长 1–1.5 mm；花 4 数；萼片卵形，长 0.7–1 mm，花后开展；花瓣粉白或淡绿粉白色，倒卵形，长 1–1.5 mm，靠合，宿存；花盘肥厚，紫红色，4 裂片向上渐窄为花丝基部；雄蕊 4 枚，花丝基部宽，生于花盘裂片顶端（假顶生），花药暗紫红或黄色；花柱 3 (4)，短棍棒状。蒴果窄圆锥形，长 4–5 mm。种子黄褐色。花期 4–5 月。

分布与生境 产于新疆（塔里木盆地）、甘肃（河西）、内蒙古（额济纳旗、腾格里沙漠）及宁夏（中卫）。多生于荒漠河谷沙地，流沙边缘。蒙古和亚洲中部亦有分布。

药用部位 嫩枝叶。

功效应用 解表透疹，祛风利尿。用于风疹，麻疹不透，小便不利。

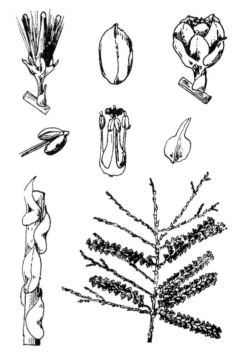

白花柽柳 Tamarix androssowii Litv.
刘名廷 绘

4. 翠枝柽柳（中国植物志） 异花柽柳（中国沙漠植物志）

Tamarix gracilis Willd. in Abh. Phys. Kl. Acad. Wiss. Berlin 1812-1813: 81, pl. 25. 1816.（英 **Slender Tamarisk, Greenbranch Tamarisk, Thin Tamarisk**）

灌木，高达 4 m。树皮灰绿或棕栗色。老枝被淡黄色木栓质皮孔。叶披针形，淡黄绿色，长约 4 mm。春季总状花序侧生去年枝上，长 2–4 (5) cm，花 4 数；夏季总状花序长 2–5 (–7) cm，生于当年生枝顶，组成稀疏圆锥花序，花 5 数；花径 4 (5) mm；春季花苞片为匙形或窄铲形，长 1.5–2 mm。花梗长 0.5–1.5 (–2) mm；萼片三角状卵形，长约 1 mm；花瓣倒卵圆形或椭圆形，长 2.5–3 mm，张开外弯，鲜粉红或淡紫红色，花后脱落；花盘肥厚，紫红色，4 或 5 裂；雄蕊 4 或 5 枚，花丝宽线形，基部宽，生于花盘裂片顶端；花柱 3 (4)。蒴果较大，长 4–7 mm，宽约 2 mm，果皮薄纸质，常发亮。花期 5–8 月。

分布与生境 产于新疆（北部），青海（柴达木盆地）、甘肃（河西）、内蒙古（西部至磴口、二连浩特）。抗寒喜冷，生于荒漠和干旱草原地区河湖岸边、阶地，盐渍化泛滥滩地，沙地和沙丘上。俄罗斯自欧洲部分到亚洲中部、蒙古均有分布。

药用部位 嫩枝叶。

功效应用 祛风湿，解表利尿，解毒。用于麻疹不透，风疹瘙痒，小便不利。

翠枝柽柳 Tamarix gracilis Willd.
刘名廷 绘

5. 甘肃柽柳（兰州大学学报）

Tamarix gansuensis H. Z. Zhang ex P. Y. Zhang et M. T. Liu in Acta Bot. Boreal.-Occid. Sin. 8(4): 259. 1988.（英 **Gansu Tamarisk**）

灌木，高达 4 m。茎和老枝紫褐或棕褐色。叶披针形，长 2-6 mm，基部半抱茎，具耳。总状花序侧生于去年生枝条，单生，长 6-8 cm；苞片卵状披针形或宽披针形，长 1.5-2.5 mm。花梗长 1.2-2 mm；花 5 数，兼有 4 数花；萼片三角状卵圆形，长约 1 mm；花瓣淡紫或粉红色，卵状长圆形，长约 2 mm，宽 1-1.5 mm，花后花瓣部分脱落；花盘紫棕色，5 裂；雄蕊 5 枚，花丝长达 3 mm，多超出花冠，着生于花盘裂片间或裂片顶端；4 数花之花盘 4 裂，花丝着生于花盘裂片顶端；子房窄圆锥状瓶形，花柱 3，柱头头状。蒴果圆锥形，种子 25-30。花期 4-5 月。

分布与生境 产于新疆、青海（柴达木盆地）、甘肃（河西）、内蒙古（西部至磴口）。生于荒漠河岸、湖边滩地、沙丘边缘。

药用部位 嫩枝、叶、花。

功效应用 解表透疹，祛风止咳，清热解毒。用于麻疹不透，咳嗽，风寒感冒，小便不利，风湿痛，风疹身痒。

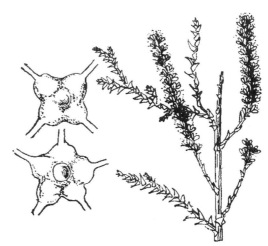

甘肃柽柳 **Tamarix gansuensis** H. Z. Zhang ex P. Y. Zhang et M. T. Liu
刘名廷 绘

6. 密花柽柳（中国高等植物图鉴）

Tamarix arceuthoides Bunge in Mem. Acad sci. St. Petersb. Sav. Etr. 7: 295. 1854.（ 英 **Dense-flowered Tamarisk**）

灌木或为小乔木，高达 6 m。小枝红紫色。绿色营养枝之叶鳞绿色，几抱茎，卵形、卵状披针形或近三角状卵形，长 1-2 mm；木质化生长枝之叶长卵形。春季总状花序组成复总状侧生去年老枝，花序长 4-5 cm；夏秋季花序生于当年生枝顶组成圆锥花序，花序长 2-3 cm。苞片卵状钻形或条状披针形；花梗长 0.5-0.7 mm；花 5 数；萼片卵状三角形；花瓣倒卵形或椭圆形，开展，长 1-1.7 (-2) mm，宽 0.5 mm，粉红、紫红或粉白色，早落；花盘 5 深裂，每裂片顶端常凹缺或再深裂成 10 裂片，紫红色；花丝细长，常超出花瓣 1-2 倍，生于花盘 2 裂片间；子房长圆锥形，花柱 3。蒴果长 3-4 mm，径 0.7 mm。花期 5-9 月。

分布与生境 产于新疆（天山及山前）、甘肃（河西祁连山山前）。生于山地和山前河流两旁的沙砾戈壁滩上及季节性流水的干砂、砾质河床上，地下水为埋藏不深的淡水。分布于俄罗斯、伊拉克、伊朗、阿富汗、巴基斯坦和蒙古。

药用部位 嫩枝叶。

功效应用 解表透疹，祛风利尿。用于麻疹不透，风疹，小便不利。

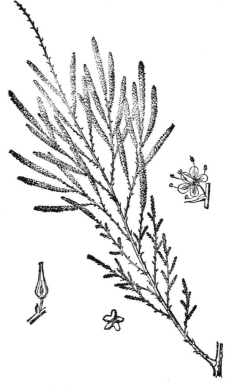

密花柽柳 **Tamarix arceuthoides** Bunge
引自《中国高等植物图鉴》

7. 多花柽柳（中国高等植物图鉴）　霍氏柽柳（中国沙漠植物志）

Tamarix hohenackeri Bunge, Tent. Gen. Tamar. 44. 1852.（英 **Manyflower Tamarisk, Hohenacker's Tamarisk, Multiflorous Tamarisk**）

灌木或小乔木，高 1–3 (–6) m；老枝灰棕色，小枝淡紫红或深紫色。叶披针形或卵状披针形，长 1–5 mm，长渐尖。总状花序春季侧生去年枝上，单生或 2–3 个簇生，无梗或有长 2 cm 的总花梗（夏季开花则花在嫩枝顶上组成短圆锥花序）；苞片条形或披针形，长 1–2 mm，长略超过花梗，少有几等于花梗和萼的总长，膜质；花梗长等于或超过萼；花 5 出；萼片卵形；花冠球形，宿存，花瓣卵形或几圆形，长 1.5–2 mm，粉红色，少有白色；花盘 5 裂；雄蕊 5 枚，长等于或超过花瓣；花柱 3，少有 4，棒状匙形，长为子房的一半，稀长为其 1/3 或 3/5。蒴果长 4–5 mm，超出花萼 4 倍。花期，春季开花 5 月至 6 月上旬，夏季开花直到秋季。

分布与生境　产于新疆、青海（柴达木盆地）、甘肃（河西）、宁夏（北部）和内蒙古（西部）。生于荒漠河岸林中，荒漠河、湖沿岸沙地广阔的冲积淤积平原上的轻度盐渍化土壤上。俄罗斯（欧洲部分东南部至亚洲中部）、伊朗和蒙古也有分布。

药用部位　嫩枝叶。

功效应用　祛风除湿，利尿，解表。用于小便不利，风疹。

化学成分　茎叶含酚类：没食子酸(gallic acid)[1]。

茎皮、枝叶、花、果实含鞣质、黄酮、香豆素、黏液质、碳水化合物、羧酸等；花和果实含花青素[2]。

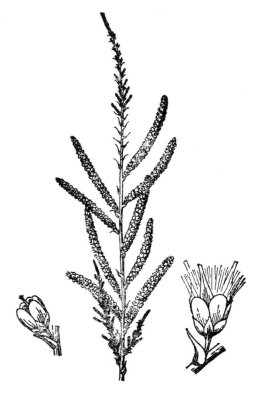

多花柽柳 **Tamarix hohenackeri** Bunge
引自《中国高等植物图鉴》

化学成分参考文献

[1] 廖菁，等. 新疆农业科学, 2013, 50(7): 1310-1313.

[2] Belyavtseva LV, et al. *Vopr. Farmakol. i Farmatsii, (Tashkent)*, 1978, (6): 61-62.

8. 柽柳（开宝本草）　华北柽柳（中国沙漠植物志）三春柳（陕西通志），西湖杨（江苏高淳），观音柳（广州，南京），红筋条（河南），红荆条（山东）

Tamarix chinensis Lour., Fl. Cochinch. 1: 182. Pl. 24.1790.——*T. gallica* L. var. *chinensis* (Lour.) Ehrenb.（英 **Chinese Tamarisk, Juniper Tamarisk, Salt Cedar**）

小乔木或灌木，高达 8 m。老枝直立，暗褐红色，光亮；幼枝稠密纤细，常开展而下垂，红紫或暗紫红色，有光泽。叶鲜绿色，钻形或卵状披针形，长 1–3 mm，背面有龙骨状突起，先端内弯。每年开花 2–3 次；春季总状花序侧生于去年生小枝，长 3–6 cm，下垂；夏秋总状花序，长 3–5 cm，生于当年生枝顶端，组成顶生圆锥花序。花 5 出，密生，粉红色；花梗纤花瓣卵状椭圆形或椭圆，紫红色，肉质；苞片绿色，条状钻形，短于花梗和萼的总长；萼片卵形；花瓣长圆形，宿存；花盘 5 裂，或每一裂片再 2 裂成 10 裂片状；雄蕊 5 枚，生在花盘裂片之间，花药钝；柱头 3，棍棒状。蒴果圆锥形，长 3.5 mm。花期 4–9 月。

分布与生境 野生于辽宁、河北、河南、山东、江苏（北部）、安徽（北部）等地；栽培于我国东部至西南部各地。喜生于河流冲积平原，海滨、滩头、潮湿盐碱地和沙荒地。日本、美国也有栽培。

药用部位 细嫩枝叶。

功效应用 疏风解表，透疹解毒。用于麻疹难透，风湿疹，皮肤瘙痒，荨麻疹，感冒，咳嗽，风湿骨痛。

柽柳 **Tamarix chinensis** Lour.
引自《中国高等植物图鉴》

柽柳 **Tamarix chinensis** Lour.
摄影：朱鑫鑫 徐克学

化学成分 枝干含三萜类：白桦脂酸(betulinic acid)，24-亚甲基环木菠萝醇(24-methylene-cycloartanol)，杨梅二醇(myricadiol)，异石栗萜酸▲(isoaleuritolic acid)，异石栗萜酸▲-3-对羟基桂皮酸酯(isoaleuritolic acid-3-*p*-hydroxycinnamate)，山楂酸(maslinic acid)，异杨梅二醇(isomyricadiol)，白桦脂醇(betulin)，羽扇豆醇(lupeol)[1]；其他类：植醇(phytol)[1]。

枝叶含三萜类：柽柳酮(tamarixone)，柽柳醇(tamarixol)[2]，白桦脂酸(betulinic acid)，2α,3β-二羟基

熊果-12-烯-28-酸(2α,3β-dihydroxyurs-12-en-28-oic acid)，β-香树脂醇乙酸酯(β-amyrin acetate)，2α,3β,23-三羟基齐墩果-12-烯-(2α,3β,23-trihydroxyolean-12-ene)[3]，水柏枝素A(myricarin A; isotamarixen)[4]；黄酮类：柽柳素(tamarixetin)，芦丁(rutin)，鼠李柠檬素(rhamnocitrin)，芹菜苷元(apigenin)，柽柳素-7-O-β-D-吡喃葡萄糖苷(tamarixetin-7-O-β-D-glucopyranoside)，柽柳素-3-O-α-L-吡喃鼠李糖苷(tamarixetin-3-O-α-L-rhamnopyranoside)，5,7,3',5'-四羟基-6,4'-二甲氧基黄酮(5,7,3',5'-tetrahydroxy-6,4'-dimethoxyflavone)，槲皮素-7,3',4'-三甲醚(quercetin-7,3',4'-trimethyl ether)，山奈酚-3-O-β-D-吡喃葡萄糖醛酸苷(kaempferol-3-O-β-D-glucuropyranonide)[2]，槲皮素(quercetin)[3,5]，山奈酚-4'-甲醚(kaempferol-4'-methyl ether)，山奈酚-7,4'-二甲醚(kaempferol-7,4'-dimethyl ether)[4,5]，槲皮素-3'-甲醚(quercetin-3'-methyl ether)，槲皮素-3',4'-二甲醚(quercetin-3',4'-dimethyl ether)[5]，5-羟基-7,4'-二甲氧基黄酮(5-hydroxy-7,4'-dimethoxyflavone)，7-甲基-山奈酚(7-methylkaempferol)[6]，山奈酚(kaempferol)[3-4,6]；苯丙素类：二十六烷基-3-咖啡酸酯(hexacosyl-3-caffeate)，阿魏酸(ferulic acid)[4]，2-羟基-4-甲氧基桂皮酸(2-hydroxy-4-methoxycinnamic acid)[7]；木脂素类：穗罗汉松树脂酚(matairesinol)[4]；酚、酚酸及其酯类：柽柳酚▲(tamarixinol)[2]，没食子酸(gallic acid)，没食子酸甲酯-3-甲醚(methyl gallate-3-methyl ether)[4,7]；生物碱类：骆驼蓬明碱▲(harmine)[4]；脂肪烃、醇、酸及其酯类：三十一烷(hentriacontane)，12-三十一醇(12-hentriacontanol)，硬脂酸，三十二烷基乙酸酯(dotriacontanyl acetate)[2]；甾体类：豆甾-4-烯-3,6-二酮(stigmast-4-ene-3,6-dione)，胆甾醇(cholesterol)，麦角甾-4,24(28)-二烯-3-酮[ergosta-4,24(28)-diene-3-one]，谷甾酮(sitosterone)[6]，β-谷甾醇，胡萝卜苷[2]。

花含挥发油：十五烷(pentadecane)，6,10,14-三甲基-2-十五酮(6,10,14-trimethyl-2-pentadecanone)，5,6-二氢-6-戊基-2H-吡喃-2-酮(5,6-dihydro-6-pentyl-2H-pyran-2-one)，十六烷(hexadecane)，二氢猕猴桃内酯[5,6,7,7a-tetrahydro-4,4,7a-trimethyl-2(4H)-benzofuranone]等[8]。

药理作用 镇痛解热抗炎作用：柽柳水煎剂有镇痛作用，对伤寒菌致发热家兔有退热作用，可降低小鼠耳郭毛细血管通透性，抑制二甲苯致小鼠耳肿胀[1]。

抗细菌作用：柽柳中的柽柳酮及柽柳醇对金黄色葡萄球菌有抑制作用[2]。

抗肿瘤作用：从柽柳中分离得到的白桦脂醇、白桦脂酸、羽扇豆醇、24-亚甲基环木菠萝醇、异石栗萜酸-3-对羟基桂皮酸酯和山楂酸对人肺癌胞A549有细胞毒活性，植醇对人肝癌细胞株BEL-7402有细胞毒活性[3]。

西河柳 Tamaricis Cacumen
摄影：陈代贤

杀昆虫作用：柽柳中的鞣酸和多酚内酯为昆虫生长抑制剂[4]。

毒性及不良反应 柽柳水煎剂以生药50 g/kg的最大允许量给小鼠灌胃，给药7天，未发现小鼠死亡[1]。

注评 本种为历版中国药典收载"西河柳"，内蒙古蒙药材标准（1986年版）和新疆药品标准（1980年版）收载"山川柳"的基源植物，药用其干燥细嫩枝叶；药材又称"柽柳"（开宝本草）或"赤柽木"（证类本草），药材以茎紫赤者为佳，故处方常用"赤柽柳"之名。除本种外，尚有同属植物多枝柽柳 Tamarix ramosissima Ledeb.、同科植物水柏枝 Myricaria paniculata P. Y. Zhang et Y. J. Zhang 和宽苞水柏枝 Myricaria bracteata Royle 的嫩枝叶在产区作"西河柳"药用，其功用与"西河柳"相似，是其类似品。新疆个别地区曾以同科植物红砂 Reaumuria songarica (Pall.) Maxim. 伪充"西河柳"药用，应注意鉴别。藏族和蒙古族也药用本种的嫩枝，治疗血热病，瘟病时疫，麻疹难透，风疹身痒，感冒，咳嗽，风湿骨痛，肉食中毒等症。藏医学和蒙古族医学中主要使用同科水柏枝属植物的嫩枝叶。

化学成分参考文献

[1] 王斌，等. 中草药，2009, 40(5): 697-701.

[2] 姜岩青，等. 药学学报，1988, 23(10): 749-755.

[3] 陈柳生，等. 中草药，2014, 45(13): 1829-1833.

[4] 赵磊，等. 中药材，2014, 37(1): 61-63.

[5] 张秀尧，等 . 中草药，1989, 20(3): 100-104.

[6] 王斌，等 . 中国药学杂志，2009, 44(8): 576-580.

[7] 张秀尧，等 . 中草药，1991, 22(7): 299-303.

[8] 吴彩霞，等 . 中国药房，2010, 21(15): 1406-1407.

药理作用及毒性参考文献

[1] 赵润洲，等 . 中草药，1995, 26(2): 85.

[2] 姜岩青，等 . 药学学报，1988, 23(10): 749-755.

[3] 王斌，等 . 中草药，2009, 40(5): 697-701.

[4] Klocke JA, et al. *Phytochemistry*, 1985, 25(1): 85-91.

9. 甘蒙柽柳（中国植物志）

Tamarix austromongolica Nakai in J. Jap. Bot. 14: 289. 1938.（英 **Austomongolia Tamarisk**）

灌木或乔木，高达 6 m；树干和老枝栗红色。小枝直立或斜展。营养枝叶长圆形或长圆状披针形，先端外倾，灰蓝绿色。春季总状花序侧生于去年生枝，花序直立，长 3–4 cm；苞片线状披针形；花梗极短。夏、秋季总状花序生于当年生幼枝，组成顶生圆锥花序；花 5 数；萼片卵形，边缘膜质透明；花瓣倒卵状长圆形，淡紫红色，先端外弯，花后宿存；花盘 5 裂，顶端微凹，紫红色；雄蕊 5 枚，伸出花瓣之外，花丝丝状，着生于花盘裂片间；子房红色，柱头 3，下弯。蒴果长圆锥形，长约 5 mm。花期 5–9 月。

甘蒙柽柳 Tamarix austromongolica Nakai
刘名廷　绘

甘蒙柽柳 Tamarix austromongolica Nakai
摄影：张英涛

分布与生境　产于青海（东部）、甘肃（秦岭以北，乌鞘岭以东）、宁夏和内蒙古（中南部和东部）、陕西（北部）、山西、河北（北部）及河南等地。生于盐渍化河漫滩及冲积平原，盐碱沙荒地及灌溉盐碱地边。

药用部位　枝、叶。

功效应用　解热透疹，祛风湿，利尿。用于麻疹不透，风疹瘙痒，小便不利。

10. 刚毛柽柳（中国高等植物图鉴）毛红柳（甘肃河西）

Tamarix hispida Willd. in Abh. Phys. Kl. Akad. Wiss. Berlin. 1812-1813: 77(1816).（英 **Kaschgar Tamarisk, Bristle Tamarisk**）

灌木，高 1.5–4.5 m；枝灰红色、淡红色或灰色，密生细刚毛。叶卵形至卵状披针形，长 0.5–2 mm。总状花序出自幼枝，顶生，密集，长 4–7 (–17) cm，宽 2–5 mm，组成顶生圆锥花序；苞片披针形；花 5 数，花梗长几等于萼；萼片长 1–1.3 mm，宽卵形，钝；花瓣卵形或狭椭圆形，长 2 mm，外弯，先端圆形，紫红色、红色，花后散落；花丝基部宽，着生于紫红色的花盘之顶；雌蕊长不足 2 mm，花药心形，顶端钝，常具小尖头；子房长瓶状，花柱 3，长约为子房的 1/3，柱头极短。蒴果狭长锥形瓶状，长 4–5 (–7) mm，宽 1 mm，比萼片长 4–5 倍以上，壁薄，颜色有金黄色以至紫色，含种子约 15 粒。花期 7–9 月。

刚毛柽柳 Tamarix hispida Willd.
引自《中国高等植物图鉴》

刚毛柽柳 Tamarix hispida Willd.
摄影：徐永福

分布与生境　产于新疆、青海（柴达木盆地）、甘肃（河西）、宁夏（北部）和内蒙古（西部至磴口）等地。生于荒漠区域河漫滩冲积、淤积平原和湖盆边缘的潮湿和松陷盐土上，盐碱化草甸和沙丘间，亦集成数米高的风植砂堆，在次生盐渍化的灌溉田地上有时也有生长。亚洲中部也有分布。

药用部位　枝叶。

功效应用　解热透疹，祛风除湿，解表，利尿，解毒。用于麻疹不透，关节炎，癣湿。

化学成分　地上部分含三萜类：水柏枝素A (myricarin A; isotamarixen)[1]，3α-羟基蒲公英萜-14-烯-28-酸 (3α-hydroxytaraxeran-14-en-28-oic acid)[2]；黄酮类：鼠李柠檬素(rhamnocitrin)，异鼠李素(isorhamnetin)[1,3]，3,5-二羟基-4',7-二甲氧基黄酮(3,5-dihydroxy-4',7-dimethoxyflavone)，缅茄苷▲(afzelin)，5,3'-二羟基-7,4'-二甲氧基黄酮-3-O-β-D-吡喃葡萄糖苷(5,3'-dihydroxy-7,4'-dimethoxyflavone-3-O-β-D-glucpyranoside)[3]；酚、酚酸、鞣质类：丁香酸(syringic acid)[3]，4-甲氧基没食子酸甲酯(4-methoxygallic acid methyl ester)，2-O-没食子酰基-β-D-吡喃葡萄糖(2-O-galloyl-β-D-glucopyranose)，2-O-没食子酰基-3-O-(1-去氢二没食子酰基)-4,6-六羟基二苯甲酰吡喃葡萄糖[2-O-galloyl-3-O-(1-dehydrodigalloyl)-4,6-hexahydroxydiphenoylglucopyranose][4]；咖啡酸(caffeic acid)[4]，没食子酸(gallic acid)，鞣花酸(ellagic acid)，去氢二没食子酸(dehydrodigallic acid)[4-5]，异香荚兰酸甲酯(methyl isovanillate)，没食子醛(gallic aldehyde)，β-D-吡喃葡萄糖基-2-没食子酸酯(β-D-glucopyranosyl-2-gallate)，2,3-二-O-没食子酰基-D-葡萄糖(2,3-di-O-galloyl-D-glucose)，柽柳鞣花酸(tamarixellagic acid)，环 4,6-(4,4',5,5',6,6'-六羟基[1,1'-双苯基]-2,2'-二羧酸酯)-3-[3-(6-羧基-2,3,4-三羟基苯氧基)-4,5-二羟基苯甲酸酯]-β-D-吡喃葡萄糖{cyclic 4,6-(4,4',5,5',6,6'-hexahydroxy[1,1'-biphenyl]-2,2'-dicarboxylate)-3-[3-(6-carboxy-2,3,4-trihydroxyphenoxy)-4,5-dihydroxybenzoate]-β-D-glucopyranose)}[5]；甾体类：β-谷甾醇[4]；其他类：β-胡萝卜素(β-carotene)[4]，植醇(phytol)，三十一醇(hentriacontanol)[4]。

花含花青素类：飞燕草素葡萄糖苷(delphinidin glucoside)，矢车菊素葡萄糖苷(cyaniding glucoside)，天竺葵素葡萄糖苷(pelargonidin glucoside)[6]。

药理作用 酶抑制作用：从刚毛柽柳中分离得到的鼠李柠檬素、异鼠李素和水柏枝素 A 对脯氨酰内肽酶均显示出抑制活性[1]。

注评 本种的花序和幼枝为维吾尔族用药，主要用途见功效应用项。

化学成分参考文献

[1] Sultanova N et al. *Planta Med*, 2004, 70(1): 65-67.

[2] Umbetova AK, et al. *Chem Nat Compd*, 2006, 42(3): 332-335.

[3] Sultanova NA, et al. *Chem Nat Compd*, 2002, 38(1): 98-99.

[4] Sultanova NA, et al. *Chem Nat Compd*, 2004, 40(2): 192-193.

[5] Sultanova NA. *Izvestiya Natsional'noi Akademii Nauk Respubliki Kazakhstan, Seriya Khimicheskaya*, 2009, (2): 59-63.

[6] Belyavtseva LV, et al. *Mater. Yubileinoi Resp. Nauchn. Konf. Farm., Posvyashch. 50-Letiyu Obraz. SSSR*, 1972, 43-44.

药理作用及毒性参考文献

[1] Sultanova N, et al. *Planta Med*, 2004, 70(1): 65-67.

---

11. 多枝柽柳（中国植物志） 红柳（甘肃河西和新疆）

Tamarix ramosissima Ledeb., Pall Fl. Alt. 1: 424. 1829.（英 **Branchy Tamarisk**）

灌木或小乔木状，高达 6 m。老枝暗灰色，当年生木质化生长枝红棕色，有分枝。营养枝叶卵圆形或三角状心形，长 2–5 mm，先端稍内倾。总状花序生于当年生枝顶，集成顶生圆锥花序，长 1–5 cm；苞片披针形或卵状披针形。花 5 数；萼片卵形；花梗短于或等长于萼，萼片 5，卵形，渐尖或钝头；花瓣倒卵形，粉红或紫色，靠合成杯状花冠，果时宿存；花盘 5 裂，裂片顶端有凹缺；雄蕊 5 枚，花丝细，基部不变宽，着生于花盘裂片间边缘略下方，花药钝或在顶端具钝突起；花柱 3，棍棒状。蒴果三棱圆锥状瓶形，长 3–5 mm。花期 5–9 月。

分布与生境 产于西藏西部（据记载，未见标本）、新疆、青海（柴达木盆地）、甘肃（河西）、内蒙古（西部至临河）和宁夏（北部）。生于河漫滩、河谷阶地上，沙质和黏土质盐碱化的平原上，沙丘上，每集沙成为风植沙滩。欧洲东部、俄罗斯、伊朗、阿富汗和蒙古也有分布。

药用部位 细嫩枝叶。

功效应用 疏风，解表，透疹解毒。用于麻疹难透，荨麻疹，风疹身痒，感冒，咳嗽，风湿骨痛，老年慢性气管炎，癣。

化学成分 嫩枝含三萜类：石栗萜酸▲(aleuritolic acid)，石栗萜酮酸▲(aleuritolonic acid)[1]；黄酮类：鼠李柠檬素(rhamnocitrin)，鼠李素(rhamnetin)，山奈酚(kaempferol)，香树素(aromadendrin)，(2α,3β)-二氢鼠李素[(2α,3β)-

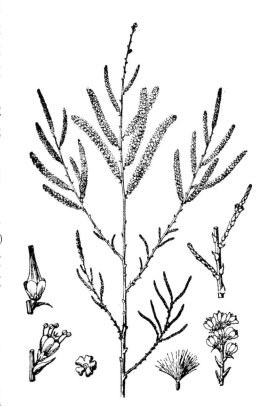

多枝柽柳 **Tamarix ramosissima** Ledeb.
引自《中国高等植物图鉴》

dihydrorhamnetin]，槲皮素(quercetin)，7,4'-二甲氧基山奈酚(7,4'-dimethoxykaempferol)，3-甲氧基山奈酚(3-methoxykaempferol)[1]；苯丙素类：异阿魏酸(isoferulic acid)[1-2]，阿魏酸(ferulic acid)，咖啡酸(caffeic acid)，4-O-乙酰咖啡酸(4-O-acetyl-caffeic acid)[2]；酚、酚酸类：鞣花酸-3,3'-二甲醚(ellagic acid-3,3'-dimethyl ether)[1-2]，单去羧基鞣花酸(monodecarboxyellagic acid)，鞣花酸(ellagic acid)，3,3'-二-O-甲基鞣

花酸-4-*O*-β-D-吡喃葡萄糖苷(3,3'-di-*O*-methylellagic acid-4-*O*-β-D-glucopyranoside)，3,3'-二-*O*-甲基鞣花酸-4'-*O*-α-D-呋喃阿拉伯糖苷(3,3'-di-*O*-methylellagic acid-4'-*O*-α-D-arabinfuranoside)，4-甲基-1,2-苯二酚(4-methyl-1,2-benzenediol)[2]。

枝叶含苯丙素类：异阿魏酸[3]；酚类：4-羟基-3,5-二甲氧基苯甲醛(4-hydroxy-3,5-dimethoxybenzaldehyde)，4-羟基-3,5-二甲氧基苯甲酸(4-hydroxy-3,5-dimethoxybenzic acid)[3]；甾体类：β-谷甾醇，胡萝卜苷[3]。

叶含黄酮类：柽柳素(tamarixetin)[4]。

地上部分含酚、酚酸、鞣质类：4-甲氧基没食子酸甲酯(4-methoxygallic acid methyl ester)，2-*O*-没食子酰基-β-D-吡喃葡萄糖(2-*O*-galloyl-β-D-glucopyranose)，2-*O*-没食子酰基-3-*O*-(1-去氢二没食子酰基)-4,6-六羟基二苯甲酰吡喃葡萄糖[2-*O*-galloyl-3-*O*-(1-dehydrodigalloyl)-4,6-hexahydroxydiphenoylglucopyranose][5]，没食子酸(gallic acid)，鞣花酸(ellagic acid)，去氢二没食子酸(dehydrodigallic acid)[5-6]，异香荚兰酸甲酯(methyl isovanillate)，没食子醛(gallic aldehyde)，β-D-吡喃葡萄糖基-2-没食子酸酯(β-D-glucopyranosyl-2-gallate)，2,3-二-*O*-没食子酰基-D-葡萄糖(2,3-di-*O*-galloyl-D-glucose)，柽柳鞣花酸(tamarixellagic acid)，环4,6-(4,4',5,5',6,6'-六羟基[1,1'-双苯基]-2,2'-二羧酸酯)-3-[3-(6-羧基-2,3,4-三羟基苯氧基)-4,5-二羟基苯甲酸酯]-β-D-吡喃葡萄糖{cyclic 4,6-(4,4',5,5',6,6'-hexahydroxy[1,1'-biphenyl]-2,2'-dicarboxylate)-3-[3-(6-carboxy-2,3,4-trihydroxyphenoxy)-4,5-dihydroxybenzoate]-β-D-glucopyranose}[6]；苯丙素类：咖啡酸(caffeic acid)[5]；甾体类：β-谷甾醇[5]；挥发油：十五烷(pentadecane)，壬醛(nonanal)，十六烷(hexadecane)，十四烷(tetradecane)，己醛(hexanal)等[7]；其他类：β-胡萝卜素(β-carotene)[5]，植醇(phytol)，三十一醇(hentriacontanol)[5]。

药理作用　抗细菌和抗真菌作用：多枝柽柳水：丙酮(1:1)浸提物的乙酸乙酯部分对白喉杆菌、奇异杆菌、正丁醇部分对伤寒沙门菌、白喉杆菌均有抑菌活性，两者还可拮抗人体病原真菌黑曲霉[1]。

抗氧化作用：多枝柽柳水：丙酮(1:1)浸提物的乙酸乙酯部分及分离得到的鞣质部分均具有抗氧化作用，可减少 DPPH 自由基[1]。

其他作用：从多枝柽柳分离得到的柽柳素对 DNA 修复缺陷突变型酵母菌株酿酒酵母有毒性作用，但对野生型酵母菌株无明显的抑制作用[1]。

注评　本种细嫩枝叶在产地作"西河柳"药用，为类似品，"西河柳"药材商品情况，参见柽柳 Tamarix chinensis Lour. 注评。蒙古族也药用，主要用途见功效应用项。维吾尔族药用本种的花序和幼枝，治疗咳嗽，风寒感冒，风湿痛，风疹，小儿麻疹，小便不利等症。

化学成分参考文献

[1] 张媛，等. 中草药, 2006, 37(12): 1764-1768.

[2] 李娟，等. 多枝柽柳中的酚酸类化学成分 [J]. 中国中药杂志，2014, 39(11): 2047-2050.

[3] 谭成玉，等. 西北药学杂志，2013, 28(2): 114-116.

[4] Sultanova N, et al. *J Ethnopharmacol*, 2001, 78(2/3): 201-205.

[5] Sultanova NA, et al. *Chem Nat Compd*, 2004, 40(2): 192-193.

[6] Sultanova NA. *Izvestiya Natsional'noi Akademii Nauk Respubliki Kazakhstan, Seriya Khimicheskaya*, 2009, (2): 59-63.

[7] 吴彩霞，等. 中国药房，2010, 21(23): 2164-2166.

药理作用及毒性参考文献

[1] Sultanova N, et al. *J Ethnopharmacol*, 2001, 78(2/3): 201-205.

12. 细穗柽柳（中国高等植物图鉴）

Tamarix leptostachya Bunge in Mem. Aci. Sci. Petersb. Sav. Etr. 7: 293. 1854.（英 **Thinspike Tamarisk, Thin-spiked Tamarisk**）

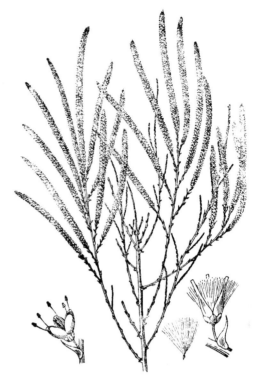

灌木，高 1-3 (-6) m，老枝树皮淡棕色，青灰色或火红色；当年生木质化生长枝灰紫色或火红色，小枝略紧靠；生长枝上的叶狭卵形，卵状披针形，急尖，半抱茎，略下延。总状花序细长，长 4-12 cm，生于当年生幼枝顶端，集成顶生密集的球形或卵状大型圆锥花序；苞片钻形，渐尖；花梗与花萼等长或略长。花 5 数，小；花萼长 0.7-0.9 mm，萼片卵形，钝渐尖，边缘窄膜质；花瓣倒卵形，钝，长约 1.5 mm，宽 0.5 mm，淡紫红色或粉红色，一半向外弯，早落；花盘 5 裂；雄蕊 5 枚，花丝细长，伸出花冠之外，花丝基部变宽，着生在 5 个花盘裂片的顶端，花药心形，无尖突；子房细圆锥形，花柱 3；蒴果细，长 1.8 mm。花期 6 月上旬至 7 月上旬。

分布与生境 产于新疆、青海（柴达木盆地）、甘肃（河西）、宁夏（北部）、内蒙古（西部至磴口一带）。主要生长在荒漠地区盆地下游的潮湿和松陷盐土上，丘间低地，河湖沿岸，河漫滩和灌溉绿洲的盐土上。俄罗斯（中亚）和蒙古也有分布。

药用部位 嫩枝、叶、果穗。

功效应用 发汗解表，透疹，祛风除湿，利尿通淋。用于咳嗽，风寒感冒，风湿痛，风疹，小儿麻疹，小便不利。

注评 本种细嫩枝叶药用，为"西河柳"的类似品。本种为《西阳杂俎》中记载"白柽"的原植物之一。"西河柳"药材商品情况，参见柽柳 Tamarix chinensis Lour. 注评。维吾尔族药用本种的花序和幼枝，主要用途见功效应用项。

细穗柽柳 **Tamarix leptostachya** Bunge
引自《中国高等植物图鉴》

13. 盐地柽柳（中国植物志） 短毛柽柳（中国中药资源志要）

Tamarix karelinii Bunge, Tent. Gen. Tamar. 68. 1852.（英 **Karelin's Tamarisk, Saline Tamarisk**）

大灌木或小乔木，高达 7 m；树皮紫褐色。幼枝上具不明显乳头状毛。叶卵形，长 1-1.5 mm，先端尖，内弯，几半抱茎，基部钝，稍下延。总状花序长 5-15 cm，生于当年生枝顶，集成开展圆锥花序；苞片披针形。花 5 数；萼片近圆形；花瓣倒卵状椭圆形，长约 1.5 mm，直伸或靠合，深红或紫红色，花后部分脱落；花盘薄膜质，5 裂；雄蕊 5 枚，花丝基部具退化蜜腺；花柱 3，长圆状棍棒形。蒴果长 5-6 mm。花期 6-9 月。

分布与生境 产于新疆、甘肃（河西）、青海（柴达木盆地）和内蒙古（西部到磴口一带）。生于荒漠地区盐碱化土质沙漠，沙丘边缘，河湖沿岸等地。俄罗斯（中亚）、伊朗、阿富汗、蒙古也有分布。

药用部位 嫩枝、叶、果穗。

盐地柽柳 **Tamarix karelinii** Bunge
刘名廷 绘

功效应用 发汗解表，透疹，祛风除湿，利尿通淋。用于感冒咳嗽，风疹，小便不利。
化学成分 茎、叶、花含黄酮[1]。

化学成分参考文献

[1] 张宏，等 . 生物技术，2009, 19(6): 32-34.

---

14. 塔里木柽柳（中国植物志）

Tamarix tarimensis P. Y. Zhang et M. T. Liu in Acta. Bot. Bor.-Occ. Sin. 8(4): 263. f. 4. 1988.（英 **Tarim Tamarisk**）

灌木，高 2-4 (-5) m，老枝灰褐色。绿色营养枝上的叶排列稀疏，叶贴茎生，但不呈鞘状，上部叶三角状卵形或卵状披针形，骤凸或渐尖，下部叶卵形，长约 1 mm，急尖，基部向外肿胀下延。总状花序长 3-5 cm，着花稀疏，1 cm 内有花约 5 朵，生当年生枝顶，集成稀疏的圆锥花序。苞片卵状披针形，渐尖呈钻形，基部下延；花 5 数，花萼深 5 裂，萼片卵形，具龙骨状隆起，淡黄绿色，边缘膜质；花瓣淡紫红色，粉红色，倒卵状长圆形，长 1.5-2 mm，半张开或张开，略向内曲，花后大部宿存；花盘 5 裂；雄蕊 5 枚，花药红色，花丝基部着生在花盘裂片顶端。蒴果长 4 mm，3 瓣裂。种子小，长 0.4-0.5 mm，紫红色或黑紫色。花期 6-9 月。

分布与生境 产于新疆（塔里木盆地安迪尔河下游）。生于流动沙丘边缘、沙丘及河岸沙地上。

药用部位 嫩枝、叶。

功效应用 祛风透疹。用于麻疹不透，风湿腿痛。

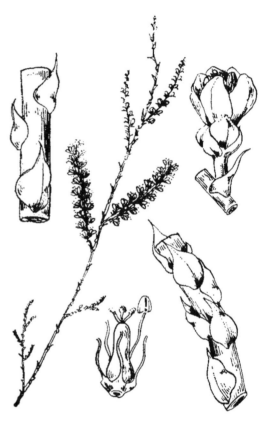

塔里木柽柳 Tamarix tarimensis P. Y. Zhang et M. T. Liu
刘名廷 绘

---

15. 沙生柽柳（中国植物志）

Tamarix taklamakanensis M. T. Liu in Acta. Phytotax. Sin. 17(3): 120. F. 1.1979.（英 **Taklamagan Tamarisk**）

大灌木或小乔木，高达 7 m；树皮黑紫色，有光泽。一、二年生枝细长下垂。营养枝之叶宽三角形，长约 1 mm，几抱茎呈鞘状，春季灰绿色，夏季黄绿色。总状花序于秋初生于当年生枝顶端，长 5-7 (-12) cm，集成顶生圆锥花序；苞片宽三角状卵形。花梗长约 2 mm；花 5 数；萼片卵形，淡黄绿色；花瓣倒卵形或长倒卵形，粉红色，开展，花后大部脱落；花盘 5 裂；雄蕊 5 枚，花丝粗，着生在花盘裂片顶端；花柱 3，基部连合，上部靠合，柱头圆头状。蒴果圆锥状瓶形，长 5-7 mm，3 瓣裂，有 15-20 粒种子。种子短棒状，长 2-2.5 (-3) mm，黑紫色，顶端丛生白色毛。花期 8-9 月，果期 9-11 月。

分布与生境 产于新疆塔里木盆地塔克拉玛干沙漠及东面的库姆塔格沙漠，一直延续到甘肃敦煌的西沿。生于远离河床和湖盆的沙丘上。

药用部位 嫩枝叶。

功效应用 用于解酒，治卒中。

注评 本种为我国特有种，为国家二级保护植物，为三级药用植物保护品种。

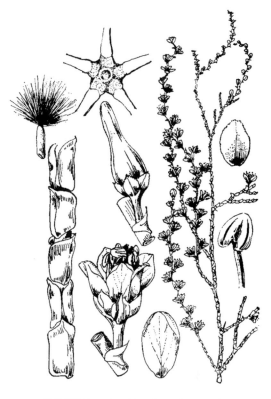

沙生柽柳 Tamarix taklamakanensis M. T. Liu
刘名廷 绘

---

16. 莎车柽柳（中国植物志） **莎车红柳**（中国植物志）

Tamarix sachensis P. Y. Zhang et M. T. Liu in Acta. Bot. Bor.-Occ. Sin. 8(4): 262. f. 3. 1988.（英 **Sachu Tamarisk**）

灌木，高 2-3 (-4) m；老枝直伸，灰褐色或灰色。绿色营养小枝上的叶退化，完全贴生在枝上，抱茎呈鞘状，但边缘不全抱合，先端急尖，略向外伸，灰绿色。总状花序生当年生枝顶，集成顶生小型疏散圆锥花序，长 2-5 (-8) cm，粗 4-6 mm，花稀疏；苞片卵状披针形，渐尖，基部抱茎，下延，略具耳，长 1.5 mm；花梗极短，长不过 1 mm；萼片卵圆形，急尖，淡绿色，边缘膜质半透明；花瓣倒卵形或长椭圆形，略偏斜，长 1.7-2 mm，淡紫或紫红色，半张开至张开，花后花瓣宿存；花盘 5 裂；雄蕊 5 枚，花丝着生于花盘裂片顶端，花药心形，顶端有明显的小突起；花柱 3；蒴果 3 裂，长 5 mm；种子长 0.5-0.6 mm，黑紫色。花期 6-9 月。

分布与生境 产于新疆南部莎车等地。生于流沙边缘丘间重盐碱沙地。

药用部位 嫩枝、叶。

功效应用 解酒毒。用于醒酒，卒中。

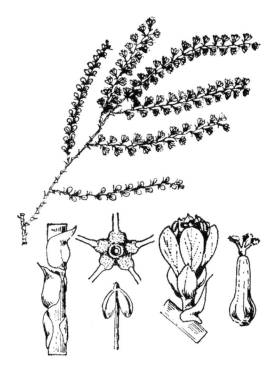

莎车柽柳 Tamarix sachensis P. Y. Zhang et M. T. Liu
刘名廷 绘

3. 水柏枝属 Myricaria Desv.

落叶灌木，稀为半灌木，直立或匍匐。单叶互生，无柄，通常密集排列于当年生绿色幼枝上，全缘。花两性，集成顶生或侧生的总状花序或圆锥花序；苞片具膜质边缘；花萼深 5 裂，裂片常具膜质边缘；花瓣 5，倒卵形、长椭圆形或倒卵状长圆形，常内曲，先端圆钝或具微缺刻，粉红色、粉白色或淡紫红色，通常在果时宿存；雄蕊 10 枚，5 长 5 短相间排列，花丝下部联合达其长度的 1/2 或 2/3 左右，稀下部几分离；花药 2 室，纵裂，黄色；雌蕊由 3 心皮组成，子房具 3 棱，胚珠多数，柱头头状，3 浅裂。蒴果 1 室，3 瓣裂。种子多数，顶端具芒柱，芒柱全部或一半以上被白色长柔毛。

约 13 种，分布于亚洲及欧洲。我国约有 10 种 1 变种，主要分布于西北及西南地区，其中 7 种可药用。

分种检索表

1. 匍匐或仰卧灌木。
  2. 枝匍匐，总状花序具 1–4 花 ·· 1. 匍匐水柏枝 M. prostrata
  2. 老枝仰卧，幼枝直立；总状花序具多数花，花序枝高出叶枝之上 ················· 2. 卧生水柏枝 M. rosea
1. 直立灌木。
  3. 叶大形，通带长 5–15 mm，宽 2 mm 以上，在枝上疏生。
    4. 叶披针形或长圆状披针形，基部渐狭缩；雄蕊花丝仅在基部合生 ············· 3. 秀丽水柏枝 M. elegans
    4. 叶宽卵形，基部扩展不抱茎；总状花序通常侧生，雄蕊花丝合生达其长度的 1/2 或 2/3 左右 ·············
     ·· 4. 宽叶水柏枝 M. platyphylla
  3. 叶小形，通常长 1.5–5 mm. 宽 2 mm 以下，在枝上密生。花较大，通常 5 mm 以上，苞片宽卵形、椭圆形或卵状披针形。
    5. 枝条通常有皮膜；花序侧生或数个花序簇生于枝腋，花序基部宿存有多数覆瓦状排列的鳞片 ············
     ·· 5. 具鳞水柏枝 M. squamosa
    5. 枝条通常无皮膜；花序通常顶生，基部无宿存鳞片或兼有顶生及侧生的二种花序。
      6. 具两种花序，春季总状花序侧生，夏秋季生顶生圆锥花序，较疏散 ······ 6. 三春水柏枝 M. paniculata
      6. 具 1 种顶生总状花序，花序紧密，近穗状；苞片宽卵形 ·················· 7. 宽苞水柏枝 M. bracteata

本属药用植物主要含三萜、黄酮、苯丙素、木脂素、酚酸等类型化合物。

1. 匍匐水柏枝（中国高等植物图鉴）

Myricaria prostrata Hook. f. et Thoms. ex Benth. et Hook. f., Gen. Pl. 1: 161.1862.（英 **Creeping False-tamarisk**）

匍匐矮灌木，高 5–14 cm；老枝灰褐色或暗紫色，平滑，去年生枝纤细，红棕色。叶在当年生枝上密集，长圆形或卵形，长 2–5 mm，宽 1–1.5 mm，先端钝，基部略狭缩，有狭膜质边。总状花序圆球形，侧生去年枝，密集，常由 1–3 花组成，少为 4 朵；花梗基部被覆瓦状排列的鳞片；苞片卵形或椭圆形；萼片卵状披针形或长圆形，长 3–4 mm，宽 1–2 mm，先端钝，有狭膜质边；花瓣倒卵形或长圆形，长约 4–6 mm，宽约 2–4 mm，淡紫色至粉红色；雄蕊花丝合生部分达 2/3 左右；子房卵形，柱头头状。蒴果圆锥形，长 8–10 mm。种子长圆形，长 1.5 mm，顶端具芒柱，芒柱被白色长柔毛。花果期 6–8 月。

分布与生境 产于西藏、青海、新疆（西南部）、甘肃（祁连山西部）。生于海拔 4000–5200 m 的高山河谷砂砾地、湖边沙地，砾石质山坡及冰川雪线下雪水融化后所形成的水沟边。印度、巴基斯坦、俄罗斯（亚洲中部）也有分布。

药用部位 嫩枝叶。

功效应用 透疹解表，疏风止咳，清热解毒。用于感冒，麻疹不透，咽喉肿痛，肺炎，肾炎，血中热症，黄水病，风湿性关节炎。

注评 本种为藏药标准（1979 年版）、青海药品标准（1986 年版）收载"水柏枝"的基源植物，药用其干燥嫩枝叶；藏语称"翁布"或"温布"，主要用途见功效应用项。

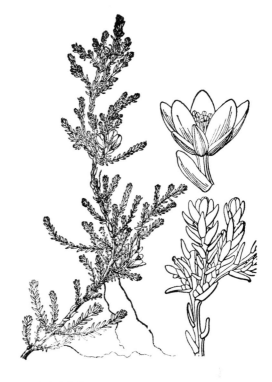

匍匐水柏枝 **Myricaria prostrata** Hook. f. et Thoms.
ex Benth. et Hook. f.
引自《中国高等植物图鉴》

2. 卧生水柏枝（中国高等植物图鉴）

Myricaria rosea W. W. Sm. in Notes Bot. Gard. Edinburgh 10: 52. 1917.（英 **Rose False-tamarisk**）

仰卧灌木，高约 1 m，多分枝；老枝平卧，红褐色或紫褐色，具条纹，幼枝直立或斜升，淡绿色。叶线状披针形至卵状披针形，呈镰刀状弯曲，先端钝或锐尖，基部略狭缩，常具狭膜质边。总状花序顶生，密集近穗状；花序枝常高出叶枝，粗壮，下部疏生线状披针形或卵状披针形的苞片，长 7–15 mm；花下的苞片披针形，等于或稍超过花瓣；花梗长约 2 mm；萼片线状披针形或卵状披针形，先端锐尖，具狭或宽的膜质边；花瓣狭倒卵形或长椭圆形，长 5–7 mm，凋存，粉红色或紫红色；花丝 1/2 或 2/3 部分合生，短于花瓣；子房圆锥形。蒴果狭圆锥形，长 8–10 (–15) mm，三瓣裂。种子具芒柱，芒柱几全部被白色长柔毛。花期 5–7 月，果期 7–8 月。

分布与生境 产于西藏东南部、云南西北部。生于海拔 2600–4600 m 的砾石质山坡、砂砾质河滩草地以及高山河谷冰川冲积地。尼泊尔、不丹、印度（西北部）也有分布。

药用部位 嫩枝。

功效应用 清热解毒。用于中毒症，黄水病，血热病，瘟病时疫，脏腑毒热。

卧生水柏枝 **Myricaria rosea** W. W. Sm.
引自《中国高等植物图鉴》

注评　本种的嫩枝为藏医用药，藏语称"奥木吾"或"温布"，主要用途见功效应用项。

卧生水柏枝 Myricaria rosea W. W. Sm.
摄影：陈彬

3. 秀丽水柏枝（中国高等植物图鉴）

Myricaria elegans Royle, Illustr. Bot. Himal. 214. 1839.（英 **Elegant False-tamarisk**）

灌木或小乔木，高约 5 m；老枝红褐色或暗紫色，当年生枝绿色或红褐色，光滑，有条纹。叶较大，生于当年生绿色小枝上，披针形至长圆状卵形，长 5–15 mm，宽 2–3 mm，先端钝或锐尖，基部狭缩具狭膜质边，无柄。总状花序通常侧生，稀顶生；苞片卵形或卵状披针形，长 4–5 mm，先端渐尖；花梗长 2–3 mm，萼片卵状披针形或三角卵形，长约 2 mm，先端钝，具宽膜质边；花瓣长圆状长卵形，长 5–6 mm，宽 2–3 mm，先端圆钝，粉红色；雄蕊略短于花瓣，花丝基部合生；子房圆锥形，柱头头状，3 裂。蒴果狭圆锥形，长约 8 mm。种子长圆形，顶端具被白色长柔毛的芒柱。花期 6–7 月，果期 8–9 月。

分布与生境　产于西藏西北部的阿里地区（日土、革吉、噶尔、札达、札囊、错那）及新疆西南部（叶城）。生于海拔 3000–4300 m 的河岸、湖边砂砾地及河滩。印度、巴基斯坦、俄罗斯也有分布。

药用部位　嫩枝。

功效应用　清热解毒。用于中毒症，黄水病，血热病，瘟病时疫，脏腑毒热。

化学成分　地上部分含三萜类：秀丽水柏枝烯▲(eleganene) A、B，白桦脂醇(betulin)，熊果酸(ursolic acid)，古柯二醇(erythrodiol)，黄麻酸▲(corosolic acid)[1-2]。

秀丽水柏枝 Myricaria elegans Royle
引自《中国高等植物图鉴》

注评 本种的嫩枝为藏医用药，藏语称"奥木吾"或"温布"，主要用途见功效应用项。

化学成分参考文献

[1] Ahmad M et al. *J Enzyme Inhib Med Chem*, 2008, 23(6): 1023-1027.

[2] Khan S, et al. *Chem Biodiversity*, 2010, 7(12): 2897-2900.

4. 宽叶水柏枝（中国植物志） 沙红柳（宁夏），喇嘛杆（内蒙古）

Myricaria platyphylla Maxim. in Bull. Imp. Petersb. 27: 425. 1881.（英 **Broad-leaved False-tamarisk**）

直立灌木，高约 2 m；多分枝；老枝红褐色或灰褐色，当年生枝灰白色或黄灰色，光滑。叶大，疏生，开展，宽卵形或椭圆形，长 7-12 mm，宽 3-8 mm，先端渐尖，基部圆形或宽楔形，不抱茎；叶腋多生绿色小枝，小枝上的叶较小。总状花序侧生，长 9-14 cm，基部被多数覆瓦状排列的鳞片；苞片宽卵形或椭圆形，长约 7 mm，具宽膜质边；花梗长约 2 mm；萼片长椭圆形或卵状披针形，长 4-5 mm，先端钝，具狭膜质边；花瓣倒卵形，长 5-6 mm，淡红色或粉红色；花丝 2/3 合生；子房卵圆形，柱头头状；果实圆锥形，长约 10 mm。种子长圆形，顶端芒柱全部被白色长柔毛。花期 4-6 月，果期 7-8 月。

分布与生境 产于内蒙古（巴彦淖尔、鄂尔多斯）、宁夏（中卫、灵武）、陕西西北部（榆林、安边）。生于海拔约 1300 m 的河滩沙地、沙坡及流动沙丘间洼地。

药用部位 嫩枝。

功效应用 发表透疹。用于麻疹初起，透发不畅，风寒外束，疹毒内陷，高热，感冒发热，乌头中毒。外用于瘾疹，湿疹，皮炎。

注评 本种的嫩枝称"沙红柳"，蒙古族药用，主要用途见功效应用项。

5. 具鳞水柏枝（中国植物志） 三春柳（拉英种子植物名称），山柳、鳞序水柏枝（中国沙漠植物志）

Myricaria squamosa Desv. in Ann. Sci. Nat. 4: 350. 1825.（英 **Squamate False-tamarisk**）

灌木，高 1-5 m；茎直立，上部多分枝；老枝紫褐色或灰褐色，光滑，有条纹，常有白色皮膜，薄片状剥落；当年生枝淡黄绿色至红褐色。叶披针形或长圆形，长 1.5-5 mm，先端钝或锐尖，具狭膜质边。总状花序侧生于老枝上，单生或数个花序簇生于枝腋；花序基部被覆瓦状排列的鳞片；鳞片宽卵形或椭圆形，近膜质；苞片椭圆形或倒卵状长圆形，长 4-6 mm，具宽膜质边或几为膜质；花梗长 2-3 mm；萼片卵状披针形或长椭圆形，长 2-4 mm，先端锐尖或钝；花瓣倒卵形或长椭圆形，长 4-5 mm，先端圆钝，基部狭缩，常内曲，紫红色或粉红色；花丝约 2/3 部分合生。蒴果狭圆锥形，长约 10 mm。种子狭椭圆形，芒柱一半以上被白色长柔毛。花果期 5-8 月。

分布与生境 产于西藏、新疆、青海、甘肃、四川等地。生于海拔 2400-4600 m 的山地河滩及湖边砂地。俄罗斯、阿富汗、巴基斯坦、印度也有分布。

药用部位 嫩枝叶。

功效应用 发散解毒。用于水肿，风热咳嗽，咽喉肿痛，黄水病，乌头中毒。外用于疥癣。

注评 本种的嫩枝为藏医用药，藏语称"奥木吾"或"温布"，主要用途见功效应用项。

具鳞水柏枝 **Myricaria squamosa** Desv.
引自《中国高等植物图鉴》

具鳞水柏枝 *Myricaria squamosa* Desv.
摄影：张英涛

6. 三春水柏枝（中国植物志）

Myricaria paniculata P. Y. Zhang et Y. J. Zhang in Bull. Bot. Res., Harbin 4(2): 75. 1984.（英 **Paniculate False-tamarisk**）

灌木，高 1-3 m；老枝深棕色或灰揭色，当年生枝灰绿色或红褐色。叶披针形至长圆形，长 2-4 mm，先端钝或锐尖，无柄，具狭膜质边；叶腋常生绿色小枝，小叶稠密。春季总状花序侧生于去年生枝上，基部被有覆瓦状排列的膜质鳞片；苞片先端圆钝。夏秋季开花，圆锥花序生于当年生枝顶端；苞片卵状披针形或狭卵形，长 4-6 mm，先端通常骤凸；花梗长 1-2 mm；萼片卵状披针形，长 3-4 mm，先端渐尖，内曲；花瓣倒卵形或倒卵状披针形，长 4-5 mm，常内曲，粉红色或淡紫红色，花后宿存；雄蕊 10 枚，花丝 1/2 或 2/3 部分合生。蒴果狭圆锥形，长 8-10 mm，三瓣裂。种子狭长圆形，芒柱一半以上被白色长柔毛。花期 3-9 月，果期 5-10 月。

分布与生境 产于河南西部（卢氏）、山西（中条山）、陕西、宁夏（东南部）、甘肃（中部及东南部）、四川、云南（西北部）、西藏（东部）。生于海拔 1000-2800 m 的山地河谷砾石质河滩，河床砂地、河漫滩及河谷山坡。

药用部位 嫩枝。

功效应用 清热解毒，发散透疹。用于麻疹不透，咽喉肿痛，急性风湿性关节炎中毒症，黄水病，血热病，瘟病时疫，脏腑毒热。

化学成分 嫩枝含三萜类：28-醛基蒲公英烯酮(28-aldehyde-taraxerenone)[1]，28-羟基-14-蒲公英烯-3-酮(28-hydroxy-14-taraxeren-3-one)，表无羁萜醇

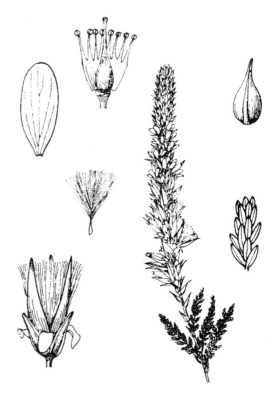

三春水柏枝 *Myricaria paniculata* P. Y. Zhang et Y. J. Zhang
李锡畴 绘

三春水柏枝 **Myricaria paniculata** P. Y. Zhang et Y. J. Zhang
摄影：张英涛

(epifriedelanol)[1-2]，水柏枝醛▲(myriconal)[2]，水柏枝素(myricarin) A、B[2]；甾体类：4-甲基-豆甾-7-烯-3-醇(4-methylstigmast-7-en-3-ol)[1-2]，β-谷甾醇[2]，胡萝卜苷[3]；黄酮类：藤黄双黄酮(morelloflavone)[1]，鼠李秦素(rhamnazin)，7-甲氧基山柰酚(7-methoxykaempferol)，鼠李素(rhamnetin)，槲皮素(quercetin)[3]；酚酸类：3,5-二羟基-4-甲氧基苯甲酸甲酯(methyl 3,5-dihydroxy-4-methoxybenzoate)[1]，3,4,3'-三甲氧基鞣花酸(3,4,3'-trimethoxyellagic acid)，3,3'-二甲氧基鞣花酸(3,3'-dimethoxyellagic acid)，3'-甲氧基鞣花酸-4-吡喃鼠李糖苷(3'-methoxy-ellagic acid-4-rhamnopyranoside)，3,3'-二甲氧基鞣花酸-4-吡喃葡萄糖苷(3,3'-dimethoxyellagic acid-4-glucopyranoside)[3]；苯丙素类：3-羟基-4-甲氧基桂皮酸(3-hydroxy-4-methoxycinnamic acid)[1]；脂肪醇类：12-三十一醇(12-hentriacontanol)，1-三十醇(1-triacontanol)[2]。

注评　本种为部颁标准·藏药（1995 年版）收载"水柏枝"的原植物，药用其干燥嫩枝；藏语称"奥木吾""温布"或"翁布"。标准误用拉丁名 *Myricaria germanica* (L.) Desv. 描述本种。羌族药用本种的鲜嫩枝，主要用途见功效应用项。

化学成分参考文献

[1] 李帅，等 . 中国中药杂志，2007, 32(5): 403-406.　　　　[3] 李帅，等 . 中草药，2008, 39(10): 1459-1461.

[2] Li S, et al. *J Asian Nat Prod Res*, 2005, 7(3): 253-257.

---

7. 宽苞水柏枝（中国植物志）　河柏（中国高等植物图鉴）、水柽柳（山西）、抽红柳（新疆），红柳（陕西）

Myricaria bracteata Royle, Illustr. Bot. Himal. 214. Tab. 44. f. 2. 1839.——*M. alopecuroides* Schrenk（英 **Foxtail-like Falsetamarisk, Broadbract Falsetamarisk, Broad-bracted Fasle-tamarisk**）

灌木，高 0.5–3 m，多分枝；老枝灰褐色或紫褐色，当年生枝红棕色或黄绿色，有光泽和条纹。叶密生，卵形、卵状披针形或狭长圆形，长 2–4 (–7) mm，宽 0.5–2 mm，常具狭膜质的边。总状花序顶生于当年生枝条上，密集呈穗状；苞片宽卵形或椭圆形，先端渐尖，边缘具宽膜质的啮齿状边缘；花梗长约 1 mm；萼片披针形或长圆形，长约 4 mm，先端钝或锐尖，常内弯，具宽膜质边；花瓣倒卵形或倒卵状长圆形，长 5–6 mm，先端圆钝，常内曲，基部狭缩，具脉纹，粉红或淡紫色，宿存；雄蕊略短于花瓣，花丝 1/2 或 2/3 部分合生。蒴果狭圆锥形，长 8–10 mm。种子狭长圆形，芒柱一半以上被白色长柔毛。花期 6–7 月，果期 8–9 月。

分布与生境　产于新疆、西藏、青海、甘肃（西北部）、宁夏（西北部）、陕西（榆林）、内蒙古（西部）、山西（北部）、河北等地。生于海拔 1100–3300 m 的河谷砂砾质河滩，湖边砂地以及山前冲积扇砂砾质戈壁上。克什米尔地区、印度、巴基斯坦、阿富汗、俄罗斯、蒙古也有分布。

药用部位　幼嫩枝条。

功效应用　清热解毒，疏风解表，升阳发散，止咳透疹。用于麻疹不透高热，风湿性关节痛，疥癣，皮肤瘙痒，血热，酒毒，瘾疹，风疹。

化学成分　嫩枝含三萜类：水柏枝素(myricarin) A、B，3α-羟基蒲公英萜-14-烯-28-酸(3α-hydroxytaraxer-14-en-28-oic acid)，杨梅二醇(myricadiol)[1]；黄酮类：五桠果素(dillenetin)，3,5,4'-三羟基-7-甲氧基黄酮(3,5,4'-trihydroxy-7-methoxyflavone)，3,5,4'-三羟基-7,3'-二甲氧基黄酮(3,5,4'-trihydroxy-7,3'-dimethoxyflavone)[1]，山奈酚-3-O-β-D-吡喃葡萄糖醛酸-6"-甲酯(kaempferol-3-O-β-D-glucuronic acid-6"-methyl ester)，槲皮素-3-O-β-D-吡喃葡萄糖醛酸-6"-甲酯(quercetin-3-O-β-D-glucuronic acid-6"-methylester)，槲皮苷(quercitrin)，鼠李柠檬素(rhamnocitrin)[2]；苯丙素类：反式-阿魏酸-22-羟基二十二酸酯(trans-ferulic acid-22-hydroxydocosanoic acid ester)，二十二烷基 3,4-二羟基-反式-桂皮酸酯(docosyl-3,4-dihydroxy-trans-cinnamate)，3-羟基-4-甲氧基桂皮酸(3-hydroxy-4-methoxycinnamic acid)，3,5-二甲氧基-4-羟基桂皮醛(3,5-dimethoxy-4-hydroxy-cinnamic aldehyde)[1]，E-咖啡酸(E-caffeic acid)，E-阿魏酸(E-ferulic acid)[2]；酚类：香荚兰素(vanillin)，3,5-二羟基-4-甲氧

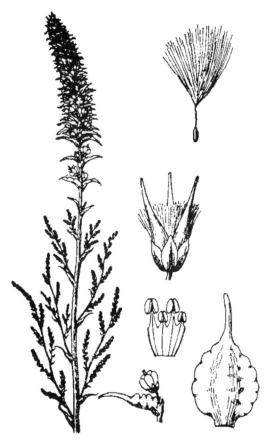

宽苞水柏枝 **Myricaria bracteata** Royle
引自《中国高等植物图鉴》

宽苞水柏枝 **Myricaria bracteata** Royle
摄影：张英涛

基苯甲酸甲酯(methyl 3,5-dihydroxy-4-methoxybenzoate)，丁香醛(syringaldehyde)，3,3',4'-三甲氧基鞣花酸(3,3',4'-trimethoxyellagic acid)，对羟基苯甲酸甲酯(methyl *p*-hydroxybenzoate)[1]，没食子酸(gallic acid)，没食子酸甲酯(methyl gallate)[2]；木脂素类：丁香树脂酚(syringaresinol)，(-)-南烛树脂醇[(-)-lyoniresinol]，(-)-异落叶松树脂醇[(-)-isolariciresinol][2]；生物碱类：*N*-反式-阿魏酰酪胺(*N-trans*-feruloyltyramine)，*N*-反式-阿魏酰基-3-甲氧基酪胺(*N-trans*-feruloyl-3-methoxytyramine)，*N*-反式-阿魏酰基-2'-甲氧基酪胺(*N-trans*-feruloyl-2'-methoxytyramine)[2]。

全草含黄酮类：槲皮苷(quercitrin)，鼠李素(rhamnetin)，3,5,4'-三羟基-7,3'-二甲氧基黄酮(3,5,4'-trihydroxy-7,3'-dimethoxyflavone)，3,5,4'-三羟基-7-甲氧基黄酮(3,5,4'-trihydroxy-7-methoxyflavone)，山奈酚(kaempferol)，槲皮素(quercetin)，金圣草酚(chrysoeriol)[3]；酚酸及其酯类：没食子酸(gallic acid)，没食子酸乙酯(gallic acid ethylester)[3]；甾体类：*β*-谷甾醇，胡萝卜苷[3]。

注评　本种为内蒙古蒙药材标准（1986年版）收载"水柏枝"的原植物，药用其干燥嫩枝叶。标准使用本种的异名河柏 *Myricaria alopecuroides* Schrenk ex Fisch. et C. A. Mey.。蒙语称"敖恩布""创都莫"或"嘎打力"，用于毒热，肉毒症，"反变毒"，麻疹不透，陈热，血热，伏热，"西日乌素"病。内蒙古不同地区"敖恩布"的原植物种类较为复杂，阿盟、巴盟等地除使用本种外，尚使用萝摩科植物杠柳 *Periploca sepium* Bunge 的全株；呼盟、哲盟、昭盟等地使用同属植物柽柳 *Tamarix chinensis* Lour.，而锡盟则使用山茱萸科植物红瑞木 *Cornus alba* L. 的茎杆。

化学成分参考文献

[1] 张瑛，等．中国中药杂志，2011, 36(8): 1019-1023.

[2] 刘佳宝，等．中草药，2013, 44(19): 2661-2665.

[3] 周嵘，等．中国中药杂志，2006, 31(6): 474-476.

沟繁缕科 ELATINACEAE

矮小、半水生或陆生草本或亚灌木。单叶，对生或轮生，全缘或具锯齿；有成对托叶。花小，两性，辐射对称，单生、簇生或组成腋生的聚伞花序；萼片 2-5，覆瓦状排列，分离或稍连合，薄膜质或具近透明的边缘；花瓣 2-5，分离，膜质，在花芽时呈覆瓦状排列；雄蕊与萼片同数或为其 2 倍，分离，花药背着，2 室；子房上位，2-5 室，胚珠多数，生于中轴胎座上，花柱 2-5，分离，短，柱头头状。蒴果，膜质、革质或脆壳质，果瓣与中轴及隔膜分离，为室间开裂。种子多数，小，直或弯曲，种皮常有皱纹，无胚乳。

2 属，约 40 种，分布于温带或热带。我国有 2 属，约 6 种，其中 1 属 1 种可药用。

1. 田繁缕属 Bergia L.

草本或亚灌木，直立或匍匐状，多分枝。叶对生，边缘具细锯齿，具柄。花极小，多数，组成腋生的聚伞花序或簇生于叶腋内，稀单生；萼片 5，分离，有明显的中脉，革质，边缘膜质，先端长渐尖；花瓣与萼片同数，分离，膜质；雄蕊与花瓣同数或较多，但不超过其 2 倍；子房上位，卵圆形或近球形，先端略尖，5 室，胚珠多数，花柱短，柱头头状。蒴果近骨质，5 瓣裂，隔膜常附着于宿存的中轴上。种子多数，长圆形，微弯曲，具网纹。

约 25 种，分布于热带与温带地区。我国有 3 种，产于长江流域以南各地，其中 1 种可药用。

1. 田繁缕（种子植物名称）

Bergia ammannioides Roxb. Hort. Bengal. 33. 1814.（英 **Common Bergia**）

一年生草本，高 8-30 cm，基部多分枝，直立或斜升，密被腺毛和柔毛。叶对生，倒披针形或狭椭圆形，长 0.6-2 cm，宽 2-8 mm，先端锐尖，基部斜形或渐狭，边缘具锐尖锯齿，下面有短柔毛和脉上疏生腺毛；托叶膜质，长约 2 mm，2 深裂，裂片披针形，有撕裂状小齿。花小，多数簇生于叶腋；花梗长 1-2 mm；萼片 5，狭卵形，长约 1.2 mm，渐尖，中脉粗壮，边缘膜质；花瓣 5，淡红色，狭卵形或椭圆形，约与萼片等长；雄蕊 5 枚，花丝线形，基部略宽阔；子房卵圆形，花柱 5，柱头头状。蒴果近球形，长约 2 mm，5 瓣裂。种子多数，极小，长约 0.5 mm，狭卵形，褐色。

分布与生境　产于湖南、广东、广西、云南、台湾等地。生于田边、路旁及溪边草地。亚洲热带地区（马来西亚、菲律宾、斯里兰卡）、大洋洲、热带非洲也有分布。

药用部位　全草。

功效应用　清热解毒。用于小便淋痛，口腔炎，痈疖，毒蛇咬伤。

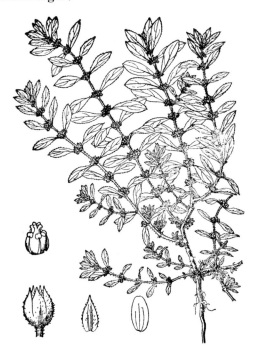

田繁缕 **Bergia ammannioides** Roxb.
引自《中国高等植物图鉴》

番木瓜科 CARICACEAE

　　小乔木，具乳汁，常不分枝。叶具长柄，聚生于茎顶，掌状分裂，稀全缘，无托叶。花单性或两性，同株或异株；雄花无柄，组成下垂圆锥花序：花萼5裂，裂片细长；花冠细长成管状；雄蕊10枚，互生呈二轮，着生于花冠管上，花丝分离或基部连合，花药2室，纵裂；具退化子房或缺；雌花单生或数朵成伞房花序，花较大：花萼与雄花花萼相似；花冠管较雄花冠管短，花瓣初靠合，后分离；子房上位，一室或具假隔膜而成5室，胚珠多数或有时少数生于侧膜胎座上，花柱5，极短或几无花柱，柱头分枝或不分枝。两性花，花冠管极短或长；雄蕊5-10枚。果为肉质浆果，通常较大。种子卵球形至椭圆形，胚乳含有油脂。

　　4属，约60种，产于热带美洲及非洲，现热带地区广泛栽培。我国南部及西南部引种栽培有1属1种，可药用。

1. 番木瓜属 Carica L.

　　小乔木或灌木；树干不分枝或有时分枝；叶聚生于茎顶端，具长柄，近盾形，各式锐裂至浅裂或掌状深裂，稀全缘。花单性或两性；雄花：花萼细小，5裂；花冠管细长，裂片长圆形或线形，镊合状或扭转状排列；雄蕊10枚，着生于花冠喉部，互生或与裂片对生，花丝短，着生于萼片上，花药2室，内向开裂，不育子房钻状；雌花：花萼与雄花相同；花冠5，线状长圆形，凋落，分离，无不育雄蕊；子房无柄，1室，柱头5，扩大或线形，不分裂或分裂；胚珠多数或有时仅少数，生于侧膜胎座上。浆果大，肉质，种子多数，卵球形或略压扁，具假种皮，外种皮平滑多皱或具刺，胚包藏于肉质胚乳中，扁平，子叶长椭圆形。

　　约45种，原产于美洲热带地区，分布于中南美洲、大洋洲、夏威夷群岛、菲律宾群岛、马来半岛、中南半岛、印度及非洲。我国引种栽培1种，可药用。

　　本属植物药理活性主要体现在抗生育作用上，其种子提取物对大鼠、小鼠、叶猴及体外培养的人生殖细胞生长和激素的分泌均有抑制作用，但这种抑制作用具有可逆性。此外，番木瓜提取物还具有抗炎、降血压、抗氧化及止泻作用。

1. 番木瓜（台湾植物名录）　木瓜（通称），番瓜（植物名实图考）

Carica papaya L., Sp. Pl. 1036. 1753.——*Papaya carica* Gaertn.（英 **Papaya, Melon Tree, Pawpaw**）

　　常绿软木质小乔木，高达8-10 m，具乳汁；茎不分枝或有时于损伤处分枝，具螺旋状排列的托叶痕。叶大，聚生于茎顶端，近盾形，直径可达60 cm，裂片羽状分裂；叶柄中空，长达60-100 cm。花多为单性，一般为雌雄异株；雄花：排列成圆锥花序，长达1 m，下垂；萼片基部连合；花冠乳黄色，裂片5，披针形；雄蕊10枚，5长5短。雌花：单生或由数朵排列成伞房花序，萼片5，长约1 cm，中部以下合生；花冠裂片5，分离，乳黄色或黄白色；花柱5，柱头数裂，近流苏状。浆果肉质，长圆球形，长10-30 cm或更长，成熟时橘黄色；种子多数，卵球形，成熟时黑色。花果期全年。

分布与生境　原产于美洲热带地区。我国福建南部、台湾、广东、广西、云南南部等地已广泛栽培。广植于世界热带和较温暖的亚热带地区。

药用部位　果实、根、叶、花。

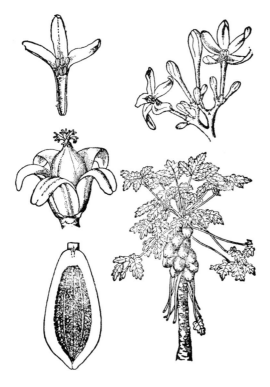

番木瓜 Carica papaya L.
引自《中国高等植物图鉴》

番木瓜 Carica papaya L.
摄影：徐克学 王祝年

功效应用 果实：消食，健胃，舒筋活络，驱虫，消肿解毒，通乳，降血压。用于消化不良，绦虫病，蛲虫病，痈疖肿毒，湿疹，蜈蚣咬伤，溃疡病，产妇乳少，风湿痹痛，肢体麻木。根、叶、花：解毒，接骨。用于骨折，肿毒溃烂，生殖功能障碍。

化学成分 叶含生物碱类：番木瓜碱(carpaine)，伪番木瓜碱(pseudocarpaine)，烟碱(nicotine)，可替宁(cotinine)，麦斯明(myosmine)[1]；皂苷类：番木瓜苷(carposide)[1]。

果实及乳汁含蛋白酶类：木瓜蛋白酶(papain)，木瓜凝乳蛋白酶(chymopapain) A、B、C[1]；生物碱类：番木瓜碱，噻苯咪唑(thiabendazole)[1]；糖苷类：苄基-β-D-葡萄糖苷(benzyl-β-D-glucoside)，2-苯乙基-β-D-葡萄糖苷(2-phenylethy-β-D-glucoside)，2-(4'-羟苯基)乙基-β-D-葡萄糖苷[2-(4'-hydroxyphenyl)ethyl-β-D-glucoside][2]，苄基芥子油苷(benzyl glucosinolate)[3]；胡萝卜素类：隐黄素(cryptoflavin)，堇黄质(violaxanthin)，花药黄质(antheraxanthin)，菊黄质(chrysanthemoxanthin)，新黄质(neoxanthin)[1]；果胶类：其中D-半乳糖(D-galactose)，D-半乳糖醛酸(D-galacturomic acid)和L-阿拉伯糖(L-arabinose)为主要成分[1]；有机酸类：苯甲酸(benzoic acid)，苹果酸(malic acid)，酒石酸(tartaric acid)，柠檬酸(citric acid)，α-酮戊二酸(α-ketoglutaric acid)，丁酸(butanoic acid)[1]；萜类：芳樟醇(linalool)[1]。

种子含氰苷类：旱金莲苷(glucotropaeolin)，异硫氰酸苄酯(benzyl isothiocyanate)，苯乙腈(phenyl acetonitrile)，芥子油苷(glucosinolate)[1]；皂苷类：番木瓜苷(carposide)[1]；磷脂类：磷脂酰胆碱(phosphatidyl choline)，磷脂酰乙醇胺(phosphatidyl ethanolamine)，磷脂酰肌醇(phosphatidyl inositol)，溶血磷脂酰胆碱(lysophosphatidyl choline)，心磷脂(cardiolipin)[1]；脂肪酸类：亚油酸，油酸[1]。

药理作用 抗炎作用：从番木瓜乳汁中提纯的木瓜蛋白酶有抗炎消肿活性，腹腔注射该酶可抑制角叉菜胶致大鼠足跖肿胀[1]。

降血压作用：番木瓜果实的乙醇提取物对大鼠肾性高血压及乙酸脱氧皮质酮诱导的高血压有降血压作用[2]。

致泻作用：番木瓜根水提取物可使豚鼠回肠产生持续性收缩，有增加肠道内容物推进的作用[3]。

抗生育作用：番木瓜种子水提取物是一种睾丸后避孕药，且作用完全可逆。其机制是降低成年雄性小鼠附睾尾精子的活力，减少附睾头及尾的精子量，降低附睾尾三磷酸腺苷 (ATP) 酶、睾丸琥珀酸脱氢酶 (SDH)、附睾尾、附睾前及前列腺酸性磷酸酶 (ACP) 活性，停药可恢复正常；降低睾丸、附睾前及尾中的蛋白质含量及精囊中果糖含量，停药 2 个月后，蛋白质含量恢复正常，果糖增加，但胆固醇含量不变；使精子的头部和胞浆水滴中呈现变态和破碎 [4-5]。番木瓜种子苯提取物对成年雌性大鼠具有抗生育和抗着床作用，且是短暂和可逆的 [6]。番木瓜籽的乙醇提取液和水煎剂对体外培养的人绒毛膜促性腺激素和孕酮的分泌、绒毛组织中滋养层细胞的生长均有抑制作用 [7]。

抗氧化作用：番木瓜水提取液体外能抑制 H_2O_2 所致的红细胞溶血，并抑制小鼠肝匀浆自发性或 Fe_2^{+2}-VitC 诱发的脂质过氧化反应，对 H_2O_2 所产生的羟自由基亦有直接的清除作用，并可提高大鼠血浆超氧化物歧化酶 (SOD) 活力 [8]。

注评 本种的果实称"番木瓜"，叶称"番木瓜叶"，广西、福建等地药用。傣族、景颇族、德昂族、阿昌族和拉祜族、瑶族、壮族也用药，主要用途见功效应用项。傣族尚药用其果实、根或叶治疗头晕头痛，二便不畅；拉祜族药用其果实治疗痢疾，肝炎等症。

化学成分参考文献

[1] 中华本草编委会. 中华本草，第五卷. 上海，上海科学技术出版社，1999: 487-488.

[2] Schwab W, et al. *Phytochemistry*, 1988, 27(6): 1813-1817.

[3] Tang CS, et al. *Phytochemistry*, 1973, 12: 769-773.

药理作用及毒性参考文献

[1] 王丽彬，等. 现代中药研究与实践，2008, 22(4): 15-18.

[2] Eno AE, et al. *Phytother Res*, 2000, 14(4): 235-239.

[3] Akah PA, et al. *Fitoterapia*, 1997, 8(4): 327-330.

[4] Chinoy NJ, et al. *Phytother Res*, 1995, 9(1): 30-36.

[5] Lohiya NK, et al. *Planta Med*, 1994, 60(5): 400-404.

[6] Josh H, et al. *Phytother Res*, 1996, 10(4): 327-328.

[7] 赵翠兰，等. 云南大学学报，1986, 8(3): 325-327.

[8] 栾萍，等. 中国现代应用药学杂志，2006, 23(1): 19-20.

秋海棠科 BEGONIACEAE

多年生肉质草本，稀为亚灌木。茎直立，匍匐状稀攀援状或具根状茎，根状茎球形或块状，或圆柱状。单叶互生，偶为复叶，边缘具齿或分裂，极稀全缘，通常基部偏斜，两侧不相等；具长柄；托叶早落。花单性，雌雄同株，偶异株，通常组成聚伞花序；花被片花瓣状；雄花被片 2-4 (-10)，离生，极稀合生，雄蕊多数，花丝离生或基部合生；花药 2 室，药隔变化较大；雌花被片 2-5 (-6-10)，离生，稀合生；雌蕊由 2-5 (-7) 枚心皮形成；子房下位稀半下位，1 室，具 3 个侧膜胎座或 2-3-4 (-5-7) 室，而具中轴胎座，每室胎座有 1-2 裂片，裂片通常不分枝，偶有分枝，花柱离生或基部合生；柱头扭曲呈螺旋状、头状、肾状以及 U 字形，并带刺状乳突。蒴果，有时呈浆果状，通常具不等大 3 翅稀近等大，少数种无翅而带棱。种子极多数。

约 5 属 1000 多种，广布于热带和亚热带地区。我国仅有 1 属约 173 种，主要分布于南部和中部地区，其中 28 种 1 亚种 3 变种可药用。

1. 秋海棠属 Begonia L.

多年生肉质草本，极稀亚灌木，具根状茎，根状茎球形、块状、圆柱状或伸长呈长圆柱状，直立、横生或匍匐、稀攀援状或常短缩而无地上茎。单叶，稀掌状复叶，互生或全部基生；叶片常偏斜，基部两侧不相等，稀几相等，边缘常有不规则疏而浅之齿，并常浅至深裂，偶有全缘，叶脉在基部通常掌状；叶柄较长，柔弱；托叶膜质，早落。花单性，多雌雄同株，极稀异株，花 (1-) 2-4 至数朵组成聚伞花序，有时呈圆锥状，具梗，有苞片；花被片花冠状；雄花：花被片 2-4，2 对生或 4 交互对生，通常外轮大，内较小，雄蕊多数，花丝离生或仅基部合生，稀合生成单体，花药 2 室，顶生或侧生，纵裂；雌花：花被片 2-5 (-6-8)；雌蕊由 2-3-4 (-5-7) 心皮形成；子房下位，有 1 室，具 3 个心皮的侧膜胎座，或 2-3-4 (-5-7) 室，具中轴胎座，每胎座具 1-2 裂片，裂片偶有分枝；柱头膨大并扭曲，呈螺旋状或 U 形，稀呈头状和近肾形，常带刺状乳凸。蒴果有时浆果状，有 3 翅，常明显不等大，稀近等大，有少数种类无翅，呈 3-4 棱或小角状突起。种子极多数，小，长圆形，浅褐色，光滑或有纹理。

约 1000 多种，广布于热带和亚热带地区，尤以中、南美洲最多。中国约 173 种，分布于长江流域以南各地，极少数种分布到华北地区、甘肃和陕西南部，以云南东南部和广西西南部种类最多。

分种检索表

1. 子房 3 室。
  2. 蒴果无翅。
    3. 蒴果球形，长不超过宽的 1.5 倍，顶端有长约 2 mm 的喙；叶边缘无齿，齿尖有短芒 ··························
    ··· 2. **粗喙秋海棠 B. longifolia**
    3. 蒴果纺锤形，长为宽的 3-5 倍，顶端无喙；叶边无齿，顶端无芒。
      4. 叶片轮廓近圆形或宽卵形，两面被细小下陷圆形窝孔，下面沿脉被锈色卷曲长毛 ··························
      ··· 1. **癞叶秋海棠 B. leprosa**
      4. 叶片轮廓菱形或宽卵形，稀长卵形，无圆形窝孔，两面近无毛 ············ 15. **一点血 B. wilsonii**
  2. 蒴果有翅。
    5. 叶片为盾形。

998

6. 叶片轮廓近圆形，先端长渐尖；花葶仅具 1–2 朵花；雄花被片 4，雌花被片 5 ························· ·· 3. **昌感秋海棠 B. cavaleriei**

6. 叶片轮廓长圆形或卵状披针形；花数朵；雌雄花被片均为 2 ················ 4. **少瓣秋海棠 B. wangii**

5. 叶片不为盾形。

7. 有明显地上茎，茎直立。

8. 叶片为披针形，长为宽的 4–6 倍，边缘有明显锐锯齿，齿尖带短芒；蒴果三棱形，翅短 ········ ·· 5. **台湾秋海棠 B. taiwaniana**

8. 叶片不为披针形，长不超过宽的 1.5 倍。

9. 叶片基部心形，微偏斜，边缘具密而小的齿和缘毛，主脉多数带红色 ························· ·· 14. **四季秋海棠 B. cucullata** var. **hookeri**

9. 叶片基部明显偏斜，边缘具疏齿，而无缘毛。

10. 植株较小而柔弱；花序腋生者短于叶柄；根状茎常似球状体膨大，而未形成球形；雌雄花 被片均为 4 ··· 6. **云南秋海棠 B. yunnanensis**

10. 植株较高大；花序通常超过叶柄长度。

11. 雄花被片 4，雌花被片 3；叶片上面无银白色小圆点 ················· 7. **秋海棠 B. grandis**

11. 雄花被片 4，雌花被片 5；叶片上面被多数银白色小圆点，下面深红色 ························· ·· 13. **竹节海棠 B. maculata**

7. 茎强烈退化，无明显地上茎；叶片全部基生。

12. 叶片边缘分裂达 1/2–2/3，并常再浅裂，裂片呈窄披针形 ················· 12. **大理秋海棠 B. taliensis**

12. 叶片仅具齿，通常不分裂。

13. 雌雄花被片均为 2；蒴果无毛 ····································· 16. **独牛 B. henryi**

13. 雌雄花被片均不为 2。

14. 子房和蒴果被毛；雄花被片 4，雌花被片 5 ················· 8. **樟木秋海棠 B. picta**

14. 子房和蒴果无毛。

15. 雌花被片 5；花柱离生或仅基部合生；植株和叶片均较大 ····· 9. **粗叶秋海棠 B. asperifolia**

15. 雌花被片 3–5；花柱大部合生或 1/2 合生；植株和叶片均较小。

16. 雌花被片 4；花柱大部合生，长可达 4 mm；托叶和苞片全缘 ················· ·· 10. **心叶秋海棠 B. labordei**

16. 雌花被片 3；花柱约 1/2 合生；托叶和苞片流苏状 ········· 11. **紫背天葵 B. fimbristipula**

1. 子房 2 室或 4 室。

17. 子房 4 室。

18. 茎直立，有多数茎生叶；叶片轮廓长圆形、卵状披针形或长圆披针形，长 10–14 (–27) cm，宽 3–4.5 (–8) cm ·· 17. **无翅秋海棠 B. acetosella**

18. 叶通常仅基生，无茎生叶；具匍匐枝；叶片轮廓宽卵形，长 8–11 cm，宽 6–10 cm；花大，极香 ······ ·· 18. **大香秋海棠 B. handelii**

17. 子房 2 室。

19. 茎直立，有明显地上茎。

20. 叶片基部不明显偏斜，叶柄和叶片下面均无毛 ···············21. **食用秋海棠 B. edulis**

20. 叶片基部明显偏斜，叶柄和叶片均被毛。

21. 叶片上面有特殊着色的一圈淡绿色环带，上面常带血红色；雌花被片 5 ················ ·· 19. **花叶秋海棠 B. cathayana**

21. 叶片上面无上述特征，叶片边缘具齿，密被柔毛；雌花被片 4–5 ··· 20. **裂叶秋海棠 B. palmata**

19. 茎短缩，通常无地上茎。

22. 叶片具齿，不裂或浅裂。

 23. 根状茎匍匐横走，节处着地生根；雄花被片外面疏被长柔毛⋯⋯⋯⋯23. **截叶秋海棠 B. limprichtii**

 23. 根状茎短而粗厚，通常竖直或横生，而不是伸长铺地生根。

  24. 雌雄花被片外面、子房和翅均无毛⋯⋯⋯⋯⋯⋯⋯⋯⋯⋯⋯⋯⋯⋯⋯26. **紫叶秋海棠 B. rex**

  24. 雌雄花被片外面密被长柔毛；子房和翅亦被柔毛。

   25. 叶片长卵形，边缘锯齿密，基部深心形⋯⋯⋯⋯⋯⋯⋯⋯⋯24. **歪叶秋海棠 B. augustinei**

   25. 叶片宽卵形，边缘为大小不等疏锯齿，基部浅心形至深心形⋯ 25. **长柄秋海棠 B. smithiana**

22. 叶片分裂达 1/2-2/3 或几达基部。

 26. 叶片分裂达 1/2，通常不再分裂。

  27. 花较大，雄花外花被片长 2-2.7 cm，叶裂片不再分裂⋯⋯⋯⋯⋯⋯⋯27. **美丽秋海棠 B. algaia**

  27. 花较小，雄花外花被长 1.7-2 cm，叶裂片常再浅裂，稀中裂⋯⋯⋯22. **槭叶秋海棠 B. digyna**

 26. 叶片分裂达 2/3 或几达基部。

  28. 叶之裂片不再分裂，最多边缘具缺刻状粗齿，裂片在中部最宽呈菱形，基部楔形；雌花被片

   外面无毛⋯⋯⋯⋯⋯⋯⋯⋯⋯⋯⋯⋯⋯⋯⋯⋯⋯⋯⋯⋯28. **周裂秋海棠 B. circumlobata**

  28. 叶之中间 3 裂片再分裂成羽状浅裂，小裂片三角形或窄三角形⋯⋯⋯⋯⋯⋯⋯⋯⋯⋯⋯⋯⋯

   ⋯⋯⋯⋯⋯⋯⋯⋯⋯⋯⋯⋯⋯⋯⋯⋯⋯⋯⋯⋯⋯⋯⋯⋯29. **掌裂叶秋海棠 B. pedatifida**

  秋海棠属药用植物化学成分研究较少，目前主要从紫背天葵 (B. fimbristipula) 的根中分离得到葫芦素类三萜及黄酮、甾醇等成分，从四季秋海棠 (B. cucullata var. hookeri) 的叶中分离获得了苹果酸等有机酸成分。

1. 癞叶秋海棠（云南种子植物名录） 团扇叶秋海棠（中国高等植物图鉴），老虎耳（广西罗城），石子海棠、石上莲（广西植物名录），伯乐秋海棠（广西药用植物名录）

Begonia leprosa Hance in J. Bot. 21: 202. 1883.——*B. bretschneideriana* Hemsl.（英 **Scabby Begonia**）

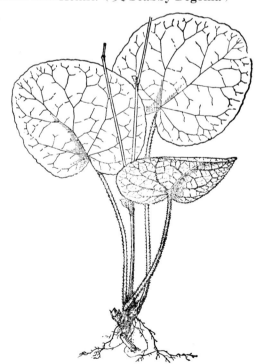

多年生草本。根状茎横走，结节状。叶均基生，具柄，叶柄长 4-9.5 cm，幼时密被锈褐色卷曲长毛，老时减少；叶片两侧不相等，轮廓近圆形或卵形，长 4-8 cm，宽 4.5-9 cm，上面有白斑，下面沿脉被锈色卷曲长毛，近叶柄处较密，两面密被细小、下陷圆形窝孔，掌状脉 5-7 条，基部偏斜，心形，边缘有细密微凸起之齿，幼时齿尖带芒，先端圆钝。花白色或粉红色，2-5 (-7) 朵，成聚伞花序；雄花：花梗长 6-11 mm，被疏毛，花被片 4，外面 2 枚，宽卵形，长约 1.2 mm，内面 2 枚，长圆形，长 5-7 mm；雌花：近无柄，花被片 4，外轮 2 枚，倒宽卵形或近圆形，长 7-9 mm，内轮 2 枚，子房 3 室，中轴胎座，每室胎座具 2 裂片，花柱 3，离生，中部以上分枝，柱头呈螺旋状扭曲，并带刺状乳头。蒴果下垂，梗长 1.2-1.5 cm，轮廓纺锤形，长 1.2-2 cm，外面有圆形窝孔，无翅。花期 9 月，果期 10 月开始。

分布与生境 产于广东、广西。生于海拔 700-1800 m 的林下阴湿处、路边阴处潮湿地或山坡潮湿岩石上。

药用部位 全草。

癞叶秋海棠 Begonia leprosa Hance
引自《中国高等植物图鉴》

癞叶秋海棠 **Begonia leprosa** Hance
摄影：郑希龙

功效应用　清热除湿，利水软坚，消疮消肿，止痛。用于肝硬化，腹水，暑热口渴，跌打损伤，疮疖肿痛，毒蛇咬伤。

2. 粗喙秋海棠（海南植物志）　红小姐（植物名实图考），大半边莲、老疳草（全国中草药资料），大海棠、酸脚杆、马酸通（云南）

Begonia longifolia Blume, Catalogus, 102. 1823.——*B. crassirostris* Irmsch.（英 **Thick-rostrate Begonia**）

多年生草本。根状茎呈不规则块状，直径可达 2.5 cm。叶互生，具柄，叶柄长 2.5–4.7 cm，近无毛；叶片两侧极不相等，轮廓披针形至卵状披针形，长 8.5–17 cm，宽 3.4–7 cm，两面无毛或近无毛，掌状脉 7 (–8) 条，基部极偏斜，呈微心形，边缘有大小不等、极疏并带突尖头之浅齿，齿尖有短芒，先端渐尖至尾状渐尖。花白色，2–4 朵，腋生，二歧聚伞状；花梗长 8–12 mm，近无毛；苞片膜质，早落；雄花：花被片 4，外轮 2 枚呈长方形，长约 8.5 mm，内轮 2 枚长圆形，长约 6 mm；雌花：花被片 4，子房近球形，顶端具长约 3 mm 之粗喙，3 室，中轴胎座，每室胎座具 2 裂片，花柱 3，近基部合生，柱头呈螺旋状扭曲，并带刺状乳头。蒴果下垂，果梗长约 12 mm，轮廓近球形，无毛，顶端具粗厚长喙，无翅，无棱。花期 4–5 月，果期 7 月。

分布与生境　产于福建、广东、海南、广西、湖南、贵州和云南东南部和南部，江西有记录。生于海拔 600–2200 m 的山谷水旁密林中阴处、河边阴处湿地、山坡阴处疏林中、山谷溪旁灌丛中和山谷水沟边。

药用部位　全草、根状茎。

功效应用　清热解毒，消肿止痛。用于湿热病下血，咽

粗喙秋海棠 **Begonia longifolia** Blume
引自《中国高等植物图鉴》

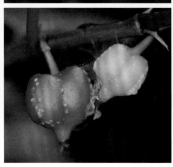

粗喙秋海棠 Begonia longifolia Blume
摄影：朱鑫鑫 徐晔春

喉肿毒，疮肿疥癣，毒蛇咬伤，烧伤，烫伤。

化学成分 块根含多糖[1]。

注评 本种为广西中药材标准（1990 年版）、广西壮药质量标准（2011 年版）收载"大半边莲"的基源植物之一，药用其干燥根状茎。同属植物裂叶秋海棠 Begonia palmata D. Don、掌裂叶秋海棠 Begonia pedatifida H. Lév. 亦为基源植物，与本种同等药用。仫佬族、壮族也药用，主要用途见功效应用项。壮族全草治疗肝大，肝硬化，支气管炎等症。

化学成分参考文献

[1] 袁胜浩，等. 中国药师，2012, 15(4): 466-468.

3. 昌感秋海棠（海南植物志） **盾叶秋海棠**（高等植物图鉴）

Begonia cavaleriei H. Lév. in Fedde, Repert. Sp. Nov. 7: 20. 1909.——*B. esquirolii* H. Lév., *B. nymphaeifolia* Yü（英 **Cavalerie Begonia**）

多年生草本。根状茎伸长，匍匐，长圆柱状，常呈结节状或念珠状。叶盾形，全部基生，具长柄；叶柄长 7-25 cm，无毛；叶片两侧略不相等，轮廓近圆形，长 8-15 (-22) cm，宽 5-13 (-19) cm，上面被极短之毛，老时脱落近无毛，脉自叶柄顶端放射状发出，6-8 条，下面近无毛，基部略偏呈圆形，边缘全缘常带浅波状，先端渐尖至长渐尖。花淡粉红色，数朵，成聚伞状；雄花：花梗长 2-3 cm，无毛，花被片 4，外面 2 枚宽卵形至卵形，外面无毛，内面 2 枚长圆形；雌花：花被片 3，外面 2 枚宽卵形或近圆形，无毛，内面 1 枚，长圆形，子房长圆形，无毛，3 室，中轴胎座，每室胎座裂片 2，具不等 3 翅，花柱 3，仅基部合生，上部分枝，花柱外向膨大，螺旋状扭曲，并带刺状乳头。蒴果下垂，果梗长约 3.5 cm，无毛，轮廓长圆形，无毛，具不等 3 翅，翅呈新月形，无毛。

分布与生境 产于贵州、云南、广西。生于海拔 700-1000 m 的山谷阴湿处岩石上、山脚阴密林下、山谷潮湿处密林下。

药用部位 全草。

功效应用 祛瘀止血，消肿止痛。用于骨折，跌打损伤，风湿腰腿痛，痈疖疮肿，感冒，咽喉肿痛，肺结核，颈淋巴结核，咳嗽，食滞，呕血，血尿，闭经。

注评 本种为湖南中药材标准（1993、2009年版）收载"盾叶秋海棠"的基源植物，药用其干燥全草。仫佬族也药用，主要用途见功效应用项。

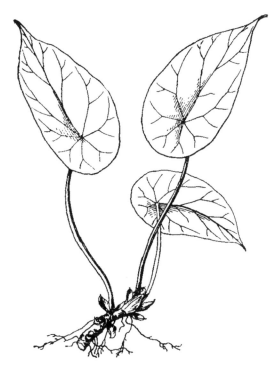

昌感秋海棠 Begonia cavaleriei H. Lév.
引自《中国高等植物图鉴》

昌感秋海棠 Begonia cavaleriei H. Lév.
摄影：朱鑫鑫

4. 少瓣秋海棠（中国高等植物图鉴补编） 富宁秋海棠（云南植物名录），爬山猴（全国中草药资料）

Begonia wangii Yü in Bull. Fan. Mem. Biology new ser. 1(2): 126. 1948.——*B. cavaleriei* H. Lév. var. *pinfaensis* H. Lév.（英 **Wang Begonia**）

多年生草本。根状茎长圆柱状。叶盾形，均基生，具长柄；叶柄长 5-20 cm，无毛；叶片两侧略不相等，轮廓卵状长圆形至卵状披针形，长 7-20 cm，宽 3-10 cm，两面无毛，掌状脉 5-7 条，基部圆形，略偏斜，边缘全缘或略带波状，先端渐尖。花葶高 12-17 cm，无毛，花数朵，成聚伞状；花梗长 8-10 mm，无毛；雄花花被片 2，圆卵形，长 14-18 mm；子房 3 室，中轴胎座，每室胎座具 2 裂片，花柱 3，离生，2 裂，柱头膨大，扭曲呈"U"形，并密被刺状乳头。蒴果下垂，果梗长约 3.5 cm，无毛，轮廓长圆柱状，无毛。花期 5 月。

分布与生境　产于云南东南部和广西西南部。生于海拔 800 m 的石上。

药用部位　根状茎、全草。

功效应用　根状茎：活血止血，止痛接骨，补虚。用于蛇咬伤，脱疽，肺结核。全草：调和气血，调经润肤。

药理作用　抗细菌作用：少瓣秋海棠提取物体外有抗金黄色葡萄球菌活性[1]。

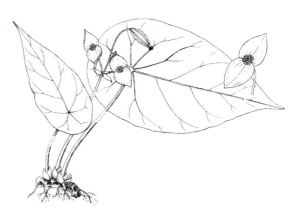

少瓣秋海棠 Begonia wangii Yü
张泰利　绘

少瓣秋海棠 Begonia wangii Yü
摄影：朱鑫鑫

药理作用及毒性参考文献

[1] 管开云，等．云南植物研究，2005, 27(4): 437-442.

5. 台湾秋海棠（海南植物志）

Begonia taiwaniana Hayata in J. Coll. Sci. Univ. Tokyo 30(1): 125. 1911.（英 **Taiwan Begonia**）

　　草本，根状茎短粗。茎高 40-240 cm，无毛。茎生叶互生，有长柄，叶柄长 2-2.4 (-4) cm，无毛；托叶膜质，卵形或钻形；叶片两侧极不相等，轮廓斜披针形，长 6.5-9 (-13) cm，宽 1.8-4 cm，两面无毛，基部偏斜，边缘有疏而浅大小不等锐齿，齿尖有短芒，先端长渐尖至尾状渐尖。花白色或带粉红色，2-3 朵，成聚伞状，腋生；花梗长 1-2 cm，无毛；苞片卵形；雄花：花被片 4，外面 2 枚大，宽倒卵形，长 1-12 mm，宽 7-10 mm，内面 2 枚倒披针形至宽倒卵形，长 0.8-1.6 cm，无毛；雌花：花被片 5 (-6) 近等大，窄倒卵形至近圆形，长 7-14 mm，宽 5-10 mm；子房无毛，3 室，每室胎座裂片 2，花柱 3，柱头 2 裂，顶端膨大，呈螺旋状扭曲，并带刺状乳头。蒴果下垂，具不等 3 翅，大的翅呈镰刀状，长 1.7-2 cm，侧生 2 翅小。花期 6-10 月。

分布与生境　产于台湾南部。生于林下。

药用部位　根状茎。

台湾秋海棠 Begonia taiwaniana Hayata
摄影：高贤明

功效应用　凉血，止血，消肿，止痛。用于内出血。

6. 云南秋海棠（中国高等植物图鉴）

Begonia yunnanensis H. Lév. in Fedde, Repert. Sp. Nov. 6: 20. 1909.——*B. yunnanensis* H. Lév. var. *hypoleuca* H. Lév.（英 **Yunnan Begonia**）

多年生具茎草本。根状茎似球状膨大但未形成球形。茎高 14-40 cm，无毛。茎生叶多数，互生，具长柄；叶柄长 1.8-5.5 cm，无毛；叶片两侧极不相等，轮廓斜三角形，长 3.5-8 cm，宽 2.5-5 cm，两面无毛，掌状脉 5-7 条，基部偏斜，呈浅心形，边缘中部以下呈宽三角形之齿，中部以上呈斜三角形之齿，先端长渐尖。花粉红色，在腋生者通常 2 朵，短于叶柄，顶生花较多，二朵成束，排成较长的总状；花梗长 6-10 mm，无毛；雄花：花被片 4，外面 2 枚，宽卵形，长 5-7 mm，内面 2 枚长椭圆形，长约 3 mm；雌花：花被片 4，外轮 2 枚，宽卵形，内轮 2 枚，长椭圆形，子房无毛，3 室，中轴胎座，每室胎座具 2 裂片，花柱 3，基部合生，柱头 2 裂，裂片螺旋状扭曲呈头状或盘状，并带刺状乳头。蒴果下垂，果梗长 1.5-1.7 cm，无毛，轮廓长椭圆形，无毛，具不等 3 翅。花期 8 月，果期 9 月开始。

分布与生境　产于云南南部（普洱、景洪一带）。生于海拔 720-1380 m 的林下、溪边和密林潮湿地。

药用部位　根、果实、全草、块茎。

功效应用　活血祛瘀，行气止痛。用于胃痛，呕血，骨

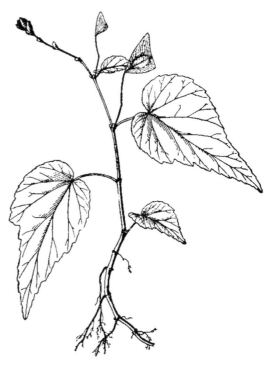

云南秋海棠 Begonia yunnanensis H. Lév.
引自《中国高等植物图鉴》

折，小儿吐泻，疝气，月经不调，痛经，跌打损伤。

化学成分　果实含胡萝卜素类：β-胡萝卜素（β-carotene）[1]。

注评　本种的根、全草或果实称"山海棠"，云南等地药用。彝族、佤族和白族也药用，主要用途见功效应用项。

化学成分参考文献

[1] 曹玮，等．光谱实验室，2004, 21(4): 712-714.

7. 秋海棠（植物名实图考）　八香、无名断肠草、无名相思草（本草拾遗）

Begonia grandis Dryand. in Trans. Linn. Soc. Bot. London 1: 163. 1791.——*B. evansiana* C. Andrews, *B. erubescens* H. Lév., *B. grandis* Dryand. subsp. *evansiana* (C. Andrews) Irmsch.（英 **Grand Begonia**）

7a. 秋海棠（模式亚种）

Begonia grandis Dryand. subsp. **grandis**

　　多年生草本。根状茎近球形，直径 8–20 mm。基生叶未见；茎生叶互生，具长柄；叶柄长 4–13.5 cm，近无毛；叶片两侧不相等，轮廓宽卵形至卵形，长 10–18 cm，宽 7–14 cm，上面常有红晕，幼时散生硬毛，老时无毛，下面带红晕或紫红色，沿脉散生硬毛或近无毛，基部偏斜，心形，边缘有不等大三角形浅齿，齿尖带短芒，并常有不明显浅裂，先端渐尖至长渐尖。花葶高 7–9 cm，无毛；花粉红色，较多数，呈二歧聚伞状；雄花：花被片 4，外面 2 枚宽卵形或近圆形；雌花：花被片 3，外面 2 枚近圆形或扁圆形，子房长圆形，无毛，3 室，中轴胎座，每室胎座具 2 裂片，柱头常 2 裂，呈头状或肾状，向外膨大并螺旋状扭曲呈"U"形，并带刺状乳头。蒴果下垂，果梗长约 3.5 cm，无毛，轮廓长圆形，无毛，具有不等 3 翅。花期 7 月开始，果期 8 月开始。

秋海棠 Begonia grandis Dryand. subsp. **grandis**
引自《中国高等植物图鉴》

秋海棠 Begonia grandis Dryand. subsp. **grandis**
摄影：何顺志

分布与生境 产于河北、河南、山东、陕西、四川、贵州、广西、湖南、湖北、安徽、江西、浙江、福建、云南（昆明有栽培）。生于海拔 100-1100 m 的山谷潮湿石壁上、山谷溪旁密林石上、山沟边岩石上和山谷灌丛中。也分布于日本、印度尼西亚（爪哇）、马来西亚、印度。

药用部位 块根、果实、茎叶、花、全草、根。

功效应用 块根、果实：活血化瘀，止血清热。用于跌打损伤，呕血，咯血，鼻出血，胃溃疡，痢疾，月经不调，崩漏，带下病，淋浊，咽喉痛。茎叶：清热，消肿。用于咽喉肿痛，痈疮，跌打损伤。花：活血化瘀，清热解毒。用于疥癣。全草：健胃行血，消肿，驱虫。根：解毒消肿。用于蛇伤。

药理作用 抗细菌作用：秋海棠提取物体外有抗大肠埃希氏菌活性[1]。

注评 本种的茎叶称"秋海棠茎叶"，块茎称"秋海棠根"，花称"秋海棠花"，果实称"秋海棠果"，安徽、贵州、四川、湖南、陕西等地药用。傈僳族、瑶族、苗族、白族、土家族、景颇族和德昂族也药用其全草，主要用途见功效应用项。

药理作用及毒性参考文献

[1] 管开云，等. 云南植物研究，2005, 27(4): 437-442.

7b. 中华秋海棠（亚种）（中国高等植物图鉴） 珠芽秋海棠（云南植物名录）

Begonia grandis Dryand. subsp. **sinensis** (A. DC.) Irmsch. in Mill. Inst. Allg. Bot. Hamburg 10: 494, pl. 13. 1939.——*B. sinensis* A. DC.（英 **Chinese Begonia**）

中型草本。茎高 20-40 (-70) cm，几无分枝，外形似金字塔形。叶较小，椭圆状卵形，长 5-12 (-20) cm，宽 3.5-9 (-13) cm，下面色淡偶带红色，基部心形。花序较短，呈伞房状或圆锥状二歧聚伞花序；花小；雄蕊多数，短于 2 mm，整体呈球形；花柱基部合生或微合生，有分枝；柱头呈螺旋状扭曲，稀呈"U"形。蒴果具不等 3 翅。

分布与生境 产于河北、山东、河南、山西、甘肃（南部）、陕西、四川（东部）、贵州、广西、湖北、湖南、江苏、浙江、福建、云南（昆明有栽培）。生于海拔 300-2900 m 的山谷潮湿岩石上、滴水石灰岩边、疏林阴处及山坡林下。

药用部位 块茎。

功效应用 活血散瘀，清热，止痛，止血。用于跌打损伤，呕血，咯血，崩漏，带下病，内痔，筋骨痛，毒蛇咬伤。

注评 本种的块茎或全草称"红白二丸"，果实称"红白二丸果"，湖北、陕西等地药用。土家族也药用其块茎，主要用途见功效应用项。

中华秋海棠 Begonia grandis Dryand. subsp. **sinensis** (A. DC.) Irmsch.
引自《中国高等植物图鉴》

中华秋海棠 **Begonia grandis** Dryand. subsp. **sinensis** (A. DC.) Irmsch.
摄影：朱鑫鑫 刘军

8. 樟木秋海棠（西藏植物志） 尼泊尔秋海棠

Begonia picta Sm., Exot Bot. 2: 81, t. 101. 1805.（英 **Nepal Begonia**）

多年生草本。根状茎球形，直径 5–8 mm。基生叶通常 1，有长柄，叶柄长 3–8 (–15) cm，中部以上具柔毛，近顶端密；叶片两侧几相等或略不相等，轮廓卵状心形，长 5–8 cm，宽 4–7 cm，上面散生硬毛，下面沿脉被硬毛，掌状脉 7 条，基部心形至深心形，边缘有缺刻状大小不等重锯齿，偶有极浅裂，先端渐尖。花葶高 6–15 (–21) cm，上部有毛，常在中部以下偶有茎生叶；花深粉红色，少数，呈聚伞状；花梗长 5–10 mm，近无毛；雄花：花被片 4，外轮 2 枚近圆形，长约 9 mm，外面有长毛，内轮 2 枚，椭圆形；雌花：花被片 5，形状各异，外轮 2 枚大，多呈宽倒卵形，长 6–7 mm；子房倒圆锥形，被毛，3 室，每室胎座具 2 裂片，具不等 3 翅，花柱 3，基部合生，柱头呈环状至螺旋状，并带刺状乳头。蒴果下垂，果梗长 2.1–2.5 cm，无毛，轮廓倒卵球形，幼时被毛，成熟后无毛，有不等 3 翅。花期 8 月，果期 9 月。

分布与生境 产于西藏（樟木）。生于海拔 2200–2900 m 的山坡流水沟边，山坡林下阴湿岩石上或林缘湿处岩石上。也分布于缅甸、尼泊尔和印度北部。

药用部位 叶。

功效应用 印度东部那加地区土著居民将叶用微热水浸泡的热汁用于治疗口腔溃疡，舌刺症。

樟木秋海棠 **Begonia picta** Sm.
路桂兰 绘

9. 粗叶秋海棠（中国高等植物图鉴补编）

Begonia asperifolia Irmsch. in Mitt. Inst. Allg. Bot. Hamburg 6: 359. 1927.（英 **Rough-leaved Begonia**）

多年生草本。根状茎近球形，直径 1.3–2 cm。基生叶 1 (–2) 枚，具长柄；叶柄长 (8–) 15–23 (–28) cm；叶片两侧略不相等，轮廓宽卵形，长 15–20 (–30) cm，宽 11–18 (–20) cm，上面散生直或卷曲之毛，下面被柔毛，沿脉较密，掌状脉 6–8 条，基部略偏斜呈心形，全边具不等大的三角形重锯齿，齿尖带短芒，并常浅裂。花葶高 12–15 cm，近无毛；花粉红色，数朵，呈二歧聚伞花序；雄花：花梗长 1–1.5 (–2.5) cm，无毛，花被片 4，外面 2 枚近圆形，无毛，内面 2 枚长圆形至卵状长圆形；雌花：花梗长 2–2.5 cm，无毛，花被片 5，不等大，子房椭圆形，无毛，3 室，每室胎座裂片 2，具不等大 3 翅，花柱 3，基部合生，柱头 2 裂，向外呈"U"形或新月形螺旋状扭曲并密具刺状乳突。蒴果下垂，具不等大 3 翅。花期 8 月，果期 9 月。

分布与生境 产于云南、西藏。生于海拔 2400–3400 m 的山坡林下湿处岩石上、沟边杂木林中。

药用部位 根状茎。

功效应用 凉血，止血，消肿，止痛。贵州民间用于跌打损伤，呕血，崩漏，胃痛。

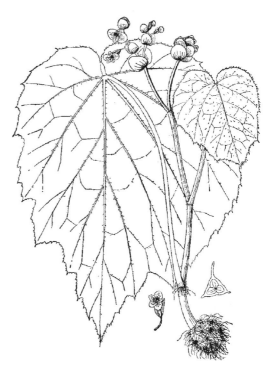

粗叶秋海棠 **Begonia asperifolia** Irmsch.
刘春荣 绘

粗叶秋海棠 **Begonia asperifolia** Irmsch.
摄影：朱鑫鑫

10. 心叶秋海棠（中国高等植物图鉴） **俅江秋海棠**（云南种子植物名录）

Begonia labordei H. Lév. in Bull. Soc. Agr. Sci. 59: 323. 1904.（英 **Laborde Begonia**）

多年生无茎草本。根状茎球形，直径 1–1.5 cm，有时 2–3 个球体连生而呈念珠状。叶均基生，具长柄；叶柄长 6.5–24.6 cm，无毛或在顶端常被卷曲毛；叶片两侧不相等或略不相等，轮廓卵形，长 10–25 cm，宽 6–22 cm，上面散生稍硬毛，下面沿脉疏被短毛或无毛，掌状脉 5–7 条，基部略偏斜，心形，边缘具不等大三角形之齿，齿尖带芒，先端渐尖至急尖。花葶高 2–6.5 cm，无毛；花粉红色或淡玫瑰色，数朵，呈总状或二歧聚伞花序；雄花：花梗长约 1 cm，无毛，花被片 4，外面 2 枚长圆形或卵状长圆形，外面无毛，内面 2 枚椭圆形；雌花：花梗长 8–9 mm，无毛，花被片 4，外面 2 枚宽椭圆形，外面无毛，内面 2 枚，窄长圆形，子房无毛，3 室，每室胎座具 2 裂片，具不等大 3 翅，花柱大部合生，柱头膨大，外向螺旋扭曲呈 U 形并密被刺状乳头。蒴果下垂，果梗长 1.8–2.3 cm，无毛，轮廓长圆倒卵形，具不等大 3 翅，翅无毛。花期 8 月，果期 9 月开始。

分布与生境 产于云南、四川、贵州。生于海拔 850–3000 m 的山坡阔叶林下岩石上、山坡阴湿处岩石上、沟边杂木林中和杂木林内沟边岩石上及山坡湿地岩石缝。也分布于缅甸北部。

药用部位 块状茎。

功效应用 清热凉血，止痛止血。用于咳嗽，哮喘，肺心病引起的水肿，跌打损伤，呕血，血崩，毒蛇咬伤。

注评 本种的块茎称"心叶秋海棠"，分布于我国西南部及广西等地。白族用其块茎治支气管炎，哮喘，肺心病引起的水肿。

心叶秋海棠 **Begonia labordei** H. Lév.
引自《中国高等植物图鉴》

心叶秋海棠 **Begonia labordei** H. Lév.
摄影：何顺志

11. 紫背天葵（广东） 天葵（广东）

Begonia fimbristipula Hance in J. Bot. 21: 202. 1883.——*B. cyclophylla* Hook. f.

多年生无茎草本。根状茎球形，直径 7–8 mm。叶均基生，具长柄；叶柄长 4–11.5 cm，被卷曲长毛；托叶小，卵状披针形，边缘撕裂状；叶片两侧略不相等，轮廓宽卵形，长 6–13 cm，宽 4.8–8.5 cm，上面散生短毛，下面沿脉被毛，基部略偏斜，心形至深心形，边缘有大小不等三角形重锯齿，有时呈缺刻状，先端急尖或渐尖状急尖，齿尖有长可达 0.8 mm 的芒。花葶高 6–8 cm，无毛；花粉红色，数朵，呈二歧聚伞状花序；雄花：花梗长 1.5–2 cm，无毛，花被片 4，外面 2 枚宽卵形，内面 2 枚倒卵长圆形；雌花：花梗长 1–1.5 cm，无毛，花被片 3，外面 2 枚宽卵形至近圆形，子房长圆形，无毛，3 室，每室具 2 裂片，花柱 3，近离生或 1/2 合生，具不等 3 翅，柱头增厚，外向扭曲呈环状。蒴果下垂，轮廓倒卵长圆形，无毛，具有不等 3 翅。花期 5 月，果期 6 月开始。

分布与生境 产于浙江、江西、湖南、福建、广西、广东、海南和香港。生于海拔 700–1120 m 的山顶疏林下石上、悬崖石缝中、林下潮湿岩石上和山坡林下。

药用部位 球茎、全草。

功效应用 清热凉血，止咳化痰，散瘀消肿。用于风湿骨痛，血瘀腹痛，中暑发热，肺热咳嗽，肺结核咯血，瘰疬，并用于避孕。外用于扭挫伤，骨折，烧伤，烫伤。

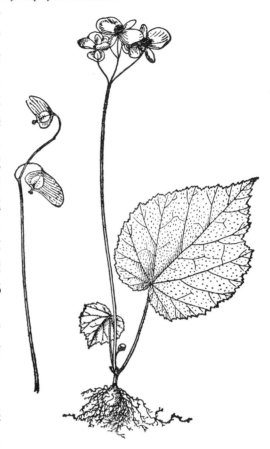

紫背天葵 Begonia fimbristipula Hance
引自《中国高等植物图鉴》

紫背天葵 Begonia fimbristipula Hance
摄影：朱鑫鑫

化学成分 根含三萜类：葫芦素(cucurbitacin) B、D、O、Q[1]；黄酮类：表缅茄儿茶素▲(epiafzelechin)，缅茄儿茶素▲(afzelechin)，儿茶素(catechin)，芦丁[1]；甾体类：豆甾醇，β-谷甾醇，豆甾醇-3-O-β-D-吡喃葡萄糖苷，胡萝卜苷[1]。

叶含黄酮类：矢车菊素氯化物(cyanidin chloride)，矢车菊素-3-葡萄糖苷(cyanindin-3-glucoside)，矢车菊素-3-芸香糖苷(cyaniding-3-rutinoside)[2-3]。

注评 本种为广西中药材标准（1990年版）收载"红天葵"的基源植物，药用其干燥叶；本种常与药材"天葵"的名称相混，中国药典收载的"天葵子"为毛茛科植物天葵 Semiaquilegia adoxoides (DC.) Makino 的块根，二者不宜混用。瑶族、佤族、苗族也药用，主要用途见功效应用项外，佤族尚用其全株、块茎治疗急性肝炎，肝脾大，膀胱炎等症。

化学成分参考文献

[1] 蔡红，等.应用与环境生物学报，1999, 5(1): 103-105.

[2] 张兰英，等.云南植物研究，1986, 8(1): 60-63.

[3] 成树源，等.植物生理学通讯，1987, (4): 45-48.

12. 大理秋海棠（中国高等植物图鉴）

Begonia taliensis Gagnep. in Bull. Mus. Nat. Hist. Nat. Paris 25: 279. 1919.（英 **Dali Begonia**）

中型草本。根状茎球形，直径 1.1–1.8 cm。叶均基生，基生叶 1 (–2) 片，具长柄；叶柄长 21–41 cm，近无毛或散生极疏硬毛；叶片轮廓近圆形或扁圆形，长 (10–) 13–23 cm，宽 (13–) 17–26 cm，上面散生极疏弯曲硬毛，下面仅沿脉散生硬毛，基部心形，全边具浅而不整齐锐齿，并 7–9 深裂达 1/2–2/3，先端长渐尖。花葶高 19–30 cm，无毛；花多数，成聚伞花序；花梗长 1.2–2.5 cm，无毛；雄花：花被片 4，外面 2 枚宽卵形，长约 1.2 cm，内轮 2 枚长圆形；雌花：花被片 3，外面 2 枚卵形，子房无毛，3 室，每室胎座裂片 2，具不等 3 翅，花柱基部合生，柱头 2 裂，裂片膨大，呈螺旋状扭曲并带刺状乳头。蒴果下垂。花期 8 月，果期 9 月开始。

分布与生境 产于云南西北部。生于海拔 2400 m 的丛林下或杂木林下。

药用部位 根、全草。

功效应用 健胃，行血，消肿，清热。用于跌打损伤，胃痛。

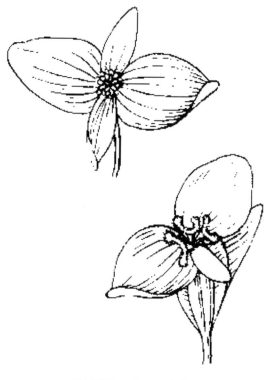

大理秋海棠 **Begonia taliensis** Gagnep.
张泰利 绘

13. 竹节海棠

Begonia maculata Raddi in Mem. Mat. Fis. Soc. Ital. Sci. Modena, Pt. Mem. Fis. 18: 406. 1820.（英 **Spotted Begonia**）

常绿亚灌木。茎直立或铺散，高 0.5–1.9 m，稀更高，多分枝，有明显竹节状的节，无毛。叶互生，托叶早落；叶柄肥厚，长 2–2.5 cm；叶片两侧极不对称，轮廓斜长圆形或长圆状卵形，长 10–20 cm，宽 4–5 cm，下面深红色，上面深绿色，散生多数银白色不等大的小圆点，基部斜心形，边缘呈浅波状，先端渐尖。聚伞花序，腋生，下垂，花淡红色或白色；雄花：花被片 4，外轮 2 枚卵形，直径约 2 cm，基部心形，先端钝，内轮 2 枚，长圆形，长约 9 mm，宽约 5 mm，先端钝；雌花：花被片 5，外轮 4 枚近等大，宽卵形，长约 1.4 cm，最内面的小，椭圆形，子房 3 室，中轴胎座，具淡红色 3 翅，柱头分裂，裂片螺旋状扭曲。蒴果长 2.5–3 cm，具 3 翅，3 翅近等大。

分布与生境 原产于巴西，现已广泛栽培于世界各地供观赏。

药用部位 全草。

竹节海棠 **Begonia maculata** Raddi
摄影：李泽贤

功效应用 散瘀消肿。用于跌打损伤，半身麻痹，水肿，小便不利，咽喉痛，疥疮，毒蛇咬伤。

注评 本种的全草称"竹节海棠"，广西地区药用。仫佬族和瑶族也药用，主要用途见功效应用项。

14. 四季秋海棠

Begonia cucullata Willd. var. **hookeri** L. B. Sm. et B. G. Schub. in Darwiniana 5: 104. 1941.——*B. semperflorens* Link et Otto（英 **Hooker Begonia**）

多年生草本，高 15–45 cm，微肉质，无毛，绿色或带红色，上部稍分枝。叶互生；托叶干膜质，卵状椭圆形，边缘稍带缘毛，先端急尖或钝；叶柄长 0.2–2 (–3) cm；叶片卵形或宽卵形，长 5–10 cm，宽 3.5–7 cm，两面绿色，主脉多数，上面有光泽，基部或多或少偏斜，微心形，边缘有小锯齿和缘毛，先端圆或钝。花玫瑰红色至淡红色或白色，数朵成聚伞状；雄花：直径 1–2 cm，花被片 4，外轮 2 枚近圆形，直径约 1.5 cm，内轮 2 枚小，倒卵状长圆形，长 8–10 mm，宽约 5 mm；雌花：较小，花被片 5，子房 3 室，花柱 3，基部合生，柱头叉裂，裂片螺旋状扭曲，并带刺状乳头。蒴果绿色，长

四季秋海棠 **Begonia cucullata** Willd. var. **hookeri** L. B. Sm. et B. G. Schub.
摄影：张英涛 王祝年

1–1.5 cm，有不等 3 翅，较大翅宽舌形，其余 2 翅较小。

分布与生境　原产于巴西，现已广泛栽培于世界各地供观赏。我国各地公园均有栽培。

药用部位　全草、花、叶。

功效应用　清热解毒，散结消肿。用于疮疖。

化学成分　叶含有机酸类：草酸(oxalic acid)，富马酸(fumaric acid)，琥珀酸(succinic acid)，苹果酸(malic acid)[1]；花青素类：矢车菊素-3-O-[2''-O-(β-D-吡喃木糖基)-6''-O-(α-L-吡喃鼠李糖基)-β-D-吡喃葡萄糖苷]{cyanidin-3-O-[2''-O-(β-D-xylopyranosyl)-6''-O-(α-L-rhamnopyranosyl)-β-D-glucopyranoside]}[2]。

化学成分参考文献

[1] Tavant H, et al. *Ann Sci Univ Besancon Botan*, 1965, (2): 24-28.

[2] Ji SB, et al. *Chiba Daigaku Engeigakubu Gakujutsu Hokoku*, 1995, 49: 13-17.

15. 一点血（峨眉植物图谱）　一点血秋海棠（中国高等植物图鉴）

Begonia wilsonii Gagnep. in Bull. Mus. Hist. Nat. Paris 35: 381. 1919.（英 **Wilson Begonia**）

多年生草本。根状茎横走，呈念珠状，长 2–5 cm。叶全部基生，通常 1 (–2) 具长柄；叶柄长 11–19 (–25) cm，近无毛；托叶卵状披针形，早落；叶片两侧略不相等至明显不相等，轮廓菱形至宽卵形，稀长卵形，长 12–20 cm，宽 8–18 cm，两面近无毛，有时带暗紫色，掌状脉 6–7 条，基部心形，微偏斜至甚偏斜，边缘有大小不等三角形之齿，并常 3–7 (–9) 浅裂，先端长尾尖。花葶高 4–12 cm；花粉红色，5–10 朵，排呈二歧聚伞状花序；苞片和小苞片均膜质，卵状披针形；雄花：花被片 4，外轮 2 枚卵形至宽卵形，外面无毛，内轮 2 枚长圆倒卵形；雌花：花被片 3，外轮 2 枚宽长圆形或近圆形，内轮 1 枚小，椭圆形，子房纺锤形，无毛，3 室，中轴胎座，每室胎座具 1 裂片，花柱 3，基部或至 1/2 部分合生，柱头 3 裂，顶端向外膨大呈头状或环状，并带刺状乳突。蒴果下垂，果梗长 1–1.5 cm，无毛，轮廓纺锤形，长 1–1.2 cm，直径 3–5 mm，无毛，无翅，具有 3 棱。种子多数。花期 8 月，果期 9 月开始。

分布与生境　产于四川、重庆。生于海拔 700–1950 m 的山坡密林下、沟边石壁上或山坡阴湿岩石上。

药用部位　根状茎。

功效应用　活血，止血，健脾，补虚。用于病后虚弱，咳嗽，咯血，白带，功能性子宫出血。

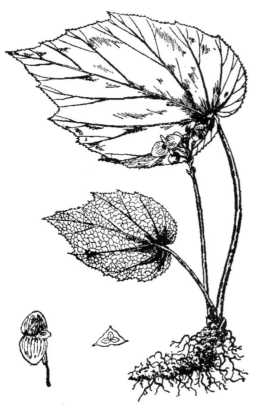

一点血 **Begonia wilsonii** Gagnep.
引自《中国高等植物图鉴》

一点血 **Begonia wilsonii** Gagnep.
摄影：李策宏

16. 独牛（植物名实图考） 柔毛秋海棠（中国高等植物图鉴）

Begonia henryi Hemsl. in J. Linn. Soc., Bot. 23: 334. 1887.——*B. mairei* H. Lév., *B. delavayi* Gagnep.

多年生无茎草本。根状茎球形，直径 8–10 mm。叶均基生，通常 1 (–2) 片，具长柄；叶柄长短变化较大，长 6–13 cm，被褐色卷曲长毛；托叶膜质，卵状披针形，边有睫毛，早落；叶片两侧不相等或微不等，轮廓三角状卵形或宽卵形，长 3.5–6 cm，宽 4–7.5 cm，上面散生淡褐色柔毛，下面散生褐色柔毛，沿脉较密或常有卷曲的毛，掌状脉 5–7 条，下面较明显，基部偏斜或稍偏斜，呈深心形，向外开展，边缘有大小不等的三角形单或重的圆齿，先端急尖或短渐尖。花葶高 7.5–12 cm，疏被细毛或近无毛；花粉红色，通常 2–4 朵，呈二歧聚伞状；花梗长约 10 mm，疏被柔毛；雄花：花被片 2，扁圆形或宽卵形，长 8–12 mm；雌花：花被片 2，扁圆形，长 6–8 mm；子房倒卵状长圆形，长可达 1.5 cm，无毛，3 室，中轴胎座，每室胎座具 1 裂片，具不等 3 翅，花柱 3，柱头 2 裂，裂片膨大呈头状并带刺状乳头。蒴果下垂，果梗长 1.3–1.7 cm，无毛，具不等大 3 翅。

分布与生境 产于云南、四川、贵州西南部、湖北（宜昌）、广西北部。生于海拔 850–2600 m 的山坡阴处岩石上、石灰岩山坡岩石隙缝中、山坡路边阴湿处的常绿阔叶混交林中。

药用部位 全草和根状茎。

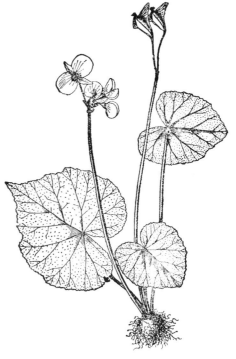

独牛 **Begonia henryi** Hemsl.
引自《中国高等植物图鉴》

功效应用 理气消痞，化瘀止血。用于痞块，症瘕，咯血，胃出血，尿血，小儿疝气，膀胱炎，腰痛，胃痛，腹泻，闭经，睾丸或关节肿痛，预防流感。外用于骨折。

注评 本种的根状茎称"岩酸"，哈尼族、白族和彝族药用，主要用途见功效应用项。白族尚用其块茎治狂犬咬伤。

独牛 **Begonia henryi** Hemsl.
摄影：何海

17. 无翅秋海棠（中国高等植物图鉴补编） 酸味秋海棠（云南种子植物名录），四棱秋海棠（西藏植物志）

Begonia acetosella Craib in Kew Bull. 1912: 153. 1913.（英 **Wingless Begonia**）

17a. 无翅秋海棠（模式变种）

Begonia acetosella Craib var. **acetosella**

多年生草本。根状茎粗大，不规则块状。茎幼时细弱，高可达 1.5 m，具多数茎生叶，无毛。叶互生，具长柄；叶片两侧极不相等，轮廓长圆形、卵状披针形或长圆披针形，长 10–14 (–27) cm，宽 3–4.5 (–8) cm，上面近无毛，偶有疏硬毛，下面无毛或沿脉散生极疏硬毛，基部极偏斜，边有浅而远离的疏齿，先端渐尖，稀急尖。花粉红色，1 或 2 朵；雄花：花梗长 1.3 cm，无毛，花被片 4，外轮 2 枚倒卵形至扁圆形；雌花：花梗长 5–10 mm；花被片 4，外轮 2 枚扁圆形，内轮 2 枚长圆形，子房倒卵球形，4 室，每室胎座具 2 裂片，花柱多分枝，柱头呈不规则螺旋状扭曲，并带有刺毛。花期 4–5 月，果期 5 月开始。

分布与生境 产于西藏（墨脱）、云南南部和东南部。生于海拔 510–1500 m 的山坡常绿阔叶林中或半常绿雨林下、山坡灌丛沟谷中以及溪边密林中。也分布于泰国和缅甸。

药用部位 全草。

功效应用 活血通络，补气。用于经闭。

注评 本种的全草白族称"酸梅秋海棠"，主要用途见功效应用项。

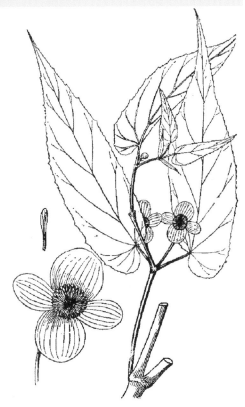

无翅秋海棠 **Begonia acetosella** Craib var. **acetosella**
路桂兰 绘

无翅秋海棠 Begonia acetosella Craib var. acetosella
摄影：黄健

17b. 粗毛无翅秋海棠（变种）（中国植物志）

Begonia acetosella Craib var. **hirtifolia** Irmsch. in Mitt. Inst. Allg. Bot. Hamburg 10: 515. 1939.（英 **Hairyleaf Wingless Begonia**）

本变种叶片上面被散生刺毛，下面散生褐色硬毛，沿脉较密，叶柄有疏毛，花梗和雌雄花被片外面中部均有毛。

分布与生境　产于云南（普洱）。生于海拔 1500 m 的林下。

药用部位　全草。

功效应用　活血通络，补气。用于经闭。

18. 大香秋海棠（中国植物志）　短茎秋海棠（中国高等植物图鉴补编）

Begonia handelii Irmsch. in Akad. Wiss. Wien, Math.-Naturwiss. Kl., Anz. 58: 24. 1921.（英 **Handel Begonia**）

多年生草本。根状茎圆柱形，直径约 8 mm，常有匍匐枝。叶通常基生，具长柄；叶柄长 13-15 cm，疏被短卷曲毛；叶片两侧不相等，轮廓宽卵形，长 8-11 cm，宽 6-10 cm，两面均无毛或近无毛，掌状脉 7 条，基部偏斜，边缘有大小不等的三角形浅齿，幼时常具短芒，先端急尖或短渐尖。花大，白色，极香，通常 4 朵，成伞房状聚伞花序；花葶有棱，被褐色疏毛；花梗长 2-4.5 cm，被毛；雄花：花被片 4，外轮 2 枚卵形，内轮 2 枚窄长圆形或带状；雌花：花被片 4，外轮 2 枚椭圆形，内轮 2 枚窄长圆形或带形，子房卵球形，4 室，每室胎座具 2 裂片，幼时被毛，无翅，花柱 4，短，有分枝，柱头略膨大，呈外向螺旋状扭曲并带刺状乳头。蒴果未见。花期 1 月。

分布与生境　产于云南（河口）、广西、广东。生于海拔 150-850 m 的山坡路边密林中阴湿处、竹林沟边。也分布于越南。

药用部位　全草。

功效应用　清热解毒，利咽，消食，散瘀消肿。用于咽喉肿痛，食滞，跌打损伤。

大香秋海棠 Begonia handelii Irmsch.
引自《中国高等植物图鉴》

大香秋海棠 **Begonia handelii** Irmsch.
摄影：朱鑫鑫

19. 花叶秋海棠（中国高等植物图鉴） 中华秋海棠（云南种子植物名录），山海棠、公鸡酸苔（中药辞典），华秋海棠（经济植物手册）

Begonia cathayana Hemsl. in Curtis's Bot. Mag. 134: t. 8202. 1908.（英 **Cathayan Begonia**）

多年生具茎草本，高可达 60 cm。根状茎伸长，圆柱形。茎生叶互生，具长柄；叶柄长 35–98 cm，密被毛；叶片两侧极不相等，轮廓极斜，卵形至宽卵形，长 9–14 cm，宽 7–10.8 cm，上面深绿色，有一圈明显红紫色的色带，密被短小硬毛，下面色淡，密被柔毛，沿脉被开展直毛，基部极偏，深心形，边缘有大小不等三角形浅齿，齿尖具芒，并常浅裂，先端渐尖至长渐尖，掌状脉 6–7 条。花粉红色，

花叶秋海棠 **Begonia cathayana** Hemsl.
引自《中国高等植物图鉴》

花叶秋海棠 **Begonia cathayana** Hemsl.
摄影：赖阳均

8-10 朵，呈二歧聚伞状，被毛；雄花：花梗长 1.3 cm，密被褐色开展卷曲毛，花被片 4，外面 2 枚宽卵形，外面密被褐色长毛，内面 2 枚长圆形至卵形；雌花：花梗长约 1.7 cm，被褐色开展之毛，花被片 5，近等大，长圆形至宽卵形，子房 2 室，外面被毛，每室胎座具 2 裂片，具不等 3 翅，花柱 2，基部合生，柱头膨大，外向扭曲呈"U"形，并密被刺状乳突。蒴果下垂，具有不等 3 翅，果梗长 3.5-4.8 cm，无毛。花期 8 月，果期 9 月开始。

分布与生境 产于广西、云南。生于海拔 1200-1500 m 的山坡山谷阴处、沟底潮湿处、混交林下。

药用部位 全草。

功效应用 清热解毒，散瘀消肿。用于慢性支气管炎，肺热咳嗽，扁桃体炎，百日咳。外用于跌打，瘀肿，烧伤，烫伤，痈疮红肿，无名肿痛。

注评 本种的全草称"花酸苔"，云南等地药用。傣族也药用，主要用途见功效应用项。

20. 裂叶秋海棠（中国植物志）

Begonia palmata D. Don, Prodr. Fl. Nepal 223. 1825.——*B. laciniata* Roxb.（英 **Palmate Begonia**）

20a. 裂叶秋海棠（模式变种）

Begonia palmata D. Don var. **palmata**

多年生具茎草本，高 20-50 cm。根状茎伸长，匍匐。茎直立。茎生叶互生，具柄；叶柄长 5-10 cm，被褐色长毛，近顶端较密；叶片两侧不相等，轮廓斜卵形或偏圆形，长 12-20 cm，宽 10-16 cm，两面散生短小硬毛，下面沿脉较密，并有时有绒毛状之毛，掌状脉 5-7 条，基部微心形至心形，边缘有疏而浅三角形齿，齿尖常有短芒，先端渐尖至长渐尖。花玫瑰色、白色至粉红色，4 至数朵，呈二歧聚伞状花序；雄花：花梗长 1-2 cm，被褐色毛，花被片 4，外面 2 枚，宽卵形至宽椭圆形，长 1.5-1.7 cm，内轮 2 枚，宽椭圆形；雌花：花被片 4-5，外面宽卵形，长 8-10 mm，向内逐渐变小，子房长圆倒卵形，被褐色毛，2 室，每室胎座具 2 裂片，花柱基部合生，柱头 2，外向螺旋状扭曲呈环状。蒴果下垂，果梗长 2.5-3.2 cm，疏被或近无毛，轮廓倒卵球形，无毛。花期 8 月，果期 9 月开始。

裂叶秋海棠 Begonia palmata D. Don var. palmata
摄影：徐克学

分布与生境　产于西藏（墨脱）、云南。生于海拔 1300–2010 m 的灌丛下、常绿阔叶林、沟谷林下和山坡阔叶林下。也分布于印度、孟加拉国、尼泊尔东部、不丹至缅甸、越南。

药用部位　全草。

功效应用　清热，解毒，止咳，散瘀，消肿，凉血止血。用于感冒，急性支气管炎，瘰疬，跌打损伤，呕血，血崩，毒蛇咬伤。

注评　本种为广西中药材标准（1990 年版）、广西壮药质量标准（2011 年版）收载"大半边莲"的基源植物之一，药用其干燥根状茎；在广西平南、陆川称"红天葵"。本种的全草称"红孩儿"，也可药用。同属植物粗喙秋海棠 Begonia longifolia Blume、掌裂叶秋海棠 Begonia pedatifida H. Lév. 亦为基源植物，与本种同等药用。土家族也药用，主要用途见功效应用项。

20b. 红孩儿（变种）（图考）　裂叶秋海棠（福建植物志）

Begonia palmata D. Don var. **bowringiana** (Champ. ex Benth.) Golding et Kareg. in Phytologia 54: 494. 1984.——*B. bowringiana* Champ. ex Benth.（英 **Red Boy Begonia**）

茎和叶柄均密被或被锈褐色交织的绒毛。叶片轮廓大小变化较大，通常斜卵形，长 5–16 cm，宽 3.5–13 cm，上面密被短小而基部带圆形的硬毛，有时散生长硬毛，下面沿脉密被或被锈褐色交织绒毛，基部斜心形，边缘具疏齿并浅至中裂，裂片宽三角形至窄三角形，先端渐尖。花玫瑰色或白色，花被片外面密被混合毛。花期 6 月开始，果期 7 月开始。

分布与生境　产于广东、香港、海南、台湾、福建、广西、湖南、江西、贵州、四川、云南。生于海拔 100–1700 m 的河边阴处湿地、山谷阴处岩石上、密林中岩壁上、山谷阴处岩石边潮湿地、山坡常绿阔叶林下、石山林下石壁上、林中潮湿的石上。

药用部位　根状茎。

功效应用　清热解毒，凉血润肺。用于肺热咯血，呕血，痢疾，跌打损伤，刀伤出血。

红孩儿 Begonia palmata D. Don var. **bowringiana**
(Champ. ex Benth.) Golding et Kareg.
吴锡麟　绘

21. 食用秋海棠（云南种子植物名录）　葡萄叶秋海棠（中国高等植物图鉴）

Begonia edulis H. Lév. in Fedde, Repert. Sp. Nov. 7: 20. 1909.（英 **Edible Begonia**）

　　多年生草本，高 40-60 cm。根状茎长圆块状。茎粗壮，无毛或近于无毛。茎生叶互生，有长柄；叶柄长 15-25 cm，近顶端被短硬毛；叶片两侧略不相等，轮廓近圆形或扁圆形，长 16-20 cm，宽 15-21 cm，上面被短小硬毛和稍长硬毛，下面近无毛或沿脉疏生短毛，基部略不等呈心形至深心形，边缘有浅而疏三角形的齿，并浅裂达 1/3 或略短于 1/3，先端渐尖。雄花：粉红色，4-6 朵，呈聚伞状，花被片 4，外轮 2 枚卵状三角形，内轮 2 枚长圆形；雌花未见。蒴果，果梗长 16-26 cm，下垂，2 室，每室胎座裂片 2，具有不等 3 翅。

分布与生境　产于贵州西南部、云南东南部和南部、广西、广东。生于海拔 500-1500 m 的山坡水沟边岩石上、山谷潮湿处和山坡沟边。

药用部位　根状茎。

功效应用　清热解毒，凉血润肺。用于肺热咯血，呕血，痢疾，跌打损伤，刀伤出血，蛇咬伤。

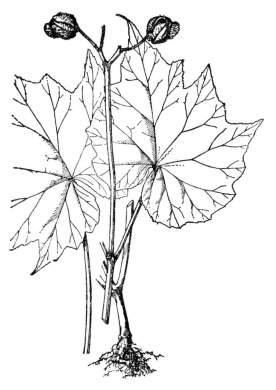

食用秋海棠 Begonia edulis H. Lév.
引自《中国高等植物图鉴》

22. 槭叶秋海棠（中国高等植物图鉴）

Begonia digyna Irmsch. in Mitt. Inst. Allg. Bot. Hamburg 6: 352. 1927.（英 **Two-styled Begonia**）

　　多年生草本，高 25-30 cm。根状茎短。茎直立或上升，散生卷曲柔毛。叶少数，具长柄；叶柄长 11-25 cm，被卷曲淡褐色柔毛；叶片轮廓宽卵形或近圆形，长 7-15 (-18) cm，宽 7-13 (-20) cm，基部心形，略偏斜，边缘有大小不等重锯齿，齿尖带短芒，先端渐尖。花粉红色至玫瑰色，2-4 朵呈二歧聚伞状；雄花：花梗长 2.5-3 cm，被卷曲毛，花被片 4，外面 2 枚宽卵形，外面疏被长柔毛，内面 2 枚长圆倒卵形，外面无毛；雌花：花梗长 1.7-2.1 cm，被卷曲柔毛，花被片 5，不等大，子房椭圆形，疏被毛，2 室，每室胎座具 2 裂片。蒴果下垂，具不等大 3 翅。

分布与生境　产于福建、江西、浙江。生于海拔 550-700 m 的水沟边林下阴湿处或山谷石壁上。

药用部位　全草。

功效应用　清热解毒，祛风活血。用于跌打损伤，无名肿毒。

注评　本种苗族称"水八角莲"，全草具有健胃行血、消肿、驱虫的功效。

槭叶秋海棠 **Begonia digyna** Irmsch.
引自《中国高等植物图鉴》

槭叶秋海棠 **Begonia digyna** Irmsch.
摄影：徐克学

23. 戟叶秋海棠（中国高等植物图鉴） 七星花（土名）

Begonia limprichtii Irmsch. in Fedde, Repert. Sp. Nov. Beih. 12: 440. 1922.——*Begonia houttuynioides* Yü
（英 **Limpricht Begonia**）

多年生草本。根状茎匍匐，节处着地生根。叶均基生，具长柄；叶柄长 3-8 cm，密被褐色卷曲长毛；叶片两侧不相等，轮廓卵形至宽卵形，长 5-8 cm，宽 4-7 cm，上面散生直或弯的长毛，下面沿脉有短刺毛，掌状脉 6-7 条，基部偏斜，边缘有浅而疏三角形之齿，齿尖有短芒，先端短尾尖至渐尖。花葶高 8-16 cm，近无毛或无毛；花少数，呈聚伞状，通常白色，稀粉红色；雄花：花梗长达 4 cm，被卷曲疏柔毛，花被片 4，外面 2 枚宽卵形，长 18-20 mm，外面被 1-2 mm 长的疏柔毛，内面 2 枚宽椭圆形；雌花：花梗长约 2.2 cm，被卷曲疏柔毛，花被片 4-5，极不相等，外面的近圆形、宽长圆形或宽卵形，长 (0.7-) 1.5-1.6 cm，子房椭圆形，被毛，2 室，每室胎座裂片 2，具不等 3 翅，花柱 2，1/2 长度处 2 分枝，柱头增厚，向外螺旋状扭曲，并带刺状乳头。蒴果下垂，轮廓倒卵长圆形，无毛，具不等 3 翅。花期 6 月，果期 8 月。

分布与生境 产于四川、重庆。生于海拔 500-1660 m 的灌丛下阴湿处、山坡阴处密林下和山坡林下阴湿处。

药用部位 根状茎。

功效应用 清热凉血，止痛止血。用于跌打损伤，呕血，血崩，毒蛇咬伤。

化学成分 根含黄酮类：芦丁[1]；甾体类：豆甾醇-3-*O*-β-D-葡萄糖苷-6'-棕榈酸酯(stigmasterol-3-*O*-β-D-glucopyranosyl-6'-hexadecanoate)，豆甾醇-3-*O*-β-D-吡喃葡萄糖苷(stigmasterol-3-*O*-β-D-glucopyranoside)，豆甾醇，胡萝卜苷[1]。

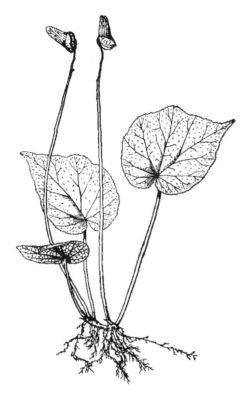

戟叶秋海棠 Begonia limprichtii Irmsch.
引自《中国高等植物图鉴》

戟叶秋海棠 Begonia limprichtii Irmsch.
摄影：李策宏

化学成分参考文献

[1] 蔡红，等．天然产物研究与开发，1998, 10(1): 48-50.

24. 歪叶秋海棠（中国高等植物图鉴）　保亭秋海棠（海南植物志）

Begonia augustinei Hemsl. in Gard. Chron 3(28): 286. 1900.（英 **Oblique-leaf Begonia**）

多年生草本。根状茎长圆柱状，节密。叶均基生，有长柄；叶柄长 (6-) 15-22 cm，被褐色卷曲长毛；叶片两侧极不相等，轮廓卵形至宽卵形，长 7-14 cm，宽 5-11 cm，上面被稍硬毛，下面沿脉被卷曲的毛。花淡粉色，通常 4 朵，呈聚伞状，被疏长毛；雄花：花梗长 1.6-3 cm，疏被卷曲毛，花被片 4，外面 2 枚长圆形至卵形，外面被毛，内面 2 枚椭圆形；雌花未见。蒴果下垂，果梗长约 2 cm，无毛，轮廓长圆形至椭圆形，无毛，2 室，每室胎座裂片 2，具不等 3 翅。花期 6-9 月，果期 7 月开始。

分布与生境　产于云南。生于海拔 900-1500 m 的灌丛下或山谷潮湿处石上。

药用部位　全草。

功效应用　散瘀消肿，止血，止痛。用于蛇咬伤。

歪叶秋海棠 Begonia augustinei Hemsl.
引自《中国高等植物图鉴》

25. 长柄秋海棠（中国高等植物图鉴）

Begonia smithiana Yü in Irmsch., Notes Roy. Bot. Gard. Edinburgh 21(1): 44. 1951.（英 **Smith Begonia**）

多年生草本，无茎或具极短缩之茎。根状茎念珠状。叶多基生，具长柄；叶柄长 9–25 cm；叶片均同形，两侧极不相等，轮廓卵形至宽卵形，稀长圆卵形，长 (3.5) 5–9 (–12) cm，宽 (3–) 5–8 cm，两面带紫红色，上面散生短硬毛，下面沿脉疏生短硬毛，基部极偏斜，呈斜心形，边缘有齿并不规则浅裂，先端尾尖或渐尖。花粉红色，少数，呈二歧聚伞状；雄花：花梗长 12–20 mm，无毛，花被片4，外面 2 枚宽卵形，内面 2 枚长圆卵形；雌花：花梗长 12–15 mm，无毛，花被片 3 (–4)，外面的宽卵形，长 8–13 mm，外面微被毛，子房扁的倒卵球形，2 室，每室胎座具 2 裂片，具不等 3 翅，柱头外向增厚并螺旋状扭曲。蒴果下垂，轮廓倒卵球形，被毛。花期 8 月，果期 9 月。

分布与生境 产于贵州、湖北、湖南。生于海拔 700–1320 m 的水沟阴处岩石上、山谷密林下、山脚湿地灌丛中、水旁沟底岩石上。

药用部位 根状茎。

功效应用 清热止痛，止血。用于跌打损伤，筋骨疼痛，血崩，毒蛇咬伤。

长柄秋海棠 Begonia smithiana Yü in Irmsch.
引自《中国高等植物图鉴》

26. 紫叶秋海棠（广州常见经济植物） 毛叶秋海棠（中国高等植物图鉴），长纤秋海棠（植物分类学报）

Begonia rex Putz., Fl. Serres Jard. Eur. 2: 141, pls. 1255, 1258. 1852.（英 **Assam Kig Begonia**）

多年生草本。根状茎圆柱形，呈结节状。叶均基生，具长柄；叶柄长 4–11.2 cm，密被褐色长硬毛；叶片两侧不相等，轮廓长卵形，长 6–12 cm，宽 5–8.9 cm，上面散生长硬毛或近无毛，下面散生短柔毛，基部心形，边缘有不等的浅的三角形的齿，先端渐尖。花 2 朵，生于茎顶，花梗长 1.2–2.1 cm，近无毛；雄花：花被片 4，外轮 2 枚长圆状卵形，长约 1.3 mm，内轮 2 枚长圆状披针形；雌花未见。蒴果下垂，具不等，3 翅，一个翅特大，呈宽披针形，长 1.5–2.5 cm，无毛，其余 2 翅较窄，长约 3.5 mm，呈新月形。花期 5 月，果期 8 月。

分布与生境 产于云南、贵州、广西。生于海拔 900–1100 m 的山沟岩石上和山沟密林中。也分布于越南北部、印度东北部和喜马拉雅山区。

药用部位 全草、根状茎。

功效应用 全草：用于麻痹症，流行性脑脊髓膜炎后遗症。根状茎：捣敷治疗疮疖。

注评 本种的全草称"紫叶秋海棠"，广西地区药用。瑶族、仫佬族也药用其根状茎或全草，主要用途见功效应用项。

紫叶秋海棠 Begonia rex Putz.
引自《中国高等植物图鉴》

紫叶秋海棠 Begonia rex Putz.
摄影：徐晔春 朱鑫鑫

27. 美丽秋海棠（中国高等植物图鉴）　裂叶秋海棠、虎爪龙（中国植物志）

Begonia algaia L. B. Sm. et Wassh. in Phytologia 52: 441. 1981.——*Begonia calophylla* Irmsch.（英 **Pretty Begonia**）

　　多年生柔弱草本。根状茎长 4–11 cm，节密。茎短缩。基生叶具长柄；叶柄长 13–26 cm，被锈色卷曲长毛；叶片轮廓宽卵形至长圆形，长 10–20 cm，宽 9–19 (–21) cm，上面散生粗柔毛，下面沿脉被疏柔毛，基部心形至深心形略偏斜，全边具疏而大小不等的三角形浅齿，齿尖带短芒，通常 6 (–8) 中裂或略过之，中间 3 裂片再中裂，先端尾状长渐尖或长渐尖。花葶高 17–27 cm，疏被锈褐色卷曲毛；花通常带白玫瑰色，4 朵，呈二歧聚伞状；雄花：花被片 4，外面 2 枚宽卵形，内面 2 枚倒卵状长圆形；雌花：花被片 5，不等大，子房长圆形，无毛，2 室，每室胎座裂片 2，柱头外向螺旋状扭曲并带刺乳突。蒴果下垂，无毛，具 3 极不相等的翅。花期 6 月开始，果期 8 月。

分布与生境　产于江西。生于海拔 320–800 m 的山谷水沟边阴湿处、山地灌丛中石壁上或阴湿山坡林下。

药用部位　根状茎。

功效应用　行气活血，消肿止痛。用于跌打损伤，瘰疬，吐血。

注评　本种白族称“泼血龙”，根状茎用于产后恶露不尽、血瘀痛经、跌打损伤、水肿、蛇咬伤。

美丽秋海棠 Begonia algaia L. B. Sm. et Wassh.
引自《中国高等植物图鉴》

美丽秋海棠 **Begonia algaia** L. B. Sm. et Wassh.
摄影：刘军

28. 周裂秋海棠（中国高等植物图鉴） 石酸苔、酸汤杆（屏边），大麻酸汤杆、一口血、野海棠（广西植物名录）

Begonia circumlobata Hance in J. Bot. 21: 208. 1883.（英 **Circumlobed Begonia**）

　　草本，体态变化较大。根状茎匍匐。叶均基生，具长柄；叶柄长 8-28 cm，被褐色卷曲长毛，在上部密；叶片轮廓宽卵形至扁圆形，长 10-17 cm，基部近截形或微心形，5-6 深裂，裂片长圆形至椭圆形，长 5-13 cm，先端渐尖，基部楔形，通常不再分裂，两侧裂片较小，边缘常浅裂，全边具粗而浅不等大的齿，齿尖常带短芒。花玫瑰色，少数，呈二歧聚伞状，通常无毛；雄花：花梗长约 15 mm，无毛，花被片 4，外面 2 枚，宽卵形，外面散生褐色卷曲毛，内面 2 枚长圆形，无毛；雌花：花梗长 8-10 mm，散生卷曲毛，花被片 5，外面近圆形，向内逐渐变小，子房倒卵长圆形，疏被毛，2 室，每室胎座具 2 裂片，具不等 3 翅，花柱 2，约长度的 1/2 有分枝，柱头向外增厚，螺旋状扭曲呈环状并带刺状乳头。蒴果下垂，果梗长 3.2-3.5 cm，无毛或疏被毛，轮廓倒卵状长圆形，被极疏之毛，具不等 3 翅。花期 6 月开始，果期 7 月开始。

分布与生境　产于湖北、湖南、贵州、广西、广东、福建。生于海拔 250-1100 m 的密林下山沟边、山谷密林下石上、山地路旁水边。

药用部位　根状茎。

功效应用　活血止血，接骨，镇痛。用于月经不调，痛经，跌打损伤，痈疮，烧伤，烫伤。

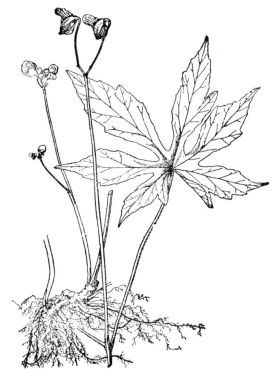

周裂秋海棠 **Begonia circumlobata** Hance
引自《中国高等植物图鉴》

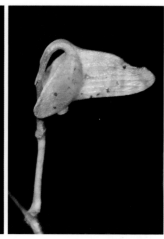

周裂秋海棠 **Begonia circumlobata** Hance
摄影：朱鑫鑫

29. 掌裂叶秋海棠（中国高等植物图鉴）

Begonia pedatifida H. Lév. in Fedde, Repert. Sp. Nov. 3:21. 1909.（英 **Pedatifid Begonia**）

多年生草本。根状茎粗，长圆柱状。叶自根状茎抽出，偶在花葶中部有 1 小叶，具长柄；叶柄长 12-20 (-30) cm，密被或疏被褐色卷曲长毛；叶片轮廓扁圆形至卵形，长 10-17 cm，上面散生短硬毛，下面沿脉有短硬毛，掌状脉 6-7 条，基部截形至心形，边缘有浅而疏三角形的齿，并 (4-) 5-6 深裂，几达基部，中间 3 裂片再中裂，偶深裂，裂片均披针形，稀三角状披针形，两侧裂片再浅裂，先端急尖至渐尖。花葶高 7-15 cm，疏被或密被长毛，偶在中部有 1 小叶；花白色或带粉红色，4-8 朵，呈二歧聚伞状；雄花：花梗长 1-2 cm，被毛或近无毛，花被片 4，外面 2 枚，宽卵形，长 1.8-2.5 cm，外面有毛，内面 2 枚长圆形；雌花：花梗长 1-2.5 cm，被毛或近无毛，花被片 5，不等大，子房倒卵球形，2 室，每室胎座具 2 裂，具不等 3 翅，花柱 2，柱头外向增厚，扭曲呈环状，并带刺状乳头。蒴果下垂，轮廓倒卵球形，无毛，具不等大 3 翅。花期 6-7 月，果期 10 月开始。

分布与生境 产于湖北、湖南、贵州、四川。生于海拔 350-1700 m 的林下潮湿处、常绿林山坡沟谷、阴湿林下石壁上、山坡阴处密林下或林缘。

药用部位 根状茎、全草。

功效应用 清热解毒，凉血，止血，消肿，止痛。用于风湿性关节炎，血栓性静脉炎，跌打损伤，尿血，水肿，毒蛇咬伤，痢疾，支气管炎，咽喉肿痛。

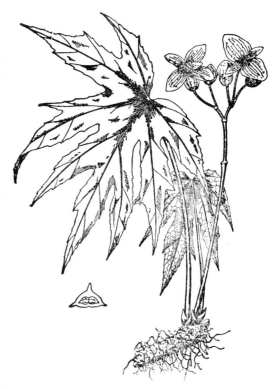

掌裂叶秋海棠 **Begonia pedatifida** H. Lév.
引自《中国高等植物图鉴》

注评 本种为广西中药材标准（1990 年版）、广西壮药质量标准（2011 年版）收载的"大半边莲"的基源植物之一，药用其干燥根状茎；同属植物粗喙秋海棠 Begonia longifolia Blume、裂叶秋海棠 Begonia palmata D. Don 亦为基源植物，与本种同等药用。在江西婺源称"水黄连"，系民间药"马尾连""水黄连"类的同名异物品。土家族、彝族也药用，主要用途见功效应用项。

掌裂叶秋海棠 **Begonia pedatifida** H. Lév.
摄影：刘军 徐永福

葫芦科 CUCURBITACEAE

一年生或多年生草质或木质藤本；茎匍匐或借助卷须攀援。具卷须，卷须侧生于叶柄基部。叶互生，无托叶；叶片不分裂，或掌状浅裂至深裂，稀为鸟足状复叶，具掌状脉。花单性，罕两性，雌雄同株或异株，单生、簇生或集成总状花序、圆锥花序或近伞形花序。雄花：花萼辐状、钟状或管状，5裂；花冠基部合生成筒状或钟状，5裂，全缘或边缘成流苏状；雄蕊 5 或 3 枚，花丝分离或合生成柱状，花药分离或靠合，如雄蕊 5 枚，则药室全部 1 室，如雄蕊 3 枚，则通常为 1 枚 1 室，2 枚 2 室或稀全部 2 室，药室通直、弓曲或 S 形折曲至多回折曲，纵向开裂。雌花：子房下位或稀半下位，通常由于 3 心皮合生而成，极稀具 4-5 心皮，3 室或 1 (-2) 室，有时为假 4-5 室，侧膜胎座，胚珠通常多数，在胎座上常排列成 2 列，有时仅具几个胚珠，极稀具 1 枚胚珠。果实大型至小型，常为肉质浆果或果皮木质，不开裂或在成熟后盖裂或 3 瓣纵裂。种子常多数，稀少数至 1 枚；无胚乳；子叶大，扁平，常含丰富的油脂。

约 113 属 800 种，大多数分布于热带和亚热带，少数种类散布至温带。我国有 32 属 154 种 35 变种，主要分布于西南部和南部，少数散布到北部地区，其中 26 属 107 种 10 变种可药用。

本科药用植物主要含有三萜、黄酮、甾体类等化学成分，三萜皂苷类成分丰富，一般认为葫芦素类四环三萜为葫芦科特征性化学成分，但迄今在盒子草属、绞股蓝属和佛手瓜属植物中尚未见有关葫芦素类化合物的报道。

分属检索表

1. 花冠裂片全缘或近全缘，绝不流苏状。
  2. 雄蕊 5 枚，药室卵形且通直，极稀药室 S 形折曲（罗汉果属）。
    3. 单叶。
      4. 花较小，花冠裂片长不及 1 cm；果实成熟后由中部以上或顶端盖裂或 3 瓣裂。
        5. 叶片近全缘；果实较大，长 6-10 cm，顶端截形，3 瓣裂；种子周围环以膜质翅⋯⋯⋯⋯⋯⋯⋯⋯⋯⋯⋯⋯⋯⋯⋯⋯⋯⋯⋯⋯⋯⋯⋯⋯⋯⋯⋯⋯ **5. 翅子瓜属 Zanonia**
        5. 叶片分裂；果实稍小，长 1-3.5 cm，盖裂；种子无翅或顶端有膜质的长翅。
          6. 叶长三角形，基部戟状心形，无腺体；果实成熟后由近中部盖裂；种子无翅⋯⋯⋯⋯⋯⋯⋯⋯⋯⋯⋯⋯⋯⋯⋯⋯ **1. 盒子草属 Actinostemma**
          6. 叶轮廓近圆形，叶片基部的裂片顶端有 1-2 对突出的腺体；果实顶端盖裂；种子顶端有膜质长翅⋯⋯⋯⋯⋯⋯⋯⋯⋯⋯⋯⋯ **2. 假贝母属 Bolbostemma**
      4. 花较大，花冠裂片长约 2 cm；果实浆果状，不开裂；种子无翅。
        7. 雄蕊 5 枚，药室通直；卷须仅在分歧点之上旋卷；叶边缘有明显锯齿⋯⋯⋯ **6. 赤瓟属 Thladiantha**
        7. 雄蕊 5 枚，药室 S 形折曲；卷须在分歧点上下均旋卷；叶全缘而波状⋯⋯⋯⋯ **7. 罗汉果属 Siraitia**
    3. 叶常为鸟足状 3-9 小叶，极稀单叶。
      8. 木质藤本；小叶近全缘，基部常有 2 腺体；种子顶端有膜质长翅⋯⋯⋯⋯ **3. 棒锤瓜属 Neoalsomitra**
      8. 草质藤本；小叶边缘有明显的锯齿，基部无腺体；种子周围有膜质翅至无翅。
        9. 果实不开裂，呈瓠果状，中等大；种子水平生⋯⋯⋯⋯⋯⋯⋯⋯⋯⋯⋯⋯ **6. 赤瓟属 Thladiantha**
        9. 果实成熟后由顶端 3 裂缝开裂，若不开裂时则果实小而球形；种子下垂生。

10. 花稍大，花冠裂片长至少超过 5 mm；果实较大，棍棒状圆筒形、倒锥形或球形，内含种子 6 枚以上；种子周围具膜质翅或无翅 ·················· **4. 雪胆属 Hemsleya**

10. 花极小，花冠裂片长不及 3 mm；果实较小，球形，内含种子 1–3 枚；种子无翅 ·················· ·················· **25. 绞股蓝属 Gynostemma**

2. 雄蕊 3 枚，极稀 5 枚而药室折曲。

11. 花及果均小型。

12. 花雌雄异株或稀两性花；果实成熟后由顶端向基部 3 瓣开裂；种子 1–3 粒，下垂生 ·················· ·················· **11. 裂瓜属 Schizopepon**

12. 花常雌雄同株，稀异株；果实不开裂；种子多数，水平生。

13. 雄花无退化雌蕊；药室 S 形折曲；雌雄花簇生于同一叶腋内 ·················· **17. 毒瓜属 Diplocyclos**

13. 雄花退化雌蕊球形或近钻形；药室通直、弓曲或稀之字形折曲。

14. 药室弧曲或呈之字形折曲；雌雄花序近伞形，雌花单生 ·················· **10. 茅瓜属 Solena**

14. 药室通直。

15. 雄蕊全部 2 室；雄花序总状聚伞花序或近伞形花序 ·················· **8. 马㼎儿属 Zehneria**

15. 雄蕊 1 枚 1 室，2 枚 2 室；雄花簇生，雌花单生或簇生 ·················· **9. 帽儿瓜属 Mukia**

11. 花及果中等大或大型。

16. 花冠辐状，若钟状时即 5 深裂或近分离。

17. 雄花花萼筒不伸长。

18. 花梗上有盾状苞片；果实常具明显的瘤状突起，成熟后有时 3 瓣裂 ·····**12. 苦瓜属 Momordica**

18. 花梗上无盾状苞片。

19. 雄花生于总状或聚伞状花序上。

20. 一年生草质藤本；果实有多数种子 ·················· **13. 丝瓜属 Luffa**

20. 多年生草质藤本；果实仅有 1 枚大型种子 ·················· **26. 佛手瓜属 Sechium**

19. 雄花单生或簇生。

21. 叶两面密被硬毛；花萼裂片叶状，有锯齿，反折 ·················· **14. 冬瓜属 Benincasa**

21. 叶两面被柔毛硬毛；花萼裂片钻形，近全缘，不反折。

22. 卷须 2–3 歧；叶羽状深裂；药隔不伸出 ·················· **15. 西瓜属 Citrullus**

22. 卷须不分歧；叶 3–7 浅裂；药隔伸出 ·················· **16. 黄瓜属 Cucumis**

17. 雄花萼筒伸长，筒状或漏斗状，长约 2 cm。

23. 花白色；叶片基部有 2 明显腺体 ·················· **20. 葫芦属 Lagenaria**

23. 花黄色；叶片基部无腺体。

24. 花冠钟状；叶片长超过 10 cm，浅裂 ·················· **18. 波棱瓜属 Herpetospermum**

24. 花冠辐状；叶片长不超过 10 cm ·················· **19. 金瓜属 Gymnopetalum**

16. 花冠钟状，5 中裂。

25. 叶片被长硬毛，而基部无腺体；花黄色；果大型 ·················· **23. 南瓜属 Cucurbita**

25. 叶片无毛而基部有数个腺体；花白色；果中等大，长约 5 cm ·················· **24. 红瓜属 Coccinia**

1. 花冠裂片流苏状。

26. 草质或稀木质藤本；花冠裂片的流苏长不到 7 cm；果实中等大，含多数种子 ·················· ·················· **21. 栝楼属 Trichosanthes**

26. 木质藤本；花冠裂片的流苏长达 15 cm；果实较大，仅含 6 枚能育的种子（另外 6 枚不育），种子大型，长达 7 cm ·················· **22. 油渣果属 Hodgsonia**

1. 盒子草属 Actinostemma Griff.

　　纤细攀援草本。叶有柄，叶片心状戟形、心状卵形或披针状三角形，不分裂或 3-5 裂；卷须分 2 叉，稀单一。花单性，雌雄同株，稀两性。雄花序总状或圆锥状。花萼辐状，裂片线状披针形；花冠辐状，裂片披针形；雄蕊 5 (-6) 枚，离生，花药近卵形，药隔在花药背面乳头状突出，1 室，纵缝开裂。雌花单生，簇生或稀雌雄同序，花萼和花冠与雄花同型；子房卵珠形，常具疣状凸起，1 室，柱头 3，肾形。胚珠 2 (-4) 枚，着生于室壁近顶端因而胚珠成下垂生。果实卵状，盖裂，具 2 (-4) 枚种子。种子稍扁，卵形。

　　仅 1 种，分布于亚洲东部（从日本到喜马拉雅山东部）。我国南北部地区普遍分布，可药用。

1. 盒子草（本草纲目拾遗） 小盒子草（湖北），合子草、裂叶盒子草

Actinostemma tenerum Griff., Pl. Cantor. 25, t. 3. 1837.——*Mitrosicyos lobatus* Maxim., *Actinostemma lobatum* (Maxim.) Franch. et Sav.（英 **Lobed Actinostemma**）

　　枝纤细，疏被长柔毛，后变无毛。叶柄细，长 2-6 cm，被短柔毛；叶形变异大，长 3-12 cm，宽 2-8 cm。卷须 2 歧。雄花花序轴细弱，长 1-13 cm；花萼裂片长 2-3 mm，宽 0.5-1 mm；花冠裂片长 3-7 mm，宽 1-1.5 mm；花丝被柔毛或无毛，长 0.5 mm，花药长 0.3 mm。雌花梗具关节，长 4-8 cm。果实长 1.6-2.5 cm，直径 1-2 cm，疏生暗绿色鳞片状凸起，自近中部盖裂，果盖锥形。种子表面有不规则雕纹，长 11-13 mm，宽 8-9 mm，厚 3-4 mm。花期 7-9 月，果期 9-11 月。

分布与生境　产于辽宁、河北、河南、山东、江苏、浙江、安徽、江西、福建、台湾、湖南、广西、四川、云南西部、西藏南部。多生于水边草丛中。朝鲜、日本、印度、中南半岛也有分布。

药用部位　全草、种子。

功效应用　清热解毒，利水消肿。用于肾炎水肿，腹水肿胀，疳积，湿疹，疮疡肿毒和蛇咬伤。有小毒。

化学成分　种子含三萜类：裂叶盒子草苷▲(lobatoside) I、J、K[1]；脂肪油：正癸烷，L-龙脑(L-borneol)，月桂酸(lauric acid)，肉豆蔻酸(myristic acid)，十五酸(pentadecanoic acid)，棕榈油酸(palmitoleic acid)，棕榈

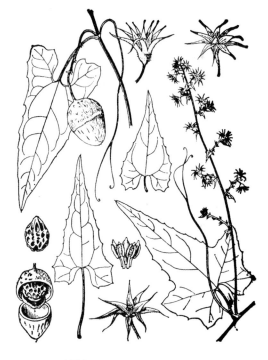

盒子草 Actinostemma tenerum Griff.
引自《中国高等植物图鉴》

酸，硬脂酸，8,11-十八碳二烯酸(8,11-octadecadienoic acid)，反油酸(elaidic acid)，花生酸(arachidic acid)[2]；矿物质元素：铝、铁、锂、镁、锰、钾、硅、钠、锶、钛、钡、镉、铬、钴、铜、钒、锌、钙、磷、硒[2]。

　　全草含三萜类：合子草苷(actinostemmoside) A[3-4]、B[3,5]、C[3-6]、D[3-5]、E[4-5,7]、F[5,7]、G、H[8]、I、J[9]，葫芦素E (cucurbitacin E)[4]，裂叶盒子草苷▲(lobatoside) A[10]、B[5-6,10-12]、C[5-6,10,13]、D[5,10,13]、E[5,10-11]、F[10-11]、G[10-11,13]、H[10]、L、M[12]、N[13]、O[9]、土贝母苷(tubeimoside) Ⅱ[13]、Ⅲ、V[12]，去木糖基土贝母苷 Ⅲ (dexylosyltubeimoside Ⅲ)[12]；甾体类：α-菠菜甾醇(α-spinasterol)，α-菠菜甾醇-3-O-β-D-吡喃葡萄糖苷(α-spinasterol-3-O-β-D-glucopyranoside)，22,23-二氢-α-鸡肝海绵甾酮▲(22,23-dehydroxy-α-chondrillasterone)，β-谷甾醇，胡萝卜苷[4]；黄酮类：芦丁(rutin)，槲皮苷(quercitrin)[4]，异槲皮苷(isoquercitrin)，槲皮素(quercetin)，山奈酚(kaempferol)，山奈酚-3-O-α-L-吡喃鼠李糖基-(1→6)-β-D-吡

盒子草 **Actinostemma tenerum** Griff.
摄影：周繇 徐克学

喃葡萄糖苷[kaempferol-3-*O*-α-L-rhamnopyranosyl-(1 → 6)-*β*-D-glucoypyranoside][4,6]，槲皮素-3-*O*-*β*-L-吡喃鼠李糖基-(1 → 6)-*β*-D-吡喃葡萄糖苷[quercetin-3-*O*-*β*-L-rhamnopyranosyl-(1 → 6)-*β*-D-glucopyranoside][6]；多糖[14]。

药理作用 抗炎作用：盒子草水提液对巴豆油致小鼠耳肿胀、醋酸致小鼠腹腔毛细血管通透性增加有抑制作用[1]。

抗细菌作用：盒子草总皂苷对肺炎球菌、乙型溶血性链球菌、金黄色葡萄球菌、白色葡萄球菌、大肠埃希氏菌、铜绿假单胞菌均有不同程度的抑制作用[1]。

毒性及不良反应 盒子草水煎液、总皂苷小鼠灌胃的 LD_{50} 分别为 132.34 g/kg、7.1726 g/kg；两者均有一定的溶血作用[1]。

注评 本种为上海中药材标准（1994 年版）收载"盒子草"的基源植物，药用其干燥地上部分。

化学成分参考文献

[1] Fujioka T, et al. *Chem Pharm Bull*, 1992, 40(5): 1105-1109.

[2] 吴启南, 等. 天然产物研究与开发, 2001, 13(3): 33-35.

[3] Iwamoto M, et al. *Chem Pharm Bull*, 1987, 35(2): 553-561.

[4] 李伟, 等. 中草药, 2014, 45(15): 2143-2147.

[5] Fujioka T, et al. *Bioorg Med Chem Lett*, 1996, 6(23): 2807-2810.

[6] Kim DK. *J Korean Soc Appl Biol Chem*, 2010, 53(6): 746-751.

[7] Fujioka T, et al. *Chem Pharm Bull*, 1988, 36(8): 2772-2777.

[8] Fujioka T, et al. *Chem Pharm Bull*, 1987, 35(9): 3870-3873.

[9] Cao JQ, et al. *Phytochem Lett*, 2015, 11: 301-305.

[10] Fujioka T, et al. *Chem Pharm Bull*, 1989, 37(7): 1770-1775.

[11] Fujioka T, et al. *Chem Pharm Bull*, 1989, 37(9): 2355-2360.

[12] Li W, et al. *Fitoterapia*, 2012, 83(1): 147-152.

[13] Cao JQ, et al. *Pharmazie*, 2015, 70(5): 347-350.

[14] 陈艳, 等. 预防医学论坛, 2009, 15(12): 1240-1241.

药理作用及毒性参考文献

[1] 吴启南. 葫芦科盒子草属植物生药学研究 [D]. 江苏：南京中医药大学，2003.

2. 假贝母属 Bolbostemma Franquet

攀援草本，茎、枝细。叶基部小裂片顶端有 2 突出的腺体；卷须单一或分 2 叉。雌雄异株；雄花序为疏散的圆锥花序，雌花生于疏散的圆锥花序上，有时单生或簇生。雄花：花萼辐状，裂片 5；花冠辐状，裂片 5；雄蕊 5 枚，花丝分离，或者两两成对在花丝中部以下联合，其余 1 枚单生。雌花：子房近球形，有瘤状凸起或无，3 室，每室具 2 枚下垂着生的胚珠。果实圆柱形，上部环状盖裂，果盖圆锥形，连同胎座一起脱落，具 4-6 枚种子。种子近卵形，顶端有膜质的翅。

本属 2 种及 1 变种，为我国特有，间断分布于华北平原、黄土高原向西南部至四川、云南和湖南西北部，其中 2 种可药用。

分种检索表

1.叶掌状 5 深裂，裂片再 3-5 浅裂；子房表面被稀疏的不明显的疣状凸起；果实表面较平滑，无刺 ……………………………………………………………………………………………………1. 假贝母 **B. paniculatum**

1.叶近圆形，5 波状浅裂或仅为波状浅圆裂；子房表面密生小瘤状凸起；果实表面被锐尖的细长刺 …………………………………………………………………………………………………2. **刺儿瓜 B. biglandulosum**

1. 假贝母 土贝母（通称），大贝母（本草纲目拾遗），地苦胆、草贝（陕西）

Bolbostemma paniculatum (Maxim.) Franquet in Bull. Mus. Hist. Nat. Par. Sér. 2, 2: 327. 1930.——
Mitrosicyos paniculatus Maxim.（英 **Paniculate Bolbostemma**）

鳞茎肥厚，肉质，乳白色；茎、枝具棱沟，无毛。叶柄长 1.5-3.5 cm，叶片掌状 5 深裂，侧裂片卵状长圆形，中间裂片长圆状披针形，花序轴丝状，长 4-10 cm，花梗纤细，长 1.5-3.5 cm；花黄绿色；花萼与花冠相似，裂片卵状披针形，长约 2.5 mm，顶端具长丝状尾；雄蕊 5 枚，离生；子房疏散生不显著的疣状凸起。果实长 1.5-3 cm，直径 1-1.2 cm。种子卵状菱形，暗褐色，边缘有不规则的齿，长 8-10 mm，宽约 5 mm，厚 1.5 mm，顶端有膜质的翅，翅长 8-10 mm。花期 6-8 月，果期 8-9 月。

分布与生境 产于吉林、辽宁、河北、山西、山东、河南、江苏、安徽、陕西、甘肃、四川东部和南部、湖南西北部。生于阴山坡。现已广泛栽培。

药用部位 鳞茎（土贝母）。

功效应用 清热解毒，散结消肿。用于乳腺炎，肥厚性鼻炎，瘰疬，疮疡肿毒，蛇虫咬伤，外伤出血。

化学成分 块茎含三萜及其皂苷类：葫芦素(cucurbitacin) B[1]、E，异葫芦素D-25-*O*-乙酸酯(isocucurbitacin D-25-*O*-acetate)[2]，3-*O*-α-L-吡喃阿拉伯糖基-(1 → 2)-*β*-D-吡喃葡萄糖基贝萼皂苷元-28-*O*-*β*-D-吡喃木糖基-(1 → 3)-

假贝母 **Bolbostemma paniculatum** (Maxim.) Franquet
引自《中国高等植物图鉴》

假贝母 **Bolbostemma paniculatum** (Maxim.) Franquet
摄影：刘冰

α-L-吡喃鼠李糖基-(1 → 2)-α-L-吡喃阿拉伯糖苷[3-*O*-α-L-arabinopyranosyl-(1 → 2)-β-D-glucopyranosyl-bayogenin-28-*O*-β-D-xylopyranosyl-(1 → 3)-α-L-rhamnopyranosyl-(1 → 2)-α-L-arabinopyranoside][3]，去木糖基土贝母苷Ⅲ(dexylosyltubeimosideⅢ)[4]，土贝母苷(tubeimoside)Ⅰ、Ⅱ、Ⅲ[5]、Ⅳ[6-7]、Ⅴ[5]，6'-*O*-棕榈酰土贝母苷Ⅰ(6'-*O*-palmitoyltubeimosideⅠ)，7β,18,20,26-四羟基-20*S*-达玛-24*E*-烯-3-*O*-α-L-(3-乙酰吡喃阿拉伯糖基)-(1 → 2)-β-D-吡喃葡萄糖苷[7β,18,20,26-tetrahydroxy-20*S*-dammar-24*E*-en-3-*O*-α-L-(3-acetylarabinopyranosyl)-(1 → 2)-β-D-glucopyranoside]，7β,18,20,26-四羟基-20*S*-达玛-24*E*-烯-3-*O*-α-L-(4-乙酰吡喃阿拉伯糖基)-(1 → 2)-β-D-吡喃葡萄糖苷[7β,18,20,26-tetrahydroxy-20*S*-dammar-24*E*-en-3-*O*-α-L-(4-acetylarabinopyranosyl)-(1 → 2)-β-D-glucopyranoside]，7β,18,20,26-四羟基-20*S*-达玛-24*E*-烯-3-*O*-α-L-吡喃阿拉伯糖基-(1 → 2)-β-D-(6-乙酰吡喃葡萄糖苷)[7β,18,20,26-tetrahydroxy-20*S*-dammar-24*E*-en-3-*O*-α-L-arabinopyranosyl-(1 → 2)-β-D-(6-acetyl-glucopyranoside)]，7β,20,26-三羟基-20*S*-达玛-24*E*-烯-3-*O*-α-L-吡喃阿拉伯糖基-(1 → 2)-β-D-吡喃葡萄糖苷[7β,20,26-trihydroxy-20*S*-dammar-24*E*-en-3-*O*-α-L-arabinopyranosyl-(1 → 2)-β-D-glucopyranoside]，7β,20,26-三羟基-20*S*-达玛-24*E*-烯-3-*O*-α-L-(3-乙酰吡喃阿拉伯糖基)-(1 → 2)-β-D-吡喃葡萄糖苷[7β,20,26-trihydroxy-20*S*-dammar-24*E*-en-3-*O*-α-L-(3-acetylarabinopyranosyl)-(1 → 2)-β-D-glucopyranoside]，7β,20,26-三羟基-20*S*-达玛-24*E*-烯-3-*O*-α-L-(4-乙酰吡喃阿拉伯糖基)-(1 → 2)-β-D-吡喃葡萄糖苷[7β,20,26-trihydroxy-20*S*-dammar-24*E*-en-3-*O*-α-L-(4-acetylarabinopyranosyl)-(1 → 2)-β-D-glucopyranoside]，7β,20,26-三羟基-8-甲酰基-20*S*-达玛-24*E*-烯-3-*O*-α-L-(3-乙酰吡喃阿拉伯糖基)-(1 → 2)-β-D-吡喃葡萄糖苷[7β,20,26-trihydroxy-8-formyl-20*S*-dammar-24*E*-en-3-*O*-α-L-(3-acetylarabinopyranosyl)-(1 → 2)-β-D-glucopyranoside]，7β,20,26-三羟基-8-甲酰基-20*S*-达玛-24*E*-烯-3-*O*-α-L-(4-乙酰吡喃阿拉伯糖基)-(1 → 2)-β-D-吡喃葡萄糖苷[7β,20,26-trihydroxy-8-formyl-20*S*-dammar-24*E*-en-3-*O*-α-L-(4-acetyl-arabinopyranosyl)-(1 → 2)-β-D-glucopyranoside][6]，土贝母苷(tubeimoside) A、B、C，浅裂盒子草苷A (lobatoside A)[7]；蒽醌类：大黄素(emodin)[8]；甾体类：β-谷甾醇[1]，胡萝卜苷，胡萝卜苷棕榈酸酯，β-谷甾醇棕榈酸酯[9]，豆甾-7,22,25-三烯-3-醇(stigmasta-7,22,25-triene-3-ol)，豆甾-7,22,25-三烯-3-十九酸酯(stigmasta-7,22,25-triene-3-nonadecanoic acid ester)[10]，豆甾-7,22,25-三烯-3-*O*-β-D-(6'-棕榈酰基)-葡萄糖苷[stigmasta-7,22,25-triene-3-*O*-β-D-(6'-palmitoyl)-

glucopyranoside][11]；生物碱类：4-(2-甲酰基-5-甲氧基甲基吡咯-1-基)丁酸甲酯[4-(2-formyl-5-methoxymethyl-pyrrol-1-yl)butyric acid methyl ester]，2-(2-甲酰基-5-甲氧基甲基吡咯-1-基)-3-苯基丙酸甲酯[2-(2-formyl-5-methoxymethylpyrrol-1-yl)-3-phenylpropionic acid methyl ester]，α-甲基吡咯酮[α-methylpyrrole ketone][12]；其他类：棕榈酸，二十九烷(nonacosane)，三十烷(triacontane)，尿囊素(allantoin)，腺苷(adenosine)，胞嘧啶(cytosine)[11]，5-羟甲基-2-糠醛(5-hydroxymethyl-2-furaldehyde)，麦芽酚(maltol)，正丁基-β-D-吡喃果糖苷(n-butyl-β-D-fructopyranoside)[9]，$\Delta^{7,22,25}$-豆甾三烯-3-醇($\Delta^{7,22,25}$-stigmsta-trien-3-ol)，$\Delta^{7,22,25}$-豆甾三烯-3-β-D-葡萄糖苷($\Delta^{7,22,25}$-stigmsta-trien-3-β-D-glucoside)，α-羟基丙酮葡萄糖苷(α-hydroxyacetone glucoside)，β-D-葡萄糖基-(2→1)-β-D-葡萄糖苷[β-D-glucose-(2→1)-β-D-glucoside]，三十一烷[8]。

药理作用 调节免疫作用：土贝母苷Ⅰ腹腔注射可增高小鼠脾空斑形成细胞，口服可降低脾空斑形成细胞、减轻胸腺重量，使血清补体 C_3 含量增高，土贝母苷Ⅰ、Ⅱ对大鼠实验性变态反应性脊髓炎、特异性超敏反应有抑制作用[1]。

抗炎作用：土贝母苷Ⅰ[2-4]对花生四烯酸和 12-O-十四酰佛波 -13- 乙酸酯致小鼠耳肿胀有抑制作用，土贝母苷Ⅱ和Ⅲ[2]对 12-O- 十四酰佛波 -13- 乙酸酯致小鼠耳肿胀有抑制作用。

抗病毒作用：土贝母总皂苷能抗乙型肝炎病毒(HBV)，可降低鸭乙型肝炎病毒 (DHBV)-DNA 阳性雏鸭血清中 DHBV-DNA 水平[5]，体外亦有抗乙型肝炎病毒作用[6]，对乙型肝炎病毒基因转染的人肝癌细胞系 2215

土贝母 Bolbostemmatis Rhizoma
摄影：陈代贤

细胞分泌 HBsAg 和 HbeAg 有抑制作用[7]。土贝母苷Ⅰ能抑制人免疫缺陷病毒核心蛋白 p24 的产生及 HIV 介导的细胞病变，中和另外 2 种分离株人类 T 淋巴细胞白血病病毒 (HTLV)-Ⅲ$_{RF}$ 和 HTLV-Ⅲ$_{MN}$ 的感染[8]。

抗肿瘤作用：土贝母水提物能抑制体外培养的肝癌细胞增殖和降低线粒体代谢活性[9]。土贝母总皂苷能抑制人鼻咽癌细胞株 CNE-2Z 微管的聚合[10]及诱导其凋亡[11]，可诱导人早幼粒白血病细胞 HL-60 的细胞周期阻滞和凋亡[12]，对人高转移巨细胞肺癌 PGCL3 细胞的黏附、侵袭和迁移有抑制作用[13]。土贝母苷Ⅰ、Ⅱ、Ⅲ对小鼠 S180 腹水瘤有抑制作用[2]。土贝母苷Ⅰ对小鼠皮肤促癌过程[2-4]、小鼠 B16 黑色素瘤的实验性转移和 Lewis 肺癌的自发性转移[14]、鸡胚绒毛尿囊膜血管生成[15-16]有抑制作用，体外对多种人癌细胞的生长均有抑制效果[17]，能诱导人髓性白血病细胞 HL-60[18-19]、人宫颈癌细胞 HeLa[20-22]、人鼻咽癌细胞 CNE-2Z[23-25]、人脐静脉内皮细胞 HUVECs[16]、人红白血病细胞 K562[26-27]、SW480 细胞[28]的细胞周期阻滞和凋亡；对 T 淋巴母细胞样细胞株（MT-2 细胞）有细胞毒性[29]，对人高转移巨细胞肺癌 PGCL3 细胞的黏附、侵袭和迁移有抑制作用[30]。土贝母苷Ⅲ能诱导 SW480 细胞凋亡[28]；土贝母苷Ⅳ可抑制 K562 和 BEL7402 肿瘤细胞生长[31]；土贝母苷Ⅴ能抑制恶性胶质瘤 U87MG 细胞增殖[32]；土贝母提取物对人早幼粒白血病细胞 HL-60 有诱导分化作用[33]；从土贝母中分离得到的 3-O-α-L- 吡喃阿拉伯糖基 -(1→2)-β-D- 吡喃葡萄糖基贝萼皂苷元 -28-O-β-D- 吡喃木糖基 -(1→3)-α-L- 吡喃鼠李糖基 -(1→2)-α-L- 吡喃阿拉伯糖苷对人白血病 K562 和人肝癌 BEL7402 细胞有细胞毒性[34]。

其他作用：土贝母苷Ⅰ、Ⅱ、Ⅲ、Ⅳ[31]、3-O-α-L- 吡喃阿拉伯糖基 -(1→2)-β-D- 吡喃葡萄糖基贝萼皂苷元 -28-O-β-D- 吡喃木糖基 -(1→3)-α-L- 吡喃鼠李糖基 -(1→2)-α-L- 吡喃阿拉伯糖苷[34]有诱导稻瘟霉菌丝变形活性。

毒性及不良反应　土贝母水煎剂对小鼠前胃鳞癌有促进作用[35]；土贝母苷Ⅰ、Ⅱ小鼠腹腔给药的 LD_{50} 分别为 18.7 ± 2.8、21 ± 3 mg/kg[2]。

注评　本种为中国药典（1977、1985、1990、1995、2000、2005、2010、2015 年版）和中华中药典范（1985 年版）收载"土贝母"的基源植物，药用其干燥块茎。商品名常与"贝母"相混，河南、湖北、湖南、贵州均发现过以本种误作"贝母"用，但两者功效不同，不可混用。其块茎在陕西太白称"白附子"、宁夏称"黄药子"、甘肃称"白药子"，均不得与相关品种混用。四川局部地区曾以本种的果实作"马兜铃"，系误用。

化学成分参考文献

[1] 马挺军，等．西北植物学报，2006, 26(8): 1732-1734.

[2] Zheng CH, et al. *J Asian Nat Prod Res*, 2007, 9(2): 187-190.

[3] 汤海峰，等．中国中药杂志，2006, 31(3): 213-217.

[4] 马挺军，等．中草药，2006, 37(3): 327-329.

[5] 汤海峰，等．药学服务与研究，2005, 5(3): 216-223.

[6] Liu WY, et al. *Planta Med*, 2004, 70(5): 458-464.

[7] Tang Y, et al. *Helv Chim Acta*, 2014, 97(2): 268-277.

[8] 马挺军，等．西北植物学报，2005, 25(6): 1163-1165.

[9] 郑春辉，等．中国药物化学杂志，2005, 15(5): 291-293.

[10] 刘文庸，等．中国中药杂志，2004, 29(10): 953-956.

[11] Liu WY, et al. *Chin Chem Lett*, 2003, 14(10): 1037-1040.

[12] Liu WY, et al. *J Asian Nat Prod Res*, 2003, 5(3): 159-163.

药理作用及毒性参考文献

[1] 李兴华，等．中国药房，1998, 9(1): 13-14.

[2] 于廷曦，等．中国药理学报，2001, 22(5): 463-468.

[3] 马润娣，等．科学通报，1991, 36(18): 1421-1424.

[4] Yu LJ, et al. *Int J Cancer*, 1992, 50(4): 635-638.

[5] 周艳萌，等．遵义医学院学报，2007, 30(3): 232-235.

[6] 周艳萌，等．时珍国医国药，2006, 17(11): 2134-2136.

[7] 周艳萌，等．遵义医学院学报，2005, 28(2): 112-114.

[8] 于立坚，等．中国药理学报，1994, 15(2): 103-106.

[9] 姜世明，等．世界华人消化杂志，2000, 8(3): 310-313.

[10] 宋刚，等．中国临床药理学与治疗学，2005, 10(6): 617-621.

[11] 翁昔阳，等．中国药理学通报，2003, 19(2): 181-186.

[12] 胡章，等．肿瘤防治杂志，2005, 12(3): 177-179.

[13] 王长秀，等．中国临床药理学与治疗学，2006, 11(1): 39-44.

[14] 王长秀，等．中国临床药理学与治疗学，2006, 11(7): 764-770.

[15] 胡定慧，等．中国药理学通报，2003, 19(6): 715-716.

[16] 于立坚，等．细胞生物学杂志，2008, 30(6): 747-754.

[17] 马润娣，等．中国肿瘤临床，1994, 21(6): 446.

[18] 胡章，等．中国肿瘤临床，2003, 30(3): 163-166, 171.

[19] Yu LJ, et al. *Planta Med*, 1996, 62(2): 119-121.

[20] 杨萍，等．癌症，2002, 21(4): 346-350.

[21] 马润娣，等．中国临床药理学与治疗学，2004, 9(3): 261-269.

[22] 王芳，等．中国中药杂志，2005, 30(24): 1935-1939.

[23] 翁昔阳，等．癌症，2003, 22(8): 806-811.

[24] Ma RD, et al. *US Chin J Lymphology Oncol*, 2003, 2(4): 11-8.

[25] 刘姬艳，等．北京中医，2007, 26(2): 119-121.

[26] 刘姬艳，等．杭州师范学院学报（自然科学版），2006, 5(2): 126-130.

[27] 刘姬艳，等．中国临床药理学与治疗学，2006, 11(7): 743-747.

[28] 于超，等．中国药理学通报，2006, 22(7): 880-884.

[29] Yu LJ, et al. *Acta Pharmacol Sin*, 1994, 15(2): 103-106.

[30] 于立坚，等．中国天然药物，2008, 6(2): 135-140.

[31] 汤海峰，等．药学服务与研究，2005, 5(3): 216-223.

[32] Cheng G, et al. *Bioorg Med Chem*, 2006, 16(17): 4575-4580.

[33] 白月辉，等．第四军医大学学报，1992, 13(4): 304-306.

[34] 汤海峰，等．中国中药杂志，2006, 31(3): 213-217.

[35] 姜树山，等．中国中药杂志，1990, 15(12): 42-43.

2. 刺儿瓜（云南） 拉拉藤（广西）

Bolbostemma biglandulosum (Hemsl.) Franquet in Bull. Mus. Hist. Nat. Par., Sér. 2, 2: 328. 1930.——
Actinostemma biglandulosum Hemsl.（英 **Biglandulose Bolbostemma**）

茎长达 6 m。叶柄细，长 2-5 cm；叶片膜质，近圆形，长、宽均为 4-7 cm，波状 5 浅裂或不规则浅裂。雄花序轴可长达 12 cm，花梗长 1-1.5 cm；花萼裂片线状披针形；花冠裂片狭披针形，淡黄绿色，顶端有长尾，长 6-8 mm，宽 1-1.2 mm；雄蕊两两成对在花丝中部以下连合，其余 1 枚分生，药隔伸出于花药呈尾状，长 1-1.2 mm。子房密生小瘤状凸起。果实圆柱状，黄绿色，长 3.5-4 cm，直径 2 cm，生细而锐的刺和稀疏的短腺毛，刺长 5-7 mm。种子褐色，不规则卵状龟壳状，有雕纹，长约 1 cm，宽约 7 mm，厚 1.8 mm，顶端膜质，翅长约 1 cm，先端有 1 浅裂。花期 9 月，果期 10 月。

分布与生境 产于云南。生于海拔 1300-1400 m 的林缘及杂木林。

药用部位 叶。

功效应用 用于瘰疬，跌打损伤。

刺儿瓜 **Bolbostemma biglandulosum** (Hemsl.) Franquet
引自《中国高等植物图鉴》

3. 棒锤瓜属 Neoalsomitra Hutch.

攀援灌木或草质藤本。叶为单叶或有 3-5 小叶，或为叉指状复叶。卷须单一或 2 歧。花雌雄异株，圆锥花序或总状花序。雄花：花萼筒杯状，5 深裂，花冠辐状，5 深裂，雄蕊 5 枚，分离，花丝短，基部连接，花药 1 室。雌花：花萼和花冠同雄花；子房 1 室或不完全 3 室，花柱 3，或稀 4，柱头新月形；胚珠多数，下垂。果实棒锤状或圆柱状，顶端阔截形，3 瓣裂。种子覆瓦状排列，压扁，顶端具极薄、延长的膜质翅。

约 12 种，分布于印度至波利尼西亚和澳大利亚。我国有 2 种，产于华南、西南部和台湾等地，其中 1 种可药用。

1. 棒锤瓜（海南植物志） 穿山龙（台湾植物志），曲莲、细叶罗锅底（云南普洱中草药选编）

Neoalsomitra integrifoliola (Cogn.) Hutch. in Ann. Bot. n. s. 6: 99. 1942.——*Gynostemma integrifoliola*
Cogn., *Alsomitra integrifoliola* (Cogn.) Hayata（英 **Entireleaf Neoalsomitra**）

攀援草本。茎细长，多分枝。叶片鸟足状，5 小叶；小叶片长圆形或长圆状披针形，中间小叶长 7-14 cm，宽 3-5.5 cm，侧生小叶较小，基部有时具 2 腺体，全缘。雄圆锥花序，多分枝，长 20 cm；花萼裂片卵状披针形，长约 2 mm，宽约 1 mm；花冠辐状，白色，裂片卵形，长约 4 mm，宽约 3 mm，花丝长约 8 mm，外弯，花药卵形，直径约 0.5 mm。雌花组成较小的圆锥花序，子房近圆柱形，长约 10 mm。蒴果圆柱形，长 4–6.5 cm，直径 1.5–2 cm。种子狭卵形，边缘具 5–7 个粗尖齿，黄褐色，长 10 mm，宽 6 mm，中央凸起，具皱褶，顶端具 1 膜质、长约 15 mm 的翅。花期 9–11 月，果期 11 月至翌年 4 月。

分布与生境 产于云南、广东、广西和台湾等地。生于海拔 550–840 (–1600) m 的沟谷雨林或次生林中、灌丛中。分布于越南、老挝、柬埔寨、泰国、马来半岛和菲律宾。

药用部位 块根（赛金刚）。

功效应用 清热解毒，收敛止痛。用于痢疾，泄泻，溃疡病，小便淋痛，咽喉肿痛，便血。

化学成分 根状茎含三萜类：棒锤瓜素▲A (neoalsomitin A; neoalsogenin A)[1]，棒锤瓜苷▲A (neoalsoside A)[2]。

棒锤瓜 **Neoalsomitra integrifoliola** (Cogn.) Hutch.
引自《中国高等植物图鉴》

叶含木脂素类：(8*R**,7'*S**,8'*R**)-5,5'-二甲氧基-7-氧代落叶松树脂醇-9'-*O*-*β*-D-吡喃木糖苷[(8*R**,7'*S**,8'*R**)-5,5'-dimethoxy-7-oxolariciresinol-9'-*O*-*β*-D-xylopyranoside]，(7*S*,8*R*)-二氢去氢二松柏醇-9-*O*-*β*-D-呋喃芹糖基-(1 → 6)-*O*-*β*-D-吡喃葡萄糖苷[(7*S*,8*R*)-dihydrodehydrodiconiferyl alcohol-9-*O*-*β*-D-apiofuranosyl-(1 → 6)-*O*-*β*-D-glucopyranoside]，(7*S**,8*R**,7'*S**,8'*R**)-4,4'-二甲氧基华中冬青素-9-*O*-*β*-D-吡喃木糖苷[(7*S**,8*R**,7'*S**,8'*R**)-4,4'-dimethoxyhuazhongilexin-9-*O*-*β*-D-xylopyranoside]，(7*S**,8*R**,7'*S**,8'*R**)-二甲氧基华中冬青素-9-*O*-*α*-L-吡喃阿拉伯糖苷[(7*S**,8*R**,7'*S**,8'*R**)-4,4'-dimethoxyhuazhongilexin-9-*O*-*α*-L-arabinopyranoside]，(7*S**,8*R**,7'*S**,8'*R**)-华中冬青素-9-*O*-(2-阿魏酰基)-*β*-D-吡喃木糖苷[(7*S**,8*R**,7'*S**,8'*R**)-huazhongilexin-9-*O*-(2-feruloyl)-*β*-D-xylopyranoside]，(7*R*,8*S*)-二氢去氢二松柏醇-9-*O*-*β*-D-吡喃葡萄糖苷[(7*R*,8*S*)-dihydrodehydrodiconiferyl alcohol-9-*O*-*β*-D-glucopyranoside]，淫羊藿醇 A₂-9-*O*-*β*-D-吡喃木糖苷(icariol A₂-9-*O*-*β*-D-xylopyranoside)，华中冬青素(huazhongilexin)，裸柄吊钟花脂苷▲(nudiposide)[3]；大柱香波龙烷类：(6*R*,9*R*)-布卢竹柏醇-*α*-L-吡喃鼠李糖基-(1 → 6)-*β*-D-吡喃葡萄糖苷[(6*R*,9*R*)-blumenyl-*α*-L-rhamnopyranosyl-(1 → 6)-*β*-D-glucopyranoside][4]；苯丙素类：2-甲氧基-4-反式-丙烯苯酚-*α*-L-吡喃鼠李糖基-(1 → 6)-*β*-D-吡喃葡萄糖苷[2-methoxy-4-*trans*-propenylphenol-*α*-L-rhamnopyranosyl-(1 → 6)-*β*-D-glucopyranoside][4]，绿原酸甲酯(methyl chlorogenate)[5]；苯乙醇苷类：2-苯基乙醇芸香糖苷(2-phenylethyl rutinoside)[5]；黄酮类：芦丁(rutin)，山奈酚-3-*O*-*α*-L-吡喃鼠李糖基-(1 → 6)-*β*-D-吡喃葡萄糖苷[kaempferol-3-*O*-*α*-L-rhamnopyranosyl-(1 → 6)-*β*-D-glucopyranoside]，异鼠李素-3-*O*-*α*-L-吡喃鼠李糖基-(1→6)-*β*-D-吡喃葡萄糖苷[isorhamnetin-3-O-*α*-L-rhamnopyranosyl-(1→6)-*β*-D-glucopyranoside][5]；核苷类：鸟苷(guanosine)，腺苷(adenosine)[5]；多元醇类：肌肉肌醇(*myo*-inositol)[5]。

地上部分含皂苷类：棒锤瓜苷▲(neoalsoside) A、A₂、A₃、A₄、A₅、C₁、C₂、D₁、E₁、F₁、G₁、H₁[6]、I₁、I₂、J₁、K₁、L₁、M₁、M₂、M₃、N₁、O₁、O₂[7]，棒锤瓜苷元▲B(neoalsogenin B)，葫芦素(cucurbitacin) D、G、H、L、R，六降葫芦素D (hexanorcucurbitacin D)，海绿宁▲Ⅳ(arvenin Ⅳ)[6]。

化学成分参考文献

[1] 邱明华，等 . 云南植物研究，1992, 14(4): 442-444.

[2] Chiu MH, et al. *Phytochemistry*, 1992, 31(7): 2451-2453.

[3] Su DM, et at. *J Nat Prod*, 2008, 71(5): 784-788.

[4] Su DM, et at. *Chin Chem Lett*, 2008, 19(7): 845-848.

[5] 苏东敏，等 . 中国中药杂志，2012, 37(11): 1593-1596.

[6] Fujita S, et at. *Phytochemistry*, 1995, 38(2): 465-472.

[7] Fujita S, et at. *Phytochemistry*, 1995, 39(3): 591-602.

4. 雪胆属 **Hemsleya** Cogn. ex F. B. Forbes et Hemsl.

多年生攀援草本，具膨大块茎，块茎扁卵圆形，稀圆柱状。茎和小枝纤细或较粗壮，卷须先端 2 歧。叶为趾状 (3–) 5–9 (–11) 小叶组成，具柄，小叶膜质或纸质。花雌雄异株，聚伞总状花序至圆锥花序，腋生。雄花：萼筒短，裂片 5，平展或中部以上向后反折；花冠辐状、碗状或盘状、陀螺状、灯笼状至伞状，浅黄色、黄绿色至橙红色，5 裂；雄蕊 5 枚。雌花：通常与雄花同型或等大，稀异型或稍大，子房近圆形至楔形，花柱 3，柱头 2 裂。果实球形、圆锥形或圆筒状椭圆形，具 9–10 条纵棱或细纹。

约 30 种，产于亚洲亚热带至温带地区，我国均产，主要分布于西南部至中南部地区，浙江也有，其中 22 种可药用。

分种检索表

1. 花开放后花冠裂片平展或平展后上翘，淡黄色或淡黄绿色。
  2. 种子具明显的翅，翅宽在 2 mm 以上。
    3. 果皮光滑无毛。
      4. 果实筒状倒圆锥形，顶端平截，基部楔形；果序大型，通常具多数果；种子环生膜质宽翅·············
      ··1. 马铜铃 **H. graciliflora**
      4. 果实椭圆状棒形，叶腋单生；种翅木栓质 ······················2. 翼蛇莲 **H. dipterygia**
    3. 果棱上疏被细刚毛或果皮被小瘤突。
      5. 果圆锥形；花冠裂片平展后上翘，花萼裂片平展，在花冠裂片间伸出···3. 赛金刚 **H. changningensis**
      5. 果狭钟形（帽状）；花冠裂片平展；花萼裂片先端向后反折成圆盘状··········4. 帽果雪胆 **H. mitrata**
  2. 种子翅退化，翅宽在 1.5 mm 以下。
    6. 花开放后，花冠裂片平展不上翘。
      7. 花冠裂片具乳突。
        8. 果实近球形，直径 1.0–1.5 cm，基部钝圆，果柄丝状，直，长 4–5 mm，花柱突宿存不明显；小叶 5–9 枚，多为 7 枚 ··5. 曲莲 **H. amabilis**
        8. 果椭圆形至倒圆锥形，长 2.2–4 cm，直径 1.3–1.8 cm，基部渐狭下延成柄，果柄长 2–3 mm；花柱宿存，向外翘出，明显；小叶 3–7 枚，多为 5 枚·················6. 丽江雪胆 **H. lijiangensis**
      7. 花冠裂片被糠秕状毛。
        9. 花冠直径 1.5–2 cm，裂片先端钝圆，具小尖突 ······················7. 盘龙七 **H. panlongqi**
        9. 花冠直径 1–1.3 cm，裂片先端渐尖 ······················8. 蛇莲 **H. sphaerocarpa**
    6. 花开放后，花冠裂片平展后上翘，花冠呈碗状或浅盆状。
      10. 花冠裂片基部具腺体，花冠呈碗形；果卵圆形至近球形，基部钝圆，果柄直，果皮上纵棱不明显
      ···9. 文山雪胆 **H. wenshanensis**
      10. 花冠裂片基部具黄色斑或短绒毛，花冠呈浅盆状；果宽卵形或卵状椭圆形，基部宽楔形，果柄偏斜，果皮上具 10 条明显的纵棱或细条纹 ······················10. 大序雪胆 **H. megathyrsa**
1. 花开放后花冠裂片向后反卷或反折，花冠呈盘状、松散圆球状或伞状，浅黄色、黄绿色至红棕色（橘红色）。
  11. 花冠成盘状、松散圆球状或伞状；种子具明显的木栓质翅，翅宽在 1.5 mm 以上。
    12. 花冠圆盘状或扁球形。
      13. 果实卵球形或椭圆形。
        14. 果椭圆形，长 4–5 cm，直径 2.5–3 cm，果皮密布细瘤突；花冠直径 0.8–1 cm，裂片肉质，基部垫状增厚；小叶 7–9 枚 ······················11. 肉花雪胆 **H. carnosiflora**

14. 果卵球形，长 3–4 cm，直径 3–3.5 cm，果皮平滑；花冠直径 0.7–0.8 cm，裂片革质，基部不增厚；小叶 5–7 枚 ················· 12. **彭县雪胆 H. pengxianensis**

13. 果实棒形。

15. 果短柱状棒形，长 2.4–3.5 cm，直径 0.8–1 cm；小叶 5–7 枚············ 13. **短柄雪胆 H. delavayi**

15. 果棒形，长 7–8 cm，直径 2–2.5 cm；小叶 7 枚 ················· 14. **大果雪胆 H. macrocarpa**

12. 花冠呈松散圆球状或伞状。

16. 果实近球形，直径 2.5–4 cm，果皮光滑，具 10 条锐棱；花冠淡黄色，裂片边缘波状，基部具腺体 ················· 15. **藤三七雪胆 H. panacis–scandens**

16. 果实椭圆形，长 3.5–4 cm，直径 2.5 cm，具钝棱；花冠浅黄绿色，裂片基部无腺体················· 16. **椭圆果雪胆 H. ellipsoidea**

11. 花冠灯笼状、盘状或陀螺状；种子翅退化，翅宽在 1.5 mm 以下。

17. 花冠灯笼状、球状、倒圆锥体状。

18. 花冠棕红色，直径 1.2–2.5 cm；果实卵状椭圆形至近球形。

19. 花冠直径 1.2–1.5 cm；果实卵状椭圆形，长 3–5 (–7) cm，果皮沿纵棱几无毛 ················· 17. **雪胆 H. chinensis**

19. 花冠直径 1.5–2.0 (–2.5) cm；果实近球形，直径 2–3.5 cm，果皮沿纵棱疏被短柔毛 ················· 18. **巨花雪胆 H. gigantha**

18. 花冠浅肉红色，直径 1 cm；果实倒卵圆形，长 2–3.5 cm，直径 1.5–2.0 cm，果皮密布小瘤突················· 19. **母猪雪胆 H. villosipetala**

17. 花冠圆盘状。

20. 花冠黄绿色；果球形，直径 2–2.5 cm ················· 20. **峨眉雪胆 H. omeiensis**

20. 花冠棕红色；果圆筒状椭圆形至阔卵形。

21. 果圆筒状椭圆形，长 5–8 cm，直径 2–3.5 cm，基部下延成柄，果皮纵棱明显 ·················21. **长果雪胆 H. dolichocarpa**

21. 果卵圆形至阔卵形，直径 3.5–4 cm，基部钝圆，果柄直，纵棱不明显 ················· 22. **罗锅底 H. macrosperma**

本属药用植物中主要含葫芦素型四环三萜及其苷类成分，如该属成分中最具代表性的雪胆素 A (hemslecin A，**1**) 和雪胆素 B (hemslecin B，**2**)；又如从肉花雪胆 (H.carnosiflora) 中分离得到一系列葫芦素类三萜化合物，肉花雪胆苷▲(carnosifloside) Ⅰ(**3**)、Ⅱ(**4**)、Ⅲ(**5**)、Ⅳ(**6**)、Ⅴ(**7**)、Ⅵ(**8**)，肉花雪胆苷元▲(carnosiflogenin) A (**9**)、B (**10**)、C (**11**)。该属药用植物尚含较多齐墩果烷型五环三萜及其苷类成分，如从马铜铃 (H. graciliflora) 中得到的雪胆苷 (hemsloside) Ma_1 (**12**)、Ma_3 (**13**)、H_1 (**14**)、G_1 (**15**)、G_2 (**16**)。**1** 和 **2** 在体外有明显的抑制 HIV-1 活性，其活性主要表现为：(1) 抑制 HIV-1 诱导合胞体形成，EC_{50} 分别为 3.09 μg/ml 和 2.53 μg/ml；(2) 抑制 HIV-1 急性感染的 C8166 细胞 p24 抗原产生，EC_{50} 分别为 3.97 μg/ml 和 18.90 μg/ml；(3) 抑制 HIV-1 慢性感染 H9 与正常 C8166 细胞间融合，EC_{50} 分别为 1.76 μg/ml 和 11.95 μg/ml。

1: R=Ac
2: R=H

3: R_1=Glc$\overset{6}{-}$Glc; R_2=H; R_3=H
4: R_1=Glc$\overset{2}{-}$Glc; R_2=H; R_3=Glc
5: R_1=Glc$\overset{6}{-}$Glc; R_2=H; R_3=Glc
6: R_1=H; R_2=Glc$\overset{6}{-}$Glc; R_3=Glc
9: R_1=OH; R_2=H; R_3=H
10: R_1=H; R_2=OH; R_3=H

12: R_1=GlcA$\overset{3}{-}$Ara; R_2=Glc
13: R_1=GlcA$\overset{3}{-}$Ara; R_2=Glc（2位 Glc）
14: R_1=GlcA$\overset{3}{-}$Ara; R_2=Glc$\overset{6}{-}$Glc（2位 Glc）
15: R_1=Glc$\overset{3}{-}$Ara; R_2=Glc$\overset{6}{-}$Glc
16: R_1=Glc$\overset{3}{-}$Glc; R_2=Glc$\overset{6}{-}$Glc

7: R_1=Glc$\overset{2}{-}$Glc; R_3=Glc
8: R_1=Glc$\overset{6}{-}$Glc; R_2=Glc
11: R_1=H; R_2=H

　　藤三七雪胆 (H. panacis-scandens) 根状茎含有丰富的三萜皂苷类化合物，如藤三七雪胆苷 (scandenoside) R_1 (**17**)、R_2 (**18**)、R_3 (**19**)、R_4 (**20**)、R_5 (**21**)、R_6 (**22**)、R_7 (**23**)，二氢葫芦素 F 葡萄糖苷 (dihydrocucurbitacin F glucoside，**24**)。其中，**22** 具有甜味，**21** 和 **24** 具有苦味，而其他的则无味。3β-羟基 - 葫芦 -5- 烯衍生物葡萄糖苷结构与味觉直接相关。

　　本属药用植物椭圆果雪胆 (H. ellipsoidea) 尚含呋喃内酯类化合物椭圆果雪胆酮 (ellipsoidone) A (**25**)、B (**26**)。**25** 对白血病细胞株 P388 细胞有细胞毒活性，IC$_{50}$ 为 47 mg/ml。

17: R_1=OH, R_2=H
18: R_1=H; R_2=OH
19: R_1=OGlc; R_2=H
20: R_1=H; R_2=OGlc

21: R_1=H; R_2=OGlc$\overset{2}{-}$Glc; R_3= =O
22: R_1=H; R_2=OGlc$\overset{2}{-}$Glc; R_3=aOH
23: R_1=OGlc$\overset{6}{-}$Glc; R_2=H; R_3=bOH

24

25　　**26**

1. 马铜铃（四川南川） 响铃子（四川），纤花雪胆（四川中药名录）

Hemsleya graciliflora (Harms) Cogn. in Engl., Pflanzenr. 66(IV. 275. 1): 24, f. 7, A.-H. 1916.——*Alsomitra graciliflora* Harms（英 **Slenderflower Hemsleya**）

　　多年生攀援草本。趾状复叶多为 7 小叶，叶柄长 3–5 cm；小叶长圆状披针形至倒卵状披针形，长 5–10 cm，宽 2–3.5 cm。雄花：聚伞圆锥花序，长 5–20 cm，密被短柔毛；花萼裂片三角形，长 2 mm，宽 1 mm，平展；花冠浅黄绿色，直径 5–6 mm，平展，裂片倒卵形，长 3–4 mm，宽 2 mm；雄蕊 5 枚，花丝短，长约 1 mm。雌花：子房狭圆筒状，基部渐狭，子房柄长 2–3 mm。果实筒状倒圆锥形，长 2.5–3.5 cm，直径 1–1.5 cm，具 10 条细纹。种子轮廓长圆形，长 1.2–1.4 cm，宽 5–6 mm，周生 1.5–2 mm 宽的木栓质翅，外有乳白色膜质边，上端宽 3–4 mm；本身倒卵形，两面密布小瘤突。花期 6–9 月，果期 8–11 月。

分布与生境　产于四川、湖北、湖南、广西、江西及浙江。生于海拔 1200–2400 m 的杂木林中。

药用部位　块根、果实。

马铜铃 **Hemsleya graciliflora** (Harms) Cogn.
引自《中国高等植物图鉴》

马铜铃 **Hemsleya graciliflora** (Harms) Cogn.
摄影：陈世品

功效应用　块根：清热解毒，消肿止痛。用于牙痛，胃痛，热毒疮疡。可用作生产雪胆素的原料。果实：化痰止咳。用于咳嗽。

化学成分　根状茎含三萜及其皂苷类：二氢葫芦素F-25-O-乙酸酯(dihydrocucurbitacin F-25-O-acetate)，二氢葫芦素F (dihydrocucurbitacin F)，二氢葫芦素F-25-O-乙酸酯-2-O-β-葡萄糖苷(dihydrocucurbitacin F-25-O-acetate-2-O-β-glucoside)，β-葡萄糖基齐墩果酸酯(β-glucosyl oleanolate)，竹节参皂苷(chikusetsusaponin) Ⅳa、Ⅴ，雪胆苷(hemsloside) Ma_1、Ma_3、H_1、G_1、G_2[1]，葫芦素 Ⅰa (cucurbitacin Ⅰa)[2]。

果实含三萜及其皂苷类：二氢葫芦素F-25-O-乙酸酯，二氢葫芦素F，葫芦素F-25-乙酸酯(cucurbitacin F-25-acetate)[3]，竹节参皂苷Ⅳa、Ⅴ，雪胆苷Ma_1、Ma_3，β-葡萄糖基齐墩果酸酯，齐墩果酸(oleanolic acid)[4]；其他类：谷甾醇-3-O-β-D-葡萄糖苷-6'-棕榈酸酯(sitostery1-3-O-β-D-glucoside-6'-O-palmitate)，胡萝卜苷，β-谷甾醇，棕榈酸，十八醇，十六醇(hexadecanol)[3]。

注评　本种的果实在四川绵阳地区作"马兜铃"使用，系误用。历代本草记载和全国多数地区使用，中国药典收载的"马兜铃"为马兜铃科植物北马兜铃 Aristolochia contorta Bunge 和马兜铃 A. debilis Siebold et Zucc. 的果实。

化学成分参考文献

[1] Kasai R, et al. *Chem Pharm Bull*, 1990, 38(5): 1320-1322.

[2] 孟宪君，等. 药学学报, 1985, 20(6): 446-449.

[3] 林晓琴，等. 中国中药杂志，1997, 22(6): 357-358.

[4] 林晓琴，等. 中草药，1997, 28(3): 136-138.

2. 翼蛇莲（植物分类学报） 石黄连（广西三江）

Hemsleya dipterygia Kuang et A. M. Lu in Acta Phytotax Sin. 20(1): 88, t. 1, 9-14. 1982.（英 **Two-wing Hemsleya**）

茎草质纤细。趾状复叶具5-7小叶，叶柄长2-6 cm；小叶宽披针形，中央小叶长11 cm，宽2.3 cm。聚伞圆锥花序。雄花：花萼裂片卵形，长约7 mm；花冠裂片宽倒卵形，长8 mm，宽7.5 mm，平展。果实长圆状棒形，长约4.5 cm，直径1.7 cm。种子长圆形，长1.5 cm，宽9 mm，中央卵形，具乳头状突起；周生木栓质翅，翅宽约3 mm，平滑。花期6-10月，果期8-11月。

分布与生境 广西特有种。产于广西北部至东北部。生于海拔500-1100m的山坡林中。

药用部位 块根。

功效应用 用于牙痛，牙周炎，发热，咽喉痛，腹痛，跌打损伤，疮疖。

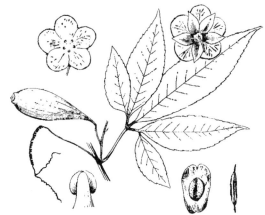

翼蛇莲 Hemsleya dipterygia Kuang et A. M. Lu
吴彰桦 绘

3. 赛金刚

Hemsleya changningensis C. Y. Wu et C. L. Chen in Acta Phytotax Sin. 23(2): 127. 1985.（英 **Changning Hemsleya**）

块茎达30-40 cm。趾状复叶由 (5-) 7 (-9) 小叶组成，叶柄长3-6 cm；小叶片披针形或倒卵状披针形，中央小叶片长6-12 cm，宽2-3 cm，两侧渐小。稀疏聚伞圆锥花序。雄花：花萼裂片卵状披针形，长4 mm，宽3 mm，平展；花冠浅黄绿色，直径0.8-1 cm，裂片平展后上翘，肉质，长6 mm，宽3 mm。雌花：子房倒卵形，密被糠秕状毛，长6 mm，直径4 mm。果实倒圆锥形，长4 cm，直径2-2.5 cm，具10条纵棱，密布细瘤突。种子暗棕色，轮廓宽倒卵形或椭圆形，长1-1.2 cm，宽0.7-1 cm；周生木栓质厚翅，翅宽2-2.5 mm；本身倒卵形，边缘及中央密布乳头状突起。花期8-10月，果期9-11月。

分布与生境 产于云南南部。生于海拔2310-2460 m的山谷阴坡及杂木林下。

药用部位 块茎。

功效应用 清热解毒，收敛止痛。用于菌痢，急性胃肠炎，胃及十二指肠溃疡，脘腹痛，腹泻，尿路感染，高热，咽喉炎，扁桃体炎，便血，神经衰弱。

赛金刚 Hemsleya changningensis C. Y. Wu et C. L. Chen
肖溶 绘

赛金刚 **Hemsleya changningensis** C. Y. Wu et C. L. Chen
摄影：朱鑫鑫

4. 帽果雪胆

Hemsleya mitrata C. Y. Wu et C. L. Chen in Acta Phytotax Sin. 23(2): 128. 1985.（英 **Mitredfruit Hemsleya**）

具膨大块茎。趾状复叶由 5-7 (-9) 小叶组成，叶柄长 5-8 cm，小叶片椭圆状披针形或倒卵状披针形，中央小叶片长 5-11 cm，宽 2.5-4.5 cm。稀疏聚伞总状花序长 5-11 cm。雄花：花萼裂片披针形，长 6 mm，宽 3 mm，先端反折，呈圆盘状；花冠肉质，浅黄绿色，直径 1.3-1.5 cm；裂片倒卵状披针形，平展，长 7 mm，宽 4 mm，两侧具淡栗色小腺体。雌花：与雄花等大，但花萼裂片先端外卷，花冠裂片基部平展，先端上翘；子房卵状椭圆形，长 8 mm，直径 4 mm。果实帽状，长 4-5 cm，直径 3-3.6 cm，具 10 条钝棱，密布小瘤突。种子栗棕色，宽卵形或倒卵状长圆形，长 1.2-1.3 cm，宽 0.9-1 cm；周生木栓质厚翅，翅宽 2-3 mm。花期 7-10 月，果期 9-12 月。

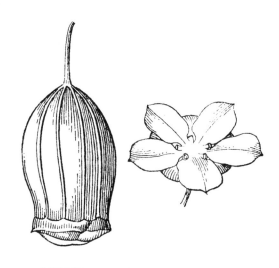

帽果雪胆 Hemsleya mitrata C. Y. Wu et C. L. Chen
肖溶 绘

分布与生境 产于云南西南部。生于海拔 2200-2400 m 的林缘灌丛中。

药用部位 块茎。

功效应用 清热解毒，消肿止痛。用于牙龈肿痛，胃痛，咽喉肿痛，无名肿毒。

化学成分 茎含三萜类：齐墩果酸(oleanolic acid)，刺囊酸(echinocystic acid)[1]。

化学成分参考文献

[1] 聂瑞麟，等．云南植物研究，1981, 3(3): 381-382.

5. 曲莲（昆明） 雪胆（四川），小蛇莲（中国高等植物图鉴）

Hemsleya amabilis Diels in Note Roy. Bot. Gard. Edinbough 5: 106. 1912.（英 **Lovely Hemsleya**）

块茎扁卵圆形。茎和小枝疏被短柔毛，老时几无毛。趾状复叶由 (5-) 7 (-9) 小叶组成，叶柄长 2-4 cm；小叶片披针形至线状披针形。雄花：聚伞总状花序，长 5-15 cm；花萼裂片卵状三角形，长 4-5 mm，宽 2 mm；花冠浅黄绿色，直径 1 cm，近平展，裂片宽倒卵形，长 5-6 mm，宽 4-5 mm。雌花：总花梗长 1-8 cm，花直径 1.1-1.2 (-1.5) cm；子房近圆形，密布疣状小瘤突。果近球形，直径 1.2-1.6 cm，密布疣状瘤突。种子暗褐色，宽卵球形，长 6-8 mm，宽 5-7 mm，具不规则棱角，翅不明显或具约宽 1 mm 的狭翅。花期 6-10 月，果期 7-11 月。

分布与生境 产于云南中部（嵩明）、西部（宾川、洱源、鹤庆），广西曾引种。生于 1800-2400 m 的杂木林下或灌丛中。

药用部位 块茎。

功效应用 清热解毒，利湿镇痛，消肿。用于腹胀，痢疾，肠炎，泄泻，咳嗽，支气管炎，急性扁桃体炎，肝炎，前列腺炎，疔肿，外伤出血。有小毒。

曲莲 Hemsleya amabilis Diels
引自《中国高等植物图鉴》

化学成分 块茎含三萜类：雪胆苷(hemsloside) Am$_1$、Ma$_1$、Ma$_3$，葫芦素(cucurbitacin) Ⅱ a、Ⅱ b，曲莲宁▲B (hemsamabilinin B)，齐墩果酸(oleanolic acid)[1]，2-O-β-D-吡喃葡萄糖基葫芦素(2-O-β-D-glucopyranosylcucurbitacin)[1-2]，7β-羟基葫芦素F-25-O-乙酸酯(7β-hydroxycucurbitacin F-25-O-acetate)，2β,3β,20(S),26,27-五羟基-16α,23(S)-环氧葫芦-5,24-二烯-11-酮[2β,3β,20(S),26,27-pentahydroxy-16α,23(S)-epoxycucurbita-5,24-dien-11-one]，2β,3α,16α,20(R),24(S),25-六羟基-9-甲基-19-降羊毛脂-5-烯-11,22-酮[2β,3α,16α,20(R),24(S),25-hexahydroxy-9-methyl-19-norlanost-5-en-11,22-dione]，藤三七雪胆苷元D (scandenogenin D)，23,24-二氢葫芦素F-25-乙酸酯(23,24-dihydrocucurbitacin F-25-acetate)，23,24-二氢葫芦素(23,24-dihydrocucurbitacin) B、E、F，23,24-二氢-3-表-异葫芦素B (23,24-dihydro-3-epi-isocucurbitacin B)，7-羟基-23,24-二氢葫芦素F-25-O-乙酸酯(7-hydroxy-23,24-dihydrocucurbitacin F-25-O-acetate)，2β,3β,16α,20(R),25-五羟基-9-甲基-19-降羊毛脂-5-烯-7,11,22-三酮[2β,3β,16α,20(R),25-pentahydroxy-9-methyl-19-norlanost-5-en-7,11,22-trione]，23,24-二氢葫芦素E-2-O-D-吡喃葡萄糖苷(23,24-dihydrocucurbitacin E-2-O-D-glucopyranoside)[2]；甾体类：β-谷甾醇[1]；二糖衍生物类：曲莲二糖▲(amabiose)[3]。

药理作用 镇痛抗炎作用：雪胆提取物可减少醋酸致小鼠扭体次数，抑制二甲苯致小鼠耳肿胀[1]。

抗溃疡作用：雪胆提取物能使大鼠应激性胃溃疡、幽门结扎性胃溃疡、醋酸致胃溃疡的溃疡面积缩小、溃疡指数降低，能减少正常大鼠胃液分泌、降低胃液酸度及胃蛋白酶活性[1]。

抗细菌作用：雪胆提取物体外对大肠埃希氏菌、致病性大肠埃希氏菌、福氏志贺菌 2 型和幽门螺杆菌有抑菌作用[1]。

注评 本种为中国药典（1977 年版）和贵州省中药材质量标准（1988 年版）、云南药品标准（1974、1996 年版）收载"雪胆"的基源植物之一，药用其干燥块茎；又名"金龟莲"（天宝本草）、"金盆"（草木便方）。标准使用本种的中文异名雪胆。同属植物雪胆 Hemsleya chinensis Cogn. ex F. B. Forbes et Hemsl.、短柄雪胆 Hemsleya delavayi (Gagnep.) C. Jeffrey ex C. Y. Wu et C. L. Chen、罗锅底 Hemsleya macrosperma C. Y. Wu ex C. Y. Wu et C. L. Chen 亦为基源植物，与本种同等药用。景颇族、阿昌族、

德昂族、傈僳族、苗族也药用本种，主要用途见功效应用项。

化学成分参考文献

[1] 杨叶坤，等 . 云南植物研究，2000, 22(1): 103-108.

[2] Chen XB, et al. *Fitoterapia*, 2014, 94: 88-93.

[3] 邱明华，等 . 波谱学杂志，2002, 19(3): 247-251.

药理作用及毒性参考文献

[1] 宛蕾，等 . 中国中药杂志，2003, 28(3): 266-268, 287.

6. 丽江雪胆

Hemsleya lijiangensis A. M. Lu ex C. Y. Wu et C. L. Chen in Acta Phytotax Sin. 23(2): 129. 1985.（英 **Lijiang Hemsleya**）

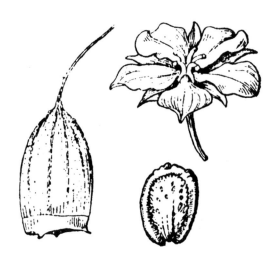

具膨大块茎。茎和小枝纤细，疏被短柔毛。趾状复叶由 (3–) 5 (–7) 小叶片组成，小叶片长圆状披针形，中央小叶长 6–12 cm，宽 1.8–2.2 cm。雄花：聚伞总状花序在叶腋内单生或双生，花萼裂片卵状三角形，长 4 mm，宽 2 mm，平展；花冠浅黄色，直径 0.8–1 cm，裂片平展，倒卵形，长 5 mm，宽 4 mm。雌花：花叶腋双生或单生；子房长圆形或长卵球形，长 3 mm，直径 2 mm，密布短柔毛和白色细瘤突。果实椭圆形或倒圆锥形，长 2.2–4 cm，直径 1.3–1.8 cm，具 10 条细纹，密被小疣突。种子暗棕色，不规则的菱状圆形，略扁，长 4–6 mm，宽 4–5 mm，周生木栓质狭翅，翅约宽 1 mm。花期 7–9 月，果期 8–10 月。

分布与生境 产于云南西北部（丽江、鹤庆、中甸）。生于海拔 2200–3000 m 的稀疏林下或林缘路边。

药用部位 块茎。

功效应用 用于神经衰弱。

化学成分 块茎含三萜及其皂苷类：23,24-二氢葫芦素F-16,25-二乙酸酯(23,24-dihydrocucurbitacin F-16,25-diacetate)，23,24-二氢葫芦素F-16,25-二乙酸酯-2-*O-β*-D-吡喃葡萄糖苷(23,24-dihydrocucurbitacin F-16,25-diacetate-2-*O-β*-D-glucopyranoside)，23,24-二氢葫芦素F-16-乙酸酯(23,24-dihydrocucurbitacin F-16-acetate)[1]。

丽江雪胆 Hemsleya lijiangensis A. M. Lu ex C. Y. Wu et C. L. Chen
李锡畴 绘

化学成分参考文献

[1] Chiu MH, et al. *Chin Chem Lett*, 2003, 14(4): 389-392.

7. 盘龙七

Hemsleya panlongqi A. M. Lu et W. J. Chang in Acta Phytotax Sin. 21(2): 183, t. 1, 6-7. 1983.（英 **Panlonqi Hemsleya**）

块茎膨大。枝细弱，被疏柔毛，茎节处密被短柔毛。趾状复叶通常 7 小叶，叶柄 2–4 cm 长；小叶片长圆状披针形或卵状披针形，中央小叶长 8–12 cm，宽 2–4 cm。稀疏圆锥花序。花萼裂片卵状披针形，长约 10 mm，宽 3 mm；花冠幅状，直径 1.5–2 cm，黄绿色，裂片，平展，宽卵形，长约 12 mm，宽 8 mm。雌花：子房卵圆形至长卵圆形，长 8–11 mm，宽 4–6 mm，被短柔毛。果实未知。花期 9 月。

分布与生境　产于四川东南部。生于林缘及山谷灌丛中。

药用部位　块茎。

功效应用　清热解毒，消肿止痛。用于咽喉肿痛，牙龈肿痛。

盘龙七 **Hemsleya panlongqi** A. M. Lu et W. J. Chang
吴彰桦　绘

8. 蛇莲

Hemsleya sphaerocarpa Kuang et A. M. Lu in Acta Phytotax Sin. 20(1): 87, t. 1, 1-8. 1982.（英 **Round-fruit Hemsleya**）

茎和小枝疏被短柔毛，茎节处被毛较密。趾状复叶多为 7 小叶；小叶片长圆状披针形或宽披针形，中央小叶长 7–16 cm，宽 2–3.5 cm。稀疏聚伞总状或圆锥花序。雄花：花萼裂片卵状三角形，先端渐尖，长约 4 mm，宽 2.5 mm；花冠幅状，裂片平展，宽卵形，长约 8 mm，宽 6 mm；子房近球形，无毛，直径 2–3 mm。果圆球状，直径 2.5–3 cm，具 10 条纵纹，顶端 3 片裂。种子近圆形，双凸透镜状，直径 8–9 mm，周生宽约 2 mm 的木栓质翅，具皱褶，边缘密生细瘤突，中间部分较较疏。花期 5–9 月，果期 7–11 月。

分布与生境　产于贵州东南部至南部、广西东部至东北部、湖南南部。生于海拔 800–1400 m 的阔叶林边或山谷疏林下。

药用部位　块茎。

蛇莲 **Hemsleya sphaerocarpa** Kuang et A. M. Lu
引自《中国高等植物图鉴》

蛇莲 **Hemsleya sphaerocarpa** Kuang et A. M. Lu
摄影：何顺志

功效应用　清热解毒，消肿止痛，利湿，健胃。用于痢疾，泄泻，胃痛，肝炎，小便淋痛，冠心病，宫颈炎。

注评　本种的块茎也常混作"雪胆"使用。水族、侗族也药用，主要用途见功效应用项。

9. 文山雪胆

Hemsleya wenshanensis A. M. Lu ex C. Y. Wu et C. L. Chen in Acta Phytotax Sin. 23(2): 130. 1985.（英 **Wenshan Hemsleya**）

块茎扁卵圆形。茎被短柔毛，老枝近无毛。趾状复叶由 (5–) 7–9 小叶组成；小叶片长圆状披针形或倒卵状披针形，中央小叶片长 5–9 cm，宽 2.5–4.5 cm。雄花：聚伞总状花序或圆锥花序，长 10–20 cm；花萼裂片卵状三角形，长 4 mm，宽 3 mm；花冠碗形，浅黄绿色，直径 0.8–1 cm，裂片倒卵圆形，长 5 mm，宽 4 mm，瓣基具成对的深黄色小腺体。子房卵圆形，长 5 mm，直径 3 mm。果实卵圆形，长 2.2–2.8 cm，直径 1.7–2.5 cm，密布小疣突。种子暗棕色，宽卵形至近圆形，长 9 mm，宽 6 mm，周生木栓质翅，上下端约宽 1.5 mm，两侧稍狭；种子本身略膨胀呈双凸透镜状，两面密被乳头状小疣突。花期 6–10 月，果期 7–11 月。

分布与生境　产于云南东南部至中南部。生于海拔 1800–2500 m 的山谷疏林下。

药用部位　块茎。

功效应用　清热解毒，消肿止痛。用于牙龈肿痛，咽喉痛，无名肿毒。

文山雪胆 Hemsleya wenshanensis A. M. Lu ex C. Y. Wu et C. L. Chen
张大成　绘

10. 大序雪胆

Hemsleya megathyrsa C. Y. Wu ex C. Y. Wu et C. L. Chen in Acta Phytotax Sin. 23(2): 131. 1985.（英 **Major Hemsleya**）

块茎膨大。茎和小枝疏被短柔毛，老时近无毛。趾状复叶由 (–5) 7–9 小叶组成；小叶片长圆状披针形或倒卵状披针形；中央小叶长 7–15 cm，宽 2–4 cm。雌雄花序均为密集的聚伞圆锥花序，总花梗纤细，曲折，长 13–20 cm，少数长达 40 cm，整个花序密被短柔毛。花萼裂片卵状披针形，长 4 mm，宽 2 mm，平展；花冠黄绿色，浅盆状，直径 0.8–1 cm；裂片倒卵状长圆形，开展，长 6 mm，宽 3 mm，基部具棕黄色斑；子房卵圆形，长 6 mm，宽 4 mm。果实卵圆形，长 2.4–3 cm，直径 2–2.4 cm，有 10 条细纹并密布细疣点。种子深棕色，卵圆形，长 9 mm，宽 8 mm，周生木栓质厚翅，两端翅宽 1.5–2 mm，两侧宽约 1 mm。花期 7–10 月，果期 9–11 月。

分布与生境　产于云南西南部。生于海拔 2200 m 的山谷阴坡或杂木林下。

药用部位　块茎。

大序雪胆 Hemsleya megathyrsa C. Y. Wu ex C. Y. Wu et C. L. Chen
李锡畴　绘

功效应用 清热解毒，消肿止痛。用于牙龈肿痛，胃痛，咽喉痛。

11. 肉花雪胆

Hemsleya carnosiflora C. Y. Wu et C. L. Chen in Acta Phytotax Sin. 23(2): 133. 1985.（英 **Fleshy-flower Hemsleya**）

块茎扁球形。趾状复叶由 7–9 小叶组成，多数 9 枚；小叶片倒卵状披针形，中央小叶片长 8–12 cm，宽 3–4 cm。聚伞总状花序或圆锥花序，长 3–7 cm。雄花：花萼裂片卵状披针形，长约 7 mm，宽 4 mm，反折；花冠肉质，浅黄绿色，盘状，直径 0.8–1 cm，裂片近圆形，长 8–9 mm。雌花：花冠径 1.1–1.2 cm；子房椭圆形，长 1 cm，直径 6–7 mm。果实椭圆形至卵圆形，长 4–5 cm，直径 2.5–3 cm，密布白色瘤突，有 10 条。种子倒卵状椭圆形至近圆形，暗棕色，长 1.3–1.6 cm，宽 1.2–1.4 cm，周生木栓质翅，上下端翅宽 4–5 mm，两侧为 2–3 mm，具不规则皱褶。花期 6–10 月，果期 8–11 月。

分布与生境 产于云南东南部、贵州西部。生于海拔 1800–1900 m 的疏林下或山谷灌丛中。

药用部位 块茎。

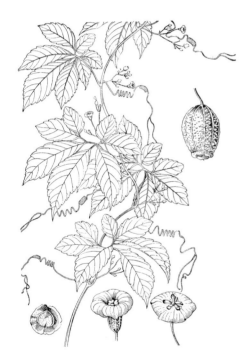

肉花雪胆 Hemsleya carnosiflora C. Y. Wu et C. L. Chen
肖溶 绘

肉花雪胆 Hemsleya carnosiflora C. Y. Wu et C. L. Chen
摄影：朱鑫鑫

功效应用 清热解毒，消肿止痛。用于咽喉肿痛，牙龈肿痛。亦作为生产雪胆素的原料。

化学成分 根状茎含三萜及其皂苷类：肉花雪胆苷▲(carnosifloside) I、II、III、IV、V、VI[1]，肉花雪胆苷元▲(carnosiflogenin) A、B、C，雪胆素A (hemslecin A)，雪胆素B (hemslecin B)；23,24-二氢葫芦素F (23,24-dihydrocucurbitacin F)[2]。

化学成分参考文献

[1] Kasai R, et al. *Phytochemistry*, 1987, 26(5): 1371-1376.

[2] Dinan L, et al. *Cell Mol Life Sci*, 1997, 53(3): 271-274.

12. 彭县雪胆

Hemsleya pengxianensis W. J. Chang in Acta Phytotax Sin. 17(4): 97, t. 1. 1979.（英 **Pengxing Hemsleya**）

块茎扁球形，断面淡黄白色，微苦。趾状复叶由 (3-) 5-7 小叶组成；小叶片倒卵状披针形至狭椭圆状披针形，中央小叶片长 8-17 cm，宽 2-4 cm。聚伞总状花序。雄花：花萼裂片披针形，长 4 mm，宽 2-3 mm；花冠黄绿色，盘状，直径 6-8 mm，裂片圆形，长 6 mm，宽 4 mm，先端圆钝具小尖突，向后反折。子房近球形，直径 3 mm。果实卵状球形，长 3-4 cm，直径 3-3.5 cm，平滑，具 10 条纵棱。种子近圆形，直径 1-1.3 cm，周生宽 2-3 mm 的木栓质翅；种子本身卵形至近圆形，肿胀，周生小瘤突，中间部分近平滑。花期 6-9 月，果期 8-11 月。

分布与生境　产于四川中部。生于海拔约 1500 m 的林缘及山谷灌丛中。

药用部位　块茎。

功效应用　清热解毒，消肿止痛。用于胃痛，牙痛，肿瘤疼痛。

化学成分　块茎含三萜及其皂苷类：23,24-二氢葫芦素F-25-乙酸酯(23,24-dihydrocucurbitacin F-25-O-acetate)，竹节参皂苷Ⅳa (chikusetsusaponin Ⅳa)，雪胆苷(hemsloside) Ma$_1$、G$_1$、H$_1$，二氢葫芦素F (dihydrocucurbitacin F)[1]，金佛山雪胆素(jinfushanencin) A、B，肉花雪胆苷元▲A (carnosiflogenin A)，肉花雪胆苷▲(carnosifloside)Ⅲ、Ⅵ，短柄雪胆苷(delavanoside) A、D，藤三七雪胆苷元A (scandenogenin A)，六降葫芦素F (hexanorcucurbitacin F)，3β,27-二羟基葫芦-5,24-二烯-11-酮-3-O-β-D-吡喃葡萄糖基-27-O-β-D-吡喃葡萄糖苷(3β,27-dihydroxycucurbita-5,24-dien-11-one-3-O-β-D-glucopyranosyl-27-O-β-D-glucopyranoside)，11α,26-二羟基葫芦-5,24-二烯-26-O-β-D-吡喃葡萄糖基-(1 → 6)-β-D-吡喃葡萄糖苷(11α,26-dihydroxycucurbita-5,24-dien-26-O-β-D-glucopyranosyl-(1 → 6)- β-D-glucopyranoside)[2]，金佛山雪胆苷(jinfushanoside) A[3]、B、C、D[4]、E、F、G、H、I、J、K[2]，彭县雪胆苷A (hemslepenside A)，16,25-O-二乙酰葫芦素F-2-O-β-D-吡喃葡萄糖苷(16,25-O-diacetylcucurbitacin F-2-O-β-D-glucopyranoside)，16-O-乙酰葫芦素F (16-O-acetylcucurbitacin F)，23,24-二氢葫芦素F (23,24-dihydrocucurbitacin F)，25-O-乙酰基-23,24-二氢葫芦素F(25-O-acetyl-23,24-dihydrocucurbitacin F)[3]。

化学成分参考文献

[1] 杨培全，等．中国中药杂志，1995, 20(9): 551-553, 576.

[2] Chen JC, et al. *Nat Prod Bioprospect*, 2012, 2(4): 138-144.

[3] Xu XT, et al. *Bioorg Med Chem Lett*, 2014, 24(9): 2159-2162.

[4] Chen JC, et al. *Planta Med.*, 2005, 71(10), 983-986.

13. 短柄雪胆（中国药用植物志）

Hemsleya delavayi (Gagnep.) C. Jeffrey ex C. Y. Wu et C. L. Chen in Acta Phytotax Sin. 23(2): 134. 1985.——*Gomphogyne delavayi* Gagnep., *Hemsleya brevipetiolata* Hand.-Mazz.（英 **Shortstalk Hemsleya**）

块茎倒圆锥形至圆柱形。趾状复叶由 5-7 小叶组成，小叶片线状披针形至椭圆状披针形。花蝎尾状聚伞花序，花序梗曲折，长 5-30 cm。雄花：花萼裂片卵状披针形，长 2-4 mm，向后反折；花冠淡黄绿色，盘状，直径 4-5 mm，裂片卵圆形，向后反折，长 4 mm，宽 2-2.5 mm，两侧具深黄色斑。雌花：花冠较雄花大，直径 6 mm；子房圆柱形，长 4-5 mm，直径 2-2.5 mm。果实短柱状棒形，长 2.4-3.5 cm，直径 0.8-1 cm，顶端平截，具 10 条细纹。种子深褐色，长圆形，长 1-1.2 cm，宽 4-6 mm，扁平，周生薄木栓质翅，上端翅长 3-4 mm，下端翅宽 2 mm，两侧不足 1 mm；种子本身椭圆形至卵形。花期 7-9 月，果期 8-10 月。

分布与生境　产于云南中部至西部、四川西南部。生于海拔 1800-2000 m 的疏林下或沟谷边。

药用部位　块茎。

功效应用　清热解毒，消肿，止血止痛。用于急性胃肠炎，菌痢，急性扁桃体炎，子宫颈炎，牙痛，喉痛，腹痛，外伤肿痛。

化学成分　块茎含三萜类：短柄雪胆苷(delavanoside) A、B、C、D、E，肉花雪胆苷元▲A (carnosiflogenin A)，藤三七雪胆苷(scandenoside) R₁、R₈，肉花雪胆苷▲(carnosifloside) Ⅰ、Ⅱ、Ⅲ，雪胆素(hemslecin) A、B，雪胆素A-2-*O*-*β*-D-葡萄糖苷(hemslecin A-2-*O*-*β*-D-glucoside)[1]。

注评　本种为贵州中药材质量标准（1988年版）中收载"雪胆"的基源植物之一，药用其干燥块茎。标准使用本种的拉丁异名 *Hemsleya brevipetiolata* Hand.-Mazz.。同属植物雪胆 *Hemsleya chinensis* Cogn. ex F. B. Forbes et Hemsl.、曲莲 *Hemsleya amabilis* Diels 亦为基源植物，与本种同等药用。

化学成分参考文献

[1] 陈剑超，等. 化学学报，2007, 65(16): 1679-1684.

14. 大果雪胆

Hemsleya macrocarpa C. Y. Wu ex C. Y. Wu et C. L. Chen in Acta Phytotax Sin. 23(2): 134. 1985.（英 **Big-fruit Hemsleya**）

茎和小枝较粗壮，密被短柔毛，老时近无毛。趾状复叶由5-7小叶组成，多为7小叶；小叶片披针形或倒卵状披针形；中央小叶片长达14 cm，宽2.5-4 cm。聚伞总状花序或圆锥状。花萼裂片反折，卵状三角形，长5 mm，宽3 mm；花冠浅黄绿色，盘状，直径1 cm。果实棒形，浅黄色，长7-8 cm，直径2-2.5 cm。种子轮廓椭圆形，黑褐色，长1.2 cm，宽0.7 cm，周生木栓质翅，两端宽1.5-3 mm，两侧约宽1 mm；种子本身近圆形。花期7-10月，果期9-11月。

分布与生境　产于云南南部。生于海拔1700-2850 m的山坡密林下或林缘路旁。

药用部位　块茎。

功效应用　清热解毒，消炎止痛。用于咽喉肿痛，牙痛，目赤肿痛，菌痢，肠炎，肝炎，尿路感染，疔肿。

15. 藤三七雪胆

Hemsleya panacis-scandens C. Y. Wu et C. L. Chen in Acta Phytotax Sin. 23(2): 135. 1985.（英 **Panax-scandent Hemsleya**）

趾状复叶由7-9小叶组成；小叶片倒卵状披针形；中央小叶长5-9 cm，宽1.8-3 cm。雄花：稀疏聚伞总状花序；花萼裂片反折，披针形，长8-10 mm，宽4-5 mm；花冠浅黄色，近肉质，松散圆球状，直径1-1.2 cm，裂片倒卵形至倒卵状长圆形，先端钝或微凹，基部有两个深黄色腺体。雌花：花萼与花冠如雄花，直径1.2-1.5 cm。果实球形，直径2.5-4.5 cm，具10条锐角的棱。种子暗棕色，倒卵形或卵圆形，长1.5 cm，宽1.2-1.3 cm，周生3-4 mm宽的木栓质翅，上端钝圆，下端平截，边缘波状；种子本身椭圆形。花期8-10月，果期10-12月。

分布与生境　产于云南东南部。生于海拔1700-2400 m的山谷阴坡或杂木林下。

药用部位　块茎。

功效应用　清热解毒，消肿止痛。用于无名肿毒，牙痛，胃痛。

化学成分　块茎含三萜皂苷类：藤三七雪胆苷(scandenoside) R₁、R₂、R₃、R₄、R₅、R₆、R₇[1]、R₈、R₉、R₁₀、R₁₁[2]，二

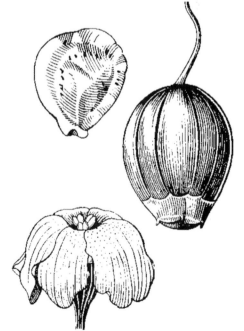

藤三七雪胆 Hemsleya panacis-scandens C. Y. Wu et C. L. Chen
肖溶　绘

氢葫芦素F葡萄糖苷(dihydrocucurbitacin F-glucoside)，葫芦素Ⅱ-葡萄糖苷(cucurbitacin Ⅱ-glucoside)，肉花雪胆苷▲(carnosifloside)Ⅰ、Ⅱ、Ⅲ、Ⅴ、Ⅵ[1]，鳄梨苦苷A (perseapicroside A)[2]。

化学成分参考文献

[1] Kasai R, et al. *Chem Pharm Bull*, 1988, 36(1): 234-243.　　　[2] Kubo H, et al. *Phytochemistry*, 1996, 41(4): 1169-1174.

16. 椭圆果雪胆

Hemsleya ellipsoidea L. T. Shen et W. J. Chang in Acta Phytotax Sin. 21(2): 185, t. 2, 4-7. 1983.（英 **Elliptic-fruit Hemsleya**）

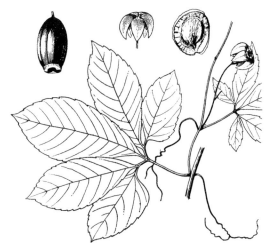

椭圆果雪胆 **Hemsleya ellipsoidea** L. T. Shen et W. J. Chang
吴彰桦 绘

块茎膨大，断面黄色，稍苦。复叶由 3-5 小叶组成，叶柄长 2-5 cm；小叶片卵状披针形，中央小叶长 9-12 (-20) cm，宽 3.5-4.5-6 cm。雄花在圆锥花序上排列稀疏；花萼裂片披针形，长 1 cm，宽 0.3 cm，反折；花冠浅黄绿色，成不规则的球形，直径 0.9-1.1 cm，裂片宽卵状披针形，长 1-1.5 cm，宽 0.6-1 cm，反折。雌花：花冠较大，直径 1.2-1.5 cm；子房卵球形，长 1 cm。果椭圆体形，顶端平截，基部钝圆，密布细瘤突，长 3.5-4 cm，直径 2.5 cm，具 10 条纵棱，果皮厚革质。种子近圆形，直径 1.5 cm；周生木栓质翅，宽 3-4 mm，上端具不规则齿缺，下端具褶；本身肿胀，边缘密生小瘤状突起。花期 7-9 月，果期 9-11 月。

分布与生境　产于四川峨眉山。生于海拔 1500-2000 m 的林缘灌丛中。

药用部位　块茎。

功效应用　清热解毒，消肿止痛。用于咽喉肿痛，牙龈肿痛。

化学成分　块茎含三萜类：异葫芦素B (isocucurbitacin B)，23,24-二氢异葫芦素B (23,24-dihydroisocucurbitacin B)，葫芦素F(cucurbitacin F)，25-*O*-乙酰葫芦素 F (25-*O*-acetylcucurbitacin F)，25-*O*-乙酰基-23,24-二氢葫芦素F (25-*O*-acetyl-23,24-dihydrocucurbitacin F)[1]；呋喃内酯类：椭圆果雪胆酮(ellipsoidone) A、B[1]；单萜类：管齿木素▲(siphonodin)[1]；其他类：(*E*)-2-甲基-2-丁烯-1,4-二醇[(*E*)-2-methyl-2-butene-1,4-diol][1]。

化学成分参考文献

[1] Hano Y, et al. *Phytochemistry*, 1997, 46(8): 1447-1449.

17. 雪胆

Hemsleya chinensis Cogn. ex F. B. Forbes et Hemsl. in J. Linn. Soc. Bot. 23: 490. 1888.（英 **Chinese Hemsleya**）

茎和小枝疏被短柔毛。趾状复叶由 5-9 小叶组成，多数为 7 小叶；小叶片卵状披针形，长圆状披针形或宽披针形，被短柔毛，中央小叶长 5-12 cm，宽 2-2.5 cm。雄花：疏散聚伞总状花序或圆锥花序；花萼裂片卵形，先端急尖，长 7 mm，宽 4.5 mm，反折；花冠橘红色，由于花瓣反折呈灯笼状（扁圆球形），直径 1.2-1.5 cm；裂片长圆形，长 1-1.3 cm，宽 8-9 mm。雌花：稀疏总状花序；花萼、花冠同雄花，但花较大，直径 1.5 cm；子房筒状。果长圆状椭圆形，长 3-5 (-7) cm，直径 2 cm，基部渐狭，具纵棱9-10 条。种子黑褐色，近圆形，长 1-1.2 cm，宽 1 cm，周生狭的木栓质翅，翅宽 1-1.5 mm。花期 7-9 月，果期 9-11 月。

分布与生境 产于湖北、四川、江西。生于海拔 1200–2100 m 的杂木林下或林缘沟边。越南也有分布。

药用部位 块茎。

功效应用 清热解毒，消肿止痛。用于腹痛，吐泻，红痢，风火牙痛，疔疮。

雪胆 Hemsleya chinensis Cogn. ex F. B. Forbes et Hemsl.
李锡畴 绘

雪胆 Hemsleya chinensis Cogn. ex F. B. Forbes et Hemsl.
摄影：朱鑫鑫 徐永福

化学成分 块茎含皂苷类：齐墩果酸-28-*O*-β-D-吡喃葡萄糖苷(oleanolic acid-28-*O*-β-D-glucopyranoside)，3-*O*-β-D-吡喃葡萄糖醛酸基齐墩果酸-28-*O*-α-L-吡喃阿拉伯糖(3-*O*-β-D-glucuronopyranosyloleanolic acid-28-*O*-α-L-arabinopyranoside)，3-*O*-(6'-丁酯)-β-D-吡喃葡萄糖醛酸基齐墩果酸-28-*O*-β-D-吡喃葡萄糖苷[3-*O*-(6'-butyl ester)-β-D-glucuronopyranosyloleanolic acid-28-*O*-β-D-glucopyranoside]，3-*O*-(6'-甲酯)-β-D-吡喃葡萄糖醛酸基齐墩果酸-28-*O*-β-D-吡喃葡萄糖苷[3-*O*-(6'-methyl ester)-β-D-glucuronopyranosyloleanolic acid-28-*O*-β-D-glucopyranoside]，3-*O*-β-D-吡喃葡萄糖醛酸基齐墩果酸-28-*O*-β-D-吡喃甘露糖苷(3-*O*-β-D-glucuronopyranosyloleanolic acid-28-*O*-β-D-mannopyranoside)，齐墩果酸-28-*O*-β-D-吡喃葡萄

糖苷(oleanolic acid-28-*O*-*β*-D-glucopyranoside)[1]；3-*O*-*β*-D-吡喃葡萄糖醛酸基齐墩果酸(3-*O*-*β*-D-glucuronopyranosyloleanolic acid)，3-*O*-*β*-D-吡喃葡萄糖基齐墩果酸-28-*O*-*β*-D-吡喃葡萄糖苷(3-*O*-*β*-D-glucopyranosyloleanolic acid-28-*O*-*β*-D-glucopyranoside)，3-*O*-(6'-甲酯)-*β*-D-吡喃葡萄糖醛酸基齐墩果酸-28-*O*-*α*-L-吡喃阿拉伯糖苷[3-*O*-(6'-methyl ester)-*β*-D-glucuronopyranosyloleanolic acid-28-*O*-*α*-L-arabinopyranoside]，3-*O*-(6'-甲酯)-*β*-D-吡喃葡萄糖醛酸基齐墩果酸-28-*O*-*β*-D-吡喃甘露糖苷[3-*O*-(6'-methyl ester)-*β*-D-glucuronopyranosyloleanolic acid-28-*O*-*β*-D-mannopyranoside]，3-*O*-(6'-乙酯)-*β*-D-吡喃葡萄糖醛酸基齐墩果酸-28-*O*-*β*-D-吡喃葡萄糖苷[3-*O*-(6'-ethyl ester)-*β*-D-glucuronopyranosyloleanolic acid-28-*O*-*β*-D-glucopyranoside]，3-*O*-*α*-L-吡喃阿拉伯糖基-(1→3)-*β*-D-吡喃葡萄糖醛酸基齐墩果酸-28-*O*-*β*-D-吡喃葡萄糖苷[3-*O*-*α*-L-arabinopyranosyl-(1→3)-*β*-D-glucuronopyranosyloleanolic acid-28-*O*-*β*-D-glucopyranoside]，3-*O*-*β*-D-吡喃葡萄糖醛酸基齐墩果酸-28-*O*-*β*-D-吡喃葡萄糖基-(1→6)-*β*-D-吡喃葡萄糖苷[3-*O*-*β*-D-glucuronopyranosyloleanolic acid-28-*O*-*β*-D-glucopyranosyl-(1→6)-*β*-D-glucopyranoside][2]，二氢葫芦素B (dihydrocucurbitacin B)，25-*O*-乙酰基-23,24-二氢葫芦素F (25-*O*-acetyl-dihydrocucurbitacin F)，葫芦素F (cucurbitacin F)，3-*O*-(6'-乙酯)-*β*-D-吡喃葡萄糖醛酸基齐墩果酸-28-*O*-*α*-L-吡喃阿拉伯糖苷[3-*O*-(6'-ethyl ester)-*β*-D-glucuronopyranosyloleanolic acid-28-*O*-*α*-L-arabinopyranoside]，齐墩果酸-3-*O*-(6'-甲酯)-*β*-D-吡喃葡萄糖醛酸基-(1→3)-*α*-L-吡喃阿拉伯糖苷[oleanolic acid-3-(6'-methyl ester)-*β*-D-glucopyranosyl-(1→3)-*α*-L-arabinopyranoside]，齐墩果酸-28-*O*-*β*-D-吡喃葡萄糖基-(1→6)-*β*-D-吡喃葡萄糖苷[oleanolic acid-28-*O*-*β*-D-glucopyranosyl-(1→6)-*β*-D-glucopyranoside]，3-*O*-(6'-甲酯)-*β*-D-吡喃葡萄糖醛酸基齐墩果酸-28-*O*-*β*-D-吡喃葡萄糖基-(1→6)-*β*-D-吡喃葡萄糖苷[3-*O*-(6'-methyl ester)-*β*-D-glucuronopyranosyloleanolic acid-28-*O*-*β*-D-glucopyranosyl-(1→6)-*β*-D-glucopyranoside]，3-*O*-(6'-甲酯)-*β*-D-吡喃葡萄糖醛酸基-(1-2)-*β*-D-吡喃葡萄糖基齐墩果酸-28-*O*-*β*-D-吡喃葡萄糖苷[3-*O*-(6'-methyl ester)-*β*-D-glucuronopyranosyl-(1→2)-*β*-D-glucopyranoside-oleanolic acid-28-*O*-*β*-D-glucopyranoside][3]。

　　块茎含三萜及其皂苷类：雪胆糖苷(xuedanglycoside) A、B、C，雪胆素(hemslecin) A、B，雪胆素A-2-*O*-*β*-D-吡喃葡萄糖苷(hemslecin A-2-*O*-*β*-D-glucopyranoside)，曲莲宁▲B (hemsamabilinin B)，齐墩果酸-28-*O*-*β*-D-吡喃葡萄糖苷(oleanolic acid-28-*O*-*β*-D-glucopyranoside)，雪胆宁素A (hemslonin A)[4]，雪胆苷H₁(hemsloside H₁)[5]，竹节参皂苷Ⅳa (chikusetsusaponin-Ⅳa)，*β*-葡萄糖基齐墩果酸酯(*β*-glucosyl oleanolate)，二氢葫芦素F-25-*O*-乙酸酯(dihydrocucurbitacin F-25-*O*-acetate)，二氢葫芦素F (dihydrocucurbitacin F)，雪胆苷Ma₃(hemsloside Ma₃)[6]。

注评　本种为贵州中药材质量标准（1988年版）收载"雪胆"的基源植物之一，药用其干燥块茎。标准使用本种的中文异名中华雪胆。同属植物短柄雪胆 Hemsleya delavayi (Gagnep.) C. Jeffrey ex C. Y. Wu et C. L. Chen、曲莲 Hemsleya amabilis Diels 亦为基源植物，与本种同等药用。苗族、土家族也药用本种的块根，主要用途见功效应用项。

化学成分参考文献

[1] 徐金中，等. 中国药学杂志，2008, 43(23): 1770-1773.

[2] 徐金中，等. 中国中药杂志，2009, 34(3): 291-293.

[3] 董建勇，等. 中国中药杂志，2012, 37(6): 814-817.

[4] Li ZJ, et at. *Helv Chim Acta*, 2009, 92(9): 1853-1859.

[5] Morita T, et at. *Chem Pharm Bull*, 1986, 34(1): 401-405.

[6] Nie R, et at. *Planta Med*, 1984, 50(4): 322-327.

18. 巨花雪胆

Hemsleya gigantha W. J. Chang in Acta Phytotax Sin. 21(2): 186, t. 2, 1-3. 1983.（英 **Giant Hemsleya**）

　　块茎外皮黄棕色，内面黄色，极苦。茎细弱，疏被短柔毛。趾状复叶由7-9小叶组成，叶柄长5-9 cm；小叶片宽椭圆状披针形或卵状披针形；中央小叶片长7-12 cm，宽3-5 cm。聚伞圆锥花序。雄花：花萼裂片披针形，长1.5 cm，宽0.7 cm，被疏柔毛，反折；花冠橘红色，直径1.5-2 (-2.5) cm，裂片阔卵形，长2-2.5 cm，宽1.5-1.8 cm，花开放时向后反卷，使花冠呈松散的圆球状。雌花：花冠裂片向反反卷，成松散球状；子房椭圆形。果实近圆球状或卵球状，顶端平截，直径 2–3.5 cm，果皮厚革质，具 10 条明显的纵棱，种子宽卵圆形，长 1–1.2 cm，宽 0.8–1 cm，黑褐色，近平滑；周生木栓质狭翅，翅宽 1–2 mm。花期 6–9 月，果期 8–11 月。

分布与生境　产于四川西南部。

药用部位　块茎。

功效应用　清热解毒，消肿，健胃止痛。用于冠心病，宫颈炎。

化学成分　块茎含三萜及其皂苷类：雪胆素G (hemslecin G)，巨花雪胆苷(hemsgiganoside) A、B[1]，β-香树脂醇 (β-amyrin)[2]，葫芦素F(cucurbitacin F)，雪胆素(hemslecin) A、B，葫芦素F-25-O-乙酸酯(cucurbitacin F-25-O-acetate)[3]，3-O-(6'-丁酯)-β-D-吡喃葡萄糖醛酸基齐墩果酸-28-O-α-L-吡喃阿拉伯糖苷[3-O-(6'-butyl ester)-β-D-glucuropyranosyl-oleanolic acid-28-O-α-L-arabinopyranoside]，3-O-(6'-丁酯)-β-D-吡喃葡萄糖醛酸基齐墩果酸-28-O-β-D-吡喃葡萄糖苷[3-O-(6'-butyl ester)-β-D-glucuropyranosyl-oleanolic acid-28-O-β-D-glucopyranoside]，齐墩果酸-3-O-β-D-吡喃葡萄糖醛酸苷(oleanolic acid-3-O-β-D-glucuropyranoside)，3-O-β-D-吡喃葡萄糖醛酸基齐墩果酸-28-O-α-L-吡喃阿拉伯糖苷(3-O-β-D-glucuropyranosyl-oleanolic acid-28-O-α-L-arabinopyranoside)，3-O-β-D-吡喃葡萄糖醛酸基齐墩果酸-28-O-β-D-吡喃葡萄糖醛酸苷(3-O-β-D-glucuropyranosyl-oleanolic acid-28-O-β-D-glucuropyranoside)，3-O-β-D-吡喃葡萄糖基-(1 → 2)-β-D-吡喃葡萄糖醛酸基齐墩果酸-28-O-β-D-吡喃葡萄糖基-(1 → 6)-β-D-吡喃葡萄糖苷[3-O-β-D-glucopyranosyl-(1 → 2)-β-D-glucuropyranosyl-oleanolic acid-28-O-β-D-glucopyranosyl-(1 → 6)-β-D-glucopyranoside][2]，3-O-β-D-吡喃葡萄糖醛酸基齐墩果酸-28-O-β-D-吡喃葡萄糖苷(3-O-β-D-glucuropyranosyl-oleanolic acid-28-O-β-D-glucopyranoside)[4]；甾体类：菠菜甾醇(spinasterol)，22,23-二氢菠菜甾醇(22,23-dihydrospinasterol)，菠菜甾醇-3-O-β-D-葡萄糖苷(spinasterol-3-O-β-D-glucoside)，22,23-二氢菠菜甾醇-3-O-β-D-葡萄糖苷(22,23-dihydrospinasterol 3-O-β-D-glucoside)[2]。

注评　本种为四川中药材标准（1980、1987 年版）和重庆中药饮片炮制规范及标准（2006 年版）中收载"雪胆"的基源植物之一，药用其干燥块茎。同属植物长果雪胆 Hemsleya dolichocarpa W. J. Chang、峨眉雪胆 Hemsleya omeiensis L. T. Shen et W. J. Chang 亦为基源植物，与本种同等药用。

巨花雪胆 **Hemsleya gigantha** W. J. Chang
吴彰桦　绘

化学成分参考文献

[1] Chen Y, et al. *Chin Chem Lett*, 2003, 14(5): 475-478.

[2] 陈亚，等 . 云南植物研究，2003, 25(5): 613-619.

[3] Yang PQ, et al. *Planta Med*, 1988, 54(4): 349-51.

[4] 施亚琴，等 . 华西药学杂志，1995, 10(2): 90-92.

19. 母猪雪胆

Hemsleya villosipetala C. Y. Wu et C. L. Chen in Acta Phytotax Sin. 23(2): 138. 1985.（ 英 **Villous-petal Hemsleya**）

块茎宽卵圆状。茎和小枝疏被短柔毛。趾状复叶由 5–7 小叶组成；小叶片卵状披针形至倒卵状披针形；中央小叶长 6–8 cm，宽 2–3 cm。总状圆锥花序腋生。雄花：花萼裂片卵形，先端急尖，长 7 mm，宽 4 mm，向后反折；花冠浅肉红色，灯笼状，直径 1 cm；裂片宽倒卵形，长 10 mm，宽 8 mm。雌花：总状花序较小，花冠较大，直径 1–1.2 cm；子房椭圆形，长 6 mm。果实倒卵形或卵圆形，长 2–3.5 cm，直径 1.5–2 cm，密布细瘤突，有 10 条纵向细纹。种子深褐色，卵圆形，稍扁，下端平截，长 9–11 mm，宽 8–10 mm；周生木栓质狭翅，上下端约宽 1 mm。花期 7–9 月，果期 8–10 月。

分布与生境 产于云南东北部、四川东南部及贵州西北部。生于海拔 1400-2850 m 的疏林下或山谷灌丛中。

药用部位 块茎。

功效应用 清热解毒，健胃止痛。用于冠心病，宫颈炎。

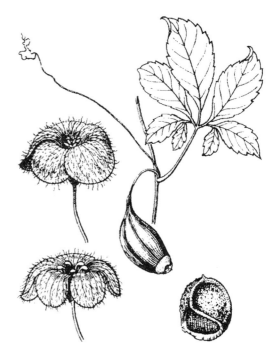

母猪雪胆 Hemsleya villosipetala C. Y. Wu et C. L. Chen

张大成 绘

20. 峨眉雪胆

Hemsleya omeiensis L. T. Shen et W. J. Chang in Acta Phytotax Sin. 21(2): 191, t. 4, 6-10. 1983.（英 **Omei Hemsleya**）

具膨大块茎，外皮淡棕黄色，切面淡黄色，不苦。趾状复叶由 7-9 小叶组成，小叶片长圆状披针形至卵状披针形，中央小叶片长 9-14 cm，宽 2-4.5 cm。聚伞总状花序。雄花：花萼裂片披针形，长 4 mm，宽 2 mm，向后反折；花冠扁球状，黄绿色，直径 8 mm，裂片倒卵状披针形，长 8 mm，宽 5 mm。雌花：子房近球形，直径 3-6 mm。果实球形，顶端平截，直径 2.5 cm，平滑，具 10 条细纹。种子宽倒卵形至宽菱形，长 1 cm，宽 8 mm，周生宽 2 mm 的木栓质翅，种子本身倒卵形至近圆形，肿胀，边缘疏生小瘤突，两面较平滑。花期 7-9 月，果期 9-11 月。

峨眉雪胆 Hemsleya omeiensis L. T. Shen et W. J. Chang

吴彰桦 绘

分布与生境 产于四川中部。生于海拔 1800-2000 m 的林缘及山谷灌丛中。

药用部位 块茎。

功效应用 清热解毒，消肿止痛。用于牙龈肿痛，胃痛，疮疡肿毒。

化学成分 块茎含三萜及其皂苷类：葫芦素(cucurbitacin)，二氢葫芦素F (dihydrocucurbitacin F)[1]。

注评 本种为四川中药材标准（1980、1987 年版）和重庆中药饮片炮制规范及标准（2006 年版）中收载"雪胆"的基源植物之一，药用其干燥块茎。同属植物长果雪胆 Hemsleya dolichocarpa W. J. Chang、巨花雪胆 Hemsleya gigantha W. J. Chang 亦为基源植物，与本种同等药用。

化学成分参考文献

[1] 张人伟，等．发明专利申请公开说明书，2007: 9. CN 101074255 A 20071121.

21. 长果雪胆

Hemsleya dolichocarpa W. J. Chang in Acta Phytotax Sin. 21(2): 190, t. 4, 1-5. 1983.（英 **Longfruit Hemsleya**）

块茎外皮黄棕色，内面黄色，极苦。趾状复叶 5-7 小叶；小叶片倒卵状披针形或椭圆状披针形，中央小叶片长 7-15 cm，宽 4-7 cm。蝎尾状聚伞花序至圆锥花序。雄花：花萼裂片，披针形，长 6 mm，宽 3 mm；花冠扁球形，浅棕红色，直径 8-10 mm，裂片宽卵圆形，长 6-8 mm，宽 4-6 mm，向后反折。雌花：子房圆柱状，长 6 mm，直径 3 mm。果实圆筒状椭圆形，长 5-8 cm，直径 2-3.5 cm，顶端平截，具 10 条纵棱。种子宽卵形至近圆形，长 1.3-1.4 cm，宽 1.1 cm，周生 1-2 mm 宽的木栓质厚翅，密布皱褶；种子本身肿胀，边缘密生细瘤突，中间疏布小瘤突。花期 6-9 月，果期 8-11 月。

分布与生境 产于四川中部。生于海拔约 2000 m 的山谷灌丛中。

药用部位 块茎。

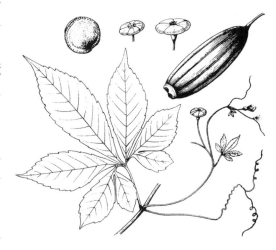

长果雪胆 **Hemsleya dolichocarpa** W. J. Chang
吴彰桦 绘

功效应用 清热解毒，消肿。用于风火牙痛，咽喉痛，胃痛，疮疖。也可作提取雪胆素的原料。

化学成分 块根含三萜及其皂苷类：二氢葫芦素F-25-*O*-乙酸酯(dihydrocucurbitacin F-25-*O*-acetate)，二氢葫芦素F (dihydrocucurbitacin F)，竹节参皂苷Ⅳa (chikusetsusaponin Ⅳa)，雪胆苷Ma₁(hemsloside Ma₁)，齐墩果酸-28-*O*-β-D-吡喃葡萄糖基酯(oleanolic acid-28-*O*-β-D-glucopyranosyl ester)[1]，竹节参皂苷Ⅳa甲酯(chikusetsusaponin Ⅳa methyl ester)，竹节参皂苷Ⅴ (chikusetsusaponin Ⅴ)[1-2]；其他类：胡萝卜苷[1]。

注评 本种为四川中药材标准（1987 年版）和重庆中药饮片炮制规范及标准（2006 年版）中收载"雪胆"的基源植物之一，药用其干燥块茎。同属植物巨花雪胆 Hemsleya giganttha W. J. Chang、峨眉雪胆 Hemsleya omeiensis L. T. Shen et W. J. Chang 亦为基源植物，与本种同等药用。

化学成分参考文献

[1] 施亚琴，等．中草药，1991, 22(3): 102-105.　　　　[2] 施亚琴，等．云南植物研究，1990, 12(4): 460-462.

22. 罗锅底　大籽雪胆（广西、四川）

Hemsleya macrosperma C. Y. Wu ex C. Y. Wu et C. L. Chen in Acta Phytotax Sin. 23(2): 139. 1985.（英 **Large-seed Hemsleya**）

块茎扁卵圆形。趾状复叶由 5 (-7) 小叶组成；小叶片长圆披针形至倒卵状披针形；中央小叶片长 4-9 cm，宽 1.6-3 cm。雄花：聚伞总状花序；花萼裂片卵形，长 4-5 mm，宽 2.5 mm，向后反折；花冠橘红色，盘状，直径 0.8-1 cm，裂片长圆形，长约 8 mm，宽 4 mm，基部两侧具紫色斑。雌花：稀疏总状花序；花冠通常盘状稀陀螺状，子房椭圆形或近球形，长 5-7 mm，宽 4-5 mm。果实卵圆形或宽卵形，直径 3.5-4 cm，有 10 条纵纹，密生细瘤突，顶端平截。种子卵圆形，暗棕色，长 9-11 mm，宽 8-9 mm，周生木栓质狭翅，上端宽 1-1.5 mm。花期 7-9 月，果期 9-11 月。

分布与生境 产于云南、广西、四川。生于海拔 1800-2900 m 的疏林下或灌丛中。

药用部位 块茎。

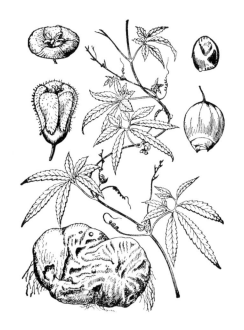

罗锅底 **Hemsleya macrosperma** C. Y. Wu ex C. Y. Wu
et C. L. Chen
引自《中国高等植物图鉴》

罗锅底 **Hemsleya macrosperma** C. Y. Wu ex C. Y. Wu et C. L. Chen
摄影：叶建飞

功效应用　清热解毒，健胃，消肿止痛。用于胃痛，溃疡病，消化不良，肠炎，上呼吸道感染，肺炎，支气管炎，百日咳，急性咽喉炎，急性扁桃腺炎，尿路感染，前列腺炎，高热症。有小毒。

化学成分　块茎含三萜及其皂苷类：雪胆苷(hemsloside) Ma_1、Ma_2、Ma_3，β-葡萄糖基齐墩果酸酯(β-glucosyl oleanolate)，二氢葫芦素F-25-*O*-乙酸酯(dihydrocucurbitacin F-25-*O*-acetate)，二氢葫芦素F(dihydrocucurbitacin F)[1]。

药理作用　抗真菌作用：可抑制白念珠菌孢子黏附于口腔黏膜上皮细胞[1]。

注评　本种为云南药品标准（1974、1996年版）中收载"雪胆"的基源植物之一，药用其干燥块茎。同属植物曲莲 Hemsleya amabilis Diels 亦为基源植物，与本种同等药用。傣族、彝族也药用其块根，主要用途见功效应用项。

化学成分参考文献

[1] Nie R, et al. *Planta Med*, 1984, 50(4): 322-327.

药理作用及毒性参考文献

[1] 侯幼红，等．中国皮肤性病学杂志，1990, 4(3): 136-138, 189.

5. 翅子瓜属 Zanonia L.

　　攀援灌木，近无毛。叶全缘。卷须单1或2歧。花雌雄异株。雄花排列为疏而下垂的圆锥花序；雌花排列为总状花序。雄花：花萼筒短杯状，裂片3，稀4；花冠辐状，5深裂；雄蕊5枚，分离；无退化雌蕊。雌花：花萼和花冠像雄花；退化雄蕊5枚；子房3室，后由于隔膜缩回而成1室；花柱3，顶端2裂；胚珠每室2枚，下垂。蒴果圆柱状棍棒形，顶端截形，并由顶端3瓣裂。种子大，下垂，压扁，围以大而膜质的翅。

　　1种，分布于印度、中南半岛、马来西亚、印度尼西亚。在我国产于广西和云南，可药用。

1. 翅子瓜

Zanonia indica L., Sp. Pl. ed. 2: 1457. 1763.（英 **Common Zanonia**）

茎粗壮，多分枝。叶片革质，卵状长圆形，长 8–16 cm，宽 5–10 cm，两面无毛；叶柄长 1.5–3 cm。雄圆锥花序长约 16 cm，多分枝；花萼裂片卵状三角形，长 2 mm；花冠淡黄褐色，裂片长圆形，长 3–3.5 mm，宽 1–1.5 mm。雌花序总梗长 10–30 cm，具稀疏的 5–10 花；子房倒圆锥状圆柱形，长 10–12 mm。果实暗棕色，长 6–10 cm，宽 2.5–3 cm。种子长圆形，长约 2 cm，宽约 1 cm，淡黄褐色，翅长 5–6 cm，宽 1.3–1.5 cm，两端圆形。

分布与生境　产于广西（那坡）和云南南部。生于海拔 285 m 的河边、山坡。印度、斯里兰卡、孟加拉国、缅甸、中南半岛、泰国、马来西亚、加里曼丹岛和菲律宾有分布。

药用部位　茎。

功效应用　用于风湿痹痛，跌打损伤。

翅子瓜 Zanonia indica L.
摄影：徐克学

6. 赤瓟属 Thladiantha Bunge

多年生或稀一年生草质藤本。根块状或稀须根。茎草质，有纵向棱沟。卷须单一或 2 歧；叶绝大多数为单叶，极稀掌状分裂或呈鸟趾状 3–5 (–7) 小叶。雌雄异株。雄花序总状或圆锥状，稀为单生。雄花：花萼筒短钟状或杯状 5 裂；花冠钟状，5 深裂；雄蕊 5 枚，分离，通常 4 枚两两成对，第 5 枚分离，药室通直。雌花单生、双生或 3–4 朵簇生于一短梗上，花萼和花冠同雄花；子房表面平滑或有瘤状突起，花柱 3 裂，柱头 2 裂，肾形；胚珠多数，水平生。果实中等大，浆质，不开裂，平滑或具多数瘤状突起。种子多数，水平生。

本属 23 种 10 变种，主要分布于我国西南部，少数种分布到黄河流域以北地区，个别种也分布到朝鲜、日本、印度半岛东北部、中南半岛和大巽他群岛，其中 13 种 3 变种可药用。

分种检索表

1. 雄花序上具覆瓦状排列的扇形苞片；花序不分枝。
 2. 叶较大，长 8–15 cm，宽 6–11 cm，下面生长柔毛；子房长圆形，外面疏被长柔毛；果实长圆形，长 3–5 cm，直径 2–3 cm；种子宽卵形 ·······1. **大苞赤瓟 T. cordifolia**
 2. 叶较小，长 (3–) 5–10 cm，宽 (1.6–) 3–6 cm，背面疏被微柔毛；子房近球形或卵球形，密被淡黄色的绵毛；果实小，球形或卵球形，直径 1.8–2.3 cm；种子三角状卵形 ·······2. **球果赤瓟 T. globicarpa**
1. 雄花序不具覆瓦状排列的扇形苞片。
 3. 子房有瘤状凸起；果实亦有瘤状凸起或呈皱褶状。
  4. 卷须 2 歧；子房及果实的基部下延，下延部分花时达 5 mm，果时达 1 cm ·······3. **皱果赤瓟 T. henryi**

4. 卷须单一；果实有瘤状凸起但不成皱褶状，基部稍内凹，但不延伸到花梗呈裂片状 ·····························
·· 4. **长叶赤瓟 T. longifolia**

3. 子房和果实无瘤状凸起。

  5. 雄花序由于花在花序轴顶端聚生而呈伞形状；花萼裂片披针状长圆形，明显具 3 脉 ·····························
··· 5. **川赤瓟 T. davidii**

  5. 雄花序总状或分枝呈圆锥状，或有时雄花单生。

    6. 卷须不分叉。

      7. 叶片不分裂，亦不成鸟足状 3–7 小叶。

        8. 叶片披针形、卵状披针形或狭卵形，叶柄长仅 0.5–1.5 cm ·········· 6. **短柄赤瓟 T. sessilifolia**

        8. 叶片卵状心形或阔卵状心形。

          9. 雄花单生或聚生于短枝上呈假总状花序；子房长圆形；果实卵状长圆形，具 10 条明显的纵
            纹 ··· 7. **赤瓟 T. dubia**

          9. 雄花序总状，常 2–7 朵生于一总梗上；子房狭长圆形；果实长圆形·· 8. **长毛赤瓟 T. villosula**

      7. 叶片多型，单叶、分裂或成鸟足状 5–7 小叶；子房纺锤形，密被黄褐色柔毛，两端狭；果实长
        圆形 ··· 9. **异叶赤瓟 T. hookeri**

    6. 卷须 2 歧。

      10. 全体近无毛。

        11. 叶最基部的一对侧脉离弯缺边缘向外开展；花萼裂片三角状披针形或长圆状披针形；果实长
          圆形或椭圆形，两端钝圆 ····························· 10. **齿叶赤瓟 T. dentata**

        11. 叶最基部的一对侧脉沿弯缺边缘向外开展；花萼裂片线形，反折；果实卵形，基部截形，稍
          内凹，先端钝圆，有喙状小尖头 ··················· 11. **鄂赤瓟 T. oliveri**

      10. 全体被柔毛或柔毛状硬毛。

        12. 雄花序总状；种子有网纹 ································· 12. **南赤瓟 T. nudiflora**

        12. 雄花序圆锥状；种子平滑 ································· 13. **刚毛赤瓟 T. setispina**

---

1. 大苞赤瓟

Thladiantha cordifolia (Blume) Cogn. in DC., Mon. Phan. 3: 424. 1881.——*Luffa cordifolia* Blume,
Thladiantha calcarata C. B. Clarke（英 **Cordateleaf Tubergrourd**）

    全体被长柔毛，茎多分枝，叶片长 8–15 cm，宽 6–11 cm，基部弯缺常张开，有时闭合，最基部的一对叶脉沿叶基弯缺边缘向外展开；卷须单一。雄花：3 至数朵生于总梗上端，呈密集的短总状花序，苞片覆瓦状排列，折扇形，锐裂，长 1.5–2 cm；花萼裂片线形，长 10 mm，宽约 1 mm，1 脉，花冠黄色，裂片卵形或椭圆形，长约 1.7 cm，宽约 0.7 cm。雌花：单生，子房长圆形，基部稍钝，被疏长柔毛，花柱 3 裂，柱头膨大，肾形，2 浅裂。果梗强壮，有棱沟和疏柔毛；果实长圆形，长 3–5 cm，宽 2–3 cm，两端钝圆，有 10 条纵纹。种子宽卵形，两面稍稍隆起，有网纹。花果期 5–11 月。

分布与生境　产于广西、广东、云南、西藏。常生于海拔 800–2600 m 的林中或溪旁。越南、印度、老挝也有分布。

药用部位　块根。

功效应用　清热解毒。用于疮疡肿毒。

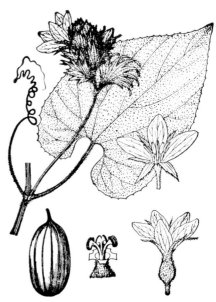

大苞赤瓟 Thladiantha cordifolia (Blume) Cogn.
引自《中国高等植物图鉴》

大苞赤瓟 **Thladiantha cordifolia** (Blume) Cogn.
摄影：彭玉德 朱鑫鑫

2. 球果赤瓟　野苦瓜（广西南丹）

Thladiantha globicarpa A. M. Lu et Zhi Y. Zhang in Bull. Bot. Res., Harbin 1(1–2): 70–73, f. 1, 1–9. 1981.
（英 **Globularfruit Tubergourd**）

茎、枝初时被微柔毛，后变近无毛。叶片长 (3–) 5–10 cm，宽 (1.6–) 3–6 cm，基部弯缺开张，半圆形，基部的侧脉沿叶基弯缺向外展开。卷须单一。雄花在叶腋内单生或 3–5 朵聚生于一总花序梗顶端，呈密集的总状花序，每一朵花的基部具一宽卵形或近折扇形的苞片；花萼裂片线形，长 8–9 mm，宽 0.6 mm，1 脉；花冠黄色，裂片卵形，长约 1.2 cm，宽约 0.6 cm，先端急尖，5 脉。雌花单生于叶腋；花萼裂片线形，反折，长 0.6–1 cm；花冠黄色，裂片长 1.8 cm，宽 0.6–0.8 cm。子房近球形或卵球形，长 6–8 mm，直径 5–6 mm。果实卵球形或球形，直径 1.8–2.3 cm，顶端钝，基部钝圆，外面被淡黄色的绵毛。种子宽三角状卵形，淡黄白色，两面有网纹。花果期夏秋季。

分布与生境　产于湖南、贵州、广东、广西。生于海拔 200–1200 m 的山坡林下、沟谷灌丛及水沟旁。
药用部位　全草。

球果赤瓟 **Thladiantha globicarpa** A. M. Lu et Zhi Y. Zhang
王金凤　绘

球果赤瓟 **Thladiantha globicarpa** A. M. Lu et Zhi Y. Zhang
摄影：林建勇

功效应用 用于深部脓肿，各种疮疡。

3. 皱果赤飑

Thladiantha henryi Hemsl. in J. Linn. Soc., Bot. 23: 316. 1887.（英 **Henry Tubergourd**）

3a. 皱果赤飑（模式变种）

Thladiantha henryi Hemsl. var. **henryi**（英 **Henry Tubergourd**）

茎、枝疏被短柔毛。叶片长 8–16 cm，宽 7–14 cm，基部弯缺张开成半圆形，基部的一对侧脉沿叶基部弯缺向外展开，叶被短柔毛。雄花：6–10 朵花生于花序轴的上端成总状花序，或花序分枝成圆锥花序；花萼裂片披针形，长 1.0–1.2 cm，1 脉；花冠黄色，裂片长圆状椭圆形或长圆形，长约 2 cm，宽 8 mm，5 脉。雌花单生、双生或 3 至数朵生于长 2–3 cm 的总花梗上；子房长卵形或卵状长圆形，被柔毛，多瘤状突起成皱褶状，基部下延达花梗顶端达 0.5 cm，下延部分的边缘有小裂片。果实椭圆形，长 5–10 cm，直径 3–4 cm，果皮隆起呈皱褶状，果实基部下延至果梗顶端可达 1 cm。种子长卵形，长 5–6 mm，宽 2–2.5 mm，两面较平滑。花果期 6–11 月。

分布与生境 产于陕西南部、湖北西部、湖南西部、四川东部。生于海拔 1150–2000 m 的山坡林下、路旁或灌丛中。

药用部位 块根。

功效应用 清火，温补，调气，止痛。用于感冒发热，咽喉痛，腹痛。

注评 本种的块根称"来来瓜"，傈僳族药用治疗胃痛，溃疡病，上呼吸道感染，支气管炎，肠炎，泌尿系统感染，败血症等症。

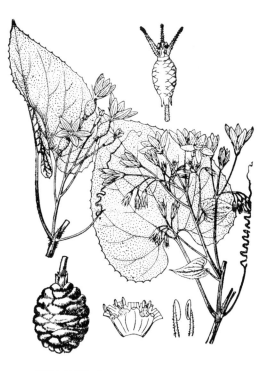

皱果赤飑 Thladiantha henryi Hemsl. var. henryi
引自《中国高等植物图鉴》

皱果赤飑 Thladiantha henryi Hemsl. var. henryi
摄影：陈彬 徐永福

3b. 喙赤瓟（变种）

Thladiantha henryi Hemsl. var. **verrucosa** (Cogn.) A. M. Lu et Zhi Y. Zhang in Bull. Bot. Res., Harbin 1(1-2): 74. 1981.——*T. verrucosa* Cogn.（英 **Beaked Tubergourd**）

该变种与模式变种的不同是子房卵球形，长 8 mm，直径 7 mm，基部深内凹但不具裂片和下延，顶端伸长成喙，喙长 5 mm。

分布与生境　产于重庆金佛山和湖南桑植。常生于海拔 1100–1800 m 的山坡林下。

药用部位　全草（老蛇头）。

功效应用　散热。用于头痛发热。

4. 长叶赤瓟

Thladiantha longifolia Cogn. ex Oliv. in Hook., Ic. Pl. 23: t. 2222. 1892.（英 **Longleaf Tubergourd**）

茎、枝无毛或被稀疏的短柔毛。叶片卵状披针形或长卵状三角形，长 8–18 cm，下部宽 4–8 cm，基部深心形，弯缺开张，半圆形，基部叶脉不沿弯缺边缘；叶背稍光滑，无毛。卷须单一。雄花：3–9 (–12) 朵花生于总花梗上成总状花序；花萼裂片三角状披针形，长 7–8 mm，1 脉；花冠黄色，裂片长圆形或椭圆形，长 1.5–2 cm，宽约 1 cm，具 5 脉。雌花：单生或 2–3 朵生于一短的总花梗上，子房长卵形，两端狭，基部内凹且有小裂片，表面多皱褶。果实阔卵形，长达 4 cm，果皮有瘤状突起，基部稍内凹。种子卵形，两面稍膨胀，有网脉，边缘稍隆起呈环状，顶端圆钝。花期 4–7 月，果期 8–10 月。

分布与生境　产于湖北、湖南、四川、贵州、广西和云南。生于海拔 1000–2200 m 的山坡杂木林、沟边及灌丛中。

药用部位　块根、果实。

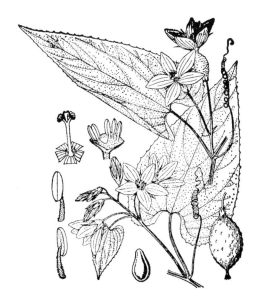

长叶赤瓟 Thladiantha longifolia Cogn. ex Oliv.
引自《中国高等植物图鉴》

长叶赤瓟 Thladiantha longifolia Cogn. ex Oliv.
摄影：朱鑫鑫

功效应用　清热解毒，利胆，通乳。用于胃寒腹痛，胸痹心痛，头痛，发热，便秘，无名肿毒。

注评　本种的块根称"长叶赤瓟"，哈尼族用其块根和果实治疗胸痹心痛，胃寒腹痛。

5. 川赤瓟

Thladiantha davidii Franch. in Nouv. Archiv. Mus. Par., Ser. 2, 8: 243. 1886.（英 **David Tubergourd**）

　　茎、枝光滑无毛。叶片卵状心形，长 10-20 cm，宽 6-12 cm，基部弯缺圆形，基部的一对叶脉沿弯缺向外展开。卷须 2 歧。雄花：10-20 朵或更多的花密集生于花序轴的顶端成伞形总状花序或几乎成头状总状花序；花萼裂片披针形长圆形，长 1-1.2 cm，明显具 3 脉；花冠黄色，裂片卵形，先端钝，长约 1.5 cm，宽约 0.9 cm。雌花：单生或 2-3 朵生于一粗壮的总梗顶端；花萼裂片披针状长圆形，宽达 3 mm，长 1-1.5 cm，具 3 脉；花冠黄色、裂片长圆形，长 2.5-2.7 cm，宽 1-1.2 cm，5 脉；子房狭长圆形，长 1.7 cm，宽 0.6 cm，基部平截，顶端稍狭，表面平滑，几无毛，长约 1.5 cm，粗 5-6 mm。果实长圆形，长 3-4.5 cm，直径 2-2.4 cm。种子黄白色，卵形，表面光滑。花果期夏秋季。

分布与生境　产于四川西部及贵州。生于海拔 1100-2100 m 的路旁、沟边及灌丛中。

药用部位　块根、果实。

功效应用　清热利胆，通乳。用于湿热痢，黄疸，产后乳汁不通。

注评　本种的成熟果实和块根常与赤瓟混用。彝族用其果实和块根治疗产后气虚，骨折，热病伤阴，热咳，头晕，疮肿等症。

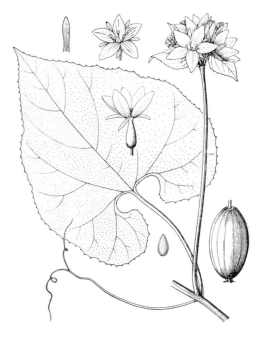

川赤瓟 Thladiantha davidii Franch.
吴彰桦　绘

川赤瓟 Thladiantha davidii Franch.
摄影：李策宏

6. 短柄赤瓟

Thladiantha sessilifolia Hand.-Mazz., Symb. Sin. 7: 1061. 1936.（英 **Shortstalk Tubergourd**）

　　茎、枝初时有稀疏的微柔毛，后变近无毛。叶片披针形或卵状披针形，长 8–16 cm，宽 2–4.5 cm，基部弯缺两侧的裂片常靠合，基部的侧脉远离叶基弯缺边缘向外开展，叶背密被短柔毛，以脉上更甚。卷须不分叉。雄花：2–5 朵生于 1–2 cm 长的总梗顶端成短缩总状花序或有时单生；花萼裂片披针形，长 5 mm，宽约 1.5 mm，具 3 脉；花冠黄色，裂片卵形，长约 1.5 cm，宽 0.7–0.8 cm，常具 5 脉。雌花单生；子房长圆形，长 1.5–2.2 cm，直径 0.5–1 cm，外面密被黄褐色的绒毛，具暗色的纵向纹和横纹，顶端渐狭，基部深凹入。果实卵状长圆形，表面具凸起的脉纹。花期 5–8 月，果期 8–11 月。

分布与生境　产于四川西南部（西昌、会理等地）。生于海拔 1800–2300 m 的山坡灌丛及沟边湿地。

药用部位　块根。

功效应用　清热解毒。用于黄疸，湿热痢，疮疡肿毒。

7. 赤瓟

Thladiantha dubia Bunge, Enum. Pl. Chin. Bor. 29. 1833.（英 **Manchurian Tubergourd**）

　　全株被黄白色的长柔毛状硬毛；根块状。茎稍粗壮，有棱沟。叶片宽卵状心形，长 5–8 cm，宽 4–9 cm，边缘浅波起，有大小不等的细齿，基部弯缺深，近圆形或半圆形，最基部 1 对叶脉沿叶基弯缺边缘向外展开。卷须单一。雄花单生或聚生于短枝的上端呈假总状花序，有时 2–3 花生于一总梗上，被柔软的长柔毛；花萼裂片披针形，向外反折，长 12–13 cm，宽 2–3 mm，具 3 脉，花冠黄色，裂片长圆形，长 2–2.5 cm，宽 0.8–1.2 cm，上部向外反折，具 5 条明显的脉。雌花单生；子房长圆形，长 0.5–0.8 cm，外面密被淡黄色长柔毛。果实卵状长圆形，长 4–5 cm，直径 2.8 cm，橘黄色或红棕色，有光泽，被柔毛，具 10 条明显的纵纹。种子卵形，黑色。花期 6–8 月，果期 8–10 月。

分布与生境　产于黑龙江、吉林、辽宁、河北、山西、山东、陕西、甘肃和宁夏。常生于海拔 300–1800 m 的山坡、河谷及林缘湿处。朝鲜、日本和欧洲有栽培。

药用部位　果实、块根。

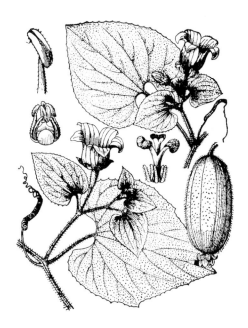

赤瓟 Thladiantha dubia Bunge
引自《中国高等植物图鉴》

赤瓟 Thladiantha dubia Bunge
摄影：于俊林 周繇

功效应用 果实：理气，活血，祛痰，利湿。用于跌打损伤，腰部扭伤，嗳气吐酸，黄疸，肠炎，痢疾，肺结核咳血。块根：用于乳汁不下，乳房胀痛。

化学成分 块根含三萜皂苷类：赤瓟苷▲(dubioside) A、B、C[1]、D、E、F[2]。

　　茎含黄酮类：山奈酚-7-*O*-α-L-吡喃鼠李糖苷(kaempferol-7-*O*-α-L-rhamnopyranoside)，山奈酚-3-*O*-α-L-吡喃鼠李糖基-(1→6)-β-D-吡喃葡萄糖苷[kaempferol-3-*O*-α-L-rhamnopyranosyl-(1→6)-β-D-glucopyranoside][3]；苯丙素类：咖啡酸乙酯(ethyl caffeate)[3]；苯乙酮类：3,4-二甲氧基苯乙酮(3,4-dimethoxyacetophenone)[3]；甾体类：豆甾醇(stigmasterol)，胆甾醇(cholesterol)，α-波菜甾醇(α-spinasterol)[3]；其他类：(2*R*,3*S*,2'*S*,4*E*,8*E*)-Δ$^{4(5)}$，Δ$^{8(9)}$-鞘氨醇-2'-羟基十六碳酰胺[(2R,3S,2'S,4E,8E)-Δ4(5),Δ8(9)-sphingosine-2'-hydroxyhexadecanoylamide]，1-[(17*Z*)-17-二十四碳烯-1-基氧基]-1,2-丙二醇{1-[(17Z)-17-tetracosen-1-yloxy]-1,2-propanediol}，双(2-乙基己基)酞酸酯[bis(2-2-ethylhexyl)phthalate][3]。

　　果实含甾体类：α-波菜甾醇(α-spinasterol)，α-波菜甾醇-3-*O*-β-D-吡喃葡萄糖苷(α-spinasteryl-3-*O*-β-D-glucopyranoside)，α-波菜甾醇-3-*O*-β-D-吡喃葡萄糖苷-6'-棕榈酸酯(α-spinasteryl-3-*O*-β-D-glucopyranoside-6'-palmitate)[4]；有机酸类：棕榈酸[4]，草酸(oxalic acid)，酒石酸(tartaric acid)，苹果酸(malic acid)，抗坏血酸(ascorbic acid)，乳酸(lactic acid)，柠檬酸(citric acid)，琥珀酸(succinic acid)[5]；其他类：三十醇[4]，多糖[6]。

注评 本种为部颁标准·蒙药（1998年版）和内蒙古蒙药材标准（1986年版）收载"赤瓟子"，吉林药品标准（1977年版）、北京中药材标准（1998年版）收载"赤瓟"的基源植物，药用其干燥成熟果实；本草中有"老鸦瓜"（图经本草）、"赤雹子"（本草衍义）、"马瓟瓜"（本草纲目）等名。标准使用本种的中文异名赤瓟。本种的根称"赤瓟根"，也药用。本种的块根在河北伪充"天麻"，其维管束环状排列、具木间韧皮部，易与"天麻"相区别。蒙古族、佤族、羌族也药用本种，主要用途见功效应用项。

化学成分参考文献

[1] Nagao T, et at. *Chem Pharm Bull*, 1989, 37(4): 925-929.

[2] Nagao T, et at. *Chem Pharm Bull*, 1990, 38(2): 378-381.

[3] 陈显强，等. 中草药，2011, 42(10): 1929-1932.

[4] 王亚春，等. 中国现代应用药学，2008, 25(5): 365-367.

[5] 赵春颖，等. 中国医院药学杂志，2010, 30(18): 1610-1612.

[6] 赵波，等. 时珍国医国药，2010, 21(7): 1627-1629.

8. 长毛赤瓟　白斑王瓜（湖北）

Thladiantha villosula Cogn. in Engl., Pflanzenr. 66(Ⅳ.275.1): 44. 1916.（英 **Villose Tubergourd**）

　　全体密被短腺质绒毛和疏生长的多细胞刚毛。茎多分枝，枝细弱。叶片卵状心形、宽卵状心形或近圆形，长6–12 cm，宽5–10 cm，基部弯缺圆，基部的侧脉沿叶基弯缺向外展开。卷须单一，被短柔毛和短刚毛。雄花序为总状花序，常仅2–7朵花，花萼裂片狭披针形，黄绿色，长4–6 mm，宽1.5 mm，3脉；花冠黄色，裂片卵形或长卵形，长1.2–1.5 cm，宽0.6–0.8 cm，5脉。雌花单生，花萼裂片狭披针形，长5–6 mm，宽1 mm，3脉；花冠裂片长卵形，长约2 cm，宽1.5 cm，5脉；子房狭长圆形，长1.5–1.8 cm，宽0.3–0.4 cm，基部稍圆，密生淡黄色的腺质绒毛。果实长圆形，长达7 cm，直径约3.5 cm，干后红褐色，具黄褐色的短柔毛。种子卵形，褐色。花果期夏秋季。

分布与生境 产于云南、贵州、四川、湖北西部、陕西西南、甘肃以及河南南部。常生于海拔2000–2800 m的沟边林下或灌丛中。

药用部位 块根、茎皮。

功效应用 块根：清热解毒，健胃止痛。用于泻痢，肠炎，十二指肠溃疡，感冒，咽喉痛。茎皮：用于反胃呕吐。

注评 本种的块根称"土余瓜"。傣族药用其块根，主要用途见功效应用项。

长毛赤瓟 Thladiantha villosula Cogn.
引自《中国高等植物图鉴》

长毛赤瓟 Thladiantha villosula Cogn.
摄影：何顺志

9. 异叶赤瓟

Thladiantha hookeri C. B. Clarke in Hook. f., Fl. Brit. India 2: 631. 1879.（英 **Hooker Tubergourd**）

9a. 异叶赤瓟（模式变种） 罗锅底（云南）

Thladiantha hookeri C. B. Clarke var. **hookeri**

块根扁圆形，重可达数十斤。茎多分枝，近无毛。叶片不分裂或不规则 2–3 裂，卵形，长 8–12 cm，宽 4–8 cm，下面近无毛。卷须单一。雄花序总状，或与一单花并生，3–7 (–12) 朵生于 2–4 cm 长的花序轴上；花萼裂片，狭三角形，长约 4 mm，宽 1.5 mm，3 脉；花冠黄色，裂片卵形，长 1–1.2 cm，宽 0.5 cm。雌花单生，花萼裂片长 1 cm，花冠裂片长近 2 cm；子房纺锤形，长 1–2 cm，直径 2–3 mm，

异叶赤瓟 Thladiantha hookeri C. B. Clarke var. **hookeri**
摄影：朱鑫鑫

外面密被黄褐色柔毛。果实长圆形，长 4–6 cm，直径 2–3 cm，两端稍圆，果皮光滑。种子阔卵形。花果期 4–10 月。

分布与生境　产于云南。生于海拔 1250–1760 m 的山坡林下或林缘。印度半岛东北部和中南半岛也有。

药用部位　块根。

功效应用　清热解毒，消肿，止痛。用于咽喉肿痛，牙痛，目赤肿痛，菌痢，肠炎，肝炎，尿路感染，疔肿。

化学成分　块根含三萜类：赤瓟皂苷▲H_1（thladioside H_1）[1]。

注评　本种的块根称"粗茎罗锅底"云南地区药用。傈僳族也药用其块根，主要用途见功效应用项。

化学成分参考文献

[1] Nie R, et al. *Phytochemistry*, 1989, 28(6): 1711-1715.

9b. 三叶赤瓟（变种）

Thladiantha hookeri C. B. Clarke var. **palmatifolia** Chakrav. in Notes Roy. Bot. Gard. Edinburgh 10(48): 122. 1918.——*Hemsleya trifoliolata* Cogn.（英 **Threeleaves Tubergourd**）

叶通常为掌状 3 小叶，小叶长圆状披针形。雄花 6 至多数，生于柔弱的总状花序上，在花序上排列较密集；花较小，花冠裂片长约 1 cm。

分布与生境　产于云南。生于海拔 950–2300 m 的山坡灌丛、林缘或林下。印度半岛东北部、中南半岛也有分布。

药用部位　块根。

功效应用　清热，解毒，消肿，止痛。用于咽喉疼痛，牙痛，目赤肿痛，菌痢，肝炎，尿路感染，疔肿。

9c. 五叶赤瓟（变种）　山土瓜（云南）

Thladiantha hookeri C. B. Clarke var. **pentadactyla** (Cogn.) A. M. Lu et Zhi Y. Zhang in Bull. Bot. Res., Harbin 1(1-2): 80. 1981.——*T. pentadactyla* Cogn.（英 **Fiveleaves Tubergourd**）

叶通常为鸟足状 5 小叶，稀为指状 7 小叶。雄花通常 3–5 朵生于疏散的花序上或稀单生；花较大，花冠裂片长 1.5–2 cm。

分布与生境　产于云南、贵州。生于海拔 1800–2900 m 的沟边及林下。

药用部位　块根、茎。

功效应用　解毒，消炎，润肺，止咳，化痰，散结。用于肠炎，泄泻，痢疾肺炎，咽喉炎痛。

化学成分　块根含三萜类：赤瓟皂苷▲H_1（thladioside H_1）[1]。

化学成分参考文献

[1] Nie RL, et al. *Phytochemistry*, 1989, 28(6): 1711-1715.

10. 齿叶赤瓟　猫儿瓜、龙须尖（重庆南川）

Thladiantha dentata Cogn. in Engl., Pflanzenr. 66(Ⅳ. 275. 1): 44. 1916（英 **Dentate-leaf Tubergourd**）

全株几乎无毛。叶片卵状心形或宽卵状心形，长 12–20 cm，宽 8–12 cm，基部弯缺开放或有时向内倾而靠合，基部的侧脉离开弯缺而向外展开。卷须 2 歧。雄花：花序总状或上部分枝成圆锥状；花萼裂片长圆状披针形，长约 5 mm，宽约 1.5 mm，3 脉；花冠黄色，裂片卵状长圆形，长 1.2 cm，宽 0.5–0.6 cm，3–5 脉。雌花：单生或 2–5 朵生在长仅 1–1.5 cm 的总梗顶端；花萼裂片披针形，长 4–5 mm，宽约 1.5 mm，3 脉；花冠裂片卵状长圆形，长约 1.5 mm，宽 7–8 mm，具 5 脉；子房狭长圆形，平滑无毛，长 1.3–1.6 cm，粗 4–6 mm。果实长椭圆形或长卵形，两端圆形，顶端有小尖头，长 3.5–6 cm，直径 2.5–3.5 cm，表面平滑。种子长卵形，黄白色。花期夏季，果期秋季。

分布与生境 产于湖北西部、湖南、四川和贵州。常生于海拔 500–2100 m 的路旁、山坡、沟边或河丛中。

药用部位 块根。

功效应用 清热解毒。用于感冒发热，咳嗽，胃肠炎。

齿叶赤瓟 Thladiantha dentata Cogn.
引自《中国高等植物图鉴》

齿叶赤瓟 Thladiantha dentata Cogn.
摄影：喻勋林

11. 鄂赤瓟 苦瓜蔓（陕西佛坪），野瓜（湖北恩施），野苦瓜藤（四川），水葡萄（甘肃）

Thladiantha oliveri Cogn. ex Mottet, Rev. Hort. 1903: 473. f. 194. 1903.——*T. glabra* Cogn. （ 英 **Oliver Tubergourd** ）

茎、枝几无毛。叶片宽卵状心形，长 10–20 cm，宽 8–18 cm，基部 1 对叶脉沿弯缺边缘向外展开，基部弯缺开放。卷须 2 歧。雄花：多数花聚生于花序总梗上端，总梗粗壮，光滑，长达 20 cm 或更长。花萼裂片线形，反折，长 0.7–0.9 cm，顶端渐尖，1 脉；花冠黄色，裂片卵状长圆形，长 1.8–2.2 cm，宽 0.7–0.9 cm，5 脉。雌花：通常单生或双生，花萼裂片线形，反折，长 1–1.2 cm；花冠通常远较雄花大，裂片形状同雄花，长 2–4 cm，宽 1.2 cm；子房卵形，长 1–1. cm，直径 0.5 cm，平滑无毛。果实卵形，长 3–4 cm，直径 2–2.5 cm，基部截形，稍内凹，先端钝圆，而顶端有喙状小尖头，稍平滑，有暗绿色纵条纹。种子卵形。花果期 5–10 月。

分布与生境 产于陕西南部、甘肃南部、湖北西北部、四川东部和南部、贵州。生于海拔 660–2100 m 的山坡路旁、灌丛或山沟湿地。

鄂赤瓟 Thladiantha oliveri Cogn. ex Mottet
引自《中国高等植物图鉴》

鄂赤瓟 **Thladiantha oliveri** Cogn. ex Mottet
摄影：朱仁斌

药用部位 根、果实、茎、叶。

功效应用 根、果实：清热，利胆，通便，通乳，消肿，解毒，排脓。用于无名肿毒，烧伤，烫伤，跌打损伤。茎、叶：用于杀虫。

注评 本种的块根称"鄂赤瓟"，瑶族和苗族药用，主要用途见功效应用项。

12. 南赤瓟 野丝瓜（湖北），丝瓜南（四川）

Thladiantha nudiflora Hemsl. in J. Linn. Soc. Bot. 23: 316, t. 8. 1887.——*T. formosana* Hayata, *T. harmsii* Cogn., *T. indochinensis* Merr.（英 **Nakedflower Tubergourd**）

全体密生柔毛硬毛；根块状。叶片质稍硬，卵状心形，宽卵状心形或近圆心形，长 5–15 cm，宽 4–12 cm，基部弯缺开放或有时闭合，背面色淡，密被淡黄色短柔毛，基部侧脉沿叶基弯缺向外展开。卷须 2 歧。雄花：总状花序；花萼密生淡黄色长柔毛，裂片卵状披针形，长 5–6 mm，基部宽 2.5 mm，3 脉；花冠黄色，裂片卵状长圆形，长 1.2–1.6 cm，宽 0.6–0.7 cm，5 脉。雌花：单生；子房狭长圆形，长 1.2–1.5 cm，直径 0.4–0.5 cm，密被淡黄色的长柔毛状硬毛。果实长圆形，干后红色或红褐色，长 4–5 cm，直径 3–3.5 cm，顶端稍钝或有时渐狭，基部钝圆，有时密生毛及不甚明显的纵纹，后渐无毛。种子卵形或宽卵形。春夏季开花，秋季果成熟。

分布与生境 产于我国秦岭及长江中下游以南各地。常生于海拔 900–1700 m 的沟边、林缘或山坡灌丛中。越南也有分布。

药用部位 根、果实。

功效应用 根：清热，利胆，通便，通乳，消肿，解毒，排脓。用于头痛，发热，乳汁不下，乳房涨痛，无名肿

南赤瓟 **Thladiantha nudiflora** Hemsl.
引自《中国高等植物图鉴》

葫芦科 CUCURBITACEAE

南赤瓟 Thladiantha nudiflora Hemsl.
摄影：梁同军 徐克学

毒。果实：理气，活血，祛痰利湿。用于跌打损伤，嗳气，吐酸，黄疸，泄泻，痢疾，肺结核咯血。

注评 本种的根称"南赤瓟"，浙江、湖南等地药用。本种为"赤瓟"的类似品，药用其果实，又称"赤瓟儿""赤雹儿"。彝族、苗族也药用本种，主要用途见功效应用项。

13. 刚毛赤瓟 西藏赤瓟（西藏植物志）

Thladiantha setispina A. M. Lu et Zhi Y. Zhang in Bull. Bot. Res., Harbin 1(1-2): 87, t. 3, 1-6. 1981.（英 **Bristle Tubergourd**）

茎、枝初时有稀疏微柔毛，后几无毛而光滑。叶片卵状心形，长 6–8 (–14) cm，宽 4–6 (–10) cm，背面密被淡黄色短柔毛，基部的侧脉沿叶基弯缺向外展，基部弯缺张开。卷须 2 歧。雄花：多数花生于长达 17 cm 的圆锥花序上，花萼裂片三角状披针形，长 5–6 mm，基部宽 2.5 mm，具 3 脉；花冠黄色，裂片长圆形，长 1.8–2 cm，宽 6–8 mm，5 脉。雌花：单生或 3–5 朵聚生于总梗顶端；花萼裂片长 6–7 mm，具 3 脉；花冠黄色，长达 4–4.5 cm，宽 1.8–2 cm；子房长圆形，长 10–12 mm，粗 6–7 mm，密被黄褐色刺状刚毛。果实长圆形，长 3–3.5 cm，直径 2–2.5 cm，干后黑褐色，顶端和基部钝圆，被黄褐色的刺状刚毛。种子长卵形，黄褐色。花果期 6–10 月。

分布与生境 产于四川（康定）、西藏东部。常生于海拔 3000 m 的山坡林中及路旁。

药用部位 种子。

功效应用 清热解毒。用于肝病，胆病，消化不良。

注评 本种为藏药"波棱瓜子"的代用品之一，药用其种子；藏族语称"塞季美朵"。

刚毛赤瓟 Thladiantha setispina A. M. Lu et Zhi Y. Zhang
王金凤 绘

1071

刚毛赤瓟 Thladiantha setispina A. M. Lu et Zhi Y. Zhang
摄影：张英涛

7. 罗汉果属 Siraitia Merr.

攀援草本。根肥大。茎、枝、叶被红色或黑色疣状腺鳞。叶具长柄，密布红色或黑色疣状腺鳞；叶片膜质或纸质，卵状心形或长卵状心形。卷须分 2 叉，在分叉点上下同时旋卷。雌雄异株。雄花序总状或圆锥状；花萼筒短钟状或杯状，裂片 5，花冠裂片 5，基部常具 3-5 枚鳞片；雄蕊 5 枚，两两基部靠合，1 枚分离，花丝基部膨大，花药 1 室，药室 S 形折曲。雌花单生或数朵生于一总梗顶端；花萼裂片和花冠裂片形状似雄花但较之为大；子房卵球形或长圆形，花柱短粗，3 浅裂，柱头膨大，2 裂；胚珠多数，水平生。果实不开裂，果梗较粗壮。种子多数，水平生。

约 2 种，分布于我国南部、越南和泰国。我国 2 种均产，可药用。

分种检索表

1. 种子不具翅，中央稍凹陷，有放射状沟纹；花萼裂片三角形，长、宽均为 3–4 mm，顶端钻状尾尖；花冠裂片长圆形，先端急尖；植株初被柔毛后渐脱落 ·························· 1. **罗汉果 S. grosvenorii**
1. 种子具 3 层翅，翅木栓质，边缘有不规则钝齿；花萼裂片扁宽三角形，长 3–5 mm，宽 7–9 mm，先端急尖；花冠裂片卵形或长圆形，先端钝圆；植株密被柔毛，不甚脱落 ·················· 2. **翅子罗汉果 S. siamensis**

本属药用植物的特征性化学成分为葫芦烷型三萜类化合物，亦是其主要的有效成分。其中皂苷类的共同苷元为四环三萜；其苷所连接的糖皆为葡萄糖，苷类成分结构差异仅在于葡萄糖连接苷元的位置和连接糖数目的多少。生物活性研究表明：罗汉果苷 (mogroside) II_{A1} (**1**)、II_B (**2**)、III_{A2} (**3**)、7- 氧代罗汉果苷 II_E(7-oxomogroside II_E, **4**)，11- 氧代罗汉果苷 II_{A1}(11-oxomogroside II_{A1}, **5**)，11- 去氧罗汉果苷 III (11-deoxymogroside III, **6**) 对 TPA(12-O-tetradecanoylphorbol-13-acetate) 所致 EB 病毒 (Epstein-Barr virus) 的早期抗原活化具有明显的抑制作用；这些化合物对 NO 供体 NOR1 的作用亦有弱的抑制活性，提示其抗炎作用。

罗汉果苷大多具有甜味，亦有无味者。翅子罗汉果苷▲Ⅰ(siamenoside Ⅰ，**7**)、11-氧代罗汉果苷Ⅴ(11-oxomogroside Ⅴ，**8**)、罗汉果苷Ⅳ(**9**)与Ⅴ等皆具有甜味，而罗汉果苷Ⅱ$_E$(**10**)、Ⅲ$_E$(**11**)则无甜味。**7**和罗汉果苷Ⅴ的甜度分别是蔗糖的563倍和300倍。

本属植物罗汉果有止咳祛痰、泻下、保肝、增强免疫、降血糖和抑制脂质过氧化等药理作用。

1. 罗汉果　光果木鳖（中国高等植物图鉴），拉汗藤、假苦瓜（广西）

Siraitia grosvenorii (Swingle) C. Jeffrey ex A. M. Lu et Zhi Y. Zhang in Guihaia 4(1): 29, t. 1, 1-7. 1984.——*Momordica grosvenorii* Swingle（英 **Lohanguo Siraitia**）

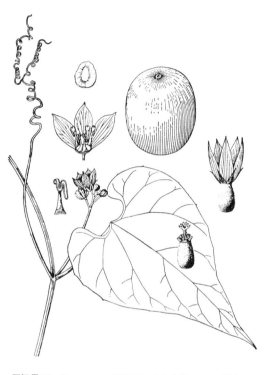

根肥大，纺锤形或近球形。全体初被黄褐色柔毛和黑色疣状腺鳞。叶片卵状心形、三角状卵形和近圆形，长 12–23 cm，宽 5–17 cm，弯缺半圆形或近圆形。雄花序总状，6–10 朵花生于花序轴上部，花萼筒宽钟状，裂片三角形，长约 4.5 mm，基部宽 3 mm，先端钻状尾尖，具 3 脉；花冠黄色，裂片长圆形，长 1–1.5 cm，宽 7–8 mm。雌花单生或 2–5 朵集生于 6–8 cm 长的总梗顶端；子房长圆形，长 10–12 mm，直径 5–6 mm，密生黄褐色绒毛。果实球形或长圆形，长 6–11 cm，直径 4–8 cm，初密生黄褐色绒毛和混生黑色腺鳞，老后渐脱落，果皮较薄，干后易脆。种子多数，淡黄色，近圆形或阔卵形，扁压状，长 15–18 mm，宽 10–12 mm，两面中部稍凹陷，周围有放射状沟纹，边缘有微波状缘檐。花期 5–7 月，果期 7–9 月。

分布与生境　产于湖南南部、江西、广东、广西、海南、贵州。常生于海拔 400–1400 m 的山坡林下及河边湿地、灌丛，广西永福、临桂等地已作为重要经济植物栽培。

药用部位　果实、块根、叶。

功效应用　果实：清热润肺，利咽开音，滑肠通便。用于肺火燥咳，百日咳，咽痛失音，口干口渴，肠燥便秘，便血，咯血。块根：利湿止泻，舒筋。用于腹泻，舌胖，脑膜炎后遗症。叶：解毒，止痒。用于疮毒，痈肿，顽癣，慢性咽炎，慢性支气管炎。

罗汉果 **Siraitia grosvenorii** (Swingle) C. Jeffrey ex A. M. Lu et Zhi Y. Zhang
王金凤　绘

化学成分　根含三萜及其皂苷类：罗汉果酸(siraitic acid) A、B、C[1]、Ⅱ$_A$[2]、D[3]、E[1]、F[4]、Ⅱ$_B$、Ⅱ$_C$[5]；黄酮类：罗汉果素(grosvenorin; grosvenorine)[6]；其他类：α-菠菜甾醇，硬脂酸[7]。

罗汉果 **Siraitia grosvenorii** (Swingle) C. Jeffrey ex A. M. Lu et Zhi Y. Zhang
摄影：徐晔春 彭玉德

叶含黄酮类：槲皮素(quercetin)，山奈酚(kaempferol)[8-9]，山奈酚-3,7-二-O-α-L-吡喃鼠李糖苷(kaempferol-3,7-di-O-α-L-rhamnopyranoside)[9-10]，山奈酚-3-O-α-L-吡喃鼠李糖苷(kaempferol-3-O-α-L-rhamnopyranoside)，山奈酚-7-O-α-L-吡喃鼠李糖苷(kaempferol-7-O-α-L-rhamnopyranoside)，4'-O-甲基二氢槲皮素(4'-O-methyldihydroquercetin)[9]，槲皮素-3-O-β-D-吡喃葡萄糖苷-7-O-α-L-吡喃鼠李糖苷(quercetin-3-O-β-D-glucopyranoside-7-O-α-L-rhamnopyranoside)[10]；苯丙素类：阿魏酸(ferulic acid)[9]；蒽醌类：大黄素(emodin)[9]，芦荟大黄素(aloe-emodin)[9,11]，芦荟大黄素乙酸酯(aloe-emodin acetate)[11]；酚酸类：对羟基苯甲酸(p-hydroxyl benzyl acid)[11]；三萜类：β-香树脂醇(β-amyrin)[11]，β-香树脂醇棕榈酸酯(β-amyrin palmitate)[12]；甾体类：5α,8α-表二氧-24(R)-甲基胆甾-6,22-二烯-3β-醇[5α,8α-epidioxy-24(R)-methylcholesta-6,22-dien-3β-ol]，β-谷甾醇，胡萝卜苷[11]；脂肪酸类：正十六酸(n-hexadecaoic acid)，12-甲基十四酸(12-methyltetradecanoic acid)[11]。

花含黄酮类：山奈酚，山奈酚-3-O-α-L-吡喃鼠李糖苷，鼠李柠檬素-3-O-β-D-吡喃葡萄糖苷(rhamnocitrin-3-O-β-D-glucopyranoside)，鼠李柠檬素-3-O-α-L-吡喃鼠李糖苷(rhamnocitrin-3-O-α-L-rhamnopyranoside)，罗汉果素[13]。

果实含三萜及其皂苷类：罗汉果莫苷▲ I(grosmomoside I)[14]，罗汉果苷(mogroside) I_{A1}[15]、II_{A1}[16-17]、II_B[17]、II_E、III[14,16]、III_{A1}[18]、III_{A2}[17]、III_E[19]、IV[20-21]、IVa[16,18,22-23]、Ve[18,24]、V[14,16,18,22]、VI[22,25]，翅子罗汉果苷▲ I (siamenoside I)[18-19,22]，11-氧代罗汉果苷 V (11-oxomogroside V)[18-19,22]，11-去氧罗汉果苷(11-deoxymogroside)III[17]、V、VI[26]，11-去氧异罗汉果苷 V (11-deoxyisomogroside V)[26]，11-氧代罗汉果苷 II_{A1}(11-oxomogroside II_{A1})，7-氧代罗汉果苷 II_E(7-oxomogroside II_E)，11-氧代罗汉果苷 IV_A(11-oxomogroside IV_A)，7-氧代罗汉果苷 V (7-oxomogroside V)[17]，11-氧代罗汉果苷 III(11-oxomogroside III)，11-去羟基罗汉果苷 III(11-dehydroxymogroside III)[27]，20-羟基 11-氧代罗汉果苷 I_{A1}(20-hydroxy-11-oxomogroside I_{A1})，11-氧代罗汉果苷 II_E(11-oxomogroside II_E)，11-氧代罗汉果苷 I_{A1}(11-oxomogroside I_{A1})[28]，新罗汉果苷(neomogroside)[21]，罗汉果酯▲(mogroester)[29]，异罗汉果苷 V (isomogroside V)[22,24]，罗汉果醇-3,24-二-O-β-吡喃葡萄糖苷(mogrol-3,24-di-O-β-glucopyranoside)[22]；生物碱类：1-乙酰基-β-咔啉(1-acetyl-β-carboline)[31]；黄酮类：山奈酚(kaempferol)，山奈苷(kaempferitrin)，山奈酚-7-O-α-L-吡喃鼠李糖苷(kaempferol-7-O-α-L-rhamnopyranoside)，山奈酚-3-O-α-L-吡喃鼠李糖苷-7-O-[β-D-吡喃葡萄糖基-(1→2)-α-L-吡喃鼠李糖苷]{kaempferol-3-O-α-L-rhamnopyranoside-7-O-[β-D-glucopyranosyl-(1→2)-α-L-rhamnopyranoside]}[16]，山奈酚-3,7-二-O-α-L-吡喃鼠李糖苷(kaempferol-3,7-di-O-α-L-rhamnopyranoside)[27]；木脂素类：厚朴酚(magnolol)[32]；环肽类：环-(亮氨酸-脯氨酸)[cyclo-(leu-pro)]，环-(丙氨酸-脯氨酸)[cyclo-(ala-pro)][31]；多糖类：SGPS1[33]，SGPS2[34]；挥发油类：丙二醇，丁羟甲苯，酞酸二丁酯，糠醛，苯甲酸苄酯，β-突厥蔷薇烯酮▲(β-damascenone)，β-突厥蔷薇酮▲(β-damascone)，大柱香波龙三烯酮(megastigmatrienone)等[35]；其他类：5-羟基麦芽酚(5-oxymaltol)，香荚兰酸(vanillic acid)，β-谷甾醇[31]，5,5'-氧二亚甲基-二-(2-糠醛)[5,5'-oxydimethylene-bis-(2-furfural)]，5-羟甲基糠酸[5-(methoxymethyl)-furoic acid]，琥珀酸[32]，甘露醇[36]。

种子含挥发油类：主要含金合欢醇、戊醛、己醛、壬醛、癸醛等多种脂肪醛类物质[37]。

药理作用 调节免疫作用：罗汉果提取液能提高外周血酸性 α-醋酸萘酯酶阳性淋巴细胞和脾特异性玫瑰花环形成细胞的比率[1]。罗汉果水提取物能增强氢化可的松致免疫功能低下小鼠的单核细胞吞噬功能[2]。罗汉果甜苷能提高环磷酰胺致免疫抑制小鼠的巨噬细胞吞噬功能和T细胞的增殖作用[3]。罗汉果多糖可增加小鼠胸腺、脾重量，小鼠腹腔巨噬细胞吞噬鸡红细胞百分率及吞噬指

罗汉果 Siraitiae Fructus
摄影：陈代贤

数，增加小鼠淋巴细胞转化率，提高小鼠血清溶血素水平[4]。

增强耐缺氧能力作用：罗汉果提取液能提高小鼠运动耐力[5]和运动能力[6]。

调节血脂作用：罗汉果黄酮可降低高胆固醇血症小鼠的 TC 和 TG 含量，提高 HDL-C 的水平[7]。

抗凝血、抗血栓和抗血小板聚集作用：罗汉果黄酮能延长小鼠凝血时间、保护小鼠脑血栓形成、抑制 ADP 诱导的大鼠血小板聚集[7]。

祛痰作用：罗汉果水提取物可增加小鼠气管酚红排泌量和大鼠气管排痰量[2]；罗汉果总苷[8-9]、罗汉果苷 V [10]可增加小鼠气管酚红分泌量。

镇咳作用：罗汉果水提取物对氨水或二氧化硫致小鼠咳嗽[2]、枸橼酸或辣椒素、机械刺激致豚鼠咳嗽有抑制作用[11]。罗汉果总苷[8-9]、罗汉果苷 V [10]可减少氨水致小鼠咳嗽次数。

解痉作用：罗汉果皂苷 V 能拮抗组胺引起的豚鼠离体回肠收缩和离体气管痉挛[10]。

双向调节平滑肌作用：罗汉果水提取物对家兔和小鼠离体回肠自主活动有抑制作用，对 ACh 或 BaCl$_2$ 致家兔和小鼠离体回肠痉挛、肾上腺素致家兔离体回肠松弛有拮抗作用[2]。

致泻作用：罗汉果水提取物可增加正常小鼠或便秘小鼠的排便粒数[2]。

保肝作用：罗汉果水提取物可降低 CCl$_4$ 或硫代乙酰胺致肝损伤小鼠血清丙氨酸转氨酶 (ALT) 的活性[2]。罗汉果水提醇沉物及其经石油醚、三氯甲烷、乙酸乙酯和正丁醇萃取后的水液部分对 CCl$_4$ 致小鼠急性肝损伤有保护作用[12]。罗汉果总苷对 CCl$_4$ 致小鼠急性肝损伤及卡介苗加脂多糖诱导的小鼠免疫性肝损伤[13]、CCl$_4$ 致大鼠慢性肝损伤[14]有保护作用，可降低血清中 ALT、AST 活性，升高肝组织匀浆中 SOD 活性、降低 MDA 含量，并能减轻肝组织病理变化程度。

降血糖作用：罗汉果提取物能抑制大鼠食用麦芽糖后的血糖升高，其机制与抑制小肠上皮细胞上的麦芽糖酶有关[15]。罗汉果粉及其皂苷提取物对四氧嘧啶致糖尿病小鼠的高血糖有防治作用[16-17]，其降糖机制可能与提高糖尿病小鼠抗氧化能力及改善血脂水平有关[18]；皂苷提取物还能通过免疫调节机制对 1 型糖尿病 (T1DM) 小鼠脾淋巴细胞的抗原表达进行调控，拮抗 T1DM 时出现的细胞免疫功能失衡，进而对 T1DM 起到一定的治疗作用[19]，另对实验性糖尿病大鼠的血管有保护作用[20]。

抗细菌作用：罗汉果根、茎、叶和果实对口腔细菌转糖链球菌均具有抑菌活性[21]；罗汉果浸出液可抑制变形链球菌致龋作用[22]。

抗病毒作用：罗汉果苷对 12-O- 十四烷酰佛波醇 -13- 乙酸醋诱导的 EB 病毒早期抗原的活性具有抑制作用[23]。

抗肿瘤作用：罗汉果苷戊对小鼠皮肤促癌过程有抑制作用[24]。

抗氧化作用：罗汉果提取液可促进机体 Hb 的合成与肝组织 SOD、GSH-Px 活性的升高及 Bla 的清除[5]；能提高心肌抗自由基氧化的功能，对大强度运动造成的自由基损伤有保护作用[6]。罗汉果提取物对 O$_2$·和·OH 有清除作用[25]；乙酸乙酯提取物、水提物、甲醇提取物和乙醇提取物[26]、罗汉果茎水提取物、乙醇提取物、乙酸乙酯提取物和三氯甲烷提取物[27]、罗汉果叶总黄酮提取物[28]、罗汉果皂苷类成分[29-31]、罗汉果花黄酮苷类化合物[32]均具有抗氧化活性。罗汉果总苷可抑制 LDL 的氧化修饰[33]。

其他作用：罗汉果水提取物和苷部位有抑制组胺或化合物 40/80 诱导的小鼠擦鼻和挠抓行为的作用[34]。

毒性及不良反应 罗汉果水提取物小鼠灌胃的最大耐受量在 100 g/kg 以上[2]；罗汉果黄酮小鼠灌胃的最大给药量为 60.85 g/kg[7]；罗汉果总苷小鼠灌胃的 LD$_{50}$>10 g/kg[35]。

注评 本种为中国药典（1977、1985、1990、1995、2000、2005、2010、2015 年版）收载"罗汉果"的基源植物，药用其干燥成熟果实；药典曾使用本种的拉丁异名 *Momordica grosvenorii* Swingle。本种的叶称"罗汉果叶"，块根称"罗汉果根"，均可药用。本种的块根在广西部分地区充天花粉使用。"瓜蒌""瓜蒌皮""瓜蒌子"和"天花粉"药材商品、地区习用品及混伪品情况，参见栝楼 Trichosanthes kirilowii Maxim. 注评。侗族、苗族、瑶族、壮族、阿昌族也药用本种，主要用途见功效应用项。壮族用其花治胃下垂，胃痛等症。

化学成分参考文献

[1] 斯建勇，等 . 药学学报，1999, 34(12): 918-920.

[2] 卢凤来，等 . 广西植物，2010, 30(6): 891-894.

[3] 王雪芬，等 . 中草药，1998, 29(5): 293-296.

[4] Si JY, et al. *J Asian Nat Prod Res,* 2005, 7(1): 37-41.

[5] Li DP, et al. *Chem Pharm Bullet,* 2009, 57(8): 870-872.

[6] 斯建勇，等 . 药学学报，1994, 29(2): 158-160.

[7] 王雪芬，等 . 中草药 , 1996, 27(9): 515-518.

[8] 陈全斌，等 . 广西植物，2006, 26(2): 217-220.

[9] 张妮，等 . 热带亚热带植物学报，2014, 22(1): 96-100.

[10] 陈全斌，等 . 广西科学，2006, 13(1): 35-36, 42.

[11] Zheng Y, et al. *Nat Prod Res,* 2011, 25(9): 890-897.

[12] 陈全斌，等 . 发明专利申请，2012, CN 102382163 A 20120321.

[13] 莫凌，等 . 现代食品科技，2009, 25(5): 484-486.

[14] 杨秀伟，等 . 中草药，2005, 36(9): 1285-1290.

[15] Akihisa T, et al. *Jpn. Kokai Tokkyo Koho,* 2003, 4 pp., JP 2003277270 A 20031002.

[16] 杨秀伟，等 . 中草药，2008, 39(6): 810-814.

[17] Akihisa T, et al. *J Nat Prod,* 2007, 70(5): 783-788.

[18] 李春 , 等 . 中国中药杂志，2011, 36(6): 721-724.

[19] Matsumoto K, et al. *Chem Pharm Bull,* 1990, 38(7): 2030-2032.

[20] Konoshima T, et al. *Food Style 21,* 2004, 8(2): 77-81.

[21] 斯建勇，等 . 植物学报，1996, 38(6): 489-494.

[22] Chaturvedula VSP, et al. *J Carbohydr Chem,* 2011, 30(1): 16-26.

[23] Zhang JY, et al. *J Chin Pharm Sci,* 2003, 12 (4): 196-200.

[24] Jia ZH, et al. *Nat Prod Commun,* 2009, 4(6): 769-772.

[25] Makapugay HC, et al. *J Agric Food Chem,* 1985, 33 (3): 348–350.

[26] Prakash I, et al. *Molecules,* 2014, 19(3): 3669-3680.

[27] Li DP, et al. *Chem Pharm Bull,* 2007, 55(7): 1082-1086.

[28] Li DP, et al. *Chem Pharm Bull,* 2006, 54(10): 1425-1428.

[29] 王亚平，等 . 中草药，1992, 23(2): 61-62.

[30] 徐位坤，等 . 广西植物，1992, 12(2): 136.

[31] 李俊，等 . 中国中药杂志 , 2007, 32(6): 548-549.

[32] 廖日权，等 . 西北植物学报，2008, 28(6): 1250-1254.

[33] 李 俊，等 . 食品工业科技，2008, 29(8): 169-172.

[34] 黄翠萍，等 . 中药材，2010, 33(3): 376-379.

[35] 董丽，等 . 新乡医学院学报，2004, 21(1): 26-28.

[36] 徐位坤，等 . 广西植物，1990, 10(3): 254.

[37] 黎霜，等 . 广西医学，2003, 25(5): 850-852.

药理作用及毒性参考文献

[1] 王密，等 . 广西医科大学学报，1994, 11(4): 408-410.

[2] 王勤，等 . 中国中药杂志，1999, 24(7): 425-428.

[3] 王勤，等 . 中药材，2001, 24(11): 811-812.

[4] 李俊，等 . 中国药理学通报，2008, 24(9): 1237-1240.

[5] 姚绩伟，等 . 中国运动医学杂志，2008, 27(2): 221-223.

[6] 姚绩伟，等 . 北京体育大学学报，2009, 32(3): 67-69.

[7] 陈全斌，等 . 广西科学，2005, 12(4): 316-319.

[8] 陈瑶，等 . 中国食品添加剂，2006, (1): 41-43, 59.

[9] 王霆，等 . 中草药，1999, 30(12): 914-916.

[10] 刘婷，等 . 中国药学杂志，2007, 42(20): 1534-1536, 1590.

[11] 李坚，等 . 海南医学院学报，2008, 14(1): 16-18.

[12] 王勤，等 . 中药药理与临床，1998, 14(6): 31-32.

[13] 肖刚，等 . 中国药房，2008, 19(3): 163-165.

[14] 王勤，等 . 广西中医药，2007, 30(5): 54-56.

[15] Suzuki YA, et al. *J Agric Food Chem,* 2005, 53(8): 2941-2946.

[16] 戚向阳，等 . 食品科学，2003, 24(12): 124-127.

[17] 戚向阳，等 . 中国公共卫生，2003, 19(10): 1226-1227.

[18] 张俐勤，等 . 中国药理学通报，2006, 22(2): 237-240.

[19] 陈维军，等 . 营养学报，2006, 28(3): 221-225.

[20] 白玉鹏，等 . 上海医学，2009, 32(5): 400-405.

[21] 周英，等 . 时珍国医国药，2008, 19(7): 1797-1799.

[22] 穆静 . 中华口腔医学杂志，1998, 33(3): 183-185.

[23] Akihisa T, et al. J Nat Prod, 2007, 70(5): 783-788.

[24] Takasaki M, et al. *Cancer Lett,* 2003, 198(1): 37-42.

[25] 郝桂霞 . 江西化工，2005, (4): 89-90.

[26] 李海云，等 . 广西植物，2008, 28(5): 698-702.

[27] 王凯，等 . 食品工业科技，2008, 29(3): 57-62.

[28] 陈全斌，等 . 食品研究与开发，2006, 27(10): 189-191.

[29] 张俐勤，等 . 食品科学，2006, 27(1): 213-216.

[30] 戚向阳，等 . 中国农业科学，2006, 39(2): 382-388.

[31] 张俐勤，等 . 食品研究与开发，2006, 27(3): 16-18.

[32] 莫凌凌，等 . 现代食品科技，2009, 25(5): 484-486.

[33] Takeo E, et al. *J of Atheroscler Thromb,* 2002, 9(2): 114-120.

[34] Hossen MA, et al. *Biol Pharm Bull,* 2005, 28(2): 238-241.

[35] 苏小建，等 . 食品科学，2005, 26(3): 221-224.

2. 翅子罗汉果　凡力（广西壮语），绿汞藤（广西那坡）

Siraitia siamensis (Craib) C. Jeffrey ex S. Q. Zhong et D. Fang in Guihaia 4(1): 23, t. 1. 1984.——*Thladiantha siamensis* Craib, *Momordica tonkinensis* Gagnep.（英 **Siam Siraitia**）

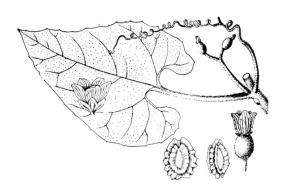

翅子罗汉果 Siraitia siamensis (Craib) C. Jeffrey
ex S. Q. Zhong et D. Fang
王金凤　绘

根肥大，味苦。全体密被黄褐色柔毛和混生红色（干后变黑色）疣状腺鳞。叶片卵状心形，长 10–27 cm，宽 7–21 cm，基部弯缺半圆形或长圆形。雄花 5–15 朵（或更多）排列在 7–20 cm 长的总状花序或圆锥花序上；花萼筒短钟状，裂片扁三角形，长 3–5 mm，宽 7–9 mm，具 3 条隆起的脉；花冠浅黄色，裂片卵形或长圆形，长 1.5–3 cm，宽 0.9–1.3 cm，具 5 脉。雌花单生或双生，稀 3–4 朵生于花序轴顶端成短总状；花萼和花冠通常比雄花稍小；子房卵球形，长 1.2–1.5 cm，直径 0.9–1 cm。果实近球形，味甜，直径约 6 cm，初时被绒毛，后渐脱落。种子淡棕色，近圆形，长 12–14 mm，宽 11–13 mm，厚 4 mm，具 3 层翅，翅木栓质，边缘具不规则齿，居中的翅宽 3–5 mm，两侧翅较狭，宽 1–2 mm。花期 4–6 月，果期 7–9 月。

分布与生境　产于广西西部和云南东南部。常生于海拔 300–700 m 的山坡林中。越南北部和泰国也有分布。

药用部位　块根、叶。

功效应用　块根：用于胃脘痛，感冒发热，咽喉痛，胆囊炎。叶：外用于神经性皮炎，疥癣。

化学成分　果实含三萜皂苷类：翅子罗汉果苷▲I(siamenoside I)，11-氧代罗汉果苷 V (11-oxomogroside V)，罗汉果苷(mogroside)Ⅳ、V[1]。

化学成分参考文献

[1] Kasai R,et at. *Agric Biol Chem*, 1989, 53(12): 3347-3349.

8. 马㼎儿属 Zehneria Endl.

攀援或匍匐草本，一年生或多年生。叶片形状多变，全缘或 3–5 浅裂至深裂。卷须单一或稀 2 歧。雌雄同株或异株。雄花序总状或近伞房状，稀同时单生；花萼钟状，裂片 5；花冠钟状，裂片 5；雄蕊 3 枚，花药全部为 2 室或 2 枚 2 室，1 枚 1 室，药室常通直或稍弓曲。雌花单生或少数几朵呈伞房状；花萼和花冠同雄花；子房 3 室，胚珠多数，水平着生。果实不开裂。种子多数，卵形，扁平。

全世界约 7 种，分布于非洲和亚洲热带至亚热带地区。我国有 5 种 1 变种，其中 3 种可药用。

分种检索表

1. 雄花序总状或同时有单生；花丝极短；果实具长梗·······························1. 马㼎儿 **Z. indica**
1. 数朵雄花生于伸长的总梗顶端呈伞房状花序；花丝较长。
　　2. 花雌雄同株；果实球形或卵形·································2. 钮子瓜 **Z. maysorensis**
　　2. 花雌雄异株；果实长圆形·································3. 台湾马㼎儿 **Z. mucronata**

1. 马㼎儿（救荒本草） 野梢拟（浙江），老鼠拉冬瓜（江苏、安徽）

Zehneria indica (Lour.) Keraudren in Aubréville et Leroy, Fl. Cambodge Laos Viêtnam 15: 52, f. 5-8. 1975.——*Melothria indica* Lour., *Neoachmandra japonica* (Thunb.) W. J. de Wilde et Duyfjes（英 **Indian Zehneria**）

茎、枝纤细，无毛。叶片膜质，多型，三角状卵形、卵状心形或戟形，不分裂或 3-5 浅裂，长 3-5 cm，宽 2-4 cm。雌雄同株。雄花：单生或稀 2-3 朵生于短的总状花序上；花冠淡黄色，裂片长圆形或卵状长圆形，长 2-2.5 mm，宽 1-1.5 mm；雄蕊 3 枚，2 枚 2 室，1 枚 1 室，有时全部 2 室，花丝短，长 0.5 mm。雌花：在与雄花同一叶腋内单生或稀双生；子房狭卵形，有疣状凸起，长 3.5-4 mm。果梗纤细，长 2-3 cm；果实长圆形或狭卵形，长 1-1.5 cm，宽 0.5-0.8 (-1) cm，成熟后橘红色或红色。种子灰白色，卵形。花期 4-7 月，果期 7-10 月。

分布与生境 分布于安徽、江苏、浙江、福建、江西、湖北、湖南、广东、广西、四川、贵州和云南。常生于海拔 500-1600 m 的林中阴湿处以及路旁、田边及灌丛中。日本、朝鲜、越南、印度半岛、印度尼西亚（爪哇）菲律宾等也有。

药用部位 全草、茎、叶、果实。

功效应用 全草：清热解毒，消肿散结。用于痈疮疔肿、痰核瘰疬，咽喉肿痛，痄腮，尿路感染，结石，目赤黄疸，睾丸炎，痔瘘，脱肛，小儿疳积。茎、叶：治肠炎，腹泻；叶敷肿疡。果实：用于腹胀，小便不利。

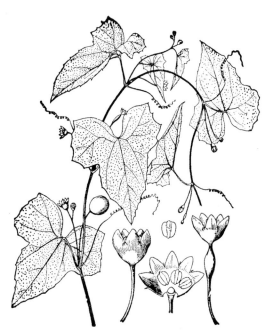

马㼎儿 **Zehneria indica** (Lour.) Keraudren
引自《中国高等植物图鉴》

注评 本种为上海中药材标准（1994 年版）收载"马㼎儿"的基源植物，药用其干燥地上部分；广东地区的民间草药，又称"老鼠拉冬瓜""老鼠瓜"等，本草中有"土白蔹"（生草药性备要）之名。本种的块根在广东地区称"土白蔹"，常与"白蔹"相混，应注意区别；云南、广西、广东地区又称"土花粉"，存在混充"天花粉"的情况。"白蔹"药材地区习用品及混淆品情况，参见白蔹 Ampelopsis japonica (Thunb.) Makino 注评。基诺族也药用其全株，主要用途见功效应用项。

2. 钮子瓜 野杜瓜、土瓜（湖南），野苦瓜（广西），野杜瓜（贵州）

Zehneria maysorensis (Wight et Arn.) Arn. in J. Bot. (Hooker) 3: 275. 1841.——*Bryonia maysorensis* Wight et Arn.（英 **Maysor Zehneria**）

茎、枝细弱，无毛或稍被柔毛。叶片膜质，宽卵形或稀三角状卵形，长、宽均为 3-10 cm。雌雄同株。雄花：常 3-9 朵生于总梗顶端呈近头状或伞房状花序；花萼筒宽钟状，长 2 mm，裂片狭三角形，长 0.5 mm；花冠白色，裂片卵形或卵状长圆形，长 2-2.5 mm。雌花：单生，稀几朵生于总梗顶端或极稀雌雄同序；子房卵形。果梗细，长 0.5-1 cm；果球状或卵状，直径 1-1.4 cm，浆果状。种子卵状长圆形。花期 4-8 月，果期 8-11 月。

分布与生境 产于福建、江西、广东、广西、四川、贵州、云南。常生于海拔 500-1000 m 的林边或山坡路旁潮湿处。印度半岛、中南半岛、苏门答腊岛、菲律宾和日本也有分布。

药用部位 全草、根、果实。

功效应用 清热利湿，镇痉，化痰，通淋。用于小儿高热，小儿高热抽筋，头痛，咽喉肿痛，疮疡肿毒，淋证。

化学成分 全草含黄酮类：獐牙菜素(swertisin; flavocommelitin)[1]；单萜类：黑麦草内酯(loliolide)[1]；三萜类：胖大海素A (sterculin A) [1]；甾体类：(22E,24S)-24-甲基-5α-胆甾-7,22-二烯-3β,5α,6β–三醇[(22E,24S)-24-methyl-5α-cholesta-7,22-diene-3β,5α,6β-triol]，过氧化麦角甾醇(peroxyergosterol)，胡萝卜苷[1]；脑苷类：大豆脑苷I(soyacerebroside I)[1]；芳香酸类：苯甲酸，水杨酸(salicylic acid)[1]；其他：胸腺嘧啶(thymine)，尿嘧啶(uracil)，(2S,3S,4R,10E)-2-[(2R)-2-羟基二十四碳酰氨基]-10-十八烯-1,3,4-三醇[(2S,3S,4R,10E)-2-[(2R)-2-hydroxytetracosanoylamino]-10-octadecene-1,3,4-triol]，(2S,3S,4R)-2-二十四碳酰氨基-1,3,4-十八烷三醇[(2S,3S,4R)-2-tetracosanoylamino-1,3,4-octadecanetriol]，N-二十四酰植物鞘氨醇(N-tetracosanoyl-phytosphingosine)[1]。

注评 本种的全草或根称"钮子瓜"，湖南广西等地药用。为"马㼎儿"的类似品。苗族也药用其全株，主要用途见功效应用项。

钮子瓜 **Zehneria maysorensis** (Wight et Arn.) Arn.
引自《中国高等植物图鉴》

钮子瓜 **Zehneria maysorensis** (Wight et Arn.) Arn.
摄影：朱鑫鑫

化学成分参考文献

[1] 李洪娟，等 . 天然产物研究与开发，2006, 18(3): 411-414.

3. 台湾马㼎儿 称铊子（广东）

Zehneria mucronata (Blume) Miq., Fl. Ned. Ind. Bot. 1(1): 656. 1855.——*Bryonia mucronata* Blume（英 **Taiwan Zehneria**）

全体几乎无毛或稀仅在茎、枝上有短柔毛。叶片膜质，宽卵形，长、宽均 4-8 cm，不分裂或有 3-5 个角，边缘有不规则的波状齿。雌雄异株。雄花：10-30 朵花生于总梗顶端呈伞房状花序；花萼筒宽钟状，裂片钻形，外弯，长 0.5 mm；花冠淡黄色，裂片卵形，急尖，长 2.5 mm，具 3 脉。雌花：单生或有时几朵簇生，稀呈伞房状花序；子房长圆形。果实浆果状，卵状长圆形，两端钝，平滑无毛，长 1-1.5 cm，直径 7-10 cm。种子灰白色，卵状长圆形。花果期 3-12 月。

分布与生境 产于台湾、广东和云南。生于海拔 800-1400 m 的林边或丛林中。分布于亚洲热带地区。

药用部位 全草。

功效应用 清热解毒。用于疮痈肿毒，瘰疬，咽喉痛。

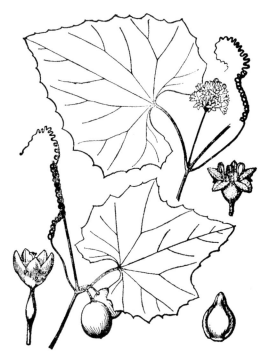

台湾马㼎儿 **Zehneria mucronata** (Blume) Miq.
引自《中国高等植物图鉴》

9. 帽儿瓜属 Mukia Arn.

一年生攀援草本，全体被糙毛或刚毛。叶片常 3-7 浅裂，基部心形。卷须不分歧。雌雄同株。雄花簇生；雌花常单一或数朵与雄花簇生同一叶腋；花萼钟形，裂片 5，近钻形；花冠辐状，5 深裂；雄蕊 5 枚，分离，花药长圆形，2 枚 2 室，1 枚 1 室，药室直，药隔稍伸出。子房卵球形，被糙硬毛，胚珠少数，水平着生。浆果不开裂，具少数种子。种子水平生。

约 3 种，主要分布于亚洲的热带和亚热带、非洲、澳大利亚。我国 2 种，其中 1 种可药用。

1. 帽儿瓜（云南） 毛花马瓜儿

Mukia maderaspatana (L.) M. Roem., Syn. Mon. 2: 47. 1846.——*Cucumis maderaspatanus* L.（英 **Hairyflower Mukia**）

全株密被黄褐色的糙硬毛；茎多分枝，粗壮。叶片薄革质，宽卵状五角形或卵状心形，常 3-5 浅裂，长、宽均为 5-9 cm。雄花数朵簇生在叶腋；花萼长 2 mm，宽 1.5 mm，裂片外折，长 1-1.5 mm，宽 0.5 mm；花冠黄色，裂片卵状长圆形，长 2 mm，宽 0.5 mm。果实熟后深红色，球形，直径约 1 cm，果皮较厚，平滑无毛。种子卵形，两面膨胀，具蜂窝状凸起。花期 4-8 月，果期 8-12 月。

分布与生境 产于贵州、云南、广西、广东和台湾。常生于海拔 450-1700 m 的山坡岩石及灌丛中。分布于亚洲热带和亚热带地区、澳大利亚、非洲。

药用部位 根、地上部分。

功效应用 根：镇痛。用于肠胃炎，腹痛，毒蛇咬伤。地上部分：欧洲用于治疗各种肝病。

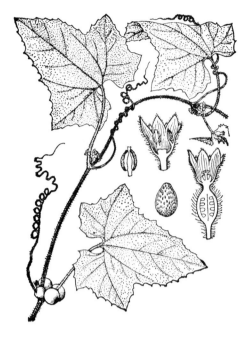

帽儿瓜 **Mukia maderaspatana** (L.) M. Roem.
引自《中国高等植物图鉴》

帽儿瓜 **Mukia maderaspatana** (L.) M. Roem.
摄影：彭玉德

化学成分 叶含甾体类：菠菜甾醇(spinasterol)，22,23-二氢菠菜甾醇(22,23-dihydrospinasterol)，22,23-二氢菠菜甾醇-3-O-β-D-葡萄糖苷(22,23-dihydrospinasterol-3-O-β-D-glucoside)，β-谷甾醇[1]；挥发油、黄酮、皂苷、酚性化合物等[2]。

化学成分参考文献

[1] Ghosh K, et al. *J Med Arom Plant Sci*, 2004, 26(1): 51-53. [2] Gomathy G, et al. *J Appl Pharm Sci*, 2012, 2(12): 104-106.

10. 茅瓜属 Solena Lour.

多年生攀援草本，具块根。茎、枝近无毛。卷须单一，光滑无毛。叶柄极短或近无；叶片多型，变异极大。花雌雄异株或同株。雄花：多数花生于一短的总梗上呈伞形状或伞房状花序；花萼筒钟状，裂片5；花冠裂片三角形或宽三角形；雄蕊3枚，2枚2室，1枚1室，药室弧曲或"之"字形折曲。雌花单生，胚珠少数，水平着生。果实不开裂。种子几枚，圆球形。

2种，分布于印度半岛和中南半岛。我国2种均产，可药用。

分种检索表

1. 雌雄异株；叶形多变；花药药室弧状弓曲，但不折曲····························1. 茅瓜 **S. amplexicaulis**
1. 雌雄同株；叶掌状5深裂，裂片披针形；花药药室二回折曲····················2. 滇藏茅瓜 **S. delavayi**

1. 茅瓜（海南） 异叶马㼎儿、杜瓜、老鼠瓜（江西），小鸡黄瓜、老鼠黄瓜根、狗屎瓜、老鼠冬瓜（云南），老鼠拉冬瓜（云南、广西），山天瓜（广西），波瓜公（海南），牛奶子（四川）

Solena amplexicaulis (Lam.) Gandhi in Saldanha et Nicholson, Fl. Hassan Distr. 179. 1976.——*Bryonia amplexicaulis* Lam.（英 **Claspingstem Solena**）

攀援草本，块根纺锤状，直径 1.5-2 cm。叶片薄革质，多型，变异极大，卵形、长圆形、卵状三角形或戟形等，不分裂、3-5 浅裂至深裂，裂片长圆状披针形、披针形或三角形，长 8-12 cm，宽 1-5 cm。雌雄异株。雄花：10-20 朵生于 2-5 mm 长的花序梗顶端，呈伞房状花序；花萼筒长 5 mm，直径 3 mm，裂片近钻形，长 0.2-0.3 mm；花冠黄色，裂片开展，三角形，长 1.5 mm；药室弧状弓曲，具毛。子房卵形，长 2.5-3.5 cm，直径 2-3 mm，无毛或疏被黄褐色柔毛。果实红褐色，长圆状或近球形，长 2-6 cm，直径 2-5 cm，表面近平滑。种子数枚，灰白色，近圆球形或倒卵形。花期 5-8 月，果期 8-11 月。

分布与生境 产于台湾、福建、江西、广东、广西、云南、贵州、四川和西藏。常生于海拔 600-2600 m 的山坡路旁、林下、杂木林中或灌丛中。越南、尼泊尔、印度、印度尼西亚（爪哇）也有分布。

药用部位 块根、叶。

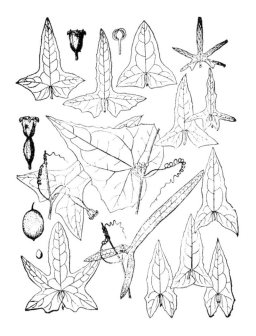

茅瓜 Solena amplexicaulis (Lam.) Gandhi
引自《中国高等植物图鉴》

茅瓜 Solena amplexicaulis (Lam.) Gandhi
摄影：何顺志 王祝年

功效应用 块根：清热化痰，利湿，散结消肿。用于咽喉炎，肺热咳嗽，消渴，腮腺炎，结膜炎，乳腺炎，蜂窝织炎，淋巴结核，淋病，胃痛，腹泻，赤白痢，湿疹，疮疡，毒蛇咬伤，疟疾。叶：止血。用于外伤出血。

注评 本种的块根称"茅瓜"，叶称"茅瓜叶"，贵州、云南、福建、广西等地药用。白族、傣族、景颇族、苗族、佤族、畲族、哈尼族、彝族也药用本种，主要用途见功效应用项。本种的根云南等地作"天花粉"使用。"瓜蒌""瓜蒌皮""瓜蒌子"和"天花粉"药材商品、地区习用品及混伪品情况，参见栝楼 Trichosanthes kirilowii Maxim. 注评。本种的块根在广东地区也作"土白蔹"使用。"白蔹"药材地区习用品及混淆品情况，参见白蔹 Ampelopsis japonica (Thunb.) Makino 注评。

2. 滇藏茅瓜

Solena delavayi (Cogn.) C. Y. Wu, Fl. Xizang. 4: 553. 1984.——*Melothria delavayi* Cogn.（英 **Delavey Solena**）

茎、枝细弱，光滑无毛。叶片掌状 5 深裂，中间的裂片较长，长圆状披针形或披针形，长 4–8 cm，宽 0.5–2.5 cm，侧裂片较短，狭三角形或披针形。雌雄同株。雄花：几乎呈簇生；花萼筒宽钟形，外面近无毛，长、径均为 3–4 mm，裂片三角状近钻形；花冠黄白色，裂片宽三角形，长 1 mm，宽 0.6 mm，密生极短的柔毛。雌花：花萼筒钟状，裂片狭三角形，近无毛；花冠裂片披针形，先端稍钝；子房卵形，被微柔毛。果实宽卵形，长 2.5–3 cm，直径 2.5 cm。种子灰褐色，近圆形。花期 5–6 月，果期 6–8 月。

分布与生境　产于云南和西藏东南部。常生于海拔 2000–2300 m 的山坡、草地及灌丛中。

药用部位　块根。

功效应用　生津止咳，消肿散结。用于头晕，疝气，子宫脱垂，脱肛，痔疮。

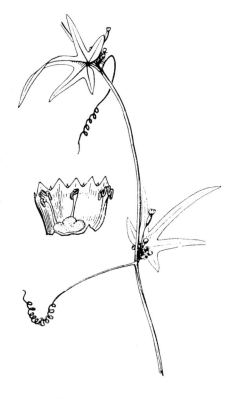

滇藏茅瓜 Solena delavayi (Cogn.) C. Y. Wu
吴彰桦　绘

11. 裂瓜属 Schizopepon Maxim.

攀援草质藤本；茎、枝纤细而柔弱。卷须分 2 歧。叶通常 5–7 浅裂至中裂或稀不分裂。花小型，两性或单性，雌雄同株或异株；两性花或雄花生于伸长的或稀短缩的总状花序上；雌花单生或稀少数花生于缩短的总状花序上。花萼裂片 5；花冠裂片 5；雄蕊 3 枚，分离或各式合生，花丝短，花药 1 枚 1 室，2 枚 2 室，药室直；子房 3 室或不完全 3 室，每室具 1 枚下垂生胚珠。果实小型，具 1–3 枚种子。种子下垂生，卵形。

本属 8 种 2 变种，分布于亚洲东部至喜马拉雅山地区。我国全部种类均产，分布于东北、华北、华中至西南部地区，以西南部种类最多，其中 1 种可药用。

1. 湖北裂瓜　毛瓜（湖北）

Schizopepon dioicus Cogn. ex Oliv. in Hooker's Ic. Pl. 23(1): pl. 2224. 1892.（英 **Hupeh Schizopenpon**）

茎、枝无毛。叶片膜质，宽卵状心形或阔卵形，长 5–9 cm，宽 3–7 cm，两面无毛。雌雄异株。花萼裂片线状钻形或狭披针形，长 1–1.2 mm，宽 0.5–0.8 mm；花冠辐状，白色，裂片披针形或长圆状披针形，长 2–3.5 mm，宽 1.5–2 mm，具 1 脉。子房卵形，无毛。果实阔卵形，长约 1.2 cm，直径约 8 mm，表面常布有稀疏的疣状突起，成熟时淡褐色，自顶端 3 瓣裂。种子卵形。

分布与生境　产于陕西南部、湖北西部、四川东部和湖南西北部。常生于海拔 1000–2400 m 的林下、山沟草丛及山坡路旁。

药用部位 根状茎。

功效应用 清热解毒，祛风除湿。用于风湿红肿疼痛，疮疡肿毒。

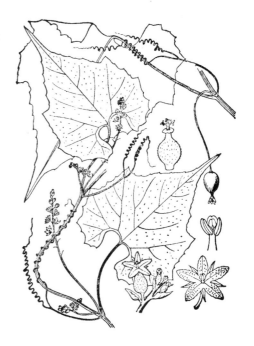

湖北裂瓜 **Schizopepon dioicus** Cogn. ex Oliv.
引自《中国高等植物图鉴》

湖北裂瓜 **Schizopepon dioicus** Cogn. ex Oliv.
摄影：朱鑫鑫

12. 苦瓜属 Momordica L.

一年生或多年生攀援或匍匐草本。卷须不分歧或 2 歧。叶柄有腺体或无，叶片掌状 3-7 浅裂或深裂，稀不分裂。花雌雄异株或稀同株。雄花单生或成总状花序；花梗上通常具一大型的兜状苞片；花萼筒短；花冠通常 5 深裂到基部或稀 5 浅裂；雄蕊 3 枚，极稀 5 或 2，花丝短，离生，花药起初靠合，后来分离，1 枚 1 室，其余 2 室，药室折曲。雌花单生，花梗具一苞片或无；三胎座，胚珠多数，水平着生。果实不开裂或 3 瓣裂，常具瘤状、刺状突起。种子少数或多数。

约 80 种，多数种分布于非洲热带地区，少数种类在温带地区有栽培。我国产 4 种，主要分布于南部和西南部地区，个别种南北普遍栽培，其中 4 种可药用。

分种检索表

1. 花雌雄同株；苞片生于雄花花梗的中部或中部以下；雄蕊 3 枚；果实大，纺锤形或圆柱形，外面多瘤皱 ⋯⋯ **1. 苦瓜 M. charantia**

1. 花雌雄异株；苞片生于雄花花梗顶端。
  2. 花萼裂片卵状长圆形，先端钝，微凹；雄蕊 5 枚，果实卵状长圆形，被柔软的刺⋯⋯⋯⋯⋯⋯⋯⋯⋯⋯⋯⋯⋯⋯⋯⋯⋯⋯⋯⋯⋯⋯⋯⋯⋯⋯⋯⋯⋯⋯⋯⋯⋯⋯⋯⋯ **2. 凹萼木鳖 M. subangulata**
  2. 花萼裂片披针形，先端急尖或渐尖；雄蕊 3 枚。
    3. 叶柄无腺体，药室二回折曲；果实有乳头状突起⋯⋯⋯⋯⋯⋯⋯⋯⋯⋯⋯⋯⋯ **3. 云南木鳖 M. dioica**
    3. 叶柄中部具 2–5 个腺体；药室一回折曲；果实，密生具刺尖的突起⋯⋯⋯⋯ **4. 木鳖子 M. cochinchinensis**

本属药用植物富含三萜类，以葫芦烷型为主要结构类型，如 3β,7β,25- 三羟基葫芦 -5,23 反式 - 二烯 -19- 醛 [3β,7β,25-trihydroxycucurbita-5,23E-diene-19-al，**1**]、5β,19- 环氧 -3β,25- 二羟基葫芦 -6,23 反式 - 二烯 (5β,19-epoxy-3β,25-dihydroxy-cucurbita-6,23E-diene，**2**)、(19R,23E)-5β,19- 环氧 -19- 甲氧基葫芦 -6,23,25- 三烯 -3β- 醇 [(19R,23E)-5β,19-epoxy-19-methoxycucurbita-6,23,25-trien-3β-ol，**3**]、(19R,23E)-5β,19- 环氧 -19,25- 二甲氧基葫芦 -6,23- 二烯 -3β- 醇 [(19R,23E)-5β,19-epoxy-19,25-dimethoxycucurbita-6,23-dien-3β-ol，**4**] 等。**1** 和 **2** 是苦瓜 (M. charantia) 的主要化学成分，在整体药理学试验中，对雄性 ddY 糖尿病小鼠有降血糖作用。**3** 和 **4** 对 DMBA(7,12-dimethylbenz[a]anthracene) 和过氧亚硝基阴离子 (ONOO⁻；PN) 所致皮肤癌的生成具有抑制作用。

本属植物苦瓜显示出降血糖、抗肿瘤、抗病毒、抗生育等多方面的药理活性，还具有调节免疫、抗细菌、镇痛、抗脂肪分解及降血压等多种作用。

---

1. 苦瓜（救荒本草）凉瓜（广州），癞葡萄（江苏），癞瓜（民间常用草药汇编）

Momordica charantia L., Sp. Pl. 2: 1009. 1753.（英 **Balsampar**）

茎、枝被柔毛。叶长、宽均为 4–12 cm，5–7 深裂，裂片卵状长圆形。雌雄同株。雄花：单生叶腋，花梗中部或下部具 1 苞片；苞片肾形或圆形，全缘；花萼裂片卵状披针形，被白色柔毛，长 4–6 mm，宽 2–3 mm；花冠黄色，裂片倒卵形，长 1.5–2 cm，宽 0.8–1.2 cm。雌花：单生，花梗基部常具 1 苞片；子房纺锤形，密生瘤状突起。果实纺锤形或圆柱形，多瘤皱，长 10–30 (–40) cm，成熟后橘黄色，由顶端 3 瓣裂。种子多数，长圆形，具红色假种皮。

分布与生境 广泛栽培于世界热带至温带地区。我国南北均普遍栽培。

药用部位 果实、种子、花、茎、叶、根。

功效应用 果实：清暑涤热，明目，解毒。用于热病烦渴，中暑，痢疾，赤眼疼痛，痈肿丹毒，恶疮。种子：温补肾阳。用于肾阳不足，小便频数，遗尿，遗精，阳痿。花：清热解毒，和胃。用于痢疾，胃气痛。茎：清热解毒。用于痢疾，疮疡肿毒，胎毒，牙痛。叶：清热解毒。用于疮痈肿毒，梅毒，痢疾。根：清湿热，解毒。用于湿热泻痢，便血，疔疮肿毒，风火牙痛。

化学成分 根含三萜及其皂苷类：苦瓜糖苷(kuguaglycoside) A、B、C、D、E、F、G、H，3β,23-二羟基葫芦-5,24-二烯-7β-O-β-D-吡喃葡萄糖苷(3β,23-dihydroxycucurbita-5,24-dien-7β-O-β-D-glucopyranoside)，苦瓜洛苷▲(karaviloside)Ⅲ、Ⅴ、Ⅺ，苦瓜苷K (momordicoside K)[1]，苦瓜辛▲(kuguacin) A、B、C、D、E，3β,7β,25-三羟基葫芦-5,(23E)-二烯-19-醛[3β,7β,25-trihydroxycucurbita-5,(23E)-diene-19-al]，3β,25-二羟基-5β,19-环氧葫芦-6,(23E)-二烯[3β,25-dihydroxy-5β,19-epoxycucurbita-6,(23E)-diene]，苦瓜素I(momordicin I)[2]。

茎含三萜类：3β-羟基多花白树-8-烯-17-酸(3β-hydroxymultiflora-8-en-17-oic acid)，葫芦-1(10),5,22,24-四烯-3α-醇[cucurbita-1(10),5,22,24-tetraen-3α-ol]，5β,19β-环氧葫芦-6,22,24-三烯-3α-醇(5β,19β-epoxycucurbita-6,22,24-trien-3α-ol)[3]，葫芦-5,23(E)-二烯-3β,7β,25-三醇[cucurbita-5,23(E)-diene-3β,7β,25-triol]，3β-乙酰氧基-7β-甲氧基葫芦-5,23(E)-二烯-25-醇[3β-acetoxy-7β-methoxycucurbita-5,23(E)-dien-25-ol]，葫芦-5(10),6,23(E)-三烯-3β,25-二醇[cucurbita-5(10),6,23(E)-triene-3β,25-diol]，葫芦-5,24-二烯-3,7,23-三酮(cucurbita-5,24-diene-3,7,23-trione)，3β,25-二羟基-7β-甲氧基葫芦-5,23(E)-二烯[3β,25-dihydroxy-7β-methoxycucurbita-5,23(E)-diene]，3β-羟基-7β,25-二甲氧基葫芦-5,23(E)-二烯[3β-hydroxy-7β,25-dimethoxycucurbita-5,23(E)-diene]，3β,7β,25-三羟基葫芦-5,23(E)-二烯-19-醛[3β,7β,25-trihydroxycucurbita-5,23(E)-dien-19-al]，25-甲氧基-3β,7β-二羟基葫芦-5,23(E)二烯-19-醛[25-methoxy-3β,7β-dihydroxycucurbita-5,23(E)-dien-19-al][4]，(23E)-25-甲氧基葫芦-23-烯-3β,7β-二醇[(23E)-25-methoxycucurbit-23-ene-3β,7β-

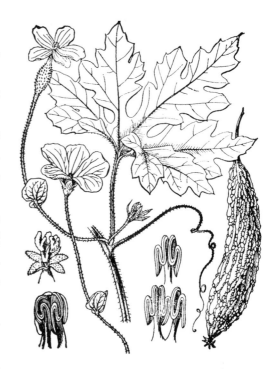

苦瓜 **Momordica charantia** L.
引自《中国高等植物图鉴》

苦瓜 **Momordica charantia** L.
摄影：张英涛

diol]，(23*E*)-葫 芦-5,23,25-三 烯-3*β*,7*β*-二 醇[(23*E*)-cucurbita-5,23,25-triene-3*β*,7*β*-diol]，(23*E*)-25-羟 基 葫 芦-5,23-二烯-3,7-二 酮[(23*E*)-25-hydroxycucurbita-5,23-diene-3,7-dione]，(23*E*)-葫 芦-5,23,25-三烯-3,7-二 酮[(23*E*)-cucurbita-5,23,25-triene-3,7-dione]，(23*E*)-5*β*,19-环 氧 葫 芦-6,23-二 烯-3*β*,25-二 醇[(23*E*)-5*β*,19-epoxycucurbita-6,23-diene-3*β*,25-diol]，(23*E*)-5*β*,19-环 氧-25-甲 氧 基 葫 芦-6,23-二 烯-3*β*-醇[(23*E*)-5*β*,19-epoxy-25-methoxy-cucurbita-6,23-dien-3*β*-ol][5]，(23*E*)-7*β*-甲 氧 基 葫 芦-5,23,25-三 烯-3*β*-醇[(23*E*)-7*β*-methoxycucurbita-5,23,25-trien-3*β*-ol]，23,25-二 羟 基-5*β*,19-环 氧 葫 芦-6-烯-3,24-二 酮(23,25-dihydroxy-5*β*,19-epoxycucurbit-6-ene-3,24-dione)，3*α*-[(*E*)-阿 魏 酰 氧 基]-D:C-飞齐墩果-7,9(11)-二烯-29-酸{3*α*-[(*E*)-feruloyloxy]-D:C-friedooleana-7,9(11)-dien-29-oic acid}，3*β*-[(*E*)-阿魏酰氧基]-D:C-飞齐墩果-7,9(11)-二烯-29-酸{3*β*-[(*E*)-feruloyloxy]-D:C-friedooleana-7,9(11)-dien-29-oic acid}，3-氧代-D:C-飞齐墩果-7,9(11)-二烯-29-酸[3-oxo-D:C-friedooleana-7,9(11)-dien-29-oic acid][6]，22-羟基-23,24,25,26,27-五降葫芦-5-烯-3-酮(22-hydroxy-23,24,25,26,27-pentanorcucurbit-5-en-3-one)，3,7-二氧代-23,24,25,26,27-五降葫芦-5-烯-22-酸(3,7-dioxo-23,24,25,26,27-pentanorcucurbit-5-en-22-oic acid)，25,26,27-三 降 葫 芦-5-烯-3,7,23-三 酮(25,26,27-trinorcucurbit-5-ene-3,7,23-trione)[7]，八降葫芦素(octanorcucurbitacin) A、B、C、D，苦瓜辛▲ M {kuguacin M}[8]，台湾苦瓜辛▲(taiwacin) A、B[9]；甾体类：3-*O*-(*β*-D-吡喃葡萄糖基)-24*β*-乙基-5*α*-胆 甾-7,22,25(27)-三 烯-3*β*-醇[3-*O*-(*β*-D-glucopyranosyl)-24*β*-ethyl-5*α*-cholesta-7,22,25(27)-trien-3*β*-ol][9]，5*α*,6*α*-环 氧-3*β*-羟 基-(22*E*,24*R*)-麦 角 甾-8,22-二 烯-7-酮[5*α*,6*α*-epoxy-3*β*-hydroxy-(22E,24R)-ergosta-8,22-dien-7-one]，5*α*,6*α*-环 氧-(22*E*,24*R*)-麦 角 甾-8,22-二 烯-3*β*,7*α*-二 醇[5*α*,6*α*-epoxy-(22E,24R)-ergosta-8,22-diene-3*β*,7*α*-diol]，5*α*,6*α*-环 氧-(22*E*,24*R*)-麦 角 甾-8,22-二 烯-3*β*,7*β*-二 醇[5*α*,6*α*-epoxy-(22E,24R)-ergosta-8,22-diene-3*β*,7*β*-diol]，5*α*,6*α*-环 氧-(22*E*,24*R*)-麦 角 甾-8(14),22-二 烯-3*β*,7*α*-二 醇[5*α*,6*α*-epoxy-(22E,24R)-ergosta-8(14),22-diene-3*β*,7*α*-diol]，3*β*-羟 基-(22*E*,24*R*)-麦 角 甾-5,8,22-三 烯-7-酮[3*β*-hydroxy-(22E,24R)-ergosta-5,8,22-trien-7-one]，麦角甾醇过氧化物(ergosterol peroxide)，赪桐甾醇(clerosterol)，脱皮松藻醇▲(decortinol)，脱皮松藻酮▲(decortinone)[10]；挥发油类：桃金娘烯醇(myrtenol)，顺式-3-己烯醇(*cis*-3-hexenol)，苄醇等[11]。

叶含三萜及其皂苷类：苦瓜素(momordicin) Ⅰ[12-13]、Ⅱ[12]、Ⅳ[13-14]、Ⅴ，3-*O*-丙二酸单酰苦瓜素Ⅰ(3-*O*-malonylmomordicin Ⅰ)[14]，(19*S*,23*E*)-5*β*,19-环氧-19-甲氧基葫芦-6,23-二烯-3*β*,25-二醇[(19*S*,23*E*)-5*β*,19-epoxy-19-methoxycucurbita-6,23-diene-3*β*,25-diol]，(19*R*,23*E*)-5*β*,19-环 氧-19-甲 氧 基 葫 芦-6,23-二 烯-3*β*,25-二 醇[(19*R*,23*E*)-5*β*,19-epoxy-19-methoxycucurbita-6,23-diene-3*β*,25-diol]，*α*-香 树 脂 醇 乙 酸 酯(*α*-amyrin acetate)，3*β*,7*β*,25-三 羟 基 葫 芦-5,23-二 烯-19-醛-3-*O*-*β*-D-吡 喃 葡 萄 糖 苷(3*β*,7*β*,25-trihydroxycucurbita-5,23-dien-19-al-3-*O*-*β*-D-glucopyranoside)[13]，3*β*,7*β*,25-三 羟 基 葫 芦-5,23(*E*)-二 烯-19-醛[3*β*,7*β*,25-trihydroxycucurbita-5,23(*E*)-dien-19-al][13,15]，3*β*,7*β*,23-三 羟 基 葫 芦-5,24-二 烯-7-*O*-*β*-D-吡 喃 葡 萄 糖 苷(3*β*,7*β*,23-trihydroxycucurbita-5,24-diene-7-*O*-*β*-D-glucopyranoside)，3*β*,7*β*-二 羟 基-25-甲 氧 基 葫 芦-5,23(*E*)-二 烯-19-醛[3*β*,7*β*-dihydroxy-25-methoxycucurbita-5,23(*E*)-dien-19-al][15-16]，(23*E*)-3*β*,25-二 羟 基-7*β*-甲 氧 基 葫 芦-5,23-二 烯-19-醛[(23*E*)-3*β*,25-dihydroxy-7*β*-methoxycucurbita-5,23-dien-19-al]，(23*E*)-3*β*-羟 基-7*β*,25-二 甲 氧 基 葫 芦-5,23-二 烯-19-醛[(23E)-3*β*-hydroxy-7*β*,25-dimethoxycucurbita-5,23-dien-19-al]，(23*S**)-3*β*-羟 基-7*β*,23-二 甲 氧 基 葫 芦-5,24-二 烯-19-醛[(23*S**)-3*β*-hydroxy-7*β*,23-dimethoxycucurbita-5,24-dien-19-al]，(23*R**)-23-*O*-甲基苦瓜素Ⅳ[(23*R**)-23-*O*-methylmomordicin Ⅳ]，(25*ξ*)-26-羟基苦瓜苷L [(25*ξ*)-26-hydroxymomordicoside L]，25-氧代-27-降苦瓜苷L (25-oxo-27-normomordicoside L)，25-*O*-甲基苦瓜洛苷元▲D (25-*O*-methylkaravilagenin D)，苦瓜苷(momordicoside) G[16]、K、L[16-17]，苦瓜糖苷(kuguaglycoside) C[16]、D[17]，苦瓜洛苷元▲D (karavilagenin D)，苦瓜洛苷▲(karaviloside) Ⅵ[16]、Ⅷ、Ⅹ、Ⅺ[17]，日本木瓜糖苷(goyaglycoside) a、b[16]，(23*E*)-25-甲 氧 基 葫 芦-5,23-二 烯-3*β*,7*β*,19-三 醇-7-*O*-*β*-D-吡 喃 葡 萄 糖 苷[(23*E*)-25-methoxycucurbita-5,23-diene-3*β*,7*β*,19-triol-7-*O*-*β*-D-glucopyranoside]，(23*E*)-3*β*,7*β*,15*β*,25-四 羟 基 葫 芦-5,23-二 烯-19-醛[(23*E*)-3*β*,7*β*,15*β*,25-tetrahydroxycucurbita-5,23-dien-19-al]，3*β*,7*β*,22,23-四羟基葫芦-5,24-二烯-19-醛(3*β*,7*β*,22,23-tetrahydroxycucurbita-5,24-dien-19-al)，3*β*,7*β*,23,24-

四羟基葫芦-5,25-二烯-19-醛(3*β*,7*β*,23,24-tetrahydroxycucurbita-5,25-dien-19-al)、(23*S*)-3*β*,7*β*,23-三羟基葫芦-5,24-二烯-19-醛-7-*O*-*β*-D-吡喃葡萄糖苷[(23*S*)-3*β*,7*β*,23-trihydroxycucurbita-5,24-dien-19-al-7-*O*-*β*-D-glucopyranoside]、(23*E*)-葫芦-5,23-二烯-3*β*,7*β*,19,25-四醇-7-*O*-*β*-D-吡喃葡萄糖苷[(23*E*)-cucurbita-5,23-diene-3*β*,7*β*,19,25-tetrol-7-*O*-*β*-D-glucopyranoside]、(23*E*)-3*β*,7*β*-二羟基-25-甲氧基葫芦-5,23-二烯-19-醛-3-*O*-*β*-D-吡喃阿洛糖苷[(23*E*)-3*β*,7*β*-dihydroxy-25-methoxycucurbita-5,23-dien-19-al-3-*O*-*β*-D-allopyranoside][17]、苦瓜辛▲J(kuguacin J)[18]、苦瓜亭(charantin A、B)[19]、苦瓜醛(charantal)[20];大柱香波龙烷类:(6*S*,9*R*)-长春花苷[(6*S*,9*R*)-roseoside]、3-氧代-*α*-香堇醇-9-*O*-*β*-D-吡喃葡萄糖苷(3-oxo-*α*-ionol-9-*O*-*β*-D-glucopyranoside);单萜类:(4*ξ*)-*α*-松油醇-8-*O*-[*α*-L-吡喃阿拉伯糖基-(1→6)-*β*-D-吡喃葡萄糖苷]{(4*ξ*)-*α*-terpineol-8-*O*-[*α*-L-arabinopyranosyl-(1→6)-*β*-D-glucopyranoside]}、圣地红景天苷A (sacranoside A)、桃金娘烯醇-10-*O*-[*β*-D-呋喃芹糖基-(1→6)-*β*-D-吡喃葡萄糖苷]{myrtenol-10-*O*-[*β*-D-apiofuranosyl-(1→6)-*β*-D-glucopyranoside]}、桃金娘烯醇-10-*O*-*β*-D-吡喃葡萄糖苷(myrtenol-10-O-*β*-D-glucopyranoside)[21];半萜类:已-3-烯-1-醇-1-*O*-*β*-D-吡喃葡萄糖苷(hex-3-en-1-ol-1-*O*-*β*-D-glucopyranoside)[21];苯甲醇类:苄醇-1-*O*-[*α*-L-吡喃阿拉伯糖基-(1→6)-*β*-D-吡喃葡萄糖苷]{benzyl alcohol-1-O-[*α*-L-arabinopyranosyl-(1→6)-*β*-D-glucopyranoside]}[21];酚类:2,4-二(2-苯基丙烷-2-基)苯酚[2,4-bis(2-phenylpropan-2-yl)phenol][20];甾体类:*α*-菠菜甾醇(*α*-spinasterol)、*β*-谷甾醇、胡萝卜苷[13]、7-豆甾烯-3*β*-醇、7,25-豆甾二烯-3*β*-醇、5,25-豆甾二烯-3*β*-醇吡喃葡萄糖苷[15];其他类:大豆脑苷I(soyacerebroside I)[13]、二十八烷、三十醇[15]。

茎叶含三萜及其皂苷类:5*β*,19*S*-环氧-19-甲氧基葫芦-6,23*E*-二烯-3*β*,25-二醇(5*β*,19*S*-epoxy-19-methoxycucurbita-6,23*E*-diene-3*β*,25-diol)、5*β*,19*R*-环氧-19-甲氧基葫芦-6,23*E*-二烯-3*β*,25-二醇(5*β*,19*R*-epoxy-19-methoxy-cucurbita-6,23*E*-diene-3*β*,25-diol)、3*β*,7*β*,25-三羟基葫芦-5,23-二烯-19-醛-3-*O*-*β*-D-吡喃葡萄糖苷(3*β*,7*β*,25-trihydroxycucurbita-5,23-dien-19-al-3-*O*-*β*-D-glucopyranoside)[22]、苦瓜辛▲(kuguacin E、F、G、H、I、J、K、L、M、N、O、P、Q[23]、R[23-24]、S[23]、3*β*,7*β*,25-三羟基葫芦-5,(23*E*)-二烯-19-醛[3*β*,7*β*,25- trihydroxycucurbita-5,(23*E*)-dien-19-al]、3*β*,7*β*-二羟基-25-甲氧基葫芦-5,(23*E*)-二烯-19-醛[3*β*,7*β*-dihydroxy-25-methoxycucurbita-5,(23*E*)-dien-19-al][23]、苦瓜洛苷元▲(karavilagenin) D[23]、F[24]、5*β*,19-环氧葫芦-6,23-二烯-3*β*,19,25-三醇(5*β*,19-epoxycucurbita-6,23-diene-3*β*,19,25-triol)[23-24]、苦瓜洛苷▲(karaviloside) XII、XIII[24]、5*β*,19-环氧-25-甲氧基葫芦-6,23-二烯-3*β*,19-二醇(5*β*,19-epoxy-25-methoxycucurbita-6,23-diene-3*β*,19-diol)、(19*R*,23*E*)-5*β*,19-环氧-19-甲氧基葫芦-6,23,25-三烯-3*β*-醇[(19*R*,23*E*)-5*β*,19-epoxy-19-methoxycucurbita-6,23,25-trien-3*β*-ol][24]、苦瓜素(momordicin) I、II、III[25]、VI、VII、VIII[24]、26,27-二羟基羊毛脂-7,9(11),24-三烯-3,16-二酮[26,27-dihydroxylanosta-7,9(11),24-triene-3,16-dione]、苦瓜苷I (momordicoside I)、羊毛脂-9(11)-烯-3*α*,24*S*,25-三醇[lanost-9(11)-ene-3*α*,24*S*,25-triol]、24*R*-环木菠萝-3*α*,24*R*,25-三醇(24*R*-cycloartane-3*α*,24*R*,25-triol)[26];甾体类:*β*-谷甾醇[26];单环醇类:苦瓜醇▲(momordol)[26]。

果实含三萜及其皂苷类:苦瓜苷(momordicoside) A、B[27]、C[28]、F₁[29-30]、F₂[30-31]、G[31]、I[30]、K、L[27,30,32]、M、N[27]、O[33]、P[34]、Q、R、S、T[35]、U[30,36]、V、W[36]、苦瓜奥苷▲(kuguaoside) A、B、C、D[30]、25-羟基-5*β*,19-环氧葫芦-6,23-二烯-19-酮-3*β*-醇-3-*O*-*β*-D-吡喃葡萄糖苷(25-hydroxy-5*β*,19-epoxycucurbita-6,23-dien-19-one-3*β*-ol-3-*O*-*β*-D-glucopyranoside)[30]、苦瓜糖苷B (kuguaglycoside B)、苦瓜洛苷▲(karaviloside) I[37]、II、III[27]、IV、V、VI、VII、VIII、IX、X、XI[38]、苦瓜二醇A (charantadiol A)[39]、苦瓜洛苷元▲(karavilagenin) A、B、C[40]、D、E[38]、毒莴苣醇▲乙酸酯(germanicyl acetate)[32]、日本木瓜糖苷(goyaglycoside) a[28]、b[28,30]、c[28]、d[28,30]、e、f、g、h[28]、日本木瓜皂苷(goyasaponin) I、II、III[28]、苦瓜苷(charantoside) I、II、III、IV、V、VI、VII、VIII[37]、苦瓜素(momordicin)、苦瓜宁▲(momordicinin)、苦瓜林素▲(momordicilin)、苦瓜烯醇▲(momordenol)[41]、19*R*-正丁氧基-5*β*,19-环氧葫芦-6,23-二烯-3*β*,25-二醇-3-*O*-*β*-吡喃葡萄糖苷(19*R*-n-butanoxy-5*β*,19-epoxy-cucurbita-6,23-diene-3*β*,25-diol-3-*O*-*β*-glucopyranoside)、23-*O*-*β*-吡喃阿洛糖基葫芦-5,24-二烯-7*α*,3*β*,22*R*,23*S*-四醇-3-*O*-*β*-吡喃阿洛糖苷(23-*O*-*β*-allopyranosyl-cucurbita-5,24-dien-7*α*,3*β*,22*R*,23*S*-tetraol-3-*O*-*β*-allopyranoside)、23*R*,24*S*,25-

三羟基葫芦-5-烯-3-O-[β-吡喃葡萄糖基-(1 → 6)-O-β-吡喃葡萄糖基]-25-O-β-吡喃葡萄糖苷{23R,24S,25-trihydroxycucurbit-5-ene-3-O-[β-glucopyranosyl-(1 → 6)-O-β-glucopyranosyl]-25-O-β-glucopyranoside}[27]，19R-羰基-25-二甲氧基-5β-5,19-环氧葫芦-6,23-二烯-3-醇-3-O-β-D-吡喃葡萄糖苷(19R-carbonyl-25-dimethoxy-5β-5,19-epoxycucrbita-6,23-dien-3-ol-3-O-β-D-glucopyranoside)[42]，7β,25-二甲氧基葫芦-5(6),23E-二烯-19-醛-3-O-β-D-吡喃阿洛糖苷[7β,25-dimethoxycucurbita-5(6),23E-dien-19-al-3-O-β-D-allopyranoside]，25-甲氧基葫芦-5(6),23E-二烯-19-醇-3-O-β-D-吡喃阿洛糖苷[25-methoxycucurbita-5(6),23E-dien-19-ol-3-O-β-D-allopyranoside][31]，19R-5β,19-环氧葫芦-6,23,25-三烯-3β,19-二醇(19R-5β,19-epoxycucurbita-6,23,25-trien-3β,19-diol)，19S-5β,19-环氧葫芦-6,23,25-三烯-3β,19-二醇(19S-5β,19-epoxycucurbita-6,23,25-trien-3β,19-diol)，5β,19-环氧葫芦-6,23,25-三烯-3-醇-3-O-吡喃葡萄糖苷(5β,19-epoxycucurbita-6,23,25-trien-3-ol-3-O-glucopyranoside)，5β,19-环氧葫芦-6,23,25-三烯-3-醇-3-O-吡喃阿洛糖苷(5β,19-epoxycucurbita-6,23,25-trien-3-ol-3-O-allopyranoside)[43]，5β,19-环氧葫芦-6,23-二烯-3β,25-二醇(5β,19-epoxycucurbita-6,23-diene-3β,25-diol)[40]，5β,19-环氧葫芦-6,23E-二烯-3β,19,25-三醇(5β,19-epoxycucurbita-6,23E-diene-3β,19,25-triol)，5β,19-环氧-3β,25-二羟基葫芦-6,23E-二烯(5β,19-epoxy-3β,25-dihydroxycucurbita-6,23E-diene)，3β,25-二羟基-7β-甲氧基葫芦-5,23E-二烯(3β,25-dihydroxy-7β-methoxycucurbita-5,23E-diene)，3β-羟基-7β,25-二甲氧基葫芦-5,23E-二烯(3β-hydroxy-7β,25-dimethoxycucurbita-5,23E-diene)，3-O-β-D-吡喃阿洛糖基-7β,25-二羟基葫芦-5,23E-二烯-19-醛(3-O-β-D-allopyranosyl-7β,25-dihydroxycucurbita-5,23E-dien-19-al)[44]，5β,19R-环氧-19-甲氧基葫芦-6,23E,25-三烯-3β-醇(5β,19R-epoxy-19-methoxycucurbita-6,23E,25-trien-3β-ol)，3β-羟基-7β-甲氧基葫芦-5,23E,25-三烯-19-醛(3β-hydroxy-7β-methoxycucurbita-5,23E,25-trien-19-al)，3β-羟基-7β,25-二甲氧基葫芦-5,23E-二烯-19-醛(3β-hydroxy-7β,25-dimethoxycucurbita-5,23E-dien-19-al)，(5β,19R)-环氧-19,25-二甲氧基葫芦-6,23E-二烯-3β-醇[(5β,19R)-epoxy-19,25-dimethoxycucurbita-6,23E-dien-3β-ol]，5β,19-环氧-19R-甲氧基葫芦-6,23E-二烯-3β,25-二醇(5β,19-epoxy-19R-methoxycucurbita-6,23E-diene-3β,25-diol)[45]，苦瓜苷(charantoside) A[30,46]、B、C[46]、D、E、F、G[47]，新苦瓜糖苷(neokuguaglucoside)[48]，(23E)-5β,19-环氧葫芦-6,23,25-三烯-3β-醇[(23E)-5β,19-epoxycucurbita-6,23,25-triene-3β-ol]，(19R,23E)-5β,19-环氧-19-乙氧基葫芦-6,23-二烯-3β,25-二醇[(19R,23E)-5β,19-epoxy-19-ethoxycucurbita-6,23-diene-3β,25-diol][49]，5β,19-环氧-23(R)-甲氧基葫芦-6,24-二烯-3β-醇[5β,19-epoxy-23(R)-methoxycucurbita-6,24-dien-3β-ol]，5β,19-环氧-23(S)-甲氧基葫芦-6,24-二烯-3β-醇[5β,19-epoxy-23(S)-methoxycucurbita-6,24-dien-3β-ol]，3β-羟基-23(R)-甲氧基葫芦-6,24-二烯-5β,19-内酯[3β-hydroxy-23(R)-methoxycucurbita-6,24-dien-5β,19-olide][50]，25-甲氧基葫芦-5,23(E)-二烯-3β,19-二醇[25-methoxycucurbita-5,23(E)-diene-3β,19-diol]，7β-乙氧基-3β-羟基-25-甲氧基葫芦-5,23(E)-二烯-19-醛[7β-ethoxy-3β-hydroxy-25-methoxycucurbita-5,23(E)-dien-19-al]，3β,7β,25-三羟基葫芦-5,(23E)-二烯-19-醛，3β-羟基-25-甲氧基葫芦-6,23(E)-二烯-19,5β-内酯[3β-hydroxy-25-methoxycucurbita-6,23(E)-dien-19,5β-olide][51]，苦瓜皂苷▲(kuguasaponin) A、B、C、D、E、F、G、H[52]，(20R,23R)-3β-O-{α-L-吡喃鼠李糖基-(1 → 2)-O-[β-D-吡喃木糖基-(1 → 3)]-6-O-乙酰基-β-D-吡喃葡萄糖氧基}-20,23-二羟基达玛-24-烯-21-酸-21,23-内酯{(20R,23R)-3β-O-{α-L-rhamnopyranosyl-(1 → 2)-O-[β-D-xylopyranosyl-(1 → 3)]-6-O-acetyl-β-D-glucopyranosyloxy}-20,23-dihydroxydammar-24-en-21-oic acid-21,23-lactone}[53]；倍半萜类：二氢菜豆酸-3-O-β-D-吡喃葡萄糖苷(dihydrophaseic acid-3-O-β-D-glucopyranoside)[54]；大柱香波龙烷类：布卢竹柏醇A (blumenol A)[39]；甾体类：24R-豆甾-3β,5α,6β-三醇-25-烯-3-O-β-吡喃葡萄糖苷(24R-stigmastan-3β,5α,6β-triol-25-ene-3-O-β-glucopyranoside)[27]，苦瓜亭(charantin)[29]及其苷元[44]，β-谷甾醇[39,53]，α-菠菜甾醇-3-O-β-D-吡喃葡萄糖苷[43]，豆甾-5,25-二烯-3-醇及其β-D-吡喃葡萄糖苷[55]，胡萝卜苷[53,56]，3-O-(6'-O-棕榈酰基-β-D-葡萄糖基)-豆甾-5,25(27)-二烯[3-O-(6'-O-palmitoyl-β-D-glucosyl)-stigmasta-5,25(27)-diene]，3-O-(6'-O-硬脂酰基-β-D-葡萄糖基)-豆甾-5,25(27)-二烯[3-O-(6'-O-stearyl-β-D-glucosyl)-stigmasta-5,25(27)-diene][57]，薯蓣皂苷元(diosgenin)，豆甾醇[58]，25ξ-异丙烯-胆甾-5,(6)-烯-3-O-β-D-吡喃葡萄糖苷[25ξ-isopropenylchole-5,(6)-ene-3-O-β-D-glucopyranoside][59]；木脂素类：(+)-桉脂素[(+)-eudesmin][39]；黄酮类：柚皮苷

(naringin)[53]；脑苷类：苦瓜脑苷(momor-cerebroside)[60]，大豆脑苷Ⅰ(soyacerebrosideⅠ)[53,60]；脂肪酸类：α-桐酸(α-eleostearic acid)，亚麻酸，棕榈酸等[61]；生物碱类：1,2,3,4-四氢-1-甲基-β-咔啉-3-羧酸(1,2,3,4-tetrahydro-1-methyl-β-carboline-3-carboxylic acid)[62]；碱基：鸟苷，腺苷，尿嘧啶，胞嘧啶[54]；挥发油类：桃金娘烯醇(myrtenol)，顺式-3-己烯醇(cis-3-hexenol)，苯甲醇等[111]；酚及其苷类：对甲氧基苯甲酸(p-methoxybenzoic acid)[44]，苦瓜酚苷A (monordicophenoide A)[54]，1-(4-羟基苯甲酰基)葡萄糖[1-(4-hydroxybenzoyl)glucose][62]；其他类：苦瓜烃醇(momordol)[41]，苦瓜内酯(momordicolide)[54]，核黄素(riboflavin)，苯丙氨酸，甘露醇[62]。

种子含三萜及其皂苷类：苦瓜苷(momordicoside) A、B[63]、C[64-65]、D[64]、E[64-65]，日本木瓜皂苷(goyasaponin) Ⅰ、Ⅱ[65]，苦瓜子苷(momorcharaside) A、B[65-66]，3-O-{[β-D-吡喃半乳糖基-(1→6)]-O-β-D-吡喃半乳糖基}-23(R),24(R),25-三羟基葫芦-5-烯{3-O-{[β-D-galactopyranosyl-(1→6)]-O-β-D-galactopyranosyl}-23(R),24(R),25-trihydroxycucurbit-5-ene}，3-O-[β-D-吡喃半乳糖基]-25-O-β-D-吡喃半乳糖基-7(R),22(S),23(R),24(R),25-五羟基葫芦-5-烯{3-O-[β-D-galactopyranosyl]-25-O-β-D-galactopyranosyl-7(R),22(S),23(R),24(R),25-pentahydroxycucurbit-5-ene}[65]，28-O-β-D-吡喃木糖基-(1→3)-β-D-吡喃木糖基-(1→4)-α-L-吡喃鼠李糖基-(1→2)-[α-L-吡喃鼠李糖基-(1→3)]-β-D-吡喃岩藻糖基-丝石竹苷元-3-O-β-D-吡喃葡萄糖糖基-(1→2)-β-D-吡喃葡萄糖醛酸{28-O-β-D-xylopyranosyl-(1→3)-β-D-xylopyranosyl-(1→4)-α-L-rhamnopyranosyl-(1→2)-[α-L-rhamnopyranosyl-(1→3)]-β-D-fucopyranosyl-gypsogenin-3-O-β-D-glucopyranosyl-(1→2)-β-D-glucopyranosiduronic acid}，28-O-β-D-吡喃木糖基-(1→4)-α-L-吡喃鼠李糖基-(1→2)-[α-L-吡喃鼠李糖基-(1→3)]-β-D-吡喃岩藻糖基-丝石竹苷元-3-O-β-D-吡喃葡萄糖糖基-(1→2)-β-D-吡喃葡萄糖醛酸{28-O-β-D-xylopyranosyl-(1→4)-α-L-rhamnopyranosyl-(1→2)-[α-L-rhamnopyranosyl-(1→3)]-β-D-fucopyranosyl-gypsogenin-3-O-β-D-glucopyranosyl-(1→2)-β-D-glucopyranosiduronic acid}[67]，10α-葫芦-5,24-二烯-3β-醇(10α-cucurbita-5,24-dien-3β-ol)，24-亚甲基环木菠萝烷醇(24-methylenecycloartanol)，环木菠萝烯醇(cycloartenol)，蒲公英赛醇(taraxerol)，β-香树脂醇(β-amyrin)[68]；大柱香波龙烷类：(6S,7E,9S)-6,9,10-三羟基-4,7-大柱香波龙二烯-3-酮[(6S,7E,9S)-6,9,10-trihydroxy-4,7-megastigmadien-3-one]，(6R,9S)-长春花苷[(6R,9S)-roseoside]，[69]；甾体类：24β-乙基-5α-胆甾-7,反式-22E,25(27)-三烯-3β-O-β-D-吡喃葡萄糖苷[24β-ethyl-5α-cholesta-7,trans-22E,25(27)-trien-3β-O-β-D-glucopyranoside][66,69]，钝叶决明醇(obtusifoliol)，环桉烯醇(cycloeucalenol)，豆甾-7,22,25-三烯醇，4α-甲基酵母甾醇(4α-methylzymosterol)，鸡冠柱烯醇▲(lophenol)，菠菜甾醇，豆甾-7,25-二烯醇，菜油甾醇(campesterol)，豆甾醇，24β-乙基-5α-胆甾-7,反式-22-二烯-3β-醇(24β-ethyl-5α-cholesta-7-trans-22-dien-3β-ol)，24β-乙基-5α-胆甾-7,反式-22,25(27)-三烯-3β-醇[24β-ethyl-5α-cholesta-7,trans-22,25(27)-trien-3β-ol][70]，胡萝卜苷[71]；生物碱类：1-甲基-1,2,3,4-四氢-β-咔啉-3-羧酸(1-methyl-1,2,3,4-tetrahydro-β-carboline-3-carboxylic acid)，烟酰胺(nicotinamide)，6-(2,3-二羟基-4-羟甲基-四氢呋喃)-环戊烯[c]吡咯-1,3-二醇[6-(2,3-dihydroxyl-4-hydroxymethyl-tetrahydro-furan-1-yl)-cyclopentene[c]pyrrole-1,3-diol][69]，野豌豆碱▲(vicine)[66,69,72]；酚类：酚酞(phenolphthalein)[73]；木脂素类：表松脂酚-4,4'-二-O-β-D-吡喃葡萄糖苷(epipinoresinol-4,4'-di-O-D-glucopyranoside)[69]；肽类：α-苦瓜灵▲(α-momorcharin)[74]，β-苦瓜灵▲(β-momorcharin)[75-76]，γ-苦瓜灵▲(γ-momorcharin)[77]，苦瓜肽定▲(momordin) Ⅰ、Ⅱ[78-79]，MCh-1，MCh-2，MCTI-Ⅰ，MCTI-Ⅱ，MCTI-Ⅲ[80]；挥发油类：对孜然芹烃▲(p-cymene)，L-薄荷醇(L-menthol)，橙花叔醇(nerolidol)等[81]；糖类：α,α-海藻糖(α,α-trehalose)[66,82]，α-葡萄糖，β-葡萄糖[82]；其他类：尿嘧啶(uracil)，植物凝聚素(lectin)[69]，脂肪酸类：硬脂酸[71]。

全草含三萜皂苷类：2,3-二羟基葫芦-5,24-二烯-19-醛(2,3-dihydroxycucurbita-5,24-dien-19-al)[83]，苦瓜苷U (momordicoside U)，苦瓜素(momordicin) Ⅰ、Ⅱ，苦瓜糖苷G (kuguaglycoside G)，3β,7β,25-三羟基葫芦-5,23(E)-二烯-19-醛[3β,7β,25-trihydroxycucurbita-5,23(E)-dien-19-al]，3-羟基葫芦-5,24-二烯-19-醛-7,23-二-O-β-吡喃葡萄糖苷(3-hydroxycucurbita-5,24-dien-19-al-7,23-di-O-β-glucopyranoside)[84]；酚酸类：没食子酸(gallic acid)，咖啡酸(caffeic acid)，绿原酸(chlorogenic acid)，阿魏酸(ferulic acid)，桂皮

酸(cinnamic acid)[85]。

药理作用 调节免疫作用：苦瓜汁和苦瓜提取液对小鼠血清血凝抗体滴度、血清溶菌酶含量、白细胞吞噬能力均有增强作用[1]。苦瓜皂苷可通过改变 T 细胞各亚群比例，促进 IL-2 分泌，增强吞噬指数，提高衰老小鼠免疫功能[2]，亦能改善老年 S180 荷瘤小鼠免疫功能[3]。

调节血脂作用：苦瓜皂苷可降低去卵巢大鼠血清 TC 和 LDL-C 水平，纠正脂代谢失衡，可抑制高脂引发的血清 TC、TG、LDL-C/HDL-C 比值的升高，对高脂血症大鼠具有调节血脂作用[4]。

抗动脉粥样硬化作用：苦瓜蛋白可通过增加载脂蛋白 E 基因敲除小鼠小肠中 ATP 结合盒转运体 G_5 和 G_8 的表达，降低血脂水平，减少主动脉斑块及主动脉窦脂质沉积[5]。

抗生育作用：小鼠阴囊涂擦苦瓜浸膏后，精子的阶段发育受到阻抗[6]。苦瓜粗制液对雄性大鼠有抗生育作用并具有可逆性，可引起大鼠丧失生育力，附睾尾精子活力降低、畸形数增加，曲细精管内易见多核巨细胞，并见晚期精子细胞有退变现象[7]。α- 苦瓜籽蛋白可直接损伤人胚泡滋养层细胞和人蜕膜细胞[8]。

降血糖作用：苦瓜冻干粉[9]和苦瓜精粉[10]对四氧嘧啶致高血糖小鼠、苦瓜汁[11-12]对链脲佐菌素致糖尿病大小鼠有降血糖作用。苦瓜提取物对正常小鼠[13]、四氧嘧啶致糖尿病小鼠[13-14]、链脲佐菌素致糖尿病小鼠[15]、大鼠[16]有降血糖作用，可提高大鼠血清 SOD 和 CAT 活性，降低 MDA 含量[16]。苦瓜水提取物能降低大鼠[17]、四氧嘧啶型糖尿病小鼠[18]、高脂饲料致 2 型糖尿病小鼠[19]的血糖。可通过抑制大鼠小肠上皮刷状缘 Na- 葡萄糖转运体来减少葡萄糖和液体在小肠的吸收，这种抑制作用与葡萄糖的浓度梯度相关，可能是苦瓜水提取物抑制了小肠黏膜刷状缘上的 Na^+-K^+ 泵的结果[20]，也可能通过抑制钠 - 葡萄糖同向转运体，从而抑制细胞外葡萄糖、酪氨酸和液体在小肠的主动转运，最终降低其吸收[21]，此外可促进 3T3-L1 脂肪细胞吸收葡萄糖和分泌脂联素[22]。苦瓜水提醇沉物对四氧嘧啶致糖尿病小鼠有降血糖作用[23]。苦瓜醇提取物可降低 2 型糖尿病小鼠[24]、链脲佐菌素致糖尿病大鼠血糖[25]、四氧嘧啶糖尿病大鼠的血糖[26]。苦瓜总皂苷对葡萄糖性高血糖小鼠、链脲佐菌素及四氧嘧啶致糖尿病小鼠[27]、肾上腺素性高血糖小鼠、四氧嘧啶致糖尿病家兔[28]、地塞米松致糖尿病小鼠、链脲佐菌素致糖尿病大鼠[29]，苦瓜皂苷对四氧嘧啶致糖尿病大鼠[30]有降血糖作用，可抑制大鼠小肠双糖酶和胰脂肪酶，从而起到降糖降脂作用[31]，也可能是通过刺激肝糖原合成来降低血糖作用[32]。苦瓜多糖粗提物对正常小鼠糖耐量有改善作用，能降低四氧嘧啶致糖尿病小鼠及遗传性糖尿病模型小鼠随机及空腹血糖[33]，苦瓜多糖对链脲佐菌素致糖尿病小鼠有降血糖作用[34-36]。苦瓜素能降低自发性高血糖小鼠血糖及升高血清胰岛素，降低链脲佐菌素诱发高血糖大鼠的血糖及推迟大鼠口服蔗糖后血糖升高时间及降低血糖峰浓度[37]。从苦瓜中分离得到的植物胰岛素（苦瓜多肽 -P）对正常小鼠、四氧嘧啶或链脲佐菌素致糖尿病大鼠、小鼠有降血糖作用[38-41]，还可使链脲佐菌素及饲喂高脂日粮致 2 型糖尿病大鼠血清胰岛素降低，胰岛素敏感指数及肝糖原、肌糖原含量增加，总胆固醇、高密度脂蛋白及三酰甘油下降[42]。

抗细菌作用：苦瓜叶对金黄色葡萄球菌、白喉杆菌、肺炎链球菌[43]有抑制作用，苦瓜果肉及籽的乙醇提取液对金黄色葡萄球菌、枯草芽孢杆菌、大肠埃希氏菌、变形杆菌、白色葡萄球菌、黑腐菌、软腐菌[44]有抑制作用，苦瓜水提物对金黄色葡萄球菌、沙门菌、大肠埃希氏菌、枯草芽孢杆菌[45]有抑制作用。苦瓜汁、乙醇浸提物、苦瓜多糖、苦瓜皂苷和苦瓜蛋白质均有不同程度的抑菌作用，对金黄色葡萄球菌、大肠埃希氏菌、枯草芽孢杆菌、藤黄八叠球菌的抑菌效果明显，苦瓜蛋白对霉菌有一定的抑制作用，苦瓜的抑菌作用可能是几种物质共同作用的效果[46]。MAP30 具有广谱抗菌活性，其抗菌谱包括革兰氏阳性菌、革兰氏阴性菌、酵母和真菌[47]。从苦瓜籽中分离纯化得到一个抗真菌多肽，不仅具有胰蛋白酶抑制活性，并且对瓜果腐霉病菌、棉花枯萎病菌和葡萄灰霉 3 种植物致病菌的生长表现出抑制效果[48]。

抗病毒作用：苦瓜提取物对感染乙型脑炎病毒小鼠有保护作用[49]。苦瓜提取液体外可抗腺病毒[50]、柯萨奇病毒 (CVB₃)[51]。从苦瓜茎叶提取的总皂苷对单纯疱疹病毒 2 型 (HSV-2) 有一定的抗病毒活性[52]。苦瓜蛋白对 CVB_3 致病毒性心肌炎小鼠有治疗作用[53]，作用机制与降低核因子 κB 的活性[54]、抑制半胱天冬酶 3 和诱导心肌细胞凋亡[55]、抑制 CVB_3 RNA 复制[56-57]、抑制肿瘤坏死因子 -α (TNF-α) 基因转录与蛋白质表达、降低心肌 TNF-α 水平[58]有关，另对感染 CVB_3 的 HeLa 细胞[59]、HepG2 细胞[60]和大鼠心肌细胞[61]有保护作用。苦瓜抗 HIV 蛋白 (MAP30) 有抗人类免疫缺陷病毒 1 型 (HIV-1)[62-63]、HSV[64-65]、乙型肝炎病毒 (HBV)[66-67]作用，可减少 HepG 2.2.15 细胞培养上清液中 HbsAg、HBV DNA 的分泌[66]，抑制 HBeAg 的表达[68]，MAP30 对 DNA(RNA) 的切割作用可能是其发挥生物学效应的主要机制之一[69]。

抗肿瘤作用：苦瓜汁对小鼠 S180 实体瘤、苦瓜渣醇提物对小鼠 S180 实体瘤有抑制作用[70]。苦瓜素不仅可抑制 K562 细胞生长，还可诱导 K562 细胞发生凋亡[71]，发生机制与其调控 Bcl-2 和突变型 p53 的表达[72-73]、黏附分子 CD_{54} 表达上调有关[74]。α- 苦瓜素和 β- 苦瓜素对小鼠 S180 实体瘤、人胃癌 NKM 细胞株的 DNA、RNA 和蛋白质的合成均具有抑制作用，同时对荷瘤小鼠和正常小鼠的免疫器官和免疫功能有毒副作用，使小鼠体重、肝、脾、胸腺重量下降，对小鼠血液中性粒细胞的吞噬功能、Con A 诱导的脾淋巴细胞增殖反应有抑制作用[75]。此外，α- 苦瓜素能选择性杀伤人胎盘绒毛膜癌细胞和黑色素癌细胞[76]，抑制小鼠单核巨噬细胞 P338、人胎盘绒毛膜癌细胞 JAR、S180 细胞的 DNA、RNA 和蛋白质的合成[77]，β- 苦瓜素能抑制 ^3H- 亮氨酸、^3H- 尿嘧啶、^3H- 胸腺嘧啶整合到人舌喉鳞状上皮癌细胞中[78]。苦瓜蛋白对小鼠移植性肝癌 H22 肿瘤[79-83]、非小细胞肺癌 A549 细胞[84-85]、胃癌细胞 SGC7901[86]有抑制作用，还能部分逆转人红白血病 K562/A02 细胞对阿霉素、VCR 和柔红霉素的耐药[87]，逆转机制与下调 P-gp 蛋白的表达有关[88]。MAP30 体内外都具有抗人乳腺肿瘤细胞 MDA-MB-231 的活性[89]，对感染卡波西肉瘤相关疱疹病毒 (KSHV) 的肿瘤细胞有抑制作用[90]。

抗突变作用：Ames 试验表明，苦瓜水提取物对诱变剂所诱导的 TA98、TA100 试验菌株的回复突变有拮抗作用，彗星实验显示，苦瓜水提取物可减轻致突变剂环磷酰胺对小鼠骨髓细胞的损伤，降低细胞突变率[91]。

抗氧化作用：苦瓜多糖体外对有机自由基 DPPH、羟自由基及超氧阴离子自由基有清除作用[92]；体内能提高小鼠血清、肝、大脑中的 SOD、CAT 含量，降低 MDA 水平[93]。从苦瓜中提取的黄酮类化合物对猪油的氧化有抑制作用[94]。苦瓜果肉及籽的乙醇提取液[44]、苦瓜皂苷[95]、苦瓜子蛋白[96]、苦瓜籽核糖体失活蛋白[97-98]均具有抗氧化活性。

延缓衰老作用：苦瓜皂苷可通过调节 ACTH 分泌及雌激素受体表达来改善衰老机体内分泌功能[99]。

其他作用：苦瓜醇提物有减肥作用，可降低肥胖小鼠的 Lee's 指数，脂肪湿重、体脂比、血清 TC、TG、LDL-C 浓度和 ALT、ALP 活性，升高 HDL-C 浓度，其作用机制可能是抑制脂肪生成、调节血脂和保护肝功能[100]。

毒性及不良反应 小鼠口服苦瓜冻干粉的 LD_{50} 为生药量 704.8 g/kg[9]，苦瓜汁的 LD_{50}>20 ml/kg，腹腔注射 LD_{50} 为 296.3mg/kg[70]。苦瓜提取液小鼠灌胃急性毒性 LD_{50}>60 g/kg，属无毒类；大鼠长期毒性各生化指标及病理学检查无异常改变[101]。大鼠喂养苦瓜水提取物 30 天，可引起总蛋白降低，未见其他可观察到的毒副作用[102]。苦瓜水提取物[103]、醇提取物[104]的小鼠口服 LD_{50}>21.5 g/kg，Ames 试验、小鼠骨髓嗜多染红细胞微核试验及小鼠精子畸形试验结果均为阴性。苦瓜皂苷小鼠口服 LD_{50} > 20.0g/kg[30]。苦瓜籽核糖体失活蛋白 (RIP) 小鼠静脉注射的 LD_{50} 为 25.2 mg/kg[105]。

致敏作用：RIP 有免疫毒性，豚鼠对其出现全身主动过敏反应，多数迅速死亡，大鼠对其有被动皮肤过敏反应[105]。

注评 本种为广西（1990 年版）、贵州（1988 年版）中药材标准、广西壮药质量标准（2011 年版）收载"苦瓜干"，广东（2004 年版）、甘肃（2008 年版）、湖南（2009 年版）中药材标准收载"苦瓜"的基源植物，药用其干燥近成熟果实。本种的种子称"苦瓜子"，花称"苦瓜花"，叶称"苦瓜叶"，藤茎称"苦瓜藤"，根称"苦瓜根"，均可药用。傣族、佤族、基诺族、畲族、侗族也药用本种，主要用途见功效应用项。基诺族尚用其藤、叶治肝炎；侗族用其根治霍乱呕吐等症。

化学成分参考文献

[1] Chen JC, et al. *Helv Chim Acta*, 2008, 91(5): 920-929.

[2] Chen JC, et al. *Phytochemistry*, 2008, 69(4): 043-1048.

[3] Liu CH, et al. *Food Chem*, 2009, 2010, 118(3): 751-756.

[4] Chang CI, et al. *J Nat Prod*, 2008, 71(8): 1327-1330.

[5] Chang CI, et al. *J Nat Prod*, 2006, 69(8): 1168-1171.

[6] Chen CR, et al. *Helv Chim Acta*, 2010, 93(7): 1355-1361.

[7] Chen CR, et al. *Chem Pharm Bull*, 2010, 58(12): 1639-1642.

[8] Chang CI, et al. *Chem Pharm Bull*, 2010, 58(2): 225-229.

[9] Lin, KW, et al. *Food Chem*, 2011, 127(2): 609-614.

[10] Liao YW, et al. *J Chin Chem Soc* (Taiwan), 2011, 58(7): 893-898.

[11] Binder RG, et al. *J Agric Food Chem*, 1989, 37(2): 418-420.

[12] Fatope MO, et al. *J Nat Prod*, 1990, 53(6): 1491-1497.

[13] 李雯，等 . 中草药，2012, 43(9): 1712-1715.

[14] Kashiwagi T, et al. *Zeitschrift fuer Naturforschung, C: J Biosci*, 2007, 62(7/8): 603-607.

[15] Ulubelen A, et al. *Revista Latinoamericana de Quimica*, 1979, 10(4): 171-173.

[16] Zhang J, et al. *Chem Biodiversity*, 2012, 9(2): 428-440.

[17] Cheng BH, et al. *Helv Chim Acta*, 2013, 96(6): 1111-1120.

[18] Pitchakarn P, et al. *Food Chem Toxicol*, 2012, 50(3-4): 840-847.

[19] Zhang YB, et al. *J Asian Nat Prod Res*, 2014, 16(4): 358-363.

[20] Panlilio BG, et al. *Phytochem Lett*, 2012, 5(3): 682-684.

[21] Kikuchi T, et al. *Chem Biodiversity*, 2012, 9(7): 1221-1230.

[22] 向亚林，等 . 华南农业大学学报，2009, 30(3): 13-17.

[23] Chen JC, et al. *Phytochemistry*, 2009, 70(1): 133-140.

[24] Zhao GT, et al. *Fitoterapia*, 2014, 95: 75-82.

[25] Yasuda M, et al. *Chem Pharm Bull*, 1984, 32(5): 2044-2047.

[26] 成兰英，等 . 四川大学学报（自然科学版），2008, 45(3): 645-650.

[27] Liu JQ, et al. *Molecules*, 2009, 14(12): 4804-4813.

[28] Murakami T, et al. *Chem Pharm Bull*, 2001, 49(1): 54-63.

[29] 关健，等 . 中草药，2007, 38(12): 1777-1779.

[30] Hsiao PC, et al. *J Agric Food Chem*, 2013, 61(12): 2979-2986.

[31] Liu Y, et al. *Planta Med*, 2008, 74(10): 1291-1294.

[32] 潘辉，等 . 中草药，2007, 38(1): 9-11.

[33] Li QY, et al. *Magn Reson Chem*, 2007, 45(6): 451-456.

[34] Li QY, et al. *Chin Chem Lett*, 2007, 18(7): 843-845.

[35] Tan MJ, et al. *Chem Biol*, 2008, 15(3): 263-273.

[36] Nguyen XN, et al. *Magn Reson Chem*, 2010, 48(5): 392-396.

[37] Akihisa T, et al. *J Nat Prod*, 2007, 70(8): 1233-1239.

[38] Matsuda H, et al. *Heterocycles*, 2007, 71(2): 331-341.

[39] 张瑜，等 . 中草药，2009, 40(4): 509-512.

[40] Nakamura S, et al. *Chem Pharm Bull*, 2006, 54(11): 1545-1550.

[41] Begum S, et al. *Phytochemistry*, 1997, 44(7): 1313-1320.

[42] 石雪萍，等 . 陕西师范大学学报（自然科学版），2008, 36(4): 63-67, 71.

[43] 关健，等 . 中草药，2007, 38(8): 1133-1135.

[44] Harinantenaina L, et al. *Chem Pharm Bull*, 2006, 54(7): 1017-1021.

[45] Kimura Y, et al. *J Nat Prod*, 2005, 68(5): 807-809.

[46] Nguyen XN, et al. *Chem Pharm Bull*, 2010, 58(5): 720-724.

[47] Yen PH, et al. *Nat Prod Commun*, 2014, 9(3): 383-386.

[48] Liu JQ, et al. *Eur J Chem*, 2010, 1(4): 294-296.

[49] Cao JQ, et al. *Chin Chem Lett*, 2011, 22(5): 583-586.

[50] Liao YW, et al. *Nat Prod Commun*, 2012, 7(12): 1575-1578.

[51] Liao YW, et al. *J Chin Chem Soc* (Weinheim, Germany), 2013, 60(5): 526-530.

[52] Zhang LJ, et al. *Journal of Functional Foods*, 2014, 6: 564-574.

[53] 王虎，等 . 中国实验方剂学杂志，2011, 17(16): 54-57.

[54] 李清艳，等 . 药学学报，2009, 44(9): 1014-1018.

[55] Sucrow W, et al. *Chemische Berichte*, 1966, 99(9): 2765-2777.

[56] 常凤岗，等 . 中草药，1995, 26(10): 507-510.

[57] Guevara AP, et al. *Phytochemistry*, 1989, 28(6): 1721-1724.

[58] Khanna P, et al. *Ind J Exp Biol*, 1973, 11(1): 58-60.

[59] 刘芶，等 . 中国天然药物，2012, 10(2): 88-91.

[60] 肖志艳，等 . 中草药，2000, 31(8): 571-573.

[61] Yuwai KE., et al. *J Agric Food Chem*, 1991, 39(10): 1762-1763.

[62] 田宝泉，等 . 中草药，2005, 36(5): 657-658.

[63] Phung VT, et al. *Tap Chi Duoc Hoc*, 2004, 44(12): 6-9.

[64] Miyahara Y, et al. *Chem Pharm Bull*, 1981, 29(6): 1561-1566.

[65] Ma L, et al. *J Asian Nat Prod Res*, 2014, 16(5): 476-482.

[66] 朱照静，等．药学学报，1990, 25(12): 898-903.

[67] Ma L, et al. *Molecules*, 2014, 19(2): 2238-2246.

[68] Kikuchi M, et al. *Agric Biol Chem*, 1986, 50(11): 2921-2922.

[69] 余爱花，等．中国实验方剂学杂志，2013, 19(22): 88-91.

[70] Ishikawa T, et al. *Nihon Daigaku Kogakubu Kiyo, Bunrui A: Kogaku Hen*, 1986, 27: 99-105.

[71] Beauregard J, et al. *Revista de la Sociedad Quimica de Mexico*, 1979, 23(3): 117.

[72] Dutta PK, et al. *Ind J Chem*, 1981, 20B(8): 669-671.

[73] Patil SA, et al. *Current Topics in Nutraceutical Research*, 2011, 9(1/2): 61-66.

[74] Yao XC, et al. *J Sep Sci*, 2011, 34(21): 3092-3098.

[75] Ye GJ, et al. *Chin J Chem*, 1999, 17(6): 658-673.

[76] Xiong JP, et al. *J Mol Biol*, 1994, 238(2): 284-285.

[77] Parkash A, et al. *Journal of Peptide Research*, 2002, 59(5): 197-202.

[78] 王润华，等．中华微生物学和免疫学杂志，1993, 13(2): 74-77.

[79] Valbonesi P, et al. *Life Sci*, 1999, 65(14): 1485-1491.

[80] He WJ, et al. *PLoS One*, 2013, 8(10): e75334.

[81] Kikuchi M, et al. *Developments in Food Science*, 1992, 29(Food Sci. Hum Nutr): 153-161.

[82] Ishikawa T, et al. *Nihon Daigaku Kogakubu Kiyo, Bunrui A: Kogaku Hen*, 1987, 28: 165-170.

[83] Sultana N, et al. *Dhaka University Journal of Science*, 2001, 49(1): 21-25.

[84] Ma J, et al. *Planta Med*, 2010, 76(15): 1758-1761.

[85] Singh UP, et al. *Journal of Medicinal Plants Research*, 2011, 5(15): 3558-3560.

药理作用及毒性参考文献

[1] 程光文，等．中草药，1995, 26(10): 535-536.

[2] 王先远，等．营养学报，2001, 23(3): 263-266.

[3] 王先远，等．解放军预防医学杂志，2002, 20(3): 160-163.

[4] 杨志刚，等．食品科学，2009, 30(19): 307-308.

[5] 王佐，等．中国动脉硬化杂志，2009, 17(1): 35-38.

[6] 高晓勤，等．贵阳医学院学报，1991, 16(4): 335-338.

[7] 覃国芳，等．贵阳医学院学报，1995, 20(1): 14-17.

[8] 韩维田，等．中国药理学与毒理学杂志，1991, 5(3): 200-203.

[9] 杭悦宇，等．植物资源与环境学报，2000, 9(3): 19-21.

[10] 谢金鲜，等．广西中医药，2005, 28(3): 52-54.

[11] Ahmed I, et al. *Mol Cell Biochem*, 2004, 261(1-2): 63-70.

[12] 林晓明，等．卫生研究，2001, 30(4): 203-205.

[13] 王勇庆．湖南中医杂志，1998, (6): 54-55.

[14] 吴万征．中药材，1999, 22(10): 527-528.

[15] 周建武，等．中华中医药学刊，2007, 25(12): 2613-2615.

[16] 孙昊，等．中国误诊学杂志，2010, 10(3): 535-536.

[17] Virdi J, et al. *J Ethnopharmacol*, 2003, 88(1): 107-111.

[18] 袁晓晴，等．食品科技，2007, (1): 215-218.

[19] 胡怡秀，等．实用预防医学，2010, 17(1): 30-32.

[20] Mahomoodally MF, et al. *Fundam Clin Pharmacol*, 2005, 19(1): 87-92.

[21] Mahomoodally MF, et al. *J Ethnopharmacol*, 2007, 110(2): 257-263.

[22] Roffey BW, et al. *J Ethnopharmacol*, 2007, 112(1): 77-84.

[23] 申英爱，等．中国野生植物资源，2002, 21(4): 51-52.

[24] 刘秀英，等．中国热带医学，2010, 10(3): 291-293, 317.

[25] 楚生辉，等．中成药，2006, 28(6): 889-890.

[26] 骆静，等．中药药理与临床，1999, 15(5): 31-33.

[27] 柴瑞华，等．中草药，2007, 38(2): 248-250.

[28] 柴瑞华，等．中草药，2008, 39(5): 746-747, 751.

[29] 苗明三，等．中国中药杂志，2008, 33(7): 845-847.

[30] 张平平，等．营养学报，2007, 29(3): 304-305.

[31] Oishi Y, et al. *Biosci Biotechnol Biochem*, 2007, 71(3): 735-740.

[32] 石雪萍，等．食品科学，2008, 29(2): 366-368.

[33] 郑子新，等．卫生研究，2005, 34(3): 361-363.

[34] 张慧慧，等．食品研究与开发，2006, 27(7): 7-9.

[35] 徐斌，等．营养学报，2006, 28(5): 401-403, 408.

[36] 董英，等．营养学报，2008, 30(1): 54-56.

[37] 邹美南，等．药物研究，2006, 15(4): 5-6.

[38] 权建新，等．陕西医学杂志，1991, 20(11): 691-693.

[39] 盛清凯，等．江苏农业科学，2004, (6): 163-165.

[40] 盛清凯，等．食品科学，2005, 26(1): 223-225.

[41] 盛清凯，等．无锡轻工大学学报，2005, 24(1): 49-51.

[42] 盛清凯，等．山东农业大学学报（自然科学版），

2008, 39(1): 23-25.

[43] 张瑞其，等.赣南医学院学报，2003, 23(3): 272-273.

[44] 傅明辉，等.食品科学，2001, 22(4): 88-90.

[45] 张雁，等.食品科学，2008, 29(4): 121-123.

[46] 张平平，等.天然产物研究与开发，2008, 20(4): 721-724.

[47] Arazi T, et al. *Biochem Biophys Res Commun*, 2002, 292(2): 441-448.

[48] 刘旋，等.福州大学学报（自然科学版），2008, 36(1): 148-151.

[49] 黄天民，等.病毒学杂志，1990, (4): 367-373.

[50] 幸建华，等.武汉大学学报（医学版），2004, 25(6): 666-669.

[51] 幸建华，等.数理医药学杂志，2006, 19(3): 297-298.

[52] 成兰英，等.四川大学学报（自然科学版），2004, 41(3): 641-643.

[53] 李双杰，等.中草药，2004, 35(10): 1155-1157.

[54] 王佐，等.中国动脉硬化杂志，2002, 10(6): 479-482.

[55] 王佐，等.中国动脉硬化杂志，2003, 11(2): 107-110.

[56] 李双杰，等.上海中医药杂志，2001, (5): 45-46.

[57] 李双杰，等.实用儿科临床杂志，2004, 19(7): 548-550.

[58] 田红，等.实用儿科临床杂志，2008, 23(17): 1351-1353.

[59] 李双杰，等.湖南医科大学学报，1999, 24(6): 583-584.

[60] 王佐，等.南华大学学报（医学版），2002, 30(1): 1-3, 6.

[61] 田国平，等.南华大学学报（医学版），2009, 37(5): 508-511.

[62] 王临旭，等.解放军医学杂志，2003, 28(10): 894-896.

[63] Wang YX, et al. *Cell*, 1999, 99(4): 433-442.

[64] 王临旭，等.医学研究生学报，2003, 16(4): 244-247.

[65] Bourinbaiar AS, et al. *Biochem Biophys Res Commun*, 1996, 219(3): 923-929.

[66] 王九平，等.第四军医大学学报，2003, 24(9): 837-839.

[67] 王临旭，等.第四军医大学学报，2003, 24(9): 840-843.

[68] 王九平，等.细胞与分子免疫学杂志，2003, 19(2): 183-184.

[69] 王临旭，等.医学研究生学报，2004, 17(10): 865-867.

[70] 郑爱英，等.中国公共卫生，1999, 15(12): 1113-1114.

[71] 熊术道，等.中华中医药学刊，2007, 25(1): 81-84.

[72] 尹丽慧，等.中国中医药科技，2007, 14(6): 416-418.

[73] 熊术道，等.中华免疫学杂志，2006, 22(11): 1002-1005.

[74] 熊术道，等.中国临床药理学与治疗学，2005, 10(12): 1403-1407.

[75] 齐文波，等.离子交换与吸附，1999, 15(1): 59-63.

[76] Tsao S.W., et al. *Toxicon*, 1990, 28: 1183-1192.

[77] Ng T.B., et al. *Gen Pharmacol*, 1994, 25: 75-77.

[78] Chan W.Y., et al. *Int J Biochem*, 1992, 24: 1039-1046.

[79] 熊术道，等.中华中医药学刊，2007, 25(5): 949-951.

[80] 叶爱芳，等.温州医学院学报，2008, 38(4): 328, 332.

[81] 熊术道，等.山东医药，2007, 47(17): 21-22.

[82] 熊术道，等.中草药，2008, 39(3): 408-411.

[83] 熊术道，等.中国肿瘤，2007, 16(4): 257-259.

[84] 韩义香，等.中国临床药理学与治疗学，2008, 13(12): 1396-1400.

[85] 韩义香，等.中国肿瘤，2009, 18(10): 835-837.

[86] 李春阳，等.四川肿瘤防治，2001, 14(1): 1-4.

[87] 叶爱芳，等.中国临床药理学与治疗学，2009, 14(7): 766-769.

[88] 尹丽慧，等.浙江中医药大学学报，2009, 33(4): 475-477.

[89] Lee Huang S, et al. *Anticancer Res*, 2000, 20(2A): 653-659.

[90] Sun Y, et al. *Biochem Biophys Res Commun*, 2001, 287(4): 983-994.

[91] 曹向宇，等.中国公共卫生，2009, 25(6): 658-659.

[92] 单斌，等.安徽农业科学，2009, 37(1): 182-183, 229.

[93] 陈红漫，等.食品科技，2009, 34(6): 166-169.

[94] 李志洲，等.中国生化药物杂志，2007, 28(4): 264-266.

[95] 王先远，等.解放军预防医学杂志，2001, 19(5): 317-320.

[96] 张泽生，等.天津科技大学学报，2007, 22(2): 6-8, 15.

[97] 傅明辉，等.中国生化药物杂志，2002, 23(3): 134-136.

[98] 傅明辉.药物生物技术，2001, 8(5): 248-250.

[99] 王先远，等.中国应用生理学杂志，2002, 18(3): 291-293.

[100] 陈明之.食品研究与开发，2009, 30(10): 44-46.

[101] 鲍淑娟，等.贵阳中医学院学报，1995, 17(3): 43-45.

[102] 胡怡秀，等．中国自然医学杂志，2007, 9(2): 83-87.

[103] 胡怡秀，等．中国预防医学杂志，2008, 9(2): 101-104.

[104] 刘秀英，等．癌变．畸变．突变，2007, 19(5): 381-383.

[105] 万莉，等．四川大学学报（医学版），2009, 40(6): 1033-1037.

2. 凹萼木鳖　野苦瓜、山苦瓜（广西）

Momordica subangulata Blume, Bijdr. 928. 1826.（英 **Subangular Momordica**）

茎、枝光滑无毛或在节处有短的微柔毛。叶片卵状心形或宽卵状心形，长 6-13 cm，宽 4-9 cm，常不分裂，稀 3-5 浅裂。雌雄异株。雄花：单生于叶腋，花梗顶端生一圆肾形的苞片；苞片长、宽均为 1 cm；花萼裂片卵状长圆形，长 7-8 mm，宽 4 mm；花冠黄色，裂片倒卵形，长 2 cm，宽 1.5 cm；雄蕊 5 枚，药室 2 回折曲。雌花：单生于叶腋，花梗常在基部有一小型苞片。果实卵球形或卵状长圆形，长 6 cm，直径 3-4 cm，外面密被柔软的长刺。种子灰色，卵圆形或圆球形。花期 6-8 月，果期 8-10 月。

分布与生境　产于广东、广西、贵州、云南。常生于海拔 800-1500 m 的山坡、路旁阴处。缅甸、老挝、越南、马来西亚和印度尼西亚也有分布。

药用部位　根、卷须。

功效应用　根：用于疟腮，咽喉肿痛，目赤，疮疡肿毒，瘰疬。卷须：用于月经不调。

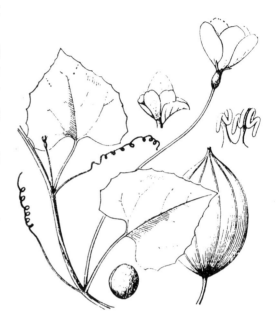

凹萼木鳖 Momordica subangulata Blume
吴彰桦　绘

凹萼木鳖 Momordica subangulata Blume
摄影：林建勇 彭玉德

3. 云南木鳖

Momordica dioica Roxb. ex Willd., Sp. Pl. 4: 605. 1805.（英 **Yunnan Momordica**）

具块状根；茎、枝光滑无毛。叶片卵状心形，长 9–13 cm，宽 7–11 cm，浅波状或不规则 3–5 浅裂，稀不分裂，叶面初时有稀疏的短柔毛，脉上被黄褐色柔毛，后渐脱落。雄花：花梗顶端生一黄绿色的叶状苞片；苞片膜质，无柄，圆肾形，兜状，长 2–2.5 cm，宽 2.5–3.5 cm；花萼密被长柔毛，裂片披针形；花冠淡黄色，裂片长圆形，长 3–3.5 cm，宽 2–2.5 cm；药室 2 回折曲。雌花：有时基部有一苞片，后脱落；子房卵状长圆形，长 0.8 cm，直径 0.3 cm，外面有乳头状凸起。果实卵形或宽卵形，长 3–5 cm，直径 2–2.5 cm，有瘤状凸起。种子长圆形，黄褐色。花期 6–8 月，果期 8–11 月。

分布与生境 产于云南。生于海拔 1400–2500 m 的山坡路旁及灌木丛中。印度、马来西亚、泰国、缅甸、孟加拉国也有分布。

药用部位 块根。

功效应用 滋补强壮，清热解毒，抗原虫，抗癌。用于肝炎，喉炎，风火牙痛，阿米巴原虫，毒蛇咬伤，乳腺癌，子宫颈癌，甲状腺癌。

化学成分 根含三萜及其皂苷类：泻根醇酸(bryonolic acid)，丝石竹苷元(gypsogenin)，常春藤皂苷元(hederagenin)，23,24-二氢葫芦素F-25-乙酸酯(23,24-dihydrocucurbitacin-F-

云南木鳖 Momordica dioica Roxb. ex Willd.
李锡畴 绘

25-acetate)[11]，3-O-β-D-吡喃葡萄糖醛酸基丝石竹苷元(3-O-β-D-glucuronopyranosylgypsogenin)，3-O-β-D-吡喃葡萄糖基丝石竹苷元(3-O-β-D-glucopyranosylgypsogenin)，3-O-β-D-吡喃葡萄糖基常春藤皂苷元(3-O-β-D-glucopyranosylhederagenin)[2]，3β-O-苯甲酰-11-氧代熊果酸(3β-O-benzoyl-11-oxo-ursolic acid)，3β-O-苯甲酰-6-氧代熊果酸(3β-O-benzoyl-6-oxo-ursolic acid)，齐墩果酸(oleanolic acid)，丝石竹苷元(gypsogenin)，常春藤皂苷元(hederagenin)[3]；黄酮类：3,7,8-三羟基黄酮(3,7,8-trihydroxyflavone)[4]；甾体类：α-菠菜甾醇-3-O-β-D-吡喃葡萄糖苷[4]，α-菠菜甾醇硬脂酸酯(α-spinasterol octadecanonate)，α-菠菜甾醇-3-O-β-D-吡喃葡萄糖苷(α-spinasterol-3-O-β-D-glucopyranoside)[2]，α-菠菜甾醇[3]；脂肪酸类：硬脂酸[3]。

果壳含脂肪烃类：6-甲基三十三烷-5-酮-28-醇(6-methyl tritriacontan-5-on-28-ol)，8-甲基三十一碳-3-烯(8-methylhentriacont-3-ene)[5]；甾体类：阔苞菊醇▲(pleuchiol)[5]。

果实含黄酮类：大豆苷元(daidzein)[6]。

种子含三萜类：苦瓜熊果烯醇▲(momodicaursenol)[5]；脂肪酸类：α-桐酸(α-eleostearic acid)[7]。

化学成分参考文献

[1] 李祖强，等.中草药，1999, 30(6): 409-411.

[2] 罗蕾，等.药学学报，1998, 33(11): 839-842.

[3] 罗蕾，等.云南植物研究，1997, 19(3): 316-320.

[4] Shreedhara CS, et al. *Ind J Heterocycle Chem*, 2006, 16(1): 67-68.

[5] Ali M, et al. *Ind J Pharm Sci*, 1998, 60(5): 287-289.

[6] Kale MS, et al. *Int J Appl Res Nat Prod*, 2012, 5(4): 28-36.

[7] Chisholm MJ, et al. *Can J Biochem*, 1967, 45(7): 1081-1086.

4. 木鳖子（开宝本草） 番木鳖（中国经济植物志），糯饭果（云南河口），老鼠拉冬瓜

Momordica cochinchinensis (Lour.) Spreng., Syst. Veg. 3: 14. 1826.——*Muricia cochinchinensis* Lour.（英 **Cochinchina Momordica**）

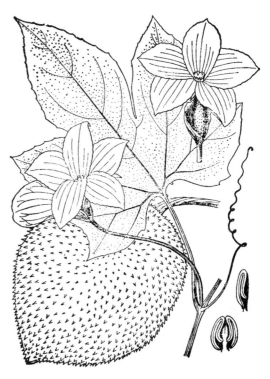

粗壮大藤本，具块状根，全株近无毛或稍被短柔毛。叶柄在基部或中部有 2–4 个腺体；叶片卵状心形或宽卵状圆形，质稍硬，长、宽均为 10–20 cm，3–5 中裂至深裂或不分裂。卷须不分歧。雄花：单生于叶腋或有时 3–4 朵着生在极短的总状花序轴上，花梗顶端生一大型苞片；苞片无梗，兜状，圆肾形，长 3–5 cm，宽 5–8 cm，花萼裂片宽披针形或长圆形；花冠黄色，裂片卵状长圆形，长 5–6 cm，宽 2–3 cm；药室 1 回折曲。雌花：花梗近中部生一苞片；苞片兜状，长、宽均为 2 mm；子房卵状长圆形，密生刺状毛。果实卵球形，成熟时红色，肉质，密生长 3–4 mm 的具刺尖的突起。种子干后黑褐色，边缘有齿，两面稍拱起，具雕纹。花期 6–8 月，果期 8–10 月。

分布与生境 分布于江苏、安徽、江西、福建、台湾、湖南、广东、广西、四川、贵州、云南和西藏。常生于海拔 450–1100 m 的山沟、林缘及路旁。

药用部位 种子、块根和叶。

功效应用 有毒。散结，消肿，解毒，疗疮，止痛。用于疮疡肿毒，乳痈，瘰疬，痔瘘，头癣，秃疮。

木鳖子 Momordica cochinchinensis (Lour.) Spreng.
引自《中国高等植物图鉴》

木鳖子 Momordica cochinchinensis (Lour.) Spreng.
摄影：梁同军 彭玉德

1099

化学成分 根含三萜类：苦瓜定▲(momordin)Ⅰ、Ⅱ、Ⅲ[1]、Ⅰa、Ⅰb、Ⅰc、Ⅰd、Ⅰe、Ⅱa、Ⅱb、Ⅱc、Ⅱd、Ⅱe[2]、($4\beta,16\beta$)-16-羟基-1-氧代-24-降齐墩果-12-烯-28-酸[($4\beta,16\beta$)-16-hydroxy-1-oxo-24-norolean-12-en-28-oic acid][3]；甾体类：α-菠菜甾醇-3-β-D-吡喃葡萄糖苷(α-spinasterol-3-β-D-glucopyranoside)[3]。

叶含脂肪酸类：月桂酸(lauric acid)，十三酸(tridecanoic acid)，肉豆蔻酸(myristic acid)，十五酸(pentadecanoic acid)，棕榈酸(palmitic acid)，棕榈油酸(palmitoleic acid)，十七酸(heptadecanoic acid)，硬脂酸(stearic acid)，油酸(oleic acid)，亚油酸(linoleic acid)，α-亚麻酸(α-linolenic acid)，十九酸(nonadecanoic acid)，花生酸(arachidic acid)[4]。

绿、黄、红果皮皆含黄酮类：杨梅素(myricetin)，木犀草素(luteolin)，槲皮素(quercetin)，芹菜苷元(apigenin)[5]。酚、酚酸类：绿果皮皆含没食子酸(gallic acid)，对羟基苯甲酸(p-hydroxybenzoic acid)，绿原酸(chlorogenic acid)；黄果皮含没食子酸，对羟基苯甲酸，绿原酸，咖啡酸(caffeic acid)，对香豆酸(p-coumaric acid)，阿魏酸(ferulic acid)，芥子酸(sinapic acid)；红果皮含没食子酸，对羟基苯甲酸，绿原酸，咖啡酸[5]。

果肉含黄酮类：绿果肉含芦丁(rutin)，山奈酚(kaempferol)，杨梅素，木犀草素，槲皮素，芹菜苷元[5]；黄果肉含芦丁，杨梅素；红果肉含芦丁，杨梅素，槲皮素，芹菜苷元[5]。酚、酚酸类：绿果肉含原儿茶酸(protocatechuic acid)，丁香酸(syringic acid)，没食子酸，对羟基苯甲酸，咖啡酸，对香豆酸，阿魏酸，芥子酸；黄果肉除含不含芥子酸外，其他与绿果肉相同；红果肉含没食子酸，对羟基苯甲酸，绿原酸，咖啡酸，丁香酸，对香豆酸，阿魏酸[5]。

假种皮含黄酮类：芦丁，杨梅素，木犀草素，槲皮素，芹菜苷元[5]；酚、酚酸类：没食子酸，原儿茶酸，对羟基苯甲酸，绿原酸，咖啡酸，丁香酸，对香豆酸，阿魏酸，芥子酸[5]。

种子含三萜类：木鳖子酸(momordic acid)[6]，木鳖子皂苷(momordica saponin)Ⅰ、Ⅱ[7]；栝楼二醇(karounidiol)，异栝楼二醇(isokarounidiol)，5-去氢栝楼二醇(5-dehydrokarounidiol)，7-氧代二氢栝楼二醇(7-oxodihydrokarounidiol)[8]，3,29-二-O-(对甲氧基苯甲酰基)多花白树-8-烯-3α,29-二醇-7-酮[3,29-di-O-(p-methoxybenzoyl)multiflora-8-ene-3α,29-diol-7-one][9]，丝石竹苷元-3-O-β-D-吡喃半乳糖基-(1→2)-[α-L-吡喃鼠李糖基-(1→3)]-β-D-吡喃葡萄糖醛酸苷{gypsogenin-3-O-β-D-galactopyranosyl-(1→2)-[α-L-rhamnopyranosyl-(1→3)]-β-D-glucuronopyranoside}[10]；甾体类：β-谷甾醇，豆甾-7-烯-3β-醇(stigmast-7-en-3β-ol)，豆甾-7,22-二烯-3β-醇(stigmasta-7,22-dien-3β-ol)[8]；蛋白类：木鳖子蛋白▲B(cochinin B)[11]；肽类：MCoCC-1、2[12]。

药理作用 抗细菌作用：木鳖子丙酮提取物能抑制杨树溃疡病菌、油菜菌核病菌的菌丝生长及棉花枯萎病菌的孢子萌发[1]。

其他作用：木鳖子粗皂苷及其经硅胶G分离得到的5个组分具有佐剂活性[2]。

注评 本种为年版中国药典、新疆药品标准（1980年版）、内蒙古蒙药材标准（1986年版）收载"木鳖子"的基源植物，药用其干燥成熟种子。本种的块根称"木鳖子根"也可药用。本种的果皮充"瓜蒌皮"使用；其根在湖北、四川等地曾充作"天花粉"使用，系混伪品，主要鉴别。"瓜蒌""瓜蒌皮""瓜蒌子"和"天花粉"药材商品、地区习用品及混伪品情况，参见栝楼Trichosanthes kirilowii Maxim.注评。苗族、壮族、瑶族、仫佬族、毛南族、哈尼族、蒙古族、傣族、土家族也药

木鳖子 Momordicae Semen
摄影：钟国跃

用本种，主要用途见功效应用项。哈尼族尚用根状茎治消化不良，痢疾，肝炎；傣族用其根治全身水肿。本种的种子在青海、甘肃又作藏药"塞吉普布"药用，但其形态与《晶珠本草》记载不完全相符，且有毒，是否可代用尚有待进一步研究。

化学成分参考文献

[1] Iwamoto M, et al. *Chem Pharm Bull*, 1985, 33(1): 1-7.

[2] Kawamura N, et al. *Phytochemistry*, 1988, 27(11): 3585-3591.

[3] Nguyen TP, et al. *Tap Chi Hoa Hoc*, 2006, 44(5): 654-659.

[4] Mukherjee A, et al. *Journal of Asia-Pacific Entomology*, 2014, 17(3): 229-234.

[5] Kubola J, et al. *Food Chem*, 2011, 127(3): 1138-1145.

[6] Murakami T, et al. *Tetrahedron Lett*, 1966, (42): 5137-5140.

[7] Iwamoto M, et al. *Chem Pharm Bull*, 1985, 33(2): 464-478.

[8] 阚连娣，等. 中国中药杂志，2006, 31(17): 1441-1444.

[9] De Shan M, et al. *Nat Prod Lett*, 2001, 15(2): 139-145.

[10] Jung K, et al. *Immunopharmacol Immunotoxicol*, 2013, 35(1): 8-14.

[11] Chuethong J, et al. *Biol Pharm Bull*, 2007, 30(3): 428-432.

[12] Chan LY, et al. *J Nat Prod*, 2009, 72(8): 1453-1458.

药理作用及毒性参考文献

[1] 张应烙，等. 河南农业科学，2005, (6): 49-51.

[2] 罗江华，等. 中国兽药杂志，2008, 42(3): 4-7.

13. 丝瓜属 Luffa Mill.

一年生攀援草本。卷须稍粗糙，2歧或多歧。叶片通常5-7裂。雌雄同株或异株。雄花生于伸长的总状花序上；花萼裂片5；花冠裂片5，离生，开展，全缘或啮蚀状；雄蕊3或5枚，离生，药室线形，多回折曲，药隔通常膨大。雌花单生，子房圆柱形，3胎座，胚珠多数，水平着生。果实长圆形或圆柱状，未成熟时肉质，熟后变干燥，里面呈网状纤维，熟时由顶端盖裂。种子多数长圆形，扁压。

约8种，分布于东半球热带和亚热带地区。我国通常栽培2种，均可药用。

分种检索表

1. 雄蕊通常5枚，全部为1室；果实表面平滑，无棱····································1. 丝瓜 L. cylindrica
1. 雄蕊3枚，1枚1室，2枚2室；果实外面具8-10条纵向的棱····················2. 广东丝瓜 L. acutangula

本属药用植物富含皂苷类化合物，种子含活性多肽，叶含黄酮类化合物。

从该属植物分离得到的葫芦素B对肿瘤细胞有非常强的细胞毒活性；皂苷类成分有强壮、强精、延年益寿及镇咳、利尿、滋润肌肤和治疗烫伤的作用，并可防治痔疮等肛门周围的皮肤病；丝瓜含有人参皂苷 Rg₁ 和 Re，前者有促进记忆的获得、巩固和再现的作用；本属植物所含多种蛋白具有抗早孕和抑制核糖体及蛋白质生物合成等特殊功效，其他还有抗炎和抗过敏作用。

1. 丝瓜（滇南本草）

Luffa cylindrica (L.) M. Roem., Syn. Mon. 2: 63. 1846.——*Momordica cylindrica* L.（英 **Suakwa Vegetablesponge**）

茎、枝粗糙，被微柔毛。卷须通常2-4歧。叶片三角形或近圆形，长、宽均为10-20 cm，通常掌状5-7裂。雌雄同株。雄花：通常15-20朵生于总状花序上部；花萼裂片卵状披针形或近三角形，上端向外反折；花冠黄色，辐状，开展时直径5-9 cm，裂片长圆形，长2-4 cm，宽2-2.8 cm；雄蕊通常5枚，稀3枚，药室多回折曲。雌花：单生，子房长圆柱状，有柔毛。果实圆柱状，长15-30 cm，直径5-8 cm，表面平滑，通常深色纵条纹。种子多数，黑色，卵形，平滑，边缘狭翼状。花果期夏秋季。

分布与生境 我国南北各地普遍栽培，也广泛栽培于世界温带、热带地区。云南南部有野生，但果较短小。

药用部位 丝瓜络（果实的维管束）、根、藤、种子、叶、花、果实、果皮、丝瓜蒂。

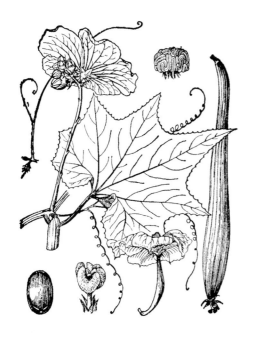

丝瓜 **Luffa cylindrica** (L.) M. Roem.
引自《中国高等植物图鉴》

丝瓜 **Luffa cylindrica** (L.) M. Roem.
摄影：张英涛

功效应用 丝瓜络：清热解毒，活血通络，利尿消肿，下乳。用于痹痛拘挛，胸肋胀痛，闭经，乳汁不通，乳痈肿痛，水肿。根：活血通络，消肿。用于偏头痛，腰痛，乳腺炎，鼻塞流涕，喉风肿痛，肠风下血，痔漏。藤：舒筋，活血，健脾，杀虫。用于腰膝四肢麻木，月经不调，水肿，龋齿，鼻渊，牙痛。有小毒。种子：利水，除热。用于肢面水肿，石淋，肠风，痔漏。味苦者有毒。叶：清热解毒。用于痈疽，疗肿，疮癣，蛇咬，烫火伤。花：清热解毒。用于肺热咳嗽，咽痛，鼻窦炎，疗疮，痔疮。果实：清热，化痰，凉血，解毒。用于热病，身热烦渴，痰喘咳嗽，肠风痔漏，崩带，血淋，痔疮，乳汁不通，痈肿。果皮：用于金疮，疗疮，坐板疮。丝瓜蒂：用于小儿痘，喉痛。

化学成分 根含三萜及其皂苷类：齐墩果酸(oleanolic acid)，21β-羟基齐墩果酸(21β-hydroxyoleanolic acid)，3-O-β-D-吡喃葡萄糖基-21β-羟基常春藤皂苷元(3-O-β-D-glucopyranosyl-21β-hydroxyhederagenin)，2α-羟基常春藤皂苷元(2α-hydroxyhederagenin)[1]。

叶含三萜及其皂苷类：丝瓜苷(lucyoside) N[2]、O[3]、P[4]、Q[5]、R[6]，3-O-β-L-吡喃葡萄糖基常春藤皂苷元(3-O-β-L-glucopyranosylhederagenin)[4]，21β-羟基齐墩果酸(21β-hydroxyoleanolic acid)，3-O-β-D-吡喃葡萄糖基山楂酸(3-O-β-D-glucopyranosylmaslinic acid)，2α-羟基丝石竹苷元-3-O-β-D-吡喃葡萄糖苷(3-O-β-D-glucopyranosyl-2α-hydroxygypsogenin)[7]，丝瓜素A (lucyin A)，3-O-β-D-吡喃葡萄糖基阿江榄仁酸(3-O-β-D-glucopyranosylarjunolic acid)[2]，剑刺仙人掌尼酸内酯▲(machaerinic acid lactone)[8]，齐墩果酸(oleanolic acid)，齐墩果酸-3-葡萄糖苷(oleanolic acid-3-glucoside)，齐墩果酸-3-葡萄糖基-28-二葡萄糖苷(oleanolic acid 3-glucosyl-28-diglucoside)[9]；脂肪酸类：棕榈酸[9]。

雄花含三萜类：齐墩果酸(oleanolic acid)[10]；甾体类：β-谷甾醇[10]；黄酮类：芹菜苷元(apigenin)[10]。

果实含三萜皂苷类：丝瓜苷(lucyoside) A[11]、C[12]、E、F[11-12]、H[12]、J、K、L、M[11]，3-O-β-D-吡喃葡萄糖基常春藤皂苷元(3-O-β-D-glucopyranosylhederagenin)，3-O-β-D-吡喃葡萄糖基齐墩果酸(3-O-β-D-glucopyranosyloleanolic acid)[11]；甾体类：α-菠菜甾醇，α-菠菜甾醇葡萄糖苷，豆甾-7,22,25-三烯-3β-醇，$\Delta^{7,22,25}$-豆甾醇-β-D-葡萄糖苷[12]，豆甾-5,9(11)二烯-3β-醇(stigmasta-5,9(11)dien-3β-ol)[13]；黄酮类：香叶木素-7-O-β-D-葡萄糖醛酸苷甲酯(diosmetin-7-O-β-D-glucuronide methyl ester)[14]，芹菜苷元-7-O-β-D-葡萄糖醛酸苷甲酯(apigenin-7-O-β-D-glucuronide methyl ester)，木犀草素-7-O-β-D-葡萄糖

醛酸苷甲酯(luteolin-7-*O*-β-D-glucuronide methyl ester)[15]；苯丙素类：对香豆酸(*p*-coumaric acid)，1-*O*-阿魏酰基-β-D-葡萄糖(1-*O*-feruloyl-β-D-glucose)，1-*O*-对香豆酰基-β-D-葡萄糖(1-*O*-*p*-coumaroyl-β-D-glucose)，1-*O*-咖啡酰基-β-D-葡萄糖(1-*O*-caffeoyl-β-D-glucose)，1-*O*-(4-羟基苯甲酰基)-葡萄糖[1-*O*-(4-hydroxybenzoyl)-glucose][15]；脑苷脂类：丝瓜脑苷(lucyobroside)[16]；脂肪醇类：1-三十醇(1-triacontanol)[13]。

种子含多肽类：丝瓜因▲(luffin) P₁[17]、S₁、S₂、S₃[18]、a[19]、b[20]，丝瓜林素▲(luffacylin)[21]；氨基酸类：赖氨酸(lysine)，组氨酸(histidine)，苏氨酸(threonine)，苯丙氨酸(phenylalanine)，酪氨酸(tyrosine)，缬氨酸(valine)，蛋氨酸(methionin)，胱氨酸(cystine)，亮氨酸(leucine)，异亮氨酸(isoleucine)，色氨酸(tryptophan)，丝氨酸(serine)，甘氨酸(glycine)，精氨酸(arginine)，谷氨酸(glutamic acid)，天冬氨酸(aspartic acid)，丙氨酸(alanine)，脯氨酸(proline)，γ-氨基丁酸(γ-aminobutyric acid)[22]；三萜皂苷类：丝瓜苷(lucyoside) N、P[23]；脂肪酸类：棕榈酸，油酸，亚油酸等[24]；色素类：γ-胡萝卜素，叶绿素b[25]。

地上部分含三萜皂苷类：丝瓜苷(lucyoside) A、B、C、D、E、F、G、H[25]、I[11]，人参皂苷(ginsenoside) Re、Rg₁[25]。

药理作用 抗白内障作用：丝瓜果实标准提取物在过氧化氢诱导的山羊晶状体离体白内障模型中表现出显著的抑制活性[1]。

抗氧化作用：丝瓜果实所含黄酮与苯丙素类成分具有清除 DPPH 自由基的活性[2]。

抗炎作用：丝瓜果实 70% 乙醇提取物在体外细胞模型中可以显著抑制组胺和前列腺素 E2 的释放，在尘螨诱导的小鼠特应性皮炎模型中能够显著降低血浆中 IgE 与组胺的水平，并减轻表皮出血、肥厚、角化过度等症

丝瓜络 Luffae Fructus Retinervus
摄影：陈代贤

状[3]。丝瓜皮与果肉的乙醇或乙酸乙酯提取物均能显著抑制脂多糖诱导的 RAW 264.7 细胞的 NO 与 IL-6 生成[4]。

调节免疫作用：从丝瓜子中酸水解物中分离的两个三萜皂苷元齐墩果酸与刺囊酸在 Balb/c 小鼠模型中表现出免疫刺激活性，能够显著增强 T- 细胞依赖性抗原绵羊红细胞引发的免疫反应[5]。

抑制蛋白质合成作用：从丝瓜子中分离的活性多肽丝瓜因▲(luffin) P₁[6]、S₁、S₂、S₃[7]、a[8]、b[9] 以及丝瓜林素▲(luffacylin)[10] 在无细胞体外翻译系统中能够导致核糖体失活而强烈抑制蛋白质的合成。

抗病毒作用：从丝瓜子中分离的活性多肽丝瓜因▲P₁(luffin P₁) 在 C8166 T- 细胞模型中表现出抗 HIV-1 活性[11]；丝瓜芽、丝瓜与丝瓜藤提取物腹腔注射对流行性乙型脑炎病毒感染的小鼠具有显著的保护作用[12-13]。

抗真菌作用：丝瓜林素▲(luffacylin) 对花生球腔菌 *Mycosphaerella arachidicola* 和尖孢镰刀菌 *Fusarium oxysporum* 具有体外抑制作用[10]。

注评 本种为历版中国药典、新疆药品标准（1980 年版）收载"丝瓜络"的基源植物，药用其干燥成熟果实的维管束；其干燥成熟种子为上海（1994 年版）、山西（1987 年版）中药材标准收载的"丝瓜子"；其干燥带叶藤茎为上海（1994 年版）中药材标准收载的"丝瓜藤"，根及近根 1 米长的藤茎为江西（1996 年版）中药材标准收载的"丝瓜根"。本种的果实称"丝瓜"，果皮称"丝瓜皮"，瓜蒂称"丝瓜蒂"，花称"丝瓜花"，叶称"丝瓜叶"，均可药用。傣族、阿昌族、彝族、水族、蒙古族、苗族、羌族也药用本种，主要用途见功效应用项。傣族尚用其叶和花治疗肝炎；阿昌族用其叶治百日咳，用其根治鼻炎；彝族用其根治癫痫，枪伤；水族用其茎、叶治疗气管炎。本种的种子为藏药"塞吉普布"的来源之一，《晶珠本草》有记载，用于赤巴病和培根病，引吐，中毒症。

化学成分参考文献

[1] 唐爱莲，等 . 中草药，2001, 32(9): 773-775.　　[2] 梁龙，等 . 药学学报，1993, 28(11): 836-839.

[3] 梁龙，等 . 药学学报，1994, 29(10): 798-800.

[4] 梁龙，等 . 华西药学杂志，1994, 9(4): 209-210, 214.

[5] Liang L, et al. *J Chin Pharm Sci*, 1997, 6(4): 225-227.

[6] 梁龙，等 . 药学学报，1997, 32(10): 761-764.

[7] 梁龙，等 . 华西药学杂志，1993, 8(2): 63-66.

[8] Khan MSY, et al. *Ind J Pharm Sci*, 1992, 54(2): 75-76.

[9] 南京药物研究所气管炎研究组 . 中草药，1980, 11(2): 55, 64.

[10] Khan MSY, et al. *Indian Drugs*, 1990, 28(1): 35-36.

[11] Takemoto T, et al. *Yakugaku Zasshi*, 1985, 105(9): 834-839.

[12] 熊淑玲，等 . 中国中药杂志，1994, 19(4): 233-234.

[13] Sutradhar RK, et al. *Journal of the Bangladesh Chemical Society*, 1994, 7(1): 87-91.

[14] Du QZ, et al. *Fitoterapia*, 2007, 78(7-8): 609-610.

[15] Du QZ, et al. *J Agric Food Chem*, 2006, 54(12): 4186-4190.

[16] 方乍浦，等 . 天然产物研究与开发 1996, 8(3): 20-25.

[17] 李丰，等 . 生物化学与生物物理学报，2003, 35(9): 847-852.

[18] 熊长云，等 . 生物化学与生物物理学报，1998, 30(2): 142-146.

[19] Islam MR, et al. *Agric Biol Chem*, 1990, 54(11): 2967-2978.

[20] Islam MR, et al. *Agric Biol Chem*, 1991, 55(1): 229-238.

[21] Parkash A, et al. *Peptides*, 2002, 23(6): 1019-1024.

[22] Joshi SS, et al. *Journal of the Institution of Chemists* (India), 1978, 50(2): 73-74.

[23] Yoshikawa K, et al. *Chem Pharm Bull*, 1991, 39(5): 1185-1188.

[24] Umarov AU, et al. *Khim Prir Soedin*, 1968, 4(3): 187.

[25] Takemoto T, et al. *Yakugaku Zasshi*, 1984, 104(3): 246-255.

药理作用及毒性参考文献

[1] Dubey S, et al. *Indian J Pharmacol*, 2015, 47(6): 644-648.

[2] Du Q, et al. *J Agric Food Chem*, 2006, 54(12): 4186-4190.

[3] Ha H, et al. *Pharm Biol*, 2015, 53(4): 555-562.

[4] Kao TH, et al. *Food Chem*, 2012, 135(2): 386-395.

[5] Khajuria A, et al. *Bioorg Med Chem Lett*, 2007, 17(6): 1608-1612.

[6] Li F, et al. *Peptides*, 2003, 24(6): 799-805.

[7] 熊长云，等 . 生物化学与生物物理学报，1998, 30(2): 142-146.

[8] Islam MR, et al. *Agric Biol Chem*, 1990, 54(11): 2967-2978.

[9] Islam MR, et al. *Agric Biol Chem*, 1991, 55(1): 229-238.

[10] Parkash A, et al. *Peptides*, 2002, 23(6): 1019-1024.

[11] Ng YM, et al. *J Struct Biol*, 2011, 174(1): 164-172.

[12] 许兆祥，等 . 微生物学报 . 1985，25(1): 66-88.

[13] 许兆祥，等 . 中西医结合杂志，1987, 7(7): 421-422, 390.

2. 广东丝瓜（蔬菜通称） 棱角丝瓜，粤丝瓜（贵州）

Luffa acutangula (L.) Roxb., Hort. Beng. 70. 1814.——*Cucumis acutangulus* L.（英 **Singkwa Towelgourd**）

茎被短柔毛。卷须常 3 歧。叶片近圆形，长、宽均为 15-20 cm，常为 5-7 浅裂，两面脉上有短柔毛。雌雄同株；通常 17-20 朵花生于总梗顶端，呈总状花序，花萼筒钟形，裂片披针形，长 0.4-0.6 cm，具 1 脉；花冠黄色，辐状，裂片倒心形，长 1.5-2.5 cm，宽 1-2 cm。雌花：单生，与雄花序生于同一叶腋；子房棍棒状，具 10 条纵棱。果实圆柱状或棍棒状，具 8-10 条纵向的锐棱和沟，没有瘤状凸起，长 15-30 cm，直径 6-10 cm。种子卵形，黑色。花、果期夏秋季。

分布与生境 我国南部多栽培，北部各地少见。世界其他热带地区也有栽培。

药用部位 丝瓜络、根、藤、种子、叶、花、果实、果皮、丝瓜蒂。

功效应用 丝瓜络：祛风，通络，活血，下乳。用于痹痛拘挛，胸胁胀痛，乳汁不通，乳痈肿痛。根：通络，消肿。用于偏头痛，腰痛，乳腺炎，喉风肿痛，肠风下血，痔漏。藤：舒筋，活血，健脾，杀虫。用于腰膝四肢麻木，月经不调，水肿，龋齿，鼻渊，牙痛。种子：利水，除热。用于肢面水肿，石淋，肠风，痔漏。叶：清热解毒。用于痈疽，疔肿，疮癣，蛇咬，烫火伤。花：清热解毒。用于肺热咳嗽，咽痛，鼻窦炎，疔疮，痔疮。果实：清热，化痰，凉血，解毒。用于热病，身热烦渴，痰喘咳嗽，肠风痔漏，崩带，血淋，痔疮，乳汁不通，痈肿。果皮：用于金疮，疔疮，坐板疮。丝瓜蒂：用于小儿痘，喉痛。

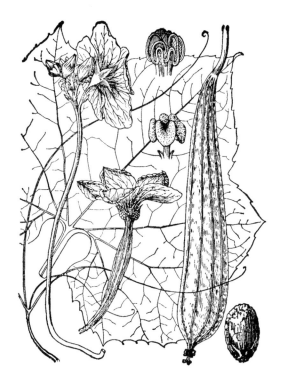

广东丝瓜 **Luffa acutangula** (L.) Roxb.
引自《中国高等植物图鉴》

广东丝瓜 **Luffa acutangula** (L.) Roxb.
摄影：徐晔春

化学成分　叶含黄酮类：芹菜苷元-7-*O*-*β*-D-吡喃葡萄糖苷(apigenin-7-*O*-*β*-D-glucopyranoside)，木犀草素-7-*O*-*β*-D-吡喃葡萄糖苷(luteolin-7-*O*-*β*-D-glucopyranoside)，金圣草酚-7-*O*-*β*-D-吡喃葡萄糖苷(chrysoeriol-7-*O*-*β*-D-glucopyranoside)，芹菜苷元-7,4'-二-*O*-*β*-D-吡喃葡萄糖苷(apigenin-7,4'-di-*O*-*β*-D-glucopyranoside)，木犀草素-7,4'-*O*-*β*-二吡喃葡萄糖苷(luteolin-7,4'-*O*-*β*-diglucoside)[1]。

　　种子含三萜类：广东丝瓜苷▲(acutoside) H、I[2]，葫芦素B(cucurbitacin B)，齐墩果酸(oleanolic acid)[3]；氨基酸类：赖氨酸(lysine)，组氨酸(histidine)，苏氨酸(threonine)，苯丙氨酸(phenylalanine)，酪氨酸(tyrosine)，缬氨酸(valine)，蛋氨酸(methionin)，胱氨酸(cystine)，亮氨酸(leucine)，异亮氨酸(isoleucine)，色氨酸(tryptophan)，丝氨酸(serine)，甘氨酸(glycine)，精氨酸(arginine)，谷氨酸(glutamic acid)，天冬氨酸(aspartic acid)，丙氨酸(alanine)，脯氨酸(proline)，γ-氨基丁酸(γ-aminobutyric acid)[4]；多肽类：广东丝瓜素▲(luffangulin)[5]，广东丝瓜林素▲(luffaculin)[6]。

　　果实含凝集素(lectin)[7]。

　　全草含三萜皂苷类：广东丝瓜苷▲(acutoside) A、B、C、D、E、F、G[8]。

注评　本种为广西（1990年版）、湖南（1993、2009年版）中药材标准收载"丝瓜络"的基源植物，药用其干燥成熟果实的维管束。标准使用本种的中文异名棱角丝瓜。本种的果实称"丝瓜"，果皮称"丝瓜皮"，瓜蒂称"丝瓜蒂"，种子称"丝瓜子"，花称"丝瓜花"，叶称"丝瓜叶"，藤茎称"丝瓜藤"，根称"丝瓜根"，均可药用。傣族、彝族、傈僳族也药用本种，主要用途见功效应用项。傣族尚其花治肝炎，用丝瓜络续筋接骨，生肌；彝族用其根治癫痫；傈僳族用其叶治百日咳，暑热口渴，用其根治鼻炎。《藏药志》记载其种子为藏药"塞吉普布"的来源之一，《晶珠本草》有记载，用于赤巴病和培根病。

化学成分参考文献

[1] Schilling EE, et al. *Biochem Syst Ecol*, 1981, 9(4): 263-265.　　[2] Nagao T, et al. *Chem Pharm Bull*, 1991, 39 (4): 889-893.

[3] Barua AK, et al. *Journal of the Indian Chemical Society*, 1958, 35: 480-482.

[4] Joshi SS, et al. *Journal of the Institution of Chemists (India)*, 1978, 50(2): 73-74.

[5] Wang HX, et al. *Life Sci*, 2002, 70(8): 899-906.

[6] 龙晶，等 . 中国天然药物，2008, 6(5): 372-376.

[7] Anantharam V, et al. *J Biol Chem*, 1986, 261(31): 14621-14627.

[8] Nagao T, et al. *Chem Pharm Bull*, 1991, 39(3): 599-606.

14. 冬瓜属 Benincasa Savi

一年生蔓生草本，全株密被硬毛。叶掌状 5 浅裂。卷须 2-3 歧。花大型，雌雄同株，单独腋生。雄花花萼筒宽钟状，裂片 5，近叶状，有锯齿，反折；花冠辐状，通常 5 裂，裂片倒卵形，全缘；雄蕊 3 枚，离生，花药 1 枚 1 室，其他 2 室，药室多回折曲，药隔宽。雌花子房具 3 胎座，胚珠多数。水平生。果实大型，不开裂，具多数种子。

1 种，栽培于世界热带、亚热带和温带地区。我国各地普遍栽培，其中 1 种 1 变种可药用。

1. 冬瓜（本草经） 白瓜，猪子冬瓜（海南）

Benincasa hispida (Thunb.) Cogn. in DC., Mor. Phan. 3: 513. 1881.——*Cucurbita hispida* Thunb.（英 **White Gourd**）

1a. 冬瓜（模式变种）

Benincasa hispida (Thunb.) Cogn. var. **hispida**

一年生蔓生或架生草本；茎被黄褐色硬毛及长柔毛，叶片肾状近圆形，宽 15-30 cm，5-7 浅裂或有时中裂。花萼筒宽钟形，裂片披针形，长 8-12 mm，有锯齿，反折；花冠黄色，辐状，裂片宽倒卵形，长 3-6 cm，宽 2.5-3.5 cm；子房卵形或圆筒形，密生黄褐色绒毛状硬毛，长 2-4 cm。果实长圆柱状或近球状，有硬毛和白霜，长 25-60 cm，直径 10-25 cm。种子卵形，白色或淡黄色，压扁，有边缘。

分布与生境 我国各地有栽培；云南南部（西双版纳）有野生者，果远较小。亚洲其他热带、亚热带地区，澳大利亚东部及马达加斯加也有分布。

药用部位 外果皮、种子、茎、叶、果实、瓜瓤。

功效应用 外果皮：利尿消肿。用于水肿胀满，小便不利，暑热口渴，小便短赤。种子：润肺，化痰，消痈，利水。用于痰热，咳嗽，肺痈，酒渣鼻，阑尾炎，痔疮。茎：清肺化痰，通经活络。用于肺热痰火，关节不利，脱肛，疥疮。叶：清热，利湿，解毒。用于消渴，疟疾，泻痢。外用蜂螫肿毒。果实：利水，消痰，清热解毒。

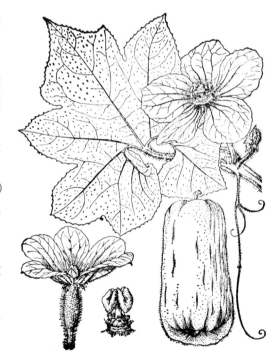

冬瓜 **Benincasa hispida** (Thunb.) Cogn. var. **hispida**
引自《中国高等植物图鉴》

用于水肿，胀满，脚气，淋病，痰吼，咳喘，暑热烦闷，消渴，泻痢，痈肿，痔漏，解鱼毒，酒毒。瓜瓤：清热，止渴，利水消肿。用于水肿，胀满，脚气，淋病，痰吼，咳喘，暑热烦闷，消渴，泻痢，痈肿，痔漏，解鱼毒，酒毒。

化学成分 果实含黄酮类：落新妇苷(astilbin)，儿茶素(catechin)，柚皮苷元(naringenin)[1]；三萜类：桤木烯醇▲(alnusenol)，多花白树烯醇▲(multiflorenol)，异多花白树烯醇▲乙酸酯(isomultiflorenyl acetate)，

冬瓜 Benincasa hispida (Thunb.) Cogn. var. hispida
摄影：刘冰 徐克学

5-欧洲栲木烯-3β-醇乙酸酯(5-gluten-3β-yl acetate)[2]，羽扇豆醇乙酸酯(lupeol acetate)[3]，羽扇豆醇(lupeol)[4]，3α,29-O-二-反式-桂皮酰基-D:C-飞齐墩果-7,9-(11)-二烯[3α,29-O-di-trans-cinnamoyl-D:C-friedooleana-7,9-(11)-diene]，齐墩果酸-28-O-β-D-吡喃木糖基-[β-D-吡喃木糖基-(1→4)]-(1→3)-α-L-吡喃鼠李糖基-(1→2)-α-L-吡喃阿拉伯糖苷[oleanolic acid-28-O-β-D-xylopyranosyl-[β-D-xylopyranosyl-(1→4)]-(1→3)-α-L-rhamnopyranosyl-(1→2)-α-L-arabinopyranoside]，齐墩果酸-28-O-β-D-吡喃葡萄糖基-(1→3)-β-D-吡喃木糖基-[β-D-吡喃木糖基-(1→4)]-(1→3)-α-L-吡喃鼠李糖基-(1→2)-α-L-吡喃阿拉伯糖苷[oleanolic acid-28-O-β-D-glucopyranosyl-(1→3)-β-D-xylopyranosyl-[β-D-xylopyranosyl-(1→4)]-(1→3)-α-L-rhamnopyranosyl-(1→2)-α-L-arabinopyranoside][5]；甾体类：α-菠菜甾醇(α-spinasterol)[2,5]，麦角甾醇过氧化物(ergosterol peroxide)[2]，β-谷甾醇乙酸酯[3]，β-谷甾醇[4-5]，豆甾醇(stigmasterol)，豆甾醇-3-O-β-D-吡喃葡萄糖苷(stigmasterol-3-O-β-D-glucopyranoside)，α-菠菜甾醇-3-O-β-D-吡喃葡萄糖苷(α-spinasterol-3-O-β-D-glucopyranoside)，胡萝卜苷[5]；酚类：熊果苷(arbutin)[5]；生物碱类：烟酸(nicotinic acid)[5]；木脂素类：(+)-松脂酚[(+)-pinoresinol][5]；糖苷类：乙基-β-D-吡喃葡萄糖苷(ethyl-β-D-glucopyranoside)[5]；氨基酸类：精氨酸，天冬氨酸，谷氨酸，天门冬酰胺，谷氨酰胺，羟脯氨酸，脯氨酸，异亮氨酸，半胱氨酸，L-亮氨酸[4]，瓜氨酸[6]；糖类：葡萄糖，鼠李糖[4]；其他：正三十醇，甘露醇[4]，双(2-乙基己基)酞酸酯[bis(2-2-ethylhexyl)phthalate][7]。

果实蜡质含三萜类：异多花白树烯醇乙酸酯[8]。

种子含肽类[9]。

药理作用 抗炎作用：冬瓜甲醇提取物对抗原-抗体反应引起的大鼠肥大细胞释放组胺有抑制作用[1]。

抗溃疡作用：冬瓜提取物对阿司匹林致小鼠胃溃疡有抑制作用，病理切片结果表明其能保护胃黏膜上皮细胞并抑制溃疡发生[2]。

注评 本种历版中国药典、新疆药品标准（1980年版）收载"冬瓜皮"的基源植物，药用其干燥外层果皮；其干燥成熟种子为中国药典（1963、1977年版），新疆药品标准（1980年版），中华中药典范（1985年版），四川（1987、2010年版）、山东（1995、2002年版）、贵州

冬瓜皮 Benincasae Exocarpium
摄影：钟国跃

（1988 年版）、上海（1994 年版）、北京（1998 年版）、山西（1987）、河南（1991 年版）、甘肃（2008 年版）、湖南（2009 年版）、辽宁（2009 年版）中药材标准以及重庆中药饮片炮制规范及标准（2006 年版）中收载的"冬瓜子"。本种的果实称"冬瓜"，瓜瓤称"冬瓜瓤"，叶称"冬瓜叶"，藤茎称"冬瓜藤"，均可药用。傣族、佤族、阿昌族、德昂族、景颇族、佤族、白族、蒙古族、苗族和哈尼族也药用本种的果实、种子或全株，主要用途见功效应用项。傣族尚用其果实治腹中死胎；用其根补气补血；阿昌族、德昂族、景颇族用于治刀枪伤。

化学成分参考文献

[1] Du QZ, et al. *J Liq Chromatogr Relat Technol*, 2005, 28(1): 137-144.

[2] Yoshizumi S, et al. *Japan Kokai Tokkyo Koho*, 2000: 6 pp.

[3] Maiti S P, et al. *Journal of the Institution of Chemists* (India), 1992, 64(3): 123-124.

[4] Lakshmi V, et al. *Q J Crude Drug Res*, 1976, 14(4): 163-164.

[5] Han XN, et al. *J Agric Food Chem*, 2013, 61(51): 12692-12699.

[6] Inukai F, et al. *Meiji Daigaku Nogakubu Kenkyu Hokoku*, 1966, No. 20: 29-33.

[7] 王家文，等. 食品科学，2010, 31(4): 183-186.

[8] Wollenweber E, et al. *Indian Drugs*, 1991, 28(10): 458-460.

[9] Sharma S, et al. *International Journal of Peptides*, 2014, 2014, 156060.

药理作用及毒性参考文献

[1] 吉积智司，等. 药学杂志，1998, 118(5): 188-192.

[2] 夏明，等. 食品科学，2005, 26(4): 243-246.

1b. 节瓜（变种）

Benincasa hispida (Thunb.) Cogn. var. **chieh-qua** F. C. How in Acta Phytotax Sin. 3(1):76. 1954.

　　与冬瓜不同之处在于：子房活体时被污浊色或黄色糙硬毛；果实小，比黄瓜略长而粗，长 15–20 (–25) cm，直径 4–8 (–10) cm，成熟时被糙硬毛，无白蜡质粉被。

分布与生境　我国南方（尤其广东、广西）普遍栽培。

药用部位　果实、果皮、种子。

功效应用　果实：生津止渴，驱暑，健脾，下气利水。用于暑热烦渴，肺热咳嗽，水肿。果皮、种子：润肺化痰，利水消肿。

节瓜 Benincasa hispida (Thunb.) Cogn. var. **chieh-qua** F. C. How
摄影：徐克学

15. 西瓜属 Citrullus Schrad.

一年生或多年生蔓生草本；茎、枝稍粗壮，粗糙。卷须 2-3 歧，稀不分歧。叶片 3-5 浅裂，裂片又羽状或 2 回羽状浅裂或深裂。雌雄同株。雌、雄花单生或稀簇生，黄色。雄花：花萼裂片 5；花冠深 5 裂；雄蕊 3 枚，花丝短，离生，花药稍靠合，1 枚 1 室，其余的 2 室，药室线形，折曲，药隔膨大。雌花：退化雄蕊 3 枚，刺毛状或舌状；子房卵球形，3 胎座，胚珠多数，水平着生。果实大，球形至椭圆形，果皮平滑，肉质，不开裂。种子多数，长圆形或卵形，压扁，平滑。

9 种，分布于地中海东部、非洲热带、亚洲西部。我国栽培 1 种，可药用。

1. 西瓜（日用本草） 寒瓜（陶弘景注）

Citrullus lanatus (Thunb.) Matsum. et Nakai in Cat. Sem. Spor. Hort. Bot. Univ. Imp. Tokyo 30: 854. 1916.——*Momordica lanata* Thunb.（英 **Watermelon**）

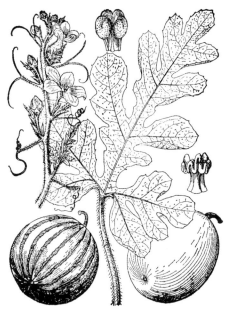

茎、枝被长而密的白色或淡黄褐色长柔毛。卷须 2 歧；叶片轮廓三角状卵形，带白绿色，长 8-20 cm，宽 5-15 cm，3 深裂，裂片又羽状或二重羽状浅裂或深裂。花萼筒宽钟形，密被长柔毛；花萼裂片狭披针形；花冠淡黄色，直径 2.5-3 cm，裂片卵状长圆形，长 1-1.5 cm，宽 0.5-0.8 cm；子房卵形，长 0.5-0.8 cm，密被长柔毛。果实近于球形或椭圆形，肉质，多汁，果皮光滑，色泽及纹饰各式。种子多数，卵形，黑色、红色，有时为白色、黄色、淡绿色或有斑纹。花果期夏季。

分布与生境 我国各地栽培，品种甚多，外果皮、果肉及种子形式多样。其原种可能来自非洲，久已广泛栽培于世界热带到温带地区。

药用部位 外果皮、果实、瓜瓤、种仁、种皮、根、叶、藤茎、玄明粉（成熟新鲜果实与芒硝经加工制成的结晶性粉末）。

西瓜 Citrullus lanatus (Thunb.) Matsum. et Nakai
引自《中国高等植物图鉴》

西瓜 Citrullus lanatus (Thunb.) Matsum. et Nakai
摄影：梁同军 徐克学

功效应用 外果皮：清暑解热，止渴，利小便。用于暑热烦渴，小便短少，水肿，口舌生疮。果实：清热除烦，解暑生津，利尿。用于暑热烦渴，热盛津伤，小便不利，喉痹，口疮。瓜瓤：清热解暑，除烦止渴，利小便。用于暑热烦渴，热盛伤津，小便不利，喉痹，口疮。种仁：清肺润肠，和中止渴。用于呕血，久咳，便秘。种皮：止血。用于呕血，肠风下血。根、叶或藤茎：清热利湿。用于水泻，痢疾，烫伤，萎缩性鼻炎。玄明粉：清热泻火，消肿止痛。用于咽喉肿痛，喉痹，口疮。

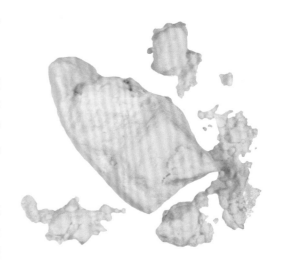

西瓜霜 Mirabilitum Praeparatum
摄影：陈代贤

化学成分 藤含三萜类：熊果酸(ursolic acid)[1]；甾体类：豆甾醇(stigmasterol)，β-谷甾醇，胡萝卜苷[1]；甘油酯类：肉豆蔻酸甘油酯(monomyristin)，棕榈酸甘油酯(monopalmitin)，二十二酸甘油酯(monobehenin)，二十一酸甘油酯(monoheneicosanoin)[1]；脂肪酸类：棕榈酸(palmitic acid)，硬脂酸(stearic acid)[1]。

果实含色素类：番茄烯(lycopene)，β-胡萝卜素[2]；其他类：α-生育酚(α-tocopherol)[3]，肉豆蔻酸，乙醛，甲酸乙酯[4]。

果皮含脂肪酸类：十六酸，油酸等[5]；其他：雪松醇，酞酸二丁酯，2,4,6-环庚烯酮-2-胺，N-苯基乙酰胺，2,6-二叔丁基对甲酚等[5]。

种子含生物碱类：1-[2-(5-羟甲基-1H-吡咯-2-醛基-1-基)乙基]-1H-吡唑{1-[2-(5-hydroxymethyl-1H-pyrrole-2-carbaldehyde-1-yl)ethyl]-1H-pyrazole}，1-({[5-(α-D-吡喃半乳糖氧基)甲基]-1H-吡咯-2-醛基-1-基}-乙基)-1H-吡唑{1-({[5-(α-D-galactopyranosyloxy)methyl]-1H-pyrrole-2-carbaldehyde-1-yl}-ethyl)-1H-pyrazole}[6]；酚苷类：(4-羟基苯基)甲醇-4-[β-D-呋喃芹糖基-(1 → 2)-O-β-D-吡喃葡萄糖苷]{(4-hydroxyphenyl)methanol-4-[β-D-apiofuranosyl-(1 → 2)-O-β-D-glucopyranoside]}[6]；脂肪酸类：棕榈酸，硬脂酸，油酸，亚油酸等[7]。

注评 本种为中国药典（2005、2010 年版）收载"西瓜霜"的基源植物，药用其成熟新鲜果实与芒硝经加工而成的结晶性粉末；为中国药典（1977 年版）和山西（1987 年版）、贵州（1988 年版）、湖南（1993、2009 年版）、山东（1995、2002 年版）、广东（2004 年版）、甘肃（2008 年版）中药材标准收载"西瓜皮"，上海（1994 年版）和河南（1993 年版）中药材标准收载"西瓜翠"的基源植物，药用其干燥外果皮；为部颁标准·维药（1999 年版）中收载"西瓜子"的基源植物，药用其干燥成熟种子。有的标准使用本种的拉丁异名 *Citrullus vulgaris* Schrad.。本种的果实称"西瓜"，种仁称"西瓜子仁"，种皮称"西瓜子壳"，根、叶或藤茎称"西瓜根叶"，均可药用。其果皮在浙江、江西及四川曾伪充"瓜蒌皮"，应注意鉴别。"瓜蒌""瓜蒌皮""瓜蒌子"和"天花粉"药用商品、地区习用品及混伪品情况，参见栝楼 *Trichosanthes kirilowii* Maxim. 注评。佤族、蒙古族、苗族、傣族、德昂族、景颇族、阿昌族也药用本种，主要用途见功效应用项。

化学成分参考文献

[1] 王硕，等 . 中国实验方剂学杂志，2013, 19(6): 131-134.

[2] 李淑梅，等 . 光谱实验室，2009, 26(2): 239-241.

[3] Charoensiri R, et al. *Food Chem*, 2009, 113(1): 202-207.

[4] Pino JA, et al. *J Essent Oil Res*, 2003, 15(6): 379-380.

[5] 乐长高，等 . 光谱实验室，1999, 16(4): 439-441.

[6] Kikuchi T, et al. *Phytochem Lett*, 2015, 12: 94-97.

[7] Oluba OM, et al. *J Biol Sci* (Pakistan), 2008, 8(4): 814-817.

16. 黄瓜属 Cucumis L.

一年生攀援或蔓生草本；茎、枝密被白色或稍黄色的糙硬毛。卷须不分歧。叶片不分裂或 3-7 浅裂。雌雄同株，稀异株。雄花：簇生或稀单生；花萼筒钟状或近陀螺状，5 裂；花冠辐状或近钟状，5裂，雄蕊 3 枚，离生，花药 1 枚 1 室，2 枚 2 室，药室线形，折曲或稀弓曲，药隔伸出，成乳头状。雌花单生或稀簇生；子房纺锤形或近圆筒形，具 3-5 胎座，柱头 3-5，靠合；胚球多数，水平着生。果实多形，通常不开裂，平滑或具瘤状凸起。种子多数，扁压，种子边缘不拱起。

约 70 种，分布于世界热带到温带地区，以非洲种类较多。我国 4 种 3 变种，其中 2 种 1 变种可药用。

分种检索表

1. 果皮平滑，无瘤状凸起 ·· 1. 甜瓜 **C. melo**
1. 果皮粗糙，通常具刺尖的瘤状凸起 ································ 2. 黄瓜 **C. sativus**

本属药用植物富含葫芦素类三萜、黄酮等类型化合物，归类为前者的化合物如葫芦素 (cucurbitacin) A (**1**)、B，7β- 羟 基 葫 芦 素 B (7β-hydroxycucurbitacin B，**2**)，去 七 甲 基 葫 芦 素 D (hexanorcucurbitacin D，**3**)、多花白树烯醇 (multiflorenol，**4**) 等。**1** 和葫芦素 B 对肿瘤细胞系细胞株 A549/ATCC 和 BEL7402 的增殖具有明显的细胞毒活性，但 **2** 的作用弱于前两者；葫芦素 B 的作用机制可能与其抑制磷酸化 STAT3 有关；**3** 对昆虫甾体激素有拮抗作用。典型的黄酮类化合物包括黄瓜灵素▲ (cucumerin) A (**5**)、B (**6**)、甜瓜苷▲A (meloside A，**7**) 等，为与黄酮母核直接相连的碳糖苷，较少见。**5** 和 **6** 可能是植物抗毒素，抑制侵入寄生的病原菌生长。

1. 甜瓜（郭橐驼种树书） 香瓜（滇南本草，本草纲目）

Cucumis melo L., Sp. Pl.2: 1011. 1753.（英 **Muskmelon**）

1a. 甜瓜（模式变种）

Cucumis melo L. var. **melo**

茎、枝有黄褐色或白色的糙硬毛和疣状突起。卷须单一。叶片厚纸质，近圆形或肾形，长、宽均为 8-15 cm，边缘不分裂或 3-7 浅裂。雄花：数朵簇生于叶腋；花萼筒狭钟形，密被白色长柔毛，长 6-8 mm，裂片近钻形；花冠黄色，长 2 cm，裂片卵状长圆形。雌花：单生；子房长椭圆形，密被长柔毛和长糙硬毛。果实的形状、颜色因品种而异，通常为球形或长椭圆形，果皮平滑；种子污白色或黄白色，卵形或长圆形。花、果期夏季。

分布与生境 全国各地广泛栽培。世界温带至热带地区也广泛栽培。

药用部位 种子、瓜蒂、果实、果皮、茎、叶、根、花。

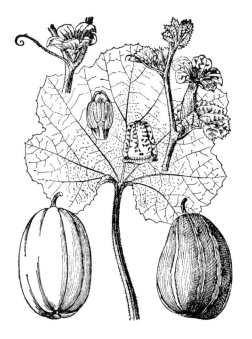

甜瓜 **Cucumis melo** L. var. **melo**
引自《中国高等植物图鉴》

甜瓜 **Cucumis melo** L. var. **melo**
摄影：徐克学 梁同军

功效应用 种子：清肺，润肠，化瘀，排脓，疗伤止痛。用于肺热咳嗽，便秘，肺痈，肠痈，跌打损伤，筋骨折伤。瓜蒂：催吐，除湿，退黄疸。用于食积腹胀，胃脘痞块，湿热黄疸，咽喉肿痛，癫痫。有小毒。果实：清暑热，解烦渴，利小便。用于暑热烦渴，小便不利，暑热下痢腹痛。果皮：清暑热，解烦渴。用于暑热烦渴，牙痛。茎：用于通鼻窍，通经。鼻中息肉，鼽鼻，菌痢，高血压，经闭。叶：祛瘀，消积，生发。用于跌打损伤，小儿疳积，湿疮疥癣，秃发。生捣汁生发，研末酒服去淤血。根：祛风止痒。用于风热湿疮。花：理气，降逆，解毒。用于心痛，咳逆，疮毒。

化学成分 茎含三萜类：16α,23α-环氧-2β,3β,7β,20β,26-五羟基-10α,23α-葫芦-5,24-(E)-二烯-11-酮[16α,23α-epoxy-2β,3β,7β,20β,26-pentahydroxy-10α,23α-cucurbit-5,24-(E)-dien-11-one]，16α,23α-环 氧-2β,3β,7β,20β,26-五 羟 基-10α,23α-葫 芦-5,24-(E)-二 烯-11-酮-2-O-β-D-吡 喃 葡 萄 糖 苷[16α,23α-epoxy-2β,3β,7β,20β,26-pentahydroxy-10α,23α-cucurbit-5,24-(E)-dien-11-one-2-O-β-D-glucopyranoside]，2β,16α,20,23,26-五 羟 基-10α-葫 芦-5,24-(E)-二 烯-3,11-二 酮[2β,16α,20,23,26-pentahydroxy-10α-cucurbit-5,24-(E)-diene-3,11-dione]，葫芦素A-2-O-β-D-吡喃葡萄糖苷(cucurbitacin A-2-O-β-D-glucopyranoside)，25-去乙酰葫芦素A (25-deacetylcucurbitacin A)，23,24-二 氢-25-去 乙 酰 葫 芦 素A (23,24-dihydro-25-deacetylcucurbitacin A)，7β-羟 基 葫 芦 素B (7β-hydroxycucurbitacin B)，23,24-二 氢-7β-羟 基 葫 芦 素B (23,24-dihydro-7β-hydroxycucurbitacin B)，六降葫芦素D-2-O-β-D-吡喃葡萄糖苷(hexanorcucurbitacin D-2-O-β-D-glucopyranoside)，葫芦素(cucurbitacin) A、B、G、H、R，异葫芦素R (isocucurbitacin R)，六降葫芦素D (hexanorcucurbitacin D)，23,24-二氢葫芦素B (23,24-dihydrocucurbitacin B)，二氢异葫芦素B (dihydroisocucurbitacin B)，19-降羊毛脂-5,24-二 烯-11-酮(19-norlanosta-5,24-dien-11-one)，海绿宁▲(arvenin) I、III[1]；黄酮类和酚类[2]。

叶含黄酮类：甜瓜苷▲(meloside) A、I、L、a[3]。

种子含三萜类：多花白树烯醇▲(multiflorenol)，异多花白树烯醇▲(isomultiflorenol)[4]；7-氧代二氢栝楼二醇-3-苯甲酸酯(7-oxodihydrokarounidiol-3-benzoate)，栝楼二醇-3-苯甲酸酯(karounidiol-3-benzoate)，栝楼二醇(karounidiol)，5-去氢栝楼二醇(5-dehydrokarounidiol)，7-氧代二氢栝楼二醇(7-oxodihydrokarounidiol)，泻根醇(bryonolol)，异栝楼二醇(isokarounidiol)，桑寄生醇▲(loranthol)[5]；酚和黄酮类[2]；甾体类：异岩藻甾醇(isofucosterol)，22-二氢菜籽甾醇(22-dihydrobrassicasterol)，24ξ-甲基-7-烯胆甾醇(24ξ-methyllathosterol)，松藻甾醇(codisterol)，赪桐甾醇(clerosterol)，燕麦甾醇(avenasterol)，24-亚甲基胆甾醇(24-methylenecholesterol)，25(27)-去氢多孔甾醇[25(27)-dehydroporiferasterol]，22-二氢菠菜甾醇(22-dihydrospinasterol)，25(27)-去氢真菌甾醇[25(27)-dehydrofungisterol]，25(27)-去氢鸡肝海绵甾醇▲[25(27)-dehydrochondrillasterol]，菠菜甾醇(spinasterol)，24β-乙基-25(27)-去氢-7-烯胆甾醇[24β-ethyl-25(27)-dehydrolathosterol]，豆甾醇，菜油甾醇(campesterol)，β-谷甾醇[6]；脂类：卵磷脂，脑磷脂，脑苷脂[7]；脂肪酸类：亚油酸[1]，油酸，亚油酸，棕榈酸，硬脂酸，辛酸，羊蜡酸，月桂酸，豆蔻酸，十六烯酸[8]。

药理作用　调节免疫作用：葫芦素 B 能提高小鼠外周血液 T 淋巴细胞数、PHA 诱导的 T 淋巴细胞转化率和脾空斑形成细胞数、血清溶血素水平、碳粒廓清率及腹腔巨噬细胞吞噬率[1]。

抗肿瘤作用：甜瓜藤有效部位对肉瘤 (S180)、肝癌 (Hep)、胃癌 (MFC) 细胞荷瘤小鼠肿瘤生长有抑瘤作用，同时可增加吞噬指数 α、碳粒廓清指数 K 及胸腺系数，对体外淋巴细胞转化功能亦有增强作用[2]。

注评　本种为中国药典（1963、1977、2010 年版）、新疆药品标准（1980 年版）收载"甜瓜子"，部颁标准·维药（1999 年版）收载"新疆甜瓜子"的基源植物，药用其干燥成熟种子；其干燥略带果皮的果柄为中国药典

甜瓜子 **Melo Semen**
摄影：陈代贤

（1977 年版）和上海（1994 年版）、甘肃（1995、2008 年版）、山东（1995、2002 年版）、山西（1987、2013 年版）、河南（1993 年版）中药材标准和新疆药品标准（1980 年版）收载的"甜瓜蒂"。本种的果实称"甜瓜"，果皮称"甜瓜皮"，花称"甜瓜花"，叶称"甜瓜叶"，藤茎称"甜瓜茎"，根称"甜瓜根"，均可药用。蒙古族、苗族也药用，主要用途见功效应用项。

化学成分参考文献

[1] Chen C, et al. *J Nat Prod*, 2009, 72(5): 824-829.

[2] smail HI, et al. *Food Chem*, 2010, 119(2): 643-647.

[3] Monties B, et al. *Phytochemistry*, 1976, 15(6): 1053-1056.

[4] Itoh T, et al. *Phytochemistry*, 1982, 21(9): 2414-2415.

[5] Akihisa T, et al. *Phytochemistry*, 1997, 46(7): 1261-1266.

[6] Garg VK, et al. *Phytochemistry*, 1986, 25(11): 2591-2597.

[7] Gumus S. *Communications de la Faculte des Sciences de l'Universite d'Ankara, Serie B: Chimie*, 1979, 25(4): 29-36.

[8] Tandon SP, et al. *Journal of the Indian Chemical Society*, 1977, 54(10): 1005-1006.

药理作用及毒性参考文献

[1] 刘颖菊，等 . *J Chin Pharm Sci*, 1993，2(2): 121-126.

[2] 昌友权，等 . 食品科学，2005，26(8): 394-398.

1b. 菜瓜（变种）越瓜（本草经集注），稍瓜（饮膳正要），白瓜（本草求原），生瓜（本经逢原）

Cucumis melo L. var. **conomon** (Thunb.) Makino in Bot. Mag. Tokyo 16: 16. 1902.（英 **Conomon Muskmelon**）

果实长圆状圆柱形或近棒状，长 20–30 (–50) cm，直径 6–10 (–15) cm，上部比下部略粗，淡绿色，有纵线条，果肉白色或淡绿色，无香甜味。花、果期夏季。

分布与生境　我国南北各地普遍栽培。

药用部位　果实。

功效应用　消暑止渴，调理肠胃，利小便，清热解毒，解酒毒。用于饮食积滞，饮酒过量，酒精中毒，恶心呕吐，烦热口渴，小便不利，水肿，口吻疮，阴茎热疮。

化学成分　果实含巯基化合物：3-甲硫基丙酸乙酯 (3-methylthiopropionic acid ethyl ester)[1-2]，甲硫基乙酸乙酯(methylthioacetic acid ethyl ester)，乙酸-2-甲硫基乙酯 (acetic acid 2-methylthio ethyl ester)，乙酸-3-甲硫基丙酯 (acetic acid-3-methylthio propanyl ester)[2]；其他类：乙酸苄酯(benzyl acetate)，丁香酚(eugenol)[2]。

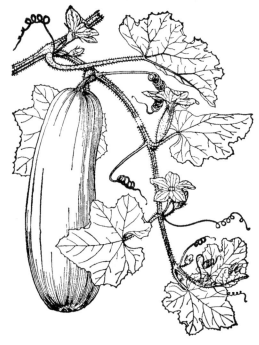

菜瓜 Cucumis melo L. var. conomon (Thunb.) Makino
引自《中国高等植物图鉴》

菜瓜 Cucumis melo L. var. conomon (Thunb.) Makino
摄影：黄健

化学成分参考文献

[1] Nakamura Y, et al. *J Agric Food Chem*, 2008, 56(9): 2977-2984.

[2] Nakamura Y, et al. *Mutation Research, Genetic Toxicology and Environmental Mutagenesis*, 2010, 703(2): 163-168.

2. 黄瓜（本草拾遗） 胡瓜（嘉祐本草），刺瓜（植物名实图考）

Cucumis sativus L., Sp. Pl. 2: 1012. 1753.（英 **Cucumber**）

茎、枝被白色的糙硬毛。卷须不分歧。叶片宽卵状心形，长、宽均为 7–20 cm，两面被糙硬毛，3–5 个角或浅裂。雄花：常数朵在叶腋簇生；花萼筒狭钟状或近圆筒状，长 8–10 mm，密被白色的长柔毛，裂片钻形；花冠淡黄色，长约 2 cm，花冠裂片长圆状披针形，药隔伸出，长约 1 mm。雌花：单生或稀簇生；子房纺锤形，粗糙，有小刺状突起。果实长圆形或圆柱形，长 10–30 (–50) cm，有具刺尖的瘤状突起，极稀近于平滑。种子小，狭卵形，白色。花、果期夏季。

分布与生境 我国各地普遍栽培。现广泛种植于温带和热带地区。

药用部位 种子、果皮、果实、藤茎、根、叶、黄瓜霜（果皮与朱砂、芒硝混合制成的白色结晶性粉末）。

功效应用 种子：舒筋接骨，祛风消疾。用于骨折筋伤，风湿痹痛，劳伤咳嗽。果皮：清热，利水，通淋。用于水肿尿少，热结膀胱，小便淋漓。果实：除热，利水，解毒。用于烦渴，咽喉肿痛，火眼，烫火伤。藤茎：利水，解毒。用于痢疾，淋病，黄水疮，癫痫。根：清热，利湿，解毒。用于胃热消渴，腹泻，痢疾，黄疸，疮疡肿毒，聤耳流脓。叶：清湿热，消毒肿。用于腹泻，痢疾，无名肿毒，湿脚气。黄瓜霜：清热明目，消肿止痛。火眼赤痛，咽喉肿痛，口舌生疮，牙龈肿痛，跌打肿痛。

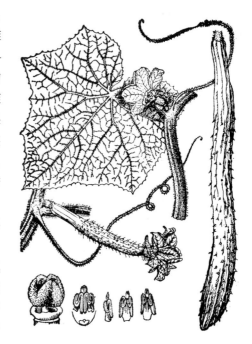

黄瓜 Cucumis sativus L.
引自《中国高等植物图鉴》

黄瓜 Cucumis sativus L.
摄影：朱鑫鑫 张英涛

化学成分 藤茎含三萜类：22-亚甲基-9,19-环羊毛脂-3β-醇(22-methylene-9,19-cyclolanostan-3β-ol)[1]；脑苷类：大豆脑苷I(soyacerebroside I)[1]；甾体类：α-菠菜甾醇，α-菠菜甾醇-3-O-β-D-吡喃葡萄糖苷，β-谷甾醇，豆甾-7-烯-3-O-β-D-吡喃葡萄糖苷(stigmast-7-ene-3-O-β-D-glucopyranoside)[1]；其他类：(2S,3S,4R,10E)-2-(2',3'-二羟基二十四碳酰氨基)-10-十八烯-1,3,4-三醇[(2S,3S,4R,10E)-2-(2',3'-dihydroxy-tetracosanoylamino)-10-

octadecene-1,3,4-triol]，(2S,3S,4R,10E)-2-[(2'R)-2-羟基二十四碳酰氨基]-10-十八烯-1,3,4-三醇{(2S,3S,4R,10E)-2-[(2'R)-2-hydroxytetracosanoyl amino]-10-octadecene-1,3,4-triol}，(2S,3S,4R,10E)-1-(β-D-葡萄糖基)-2-[(2'R)-2-羟基二十四碳酰氨基]-10-十八烯-1,3,4-三醇{(2S,3S,4R,10E)-1-(β-D-glucopyranosyl)-2-[(2'R)-2-hydroxytetracosanoylamino]-10-octadecene-1,3,4-triol}[1]。

叶含黄酮类：黄瓜灵素▲(cucumerin) A、B，牡荆素(vitexin)，异牡荆素(isovitexin)，荭草素(orientin)，异荭草素(isoorientin)[2]，异牡荆素-2"-O-(6'''-(E)-对香豆酰基)-吡喃葡萄糖苷{isovitexin-2"-O-[6'''-(E)-p-coumaroyl]glucopyranoside}，异牡荆素 2"-O-[6'''-(E)-对香豆酰基]-吡喃葡萄糖基-4'-O-吡喃葡萄糖苷{isovitexin-2"-O-[6'''-(E)-p-coumaroyl]-glucopyranoside-4'-O-glucopyranoside}，异牡荆素-2"-O-[6'''-(E)-阿魏酰基]-吡喃葡萄糖基-4'-O-吡喃葡萄糖苷{isovitexin-2"-O-[6'''-(E)-feruloyl]glucopyranoside-4'-O-glucopyranoside}，异金雀花素-2"-O-[6'''-(E)-对香豆酰基]-吡喃葡萄糖苷{isoscoparin-2"-O-[6'''-(E)-p-coumaroyl]-glucopyranoside}，异金雀花素-2"-O-[6'''-(E)-阿魏酰基]-吡喃葡萄糖基-4'-O-吡喃葡萄糖苷{isoscoparin-2"-O-[6'''-(E)-feruloyl]-glucopyranoside-4'-O-glucopyranoside}，肥皂草苷(saponarin)，肥皂草苷-4'-O-吡喃葡萄糖苷(saponarin-4'-O-glucopyranoside)，新西兰牡荆苷-2(vicenin-2)，芹菜苷元-7-O-(6"-O-对香豆酰基)-吡喃葡萄糖苷[apigenin-7-O-(6"-O-p-coumaroyl)-glucopyranoside]，异牡荆素-2"-O-[6'''-(E)-阿魏酰基]吡喃葡萄糖苷{isovitexin-2"-O-[6'''-(E)-feruloyl]-glucopyranoside}，异金雀花素-2"-O-[6'''-(E)-阿魏酰基]-吡喃葡萄糖苷{isoscoparin-2"-O-[6'''-(E)-feruloyl]-glucopyranoside}[3]，异牡荆素-2"-O-吡喃葡萄糖苷(isovitexin-2"-O-glucopyranoside)，异牡荆素-4'-二吡喃葡萄糖苷(isovitexin-4'-O-diglucopyranoside)，日本獐牙菜素-4'-X-O-二吡喃葡萄糖苷(swertiajaponin-4'-X-O-diglucopyranoside)[4]；苯丙素类：对香豆酸(p-coumaric acid)，对香豆酸甲酯(p-coumarylmethylate)[2]；甾体类：豆甾-7-烯-3β-醇，α-菠菜甾醇[5]。

花含黄酮类：山奈酚-3-O-吡喃鼠李糖苷(kaempferol-3-O-rhamnopyranoside)，山奈酚-3-O-吡喃葡萄糖苷(kaempferol-3-O-glucopyranoside)，槲皮素-3-O-吡喃葡萄糖苷(quercetin 3-O-glucopyranoside)，异鼠李素-3-O-吡喃葡萄糖苷(isorhamnetin-3-O-glucopyranoside)[4]；甾体类：24ξ-乙基-5α-胆甾-7,22-二烯-3β-醇(24ξ-ethyl-5α-cholesta-7,22-dien-3β-ol)，24ξ-甲基-5α-胆甾-7-烯(24ξ-methyl-5α-cholesta-7-ene)，24ξ-乙基-5α-胆甾-7-烯(24ξ-ethyl-5α-cholesta-7-ene)，24-乙基-5α-胆甾-7,24(28)Z-二烯[24-ethyl-5α-cholesta-7,24(28)Z-diene]，24ξ-乙基-5α-胆甾-7,25-二烯(24ξ-ethyl-5α-cholesta-7,25-diene)，24ξ-乙基-5α-胆甾-7,22,25-三烯(24ξ-ethyl-5α-cholesta-7,22,25-triene)，胆甾醇(cholesterol)，24ξ-甲基胆甾醇(24ξ-methylcholesterol)，24ξ-乙基胆甾醇(24ξ-ethylcholesterol)[6]。

果皮含三萜类：葫芦素(cucurbitacin) B、C、D、I[7]。

果皮角质含脂肪酸类：8,16-二羟基十六酸(8,16-dihydroxyhexadecanoic acid)[8]；脂肪醇类：1-壬醇，反式-2-壬烯-1-醇，顺式-3-壬烯-1-醇，顺式-6-壬烯-1-醇，反式-,顺式-2,6-壬二烯-1-醇，顺式-,顺式-3,6-壬二烯-1-醇[5]；脂肪醛类：反式-6-壬烯醛，顺式-3-壬烯醛，顺式-,顺式-3,6(R)-壬二烯醛[5]。

种子含三萜类：7-氧代二氢栝楼二醇-3-苯甲酸酯(7-oxodihydrokarounidiol-3-benzoate)，栝楼二醇-3-苯甲酸酯(karounidiol-3-benzoate)，异栝楼二醇(isokarounidiol)，栝楼二醇(karounidiol)，5-去氢栝楼二醇(5-dehydrokarounidiol)，7-氧代二氢栝楼二醇(7-oxodihydrokarounidiol)，泻根醇(bryonolol)，14(23Z)-环木菠萝-23-烯-3β,25-二醇[14(23Z)-cycloart-23-ene-3β,25-diol][9]；甾体类：24α-乙基-5α-胆甾-8,22-二烯-3β-醇(24α-ethyl-5α-cholesta-8,22-dien-3β-ol)，24β-乙基-5α-胆甾-8,22-二烯-3β-醇(24β-ethyl-5α-cholesta-8,22-dien-3β-ol)，24β-乙基-5α-胆甾-8,25(27)-二烯-3β-醇[24β-ethyl-5α-cholesta-8,25(27)-dien-3β-ol]，24β-乙基-5α-胆甾-8,22,25(27)-三烯-3β-醇[24β-ethyl-5α-cholesta-8,22,25(27)-trien-3β-ol][10]，(22E,24S)-5α-麦角甾-7,22-二烯-3β-醇[(22E,24S)-5α-ergosta-7,22-dien-3β-ol][11]，24β-乙基-31-降羊毛脂-8,25(27)-二烯-3β-醇[24β-ethyl-31-norlanosta-8,25(27)-dien-3β-ol]，24β-乙基-25(27)-去氢鸡冠柱烯醇▲[24β-ethyl-25(27)-dehydrolophenol][12]。

地上部分含甾体类：(24R)-14α-甲基-24-乙基-5α-胆甾-9(11)-烯-3β-醇[(24R)-14α-methyl-24-ethyl-5αcholest-9(11)-en-3β-ol][13]。

药理作用 抗氧化作用：黄瓜肉、皮的乙醇提取液对羟基自由基、超氧阴离子有清除作用，对猪油有一定的抗氧化能力[1]。黄瓜多糖对二苯代苦味肼基自由基 (DPPH·)、羟基自由基 (·OH) 和超氧阴离子 (O_2^-) 有清除能力[2]。

注评 本种的种子为部颁标准·维药（1999 年版）、黑龙江（2001 年版）、辽宁（2009 年版）、湖南（2009 年版）药品标准收载的"黄瓜子"；果皮为吉林药品标准（1977 年版）收载的"黄瓜皮"，带叶茎藤为上海中药材标准（1994 年版）收载的"黄瓜藤"。本种的果实称"黄瓜"，果皮与朱砂、芒硝混合制成的白色结晶性粉末称"黄瓜霜"，叶称"黄瓜叶"，根称"黄瓜根"，均可药用。彝族、傣族、哈尼族和蒙古族也药用，主要用途见功效应用项。傣族尚用其种子治高热惊狂，腿部红肿疼痛；哈尼族用其根状茎、根治胸腹胀痛，月经不调，跌打损伤。

化学成分参考文献

[1] 唐静，等. 天然产物研究与开发，2009, 21(1): 66-69, 83.

[2] McNally DJ, et al. *J Nat Prod*, 2003, 66(9): 1280-1283.

[3] Abou-Zaid M M et al. *Phytochemistry*, 2001, 58(1): 167-172.

[4] Krauze-Baranowska M, et al. *Biochem Syst Ecol*, 2001, 29(3): 321-324.

[5] Terauchi H, et al. *Chem Pharm Bull*, 1970, 18(1): 213-16.

[6] Knights BA, et al. *Planta*, 1977, 134(2): 115-117.

[7] Sofany RHA, et al. *Bulletin of the Faculty of Pharmacy (Cairo University)*, 2001, 39(3): 127-129.

[8] Gerard HC, et al. *Phytochemistry*, 1994, 35(3): 818-819.

[9] Akihisa T, et al. *Phytochemistry*, 1997, 46(7): 1261-1266.

[10] Akihisa T, et al. *Lipids*, 1986, 21(1): 39-47.

[11] Matsumoto T, et al. *Phytochemistry*, 1983, 22(5): 1300-1301.

[12] Itoh T, et al. *Phytochemistry*, 1981, 20(8): 1929-33.

[13] Akihisa T, et al. *Lipids*, 1986, 21(8): 491-493.

药理作用及毒性参考文献

[1] 王绪英，等. 六盘水师范高等专科学校学报，2009, 21(6): 41-43.

[2] 许平. 重庆工商大学学报（自然科学版），2009, 26(1): 54-56.

17. 毒瓜属 Diplocyclos (Endl.) T. Post et Kuntze

攀援草本。卷须分 2 歧。叶片掌状 5 深裂。雌雄同株。雄花和雌花在同一叶腋内簇生。雄花：花萼筒宽钟形，裂片短；花冠宽钟形，裂片卵形；雄蕊 3 枚，离生，花药卵形，1 枚 1 室，其余的 2 室，药室线形，稍折曲，药隔宽。雌花：花被与雄花同；退化雄蕊 3 枚；子房球形或卵形，3 胎座，胚珠少数，水平着生，花柱细，柱头 3，深 2 裂。果实为浆果。种子边缘有环带，两面隆起。

3 种，分布于亚洲热带、澳大利亚和非洲。我国 1 种，分布于台湾、广东和广西，可药用。

1. 毒瓜

Diplocyclos palmatus (L.) C. Jeffrey in Kew Bull. 15: 352. 1962.——*Bryonia palmata* L.（英 **Palmate Diplocyclos**）

根块状。茎纤细，光滑无毛。叶柄长 4–6 cm；叶片膜质，轮廓宽卵圆形，长、宽均为 8–12 cm，掌状 5 深裂，中间的裂片长圆状披针形，侧面的裂片较短，披针形或长圆状披针形，两面除脉上明显被柔毛外，近无毛。花萼筒短，长约 2 mm，宽 5–6 mm，裂片钻形，长 0.5–1 mm；花冠绿黄色，直径约 7 mm，裂片卵形，长 2 mm，宽 0.5–1 mm。子房卵球形，平滑，近无毛。果实近无柄，球形，不开裂，直径 14–18 mm，果皮平滑，黄绿色至红色，并间以白色纵条纹。种子少数，卵形，褐色。花期3–8 月，果期 7–12 月。

分布与生境　产于台湾、广东和广西。常生于海拔 1000 m 左右的山坡疏林或灌丛中。越南、印度、马来西亚、澳大利亚和非洲也有分布。

药用部位　块根、果实、全草。

功效应用　有剧毒。块根、果实：清热解毒。用于疮疖，无名肿毒。全草：用于淋证。

化学成分　果实含β-胡萝卜素(β-carotene)[1]。

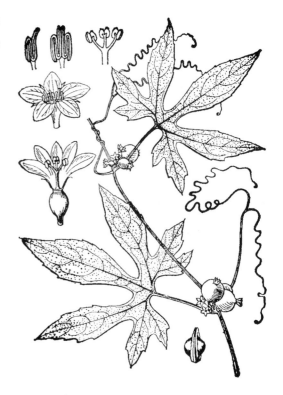

毒瓜 **Diplocyclos palmatus** (L.) C. Jeffrey
引自《中国高等植物图鉴》

毒瓜 **Diplocyclos palmatus** (L.) C. Jeffrey
摄影：彭玉德 王祝年

化学成分参考文献

[1] Patil A, et al. *Asian J Chem*, 2011, 23(2): 788-790.

18. 波棱瓜属 Herpetospermum Wall. ex Hook. f.

一年生攀援草本，根伸展。卷须 2 歧。雌雄异株。雄花生于总状花序或稀同时单生；花萼筒上部漏斗状，下部管状，裂片 5，钻形；花冠宽钟状，5 深裂；雄蕊 3 枚，内藏，花丝离生，短，花药合生，1 枚 1 室，2 枚 2 室，药室线形，3 回折曲，药隔窄，不伸长。雌花单生；子房长圆状，3 室，每室具 4-6 枚胚珠，胚珠下垂生，花柱丝状，伸长，柱头 3，卵圆形或长圆形。果实阔长圆状，3 瓣裂至近基部。种子下垂生。

1 种，分布于我国西藏和云南，印度、尼泊尔也有分布，可药用。

1. 波棱瓜　色尔格美多（藏语）

Herpetospermum pedunculosum (Ser.) C. B. Clarke in J. Linn. Soc., Bot. 15: 115. 1876.——*Bryonia pedunculosa* Ser., *Herpetospermum caudigerum* Wall. ex Chakrav.（英 **Peduculate Herpetospermum**）

茎、枝初时具疏柔毛，最后变近光滑无毛。叶柄长 4-8 (-10) cm；叶片膜质，卵状心形，长 6-12 cm，宽 4-9 cm，先端尾状渐尖，边缘或有不规则的角，基部心形。雄花长 2-2.5 cm，顶端直径 8-9 mm，裂片线形，长 8-9 mm；花冠黄色，裂片椭圆形，长 20-22 mm，宽 12-15 mm；子房被黄色柔毛状硬毛。果实长 7-8 cm，宽 3-4 cm。种子淡灰色，长圆形，基部截形。花、果期 6-10 月。

分布与生境　产于云南和西藏。常生于海拔 2300-3500 m 的山坡灌丛及林缘、路旁。印度、尼泊尔也有分布。

药用部位　果实、种子。

功效应用　果实：清热解毒，柔肝。用于黄疸型病毒性肝炎，胆囊炎，消化不良。种子：平肝，泻火解毒。

化学成分　种子含木脂素类：波棱瓜酮(herpetone)、去氢二松柏醇(dehydrodiconiferyl alcohol)[1]，波棱瓜素(bolengsu)，波棱瓜亭▲(herpetin)[2]，波棱瓜烯醇▲(herpetenol)[3]，波棱瓜四聚酮▲(herpetetrone)[4]，波棱瓜五聚醇▲(herpepentol)[5]，波棱瓜四聚二酮▲(herpetetradione)[6]，波棱瓜醇▲(herpetol)[7]，波棱瓜三聚酮▲(herpetrione)[8]，波棱瓜三聚醇▲(herpetriol)，波棱瓜四聚醇(herpetetrol)[9]，波棱瓜醛(herpetal)[10]，波棱瓜三聚托醇▲(herpetotriol)[11]，波棱瓜丙烯醛▲(herpepropenal)[12]；香豆素类：波棱瓜灵▲(herpetosperin) A、B[13]，波棱瓜内酯▲(herpetolide) A、B[14]；脂肪酸类：油酸、亚油酸、亚麻酸[15]；其他类：波棱瓜定▲(herpecaudin)[16]，波棱芴酮(herpetfluorenone)[3]，2,4-二羟基嘧啶(2,4-dihydroxypyrimidine)，豆甾醇[14]。

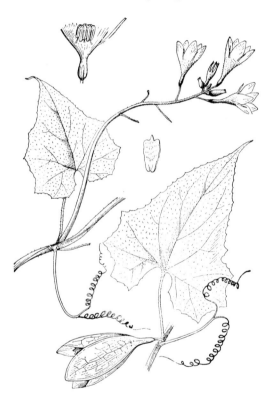

波棱瓜 *Herpetospermum pedunculosum* (Ser.) C. B. Clarke
吴彰桦　绘

药理作用　保肝和抗氧化作用：波棱瓜种子乙酸乙酯提取物能降低 CCl_4 和硫代乙酰胺致肝损伤小鼠的血清 ALT、AST 和肝组织中 MDA 含量，对肝糖原亦有升高作用[1-2]，波棱瓜酮是有效成分之一[3]。波棱瓜种子的 $CHCl_3$ 及水提取物均能降低 CCl_4 致肝损伤大鼠肝组织中 MDA 的含量、增高 SOD、GSH-Px 活性，体外有清除 DPPH 自由基的能力[4]。

注评　本种为中国药典（1977、2010 年版附录）、部颁标准·藏药（1995 年版）、藏药标准（1979 年版）、内蒙古蒙药材标准（1986 年版）、云南药品标准（1974、1996 年版）收载"波棱瓜子"的基源植物，药用其干燥成熟种子。有的标准使用本种的拉丁异名 *Herpetospermum caudigerum* Wall.

波棱瓜 **Herpetospermum pedunculosum** (Ser.) C. B. Clarke
摄影：朱鑫鑫

ex Chakrav.。藏族语称"塞季美朵"。《藏药志》记载，目前藏医还以同科植物刚毛赤瓟 Thladiantha setispina A. M. Lu et Z. Y. Zhang 和马干铃栝楼 Trichosanthes lepiniana (Naudin) Cogn. 的种子代替"波棱瓜子"药用。

化学成分参考文献

[1] 张梅，等. 药学学报，2006, 41(7): 659-661.

[2] Yuan HL, et al. *J Chin Pharm Sci*, 2005, 14 (3): 140-143.

[3] 王慧. 藏药波棱瓜有效部位化学成分及指纹图谱初步研究 [D]. 2003, 成都中医药大学.

[4] Kaouadji M, et at. *J Nat Prod*, 1987, 50(6): 1089-1094.

[5] Kaouadji M, et at. *Tetrahedron Lett*, 1984, 25(45): 5137-5138.

[6] Kaouadji M, et at. *Tetrahedron Lett*, 1984, 25(45): 5135-5136.

[7] Kaouadji M, et at. *J Biosci*, 1984, 39C(3-4): 307-308.

[8] Kaouadji M, et at. *Tetrahedron Lett*, 1983, 24(52): 5881-5884.

[9] Kaouadji M, et at. *J Biosciences*, 1979: 34C(12): 1129-1132.

[10] Kaouadji M, et at. *Phytochemistry*, 1978, 17(12): 2134-2135.

[11] Favre-Bonvin J, et at. *Tetrahedron Lett*, 1978, (43): 4111-4112.

[12] Yang F, et al. *Chem Pharm Bull*, 2010, 58(3): 402-404.

[13] Xu B, et al. *J Asian Nat Prod Res*, 2015, 17(7): 738-743.

[14] Zhang Mei, et al. *Chem Pharm Bull*, 2008, 56(2): 192-193.

[15] 赵先恩，等. 天然产物研究与开发，2009, 21(1): 76-83.

[16] Jiang HZ, et al. *Planta Med*, 2016, 82(11/12): 1122-1127.

药理作用及毒性参考文献

[1] 陈兴，等. 成都中医药大学学报，2009, 31(3): 45-46.

[2] 张梅. 藏药波棱瓜子治疗肝病有效成分的研究 [D]. 四川：成都中医药大学，2003.

[3] 张洪彬. 波棱瓜子抗肝损伤有效部位化学成分及其活性研究 [D]. 四川：成都中医药大学，2007.

[4] 方清茂，等. 华西药学杂志，2008, 23(2): 147-149.

19. 金瓜属 Gymnopetalum Arn.

纤细藤本，攀援，植株被微柔毛或糙硬毛。叶片卵状心形，厚纸质或近革质，常呈 5 角形或 3-5 裂。卷须不分歧或分 2 歧。雌雄同株或异株。雄花生于总状花序或单生，花萼筒伸长，管状，上部膨大，5 裂，裂片近钻形；花冠辐状，白色或黄色，5 深裂；雄蕊 3 枚，着生在花被筒的中部，花丝短，离生，花药合生，1 枚 1 室，其余 2 室，药室折曲。雌花单生；子房卵形或长圆形，3 胎座，胚珠多数，水平生，花柱丝状。果实不开裂。种子边缘稍隆起。

6 种，主要分布在印度半岛、中南半岛和中国。我国 2 种，均可药用。

分种检索表

1. 叶片膜质，被稀疏的短刚毛，5 角形或 3-5 中裂；果实长圆状卵形，两端急尖，具 10 条纵肋 ·················· ······························· 1. 金瓜 G. chinense
1. 叶片厚纸质或薄革质，密被短刚毛或长柔毛，不分裂或呈波状 3-5 浅裂；果实近球形，两端稍钝圆，无纵肋 ························· 2. 凤瓜 G. integrifolium

1. 金瓜（广东）越南裸瓣瓜

Gymnopetalum chinense (Lour.) Merr. in Philipp. J. Sci. 15: 256. 1919.——*Euonymus chinensis* Lour.（英 **Golden Gymnopetalum**）

根多年生，近木质。茎、枝初时有糙硬毛及长柔毛，老后渐脱落。叶柄长 2-4 cm；叶片卵状心形，五角形或 3-5 中裂，长、宽均 4-8 cm。雄花单生或 3-8 朵生于总状花序上，每朵花常具一叶状苞片；苞片和花萼均被黄褐色长柔毛；花萼筒管状，长约 2 cm，上部膨大，裂近条形，长 7 mm；花冠白色，裂片长圆状卵形，长 1.5-2 cm，宽 1-1.2 cm。雌花单生；花梗长 1-4 cm；子房长圆形，长 1-1.2 cm，外面被黄褐色的长柔毛，有纵肋。果实长圆状卵形，橙红色，长 4-5 cm，外面光滑，具 10 条凸起的纵肋，两端急尖。种子长圆形。花期 7-9 月，果期 9-12 月。

分布与生境　产于广西、广东、海南、云南。常生于海拔 430-900 m 的山坡、路旁、疏林及灌丛中。越南、印度、马来西亚、泰国也有分布。

药用部位　全草、果实。

功效应用　全草：用于妇科病，全身痛，手脚萎缩。果实：补中益气，化痰排脓。用于哮喘，咳嗽。

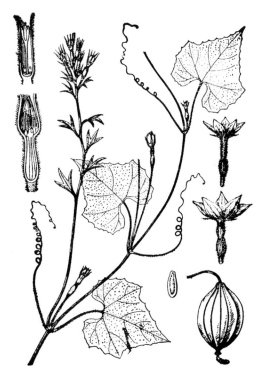

金瓜 Gymnopetalum chinense (Lour.) Merr.
引自《中国高等植物图鉴》

金瓜 **Gymnopetalum chinense** (Lour.) Merr.
摄影：王祝年

2. 凤瓜

Gymnopetalum integrifolium (Roxb.) Kurz in J. As. Soc. Bengal 40: 58. 1871.——*Cucumis integrifolius* Roxb.（英 **Entireleaf Gymnopetalum**）

茎、枝被长柔毛。叶柄长 1.5-3 cm，密被黄褐色长柔毛；叶片肾形或卵状心形，厚纸质或薄革质，长、宽均为 6-8 cm，不分裂或波状 3-5 浅裂，边缘有显著的三角形锯齿；两面颇粗糙，下面被短刚毛和黄褐色的长柔毛。雄花每朵花基部具 1 叶状苞片；苞片撕裂，外面密被黄褐色长柔毛；花萼筒长 1.5-2 cm，裂片披针形，长约 0.8 cm；花冠裂片倒卵形，长 1.8-2 cm，宽 1-1.2 cm；子房长卵球形，被长柔毛，长 1 cm。果实近球形，熟后橘黄色至红色，直径 2-3 cm，外面光滑，无纵肋。种子狭长圆形。花期 6-9 月，果期 9-11 月。

分布与生境　产于广东、广西、海南、贵州和云南。常生于海拔 400-800 m 的山坡及草丛中。印度、越南、马来西亚、印度尼西亚也有分布。

药用部位　全草、果实

功效应用　全草：用于风湿性关节炎，缺血性脑病，肿瘤，溃疡性结肠炎，1 型糖尿病（胰岛素依赖型糖尿病）。果实：用于通便。

凤瓜 **Gymnopetalum integrifolium** (Roxb.) Kurz
王金凤　绘

化学成分　果实含三萜类：凤瓜因▲(aoibaclyin)，3,29-二苯甲酰氧基栝楼二醇(3,29-dibenzoyloxykarounidiol)，泻根阿玛苷▲(bryoamaride)，25-*O*-乙酰泻根阿玛苷▲(25-*O*-acetylbryoamaride)[1]；甾体类：胡萝卜苷[1]。

凤瓜 **Gymnopetalum integrifolium** (Roxb.) Kurz
摄影：王祝年

化学成分参考文献

[1] Sekine T, et al. *Chem Pharm Bull*, 2002, 50(5): 645-648.

20. 葫芦属 Lagenaria Ser.

攀援草本；植株被粘毛。叶柄顶端具一对腺体；叶片卵状心形或肾状圆形。卷须 2 歧。雌雄同株。雄花花萼筒狭钟状或漏斗状，裂片 5；花冠裂片 5，雄蕊 3 枚，花丝离生；花药内藏，稍靠合，1 枚 1 室，2 枚 2 室，药室折曲，药隔不伸出。雌花花萼筒杯状，子房 3 胎座，花柱短，柱头 3，2 浅裂；胚珠多数，水平着生。果实形状多型，不开裂，嫩时肉质，成熟后果皮木质，中空。种子多数。

6 种，主要分布于非洲热带地区。我国栽培 1 种及 3 变种，均可药用。

1. 葫芦（四时类要） 瓟

Lagenaria siceraria (Molina) Standl. in Publ. Field Mus. Nat. Hist. Chicago Bot. Ser. 3: 435. 1930.——*Cucurbita siceraria* Molina（英 **Calabash Gourd**）

1a. 葫芦（模式变种）

Lagenaria siceraria (Molina) Standl. var. **siceraria**

茎、枝被黏质长柔毛。叶柄长 16–20 cm，叶片卵状心形或肾状卵形，长、宽均为 10–35 cm，不分裂或 3–5 裂，两面均被微柔毛，叶背及脉上较密。雄花花萼筒漏斗状，长约 2 cm，裂片披针形，长 5 mm；花冠黄色，裂片皱波状，长 3–4 cm，宽 2–3 cm，先端微缺而顶端有小尖头，5 脉。子房中间缢细，密生黏质长柔毛。果实初为绿色，后变白色至带黄色，由于长期栽培，果形变异很大，因不同品种或变种而异。种子白色，倒卵形或三角形，顶端截形或 2 齿裂，稀圆，长约 20 mm。花期夏季，果期秋季。

分布与生境　我国各地栽培。亦广泛栽培于世界热带至温带地区。

药用部位　果皮、种子、果实、陈旧老熟果皮、茎、叶、花、卷须。

功效应用　果皮、种子：利尿，消肿，散结。用于水肿，腹水，膀胱病，瘰疬，黄疸，消渴，颈淋巴结结核，龋齿。果实：用于水肿，黄疸，消渴，癃闭，痈肿，恶疮，疥癣。陈旧老熟果皮：利水，消肿杀虫。用于水肿，臌胀。茎、叶、花、卷须：解毒，散结。用于食物、药物中毒，龋齿痛，鼠瘘，痢疾。

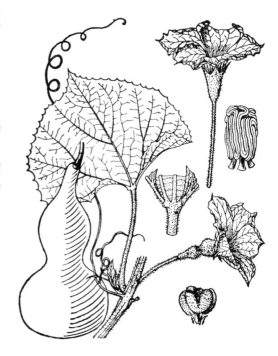

葫芦 Lagenaria siceraria (Molina) Standl. var. **siceraria**
引自《中国高等植物图鉴》

葫芦 Lagenaria siceraria (Molina) Standl. var. **siceraria**
摄影：张英涛 刘冰

化学成分　茎含三萜类：3β-O-(E)-阿魏酰基-D:C-飞齐墩果-7,9(11)-二烯-29-醇[3β-O-(E)-feruloyl-D:C-friedooleana-7,9(11)-dien-29-ol]，3β-O-(E)-香豆酰基-D:C-飞齐墩果-7,9(11)-二烯-29-醇[3β-O-(E)-coumaroyl-D:C-friedooleana-7,9(11)-dien-29-ol]，3β-O-(E)-香豆酰基-D:C-飞齐墩果-7,9(11)-二烯-29-酸[3β-O-(E)-coumaroyl-D:C-friedooleana-7,9(11)-dien-29-oic acid]，2β,3β-二羟基-D:C-飞齐墩果-8-烯-29-甲酯(methyl 2β,3β-dihydroxy-D:C-friedoolean-8-en-29-oate)，3-表栝楼二醇(3-epikarounidiol)，3-氧代-D:C-飞齐墩果-7,9(11)-二烯-29-酸[3-oxo-D:C-friedooleana-7,9(11)-dien-29-oic acid]，泻根醇(bryonolol)，泻根酮酸▲(bryononic acid)，20-表泻根醇酸(20-epibryonolic acid)[1]。

叶含黄酮类：二氢大豆苷元(dihydrodaidzein)[2]。

果实含三萜类：22-去氧葫芦素D (22-deoxocucurbitacin D)，22-去氧异葫芦素D (22-deoxoisocucurbitacin D)[3]，齐墩果酸(oleanolic acid)[4]；黄酮类：异槲皮苷(isoquercitrin)[4]，山奈

酚(kaempferol)[4-5]；苯丙素类：咖啡酸(caffeic acid)，3,4-二甲氧基桂皮酸(3,4-dimethoxycinnamic acid)，(*E*)-对羟甲基苯基-6-*O*-咖啡酰基-*β*-D-吡喃葡萄糖苷[(*E*)-4-hydroxymethylphenyl-6-*O*-caffeoyl-*β*-D-glucopyranoside]，1-(2-羟基-4-羟甲基)-苯基-6-*O*-咖啡酰基-*β*-D-吡喃葡萄糖苷[1-(2-hydroxy-4-hydroxymethyl)-phenyl-6-*O*-caffeoyl-*β*-D-glucopyranoside][6]；酚酸类：原儿茶酸(protocatechuic acid)，没食子酸(gallic acid)[6]；甾体类：*β*-谷甾醇[4]，菜油甾醇(campesterol)[4,7]，岩藻甾醇(fucosterol)，菜油甾醇(campesterol)[7]，杠柳苷元-3-*O*-D-吡喃葡萄糖基-(1→6)(1→4)-D-吡喃加拿大麻糖苷[periplogenin-3-O-D-glucopyranosyl-(1→6)(1→4)-D-cymaropyranoside][8]；其他类：多糖[9]。

　　种子含甾体类：3*β*-羟基-24-乙基胆甾-5-烯(3*β*-hydroxy-24-ethylcholest-5-ene)，24*ζ*-乙基-5*α*-胆甾-7-烯-3*β*-醇(24*ζ*-ethyl-5*α*-cholest-7-en-3*β*-ol)，5*α*,24*ζ*-豆甾-7,22-二烯-3*β*-醇(5*α*,24*ζ*-stigmasta-7,22-dien-3*β*-ol)，24*ζ*-豆甾-5反式-,22-二烯-3*β*-醇(24*ζ*-stigmasta-5*trans*,22-dien-3*β*-ol)，5*α*-豆甾-7,24(28)-二烯-3-醇(5*α*-stigmasta-7,24(28)-dien-3-ol)，3*β*,5*α*,24*ζ*-豆甾-7,25-二烯-3-醇(3*β*,5*α*,24*ζ*-stigmasta-7,25-dien-3-ol)，24*ζ*-甲基胆甾醇(24*ζ*-methylcholesterol)，3*β*,5*α*,22*E*,24*ζ*-豆甾-7,22,25-三烯-3-醇(3*β*,5*α*,22*E*,24*ζ*-stigmasta-7,22,25-trien-3-ol)，栗甾酮(castasterone)[10]，鸡肝海绵甾醇▲(chondrillasterol)，菠菜甾醇(spinasterol)[11]，24*β*-乙基-25(27)-去氢鸡冠柱烯醇▲[24*β*-ethyl-25(27)-dehydrolophenol][12]；三萜类：24*β*-乙基-31-降羊毛脂-8,25(27)-二烯-3*β*-醇[24*β*-ethyl-31-norlanosta-8,25(27)-dien-3*β*-ol][12]；氨基酸：甘氨酸(glycine)，丙氨酸(alanine)，丝氨酸(serine)，天冬氨酸(aspartic acid)，谷氨酸(glutamic acid)，L-赖氨酸(L-lysine)，胱氨酸(cystine)，酪氨酸(tyrosine)，亮氨酸(leucine)，L-蛋氨酸(L-methionine)，苯丙氨酸(phenylalanine)，L-组氨酸(L-histidine)，缬氨酸(valine)，苏氨酸(threonine)，L-异亮氨酸(L-isoleucine)，L-精氨酸(L-arginine)，脯氨酸(proline)[13]；矿物质元素：Fe，Mg，K，Na，Zn，Ca，P，N[13]。

　　全草含黄酮类：肥皂草苷(saponarin)，异牡荆素(isovitexin)，异荭草素(isoorientin)，芹菜苷元-7,4'-二吡喃葡萄糖基-6-*C*-吡喃葡萄糖苷(apigenin-7,4'-diglucopyranosyl-6-*C*-glucopyranoside)[14]。

药理作用　抗细菌和抗真菌作用：从葫芦种子中提取的抗菌蛋白对植物致病菌指状青霉和意大利青霉、臭鼻克雷伯氏菌和鲍曼不动杆菌有抑制作用。

注评　本种为部颁标准·藏药（1995年版）收载"葫芦"的基源植物，药用其干燥成熟种子；其成熟果实为内蒙古蒙药材标准（1986年版）收载的"葫芦子"；其干燥成熟果皮为浙江中药材标准（2000年版）收载的"葫芦壳"、湖南中药材标准（2009年版）收载的"葫芦瓢"。本种的老熟果实或果壳称"陈壶卢瓢"，茎、叶、花、须称"壶卢秧"，均可药用。景颇族、阿昌族、德昂族、彝族也药用本种的果实，主要用途见功效应用项。傣族将其果汁外用于湿疹瘙痒；维吾尔族用其种子治失眠。

化学成分参考文献

[1] Chen CR, et al. *Chem Pharm Bull*, 2008, 56(3): 385-388.

[2] 周燕芳，等. 现代食品科技, 2009, 25(9): 1076-1079.

[3] Enslin PR, et al. *J Chem Soc, Section C: Organic*, 1967, 10: 964-972.

[4] Gangwal A, et al. *Pharmacia Lettre*, 2010, 2(1): 307-317.

[5] Rajput MS, et al. *Nat Prod Res*, 2011, 25(19): 1870-1875.

[6] Mohan R, et al. *Food Chem*, 2012, 132(1): 244-251.

[7] Shirwaikar A, et al. *Ind J Pharm Sci*, 1996, 58(5): 197-202.

[8] Panda S, et al. *Hormone and Metabolic Research*, 2011, 43(3): 188-193.

[9] Ghosh K, et al. *Carbohydr Res*, 2009, 344(5): 693-698.

[10] Takatsuto S, et al. *Nihon Yukagakkaishi*, 2000, 49(2): 169-171.

[11] Itoh T, et al. *Phytochemistry*, 1981, 20(4): 761-764.

[12] Itoh T, et al. *Phytochemistry*, 1981, 20(8): 1929-1933.

[13] Olaofe O, et al. *Electron J Environ Agric Food Chem*, 2009, 8(7): 534-543.

[14] Krauze-Baranowska M, et al. *Acta Pol Pharm*, 1995, 52(2): 137-139.

药理作用及毒性参考文献

[1] 阿不来提江·吐尔逊，等. 食品研究与开发，2008, 29(8): 30-32.

1b. 瓠子（变种）扁蒲

Lagenaria siceraria (Molina) Standl. var. **hispida** (Thunb.) H. Hara in Bot. Mag. (Tokyo) 61: 5. 1948.
（英 **Hispid Bottle Gourd**）

　　本变种与模式变种不同之处在于：子房圆柱状；果实粗细匀称而呈圆柱状，直或稍弓曲，长可达 60-80 cm，绿白色，果肉白色。

分布与生境　全国各地有栽培，长江流域一带广泛栽培。

药用部位　果实、果皮、种子。

功效应用　果实、果皮：利水，消肿，清热，止渴，除烦。用于腹胀，面目四肢水肿，小便不通。种子：解毒，活血，辟秽。用于疫瘴，棒疮跌打，咽喉肿痛。

注评　本种为上海中药材标准（1994 年版）收载"蒲种壳"的基源植物，药用其成熟果皮。本种的果实称"瓠子"，种子称"瓠子子"，也药用。

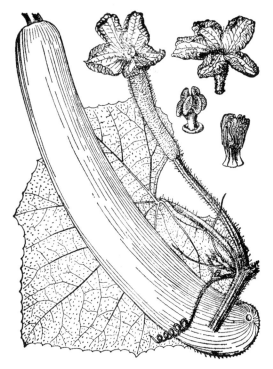

瓠子 Lagenaria siceraria (Molina) Standl. var. hispida (Thunb.) H. Hara
引自《中国高等植物图鉴》

瓠子 Lagenaria siceraria (Molina) Standl. var. hispida (Thunb.) H. Hara
摄影：朱鑫鑫

1c. 小葫芦（变种）

Lagenaria siceraria (Molina) Standl. var. **microcarpa** (Naudin) H. Hara in Bot. Mag. (Tokyo) 61: 5. 1948.——*L. microcarpa* Naudin（英 **Smallfruit Bottle Gourd**）

本变种与模式变种的区别在于：植株结实较多，果实形状虽似葫芦，但较小，长仅约 10 cm。

分布与生境 我国多地栽培。

药用部位 果实。

小葫芦 Lagenaria siceraria (Molina) Standl. var. microcarpa (Naudin) H. Hara
摄影：高贤明

功效应用 果实：利水消肿。用于水肿腹胀，黄疸，心热烦躁，口舌生疮，消渴，癃闭，痈肿疮毒，疥癣。

1d. 瓠瓜（变种）

Lagenaria siceraria (Molina) Standl. var. **depressa** (Ser.) H. Hara in Bot. Mag. (Tokyo) 61: 5. 1948.——*L. vulgaris* Ser. var. *depressa* Ser.（英 **Depressed Bottle Gourd**）

本变种与模式变种的主要区别在于：瓠果扁球形，直径约 30 cm。

分布与生境 各地栽培。

药用部位 果实、种子、陈旧老熟果皮、果皮。

功效应用 果实：利水，清热，止渴，除烦。用于小便淋痛，烦渴，水肿，黄疸。种子：用于齿龈肿露，齿摇疼痛。陈旧老熟果皮：利水，消肿杀虫。果皮：利水消肿。用于水肿腹胀，石淋。

化学成分 种子含肽类：胰蛋白酶抑制剂LLDTI-I、LLDTI-II[1]；氨基酸类：瓜氨酸(citrulline)[1]。

注评 本种为中国药典（1977 年版）、藏药标准（1979 年版）、山东中药材标准（1995、2002 年版）收载"葫芦"，浙江（2000 年版）、上海（1994 年版）中药材标准收载"葫芦壳"，江苏中药材标准（1989 年版）收载"葫芦瓢"，北京中药材标准（1998 年版）收载"抽葫芦"的基源植物，药用其干燥成熟果皮或未成熟果皮。同属植物小葫芦 Lagenaria siceraria (Molina) Standl. var. microcarpa (Naudin) H. Hara 亦为北京标准"抽葫芦"的基源植物。本种的果实称"壶卢"，种子称"壶卢子"，老熟果实或果壳称"陈壶卢瓢"，茎、叶、花、须称"壶卢秧"，均可药用。

化学成分参考文献

[1] Matsuo M, et al. *Biochimica et Biophysica Acta, Protein Structure and Molecular Enzymology*, 1992, 1120(2): 187-92.

[2] Inukai F, et al. *Meiji Daigaku Nogakubu Kenkyu Hokoku*, 1966, (20): 29-33.

21. 栝楼属 Trichosanthes L.

一年生或具块状根的多年生藤本。卷须 2-5 歧，稀单一。花雌雄异株或同株。雄花通常排列成总状花序，有时有 1 单花与之并生，或为 1 单花；通常具苞片；花萼筒筒状，延长，5 裂；花冠 5 裂，先端具流苏；雄蕊 3 枚，花丝分离，花药外向，靠合，1 枚 1 室，2 枚 2 室，药室对折，药隔狭，不伸长。雌花单生，极稀为总状花序；子房 1 室，具 3 个侧膜胎座，柱头 3，全缘或 2 裂；胚珠多数，水平生或半下垂。果实肉质，不开裂，具多数种子。种子褐色，1 室或 3 室。

约 50 种，分布于东南亚，由此向南经马来西亚至澳大利亚北部，向北经中国至朝鲜、日本。我国有 34 种和 6 变种，分布于全国各地，而以华南和西南地区最多，其中 27 种 1 变种可药用。

分种检索表

1. 种子椭圆形、卵状椭圆形或长圆形，1 室，压扁或膨胀。
　2. 具块根的多年生攀援藤本；花雌雄异株；雄花苞片大，稀无；果实球形、椭圆形或卵状椭圆形。
　　3. 单叶或趾状复叶，叶面常具圆糙点；雄花苞片卵形或长圆形或菱形，常内凹，边缘具锐裂齿，稀具牙齿。
　　　4. 单叶，常分裂或具三角状大齿，雄花苞片阔卵形或长圆形、内凹，边缘具锐裂齿，稀全缘。
　　　　5. 花白色。
　　　　　6. 雄花苞片长圆形或卵形，全缘；叶片阔卵状心形或五角形。
　　　　　　7. 雄花苞片长圆形，宽 1-1.5 cm；花萼裂片线状披针形，长 15 mm，全缘 ··· **1. 心叶栝楼 T. cordata**
　　　　　　7. 雄花苞片卵形，宽 2.5 cm；花萼裂片长 2-3 cm，边缘具羽状尖裂片 ··· **2. 五角栝楼 T. quinquangulata**
　　　　　6. 雄花苞片卵状兜形，或阔椭圆形，边缘具锐裂齿或牙齿；叶片通常 3-5 浅裂至深裂，稀卵形不裂。
　　　　　　8. 植物体密被黄褐色柔毛；雄花苞片阔椭圆形，边缘具短齿；叶阔卵形，不分裂或中上部具几个大齿 ·· **3. 密毛栝楼 T. villosa**
　　　　　　8. 植物体无黄褐色密柔毛；雄花苞片卵状兜形，边缘具锐裂齿；叶片通常 3-7 浅裂至深裂。
　　　　　　　9. 叶片革质（稀幼时膜质），通常 3-5 浅裂，裂片三角形。
　　　　　　　　10. 雄花苞片近圆形，边缘具锐裂齿；花萼裂片狭卵形，边缘具 2-5 个长锐裂片 ··· **4. 马干铃栝楼 T. lepiniana**
　　　　　　　　10. 雄花苞片倒卵状椭圆形，中部以上具锯齿；花萼裂片狭披针形，边缘具短齿 ·· **5. 三尖栝楼 T. tricuspidata**
　　　　　　　9. 叶片膜质或纸质，常 3-7 中裂至深裂。
　　　　　　　　11. 叶片纸质，常 3-7 浅裂至深裂，裂片三角状卵形至菱形，常具小裂片；叶背沿脉被刚毛；雄花序总梗粗壮；花萼裂片具细裂齿 ·············· **6. 长萼栝楼 T. laceribractea**
　　　　　　　　11. 叶片膜质至薄纸质，不分裂或具不规则的 2-3 浅裂至中裂，或 5-7 深裂，裂片无小裂片；叶背沿脉无刚毛；雄花序总梗较细，花萼裂片全缘，稀具齿。
　　　　　　　　　12. 叶片圆心形至阔卵状心形，不分裂或具 2-3 浅裂至中裂，裂片卵状三角形，叶基部附近具深色斑点；花萼裂片长 10 mm，全缘或具齿 ····**7. 裂苞栝楼 T. fissibracteata**
　　　　　　　　　12. 叶片近圆形，5-7 深裂，裂片长圆形，叶基部无深色斑点；花萼裂片长 15 mm，全缘 ··· **8. 薄叶栝楼 T. wallichiana**
　　　　5. 花红色或粉红色。
　　　　　13. 种子卵圆形，膨胀，松子状；茎、叶柄、叶面及叶背沿脉和卷须均密具圆糙点；叶裂片倒卵状长圆形 ··· **9. 糙点栝楼 T. dunniana**
　　　　　13. 种子长圆状卵形，压扁；除叶面具糙点外，余均无糙点；叶裂片卵状长圆形。

14. 花红色；雄花序总梗较茎粗壮；叶缘具短尖头状细齿；种子两面平滑 ····················
··· 10. 红花栝楼 **T. rubriflos**

14. 花粉红色；花序梗较茎细；叶缘通常具三角状粗齿 ····················· 11. 粉花栝楼 **T. subrosea**

4. 叶为趾状复叶，具小叶 3–5 枚；雄花苞片菱状披针形，中部以上具粗齿或锐裂齿；果实球形 ··········
·· 12. 趾叶栝楼 **T. pedata**

3. 单叶，表面通常平滑，无糙点；雄花苞片菱形、扇形或卵形，全缘或具粗齿，但不为锐裂齿。

15. 雄花常排列成总状花序或狭圆锥花序；花大，直径 3 cm 以上；花萼筒狭漏斗状，长 2 cm 以上。

16. 叶片革质。

17. 雄花组成狭圆锥花序或与总状花序同时存在；叶片不分裂；果实密被锈色柔毛 ····················
··· 13. 两广栝楼 **T. reticulinervis**

17. 雄花组成总状花序；叶片不裂或 3 浅裂或深裂，基部截形或圆形。

18. 叶片阔卵形，全缘至 3 浅裂，基部圆形，微凹；雄花苞片卵形，无柄；种子近长方形，长
10–12 mm，宽 5–6.5 mm ···································· 14. 卵叶栝楼 **T. ovata**

18. 叶片狭卵形至阔卵形，不裂或 3 浅裂至深裂，基部截形；雄花苞片近圆形或长圆形，具
柄；种子椭圆形或卵形 ·································· 15. 截叶栝楼 **T. truncata**

16. 叶片纸质，基部深心形。

19. 叶片卵状或长圆状心形，不分裂。

20. 植物体密被长柔毛；雄花苞片线形 ···················· 16. 长果栝楼 **T. kerrii**

20. 植物体无上述毛；雄花苞片阔卵形或倒卵形；花冠裂片不为十字形 ····················
··· 17. 芋叶栝楼 **T. homophylla**

19. 叶片轮廓近圆形或阔心状卵形，通常 3–7 裂。

21. 叶片坚纸质，阔卵状心形，3–5 深裂，叶背面密被白色绢毛；子房也密被同样的毛 ····················
··· 18. 丝毛栝楼 **T. sericeifolia**

21. 叶片纸质，形状多变，通常近圆心形，叶背面和子房无白色绢毛。

22. 雄花苞片卵形至阔圆形，近全缘，具柄；叶片狭卵状心形至阔卵状心形，不分裂、3–5
浅裂至中裂 ·································· 19. 井冈栝楼 **T. jinggangshanica**

22. 雄花苞片卵状菱形、扇形，具粗齿。

23. 叶片阔卵形至近圆形，3–7 深裂，通常 5 深裂，几达基部，裂片披针形或倒披针形，
极稀具小裂片；苞片小，长 5–16 mm，宽 5–11 mm；花萼裂片线形；种子棱线距边缘
较远 ··· 20. 中华栝楼 **T. rosthornii**

23. 叶片近圆形，通常 3–5 (–7) 浅裂至中裂，裂片常再分裂；苞片大，长 15–25 (–30) mm，
宽 10–20 mm；花萼裂片披针形；种子棱线近边缘 ··········· 21. 栝楼 **T. kirilowii**

15. 雄花单生（未见总状花序）；花小，直径 3 cm 以下；花萼筒狭钟状，长约 15 mm；叶片长 11–17 cm，
宽 10–16 cm ·································· 22. 湘桂栝楼 **T. hylonoma**

2. 一年生攀援藤本；花雌雄同株；雄花苞片极小或无。

24. 雄花苞片钻状披针形，长 3 mm；果实圆柱形，长 1–2 m，通常扭曲，有种子 30 粒左右 ····················
··· 23. 蛇瓜 **T. anguina**

24. 雄花无苞片；果实卵状椭圆形，长 5.5–7.5 cm，有种子 7–10 粒 ·········· 24. 瓜叶栝楼 **T. cucumerina**

1. 种子横长圆形或倒卵状三角形，3 室，中央室呈凸起或凹陷的环带。

25. 雄花花序伞房状，长约 2 cm，几无总花梗 ···················· 25. 短序栝楼 **T. baviensis**

25. 雄花花序总状，长约 10 cm，总花梗长 5 cm 以上。

26. 雄花苞片及花萼裂片均为线形，长不及 6 mm，全缘，反折；种子横长圆形，宽过于长，侧室通常大
而呈圆形 ···································· 26. 王瓜 **T. cucumeroides**

26. 雄花苞片披针形或倒披针形，长 16 mm，宽 5–6 mm，边缘具三角状齿；花萼裂片三角状卵形，长 7–10 mm，伸展；种子三角形，长与宽近相等，两侧室小，圆锥形 ⋯⋯⋯⋯⋯⋯ 27. **全缘栝楼 T. ovigera**

　　本属药用植物主要含有三萜、甾体、黄酮等类型化学成分。其中，三萜类成分以达玛烷型四环三萜和齐墩果烷型五环三萜为主。广泛存在于栝楼 (T. kirilowii)、华中栝楼 (T. rosthornii)、王瓜 (T. cucumeroides) 等植物中的栝楼二醇 (karounidiol，**1**)、栝楼三醇 (karounitriol，**2**) 及其衍生物如 7-O-10α-葫芦二烯醇 (7-O-10α-cucurbitadienol，**3**) 等为本属植物的特征性成分。其主要结构特点是母核的 C-29 常被 -OH 取代，C-3 常被 α-OH 或 β-OH 取代，例如从王瓜中分离得到较多的栝楼萜类衍生物。具有达玛烷型四环三萜母核的葫芦素类成分较多地存在于本属药用植物中，例如从三尖栝楼 (T. tricuspidata) 中分离得到的系列三萜三尖栝楼苷▲ (khekadaengoside) A (**4**)、B、C (**5**)、D (**6**)、E (**7**)、F、G (**8**)、H (**9**)、I、J (**10**)、K (**11**)、L (**12**)、M、N (**13**) 等皆为此类化合物。本属药用植物中分得的有些葫芦素类化合物具有较好的抗炎活性，如从栝楼中分得的葫芦素类化合物 **3** 及其衍生物能显著抑制 TPA（每耳 1 mg）诱导的炎症反应，ID_{50} 为（每耳 0.4–0.7 mg）；瓜叶栝楼 (T. cucumerina) 根中的主要成分泻根醇酸 (bryonolic acid，**14**) 和果中的主要成分葫芦素 B (cucurbitacin B，**15**) 对肿瘤细胞具有细胞毒活性。**14** 对乳腺癌细胞系 MCF7、T47D、MDA-MB435 和肺癌细胞系 A549 等细胞株增殖具有抑制作用，且对 MDA-MB435 细胞株增殖抑制作用强于对其他细胞株增殖抑制作用；**15** 对乳腺癌细胞系 SKBR3、MCF7、T47D、MDA-MB435，肺癌细胞系 A549 和结肠癌细胞系 Caco-2 等细胞株增殖具有抑制作用。

　　本属植物及其制剂具有扩张冠状动脉、增加冠状动脉流量、保护心肌缺血、提高耐缺氧能力、降低胆固醇和扩张微血管等作用，是治疗心血管系统疾病特别是冠状动脉性心脏病（冠心病）的常用中药。此外，栝楼还具有降血糖作用。

1. 心叶栝楼

Trichosanthes cordata Roxb., Fl. Ind., ed. 1832, 3: 703. 1832. （英 **Cordateleaf Snakegourd**）

　　根块状。无毛或疏被短柔毛。叶片纸质，阔卵状心形，长 (12-) 20 cm，宽 (9-) 18 cm，完整不裂或略三角状浅裂，两面均疏被柔毛状短硬毛。卷须 3 歧。雄花：总状花序长 16-25 cm，顶端具 4-8 花；苞片长圆形，长约 4 cm；花萼筒长约 4.5 cm，萼齿线状披针形，长约 1.5 cm；花冠白色。雌花单生，近无柄；子房长圆形，疏被微柔毛。果实球形，红色，平滑；种子近四角形，长 10-12 mm，宽 4-5 mm，厚 2-2.5 mm。花期 8 月。

分布与生境　产于西藏东南部（墨脱）。生于海拔 1000 m 左右的常绿阔叶林中。分布于印度北部、缅甸、老挝、马来西亚和新加坡。

药用部位　根（天花粉）、果实（瓜蒌）、种子。

功效应用　根：清热化痰，养胃生津，解毒消肿。用于肺热燥咳，津伤口渴，消渴，疮疡疖肿。果实：润肺祛痰，滑肠散结。用于肺热咳嗽，胸闷，心闷痛，便秘，乳痈。种子：润燥滑肠，清热化痰。用于大便燥结，肺热咳嗽，痰稠难咳。

化学成分　种子含异凝集素类：TCA-I、II[1]。

化学成分参考文献

[1] Sultan NAM, et al. *IUBMB Life*, 2009, 61(4): 457-469.

2. 五角栝楼

Trichosanthes quinquangulata A. Gray in U.S. Expl. Exped., Phan. 1: 645. 1854. （英 **Fiveangle Snakegourd**）

　　茎光滑无毛或节上有毛。叶片膜质，轮廓五角形或宽卵形，长 13-22 cm，宽 12-20 cm，5 浅裂至中裂。卷须 4-5 歧。雄总状花序稍粗壮，长 17-30 cm，上部有 8-10 花。苞片卵形，长 3.5-4.3 cm，宽约 2.5 cm，近全缘；花萼筒狭漏斗形，长约 2 cm，裂片线状披针形，长 2-3 cm，宽 2-3 mm，先端尾状渐尖，边缘具 2-3 枚羽状尖裂片；花冠白色，裂片倒卵状三角形，长约 2 cm。果实球形，直径 5-7 cm，光滑无毛，成熟时红色，先端具长 2-3 mm 的喙。种子三角状卵形，长 10-12 mm，宽 4-5 mm，厚约 2 mm，褐色，种脐端三角形。花期 7-10 月，果期 10-12 月。

分布与生境　产于云南南部和台湾。生于海拔 580-850 m 的山坡林中或路旁。分布于缅甸、泰国、中南半岛、马来西亚。

药用部位　果实、种子。

功效应用　果实：润肺，化痰，散结，滑肠。用于痰热咳嗽，胸痹，结胸，肺痿咯血，消渴，黄疸，便秘，痈肿初起。种子：润肺，化痰，滑肠。用于痰热咳嗽，燥结便秘，痈肿，乳少。

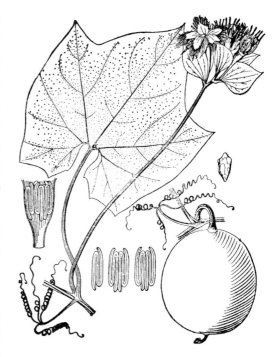

五角栝楼 Trichosanthes quinquangulata A. Gray
引自《中国高等植物图鉴》

注评 本种的果皮在云南作"栝楼皮"用，非中国药典收载的正品。

3. 密毛栝楼

Trichosanthes villosa Blume, Bijdr. 934. 1825.（英 **Villose Snakegourd**）

茎密被褐色或黄褐色柔毛。叶片纸质，阔卵形，长 11–18 cm，宽 11–17 cm，完整或中上部具 3 个大齿，齿三角形。卷须 3–5 歧。雄花：总状花序长 10–20 cm，总花梗密被黄褐色柔毛，中部以上有花 15–20 朵；苞片阔椭圆形，长 3–5 cm，宽 2–4 cm，两面被黄褐色柔毛；萼筒长 2.5–3 cm，萼齿线状披针形，直立，长约 2 cm；花冠白色，裂片阔圆形，长约 1.5 cm，宽约 1.8 cm。雌花单生；子房长圆状椭圆形，长约 1.5 cm，直径约 1 cm，密被长柔毛。果实近球形，直径 8–13 cm，红棕色。种子多数，椭圆形或倒卵状三角形，长 1.7–2.8 cm，宽 1–1.7 cm，灰褐色。花期 12 月至翌年 7 月，果期 9–11 月。

分布与生境 产于云南南部和广西西南部。生于海拔 350–950 m 的丛林中或山坡疏林中。分布于越南、老挝、马来西亚、印度尼西亚和菲律宾。

药用部位 种子。

功效应用 用于燥咳痰黏，肠燥便秘。

注评 本种为"瓜蒌""瓜蒌皮""瓜蒌子""天花粉"的地区习用品之一，广西、云南边疆地区使用。"瓜蒌""瓜蒌皮""瓜蒌子"和"天花粉"药材商品、地区习用品及混伪品情况，参见栝楼 Trichosanthes kirilowii Maxim. 注评。傣族和拉祜族药用种子和鲜根。外用于肿块，颈淋巴结结核，无名肿毒。

4. 马干铃栝楼 马干铃（云南）

Trichosanthes lepiniana (Naudin) Cogn. in DC., Mon. Phan. 3: 377. 1881.——*Involucraria lepiniana* Naudin（英 **Lepin Snakegourd**）

茎、枝无毛，或节上被柔毛，平滑。叶片膜质至革质，轮廓近圆形，长 9–17 (–20) cm，宽近于长，3–5 浅至中裂，常 3 浅裂，两面仅沿主脉和侧脉被短柔毛。卷须 3 歧。雄总状花序长 13–17 cm；苞片近圆形，长与宽近相等，约 4 cm；花萼筒被短柔毛，长约 7 cm，裂片狭卵形，长 15 mm，边缘具 3–5 长锐裂片；花冠白色，裂片倒卵形，长 15 mm。雌花单生，花萼筒长约 4 cm；子房卵形，长约 15 mm，直径 10 mm，无毛。果实卵球形，直径约 9 cm，平滑无毛，熟时红色。种子阔卵形，长约 15 mm，宽 8–10 mm，厚 3 mm，常常偏斜，暗褐色。花期 5–7 月，果期 8–11 月。

分布与生境 产于云南南部和东南部、西藏东南部。生于海拔 700–2100 m 的山谷常绿阔叶林中、山坡疏林、灌丛中。分布于印度、尼泊尔。

药用部位 种子。

功效应用 润肺，化痰，滑肠。用于痰热咳嗽，燥结便秘，痈肿，乳少。

化学成分 根含抗HIV活性的蛋白质[1]以及引产活性、核糖体失活蛋白(trichomaglin)[2-3]。

注评 本种的果皮在云南、广西作"栝楼皮"用，系地

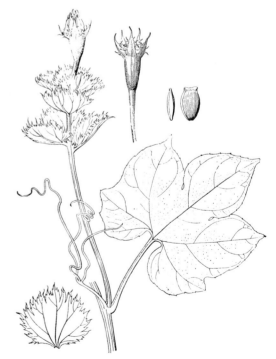

马干铃栝楼 Trichosanthes lepiniana (Naudin) Cogn.
曾孝濂 绘

马干铃栝楼 Trichosanthes lepiniana (Naudin) Cogn.
摄影：朱鑫鑫

方习用品；其种子在藏区作藏药"波棱瓜子"的代用品。"瓜蒌""瓜蒌皮""瓜蒌子"和"天花粉"药材商品、地区习用品及混伪品情况参见栝楼 Trichosanthes kirilowii Maxim. 注评。

化学成分参考文献

[1] 郑永唐，等．中国病毒学，1998, 13(4): 312-321.

[2] Chen R, et al. *Biochem Mol Biol Int*, 1999, 47(2): 185-193.

[3] Gan JH, et al. *Structure* (Cambridge, MA, United States), 2004, 12(6): 1015-1025.

5. 三尖栝楼

Trichosanthes tricuspidata Lour., Fl. Cochinch. 589. 1790.（英 **Tricuspidate Snakegourd**）

茎、枝无毛。叶片薄革质，阔卵状心形，长与宽几相等，12–13 cm，3 浅裂，裂片卵状三角形。卷须 3 歧。雄花总状花序长 12–15 cm；苞片倒卵状椭圆形，长 4 cm，宽 2–2.5 cm，中部以上具据齿，两面被白色鳞片状毛及短柔毛；花萼筒狭漏斗形，长 6 cm，外面被短柔毛，内面密被长柔毛状硬毛，裂片狭披针形，长 1 cm，宽 3 mm，边缘具几个短齿；花冠淡黄白色，裂片扇形，长 12 mm，宽约 15 mm。雌花和果实未见。

分布与生境　产于贵州（安龙）。生于海拔 900 m 的山坡灌丛中。分布于斯里兰卡、印度、尼泊尔、孟加拉国、缅甸、泰国、中南半岛、马来西亚、印度尼西亚的苏门答腊岛和爪哇岛。

药用部位　种子。

功效应用　润肺，化痰，滑肠。用于痰热咳嗽，燥结便秘，痈肿，乳少。

化学成分　茎叶含三萜皂苷类：环三尖栝楼苷[▲] (cyclotricuspidoside) A、B、C[1]。

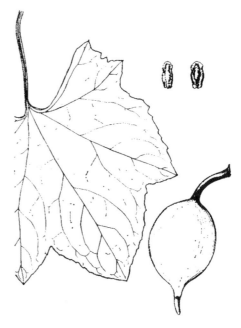

三尖栝楼 Trichosanthes tricuspidata Lour.
引自《植物分类学报》

果实含三萜及其苷类：葫芦素(cucurbitacin) K、J，四氢葫芦素I(tetrahydrocucurbitacin I)，2-*O*-葡萄糖基葫芦素J(2-*O*-glucocucurbitacin J)，泻根阿玛苷▲(bryoamaride)，三尖栝楼素▲(tricuspidatin)[2]，三尖栝楼苷▲(khekadaengoside) A、B、C、D、E、F、G、H、I、J、K、L、M、N，葫芦素J-2-*O*-β-吡喃葡萄糖苷(cucurbitacin J-2-*O*-β-glucopyranoside)，葫芦素K-2-*O*-β-吡喃葡萄糖苷(cucurbitacin K-2-*O*-β-glucopyranoside)，葫芦素-2-*O*-β-吡喃葡萄糖苷(cucurbitacin-2-*O*-β-glucopyranoside)，25-*O*-乙酰葫芦素-2-*O*-β-吡喃葡萄糖苷(25-*O*-acetylcucurbitacin-2-*O*-β-glucopyranoside)[3]。

种子含三萜皂苷类：α-L-吡喃阿拉伯糖基-(1 → 3)-β-D-吡喃葡萄糖基-(1 → 3)-β-羟基齐墩果-12-烯-28-甲基乙酸酯[α-L-arabinopyranosyl-(1 → 3)-β-D-glucopyranosyl-(1 → 3)-β-hydroxy-oleane-12-ene-28-methyl acetate][4-5]；甾体类：豆甾醇(stigmasterol)，α-菠菜甾醇(α-spinasterol)[5]。

化学成分参考文献

[1] Kasai R, et al. *Phytochemistry*, 1999, 51(6): 803-808.

[2] Mai L P, et al. *Nat Prod Lett*, 2002, 16(1): 15-19.

[3] Kanchanapoom T, et al. *Phytochemistry*, 2002, 59(2): 215-228.

[4] Dobhal K, et al. *Acta Ciencia Indica, Chemistry*, 2008, 34(3): 443-445.

[5] Sati SC, et al. *Asian J Chem Envir Res*, 2010, 3(3): 18-20.

6. 长萼栝楼

Trichosanthes laceribractea Hayata in J. Coll. Sci. Imp. Univ. Tokyo 30(1): 117. 1911.（英 **Longsepal Snakegourd**）

茎无毛或疏被短刚毛状刺毛。叶片纸质，轮廓近圆形或阔卵形，长 5–16 (–19) cm，宽 4–15 (–18) cm，常 3–7 浅至深裂，背面沿脉被短刚毛状刺毛。卷须 2–3 歧。雄花：总状花序长 10–23 cm；苞片阔卵形，长 2.5–4 cm，宽近于长，先端长渐尖，边缘具长细裂片；花萼筒，长约 5 cm，裂片卵形，长 10–13 mm，宽约 7 mm，边缘具狭的锐尖齿；花冠白色，裂片倒卵形，长 2–2.5 cm，宽 12–15 mm。雌花：花萼筒圆柱状，长约 4 cm，萼齿线形，长 1–1.3 cm；子房卵形，长约 1 cm，无毛。果实球形至

长萼栝楼 Trichosanthes laceribractea Hayata
引自《植物分类学报》

长萼栝楼 Trichosanthes laceribractea Hayata
摄影：朱鑫鑫

卵状球形，直径 5–8 cm，成熟时橘黄色至橘红色，平滑。种子长方形或长方状椭圆形，长 10–14 mm，宽 5–8 mm，厚 4–5 mm，灰褐色。花期 7–8 月，果期 9–10 月。

分布与生境 产于台湾、江西、湖北、广东、广西和四川。生于海拔 200–1020 m 的山谷密林中或山坡路旁。日本也有分布。

药用部位 果实、种子。

功效应用 果实：润肺，化痰，散结，滑肠。用于痰热咳嗽，胸痹，结胸，肺痿咯血，消渴，黄疸，便秘，痈肿初起。种子：润肺，化痰，滑肠。用于痰热咳嗽，燥结便秘，痈肿，乳少。

化学成分 块根和种子含植物凝集素[1]。

注评 本种的果皮在广东作"栝楼皮"用，非中国药典收载的正品。本种的根称"苦花粉"，湖北地区曾作"天花粉"使用，其根有一定毒性，服后会出现恶心呕吐现象。"瓜蒌""瓜蒌皮""瓜蒌子"和"天花粉"药材商品、地区习用品及混伪品情况，参见栝楼 Trichosanthes kirilowii Maxim. 注评。

化学成分参考文献

[1] Dong TX, et al. *Int J Biochem*, 1993, 25(3): 411-414.

7. 裂苞栝楼　长方子栝楼

Trichosanthes fissibracteata C. Y. Wu in C. Y. Cheng et Yueh, Acta Phytotax Sin. 12(4): 438, t. 68, 1, t. 88, 20. 1974.（英 **Splitbract Snakegourd**）

茎光滑无毛或仅节上被短柔毛，干时黑褐色。叶片膜质至薄纸质，圆心形或阔卵状心形，长 11–25 cm，宽 9.5–20 cm，不裂或不规则的 2–3 浅至中裂，稀 5 中裂，背面无毛。雄花：总状花序长 9–20 cm；苞片卵状兜形，长 2.5–3 cm，宽 1.5–2 cm，边缘具不规则的撕裂，裂片线状披针形；萼筒长约 3.5 cm，萼齿披针形，长约 1 cm，宽 3–4 mm，全缘或具齿；花冠绿白色。果实近球形，直径约 6 cm，具瘤状突起。种子长方形，长 11–15 mm，宽 5–6 mm，厚 3–4 mm，褐色。花期 8–9 月，果期 11 月。

分布与生境 产于广西西南部和云南东南部。生于海拔 1100–1250 (–1500) m 的山谷密林中或山坡灌丛中。越南也有分布。

药用部位 种子。

功效应用 用于痰热咳嗽，燥结便秘。

8. 薄叶栝楼

Trichosanthes wallichiana (Ser.) Wight in Madras J. Lit. Sci. 12: 52. 1840.——*Involucraria wallichiana* Ser.（英 **Thinleaf Snakegourd**）

茎、枝除节上被短柔毛外，无毛。叶片膜质或薄纸质，近圆形，长 18–20 cm，掌状 5–7 深裂，裂片长圆形，背面无毛。卷须 2–3 歧。雄花排成总状花序，长 10–20 (–30) cm，顶端具 6–15 花；苞片阔卵形，长 2–3 cm，被微柔毛，中部以上具钻状锐齿；花萼筒长约 5 cm，裂片线形，长约 15 mm，全缘；花冠白色，裂片倒卵形，长 3–4 cm，宽约 2.5 cm。果实卵球形或长圆形，长 5–14 cm，直径约 7 cm，橘红色，平滑无毛。种子椭圆形，长 15–18 mm，宽 8–12 mm，厚 4–7 mm，棕褐色。花期 7–9 月，果期 10–11 月。

分布与生境 产于云南南部、东南部和西南部及西藏。生于海拔 920–2200 m 的山谷混交林中。也分布于印度、尼泊尔和不丹。

药用部位 果实、根。

功效应用 果实：润肺，化痰，散结，滑肠。用于痰热咳嗽，胸痹，结胸，肺痿咯血，消渴，黄疸，便秘，痈肿初起。根：生津止渴，降火，润燥，排脓，消肿。用于热病口渴，消渴，黄疸，肺燥咳血，痈肿，痔疮。

注评　本种的种子系"瓜蒌子"混淆品之一。

9. 糙点栝楼

Trichosanthes dunniana H. Lév. in Repert. Spec. Nov. Regni Veg. 10: 148. 1911.（英 **Dunn Snakegourd**）

茎密具椭圆形鳞片状糙点，节上有毛。叶片纸质，近圆形，直径 10–15 cm，掌状 5–7 深裂，背面除沿主脉及侧脉被弯曲刚毛和具圆糙点外，余无毛。卷须 2–3 歧。雄花总状花序长 8–10 cm，中上部具 5–10 花；苞片阔卵形，长 5 cm，宽 4 cm，深褐色，边缘具多数锐裂齿，背面具大而深色的斑点；萼筒狭漏斗形，长约 5 cm，密被极短的柔毛；花冠淡红色，裂片倒卵形。果实长圆形，长 8 cm，直径 6 cm，熟时红色，果肉绿色。种子卵形，灰褐色，膨胀，长 12 mm，宽 8 mm，厚 3–4 mm。花期 7–9 月，果期 10–11 月。

分布与生境　产于四川、贵州、云南和广西。生于海拔 920–1900 m 的山谷林中或山坡疏林或灌丛中，多攀援于灌木上。

药用部位　根、种子。

糙点栝楼 Trichosanthes dunniana H. Lév.
蔡淑琴　绘

糙点栝楼 Trichosanthes dunniana H. Lév.
摄影：朱鑫鑫

功效应用　根：外用于疮疖肿毒。种子：润肺，祛痰，滑肠。用于痰热咳嗽，燥结便秘，痈肿，乳少。

化学成分　种子含氨基酸：谷氨酸(glutamic acid)，精氨酸(arginine)，天冬氨酸(aspartic acid)，亮氨酸(leucine)，甘氨酸(glycine)，丝氨酸(serine)，苯丙氨酸(phenylalanine)，丙氨酸(alanine)，缬氨酸(valine)，异亮氨酸(isoleucine)，脯氨酸(proline)，赖氨酸(lysine)，苏氨酸(threonine)，酪氨酸(tyrosine)，组氨酸(histidine)，蛋氨酸(methionine)[1]。

注评　本种的果皮在云南、四川、贵州、广西作"栝楼皮"用，非中国药典收载的正品。

化学成分参考文献

[1] 巢志茂，等. 天然产物研究与开发，1992, 4(4): 31-34.

10. 红花栝楼

Trichosanthes rubriflos Thorel ex Cayla in Bull. Mus. Natl. Hist. Nat. 14: 170. 1908.（英 **Redflower Snakegourd**）

茎、枝被柔毛。叶片纸质，阔卵形或近圆形，长、宽几相等，7–20 cm，3–7掌状深裂，裂片阔卵形、长圆形或披针形，背面被短柔毛。雄总状花序长 10–25 cm，中部以上有 (6–) 11–14 花；苞片阔卵形或倒卵状菱形，长 2.5–4 cm，宽约 3 cm，深红色，被短柔毛，边缘具锐裂的长齿；花萼筒长 4–6 cm，红色，裂片线状披针形，长 12–16 mm，宽 3–5 mm，全缘或略具细齿；花冠粉红色至红色，裂片倒卵形，长 13–16 mm，宽 7–11 mm。雌花花萼筒筒状，长约 3 cm；子房卵形，长约 2 cm，直径约 1 cm，无毛。果实阔卵形或球形，长 7–9.5 cm，直径 5.5–8 cm，成熟时红色，平滑无毛。种子长圆状椭圆形，长 12 mm，宽 4–5 mm，厚约 3 mm，黄褐色。花期 5–11 月，果期 8–12 月。

分布与生境 产于广东、广西、海南、贵州、云南和西藏等地。生于海拔 (150–) 400–1540 m 的山谷密林中、山坡疏林及灌丛中。分布于印度东北部、缅甸、泰国、中南半岛、印度尼西亚（爪哇岛）。

药用部位 种子。

功效应用 润肺，化痰，滑肠。用于痰热咳嗽，燥结便秘，痈肿，乳少。

注评 本种的根称"红花栝楼"。其果皮在云南、四川、贵州、广西作"栝楼皮"使用，其种子作"瓜蒌子"使用，系地区习用品。"瓜蒌""瓜蒌皮""瓜蒌子"和"天花粉"药材商品、地区习用品及混伪品情况，参见栝楼 Trichosanthes kirilowii Maxim. 注评。

红花栝楼 Trichosanthes rubriflos Thorel ex Cayla
蔡淑琴 绘

红花栝楼 Trichosanthes rubriflos Thorel ex Cayla
摄影：徐克学

11. 粉花栝楼

Trichosanthes subrosea C. Y. Cheng et C. H. Yueh in Acta Phytotax Sin. 18(3): 349. 1980.（英 **Roseflower Snakegourd**）

茎无毛。叶片薄纸质，干后微皱，五角状心形或近圆形，长宽近相等，11-15 cm，5-7 浅裂至中裂，中央裂片三角形或近菱形；背面无毛。卷须 3 歧。雄花单生或与总状花序并生，单花先开，基部具 1 兜状卵形总苞；总苞长 2.5-3 cm，近全缘；花萼筒狭漏斗形，长约 5 cm，萼齿狭披针形，长 1.5-2 cm，全缘；花冠粉红色，直径约 5 cm，裂片扇形，长约 2 cm，宽约 3 cm。果近球形，长 7-9 cm，直径 5-7.5 cm，橙红色，无毛。种子长方形。花期 7-8 月，果期 8-9 月。

分布与生境 产于云南西南部和广西南部。生于海拔 1700 m 的森林中。

药用部位 根、果实。

功效应用 根：用于热病烦渴，肺热燥咳，消渴，疮疡肿毒。果实：用于肺热咳嗽，痰浊黄稠，胸痹心痛，结胸痞满，乳痈，肺痈，疮痈，肿毒，大便秘结。

12. 趾叶栝楼 叉指叶栝楼（广东）

Trichosanthes pedata Merr. et Chun in Sunyatsenia 2: 20. 1934.（英 **Pedateleaf Snakegourd**）

茎无毛或仅节上被短柔毛。指状复叶具小叶 3-5 片；叶柄长 2.5-6 cm；小叶片膜质或近纸质，中央小叶常为披针形或长圆状倒披针形，长 9-12 cm，宽 2.5-3.5 cm，背面无毛。卷须 2 歧。雄总状花序长 14-19 cm，中部以上有花 8-20 朵；苞片倒卵形或菱状卵形，长 10-15 mm，宽约 8 mm，中部以上撕裂或具不规则的锐齿；花萼筒狭漏斗形，长 2-4 cm，裂片披针形，长 7-10 mm，宽 2-3.5 mm，全缘或具裂齿；花冠白色，裂片倒卵形，长 10-15 mm，宽 8-12 mm；子房卵形，长 1.5 cm，直径 8 mm。果实球形，直径 5-6 cm，橘黄色，光滑无毛。种子卵形，膨胀，灰褐色，长 10-12 mm，宽约 8 mm。花期 6-8 月，果期 7-12 月。

分布与生境 产于江西、湖南、广东、广西和云南。生于海拔 200-1500 m 的山谷疏林中、灌丛或路旁草地中。

药用部位 根、果实、种子。

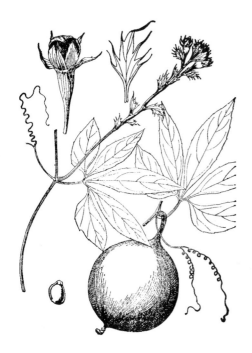

趾叶栝楼 Trichosanthes pedata Merr. et Chun
引自《中国高等植物图鉴》

趾叶栝楼 Trichosanthes pedata Merr. et Chun
摄影：彭玉德

功效应用　根、果实：清热化痰，生津止渴，降火润肠。种子：宽胸散结，润肠。
化学成分　块根和种子含植物凝集素[1]。

种子含脂肪酸：棕榈油酸(palmitoleic acid)，棕榈酸，硬脂酸，油酸(oleic acid)，亚油酸(linoleic acid)[2]。

注评　本种的带根全草称"石蟾蜍"，种子在四川称"假瓜蒌"、云南称"鸟足栝楼"，系"瓜蒌子"的混淆品；果皮在广西、广东、云南作"瓜蒌皮"，非中国药典收载的正品。

化学成分参考文献

[1] Dong TX, et al. *Int J Biochem*, 1993, 25(3): 411-414.　　　[2] 程菊英, 等. 植物学报, 1981, 23(5): 416-418.

13. 两广栝楼　毛瓜蒌（广西金秀）

Trichosanthes reticulinervis C. Y. Wu ex S. K. Chen in Bull. Bot. Res., Harbin 5(2): 114, f. 1. 1985.（英 **Nerve Snakegourd**）

茎除节上被短柔毛外，余无毛。叶片革质，卵状至阔卵状心形，长 15–20 cm，宽 10–18 cm，不分裂，两面沿主脉和侧脉被短柔毛，余无毛。卷须 5 歧。雄花排列成总状花序或狭圆锥花序，长 5–6 cm；苞片披针形，长约 15 mm，密被锈色长柔毛；花萼筒钟状，长 15 mm，裂片三角状卵形，长约 10 mm，宽 6 mm；花冠白色，裂片扇形，长约 2 cm，宽约 4 cm。雌花单生；花萼筒长约 1 cm，裂片线形，长约 12 mm，全缘；花冠白色，裂片狭长圆形，长约 2 cm，子房卵形，长 2.5 cm，宽 2 cm，密被灰色伸展的长柔毛。果实卵圆形，长约 6 cm，直径约 5 cm，密被长柔毛。种子卵形，压扁，淡褐色，长 11 mm，宽 7 mm，厚约 1.5 mm。花期 5–6 月，果期 7–8 月。

分布与生境　产于广东和广西。生于海拔约 320 m 的山地疏林中。
药用部位　根。

两广栝楼 **Trichosanthes reticulinervis** C. Y. Wu ex S. K. Chen
摄影：林建勇

功效应用　用于热病烦渴，肺热燥咳，消渴，疮疡肿毒。

14. 卵叶栝楼

Trichosanthes ovata Cogn. in DC., Mon. Phan. 3: 365. 1881.（英 **Ovateleaf Snakegourd**）

茎无毛或被微柔毛。叶革质，阔卵形，长 11–15 (–20) cm，宽 8.5–12 cm，不分裂或 3 中裂，背面无毛或沿脉被柔毛。雄花组成总状花序，顶端生 6–10 花；苞片卵形，长 12–15 mm，宽 8–10 mm，全缘或略波状；花萼筒被短柔毛，裂片线形，长 7–9 mm，宽 1.5 mm；花冠外面被短柔毛。果实卵状球形，长约 8 cm。种子近长方体形，长 10–12 mm，宽 5–6.5 mm，厚 1.5 mm，棕褐色。

分布与生境　产于云南南部（西双版纳）。生于海拔 980 m 的密林中。

药用部位　根、种子。

功效应用　清热解毒。用于腹内肿块，疮疡，尿道结石。外用于疥疮肿毒。

注评　本种的果实为"栝楼"的伪品之一。傣族用其根和种子治腹内肿块，疮疡，尿道结石。外用于肿块和疥疮。

卵叶栝楼 Trichosanthes ovata Cogn.
肖溶　绘

15. 截叶栝楼　大子栝楼，大瓜蒌（广西）

Trichosanthes truncata C. B. Clarke in Hook. f., Fl. Brit. India 2: 608. 1879.（英 **Truncate Snakegourd**）

块根肥大，纺锤形或长条形。茎无毛或仅节上有毛。叶片革质，卵形、狭卵形或宽卵形，不分裂或 3 浅裂至深裂，长 7–12 cm，宽 5–9 cm，两面无毛，稍粗糙。雄花组成总状花序，总花梗长 7–20 (–25) cm，中部以上有 15–20 花；苞片革质，近圆形或长圆形，长 2–3 cm，全缘或具波状圆齿；萼筒狭漏斗状，长约 2.5 cm，裂片线状披针形，长约 3 cm，全缘；花冠白色，裂片扇形，长约 2.5 cm，宽约 1.8 cm。雌花单生；萼筒圆筒状，长约 1.5 cm；子房椭圆形，长 2 cm，被棕色短柔毛。果实椭圆形，长 12–18 cm，直径 5–10 cm，光滑，橘黄色。种子卵形或长圆状椭圆形，长 18–23 mm，宽约 12 mm，厚 4–6 mm，浅棕色或黄褐色。花期 4–5 月，果期 7–8 月。

分布与生境　产于广西、广东、云南南部。生于海拔 300–1600 m 的山地密林中或山坡灌丛中。分布于印度、孟加拉国。

药用部位　种子。

功效应用　润肺，化痰，滑肠。用于痰热咳嗽，燥结便秘，痈肿，乳少。

化学成分　果皮含挥发油：(Z,Z)-9,12-十八碳二烯酸[(Z,Z)-9,12-octadecadienoic acid]，亚麻酸(linolenic acid)，十四酸(tetradecanoic acid)等[1]。

种子含氨基酸：谷氨酸(glutamic acid)，精氨酸(arginine)，天冬氨酸(aspartic acid)，亮氨酸(leucine)，甘氨酸(glycine)，丝氨酸(serine)，苯丙氨酸(phenylalanine)，丙氨酸(alanine)，缬氨酸(valine)，异亮氨酸(isoleucine)，脯氨酸(proline)，赖氨酸(lysine)，苏氨酸(threonine)，酪氨酸(tyrosine)，组氨酸(histidine)，蛋氨酸(methionine)，胱氨酸(cystine)[2]。

药理作用 抗心肌缺血等心血管作用：大子栝楼对垂体后叶素诱发的大鼠心肌缺血有保护作用；豚鼠离体心灌流实验显示，其具有扩张冠状动脉、增加冠状动脉流量、减慢心率和减弱心肌收缩力的作用；还可拮抗高肾上腺素、高钾引起的大鼠离体主动脉收缩[1]。

增强耐缺氧能力作用：大子栝楼能延长正常及异丙肾上腺素小鼠常压缺氧生存时间[1]。

抗血小板聚集作用：大子栝楼能抑制胶原或 ACP（酰基载体蛋白质）诱导的大鼠血小板聚集、ADP（腺苷二磷酸）诱导的家兔血小板聚集，对已形成的血小板聚集体有一定的促进解聚作用[1]。

毒性及不良反应 大子栝楼水煎剂小鼠口服的最大耐受量大于 50 g/kg[1]。大子栝楼制成的注射液小鼠腹腔注射的 LD_{50} 为 29.79 ± 1.43 g/kg，中毒症状是活动减少、四肢乏力、软瘫、呼吸困难、抽搐[1]。

注评 本种为广西中药材标准（1996 年版）收载"瓜蒌子"的基源植物，药用其干燥成熟种子；又称"大瓜蒌子"。标准使用本种的中文异名大子栝楼。其果皮在云南、广西也作"瓜蒌皮"，为地方习用品，文献记载其质量仅次于栝楼 Trichosanthes kirilowii Maxim.。"瓜蒌""瓜蒌皮""瓜蒌子"和"天花粉"药材商品、地区习用品及混伪品情况，参见栝楼 Trichosanthes kirilowii Maxim. 注评。

化学成分参考文献

[1] 巢志茂，等 . 中国中药杂志 , 1992, 17(11): 673-674.

[2] 巢志茂，等 . 天然产物研究与开发 , 1992, 4(4): 31-34.

药理作用及毒性参考文献

[1] 贝伟剑，等 . 时珍国药研究，1995, 6(2): 20-22.

16. 长果栝楼

Trichosanthes kerrii Craib in Kew Bull. 7. 1914.（英 **Kerr Snakegourd**）

茎密被褐色长柔毛，老时渐脱落。叶片纸质，卵状心形，长 10–20 cm，宽 10–17 cm，不分裂，两面均密被长柔毛，背面尤甚。卷须 2–3 歧，被褐色长柔毛。雄花花萼筒近圆柱形，长 2–3.5 cm，裂片倒披针形，长约 18 mm，宽 4.5 mm；花冠白色或淡黄色，裂片近倒卵形，长约 12 mm。雌花花萼筒圆柱形，长约 1 cm，密被红棕色长柔毛，裂片狭三角形，长约 1 cm，子房长圆形，长 1.5–2 cm，密被长柔毛。果实长圆形或长圆状椭圆形，长 8–10 cm，直径 4.5–6.5 cm，成熟时橘黄色。种子近卵形，压扁，长 10–13 mm，宽 7–8 mm，厚 1–1.5 mm，暗褐色。

分布与生境 产于云南东南部和广西西南部（龙州）。生于海拔 700–1900 m 的峡谷密林中或溪旁潮湿的疏林中。分布于印度和泰国。

药用部位 果实、种子。

功效应用 用于咳嗽。捣烂外敷治银屑病（广西）。

注评 本种的果实称"毛苦瓜"；其果皮在广西、云南作"瓜蒌皮"，非中国药典收载的正品。

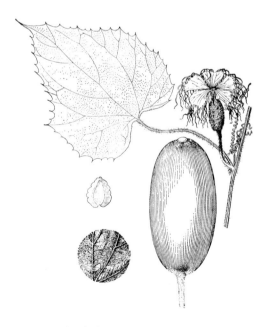

长果栝楼 Trichosanthes kerrii Craib
肖溶 绘

长果栝楼 **Trichosanthes kerrii** Craib
摄影：朱鑫鑫

17. 芋叶栝楼　全叶栝楼

Trichosanthes homophylla Hayata, Icon. Pl. Formsan. 10: 8, f. 4, 5. 1921.（英 **Sameleaf Snakegourd**）

　　茎被短柔毛。叶片纸质，长圆状心形或狭卵状心形，长 7-9 cm，宽 4-5 (-7) cm，边缘微波状，背面除沿脉被短柔毛外，余无毛。卷须 3-5 歧。雄总状花序腋生，长 8-9 cm；苞片倒卵形，长 8-10 mm；花萼筒长 3 cm，萼齿线形，长约 6 mm；花冠裂片阔倒卵形，长、宽约 14 mm。果实长圆形，长 7-8 cm，直径 6-7 cm。种子椭圆形，扁平。

分布与生境　产于台湾。

药用部位　果实。

功效应用　生津止渴，排脓消肿。用于热病口渴，痈疮肿毒。

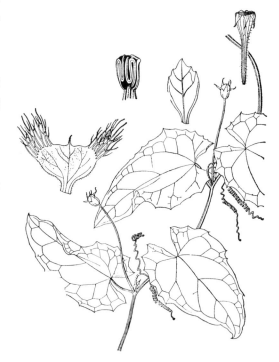

芋叶栝楼 **Trichosanthes homophylla** Hayata
肖溶　绘

18. 丝毛栝楼

Trichosanthes sericeifolia C. Y. Cheng et C. H. Yueh in Acta Phytotax Sin. 18(3): 346, pl. 5, 6. 1980.（英 **Sericeousleaf Snakegourd**）

茎疏被绢毛。叶片坚纸质，轮廓阔卵状心形，长 8–17 cm，宽 8–10 cm，3–5 深裂，背面密被伏卧状白色绢毛。卷须 2 歧，稀 3 歧。雄花单生；花梗及花蕾均密被白色绢毛。雌花花萼筒呈筒状，长约 1 cm，萼齿线状披针形，长约 5 mm，全缘；花冠白色，裂片倒卵状扇形，长 1 cm；子房椭圆形，长约 1.5 cm，直径约 7 mm，密被白色绢毛。果未见。花期 4–6 月。

分布与生境　产于贵州西南部、云南东南部和广西西部。生于海拔 700–1500 m 的山坡灌丛中或河滩灌丛及村旁田边。

药用部位　根。

功效应用　用于热病烦渴，肺热燥咳，内热消渴，疮疡肿毒。

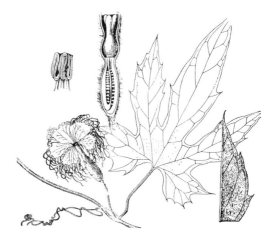

丝毛栝楼 Trichosanthes sericeifolia C. Y. Cheng et C. H. Yueh
肖溶　绘

丝毛栝楼 Trichosanthes sericeifolia C. Y. Cheng et C. H. Yueh
摄影：朱鑫鑫

19. 井冈栝楼

Trichosanthes jinggangshanica C. H. Yueh in Acta Phytotax Sin. 18(3): 342, pl. 2. 1980.（英 **Jinggangshan Snakegourd**）

茎被微柔毛。叶片纸质，形状多变，狭卵状心形至阔卵状心形，长 14–20 cm，宽 10–15 cm，通常 3–5 浅裂至中裂，稀不分裂，背面无毛，沿脉被柔毛。卷须 2–4 歧。雄花总状花序与 1 单花并生，花序梗长 4–11 cm，单花梗长 4–6 cm，均被淡褐色长柔毛；苞片卵形或圆心形，长 2–2.5 cm，近全缘；花萼筒狭漏斗形，长约 3 cm，裂片线状披针形，长 10–15 mm，宽 1.5–2.5 mm；花冠白色，疏被长柔毛，裂片三角形或扇形。雌花单生，萼筒椭圆形，长约 2 cm，裂片及花冠裂片较雄花狭小，子房椭圆形。

分布与生境 产于江西西南部。生于中海拔山地灌丛中。

药用部位 根、果实。

功效应用 根：清热化痰，养胃生津，解毒消肿。用于肺热燥咳，津伤口渴，消渴，疮疡疖肿。果实：润肺祛痰，滑肠散结。用于肺热咳嗽、胸闷、心绞痛、便秘、乳痈。

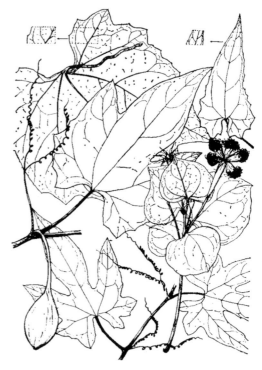

井冈栝楼 **Trichosanthes jinggangshanica** C. H. Yueh
引自《植物分类学报》

20. 中华栝楼　双边栝楼（中国药典）

Trichosanthes rosthornii Harms in Bot. Jahrb. Syst. 29: 603. 1901.——*T. uniflora* K. S. Hao, *T. crenulata* C. Y. Cheng et C. H. Yueh, *T. guizhouensis* C. Y. Cheng et C. H. Yueh, *T. stylopodifera* C. Y. Cheng et C. H. Yueh（英 **Rosthon Snakegourd**）

20a. 中华栝楼（模式变种）

Trichosanthes rosthornii Harms var. **rosthornii**

块根条状，淡灰黄色。茎疏被短柔毛。卷须 2–3 歧。叶片纸质。轮廓阔卵形至近圆形，长 (6–) 8–12 (–20) cm，宽 (5–) 7–11 (–16) cm，3–7 深裂，通常 5 深裂，裂片线状披针形、披针形至倒披针形，背面无毛。雄花单生或为总状花序，或两者并生；单花花梗长可达 7 cm，总花梗长 8–10 cm，顶端具 5–10 花；苞片菱状倒卵形，长 6–14 mm，宽 5–11 mm；花萼筒狭喇叭形，长 2.5–3 (–3.5) cm，裂片线形，长约 10 mm，全缘；子房椭圆形，长 1–2 cm。果实球形或椭圆形，长 8–11 cm，直径 7–10 cm，光滑无毛，成熟时果皮及果瓤均橘黄色。种子卵状椭圆形，扁平，长 15–18 mm，宽 8–9 mm，厚 2–3 mm，褐色。花期 6–8 月，果期 8–10 月。

分布与生境 产于甘肃东南部、陕西南部、湖北西南部、四川东部、贵州、云南东北部、江西（寻乌）。生于海拔 400–1850 m 的山谷密林中、山坡灌丛中及草丛中。

药用部位 根、果实、种子、果皮。

功效应用 根：清热泻火，生津止渴，消肿排脓。用于热病烦渴，肺热燥咳，内热消渴，疮疡肿毒。果实：清热涤痰，宽胸散结，润燥滑肠。用于肺热咳嗽，痰浊黄稠，胸痹心痛，结胸痞满，乳痈，肺痈，肠痈，大便秘结。种子：润肺化痰，滑肠通便。用于燥咳痰黏，肠燥便秘。果皮：清热化痰，利

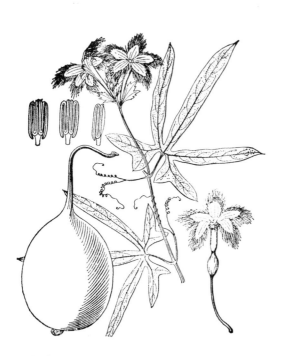

中华栝楼 Trichosanthes rosthornii Harms var. rosthornii
引自《中国高等植物图鉴》

中华栝楼 Trichosanthes rosthornii Harms var. rosthornii
摄影：徐克学

天花粉 Trichosanthis Radix
摄影：陈代贤

瓜蒌子 Trichosanthis Semen
摄影：陈代贤

气宽胸。用于痰热咳嗽，胸闷胁痛。

化学成分 种子含三萜类：栝楼二醇(karounidiol)，7-氧代二氢栝楼二醇(7-oxodihydrokarounidiol)，葫芦二烯醇(cucurbitadienol)[1]；甾体类：豆甾-7,22-二烯-3-O-β-D-葡萄糖苷(stigmast-7,22-diene 3-O-β-D-glucoside)，豆甾-7-烯-3β-醇(stigmast-7-en-3β-ol)，豆甾-7,22-二烯-3β-醇(stigmast-7,22-dien-3β-ol)[1]；氨基酸：谷氨酸(glutamic acid)，精氨酸(arginine)，天冬氨酸(aspartic acid)，亮氨酸(leucine)，甘氨酸(glycine)，丝氨酸(serine)，苯丙氨酸(phenylalanine)，丙氨酸(alanine)，缬氨酸(valine)，异亮氨酸(isoleucine)，脯氨酸(proline)，赖氨酸(lysine)，苏氨酸(threonine)，酪氨酸(tyrosine)，组氨酸(histidine)，蛋氨酸(methionine)，胱氨酸(cystine)[2]。

果皮含生物碱类：栝楼碱(trichosanatine)[3]；甾体类：Δ^7-豆甾醇-3-β-D-吡喃葡萄糖苷(Δ^7-stigmasterol-3-β-D-glucopyranoside)，Δ^7-豆甾醇(Δ^7-stigmasterol)，Δ^7-豆甾烯-3-酮(Δ^7-stigmasten-3-

one)[4]；脂肪酸及其酯类：棕榈酸，二十四酸，二十六酸，L-左旋-α-棕榈酸甘油酯[5]；挥发油：酞酸二丁酯(dibutyl phthalate)，2-甲基萘(2-methylnaphthalene)，萘(naphthalene)，1,1'-联苯(1,1'-biphenyl)，顺式-芳樟醇氧化物(cis-linalool oxide)，2-呋喃甲醛(2-furancarboxaldehyde)，2,4-二甲基苯酚(2,4-dimethylphenol)，1-苯基乙酮(1-phenylethanone)，苯甲醇(benzenemethanol)，苯甲醛(benzaldehyde)，香叶基丙酮(geranylacetone)，β-芹子烯(β-selinene)，雪松烯醇(cedrenol)，β-榄香烯(β-elemene)等[6]。

注评 本种为中国药典（1977、1985、1990、1995、2000、2005、2010、2015年版）、新疆药品标准（1980年版）收载"瓜蒌""瓜蒌皮"和"瓜蒌子"，广西中药材标准（1996年版）收载"瓜蒌子"，四川中药材标准（1980年版）收载"瓜蒌壳""瓜蒌仁"的基源植物之一，分别药用其干燥成熟果实、果皮和种子；中国药典（1977、1985、1995、2000、2005、2010、2015年版）、新疆药品标准（1980年版）、内蒙古蒙药材标准（1986年版）收载"天花粉"，的基源植物之一，药用其干燥块根。药典和标准曾使用本种的异名双边栝楼 *Trichosanthes uniflora* K. S. Hao、川贵栝楼 *Trichosanthes crenulata* C. Y. Cheng et C. H. Yueh。同属植物栝楼 *Trichosanthes kirilowii* Maxim. 亦为基源植物，与本种同等药用。"瓜蒌""瓜蒌皮""瓜蒌子"和"天花粉"药材商品、地区习用品及混伪品情况，参见栝楼 *Trichosanthes kirilowii* Maxim. 注评。

化学成分参考文献

[1] 巢志茂，等 . 中国药学杂志，2001, 36(3): 157-160.

[2] 巢志茂，等 . 天然产物研究与开发，1992, 4(4): 31-34.

[3] 巢志茂，等 . 药学学报，1995, 30(7): 517-520.

[4] 巢志茂，等 . 中国药学杂志，1991, 16(2): 97-99.

[5] 巢志茂，等 . 中国药学杂志，1996, 21(6): 357-359.

[6] 巢志茂，等 . 天然产物研究与开发，1992, 4(4): 31-34.

20b. 多卷须栝楼（变种） 瓜蒌（广西全州）

Trichosanthes rosthornii Harms var. **multicirrata** (C. Y. Cheng et C. H. Yueh) S. K. Chen in Fl. Reipubl. Popularis Sin. 73(1): 244. 1986.——*T. multicirrata* C. Y. Cheng et C. H. Yueh, *T. damiaoshanensis* C. Y. Cheng et C. H. Yueh（英 **Manytendril Snakegourd**）

本变种与模式变种的主要区别在于叶片较厚，裂片较宽；卷须4–6歧，被长柔毛；花萼筒短粗，长约2 cm，顶端径约1.3 cm，密被短柔毛。

分布与生境 产于广西、广东北部、贵州和四川。生于海拔600–1500 m的林下、灌丛中或草地。

药用部位 根、果实、种子。

功效应用 根：用于热病烦渴，肺热燥咳，消渴，疮疡肿毒。果实：用于肺热咳嗽，痰浊黄稠，胸痹心痛，结胸痞满，乳痈，肠痈，疮痛，肿痛，大便秘结。种子：用于燥咳痰粘，肠燥便秘。

21. 栝楼 瓜蒌、瓜楼，药瓜（四川中药志），鸭屎瓜（广东中药）

Trichosanthes kirilowii Maxim., Prim. Pl. Amur. 482. 1859.（英 **Mongolian Snakegourd**）

块根圆柱状，粗大肥厚，淡黄褐色。茎多分枝，被白色伸展柔毛。叶片纸质，轮廓近圆形，长宽均为5–20 cm，常3–5 (–7)浅裂至中裂，稀深裂或不分裂而仅有不等大的粗齿，两面沿脉被长柔毛状硬毛。卷须3–7歧。雄总状花序单生，或与一单花并生，花序长10–20 cm，顶端有5–8花，苞片倒卵形或阔卵形，长1.5–2.5 (–3) cm，中上部具粗齿；花萼筒筒状，长2–4 cm，裂片披针形，长10–15 mm，全缘；花冠白色，裂片倒卵形，长20 mm，宽18 mm。雌花单生；花萼筒圆筒形，长2.5 cm，直径1.2 cm；子房椭圆形，长2 cm。果实椭圆形或圆形，长7–10.5 cm，黄褐色或橘黄色。种子卵状椭圆形，长11–16 mm，宽7–12 mm，淡黄褐色，近边缘处具棱线。花期5–8月，果期8–10月。

分布与生境 产于我国华北、华东、中南地区及辽宁、陕西、甘肃、四川、贵州和云南。生于海拔200–1800 m的山坡林下、灌丛中、草地和村旁田边。广为栽培。分布于朝鲜、日本、越南和老挝。

药用部位 根、果实、果皮、种子。

功效应用　根：清热泻火，生津止渴，消肿排脓。用于热病烦渴，肺热燥咳，内热消渴，疮疡肿毒。果实：清热涤痰，宽胸散结，润燥滑肠。用于肺热咳嗽，痰浊黄稠，胸痹心痛，结胸痞满，乳痈，肺痈，肠痈，大便秘结。果皮：清热化痰，利气宽胸。用于痰热咳嗽，胸闷胁痛。种子：润肺化痰，滑肠通便。用于燥咳痰黏，肠燥便秘。

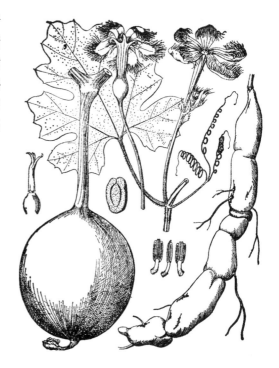

栝楼 **Trichosanthes kirilowii** Maxim.
引自《中国高等植物图鉴》

栝楼 **Trichosanthes kirilowii** Maxim.
摄影：梁同军 张英涛

化学成分　根含木脂素类：栝楼苯并木脂素▲(trichobenzolignan)，喷瓜木脂酚▲(ligballinol)，(-)-松脂酚[(-)-pinoresinol]，厚壳树醇▲C (ehletianol C)[1]；黄酮类：木犀草素-7-O-β-吡喃葡萄糖苷(luteolin-7-O-β-glucopyranoside)，金圣草酚-7-O-β-吡喃葡萄糖苷(chrysoeriol-7-O-β-glucopyranoside)[1]；三萜类：海绿宁▲Ⅰ(arvenin Ⅰ)，葫芦二烯醇(cucurbitadienol)[1]，葫芦素D (cucurbitacin D)，23,24-二氢葫芦素D (23,24-dihydrocucurbitacin D)[2]；脑苷类：大豆脑苷Ⅰ(soyacerebroside Ⅰ)[3]；多糖类：栝楼聚糖(trichosan) A、B、C、D、E[4]；嘧啶苷类：伴野豌豆碱▲(convicine)[5]。

果实含黄酮类：香叶木素-7-O-β-D-吡喃葡萄糖苷(diosmetin-7-O-β-D-glucopyranoside)[6]，金圣草酚-7-O-β-D-吡喃葡萄糖苷(chrysoeriol-7-O-β-D-glucopyranoside)[7-8]，5,6,7,8,4'-五甲氧基黄酮(5,6,7,8,4'-pentamethoxyflavone)，5,6,7,8,3',4'-六甲氧基黄酮(5,6,7,8,3',4'-hexamethoxyflavone)[8]，金圣草酚(chrysoeriol)，4'-羟基高黄芩苷(4'-hydroxyscutellarin)[9]；三萜类：海绿宁▲Ⅲ(arvenin Ⅲ)，顶盖丝瓜素▲A (opercurin A)[8]，栝楼二醇(karounidiol)[10]，异海绿宁▲Ⅲ(isoarvenin Ⅲ)[11]；大柱香波龙烷类：黄瓜大柱香波龙烷Ⅰ(cucumegastigmane Ⅰ)，布卢竹柏醇A (blumenol A)[8,12]，8,9-二氢-8,9-二羟基大柱香波龙三烯酮(8,9-dihydro-8,9-dihydroxymegastigmatrienone)[8]；单萜类：黑麦草内酯(loliolide)[8]；甾体类：豆甾醇(stigmasterol)，豆甾醇-3-O-β-D-吡喃葡萄糖苷(stigmasterol-3-O-β-D-glucopyranoside)[7]，α-菠菜甾醇(α-spinasterol)，α-菠菜甾醇-3-O-β-D-吡喃葡萄糖苷(α-spinasterol-3-O-β-D-glucopyranoside)[7-9]，豆甾-7-烯-3β-醇(stigmast-7-en-3β-ol)[8,12]，豆甾-7-烯-3-O-β-D-吡喃葡萄糖苷(stigmasta-7-ene-3-O-β-D-glucopyranoside)[13]；糖类：葡萄糖[10]，半乳糖酸-γ-内酯(galactonic acid-γ-lactone)，半乳糖[13]；呋喃、吡喃类：5,5'-双氧甲基呋喃醛(5,5'-dioxymethylfurfural)[6,8,12]，2,5-二羟甲基呋喃(furan-2,5-diyldim-ethanol)[7]，5-羟甲基-2-糠醛(5-hydroxymethyl-2-furfural)[8-9,12]，5-羟基麦芽酚(5-oxymaltol)[10]，1,3-O-[5-(羟甲基)-呋喃-2-基]次甲基-2-正丁基-α-呋喃果糖苷{1,3-O-[5-(hydroxymethyl)-furan-2-yl]methenyl-2-n-butyl-α-fructofuranoside}，3,4-二羟基-5-羟甲基-4-O-[5-(羟甲基)-呋喃-2-基]-四氢呋喃-2-羧酸正丁酯{n-butyl-3,4-dihydroxyl-5-hydroxymethyl-4-O-[5-(hydroxymethyl)-furan-2-yl]-tetrahydrofuran-2-carboxylate}[14]；有机酸及其酯类：棕榈酸[6]，2-羟基琥珀酸二丁酯(dibutyl-2-hydroxysuccinate)[7]，三十四酸(tetratriacontanoic acid)，琥珀酸(succinic acid)，富马酸(fumaric acid)[10]；酚、酚酸类：4-羟基-2-甲氧基苯甲酸(4-hydroxy-2-methoxybenzoic acid)[6]，香荚兰酸(vanillic acid)[9]；生物碱类：4-羟基烟酸，N-苯基苯二甲酰亚胺(N-phenylbenzene phthalimide)[6]，(2,2'-二噁唑定)-3,3'-二乙醇[(2,2'-bioxazolidine)-3,3'-diethanol][7]，5-乙氧甲基-1-羧丙基-1H-吡咯-2-醛(5-ethoxymethyl-1-carboxylpropyl-1H-pyrrole-2-carbaldehyde)[9]，1-去氧-1-(2'-氧代-1'-吡咯烷基)-2-正丁基-α-呋喃果糖苷[1-deoxy-1-(2'-oxo-1'-pyrrolidinyl)-2-n-butyl-α-fructofuranoside][11]；其他类：腺苷(adenosine)[6,9]，尿嘧啶(uracil)[10]，甲基-β-D-吡喃果糖苷(methyl-β-D-frucopyranoside)，乙基-β-D-吡喃果糖苷(ethyl-β-D-frucopyranoside)，正丁基-β-D-吡喃果糖苷(n-butyl-β-D-fructopyranoside)，乙基-β-D-呋喃葡萄糖苷(ethyl-β-D-glu-cofuranoside)，正丁基-α-D-呋喃果糖苷(n-butyl-α-D-fructofuranoside)，正丁基-β-D-呋喃果糖苷(n-butyl-β-D-fructofuranoside)[12]；其他类：焦谷氨酸(pyroglutamic acid)，焦谷氨酸乙酯(pyroglutamic acid ethyl ester)[8]，三十四烷(tetratriacontane)[10]。

种子含三萜类：3α,7β,29-三羟基多花白树-8-烯-3,29-二苯甲酸酯(3α,7β,29-trihydroxymultiflor-8-ene-3,29-diyldibenzoate)，3α,29-二羟基-7-氧代多花白树-8-烯-3,29-二苯甲酸酯(3α,29-dihydroxy-7-oxomultiflor-8-ene-3,29-diyldibenzoate)[15]，葫芦二烯醇(cucurbitadienol)，7-氧代二氢栝楼二醇(7-oxodihydrokarounidiol)，栝楼二醇(karounidiol)，异栝楼二醇(isokarounidiol)[16]，环栝楼二醇▲(cyclokirilodiol)，异环栝楼二醇▲(isocyclokirilodiol)[17]，泻根醇(bryonolol)，7-氧代异多花白树烯醇▲(7-oxoisomultiflorenol)，3-表栝楼二醇(3-epikarounidiol)，3-表泻根醇(3-epibryonolol)，7-氧代-8β-D:C-无羁萜齐墩果-9(11)-烯-3α,29-二醇(7-oxo-8β-D:C-friedo-olean-9(11)-ene-3α,29-diol)[18]，7-氧代-10α-葫芦二烯醇(7-oxo-10α-cucurbitadienol)[19]，5-去氢栝楼二醇(5-dehydrokarounidiol)[20]，3β-羟基-D:C-飞齐墩果-8-烯-29-酸(3β-hydroxy-D:C-friedoolean-8-en-29-oic acid)，泻根酮酸▲(bryononic acid)[21]，葫芦素B(cucurbitacin B)[22]，(20α)-5α,8α-表二氧多花白树-6,9(11)-二烯-3α,29-二醇-3,29-二苯甲酸酯[(20α)-

5α,8α-epidioxymultiflora-6,9(11)-diene-3α,29-diol-3,29-dibenzoate]，栝楼-3,29-二醇-3,29-二苯甲酸酯(karouni-3,29-diol-3,29-dibenzoate)，7-氧代多花白树-8-烯-3α,29-二醇-3,29-二苯甲酸酯(7-oxomultiflor-8-ene-3α,29-diol-3,29-dibenzoate)[23]；二萜类：豨莶精醇(darutigenol)[15]；大柱香波龙烷类：布卢竹柏醇A[22]；甾体类：(3α,5α,22E)-24-乙基胆甾-7,22,25-三烯-3β-醇[(3α,5α,22E)-24-ethylcholesta-7,22,25(27)-trien-3-ol][15]，豆甾-7-烯-3β-醇(stigmast-7-en-3β-ol)，豆甾-7,22-二烯-3β-醇(stigmast-7,22-dien-3β-ol)，豆甾-7,22-二烯-3-O-β-D-吡喃葡萄糖苷(stigmasta-7,22-dien-3-O-β-D-glucopyranoside)[16]，5α,8α-表二氧麦角甾-6,22E-二烯-3β-醇(5α,8α-epidioxyergosta-6,22E-dien-3β-ol) 5α,8α-表二氧麦角甾-6,9(11),22E-三烯-3β-醇[5α,8α-epidioxyergosta-6,9(11),22E -trien-3β-ol][23]，豆甾-3β,6α-二醇(stigmastane-3β,6α-diol)，豆甾-5-烯-3β,4β-二醇(stigmast-5-ene-3β,4β-diol)，多孔甾-3β,6α-二醇(poriferastane-3β,6α-diol)，多孔甾-5-烯-3β,4β-二醇(poriferast-5-ene-3β,4β-diol)，多孔甾-5,25-二烯-3β,4β-二醇(poriferasta-5,25-diene-3β,4β-diol)[24]，菜油甾醇(campesterol)，β-谷甾醇，豆甾醇(stigmasterol)，Δ7-菜油甾醇(Δ7-campesterol)，Δ7-豆甾醇(Δ7-stigmasterol)，Δ7,22-豆甾二烯醇(Δ7,22- stigmastadienol)，24-乙基胆甾-5,25-二烯-3β-醇(24-ethylcholesta-5,25-diene-3β-ol)，24-乙基胆甾-7,24(25)-二烯-3β-醇(24-ethylcholesta-7,24(25)-diene-3-ol)，24-乙基胆甾-5,22-二烯-3β-醇(24-ethylcholesta-5,22-diene-3β-ol)，24-乙基胆甾-7,22,25-三烯-3β-醇(24-ethylcholesta-7,22,25-triene-3β-ol)[25]；木脂素类：栝楼脂素(hanultarin)，(-)-裂环异落叶松树脂醇[(-)-secoisolariciresinol]，1,4-O-二阿魏酰裂环异落叶松树脂醇(1,4-O-diferuloylsecoisolariciresinol)，(-)-松脂酚[(-)-pinoresinol]，4-酮基松脂酚(4-ketopinoresinol)[26]；黄酮类：4',6-二羟基-4-甲氧基异橙酮(4',6-dihydroxy-4-methoxyisoaurone)[21]，7-羟基色酮(7-hydroxychromone)，小麦黄素(tricin)，水韭素▲-5'-甲醚(isoetin-5'-methyl ether)[27]；酚类：5-羟基-7-(3-羟基-4-甲氧基苯基)-3-甲氧基-2,4,6-庚三烯酸-δ-内酯[5-hydroxy-7-(3-hydroxy-4-methoxyphenyl)-3-methoxy-2,4,6-heptatrienoic acid-δ-lactone][22]，2-(4-羟基-3-甲氧基苯基)-3-(2-羟基-5-甲氧基苯基)-3-氧代-1-丙醇[2-(4-hydroxy-3-methoxyphenyl)-3-(2-hydroxy-5-methoxyphenyl)-3-oxo-1-propanol][27]；挥发油类：己二酸二乙酯(diethyl adipate)，(3-甲基-2-环氧乙基)-甲醇[(3-methyl-oxiran-2-yl)-methanol]，异丙基甘油醚(isopropyl glycidyl ether)，苯甲醛(benzaldehyde)等[28]；脂肪酸类：亚油酸，亚麻酸等[29]；氨基酸类：谷氨酸(glutamic acid)，精氨酸(arginine)，天冬氨酸(aspartic acid)，亮氨酸(leucine)，甘氨酸(glycine)，丝氨酸(serine)，苯丙氨酸(phenylalanine)，丙氨酸(alanine)，缬氨酸(valine)，异亮氨酸(isoleucine)，脯氨酸(proline)，赖氨酸(lysine)，苏氨酸(threonine)，酪氨酸(tyrosine)，组氨酸(histidine)，蛋氨酸(methionine)，胱氨酸(cystine)[30]；蛋白质类：栝楼蛋白(trichosanthrip)[31]。

瓜蒌霜(瓜蒌子去油制霜)含三萜类：7-氧代多花白树-8-烯-3α,29-二醇-3,29-二苯甲酸酯(7-oxomultiflor-8-ene-3α,29-diol-3,29-dibenzoate)，栝楼-3,29-二醇-3,29-二苯甲酸酯(karouni-3,29-diol-3,29-dibenzoate)[32]；甾体类：5α,8α-表二氧麦角甾-6,22E-二烯-3β-醇(5α,8α-epidioxyergosta-6,22E-dien-3β-ol)，5α,8α-表二氧麦角甾-6,9(11),22E-三烯-3β-醇[5α,8α-epidioxyergosta-6,9(11),22E-trien-3β-ol]，豆甾-7,22,25-三烯-3-醇(stigmasta-7,22,25-trien-3-ol)，豆甾-7,22-二烯-3-醇(stigmasta-7,22-dien-3-ol)，β-谷甾醇，胡萝卜苷[32]；酚类：丹皮酚(paeonol)，对羟基苯甲醛(p-hydroxybenzaldehyde)[32]。

药理作用 抗心肌缺血等心血管作用：栝楼对垂体后叶素诱发的大鼠心肌缺血有保护作用；豚鼠离体心脏灌流实验显示，其具有扩张冠状动脉、增加冠状动脉流量、减慢心率和减弱心肌收缩力的作用；还可拮抗高肾上腺素、高钾引起的大鼠离体主动脉收缩[1]。

增强耐缺氧能力作用：栝楼能延长正常及异丙肾上腺素小鼠常压缺氧生存时间[1]。瓜蒌皮提取液能延长常压缺氧、特异性心肌缺氧、组织缺氧小鼠的存活时间，提高减压缺氧小鼠的存活率[2]。

抗血小板聚集作用：栝楼能抑制胶原或ACP诱导的大鼠血小板聚集、ADP诱导的家兔血小板聚集，对已形成的血小板聚集体有一定的促进解聚作用[1]。

抑制平滑肌作用：栝楼乙醇提取物对乙酰胆碱引起的小鼠离体回肠收缩有松弛作用[3]。

抗溃疡作用：栝楼乙醇提取物对幽门结扎、水浸应激、组胺、5-羟色胺、盐酸乙醇、乙酸、一些

天花粉 Trichosanthis Radix
摄影：陈代贤

瓜蒌 Trichosanthis Fructus
摄影：陈代贤

瓜蒌皮 Trichosanthis Pericarpium
摄影：陈代贤

瓜蒌子 Trichosanthis Semen
摄影：钟国跃

致坏死剂如 1 ml 0.6 mol/L HCl、0.2 mol/L NaOH 或 35%NaCl 引起的胃溃疡有抑制作用[3]。

降血糖作用：从栝楼中分离得到的栝楼聚糖 A 对四氧嘧啶致高血糖小鼠有降血糖作用[4]。

抑制酶作用：栝楼石油醚、乙酸乙酯、正丁醇和水提取物体外对 α - 葡萄糖苷酶均具有一定的抑制作用[5]。

抗细菌和抗真菌作用：栝楼挥发油对金黄色葡萄球菌、大肠埃希氏菌和红酵母有抑制作用[6]。

抗病毒作用：栝楼蛋白是具有抗 HIV-1 活性的核糖体失活蛋白，对 HIV-1 诱导 C8166 细胞形成合胞体有抑制作用，可抑制 HIV-1 急性感染 T 细胞中 p24 核心抗原的表达水平和减少 HIV 抗原阳性细胞的比率[7]。

抗肿瘤作用：栝楼挥发油对肿瘤胃癌细胞株 SGC-7901 有细胞毒活性[6]。

抗氧化作用：栝楼籽油具有清除超氧阴离子自由基、羟自由基的作用[8]。从栝楼果实中提取的黄色素对猪油的自动氧化有一定的抑制作用[9]。

毒性及不良反应　栝楼水煎剂小鼠口服的最大耐受量大于 70 g/kg[1]。栝楼制成的注射液小鼠腹腔注射的 LD_{50} 为 (31.69 ± 1.14) g/kg，中毒症状是活动减少、四肢乏力、软瘫、呼吸困难、抽搐[1]。

注评　本种为历版中国药典收载"瓜蒌"，为中国药典（1977、1985、1990、1995、2000、2005、2010、2015 年版）、新疆药品标准（1980 年版）收载"瓜蒌皮"和"瓜蒌子"，中华中药典范（1985年版）收载"栝楼仁"的基源植物之一，分别药用其干燥成熟果实、果皮和种子；其干燥块根为历版中国药典、新疆药品标准（1980 年版）、内蒙古蒙药材标准（1986 年版）收载"天花粉"，中华中药典范（1985 年版）收载"栝楼根"的来源之一。同属植物中华栝楼 Trichosanthes rosthornii Harms 亦为基源植物，与本种同等药用。"瓜蒌""瓜蒌皮""瓜蒌子"药材商品的地区习用品涉及同属多种植物，作"瓜蒌皮"常见的种类有：截叶栝楼 Trichosanthes truncata C. B. Clarke、多卷须栝楼 Trichosanthes rosthornii Harms var. multicirrata (C. Y. Cheng et C. H. Yueh) S. K. Chen、绵阳栝楼 Trichosanthes mianyangensis C. H. Yueh et R. G. Liao、井冈栝楼 Trichosanthes jinggangshanica C. H. Yueh、红花栝楼 Trichosanthes rubriflos Thorel ex Cayla、王瓜 Trichosanthes cucumeroides (Ser.) Maxim.、长萼栝楼 Trichosanthes laceribractea Hayata 的果皮。"瓜蒌子"地区习用品常见的种类有：截叶栝楼 Trichosanthes truncata C. B. Clarke、多卷须栝楼 Trichosanthes rosthornii Harms var. multicirrata (C. Y. Cheng et C. H. Yueh) S. K. Chen、三尖栝楼 Trichosanthes tricuspidata Lour.、马干铃栝楼 Trichosanthes lepiniana (Naudin) Cogn.、红花栝楼 Trichosanthes rubriflos Thorel ex Cayla、密毛栝楼 Trichosanthes villosa Blume、长萼栝楼 Trichosanthes laceribractea Hayata、湘桂栝楼 Trichosanthes hylonoma Hand.-Mazz. 的种子。瓜蒌皮已发现的伪品有：同科植物木鳖子 Momordica cochinchinensis (Lour.) Spreng.、西瓜 Citrullus lanatus (Thunb.) Matsum. et Nakai、西番莲科植物三开瓢 Adenia cardiophylla (Mast.) Engl. 的果皮。"天花粉"的主要地区习用品有：多卷须栝楼 Trichosanthes rosthornii Harms var. multicirrata (C. Y. Cheng et C. H. Yueh) S. K. Chen 的根在广东、广西部分地区使用；王瓜 Trichosanthes cucumeroides (Ser.) Maxim. 分布浙江、江苏，其根曾代用天花粉。"天花粉"的主要混伪品有：长萼栝楼 Trichosanthes laceribractea Hayata 的根称"苦花粉"，湖北地区曾作天花粉使用，其根有一定毒性，服后会出现恶心呕吐现象。同科植物茅瓜 Solena amplexicaulis (Lam.) Gandhi 的根云南等地使用；木鳖子 Momordica cochinchinensis (Lour.) Spreng. 的根湖北、四川等地使用；罗汉果 Siraitia grosvenorii (Swingle) C. Jeffrey ex A. M. Lu et Zhi Y. Zhang 的根广西部分地区充天花粉使用；萝藦科植物牛皮消 Cynanchum auriculatum Royle ex Wight 的根湖南曾经充天花粉使用。

化学成分参考文献

[1] Minh CV, et al. *Arch Pharm Res*, 2015, 38(8): 1443-1448.

[2] Oh H, et al. *Planta Med*, 2002, 68(9): 832-833.

[3] Kim JS, et al. *Nat Prod Sci*, 2001, 7(2): 27-32.

[4] Hikino H, et al. *Planta Med*, 1989, 55(4): 349-350.

[5] Nguyen MC, et al. *Tap Chi Duoc Hoc*, 2008, 48(1): 25-27.

[6] 刘岱琳，等 . 中草药，2004, 35(12): 1334-1336.

[7] 范雪梅，等 . 沈阳药科大学学报，2011, 28(12): 947-948, 954.

[8] Xu Y, et al. *Biochem Syst Ecol*, 2012, 43: 114-116.

[9] 孙晓业，等 . 药学学报，2012, 47(7): 922-925.

[10] 时岩鹏，等 . 中草药，2002, 33(1): 14-16.

[11] Fan XM, et al. *J Asian Nat Prod Res*, 2012, 14(6): 528-532.

[12] 范雪梅，等 . 沈阳药科大学学报，2011, 28(11): 871-874.

[13] 巢志茂，等 . 中国药学杂志，1999, 24(10): 612-613.

[14] Lian L, et al. *J Asian Nat Prod Res*, 2012, 14(1): 64-67.

[15] Wu Tao, et al. *Helv Chim Acta*, 2005, 88(10): 2617-2623.

[16] 巢志茂，等 . 中国药学杂志，2000, 35(11): 733-736.

[17] Kimura Y, et al. *Chem Pharm Bull*, 1997, 45(2): 415-417.

[18] Akihisa T, et al. *Chem Pharm Bull*, 1994, 42(5): 1101-1105.

[19] Akihisa T, et al. *Phytochemistry*, 1994, 36(1): 153-157.

[20] Akihisa T, et al. *Chem Pharm Bull*, 1992, 40(12): 3280-3283.

[21] Akihisa T, et al. *Chem Pharm Bull*, 1992, 40(5): 1199-1202.

[22] Dat NT, et al. *J Nat Prod*, 2010, 73(6): 1167-1169.

[23] Ma YP, et al. *Helv Chim Acta*, 2011, 94(10): 1881-1887.

[24] Kimura Y, et al. *Chem Pharm Bull*, 1995, 43(10): 1813-1817.

[25] Homberg E E, et al. *Phytochemistry*, 1977, 16(2): 288-290.

[26] Moon SS, et al. *Bioorg Med Chem*, 2008, 16(15): 7264-7269.

[27] Rahman Md, et al. *Bull Korean Chem Soc*, 2007, 28(8): 1261-1264.

[28] 徐礼英，等 . 中国实验方剂学杂志，2009, 15(8): 38-43.

[29] 彭书明，等 . 时珍国医国药，2009, 20(5): 1197-1198.

[30] 巢志茂，等 . 天然产物研究与开发，1992, 4(4): 31-34.

[31] Shu SH, et al. *Protein Expression & Purification*, 2009, 67(2): 120-125.

[32] 马跃平，等 . 沈阳药科大学学报，2010, 27(11): 876-879.

药理作用及毒性参考文献

[1] 贝伟剑，等 . 湖南中医药导报，1996, 2(1): 37-39.

[2] 邵春丽，等 . 沈阳药科大学学报，1998, 15(1): 38-40.

[3] Takano T, et al. *Chem Pharm Bull*, 1990, 38(5): 1313-1316.

[4] Hiroshi Hikino, et al. *Planta Med*, 1989, 55(4): 349-350.

[5] 叶肖栗，等. 西北药学杂志，2008, 23(5): 306-307.

[6] 徐礼英，等. 中国实验方剂学杂志，2009, 15(8): 38-43.

[7] 郑永唐，等. 中国药理学报，2000, 21(2): 179-182.

[8] 颜军，等. 食品科学，2008, 29(11): 77-79.

[9] 孙体健，等. 中国药物与临床，2005, 5(4): 285-287.

22. 湘桂栝楼　圆子栝楼（广东中药名录），雷山栝楼（贵州中药名录）

Trichosanthes hylonoma Hand.-Mazz., Symb. Sin. 7: 1066. 1936.——*T. leishanensis* C. Y. Cheng et C. H. Yueh（英 **Roundseed Snakegourd**）

根条形，肥厚。茎幼时被短柔毛。叶片纸质，坚挺，轮廓阔卵形，长 (6-) 11-17 cm，宽 (5-) 10-16 cm，常 3-5 中裂，背面无毛。卷须 2 歧。雄花单生于叶腋；花萼筒狭钟状，长 12-15 mm，裂片钻状线形，长 6-7 mm；花冠白色，直径约 3 cm，裂片宽倒卵形，长 1.5 cm，宽 1 cm，上部稍 3 裂。果实卵状椭圆形，长 9 cm，直径 5-6 cm，成熟时橘红色。种子长圆形，长 10-13 mm，宽 9 mm，灰褐色。花期 5-6 月，果期 9-10 月。

分布与生境　产于湖南南部、广西东北部和贵州东南部。生于海拔 800-950 m 的山谷灌木林中。

药用部位　果实。

功效应用　润肺，化痰，散结，滑肠。用于痰热咳嗽，胸痹，结胸，肺痿咯血，消渴，黄疸，便秘，痈肿初起。

注评　本种的种子为"瓜蒌子"的混淆品之一。"瓜蒌""瓜蒌皮""瓜蒌子"和"天花粉"药材商品、地区习用品及混伪品情况，参见栝楼 Trichosanthes kirilowii Maxim. 注评。

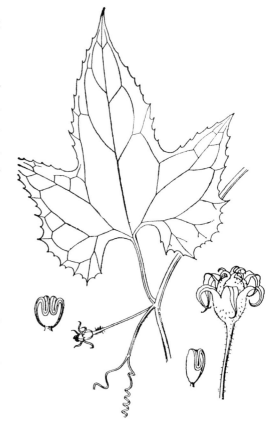

湘桂栝楼 Trichosanthes hylonoma Hand.-Mazz.
肖溶　绘

23. 蛇瓜　蛇豆，豆角黄瓜

Trichosanthes anguina L., Sp. Pl. 2: 1008. 1753.（英 **Edible Snakegourd**）

茎被短柔毛及疏被长柔毛状长硬毛。叶片膜质，圆形或肾状圆形，长 8-16 cm，宽 12-18 cm，3-7 浅裂至中裂，有时深裂，上面被短柔毛及散生长柔毛状长硬毛，背面密被短柔毛。卷须 2-3 歧。雄花组成总状花序，常有 1 单生雌花并生，花序梗长 10-18 cm，顶端具 8-10 花；苞片钻状披针形，长 3 (-5) mm；花萼筒近圆筒形，长 2.5-3 cm，裂片狭三角形，长约 2 mm，反折；花冠白色，裂片卵状长圆形，长 7-8 mm，宽约 3 mm。雌花单生，花萼及花冠同雄花；子房棒状，长 2.5-3 cm，直径约 3 mm，密被极短柔毛及长柔毛状硬毛。果实长圆柱形，长 1-2 m，直径 3-4 cm，通常扭曲，幼时绿色，具苍白色条纹，成熟时橘黄色。种子长圆形，藏于鲜红色的果瓤内，长 11-17 mm，宽 8-10 mm，灰褐色。花、果期夏末及秋季。

分布与生境　我国南北均有栽培。原产于印度，日本、马来西亚、菲律宾以及非洲东部均有栽培。

药用部位　果实、根、种子。

功效应用 果实：用于消渴，黄疸。根、种子：清热化痰，散结消肿，止泻，杀虫。

化学成分 叶含黄酮类：山柰酚-3-吡喃半乳糖苷(kaempferol-3-galactopyranoside)，山 柰 酚-3-槐 糖 苷(kaempferol-3-sophoroside)[1]。

果实含三萜类：α-香树脂醇，蒲公英赛酮[2]；甾体类：β-谷甾醇，胡萝卜苷[2]；其他：三十一烷，蜡醇，蔗糖[2]。

种子含黄酮类：5,7-二羟基-6-甲氧基黄酮-5-O-α-L-吡 喃 鼠 李 糖 苷(5,7-dihydroxy-6-methoxyflavone-5-O-α-L-rhamnopyranoside)[3]，5,6,6'-三甲氧基-3',4'-亚甲二氧基异黄酮-7-O-β-D-(2''-O-对香豆酰吡喃葡萄糖苷[5,6,6'-trimethoxy-3',4'-methylenedioxyisoflavone-7-O-β-D-(2''-O-p-coumaroylglucopyranoside][4]；其他类：植物凝集素[5]。

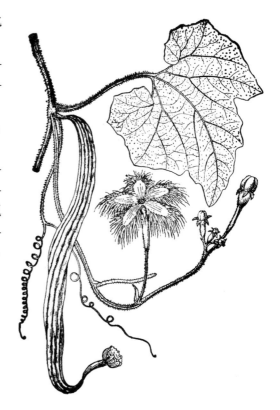

蛇瓜 **Trichosanthes anguina** L.
引自《中国高等植物图鉴》

蛇瓜 **Trichosanthes anguina** L.
摄影：彭玉德

化学成分参考文献

[1] Yoshizaki M, et al. *Phytochemistry*, 1987, 26(9): 2557-2558.

[2] Chandra S, et al. *Fitoterapia*, 1990, 61(2): 187-188.

[3] Yadava RN, et al. *Fitoterapia*, 1994, 65(6): 554.

[4] Yadava RN, et al. *Phytochemistry*, 1994, 36(6): 1519-1521.

[5] Ghosh B, et al. *Plant Biochem J*, 1981, 8(1): 66-75.

24. 瓜叶栝楼 王瓜、土瓜（安徽）

Trichosanthes cucumerina L., Sp. Pl. 2: 1008. 1753.（英 **Melonleaf Snakegourd**）

茎被短柔毛及疏长柔毛状硬毛。叶片膜质或薄纸质，肾形或阔卵形，长 (5-) 7-10 cm，宽 8-11 cm，5-7 浅裂至中裂，通常 5 裂，背面密被白色短伏毛。卷须 2-3 歧。雄花排列成总状花序，雄花序长 (10-) 15-20 cm；苞片缺或极小；花萼筒长 15-20 mm，裂片狭三角形，长 1.5-2 mm；花冠白色；直径约 1.5 cm，裂片长圆形，长约 12 mm。果实卵状圆锥形，长 5-7 cm，直径约 3 cm。种子卵状长圆形，长约 10 mm，宽约 5 mm，厚 3 mm，灰白色。花果期秋季。

分布与生境 产于云南南部及广西。生于海拔 450-1600 m 的山谷丛林中或山坡灌丛中。分布于斯里兰卡、巴基斯坦、印度、尼泊尔、孟加拉国、缅甸、中南半岛、马来西亚、澳大利亚西部和北部。

药用部位 根、果实、种子。

功效应用 根：清热解毒，利尿消肿，散瘀止痛。用于头痛，气管炎。果实：用于胃病，消渴，气喘。种子：清热凉血，杀虫。

化学成分 根含三萜类：泻根醇酸(bryonolic acid)[1]。

果实含三萜类：葫芦素B (cucurbitacin B)[1-2]，二氢葫芦素B (dihydrocucurbitacin B)[2]；种子含植物凝集素[3]。

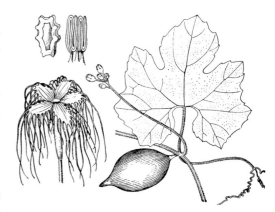

瓜叶栝楼 Trichosanthes cucumerina L.
肖溶 绘

化学成分参考文献

[1] Kongtun S, et al. *Planta Med*, 2009, 75(8): 839-842.

[2] Jiratchariyakul W, et al. *Warasan Phesatchasat*, 1992, 19: 5-12.

[3] Kenoth R, et al. *Arch Biochem Biophys*, 2003, 413(1): 131-138.

25. 短序栝楼 假老鼠藤（广西）

Trichosanthes baviensis Gagnep. in Bull. Mus. Natl. Hist. Nat. 24: 379. 1918.（英 **Shortinflorescence Snakegourd**）

茎无毛或被短柔毛。叶薄纸质，卵形，长 5-20 cm，宽 5-13 cm，不分裂，上面疏被短柔毛，背面密被短绒毛。卷须 2 歧，细密被短柔毛。雄花组成伞房花序，长约 2 cm，几乎自基部生花，无苞片。萼筒漏斗形，长约 2 cm，裂片狭三角形，长约 3 mm；花冠绿色，裂片卵状椭圆形，长约 0.5 (-1) cm。雌花单生；萼筒由基部向顶端逐渐加宽，长约 3 cm，顶端宽约 5 mm，裂片及花冠同雄花；子房椭圆形，长约 8-10 mm，密被短绒毛。果实卵形，长 3.5-5 cm，直径 3.5 cm，平滑，无毛，具浅色条纹，顶端具短喙。花期 4-5 月，果期 5-9 月。

分布与生境 产于云南南部及东南部、贵州西南部和广西。生于海拔 600-1500 m 的常绿阔叶林下或灌丛中。分布于越南北部。

药用部位 全草。

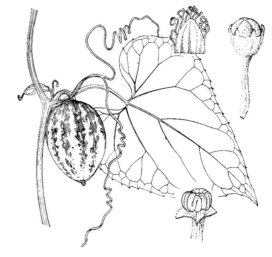

短序栝楼 Trichosanthes baviensis Gagnep.
肖溶 绘

短序栝楼 **Trichosanthes baviensis** Gagnep.
摄影：彭玉德

功效应用 退热，利水。用于疮痈肿毒。云南西双版纳傣族用根治疗疟疾。

26. 王瓜　苦王瓜，杜瓜（江苏），长猫瓜（湖北），野王瓜（贵州），天花粉（广西）

Trichosanthes cucumeroides (Ser.) Maxim. in Franch. et Sav., Enum. Pl. Jap. 1: 172. 1873.——*T. chinensis* Ser., *T. formosana* Hayata, *Bryonia cucumeroides* Ser.（英 **Japanese Snakegourd**）

　　块根纺纺锤形，肥大。茎被短柔毛。叶片纸质，轮廓阔卵形或圆形，长 5–13 (–19) cm，宽 5–12 (–18) cm，常 3–5 浅裂至深裂，或有时不分裂，背面密被短绒毛。卷须 2 歧。雄花组成总状花序，或 1 单花与之并生，苞片线状披针形，长 2–3 mm，全缘；花萼筒喇叭形，长 6–7 cm，裂片线状披针形，长 3–6 mm，宽约 1.5 mm，全缘；花冠白色，裂片长圆状卵形，长 14–15 (–20) mm。雌花单生；子房长圆形，均密被短柔毛；花萼与花冠与雄花相同。果实卵圆形、卵状椭圆形或球形，长 6–7 cm，直径 4–5.5 cm，成熟时橙红色，平滑，两端圆钝。种子横长圆形，长 7–12 mm，宽 7–14 mm，深褐色，两侧室大，近圆形，直径约 4.5 mm，表面具瘤状突起。花期 5–8 月，果期 8–11 月。

分布与生境 产于我国华东、华中、华南和西南地区。生于海拔 (250–) 600–1700 m 的山谷密林中或山坡疏林中或灌丛中。分布于日本。

药用部位 果实、种子、根。

功效应用 果实（王瓜）：清热，生津，消瘀，通乳。用于消渴，黄疸，噎膈反胃，经闭，乳汁滞少，慢性咽喉炎。种子：清热，凉血。用于肺痿咯血，肠风下血，痢疾，黄疸。根：清热解毒，利尿消肿，散瘀止痛。用于烦热，黄疸，热结便秘或小便不利，经闭，癥瘕，痈肿，急性扁桃体炎，咽喉炎，胃痛，毒蛇咬伤。有小毒。

王瓜 **Trichosanthes cucumeroides** (Ser.) Maxim.
引自《中国高等植物图鉴》

王瓜 *Trichosanthes cucumeroides* (Ser.) Maxim.
摄影：陈贤兴 徐晔春 陈彬

化学成分 根含三萜类：(3β,9β,10α,24R)-25-(β-D-吡喃葡萄糖氧基)-24-羟基-9-甲基-19-降羊毛脂-5-烯-3-*O*-α-L-吡喃鼠李糖基-(1→2)-*O*-β-D-吡喃葡萄糖基-(1→2)-β-D-吡喃葡萄糖苷[(3β,9β,10α,24R)-25-(β-D-glucopyranosyloxy)-24-hydroxy-9-methyl-19-norlanost-5-en-3-*O*-α-L-rhamnopyranosyl-(1→2)-*O*-β-D-glucopyranosyl-(1→2)-β-D-glucopyranoside]，(3β,9β,10α,24R)-24,25-二羟基-9-甲基-19-降羊毛脂-5-烯-3-*O*-α-L-吡喃鼠李糖基-(1→2)-*O*-β-D-吡喃葡萄糖基-(1→2)-β-D-吡喃葡萄糖苷[(3β,9β,10α,24R)-24,25-dihydroxy-9-methyl-19-norlanost-5-en-3-*O*-α-L-rhamnopyranosyl-(1→2)-*O*-β-D-glucopyranosyl-(1→2)-β-D-glucopyranoside]，(3β,9β,10α,24R)-25-(6-*O*-乙酰基-β-D-吡喃葡萄糖氧基)-3-[*O*-α-L-吡喃鼠李糖基-(1→2)-*O*-β-D-吡喃葡萄糖基-(1→2)-β-D-吡喃葡萄糖氧基]-24-羟基-9-甲基-19-降羊毛脂-5-烯-11-酮{(3β,9β,10α,24R)-25-(6-*O*-acetyl-β-D-glucopyranosyloxy)-3-[*O*-α-L-rhamnopyranosyl-(1→2)-*O*-β-D-glucopyranosyl-(1→2)-β-D-glucopyranosyloxy]-24-hydroxy-9-methyl-19-norlanost-5-en-11-one}[1]，葫芦素(cucurbitacin) B、E[2]；甾体类：α-菠菜甾醇，豆甾-7-烯-3β-醇(stigmast-7-en-3β-ol)，α-菠菜甾醇-3β-*O*-β-D-吡喃葡萄糖苷(α-spinasterol-3β-*O*-β-D-glucopyranoside)，豆甾-7-烯-3β-*O*-β-D-吡喃葡萄糖苷(stigmast-7-en-3β-ol-3-*O*-β-D-glucopyranoside)[1]；其他：棕榈酸甲酯[1]。

果实含甾体类：豆甾醇[3]，豆甾-7-烯-3β-醇(stigmast-7-en-3β-ol)，α-菠菜甾醇(α-spinasterol)[4]。

种子含三萜类：7-氧代二氢栝楼三醇(7-oxodihydrokarounitriol)，7,11-二氧代二氢栝楼二醇(7,11-dioxodihydrokarounidiol)，7-氧代二氢栝楼二醇(7-oxodihydrokarounidiol)[5]，7-氧代二氢栝楼二醇-3-苯甲酸酯(7-oxodihydrokarounidiol-3-benzoate)，栝楼二醇-3-苯甲酸酯(karounidiol-3-benzoate)，栝楼二醇(karounidiol)，异栝楼二醇(isokarounidiol)，5-去氢栝楼二醇(5-dehydrokarounidiol)，泻根醇(bryonolol)，3-表泻根醇(3-epibryonolol)，白桦脂醇(betulin)，29-羟基羽扇豆醇(29-hydroxylupeol)，古柯二醇(erythrodiol)，(23Z)-环木菠萝-23-烯-3β,25-二醇[(23Z)-cycloart-23-ene-3β,25-diol][6]；甾体类：豆甾醇，豆甾-7-烯-3β-醇(stigmast-7-en-3β-ol)，豆甾-7,22-二烯-3β-醇(stigmasta-7,22-dien-3β-ol)，豆甾-3β,6α-二醇(stigmastane-3β,6α-diol)[7]；氨基酸：谷氨酸(glutamic acid)，精氨酸(arginine)，天冬氨酸(aspartic acid)，亮氨酸(leucine)，甘氨酸(glycine)，丝氨酸(serine)，苯丙氨酸(phenylalanine)，丙氨酸(alanine)，缬氨酸(valine)，异亮氨酸(isoleucine)，脯氨酸(proline)，赖氨酸(lysine)，苏氨酸(threonine)，酪氨酸(tyrosine)，组氨酸(histidine)，蛋氨酸(methionine)，胱氨酸(cystine)[8]。

药理作用 抗生育作用：王瓜根抗早孕蛋白可抑制小鼠着床，使小鼠子宫组织发生变化，口服 8 h 后还可引起自然流产[1]。

抗肿瘤作用：新鲜王瓜根原汁及王瓜根糖蛋白有杀伤人肺腺癌细胞作用[2]。

新鲜王瓜根原汁及从王瓜根中分离得到的葫芦素 B、E 对鼻咽癌细胞有杀伤作用，前者对淋巴细胞也有杀伤作用，后两者能促进正常淋巴细胞的转化功能[3]。

注评 本种为贵州中药材质量标准（1988 年版）收载"王瓜子"的基源植物，药用其干燥成熟种子。本种的果实称"王瓜"，根称"王瓜根"，均可药用。浙江、上海、湖北、广西等地曾将其种子作"栝楼子"（瓜蒌子），湖南、贵州也作"栝楼子"外销，但本地不用；果皮曾在浙江、上海、湖北误作"栝楼皮"（瓜蒌）使用；其根在浙江、江苏曾代用作天花粉。"瓜蒌""瓜蒌皮""瓜蒌子"和"天花粉"药材商品、地区习用品及混伪品情况参见栝楼 Trichosanthes kirilowii Maxim. 注评。水族、畲族、苗族、土家族和藏族也药用本种，主要用途见功效应用项。本种的种子在藏区也作藏药"波棱瓜子"的代用品。

化学成分参考文献

[1] Kitajima J, et al. *Yakugaku Zasshi*, 1989, 109(4): 256-264.

[2] 梁荣能，等 . 中药药理与临床，1995, (4): 18-20.

[3] Iida T, et al. *Phytochemistry*, 1981, 20(4): 857.

[4] Matsuno T, et al. *Phytochemistry*, 1971, 10(8): 1949-1950.

[5] Chao ZM, et al. *Nat Prod Res*, 2005, 19(3): 211-216.

[6] Akihisa T, et al. *Phytochemistry*, 1997, 46(7): 1261-1266.

[7] Chao ZM, et al. *Nat Med*, 2002, 56(4): 158.

[8] 巢志茂，等 . 天然产物研究与开发 , 1992, 4(4): 31-34.

药理作用及毒性参考文献

[1] 吴伯良，等 . 暨南大学学报，1988, (3): 80-85.

[2] 吴伯良，等 . 暨南大学学报，1990, 11(1): 79-87.

[3] 梁荣能，等 . 中药药理与临床，1995, (4): 18-20.

27. 全缘栝楼 假栝楼（广东中药名录），鸭屎瓜（广西），喙果栝楼（贵州），佛顶珠（中药大辞典）

Trichosanthes ovigera Blume, Bijdr. Fl. Ned. Ind. 15: 934. 1826.（英 **Entireleaf Snakegourd**）

茎被短柔毛。叶纸质，卵状心形至近圆心形，长 7–19 cm，宽 7–8 cm，不分裂或具 3 齿裂或 3–5 中裂至深裂，背面密被短绒毛。雄花组成总状花序，或有单花与之并生，总花梗长 10–26 cm；苞片披针形或倒披针形，长约 16 mm，宽 5–6 mm，边缘具三角状齿；萼筒狭长，萼齿三角状卵形，长 7–10 mm，宽 2–3 mm，全缘；花冠白色，裂片狭长圆形，长约 15 mm。雌花单生；萼齿及花冠同雄花；子房长卵形，长 1–1.5 cm，直径 3–5 mm。果实卵圆形或纺锤状椭圆形，长 5–7 cm，直径 2.5–4 cm，幼时绿色，具条纹，熟时橘红色，平滑无毛，具喙。种子轮廓三角形，长 7–9 mm，宽 7–8 mm，淡黄褐色或深褐色，3 室，两侧室小，中央环带宽而隆起。花期 5–9 月，果期 9–12 月。

全缘栝楼 Trichosanthes ovigera Blume
肖溶 绘

分布与生境 产于广东、广西、云南、贵州、台湾等地。生于海拔 700–2500 m 的山谷丛林中、山坡疏林或灌丛中或林缘。分布于菲律宾、越南、泰国至印度尼西亚的爪哇岛和苏门答腊岛，日本也有分布。

药用部位 根、种子。

功效应用 根：祛瘀，清热解毒。用于跌打损伤，骨折，肾囊炎症肿大，睾丸炎，疮疖肿毒。种子：润肺，化痰，滑肠。用于痰热咳嗽，燥结便秘，痈肿，乳少。

化学成分 根含抗HIV活性的蛋白质[1]。

化学成分参考文献

[1] 郑永唐，等．中国病毒学，1998, 13(4): 312-321.

22. 油渣果属 Hodgsonia Hook. f. et Thomson

大型木质藤本；茎、枝粗壮。叶片厚革质，常绿；卷须粗壮，2-5歧。雄花总状花序；花萼筒伸长，上部短钟状，裂片短；花冠辐状，5深裂，具长流苏；雄蕊3枚，花丝不明显，花药伸出，合生，1枚1室，2枚2室，药室折曲。雌花单生；子房球形，1室；胎座3，每胎座的两边各着生1对胚珠。果实大，扁压，具12条纵沟，有能育种子和不发育种子各6枚。种子大型，扁平，椭圆形。

1种和1变种，分布于印度、马来西亚、缅甸和孟加拉国。我国全产，产于广西、云南和西藏东南部，均可药用。

1. 油渣果

Hodgsonia macrocarpa (Blume) Cogn. in DC., Mon. Phan. 3: 349. 1881.——*Trichosanthes macrocarpa* Blume（英 **Largefruit Hodgsonia**）

1a. 油渣果（模式变种） 油瓜，猪油果，有棱油瓜

Hodgsonia macrocarpa (Blume) Cogn. var. **macrocarpa**

木质藤本，长达20-30 m，茎、枝无毛。叶片3-5深裂、中裂、浅裂或有时不分裂，长、宽均为15-24 cm。两面光滑无毛。雄花轴长15-30 cm；苞片长圆状披针形，肉质，长0.5-1 cm；花萼筒狭管状，淡黄色，长8-10 cm，裂片三角状披针形，长5 mm；花冠辐状，外面黄色，里面白色，裂片长5 cm，流苏长达15 cm。雌花单生；子房近球形，直径2-2.2 cm，外面被微柔毛。果实扁球形，直径20 cm，厚10-16 cm，淡红褐色，有12条槽沟，有6枚大型种子（另外6枚不育）。种子长圆形，长7 cm，宽3 cm。花、果期6-10月。

分布与生境 产于云南南部、西藏东南部和广西。常生于海拔300-1500 m的灌丛中及山坡路旁，也有栽培。

药用部位 果皮、种仁、根。

功效应用 果皮：用于胃脘痛。种仁：凉血止血，解毒消肿。用于胃和十二指肠溃疡出血，疮疖肿痛，湿疹。根：杀菌，催吐。用于疟疾。有小毒。

化学成分 根含抗HIV活性的蛋白质[1]。

注评 本种的种仁或果皮称"油渣果"，根称"油渣果根"。傣族、景颇族、阿昌族、德昂族也药用，主要用途见功效应用项。傣族尚用其根治疗黄疸型肝炎，血尿；景颇族、阿昌族、德昂族药用果皮治风湿跌打，骨折疼痛。

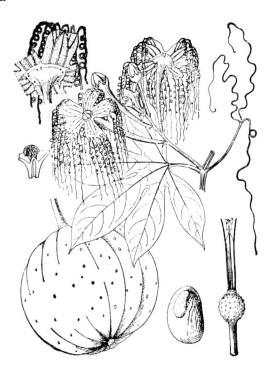

油渣果 Hodgsonia macrocarpa (Blume) Cogn. var. macrocarpa
引自《中国高等植物图鉴》

油渣果 Hodgsonia macrocarpa (Blume) Cogn. var. **macrocarpa**
摄影：徐克学 彭玉德

化学成分参考文献

[1] 郑永唐，等 . 中国病毒学 , 1998, 13(4): 312-321.

1b. 腺点油瓜（变种） 无棱油瓜

Hodgsonia macrocarpa (Blume) Cogn. var. **capniocarpa** (Ridl.) Tsai, Fl. Reipubl. Popularis Sin. 73(1): 259. 1986.——*Hodgsonia capniocarpa* Ridl.（英 **Glandularfruit Hadgsonia**）

本变种与模式变种的主要区别在于：叶片大多数掌状 5 深裂，果实扁圆，无棱，腺点十分明显而多。

分布与生境 产于云南南部。马来西亚也有分布。

药用部位 果皮、种仁、根。

功效应用 同油渣果。根：用于眼黄，全身皮肤发黄，尿血，疟疾。

23. 南瓜属 Cucurbita L.

一年生蔓生草本；茎、枝稍粗壮。叶具浅裂，基部心形。卷须 2 至多歧。雌雄同株。花单生，黄色。雄花花萼筒钟状，裂片 5；花冠钟状，5 裂仅达中部；雄蕊 3 枚，花丝离生，花药靠合成头状，1 枚 1 室，其他 2 室，药室线形，折曲，药隔不伸长。雌花花萼和花冠同雄花；退化雄蕊 3 枚；子房长圆状或球状，具 3 胎座；柱头 3，胚珠多数，水平着生。果实通常大型，肉质，不开裂。种子多数，扁平，光滑。

约 30 种，分布于热带及亚热带地区，在温带地区有栽培。我国栽培 3 种，均可药用。

分种检索表

1. 花萼裂片条形，上部扩大成叶状；瓜蒂明显扩大成喇叭状；种子灰白色，边缘薄⋯⋯⋯⋯3. 南瓜 **C. moschata**
1. 花萼裂片不扩大成叶状；瓜蒂不扩大成喇叭状。

2. 叶片三角形或卵状三角形，不规则 5-7 浅裂；花萼裂片条状披针形；果柄有强烈的棱沟，瓜蒂粗或稍扩大，但不成喇叭状；种子边缘拱起而钝 ·························· 1. 西葫芦 **C. pepo**

2. 叶片肾形或圆形，近全缘或仅具细锯齿；花萼裂片披针形；果柄不具棱和槽，瓜蒂不扩大或稍膨大；种子边缘钝或多少拱起 ····························· 2. 笋瓜 **C. maxima**

本属药用植物主要含酚类化合物，如南瓜苷▲(cucurbitoside) A、B、C、D、E、F、G、H、I、J、K、L、M，为特征性成分。南瓜苷▲A (**1**)~ G (**2**)、J、K 为非含氮化合物，南瓜苷▲H (**3**)、I (**4**)、L (**5**)、M (**6**) 为含氮化合物，它们的共同特征是分子结构中皆有苯基 -β-D- 呋喃芹糖基 -(1 → 2)-β-D- 吡喃葡萄糖苷 [-phenyl-β-D-apiofuranosyl-(1 → 2)-β-D-glucopyranoside] 结构片段。

1. 西葫芦（植物名实图考）

Cucurbita pepo L., Sp. Pl. 2: 1010. 1753.（英 **Pimpkin**）

茎有短刚毛或半透明的糙毛。叶片三角形或卵状三角形，叶脉在背面稍凸起，两面均有糙毛。雄花花萼筒有明显 5 角，花萼裂片线状披针形；花冠渐狭呈钟状，长 5 cm，直径 3 cm，分裂至近中部。果梗粗壮，有明显的棱沟，果蒂变粗或稍扩大，但不呈喇叭状。果实形状因品种而异；种子卵形，白色，长约 20 mm，边缘拱起而钝。

分布与生境 世界各国普遍栽培。我国清代始从欧洲引入，现各地均有栽培。

药用部位 果实、种子。

功效应用 果实：止咳平喘，解毒。用于咳嗽，支气管哮喘。外用于口疮。种子：驱虫。用于肠虫病。

化学成分 根含甾体类：豆甾-7-烯-3-酮[1]。

雄花含三萜类：欧洲桤木醇▲(glutinol)，羽扇豆醇(lupeol)[2]；甾体类：α-菠菜甾醇，豆甾-7-烯醇，α-菠菜甾醇-β-D-葡萄糖苷，豆甾-7-烯-β-D-葡萄糖苷[2]；黄酮类：鼠李秦素-3-芸香糖苷(rhamnazin-3-rutinoside)，异鼠李素-3-芸香糖苷-4'-鼠李糖苷(isorhamnazin-3-rutinoside-4'-rhamnoside)，异鼠李素-3-芸香糖苷(isorhamnetin-3-rutinoside)[3]；苯丙素类：对香豆酸(*p*-coumaric

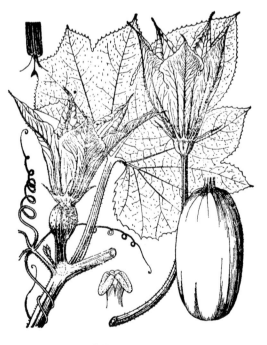

西葫芦 Cucurbita pepo L.
引自《中国高等植物图鉴》

西葫芦 Cucurbita pepo L.
摄影：徐晔春

acid)[2]；芳香类：对羟基苯甲醛(*p*-hydroxybenzaldehyde)，茴芹醇▲(anisyl alcohol)，对羟苄基甲醚(*p*-hydroxybenzyl methyl ether)，对羟基苄醇(*p*-hydroxybenzyl alcohol)，藜芦醇(veratryl alcohol)，异香荚兰醇(isovanillyl alcohol)，根皮酸(phoretic acid)，苄基-*β*-D-葡萄糖苷(benzyl-*β*-D-glucoside)，4-甲氧基苄基-*β*-D-葡萄糖苷(4-methoxybenzyl-*β*-D-glucoside)，3,4-二甲氧基苄基-*β*-D-葡萄糖苷(3,4-dimethoxybenzyl-*β*-D-glucoside)[2]；其他：腺嘌呤，腺苷[2]。

果实含三萜类：羽扇豆醇乙酸酯(lupeol acetate)，葫芦素E-2-*O*-*β*-D-葡萄糖苷(cucurbitacin E-2-*O*-*β*-D-glucoside)，*β*-香树脂醇乙酸酯(*β*-amyrin acetate)，异多花白树烯醇▲(isomultiflorenol)，异多花白树烯酮▲(isomultiflorenone)[4]；甾体类：*β*-谷甾醇，胡萝卜苷[5]；酚酸类：对羟基苯甲酸(*p*-hydroxybenzoic acid)[5]；其他：琥珀酸，腺苷，D-果糖[5]。

种子含酚类：南瓜苷▲(cucurbitoside) F、G、H、I、J、K、L、M[6]。

全草含黄酮类：异槲皮苷(isoquercitrin)，紫云英苷(astragalin)，鼠李柠檬素-3-*O*-葡萄糖苷(rhamnocitrin-3-*O*-glucoside)，异鼠李素-3-*O*-葡萄糖苷(isorhamnetin-3-*O*-glucoside)，芦丁(rutin)[7]，烟花苷(nicotiflorin)，鼠李柠檬素-3-*O*-芸香糖苷(rhamnocitrin-3-*O*-rutinoside)[7]；生物碱类：水仙苷(narcissin)[7]。

药理作用 镇痛作用：苦味西葫芦水提物对热刺激引起的锐痛表现出一定的镇痛作用，且镇痛作用起效迟缓。

注评 本种为中华药典（1930 年版）收载"南瓜子"的基源植物，药用其成熟种子。

化学成分参考文献

[1] Sucrow W, et al. *Zeitschrift fuer Naturforschung, Teil B: Anorganische Chemie, Organische Chemie, Biochemie, Biophysik, Biologie*, 1968, 23(1): 42-45.

[2] Itokawa H, et al. *Yakugaku Zasshi*, 1982), 102(4): 318-321.

[3] Itokawa H, et al. *Tennen Yuki Kagobutsu Toronkai Koen Yoshishu*, 24th (1981): 175-182.

[4] 葛杉，等 . 沈阳药科大学学报，2006, 23(1): 10-12, 56.

[5] 何乐，等 . 中国现代中药，2007, 9(7): 10-12.

[6] Li W, et al. *J Nat Prod*, 2005, 68(12): 1754-1757.

[7] Krauze-Baranowska M, et al. *Acta Pol Pharm*, 1996, 53(1): 53-56.

药理作用及毒性参考文献

[1] 高立新 . 临床医药实践，2009, 18(6): 1754-1756.

2. 笋瓜 北瓜，搅丝瓜（植物名实图考），饭瓜

Cucurbita maxima Duchesne in Essai Hist. Nat. Courges 7, 12. 1786.（英 **Winter Squash**）

茎具白色的短刚毛。叶片肾形或圆肾形，长 15–25 cm，近全缘或仅具细据齿，两面有短刚毛。雄花花萼筒钟形，裂片线状披针形，长 1.8–2 cm；花冠筒状，5 中裂，裂片卵圆形，长、宽均为 2–3 cm，边缘皱褶状，向外反折。雌花子房卵圆形。果梗短，圆柱状，不具棱和槽，瓜蒂不扩大或稍膨大；瓠果的形状和颜色因品种而异；种子丰满，扁压，边缘钝或多少拱起。

分布与生境 原产于印度，我国南、北各地普遍有栽培。

药用部位 种子。

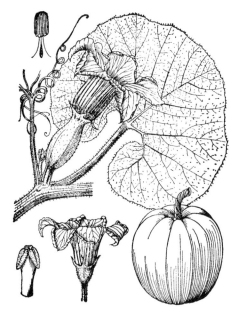

笋瓜 Cucurbita maxima Duchesne
引自《中国高等植物图鉴》

笋瓜 Cucurbita maxima Duchesne
摄影：刘冰

功效应用 提取物有明显的保肝作用。用于中毒性肝损害，肝中毒。

化学成分 果实含苯丙素类：反式-对香豆醛(*trans-p*-coumaryl aldehyde)[11]；色素类：南瓜黄质(cucurbitaxanthin)，南瓜烯(cucurbitene)[2]。

种子含甾体类：燕麦甾醇(avenasterol)，24β-乙基-5α-胆甾-7,22,25(27)-三烯-3β-醇[24β-ethyl-5α-cholesta-7,22,25(27)-trien-3β-ol]，24β-乙基-5α-胆甾-7,25(27)-二烯-3β-醇[24β-ethyl-5α-cholesta-7,25(27)-dien-3β-ol]，24-二氢菠菜甾醇(24-dihydrospinasterol)，24ξ-甲基-7-烯胆甾醇(24ξ-methyllathosterol)，菠菜甾醇(spinasterol)，25(27)-去氢真菌甾醇[25(27)-dehydrofungisterol][3]，25-去氢多孔甾醇(25-dehydroporiferasterol)，赪桐甾醇(clerosterol)，异岩藻甾醇(isofucosterol)，豆甾醇，谷甾醇，菜油甾醇(campesterol)，松藻甾醇(codisterol)[4]，24α-烷基-Δ^7-甾醇(24α-alkyl-Δ^7-sterol)，24β-烷基-Δ^7-甾醇(24β-alkyl-Δ^7-sterol)[5]；三萜类：α-香树脂醇(α-amyrin)，β-香树脂醇(β-amyrin)[5]，7α-羟基多花白树-8-烯-3α,29-二醇-3-乙酸酯-29-苯甲酸酯(7α-hydroxymultiflor-8-ene-3α,29-diol-3-acetate-29-benzoate)，7α-甲氧基多花白树-8-烯-3α,29-二醇-3,29-二苯甲酸酯(7α-methoxymultiflor-8-ene-3α,29-diol-3,29-dibenzoate)，7β-甲氧基多花白树-8-烯-3α,29-二醇-3,29-二苯甲酸酯(7β-methoxymultiflor-8-ene-3α,29-diol-3,29-dibenzoate)[6]，多花白树-7,9(11)-二烯-3α,29-二醇-3,29-二苯甲酸酯[multiflora-7,9(11)-diene-3α,29-diol-3,29-dibenzoate][6-7]，7α-甲氧基多花白树-8-烯-3α,29-二醇-3-乙酸酯-29-苯甲酸酯(7α-methoxymultiflor-8-ene-3α,29-diol-3-acetate-29-benzoate)，7-氧代多花白树-8-烯-3α,29-二醇-3-乙酸酯-29-苯甲酸酯(7-oxomultiflor-8-ene-3α,29-diol-3-acetate-29-benzoate)，多花白树-7,9(11)-二烯-3α,29-二醇-3-

对羟基苯甲酸酯-29-苯甲酸酯[multiflora-7,9(11)-diene-3α,29-diol-3-p-hydroxybenzoate-29-benzoate]，多花白树-7,9(11)-二烯-3α,29-二醇-3-苯甲酸酯[multiflora-7,9(11)-diene-3α,29-diol-3-benzoate]，多花白树-5,7,9(11)-三烯-3,29-二醇-3,29-二苯甲酸酯[multiflora-5,7,9(11)-triene-3,29-diol-3,29-dibenzoate][7]；氨基酸类：赖氨酸，组氨酸，3-甲基组氨酸，鸟氨酸，精氨酸，南瓜子氨酸等[8]；脂肪酸类：棕榈酸，硬脂酸，油酸，亚油酸[9]。

幼苗含三萜类：α-香树脂醇(α-amyrin)，β-香树脂醇(β-amyrin)[5]；甾体类：24α-烷基-Δ⁷-甾醇(24α-alkyl-Δ⁷-sterol)，24β-烷基-Δ⁷-甾醇(24β-alkyl-Δ⁷-sterol)[5]。

注评 本种为上海中药材标准（1994年版）收载"北瓜"的基源植物，药用其新鲜成熟果实。

化学成分参考文献

[1] Stange RR, et al. *Phytochemistry*, 1999, 52(1): 41-43.

[2] Suginome H, et al. *Proceedings of the Imperial Academy (Tokyo)*, 1931, 7: 251-253.

[3] Garg VK, et al. *Phytochemistry*, 1984, 23(12): 2919-2923.

[4] Garg VK, et al. *Phytochemistry*, 1984, 23(12): 2925-2929.

[5] Cattel L, et al. *Planta Med*, 1979, 37(3): 264-267.

[6] Kikuchi T, et al. *Molecules*, 2014, 19(4): 4802-4813.

[7] Kikuchi T, et al. *Molecules*, 2013, 18: 5568-5579.

[8] Bravo OR, et al. *Anales de la Real Academia de Farmacia*, 1974, 40(3-4): 463-473.

[9] Rahman MA, et al. *Bangladesh J Sci Ind Res*, 1975, 10(3-4): 225-232.

3. 南瓜（学圃杂疏） 倭瓜、番瓜、饭瓜、番南瓜、北瓜

Cucurbita moschata Duchesne in Essai Hist. Nat. Courges 7, 15. 1786.——*C. pepo* L. var. *moschata* (Duchesne) Duchesne（英 **Cushaw**）

茎密被白色短刚毛。叶片宽卵形或卵圆形，质稍柔软，有5角或5浅裂，长12–25 cm，宽20–30 cm。卷须3–5歧。雄花花萼筒钟形，长5–6 mm，裂片条形，长1–1.5 cm，上部扩大成叶状；花冠钟状，长8 cm，直径6 cm，5中裂，裂片边缘反卷，具皱褶，先端急尖。果梗粗壮，有棱和槽，长5–7 cm，瓜蒂扩大成喇叭状；瓠果形状多样，因品种而异，外面常有数条纵沟或无。种子长卵形或长圆形，灰白色，边缘薄，长10–15 mm，宽7–10 mm。

分布与生境 原产于墨西哥到中美洲一带，世界各地普遍栽培。我国自明代传入，现南北各地广泛种植。

药用部位 果实、果瓤、瓜蒂、种子、幼苗、花、卷须、叶、藤茎、根。

功效应用 果实：解毒消肿。用于肺痈，哮喘，烫伤。果瓤：解毒，敛疮。用于痈疮肿毒，烫伤，创伤。瓜蒂：解毒，利水，安胎。用于痈疽解毒，疔疮，烫伤，疮疡不敛，水肿腹水，胎动不安。种子：杀虫，下乳，利水消肿。用于绦虫、蛔虫、血吸虫、钩虫、蛲虫病，产后缺乳，产后水肿，百日咳，痔疮。幼苗：祛风止痛。用于小儿盘肠气痛，惊风，感冒，风湿热。花：清热利湿，消肿。用于黄疸，痢疾，咳嗽，痈疮肿毒。卷须：用于妇人催乳疼痛。叶：清热解暑，止血。用于暑热口渴，热痢，外伤出血。藤茎：清肺，平肝，和胃，通经。用于肺结核低热，肝胃气痛，月经不调，火眼，水火烫伤。根：清热利湿，通乳。用于湿热淋证，黄疸，痢疾，乳汁不通。

南瓜 Cucurbita moschata Duchesne
引自《中国高等植物图鉴》

南瓜 Cucurbita moschata Duchesne
摄影：张英涛

化学成分　叶含脂肪酸类：13-羟基-9Z,11E,15E-十八碳三烯酸(13-hydroxy-9Z,11E,15E-octadecatrienoic acid)[1]。

　　果实含酸性杂多糖[2]。

　　种子含酚苷类：2-羟基苯甲基-5-O-苯甲酰基-β-D-呋喃芹糖基-(1 → 2)-β-D-吡喃葡萄糖苷[2-hydroxyphenylcarbinyl-5-O-benzoyl-β-D-apiofuranosyl-(1 → 2)-β-D-glucopyranoside]，4-β-D-吡喃葡萄糖基羟甲基苯基-5-O-苯甲酰基-β-D-呋喃芹糖基-(1 → 2)-β-D-吡喃葡萄糖苷[4-β-D-glucopyranosyl(hydroxymethylphenyl)-5-O-benzoyl-β-D-apiofuranosyl-(1 → 2)-β-D-glucopyranoside][3]，苯甲基-5-O-(4-羟基苯甲酰基)-β-D-呋喃芹糖基-(1 → 2)-β-D-吡喃葡萄糖苷[phenylcarbinyl-5-O-(4-hydroxybenzoyl)-β-D-apiofuranosyl-(1 → 2)-β-D-glucopyranoside]，1-O-苄基-[5-O-苯甲酰基-β-D-呋喃芹糖基-(1 → 2)]-β-D-吡喃葡萄糖苷{1-O-benzyl-[5-O-benzoyl-β-D-apiofuranosyl-(1 → 2)]-β-D-glucopyranoside}[4]，南瓜苷▲(cucurbitoside) A、B、C、D、E[5]；甾体类：α-菠菜甾醇，24(S)-乙基-5α-胆甾-7,22(E),25-三烯-3β-醇，24(S)-乙基-5α-胆甾-7,25-二烯-3β-醇，Δ7-豆甾醇，Δ7,24(28)-豆甾二烯醇[6]，β-谷甾醇[7]；脂肪酸及其酯：顺式-15-牛脂烯酸▲(cis-15-vaccenic acid)，顺式-15-牛脂烯酸▲甲酯(cis-15-vaccenic acid methyl ester)，硬脂酸(stearic acid)[7]；氨基酸类：南瓜子氨酸(cucurbitine)[8]；其他类：大豆脑苷Ⅰ(soyacerebroside Ⅰ)，蔗糖(sucrose)[7]。

药理作用　抗炎镇痛作用：南瓜须提取液对二甲苯致小鼠耳肿胀、电刺激和醋酸致小鼠疼痛有抑制作用[1]。

　　降血糖作用：脱糖南瓜粉[2]和南瓜脱糖发酵滤液[3]具有预防四氧嘧啶糖尿病小鼠血糖值升高、体重减轻的作用，并具有降低四氧嘧啶糖尿病小鼠空腹血糖值、控制其饮水量、缓解烦渴症状的作用。南瓜提取物对2型糖尿病患者有一定的改善症状和降低血糖作用[4]。南瓜多糖对四氧嘧啶致糖尿病大鼠[5-7]、小鼠[8-9]和家兔[10]有降血糖作用。南瓜种籽发芽前后的脱脂蛋白粉对四氧嘧啶致糖尿病小鼠有降血糖作用，与精氨酸增加有关[8]。南瓜种子发芽后60 kD和<3 kD的蛋白组分，可提高四氧嘧啶致糖尿病大鼠胰岛素水平，南瓜籽油、3~60 kD的蛋白质组分和精氨酸可以改善糖尿病大鼠的糖耐量[7]。

　　抗肠寄生虫作用：南瓜籽对犬绦虫有驱除效果[11]。

　　抗氧化作用：南瓜醇提物对1,1-二苯基-2-苦苯肼自由基(DPPH·)、超氧阴离子自由基(O_2^{-})和羟自由基(·OH)有清除能力，有将Fe^{3+}还原成Fe^{2+}的能力，对β-胡萝卜素/亚油酸自氧化体系有总抗氧化力，对脂质过氧化有一定的抑制作用[12-13]，对因紫外线照射H_2O_2产生·OH而引发质粒pUC18 DNA链断裂有保护作用[13]。南瓜多糖体外能清除羟基自由基[14]。

毒性及不良反应 南瓜脱糖发酵液对雌、雄小鼠经口 LD_{50} 均 >20 ml/kg[3]。南瓜多糖一次最大给药剂量 >4 g/kg，种子蛋白一次最大给药剂量 >8.7 g/kg，芽蛋白一次最大给药剂量为 11.2 g/kg，给药后小鼠无明显异常，其食欲，大、小便及其颜色，皮毛、肤色未见异常，鼻、眼、口腔无异常分泌物，连续观察 7 天动物无一死亡[8]。

注评 本种为中国药典（1963 年版）、部颁标准·维药（1999 年版）、河南（1993 年版）、北京（1998 年版）、上海（1994 年版）、山东（1995 年版）、甘肃（2008 年版）中药材标准及重庆中药饮片炮制规范及标准（2006 年版）中收载"南瓜子"的基源植物，药用其干燥成熟种子；其干燥成熟果肉和果实为浙江（2000 年版）、湖南（2009 年版）中药材标准收载的"南瓜"、为广西中药材标准（1996 年版）收载的"南瓜干"；其干燥果梗为贵州（1988 年版）、上海（1994 年版）中药材标准中收载的"南瓜蒂"；其干燥带叶藤茎为上海中药材标准（1994 年版）中收载的"南瓜藤"。本种的果瓤称"南瓜瓤"，花称"南瓜花"，卷须称"南瓜须"，叶称"南瓜叶"，茎称"南瓜藤"，根称"南瓜根"，成熟果实内种子所萌发的幼苗称"盘肠草"，均可药用。傣族、佤族、侗族、苗族、景颇族、阿昌族、德昂族、彝族、水族、蒙古族、苗族、畲族也药用本种，主要用途见功效应用项。侗族和苗族尚用其根治上吐下泻；彝族用其果实治寄生虫症，慢性骨髓炎。

化学成分参考文献

[1] Bang MH, et al. *Arch Pharm Res*, 2002, 25(4): 438-440.

[2] 孔庆胜，等 . 中国现代应用药学，2000, 17(2): 138-140.

[3] Li FS, et al. *Nat Prod Commun*, 2009, 4(4): 511-512.

[4] Li FS, et al. *J Asian Nat Prod Res*, 2009, 11(7-8): 639-642.

[5] Koike K, et al. *Chem Pharm Bull*, 2005, 53(2): 225-228.

[6] Rodriguez JB, et al. *Lipids*, 1996, 31(11): 1205-1208.

[7] 王岱杰，等 . 食品与药品，2010, 12(1): 36-38.

[8] Fang ST, et al. *Sci Sin*, 1961, 10: 845-51.

药理作用及毒性参考文献

[1] 王鹏，等 . 时珍国医国药，1999, 10(8): 567.

[2] 陈建国，等 . 中国临床康复，2005, 9(27): 94-95.

[3] 陈建国，等 . 中国预防医学杂志，2006, 7(6): 510-512.

[4] 章荣华，等 . 实用预防医学，2005, 12(6): 1307-1308.

[5] 熊学敏，等 . 江西中医学院学报，1998, 10(4): 174-175.

[6] 熊学敏，等 . 中成药，2000, 22(8): 563-565.

[7] 李全宏，等 . 营养学报，2003, 25(1): 34-36.

[8] 蔡同一，等 . 中国食品学报，2003, 3(1): 7-11.

[9] 张拥军，等 . 食品与生物技术学报，2009, 28(4): 492-495.

[10] 张拥军，等 . 营养学报，2008, 30(2): 211-212, 215.

[11] 肖啸，等 . 黑龙江畜牧兽医，2009, (3): 74-75.

[12] 李潇霞，等 . 天然产物研究与开发，2008, 20: 245-250.

[13] 李潇霞，等 . 陕西师范大学学报（自然科学版），2008, 36(3): 74-77.

[14] 柳红，等 . 武汉植物学研究，2007, 25(4): 356-359.

24. 红瓜属 Coccinia Wight et Arn.

攀援草本，常具块状根。卷须单一，稀 2 歧。雌雄异株或稀雌雄同株。雄花单生或为伞房状、总状花序；花萼筒短，裂片 5，花冠钟形，裂片 5；雄蕊花丝联合成柱，稀离生，花药合生，1 枚 1 室，其余 2 室，药室折曲。雌花单生；子房长圆状，3 胎座，柱头 3 裂；胚珠多数，水平着生。果实浆果状，不开裂，具种子多数。

约 50 种，主要分布在非洲热带。我国 1 种，可药用。

1. 红瓜（海南植物志）

Coccinia grandis (L.) Voigt, Hort. Suburb. Calc. 59. 1845.——*Bryonia grandis* L., *Coccinia indica* Wight et Arn.（英 **Ivygourd, Indian Ivygourd**）

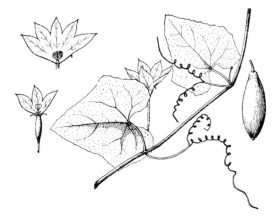

茎光滑无毛。叶片阔心形，长、宽均 5-10 cm，常有 5 个角或稀近 5 中裂，基部有数个腺体，腺体在叶背明显，呈穴状。卷须不分歧。雌花、雄花均单生。雄花花萼筒宽钟形，长、宽均为 4–5 mm，裂片线状披针形，长 3 mm；花冠白色或稍带黄色，长 2.5–3.5 cm，5 中裂，裂片卵形。子房纺锤形，长 12–15 mm。果实纺锤形，长 5 cm，直径 2.5 cm，熟时深红色。种子黄色，长圆形，长 6–7 mm，宽 2.5–4 mm，厚 1.5 mm，两面密布小疣点，顶端圆。

分布与生境　产于广东、广西（涠洲岛）和云南。常生于海拔 100–1100 m 的山坡灌丛及林中。非洲热带、亚洲和马来西亚也有分布。

红瓜 *Coccinia grandis* (L.) Voigt
吴彰桦　绘

药用部位　果实和果胶。

红瓜 *Coccinia grandis* (L.) Voigt
摄影：朱鑫鑫

功效应用　印度传统草药。用于治疗糖尿病。

化学成分　叶含聚异戊二烯类：(*Z,Z,Z,Z,Z,Z,Z,Z,Z,E,E*)-3,7,11,15,19,23,27,31,35,39,43,47-十二甲基-2,6,10,14,18,22,26,30,34,38,42,46-十二异戊烯-1-醇[(*Z,Z,Z,Z,Z,Z,Z,Z,Z,E,E*)-3,7,11,15,19,23,27,31,35,39,43,47-dodecamethyl-2,6,10,14,18,22,26,30,34,38,42,46-octatetracontadodecaen-1-ol][1]。

果实含生物碱类：1-叔丁基-5,6,7-三甲氧基异喹啉(1-*tert*-butyl-5,6,7-trimethoxyisoquinolene)[2]；酚类：4-羟基-3-甲氧基苯甲醛(4-hydroxy-3-methoxybenzaldehyde)[2]。

地上部分含三萜类：蒲公英赛醇(taraxerol)[3]。

药理作用　解热镇痛作用：红瓜叶甲醇提取物对于实验性发热大鼠的体温具有一定的抑制作用。对于乙酸及热板所诱导的小鼠疼痛反应具有一定的抑制作用[1]。

调血脂作用：红瓜根提取物能够降低高血脂小鼠的外周血总胆固醇和三酰甘油[2]。对于高脂饮食诱导的仓鼠血脂升高也具有一定的降血脂作用[3]。

降血糖作用：红瓜叶提取物能够降低实验性高血糖大、小鼠血糖，并具有抗氧化作用[4-8]。并且体外可以抑制细胞糖基化[9]。红瓜叶水提取物给大鼠灌胃，具有降低四氧嘧啶诱导的高血糖作用[10]。

抗氧化作用：红瓜根提取物体外具有抗氧化作用[11-12]。

抗肝损伤作用：红瓜根提取物具有对抗二乙基亚硝胺诱导的大鼠肝损伤的作用[13]。红瓜籽乙醇提取物对于 CCl_4 诱导的大鼠肝损伤具有防治作用[14-15]。红瓜叶提取物对于急慢性大鼠实验性肝损伤也表现出明显的防治作用[16]。

抑制脂肪细胞分化减肥作用：红瓜根提取物体外可以抑制 3T3L1 脂肪细胞分化，下调 PPARγ、C/EBP、adiponectin、GLUT4 等表达[17]。

抑制尿结石作用：红瓜提取物可以抑制氯化铵和乙二醇诱导的大鼠尿结石形成[18]。

抗炎、抗过敏、抗溃疡作用：从红瓜中分离得到的生物碱类成分具有抑制致敏性炎性反应的作用[19]。其叶及树皮水提取物对于胶叉菜胶所致大鼠足底炎性水肿具有明显的防治作用[20]。其果实提取物具有抗过敏抗组胺等作用[21]。红瓜乙醇和水提取物均具有对抗束缚性应激所致大鼠胃溃疡的作用[22]。对于阿司匹林诱导的大鼠胃黏膜溃疡也有一定的防治作用[23]。

抗细菌、抗病毒作用：红瓜叶提取物体外对多种细菌和病毒具有抑制作用：包括类芽孢杆菌属、蜡状芽孢杆菌、巨大芽孢杆菌、金黄色葡萄球菌、大肠埃希氏菌、肺炎杆菌、单纯疱疹病毒等[24-25]。

促进创伤愈合作用：红瓜三氯甲烷提取物对于实验性大鼠皮肤创伤具有促进愈合的作用[26]。

止咳作用：红瓜果甲醇提取物可以明显抑制气溶胶诱导的豚鼠咳嗽作用[27]。

化学成分参考文献

[1] Singh G, et al. *Phytomedicine*, 2007, 14(12): 792-798.

[2] Choudhury S, et al. *Asian J Chem*, 2013, 25(17): 9561-9564.

[3] Gantait A, et al. *Journal of Planar Chromatography--Modern TLC*, 2010, 23(5): 323-325.

药理作用及毒性参考文献

[1] Aggarwal Ashish S, et al. *Res J Pharm Biol Chem Sci*, 2011, 2 (4): 175-182.

[2] Bunkrongcheap R, et al. *Walailak J Sci Technol*, 2016, 13 (10Special Issue): 815-825.

[3] Singh G, et al. *Med Chem Res*, 2006, 15 (1-6): 219.

[4] Mohammed SI, et al. *Asian Pacific J Trop Dis*, 2016, 6(4): 298-304.

[5] Attanayake AP, et al. *Indian J Trad Know*, 2015, 14 (3): 376-381.

[6] Munasinghe MAAK, et al. *Exp Diabetes Res*, 2011, 2011: 978762.

[7] Sutradhar BK, et al. *Adv Nat Appl Sci*, 2011, 5 (1): 1-5.

[8] Palanisamy B, et al. *Biomedicine*, 2011, 31 (1): 45-52.

[9] Meenatchi P, et al. *J Trad Complement Med*, 2017, 7(1): 54-64.

[10] Attanayake AP, et al. *Asian Pacific J Trop Dis*, 2013, 3 (6): 460-466.

[11] Chidambaram R, et al. *Der Pharmacia Lett*, 2016, 8 (2): 256-261.

[12] Rawri RK, et al. *Int J Pharm Technol*, 2013, 5 (2): 5434-5440.

[13] Chidamabaram R, et al. *Der Pharm Lett*, 2016, 8 (6): 160-165.

[14] Dawada S, et al. *Biochem Cell Arch*, 2012, 12 (2): 327-332.

[15] Kumar PV, et al. *Int J PharmTech Res*, 2009, 1 (4): 1612-1615.

[16] Kundu M, et al. *Oriental Pharm Exp Med*, 2012, 12 (2): 93-97.

[17] Bunkrongcheap R, et al. *Lipids Heal Dis*, 2014, 13 (1): 88.

[18] Manimala M, et al. *Int J Drug Develop Res*, 2014, 6 (3): 138-146.

[19] Choudhury SN, et al. *Asian J Chem*, 2013, 25 (17): 9561-9564.

[20] Deshpande SV, et al. *Asian J Chem*, 2011, 23 (11): 5173-5174.

[21] Taur DJ, et al. *Chin J Nat Med*, 2011, 9 (5): 359-362.

[22] Santharam B, et al. *Int J Pharm Pharmaceut Sci*, 2013, 5 (4): 104-106.

[23]Mazumder PM, et al. *Indian J Nat Prod Resour*, 2008, 7 (1): 15-18.

[24] Rahman S, et al. *Int J Pharm Pharmaceut Sci*, 2013, 5 (2): 235-238.

[25] Sivaraj A, et al. *J Appl Pharmaceut Sci*, 2011, 1 (7): 120-123.

[26] Deepti B, et al. *Int J Res Pharmaceut Sci*, 2012, 3 (3): 470-475.

[27]Pattanayak SP, et al. *Bangladesh J Pharmacol*, 2009, 4 (2): 84-87.

25. 绞股蓝属 Gynostemma Blume

多年生攀援草本。叶鸟足状，具 3–9 小叶，极稀单叶。卷须 2 歧，稀单 1。花雌雄异株，组成腋生或顶生圆锥花序。雄花花萼筒短，5 裂；花冠辐状，淡绿色或白色，5 深裂，雄蕊 5 枚，花丝短，合生成柱，花药卵形，直立，2 室，纵缝开裂，药隔狭，不延长；雌花花萼与花冠同雄花；具退化雄蕊；子房球形，3-2 室，花柱 3，分离，柱头 2 或新月形，具不规则裂齿；胚珠每室 2 枚，下垂。浆果不开裂，或蒴果顶端 3 裂，具 2-3 枚种子。

约 13 种，产于亚洲热带至东亚等地，自喜马拉雅山区至日本、马来群岛和新几内亚岛。我国有 11 种 2 变种，产于陕西南部和长江以南广大地区，以西南地区最多，其中 10 种可药用。

分种检索表

1. 果为浆果，球形，顶端具 3 枚小的鳞脐状突起，决不为长的喙状物，成熟后不开裂。
  2. 叶为单叶··1. 单叶绞股蓝 G. simplicifolium
  2. 叶为鸟足状复叶。
    3. 叶具 3 小叶。
      4. 叶片两面光滑无毛，或仅上表面沿中肋有毛；茎较细弱，仅节上疏被毛；花冠裂片狭披针形，长 2–3 mm··2. 光叶绞股蓝 G. laxum
      4. 叶片两面与茎均密被柔毛；花冠裂片长圆状椭圆形，长约 2 mm·······3. 缅甸绞股蓝 G. burmanicum
    3. 叶具 (3-) 5–9 小叶。
      5. 果梗长不及 5 mm。
        6. 叶具 (3-) 5–9 小叶，通常 5–7 小叶，仅上表面疏被柔毛至变无毛·······4. 绞股蓝 G. pentaphyllum
        6. 叶具 5 小叶，两面均密被短柔毛··5. 毛绞股蓝 G. pubescens
      5. 果梗长 (8-) 15–20 mm；小叶 7–9 枚··6. 长梗绞股蓝 G. longipes
1. 果为蒴果，钟状，顶端略平截，具 3 枚长喙状物，成熟后顶端沿腹缝线 3 裂。
  7. 柱头新月形，外侧具不规则的裂齿；花柱或细，长 2.5–3 mm，或短粗，长 0.5 mm。
    8. 花柱细，长 2.5–3 mm；蒴果具长喙，最长者达 5 mm；种子边缘无沟及狭翅··7. 喙果绞股蓝 G. yixingense
    8. 花柱短粗，长 0.5 mm；蒴果喙短；种子阔心形，边缘具沟及狭翅·····8. 心籽绞股蓝 G. cardiospermum
  7. 柱头 2 裂，叉开，不为新月形；花柱细而短，长不及 0.5 mm。
    9. 果小，直径约 3 mm，无毛，成熟时具深色斑点；叶具 5 小叶，小叶椭圆形··9. 小籽绞股蓝 G. microspermum
    9. 果大，直径 5–6 mm，被白色长柔毛，成熟时无斑点；叶具 5–7 小叶，小叶倒卵状椭圆形··10. 聚果绞股蓝 G. aggregatum

本属药用植物主要含达玛烷型四环三萜及其苷类成分，其 C-3、C-20、C-25 往往被羟基取代，C-12 亦常常结合羟基。某些皂苷元的 C_{25}-OH 与 C_{20}-OH 或 C_{21}-OH 环合形成五元或六元醚环结构。例如，从绞股蓝 (G. pentaphyllum) 地上部分分离得到大量此类皂苷，命名为绞股蓝苷 (gypenoside)。部分皂苷与五加科植物人参 (Panax ginseng) 中所含的皂苷相同，如人参皂苷 (ginsenoside) Rb$_1$、Rg$_1$ 等。结构 **1-9** 为该属药用植物皂苷中常见的骨架类型，这些皂苷具有一定的生物学活性，如：2α,3β,12β,20S- 四羟基达玛 -24- 烯 -3-O-[β-D- 吡喃葡萄糖基 -(1 → 4)-β-D- 吡喃葡萄糖基]-20-O-[β-D- 吡喃木糖基 -(1 → 6)-β-D- 吡喃葡萄糖苷 {2α,3β,12β,20S-tetrahydroxydammar-24-ene-3-O-[β-D-glucopyranosyl-(1 → 4)-β-D-glucopyranosyl]-20-O-[β-D-xylopyranosyl-(1 → 6)-β-D-glucopyranoside，**10**} 、2α,3β,12β,20S- 四羟基达玛 -24- 烯 -3-O-β-D- 吡喃葡萄糖基 -20-O-[β-D-6-O- 乙酰吡喃葡萄糖基 -(1 → 2)-β-D- 吡喃葡萄糖苷 {2α,3β,12β,20S-tetrahydroxydammar-24-ene-3-O-β-D-glucopyranosyl-20-O-[β-D-6-O-acetylglucopyranosyl-(1 → 2)-β-D-glucopyranoside]，**11**} 抑制 BEAS-2B 支气管上皮细胞嗜酸性细胞趋化因子 (eotaxin) 表达。此外，本属药用植物尚含黄酮类化合物，如芦丁 (rutin)、槲皮素 (quercetin)、牡荆素 (vitexin)、树商陆素▲ (ombuin)、树商陆苷▲ (ombuoside) 等。

本属植物绞股蓝具有显著调节血脂、降血糖、抗高血压、抗肿瘤、抗氧化、抗衰老、保肝、提高免疫功能等药理作用。毛绞股蓝具有抗脑缺血、防治脑损伤的作用。

1. 单叶绞股蓝

Gynostemma simplicifolium Blume, Bijdr. Fl. Ned. Ind. 23. 1825. (英 **Simpleleaf Gynostemma**)

草质藤本；茎细弱。叶为单叶，叶片纸质，卵形，长 10–15 cm，宽 8–9 cm，边缘具圆齿，背面无毛。雄花组成圆锥花序，总梗纤细，长 10–25 cm；花萼裂片长圆状披针形，长 0.5–1 mm；花冠淡绿白色或淡绿黄色，裂片，长圆形，长约 3 mm，宽 0.7–1 mm，具 1 脉。果实球形，直径 7–8 mm，淡黄绿色，熟时黑色，平滑无毛。种子阔卵形，长约 4 mm，宽约 3.5 mm。

分布与生境 产于云南南部（勐海）和海南。生于海拔 1300–1320 m 的林中。分布于缅甸、马来西亚、印度尼西亚（爪哇岛）、加里曼丹岛及菲律宾。

药用部位 根、全草。

功效应用 清热解毒，止咳祛痰。用于慢性气管炎，病毒性肝炎，肾盂肾炎，胃肠炎。

2. 光叶绞股蓝 三叶绞股蓝

Gynostemma laxum (Wall.) Cogn. in DC., Mon. Phan. 3: 914. 1881.——*Zanonia laxa* Wall.（ 英 **Lax Gynostemma** ）

叶鸟足状，具小叶 3 枚，叶柄长 1.5–4 cm，中央小叶片长圆状披针形，长 5–10 cm，宽 2–4 cm，侧生小叶卵形，较小。两面无毛；雄圆锥花序，长 (5–) 10–30 cm；花萼裂片狭三角形；子房球形，直径约 1 mm。浆果球形，直径 8–10 mm，黄绿色，无毛，不开裂。种子阔卵形，直径约 4 mm，淡灰色。花期 8 月，果期 8–9 月。

分布与生境 产于海南、广西和云南东南部。生于中海拔地区的沟谷密林或石灰山混交林中。分布于印度、尼泊尔、缅甸、越南、泰国、马来西亚、印度尼西亚和菲律宾。

药用部位 根状茎、全草。

功效应用 清热解毒，止咳祛痰。用于慢性气管炎，咳嗽，传染性肝炎，肾盂肾炎，小便淋痛，梦遗滑精，胃肠炎，吐泻，癌肿。

光叶绞股蓝 Gynostemma laxum (Wall.) Cogn.
肖溶 绘

光叶绞股蓝 Gynostemma laxum (Wall.) Cogn.
摄影：徐永福 彭玉德

化学成分 地上部分含黄酮类：4',7-二甲氧基山奈酚(4',7-dimethoxykaempferol)，树商陆素▲(ombuin)，树商陆苷▲(ombuoside)[1]，槲皮素(quercetin)[1-2]，鼠李素-3-O-芸香糖苷(rhamnetin-3-O-rutinoside)[2]；酚、酚酸、苯甲醇类：苯甲酸(benzoic acid)，3,4-二羟基苯甲酸(3,4-dihydroxybenzoic acid)，3,4-二羟基苯甲酸乙酯(ethyl 3,4-dihydroxybenzoate)，香荚兰酸(vanillic acid)，苄基-O-β-D-吡喃葡萄糖苷(benzyl-O-β-D-glucopyranoside)，2,4-二羟基苄基-O-α-L-吡喃鼠李糖苷(2,4-dihydroxybenzyl-O-α-L-rhamnopyranoside)，苄基-β-樱草糖苷(benzyl-β-primeveroside)[2]；寡糖类：乙基-α-L-吡喃鼠李糖基-(1→6)-O-β-D-吡喃葡萄糖基苷(ethyl α-L-rhamnopyranosyl-(1→6)-O-β-D-glucopyranoside)[2]；皂苷[3]。

注评 本种的地上部分常作"绞股蓝"使用，为地区习用药。壮族尚用于肝炎，咳嗽；傣族用于清热解毒，止咳祛痰，健壮强筋，抗衰老。

化学成分参考文献

[1] Tran VS, et al. *Tap Chi Hoa Hoc*, 2012, 50(6): 781-784.

[2] Pham TK, et al. *Bull Korean Chem Soc*, 2011, 32(10):

3763-3766.

[3] 蒋伟哲，等. 中国药业，2006, 15(3): 26-27.

3. 缅甸绞股蓝　毛绞股蓝

Gynostemma burmanicum King ex Chakrav. in Ind. J. Agric. Sci. 16(1): 85. 1946.（英 **Burman Gynostemma**）

茎节上密被短柔毛。叶纸质，具3小叶，两面均被坚挺短硬毛；叶间小叶片近菱形，长(6–)8–12 cm，宽3–5.5 cm，侧生小叶，极不等边，外侧为半卵形。雄花排成圆锥花序，被短柔毛。花萼裂片长圆形，长0.75 mm，宽0.3 mm；花冠绿色，裂片多少椭圆形。浆果球形，直径5–6 mm，绿色，无毛，内有种子3粒。种子阔卵形，长3(–3.5) mm，宽3 mm，厚2 mm，淡褐色。

分布与生境 产于云南南部。生于海拔800–1200 m的疏林或灌丛中。分布于泰国、缅甸。

药用部位 全草、根。

功效应用 清热解毒，止咳祛痰。用于慢性气管炎，病毒性肝炎，肾盂肾炎，胃肠炎。

缅甸绞股蓝 Gynostemma burmanicum King ex Chakrav.
引自《中国高等植物图鉴》

缅甸绞股蓝 **Gynostemma burmanicum** King ex Chakrav.
摄影：谭运洪

4. 绞股蓝 七叶胆（安徽），小苦药、公罗锅底、遍地生根（中药大辞典）

Gynostemma pentaphyllum (Thunb.) Makino in Bot. Mag. Tokyo 16: 179. 1902.——*Vitis pentaphylla* Thunb., *Gynostemma pedatum* Blume（英 **Fiveleaf Gynostemma**）

无毛或疏被短柔毛。叶鸟足状，具3-9小叶，通常5-7小叶，被短柔毛或无毛；小叶片卵状长圆形或披针形，中央小叶长3-12 cm，宽1.5-4 cm，侧生小叶较小，两面均疏被短硬毛。卷须纤细，2歧，稀单一。雄花筒极短，裂片三角形，长约0.7 mm；花冠淡绿色或白色，裂片卵状披针形，长2.5-3 mm。雌花圆锥花序远较雄花之短小，花萼及花冠似雄花；子房球形，2-3室。果实肉质不裂，球形，直径5-6 mm，成熟后黑色，光滑无毛，内含倒垂种子2粒。种子卵状心形，直径约4 mm，灰褐色或深褐色，顶端钝，基部心形，两面具乳突状凸起。花期3-11月，果期4-12月。

分布与生境 产于陕西南部和长江以南各地。生于海拔300-3200 m的山谷密林中、山坡疏林、灌丛中和路旁草丛中。分布于印度、尼泊尔、孟加拉国、斯里兰卡、缅甸、老挝、越南、马来西亚、印度尼西亚（爪哇岛）、新几内亚岛，北达朝鲜和日本。

药用部位 根状茎、全草。

绞股蓝 **Gynostemma pentaphyllum** (Thunb.) Makino
引自《中国高等植物图鉴》

功效应用 清热解毒，止咳祛痰。用于慢性气管炎，咳嗽，病毒性肝炎，肾盂肾炎，小便淋痛，梦遗滑精，胃肠炎，吐泻，癌肿。

化学成分 根含三萜皂苷类：20*S*-原人参二醇-3-*O*-{[*α*-L-吡喃鼠李糖基-(1 → 2)][*β*-D-吡喃木糖基-(1 → 3)]-6-*O*-乙酰基-*β*-D-吡喃葡萄糖基}-20-*O*-*β*-D-吡喃葡萄糖苷{20*S*-protopanaxadiol-3-*O*-{[*α*-L-rhamnopyranosyl-(1 → 2)][*β*-D-xylopyranosyl-(1 → 3)]-6-*O*-acetyl-*β*-D-glucopyranosyl}-20-*O*-*β*-D-glucopyranoside}，3*β*,12*β*,20*S*,21-四羟基达玛-24-烯-3-*O*-{[*α*-L-吡喃鼠李糖基-(1 → 2)][*β*-吡喃木糖基-(1 → 3)]-6-*O*-乙酰基-*β*-D-吡喃葡萄糖

绞股蓝 **Gynostemma pentaphyllum** (Thunb.) Makino
摄影：王祝年 徐克学 梁同军

基}-21-*O*-*β*-D-吡喃葡萄糖苷{3*β*,12*β*,20*S*,21-tetrahydroxydammar-24-ene-3-*O*-{[*α*-L-rhamnopyranosyl-(1 → 2)][*β*-Dxylopyranosyl-(1 → 3)]-6-*O*-acetyl-*β*-D-glucopyranosyl}-21-*O*-*β*-D-glucopyranoside}，3*β*,20*S*,21-三羟基达玛-24-烯-3-*O*-[*α*-L-吡喃鼠李糖基-(1 → 2)][*β*-D-吡喃葡萄糖基-(1 → 3)]-*β*-D-吡喃葡萄糖苷{3*β*,20*S*,21-trihydroxydammar-24-ene-3-*O*-[*α*-L-rhamnopyranosyl-(1 → 2)][*β*-D-glucopyranosyl-(1 → 3)]-*β*-D-glucopyranoside}，3*β*,20*S*-二羟基达玛-24-烯-21-羧酸-3-*O*-{[*α*-L-吡喃鼠李糖基-(1 → 2)][*β*-D-吡喃葡萄糖基-(1 → 3)]*β*-D-吡喃葡萄糖基}-21-*O*-*β*-D-吡喃葡萄糖苷{3*β*,20*S*-dihydroxydammar-24-ene-21-carboxylic acid-3-*O*-{[*α*-L-rhamnopyranosyl-(1 → 2)][*β*-D-glucopyranosyl-(1 → 3)]*β*-D-glucopyranosyl}-21-*O*-*β*-D-glucopyranoside}，3*β*,20*S*,21-三羟基达玛-24-烯-3-*O*-{[*α*-L-吡喃鼠李糖基-(1 → 2)][*β*-D-吡喃木糖基-(1 → 3)]-*β*-D-吡喃葡萄糖基}-20-*O*-[*β*-D-吡喃木糖基-(1 → 6)]-*β*-D-吡喃葡萄糖苷{3*β*,20*S*,21-trihydroxydammar-24-ene-3-*O*-{[*α*-L-rhamnopyranosyl-(1 → 2)][*β*-D-xylopyranosyl-(1 → 3)]-*β*-D-glucopyranosyl}-20-*O*-[*β*-D-xylopyranosyl-(1 → 6)]-*β*-D-glucopyranoside}，3*β*,20*S*-二羟基达玛-24-烯-21-羧酸-3-*O*-[*α*-L-吡喃鼠李糖基-(1 → 2)][*β*-D-吡喃葡萄糖基-(1 → 3)]-*β*-D-吡喃葡萄糖苷{3*β*,20*S*-dihydroxydammar-24-ene-21-carboxylic acid-3-*O*-[*α*-L-rhamnopyranosyl-(1 → 2)][*β*-D-glucopyranosyl-(1 → 3)]-*β*-D-glucopyranoside}，20*S*-原人参二醇-3-*O*-{[*α*-L-吡喃鼠李糖基-(1 → 2)][*β*-D-吡喃葡萄糖基-(1 → 3)]-*β*-D-吡喃葡萄糖基}-20-*O*-*β*-D-吡喃葡萄糖苷{20*S*-protopanaxadiol-3-*O*-{[*α*-L-rhamnopyranosyl-(1 → 2)][*β*-D-glucopyranosyl-(1 → 3)]-*β*-D-glucopyranosyl}-20-*O*-*β*-D-glucopyranoside}，3*β*,20*S*,21,25-四羟基达玛-23-烯-3-*O*-{[*α*-L-吡喃鼠李糖基-(1 → 2)][*β*-D-吡喃葡萄糖基-(1 → 3)]-*β*-D-吡喃葡萄糖基}-21-*O*-*β*-D-吡喃葡萄糖苷{3*β*,20*S*,21,25-tetrahydroxydammar-23-ene-3-*O*-{[*α*-L-rhamnopyranosyl-(1 → 2)][*β*-D-glucopyranosyl-(1 → 3)]-*β*-D-glucopyranosyl}-21-*O*-*β*-D-glucopyranoside}，3*β*,20*S*,21-三羟基达玛-24-烯-3-*O*-{[*α*-L-吡喃鼠李糖基-(1 → 2)][*β*-D-吡喃葡萄糖基-(1 → 3)][*β*-D-吡喃木糖基-(1 → 6)]-*β*-D-吡喃葡萄糖基}-20-*O*-*β*-D-吡喃葡萄糖苷{3*β*,20*S*,21-trihydroxydammar-24-ene-3-*O*-{[*α*-L-rhamnopyranosyl-(1 → 2)][*β*-D-glucopyranosyl-(1 → 3)][*β*-D-xylopyranosyl-(1 → 6)]-*β*-D-glucopyranosyl}-20-*O*-*β*-D-glucopyranoside}，3*β*,20*S*-二羟基达玛-24-烯-21-羧酸-3-*O*-{[*α*-L-吡喃鼠李糖基-(1 → 2)][*β*-D-吡喃木糖基-(1 → 3)][*β*-D-吡喃葡萄糖基-(1 → 6)]*β*-D-吡喃葡萄糖基}-21-*O*-*β*-D-吡喃葡萄糖苷{3*β*,20*S*-dihydroxydammar-24-ene-21-carboxylic acid-3-*O*-{[*α*-L-rhamnopyranosyl-(1 → 2)][*β*-D-xylopyranosyl-(1 → 3)][*β*-D-glucopyranosyl-(1 → 6)]*β*-D-glucopyranosyl}-21-*O*-*β*-D-glucopyranoside}，12-氧代-3*β*,20*S*,21,25-四羟基达玛-23-烯-3-*O*-{[*α*-L-吡喃鼠李糖基-(1 → 2)][*β*-D-吡喃葡萄糖基-(1 → 6)-*β*-D-吡喃葡萄糖基-(1 → 3)]-

α-L-吡喃阿拉伯糖基}-21-*O*-β-D-吡喃葡萄糖苷{12-oxo-3β,20*S*,21,25-tetrahydroxydammar-23-ene-3-*O*-{[α-L-rhamnopyranosyl-(1→2)][β-D-glucopyranosyl-(1→6)-β-D-glucopyranosyl-(1→3)]-α-L-arabinopyranosyl}-21-*O*-β-D-glucopyranoside}，3β,20*S*-二羟基达玛-24-烯-21-羧酸-3-*O*-{[α-L-吡喃鼠李糖基-(1→2)][β-D-吡喃葡萄糖基-(1→6)-β-D-吡喃葡萄糖基-(1→3)]β-D-吡喃葡萄糖基}-21-*O*-β-D-吡喃葡萄糖苷{3β,20*S*-dihydroxydammar-24-ene-21-carboxylic acid-3-*O*-{[α-L-rhamnopyranosyl-(1→2)][β-D-glucopyranosyl-(1→6)-β-D-glucopyranosyl-(1→3)]β-D-glucopyranosyl}-21-*O*-β-D-glucopyranoside}[1]；木脂素类：喷瓜木脂酚▲(ligballinol)，喷瓜木脂酮▲(ligballinone)[2]。

叶含三萜皂苷类：6"-丙二酰人参皂苷(6"-malonylginsenoside) Rb₁、Rd，6"-丙二酰绞股蓝苷Ⅴ(6"-malonylgypenoside Ⅴ)[3]，绞股蓝诺苷▲(gynoside) A、B、C、D、E，人参皂苷(ginsenoside) Rb₃、Rd，绞股蓝苷(gypenoside) XLⅧ、XLIX、LVI、LVⅡ、LX、XLV 4-Ed[4]，3-*O*-β-D-吡喃葡萄糖基-2α-羟基-24-烯-达玛-20(*S*)-*O*-β-D-吡喃木糖基-(1→6)-β-D-吡喃葡萄糖苷[3-*O*-β-D-glucopyranosyl-2α-hydroxy-24-en-dammaran-20(*S*)-*O*-β-D-xylopyranosyl-(1→6)-β-D-glucopyranoside]，3-*O*-β-D-吡喃葡萄糖基-(1→6)-β-D-吡喃葡萄糖基-2α,12β-二羟基-24ξ-氢过氧-25,26-烯-达玛-20(*S*)-*O*-β-D-吡喃木糖基-(1→6)-β-D-吡喃葡萄糖苷[3-*O*-β-D-glucopyranosyl-(1→6)-β-D-glucopyranosyl-2α,12β-dihydroxy-24ξ-hydroperoxy-25,26-en-dammaran-20(*S*)-*O*-β-D-xylopyranosyl-(1→6)-β-D-glucopyranoside]，3-*O*-β-D-吡喃葡萄糖基-(1→6)-β-D-吡喃葡萄糖基-12β-羟基-25-氢过氧达玛-23,24(*E*)-烯-20(*S*)-*O*-β-D-吡喃木糖基-(1→6)-β-D-吡喃葡萄糖苷[3-*O*-β-D-glucopyranosyl-(1→6)-β-D-glucopyranosyl-12β-hydroxy-25-hydroperoxydammaran-23,24(*E*)-ene-20(*S*)-*O*-β-D-xylopyranosyl-(1→6)-β-D-glucopyranoside][5]，2α,3β,12β,20*S*-四羟基达玛-24-烯-3-*O*-[β-D-吡喃葡萄糖基-(1→4)-β-D-吡喃葡萄糖基]-20-*O*-[β-D-吡喃木糖基-(1→6)-β-D-吡喃葡萄糖苷[2α,3β,12β,20*S*-tetrahydroxydammar-24-ene-3-*O*-[β-D-glucopyranosyl-(1→4)-β-D-glucopyranosyl]-20-*O*-[β-D-xylopyranosyl-(1→6)-β-D-glucopyranoside]，2α,3β,12β,20*S*-四羟基达玛-24-烯-3-*O*-β-D-吡喃葡萄糖基-20-*O*-[β-D-6-*O*-乙酰吡喃葡萄糖基-(1→2)-β-D-吡喃葡萄糖苷{2α,3β,12β,20*S*-tetrahydroxydammar-24-ene-3-*O*-β-D-glucopyranosyl-20-*O*-[β-D-6-*O*-acetylglucopyranosyl-(1→2)-β-D-glucopyranoside]}[6]；甾体类：异岩藻甾醇(isofucosterol)，β-谷甾醇[7]；多糖类：杂多糖GPP-TL[8]。

种子含甾体类：4α,14α-二甲基-5α-麦角甾-7,9(11),24(28)-三烯-3β-醇[4α,14α-dimethyl-5α-ergosta-7,9(11),24(28)-trien-3β-ol][9]；脂肪酸类：α-桐酸(α-eleostearic acid)[10]。

地上部分含三萜及其皂苷类：绞股蓝苷(gypenoside) Ⅰ、Ⅱ[11]、Ⅲ[12]、Ⅳ[13]、Ⅴ[14]、Ⅵ[15]、Ⅶ[16]、Ⅷ[13]、Ⅸ[16]、Ⅹ、Ⅺ[17]、ⅫⅠ[16]、XIV[17]、XV、XVI、XVII、XVⅢ、XIX、XX、XXI[18]、XXⅡ、XXⅢ、XXIV[19]、XXV、XXVI[20]、XXVⅡ、XXVⅢ[21]、XXIX[20]、XXX、XXXI、XXXⅡ、XXXⅢ[19]、XXXIV、XXXV[20]、XXXVI、XXXVⅡ[22]、XXXVⅢ、XXXIX、XL、XLI[21]、XLⅡ[11]、XLⅢ[14]、XLIV[11]、XLV[14]、XLVI、XLVⅡ[11,23]、XLⅧ、XLIX[13,23]、L、LI[23]、LⅢ、LIV[22]、LV[21]、LVI、LVⅡ、LVⅢ、LIX、LX[14]、LXI、LXⅡ、LXⅢ、LXIV、LXV[16]、LXVI[24]、LXVⅡ[25]、LXVⅢ[26]、LXIX[13]、LXX[26]、LXI[13]、LXXⅡ、LXXⅢ[24]、LXXIV、LXXV、LXXVI、LXXVⅡ、LXXVⅢ[16]、LXXIX[24]，长梗绞股蓝坡苷▲Ⅰ (gylongiposide Ⅰ)[13]，人参皂苷(ginsenoside) Rb₃、Rd、F₂[15]，绞股蓝皂苷(gynosaponin) TN-1[27]、TN-2[16]、O、Ⅰ[17]、Ⅱ、Ⅲ、Ⅳ、Ⅴ、Ⅵ[28]，绞股蓝苷元Ⅱ(gynogenin Ⅱ)[29]，原绞股蓝皂苷A₂(progynosaponin A₂)[17]，3-*O*-β-D-吡喃葡萄糖基-2α,3β,12β,20*S*-达玛-24-烯-3-醇-20-*O*-β-D-吡喃葡萄糖苷[3-*O*-β-D-glucopyranosyl-2α,3β,12β,20*S*-dammar-24-en-3-ol-20-*O*-β-D-glucopyranoside][27]，3β,19,20*S*-二羟基达玛-24-烯-3-*O*-[β-D-吡喃葡萄糖基-(2→l)-β-D-吡喃葡萄糖基]-20-*O*-[α-L-吡喃鼠李糖基-(6→1)-β-D-吡喃葡萄糖苷{3β,19,20*S*-dihydroxydammar-24-ene-3-*O*-[β-D-glucopyranosyl-(2→l)-β-D-glucopyranosyl]-20-*O*-[α-L-rhamnopyranosyl-(6→1)-β-D-glucopyranoside]}，19-氧代-3β,20*S*-二羟基达玛-24-烯-3-*O*-[β-*O*-吡喃葡萄糖基-(2→l)-β-D-吡喃葡萄糖基]-20-*O*-[α-L-吡喃鼠李糖基-(6→1)-β-*O*-吡喃葡萄糖苷{19-oxo-3β,20(*S*)-dihydroxydammar-24-ene-3-*O*-[β-*O*-glucopyranosyl-(2→l)-β-D-glucopyranosyl]-20-*O*-[α-L-rhamnopyranosyl-(6→1)-β-*O*-glucopyranoside]}，19-氧代-3β,20*S*-二羟基达玛-24-烯-3-*O*-[α-L-吡喃阿拉伯糖基-(2→1)-β-D-吡喃葡萄糖基]-20-*O*-β-D-吡喃葡萄糖苷{19-oxo-3β,20*S*-dihydroxydammar-24-

ene-3-*O*-[α-L-arabinopyranosyl-(2 → 1)-β-D-glucopyranosyl]-20-*O*-β-D-glucopyranoside}[30]，3-[(*O*-α-L-吡喃鼠李糖基-(1 → 2)-*O*-[β-D-吡喃木糖基-(1 → 3)]-α-L-吡喃阿拉伯糖氧基]-21,23-环氧-20,21-二羟基-(3β,20ξ)-达玛-24-烯-19-醛{3-[(*O*-α-L-rhamnopyranosyl-(1 → 2)-*O*-[β-D-xylopyranosyl-(1 → 3)]-α-L-arabinopyranosyloxy]-21,23-epoxy-20,21-dihydroxy-(3β,20ξ)-dammar-24-en-19-al}，(3β,20ξ)-21,23-环氧-20,21-二羟基达玛-24-烯-3-*O*-α-L-吡喃鼠李糖基-(1 → 2)-*O*-[β-D-吡喃木糖基-(1 → 3)]-β-D-吡喃葡萄糖苷{(3β,20ξ)-21,23-epoxy-20,21-dihydroxydammar-24-en-3-*O*-α-L-rhamnopyranosyl-(1 → 2)-*O*-[β-D-xylopyranosyl-(1 → 3)]-β-D-glucopyranoside}，(3β,20ξ)-21,23-环氧-20,21-二羟基达玛-24-烯-3-*O*-α-L-吡喃鼠李糖基-(1 → 2)-*O*-[β-D-吡喃木糖基-(1 → 3)]-β-D-吡喃葡萄糖苷-6-乙酸酯{(3β,20ξ)-21,23-epoxy-20,21-dihydroxydammar-24-en-3-*O*-α-L-rhamnopyranosyl-(1 → 2)-*O*-[β-D-xylo-pyranosyl-(1 → 3)]-β-D-glucopyranoside-6-acetate}，(3β,20ξ)-3-[(*O*-α-L-吡喃鼠李糖基-(1 → 2)-*O*-[β-D-吡喃木糖基-(1 → 3)]-α-L-吡喃阿拉伯糖氧基]-21,23-环氧-21-乙氧基-20-羟基-达玛-24-烯-19-醛{(3β,20ξ)-3-[(*O*-α-L-rhamnopyranosyl-(1 → 2)-*O*-[β-D-xylopyranosyl-(1 → 3)]-α-L-arabinopyranosyloxy]-21,23-epoxy-21-ethoxy-20-hydroxy-dammar-24-en-19-al}，(3β,20ξ)-21,23-环氧-21-乙氧基-20-羟基达玛-24-烯-3-*O*-α-L-吡喃鼠李糖基-(1 → 2)-*O*-[β-D-吡喃木糖基-(1 → 3)]-β-D-吡喃葡萄糖苷{(3β,20ξ)-21,23-epoxy-21-ethoxy-20-hydroxydammar-24-en-3-*O*-α-L-rhamnopyranosyl-(1 → 2)-*O*-[β-D-xylopyranosyl-(1 → 3)]-β-D-glucopyranoside}[31]，21-(β-D-吡喃葡萄糖氧基)-20-羟基达玛-24-烯-3β-*O*-α-L-吡喃鼠李糖基-(1 → 2)-*O*-[β-D-吡喃木糖基-(1 → 3)]-β-D-吡喃葡萄糖苷-6-乙酸酯{21-(β-D-glucopyranosyloxy)-20-hydroxydammar-24-en-3β-*O*-α-L-rhamnopyranosyl-(1→2)-*O*-[β-D-xylopyranosyl-(1→3)]-β-D-glucopyranoside-6-acetate}，21-(β-D-吡喃葡萄糖氧基)-20-羟基达玛-24-烯-3β-*O*-α-L-吡喃鼠李糖基-(1 → 2)-*O*-[β-D-吡喃木糖基-(1 → 3)]-β-D-吡喃葡萄糖苷{21-(β-D-glucopyranosyloxy)-20-hydroxydammar-24-en-3β-*O*-α-L-rhamnopyranosyl-(1 → 2)-*O*-[β-D-xylopyranosyl-(1 → 3)]-β-D-glucopyranoside}，21-(β-D-吡喃葡萄糖氧基)-20-羟基达玛-24-烯-3β-*O*-α-L-吡喃鼠李糖基-(1 → 2)-*O*-[β-D-吡喃葡萄糖基-(1 → 3)]-β-D-吡喃葡萄糖苷{21-(β-D-glucopyranosyloxy)-20-hydroxydammar-24-en-3β-*O*-α-L-rhamnopyranosyl-(1 → 2)-*O*-[β-D-glucopyranosyl-(1 → 3)]-β-D-glucopyranoside}，3β-[*O*-α-L-吡喃鼠李糖基-(1 → 2)-*O*-β-D-吡喃木糖基-(1 → 3)-α-L-吡喃阿拉伯糖氧基]-19,20-二羟基达玛-24-烯-21-β-D-吡喃葡萄糖苷{3β-[*O*-α-L-rhamnopyranosyl-(1→2)-*O*-β-D-xylopyranosyl-(1→3)-α-L-arabinopyranosyloxy]-19,20-dihydroxydammar-24-en-21-β-D-glucopyranoside}，21-β-D-吡喃葡萄糖氧基-19,20-二羟基达玛-24-烯-3β-*O*-α-L-吡喃鼠李糖基-(1 → 2)-*O*-β-D-吡喃木糖基-(1 → 3)-β-D-吡喃葡萄糖苷[21-β-D-glucopyranosyloxy-19,20-dihydroxydammar-24-en-3β-*O*-α-L-rhamnopyranosyl-(1 → 2)-*O*-β-D-xylopyranosyl-(1 → 3)-β-D-glucopyranoside]，3β-*O*-α-L-吡喃鼠李糖基-(1 → 2)-*O*-β-D-吡喃木糖基-(1 → 3)-α-L-吡喃阿拉伯糖氧基-19,20-二羟基达玛-24-烯-21-β-D-吡喃葡萄糖苷[3β-*O*-α-L-rhamnopyranosyl-(1 → 2)-*O*-β-D-xylopyranosyl-(1 → 3)-α-L-arabinopyranosyloxy-19,20-dihydroxydammar-24-en-21-β-D-glucopyranoside]，21-β-D-吡喃葡萄糖氧基-19,20-二羟基达玛-24-烯-3β-*O*-α-L-吡喃鼠李糖基-(1 → 2)-*O*-β-D-吡喃木糖基-(1 → 3)-β-D-吡喃葡萄糖苷[21-β-D-glucopyranosyloxy-19,20-dihydroxydammar-24-en-3β-*O*-α-L-rhamnopyranosyl-(1 → 2)-*O*-β-D-xylopyranosyl-(1 → 3)-β-D-glucopyranoside]，3β-*O*-α-L-吡喃鼠李糖基-(1 → 2)-*O*-β-D-吡喃木糖基-(1 → 3)-α-L-吡喃阿拉伯糖氧基-21-β-D-吡喃葡萄糖氧基-25-氢过氧-20-羟基达玛-23*E*-烯-19-醛[3β-*O*-α-L-rhamnopyranosyl-(1 → 2)-*O*-β-D-xylopyranosyl-(1 → 3)-α-L-arabinopyranosyloxy-21-β-D-glucopyranosyloxy-25-hydroperoxy-20-hydroxydammar-23*E*-en-19-al]，3β-*O*-α-L-吡喃鼠李糖基-(1 → 2)-*O*-β-D-吡喃木糖基-(1 → 3)-α-L-吡喃阿拉伯糖氧基-21-β-D-吡喃葡萄糖氧基-20,24*S*-二羟基达玛-25-烯-19-醛[3β-*O*-α-L-rhamnopyranosyl-(1→2)-*O*-β-D-xylopyranosyl-(1 → 3)-α-L-arabinopyranosyloxy-21-β-D-glucopyranosyloxy-20,24*S*-dihydroxydammar-25-en-19-al]，20,25-环氧-12β,23*S*,24*R*-三羟基达玛-3β-[*O*-β-D-吡喃木糖基-(1 → 2)-*O*-β-D-吡喃木糖基-(1 → 6)-β-D-吡喃葡萄糖苷{20,25-epoxy-12β,23*S*,24*R*-trihydroxydammaran-3β-[*O*-β-D-xylopyranosyl-(1 → 2)-*O*-β-D-xylopyranosyl-(1 → 6)-β-D-glucopyranoside]}，20,25-环氧-12β,23*S*,24*R*-三羟基达玛-3β-[*O*-β-D-吡喃葡萄糖基-(1 → 2)-*O*-β-D-吡喃木糖基-(1 → 6)-β-D-吡喃葡萄糖苷{20,25-epoxy-12β,23*S*,24*R*-trihydroxydammaran-3β-

[*O*-β-D-glucopyranosyl-(1 → 2)-*O*-β-D-xylopyranosyl-(1 → 6)-β-D-glucopyranoside]}，20,25-环氧-12β,23*S*,24*R*-三羟基达玛-3β-(2-*O*-β-D-吡喃葡萄糖基-β-D-吡喃木糖苷)[20,25-epoxy-12β,23*S*,24*R*-trihydroxydammaran-3β-(2-*O*-β-D-glucopyranosyl-β-D-xylopyranoside)]，20,25-环氧-12β,23*S*,24*R*-三羟基达玛烷-3β-(2-*O*-β-D-吡喃木糖基-β-D-吡喃葡萄糖苷)[20,25-epoxy-12β,23*S*,24*R*-trihydroxydammaran-3β-(2-*O*-β-D-xylopyranosyl-β-D-glucopyranoside)]，23*S*-乙酰氧基-20,25-环氧-12β,24*R*-二羟基达玛-3β-(2-*O*-β-D-吡喃木糖基-β-D-吡喃木糖苷)[23*S*-acetyloxy-20,25-epoxy-12β,24*R*-dihydroxydammaran-3β-(2-*O*-β-D-xylopyranosyl-β-D-xylopyranoside)]，23*S*-乙酰氧基-20,25-环氧-12β,24*R*-二羟基达玛-3β-(2-*O*-β-D-吡喃木糖基-β-D-吡喃葡萄糖苷)[23*S*-acetyloxy-20,25-epoxy-12β,24*R*-dihydroxydammaran-3β-(2-*O*-β-D-xylopyranosyl-β-D-glucopyranoside)]，23*S*-乙酰氧基-20,25-环氧-12β,24*R*-二羟基达玛-3β-(*O*-β-D-吡喃木糖基-(1 → 2)-*O*-β-D-吡喃木糖基-(1 → 6)-β-D-吡喃葡萄糖苷){23*S*-acetyloxy-20,25-epoxy-12β,24*R*-dihydroxydammaran-3β-[*O*-β-D-xylopyranosyl-(1 → 2)-*O*-β-D-xylopyranosyl-(1→6)-β-D-glucopyranoside]}，25-氢过氧-12β-羟基-20-[(6-*O*-β-D-吡喃木糖基-β-D-吡喃葡萄糖氧基)-达玛-23*E*-烯-3β-(2-*O*-β-D-吡喃葡萄糖基-β-D-吡喃葡萄糖苷)[25-hydroperoxy-12β-hydroxy-20-(6-*O*-β-D-xylopyranosyl-β-D-glucopyranosyloxy)-dammar-23*E*-en-3β-(2-*O*-β-D-glucopyranosyl-β-D-glu-copyranoside)]，3β-[*O*-α-L-吡喃鼠李糖基-(1 → 2)-*O*-β-D-吡喃木糖基-(1 → 3)-α-L-吡喃阿拉伯糖氧基)-25-氢过氧-20,21-二羟基达玛-23*E*-烯-19-醛{3β-[(*O*-α-L-rhamnopyranosyl-(1→2)-*O*-β-D-xylopyranosyl-(1→3)-α-L-arabinopyranosyloxy]-25-hydroperoxy-20,21-dihydroxydammar-23*E*-en-19-al}，20,24-环氧-12β,23*S*,25*S*-三羟基达玛-3β-(2-*O*-β-D-吡喃木糖基-β-D-吡喃葡萄糖苷)[20,24-epoxy-12β,23*S*,25*S*-trihydroxydammaran-3β-(2-*O*-β-D-xylopyranosyl-β-D-glucopyranoside)]，20-羟基-25-甲氧基-21-β-D-吡喃木糖氧基达玛-23*E*-烯-3β-[*O*-α-L-吡喃鼠李糖基-(1 → 2)-*O*-β-D-吡喃木糖基-(1 → 3)-β-D-吡喃葡萄糖苷{20-hydroxy-25-methoxy-21-β-D-xylopyranosyloxy-dammar-23*E*-en-3β-[*O*-α-L-rhamnopyranosyl-(1 → 2)-*O*-β-D-xylopyranosyl-(1 → 3)-β-D-glucopyranoside]}[13]，3β-[*O*-α-L-吡喃鼠李糖基-(1 → 2)-*O*-β-D-吡喃木糖基-(1 → 3)-(6-*O*-乙酰基-β-D-吡喃葡萄糖氧基)-20*S*,23*S*-二羟基达玛-24-烯-21-酸-21,23-内酯{3β-[(*O*-α-L-rhamnopyranosyl-(1 → 2)-*O*-β-D-xylopyranosyl-(1 → 3)-(6-*O*-acetyl-β-D-glucopyranosyloxy)]-20*S*,23*S*-dihydroxydammar-24-en-21-oic acid-21,23-lactone}，3β-[*O*-α-L-吡喃鼠李糖基-(1 → 2)-*O*-β-D-吡喃木糖基-(1 → 3)-(6-*O*-乙酰基-β-D-吡喃葡萄糖氧基)-20*R*,23*R*-二羟基达玛-24-烯-21-酸-21,23-内酯{3β-[*O*-α-L-rhamnopyranosyl-(1 → 2)-*O*-β-D-xylopyranosyl-(1 → 3)-(6-*O*-acetyl-β-D-glucopyranosyloxy)]-20*R*,23*R*-dihydroxydammar-24-en-21-oic acid-21,23-lactone}，3β-[*O*-α-L-吡喃鼠李糖基-(1 → 2)-*O*-β-D-吡喃木糖基-(1 → 3)-β-D-吡喃葡萄糖氧基)-20*S*,23*S*-二羟基达玛-24-烯-21-酸-21,23-内酯{3β-[*O*-α-L-rhamnopyranosyl-(1 → 2)-*O*-β-D-xylopyranosyl-(1 → 3)-β-D-glucopyranosyloxy]-20*S*,23*S*-dihydroxydammar-24-en-21-oic acid-21,23-lactone}，3β-[*O*-α-L-吡喃鼠李糖基-(1 → 2)-*O*-β-D-吡喃木糖基-(1 → 3)-β-D-吡喃葡萄糖基氧基)-20*R*,23*R*-二羟基达玛-24-烯-21-酸-21,23-内酯{3β-[*O*-α-L-rhamnopyranosyl-(1 → 2)-*O*-β-D-xylopyranosyl-(1 → 3)-β-D-glucopyranosyloxy]-20*R*,23*R*-dihydroxy-dammar-24-en-21-oic acid-21,23-lactone}，3β-[*O*-α-L-吡喃鼠李糖基-(1 → 2)-*O*-β-D-吡喃葡萄糖基-(1 → 3)-β-D-吡喃葡萄糖氧基]-20*S*,23*S*-二羟基达玛-24-烯-21-酸-21,23-内酯{3β-[*O*-α-L-rhamnopyranosyl-(1 → 2)-*O*-β-D-glucopyranosyl-(1 → 3)-β-D-glucopyranosyloxy]-20*S*,23*S*-dihydroxydammar-24-en-21-oic acid-21,23-lactone}，3β-[*O*-(4-*O*-乙酰基-α-L-吡喃鼠李糖基-(1 → 2)-*O*-β-D-吡喃木糖基-(1 → 3)]-(6-*O*-乙酰基-β-D-吡喃葡萄糖氧基)-20*R*,23*R*-二羟基达玛-24-烯-21-酸-21,23-内酯{3β-[*O*-(4-*O*-acetyl-α-L-rhamnopyranosyl-(1 → 2)-*O*-β-D-xylopyranosyl-(1 → 3)-(6-*O*-acetyl-β-D-glucopyranosyloxy)]-20*R*,23*R*-dihydroxydammar-24-en-21-oic acid-21,23-lactone}[13,32]，12-氧代-2α,3β,20(*S*)-三羟基达玛-24-烯-3-*O*-[β-D-吡喃葡萄糖基-(1 → 2)-β-D-吡喃葡萄糖基]-20-*O*-[α-L-吡喃鼠李糖基-(1 → 6)-β-D-吡喃葡萄糖苷]{12-oxo-2α,3β,20(*S*)-trihydroxydammar-24-ene-3-*O*-[β-D-glucopyranosyl-(1 → 2)-β-D-glucopyranosyl]-20-*O*-[α-L-rhamnopyranosyl-(1 → 6)-β-D-glucopyranoside]}，12-氧代-2α,3β,20(*S*)-三羟基达玛-24-烯-3-*O*-[β-D-吡喃葡萄糖基-(1 → 2)-β-D-吡喃葡萄糖基]-20-*O*-[β-D-吡喃木糖基-(1 → 6)-β-D-吡喃葡萄糖苷]{12-oxo-2α,3β,20(*S*)-trihydroxydammar-24-ene-3-

O-[β-D-glucopyranosyl-(1 → 2)-β-D-glucopyranosyl]-20-O-[β-D-xylopyranosyl-(1 → 6)-β-D-glucopyranoside]}，3β,19,20S-三羟基达玛-24-烯-3-O-[β-D-吡喃葡萄糖基-(1 → 2)-β-D-吡喃葡萄糖基]-20-O-β-D-吡喃葡萄糖苷{3β,19,20S-trihydroxydammar-24-ene-3-O-[β-D-glucopyranosyl-(1 → 2)-β-D-glucopyranosyl]-20-O-β-D-glucopyranoside}[33]，20S-3β,20,23ξ-三羟基达玛-24-烯-21-酸-21,23-内酯-3-O[β-D-吡喃葡萄糖基-(1 → 2)-α-L-吡喃阿拉伯糖基]-20-O-β-吡喃鼠李糖苷{20S-3β,20,23ξ-trihydroxydammar-24-en-21-oic acid-21,23-lactone-3-O-[β-D-glucopyranosyl-(1 → 2)-α-L-arabinopyranosyl-20-O-β-rhamnopyranoside]，20R-3β,20,23ξ-三羟基达玛-24-烯-21-酸-21,23-内酯-3-O[β-D-吡喃葡萄糖基-(1 → 2)-α-L-吡喃阿拉伯糖基]-20-O-β-吡喃鼠李糖苷{20R-3β,20,23ξ-trihydroxydammar-24-en-21-oic acid-21,23-lactone-3-O-[β-D-glucopyranosyl-(1 → 2)-α-L-arabinopyranosyl]-20-O-β-rhamnopyranoside}，20S-达玛-23-烯-3β,20,25,26-四醇-3-O-[β-D-吡喃葡萄糖基-(1→ 2)-α-L-吡喃阿拉伯糖基]-20-O-β-D-吡喃鼠李糖基-26-O-吡喃葡萄糖苷{(20S)-dammar-23-ene-3β,20,25,26-tetraol-3-O-[β-D-glucopyranosyl-(1→ 2)-α-L-arabinopyranosyl]-20-O-β-D-rhamnopyranosyl-26-O-glucopyranoside}，20R-达玛-25-烯-3β,20,21,24ξ-四醇-3-O-[β-D-吡喃葡萄糖基-(1 → 2)-α-L-吡喃阿拉伯糖基]-21-O-β-D-吡喃葡萄糖基-24-O-吡喃鼠李糖苷{20R-dammar-25-ene-3β,20,21,24ξ-tetraol-3-O-[β-D-glucopyranosyl-(1 → 2)-α-L-arabinopyranosyl]-21-O-β-D-glucopyranosy1-24-O-rhamnopyranoside}[34]，23(S)-3β,20ξ,21ξ-三羟基-19-氧代-21,23-环氧达玛-24-烯-3-O-α-L-吡喃鼠李糖基-(1 → 2)-[β-D-吡喃木糖基-(1 → 3)]-β-D-吡喃阿拉伯糖苷{23(S)-3β,20ξ,21ξ-trihydroxy-19-oxo-21,23-epoxydammar-24-ene-3-O-α-L-rhamnopyranosyl-(1 → 2)-[β-D-xylopyranosyl-(1 → 3)]-β-D-arabinopyranoside}，23(S)-21(R)-O-正丁基-3β,20ξ-二羟基-21,23-环氧达玛-24-烯-3-O-α-L-吡喃鼠李糖基-(1 → 2)-[β-D-吡喃木糖基-(1 → 3)]-β-D-吡喃阿拉伯糖苷{23(S)-21(R)-O-n-butyl-3β,20ξ-dihydroxy-21,23-epoxydammar-24-ene-3-O-α-L-rhamnopyranosyl-(1 → 2)-[β-D-xylopyranosyl-(1 → 3)]-β-D-arabinopyranoside}[35]，(20S)-3β,20,21-三羟基达玛-23,25-二烯-3-O-[α-L-吡喃鼠李糖基-(1 → 2)][β-D-吡喃木糖基-(1 → 3)]-β-D-吡喃葡萄糖基-21-O-β-D-吡喃葡萄糖苷{(20S)-3β,20,21-trihydroxydammara-23,25-diene-3-O-[α-L-rhamnopyranosyl-(1 → 2)][β-D-xylopyranosyl-(1 → 3)]-β-D-glucopyranosyl-21-O-β-D-glucopyranoside}，(20R,23R)-3β,20-二羟基-19-氧代达玛-24-烯-21-酸-21,23-内酯-3-O-[α-L-吡喃鼠李糖基-(1 → 2)][β-D-吡喃木糖基-(1 → 3)]-α-L-吡喃阿拉伯糖苷{(20R,23R)-3β,20-dihydroxy-19-oxodammar-24-en-21-oic acid-21,23-lactone-3-O-[α-L-rhamnopyranosyl-(1 → 2)][β-D-xylopyranosyl-(1 → 3)]-α-L-arabinopyranoside}，(21S,23S)-3β,20ξ,21,26-四羟基-19-氧代-21,23-环氧达玛-24-烯-3-O-[α-L-吡喃鼠李糖基-(1 → 2)][β-D-吡喃木糖基-(1 → 3)]-α-L-吡喃阿拉伯糖苷{(21S,23S)-3β,20ξ,21,26-tetrahydroxy-19-oxo-21,23-epoxydammar-24-ene-3-O-[α-L-rhamnopyranosyl-(1 → 2)][β-D-xylopyranosyl-(1 → 3)]-α-L-arabinopyranoside}[36]，(20S)-3β,20,21-三羟基达玛-24-烯-3-O-[α-L-吡喃鼠李糖基-(1 → 2)][β-D-吡喃木糖基-(1 → 3)]-β-D-吡喃葡萄糖苷{(20S)-3β,20,21-trihydroxydammar-24-ene-3-O-[α-L-rhamnopyranosyl-(1 → 2)][β-D-xylopyranosyl-(1 → 3)]-β-D-glucopyranoside}[37]，3β,20S,29-三羟基达玛-24-烯-21-羧酸-3-O-{[α-L-吡喃鼠李糖基-(1 → 2)]-[α-L-吡喃鼠李糖基-(1 → 3)]-β-D-吡喃葡萄糖基}-21-O-[β-D-吡喃葡萄糖基-(1 → 2)]-[α-L-吡喃鼠李糖基-(1 → 6)]-β-D-吡喃葡萄糖苷{3β,20S,29-trihydroxydammar-24-en-21-carboxylic acid-3-O-{[α-L-rhamnopyranosyl-(1 → 2)]-[α-L-rhamnopyranosyl-(1 → 3)]-β-D-glucopyranosyl}-21-O-[β-D-glucopyranosyl-(1 → 2)]-[α-L-rhamnopyranosyl-(1 → 6)]-β-D-glucopyranoside}，3β,20S,29-三羟基达玛-24-烯-21-羧酸-3-O-{[α-L-吡喃鼠李糖基-(1 → 2)]-[α-L-吡喃鼠李糖基-(1 → 3)]-β-D-吡喃葡萄糖基}-21-O-[β-D-吡喃葡萄糖基-(1 → 2)]-β-D-吡喃葡萄糖苷{3β,20S,29-trihydroxydammar-24-en-21-carboxylic acid-3-O-{[α-L-rhamnopyranosyl-(1 → 2)]-[α-L-rhamnopyranosyl-(1 → 3)]-β-D-glucopyranosyl}-21-O-[β-D-glucopyranosyl-(1 → 2)]-β-D-glucopyranoside}，3β,20S,29-三羟基达玛-24-烯-21-羧酸-3-O-{[α-L-吡喃鼠李糖基-(1 → 2)]-[β-D-吡喃木糖基-(1 → 3)]-β-D-吡喃葡萄糖基}-21-O-[β-D-吡喃葡萄糖基-(1 → 2)]-[α-L-吡喃鼠李糖基-(1 → 6)]-β-D-吡喃葡萄糖苷{3β,20S,29-trihydroxydammar-24-en-21-carboxylic acid-3-O-{[α-L-rhamnopyranosyl-(1→2)]-[β-D-xylopyranosyl-(1→3)]-β-D-glucopyranosyl}-21-O-[β-D-glucopyranosyl-(1 → 2)]-[α-L-rhamnopyranosyl-(1 → 6)]-β-D-glucopyranoside}，3β,20S-二羟基达

玛-24-烯-21-羧酸-3-*O*-{[α-L-吡喃鼠李糖基-(1→2)]-[α-L-吡喃鼠李糖基-(1→3)]-β-D-吡喃葡萄糖基}-21-*O*-[β-D-吡喃葡萄糖基-(1→2)]-[α-L-吡喃鼠李糖基-(1→6)]-β-D-吡喃葡萄糖苷{3β,20*S*-dihydroxydammar-24-en-21-carboxylic acid-3-*O*-{[α-L-rhamnopyanosyl-(1→2)]-[α-L-rhamnopyranosyl-(1→3)]-β-D-glucopyranosyl}-21-*O*-[β-D-glucopyranosyl-(1→2)]-[α-L-rhamnopyranosyl-(1→6)]-β-D-glucopyranoside}，3β,20*S*-二羟基达玛-24-烯-21-羧酸-3-*O*-{[α-L-吡喃鼠李糖基-(1→2)]-[β-D-吡喃葡萄糖基-(1→3)]-β-D-吡喃葡萄糖基}-21-*O*-[β-D-吡喃葡萄糖基-(1→2)]-[α-L-吡喃鼠李糖基-(1→6)]-β-D-吡喃葡萄糖苷{3β,20*S*-dihydroxydammar-24-en-21-carboxylic acid-3-*O*-{[α-L-rhamnopyranosyl-(1 → 2)]-[β-D-glucopyranosyl-(1 → 3)]-β-D-glucopyranosyl}-21-*O*-[β-D-glucopyranosyl-(1 → 2)]-[α-L-rhamnopyranosyl-(1→6)]-β-D-glucopyranoside}，3β,20*S*-二羟基达玛-24-烯-21-羧酸-3-*O*-{[α-L-吡喃鼠李糖基-(1→2)]-[β-D-吡喃葡萄糖基-(1→3)]-β-D-吡喃葡萄糖基}-21-*O*-[β-D-吡喃葡萄糖基-(1→2)]-β-D-吡喃葡萄糖苷{3β,20*S*-dihydroxydammar-24-en-21-carboxylic acid-3-*O*-{[α-L-rhamnopyranosyl-(1→2)]-[β-D-glucopyranosyl-(1→3)]-β-D-glucopyranosyl}-21-*O*-[β-D-glucopyranosyl-(1→2)]-β-D-glucopyranoside}，3β,20*S*-二羟基达玛-24-烯-21-羧酸-3-*O*-{[α-L-吡喃鼠李糖基-(1→2)]-[β-D-吡喃木糖基-(1→3)]-β-D-吡喃葡萄糖基}-21-*O*-[β-D-吡喃葡萄糖基-(1→2)]-[α-L-吡喃鼠李糖基-(1→6)]-β-D-吡喃葡萄糖苷{3β,20*S*-dihydroxydammar-24-en-21-carboxylic acid-3-*O*-{[α-L-rhamnopyranosyl-(1→2)]-[β-D-xylopyranosyl-(1→3)]-β-D-glucopyranosyl}-21-*O*-[β-D-glucopyranosyl-(1 → 2)]-[α-L-rhamnopyranosyl-(1 → 6)]-β-D-glucopyranoside}[38]，绞股蓝苷(gypenoside) VN₁、VN₂、VN₃、VN₄、VN₅、VN₆、VN₇[39]、GC₁、GC₂、GC₃、GC₄、GC₅、GC₆、GC₇[40]，匙羹藤苷▲(gymnemaside)Ⅱ[33]、Ⅵ[40]，(23*S*)-21*R*-*O*-正丁基-3β,20ξ,21-三羟基-21,23-环氧达玛-24-烯-3-*O*-[α-L-吡喃鼠李糖基-(1→2)][β-D-吡喃木糖基-(1→3)]-β-D-吡喃葡萄糖苷{(23*S*)-21*R*-*O*-n-butyl-3β,20ξ,21-trihydroxy-21,23-epoxydammar-24-ene-3-*O*-[α-L-rhamnopyranosyl-(1→2)][β-D-xylopyranosyl-(1→3)]-β-D-glucopyranoside}，(23*S*)-21*S*-*O*-正丁基-3β,20ξ,21-三羟基-21,23-环氧达玛-24-烯-3-*O*-[α-L-吡喃鼠李糖基-(1→2)][β-D-吡喃木糖基-(1→3)]-β-D-吡喃葡萄糖苷{(23*S*)-21*S*-*O*-n-butyl-3β,20ξ,21-trihydroxy-21,23-epoxydammar- 24-ene-3-*O*-[α-L-rhamnopyranosyl-(1 → 2)][β-D-xylopyranosyl-(1 → 3)]-β-D-glucopyranoside}，(23*S*)-21*R*-*O*-正丁基-19-氧代-3β,20ξ-三羟基-21,23-环氧达玛-24-烯-3-*O*-[α-L-吡喃鼠李糖基-(1→2)][β-D-吡喃木糖基-(1→3)]-α-L-吡喃阿拉伯糖苷{(23*S*)-21*R*-*O*-n-butyl-19-oxo-3β,20ξ,21-trihydroxy-21,23-epoxydammar-24-ene-3-*O*-[α-L-rhamnopyranosyl-(1→2)][β-D-xylopyranosyl-(1→3)]-α-L-arabinopyranoside}，(23*S*)-21*S*-*O*-正丁基-19-氧代-3β,20ξ,21-三羟基-21,23-环氧达玛-24-烯-3-*O*-[α-L-吡喃鼠李糖基-(1→2)][β-D-吡喃木糖基-(1→3)]-α-L-吡喃阿拉伯糖苷{(23*S*)-21*S*-*O*-n-butyl-19-oxo-3β,20ξ,21-trihydroxy-21,23-epoxydammar-24-ene-3-*O*-[α-L-rhamnopyranosyl-(1→2)][β-D-xylopyranosyl-(1→3)]-α-L-arabinopyranoside}[41]，3β-*O*-[(α-L-吡喃鼠李糖基-(1→2)-*O*-[β-D-吡喃木糖基-(1→3)]-α-L-吡喃阿拉伯糖基)氧基]-20,23*S*-二羟基-19-氧代-达玛-24-烯-21-酸-γ-内酯{3β-*O*-[(α-L-rhamnopyranosyl-(1→2)-*O*-[β-D-xylopyranosyl-(1→3)]-α-L-arabinopyranosyl)oxy]-20,23*S*-dihydroxy-19-oxo-dammar-24-en-21-oic acid-γ-lactone}[42]，绞股蓝二糖苷(gypenbioside) A、B[43]，21-降绞股蓝苷(21-norgypenoside) A、B[44]，(23*S*)-21β-*O*-甲基-3β,20ξ-二羟基-12-氧代-21,23-环氧达玛-24-烯-3-*O*-[α-L-吡喃鼠李糖基-(1→2)][β-D-吡喃葡萄糖基-(1→3)]-α-L-吡喃阿拉伯糖苷{(23*S*)-21β-*O*-methyl-3β,20ξ-dihydroxy-12-oxo-21,23-epoxydammar-24-ene-3-*O*-[α-L-rhamnopyranosyl-(1 → 2)][β-D-glucopyranosyl-(1 → 3)]-α-L-arabinopyranoside}，23β-H-3β,20ξ-二羟基-19-氧代-21,23-环氧达玛-24-烯-3-*O*-[α-L-吡喃鼠李糖基-(1→2)][β-D-吡喃木糖基-(1→3)]-α-L-吡喃阿拉伯糖苷{23β-H-3β,20ξ-dihydroxy-19-oxo-21,23-epoxydammar-24-ene-3-*O*-[α-L-rhamnopyranosyl-(1 → 2)][β-D-xylopyranosyl-(1 → 3)]-α-L-arabinopyranoside}[45]，23β-H-3β,20ξ-二羟基-12-氧代-21,23-环氧达玛-24-烯-3-*O*-[α-L-吡喃鼠李糖基-(1→2)][β-D-吡喃葡萄糖基-(1→3)]-α-L-吡喃阿拉伯糖苷{23β-H-3β,20ξ-dihydroxy-12-oxo-21,23-epoxydammar-24-ene-3-*O*-[α-L-rhamnopyranosyl-(1→2)][β-D-glucopyranosyl-(1→3)]-α-L-arabinopyranoside}[46]；甾体及其皂苷类：(5α)-3β-[(*O*-α-L-吡喃鼠李糖基-(1→2)-*O*-β-D-吡喃木糖基-(1→3)-α-L-吡喃阿拉伯糖氧基]-17β-[1,2-二羟基-3-(1-羟基-1-甲基乙基)-

环戊基]-18-降雄甾-19-醛{(5α)-3β-[O-α-L-rhamnopyranosyl-(1 → 2)-O-β-D-xylopyranosyl-(1 → 3)-α-L-arabinopyranosyloxy]-17β-[1,2-dihydroxy-3-(1-hydroxy-1-methylethyl)-cyclopentyl]-18-norandrostan-19-al}，(5α)-17β-[1,2-二羟基-3-(1-羟基-1-甲基乙基)-环戊基]-4,4,8,14-四甲基-18-降雄甾-3β-[O-α-L-吡喃鼠李糖基-(1 → 2)-O-β-D-吡喃木糖基-(1 → 3)-β-D-吡喃葡萄糖苷-6-乙酸酯]{(5α)-17β-[1,2-dihydroxy-3-(1-hydroxy-1-methylethyl)-cyclopentyl]-4,4,8,14-tetramethyl-18-norandrostan-3β-[O-α-L-rhamno-pyranosyl-(1 → 2)-O-β-D-xylopyranosyl-(1 → 3)-β-D-glucopyranoside-6-acetate]}[13]，(3β,5α,17β)-4,4,8,14-四甲基-17-[1,2,4-三羟基-3-(1-甲基乙烯基)环戊基]-18-降雄甾-3-O-α-L-吡喃鼠李糖基-(1 → 2)-O-[β-D-吡喃木糖基-(1 → 3)]-β-D-吡喃葡萄糖苷-6-乙酸酯{(3β,5α,17β)-4,4,8,14-tetramethyl-17-[1,2,4-trihydroxy-3-(1-methylethenyl)-cyclopentyl]-18-norandrostan-3-O-α-L-rhamnopyranosyl-(1 → 2)-O-[β-D-xylopyranosyl-(1 → 3)]-β-D-glucopyranoside-6-acetate}，3-[(O-α-L-吡喃鼠李糖基-(1 → 2)-O-[β-D-吡喃木糖基-(1 → 3)]-α-L-吡喃阿拉伯糖氧基]-4,4,8,14-四甲基-17-[1,2,4-三羟基-3-(1-甲基乙烯基)环戊基]-(3β,5α,17β)-18-降雄甾-19-醛{3-[(O-α-L-rhamnopyranosyl-(1 → 2)-O-[β-D-xylopyranosyl-(1 → 3)]-α-L-arabinopyranosyloxy]-4,4,8,14-tetramethyl-17-[1,2,4-trihydroxy-3-(1-methylethenyl)cyclopentyl]-(3β,5α,17β)-18-norandrostan-19-al}，(3β,5α,17β)-4,4,8,14-四甲基-17-[(1S)-1,2,4-三羟基-3-(1-羟基-1-甲基乙基)环戊基]-18-降雄甾-3-O-α-L-吡喃鼠李糖基-(1 → 2)-O-[β-D-吡喃木糖基-(1 → 3)]-β-D-吡喃葡萄糖苷-6-乙酸酯{(3β,5α,17β)-4,4,8,14-tetramethyl-17-[(1S)-1,2,4-trihydroxy-3-(1-hydroxy-1-methylethyl)cyclopentyl]-18-norandrostan-3-O-α-L-rhamnopyranosyl-(1 → 2)-O-[β-D-xylopyranosyl-(1 → 3)]-β-D-glucopyranoside-6-acetate}，(3β,5α,17β)-3-[(O-α-L-吡喃鼠李糖基-(1 → 2)-O-[β-D-吡喃木糖基-(1 → 3)]-α-L-吡喃阿拉伯糖氧基)-4,4,8,14-四甲基-17-[(1S)-1,2,4-三羟基-3-(1-羟基-1-甲基乙基)环戊基]-18-降雄甾-19-醛{(3β,5α,17β)-3-[(O-α-L-rhamnopyranosyl-(1 → 2)-O-[β-D-xylopyranosyl-(1 → 3)]-α-L-arabinopyranosyloxy]-4,4,8,14-tetramethyl-17-[(1S)-1,2,4-trihydroxy-3-(1-hydroxy-1-methylethyl)cyclopentyl]-18-norandrostan-19-al}[31]，24R-14α-甲基-5α-麦角甾-9(11)-烯-3β-醇[24R-14α-methyl-5α-ergost-9(11)-en-3β-ol]，24S-14α-甲基-5α-麦角甾-9(11)-烯-3β-醇[24S-14α-methyl-5α-ergost-9(11)-en-3β-ol]，24S-14α-甲基-5α-麦角甾-9(11)-烯-3β-醇[24S-14α-methyl-5α-ergost-9(11)-en-3β-ol][47]，24,24-二甲基-5α-胆甾-3β-醇(24,24-dimethyl-5α-cholestan-3β-ol)，24α-乙基-5α-胆甾-3β-醇(24α-ethyl-5α-cholestan-3β-ol)[48]，14α-甲基-5α-麦角甾-9(11),24(28)-二烯-3β-醇[14α-methyl-5α-ergosta-9(11),24(28)-dien-3β-ol][49]，22E-24,24-二甲基-5α-胆甾-7,22-二烯-3β-醇(22E-24,24-dimethyl-5α-cholesta-7,22-dien-3β-ol)，24,24-二甲基-5α-胆甾-7,25-二烯-3β-醇(24,24-dimethyl-5α-cholesta-7,25-dien-3β-ol)[50]；黄酮类：牡荆素(vitexin)[13]，树商陆素▲(ombuin)[29]，山奈酚-3-O-芸香糖苷(kaempferol-3-O-rutinoside)[45]，树商陆苷▲(ombuoside)[51]，芦丁(rutin)[45,51]；其他类：尿囊素(allantoin)[13]，3,5-二羟基呋喃-2(5H)-酮[3,5-dihydroxyfuran-2(5H)-one][45]，丙二酸(malonic acid)[51]。

地上部分含三萜皂苷类：绞股蓝苷(gypenoside) GC₁、GC₇、GD₁、GD₂、GD₃、GD₄、GD₅、Ⅴ、XLⅢ、XLⅤ，绞股蓝皂苷TN-2 (gynosaponin TN-2)[52]，绞股蓝番诺苷▲(phanoside)[53]。

全草含三萜皂苷类：绞股蓝皂苷TR₁(gynosaponin TR₁)[54]，3β,20S,21-三羟基达玛-24-烯-3-O-[α-L-吡喃鼠李糖基-(1 → 2)-β-D-吡喃木糖基-(1 → 3)-β-D-(6-O-乙酰吡喃葡萄糖基)]-21-O-β-D-吡喃葡萄糖苷{3β,20S,21-trihydroxydammar-24-ene-3-O-[α-L-rhamnopyranosyl-(1 → 2)-β-D-xylopyranosyl-(1 → 3)-β-D-(6-O-acetylglucopyranosyl)]-21-O-β-D-glucopyranoside}，3β,20S,21-三羟基达玛-24-烯-3-O-[α-L-吡喃鼠李糖基-(1 → 2)-β-D-吡喃葡萄糖基-(1 → 3)-β-D-吡喃葡萄糖基]-21-O-β-D-吡喃葡萄糖苷{3β,20S,21-trihydroxydammar-24-ene-3-O-[α-L-rhamnopyranosyl-(1→2)-β-D-glucopyranosyl-(1→3)-β-D-glucopyranosyl]-21-O-β-D-glucopyranoside}，3β,20(S),21-三羟基达玛-24-烯-3-O-[α-L-吡喃鼠李糖基(1 → 2)-β-D-吡喃木糖基-(1 → 3)-β-D-吡喃葡萄糖基]-21-O-β-D-吡喃葡萄糖苷{3β,20S,21-trihydroxydammar-24-ene-3-O-[α-L-rhamnopyranosyl-(1 → 2)-β-D-xylopyranosyl-(1 → 3)-β-D-glucopyranosyl]-21-O-β-D-glucopyranoside}，3β,19,20S,21-四羟基达玛-24-烯-3-O-[α-L-吡喃鼠李糖基-(1 → 2)-β-D-吡喃木糖基-(1 → 3)-α-L-吡喃阿拉伯糖基]-21-O-β-D-吡喃葡萄糖苷{3β,19,20S,21-tetrahydroxydammar-24-ene-3-O-[α-L-rhamnopyranosyl-(1 → 2)-β-D-xylopyranosyl-(1 → 3)-α-L-arabinopyranosyl]-21-O-β-D-glucopyranoside}，3β,19,20S,21-四羟基

达玛-24-烯-3-O-[α-L-吡喃鼠李糖基-(1 → 2)-β-D-吡喃木糖基-(1 → 3)-β-D-吡喃葡萄糖基]-21-O-β-D-吡喃葡萄糖苷{3β,19,20S,21-tetrahydroxydammar-24-ene-3-O-[α-L-rhamnopyranosyl-(1 → 2)-β-D-xylopyranosyl-(1 → 3)-β-D-glucopyranosyl]-21-O-β-D-glucopyranoside}，19-氧代-3β,20S,21-三羟基-25-氢过氧基达玛-23-烯-3-O-[α-L-吡喃鼠李糖基-(1 → 2)-β-D-吡喃木糖基-(1 → 3)-α-L-吡喃阿拉伯糖基]-21-O-β-D-吡喃葡萄糖苷{19-oxo-3β,20(S),21-trihydroxy-25-hydroperoxydammar-23-ene-3-O-[α-L-rhamnopyranosyl-(1 → 2)-β-D-xylopyranosyl-(1 → 3)-α-L-arabinopyranosyl]-21-O-β-D-glucopyranoside}，3β,12,20S-三羟基-25-氢过氧基达玛-23-烯-3-O-[β-D-吡喃葡萄糖基-(1 → 2)-β-D-吡喃葡萄糖基]-20-O-β-D-吡喃木糖基-(1 → 6)-β-D-吡喃葡萄糖苷{3β,12,20(S)-trihydroxy-25-hydroperoxydammar-23-ene-3-O-[β-D-glucopyranosyl-(1 → 2)-β-D-glucopyranosyl]-20-O-[β-D-xylopyranosyl-(1 → 6)]-β-D-glucopyranoside}，19-氧代-3β,20S,21,24S-四羟基达玛-25-烯-3-O-[α-L-吡喃鼠李糖基-(1 → 2)-β-D-吡喃木糖基-(1 → 3)-α-L-吡喃阿拉伯糖基]-21-O-β-D-吡喃葡萄糖苷{19-oxo-3β,20S,21,24S-tetrahydroxydammar-25-ene-3-O-[α-L-rhamnopyranosyl-(1 → 2)-β-D-xylopyranosyl-(1 → 3)-α-L-arabinopyranosyl]-21-O-β-D-glucopyranoside}，3β,12β,23S,24R-四羟基-20S,25-环氧达玛-3-O-[β-D-吡喃木糖基-(1 → 2)-β-D-吡喃木糖基-(1 → 6)-β-D-吡喃葡萄糖苷{3β,12β,23S,24R-tetrahydroxy-20S,25-epoxydammarane-3-O-[β-D-xylopyranosyl-(1 → 2)-β-D-xylopyranosyl-(1 → 6)-β-D-glucopyranoside}，3β,12β,23S,24R-四羟基-20S,25-环氧达玛-3-O-[β-D-吡喃葡萄糖基-(1 → 2)-β-D-吡喃木糖基(1 → 6)-β-D-吡喃葡萄糖苷{3β,12β,23S,24R-tetrahydroxy-20S,25-epoxydammarane-3-O-[β-D-glucopyranosyl-(1 → 2)-β-D-xylopyranosyl-(1 → 6)-β-D-glucopyranoside]，3β,12β,23S,24R-四羟基-20S,25-环氧达玛-3-O-[β-D-吡喃葡萄糖基-(1 → 2)]-β-D-吡喃木糖苷{3β,12β,23S,24R-tetrahydroxy-20S,25-epoxydammarane-3-O-[β-D-glucopyranosyl-(1 → 2)-β-D-xylopyranoside}，3β,12β,23S,24R-四羟基-20S,25-环氧达玛烷-3-O-[β-D-吡喃木糖基-(1 → 2)-β-D-吡喃葡萄糖苷{3β,12β,23S,24R-tetrahydroxy-20S,25-epoxydammarane-3-O-[β-D-xylopyranosyl-(1 → 2)-β-D-glucopyranoside}，23-O-乙酰基-3β,12β,23S,24R-四羟基-20S,25-环氧达玛-3-O-[β-D-吡喃木糖基(1 → 2)-β-D-吡喃木糖苷{23-O-acetyl-3β,12β,23S,24R-tetrahydroxy-20S,25-epoxydammarane-3-O-[β-D-xylopyranosyl-(1 → 2)-β-D-xylopyranoside}，23-O-乙酰基-3β,12β,23S,24R-四羟基-20S,25-环氧达玛-3-O-[β-D-吡喃木糖基-(1 → 2)-β-D-吡喃葡萄糖苷{23-O-acetyl-3β,12β,23S,24R-tetrahydroxy-20S,25-epoxydammarane-3-O-[β-D-xylopyranosyl-(1 → 2)-β-D-glucopyranoside}，23-O-乙酰基-3β,12β,23S,24R-四羟基-20S,25-环氧达玛-3-O-[β-D-吡喃木糖基-(1 → 2)-β-D-吡喃木糖基(1 → 6)-β-D-吡喃葡萄糖苷{23-O-acetyl-3β,12β,23S,24R-tetrahydroxy-20S,25-epoxydammarane-3-O-[β-D-xylopyranosyl-(1 → 2)-β-D-xylopyranosyl-(1 → 6)-β-D-glucopyranoside}[55]，绞股蓝苷XLⅢ(gypenosideXLⅢ)[56]；单萜苷类：柑橘苷(citroside) A、B[57]；降倍半萜类：绞股蓝莫苷▲(gynostemoside) A、B、C、D、E，(3S,5R,6R,7E,9S)-3,5,6,9-四羟基-7-烯-大柱香波龙烷[(3S,5R,6R,7E,9S)-3,5,6,9-tetrahydroxy-7-en-megastigmane]，E-4-(r-1',t-2',c-4'-三羟基-2',6',6'-三甲基环己基)丁-3-烯-2-酮[(E)-4-(r-1',t-2',c-4'-trihydroxy-2',6',6'-trimethylcyclohexyl)but-3-en-2-one]，4'-二氢菜豆酸(4'-dihydrophaseic acid)，(3S,4S,5S,6S,9R)-3,4-二羟基-5,6-二氢-β-香堇醇[(3S,4S,5S,6S,9R)-3,4-dihydroxy-5,6-dihydro-β-ionol]，(3S,4S,5R,6R)-3,4,6-三羟基-5,6-二氢-β-香堇醇[(3S,4S,5R,6R)-3,4,6-trihydroxy-5,6-dihydro-β-ionol][57]；多糖类：杂多糖GPP-S，分子量为 1.2×10^6 Da[58]。

附注：

1. 125℃蒸制的绞股蓝叶含皂苷类：绞股蓝达玛苷▲(damulin) A、B[59]、C、D[60]、L、LI[59]。

2. 地上部分总皂苷水解产物含三萜类：绞股蓝皂苷元(gypensapogenin) A、B、C[61,62]、D[61]、E、F、G[62]、H、I、J、K、L[63]、3-O-β-D-吡喃葡萄糖基绞股蓝皂苷元D (3-O-β-D-glucopyranosyl-gypensapogenin D)[61]、(20S)-达玛-24(25)-烯-3β,20,21-四醇[(20S)-dammarane-24(25)-ene-3β,20,21-tetrol]，20(S)-原人参二醇[20(S)-protopanaxadiol]，达玛-(E)-20(22)-烯-3β,12β,25-三醇[dammarane-(E)-20(22)-ene-3β,12β,25-triol]，20(S)-达玛-25(26)-烯-3β,12β,20-三醇[20(S)-dammarane-25(26)-ene-3β,12β,20-triol]，(20S,24S)-达玛-25(26)-烯-3β,12β,20,24-四醇[(20S,24S)-dammarane-25(26)-ene-3β,12β,20,24-tetrol]，(23S)-3β-二羟基-达玛-4-烯-21-酸-21,23-内酯[(23S)-3β-dihydroxyl-dammarane-4-ene-21-oic acid-21,23-

lactone]，(20*S*,23*S*)-3*β*,20-二羟基达玛-24-烯-21-酸-21,23-内酯[(20*S*,23*S*)-3*β*,20-dihydroxyldammarane-24-ene-21-oic acid-21,23-lactone]，(20*R*,23*R*)-3*β*,20-二羟基达玛-24-烯-21-酸-21,23-内酯[(20*R*,23*R*)-3*β*,20-dihydroxyldammarane-24-ene-21-oic acid-21,23-lactone]，3*β*-羟基-17*β*-达玛烷酸(3*β*-hydroxy-17*β*-dammaranic acid)[62]，(23*S*)-3*β*-羟基达玛-20,24-二烯-21-酸-21,23-内酯[(23*S*)-3*β*-hydroxydammar-20,24-dien-21-oic acid-21,23-lactone]，(20*S*,23*R*)-3*β*,20*β*-二羟基达玛-24-二烯-21-酸-21,23-内酯[(20*S*,23*R*)-3*β*,20*β*-dihydroxydamma-24-dien-21-oic acid-21,23-lactone]，(20*S*,24*S*)-20,24-环氧达玛-3*β*,12*β*,25-三醇[(20*S*,24*S*)-20,24-epoxydammarane-3*β*,12*β*,25-triol][64]，(20*R*,25*S*)-12*β*,25-环氧-20,26-环达玛-2*α*,3*β*-二醇[(20*R*,25*S*)-12*β*,25-epoxy-20,26-cyclodammarane-2*α*,3*β*-diol]，(20*R*,25*S*)-12*β*,25-环氧-20,26-环达玛-3*β*-醇[(20*R*,25*S*)-12*β*,25-epoxy-20,26-cyclodammaran-3*β*-ol]，人参二醇(panaxadiol)，2*α*-羟基人参二醇(2*α*-hydroxypanaxadiol)[65]。

药理作用 影响神经递质作用：绞股蓝皂苷可改善利血平对单胺类中枢神经递质的耗竭作用，同时改善利血平引起的一系列体征改变[1]。

镇静催眠作用：绞股蓝总皂苷可使小鼠自主活动减少，与阈剂量戊巴比妥钠合用使小鼠睡眠时间延长，与阈下剂量戊巴比妥钠合用使小鼠入睡个数增加[2]；可对抗咖啡因致小鼠自发性活动增强[3]，中枢抑制作用可能与抑制 Na^+,K^+-ATP 酶有关[4]。绞股蓝皂苷 SH-6 可抑制小鼠自发性活动，增加戊巴比妥钠催眠阈下剂量的睡眠率和延长其催眠剂量的睡眠时间，腹腔注射可降低大鼠脑内边缘叶区去甲肾上腺素含量，提高高香荚兰酸、二羟苯乙酸和 5- 羟吲哚乙酸含量，还可提高大鼠脑内纹状体区二羟苯乙酸含量，表明其镇静、催眠作用可能与降低脑内边缘叶单胺递质有关[5]。

益智作用：绞股蓝提取物对电休克致大鼠记忆障碍有改善作用，与对照组相比，错误次数较少，正确率较高，测试总时间较短，主动回避次数较多[6]。绞股蓝总皂苷对血管性痴呆 (VD) 大鼠海马神经元型一氧化氮合酶 (nNOS) 及核酸有保护作用，可增强 VD 大鼠海马 nNOS 阳性神经元的表达[7]，还可减轻 VD 大鼠大脑皮质及海马的 DNA 和 RNA 损伤[8]。绞股蓝皂苷对阿尔茨海默病 (AD) 大鼠有一定的治疗和保护作用，可改善 AD 大鼠学习记忆能力、海马环氧酶活性和细胞色素氧化酶Ⅱ型亚基 (COⅡ) mRNA 表达及线粒体超微结构[9]。绞股蓝皂苷 XLⅢ能增强小鼠的学习记忆获得过程，作用机制可能与提高谷氨酸 (Glu)、降低 γ- 氨基丁酸 (GABA) 水平有关[10]。

保护中枢神经系统作用：绞股蓝总皂苷通过增强抗氧化酶活性，抑制羟自由基和脂质过氧化物生成而减轻 Glu 介导的大鼠海马组织氧化性神经损伤，发挥神经保护作用[11]。绞股蓝皂苷[12]和绞股蓝多糖[13]对大鼠胎鼠大脑皮质原代神经细胞 Glu 氧化性损伤有不同程度的保护作用，前者的作用机制可能与提高神经细胞内抗氧化酶活性，清除氧自由基对线粒体膜的损伤有关[14]。

调节免疫作用：绞股蓝总皂苷能增加小鼠碳粒廓清指数 K 及吞噬指数 α，增加胸腺和脾的重量[15]；可加强正常小鼠淋巴细胞的增殖，提高免疫器官指数和小鼠血清溶血素含量[16]；对小鼠腹腔巨噬细胞内酸性磷酸酶、乳酸脱氢酶 (LDH) 活性及巨噬细胞吞噬功能[17]、免疫低下小鼠的非特异性免疫功能有增强作用[18]；还可增强正常小鼠和环磷酰胺致免疫低下小鼠由丝裂原刀豆蛋白 A (Con A) 诱导的脾 T 淋巴细胞增殖反应和由脂多糖 (LPS) 诱导的脾 B 淋巴细胞增殖反应，并提高脾细胞白细胞介素 -2 (IL-2) 的生成[19]；体外能增强小鼠脾细胞对 Con A、植物血凝素 (PHA)、LPS 的增殖反应，对混合淋巴细胞中的 T 细胞有增强作用，并能促进大鼠脾细胞分泌 IL-2 及大鼠腹腔巨噬细胞产生白细胞介素 -1 (IL-1)[20]；达一定剂量时具有提高小鼠脾自然杀伤细胞（NK 细胞）活性的作用[21]。绞股蓝多糖能延长力竭运动时间，对疲劳运动小鼠的免疫器官脾功能有增强作用，对小鼠特异性免疫能力、Con A 诱导小鼠淋巴细胞转化能力有提高作用[22]；能提高小鼠碳粒廓清速率、血清溶血素和 S180 小鼠脾指数，增强肝癌 Heps 小鼠 NK 细胞活性[23]；能增加正常小鼠外周血 T 淋巴细胞的酯酶染色率[24]；对环磷酰胺致免疫低下小鼠的细胞免疫功能具有促进作用，能增强淋巴细胞转化增殖[25]。

抗炎作用：绞股蓝水煎剂对二甲苯致小鼠耳肿胀、醋酸致小鼠腹腔毛细血管通透性增加、角叉菜胶致大鼠足跖肿胀、大鼠棉球肉芽肿有抑制作用[26]。

降血压作用：绞股蓝总皂苷对大鼠有急性降血压作用[27]。绞股蓝皂苷对慢性缺氧大鼠的肺动脉压升高有抑制作用[28]。

抗心律失常作用：绞股蓝总皂苷对三氯甲烷、乌头碱诱发的小鼠心律失常有对抗作用，使小鼠死亡率降低，死亡时间延长[27]；对家兔心肌缺血/再灌心律失常亦具有拮抗作用[29]。

抗心肌缺血作用：绞股蓝总皂苷对结扎左冠状动脉主干致急性心肌缺血大鼠的心肌有保护作用，在不增加心肌耗氧量的情况下可改善缺血早期左室的收缩、舒张性能，并可升高血压，增加左室心内膜下血液供应，缩小梗死范围[30]，改善急性心肌缺血所致 LVEDP 的抬高[31]，作用机制在于减少"钙超载"和抑制异常兴奋性的产生[32]。绞股蓝总皂苷对大鼠心肌缺血再灌注损伤亦有保护作用，可提高心肌组织谷胱甘肽过氧化物酶(GSH-Px)活性，降低心肌丙二醛(MDA)含量，使降低的线粒体膜流动性恢复，减轻再灌注导致心肌超微结构损伤[33]，也可能与抑制肿瘤坏死因子 α (TNF-α)的表达有关[34]。绞股蓝皂苷可拮抗大鼠急性心肌缺血致心脏收缩功能的降低[35]。绞股蓝总黄酮对异丙肾上腺素诱导的大鼠心肌缺血有保护作用，可升高血清中超氧化物歧化酶(SOD)活性、一氧化氮(NO)含量，降低 MDA 含量、LDH 活性，使兔抗鼠分裂原激活蛋白激酶(p38MAPK)表达和血清 TNF-α 水平均下降，作用机制可能与下调心肌细胞 p38MAPK 的表达从而抑制 TNF-α 的产生、减轻心肌自由基损伤程度等有关[36]；对犬急性缺血心肌也有保护作用，能减轻犬心肌梗死时的心肌缺血程度，降低缺血范围和心肌酶学指标的活性[37]。

改善微循环作用：绞股蓝总皂苷对高分子右旋糖苷引起的小鼠微循环障碍有改善作用，可对抗毛细血管血流速度减慢和红细胞聚集[38]。

抗脑缺血作用：绞股蓝总皂苷对光化学诱导的大脑中动脉栓塞大鼠脑缺血损伤有保护作用，能缩小光化学反应后的缺血区面积，降低脂质过氧化产物 TBARS 含量，提高 SOD 活性，降低缺血区 Na^+、Ca^{2+}、H_2O 含量，升高 K^+ 水平[39]；能保护大鼠脑血管免受自由基损伤，抑制急性栓塞性脑缺血所致的脑血管通透性增加，使脑组织 MDA 含量降低，同时能对抗电解克氏液所致的离体兔基底动脉灌流压升高[40]；对家兔急性不完全性脑缺血也有保护作用，可改善脑缺血 60 min 后的脑电图变化，降低脑静脉血中 LDH 和肌酸激酶活性，改善缺血后脑组织形态学变化[41]。绞股蓝总皂苷对大鼠局灶性缺血再灌注脂质过氧化脑损伤有一定的保护作用，使大脑中动脉闭塞侧脑梗死面积缩小，脑组织 SOD 水平升高、MDA 水平下降，脑功能受损程度改善[42]，作用机制与降低 NO 的毒性[43]、抗氧化作用，改善 ATP 酶的功能[44]、减轻海马、大脑皮质、纹状体及齿状回 DNA 和 RNA 损伤[45-46]、下调海马区 c-fos、c-jun 蛋白的表达、抑制神经细胞凋亡有关[47-48]。绞股蓝皂苷对犬脑干缺血有保护作用，其机制可能与升高 SOD 活性及降低磷脂酶 A_2(PLA$_2$)活性有关，早期以升高 SOD 活性为主，晚期以降低 PLA$_2$ 活性为主[49]。

调控脑血管作用：绞股蓝总皂苷对电解性氧自由基致兔脑基底动脉损伤有保护作用，可抑制脑基底动脉灌注压升高，提高乙酰胆碱舒血管作用及血管壁 NO$_2^-$ 含量，抑制血管壁 MDA 含量升高和 SOD 活性降低[50]。

调节血脂作用：绞股蓝微粉泡服对高脂血症家兔有降脂、降黏、改善血液流变性、红细胞变形性和微循环等作用[51]。绞股蓝总皂苷能降低高脂血症患者的血清总胆固醇(TC)、三酰甘油(TG)、低密度脂蛋白胆固醇(LDL-C)，升高高密度脂蛋白胆固醇(HDL-C)水平[52]；可降低高脂血症大鼠血浆和主动脉内皮素(ET)水平，减少 ET 的合成和释放[53]，改善血液流变性[54]；对高脂血症小鼠也有降脂作用，可降低 TC、TG、LDL-C，提高 HDL-C/LDL-C 比值，减轻动物体重[55]；还能抑制高脂所致的兔血清 NO 降低和过氧化脂质升高，并能保护 SOD 活性和降低血清 TC 及 TG 水平[56]；上调 LDL-C 受体的基因表达是绞股蓝总皂苷调节血脂和抗动脉粥样硬化的作用机制之一[57]。

抗动脉粥样硬化作用：绞股蓝水煎液通过降低转化生长因子 -β_1 (TGF-β_1) 表达，减轻该因子致细胞增殖作用和兔动脉粥样硬化模型血管壁肥厚性重构[58]。绞股蓝总皂苷可增加实验性动脉粥样硬化兔肝和心肌中的 SOD 活力，降低过氧化脂质含量[59]；能减少主动脉壁斑块形成，减轻主动脉壁脂质过氧化程度，降低 MDA 含量，还能保护血管壁释放或合成 NO 的能力，并防止因长期高胆固醇血症引起的主动脉壁 Ca^{2+} 超载 [60]；通过抑制内皮细胞 c-sis 基因表达，促进内皮细胞合成（释放）NO 抑制平滑肌细胞增殖是作用机制之一 [61]。

保护心肌作用：绞股蓝总皂苷可拮抗阿霉素致大鼠心功能下降，作用机制可能与提高心肌组织 ATP 酶、琥珀酸脱氢酶和肌浆网 Ca^{2+}-ATP 酶活性有关 [62]；对内毒素诱发的豚鼠心乳头肌损伤 [63]、心功能损伤 [64]、黄嘌呤 - 黄嘌呤氧化酶诱发的豚鼠心乳头肌氧化损伤有保护作用 [65]；可减轻心肌超微结构损伤，改善糖尿病心肌病大鼠左心室功能 [66]。绞股蓝皂苷对电解性氧自由基致豚鼠心肌损害有保护作用，可降低室颤发生率，抑制电解损伤后冠状动脉压升高及心肌收缩力减弱，并抑制心肌 MDA 的产生，保护心肌组织中 SOD 的降低，机制与其促进前列腺环素合成有关 [67]。绞股蓝总黄酮对缺氧大鼠乳鼠心肌细胞有保护作用，其机制可能与减轻心肌细胞内钙超负荷有关 [68]；缺氧 / 复氧时凋亡相关基因 Fas 及其配体 FasL 蛋白表达增强，绞股蓝总黄酮对缺氧 / 复氧大鼠乳鼠心肌有保护作用，其机制与减少 TNF-α 的生成，下调 Fas/FasL 蛋白表达，减少凋亡有关 [69]。

保护血管内皮作用：绞股蓝总皂苷对胆固醇致人脐静脉内皮细胞损伤有保护作用，作用机制可能与减少细胞内活性氧生成，从而抑制细胞内核因子 -κB 活化有关 [70]；对氧化修饰 LDL-C 损伤小牛主动脉内皮细胞有防治作用 [71]；对电解性自由基损伤兔胸主动脉和脑基底动脉内皮有保护作用 [72]；对兔髂动脉内皮损伤后内膜增殖有抑制作用 [73]。对血流动力学的影响：绞股蓝总皂苷对注射内毒素的家兔血流动力学有保护作用，并能对抗内毒素休克，预防继发弥散性血管内凝血的发生 [74]。绞股蓝皂苷能降低麻醉犬血压和总外周阻力、脑血管与冠状血管阻力，增加冠状动脉流量，减慢心率，使心脏张力 - 时间指数下降 [75]。绞股蓝总黄酮可扩张麻醉犬的冠状动脉血管、增加冠状动脉流量、降低心率和心脏后负荷，心肌耗氧量下降，从而改善心肌的供血供氧，调整心脏血管的顺应性，对心血管系统起到调整和改善作用 [76]；还可降低麻醉犬的血压、心输出量、左室内压、± dp/dt_{max} [77]。

负性变力作用：绞股蓝总黄酮对离体豚鼠左、右心房肌均产生负性变力作用，抑制心肌正性阶梯、静息后增强效应，非竞争性拮抗异丙肾上腺素、组胺、去氧肾上腺素对左房肌的正性肌力作用，减弱心肌收缩力，缩短 APD_{30} 和 APD_{50}，大剂量延长 APD_{90}，不影响 V_{max}，可能是抑制心肌细胞外 Ca^{2+} 内流和细胞内 Ca^{2+} 释放所致 [78]。

抗血栓和抗血小板聚集作用：绞股蓝总皂苷对大鼠脑血栓、体外动脉血栓及小鼠肺血栓的形成均有抑制作用，对腺苷二磷酸 (ADP)、花生四烯酸 (AA) 及胶原诱导的大鼠血小板聚集、血小板活化因子诱导的家兔血小板聚集有抑制作用 [79]；还能抑制 ADP、AA 和胶原诱导的家兔血小板聚集、5- 羟色胺释放，升高血小板内 cAMP 水平 [80]；可延长小鼠尾动脉出血时间 [81]；也抑制右旋糖酐致大鼠体内血栓形成，并延长凝血时间、凝血酶原时间、部分凝血活酶时间 [82]；能抑制大鼠血小板血栓及静脉血栓形成，对家兔血小板血栓素 B_2 和主动脉环 6-keto-$PGF_{1\alpha}$ 的生成亦有抑制作用 [83]。

调节血液流变性作用：绞股蓝总皂苷对高分子右旋糖苷致高黏血症家兔的血液流变学指标有改善作用，可降低高、中、低切变率下的全血黏度、血浆黏度，升高红细胞变形指数，缩短红细胞电泳时间 [84]。

升高白细胞作用：绞股蓝总皂苷能提高正常小鼠外周白细胞数目和增强其吞噬酵母多糖时的化学发光值，且能逆转小鼠因注射醋酸泼尼松而引起的白细胞数目的减少和吞噬发光值的降低，吞噬发光值的增加并不仅是由于提高了白细胞数目引起，而更主要的是增强了白细胞自身的吞噬能力 [85]。绞股蓝皂苷对环磷酰胺或 ^{60}Co 照射致低白细胞血症小鼠有升高白细胞的作用，还具有对抗环磷酰胺对小鼠的骨髓抑制作用 [86]。

祛痰镇咳作用：绞股蓝总皂苷对豚鼠枸橼酸引咳有对抗作用，并有促进小鼠酚红排泌作用 [15]。

平喘作用：绞股蓝水提取物及绞股蓝皂苷 Ⅲ 和 Ⅷ 对麻醉豚鼠的支气管有扩张作用 [87]。

抑制平滑肌作用：绞股蓝总皂苷可抑制家兔离体十二指肠平滑肌的自律性收缩 [88]。

抗溃疡作用：NCTC11637 株幽门螺杆菌可延缓醋酸性大鼠胃溃疡的愈合，绞股蓝总皂苷通过抑制炎症反应过程中 IL-8、MDA、·OH 生成，提高前列腺素 E_2 和 SOD 活性增强胃黏膜保护机制，对感染 NCTC11637 株幽门螺杆菌大鼠实验性胃溃疡产生治疗作用[89]。绞股蓝乙酸乙酯提取物能增高大鼠胃组织 NO 及 nNOS 的含量，降低 ET 含量，这可能是其改善大鼠胃溃疡黏膜愈合的作用机制之一[90]。

保肝作用：在对乙酰氨基酚模型中，绞股蓝水提取物可加快肝功能恢复，逆转丙氨酸转氨酶 (ALT) 和天冬氨酸转氨酶 (AST) 升高，组织学观察在肝小叶中心区的坏死总量和窦状隙充血、肝中央静脉周围的淋巴细胞和肝巨噬细胞的滤过，以及细胞边界模糊和气球样变性均被绞股蓝逆转[91]。绞股蓝总皂苷对四氯化碳 (CCl_4) 致急性肝损伤大鼠有降酶作用，能促进肝细胞再生[92]；有抗 CCl_4 致大鼠肝纤维化作用，使肝功能改善，ALT、AST 降低，肝组织内 MDA 降低、SOD 升高、纤维连接素表达减少[93]；还可减少白蛋白引起的胶原纤维形成，改善大鼠肝纤维化所致的病理损伤[94]；对血吸虫性小鼠肝纤维化也有保护作用[95]。绞股蓝多糖对 CCl_4 造成的小鼠急性肝损伤有保护作用，能抑制 ALT、AST、肝组织中 MDA 含量的升高，提高肝组织中 GSH 活性，减轻 CCl_4 对肝细胞的病理损伤[96]；对人肝细胞 $HepG_2$ 乙醇性损伤有保护作用，可提高损伤后 $HepG_2$ 细胞的存活率，抑制 AST、ALT 升高，减少 MDA 形成，提高 SOD 活性，减少细胞凋亡[97]；对 CCl_4 诱导的 $HepG_2$ 细胞损伤也有保护作用[98]。

增强肾上腺皮质功能作用：绞股蓝总皂苷对大剂量地塞米松致小鼠肾上腺萎缩、功能低下、形态改变有拮抗作用[99]。

降血糖作用：绞股蓝总皂苷能增加 2 型糖尿病大鼠脑神经生长因子基因的表达[100]。绞股蓝皂苷对 2 型糖尿病肾病患者有改善肾功能及降脂作用[101]。绞股蓝多糖可降低四氧嘧啶致高血糖大鼠的空腹血糖及糖耐量，其降糖机制可能与其刺激胰岛素的释放或促胰岛炎恢复，抑制 α-淀粉酶，延缓碳水化合物在小肠的吸收有关[102]。

抗细菌作用：绞股蓝根状茎粗粉经水提取后体外对短小芽孢杆菌、大肠埃希氏菌、枯草芽孢杆菌、志贺菌有抑菌作用，对金黄色葡萄球菌、藤黄八叠球菌有杀菌作用[103]。从绞股蓝中分离得到的木脂素对变异链球菌有一定的抑制作用，对金黄色葡萄球菌有较强的抑制作用[104]。

抗肿瘤作用：绞股蓝[105]和绞股蓝总皂苷[106]通过下调抑凋亡蛋白 Bcl-2 和上调促凋亡蛋白 Bax 的表达，可诱导人肝癌细胞 Huh-7 凋亡。绞股蓝总皂苷能抑制小鼠肉瘤 S180 的生长[107]，对 Lewis 肺癌原位肿瘤的生长及肺转移均有抑制作用[108]，抗肿瘤活性与其调节机体的免疫功能有关，可使荷瘤小鼠脾淋巴细胞总数增加，外周血淋巴细胞和脾淋巴细胞的 NK 活性升高[109]；对 4-硝基喹啉-1-氧化物诱导的大鼠舌白斑癌变有阻断作用，通过影响琥珀酸脱氢酶表达以修复三羧酸循环可能是其抗癌机制之一[110]；对金地鼠颊囊白斑癌变有抑制功效，端粒酶可能是其发挥抗癌作用的众多靶点之一[111]。绞股蓝总皂苷对小鼠白血病细胞 L1210[112]、人口腔鳞癌颈淋巴结转移癌细胞[113]、人肝癌细胞 SMMC-7721[114]、人肺癌细胞 A549[115]、小鼠淋巴细胞白血病细胞 P338[116]、人红白血病细胞 K562[107]、小鼠 Lewis 肺癌细胞[117]、兔动脉平滑肌细胞 c-fos 基因表达[118]均有抑制作用。绞股蓝皂苷对人口腔鳞癌颈淋巴结转移癌细胞 GNM[119-120]、小鼠白血病细胞 P388[121]、急性髓性白血病细胞 HL-60[122]有抑制作用。绞股蓝多糖可抑制小鼠肉瘤 S180 的生长[123-124]，对人食管癌细胞 E_{Ca}-109 有抑制作用[124]。

调控生殖系统作用：绞股蓝通过降低血脂、改善血脂代谢，对高脂血症导致的睾丸生精细胞脂肪样变有抑制作用[125]。绞股蓝总皂苷对氧化镉致小鼠精子畸形率有抑制作用[126]。绞股蓝皂苷对雄性大鼠精子数略有增加和对某些性器官有一定程度的保护作用，对大鼠正常的性功能没有明显的影响[127]。

改善肾功能作用：绞股蓝总皂苷可抑制单侧输尿管结扎大鼠肾纤维化时结缔组织生长因子表达，从而遏制肾纤维化的进展[128]；能减少糖尿病肾病小鼠的蛋白尿，作用机制可能与其抑制晚期糖基化终末产物的作用有关[129]；能抑制糖尿病肾病大鼠结缔组织生长因子的表达，从而减少肾小球系膜区细胞外基质的积聚[130]；可升高腺嘌呤致肾性贫血大鼠血浆促红细胞生成素含量[131]；能拮抗血浆 ET 和 TNF，抗肾纤维化[132]；纠正肾性贫血、延缓慢性肾功能衰竭进展[133]。绞股蓝皂苷能减轻庆大霉素导致的兔肾小管上皮细胞损伤[134]。

抗氧化和延缓衰老作用：绞股蓝能提高抗氧化物酶活性，抑制衰老大鼠下丘脑氧自由基形成，增加免疫器官重量，并可拮抗下丘脑 NO 引起的神经毒性，从而延缓 D- 半乳糖所致的大鼠衰老[135]；对家蝇的半数存活时间、平均寿命和最高寿命均有延长作用，能使家蝇脑内 SOD 活性升高，MDA 含量降低[136]；还可防止由紫外线照射引起的线粒体 DNA 损伤，对紫外线照射下的无毛小鼠皮肤具有保护作用[137]。绞股蓝提取液对大鼠皮肤衰老有延缓作用，其机制可能是提高 SOD 活性以及皮肤中羟脯氨酸含量[138]，降低 OH· 能力[139]。绞股蓝总皂苷能对抗 D- 半乳糖致老化小鼠因衰老引起的单胺氧化酶和 Na^+，K^+-ATP 酶的活性改变[140]，减轻大脑和肝组织 DNA 损伤程度[141]；能增强老龄大鼠机体抗氧化能力及提高肾上腺皮质的功能，升高大鼠红细胞 SOD 和全血 GSH-Px 酶活性，降低大鼠肾上腺皮质中 VC 含量[142-144]；具有对抗力竭运动后自由基加强的作用，使大鼠血清 MDA 含量下降、GSH-Px 和 SOD 活性升高[145]；对自由基损伤心血管功能有保护作用，能对抗自由基所致的离体豚鼠心肌收缩力降低、不应期缩短和自律性增加，并能降低心肌组织 MDA 含量，保护 SOD 活动和血管内皮释放 EDRF 的能力[146]；对离体大鼠肝微粒体自发的和由 Fe^{2+}- 半胱氨酸、VC-NADPH 和 CCl_4 诱发的肝脂质过氧化及 Fe^{2+}- 半胱氨酸导致大鼠肝微粒体、线粒体膜流动性下降有保护作用[147]。绞股蓝皂苷有提高和恢复老龄小鼠免疫功能与清除自由基的作用，能提高老龄小鼠外周血 T 淋巴细胞 α-ANAE 阳性率、脾淋巴细胞增殖反应和血清溶血素水平，降低肝 MDA 生成，增强 SOD 活性[148]；能降低老年大鼠血清羟脯氨酸含量[149]；对 UVB 照射后光损伤小鼠皮肤有保护作用[150]，可使 UVB 照射后光损伤小鼠表皮中 SOD、CAT、GSH-Px、GR 活性得到恢复[151]。绞股蓝多糖对疲劳运动小鼠的部分组织的抗氧化酶活性有增强作用，在一定程度上抑制组织发生脂质过氧化的损害[152]。从绞股蓝中分离得到的木脂素 ($C_{18}H_{20}O_4$) 对 DPPH 自由基有清除作用[104]。

抗应激作用：绞股蓝地上部分经水提取所得浸膏粉对环磷酰胺致小鼠外周血白细胞下降有保护作用，能延长小鼠游泳时间和爬杆时间，增强小鼠耐缺氧能力，延长小鼠戊巴比妥钠睡眠时间[153]。绞股蓝总皂苷可延长小鼠在常压下耐缺氧时间和游泳时间，提高小鼠耐低温能力[154]。

其他作用：绞股蓝能改善豚鼠肝细胞功能，降低胆汁中胆固醇含量，提高胆汁酸含量，预防胆固醇结石的形成[155]；绞股蓝在遗传毒理学的体外测试系统如鼠伤寒沙门菌营养缺陷型回复突变试验（Ames 试验）、人外周血淋巴细胞姐妹染色单体交换 (SCE) 试验、人外周血淋巴细胞微核 (MN) 试验、中国仓鼠卵巢细胞 (CHO) 染色体畸变试验中表现出较强的抗诱变性[156]。绞股蓝水煎液具有抗疲劳作用，能增加小鼠在水中游泳时间[157]；对小鼠一过性高尿酸血症具有降低血尿酸水平的作用[158]。绞股蓝地上部分的水提液[159]有杀螺作用。绞股蓝提取物对骨骼肌和肝细胞膜的正常结构和功能可能有保护作用，可增加肝糖原及肌糖原含量，有利于延缓小鼠运动性疲劳的发生[160]。绞股蓝水提物对环磷酰胺诱发的小鼠骨髓细胞微核有抑制效应，提示绞股蓝对小鼠等哺乳动物染色体有一定的保护作用[161]。绞股蓝总皂苷有抗诱变作用[162-163]，对环磷酰胺致微核、染色体畸变及精子畸变均有抑制作用[164]。绞股蓝总皂苷对阿霉素[165]、多柔比星[166]致家兔膈肌毒性有拮抗作用；对大鼠血压和心功能有先抑制后兴奋的双向作用[167]；对电解 Krebs 液、黄嘌呤 - 黄嘌呤氧化酶及亚甲蓝等自由基损伤兔主动脉舒张功能有保护作用[168]；对钉螺具有一定的毒杀作用[169]。绞股蓝总黄酮[170]也有杀螺作用。绞股蓝皂苷喂养家蚕后，对家蚕蛹的幼虫生长期、蚕蛹的羽化期和蚕蛾生存期均有延长作用，蚕蛾性器官发育成熟后，作用仍表现明显[171]。绞股蓝多糖体外对过氧化氢光解反应诱导的质粒 DNA 损伤有保护作用[172]。

毒性及不良反应 绞股蓝提取液小鼠口服 LD_{50} 为 12 600 mg/kg，大鼠口服 LD_{50} > 15 000 mg/kg，属无毒级；蓄积毒性试验显示，大鼠未死亡，蓄积系数 K > 5.3，属轻度蓄积；大鼠 3 个月亚慢性毒性试验显示，未发现异常，1800 mg/kg 剂量为最大无作用剂量；无致突变、致畸现象[173]。绞股蓝地上部分经水提取所得浸膏粉小鼠灌胃 10 000 mg/kg，无一死亡，未能测得口服 LD_{50}，腹腔注射给药 LD_{50} 为 (2862.5 ± 338.0) mg/kg[153]。连续给予大鼠 6 个月绞股蓝水提取物，未产生明显的毒性[174]。绞股蓝总皂苷小鼠灌胃的最大耐受量为 9 g/kg[27]；小鼠经口 LD_{50} > 10 000 mg/kg，微核试验、Ames 试验、精子畸形试验结果显示，绞股蓝总皂苷无致突变作用[162]。高剂量的绞股蓝皂苷对孕鼠具有胚胎毒性，与致突变性可能相关[175]。

注评　本种为湖南（1993、2009 年版）、山东（1995 年版）、江西（1996 年版）、广西（1996 年版）、福建（2006 年版）、四川（2010 年版）中药材标准、中国药典（2010、2015 年版附录）收载"绞股蓝"的基源植物，药用其干燥地上部分。瑶族、景颇族、阿昌族、德昂族、白族、哈尼族和基诺族也药用本种，主要用途见功效应用项。

化学成分参考文献

[1] Ma L, et al. *Planta Med*, 2012, 78(6): 597-605.

[2] Wang XW, et al. *Chin Chem Lett*, 2009, 20(5): 589-591.

[3] Kuwahara M, et al. *Chem Pharm Bull*, 1989, 37(1): 135-139.

[4] Liu X, et al. *J Nat Prod*, 2004, 67(7): 1147-1151.

[5] Liu X, et al. *Planta Med*, 2005, 71(9): 880-884.

[6] Tran MH, et al. *J Nat Prod*, 2010, 73(2): 192-196.

[7] Marino, A, et al. *Bollettino - Societa Italiana di Biologia Sperimentale*, 1989, 65(4): 317-319.

[8] Niu Y, et al. *J Agric Food Chem*, 2013, 61(20): 4882-4889.

[9] Akihisa T, et al. *Phytochemistry*, 1990, 29(5): 1647-1651.

[10] Jiang DL, et al. *Chem Nat Compd*, 2013, 49(2): 329-331.

[11] Takemoto T, et al. *Yakugaku Zasshi*, 1984, 104(10): 1043-1049.

[12] Utama-ang N, et al. *Nat Sci*, 2006, 40(Suppl): 59-66.

[13] Yin F, et al. *ACS Symposium Series*, 2006, 925: 170-184.

[14] Takemoto T, et al. *Yakugaku Zasshi*, 1986, 106(8): 664-670.

[15] Takemoto T, et al. *Yakugaku Zasshi*, 1983, 103(2): 173-185.

[16] Yoshikawa K, et al. *Yakugaku Zasshi*, 1987, 107(5): 361-366.

[17] Takemoto T, et al. *Kokai Tokkyo Koho*, 1984: 11.

[18] Takemoto T, et al. *Yakugaku Zasshi*, 1983, 103(10): 1015-1023.

[19] Takemoto T, et al. *Yakugaku Zasshi*, 1984, 104(4): 332-339.

[20] Takemoto T, et al. *Yakugaku Zasshi*, 1984, 104(7): 724-730.

[21] Takemoto T, et al. *Yakugaku Zasshi*, 1984, 104(4): 325-331.

[22] Takemoto T, et al. *Yakugaku Zasshi*, 1984, 104(9): 939-945.

[23] Takemoto T, et al. *Yakugaku Zasshi*, 1984, 104(11): 1155-1162.

[24] Yoshikawa K, et al. *Yakugaku Zasshi*, 1987, 107(5): 355-360.

[25] Yoshikawa K, et al. *Yakugaku Zasshi*, 1986, 106(9): 758-763.

[26] Yoshikawa K, et al. *Yakugaku Zasshi*, 1987, 107(4): 262-267.

[27] 刘欣，等 . 中国药科大学学报，2003, 34(1): 21-24.

[28] Liu JQ, et al. *Helv Chim Acta*, 2009, 92(12): 2737-2745.

[29] 魏均娴，等 . 化学学报，1991, 49(9): 932-936.

[30] Hu LH, et al. *Phytochemistry*, 1997, 44(4): 667-670.

[31] Yin F, et al. *Chem Biodivers*, 2006, 3(7): 771-782.

[32] Yin F, et al. *Helv Chim Acta*, 2005, 88(5): 1126-1134.

[33] Hu LH, et al. *J Nat Prod*, 1996, 59(12): 1143-1145.

[34] Piacente S, et al. *J Nat Prod*, 1995, 58(4): 512-519.

[35] Shi L, et al. *Chin Herb Med*, 2010, 2(4): 317-320.

[36] Shi L, et al. *Helv Chim Acta*, 2010, 93(9): 1785-1794.

[37] Shi L, et al. *Chin Chem Lett*, 2010, 21(6): 699-701.

[38] Hu YM, et al. *Phytochemistry*, 2010, 71(10): 1149-1157.

[39] Ky PT, et al. *Phytochemistry*, 2010, 71(8-9): 994-1001.

[40] Kim JH, et al. *Phytochemistry*, 2011, 72(11-12): 1453-1459.

[41] Shi L, et al. *J Asian Nat Prod Res*, 2011, 13(2): 168-177.

[42] Shi L, et al. *Nat Prod Res*, 2012, 26(15): 1419-1422.

[43] Shi L, et al. *J Asian Nat Prod Res*, 2012, 14(9): 856-861.

[44] Yang F, et al. *J Agric Food Chem*, 2013, 61(51): 12646-12652.

[45] Yang F, et al. *Food Chem*, 2013, 141(4): 3606-3613.

[46] Liu J, et al. *Journal of Functional Foods*, 2015, 17: 552-562.

[47] Akihisa T, et al. *Phytochemistry*, 1989, 28(4): 1271-1273.

[48] Akihisa T, et al. *Phytochemistry*, 1988, 27(9): 2931-2933.

[49] Akihisa T, et al. *Phytochemistry*, 1987, 26(8): 2412-2413.

[50] Akihisa T, et al. *Lipids*, 1986, 21(8): 515-517.

[51] 方乍浦，等 . 中国中药杂志，1989, 14(11): 676-678.

[52] Lee C, et al. *J Nat Prod*, 2015, 78(5): 971-976.

[53] Norberg A, et al. *J Biol Chem*, 2004, 279(40): 41361-41367.

[54] Huang T HW, et al. *Biocheml Pharmacol*, 2005, 70(9): 1298-1308.

[55] Yin F, et al. *J Nat Prod*, 2004, 67(6): 942-952.

[56] 郑坚雄，等.广东药学院学报，2000, 16(3): 203-204.

[57] Zhang Z, et al. *Phytochemistry*, 2010, 71(5-6): 693-700.

[58] Niu Y, et al. *J Agric Food Chem*, 2014, 62(17): 3783-3790.

[59] Piao XL, et al. *Arch Pharm Res*, 2013, 36(7): 874-879.

[60] Piao XL, et al. *Bioorg Med Chem Lett*, 2014, 24 (2014): 4831-4833.

[61] Li N, et al. *Eur J Med Chem*, 2012, 50: 173-178.

[62] Zhang XS, et al. *Bioorg Med Chem Lett*, 2013, 23(1): 297-300.

[63] Zhang XS, et al. *Bioorg Med Chem Lett*, 2015, 25(16): 3095-3099.

[64] Bai MS, et al. *Food Chem*, 2010, 119: 306-310.

[65] 马建标，等.化学学报, 1993, 51(7): 708-712.

药理作用及毒性参考文献

[1] 程彤，等.中国药理学与毒理学杂志，1994, 8(1): 34-36.

[2] 徐露，等.重庆科技学院学报（自然科学版），2006, 8(4): 19-20.

[3] 冯冰虹，等.广东药学院学报，1995, 11(4): 264-265.

[4] 韩晓燕，等.中国中药杂志，1996, 21(5): 299-302, 320.

[5] 冯冰虹，等.中药新药与临床药理，1998, 9(2): 87-89, 127.

[6] 郑新铃，等.现代生物医学进展，2007, 7(12): 1808-1810.

[7] 齐刚，等.中草药，2003, 34(7): 630-632.

[8] 张莉，等.中草药，2002, 33(4): 330-331.

[9] 姚柏春，等.中国老年学杂志，2005, 25(10): 1193-1195.

[10] 冯冰虹，等.中国药理学通报，1998, 14(3): 234-236.

[11] 韩玉霞，等.山东大学学报（医学版），2008, 46(5): 449-452.

[12] 辛华，等.山东大学学报（医学版），2004, 42(6): 643-647.

[13] 宋淑亮，等.天然产物研究与开发，2008, 20(2): 229-232, 238.

[14] 王旭平，等.山东大学学报（医学版），2006, 44(6): 564-567.

[15] 柳玉萍，等.辽宁中医药大学学报，2009, 11(5): 199-200.

[16] 张海燕，等.中兽医学杂志，2006, (2): 13-15.

[17] 段炳南，等.江西医学院学报，2007, 47(3): 38-40.

[18] 周俐，等.中国基层医药，2006, 13(6): 979-980.

[19] 李林，等.中药药理与临床，1992, 8(1): 26-29.

[20] 王斌，等.中药新药与临床药理，1999, 10(1): 36-37, 62-63.

[21] 宾晓农，等.衡阳医学院学报，1994, 22(2): 127-130.

[22] 李艳茹.食品科学，2008, 29(8): 584-586.

[23] 钱新华，等.中国药科大学学报，1998, 30(1): 51-53.

[24] 唐晓玲，等.江苏药学与临床研究，1996, 4(1): 15-16.

[25] 唐晓玲，等.江苏药学与临床研究，1997, 5(1): 61-62.

[26] 段泾云.陕西中医，1991, 12(1): 38-39.

[27] 许实波，等.中山大学学报论丛，1994, (6): 64-68.

[28] 谷伟，等.中华结核和呼吸杂志，2002, 25(11): 703-704.

[29] 辛冬生，等.西安医科大学学报，1991, 12(2): 129-132.

[30] 濮家伉，等.铁道医学，1991, 19(4): 193-195, 7.

[31] 周建政，等.中国药学杂志，1996, 31(4): 207-210.

[32] 赵颖，等.中国药理学通报，1998, 14(1): 60-62.

[33] 李冬辉，等.基础医学与临床，1990, 10(1): 29-32, 63.

[34] 郑国豪，等.咸宁学院学报（医学版），2007, 21(1): 7-8.

[35] 张芳，等.山东医科大学学报，1999, 37(1): 31-33.

[36] 李乐，等.中国应用生理学杂志，2008, 24(3): 289-290.

[37] 李乐，等.中国病理生理杂志，2008, 24(2): 388-389, 392.

[38] 张小丽，等.中国药业，1999, 8(5): 19-20.

[39] 朱炳阳，等.中国现代应用药学杂志，2001, 18(1): 13-15.

[40] 廖端芳，等.衡阳医学院学报，1993, 21(3): 239-242.

[41] 王竹筠，等.中国药理学与毒理学杂志，1992, 6(3): 204-206.

[42] 韦登明，等.中药药理与临床，2005, 21(1): 20-22.

[43] 曹晓勋，等.中国药学杂志，2002, 37(7): 499-502.

[44] 王秋桂，等.中国病理生理杂志，1997, 13(5): 513-516.

[45] 齐刚，等.中国药理学报，2000, 21(12): 1193-1196.

[46] 齐刚，等.中草药，2001, 32(5): 430-431.

[47] 朱铁梁，等.武警医学院学报，2007, 16(2): 122-126.

[48] 朱铁梁，等.武警医学，2007, 18(5): 347-351.

[49] 李黔宁，等 . 中国药学杂志，1997, 32(8): 466-469.

[50] 陈剑雄，等 . 中草药，1997, 28(4): 219-221.

[51] 马平勃，等 . 中国现代应用药学杂志，2005, 22(6): 454-455.

[52] 黄雪萍 . 中国药业，2006, 15(6): 46.

[53] 田健，等 . 中国煤炭工业医学杂志，2005, 8(8): 906-907.

[54] 魏云，等 . 湖南医学，1991, 8(6): 358-359.

[55] 汪鋆植，等 . 中国民族民间医药杂志，2007, (84): 41-43, 62

[56] 廖端芳，等 . 中国动脉硬化杂志，1994, 2(4): 149-152.

[57] 王亚利，等 . 中国药理学通报，2010, 26(1): 138-139.

[58] 文小平，等 . 中国实验方剂学杂志，2007, 13(8): 24-28.

[59] 张秋菊，等 . 衡阳医学院学报，1995, 23(1): 8-12.

[60] 黄红林，等 . 中国动脉硬化杂志，1998, 6(4): 287-291.

[61] 黄红林，等 . 中国药理学通报，1999, 15(4): 325-328.

[62] 刘国平，等 . 中药新药与临床药理，2009, 20(2): 106-108.

[63] 胡弼，等 . 中国现代医学杂志，1998, 8(7): 12-14.

[64] 胡弼，等 . 中国药理学通报，1996, 22(4): 379-380.

[65] 邱立波，等 . 中国药理学通报，1993, 9(4): 287-290.

[66] 葛敏，等 . 沈阳药科大学学报，2007, 24(6): 355-359.

[67] 陈剑雄，等 . 衡阳医学院学报，1993, 21(3): 243-245.

[68] 李乐，等 . 浙江工业大学学报，2008, 36(1): 23-25.

[69] 李乐，等 . 中国中药杂志，2007, 32(18): 1925-1927.

[70] 权媛，等 . 上海中医药杂志，2010, 44(7): 71-74.

[71] 许士凯，等 . 中国临床药理学与治疗学，2002, 7(5): 389-392.

[72] 肖观莲，等 . 中药药理与临床，1993, (3): 20-21, 38.

[73] 侯晓平，等 . 第四军医大学学报，1998, 19(5): 501-504.

[74] 唐朝克，等 . 中国药理学通报，2000, 16(5): 563-567.

[75] 陈立峰，等 . 中国药理学与毒理学杂志，1990, 4(1): 17-20.

[76] 李乐，等 . 浙江工业大学学报，2006, 34(5): 521-524, 528.

[77] 李乐，等 . 中药药理与临床，2006, 22(3、4): 82-83.

[78] 李乐 . 上海医科大学学报，1998, 25(6): 435-437, 441.

[79] 齐刚，等 . 中草药，1997, 28(3): 163-165.

[80] 吴基良，等 . 中国药理学与毒理学杂志，1990, 4(1): 54-57.

[81] 董晓晖 . 济宁医学院学报，2006, 29(3): 47-48.

[82] 张小丽，等 . 华西药学杂志，1999, 14(5-6): 335-337.

[83] 吴基良，等 . 中药药理与临床，1991, 7(2): 39-40.

[84] 张小丽，等 . 陕西中医，1999, 20(11): 526-527.

[85] 龚国清，等 . 中国药科大学学报，1992, 23(2): 100-102.

[86] 朱建新，等 . 江西医学院学报，2000, 40(2): 103-104.

[87] Circosta C, et al. *J Pharm Pharmacol*, 2005, 57(8): 1053-1057.

[88] 张蔚屏，等 . 中国临床药理学与治疗学，2008, 13(4): 435-437.

[89] 张青蓓，等 . 中国药理学通报，1999, 15(3): 225-228.

[90] 王宏涛，等 . 中国中医急症，2008, 17(10): 1437-1438.

[91] Chen JC, et al. *J Chin Med*, 2000, 28(2): 175-185.

[92] 陈儿香，等 . 中国药业，2007, 16(13): 7-8.

[93] 韦登明，等 . 时珍国医国药，2002, 13(5): 257-259.

[94] 万丽，等 . 第二军医大学学报，2003, 24(12): 1319-1321.

[95] 廖力，等 . 衡阳医学院学报，1998, 26(2): 139-141.

[96] 肖增平，等 . 中国生化药物杂志，2008, 29(3): 186-188.

[97] 宋淑亮，等 . 中国生化药物杂志，2008, 29(5): 302-305.

[98] 刘功让，等 . 山东医药，2007, 47(31): 27-29.

[99] 牛建昭，等 . 中国医药学报，1990, 5(5): 37-39.

[100] 包海花，等 . 中国康复医学杂志，2006, 21(4): 328-329.

[101] 黄萍，等 . 中国现代医学杂志，2007, 17(2): 206-208.

[102] 魏守蓉，等 . 中国老年学杂志，2005, 25(4): 418-420.

[103] 曾晓黎 . 中成药，1999, 21(6): 308-310.

[104] 王晓闻，等 . 食品科学，2010, 31(13): 154-157.

[105] 曹红，等 . 中药药理与临床，2006, 22(5): 36.

[106] Yuan GH, et al. *Chinese-German J Clin Oncol*, 2006, 5(3): 173-177.

[107] 徐长福，等 . 西安医科大学学报，2002, 23(3): 217-219.

[108] 魏婉丽，等 . 西安医科大学学报，1995, 16(4): 419-420, 423.

[109] 梁军，等 . 药学实践杂志，1999, 17(5): 279-281.

[110] 娄佳宁，等 . 临床口腔医学杂志，2010, 26(12): 712-714.

[111] 娄佳宁，等 . 临床口腔医学杂志，2008, 24(4): 234-237.

[112] 杨靓，等 . 中药材，2010, 33(10): 1588-1592.

[113] 阎军峰，等．临床口腔医学杂志，1998, 14(3): 140-141.

[114] 陈葳，等．西安医科大学学报，1993, 14(1): 14-16.

[115] 刘华，等．西安医科大学学报，1994, 15(4): 346-348.

[116] 白元让，等．西安医科大学学报，1997, 18(3): 365-367.

[117] 刘侠，等．安徽中医学院学报，2001, 20(1): 43-44.

[118] 陈方，等．湖北医科大学学报，1997, 18(4): 297-299, 302.

[119] 阎军峰，等．口腔医学纵横杂志，1999, 15(4): 195-197.

[120] 闫军峰，等．武警医学，2000, 11(5): 261-263.

[121] 魏婉丽，等．中国药理学通报，2000, 16(3): 299-301.

[122] 王箭，等．重庆医科大学学报，2007, 32(5): 500-502.

[123] 杜小燕，等．科学技术与工程，2009, 9(20): 5968-5972.

[124] 娄振岭，等．河南医科大学学报，1996, 31(1): 87-88.

[125] 贺琴，等．中国药物与临床，2008, 8(1): 39-41.

[126] 杜琰琰，等．现代预防医学，2002, 29(1): 7-8.

[127] 简洁莹，等．广东卫生防疫，1994, 20(2): 21-23.

[128] 张永，等．中国中西医结合肾病杂志，2005, 6(7): 382-385.

[129] 陶利花，等．中国中西医结合肾病杂志，2007, 8(12): 718-719.

[130] 黄平，等．中华中医药学刊，2007, 25(11): 2235-2238.

[131] 狄灵，等．西安交通大学学报（医学版），2003, 24(3): 273-274, 289.

[132] 孙万森，等．中国中医药科技，1998, 5(1): 21-22.

[133] 孙万森，等．西安医科大学学报，1998, 19(2): 194-196, 203.

[134] 喻陆，等．第三军医大学学报，1996, 18(2): 162-164.

[135] 刘国辉，等．医学理论与实践，2006, 19(5): 497-499.

[136] 季晖，等．中药药理与临床，1990, 6(4): 17-19, 37.

[137] 金晓哲，等．中国生物美容，2009, (4): 16-19.

[138] 吴景东．中医药学刊，2006, 24(7): 1226-1227.

[139] 刘青青，等．辽宁中医药大学学报，2008, 10(6): 203-205.

[140] 龚国清，等．中草药，2001, 32(5): 426-427.

[141] 安丽霞，等．中兽医医药杂志，2007, (6): 16-20.

[142] 章荣华，等．中国现代应用药学杂志，2000, 17(4): 306-308.

[143] 张慧丽，等．辽宁大学学报（自然科学版），2006, 33(4): 346-348.

[144] 蔡太生，等．中国临床康复，2005, 9(35): 106-107.

[145] 杨阳，等．中国运动医学杂志，2001, 20(3): 319-320.

[146] 廖端芳，等．衡阳医学院学报，1993, 21(1): 1-6.

[147] 李林，等．中国药理学通报，1991, 7(5): 341-344.

[148] 林晓明，等．中国老年学杂志，1998, 18(6): 364-365.

[149] 王福云，等．湖南中医杂志，1991, (4): 49.

[150] 袁李梅，等．昆明医学院学报，2010, (11): 41-46.

[151] 胡蓉，等．中国皮肤性病学杂志，2010, 24(6): 517-519.

[152] 王海元，等．食品科学，2008, 29(11): 616-618.

[153] 陈珏，等．中成药，1989, 11(1): 31-32.

[154] 何建伟，等．陕西中医，1998, 19(11): 523-524.

[155] 田立新，等．岭南现代临床外科，2001, 1(3): 159-161.

[156] 倪娅，等．湖北中医学院学报，2009, 11(6): 20-23.

[157] 冯昀熠，等．贵阳中医学院学报，2009, 31(6): 80.

[158] 李红琴，等．湖北中医学院学报，2010, 12(1): 14-15.

[159] 侯金华，等．湖北大学学报（自然科学版），2006, 28(3): 306-308.

[160] 龙碧波，等．海南师范大学学报（自然科学版），2008, 21(3): 334-337.

[161] 龙再慧，等．湖北中医学院学报，2010, 12(3): 19-21.

[162] 杜琰琰，等．癌变·畸变·突变，1995, 7(3): 160-163.

[163] 王迎进，等．中国药理学通报，1995, 11(1): 43-45.

[164] 王迎进，等．中国药理学通报，1994, 10(6): 457-459.

[165] 马善峰，等．蚌埠医学院学报，2000, 25(5): 328-329.

[166] 关宿东，等．中国药理学与毒理学杂志，2000, 14(6): 454-457.

[167] 濮家伉，等．南京铁道医学院学报，1990, 9(2): 87-89.

[168] 肖观莲，等．中国药理学通报，1994, 10(2): 136-138.

[169] 项秀丽，等．湖北大学学报（自然科学版），2008, 30(1): 87-89, 封三.

[170] 梁慧，等．湖北大学学报（自然科学版），2010, 32(4): 438-442.

[171] 简先秀，等．中医药信息，1996, (4): 39-40.

[172] 陈克克，等．中成药，2009, 31(1): 92-95.

[173] 杨玉英，等．卫生毒理学杂志，1990, (4): 273-274.

[174] Attawish A, et al. *Fitoterapia*, 2004, 75(6): 539-551.

[175] 黄俊明，等．癌变·畸变·突变，1995, 7(4): 244.

5. 毛绞股蓝

Gynostemma pubescens (Gagnep.) C. Y. Wu ex C. Y. Wu et S. K. Chen in Acta Phytotax Sin. 21(4): 362. 1983.——*G. pedatum* Blume var. *pubescens* Gagnep.（英 **Pubescent Gynostemma**）

茎密被卷曲短柔毛。叶鸟足状，具 5 小叶，两面均较密被硬毛状短柔毛；叶间小叶片近菱形或菱状椭圆形，长 5.5–10 cm，宽 2–3.5 cm，侧生小叶较小。卷须自基部开始旋转，近顶端 2 歧，疏被短柔毛。雄花未见。雌花组成狭圆锥花序，长约 5 cm；花萼裂片三角形，长约 1 mm；花冠裂片披针形，长约 2 mm；子房球形，直径约 2 mm，被柔毛。果序长 4–7 cm，密被短柔毛；果球形，直径约 5 mm，无毛。种子阔心形，直径 3 mm，淡灰褐色。花果期 8–10 月。

分布与生境 产于云南南部、东南部及西北部。生于海拔 1880 m 的丛林中。分布于老挝。

药用部位 根状茎、全草。

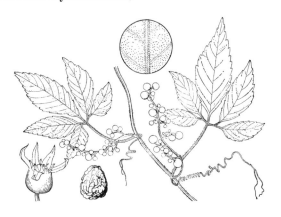

毛绞股蓝 Gynostemma pubescens (Gagnep.) C. Y. Wu ex C. Y. Wu et S. K. Chen
肖溶 绘

毛绞股蓝 **Gynostemma pubescens** (Gagnep.) C. Y. Wu ex C. Y. Wu et S. K. Chen
摄影：高贤明

功效应用 清热解毒，止咳祛痰。

化学成分 地上部分含皂苷类：$3\beta,20S$-二羟基达玛-24-烯-21,29-二酸-3-O-[α-L-吡喃鼠李糖基-(1 → 6)-β-D-吡喃葡萄糖基-(1 → 3)]-α-L-吡喃阿拉伯糖基-21-O-β-D-吡喃葡萄糖苷{$3\beta,20S$-dihydroxydammar-24-en-21,29-dioic acid-3-O-[α-L-rhamnopyranosyl-(1 → 6)-β-D-glucopyranosyl-(1 → 3)-α-L-arabinopyranosyl]-21-O-β-D-glucopyranoside}，$3\beta,20S$-二羟基达玛-24-烯-21,29-二酸-3-O-[β-D-吡喃葡萄糖基-(1 → 3)-α-L-吡喃阿拉伯糖基]-21-O-β-D-吡喃葡萄糖苷{$3\beta,20S$-dihydroxydammar-24-en-21,29-dioic acid 3-O-[β-D-glucopyranosyl-(1 → 3)-α-L-arabinopyranosyl]-21-O-β-D-glucopyranoside}，$3\beta,20S$-二羟基达玛-24-烯-21,29-二酸-3-O-α-L-吡喃阿拉伯糖基-21-O-β-D-吡喃葡萄糖苷[$3\beta,20S$-dihydroxydammar-24-en-21,29-dioic acid-3-O-α-L-arabinopyranosyl-21-O-β-D-glucopyranoside]，$3\beta,20S$-二羟基达玛-24-烯-21,29-二酸-21-O-[β-D-

吡喃葡萄糖基-(1→2)-α-L-吡喃鼠李糖基-(1→6)-β-D-吡喃葡萄糖苷]{3β,20S-dihydroxydammar-24-en-21,29-dioic acid-21-O-[β-D-glucopyranosyl-(1→2)-α-L-rhamnopyranosyl-(1→6)-β-D-glucopyranoside]}，3β,20S-二羟基达玛-24-烯-29-醛-21-羧酸-3-O-[α-L-吡喃鼠李糖基-(1→2)-β-D-吡喃葡萄糖基-(1→2)-α-L-吡喃鼠李糖基(1→6)-β-D-吡喃葡萄糖基-(1→3)-α-L-吡喃阿拉伯糖基]-21-O-β-D-吡喃葡萄糖苷{3β,20S-dihydroxydammar-24-en-29-aldehyde-21-carboxylic acid-3-O-[α-L-rhamnopyranosyl-(1→2)-β-D-glucopyranosyl-(1→2)-α-L-rhamnopyranosyl-(1→6)-β-D-gluco-pyranosyl]-21-O-β-D-arabinopyranosyl]-21-O-β-D-glucopyranoside}，3β,20S,29-三羟基达玛-24-烯-21-羧酸-3-O-[α-L-吡喃鼠李糖基-(1→2)-β-D-吡喃葡萄糖基(1→2)-α-L-吡喃鼠李糖基-(1→6)-β-D-吡喃葡萄糖基-(1→3)-β-D-吡喃葡萄糖基]-21-O-β-D-吡喃葡萄糖苷{3β,20S,29-trihydroxydammar-24-en-21-carboxylic acid-3-O-[α-L-rhamnopyranosyl-(1→2)-β-D-glucopyranosyl-(1→2)-α-L-rhamnopyranosyl-(1→6)-β-D-glucopyranosyl-(1→3)-β-D-glucopyranosyl]-21-O-β-D-glucopyranoside}，3β,20S,29-三羟基达玛-24-烯-21-羧酸-3-O-[α-L-吡喃鼠李糖基-(1→2)-α-L-吡喃鼠李糖基-(1→6)-β-D-吡喃葡萄糖基-(1→3)-α-L-吡喃阿拉伯糖基]-21-O-β-D-吡喃葡萄糖苷{3β,20S,29-trihydroxydammar-24-en-21-carboxylic acid-3-O-[α-L-rhamnopyranosyl-(1→2)-α-L-rhamnopyranosyl-(1→6)-β-D-glucopyranosyl-(1→3)-α-L-arabinopyranosyl]-21-O-β-D-glucopyranoside}，3β,20S,25-三羟基达玛-23-烯-21,29-二酸-3-O-[α-L-吡喃鼠李糖基-(1→6)-β-D-吡喃葡萄糖基-(1→3)-α-L-吡喃阿拉伯糖基]-21-O-β-D-吡喃葡萄糖苷{3β,20S,25-trihydroxydammar-23-en-21,29-dioic acid-3-O-[α-L-rhamnopyranosyl-(1→6)-β-D-glucopyranosyl-(1→3)-α-L-arabinopyranosyl]-21-O-β-D-glucopyranoside}[1]。

　　茎叶含黄酮类：异鼠李素(isorhamnetin)，槲皮素(quercetin)，异鼠李素-3-O-芸香糖苷(isorhamnetin-3-O-rutinoside)，芦丁(rutin)[2]。

　　全草含黄酮类：树商陆素▲(ombuin; ombuine)[3]；其他类：α-菠菜甾醇，儿茶酚(catechol)[3]。

药理作用　抗脑缺血及防治脑损伤作用：毛绞股蓝皂苷可使正常小鼠脑膜血流量升高、结扎颈总动脉致全脑缺血小鼠脑膜血流量下降减慢、小鼠 RBC 运动频率加快[1]；对沙土鼠缺血再灌注致学习记忆障碍有改善作用，并保护海马迟发性神经元死亡[2]；体外对谷氨酸介导的神经毒作用有保护作用，使 LDH 漏出减少、小鼠脑皮质神经元死亡率降低，对神经元缺糖缺氧致损伤亦具有保护作用[3]。

化学成分参考文献

[1] Yang ZY, et al. *Phytochemistry*, 2007, 68(13): 1752-1761.

[2] 常琪，等 . 天然产物研究与开发，1991, 3(4): 16-18.

[3] 陈业高，等 . 昆明医学院学报，1995, 16(3): 8-9.

药理作用及毒性参考文献

[1] 霍如海，等 . 中国中西结合杂志，1999, 19(基础理论研究特集): 23-24.

[2] 霍如海，等 . 中药药理与临床，1998, 14(2): 14-16.

[3] 霍如海，等 . 中药药理学通报，1998, 14(2): 120-122.

6. 长梗绞股蓝

Gynostemma longipes C. Y. Wu ex C. Y. Wu et S. K. Chen in Acta Phytotax Sin. 21(4): 362, f. 3. 1983.（英 **Longstalk Gynostemma**）

　　茎被短柔毛。叶片鸟足状，具 7–9 小叶，叶柄长 4–8 cm，被卷曲短柔毛；小叶片菱状椭圆形或倒卵状披针形，中间小叶长 5–12 cm，宽 (2–) 3–4.5 cm，侧生小叶较小，上面沿脉密被短柔毛，背面沿脉被长硬毛状柔毛，余无毛。雄花圆锥花序长 10–20 cm，苞片长 2 mm；花萼裂片卵形，长 1 mm；花冠白色，裂片狭卵状披针形，长约 2.5 mm。浆果球形，直径 6–7 mm，黄绿色，无毛。种子扁心形，长与宽 3 mm，厚约 1 mm，淡灰色至深褐色，基部凹入，两面具瘤状条纹。花期 8 月，果期 10 月。

分布与生境　产于陕西南部、四川西部、云南西北部和东北部、贵州和广西。生于海拔 1400–3200 m 的沟边丛林中。

药用部位　根、全草。

功效应用　清热解毒。用于慢性气管炎，肝炎，胃肠炎，肾盂肾炎。

化学成分　地上部分含三萜皂苷类：长梗绞股蓝坡苷▲I（gylongiposide I），绞股蓝苷XLIX（gypenoside XLIX），人参皂苷Rb₁（ginsenoside Rb$_1$）[1]，长梗绞股蓝苷▲（gylongoside）A、B[2-3]。

　　全草含α-菠菜甾醇葡萄糖苷（α-spinasterol glucoside）[4]。

注评　本种为河南中药材标准（1993年版）收载"长梗绞股蓝"的基源植物，药用其干燥地上部分。

长梗绞股蓝 **Gynostemma longipes** C. Y. Wu
ex C. Y. Wu et S. K. Chen
肖溶　绘

长梗绞股蓝 **Gynostemma longipes** C. Y. Wu ex C. Y. Wu et S. K. Chen
摄影：朱鑫鑫

化学成分参考文献

[1] 郭绪林，等．药学学报，1997, 32(7): 524-529.

[2] 孙文基，等．中草药，1993, 24(12): 619-622, 630.

[3] Zhang XL, et al. *Chin Chem Lett*, 1991, 2(3): 221-222.

[4] 殷彩霞，等．云南大学学报（自然科学版），(1993), 15(2): 136-137.

7. 喙果绞股蓝

Gynostemma yixingense (Z. P. wang et Q. Z. Xie) C. Y. Wu et S. K. Chen in Acta Phytotax Sin. 21(4): 364. 1983.——*Trirostellum yixingense* Z. P. Wang et Q. Z. Xie（英 **Beaked-fruit Gynostemma**）

多年生攀援草本，长达 10 m；茎近节处被长柔毛，余无毛。叶膜质，鸟足状，小叶 5 或 7 枚，小叶片椭圆形，中央小叶长 4-8 cm，侧生小叶较小，两面沿脉被短柔毛。卷须丝状，单 1。雄花排列成圆锥花序，长 9-12 cm；花萼裂片椭圆状披针形，长 1-1.5 mm，宽 0.5 mm；花冠淡绿色，裂片卵状披针形，长 2-2.5 mm。雌花簇生于叶腋；花萼与花冠同雄花；子房近球形，直径 1.5-2 mm，疏被微柔毛，花柱 3，略叉开，柱头半月形，外缘具齿。蒴果钟形，直径 8 mm，无毛，顶端略平截，具长达 5 mm 的长喙 3 枚，成熟后沿腹缝线开裂。种子阔心形，长 3 mm，宽 4 mm，两面具小疣状凸起。花期 8-9 月，果期 9-10 月。

分布与生境 产于江苏南部（宜兴）和浙江（杭州）。生于海拔 60-100 m 的林下或灌丛中。

药用部位 根状茎。

功效应用 补气，止咳，平喘，涩精，抗癌。用于慢性气管炎，肾盂肾炎。

喙果绞股蓝 **Gynostemma yixingense** (Z. P. wang et Q. Z. Xie) C. Y. Wu et S. K. Chen
王竟成 绘

喙果绞股蓝 **Gynostemma yixingense** (Z. P. wang et Q. Z. Xie) C. Y. Wu et S. K. Chen
摄影：刘军

化学成分 地上部分含三萜皂苷类：喙果绞股蓝苷▲A (yixinoside A)，人参皂苷(ginsenoside) Rb_1[1]、Rc、Rd、F_1、20S-人参皂苷(20S-ginsenoside) Rg_2、Rh_1，20R-人参皂苷(20R-ginsenoside) Rg_2、Rh_1[2]，绞股蓝苷(gypenoside) XLⅡ、XLⅣ[1]、XLⅥ，2α,3β,20S-三羟基达玛-24-烯-3-O-β-吡喃葡萄糖基-(1→2)-β-吡喃葡萄糖基-20-O-β-吡喃木糖基-(1→6)-β-吡喃葡萄糖苷[2α,3β,20S-trihydroxydammar-24-ene-3-O-β-glucopyranosyl-(1→2)-β-glucopyranosyl-20-O-β-xylopyranosyl-(1→6)-β-glucopyranoside][2]；黄酮类：喙果绞股蓝素▲(yixingensin)，山柰酚(kaempferol)，树商陆素▲(ombuin)，树商陆苷▲(ombuoside)，槲皮素(quercetin)，异鼠李素(isorhamnetin)[3]；倍半萜苷类：苋叔醇苷▲Ⅳ(amarantholidoside Ⅳ)，(2E,6Z)-10-β-吡喃葡萄糖基-1,10,11-三羟基-3,7,11-三甲基十二-2,6-二烯[(2E,6E)-10-β-glucopyranosyl-1,10,11-trihydroxy-3,7,11-trimethyldodeca-2,6-diene][2]；脂肪酸类：硬脂酸[3]。

化学成分参考文献

[1] 常琪，等. 药学学报，1995, 30(7): 506-512.

[2] Xiang WJ, et al. *Fitoterapia*, 2010, 81(4): 248-252.

[3] 斯建勇，等. 植物学报，1994, 36(3): 239-243.

8. 心籽绞股蓝

Gynostemma cardiospermum Cogn. ex Oliv. in Hooker's Icon. Pl. 23(1): t. 2225. 1892.——*Trirostellum cardiospermum* (Cogn. ex Oliv.) Z. P. Wang et Q. Z. Xie（英 **Heart-seed Gynostemma**）

茎无毛。叶片膜质，鸟足状，具小叶 3–7 枚；小叶片披针形或长圆状椭圆形，中间小叶长 4–10 cm，侧生小叶较短。雄花排列成狭圆锥花序，序轴细弱；花萼裂片长圆状披针形，长为花冠裂片的一半；花冠裂片披针形，尾状渐尖。雌花排列成总状花序，较短；子房球形，疏被长柔毛，花柱 3，略叉形，柱头半月形。蒴果球形或近钟状，直径 8 mm，顶端平截，具 3 枚冠状物，成熟后由顶端三裂缝开裂，果皮薄壳质。种子阔心形，宽 4.2–5 mm。花期 6–8 月，果期 8–10 月。

分布与生境 产于陕西南部、湖北西部和四川。生于海拔 (1400–) 1900–2300 m 的山坡林下或灌丛中。

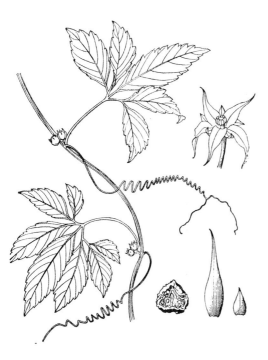

心籽绞股蓝 Gynostemma cardiospermum Cogn. ex Oliv.
肖溶 绘

心籽绞股蓝 Gynostemma cardiospermum Cogn. ex Oliv.
摄影：张金龙

药用部位 根。

功效应用 清热解毒，利湿，镇痛。用于发痧，腹痛，吐泻，痢疾，牙痛，疔疮。

化学成分 地上部分含三萜皂苷类：3β,20S-二羟基达玛-24-烯-21,28-二酸 3-O-[β-D-吡喃葡萄糖基-(1→3)-α-L-吡喃阿拉伯糖基]-21-O-β-D-吡喃葡萄糖苷{3β,20S-dihydroxydammar-24-en-21,28-dioic acid 3-O-[β-D-glucopyranosyl-(1→3)-α-L-arabinopyranosyl]-21-O-β-D-glucopyranoside}，3β,20S-二羟基达玛-24-烯-21,28-二酸 3-O-[α-L-吡喃鼠李糖基-(1→2)-α-L-吡喃鼠李糖基-(1→6)-β-D-吡喃葡萄糖基-(1→3)-α-L-吡喃阿拉伯糖基]-21-O-β-D-吡喃葡萄糖苷{3β,20S-dihydroxydammar-24-en-21,28-dioic acid 3-O-[α-L-rhamnopyranosyl-(1→2)-α-L-rhamnopyranosyl-(1→6)-β-D-glucopyranosyl-(1→3)-α-L-arabinopyranosyl]-21-O-β-D-glucopyranoside}，3β,20S,25-三羟基达玛-23-烯-21,28-二酸-3-O-[α-L-吡喃鼠李糖基(1→2)-α-L-吡喃鼠李糖基-(1→6)-β-D-吡喃葡萄糖基-(1→3)-α-L-吡喃阿拉伯糖基]-21-O-β-D-吡喃葡萄糖苷{3β,20S,25-trihydroxydammar-23-en-21,28-dioic acid-3-O-[α-L-rhamnopyranosyl-(1→2)-α-L-rhamnopyranosyl-(1→6)-β-D-glucopyranosyl-(1→3)-α-L-arabinopyranosyl]-21-O-β-D-glucopyranoside}，3β,20S,24S-三羟基达玛-25-烯-21,28-二酸-3-O-[α-L-吡喃鼠李糖基-(1→2)-α-L-吡喃鼠李糖基-(1→6)-β-D-吡喃葡萄糖基-(1→3)-α-L-吡喃阿拉伯糖基]-21-O-β-D-吡喃葡萄糖苷{3β,20S,24S-trihydroxydammar-25-ene-21,28-dioic acid-3-O-[α-L-rhamnopyranosyl-(1→2)-α-L-rhamnopyranosyl-(1→6)-β-D-glucopyranosyl-(1→3)-α-L-arabinopyranosyl]-21-O-β-D-glucopyranoside}，3β,20S-二羟基达玛-24-烯-21,28-二酸-3-O-[α-L-吡喃鼠李糖基-(1→2)-β-D-吡喃葡萄糖基-(1→3)-α-L-吡喃阿拉伯糖基]-21-O-β-D-吡喃葡萄糖苷{3β,20S-dihydroxydammar-24-en-21,28-dioic acid-3-O-[α-L-rhamnopyranosyl-(1→2)-β-D-glucopyranosyl-(1→3)-α-L-arabinopyranosyl]-21-O-β-D-glucopyranoside}，3β,20S,21-三羟基达玛-24-烯-3-O-[α-L-吡喃鼠李糖基-(1→2)-β-D-吡喃葡萄糖基-(1→3)-α-L-吡喃阿拉伯糖基]-21-O-β-D-吡喃葡萄糖苷{3β,20S,21-trihydroxydammar-24-ene-3-O-[α-L-rhamnopyranosyl-(1→2)-β-D-glucopyranosyl-(1→3)-α-L-arabinopyranosyl]-21-O-β-D-glucopyranoside}[1]；单萜苷类：芳樟醇-3-O-β-D-吡喃葡萄糖苷(linalool-3-O-β-D-glucopyranoside)[1]；黄酮类：芦丁(rutin)，山柰酚(kaempferol)，槲皮素(quercetin)[1]。

药理作用 抗真菌作用：对番茄灰霉病菌有抑制作用[1]。

化学成分参考文献

[1] Yin F, et al. *J Nat Prod*, 2006, 69(10): 1394-1398.

药理作用及毒性参考文献

[1] 王学贵，等. 长江蔬菜（学术版），2009, 18(基础理论研究特集): 75-78.

9. 小籽绞股蓝

Gynostemma microspermum C. Y. Wu et S. K. Chen in Acta Phytotax Sin. 21(4): 364, f. 4. 1983.（英 **Small-seed Gynostemma**）

茎无毛或节上被长柔毛。叶片薄纸质，鸟足状，具小叶5枚；小叶片椭圆形，中间小叶长3–4 cm，宽1.5–2 cm，上面疏被短刚毛，沿主脉较密，背面无毛。果序为总状，果稍密集，长2–3 cm。蒴果小，黄绿色，具深色斑点，球形，直径约3 mm，无毛，平滑，近顶端具3枚冠状物，成熟后由顶端3裂缝开裂，有种子1–2粒。种子阔心形，褐色，宽2.5 mm，长约2 mm，顶端微凹。

分布与生境 产于云南南部（勐腊）。生于海拔850–1350 m 的湿润石灰山密林中。

药用部位 根状茎、全草。

功效应用 清热解毒，止咳祛痰。用于慢性气管炎，病毒性肝炎，肾盂肾炎，胃肠炎。

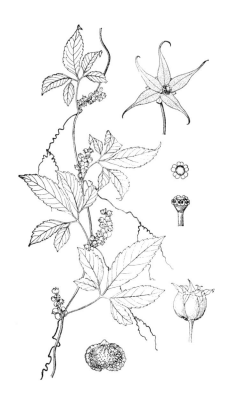

小籽绞股蓝 **Gynostemma microspermum** C. Y. Wu et S. K. Chen
肖溶 绘

10. 聚果绞股蓝

Gynostemma aggregatum C. Y. Wu et S. K. Chen in Acta Phytotax Sin. 21(4): 365, f. 5. 1983.（英 **Aggregate Gynostemma**）

茎无毛或仅节上被柔毛。叶片膜质，鸟足状，具小叶 5-7 枚，无毛；小叶片倒卵状椭圆形，中间小叶长 3-3.5 cm，宽 1.5 cm，侧生者较小。雌花组成狭小圆锥花序，长约 1 cm，具 3-4 花，基部具卷须状苞片，2 或 3 歧；花萼裂片极小，钻状；花冠裂片披针形，长约 1 mm；子房球形，直径约 1 mm，绿色，被长柔毛。蒴果聚集成密穗状，果穗长 1.5-2 cm；果实阔钟形，直径约 5 mm，绿色，上部被白色长柔毛，顶端平截，成熟后沿裂缝开裂。种子卵形，灰褐色，长约 3 mm，宽约 2 mm，厚约 1 mm，种皮脆，具疣状突起，边缘具齿。花期 7-8 月，果期 9-10 月。

分布与生境 产于云南西北部。生于海拔 2300-2700 m 的松林中或混交林中。

药用部位 根状茎、全草。

功效应用 清热解毒，止咳祛痰。用于慢性支气管炎。

聚果绞股蓝 **Gynostemma aggregatum** C. Y. Wu et S. K. Chen
肖溶 绘

26. 佛手瓜属 Sechium P. Browne

根块状。茎攀援。叶片膜质，心形，浅裂。卷须3-5歧。雌雄同株；花小，白色。雄花生于总状花序上；花萼筒半球形，裂片5；花冠辐状，深5裂；雄蕊3枚，花丝短，连合成柱，花药离生，1枚1室，其余两室，药室折曲。雌花单生或双生，通常与雄花序在同一叶腋；子房纺锤状，1室，有刺毛，花柱短，柱头头状，5浅裂，裂片反折，具1枚下垂胚珠，胚珠从室的顶端下垂生。果实肉质，倒卵形，上端具沟槽。种子1枚，卵圆形，光滑，子叶大。

1种，主要分布于美洲热带地区。我国南部栽培，可药用。

1. 佛手瓜　洋丝瓜（云南）

Sechium edule (Jacq.) Sw., Fl. Ind. Occid. 2(2): 1150. 1800.——*Sicyos edulis* Jacq.（英 **Chayote**）

具块根的多年生宿根草质藤本。叶柄长5-15 cm；叶片膜质，近圆形，中间的裂片较大；上面稍粗糙，背面有短柔毛，以脉上较密。卷须粗壮，3-5歧。雄花10-30朵，生于8-30 cm长的总花梗上部呈总状花序；花萼裂片展开，长5-7 mm；花冠辐状，宽12-17 mm，裂片卵状披针形。雌花子房具5棱。果实淡绿色，倒卵形，有稀疏短硬毛，长8-12 cm，直径6-8 cm，上部有5条纵沟，具1枚种子。种子大型，长达10 cm，宽7 cm，卵形，压扁状。花期7-9月，果期8-10月。

分布与生境　原产于南美洲。我国云南、广西、广东等地有栽培或逸为野生。

药用部位　叶、果实。

功效应用　健脾开胃。用于消化不良，胸闷气胀，肝胃不和，咳嗽。

化学成分　根含黄酮类：新西兰牡荆苷-2 (vicenin-2)，芹菜苷元-6-*C*-*β*-D-吡喃葡萄糖基-8-*C*-*β*-D-呋喃芹糖苷 (apigenin-6-*C*-*β*-D-glucopyranosyl-8-*C*-*β*-D-apiofuranoside)，牡荆素(vitexin)，木犀草素-7-*O*-芸香糖苷(luteolin-7-*O*-rutinoside)[1]。

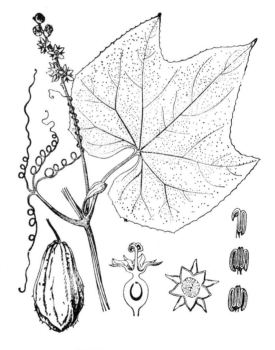

佛手瓜 Sechium edule (Jacq.) Sw.
引自《中国高等植物图鉴》

茎含黄酮类：新西兰牡荆苷-2，芹菜苷元-6-*C*-*β*-D-吡喃葡萄糖基-8-*C*-*β*-D-呋喃芹糖苷，牡荆素，木犀草素-7-*O*-芸香糖苷，芹菜苷元-7-*O*-芸香糖苷(apigenin-7-*O*-rutinoside)，香叶木素-7-*O*-芸香糖苷(diosmetin-7-*O*-rutinoside)[1]。

叶含黄酮类：芹菜苷元-6-*C*-*β*-D-吡喃葡萄糖基-8-*C*-*β*-D-呋喃芹糖苷，木犀草素-7-*O*-芸香糖苷，木犀草素-7-*O*-芸香糖苷，芹菜苷元-7-*O*-芸香糖苷，金圣草酚-7-*O*-芸香糖苷(chrysoeriol-7-*O*-rutinoside)，香叶木素-7-*O*-芸香糖苷[1]。

果实含黄酮类：新西兰牡荆苷-2，芹菜苷元-6-*C*-*β*-D-吡喃葡萄糖基-8-*C*-*β*-D-呋喃芹糖苷，牡荆素，木犀草素-7-*O*-芸香糖苷[1]；酰胺类：烟草胺(nicotianamine)[2]；甾体类：胡萝卜苷，豆甾醇-*β*-D-吡喃葡萄糖苷(stigmasterol-*β*-D-glucopyranoside)[3]；肽、蛋白类：佛手瓜素(sechiumin)[4]。

种子含氨基酸类：间羧基苯丙氨酸(*m*-carboxyphenylalanine)，瓜氨酸(citrulline)，*α*-氨基-*γ*-脲基丁酸(*α*-amino-*γ*-ureidobutyric acid)[5]；肽、蛋白类：南瓜胰蛋白酶抑制剂SETI-IIa，SETI-IIb，SETI-V[6]。

地上部分含黄酮类：新西兰牡荆苷-2，芹菜苷元-6-*C*-*β*-D-吡喃葡萄糖基-8-*C*-*β*-D-呋喃芹糖苷，牡

佛手瓜 **Sechium edule** (Jacq.) Sw.
摄影：朱鑫鑫

荆素，木犀草素-7-*O*-芸香糖苷，木犀草素-7-*O*-*β*-D-吡喃葡萄糖苷，芹菜苷元-7-*O*-芸香糖苷，金圣草酚-7-*O*-芸香糖苷，香叶木素-7-*O*-芸香糖苷[1]。

化学成分参考文献

[1] Siciliano T, et at. *J Agric Food Chem*, 2004, 52(21): 6510-6515.

[2] Hayashi A, et al. *Nippon Shokuhin Kagaku Kogaku Kaishi*, 2005, 52(4): 154-159.

[3] Salama AM, et al. *Revista Colombiana de Ciencias Quimico-Farmaceuticas*, 1987, 16: 15-16.

[4] Wu TH, et al. *Eur J Biochem*, 1998, 255(2): 400-408.

[5] Inatomi H, et al. *Meiji Daigaku Nogakubu Kenkyu Hokoku*, 1975, 34: 1-6.

[6] Laure HJ, et al. *Phytochemistry*, 2006, 67(4): 362-370.

药用植物中文名索引

(按汉语拼音字母顺序排列)

药用植物拉丁名索引

（按字母顺序排列，正体字为正名，斜体字为异名）

1240

《中国药用植物志》科名分卷索引

（第 1 卷收载菌类、地衣、藻类、苔藓、蕨类、裸子植物；第 2~10 卷收载被子植物双子叶类群；第 11~12 卷收载被子植物单子叶类群）

按科中文名汉语拼音字母顺序排列

1245

凤尾蕨科	Pteridaceae	1	胡麻科	Pedaliaceae	9
凤尾藓科	Fissidentaceae	1	胡桃科	Juglandaceae	2
凤仙花科	Balsaminaceae	6	胡颓子科	Elaeagnaceae	6
浮萍科	Lemnaceae	12	壶藓科	Splachnaceae	1
复囊菌科	Diplocystidiaceae	1	葫芦科	Cucurbitaceae	6
橄榄科	Burseraceae	5	葫芦藓科	Funariaceae	1
干腐菌科	Serpulaceae	1	槲寄生科	Viscaceae	2
刚毛藻科	Cladophoraceae	1	槲蕨科	Drynariaceae	1
革菌科	Thelephoraceae	1	虎耳草科	Saxifragaceae	4
珙桐科	Davidiaceae	7	虎皮楠科	Daphniphyllaceae	5
沟繁缕科	Elatinaceae	6	花耳科	Dacrymycetaceae	1
古柯科	Erythroxylaceae	5	花蔺科	Butomaceae	11
谷精草科	Eriocaulaceae	11	花荵科	Polemoniaceae	8
骨碎补科	Davalliaceae	1	花柱草科	Stylidiaceae	10
挂钟菌科	Cyphellaceae	1	桦木科	Betulaceae	2
观音座莲科	Angiopteridaceae	1	槐叶苹科	Salviniaceae	1
光柄菇科	Pluteaceae	1	黄眼草科	Xyridaceae	11
鬼笔科	Phallaceae	1	黄杨科	Buxaceae	6
海带科	Laminariaceae	1	灰藓科	Hypnaceae	1
海金沙科	Lygodiaceae	1	火筒树科	Leeaceae	6
海榄雌科	Avicenniaceae	8	鸡油菌科	Cantharellaceae	1
海膜科	Halymeniaceae	1	姬蕨科	Hypolepidaceae	1
海桑科	Sonneratiaceae	7	蒺藜科	Zygophyllaceae	5
海桐花科	Pittosporaceae	4	夹竹桃科	Apocynaceae	8
海蕴科	Spermatochnaceae	1	剑蕨科	Loxogrammaceae	1
旱金莲科	Tropaeolaceae	5	江蓠科	Gracilariaceae	1
禾本科	Poaceae	11	姜科	Zingiberaceae	12
褐褶菌科	Gloeophyllaceae	1	胶须藻科	Rivulariaceae	1
黑粉菌科	Ustilaginaceae	1	礁膜科	Monostromataceae	1
黑三棱科	Sparganiaceae	12	酵母科	Saccharomycetaceae	1
红豆杉科	Taxaceae	1	金发藓科	Polytrichaceae	1
红菇科	Russulaceae	1	金虎尾科	Malpighiaceae	5
红翎菜科	Solieriaceae	1	金莲木科	Ochnaceae	3
红毛菜科	Bangiaceae	1	金缕梅科	Hamamelidaceae	4
红木科	Bixaceae	6	金粟兰科	Chloranthaceae	3
红盘衣科	Ophioparmaceae	1	金星蕨科	Thelypteridaceae	1
红曲菌科	Monascaceae	1	金鱼藻科	Ceratophyllaceae	3
红树科	Rhizophoraceae	7	堇菜科	Violaceae	6
红叶藻科	Delesseriaceae	1	锦葵科	Malvaceae	6
红球藻科	Haematococcaceae	1	旌节花科	Stachyuraceae	6
猴头菌科	Hericiaceae	1	景天科	Crassulaceae	4
胡椒科	Piperaceae	3	桔梗科	Campanulaceae	10

菊科	Asteraceae	10	鹿蹄草科	Pyrolaceae	7
蒟蒻薯科	Taccaceae	11	露兜树科	Pandanaceae	12
巨藻科	Lessoniaceae	1	轮藻科	Characeae	1
卷柏科	Selaginellaceae	1	罗汉松科	Podocarpaceae	1
绢藓科	Entodontaceae	1	萝藦科	Asclepiadaceae	8
蕨科	Pteridiaceae	1	裸子蕨科	Hemionitidaceae	1
蕨藻科	Caulerpaceae	1	落葵科	Basellaceae	2
爵床科	Acanthaceae	9	麻黄科	Ephedraceae	1
壳斗科	Fagaceae	2	马鞭草科	Verbenaceae	8
口蘑科	Tricholomataceae	1	马齿苋科	Portulacaceae	2
苦苣苔科	Gesneriaceae	9	马兜铃科	Aristolochiaceae	3
苦槛蓝科	Myoporaceae	9	马钱科	Loganiaceae	8
苦木科	Simaroubaceae	5	马桑科	Coriariaceae	5
块菌科	Tuberaceae	1	马尾树科	Rhoipteleaceae	2
蜡梅科	Calycanthaceae	2	马尾藻科	Sargassaceae	1
兰花蕉科	Lowiaceae	12	买麻藤科	Gnetaceae	1
兰科	Orchidaceae	12	麦角菌科	Clavicipitaceae	1
蓝果树科	Nyssaceae	7	满江红科	Azollaceae	1
狸藻科	Lentibulariaceae	9	蔓藓科	Meteoriaceae	1
离褶伞科	Lyophyllaceae	1	牻牛儿苗科	Geraniaceae	5
藜科	Chenopodiaceae	2	毛地钱科	Dumortieraceae	1
里白科	Gleicheniaceae	1	毛茛科	Ranunculaceae	3
丽口包科	Calostomataceae	1	茅膏菜科	Droseraceae	3
连香树科	Cercidiphyllaceae	3	铆钉菇科	Gomphidiaceae	1
莲叶桐科	Hernandiaceae	3	梅衣科	Parmeliaceae	1
楝科	Meliaceae	5	美人蕉科	Cannaceae	12
蓼科	Polygonaceae	2	猕猴桃科	Actinidiaceae	3
列当科	Orobanchaceae	9	膜蕨科	Hymenophyllaceae	1
裂褶菌科	Schizophyllaceae	1	蘑菇科	Agaricaceae	1
鳞毛蕨科	Dryopteridaceae	1	墨角藻科	Fucaceae	1
鳞始蕨科	Lindsaeaceae	1	木耳科	Auriculariaceae	1
灵芝科	Ganodermataceae	1	木兰科	Magnoliaceae	2
菱科	Trapaceae	7	木麻黄科	Casuarinaceae	2
菱形藻科	Nitzschiaceae	1	木棉科	Bombacaceae	6
领春木科	Eupteleaceae	3	木通科	Lardizabalaceae	3
瘤足蕨科	Plagiogyriaceae	1	木犀科	Oleaceae	8
柳叶菜科	Onagraceae	7	木贼科	Equisetaceae	1
柳叶藓科	Amblystegiaceae	1	内枝藻科	Endocladiaceae	1
龙胆科	Gentianaceae	8	泥炭藓科	Sphagnaceae	1
龙脑香科	Dipterocarpaceae	3	拟层孔菌科	Fomitopsidaceae	1
龙舌兰科	Agavaceae	11	念珠藻科	Nostocaceae	1
卤蕨科	Acrostichaceae	1	牛肝菌科	Boletaceae	1

牛舌菌科	Fistulinaceae	1	山矾科	Symplocaceae	8
牛栓藤科	Connaraceae	4	山柑科	Capparaceae	4
泡头菌科	Physalacriaceae	1	山榄科	Sapotaceae	8
皮叶苔科	Targioniaceae	1	山龙眼科	Proteaceae	2
苹科	Marsileaceae	1	山柚子科	Opiliaceae	2
瓶尔小草科	Ophioglossaceae	1	山茱萸科	Cornaceae	7
瓶口衣科	Verrucariaceae	1	杉科	Taxodiaceae	1
葡萄科	Vitaceae	6	杉叶藻科	Hippuridaceae	7
七叶树科	Hippocastanaceae	6	杉藻科	Gigartinaceae	1
七指蕨科	Helminthostachyaceae	1	珊瑚菌科	Clavariaceae	1
桤叶树科	Clethraceae	7	珊瑚藻科	Corallinaceae	1
漆树科	Anacardiaceae	5	珊瑚枝科	Stereocaulaceae	1
歧裂灰包科	Phelloriniaceae	1	商陆科	Phytolaccaceae	2
槭树科	Aceraceae	5	芍药科	Paeoniaceae	3
千屈菜科	Lythraceae	7	舌蕨科	Elaphoglossaceae	1
钱苔科	Ricciaceae	1	蛇菰科	Balanophoraceae	2
茜草科	Rubiaceae	8	蛇苔科	Conocephalaceae	1
蔷薇科	Rosaceae	4	肾蕨科	Nephrolepidaceae	1
茄科	Solanaceae	9	绳藻科	Chordaceae	1
清风藤科	Sabiaceae	6	省沽油科	Staphyleaceae	6
秋海棠科	Begoniaceae	6	十字花科	Brassicaceae	4
球盖菇科	Strophariaceae	1	石莼科	Ulvaceae	1
球盖蕨科	Peranemataceae	1	石耳科	Umbilicariaceae	1
球腔菌科	Mycosphaerellaceae	1	石花菜科	Gelidiaceae	1
球子蕨科	Onocleaceae	1	石榴科	Punicaceae	7
曲背藓科	Oncophoraceae	1	石蕊科	Cladoniaceae	1
曲尾藓科	Dicranaceae	1	石杉科	Huperziaceae	1
忍冬科	Caprifoliaceae	10	石松科	Lycopodiaceae	1
韧革菌科	Stereaceae	1	石蒜科	Amaryllidaceae	11
肉豆蔻科	Myristicaceae	2	石竹科	Caryophyllaceae	2
肉座菌科	Hypocreaceae	1	实蕨科	Bolbitidaceae	1
乳牛杆菌科	Suillaceae	1	使君子科	Combretaceae	7
瑞香科	Thymelaeaceae	6	柿科	Ebenaceae	8
三白草科	Saururaceae	3	书带蕨科	Vittariaceae	1
三尖杉科	Cephalotaxaceae	1	鼠李科	Rhamnaceae	6
伞形科	Apiaceae	7	薯蓣科	Dioscoreaceae	11
桑寄生科	Loranthaceae	2	树花科	Ramalinaceae	1
桑科	Moraceae	2	双扇蕨科	Dipteridaceae	1
沙菜科	Hypneaceae	1	双星藻科	Zygnemataceae	1
莎草蕨科	Schizaeaceae	1	霜降衣科	Icmadophilaceae	1
莎草科	Cyperaceae	12	霜霉科	Peronosporaceae	1
山茶科	Theaceae	3	水鳖科	Hydrocharitaceae	11

水蕨科	Parkeriaceae	1	五味子科	Schisandraceae	2
水龙骨科	Polypodiaceae	1	五桠果科	Dilleniaceae	3
水马齿科	Callitrichaceae	8	西番莲科	Passifloraceae	6
水麦冬科	Juncaginaceae	11	稀子蕨科	Monachosoraceae	1
水玉簪科	Burmanniaceae	11	膝沟藻科	Gonyaulaceae	1
睡莲科	Nymphaeaceae	3	仙菜科	Ceramiaceae	1
丝膜菌科	Cortinariaceae	1	仙茅科	Hypoxidaceae	11
丝藻科	Ulotrichaceae	1	仙人掌科	Cactaceae	2
松节藻科	Rhodomelaceae	1	苋科	Amaranthaceae	2
松科	Pinaceae	1	线形虫草科	Ophiocordycipitaceae	1
松叶蕨科	Psilotaceae	1	香蒲科	Typhaceae	12
松藻科	Codiaceae	1	小檗科	Berberidaceae	3
苏铁科	Cycadaceae	1	小二仙草科	Haloragidaceae	7
粟米草科	Molluginaceae	2	小菇科	Mycenaceae	1
桫椤科	Cyatheaceae	1	小皮伞科	Marasmiaceae	1
锁阳科	Cynomoriaceae	7	小球藻科	Chlorellaceae	1
塔藓科	Hylocomiaceae	1	星叶草科	Circaeasteraceae	3
檀香科	Santalaceae	2	绣球菌科	Sparassidaceae	1
炭角菌科	Xylariaceae	1	须腹菌科	Rhizopogonaceae	1
桃金娘科	Myrtaceae	7	萱藻科	Scytosiphonaceae	1
藤黄科	Clusiaceae	3	玄参科	Scrophulariaceae	9
提灯藓科	Mniaceae	1	悬铃木科	Platanaceae	4
蹄盖蕨科	Athyriaceae	1	旋花科	Convolvulaceae	8
天南星科	Araceae	12	荨麻科	Urticaceae	2
田葱科	Philydraceae	11	鸭跖草科	Commelinaceae	11
铁钉菜科	Ishigeaceae	1	亚灰树花菌科	Meripilaceae	1
铁角蕨科	Aspleniaceae	1	亚麻科	Linaceae	5
铁青树科	Olacaceae	2	岩蕨科	Woodsiaceae	1
铁线蕨科	Adiantaceae	1	岩梅科	Diapensiaceae	7
筒菌科	Tubiferaceae	1	眼子菜科	Potamogetonaceae	11
透骨草科	Phrymaceae	9	羊肚菌科	Morchellaceae	1
碗蕨科	Dennstaedtiaceae	1	杨柳科	Salicaceae	2
万年藓科	Climaciaceae	1	杨梅科	Myricaceae	2
网地藻科	Dictyotaceae	1	野牡丹科	Melastomataceae	7
网褶菌科	Paxillaceae	1	衣藻科	Chlamydomonadaceae	1
微球黑粉菌科	Microbotryaceae	1	阴地蕨科	Botrychiaceae	1
卫矛科	Celastraceae	6	银耳科	Tremellaceae	1
乌毛蕨科	Blechnaceae	1	银杏科	Ginkgoaceae	1
无患子科	Sapindaceae	6	罂粟科	Papaveraceae	4
梧桐科	Sterculiaceae	6	硬皮马勃科	Sclerodermataceae	1
蜈蚣衣科	Physciaceae	1	疣冠苔科	Aytoniaceae	1
五加科	Araliaceae	7	榆科	Ulmaceae	2

羽藓科	Thuidiaceae	1	轴腹菌科	Hydnangiaceae	1
雨久花科	Pontederiaceae	11	皱孔菌科	Meruliaceae	1
雨蕨科	Gymnogrammitidaceae	1	珠藓科	Bartramiaceae	1
玉蕊科	Lecythidaceae	7	猪笼草科	Nepenthaceae	3
育叶藻科	Phyllophoraceae	1	竹芋科	Marantaceae	12
鸢尾科	Iridaceae	11	桩菇科	Tapinellaceae	1
远志科	Polygalaceae	5	紫草科	Boraginaceae	8
芸香科	Rutaceae	5	紫金牛科	Myrsinaceae	7
泽泻科	Alismataceae	11	紫茉莉科	Nyctaginaceae	2
栅藻科	Scenedesmaceae	1	紫萁科	Osmundaceae	1
樟科	Lauraceae	2	紫葳科	Bignoniaceae	9
真藓科	Bryaceae	1	棕榈科	Arecaceae	12
中国蕨科	Sinopteridaceae	1	醉鱼草科	Buddlejaceae	9
肿足蕨科	Hypodematiaceae	1			

按科拉丁名字母顺序排列

Dilleniaceae	五桠果科	3	Ginkgoaceae	银杏科	1
Dioscoreaceae	薯蓣科	11	Gleicheniaceae	里白科	1
Diplocystidiaceae	复囊菌科	1	Gloeophyllaceae	褐褶菌科	1
Dipsacaceae	川续断科	10	Gnetaceae	买麻藤科	1
Dipteridaceae	双扇蕨科	1	Gomphaceae	钉菇科	1
Dipterocarpaceae	龙脑香科	3	Gomphidiaceae	铆钉菇科	1
Droseraceae	茅膏菜科	3	Gonyaulaceae	膝沟藻科	1
Drynariaceae	槲蕨科	1	Goodeniaceae	草海桐科	10
Dryopteridaceae	鳞毛蕨科	1	Gracilariaceae	江蓠科	1
Dumortieraceae	毛地钱科	1	Gymnogrammitidaceae	雨蕨科	1
Ebenaceae	柿科	8	Haematococcaceae	红球藻科	1
Elaeagnaceae	胡颓子科	6	Haloragidaceae	小二仙草科	7
Elaphoglossaceae	舌蕨科	1	Halymeniaceae	海膜科	1
Elatinaceae	沟繁缕科	6	Hamamelidaceae	金缕梅科	4
Eleocarpaceae	杜英科	6	Helminthostachyaceae	七指蕨科	1
Endocladiaceae	内枝藻科	1	Hemionitidaceae	裸子蕨科	1
Entodontaceae	绢藓科	1	Hericiaceae	猴头菌科	1
Entolomataceae	粉褶菌科	1	Hernandiaceae	莲叶桐科	3
Ephedraceae	麻黄科	1	Hippocastanaceae	七叶树科	6
Equisetaceae	木贼科	1	Hippocrateaceae	翅子藤科	6
Ericaceae	杜鹃花科	7	Hippuridaceae	杉叶藻科	7
Eriocaulaceae	谷精草科	11	Huperziaceae	石杉科	1
Erythroxylaceae	古柯科	5	Hydnangiaceae	轴腹菌科	1
Eucommiaceae	杜仲科	2	Hydrocharitaceae	水鳖科	11
Euphorbiaceae	大戟科	5	Hylocomiaceae	塔藓科	1
Eupteleaceae	领春木科	3	Hymenochaetaceae	刺革菌科	1
Fabaceae	豆科	5	Hymenophyllaceae	膜蕨科	1
Fagaceae	壳斗科	2	Hypnaceae	灰藓科	1
Fissidentaceae	凤尾藓科	1	Hypneaceae	沙菜科	1
Fistulinaceae	牛舌菌科	1	Hypocreaceae	肉座菌科	1
Flacourtiaceae	大风子科	6	Hypodematiaceae	肿足蕨科	1
Fomitopsidaceae	拟层孔菌科	1	Hypolepidaceae	姬蕨科	1
Frullaniaceae	耳叶苔科	1	Hypoxidaceae	仙茅科	11
Fucaceae	墨角藻科	1	Icacinaceae	茶茱萸科	6
Funariaceae	葫芦藓科	1	Icmadophilaceae	霜降衣科	1
Ganodermataceae	灵芝科	1	Illiciaceae	八角科	2
Geastraceae	地星科	1	Iridaceae	鸢尾科	11
Gelidiaceae	石花菜科	1	Ishigeaceae	铁钉菜科	1
Gentianaceae	龙胆科	8	Juglandaceae	胡桃科	2
Geraniaceae	牻牛儿苗科	5	Juncaceae	灯心草科	11
Gesneriaceae	苦苣苔科	9	Juncaginaceae	水麦冬科	11
Gigartinaceae	杉藻科	1	Lamiaceae	唇形科	9

Laminariaceae	海带科	1	Moraceae	桑科	2
Lardizabalaceae	木通科	3	Morchellaceae	羊肚菌科	1
Lauraceae	樟科	2	Musaceae	芭蕉科	12
Lecythidaceae	玉蕊科	7	Mycenaceae	小菇科	1
Leeaceae	火筒树科	6	Mycosphaerellaceae	球腔菌科	1
Lemnaceae	浮萍科	12	Myoporaceae	苦槛蓝科	9
Lentibulariaceae	狸藻科	9	Myricaceae	杨梅科	2
Lessoniaceae	巨藻科	1	Myristicaceae	肉豆蔻科	2
Leucobryaceae	白发藓科	1	Myrsinaceae	紫金牛科	7
Leucodontaceae	白齿藓科	1	Myrtaceae	桃金娘科	7
Liliaceae	百合科	11	Nepenthaceae	猪笼草科	3
Linaceae	亚麻科	5	Nephrolepidaceae	肾蕨科	1
Lindsaeaceae	鳞始蕨科	1	Nitzschiaceae	菱形藻科	1
Lobariaceae	肺衣科	1	Nostocaceae	念珠藻科	1
Loganiaceae	马钱科	8	Nyctaginaceae	紫茉莉科	2
Loranthaceae	桑寄生科	2	Nymphaeaceae	睡莲科	3
Lowiaceae	兰花蕉科	12	Nyssaceae	蓝果树科	7
Loxogrammaceae	剑蕨科	1	Ochnaceae	金莲木科	3
Lycopodiaceae	石松科	1	Olacaceae	铁青树科	2
Lygodiaceae	海金沙科	1	Oleaceae	木犀科	8
Lyophyllaceae	离褶伞科	1	Onagraceae	柳叶菜科	7
Lythraceae	千屈菜科	7	Oncophoraceae	曲背藓科	1
Magnoliaceae	木兰科	2	Onocleaceae	球子蕨科	1
Malpighiaceae	金虎尾科	5	Ophiocordycipitaceae	线形虫草科	1
Malvaceae	锦葵科	6	Ophioglossaceae	瓶尔小草科	1
Marantaceae	竹芋科	12	Ophioparmaceae	红盘衣科	1
Marasmiaceae	小皮伞科	1	Opiliaceae	山柚子科	2
Marchantiaceae	地钱科	1	Orchidaceae	兰科	12
Marsileaceae	苹科	1	Orobanchaceae	列当科	9
Mastigocladaceae	鞭枝藻科	1	Oscillatoriaceae	颤藻科	1
Melastomataceae	野牡丹科	7	Osmundaceae	紫萁科	1
Meliaceae	楝科	5	Oxalidaceae	酢浆草科	5
Menispermaceae	防己科	3	Paeoniaceae	芍药科	3
Meripilaceae	亚灰树花菌科	1	Pandanaceae	露兜树科	12
Meruliaceae	皱孔菌科	1	Papaveraceae	罂粟科	4
Meteoriaceae	蔓藓科	1	Parkeriaceae	水蕨科	1
Microbotryaceae	微球黑粉菌科	1	Parmeliaceae	梅衣科	1
Mniaceae	提灯藓科	1	Passifloraceae	西番莲科	6
Molluginaceae	粟米草科	2	Paxillaceae	网褶菌科	1
Monachosoraceae	稀子蕨科	1	Pedaliaceae	胡麻科	9
Monascaceae	红曲菌科	1	Peltigeraceae	地卷衣科	1
Monostromataceae	礁膜科	1	Peranemataceae	球盖蕨科	1

Peronosporaceae	霜霉科	1	Rhizophoraceae	红树科	7
Phallaceae	鬼笔科	1	Rhizopogonaceae	须腹菌科	1
Phelloriniaceae	歧裂灰包科	1	Rhodomelaceae	松节藻科	1
Philydraceae	田葱科	11	Rhoipteleaceae	马尾树科	2
Phrymaceae	透骨草科	9	Ricciaceae	钱苔科	1
Phyllophoraceae	育叶藻科	1	Rivulariaceae	胶须藻科	1
Physalacriaceae	泡头菌科	1	Rosaceae	蔷薇科	4
Physciaceae	蜈蚣衣科	1	Rubiaceae	茜草科	8
Phytolaccaceae	商陆科	2	Russulaceae	红菇科	1
Pinaceae	松科	1	Rutaceae	芸香科	5
Piperaceae	胡椒科	3	Sabiaceae	清风藤科	6
Pittosporaceae	海桐花科	4	Saccharomycetaceae	酵母科	1
Plagiogyriaceae	瘤足蕨科	1	Salicaceae	杨柳科	2
Plantaginaceae	车前科	9	Salviniaceae	槐叶苹科	1
Platanaceae	悬铃木科	4	Santalaceae	檀香科	2
Pleurotaceae	侧耳科	1	Sapindaceae	无患子科	6
Plumbaginaceae	白花丹科	8	Sapotaceae	山榄科	8
Pluteaceae	光柄菇科	1	Sargassaceae	马尾藻科	1
Poaceae	禾本科	11	Sargentodoxaceae	大血藤科	3
Podocarpaceae	罗汉松科	1	Saururaceae	三白草科	3
Polemoniaceae	花荵科	8	Saxifragaceae	虎耳草科	4
Polyblepharidaceae	多毛藻科	1	Scenedesmaceae	栅藻科	1
Polygalaceae	远志科	5	Schisandraceae	五味子科	2
Polygonaceae	蓼科	2	Schizaeaceae	莎草蕨科	1
Polypodiaceae	水龙骨科	1	Schizophyllaceae	裂褶菌科	1
Polyporaceae	多孔菌科	1	Sclerodermataceae	硬皮马勃科	1
Polytrichaceae	金发藓科	1	Scrophulariaceae	玄参科	9
Pontederiaceae	雨久花科	11	Scytosiphonaceae	萱藻科	1
Portulacaceae	马齿苋科	2	Selaginellaceae	卷柏科	1
Potamogetonaceae	眼子菜科	11	Serpulaceae	干腐菌科	1
Pottiaceae	丛藓科	1	Simaroubaceae	苦木科	5
Primulaceae	报春花科	7	Sinopteridaceae	中国蕨科	1
Proteaceae	山龙眼科	2	Solanaceae	茄科	9
Psathyrellaceae	脆柄菇科	1	Solieriaceae	红翎菜科	1
Psilotaceae	松叶蕨科	1	Sonneratiaceae	海桑科	7
Pteridaceae	凤尾蕨科	1	Sparassidaceae	绣球菌科	1
Pteridiaceae	蕨科	1	Sparganiaceae	黑三棱科	12
Punicaceae	石榴科	7	Spermatochnaceae	海蕴科	1
Pyrolaceae	鹿蹄草科	7	Sphagnaceae	泥炭藓科	1
Ramalinaceae	树花科	1	Splachnaceae	壶藓科	1
Ranunculaceae	毛茛科	3	Stachyuraceae	旌节花科	6
Rhamnaceae	鼠李科	6	Staphyleaceae	省沽油科	6